リアルタイム レンダリング
第 4 版

Tomas Akenine-Möller
Eric Haines
Naty Hoffman
Angelo Pesce
Michał Iwanicki
Sébastien Hillaire

■ ご注意

本書は著作権上の保護を受けています。論評目的の抜粋や引用を除いて、著作権者および出版社の承諾なしに複写することはできません。本書やその一部の複写作成は個人使用目的以外のいかなる理由であれ、著作権法違反になります。

■ 責任と保証の制限

本書の著者、編集者、翻訳者および出版社は、本書を作成するにあたり最大限の努力をしました。但し、本書の内容に関して明示、非明示に関わらず、いかなる保証も致しません。本書の内容、それによって得られた成果の利用に関して、または、その結果として生じた偶発的、間接的損傷に関して一切の責任を負いません。

■ 商標

本書に記載されている製品名、会社名は、それぞれ各社の商標または登録商標です。本書では、商標を所有する会社や組織の一覧を明示すること、または商標名を記載するたびに商標記号を挿入することは特別な場合を除き行っていません。本書は、商標名を編集上の目的だけで使用しています。商標所有者の利益は厳守されており、商標の権利を侵害する意図は全くありません。

Dedicated to Eva, Felix, and Elina
T. A-M.

Dedicated to Cathy, Ryan, and Evan
E. H.

Dedicated to Dorit, Karen, and Daniel
N. H.

Dedicated to Fei, Clelia, and Alberto
A. P.

Dedicated to Aneta and Weronika
M. I.

Dedicated to Stéphanie and Svea
S. H.

目次

序文		xiii
1	**はじめに**	**1**
1.1	概要	2
1.2	表記と定義	5
2	**グラフィックス レンダリング パイプライン**	**9**
2.1	アーキテクチャー	10
2.2	アプリケーション ステージ	11
2.3	ジオメトリー処理	12
2.4	ラスタライズ	18
2.5	ピクセル処理	19
2.6	パイプラインを通る	21
3	**グラフィックス処理ユニット**	**25**
3.1	データ並列アーキテクチャー	26
3.2	GPUパイプラインの概要	29
3.3	プログラマブル シェーダー ステージ	30
3.4	プログラマブル シェーディングとAPIの進化	32
3.5	頂点シェーダー	37
3.6	テッセレーション ステージ	38
3.7	ジオメトリー シェーダー	41
3.8	ピクセル シェーダー	43
3.9	マージ ステージ	46
3.10	コンピュート シェーダー	47
4	**変換**	**51**
4.1	基本的な変換	53
4.2	特殊な行列変換と操作	61
4.3	クォターニオン	67
4.4	頂点ブレンド	73
4.5	モーフィング	76

4.6	ジオメトリー キャッシュの再生	79
4.7	投影	81

5 シェーディングの基礎   91

5.1	シェーディング モデル	91
5.2	光源	94
5.3	シェーディング モデルの実装	102
5.4	エイリアシングとアンチエイリアシング	114
5.5	透明度、アルファと合成	131
5.6	ディスプレイ エンコーディング	142

6 テクスチャリング   147

6.1	テクスチャリング パイプライン	149
6.2	イメージ テクスチャリング	155
6.3	手続き的テクスチャリング	175
6.4	テクスチャー アニメーション	177
6.5	マテリアル マッピング	177
6.6	アルファ マッピング	178
6.7	バンプ マッピング	184
6.8	視差マッピング	189
6.9	テクスチャー ライト	195

7 影   197

7.1	平面影	199
7.2	曲面上の影	203
7.3	シャドウ ボリューム	203
7.4	シャドウ マップ	206
7.5	近傍比率フィルタリング	218
7.6	近傍比率ソフト影	221
7.7	フィルター シャドウ マップ	223
7.8	ボリューム シャドウ テクニック	227
7.9	不規則 Z-バッファー影	228
7.10	他の応用	231

8 光と色   235

| 8.1 | 光の量 | 235 |
| 8.2 | シーンからスクリーン | 246 |

9 物理ベースのシェーディング   257

| 9.1 | 光の物理 | 257 |

9.2	カメラ	268
9.3	BRDF	269
9.4	照明	274
9.5	フレネル反射率	275
9.6	マイクロジオメトリー	285
9.7	マイクロファセット理論	288
9.8	表面反射のBRDFモデル	292
9.9	表面下散乱のBRDFモデル	301
9.10	布のBRDFモデル	309
9.11	波動光学BRDFモデル	312
9.12	多層マテリアル	315
9.13	マテリアルのブレンドとフィルタリング	317

10 ローカル照明　325

10.1	面光源	327
10.2	環境ライティング	338
10.3	球面関数と半球面関数	339
10.4	環境マッピング	349
10.5	スペキュラー イメージベース ライティング	357
10.6	放射照度環境マッピング	366
10.7	誤差の発生源	373

11 グローバル照明　377

11.1	レンダリングの式	377
11.2	一般のグローバル照明	380
11.3	アンビエント オクルージョン	384
11.4	方向オクルージョン	401
11.5	ディフューズ グローバル照明	407
11.6	スペキュラー グローバル照明	428
11.7	統合アプローチ	439

12 イメージ空間効果　443

12.1	イメージ処理	443
12.2	再投影テクニック	450
12.3	レンズフレアとブルーム	452
12.4	被写界深度	455
12.5	モーション ブラー	463

13 ポリゴンのかなた　471

13.1	レンダリング スペクトル	471

13.2	固定ビュー効果	472
13.3	スカイボックス	473
13.4	ライトフィールド レンダリング	475
13.5	スプライトとレイヤー	475
13.6	ビルボード	476
13.7	変位テクニック	488
13.8	パーティクル システム	491
13.9	点のレンダリング	495
13.10	ボクセル	500

14 ボリュームと透過性のレンダリング　509

14.1	光散乱の理論	509
14.2	特殊なボリューム レンダリング	518
14.3	汎用ボリューム レンダリング	522
14.4	空のレンダリング	529
14.5	半透明サーフェス	538
14.6	表面下散乱	545
14.7	毛と毛皮	553
14.8	統合アプローチ	559

15 ノンフォトリアリスティック レンダリング　561

15.1	トゥーン シェーディング	562
15.2	アウトライン レンダリング	564
15.3	ストローク サーフェスの様式化	577
15.4	直線	580
15.5	テキスト レンダリング	582

16 ポリゴン テクニック　587

16.1	3次元データのソース	588
16.2	テッセレーションと三角形分割	589
16.3	連結	595
16.4	三角形ファン、ストリップとメッシュ	600
16.5	単純化	608
16.6	圧縮と精度	614

17 曲線と曲面　619

17.1	パラメトリック曲線	620
17.2	パラメトリック曲面	634
17.3	陰関数サーフェス	647
17.4	再分割曲線	650

目次   ix

17.5	再分割サーフェス	652
17.6	効率的なテッセレーション	662

18 パイプライン最適化   675

18.1	プロファイルとデバッグ ツール	676
18.2	ボトルネックの特定	677
18.3	性能測定	680
18.4	最適化	681
18.5	マルチプロセッシング	695

19 高速化アルゴリズム   705

19.1	空間データ構造	706
19.2	カリング テクニック	716
19.3	背面カリング	717
19.4	視錐台カリング	721
19.5	ポータル カリング	722
19.6	詳細と小さい三角形のカリング	724
19.7	オクルージョン カリング	725
19.8	カリング システム	734
19.9	詳細レベル	735
19.10	大きなシーンのレンダリング	748

20 効率的なシェーディング   761

20.1	遅延シェーディング	763
20.2	デカール レンダリング	768
20.3	タイル シェーディング	770
20.4	クラスター シェーディング	777
20.5	遅延テクスチャリング	783
20.6	オブジェクト空間とテクスチャー空間のシェーディング	786

21 仮想現実と拡張現実   793

21.1	機器とシステムの概要	794
21.2	物理的要素	797
21.3	APIとハードウェア	801
21.4	レンダリング テクニック	808

22 交差テスト手法   817

22.1	GPU高速化ピック	818
22.2	定義とツール	819
22.3	境界ボリュームの作成	823

22.4	幾何学的確率	827
22.5	経験則	828
22.6	レイ/球交差	829
22.7	レイ/ボックス交差	832
22.8	レイ/三角形交差	835
22.9	レイ/ポリゴン交差	838
22.10	平面/ボックス交差	842
22.11	三角形/三角形の交差	843
22.12	三角形/ボックス交差	845
22.13	境界ボリューム/境界ボリューム交差	847
22.14	視錐台の交差	851
22.15	直線/直線交差	856
22.16	3平面の交差	859
22.17	動的な交差テスト	859

23 衝突検出　　867

23.1	ブロードフェーズ衝突検出	868
23.2	ミッドフェーズ衝突検出	873
23.3	ナローフェーズ衝突検出	880
23.4	レイによる衝突検出	883
23.5	BSPツリーを使う動的なCD	885
23.6	タイムクリティカル衝突検出	889
23.7	変形可能モデル	890
23.8	連続衝突検出	892
23.9	衝突応答	893
23.10	パーティクル	894

24 グラフィックス ハードウェア　　897

24.1	ラスタライズ	897
24.2	大規模な計算とスケジューリング	904
24.3	レイテンシーと占有率	907
24.4	メモリー アーキテクチャーとバス	908
24.5	キャッシュと圧縮	909
24.6	カラー バッファリング	911
24.7	深度カリング、テスト、バッファリング	915
24.8	テクスチャリング	918
24.9	アーキテクチャー	920
24.10	事例	924
24.11	レイ トレーシング アーキテクチャー	939

目次   xi

25 リアルタイム レイ トレーシング   941
25.1 レイ トレーシングの基礎 943
25.2 レイ トレーシングのシェーダー 947
25.3 最上位と最下位の高速化構造 949
25.4 コヒーレンス 950
25.5 デノイズ 964
25.6 テクスチャ フィルタリング 970
25.7 今後の展望 971

26 未来   975
26.1 それ以外のすべて 976
26.2 自分 979

参考文献   985

索引   1066

序文

「8年でものごとは大きくは変わらない」「本書の更新はそれほど難しくないだろう」と、この第4版に取り掛かったときは思っていました。1年半後、さらに3人の専門家の助けを借りて、作業は完成しました。おそらく、さらに1年費やして詳しく調べることもできたでしょうが、その時点でさらに100の記事やプレゼンテーションを抱え込むことになったでしょう。データポイントとして、各ページごとに約20の参考資料と関連する注釈を記した、170ページ以上の参照用のGoogle Docを作りました。引用の中には、他の本でセクション全体を占めるものもあります。影のように、本全体の主題となる章もあります。仕事は増えましたが、この豊富な情報は実践者によい知らせです。多くの場合に一次資料を示しているのは、それらの提供する詳細が、ここで適切な量よりもずっと多いからです。

本書は、仮想環境でやり取りでするのに十分な速さで合成イメージを作成する、アルゴリズムについての本です。焦点は3次元レンダリングと、範囲は限られますが、ユーザー インタラクションの仕組みです。モデリング、アニメーションなど、リアルタイム アプリケーションを作るプロセスで重要な領域は数多くありますが、それらのトピックは本書の範囲を超えます。

本書の読者はコンピューター グラフィックス、そしてコンピューター サイエンスとプログラミングを基本的に理解していると想定しています。また焦点はAPIではなく、アルゴリズムです。他の主題に関しては、多くの教科書があります。ついて行けないセクションがあったら、拾い読みするか、参考書を調べてください。私たちが提供できる最も価値のあるサービスは、読者がまだ何を知らないかを理解することだと思います。アイデアの基本的な要点、他者がそれについて何を発見したかを知ること、そうしたければ、さらに多くを学ぶための手段です。

可能な限り関連資料への参照を示し、ほとんどの章末に参考文献とリソースをまとめています。以前の版では、関連情報があると思われる、ほぼすべてのものを引用していました。今回、百科事典というよりも案内書になっているのは、網羅的な（骨の折れる）すべてのテクニックの可能な変種のリストでは済まないほど、この分野が大きく成長しているからです。多くの中から少数の代表的なスキームだけを述べ、元のソースを、より広く新しい概説で置き換え、読者がより多くの情報を、引用した参考資料から自分で見つけるのを当てにするほうが、有用だと信じています。

それらのソースのほとんどは、マウスでクリックするだけでアクセスできます。参考文献の目録へのリンクのリストはrealtimerendering.comを見てください。たとえ特定のトピックに一時的な関心があるだけだとしても、ファンタスティックなイメージをいくつか見るためだけにでも、少し時間を割いて関連資料を見ることを考えてみてください。本書のウェブサイトにもリソース、チュートリアル、デモ プログラム、コードサンプル、ソフトウェア ライブラリー、本の訂正、その他多くへのリンクがあります。

本書を書いている間、その真の目標と導びきの光は単純なものでした。書きたかったのは、自分たちが最初に欲しかった本、まとまっていると同時に、入門書には見られない詳細と参考資料への言及を含む本です。私たちの世界観である本書が、読者の旅で役に立つことを願っています。

第 4 版の謝辞

私たちはすべての分野の専門家ではなく、どれほど想像をたくましくしても、完璧な物書きではありません。本当に多くの人々の返答とレビューが、この版を計り知れないほど改善し、無知と不注意から救ってくれました。1つだけ例を挙げるなら、仮想現実の領域で何を取り上げるかのアドバイスを求めて回っていたとき、Johannes Van Waveren（面識がない）が即座に返してくれたトピックの素晴らしく詳しい概要が、章の基礎になりました。コンピューターグラフィックスの専門家によるこの種の行動が、執筆中の大きな楽しみの1つでした。特に注目にすべきはPatrick Cozziで、本のすべての章を忠実にレビューしてくれました。この版の執筆中に助けてくれた多くの人々に感謝します。関係者全員に一言ずつ書くこともできますが、そうするとページ数の限界を超えて本が壊れてしまいます。

　他のみんなにも、心から感謝しています: Sebastian Aaltonen、Johan Andersson、Magnus Andersson、Ulf Assarsson、Dan Baker、Chad Barb、Rasmus Barringer、Michal Bastien、Louis Bavoil、Michael Beale、Adrian Bentley、Ashwin Bhat、Antoine Bouthors、Wade Brainerd、Waylon Brinck、Ryan Brucks、Eric Bruneton、Valentin de Bruyn、Ben Burbank、Brent Burley、Ignacio Castaño、Cem Cebenoyan、Mark Cerny、Matthaeus Chajdas、Danny Chan、Rob Cook、Jean-Luc Corenthin、Adrian Courrèges、Cyril Crassin、Zhihao Cui、Kuba Cupisz、Robert Cupisz、Eugene d'Eon、Matej Drame、Michal Drobot、Wolfgang Engel、Alex Evans、Cass Everitt、Kayvon Fatahalian、Adam Finkelstein、Kurt Fleischer、Tim Foley、Tom Forsyth、Guillaume François、Daniel Girardeau-Montaut、Olga Gocmen、Marcin Gollent、Ben Golus、Carlos Gonzalez-Ochoa、Judah Graham、Simon Green、Dirk Gregorius、Larry Gritz、Andrew Hamilton、Earl Hammon, Jr.、Jon Harada、Jon Hasselgren、Aaron Hertzmann、Stephen Hill、Rama Hoetzlein、Nicolas Holzschuch、Liwen Hu、John "Spike" Hughes、Ben Humberston、Warren Hunt、Andrew Hurley、John Hutchinson、Milan Ikits、Jon Jansen、Jorge Jimenez、Anton Kaplanyan、Gökhan Karadayi、Brian Karis、Nicolas Kasyan、Alexander Keller、Brano Kemen、Emmett Kilgariff、Byumjin Kim、Chris King、Joe Michael Kniss、Manuel Kraemer、Anders Wang Kristensen、Christopher Kulla、Edan Kwan、Chris Landreth、David Larsson、Andrew Lauritzen、Aaron Lefohn、Eric Lengyel、David Li、Ulrik Lindahl、Edward Liu、Ignacio Llamas、Dulce Isis Segarra López、David Luebke、Patrick Lundell、Miles Macklin、Dzmitry Malyshau、Sam Martin、Morgan McGuire、Brian McIntyre、James McLaren、Mariano Merchante、Arne Meyer、Sergiy Migdalskiy、Kenny Mitchell、Gregory Mitrano、Adam Moravanszky、Jacob Munkberg、Kensaku Nakata、Srinivasa G. Narasimhan、David Neubelt、Fabrice Neyret、Jane Ng、Kasper Høy Nielsen、Matthias Nießner、Jim Nilsson、Reza Nourai、Chris Oat、Ola Olsson、Rafael Orozco、Bryan Pardilla、Steven Parker、Ankit Patel、Jasmin Patry、Jan Pechenik、Emil Persson、Marc Petit、Matt Pettineo、Agnieszka Piechnik、Jerome Platteaux、Aras Pranckevičius、Elinor Quittner、Silvia Rasheva、Nathaniel Reed、Philip Rideout、Jon Rocatis、Robert Runesson、Marco Salvi、Nicolas Savva、Andrew Schneider、Michael Schneider、Markus Schuetz、Jeremy Selan、Tarek Sherif、Peter Shirley、Peter Sikachev、Peter-Pike Sloan、Ashley Vaughan Smith、Rys Sommefeldt、Edvard Sørgård、Tiago Sousa、Tomasz Stachowiak、Nick Stam、Lee Stemkoski、Jonathan Stone、Kier Storey、Jacob Ström、Filip Strugar、Pierre Terdiman、Aaron Thibault、Nicolas Thibieroz、Robert Toth、Thatcher Ulrich、Mauricio Vives、Alex Vlachos、Evan Wallace、Ian Webster、Nick Whiting、Brandon Whitley、Mattias Widmark、Graham Wihlidal、Michael Wimmer、

Daniel Wright、Bart Wroński、Chris Wyman、Ke Xu、Cem Yuksel、Egor Yusov。彼らの提供してくれた、そしてありがたく受け取った無私の時間と努力に感謝します。

最後に、Taylor & Francisの人々の努力、特にずっとリードしてくれたRick Adams、効率的な編集作業を行ってくれたJessica VegaとMichele Dimont、そして最高の校閲を行ってくれたCharlotte Byrnesに感謝します。

Tomas Akenine-Möller
Eric Haines
Naty Hoffman
Angelo Pesce
Michał Iwanicki
Sébastien Hillaire
February 2018

第3版の謝辞

自分のことを後回しにして手伝ってくれた多くの人々に特に感謝します。まず、ハードウェア製造会社の広範囲の寛大な協力がないと、グラフィック アーキテクチャーの事例は、これほどよいものにならなかったでしょう。Mali 200アーキテクチャーの詳細を提供してくれたARMのEdvard Sørgard、Borgar Ljosland、Dave Shreiner、Jørn Nystadに感謝します。Xbox 360のセクションで極めて貴重な助力を提供してくれた、MicrosoftのMichael Doughertyにも感謝します。Sony Computer EntertainmentのMasaaki Okaは、PLAYSTATION® 3システムの事例を自分でテクニカル レビューしながら、Cell Broadband Engine™とRSX®の開発者のレビューのリエゾンも務めてくれました。

無限にも思える絶え間ない質問に答え、数多くの語句を事実確認し、多くの画面ショットを撮ってくれたATI/AMDのNatalya Tatarchukは期待をはるかに超えて手伝ってくれました。Wolfgang Engelは 情報と不明な点の説明の要求に答えるだけでなく、親切にも近刊の$ShaderX^6$からの記事と、現在はオンラインでフリーになった、入手困難な$ShaderX^2$を何冊か[463, 464]提供してくれました。NVIDIAのIgnacio Castañoは貴重なサポートと連絡先を提供し、私たちの正しい画面ショットのためだけに、refractoryデモの作り直しまでしてくれました。

各章のレビューワーは大きな助けになりました。多くの改善を提案し、追加の洞察を提供し、計り知れないほど助けられました。アルファベット順に: Michael Ashikhmin、Dan Baker、Willem de Boer、Ben Diamand、Ben Discoe、Amir Ebrahimi、Christer Ericson、Michael Gleicher、Manny Ko、Wallace Lages、Thomas Larsson、Grégory Massal、Ville Miettinen、Mike Ramsey、Scott Schaefer、Vincent Scheib、Peter Shirley、K.R. Subramanian、Mauricio Vives、Hector Yee。

特定のセクションで多くのレビューワーの助けもありました。Matt Bronder、Christine DeNezza、Frank Fox、Jon Hasselgren、Pete Isensee、Andrew Lauritzen、Morgan McGuire、Jacob Munkberg、Manuel M. Oliveira、Aurelio Reis、Peter-Pike Sloan、Jim Tilander、Scott Whitman。

カバーデザインのファンタスティックな画像とレイアウト コンセプトの提供で大いに助けてくれた、Media MoleculeのRex Crowle、Kareem Ettouney、Francis Pangに特に感謝します。

他にも質問に答えたり、画面ショットを撮るなど、多くの人々が手伝ってくれました。多くのが多大な時間と努力を費やしてくれたことに感謝します。アルファベット順に：Paulo Abreu、Timo Aila、Johan Andersson、Andreas Bærentzen、Louis Bavoil、Jim Blinn、Jaime Borasi、Per Christensen、Patrick Conran、Rob Cook、Erwin Coumans、Leo Cubbin、Richard Daniels、Mark DeLoura、Tony DeRose、Andreas Dietrich、Michael Dougherty、Bryan Dudash、Alex Evans、Cass Everitt、Randy Fernando、Jim Ferwerda、Chris Ford、Tom Forsyth、Sam Glassenberg、Robin Green、Ned Greene、Larry Gritz、Joakim Grundwall、Mark Harris、Ted Himlan、Jack Hoxley、John "Spike" Hughes、Ladislav Kavan、Alicia Kim、Gary King、Chris Lambert、Jeff Lander、Daniel Leaver、Eric Lengyel、Jennifer Liu、Brandon Lloyd、Charles Loop、David Luebke、Jonathan Maïm、Jason Mitchell、Martin Mittring、Nathan Monteleone、Gabe Newell、Hubert Nguyen、Petri Nordlund、Mike Pan、Ivan Pedersen、Matt Pharr、Fabio Policarpo、Aras Pranckevičius、Siobhan Reddy、Dirk Reiners、Christof Rezk-Salama、Eric Risser、Marcus Roth、Holly Rushmeier、Elan Ruskin、Marco Salvi、Daniel Scherzer、Kyle Shubel、Philipp Slusallek、Torbjörn Söderman、Tim Sweeney、Ben Trumbore、Michal Valient、Mark Valledor、Carsten Wenzel、Steve Westin、Chris Wyman、Cem Yuksel、Billy Zelsnack、Fan Zhang、Renaldas Zioma。

GD Algorithmsなどのパブリック フォーラムで質問に答えてくれた、多くの人にも感謝します。時間を割いて訂正を送ってくれた読者も大きな助けになりました。この分野で働く楽しみの1つは、この支援の姿勢です。

期待していたように、A K Petersの人々の快活な有能さによって、このプロセスの出版部分がとても楽になりました。その素晴らしいサポートに感謝します。

Tomasは個人的に、ただグラフィックスを見る代わりに、コンピューター ゲームを（Wiiで）プレイすることの楽しさを（再び）理解させてくれた息子のFelixと娘のElinaに、そして言うまでもなく美しい妻のEva...に感謝します。

Ericも、クールなゲームのデモと画面ショットを探す息子のRyanとEvanの疲れ知らずの努力と、なんとか生き抜くのを助けてくれた妻のCathyに感謝します。

Natyは、おんぶよりも執筆を優先することを我慢した、娘のKarenと息子のDanielと、妻のDoritの絶え間ない励ましとサポートに感謝します。

Tomas Akenine-Möller
Eric Haines
Naty Hoffman
March 2008

第2版の謝辞

この第2版を書くことの最も快い面は、人々と一緒に働き、手伝ってもらうことでした。自分たちの差し迫った締切や心配事にもかかわらず、多くの人々が本書を改善しの多大な時間を割いてくれました。特に主なレビューワーに感謝します。アルファベット順に：Michael Abrash、Ian Ashdown、Ulf Assarsson、Chris Brennan、Sébastien Dominé、David Eberly、Cass Everitt、Tommy Fortes、Evan Hart、Greg James、Jan Kautz、Alexander Keller、Mark Kilgard、Adam Lake、Paul Lalonde、Thomas Larsson、Dean Macri、Carl Marshall、Jason L. Mitchell、Kasper Høy Nielsen、Jon Paul Schelter、Jacob Ström、Nick Triantos、Joe Warren、Michael Wimmer、and Peter Wonka。その中でも特に、NVIDIAのCass Everitt

と ATI Technologies の Jason L. Mitchell は、私たちが必要なリソースを得るのに大きな時間と努力を費やしてくれました。この版を可能な限り最新のものにできるように、近日出版される自分の本、*ShaderX* [462] の内容を無償で共有してくれた Wolfgang Engel にも感謝します。

共同作業の議論から、イメージやリソースの提供、本書のセクションのレビューまで、他にも多くの人々が本版の制作を手伝ってくれた、すべての人に感謝します: Jason Ang、Haim Barad、Jules Bloomenthal、Jonathan Blow、Chas. Boyd、John Brooks、Cem Cebenoyan、Per Christensen、Hamilton Chu、Michael Cohen、Daniel Cohen-Or、Matt Craighead、Paul Debevec、Joe Demers、Walt Donovan、Howard Dortch、Mark Duchaineau、Phil Dutré、Dave Eberle、Gerald Farin、Simon Fenney、Randy Fernando、Jim Ferwerda、Nickson Fong、Tom Forsyth、Piero Foscari、Laura Fryer、Markus Giegl、Peter Glaskowsky、Andrew Glassner、Amy Gooch、Bruce Gooch、Simon Green、Ned Greene、Larry Gritz、Joakim Grundwall、Juan Guardado、Pat Hanrahan、Mark Harris、Michael Herf、Carsten Hess、Rich Hilmer、Kenneth Hoff III、Naty Hoffman、Nick Holliman、Hugues Hoppe、Heather Horne、Tom Hubina、Richard Huddy、Adam James、Kaveh Kardan、Paul Keller、David Kirk、Alex Klimovitski、Jason Knipe、Jeff Lander、Marc Levoy、J.P. Lewis、Ming Lin、Adrian Lopez、Michael McCool、Doug McNabb、Stan Melax、Ville Miettinen、Kenny Mitchell、Steve Morein、Henry Moreton、Jerris Mungai、Jim Napier、George Ngo、Hubert Nguyen、Tito Pagán、Jörg Peters、Tom Porter、Emil Praun、Kekoa Proudfoot、Bernd Raabe、Ravi Ramamoorthi、Ashutosh Rege、Szymon Rusinkiewicz、Chris Seitz、Carlo Séquin、Jonathan Shade、Brian Smits、John Spitzer、Wolfgang Straßer、Wolfgang Stürzlinger、Philip Taylor、Pierre Terdiman、Nicolas Thibieroz、Jack Tumblin、Fredrik Ulfves、Thatcher Ulrich、Steve Upstill、Alex Vlachos、Ingo Wald、Ben Watson、Steve Westin、Dan Wexler、Matthias Wloka、Peter Woytiuk、David Wu、Garrett Young、Borut Zalik、Harold Zatz、Hansong Zhang、Denis Zorin。本書のためにミラー ウェブサイトを提供してくれたジャーナル *ACM Transactions on Graphics* にも感謝します。

Alice と Klaus Peters、プロダクション マネージャーの Ariel Jaffee、編集者の Heather Holcombe、校閲の Michelle M. Richards、その他本書を可能な限りよいものにする素晴らしい仕事をしてくれた、A K Peters のスタッフ全員に感謝します。

最後に、そして最も重要なこととして、この版の完成に必要な、莫大な量の静かな時間を与えてくれた家族に深く感謝します。正直、こんなに時間がかかるとは思いませんでした!

Tomas Akenine-Möller
Eric Haines
May 2002

初版の謝辞

多くの人々が本書を作るのを手伝ってくれました。最も大きな貢献者の1つは、レビューしてくれた人々です。レビューワーは積極的に自分たちの専門知識を提供し、内容とスタイル両方の大きな改善の助けになりました。(アルファベット順で) Thomas Barregren、Michael Cohen、Walt Donovan、Angus Dorbie、Michael Garland、Stefan Gottschalk、Ned Greene、Ming C. Lin、Jason L. Mitchell、Liang Peng、Keith Rule、Ken Shoemake、John Stone、Phil Taylor、Ben Trumbore、Jorrit Tyberghein、Nick Wilt には感謝しきれないほどです。

他にも多くの人々がこのプロジェクトに時間と努力を費やしてくれました。イメージを使わせてくれたり、モデルを提供したり、他にも重要な資料を印刷したり、手伝える人を紹介

してくれた人もいました。上に挙げた人々に加えて、Tony Barkans、Daniel Baum、Nelson Beebe、Curtis Beeson、Tor Berg、David Blythe、Chas. Boyd、Don Brittain、Ian Bullard、Javier Castellar、Satyan Coorg、Jason Della Rocca、Paul Diefenbach、Alyssa Donovan、Dave Eberly、Kells Elmquist、Stuart Feldman、Fred Fisher、Tom Forsyth、Marty Franz、Thomas Funkhouser、Andrew Glassner、Bruce Gooch、Larry Gritz、Robert Grzeszczuk、Paul Haeberli、Evan Hart、Paul Heckbert、Chris Hecker、Joachim Helenklaken、Hugues Hoppe、John Jack、Mark Kilgard、David Kirk、James Klosowski、Subodh Kumar、André LaMothe、Jeff Lander、Jens Larsson、Jed Lengyel、Fredrik Liliegren、David Luebke、Thomas Lundqvist、Tom McReynolds、Stan Melax、Don Mitchell、André Möller、Steve Molnar、Scott R. Nelson、Hubert Nguyen、Doug Rogers、Holly Rushmeier、Gernot Schaufler、Jonas Skeppstedt、Stephen Spencer、Per Stenström、Jacob Ström、Filippo Tampieri、Gary Tarolli、Ken Turkowski、Turner Whitted、Agata and Andrzej Wojaczek、Andrew Woo、Steve Worley、Brian Yen、Hans-Philip Zachau、Gabriel Zachmann、Al Zimmerman に感謝したいと思います。本書のために安定したウェブサイトを提供してくれたジャーナル *ACM Transactions on Graphics* にも感謝します。

Alice、Klaus Peters と AK Peters のスタッフ、特に Carolyn Artin と Sarah Gillis は本書の実現の手助けをしてくれました。全員に感謝します。

最後に、この信じられない、ときには過酷で、しばしばウキウキするプロセスを通じてサポートしてくれた家族と友人に深く感謝します。

Tomas Möller
Eric Haines
March 1999

1. はじめに

リアルタイム レンダリングは、コンピューター上で素早くイメージを作ることに関わる、コンピューター グラフィックスの最高にインタラクティブな領域です。イメージが画面に表示され、画面を見て行動し、そのフィードバックが次に生成するものに影響を与えます。この応答とレンダリングのサイクルが十分な速さで起きると、個々のイメージが消えて、ダイナミックなプロセスに没入するようになります。

イメージを表示する速さはフレーム/秒（FPS）またはヘルツ（Hz）で測定します。1フレーム/秒では、インタラクティブ性はほとんどありません。ユーザーは個別の新たなイメージの到着を痛いほど意識してしまいます。約6FPSで、インタラクティブ性の感覚が芽生えます。ゲームは30、60、72やそれ以上のFPSを狙い、そのスピードでユーザーはアクションと応答に集中します。

映画の映写機はフレームを24FPSで表示しますが、チラツキを避けるためシャッター システムを使い、各フレームを2〜4回表示します。このリフレッシュ レートは表示レートから分離され、ヘルツ（Hz）で表現されます。1フレームを3回照らすシャッターのリフレッシュ レートは72Hzです。LCDモニターのリフレッシュ レートも表示レートから分離しています。

鑑賞では、24FPSで画面に現れるイメージを許容できるかもしれませんが、応答時間の最小化にはレートを高めることが重要です。わずか15ミリ秒の時間遅延でも、遅くてやり取りの妨げになることがあります[1989]。例えば、仮想現実用のヘッドマウント ディスプレイでは、たいてい遅延を最小にするため、90FPSが必要です。

リアルタイム レンダリングは、インタラクティブ性だけではありません。スピードだけが基準なら、ユーザーの指示に迅速に応答し、画面に何かを描画するアプリケーションが適任でしょう。リアルタイムのレンダリングは通常、3次元のイメージを作り出すことを意味します。

インタラクティブ性と、何らかの3次元空間とのつながりがリアルタイム レンダリングの十分条件ですが、3つ目の要素であるグラフィックス高速化ハードウェアが、その定義の一部になりました。多くの人は、1996年の3Dfx Voodoo 1カードの登場を、本当のコンシューマーレベルの3次元グラフィックスの始まりとみなしています[441]。この市場の急速な発展に伴い、すべてのコンピューター、タブレット、モバイルフォンが今やグラフィックス プロセッサーを内蔵しています。ハードウェア高速化 により可能となるリアルタイム レンダリングの優れた結果の例が図1.1と1.2です。

グラフィックス ハードウェアの進歩が、インタラクティブ コンピューター グラフィックスの分野における研究の高まりに燃料を注入しました。本書では主として高速化と、イメージ品質改善の手法を提供し、高速化アルゴリズムとグラフィックスAPIの特徴と制限も述べます。すべてのトピックを深く網羅することは不可能なので、目標は鍵となる概念と用語を提示し、

図1.1. *Forza Motorsport 7* のスクリーンショット（イメージ提供：*Turn 10 Studios, Microsoft*。）

図1.2. *The Witcher 3* でレンダーされる Beauclair の街（*CD PROJEKT®, The Witcher® are registered trademarks of CD PROJEKT Capital Group. The Witcher game © CD PROJEKT S.A. Developed by CD PROJEKT S.A. All rights reserved. The Witcher game is based on the prose of Andrzej Sapkowski. All other copyrights and trademarks are the property of their respective owners.*）

この分野の最も堅牢で実用的なアルゴリズムを説明し、詳しい情報を求める最善の場所へのポインターを提供することです。この分野を理解するためのツールを提供する試みが、この本に読者が費やす時間と努力の価値があることを願っています。

1.1 概要

以下がこの後の章の簡単な概要です。

2章、グラフィックス レンダリング パイプライン　リアルタイム レンダリングの心臓部は、シーン記述を取得して、それを見えるように変換する一連のステップです。

3章、グラフィックス処理ユニット　現代の GPU は、固定機能とプログラマブルなユニットを組み合わせて、レンダリング パイプラインのステージを実装します。

4章、変換 変換は、オブジェクトの位置、向き、サイズと形状、カメラの位置と視野を操作するための基本ツールです。

5章、シェーディングの基礎 マテリアルとライトの定義と、リアリスティックであろうと様式化であろうと、望むサーフェスの見た目を実現するための使い方を最初に議論します。イメージ品質を高めるアンチエイリアシング、透明度、ガンマ補正の使い方など、見た目に関連する他のトピックも紹介します。

6章、テクスチャリング リアルタイム レンダリングで最も強力なツールの1つが、サーフェスのイメージに素早くアクセスして表示する能力です。この処理はテクスチャリングと呼ばれ、それを適用する多様な手法があります。

7章、影 影をシーンに加えることで、リアリズムと理解の両方が増します。影を素早く計算するために、最もよく使われるアルゴリズムを紹介します。

8章、光と色 物理ベースのレンダリングを行う前に、まず光と色を定量化する方法を理解する必要があります。そして物理レンダリングの処理が終わったら、その結果の量を、画面と見る環境の特性を計上した表示用の値に変換する必要があります。どちらのトピックもこの章で取り上げます。

9章、物理ベースのシェーディング 物理ベースのシェーディング モデルを一から理解します。この章では最初に基本となる物理現象、次にレンダーされる様々なマテリアルのモデル、最後にマテリアルのブレンドと、エイリアシングを回避してサーフェスの見た目を保持するフィルタリングを取り上げます。

10章、ローカル照明 複雑な光源を表現するためのアルゴリズムを探ります。そのサーフェス シェーディングは、特徴的な形状を持つ、物理的なオブジェクトが発する光を考慮します。

11章、グローバル照明 光とシーンの複数回の相互作用をシミュレートするアルゴリズムが、イメージのリアリズムをさらに高めます。アンビエントと方向オクルージョン、ディフューズとスペキュラー サーフェス上でグローバル照明効果をレンダーする手法、さらにいくつかの有望な統合アプローチを論じます。

12章、イメージ空間効果 グラフィックス ハードウェアはイメージの処理を高速に行うことに長けています。最初にイメージ フィルタリングと再投影のテクニックを論じてから、人気のある後処理効果である、レンズ フレア、モーション ブラー、被写界深度を調べます。

13章、ポリゴンのかなた 三角形が常に最も速く、最もリアリスティックなオブジェクトの記述方法ではありません。イメージ、点群、ボクセルなどのサンプルのセットに基づく代替表現は、どれも利点があります。

14章、ボリュームと透過性のレンダリング ここの焦点はボリューム マテリアル表現と、その光源との相互作用の理論と実践です。シミュレートする現象は、大規模大気効果から細い繊維の中で散乱する光まで様々です。

15章、ノンフォトリアリスティック レンダリング　シーンをリアリスティックに見せようとするのは、レンダリングの1つのやり方にすぎません。トゥーン シェーディングや水彩効果などの他のスタイルを調べます。直線とテキストの生成テクニックも論じます。

16章、ポリゴン テクニック　幾何学的データのソースは幅広く、高速できれいにレンダーするのに修正が必要なこともあります。ポリゴン データ表現と圧縮の様々な側面を紹介します。

17章、曲線と曲面　複雑なサーフェス表現は、品質とレンダリング速度、よりコンパクトな表現、滑らかなサーフェス生成のトレードオフが可能になるなどの利点を提供します。

18章、パイプライン最適化　アプリケーションが動作し、効率的なアルゴリズムを使っている場合に、様々な最適化テクニックを使ってさらに速くすることもできます。ボトルネックを見つけ、それをどうするかを決めるのがここでのテーマです。マルチプロセッシングも論じます。

19章、高速化アルゴリズム　動き出したら、それを速く動くようにします。様々な形のカリングと詳細レベル レンダリングを取り上げます。

20章、効率的なシェーディング　シーンのライトの数が多いと、性能が大きく低下することがあります。見えるかどうか分からないサーフェス フラグメントのシェーディングも、無駄なサイクルの発生源です。そのようなシェーディングの非効率に取り組む、幅広い様々なアプローチを探ります。

21章、仮想現実と拡張現実　この分野には独特のチャレンジと、高速かつ安定した速さでリアリスティックなイメージを効率よく作り出すテクニックがあります。

22章、交差テスト手法　交差テストはレンダリング、ユーザーとのインタラクション、衝突検出に重要です。ここでは一般的なジオメトリの交差テストで最も効率のよい様々なアルゴリズムを、詳しく取り上げます。

23章、衝突検出。　2つのオブジェクトが互いに接触するかどうかの決定は、多くのリアルタイム アプリケーションで重要な要素です。効率的なアルゴリズムがこの処理をインタラクティブな速さで実現する鍵です。

24章、グラフィックス ハードウェア　ここの焦点は色深度、フレームバッファー、基本アーキテクチャーの種類などの要素です。代表的なGPUの事例を提供します。

25章、リアルタイム レイ トレーシング　2018年の3月のDirectX Raytracingにより、MicrosoftはDirectX 12を拡張しました。それを概念レベルで説明し、高速化構造やデノイズなどの関連トピックを説明する追加の章です。

26章、未来　当てずっぽうを言ってみてください（私たちは言います）。
スペースの制約により、線形代数と三角関数はrealtimerendering.comからダウンロードできる付録にしました。

1.2 表記と定義

最初に本書で使用する数学的表記を説明します。このセクションと、本文で使う用語の、より完全な説明は、realtimerendering.comで線形代数の付録を入手してください。

1.2.1 数学的表記

本書で使うほとんどの数学的表記が、表1.1にまとめられています。概念のいくつかを、ここで少し詳しく述べます。

この表の規則にはいくつかの例外があり、その第一は文献で極めて確立された表記を使うシェーディングの式で、例えば放射輝度にL、放射照度にE、散乱係数にσ_sを使います。

角度とスカラーは$\mathbb{R}$、すなわち実数です。ベクトルと点はボールドの小文字で示され、その成分は次のように

$$\mathbf{v} = \begin{pmatrix} v_x \\ v_y \\ v_z \end{pmatrix}$$

コンピューター グラフィックスの世界で一般的に使われる列ベクトル形式でアクセスされます。場所によってはそのほうが読みやすいので、形式的に正しい$(v_x \quad v_y \quad v_z)^T$の代わりに$(v_x, v_y, v_z)$を使います。

同次表記を使うと、座標は4つの値$\mathbf{v} = (v_x \quad v_y \quad v_z \quad v_w)^T$で表され、そのときベクトルは$\mathbf{v} = (v_x \quad v_y \quad v_z \quad 0)^T$、点は$\mathbf{v} = (v_x \quad v_y \quad v_z \quad 1)^T$です。3要素だけのベクトルと点を使うこともありますが、どちらの型を使っているかに関して曖昧さがないようにします。行列操作では、ベクトルと点に同じ表記を使うことに大きな利点があります。詳しい情報は4章を参照してください。x、y、zの代わりに数値インデックス、例えば$\mathbf{v} = (v_0 \quad v_1 \quad v_2)^T$を使うと都合がよいアルゴリズムもあります。これらのベクトルと点に関する規則は、すべて2要素ベクトルにも当てはまります。その場合、単純に3要素ベクトルの最後の成分をスキップします。

型	記述	例
角度	小文字 ギリシア文字	α_i、ϕ、ρ、η、γ_{242}、θ
スカラー	小文字 イタリック	a、b、t、u_k、v、w_{ij}
ベクトルまたは点	小文字 ボールド	$\mathbf{a}$、$\mathbf{u}$、$\mathbf{v}_s$ $\mathbf{h}(\rho)$、$\mathbf{h}_z$
行列	大文字 ボールド	$\mathbf{T}(\mathbf{t})$、$\mathbf{X}$、$\mathbf{R}_x(\rho)$
平面	π：ベクトル と スカラー	$\pi : \mathbf{n} \cdot \mathbf{x} + d = 0$、 $\pi_1 : \mathbf{n}_1 \cdot \mathbf{x} + d_1 = 0$
三角形	△ 3つの点	$\triangle \mathbf{v}_0 \mathbf{v}_1 \mathbf{v}_2$、$\triangle \mathbf{cba}$
線分	2つの点	$\mathbf{uv}$、$\mathbf{a}_i \mathbf{b}_j$
幾何学的エンティティ	大文字 イタリック	A_{OBB}、T、B_{AABB}

表 **1.1.** 本書で使う表記のまとめ。

	演算子	説明
1:	$\cdot$	内積
2:	$\times$	外積
3:	$\mathbf{v}^T$	ベクトル $\mathbf{v}$ の転置
4:	$\perp$	単項演算子、直交内積
5:	$\lvert \cdot \rvert$	行列式
6:	$\lvert \cdot \rvert$	スカラーの絶対値
7:	$\lVert \cdot \rVert$	引数の長さ（ノルム）
8:	x^{+}	x を 0 にクランプ
9:	$x^{\mp}$	x を 0 と 1 の間にクランプ
10:	$n!$	階乗
11:	$\begin{pmatrix} n \\ k \end{pmatrix}$	二項係数

表 1.2. いくつかの数学的演算子の表記。

行列はもう少し説明したほうがよいでしょう。一般的なサイズは 2×2、3×3、4×4です。3×3行列 $\mathbf{M}$ へのアクセスの仕方を復習しますが、この処理を他のサイズに拡張するのも簡単です。$\mathbf{M}$ の（スカラー）要素は m_{ij}、$0 \le (i,j) \le 2$ で示し、式1.1のように i は行、j は列を示します。

$$\mathbf{M} = \begin{pmatrix} m_{00} & m_{01} & m_{02} \\ m_{10} & m_{11} & m_{12} \\ m_{20} & m_{21} & m_{22} \end{pmatrix} \tag{1.1}$$

次の式1.2の 3×3 行列の表記は、行列 $\mathbf{M}$ からベクトルを分離するのに使い、$\mathbf{m}_{,j}$ は j 番目の列ベクトルを表し、$\mathbf{m}_{i,}$ は i 番目の行ベクトルを（列ベクトル形式で）表します。ベクトルや点と同じく、列ベクトルのインデックス参照は、そのほうが便利な場合は x、y、z、ときには w でも行うことがあります。

$$\mathbf{M} = \begin{pmatrix} \mathbf{m}_{,0} & \mathbf{m}_{,1} & \mathbf{m}_{,2} \end{pmatrix} = \begin{pmatrix} \mathbf{m}_x & \mathbf{m}_y & \mathbf{m}_z \end{pmatrix} = \begin{pmatrix} \mathbf{m}_{0,}^T \\ \mathbf{m}_{1,}^T \\ \mathbf{m}_{2,}^T \end{pmatrix} \tag{1.2}$$

平面は $\pi : \mathbf{n} \cdot \mathbf{x} + d = 0$ で示され、その公式、平面法線 $\mathbf{n}$ とスカラー d が含まれます。法線は平面の向く方向を記述するベクトルです。より一般的には（例えば、曲面）、サーフェス上の特定の点でこの方向を記述します。平面では、すべての点に同じ法線が適用されます。π が平面の一般的な数学表記です。平面 π は空間を正の半空間、$\mathbf{n} \cdot \mathbf{x} + d > 0$ と負の半空間、$\mathbf{n} \cdot \mathbf{x} + d < 0$ に分けます。他のすべての点は平面中にあります。

三角形は3つの点 $\mathbf{v}_0$、$\mathbf{v}_1$、$\mathbf{v}_2$ で定義でき、$\triangle \mathbf{v}_0 \mathbf{v}_1 \mathbf{v}_2$ で示されます。

表1.2に、追加の数学演算子とその表記がいくつか示されています。内積、外積、行列式、長さ演算子は realtimerendering.com でダウンロード可能な線形代数の付録で説明しています。転置演算子は列ベクトルを行ベクトルに変え、その逆も行います。したがって列ベクトル

1.2. 表記と定義

	関数	説明
1:	$\mathtt{atan2(y,x)}$	2値の逆正接
2:	$\log(n)$	n の自然対数

表**1.3**. いくつかの特別な数学関数の表記。

は $\mathbf{v} = (v_x \quad v_y \quad v_z)^T$ として圧縮形式のテキスト ブロックで書くことができます。*Graphics Gems IV* [798] で導入された演算子4は、2次元ベクトル上の単項演算子です。この演算子をベクトル $\mathbf{v} = (v_x \quad v_y)^T$ に作用させると、$\mathbf{v}$ に垂直なベクトル、すなわち $\mathbf{v}^\perp = (-v_y \quad v_x)^T$ が与えられます。スカラー a の絶対値を示すのに $|a|$ を使い、$|\mathbf{A}|$ は行列 $\mathbf{A}$ の行列式を意味します。$|\mathbf{A}| = |\mathbf{a} \ \mathbf{b} \ \mathbf{c}| = \det(\mathbf{a}, \mathbf{b}, \mathbf{c})$ を使うこともあり、$\mathbf{a}$、$\mathbf{b}$、$\mathbf{c}$ は行列Aの列ベクトルです。

演算子8と9はクランプ演算子で、シェーディングの計算でよく使われます。演算子8は負の値を0にクランプします。

$$x^+ = \begin{cases} x, & \text{if } x > 0, \\ 0, & \text{otherwise,} \end{cases} \tag{1.3}$$

演算子9は値を0と1の間にクランプします。

$$x^{\overline{+}} = \begin{cases} 1, & \text{if } x \geq 1, \\ x, & \text{if } 0 < x < 1, \\ 0, & \text{otherwise} \end{cases} \tag{1.4}$$

10番目の演算子、階乗は次で定義されます（$0! = 1$）。

$$n! = n(n-1)(n-2)\cdots 3 \cdot 2 \cdot 1 \tag{1.5}$$

11番目の演算子、二項係数は式1.6で定義されます。

$$\binom{n}{k} = \frac{n!}{k!(n-k)!} \tag{1.6}$$

さらに、一般的な3つの平面 $x = 0$、$y = 0$、$z = 0$ を座標平面あるいは**軸平行平面**と呼びます。それらの軸 $\mathbf{x}_e = (1 \ 0 \ 0)^T$、$\mathbf{e}_y = (0 \ 1 \ 0)^T$、$\mathbf{e}_z = (0 \ 0 \ 1)^T$ は、**主軸**あるいは**主方向**と呼ばれ、それぞれ x-軸、y-軸、z-軸と呼ばれます。この軸のセットは、しばしば**標準基底**と呼ばれます。特に断りのない限り、本書では（互いに直交する単位ベクトルで構成される）正規直交規定を使います。

a と a の両方と、その間のすべての数を含む範囲の表記は $[a, b]$ です。a と a の間のすべての数は必要でも、a と b 自体が不要な場合は、(a, b) と書きます。それらの組み合わせも使え、例えば $[a, b)$ は、a を含むけれども b を含まない a と b の間のすべての数を意味します。

C の数学関数 $\mathtt{atan2(y,x)}$ は本文でしばしば使われるので、注目に値します。これは数学関数 $\arctan(x)$ の拡張です。主な違いは $-\frac{\pi}{2} < \arctan(x) < \frac{\pi}{2}$ かつ $0 \leq \mathtt{atan2(y,x)} < 2\pi$ であることと、後者の関数に追加の引数があることです。arctan の一般的な用途は $\arctan(y/x)$ を計算することですが、$x = 0$ のときにゼロ除算が生じます。$\mathtt{atan2(y, x)}$ の追加の引数がこれを回避します。

表記 $\log(n)$ は、本書では常用対数 $\log_{10}(n)$ ではなく、常に自然対数を $\log_e(n)$ 意味します。

コンピューター グラフィックスの分野で3次元幾何学の標準の座標系なので、右手座標系を使います。

色は *red, green, blue* のような3要素ベクトルで表され、各要素の範囲は $[0, 1]$ です。

1.2.2　幾何学的定義

ほぼすべてのグラフィックス ハードウェアが使う基本レンダリング プリミティブ（**描画プリミティブ**とも呼ばれる）は点、直線、三角形です[*1]。

　本書全体を通じて、幾何学エンティティのコレクションを**モデル**または**オブジェクト**と呼ぶことにします。**シーン**は、レンダーする環境に含まれるすべてのものを構成するモデルのコレクションです。シーンはマテリアルの記述、ライティング、視野の設定も含むことがあります。

　車、建物、さらには直線もオブジェクトの例です。実際、オブジェクトはたいてい描画プリミティブのセットで構成されますが、それが常に当てはまるわけではありません。オブジェクトがベジエ曲線やベジエ サーフェス、サブディビジョン サーフェスなどの高次の幾何学的表現を持つこともあります。また、オブジェクトを他のオブジェクトから作ることもでき、例えば車のオブジェクトには4つのドア オブジェクト、4つの車輪オブジェクトなどが含まれます。

1.2.3　シェーディング

確立したコンピューター グラフィックスの用法に従い、本書では「シェーディング」、「シェーダー」、それに関連する言葉から派生した用語を、相異なる2つの関連する概念である、コンピューターが生成する視覚的見た目（例えば「シェーディング モデル」「シェーディングの式」「トゥーン シェーディング」）と、レンダリング システムのプログラム可能な構成要素（例えば「頂点シェーダー」「シェーディング言語」）を指すのに使います。いずれの場合も、意図する意味は文脈から明らかなはずです。

参考文献とリソース

紹介できる最も重要なリソースは本書のウェブサイト realtimerendering.com です。そこに最新情報と、各章に関連するウェブサイトへのリンクがあります。リアルタイム レンダリングの分野は、リアルタイム速度で変化しています。本書では基礎となる概念と、時代遅れにならないと思われるテクニックに焦点を合わせるようにしました。このウェブサイトで今日のソフトウェア開発者に関係のある情報を示す機会を与え、それを最新に保つことができます。

[*1] 私たちの知る限り、例外は球を描ける Pixel-Planes[545] と楕円体を描ける NVIDIA NV1 チップだけです。

2. グラフィックス レンダリング パイプライン

"A chain is no stronger than its weakest link."
　　—Anonymous

　　鎖はその最も弱い輪の強さしかない。

本章で紹介するのはリアルタイム グラフィックスの中核となる構成要素、すなわち**グラフィックス レンダリング パイプライン**で、単に「パイプライン」とも呼ばれます。パイプラインの主な機能は、与えられた仮想カメラ、3次元オブジェクト、光源から、2次元イメージを生成（**レンダー**）することです。したがってレンダリング パイプラインは、リアルタイム レンダリングの基礎となるツールです。このパイプラインを使う処理が、図2.1に示されています。イメージ中のオブジェクトの位置と形は、それらの幾何学形状（ジオメトリー）、環境の特性、その環境でのカメラの配置で決まります。オブジェクトの見た目はマテリアル特性、光源、テクスチャー（表面に適用されるイメージ）、シェーディングの式の影響を受けます。

　　これからレンダリング パイプラインの様々なステージを、実装よりも機能に焦点を合わせて説明します。それらのステージの適用に関連する詳細は、後の章で取り上げます。

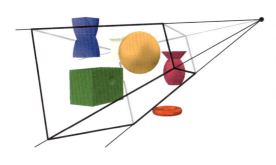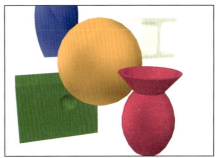

図2.1. 左のイメージで、仮想カメラはピラミッドの先端（4本の直線が収束する場所）にある。ビュー ボリューム内のプリミティブだけがレンダーされる。遠近法でレンダーされるイメージでは（この場合にのように）、ビュー ボリュームは**錐台**（*frustum*、複数形: *frusta*）、つまり底面が長方形の切り詰めたピラミッド。右のイメージはカメラに「見える」ものを示している。左のイメージの赤いドーナッツ型は、視錐台の外に位置するため、右のレンダリングにはない。また、左のイメージのねじれた青いプリズムは、錐台の上面でクリップされている。

2.1 アーキテクチャー

物理的な世界では、パイプラインの概念は工場の組立ラインからファーストフードのキッチンまで多様な形があります。これはグラフィックス レンダリングにも当てはまります。パイプラインはいくつかのステージからなり [777]、それぞれより大きなタスクの一部を実行します。

パイプラインのステージは並列に実行され、各ステージは前のステージの結果に依存します。理想的には、非パイプライン化システムを n のパイプライン化ステージに分割すれば、n 倍のスピードアップが得られます。この性能の増加がパイプライン処理を使う主な理由です。例えば、大量のサンドイッチを作るためには、1人がパンを準備し、もう1人が肉を加え、もう1人がトッピングを追加する流れ作業が必要です。各人が結果をラインの次の人に渡し、すぐに次のサンドイッチの作業に取り掛かります。各人の作業にかかる時間が20秒なら、最大で20秒に1つ、毎分3つのサンドイッチが可能です。パイプライン ステージは並列に実行されますが、最も遅いステージがそのタスクを終了するまで、ストールします。例えば、肉を加えるステージがより複雑になり、30秒かかるとします。そうすると達成可能な最高速度は、毎秒2つのサンドイッチです。この特定のパイプラインでは、肉ステージが生産全体のスピードを決します。これが**ボトルネック**です。肉ステージが完了するのを待つ間、トッピング ステージは（そして客も）飢えることになります。

この種のパイプライン構築は、リアルタイム コンピューター グラフィックスのコンテキストでも見られます。4つの主なステージ（**アプリケーション、ジオメトリー処理、ラスタライズ、ピクセル処理**）への、リアルタイム レンダリング パイプラインの大まかな分割が、図2.2に示されています。

この構造がリアルタイム コンピューター グラフィックス アプリケーションで使われる中核（レンダリング パイプラインのエンジン）であり、この後の章の議論の重要な基盤です。これらのステージ自体も普通はパイプラインで、いくつかのサブステージで構成されます。ここに示す機能ステージと、それらの実装の構造は同じではありません。機能ステージは特定の実行すべきタスクを持ちますが、そのタスクをパイプラインでどう実行するかは指定しません。実装によっては2つの機能ステージを1つの単位に結合することもあれば、より時間のかかる機能ステージを複数のハードウェア ユニットに分割し、プログラマブルなコアを使って実行することもあります。

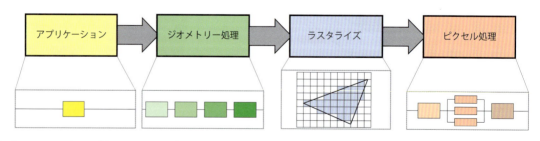

図 **2.2.** 4つのステージ：アプリケーション、ジオメトリー処理、ラスタライズ、ピクセル処理からなるレンダリングパイプラインの基本構造。ジオメトリー処理ステージの下に示すように、そのステージ自体もパイプラインのこともあれば、ピクセル処理ステージの下に示すように、（部分的に）並列化されるステージもある。この図では、アプリケーション ステージがシングル プロセスだが、このステージもパイプライン化や並列化できる。ラスタライズは、プリミティブ、例えば三角形内のピクセルを求める。

2.2. アプリケーション ステージ   11

　レンダリングの速さはフレーム/秒（FPS）、つまり1秒ごとにレンダーされるイメージの数で表わせます。これはヘルツ（Hz）を使っても表すことができ、それは単純に1/秒、つまり更新の頻度の表記です。イメージのレンダーにかかる時間をミリ秒（ms）で記述するのも一般的です。イメージを生成する時間は、フレームの間に実行する計算の複雑さによって変化するのが普通です。フレーム/秒は特定のフレームのレートや、ある使用時間での平均性能を表すのにも使われます。ヘルツは、ディスプレイなどの固定レートに設定されたハードウェアに使われます。

　その名前が示すように、**アプリケーション ステージ**はアプリケーションが駆動するので、一般に汎用CPU上で動くソフトウェアで実装されます。それらのCPUは一般に複数のコアを持ち、複数の**実行スレッド**を並列に処理できます。これによりCPUは、アプリケーションステージの責任である大型の様々なタスクを効率よく実行できます。伝統的にCPU上で実行されるタスクには、アプリケーションの種類に応じた衝突検出、グローバル高速化アルゴリズム、アニメーション、物理シミュレーションなど多くが含まれます。その次の主要ステージである**ジオメトリー処理**は、座標変換、投影、その他すべての幾何学的処理を扱います。このステージは何を、どこへ、どのように描画すべきかを計算します。ジオメトリー ステージは、一般に多くのプログラマブルなコアと固定機能ハードウェアを持つグラフィックス処理ユニット（GPU）上で実行されます。**ラスタライズ** ステージは 一般に3つの頂点を入力として三角形を形成し、三角形の内側にあると考えられるすべてのピクセルを求めて、次のステージに送ります。最後に、**ピクセル処理**ステージは、ピクセルごとにプログラムを実行して、その色を決定し、また、それが見えるかどうかを知るため深度テストを行うこともあります。また新たに計算した色と以前の色とのブレンドなど、ピクセル単位の操作を行うこともあります。ラスタライズとピクセル処理のステージも完全にGPU上で処理されます。これらの全ステージと、その内部パイプラインを次の4つのセクションで論じます。これらのステージをGPUがどう処理するかに関する詳細は3章にあります。

2.2　アプリケーション ステージ

アプリケーション ステージは通常CPU上で実行されるので、何が起きるかについて、開発者は完全に制御できます。それゆえ、開発者は実装を完全に決定でき、性能を改善するため後で修正することができます。ここでの変更が後続のステージの性能に影響することもあります。例えば、アプリケーション ステージのアルゴリズムや設定で、レンダーする三角形の数を減らすこともできます。

　とは言っても、**コンピュート シェーダー**と呼ばれる別のモードを使い、GPUで実行できるアプリケーションの作業もあります。このモードはGPU、特にグラフィックスのレンダリングを意図した特別な機能を無視し、高度に並列な汎用プロセッサーとして扱います。アプリケーション ステージの終わりに、レンダーすべきジオメトリーをジオメトリー処理ステージに渡します。それらは最終的に画面上（あるいは何であれ使用中の出力装置）に現れる r レンダリング プリミティブ、つまり点、直線、三角形です。これがアプリケーション ステージの最も重要なタスクです。

このステージのソフトウェアベースの実装の1つの帰結は、それがジオメトリー処理、ラスタライズ、ピクセル処理ステージのようなサブステージに分離されないことです[*1]。しかし、性能を上げるため、このステージはしばしば複数のプロセッサー コアで並列に実行されます。同じステージで複数のプロセスを同時に実行でき、CPUの設計で、これは**スーパースカラー構造**と呼ばれます。セクション18.5で複数のプロセッサー コアを使う様々な手法を紹介します。

このステージで一般に実装される1つの処理が**衝突検出**です。2つのオブジェクト間の衝突を検出した後、応答を生成して衝突するオブジェクトと、フォースフィードバック装置に送り返すことがあります。アプリケーション ステージはキーボード、マウス、ヘッドマウントディスプレイなど、他のソースからの入力の面倒を見る場所でもあります。その入力に応じて、異なる種類のアクションをとるかもしれません。特別なカリング アルゴリズム（19）など、高速化アルゴリズムも、パイプラインの他の部分が扱えないものと一緒にここで実装します。

2.3　ジオメトリー処理

GPUのジオメトリー処理ステージは三角形単位と、頂点単位の操作の大半を担当します。このステージはさらに、頂点シェーディング、クリッピング、スクリーン マッピングの機能ステージに別れます（図2.3）。

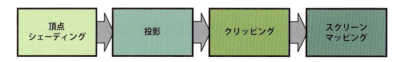

図2.3. 機能ステージのパイプラインに分かれるジオメトリー処理ステージ。

2.3.1　頂点シェーディング

頂点シェーディングの主な任務は2つです。頂点の位置を計算し、法線やテクスチャー座標など、何であれプログラマーが頂点出力データに持たせたいものを評価することです。伝統的にオブジェクトの陰影の多くは各頂点の位置と法線にライトを適用して計算し、その結果の色だけを頂点に格納していました。次にそれらの色を三角形の上で補間しました。そのような理由で、このプログラマブルな頂点処理ユニットは頂点シェーダーと名付けられました [1134]。現代のGPUの出現と、シェーディングの一部または全体がピクセル単位に行われるようになったことで、この頂点シェーディング ステージはより汎用になり、プログラマーの意図によっては、シェーディングの式をまったく評価しないこともあります。今では頂点シェーダーは、各頂点に関連付けたデータの設定に専念する、より一般的なユニットになっています。例えば、頂点シェーダーはセクション4.4と4.5の手法を使ってオブジェクトをアニメートできます。

まずは、必須の座標のセットである頂点位置の計算方法を述べます。画面に達する途中で、モデルはいくつかの異なる**空間**や**座標系**に変換されます。最初、モデルは独自の**モデル空間**に存在し、それは単純にまったく変換されていないことを意味します。モデルごとに、位置と向

[*1] CPU自体がずっと小さなスケールでパイプライン化されているので、アプリケーション ステージがさらにいくつかのパイプライン ステージに再分割されると言うこともできますが、ここでは無関係です。

2.3. ジオメトリー処理

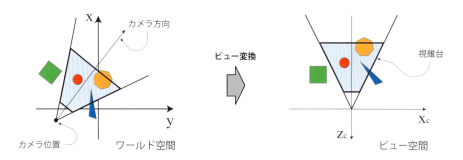

図2.4. 左の図では、トップダウン ビューが+z-軸が上向きのワールドでユーザーが望むように位置を向きを設定したカメラを示している。ビュー変換は、右に示すようにカメラが原点にあり、負のz-軸方向を向き、カメラの+y-軸が上となるようにワールドの向きを変える。これはクリッピングと投影の操作を簡単かつ高速にするために行う。淡青色の領域がビュー ボリューム。ここでは ビュー ボリュームが錐台なので、遠近法のビューを仮定している。どんな種類の投影にも、同様のテクニックが適用される。

きを設定できるモデル変換を関連付けられます。複数のモデル変換を1つのモデルに関連付けることも可能です。これにより、同じシーン中で同じモデルの複数のコピー（**インスタンス**と呼ばれる）に基本ジオメトリーを複製することなく、異なる位置、向き、サイズを持たせられます。

モデル変換が変換するのはモデルの頂点と法線です。オブジェクトの座標は**モデル座標**と呼ばれ、それらの座標にモデル変換が適用されると、モデルは**ワールド座標**、あるいは**ワールド空間**にあると言われます。ワールド空間は1つしかなく、それぞれのモデル変換でモデルが変換された後は、すべてのモデルがこの同じ空間に存在します。

前に述べたように、カメラ（観察者）から見えるモデルだけがレンダーされます。カメラはワールド空間中の位置と方向を持ち、それをカメラの配置と照準に使います。投影とクリッピングがしやすいように、カメラとすべてのモデルを**ビュー変換**で変換します。ビュー変換の目的はカメラを原点に置いて、その照準が負のz-軸の方向を向き、y-軸が上を指し、x-軸が右を指すようにすることです。本書では $-z$-軸規約を使いますが、+z-軸の向きを好む教科書もあります。互いの変換は単純なので、その違いはほとんど意味論的なものです。ビュー変換を適用した後の実際の位置と方向は、基盤となるアプリケーション プログラミング インターフェイス（API）に依存します。このように記述される空間は**カメラ空間**、より一般的には**ビュー空間**や**視点空間**と呼ばれます。ビュー変換がカメラとモデルにどう影響を与えるかの例が、図2.4に示されています。モデル変換とビュー変換のどちらも 4×4 行列として実装でき、それが4章のトピックです。しかし理解すべき重要なことは、プログラマーが頂点の位置と法線を好きなやり方で計算できることです。

次に、2番目のタイプである頂点シェーディングからの出力を述べます。リアリスティックなシーンを作り出すには、オブジェクトの形と位置をレンダーするだけでは不十分で、その見た目もモデル化しなければなりません。この記述には各オブジェクトのマテリアルと、オブジェクトを照らす、すべての光源の効果が含まれます。マテリアルとライトは、単純な色から物理的に記述される精巧な表現まで、いくつものやり方でモデル化できます。

このマテリアル上のライトの効果を決定する操作は、**シェーディング**と呼ばれます。それにはオブジェクト上の様々な点における**シェーディングの式**の計算が含まれます。一般にそれらの計算は、モデルの頂点でのジオメトリー処理の間に行うものあれば、ピクセル単位の処理で

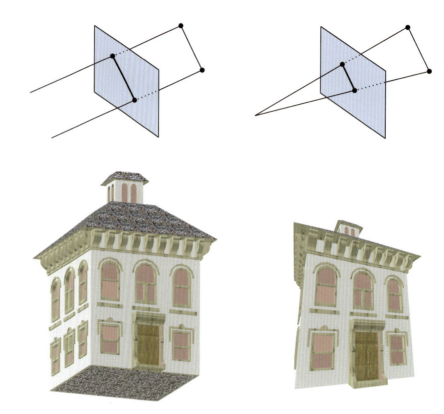

図2.5. 左は正投影（平行投影）、右は透視投影。

行うものもあります。点の位置、法線、色、その他のシェーディングの式の評価に必要な数値情報など、様々なマテリアル データを頂点ごとに格納できます。頂点シェーディングの結果（色、ベクトル、テクスチャー座標、その他の種類のシェーディング データ）は、次にラスタライズとピクセル処理のステージに送られ、補間されてサーフェスのシェーディングの計算に使われます。

　GPU頂点シェーダーの形をとる頂点シェーディングは本書の中で、特に3章と5章で詳しく論じます。

　頂点シェーディングの一部として、レンダリング システムは投影、次にクリッピングを行い、それはビュー ボリュームを端点が$(-1, -1, -1)$と$(1, 1, 1)$にある単位立方体に変換します。同じボリュームは異なる範囲、例えば、$0 \leq z \leq 1$を使って定義できます。この単位立方体は**正準ビュー ボリューム**と呼ばれます。投影は最初に行われ、GPU上では頂点シェーダーが行います。2つの一般的に使われる投影法、すなわち**正投影（平行投影**とも呼ばれる）と**透視投影**があります（図2.5）。実のところ、正投影は平行投影の1つの形にすぎません。斜投影や不等角投影など、他にもいくつかあり、特に建築の分野で使われます。昔のアーケード ゲーム *Zaxxon* は、後者から名前をとっています。

　投影は行列（セクション4.7）で表現されるので、ジオメトリー変換の残りの部分が結合されることがあります。

　正投影ビューのビュー ボリュームは、通常は長方形のボックスで、正投影はこのビュー ボリュームを単位立方体に変換します。正投影の主な特徴は、平行な直線が変換後も平行なこと

2.3. ジオメトリー処理 15

です。この変換は平行移動とスケールの組み合わせです。

透視投影はもう少し複雑です。この型の投影では、オブジェクトがカメラから遠くにあるほど、投影後に小さく見えます。さらに、平行な直線は地平線で収束することがあります。したがって遠近変換は、私たちがオブジェクトのサイズを認識するやり方を模倣します。**錐台**と呼ばれるビュー ボリュームは、幾何学的には長方形の底面を持つ切り詰めたピラミッドです。錐台も単位立方体に変換されます。正投影と透視投影どちらの変換も 4×4 行列で構築でき（4章）、どちらも変換後には、モデルが**クリップ座標**にあると言われます。それらは実際には4章で論じる同次座標なので、これは w による除算の前に発生します。次の機能ステージのクリッピングが正しく動作するように、GPUの頂点シェーダーは必ずこの型の座標を出力しなければなりません。これらの行列は1つのボリュームを別のボリュームに変換しますが、表示の後は z-座標が生成するイメージに格納されず、セクション2.5で述べる z-バッファーに格納されるので、投影と呼ばれます。こうして、モデルは3次元から2次元に投影されます。

2.3.2　オプションの頂点処理

今述べた頂点処理は、すべてのパイプラインにあります。この処理の完了後にGPU上で行える、いくつかのオプションのステージがあり、それらはテッセレーション、ジオメトリー シェーディング、ストリーム出力の順で行われます。それらを使うかどうかは、ハードウェアの能力（必ずしもすべてのGPUが持っているわけではない）とプログラマーの望みの両方に依存します。それらは相互に依存せず、いつも使われるわけではありません。3章で個別に詳しく述べます。

最初のオプション ステージが、**テッセレーション**です。跳ね返るボールのオブジェクトがあるとします。それを1つの三角形のセットで表すと、品質や性能の問題に出くわすことがあります。5メートル離れたボールは、よく見えるかもしれませんが、近いと個々の三角形が、特にシルエットがあると目立つようになります。品質を上げるためボールの三角形を増やすと、ボールが遠くで画面上で数ピクセルしかないときに、かなりの処理時間とメモリーが無駄になるでしょう。テッセレーションを使えば、適切な数の三角形で曲面を生成できます。

少し三角形について話しましたが、パイプラインのこの時点では、頂点しか処理していません。点、直線、三角形などのオブジェクトは、それらを使って表せます。頂点はボールなどの曲面の記述に使えます。そのようなサーフェスはパッチのセットで記述でき、各パッチは頂点のセットで作られます。テッセレーション ステージ自体も、パッチ頂点のセットを、新たな三角形のセットの作成に使う（通常は）より大きな頂点のセットに変換する一連のステージ（ハル シェーダー、テッセレートレーター、ドメイン シェーダー）で構成されます。生成する三角形の数（パッチが近ければ多く、遠ければ少なく）の決定には、シーンのカメラを使えます。

次のオプション ステージが、**ジオメトリー シェーダー**です。このシェーダーはテッセレーション シェーダー以前からあるので、GPUで一般的に見られます。様々な種類のプリミティブから新たな頂点を作り出せるという意味で、テッセレーション シェーダーと似ています。この作成のスコープが限られ、出力プリミティブの型が、はるかに制限されているという点で、ずっと単純です。ジオメトリー シェーダーにはいくつかの用途があり、最もよく使われるものの1つがパーティクルの生成です。花火の爆発をシミュレートするとします。それぞれの火球は1つの点、すなわち1つの頂点で表せます。ジオメトリー シェーダーは個々の点を、視点を向いて何ピクセルかに広がる正方形（2つの三角形）に変えられるので、より信ぴょう

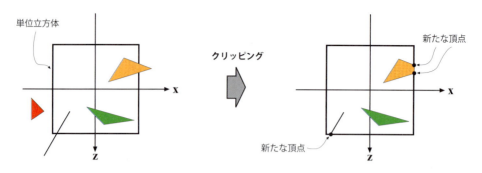

図 2.6. 投影変換の後は、単位立方体内のプリミティブ（視錐台内のプリミティブに対応）しか処理を継続する必要がない。それゆえ、単位立方体外のプリミティブは破棄され、完全に内側のプリミティブは保持される。単位立方体と交わるプリミティブは単位立方体でクリップし、新たな頂点を生成して古いものも破棄する。

性のある、シェーディング可能なプリミティブを供給します。

　最後のオプション ステージは、**ストリーム出力**と呼ばれます。このステージではGPUをジオメトリー エンジンとして使えます。処理した頂点をパイプラインの下流に送って画面にレンダーする代わりに、この時点でオプションで配列に出力し、さらに処理を行うことができます。それらのデータは後のパスでCPUや、GPU自身でも使えます。このステージは一般に、花火の例のようなパーティクル シミュレーションで使われます。

　この3つのステージはテッセレーション、ジオメトリー シェーディング、ストリーム出力の順に実行され、どれもオプションです。どのオプションを使っても、パイプラインを下り続けると同次座標の頂点のセットが得られ、それをカメラから見えるかどうかチェックします。

2.3.3　クリッピング

全体、または一部がビュー ボリューム内にあるプリミティブだけをラスタライズ ステージ（と後続のピクセル処理ステージ）に渡せばよく、それらが画面上に描画されます。完全にビュー ボリューム内にあるプリミティブは、そのまま次のステージに渡されます。完全にビュー ボリューム外のプリミティブは、レンダーされないのでそこから先には渡されません。クリッピングが必要なのは、部分的にビュー ボリューム内にあるプリミティブです。例えば、1つの頂点がビュー ボリュームの外、もう1つが内にある直線は、直線とビュー ボリュームの交点に位置する新たな頂点で外にある頂点を置き換えるように、ビュー ボリュームでクリップすべきです。投影行列の使用は、変換されたプリミティブが単位立方体でクリップされることを意味します。クリッピングの前にビュー変換と投影を行うことの利点は、クリッピングの問題に一貫性を持たせること、つまりプリミティブを常に単位立方体でクリップすることです。

　クリッピング処理が図2.6に示されています。ビュー ボリュームの6つのクリッピング平面に加えて、ユーザーはオブジェクトをはっきり切り詰める追加のクリッピング平面を定義できます。**セクショニング**と呼ばれる、この種の可視化を示すイメージが706ページの図19.1に示されています。

　クリッピングのステップは投影が作り出す4値の同次座標を使い、クリッピングを行います。値は通常、遠近空間の三角形上で線形に補間されません。透視投影を使うときには、データが正しく補間されてクリップされるために4番目の座標が必要です。最後に、**透視除算**を行い、その結果の三角形の位置を3次元**正規化デバイス座標**に配置します。前に述べたように、

2.3. ジオメトリー処理

このビュー ボリュームの範囲は $(-1,-1,-1)$ から $(1,1,1)$ です。ジオメトリー ステージの最後のステップは、この空間からウィンドウ座標への変換です。

2.3.4 スクリーン マッピング

ビュー ボリューム内にある（クリップ済みの）プリミティブだけがスクリーン マッピング ステージに渡され、このステージに入るときには座標はまだ3次元です。各プリミティブのx-座標とy-座標は変換されて**スクリーン座標**を形成します。スクリーン座標とz-座標を合わせて**ウィンドウ座標**とも呼ばれます。シーンを最小コーナーが(x_1,y_1)で最大コーナーが(x_2,y_2)にある（$x_1 < x_2$かつ$y_1 < y_2$）のウィンドウにレンダーするとします。そのときスクリーン マッピングは平行移動と、それに続くスケーリング操作です。新しいx-座標とy-座標をスクリーン座標と言います。z-座標（OpenGLでは$[-1,+1]$、DirectXでは$[0,1]$）も$z_1 = 0$と$z_2 = 1$をデフォルト値として$[z_1, z_2]$にマップされます。しかし、これらはAPIで変更できます。ウィンドウ座標はこの再マップしたz-値と一緒にラスタライザー ステージに渡されます。スクリーン マッピングの処理が図2.7に示されています。

次に、整数と浮動小数点の値がピクセル（とテクスチャー座標）にどう関係するかを説明します。ピクセルの水平な配列でデカルト座標を使うと、左端のピクセルの左の端が浮動小数点座標の0.0です。OpenGLはこれまでずっとこのスキームを使い、DirectX 10以降も使います。このピクセルの中心は0.5にあります。したがって、ピクセルの範囲$[0, 9]$は$[0.0, 10.0)$の区間に広がります。その変換は単純で

$$d = \texttt{floor}(\texttt{c}), \tag{2.1}$$
$$c = d + 0.5, \tag{2.2}$$

dはピクセルの離散（整数）インデックス、cはピクセル内部の連続（浮動小数点）値です。

どのAPIでも、ピクセル位置の値は左から右に増加しますが、上下の端のゼロの位置は、OpenGLとDirectXで一致しないことがあります[*2]。OpenGLはどこでもデカルト座標系を好み、左下隅を最小値の要素として扱いますが、DirectXはコンテキストにより左上隅を最小の要素と定義することがあります。それぞれに論理があり、それらがどこで異なるかの正

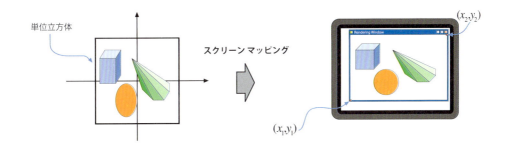

図2.7. プリミティブは投影変換後の単位立方体内にあり、スクリーン マッピングの手続きが画面上の座標を求める面倒を見る。

[*2] 「Direct3D」はDirectXの3次元グラフィックスAPIコンポーネントです。DirectXには入力やオーディオ制御など、他のAPI要素も含まれます。特定のリリースを指定するときに「DirectX」、特定のAPIを論じるときに「Direct3D」と書き分けることはせず、一般的な用法に従い、どこでも「DirectX」と書くことにします。

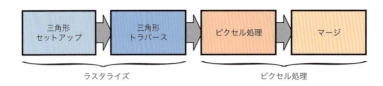

図 2.8. 左: ラスタライズは三角形セットアップと三角形トラバースと呼ばれる 2 つの機能ステージに分かれる。右: ピクセル処理は 2 つの機能ステージ、すなわちピクセル シェーディングとマージに分かれる。

しい答えは存在しません。例えば、(0,0) は OpenGL ではイメージの左下隅に位置しますが、DirectX では左上です。API を移るときには、この違いを考慮に入れることが重要です。

2.4　ラスタライズ

変換されて投影された頂点と、関連するシェーディング データが（すべてジオメトリー処理から）与えられたら、次のステージの目標はレンダー中のプリミティブ、例えば三角形内にあるすべてのピクセル（**ピクチャー エレメント**の短縮形）を求めることです。この処理は**ラスタライズ**と呼ばれ、三角形セットアップ（プリミティブ アセンブリーとも呼ばれる）と三角形トラバースという 2 つの機能サブステージに別れます。それらが図 2.8 の左に示されています。これらのサブステージは点と直線も扱えますが、三角形が最も一般的なので、名前に「三角形」が付いています。ラスタライズは**走査変換**とも呼ばれ。画面空間の 2 次元頂点（それぞれ z-値（深度値）と頂点に関連する様々なシェーディング情報を持つ）から画面上のピクセルへの変換です。3 つの頂点から三角形が作られて、最終的にピクセル処理に送られるのはここなので、ラスタライズはジオメトリー処理とピクセル処理の同期地点と考えることもできます。

　三角形がピクセルに重なると見なされるかどうかは、GPU のパイプラインの設定の仕方に依存します。例えば、「内部性」の決定にポイント サンプリングを使うことがあります。最も単純なケースは、各ピクセルの中心の 1 点のサンプルを使うので、その中心点が三角形の内側にあれば、対応するピクセルも内側にあると見なされます。スーパーサンプリングやマルチサンプリング アンチエイリアシング テクニック（セクション 5.4.2）を使い、ピクセルあたり複数のサンプルを使うこともできます。さらに、少なくともピクセルの一部が三角形と重なれば、ピクセルは三角形の「内側」にあると定義される、保守的ラスタライズを使うこともできます（セクション 24.1.2）。

2.4.1　三角形セットアップ

このステージでは、差分、辺の式など、三角形のデータを計算します。それらのデータは三角形トラバースと（セクション 2.4.2）、ジオメトリー ステージが作り出す様々なシェーディング データの補間に使われることがあります。このタスクには固定機能ハードウェアが使われます。

2.4.2　三角形トラバース

ここではその中心（1 つのサンプル）が三角形が覆うピクセルを個々にチェックし、ピクセルの三角形と重なる部分に**フラグメント**を生成します。もっと手の込んだサンプリング手法が、

セクション5.4にあります。三角形の内側にあるサンプルやピクセルを求める処理は、しばしば**三角形トラバース**と呼ばれます。三角形の各フラグメントのプロパティは、三角形の3つの頂点（5章）の間で補間したデータを使って生成します。それらのプロパティにはフラグメントの深度と、ジオメトリー ステージからのすべてのシェーディング データが含まれます。McCormackら[1252]が、三角形トラバースに関する詳しい情報を提供します。三角形上の正しい遠近補間を行うのもここです[754]（セクション24.1.1）。プリミティブの内側のすべてのピクセルやサンプルが、次に述べるピクセル処理ステージに送られます。

2.5　ピクセル処理

以前のステージすべての組み合わせの結果として、この時点で、三角形や他のプリミティブの内側にあると見なされた、すべてのピクセルが求められています。ピクセル処理ステージは図2.8の右に示すように、**ピクセル シェーディングとマージ**に別れます。ピクセル処理はプリミティブ内にあるピクセルやサンプル上で、ピクセル単位、サンプル単位の計算と操作を行うステージです。

2.5.1　ピクセル シェーディング

ピクセル単位のシェーディングの計算は、ここで補間されたシェーディング データを入力として使って行います。その最終結果は次のステージに渡す1つ以上の色です。一般に専用の固定配線されたシリコンで行われる三角形セットアップ/トラバースのステージと違い、ピクセル シェーディング ステージはプログラマブルなGPUコアで実行します。その目的で、プログラマーはピクセル シェーダー（OpenGLではフラグメント シェーダーと呼ばれる）にプログラムを供給し、それに望みの計算を含められます。ここでは多様なテクニックを採用でき、その最も重要なものの1つが**テクスチャリング**です。テクスチャリングは6章で詳しく扱います。簡単に言うと、オブジェクトのテクスチャリングは、様々な目的でオブジェクトに1つ以上のイメージを「貼り付ける」ことを意味します。この処理の単純な例が図2.9に示されています。そのイメージは1、2、3次元が可能で、2次元イメージが最も一般的です。最も単純な場合、その最終成果はフラグメントごとの色値で、それらが次のサブステージに渡されます。

2.5.2　マージ

ピクセルごとの情報は**カラー バッファー**に格納され、それは色（各色の赤、緑、青成分）の長方形配列です。ピクセル シェーディング ステージが作り出すフラグメントの色を、現在バッファーに格納されている色と組み合わせるのがマージ ステージの責任です。このステージは**ROP**とも呼ばれ、尋ねる人にもよりますが「ラスター操作（パイプライン）」や「レンダー出力ユニット」の略語です。シェーディング ステージと違い、このステージを実行するGPUのサブユニットは、一般には完全にプログラマブルではありません。しかし、高度に設定可能で、様々な効果が可能です。

　このステージは可視性の解決も担当します。これはシーン全体をレンダーしたとき、カラー バッファーの値が、シーン中でカメラの視点から見えるプリミティブの色でなければならないことを意味します。ほぼすべてのグラフィックス ハードウェアで、これはz-バッファー（**深度バッファー**とも呼ばれる）アルゴリズムで行います[258]。z-バッファーはカラー バッ

ファーと同じサイズと形で、ピクセルごとに現在の最も近いプリミティブのz-値を格納します。これはプリミティブをピクセルにレンダーするとき、プリミティブのそのピクセルでのz-値を計算し、同じピクセルのz-バッファーの内容と比較することを意味します。新しいz-値がz-バッファーのz-値より小さければ、そのピクセルでそれまでカメラに最も近かったプリミティブよりも、レンダー中のプリミティブのほうがカメラに近いことを示します。したがって、そのピクセルのz-値と色は描画中のプリミティブのz-値と色で更新します。計算したz-値がz-バッファーのz-値より大きければ、カラー バッファーとz-バッファーはそのままです。z-バッファー アルゴリズムは単純で、$O(n)$の収束を持ち（nはレンダー中のプリミティブの数）、（関連する）ピクセルごとにz-値を計算できる任意の描画プリミティブで動作します。またこのアルゴリズムはほとんどのプリミティブを任意の順番でレンダーでき、それも人気の理由です。しかし、z-バッファーは画面上の点ごとに1つの深度しか格納しないので、部分的に透明なプリミティブに使えません。それらはすべての不透明なプリミティブをレンダーした後、後ろから前にレンダーするか、別の順序に依存しないアルゴリズム（セクション5.5）を使わなければなりません。透明度は、基本的なz-バッファーの大きな弱点の1つです。

　カラー バッファーを色の格納に使い、z-バッファーに各ピクセルのz-値を格納することは前に述べました。しかし、フラグメント情報のフィルターと記録に使える、他のチャンネルとバッファーがあります。**アルファ チャンネル**はカラー バッファーに関連付けられ、ピクセルごとの関連する不透明度の値を格納します（セクション5.5）。昔のAPIでは、アルファ テスト機能経由でピクセルを選択的に破棄するのに、アルファ チャンネルが使われました。今日では破棄操作をピクセル シェーダー プログラムに挿入し、任意の種類の計算を破棄を行うのに使えます。完全に透明なフラグメントがz-バッファーに影響を与えないようにするのに、この種のテストを使えます（セクション6.6）。

　ステンシル バッファーは、レンダーされるプリミティブの位置の記録に使うオフスクリーン バッファーです。一般に8ビット/ピクセルです。様々な機能を使って、ステンシル バッ

図2.9. 左上はテクスチャーのないドラゴン モデル。そのドラゴンにイメージ テクスチャーの断片を「貼り付け」た結果が左下。

ファーにプリミティブをレンダーでき、次にそのバッファーの内容を使ってカラー バッファーと z-バッファーへのレンダリングを制御できます。例えば、塗りつぶした円がステンシル バッファーに描かれているとします。その円が存在する場所だけに後続のプリミティブのカラー バッファーへのレンダリングを許すオペレーターと、これを組み合わせることができます。ステンシル バッファーは、いくつかの特殊効果の生成で強力なツールになります。パイプラインの終わりにある、これらすべての機能は、ラスター操作（ROP）やブレンド操作と呼ばれます。現在のカラー バッファーの色を、三角形内の処理中のピクセルの色と混合できます。これにより、透明度や色サンプルの累積などの効果が可能になります。既に述べたように、ブレンド処理は一般に API を使って設定できますが、完全にプログラマブルではありません。しかし、ラスター オーダー ビュー（ピクセル シェーダー オーダリングとも呼ばれる）をサポートし、プログラマブルなブレンド処理が可能な API もあります。

フレームバッファーは、一般にシステムのすべてのバッファーで構成されます。

プリミティブがラスタライザー ステージに到達して通過すると、カメラの視点から見えるものが画面に表示されます。画面はカラー バッファーの内容を表示します。ラスタライズされて画面に送られている最中のプリミティブが見えてしまうのを避けるため、**ダブルバッファリング**が使われます。これはシーンのレンダリングが画面の外、**バック バッファー**で発生することを意味します。シーンをバック バッファーにレンダーしたら、バック バッファーの内容を、それまで画面に表示されていた**フロント バッファー**の内容と交換します。その交換はしばしば、それを安全に行える**垂直帰線**期間に発生します。

様々なバッファーとバッファリング手法に関する詳しい情報は、セクション 5.4.2、24.6、24.7 を参照してください。

2.6　パイプラインを通る

点、直線、三角形は、モデルやオブジェクトを構成するレンダリング プリミティブです。アプリケーションがインタラクティブな**コンピューター支援設計（CAD）**アプリケーションで、ユーザーがワッフルメーカーの設計を調べているとします。ここでは、このモデルがアプリケーション、ジオメトリー、ラスタライズ、ピクセル処理の 4 つの主要なステージからなるグラフィックス レンダリング パイプライン全体を通るのを追いかけます。シーンは画面上のウィンドウに遠近法でレンダーされます。この単純な例では、ワッフルメーカーのモデルには直線（パーツのエッジを示す）と三角形（表面を示す）の両方が含まれます。ワッフルメーカーには開閉可能な蓋があります。製造者のロゴがある 2 次元イメージのテクスチャーが適用される三角形もあります。この例では、ラスタライズ ステージで発生するテクスチャーの適用を除き、サーフェス シェーディングは完全にジオメトリー ステージで計算されます。

アプリケーション

CAD アプリケーションでは、ユーザーはモデルのパーツを選択して移動できます。例えば、ユーザーは蓋を選択し、それをマウスで開くかもしれません。アプリケーション ステージは、マウスの動きを対応する回転行列に翻訳し、蓋をレンダーするときに、その行列が正しく適用されるように取り計らわなけれなりません。別の例は、カメラを事前に定義した経路に沿って動かし、様々なビューからワッフルメーカーを表示するアニメーションの再生です。位置とビュー方向などのカメラのパラメーターを、アプリケーションは時間に応じて更新しなければなりません。レンダーするフレームごとに、アプリケーション ステージはカメラ位置、ライ

ティング、モデルのプリミティブをパイプラインの次の主要ステージ、ジオメトリー ステージに供給します。

ジオメトリー処理

遠近ビューでは、アプリケーションが投影行列を供給済みだと仮定します。また、オブジェクトごとの、アプリケーションがビュー変換とオブジェクト自身の位置と向きの両方を記述する行列も計算済みだとします。この例では、ワッフルメーカーの底が1つの行列、蓋がもう1つの行列を持つことになるでしょう。ジオメトリー ステージでは、オブジェクトの頂点と法線をこの行列で変換し、オブジェクトをビュー空間に入れます。次にマテリアルと光源のプロパティを使い、シェーディングや他の頂点の計算を行うかもしれません。それから別のユーザーが供給する投影行列を使って投影を行い、オブジェクトを目に見えるものを表す単位立方体の空間に変換します。立方体外のプリミティブはすべて破棄されます。この単位立方体と交わるすべてのプリミティブは立方体でクリップされ、完全に単位立方体内にあるプリミティブのセットが得られます。次に頂点を画面上のウィンドウにマップします。これら三角形と頂点単位のすべての操作を行った後、結果のデータがラスタライズ ステージに渡されます。

ラスタライズ

前のステージのクリッピングを生き延びたすべてのプリミティブをラスタライズし、それはプリミティブ内のすべてのピクセルを求めて、さらにパイプラインでピクセル処理に送り出すことを意味します。

ピクセル処理

ここでの目標は見えるプリミティブごとに、ピクセルの色を計算することです。テクスチャー（イメージ）が関連付けられている三角形は、それらのイメージを望み通りに適用してレンダーします。可視性はz-バッファー アルゴリズムと、オプションの破棄やステンシル テストで解決します。各オブジェクトを順に処理し、そして最終的なイメージを画面に表示します。

結論

このパイプラインは、リアルタイム レンダリング アプリケーションを対象とした数十年のAPIとグラフィックス ハードウェアの進化の結果です。これだけが可能なレンダリング パイプラインでないことに注意してください。オフラインのレンダリング パイプラインが辿った進化経路は異なります。映画制作のレンダリングは、たいてい**マイクロポリゴンパイプライン**で行われてきましたが [314, 1862]、最近ではレイ トレーシングとパス トレーシングが取って代わっています。セクション11.2.2で取り上げるそれらのテクニックは、建築と設計のプレビズでも使われることがあります。

　長年に渡り、ここで述べた処理をアプリケーション開発者が使う手段は、使用するグラフィックスAPIが定義する**固定機能パイプライン**を通じることだけでした。固定機能パイプラインという名前が付いているのは、それを実装するグラフィックス ハードウェアが、柔軟なプログラムが不可能な要素で構成されているからです。主要な固定機能マシンの最後の例は、2006年に登場したNintendoのWiiです。一方、プログラマブルなGPUでは、パイプライン全体の様々なサブステージで適用する操作を、正確に決定できます。この第4版では、すべての開発がプログラマブルなGPUを使って行われると仮定します。

参考文献とリソース

Blinnの本、*A Trip Down the Graphics Pipeline*[183] は、ソフトウェア レンダラーを一から書く古い本です。レンダリング パイプライン実装の機微を学ぶのによいリソースで、クリッピングや遠近補間などの鍵となるアルゴリズムを説明します。大昔の（しかし頻繁に更新される）*OpenGL Programming Guide*（別名「赤本」）[956] は、グラフィックス パイプラインと、その使用に関連するアルゴリズムの完全な説明を提供します。本書のウェブサイト、realtimerendering.comには様々なパイプライン ダイアグラム、レンダリング エンジンの実装、その他多くにへのリンクがあります。

3. グラフィックス処理ユニット

"The display is the computer."
—Jen-Hsun Huang

ディスプレイがコンピューターだ。

歴史的には、最初のグラフィックス高速化は、三角形と重なる各ピクセル走査線上の色を補間し、それらの値を表示することから始まりました。イメージ データにアクセスする能力を含めることで、テクスチャーをサーフェスに適用できるようになりました。補間と z-深度をテストするハードウェアの追加により、内蔵の可視性チェックが与えられました。このような処理は頻繁に使われるので、性能を上げるため専用のハードウェアに収容されました。世代を経るごとに、レンダリング パイプラインのさらに多くの部分と、より多くの機能が加わりました。CPUに対する専用グラフィックス ハードウェアの唯一の計算の利点はスピードで、スピードは不可欠な要素です。

この20年間、グラフィックス ハードウェアは信じられないほどの変化を経験しました。ハードウェア頂点処理を持つ最初の消費者用グラフィックス チップ（NVIDIA の GeForce256）が、1999年に出荷されました。GeForce 256 をそれ以前に利用可能だったラスタライズ専用チップと差別化するため、NVIDIA はグラフィックス処理ユニット（GPU）という言葉を作り、それが定着しました。その後の数年で、GPU は設定可能な複雑な固定機能パイプラインの実装から、開発者が独自のアルゴリズムを実装できる高度にプログラマブルな白紙状態に進化しました。様々な種類のプログラマブル シェーダーが、GPU を制御する基本手段です。効率のため、パイプラインの一部はプログラマブルではなく、設定可能のままですが、流れはプログラム性と柔軟性に向かっています[193]。

GPUは狭い範囲の高度に並列化可能なタスクのセットに集中することで、大きなスピードを得ています。例えば z-バッファーの実装、テクスチャー イメージと他のバッファーへの迅速なアクセス、三角形が覆うピクセルを見つける専用のカスタム シリコンを持っています。それらの要素による機能の実行は、24章で取り上げます。まず知るべき重要なことは、GPUがそのプログラマブル シェーダーの並列処理をどのように実現しているかです。

セクション3.3で、どのようにシェーダーが機能するかを説明します。今のところ知る必要があるのは、シェーダー コアが、ワールドからスクリーン座標への頂点位置の変換、三角形が覆うピクセルの色の計算など、分離したいくつかのタスクを行う、小さなプロセッサーだということです。数千、数百万の三角形が画面に毎フレーム送られ、毎秒、数十億のシェーダー

呼び出し、すなわち、シェーダー プログラムが実行される別々のインスタンスがあるかもしれません。

まずレイテンシーは、すべてのプロセッサーが直面する懸案事項です。データのアクセスには、ある程度の時間がかかります。レイテンシーについての基本的な考え方は、情報がプロセッサーから遠いほど、長く待つということです。セクション24.3で、レイテンシーを詳しく取り上げます。メモリー チップに格納される情報は、ローカル レジスターのものよりアクセスに長くかかります。セクション18.4.1で、メモリー アクセスを詳しく論じます。重要なのは、データの取り出しを待つことは、プロセッサーがストールし、性能が下がることを意味することです。

3.1　データ並列アーキテクチャー

ストールを避けるため、様々なプロセッサー アーキテクチャーに応じた様々な戦略が使われます。CPUは、多様なデータ構造と大きなコードベースの扱いに最適化されています。CPUは複数のプロセッサーを持つことがありますが、限られたSIMDベクトル処理をわずかな例外として、それぞれがほぼ直列にコードを実行します。レイテンシーの影響を最小にするため、CPUのチップの多くが高速なローカル キャッシュ、つまり次に必要な可能性が高いデータで満たされるメモリーで占められます。CPU分岐予測、命令並べ替え、レジスター リネーミング、キャッシュ プリフェッチなどの巧妙なテクニックも使いストールを回避します[777]。

GPUは異なるアプローチをとります。GPUのチップ面積の多くはシェーダー コアと呼ばれ、しばしば数千を数えるプロセッサーの大きなセットに使われます。GPUは、よく似たデータの順序つきセットが順番に処理されるストリーム プロセッサーです。この類似性（例えば頂点やピクセルのセット）により、GPUはそれらはデータを大規模並列に処理できるのです。もう1つの重要な要素は、それらの呼び出しが隣の呼び出しからの情報を必要とせず、書き込み可能なメモリー位置を共有しないように、可能な限り独立していることです。この規則は有用な新機能を可能にするため破られることもありますが、あるプロセッサーが別のプロセッサーの作業の終了を待つ可能性があるので、そのような例外には潜在的な遅れという代償があります。

GPUはデータを処理できる最高速度で定義されるスループットに最適化されています。しかし、この高速処理にはコストがあります。キャッシュ メモリーと制御ロジックに割り当てるチップ面積が少ないので、各シェーダー コアのレイテンシーは、一般にCPUプロセッサーが遭遇するものよりかなり大きくなります[502]。

メッシュがラスタライズされ、2,000ピクセルが処理すべきフラグメントを持ち、ピクセルシェーダー プログラムが2,000回呼び出されるとします。シェーダー プロセッサーが1つしかない、世界最弱のGPUを想像してください。2,000のフラグメントの最初のものでシェーダー プログラムの実行を開始します。シェーダー プロセッサーは、いくつかの算術演算をレジスターの値で行います。レジスターはローカルでアクセスが速いので、ストールは発生しません。次にシェーダー プロセッサーはテクスチャー アクセスなどの命令に遭遇します（例えば、サーフェスのある場所で、プログラムがメッシュに適用するイメージのピクセル色を知る必要がある）。テクスチャーはピクセル プログラムのローカル メモリーの一部でなく、完全に別のリソースで、テクスチャー アクセスはやや複雑なことがあります。メモリー フェッチは数百から数千のクロック サイクルを要することがあり、その間GPUのプロセッサーは何も

3.1. データ並列アーキテクチャー 27

しません。この時点でシェーダー プロセッサーは、テクスチャーの色値が戻るのを待ってストールします。

このひどいGPUを何かずっとよいものにするため、フラグメントごとにそのローカル レジスター用の小さな格納スペースを与えます。今度は、テクスチャー フェッチでストールする代わりに、シェーダー プロセッサーは別のフラグメント、2,000のフラグメントの2番目に切り替えて実行することが可能です。この切り替えは極めて速く、1番目でどの命令が実行されていたかに気を配る以外、1番目と2番目のフラグメントは何の影響も受けません。さて2番目のフラグメントが実行されます。最初のものと同じく、いくつかの算術関数を実行した後、やはりテクスチャー フェッチに遭遇します。ここでシェーダー コアは、別の3番目のフラグメントに切り替えます。最終的に2,000のフラグメントすべてが、このように処理されます。この時点でシェーダー プロセッサーは、最初のフラグメントに戻ります。このときまでに、テクスチャーの色は取り出されて使用可能になっているので、シェーダー プログラムは実行を継続できます。プロセッサーは実行をストールさせる別の命令に遭遇するか、プログラムが完了するまで同じやり方で続行します。1つのフラグメントの実行にかかる時間は、シェーダー プロセッサーがそれに専念するよりも長くなりますが、フラグメント全体の実行時間は劇的に減ります。

このアーキテクチャーでは、別のフラグメントに切り替えることでGPUを忙しく保つことにより、レイテンシーが隠れます。GPUは命令実行ロジックをデータから分離することにより、この設計をさらに一歩先に進めます。単一命令複数データ（SIMD）と呼ばれる、この配置は固定数のシェーダー プログラム上で同じ命令をロックステップで実行します。SIMDの利点は、それぞれのプログラムの実行に個別のロジックとディスパッチ ユニットを使うことに比べて、データ処理と切り替えに割り当てる必要のあるシリコン（と消費電力）が大きく減ることです。2,000フラグメントの例を現代のGPU用語に置き換えると、個々のフラグメントに対するピクセル シェーダーの呼び出しは**スレッド**と呼ばれます。このタイプのスレッドはCPUのスレッドと違い、シェーダーへの入力値用の少量のメモリーと、シェーダーの実行に必要なレジスター スペースからなります。同じシェーダー プログラムを使うスレッドはグループに束ねられ、NVIDIAでは**ワープ**、AMDでは**ウェーブフロント**と呼ばれます。ワープ/ウェーブフロントは、8から64のGPUシェーダー コアによるSIMD処理を使う実行にスケジュールされます。各スレッドは、1つの*SIMD*レーンにマップされます。

実行すべき2,000のスレッドがあるとします。NVIDIA GPUのワープは32のスレッドを持ちます。これは2000/32 = 62.5のワープになり、63のワープを割り当て、1つのワープは半分空になることを意味します。1つのワープの実行は、シングルGPUプロセッサーの例と似ています。シェーダー プログラムは、32のプロセッサーすべてでロックステップで実行されます。どこでも同じ命令が実行されるので、メモリー フェッチに遭遇するときには、すべてのスレッドが同時に遭遇します。そのフェッチは、このスレッドのワープがすべてが自分の（異なる）結果を待ってストールすることを通知します。ストールする代わりに、ワープは別の32スレッドのワープにスワップアウトされ、次にそれが32のコアで実行されます。ワープのスワップイン/アウトでスレッド内のデータに触れないので、このスワップは上のシングル プロセッサー システムの例と同じく高速です。各スレッドは自分のレジスターを持ち、ワープ単位で実行中の命令を追跡します。新たなワープのスワップインは、そのコアのセットに、実行すべき別のスレッドのセットを指示するだけで、それ以外のオーバーヘッドはありません。すべてが完了するまで、ワープは実行とスワップアウトを行います（図3.1）。

この単純な例では、テクスチャーのメモリー フェッチのレイテンシーが、ワープのスワッ

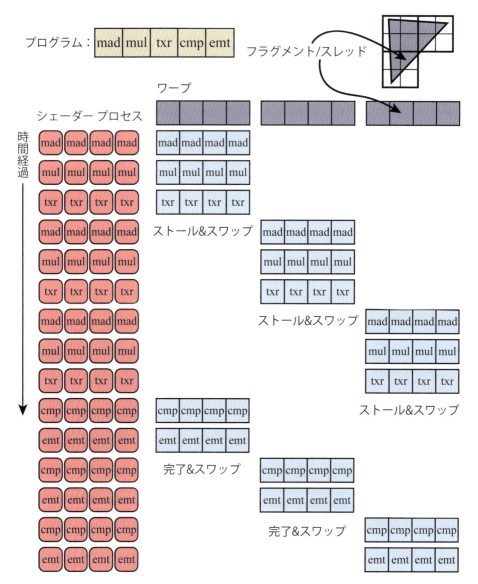

図3.1. 単純化したシェーダーの実行例。三角形のフラグメント（スレッド）がワープに集められる。各ワープは4つのスレッドとして示されるが、実際には32のスレッドを持つ。実行するシェーダー プログラムは5命令の長さを持つ。それらの命令を4つのGPUシェーダー プロセッサーのセットが、データのフェッチに時間が必要なtxr命令でストール条件が検出されるまで1番目のワープで実行する。2番目のワープがスワップインし、ストールが再び検出されるまでシェーダー プログラムの最初の3命令を適用する。3番目のワープがスワップインしてストールした後、最初のワープをスワップインして実行を継続する。この時点でそのtxr命令のデータがまだ返っていなければ、そのデータが利用可能になるまで実行は本当にストールする。ワープは順に終了する。

プアウトの原因になります。現実には、スワップのコストはとても低いので、それより短い遅れでもワープをスワップアウトできます。他にも実行の最適化に使われるテクニックはいくつかありますが[1018]、ワープのスワップは、すべてのGPUが使う主要なレイテンシー隠蔽メカニズムです。この処理の動作の効率に関わるいくつかの因子があります。例えば、スレッドが少ないと作成可能なワープも減り、レイテンシーの隠蔽に問題が生じます。

　シェーダー プログラムの構造が、効率に影響する重要な指標です。主要な因子は、スレッドごとに使われるレジスターの数です。上の例では、2,000のスレッドがGPU上に同時に常駐できると仮定しています。個々のスレッドに関連付けるシェーダー プログラムに必要なレジスターが増えるほど、GPU上に常駐できるスレッドは減るので、ワープも減ります。ワープの不足は、ストールをスワップで軽減できない可能性を意味します。常駐するワープは「フライト中」と言われ、この数は**占有率**と呼ばれます。高い占有率は処理で利用可能なワープが多く、アイドリングするプロセッサーが減ることを意味します。低い占有率はしばしば貧弱な性能につながります。メモリー フェッチの頻度も、レイテンシー隠蔽の必要性の大きさに影響します。Lauritzen[1072]が、シェーダーが使うレジスターの数と共有メモリーの占有率への影響を要約しています。Wronski[2055, 2058]は、シェーダーが行う操作の種類による理想的な占有率の変化を論じています。

　全般的な効率に影響する別の因子が「if」文とループにより生じる動的分岐です。シェーダー プログラムで「if」文に遭遇したとします。すべてのスレッドが評価で同じ分岐をとれば、ワープは別の分岐について悩むことなく継続できます。しかし、1つでも別の経路をとるスレッドがあると、ワープは両方の分岐を実行して、それぞれのスレッドで不要な結果を捨てなければなりません[575, 1018]。この問題は**スレッド発散**と呼ばれ、少数のスレッドがワープ中の他のスレッドが実行しないループの反復や「if」経路を実行する必要があり、他はその間何もできません。

　どのGPUもこれらのアーキテクチャー上の考え方を実装し、厳しい制限はあっても巨大な計算能力/ワットを持つシステムになっています。このシステムの動作を理解することが、プログラマーとして与えられる力を効率よく使う助けになります。この後のセクションでは、GPUのレンダリング パイプラインの実装方法、プログラマブル シェーダーが行う操作、個々のGPUステージの進化と機能を論じます。

3.2　GPU パイプラインの概要

GPUは2章で述べた概念的なジオメトリー処理、ラスタライズ、ピクセル処理のパイプライン ステージを実装します。それらは様々な度合いの設定可能性やプログラム性を持つ、いくつかのハードウェア ステージに分かれます。図3.2は、プログラムや設定が可能な度合いに応じて色分けした様々なステージを示しています。物理的なステージの分け方は、2章で示した機能的なステージと少し異なることに注意してください。

　ここで述べるのはGPUの**論理モデル**、すなわちAPIがプログラマーである読者に公開するものです。18章と24章で論じるように、この論理パイプラインの実装である物理モデルは、ハードウェア ベンダー次第です。論理モデルでは固定機能のステージが、GPU上では隣のプログラマブルなステージに命令を追加することで実行されるかもしれません。パイプラインの1つのプログラムが、別のサブユニットや、完全に別のパスで実行される要素に分割されるかもしれません。論理モデルは何が性能に影響するかについて推論する助けになりますが、GPUの実際のパイプライン実装方法だと誤解しないでください。

図 3.2. レンダリング パイプラインのGPU実装。ステージはその操作に対するユーザー制御の度合いに応じて色分けされている。緑のステージは完全にプログラマブル。破線はオプションのステージを示す。黄色いステージは設定可能だがプログラマブルではない。例えばマージ ステージでは様々なブレンドモードを設定できる。青いステージは完全に機能が固定されている。

頂点シェーダーは、ジオメトリー処理ステージの実装に使われる完全にプログラマブルなステージです。ジオメトリー シェーダーはプリミティブ（点、直線、三角形）の頂点に作用する完全にプログラマブルなステージです。それはプリミティブ単位のシェーディング操作、プリミティブの破棄や作成に使えます。テッセレーション ステージとジオメトリー シェーダーはどちらもオプションで、特にモバイル デバイス上では、すべてのGPUがサポートするわけではありません。

クリッピング、三角形セットアップ、三角形トラバースのステージは、固定機能ハードウェアで実装されます。スクリーン マッピングは、ウィンドウとビューポートの設定の影響を受け、内部で単純なスケールと再配置を行います。ピクセル シェーダー ステージは完全にプログラマブルです。マージ ステージはプログラマブルではありませんが、高度に設定可能で、多様な操作を行うように設定できます。それは「マージ」機能ステージを実装し、色、z-バッファー、ブレンド、ステンシルなどの出力に関連するバッファーの修正を担当します。ピクセル シェーダーの実行は、マージ ステージと合わせ、2章で示した概念的なピクセル処理ステージを形成します。

GPU パイプラインは時間とともに、ハードコードされた操作から、柔軟性と制御性を増す方向に進化してきました。プログラマブル シェーダー ステージの導入が、この進化で最も重要なステップでした。次のセクションでは、様々なプログラマブル ステージに共通の特徴を説明します。

3.3 プログラマブル シェーダー ステージ

現代のシェーダー プログラムは、統合型シェーダー デザインを使用します。これは頂点、ピクセル、ジオメトリー、テッセレーションに関連するシェーダーが、共通プログラミング モデルを共有することを意味します。それらは内部で同じ**命令セット アーキテクチャー**（ISA）を持ちます。このモデルを実装するプロセッサーは、DirectXでは**共通シェーダー コア**と呼ばれ、そのようなコアを備えるGPUは、統合シェーダー アーキテクチャーを持つと言われます。このタイプのアーキテクチャーの背後にある考え方は、シェーダー プロセッサーが様々な役割に使用可能で、GPUが適切と思う役にそれらを割り当てられることです。例えば、小さな三角形によるメッシュのセットは、2つの三角形からなる大きな正方形よりも、多くの頂点シェーダー処理が必要です。頂点とピクセルのシェーダー コアの別々のプールを持つGPUは、すべてのコアを忙しく保つ理想的な作業分布が、事前に厳密に決められていることを意味します。統合シェーダー コアにより、GPUはこの負荷のバランス方法を決められます。

シェーダー プログラミング モデル全体の説明は本書の範囲外であり、既にそれを行う多くのドキュメント、本、ウェブサイトがあります。シェーダーは、DirectXの上位レベル シェーディング言語（HLSL）や、*OpenGL*シェーディング言語（GLSL）などのC言語風のシェー

3.3. プログラマブル シェーダー ステージ

ディング言語を使ってプログラムします。DirectX の HLSL は、**中間言語**（IL または DXIL）とも呼ばれる仮想機械のバイトコードにコンパイル可能で、ハードウェア独立性を提供します。シェーダー プログラムを中間表現にコンパイルして、オフラインに格納することもできます。ドライバーが、この中間言語を特定の GPU の ISA に変換します。システムには通常 ISA が 1 つしかないので、コンソール プログラミングは中間言語のステップを迂回します。

基本データ型は 32 ビット単精度浮動小数点スカラーとベクトルですが、ベクトルはシェーダー コードにあるだけで、上述のハードウェアではサポートされません。現代の GPU は、32 ビット整数と 64 ビット浮動小数もネイティブにサポートします。浮動小数点ベクトルは一般に、位置（$xyzw$）、法線、行列の行、色（$rgba$）、テクスチャー座標（$uvwq$）などのデータを保持します。整数は一般にカウンター、インデックス、ビットマスクなどを表すのに使われます。構造体、配列、行列などの集約データ型もサポートされます。

ドローコールは、プリミティブのグループを描画するグラフィックス API を起動し、グラフィックス パイプラインと、そのシェーダーの実行を起動します。それぞれのプログラマブル シェーダー ステージの入力には、ドローコールの間変化しない（ドローコールの間では変更可能）値を持つ**一様入力**と、三角形の頂点やラスタライズから発生するデータである**可変入力**の 2 種類があります。例えば、ピクセル シェーダーは光源の色を一様な値として供給しますが、三角形のサーフェスの位置はピクセルごとに変わるので可変です。テクスチャーは、かつては常にサーフェスに適用する色のイメージでしたが、今では任意の大きなデータの配列と見なせる、特別な種類の一様入力です。

基盤となる仮想機械は、様々な種類の入力と出力用の特殊レジスターを備えています。一様入力に利用できる**定数レジスター**の数は、可変入力や出力に利用できるレジスターよりもずっと大きくなっています。これは可変入力と出力が頂点やピクセルごとに別々に格納する必要があるため、必要な数に自然な制限があるからです。一様入力は一度格納したら、ドローコールの間、すべての頂点やピクセルで再利用されます。仮想機械には、メモ書きスペースとして使う汎用の**一時レジスター**もあります。一時レジスターの整数値を使い、配列インデックスで、どのレジスターにもアクセスできます。シェーダー仮想機械の入力と出力は、図 3.3 に見ることができます。

グラフィックスの計算に共通の操作は、現代の GPU 上で効率よく実行されます。シェーディング言語は、それらの操作で最もよく使うもの（加算や乗算など）を、* や + などの演算子で表現します。残りは GPU に最適化された**組み込み関数**（例えば atan(), sqrt(), log() など多数）です。ベクトル正規化、反射、外積、行列転置、固有値の計算など、より複雑な操作のための関数も存在します。

フロー制御という言葉は、コード実行のフローを変える分岐命令の使用を指します。フロー制御に関連する命令は、「if」や「case」文などの上位レベル言語の構造や、様々な種類のループの実装に使われます。シェーダーは、2 種類のフロー制御をサポートします。**静的なフロー制御**の分岐は、一様入力の値に基づきます。これはコードのフローが、ドローコールの間変わらないことを意味します。静的なフロー制御の主な利点は、同じシェーダーを様々な異なる状況で使えることです（例えば可変数のライト）。すべての呼び出しが同じコード経路をとるので、スレッド発散はありません。**動的なフロー制御**は、可変入力の値に基づき、フラグメントごとにコードの実行が異なるかもしれないことを意味します。これは静的なフロー制御よりずっと強力ですが、特にコード フローがシェーダー呼び出しの間で不規則に変わると、性能を損なうことがあります。

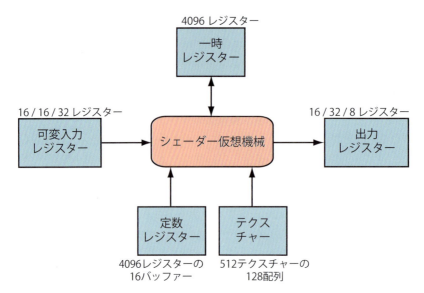

図3.3. シェーダー モデル4.0の統合仮想機械アーキテクチャーとレジスター レイアウト。最大利用可能数を各リソースの横に示す。スラッシュで分離された3つの数は頂点、ジオメトリー、ピクセル シェーダーの制限を示す（左から右）。

3.4　プログラマブル シェーディングと API の進化

プログラマブル シェーディング用フレームワークの考え方は、1984年のCookのシェードツリー[312]に遡ります。単純なシェーダーとそれに対応するシェードツリーが、図3.4に示されています。RenderManシェーディング言語[71, 1939]は、この考え方から1980年代の終わりに開発されました。それは*Open*シェーディング言語（OSL）プロジェクト[659]など、他の進化中の仕様とともに、今日でも映画制作のレンダリングで使われます。

最初の成功した消費者レベルのグラフィックス ハードウェアが、1996年10月1日に3dfx Interactiveにより発表されました。図3.5の、この年からのタイムラインを見てください。ゲーム*Quake*を高い品質と性能でレンダーする、彼らのVoodooグラフィックス カードの能力は、その急速な採用をもたらしました。このハードウェアは、あらゆる場所で固定機能パイプラインを実装していました。GPUがプログラマブル シェーダーをネイティブにサポートする前に、複数のレンダリング パスでリアルタイムのプログラマブル シェーディング操作を実装する試みがいくつかありました。1999年に*Quake III: Arena*のスクリプト言語が、この分野で初めての幅広い商業的成功を収めました。本章の冒頭で述べたように、NVIDIAのGeForce256がGPUと呼ばれる最初のハードウェアでしたが、プログラマブルではありませんでした。しかし、それは設定可能でした。

2001年の始めに、NVIDIAのGeForce 3が、DirectX 8.0とOpenGLの拡張機能を通じて公開される、プログラマブル頂点シェーダーをサポートする最初のGPUになりました[1134]。そのシェーダーは、ドライバーがその場でマイクロコードに変換するアセンブリー風の言語でプログラムされました。DirectX 8.0にはピクセル シェーダーも含まれていましたが、ピクセル シェーダーは、実際のプログラム性には達していませんでした。サポートされる限られた「プログラム」は、ドライバーがテクスチャー ブレンド ステートに変換し、それらを合わせて

3.4. プログラマブル シェーディングと API の進化

ハードウェア「レジスター コンバイナー」を配線しました。それらの「プログラム」は長さに制限があるだけでなく（12命令以下）、重要な機能が欠けてもいました。Peercy ら [1473] は、RenderMan の研究から、従属テクスチャー読み込み と浮動小数点データが、真のプログラム性に不可欠なことを明らかにしました。

当時のシェーダーはフロー制御（分岐）を許さなかったので、条件文は両方の項を計算し、その結果を選択したり補間してエミュレートしなければなりませんでした。DirectX が、シェーダーの能力の違いでハードウェアを区別する**シェーダー モデル**（SM）の概念を定義しました。2002 年にリリースされた DirectX 9.0 にはシェーダー モデル 2.0 が含まれ、その特徴は

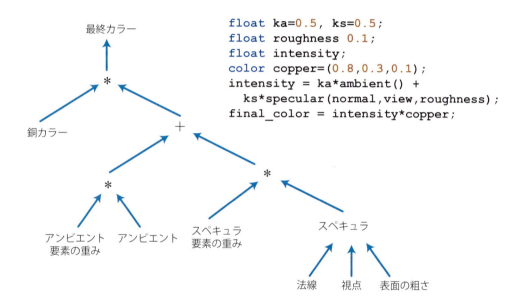

図3.4. 単純な銅シェーダーのシェードツリーと、それに対応するシェーダー言語プログラム（*Cook[312]*による）

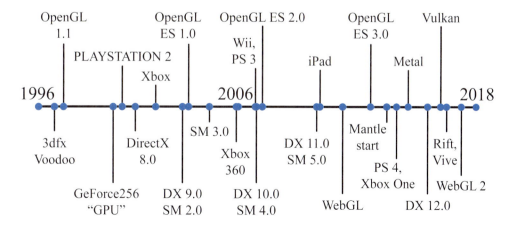

図3.5. いくつかの API とグラフィックス ハードウェアのリリースのタイムライン。

真にプログラマブルな頂点とピクセルのシェーダーでした。OpenGLからも同様の機能が、様々な拡張機能を使って公開されました。任意の従属テクスチャ読み込みと、16ビット浮動小数点値の格納のサポートが追加され、ついにPeercyらが明らかにした一連の要件が満たされました。命令、テクスチャ、レジスターなどのシェーダー リソースの限界は引き上げられ、より複雑なシェーダーの効果が可能になりました。フロー制御のサポートも加わりました。シェーダーの長さと複雑さの拡大により、アセンブリー プログラミング モデルが厄介になり始めました。幸い、DirectX 9.0にはHLSLも含まれていました。このシェーディング言語は、MicrosoftがNVIDIAと協力して開発したものです。同じ頃、OpenGL ARB（アーキテクチャ レビュー ボード）も、よく似たOpenGL用の言語である、GLSLをリリースしました [956]。これらの言語は、Cプログラミング言語の文法と設計哲学の影響を強く受け、RenderManシェーディング言語の要素を含んでいました。

2004年にシェーダー モデル3.0が発表されて動的なフロー制御が加わり、シェーダーが大きく強化されました。オプションの機能も必須になり、リソースの限界がさらに引き上げられ、頂点シェーダーでの限定的なテクスチャ読み込みもサポートされました。2005年の後半（MicrosoftのXbox 360）と2006年の後半（Sony Computer EntertainmentのPLAYSTATION 3 システム）に登場した新世代のゲーム コンソールは、シェーダー モデル3.0レベルのGPUを装備していました。NintendoのWiiコンソールは、最後の重要な固定機能GPUの1つで、2006年後半に出荷されました。現時点で純粋な固定機能パイプラインは、とっくに消えています。シェーダー言語は進化し、様々なツールを使って作成し、管理するようになっています。Cookのシェードツリーの概念を使う、そのようなツールの1つの画面ショットが図3.6に示されています。

その次のプログラム性の大きな一歩が、2006年の終わり近くにやってきました。DirectX 10.0に含まれるシェーダー モデル4.0は [193]、ジオメトリー シェーダーやストリーム出力

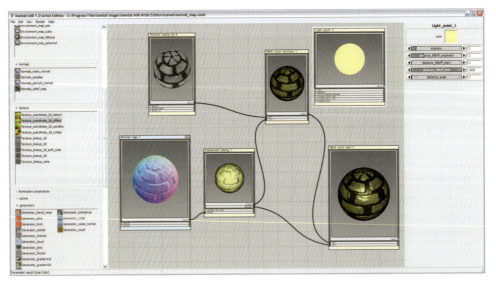

図 3.6. シェーダー設計用のビジュアル シェーダー グラフ システム。様々な操作が、左で選択可能な関数ボックスにカプセル化されている。選択すると、その関数ボックスの調整可能なパラメータが右に表示される。関数ボックスの入力と出力が互いにリンクされ、中央フレームの右下に表示される最終結果を作り出す（"mental mill," mental images inc.からの画面ショット。）

3.4. プログラマブル シェーディングと API の進化   35

など、いくつかの重要な機能を導入しました。シェーダー モデル 4.0 には、前述のすべての
シェーダー（頂点、ピクセル、ジオメトリー）に対する統一プログラミング モデル、統合型
シェーダー デザインが含まれました。リソースの限界はさらに引き上げられ、整数データ型
のサポート（ビット単位の操作を含む）が追加されました。OpenGL 3.3 で導入された GLSL
3.30 も、同様のシェーダー モデルを備えていました。

　2009 年には DirectX 11 とシェーダー モデル 5.0 がリリースされ、テッセレーション ステー
ジ シェーダーと、DirectCompute とも呼ばれるコンピュート シェーダーが加わりました。こ
のリリースは、セクション 18.5 で論じるトピック、CPU マルチプロセッシングの効率的な
サポートも重視しました。OpenGL はバージョン 4.0 でテッセレーション、4.3 でコンピュー
ト シェーダーを追加しました。DirectX と OpenGL の進化は異なります。どちらも特定の
バージョン リリースに必要なハードウェア サポートのレベルを定めています。Microsoft は
DirectX API を管理しているので、AMD、NVIDIA、Intel などの独立ハードウェア ベンダー
（IHV）だけでなく、ゲーム開発者や CAD ソフトウェア会社と直接協力して、公開する機能
を決定します。OpenGL は、非営利の Khronos Group が管理するハードウェアとソフトウェ
ア ベンダーのコンソーシアムが開発しています。関与する会社の数が多いので、その API の
機能はしばしば DirectX の導入後しばらくしてから OpenGL のリリースに現れます。しかし、
OpenGL はベンダー固有や、より一般的な機能拡張を許すので、リリースによる公式なサポー
トより前に、最新の GPU 機能を使えます。

　次の大きな変化は、2013 年の AMD の Mantle API の導入によりもたらされた API の変化で
した。ビデオ ゲーム ディベロッパーの DICE と協力して開発された Mantle の考え方は、グ
ラフィックス ドライバーのオーバーヘッドの多くを引き剥がし、その制御を開発者に直接与
えることでした。このリファクタリングと合わせて、さらに効率的な CPU マルチプロセッシ
ングのサポートもありました。この新しい API のクラスの焦点は、CPU がドライバーの中で
費やす時間を大幅に減らすことと、効率的な CPU マルチプロセッサー サポートでした（18
章）。Mantle で先鞭をつけた考え方を学び取り、Microsoft が 2015 年に DirectX 12 としてリ
リースしました。DirectX 12 の焦点は新しい GPU の機能の公開ではありません—DirectX
11.3 が同じハードウェア機能を公開しています。どちらの API も、Oculus Rift や HTC Vive
といった仮想現実システムにグラフィックスを送るのに使えます。しかしラジカルな API の
再設計により、DirectX 12 のほうが現代の GPU アーキテクチャーに適しています。低オー
バーヘッド ドライバーは、CPU ドライバーのコストがボトルネックになったり、グラフィッ
クスに使う CPU プロセッサーを増やすことに性能の恩恵があるアプリケーションに有用です
[1019]。以前の API からの移行は難しいことがあり、単純な実装は性能を下げる可能性があり
ます [272, 759, 1552]。

　Apple が Metal と呼ばれる独自の低オーバーヘッド API を、2014 年にリリースしています。
Metal は最初に iPhone 5S や iPad Air などのモバイル デバイスで利用可能になり、1 年後に新
しい Macintosh が OS X El Capitan でアクセス可能になりました。効率だけでなく、CPU の
使用率を下げることは電力の節約にもなり、モバイル デバイスで重要な要素です。この API
は独自のシェーディング言語を持ち、グラフィックスと GPU コンピュート プログラムの両方
を意図しています。

　AMD は Mantle の成果を Khronos Group に寄贈し、Khronos は Vulkan と呼ばれる独自の
新 API を 2016 年の始めにリリースしました。OpenGL と同じく、Vulkan は複数の OS 上で動
作します。Vulkan は SPIRV と呼ばれる新しい上位レベルの中間言語を持ち、シェーダーの表
現と一般の GPU コンピューティングの両方で使われます。コンパイル済みシェーダーは可搬

性があるので、必要な機能をサポートする任意のGPUで使えます[956]。Vulkanは表示ウィンドウが必要ないので、非グラフィックスのGPU計算にも使えます[1019]。Vulkanの他の低オーバーヘッド ドライバーに対する大きな違いは、ワークステーションからモバイル デバイスまで幅広いシステムでの動作を意図していることです。

モバイル デバイスでは、OpenGL ESの使用が標準になっています。このAPIはモバイルデバイスを念頭に置いて開発され、「ES」は組み込みシステム（Embedded System）を表します。当時の標準OpenGLはかなり巨大化し、その呼び出し構造の一部は遅く、めったに使わない機能のサポートが必須でした。2003年にリリースされたOpenGL ES 1.0は、固定機能パイプラインを記述するOpenGL 1.3の簡素化版でした。DirectXのリリースは、それをサポートするグラフィックス ハードウェアとタイミングを合わせていますが、モバイル デバイスのグラフィックス サポートの発展は同じようには進みませんでした。例えば、2010年にリリースされた最初のiPadはOpenGL ES 1.1を実装していました。2007年にプログラマブルなシェーディングを提供するOpenGL ES 2.0仕様がリリースされました。それはOpenGL 2.0を基にしていましたが、固定機能コンポーネントを持たないので、OpenGL ES 1.1との後方互換性はありませんでした。OpenGL ES 3.0は2012年にリリースされ、複数レンダーターゲット、テクスチャー圧縮、トランスフォーム フィードバック、インスタンス化、幅広いテクスチャー フォーマットとモードなどの機能を備え、シェーダー言語も改善しています。OpenGL ES 3.1はコンピュート シェーダーを追加し、3.2はとりわけジオメトリーとテッセレーション シェーダーを追加しています。24章がモバイル デバイス アーキテクチャーを詳しく論じています。

OpenGL ESから派生したブラウザーベースのAPI WebGLは、JavaScriptを通じて呼び出されます。2011年にリリースされた、このAPIの最初のバージョンは機能がOpenGL ES 2.0と同じなので、大半のモバイル デバイスで使えます。OpenGLと同様に、拡張機能により高度なGPU機能へのアクセスが与えられます。WebGL 2はOpenGL ES 3.0のサポートが前提です。

WebGLは機能の実験や教室での使用に特に適しています。

- クロスプラットフォームで、すべてのパーソナル コンピューターとほぼすべてのモバイル デバイスで動作する。
- ドライバーの承認がブラウザーにより処理される。あるブラウザーが特定のGPUや拡張機能をサポートしていなくても、別のブラウザーがサポートすることがよくある。
- コードがコンパイルされずにインタープリターで実行されるので、テキスト エディターだけで開発できる。
- ほとんどのブラウザーはデバッガーを内蔵し、どのウェブサイトで動くコードも調べられる。
- ウェブサイトや例えばGithubにアップロードすることでプログラムを配備できる。

three.js[237]など、上位レベルのシーングラフとエフェクトのライブラリーにより、影のアルゴリズム、後処理効果、物理ベースのシェーディング、遅延レンダリングなど、様々な複雑な効果のコードに簡単にアクセスできます。

3.5 頂点シェーダー

頂点シェーダーは、図3.2に示す機能パイプラインの最初のステージです。これは直接プログラマーの制御下にある最初のステージですが、このステージの前に一部のデータ操作が発生することは注目する価値があります。DirectXが**入力アセンブラー**と呼ぶものの中で[193, 575, 1306]、いくつかのデータのストリームを織り合わせ、パイプラインに送る頂点とプリミティブのセットを形成できます。例えば、オブジェクトは1つの位置の配列と、1つの色の配列で表現することもできます。入力アセンブラーが位置と色で頂点を作成し、このオブジェクトの三角形（あるいは直線や点）を作成します。2番目のオブジェクトが、その表現に同じ位置の配列（別のモデル変換行列を一緒に）と別の色を使うことができます。データ表現はセクション16.4.5で詳しく論じます。入力アセンブラーには、**インスタンス化**実行のサポートもあります。これにより、1つのドローコールで、インスタンス単位の可変データと合わせてオブジェクトを複数描画できます。インスタンス化の使用は、セクション18.4.2で取り上げます。

三角形メッシュは、モデル サーフェス上の特定の位置に関連する頂点のセットで表現されます。位置以外にも色やテクスチャー座標など、各頂点に関連するオプションのプロパティがあります。面法線もメッシュの頂点で定義されますが、それは奇妙な選択に思えるかもしれません。数学的には、三角形は明確に定義される面法線を持ち、三角形の法線を直接シェーディングに使うほうが理にかなうように思えるかもしれません。しかし、レンダリング時には、三角形メッシュはしばしば基層の曲面を表すのに使われ、この面の向きは三角形メッシュ自体の向きではなく、頂点法線を使って表します。セクション16.3.4で、頂点法線を計算する手法を論じます。図3.7は、曲面を表す2つの三角形メッシュの側面で、1つは滑らかで1つはシャープな折り目を示します。

頂点シェーダーは、三角形メッシュを処理する最初のステージです。頂点シェーダーでは、どんな三角形が形成されるかを記述するデータを利用できません。その名が示すように、入力される頂点だけを扱います。頂点シェーダーは各三角形の頂点に関連する値、色、法線、テクスチャー座標、位置などを修正したり、作成したり、無視する手段を提供します。通常、頂点シェーダー プログラムは頂点をモデル空間を同次クリップ空間（セクション4.7）に変換します。頂点シェーダーは最低限、この位置を出力しなければなりません。

頂点シェーダーは、先に述べた統合シェーダーとほとんど同じです。渡されるすべての頂点

図**3.7.** 曲面（赤）を表す三角形メッシュ（黒、頂点法線あり）の側面図。左では平滑化した頂点法線を使って滑らかな面を表す。右では真ん中の頂点が複製されて2つの法線が与えられ、折り目を表す。

図3.8. 左は通常のティーポット。頂点シェーダー プログラムによる単純なせん断操作で中央のイメージが生成。右はノイズ関数でデルを変形するフィールドを作成（イメージ作成：*FX Composer 2*、提供：*NVIDIA Corporation*。）

は頂点シェーダー プログラムで処理され、三角形や直線上で補間される多くの値が出力されます。頂点シェーダーは頂点の作成も破棄もできず、1つの頂点の生成結果を別の頂点に渡すこともできません。各頂点は独立して扱われるので、GPU上の任意の数のシェーダー プロセッサーを、入力される頂点のストリームに並列に適用できます。

入力アセンブリーは通常、頂点シェーダーが実行される前に発生する処理として紹介されます。これは物理モデルが論理モデルと異なる場所の例です。物理的には頂点を作成するために、頂点シェーダーでデータのフェッチが発生し、すべてのシェーダーの先頭に、ドライバーがプログラマーに見えない適切な命令を黙って追加することがあります。

この後の章で、頂点ブレンドによる関節のアニメーションやシルエット レンダリングなど、いくつかの頂点シェーダー効果を説明します。頂点シェーダーの使い方には、他にも以下のようなものがあります。

- メッシュを一度だけ作成し、それを頂点シェーダーで変形してオブジェクト生成する。
- スキニングとモーフィング テクニックを使ったキャラクターの体と顔のアニメーション。
- 手続き的変形、旗、布、水の動きなど[802, 943][868, 1016]、。
- 縮退（領域のない）メッシュをパイプラインに送り、必要に応じて領域を与えることでパーティクルを作成する。
- フレームバッファー全体の内容を、手続き的変形を行う画面平行メッシュのテクスチャーとして使うレンズ ディストーション、かげろう、水の波紋、ページの丸めなどの効果。
- 頂点テクスチャー フェッチを使う地形の高さフィールドの適用[47, 1329]。

頂点シェーダーを使って行う変形が、図3.8に示されています。

頂点シェーダーの出力は、いくつかの異なるやり方で消費されます。普通の経路では、インスタンスのプリミティブ、例えば三角形の生成に使われてラスタライズされ、作成される個々のピクセル フラグメントがピクセル シェーダー プログラムに送られて、処理が継続します。データをテッセレーション ステージやジオメトリー シェーダーに送ったり、メモリーに格納できるGPUもあります。それらのオプションのステージを、この後のセクションで論じます。

3.6 テッセレーション ステージ

テッセレーション ステージで曲面をレンダーできます。GPUの仕事は、サーフェスの記述を、その代理となる三角形のセットに変換することです。このステージは、最初にDirectX 11

3.6. テッセレーション ステージ

で利用可能に（そして必須に）なったオプションのGPU機能です。OpenGL 4.0とOpenGL ES 3.2でもサポートされます。

テッセレーション ステージの使用には、いくつかの利点があります。曲面の記述は、相当する三角形そのものを供給するよりもコンパクトです。メモリーの節約に加え、この機能は形が毎フレーム変化するアニメート キャラクターやオブジェクトで、CPUとGPUの間のバスがボトルネックになるのを防げます。与えられたビューに適切な数の三角形を生成することで、サーフェスを効率よくレンダーできます。例えば、ボールがカメラから遠ければ、必要な三角形は少数です。間近では、何千もの三角形で表すと見栄えがよいかもしれません。この詳細レベルを制御する能力により、例えばフレーム レートを維持するため低速のGPUでは低品質メッシュを使うなど、アプリケーションが性能を制御することもできます。通常フラットなサーフェスで表すモデルを、望みに応じて細かい三角形のメッシュに変換して曲げたり [1607]、テッセレートして高価なシェーディング計算を行う頻度を減らすこともできます [245]。

テッセレーション ステージは常に3つの要素で構成されます。その3つはDirectXの用語で、ハル シェーダー、テッセレーター、ドメイン シェーダーです。OpenGLでは、ハル シェーダーはテッセレーション制御シェーダー、ドメイン シェーダーはテッセレーション評価シェーダーと呼ばれ、冗長ですがもう少し説明的です。固定機能のテッセレーターは、OpenGLではプリミティブ ジェネレーターと呼ばれ、後で見るように実際にそれを行います。

曲線とサーフェスを指定してテッセレートする方法は、17章で詳しく論じます。ここでは各テッセレーション ステージの目的を簡単に要約します。まず、ハル シェーダーへの入力は特別なパッチ プリミティブです。これはサブディビジョン サーフェスを定義するいくつかの制御点と、ベジエ パッチや他のタイプの曲線要素で構成されます。ハル シェーダーには2つの機能があります。まず、テッセレーターに生成すべき三角形の数と、その設定をに伝えます。次に、制御点ごとに処理を行います。またオプションで、ハル シェーダーは入力パッチの記述を修正し、望みに応じて制御点を加えたり取り除いたりできます。ハル シェーダーはその制御点のセットを、テッセレーション制御データと合わせて、ドメイン シェーダーに出力します（3.9）。

テッセレーターはテッセレーション シェーダーとだけ使われる、パイプラインの固定機能ステージです。その役割は、ドメイン シェーダーが処理する新たな頂点を追加することです。ハル シェーダーは、望ましいテッセレーション サーフェスの型についての情報を、テッセレーターに送ります（三角形、四辺形、または等値線）。等値線は直線ストリップのセットで、ヘアのレンダリングに使われることがあります [2102]。ハル シェーダーが送るもう1つの重要な値が、テッセレーション係数です（OpenGLではテッセレーション レベル）。インナーとアウターエッジの2種類があります、2つのインナー係数は、テッセレーションが三角形や四辺形の内側で起きる頻度を決定します。アウター係数は、外側のエッジの分割数を決定します（セクション17.6）。テッセレーション係数を増やす例が、図3.10に示されています。制御を別にすることで、内部のテッセレーションに関係なく、隣接する曲面の辺をテッセレーションで一致させられます。辺を一致させて、パッチが出会う場所での割れ目などのシェーディング アーティファクトを回避します。頂点には重心座標が割り当てられ（セクション22.8）、その値がサーフェス上の点の望みの相対位置を指定します。

ハル シェーダーは、常に制御点位置のセットであるパッチを出力します。0以下のアウターテッセレーション レベル（あるいは非数、NaN）をテッセレーターに送ることにより、パッチを破棄できます。そうでなければ、テッセレーターはメッシュを生成してドメイン シェー

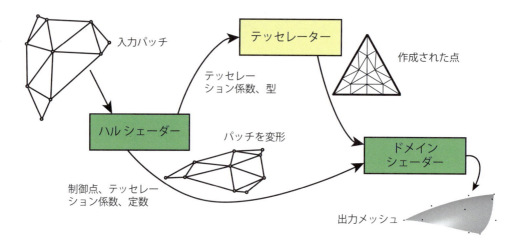

図3.9. テッセレーション ステージ。ハル シェーダーの入力は制御点で制御されるパッチで、テッセレーション係数（TF）とタイプを固定機能のテッセレーターに送る。制御点のセットはハル シェーダーで望みに応じて変換され、TFと関連するパッチ定数と一緒にドメイン シェーダーに転送される。テッセレーターは頂点のセットとその重心座標を作成する。次にそれらをドメイン シェーダーが処理し、三角形メッシュを作り出す（参考のため制御点を示す）。

図3.10. テッセレーション係数を変える効果。ユタティーポットは32のパッチでできている。インナーとアウターのテッセレーション係数は左から右に1、2、4、8。(Rideoutと Van Gelder [1607]のデモから生成したイメージ。)

ダーに送ります。ドメイン シェーダーは呼び出しごとにハル シェーダーからの曲面の制御点を使い、各頂点の出力値を計算します。ドメイン シェーダーは、頂点シェーダーのようなデータ フロー パターンを持ち、テッセレーターからの各入力頂点を処理して、対応する出力頂点を生成します。形成される三角形はパイプラインの下流に渡されます。

　このシステムは複雑に聞こえますが、このような構造なのは効率のためで、各シェーダーはかなり単純になります。ハル シェーダーに渡すパッチは、多くの場合ほとんど、あるいはまったく修正されません。このシェーダーは、地形レンダリングで、パッチの見積もり距離や画面サイズも使い、テッセレーション係数をその場で計算するかもしれません[506]。あるいは、ハル シェーダー はアプリケーションが計算して供給するすべてのパッチに対して、単純に固定の値のセットを渡すかもしれません。与えられた位置とそれらが形成する三角形や直線の指定から、テッセレーターは複雑でも固定機能の頂点生成処理を行います。このデータ増幅ステップは、計算効率のためシェーダーの外で行われます[575]。ドメイン シェーダーは、点ごとに生成される重心座標 をパッチの評価式で使い、位置、法線、テクスチャー座標、その他の望む頂点情報を生成します。図3.11 の例を見てください。

3.7 ジオメトリ シェーダー

ジオメトリ シェーダーは、テッセレーション ステージでは行えない、プリミティブの他のプリミティブへの変更ができます。例えば、三角形の辺ごとに直線を作り、三角形メッシュをワイヤフレーム ビューに変換できます。あるいは、直線を視点を向く四辺形で置き換え、ワイヤフレーム レンダリングのエッジを太くすることもできます [1606]。ジオメトリ シェーダーは DirectX 10 のリリースにより、2006 年後半にハードウェア高速化グラフィックス パイプラインに追加されました。パイプラインではテッセレーション シェーダーの後に位置し、その使用はオプションです。シェーダー モデル 4.0 では必須ですが、それ以前のシェーダーモデルでは使われません。OpenGL 3.2 と OpenGL ES 3.2 も、このタイプのシェーダーをサポートします。

ジオメトリ シェーダーへの入力は、1 つのオブジェクトとその関連する頂点です。オブジェクトは一般にストリップ形式の三角形、線分、または単に 1 つの点からなります。拡張されたプリミティブをジオメトリ シェーダーで定義して処理できます。特に、三角形の外の 3 つの追加の頂点を入力し、ポリライン上の 2 つ隣接頂点を使うことができます（図 3.12）。DirectX 11 とシェーダー モデル 5.0 では、もっと複雑な、最大 32 制御点のパッチを渡せます。とは言っても、パッチ生成にはテッセレーション ステージのほうが効率的です [193]。

ジオメトリ シェーダーは、このプリミティブを処理してゼロ個以上の頂点を出力し、それらは点、ポリライン、三角形のストリップとして扱われます。ジオメトリ シェーダーで何も出力を生成しないことも可能です。こうすることで、頂点を編集して新たなプリミティブを加えたり、取り除くことにより、メッシュを選択的に修正できます。

図 3.11. 左は約 6000 三角形の基層のメッシュ。右は、三角形ごとに PN 三角形再分割を使ってテッセレートと変位が行われている。（イメージは *NVIDIA SDK 11 [1408]* のサンプルから、提供は *NVIDIA Corporation*、モデルは *4A Games* の *Metro 2033*）

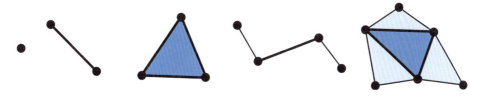

図 3.12. ジオメトリ シェーダー プログラムのジオメトリ シェーダーの入力は、点、線分、三角形のどれか 1 つ。右の 2 つのプリミティブには 直線と三角形オブジェクトに隣接する頂点が含まれる。もっと複雑なパッチ型も可能。

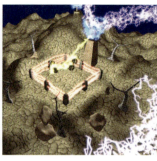

図**3.13.** ジオメトリー シェーダー（GS）のいくつかの使い方。左では、GSを使ってメタボール 等値面のテッセレーションをその場で行っている。中央は、線分のフラクタル サブディビジョンをGSとストリーム出力を使って行い、GSでライティングの表示用のビルボードを生成している。右では、頂点とジオメトリー シェーダーをストリーム出力と合わせて使い、布のシミュレーションを行っている（イメージは*NVIDIA SDK 10[1407]*のサンプルから、提供：*NVIDIA Corporation*）

　ジオメトリー シェーダーはデータを修正したり、限られた数のコピーを作るように設計されました。例えば、1つの使い方は6つの変換されたデータのコピーを生成して、キューブマップの6面を同時にレンダーすることです（セクション10.4.3）。高品質な影の生成用のカスケード シャドウマップを、効率よく作るのにも使えます。ジオメトリー シェーダーを利用する他のアルゴリズムには、点データからの可変サイズのパーティクルの作成、毛皮のレンダリングでのシルエットに沿ったフィンの押し出し、影のアルゴリズムでのオブジェクトのエッジの探索などがあります。図3.13の例を見てください。それらと、その他の使い方を本書のこの後で論じます。

　DirectX 11はジオメトリー シェーダーにインスタンス化を使う能力を追加し、任意のプリミティブでジオメトリー シェーダーを指定回数実行できます[575, 2122]。OpenGL 4.0では、これは呼び出しカウント数で指定します。ジオメトリー シェーダーは、最大4つのストリームも出力できます。さらなる処理のために、1つの**ストリーム**をレンダリング パイプラインに送り出せます。それらのストリームは、すべてオプションでストリーム出力レンダー ターゲットに送れます。

　ジオメトリー シェーダーは、プリミティブからの結果を入力と同じ順番で出力することが保証されています。これは複数のシェーダー コアが並列に走る場合、結果を保存して整列しなければならないので、性能に影響を与えます。1つの呼び出しで多数のジオメトリーを複製したり作成するのにジオメトリー シェーダーを使うと、このような因子は不利に働きます[193, 575]。

　ドローコールを発行した後には、パイプライン中にGPUの作業を作成できる場所は、ラスタライズ、テッセレーション ステージ、ジオメトリー シェーダーの3つしかありません。もちろん、ジオメトリー シェーダーは完全にプログラマブルなので、必要なリソースとメモリーを考えるときに、その挙動は予測困難です。実際には、ジオメトリー シェーダーはGPUの強みにうまく合わないので、あまり使われません。それをソフトウェアで実装するため、使わないことを積極的に推奨するモバイル デバイスがあります[77]。

3.7.1　ストリーム出力

GPUのパイプラインの標準の使い方は、データを頂点シェーダーに送り、その生成する三角形をラスタライズしてピクセル シェーダーで処理することです。かつてはデータは必ずパイプラインを通り抜け、中間結果にアクセスできませんでした。ストリーム出力の考え方がシェーダー モデル4.0で導入されました。頂点シェーダー（そしてオプションで、テッセレーションとジオメトリー シェーダー）が頂点を処理した後、それらをラスタライズ ステージに送ることに加えて、ストリーム、すなわち順序つき配列に出力できます。実際、ラスタライズを完全にオフにして、パイプラインを純粋に非グラフィックのストリーム プロセッサーとして使うこともできます。このやり方で処理するデータは、パイプラインを前に送り戻せるので、反復処理が可能です。セクション13.8と23.10で論じるように、このタイプの操作は流水のシミュレーションや、他のパーティクル効果に役立つことがあります。モデルのスキニングに使い、その頂点を再利用することもできます（セクション4.4）。

　ストリーム出力は、データを浮動小数点数形式でしか返さないので、メモリー コストが大きいかもしれません。ストリーム出力は直接頂点にではなく、プリミティブに作用します。メッシュをパイプラインに送ると、三角形ごとに3つの出力頂点のセットを生成します。元のメッシュの頂点共有は失われます。この理由により、より一般的な使い方は、単に頂点を点のセットのプリミティブとしてパイプラインに送ることです。その使い方の多くの焦点が、頂点を変換してさらなる処理用に戻すことなので、OpenGLではストリーム出力ステージは**トランスフォーム フィードバック**と呼ばれます。プリミティブは入力と同じ順番でストリーム出力ターゲットに送られることが保証され、それは頂点の順番が維持されることを意味します[575]。

3.8　ピクセル シェーダー

頂点、テッセレーション、ジオメトリー シェーダーが操作を行った後、前の章で説明したように、プリミティブはクリップされてラスタライズの準備が行われます。パイプラインのこの部分は、その処理ステップの中で比較的固定された部分で、プログラマブルではありませんが、いくらか設定可能です。三角形ごとにトラバースして、それが広がるピクセルを決定します。ラスタライザーは、三角形が各ピクセルで広がるセル面積を、大まかに計算することもあります（セクション5.4.2）。このピクセルに部分的、あるいは完全に重なる三角形の断片が**フラグメント**と呼ばれます。

　三角形の頂点での値は、z-バッファーで使われるz-値も含めて、ピクセルごとに三角形のサーフェス上で補間されます。それらの値が、フラグメントを処理するピクセル シェーダーに渡されます。OpenGLでは、**ピクセル シェーダー**は**フラグメント シェーダー**と呼ばれ、おそらくそのほうがよい名前です。一貫性のため、本書では「ピクセル シェーダー」を使います。点と直線プリミティブもパイプラインで送られ、ピクセルを覆うフラグメントが作成されます。

　三角形上で行われる補間の種類は、ピクセル シェーダーのプログラムで指定します。通常はオブジェクトの距離が後退するにつれてピクセル サーフェスの位置のワールド空間距離が増えるように、遠近補正補間を使います。1つの例は、地平線まで伸びる鉄道の線路のレンダリングです。レールが遠くなるほど、地平線に近づく連続ピクセルの移動距離は大きくなるの

 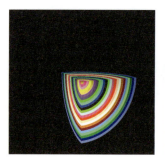 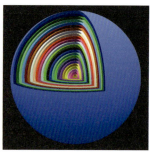

図3.14. ユーザー定義のクリッピング平面。左は、1つの水平クリッピング平面がオブジェクトをスライスする。中央では、入れ子の球が3つの平面でクリップされている。右では、3つのクリップ平面すべての外にある場合だけ、球のサーフェスがクリップされる（three.jsのwebglクリッピングとwebglクリッピング交差の例から [237]）

で、線路の枕木の間隔は近づきます。透視投影を考慮に入れないスクリーン空間補間など、他の補間オプションも利用できます。DirectX 11では、補間をいつ、どう行うかについて、さらに多くの制御が与えられます [575]。

プログラミング用語では、頂点シェーダー プログラムの出力が三角形（や直線）で補間され、事実上ピクセル シェーダー プログラムの入力になります。GPUの進化につれ、他の入力も公開されてきました。例えば、シェーダー モデル3.0以降では、ピクセル シェーダーでフラグメントの画面位置を利用できます。また、三角形のどちら側が見えるかも入力フラグです。三角形の前と後ろに異なるマテリアルを1つのパスでレンダリングするには、これを知ることが重要です。

入力を入手したら、一般にピクセル シェーダーはフラグメントの色を計算して出力します。場合によっては不透明度の値を生成し、オプションでそのz-深度を修正することもできます。それらの値は、マージでピクセルに何を格納するかの修正に使われます。ラスタライズ ステージで生成する深度値ピクセル シェーダーも修正できます。ステンシル バッファーの値は普通は修正できず、そのままマージ ステージに渡されます。DirectX 11.3では、この値をシェーダーが変更できます。マージ操作だったフォグ計算やアルファ テストなどの操作が、SM 4.0でピクセル シェーダーの計算に移っています [193]。

ピクセル シェーダーには入力フラグメントを破棄する、つまり何の出力も生成しないという、ユニークな能力もあります。フラグメントの破棄の使い方の1つの例が、図3.14に示されています。クリップ平面の機能はかつては固定機能パイプラインの設定可能要素で、後には頂点シェーダーで指定されました。フラグメントの破棄が利用できると、この機能がクリッピング ボリュームをANDするかORするかの決定などを、ピクセル シェーダーで好きに実装できます。

ピクセル シェーダーは、当初は最終的な表示のマージ ステージにしか出力できませんした。ピクセル シェーダーが実行できる命令の数は、時間とともに大きく増えました。この増加が**マルチ レンダー ターゲット**（MRT）の考え方につながりました。ピクセル シェーダーのプログラムの結果を色とz-バッファーだけに送るのではなく、値の複数のセットを各フラグメントで生成して、レンダー ターゲットと呼ばれる別のバッファーに保存できます。レンダー ターゲットは一般にすべてxとyの大きさが同じで、異なるサイズを許すAPIもありますが、レンダー領域はその最小のものになります。レンダー ターゲットがどれも同じビット深度を持つこと、場合により完全に同じデータ フォーマットを要求するアーキテクチャーもありま

3.8. ピクセル シェーダー   45

す。利用可能なレンダー ターゲットの数はGPUに依存し、4から8です。

　そのような制限があっても、MRT機能はレンダリング アルゴリズムの実行効率を改善する強力な助けになります。1つのレンダリング パスで1つのターゲットに色のイメージ、もう1つにオブジェクト識別子、3つ目にワールド空間距離を生成することもできます。この能力により、可視性とシェーディングを別々のパスで行う、遅延シェーディングと呼ばれる、別のタイプのレンダリング パイプラインも生じました。最初のパスが、オブジェクトの位置とマテリアルについてのデータをピクセルごとに格納します。次に後続のパスで照明や外の効果を効率よく適用できます。このクラスのレンダリング手法は、セクション20.1で述べます。

　ピクセル シェーダーの制限は、通常はレンダー ターゲットの渡されたフラグメント位置にしか書き込めず、隣のピクセルの現在の結果を読み込めないことです。つまり、ピクセルシェーダー プログラムを実行するときには、出力を隣のピクセルに直接送ることも、他のピクセルの最近の変更にアクセスすることもできません。正確に言うと、計算するのは自分のピクセルに影響を与える結果だけです。しかし、この制限はそれほど厳しいものではありません。1つのパスで作成する出力イメージに、後のパスでピクセル シェーダーがアクセスするデータをすべて入れることができます。セクション12.1で述べるイメージ処理テクニックを使って、隣接ピクセルを処理できます。

　ピクセル シェーダーが隣のピクセルの結果を知ったり、影響を与えられないという規則には例外があります。1つはピクセル シェーダーが勾配や導関数情報の計算中に、（間接的であっても）隣接フラグメントの情報に直接アクセスできることです。ピクセル シェーダーには、画面のxとy軸沿いに補間される値がピクセルごとに変化する量が供給されます。そのような値は様々な計算とテクスチャー アドレッシングに有用です。それらの勾配は、特にイメージがピクセルを覆う大きさを知りたいテクスチャー フィルタリング（セクション6.2.2）などの操作に重要です。現代のGPUは、すべてクワッドと呼ばれる2×2のグループでフラグメントを処理する機能を実装します。ピクセル シェーダーが勾配の値を要求すると、隣接フラグメント間の差が返されます（図3.15）。統合コアはこの隣のデータ（同じワープの異なるスレッドに保持される）にアクセスできるので、ピクセル シェーダーで使う勾配を計算できます。この実装の1つの結果として、動的なフロー制御、つまり「if」文や可変数の反復を持つループの影響を受けるシェーダーの中では勾配情報にアクセスできません。4つのピクセルすべての結果が傾斜の計算に意味を持つように、グループ中のすべてのフラグメントを同じ命令のセットで処理しなければなりません。これはオフラインのレンダリング システムにも存在する、根本的な制限です[72]。

　DirectX 11は、任意の位置への書き込みアクセスを許すバッファー型、順序なしアクセスビュー（UAV）を導入しました。元はピクセル シェーダーとコンピュート シェーダー専用でしたが、DirectX 11.1でUAVへのアクセスが、すべてのシェーダーに拡大されました[162]。OpenGL 4.3はこれをsシェーダー ストレージ バッファー オブジェクト（SSBO）と呼びます。どちらの名前もそれぞれのやり方で説明的です。ピクセル シェーダーは並列に任意の順番で実行され、このストレージ バッファーはそれらに共有されます。

　しばしば両方のシェーダー プログラムが同じ値への影響を「競い」、気まぐれな結果を生じる可能性があるデータ競合条件（別名、データ ハザード）を回避する何らかのメカニズムが必要になります。1つの例として、2つのピクセル シェーダーの呼び出しが同じ抽出値にほぼ同時に加算しようとすると、エラーが発生する可能性があります。どちらも元の値を取り出し、それをローカルに修正しますが、どちらであれ、その結果を後に書いた呼び出しが他方の呼び

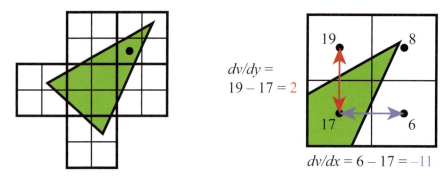

図3.15. 左では、三角形がクワッド（2×2ピクセルのセット）にラスタライズされる。黒い点でマークしたピクセルでの傾斜の計算が右に表示されている。クワッドの4つのピクセル位置で、それぞれの v の値が示されている。ピクセルのうち3つは三角形に覆われないが、やはりGPUによって傾斜が求められるように処理される。左下のピクセルの x と y の画面方向の傾斜は、クワッドで隣接する2つを使って計算される。

出しの寄与を消し、1つの加算しか発生しません。GPUはシェーダーがアクセスできる専用のアトミック ユニットを持つことで、この問題を回避します[575]。しかし、アトミックは、別のシェーダーが読み込み/修正/書き込み中のメモリー位置へのアクセスを待機するので、ストールするシェーダーがあるかもしれないことを意味します。

　アトミックはデータ ハザードを回避しますが、多くのアルゴリズムは特定の順番の実行を要求します。例えば、遠くの透明な青い三角形を、それに赤い透明な三角形を重ねる前に描き、赤を青の上にブレンドしたいとします。ピクセルがそれぞれの三角形に1つずつ2つのピクセル シェーダー呼び出しを行い、赤い三角形のシェーダーが青の前に完了するように実行することがあり得ます。標準のパイプラインでは、フラグメントの結果は処理の前にマージ ステージでソートされます。実行の順番を強制するため、DirectX 11.3で**ラスタライザー オーダー ビュー（ROV）**が導入されました。それはUAVと同様に、シェーダーで読み書きできます。鍵となる違いは、データの正しい順番でのアクセスをROVが保証することです。これは、それらのシェーダーでアクセス可能なバッファーの有用性を大きく高めます[354, 355]。例えば、ピクセル シェーダーはROVの任意の位置に直接アクセスして書き込めるため、マージ ステージは不要になり、ROVによってピクセル シェーダーは独自のブレンド方法で書き込めます[176]。その代償として、順番が正しくないアクセスが検出されると、先に描かれる三角形が処理されるまで、ピクセル シェーダーの呼び出しがストールするかもしれません。

3.9　マージ ステージ

セクション2.5.2で論じたように、マージ ステージは、個々のフラグメント（ピクセル シェーダーで生成した）の深度と色が、フレームバッファーと結合される場所です。DirectXはこのステージを**出力マージャー**と呼び、OpenGLは**サンプル単位の操作**と呼びます。ほとんどの伝統的なパイプライン ダイアグラムでは（本書のものも含め）、このステージでステンシル バッファーrと z-バッファーの操作が発生します。フラグメントが見える場合、このステージで発生する別の操作が色のブレンドです。不透明なサーフェスでは、フラグメントの色が以前に格納されていた色を置き換えるだけなので、実際にはブレンドはありません。フラグメントと格

3.10. コンピュート シェーダー   47

納色の実際のブレンドは、一般に透明度と合成の操作で使われます（セクション5.5）。

ラスタライズで生成したフラグメントがピクセル シェーダーを通過し、zバッファーを適用したときに、何らかの以前にレンダーしたフラグメントで隠れることが分かったとします。ピクセル シェーダーで行ったすべての処理は不要だったことになります。この無駄を避けるため、多くのGPUはピクセル シェーダーの実行前に何らかのマージ テストを行います[575]。フラグメントのz-深度（とステンシル バッファーやシザーなど、何であれ使っているもの）を可視性のテストに使います。隠れるフラグメントは間引かれます。この機能は**早期z**と呼ばれます[1322, 1658]。ピクセル シェーダーは、フラグメントのz-深度を変更したり、フラグメントを完全に破棄する能力を持ちます。どちらかの種類の操作がピクセル シェーダー プログラムに存在することが分かったら、一般には早期zは適用できずオフになり、通常はパイプラインの効率が低下します。DirectX 11とOpenGL 4.2では、多くの制限はありますが、ピクセル シェーダーで早期z-テストを強制にオンにできます[575]。早期zと他のz-バッファー最適化についての詳細は、セクション24.7を参照してください。早期zを効果的に使えば性能に大きな効果があり、セクション18.4.5でそれを詳しく論じます。

マージ ステージは三角形セットアップなどの固定機能ステージと、完全にプログラマブルな シェーダー ステージの中間の立場を占めます。プログラマブルではありませんが、その操作は高度に設定可能です。特に色のブレンドは多数の様々な操作を行うように設定できます。最もよく使われるのは色とアルファの値を含む乗算、加算、減算の組み合わせですが、最小と最大、ビット単位の論理操作など、他の操作も可能です。DirectX 10は、ピクセル シェーダーからの2つの色をフレームバッファーの色とブレンドする機能を追加しました。この機能は**デュアル ソース カラー ブレンド**と呼ばれ、マルチ レンダー ターゲットと一緒には使えません。それを除けばMRTはブレンドをサポートし、DirectX 10.1が別々のバッファーに異なるブレンド操作を行う機能を導入しました。

前のセクションの最後に触れたように、DirectX 11.3は性能と引き換えに、ROVを通じてブレンドをプログラムできる手段を提供します。ROVとマージ ステージはどちらも描画の順番を保証します（出力不変性）。ピクセル シェーダーの結果を生成する順番に関係なく、結果をソートして、オブジェクト単位、三角形単位で入力された順にマージ ステージに送るのがAPIの要件です。

3.10　コンピュート シェーダー

GPUの使い途は、伝統的なグラフィックス パイプラインの実装だけではありません。ストック オプションの推定値の計算、ディープ ラーニングでのニューラル ネットの訓練など様々な分野に、多くのグラフィック以外の用途があります。このようなハードウェアの使い方は、*GPUコンピューティング*と呼ばれます。実際にグラフィックス固有の機能にアクセスする必要がない大規模並列プロセッサーとしてのGPUの制御には、CUDAやOpenCLといったプラットフォームが使われます。それらのフレームワークはたいていCやC++を拡張した言語と、そのGPU用に作られたライブラリーを使います。

DirectX 11で導入された**コンピュート シェーダー**は、グラフィックス パイプラインの1つの位置にロックされないシェーダーという点で、GPUコンピューティングの1つの形です。グラフィックスAPIで呼び出されるという点で、レンダリングの処理と密接に結びついています。それは頂点、ピクセルなどのシェーダーと並行して使われます。パイプラインで使うの

図**3.16.** コンピュート シェーダーの例。左は、コンピュート シェーダーを風の影響を受ける髪の毛をシミュレートに使い、髪の毛自体はテッセレーション ステージを使ってレンダーしている。中央では、コンピュート シェーダーが高速なブラー操作を行う。右では、海の波をシミュレートする（イメージは *NVIDIA SDK 11 [1408]* のサンプルから、提供：*NVIDIA Corporation*）コンピュート シェーダーの例。左では、風の影響を受ける髪のシミュレートにコンピュート シェーダーが使われ、髪そのものはテッセレーション ステージを使ってレンダーされる。中では、コンピュート シェーダーが高速なブラー操作を行う。右では、海の波がシミュレートされている。

と同じ統合シェーダー プロセッサーのプールを利用します。入力データのセットを持ち、入力と出力のバッファー（テクスチャーなど）にアクセスできるという点で、他と同様のシェーダーです。コンピュート シェーダーでは、ワープとスレッドが、より顕になります。例えば、呼び出しごとに、アクセスできるスレッドのインデックスを取得します。DirectX 11 には、1 から 1024 のスレッドで構成される**スレッド グループ**の概念もあります。主としてシェーダー コードでの使用を単純化するため、それらのスレッド グループは x-, y-, z-座標で指定されます。スレッド グループごとにスレッド間で共有される少量のメモリーを持ちます。これは DirectX 11 では 32 kB です。グループ中のすべてのスレッドが並行して動作することを保証するため、コンピュート シェーダーはスレッド グループで実行されます [2122]。

　コンピュート シェーダーの重要な利点は、GPU 上で生成されるデータにアクセスできることです。GPU から CPU にデータを送ると遅れが生じるので、処理と結果を GPU 上に維持きれば性能を改善できます [1514]。レンダーしたイメージを何らかの方法で修正する後処理は、コンピュート シェーダーの一般的な使い方です。共有メモリーは、イメージ ピクセルをサンプリングした中間結果を、隣のスレッドと共有できることを意味します。例えば、イメージの分布や平均照度をコンピュート シェーダーを使って決定すると、ピクセル シェーダーで行う 2 倍の速さになることが分かっています [575]。

　コンピュート シェーダーはパーティクル システム、顔のアニメーションなどのメッシュ処理 [145]、カリング [2026, 2027]、イメージ フィルタリング [1192, 1836]、深度精度の改善 [1070]、影 [936]、被写界深度 [827]、その他の GPU プロセッサーのセットが肩代わりできる任意の作業で役に立ちます。Wihlidal [2027] は、コンピュート シェーダーがテッセレーション ハル シェーダーよりも効率的になり得ると論じています。他の使い方は図 3.16 を見てください。

　GPU のレンダリング パイプラインの実装のレビューはこれで終わりです。様々なレンダリング関連の処理を行うための、多くの GPU の機能の使い方と組み合わせがあります。関連する理論とその能力を利用するためにチューニングされたアルゴリズムが、本書の中心の主題です。次の焦点は変換とシェーディングです。

参考文献とリソース

Giesen のグラフィックス パイプラインのツアー [575] は、GPU の多くの面を詳しく論じ、その要素の動作の理由を説明しています。Fatahalian と Bryant によるコース [575] は、詳細な講義スライドのセットで GPU の並列処理を論じています。その焦点は CUDA を使った GPU コンピューティングですが、Kirk と Hwa の本 [974] の導入部が、GPU の進化と設計哲学を論じています。

シェーダー プログラミングの形式的な側面を学ぶには、少し勉強が必要です。*OpenGL Superbible* [1724] や *OpenGL Programming Guide* [956] といった本に、シェーダー プログラミングに関する題材があります。*OpenGL* シェーディング言語 [1626] は古い本で、ジオメトリーやテッセレーション シェーダーなどの最近のシェーダー ステージを網羅していませんが、シェーダー関連のアルゴリズムが明確な焦点です。最近の推奨される本については、本書のウェブサイト、realtimerendering.com を見てください。

4. 変換

"What if angry vectors veer
Round your sleeping head, and form.
There's never need to fear
Violence of the poor world's abstract storm."
　　　—Robert Penn Warren

怒れるベクトルが君の眠っている頭で引き返し、形を成したらどうなるだろうか。
哀れな世界の抽象的な嵐の暴力を恐れる必要は何もない。

変換（transform）は、点、ベクトル、色などのエンティティを、何らかのやり方で変える操作です。コンピューター グラフィックスの実践者にとって、変換の習得は極めて重要です。それによりオブジェクト、ライト、カメラの位置を決め、変形し、アニメートできます。すべての計算を同じ座標系で実行しながら、様々なやり方でオブジェクトを平面に投影することもできます。これらは変換で行える操作のほんの一部にすぎませんが、リアルタイム グラフィックス（ついでに言えば、あらゆる種類のコンピューター グラフィックス）における、変換の役割の重要性を示すには十分です。

　線形変換はベクトル加算とスカラー乗算を保存するものです。具体的には次のものです。

$$\mathbf{f}(\mathbf{x}) + \mathbf{f}(\mathbf{y}) = \mathbf{f}(\mathbf{x} + \mathbf{y}), \tag{4.1}$$

$$k\mathbf{f}(\mathbf{x}) = \mathbf{f}(k\mathbf{x}). \tag{4.2}$$

例えば、$\mathbf{f}(\mathbf{x}) = 5\mathbf{x}$ はベクトルの各要素に5を掛ける変換です。これが線形であることを証明するには、2つの条件（式4.1と4.2）を満たす必要があります。2つのベクトルに5を掛けてから足すのは、ベクトルを足してから掛けるのと同じなので、1つ目の条件は成り立ちます。明らかにスカラー乗算条件（式4.2）は満たされます。この写像はオブジェクトのスケール（サイズ）を変えるので、スケール変換と呼ばれます。回転変換も原点の周りでベクトルを回転する線形変換です。スケール変換と回転変換、実のところ3要素ベクトルに対するすべての線形変換は、3×3 行列で表わせます。

　しかし、この行列のサイズは一般には不十分です。3要素ベクトル$\mathbf{x}$への$\mathbf{f}(\mathbf{x}) = \mathbf{x} + (7,3,2)$のような写像は線形ではありません。この写像を2つの別々のベクトルに行うと、その結果に$(7,3,2)$の値を2回足すことになります。固定値のベクトルを別のベクトルに足すと平行移動が行われ、例えば、すべての位置を同じ量だけ移動します。これは役に立つ変換で、異なる変換の結合は望ましいことです（例えばオブジェクトを半分の大きさにスケールしてから、それを異なる場所に移動）。これまで使ってきた単純な形式の写像のままでは、簡単には結合できません。

表記	名前	特徴
$\mathbf{T}(\mathbf{t})$	平行移動行列	点を移動。アフィン。
$\mathbf{R}_x(\rho)$	回転行列	x-軸の周りに ρ ラジアン回転。 y-軸と z-軸も同様の表記。 直交 & アフィン。
$\mathbf{R}$	回転行列	任意の回転行列。 直交 & アフィン。
$\mathbf{S}(\mathbf{s})$	スケール行列	$\mathbf{s}$ にしたがい x-, y-, z-軸すべてスケール。アフィン。
$\mathbf{H}_{ij}(s)$	せん断行列	成分 j に関する 係数 s の せん断成分 i。 $i, j \in \{x, y, z\}$. アフィン。
$\mathbf{E}(h, p, r)$	オイラー変換	姿勢行列 オイラー角 ヘッド (ヨー), ピッチ, ロールで与えられる。 直交 & アフィン。
$\mathbf{P}_o(s)$	正投影	平面やボリュームへの 平行投影。アフィン。
$\mathbf{P}_p(s)$	透視投影	平面やボリュームへの 遠近法投影。
$\mathrm{slerp}(\hat{\mathbf{q}}, \hat{\mathbf{r}}, t)$	球面線形変換	クォーターニオン $\hat{\mathbf{q}}$ と $\hat{\mathbf{r}}$ とパラメーター t から 補間クォターニオンを作成。

表4.1. 本章で論じるほとんどの変換の要約。

　線形変換と平行移動の結合は、一般に 4×4 行列で格納される**アフィン変換**を使って行えます。アフィン変換は、線形変換を行ってから平行移動を行うものです。4要素ベクトルを表すには、点と方向を同じやり方で示す**同次表記**（ボールドの小文字）を使います。方向ベクトルは $\mathbf{v} = (v_x \quad v_y \quad v_z \quad 0)^T$、点は $\mathbf{v} = (v_x \quad v_y \quad v_z \quad 1)^T$ で表します。本章を通じて、realtimerendering.com でダウンロード可能な線形代数の付録で説明する用語と操作を大いに使います。

　すべての平行移動、回転、スケール、反射、せん断の行列はアフィンです。アフィン行列の主な特徴は、直線の平行を保存しますが、長さと角度を必ずしも保存しないことです。個別のアフィン変換を連結したものも、アフィン変換です。

　本章は最も本質的で、基本的なアフィン変換で始めます。このセクションは単純な変換の「参照マニュアル」と見なせます。次により特化した行列を述べた後、強力な変換ツールであるクォーターニオンの議論と説明を行います。その次は2つの単純でも効果的なメッシュのアニメーションの表現手段、頂点ブレンドとモーフィングです。最後に、投影行列を述べます。それらの変換の大部分の表記、機能、特性は表4.1に要約され、直交行列は逆行列が転置行列になるものです。

　変換はジオメトリー操作の基本ツールです。ほとんどのグラフィックスAPIでは、ユーザーが任意の行列を設定でき、本章で論じる変換の多くを実装するライブラリーが行列操作で使え

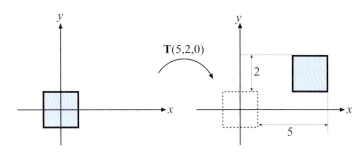

図4.1. 左の正方形が平行移動行列 $\mathbf{T}(5,2,0)$ で変換され、正方形は右へ5、上に2距離単位動く。

るかもしれません。しかし、その関数呼び出しの背後にある実際の行列と、それらの相互作用はやはり理解する価値があります。そのような関数呼び出しの後に行列が何をするかを知ることが出発点ですが、行列自体の特性を理解すればさらに先へと進めます。例えば、逆行列が転置である直交行列を扱うときにそれを識別し、高速な行列の反転を行えます。そのような知識が高速なコードにつながります。

4.1 基本的な変換

このセクションでは、平行移動、回転、スケール、せん断、変換の連結、剛体変換、法線（ノーマル）の（それほどノーマルではない）変換、逆行列の計算といった、最も基本的な変換を述べます。これは経験豊かな読者には単純な変換の参照マニュアルとして使え、初心者にはこの主題への手引として役立ちます。この題材は本章の残りと本書の他の章に必要な基礎知識です。最初は最も単純な変換である平行移動です。

4.1.1 平行移動

ある位置から別の位置への変化は平行移動行列、$\mathbf{T}$ で表されます。この行列はエンティティをベクトル $\mathbf{t} = (t_x, t_y, t_z)$ で平行移動します。$\mathbf{T}$ は式の4.3で与えられます。

$$\mathbf{T}(\mathbf{t}) = \mathbf{T}(t_x, t_y, t_z) = \begin{pmatrix} 1 & 0 & 0 & t_x \\ 0 & 1 & 0 & t_y \\ 0 & 0 & 1 & t_z \\ 0 & 0 & 0 & 1 \end{pmatrix} \quad (4.3)$$

平行移動変換の効果の例が図4.1に示されています。見ての通り、点 $\mathbf{p} = (p_x, p_y, p_z, 1)$ と $\mathbf{T}(\mathbf{t})$ の乗算で新しい点 $\mathbf{p}' = (p_x + t_x, p_y + t_y, p_z + t_z, 1)$ が生じ、これは明らかに平行移動です。方向ベクトルは平行移動できないので、ベクトル $\mathbf{v} = (v_x, v_y, v_z, 0)$ は $\mathbf{T}$ による乗算の影響を受けません。対照的に、点とベクトルはどちらもアフィン変換の他の部分の影響を受けます。平行移動行列の逆行列は $\mathbf{T}^{-1}(\mathbf{t}) = \mathbf{T}(-\mathbf{t})$、つまりベクトル $\mathbf{t}$ の符号反転です。

コンピューター グラフィックスでは、平行移動ベクトルを最下行に持つ行列を使う、別の有効な表記法もあります。例えば、DirectXがこの形式を使います。このスキームでは、行列の順番が逆になり、適用の順番が左から右になります。この表記のベクトルと行列はベクトルが行になるので、**行優先形式**と言われます。本書では、**列優先形式**を使います。どちらを使おうと、純粋に表記の違いです。行列をメモリーに格納するときには、16の値の最後の4つが、3つの平行移動値とその後の1です。

4.1.2 回転

回転変換はベクトル（位置や方向）を、与えられた原点を通る軸の周りに、与えられた角度で回転します。平行移動行列と同じく**剛体変換**で、変換された点の間の距離を保存し、座標系の向きを保存します（左右が入れ替わることはありません）。この2種類の変換が、コンピューター グラフィックスでオブジェクトで位置と向きの設定に役立つのは、明らかです。**姿勢行列**は空間中で向き、すなわち上と前の方向を定義するカメラ ビューやオブジェクトに関連付ける回転行列です。

2次元では、回転行列は単純に導かれます。ベクトル $\mathbf{v} = (v_x, v_y)$ があり、それを $\mathbf{v} = (v_x, v_y) = (r\cos\theta, r\sin\theta)$ とパラメーター化します。そのベクトルを ϕ ラジアン（反時計回りに）回転すると、$\mathbf{u} = (r\cos(\theta+\phi), r\sin(\theta+\phi))$ を得ます。これは

$$
\begin{aligned}
\mathbf{u} &= \begin{pmatrix} r\cos(\theta+\phi) \\ r\sin(\theta+\phi) \end{pmatrix} = \begin{pmatrix} r(\cos\theta\cos\phi - \sin\theta\sin\phi) \\ r(\sin\theta\cos\phi + \cos\theta\sin\phi) \end{pmatrix} \\
&= \underbrace{\begin{pmatrix} \cos\phi & -\sin\phi \\ \sin\phi & \cos\phi \end{pmatrix}}_{\mathbf{R}(\phi)} \underbrace{\begin{pmatrix} r\cos\theta \\ r\sin\theta \end{pmatrix}}_{\mathbf{v}} = \mathbf{R}(\phi)\mathbf{v}
\end{aligned} \tag{4.4}
$$

と書くことができ、ここで角度の和の関係を使って $\cos(\theta+\phi)$ と $\sin(\theta+\phi)$ を展開します。3次元で一般的に使われる回転行列は $\mathbf{R}_x(\phi)$、$\mathbf{R}_y(\phi)$、$\mathbf{R}_z(\phi)$ で、それぞれエンティティを x-、y-、z-軸の周りに ϕ ラジアン回転します。それらは式4.5–4.7で与えられます。

$$
\mathbf{R}_x(\phi) = \begin{pmatrix} 1 & 0 & 0 & 0 \\ 0 & \cos\phi & -\sin\phi & 0 \\ 0 & \sin\phi & \cos\phi & 0 \\ 0 & 0 & 0 & 1 \end{pmatrix} \tag{4.5}
$$

$$
\mathbf{R}_y(\phi) = \begin{pmatrix} \cos\phi & 0 & \sin\phi & 0 \\ 0 & 1 & 0 & 0 \\ -\sin\phi & 0 & \cos\phi & 0 \\ 0 & 0 & 0 & 1 \end{pmatrix} \tag{4.6}
$$

$$
\mathbf{R}_z(\phi) = \begin{pmatrix} \cos\phi & -\sin\phi & 0 & 0 \\ \sin\phi & \cos\phi & 0 & 0 \\ 0 & 0 & 1 & 0 \\ 0 & 0 & 0 & 1 \end{pmatrix} \tag{4.7}
$$

4×4 行列の最下行と右端の列を削ると、3×3 行列が得られます。任意の軸の周りで ϕ ラジアン回転するどの 3×3 回転行列 $\mathbf{R}$ も、トレース（行列の対角要素）軸に依存せず不変で、次で計算されます [1077]。

$$
\text{tr}(\mathbf{R}) = 1 + 2\cos\phi \tag{4.8}
$$

回転行列の効果は58ページの図4.4で見ることができます。軸 i の周りに ϕ ラジアン回転すること以外に、回転行列 $\mathbf{R}_i(\phi)$ の特徴となるのは、回転軸 i 上のどの点も変化しないことです。$\mathbf{R}$ は任意の軸の周りの回転行列を示すのにも使われることに注意してください。上で与えた軸回転行列は連続した3つの変換を使って任意の軸回転を行うのに使えます。この手順はセクション4.2.1で論じます。任意の軸の周りで直接回転を行う方法はセクション4.2.4で取り上げます。

4.1. 基本的な変換

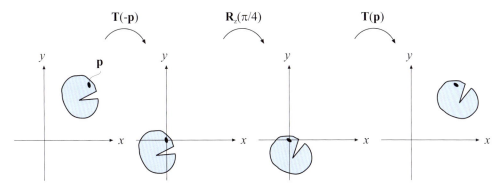

図4.2. 指定点pの周りの回転の例。

すべての回転行列は直交し、行列式は1です。これは回転変換をいくつ連結しても成り立ちます。逆行列を得る別の方法は $\mathbf{R}_i^{-1}(\phi) = \mathbf{R}_i(-\phi)$、つまり同じ軸での反対方向の回転です。

例: 点の周りの回転。 特定の点 $\mathbf{p}$ を回転の中心として、オブジェクトを z-軸の周りで ϕ ラジアン回転させたいとします。その変換は何でしょうか？このシナリオが図4.2に示されています。点の周りの回転の特徴は、その点自身が回転の影響を受けないことなので、この変換は、最初に $\mathbf{p}$ が原点と一致するようにオブジェクトを $\mathbf{T}(-\mathbf{p})$ で平行移動します。その後、実際の回転、$\mathbf{R}_z(\phi)$ を行います。最後に、$\mathbf{T}(\mathbf{p})$ を使ってオブジェクトを元の位置に平行移動で戻さなければなりません。その結果の変換 $\mathbf{X}$ は次で与えられます。

$$\mathbf{X} = \mathbf{T}(\mathbf{p})\mathbf{R}_z(\phi)\mathbf{T}(-\mathbf{p}) \tag{4.9}$$

上の行列の順番に注意してください。 □

4.1.3 スケール

スケール行列 $\mathbf{S}(\mathbf{s}) = \mathbf{S}(s_x, s_y, s_z)$ はエンティティを倍率 s_x、s_y、s_z で、それぞれ x-、y-、z-方向にスケールします。これはスケール行列がオブジェクトの拡大や縮小に使えることを意味します。s_i、$i \in \{x, y, z\}$ が大きいほど、エンティティはその方向に大きくスケールされます。$\mathbf{s}$ のどれかの成分を1にすると、当然ながらその方向へのスケールの変化はなくなります。式4.10が $\mathbf{S}$ を示しています。

$$\mathbf{S}(\mathbf{s}) = \begin{pmatrix} s_x & 0 & 0 & 0 \\ 0 & s_y & 0 & 0 \\ 0 & 0 & s_z & 0 \\ 0 & 0 & 0 & 1 \end{pmatrix} \tag{4.10}$$

58ページの図4.4がスケール行列の効果を示しています。スケール操作は $s_x = s_y = s_z$ なら**一様**、そうでなければ**非一様**と呼ばれます。一様/非一様の代わりに、**等方/非等方**スケールという用語を使うこともあります。その逆行列は $\mathbf{S}^{-1}(\mathbf{s}) = \mathbf{S}(1/s_x, 1/s_y, 1/s_z)$ です。

同次座標を使い、一様スケール行列を作成する別の有効な手段は、位置 $(3,3)$ の行列要素、つまり右下隅の要素の操作です。この値は同次座標の w-成分に影響を与えるので、行列が変換する点（方向ベクトルではなく）のすべての座標をスケールします。例えば、一様に5倍にスケールするには、スケール行列の $((0,0)、(1,1)、(2,2)$ の要素を5にしても、$(3,3)$ の要素を

1/5にしてもかまいません。これを行う2つの異なる行列を示します。

$$\mathbf{S} = \begin{pmatrix} 5 & 0 & 0 & 0 \\ 0 & 5 & 0 & 0 \\ 0 & 0 & 5 & 0 \\ 0 & 0 & 0 & 1 \end{pmatrix}, \qquad \mathbf{S}' = \begin{pmatrix} 1 & 0 & 0 & 0 \\ 0 & 1 & 0 & 0 \\ 0 & 0 & 1 & 0 \\ 0 & 0 & 0 & 1/5 \end{pmatrix} \tag{4.11}$$

一様スケールに$\mathbf{S}$を使うときと違い、$\mathbf{S}'$を使うときには必ずその後で同次化を行わなければなりません。これは同次化処理に除算が含まれるので非効率かもしれません。右下（位置(3,3)）の要素が1なら、除算は不要です。もちろん、システムが1をテストせず常にこの除算を行う場合は、追加のコストはありません。

$\mathbf{s}$の1つまたは3つの成分が負の値なら、**反射行列**になります（**鏡映行列**とも呼ばれる）。2つのスケール倍率だけが-1なら、πラジアンの回転です。反射行列を連結した回転行列も反射行列であることに注意してください。したがって次は反射行列です。

$$\underbrace{\begin{pmatrix} \cos(\pi/2) & \sin(\pi/2) \\ -\sin(\pi/2) & \cos(\pi/2) \end{pmatrix}}_{\text{回転}} \underbrace{\begin{pmatrix} 1 & 0 \\ 0 & -1 \end{pmatrix}}_{\text{反射}} = \begin{pmatrix} 0 & -1 \\ -1 & 0 \end{pmatrix} \tag{4.12}$$

一般に反射行列が検出されたときは、特別な扱いが必要です。例えば、反時計回りの頂点を持つ三角形は反射行列で変換すると時計回りになります。この順番の変化は、正しくないライティングと背面カリングを引き起こすことがあります。与えられた行列が何らかの反射を行うかどうかを検出するには、行列の左上の3×3要素の行列式を計算します。その値が負なら、反射行列です。例えば、式4.12の行列の行列式は$0 \cdot 0 - (-1) \cdot (-1) = -1$です。

例：特定方向へのスケール。 スケール行列$\mathbf{S}$は、x-, y-, z-軸沿いだけにスケールします。他の方向にスケールを行わなければならない場合は、複合変換が必要です。スケールを正規直交右手系ベクトルの軸$\mathbf{f}^x$、$\mathbf{f}^y$、$\mathbf{f}^z$に沿って行うとします。まず行列$\mathbf{F}$を構築し、その基底を次のように変えます。

$$\mathbf{F} = \begin{pmatrix} \mathbf{f}^x & \mathbf{f}^y & \mathbf{f}^z & \mathbf{0} \\ 0 & 0 & 0 & 1 \end{pmatrix} \tag{4.13}$$

その考え方は3つの軸が与える座標系を標準軸と一致させてから、標準のスケール行列を使い、次に変換して戻すことです。最初のステップは$\mathbf{F}$の転置、すなわち逆行列を掛けることで行います。次に実際のスケールを行った後、変換して戻します。その変換は式4.14です。

$$\mathbf{X} = \mathbf{F}\mathbf{S}(\mathbf{s})\mathbf{F}^T \tag{4.14}$$

$\square$

4.1.4 せん断

別のクラスの変換が、せん断行列です。これは例えばゲームで、シーン全体を歪めてサイケデリックな効果を作り出したり、モデルの外見を曲げるのに使えます。6つの基本的なせん断行列があり、$\mathbf{H}_{xy}(s)$、$\mathbf{H}_{xz}(s)$, $\mathbf{H}_{yx}(s)$、$\mathbf{H}_{yz}(s)$、$\mathbf{H}_{zx}(s)$、$\mathbf{H}_{zy}(s)$で示されます。1つ目の添字は、せん断行列が変える座標を示すのに使い、2つ目の添字はせん断を行う座標を示します。せん断行列$\mathbf{H}_{xz}(s)$の例を式4.15に示します。その添字で下の行列のパラメーターsの位置が

4.1. 基本的な変換

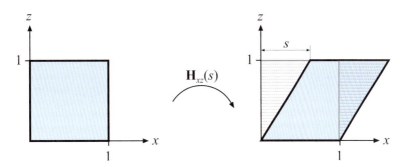

図 4.3. 単位正方形を $\mathbf{H}_{xz}(s)$ でせん断する効果。その変換で y-値と z-値はどちらも影響を受けないが、x-値は以前の x-値と、s に z-値を掛けたものの和になり、正方形が傾く。破線部の面積が同じであることから分かるように、この変換は面積を保存する。

分かることに注意してください。x（その数値インデックスは 0）で行 0、z（その数値インデックスは 2）で列 2 が分かり、s はそこに位置します。

$$\mathbf{H}_{xz}(s) = \begin{pmatrix} 1 & 0 & s & 0 \\ 0 & 1 & 0 & 0 \\ 0 & 0 & 1 & 0 \\ 0 & 0 & 0 & 1 \end{pmatrix} \quad (4.15)$$

この行列を点 $\mathbf{p}$ に掛けると点 $(p_x + sp_z \ \ p_y \ \ p_z)^T$ が生じます。これは図 4.3 の単位正方形で示されています。$\mathbf{H}_{ij}(s)$（i 番目の座標を j 番目の座標でせん断、$i \neq j$）の逆行列は反対方向へのせん断、すなわち $\mathbf{H}_{ij}^{-1}(s) = \mathbf{H}_{ij}(-s)$ で生成します。

少し異なる種類のせん断行列も使えます。

$$\mathbf{H}'_{xy}(s, t) = \begin{pmatrix} 1 & 0 & s & 0 \\ 0 & 1 & t & 0 \\ 0 & 0 & 1 & 0 \\ 0 & 0 & 0 & 1 \end{pmatrix} \quad (4.16)$$

しかし、ここでは両方の添字を使い、それらの座標が 3 つ目の座標でせん断されることを示します。この 2 つの異なる種類の記述の関係は $\mathbf{H}'_{ij}(s,t) = \mathbf{H}_{ik}(s)\mathbf{H}_{jk}(t)$ で、k は 3 つ目の座標へのインデックスです。どちらの行列を使うかは好みの問題です。最後に、せん断行列の行列式は $|\mathbf{H}| = 1$ なので、図 4.3 でも示されるように、これはボリュームを保存する変換です。

4.1.5　変換の連結

行列の乗算操作の非可換性により、行列の現れる順番は重要です。つまり、変換の連結は順序に依存します。

　順序依存性の例として、2 つの行列、$\mathbf{S}$ と $\mathbf{R}$ を考えます。$\mathbf{S}(2, 0.5, 1)$ は x-成分を 2 倍、y-成分を 0.5 倍にスケールします。$\mathbf{R}_z(\pi/6)$ は z-軸（右手座標系では本書の紙面から飛び出す向き）の周りで $\pi/6$ ラジアン反時計回りに回転します。それらの行列は 2 つのやり方で乗算でき、その結果はまったく異なります。その 2 つの場合が図 4.4 に示されています。

　一連の行列を 1 つに連結する明白な理由は、効率のためです。例えば、数百万の頂点を持つゲーム シーンがあり、シーンのすべてのオブジェクトをスケール、回転、最後に平行移動し

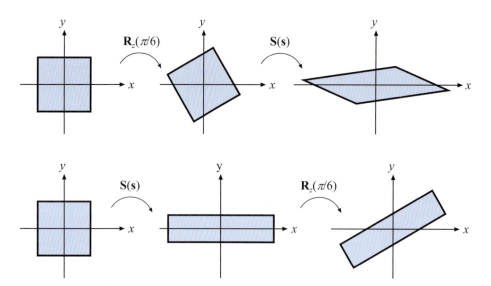

図4.4. これは行列乗算における順序依存性を示す。上段では、回転行列 $\mathbf{R}_z(\pi/6)$ の適用後に $\mathbf{S}(\mathbf{s})$、$\mathbf{s}=(2,0.5,1)$ でスケールする。その合成行列は $\mathbf{S}(\mathbf{s})\mathbf{R}_z(\pi/6)$ になる。下段では、行列は逆の順に適用され、$\mathbf{R}_z(\pi/6)\mathbf{S}(\mathbf{s})$ が生じる。その結果は明らかに異なる。一般に任意の行列 $\mathbf{M}$ と $\mathbf{N}$ に対し、$\mathbf{MN}\ne\mathbf{NM}$ が成り立つ。

なければならないと想像してください。ここで、すべての頂点に3つの行列を個々に掛ける代わりに、3つの行列を1つの行列に連結します。それからこの1つの行列を頂点に適用します。この合成行列は $\mathbf{C}=\mathbf{TRS}$ です。この順番に注目してください。スケール行列 $\mathbf{S}$ は最初に頂点に適用するので、合成で右に現れます。この順番は $\mathbf{TRSp}=(\mathbf{T}(\mathbf{R}(\mathbf{Sp})))$ であることを暗に意味し、$\mathbf{p}$ は変換される点です。ちなみに、$\mathbf{TRS}$ は、シーングラフシステムで一般に使われる順番です。

行列連結は順序に依存しますが、行列は好きなようにグループ化できることは述べる価値があります。例えば、$\mathbf{TRSp}$ で、剛体運動変換 $\mathbf{TR}$ を一旦計算したいとします。その2つの行列を $(\mathbf{TR})(\mathbf{Sp})$ とグループ化し、中間結果で置き換えるのは有効です。したがって、行列連結は**結合則**を満たします。

4.1.6 剛体変換

人が立体オブジェクト、例えばペンをテーブルから掴み上げて別の場所、例えばシャツのポケットに移すときには、オブジェクトの向きと位置だけが変化し、オブジェクトの形は影響を受けません。そのような平行移動と回転だけの連結からなる変換は、剛体変換と呼ばれます。それは長さ、角度、左手右手を保存する特徴を持っています。

任意の剛体行列 $\mathbf{X}$ は、平行移動行列 $\mathbf{T}(\mathbf{t})$ と回転行列 $\mathbf{R}$ の連結として書けます。それゆえ、$\mathbf{X}$ は式4.17の行列のようになります。

$$\mathbf{X}=\mathbf{T}(\mathbf{t})\mathbf{R}=\begin{pmatrix} r_{00} & r_{01} & r_{02} & t_x \\ r_{10} & r_{11} & r_{12} & t_y \\ r_{20} & r_{21} & r_{22} & t_z \\ 0 & 0 & 0 & 1 \end{pmatrix} \tag{4.17}$$

$\mathbf{X}$ の逆行列は $\mathbf{X}^{-1}=(\mathbf{T}(\mathbf{t})\mathbf{R})^{-1}=\mathbf{R}^{-1}\mathbf{T}(\mathbf{t})^{-1}=\mathbf{R}^T\mathbf{T}(-\mathbf{t})$ で計算できます。したがっ

4.1. 基本的な変換

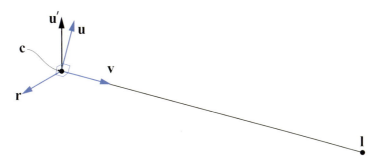

図4.5. $\mathbf{c}$にある上ベクトル$\mathbf{u}'$のカメラが、点$\mathbf{l}$を見るように向きを変換する計算に関与するジオメトリー。そのために$\mathbf{r}$、$\mathbf{u}$、$\mathbf{v}$を計算する必要がある。

て、その逆行列を計算するには、$\mathbf{R}$の左上の3×3行列を転置し、$\mathbf{T}$の平行移動値の符号を変えます。その新しい2つの行列を反対の順番に掛けると逆行列が得られます。$\mathbf{X}$の逆行列を計算する別のやり方は、$\mathbf{R}$（$\mathbf{R}$を3×3行列として表し）と$\mathbf{X}$を次の表記で考えることです（式1.2の表記）。

$$\bar{\mathbf{R}} = \begin{pmatrix} \mathbf{r}_{,0} & \mathbf{r}_{,1} & \mathbf{r}_{,2} \end{pmatrix} = \begin{pmatrix} \mathbf{r}_{0,}^T \\ \mathbf{r}_{1,}^T \\ \mathbf{r}_{2,}^T \end{pmatrix}, \quad (4.18)$$

$$\mathbf{X} = \begin{pmatrix} \bar{\mathbf{R}} & \mathbf{t} \\ \mathbf{0}^T & 1 \end{pmatrix}$$

ここで$\mathbf{r}_{,0}$は回転行列の1列目を意味し（つまりコンマは0から2の任意の値を示し、2つ目の添字は0）、$\mathbf{r}_{0,}^T$はその列行列の1行目です。$\mathbf{0}$は、すべての成分が0の3×1列ベクトルです。ここから計算により、式4.19に示す表現の逆行列が生成します。

$$\mathbf{X}^{-1} = \begin{pmatrix} \mathbf{r}_{0,} & \mathbf{r}_{1,} & \mathbf{r}_{2,} & -\bar{\mathbf{R}}^T \mathbf{t} \\ 0 & 0 & 0 & 1 \end{pmatrix} \quad (4.19)$$

例：カメラの向きの設定。 グラフィックスでよくある作業が、カメラを特定の位置に向けることです。ここではgluLookAt()（OpenGL Utility Library、略してGLUの関数）が行うことを紹介します。この関数呼び出し自体は、今日あまり使われませんが、その作業は今でも一般的です。図4.5に示されるように、カメラが$\mathbf{c}$の位置にあり、与えられたカメラの上方向が$\mathbf{u}'$で、カメラをターゲット$\mathbf{l}$に向けたいとします。求めるのは3つのベクトル$\{\mathbf{r}, \mathbf{u}, \mathbf{v}\}$からなる基底です。まずビュー ベクトルを$\mathbf{v} = (\mathbf{c}-\mathbf{l})/\|\mathbf{c}-\mathbf{l}\|$、すなわちターゲットからカメラ位置への正規化ベクトルとして計算します。そうすると「右」を見るベクトルは$\mathbf{r} = -(\mathbf{v} \times \mathbf{u}')/\|\mathbf{v} \times \mathbf{u}'\|$で計算できます。$\mathbf{u}'$ベクトルはしばしば正確に上を指すことが保証されないので、最終的な上ベクトルは別の外積$\mathbf{u} = \mathbf{v} \times \mathbf{r}$で計算します。$\mathbf{v}$と$\mathbf{r}$はどちらも正規化され、直交するように作られるので、正規化されていることが保証されます。構築するカメラ変換行列$\mathbf{M}$の考え方は、カメラ位置が原点$(0,0,0)$となるよう最初にすべてを平行移動してから、$\mathbf{r}$が$(1,0,0)$、$\mathbf{u}$

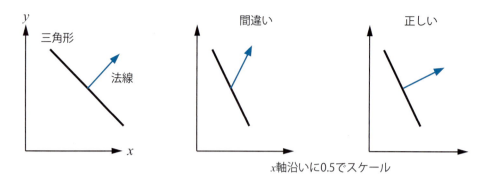

図 4.6. 左は元のジオメトリー、1 つの三角形とその法線を横から示している。中の図はモデルを x-軸沿いに 0.5 でスケールし、法線が同じ行列を使うと何が起きるかを示している。右の図は法線の正しい変換を示す。

が $(0, 1, 0)$、$\mathbf{v}$ が $(0, 0, -1)$ と平行になるように基底を変えることです。これは次で行います。

$$\mathbf{M} = \underbrace{\begin{pmatrix} r_x & r_y & r_z & 0 \\ u_x & u_y & u_z & 0 \\ -v_x & -v_y & -v_z & 0 \\ 0 & 0 & 0 & 1 \end{pmatrix}}_{\text{基底の変更}} \underbrace{\begin{pmatrix} 1 & 0 & 0 & -t_x \\ 0 & 1 & 0 & -t_y \\ 0 & 0 & 1 & -t_z \\ 0 & 0 & 0 & 1 \end{pmatrix}}_{\text{平行移動}} = \begin{pmatrix} r_x & r_y & r_z & -\mathbf{t} \cdot \mathbf{r} \\ u_x & u_y & u_z & -\mathbf{t} \cdot \mathbf{u} \\ -v_x & -v_y & -v_z & \mathbf{t} \cdot \mathbf{v} \\ 0 & 0 & 0 & 1 \end{pmatrix} \quad (4.20)$$

平行移動行列を、基底行列の変更と連結するとき、平行移動 $-\mathbf{t}$ は最初に適用するので右にします。$\mathbf{r}$、$\mathbf{u}$、$\mathbf{v}$ の成分の置き場所の 1 つの覚え方は、次のものです。$\mathbf{r}$ を $(1, 0, 0)$ にしたいので、基底行列の変更に $(1, 0, 0)$ を掛けると、$\mathbf{r} \cdot \mathbf{r} = 1$ なので、行列の 1 行目が $\mathbf{r}$ の要素でなければならないことが分かります。さらに、2 行目と 3 行目は $\mathbf{r}$ に垂直なベクトル、すなわち $\mathbf{r} \cdot \mathbf{x} = 0$ でなければなりません。同じ考えを $\mathbf{u}$ と $\mathbf{v}$ にも適用すると、上の基底行列の変更になります。 □

4.1.7 法線の変換

1 つの行列を点、直線、三角形、その他のジオメトリーの変換に一貫して使えます。同じ行列が、それらの直線や三角形の面上の接ベクトルの変換にも使えます。しかし、1 つの重要な幾何学特性である面法線（と頂点ライティング法線）の変換には、この行列を使えるとは限りません。図 4.6 が、同じ行列を使うと何が起きるかを示しています。

正しい手法は行列そのものを掛けるのではなく、行列の随伴行列の転置を使うことです [247]。随伴行列の計算はオンラインの線形代数付録に説明されています。随伴行列は必ず存在することが保証されます。法線は変換後に単位長であることが保証されないので、一般に正規化する必要があります。

法線の変換への従来の答えは、逆行列の転置を計算することでした [1929]。この手法は普通はうまくいきます。しかし、完全な逆行列は不要で、作成できないときもあります。逆行列は随伴行列を元の行列の行列式で割ったものです。この行列式がゼロだと、行列は特異で逆行列が存在しません。

完全な 4×4 行列には、随伴行列の計算でさえ高価で、普通は必要ありません。法線はベクトルなので、平行移動の影響がありません。さらに、ほとんどのモデル変換はアフィンです。渡された同次座標の w-成分は不変、つまり投影は行われません。そのような（一般的な）環境で法線の変換に必要なのは、左上の 3×3 成分の随伴行列を計算することだけです。

この随伴行列の計算さえも、しばしば不要なことがあります。変換行列が完全に平行移動、回転、一様スケール操作（伸縮がない）の連結であることが分かっているとします。平行移動は法線に影響を与えません。一様スケールの倍率は法線の長さを変えるだけです。残るのは一連の回転だけです。それは何らかの種類の正味の回転を生じるだけで、それ以上のものではありません。法線の変換には逆行列の転置を使えます。回転行列は、その転置がその逆行列であることで定義されます。法線の変換を得るための置換で、2つの転置（2つの逆行列）を行うと元の回転行列が与えられます。要するに、そのような環境では法線の変換にも元の変換そのものが直接使えます。

最後に、生成する法線の完全な再正規化は必ずしも必要ではありありません。平行移動と回転しか連結していなければ、その行列による変換で法線の長さは変わらないので、再正規化は不要です。一様スケールも連結している場合は、全体のスケール倍率（既知か抽出可能な場合—セクション4.2.3）を使い、生成する法線を直接正規化できます。例えば、オブジェクトを5.2倍にする一連のスケールが適用されたことが分かっていれば、直接この行列で変換された法線は、5.2で割ることで再正規化されます。あるいは、正規化された結果を作り出す法線変換行列を作成するため、元の行列の左上の3×3をこのスケール倍率で一度に割ることもできます。

変換後に面法線を三角形から（例えば、三角形の辺の外積を使って）派生するシステムでは、法線の変換は問題ではありません。接ベクトルは法線と性質が異なり、常に元の行列で直接変換できます。

4.1.8　逆行列の計算

逆行列は、例えば座標系を行き来するときなど、多くの場合に必要です。変換について利用できる情報により、以下の3つの逆行列を計算する手法の1つを使えます。

- 行列が1つの変換、または与えられたパラメーターによる単純な変換の連続なら、逆行列は「パラメーターと行列の順番の反転」で簡単に計算できる。例えば$\mathbf{M} = \mathbf{T}(\mathbf{t})\mathbf{R}(\phi)$なら$\mathbf{M}^{-1} = \mathbf{R}(-\phi)\mathbf{T}(-\mathbf{t})$。これは単純で変換の正確さを保存し、それは巨大な世界をレンダーするときに重要[1492]。
- 行列が直交だと分かっていれば$\mathbf{M}^{-1} = \mathbf{M}^T$、つまり転置が逆行列。回転の連続は回転なので、直交行列。
- 何もわからない場合は、随伴行列法、クラメルの法則、LU分解、あるいはガウス除去を使って逆行列を計算できる。分岐操作が少ないので、一般にはクラメルの法則と随伴行列法が推奨される。現代のアーキテクチャーでは、「if」テストを避けることが望ましい。随伴行列を使って法線の逆変換を行う方法はセクション4.1.7を参照。

最適化するときには、逆行列計算の目的も考慮に入れる必要があります。例えば、逆行列をベクトルの変換に使うなら、通常は行列の左上3×3部分の逆行列しか必要ありません（前のセクションを参照）。

4.2　特殊な行列変換と操作

このセクションでは、リアルタイム グラフィックスに不可欠な、いくつかの行列変換と操作を紹介して導きます。まず、向きの記述に直感的な手段であるオイラー変換（とそのパラメー

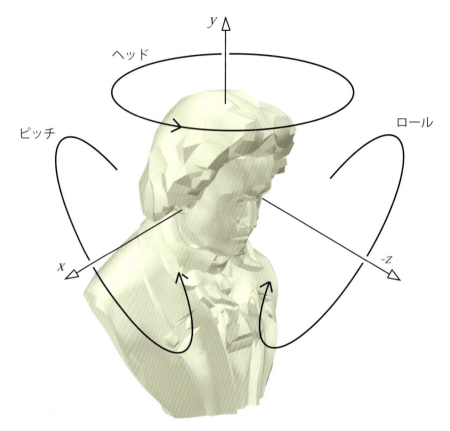

図 4.7. オイラー変換と、ヘッド、ピッチ、ロールの角度の変え方との関係。デフォルトのビュー方向は負の z-軸、上方向は y-軸を向く。

ターの抽出）を紹介します。次に、1つの行列から基本的な変換のセットを取り出すことについて述べます。最後に、任意の軸の周りにエンティティを回転する手法を導きます。

4.2.1 オイラー変換

この変換は、見る人（つまりカメラ）や他のエンティティを特定の方向に向ける行列を構築する直感的な方法です。その名前は偉大なスイスの数学者、オイラー（Leonhard Euler, 1707–1783）に由来します。

まず、何らかの種類のデフォルトのビュー方向を定めなければなりません。ほとんどの場合、それは図4.7に示すように負の z-軸を向き、頭は y-軸を向きます。オイラー変換は3つの行列、すなわち図4.21に示す回転の乗算です。より正式には、この変換は $\mathbf{E}$ で表され、式4.21で与えられます。

$$\mathbf{E}(h,p,r) = \mathbf{R}_z(r)\mathbf{R}_x(p)\mathbf{R}_y(h) \tag{4.21}$$

その行列の順番は24通りの可能な選び方がありますが[1758]、よく使われるので、これを紹介します。$\mathbf{E}$ は回転の連結なので、明らかに直交でもあります。それゆえ、逆行列は $\mathbf{E}^{-1} = \mathbf{E}^T = (\mathbf{R}_z\mathbf{R}_x\mathbf{R}_y)^T = \mathbf{R}_y^T\mathbf{R}_x^T\mathbf{R}_z^T$ で表わせますが、もちろん $\mathbf{E}$ の転置を直接使うほうが簡単です。

オイラー角 h、p、r はヘッド、ピッチ、ロールがそれぞれの軸で回転する順番と量を表し

4.2. 特殊な行列変換と操作　　　　　　　　　　　　　　　　　　　　　　　　　　　　　63

ます。その角度はすべて「ロール」と呼ばれることもあります（例えば「ヘッド」が「y-ロー
ル」、「ピッチ」が「x-ロール」）。また、「ヘッド」はフライト シミュレーションなどで「ヨー」
と呼ばれることもあります。

　この変換は直感的なので、素人の言葉で気軽に議論できます。例えば見る人は、ヘッド角度
を変えると頭を「ノー」と横に振り、ピッチを変えるとうなずき、ロールで頭を横に傾けま
す。x-, y-, z-軸の周りの回転ではなく、ヘッド、ピッチ、ロールの変更についての話しになり
ます。この変換はカメラだけでなく、任意のオブジェクトやエンティティの向きも変えられま
す。ワールド空間のグローバルな軸を使うことも、ローカル座標系に相対的に行うこともでき
ます。

　注意すべきこととして、オイラー角の説明には、z-軸を初期の上方向として与えるものがあ
ります。この違いは純粋に表記の違いですが、混乱を招く可能性があります。コンピューター
グラフィックスでは、世界をどう見なし、したがって内容をどう形成するか、すなわちy-アッ
プとz-アップに分裂しています。ほとんどの製造工程は、3Dプリンティングを含めて、z-方
向をワールド空間の上と見なします。航空と船舶は$-z$を上と見なします。建築とGISは建築
計画や地図が2次元のxとyなので、通常はz-アップを使います。メディア関連のモデリング
システムは、たいていコンピューター グラフィックスでカメラのスクリーンの上方向を述べ
る方法に合わせて、y-方向をワールド座標の上と見なします。この2つのワールド上ベクトル
の選択の違いは、$90°$の回転（と場合により反射）にすぎませんが、どちらを仮定しているか
分からないと問題を生じることがあります。本書では断りのない限りy-アップのワールド方向
を使います。

　カメラのビュー空間での上方向は、ワールドの上方向と特に関係ないことも指摘しておきま
す。頭をロールしてビューを傾けると、そのワールド空間の上方向はワールドのものと異なり
ます。別の例として、ワールドがy-アップを使い、カメラがまっすぐ下の地形を見下ろす鳥瞰
図があるとします。この向きは、そのワールド空間の上方向が$(0, 0, -1)$になるよう、カメラ
が$90°$前方にピッチしていることを意味します。この向きでは、カメラにy-成分はなく、代わ
りに$-z$をワールド空間の上と見なしますが、定義によりビュー空間で「yが上」は変わりま
せん。

　小さな角度の変化や視点の向きには役立ちますが、オイラー角にはいくつか深刻な制限があ
ります。オイラー角の2つのセットを組み合わせて扱うのは困難です。例えば、1つのセット
と別のセットの補間は、それぞれの角度を補間するだけの単純な問題ではありません。実際に
は、2つの異なるオイラー角のセットが同じ向きを与えることがあるので、補間でオブジェク
トを回転すべきではありません。本章で論じるクォターニオンなど、別の向きの表現の使用を
追求する価値があることには、いくつかの理由があります。オイラー角では、次にセクション
4.2.2で説明するジンバルロックと呼ばれるものに遭遇することもあります。

4.2.2　オイラー変換からのパラメーターの抽出

直交行列からオイラー パラメーターh、p、rを取り出す手続きがあると、役に立つ状況があり
ます。この手続を式4.22に示します。

$$\mathbf{E}(h, p, r) = \begin{pmatrix} e_{00} & e_{01} & e_{02} \\ e_{10} & e_{11} & e_{12} \\ e_{20} & e_{21} & e_{22} \end{pmatrix} = \mathbf{R}_z(r)\mathbf{R}_x(p)\mathbf{R}_y(h) \qquad (4.22)$$

ここで4×4行列を捨てて3×3行列を使うのは、回転行列で必要なすべての情報がそこにあるからです。つまり、等価な4×4行列の残りの部分には、0と右下位置の1しか含まれません。

式4.22の3つの回転行列を連結すると次になります。

$$\mathbf{E} = \begin{pmatrix} \cos r \cos h - \sin r \sin p \sin h & -\sin r \cos p & \cos r \sin h + \sin r \sin p \cos h \\ \sin r \cos h + \cos r \sin p \sin h & \cos r \cos p & \sin r \sin h - \cos r \sin p \cos h \\ -\cos p \sin h & \sin p & \cos p \cos h \end{pmatrix} \quad (4.23)$$

これから、ピッチ パラメーターは$\sin p = e_{21}$で与えられることが明らかです。e_{01}をe_{11}で割り、同様にe_{20}をe_{22}で割ると、次のヘッドとロール パラメーターの抽出の式になります。

$$\frac{e_{01}}{e_{11}} = \frac{-\sin r}{\cos r} = -\tan r \quad \text{and} \quad \frac{e_{20}}{e_{22}} = \frac{-\sin h}{\cos h} = -\tan h \quad (4.24)$$

したがって、オイラー パラメーターh（ヘッド）、p（ピッチ）、r（ロール）は、行列$\mathbf{E}$から関数`atan2(y,x)`（1章の7ページ）を式4.25のように使って抽出されます。

$$\begin{aligned} h &= \texttt{atan2}(-e_{20}, e_{22}), \\ p &= \arcsin(e_{21}), \\ r &= \texttt{atan2}(-e_{01}, e_{11}) \end{aligned} \quad (4.25)$$

しかし、特別な対処が必要なときがあります。$\cos p = 0$だと、回転角度rとhが同じ軸の周りの回転になるので（回転角度pが$-\pi/2$と$\pi/2$のどちらだったかで方向が異なることがある）、1つの角度しか導く必要がありません。恣意的に$h = 0$とすると[1901]、次が与えられます。

$$\mathbf{E} = \begin{pmatrix} \cos r & \sin r \cos p & \sin r \sin p \\ \sin r & \cos r \cos p & -\cos r \sin p \\ 0 & \sin p & \cos p \end{pmatrix} \quad (4.26)$$

$\cos p = 0$のときpは1列目の値に影響を与えないので、$\sin r / \cos r = \tan r = e_{10}/e_{00}$を使うことができ、$r = \texttt{atan2}(e_{10}, e_{00})$が与えられます。

arcsin の定義から、$-\pi/2 \le p \le \pi/2$で、この区間外のpの値で作成された$\mathbf{E}$は、元のパラメーターを取り出せないことを意味します。h、p、rが一意でないことは、2つ以上のオイラーパラメーターのセットが、同じ変換を生成する可能性があることを意味します。オイラー角の変換についての詳細は、Shoemake の1994年の論文[1758]にあります。上に概要を述べた単純な手法は数値安定性に問題を生じることがあり、それはいくらかスピードを犠牲にすることで回避可能です[1472]。

オイラー変換を使うときには、**ジンバルロック**と呼ばれるものが発生することがあります[542, 1755]。これは1つの自由度が失われるような回転を行ったときに発生します。例えば、変換の順番が$x/y/z$だとします。2番目の回転で、y-軸の周りにちょうど$\pi/2$の回転を行うとします。そうするとローカルのz-軸が回転して元のx-軸と揃い、最後のzの周りの回転は冗長です。

数学的には、既に式4.26の$\cos p = 0$（$p = \pm\pi/2 + 2\pi k$、kは整数）と仮定した場所でジンバルロックが生じます。そのようなpの値では、行列が1つの角度、$r + h$または$r - h$（しかし両方同時ではない）だけに依存するので、自由度が1つ失われています。

モデリング システムではオイラー角を$x/y/z$の順番に、各ローカル軸の周りの回転で示すのが一般的ですが、他の順番も可能です。例えば、アニメーションでは$z/x/y$、$z/x/z$はアニメーションと物理の両方で使われます。どれも3つの分離した回転を指定する有効な方法で

4.2. 特殊な行列変換と操作　　　　　　　　　　　　　　　　　　　　　　　　　　　　　　　　65

す。この最後の順番$z/x/z$は、xの周りにπラジアン回転（半回転）したときしかジンバルロックが発生しないので、使い方によっては優れているかもしれません。ジンバルロックを避ける完璧なやり方はありません。それでも、アニメーターはカーブ エディターで時間による角度の変化を指定することを好むので[542]、オイラー角は広く使われています。

例：変換を制約する。ボルトを締める（仮想の）レンチを持っていると想像してください。ボルトを締めるため、レンチをx-軸の周りに回転させなければなりません。ここで自分の入力装置（マウス、VR グローブ、スペースボールなど）が回転行列、つまりレンチの動きの回転を与えるとします。問題はx-軸の周りにだけ回転すべきレンチに、誤ってこの変換を適用する可能性があることです。入力の変換$\mathbf{P}$をx-軸の周りの回転に制約するため、このセクションで述べた手法を使ってオイラー角h、p、rを単純に取り出し、新たな行列$\mathbf{R}_x(p)$を作成します。これがレンチをx-軸の周りに回転する（$\mathbf{P}$にそのような動きが含まれれば）、求める変換です。　□

4.2.3　行列の分解

これまでは、使っている変換行列の起源と履歴が分かっているという仮定の下で話を進めてきました。これが当てはまらない場合がよくあります。例えば、変換されたオブジェクトに、連結済みの行列しか関連付けられていないことがあります。結合行列から様々な変換を取り出す作業は、**行列の分解**と呼ばれます。

　変換のセットの抽出には多くの理由があり、以下のような用途があります：

- オブジェクトのスケール倍率だけを取り出す。
- 特定のシステムに必要な変換を求める（例えば、任意の4×4行列の使用を許さないシステムがあるかもしれない）。
- モデルが剛体変換しか受けていないかどうかを判定する。
- オブジェクトの行列しか利用できないときにアニメーションのキーフレームを補間する。
- 回転行列からせん断を取り除く。

　剛体変換のための平行移動と回転の行列の導出（セクション4.1.6）と、直交行列からのオイラー角の導出（セクション4.2.2）の2つの分解は、既に紹介しています。

　前に見たように、平行移動行列の取り出しは、4×4行列の最終列の要素だけで済むので簡単です。反射が起きたかどうかも、行列式が負かどうかのチェックで判定できます。回転、スケール、せん断の分離には、かなりの努力が必要です。

　幸い、このトピックに関するいくつかの記事とコードがオンラインにあります。Thomas [1901] と Goldman [600, 601] が、いくらか異なる、様々な種類の変換に対する手法を紹介しています。Shoemake [1757] のアルゴリズムは彼らのアフィン行列のテクニックを改良し、基準系に依存せずに、行列を分解して剛体変換を得ることを試みます。

4.2.4　任意の軸の周りの回転

任意の軸の周りにエンティティをある角度で回転する手続きがあると、便利なことがあります。正規化された回転軸$\mathbf{r}$の周りにαラジアン回転する変換を作成するとします。

　これを行うため、まずその周りで回転したい軸がx-軸である空間に変換します。これを$\mathbf{M}$

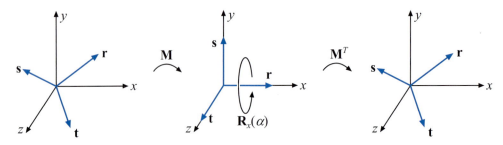

図4.8. 任意の軸$\mathbf{r}$の周りの回転は、$\mathbf{r}$, $\mathbf{s}$, $\mathbf{t}$が形成する直交基底を求めることで実現される。次にこの基底をx-軸と揃うように標準基底と合わせる。そこでx-軸の周りの回転を行い、最後に変換して戻す。

と呼ばれる回転行列で行います。次に実際の回転を行い、$\mathbf{M}^{-1}$で変換して戻します[339]。この手順が図4.8に示されています。

$\mathbf{M}$を計算するには、$\mathbf{r}$と互いに対して直交する2つの軸を求める必要があります。3つ目の軸$\mathbf{t}$は1つ目と2つ目の軸の外積$\mathbf{t} = \mathbf{r} \times \mathbf{s}$だと分かっているので、2つ目の軸$\mathbf{s}$を求めることに専念します。これを行う数値的に安定な方法は、$\mathbf{r}$の最小成分（絶対値で）を求め、それを0にすることです。残りの2つの成分を入れ替えてから、1つ目の符号を反転します（実際には、ゼロでない成分のどちらを符号反転してもかまいません）。数学的に、これは次で表されます [848]。

$$\begin{aligned}
\bar{\mathbf{s}} &= \begin{cases} (0, -r_z, r_y), & \text{if } |r_x| \leq |r_y| \text{ and } |r_x| \leq |r_z|, \\ (-r_z, 0, r_x), & \text{if } |r_y| \leq |r_x| \text{ and } |r_y| \leq |r_z|, \\ (-r_y, r_x, 0), & \text{if } |r_z| \leq |r_x| \text{ and } |r_z| \leq |r_y|, \end{cases} \\
\mathbf{s} &= \bar{\mathbf{s}}/\|\bar{\mathbf{s}}\|, \\
\mathbf{t} &= \mathbf{r} \times \mathbf{s}
\end{aligned} \quad (4.27)$$

これは$\bar{\mathbf{s}}$が$\mathbf{r}$に直交する（垂直）ことと、$(\mathbf{r}, \mathbf{s}, \mathbf{t})$が正規直交基底であることを保証します。Frisvad [538]が、精度は低いけれども高速で、コードに分岐がない手法を紹介しています。Max [1237]とDuffら[418]が、Frisvadの手法の精度を改善しています。どのテクニックを採用しようと、回転行列はこの3つのベクトルを使って作られます。

$$\mathbf{M} = \begin{pmatrix} \mathbf{r}^T \\ \mathbf{s}^T \\ \mathbf{t}^T \end{pmatrix} \quad (4.28)$$

この行列はベクトル$\mathbf{r}$をx-軸、$\mathbf{s}$をy-軸、$\mathbf{t}$をz-軸に変換します。したがって、正規化ベクトル$\mathbf{r}$の周りにαラジアン回転する最終的な変換は次のものです。

$$\mathbf{X} = \mathbf{M}^T \mathbf{R}_x(\alpha) \mathbf{M} \quad (4.29)$$

言葉にすると、これは最初に$\mathbf{r}$がx-軸となるように（$\mathbf{M}$を使って）変換してから、このx-軸の周りでαラジアン（$\mathbf{R}_x(\alpha)$を使って）回転し、次に$\mathbf{M}$の逆行列（$\mathbf{M}$は直交なのでこの場合$\mathbf{M}^T$）で変換して戻すことを意味します。

任意の正規化された軸$\mathbf{r}$の周りでϕラジアン回転する別の手法を、Goldman [598]が紹介しています。ここではその変換だけを示します。

$$\mathbf{R} = \begin{pmatrix} \cos\phi + (1-\cos\phi)r_x^2 & (1-\cos\phi)r_x r_y - r_z \sin\phi & (1-\cos\phi)r_x r_z + r_y \sin\phi \\ (1-\cos\phi)r_x r_y + r_z \sin\phi & \cos\phi + (1-\cos\phi)r_y^2 & (1-\cos\phi)r_y r_z - r_x \sin\phi \\ (1-\cos\phi)r_x r_z - r_y \sin\phi & (1-\cos\phi)r_y r_z + r_x \sin\phi & \cos\phi + (1-\cos\phi)r_z^2 \end{pmatrix} \quad (4.30)$$

4.3. クォターニオン　　　　　　　　　　　　　　　　　　　　　　　　　　　　　　67

セクション4.3.2で、この問題をクォターニオンを使って解決する、さらに別の手法を紹介します。またそのセクションでは、1つのベクトルから別のベクトルへの回転など、関連する問題で効率的なアルゴリズムも紹介します。

4.3　クォターニオン

ハミルトン卿（Sir William Rowan Hamilton）による複素数の拡張としてのクォターニオンの発明は1843年に遡りますが、コンピューター グラフィックスの分野では、Shoemake [1755]が1985年に初めて導入しました[*1]。クォターニオンは回転と向きを表すのに使われます。それはいくつかの点で、オイラー角と行列のどちらよりも優れています。任意の3次元の向きは特定の軸の周りの1つの回転として表せます。この軸&角度の表現と、クォターニオンとの間の相互の変換は簡単ですが、オイラー角の変換はどちらの方向も困難です。

複素数には実部と虚部があります。2つの実数で表わされ、2番目の実数に$\sqrt{-1}$が掛けられます。同様に、クォターニオンには4つの部分があります。最初の3つの値は回転の軸と密接な関係があり、回転の角度は4つの部分すべてに影響を与えます（これについての詳細はセクション4.3.2を参照してください）。各クォターニオンは4つの実数で表され、それぞれ異なる部分に関連付けられます。クォターニオンは4つの成分を持つので、ベクトルで表すことにしますが、区別のためハットを付けます：$\hat{\mathbf{q}}$。最初にクォターニオンの数学的背景を述べてから、それを使って役に立つ様々な変換を構築します。

4.3.1　数学的背景

まずはクォターニオンの定義です

定義. クォターニオン$\hat{\mathbf{q}}$は以下のやり方で定義でき、どれも等価です。

$$
\begin{aligned}
\hat{\mathbf{q}} &= (\mathbf{q}_v, q_w) = iq_x + jq_y + kq_z + q_w = \mathbf{q}_v + q_w, \\
\mathbf{q}_v &= iq_x + jq_y + kq_z = (q_x, q_y, q_z), \\
i^2 &= j^2 = k^2 = -1, \ jk = -kj = i, \ ki = -ik = j, \ ij = -ji = k
\end{aligned}
\tag{4.31}
$$

変数q_wはクォターニオン$\hat{\mathbf{q}}$の実部と呼ばれます。虚部は$\mathbf{q}_v$で、i、j、kは虚数単位と呼ばれます。　　　　　　　　　　　　　　　　　　　　　　　　　　　　　　　□

虚部$\mathbf{q}_v$には加算、スケール、内積、外積など、すべての通常のベクトル操作を使えます。クォターニオンの定義を使うと、2つのクォターニオン$\hat{\mathbf{q}}$と$\hat{\mathbf{r}}$の乗算操作は、下に示すように導かれます。虚数単位の乗算が非可換なことに注意してください。

乗算：
$$
\begin{aligned}
\hat{\mathbf{q}}\hat{\mathbf{r}} &= (iq_x + jq_y + kq_z + q_w)(ir_x + jr_y + kr_z + r_w) \\
&= i(q_yr_z - q_zr_y + r_wq_x + q_wr_x) \\
&\quad + j(q_zr_x - q_xr_z + r_wq_y + q_wr_y) \\
&\quad + k(q_xr_y - q_yr_x + r_wq_z + q_wr_z) \\
&\quad + q_wr_w - q_xr_x - q_yr_y - q_zr_z \\
&= (\mathbf{q}_v \times \mathbf{r}_v + r_w\mathbf{q}_v + q_w\mathbf{r}_v, \ q_wr_w - \mathbf{q}_v \cdot \mathbf{r}_v)
\end{aligned}
\tag{4.32}
$$

[*1] 公平を期して言うと、1958年に Robinson [1616] が剛体シミュレーションでクォターニオンを使っています。

68   4. 変換

この式で見て分かるように、2つのクォターニオンの乗算には外積と内積の両方を使います。

　クォターニオンの定義にあわせて、加算、共役、ノルム、単位元の定義が必要です。

加算: $\qquad\qquad \hat{\mathbf{q}} + \hat{\mathbf{r}} = (\mathbf{q}_v, q_w) + (\mathbf{r}_v, r_w) = (\mathbf{q}_v + \mathbf{r}_v, q_w + r_w).$

共役: $\qquad\qquad \hat{\mathbf{q}}^* = (\mathbf{q}_v, q_w)^* = (-\mathbf{q}_v, q_w).$

ノルム: $\qquad\qquad n(\hat{\mathbf{q}}) = \sqrt{\hat{\mathbf{q}}\hat{\mathbf{q}}^*} = \sqrt{\hat{\mathbf{q}}^*\hat{\mathbf{q}}} = \sqrt{\mathbf{q}_v \cdot \mathbf{q}_v + q_w^2}$ $\qquad\qquad$ (4.33)

$\qquad\qquad\qquad\qquad\quad = \sqrt{q_x^2 + q_y^2 + q_z^2 + q_w^2}.$

単位元: $\qquad\qquad \hat{\mathbf{i}} = (\mathbf{0}, 1).$

$n(\hat{\mathbf{q}}) = \sqrt{\hat{\mathbf{q}}\hat{\mathbf{q}}^*}$ を単純化すると（上に示す通り）、虚部は打ち消し合って実部だけが残ります。ノルムは $||\hat{\mathbf{q}}|| = n(\hat{\mathbf{q}})$ と示されることもあります[1195]。上の結果として $\hat{\mathbf{q}}^{-1}$ で示す乗法の逆元が導かれます。逆元には式 $\hat{\mathbf{q}}^{-1}\hat{\mathbf{q}} = \hat{\mathbf{q}}\hat{\mathbf{q}}^{-1} = 1$ が成り立たなければなりません（乗法の逆元には共通）。ノルムの定義から次の公式を導きます。

$$n(\hat{\mathbf{q}})^2 = \hat{\mathbf{q}}\hat{\mathbf{q}}^* \iff \frac{\hat{\mathbf{q}}\hat{\mathbf{q}}^*}{n(\hat{\mathbf{q}})^2} = 1. \qquad (4.34)$$

これにより次の乗法の逆元が与えられます。

逆元: $\qquad\qquad \hat{\mathbf{q}}^{-1} = \frac{1}{n(\hat{\mathbf{q}})^2}\hat{\mathbf{q}}^*. \qquad\qquad$ (4.35)

この逆元の公式が使う、式 4.3.1 の乗算から導かれるスカラー乗算: $s\hat{\mathbf{q}} = (\mathbf{0}, s)(\mathbf{q}_v, q_w)$ $= (s\mathbf{q}_v, sq_w)$ と $\hat{\mathbf{q}}s = (\mathbf{q}_v, q_w)(\mathbf{0}, s) = (s\mathbf{q}_v, sq_w)$ は、スカラー乗算が可換であること: $s\hat{\mathbf{q}} = \hat{\mathbf{q}}s = (s\mathbf{q}_v, sq_w)$ を意味します。

　以下の規則は単純に定義から導かれます。

共役の規則: $\qquad\qquad (\hat{\mathbf{q}}^*)^* = \hat{\mathbf{q}},$

$\qquad\qquad\qquad\qquad\quad (\hat{\mathbf{q}} + \hat{\mathbf{r}})^* = \hat{\mathbf{q}}^* + \hat{\mathbf{r}}^*, \qquad\qquad$ (4.36)

$\qquad\qquad\qquad\qquad\quad (\hat{\mathbf{q}}\hat{\mathbf{r}})^* = \hat{\mathbf{r}}^*\hat{\mathbf{q}}^*.$

ノルムの規則: $\qquad\qquad n(\hat{\mathbf{q}}^*) = n(\hat{\mathbf{q}}),$

$\qquad\qquad\qquad\qquad\quad n(\hat{\mathbf{q}}\hat{\mathbf{r}}) = n(\hat{\mathbf{q}})n(\hat{\mathbf{r}}).$ $\qquad\qquad$ (4.37)

乗算法則:

線形性: $\qquad\qquad \hat{\mathbf{p}}(s\hat{\mathbf{q}} + t\hat{\mathbf{r}}) = s\hat{\mathbf{p}}\hat{\mathbf{q}} + t\hat{\mathbf{p}}\hat{\mathbf{r}},$

$\qquad\qquad\qquad\qquad\quad (s\hat{\mathbf{p}} + t\hat{\mathbf{q}})\hat{\mathbf{r}} = s\hat{\mathbf{p}}\hat{\mathbf{r}} + t\hat{\mathbf{q}}\hat{\mathbf{r}}.$ $\qquad\qquad$ (4.38)

結合性：
$$\hat{\mathbf{p}}(\hat{\mathbf{q}}\hat{\mathbf{r}}) = (\hat{\mathbf{p}}\hat{\mathbf{q}})\hat{\mathbf{r}}.$$

単位クォーターニオン $\hat{\mathbf{q}} = (\mathbf{q}_v,\ q_w)$ は、$n(\hat{\mathbf{q}}) = 1$ となるものです。ここから $||\mathbf{u}_q|| = 1$ である3次元ベクトル $\mathbf{u}_q$ で、$\hat{\mathbf{q}}$ は

$$\hat{\mathbf{q}} = (\sin\phi\mathbf{u}_q,\ \cos\phi) = \sin\phi\mathbf{u}_q + \cos\phi \tag{4.39}$$

と書けます。それは $\mathbf{u}_q \cdot \mathbf{u}_q = 1 = ||\mathbf{u}_q||^2$ のときかつその場合に限り、

$$n(\hat{\mathbf{q}}) = n(\sin\phi\mathbf{u}_q,\ \cos\phi) = \sqrt{\sin^2\phi(\mathbf{u}_q \cdot \mathbf{u}_q) + \cos^2\phi}$$
$$= \sqrt{\sin^2\phi + \cos^2\phi} = 1 \tag{4.40}$$

だからです。次のセクションで見るように、単位クォーターニオンは回転と向きを効率よく作成するのに最適です。しかし、その前に、単位クォーターニオンへの追加の操作をいくつか導入します。

複素数では、2次元の単位ベクトルは $\cos\phi + i\sin\phi = e^{i\phi}$ と書けます。等価なクォーターニオンは次のものです。

$$\hat{\mathbf{q}} = \sin\phi\mathbf{u}_q + \cos\phi = e^{\phi\mathbf{u}_q} \tag{4.41}$$

単位クォーターニオンに対する log と指数関数は式 4.41 から得られます。

対数：
$$\log(\hat{\mathbf{q}}) = \log(e^{\phi\mathbf{u}_q}) = \phi\mathbf{u}_q,$$

$$\tag{4.42}$$

指数：
$$\hat{\mathbf{q}}^t = (\sin\phi\mathbf{u}_q + \cos\phi)^t = e^{\phi t\mathbf{u}_q} = \sin(\phi t)\mathbf{u}_q + \cos(\phi t).$$

4.3.2　クォーターニオン変換

ここでクォーターニオン セットのサブクラス、**単位クォーターニオン**と呼ばれる単位長のクォーターニオンを調べます。単位クォーターニオンで最も重要なことは、それが任意の3次元の回転を表現でき、この表現が極めてコンパクトで単純でもあることです。

単位クォーターニオンが、回転と向きにとても役立つ理由を説明します。まず、点またはベクトルの4つの座標 $\mathbf{p} = (p_x\ p_y\ p_z\ p_w)^T$ をクォーターニオン $\hat{\mathbf{p}}$ の成分に入れ、単位クォーターニオン $\hat{\mathbf{q}} = (\sin\phi\mathbf{u}_q,\ \cos\phi)$ があるとします。

$$\hat{\mathbf{q}}\hat{\mathbf{p}}\hat{\mathbf{q}}^{-1} \tag{4.43}$$

は $\hat{\mathbf{p}}$ （したがって点 $\mathbf{p}$）を軸 $\mathbf{u}_q$ の周りに角度 2ϕ で回転することが証明できます。$\hat{\mathbf{q}}$ は単位クォーターニオンなので、$\hat{\mathbf{q}}^{-1} = \hat{\mathbf{q}}^*$ です（図 4.9）。

$\hat{\mathbf{q}}$ の任意の（ゼロ以外）実数倍も同じ変換を表し、それは $\hat{\mathbf{q}}$ と $-\hat{\mathbf{q}}$ が同じ回転を表すことを意味します。つまり、軸 $\mathbf{u}_q$ と実部 q_w の符号を反転すると、元のクォーターニオンが行うのと正確に同じ回転を行うクォーターニオンになります。またそれは行列からのクォーターニオンの抽出が、$\hat{\mathbf{q}}$ と $-\hat{\mathbf{q}}$ のいずれかを返せばよいことを意味します。

2つの単位クォーターニオン $\hat{\mathbf{q}}$ と $\hat{\mathbf{r}}$ があり、クォーターニオン $\hat{\mathbf{p}}$ （点 $\mathbf{p}$ と解釈できる）に最初に $\hat{\mathbf{q}}$、次に $\hat{\mathbf{r}}$ を適用する連結は式 4.44 で与えられます。

$$\hat{\mathbf{r}}(\hat{\mathbf{q}}\hat{\mathbf{p}}\hat{\mathbf{q}}^*)\hat{\mathbf{r}}^* = (\hat{\mathbf{r}}\hat{\mathbf{q}})\hat{\mathbf{p}}(\hat{\mathbf{r}}\hat{\mathbf{q}})^* = \hat{\mathbf{c}}\hat{\mathbf{p}}\hat{\mathbf{c}}^* \tag{4.44}$$

ここで、$\hat{\mathbf{c}} = \hat{\mathbf{r}}\hat{\mathbf{q}}$ は、$\hat{\mathbf{q}}$ と $\hat{\mathbf{r}}$ の連結を表す単位クォーターニオンです。

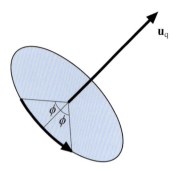

図4.9. 単位クォータニオン、$\hat{\mathbf{q}} = (\sin\phi \mathbf{u}_q,\ \cos\phi)$ で表される回転変換の図。軸 $\mathbf{u}_q$ の周りで rotates 2ϕ ラジアン回転する変換。

行列への変換

複数の異なる変換を組み合わせる必要はよくあり、そのほとんどは行列形式なので、式4.43を行列に変換する手段が必要です。クォータニオン $\hat{\mathbf{q}}$ は、式4.45で表現される行列 $\mathbf{M}^q$ に変換できます[1755, 1756]。

$$\mathbf{M}^q = \begin{pmatrix} 1 - s(q_y^2 + q_z^2) & s(q_x q_y - q_w q_z) & s(q_x q_z + q_w q_y) & 0 \\ s(q_x q_y + q_w q_z) & 1 - s(q_x^2 + q_z^2) & s(q_y q_z - q_w q_x) & 0 \\ s(q_x q_z - q_w q_y) & s(q_y q_z + q_w q_x) & 1 - s(q_x^2 + q_y^2) & 0 \\ 0 & 0 & 0 & 1 \end{pmatrix} \quad (4.45)$$

ここでスカラーは $s = 2/(n(\hat{\mathbf{q}}))^2$ です。単位クォータニオンでは次のように単純化されます。

$$\mathbf{M}^q = \begin{pmatrix} 1 - 2(q_y^2 + q_z^2) & 2(q_x q_y - q_w q_z) & 2(q_x q_z + q_w q_y) & 0 \\ 2(q_x q_y + q_w q_z) & 1 - 2(q_x^2 + q_z^2) & 2(q_y q_z - q_w q_x) & 0 \\ 2(q_x q_z - q_w q_y) & 2(q_y q_z + q_w q_x) & 1 - 2(q_x^2 + q_y^2) & 0 \\ 0 & 0 & 0 & 1 \end{pmatrix} \quad (4.46)$$

クォータニオンを作ってしまえば、三角関数を計算する必要は**ない**ので、実際の変換処理は効率的です。

直交行列 $\mathbf{M}^q$ から単位クォータニオン $\hat{\mathbf{q}}$ への逆変換は、もう少し複雑です。この処理で鍵となるのは、式4.46の行列から作られる以下の差分です。

$$\begin{aligned} m_{21}^q - m_{12}^q &= 4 q_w q_x, \\ m_{02}^q - m_{20}^q &= 4 q_w q_y, \\ m_{10}^q - m_{01}^q &= 4 q_w q_z \end{aligned} \quad (4.47)$$

これらの式が意味することは、q_w が既知なら、ベクトル $\mathbf{v}_q$ の値を計算でき、$\hat{\mathbf{q}}$ を導けることです。$\mathbf{M}^q$ のトレースは次で計算できます。

$$\begin{aligned} \operatorname{tr}(\mathbf{M}^q) &= 4 - 2s(q_x^2 + q_y^2 + q_z^2) = 4\left(1 - \frac{q_x^2 + q_y^2 + q_z^2}{q_x^2 + q_y^2 + q_z^2 + q_w^2}\right) \\ &= \frac{4 q_w^2}{q_x^2 + q_y^2 + q_z^2 + q_w^2} = \frac{4 q_w^2}{(n(\hat{\mathbf{q}}))^2} \end{aligned} \quad (4.48)$$

4.3. クォターニオン

この結果から、次の単位クォターニオンの変換が得られます。

$$q_w = \frac{1}{2}\sqrt{\text{tr}(\mathbf{M}^q)}, \qquad q_x = \frac{m_{21}^q - m_{12}^q}{4q_w},$$

$$q_y = \frac{m_{02}^q - m_{20}^q}{4q_w}, \qquad q_z = \frac{m_{10}^q - m_{01}^q}{4q_w} \tag{4.49}$$

数値的に安定なルーチンにするため[1756]、小さな数による除算を避けるべきです。そこで、まず $t = q_w^2 - q_x^2 - q_y^2 - q_z^2$ とし、以下の式を得ます。

$$
\begin{aligned}
m_{00} &= t + 2q_x^2, \\
m_{11} &= t + 2q_y^2, \\
m_{22} &= t + 2q_z^2, \\
u &= m_{00} + m_{11} + m_{22} = t + 2q_w^2
\end{aligned}
\tag{4.50}
$$

これは m_{00}、m_{11}、m_{22}、u のどれが最大かで、q_x、q_y、q_z、q_w のどれが最大かが決まることを意味します。q_w が最大なら、式4.49を使ってクォターニオンを導きます。そうでなければ、次が成り立ちます。

$$
\begin{aligned}
4q_x^2 &= +m_{00} - m_{11} - m_{22} + m_{33}, \\
4q_y^2 &= -m_{00} + m_{11} - m_{22} + m_{33}, \\
4q_z^2 &= -m_{00} - m_{11} + m_{22} + m_{33}, \\
4q_w^2 &= \text{tr}(\mathbf{M}^q)
\end{aligned}
\tag{4.51}
$$

上の中から適切な式を使って q_x、q_y、q_z で最大のものを求めた後、式4.47を使って $\hat{\mathbf{q}}$ の残りの成分を計算します。Schüler [1706] が、分岐がない代わりに、4つの平方根を使う変種を紹介しています。

球面線形補間

球面線形補間は、与えられた2つの単位クォターニオン $\hat{\mathbf{q}}$ と $\hat{\mathbf{r}}$、パラメーター $t \in [0,1]$ から、補間されたクォターニオンを計算する操作です。これは例えば、オブジェクトのアニメーションに役立ちます。カメラの向きの補間に使うと、カメラの「上」ベクトルが補間中に傾くことがあるので（一般によくない効果）、それほど有用ではありません。

この操作の代数形式は次の合成クォターニオン $\hat{\mathbf{s}}$ で表現されます。

$$\hat{\mathbf{s}}(\hat{\mathbf{q}}, \hat{\mathbf{r}}, t) = (\hat{\mathbf{r}}\hat{\mathbf{q}}^{-1})^t \hat{\mathbf{q}} \tag{4.52}$$

しかし、ソフトウェア実装では、次の形式（*slerp* は球面線形補間の略）のほうがずっと適切です。

$$\hat{\mathbf{s}}(\hat{\mathbf{q}}, \hat{\mathbf{r}}, t) = \texttt{slerp}(\hat{\mathbf{q}}, \hat{\mathbf{r}}, t) = \frac{\sin(\phi(1-t))}{\sin\phi}\hat{\mathbf{q}} + \frac{\sin(\phi t)}{\sin\phi}\hat{\mathbf{r}} \tag{4.53}$$

この式で必要な ϕ の計算には、$\cos\phi = q_x r_x + q_y r_y + q_z r_z + q_w r_w$ を使えます[350]。$t \in [0,1]$ で、slerp関数は、合わせて4次元単位球上の $\hat{\mathbf{q}}$ ($t=0$) から $\hat{\mathbf{r}}$ ($t=1$) の最短の弧を構成する、（一意な[*2]）補間されたクォターニオンを計算します。その弧は $\hat{\mathbf{q}}$、$\hat{\mathbf{r}}$ と原点で与えられる平面と、4次元の単位球の交差から形成される円上に位置します。これが図4.10に示されていま

_____
[*2] $\hat{\mathbf{q}}$ と $\hat{\mathbf{r}}$ が正反対でない限り

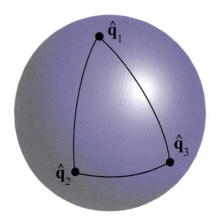

図4.10. 単位クォータニオンは単位球上の点として表される。関数slerpをクォータニオンの補間に使うと、その補間される経路は球上の大円の弧になる。$\hat{\mathbf{q}}_1$から$\hat{\mathbf{q}}_2$への補間と、$\hat{\mathbf{q}}_1$から$\hat{\mathbf{q}}_3$から$\hat{\mathbf{q}}_2$への補間は、同じ向きに到達しても、同じではないことに注意。

す。求めた回転クォータニオンは、固定の軸の周りを定速度で回転します。このような定速度で加速度がゼロの曲線は、**測地曲線**と呼ばれます[249]。その球上の**大円**は原点を通る平面と球の交差で生成し、そのような円の一部は**大円の弧**と呼ばれます。

slerp関数は2つの向きの補間に最適で、よい振る舞いをします（固定軸、定速度）。これは複数のオイラー角を使う補間には当てはまりません。slerpの直接的な計算は、実際には三角関数の呼び出しを含む高価な操作です。Malyshau [1204]が、クォータニオンのレンダリングパイプラインへの統合を論じています。それによれば、slerpを使う代わりに、単純にクォータニオンをピクセル シェーダーで正規化すると、90°の角度で三角形の向きの誤差は最大 4°です。この誤差率は三角形のラスタライズでは許容できます。Li [1122, 1123]が、正確さを犠牲にしない、はるかに高速なslerpの漸進的計算手法を提供しています。Eberly [439]が、加算と乗算だけでslerpを計算する高速テクニックを紹介しています。

2つ以上の向き、例えば$\hat{\mathbf{q}}_0, \hat{\mathbf{q}}_1, \ldots, \hat{\mathbf{q}}_{n-1}$が利用でき、$\hat{\mathbf{q}}_0$から$\hat{\mathbf{q}}_1$から$\hat{\mathbf{q}}_2$、以下同様に$\hat{\mathbf{q}}_2$まで補間したいときも、単純にslerpを使えます。例えば$\hat{\mathbf{q}}_i$に近づくときには、$\hat{\mathbf{q}}_{i-1}$と$\hat{\mathbf{q}}_i$をslerpへの引数として使います。$\hat{\mathbf{q}}_i$を通り過ぎた後は、$\hat{\mathbf{q}}_i$と$\hat{\mathbf{q}}_{i+1}$をslerpへの引数として使うことになります。これは図4.10に見えるような、向きの補間に突然のガタツキが現れる原因になります。これは点を1次補間するときに起きることと似ています（622ページの図17.3の右上部分を参照）。次の段落は、17章でスプラインについて読んだ後に読み直したほうがよいかもしれません。

よりよい補間のやり方は、何らかの種類のスプラインを使うことです。クォータニオン$\hat{\mathbf{a}}_i$と$\hat{\mathbf{a}}_{i+1}$を、$\hat{\mathbf{q}}_i$と$\hat{\mathbf{q}}_{i+1}$の間に導入します。クォータニオン$\hat{\mathbf{q}}_i$、$\hat{\mathbf{a}}_i$、$\hat{\mathbf{a}}_{i+1}$、$\hat{\mathbf{q}}_{i+1}$のセットの中で球面3次補間を定義できます。驚くことに、追加のクォータニオンは次で計算できます[437] [*3]。

$$\hat{\mathbf{a}}_i = \hat{\mathbf{q}}_i \exp\left[-\frac{\log(\hat{\mathbf{q}}_i^{-1}\hat{\mathbf{q}}_{i-1}) + \log(\hat{\mathbf{q}}_i^{-1}\hat{\mathbf{q}}_{i+1})}{4}\right] \tag{4.54}$$

式4.55で示すように、$\hat{\mathbf{q}}_i$と$\hat{\mathbf{a}}_i$を、滑らかな3次スプラインによるクォータニオンの球面補間に使います。

$$\begin{aligned}&\mathrm{squad}(\hat{\mathbf{q}}_i, \hat{\mathbf{q}}_{i+1}, \hat{\mathbf{a}}_i, \hat{\mathbf{a}}_{i+1}, t) = \\ &\mathrm{slerp}(\mathrm{slerp}(\hat{\mathbf{q}}_i, \hat{\mathbf{q}}_{i+1}, t), \mathrm{slerp}(\hat{\mathbf{a}}_i, \hat{\mathbf{a}}_{i+1}, t), 2t(1-t))\end{aligned} \tag{4.55}$$

[*3] Shoemake [1755] が別の導出を与えています）

4.4. 頂点ブレンド   73

上に見えるように、squad関数はslerpによる球面補間の反復で作られます（点の反復1次補間に関する情報はセクション17.1.1）。その補間は最初の向き $\hat{\mathbf{q}}_i$, $i \in [0, \ldots, n-1]$ を通りますが、$\hat{\mathbf{a}}_i$ を通りません—それらを使うのは最初の向きにおける接線の向きを示すためです。

1つのベクトルから別のベクトルへの回転

一般的な操作の1つが、1つの方向 $\mathbf{s}$ から別の方向 $\mathbf{t}$ への最短経路を通る変換です。クォターニオンのメカニズムがこの手続きを大幅に単純化し、クォターニオンとこの表現の密接な関係を示しています。まず $\mathbf{s}$ と $\mathbf{t}$ を正規化してから、$\mathbf{u}$ と呼ばれる単位回転軸を $\mathbf{u} = (\mathbf{s} \times \mathbf{t})/||\mathbf{s} \times \mathbf{t}||$ で計算します。次に $e = \mathbf{s} \cdot \mathbf{t} = \cos(2\phi)$ と $||\mathbf{s} \times \mathbf{t}|| = \sin(2\phi)$ です（2ϕ は $\mathbf{s}$ と $\mathbf{t}$ の間の角度）。そのとき $\mathbf{s}$ から $\mathbf{t}$ への回転を表すクォターニオンは $\hat{\mathbf{q}} = (\sin\phi\mathbf{u},\ \cos\phi)$ です。実際には、半角の公式と三角関数の恒等式を使って $\hat{\mathbf{q}} = (\frac{\sin\phi}{\sin 2\phi}(\mathbf{s} \times \mathbf{t}),\ \cos\phi)$ を単純化すると、

$$\hat{\mathbf{q}} = (\mathbf{q}_v, q_w) = \left(\frac{1}{\sqrt{2(1+e)}}(\mathbf{s} \times \mathbf{t}), \frac{\sqrt{2(1+e)}}{2} \right) \tag{4.56}$$

が与えられます[1291]。このやり方で直接クォターニオンを生成すると（外積 $\mathbf{s} \times \mathbf{t}$ の正規化と比べて）、$\mathbf{s}$ と $\mathbf{t}$ がほぼ同じ方向を指すときの数値的不安定を避けられます[1291]。$\mathbf{s}$ と $\mathbf{t}$ が反対方向を指すと、ゼロによる除算が起きるので、どちらの手法にも安定性の問題が現れます。この特殊ケースが検出されたときは、$\mathbf{s}$ に垂直などれかの回転軸を $\mathbf{t}$ の回転に使います。

$\mathbf{s}$ から $\mathbf{t}$ への回転の行列表現が必要なときもあります。式4.46の代数と三角関数の単純化を行うと、回転行列は

$$\mathbf{R}(\mathbf{s}, \mathbf{t}) = \begin{pmatrix} e + hv_x^2 & hv_xv_y - v_z & hv_xv_z + v_y & 0 \\ hv_xv_y + v_z & e + hv_y^2 & hv_yv_z - v_x & 0 \\ hv_xv_z - v_y & hv_yv_z + v_x & e + hv_z^2 & 0 \\ 0 & 0 & 0 & 1 \end{pmatrix} \tag{4.57}$$

になります[1335]。この式では、以下の中間計算値を使っています。

$$\begin{aligned} \mathbf{v} &= \mathbf{s} \times \mathbf{t}, \\ e &= \cos(2\phi) = \mathbf{s} \cdot \mathbf{t}, \\ h &= \frac{1 - \cos(2\phi)}{\sin^2(2\phi)} = \frac{1-e}{\mathbf{v} \cdot \mathbf{v}} = \frac{1}{1+e} \end{aligned} \tag{4.58}$$

見ての通り、すべての平方根と三角関数は単純化により消えるので、これは行列の効率的な作成方法です。式4.57の構造が式4.30と似ていること、後者の形式が三角関数を必要としないことに注意してください。

$\mathbf{s}$ と $\mathbf{t}$ が平行、あるいはほぼ平行だと、$||\mathbf{s} \times \mathbf{t}|| \approx 0$ になるので、注意を払わなければなりません。$\phi \approx 0$ なら、単位行列を返すだけです。しかし $2\phi \approx \pi$ の場合は、どれかの軸の周りでπラジアン回転します。この軸は $\mathbf{s}$ と $\mathbf{s}$ に平行でないベクトル外積で求められます（セクション4.2.4）。MöllerとHughesはハウスホルダー行列を使い、この特殊ケースを別のやり方で処理しています[1335]。

4.4　頂点ブレンド

キャラクターの腕が、図4.11の左のように、前腕と上腕の2つの部品を使ってアニメートされるとします。このモデルは剛体変換（セクション4.1.6）でもアニメートできます。しかし、こ

れでは2つのパーツの間の関節が本物の肘のように見えません。これは2つの別々のオブジェクトを使うため、その2つの別々のオブジェクトの重なり合う部分で関節が構成されるからです。単一のオブジェクトを使うほうがよいのは明らかです。しかし、静的なモデルのパーツだと、関節が柔軟にはなりません。

頂点ブレンドは、この問題への人気のある解決法の1つです[1120, 2047]。このテクニックには**線形ブレンド スキニング**、エンベローピング、スケルトン部分空間変形など、他にいくつか名前があります。ここで紹介するアルゴリズムの正確な起源はよく分かりませんが、ボーン（骨）を定義して、スキン（皮膚）を変化に応答させるのは、コンピューター アニメーションで昔からある概念です[1190]。その最も単純な形では、前と同じように前腕と上腕を別々にアニメートしながら、関節では、伸縮性のある「スキン」で2つのパーツを接続します。したがって、この伸縮性のあるパーツは、前腕行列で変換される頂点のセットと、上腕の行列で変換される別のセットを持ちます。これは三角形あたり1つの行列を使うのとは対照的に、頂点が異なる行列で変換される可能性がある三角形を生じます（図4.11）。

これをさらに一歩進めて、1つの頂点を複数の異なる行列で変換し、その結果の位置に重みを付けてブレンドできます。これはアニメートするオブジェクトにボーンのスケルトンを持ち、各ボーンの変換がユーザー定義の重みで頂点に影響を与えることにより行います。腕全体が「伸縮性がある」、つまり、すべての頂点が複数の行列の影響を受ける可能性があるので、そのメッシュ全体がしばしば（ボーンにかぶさる）**スキン**と呼ばれます（図4.12）。多くの商用モデリング ソフトは同種のスケルトン-ボーン モデリング機能を持っています。その名前にもかかわらず、ボーンは必ずしも剛体である必要はありません。例えば、MohrとGleicher[1332]は、筋肉の膨らみなどの効果を可能にするため、付加的な関節を加える考え方を紹介しています。JamesとTwigg[880]は、伸縮可能なボーンを使うアニメーション スキニングを論じています。

数学的には、これは式4.59で表現でき、$\mathbf{p}$は元の頂点、$\mathbf{u}(t)$は位置が時間tに依存する変換後の頂点です。

$$\mathbf{u}(t) = \sum_{i=0}^{n-1} w_i \mathbf{B}_i(t) \mathbf{M}_i^{-1} \mathbf{p}, \quad \text{where} \quad \sum_{i=0}^{n-1} w_i = 1, \quad w_i \geq 0 \qquad (4.59)$$

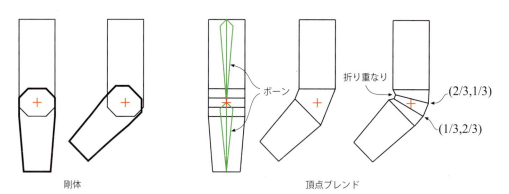

図4.11. 左では、前腕と上腕からなる腕が2つの別々のオブジェクトの剛体変換でアニメートされる。肘は本物らしく見えない。右では、1つのオブジェクトで頂点ブレンドを使う。右から2つ目の腕は、単純なスキンが直接2つの部品を結合して肘を覆うときに何が起きるかを示している。一番右の腕は頂点ブレンドを使い、頂点によって異なる重みでブレンドしたときに何が起きるかを示す。(2/3, 1/3)は、その頂点の変換の重みが上腕から2/3、前腕から1/3であることを意味する。この図では、一番右の図に頂点ブレンドの欠点も示されている。ここでは、肘の内側の部分に折り重なりが見える。ボーンを増やし、重みをより注意深く選ぶことで、結果を改善できる。

4.4. 頂点ブレンド   75

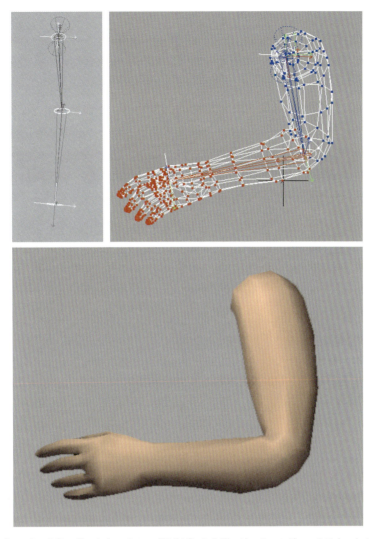

図4.12. 頂点ブレンドの実際の例。左上のイメージは伸ばした位置の腕の2つのボーンを示す。右上に示すメッシュでは、色がそれぞれの頂点を所有するボーンを示す。下：シェーディングされた少し異なる位置の腕のメッシュ。(イメージ提供：*Jeff LanderLander [1045]*。)

ワールド座標で表された $\mathbf{p}$ の位置に影響を与える n 個のボーンがあります。値 w_i はボーン i の頂点 $\mathbf{p}$ に対する重みです。行列 $\mathbf{M}_i$ は、初期のボーンの座標系からワールド座標に変換します。一般にボーンの制御関節は、その座標系の原点にあります。例えば、前腕のボーンなら、その肘の関節を原点に動かし、アニメート回転行列が腕の部分を関節の周りで動かします。$\mathbf{B}_i(t)$ 行列は時間とともに変化してオブジェクトをアニメートする i 番目のボーンのワールド変換で、一般には以前のボーン変換の階層やローカル アニメーション行列など、複数の行列の連結です。

$\mathbf{B}_i(t)$ 行列アニメーション関数を保守、更新する手法を、Woodlandが詳しく論じています[2047]。各ボーンは自分の基準系の位置に頂点を変換し、その最終位置を計算した点のセットから補間します。行列 $\mathbf{M}_i$ を明示的に示さず、$\mathbf{B}_i(t)$ の一部として考えるスキニングの議論もあります。それをここで示すのは、ほぼ常に行列に連結される有用な行列だからです。

実際には、行列 $\mathbf{B}_i(t)$ と $\mathbf{M}_i^{-1}$ は、アニメーションでフレームごと、ボーンごとに連結され、それぞれが頂点の変換に使う行列を生成します。頂点 $\mathbf{p}$ は異なるボーンの連結行列で変換されてから、重み w_i を使ってブレンドされるので、**頂点ブレンド**と呼ばれます。重みは非負で合計が1になるので、実際に起きるのは、頂点を複数の位置に変換してから、その間で補間することです。そうすると、変換後の点 $\mathbf{u}$ は、すべての $i = 0 \ldots n-1$ で（t は固定）点の集合の凸包内にあります。法線も通常は式4.59を使って変換できます。セクション4.1.7で論じたように、使う変換によっては（例えば、ボーンが大きく伸縮する場合）、代わりにの逆行列の転置が必要かもしれません。

頂点ブレンドはGPUで使うのに適しています。メッシュの頂点のセットは、一度だけGPUに送って再利用できる静的なバッファーに置けます。フレームごとに、ボーン行列だけが変わり、その格納したメッシュへの効果を頂点シェーダーで計算します。このようにすると、CPU上で処理して、そこから転送するデータの量が最小になり、GPUは効率よくメッシュをレンダーできます。モデルのボーン行列のセット全体を一緒に使えれば最も簡単ですが、そうでなければモデルを分割して、いくつかボーンを複製しなければなりません。あるいは、ボーン変換を頂点がアクセスするテクスチャーに格納して、レジスター容量の限界に突き当たるのを防ぐこともできます。クォターニオンを使って回転を表現することにより、個々の変換は2つのテクスチャーだけで格納できます[1761]。利用可能なら、順序なしアクセス ビュー ストレージでスキニング結果を再利用できます[162]。

$[0, 1]$ の範囲外や合計が1でない重みのセットを指定することは可能です。しかしこれは、**モーフ ターゲット**（セクション4.5）など、何か他のブレンド アルゴリズムを使わない限り、おかしなことになります。

基本的な頂点ブレンドの1つの欠点は、望ましくない折り重なり、ねじれ、自己交差が発生する可能性があることです[1120]（図4.13）。よりよい解決法は**デュアル クォターニオン**を使うことです[943, 944]。このスキニングを行うテクニックは、元の変換の剛性を保存するのに役立つので、四肢の「キャンディ ラッパー」ねじれを回避します。計算コストは線形スキンブレンドの $1.5\times$ 倍未満で結果は良好なので、このテクニックの採用は急速に広がりました。しかし、デュアル クォターニオン スキニングは膨張効果をもたらすことがあり、よりよい代案として、Le と Hodgins [1081] が回転の中心スキニングを紹介しています。それはローカル変換が剛体で、重み w_i が似た頂点は、変換も似ているという仮定を当てにします。回転の中心を頂点ごとに事前に計算し、肘のつぶれとキャンディ ラッパーねじれアーティファクトを防ぐため、直交（剛体）制約を課します。アルゴリズムの実行時間は、GPU実装が回転の中心での線形ブレンド スキニングの後、クォターニオン ブレンド ステップを行うので、線形ブレンド スキニングとあまり変わりません。

4.5 モーフィング

アニメーションを行うとき、1つの3次元のモデルから別のモデルへのモーフィングが役に立つことがあります[33, 954, 1080, 1085]。時刻 t_0 で表示されるモデルを、時刻 t_1 までに別のモデルに変化させたいとします。何らかの種類の補間を使えば、t_0 と t_1 の間のすべての時刻で連続した「混合」モデルが得られます。図4.14がモーフィングの例を示しています。

モーフィングは2つの主要な問題、すなわち**頂点対応**の問題と**補間**の問題を解決する必要があります。トポロジー、頂点の数、メッシュの接続性が異なるかもしれない2つの任意のモデ

4.5. モーフィング   77

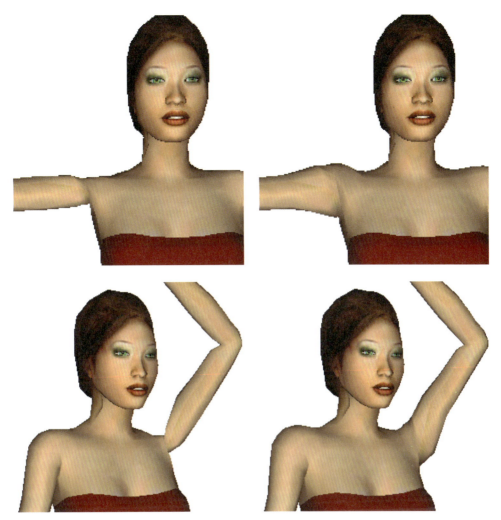

図 **4.13.** 左側が線形ブレンド スキニングを使ったときの関節の問題を示している。右側では、デュアル クォターニオンを使ったブレンドが外見を改善する（*イメージ提供：Ladislav Kavan ら、モデルは Paul Steed [1817]。*）

ルが与えられたとき、普通は最初にそれらの頂点の対応を定めなければなりません。これは難しい問題で、この分野で多くの研究が行われています。興味のある読者は Alexa の調査 [33] を参照してください。

しかし、既に2つのモデルの間に1対1の頂点の対応がある場合は、頂点基底単位で補間を行えます。つまり、1つ目のモデルのどの頂点にも、対応する2つ目のモデルの一意な頂点が存在しなければならず、逆も同じです。これにより補間は簡単なタスクになります。例えば、その頂点で直接、線形補間を使えます（補間を行う他の方法はセクション17.1）。時刻 $t \in [t_0, t_1]$ でモーフされた頂点を計算するには、まず $s = (t - t_0)/(t_1 - t_0)$ を計算してから、次の線形頂点ブレンドを行い、

$$\mathbf{m} = (1-s)\mathbf{p}_0 + s\mathbf{p}_1 \qquad (4.60)$$

$\mathbf{p}_0$ と $\mathbf{p}_1$ は異なる時刻 t_0 と t_1 の同じ頂点に対応します。

ユーザーがより直感的に制御できるモーフィングの変種の1つが、モーフ ターゲットやブレ

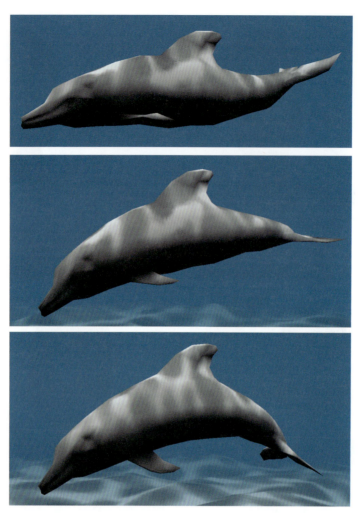

図**4.14.** 頂点モーフィング。すべての頂点に2つの位置と法線が定義されている。フレームごとに、頂点シェーダーが中間的な位置と法線を線形補間する。（イメージ提供：*NVIDIA Corporation*。）

ンド シェイプと呼ばれています[978]。その基本的な考え方は、図4.15を使って説明できます。

中立のモデルで始めます（この場合は顔）。このモデルを$\mathcal{N}$で示すことにします。それに加えて、異なる顔のポーズのセットもあります。図の例では、ポーズが1つだけあり、それは笑顔です。一般に$k \geq 1$の異なるポーズが可能で、それは$\mathcal{P}_i, i \in [1, \ldots, k]$で示されます。前処理として、その「異なる顔」を$\mathcal{D}_i = \mathcal{P}_i - \mathcal{N}$と計算し、つまりそれぞれの顔から中立モデルを引きます。

この時点で中立モデル$\mathcal{N}$と差分ポーズのセット$\mathcal{D}_i$があります。モーフされたモデル$\mathcal{M}$は、次の公式で得られます。

$$\mathcal{M} = \mathcal{N} + \sum_{i=1}^{k} w_i \mathcal{D}_i \quad (4.61)$$

これは中立モデルと、その上から望む異なるポーズの特徴を重みw_iで加えたものです。図4.15で$w_i = 1$に設定すると、まさに図の中央の笑顔が与えられます。$w_1 = 0.5$では半分笑った顔

4.6. ジオメトリ キャッシュの再生

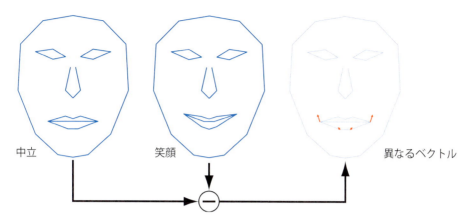

図 **4.15.** 与えられた2つの異なる口のポーズから、補間を制御する差分ベクトルのセットを計算する。モーフ ターゲットでは、その差分ベクトルを使って中立の顔に動きを「加算」する。その差分ベクトルに正の重みを与えると笑う口が得られ、負の重みで反対の効果を与えられる。

が与えられ、以下同様です。負の重みや1より大きな重みを使うこともできます。

この単純な顔のモデルに、「悲しい」眉を持つ別の顔を追加することもできます。眉に負の重みを使って「嬉しい」眉も作れます。配置は加算的なので、この眉のポーズを笑う口のポーズと組み合わせて使うこともできます。

モーフ ターゲットはモデルの別の特徴を他と独立して操作できるので、アニメーターに多くの制御を与える強力なテクニックです。Lewisら[1120]が、頂点ブレンドとモーフ ターゲットを組み合わせる**ポーズ空間変形**を紹介しています。Senior [1726] は、ターゲットのポーズの配置の格納と取り出しに、事前に計算した頂点テクスチャーを使っています。ハードウェアがサポートするストリーム出力と頂点のIDにより、さらに多くのターゲットを1つのモデルで使い、その効果をGPUだけで計算できます[909, 1163]。低解像度メッシュを使い、高解像度メッシュをテッセレーション ステージと変位マッピングで生成することで、高詳細モデルですべての頂点をスキニングするコストを避けられます[2122]。

スキニングとモーフィング両方の実際の例が図4.16に示されています。WeronkoとAndreason [2014] がスキニングとモーフィングを *The Order: 1886* で使っています。

4.6 ジオメトリ キャッシュの再生

カット シーンでは、極めて高品質のアニメーション、例えば、前述の手法では表現できない動きを使いたいことがあります。素朴なアプローチはすべてのフレームのすべての頂点を保存し、それをディスクから読んでメッシュを更新することです。しかし、これは短いアニメーションで30,000頂点の単純なモデルを使う場合でも、50 MB/sになることがあります。Gneiting [593] が、メモリー コストを10%程度まで減らす方法をいくつか紹介しています。

まず、量子化を使います。例えば、それぞれの座標で、位置とテクスチャー座標を16ビット整数を使って格納します。このステップは圧縮を行った後に元のデータを復元できないという意味で不可逆です。さらにデータを減らすため、空間的と時間的な予測を行い、その差をエンコードします。空間圧縮には、平行四辺形予測を使えます[866]。三角形ストリップでは、次の頂点の予測される位置は、単に現在の三角形をその三角形の辺に対して三角形の平面上に

図 **4.16.** *inFAMOUS Second Son* の Delsin のキャラクターの顔はブレンド シェイプを使ってアニメートされる。このショットではすべて同じ静止ポーズの顔を使い、異なる重みで修正して外見が異なる顔を作る。（イメージ提供：*Naughty Dog LLC. inFAMOUS Second Son* © *2014 Sony Interactive Entertainment LLC. inFAMOUS Second Son* は *Sony Interactive Entertainment LLC.* の商標、開発は *Sucker Punch Productions LLC.*）

反射したもので、平行四辺形を形成します。これと新しい位置との差をエンコードします。予測がよければ、ほとんどの値はゼロに近くなり、それは一般に使われる多くの圧縮スキームにとって理想的です。MPEG圧縮と同様に、予測を時間の次元でも行います。つまり、n フ

4.7. 投影   81

レームごとに空間圧縮を行います。その間は、時間次元で予測を行います。例えば、ある頂点が$n-1$フレームからフレームnでデルタ ベクトル動いたなら、おそらくフレーム$n+1$での動きも似た大きさです。それらのテクニックで格納量を十分に減らせば、このシステムをリアルタイムのデータ ストリーミングに使えるでしょう。

4.7 投影

シーンを実際にレンダーする前に、シーン中のすべての関連するオブジェクトを、何らかの種類の平面か、単純なボリュームに投影しなければなりません。その後で、クリッピングとレンダリングを行います（セクション2.3）。

これまで見てきた本章の変換は、第4の座標、w-成分に影響を与えません。つまり、点とベクトルは変換後も、それらの型を保持していました。また、4×4行列の最下行は常に$(0\ 0\ 0\ 1)$でした。**透視投影行列**は、それらの特性の両方の例外で、最下行に数を操作するベクトルと点が入り、たいてい同次化処理が必要です。つまり、wはたいてい1にならないので、非同次点を得るにはwによる除算が必要です。やはりよく使われ、このセクションで最初に扱う**正投影**は、それより単純な種類の投影です。それはw-成分に影響を与えません。

このセクションでは、視点がカメラの負のz-軸を向き、y-軸が上、x-軸が右を指すと仮定します。これは右手座標系です。視点がカメラの正のz-軸を向く左手座標系を使う教科書や環境（例えば、DirectX）もあります。どちらのシステムも等しく有効で、最終的に同じ効果を実現します。

4.7.1 正投影

正投影の1つの特徴は、平行な直線が投影後も平行を保つことです。シーンを見るのに正投影を使うと、カメラからの距離と関係なく、オブジェクトは同じサイズを維持します。下に示す行列$\mathbf{P}_o$は点のx-とy-成分を変えませんが、z-成分を0にする、つまり平面$z=0$に正投影を行う単純な正投影行列です。

$$\mathbf{P}_o = \begin{pmatrix} 1 & 0 & 0 & 0 \\ 0 & 1 & 0 & 0 \\ 0 & 0 & 0 & 0 \\ 0 & 0 & 0 & 1 \end{pmatrix} \tag{4.62}$$

この投影の効果が図4.17に示されています。$\mathbf{P}_o$の行列式は$|\mathbf{P}_o| = 0$なので、明らかに不可逆です。言い換えると、この変換で3次元は2次元に下がり、落とされた次元を回復する方法はありません。ビューでこの種の正投影を使うことの問題は、正と負の両方のz-値の点を投影平面に投影することです。普通はz-値（とx-,y-値）を特定の区間、例えばn（近平面）からf（遠平面）までに制限することが有用です[*4]。これが次の変換の目的です。

より一般的な正投影に使われる行列は、左、右、下、上、近、遠の6つの平面を示す6要素のタプル(l,r,b,t,n,f)で表現されます。この行列は、それらの平面が形成する**軸平行境界ボックス**（AABB、定義はセクション22.2）を、原点を中心とする軸平行立方体にスケールして平行移動します。AABBの最小の隅は(l,b,n)で最大の隅は(r,t,f)です。$n > f$だと理解することが重要で、それはこの空間のボリュームで負のz-軸を見下ろすからです。私たちの常識で

[*4] 近平面は**前平面**や**ヒザー**（此方）とも呼ばれ、遠平面は**後平面**や**ヨン**（彼方）とも呼ばれます。

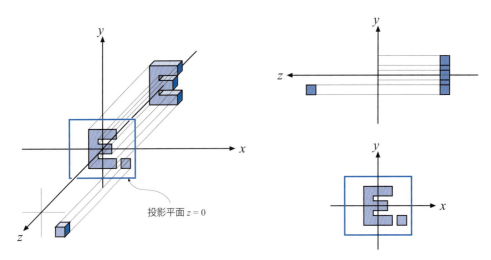

図4.17. 式4.62で生成する単純な正投影の3つの異なるビュー。この投影は負のz-軸に沿った視線と見ることができ、それはこの投影がz-座標 x-とy-座標を保ちながら、単純にz-座標をスキップする（0にする）ことを意味する。投影平面には$z = 0$の両側のオブジェクトが投影されることに注意。

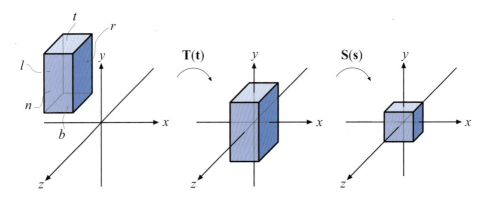

図4.18. 正準ビュー ボリューム上の軸平行ボックスの変換。まず左のボックスを平行移動して、中心を原点と一致させる。次にスケールして右の正準ビュー ボリュームのサイズにする。

は、近い値は遠い値よりも値が小さいので、ユーザーにはそのような値を供給し、内部で符号を反転することもあります。

OpenGLでは軸平行立方体は、$(-1, -1, -1)$の最小の隅と$((1, 1, 1)$の最大の隅を持ち、DirectXの境界は$(-1, -1, 0)$から$(1, 1, 1)$です。この立方体は**正準ビュー ボリューム**と呼ばれ、このボリュームの座標は**正規化デバイス座標**と呼ばれます。その変換手順が図4.18に示されています。正準ビュー ボリュームに変換する理由は、クリッピングの効率がよいからです。

正準ビュー ボリュームへの変換後、レンダーするジオメトリーの頂点はこの立方体でクリップされます。立方体の外でないジオメトリーは、残った単位正方形を画面にマップすることにより最終的にレンダーされます。この正投影変換を示します。

4.7. 投影

$$
\mathbf{P}_o = \mathbf{S}(\mathbf{s})\mathbf{T}(\mathbf{t}) =
\begin{pmatrix}
\dfrac{2}{r-l} & 0 & 0 & 0 \\
0 & \dfrac{2}{t-b} & 0 & 0 \\
0 & 0 & \dfrac{2}{f-n} & 0 \\
0 & 0 & 0 & 1
\end{pmatrix}
\begin{pmatrix}
1 & 0 & 0 & -\dfrac{l+r}{2} \\
0 & 1 & 0 & -\dfrac{t+b}{2} \\
0 & 0 & 1 & -\dfrac{f+n}{2} \\
0 & 0 & 0 & 1
\end{pmatrix}
$$

(4.63)

$$
=
\begin{pmatrix}
\dfrac{2}{r-l} & 0 & 0 & -\dfrac{r+l}{r-l} \\
0 & \dfrac{2}{t-b} & 0 & -\dfrac{t+b}{t-b} \\
0 & 0 & \dfrac{2}{f-n} & -\dfrac{f+n}{f-n} \\
0 & 0 & 0 & 1
\end{pmatrix}
$$

この式が示唆するように、$\mathbf{P}_o$ は、平行移動 $\mathbf{T}(\mathbf{t})$ と、それに続くスケール行列 $\mathbf{S}(\mathbf{s})$ の連結として書けます（$\mathbf{s} = (2/(r-l), 2/(t-b), 2/(f-n))$ と $\mathbf{t} = (-(r+l)/2, -(t+b)/2, -(f+n)/2)$）。この行列は不可逆、すなわち $\mathbf{P}_o^{-1} = \mathbf{T}(-\mathbf{t})\mathbf{S}((r-l)/2, (t-b)/2, (f-n)/2)$ です。[*5]

コンピューター グラフィックスでは、たいてい投影後は左手座標系が使われます。つまりビューポートでの向きは x-軸が右、y-軸が上、z-軸がビューポートの奥になります。このAABBの定義の仕方では遠値が近値より小さいので、正投影変換には必ず鏡映変換が含まれます。これを見るため、例えば、元のAABBが目標の正準ビュー ボリュームと同じサイズだとします。そのときAABBの座標は (l, b, n) で $(-1, -1, 1)$、(r, t, f) で $(1, 1, -1)$ です。式4.63を適用すると次が与えられ、これは鏡映行列です。

$$
\mathbf{P}_o =
\begin{pmatrix}
1 & 0 & 0 & 0 \\
0 & 1 & 0 & 0 \\
0 & 0 & -1 & 0 \\
0 & 0 & 0 & 1
\end{pmatrix}
$$

(4.64)

これは右手ビュー座標系（負の z-軸を見下ろす）から左手系の正規化デバイス座標への鏡映変換です。

DirectX は z-深度を OpenGL の $[-1, 1]$ の代わりに、範囲 $[0, 1]$ にマップします。これは正投影行列の後に、次の単純なスケールと平行移動の行列の適用で実現できます。

$$
\mathbf{M}_{st} =
\begin{pmatrix}
1 & 0 & 0 & 0 \\
0 & 1 & 0 & 0 \\
0 & 0 & 0.5 & 0.5 \\
0 & 0 & 0 & 1
\end{pmatrix}
$$

(4.65)

[*5] 逆行列は $n \neq f$、$l \neq r$、$t \neq b$ の場合にだけ存在し、そうでなければ存在しません。

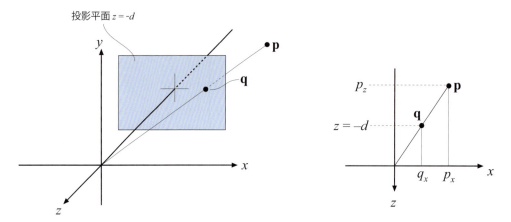

図4.19. 透視投影行列の導出で使う表記。点 $\mathbf{p}$ が、平面 $z = -d$、$d > 0$ 上に投影され、投影された点 $\mathbf{q}$ が生じる。投影はカメラの位置から行われる（この場合は原点）。導出で使うのと似た三角形が右に x-成分で示されている。

したがって、DirectXでは次の正投影行列が使われます。

$$\mathbf{P}_{o[0,1]} = \begin{pmatrix} \dfrac{2}{r-l} & 0 & 0 & -\dfrac{r+l}{r-l} \\ 0 & \dfrac{2}{t-b} & 0 & -\dfrac{t+b}{t-b} \\ 0 & 0 & \dfrac{1}{f-n} & -\dfrac{n}{f-n} \\ 0 & 0 & 0 & 1 \end{pmatrix} \quad (4.66)$$

DirectXは行優先形式で行列を書くので、通常は転置形で示されます。

4.7.2 透視投影

正投影より複雑な変換が透視投影で、ほとんどのコンピューター グラフィックス アプリケーションで一般的に使われます。ここでは、平行な直線が投影後には一般に平行ではなく、極限で1つの点に収束します。透視投影のほうが、私たちの世界の知覚の仕方に合致します。つまり、遠くのオブジェクトほど小さくなります。

　まずは教育目的で、平面 $z = -d$、$d > 0$ 上に投影を行う透視投影行列の導出を行います。ワールドからビューへの変換がどのように進むかの理解を簡単にするため、ワールド空間から導きます。この導出の後は、例えばOpenGLの、通常の行列を使います[956]。

　カメラ（視点）は原点にあり、点 $\mathbf{p}$ を平面 $z = -d$、$d > 0$ に投影して、新たな点 $\mathbf{q} = (q_x, q_y, -d)$ を作りたいとします。このシナリオが図4.19に示されています。この図で示すものと同様の三角形から、次の $\mathbf{q}$ の x-成分についての導出が得られます。

$$\frac{q_x}{p_x} = \frac{-d}{p_z} \quad \Longleftrightarrow \quad q_x = -d\frac{p_x}{p_z} \quad (4.67)$$

$\mathbf{q}$ のその他の成分の式は $q_y = -dp_y/p_z$（q_x と同様に得られる）と $q_z = -d$ です。上の公式と

4.7. 投影

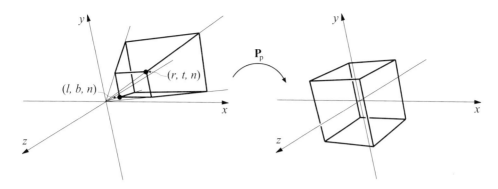

図4.20. 行列 $\mathbf{P}_p$ は変換視錐台を単位立方体に変換し、それは正準ビュー ボリュームと呼ばれる。

合わせて、次の透視投影行列 $\mathbf{P}_p$ が与えられます。

$$\mathbf{P}_p = \begin{pmatrix} 1 & 0 & 0 & 0 \\ 0 & 1 & 0 & 0 \\ 0 & 0 & 1 & 0 \\ 0 & 0 & -1/d & 0 \end{pmatrix} \tag{4.68}$$

この行列が正しい透視投影を生み出すことは、次で確かめられます。

$$\mathbf{q} = \mathbf{P}_p \mathbf{p} = \begin{pmatrix} 1 & 0 & 0 & 0 \\ 0 & 1 & 0 & 0 \\ 0 & 0 & 1 & 0 \\ 0 & 0 & -1/d & 0 \end{pmatrix} \begin{pmatrix} p_x \\ p_y \\ p_z \\ 1 \end{pmatrix} = \begin{pmatrix} p_x \\ p_y \\ p_z \\ -p_z/d \end{pmatrix} \Rightarrow \begin{pmatrix} -dp_x/p_z \\ -dp_y/p_z \\ -d \\ 1 \end{pmatrix} \tag{4.69}$$

最後のステップは、最後の位置に1を得るためベクトル全体を w-成分（この場合は $-p_z/d$）で割ることです。平面 $z = -d$ に投影するので、その結果の z 値は常に $-d$ です。

同次座標が投影を可能にする理由は、直感で簡単に理解できます。同次化処理の1つの幾何学的解釈は、それが点 (p_x, p_y, p_z) を平面 $w = 1$ に投影するというものです。

正投影の変換と同じく、遠近変換には実際に平面上に（不可逆な）投影をするのではなく、視錐台を前に述べた正準ビュー ボリューム変換するものもあります。ここで、視錐台は $z = n$ で始まり、$z = f$ で終わる（$0 > n > f$）と仮定します。$z = n$ の長方形の最小の隅は (l, b, n)、最大の隅は (r, t, n) にあります。これが図4.20に示されています。

パラメーター (l, r, b, t, n, f) が、カメラの視錐台を決定します。水平視野は錐台の左右の平面（l と r で決まる）の間の角度で決まります。同じように、垂直視野は上下の平面（t と b で決まる）の間の角度で決まります。視野が大きいほど、カメラから多くが「見え」ます。$r \neq -l$ や $t \neq -b$ で非対称な錐台を作成できます。非対称な錐台は、例えばステレオ ビューや仮想現実に使われます（セクション21.2.3）。

視野はシーンの感覚を供給する上で重要な因子です。人の目そのものにも、コンピューターの画面に対する物理的な視野があります。この関係は

$$\phi = 2\arctan(w/(2d)) \tag{4.70}$$

で、ϕ は視野、w はオブジェクトの視線に垂直な幅、d はオブジェクトへの距離です。例えば、25インチ モニターの幅は約22インチです。12インチ離れると、水平視野は85度です。20イ

ンチでは58度で、30インチでは40度です。この同じ公式はカメラのレンズのサイズから視野への変換にも使え、例えば35mmカメラ（36mm幅のフレーム サイズを持つ）で標準の50mmレンズでなら、$\phi = 2\arctan(36/(2 \cdot 50)) = 39.6$度になります。

物理的な設定と比べて狭い視野を使うと、視点がシーンにズームインするので、遠近効果が縮小します。視野を広く設定すると、特に画面の端近くで、（広角カメラ レンズを使うときのように）オブジェクトが歪んで見え、近くのオブジェクトのスケールが誇張されます。しかし、視野が広いほど、オブジェクトがより大きく印象的な感じを与え、周囲についてより多くの情報をユーザーに与える利点があります。

錐台を単位立方体に変換する遠近変換行列は、式4.71で与えられます。

$$\mathbf{P}_p = \begin{pmatrix} \dfrac{2n}{r-l} & 0 & -\dfrac{r+l}{r-l} & 0 \\ 0 & \dfrac{2n}{t-b} & -\dfrac{t+b}{t-b} & 0 \\ 0 & 0 & \dfrac{f+n}{f-n} & -\dfrac{2fn}{f-n} \\ 0 & 0 & 1 & 0 \end{pmatrix} \tag{4.71}$$

この変換を点に適用すると、別の点 $\mathbf{q} = (q_x, q_y, q_z, q_w)^T$ が得られます。この点の w-成分 q_w は（ほとんどの場合）0でも1でもありません。投影後の点 $\mathbf{p}$ を得るには、q_w で割る必要があります。

$$\mathbf{p} = (q_x/q_w, q_y/q_w, q_z/q_w, 1) \tag{4.72}$$

行列 $\mathbf{P}_p$ は常に $z = f$ が $+1$、$z = n$ が -1 に写像されるように計らいます。

遠平面より遠いオブジェクトはクリップされるので、シーンに現れません。透視投影は無限遠の遠平面を扱うことができ、そのとき式 4.71 は次になります。

$$\mathbf{P}_p = \begin{pmatrix} \dfrac{2n}{r-l} & 0 & -\dfrac{r+l}{r-l} & 0 \\ 0 & \dfrac{2n}{t-b} & -\dfrac{t+b}{t-b} & 0 \\ 0 & 0 & 1 & 2n \\ 0 & 0 & 1 & 0 \end{pmatrix} \tag{4.73}$$

まとめると、遠近変換（どの形式でも）$\mathbf{P}_p$ を適用した後、クリップと同次化（w による除算）を行うことで、正規化デバイス座標になります。

OpenGLで使う遠近変換を得るには、正投影変換と同じ理由で最初に $\mathbf{S}(1, 1, -1, 1)$ を掛けます。これは式4.71の3列目の値を符号反転するだけです。この鏡映変換を適用した後、伝統的にユーザーに提示されるように、近値と遠値を正の値 $0 < n' < f'$ として入力します。しかし、それらはまだビューの方向であるワールドの負の z-軸沿いの距離を表しています。参考のため OpenGL の式を示します。

$$\mathbf{P}_{\text{OpenGL}} = \begin{pmatrix} \dfrac{2n'}{r-l} & 0 & \dfrac{r+l}{r-l} & 0 \\ 0 & \dfrac{2n'}{t-b} & \dfrac{t+b}{t-b} & 0 \\ 0 & 0 & -\dfrac{f'+n'}{f'-n'} & -\dfrac{2f'n'}{f'-n'} \\ 0 & 0 & -1 & 0 \end{pmatrix} \tag{4.74}$$

4.7. 投影　　　87

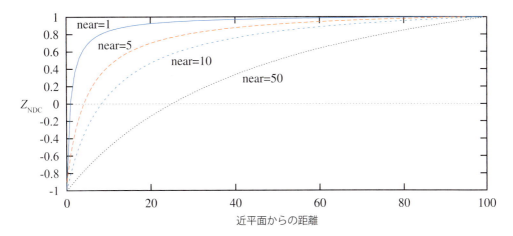

図4.21. 近平面の原点からの距離を変えたときの影響。近平面が原点に近づくほど、遠平面に近い点が正規化デバイス座標（NDC）の深度空間で使う範囲は小さくなるので、距離 $f' - n''$ は100で一定に保たれる。これには距離が大きいほど z-バッファーが不正確になるという影響がある。

垂直視野 ϕ、縦横比 $a = w/h$（$w \times h$ は画面解像度）、n' と f' だけを供給するほうが設定が単純です。これは $c = 1.0/\tan(\phi/2)$ として次の式になります。

$$\mathbf{P}_{\text{OpenGL}} = \begin{pmatrix} c/a & 0 & 0 & 0 \\ 0 & c & 0 & 0 \\ 0 & 0 & -\dfrac{f' + n'}{f' - n'} & -\dfrac{2f'n'}{f' - n'} \\ 0 & 0 & -1 & 0 \end{pmatrix} \quad (4.75)$$

この行列は、まさにOpenGL Utility Library（GLU）の一部である、昔の`gluPerspective()`の動作を実行します。

近平面を（$z = -1$ の代わりに）$z = 0$、遠平面を $z = 1$ にマップするAPIもあります（例えばDirectX）。それに加えて、DirectXは投影行列の定義に左手座標系を使います。これはDirectXが正の z-軸に沿って見下ろし、近値と遠値を正の数で示すことを意味します。次がDirectXの式です。

$$\mathbf{P}_{p[0,1]} = \begin{pmatrix} \dfrac{2n'}{r - l} & 0 & -\dfrac{r + l}{r - l} & 0 \\ 0 & \dfrac{2n'}{t - b} & -\dfrac{t + b}{t - b} & 0 \\ 0 & 0 & \dfrac{f'}{f' - n'} & -\dfrac{f'n'}{f' - n'} \\ 0 & 0 & 1 & 0 \end{pmatrix} \quad (4.76)$$

DirectXはドキュメントで行優先形式を使うので、この行列は通常、転置した形で提示されます。

遠近変換を使うことの影響の1つは、計算される深度値が入力の p_z 値に線形に変化しないことです。点 $\mathbf{p}$ に式4.74- 4.76のどれを掛けても、

$$\mathbf{v} = \mathbf{P}\mathbf{p} = \begin{pmatrix} \cdots \\ \cdots \\ dp_z + e \\ \pm p_z \end{pmatrix} \quad (4.77)$$

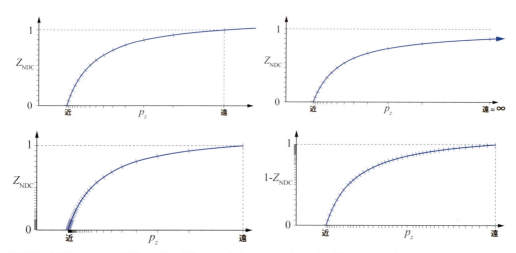

図4.22. 深度バッファーとDirectXの変換、すなわち$z_{\mathrm{NDC}} \in [0, +1]$の様々な設定。左上：標準の整数深度バッファー、4ビットの精度で表示（だからy-軸に16のマーク）。右上：遠平面を∞に設定、両方の軸を少しシフトして、それが多くの精度を失わないことを示す。左下：浮動小数点深度で3指数ビットと3仮数ビット。分布がy-軸に非線形であり、x-軸では、さらに悪化していることに注意。右下：はるかによい分布になる反転浮動小数点深度（$1 - z_{\mathrm{NDC}}$）。（図提供：*Nathan Reed*。）

となって、v_xとv_yの細部が消え、定数dとfは選ぶ行列に依存します。例えば、式4.74を使うと、$d = -(f'+n')/(f'-n')$、$e = -2f'n'/(f'-n')$、$e = -2f'n'/(f'-n')$、$v_x = -p_z$です。正規化デバイス座標（NDC）で深度を得るには、w-成分で割る必要があり、

$$z_{\mathrm{NDC}} = \frac{dp_z + e}{-p_z} = d - \frac{e}{p_z} \tag{4.78}$$

となり、OpenGLの投影では$z_{\mathrm{NDC}} \in [-1, +1]$です。見て分かるように、出力深度$z_{\mathrm{NDC}}$は入力深度$p_z$に反比例します。

例えば、$n' = 10$と$f' = 110$なら（OpenGLの用語で）、p_zが負のz-軸で60ユニットのとき（つまり、中間点）正規化デバイス座標深度の値は0.833で、0ではありません。図4.21が近平面の原点からの距離を変えたときの影響を示しています。近平面と遠平面の配置はz-バッファーの精度に影響を与えます。これはセクション24.7で詳しく論じます。

深度の精度を増やす方法がいくつかあります。反転zと呼ばれる一般的な手法は、浮動小数点深度や整数で$1.0 - z_{\mathrm{NDC}}$を格納します[1056]。比較が図4.22に示されています。Reed[1586]が、浮動小数点バッファーを反転zで使うと、精度が最もよくなることをシミュレーションで示し、これは整数深度バッファー（通常は24ビット深度）でも好ましい手法です。標準マッピング（つまり、非反転z）では、UpchurchとDesbrun[1938]が提案するように、変換で投影行列を分離すると誤差が減ります。例えば、$\mathbf{T} = \mathbf{PM}$では$\mathbf{Tp}$よりも$\mathbf{P}(\mathbf{Mp})$を使うほうがよい可能性があります。またfp32は23ビットの仮数部を持つので、$[0.5, 1.0]$の範囲では、fp32とint24の正確さはほとんど変わりません。z_{NDC}を$1/p_z$に比例させる理由は、そのほうがハードウェアが簡単になり、深度圧縮の成功率が高まるからです。これはセクション24.7で詳しく論じます。

Lloyd[1152]は、深度値の対数を使ったシャドウマップの精度を改善を提案しています。Lauritzenら[1070]は、前のフレームのzバッファーを使って最大の近平面と最小の遠平面を決定します。スクリーン空間深度では、Kemen[952]が次の頂点単位の再マッピングを使うこ

とを提案しています。

$$z = w \left(\log_2 \left(\max(10^{-6}, 1+w) \right) f_c - 1 \right), \quad [\text{OpenGL}]$$
$$z = w \log_2 \left(\max(10^{-6}, 1+w) \right) f_c/2, \qquad [\text{DirectX}] \tag{4.79}$$

ここでwは投影行列の後の頂点のw-値、zは頂点シェーダーの出力zです。定数f_cは$f_c = 2/\log_2(f+1)$で、fは遠平面です。この変換を頂点シェーダーだけで適用すると、深度はやはりGPUによって三角形上で線形に補間され、頂点では深度がその間で非線形に変換されます（式4.79）。対数は単調関数なので、区間単位の線形補間の間の差と、正確な非線形に変換された深度値が小さければ、オクルージョン カリング ハードウェアと深度圧縮テクニックが動作します。それはジオメトリーが十分にテッセレートされていれば、ほとんどの場合に当てはまります。しかし、その変換をフラグメント単位で適用することも可能です。これは$e = 1 + w$の頂点単位の値を出力し、それを三角形上でGPUにより補間することで行います。次にピクセル シェーダーがフラグメント深度を$\log_2(e_i)f_c/2$に修正します（e_iは補間されたeの値）。この手法はGPUに浮動小数点深度がなく、深度に大きな距離を使ってレンダーするときのよい代替案です。

Cozzi [1723] は複数の錐台を使うことを提案し、それは実質的にいくらでも正確さを上げられます。視錐台を複数の結合すると正確に元の錐台になる、重なり合わない縮小した部分錐台に深度方向で分割します。その部分錐台を後ろから前の順にレンダーします。最初に色と深度のバッファーを消去し、レンダーするすべてのオブジェクトを重なる部分錐台の中にソートして入れます。部分錐台ごとに、その投影行列を設定し、深度バッファーを消去してから、その部分錐台と重なるオブジェクトをレンダーします。

参考文献とリソース

没入型の線形代数サイト [1844] は、この主題の基本のインタラクティブな本で、図の操作を促して直感を作り上げる手助けをします。他のインタラクティブ学習ツールと変換コードのライブラリーも realtimerendering.com からリンクされています。

行列についての直感を楽に作り上げるための最良の本の1つが、FarinとHansfordの *The Geometry Toolbox* です [499]。Lengyelの *Mathematics for 3D Game Programming and Computer Graphics* も役に立つ本です [1108]。HearnとBaker [748]、MarschnerとShirley [1219]、Hughesら [849] など、多くのコンピューター グラフィックスの教科書も、様々な視点で行列の基本を取り上げています。Ochiaiら [1417] のコースは、行列の基礎と、コンピューター グラフィックスで使う行列の指数と対数を紹介します。*Graphics Gems* シリーズ [80, 586, 755, 973, 1453] は、様々な変換に関連するアルゴリズムを紹介し、その多くがオンラインでコードを入手可能です。GolubとVan Loanの *MMatrix Computations* は、全般的な行列テクニックの真面目な学習の出発点です [605]。スケルトン部分空間変形/頂点ブレンドと形状補間に関する詳細は、LewisらのSIGGRAPH論文 [1120] で読むことができます。

Hartら [732] とHanson [720] がクォターニオンの可視化を提供します。Pletinckx [1534] とSchlag [1684] は、クォターニオンのセットを滑らかに補間する様々な方法を紹介しています。VlachosとIsidoroはクォターニオンのC^2補間の公式を導きます [1956]。クォターニオンの補間に関連するのが、曲線に沿った一貫性のある座標系を計算する問題で、Douganが扱っています [404]。

Alexa [33] とLazarusとVerroust [1080] が、多様なモーフィング テクニックの調査を紹介しています。Parentの本 [1354] は、コンピューター アニメーションに関するテクニックの優れたソースです [1464]。

5. シェーディングの基礎

"A good picture is equivalent to a good deed."
—Vincent Van Gogh

よい絵はよい行いに等しい。

3次元オブジェクトのイメージをレンダーするときには、そのモデルの形が幾何学的に正しいだけでなく、見た目も望むものでなければなりません。これはアプリケーションにより、フォトリアリズム（本物のオブジェクトの写真とほとんど同じ見た目）から、創造的な理由で選ぶ様々なタイプの様式化された見た目まで、様々なものがあります。図5.1に両方の例があります。

本章では、フォトリアリスティックとスタイライズドレンダリングに等しく適用可能な、シェーディングの側面を論じます。15章がスタイライズドレンダリングに特化した章で、本書のかなりの部分を占める9章から14章は、フォトリアリスティック レンダリングで一般に使われる物理ベースのアプローチに焦点を合わせます。

5.1　シェーディング モデル

レンダーするオブジェクトの見た目を決める最初のステップは、サーフェスの向き、見る方向、照明などの因子に基づいて、オブジェクトの色がどう変化すべきかを記述する、シェーディング モデルの選択です。

例として、*Gooch*シェーディング モデルの変種を使うことにします[611]。これは15章の主題である、ノンフォトリアリスティック レンダリングの1つの形です。Goochシェーディング モデルは、技術説明図の細部を読みやすくするために設計されました。

Goochシェーディングの背後にある基本的な考え方は、サーフェス法線とライトの位置を比較することです。法線がライトを向いていればサーフェスの色に暖色を使い、離れる向きなら寒色を使います。中間の角度は、ユーザーが供給するサーフェス色に基づき、それらの色調を補間する色にします。この例では、様式化された「ハイライト」効果をモデルに加え、サーフェスに輝く見た目を与えています。図5.2が、このシェーディング モデルの実例です。

シェーディング モデルには、たいてい見た目の変化の制御に使うプロパティがあります。それらのプロパティの値の設定が、オブジェクトの見た目を決定する次のステップです。この例のモデルのプロパティは、図5.2の下のイメージに示されるようなサーフェスの色1つしかありません。

図**5.1.** 上のイメージは、Unreal Engine でレンダーした写実的な景観のシーン。下のイメージは、イラスト風のアートスタイルでデザインされた Campo Santo のゲーム、*Firewatch* からのもの。（上のイメージ提供：*Gökhan Karadayi*、下のイメージ提供：*Campo Santo.*）

ほとんどのシェーディングモデルと同じく、この例もサーフェスのビューに対する向きと、ライティング方向の影響を受けます。シェーディングの目的では、図5.3に示されるような正規化（単位長）ベクトルで、それらの方向を表すのが普通です。

シェーディングモデルへのすべての入力を定義したので、モデル自体の数学的定義に目を向けることができます。

$$\mathbf{c}_{\text{shaded}} = s\,\mathbf{c}_{\text{highlight}} + (1-s)\left(t\,\mathbf{c}_{\text{warm}} + (1-t)\,\mathbf{c}_{\text{cool}}\right) \tag{5.1}$$

5.1. シェーディング モデル

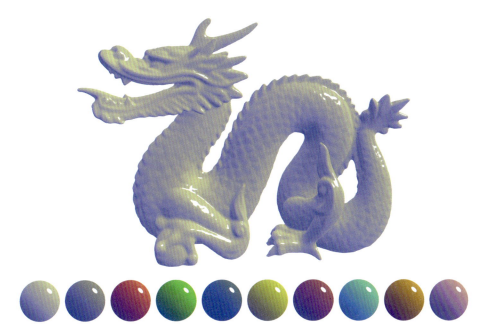

図 5.2. Goochシェーディングにハイライト効果を組み合わせた様式化シェーディング モデル。上のイメージは、複雑なオブジェクトを中立サーフェス色で示している。下のイメージは、様々な異なるサーフェス色の球を示している。（*Computer Graphics Archive [1262]* の *Chinese Dragon* メッシュ、オリジナル モデルは *Stanford 3D Scanning Repository*。）

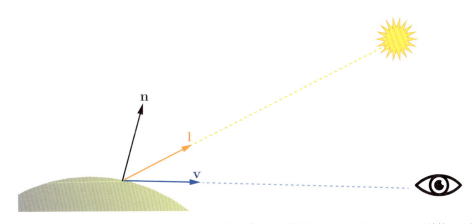

図 5.3. この例（と他のほとんどの）のシェーディング モデルへの単位長ベクトル入力：サーフェス法線 **n**、ビュー ベクトル **v**、ライト方向 **l**。

この式では、以下の中間的な計算を使っています。

$$\begin{aligned}
\mathbf{c}_{\text{cool}} &= (0, 0, 0.55) + 0.25\, \mathbf{c}_{\text{surface}}, \\
\mathbf{c}_{\text{warm}} &= (0.3, 0.3, 0) + 0.25\, \mathbf{c}_{\text{surface}}, \\
\mathbf{c}_{\text{highlight}} &= (1, 1, 1), \\
t &= \frac{(\mathbf{n} \cdot \mathbf{l}) + 1}{2}, \\
\mathbf{r} &= 2\,(\mathbf{n} \cdot \mathbf{l})\mathbf{n} - \mathbf{l}, \\
s &= \left(100\,(\mathbf{r} \cdot \mathbf{v}) - 97\right)^{\overline{\mp}}
\end{aligned} \quad (5.2)$$

この定義の数式のいくつかは、他のシェーディング モデルでもよく現れます。一般に0や、0と1の間にクランプするクランプ操作は、シェーディングでよく使われます。ここではセクション1.2で導入し、ハイライト ブレンド係数sの計算で0と1の間へのクランプに使った$x^{\mp}$表記を使います。2つの単位長ベクトルの間に、内積演算子が3回ずつ現れますが、これは極めてよく現れるパターンです。2つのベクトルの内積は、それらの長さと、間の角度の余弦の積です。したがって、2つの単位長ベクトルの内積は単純に余弦で、2つのベクトルの互いに対する平行度の有用な尺度です。多くの場合、余弦からなる単純な関数が、例えばシェーディング モデルのライトの方向とサーフェス法線のような2つの方向の関係を説明する、最も好ましく正確な数式です。

0と1の間のスカラー値による2つの色の補間も、よく使われるシェーディング操作です。この操作は、tの値が1と0の間で動くときに、それぞれc_aとc_bの間で補間を行う、$tc_a + (1-t)c_b$の形を取ります。このパターンは、このシェーディング モデルで2回、つまり1度目はc_{warm}とc_{cool}の間の補間、2度目は前の補間の結果と$c_{highlight}$の間の補間に現れます。線形補間はシェーダーで頻繁に現れるので、見たことがあるすべてのシェーディング言語で、lerpやmixと呼ばれる組み込み関数になっています。

「$\mathbf{r} = 2(\mathbf{n} \cdot \mathbf{l})\mathbf{n} - \mathbf{l}$」の行は、$\mathbf{n}$を軸に$\mathbf{l}$を反射する反射光ベクトルを計算します。その前の2つの操作ほどではありませんが、これも十分に一般的で、ほとんどのシェーディング言語がreflect関数を内蔵しています。

そのような操作を、いろいろな数式やシェーディング パラメーターと、様々なやり方で組み合わせることにより、多様な様式と写実的な見た目のシェーディング モデルを定義できます。

5.2 光源

上の例のシェーディング モデルへのライティングの影響は、かなり単純で、シェーディングの主方向の提供です。もちろん、現実世界のライティング（照明）は、かなり複雑なことがあります。独自のサイズ、形、色、強度を持つ複数の光源があり、間接照明がさらに変化を加えます。9章で見るように、物理に基づくフォトリアリスティックなシェーディング モデルは、それらのパラメーターをすべて考慮に入れる必要があります。

それに対し、様式化シェーディング モデルは、アプリケーションとビジュアル スタイルの必要に応じて、多様なやり方でライティングを使えます。ライティングの概念をまったく持たない、あるいは（Goochシェーディングの例のように）単に方向性の供給にしか使わない、高度に様式化されたモデルもあります。

ライティングの複雑さの次のステップは、シェーディング モデルを光の有無に二択で反応させることです。そのようなモデルでシェーディングするサーフェスは、照らされたときの見た目と、ライトの影響がないときの見た目を持つでしょう。これは、光源からの距離、影かどうか（7章で論じる）、サーフェスが光源を向いているか（つまり、サーフェス法線$\mathbf{n}$とライト ベクトル$\mathbf{l}$の間の角度が90°より大きいか）、あるいはそれらの因子の何らかの組み合わせなど、2つの場合を区別する何らかの基準があることを意味します。

光の有無の二択から、光の強さの連続的なスケールへの移行は小さなステップです。これは何もなしと、完全に有りの間の単純な補間で表現でき、それは0から1に制限される強度の範囲か、シェーディングに何か他のやり方で影響を与える無制限の量を意味します。後者で一般的なオプションは、シェーディング モデルを照らされる部分と照らされない部分に分解し、

5.2. 光源

照らされる部分で、光の強度 k_{light} を線形にスケールすることです。

$$\mathbf{c}_{\text{shaded}} = f_{\text{unlit}}(\mathbf{n}, \mathbf{v}) + k_{\text{light}} f_{\text{lit}}(\mathbf{l}, \mathbf{n}, \mathbf{v}) \tag{5.3}$$

これは RGB ライト色 $\mathbf{c}_{\text{light}}$

$$\mathbf{c}_{\text{shaded}} = f_{\text{unlit}}(\mathbf{n}, \mathbf{v}) + \mathbf{c}_{\text{light}} f_{\text{lit}}(\mathbf{l}, \mathbf{n}, \mathbf{v}) \tag{5.4}$$

と複数の光源

$$\mathbf{c}_{\text{shaded}} = f_{\text{unlit}}(\mathbf{n}, \mathbf{v}) + \sum_{i=1}^{n} \mathbf{c}_{\text{light}_i} f_{\text{lit}}(\mathbf{l}_i, \mathbf{n}, \mathbf{v}) \tag{5.5}$$

に簡単に拡張されます。

　照らされない部分 $f_{\text{unlit}}(\mathbf{n}, \mathbf{v})$ は、光を二択で扱うシェーディング モデルの「ライトの影響を受けないときの見た目」に対応します。それは望むビジュアル スタイルとアプリケーションのニーズに応じて、様々な形にできます。例えば、$f_{\text{unlit}}() = (0, 0, 0)$ は、光源の影響を受けないサーフェスを純粋な黒にします。あるいは照らされない部分が、Gooch モデルのライトを向いていないサーフェスの寒色のように、何らかの形の照らされないオブジェクトの様式化された見た目を表現することもできます。多くの場合、シェーディング モデルのこの部分は、空の光や周囲のオブジェクトから跳ね返る光など、明示的に置かれた光源から直接来ない、何らかの形のライティングを表現します。他の形式のライティングは、10 章と 11 章で論じます。

　ライト方向 $\mathbf{l}$ とサーフェス法線 $\mathbf{n}$ の差が 90° より大きいと、光源はサーフェスの下から来ることになり、サーフェスの点に影響を与えないことを前に述べました。これはサーフェスに対するライトの方向と、そのシェーディングへの影響の、より一般的な関係の特別な場合と考えられます。この関係は物理に基づくものですが、単純な幾何学的な原理から導け、多くのタイプの非物理ベースの様式化シェーディング モデルに役立ちます。

　サーフェス上の光の影響はレイのセットとして可視化でき、サーフェス シェーディングの目的では、サーフェスにヒットするレイの密度が光の強度に相当します。図 5.4 は、照らされるサーフェスの断面を示しています。その断面に沿ってサーフェスにヒットする光線の間隔は、$\mathbf{l}$ と $\mathbf{n}$ の間の各の余弦に反比例します。したがって、サーフェスにヒットする光線全体の密度は $\mathbf{l}$ と $\mathbf{n}$ の間の角度の余弦に比例し、それは前に見たように、その 2 つの単位長ベクトルの内積と同じです。これがライト ベクトル $\mathbf{l}$ を光の伝搬の方向と反対に定義するのが便利な理由で、さもないと内積を行う前に符号反転しなければなりません。

　より正確には内積が正のときに、レイ密度（したがってライトのシェーディングへの寄与）は、内積に比例します。負の値は、何の影響も持たないサーフェスの背後からの光線に相当します。したがって、ライトのシェーディングにライティング内積を掛ける前に、まず内積を 0 にクランプする必要があります。セクション 1.2 で導入した、負の値へのクランプがゼロを意味する x^+ 表記を使うと、次が得られます。

$$\mathbf{c}_{\text{shaded}} = f_{\text{unlit}}(\mathbf{n}, \mathbf{v}) + \sum_{i=1}^{n} (\mathbf{l}_i \cdot \mathbf{n})^+ \mathbf{c}_{\text{light}_i} f_{\text{lit}}(\mathbf{l}_i, \mathbf{n}, \mathbf{v}) \tag{5.6}$$

　複数の光源をサポートするシェーディング モデルは、普通はより一般的な式 5.5 の構造か、物理ベースのモデルに必要な式 5.6 の構造のどちらかを使います。これは、特にライトを向いていない、あるいは影になるサーフェスで、ライティング全体の一貫性を保つのに役立つので、様式化モデルにも有益かもしません。しかし、その構造にうまく合わないモデルもあり、そのようなモデルは式 5.5 の構造を使います。

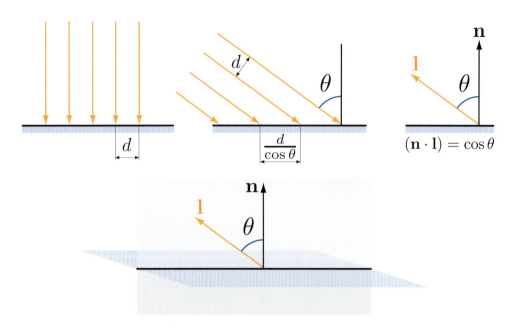

図5.4. 図の上段はサーフェス上のライトの断面図を示す。左では光線がサーフェスにまっすぐにヒットし、中央ではサーフェスにある角度でヒットし、右はベクトル内積による角度の余弦の計算方法を示している。下の図は（ライトとビューのベクトルを含む）断面とサーフェス全体の関係を示している。

関数 $f_{\text{lit}}()$ で可能な最も単純な選択は、それを固定色にすることで、

$$f_{\text{lit}}() = \mathbf{c}_{\text{surface}} \tag{5.7}$$

次のシェーディング モデルになります。

$$\mathbf{c}_{\text{shaded}} = f_{\text{unlit}}(\mathbf{n}, \mathbf{v}) + \sum_{i=1}^{n} (\mathbf{l}_i \cdot \mathbf{n})^+ \mathbf{c}_{\text{light}_i} \mathbf{c}_{\text{surface}} \tag{5.8}$$

このモデルの照らされる部分は、それを1760年 (!) に発表した**ランベルト** (Johann Heinrich Lambert) [1044] の名をとった**ランバート シェーディング モデル**に相当します。このモデルは理想的な拡散反射サーフェス、つまり完璧なつや消しサーフェスの状況で動作します。ここでは少し単純化したランベルトのモデルの説明を紹介し、9章でより厳密に取り上げます。ランバート モデルは単純なシェーディングには単独で使え、多くのシェーディング モデルで重要な構成要素です。

式5.3–5.6から、光源がシェーディング モデルと2つのパラメーター、ライトを指すベクトル$\mathbf{l}$と光の色$\mathbf{c}_{\text{light}}$を介してやり取りすることがわかります。様々なタイプの光源があり、その主な違いは、その2つのパラメーターのシーンでの変化の仕方です。

次に論じる、いくつかの人気がある光源には1つの共通点があり、各光源が、与えられたサーフェス位置で、ただ1つの方向$\mathbf{l}$からサーフェスを照明します。つまり、シェーディングするサーフェス位置から見ると、光源は微小な点です。これは現実のライトに厳密には当てはまりませんが、ほとんどの光源は照明するサーフェスからの距離と比べて小さいので、これは妥当な近似です。セクション7.1.2と10.1で、ある方向範囲からサーフェス位置を照らす光源、「面光源」を論じます。

5.2.1 平行光源

平行光源は、最も単純な光源のモデルです。c_{light} が影で減衰するかもしれないことを除けば、l と c_{light} のどちらもシーンに不変です。平行光源には位置がありません。もちろん、実際の光源は空間で特定の位置を持ちます。平行光源は抽象的で、シーン サイズと比べてライトへの距離が大きいときにうまく動作します。例えば、小さな卓上ジオラマを 20 フィート離れて照らす投光照明は、平行光源で表せます。別の例は、問題となるシーンが太陽系の内惑星のようなものでない限り、太陽に照らされるすべてのシーンです。

平行光源の概念を少し拡張して、ライト方向 l を一定に保ちながら、c_{light} の値を変えることができます。これが最も使われるのでは、性能や創造的な理由で、ライトの影響をシーンの特定部分に制限するときです。例えば、2 つの入れ子になった（1 つがもう 1 つの中にある）ボックス型のボリュームで領域を定義し、外側のボックスの外では c_{light} が $(0, 0, 0)$ に等しく（純粋な黒）、内側のボックスの中では何らかの定数値とし、2 つのボックスの間ではそれらの極値を滑らかに補間できます。

5.2.2 点光源

点光源（punctual light）は、平行光源と違って位置を持つライトです。そのようなライトは現実の光源と違い、大きさもなければ、形やサイズもありません。1 つの局所的な位置から発するすべての照明源で構成されるクラスに、ラテン語の点（point）を意味する「*punctus*」から派生した言葉「punctual」を使います。「ポイント ライト」（point light）という言葉を使うときは、特定の種類のエミッター、すべての方向に等しく光り輝くものを意味します。つまり、ポイントとスポットライトは、2 つの異なる点光源の形式です。点光源の位置 p_{light} に対する、現在シェーディング中のサーフェス点の位置 p_0 に応じて、ライト方向ベクトル l は変化します。

$$l = \frac{p_{light} - p_0}{\|p_{light} - p_0\|} \quad (5.9)$$

この式はベクトル正規化の 1 つの例で、ベクトルをその長さで割ると、同じ方向を指す単位長ベクトルになります。これもよく使うシェーディング操作で、前のセクションで見たシェーディング操作のように、ほとんどのシェーディング言語で組み込み関数になっています。しかし、この操作の中間結果が必要なときもあり、その場合はより基本的な操作を使い、複数のステップで、明示的に正規化を行う必要があります。これを点光源の方向の計算に適用すると次が与えられます。

$$\begin{aligned} d &= p_{light} - p_0, \\ r &= \sqrt{d \cdot d}, \\ l &= \frac{d}{r} \end{aligned} \quad (5.10)$$

2 つのベクトルの内積は、2 つのベクトルの長さと、その値の角度の余弦の席に等しく、$0°$ の余弦は 1.0 なので、ベクトルとそれ自身の内積は、その長さの 2 乗です。したがって、任意のベクトルの長さは、それ自身との内積をとり、その結果の平方根をとるだけで求められます。

必要な中間値は、点光源とシェーディング中の点の間の距離 r です。r の値はライト ベクトルの正規化で使うだけでなく、ライト色 c_{light} の減衰（減光）を距離の関数として計算するの

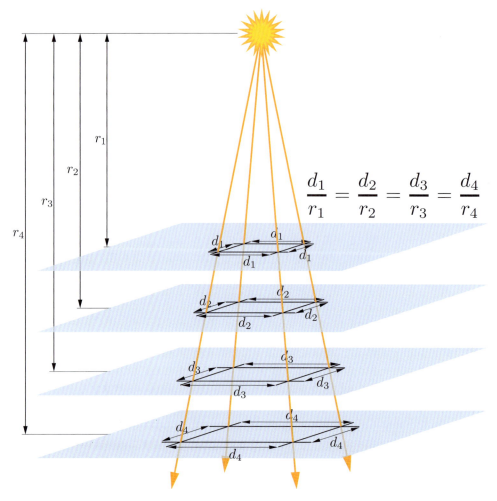

図5.5. ポイント ライトからの光線の間隔は距離 r に比例して増える。この間隔の増加は2次元で起きるので、レイの密度（したがって光の強度）は $1/r^2$ に比例して減る。

にも必要です。これはさらに次のセクションで論じます。

ポイント/オムニ ライト

すべての方向に一様に光を放射する点光源は、**ポイント ライト**や**オムニ ライト**と呼ばれます。ポイント ライトでは、$\mathbf{c}_{\text{light}}$ は距離 r の関数として変化し、変化の発生源は上に述べた距離減衰だけです。図5.5は、図5.4の余弦因子の図解と似た幾何学的論法を使い、この減光が起きる理由を示しています。与えられたサーフェスで、ポイント ライトからの光線の間隔は、サーフェスからライトへの距離に比例します。図5.4の余弦因子と違い、この間隔の増加はサーフェスの両方の次元で起きるので、レイ密度（したがって光の色 $\mathbf{c}_{\text{light}}$）は、距離の2乗の逆数 $1/r^2$ に比例します。このため $\mathbf{c}_{\text{light}}$ の空間的な変化は、ただ1つのライト プロパティ $\mathbf{c}_{\text{light}_0}$ で指定でき、それは固定の基準距離 r_0 での $\mathbf{c}_{\text{light}}$ の値として定義されます。

$$\mathbf{c}_{\text{light}}(r) = \mathbf{c}_{\text{light}_0}\left(\frac{r_0}{r}\right)^2 \tag{5.11}$$

式5.11は、しばしば**逆2乗ライト減衰**と呼ばれます。技術的には正しいポイント ライトの

5.2. 光源　　　　　　　　　　　　　　　　　　　　　　　　　　　　　　　　　　　99

距離減衰ですが、いくつかの問題があり、この式を実際のシェーディングで使うのは理想的ではありません。

　1つ目の問題は比較的小さな距離で発生します。rの値が0に近づくにつれ、$\mathbf{c}_{\text{light}}$の値は際限なく増加します。$r$が0に達すると、ゼロ除算の特異点になります。これに対処する一般的な修正は、小さな値ϵを除数に足すことです[930]。

$$\mathbf{c}_{\text{light}}(r) = \mathbf{c}_{\text{light}_0} \frac{r_0^2}{r^2 + \epsilon} \tag{5.12}$$

ϵに使う正確な値は応用に依存し、例えば、Unrealゲーム エンジンは$\epsilon = 1\,\text{cm}$を使います。[930]

　CryEngine [1709] と、Frostbite [1035] ゲーム エンジンが使う別の修正は、rの最小値$r_{\min}$へのクランプです。

$$\mathbf{c}_{\text{light}}(r) = \mathbf{c}_{\text{light}_0} \left(\frac{r_0}{\max(r, r_{\min})} \right)^2 \tag{5.13}$$

前の手法で使われる、やや恣意的なϵ値と違い、$r_{\min}$の値には物理的な解釈があり、それは光を発する物理的なオブジェクトの半径です。$r_{\min}$より小さいrの値は、物理的な光源の内部に貫通するシェーディング サーフェスに相当し、それはあり得ません。

　一方、逆2乗減衰の2つ目の問題は、比較的大きな距離で起きます。それは見た目ではなく、性能の問題です。光の強度は距離で減り続けますが、決して0にはなりません。効率的なレンダリングに望ましいのは、光の強度がある有限の距離で0に到達することです（20章）。これを逆2乗式で実現する、多くの異なる手段があります。なるべく変化の小さい修正が理想的です。ライトの影響の境界での鋭いカットオフを避けるため、修正された関数の微分係数と値が同じ距離で0に達することも望まれます。1つの解決法は、逆2乗式に望ましい特性を持つ**窓関数関数**を掛けることです。そのような関数の1つ [929] がUnreal Engine [930] と Frostbite [1035]ゲーム エンジンの両方で使われます。

$$f_{\text{win}}(r) = \left(1 - \left(\frac{r}{r_{\max}} \right)^4 \right)^{+2} \tag{5.14}$$

+2は、値が負なら、2乗の前に0にクランプすることを意味します。図5.6は逆2乗曲線、式5.14の窓関数と、その2つを掛けた結果の例です。

　アプリケーションの要件が、使う手法の選択に影響します。例えば、距離減衰関数を比較的低い空間周波数でサンプルするときには（例えば、ライトマップや頂点単位）、$r_{\max}$で0に等しい導関数を持つことが特に重要です。CryEngineはライトマップや頂点ライティングを使わないので、単純な調整を採用し、$0.8 r_{\max}$と$r_{\max}$の間の範囲で線形フォールオフに切り替えます[1709]。

　逆2乗曲線に合わせることを優先せず、まったく別の関数を使うアプリケーションもあります。これは実質的に式5.11–5.14を、次に一般化します。

$$\mathbf{c}_{\text{light}}(r) = \mathbf{c}_{\text{light}_0} f_{\text{dist}}(r) \tag{5.15}$$

$f_{\text{dist}}(r)$は何らかの距離の関数です。そのような関数は**距離フォールオフ関数**と呼ばれます。性能の制約から、非逆2乗フォールオフ関数を使う場合があります。例えば、ゲーム *Just Cause 2*では、計算が極めて安価なライトが必要でした。このため計算が簡単でありながら、

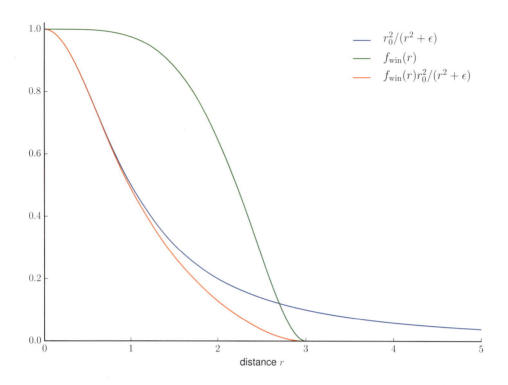

図5.6. このグラフは逆2乗曲線（特異点を避けるためϵ法を使い、ϵ値は1）、式5.14の窓関数（$r_{\max}$は3に設定）、窓を掛けた曲線を示している。

頂点単位のライティングのアーティファクトを避けるのに十分滑らかなフォールオフ関数を定めました[1490]。

$$f_{\mathrm{dist}}(r) = \left(1 - \left(\frac{r}{r_{\max}}\right)^2\right)^{+2} \tag{5.16}$$

創造性の考慮から、フォールオフ関数を選択する場合もあります。例えば、リアリスティックと様式化ゲームの両方に使われるUnreal Engineでは、ライト フォールオフに、式5.12で記述される逆2乗モードと、様々な減衰曲線を作り出すように調整できる指数フォールオフの2つのモードがあります[1937]。ゲーム *Tomb Raider* (2013) の開発者は、曲線の形状を細かく制御できるように、スプライン編集ツールを使ってフォールオフ曲線のオーサリングを行いました[1027]。

スポットライト

ポイント ライトと違い、ほぼすべての現実の光源からの照明は、距離だけでなく方向でも変わります。この変化は指向性フォールオフ関数$f_{\mathrm{dir}}(\mathbf{l})$として表わせ、それを距離フォールオフ関数と組み合わせてライト強度全体の空間的な変化を定義します。

$$\mathbf{c}_{\mathrm{light}} = \mathbf{c}_{\mathrm{light}_0} f_{\mathrm{dist}}(r) f_{\mathrm{dir}}(\mathbf{l}) \tag{5.17}$$

$f_{\mathrm{dir}}(\mathbf{l})$の選択を変えることにより、様々なライティング効果を作り出せます。重要な効果の1つが**スポットライト**で、光を円錐状に投影します。スポットライトの指向性フォールオフ関

5.2. 光源

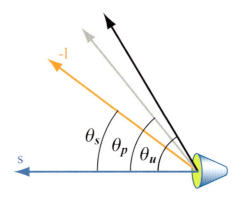

図5.7. スポットライト：θ_s はライトの定義された方向 **s** からサーフェスの方向であるベクトル $-\mathbf{l}$ への角度、θ_p はライトに定義された半影角度、θ_u は本影角度を示す。

数はスポットライトの方向ベクトル**s**を中心とする回転対称性を持つので、θ_s と **s** の間の角度と、反転したサーフェスへのライト ベクトル $-\mathbf{l}$ の関数として表せます。ライト ベクトルを反転する必要があるのは、**l** がサーフェスでライトを向くと定義し、ここではそのベクトルをライトから離れるように向ける必要があるからです。

ほとんどのスポットライト関数は θ_s の余弦からなる表現を使い、それは（前に見たように）シェーディングの角度で最も一般的な形です。スポットライトは一般に**本影角度** θ_u を持ち、すべての $\theta_s \geq \theta_u$ で $f_{\text{dir}}(\mathbf{l}) = 0$ となるように光を制限します。この角度は前に見た最大フォールオフ距離 $r_{\max}$ と同様にカリングに使えます。スポットライトは通常、**半影角度** θ_p も持ち、光が完全強度になる内側の円錐を定義します（図5.7）。

スポットライトには様々な指向性フォールオフ関数を使えますが、それらは大まかに似る傾向があります。例えば、Frostbiteゲーム エンジン [1035] では関数 $f_{\text{dir}_F}(\mathbf{l})$ が使われ、three.js ブラウザー グラフィックス ライブラリー [237] では関数 $f_{\text{dir}_T}(\mathbf{l})$ が使われます。

$$\begin{aligned} t &= \left(\frac{\cos \theta_s - \cos \theta_u}{\cos \theta_p - \cos \theta_u} \right)^{\overline{\mp}}, \\ f_{\text{dir}_F}(\mathbf{l}) &= t^2, \\ f_{\text{dir}_T}(\mathbf{l}) &= \text{smoothstep}(t) = t^2(3 - 2t) \end{aligned} \tag{5.18}$$

$x^{\overline{\mp}}$ が、セクション1.2で導入した、x を0と1の間のクランプの表記であることを思い出してください。smoothstep関数は、シェーディングで滑らかな補間によく使われる3次多項式で、ほとんどのシェーディング言語で組み込み関数です。

図5.8が、これまで論じたライトのいくつかを示しています。

その他の点光源

点光源の値 $\mathbf{c}_{\text{light}}$ を変えられる方法は他にも数多くあります。

$f_{\text{dir}}(\mathbf{l})$ 関数は上で論じた単純なスポットライト フォールオフ関数に限られるものではありません。それは現実の光源から測定した複雑な表形式のパターンを含め、任意の種類の方向性の変化を表せます。北米照明学会（IES）は、そのような測定の標準ファイル フォーマットを定義しています。IESプロファイルは多くの照明機器メーカーから入手でき、ゲーム *Killzone: Shadow Fall* [409, 410]、Unreal Engine [930]、Frostbite [1035] ゲーム エンジンで使われて

います。Lagardeが、このファイル フォーマットのパースと使用に関する問題を、うまく要約しています[1036]。

ゲーム *Tomb Raider*（2013）[1027]の点光源は、独立にx、y、zのワールド軸に沿った距離でフォールオフする関数を適用します。*Tomb Raider*では、様々な光の強度に時間で曲線を適用することもでき、例えば、ゆらめく松明を作り出します。

セクション6.9で、光の強度と色をテクスチャーを使って変える方法を論じます。

5.2.3　その他のライト

平行光源と点光源は、主としてライト方向 l の計算方法により特徴付けられます。ライト方向の計算に他の手法を使うことで、別のタイプのライトを定義できます。例えば、前に述べたライト タイプに加えて、*Tomb Raider*は点の代わりに線分を光源として使うカプセル ライトも持っています[1027]。シェーディングするピクセルごとに、線分上の最も近い点への方向をライト方向 l として使います。

シェーダーはシェーディングの式の評価で使う l と c_{light} の値がありさえすればよく、それらの値の計算にはどんな手法でも使えます。

これまで論じたライトのタイプは抽象概念です。実際は、光源にはサイズと形があり、複数の方向からサーフェス点を照明します。レンダリングでは、そのようなライトは**面光源**と呼ばれ、リアルタイム アプリケーションでの使用が着実に増えています。面光源のレンダリング テクニックは2つのカテゴリーに分類され、面光源を部分的に隠蔽することで生じる影のエッジのソフト化をシミュレートするものと（セクション7.1.2）、サーフェス シェーディングで面光源の効果をシミュレートするもの（セクション10.1）です。この2番目のカテゴリーのライティングは、滑らかな鏡のようなサーフェスで最も際立ち、その反射でライトの形とサイズを明確に識別できます。平行光源と点光源が使われなくなることはなさそうですが、昔ほどユビキタスではありません。ライトの面積を考慮する、比較的実装コストが安価な近似が開発されたので、使用が広がっています。GPU性能の向上も、昔より手の込んだテクニックを可能にしています。

5.3　シェーディング モデルの実装

もちろん、これらのシェーディングとライティングの式を利用するためには、コードで実装しなければなりません。このセクションでは、そのような実装を設計して書くために考慮すべき重要な事柄をいくつか調べます。単純な実装例のウォークスルーも行います。

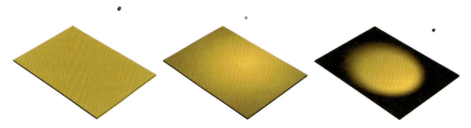

図5.8. いくつかの種類のライト。左から右：平行、フォールオフなしのポイント ライト、滑らかな遷移のスポット ライト。ポイント ライトはライトとサーフェスの間で変化する角度により、端に行くほど暗くなることに注意。

5.3. シェーディング モデルの実装

5.3.1 評価の頻度

シェーディングの実装を設計するときには、計算処理を**評価の頻度**で分ける必要があります。まず、与えられた計算の結果が、ドローコール全体で不変かどうかを判定します。この場合、計算はアプリケーションで行うことができ、通常はCPU上で行えますが、特にコストの高い計算にはGPUのコンピュート シェーダーも使えます。一様シェーダー入力で、その結果をグラフィックスAPIに渡します。

このカテゴリーの中にも、「ただ一度」から始まる、広範囲の評価の頻度があります。最も単純なケースはシェーディングの式の定数部分ですが、これはハードウェア構成やインストール オプションなど、めったに変わらない因数に基づく、すべての計算にも当てはまります。そのようなシェーディングの計算は、シェーダーのコンパイル時に解決できることがあり、その場合は一様シェーダー入力を設定する必要さえありません。あるいは、計算をインストール時やアプリケーションのロード時に、オフラインの事前計算パスで行うこともできます。

シェーディング計算の結果がアプリケーションの実行中に変化しても、かなり遅いため、毎フレームの更新が不要な場合があります。例えば、仮想ゲーム世界の時刻に依存するライティングの係数です。計算のコストが高ければ、複数のフレームで償却する価値があるかもしれません。

ビューと遠近行列の連結のようにフレームごとに1度や、位置に依存するモデルのライティング パラメーターの更新のようにモデルごとに1度や、例えば、モデル中の各マテリアルのパラメーターの更新のようにドローコールごとに1度行う計算などの場合もあります。一様シェーダー入力を評価の頻度でグループ化すると、アプリケーションの効率化に役立ち、持続的な更新を最小化することで、GPUの性能の助けにもなります[1255]。

ドローコールの中でシェーディング計算の結果が変わる場合、それを一様シェーダー入力を通じてシェーダーに渡すことはできません。代わりに、3章で説明するプログラマブル シェーダー ステージの1つで計算し、必要なら、可変シェーダー入力経由で他のステージに渡さなければなりません。理論的には、シェーディングの計算は、それぞれ異なる評価頻度に対応するプログラマブル ステージのどれでも行うことができます。

- 頂点シェーダー——テッセレーション前の頂点ごとの評価。
- ハル シェーダー——サーフェス パッチごとの評価。
- ドメイン シェーダー——テッセレーション後の頂点ごとの評価。
- ジオメトリー シェーダー——プリミティブごとの評価。
- ピクセル シェーダー——ピクセルごとの評価。

実際には、ほとんどのシェーディング計算がピクセルごとに行われます。それらは一般にピクセル シェーダーで実装されますが、コンピュート シェーダー実装も次第に一般的になりつつあります。いくつかの例を20章で論じます。その他のステージは主に変換や変形などの幾何学的操作に使われます。これが事実である理由を理解するため、頂点単位とピクセル単位のシェーディング評価の結果を比較します。古い教科書では、それぞれ*Gouraud*シェーディング[628]と*Phong*シェーディング[1527]呼ばれることがありますが、それらの用語は今日ではあまり使われません。この比較は式5.1のものと少し似ていますが、複数の光源で動作するように修正されたシェーディング モデルを使います。完全なモデルはもう少し後で、実装の例を詳しく取り上げるときに与えます。

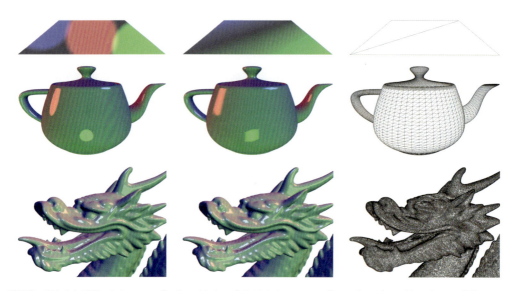

図**5.9.** 頂点密度が様々な3つのモデル上で示した、式5.19からのシェーディング モデルの例でピクセル単位と、頂点単位の評価の比較。左の列はピクセル単位の評価、中の列は頂点単位の評価の結果を示し、右の列は頂点密度を示すため、モデルのワイヤフレーム レンダリングを表示している。(*Computer Graphics Archive [1262]*の*Chinese Dragon* メッシュ、元のモデルは *Stanford 3D Scanning Repository.*)

　図5.9は、広い範囲の頂点密度を持つモデルで、ピクセル単位と、頂点単位のシェーディングの結果を示しています。極めて密なメッシュのドラゴンでは、その2つの違いは大きくありません。しかしティーポットでは、頂点シェーディングの評価は角ばった形のハイライトなど、目に見えるエラーを生じ、2つの三角形の平面では、頂点シェーディング版は明らかに正しくありません。それらのエラーの原因は、シェーディングの式の一部、特にハイライトがメッシュ サーフェス上で非線形に変化する値を持つことです。頂点シェーダーは、結果をピクセル シェーダーに供給する前に三角形で線形補間するので、うまく合いません。

　原理的には、シェーディング モデルの**スペキュラー ハイライト**部分だけをピクセル シェーダーで計算し、残りを頂点シェーダーで計算することが可能です。これはおそらく目に見えるアーティファクトを生じず、理論的には計算がいくらか節約されます。実際には、この種のハイブリッド実装はたいてい最適ではありません。シェーディング モデルの線形に変化する部分は、どちらかというと計算コストが最小の部分で、シェーディング計算をこのように分割すると、計算の重複や追加の可変入力などのオーバーヘッドが加わり、メリットを上回ります。

　前に述べたように、ほとんどの実装で頂点シェーダーは、ジオメトリーの変換と変形など、シェーディング以外の操作を担当します。その結果のジオメトリー サーフェスのプロパティは、適切な座標系に変換されて、頂点シェーダーにより書き出され、三角形上で線形補間されて、ピクセル シェーダーに可変シェーダー入力として渡されます。そのプロパティには一般にサーフェスの位置、サーフェス法線、法線マッピングに必要ならオプションでサーフェスの接ベクトルが含まれます。

　たとえ頂点シェーダーが常に単位長のサーフェス法線を生成しても、補間がその長さを変える可能性があります（図5.10の左側）。このため、法線はピクセル シェーダー再正規化（長さ1にスケール）する必要があります。しかし、頂点シェーダーが生成する法線の長さはやはり重要です。例えば頂点ブレンドの副作用で、頂点の間で法線の長さが大きく変わると、補間が

5.3. シェーディング モデルの実装

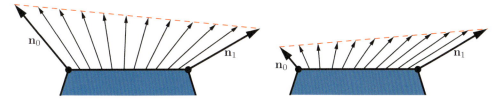

図 5.10. 左では、サーフェス上での単位法線の線形補間により、長さが1未満の補間ベクトルが生じている。右では、長さが大きく異なる法線の線形補間で、2つの法線の長い方に向かって歪んだ補間方向が生じている。

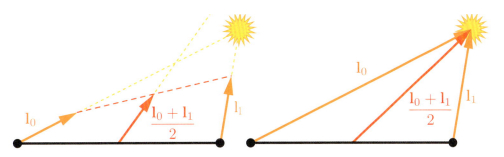

図 5.11. 2つのライト ベクトルの補間、左は、補間の前に正規化を行うことで、補間後の方向が正しくなくなる。右は、非正規化ベクトルの補間で正しい結果になる。

歪みます。これは図5.10の右側に見られます。この2つの影響で、たいていの実装は補間の前と後、つまり頂点シェーダーとピクセル シェーダーの両方で、補間ベクトルを正規化します。

サーフェス法線と違い、ビュー ベクトルや点光源のライト ベクトルなど、特定の位置を指すベクトルは、一般に補間されません。代わりに、ピクセル シェーダーで補間されたサーフェス位置を使い、それらのベクトルを計算します。ピクセル シェーダーで正規化を行う必要があることは分かりましたが、それ以外にも、それらのベクトルが、高速なベクトル減算で計算されます。それらのベクトルの補間が何らかの理由で必要なときには、その前に正規化してはいけません。これは図5.11が示すような、不正な結果を生み出します。

頂点シェーダーがサーフェスのジオメトリーを「適切な座標系」に変換することは、前に述べました。一様変数を通じてピクセル シェーダーに渡されるカメラとライトの位置は、一般にアプリケーションが同じ座標系に変換します。これはシェーディング モデルのすべてのベクトルを同じ座標空間にするために、ピクセル シェーダーが行う作業を最小化します。しかし、どの座標系が「適切」でしょうか？ グローバルなワールド空間やカメラのローカル座標系、それよりまれですが、現在レンダー中のモデルの座標系などがあり得ます。その選択は性能、柔軟性、単純さなどシステム的な考慮に基づき、レンダリング システム全体に対して行います。例えば、レンダーするシーンに膨大な数のライトがあることが予期されるなら、ライトの位置の変換を避けるためワールド空間を選ぶかもしれません。あるいは、ビュー ベクトルに関連するピクセル シェーダーの操作を最適化し、場合により精度を改善する、カメラ空間が好ましいかもしれません（セクション16.6）。

ほぼすべてのシェーダー実装は、これから論じる実装例も含め、上に述べた概要に従いますが、例外は常にあります。例えば、様式の理由から、プリミティブ単位のシェーディング評価を行う、切子面の外見を選ぶアプリケーションがあります。このスタイルは、しばしば**フラット シェーディング**と呼ばれます。2つの例が図5.12に示されています。

図 **5.12.** 様式の選択としてフラット シェーディングを使う 2 つのゲーム:*Kentucky Route Zero*(上)と *That Dragon, Cancer*(下)。*(上のイメージ提供:Cardboard Computer、下のイメージ提供:Numinous Games)*

　原理上、フラット シェーディングはジオメトリー シェーダーでも行えますが、最近の実装では一般に頂点シェーダーを使います。これは各プリミティブのプロパティに、その最初の頂点を関連付け、頂点値の補間を無効にすることで行います。補間を無効にすると(頂点の値ごとに別々に行える)、最初の頂点の値がプリミティブのすべてのピクセルに渡されます。

5.3.2　実装例

　ここでシェーディング モデルの実装例を紹介します。前に述べたように、実装するシェーディング モデルは式 5.1 の拡張 Gooch モデルと似ていますが、複数の光源で動作するように

5.3. シェーディング モデルの実装

修正します。それは

$$\mathbf{c}_{\text{shaded}} = \frac{1}{2}\mathbf{c}_{\text{cool}} + \sum_{i=1}^{n}(\mathbf{l}_i \cdot \mathbf{n})^+ \mathbf{c}_{\text{light}_i}\left(s_i\,\mathbf{c}_{\text{highlight}} + (1 - s_i)\,\mathbf{c}_{\text{warm}}\right) \qquad (5.19)$$

で記述され、次の中間計算を行います。

$$
\begin{aligned}
\mathbf{c}_{\text{cool}} &= (0, 0, 0.55) + 0.25\,\mathbf{c}_{\text{surface}}, \\
\mathbf{c}_{\text{warm}} &= (0.3, 0.3, 0) + 0.25\,\mathbf{c}_{\text{surface}}, \\
\mathbf{c}_{\text{highlight}} &= (2, 2, 2), \\
\mathbf{r}_i &= 2\,(\mathbf{n} \cdot \mathbf{l}_i)\mathbf{n} - \mathbf{l}_i, \\
s_i &= \left(100\,(\mathbf{r}_i \cdot \mathbf{v}) - 97\right)^{\overline{\mp}}
\end{aligned}
\qquad (5.20)
$$

この公式化は、式5.6の複数ライト構造に適合します。便宜のため式を再掲します。

$$\mathbf{c}_{\text{shaded}} = f_{\text{unlit}}(\mathbf{n}, \mathbf{v}) + \sum_{i=1}^{n}(\mathbf{l}_i \cdot \mathbf{n})^+ \mathbf{c}_{\text{light}_i} f_{\text{lit}}(\mathbf{l}_i, \mathbf{n}, \mathbf{v})$$

この場合の照明項と非照明項は次で、

$$
\begin{aligned}
f_{\text{unlit}}(\mathbf{n}, \mathbf{v}) &= \frac{1}{2}\mathbf{c}_{\text{cool}}, \\
f_{\text{lit}}(\mathbf{l}_i, \mathbf{n}, \mathbf{v}) &= s_i\,\mathbf{c}_{\text{highlight}} + (1 - s_i)\,\mathbf{c}_{\text{warm}}
\end{aligned}
\qquad (5.21)
$$

結果が元の式に似て見えるように、寒色の非照明寄与を調整しています。

　ほとんどの典型的なレンダリング アプリケーションでは、$\mathbf{c}_{\text{surface}}$などマテリアル プロパティの変化する値は頂点データか、より一般にはテクスチャーに格納されます（6章）。しかし、この実装例を単純に保つため、$\mathbf{c}_{\text{surface}}$が、モデル全体で変化しないと仮定します。

　この実装は、すべての光源のループにシェーダーの動的分岐機能を使います。この単純明快なアプローチは、かなり単純なシーンではうまくいくかもしれませんが、多くの光源を持つ大規模で幾何学的に複雑なシーンにうまくスケールしません。多数のライトを効率よく扱うレンダリング テクニックは、20章で取り上げます。また単純にするため、サポートする光源は、ポイント ライトの1種類だけです。この実装はかなり単純ですが、前述のベストプラクティスに従います。

　シェーディング モデルの実装は単体ではなく、より大きなレンダリング フレームワークのコンテキストで行われます。この例は、Tarek Sherif [1742] の「Phong-shaded Cube」WebGL 2サンプルを修正した、単純な WebGL 2アプリケーション内に実装しますが、複雑なフレームワークにも同じ原理が当てはまります。

　いくつかのGLSLシェーダー コードのサンプルと、アプリケーションのJavaScript WebGL呼び出しを論じます。その意図はWebGL APIの詳細を教えることではなく、全般的な実装原理を示すことです。ピクセル シェーダーから始め、次に頂点シェーダー、最後にアプリケーション側のグラフィックスAPI呼び出しという「内から外」の順に実装を調べます。

　シェーダーのソースには、シェーダー コード本体の前にシェーダーの入力と出力の定義が含まれます。前にセクション3.3で論じたように、GLSLの用語を使えば、シェーダー入力は2つのカテゴリーに分かれます。1つは**一様**入力のセットで、アプリケーションが設定した値を持ち、ドローコールの間は変化しません。2つ目のタイプは**可変**入力で、シェーダー呼び出し

（ピクセルや頂点）の間に変わる可能性がある値を持ちます。ここでピクセル シェーダーの可変入力（GLSL 中では in とマーク）と出力の定義を見てみましょう。

```
in vec3 vPos;
in vec3 vNormal;
out vec4 outColor;
```

　このピクセル シェーダーの出力は1つだけで、最終的な色です。ピクセル シェーダーの入力は頂点シェーダーの出力と一致し、ピクセル シェーダーに供給される前に三角形上で補間されます。このピクセル シェーダーには、サーフェス位置とサーフェス法線の2つの可変入力があり、どちらもアプリケーションのワールド空間座標系にあります。一様入力の数はずっと多いので、簡潔にするため、光源に関連する2つの定義だけを示します。

```
struct Light {
    vec4 position;
    vec4 color;
};
uniform LightUBlock {
    Light uLights[MAXLIGHTS];
};
```

```
uniform uint uLightCount;
```

　ポイント ライトがあるので、それぞれの定義に位置と色が含まれます。それらは vec3 ではなく、GLSL の std140 データ レイアウト規格の制約に合わせて vec4 で定義されます。この場合のように、std140 レイアウトは、いくらか無駄なスペースを生じることもありますが、CPU と GPU の間で一貫したデータ レイアウトを確保する作業が単純になり、それがこのサンプルで使う理由です。その中で Light 構造体の配列を定義している名前付き一様ブロックは、一様変数のグループをバッファー オブジェクトにバインドしてデータ転送を高速化する GLSL の機能です。配列の長さは、アプリケーションが1つのドローコールで許すライトの最大数と同じに定義されます。後で見るように、アプリケーションはシェーダーのコンパイルの前に、シェーダー ソースの MAXLIGHTS 文字列を正しい値（この場合は10）で置き換えます。一様整数 uLightCount は、ドローコールでアクティブな実際のライトの数です。

　次は、ピクセル シェーダーのコードを見てみましょう。

```
vec3 lit(vec3 l, vec3 n, vec3 v) {
    vec3 r_l = reflect(-l, n);
    float s = clamp(100.0 * dot(r_l, v) - 97.0, 0.0, 1.0);
    vec3 highlightColor = vec3(2,2,2);
    return mix(uWarmColor, highlightColor, s);
}

void main() {
    vec3 n = normalize(vNormal);
    vec3 v = normalize(uEyePosition.xyz - vPos);
```

5.3. シェーディング モデルの実装

```
    outColor = vec4(uFUnlit, 1.0);

    for (uint i = 0u; i < uLightCount; i++) {
        vec3 l = normalize(uLights[i].position.xyz - vPos);
        float NdL = clamp(dot(n, l), 0.0, 1.0);
        outColor.rgb += NdL * uLights[i].color.rgb * lit(l,n,v);
    }
}
```

lit項の関数定義があり、それをmain()関数が呼び出します。全体として、これは単純明快な式5.20と5.21のGLSL実装です。

$f_{\text{unlit}}()$と$\mathbf{c}_{\text{warm}}$の値が、一様変数として渡されることに注意してください。それらの値はドローコールの間に変化しないので、アプリケーションが計算してGPUサイクルを多少節約できます。

このピクセル シェーダーは、いくつかの内蔵GLSL関数を使います。reflect()関数は、1番目のベクトル（この場合はライト ベクトル）を、2番目のベクトル（この場合はサーフェス法線）で定義される平面で反射します。ライト ベクトルと反射ベクトルの両方をサーフェスを離れる向きにしたいので、reflect()に渡す前に前者を符号反転する必要があります。clamp()関数には3つの入力があります。そのうちの2つが3番目の入力をクランプする範囲を定義します。0と1の間の範囲にクランプする特殊な場合は（HLSLのsaturate()関数に相当）高速で、ほとんどのGPUで実質的にフリーです。値が1を超えないと分かっているので、0へのクランプしか必要ありませんが、それをここで使うのはそのためです。関数mix()にも3つの入力があり、その2つ（この場合は暖色とハイライト色）を3番目の0から1のミキシングパラメータ値を基に、線形補間します。HLSLでは、この関数はlerp()（「線形補間」）と呼ばれます。最後に、normalize()はベクトルをその長さで割り、1の長さにスケールします。

ここで頂点シェーダーを見ることにします。一様定義は既にピクセル シェーダーの定義の例で見たので示しませんが、可変入力と出力の定義は調べる価値があります。

```
layout(location=0) in vec4 position;
layout(location=1) in vec4 normal;
out vec3 vPos;
out vec3 vNormal;
```

前に述べたように、頂点シェーダーの出力はピクセル シェーダーの可変入力と一致します。入力には、頂点配列中のデータの配置の仕方を指定するディレクティブが含まれます。次が頂点シェーダーのコードです。

```
void main() {
    vec4 worldPosition = uModel * position;
    vPos = worldPosition.xyz;
    vNormal = (uModel * normal).xyz;
    gl_Position = viewProj * worldPosition;
}
```

頂点シェーダーには共通の操作があります。シェーダーはサーフェスの位置と法線をワールド空間に変換し、それらをシェーディングで使えるように、ピクセル シェーダーに渡します。最後に、サーフェス位置はクリップ空間に変換され、ラスタライザーが使う特別なシステム定義変数、gl_Positionに渡されます。gl_Position変数は、どの頂点シェーダーでも必須の

出力です。

　法線ベクトルが頂点シェーダーで正規化されないことに注意してください。それらは元の
メッシュ データで長さが1で、このアプリケーションは頂点ブレンドや非一様スケールなど、
長さを不均一に変える操作を行わないので、正規化は不要です。モデル行列は一様なスケール
倍率を持つかもしれませんが、すべての法線の長さを均等に変えるので、図5.10の右側に示さ
れる問題は生じません。

　アプリケーションは様々なレンダリングとシェーダーの設定で、WebGL APIを使います。
プログラマブル シェーダー ステージはそれぞれ個別に設定してから、すべて1つのプログラ
ム オブジェクトにバインドされます。次がピクセル シェーダーの設定コードです。

```
var fSource = document.getElementById("fragment").text.trim();

var maxLights = 10;
fSource = fSource.replace(/MAXLIGHTS/g, maxLights.toString());

var fragmentShader = gl.createShader(gl.FRAGMENT_SHADER);
gl.shaderSource(fragmentShader, fSource);
gl.compileShader(fragmentShader);
```

　「フラグメント シェーダー」と呼んでいることに注意してください。WebGL（と元になっ
たOpenGL）は、この用語を使います。本書で以前に書いたように、いくつかの点で不正確で
も「ピクセル シェーダー」のほうが多く使われるので、本書はそれに従います。このコード
は、MAXLIGHTS文字列を適切な数値で置き換える場所でもあります。ほとんどのレンダリン
グ フレームワークが、類似のコンパイル前のシェーダー操作を行います。

　一様入力の設定、頂点配列の初期化、画面の消去、描画など、他にもアプリケーション側の
コードはありますが、それはプログラム[1742]で見ることができ、数多くのAPIガイドで説明
されています。ここでの目標は、シェーダーが、独自のプログラミング環境を持つ独立したプ
ロセッサーとして扱われる感覚を掴むことなので、ウォークスルーはこれで終わりです。

5.3.3　マテリアル システム

上の単純な例のように、レンダリング フレームワークが1つのシェーダーだけで実装されるこ
とは、めったにありません。一般には、様々なマテリアル、シェーディング モデル、アプリ
ケーションが使うシェーダーを処理する専用のシステムが必要です。

　以前の章で説明したように、シェーダーはGPUのプログラマブル シェーダー ステージの
どれかを行うプログラムです。それ自体は、低レベルのグラフィックスAPIリソースで、アー
ティストが直接扱うものではありません。それに対し、マテリアルは、アーティストが直面す
るサーフェスの見た目のカプセル化です。マテリアルは、衝突プロパティなど、非視覚的な側
面を記述することもありますが、本書のスコープ外なので詳しくは論じません。

　マテリアルはシェーダーを通じて実装しますが、これは単純な1対1の対応ではありません。
レンダリング状況により、同じマテリアルが別のシェーダーを使うこともあります。1つの
シェーダーを複数のマテリアルで共有することもできます。最もよくあるケースが、パラメー
ター化マテリアルです。その最も単純な形で、マテリアルのパラメーター化には、マテリアル
テンプレートとマテリアル インスタンスの、2種類のエンティティが必要です。マテリアル
テンプレートは、それぞれマテリアルの1つのクラスを記述し、パラメーターの型に応じて数
値、色、テクスチャーの値などを割り当てられる、パラメーターのセットを持ちます。マテリ

5.3. シェーディング モデルの実装   111

アル インスタンスは、それぞれ 1 つのマテリアル テンプレートと、そのパラメーターのすべ
てに対する特定の値のセットです。Unreal Engine のように [1937]、複数のレベルで他のテン
プレートから派生したマテリアル テンプレートによる複雑な階層構造を許す、レンダリング
フレームワークもあります。

　パラメーターは一様入力をシェーダー プログラムに渡して実行時に解決したり、シェー
ダーがコンパイルされる前に値を置き換えることで、コンパイル時に解決することもできま
す。コンパイル時パラメーターで一般的なのが、特定のマテリアル機能の有効化を制御する論
理スイッチです。これはアーティストがマテリアルのユーザー インターフェイスのチェック
ボックスで設定することもあれば、例えばその機能の視覚効果が無視できる場所で、遠くのオ
ブジェクトのシェーダー コストを減らすため、マテリアル システムが手続き的に設定するこ
ともあります。

　マテリアル パラメーターはシェーディング モデルのパラメーターと 1 対 1 に対応するかも
しれませんが、それが常に当てはまるわけではありません。マテリアルは、サーフェスの色な
ど、特定のシェーディングのモデル パラメーターの値を、固定の値に定めることもできます。
あるいは、シェーディング モデルのパラメーターを、複数のマテリアル パラメーターをとる
一連の複雑な操作の結果として計算することもできれば、頂点やテクスチャーの値を入力とし
て補間することもできます。場合によってはサーフェス位置、サーフェスの向きなどのパラ
メーターや、さらには時間も計算に入れることができます。サーフェスの位置と向きに基づく
シェーディングは、地形マテリアルで特によく使われます。例えば、高さとサーフェス法線を
使って雪の効果を制御したり、高高度の水平なサーフェスと、ほぼ水平なサーフェスに白い
サーフェス色をブレンドできます。時間に基づくシェーディングは、点滅するネオン サイン
など、アニメートするマテリアルでよく使われます。

　マテリアル システムの最も重要な仕事の 1 つは、様々なシェーダー関数を独立な要素に分
け、その組み合わせ方を制御することです。以下のものを含め、この種の合成が役に立つ多く
の場合があります。

- サーフェス シェーディングを剛体変換、頂点ブレンド、モーフィング、テッセレーショ
  ン、インスタンス化、クリッピングなどの幾何学的処理と組み合わせる。これらの機能
  部分は独立に変化し、サーフェス シェーディングはマテリアルに依存し、ジオメトリー
  処理はメッシュに依存する。したがって、それらを別々にオーサリングし、必要に応じ
  てマテリアル システムで合成すると都合がよい。

- サーフェス シェーディングを、ピクセルの廃棄やブレンドなどの合成操作と組み合わ
  せる。これは特に、一般にブレンドをピクセル シェーダーで行うモバイル GPU に関連
  する。これらの操作は、サーフェス シェーディングに使うマテリアルと独立に選ぶこ
  とが望ましいことが多い。

- シェーディング モデルのパラメーターの計算に使う操作を、シェーディング モデル自
  体の計算と組み合わせる。こうすることで、シェーディング モデルの実装を一度オー
  サリングすれば、シェーディング モデルのパラメーターを計算する様々な手法を組み
  合わせて採用できる。

- 個別に選択可能なマテリアル機能を、互いや、選択ロジック、シェーダーの他の部分と
  組み合わせる。これにより各機能の実装を別々に書ける。

- シェーディング モデルと、そのパラメーターの計算を光源の評価と組み合わせ、シェー
  ディング点で c_{light} と l の値を光源ごとに計算する。遅延レンダリング（20 章で論じる）
  などのテクニックは、この合成の構造を変える。複数のそのようなテクニックをサポー

トするレンダリング フレームワークでは、これにより複雑さが増える。

グラフィックスAPIが中核機能として、この種のシェーダー コードのモジュール性を提供すれば便利です。悲しいことに、CPUコードと違い、GPUシェーダーはコードのコンパイル後のリンクを許しません。各シェーダー ステージのプログラムは、1つのユニットとしてコンパイルされます。確かにシェーダー ステージの分離は限られたモジュール性を提供し、それはリストの最初の項目である、サーフェス シェーディング（一般にピクセル シェーダーで行う）と幾何学的処理（一般に他のシェーダー ステージで行う）の組み合わせにある程度一致します。しかし、各シェーダーは他の操作も行い、また他のタイプの合成も処理する必要があるので、この一致は完璧ではありません、それらの制限により、これらすべてのタイプの合成をマテリアル システムが実装できる手段は、ソース コードのレベルにしかありません。これには主として結合や置換などの文字列操作が含まれ、たいてい#include、#if、#defineなどC方式の前処理ディレクティブで行います。

初期のレンダリング システムのシェーダーのバリエーションは比較的少数で、たいてい個別に手で書かれていました。これにはいくつかの利点があります。例えば、それぞれのバリエーションを最終的なシェーダー プログラムの完全な知識で最適化できます。しかし、このアプローチは、バリエーションの数が増えるにつれ、すぐに非実用的になります。すべての異なるパーツやオプションを考慮に入れると、可能なシェーダーのバリエーションの数は巨大です。これがモジュール性と結合性がとても重要な理由です。

シェーダーのバリエーションを扱うシステムの設計で最初に解決すべき問題は、異なるオプションの選択を実行時に動的分岐で行うか、コンパイル時に条件文の前処理で行うかです。古いハードウェアでは、動的分岐はしばしば不可能だったり、極端に遅いので、実行時という選択肢はありませんでした。当時は異なるライトの種類のすべての可能な組み合わせを含めて、バリエーションはすべてコンパイル時に処理されました [1283]。

それに対して現在のGPUは、特にドローコールのすべてのピクセルで分岐が同じ振る舞いをするときには、かなりうまく動的分岐を処理します。今日では、ライトの数など、機能のバリエーションの多くが実行時に処理されます。しかし、大量の機能的バリエーションをシェーダーに加えると、別のコスト、レジスター数の増加と、それに応じた占有率の低下、つまり性能コストが必要になります（詳細はセクション18.4.5を参照）。ですから、コンパイル時バリエーションは、やはり価値があります。決して実行されない複雑なロジックを含めることを避けられます。

例として、3種類の異なるライトをサポートするアプリケーションを考えます。2つのライトは、単純な点光源と平行光源です。3つ目のタイプは、表形式の照明パターンと外の複雑な機能をサポートし、実装に大量のシェーダー コードが必要な汎用スポットライトです。しかし、汎用スポットライトが使われることは比較的まれで、このタイプのアプリケーションのライトが5%未満だとします。昔であれば、動的分岐を避けるため、3つのライト タイプの可能な組み合わせごとに別のシェーダー バリエーションをコンパイルしたでしょう。今日ではこれは必要ありませんが、汎用スポットライトの数が1以上の場合に1つと、そのようなライトの数が正確に0の場合に1つ、2つの別々のバリエーションをコンパイルすることは、まだ有用かもしれません。コードが単純なので、2番目の（最も使われる）バリエーションは、おそらくレジスターの使用率が低く、したがって高性能になります。

現代のマテリアル システムは、実行時とコンパイル時のシェーダー バリエーションの両方を採用しています。もうすべての重荷をコンパイル時だけで処理することはありませんが、

5.3. シェーディング モデルの実装

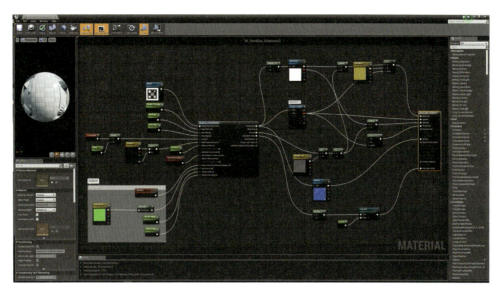

図5.13. Unreal Engineのマテリアル エディター。ノード グラフの右側の背が高いノードに注目。このノードへの入力コネクターが、すべてのシェーディング モデル パラメーターを含む、レンダリング エンジンの使う様々なシェーディング入力に対応する。（マテリアル サンプル提供：*Epic Games*）

全体的な複雑さとバリエーションの数は増え続けているので、やはり多数のシェーダー バリエーションをコンパイルする必要があります。例えば、ゲーム *Destiny: The Taken King* では、1フレームで9000を超えるコンパイル済みシェーダーのバリエーションを使うエリアがありました [1878]。可能なバリエーションの数は、それよりはるかに大きいことがあり、例えば、Unityのレンダリング システムには、ほぼ1000億の可能なバリエーションを持つシェーダーがあります。実際に使うバリエーションだけがコンパイルされますが、巨大な数の可能なバリエーションを処理するため、シェーダーのコンパイル システムを設計し直さなければなりませんでした [1553]。

これらの設計目標に対処するため、マテリアル システムの設計者は様々な戦略を採用します。それらは相反するシステム アーキテクチャーとして示されることもありますが [369]、それらの戦略は同じシステムで組み合わせることができ、普通は組み合わされます。それらの戦略には以下のようなものがあります。

- コード再利用—共有ファイルに関数を実装し、`#include` プリプロセッサー ディレクティブを使って、それらの関数を必要とするシェーダーからアクセスする。
- 減算—しばしば**ウーバーシェーダー**や**スーパーシェーダー** [1260, 1917] と呼ばれる、膨大な機能を集約したシェーダーで、コンパイル時のプリプロセッサー条件文と動的分岐の組み合わせを使って、使わない部分を取り除き、相反する代替手段を切り替える。
- 加算—様々な機能の断片を入力と出力のコネクターを持つノードとして定義し、それらを組み合わせる。これはコード再利用戦略と似ているが、より構造化されている。ノードの合成はテキスト [369] やビジュアルなグラフ エディターで行える。後者は、テクニカル アーティストなどの非エンジニアが、新しいマテリアル テンプレートを簡単にオーサリングできるようにすることを意図している [1878, 1937]。ビジュアルなグラフのオーサリングでは、一般にはシェーダーの一部にしかアクセスできない。例えば、Unreal Engineでは、グラフ エディターはシェーディング モデルの入力の計算にしか

影響を与えられない [1937]（図5.13）。

- テンプレート ベース—1つのインターフェイスを定義し、そのインターフェイスに従う様々な実装をそこにプラグインできる。これは加算戦略よりも少しフォーマルで、一般により大型の機能に使われる。そのようなインターフェイスの一般的な例としては、シェーディング モデル パラメーターの計算と、シェーディング モデル自体の計算の分離がある。Unreal Engine [1937] には、シェーディング モデル パラメーターを計算するサーフェス ドメインや、与えられた光源の c_{light} を変調するスカラー値を計算するためのライト関数ドメインなど、様々な「マテリアル ドメイン」がある。同様の「サーフェス シェーダー」構造はUnityにも存在する [1551]。遅延シェーディング テクニック（20章で論じる）は似た構造を強制し、G-バッファーがインターフェイスとして機能する。

より具体的な例として、本 *WebGL Insights* [326]（現在フリー）の中で、様々なエンジンのシェーダー パイプラインを制御する方法が論じられています。合成以外にも、最小のシェーダー コードの重複で複数のプラットフォームをサポートする必要性など、現代のマテリアル システムには、いくつかの重要な設計検討項目があります。これにはプラットフォーム、シェーディング言語、APIの間の性能と能力の違いを考慮した機能のバリエーションが含まれます。*Destiny* シェーダー システム [1878] は、この種の問題への代表的な解決策です。それはカスタムのシェーディング言語の方言で書かれたシェーダーを受け入れる、独自のプリプロセッサー レイヤーを使います。これにより、異なるシェーディング言語と実装へ自動翻訳される、プラットフォームに依存しないマテリアルを書くことができます。Unreal Engine [1937] と Unity [1550] も、同様のシステムを持っています。

マテリアル システムは、高い性能を確保する必要もあります。シェーディング バリエーションの特殊化コンパイル以外にも、マテリアル システムが行える一般的な最適化がいくつかあります。*Destiny* シェーダー システムと Unreal Engine は、ドローコールで自動的に（前の実装例の暖色と寒色の計算のように）不変の計算を検出し、それをシェーダーの外に移します。別の例は、異なる頻度（例えば、フレームごとに1度、ライトごとに1度、オブジェクトごとに1度）で更新される定数を区別し、それぞれの定数のセットを適切な時間で更新してAPIのオーバーヘッドを減らすために、*Destiny* で使われるスコーピング システムです。

これまで見てきたように、シェーディングの式の実装とは、単純化できる部分、様々な式を計算する頻度、ユーザーが外見を修正して制御できる手段を決めることです。レンダリングパイプラインの究極の出力は色とブレンド値です。アンチエイリアシング、透明度、イメージ表示に関する残りのセクションで、それらの値を組み合わせて、表示用に修正する方法を詳しく述べます。

5.4　エイリアシングとアンチエイリアシング

白い背景をゆっくりと横切って動く、大きな黒い三角形を考えます。画面のグリッド セルが三角形に覆われるとき、このセルを表すピクセル値は滑らかに強度を落とすべきです。一般にあらゆるタイプの基本的なレンダラーで起きるのは、グリッド セルの中心が覆われた瞬間に、ピクセルの色が即座に白から黒になることです。標準的なGPUレンダリングも例外ではありません。図5.14の左端の列を見てください。

三角形のピクセルへの表示は、あるかないかです。直線の描画にも同様の問題があります。

5.4. エイリアシングとアンチエイリアシング

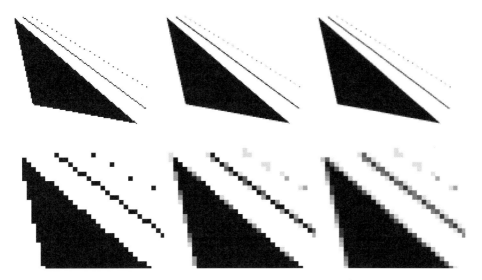

図5.14. 上段は1つの三角形、1本の直線、数個の点を持ち、アンチエイリアシングのレベルが異なる3つのイメージを示している。下段のイメージは上段の拡大図。左の列はピクセルあたり1つのサンプルしか使わず、つまりアンチエイリアシングを使わない。中央の列のイメージはピクセルあたり4サンプル（グリッド パターン）でレンダーし、右の列はピクセルあたり8サンプル（4×4のチェッカーボード、正方形の半分をサンプル）を使っている。

そのためにエッジがギザギザに見える、この視覚的アーティファクトは「ジャギー」と呼ばれ、アニメートされると「クローリー（むずむず）」に変わります。この問題は正式には**エイリアシング**と呼ばれ、それを避けるための努力は、**アンチエイリアシング** テクニックと呼ばれます。

サンプリング理論とデジタル フィルタリングの主題は、それだけで1冊の本になるほどの長さがあります[609, 1561, 1857]。これはレンダリングの重要な領域なので、サンプリングとフィルタリングの基本理論を紹介します。次にエイリアシング アーティファクトの軽減のため、現在リアルタイムで行えることに焦点を合わせます。

5.4.1 サンプリングとフィルタリングの理論

イメージをレンダーする処理は、本質的にはサンプリング作業です。これはイメージの生成が、3次元シーンをサンプルして、イメージ（離散ピクセルの配列）中の各ピクセルの色値を得る処理だからです。テクスチャー マッピング（6章）を使うときには、変化する条件の下でよい結果を得るように、テクセルを再サンプルしなければなりません。アニメーションでイメージのシーケンスを生成するとき、たいてい均等な時間間隔でアニメーションをサンプルします。このセクションはサンプリング、再構成、フィルタリングのトピックの導入部です。簡単にするため、ほとんどのマテリアルを1次元で示します。それらの概念は当然ながら2次元にも拡張されるので、2次元イメージを扱うときにも使えます。

図5.15は、連続的な信号を、均等時間間隔でサンプル、つまり離散化する様子を示しています。この**サンプリング**処理の目的は、情報をデジタルで表現することです。

そうして情報の量を減らします。しかし、元の信号の復元には、サンプルした信号の**再構成**が必要です。これはサンプルした信号の**フィルタリング**で行います。

サンプリングを行うときには、常にエイリアシングが起きる可能性があります。これは望ましくないアーティファクトで、心地よいイメージを生成するため、エイリアシングと戦う必要

があります。古い西部劇で見られるエイリアシングの古典的な例が、映画のカメラで撮影された回転する馬車の車輪です。スポークはカメラがイメージを記録するよりずっと速く動くので、車輪はゆっくり（前後に）回転して見えたり、まったく回転しないように見えることさえあります。これが図5.16に示されています。この効果が起きるのは、車輪のイメージを一連の時間ステップでとるからで、**時間エイリアシング**と呼ばれます。

コンピューター グラフィックスでよくあるエイリアシングの例は、ラスタライズした直線や三角形のエッジの「ジャギー」、「ホタル」と呼ばれるチラチラ輝くハイライト、そしてチェッカー パターンのテクスチャーを縮小したときです(セクション6.2.2)。

エイリアシングは、信号のサンプル周波数が低すぎるときに発生します。そのときサンプルした信号は、元の信号より低周波に見えます。これが図5.17に示されています。信号を正しく（つまり、サンプルから元の信号を再構成できるように）サンプルするには、サンプリング周

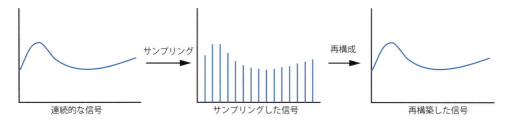

図5.15. 連続的な信号（左）をサンプルしてから（中）、再構成で元の信号を復元する（右）。

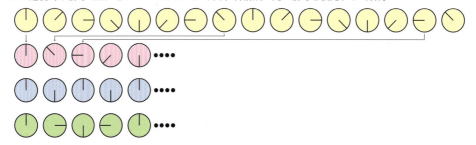

図5.16. 上段は回転する車輪を示す（元の信号）。2段目では、このサンプリングが不十分で、反対方向に動くように見える。これは低すぎるサンプリング レートによるエイリアシングの例。3段目では、サンプリング レートが正確に回転あたり2サンプルで、車輪が回転する方向を判断できない。これがナイキスト限界。4段目では、サンプリング レートが回転あたり2サンプルより高く、車輪の右方向への回転が突然見えるようになる。

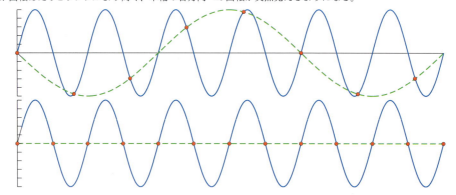

図5.17. 青い実線は元の信号、赤い円は等間隔のサンプル点を示し、緑の破線は再構成した信号を示す。上の図は低すぎるサンプリング レートを示している。そのため、再構成信号が元より低い周波数、すなわち元の信号のエイリアス（別名）に見える。下は元の信号の周波数の正確に2倍のサンプリング レートを示し、再構成した信号がここでは水平な線になっている。サンプリング レートをほんの少し増やすだけで、完璧な再構成が可能であることが分かる。

波数がサンプルする信号の最大周波数の2倍より大きくなければなりません。これはしばしば**サンプリング定理**と呼ばれ、そのサンプリング周波数は、これを1928年に発見したスウェーデンの科学者、Harry Nyquist（1889–1976）にちなんで、**ナイキスト レート** [1561]や**ナイキスト限界**と呼ばれます。図5.16に、ナイキスト限界も示されています。その定理が「最大周波数」という言葉を使うのは、信号を**帯域制限**しなければならないことを意味し、まさにある限界より上の周波数がないことを意味します。別の言い方をすると、信号は隣接するサンプルとの間の間隔に対して、十分滑らかでなければなりません。

　3次元シーンをポイント サンプルでレンダーすると、通常は帯域制限されません。三角形のエッジ、影の境界などの現象が不連続に変化する信号を生み出すので、無限大の周波数が生成します[275]。また、サンプルをどれだけ密にパックしても、やはりオブジェクトが十分に小さいため、まったくサンプルされない可能性があります。したがって、シーンのレンダーにポイント サンプルを使うときには、エイリアシングの問題を完全に避けるのは不可能であり、ほとんど常にポイント サンプリングは使われます。しかし、信号が帯域制限されるタイミングが分かるときもあります。1つの例は、テクスチャーをサーフェスに適用するときです。ピクセルのサンプリング レートと比べた、テクスチャー サンプルの周波数を計算できます。この周波数がナイキスト限界より低ければ、テクスチャーを正しくサンプルするための特別なアクションは不要です。周波数が高すぎる場合は、様々なアルゴリズムを使ってテクスチャーを帯域制限します（セクション6.2.2）。

再構成

帯域制限してサンプルした信号に対し、今度はどのようにしてサンプルした信号から元の信号を再構成できるかを論じます。これには、フィルターを使わなければなりません。3つのよく使われるフィルターが図5.18に示されています。フィルターの面積は常に1になるべきで、さもないと再構成した信号が拡大、縮小することがあります。

　図5.19では、ボックス フィルター（最近傍）を使ってサンプルした信号を再構成しています。これは結果の信号が不連続的な階段状になるので、使うには最悪のフィルターです。それでもその単純さにより、コンピューター グラフィックスでよく使われます。図で分かるように、ボックス フィルターは各サンプル点の上に置かれ、フィルターの最上部の点がサンプル

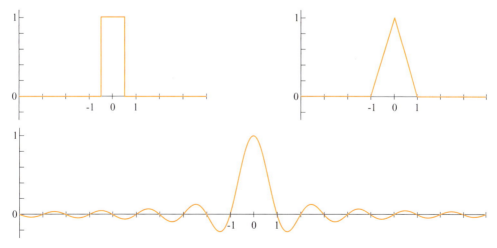

図5.18. 左上はボックス フィルター、右上はテント フィルターを示す。下はsincフィルターを示している（ここではx-軸にクランプされている）。

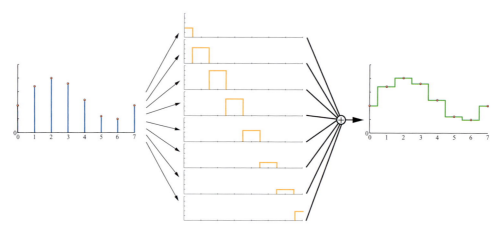

図 **5.19.** サンプルした信号（左）をボックス フィルターを使って再構成する。これはボックス フィルター をサンプル点の上に置き、それをフィルターの高さがサンプル点と同じになるように y-方向にスケールすることで行う。その和が再構成信号になる（右）。

点と一致するようにスケールされます。これらのスケールして移動したボックス関数のすべての和が、右の再構成された信号です。

ボックス フィルターは、他のどんなフィルターでも置き換えられます。図5.20では、テント フィルター（三角形フィルターとも呼ばれる）を使い、サンプルした信号を再構成しています。このフィルターは、隣接サンプル点の線形補間を実装するため、再構成した信号が今度は連続なので、ボックス フィルターより改善しています。

しかし、テント フィルターで再構成した信号の滑らかさは不十分で、サンプル点に唐突な傾斜の変化があります。これはテント フィルターが完璧な再構成フィルターではないことに関係します。完璧な再構成を得るには、理想的な**ローパス フィルター**を使わなければなりません。信号の周波数成分は正弦波（$\sin(2\pi f)$、f はその成分の周波数）です。これが与えられると、ローパス フィルターは、フィルターが定義する特定の周波数より高い周波数を持つすべての周波数成分を取り除きます。直感的には、ローパス フィルターは信号のシャープな特性を取り除き、つまりぼかします。理想的なローパス フィルターがsincフィルターです（図5.18下）。

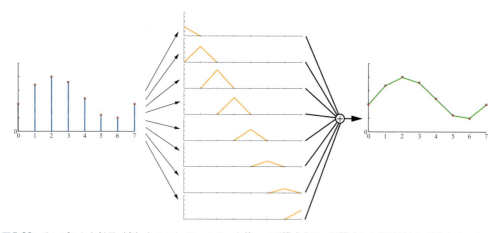

図 **5.20.** サンプルした信号（左）をテント フィルターを使って再構成する。再構成した信号が右に示されている。

5.4. エイリアシングとアンチエイリアシング

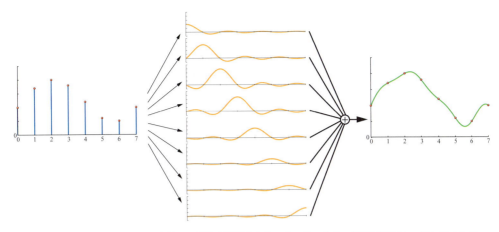

図5.21. ここでは、sincフィルターを使い、信号を再構成する。sincフィルターは理想的なローパス フィルター。

$$\mathrm{sinc}(x) = \frac{\sin(\pi x)}{\pi x} \quad (5.22)$$

sincフィルターが理想的なローパス フィルターである理由は、フーリエ解析の理論[1561]が説明します。簡単に言うと、その論拠は以下のようなものです。理想的なローパス フィルターは周波数ドメインのボックス フィルターで、それに信号を掛けたときに、フィルター幅より上のすべての周波数を取り除きます。ボックス フィルターを周波数ドメインから空間ドメインに変換すると、sinc関数が与えられます。同時に、乗算操作が**畳み込み**関数に変換され、それが実際に言葉による説明抜きで、このセクションで使っているものです。

sincフィルターを使って信号を再構成すると、図5.21に示すような、滑らかな結果が与えられます。サンプリング処理が信号に高周波成分（唐突な変化）をもたらし、ローパス フィルターの仕事はそれらを取り除くことです。実際、sincフィルターはサンプリング レートの1/2より高い周波数を持つすべての正弦波を取り除きます。式5.22に示すsinc関数は、サンプリング周波数が1.0のとき完璧な再構成フィルターです（つまり、サンプルする信号の最大周波数は1/2より小さくなければならない）。より一般的に、サンプリング周波数がf_s、つまり隣接サンプルの間隔が$1/f_s$だと仮定します。そのような場合、完璧な再構成フィルターは$\mathrm{sinc}(f_s x)$で、それは$f_s/2$より高いすべての周波数を取り除きます。これは信号のリサンプリングで役に立ちます（次のセクション）。しかし、sincのフィルター幅は無限で、負の領域もあるので、実際にはあまり役に立ちません。

一方の低品質のボックス/テント フィルターと、もう一方の非実用的なsincフィルターの間に有用な妥協点があります。最も広く使われるフィルター関数[1316, 1394, 1525, 1928]は、この両極の間にあります。それらのフィルター関数は、すべてsinc関数の何らかの近似ですが、影響を与えるピクセル数に制限があります。sinc関数を最も密接に近似するフィルターは、そのドメインの一部で負の値を持ちます。負のフィルター値が望ましくないか、非実用的なアプリケーションでは、非負のローブを持つフィルター（ガウス曲線から派生するか似ているので、しばしば総称的にガウス フィルターと呼ばれる）が一般に使われます[1513]。セクション12.1で、フィルター関数と、その使い方を詳しく論じます。

フィルターを使った後は、連続な信号が得られます。コンピューター グラフィックスでは、連続な信号を直接表示できませんが、リサンプリングに使って連続な信号を異なるサイズに、

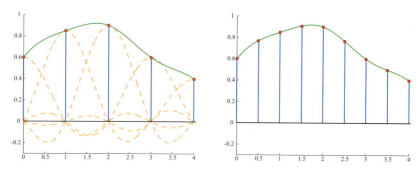

図5.22. 左はサンプルした信号と再構成した信号。右では、再構成した信号が2倍のサンプリング レートでリサンプルされ、つまり、拡大が起きている。

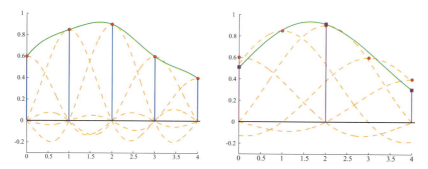

図5.23. 左はサンプルした信号と再構成した信号。右は、サンプルの間隔を2倍にするため、フィルター幅が2倍になり、すなわち、縮小が起きている。

つまり拡大したり、縮小したりします。このトピックを次に論じます。

リサンプリング

リサンプリングはサンプルした信号の拡大や縮小に使います。元のサンプル点が整数座標 $(0, 1, 2, \ldots)$、つまりサンプル間隔が単位長だとします。さらに、リサンプリングの後、新しいサンプル点を、サンプルの間隔 a で均等に配置したいとします。$a > 1$ では、縮小（ダウンサンプリング）が発生し、$a < 1$ では、拡大（アップサンプリング）が起きます。

2つのうちで拡大のほうが簡単なケースなので、そちらから始めることにします。サンプルした信号を前のセクションで示したように再構成するとします。直感的に、信号は今や完璧に再構成されて連続なので、必要なのは再構成した信号を望みの間隔でリサンプルすることだけです。この処理は図5.22で見ることができます。

しかし、このテクニックは縮小が起きるとうまくいきません。そのサンプリング レートでは、元の信号の周波数が高すぎて、エイリアシングを回避できません。代わりに $\text{sinc}(x/a)$ を使うフィルターを使い、サンプルしたものから連続な信号を作成すべきことが示されました [1561, 1783]。その後には、望みの間隔でリサンプリングを行えます。これは図5.23で見ることができます。別の言い方をすると、ここで信号のより高周波の内容をさらに取り除くように、$\text{sinc}(x/a)$ をフィルターとして使い、ローパス フィルターの幅を増やしています、図に示されるように、リサンプリング レートを元のサンプリング レートの半分に減らすには、（個々の sinc の）フィルター幅を2倍にします。これをデジタル イメージに関連付けると、これは最初に（高周波を取り除くため）ぼかしてから、より低い解像度イメージをリサンプリングする

5.4. エイリアシングとアンチエイリアシング

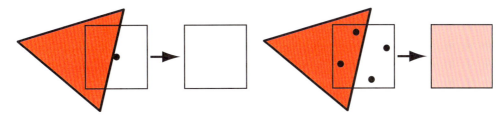

図5.24. 左は、赤い三角形をピクセルの中心の1つのサンプルでレンダーしている。三角形はサンプルを覆わないので、ピクセルのかなりの部分が赤い三角形に覆われるにもかかわらず、ピクセルは白くなる。右は、ピクセルあたり4つのサンプルを使う。そのうち2つが赤い三角形に覆われ、ピンクのピクセル色になる。

ことに似ています。

現在、フレームワークとして利用可能なサンプリングとフィルタリングの理論とともに、エイリアシングを減らすためにリアルタイム レンダリングで使われる様々なアルゴリズムが論じられています。

5.4.2 スクリーンベースのアンチエイリアシング

三角形のエッジは、うまくサンプルしてフィルター処理しないと、目立つアーティファクトを生じます。影の境界、スペキュラー ハイライトなどの色が急激に変化する現象も、同様の問題を引き起こすことがあります。このセクションで論じるアルゴリズムは、そのようなケースでレンダリングの品質を改善する助けになります。それらにはスクリーンベースであること、つまりパイプラインの出力サンプルだけを操作するという共通の特徴があります。それぞれ品質、シャープな細部や他の現象を捕らえる能力、動くときの見え方、メモリー コスト、GPU要件、スピードに関する長所が異なるので、唯一最善のアンチエイリアシング テクニックというものはありません。

図5.14の黒い三角形の例で、問題の1つのが、その低いサンプリング レートです。各ピクセルのグリッド セルの中心で1つだけサンプルをとるので、そのセルについて、中心が三角形に覆われるかどうかしか分かりません。スクリーン グリッド セルごとのサンプルを増やし、それらを何らかのやり方でブレンドすることで、ピクセル色の計算を改善できます。これが図5.24に示されています。

スクリーンベースのアンチエイリアシング スキームの一般戦略は、スクリーンでサンプリング パターンを使い、そのサンプルの加重和でピクセル色 $\mathbf{p}$ を作ることです。

$$\mathbf{p}(x,y) = \sum_{i=1}^{n} w_i \mathbf{c}(i,x,y) \quad (5.23)$$

n はピクセルあたりのサンプルの数です。関数 $\mathbf{c}(i,x,y)$ はサンプルの色、w_i はその範囲 $[0,1]$ のサンプルが全体のピクセル色に寄与する重みです。サンプル位置はサンプルが $1,\ldots,n$ の何番目であるかに基づき、関数はピクセル位置 (x,y) の整数部分を使うこともあります。言い換えると、スクリーン グリッド上のサンプルをとる位置はサンプルごとに異なり、ピクセル間でサンプリング パターンが変わることもあります。リアルタイム レンダリング システムでは (それに関して言えば、他のほとんどのレンダリング システムも)、サンプルは通常ポイント サンプルです。したがって、関数 $\mathbf{c}$ は2つの関数と考えることができます。まず、関数 $\mathbf{f}(i,n)$ は、サンプルが必要なスクリーン上の浮動小数点 (x_f, y_f) 位置を取り出します。次にこのスクリーン上の位置をサンプル、つまりその正確な点で色を読み込みます。通常はフレーム (やア

プリケーション）ごとの設定に基づき、サンプリング スキームを選んで、特定のサブピクセル位置のサンプルを計算するようにレンダリング パイプラインを構成します。

アンチエイリアシングのもう1つの変数がw_i、各サンプルの重みです。その重みの和は1です。リアルタイム レンダリング システムで使われるほとんどの手法は、サンプルに一様な重みを与えるので、$w_i = \frac{1}{n}$です。グラフィックス ハードウェアのデフォルトのモード、ピクセルの中心で1サンプルは、上のアンチエイリアシングの式の最も単純な場合です。項は1つしかなく、その項の重みは1で、サンプリング関数fは常にサンプルしているピクセルの中心を返します。

ピクセルあたり2つ以上の完全なサンプルを計算するアンチエイリアシング アルゴリズムは、**スーパーサンプリング**（または**オーバーサンプリング**）法と呼ばれます。概念的に最も単純な**フルシーン アンチエイリアシング**（FSAA）は、「スーパーサンプリング アンチエイリアシング」（SSAA）とも呼ばれ、シーンをより高い解像度でレンダーしてから、隣接するサンプルをフィルター処置してイメージを作成します。例えば、1280×1024ピクセルのイメージが望まれているとします。2560×2048のイメージをオフスクリーンでレンダーしてから、スクリーン上の2×2ピクセルの領域ごとに平均すれば、ピクセルあたり4サンプルで、ボックスフィルターを使ってフィルター処理した望むイメージが生成されます。これは図5.25の2×2グリッド サンプリングに相当します。サンプルあたり1つのz-バッファー深度で、すべてのサブサンプルを完全にシェーディングして書き込まなければならないので、この手法は高コストです。FSAAの主な利点は単純さです。この手法の低品質版は、1つのスクリーン軸上でだけ2倍のレートでサンプルするので、1×2や2×1スーパーサンプリングと呼ばれます。一般には、簡単にするため2のべき乗の解像度とボックス フィルターが使われます。NVIDIAの**動的スーパー解像度**機能はより精巧な形式のスーパーサンプリングで、シーンをいくらか高い解像度でレンダーし、13サンプル ガウス フィルターを使って表示イメージを生成します[1988]。

スーパーサンプリングに関連するサンプリング手法は、**アキュムレーション バッファー**の考え方に基づきます[689, 1205]。この手法は1つの大きなオフスクリーン バッファーの代わりに、望むイメージと同じ解像度で、チャンネルあたりの色のビット数が多いバッファーを使います。シーンの2×2サンプリングを得るには、必要に応じてビューをスクリーンのx-やy-方向に半ピクセル動かし、4つのイメージを生成します。生成するイメージは、グリッド セル内の異なるサンプル位置に基づきます。シーンをフレームあたり何度かレンダーし直して、結果をスクリーンにコピーしなければならない追加のコストにより、リアルタイム レンダリング システムではこのアルゴリズムは高コストです。ピクセルあたり任意の数のサンプルを、どこでも使えるので、性能が重要でないときには、より高品質のイメージの生成に役立ちます[1802]。アキュムレーション バッファーは、かつては外付けのハードウェアでした。OpenGL APIで直接サポートされていましたが、バージョン3.0で非推奨になりました。現代のGPUでは、出力バッファーでより高い精度の色フォーマットを使うことにより、アキュムレーション バッファーの概念をピクセル シェーダーで実装できます。

オブジェクトのエッジ、スペキュラー ハイライト、シャープな影などの現象が唐突な色の変化を引き起こすときには、追加のサンプルが必要です。たいてい影はソフトに、ハイライトは滑らかになり、エイリアシングを回避できます。電線など、特定のオブジェクトのタイプは、その長さに沿ったどの位置でも最低1ピクセルを覆うことが保証されるように、サイズを増やすことができます[1495]。オブジェクトのエッジのエイリアシングは、今でもサンプリングの大きな問題です。オブジェクトのエッジがレンダリング中に検出され、その影響が織り込まれる場所では、解析的手法を使えますが、しばしば単純にサンプルを増やすよりも高価で、不安

5.4. エイリアシングとアンチエイリアシング   123

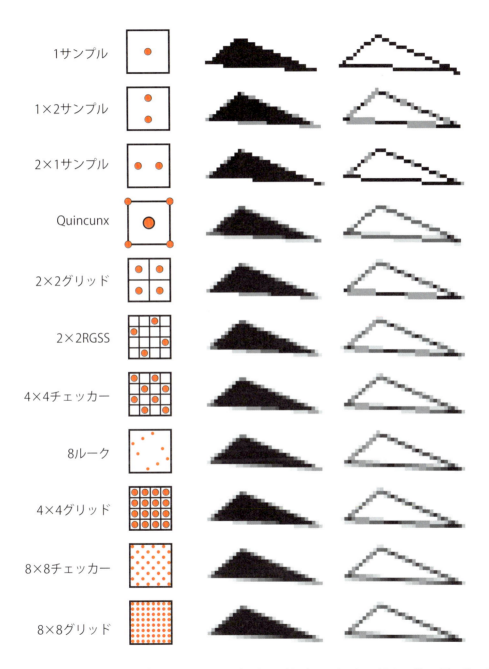

図 5.25. ピクセルあたりのサンプル数の低いものから高いものに並べた、いくつかのピクセル サンプリング スキームの比較。Quincunx は四隅のサンプルを共有し、その中心サンプルが、ピクセルの最終的な色の半分に値するように重みをつける。2×2 の回転したグリッドは、水平に近いエッジのグレイ レベルを、回転しない 2×2 グリッドよりも多く捕らえる。同様に、8 ルーク パターンはサンプルが少ないにもかかわらず、4×4 グリッドよりも、そのような線のグレイ レベルを多く捕らえる。

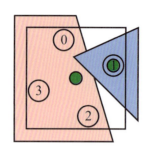  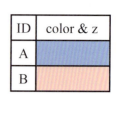

図 5.26. 中央では、ピクセルに 2 つのオブジェクトが重なっている。赤いオブジェクトは 3 つのサンプル、青は 1 つだけ覆う。ピクセル シェーダーの評価位置は緑で示されている。赤い三角形はピクセルの中心を覆うので、この位置がシェーダー評価で使われる。青いオブジェクトのピクセル シェーダーはサンプルの位置で評価される。MSAA では、別々の色と深度が 4 つの位置すべてに格納される。右は EQAA の 2f4x モードが示されている。その 4 つのサンプルは 4 つの ID 値を持ち、それは色と深度が格納された 2 つのテーブルのインデックスになる。

定です。しかし、保守的ラスタライズやラスタライザー オーダー ビューのような GPU 機能により、新しい可能性が開けています [354]。

スーパーサンプリングやアキュムレーション バッファリングなどのテクニックは、個別に計算される色と深度で完全に指定されるサンプルを生成することにより動作します。どのサンプルもピクセル シェーダーを通過しなければならないので、全体の利得は比較的低く、コストは高くなります。

マルチサンプリング アンチエイリアシング (MSAA) は、サーフェスの々をピクセルごとに 1 度だけ計算し、この結果をサンプルの間で共有することによって、高い計算コストを下げます。ピクセルは、例えば、フラグメントあたり 4 つの (x,y) サンプル位置を持ち、それぞれに独自の色と z-深度があるかもしれませんが、ピクセル シェーダーは、ピクセルに適用されるオブジェクトのフラグメントごとに 1 度しか評価されません。すべての MSAA 位置サンプルが、そのフラグメントに覆われる場合、シェーディング サンプルはピクセルの中心で評価されます。フラグメントが覆う位置サンプルより少ない場合は、覆われる位置をよりうまく表すようにシェーディング サンプルの位置をシフトできます。そうすることで、例えばテクスチャーのエッジから外れた色のサンプリングを回避します。この位置調整は**重心サンプリング**や**重心補間**と呼ばれ、有効であれば、GPU が自動的に行います。重心サンプリングは三角形から外れる問題を回避しますが、導関数の計算で正しくない値が返されることがあります [575, 1124]（図 5.26）。

フラグメントのシェーディングを 1 度しか行わないので、MSAA は純粋なスーパーサンプリング スキームより高速です。フラグメントのピクセル被覆率をより高いレートでサンプルすることに努力を集中し、計算した色は共有します。さらにサンプリングと被覆率を切り離すことで、メモリーをさらに節約でき、アンチエイリアシングはさらに高速化します。触れるメモリーが少ないほど、レンダーは速くなります。NVIDIA が**被覆率サンプリング アンチエイリアシング (CSAA)** を 2006 年に発表し、AMD が**拡張品質アンチエイリアシング (EQAA)** で後に続きました。これらのテクニックは、フラグメントの被覆率だけを、より高いサンプリング レートで格納することにより動作します。例えば、EQAA の「2f4x」モードは 2 つの色と深度の値を格納し、4 つのサンプル位置で共有します。色と深度はもはや特定の位置に格納されず、テーブルに保存されます。4 つのサンプルは、その位置ごとに、2 つの格納値のどちらが関連するかを指定する 1 ビットしか必要ありません（図 5.26）。被覆率サンプルは、各フラ

5.4. エイリアシングとアンチエイリアシング 125

グメントの最終的なピクセル色への寄与を指定します。格納する色の数があふれる場合は、格納する色を退去させ、そのサンプルを未知とマークします。それらのサンプルは最終的な色に寄与しません [412, 413]。ほとんどのシーンでは、シェーディングが根本的に異なる3つ以上の不透明な可視フラグメントを含むピクセルはそれほど多くないので、このスキームは実際にうまく動作します [1516]。しかし、EQAAに性能の利得があっても、ゲーム *Forza Horizon 2* は、最高品質のため4× MSAAを選びました [1082]。

すべてのジオメトリーをマルチ サンプル バッファーにレンダーしたら、**リゾルブ**操作を実行します。この手続はサンプル色を合わせて平均し、ピクセルの色を決定します。ハイダイナミックレンジの色値によるマルチサンプリングを使うときに、問題が発生する可能性があることは、述べておく価値があります。そのような場合、アーティファクトを避けるため、通常は値を解決する前にトーンマップを行う必要があります [1486]。これは高価かもしれないので、より単純なトーンマップ関数の近似や、他の手法を使うこともできます [931, 1516]。

デフォルトでは、MSAAはボックス フィルターを使って解決します。2007年にATIが導入した**カスタム フィルター アンチエイリアシング**（CFAA）では [1744]、狭い、あるいは少し他のピクセル セルに伸びる広いテント フィルターを使えます。このモードは、その後EQAAサポートに取って代わられました。現代のGPUでは、ピクセル/コンピュート シェーダーがMSAAサンプルにアクセスでき、何であれ望みの再構成フィルターを、周囲のピクセルのサンプルするものも含めて使えます。フィルターを広くすればエイリアシングを減らせますが、代償としてシャープな詳細は失われます。Pettineo [1513, 1516] は、3次のsmoothstepと、2か3ピクセルのフィルター幅のB-スプライン フィルターが、全般に最もよい結果を与えることを見出しました。たとえデフォルトのボックス フィルターのリゾルブをエミュレートしても、カスタム シェーダではかかる時間が長くなり、フィルター カーネルの拡大はサンプルのアクセスコストの増加を意味するので、性能のコストもあります。

同様にNVIDIAの内蔵TXAAのサポートも、よりよい再構成フィルターを、1ピクセルより広い領域で使い、結果を改善します。このスキームと、より新しいMFAA（マルチフレーム アンチエイリアシング）は、どちらも以前のフレームの結果をイメージの改善に使う一般的なテクニックのクラス、**時間アンチエイリアシング**（TAA）を使います。そのようなテクニックが可能になった理由の一部は、MSAAのサンプリング パターンを、プログラマーにフレームごとに設定させる機能によるものです [1517]。それらのテクニックは、回転する馬車の車輪のようなエイリアシングの問題に対処でき、エッジのレンダリング品質も改善できます。

レンダーごとにピクセル中の異なる位置でサンプルをとる一連のイメージを生成することにより、「手作業で」サンプリング パターンを実行することを考えます。このオフセット処理は、投影行列に小さな平行移動を追加することで行います [2084]。生成して平均するイメージが多いほど、結果はよくなります。時間アンチエイリアシング アルゴリズムで使うのは、この複数のオフセット イメージを使う考え方です。1つのイメージを、場合によってはMSAAや他の手法で生成し、以前のイメージをブレンドで加えます。普通は2から4フレームだけを使います [412, 903, 1516]。古いイメージに与える重みを、指数的に減少することもできますが [931]、視点とシーンが動かない場合にフレームが揺らめく効果が生じることがあるので、たいていは直前と現在のフレームだけを等しい重みで使います。フレームごとにサンプルのサブピクセル位置が異なれば、それらのサンプルの加重和は、1つのフレームよりもよい被覆率の見積もりを与えます。したがって、最新の2フレームを平均して使うシステムは、よりよい結果を与えられます。各フレームに追加サンプルは必要ないので、この種のアプローチはとても魅力的です。低解像度イメージを生成し、時間サンプリングを使ってディスプレイの解像度にアップスケールすることも可能です [1200]。それに加えて、その結果が複数のフレームでブ

レンドされるので、照明など、よい結果を得るために多くのサンプルを必要とするテクニックは、フレームあたりのサンプル数を減らすこともできます。[2084]。

　静止シーンには、追加のサンプリング コストなしでアンチエイリアシングが与えられますが、この種のアルゴリズムを時間アンチエイリアシングに使うときには、若干の問題があります。フレームの重みが等しくない場合、静止シーン中のオブジェクトが揺らぎを示すかもしれません。高速に動くオブジェクトや、素早いカメラの動きはゴースト、すなわち以前のフレームの寄与によってオブジェクトの後ろに痕跡を生じることがあります。ゴーストの1つの解決法は、そのようなアンチエイリアシングを、ゆっくり動くオブジェクトだけで行うことです[1200]。もう1つの重要なアプローチは、再投影（セクション12.2）を使って、以前と現在のフレームのオブジェクトの相関性を上げることです。そのようなスキームでは、オブジェクトはモーション ベクトルを生成し、それを別の「速度バッファー」（セクション12.5）に格納します。それらのベクトルを使い、以前と現在のフレームを相関させます。つまり、そのベクトルを現在のピクセル位置から引いて、そのオブジェクトのサーフェス位置に相関する以前のフレームのピクセル色を求めます。現在のフレームのサーフェスの一部でなさそうなサンプルは破棄します[2056]。時間アンチエイリアシングでは、余分なサンプルは不要で、追加の作業も比較的少ないので、近年、この種のアルゴリズムに強い関心が寄せられ、採用が広がっています。この注目の理由の一つは、遅延シェーディング テクニック（セクション20.1）が、MSAAなどのマルチサンプリング サポートと互換でないからです[1600]。アプリケーションの内容と目標に応じて、アプローチは変わりますが、アーティファクトを回避して品質を改善するための様々なテクニックが開発されています[903, 1244, 1516, 1648, 2084]。例えば、Wihlidalのプレゼンテーション[2028]は、EQAA、時間アンチエイリアシング、そしてチェッカーボード サンプリング パターンに適用される様々なフィルタリング テクニックを組み合わせて、ピクセル シェーダーを呼び出す回数を減らしながら、品質を維持する方法を示しています。Iglesias-Guitianら[862]は以前の研究を要約し、ピクセルの履歴と予測を使ってフィルタリング アーティファクトを最小化するスキームを紹介しています。Patneyら[1467]は仮想現実アプリケーションで使うため、可変サイズのサンプリングと目の動きの補償を加えて、KarisとLottesのUnreal Engine 4実装でのTAAの研究[931]を拡張しています（セクション21.3.2）。

サンプリング パターン

効果的なサンプリング パターンが、時間やその他のアンチエイリアシングで、エイリアシングを減らす鍵となる要素です。水平と垂直に近いエッジのエイリアシングが、人間に最も不快であることを、Naimanが示しています[1361]。その次が45度に近い傾斜のエッジです。**回転グリッド スーパーサンプリング**（RGSS）は回転した正方形のパターンを使い、より大きな垂直と水平のピクセル内解像度を与えます。図5.25が、このパターンの例です。

　RGSSパターンは、n個のサンプルが$n \times n$グリッドに、行と列に1サンプルずつ配置される、**ラテン超方格**または**N-ルーク サンプリング**の1つの形式です[1746]。RGSSでは、4つのサンプルがそれぞれ、4×4サブピクセル グリッドの別々の行と列にあります。そのようなパターンは、通常の2×2サンプリング パターンと比べて、水平と垂直に近いエッジを特にうまく捕らえます。通常のパターンは、そのようなエッジがおそらく偶数のサンプルだけ覆うので、実効レベルが下がります。

　N-ルークは、よいサンプリング パターンを作る出発点ですが、十分ではありません。例えば、サンプルをすべてサブピクセル グリッドの対角線沿いに置くこともできるので、この対角線にほぼ平行なエッジでは、よい結果を得られません（図5.27）。よりよいサンプリングの

5.4. エイリアシングとアンチエイリアシング

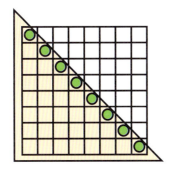 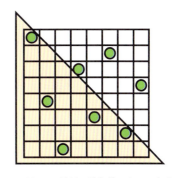

図5.27. N-ルーク サンプリングの使用。左は正当な N-ルーク パターンだが、対角線である三角形のエッジは、この三角形がずれると、すべてのサンプル位置が三角形の内側か外側のどちらかになるので、その線に沿ってうまく捕らえられない。右は、これや他のエッジをより有効に捕らえるパターン。

ため、2つのサンプルが互いの近くになるのは避けるべきです。一様な分布にして、サンプルを領域上に均等に広げることも望まれます。そのようなパターンを形成するには、ラテン超方格サンプリングなどの**層化サンプリング**を、ジッタリング、Halton列、ポワソン ディスク サンプリングなどの他の手法と組みわせます [1525, 1890]。

実際には、GPUメーカーはマルチサンプリングで通常は、そのようなサンプリング パターンをハードウェアに固定配線しています。図5.28が実際に使われるいくつかのMSAAパターンを示しています。時間アンチエイリアシングでは、サンプル位置がフレームごとに変わる可能性があるので、プログラマーが求めるものは被覆パターンです。例えば、Karis [931] は、基本的な *Halton*列が、どのGPUのMSAAパターンよりもうまく動作することを見出しています。Halton列は、空間中でランダムに見えながら、食い違い度が小さい、つまり、空間中にうまく分散し、どこにも密集しないサンプルを生成します [1525, 2084]。

サブピクセル グリッド パターンは、三角形がグリッド セルをどう覆うかのよい近似ですが、理想的ではありません。シーンはスクリーン上で任意の小ささの、どんなサンプリングレートも決して完璧には捕らえられないオブジェクトで構成できます。そのような小さなオブジェクトや特徴がパターンを形成する場合、一定間隔のサンプリングはモワレ縞などの干渉パターンを生じることがあります。スーパーサンプリングで使うグリッド パターンは、特にエイリアシングの可能性があります。

1つの解決法は、ランダムなパターンを与える**確率論的サンプリング**を使うことです。図5.28のようなパターンが適任です。歯の細かい櫛が離れたところにあり、1ピクセルを数本の歯が覆うと想像してください。サンプリング パターンは歯の周波数と位相が会ったり、外れ

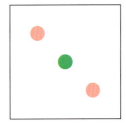 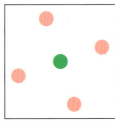 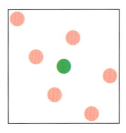 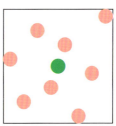

図5.28. AMDとNVIDIAのグラフィックス アクセラレーターのMSAAサンプリング パターン。緑はシェーディング サンプルの位置で、赤は計算されて保存された位置サンプル、左から右：2×、4×、6×（AMD）と8×（NVIDIA）サンプリング。（*D3D FSAA Viewer*で生成）

たりするので、規則的なパターンは深刻なアーティファクトを与えることがあります。秩序の低いサンプリング パターンを持つことにより、そのようなパターンを壊せます。ランダム化は、はるかに人間の視覚系が寛大なノイズで、反復的なエイリアシング効果を置き換える傾向があります [1525]。構造が少ないパターンは役に立ちますが、毎ピクセル繰り返すと、やはりエイリアシングを示します。1つの解決法は、ピクセルごとに別のサンプリング パターンを使ったり、時間でサンプリング位置を変えることです。セットごとにピクセルが異なるサンプリング パターンを持つ**交互サンプリング**は、過去数十年にわたり、時折ハードウェアでサポートされてきました。例えば、ATIのSMOOTHVISIONでは、最大16サンプル/ピクセルと、反復パターン（問えば、4×4ピクセル タイル）と織り交ぜられる最大16種類のユーザー定義のサンプリング パターンが可能でした。Molnar [1336] と、KellerとHeidrich [951] は、交互確率論的サンプリングを使うと、すべてのピクセルで同じパターンを使うときに形成されるエイリアシング アーティファクトが最小になることを見出しました。

他にもいくつかGPUがサポートし、述べる価値のあるアルゴリズムがあります。サンプルが2つ以上のピクセルに影響を与えるようにするリアルタイム アンチエイリアシング スキームの1つが、NVIDIAの以前のQuincunx手法です [395]。「Quincunx」は5つのオブジェクトの配置を意味し、サイコロの5の目のパターンのように4つは正方形で、5番目はその中心にあります。Quincunx マルチサンプリング アンチエイリアシングはこのパターンを使い、4つの外側のサンプルをピクセルの四隅に置きます（図5.25）。隅のサンプル値は、その4つの隣接ピクセルに分配されます。各サンプルに（他のほとんどのリアルタイム スキームが行うように）等しい重みを与える代わりに、中心サンプルには $\frac{1}{2}$ の重み、隅のサンプルにはそれぞれ $\frac{1}{8}$ の重みがを与えられます。この共有により、ピクセルあたり2つのサンプルの平均しか必要なく、その結果は2サンプルFSAA手法よりもかなり良好です [1801]。このパターンは2次元テント フィルターの近似で、それは前のセクションで論じたように、ボックス フィルターよりも優れています。

Quincunx サンプリングは、1サンプル/ピクセルを使うことで、時間アンチエイリアシングにも適用できます [903, 1800]。フレームごとに前のフレームから、各軸で半ピクセル オフセットし、そのオフセット方向はフレーム間で交互に切り替えます。前のフレームがピクセルの隅のサンプルを供給し、双線形補間を使ってピクセルあたりの寄与を高速に計算します。その結果を現在のフレームと平均します。各フレームの重みが等しいことは、静止ビューで揺らぎアーティファクトがないことを意味します。動くオブジェクトを調整する問題はやはり存在しますが、このスキーム自体のコードは単純で、フレームあたり1サンプル/ピクセルしか使わないにも関わらず、見栄えはずっとよくなります。

1つのフレームで使うとき、Quincunxはピクセル境界でサンプルを共有することにより、たった2サンプルの低コストです。RGSSパターンのほうが、水平と垂直に近いエッジの階調をよく捕らえます。最初にモバイル グラフィックス用に開発された、FLIPQUADパターンは、それらの望ましい特徴を両方組み合わせたものです [26]。その長所はコストが2サンプル/ピクセルしかなく、品質がRGSS（コストは4サンプル/ピクセル）に近いことです。このサンプリング パターンが図5.29に示されています。サンプル共有を利用する他の安価なサンプリング パターンを、Hasselgrenら [735] が探求しています。

Quincunxのように、2サンプルのFLIPQUADパターンも、時間アンチエイリアシングで使い、2フレームに拡大できます。Drobot [412, 413, 1244] は、**ハイブリッド再構成アンチエイリアシング (HRAA)** の研究で、どの2サンプル パターンが最善かという疑問に取り組みました。彼は時間アンチエイリアシングの様々なサンプリング パターンを探求し、テストした5

5.4. エイリアシングとアンチエイリアシング

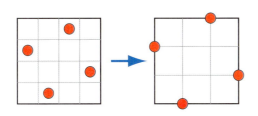 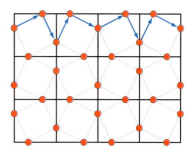

図 5.29. 左に RGSS のサンプリング パターンが示されている。そのコストは 4 サンプル/ピクセル。それらの位置をピクセル エッジの外に動かすことにより、サンプル共有をエッジをまたいで発生させられる。しかし、これが動作するためには、他のすべてのピクセルが、右に示すような反射サンプル パターンを持っていなければならない。その結果のサンプル パターンは FLIPQUAD と呼ばれ、コストは 2 サンプル/ピクセル。

つのうちで FLIPQUAD パターンが最もよいことを見出しました。チェッカーボード パターンも時間アンチエイリアシングで使われてきました。El Mansouri [451] はエイリアシングの問題に対処しながらシェーダー コストを下げるため、2 サンプル MSAA を使ってチェッカーボード レンダーを行うことを論じています。Jimenez [903] は SMAA、時間アンチエイリアシング、その他の様々なテクニックを使い、レンダリング エンジンの負荷に応じてアンチエイリアシングの品質を変えられるソリューションを提供します。Carpentier と Ishiyama [251] は、サンプリング グリッドを 45°回転してエッジをサンプルしています。この時間アンチエイリアシング スキームを（後で論じる）FXAA と組み合わせ、高解像度ディスプレイに効果的にレンダーしています。

形態学的手法

エイリアシングは、ジオメトリー、シャープな影、明るいハイライトが形成するようなエッジからよく生じます。エイリアシングが関連する構造を持つことが分かっていれば、それを利用してアンチエイリアスした結果を改善できます。2009 年に Reshetov [1597] が、この線に沿ったアルゴリズムを紹介し、それを**形態学的アンチエイリアシング（MLAA）**と呼びました。「形態学的」とは「構造や形状に関連すること」を意味します。この分野では、それ以前にも研究が行われ [897]、それは 1983 年の Bloomenthal [188] まで遡ります。Reshetov の論文は、エッジの探索と再構築を強調するマルチサンプリング アプローチへの代案の研究を再活性化しました [1600]。

この形式のアンチエイリアシングは後処理として実行されます。つまり、普通にレンダリングを行った結果を、アンチエイリアスした結果を生成する処理に供給します。2009 年以来、幅広いテクニックが開発されています。**サブピクセル再構成アンチエイリアシング（SRAA）** [50, 896] など、深度や法線など追加のバッファーを当てにするテクニックのほうが、よい結果を与えられますが、幾何学的なエッジのアンチエイリアシングにしか適用できません。**ジオメトリー バッファー アンチエイリアシング（GBAA）**や**距離からエッジ アンチエイリアシング（DEAA）**などの解析的アプローチは、三角形のエッジが位置する場所についての追加情報、例えば、ピクセルの中心からどれだけ離れているかを、レンダラーに計算させます [896]。

ほとんどの汎用スキームに必要なのはカラー バッファーだけで、それは影、ハイライト、シルエット エッジのレンダリング（セクション 15.2.3）など、以前に適用された様々な後処理テクニックのエッジも改善できることを意味します。例えば、**方向限局アンチエイリアシング（DLAA）** [59, 896] は、垂直に近いエッジは水平に、同様に水平に近いエッジは垂直に隣とぼ

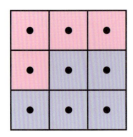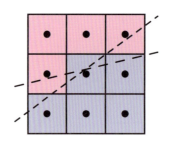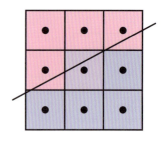

図5.30. 形態学的アンチエイリアシング。左はエイリアシングのあるイメージ。それを形成したエッジのありそうな向きを決定することが目標。中央では、アルゴリズムが近隣を調べてエッジの可能性に留意する。与えられたサンプルでは、2つの可能なエッジ位置が示される。右では、最も妥当な推測のエッジを使い、見積もられた被覆率に応じて隣接する色を中心のピクセルにブレンドしている。この処理をイメージのすべてのピクセルで繰り返す。

かすべきだという所見に基づいています。

より手の込んだ形のエッジ検出は、任意の角度のエッジを含む可能性があるピクセルを求め、その被覆率を決定しようとします。可能な限り元のエッジがあった場所を再構築することを目標に、潜在的なエッジの近隣を調べます。次に、そのエッジのピクセルへの効果を、隣接ピクセルの色のブレンドに使えます。この処理の概念は図5.30を見てください。

Iourchaら [864] は、計算結果を改善するため、ピクセル中のMSAAサンプルを調べてエッジ探索を改善しています。エッジの予測とブレンドは、サンプルに基づくアルゴリズムよりも高精度の結果を与えられることに注意してください。例えば、4サンプル/ピクセルを使うテクニックは、オブジェクトのエッジに、被覆サンプルなし、1、2、3、4の5レベルのブレンドしか与えられません。エッジの推定位置のほうが多くの位置を持てるので、よい結果を提供します。

イメージベースのアルゴリズムが、道を踏み外す場合がいくつかあります。まず、2つのオブジェクトの色の差がアルゴリズムの閾値より低いと、エッジを検出できないかもしれません。3つ以上の異なるサーフェスが重なり合うピクセルは、解釈が容易ではありません。高コントラストや高周波数の要素を持ち、色がピクセルの間で急激に変化するサーフェスでは、アルゴリズムがエッジを見失うかもしれません。特に、形態学的アンチエイリアシングを適用すると、テキストの品質は一般に損なわれます。オブジェクトの角も、丸まった見た目を与えるアルゴリズムで問題になることがあります。曲線もエッジが真っ直ぐだという仮定の影響で悪化する可能性があります。1ピクセルの変化で、エッジの再構成方法が大きくずれることがあり、フレームの変わり目で目立つアーティファクトが生じるかもしれません、この問題を改善する1つのアプローチは、MSAA被覆マスクを使ってエッジの決定を改善することです [1598]。

形態学的アンチエイリアシングスキームは、与えられた情報しか使いません。例えば、電線やロープなど、幅が1ピクセルより細いオブジェクトは、スクリーンのたまたまピクセルの中心位置を覆わない場所に必ず隙間が生じます。そのような状況ではサンプルを増やすことで品質を改善できます。イメージベースのアンチエイリアシングだけでは不可能です。さらに、見える内容によって実行時間が変わることもあります。例えば、草原のビューのアンチエイリアスは、空のビューの3倍かかるかもしれません [251]。

それでも、イメージベースの手法は、穏当なメモリーと処理のコストでアンチエイリアシングのサポートを提供できるので、多くのアプリケーションで使われます。色だけのバージョ

ンはレンダリング パイプラインから分離してもいるので、修正したり無効にするのも簡単で、GPU ドライバーのオプションとして公開することさえ可能です。2つの最もよく使われるアルゴリズムは**高速近似アンチエイリアシング（FXAA）** [1168, 1169, 1173], と**サブピクセル形態学的アンチエイリアシング（SMAA）** [895, 897, 901]で、その理由の一部は、どちらも様々なマシン用の信頼できる（そしてフリーの）ソース コード実装が用意されていることです。どちらのアルゴリズムも色だけを入力に使い、SMAA は MSAA サンプルにアクセスできる利点があります。それぞれ独自の様々な設定を利用して、速さと品質のトレードオフを行えます。コストは一般に1から2ミリ秒/フレームの範囲なのは、主にゲームが費やすことをいとわない時間だからです。最後に、どちらのアルゴリズムも時間アンチエイリアシングも利用できます [1947]。Jimenez [903] は FXAA より高速な改良 SMAA 実装を紹介し、時間アンチエイリアシングのスキームを説明しています。最後に、読者には Reshetov と Jimenez [1600] による形態学的テクニックと、それらのゲームでの使用の広範囲のレビューを読むことを推奨します。

5.5 透明度、アルファと合成

半透明のオブジェクトが、光にその中を透過させる方法は多様です。レンダリング アルゴリズムでは、大まかにライトベースとビューベースの効果に分けられます。ライトベースの効果は、オブジェクトが光の減衰や方向転換を引き起こすことにより、シーンの他のオブジェクトの照明やレンダーが変わるものです。ビューベースの効果は、半透明のオブジェクト自体をレンダーするものです。

このセクションでは、半透明のオブジェクトが、その背後のオブジェクトの色の減衰器として振る舞う、最も単純な形のビューベースの透明度を扱います。すりガラス、光の曲げ（屈折）、透明なオブジェクトの厚みによる光の減衰、見る角度による反射と透過の変化など、より精巧なビューとライトベースの効果は、後の章で論じます。

透明度の幻想を与える1つの手法が、**網戸透明度** [1348] と呼ばれるものです。その考え方は、ピクセルに合わせたチェッカーボード フィル パターンと一緒に、透明な三角形をレンダーすることです。つまり、三角形のピクセルを1ピクセルおきにレンダーすることにより、その背後のオブジェクトが部分的に見えるようにします。画面上のピクセルは普通は十分に密集しているので、チェッカーボード パターンそのものは見えません。この手法の大きな欠点は、画面の1つの領域には、1つの透明なオブジェクトしかうまくレンダーできないことです。例えば、透明な赤いオブジェクトと透明な緑のオブジェクトを青いオブジェクトの上にレンダーすると、チェッカーボード パターン上には3色のうち2色しか表示できません。また、50%のチェッカーボードは窮屈です。それより大きなピクセル マスクを使って他の比率を与えることもできますが、パターンが検出されやすくなります[1349]。

とは言っても、このテクニックの1つの長所は、その単純さです。透明なオブジェクトはいつでも、任意の順にレンダーでき、特別なハードウェアが不要です。すべてのオブジェクトを、それが覆うピクセルで不透明にすることにより、透明度の問題はなくなります。この同じ考え方は（サブピクセル レベルで）、**アルファから被覆率**（セクション6.6）と呼ばれる機能を使い、切り抜きテクスチャーのエッジのアンチエイリアシングに使われます。

Enderton ら [459] が紹介した**確率論的透明度**は、サブピクセルの網戸マスクを確率論的サンプリングと組み合わせて使います。フラグメントのアルファ被覆を表すランダムな点描パターンを使い、ノイズはあるけれども、まあまあのイメージを作成します（図5.31）。見栄えのよ

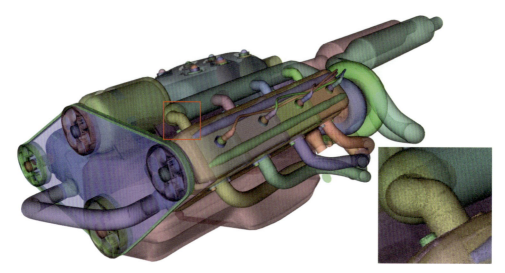

図**5.31**. 確率論的透明度。拡大図に生じるノイズが表示されている。(*NVIDIA SDK 11 [1408]* サンプルからのイメージ、提供：*NVIDIA Corporation*。)

い結果を得るには、ピクセルあたり多くの数のサンプルが必要で、すべてのサブピクセル サンプルに、かなりの量のメモリーが必要です。魅力的なのは、ブレンドが不要なことと、アンチエイリアシング、透明度など、部分的に覆われるピクセルを作り出す現象を、1つの仕組みで扱えることです。

　ほとんどの透明度アルゴリズムは、透明なオブジェクトの色を、その背後のオブジェクトの色とブレンドします。それには**アルファ ブレンド**の概念が必要です[218, 417, 1542]。オブジェクトをスクリーンにレンダーするとき、RGB色とz-バッファー深度が各ピクセルに関連付けられます。オブジェクトが覆うピクセルには、アルファ（α）と呼ばれる成分も定義できます。アルファは、オブジェクトのフラグメントの、所定のピクセルに対する不透明度と被覆率の度合いを記述する値です。1.0のアルファはオブジェクトが不透明で、ピクセルの関心のある領域を完全に覆うことを意味します。0.0はピクセルがまったく覆い隠されないこと、つまり、そのフラグメントが完全に透明なことを意味します。

　ピクセルのアルファは状況によって不透明度、被覆率、あるいはその両方を表すことがあります。例えば、石鹸の泡のエッジがピクセルの4分の3、0.75を覆い、ほぼ透明で、10分の9の光を目まで通過させるので、10分の1の不透明、0.1だとします。そのときアルファは、$0.75 \times 0.1 = 0.075$になります。しかし、MSAAや同様のアンチエイリアシング スキームを使っている場合、被覆率はサンプル自身により計上されます。サンプルの4分の3は石鹸の泡の影響を受けます。その各サンプルで、0.1の不透明度値をアルファとして使うことになります。

5.5.1　ブレンドの順番

オブジェクトを透明に見せるためには、それを既存のシーンの上に1.0未満のアルファでレンダーします。オブジェクトが覆うピクセルは、ピクセル シェーダーの結果のRGBα（RGBAとも呼ばれる）を受け取ります。このフラグメントの値と元のピクセル色とのブレンドは、通

常、次のように**over**演算子を使って行います。

$$\mathbf{c}_o = \alpha_s \mathbf{c}_s + (1 - \alpha_s)\mathbf{c}_d \quad [\textbf{over operator}] \tag{5.24}$$

$\mathbf{c}_s$ は透明なオブジェクトの色（ソースと呼ばれる）、α_s はオブジェクトのアルファ、$\mathbf{c}_d$ はブレンド前のピクセル色（デスティネーションと呼ばれる）、$\mathbf{c}_o$ は透明なオブジェクトを既存のシーンの上（**over**）に置くことにより生じる色です。$\mathbf{c}_s$ と α_s を送り込むレンダリング パイプラインの場合には、そのピクセルの元の色 $\mathbf{c}_d$ を、結果の $\mathbf{c}_o$ で置き換えます。入ってきた RGBα が、実際には不透明なら（$\alpha_s = 1.0$）、式は単純化され、ピクセルの色のオブジェクトの色による完全置換になります。

例：ブレンド。赤い半透明のオブジェクトを、青い背景の上にレンダーします。例えば、あるピクセルでオブジェクトの RGB 色が $(0.9, 0.2, 0.1)$、背景が $(0.1, 0.1, 0.9)$、オブジェクトの不透明度が 0.6 に設定されているとします。そのとき、それら 2 色のブレンドは

$$0.6(0.9, 0.2, 0.1) + (1 - 0.6)(0.1, 0.1, 0.9)$$

で、$(0.58, 0.16, 0.42)$ の色を与えます。 □

over 演算子はレンダーしているオブジェクトに半透明の外見を与えます。人は背後のオブジェクトが透けて見えるとき、常に何か透明なものとして知覚するので、このように行う透明度は動作します [817]。**over** の使用は、現実世界の透けた布の効果をシミュレートします。布の後ろのオブジェクトの景色は部分的に覆い隠されます。布の繊維は不透明です。実際には、目の緩い布は角度で変わるアルファ被覆率を持ちます [416]。ここでの要点は、マテリアルがピクセルを覆う割合を、アルファがシミュレートすることです。

over 演算子は、他の透明効果、とりわけ色ガラスやプラスチックを通して見るシミュレートには、それほど説得力がありません。現実世界で青い物体の前に赤いフィルターを置くと、一般に青い物体は赤いフィルターを通過できる光をほとんど反射しないので、外見が暗くなります（図 5.32）。**over** をブレンドに使うとき、その結果は、赤と青の一部を足し合わせたものになります。2 つの色を掛け合わせ、透明なオブジェクト自身からの反射も加えるとよくなります。この種の物理的な透過はセクション 14.5.1 と 14.5.2 で論じます。

基本的なブレンド ステージ演算子の中で、**over** が透明度効果に最もよく使われます [218, 1542]。他の方法としては、**加算ブレンド**で、単純にピクセルの値を合計します。

$$\mathbf{c}_o = \alpha_s \mathbf{c}_s + \mathbf{c}_d \tag{5.25}$$

このブレンド モードは稲妻や火花など、後ろのピクセルを暗くする代わりに、明るくする白熱効果でうまく動作します [1948]。しかし、このモードは不透明なサーフェスがフィルターされたように見えないので、透明度が正しく見えません [1282]。煙や火のような複数レイヤーの半透明サーフェスでは、加算ブレンドは、その現象の色を飽和させる効果を持ちます [1377]。

透明なオブジェクトを正しくレンダーするには、それらを不透明なオブジェクトの後に描画する必要があります。これは最初にブレンドをオフにして、すべての不透明なオブジェクトをレンダーしてから、透明なオブジェクトを **over** をオンにしてレンダーすることで行います。理論的には、1.0 の不透明アルファにすればソースの色が与えられ、デスティネーションの色が隠れるので、いつでも **over** をオンにしてもかまいませんが、そのほうが高価で、実際の利得はありません。

z-バッファーの制限は、ピクセルごとに 1 つのオブジェクトしか格納されないことです。複数の透明なオブジェクトが同じピクセルに重なると、z-バッファーだけでは保持できず、すべ

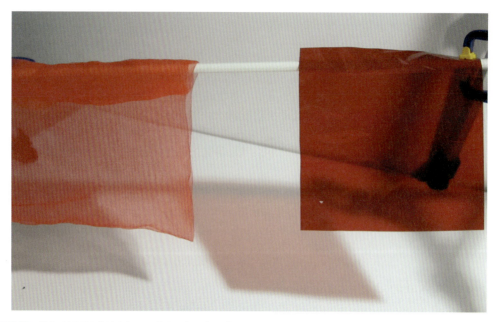

図**5.32.** 異なる透明度効果を与える透けた布と赤いプラスチックの正方形のフィルター。影の違いにも注意。(写真提供は *Morgan McGuire*)

ての見えるオブジェクトの影響を後で解決する必要があります。透明なサーフェスに**over**を使うときには、どのピクセルも、一般に後ろから前の順にレンダーする必要があります。そうしないと、正しくない知覚の手がかりを与えることがあります。この順序を実現する1つの方法は、個々のオブジェクトを、例えば、そのビュー方向に沿った重心の距離でソートすることです。この大まかなソートはかなりうまく動作しますが、様々な状況で多くの問題があります。まず、その順序は近似にすぎないので、遠くに分類されたオブジェクトが近いと見なされたオブジェクトの前にあるかもしれません。相互に貫通するオブジェクトは、メッシュ単位ですべての視野角で解決することが不可能で、メッシュを断片に分解する以外ありません。図5.33の左に1つの例があります。凹面のあるメッシュ1つでも、それ自身画面上で重なる場所で、ビュー方向ソートの問題を示す可能性があります。

それでも、その単純さと速さから、また追加のメモリーや特別なGPUのサポートが不要なので、透明度のための大まかなソートは、まだよく使われます。実装したら、透明度を実行するときには、普通はz-深度の置き換えを無効にするのが最善です。つまり、z-バッファーはやはり普通にテストしますが、生き残ったサーフェスは格納されたz-深度を変更せず、最も近い不透明なサーフェスの深度は変わりません。こうすると、カメラの回転がソート順を変えるときに、すべての透明なオブジェクトが唐突に見え隠れせず、少なくとも何らかの形で現れます。透明なメッシュを2回ずつ、最初は背面、次に前面をレンダーするようなテクニックも、見た目の改善に役立つことがあります[1282, 1359]。

前からの後ろのブレンドが同じ結果を与えるように、**over**の式を修正することもできます、このブレンドモードは**under**演算子と呼ばれます:

$$\begin{aligned}\mathbf{c}_o &= \alpha_d \mathbf{c}_d + (1-\alpha_d)\alpha_s \mathbf{c}_s \quad [\text{under operator}], \\ \mathbf{a}_o &= \alpha_s(1-\alpha_d) + \alpha_d = \alpha_s - \alpha_s\alpha_d + \alpha_d\end{aligned} \quad (5.26)$$

underは**over**と違い、デスティネーションがアルファ値を維持する必要があることに注意し

5.5. 透明度、アルファと合成

図5.33. 左では、モデルがz-バッファーを使って透明度付きでレンダーされている。メッシュを任意の順番でレンダーすると、深刻なエラーが発生する。右では、深度剥離が追加のパスのコストと引き換えに、正しい見た目を与える。（イメージ提供：*NVIDIA Corporation*。）

てください。言い換えると、デスティネーション（下にブレンド中の、より近い透明なサーフェス）は不透明ではないので、アルファ値を持つ必要があります。**under**の公式は**over**と似ていますが、ソースとデスティネーションが入れ替わっています。また、ソースとデスティネーションのアルファを交換でき、同じ最終アルファが結果になるという点で、アルファを計算する式が順番に依存しません。

アルファの式は、フラグメントのアルファを被覆率と考えることから生まれます。PorterとDuff [1542]によれば、どちらのフラグメントも被覆領域の形はわからないので、各フラグメントが、そのアルファに比例して互いを覆うと仮定します。例えば、$\alpha_s = 0.7$なら、ピクセルはソース フラグメントに覆われる0.7と、そうでない0.3の2つの領域に分けられます。他に何も分からなければ、デスティネーション フラグメントの被覆、例えば$\alpha_d = 0.6$は、それに比例してソース フラグメントに覆われます。この公式には図5.34に示される幾何学的解釈があります。

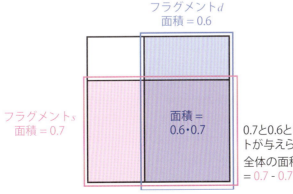

図5.34. 1つのピクセルと2つのフラグメント、sとd。2つのフラグメントを異なる軸に揃えることにより、各フラグメントは互いに比例した大きさを覆う、つまり、それらに相関関係はない。2つのフラグメントが覆う面積は**under**の出力アルファ値$\alpha_s - \alpha_s\alpha_d + \alpha_d$に等しい。これは2つの面積を足して、重なる面積を引くと解釈される。

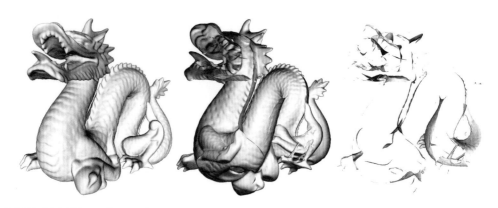

図5.35. 深度剥離パスごとに、透明なレイヤーの1つを描く。左は最初のパスで、直接目に見えるレイヤーを示している。中央の2番目のレイヤーは、各ピクセルで2番目に近い透明なサーフェスを示し、この場合はオブジェクトの背面。右の3番目のレイヤーは、3番目に近い透明なサーフェスのセット。最終結果は539ページの図14.33で見られる。(イメージ提供：Louis Bavoil)

5.5.2 順番に依存しない透明度

underの式を使って、すべての透明なオブジェクトを別のカラー バッファーに描画してから、このカラー バッファーを**over**を使い、シーンの不透明なビューの上から結合します。**under**演算子のもう1つの用途が、**深度剥離**として知られる**順番に依存しない透明度**(OIT) アルゴリズムです[487, 1205]。順番に依存しないとは、アプリケーションがソートを行う必要がないことを意味します。深度剥離の背後にある考え方は、2つのz-バッファーと複数のパスを使うことです。まず、すべてのサーフェスのz-深度が、透明なサーフェスも含めて、1つ目のz-バッファーに入るようにレンダリング パスを行います。2番目のパスでは、すべての透明なオブジェクトをレンダーします。オブジェクトのz-深度が1つ目のz-バッファーの値と一致すれば、これが最も近い透明なオブジェクトだと分かるので、その$RGB\alpha$を別のカラー バッファーに保存します。また、最初のz-深度より大きく、最も近い透明なオブジェクト（あれば）のz-深度を保存することで、このレイヤーを「剥離」します。このz-深度は2番目に近い透明なオブジェクトの距離です。後続のパスも引き続き、剥離と**under**を使った透明なレイヤーの追加を行います。ある数のパスになったら終了し、透明なイメージを不透明なイメージの上からブレンドします（図5.35）。

このスキームにはいくつかの変種が開発されています。例えば、Thibieroz [1895]が与えた後ろから前に進むアルゴリズムは、透明な値を直接ブレンドできる利点を持ち、それは別のアルファ チャンネルが不要なことを意味します。深度剥離の1つの問題は、すべての透明なレイヤーを捕らえるのに十分なパスの数をどうやって知るかです。1つのハードウェアによる解決策は、レンダリング中に書かれたピクセルの数を教えるピクセル描画カウンターを装備することです。パスでレンダーされたピクセルがなければ、レンダリングは終了です。**under**を使う利点は、最も重要な透明レイヤー（目に最初に入るもの）が早期にレンダーされることです。透明なサーフェスがあるたびに、それが覆うピクセルのアルファ値は増えます。ピクセルのアルファ値が1.0に近ければ、ブレンドの寄与によりピクセルはほぼ不透明になっているので、それより遠いオブジェクトの効果は無視できます[424]。前から後ろの剥離は、パスでレンダーされたピクセルの数が何らかの最小値を下回ったら切り上げたり、固定回数のパスを指定できます。後ろから前への剥離では、最も近い（そして最も重要な）レイヤーが最後に描か

5.5. 透明度、アルファと合成   137

れるため、早期に終了すると失われるかもしれないので、これはうまくいきません。

　深度剥離は効果的ですが、1つ1つの剥離レイヤーが、すべての透明なオブジェクトの別個の
レンダリング パスなので、遅いことがあります。BavoilとMyers [128] が紹介したデュアル深
度剥離では、2つの深度剥離レイヤー、残っている最も近いものと最も遠いものを、パスごと
に剥ぎ取り、レンダリング パスの数を半分に削減します。Liuら [1143] は、最大32のレイヤー
を1つのパスで捕らえるバケット ソート法を探求しています。この種のアプローチの1つの
欠点は、すべての レイヤーのソート順を保持するのに、かなりのメモリーが必要なことです。
MSAAや同様の処理によるアンチエイリアシングでは、そのコストが天文学的に増えます。

　透明なオブジェクトをインタラクティブな速さで正しくブレンドすることの問題は、ア
ルゴリズムがないことではなく、それらのアルゴリズムのGPUへの効率的なマッピングで
す。1984年に、Carpenterがマルチサンプリングの別の形である A-バッファーを紹介しまし
た [250]。A-バッファーでは、レンダーされる各三角形が、完全または部分的に覆うスクリー
ン グリッド セルごとに、**被覆率マスク**を作成します。ピクセルごとに、すべての関連するフ
ラグメントのリストを格納します。z-バッファーと同様に、不透明なフラグメントは、その後
ろのフラグメントを間引けます。透明なサーフェスではすべてのフラグメントを格納します。
すべてのリストができたら、そのフラグメントをウォークスルーして、個々のサンプルを解決
し、最終結果を生成します。

　フラグメントのリンク リストをGPU上で作成する考え方は、DirectX 11で公開された新
しい機能により可能になりました [662, 1897]。使う機能には、セクション3.8で述べる順序な
しアクセス ビュー（UAV）とアトミック操作が含まれます。被覆率マスクにアクセスし、す
べてのサンプルでピクセル シェーダーを評価できることにより、MSAAによるアンチエイリ
アシングが有効になります。このアルゴリズムは、透明なサーフェスを個別にラスタライズし
て、生成するフラグメントを長い配列に挿入することにより動作します。各フラグメントを色
と深度と一緒に、そのピクセルに格納されている以前のフラグメントにリンクする別のポイン
ター構造を生成します。次に、すべてのピクセルでピクセル シェーダーが評価されるように、
スクリーンと同じサイズの四角形をレンダーする別のパスを実行します。このシェーダーは、
ピクセルごとに、リンクを辿ってすべての透明なフラグメントを取り出します。フラグメント
を取り出しながら、以前のフラグメントとソートします。このソートしたリストを後ろから前
にブレンドし、最終的なピクセル色が与えられます。ブレンドをピクセル シェーダーで行う
ので、そうしたければピクセルごとに異なるブレンド モードを指定可能です。GPUとAPIの
継続的な進化によって、アトミック オペレーターを使うコストが下がり、性能が向上しまし
た [985]。

　A-バッファーの長所は、GPU上のリンク リスト実装と同じく、ピクセルごとに必要なフラ
グメントしか割り当てる必要がないことです。これはフレームのレンダリングが始まる前に必
要な格納サイズがわからないので、ある意味、短所でもあります。髪の毛、煙など、多くの重
なり合う可能性がある透明サーフェスを持つオブジェクトを持つシーンは、巨大な数のフラグ
メントを生成するかもしれません。Andersson [53] によれば、複雑なゲーム シーンでは、最
大50の枝葉のような透明なオブジェクトのメッシュと、最大200の半透明パーティクルが重な
る可能性があります。

　GPUは通常、バッファーや配列などのメモリー リソースを事前に割り当てますが、リ
ンク リスト アプローチも例外ではありません。ユーザーは、どれだけメモリーがあれば十
分かを決定する必要があり、メモリーが不足するとアーティファクトが現れます。Salviと
Vaidyanathan [1647] は、Intelが導入したピクセル同期と呼ばれるGPUの機能を使い、この

図5.36. 左上では、伝統的な後ろから前のアルファ ブレンドを行い、正しくないソート順によるレンダリング エラーが生じている。右上は、A-バッファーを使って完璧だが、インタラクティブではない。左下はマルチレイヤー アルファ ブレンドによる結果を示している。右下はA-バッファーとマルチレイヤー イメージの差を、見やすいように4倍に拡大して示している [1647]。（イメージ提供：*Marco Salvi and Karthik Vaidyanathan, Intel Corporation*。）

問題、マルチレイヤー アルファ ブレンドに取り組むアプローチを紹介しています（図5.36）。この機能は、アトミックよりもオーバーヘッドが少ないプログラマブルなブレンド処理を提供します。彼らのアプローチは、メモリーが不足したら円満に退化するように、ストレージとブレンドを再公式化します。大まかなソート順が彼らのスキームに役立ちます。この透明度手法は、DirectX 11.3が導入したバッファー タイプ、ラスタライザー オーダー ビュー（セクション3.8）をサポートする任意のGPUに実装できます [354, 355]。モバイル デバイスには、**タイル ローカル ストレージ**と呼ばれる、マルチレイヤー アルファ ブレンドの実装を可能にする同様の技術があります [171]。しかし、そのような仕組みには性能のコストがあるので、このタイプのアルゴリズムは高価なことがあります [2075]。

このアプローチは、Bavoilら [125] が紹介した、初めの少数の見えるレイヤーを保存して可能であればソートし、それより深いレイヤーは破棄して可能であれば結合するk-バッファーの考え方を基にしています。Mauleら [1232] はk-バッファーを使い、より遠くの深いレイヤーは**加重平均**を使って計上します。加重和 [1300] と加重平均 [128] 透明度テクニックは順番に依存せず、1パスで、ほぼすべてのGPUで動作します。問題はオブジェクトの順番を考慮しないことです。ですから、例えば、アルファを使って被覆率を表し、透けた赤いスカーフを透けた青いスカーフに重ねると、正しく赤いスカーフを通して少し青が見えるのではなく、紫色が与えられます。不透明に近いオブジェクトではよい結果を与えませんが、このクラスのアルゴリズムは可視化で役に立ち、透明度が高いサーフェスとパーティクルで、うまく動作します（図5.37）。

加重和透明度の公式は次で

$$\mathbf{c}_o = \sum_{i=1}^{n}(\alpha_i \mathbf{c}_i) + \mathbf{c}_d(1 - \sum_{i=1}^{n}\alpha_i) \tag{5.27}$$

5.5. 透明度、アルファと合成

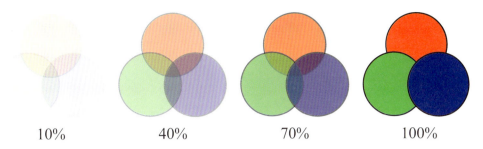

図5.37. 不透明度が増すほどオブジェクトの順番が重要になる。*(Dunn [424])* からのイメージ

n は透明なサーフェスの数、$\mathbf{c}_i$ と α_i は透明度値のセットを表し、$\mathbf{c}_d$ はシーンの不透明な部分の色です。2つの和は透明なサーフェスがレンダーされるにつれて累積されて別々に格納され、透明度パスの終わりにピクセルごとに式が評価されます。この手法の問題は、1つ目の和が飽和すること、つまり、$(1.0, 1.0, 1.0)$ より大きな色値を生成することと、アルファの和が1.0を超えて、背景色が負の効果を持つ可能性があることです。

加重平均の式はそれらの問題を回避するので、普通はこちらが好まれます。

$$\begin{aligned}
\mathbf{c}_{\mathrm{sum}} &= \sum_{i=1}^{n}(\alpha_i \mathbf{c}_i), \quad \alpha_{\mathrm{sum}} = \sum_{i=1}^{n} \alpha_i, \\
\mathbf{c}_{\mathrm{wavg}} &= \frac{\mathbf{c}_{\mathrm{sum}}}{\alpha_{\mathrm{sum}}}, \quad \alpha_{\mathrm{avg}} = \frac{\alpha_{\mathrm{sum}}}{n}, \\
u &= (1 - \alpha_{\mathrm{avg}})^n, \\
\mathbf{c}_o &= (1-u)\mathbf{c}_{\mathrm{wavg}} + u\mathbf{c}_d
\end{aligned} \qquad (5.28)$$

1行目は、透明度のレンダリング中に生成する2つの別々のバッファーの結果を表します。$\mathbf{c}_{\mathrm{sum}}$ に寄与するサーフェスには、それぞれのアルファで重み付けられる影響が与えられ、不透明に近いサーフェスのほうが色の寄与が大きく、透明に近いサーフェスはほとんど影響を持ちません。$\mathbf{c}_{\mathrm{sum}}$ を α_{sum} で割ることにより、加重平均透明度色が得られます。値 α_{avg} は、すべてのアルファ値の平均です。値 u は、n の透明なサーフェスに、この平均アルファを n 回適用した後の、デスティネーション（不透明なシーン）の可視性の見積もりです。最終行は実質的に **over** 演算子で、$(1-u)$ はソースのアルファを表します。

加重平均の1つの制限は、同じアルファだと順番に関係なく、すべての色が等しくブレンドされることです。McGuireとBavoil [1266, 1270]が、より説得力のある結果を与える、加重ブレンドされる順番に依存しない透明度を紹介しています。彼らの公式化では、サーフェスへの距離も重みに影響を与え、近いサーフェスほど大きい影響が与えられます。また、アルファを平均せずに、$(1 - \alpha_i)$ 項を掛け合わせて1から引いて u を計算し、サーフェスのセットの真のアルファ被覆率を与えます。図5.38に見えるように、この手法のほうが見た目に説得力のある結果を与えます。

1つの欠点は、広い環境の中では、互いに近いオブジェクトの距離による重みがほぼ等しくなり、結果が加重平均と少し異なる可能性があることです。また、カメラの透明なオブジェクトへの距離が変わるにつれ、深度の重みが実際に変わるかもしれませんが、この変化は穏やかです。

McGuireとMara [1271, 1275]が、もっともらしい透過色効果を含むようにこの手法を拡張しています。前に述べたように、このセクションで論じるすべての透明度アルゴリズムは、色

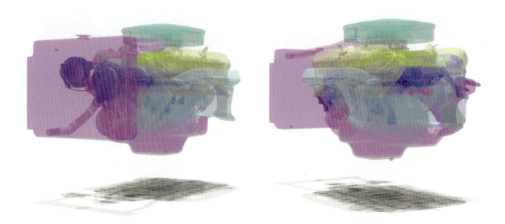

図**5.38.** 同じエンジン モデルを見ている2つの異なるカメラ位置、どちらも加重ブレンドされる順番に依存しない透明度でレンダーされる。距離で重みをつけると、どちらのサーフェスが視点に近いかを明確にするのに役立つ[1275]。（イメージ提供：*Morgan McGuire*。）

をフィルター処理せずにブレンドして、ピクセルの被覆を模倣します。カラー フィルター効果を与えるため、不透明なシーンをピクセル シェーダーで読み込み、透明なサーフェスはそれぞれ、このシーンで覆うピクセルにその色を掛けて、その結果を第3のバッファーに保存します。そして透明度バッファーを解決するときに、不透明なオブジェクトが透明なもので着色されるこのバッファーを、不透明なシーンの代わりに使います。この手法が動作するのは、被覆率による透明度と違い、有色の透過が順番に依存しないからです。

ここで紹介したテクニックの複数の要素を使うアルゴリズムもあります。例えば、Wyman [2075] は、それまでの研究をメモリー要件、挿入と結合の方法、アルファや幾何学的被覆率を使うかどうか、破棄されるフラグメントの扱い方で分類しています。彼は、それまでの研究の隙間を探すことにより見つけた、2つの新しい手法を紹介しています。彼の確率論的レイヤー化アルファ ブレンド法はk-バッファー、加重平均、確率論的透明度を使います。もう1つのアルゴリズムはSalviとVaidyanathanの手法の変種で、アルファの代わりに被覆率マスクを使います。

多様な種類の透明コンテンツ、レンダリング手法、GPUの能力を考えると、透明なオブジェクトをレンダーするための完璧なソリューションはありません。インタラクティブな透明度のアルゴリズムに関心のある読者は、Wymanの論文 [2075] と、Mauleらによる詳しい調査 [1231] を参照してください。McGuireのプレゼンテーション [1272] は、さらに視野が広く、本書でこれから詳しく論じるボリューム ライティング、有色の透過、屈折など他の関連現象も要約しています。

5.5.3　乗算済みアルファと合成

over演算子は写真やオブジェクトの合成レンダリングのブレンドにも使われます。この処理は**合成** [218, 1784] と呼ばれます。そのような場合には、各ピクセルのアルファ値をオブジェクトのRGB色値と一緒に格納します。アルファ チャンネルが形成するイメージは、**マット**と呼ばれることがあります。それはオブジェクトのシルエットの形を示します。179ページの図6.27に例が示されています。次に、このRGBαイメージを、他のそのような要素や、背景とのブレンドに使えます。

5.5. 透明度、アルファと合成

合成RGBαデータの1つの使い方は、**乗算済みアルファ**（**結合アルファ**とも呼ばれる）と一緒に使うことです。つまり、そのRGB値を使う前にアルファ値を掛けます。これにより、合成の**over**の式の効率がよくなります。

$$\mathbf{c}_o = \mathbf{c}'_s + (1 - \alpha_s)\mathbf{c}_d \tag{5.29}$$

$\mathbf{c}'_s$は乗算済みソース チャンネルで、式5.25の$\alpha_s\mathbf{c}_s$を置き換えます。乗算済みアルファは、ソース色がブレンドの間に加えられるので、ブレンド ステートを変えずに**over**と加算ブレンドを使うことも可能です[424]。乗算済みRGBα値では、RGB成分が通常はアルファ値より大きくなりませんが、そのようにして特に明るい半透明の値を作ることもできます。

合成イメージのレンダリングは、乗算済みアルファに自然に適合します。黒い背景の上にレンダーされ、アンチエイリアスされた不透明なオブジェクトは、デフォルトで乗算済みの値を与えます。例えば白い$(1, 1, 1)$三角形が、そのエッジ上のあるピクセルの40%を覆うとします。（極めて正確な）アンチエイリアシングにより、そのピクセルの値は0.4のグレー、つまり、このピクセルでは色$(0.4, 0.4, 0.4)$を保存するとします。アルファ値を格納するなら、それは三角形が覆う面積なので、やはり0.4になるでしょう。RGBα値は$(0.4, 0.4, 0.4, 0.4)$になり、それは乗算済みの値です。

イメージを格納する別のやり方は**非乗算アルファ**で、**非結合アルファ**や、驚くことに、**非乗算済みアルファ**と呼ばれることさえあります。非乗算アルファは文字通り、そのRGB値にはアルファ値が掛けられていません。白い三角形の例では、非乗算色は$(1, 1, 1, 0.4)$になります。この表現には三角形の元の色を格納する利点がありますが、表示する前に、この色に格納したアルファを必ず掛ける必要があります。非乗算アルファを使うと線形補間などの操作が正しく操作しないので、フィルタリングとブレンドを行うときには、常に乗算済みデータを使うのが最善です[118, 182]。オブジェクトのエッジの周りに黒い縁などのアーティファクトが生じることがあります[320, 703]。詳しい議論はセクション6.6の終わりを参照してください。また乗算済みアルファのほうが、きれいな理論的取扱が可能です[1784]。

イメージを操作するアプリケーションでは、基礎となるイメージの元のデータに影響を与えず、写真にマスクするのに非結合アルファが役立ちます。また、非結合アルファは色チャンネルの完全な精度範囲を使えることを意味します。とは言っても、非乗算RGBα値と、コンピューター グラフィックスの計算で使う線形空間の正しい相互の変換を行うためには注意を払わなければなりません。例えば、これを正しく行うブラウザーはなく、今は正しくない振る舞いが期待され、正しくなることもなさそうです[704]。アルファをサポートするイメージファイル フォーマットには、PNG（非結合アルファのみ）、OpenEXR（結合のみ）、TIFF（両方のタイプのアルファ）などがあります。

アルファ チャンネルに関連する1つの概念が、**クロマキー**です[218]。これはビデオ制作から来た用語で、緑や青のスクリーンの前で俳優を撮影し、背景とブレンドします。映画業界では、この処理は**グリーンスクリーニング**や**ブルースクリーニング**と呼ばれます。特定の色の色相（映画）や正確な値（コンピューター グラフィックス）を指定して透明と見なすという考え方で、それが検出されたときには、必ず背景を表示します。これはイメージにRGB色だけを使って輪郭を与えることができ、アルファを格納する必要はありません。このスキームの1つの欠点は、オブジェクトがどのピクセルでも完全に不透明か透明のどちらか、つまり、アルファが実質的に1.0と0.0だけになることです。1つの例として、GIFフォーマットは1色を透明に指定できます。

5.6 ディスプレイ エンコーディング

ライティング、テクスチャリング、その他の操作の効果を計算するときには、使う値が線形だと仮定します。砕けて言えば、これは加算と乗算が期待通りに働くことを意味します。しかし、様々な視覚的アーティファクトを避けるため、ディスプレイ バッファーとテクスチャーは、非線形エンコーディングを使うので、それを考慮に入れなければなりません。短くぞんざいな答えは、範囲 $[0, 1]$ のシェーダーの出力色を $1/2.2$ 乗して、**ガンマ補正**と呼ばれるものを行い、入ってくるテクスチャーと色には逆のことを行うということです。ほとんどの場合、これらは GPU にやらせることができます。このセクションはこの簡単な要約の方法と理由を説明します。

まずは**陰極管**（CRT）です。デジタル イメージングの初期は、CRT ディスプレイが標準でした。それらの装置には、入力電圧と表示輝度の間にべき乗の関係がありました。ピクセルに適用するエネルギー レベルが上がるにつれ、その放射輝度は線形に増えず、（驚くことに）そのレベルの 1 より大きな値のべき乗に比例して増加しました。例えば、その指数が 2 だとします。50% に設定したピクセルは、$0.5^2 = 0.25$、ピクセルを 1.0 にしたときの 4 分の 1 の量の光を発します [658]。LCD や他のディスプレイ技術は CRT と異なる固有の色調応答曲線を持ちますが、製造で CRT の応答を模倣する変換回路が取り付けられています。

この指数関数は、人間の視覚の明るさの感度の逆にほぼ一致します [1545]。この幸運な一致の結果、そのエンコーディングは大まかに**知覚的に一様**です。つまり、エンコードされた値 N と $N+1$ の知覚される差は、表示可能範囲全体でほぼ一定です。**閾値コントラスト**として測定すると、私たちは広範囲の条件で約 1% の明るさの違いを検出できます。限られた精度のディスプレイ バッファーに色を格納するとき、この最適に近い値の分布により**バンディング アーティファクト**が最小になります（セクション 24.6）。一般に同じエンコーディングを使うテクスチャーにも、同じ恩恵が当てはまります。

ディスプレイ伝達関数は、ディスプレイ バッファーのデジタル値と、ディスプレイから発する放射輝度レベルの関係を記述します。そのため、**電光伝達関数**（EOTF）とも呼ばれます。ディスプレイ伝達関数はハードウェアの一部で、コンピューター モニター、テレビ、映写機に異なる規格があります。その処理の反対側、イメージとビデオの記録装置にも、**光電伝達関数**（OETF）[730] と呼ばれる標準の伝達関数があります。

線形の色値をディスプレイにエンコードするときには、計算する値が何であろうと、対応する放射輝度レベルを発するように、ディスプレイ伝達関数の効果を打ち消すことが目標です。例えば、計算する値が 2 倍なら、出力放射輝度も 2 倍になることが望まれます。この関係を維持するため、ディスプレイ伝達関数の逆を適用して、その非線形効果を打ち消します。このディスプレイの応答曲線を無効にする処理は、すぐに明らかになり理由から、**ガンマ補正**とも呼ばれます。テクスチャーの値をデコードするときには、ディスプレイ伝達関数を適用して、シェーディングで使う線形の値を生成する必要があります。図 5.39 が表示処理でのデコードとエンコードの使い方を示しています。

パーソナル コンピューターのディスプレイの標準伝達関数は、$sRGB$ と呼ばれる色空間仕様で定義されます。GPU を制御するほとんどの API は、値をテクスチャーから読んだり、カラー バッファーに書くときに、正しい sRGB 変換を自動的に適用するように設定できます [533]。セクション 6.2.2 で論じるように、ミップマップの生成も sRGB エンコーディングを考

5.6. ディスプレイ エンコーディング

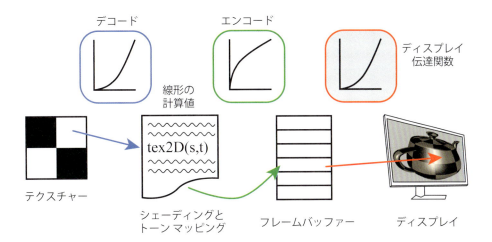

図5.39. 左では、GPUシェーダーがPNGのカラー テクスチャーにアクセスし、その非線形にエンコードされた値（青）を線形の値に変換する。シェーディングとトーン マッピング（セクション8.2.2）の後、最終的な計算値をエンコードし（緑）、フレームバッファーに格納する。この値とディスプレイ伝達関数が発する放射輝度の量を決定する（赤）。緑と赤の関数を結合すると打ち消し合い、発する放射輝度は線形の計算値に比例する。

慮に入れます。テクスチャー値の双線形補間は、最初に線形の値に変換してから補間を行うことにより、正しく動作します。アルファ ブレンドは、格納された値を線形の値にデコードして戻し、その新しい値をブレンドしてから、結果をエンコードすることにより正しく行われます。

レンダリングの最後のステージで、値が表示用のフレームバッファーが書き込まれるときに、その変換を適用することが重要です。ディスプレイ エンコーディングの後に後処理を適用すると、そのような効果は非線形値の上で計算され、それは一般に正しくないので、しばしばアーティファクトを引き起こします。ディスプレイ エンコーディングは、値の知覚的な効果を最もよく保存する圧縮の1つの形式と考えることができます[533]。この領域についてのよい考え方は、物理的な計算に使う線形の値があり、結果を表示したり、カラー テクスチャーなどの表示可能イメージにアクセスしたいときには、常に正しいエンコードやデコードの変換を使い、データをディスプレイ エンコード形式との間で変換する必要があるということです。

本当にsRGBを手動で適用する必要がある場合は、標準の変換の式や、使える単純化バージョンがいくつかあります。実際の問題としては、ディスプレイは色チャンネルのビット数（例えば、消費者レベルのモニターでは8）で制御され、範囲$[0, 255]$のレベルのセットを与えます。ここではビット数を無視して、ディスプレイ エンコードされたレベルを範囲$[0.0, 1.0]$で表現します。線形の値も浮動小数点数で表現される範囲$[0.0, 1.0]$にあります。これらの線形の値をxで示し、フレームバッファーに格納される非線形にエンコードされた値をyで示すことにします。線形の値をsRGB非線形エンコード値に変換するには、sRGBディスプレイ伝達関数の逆を適用します。

$$y = f_{\text{sRGB}}^{-1}(x) = \begin{cases} 1.055 x^{1/2.4} - 0.055, & \text{where } x > 0.0031308, \\ 12.92 x, & \text{where } x \leq 0.0031308 \end{cases} \quad (5.30)$$

xは線形のRGBトリプレットの1つのチャンネルを表します。この式を各チャンネルに適用し、3つの生成する値がディスプレイを駆動します。変換関数を手動で適用する場合は気をつ

けてください。エラーの1つの発生源は、線形形式ではなくエンコードされた色を使うことで、もう1つは色にデコードやエンコードを2回行うことです。

2つの変換の式の下の方は単純な乗算で、デジタル ハードウェアの変換を完全に可逆にする必要性から生じています[1545]。値のべき乗を含む上の式は、入力値 x の範囲 $[0.0, 1.0]$ ほぼ全体に適用されます。オフセットとスケールを取り入れると、この関数は、より単純な公式にかなり近づきます[533]。

$$y = f_{\text{display}}^{-1}(x) = x^{1/\gamma} \tag{5.31}$$

$\gamma = 2.2$ です。ギリシア文字 γ が「ガンマ補正」という名前の理由です。

計算した値をディスプレイ用にエンコードしなければならないのと同じく、スチル カメラやビデオ カメラで記録したイメージも、計算に使う前に線形の値に変換しなければなりません。モニターやテレビで見るすべての色は、スクリーン キャプチャーやカラー ピッカーで取得可能な何らかのディスプレイ エンコードされた RGB トリプレットを持っています。それらの値は PNG、JPEG、GIF などのファイル フォーマットに格納されているもので、画面に表示用にフレームバッファーに変換なしで直接送れるフォーマットです。言い換えると、定義により画面に見えるものはすべてディスプレイ エンコード データです。それらの色をシェーディングの計算に使う前に、このエンコード形式から線形の値の変換して戻さなければなりません。必要なディスプレイ エンコーディングから線形の値への sRGB 変換は

$$x = f_{\text{sRGB}}(y) = \begin{cases} \left(\dfrac{y + 0.055}{1.055} \right)^{2.4}, & \text{where } y > 0.04045, \\ \dfrac{y}{12.92}, & \text{where } y \leq 0.04045 \end{cases} \tag{5.32}$$

で、y は正規化表示チャンネル値、つまり、イメージやフレームバッファーに格納され、範囲 $[0.0, 1.0]$ で表現される値を表します。このデコード関数は、以前の sRGB の公式の逆です。これはシェーダーがテクスチャーにアクセスして、変更せずに出力すると、期待通り、処理の前と同じに見えることを意味します。テクスチャーに格納される値は正しく表示されるようにエンコードされているので、デコード関数はディスプレイ伝達関数と同じです。線形応答ディスプレイを与える変換の代わりに、線形の値を与える変換を行います。

より単純なガンマ ディスプレイ伝達関数は式5.31の逆です。

$$x = f_{\text{display}}(y) = y^{\gamma} \tag{5.33}$$

さらに単純な変換のペアも、特にモバイルとブラウザー アプリで見られます[1789]。

$$\begin{aligned} y &= f_{\text{simpl}}^{-1}(x) = \sqrt{x}, \\ x &= f_{\text{simpl}}(y) = y^2 \end{aligned} \tag{5.34}$$

つまり、ディスプレイへの変換では線形の値の平方根をとり、逆は単にその値自身と掛けます。粗い近似ですが、この変換は問題をまったく無視するよりましです。

ガンマに注意を払わないと、低い線形の値が画面上で暗く見えます。関連するエラーは、ガンマ補正を行わないと色相がずれる色があることです。$\gamma = 2.2$ とします。表示ピクセルから線形の計算値に比例する放射輝度を発するには、線形の値を $(1/2.2)$ 乗しなければなりません。0.1 の線形値は 0.351 を与え、0.2 は 0.481 を与え、0.5 は 0.730 を与えます。エンコードせずに、それらの値をそのまま使うと、ディスプレイが必要な放射輝度よりも低い値を発することになります。0.0 と 1.0 はどの変換でも常に変わらないことに注意してください。ガンマ補正が使

5.6. ディスプレイ エンコーディング

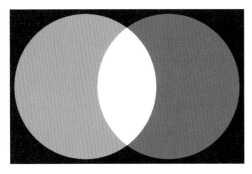 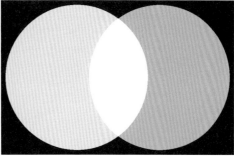

図5.40. 平面を照らす2つの重なり合うスポットライト。左のイメージでは、0.6と0.4のライトの値を足した後にガンマ補正を行っていない。加算は実際には非線形の値で行われ、エラーを生じる。左のライトが右よりもかなり明るく見え、重なる部分が非現実的に明るいことに注意。右のイメージでは、加算の後に値がガンマ補正されている。ライト自体が相対的に明るくなり、重なる場所では正しく結合している。

われる前は、しばしばシーンをモデリングする人が逆ディスプレイ変換を組み込んで、暗いサーフェス色を人為的に引き上げていました、

ガンマ補正を無視することによる別の問題は、物理的に線形の放射輝度値には正しいシェーディングの計算を、非線形な値に行うことです。この1つの例が図5.40に見られます。

ガンマ補正を無視すると、アンチエイリアスするエッジの品質にも影響があります。例えば、三角形のエッジが4つのスクリーン グリッド セルを覆うとします（図5.41）。三角形の正規化放射輝度を1（白）、背景の放射輝度を0（黒）とします。左から右へ、セルは $\frac{1}{8}$、$\frac{3}{8}$、$\frac{5}{8}$、$\frac{7}{8}$ 覆われます。したがって、ボックス フィルターを使うと、ピクセルの正規化された線形放射輝度は0.125、0.375、0.625、0.875であることが望まれます。正しいアプローチは線形の値でアンチエイリアシングを行い、エンコード関数を4つの結果の値に適用することです。これを行わないと、ピクセルの表される放射輝度は暗くなりすぎ、図の右に見られるような、エッジの変形が知覚されることになります。このアーティファクトはエッジがねじれたロープのようにも見えるので、ローピングと呼ばれます [185, 1369]。図5.42がこの効果を示しています。

sRGB規格は1996年に作られ、ほとんどのコンピューター モニターの基準になりました。しかし、ディスプレイ技術はそれから進歩しています。それより明るく、広い範囲の色を表示できるモニターが開発されています。色の表示と明るさはセクション8.1.3で論じ、ハイダイナミックレンジ用のディスプレイ エンコーディングはセクション8.2.1で紹介します。Hartの記事 [730] は、高度なディスプレイに関する特に綿密な情報源です。

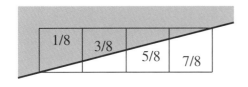 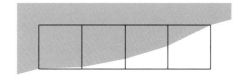

図5.41. 左では、黒い背景（グレーで表示）上の白い三角形のエッジが覆う4つのピクセルの本当の面積被覆率が示されている。ガンマ補正を行うと、右に見えるように、中間調の減光によりエッジの知覚が歪む。

図5.42. 左では、アンチエイリアスした直線のセットがガンマ補正され、中央では、そのセットが部分的に補正され、右では、ガンマ補正が行われていない（イメージ提供：*Scott R. Nelson*）

参考文献とリソース

Pharrら[1525]が、サンプリング パターンとアンチエイリアシングを詳しく論じています。Teschnerのコースノート[1890]は、様々なサンプリング パターン生成法を示しています。Drobot [412, 413]は、リアルタイム アンチエイリアシングに関するそれまでの研究を要約し、様々なテクニックの特性と性能を説明します。幅広い形態学的アンチエイリアシング法に関する情報は、関連するSIGGRAPHコース ノートで見つかります[896]。Reshetovと Jimenez[1600]は、ゲームで使われた形態学的、及び関連する時間アンチエイリアシングの研究を振り返る最新版です。

　透明度の研究に関心のある読者は、やはりMcGuireのプレゼンテーション[1272]とWymanの研究を[2075]を参照してください。Blinnの記事「What Is a Pixel?」[187]は、様々な定義を論じながら、コンピューター グラフィックスのいくつかの分野を巡る優れたガイドです。Blinnの本、*Dirty Pixels*と*Notation, Notation, Notation* [184, 186]には、フィルタリングとアンチエイリアシングに関するいくつかの導入記事と、アルファ合成、ガンマ補正に関する記事があります。Jimenezのプレゼンテーション[903]は、アンチエイリアシングに使う最先端のテクニックを詳しく扱っています。

　Gritzとd'Eon[658]には、ガンマ補正の問題の優れた要約があります。Poyntonの本[1545]は、様々な媒体のガンマ補正と、他の色に関連するトピックを実直に取り上げています。Selanの白書[1720]はより新しい情報源で、ディスプレイ エンコーディングと、その映画業界での用途を、他の多くの関連情報と合わせて説明しています。

6. テクスチャリング

"All it takes is for the rendered image to look right."
—Jim Blinn

必要なのはレンダーしたイメージが正しく見えることだけです。

サーフェスのテクスチャーは、そのルック＆フィール—油絵のテクスチャー（質感）のようなものです。コンピューター グラフィックスのテクスチャリングは、サーフェスの各位置の外見を、何らかのイメージ、関数、その他のデータ ソースを使って修正する処理です。1つの例は、レンガ壁のジオメトリーを正確に表現する代わりに、2つの三角形からなる長方形にレンガ壁の色のイメージを適用することです。長方形を見ると、その色のイメージが長方形の置かれた場所に現れます。壁に近づいて見ない限り、幾何学的な細部の欠落に気づくことはありません。

　しかし、ジオメトリーの欠落以外にも、テクスチャーのレンガ壁がもっとらしく見えない理由があります。例えば、モルタルがつや消しでレンガが光沢のはずである場合、両方のマテリアルで粗さが同じであることが、ばれてしまいます。第2のイメージ テクスチャーをサーフェスに適用して、より信憑性のある経験を生み出すことができます。このテクスチャーはサーフェス上の位置に応じて、サーフェスの色を変える代わりに、壁の粗さを変えます。レンガとモルタルはイメージ テクスチャーの色と、この新しいテクスチャーの粗さの値を持つようになりました。

　すべてのレンガが光沢で、モルタルがつや消しに見えるようになりましたが、今度はレンガの面が完全に平らに見えることに気付かれるかもしません。レンガは通常その表面にある程度の不規則性を持つので、これは正しく見えません。レンダリングで完全に滑らかに見えないように、バンプ マッピングを適用して、レンガのシェーディング法線を変えることができます。この種のテクスチャーは、ライティングの計算で、長方形の元のサーフェス法線の方向に揺らぎを加えます。

　浅い視野角度から見ると、この凸凹の幻想は壊れることがあります。レンガはモルタルの上に突き出だし、それを隠すはずです。正面から見ても、レンガはモルタルの上に影を落とすはずです。視差マッピングは、テクスチャーを使ってレンダー時に平らなサーフェスが変形するように見せ、視差オクルージョン マッピングはリアリズムを改善するため、レイを高さフィールド テクスチャーにキャストします。変位マッピングは、モデルを形成する三角形の高さを変えて、実際にサーフェスを動かします。図6.1が、カラー テクスチャリングとバンプ マッピングによる例を示しています。

図6.1. テクスチャリング。その外見の詳細度を上げるため、カラー マップとバンプ マップがこの魚に適用されている。（イメージ提供：*Elinor Quittner*）

　これらはテクスチャーを使い、アルゴリズムを精緻化することで解決できる種類の問題の例です。本章では、テクスチャリングのテクニックを詳しく取り上げます。最初に一般的なテクスチャリング処理のフレームワークを紹介します。次に、リアルタイムの作業では最も人気のある形のテクスチャリングなので、イメージを使うサーフェスのテクスチャー処理に焦点を合わせます。プロシージャル（手続き型）テクスチャーを簡単に論じてから、テクスチャーでサーフェスに影響を与える一般的な手法を説明します。

6.1 テクスチャリング パイプライン

テクスチャリングは、サーフェスのマテリアルの変化と仕上がりを効率よくモデリングするためのテクニックです。テクスチャリングについての1つの考え方は、1つのシェーディングするピクセルに何が起きるかを考えることです。前章で見たように、他にも因子はありますが、特にマテリアルの色とライトを考慮して色調を計算します。透明であれば、それもサンプルに影響を与えます。テクスチャリングは、シェーディングの式で使う値を修正することにより動作します。それらの値の変化の仕方は、通常そのサーフェス上の位置に基づきます。したがって、レンガ壁の例では、サーフェス上のどの点の色も、そのサーフェス位置を基に、レンガ壁のイメージの対応する色で置き換えられます。イメージ テクスチャーのピクセルは、画面のピクセルと区別するため、たいてい**テクセル**と呼ばれます。ラフネス（粗さ）テクスチャーは粗さの値を変え、バンプ テクスチャーはシェーディング法線の方向を修正するので、どちらもシェーディングの式の結果を変えます。

テクスチャリングは、一般化したテクスチャー パイプラインで記述できます。ここでは多くの専門用語が登場します。パイプラインの各部を詳しく説明します。

空間中の位置がテクスチャリング処理の出発点です。この位置はワールド空間のこともありますが、モデルと一緒にテクスチャーも動くように、たいていモデルの座標系です。Kershawの用語を使うと [955]、そのとき空間中のこの点は、**プロジェクター**関数を持ち、それを自分に適用して**テクスチャー座標**と呼ばれる、テクスチャーのアクセスに使う数値のセットを取得します。この処理は**写像（マッピング）**と呼ばれ、それが**テクスチャー マッピング**という表現につながります。テクスチャー イメージ自体が**テクスチャー マップ**と呼ばれることもありますが、厳密には正しくありません。

この新しい値を使ってテクスチャーにアクセスする前に、1つ以上の**コレスポンダー**関数を使って、テクスチャー座標をテクスチャー空間に変換できます。テクスチャー空間位置はテクスチャーから値を得るために使われますが、例えば、それはピクセルを取り出すイメージ テクスチャーへの配列インデックスかもしれません。そのとき取り出された値は、**値変換**関数で再び変換される可能性があり、最終的にそれらの新しい値を使って、マテリアルやシェーディング法線など、サーフェスの何らかの情報を修正します。図6.2が、1つのテクスチャーを適用する処理を詳しく示しています。このパイプラインの複雑さの理由は、各ステップで有用な制御がユーザーに与えられるからです。常にすべてのステップをアクティブにする必要がないことには、注意すべきです。

このパイプラインを使うと、レンガ壁のテクスチャーを持つ三角形のサーフェス上でサンプルが生成されるときに、次のことが起きます（図6.3）。オブジェクトのローカル基準系で

図 **6.2.** 1つのテクスチャーの一般化テクスチャー パイプライン。

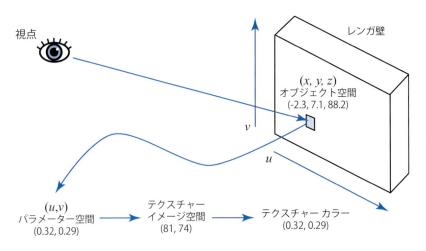

図6.3. レンガ壁のパイプライン。

(x, y, z)位置を求め、例えばそれが$(-2.3, 7.1, 88.2)$だとします。次にプロジェクター関数をこの位置に適用します。世界地図が3次元オブジェクトを2次元に投影するのと同じように、このプロジェクター関数は、一般に(x, y, z)ベクトルを2要素ベクトル(u, v)に変えます。この例で使うプロジェクター関数は正投影（セクション2.3.1）に等しく、レンガ壁のイメージを三角形のサーフェス上に写すプロジェクターのように振る舞います。壁に話を戻すと、そのサーフェス上の点は、0から1の範囲の値のペアに変換されます。得られる値が$(0.32, 0.29)$だとします。そのテクスチャー座標を使い、この位置のイメージの色を求めます。レンガ テクスチャーの解像度を256×256とすると、コレスポンダー関数は、(u, v)にそれぞれ256を掛け、$(81.92, 74.24)$が与えられます。小数部を切り落とすと、レンガ壁イメージのピクセル$(81, 74)$と、その色$(0.9, 0.8, 0.7)$が得られます。テクスチャーの色はsRGB色空間にあるので、シェーディングの式で使う場合は、その色を線形空間に変換し、$(0.787, 0.604, 0.448)$が与えられます（セクション5.6）。

6.1.1 プロジェクター関数

テクスチャー処理の最初のステップは、サーフェスの位置を取得して、それをテクスチャー座標空間（普通は2次元の(u, v)空間）に投影することです。一般にモデリング パッケージでは、アーティストが頂点ごとに(u, v)-座標を定義できます。それらはプロジェクター関数やメッシュを展開するアルゴリズムで初期化できます。アーティストは(u, v)-座標を、頂点位置の編集と同じやり方で編集できます。プロジェクター関数は、一般に空間中の3次元の点をテクスチャー座標に変換することにより動作します。モデリング プログラムで一般に使われる関数は、球面投影、円筒投影、平面投影などです[157, 955, 1048]。

プロジェクター関数には他の入力も使えます。例えばサーフェス法線は、サーフェスに使う6つの平面の投影方向の選択に使えます。面が出会う継ぎ目では、テクスチャーの一致の問題が発生します。Geiss [566, 567]が、それらの間でブレンドを行うテクニックを論じています。Tariniら[1868]は、空間のボリュームによってマッピングされるキューブが異なるキューブ投影のセットに、モデルをマップする、**ポリキューブ マップ**を述べています。

プロジェクター関数には、まったく投影ではなく、サーフェス作成とテッセレーションの一部となっているものもあります。例えば、パラメトリック曲面は、その定義の一部として自然

6.1. テクスチャリング パイプライン

図6.4. 様々なテクスチャー投影。上段の左から右に、球面、円筒、平面、自然(u, v)投影が示されている。下段は、1つのオブジェクトに適用したそれらの投影を示している（自然投影はなし）。

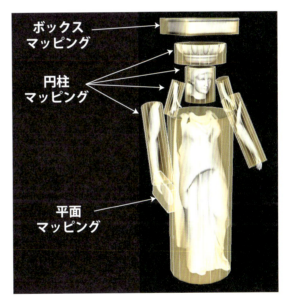

図6.5. 1つのモデルに様々なテクスチャー投影を使う方法。ボックス マッピングは、ボックスの面に1つずつ、6つの平面マッピングからなる。（イメージ提供：*Tito Pagán*）

な(u, v)値のセットを持ちます（図6.4）。テクスチャー座標は、ビュー方向、サーフェスの温度など、想像可能なあらゆる種類の様々なパラメーターから生成できます。プロジェクター関数の目的は、テクスチャー座標を生成することです。位置の関数として導くのは、その1つの手段にすぎません。

　非インタラクティブ レンダラーは、たいていレンダリング処理自体の一部として、これらのプロジェクター関数を呼び出します。モデル全体に1つのプロジェクター関数で十分なこともありますが、アーティストはしばしばモデルを再分割するツールを使い、様々なプロジェクター関数を別々に適用しなければならないことがあります[1454]（図6.5）。

 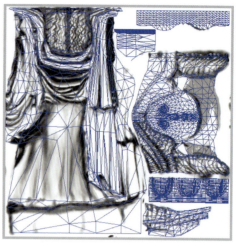

図**6.6.** 2つの大きなテクスチャーに保存した、7つの小さな彫像モデルのテクスチャー。右の図は三角形メッシュを展開して、テクスチャーの作成を支援するため、その上に表示する様子を示す。（イメージ提供：*Tito Pagán*）

　リアルタイムでは、プロジェクター関数は一般にモデリング ステージで適用し、投影の結果を頂点に格納します。これは常に当てはまるわけではなく、頂点やピクセルのシェーダーで投影関数を適用すると有利なこともあります。そうすることで精度が上がり、アニメーションを含む様々な効果を可能にするのに役立ちます（セクション6.4）。**環境マッピング**（セクション10.4）のように、ピクセル単位で評価する、独自の特別なプロジェクター関数を持つレンダリング手法もあります。

　球面投影（図6.4の左）は、ある点を中心とした仮想の球上に点をキャストします。この投影はBlinnとNewellの環境マッピング スキームで使われるものと同じなので（セクション10.4.1）、351ページの式10.30がこの関数を記述します。この投影手法には、そのセクションで述べるのと同じ頂点補間の問題があります。

　円筒投影は、uテクスチャー座標の計算が球面投影と同じで、vテクスチャー座標を円筒軸沿いの距離として計算します。この投影は、軸回転するサーフェスのように、自然な軸を持つオブジェクトに有用です。サーフェスが円筒の軸に垂直に近いと、歪みが発生します。

　平面投影は、X線のように、ある方向で平行に投影を行い、すべてのサーフェスにテクスチャーを適用します。これは正投影を使います（セクション4.7.1）。この種の投影は、例えばデカールの適用に役立ちます（セクション20.2）。

　投影方向に真横のサーフェスには深刻な歪みが生じるので、アーティストはしばしば手作業で、ほぼ平面の部品にモデルを分解しなければなりません。メッシュを展開したり、最適に近い平面投影のセットを作成したりして、この処理の支援を行い、歪みの最小化に役立つツールもあります。その目標は、メッシュの接続性を可能な限り維持しながら、各ポリゴンにテクスチャーの面積の公平なシェアを与えることです。テクスチャーの別々の部分が出会うエッジに沿ってサンプリング アーティファクトが現れる可能性があるので、接続性は重要です。うまく展開したメッシュは、アーティストの作業も楽にします[1048, 1454]。セクション16.2.1は、テクスチャーの歪みがレンダリングに及ぼす可能性がある悪影響を論じています。図6.6は、図6.5の彫像の作成に使ったワークスペースを示しています。この展開処理は、より大きな研究分野である**メッシュ パラメーター化**の一面です。興味のある読者は、HormannらのSIGGRAPHのコースノートを参照してください[837]。

6.1. テクスチャリング パイプライン

テクスチャー座標空間は常に2次元平面ではなく、3次元ボリュームもあります。この場合、テクスチャー座標は3要素ベクトル(u, v, w)で示され、wは投影方向の深度です。最大4つの座標を使うシステムもあり、それはたいてい(s, t, r, q)で指定され[956]、qは同次座標の4番目の値として使われます。それは映画やスライドのプロジェクターのように動作し、投影するテクスチャーのサイズは距離で増加します。例えば、**ゴボ**と呼ばれる装飾的なスポットライトパターンを、ステージや他のサーフェスに投影するのに役立ちます[1715]。

別の重要なテクスチャー座標空間の種類は、空間中の点に入力方向でアクセスする方向性です。そのような空間を可視化する1つの手段は、単位球上の点にすることで、各点の法線がその位置のテクスチャーのアクセスに使う方向を表します。方向性パラメーター化を使う最も一般的なテクスチャーが、**キューブ マップ**です（セクション6.2.4）。

1次元のテクスチャー イメージと関数にも使途があることは言っておくべきでしょう。例えば、地形モデルでは配色が高度で決まることがあり、例えば、低地は緑で、山の頂は白になります。直線もテクスチャーにすることができ、1つの用例は、半透明イメージのテクスチャーを持つ長い直線のセットとして雨をレンダーすることです。1次元テクスチャーは、1つの値から別の値への変換、例えば参照テーブルにも有用です。

1つのサーフェスに複数のテクスチャーを適用できるので、複数セットのテクスチャー座標を定義する必要があるかもしれません。その座標値をどのように適用しようと、考え方は同じです。それらのテクスチャー座標はサーフェス上で補間され、テクスチャー値の取り出しに使われます。しかしそれらのテクスチャー座標は補間の前に、コレスポンダー関数で変換されます。

6.1.2　コレスポンダー関数

コレスポンダー関数は、テクスチャー座標をテクスチャー空間の位置に変換します。それにより、テクスチャーのサーフェスへの適用に柔軟性が与えられます。コレスポンダー関数の1つの例は、APIを使って既存のテクスチャーの表示部分を選択し、そのサブイメージだけを後続の操作で使うようにすることです。

頂点シェーダーやピクセル シェーダーで適用できる行列変換もコレスポンダーです。これによりサーフェス上でテクスチャーを平行移動、回転、スケール、せん断、投影できます。セクション4.1.5で論じたように、変換の順番は重要です。驚くことに、テクスチャーの変換の順番は、期待されるであろうものと逆でなければなりません。これはテクスチャーの変換が、実際にはイメージが見える場所を決定する空間に影響を与えるからです。イメージ自体は変換されるオブジェクトではなありません。イメージの位置を定義する空間が変化するのです。

イメージの適用の仕方を制御するコレスポンダー関数のクラスもあります。イメージが(u, v)が$[0, 1]$の範囲にあるサーフェス上に現れることは分かっています。しかし、この範囲の外では何が起きるでしょうか？ その振る舞いは、コレスポンダー関数が決定します。OpenGLでは、この種のコレスポンダー関数は「ラッピング モード」と呼ばれ、DirectXでは、「テクスチャー アドレッシング モード」と呼ばれます。このタイプの一般的なコレスポンダー関数は以下のものです（図6.7）:

- **wrap**（DirectX）、**repeat**（OpenGL）または**tile**—イメージはサーフェス上で繰り返され、アルゴリズム的にはテクスチャー座標の整数部が落とされる。この関数は反復してサーフェスを覆うマテリアルのイメージの作成に役立ち、たいていデフォルト。
- **mirror**—イメージはサーフェス上で繰り返されるが、反復ごとに鏡像反転する。例え

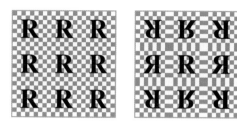  

図6.7. イメージ テクスチャー repeat, mirror, clamp, border関数の動作。

ば、イメージが0から1まで普通に現れ、次に1と2の間で逆になり、2と3の間で通常通りになり、次に逆になる（以下同様）。これはテクスチャーのエッジで連続性を与える。

- **clamp**（DirectX）または**clamp to edge**（OpenGL）—範囲$[0,1]$の外の値は、この範囲にクランプされる。これにより、イメージ テクスチャーの端が繰り返される。この関数は、テクスチャーの端の近くで双線形補間が発生するときに、誤ってテクスチャーの反対の端からサンプルをとることを避けるのに役立つ[956]。
- **border**（DirectX）または**clamp to border**（OpenGL）—$[0,1]$の外のテクスチャー座標は別に定義される境界色でレンダーされる。この関数は、テクスチャーの端が滑らかに境界色とブレンドするので、例えば、単色のサーフェス上にデカールをレンダーするのによいことがある。

これらのコレスポンダー関数は、テクスチャー軸ごとに割り当てを変えることができ、例えば、テクスチャーをu-軸で繰り返し、v-軸でクランプすることもできます。DirectXには、テクスチャー座標のゼロ値でテクスチャーを一度鏡像反転する**mirror once** モードもあり、左右対称のデカールに役立ちます。

テクスチャーの反復タイリングは、シーンのビジュアルにディテールを加える安価な手段です。しかし、テクスチャーを3回も繰り返すと、目がパターンを拾い始めるので、このテクニックはもっともらしく見えません。そのような**周期性**の問題を回避する1つの一般的な解決法は、テクスチャーの値に、タイル化されていない別のテクスチャーを結合することです。Anderssonが述べる商用の地形レンダリング システムに見られるように[47]、このアプローチは大幅に拡張できます。このシステムでは、複数のテクスチャーを地形の種類、高度、傾斜、その他の因子に基づいて組み合わせます。テクスチャー イメージは、シーン内の茂みや岩などの幾何学的モデルが配置される場所にも関係付けられます。

周期性を回避する別の選択肢は、シェーダー プログラムを使い、ランダムにテクスチャーパターンやタイルを再結合する、特別なコレスポンダー関数を実装することです。*Wang*タイルが、このアプローチの1つの例です。Wangタイル セットは、端が一致する正方形のタイルの小さなセットです。タイルはテクスチャリング処理中にランダムに選ばれます[2002]。LefebvreとNeyret [1097]は、パターンの繰り返しを避けるため、従属テクスチャー読み込みとテーブルを使う、似たタイプのコレスポンダー関数を実装しています。

最後に適用されるコレスポンダー関数は暗黙的で、イメージのサイズから派生します。テクスチャーは通常、uとvが$[0,1]$の範囲内で適用されます。レンガ壁の例で示したように、この範囲のテクスチャー座標にイメージの解像度を掛けることにより、ピクセル位置が得られます。(u,v)の値を$[0,1]$の範囲で指定できることの利点は、モデルの頂点に格納した値を変えずに、解像度が異なるイメージ テクスチャーと置き換えられることです。

6.1.3 テクスチャーの値

コレスポンダー関数を使ってテクスチャー空間座標を作ったら、その座標を使ってテクスチャーの値を取得します。イメージ テクスチャーでは、これはテクスチャーにアクセスして、イメージからテクセル情報を取り出すことにより行います。この処理はセクション6.2で幅広く扱います。イメージ テクスチャリングが、リアルタイムの作品におけるテクスチャー使用の大部分を占めますが、手続き型の関数を使うこともあります。手続き的テクスチャリングの場合、テクスチャー空間位置からテクスチャーの値を得る処理に関与するのは、メモリー参照ではなく、関数の計算です。手続き的テクスチャリングは、セクション6.3で詳しく述べます。

最もわかりやすいテクスチャーの値は、サーフェスの色の置き換えや修正に使うRGBの3つ組で、同じ1つのグレイスケール値を返すこともあります。返される別のデータ型は、セクション5.5で述べたRGBαです。α（アルファ）値は通常、その色がピクセルに影響を与える大きさを決定する色の不透明度です。とは言っても、サーフェスの粗さなど、他のどんな値でも格納できます。後でバンプ マッピングを詳しく論じるときに見るように（セクション6.7）、他にも多くのイメージ テクスチャーに格納できるデータ型があります。

テクスチャーから返される値は、使う前にオプションで変換されることがあります。その変換はシェーダー プログラムで行えます。よくある例の1つが、符号なし範囲（0.0〜1.0）から符号付き範囲（−1.0〜1.0）へのデータの再マッピングで、カラー テクスチャーに格納された法線のシェーディングに使われます。

6.2 イメージ テクスチャリング

イメージ テクスチャリングでは、2次元イメージを、三角形のサーフェス上に効果的に貼り付けます。テクスチャー空間位置を計算する処理は、順に説明しました。ここでは、その位置が与えられたときに、イメージ テクスチャーからテクスチャーの値を得る上での問題と、そのアルゴリズムに取り組みます。本章の残りでは、イメージ テクスチャーを単に**テクスチャー**と呼ぶことにします。また、ピクセルの**セル**と呼ぶときには、そのピクセルを囲むスクリーングリッド セルを意味します。セクション5.4.1で論じたように、**ピクセル**とは実際に表示される色の値で、その関連するグリッド セルの外側のサンプルの影響を受ける可能性があり、品質を上げるために受けるべきです。

このセクションでは、特にテクスチャー イメージを高速にサンプルしてフィルターする手法に焦点を合わせます。セクション5.4.2ではエイリアシングの問題、特にオブジェクトのレンダリング エッジに関するものを論じました。テクスチャーにもサンプリングの問題はあり、レンダー中の三角形の内部で発生します。

ピクセル シェーダーは、`texture2D`などの呼び出しにテクスチャー座標値を渡してテクスチャーにアクセスします。それらの値は、コレスポンダー関数により範囲$[0.0, 1.0]$にマップされた(u, v)テクスチャー座標にあります。GPUがこの値をテクセル座標に変換する面倒を見ます。テクスチャーの座標系の間には、APIによる2つの主な違いがあります。DirectXでは、テクスチャーの左上隅が$(0, 0)$で、右下が$(1, 1)$です。これは、一番上の行がファイルで最初にある、多くのイメージ型のデータの格納方法と一致します。OpenGLでは、$(0, 0)$は左下にあり、y-軸方向がDirectXと反対です。テクセルは整数座標を持ちますが、テクセルの間の位置にアクセスして、ブレンドしたいことがよくあります。これはピクセルの中心の浮動小

数点座標は何かという疑問を提起します。Heckbert [752] は、切り捨てと丸めの2つのシステムが可能であることを論じています。DirectX 9 は中心を $(0.0, 0.0)$（丸め）に定義しました。このシステムは、DirectX の原点にある左上のピクセルの左上隅が、値 $(-0.5, -0.5)$ を持つので、やや紛らわしいものでした。DirectX 10 以降は、テクセルの中心が小数の値 $(0.5, 0.5)$ を持つ OpenGL のシステム（切り捨て、より正確には小数を落とすフロアリング）に変わっています。例えばピクセル $(5, 9)$ が u-座標が 5.0 から 6.0、かつ v が 9.0 から 10.0 の範囲を定義するという点で、フロアリングのほうが、言語にうまく対応する自然なシステムです。

この時点で説明する価値のある用語が**従属テクスチャー読み込み**で、それには2つの定義があります。1つ目は特にモバイル デバイスに当てはまります。texture2D などでテクスチャーにアクセスするとき、ピクセル シェーダーが頂点シェーダーから渡された無修正のテクスチャー座標を使う代わりに、テクスチャー座標を計算すると、常に従属テクスチャー読み込みが発生します [74]。これは入力テクスチャー座標へのすべての変更を意味し、u と v の値を交換するといった単純な動作でさえも該当します。OpenGL ES 3.0 をサポートしない古いモバイル GPU は、テクセル データをプリフェッチできるので、シェーダーに従属テクスチャー読み込みがないほうが効率よく動作します。より古い、この用語のもう1つの定義は、特に以前のデスクトップ GPU で重要でした。この文脈では、あるテクスチャーの座標が、何か以前のテクスチャーの値の結果に依存するときに、従属テクスチャーの読み込みが発生します。例えば、1つのテクスチャーがシェーディング法線を変えることにより、キューブ マップのアクセスに使う座標が変わることがあります。そのような機能は、初期の GPU では制限があったり、存在しないことさえありました。今日では、そのような読み込みは、とりわけ、バッチで計算するピクセルの数により、性能に影響を与える可能性があります。詳しい情報はセクション 24.8 を参照してください。

GPU で使うテクスチャー イメージのサイズは、一般に $2^m \times 2^n$ テクセルです（m と n は負でない整数）。これは**2のべき乗**（POT）テクスチャーと呼ばれます。現代の GPU は**2のべき乗でない**（NPOT）任意のサイズのテクスチャーを扱うことができ、生成したイメージをテクスチャーとして扱うことが可能です。しかし、古いモバイル GPU には、NPOT テクスチャーでミップマッピング (セクション 6.2.2) をサポートしないものがあります。グラフィックス アクセラレーターのテクスチャー サイズの上限は様々です。例えば、DirectX 12 では最大 16384^2 テクセルが可能です。

サイズが 256×256 テクセルのテクスチャーがあり、それを正方形の上でテクスチャーとして使いたいとします。画面上に投影される正方形がテクスチャーと大まかに同じサイズである限り、正方形のテクスチャーは、元のイメージとほぼ同じように見えます。しかし、投影される正方形が元のイメージに含まれる10倍のピクセルを覆ったり（**拡大**）、投影される正方形が画面の小さな部分しか覆わない場合（**縮小**）、何が起きるでしょうか？ その2つのケースごとに、どんな種類のサンプリングとフィルタリング手法を使うかに依存する、というのがその答えです。

この章で論じるイメージのサンプリングとフィルタリングの手法は、個々のテクスチャーから読み込む値に適用されます。しかし、望む結果は最終的なレンダー イメージのエイリアシングを回避することで、それは理論上、最終的なピクセル色のサンプリングとフィルタリングが必要です。ここで区別するのは、シェーディングの式への入力へのフィルタリングと、その出力へのフィルタリングです。入力と出力が線形の関係である限り（色のなどの入力には当てはまる）、個々のテクスチャー値のフィルタリングは、最終色のフィルタリングと等価です。しかし、サーフェス法線や粗さの値など、テクスチャーに格納される多くのシェーダー入

6.2. イメージ テクスチャリング

力と出力の値の関係は非線形です。標準のテクスチャ フィルタリング手法は、それらのテクスチャーではうまく動作せず、エイリアシングを生じるかもしれません。そのようなテクスチャーのフィルタリング用に改良された手法を、セクション9.13で論じます。

6.2.1 拡大

図6.8では、正方形上でサイズが 48×48 テクセルのテクスチャーを使い、そのテクスチャーサイズに対しては、正方形をかなり近くで見ているので、基層のグラフィックス システムはテクスチャーを拡大しなければなりません。拡大で最もよく使われるフィルタリング テクニックが、**最近傍**（実際のフィルターはボックス フィルターと呼ばれる—セクション5.4.1）と**双線形補間**です。3次畳み込みもあり、テクセルの 4×4 や 5×5 配列の加重和を使い、はるかに高品質な拡大を可能にします。3次畳み込み（**双3次補間**とも呼ばれる）へのネイティブのハードウェア サポートは、現在のところ一般には利用できませんが、シェーダー プログラムで行えます。

図6.8の左の部分では、最近傍法が使われています。この拡大テクニックの1つの特徴は、個々のテクセルが顕になるかもしれないことです。この効果は**ピクセル化**と呼ばれ、この手法が拡大時に各ピクセルの中心に最も近いテクセルの値をとるために発生し、ギザギザの外見を生じます。この手法の品質が不十分なときもありますが、ピクセルあたり1つのテクセルしかフェッチする必要がありません。

同じ図の中央のイメージでは、双線形補間（線形補間と呼ばれることもある）が使われています。各ピクセルで、この種のフィルタリングは4つの隣接テクセルを求め、2次元で線形補間して、そのピクセル用にブレンドした値を求めます。その結果はぼやけ、最近傍法を使うことで生じるギザギザの多くが消えます。実験として、左のイメージを目を細めて見るみてください。これはローパス フィルターとほとんど同じ効果を持つので、もう少し顔が見えるようになります。

150ページのレンガ テクスチャーの例では、小数部を落とさずに、$(p_u, p_v) = (81.92, 74.24)$ を得ていました。標準デカルト座標系と一致するので、ここではOpenGLの左下原点テクセル座標系を使います。目標はテクセルの中心を使ってテクセル サイズの座標系を定義し、4つの最も近いテクセルを補間することです（図6.9）。4つの最も近いピクセルを求めるため、ピクセル中心の小数部 $(0.5, 0.5)$ をサンプル位置から引き、$(81.42, 73.74)$ が与えられます。小数部を落とすと、4つの最も近いピクセルは $(x, y) = (81, 73)$ から $(x+1, y+1) = (82, 74)$ です。

図**6.8.** 48×48 のイメージの 320×320 ピクセルへのテクスチャー拡大。左：最近傍フィルタリング、最も近いテクセルをピクセルごとに選ぶ。中：4つの最も近いテクセルの加重平均を使う双線形フィルタリング。右：5×5 の最も近いテクセルの加重平均を使う3次フィルタリング。

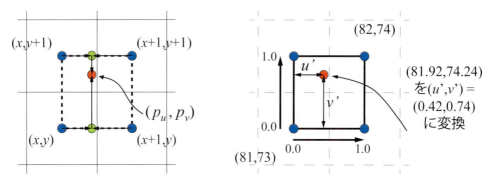

図 **6.9**. 双線形補間。関与する4つのテクセルが4つの正方形、テクセルの中心は青で左に示されている。右は、4つのテクセルの中心が形成する座標系。

この例では $(0.42, 0.74)$ の小数部は、4つのテクセル中心が形成する座標系に相対的なサンプルの位置です。この位置を (u', v') で示します。

テクスチャー アクセス関数を $\mathbf{t}(x, y)$ と定義し、x と y は整数で、テクセルの色が返されます。任意の位置 (u', v') で双線形補間される色は、2ステップの処理で計算できます。まず、下のテクセル $\mathbf{t}(x, y)$ と $\mathbf{t}(x+1, y)$ が水平に（u' を使って）補間され、上の2つのテクセル $\mathbf{t}(x, y+1)$ と $\mathbf{t}(x+1, y+1)$ も同様です。下のテクセルでは、$(1-u')\mathbf{t}(x, y) + u'\mathbf{t}(x+1, y)$（図6.9の下の緑の円）、上では、$(1-u')\mathbf{t}(x, y+1) + u'\mathbf{t}(x+1, y+1)$（上の緑の円）が得られます。この2つの値を次に垂直に（v' を使って）補間すると、(p_u, p_v) で双線形補間される色 $\mathbf{b}$ は次になります。

$$\begin{aligned}\mathbf{b}(p_u, p_v) &= (1-v')\big((1-u')\mathbf{t}(x, y) + u'\mathbf{t}(x+1, y)\big) \\&\quad + v'\big((1-u')\mathbf{t}(x, y+1) + u'\mathbf{t}(x+1, y+1)\big) \\&= (1-u')(1-v')\mathbf{t}(x, y) + u'(1-v')\mathbf{t}(x+1, y) \\&\quad + (1-u')v'\mathbf{t}(x, y+1) + u'v'\mathbf{t}(x+1, y+1)\end{aligned} \quad (6.1)$$

直感的には、サンプル位置に近いテクセルほど、最終的な値への影響が大きくなります。それが実際にこの式で見られるものです。$(x+1, y+1)$ の右上のテクセルの影響は $u'v'$ です。注目すべきはその対称性で、右上の影響は左下隅とサンプル点が形成する長方形の面積と同一です。例に戻ると、これは、このテクセルから取り出される値に 0.42×0.74、具体的には 0.3108 を掛けることを意味します。このテクセルから時計回りに、他の乗数は 0.42×0.26、0.58×0.26、0.58×0.74 で、4つの重みすべての合計は 1.0 になります。

拡大に伴う不鮮明さへの1つの一般的な解決法は、**詳細テクスチャー**を使うことです。それらはモバイルフォンの擦り傷から、地形の茂みまで、サーフェスの細部を表すテクスチャーです。そのような詳細を、拡大したテクスチャーの上に別のテクスチャーとして、異なるスケールで重ねます。詳細テクスチャーの高周波の繰り返しパターンと、低周波の拡大テクスチャーの組み合わせは、見た目の効果が1つの高解像度テクスチャーを使うことと似ています。

双線形補間は、2つの方向で線形補間を行います。しかし、線形補間は不要です。例えば、テクスチャーが黒と白のチェッカーボード パターンのピクセルからなるとします。双線形補間を使うと、テクスチャー全体で変化するグレイスケールのサンプルが与えられます。0.4 より低いすべてのグレーが黒、0.6 より高いすべてのグレーが白、それらの間にあるものが引き伸ばされて隙間を埋めるように再マッピングを行うことで、やはりテクスチャーはチェッカーボードに見えますが、いくらかテクセル間のブレンドが与えられます（図6.10）。

図 **6.10.** 同じ 2×2 チェッカーボード テクスチャーを使う最近傍、双線形補間、再マッピングによる部分的な中間物。テクスチャーとイメージ グリッドが完全には一致しないので、最近傍サンプリングが与える正方形のサイズが少し異なることに注意。

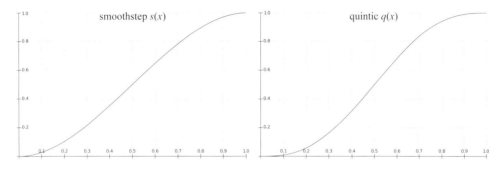

図 **6.11.** smoothstep曲線 $s(x)$（左）と5次曲線 $q(x)$（右）。

　高解像度テクスチャーを使っても、似た効果が得られます。例えば、チェッカーの正方形がそれぞれ 1×1 ではなく、4×4 テクセルだとすれば、各チェッカーの中心の周りで補間される色は完全な黒か白になるでしょう。

　図6.8の右では、双3次フィルターが使われ、残るギザギザも大部分が取り除かれています。双3次フィルターが双線形フィルターよりも高価なことは言っておくべきでしょう。しかし、多くの高次のフィルターは線形補間の繰り返しで表現できます[1632]（セクション17.1.1も参照）。その結果、テクスチャー ユニットの線形補間用GPUハードウェアを、いくつかのテーブル参照で利用できます。

　双3次フィルターが高価すぎると思われる場合には、Quílez [1565]が、滑らかな曲線を使って 2×2 テクセルのセットを補間する単純なテクニックを提案しています。まず曲線、次にテクニックを説明します。2つの一般に使われる曲線はsmoothstep曲線と、5次曲線[1483]です：

$$\underbrace{s(x) = x^2(3-2x)}_{\text{smoothstep}} \quad \text{and} \quad \underbrace{q(x) = x^3(6x^2 - 15x + 10)}_{\text{5次}} \quad (6.2)$$

です。これらは、1つの値を別の値に滑らかに補間したい多くの状況でも役に立ちます。smoothstep曲線は $s'(0) = s'(1) = 0$ で、0と1の間で滑らかという特性を持ちます。5次曲線は同じ特性を持ちますが、$q''(0) = q''(1) = 0$、すなわち曲線の始めと終わりの2次の導関数も0です。この2つの曲線が図6.11に示されています。

　そのテクニックはまず、サンプルにテクスチャーの大きさを掛けて0.5を加えることにより、(u', v') を計算します（式6.1と図6.9で使われるものと同じ）。その整数部は後で使うためにとっておき、$[0,1]$ の範囲の小数部を u' と v' に格納します。次に (u', v') を $(t_u, t_v) = (q(u'), q(v'))$

として、やはり $[0,1]$ の範囲に変換します。最後に、0.5 を引いて、整数部を足して戻します。その結果の u-座標をテクスチャーの幅で割り、v も同様の操作を行います。この時点で、新しいテクスチャー座標を、GPUが提供する双線形補間参照と合わせて使います。この手法は各テクセルに水平の踊り場を与えますが、それはテクセルが例えばRGB空間の平面上にある場合、この種の補間は滑らかでも、やはり階段状の外見を与えることを意味し、それは必ずしも望ましくないことがあります（図6.12）。

6.2.2 縮小

テクスチャーが最小化されると、図6.13のように、複数のテクセルが1つのピクセルのセルを覆うことがあります。ピクセルごとの正しい色値を得るためには、そのピクセルに影響を与えるテクセルの効果を積分すべきです。しかし、特定のピクセルに近いすべてのテクセルの影響を正確に決定することは難しく、リアルタイムに完璧に行うことは事実上不可能です。

この制限のため、いくつかの異なる手法がGPU上で使われます。1つの手法は最近傍を使うことです。その動作は対応する拡大フィルターとまったく同じで、つまり、ピクセルのセルの中心で見えるテクセルを選択します。このフィルターは、深刻なエイリアシングの問題を引き起こす可能性があります。図6.14では、上の図で最近傍が使われています。地平線に向かうほど、ピクセルに影響を与える多くのテクセルから、ただ1つを選んでサーフェスを表すので、アーティファクトが顕になります。サーフェスが視点に対して動くと、そのようなアーティファクトは、さらに目立ち、いわゆる**時間エイリアシング**の1つの兆候です。

たいてい利用可能な別のフィルターが、双線形補間で、やはり拡大フィルターとまったく同じ働きをします。このフィルターは、縮小では最近傍アプローチよりも少しだけよくなります。これは1つではなく、4つのテクセルを使ってブレンドしますが、ピクセルに影響を与えるテクセルが4より多いと、フィルターはたちまち失敗し、エイリアシングが発生します。

もっとよい解決法が可能です。セクション5.4.1で論じたように、エイリアシングの問題は、サンプリングとフィルタリングのテクニックで対処可能です。テクスチャーの信号周波数は、そのテクセルの画面上での間隔の近さに依存します。ナイキスト限界があるので、テクスチャーの信号周波数が、サンプル周波数の半分を超えないようにする必要があります。例えば、1テクセル間隔の黒と白の交互の線からなるイメージでは、波長が2テクセル幅（黒い線から白い線まで）なので、周波数は $\frac{1}{2}$ です。このテクスチャーが画面上で正しく表示するには、その周波数が少なくとも $2 \times \frac{1}{2}$、つまり、テクセルあたり最低1ピクセルでなければなりません。したがって、一般にテクスチャーでエイリアシングを避けるためには、最大でピクセルあたり1テクセルになるようにすべきです。

この目標を達成するためには、ピクセルのサンプリング周波数を増やすか、テクスチャー周波数を減らすかのどちらかです。前の章で論じたアンチエイリアシング手法は、ピクセル サ

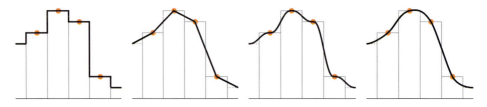

図6.12. 1次元テクスチャーを拡大する4つの異なる方法。オレンジ色の円はテクセルの中心とテクセルの値（高さ）を示す。左から右：最近傍、線形、隣接テクセル間で5次曲線を使用、3次補間。

6.2. イメージ テクスチャリング   161

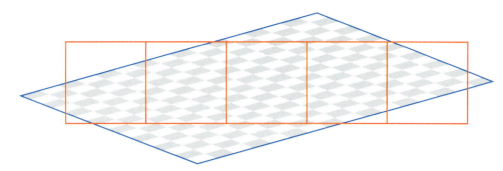

図6.13. 縮小：ピクセル セルの列を通して見たチェッカーボード テクスチャーの正方形、それぞれのピクセルに影響を与えるテクセルの大まかな数を示している。

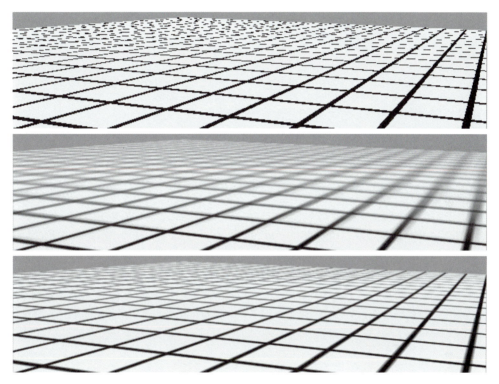

図6.14. 上のイメージは点サンプリング（最近傍）、中央はミップマッピング、下はエリア総和テーブルでレンダーされている。

ンプリング レートを増やす方法です。しかし、与えられるサンプリング周波数の増加は限られます。この問題により完全に対処するため、様々なテクスチャー縮小アルゴリズムが開発されました。

　すべてのテクスチャー アンチエイリアシング アルゴリズムの背後にある基本的な考え方は同じで、テクスチャーを事前に処理して、テクセルのセットのピクセルへの影響の迅速な近似の計算に役立つデータ構造を作ることです。リアルタイムの作業を行うため、それらのアルゴリズムは、実行に使う時間とリソースが一定だという特徴を持ちます。そうしてピクセルあたり一定数のサンプルをとって組み合わせ、多くの（巨大な数になる可能性がある）テクセルの効果を計算します。

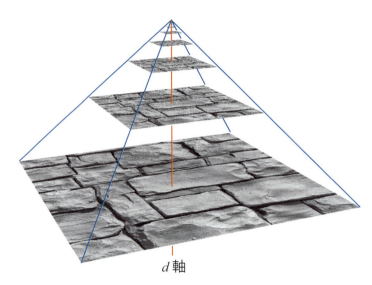

図6.15. ミップマップは元のイメージ（レベル0）をピラミッドの底面とし、2×2の領域ごとに平均して1つ上のレベルのテクセル値にすることで形成される。その垂直軸が第3のテクスチャー座標、dになる。この図では、dは線形ではなく、サンプルが補間に使う2つのテクスチャー レベルの評価基準。

ミップマッピング

最もよく使われるテクスチャーのアンチエイリアシング手法は、**ミップマッピング**と呼ばれます[2032]。それは現在製造されるすべてのグラフィックス アクセラレーターに、何らかの形で実装されています。「ミップ（mip）」は *multum in parvo*、ラテン語で「小さな場所に多くのもの」を表します。元のテクスチャーを繰り返しフィルター処理して、小さなイメージに縮小する処理によい名前です。

　ミップマッピング最小化フィルターを使うときには、実際のレンダリングが発生する前に、元のテクスチャーを縮小されたテクスチャーのセットで強化します。テクスチャー（レベル0の）を元の領域の4分の1にダウンサンプルし、個々の新しいテクセル値は、たいてい元のテクスチャーで隣接する4つのテクセルの平均として計算されます。その新しいレベル1テクスチャーは、元のテクスチャーの**サブテクスチャー**と呼ばれることもあります。どちらかのテクスチャーの大きさが1テクセルに等しくなるまで、その縮小を再帰的に行います。この処理が図6.15に示されています。そのイメージのセット全体が、しばしば**ミップマップ チェーン**と呼ばれます。

　高品質のミップマップの形成で重要な2つの要素が、よいフィルタリングとガンマ補正です。ミップマップ レベルを形成する一般的な方法は、テクセルの2×2のセットごとに平均をとって、ミップ テクセルの値を得ることです。そのとき使われるフィルターは、最悪のフィルターの1つであるボックス フィルターです。これはエイリアシングの原因となる高周波の一部をそのままにして、低周波を不要にぼかす効果を持つので、低い品質になる可能性があります[190]。ガウス、ランチョス、カイザーのようなフィルターを使うほうがよく、この作業用の高速でフリーのソース コードが存在し[190, 1710]、GPU自体でよりよいフィルタリングをサポートするAPIもあります。フィルタリングでは、テクスチャーのエッジの近くで、テクスチャーが反復か、単一コピーであるかに注意を払わなければなりません。

6.2. イメージ テクスチャリング

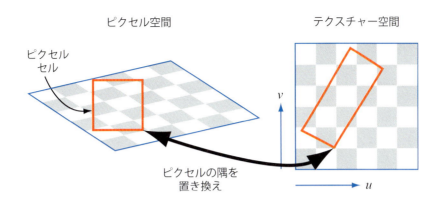

図6.16. 左は正方形のピクセル セルとそのテクスチャーのビュー。右はそのピクセル セルのテクスチャーへの投影。

非線形空間にエンコードされるテクスチャーでは（例えば大半の色テクスチャー）、フィルタリングでガンマ補正を無視すると、ミップマップ レベルの知覚される明るさが変わります[191, 658]。オブジェクトから遠ざかり、補正されていないミップマップが使われるにつれて、オブジェクトが全体に暗くなり、コントラストとディテールも影響を受けることがあります。この理由で、そのようなテクスチャーはsRGBから線形空間に変換し（セクション5.6）、その空間ですべてのミップマップ フィルタリングを行い、最終結果を変換してsRGB色空間に戻して格納することが重要です。ほとんどのAPIがsRGBテクスチャーをサポートするので、ミップマップを正しく線形空間で生成して結果をsRGBに格納します。sRGBテクスチャーにアクセスするときには、拡大と縮小が正しく行われるように、その値を最初に線形空間に変換します。

前に述べたように、最終的なシェーディング色と根本的に非線形な関係を持つテクスチャーがあります。これは一般のフィルタリングで問題を生じますが、ミップマップの生成は数百から数千ものピクセルがフィルター処理されるので、この問題に特に敏感です。最良の結果を得るためには、しばしば特別なミップマップ生成手法が必要です。そのような手法をセクション9.13で詳しく説明します。

この構造にテクスチャリングでアクセスする基本的な処理は単純です。画面のピクセルは、あるテクスチャー領域を囲みます。そのピクセルの領域をテクスチャーに投影すると（図6.16）、そこには1つ以上のテクセルが含まれます。ピクセルのセル境界を使うのは厳密には正しくありませんが、ここで説明を簡単にするために使います。セルの外のテクセルがピクセルの色に影響を与える可能性があります（セクション5.4.1）。

目標は、そのピクセルに影響を与えるテクスチャーの量を大まかに決定することです。d（OpenGLではλと呼ばれ、**テクスチャー詳細レベル**としても知られる）の計算に使われる、2つの一般的な評価基準があります。1つはピクセルのセルが形成する四辺形の長い方のエッジを使い、ピクセルの被覆率を近似することで[2032]、もう1つは4つの差分$\partial u/\partial x$, $\partial v/\partial x$, $\partial u/\partial y$, $\partial v/\partial y$ の最大の絶対値を基準として使うことです[972, 1522]。各差分が、そのスクリーン軸に関するテクスチャー座標の変化量の大きさです。例えば、$\partial u/\partial x$は、x-スクリーン軸に沿った1ピクセルのuテクスチャー値の変化の量です。これらの式についての詳細は、Williamsの元の記事[2032]や、Flavell [514]やPharr [1522]の記事を参照してください。McCormackら[1250]が、最大絶対値法によるエイリアシングの導入を論じ、代替公式を紹介しています。Ewinsら[492]は、品質が同等ないくつかのアルゴリズムのハードウェア コスト

を分析しています。

それらの勾配の値、シェーダー モデル3.0以降を使うピクセル シェーダー プログラムで利用できます。それらは隣接するピクセルの値の差に基づくので、ピクセル シェーダーの動的なフロー制御（セクション3.8）の影響を受ける部分ではアクセスできません。そのような部分（例えば、ループの中）でテクスチャー読み込みを行うには、それより前に導関数を計算しなければなりません。頂点シェーダーは勾配情報にアクセスできないので、頂点テクスチャリングを使うときには、勾配や詳細レベルを頂点シェーダー自身で計算して、GPUに供給する必要があることに注意してください。

座標dを計算する意図は、ミップマップのピラミッド軸沿いのサンプル場所を決定することです（図6.15）。ナイキスト レートを達成するため、目標は少なくとも$1:1$のピクセル/テクセル比です。ここで重要な原則は、ピクセル セルが囲むテクセルが多くdが大きいほど、小さく、ぼけたバージョンのテクスチャーにアクセスすることです。ミップマップのアクセスには(u, v, d)の3つ組を使います。値dはテクスチャー レベルと似ていますが、整数値の代わりに、dはレベル間の距離の小数値を持ちます。d位置の上と下のテクスチャー レベルをサンプルします。(u, v)位置を使って、その2つのテクスチャー レベルから、それぞれ双線形補間されたサンプルを取り出します。その結果のサンプルを次に、各テクスチャー レベルからdへの距離に応じて線形補間します。この処理全体が**三線形補間**と呼ばれ、ピクセルごとに行われます。

d-座標への1つのユーザー制御が**詳細レベル バイアス**（*LOD*バイアス）です。これはdに加える値で、テクスチャーの知覚される相対的なシャープさに影響を与えます。出発するピラミッドを上にするほど（dを増やす）、テクスチャーはぼやけて見えます。与えられたテクスチャーに適したLODバイアスは、イメージの種類と使い方で変わります。例えば、最初からいくらかぼけたイメージは負のバイアスを使い、テクスチャリングに使うフィルター処理が貧弱な（エイリアスがある）合成イメージに正のバイアスを使うこともできます。バイアスはテクスチャー全体や、ピクセル シェーダーでピクセルごとに指定できます。ユーザーがd-座標や、その計算に使う導関数を供給し、より細かい制御を行うこともできます。

ミップマッピングの利点は、ピクセルに影響を与えるすべてのテクセルを個別に合計しようとする代わりに、事前に結合したテクセルのセットにアクセスして補間することです。この処理にかかる時間は、縮小の度合いにかかわらず一定です。しかし、ミップマッピングにはいくつかの欠点があります[514]。大きなものが**オーバーブラー**（過剰なぼかし）です。u-方向には多数の、v-方向には少数のテクセルを覆うピクセル セルがあるとします。これは一般にテクスチャー サーフェスを、ほぼ真横に見るときに発生するケースです。実際、テクスチャーの1つの軸沿いに縮小し、もう1つで拡大する必要な場合もあります。ミップマップにアクセスすることの効果は、テクスチャーの正方形の領域を取り出すことで、長方形の領域を取り出すことはできません。エイリアシングを避けるため、ピクセル セルのテクスチャーに対する近似被覆率が最大のものが選ばれます。これにより、しばしば比較的ぼけたサンプルが取り出されます。図6.14のミップマップ イメージで、この効果を見ることができます。右遠方に向かう直線がオーバーブラーを示しています、

エリア総和テーブル

オーバーブラーを避ける1つの手法が**エリア総和テーブル**（SAT）です[337]。この手法を使うには、最初にテクスチャーのサイズで、しかしより多くのビット精度で色を格納する配列を作成します（例えば、赤、緑、青それぞれ16ビット以上）。この配列中の各位置で、この位置とテクセル$(0, 0)$（原点）が形成する長方形中の、対応するすべてのテクスチャーのテクセル

6.2. イメージ テクスチャリング

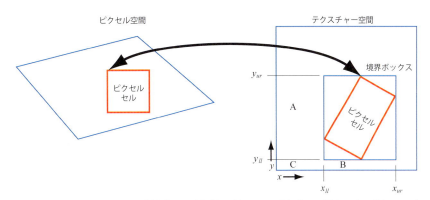

図6.17. ピクセル セルをテクスチャーに逆投影し、長方形で囲む。その長方形の四隅をエリア総和テーブルのアクセスに使う。

の和を計算して格納しなければなりません。テクスチャリングでは、ピクセル セルのテクスチャーへの投影を長方形で囲みます。そしてエリア総和テーブルにアクセスして、この長方形の平均色を決定し、それをピクセルのテクスチャーの色として返します。図6.17に示す長方形のテクスチャー座標を使って平均を計算します。これは式6.3で与えられる公式を使って行います。

$$\mathbf{c} = \frac{\mathbf{s}[x_{ur}, y_{ur}] - \mathbf{s}[x_{ur}, y_{ll}] - \mathbf{s}[x_{ll}, y_{ur}] + \mathbf{s}[x_{ll}, y_{ll}]}{(x_{ur} - x_{ll})(y_{ur} - y_{ll})} \quad (6.3)$$

xとyは長方形のテクセル座標、$\mathbf{s}[x, y]$は、そのテクセルのエリア総和値です。この式は、右上隅から原点の領域全体位の総和をとり、隣接する隅の寄与を引いて領域AとBを消すことにより動作します。領域Cが2回引かれるので、左下隅で足し戻されます。(x_{ll}, y_{ll})が領域Cの右上隅であること、つまり、$(x_{ll}+1, y_{ll}+1)$が境界ボックスの左下隅であることに注意してください。

エリア総和テーブルの結果が、図6.14に示されています。右端近くの地平線に向かう線はよりシャープになっていますが、まだ中央で交差する対角線がオーバーブラーです。問題は、その対角線に沿ってテクスチャを見ると、大きな長方形が生成し、ピクセルの近くにないテクセルが多く計算されることです。例えば、図6.17で、ピクセル セルの逆投影を表す細長い長方形が、テクスチャー全体を対角線上で横断することを想像してください。ピクセル セル内だけの平均ではなく、テクスチャーの長方形全体の平均が返されます。

エリア総和テーブルは、いわゆる**異方性フィルタリング** アルゴリズムの1つの例です[751]。そのようなアルゴリズムは、正方形でない領域でテクセル値を取り出します。しかし、SATはこれを主に水平と垂直方向で最も効果的に行うことができます。エリア総和テーブルは、サイズが16×16以下のテクスチャーでは少なくとも2倍のメモリーが必要で、それより大きなテクスチャーではさらに精度が必要なことにも注意してください。

妥当な全体的メモリー コストで、より高い品質を与えるエリア総和テーブルは、現代のGPU上に実装できます[635]。フィルタリングの向上は、高度なレンダリング テクニックの品質に極めて重要なことがあります。例えば、Hensleyら[780, 781]は効率的な実装を提供し、エリア総和サンプリングが光沢反射を改善することを示しています。被写界深度[635, 781]、シャドウ マップ[1067]、ぼやけた反射[780]など、領域サンプリングを使う他のアルゴリズムも、SATで改善できます。

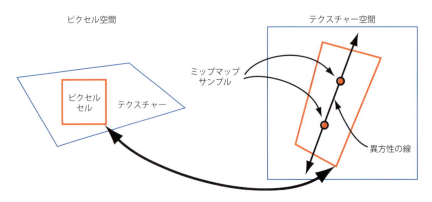

図**6.18**. 異方性フィルタリング。ピクセル セルの逆投影が四辺形を作る。異方性の線を長辺の間に形成する。

図**6.19**. ミップマップと異方性フィルタリングの対比。左は三線形ミップマッピングを行い、右は16：1の異方性フィルタリングを行っている。地平線に向かうほど、異方性フィルタリングのほうが、最小のエイリアシングでシャープな結果を与える。（*three.js*のサンプルからのイメージ *webgl_materials_texture_anisotropy [237]*）

非拘束異方性フィルタリング

現在のグラフィックス ハードウェアで、さらにテクスチャー フィルタリングを改善する最も一般的な手法が、既存のミップマップ ハードウェアの再利用です。その基本的な考え方は、ピクセル セルを逆投影してから、このテクスチャー上の四辺形（クワッド）を複数回サンプルし、そのサンプルを結合することです。上に概要を述べたように、ミップマップ サンプルは、それぞれの位置と、それに関連するほぼ四角の領域を持ちます。このアルゴリズムは、そのクワッドの被覆を1つのミップマップ サンプルで近似する代わりに、複数の正方形を使ってクワッドを覆います。dの決定にクワッドの短辺（たいてい長辺が使われるミップマッピングと違い）を使えます。これにより、ミップマップ サンプルの平均される領域が小さく（そしてぼやけが小さく）なります。クワッドの長辺を使い、その長辺に平行で、クワッドの真ん中を通る**異方性の線**を作成します。異方性の大きさが1：1から2：1のときは、この線に沿って2つのサンプルをとります（図6.18）。異方性の比がそれより高ければ、その軸でとるサンプルを増やします。

このスキームは異方性の線を任意の方向に走らせられるので、エリア総和テーブルの制限がありません。またミップマップ アルゴリズムを使ってサンプリングを行うので、ミップマップ以外のテクスチャー メモリーも不要です。異方性フィルタリングの例が図6.19に示されています。

6.2. イメージ テクスチャリング

1つの軸に沿ってサンプリングを行う考え方は、最初にSchillingら[1682]が、彼らのTexram ダイナミック メモリー デバイスで導入しました。Barkansが、そのアルゴリズムのTalisman システムでの使用を述べています[113]。*Feline*と呼ばれる同様のシステムを、McCormackら [1251]が紹介しています。Texramの元の公式化のサンプルは、異方性軸（**プローブ**とも呼ばれる）に沿って、等しい重みを与えられていました。Talismanは軸の両端の2つのプローブに半分の重みを与えます。Felineはプローブのセットに重み付けにガウス フィルター カーネルを使います。これらのアルゴリズムは、ピクセルの影響領域をテクスチャー上の楕円に変換し、フィルター カーネルで楕円内のテクセルに重み付けする**楕円加重平均（EWA）**フィルターなどの[751]、ソフトウェア サンプリング アルゴリズムの高い品質に迫っています。 MavridisとPapaioannouは、GPU上のシェーダー コードでEWAフィルタリングを実装する、いくつかの手法を紹介しています[1233]。

6.2.3　ボリューム テクスチャー

イメージ テクスチャーの直接的な拡張の1つが、(u, v, w)（や(s, t, r)）値でアクセスする3次元イメージ データです。例えば、医用画像データは3次元グリッドとして生成されることがあります。このグリッド内でポリゴンを動かすことにより、そのデータの2次元スライスを見ることができます。関連する考え方が、この形のボリューム ライトの表現です。サーフェス上の点の照明は、このボリューム内の位置を求め、ライトの方向と組み合わせることで求められます。

ほとんどのGPUが、ボリューム テクスチャーのミップマッピングをサポートします。ボリューム テクスチャーの1ミップマップ レベル内のフィルタリングには、三線形補間が含まれるので、ミップマップ レベル間のフィルタリングには四線形補間が必要です。これには16 のテクセルの結果の平均処理が含まれるので、精度の問題が生じる可能性があり、それは高精度のボリューム テクスチャーを使うことで解決できます。SiggとHadwiger [1760]がこれと、ボリューム テクスチャーに関連する他のも問題を論じ、フィルタリングや他の操作を行う効率的な手法を与えています。

ボリューム テクスチャーのストレージ要件は極めて高く、フィルターも高価ですが、独特の長所がいくつかあります。3次元位置を直接テクスチャー座標として使えるので、3次元メッシュのよい2次元パラメーター化を求める複雑な処理をスキップできます。これにより、2次元パラメーター化でよく発生する、歪みと継ぎ目の問題が回避されます。ボリューム テクスチャーは、木や大理石のようなマテリアルのボリューム構造を表すのにも使えます。そのようなテクスチャーでテクスチャー処理されるモデルは、このマテリアルから削り出されたように見えます。

ボリューム テクスチャーをサーフェス テクスチャリングに使うと、サンプルの大部分が使われないので、極めて非効率的です。BensonとDavis [143]とDeBryら[361]が、テクスチャーデータを疎な8分木構造に格納することを論じています。このスキームは、サーフェスの作成時に明示的なテクスチャー座標を割り当てる必要がなく、8分木は望む任意のレベルまでテクスチャーの細部を保持できるので、インタラクティブな3次元ペイント システムに適合します。Lefebvreら[1098]が、8分木テクスチャーを現代のGPUの上で実装する詳細を論じています。LefebvreとHoppe [1099]は、疎なボリューム データをはるかに小さなテクスチャーにパックする手法を論じています。

図 6.20. 左：9つの小さなイメージを1つの大きなテクスチャーに合成したテクスチャー アトラス。右：より現代的なアプローチは小さなイメージを、ほとんどのAPIに見られる概念であるテクスチャーの配列として設定すること。

6.2.4 キューブ マップ

別のタイプのテクスチャーが、**キューブ テクスチャー**や**キューブ マップ**と呼ばれるもので、それは6つの正方形テクスチャーを持ち、それぞれキューブの1つの面に関連付けられます。キューブ マップは、キューブの中心から外向きのレイの方向を指定する、3要素のテクスチャー座標ベクトルでアクセスされます。レイがキューブを交わる点を次のように求めます。最大の大きさを持つテクスチャー座標で対応する面を選択します（例えば、ベクトル$(-3.2, 5.1, -8.4)$は$-z$面を選択）。残りの2つの座標を最大の値の絶対値、すなわち8.4で割ります。それにより-1から1の範囲になり、単純にテクスチャー座標を計算するための$[0,1]$に再マップされます。例えば、座標$(-3.2, 5.1)$は$((-3.2/8.4+1)/2, (5.1/8.4+1)/2) \approx (0.31, 0.80)$にマップされます。キューブ マップは方向の関数である値を表すのに役立ち、環境マッピングで最もよく使われます（セクション10.4.3）。

6.2.5 テクスチャー表現

アプリケーションで多くのテクスチャーを扱うときに、性能を改善するいくつかの方法があります。テクスチャー圧縮はセクション6.2.6で述べますが、このセクションの焦点はテクスチャー アトラス、テクスチャー配列、バインドレス テクスチャーで、どれもレンダリング中のテクスチャー変更のコストを避けることが目的です。セクション19.10.1と19.10.2で、テクスチャー ストリーミングとトランスコードを述べます。

　なるべく多くの作業をGPUのバッチ処理に詰め込めるように、一般にステートの変更はなるべく少なくすることが望まれます（セクション18.4.2）。その目的で、いくつかのイメージを**テクスチャー アトラス**と呼ばれる1つの大きなテクスチャーに入れることがあります。これが図6.20に示されています。図6.6に示すように、サブテクスチャーの形は任意でかまいません。サブテクスチャー配置アトラスの最適化を、NöllとStricker [1391]が述べています。またミップマップの生成とアクセスでは、ミップマップの上位レベルが、別々の関連のない形を包含するかもしれないので、注意を払う必要があります。MansonとSchaefer [1209]が紹介する、サーフェスのパラメーター化を考慮に入れてミップマップの作成を最適化する手法は、

6.2. イメージ テクスチャリング

ずっとよい結果を生成できます。BurleyとLacewell [232] が紹介する *Ptex* と呼ばれるシステムでは、再分割サーフェスのクワッドが、それぞれ独自の小さなテクスチャーを持ちます。その長所は、メッシュにユニークなテクスチャー座標を割り当てる必要がなく、テクスチャー アトラスの不連続部分の継ぎ目アーティファクトがないことです。クワッドをまたいでフィルター処理できるように、Ptexは隣接性データ構造を使います。その最初のターゲットはプロダクション レンダリングでしたが、Hillesland [809] が述べる**パック *Ptex*** は、各面のサブテクスチャーをテクスチャー アトラスに入れ、隣接する面からのパディングを使って、フィルタリングでの間接処理を回避します。Yuksel [2103] の**メッシュ カラー テクスチャー**は、Ptexの改良です。Toth [1913] は、フィルター タップが $[0,1]^2$ の範囲の外にある場合に破棄する手法を実装することにより、Ptexのようなシステムに面をまたぐ高品質フィルタリングを提供します。

アトラスを使うときの難点の1つが、ラップ/リピート/ミラー モードで、それは正しくサブテクスチャーに作用せず、テクスチャー全体にしか作用しません。またアトラスにミップマップを生成するときに、サブテクスチャーが互いに滲むという問題も発生することがあります。しかしこれは、大きなテクスチャー アトラスに配置する前に、サブテクスチャーごとに別々にミップマップ階層を生成し、サブテクスチャーに2のべき乗の解像度を使うことで回避できます [1399]。

これらの問題へのより簡単な解決法は、ミップマッピングとリピート モードにまつわる問題を完全に回避する、**テクスチャー配列**と呼ばれるAPI構文を使うことです [490]（図6.20の右の部分）。テクスチャー配列中のすべてのサブテクスチャーの大きさ、フォーマット、ミップマップ階層、MSAA設定は、すべて同じである必要があります。テクスチャー アトラスと同じく、設定をテクスチャー配列に一度行うだけで、シェーダーからインデックスを使って任意の配列要素にアクセスできます。これはサブテクスチャーの個別のバインドより5×倍高速なことがあります [490]。

ステート変更のコストの回避にも役立てられる機能が、**バインドレス テクスチャー** [1518] へのAPIサポートです。バインドレス テクスチャーがない場合、テクスチャーはAPIを使って特定のテクスチャー ユニットにバインドされます。1つの問題は、プログラマーにとって厄介なテクスチャー ユニット数の上限です。ドライバーは確実にテクスチャーがGPU上に存在するようにします。バインドレス テクスチャーでは、テクスチャーは**ハンドル**とも呼ばれる、ただの64ビット ポインターで、そのデータ構造に関連付けられるだけなので、テクスチャーの数に上限がありません。それらのハンドルは多くの異なる手段で、例えば一様変数や可変データを通じて、他のテクスチャーやシェーダー ストレージ バッファー オブジェクト（SSBO）からアクセスできます。アプリケーションは、テクスチャーがGPU上に存在することを保証する必要があります。バインドレス テクスチャーはドライバーのあらゆる種類のバインドのコストを回避し、レンダリングを高速にします。

6.2.6 テクスチャー圧縮

メモリーと帯域幅の問題、そしてキャッシュの懸念に直接的に取り組む1つの解決策が、圧縮率が固定の**テクスチャー圧縮**です [137]。圧縮テクスチャーをGPUにその場でデコードさせることにより、テクスチャーに必要なテクスチャー メモリーを減らし、実効キャッシュ サイズを増やせます。少なくとも同じぐらい重要なことは、アクセス時に消費するメモリー帯域幅が少ないので、そのようなテクスチャーを使うほうが効率がよいことです。関連するけれども異なるユースケースは、より大きなテクスチャーを使えるように圧縮を加えることです。例え

名前	ストレージ	基準色	インデックス	アルファ	コメント
BC1/DXT1	8 B/4 bpt	RGB565×2	2 bpt	–	1 ライン
BC2/DXT3	16 B/8 bpt	RGB565×2	2 bpt	4 bpt raw	BC1 と同じ色
BC3/DXT5	16 B/8 bpt	RGB565×2	2 bpt	3 bpt interp.	BC1 と同じ色
BC4	8 B/4 bpt	R8×2	3 bpt	–	1 チャンネル
BC5	16 B/8 bpt	RG88×2	2 × 3 bpt	–	2× BC4
BC6H	16 B/8 bpt	本文を参照	本文を参照	–	HDR 用; 1–2 ライン
BC7	8 B/4 bpt	本文を参照	本文を参照	オプション	1–3 ライン

表 **6.1**. テクスチャー圧縮フォーマット。すべて 4 × 4 テクセルのブロックを圧縮する。ストレージ列はブロックあたりのバイト数（B）と、テクセルあたりのビット数（bpt）を示す。基準色の表記は最初がチャンネルで、次がチャンネルあたりのビット数。例えば、RGB565 は赤と青は 5 ビットで、しかし緑チャンネルは 6 ビットを持つことを意味する。

ば、テクセルあたり 3 バイトを使う 512^2 の解像度の非圧縮テクスチャーは、768 kB を占有します。6 : 1 の圧縮比でテクスチャー圧縮を使えば、1024^2 のテクスチャーは 512 kB しか占有しません。

JPEG や PNG など、イメージ ファイル フォーマットで使われる様々なイメージ圧縮法がありますが、それらをハードウェアで実装するのは高コストです（しかしテクスチャー トランスコードについての情報がセクション 19.10.1 にあります）。S3 が開発した *S3 テクスチャー圧縮*（S3TC）[1638] と呼ばれるスキームは、DirectX の標準に選ばれ *DXTC* と呼ばれます。DirectX 10 では *BC*（ブロック圧縮）と呼ばれます。さらに、ほぼすべての GPU がサポートするので、OpenGL の事実上の標準になっています。それはサイズが一定の圧縮イメージを作成する利点を持ち、部分ごとに独立にエンコードされ、デコードが単純（したがって高速）です。イメージの圧縮された、それぞれの部分は他とは独立に扱うことができます。共有される参照テーブルがないため、デコードは単純です。

DXTC/BC 圧縮スキームには 7 つの変種があり、共通の特性があります。エンコードは、**タイル**とも呼ばれる 4 × 4 のテクセル ブロック上で行われます。ブロックごとに別々にエンコードされ、エンコードは補間に基づきます。エンコードする数量ごとに、2 つの基準値（例えば、色）を格納します。ブロック中の 16 テクセルそれぞれに、補間係数を保存します。それが 2 つの基準値の間の直線沿いの値、例えば、2 つの格納色に等しい、または補間される色を選びます。ただ 2 つの色と、ピクセルごとの小さなインデックス値を格納することにより圧縮がもたらされます。

正確なエンコードは 7 つの変種の間で異なり、それは表 6.1 にまとめられています。「DXT」は DirectX 9 の名前、「BC」は DirectX 10 以降の名前を示しています。表から読めるように、BC1 は 2 つの 16 ビット基準 RGB 値（5 ビットの赤、6 の緑、5 の青）を持ち、テクセルごとに基準値の 1 つか 2 つの中間値を選ぶための 2 ビットの補間係数を持っています。[*1] これは非圧縮 24 ビット RGB テクスチャーと比べて 6 : 1 のテクスチャー圧縮比を表します。BC2 は BC1 と同じやり方で色をエンコードしますが、量子化（raw）アルファ用にテクセルあたり 4 ビット（bpt）が加わります。BC3 では、各ブロックが DXT1 ブロックと同じやり方でエンコードされた RGB データを持ちます。それに加えて、アルファ データが 2 つの 8 ビット基準値とテクセルあたり 3 ビットの補間係数を使ってエンコードされます。テクセルごとに、基準アルファ値の 1 つと、6 つの中間値の 1 つのどちらかを選択できます。BC4 のチャンネルは 1 つで、BC3

[*1] 4 つの可能な補間係数の 1 つを透明ピクセルとして予約し、補間値の数を 3―2 つの基準値とその平均に制約する DXT1 モードもあります。

6.2. イメージ テクスチャリング

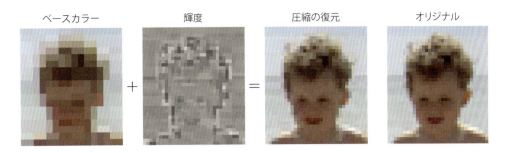

図6.21. ETC（エリクソン テクスチャー圧縮）はピクセルのブロックの色をエンコードしてから、ピクセルごとに輝度を修正して最終的なテクセル色を作成する。（*Jacob Ström*による圧縮イメージ。）

のアルファと同じエンコードのです。BC5は2つのチャンネルを持ち、どちらもBC3と同じエンコードです。

BC6Hはハイダイナミックレンジ（HDR）テクスチャー用で、テクセルは最初にR、G、Bチャンネルごとに16ビットの浮動小数点値を持ちます。このモードは16バイトを使うので、8 bptになります。それには1つの直線（上のテクニックと同様）のモードと、ブロックごとに小さな区間のセットから選択できる2つの直線のモードがあります。2つの基準色はデルタ エンコードで精度を上げることができ、使うモードに応じて異なる精度を持つこともできます。BC7では、ブロックごとに1から3の直線を持つことができ、8 bptを格納します。そのターゲットは8ビットのRGBとRGBAテクスチャーの高品質なテクスチャー圧縮です。それはBC6Hと多くの特性を共有しますが、LDRテクスチャー用のフォーマットで、BC6HはHDR用です。OpenGLでは、BC6HとBC7はそれぞれBPTC_FLOATとBPTCと呼ばれます。これらの圧縮テクニックは2次元テクスチャーだけでなく、キューブやボリューム テクスチャーにも適用できます。

これらの圧縮スキームの主な欠点は、それが**不可逆**なことです。つまり、普通は元のイメージを圧縮バージョンから取り出すことはできません。BC1–BC5の場合、16ピクセルを表すのに4または8の補間値しか使いません。タイルにそれより多くの相異なる値があれば合、何らかの損失が生じます。実際には、これらの圧縮スキームは正しく使えば、一般に許容できるイメージの忠実度を与えます。

BC1–BC5の問題の1つは、ブロックで使われるすべての色がRGB空間の1つの直線上にあることです。例えば、赤、緑、青の3色を1つのブロックで表すことはできません。BC6HとBC7はより多くの直線をサポートするので、より高い品質を供給できます。

OpenGL ESは、**エリクソン テクスチャー圧縮**（ETC）[1840]と呼ばれる別の圧縮アルゴリズムを、APIに取り込むことを選びました。このスキームはS3TCと同じ特徴を持ち、つまりデコードが高速で、ランダム アクセスでき、間接参照がなく、圧縮率が一定です。それは4×4テクセルのブロックを64ビットにエンコードするので、テクセルあたり4ビットを使います。その基本的な考え方が図6.21に示されています。2×4のブロック（または4×2、品質がよいほう）ごとに1つの基本色を格納します。ブロックごとに小さな静的参照テーブルから4つの定数のセットも選択し、ブロックの各テクセルは、このテーブルの値の1つを加えることができます。これがピクセルの輝度を修正します。イメージの品質はDXTCと同等です。

OpenGL ES 3.0に含まれるETC2では[1841]、未使用のビット組み合わせを使って元のETCアルゴリズムにさらにモードを追加しています。未使用のビット組み合わせの1つは、別の圧縮表現の同じイメージに解凍される圧縮表現です（例えば、64ビット）。例えば、BC1で

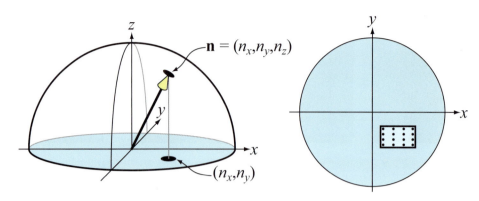

図6.22. 左：球上の単位法線はx-とy-成分しかエンコードする必要がない。右：BC4/3Dcでは、xy-平面中のボックスが法線を包含し、このボックス内の8×8の法線を、法線の4×4ブロックごとに使える。（わかりやすくするため、ここでは4×4の法線だけを示す）。

両方の基準色を同じに設定することは、固定色のブロックを意味し、1つの基準色がその固定色を含んでいれば取得可能なので、無用です。ETCでは、1つの色を最初の色から符号付きの数でデルタ エンコードできるので、計算がオーバーフローやアンダーフローする可能性があります。そのようなケースを、他の圧縮モードの印として使いました。ETC2は、ブロックごとに導出が異なる4つの色を持つ2つの新しいモードと、滑らかな遷移を扱う弧を意図したRGB空間の平面である最終モードを追加しました。**エリクソン アルファ圧縮**（EAC）[2010]は、1成分（例えば、アルファ）のイメージを圧縮します。この圧縮は基本のETC圧縮と似ていますが、1つの成分専用で、その結果のイメージはテクセルあたり4ビットを格納します。それはオプションでETC2と組み合わせることができ、さらに2つのEACチャンネルを使って法線を圧縮できます（このトピックは次に詳しく述べます）。ETC1、ETC2、EACはすべてOpenGL 4.0コア プロファイル、OpenGL ES 3.0、Vulkan、Metalの一部です。

法線マップの圧縮（セクション6.7.2で論じた）は、少し注意が必要です。RGB色用に設計された圧縮フォーマットは、一般に法線のxyzデータでうまく動作しません。ほとんどのアプローチは、法線が単位長だと分かっていることを利用し、さらに、そのz-成分が正だと仮定します（接空間法線では妥当な仮定）。これにより法線のx-とy-成分だけを格納することができます。z-成分はその場で、次で導きます。

$$n_z = \sqrt{1 - n_x^2 - n_y^2} \quad (6.4)$$

3つではなく2つの成分しか格納しないので、これ自体が若干の圧縮になります。たいていのGPUは3成分テクスチャーをネイティブにサポートしないので、これにより1つの成分を無駄にする可能性（あるいは4つ目の成分に別の量をパックする必要）も避けられます。普通はx-とy-成分をBC5/3Dc-フォーマット テクスチャーに格納することで、さらなる圧縮を実現します（図6.22）。各ブロックの基準値が最小と最大のx-とy-成分の値を定めるので、それはxy-平面上での境界ボックスの定義と見ることができます。3ビットの補間係数により、軸ごとに8つの値を選択できるので、境界ボックスは8×8の可能な法線グリッドに分割されます。あるいは、EACの2つのチャンネルを（xとyに）使い、その後に上で定義したzの計算を行うこともできます。

BC5/3DcやEACフォーマットをサポートしないハードウェア上で一般的なフォールバック[1329]は、DXT5フォーマットのテクスチャーを使い、2つの成分を緑とアルファの成分（そ

6.2. イメージ テクスチャリング

れらが最も高い精度で格納されるため）に格納することです。他の2つの成分は使いません。

PVRTC [505] は、Imagination Technologies の *PowerVR* と呼ばれるハードウェアで利用可能なテクスチャー圧縮フォーマットで、iPhoneとiPadで最も広く使われます。テクセルあたり2ビットと4ビット両方のスキームを提供し、4×4 テクセルのブロックを圧縮します。その鍵となる考え方は、イメージの2つの低周波（滑らかな）信号を供給することで、それはテクセル データの隣接ブロックと補間を使って取得します。次にイメージ上での2つの信号の補間に、テクセルあたり1または2ビットを使います。

適応型スケーラブル テクスチャー圧縮（ASTC）[1409] は、$n \times m$ テクセルのブロックを128ビットに圧縮するという点で異なります。そのブロック サイズの範囲は 4×4 から 12×12 で、最小でテクセルあたり0.89ビットから最大テクセルあたり8ビットまで、異なるビットレートを生じます。ASTCはコンパクトなインデックス表現のために幅広いトリックを使い、直線の数と末端のエンコーディングはブロックごとに選べます。それに加えて、ASTCは1–4チャンネルの、LDRとHDR両方のテクスチャーを扱えます。ASTCはOpenGL ES 3.2以降に含まれます。

上で紹介したすべてのテクスチャー圧縮スキームは不可逆で、テクスチャーの圧縮で処理に費やす時間の量はまちまちです。圧縮に何秒、あるいは何分も費やすことで、大幅に高い品質が得られるので、たいていオフラインの前処理として行い、後で使うために格納します。逆に、ほんの数ミリ秒を使い、その結果として低品質であっても、テクスチャーをほぼリアルタイムに圧縮して直ちに使うこともできます。1つの例は、数秒ごとに雲が少し動くたびに生成し直す、スカイボックス（セクション13.3）です。圧縮の復元は固定機能ハードウェアを使って行われるので、極めて高速です。この差は**データ圧縮の非対称性**と呼ばれ、圧縮は常に復元よりもかなり長い時間がかかる可能性があり、実際にかかります。

Kaplanyan [925] が、圧縮テクスチャーの品質を改善できる、いくつかの手法を紹介しています。色と法線のマップを含む両方のテクスチャーに対し、成分あたり16ビットでマップの作成を行うことが推奨されています。次に色テクスチャーには、**ヒストグラム再正規化**を16ビットで行い、次にシェーダーでスケールとバイアス定数（テクスチャー単位）を使い、その結果を反転します。ヒストグラム再正規化はイメージで使われる値を範囲全体に広げるテクニックで、実質的にはコントラスト強化の1つの形です。成分あたり16ビットを使うことで、再正規化後のヒストグラムに未使用スロットがなくなり、多くのテクスチャー圧縮スキームが取り込むことがあるバンディング アーティファクトが減ります。これが図6.23に示されています。さらに、ピクセルの75%が116/255より上ならテクスチャーに線形色空間を使い、そうでなければテクスチャーをsRGBで格納することを、Kaplanyanは推奨しています。法線マップでは、BC5/3Dcが x を y と無関係に圧縮すると述べ、それは必ずしも最良の法線が求められるわけではないことを意味します。代わりに、法線には次の誤差基準を使うことを提案しています。

$$e = \arccos\left(\frac{\mathbf{n} \cdot \mathbf{n}_c}{||\mathbf{n}|| \, ||\mathbf{n}_c||}\right) \tag{6.5}$$

$\mathbf{n}$ は元の法線で、$\mathbf{n}_c$ は圧縮してから、復元した同じ法線です。

テクスチャーを別の色空間で圧縮することも可能で、それがテクスチャー圧縮の高速化に使えることを述べておきます。よく使われる変換はRGB→YCoCgです [1202]:

$$\begin{pmatrix} Y \\ C_o \\ C_g \end{pmatrix} = \begin{pmatrix} 1/4 & 1/2 & 1/4 \\ 1/2 & 0 & -1/2 \\ -1/4 & 1/2 & -1/4 \end{pmatrix} \begin{pmatrix} R \\ G \\ B \end{pmatrix} \tag{6.6}$$

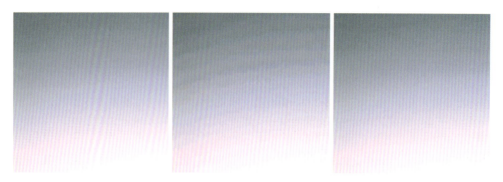

図6.23. テクスチャー圧縮で成分あたり16ビットと8ビットを使った効果の比較。左から右：元のテクスチャー、成分あたり8ビットからDXT1圧縮、成分あたり16ビットとシェーダーで再正規化したDXT1圧縮。効果をより明らかに示すため、テクスチャーは強いライティングでレンダーしている。*(イメージ提供：Anton Kaplanyan。)*

Y は輝度項、C_o と C_g は色度項です。その逆変換も安価な少数の加算です。

$$G = (Y + C_g), \quad t = (Y - C_g), \quad R = t + C_o, \quad B = t - C_o \tag{6.7}$$

これら2つの変換は線形で、それは式6.6が、それ自体線形の行列-ベクトル乗算であることからわかります（式4.1と4.2を参照）。これはRGBをテクスチャーに格納する代わりにYCoCgを格納できるので重要です。テクスチャリング ハードウェアは、YCoCg空間でもフィルタリングを行うことができ、ピクセル シェーダーは必要に応じてそれをRGBに戻せます。それが問題になるかどうかは分かりませんが、この変換自体は不可逆であることに注意すべきです。

可逆のRGB→YCoCg変換もあり、それは次に要約されます。

$$\begin{cases} C_o = R - B \\ t = B + (C_o \gg 1) \\ C_g = G - t \\ Y = t + (C_g \gg 1) \end{cases} \iff \begin{cases} t = Y - (C_g \gg 1) \\ G = C_g + t \\ B = t - (C_o \gg 1) \\ R = B + C_o \end{cases} \tag{6.8}$$

$\gg$ は右シフトです。これは、例えば24ビットのRGB色と対応するYCoCg表現を、損失なしに変換して行き来できることを意味します。RGBの各成分が n ビットなら、可逆変換を保証するのに、Y は n しか必要ありませんが、C_o と C_g のどちらも、それぞれ $n+1$ ビット必要なことに注意してください。Van WaverenとCastaño [1993] が、不可逆YCoCg変換を使って、CPUとGPUの両方で高速なDXT5/BC3への圧縮を実装しています。Y をアルファ チャンネル（最も高い精度を持つ）に格納し、C_o と C_g をRGBの最初の2つの成分に格納します。Y を別個に格納して圧縮するので、圧縮が高速になります。C_o-と C_g-成分では、2次元境界ボックスを求めて、最もよい結果を作り出すボックスの対角線を選択します。CPU上で動的に作成するテクスチャーは、テクスチャーもCPU上で圧縮するほうがよいかもしれません。テクスチャーをGPU上でレンダリングを通じて作成するときには、普通はテクスチャーの圧縮もGPU上で行うほうがよいでしょう。YCoCg変換や他の輝度-色度変換は、しばしばイメージ圧縮で使われ、そこでは色度成分が 2×2 ピクセル上で平均されます。これはストレージを50%削減し、色度の変化は非常に遅い傾向があるので、たいていうまく動作します。Lee-SteereとHarmon [1096] が、これを一歩進めて色相-彩度-明度（HSV）に変換し、色相と彩度の両方を x と y で4分の1にダウンサンプルし、明度を1チャンネルのDXT1テクスチャーに格納しています。Van WaverenとCastaは、高速な法線マップ圧縮の手法も述べています [1994]。

図**6.24.** ボリューム テクスチャーを使ったリアルタイムの手続き的テクスチャリングの2つの例。左の大理石は、レイ マーチングを使ってレンダーした半透明ボリューム テクスチャー。右のオブジェクトは、複雑な手続き型木材シェーダーで生成し、現実世界の環境の上に重ねた合成イメージ[1140]。（左のイメージは *shadertoy* の「*Playing marble*」、提供は *Stéphane Guillitte*。右のイメージの提供は *Nicolas Savva, Autodesk, Inc.*）

GriffinとOlanoによる研究[652]は、複数のテクスチャーを複雑なシェーディング モデルを持つ幾何学的モデルに適用すると、テクスチャーの品質が低くても、ほとんど違いに気付かないことを示しています。したがって、ユースケースによっては品質の低下が許容されるかもしれません。Fauconneau [503] は、DirectX 11テクスチャー圧縮フォーマットのSIMD実装を紹介しています。

6.3　手続き的テクスチャリング

与えられたテクスチャー空間位置でイメージ参照を行うのは、テクスチャーの値を生成する1つのやり方です。別のやり方は関数を評価することで、それが**プロシージャル テクスチャー**の定義です。

プロシージャル テクスチャーはオフライン レンダリング アプリケーションでよく使われますが、リアルタイム レンダリングでは、イメージ テクスチャーのほうがずっと一般的です。これは1秒間に何十億ものテクスチャー アクセスを行える、現代のGPUのイメージ テクスチャリング ハードウェアの極めて高い効率によるものです。しかし、GPUのアーキテクチャーは、より安価な計算と、（比較的）高コストなメモリー アクセスに向かって進化しています。そのような傾向により、プロシージャル テクスチャーがリアルタイム アプリケーションで大いに使われるようになりました。

ボリューム イメージ テクスチャーの高いストレージ コストを考えると、手続き的テクスチャリングにとって、ボリューム テクスチャーは特に魅力的な応用範囲です。そのようなテクスチャーは様々なテクニックで合成できます。最も一般的なものの1つが、1つ以上のノイズ関数を使った値の生成です [440, 1481, 1482, 1483]（図6.24）。ノイズ関数は、たいてい**オクターブ**と呼ばれる連続した2のべき乗の周波数でサンプルされます。オクターブごとに、通常は周波数が増えるにつれて下がる重みが与えられ、その加重サンプルの和は**乱流関数**と呼ばれます。

ノイズ関数の評価はコストが高いので、たいてい3次元配列の格子点で事前に計算し、それを使ってテクスチャーの値を補間します。カラー バッファー ブレンドを使い、そのような配列を素早く生成する、様々な手法があります [1282]。Perlin [1484] が、ノイズ関数をサンプルするための高速で実用的な手法を紹介し、いくつかの用途を示しています。Olano [1426] は、テクスチャーの格納と計算の実効のトレードオフを許すノイズ生成アルゴリズムを提供します。McEwan ら [1258] は、古典的なノイズとシンプレックス ノイズをシェーダーで参照なしで計算する手法を開発し、ソース コードが入手可能です。Parberry [1463] は、ダイナミック プログラミングを使って計算を複数のピクセルで償却し、ノイズの計算をスピードアップします。Green [637] は高品質の手法を与えますが、1つの参照で50のピクセル シェーダー命令を使うので、どちらかと言うと準インタラクティブなアプリケーションを意図しています。Perlin [1481, 1482, 1483] が示した元のノイズ関数は改善可能です。Cook と DeRose [315] が示したウェーブレット ノイズと呼ばれる代替表現は、僅かな評価コストの増加でエイリアシングの問題を回避します。Liu ら [1140] は、様々なノイズ関数を使って様々な木材テクスチャーと表面仕上げをシミュレートしています。Lagae ら [1031] による、このトピックに関する最先端の報告を読むことも推奨します。

他の手続き的手法も可能です。例えば、**セル テクスチャー**は、それぞれの位置から空間に散らばった「特徴点」のセットへの距離を測定して形成されます。その結果の最も近い距離を様々なやり方でマップすることにより、例えば色やシェーディング法線を変えて、セル（細胞）、敷石、トカゲの皮など、自然の構造のように見えるパターンを作成します。Griffiths [653] は、GPU上で最も近い隣接点を効率よく求め、セル テクスチャーを生成する方法を論じています。

別のタイプのプロシージャル テクスチャーが、水の波紋や広がる割れ目など、物理シミュレーションの結果や、何らかのインタラクティブな処理の結果です。そのような場合、プロシージャル テクスチャーは動的な条件に反応し、実質的に無限の変化を生み出せます。

手続き的な2次元テクスチャーを生成するときには、引き伸ばしや継ぎ目のアーティファクトを手作業で修正したり、回避できるオーサリングによるテクスチャーよりも、パラメーター化が大きな問題になることがあります。1つの解決法は、サーフェス上に直接テクスチャーを合成して、パラメーター化を完全に避けることです。この操作を複雑なサーフェスで行うのは、技術的なチャレンジで、活発な研究の領域です。この分野の概要は、Wei ら [2003] を参照してください。

プロシージャル テクスチャーのアンチエイリアシングは、イメージ テクスチャーのアンチエイリアシングよりも、難しく、簡単でもあります。ミップマッピングなどの事前計算が利用できず、プログラマーに負担がかかります。その一方で、プロシージャル テクスチャーの作者は、テクスチャーの内容について「内部情報」を持つので、エイリアシングを避けるように仕立てることができます。これは特に、複数のノイズ関数を加算して作成するプロシージャル テクスチャーに当てはまります。個々のノイズ関数の周波数が分かるので、エイリアシングを生じそうな周波数をすべて破棄し、実際に計算のコストを下げることができます。他のタイプのプロシージャル テクスチャーのアンチエイリアシングを行う、様々なテクニックがあります [440, 656, 1503, 1626]。Dorn ら [401] は、テクスチャー関数を再公式化して高周波の回避、つまり**帯域制限**を行う、以前の研究と現在のいくつかの処理を論じています。

6.4 テクスチャー アニメーション

サーフェスに適用するイメージが静止している必要はありません。例えば、ビデオ ソースを毎フレーム変化するテクスチャーとして使えます。

テクスチャー座標も静止している必要はありません。アプリケーション デザイナーは明示的に、メッシュのデータ自体の中や、頂点やピクセルのシェーダーで適用する関数を通じて、テクスチャー座標を毎フレーム変えることができます。滝をモデル化し、落下する水のように見えるイメージでテクスチャー処理するとします。例えば、v-座標を流れの方向とします。水を動かすためには、連続するフレームごとに、ある大きさを v-座標から引かなければなりません。テクスチャー座標の引き算は、テクスチャー自体が前に動くように見せる効果を持ちます。

テクスチャー座標に行列を適用することで、より精緻な効果を作成できます。それによって平行移動だけでなく、ズーム、回転、せん断などの線形変換[1282, 2048]、イメージの歪曲やモーフィング変換[1857]、汎用の投影[690]が可能になります。CPUやシェーダーで関数を適用することにより、さらに多くの精緻な効果を作成できます。

テクスチャー ブレンド テクニックを使うことにより、他のアニメーション効果も実現できます。例えば、大理石テクスチャーで開始して、表皮のテクスチャーにフェードインすることにより、彫像に命を吹き込むことができます[1317]。

6.5 マテリアル マッピング

テクスチャーの一般的な用途の1つが、シェーディングの式に影響を持つマテリアル プロパティを変えることです。一般に現実世界の物体（オブジェクト）は、そのサーフェス上で変化する材料特性（マテリアル プロパティ）を持ちます。そのようなオブジェクトをシミュレートするため、ピクセル シェーダーはテクスチャーから値を読み、それを使ってシェーディングの式を評価する前にマテリアル パラメーターを修正できます。テクスチャーが最もよく修正するパラメーターはサーフェスの色です。このテクスチャーは、**アルベド色マップ**や**ディフューズ色マップ**と呼ばれます。しかし、任意のパラメーターをテクスチャーで修正でき、置換、乗算、その他の変更を行えます。例えば図6.25では、3つの異なるテクスチャーをサーフェスに適用し、定数値を置き換えています。

テクスチャーのマテリアルでの使い方を、さらに先に進めることができます。テクスチャーを式のパラメーターを修正する代わりに、ピクセル シェーダー自体のフローと関数の制御に使えます。サーフェスの領域がどのマテリアルを持つかを1つのテクスチャーで指定して、異なるコードを実行させることにより、1つのサーフェスに異なるシェーディングの式とパラメーターを持つ2つ以上のマテリアルを適用できます。例えば、錆びた領域を持つ金属サーフェスは、錆た場所を指定するテクスチャーを使い、そのテクスチャー参照を基に錆た部分のシェーダーと、輝く金属のシェーダーを条件実行させることができます（セクション9.5.2）。

サーフェス色などのシェーディング モデルの入力は、シェーダーからの最終的な色の出力と線形の関係を持ちます。したがって、そのような入力を含むテクスチャーは、標準的なテクニックでフィルター処理を行い、エイリアシングを回避できます。ラフネスやバンプ マッピング（セクション6.7）など、非線形なシェーディング入力を含むテクスチャーは、エイリアシ

アルベド
テクスチャー

ラフネス
テクスチャー

高さ
テクスチャー

図6.25. 金属のようなレンガとモルタル。右はサーフェス色、ラフネス（明るいほど粗い）、バンプ マップの高さ（明るいほど高い）のテクスチャー。（*three.js*のサンプル *webgl_tonemapping*からのイメージ *[237]*。）

ングを避けるため、もう少し注意が必要です。シェーディングの式を考慮するフィルタリングテクニックが、そのようなテクスチャーの結果を改善できます。それらのテクニックは、セクション9.13で論じます。

6.6 アルファ マッピング

アルファ値は、アルファ ブレンドやアルファ テストを使うことにより、少し名前を挙げるなら、枝葉、爆発、遠くのオブジェクトの効率的なレンダリングなど、多くの効果に使えます。このセクションはテクスチャーとアルファの使い方を論じ、その中で様々な制限と解決法に言及します。

　1つのテクスチャーに関連する効果が、**デカール**です。例えば、ティーポットに花の絵を描きたいとします。欲しいのは全体の絵ではなく、花の部分だけです。テクセルに0のアルファを割り当てると透明になるので、それは何の効果も持ちません。したがって、デカール テクスチャーのアルファを正しく設定することにより、下のサーフェスをデカールで置き換えたり、ブレンドできます。一般には、クランプ コレスポンダー関数を透明な境界と合わせて使い、デカールの単一のコピーを（反復テクスチャーではなく）サーフェスに適用します。デカールの実装方法の例が図6.26に示されています。デカールについての詳しい情報は、セクション20.2を参照してください。

　よく似たアルファの応用が、カットアウト（切り抜き）の作成です。例えば、茂みのデカールを作り、シーン中の長方形に適用するとします。茂みを下のサーフェスと同一平面ではなく、何であれ背後にあるジオメトリーの上に描くことを除けば、原理はデカールと同じです。こうすることで、1つの長方形を使って複雑なシルエットを持つオブジェクトをレンダーできます。

　茂みの場合、その周りで視点を回転させると、茂みに厚みがないので、幻想が壊れます。1つの答えは、この茂みの長方形をコピーして、幹を中心に90度回転することです。その2つの長方形は「クロス ツリー」[1302]とも呼ばれる安価な3次元の茂みを形成し、地上レベルから見ると、その幻想はかなり効果的です（図6.27）。Pelzer [1477]が、3つのカットアウトを使って草を表現する、よく似た構成を論じています。セクション13.6で論じる**ビルボード**と呼ばれる手法は、そのような1つの長方形へのレンダリングを減らすために使われます。視点が

6.6. アルファ マッピング

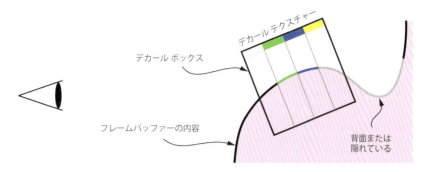

図 **6.26.** デカールの1つの実装方法。まずフレームバッファーにシーンをレンダーしてから、ボックスをレンダーし、ボックス内のすべての点で、デカール テクスチャーをフレームバッファーの内容に投影する。最も左のテクセルは完全に透明なので、フレームバッファーに影響を与えない。黄色のテクセルはサーフェスの隠れる部分に投影されるので見えない。

図 **6.27.** 左は、茂みのテクスチャー マップと、その下の1ビットのアルファ チャンネル マップ。右では、1つの長方形にレンダーした茂みに、長方形の第2のコピーを追加して90度回転し、安価な3次元の茂みを形成している。

地上レベルより上に動くと、上から見た茂みは2つのカットアウトになるので、幻想は壊れます（図6.28）。これに対処するため、様々なやり方（スライス、ブランチ、レイヤー）でカットアウトを増やし、モデルの信ぴょう性を増すことができます。セクション13.6.5で、そのようなモデルを生成する1つのアプローチを論じ、740ページの図19.31が別のアプローチを示しています。最終的な結果は、例えば、2ページと983ページのイメージを参照してください。

アルファ マップとテクスチャー アニメーションを組み合わせると、揺らめく松明、植物の

図 **6.28.** 地上レベルより少し上と、さらに上から見ることで幻想が壊れた「クロス ツリー」の茂み。

成長、爆発、大気効果など、信ぴょう性のある特殊効果を作り出せます。

アルファ マップを使うオブジェクトのレンダリングには、いくつかの選択肢があります。アルファ ブレンド（セクション5.5）は小数透明度値を許し、オブジェクトのエッジのアンチエイリアシングと、部分的に透明なオブジェクトを可能にします。しかし、アルファ ブレンドは、ブレンドする三角形を不透明なものの後から、後ろから前の順番でレンダーする必要があります。単純なクロス ツリーは、各四辺形の一部が互いの前にあるので、正しいレンダリング順がない2つのカットアウト テクスチャーの例です。理論的にソートして正しい順番を得られるときでも、それを行うのは一般に非効率的です。例えば、草原にはカットアウトで表現される何万もの草の葉があるかもしれません。個々のメッシュ オブジェクトが、別々の多くの葉で構成されることもあります。個々の葉を明示的にソートするのは、極めて非実用的です。

この問題をレンダリング時に軽減できる、いくつかの手段があります。1つはアルファ テストを使うことで、それはピクセル シェーダーで、与えられた閾値未満のアルファ値を持つフラグメントを、条件的に破棄する処理です。これは次で行い、

$$\text{if (texture.a < alphaThreshold) discard;} \tag{6.9}$$

texture.aはテクスチャー参照からのアルファ値、パラメーターalphaThresholdは破棄するフラグメントを決定する、ユーザー供給の閾値です。この2択の可視性テストは、透明なフラグメントを破棄するので、三角形を任意の順番でレンダーできます。通常はこれをアルファが0.0のフラグメントに対して行います。完全に透明なフラグメントを破棄することには、シェーダー処理とマージのコストを節約すると同時に、z-バッファーのピクセルが誤って可視とマークされるのを回避する利点もあります[424]。カットアウトでは、しばしば閾値を0.0より高く、例えば0.5以上に設定し、さらに一歩進めてアルファ値を完全に無視し、ブレンドに使わないこともあります。そうすることで、順番違いのアーティファクトを避けられます。しかし、2レベルの透明度（完全に不透明と完全に透明）しか利用できないので、品質は低下します。別の解法は、モデルごとに2つのパス（1つはz-バッファーに書き込むベタのカットアウト、もう1つは書き込まない半透明サンプル）を行うことです。

アルファ テストには他にも2つの問題があり、それは過剰な拡大と[1485]、過剰な縮小です[254, 606]。アルファ テストをミップマッピングで使うときには、処理のやり方を変えないと、効果が信ぴょう性のないものになります。1つの例が図6.29の上に示され、そこでは木々の葉が意図したものより透明になっています。これは例で説明できます。4つのアルファ値、$(0.0, 1.0, 1.0, 0.0)$を持つ1次元テクスチャーがあるとします。平均処理により、次のミップマップ レベルは$(0.5, 0.5)$になり、最上位レベルは(0.5)になります。ここでは$\alpha_t = 0.75$を使うことにします。ミップマップ レベル0にアクセスするときには、4のうち1.5テクセルが破棄テストを生き残ることを示せます。しかし、次の2つのレベルにアクセスするときには、$0.5 < 0.75$なので、すべて破棄されます。別の例は図6.30を参照してください。

Castaño [254] が、ミップマップ作成時に行い、うまく動作する単純な解決法を紹介しています。ミップマップ レベルkで、その被覆率c_kは

$$c_k = \frac{1}{n_k} \sum_i \left(\alpha(k, i) > \alpha_t \right) \tag{6.10}$$

と定義され、n_kはミップマップ レベルkのテクセルの数、$\alpha(k, i)$はミップマップ レベルkのピクセルiのアルファ値、α_tは式6.9のユーザーが供給するアルファ閾値です。ここでは$\alpha(k, i) > \alpha_t$の結果を、それが真なら1、そうでなければ0としています。$k = 0$は最低のミッ

6.6. アルファ マッピング

図 6.29. 上：補正なしのアルファ テストとミップマッピング。下：被覆率に従ってスケールし直したアルファ値によるアルファ テスト。(「*The Witness*」からのイメージ、提供：*Ignacio Castaño*。)

プマップ レベル、つまり元のイメージを示します。次にミップマップ レベルごとに、α_t を使う代わりに、c_k が c_0 と等しくなる（可能な限り近くなる）新しいミップマップ閾値 α_k を求めます。これは二分探索を使って行えます。最後に、ミップマップ レベル k のすべてのテクセルのアルファ値を、α_t/α_k でスケールします。この手法は図 6.29 の下の部分で使われ、NVIDIAのテクスチャー ツールがこれをサポートします。Golus [606] は、ミップマップを修正する代わりに、ミップマップ レベルの増加に応じて、シェーダーでアルファをスケール アップする変種を与えています。

　WymanとMcGuire [2077] は理論的に、式 6.9 のコードを、次で置き換える別の解決法を紹介しています。

$$\text{if (texture.a < random()) discard;} \qquad (6.11)$$

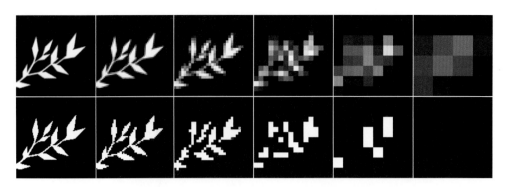

図6.30. 上は葉のパターンの異なるミップマップ レベルをブレンドしたもので、見やすいように高いレベルをズームしている。下はミップマップの0.5のアルファ テストでの扱われ方で、遠ざかるほどオブジェクトのピクセルが減る様子を示している。(イメージ提供: Ben Golus [606]。)

このランダム関数は $[0,1]$ の一様な値を返し、これは平均すると正しい結果になることを意味します。例えば、テクスチャー参照のアルファ値が0.3なら、そのフラグメントは30%の確率で破棄されます。これはピクセルあたり1サンプルの確率論的透明度の1つの形です[459]。実際には、時間と空間の高周波ノイズを避けるため、ランダム関数をハッシュ関数で置き換えます。

$$\text{float hash2D(x,y) } \{ \text{ return fract}(1.0e4*\sin(17.0*x+0.1*y) * \\ (0.1+\text{abs}(\sin(13.0*y+x)))); \} \qquad (6.12)$$

3次元ハッシュは、上の関数への入れ子の呼び出し、つまり、float hash3D(x,y,z) { return hash2D(hash2D(x,y),z); }で作り、$[0,1)$ の数を返します。ハッシュへの入力は、オブジェクト空間座標を、そのオブジェクト空間座標の最大のスクリーン空間導関数 (x と y) で割った後、クランプしたものです。z-方向への動きで安定性を得るためには、さらに注意が必要で、この手法は、時間アンチエイリアシング テクニックと組み合わせるのが最善です。このテクニックは、クローズアップで確率論的効果がなくなるように、距離でフェードインします。この手法の長所は、Castañoの手法h[254]がミップマップ レベルごとに1つの α_k を作成するのに対し、平均すればすべてのフラグメントが正しいことです。しかし、この値はミップマップ レベルによって変わる可能性があり、それによって品質が下がり、アーティストの介在が必要になるかもしれません。

　アルファ テストを拡大すると示す波紋アーティファクトは、アルファ マップを事前に距離フィールドとして計算することで回避できます[630])（584ページの議論も参照）。

　アルファから被覆率とよく似た機能である**透明度適応型アンチエイリアシング**は、フラグメントの透明度の値を、1ピクセルのサンプルが覆われる数に変換します[1354]。サブピクセル レベルですが、この考え方はセクション5.5で述べた網戸透明度と似ています。ピクセルあたり4つのサンプル位置があり、あるピクセルを覆うフラグメントが、カットアウト テクスチャーにより25%透明（75%不透明）だとします。アルファから被覆率モードは、そのフラグメントを完全に不透明な、しかし4つのうち3つのサンプルだけを覆うものにします。このモードは、例えば、重なり合う草の葉状体のカットアウト テクスチャーで役立ちます[958, 2018]。描くサンプルはどれも完全に不透明なので、最も近い葉状体は背後のオブジェクトを、そのエッジに沿う一貫したやり方で隠します。アルファ ブレンドはオフなので、半透明のエッジ ピクセルを正しくブレンドするためのソートは不要です。

6.6. アルファ マッピング

図6.31. エッジに部分的なアルファ被覆率を持つ葉テクスチャーの様々なレンダリング テクニック。左から右：アルファ テスト、アルファ ブレンド、アルファから被覆率、アルファから被覆率とシャープ化エッジ。（イメージ提供：*Ben Golus [606]*。）

アルファから被覆率はアルファ テストのアンチエイリアシングにはよくても、アルファ ブレンドでアーティファクトを示すことがあります。例えば、アルファ ブレンドされる、アルファ被覆率が同じ2つのフラグメントが、同じサブピクセル パターンを使うと、2つのフラグメントはブレンドされず、完全に重なります。Golus [606] が、fwidth()シェーダー命令を使い、より明瞭なエッジをコンテンツに与えることを論じています（図6.31）。

どのアルファ マッピングを使うときにも、双線形補間が色値に与える影響を理解することが重要です。2つの互いに隣接するテクセルがあり、$rgb\alpha = (255, 0, 0, 255)$はベタな赤、その隣の$rgb\alpha = (0, 0, 0, 2)$は黒で、ほぼ完全に透明だとします。2つのテクセルのちょうど真ん中の位置の$rgb\alpha$は何でしょうか？単純な補間は$(127, 0, 0, 128)$を与え、その結果のrgb値は、単独では「薄暗い」赤です。しかし、この結果は実際には薄暗くなく、そのアルファが乗算済みの完全な赤です。アルファ値を補間する場合、正しい補間を行うには、必ず補間前のアルファが補間される色に乗算済みである必要があります。例えば、ほぼ透明な隣のテクセルを、わずかな緑の色合いを与える$rgb\alpha = (0, 255, 0, 2)$に設定するとします。この色はアルファが乗算済みでなく、補間の結果は$(127, 127, 0, 128)$になります―わずかな緑の色合いが突然、結果を（乗算済の）黄色いサンプルにシフトします。隣接テクセルの乗算済バージョンは$(0, 2, 0, 2)$で、それは正しい乗算済みの結果、$(127, 1, 0, 128)$を与えます。この結果のほうが辻褄が合い、ほぼ赤で、わずかな緑の色合いを持つ乗算済みの色になります。

双線形補間の与える結果が乗算済みであることを無視すると、デカールとカットアウト オブジェクトの周りに黒いエッジを生じることがあります。「薄暗い」赤の結果が、パイプラインの他の部分で非乗算済みの色として扱われ、周辺が黒くなります（フリンジング）。この効果は、アルファ テストを使うときでも見えることがあります。最もよい戦略は、双線形補間の前に乗算を行うことです [532, 703, 1256, 1948]。ウェブページでは合成が重要なので、WebGL APIがこれをサポートします。しかし、双線形補間は通常GPUが行い、この操作が行われる前に、シェーダーによるテクセル値の操作を行うことはできません。乗算済みだと色の精度が失われるので、PNGなどのファイル フォーマットではイメージが乗算済みではありません。この2つの要因が組み合わさって、アルファ マッピングを使うと、デフォルトでは黒い周縁部が生じます。一般的な回避策の1つは、カットアウト イメージを前処理して、透明な「黒い」テクセルを、近くの不透明なテクセルから派生する色で塗ることです [532, 743]。ミップマップ レベルでもフリンジングの問題を回避するように、すべての透明な領域を、手作業や自動処理で、このように塗り直す必要がよくあります [320]。アルファ値を持つミップマップの形成でも、乗算済みの値を使わなければならないことに留意すべきです [2077]。

6.7 バンプ マッピング

このセクションでは、バンプ マッピングと総称される、小規模な詳細表現テクニックの大きなファミリーを説明します。その手法は、すべて一般にピクセル単位のシェーディング ルーチンを修正することで実装されます。それらは追加のジオメトリーを加えずに、テクスチャー マッピング単体よりも3次元の外見を与えます。

オブジェクト上の詳細は、多くのピクセルを覆うマクロな特徴、少数のピクセルに広がる中間的な（メソ）特徴、ピクセルよりもずっと小さいミクロな特徴の3つのスケールに分類できます。アニメーションやインタラクティブなセッションでは、同じオブジェクトを多くの距離で観察することがあるので、これらの分類はやや流動的です。

マクロジオメトリーは、頂点や三角形などの幾何学的プリミティブで表されます。3次元キャラクターを作成するときには、四肢と頭は一般にマクロスケールでモデリングされます。マイクロジオメトリーはシェーディング モデルにカプセル化されて、ピクセル シェーダーで実装され、パラメーターとしてテクスチャー マップを使います。使用するシェーディング モデルが、サーフェスの微視的なジオメトリーの相互作用をシミュレートし、例えば、光沢オブジェクトは微視的に滑らかで、ディフューズ サーフェスは微視的には凸凹です。キャラクターの肌と布は異なるシェーダーを使うか、少なくともシェーダーで異なるパラメーターを使うので、別の材質を持つように見えます。

メソジオメトリーは、その2つのスケールの間のすべてのものを記述します。個別の三角形で効率的にレンダーするには複雑すぎるけれども、複数のピクセルにまたがるサーフェスの曲率の個別の変化を、見て識別できるほどには大きい詳細が含まれます。キャラクターの顔のしわ、筋肉組織の細部、その衣服の折り目と縫い目はどれもメソスケールです。メソスケールモデリングでは、一般にバンプ マッピング テクニックと総称される手法のファミリーが使われます。実際には平らで変化しない基本のジオメトリーからの小さな摂動を、見る人が知覚するように、シェーディング パラメーターをピクセル レベルで調整します。様々な種類のバンプ マッピングの主な違いは、細部の特徴の表現の仕方です。変数にはリアリズムのレベルと、細部の特徴の複雑さが含まれます。例えば、デジタル アーティストがモデルに細部を彫刻してから、ソフトウェアを使ってそれらの幾何学的要素を、バンプ テクスチャーと、場合によってクレバス減光テクスチャーなど、1つ以上のテクスチャーに変えるのが一般的です。

1978年にBlinnが、メソスケールの詳細をテクスチャーにエンコードする考え方を紹介しました [178]。彼は少し摂動したサーフェス法線を、シェーディング中に本物と置き換えれば、サーフェスが小規模な細部を持つように見えることに気付きました。彼はサーフェス法線への摂動を記述するデータを配列に格納しました。

その鍵となる考え方は、テクスチャーを使って照明の式の色成分を変える代わりに、テクスチャーにアクセスしてサーフェス法線を修正することです。サーフェスの幾何学的な法線は変えずに、ライティングの式で使う法線を修正するだけです。これに物理的に対応する操作はなく、サーフェス法線に変更を行いますが、サーフェス自体は幾何学的な意味では滑らかなままです。頂点ごとに法線を持つことで、三角形の間でサーフェスが滑らかな幻想を与えられるのと同じく、ピクセルごとに法線を修正することで、三角形のジオメトリーを修正せずに、そのサーフェスの知覚を変えます。

バンプ マッピングでは、法線は何らかの基準フレームに対して方向を変える必要がありま

6.7. バンプ マッピング

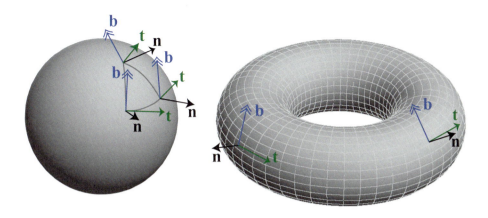

図6.32. 球面三角形が表示され、その接フレームが各隅で示されている。トーラスの緯線と経線が示されているように、球やトーラスのような形状は自然な接空間基底を持つ。

す。それを行うため、**接フレーム**（接空間基底とも呼ばれる）を、頂点ごとに格納します。法線を摂動する効果を計算するため、この基準フレームを使い、ライトをサーフェス位置の空間に（または逆に）変換します。法線マップを適用するポリゴン サーフェスでは、頂点法線に加えて、**接ベクトル**と**従接ベクトル**と呼ばれるものも格納します。従接ベクトルは**従法線ベクトル**と呼ばれることもありますが、それは不正確です[1108]。

接ベクトルと従接ベクトルは、その目的がライトをマップに相対的に変換することなので、オブジェクトの空間での法線マップ自体の軸を表します（図6.32）。

この3つのベクトル、法線 **n**、接線 **t**、従接線 **b** が基底行列を形成します。

$$\begin{pmatrix} t_x & t_y & t_z & 0 \\ b_x & b_y & b_z & 0 \\ n_x & n_y & n_z & 0 \\ 0 & 0 & 0 & 1 \end{pmatrix} \quad (6.13)$$

この *TBN* とも略される行列は、ライトの方向を（与えられた頂点で）ワールド空間から接空間に変換します。法線マップ自体がサーフェスに合わせて歪んでいるかもしれないので、これらのベクトルが本当に互いに直交している必要はありません。しかし、非直交基底はテクスチャーに歪みをもたらし、それは必要なストレージが増えるかもしれないことを意味し、また行列を単純な転置で逆にできないので、性能に影響するかもしれません[536]。メモリーを節約する1つの手法は、接線と従接線だけを頂点に格納し、その外積で法線を計算することです。しかし、このテクニックは行列の手系（右/左）が常に同じでないと動作しません[1328]。飛行機、人間、ファイル キャビネットや他の多くのオブジェクトなど、モデルはしばしば左右対称です。テクスチャーは大量のメモリーを消費するので、対称なモデルの上でしばしば鏡面複写されます。したがって、オブジェクトのテクスチャーの片側だけを格納しますが、テクスチャー マッピングはモデルの両側に配置します。この場合、接空間の手系は2つの側で異なり、それを仮定できません。この場合でも、手系を示す追加の1ビットの情報を各頂点に格納すれば、法線の格納を避けることが可能です。このビットを使い、セットされていれば、接線と従接線の外積を反転して正しい法線を作ります。接フレームが直交なら、基底をクォターニオンとして格納することもでき（セクション4.3）、それはスペース効率がよく、ピクセルごとの計算もいくらか節約できます[536, 1204, 1244, 1492, 1761]。小さな品質の低下があり得ま

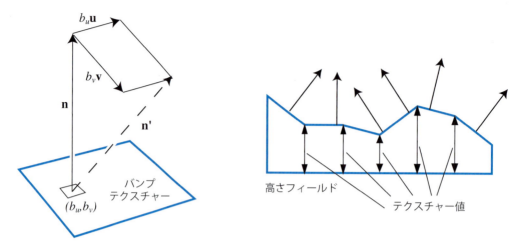

図**6.33**. 左では、法線ベクトル**n**がバンプ テクスチャーからの値(b_u, b_v)により**u**-と**v**-の方向に修正され、$\mathbf{n}'$（正規化されていない）が与えられる。右では、高さフィールドと、そのシェーディング法線への影響が示されている。滑らかな外見にするため、それらの法線を高さの間で補間することもできる。

すが、実際にはほとんど見えません。

　接空間の考え方は、他のアルゴリズムにも重要です。次の章で論じるように、多くのシェーディングの式はサーフェスの法線方向だけに依存します。しかし、艶消しアルミニウムやベルベットのようなマテリアルは、サーフェスに対する視線とライティングの総体的な方向も知る必要があります。接フレームは、サーフェス上でマテリアルの向きを定義するのに役立ちます。Lengyel [1108] と Mittring [1328] の記事が、この分野を大々的に取り上げています。Schüler [1702] は、ピクセル シェーダーの中でその場で接空間基底を計算し、事前に計算した接フレームを頂点ごとに格納する必要がない手法を紹介しています。Mikkelsen [1308] がこのテクニックを改良し、一切のパラメーター化を必要とせず、代わりにサーフェス位置の導関数と高さフィールドの導関数を使い、摂動された法線を計算する手法を導いています。しかし、そのようなテクニックは標準的な接空間マッピングを使うよりも、表示される詳細が大きく減ることがあり、アート ワークフローの問題を生じる場合もあります [1761]。

6.7.1　Blinn の手法

Blinnの元のバンプ マッピングの手法は、2つの符号付きの値、b_uとb_vをテクスチャーのテクセルごとに格納します。その2つの値が、**u**と**v**イメージ軸に沿って法線を変化させる量に対応します。つまり、それらの一般に双線形補間されるテクスチャーの値は、法線に垂直な2つのベクトルのスケールに使われます。その2つのベクトルを法線に足して、その方向を変えます。その2つの値、b_uとb_vは、サーフェスがその点で面している方向を記述します（図6.33）。この種のバンプ マップ テクスチャーは**オフセット ベクトル バンプ マップ**や**オフセット マップ**と呼ばれます。

　バンプを表す別のやり方は、**高さフィールド**でサーフェス法線の方向を修正することです。単色のテクスチャー値がそれぞれ高さを表し、テクスチャー中では、白が高い領域、黒が低い領域です（またはその逆）。その例が図6.34にあります。これはバンプ マップの作成やスキャンで使われる一般的なフォーマットで、これもBlinnにより1978年に紹介されました。高さフィールドを使い、最初の手法で使われるものと似たuとvの符号付きの値を導きます。これ

6.7. バンプ マッピング

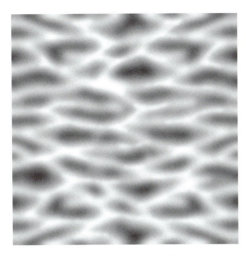 

図 **6.34**. 波打つ高さフィールドのバンプ イメージと、その球での使用。

は隣接する列の差から u の傾斜、隣接する行の差から v を取得することで行います[1685]。1つの変種は、直接隣接するものに大きな重みを与えるソーベル フィルターを使うものです[581]。

6.7.2 法線マッピング

バンプ マッピングの1つの一般的な手法は、**法線マップ**を直接格納することです。そのアルゴリズムと結果は数学的に Blinn の手法と同じで、格納形式とピクセル シェーダーの計算だけが変わります。

法線マップは (x, y, z) をエンコードして $[-1, 1]$ にマップし、例えば8ビット テクスチャーでは x-軸の値 0 が -1.0、255 が 1.0 を表します。1つの例が図 6.35 に示されています。示されるカラー マッピングでは、淡青色 $[128, 128, 255]$ が平らなサーフェス、すなわち $[0, 0, 1]$ の法線を表します。

図 **6.35**. 法線マップによるバンプ マッピング。それぞれの色チャンネルが実際にはサーフェス法線座標になる。赤チャンネルは x 偏差で、赤いほど法線は右を向く。緑は y 偏差で、青は z 偏差。右は法線マップを使って生成したイメージ。キューブの上面の平坦な外見に注目。（イメージ提供：*Manuel M. Oliveira and Fabio Policarpo*。）

図 **6.36**. ゲームのようなシーンで使われる法線マップ バンプ マッピングの例。左上：法線マップを適用していない。左下：右の２つの法線マップを適用。右：法線マップ。（3Dモデルと法線マップの提供は *Dulce Isis Segarra López*。）

法線マップ表現は、元はワールド空間法線マップとして導入されましたが [299, 962]、それは実際にはほとんど使われません。このタイプのマッピングでは摂動は単純明快で、各ピクセルで法線をマップから取り出し、それをライトの方向と合わせて、そのサーフェス上の位置のシェーディングの計算に直接使います。法線マップは、モデルを回転しても法線が有効なように、オブジェクト空間で定義することもできます。しかし、ワールドとオブジェクトのどちらの空間表現も、特定のジオメトリーの特定の向きにテクスチャーを結びつけるので、テクスチャーの再利用が制限されます。

一般には、代わりに摂動した法線を接空間で、つまりサーフェス自体に相対的に取り出します。これによりサーフェスの変形と、法線テクスチャーの最大限の再利用が可能になります。接空間法線マップは、z-成分（摂動しないサーフェス法線と一致）の符号が正だと仮定できるので、うまく圧縮もできます。

法線マッピングは、リアリズムを増すのに効果的に使えます—（図6.36を参照）。

法線マップのフィルタリングは、色テクスチャーのフィルタリングよりも難しい問題です。一般に、法線とシェーディングした色の関係は線形ではないので、標準的なフィルタリング手法は不快なエイリアシングを生じるかもしれません。光沢のある白い大理石のブロックの階段を見ることを想像してください。角度によっては、階段の上面や側面が光を捕らえ、明るいスペキュラー ハイライトを反射します。しかし、階段の平均の法線が、例えば45度だとします。それは元の階段とまったく異なる方向からのハイライトを捕らえます。バンプ マップを、シャープなスペキュラー ハイライトと一緒に正しいフィルタリングを行わずにレンダーすると、たまたまサンプルが落ちる場所によってハイライトが瞬くので、煩わしいチラツキ効果が発生することがあります。

ランバート サーフェスは、法線マップがシェーディングにほぼ線形な効果を持つ特殊なケースです。ランバート シェーディングは、ほぼ完全に内積で、それは線形操作です。法線のグ

ループを平均して、その結果と内積を行うことは、個別の法線との内積の平均と等価です。

$$\mathbf{l} \cdot \left(\frac{\sum_{j=1}^{n} \mathbf{n}_j}{n} \right) = \frac{\sum_{j=1}^{n} (\mathbf{l} \cdot \mathbf{n}_j)}{n} \tag{6.14}$$

平均ベクトルを、使う前に正規化していないことに注意してください。式6.14は、ランバート サーフェスでは、標準的なフィルタリングとミップマップが**ほぼ**正しい結果を生み出すことを示しています。ランバート シェーディングの式は内積ではなく、**クランプされた内積**—$\max(\mathbf{l} \cdot \mathbf{n}, 0)$ なので、その結果が完全に正しいわけではありません。クランプ操作が、それを非線形にします。このためライトがすれすれの方向だと、サーフェスは過剰に暗くなりますが、実際には、これはそれほど不快ではありません [962]。ただし、法線マップに一般に使われるテクスチャー圧縮の手法には、単位長でない法線をサポートしないものがあるので（z-成分を他の2つから復元するものなど）、非正規化法線マップを使うと圧縮が難しくなるかもしれません。

非ランバート サーフェスの場合、法線マップを単独でフィルタリングするりも、シェーディングの式への入力をグループとしてフィルタリングするほうが、よい結果を生み出す可能性があります。それを行うテクニックを、セクション9.13で論じます。

最後に、法線マップを高さマップ、$h(x, y)$ から派生すると便利なことがあります。これは以下のように行います [438]。まず、x-とy-方向の導関数への近似を、次のように中心差分を使って計算します。

$$h_x(x, y) = \frac{h(x+1, y) - h(x-1, y)}{2}, \quad h_y(x, y) = \frac{h(x, y+1) - h(x, y-1)}{2} \tag{6.15}$$

そのテクセル (x, y) の非正規化法線は次になります。

$$\mathbf{n}(x, y) = (-h_x(x, y), -h_x(x, y), 1) \tag{6.16}$$

テクスチャーの境界には注意を払わなくてはなりません。

地平線マッピング [1110] を使い、凸凹が自分のサーフェスに影をキャストできるようにすることで、法線マップをさらに強化できます。これは追加のテクスチャーを事前計算することにより行います。そのテクスチャーには、それぞれサーフェスの平面の方向が関連付けられ、その方向の地平線の角度をテクセルごとに格納します。詳しい情報は、セクション11.4を参照してください。

6.8 視差マッピング

バンプ/法線マッピングの1つの問題は、視野角で凹凸の位置がずれたり、互いに遮蔽しないことです。例えば、本物のレンガ壁に沿って見ると、ある角度でレンガの間のモルタルが見えなくなります。壁のバンプ マップは法線しか変えないので、この種の遮蔽を行いません。ピクセルがレンダーされるサーフェス上の位置に、凸凹が実際に影響を与えるようにすれば、見栄えがよくなります。

視差マッピングの考え方は2001年に Kaneko [920] が紹介し、Welsh [2008] が精緻化して広めました。視差とは、観察者の動きにつれて、オブジェクトの位置が互いに動く考え方を指しています。視点の動きにつれて、凸凹は高さを持つように見えるべきです。視差マッピングの

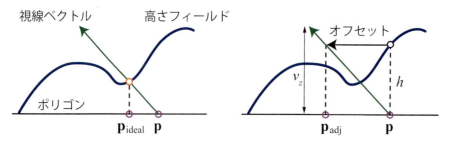

図6.37. 左が目標：視線ベクトルが高さフィールドを貫通する場所から、サーフェス上の実際の位置を求める。視差マッピングは1次近似を行い、その長方形上の位置での高さを使って、新しい位置位置$\mathbf{p}_{\text{adj}}$を求める。(Welsh [2008] から。)

鍵となる考え方は、見えると分かったものの高さを調べることにより、ピクセルで何が見えるべきかを知識に基づいて推測することです。

視差マッピングでは、凹凸が高さフィールド テクスチャーに格納されます。サーフェスのあるピクセルを見るとき、その位置の高さフィールドの値を取り出して、サーフェスの別の部分を取り出すテクスチャー座標のシフトに使います。シフトの量は、取り出した高さと、サーフェスに対する視線の角度に基づきます（図6.37）。高さフィールドの値は、別のテクスチャーに格納したり、他のテクスチャーの未使用の色やアルファ チャンネルにパックします（関連のないテクスチャーを一緒にパックするときには、圧縮の品質に負の影響があるかもしれないので注意が必要）。高さフィールドの値は、座標のシフトに使う前に、スケールとバイアスを行います。スケールは、高さフィールドがサーフェスの上下に伸びることを意図する高さを決定し、バイアスはシフトが起きない「海面レベル」の高さ与えます。テクスチャー座標位置$\mathbf{p}$、調整された高さフィールドの高さh、高さの値がv_zで水平成分が$\mathbf{v}_{xy}$の正規化ビューベクトル$\mathbf{v}$が与えられたとき、視差調整されたテクスチャー座標$\mathbf{p}_{\text{adj}}$は次になります。

$$\mathbf{p}_{\text{adj}} = \mathbf{p} + \frac{h \cdot \mathbf{v}_{xy}}{v_z} \quad (6.17)$$

大半のシェーディングの式と違い、ここでは計算を行う空間が重要なことに注意してください―ビュー ベクトルは接空間にある必要があります。

単純な近似ですが、凸凹の高さが比較的ゆっくり変化する場合、このシフトはかなりうまく動作します[1261]。そのとき近隣のテクセルはほぼ同じ高さなので、元の位置の高さを新しい位置の高さの見積もりに使う考え方は合理的です。しかし、この手法は浅い視野角度だと破綻します。ビュー ベクトルがサーフェスの地平線に近いときには、小さな高さの変化で大きなテクスチャー座標のシフトを生じます。取り出す新しい位置と元のサーフェス位置は、ほとんど高さに相関がないので、近似は失敗します。

この問題を軽減するため、Welsh [2008]がオフセット制限の考え方を導入しました。その考え方は、シフトの量を、取り出す高さより大きくならないように制限することです。その式は次のものです。

$$\mathbf{p}'_{\text{adj}} = \mathbf{p} + h \cdot \mathbf{v}_{xy} \quad (6.18)$$

この式が元の式よりも計算が速いことに注目してください。幾何学的な解釈は、位置がそれを超えてシフトできない半径を高さが定義することです。これは図6.38に示されています。

急な（正面向きの）角度では、v_zが1に近いので、この式は元の式とほとんど同じです。浅い角度では、その効果でオフセットが制限されるようになります。見た目には、これによって

6.8. 視差マッピング   191

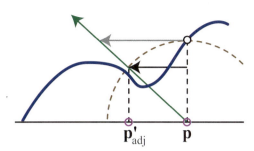 

図 **6.38**. 視差オフセット制限では、オフセットが破線の円弧で示す元の位置からの高さまでしか動かない。グレーのオフセットは元の結果を示し、黒は制限された結果を示す。右はこのテクニックでレンダーした壁。（イメージ提供：*Terry Welsh*。）

浅い角度で凸凹が小さくなりますが、これはランダムなテクスチャーのサンプリングよりもはるかにましです。まだ視点の変化でテクスチャーが泳いだり、同時に知覚する2つの視点に一貫した深度を与えなければならない、ステレオ レンダリングの問題もあります [1261]。それらの欠点はあっても、オフセット制限付き視差マッピングのコストは、少数のピクセル シェーダー プログラム命令の追加だけで、基本的な法線マッピングのイメージ品質を大きく改善します。Shishkovtsov [1753] は、バンプ マップ法線の方向に推測位置を動かすことにより、視差遮蔽の影を改善しています。

6.8.1 視差オクルージョン マッピング

バンプ マッピングは、高さフィールドに基づいてテクスチャー座標を変えずに、ある位置のシェーディング法線だけを変えます。視差マッピングはピクセルの高さが隣の高さとほぼ同じだという仮定に基づき、高さフィールドの効果の単純な近似を提供します。この仮定はすぐに壊れることがあります。また凹凸は決して他を隠すことがなく、影も投じません。欲しいのは、そのピクセルで何が見えるか、つまり、ビュー ベクトルが最初にどこで高さフィールドと交わるかです。

　これをもっとうまく解決するため、（近似的な）交点が見つかるまで、ビュー ベクトルでレイ マーチングを使うことを提案する研究者もいます。この作業は、テクスチャーとして高さデータにアクセスできるピクセル シェーダーで行えます。それらの何らかの方法でレイ マーチングを利用する手法に関する研究を、ここでは視差マッピング テクニックの一部として一括します [211, 1261, 1471, 1537, 1870, 1871]。

　このタイプのアルゴリズムは、他にも名前はありますが、**視差オクルージョン マッピング**（POM）や**レリーフ マッピング法**と呼ばれます。その鍵となる考え方は、まず投影するベクトルに沿って、固定数の高さフィールド テクスチャー サンプルをテストすることです。浅い角度の視線には、最も近い交点を見逃さないように、通常より多くのサンプルが生成されます [1870, 1871]。レイに沿って取り出す各3次元位置をテクスチャー空間に変換して処理し、高さフィールドの上か下かを決定します。高さフィールドより下のサンプルが見つかったら、どれだけ下にあるか、前のサンプルがどれだけ上にあるかを使い、交差位置を求めます（図6.39）。次にその位置を付属の法線マップ、色マップ、その他のテクスチャーをあわせて、サーフェスのシェーディングに使います。複数レイヤーの高さフィールドを使えば、オーバーハング、独立した重なるサーフェス、両面レリーフ マップされたインポスターを作成できます

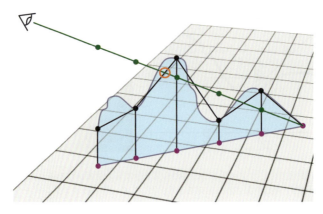

図**6.39.** 緑の視線をサーフェス平面上に投影し、それを規則的な間隔でサンプルして（紫の点）、高さを取り出す。アルゴリズムは、視線と、曲線の高さフィールドを近似する黒い線分の最初の交差を求める。

図**6.40.** レイ マーチングなし（左）とレイ マーチングあり（右）の視差マッピング。レイ マーチングを使わないと、キューブの上が平坦になる。レイ マーチングを使うと、自己影効果も生成する。（**イメージ提供**：*Manuel M. Oliveira and Fabio Policarpo*。）

（セクション13.7）。高さフィールドをトレースするアプローチは、凸凹のサーフェスが、ハード [1261, 1537] とソフト [1870, 1871] の両方の影を、自分に落とすようにするのにも使えます（図6.40で比較できます）。

　このトピックには豊富な文献があります。すべての手法がレイ マーチングを行いますが、多少の違いがあります。高さの取り出しには単純なテクスチャーを使えますが、さらに高度なデータ構造と求根法を使うことも可能です。テクニックによってはピクセルを破棄したり、深度バッファーに書き込むシェーダーが含まれ、性能を損なう可能性があります。以下に数多くの手法を要約しますが、GPUの進化につれて、最善の手法も進化することを忘れないでください。この「最善」は、コンテンツとレイ マーチングで行うステップの数に依存します。

　2つの規則的なサンプルの間の実際の交点を決定する問題は、求根問題です。実際には、高さフィールドは、サーフェスの上限を定義する長方形の平面を持つ深度フィールドとして扱われます。こうすると平面上の最初の点は、高さフィールドより上にあります。高さフィールドのサーフェスより上の最後の点と、下の最初の点を求めた後、Tatarchuk [1870, 1871] は、1ステップの割線法を使って近似解を求めています。Policarpoら [1537] は、見つかった2つの

6.8. 視差マッピング

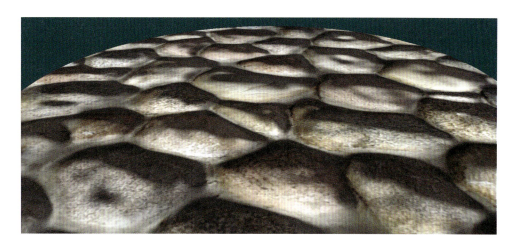

図6.41. 法線マッピングとレリーフ マッピング。法線マッピングでは自己遮蔽が発生しない。レリーフ マッピングは、反復テクスチャーの長方形が真の境界の定義よりも高さフィールドへのビューなので、そのシルエットに問題がある。（イメージ提供：*NVIDIA Corporation*。）

点の間で二分探索を使い、より近い交差を絞り込みます。Risserら[1611]は、割線法を反復して使うことにより、収束を加速します。反復手法のトレードオフが一定間隔のサンプリングを並列に行えるのに対し、必要なテクスチャー アクセスは全体として減りますが、結果を待たなければならず、遅い従属テクスチャー読み込みが行われることです。力任せの手法のほうが、概して性能が高いようです[2055]。

　高さフィールドを十分高い頻度でサンプルすることが必須です。McGuireとMcGuire[1261]が、ミップマップ参照でバイアスを行い、異方性ミップマップを使って、スパイクや髪の毛を表現するような、高周波の高さフィールドの正しいサンプリングを保証することを提案しています。法線マップより高い解像度で高さフィールド テクスチャーを格納することもできます。最後に、法線マップの格納も行わず、クロス フィルターを使って、その場で高さフィールドから法線を派生するレンダリング システムもあります[47]。600ページの式16.1がその手法を示しています。

　性能とサンプリングの精度を上げる別のアプローチは、最初は高さフィールドを規則的な間隔でサンプルせず、途中の空の空間のスキップを試みることです。Donnelly[397]は、前処理

で高さフィールドをボクセルのセットに変換し、高さフィールドのサーフェスからどれだけ離れているかをボクセルごとに格納します。こうすると、高さフィールドのストレージが増えるのと引き換えに、途中の空間を速やかにスキップできます。Wangら [1984] は、5次元の変位マッピング スキームを使い、すべての方向と位置からサーフェスへの距離を保持します。これはメモリー使用量がかなり増えるのと引き換えに、複雑な曲面サーフェス、自己影などの効果を可能にします。MehraとKumar [1285] が、同様の目的で指向性距離マップを使います。Dummer [423] が**コーン ステップ マッピング**の考え方を紹介し、PolicarpoとOliveira [1539] がそれを改良しています。その概念は、高さフィールドの位置ごとに、**コーン半径**も格納することです。この半径はレイの上で、高さフィールドと交差が最大でも1つしかない間隔を定義します。このプロパティにより可能な交差を見落とすことなく、レイに沿って迅速なスキップが可能になりますが、それと引き換えに従属テクスチャー読み込みが必要になります。別の欠点は、コーン ステップ マップの作成に必要な事前計算で、この手法は動的に変化する高さフィールドに使えません。SchrodersとGulik [1699] が、トラバースでボリュームをスキップする階層的手法、4分木レリーフ マッピングを紹介しています。Tevsら [1892] は「最大ミップマップ」を使い、事前計算コストを最小にしながら、スキップを可能にしています。Drobot [407] もトラバースの高速化に4分木のような構造をミップマップに格納して使い、異なる高さフィールドをブレンドし、1つの地形が別の地形に遷移する手法を紹介しています。

上のすべての手法にある1つの問題は、オブジェクトのシルエット エッジ沿いで幻想が壊れ、元のサーフェスの滑らかな輪郭が表示されることです（図6.41）。鍵となる考え方は、サーフェスが実際にどこにあろうと、ピクセル シェーダー プログラムが評価すべきピクセルは、レンダーする三角形が定義することです。それに加えて曲面サーフェスでは、シルエットの問題がさらに複雑になります。OliveiraとPolicarpo [1432, 1990] が述べて開発したアプローチは、2次のシルエット近似テクニックを使います。Jeschkeら [891] とDachsbacherら [348] の両方が、シルエットと曲面サーフェスを正しく扱うための、より一般的で堅牢な手法を与え、以前の研究をレビューしています。最初にHirche [813] が探求した一般的な概念は、メッシュの各三角形を外側に押し出し、プリズムを形成することです。このプリズムのレンダリングが、高さフィールドが現れるかもしれないすべてのピクセルの評価を強制します。このタイプ

図6.42. 石ころをリアリスティックに見せるため、小道に使われた視差オクルージョン マッピング、別名レリーフ マッピング。地面は実際には高さフィールドを適用した単純な三角形のセット。（「*Crysis*」からのイメージ、提供：*Crytek*。）

6.9. テクスチャ ライト

図6.43. 投影テクスチャ ライト。テクスチャがティーポットと地面の平面上に投影され、投影錐台内のライトの寄与の調整に使われる（錐台の外では0）。（イメージ提供：*NVIDIA Corporation*。）

のアプローチは、拡大されたメッシュが元のモデルの上に別個のシェルを形成するので、**シェル マッピング**と呼ばれます。計算は高価ですが、レイとの交差でプリズムの非線形性を保存することにより、アーティファクトのない高さフィールドのレンダリングが可能になります。このタイプのテクニックの印象的な使い方が図6.42に示されています。

6.9 テクスチャ ライト

テクスチャを使って、光源に視覚的な豊かさを加え、複雑な強度分布やスポットライト関数を使えます。すべての照明が円錐や錐台に制限されるライトでは、投影テクスチャを使ってライトの強度を調節できます [1282, 1715, 2048]。これは形のあるスポットライト、パターンのあるライト、そして「プロジェクター」効果さえも可能にします（図6.43）。これらのライトは劇場と映画の照明で使われる切り抜きテンプレートの名前から、しばしば**ゴーボー**や**クッキー** ライトと呼ばれます。似たやり方で影のキャストに使われる投影マッピングの議論は、セクション7.2を参照してください。

錐台に制限されず、すべての方向を照らすライトには、2次元投影テクスチャの代わりにキューブ マップを使って、強度を調整できます。1次元テクスチャを使えば、任意の距離フォールオフ関数を定義できます。これを2次元の角度減衰マップと組み合わせると、複雑なボリューム ライティング パターンが可能になります [381]。より一般に可能なのは、3次元（ボリューム）テクスチャでライトのフォールオフを制御することです [381, 581, 1282]。これは、ライト ビームを含む任意の効果のボリュームを可能にします。このテクニックは（すべてのボリューム テクスチャと同じく）メモリー集約的です。ライトの効果のボリュームが3つの軸に対称なら、データを各象限に複写することで、メモリー フットプリントを8分の1に減らせます。

どんなライトもテクスチャを加えて、追加の視覚効果を可能にできます。テクスチャ ライトは、アーティストが使用するテクスチャを単純に編集でき、アーティストによる照明の制御が容易です。

参考文献とリソース

Heckbert がテクスチャー マッピングの理論の優れた調査と [750]、このトピックに関するより詳細な報告を書いています [751]。Szirmay-Kalos と Umenhoffer [1859] は、視差オクルージョン マッピングと変位手法の、優れた徹底的な調査を行っています。法線の表現についての詳しい情報は、Cigolle ら [292] と Meyer ら [1303] の研究で見つかります。

Advanced Graphics Programming Using OpenGL [1282] は、テクスチャリング アルゴリズムを使う様々な可視化テクニックを幅広く取り上げています。3次元プロシージャル テクスチャーは、*Texturing and Modeling: A Procedural Approach* [440] で幅広く取り上げられています。本 *Advanced Game Development with Programmable Graphics Hardware* [1990] には、視差オクルージョン マッピング テクニックの実装についての多くの詳細があり、Tatarchuk のプレゼンテーション [1870, 1871] と Szirmay-Kalos と Umenhoffer の調査 [1859] も同様です。

手続き的テクスチャリング（とモデリング）に関して、著者が最も好きなインターネットのサイトが Shadertoy です。魅力的で価値のある多くの手続き的テクスチャリング関数が展示され、どのサンプルも簡単に修正して結果を見ることができます。

本書のウェブサイト、realtimerendering.com には、他にも多くのリソースがあります。

7. 影

> "All the variety, all the charm, all the beauty
> of life is made up of light and shadow."
> ——Tolstoy
>
> 生命の多様性、魅力、美はすべて光と影でてきている。

影は現実的なイメージを作り出し、オブジェクトの配置についてユーザーに視覚的な手がかりを与えるのに重要です。本章の焦点は影の計算の基本原理で、それを行う最も重要で人気のあるリアルタイム アルゴリズムを説明します。また、あまり人気はなくても、重要な原理を具体化するアプローチも簡単に論じます。影の分野を深く研究する包括的な2冊の本 [447, 2046] があるので、本章では、すべての選択肢とアプローチを取り上げて時間を費やすことはしません。その代わり、それらの刊行以降に登場した記事とプレゼンテーションを、歴戦のテクニックを中心として調べることに焦点を合わせます。

本章を通じて使う用語が図7.1に示され、**オクルーダー**（遮蔽物）は**レシーバー**（受影物）の上に影を投じるオブジェクトです。点光源、つまり面積を持たない光源は、**ハードな影**とも呼ばれる、完全に影になる領域だけを生成します。面光源やボリューム光源を使うと、ソフトな影ができます。そのとき影は、**本影**と呼ばれる完全に影の領域と、**半影**と呼ばれる部分的に影の領域を持つことができます。ソフトな影は、そのぼやけた影のエッジで識別されます。しかし、影！ソフト——(ハードな影のエッジをローパス フィルターでぼかすだけでは、一般に正しくレンダーできないことに注意しなければなりません。図7.2に見えるように、正しいソフトな

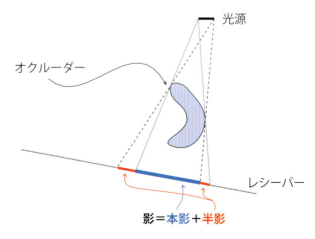

図7.1. 影の用語：光源、オクルーダー、レシーバー、影、本影、半影。

図7.2. ハードな影とソフトな影の混合。オクルーダーがレシーバーに近いので、木箱の影はシャープ。人の影は接地点ではシャープで、オクルーダーへの距離が増すにつれてソフトになる。遠くの木の枝はソフトな影を与える [1837]。（「*Tom Clancy's The Division*」からのイメージ、提供：*Ubisoft*。）

影は、影を投じるジオメトリーがレシーバーに近いほどシャープになります。ソフトな影の本影領域は、点光源が生成するハードな影と等価ではありません。光源が大きくなるほど、ソフトな影の本影領域のサイズは小さくなり、光源が十分に大きく、レシーバーがオクルーダーから十分に遠ければ、消えることさえあります。一般にソフトな影のほうが望ましいのは、半影のエッジによって影が確かに影だと分かるからです。ハードなエッジの影のほうが現実的ではなく、表面のしわのような、実際の幾何学的な特徴と誤解されることもあります。しかしハードな影は、ソフトな影よりレンダーが高速です。

半影より重要なのは、そもそも影があることです。視覚的な手がかりの影がないと、シーンはしばしば説得力がなくなり、把握しにくくなります。Wangerが示すように [1986]、人の目は影の形にかなり寛容なので、普通は不正確な影でも何もないよりましです。例えば、テクスチャーとして適用する床の上のぼけた黒い円で、キャラクターを地面に繋留できます。

以降のセクションでは、それらの単純なモデルとして作る影の枠を越えた、シーン中のオクルーダーから、リアルタイムに影を自動的に計算する手法を紹介します。最初のセクションは、平面サーフェス上にキャストされる影の特別なケースを扱い、2つの目のセクションは、より一般的な影のアルゴリズム、つまり任意のサーフェスへの影のキャストを取り上げます。ハードとソフト両方の影を取り上げます。最後に、様々な影のアルゴリズムに適用される、いくつかの最適化テクニックを紹介します。

7.1. 平面影

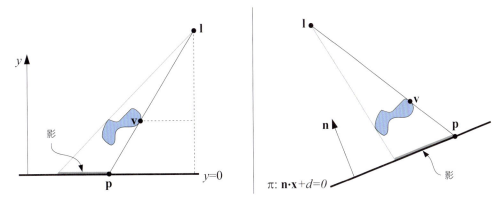

図7.3. 左：lにある光源が、平面$y = 0$に影をキャストする。頂点$\mathbf{v}$が平面上に投影される。投影される点は$\mathbf{p}$と呼ばれる。相似三角形を投影行列の導出に使う。右：影が平面、$\pi : \mathbf{n} \cdot \mathbf{x} + d = 0$上にキャストされている。

7.1 平面影

オブジェクトが平面サーフェス上に影を投じるとき、影の単純なケースが発生します。このセクションでは、それぞれ影のソフトさとリアリズムが異なる、いくつかの平面影のアルゴリズムを紹介します。

7.1.1 影の投影

このスキームでは、3次元のオブジェクを2回レンダーして、影を作成します。オブジェクトの頂点を平面に投影する行列を導けます[180, 1891]。光源が$\mathbf{l}$、投影する頂点が$\mathbf{v}$、投影された頂点が$\mathbf{p}$にある図7.3の状況を考えます。影になる平面が$y = 0$の特別なケースの投影行列を導いてから、この結果を任意の平面で動作するように一般化します。

最初にx-座標の投影を導きます。図7.3の左の部分の相似三角形から、次を得ます。

$$\frac{p_x - l_x}{v_x - l_x} = \frac{l_y}{l_y - v_y} \quad \Longleftrightarrow \quad p_x = \frac{l_y v_x - l_x v_y}{l_y - v_y} \tag{7.1}$$

z-座標も同じやり方で得られ、$p_z = (l_y v_z - l_z v_y)/(l_y - v_y)$、$y$-座標は0です。これらの式を投影行列$\mathbf{M}$に変換できます。

$$\mathbf{M} = \begin{pmatrix} l_y & -l_x & 0 & 0 \\ 0 & 0 & 0 & 0 \\ 0 & -l_z & l_y & 0 \\ 0 & -1 & 0 & l_y \end{pmatrix} \tag{7.2}$$

$\mathbf{Mv} = \mathbf{p}$であることは簡単に検証でき、それは$\mathbf{M}$が確かに投影行列であることを意味します。

一般のケースでは、影をキャストする平面が平面$y = 0$ではなく、$\pi : \mathbf{n} \cdot \mathbf{x} + d = 0$です。図7.3の右の部分に、このケースが示されています。やはり目標は、$\mathbf{v}$を$\mathbf{p}$に投影する行列を求めることです。この目的で、$\mathbf{l}$から発して$\mathbf{v}$を通るレイを、平面πと交差させます。これは投影点$\mathbf{p}$を生成します：

$$\mathbf{p} = \mathbf{l} - \frac{d + \mathbf{n} \cdot \mathbf{l}}{\mathbf{n} \cdot (\mathbf{v} - \mathbf{l})}(\mathbf{v} - \mathbf{l}) \tag{7.3}$$

この式も式7.4に示す投影行列に変換でき、それは$\mathbf{Mv} = \mathbf{p}$を満たします。

$$\mathbf{M} = \begin{pmatrix} \mathbf{n} \cdot \mathbf{l} + d - l_x n_x & -l_x n_y & -l_x n_z & -l_x d \\ -l_y n_x & \mathbf{n} \cdot \mathbf{l} + d - l_y n_y & -l_y n_z & -l_y d \\ -l_z n_x & -l_z n_y & \mathbf{n} \cdot \mathbf{l} + d - l_z n_z & -l_z d \\ -n_x & -n_y & -n_z & \mathbf{n} \cdot \mathbf{l} \end{pmatrix} \tag{7.4}$$

期待通り、平面が$y = 0$、つまり$\mathbf{n} = (0, 1, 0)$かつ$d = 0$なら、この行列は式7.2の行列になります。

影をレンダーするには、平面πに影をキャストすべきオブジェクトに、この行列を適用し、投影されるオブジェクトを照明なしで暗い色でレンダーするだけです。実際には投影される三角形が、受けるサーフェスより下にレンダーされないように、対策を講じなければなりません。1つの手法は、影の三角形が常にサーフェスより前にレンダーされるように、投影する平面にバイアスを加えることです。

それより安全な手法は、地面を最初に描画してから、zを無効にして投影された三角形を描き、それからジオメトリーの残りを普通にレンダーすることです。そのとき投影される三角形は、深度比較が行われないので、常に地面の上に描かれます。

地面に境界がある場合、例えば長方形のときに、投影される影がそこから外れて、幻想が壊れる可能性があります。この問題の解決には、ステンシル バッファーを使えます。まず、レシーバーを画面とステンシル バッファーに描画します。次に、z-バッファーを無効にして、投影される三角形をレシーバーが描画された場所にだけ描いてから、シーンの残りを普通にレンダーします。

三角形をテクスチャーにレンダーしてから、それを地面に適用する影のアルゴリズムもあります。このテクスチャーは、下のサーフェスの明度を調節するテクスチャーで、一種の**ライトマップ**です（セクション11.5.1）。後で見るように、影の投影をテクスチャーにレンダーする考え方により、曲面への半影と影も可能になります。このテクニックの1つの欠点は、テクスチャーが拡大されて、1つのテクセルが複数のピクセルを覆い、幻想を壊すかもしれないことです。

影の状況が毎フレーム変化しない、つまり、ライトと影キャスターが互いに対して動かなければ、このテクスチャーを再利用できます。ほとんどの影のテクニックは、変化が起きていなければ、フレームの間で中間結果を再利用する恩恵を受けられます。

すべての影キャスターは、ライトと地面レシーバーの間になければなりません。光源がオブジェクトの1番上の点より下にあると、各頂点が光源の点を通して投影されるので、**反影**（anti-shadow）[180]が生成します。正しい影と反影が図7.4に示されています。また影を受ける平面より下には影を投じるべきでないので、そこにオブジェクトを投影すると誤りが発生します。

そのようなアーティファクトを避けるために、明示的に影の三角形を間引いたり切り取ることは、間違いなく可能です。次に紹介しますが、より単純な手法は、クリッピング付きの投影に既存のGPUのパイプラインを使うことです。

7.1. 平面影

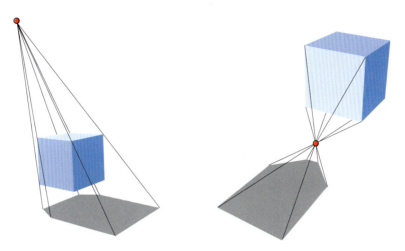

図**7.4**. 左では正しい影が表示されるが、右の図では光源がオブジェクトの1番上の頂点より下にあるので、反影が現れる。

7.1.2 ソフトな影

投影される影は、様々なテクニックを使ってソフトにすることもできます。ここでは、ソフトな影を作り出すHeckbertとHerf [757, 784]のアルゴリズムを述べます。そのアルゴリズムの目標は、地面の上にソフトな影を表示するテクスチャーを生成することです。次に正確さは落ちるけれども、より高速な手法を述べます。

光源が面積を持つときには、常にソフトな影が現れます。エリア ライトの効果を近似する1つの手段は、サーフェス上に配置した複数のポイント ライトを使い、それをサンプルすることです。その点光源ごとにイメージをレンダーして、バッファーに累積します。次にそのイメージを平均すると、ソフトな影のイメージになります。理論的には、ハードな影を生成する任意のアルゴリズムを、この累積テクニックと合わせて使い、半影を作り出せます。実際には、必要な実行時間が長いので、普通はインタラクティブな速さの実行を維持できません。

HeckbertとHerfが錐台ベースの手法を使い、影を生成しています。その考え方は、ライトを視点として扱うことで、地面がその錐台の遠クリッピング平面を形成します。錐台はオクルーダーを包含するのに十分な幅にします。

ソフトな影のテクスチャーは、地面テクスチャーのセットを生成して形成します。そのサーフェス上で面光源をサンプルし、その各位置で地面を表すイメージをシェーディングしてから、このイメージに影をキャストするオブジェクトを投影します。そのすべてのイメージを合計、平均して地面の影のテクスチャーを作成します。図7.5の左側がその例です。

サンプルによるエリア ライト手法の問題は、その真の姿である、点光源から重なり合う影に見える傾向があることです。また、nの影パスで、$n+1$の相異なる陰影しか生成できません。パスの数が多ければ正確な結果を与えますが、法外なコストになります。この手法は、他の高速なアルゴリズムをテストするための「検証」イメージを得るのに役立ちます。

より効率的なアプローチは、畳み込み、つまりフィルタリングを使うことです。1つの点から生成したハードな影をぼかせば十分な場合があり、現実世界のコンテンツと合成できる半透明テクスチャーを作ることができます（図7.6）。しかし、一様なぼかしは、オブジェクトが地面と接する場所の近くで説得力を失う可能性があります。

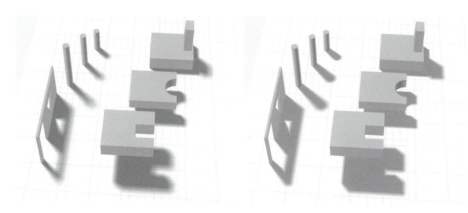

図**7.5.** 左は、HeckbertとHerfの手法を256パスで使ったレンダリング。右は、1パスのHainesの手法。Hainesの手法では本影が大きすぎ、特に戸口と窓で目立つ。

図**7.6.** ドロップ影。影のテクスチャーは、影キャスターを上からレンダーしてから、そのイメージをぼかし、それを地面にレンダーして生成している。(AutodeskのA360ビュワーで生成したイメージ、AutodeskのInventorサンプルからのモデル。)

　他にも追加のコストと引き換えに、よりよい近似を与える多くの手法があります。例えば、Haines [699] は、ハードな影の投影から出発し、暗い中心から端が白くなる階調を持つシルエット エッジをレンダーして、もっともらしい半影を作成します（図7.5の右）。しかし、半影はシルエット エッジの内側の領域にも伸びるべきなので、物理的に正しくありません。Iwanicki [384, 872] は球面調和の考え方を利用し、光を遮るキャラクターを楕円体で近似して、ソフトな影を与えます。そのような手法はどれも様々な近似と欠点がありますが、ドロップ影のイメージの大きなセットを平均するよりもずっと効率的です。

7.2 曲面上の影

平面影の考え方を曲面に拡張する1つの単純な手段は、生成する影のイメージを投影テクスチャーとして使うことです[1282, 1358, 1376, 1715]。ライトの視点から影を考えます。何であれライトが見えるものは照らされ、見えないものは影の中にあります。それ以外は白のテクスチャーに、ライトの視点から黒でオクルーダーをレンダーします。このテクスチャーが、次に影を受け取るサーフェスに投影できます。実質的に、レシーバーの各頂点は計算された(u, v)テクスチャー座標と、適用するテクスチャーを持つことになります。それらのテクスチャー座標は、アプリケーションで明示的に計算できます。これは前のセクションの、オブジェクトが特定の物理的平面に投影される地面の影のテクスチャーと少し異なります。ここでは、イメージが映写機のフィルムのフレームのように、ライトからのビューとして作られます。

投影された影のテクスチャーは、レンダー時にレシーバーのサーフェスを修正します。それは他の影の手法と組み合わせることもでき、主としてオブジェクトの位置の把握を助けるために使われることもあります。例えば、プラットフォーム ゲームでは、たとえキャラクターが完全に影の中にいても、メイン キャラクターの直下に常に影が与えられることがあります[1452]。もっと手の込んだアルゴリズムで、さらによい結果を与えることもできます。例えば、EisemannとDécoret [446]は、長方形の頭上のライトを仮定して、オブジェクトの水平スライスの影のイメージのスタックを作成し、次にそれをミップマップのようなものに変えます。そのミップマップを使い、レシーバーからの距離に応じて、各スライスの対応する領域にアクセスするので、遠いスライスほどソフトな影をキャストします。

テクスチャー投影法には、いくつかの深刻な欠点があります。まずアプリケーションは、どのオブジェクトがオクルーダーで、どれがそのレシーバーかを識別しなければなりません。影が「逆向きにキャスト」されないように、プログラムはレシーバーがオクルーダーよりライトから遠くにあるように保たなければなりません。また、光を遮るオブジェクトは自分の上に影を落とせません。次の2つのセクションでは、そのような介在や制限が不要な、正しい影を生成するアルゴリズムを紹介します。

あらかじめ作った投影テクスチャーを使い、様々なライティング パターンを得ることができます。スポットライトは、単にその中にライトを定義する円を持つ、正方形の投影テクスチャーです。ベネチアン ブラインド効果は、水平の線からなる投影テクスチャーで作成できます。このタイプのテクスチャーは**ライト減衰マスク**、**クッキー テクスチャー**、**ゴボ マップ**などと呼ばれます。あらかじめ作ったパターンと、その場で作成する投影テクスチャーは、2つのテクスチャーを掛け合わせるだけで結合できます。そのようなライトは、セクション6.9で詳しく論じます、

7.3 シャドウ ボリューム

1991年にHeidmannが紹介した[761]、Crowの**シャドウ ボリューム**[336]に基づく手法は、ステンシル バッファーを巧妙に使うことで、任意のオブジェクト上に影をキャストできます。要件がステンシル バッファーだけなので、どのGPUでも使えます。イメージ ベースではないため（次に述べるシャドウ マップアルゴリズムと違い）、サンプリングの問題を避けられる

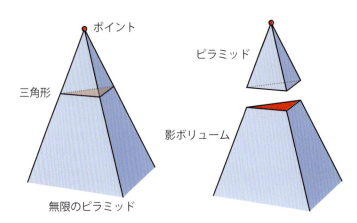

図7.7. 左：ポイント ライトから三角形の頂点を通って伸びる直線が無限のピラミッドを形成する。右：上の部分はピラミッド、下の部分は先端を切り落とした無限のピラミッドで、シャドウ ボリュームとも呼ばれる。シャドウ ボリュームの内側にあるすべてのジオメトリーは影の中にある。

ので、どこでも正しいシャープな影を作り出します。これは欠点になることもあります。例えば、キャラクターの衣服にひだがあり、ひどいエイリアシングを生じる薄いハードな影を生じるかもしれません。シャドウ ボリュームは、コストが予測できないので、今日ではほとんど使われません [1717]。このアルゴリズムをここで簡単に説明するのは、それがいくつかの重要な原理を示し、それに基づく研究が続いているからです。

まず、1つの点と三角形があるとします。点から三角形の頂点を通る直線を無限に伸ばすと、無限の3側面のピラミッドが生成します。三角形より下の部分、つまりその点を含まない部分は、先端を切り落とした無限のピラミッドで、上の部分は単なるピラミッドです。これが図7.7に示されています。ここで点が実際に点光源だとします。そのとき、先端を切り落としたピラミッド（三角形より下）のボリュームの内側にあるオブジェクトの部分は、すべて影の中にあります。このボリュームが**影 ボリューム**と呼ばれます。

シーンを見て、視点からピクセルを通るレイを、画面上に表示されるオブジェクトにヒットするまで追うとします。レイがこのオブジェクトに向かう途中で、前向きの（視点を向いた）シャドウ ボリュームの面と交わるたびに、カウンターを1増やします。したがって、カウンターはレイが影に入るたびに1増えます。同様に、レイが先端を切り落としたピラミッドの後ろ向きの面と交わるたびに、その同じカウンターを1減らします。そのときレイは影から出ます。レイがそのピクセルに表示されるオブジェクトにヒットするまで、カウンターを増減しながら続行します。カウンターが0より大きければ、そのピクセルは影の中にあり、そうでなければありません。この原理は2つ以上の影をキャストする三角形があるときも成り立ちます（図7.8）。

これをレイで行うと時間がかかります。しかし、ずっと賢い解決法があり [761]、それはステンシル バッファーにカウントさせることです。まず、ステンシル バッファーを消去します。2番目に、シーン全体を照明しないマテリアルの色だけを使ってフレームバッファーに描画し、そのシェーディング成分をカラー バッファー、深度情報をz-バッファーに取得します。3番目に、z-バッファーの更新とカラー バッファーへの書き込みを無効にしてから（しかしz-バッファー テストは行う）、シャドウ ボリュームの前向きの三角形を描画します。この処理では、三角形が描かれるたびにステンシル バッファーの値を増やすように、ステンシル操作を設定します。4番目に、もう1つのパスをステンシル バッファーで行い、今度はシャドウ ボリュームの後ろ向きの三角形だけを描きます。このパスでは、三角形が描かれるたびにステンシル

7.3. シャドウ ボリューム

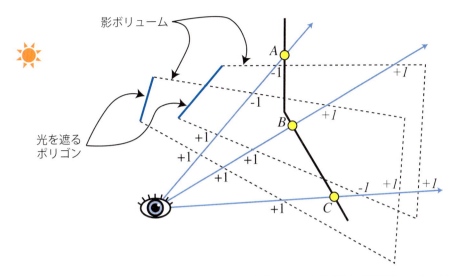

図7.8. 2つの異なるカウント方法でシャドウ ボリュームとの交差をカウントする2次元側面図。z-パス（合格）ボリューム カウントでは、レイがシャドウ ボリュームの前向きの三角形を通過するときにカウントを増やし、後ろ向きの三角形を離れるときに減らす。したがって、点Aでレイは2つのシャドウ ボリュームに入って+2となり、次に2つのボリュームを離れて正味のカウントが0になるので、点はライトの中にある。z-フェイル（失格）ボリューム カウントでは、カウントはサーフェスの向こう側で始まる（それらのカウントはイタリックで表示）。点Bのレイでは、z-パス法は2つの前向き三角形を通過することで+2を与え、z-フェイルは2つの後ろ向き三角形を通過することで同じカウントを与える。点Cは、z-フェイルシャドウ ボリュームにキャップ（蓋）をしなければならないことを示している。点Cを出発するレイは、最初に前向きの三角形にヒットして−1を与える。次に2つのシャドウ ボリュームを出て（この手法が正しく動作するために必要なエンドキャップを通り）、正味のカウント+1を与える。そのカウントは0ではないので、点は影の中にある。どちらの手法も、見えるサーフェス上のすべての点で、常に同じカウント結果を与える。

バッファーの値を減らします。増減は、レンダーされるシャドウ ボリュームの面のピクセルが見える（つまり、本物のジオメトリーに隠されない）場所でのみ行われます。この時点で、ステンシル バッファーは、すべてのピクセルの影の状態を保持しています。最後に、シーン全体を、今度はライトの影響を受けるアクティブなマテリアルの成分だけで再びレンダーし、ステンシル バッファーの値が0の場所だけを表示します。0の値は、レイがシャドウ ボリュームに入ったのと同じ回数、影から出たこと、つまり、この位置がライトに照らされることを示します。

このカウント手法が、シャドウ ボリュームの背後にある基本的な考え方です。シャドウ ボリューム アルゴリズムで生成した影の例が図7.9に示されています。このアルゴリズムを1つのパスで実装する効率的なやり方があります[1628]。しかし、オブジェクトがカメラの近平面を貫通するときに、カウントの問題が発生します。その z-フェイルと呼ばれる解決法には、見えるサーフェスの前ではなく、背後に隠れた交差のカウントが含まれます[488, 839]。この代替手法の簡単な概要が図7.8に示されています。

すべての三角形に四辺形を作成すると、巨大な量のオーバードローが生じます。つまり、すべての三角形がレンダーしなければならない3つの四辺形を作成します。1,000の三角形からなる球は3,000の四辺形を作り出し、その四辺形はどれも画面前端に広がる可能性があります。1つの解決法は、オブジェクトのシルエット エッジ沿いの四辺形だけを描画することで、例えば、球にシルエット エッジが50しかなければ、50の四辺形しか必要ありません。ジオメトリー シェーダーを使って、そのようなシルエット エッジを自動的に生成できます[1826]。

図7.9. シャドウ ボリューム。左では、キャラクターが影をキャストする。右では、押し出したモデルの三角形が示されている。（Microsoft SDK [1306] のサンプル「ShadowVolume」からのイメージ。）

フィル コストの削減には、カリングとクランプ テクニックも使えます [1150]。

しかし、シャドウ ボリューム アルゴリズムには、まだ極端な変動性という、ひどい欠点があります。ビューに1つの小さな三角形があるとします。カメラとライトが正確に同じ位置にあれば、そのシャドウ ボリュームのコストは最小です。形成される四辺形はビューに真横の向きなので、ピクセルを覆いません。問題は三角形そのものです。視点が三角形を中心とする軌道を回り、それをビューに保つとします。カメラが光源から離れるにつれ、シャドウ ボリュームの四辺形が見えるようになり、画面を覆う部分が増えて計算が増加します。視点が三角形の影の中に入ると、シャドウ ボリュームは画面全体を覆い、最初のビューと比べると、評価のコストはかなりの時間になります。この変動性が、一貫したフレーム レートが重要なインタラクティブ アプリケーションでシャドウ ボリュームを使えない理由です。ライトの方向を見ると、アルゴリズムのコストに予測できない巨大な跳ね上がりを引き起こす可能性があり、他にも同様のシナリオがあります。

このような理由で、シャドウ ボリュームを使うアプリケーションはほとんどありません。しかし、GPU上のデータにアクセスする新しい、様々な手段の継続的な進化と、そのような機能の研究者による巧みな目的外利用を考えると、シャドウ ボリュームが一般に使われる日が来るかもしれません。例えば、Sintornら [1770] は、効率を改善するシャドウ ボリューム アルゴリズムの概要を与え、独自の階層高速化構造を提案しています

次に紹介するアルゴリズム、シャドウ マッピングのコストは、はるかに予測可能なコストを持ち、GPUに適しているので、多くのアプリケーションの影生成の基盤になっていきます。

7.4　シャドウ マップ

1978年に、Williams [2031] が、一般的な z-バッファー ベースのレンダラーを使い、任意のオブジェクト上に影をすばやく生成できることを提案しました。その考え方は、影をキャストする光源の位置から、z-バッファーを使ってシーンをレンダーすることです。何であれライトが「見える」ものは照らされ、残りは影の中にあります。このイメージを生成するとき、必要なのは z-バッファーの処理だけです。ライティング、テクスチャリング、カラー バッファーへの値の書き込みは無効にできます。

そうすると、z-バッファーの各ピクセルに、光源に最も近いオブジェクトの z-深度が含ま

7.4. シャドウ マップ

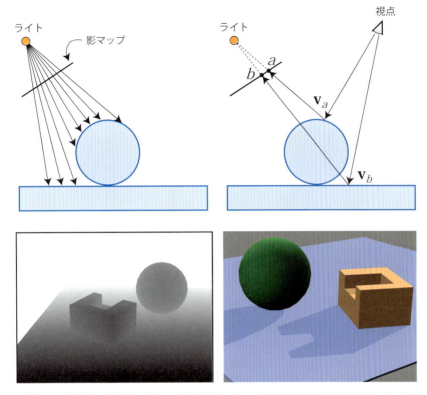

図7.10. シャドウ マッピング。左上は、ビュー中のサーフェスへの深度を格納することにより、シャドウ マップが形成される。右上は、目が2つの位置を見ている。球は点$\mathbf{v}_a$で見え、この点はシャドウ マップ上のテクセルaに位置することが分かる。そこに格納された深度は、ライトから点$\mathbf{v}_a$よりも（それほど）小さくないので、その点は照らされる。点$\mathbf{v}_b$でヒットする長方形は、テクセルbに格納された深度よりも、ライトから（ずっと）離れているので、影の中にある。左下は、ライトから見たシーンのビューで、白いほど遠い。右下は、このシャドウ マップでレンダーしたシーン。

れます。そのz-バッファーの内容全体は**シャドウ マップ**と呼ばれ、**影深度マップ**や**影バッファー**と呼ばれることもあります。シャドウ マップを使うには、シーンの2回目のレンダーを今度は視点から行います。描画プリミティブをレンダーするときに、その各ピクセルの位置をシャドウ マップと比較します。レンダーする点が、シャドウ マップ中の対応する値より光源から遠ければ、その点は影の中にあり、そうでなければ外です。このテクニックはテクスチャー マッピングを使って実装します（図7.10）。シャドウ マッピングは、比較的コストが予測可能なので、人気のあるアルゴリズムです。シャドウ マップを構築するコストは、レンダーするプリミティブの数にほぼ線形で、アクセス時間は一定です。コンピューター支援設計（CAD）のように、ライトとオブジェクトが動かないシーンでは、シャドウ マップを一度だけ生成し、毎フレーム再利用できます。

1つのz-バッファーを生成するとき、ライトはカメラのような、特定の方向でしか「見る」ことができません。太陽のような遠くの平行ライトでは、影をキャストするすべてのオブジェクトを、視点からのビュー ボリュームに包含するように、ライトのビューを設定します。ライトは正投影を使い、そのビューはxとyで、このオブジェクトのセットが見えるのに十分な幅と高さにする必要があります。ローカルな光源も、可能な限り、同様の調整が必要です。ローカルなライトが影をキャストするオブジェクトから十分に遠ければ、すべてを1つの視錐台で

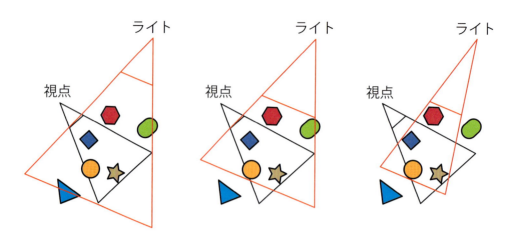

図7.11. 左では、ライトのビューが目の錐台を包含している。中央では、見えるレシーバーだけを含むようにライトの遠平面を引き寄せて、三角形をキャスターとして間引き、近平面も調整している。右では、ライトの錐台の側面が見えるレシーバーの境界となるようにして、緑のカプセルを間引いている。

十分包含できるかもしれません。またローカルなライトがスポットライトなら、関連付けられた自然な錐台があり、その錐台の外はすべて照らされないと見なされます。

　ローカルな光源がシーンの中にあり、影キャスターに囲まれる場合、一般的な解決法は、キューブ環境マッピングと似た6ビューのキューブを使うことです[936]。それは**全方向シャドウ マップ**と呼ばれます。全方向マップの主要な課題は、2つの別々のマップが出会う継ぎ目沿いのアーティファクトの回避です。KingとNewhall [966]が、その問題を綿密に分析して解決法を提供し、Gerasimov [570]が、いくつかの実装の詳細を提供します。Forsyth [526, 528]が紹介する、全方向ライト用の汎用マルチ錐台分割スキームは、必要に応じてシャドウ マップの解像度を上げます。Crytek [1708, 1801, 1802]は、ポイント ライト用の6つのビューの解像度を、個別にビューの投影錐台のスクリーン空間被覆率を基に設定し、すべてのマップをテクスチャ アトラスに格納します。

　シーンのすべてのオブジェクトを、ライトのビュー ボリュームにレンダーする必要はありません。まず、影をキャストするオブジェクトしかレンダーする必要がありません。例えば、地面が影を受けるだけで、キャストしないとわかっていれば、シャドウ マップにレンダーする必要はありません。

　影キャスターは、その定義上、ライトの視錐台の中にあるものです。この錐台を何らかの手段で拡張したり引き締めることで、一部の影キャスターを安全に無視できます[967, 1947]。目に見える影レシーバーのセットを考えます。そのオブジェクトのセットは、ライトのビュー方向に沿った、ある最大距離の範囲内にあります。この距離を超えるものは、見えるレシーバーに影をキャストすることがありません。同様に、見えるレシーバーのセットは、おそらくライトの元のxとyのビュー境界よりも小さいはずです（図7.11）。もう1つの例は、光源が目の視錐台内にあれば、この追加の錐台の外にレシーバーの上に影をキャストできるオブジェクトがないことです。関連するオブジェクトだけをレンダーすれば、レンダリング時間を節約できるだけでなく、ライトの錐台に必要なサイズも減らせるので、シャドウ マップの実効解像度が増えて品質も向上します。それに加えて、ライトの錐台の近平面をライトから可能な限り離し、遠平面を可能な限り近づけることも有用です。そうすることで、z-バッファーの実効精度が上がります[1926]（セクション4.7.2）。

　シャドウ マッピングの1つの欠点は、影の品質がシャドウ マップの解像度（ピクセル数）

7.4. シャドウ マップ

図7.12. シャドウ マッピング バイアス アーティファクト。左では、バイアスが低すぎるので、自己影が発生する。右では、高いバイアスにより、靴が接触影をキャストしない。シャドウ マップの解像度も低すぎ、影にギザギザな外見を与えている。（*Christoph Peters*の影デモを使って生成したイメージ。）

と、z-バッファーの数値精度に依存することです。シャドウ マップは深度比較時にサンプルされるので、このアルゴリズムはエイリアシングの問題の影響を、特にオブジェクトの間の接点に近いときに受けやすくなります。よくある問題の1つが、三角形が誤って影と見なされる**自己影エイリアシング**で、しばしば「サーフェスにきび」や「影にきび」と呼ばれます。この問題には2つの原因があります。1つは単純にプロセッサーの精度の数値的な限界です。もう1つの原因は幾何学的で、点サンプルの値を使って領域の深度を表すことによるものです。つまり、ライトで生成するサンプルは、たいていスクリーン サンプルと同じ位置にありません（例えば、ピクセルはたいてい中心でサンプルされる）。ライトの格納深度値を、見ているサーフェスの深度と比べるとき、ライトの値がサーフェスより少し低く、自己影を生じることがあります。そのような誤差の効果が図7.12に示されています。

様々なシャドウ マップのアーティファクトを（必ずしも取り除くわけではないが）回避す

図7.13. 影バイアス。サーフェスは真上のライトに対するシャドウ マップにレンダーされ、垂直の線はシャドウ マップのピクセルの中心を表す。オクルーダーの深度を×の位置で記録する。ドットで示す3つのサンプルでサーフェスが照らされるかどうかを知りたい。それぞれで、最も近いシャドウ マップの深度値が、同じ色の×で示されている。左では、青とオレンジのサンプルが、対応するシャドウ マップの深度よりライトから離れているので、バイアスを加えないと、誤って影の中にあると判定される。中央では、固定の深度バイアスを各サンプルから引いて、それぞれをライトに近づける。青いサンプルはテストするシャドウ マップの深度よりライトに近くないので、やはり影の中と見なされる。右では、各ポリゴンを、その傾斜に比例してライトから遠ざけることにより、シャドウ マップを形成する。すべてのサンプルの深度が、そのシャドウ マップの深度より近くなったので、すべてが照らされる。

るのに役立つ1つの一般的な手法が、バイアス因数の導入です。シャドウ マップで見つけた距離を、テスト中の場所の距離でチェックするときに、レシーバーの距離から小さなバイアスを引きます（図7.13）。このバイアスは定数値にもできますが[1105]、それだと、レシーバーがライトにほぼ直面していない限り失敗する可能性があります。より効果的な手法は、レシーバーのライトに対する角度に比例したバイアスを使うことです。サーフェスがライトから傾くほど、バイアスは大きくなり、問題が回避されます。この種のバイアスは**傾斜スケール バイアス**と呼ばれます。どちらのバイアスも、OpenGL の `glPolygonOffset`) などのコマンドを使い、各ポリゴンをライトからシフトすることで適用できます。サーフェスが直接ライトに面していると、傾斜スケール バイアスでは、まったく後ろにバイアスされないことに注意してください。この理由から、あり得る精度誤差を避けるため、傾斜スケール バイアスは定数バイアスと合わせて使います。また傾斜スケール バイアスは、サーフェスがライトから見て真横に近いときには、正接の値が極めて高くなるので、たいてい何らかの最大値でクランプします。

Holbert [822, 823] が、レシーバーのワールド空間位置を、サーフェスの法線方向沿いに、ライトの方向と幾何学的法線の間の角度の正弦に比例して最初に少しシフトする、**法線オフセット バイアス**を紹介しています（221 ページの図7.24）。これは深度だけでなく、サンプルをテストするシャドウ マップ上の x- と y-座標も変えます。サンプルは自己影を避けるほど十分にサーフェスから離れていると考え、ライトの角度がサーフェスに対して浅くなるほど、このオフセットは増加します。この手法は、サンプルをレシーバーより上にある「仮想サーフェス」への移動として可視化できます。このオフセットはワールド空間距離なので、Pettineo [1514] は、それをシャドウ マップの深度範囲でスケールすることを推奨しています。Pesce [1502] が提案する、カメラ ビュー方向沿いにバイアスする考え方は、シャドウ マップの座標の調整でも動作します。セクション7.5で紹介する影の手法は、複数の隣接サンプルをテストする必要もあるので、そこでは他のバイアス手法を論じます。

バイアスが大きすぎると、**ライト漏れ**や**ピーターパニング**と呼ばれ、オブジェクトが下のサーフェスの上に少し浮いて見える問題が発生します。このアーティファクトが起きるのは、オブジェクトの接触点の下の領域、例えば、足の下の地面が遠くに押し出されすぎて、影を受けないからです。

自己影の問題を避ける1つの手段は、シャドウ マップの背面だけをレンダーすることです。**第2深度シャドウ マッピング** [1985] と呼ばれるこのスキームは、多くの状況、特にバイアスの手作業調整という選択肢がないレンダリング システムでうまく動作します。オブジェクトが両面で薄いか、互いに接触するときに問題となるケースが発生します。オブジェクトがメッシュの両面が見えるモデル、例えば、ヤシの葉や1枚の紙の場合、背面と前面が同じ位置にあるため、自己影が発生することがあります。同様に、バイアスを行わないと、シルエット エッジや薄いオブジェクトの近くで、それらの領域の背面は前面と近いために、問題が起きるかもしれません。バイアスを加えるのは、サーフェスにきびを避けるのに役立ちますが、接触点ではレシーバーとオクルーダーの背面が分離していないので、このスキームはライト漏れを起こしやすくなります（図7.14）。スキームの選択は状況に依存することがあります。例えば、Sousa ら [1802] が、彼らのアプリケーションで、太陽の影に前面、室内照明に背面を使うことが最善であることを見出しました。

シャドウ マッピングでは、オブジェクトは「水密」（閉じた多様体、セクション16.3.3）であるか、前面と背面の両方をマップにレンダーしなければならず、さもないとオブジェクトが完全に影をキャストできない可能性があります。Woo [2044] が、影の作成に前面か背面だ

7.4. シャドウ マップ

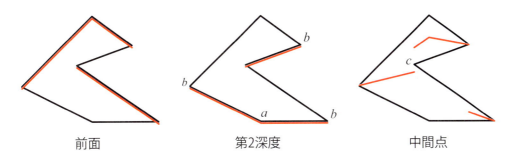

図7.14. 直上の光源に対するシャドウ マップのサーフェス。左では、赤でマークされたライトに面するサーフェスが、シャドウ マップに送られる。サーフェスは誤って自分に影を落とすと判断されるので（「にきび」）、ライトから離すバイアスが必要。中央では、後ろ向きの三角形だけがシャドウ マップにレンダーされる。それらのオクルーダーを押し下げるバイアスによって位置aに近い地面にライトが漏れ、前方へのバイアスによってbとマークされたシルエット境界に近い照らされる位置が、影と見なされる可能性がある。右では、シャドウ マップ上の各位置で見つかる最も近い前向きと後ろ向きの三角形の中間点に、中間サーフェスを形成する。点cの近くでは、最も近いシャドウ マップ サンプルがこの位置の左の中間サーフェス上にあるため、点のほうがライトに近いかもしれないので、ライト漏れが起きる可能性がある（これは第2深度シャドウ マッピングでも起きる）。

けを使い、文字通り、折衷案（happy medium）となることを試みる一般的な手法を提案しています。その考え方は、閉じたオブジェクトをシャドウ マップにレンダーし、2つのライトに最も近いサーフェスを追跡することです。この処理は深度剥離や、他の透明度に関連するテクニックで行えます。2つのオブジェクトの平均深度が、その深度をシャドウ マップとして使う中間レイヤーを形成し、**デュアルシャドウ マップ**[2007] と呼ばれることもあります。オブジェクトに十分に厚ければ、自己影とライト漏れのアーティファクトは最小になります。Bavoilら[126]が、他の実装の細部と合わせて、潜在的なアーティファクトに対処する手段を論じています。その主な欠点は、2つのシャドウ マップを使うことに関連する追加のコストです。Myers[1357]が、アーティストが制御する、オクルーダーとレシーバーの間の深度レイヤーを論じています。

視点が動くと、影キャスターのセットの変化につれて、しばしばライトのビュー ボリュームのサイズが変わります。さらにそのような変化により、影がフレームごとに少しずつシフトします。これが起きるのは、ライトのシャドウ マップが異なるライトからの方向のセットをサンプルし、それらの方向が以前のセットと一致しないからです。平行ライトでの解決法は、ワールド空間で同じ相対的なテクセル ビームの位置を維持するように、後続のシャドウ マップの生成を強制することです[1000, 1329, 1926, 1945]。つまり、シャドウ マップはワールド全体に2次元グリッドの基準枠を課し、その各グリッド セルがマップ上のピクセル サンプルを表すものと考えることができます。動きにつれて、その同じグリッド セルの別のセットにシャドウ マップが生成されます。言い換えると、フレーム間の一貫性を保つため、このグリッドにライトのビュー投影を強制します。

7.4.1 解像度の強化

テクスチャーの使い方と同じく、理想的には、1つのシャドウ マップ テクセルが、ほぼ1つのイメージ ピクセルを覆うことが望まれます。光源が目と同じ位置にあれば、そのシャドウ マップは完璧にスクリーン空間ピクセルと1対1に対応します（そしてライトは正確に目に見えるものを照らすので、見える影はありません）。ライトの方向が変わると、このピクセル比率はすぐに変化し、アーティファクトを生じることがあります。1つの例が図7.15に示されて

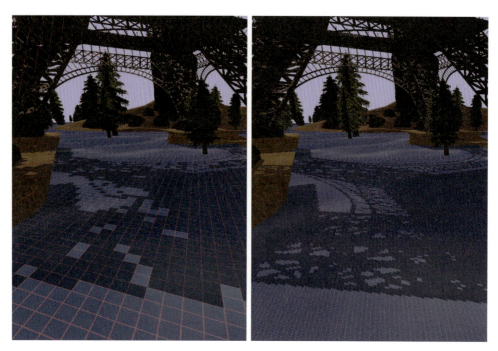

図7.15. 左のイメージは標準的なシャドウ マッピングを使い、右のイメージはLiSPSMを使って作成。シャドウマップの個々のテクセルの投影が表示されている。2つのシャドウ マップの解像度は同じで、違いはLiSPSMが、視点に近いほど高いサンプリング レートを与えるようにライトの行列を変形していること。（イメージ提供：*Daniel Scherzer, Vienna University of Technology*。）

図7.16. 左では、ライトがほぼ真上にある。目のビューと比べて低い解像度により、影のエッジが少し凸凹している。右では、ライトが水平線に近いので、影のテクセルはかなり多くの画面領域に水平に広がるので、ギザギザのエッジになる。（イメージは*Github*にある*TheRealMJP*の「*Shadows*」プログラムで生成。）

います。影がギザギザで不明瞭なのは、シャドウ マップの各テクセルに多数の前景ピクセルが関連付けられるからです。この不一致は**遠近エイリアシング**と呼ばれます。サーフェスがライトに真横に近く、視点を向く場合も、1つのシャドウ マップ テクセルが多くのピクセルに広がることがあります。この問題は**投影エイリアシング**と呼ばれます[1926]（図7.16）。シャドウ マップの解像度を増やしてギザギザを減らせますが、メモリーと処理のコストが加わります。

7.4. シャドウ マップ

よりカメラのパターンに似た、ライトのサンプリング パターンを作り出す、別のアプローチがあります。これはシーンをライトに向けて投影するやり方を変えることで行います。通常、ビューは対称で、ビュー ベクトルが錐台の中心にあると考えます。しかし、ビュー方向が定義するのはサンプルするピクセルではなく、ビュー平面だけです。錐台を定義するウィンドウを、この平面上でシフト、スキュー、回転して、ワールドからビュー空間への異なるマッピングを与える四辺形を作成できます。線形変換行列と、そのGPUによる使い方の性質から、四辺形はやはり規則的な間隔でサンプルされます。ライトのビュー方向とビュー ウィンドウの境界を変えることで、サンプリング レートを修正できます（図7.17）。

ライトのビューの視点へのマッピングには、22の自由度があります[967]。この解空間を利用して、ライトのサンプリング レートを視点のレートに近づけることを試みる、いくつかのアルゴリズムがあります。

遠近シャドウ マップ（PSM）[1815]、**台形シャドウ マップ（TSM）**[1222]、**ライト空間遠近シャドウ マップ（LiSPSM）**[2036, 2038]などの手法があります。例えば、224ページの図7.15と図7.26を参照してください。このクラスのテクニックは、**遠近ワープ法**と呼ばれます。

これらの行列ワープ アルゴリズムの長所は、ライトの行列の修正以外、追加の作業が不要なことです。どの手法も独自の強みと弱みがあり、サンプリング レートの一致を促進したり、悪化させるジオメトリーとライティングの状況があります[526]。Lloydら[1151, 1152]が、等価なPSM、TSM、LiSPSMを分析し、それらのアプローチでのサンプリングとエイリアシングの問題の優れた概要を与えています。それらのスキームは、ライトの方向がビューの方向に垂直なとき（例えば、真上）、遠近変換をシフトして目により多くのサンプルを集められるので、最もうまくいきます。

行列ワープ テクニックが助けにならないライティング状況の1つは、ライトがカメラの前にあり、それを指しているときです。この状況は**錐台の決闘**、あるいはより口語的に「ヘッドライトの鹿」として知られます。目に近いほど多くのシャドウ マップ サンプルが必要ですが、線形ワープは状況を悪化させるだけです[1672]。この問題や、品質の突然の変化などの問題[466]と、カメラが動くときに生成する影の「神経質」で不安定な品質により[526, 1329]、それらのアプローチは人気が落ちています。

視点のある場所により多くのサンプルを加えるのはよい考えで、与えられたビューに複数のシャドウ マップを生成するアルゴリズムにつながりました。この考え方は、最初にCarmackがQuakecon 2004のキーノートで述べたときに、大きな反応がありました。Blowが独立に、そのようなシステムを実装しています[192]。その考え方は単純で、シーンの異なる領域を覆う、シャドウ マップの固定されたセットを（場合により異なる解像度で）生成することです。

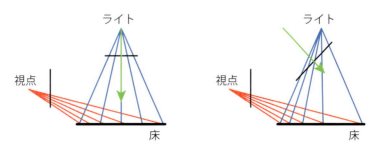

図**7.17**. 真上のライトで、左の床の上のサンプリングは視点のレートと一致しない。右ではライトのビュー方向と投影ウィンドウを変えることにより、視点に近いほど高いテクセルの密度になるように、サンプリング レートがバイアスされる。

Blowのスキームでは、4つのシャドウ マップを視点の周りで入れ子にします。こうすることで、近くオブジェクトには高解像度マップが利用でき、オブジェクトが遠くなるほど解像度は下がります。Forsyth [525, 528] が示す関連する考え方は、見えるオブジェクトのセットによって、異なるシャドウ マップを生成することです。その設定では、オブジェクトごとに関連するただ1つのシャドウ マップを持つので、2つのシャドウ マップの間の境界に広がるオブジェクトの遷移を扱う問題が避けられます。Flagship Studiosが、この2つの考え方をブレンドしたシステムを開発しました。1つのシャドウ マップが近くの動的なオブジェクト用、もう1つが視点に近い静止オブジェクトのグリッド セクション用、そして3つ目がシーン全体の静止オブジェクト用です。1つ目のシャドウ マップはフレームごとに生成します。他の2つは光源とジオメトリーが静止しているので、一度生成するだけでかまいません。これら特定のシステムは、どれも今ではかなり古くなっていますが、異なるオブジェクトと状況に対する、事前計算や動的な複数のマップという考え方は、それ以降に開発されるアルゴリズムに共通のテーマです。

2006年に、Engel [466]、Lloydら [1151, 1152]、Zhangら [2111, 2112] が、別々に同じ基本的な考え方を研究しました[*1]。その考え方は、視錐台のボリュームをビュー方向に平行にスライスして、いくつかの断片に分割することです（図7.18）。深度が増すにつれ、後続のボリュームは、その前のボリュームの2から3倍程度の深度範囲を持ちます [466, 2111]。ビュー ボリュームごとに、光源はそれをタイトに囲む錐台を作り、シャドウ マップを生成できます。テクスチャー アトラスや配列を使うことにより、その別々のシャドウ マップを1つの大きなテクスチャー オブジェクトとして扱い、キャッシュ アクセスの遅延を最小化できます。得られる品質改善の比較が図7.19に示されています。このアルゴリズムにEngelが付けた名前、**カスケード シャドウ マップ**（CSM）のほうが、Zhangの**平行分割シャドウ マップ**よりもよく使われますが、どちらも文献に登場し、実質的に同じものです [2113]。

この種のアルゴリズムは実装が単純明快で、巨大なシーン領域を穏当な結果でカバーでき、堅牢です。錐台の決闘問題は目に近いほど高いレートでサンプルすることで対処でき、深刻な最悪のケースの問題がありません。これらの強みにより、カスケード シャドウ マップは多くのアプリケーションで使われます。

遠近ワープを使い、1つのシャドウ マップの再分割された領域に、より多くのサンプルをパックすることも可能ですが [1916]、カスケードごとに別のシャドウ マップを使うのが標準的です。図7.18が暗に示し、図7.20が視点から示すように、カバーする領域はマップごとに変わることがあります。シャドウ マップが近く、ビュー ボリュームが小さいほど、必要な場所に多くのサンプルが与えられます。z-深度の範囲をマップの間でどう分割するかの決定は（z-**分割**と呼ばれる作業）かなり単純なものから複雑なものまであります [447, 1070, 1925]。1つの手法が対数分割で [1151]、そこでは遠平面から近平面への距離の比を、どのカスケード マップでも同じにします。

$$r = \sqrt[c]{\frac{f}{n}} \tag{7.5}$$

nとfはシーン全体の近平面と遠平面で、cはマップの数、rは結果の比です。例えば、シーンの最も近いオブジェクトが1メートル、最大距離が1000メートルで、3つのカスケード マップなら、$r = \sqrt[3]{1000/1} = 10$です。最も近いビューの近平面と遠平面の距離は1と10になり、次の間隔はこの比を維持するため10から100、最後は100から1000メートルになります。最初

[*1] Tadamura ら [1863] が、その考え方を7年前に紹介していましたが、その有用性を他の研究者たちが探るまで、インパクトを与えませんでした。

7.4. シャドウ マップ

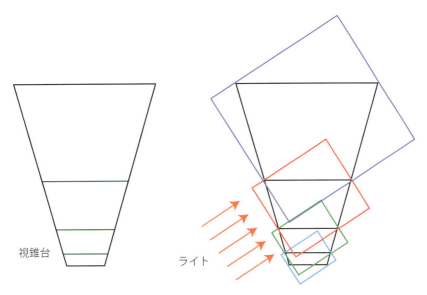

図7.18. 左では、目からの視錐台が4つのボリュームに分割される。右では、ボリュームに作成される境界ボックスが、4つのシャドウ マップがそれぞれ平行ライトでレンダーするボリュームを決定する。(*Engel [466]*より。)

図7.19. 左では、シーンの可視領域が広いため、1つの2048×2048解像度のシャドウ マップが遠近エイリアシングを示す。右では、ビュー軸に沿って配置された4つの1024×1024シャドウ マップが、品質を大きく改善している[2112]。フェンスの前方の角のズームが赤い枠内に表示されている。(**イメージ提供**: *Fan Zhang, The Chinese University of Hong Kong*。)

の近平面深度がこの分割に大きな影響を持ちます。近平面深度が0.1メートルしかなければ、10000の3乗根は21.54という、かなり高い比で、例えば、0.1から2.154から46.42から1000になります。これは生成されるシャドウ マップが、どれも大きな領域をカバーし、精度が下がることを意味します。実際には、そのような分割は近平面に近い領域にかなりの解像度を与え、この領域にオブジェクトがないと無駄になります。この不整合を避ける1つの手段は、分

図7.20. 影カスケードの可視化。紫、緑、黄色、赤が近さ順のカスケードを表す。（イメージ提供：*Unity Technologies*。）

割距離を対数と等距離分布の加重ブレンドとして定めることですが [2111, 2112]、シーンにタイトなビュー境界を決定できれば、さらによくなります。

　課題は近平面の設定にあります。設定が視点から遠すぎると、近平面でオブジェクトがクリップされ、それは極めて悪いアーティファクトです。カット シーンでは、この値をアーティストが正確に事前に設定できますが [1708]、インタラクティブな環境では、問題が難しくなります。Lauritzen ら [1070, 1514] が紹介する**サンプル分布シャドウ マップ**（SDSM）は、前のフレームからの z-深度値を使い、次の2つの手法の1つで、よりよい分割を決定します。

　1つ目の手法は、z-深度で最小値と最大値を調べ、それらを使って近平面と遠平面を設定することです。これは、一連の縮小するバッファーをコンピュート シェーダーなどで分析し、その出力バッファーを 1×1 のバッファーになるまで入力にフィードバックする、**リデュース操作**と呼ばれるものを GPU 上で使って行います。通常は、その値を少し押し出し、シーン中のオブジェクトの移動のスピードに合わせて調整します。補正措置をとらないと、あるフレームで画面の端から入ってくる近くのオブジェクトが、まだ問題を引き起こす可能性がありますが、それはすぐに次のフレームで補正されます。

　2つ目の手法も、深度バッファーの値を分析し、その範囲の z-深度の分布を記録する**ヒストグラム**と呼ばれるグラフを作ります。タイトな近平面と遠平面を求めることに加え、このグラフにはオブジェクトがない隙間があるかもしれません。そのような領域に追加する分割平面を、オブジェクトが実際に存在する場所に寄せることで、カスケード マップのセットに与える z-深度精度を増やせます。

　実際には、1つ目の手法が一般的かつ高速で（通常はフレームあたり1 ms程度）、よい結果を与えるので、いくつかのアプリケーションで採用されています [1516, 1946]（図7.21）。

　単一のシャドウ マップと同じく、フレーム間で動くライト サンプルによりチラつくアーティファクトは問題で、カスケードの間でオブジェクトが動くことにより悪化する可能性さえあります。ワールド空間で安定したサンプル点を維持する様々な手法が使われ、それぞれ独自の長所があります [48, 936, 1492, 1514, 1801, 1802, 1945]。オブジェクトが2つのシャドウ マップの間の境界に広がるとき、影の品質に突然の変化が生じることがあります。1つの解決法は、ビュー ボリュームを少し重ねることです。その重なり合うゾーンでのサンプルは、隣接するシャドウ マップ両方から集めた結果をブレンドします [1925]。あるいは、そのようなゾーンでは1つのサンプルを取るのにディザリングを使うこともできます [1492]。

7.4. シャドウ マップ

図7.21. 深度境界の効果。左では、近平面と遠平面を調整する特別な処理を使っていない。右では、SDSMを使ってよりタイトな境界を求めている。イメージの左端の窓枠、2階のフラワーボックスの下の領域、1階の窓で、緩いビュー境界によるアンダーサンプリングでアーティファクトが生じることに注意。これらのイメージにレンダーに使われるのは指数シャドウ マップだが、深度精度を改善する考え方は、どのシャドウ マップ テクニックにも役立つ。(イメージ提供 : *Ready at Dawn Studios, copyright Sony Interactive Entertainment*。)

その人気により、大きな努力がシャドウ マップの効率と品質の改善に注ぎ込まれてきました[1925, 2113]。シャドウ マップの錐台の中で何も変化がなければ、そのシャドウ マップを再計算する必要はありません。ライトごとに、どのオブジェクトがライトから見えるか、そして、そのどれがレシーバーに影をキャストできるかを求め、影キャスターのリストを事前に計算します[1516]。影が正しいかどうかを知覚するのはかなり難しいので、カスケードや他のアルゴリズムに適用可能ないくつかの近道があります。1つのテクニックは、低い詳細レベルのモデルを、実際に影をキャストするプロキシーとして使うことです[708, 1947]。もう1つは、小さなオクルーダーを考慮から外すことです[1492, 1946]。そのような影はそれほど重要でないという理論に従い、遠くのシャドウ マップの更新を毎フレームよりも低い頻度にすることもできます。この考え方は大きなオブジェクトが動くことによるアーティファクトの危険があるので、注意して使う必要があります[936, 1500, 1502, 1801, 1802]。Day [356]が示したフレームごとに「スクロールする」距離マップの考え方は、静的なシャドウ マップのほとんどはフレーム間で再利用可能であり、周辺部だけが変わる可能性があるため、レンダリングが必要だということです。*DOOM* (2016)などのゲームは、シャドウ マップの大きなアトラスを維持し、そのオブジェクトが動いた場所だけを生成し直します[319]。遠方のカスケード マップは、動的なオブジェクトの影がほとんどシーンに寄与しないので、それを完全に無視するように設定することもできます。環境によっては、高解像度の静的シャドウ マップを遠方のカスケードの代わりに使い、作業負荷を大きく減らせます[451, 1708]。単一の静的シャドウ マップには巨大な世界では、疎なテクスチャー システム(セクション19.10.1)を採用できます[264, 677, 1357]。カスケード シャドウ マッピングは、ベイクしたライト マップ テクスチャーや、特定の状況でより適切な他の影テクニックと組み合わせることができます[708]。Valientのプレゼンテーション [1946]は、広範囲のゲームでの様々な影システムのカスタマイズとテクニックを述べている点で、注目に値します。セクション11.5.1で、事前計算ライトと

影のアルゴリズムを詳しく論じます。

　複数の別々のシャドウ マップの作成は、それぞれ何らかのジオメトリーのセットに目を通すことを意味します。シャドウ マップのセットに1つのパスでオクルーダーをレンダーする考え方に基づいて、効率を改善する多くのアプローチがあります。オブジェクト データを複製して、それを複数のビューに送るのには、ジオメトリー シェーダーが使えます[48]。インスタンス化ジオメトリー シェーダーは、オブジェクトを最大32の深度テクスチャーに出力できます[1570]。マルチビューポート拡張機能は、オブジェクトの特定のテクスチャー配列スライスへのレンダリング等の操作を行えます[48, 172, 575]。セクション21.3.1で、仮想現実での使用の文脈でそれらを詳しく論じますビューポート共有テクニックであり得る欠点は、個々のシャドウ マップに関連すると分かっているセットではなく、生成されるすべてのシャドウマップのオクルーダーを、パイプラインで下流に送らなければならないことです[1925, 1945]。

　読者は現在、世界中の何十億もの光源の影の中にいます。読者に到達する光はその中の僅かです。リアルタイム レンダリングで、すべてのライトが常に有効だと、複数のライトを持つ大きなシーンが計算に圧倒されるかもしれません。ある空間のボリュームが視錐台の中にあっても、視点から見えなければ、そのレシーバー ボリュームを遮蔽するオブジェクトを評価する必要はありません[677, 1227]。Bittnerら[170]は視点からのオクルージョン カリング（セクション19.7）を使って、すべての見える影レシーバーを求めてから、すべての潜在的な影レシーバーを、ライトの視点からステンシル バッファー マスクにレンダーします。このマスクはライトから見える影レシーバーをエンコードします。シャドウ マップの生成では、ライトからオクルージョン カリングを使ってオブジェクトをレンダーし、そのマスクを使ってレシーバーが特定されないオブジェクトを間引きます。様々なライト用のカリング戦略も使えます。放射照度は距離の2乗で減衰するので、1つの一般的なテクニックは、ある閾値距離より後ろの光源を間引くことです。例えば、セクション19.5のポータル カリング テクニックは、どのライトがどのセルに影響を与えるかを求めることができます。これは性能利得がかなりの大きさになる可能性があるので、活発な研究の領域です[1437, 1722]。

7.5　近傍比率フィルタリング

シャドウ マップ テクニックの単純な拡張が、擬似的なソフトな影を供給できます。この手法は、1つのライト サンプル セルが多くの画面ピクセルを覆うときに、影がギザギザに見える解像度の問題の軽減にも役立てられます。その解決法はテクスチャー拡大と似ています（セクション6.2.1）。シャドウ マップから1つのサンプルではなく、4つの最も近いサンプルを取り出します。このテクニックは深度自体ではなく、サーフェスの深度との比較の結果を補間します。つまり、サーフェスの深度を4つのテクセル深度と個別に比べ、その点がライトと影のどちらにあるかをシャドウ マップ サンプルごとに判定します。その結果、つまり影が0でライトが1を双線形補間して、ライトが実際にそのサーフェス位置にどれだけ寄与するかを計算します。このフィルタリングは、人工的にソフトな影を生成します。その半影はシャドウ マップの解像度、カメラ位置、その他の因子により変化します。例えば、解像度が高いほどエッジのソフトな部分が狭くなります。とはいえ、少しでも半影と平滑化があるほうが、何もないよりはましです。

　このシャドウ マップから複数のサンプルを取り出して、その結果をブレンドする考え方は**近傍比率フィルタリング**（PCF）[1589]と呼ばれます。面光源はソフトな影を作り出します。サーフェス上の位置に到達する光の量は、その位置から見えるライトの面積の部分の関数で

7.5. 近傍比率フィルタリング

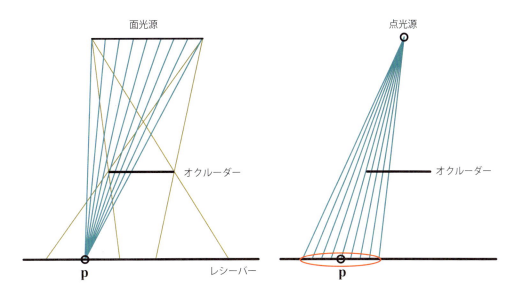

図7.22. 左では、面光源からの茶色の線が半影の形成される場所を示している。レシーバー上の点pで受ける照明の量は、円光源のサーフェスの点のセットをテストし、どのオクルーダーにも遮断されないものを求めることで計算できる。右では、点光源は半影をキャストしない。PCFは処理をひっくり返して、面光源の効果を近似する。つまり、与えられた位置で、シャドウ マップ上で相当する領域でサンプルを行い、照らされるサンプルの数の比率を導く。赤い楕円はシャドウ マップ上のサンプル領域を示している。理想的には、この円盤の幅はレシーバーとオクルーダーの間の距離に比例する。

す。PCFはその処理を逆にして、ソフトな影を点（や平行）光源で近似することを試みます。サーフェス位置から見えるライトの面積を求める代わりに、元の位置に近いサーフェス位置のセットからのポイント ライトの可視性を求めます（図7.22）。「近傍比率フィルタリング」という名前は、その究極の目標である、ライトから見えるサンプルの比率を求めることを指しています。この比率は、そのときサーフェスのシェーディングに使われるライトの量です。

PCFでは、ほぼ同じ深度の、しかしシャドウ マップ上のテクセル位置が異なる、サーフェス位置に近い位置を生成します。各位置の可視性をチェックし、その結果のブール値、照らされかどうかをブレンドしてソフトな影を得ます。この処理が物理的でないことに注意してください。光源を直接サンプルする代わりに、この処理はサーフェス自体のサンプリングという考え方に依存します。オクルーダーへの距離は結果に影響しないので、影は似たサイズの半影を持ちます。それでもこの手法は、多くの状況で妥当な近似を与えます。

サンプルする領域の幅を決定したら、エイリアシング アーティファクトを避けるやり方でサンプルすることが重要です。近くのシャドウ マップ位置をサンプルしてフィルターする方法は、数多くあります。サンプルする領域の幅、使うサンプルの数、サンプリング パターン、結果の重みが変数に含まれます。機能が低いAPIでは、そのサンプリング処理を4つの隣接位置にアクセスする、双線形補間と似た特別なテクスチャー サンプリング モードで高速化できます。結果をブレンドする代わりに、4つのサンプルをそれぞれ与えられた値と比べ、そのテストをパスした比率を返します[193]。しかし、最近隣サンプリングを規則的なグリッド パターンで行うと、目立つアーティファクトが生じることがあります。結果をぼかしながら、オブジェクトのエッジを尊重するジョイント バイラテラル フィルターを使うことで、影が他のサーフェスに漏れるのを防ぎながら品質を改善できます[1452]。このフィルタリング テクニックに関する詳細は、セクション12.1.1を参照してください。

   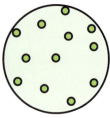

図7.23. 左端は、最近隣サンプリングを使う4×4グリッド パターンのPCFサンプリングを示している。右端は、円盤上の12タップ ポアソン サンプリング パターン。このパターンを使ってシャドウ マップをサンプルすると、中央左の改善された結果を与えるが、まだアーティファクトが見える。中央右では、ピクセルごとにサンプリング パターンをその中心の周りでランダムに回転している。構造を持つ影のアーティファクトが（はるかに不快でない）ノイズに変わる。（イメージ提供：*John Isidoro, ATI Research, Inc.*）

DirectX 10は、PCFのために1命令の双線形フィルタリング サポートを導入し、より滑らかな結果を与えます[60, 447, 1835, 1924]。これは最近隣サンプリングよりも、見た目を大きく改善しますが、規則的なサンプリングによるアーティファクトの問題は残ります。グリッド パターンを最小化する1つの解決法は、図7.23に示すような事前に計算したポアソン分布パターンを使い、領域をサンプルすることです。この分布はサンプルを互いの近くにも、規則的なパターンにもならないように散布します。どのピクセルにも同じサンプリング位置を使うと、分布に関わらずパターンを生じる可能性があることは、よく知られています[313]。そのようなアーティファクトは、サンプル分布をその中心の周りでランダムに回転し、エイリアシングをノイズに変えることで避けられます。Castaño [255]は、ポアソン サンプリングが生み出すノイズが、彼らの滑らかな様式化されたコンテンツで特に目立つことに気が付きました。彼は、双線形サンプリングを基にした、効率的なガウス加重サンプリング スキームを紹介しています。

自己影の問題とライト漏れ（影にきびとピーターパニング）は、PCFで悪化することがあります。傾斜スケール バイアスは、純粋にそのライトへの角度に基づき、サーフェスをライトから遠ざけ、サンプルがシャドウ マップ上で1テクセル以上離れていないと仮定します。サーフェス上の1つの位置より広い領域でサンプルすることにより、真のサーフェスに遮蔽されるテスト サンプルがあるかもしれません。

少数の異なる追加のバイアス因子が発明され、いくらか自己影のリスクを減らすのに使われて成功しています。Burley [231]は、その元のサンプルからの距離に比例して、各サンプルをライト方向に動かす**バイアス コーン**を述べています。Burleyは2.0の傾斜と、小さな定数バイアスを推奨しています（図7.24）。

Schüler [1703]、Isidoro [870]、Tuft [1924]が、レシーバー自体の傾斜を残りのサンプルの深度の調整に使うべきだという所見に基づくテクニックを紹介しています。その3つの中で、Tuftの公式化 [1924] が最も容易にカスケード シャドウ マップに適用できます。Douら [403] が、この概念をさらに精緻化し、z-深度の非線形な変化を考慮に入れて拡張しています。これらのアプローチは、近くのサンプル位置が、三角形が形成するのと同じ平面上にあると仮定します。**レシーバー平面深度バイアス**のような名前で呼ばれる、このテクニックは、この仮想平面上の位置が実際にサーフェス上にあるか、モデルが凸であれば前にあるので、多くの場合にかなり正確にです。図7.24に示されるように、凹面に近いサンプルは隠れることがあります。定数、傾斜スケール、レシーバー平面、ビュー バイアス、法線オフセット バイアスの組み合

7.6. 近傍比率ソフト影

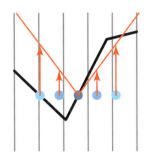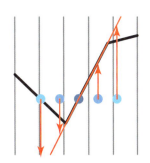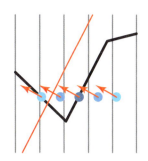

図7.24. その他の影バイアス手法。PCFで、元のサンプル位置（5つのドットの中心）の周りでいくつかのサンプルをとる。それらのサンプルはすべて照らされなければならない。左の図では、バイアス コーンを形成し、サンプルをそれより上に動かす。コーンの傾斜を増やして右のサンプルを十分に照らされるように近づけることもできるが、どこか他の（表示されていない）本当に影になるサンプルからのライト漏れの危険が増える。中の図では、すべてのサンプルがレシーバーの平面にあるように調整されている。これは凸サーフェスでうまく動作するが、左側に見えるような凹面では逆効果なことがある。右の図では、法線オフセット バイアスが、サーフェスの法線方向沿いに法線とライトの間の角度の正弦に比例してサンプルを動かす。中心のサンプルでは、これは元のサーフェスの上にある仮想サーフェスへの移動と考えられる。このバイアスは深度に影響を与えるだけでなく、シャドウ マップのテストに使うテクスチャー座標も変える。

図7.25. 近傍比率フィルタリングと近傍比率ソフト影。左は、小さなPCFフィルタリングによるハードな影。中は、一定幅のソフトな影。右は、オブジェクトが地面と接する場所で適切なハードさを持つ可変幅のソフトな影。（イメージ提供：*NVIDIA Corporation*。）

わせが自己影の問題に対処するために使われてきましたが、まだ環境ごとの手動調整が必要な場合もあります[255, 1502, 1514]。

PCFの1つの問題は、サンプリング領域の幅が変わらないため、半影の幅がすべて同じで、影が一様にソフトに見えることです。状況によっては、これは容認されるかもしれませんが、オクルーダーとレシーバーの間に接地があると正しく見えません（図7.25）。

7.6 近傍比率ソフト影

2005年にFernando [231, 507, 1356]が、**近傍比率ソフト影**（PCSS）と呼ばれる有力なアプローチを発表しました。それはシャドウ マップの近傍領域を探索し、すべての可能なオクルーダーを求めることによって、解決を試みます。その位置から、それらのオクルーダーの平均距離を使い、サンプル領域の幅を決定します。

$$w_{\text{sample}} = w_{\text{light}} \frac{d_r - d_o}{d_r} \tag{7.6}$$

d_r はレシーバーのライトからの距離、d_o は平均のオクルーダー距離です。言い換えると、サーフェス領域のサンプルに対する幅は、平均オクルーダーがレシーバーから遠くなり、ライトに近付くほど大きくなります。これがどのように起きるかを見るには、図7.22を調べ、オクルーダーを動かす効果について考えてください。図7.2（198ページ）、7.25、7.26に例が示されています。

オクルーダーが見つからなければ、その位置は完全に照らされ、それ以上の処理は不要です。同様に、その位置が完全に隠れていれば、処理を終了できます。それ以外の場合には、関心領域をサンプルして、ライトの近似的な寄与を計算します。処理コストを節約するため、サンプル領域の幅でサンプルの数を変えることもできます。例えば、遠くのソフトな影は重要な可能性が低いので、低いサンプリング レートを使うなど、他にも実装できるテクニックがあります。

この手法の欠点は、オクルーダーを見つけるために、シャドウ マップのかなりの面積をサンプルする必要があることです。回転ポアソン ディスク パターンの使用が、アンダーサンプリング アーティファクトを隠すのに役立つことがあります [936, 1708]。Jimenez [899] は、ポアソン サンプリングが動きの下で不安定になることがあると述べ、ディザリングとランダムの中間的な関数を使って形成されるらせんパターンのほうが、フレーム間でよい結果を与えることを見出しています。

Sikachev ら [1763] は、AMDが導入して名付けた**接触硬化影**（CHS）という名で呼ばれることが多い、SM 5.0の機能を使ったPCSSの高速な実装の詳細を論じています。この新しいバージョンは、基本的なPCSSの別の問題である、半影のサイズがシャドウ マップの解像度の影響を受けることにも対処します（図7.25）。この問題は、最初にシャドウ マップのミップマップを生成してから、ユーザー定義のワールド空間カーネル サイズに最も近いミップ レベルを選ぶことで最小になります。8×8 領域をサンプルして平均のブロッカー深度を求めるのに、16の GatherRed() テクスチャー呼び出ししか必要ありません。半影の見積もりを求めたら、影のシャープな領域には高解像度、ソフトな領域には低解像度のミップ レベルを使います。

CHS は数多くのゲームに使われ [1461, 1708, 1763, 1801, 1802]、研究は続いています。例えば、Buades ら [225] が紹介した**分離可能ソフト シャドウ マッピング**（SSSM）では、グリッドをサンプルするPCSSの処理を分離可能な部分に分け、可能な限りピクセル間で要素を再利用します。

ピクセルあたり複数のサンプルが必要なアルゴリズムの高速化に役立つことが証明されている概念が、階層的な min/max **シャドウ マップ**です。シャドウ マップの深度を平均することは通常は不可能ですが、ミップマップ レベルごとの最小値と最大値が役に立つことがあります。つまり、2つのミップマップを形成し、1つに各領域で見つかった最大 z-深度（HiZ とも呼ばれる）、もう1つに最小 z-深度を保存できます。テクセルの位置、深度、サンプルする領域が与えられたら、完全に照らされる条件と、完全に影になる条件を、それらのミップマップを使って速やかに決定できます。例えば、テクセルの z-深度がミップマップの対応する領域に格納された最大 z-深度より大きければ、そのテクセルは影の中にあるはずで、それ以上のサンプルが必要ありません。この種のシャドウ マップにより、ライトの可視性を決定する作業が、はるかに効率よくなります [387, 451, 661, 738, 1153, 1946]。

PCF のような手法は、近くのレシーバー位置をサンプルすることで動作します。PCSS は近くのオクルーダーの平均深度を求めることにより動作します。それらのアルゴリズムは光源の面積を直接考慮に入れず、近くのサーフェスをサンプルするので、シャドウ マップの解像度の影響を受けます。PCSSの背後にある重要な仮定は、平均ブロッカーが半影サイズの妥当

な見積もりであることです。2つのオクルーダー、例えば街灯と遠くの山が、あるピクセルで部分的に同じサーフェスを遮蔽するときには、この仮定が壊れ、アーティファクトを生じることがあります。理想的なのは、面光源が1つのレシーバー位置からどれだけ見えるかを決定することです。何人かの研究者がGPUを使った逆投影を探求しています。その考え方は、各レシーバーの位置を視点、面光源をビュー平面の一部として扱い、オクルーダーをこの平面に投影することです。Schwarz and Stamminger [1711] と Guennebaud ら [669] が、それまでの研究を要約し、独自の改良を提供しています。Bavoil ら [126] は別のアプローチをとり、深度剥離を使ってマルチレイヤー シャドウ マップを作成します。逆投影アルゴリズムは優れた結果を与えますが、ピクセルあたりのコストが高いので（これまでのところ）、インタラクティブ アプリケーションで採用されたことはありません。

7.7 フィルター シャドウ マップ

生成するシャドウ マップのフィルタリングが可能な1つのアルゴリズムが、Donnelly と Lauritzen の分散シャドウ マップ（VSM）です [398]。そのアルゴリズムは1つのマップに深度、別のマップに深度の2乗を格納します。マップを生成するときに、MSAAや他のアンチエイリアシング スキームを使えます。それらのマップはぼかしたり、ミップマップ化したり、エリア総和テーブルに入れたり [1067]、他の手法が可能です。それらのマップをフィルター可能なテクスチャーとして扱えることは、そこからデータを取り出すときに、あらゆるサンプリングとフィルタリングのテクニックを加えられるので、巨大な利点です。

この処理の操作の感覚を掴んでもらうため、ここでVSMを少し詳しく説明します。また、この種のアルゴリズムのどの手法でも、同じタイプのテストが使われます。この分野についてもっと学ぶことに興味のある読者は、関連する参考文献の参照と、このトピックに大きなスペースを割いている Eisemann ら [447] による本を推奨します。

まず、VSMでは深度マップをレシーバーの位置で（1度だけ）サンプルして、最も近いライト オクルーダーの平均深度を返します。この第1モーメントと呼ばれる平均深度 M_1 が影レシーバーの深度 t より大きいとき、レシーバーは完全ライトの中にあると見なされます。平均深度がレシーバーの深度より小さいときには、次の式を使います。

$$p_{\max}(t) = \frac{\sigma^2}{\sigma^2 + (t - M_1)^2} \tag{7.7}$$

$p_{\max}$ はライトの中にあるサンプルの最大比率、σ^2 は分散、t はレシーバーの深度、M_1 はシャドウ マップの平均期待深度です。第2モーメントと呼ばれる深度2乗シャドウ マップのサンプル M_2 を使って分散を計算します。

$$\sigma^2 = M_2 - M_1^2 \tag{7.8}$$

値 $p_{\max}$ はレシーバーの見える比率の上限です。実際の照明比率 p が、この値より大きくなることはありません。この上限はチェビシェフの不等式の片側変形から生じます。この式は確率理論を使い、サーフェス位置でのオクルーダーの分布の、サーフェスのライトからの距離を超える割合を見積もることを試みます。Donnelly と Lauritzen は、固定の深度の平面オクルーダーと平面レシーバーでは、$p = p_{\max}$ なので、式7.7が実際の多くの影の状況のよい近似として使えることを示しています。

図7.26. 左上、標準的なシャドウ マッピング。右上：視点の近くでシャドウ マップのテクセル密度を増やした遠近シャドウ マッピング。左下：オクルーダーのレシーバーからのレシーバー距離が増えるほど影をソフトにする近傍比率ソフト影。右下：ソフトな影の幅が一定で、各ピクセルを1つの分散マップ サンプルでシェーディングした分散シャドウ マッピング。（イメージ提供：*Nico Hempe, Yvonne Jung, and Johannes Behr*。）

Myers [1355] が、この手法がなぜ動作するかについての直感を構築しています。ある領域の分散は影の端で増加します。深度の違いが大きいほど、分散は大きくなります。そのとき $(t - M_1)^2$ 項が、可視性の比率の重要な決定要因です。この値が0より少しだけ大きい場合、これが平均オクルーダー深度がレシーバーよりも少しライトに近く、p_{max} が1に近い（完全に照らされる）ことを意味します。これは半影の完全に照らされるエッジ沿いに発生します。半影に入ると、平均オクルーダー深度はライトに近付くので、この項は大きくなり、p_{max} が低下します。同時に分散自体も半影の中で、エッジ沿いのほぼ0から、深度が異なるオクルーダーが等しく領域を共有する最大分散まで変化します。それらの項が相殺されて、半影で線形に変化する影を与えます。他のアルゴリズムとの比較は図7.26を参照してください。

分散シャドウ マッピングの重要な特徴の1つは、ジオメトリーによるサーフェス バイアスの問題にエレガントに対処できることです。Lauritzen [1067] が、サーフェスの傾斜を使って第2モーメントの値を修正する方法の導出を与えています。バイアスと他の数値的安定性の問題も、分散マッピングの問題にできます。例えば、式7.8は1つの大きな値を別の似た値から引いています。この手の計算は、基盤の数値表現の精度不足を拡大する傾向があります。浮動

7.7. フィルター シャドウ マップ

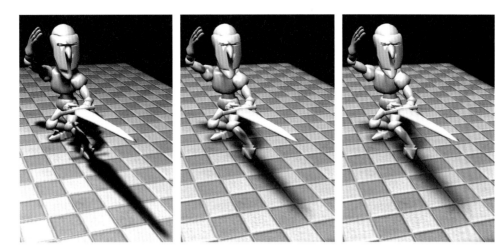

図7.27. 左から右に光源への距離を増やした分散シャドウ マッピング。（NVIDIA SDK 10 [1407]サンプルからのイメージ、提供：NVIDIA Corporation。）

小数点テクスチャーを使うことが、この問題の回避に役立ちます。

VSMはGPUの最適化されたテクスチャー機能を効率的に使うので、全体として処理に費やす時間の量に対する品質が目立って改善します。PCFのはよりソフトな影を生成するときにノイズを避けるのに多くのサンプル、したがって時間を必要とする一方で、VSMは1つの高品質なサンプルだけで領域全体の効果を決定し、滑らかな半影を作り出せます。この能力は、アルゴリズムの制限内であれば、追加のコストなしで影をいくらでもソフトにできることを意味します。

PCFと同じく、フィルター カーネルの幅で半影の幅が決まります。レシーバーと最も近いオクルーダーの間の距離を求めることにより、カーネルの幅を変えられるので、信憑性のあるソフトな影を与えられます。ミップマップ化したサンプルは幅がゆっくりと増加する半影の被覆率の貧弱な見積もりで、箱型のアーティファクトが生じます。Lauritzen [1067]が、エリア総和テーブルを使って、ずっとよい影を与える方法を詳しく述べています。1つの例が図7.27に示されています。

分散シャドウ マッピングが破綻する1つの場所が、2つ以上のオクルーダーがレシーバーを覆い、1つのオクルーダーがレシーバーに近いときの、半影領域沿いです。確率理論のチェビシェフ不等式は 正しいライト比率と関係のない最大ライト値を生み出します。最も近いオクルーダーは、部分的にだけライトを隠すことにより、式の近似を狂わせます。これは領域が完全に遮蔽されていながらライトを受ける、**ライトにじみ**（別名、ライト漏れ）をもたらします（図7.28）。小さな領域で多くのサンプルをとることにより、この問題は解決でき、分散シャドウ マッピングはPCFの1つの形になります。PCFと同じく速さと性能はトレードオフですが、影の深度の複雑さが低いシーンでは、分散マッピングはうまく動作します。Lauritzen [1067]が与える、その問題を軽減するためのアーティスト制御の手法は、低い比率を完全に影として扱い、残りの比率の範囲を0%から100%にマップし直します。このアプローチは全体的に半影を狭くするのと引き換えに、ライトにじみを暗くします。ライトにじみは深刻な制限ですが、地形からの影に複数のオクルーダーはめったに含まれないので、VSMはそのような影生成に向いています[1329]。

フィルタリング テクニックを使って、滑らかな影を素早く生成できることの有望さにより、

図7.28. 左は、ティーポットに適用した分散シャドウ マッピング。右では、三角形（表示されない）がティーポットに影を投じ、地面の影に不快なアーティファクトが生じる。（イメージ提供：*Marco Salvi*。）

フィルター シャドウ マッピングに大きな関心が集まりました。主要な課題は、様々なにじみの問題を解決することです。Annenら [62] が**畳み込みシャドウ マップ**を紹介しています。そのSolerとSillionの平面レシーバー用のアルゴリズム [1796] を拡張した考え方は、影の深度をフーリエ展開でエンコードすることです。分散シャドウ マッピングと同じく、そのようなマップはフィルター処理可能です。その手法は正しい答えに収束するので、ライト漏れの問題は軽減されます、

畳み込みシャドウ マッピングの欠点は、複数の項を計算してアクセスする必要があることで、実行とストレージのコストがかなり増えます [63, 127]。Salvi [1644, 1645] とAnnenら [63] は、並行して独立に指数関数に基づく単一の項を使う考え方に至りました。**指数シャドウ マップ（ESM）**と呼ばれるその手法は、その第2モーメントに沿った深度の指数を2つのバッファーに保存します。指数関数はシャドウ マップが（ライトの中であろうとなかろうと）実行するステップ関数をより密接に近似するので、これはにじみアーティファクトを大きく減らすのに有効です。これは、**リンギング**と呼ばれ、元のオクルーダーの深度の直前の特定の深度で些細なライト漏れが発生し得るという、畳み込みシャドウ マッピングの別の問題も回避します。

指数値を格納することの1つの制限は、第2モーメントの値が極めて大きくなり、浮動小数点数を使う範囲を超える可能性があることです。z-深度が線形になるよう生成することで、精度を改善し、指数関数をより急勾配で減少させられます [127, 281]。

そのVSMよりも改善された品質と、畳み込みマップと比べて小さなストレージと高い性能により、指数シャドウ マップ アプローチは、3つのフィルター アプローチの中で最も関心を集めました。Pettineo [1516] が、MSAAを使って結果を改善したり、ある程度の透明度が得られることなど、他のいくつかの改善について述べ、コンピュート シェーダーでフィルタリング性能を改善できることを説明しています。

より最近では、**モーメント シャドウ マッピング**が、PetersとKlein [1509] により紹介されました。それは4つ以上のモーメントを使い、ストレージのコストは増えますが、より高い品質を提供します。このコストは、モーメントの格納に16ビット整数を使うことで減らせます。Pettineo [1515] が、この新しいアプローチを実装して他の手法と比較し、その指数分散シャドウ マップ（EVSM）は多くの変種を探求するコード ベースを提供します。

カスケード シャドウ マップ テクニックをフィルター マップに適用して、精度を改善できます [1068]。標準のカスケード マップに対するカスケードESMの利点は、ただ1つのバイアス因数をすべてのカスケード設定できることです [1516]。ChenとTatarchuk [281] が、様々な

ライト漏れの問題と、カスケードESMで遭遇する他のアーティファクトについて詳しく述べ、いくつかの解決法を紹介しています。

　フィルター マップは、少数のサンプルしか必要としない、PCFの安価な形式と考えることができます。PCFのように、その影の幅は固定です。これらのフィルター アプローチは、どれもPCSSと組み合わせて使い、可変幅の半影を供給できます[64, 1739, 2089]。光散乱と透明度効果を提供可能な、モーメント シャドウ マッピングの1つの拡張もあります[1510]。

7.8　ボリューム シャドウ テクニック

透明なオブジェクトは光の色を減衰し、変化させます。セクション5.5で論じたものと似たテクニックを使って、そのような効果をシミュレートできる、透明なオブジェクトのセットもあります。例えば、第2のシャドウ マップを生成できる状況があります。その上に透明なオブジェクトをレンダーし、最も近い深度と色やアルファ被覆率を格納します。レシーバーが不透明なシャドウ マップに遮断されなければ、透明度深度マップをテストし、遮蔽されていなければ、その色や被覆率を必要に応じて取り出します[511, 1801, 1802]。この考え方は、セクション7.2の影とライトの投影と似ていて、格納した深度で透明なオブジェクトとライトの間にあるレシーバーへの投影を回避します。そのようなテクニックは、透明なオブジェクトそのものには適用できません。

　髪の毛や雲など、小さかったり半透明のオブジェクトのリアリスティックなレンダリングには、自己影が重要です。単一の深度シャドウ マップは、そのような状況で機能しません。LokovicとVeach [1155] が最初に紹介したディープ シャドウ マップの概念では、光の深度による減衰の関数を、シャドウ マップのテクセルごとに格納します。この関数は一般に、異なる深度での不透明度の値を持つ一連のサンプルで近似されます。与えられた位置の深度を囲むマップ中の2つのサンプルを使い、影の効果を求めます。GPUでの課題は、そのような関数を効率的に生成して評価することにあります。それらのアルゴリズムは、いくつかの順序に依存しない透明度アルゴリズム（セクション5.5）に見られるのと似たアプローチを使い、関数の忠実な表現に必要なデータのコンパクトな格納など、同様の課題に突き当たります。

　KimとNeumann [965] が最初にGPUベースの手法を紹介し、それを**不透明度シャドウマップ**と呼びました。不透明度だけを格納するマップを固定の深度のセットで生成します。NguyenとDonnelly [1378] が、621ページの図17.2のようなイメージを作り出す、このアプローチの改良版を与えています。しかし、深度スライスはすべて平行で一様なので、線形補間によるスライス間の不透明度アーティファクトを隠すには、多くのスライスが必要です。YukselとKeyser [2101] が、モデルの形により密接に従う不透明度マップを作成することにより、効率と品質を改善しています。そうすることで、最終イメージにとって各レイヤーの評価の重要性が増すので、必要なレイヤーの数を減らせます。

　固定のスライス設定に頼らなければならないことを避ける、適応型のテクニックが提案されています。Salviら [1646] が紹介した**適応型ボリューム シャドウ マップ**では、シャドウ マップの各テクセルが、不透明度とレイヤー深度の両方を格納します。ピクセル シェーダーの操作を使って、ラスタライズ時にデータ（サーフェス不透明度）のストリームを不可逆圧縮します。これにより、すべてのサンプルを集めて、1つのセットとして処理するための、無制限な量のメモリーが必要になることを避けられます。このテクニックはディープ シャドウ マップ[1155] と似ていますが、ピクセル シェーダーで圧縮ステップをその場で行います。関数の表

図 **7.29**. 適応型ボリューム シャドウ マップによる髪の毛と煙のレンダリング [1646]。*(再掲許可：Marco Salvi and Intel Corporation, copyright Intel Corporation, 2010。)*

現を小さな固定数の格納された不透明度/深度のペアに制限することで、GPUでの圧縮と抽出の両方の効率がよくなります[1646]。曲線を読み、更新し、書き戻す必要があるので、そのコストは単純なブレンドよりも高くなり、曲線を表す点の数に依存します。この場合、このテクニックはUAVとROV機能をサポートする最新のハードウェアも必要です（セクション3.8の最後）。図7.29に例があります。

適応型ボリューム シャドウ マッピング法は、ゲーム *GRID2* でリアリスティックな煙のレンダリングに使われ、その平均コストは 2 ms/フレーム未満でした [957]。Fürstら [553] が、彼らのゲームのディープ シャドウ マップの実装コードを説明し、提供しています。彼らは深度とアルファの格納にリンク リストを使い、指数シャドウ マッピングを使って照明と影の領域間のソフトな遷移を提供します。

影のアルゴリズムの探求は続き、様々なアルゴリズムとテクニックの合成がますます一般的になっています。例えば、Selgradら [1721] は、複数の透明サンプルをリンク リストで格納し、散布書き込みにコンピュート シェーダーを使ってマップを構築しています。彼らの研究はディープ シャドウ マップの概念を、フィルター マップや他の要素と合わせて使い、より一般的な高品質のソフトな影を提供するためのソリューションを与えます。

7.9　不規則 *Z*-バッファー影

様々な種類のシャドウ マップ アプローチが人気があるのには、いくつかの理由があります。それらのコストは予測可能で、シーン サイズの拡大に対して、最悪でもプリミティブの数に線形にスケールします。それらはラスタライズを頼りにワールドのライトのビューの規則的にサンプルするので、うまくGPU上にマップされます。しかし、目が見る位置とライトが見る位置は、1対1に対応しないので、この離散サンプリングによる問題が発生します。ライトが

7.9. 不規則 Z-バッファー影

サーフェスをサンプルする周波数が目より小さいと、様々なエイリアシングの問題が発生します。サンプリング レートが同等であっても、サーフェスは目に見えるものと少し異なる位置でサンプルされるので、バイアスの問題があります。

与えられた位置が照らされるか影を定義する三角形のセットは、光とサーフェスの相互作用により生じるので、シャドウ ボリュームは正確な解析解を与えます。そのアルゴリズムをGPU上に実装するときの予測不能なコストは、深刻な欠点です。近年探求された改良は[1770]期待を抱かせますが、まだ商用アプリケーションに採用された「存在証明」はありません。

より長期的な可能性がある、別の解析的影テスト手法が、レイ トレーシングです。セクション11.2.2で詳しく述べますが、その基本的な考え方は、特に影では十分に単純です。レイをレシーバーの位置からライトに打ち出します。レイを遮断するオブジェクトが見つかったら、そのレシーバーは影の中にあります。高速なレイ トレーサーのコードの大半は、レイあたりの必要なオブジェクト テストの数を最小化する階層データ構造を生成して使うことに当てられます。動的なシーンで、それらの構造を毎フレーム構築して更新することは、数十年前からのトピックで、今も研究の対象分野です。

別のアプローチはGPUのラスタライズ ハードウェアを使ってシーンをビューしながら、ライトの各グリッド セルにz-深度だけでなく、オクルーダーのエッジについての追加情報も格納します[1083, 1725]。例えば、シャドウ マップの各テクセルに、グリッド セルと重なる三角形のリストを格納するとします。そのようなリストは、三角形の一部がピクセルと（ピクセルの中心に限らず）重なればフラグメントを生成する、保守的ラスタライズで生成できます（セクション24.1.2）。そのようなスキームの1つの問題は、テクセルあたりのデータの量を通常制限する必要があることで、すべてのレシーバーの位置の状態を決定するときに、不正確さをもたらす可能性があります。現代のGPU用のリンク リストの原理を考えれば[2089]、より多くのデータをピクセルごとに格納できるのは、確かです。しかし、物理的なメモリーの制限以外にも、テクセルごとに可変量のデータをリストに格納することの問題は、残りのスレッドが何もすることがなく、アイドリングしている間に、多くの項目を取り出して処理する必要がある少数のフラグメント スレッドが1つのワープにあるので、GPUの処理が極めて非効率的になる可能性があることです。動的な「if」文とループによるスレッド発散を避けるようにシェーダーを構造化することが、性能に極めて重要です。

三角形や他のデータをシャドウ マップに格納し、それらに対してレシーバーの位置をテストすることの1つの代替案は、問題を裏返して、レシーバーの位置を格納してから、それぞれに対して三角形をテストすることです。このレシーバーの位置を保存する概念は、最初にJohnsonら[907]と、AilaとLaine [17]が探求し、不規則z-バッファー（IZB）と呼ばれています。バッファー自体は法線と、シャドウ マップの通常の正規の形式を持つという点で、この名前は少し語弊があります。不規則なのはバッファーの内容で、それはシャドウ マップの各テクセルに1つ以上のレシーバー位置が格納されたり、何もなかったりするからです（図7.30）。

Sintornら[1767]とWymanら[2074, 2076]が紹介した手法を使うマルチパス アルゴリズムは、IZBを作成して、その内容でライトからの可視性をテストします。まず、視点からシーンをレンダーし、目に見えるサーフェスのz-深度を求めます。それらの点をシーンのライトのビューに変換し、このセットからライトの錐台のタイトな境界を形成します。次にそれらの点を、ライトのIZBの中の対応するテクセルのリストに配置します。空のリストがあるかもしれませんが、それはライトから見えても目に見えるサーフェスがない空間のボリュームです。オクルーダーは、ライトのIZBに保守的ラスタライズを行い、隠れる、つまり影になる点があるかどうかを決定します。保守的ラスタライズにより、たとえ三角形がライト テクセルの中心

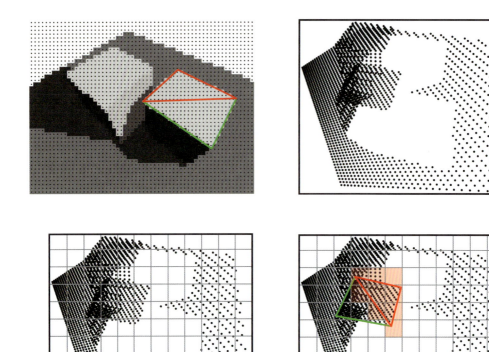

図7.30. 不規則z-バッファー。左上では、目からのビューがピクセル中心のドットのセットを生成している。キューブの面を形成する2つの三角形が示されている。右上では、それらのドットがライトのビューから示されている。左下では、シャドウマップのグリッドが設定されている。テクセルごとに、そのグリッドセル内の全ドットのリストを生成する。右下では、赤い三角形を保守的にラスタライズすることにより、それに対する影のテストを行う。明るい赤で示した接するすべてのテクセルで、ライトから見えるかどうかを調べるため、リスト内のすべてのドットを三角形に対しテストする。（ラスターイメージ提供：*Timo Aila and Samuli Laine [17]*。）

でなくても、重なる可能性がある点に対して確実にテストされます。

可視性テストはピクセルシェーダーで発生します。そのテスト自体は、レイトレーシングの1つの形式として可視化できます。レイをイメージ点の位置からライトに生成します。ある点が三角形の内部にあり、三角形の平面より遠ければ、それは隠れています。すべてのオクルーダーをラスタライズしたら、サーフェスのシェーディングでライトの可視性の結果を使います。三角形が点のそのボリュームへの包含をチェックする視錐台を定義すると考えられるので、このテストは**錐台トレーシング**とも呼ばれます。

このアプローチをGPUでうまく機能させるためには、注意深いコーディングが必須です。Wymanら[2074, 2076]は、彼らの最終版が最初のプロトタイプよりも2桁高速化したと記しています。この性能増加の一部は、サーフェス法線がライトを向いていない（そのため決して照らされない）イメージ点を間引いたり、空のテクセルにはフラグメントの生成を回避するといった、直接的なアルゴリズムの改善です。他の性能向上は、データ構造をGPU用に改良し、どのテクセルでも短い似た長さの点のリストを持つようにして、スレッド発散を最小にすることによるものです。図7.30は説明のため、長いリストを持つ低解像度のシャドウマップを示しています。理想は、リストあたり1つのイメージ点です。解像度が高いほどリストは短くな

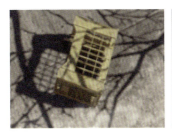 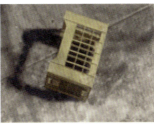 

図7.31．左では、PCFがすべてのオブジェクトに一様にソフトな影を与えている。中央では、PCSSがオクルーダーへの距離で影をソフトにするが、木箱の左隅に重なる木の枝の影がアーティファクトを作り出す。右では、IZBからのシャープな影がPCSSからのソフトな影とブレンドされ、改善された結果を与える[1837]。（「*Tom Clancy's The Division*」からのイメージ、提供：*Ubisoft*。）

りますが、オクルーダーが生成する評価用のフラグメントの数も増えます。

図7.30の左下のイメージに見えるように、地面で見える点の密度は、遠近効果により左側のほうが右側よりもずっと高くなっています。カスケード シャドウ マップを使えば、より多くのライト マップの解像度を目の近くに集中させることにより、それらの領域のリスト サイズを減らすのに役立ちます。

このアプローチは、他のアプローチのサンプリングとバイアスの問題を回避し、完全にシャープな影を供給します。美的と知覚的な理由で、ソフトな影がしばしば望まれますが、オクルーダーの近くで、ピーターパニングのようなバイアスの問題が生じることがあります。StoryとWyman [1837, 1838] は、ハイブリッドな影のテクニックを探っています。その核となる考え方は、オクルーダーの距離を使ってIZBとPCSSの影をブレンドし、オクルーダーが近いときにはハードな、遠いときにはソフトな影の結果を使うことです（図7.31）。影の品質は近いオブジェクトで最も重要なことが多いので、選択したサブセットでだけIZBを使うことにより、そのコストを減らせます。この解決策はビデオ ゲームで使われて成功しています。本章の冒頭に、そのようなイメージが示されています（198ページの図7.2）。

7.10　他の応用

シャドウ マップを明暗を分ける空間のボリュームを定義するものとして扱うと、オブジェクトのどの部分が影かを決定するのに役に立つことがあります。Gollent [604] は、CD Projektの地形作影システムが領域ごとに遮蔽される最大の高さを計算する方法を述べ、それが地形だけでなく、木やシーンの他の要素も影にするのに使えることを述べています。それぞれの高さを求めるため、見える領域のシャドウ マップを太陽でレンダーします。次に地形の高さフィールドの各位置で、太陽の可視性をチェックします。影にあれば、最初にワールド高さを太陽が視界に入るまで固定のステップ サイズで徐々に増やして、太陽が見える高さを見積もってから、二分探索を行います。つまり、垂直線沿いにマーチングを行い、明暗を分けるシャドウ マップのサーフェスと交わる位置を反復して絞り込みます。隣接する高さを補間して、任意の位置の遮蔽の高さを求めます。このテクニックの地形の高さフィールドのソフトな影に使われた例を、図7.32で見ることができます。明と暗の領域を通るレイ マーチングのもっと多くの用例が、14章にあります。

述べる価値のある最後の手法が、**スクリーン空間の影のレンダリング**です。シャドウ マップは、その解像度が限られるので、小さな特徴の正確なオクルージョンの作成によく失敗しま

図 7.32. 各高さフィールド位置で計算された、太陽が最初にみえる高さで照らされた地形。影のエッジ沿いの木々の影が正しくないことに注意[604]。(*CD PROJEKT*® *The Witcher*® は *CD PROJEKT Capital Group*の登録商標。*The Witcher game*© *CD PROJEKT S.A. Developed by CD PROJEKT S.A. All rights reserved*。*The Witcher game*は *Andrzej Sapkowski*の散文に基づく。他のすべての著作権と商標はそれぞれの所有者に属する。)

す。人は顔の視覚的アーティファクトに特に敏感なので、これは特に人の顔のレンダリングで問題になります。例えば、紅潮した小鼻のレンダリングは（意図しないとき）目障りです。より高解像度のシャドウ マップや、関心領域だけを対称とした別のシャドウ マップを使えば役に立つかもしれませんが、もう1つの可能性は既存のデータを利用することです。ほとんどの現代のレンダリング エンジンでは、前パスに由来するカメラ視点からの深度バッファーをレンダリング時に利用できます。その格納データは、高さフィールドとして扱えます。この深度バッファーを繰り返しサンプルすることにより、レイ マーチング処理を行って（セクション6.8.1）ライトの方向が遮蔽されるかどうかをチェックできます。深度バッファーを繰り返しサンプルする必要があるので高コストですが、そうすることでカット シーンのクローズアップにより高い品質を供給でき、余分な数ミリ秒の支出はたいてい正当化されます。その手法はSousa at al. [1801]が提案し、今日では多くのゲーム エンジンで一般的に使われています[414, 1937]。

この章全体をまとめると、何らかの形のシャドウ マッピングが、任意のサーフェス形状へキャストされる影に、圧倒的に最もよく使われるアルゴリズムです。影が屋外シーンなどの広い領域にキャストされるときには、カスケード シャドウ マップは、サンプリングの品質を改善します。SDSMで近平面のよい最大距離を求めると、さらに精度を改善できます。近傍比率フィルタリング（PCF）は影にいくらかソフトさを与え、近傍比率ソフト影（PCSS）とその変種は接点にハードさを与え、不規則z-バッファーは正確なハードな影を供給できます。フィルター シャドウ マップは速いソフトな影の計算を提供し、特にオクルーダーがレシーバーから遠いときと、地形でうまく動作します。最後に、スクリーン空間テクニックが精度を増すために使えますが、かなりのコストがあります。

本章では、現在アプリケーションで使われている、重要な概念とテクニックに焦点を合わせました。それぞれ独自の強みがあり、選択はワールド サイズ、構成（静止コンテンツかア

7.10. 他の応用

図**7.33.** 上は基本的なソフト影近似で生成したイメージ。下はコーン トレーシングを使ったボクセル ベースの面光源の、シーンのボクセル化への影。車の影がより拡散していることに注意。時刻の違いによるライティングの違いもある。（イメージ提供：*Crytek [936]*。）

ニメーションか）、マテリアルの種類（不透明、透明、髪の毛、煙）、ライトの数と種類（静的と動的、ローカルと遠距離、点/スポット/面光源）、さらに基層のテクスチャーがアーティファクトを隠す度合いなどの因子に依存します。GPUの能力は進化し向上しているので、この先何年も、ハードウェアにうまく対応した新たなアルゴリズムが登場し続けることが期待できます。例えば、セクション19.10.1で述べた疎なテクスチャー テクニックは、シャドウ マップの格納に応用され、解像度を改善しています[264, 677, 1357]。独創的なアプローチで、Sintorn, Kämpeらが[919, 1769]、2次元のライトのシャドウ マップを3次元のボクセルのセットに変換する考え方を探求しています（セクション13.10の小さなボックスを参照）。ボクセルを使う1つの利点は、それが照らされているか影かに分類でき、必要なストレージが最小になることです。高度に圧縮された疎なボクセル オクツリー表現は、膨大な数のライトと静的なオクルーダーの影を格納できます。Scandoloら[1662]が、彼らの圧縮テクニックを2つのシャドウ マップを使う間隔ベースのスキームと組み合わせ、さらに高い圧縮率を与えています。Kasyan [936] は、ボクセル コーン トレーシング（セクション13.10）を使って面光源からソフトな影を生成します。その例が図7.33で見られます。コーン トレースした影は、506ページの図13.33にも示されています。

参考文献とリソース

本章の焦点は基本原理と、インタラクティブ レンダリングに有用な影のアルゴリズムに必要な品質—予測可能な品質と性能—です。その主題に取り組んだ2つの教科書があるので、レンダリングのこの分野で行われた研究の包括的な分類は避けることにしました。Eisemannら [447]の本 *Real-Time Shadows* は、インタラクティブ レンダリング テクニックに直接焦点を合わせ、広範囲のアルゴリズムを、その長所とコストを合わせて論じています。SIGGRAPH 2012コースがこの本を抜粋しながら、より新しい研究にも言及しています [448]。そのSIGGRAPH 2013コースのプレゼンテーションをウェブサイトで入手できます（www.realtimeshadows.com）。WooとPoulinの本、*Shadow Algorithms Data Miner* [2046] は、インタラクティブとバッチ レンダリング使われる広範囲の影のアルゴリズムの概要を提供します。どちらの本にも、この分野の何百もの研究記事の出典があります。

Tuftの2つの記事 [1925, 1926] は、一般的に使われるシャドウ マッピング テクニックの、その問題も含めた優れた概説です。Bjørge [172] は、モバイル デバイスに適した、幅広い人気のある影のアルゴリズムと、様々なアルゴリズムを比較するイメージと一緒に紹介しています。Lilleyのプレゼンテーション [1129] は、GISシステム用の地形レンダリングを中心に実用的な影のアルゴリズムの堅実で詳細な概要を与えます。Pettineo [1514, 1515] と Castaño [255] のブログ記事は、その実用的なヒント集と、デモ コード ベースが特に貴重です。特にハードな影に焦点を合わせた研究の短い要約は Scherzer ら [1675] を参照してください。Hasenfratz らによるソフトな影のアルゴリズムの調査 [733] は古くなっていますが、広範囲の初期の研究をある程度詳しく取り上げています。

8. 光と色

"Unweave a rainbow, as it erewhile made
The tender-person'd Lamia melt into a shade."
　　　　　—John Keats

　　　優しいレイミアを陰に隠した虹をほどいてくれ。

これまでの章で論じたRGB色値の多くは、光の強度と色調を表します。本章では、それらの
値で測定される様々な物理的な光の量について学び、より物理に基づく視点からレンダリング
を論じる、この後の章の下準備をします。しばしば無視されるレンダリング処理の「後半」、
シーンの線形な光の量を表す色の、最終的なディスプレイの色への変換についても詳しく学び
ます。

8.1　光の量

どの物理ベースのレンダリングへのアプローチでも、最初のステップは、光を正確な方法で定
量化することです。最初に、光の物理的な伝達に関する中核分野である、放射測定を紹介しま
す。次に論じる測光は、人間の目の感度で重み付けした値である光量値を扱います。色の知覚
は**精神物理学**現象、つまり物理的な刺激の精神的な知覚です。色の知覚を測色のセクションで
論じます。最後に、RGB色値によるレンダリングの妥当性を論じます。

8.1.1　放射測定

放射測定は電磁放射の測定を扱います。セクション9.1で詳しく論じるように、この放射は波
として伝搬します。電磁波は**波長**（同じ位相の2つの隣接点、例えば2つの隣接ピークの間の
距離）により、異なる特性を持つ傾向があります。自然界には、長さが100ナノメートル未満
のガンマ波から、数千キロメートルの長さの極低周波（ELF）ラジオ波まで、巨大な範囲にわ
たる波長の電磁波が存在します。人間に見える波は、紫の光の約400ナノメートルから、赤い
光の700ナノメートルより少し上まで広がる、その範囲のごく小さな部分です（図8.1）。

　　全体のエネルギー、パワー（仕事率、単位時間のエネルギー）、面積、方向、あるいはその
両方に関するパワー密度など、電磁放射の様々な面を測定するための、放射測定量が存在しま
す:。それらの量が表8.1にまとめられています。

　　放射測定では、その基本単位は**放射束**、Φです。放射束は**ワット**（W）で測定される単位時
間の放射エネルギーの流れです。

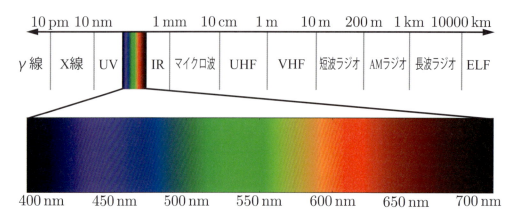

図 8.1. フル電磁スペクトルのコンテキストで示した、可視光の波長の範囲。

放射照度は面積に関する放射束の密度、すなわち $d\Phi/dA$ です。放射照度は面積に関して定義され、それは空間中の仮想領域のこともありますが、たいていは物体の表面です。それはワット/平方メートルで測定されます。

次の量に行く前に、まず角度の概念の3次元拡張である**立体角**の概念を導入する必要があります。角度は平面中の連続的な方向のセットのサイズの測定単位と考えることができ、そのラジアンの値は、この方向のセットを囲む半径1の円上で、それが交わる円弧の長さと等しくなります。同様に、立体角は3次元空間中の連続的な方向のセットのサイズを測定し、単位は**ステラジアン**（「sr」と略す）で、半径1 [590]の包含球上で交わるパッチの面積で定義されます。立体角は記号 ω で表されます。

2次元では、2π ラジアンの角度は、単位円全体に広がります。これを3次元に拡張すると、4π ステラジアンの立体角が、単位球の全領域に広がります。1ステラジアンの立体角のサイズは、図8.2で見ることができます。

これで**放射強度** I を導入できます。それは方向——より正確には、立体角に関する束密度（$d\Phi/d\omega$）です。ワット/ステラジアンで測定されます。

最後に、**放射輝度** L は、1本のレイの電磁放射の大きさです。より正確には、面積と立体角の両方に関する放射束の密度として定義されます（$d^2\Phi/dAd\omega$）。この面積はレイに垂直な平面で測定されます。放射輝度を何か他の向きの面に適用する場合は、余弦補正係数を使わなければなりません。「投影面積」項を使ってこの補正係数を参照する放射輝度の定義に出会うことがあります。

放射輝度は、目やカメラなどのセンサーが測定するものなので（詳細はセクション9.2を参照）、レンダリングで最も重要なものです。シェーディングの式を評価する目的は、シェー

名前	記号	単位
放射束	Φ	ワット (W)
放射照度	E	W/m^2
放射強度	I	W/sr
放射輝度	L	W/(m^{2}sr)

表 8.1. 放射測定量と単位。

8.1. 光の量

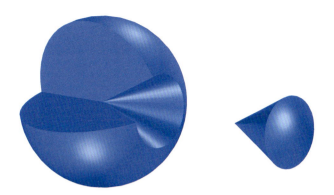

図**8.2.** 球の断面図から取り除いた1ステラジアンの立体角の円錐。形状そのものは大きさに関係しない。球の表面の被覆率が鍵となる。

ディングするサーフェス点からカメラへのレイに沿って、放射輝度を計算することです。そのレイに沿ったLの値は、5章の量c_{shaded}に物理的に等価です。放射輝度の単位はワット/平方メートル/ステラジアンです。

環境の放射輝度は、**放射輝度分布**[431]と呼ばれる5つの変数（波長を含めれば6）の関数と考えることができます。その変数のうち3つが位置、2つが方向を指定します。この関数は空間中を移動するすべての光を記述します。レンダリング処理の1つの考え方は、目と画面が1つの点と方向のセットを定義し（例えば、各ピクセルを通過するレイ）、目の位置でこの関数を各方向に評価するというものです。セクション13.4で論じるイメージベース レンダリングは、**ライト フィールド**と呼ばれる、関連する概念を使います。

シェーディングの式では、放射輝度がしばしば$L_o(\mathbf{x}, \mathbf{d})$や$L_i(\mathbf{x}, \mathbf{d})$の形で現れ、それぞれ点$\mathbf{x}$に出入りする放射輝度を意味します。方向ベクトル$\mathbf{d}$はレイの方向を意味し、それは規約により常に$\mathbf{x}$から遠ざかる向きです。$L_i$の場合、$\mathbf{d}$が光の伝搬と逆の方向を指すので、この規約はやや紛らわしいかもしれませんが、内積などの計算に便利です。

放射輝度の重要な特性は、それが距離の影響を受けず、霧などの大気効果を無視することです。言い換えると、サーフェスは視点からの距離に関係なく、同じ放射輝度を持ちます。サーフェスが遠いほど覆うピクセルが減りますが、そのサーフェスの各ピクセルからの放射輝度は不変です。

ほとんどの光波には、多くの異なる波長が含まれます。これは一般に、様々な波長にわたる光のエネルギーの分布をプロットする**スペクトル パワー分布**（SPD）として可視化されます。図8.3が3つのレイを示しています。注目すべきこととして、図8.3の中と下のSPDは、その劇的な違いにもかかわらず、同じ色と知覚されます。明らかに、人間の目は貧弱な分光計です。色覚はセクション8.1.3で詳しく論じます。

どの放射測定量もスペクトル分布を持ちます。分布波長に対するそれらの密度なので、その単位は元の量をナノメートルで割ったものです。例えば放射照度のスペクトル分布の単位は、ワット/平方メートル/ナノメートルです。

完全なSPDは、レンダリングで使うには、特にインタラクティブな速さでは扱いにくいので、放射測定量は実際にはRGBの3数で表現されます。セクション8.1.3で、その3数とスペクトル分布の関係を説明します。

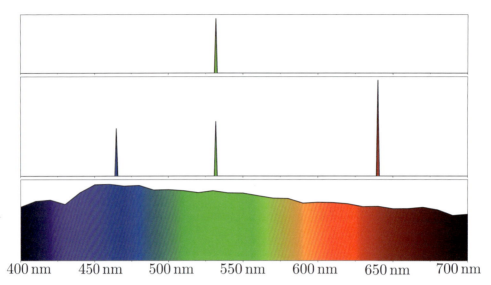

図 **8.3.** 3つの異なる光波のSPD（スペクトル パワー分布）。上段のSPDは極めて狭いスペクトル分布を持つ緑のレーザー。その波形は257ページの図9.1の単純な正弦波と似ている。中段は同じ緑のレーザーと、赤と青の2つの追加のレーザーからなる光のSPD。それらのレーザーの波長と相対的な強さはニュートラルな白色を表示するRGBレーザー プロジェクション ディスプレイに相当する。下段は、屋外の照明を表すことを意図した典型的なニュートラルの白の基準色である、標準のD65光源のSPD。自然の照明では、そのようなエネルギーが可視スペクトルに連続的に広がるSPDが一般的。

8.1.2　測光

放射測定は、人間の知覚を考慮に入れずに、純粋に物理量を扱います。関連する分野の**測光**は、すべての人間の目の感度で重みを付けることを除き、放射測定と同様です。放射測定計算の結果を[*1]、目の様々な光の波長への応答を表す555nmを中心とする釣鐘曲線、*CIE測光曲線*を掛けて測光単位に変換します[84, 590]（図8.4）。

　測光の理論と放射測定の理論の違いは、その変換曲線と測定の単位だけです。放射測定量には、それぞれ相当する測光量があります。表8.2が、それぞれの名前と単位を示しています。その単位はすべて期待される関係を持っています（例えば、ルックスはルーメン/平方メートル）。論理的にはルーメンを基本単位にすべきですが、歴史的にカンデラが基本単位として定義され、他の単位はそこから派生しました。北米では、照明デザイナーは、ルックスの代わりにフートキャンドル（fc）と呼ばれる非推奨の帝国単位の測定を使って照度を測定します。いずれにせよ、ほとんどの露出計は照度を測定し、照明工学で重要です。

　輝度は、平らな面の明るさの記述によく使われます。例えば、ハイダイナミックレンジ（HDR）テレビの画面のピークの明るさは、一般に約500から1000ニットの範囲です。比較のために言うと、晴れた空の輝度は約8000ニット、60ワット電球は約120,000ニット、地平線の太陽は600,000ニットです[1525]。

[*1] その完全で、より正確な名前は「CIE明所視スペクトル比視感度曲線」です。「明所視」という言葉は、3.4カンデラ/平方メートルよりも明るい（薄明より明るい）照明条件を指しています。その条件下では、目の錐体細胞が活動します。対応する目が0.034カンデラ/平方メートル以下の暗さ（月のない夜以下の暗さ）に適応したときの、507nmを中心とする「暗所視」CIE曲線があります。桿体細胞は、その条件下で活動します。

8.1. 光の量

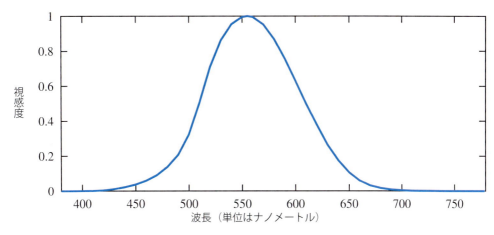

図 **8.4**. 測光曲線。

放射測定量：単位	測光量：単位
放射束: ワット (W)	光束: ルーメン (lm)
放射照度: W/m^2	照度: ルックス (lx)
放射強度: W/sr	光度: カンデラ (cd)
放射輝度: $W/(m^2 sr)$	輝度: cd/m^2 = ニット

表 **8.2**. 放射測定と測光の量の単位。

8.1.3 測色

セクション8.1.1で、私たちの光の色の知覚が、光のSPD（スペクトル パワー分布）と強く結び付いていることを見ました。これが単純な1対1の対応ではないことも見ました。図8.3の下と中のSPDは完全に異なりますが、正確に同じ色と知覚されます。**測色**はスペクトル パワー分布と色の知覚の間の関係を扱います。

　人間は約1千万の異なる色を区別できます。色の知覚では、目は網膜に3つの異なる種類の錐体受容体を持つことで動作し、それぞれの受容体が様々な波長に異なる応答をします。他の動物は様々な数の色受容体を持ち、15の場合もあります[283]。したがって、与えられたSPDに対し、私たちの脳は、それらの受容体から3つの異なる信号を受け取るだけです。3つの数だけを使って正確に任意の色の刺激を表せるのは、このためです[1833]。

　ところで3つの数とは何でしょう？ 色を特定する標準的な条件のセットがCIE（**国際照明委員会**）により提案され、それらを使ってカラーマッチングの実験が行われました。カラーマッチングでは、それらの色が重なり合ってパッチを形成するように、3色のライトを白いスクリーンに投影します。照合するテスト色を、このパッチの隣に投影します。テスト色のパッチは1つの波長からなります。観察者は重み付きの$[-1, 1]$の範囲に較正されたノブを使い、テスト色が一致するまで3色のライトを変えられます。テスト色によっては負の重みが必要で、そのような重みは、波長のテスト色パッチの代わりに、対応するライトを加えることを意味します。r, g, bと呼ばれる3つのライトのテスト結果の1つのセットが、図8.5に示されていま

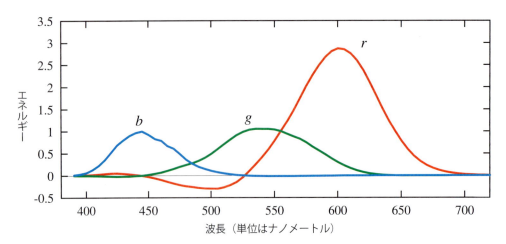

図8.5. r、g、bの2度の等色曲線、StilesとBurch [1829] から。これらの等色曲線をカラーマッチングの実験に使われた光源のスペクトル分布（純粋な波長）と混同しないこと。

す。その光はほぼ単色で、それぞれのエネルギー分布はrの645、gの526、bの444の波長の1つの周りに狭く集まっています。テスト パッチの波長に一致させる重みのセットに関連する関数が、**等色関数**と呼ばれます。

これらの関数が与えるのは、スペクトル パワー分布を3つの値に変換する方法です。与えられた光の波長に対し、3色のライトの設定をグラフから読み取り、ノブを回し、スクリーン上のライトの両方のパッチから同じ知覚を与える照明条件を作成できます。任意のスペクトル分布を等色関数に掛けることができ、その結果の曲線の下の面積（つまり、積分）は、スペクトルが作る色の知覚に一致するようにカラー ライトを設定する相対的な量を与えます。かなり異なるスペクトル分布が、同じ3つの重みになること、つまり、観察者には同じに見えることがあります。一致する重みを与えるスペクトル分布は**異性体**と呼ばれます。

3つの重み付けしたr, g, bのライトは、その等色関数が様々な波長で負の重みを持つので、すべての可視光を直接表現できるわけではありません。CIEは、すべての可視波長に正の等色関数を持つ3つの異なる仮想の光源を提案しました。それらの曲線は元のr, g, b等色関数の線形結合です。それらの光源のスペクトル パワー分布は波長によって負になる必要があるので、実現不可能な数学的抽象概念です。それらの等色関数は$\overline{x}(\lambda)$、$\overline{y}(\lambda)$、$\overline{z}(\lambda)$で示され、図8.6に示されています。等色関数$\overline{y}(\lambda)$は、射輝度が、この曲線で輝度に変換されるので、測光曲線と同じです（図8.4）。

前の等色関数のセットと同じく、$\overline{x}(\lambda)$、$\overline{y}(\lambda)$、$\overline{z}(\lambda)$を使い、任意のSPD$s(\lambda)$を乗算と積分で3つの数に縮小します。

$$X = \int_{380}^{780} s(\lambda)\overline{x}(\lambda)d\lambda, \quad Y = \int_{380}^{780} s(\lambda)\overline{y}(\lambda)d\lambda, \quad Z = \int_{380}^{780} s(\lambda)\overline{z}(\lambda)d\lambda \tag{8.1}$$

これらX、Y、Zの**三刺激値**は、CIE XYZ空間の色を定義する重みです。色を輝度（明るさ）と**色度**に分離すると、しばしば便利なことがあります。色度は、その明るさに依存しない色の特徴です。例えば、1つは暗く1つは明るい青の2つの色調が、輝度の違いにかかわらず、同じ色度を持つことがあります。

この目的で、CIEは色を$X + Y + Z = 1$平面に投影することにより、2次元色度空間を定義

8.1. 光の量

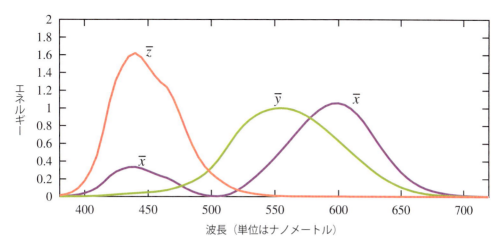

図8.6. Judd-Vos修正CIE（1978）2度等色関数。2つの$\bar{x}$が同じ曲線の一部であることに注意。

しました（図8.7）。この空間の座標はxとyと呼ばれ、次で計算されます。

$$x = \frac{X}{X+Y+Z},$$
$$y = \frac{Y}{X+Y+Z}, \tag{8.2}$$
$$z = \frac{Z}{X+Y+Z} = 1-x-y$$

zの値は何も追加の情報を与えないので、普通は省略されます。**色度座標**xとyの値のプロットは *CIE 1931* **色度図**として知られます（図8.8）。その図の輪郭曲線は可視スペクトルの色がある場所を示し、スペクトルの両端を結ぶ直線は**紫線**と呼ばれます。黒いドットは、頻繁に使われる**白点**であるD65光源の色度（白、または**無彩色**（無色）の刺激を定義するのに使われる色度）を示します。

まとめると、初めに3つの単波長ライトを使った実験を行い、光の他の波長の外見に一致させるのに必要なそれぞれの量を測定しました。それらの純粋な光を、一致させるために見ているサンプルに加えなければならない場合もありました。これが等色関数の1つのセットを与え、それを組み合わせて負の値がない新しいセットを作りました。この非負の等色関数が手に入れば、任意のスペクトル分布を、色の色度と輝度を定義するXYZ座標に変換でき、それは輝度を一定に保ち、色度だけを記述するxyに縮小できます。

与えられた色点(x, y)に対し、この点を通る直線を白点から境界（スペクトルか紫線）まで引きます。色点の領域の端までの距離と比べた相対距離が、その色の**刺激純度**です。その領域の境界上の点が、**主波長**を定義します。それらの測色用語にグラフィックスで出会うことはめったにありません。代わりに、それぞれ刺激純度と主波長と大まかに相関する**彩度**と**色相**を使います。より正確な彩度と色相の定義はStone [1832] や他の本 [494, 853, 2080] で見つかります。

色度図は平面を記述します。色の完全な記述に必要な第3の次元がY値の輝度です。そのとき、それらはxyY-座標系と呼ばれるものを定義します。色度図はレンダリングでの色の使い方と、レンダリングシステムの限界を理解するのに重要です。テレビやコンピューター モニターはR、G、Bの色値の何らかの設定を使って色を提示します。各色チャンネルは、特定の

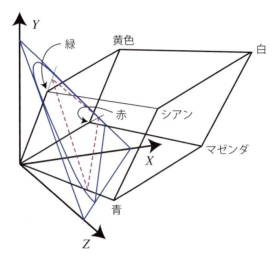

図8.7. CIE RGB原色のRGBカラーキューブがXYZ空間で、その$X+Y+Z=1$平面上への投影（紫）と一緒に表示されている。青い輪郭が可能な色度値の空間を囲む。原点から放射する直線は、どれも不変の色度値を持ち、輝度だけが変わる。

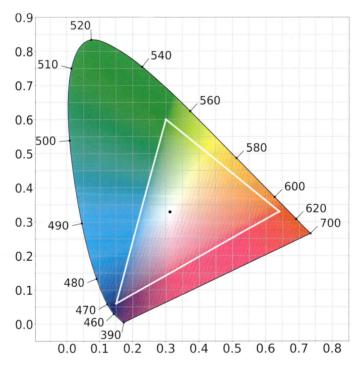

図8.8. CIE 1931色度図。曲線についているラベルは対応する純色の波長。白い三角形と黒いドットは、それぞれsRGBとRec. 709色空間で使われる色域と白点を示す。

8.1. 光の量   243

スペクトル パワー分布を持つ光を放つディスプレイの原色を制御します。3つの原色をそれぞ
れ対応する色値でスケールし、それらが足し合わせて見る人が知覚する単一のスペクトル パ
ワー分布を作ります。

　色度図中の三角形は、典型的なテレビやコンピューター モニターの色域を示しています。
三角形の2つの角が原色で、スクリーンが表示できる最も高い彩度の赤、緑、青の色です。色
度図の重要な特性の1つは、それらの限界色を直線でつなぎ、表示システム全体の限界を示せ
ることです。それらの直線は、その3原色の混合で表示可能な色の限界を表します。白点は
R、G、Bの色値が互いに等しいときに表示システムが作り出す色度を表します。表示システ
ムの完全な色域が3次元ボリュームであることに注意しなければなりません。色度図は、この
ボリュームの2次元平面への投影を示しているだけです。詳しい情報はStoneの本[1832]を参
照してください。

　レンダリングで関心のあるRGB空間がいくつかあり、それぞれR、G、Bの原色と白点で定
義されます。それらを比較するため、*CIE 1976 UCS*（一様色度スケール）図と呼ばれる別種
の色度図を使います。この図は、より知覚的に一様なXYZ空間の代替品を提供することを意
図して、CIEが（もう1つの色空間、CIELABと一緒に）採用した、CIELUV色空間の一部で
す[1833]。知覚的にな違いが同じ色のペアが、CIE XYZ空間の距離で20倍異なることがあり
ます。CIELUVはこれを改善し、この比を最大で4倍まで下げました。この増加した知覚的一
様性により、RGB空間の色域を比べる目的には、1976年の図のほうが1931年版よりも、はる
かに適しています。知覚的に一様な色空間への研究は引き続き行われ、最近IC_TC_P [394]空間
と$J_za_zb_z$空間ができました[1642]。それらの色空間のほうが、特に現代のディスプレイで典型
的な高い輝度と彩度の色で、CIELUVよりも知覚的に一様です。しかし、それらの色空間に
基づく色度図はまだ広く採用されていないので、本章ではCIE 1976 UCS図を使います（例え
ば、図8.9）。

　図8.9に示す3つのRG空間の中で、リアルタイム レンダリングでは断然sRGBが最もよく
使われます。このセクションで「sRGB色空間」と言うときには、セクション5.6で論じた非
線形sRGBカラー エンコーディングではなく、sRGBの原色と白点を持つ線形色空間を指す
ことに注意してください。ほとんどのコンピューター モニターはsRGB色空間で設計され、
同じ原色と白点は、HDTVディスプレイで使われ、ゲーム コンソールに重要なRec. 709色空
間にも当てはまりあす。しかし、より広い色域を持つディスプレイが増えています。写真編集
用のコンピューター モニターには、Adobe 1998色空間を使うものもあります。当初は映画制
作用に開発された、DCI-P3色空間の事例が広がっています。この色空間は、AppleがiPhone
からMacまでの製品ライン全体で採用し、他のメーカーも追従しています。超高精細（UHD）
コンテンツとディスプレイは、極めて広い色域のRec. 2020色空間を使うことが規定されてい
ますが、多くの場合、DCI-P3がUHDのデファクトの色空間としても使われます。Rec. 2020
は図8.9に示されていませんが、その色域は図の第3の色空間、ACEScgと極めて近いもので
す。ACEScg色空間は、映画芸術科学アカデミー（AMPAS）による映画のコンピューター グ
ラフィックス レンダリング用に開発されました。それはディスプレイの色空間ではなく、レ
ンダリングの作業色空間に使い、レンダリング後に適切なディスプレイの色空間に色を変換す
ることを意図しています。

　現在のところリアルタイム レンダリングではsRGB色空間が普遍的ですが、より広い色空
間の使用が増えるでしょう。その最も直接的な利益を得るのは、広色域ディスプレイを対象と
するアプリケーションですが[730]、sRGBやRec. 709ディスプレイを対象とするアプリケー
ションにも利益があります。乗算のような、ありふれたレンダリング操作は、行う色空間で得
られる結果が異なり[730, 1207]、DCI-P3やACEScg空間で操作を行うと、線形sRGB空間で

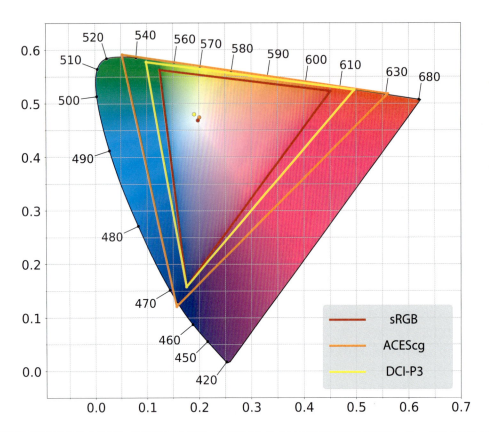

図8.9. RGB色空間（sRGB、DCI-P3、ACEScg）の原色と白点を示すCIE 1976 UCS図。Rec. 709も同じ原色と白点を持つので、このsRGBプロットを使える。

行うよりも正確な結果を生み出すことが分かっています[717, 1053, 1208]。

　RGB空間からXYZ空間への変換は線形で、RGB空間の原色と白点から導く行列で行えます[1133]。行列の反転と結合により、XYZから任意のRGB空間に変換したり、2つの異なるRGB空間の間で変換する行列を導けます。そのような変換の後で、RGBの値が負になったり1より大きくなることがあります。それらは色域外の色で、ターゲットのRGB空間で知覚できません。そのような色は、様々な手法を使ってターゲットのRGB色域にマップできます[849, 1345]。

　しばしば使われる変換の1つが、RGB色のグレイスケールの輝度値への変換です。輝度はY係数と同じなので、この操作はRGBからXYZ変換の「Y部分」にすぎません。言い換えると、RGB係数とRGBからXYZ行列の真ん中の行の内積です。sRGBとRec. 709空間の場合、その式は次のものです[1830]。

$$Y = 0.2126R + 0.7152G + 0.0722B \tag{8.3}$$

これは、239ページの図8.4に示される測光曲線に再びつながります。この標準的な観察者の目の様々な波長の光への応答を表す曲線に、3原色のスペクトルパワー分布を掛けて、結果の曲線をそれぞれ積分します。その3つの結果の重みが、上の輝度の式を形成します。グレイスケール強度値が等量の赤、緑、青でないのは、光の様々な波長に対する目の感度は異なるからです。

測色は2つの色の刺激が一致するかどうかを教えられますが、その見え方は予測できません。与えられたXYZ色刺激の見え方は、照明、周囲の色、以前の条件などの因子に大きく依存します。CIECAM02などの**色の見えモデル**（CAM）は、これらの問題に対処し、最終的な色の見え方を予測しようとします[494]。

色の見えモデルは、さらに広い視覚の分野の一部で、それには**マスキング**などの効果が含まれます[508]。オブジェクトの上に置かれた高周波、高コントラストのパターンが欠陥を隠す傾向があるのは、これが理由です。言い換えると、ペルシャ絨毯などの生地（テクスチャー）は、カラー バンディングや他のシェーディング アーティファクトの隠蔽に役立ち、そのようなサーフェスではレンダリングの努力をそれほど費やす必要がありません。

8.1.4　RGB色によるレンダリング

厳密に言えば、RGBの値は物理量ではなく知覚を表します。それを物理ベースのレンダリングに使うのは、技術的に範疇の誤りです。正しい手法は、すべてのレンダリングの計算を、密度サンプリングや適切な基底への投影で表されるスペクトル量で行い、一番最後にRGB色に変換することでしょう。

例えば、最も一般的なレンダリング操作の1つは、オブジェクトから反射される光を計算することです。オブジェクトの表面は、その**スペクトル反射率**曲線で記述されるように、一般に、ある波長の光を他よりも反射します。厳密に正しい反射光の色の計算方法は、入射光のSPDに波長ごとにスペクトル反射率を掛け、反射光のSPDを生成し、それをRGB色に変換することです。代わりにRGBレンダラーでは、光のRGB色とサーフェスを掛け合わせて、反射光のRGB色を与えます。一般の場合、これは正しい結果を与えません。それを説明するため、図8.10に示す、やや極端な例を見ることにします。

この例はレーザー プロジェクターで使うためにデザインされたスクリーン素材を示してい

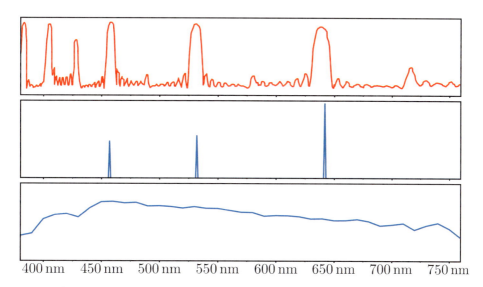

図8.10. 上のプロットは投影スクリーンで使うためにデザインされた素材のスペクトル反射率を示している。下の2つのプロットは、同じRGB色を持つ2つの照明光源、中段のプロットのRGBレーザー プロジェクターと、下段のプロットのD65標準光源のスペクトル パワー分布を示している。スクリーン素材はプロジェクターの原色にぴったり合う反射率ピークを持つので、レーザー プロジェクターからの光の80％を反射する。しかし、D65光源のエネルギーのほとんどは、スクリーンの反射率ピークの外にあるので、光源からの光の20％未満しか反射しない。このシーンのRGBレンダリングは、スクリーンが両方のライトで同じ強さを反射すると予測される。

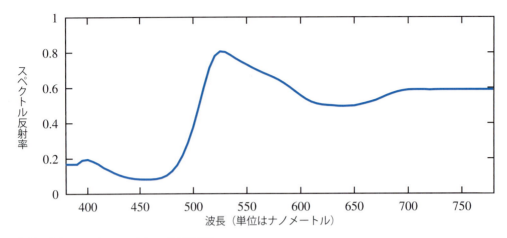

図8.11. 黄色いバナナのスペクトル反射率 [590]。

ます。それはレーザー プロジェクターの波長と一致する狭い帯域には高い反射率、他のほとんどの波長では低い反射率を持ちます。これによりプロジェクターからの光のほとんどを反射しますが、他の光源からの光はほとんど吸収します。この場合、RGBレンダラーは大きな誤差を生じます。

しかし、図8.10に示す状況は、決して一般的ではありません。実際に出会うサーフェスのスペクトル反射率曲線は、図8.11のもののように、ずっと滑らかです。一般的な光源のSPは、この例のレーザー プロジェクターよりも、D65光源と似ています。光源のSPDとサーフェスのスペクトル反射率の両方が滑らかなとき、RGBレンダリングがもたらす誤差は比較的わずかです。

予測レンダリング アプリケーションでは、その微妙な誤差が重要になる可能性があります。例えば、ある光源では同じ色に見えながら、別の光源ではそうでない2つのスペクトル反射率曲線があるかもしれません。この問題は**条件等色障害**や**光源の条件等色**と呼ばれ、例えば、修理する車体を塗装するときの大きな懸念です。この種の効果を予測しようとするアプリケーションでは、RGBレンダリングは適切ではありません。

しかし、レンダリング システムの大部分、特に予測シミュレーションを生み出すことを目的としないインタラクティブ アプリケーションでは、RGBレンダリングは驚くほどうまく機能します [187]。映画のオフライン レンダリングでさえ、スペクトル レンダリングの採用は最近始まったばかりで、まだ決して一般的ではありません [717, 1728]。

このセクションでは、主としてスペクトルと色の三重項の関係を認識してもらい、デバイスの限界を論じるために、色彩科学の基本に少し触れました。関連するトピック、レンダーしたシーン色のディスプレイ値への変換を、次のセクションで論じます。

8.2　シーンからスクリーン

本書のいくつかの章は、物理ベースのレンダリングの問題に焦点を合わせています。仮想シーンが与えられたとき、物理ベースのレンダリングの目標は、それが本物であるかのようにシーンを表示する放射輝度を計算することです。しかし、その時点では、仕事はまだ終わっていま

8.2. シーンからスクリーン

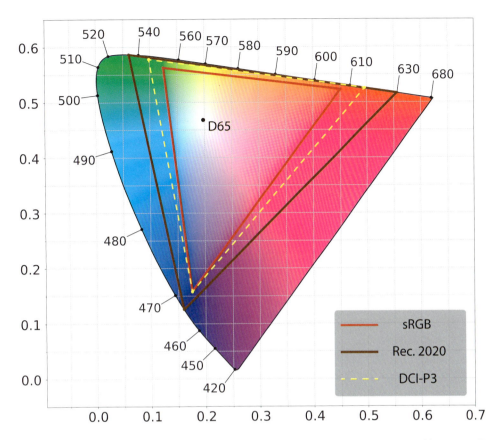

図8.12. Rec. 2020とsRGB/Rec. 709色空間の色域と白点（D65）を示すCIE 1976 UCS図。比較のため、DCI-P3色空間の色域も示されている。

せん。まだ最終的な結果（ディスプレイのフレームバッファーのピクセル値）を決定する必要があります。このセクションでは、この決定に関与する検討事項をいくつか調べます。

8.2.1 ハイダイナミックレンジ ディスプレイ エンコーディング

このセクションの題材は、ディスプレイ エンコーディングを取り上げたセクション5.6を踏まえています。ハイダイナミックレンジ（HDR）ディスプレイの話題を、このセクションに先送りすることにしたのは、本書のその部分ではまだ論じていなかった、色域などのトピックに関する背景知識が必要だからです。

セクション5.6は、一般にsRGBディスプレイ規格を使う標準ダイナミックレンジ（SDR）モニターと、Rec. 709規格とRec. 1886規格を使うSDRテレビのディスプレイ エンコーディングを論じました。どちらの規格のセットも同じRGB色域と白点（D65）と、ある程度似た（同一ではないが）非線形ディスプレイ エンコーディング曲線を持っています。基準の白の輝度レベル（sRGBでは80 cd/m^2、Rec. 709/1886では100 cd/m^2）も大まかに同じです。モニターとテレビの製造会社は、それらの輝度仕様を厳密に守るわけではなく、実際にはより明るい白レベルを持つディスプレイを製造する傾向があります[1170]。

HDRディスプレイは、Rec. 2020規格とRec. 2100規格を使います。図8.12に示すように、Rec. 2020はRec. 709とsRGBの色空間よりかなり広い色域の色空間を定義し、同じ白点

（D65）を持ちます。Rec. 2100は2つの非線形ディスプレイ エンコーディング、**知覚量子化**（PQ）[1312] とハイブリッド対数ガンマ（HLG）を定義します。HLGエンコーディングはレンダリングであまり使われないので、ここでは $10,000 \text{cd/m}^2$ のピーク輝度値を定義するPQに集中します。

ピーク輝度と色域の仕様はエンコーディングには重要ですが、実際のディスプレイに関する限りは、願望のようなものです。執筆の時点では、1500cd/m^2 を超えるピーク輝度レベルを持つ消費者レベルHDRディスプレイさえ、ほとんどありません。実際には、ディスプレイの色域は、Rec. 2020よりもDCI-P3（やはり図8.12に示される）にずっと近くなっています。この理由で、HDRディスプレイは内部で標準仕様から実際のディスプレイの能力への、色調と色域のマッピングを行います。このマッピングは、コンテンツの実際のダイナミックレンジと色域を示すためにアプリケーションが渡す、メタデータの影響を受けることがあります [730, 1171]。

アプリケーション側から、イメージをHDRディスプレイに転送する3つの経路がありますが、ディスプレイとOSによっては、3つすべてが利用できるとは限りません。

1. HDR10：HDRディスプレイと、PCとゲーム機のOSで広くサポートされる。フレームバッファー フォーマットは32ビット/ピクセルで、RGBチャンネルそれぞれに10符号なし整数ビットと、アルファに2ビット。PQ非線形エンコーディングとRec. 2020色空間を使う。HDR10ディスプレイ モデルは、それぞれ規格化も文書化もされていない独自のトーン マッピングを行う。

2. scRGB（線形変種）：Windows OS上でしかサポートされない。通常はsRGBの原色と白レベルを使うが、規格は0より小さいRGB値と1より大きいRGB値をサポートするので、どちらも超えてかまわない。フレームバッファー フォーマットは16ビット/チャンネルで、線形RGB値を格納する。ドライバーがHDR10に変換するので、どのHDR10ディスプレイでも動作する。主としてsRGBとの後方互換性に都合がよい。

3. Dolby Vision：独自仕様のフォーマット、ディスプレイでもゲーム機でもまだ広くはサポートされていない（執筆時点）。カスタムの12ビット/チャンネルのフレームバッファー フォーマットを使い、PQ非線形エンコーディングとRec. 2020色空間を使う。ディスプレイ内部のトーン マッピングがモデル間で標準化される（しかし文書化されていない）。

Lottes [1172] が、実際には4つの選択肢があることを指摘しています。露出と色を注意深く調整すれば、HDRディスプレイを通常のSDR信号の経路を通じて駆動でき、よい結果が得られます。

scRGB以外を選択すると、ディスプレイ-エンコーディング ステップの一部として、アプリケーションはピクセルのRGB値をレンダリングの作業空間からRec. 2020に変換し（これには 3×3 行列変換が必要）、Rec. 709やsRGBのエンコーディング関数よりもやや高価なPQエンコーディングを適用するする必要があります [539]。Patry [1470] が安価なPQ曲線の近似を与えています。ユーザー インターフェイス（UI）の要素をHDRディスプレイに合成するときには、ユーザー インターフェイスが読みやすく十分な輝度レベルになるよう、特別な注意が必要です [730]。

8.2.2 トーン マッピング

セクション5.6と8.2.1で、線形の放射輝度値を、ディスプレイ ハードウェア用の非線形のコード値に変換する処理である、ディスプレイ エンコーディングを論じました。ディスプレイ エンコーディングが適用する関数は、入力線形値をディスプレイが発する線形放射輝度と一致させるディスプレイの電光伝達関数（EOTF）の逆関数です。以前の議論はレンダリングとディスプレイ エンコーディングの間に起きる重要なステップをごまかしましたが、今は探求する準備ができています。

トーン マッピング（階調再現）は、シーンの放射輝度値をディスプレイの放射輝度値に変換する処理です。このステップで適用する変換は**エンドツーエンド伝達関数**や**シーンからスクリーン変換**と呼ばれます。イメージ ステートの概念がトーン マッピングを理解する鍵です[1720]。2つの基本イメージ ステートがあります。**シーン基準**イメージはシーンの放射輝度値に準拠して定義され、**ディスプレイ基準**イメージはディスプレイの放射輝度値に準拠して定義されます。イメージ ステートはエンコーディングと無関係です。どちらのステートのイメージも、線形にも非線形にもエンコードできます。図8.13はイメージ ステート、トーン マッピング、ディスプレイ エンコーディングが、最初のレンダリングから最終的なディスプレイまでの色値を扱う**イメージング パイプライン**にどう収まるかを示しています。

トーン マッピングの目標に関して、一般的な誤解がいくつかあります。シーンからスクリーン変換が、シーンの放射輝度値をディスプレイで完璧に再現する、恒等変換になるようにすることではありません。また、シーンとディスプレイのダイナミックレンジの違いを計上することは確かに重要な役割を演じますが、シーンのハイダイナミックレンジからの全情報を、ディスプレイの低いダイナミックレンジに「引き伸ばす」ことでもありません。

トーン マッピングの目標を理解するためには、イメージ再現の1つの例として考えるのが最もよいでしょう[820]。イメージ再現の目標は、見る人が元のシーンを観察しているときに持つであろう知覚的印象を再現する（与えられたディスプレイ特性と観察条件で、可能な限り近い）、ディスプレイ基準イメージを作成することです（図8.14）。

少し異なる目標を持つイメージ再現もあります。**好ましいイメージ再現**は、ある意味で、元のシーンよりよく見えるディスプレイ基準イメージの作成が目的です。好ましいイメージ再現は後で、セクション8.2.3で論じます。

元のシーンと似た知覚的印象を再現するのは、典型的なシーンの輝度の範囲がディスプレイ

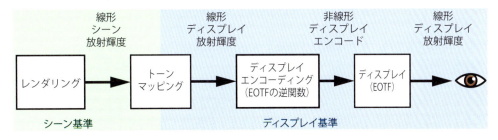

図8.13. 合成（レンダー）イメージのイメージング パイプライン。線形のシーン基準の放射輝度値をレンダーし、それをトーン マッピングが線形のディスプレイ基準値に変換する。ディスプレイ エンコーディングが、EOTFの逆関数を適用し、線形のディスプレイ値を非線形にエンコードされた値（コード）に変換し、それをディスプレイに渡す。最後に、ディスプレイ ハードウェアがEOTFを適用して、非線形のディスプレイ値を、スクリーンから目に発する線形の放射輝度に変換する。

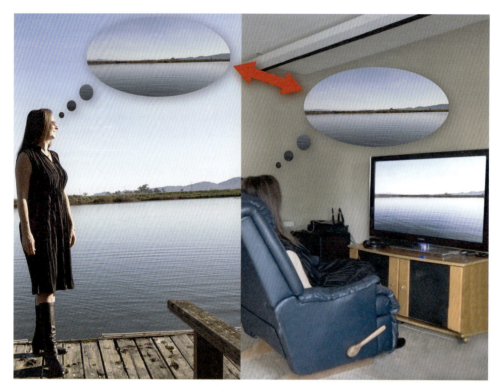

図**8.14.** イメージ再現の目標は、再現（右）が喚起する知覚的印象が、元のシーン（左）の印象に可能な限り近づけること。

の能力より何桁も大きいことを考えると、困難な目標です。少なくともシーンの色のいくつかの彩度（純度）も、ディスプレイの能力をはるかに上回る可能性があります。それでもルネッサンスの画家たちが行ったように、写真、テレビ、映画は説得力のある元のシーンの知覚的見せかけを何とか作り出しています。これは人間の視覚系のある特性を利用することで、達成できます。

視覚系は絶対輝度の違いの補償を行い、その能力は**順応**と呼ばれます。この能力により、薄暗い部屋で画面に表示する屋外シーンの再現は、その輝度が元の1%未満でも、元のシーンと似た知覚を作り出せるのです。しかし、順応が供給する補償は不完全です。低い輝度レベルでは知覚されるコントラストが下がり（**スティーブンス効果**）、知覚される「彩度」も同様です（**ハント効果**）。

他にも再現の実際の、または知覚されるコントラストに影響を与える因子があります。ディスプレイの**周囲**（ディスプレイの長方形の外の輝度レベル、例えば、室内照明の明るさ）が知覚されるコントラストを上下することがあります（**バートルソン-ブレナマン効果**）。ディスプレイの欠陥や画面反射によって表示イメージに加わる望ましくない光である**ディスプレイ フレア**は、しばしばイメージの実際のコントラストを、かなりの度合いで下げます。これらの効果は、元のシーンと似た知覚効果を保ちたい場合、ディスプレイ基準イメージ値のコントラストと彩度を引き上げなければならないことを意味します[1531]。

しかし、このコントラストの強化は、既存の問題を悪化させます。シーンのダイナミックレンジは一般にディスプレイのそれよりもずっと大きいので、再現には狭い輝度値のウィンドウ

8.2. シーンからスクリーン   251

を選ばなければならず、そのウィンドウより上と下の値は黒や白にクリップされます。コント
ラストの強化は、このウィンドウをさらに狭くします。暗い値と明るい値のクリッピングを部分
的に弱めるため、ソフトなロールオフを使って影とハイライトの細部を回復します。

　これはすべて、光化学フィルムが与えるものと似たＳ字階調再現曲線になります[1531]。こ
れは偶然ではありません。光化学フィルムの乳剤の特性は、Kodak 社などの研究者により効
果的で魅力的なイメージ再現を作り出すように注意深く調整されました。それらの理由から、
トーン マッピングの議論で「フィルムの（filmic）」という形容詞がしばしば現れます。

　トーン マッピングでは露出の概念が極めて重要です。写真では、露出はフィルムやセンサー
に当たる光の量の制御を意味します。しかしレンダリングでは、露出は階調再現変換を適用す
る前にシーン基準イメージに行う線形スケール操作です。露出の用心が必要な側面が、適用す
る倍率の決定です。階調再現変換と露出は密接に結び付いています。一般に階調変換は、特定
のやり方で露光したシーン基準イメージに適用することを期待して、設計されています。

　露出によるスケールの処理と、その後の階調再現変換の適用は、一種のグローバル トーン
マッピングで、すべてのピクセルに同じマッピングを適用します。対照的に、ローカル トー
ン マッピング処理は、周囲のピクセルと他の因子に基づき、ピクセルごとに異なるマッピン
グを使います。リアルタイム アプリケーションはグローバル トーン マッピング（少数の例外
を除き[2065]）しか使わないので、こちらに焦点を合わせ、最初に階調再現変換、次に露出を
論じます。

　シーン基準イメージとディスプレイ基準イメージは根本的に異なることを理解することが重
要です。物理的な操作は、シーン基準データに行うときしか有効でありません。ディスプレイ
の限界と、これまで論じてきた様々な知覚効果により、2つのイメージ ステートの間では非線
形変換が常に必要です。

階調再現変換

階調再現変換は、しばしばシーン基準入力値をディスプレイ基準出力値にマップする1次元曲
線で表現されます。その曲線はR、G、Bの値に別々に適用するか、輝度に適用することができ
ます。前者の場合、ディスプレイ基準のRGBチャンネル値はそれぞれ0と1の間になるので、
その結果は自動的にディスプレイの色域に入ります。しかし、RGBチャンネルに非線形操作
（特にクリッピング）を行うと、望む輝度のシフトだけでなく、彩度と色相のずれを生じるこ
とがあります。Giorgianni と Madden [583]が、彩度のずれは知覚的に都合がよいことがある
と指摘しています。スティーブンス効果（と周囲と視線のフレア効果）を弱めるために、ほと
んどの再現変換が使うコントラストの強化は、彩度に相当する強化をもたらし、ハント効果も
弱めます。しかし、色相のずれは一般に望ましくないものと見なされ、現代の階調変換はトー
ン カーブ（階調曲線）の後に追加のRGB調整を適用することで、それを減らそうとします。

　トーン カーブを輝度に適用することで、色相と彩度のずれは避けられます（少なくとも減
ります）。しかし、その結果のディスプレイ基準色はディスプレイのRGB色域外になる可能性
があり、その場合、色域内に戻すマッピングが必要です。

　トーン マッピングに伴う1つの潜在的な問題は、非線形関数のシーン基準ピクセル色への
適用により、いくつかのアンチエイジング テクニックで問題が生じる可能性があることです。
その問題（と対処方法）をセクション5.4.2で論じます。

　Reinhardの階調再現オペレーター[1592]は、リアルタイム レンダリングで使われた初期の
階調変換の1つです。それは暗い値はほぼそのままで、白く明るい値は漸近的に白に向かい
ます。いくらか似た出力ディスプレイ輝度への調整能力を持つトーン マッピング オペレー

ターがDragoら[405]により提案され、このほうがHDRディスプレイにうまく合う可能性があります。Duikerはゲームで使うために、Kodakフィルムの応答曲線の近似を作成しました[421, 422]。この曲線は後に、より多くのユーザー制御を加えるためにHableによって修正され[680]、ゲーム *Uncharted 2* で使われました。この曲線についてのHableのプレゼンテーションは影響力があり、他のゲームで使われる「Hableフイルム曲線」につながりました。Hable [686]は後に、自分の以前のものに対して数多くの利点を持つ新しい曲線を提案しています。

Day [357]は、Insomniac Gamesのタイトルと、ゲーム *Call of Duty: Advanced Warfare* で使われたS字トーン カーブを紹介しています。五反田[621, 622]が、フィルムの応答とデジタル カメラのセンサーをシミュレートする階調変換を作成しています。それらはゲーム *Star Ocean 4* などで使われました。Lottes [1170]は、ディスプレイの実効ダイナミックレンジへのディスプレイ フレアの影響が大きく、室内照明条件に大きく依存することを指摘しています。この理由により、トーン マッピングへのユーザー調整を提供することは重要です。彼はSDRとHDRどちらのディスプレイでも使える、そのような調整をサポートする階調再現変換を提案しています。

Academy Color Encoding System（ACES）は、映画芸術科学アカデミーの科学技術委員会が、映画とテレビ業界での色の管理のための提案規格として作成しました。ACESシステムはシーンからスクリーン変換を2つの部分に分割します。1つ目は**レファレンス レンダリング変換（RRT）**で、シーン基準値を、**出力色エンコーディング仕様（OCES）**と呼ばれる標準のデバイス中立な出力空間のディスプレイ基準値に変換します。2つ目の部分は**出力デバイス変換（ODT）**で、OCESの色値を最終的なディスプレイ エンコーディングに変換します。それぞれ特定の表示装置と視聴条件のために設計された、多様なODTがあります。RRTと適切なODTを結合することで、全体的な変換になります。このモジュール構造は、様々なディスプレイと視聴条件に対処するのに便利です。Hart [730]が、SDRとHDR両方のディスプレイをサポートする必要があるアプリケーションには、ACESトーン マッピング変換を推奨しています。

ACESは映画とテレビで使うために設計されましたが、その変換はリアルタイム アプリケーションでの使用も増えています。Unreal Engine [1937]ではACESトーン マッピングがデフォルトで有効で、Unityエンジン[1936]でもサポートされています。NarkowiczはACES RRTとSDRとHDRのODTにフィットする安価な曲線を与え[1364, 1365]、Patry [1469]も同様です。Hart [730]は、幅広いデバイスをサポートするACES ODTのパラメーター化版を紹介しています。

HDRディスプレイでのトーン マッピングは、ディスプレイが自分でも何らかのトーン マッピングを適用するので、注意が必要です。Fry [539]は、Frostbiteゲーム エンジンで使うトーン マッピング変換のセットを紹介しています。それらはSDRディスプレイには比較的積極的な階調再現曲線を、HDR10信号経路を使うディスプレイにはそれほど積極的でないものを適用し（ディスプレイのピーク輝度を基にいくらか変化を加えて）、Dolby Vision経路を使うディスプレイにはトーン マッピングを適用しません（つまり、ディスプレイが適用する内蔵のDolby Visionトーン マッピングを当てにする）。Frostbiteの階調再現変換はニュートラルであるように設計され、コントラストや色相の大きな変化がありません。望みのコントラストや色相の修正はカラーグレーディングで適用することを意図しています（セクション8.2.3）。このため、知覚的一様性と、クロミナンスと輝度の軸の直交性を目的に設計された、IC_TC_P色空間で適用され[394]で階調再現変換が適用されます。Frostbiteの変換は輝度をトーン マッ

8.2. シーンからスクリーン

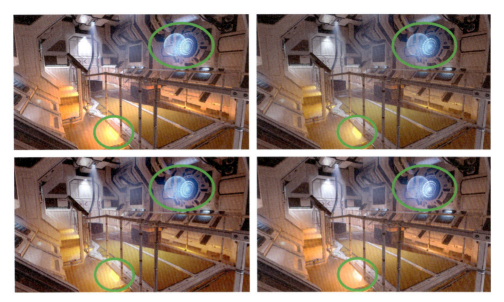

図 8.15. 4つの異なる階調変換を適用したシーン。違いは主に円で囲んだ、シーンのピクセル値が特別に高い領域に見られる。左上：clipping（plus sRGB OETF）、右上：Reinhard [1592]、左下：Duiker [422]、右下：Frostbite（色相保存版）[539]。Reinhard、Duiker、Frostbite 変換は、どれもクリッピングで失われるハイライト情報を保存する。しかし、Reinhard 曲線がイメージの暗い部分で彩度を減らす傾向があるのに対し [680, 681]、Duiker 変換は暗い領域で彩度を増やし、それは望ましい特性と見なされることがある [682]。その設計により、Frostbite 変換は彩度と色相の両方を保存し、他の3つのイメージの左下の円内に見られる強い色相のずれを回避する。（イメージ提供：ⓒ2018 Electronic Arts Inc。）

プし、輝度がディスプレイの白にロールオフするにつれて、色度を徐々に減らします。これは色相のずれがない、きれいな変換を提供します。

皮肉なことに、以前の変換で色相のずれを利用するように作られたアセット（炎の効果など）の問題を受けて、Frostbite のチームは最終的に変換を修正し、ユーザーがある程度の色相のずれをディスプレイ基準色に再導入できるようにしました。図 8.15 が Frostbite の変換と、このセクションで述べた他のいくつかの変換との比較を示しています。

露出

露出を計算するためによく使われるテクニックの1系統の1つは、シーン基準の輝度値の分析を当てにします。ストールをもたらさないように、この分析は一般に前のフレームをサンプルして行います。

Reinhard ら [1592] の助言に従い、以前の実装で使われた1つの基準が、対数平均シーン輝度です。一般に、フレームの対数平均値を計算して露出を決定しました [243, 1797]。この対数平均は、フレームに最終的な1つの値が計算されるまで一連のダウンダンプリング後処理パスを行うことで計算します。

平均値を使うと異常値に敏感になりすぎる傾向があり、例えば、少数の明るいピクセルがフレーム全体の露出に影響を与える可能性があります。その後の実装は、代わりに輝度値のヒストグラムを使うことにより、この問題を軽減しました。平均の代わりに、ヒストグラムを使うと、より安定な中央値を計算できます。ヒストグラムにデータ点を追加して、結果を改善することもできます。例えば、Valve の *The Orange Box* では、95 パーセンタイルに基づくヒューリスティックと中央値を使い、露出を決定しました [1957]。Mittring は輝度ヒストグラムを生成するためのコンピュート シェーダーを述べています [1331]。

254   8. 光と色

これまで論じたテクニックの問題は、ピクセルの輝度が露出をドライブする正しい基準でないことです。AdamsのZone System [10] など写真撮影の実践で、露出を設定するための入射光計の使い方を見ると、露出の決定には（サーフェス アルベドの影響がない）ライティングだけを使うほうが好ましいことが明らかです [820]。それがうまくいくのは、第一近似で、写真の露出を使ってライティングを中和するからです。これは主に物体の表面の色を示すプリントになり、それは人間の視覚系の色の恒常性に相当します。露出をこのように扱うことで、階調変換に正しい値を渡せるようにもなります。例えば、映画やテレビ業界で使われるほとんどの階調変換は、0.18が支配的なシーン ライティングの18% グレイカードを表すことを期待し、露光したシーン基準値の0.18をディスプレイ基準値の0.1にマップするように設計されています [1531, 1720]。

このアプローチはまだリアルタイム アプリケーションでは一般的ではありませんが、使用が見られ始めています。例えば、ゲーム *Metal Gear Solid V: Ground Zeroes* の露出システムは、ライティング強度に基づいています [993]。多くのゲームでは、既知のシーン ライティングの値に基づき、環境の様々な部分に静的な露出レベルが手動で設定されます。それにより予期せぬ露出の動的なシフトを避けています。

8.2.3 カラーグレーディング

セクション8.2.2で、ある意味で元のシーンよりよく見えるイメージを作り出す考え方である、好ましいイメージ再現の概念に触れました。一般に、これにはカラーグレーディングとして知られる、イメージ色の創造的な操作が含まれます。

デジタル カラーグレーディングは映像業界でかなり前から使われています。初期の例には、映画 *O Brother, Where Art Thou?* (2000) と *Amélie* (2001) が含まれます。カラーグレーディングは一般に、望ましい創造的な「ルック」が達成されまで、サンプルのシーン イメージの色をインタラクティブに操作することにより行われます。次に同じ操作手順を、ショットやシーケンスのすべてのイメージに再適用します。カラーグレーディングは映画からゲームに広がり、今では広く使われています [422, 460, 819, 925, 1324]。

Selan [1719] は任意の色変換をカラーグレーディングやイメージ編集のアプリケーションから、3次元色参照テーブル（LUT）に「ベイク」する方法を示しました。そのようなテーブルは入力のR, G, B値をテーブル中の新しい色を参照するx-, y-, z-座標として使うことにより適用するので、入力から出力色への任意のマッピングに使え、制限はLUTの分解能です。Selanのベイク処理は、まず恒等LUT（すべての入力色を同じ色にマップする）を「スライス」して2次元イメージを作成します。このスライスしたLUTイメージを次にカラーグレーディング アプリケーションにロードし、望みの創造的なルックを定義する操作をそれに適用します。LUTには色の操作だけを適用し、ぼかしなどの空間的操作を避けるように注意する必要があります。次に編集したLUTを保存出力し、3次元のGPUテクスチャーに「パック」して、レンダリング アプリケーションで使い、その場でレンダーするピクセルに同じ色変換を適用します。Iwanicki [872] は、最小2乗最小化を使って、色変換をLUTに格納するときのサンプリング エラーを減らす、巧妙なやり方を紹介しています。

Selan [1720] は後の出版物で、カラーグレーディングを行う2つのやり方を区別しています。1つのアプローチでは、カラーグレーディングをディスプレイ基準イメージ データで行います。もう1つでは、カラーグレーディング操作を、ディスプレイ変換を通じてプレビューするシーン基準データで行います。ディスプレイ基準のカラーグレーディング アプローチのほう

8.2. シーンからスクリーン

図 8.16. ゲーム *Uncharted 4* からのシーン。上の画面ショットはカラーグレーディングがない。他の2つの画面ショットは、それぞれカラーグレーディング操作を適用している。説明のため、極端なカラーグレーディング操作（高い彩度のシアンによる乗算）を選んでいる。左下の画面ショットでは、カラーグレーディングをディスプレイ基準（トーン マッピング後の）イメージに適用し、右下の画面ショットでは、シーン基準（トーン マッピング前）イメージに適用している。(*UNCHARTED 4 A Thief's End* ©/™ 2016 SIE. Created and developed by Naughty Dog LLC。)

が設定は簡単ですが、シーン基準データのグレーディングのほうが高忠実度の結果を作り出せます。

リアルタイム アプリケーションが最初にカラーグレーディングを採用したときには、ディスプレイ基準アプローチが支配的でしたが [819, 925]、その後、その高い表示品質により、シーン基準アプローチが勢いを増しています [217, 539, 730]（図 8.16）。カラーグレーディングをシーン基準データに適用すると、ゲーム *Uncharted 4* [217] が行っているように、トーン マッピング曲線をグレーディング LUT にベイクすることで、いくらか計算を節約する機会も与えられます [730]。

LUT 参照の前に、シーン基準データを [0, 1] の範囲にマップし直さなければなりません [1719]。Frostbite エンジンでは [539]、この目的で知覚量子化 OETF を使っていますが、似た曲線も使えます。Duiker [422] は対数曲線を使い、Hable [687] は平方根演算を 1、2 回適用することを推奨しています。

Hable [687] が、一般的なカラーグレーディング操作と実装での考慮事項を概説しています。

参考文献とリソース

測色と色彩科学の「バイブル」は Wyszecki と Stiles [2080] の *Color Science* です。Hunt の *Measuring Colour* [853] と Fairchild の *Color Appearance Models* [494] も測色のよい参考書です。

Selan の白書 [1720] がイメージ再現と「シーンからスクリーン」問題のよい概要を与えます。このトピックについて、さらに詳しく学びたい読者には、Hunt の *The Reproduction of*

Colour [852] と Giorgianni と Madden の *Digital Color Management* [583] が優れた参考書です。*Ansel Adams Photography Series* の3冊の本 [9, 10, 11]、特に *The Negative* を読むと、フィルム写真の人文科学が今日のイメージ再現の理論と実践に与えた影響を理解できます。最後に、Reinhard らの本 *Color Imaging: Fundamentals and Applications* [1594] が、この研究分野全体の完全な概要です。

9. 物理ベースのシェーディング

"Let the form of an object be what it may,—light, shade, and perspective will always make it beautiful."
　　—John Constable

　　どんな形であろうと、光、陰、奥行きが常にそれを美しくする。

本章では、物理ベースのシェーディングの様々な側面を取り上げます。最初に光と物質の相互作用の物理をセクション9.1で説明し、セクション9.2から9.4で、それらの物理とシェーディング処理のつながりを示します。セクション9.5から9.7は、物理ベースのシェーディング モデルの構築に使う構成要素に専念し、モデル自体は（広範囲の様々な材質（マテリアル）を取り上げる）セクション9.8から9.12で論じます。最後に、セクション9.13で、マテリアルをブレンドする方法を述べ、エイリアシングを回避してサーフェスの見た目を保つフィルタリング手法を取り上げます。

9.1 光の物理

光と物質の相互作用が、物理ベースのシェーディングの基礎です。光の性質の基本的な理解が、その相互作用を理解するのに役立ちます。

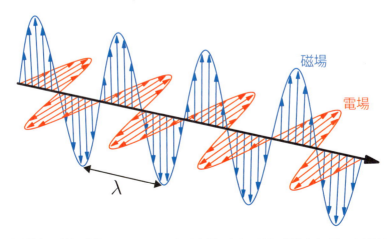

図9.1. 光、電磁横波。電場と磁場のベクトルは、互いと伝搬の方向に90°で振動する。図に示す波は、可能な最も単純な光波。単色（単一の波長 λ を持つ）かつ直線偏光（電場と磁場がどちらも1つの線に沿って振動する）。

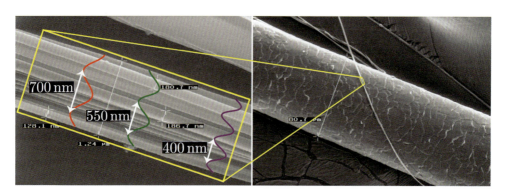

図9.2. 左には、可視光の波長が、幅が1ミクロンより少し太い1本のクモの糸に対して示されている。右には、さらに大小関係が分かるように、それと似たクモの糸が人間の髪の毛と並べて示されている。（イメージ提供：URnano/University of Rochester。）

物理光学では、光は電磁横波、電場と磁場をその伝播の方向に垂直に振動させる波としてモデル化されます。2つの場の振動は結合しています。電場と磁場のベクトルは互いに垂直で、その長さの比は固定です。この比は後で論じるように、位相速度と同じです。

図9.1に単純な光波が見えます。それは実際に、可能な最も単純なもの—完璧な正弦関数です。この波が、ギリシャ文字λ（ラムダ）で示される単一の**波長**です。セクション8.1で見たように、知覚される光の色はその波長と強い関係があります。このため、単一の波長の光は**単色光**と呼ばれ、それは「1つの色」を意味します。しかし、実際に出会うほとんどの光波は**多色**で、多くの異なる波長を含みます。

図9.1の光波は、別の観点でも非常に単純です。それは**直線偏光**です。これはある空間中の固定点で、電場と磁場がそれぞれ直線に沿って前後に動くことを意味します。本書ではそれと逆で、ずっと一般的な**非偏光**に焦点を合わせます。非偏光では、場の振動が伝播軸に垂直なすべての方向に等しく広がります。その単純さにもかかわらず、どんな光波も、そのような波の組み合わせに因数分解できるので、単色の直線偏光波の挙動を理解することは有用です。

波の上の点を与えられた位相（例えば、振幅のピーク）で時間で追跡すると、空間を一定の速さで通過するように見え、それが波の**位相速度**です。真空を通過する光では、位相速度はc、一般に光の速さと呼ばれるもので、約300,000キロ/秒です。

可視光では、単波長のサイズがほぼ400〜700ナノメートルの範囲にあることを、セクション8.1.1で論じました。この長さにいくらか直感を与えるために言うと、1本のクモの糸の幅の半分から3分の1ほどで、クモの糸の幅は人間の髪の毛の50分の1未満です（図9.2）。しばしば光学では、ある特徴のサイズを光の波長で話すと有用なことがあります。この場合なら、クモの糸の幅は約2λ〜3λ（2〜3光波長）、髪の毛の幅は約100λ〜200λと言えます。

光波はエネルギーを持ち運びます。そのエネルギーの流れの密度は電場と磁場の大きさの積に等しく、それは（その大きさは互いに比例するので）電場の大きさの2乗に比例します。電場は磁場よりもずっと強く物質に影響を与えるので、それに焦点を合わせます。レンダリングでは、時間的な**平均**のエネルギーの流れに関心があり、それは波の振幅の2乗に比例します。この平均のエネルギーの流れの密度が**放射照度**で、文字Eで示されます。放射照度と、その他の光の量との関係は、セクション8.1.1で論じました。

光波は線形に結合します。全体の波は成分波の和です。しかし、放射照度は振幅の2乗に比例するので、これはパラドックスをもたらすように思えます。例えば、2つの等しい波を足す

9.1. 光の物理

と、放射照度で「1 + 1 = 4」の状況になるのでしょうか？ そして放射照度はエネルギーの流れの測定なので、これはエネルギーの保存に違反しないのでしょうか？ その2つの疑問への答えは、それぞれ「場合による」と「ノー」です。

説明のため、位相を除き同一の n の単色波の加算という単純なケースを見ることにします。n の波のそれぞれの振幅は a です。前に述べたように、それぞれの波の放射照度 E_1 は a^2 に比例し、言い換えると、ある定数 k に対して $E_1 = ka^2$ になります。

図9.3は、この場合の3つのサンプル シナリオを示しています。左では、波がすべて同じ位相に並んで、互いを強化しています。結合した波の放射照度は1つの波の n^2 倍で、個別の波の放射照度値の和の n 倍の大きさです。この状況は**建設的干渉**と呼ばれます。図の中央では、それぞれの波のペアが反対の位相にあり、互いに打ち消し合います。結合した波の振幅と放射照度はゼロです。このシナリオは**相殺的干渉**と呼ばれます。

建設的と相殺的な干渉は、波のピークとトラフが何らかの一貫したやり方で並ぶ**非干渉加算**の2つの特殊ケースです。相対的な位相関係によって、n の同一の波の非干渉加算は、個別の波の0から n^2 倍までの放射照度を持つ波を生じる可能性があります。

しかし波が足し合わされるとき、たいていは互いに**非干渉**で、それは位相が比較的ランダムであることを意味します。これが図9.3の右に示されています。このシナリオでは、結合した波の振幅は $\sqrt{n}\,a$ で、個別の波の放射照度が線形に加算され、期待されるように1つの波の放射照度の n 倍になります。

相殺的/建設的干渉は、エネルギーの保存に反するように思えるかもしれません。しかし図

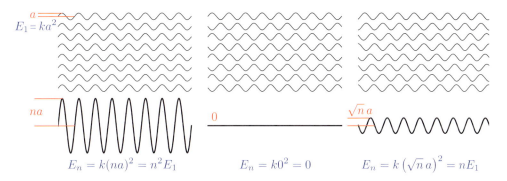

図9.3. 同じ周波数、偏光、振幅を持つ n の単色波を足し合わせる3つのシナリオ。左から右：建設的干渉、相殺的干渉、非干渉加算。どのケースも、結合した波（下）の振幅と放射照度が、n の元の波（上）と相対的に表示されている。

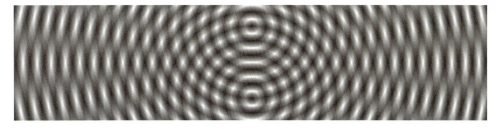

図9.4. 同じ周波数を持つ2つの点光源から広がる単色波。波は空間の領域により建設的と相殺的に干渉する。

9.3は全体像を示していません。1箇所の波の相互作用を示しているだけです。図9.4に示すように、波が空間を伝播するとき、それらの間の位相関係は場所により変化します。波が建設的に干渉し、結合した波の放射照度が個別の波の放射照度値の和より大きくなる場所があります。相殺的に干渉し、結合した放射照度が個別の波の放射照度値より小さくなる場所もあります。建設的干渉で得るエネルギーと、相殺的干渉で失うエネルギーは常に打ち消し合うので、これはエネルギー保存の法則に反しません。

　光波は物体中の電荷が振動するときに放射されます。振動を引き起こしたエネルギー（熱、電気、化学エネルギー）の一部が光のエネルギーに転換され、それが物体から放射されます。レンダリングでは、そのような物体を光源として扱います。光源は最初にセクション5.2で論じましたが、10章で、より物理的な観点から説明します。

　放射された後、光波は相互作用する物質に出会うまで空間中を移動します。光と物質の相互作用の大部分の基礎となる中核現象は単純で、上で論じた放射の場合とよく似ています。振動する電場が物質中の電荷を押したり引いたりして、それらの振動を引き起こします。振動する電荷が新たな光波を放射し、それが入ってくる光波のエネルギーの一部を新しい方向に向け直します。この**散乱**と呼ばれる反応が、幅広い様々な光学現象の基盤です。

　散乱した光波は元の波と同じ周波数を持ちます。通常の場合のように、元の波に複数の光の周波数が含まれるときは、それぞれが個別に物質と相互作用を行います。ある周波数の入射光のエネルギーは、蛍光やリン光など（本書では述べない）特定の、そして比較的稀なケースを除き、別の周波数の放射光のエネルギーに寄与しません。

　単独の分子は光をすべての方向に散乱し、その強さは方向により変化します。元の伝播の軸に近い方向で、前後の両方に、より多くの光が散乱します。分子の散乱体としての有効性（その近くの光波がそもそも散乱する確率）は波長により大きく変わります。短い波長の光は、長い波長の光よりもはるかに効果的に散乱します。

　レンダリングで関心があるのは、多くの分子のコレクションです。そのような集合体との光の相互作用は、単独の分子との相互作用と必ずしも似ていません。近くの分子から散乱する波は、同じ入射波が起源なので、しばしば互いに位相が揃い、干渉を示します。このセクションの残りは、複数の分子からの光の散乱で、いくつかの重要な特殊ケースを扱います。

9.1.1　粒子

理想気体では、分子は互いに影響を与えないので、それらの相対位置は完全にランダムで相関しません。これは抽象化ですが、通常の大気圧の空気には、ほどよいモデルです。この場合、異なる分子から散乱する波の間の位相の違いはランダムで、絶えず変化しています。その結果、散乱した波は干渉せず、そのエネルギーは図9.3の右の部分のように、線形に加わります。言い換えると、nの分子から散乱した集計の光エネルギーは、1つの分子から散乱した光のn倍になります。

　一方、分子が光の波長よりずっと小さなクラスターにぎっしり詰め込まれると、各クラスター中の散乱光波は位相が揃い、建設的に干渉します。このため散乱波のエネルギーは、図9.3の左の部分に示すように、2次で積み上がります。したがってn分子の小さなクラスターから散乱する光の強度は、個々の分子から散乱する光のn^2倍で、それは理想気体で同じ数の分子が散乱するn倍の光です。この関係は、立方メートルあたり固定の密度の分子で、分子をクラスターに凝集すると、散乱光の強度が大きく上がることを意味します。全体の分子密度を一定に保ちながらクラスターを大きくすると、クラスターの直径が光の波長に近くなるまでは、

9.1. 光の物理

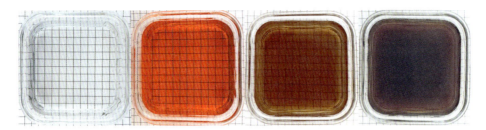

図9.5. 4つの小さな容器に入った吸収特性が異なる液体。左から右：きれいな水、グレナディン シロップの入った水、紅茶、コーヒー。

散乱光の強度が上がります。その点を超えると、クラスター サイズをさらに上げても、散乱光の強度は上がりません [509]。

この作用は、雲や霧が光を強く散乱する理由を説明します。どちらも凝縮により作られ、それは空気中の水の分子が次第に大きなクラスターに凝集する作用です。これは水の分子の全体の密度が変わらなくても、光の散乱を大きく増やします。雲のレンダリングはセクション14.4.2で論じます。

光の散乱の議論では、**粒子**という言葉が単独の分子と複数分子のクラスターの両方を指すのに使われます。直径が波長より小さい複数分子の粒子からの散乱は、単独分子からの散乱の（建設的干渉により）増幅版なので、同じ方向変異と波長依存性を示します。この種の散乱は、大気粒子の場合には**レイリー散乱**と呼ばれ、固体に埋め込まれた粒子の場合は**チンダル散乱**と呼ばれます。

粒子のサイズが波長を超えて大きくなるにしたがい、散乱波の位相が粒子全体で揃わなくなることにより、散乱の特徴が変わります。散乱は次第に前進方向を好むようになり、波長依存性は、すべての可視波長の光が等しく散乱するまで減少します。この種の散乱は**ミー散乱**と呼ばれます。レイリー散乱とミー散乱は、セクション14.1で詳しく取り上げます。

9.1.2 媒質

別の重要なケースが、一様な間隔の同一の分子で満たされたボリューム**均質媒質**を通過して伝搬する光です。分子の間隔は結晶のように完全に規則的である必要はありません。液体と非結晶固体は、組成が純粋（すべての分子が同じ）で割れ目や泡がなければ、光学的に均質なことがあります。

均質媒質中では、散乱した波が、元の伝播方向を除くすべての方向で相殺的に干渉するように揃います。元の波に個別の分子から散乱したすべての波を結合すると、位相速度と（場合により）振幅を除き、その最終的な結果は元の波と同じです。最終的な波は、まったく散乱を示しません。相殺的干渉により実質的に抑制されます。

元と新しい波の位相速度の比が、**屈折率**（IOR）と呼ばれ、nで示される媒質の光学特性を定義します。**吸収性**の媒質もあります。それらは光のエネルギーの一部を熱に転換し、波の振幅は距離により指数的な減少を引き起こします。その減少の割合は、ギリシャ文字κ（カッパ）で示される**減衰指数**により定義されます。nとκのどちらも一般に波長で変わります。そのしばしば**複素屈折率**と呼ばれる1つの複素数$n + i\kappa$に結合される2つの数が合わさって、ある波長の光に媒質が与える影響を完全に定義します。屈折率は光相互作用の分子レベルの細部を抽象化し、媒質をはるかに単純な連続なボリュームとして扱うことを可能にします。

光の位相速度は外見に直接影響を与えませんが、後で説明するように、速度に**変化**を与えます。一方、光の吸収は光の強度を下げ、色も変えることがあるので（波長により変化する場合）、視覚に直接的なインパクトを持ちます。図9.5が光の吸収のいくつかの例を示しています。

非均質媒質はたいてい、散乱粒子が埋め込まれた均質媒質としてモデル化できます。均質媒質で散乱を抑制する相殺的干渉は、一様な分子の配置により作り出される散乱波により起きます。分子の分布のどんな局所的な変化も、この相殺的干渉のパターンを壊し、散乱した光波の伝搬を可能にします。そのような局所的な変化には、種類が違う分子の凝集、空隙、泡、密度の変化などがあります。いずれの場合も、前に論じた粒子のように光を散乱し、その散乱特性も同様にクラスターのサイズに依存します。気体でさえもこのようにモデル化できます。気体では、「散乱粒子」は分子の持続的な運動により生じる一時的な密度の揺らぎです。このモデルは気体に対して意味のあるnの値を定めることを可能にし、その光学特性に理解に役立ちます。図9.6が、光の散乱のいくつかの例を示しています。

散乱と吸収はどちらもスケールに依存します。小さなシーンで目に見える散乱を作り出さない媒質が、より大きなスケールでかなり顕著な散乱を持つことがあります。例えば、空気中の光の散乱と、水中の吸収は室内のコップの水を観察するときには見えません。しかし、図9.7に示されるように、環境が広がると、どちらの効果も大きな影響を持つことがあります。

一般の場合、図9.8に示されるように、媒質の外見は何らかの散乱と吸収の組み合わせにより生じます。散乱の度合いが混濁度を決定し、高い散乱では不透明な外見になります。図9.6の乳白色ガラスのような、やや稀な例外はありますが、固体と液体媒質中の粒子は光の波長より大きいことが多く、すべての可視波長の光を等しく散乱する傾向があります。したがって、色合いは通常、吸収の波長依存性により生じます。媒質の明るさは両方の現象の結果です。特に白色は、高い散乱と低い吸収の組み合わせの結果です。これはセクション14.1で詳しく論じます。

図9.6. 左から右：水、ミルクを数滴落とした水、約10％ミルクが混ざった水、ミルク、乳白色ガラス。ミルクの散乱粒子の大部分は可視光の波長より大きいため、その散乱は主として無色で、真ん中のイメージにかすかな青みが見える。乳白色ガラスの散乱粒子はすべて可視光の波長より小さいため、赤い光よりも青い光を強く散乱する。明るい背景と暗い背景の分割により、透過光は左で多く見え、散乱光は右のほうが多く見える。

図9.7. 左のイメージは、数メートルの距離で、水が光、特に赤い光をかなり強く吸収することを示している。右のイメージは、大きな汚染や霧がなくても、数マイルの空気で光が顕著に散乱することを示している。

図 9.8. 吸収と散乱の様々な組み合わせを示す液体の容器。

9.1.3 表面

光学的な観点では、物体の表面は屈折率の値が異なるボリュームを分ける2次元の界面です。典型的なレンダリング状況では、外側のボリュームには、屈折率が約1.003で、たいてい単純化のため1と仮定される空気が含まれます。内側のボリュームの屈折率は、その物体を作る物質に依存します。

光波が表面にぶつかるとき、その表面の2つの側面、すなわち両側の物質と表面の形状が、結果に重要な影響を与えます。まずは可能な最も単純な表面形状である、完璧に平らな平面を仮定して、物質の側面に焦点を合わせます。「外側」（入射波が発生する側）の屈折率を n_1、「内側」（波が表面を通過した後に伝送される場所）の屈折率を n_2 で示します。

材質の組成や密度、つまり屈折率の不連続に出会うときに光波が散乱することは、前のセクションで見ました。異なる屈折率を分離する平面は、光を独特のやり方で散乱する特別なタイプの不連続です。その境界条件は、表面に平行な電場成分が連続である必要があります。言い換えると、その表面への電場ベクトルの投影は、その面のどちらかの側と一致しなければなりません。これにはいくつかの意味合いがあります。

1. 表面では、散乱した波は入射波と同位相か、180°反対の位相のどちらかでなければならない。したがって表面では、散乱した波のピークが入射波のピークかトラフのどちらか

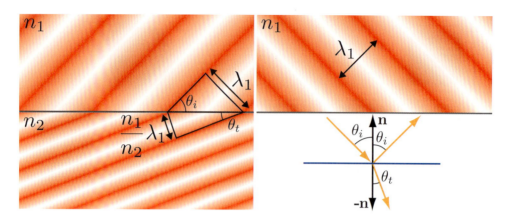

図9.9. 屈折率n_1とn_2を分ける平面に当たる光波。図の左側は左上から入る入射波の側面図を示す。赤いバンドの強さが、波の位相を示す。表面より下の波の間隔は比(n_1/n_2)（この場合は0.5）に比例して変化する。表面に沿いの位相は揃うので、間隔の変化は伝送波の方向を曲げる（屈折）。三角形の構造はスネルの法則の導出を示している。分かりやすくするため、図の右上に反射波を別に表示している。その波の間隔は入射波と同じなので、その方向は面法線と同じ角度を持つ。図の右下は波の方向ベクトルを示している。

と揃わなければならない。これは散乱した波の進路を、その表面への前進の続行と、そこからの後退の2つの可能な方向だけに制約する。前者が **伝送波** で、後者が **反射波**。
2. 散乱した波は、入射波と同じ周波数を持たなければならない。ここでは単色波を仮定するが、論じている原理は一般の波に、最初に単色成分に分解することで適用できる。
3. 光波がある媒質から別の媒質に移るとき、その位相速度（波が媒質内を移動する速さ）は屈折率(n_1/n_2)に比例して変化する。周波数は固定されているので、波長も(n_1/n_2)に比例して変わる。

その最終結果が図9.9に示されています。反射と入射の波の方向は、面法線に対して同じ角度θ_iを持ちます。伝送波の方向は角度θ_tで曲がり（**屈折**）、それはθ_iと次の関係があります。

$$\sin(\theta_t) = \frac{n_1}{n_2}\sin(\theta_i) \tag{9.1}$$

この屈折の式は **スネルの法則** として知られます。それはセクション14.5.2で詳しく論じる、グローバルな屈折効果で使われます。

屈折はたいていガラスや水晶などの透明な材質と関連しますが、不透明な物体の表面でも発生します。不透明な物体で屈折が起きるとき、光は物体の内部で散乱と吸収を受けます。図9.8の様々なカップの液体と同様に、光は物体の媒質と相互作用します。金属の場合、その内部に、屈折光のエネルギーを「吸い上げ」て反射波に転換する、多くの自由電子（分子に結び付いていない電子）が含まれます。金属が高い吸収と高い反射性を持つのは、このためです

ここまで論じてきた表面の屈折現象（反射と屈折）は、屈折率の突然の変化が、1つの波長より小さい距離で起きる必要があります。それより穏やかな屈折率の変化は光を分割せず、代わりに屈折で起きる不連続な曲がりの連続的な相似物として、その進路を曲げます。この効果は蜃気楼や陽炎など、空気の密度が温度で変化するときによく見られます（図9.10）。

はっきりした境界を持つ物体であっても、同じ屈折率の物質の中に沈めば、表面は見えません。屈折率の変化がなければ、反射と屈折が起きることはありません。この1つの例が図9.11に見えます。

9.1. 光の物理

図 **9.10**. 光の進路が穏やかな、この場合は温度の変化により引き起こされる屈折率の変化により曲がる例。（「*EE Lightnings heat haze*」、*Paul Lucas, used under the CC BY 2.0 license.*）

図 **9.11**. これらの装飾ビーズの屈折率は水と同じ。水の上では空気との屈折率の違いにより表面が見える。水面下では、ビーズ表面の両側の屈折率が同じなので、表面は見えない。ビーズ自体は色の吸収によってのみ見える。

　これまでの焦点は、表面のどちらかの側の物質の効果でした。今度は表面の見た目に影響を与えるもう1つの重要な因子、形状（ジオメトリー）を論じることにします。厳密に言って、完全に平らな表面（サーフェス）は不可能です。どんな面にも、たとえ単一の原子が表面を構成していても、何らかの種類の不規則性があります。しかし、波長よりずっと小さな表面の不規則性は光に影響を与えず、波長よりずっと大きい表面の不規則性は実質的には面を傾け、**局所的な平坦さ**に影響を与えません。1〜100波長範囲のサイズの不規則さだけが、セクション9.11で詳しく論じる**回折**と呼ばれる現象を通じて、平坦な面と異なる振る舞いを表面に引き起こします。

　レンダリングで一般に使われる**幾何光学**は、干渉や回折などの波の効果を無視します。これは、すべての面の不規則性が光の波長より小さいか、ずっと大きいと仮定することと等価です。幾何光学では、光は波の代わりにレイ（光線）としてモデル化されます。光線が表面と交

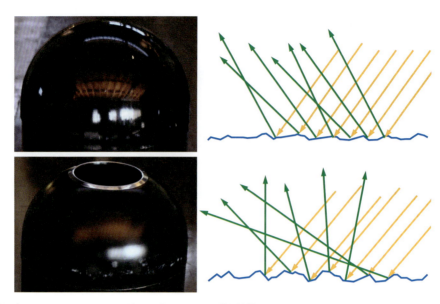

図9.12. 左は2つのサーフェスの写真で、右はそれらの微視的構造の図。上のサーフェスは少し粗いマイクロジオメトリーを持つ。入射光線は、いくらか角度が異なるサーフェスの点にヒットし、狭い円錐の方向に反射する。その視覚効果は、反射が少しぼけることである。下のサーフェスのほうが粗いマイクロジオメトリーを持つ。入射光線がヒットするサーフェスの点によって、大きく異なる方向に曲がり、反射光は大きな円錐に広がって、ぼけた反射を生じる。

わる点で、その表面は局所的に平らな平面として扱われます。図9.9の右下の図は、図の他の部分で示す波の図式と対照的な、反射と屈折の幾何光学の図式と見ることができます。この時点から、波動光学に基づくシェーディング モデルのトピックにあてたセクション9.11まで、幾何光学の体系に従うことにします。

前に述べたように、波長よりずっと大きい表面の不規則性は、表面の局所的な向きを変えます。その不規則性が小さすぎて個別にレンダーできない（つまり、ピクセルより小さい）とき、それらを**マイクロジオメトリー（微小幾何形状）**と呼びます。反射と屈折の方向は表面のサーフェス法線に依存します。マイクロジオメトリーの効果は、その法線をサーフェス上の様々な点で変え、したがって反射光と屈折光の方向を変えることです。

サーフェス上の個々の点は、光を1つの方向にしか反射しませんが、ピクセルは光を様々な方向に反射する多くのサーフェス点に広がります。その外見は様々な反射方向の集約結果で決まります。図9.12が、巨視的スケールでは似た形を持ちながら、大きく異なるマイクロジオメトリーを持つ、2つのサーフェスの例を示しています。

レンダリングでは、マイクロジオメトリーを明示的にモデル化せずに統計的に扱い、ランダムな分布の微細構造法線を持つサーフェスと見なします。その結果、サーフェスは連続的に広がる方向への光の反射（と屈折）としてをモデル化されます。この広がりの幅、すなわち反射と屈折の細部のぼやけ方は、マイクロジオメトリーの法線ベクトルの統計的分散（言い換えると、サーフェス マイクロスケールの粗さ）に依存します（図9.13）。

9.1.4　表面下散乱

屈折光は、引き続き物体の内部のボリュームと相互作用を行います。前に述べたように、金属は大半の入射光を反射し、残りを速やかに吸収します。対照的に、非金属は図9.8のカップの

9.1. 光の物理

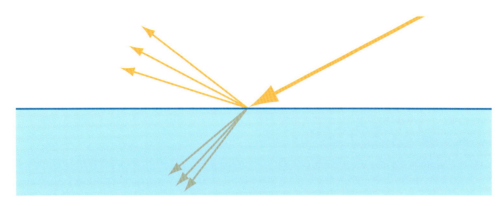

図 **9.13.** 巨視的には、サーフェスは複数の方向に光を反射と屈折するものとして扱える。

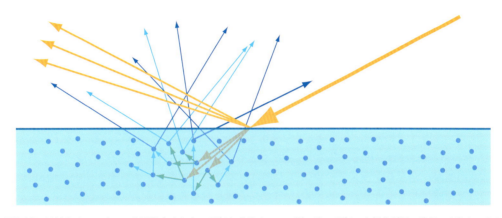

図 **9.14.** 屈折光はマテリアルを通過するときに吸収を受ける。この例では、吸収の大部分が長い波長で行われ、主として短い波長の青い光が残る。それに加え、マテリアル内部の粒子で散乱する。様々な方向でサーフェスを出る青い矢印が示すように、最終的に一部の屈折光が散乱によりサーフェスから外に戻る。

液体で見られるものと似た、多様な散乱と吸収の挙動を示します。散乱と吸収が低い材質（マテリアル）は透明で、屈折光は物体全体を通して伝送されます。そのようなマテリアルを屈折なしでレンダーする単純な手法はセクション5.5で論じ、屈折はセクション14.5.2で詳しく取り上げます。本章では、伝送する光が複数の散乱と吸収イベントを経験し、最終的に一部がサーフェスから再放射される不透明な物体（オブジェクト）に焦点を合わせます（図9.14）。

この**表面下散乱**光がサーフェス出る点の、入り口から距離は様々です。入り口出口距離の分布は、マテリアル中の散乱粒子の密度と特性に依存します。それらの距離とシェーディング スケール（ピクセルのサイズや、シェーディング サンプル間の距離）の関係は重要です。入り口出口距離がシェーディング スケールと比べて小さけれは、シェーディングの目的では実質的にゼロと仮定できます。こにより表面下散乱をサーフェス反射を一緒にローカル シェーディング モデルに結合でき、ある点から出る光は同じ点の入る光だけに依存します。しかし、表面下散乱光の外見はサーフェス反射光と大きく異なるので、別のシェーディング項に分けたほうが便利です。**スペキュラー項**はサーフェス反射をモデル化し、**ディフューズ項**はローカル表面下散乱をモデル化します。

入り口出口距離がシェーディング スケールと比べて大きい場合は、ある点でサーフェスに入り、別の点から出る光の視覚効果を捕らえるための、特別なレンダリング テクニックが必要です。それらの**グローバル表面下散乱**テクニックは、セクション14.6で詳しく取り上げま

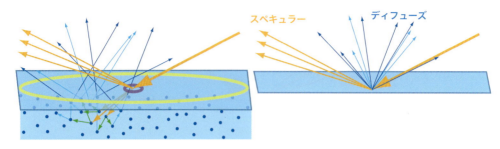

図9.15. 左は表面下散乱を持つマテリアルのレンダリング。2つの異なるサンプリング サイズが黄色と紫で示されている。大きな黄色い円は、表面下散乱距離より大きい領域を覆う1つのシェーディング サンプルを表す。したがって、それらの距離は無視され、右の別の図に示す、表面下散乱をローカル シェーディング モデルのディフューズ項として扱える。このサーフェスに近づくと、小さい紫の円で示すように、シェーディング サンプルの領域が小さくなる。表面下散乱距離は、シェーディング サンプルが覆う領域と比べて大きくなる。これらのサンプルからリアリスティックなイメージを作り出すには、グローバル テクニックが必要。

す。ローカルとグローバルの表面下散乱の違いが、図9.15に示されています。

　ローカルとグローバルの表面下散乱テクニックが、まったく同じ物理現象をモデル化していることに注意してください。個々の状況での最善の選択は、マテリアルの特性だけでなく、観察のスケールにも依存します。例えば、プラスチックのおもちゃで遊ぶ子供のシーンをレンダーするときには、子供の肌の正確なレンダリングには、おそらくグローバル テクニックが必要で、おもちゃにはローカル ディフューズ シェーディング モデルで十分でしょう。これは肌の散乱距離が、かなりプラスチックより大きいからです。しかし、カメラが十分に離れれば、肌の散乱距離はピクセルより小さくなるので、子供とおもちゃの両方でローカル シェーディング モデルが正確になります。逆に、極端なクローズアップ ショットでは、プラスチックが目立つ非ローカル表面下散乱を示し、おもちゃを正確にレンダーするグローバル テクニックが必要になるでしょう。

9.2　カメラ

セクション8.1.1で述べたように、レンダリングではシェーディング中のサーフェス点からカメラ位置への放射輝度を計算します。これはフィルム カメラ、デジタル カメラ、人間の目などのイメージングシステムの、単純化されたモデルをシミュレートします。

　そのようなシステムには、多くの別々の小さなセンサーからなるセンサー サーフェスが含まれます。その例には目の桿体と錐体、デジタル カメラのフォトダイオード、フィルムの染料粒子などがあります。それらのセンサーは、そのサーフェス上の放射照度値を検出し、色信号を作り出します。放射照度センサー自体は、すべての入射方向からの光線を平均するので、イメージを作り出すことはできません。このため、完全なイメージングシステムには、光が入ってセンサーにあたる方向を制約する小さな1つの**開口部**を持つ遮光筐体が含まれます。開口部に置かれるレンズは、各センサーが入射方向の小さなセットからのみ光を受け取るように、光の焦点を合わせます。その筐体、開口部、レンズの組み合わせ効果により、センサーは**方向特定**になります。それらは小さな領域と入射方向の小さなセットで、光を平均します。それらのセンサーは、平均放射照度（セクション8.1.1で見たように、すべての方向からの光の流れのサーフェス密度を定量化する）を測定するのではなく、1本の光線の明るさを色を定量化する平均放射輝度を測定します。

9.3. BRDF   269

　レンダリングは歴史的に、図9.16の上の部分に示された、**ピンホール カメラ**と呼ばれる、特に単純なイメージング センサーをシミュレートしてきました。ピンホール カメラは極めて小さな開口部を持ち（理想的な場合、サイズがゼロの数学的な点）、レンズを持ちません。点の開口部によって、センサー サーフェスの各点は1本の光線を集めるように制約され、個々のセンサーは底面がセンサー サーフェスに広がり、頂点が開口部の狭い円錐の光線を集めます。レンダリング システムはピンホール カメラを、図9.16の中央部に示す、少し異なる（しかし等価な）やり方でモデル化します。ピンホール開口部の位置は点**c**で表され、しばしば「カメラ位置」や「眼球位置」と呼ばれます。また遠近変換では、この点は投影の中心です（セクション4.7.2）。

　レンダリング時に、各シェーディング サンプルは1本のレイ、つまりセンサー サーフェス上のサンプル点に対応します。アンチエイリアシング（セクション5.4）の処理は、個別のセンサー サーフェスで集めた信号の再構成と解釈できます。しかし、レンダリングは物理的なセンサーの限界に縛られないので、その処理をもっと一般的に、離散サンプルからの連続的なイメージ信号の再構成として扱えます。

　実際のピンホール カメラは作られてきましたが、実際に使われる大半のカメラや、人間の目には貧弱なモデルです。レンズを使うイメージングシステムのモデルが、図9.16の下に示されています。レンズを含めることで、より大きな開口部の使用が可能になり、イメージングシステムの集める光量が大きく増えます。しかし、それはカメラの被写界深度も制限し（セクション12.4）、近すぎたり遠すぎたりする物体を不明瞭にします。

　レンズには被写界深度の制限だけでなく、別の効果も加わります。各センサー位置は、完全に焦点が合う点でも、光線の円錐を受け取ります。各シェーディング サンプルが、ただ1つのビュー レイを表す理想化されたモデルは、数学的特異点や数値不安定性、視覚的エイリアシングをもたらすことがあります。イメージをレンダーするときに物理モデルを念頭に置くことが、そのような問題の識別と解決に役立つことがあります。

9.3　BRDF

結局のところ、物理ベースのレンダリングは、何らかのビュー レイのセットに沿ってカメラに入る放射輝度を計算することに行き着きます。セクション8.1.1で導入した入射放射輝度の表記を使うと、与えられたビュー レイに対して計算する必要がある量は、**c**をカメラの位置、−**v**をビュー レイに沿う方向として、$L_i(\mathbf{c}, -\mathbf{v})$です。2つの表記の規約により、−**v**を使います。まず、$L_i()$の方向ベクトルは、常に与えられた点（この場合はカメラ）から離れる向きです。2つ目に、ビュー ベクトル**v**は、常にカメラを指しています。

　一般にレンダリングでは、その間に媒質があるオブジェクトのコレクションとしてシーンをモデル化します。（「媒質「という言葉の起源は、実際にラテン語の「中間」や「合間」です）。問題となる媒質は、たいてい適量の比較的きれいな空気で、レイの放射輝度に目立つ影響を与えないので、レンダリングの目的では無視できます。その放射輝度に吸収や散乱を通じてかなり影響を与える媒質を、レイが通過することがあります。そのような媒質は光のシーン中の輸送に関与するので、**関与媒質**と呼ばれます。関与媒質は14章で詳しく取り上げます。本章では関与媒質が存在しないと仮定するので、カメラに入る放射輝度は最も近いオブジェクトのサーフェスからカメラの方向への放射輝度に等しくなります。

$$L_i(\mathbf{c}, -\mathbf{v}) = L_o(\mathbf{p}, \mathbf{v}) \tag{9.2}$$

270　　　　　　　　　　　　　　　　　　　　　　　　　　　　9. 物理ベースのシェーディング

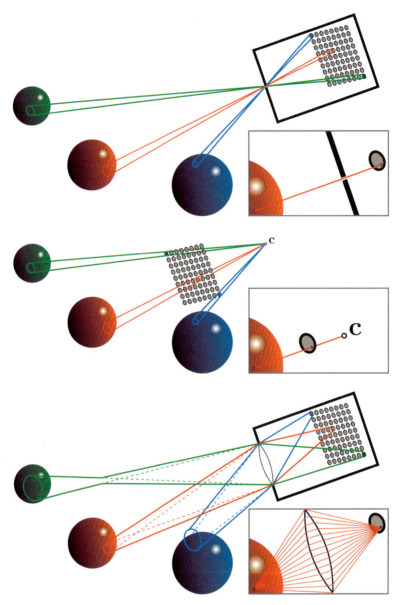

図9.16. カメラ モデルの図は、それぞれピクセル センサーの配列を含む。実線は、それらのセンサーのうち3つがシーンから集める光線のセットの境界。各図の差し込みイメージは、ピクセル センサー上の1つの点サンプルが集める光線を示している。上の図はピンホール カメラを示し、中の図は典型的なレンダリング システムの、カメラ点 **c** を持つ同じピンホール カメラのモデルを示し、下の図は、レンズを持つ、より物理的に正しいカメラを示している。赤い球に焦点が合い、他の2つの球は焦点が合っていない。

p はビュー レイと最も近いオブジェクトのサーフェスとの交差です。

　式9.2に従うなら、新たな目標は $L_o(\mathbf{p}, \mathbf{v})$ を計算することです。この計算は、セクション5.1で論じたシェーディング モデル評価の物理ベース版です。放射輝度は、サーフェスから直接発することがあります。それより多いのは、サーフェスから出る放射輝度が他の場所に起源を持ち、セクション9.1で説明した物理的相互作用を通じて、サーフェスによりビュー レイの中に反射されることです。本章では、透明（セクション5.5と14.5.2）とグローバル表面下散乱

9.3. BRDF

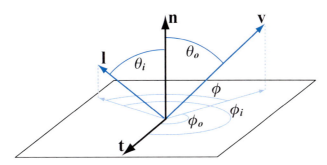

図9.17. BRDF。方位角 ϕ_i と ϕ_o は、与えられた接ベクトル **t** に対して与えられる。等方性BRDFで ϕ_i と ϕ_o の代わりに使われる相対的な方位角 ϕ は、基準の接ベクトルを必要としない。

(セクション14.6) のケースを除外します。言い換えると現在シェーディング中の点に当たる光を外向きに向け直して戻す、ローカルな反射現象に焦点を合わせます。そのような現象にはサーフェス反射とローカル表面下散乱が含まれ、それは入る光の方向 **l** と出る視線方向 **v** だけに依存します。ローカル反射率は $f(\mathbf{l}, \mathbf{v})$ で示される**双方向反射率分布関数（BRDF）**で定量化されます。

その元の導出 [1381] では、BRDFは一様なサーフェスに対して定義され、つまり、BRDFはサーフェスの上のどこでも同じと仮定されていました。しかし、現実世界（とレンダーされるシーン）のオブジェクトが、そのサーフェス全体で一様なマテリアル特性を持つことはめったにありません。例えば銀の彫像のように、単一の素材で作られるオブジェクトでも、サーフェス点ごとに視覚的特性を変える擦り傷、染み、錆などの変化があります。技術的には、空間的な位置に基づいてBRDFの変化を捕らえる関数は**空間可変** $BRDF$（SVBRDF）や**空間** $BRDF$（SBRDF）と呼ばれます。しかし実際には、より短い言葉のBRDFがよく使われ、暗にサーフェス位置に依存すると仮定されます。

入る方向と出る方向には、それぞれ2つの自由度があります。頻繁に使われるパラメーター化には、サーフェス法線 **n** に相対的な仰角 θ と、**n** の周りの方位角（水平回転）ϕ の、2つの角度が含まれます。一般の場合、BRDFは4つのスカラー変数の関数です。**等方性**BRDFは、重要な特殊ケースです。そのようなBRDFは、サーフェス法線の周りで出入りの方向を回転しても変化せず、その間の相対角度は変わりません。図9.17が、どちらの場合にも使われる変数を示しています。等方性BRDFはライトとカメラの回転の間の1つの角度 ϕ しか必要ないので、3つのスカラー変数の関数です。これは、一様な等方性マテリアルをターンテーブルの上に置いて回転すると、ライトとカメラが固定なら、すべての回転角度で同じに見えることを意味します。

蛍光やリン光のような現象は無視するので、与えられた波長の入射光は同じ波長で反射されると仮定できます。反射される光の量は波長によって変わることがあり、それは2つの方法のどちらかでモデル化できます。波長をBRDFへの追加の入力変数として扱うか、BRDFをスペクトル分散した値を返すものとして扱うかです。オフライン レンダリングでは、最初のアプローチが使われることもありますが [717]、リアルタイム レンダリングでは常に2番目のアプローチが使われます。リアルタイム レンダラーはスペクトル分布をRGBの3数で表すので、これは単純にBRDFがRGB値を返すことを意味します。

$L_o(\mathbf{p}, \mathbf{v})$ を計算するため、RDFを**反射率の式**に組み込みます。

$$L_o(\mathbf{p}, \mathbf{v}) = \int_{\mathbf{l} \in \Omega} f(\mathbf{l}, \mathbf{v}) L_i(\mathbf{p}, \mathbf{l}) (\mathbf{n} \cdot \mathbf{l}) d\mathbf{l} \tag{9.3}$$

積分記号の下付きの$l \in \Omega$は、サーフェス上の単位半球（サーフェス法線$\mathbf{n}$を中心とする）にあるlベクトルで積分がを行うことを意味します。lが入射方向の半球上で連続的に探索されることに注意してください。特定の「光源方向」ではありません。その考え方は、どの入射方向にも何らかの放射輝度を関連付けることができ（そして通常は関連付けられる）ことです。lの周りの微分立体角を示すのにdlを使います。（立体角はセクション8.1.1で論じています）。

まとめると、反射率の式は出る放射輝度が、入る放射輝度の積分（Ωのl上）にBRDFと、$\mathbf{n}$とlの内積を掛けたものに等しいことを示しています。

簡潔にするため、本書の残りでは$L_i()$, $L_o()$からサーフェス点$\mathbf{p}$を省き、反射率の式は次になります。

$$L_o(\mathbf{v}) = \int_{l \in \Omega} f(\mathbf{l}, \mathbf{v}) L_i(\mathbf{l})(\mathbf{n} \cdot \mathbf{l}) d\mathbf{l} \tag{9.4}$$

反射率の式を計算するとき、半球はしばしば球面座標ϕとθを使ってパラメーター化されます。このパラメーター化では、微分立体角dlは$\sin \theta_i d\theta_i d\phi_i$と等しくなります。このパラメーター化を使うと、球面座標を使う式9.4の二重積分形式を導けます（$(\mathbf{n} \cdot \mathbf{l}) = \cos \theta_i$であることを思い出してください）。

$$L_o(\theta_o, \phi_o) = \int_{\phi_i=0}^{2\pi} \int_{\theta_i=0}^{\pi/2} f(\theta_i, \phi_i, \theta_o, \phi_o) L(\theta_i, \phi_i) \cos \theta_i \sin \theta_i d\theta_i d\phi_i \tag{9.5}$$

角度θ_i, ϕ_i, θ_o, ϕ_oは図9.17に示されています。

角度θ_iとθ_oそのものではなく、仰角の余弦$\mu_i = \cos \theta_i$と$\mu_o = \cos \theta_o$を変数とする、少し異なるパラメーター化を使うと便利な場合があります。このパラメーター化では、微分立体角dlは$d\mu_i d\phi_i$に等しくなります。(μ, ϕ)パラメーター化を使うと、次の積分形式ができます。

$$L_o(\mu_o, \phi_o) = \int_{\phi_i=0}^{2\pi} \int_{\mu_i=0}^{1} f(\mu_i, \phi_i, \mu_o, \phi_o) L(\mu_i, \phi_i) \mu_i d\mu_i d\phi_i \tag{9.6}$$

BRDFは、ライトとビューの方向がどちらもサーフェスより上にある場合にだけ定義されます。ライトの方向がサーフェスより下にある場合は、BRDFにゼロを掛けるか、そのような方向ではそもそもBRDFを評価しないことで避けられます。しかしサーフェスより下の、言い換えると内積$\mathbf{n} \cdot \mathbf{v}$が負のビュー方向はどうなるでしょうか？ 理論的には、このケースは決して起きるべきではありません。サーフェスがカメラを向いていないので、見えないはずです。しかし、どちらもリアルタイム アプリケーションで一般的な補間された頂点法線と法線マッピングは、実際にそのような状況を作り出すことがあります。サーフェスより下のビュー方向に対するBRDFの評価は、$\mathbf{n} \cdot \mathbf{v}$を0にクランプするか、その絶対値を使うことで避けられますが、どちらのアプローチもアーティファクトを生じる可能性があります。Frostbiteエンジンは、ゼロによる除算を避けるため、$\mathbf{n} \cdot \mathbf{v}$の絶対値に加えて、小さな数（0.00001）を使います[1035]。別の可能なアプローチが「ソフト クランプ」で、$\mathbf{n}$と$\mathbf{v}$の間の角度が90°を超えて増えるときに、徐々にゼロに近づきます。

物理法則はどのBRDFにも2つの制約を課します。1つ目の制約は、**ヘルムホルツの相反則**で、それは入力と出力の角度を入れ替えても、関数値が同じであることを意味します。

$$f(\mathbf{l}, \mathbf{v}) = f(\mathbf{v}, \mathbf{l}) \tag{9.7}$$

実際には、レンダリングで使うBRDFは、しばしばヘルムホルツの相反則に違反し、双方向パス トレーシングなど、特別に相反性を必要とするオフライン レンダリング アルゴリズムを

9.3. BRDF

除けば、目立つアーティファクトもありません。しかし、それはBRDFが物理的に信憑性があるかどうかを決定するときに、役に立つツールです。

2つ目の制約はエネルギーの保存で、出るエネルギーが入るエネルギーより大きくなることはできません（特殊ケースとして扱う、光を発して輝くサーフェスは数に入れない）。パストレーシングなどのオフライン レンダリング アルゴリズムは、収束を確実にするため、エネルギーの保存を要求します。リアルタイム レンダリングでは、正確なエネルギーの保存は必要ありませんが、近似的なエネルギーの保存は重要です。エネルギーの保存に大きく違反するBRDFでレンダーされるサーフェスは、明るすぎて非現実的に見えるかもしれません。

方向半球反射率 $R(\mathbf{l})$ は、BRDFに関連する関数です。それはBRDFがエネルギーを保存する度合いの測定に使えます。その少し気がめいる名前にも関わらず、方向半球反射率は単純な概念です。それは与えられた方向から入り、反射して任意の方向へ出る光の量を、サーフェス法線の周りの半球で測定します。本質的には、ある入射方向でのエネルギー損失を測定します。この関数への入力は入射方向ベクトル$\mathbf{l}$で、その定義を次に示します。

$$R(\mathbf{l}) = \int_{\mathbf{v} \in \Omega} f(\mathbf{l}, \mathbf{v})(\mathbf{n} \cdot \mathbf{v}) d\mathbf{v} \tag{9.8}$$

$\mathbf{v}$は反射率の式の$\mathbf{l}$と同様に、単一のビュー方向を表すのではなく、半球全体で探索されることに注意してください。

似てはいますが、ある意味で正反対の関数、**半球方向反射率** $R(\mathbf{v})$ も同様に定義できます。

$$R(\mathbf{v}) = \int_{\mathbf{l} \in \Omega} f(\mathbf{l}, \mathbf{v})(\mathbf{n} \cdot \mathbf{l}) d\mathbf{l} \tag{9.9}$$

BRDFが相反なら、半球方向反射率と方向半球反射率は等しく、どちらの計算にも同じ関数を使えます。それらが互いに交換して使える場合に、両方の反射率を含む用語として**方向アルベド**が使われることがあります。

エネルギー保存の結果として、方向半球反射率 $R(\mathbf{l})$ の値は、常に $[0, 1]$ の範囲内でなければなりません。0の反射率の値は、すべての入射光が吸収されたり、失われる場合を表します。すべての光が反射されれば、反射率は1になります。たいていの場合、2つの値の間のどこかになります。BRDFのように、$R(\mathbf{l})$ の値は波長で変わるので、レンダリングの目的ではRGBベクトルで表現されます。各成分（赤、緑、青）は範囲 $[0, 1]$ に制限されるので、$R(\mathbf{l})$ の値は単純な色と考えることができます。この制限はBRDFの値には適用されません。分布関数として、その記述する分布が高度に非一様な場合、BRDFは特定の方向（ハイライトの中心など）にいくらでも高い値を持つことができます。BRDFがエネルギーを保存するための要件は、$\mathbf{l}$のすべての可能な値で、$R(\mathbf{l})$ が1を超えないことです。

可能な最も単純なBRDFがランバートで、セクション5.2で手短に論じたランバート シェーディング モデルに対応します。ランバートBRDFは1つの定数値を持ちます。ランバートシェーディングを識別する有名な$(\mathbf{n} \cdot \mathbf{l})$因数は、BRDFではなく、式9.4に属します。その単純さにも関わらず、ランバートBRDFはリアルタイム レンダリングでローカル表面下散乱を表すのによく使われます（しかし、セクション9.9で論じるように、より正確なモデルに取って代わられつつあります）。ランバート サーフェスの方向半球反射率も一定です。式9.8を定数値の $f(\mathbf{l}, \mathbf{v})$ で評価すると、方向半球反射率はBRDFの関数として次の値になります。

$$R(\mathbf{l}) = \pi f(\mathbf{l}, \mathbf{v}) \tag{9.10}$$

ランバート BRDF の一定の反射率の値は、一般にディフューズ色 c_diff やアルベド ρ と呼ばれます。本章では、表面下散乱との関連性を強調するため、この量を**表面下アルベド** ρ_ss と呼びます。表面下アルベドはセクション 9.9.1 で詳しく論じます。式 9.10 の BRDF は、次の結果を与えます。

$$f(\mathbf{l}, \mathbf{v}) = \frac{\rho_\text{ss}}{\pi} \tag{9.11}$$

$1/\pi$ 因数は、余弦因数を半球で積分すると π の値になることから生じます。BRDF では、そのような因数がよく見られます。

BRDF を理解する 1 つの方法は、入力方向を一定に保って可視化することです(図 9.18)。それはある光の入る方向に対する、すべての出る方向の BRDF の値を示します。交点の周りの球面部分は、出て行く放射輝度がどの方向にも等しい反射の機会を持つので、ディフューズ成分です。楕円体は**スペキュラー ローブ**です。当然ながら、そのようなローブは入射光の反射方向にあり、そのローブの厚みが反射のファジーさに相当します。相反性の原理により、その同じ可視化は、入る光の様々な方向が 1 つの出る方向に寄与する大きさと考えることもできます。

9.4 照明

反射率の式(式 9.4)の $L_i(\mathbf{l})$(入射放射輝度)項は、シェーディング中のサーフェス点に影響を与える、シーンの他の部分からの光を表します。**グローバル照明**アルゴリズムは、シーン全体の光の伝搬と反射をシミュレートすることにより、$L_i(\mathbf{l})$ を計算します。それらのアルゴリズムは**レンダリングの式** [914] を使い、反射率の式はその特別なケースです。グローバル照明は 11 章で論じます。本章と次の章では、反射率の式を使ってサーフェス点ごとにローカルに

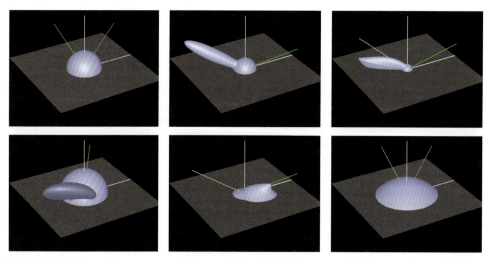

図 9.18. BRDF の例。各図の右からの緑の実線は入る光の方向で、緑と白の破線は理想的な反射方向。上段のでは、左の図がランバート BRDF(単純な半球)を示している。中の図ではランバート項に Blinn-Phong ハイライトが加わっている。右の図は Cook-Torrance BRDF を示している [310, 1912]。スペキュラー ハイライトが最も強いのが反射方向でないことに注意。下段では、左の図は Ward の異方性モデルのクローズアップを示している。この場合、その効果によりスペキュラー ローブが傾いている。中の図は、強い再帰反射を持つ Hapke/Lommel-Seeliger の「月面」BRDF [722] を示している。右の図は、くすんだサーフェスが光をグレージング角度に散乱する Lommel-Seeliger 散乱を示している。(イメージ提供: *Szymon Rusinkiewicz*、「*bv*」*BRDF browser*。)

9.5. フレネル反射率　275

シェーディングを計算する**ローカル照明**に焦点を合わせます。ローカル照明アルゴリズムでは、$L_i(\mathbf{l})$ は与えられ、計算する必要はありません。

　現実的なシーンでは、光源から直接発したり、他のサーフェスから反射した、すべての方向からのゼロでない放射輝度が $L_i(\mathbf{l})$ に含まれます。セクション5.2で論じた平行光源や点光源と違い、現実世界の光源はゼロでない立体角に広がる**面光源**です。本章では、平行光源と点光源だけからなる $L_i(\mathbf{l})$ の制限された形式を使い、より一般的なライティング環境は10章に残しておきます。この制限により、議論の焦点を絞ることができます。

　点光源と平行光源は非物理的な抽象化ですが、物理的な光源の近似として導けます。そのような導出が重要なのは、それに含まれる誤差を理解していることを確かめながら、そのライトを物理ベースのレンダリング フレームワークに組み込めるからです。

　小さな遠くの面光源をとり、その中心を指すベクトルとして $\mathbf{l}_c$ を定義します。そのライトの色 $\mathbf{c}_{\text{light}}$ を、ライトを向いた白いランバート サーフェス（$\mathbf{n} = \mathbf{l}_c$）から反射される放射輝度として定義します。オーサリングでは、ライトの色が、その視覚的効果に直接対応するので、これは直感的な定義です。

　これらの定義により、平行光源は $\mathbf{c}_{\text{light}}$ の値を維持しながら、面光源のサイズをゼロに縮小する極限のケースとして導けます [821]。この場合、反射率の式（式9.4）の積分は、ただ1つのBRDFの評価に単純化され、計算コストは大きく下がります:

$$L_o(\mathbf{v}) = \pi f(\mathbf{l}_c, \mathbf{v}) \mathbf{c}_{\text{light}} (\mathbf{n} \cdot \mathbf{l}_c) \tag{9.12}$$

　サーフェスより下のライトからの寄与をスキップする便利な手法として、内積 $(\mathbf{n} \cdot \mathbf{l})$ はよくゼロにクランプされます:

$$L_o(\mathbf{v}) = \pi f(\mathbf{l}_c, \mathbf{v}) \mathbf{c}_{\text{light}} (\mathbf{n} \cdot \mathbf{l}_c)^+ \tag{9.13}$$

x^+ は、負の値がゼロにクランプされることを示す、セクション1.2で導入した表記です。

　点光源も同様に扱えます。違いは、面光源が遠くにある必要がなく、式5.11のように、$\mathbf{c}_{\text{light}}$ がライトへの距離の逆2乗で減少することだけです（98ページ）。2つ以上の光源の場合、式9.12を複数回計算して、結果を合計します:

$$L_o(\mathbf{v}) = \pi \sum_{i=1}^{n} f(\mathbf{l}_{c_i}, \mathbf{v}) \mathbf{c}_{\text{light}_i} (\mathbf{n} \cdot \mathbf{l}_{c_i})^+ \tag{9.14}$$

$\mathbf{l}_{c_i}$ と $\mathbf{c}_{\text{light}_i}$ は、それぞれ i 番目のライトの方向と色です。式5.6（95ページ）との類似性に注意してください。

　式9.14の π 因数は、BRDFによく現れる $1/\pi$ 因数を打ち消します（例えば、式9.11）。この打ち消しによって除算操作がシェーダーから消え、シェーディングの式が読みやすくなります。しかし、学術論文のBRDFをリアルタイム シェーディングの式で使えるように適応させるときには、注意を払わなければなりません。一般に、そのBRDFは使う前に π を掛ける必要があります。

9.5　フレネル反射率

セクション9.1では、高いレベルから光と物質の相互作用を論じました。セクション9.3では、それらの相互作用を数学的に表現するための基本の仕組みである、BRDFと反射率の式を取

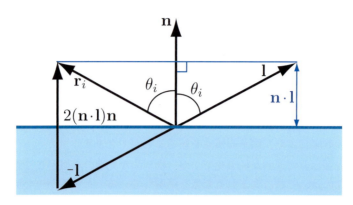

図9.19. 平面サーフェスでの反射。ライト ベクトル**l**が法線**n**の周りで反射されて**r**$_i$を生成する。最初に、**l**を**n**に投影し、法線をスケールしたバージョン、$(\mathbf{n}\cdot\mathbf{l})\mathbf{n}$を得る。次に**l**を符号反転し、投影したベクトルを2回加えて、反射ベクトルを得る。

り上げました。特定の現象を掘り下げ、シェーディング モデルで使えるように定量化を始める準備はできています。まずは最初にセクション9.1.3で論じた、平らなサーフェスからの反射です。

物体の表面は周りの媒質（一般に空気）と、その物体の物質の間の界面です。光と2つの物質の間の平らな界面の相互作用は、フレネル（Augustin-Jean Fresnel）（1788～1827）が開発した**フレネルの式**に従います。フレネルの式は、幾何光学の仮定に従う平らな界面を必要とします。言い換えると、サーフェスは光の1波長から100波長の間のサイズの不規則性がないと仮定されます。この範囲より小さな不規則性は光の影響を与えず、大きな不規則性は実質的にサーフェスを傾けますが、その局所的な平坦さには影響を与えません。

平らなサーフェスへ入射する光は、反射部分と屈折部分に分かれます。反射光の方向（ベクトル**r**$_i$で示される）は、入射方向**l**と同じ角度（θ_i）をサーフェス法線**n**との間で形成します。反射ベクトル**r**$_i$は**n**と**l**から計算できます（図9.19）。

$$\mathbf{r}_i = 2(\mathbf{n}\cdot\mathbf{l})\mathbf{n} - \mathbf{l} \tag{9.15}$$

反射される（入射光の一部として）光の量は**フレネル反射率**Fで記述でき、入射角θ_iに依存します。

セクション9.1.3で論じたように、反射と屈折は平面の両側の2つの物質の屈折率の影響を受けます。その議論からの表記を引き続き使います。値n_1は、入射光と反射光が伝搬する界面より「上」の物質の屈折率で、n_2は屈折光が伝搬する界面より「下」の物質の屈折率です。

フレネルの式はFのθ_i、n_1、n_2への依存性を記述します。やや複雑な式自体を示す代わりに、その重要な特徴を説明します。

9.5.1 外部反射

外部反射は$n_1 < n_2$の場合です。言い換えると、光がサーフェスの屈折率が低いほうの側で生じます。ほとんどの場合、こちら側には約1.003の屈折率を持つ空気が含まれます。単純にするため$n_1 = 1$と仮定します。逆の物体から空気への遷移は、**内部反射**と呼ばれ、後でセクション9.5.3で論じます。

フレネルの式は与えられた物質に対し、入射光の角度だけに依存する反射率関数$F(\theta_i)$を定義するものと解釈できます。原理上、$F(\theta_i)$の値は、可視スペクトル上で連続的に変化します。

9.5. フレネル反射率

レンダリングの目的では、その値をRGBベクトルとして扱います。関数$F(\theta_i)$は以下の特徴を持ちます:

- $\theta_i = 0°$のとき、サーフェスに垂直な光（$\mathbf{l} = \mathbf{n}$）で、$F(\theta_i)$は物質の特性である値を持つ。この値F_0は、物質特有のスペキュラー色と見なせる。$\theta_i = 0°$のとき、**法線入射**と呼ばれる。
- θ_iが大きくなって、サーフェスに当たる光がグレージング角に徐々に近づくほど、$F(\theta_i)$の値は大きくなる傾向があり、$\theta_i = 90°$で、すべての周波数の値が1（白）に到達する。

いくつかの物質について、複数の異なる方法で可視化した$F(\theta_i)$関数が、図9.20に示されています。その曲線は高度に非線形で、$\theta_i = 75°$付近まではほとんど変化せず、その後、急速に1に向かいます。白になる直前に少し低下する物質もありますが（例えば、図9.20のアルミニウム）、F_0から1への増加はたいてい単調です。

鏡面反射の場合、出る角度（視野角）は入射角と同じです。これは入射光に対して視射角にある（θ_iの値が90°に近い）面は、目対しても視射角であることを意味します。このため、反射率の増加は主に物体の端で見られます。また、サーフェスで反射率が最も強く上昇する部分

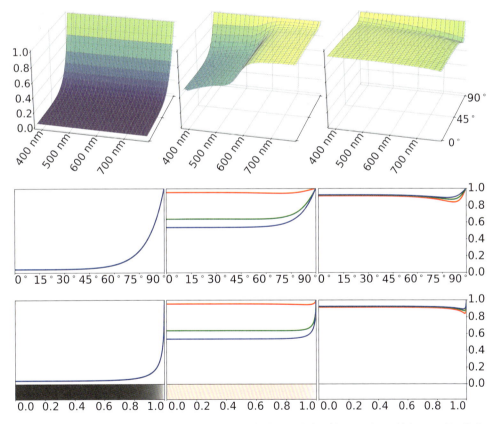

図9.20. ガラス、銅、アルミニウム（左から右）の3つの物質からの外部反射のフレネル反射率F。上段は波長と入射角の関数としてFを3次元プロットしている。2段目は入射角ごとのFのスペクトル値を、RGBに変換して色チャンネルごとに別々にプロットして示している。ガラスのフレネル反射率は無色なので、その曲線は一致する。3段目では、図9.21に示す遠近短縮を説明するため、R、G、Bの曲線を入射角の正弦に対してプロットしている。下段では同じx-軸を、RGB値を色として示すストリップに使っている。

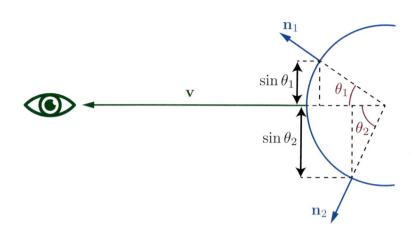

図9.21. 目から見て傾いているサーフェスは遠近短縮される。この短縮は$\mathbf{v}$と$\mathbf{n}$（鏡面反射では入射角と同じ）の間の角度の正弦に従って投影するサーフェス点と一致する。この理由で図9.20と9.22では、フレネル反射率を入射角の正弦に対してプロットしている。

は、カメラの視点からは遠近短縮されるので、比較的少数のピクセルしか占めません。フレネル曲線の異なる部分が見た目の重要性に比例して示されるように、図9.22のフレネル反射率のグラフとカラーバー、及び図9.20の下半分を、直接θ_iに対してプロットする代わりに、$\sin(\theta_i)$に対してプロットしています。図9.21が、この目的に$\sin(\theta_i)$が適切な軸の選択である理由を示しています。

　ここからは、ベクトルの関与を強調するため、$F(\theta_i)$に代わって$F(\mathbf{n},\mathbf{l})$をフレネル関数の表記に使います。θ_iがベクトル$\mathbf{n}$と$\mathbf{l}$の間の角度であることを思い出してください。フレネル関数をBRDFの一部として組み込むときは、しばしば別のベクトルでサーフェス法線$\mathbf{n}$を代替します。詳細はセクション9.8を参照してください。

　レンダリングの文献では、視射角での反射率の上昇は、しばしば**フレネル効果**と呼ばれます（他の分野では、その言葉はラジオ波の伝送に関連する別の意味を持ちます）。フレネル効果は簡単な実験により自分で確かめられます。スマートフォンを持ち、コンピューター モニターなどの、明るい領域の前に座ってください。スマートフォンをオンにせず、まず胸の近くに持って見下ろし、その画面にモニターが映るように少し傾けてください。比較的弱いモニターの反射が、スマートフォンの画面上に映るはずです。これはガラスの法線入射反射率がかなり低いからです。次にスマートフォンを、だいたい目とモニターの間になるように持ち上げ、やはり画面にモニターが映るように傾けてください。スマートフォンの画面上のモニターの反射が、今度はモニターそのものと同じぐらい明るくなるはずです。

　その複雑さ以外にも、フレネルの式にはレンダリングで直接使うことを難しくする特性があります。可視スペクトル全域でサンプルした屈折率の値が必要で、その値は複素数かもしれません。図9.20の曲線は、固有スペキュラー色F_0に基づく、もっと単純なアプローチを示唆します。シュリック[1686]がフレネル反射率の近似を与えています。

$$F(\mathbf{n},\mathbf{l}) \approx F_0 + (1-F_0)(1-(\mathbf{n}\cdot\mathbf{l})^+)^5 \quad (9.16)$$

この関数は、白とF_0のRGB補間です。その単純さにも関わらず、この近似はかなり正確です。

9.5. フレネル反射率

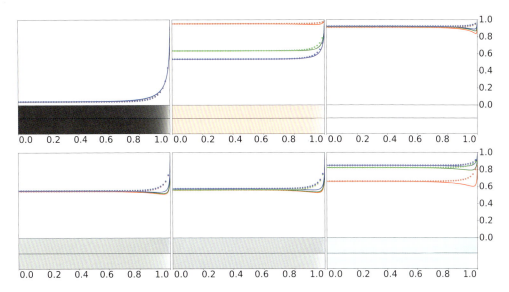

図9.22. 6つの物質の外部反射に対する、シュリックのフレネル反射率の近似と、正しい値の比較。上の3つの物質図9.20と同じで、ガラス、銅、アルミニウム（左から右）。下の3つの物質は、クロム、鉄、亜鉛。物質ごとに完全なフレネルの式を示す実線と、シュリックの近似を示す点線のRGB曲線プロットが示されている。曲線プロットの下の上のカラー バーは完全なフレネルの式の結果を示し、下のカラー バーはシュリックの近似の結果を示す。

図9.22には、シュリック曲線からそれて、白に向かう直前に顕著な「低下」を示すいくつかの物質が含まれます。実は、下段の物質を選んだのは、シュリック近似から大きく逸脱するからです。それらの物質でも、図の各プロットの下のカラー バーが示すように、生じる誤差は微小です。そのような材質の挙動を正確に捉えることが重要な、稀なケースでは、Gulbrandsen [675] が与える別の近似を使えます。この近似は金属で完全なフレネルの式に近い適合を実現できますが、シュリックの近似よりも計算が高価です。より単純な選択肢は、シュリックの近似を修正して、最後の項の指数を5以外の値にできるようにすることです（式9.18のように）。こうすると90°での白への遷移の「シャープさ」が変わり、より近い適合にできます。Lagarde [1034] がフレネルの式と、そのいくつかの近似を要約しています。

シュリック近似を使うときには、F_0 は単にフレネル反射率を制御するパラメーターです。F_0 は明確に定義された $[0, 1]$ の有効な値の範囲を持ち、標準のカラーピッカーで簡単に設定でき、色用に設計されたテクスチャ フォーマットを使って簡単にテクスチャーにできるので便利です。それに加えて、F_0 の基準値は多くの現実世界のマテリアルで入手可能です。屈折率を使って F_0 を計算することもできます。一般には空気の屈折率の近い近似である $n_1 = 1$ を仮定し、n_2 の代わりに n を使って物体の屈折率を表します。この単純化により次の式が与えられます。

$$F_0 = \left(\frac{n-1}{n+1}\right)^2 \quad (9.17)$$

この式は、複素数値の屈折率（金属など）でも、（複素数の）結果の大きさを使えば動作します。屈折率が可視スペクトル上で大きく変化する場合、正確な F_0 のRGB値の計算には、最初に波長の高密度のサンプリングで F_0 を計算してから、結果のスペクトル ベクトルをセクション8.1.3で述べた手法を使ってRGB値に変換する必要があります。

より一般の形のシュリック近似を使うアプリケーションもあります [795, 1020]。

$$F(\mathbf{n}, \mathbf{l}) \approx F_0 + (F_{90} - F_0)(1 - (\mathbf{n} \cdot \mathbf{l})^+)^{\frac{1}{p}} \tag{9.18}$$

これはフレネル曲線が90°で遷移する色に加えて、遷移の「シャープさ」の制御も提供します。このより一般的な形式の使用は、美的な制御を増すことが一般的な動機ですが、物理的なリアリティへの適合に役立つ場合もあります。前に論じたように、指数を修正して特定のマテリアルに近づけることができます。また、F_{90}を白以外の色に設定することで、個別の光の波長のサイズの粒度を持つ細かい埃に覆われたサーフェスのように、フレネルの式で記述されないマテリアルへの適合に役立ちます。

9.5.2　一般的なフレネル反射率の値

その光学特性に関して、物質は3つの主なグループに分かれます。絶縁体である**誘電体**、導体である金属、誘電体と金属の中間の特性を持つ半導体があります。

誘電体のフレネル反射率の値

日常生活で出会うほとんどのマテリアルが誘電体で、ガラス、肌、木、髪の毛、皮、プラスチック、石、コンクリートなどがあります。水も誘電体です。日常生活で水は電気を通すことが知られているので驚くかもしれませんが、この伝導性は様々な不純物によるものです。誘電体のF_0の値はかなり低く、普通は0.06以下です。この法線入射の低い反射率により、フレネル効果は特に誘電体で見られます。誘電体の光学特性が可視スペクトル上で大きく変わることはほとんどなく、無色の反射の値を生じます。いくつかの一般的な誘電体のF_0の値が、表9.1に示されています。その値がRGBではなくスカラーなのは、それらのマテリアルではRGBのチャンネルが大きく違わないからです。便宜のため、表9.1には線形値と合わせて、sRGB伝達関数でエンコードした8ビット値（テクスチャー ペイント アプリケーションで一般に使われる形式）が含まれています。

他の誘電体のF_0の値は表中の似た物質を見て推測できます。未知の誘電体には、他の一般的なマテリアルからあまり離れない、0.04が妥当なデフォルト値です。

誘電体中に伝わった光は、さらに散乱した吸収されます。この過程のモデルはセクション9.9で詳しく論じます。マテリアルが透明なら、光は引き続き物体の表面に「内側から」当たるまで進みますが、それはセクション9.5.3で詳しく説明します。

金属のフレネル反射率の値

金属は高い値のF_0を持ち、ほぼ常に0.5以上です。可視スペクトル上で変化する光学特性を持ち、有色の反射値を生じる金属もあります。いくつかの金属のF_0値が表9.2に示されています。

表9.1と同様に、表9.2には線形値とテクスチャリング用の8ビットsRGBエンコードされた値があります。しかし、多くの金属が有色のフレネル反射率を持つので、ここではRGB値を与えます。それらのRGB値はsRGB（とRec. 709）の原色と白点を使って定義されています。金は、やや異常なF_0の値を持ちます。最も色が強く、1より少し上の赤チャンネル値と（sRGB/Rec. 709色域のわずかに外側）、特に低い青チャンネル値（表9.2中で0.5を大きく下回る唯一の値）を持ちます。明るさで昇順にソートされた表中の位置でわかるように、最も明るい金属の1つでもあります。金の明るく強い色の反射が、おそらく歴史を通じたその文化的と経済的な重要性に寄与しています。

9.5. フレネル反射率

誘電体	Linear	テクスチャー	色	注
水	0.02	39		
生体組織	0.02–0.04	39–56		湿った組織は下限、乾いた組織は上限に近づく
肌	0.028	47		
目	0.025	44		乾いた角膜（涙は水と似た値）
髪の毛	0.046	61		
歯	0.058	68		
布地	0.04–0.056	56–67		ポリエステルが最も高く、他の大半は 0.05 未満
石	0.035–0.056	53–67		石で最もよく見られる鉱物の値
プラスチック, ガラス	0.04–0.05	56–63		クリスタル ガラスを除く
クリスタル ガラス	0.05–0.07	63–75		
宝石	0.05–0.08	63–80		ダイアモンドと模造ダイアモンドを除く
ダイアモンド類	0.13–0.2	101–124		ダイアモンドと模造ダイアモンド（キュービック ジルコニア、モアッサナイトなど）

表 **9.1.** 様々な誘電体からの外部反射の F_0 の値。各値は線形数、テクスチャー値（非線形エンコードされた8ビット符号なし整数）、色見本として与えられている。値の範囲が与えられている場合、色見本はその範囲の中央。それらがスペキュラー色であることを思い出すこと。例えば、宝石はたいてい鮮明な色を持つが、それは物質内部の吸収の結果で、フレネル反射率とは無関係。

金属は伝わった光を即座に吸収するので、表面下散乱や透明を示さないことを思い出してください。金属の見かけの色は、すべて F_0 から発します。

半導体のフレネル反射率の値

表9.3に示すように、期待通り、半導体 は、最も明るい誘電体と最も暗い金属の間の F_0 値を持ちます。結晶シリコンのブロックが散乱するレンダー シーンはあまりないので、そのような物質を実際にレンダーする必要はまれです。実用的な理由で、あえてエキゾチックや非現実的なマテリアルをモデル化しようとするのでない限り、0.2と0.45の間の範囲の F_0 値は避けるべきです。

水のフレネル反射率の値

外部反射率の議論では、レンダーするサーフェスの周りは空気だと仮定してきました。そうでない場合、反射率は界面の両側の屈折率の間の比に依存するので変化します。$n_1 = 1$ を仮定できない場合は、式9.17の n を、相対屈折率 n_1/n_2 で置き換える必要があります。これは、次

金属	線形	テクスチャー	色
チタニウム	0.542,0.497,0.449	194,187,179	
クロム	0.549,0.556,0.554	196,197,196	
鉄	0.562,0.565,0.578	198,198,200	
ニッケル	0.660,0.609,0.526	212,205,192	
プラチナ	0.673,0.637,0.585	214,209,201	
銅	0.955,0.638,0.538	250,209,194	
パラジウム	0.733,0.697,0.652	222,217,211	
水銀	0.781,0.780,0.778	229,228,228	
真ちゅう（C260）	0.910,0.778,0.423	245,228,174	
亜鉛	0.664,0.824,0.850	213,234,237	
金	1.000,0.782,0.344	255,229,158	
アルミニウム	0.913,0.922,0.924	245,246,246	
銀	0.972,0.960,0.915	252,250,245	

表9.2. 明るさで昇順にソートされた、様々な金属（と1つの合金）からの外部反射の F_0 の値。金の実際の赤の値は、sRGBの色域の少し外側にある。示す値はクランプ後のもの。

物質	線形	テクスチャー	色
ダイアモンド	0.171,0.172,0.176	115,115,116	
シリコン	0.345,0.369,0.426	159,164,174	
チタニウム	0.542,0.497,0.449	194,187,179	

表9.3. 代表的な半導体の F_0 の値（シリコンは結晶体）と、明るい誘電体（ダイアモンド）と暗い金属（チタニウム）の比較。

のより一般的な式を生成します:

$$F_0 = \left(\frac{n_1 - n_2}{n_1 + n_2} \right)^2 \tag{9.19}$$

　最もよく出会う $n_1 \neq 1$ のケースは、おそらく水中シーンのレンダリングです。水の屈折率は空気の約1.33倍なので、水中の F_0 の値は異なります。この効果は、表9.4に見られるように、金属より誘電体のほうが強くなります。

フレネル値のパラメーター化

よく使われるパラメーター化は、スペキュラー色 F_0 とディフューズ色 ρ_{ss} を結合します（ディフューズ色はセクション9.9で詳しく論じます）。このパラメーター化は金属がディフューズ色を持たず、誘電体の F_0 に可能な値のセットが限られるという所見を利用し、RGBサーフェス色 $\mathbf{c}_{surf}$ と「メタリック」や「金属度（metalness）」と呼ばれるスカラー パラメーター m が含まれます。$m = 1$ なら、F_0 を $\mathbf{c}_{surf}$、ρ_{ss} を黒に設定します。$m = 0$ なら、F_0 を誘電体の値（定数または追加のパラメーターで制御）に設定し、ρ_{ss} を $\mathbf{c}_{surf}$ に設定します。

　「金属度」パラメーターは最初にブラウン大学で使われた初期のシェーディング モデルの一部として現れ[1839]、現在の形のパラメーター化は、Pixarが最初に映画 *Wall-E* [1792]で使用しました。*Wreck-It Ralph* 以降のDisneyアニメーション映画で使われる、*Disney*原理のシェーディング モデルで、Burleyが誘電体の F_0 を限られた範囲内で制御するスカラー

物質	線形	テクスチャー	色
肌（空気中）	0.028	47	
肌（水中）	0.0007	2	
ショット K7 ガラス（空気中）	0.042	58	
ショット K7 ガラス（水中）	0.004	13	
ダイアモンド（空気中）	0.172	115	
ダイアモンド（水中）	0.084	82	
鉄（空気中）	0.562,0.565,0.578	198,198,200	
鉄（水中）	0.470,0.475,0.492	182,183,186	
金（空気中）	1.000,0.782,0.344	255,229,158	
金（水中）	1.000,0.747,0.261	255,224,140	
銀（空気中）	0.972,0.960,0.915	252,250,245	
銀（水中）	0.964,0.950,0.899	251,249,243	

表 **9.4.** 様々な物質の空気中と水中の F_0 の値の比較。式9.19を調べることから期待されるように、屈折率が水と近い誘電体が最も影響を受ける。対照的に、金属はほとんど影響を受けない。

の「スペキュラー」パラメーターを追加しました[233]。この形のパラメーター化はUnreal Engine [930]で使われ、Frostbiteエンジンは、誘電体の可能な F_0 値の範囲が広い、少し異なる形式を使っています[1035]。ゲーム *Call of Duty: Infinite Warfare* は、メモリーを節約するため、金属度とスペキュラー パラメーターを1つの値にパックする変種を使っています[414]。

F_0 と ρ_{ss} を直接使う代わりに、この金属度パラメーター化を使うレンダリング アプリケーションの動機には、ユーザーの便宜とテクスチャーやG-バッファー ストレージの節約が含まれます。ゲーム *Call of Duty: Infinite Warfare* では、このパラメーター化を変わったやり方で使っています。1つの圧縮法として、アーティストがペイントする F_0 と ρ_{ss} のテクスチャーを、金属度パラメーターに自動的に変換します。

金属度を使うことには、いくつかの欠点があります。有色の F_0 値を持つコーティングした誘電体など、表現できない種類のマテリアルがあります。金属と誘電体の境界で、アーティファクトが発生することがあります[1035, 1253]。

いくつかのリアルタイム アプリケーションが使う別のパラメーター化のトリックは、F_0 の値が、特殊な反射防止コーティングの外側の0.02より低いマテリアルがないことを利用します。そのトリックは、空洞や隙間を表すサーフェス領域で、スペキュラー ハイライトを抑制するために使われます。分離したスペキュラー遮蔽テクスチャーを使う代わりに、フレネル エッジ光沢を「消す」のに0.02未満の F_0 の値を利用します。このテクニックは最初にSchüler [1704]が提案し、Unreal [930]とFrostbite [1035]エンジンが使っています。

9.5.3 内部反射

外部反射のほうがレンダリングでよく出会いますが、内部反射も同じぐらい重要なときがあります。内部反射は、$n_1 > n_2$ のときに発生します。言い換えると、光が透明な物体の内部を通過して、物体の表面に「内側から」出会うときに、内部反射が発生します（図9.23）。

スネルの法則により、内部反射では、$\sin\theta_t > \sin\theta_i$ です。これらの値はどちらも0°と90°の間にあるので、図9.23に見られるように、この関係は $\theta_t > \theta_i$ であることも意味します。外部反射では逆が成り立ちます。この振る舞いを264ページの図9.9と見比べてください。この違

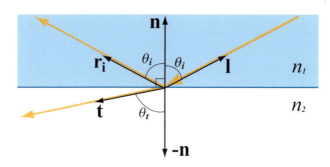

図9.23. $n_1 > n_2$ の平面サーフェスでの内部反射。

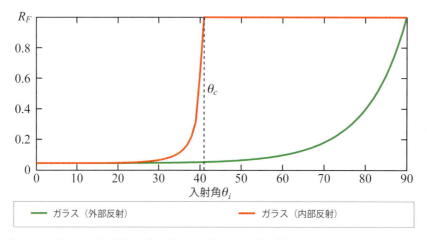

図9.24. ガラス-空気界面の内部と外部の反射率曲線の比較。内部反射率曲線は臨界角 θ_c で1.0になる。

いが、内部反射と外部反射の違いを理解する鍵です。外部反射では、0と1の間の $\sin\theta_i$ のすべての可能な値に対して、有効な（より小さい） $\sin\theta_t$ の値が存在します。内部反射では同じことが成り立ちません。**臨界角** θ_c より大きな θ_i の値に対し、スネルの法則は $\sin\theta_t > 1$ になることを意味し、それはあり得ません。現実には、そのような θ_t は発生しません。$\theta_i > \theta_c$ のときには、伝送が起こらず、すべての入射光が反射されます。この現象は**内部全反射**と呼ばれます。

入射と伝送のベクトルを入れ替えても、反射率が変わらないという意味で、フレネルの式は対称です。スネルの法則と組み合わせると、この対称性は内部反射の $F(\theta_i)$ 曲線が、外部反射の曲線を「圧縮」したものに似ていることを意味します。どちらの場合も F_0 の値は同じで、内部反射の曲線は90°の代わりに θ_c で完全反射に到達します。これが図9.24に示され、内部反射の場合の反射率のほうが、平均では高いことも示されています。例えば、水中に見える空気の泡が高い反射性を持ち、銀色の外見を持つのはこのためです。

金属と半導体は、内部を伝搬するすべての光をすぐに吸収するので、内部反射は誘電体でしか発生しません[310, 311]。誘電体の屈折率は実数値なので、屈折率や F_0 からの臨界角の計算は単純明快です。

$$\sin\theta_c = \frac{n_2}{n_1} = \frac{1-\sqrt{F_0}}{1+\sqrt{F_0}} \quad (9.20)$$

式9.16で示したシュリック近似は、外部反射では正確です。θ_i を伝送角度 θ_t で置き換えることにより、内部反射にも使えます。伝送方向ベクトル **t** が計算済みなら（例えば、屈折のレ

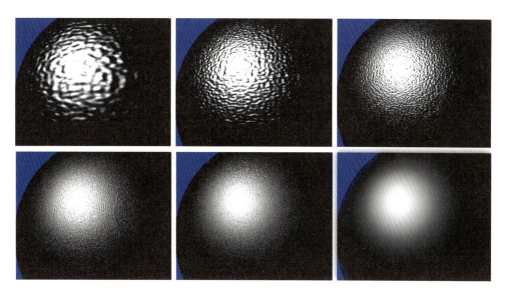

図9.25. 目に見える細部からマイクロスケールへの穏やかな遷移。イメージの順番は左上から右、そして左下から右。サーフェスの形とライティングは一定。サーフェスの細部のスケールだけが変化する。

ンダリング（セクション14.5.2））、それを使ってθ_tを求められます。そうでなければ、スネルの法則を使ってθ_tをθ_iから計算することもできますが、それは高価で、それに必要な屈折率が手に入らないかもしれません。

9.6　マイクロジオメトリー

前にセクション9.1.3で論じたように、ピクセルよりずっと小さいサーフェスの不規則性は明示的にうまくモデル化できないので、代わりにBRDFがその集約効果を統計的にモデル化します。今のところは、不規則性が光の波長より小さい（したがって光の振る舞いに影響を持たない）か、ずっと大きいと仮定する、幾何光学の領域から離れないことにします。「波動光学の領域」（サイズが1〜100波長程度）の不規則性の効果は、セクション9.11で論じます。

見えるサーフェス点には、それぞれ反射光を様々な方向に跳ね返す、多くの微細な面法線が含まれます。個々のマイクロファセット（微細面）の向きはややランダムなので、統計分布としてモデル化することは理にかないます。ほとんどのサーフェスでは、マイクロジオメトリーのサーフェス法線の分布は連続的で、巨視的なサーフェス法線に強いピークがあります。この分布の「タイトさ」は、サーフェスの粗さで決まります。サーフェスが粗いほど、マイクロジオメトリーの法線は大きく「広がり」ます。

マイクロスケールの粗さを増やすことの目に見える効果は、反射される環境の細部がぼやけることです。小さな明るい光源の場合、このぼやけによってスペキュラーハイライトが広く、暗くなります。粗いサーフェスからのハイライトのほうが暗いのは、光のエネルギーが円錐方向に広がるからです。この現象は266ページの図9.12の写真で見ることができます。

図9.25は、個々の微小なサーフェス細部の集約反射から、見かけの反射率が生じる様子を示しています。一連のイメージは、凸凹が1ピクセルよりずっと小さい最後のイメージまで徐々に凸凹のスケールを下げた、1つの光源で照らされる曲面を示しています。多くの小さなハイライトの統計パターンが、最終的に集約結果のハイライトの形の細部になります。例えば、周

図9.26. 左は、異方性サーフェス（ヘアライン加工）。反射のぼやけ方に方向性がある。右は、同様のサーフェスの顕微鏡写真。細部の方向性に注意。（顕微鏡写真提供：*Program of Computer Graphics, Cornell University*。）

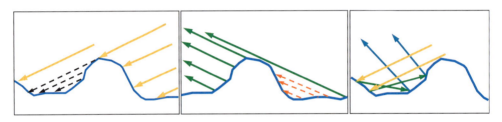

図9.27. 微小構造の幾何学的効果。左では、黒い破線の矢印が他のマイクロジオメトリーの影になる（ライトから遮断される）領域を示している。中では、赤い破線の矢印が他のマイクロジオメトリーにマスクされる（ビューから遮断される）領域を示している。右では、微小構造間の光の相互反射が示されている。

辺部では個々の凸凹のハイライトが相対的にまばらなので、集約ハイライトは中心から離れるほど暗くなります。

　ほとんどのサーフェスでは、微小サーフェス法線の分布は**等方性**で、それは回転対称で、方向性を持たないことを意味します。**異方性**の微小構造を持つサーフェスもあります。そのようなサーフェスは異方性のサーフェス法線分布を持ち、反射とハイライトに方向性のあるぼやけが生じます（図9.26）。

　高度に構造化されたマイクロジオメトリーを持ち、様々な微小法線分布とサーフェスの外見を生じるサーフェスもあります。よく出会う例が布地で、ビロードとサテンの特有の外見は、そのマイクロジオメトリーの構造によるものです[86]。布地のモデルはセクション9.10で論じます。

　複数のサーフェス法線がマイクロジオメトリーの反射率への主な効果ですが、他の効果も重要なことがあります。**シャドウイング**は、図9.27の左側に示されるような、微小サーフェスの細部による光源の遮蔽です。一部の微小面が他の面をカメラから隠す**マスキング**が、図の中央に示されています。

　マイクロジオメトリーの高さとサーフェス法線の間に相関があれば、シャドウイングとマスキングが実質的に法線分布を変えることがあります。例えば、風化などの作用で盛り上がった部分が滑らかになり、低い部分が粗いままのサーフェスを想像してください。視射角では、サーフェスの低い部分が影になったりマスクされる傾向があり、実質的に滑らかなサーフェスが生じます（図9.28）。

9.6. マイクロジオメトリー

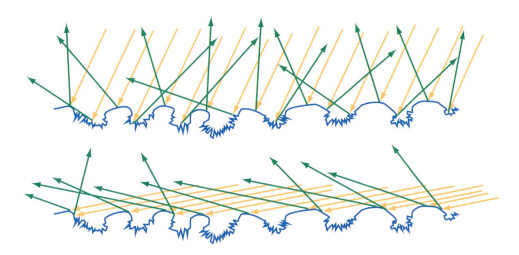

図9.28. 示されるマイクロジオメトリーは高さとサーフェス法線の間に強い相関があり、盛り上がった部分は滑らかで低い領域は粗い。上のイメージでは、サーフェスが巨視的なサーフェス法線に近い角度から照らされている。この角度では、粗いくぼみに入射光線の多くがアクセスできるので、多くのレイが様々な方向に散乱する。下のイメージでは、サーフェスが視射角から照明されている。シャドウイングによりくぼみの大半がブロックされるので、そこに当たる光線が少なく、ほとんどのレイはサーフェスの滑らかな部分から反射される。この場合、見かけの粗さは照明の角度に強く依存する。

どんなサーフェスでも、法線への入射角 θ_i が増えるほど、目に見えるサーフェスの凹凸のサイズは減ります。極端な視射角では、この効果によって見える凹凸のサイズが光の波長より小さくなり、それらが光の応答に関しては「消える」可能性があります。その2つの効果がフレネル効果と合わさって、見る角度とライティングの角度が90°に近づくと、サーフェスは高い反射性を示して鏡のように見えます [87, 2015, 2016]。

これを自分で確かめてみましょう。光沢のない紙を丸めて長い筒にします。穴を通して見るのではなく、その長さを見下ろすように目を少し上げます。その筒を明るく照らされた窓やコンピューター モニターに向けます。視野角を紙とほとんど平行にすると、紙の上に窓や画面のシャープな反射が見えます。この効果を見るためには、90°にかなり近い角度でなければなりません。

微小なサーフェスの細部で遮断される光は、消えるわけではありません。それは反射され、場合によっては他のマイクロジオメトリーに当たります。そうして光は目に達する前に複数回跳ね返るかもしれません。そのような相互反射が図9.27の右側に示されています。光は跳ね返るごとにフレネル反射率で減衰するので、相互反射は誘電体では繊細になる傾向があります。金属には表面下散乱がないので、複数跳ね返る反射が目に見えるディフューズ反射の源です。有色金属から複数回跳ね返る反射は、サーフェスと複数回相互作用した結果なので、主反射よりも深い色になります。

ここまでは、スペキュラー反射、すなわちサーフェス反射へのマイクロジオメトリーの効果を論じてきました。場合によっては、微小なサーフェスの細部が表面下の反射にも影響を与えることがあります。マイクロジオメトリーの不規則性が表面下散乱距離より大きい場合、シャドウイングとマスキングにより、光が優先的に入射方向に反射して戻る**再帰反射**効果が生じることがあります。この効果が起きるのは、視線とライティングの方向が大きく異なるときに、シャドウイングとマスキングが照らされる領域を隠すからです（図9.29）。再帰反射は、粗いサーフェスに平坦な外見を与える傾向があります（図9.30）。

図9.29. 微小な粗さによる再帰反射。どちらの図もフレネル反射率が低く、散乱アルベドが高いため、表面下反射が見た目に重要な粗いサーフェスを示している。左では、視線とライティングの方向が近い。マイクロジオメトリーの明るく照らされる部分は、最もよく見える部分でもあり、明るい外見になる。右では、視線とライティングの方向が大きく異なる。この場合、明るく照らされる領域は視線から隠され、見える領域は影になり、暗い外見になる。

図9.30. 微小なサーフェスの粗さにより、非ランバートの再帰反射の振る舞いを示す2つの物体の写真。（右の写真は *Peter-Pike Sloan* 提供。）

9.7 マイクロファセット理論

多くのBRDFモデルは、**マイクロファセット理論**と呼ばれるマイクロジオメトリーの反射への影響の数学的解析に基づきます。このツールは、光学コミュニティ [134] の研究者たちが最初に開発しました。それを1977年にBlinnがコンピューター グラフィックスに導入し [177]、1981年にCookとTorranceが再び導入しました [310]。その理論の基礎となるのが、**マイクロファセットのコレクションとしてのマイクロジオメトリーのモデル化**です。

それらの小さな面はどれも平らで、1つのマイクロファセット法線 $\mathbf{m}$ を持ちます。マイクロファセットがマイクロBRDF $f_\mu(\mathbf{l}, \mathbf{v}, \mathbf{m})$ に従って個々に光を反射し、すべてのマイクロファセットを結合した反射率が、合わせてサーフェス全体のBRDFになります。通常の選択は、各マイクロファセットを完全なフレネル ミラーにすることで、その結果はサーフェス反射をモデル化するスペキュラー マイクロファセットBRDFになります。しかし、他の選択も可能です。ディフューズ マイクロBRDFが、いくつかのローカル表面下散乱モデルの作成に使われまています [624, 713, 769, 1296, 1444]。回折マイクロBRDFが、幾何光学と波動光学の効果を結合するシェーディング モデルの作成に使われました [826]。

マイクロファセット モデルの重要な特性の1つが、マイクロファセット法線 $\mathbf{m}$ の統計分布です。この分布はサーフェスの**法線分布関数（NDF）**により定義されます。ガウス法線分布との混同を避けるため、**法線の分布**という言葉を使う参考文献もあります。ここでは式中で

9.7. マイクロファセット理論

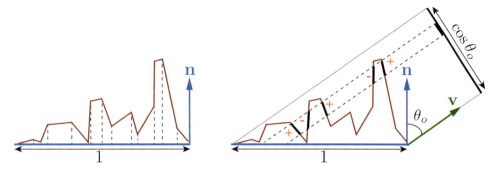

図 9.31. マイクロサーフェスの側面図。左では、マイクロファセット領域のマクロサーフェス平面への投影、$D(\mathbf{m})(\mathbf{n}\cdot\mathbf{m})$ の積分が、規約により1であるマクロサーフェスの面積（側面図では長さ）を与える。右では、$\mathbf{v}$ に垂直な平面に投影したマイクロファセット領域 $D(\mathbf{m})(\mathbf{v}\cdot\mathbf{m})$ の積分が、その平面へのマクロサーフェスの投影 $\cos\theta_o$ $((\mathbf{v}\cdot\mathbf{n}))$ になる。複数のマイクロファセットの投影が重なるときには、負の後ろ向きのマイクロファセットの投影領域が「余分な」前向きのマイクロファセットを打ち消す。（*Matej Drame* の図より。）

NDF を示すのに $D(\mathbf{m})$ を使います。

NDF $D(\mathbf{m})$ はマイクロファセット サーフェス法線の、マイクロジオメトリー サーフェス領域全体での統計分布です [768]。$D(\mathbf{m})$ をマイクロファセット法線の球全体で積分すると、マイクロサーフェスの面積が与えられます。$D(\mathbf{m})$ のマクロサーフェス平面への投影である $D(\mathbf{m})(\mathbf{n}\cdot\mathbf{m})$ の積分のほうが有用で、図9.31の左側に示すような、規約により1に等しいマクロサーフェス パッチの領域を与えます。言い換えると、投影 $D(\mathbf{m})(\mathbf{n}\cdot\mathbf{m})$ は正規化されます。

$$\int_{\mathbf{m}\in\Theta} D(\mathbf{m})(\mathbf{n}\cdot\mathbf{m})d\mathbf{m} = 1 \tag{9.21}$$

ここで Θ で表される球全体での積分は、Ω で表され、$\mathbf{n}$ を中心とする半球上だけで積分した本章の以前の球面積分と異なります。Ω を完全な球を示すのに使う文献もありますが [768]、ほとんどのグラフィックスの文献では、この表記が使われます。実際には、グラフィックスで使われるほとんどの微細構造モデルは高さフィールドで、それは Ω の外側ではすべての方向 $\mathbf{m}$ に対して $D(\mathbf{m}) = 0$ であることを意味します。しかし、式9.21は非高さフィールド微細構造でも有効です。

より一般的には、マイクロサーフェスとマクロサーフェスのビュー方向 $\mathbf{v}$ に垂直な平面への投影は、次になります。

$$\int_{\mathbf{m}\in\Theta} D(\mathbf{m})(\mathbf{v}\cdot\mathbf{m})d\mathbf{m} = \mathbf{v}\cdot\mathbf{n} \tag{9.22}$$

式9.21と9.22の内積は、0にクランプされません。図9.31の右側が理由を示しています。式9.21と9.22は、関数 $D(\mathbf{m})$ が有効な NDF に従わなければならないという制約を課します。

直感的に、NDF はマイクロファセット法線のヒストグラムのようなものです。マイクロファセットの法線が指している可能性が高い方向で、高い値を持ちます。ほとんどのサーフェスのNDFは、巨視的なサーフェス法線 $\mathbf{n}$ で強いピークを示します。セクション9.8.1で、レンダリングで使われるいくつかの NDF モデルを取り上げます。

図9.31の右側をもう一度見てください。投影が重なり合う多くのマイクロファセットがありますが、結局のところレンダリングで気にかけるのは、見えるマイクロファセット、つまり、重なり合うセットの中でカメラに最も近いマイクロファセットだけです。これが示唆するのが、投影されるマイクロファセット領域を、投影されるマクロジオメトリー領域に関連付け

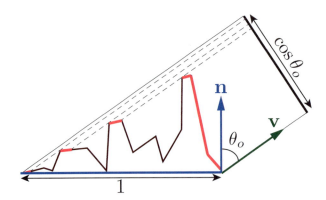

図9.32. 見えるマイクロファセット（明るい赤）を投影される領域を積分すると、$\mathbf{v}$に垂直な平面に投影されるマクロサーフェスの面積になる。

る別の方法、つまり、見えるマイクロファセットの投影面積の合計が、マクロサーフェスの投影面積に等しいことです。これは法線が$\mathbf{m}$を持ち、ビュー ベクトル$\mathbf{v}$で見えるマイクロファセットの比を与える**マスキング関数**$G_1(\mathbf{m}, \mathbf{v})$を定義することにより、数学的に表現できます。そのとき$G_1(\mathbf{m}, \mathbf{v})D(\mathbf{m})(\mathbf{v} \cdot \mathbf{m})^+$の球上の積分は、図9.32に示されるように、$\mathbf{v}$に垂直な平面へのマクロサーフェスの面積を与えます。

$$\int_{\in \Theta} G_1(\mathbf{m}, \mathbf{v})D(\mathbf{m})(\mathbf{v} \cdot \mathbf{m})^+ d\mathbf{m} = \mathbf{v} \cdot \mathbf{n} \tag{9.23}$$

式9.22と違い、式9.23の内積はゼロにクランプされます。この操作はセクション1.2で導入したx^+表記で示されます。後ろ向きのマイクロファセットは見えないので、この場合は数に入れません。積$G_1(\mathbf{m}, \mathbf{v})D(\mathbf{m})$は**見える法線の分布**です[768]。

式9.23は$G_1(\mathbf{m}, \mathbf{v})$に制約を課しますが、それは一意に決まりません。与えられたマイクロファセット法線分布$D(\mathbf{m})$への制約を満たす関数は無限にあります[768]。これは$D(\mathbf{m})$がマイクロサーフェスを完全に指定していないためです。特定の方向を指す法線を持つマイクロファセットの数は教えてくれますが、配置は教えてくれません。

長年にわたり様々なG_1関数が提案されてきましたが、どれを使うべきかというジレンマはHeitzの優れた論文[768]により解決されています（少なくとも今のところ）。Heitzは、最初にガウス法線分布用に導かれ[1788]、後に任意のNDFに一般化された[221]Smithマスキング関数を論じています。Heitzは文献で提案されたマスキング関数の中で、2つだけ（Smith関数とTorrance-Sparrow「V-cavity」関数[1912]）が式9.23に従い、したがって数学的に妥当であることを示しています。さらにTorrance-Sparrow関数よりもSmith関数のほうが、ランダム マイクロサーフェスの振る舞いに、ずっとよく一致することを示しています。Heitzは、Smithマスキング関数が式9.23に従い、かつ**法線-マスキング独立性**という便利な特性を持つ、唯一の関数であることも証明しています。これは$\mathbf{m}$が後ろ向きでない、つまり$\mathbf{m} \cdot \mathbf{v} \geq 0$である限り、$G_1(\mathbf{m}, \mathbf{v})$の値が$\mathbf{m}$の方向に依存しないことを意味します。Smith G_1関数は次の形です。

$$G_1(\mathbf{m}, \mathbf{v}) = \frac{\chi^+(\mathbf{m} \cdot \mathbf{v})}{1 + \Lambda(\mathbf{v})} \tag{9.24}$$

$\chi^+(x)$は、次の正の特性関数です。

$$\chi^+(x) = \begin{cases} 1, & \text{where } x > 0, \\ 0, & \text{where } x \leq 0 \end{cases} \tag{9.25}$$

9.7. マイクロファセット理論

Λ（ラムダ）関数は NDF ごとに異なります。与えられた NDF に対する Λ を導く手続きは、Walter ら [1973] と Heitz [768] の本で述べられてます。

Smith マスキング関数には、いくつかの欠点があります。理論的な観点で言うと、その要件は実際のサーフェスの構造と一致せず [768]、物理的に実現不可能なことさえあります [713]。実用的な観点では、それはランダムなサーフェスにはかなり正確ですが、図 9.28 に示すサーフェスのように、サーフェスで法線方向とマスキングの間の依存性が強まると、特に（ほとんどの布地がそうであるように）サーフェスが何らかの反復構造を持つ場合には、その正確さが下がります。それでも、よりよい代替案が見つかるまでは、たいていのレンダリング アプリケーションで最善の選択肢です。

マイクロ BRDF $f_\mu(\mathbf{l}, \mathbf{v}, \mathbf{m})$、法線分布関数 $D(\mathbf{m})$、マスキング関数 $G_1(\mathbf{m}, \mathbf{v})$ を含むマイクロジオメトリーの記述が与えられたら、全体のマクロサーフェス BRDF を導けます [768, 1973]。

$$f(\mathbf{l}, \mathbf{v}) = \int_{\mathbf{m} \in \Omega} f_\mu(\mathbf{l}, \mathbf{v}, \mathbf{m}) G_2(\mathbf{l}, \mathbf{v}, \mathbf{m}) D(\mathbf{m}) \frac{(\mathbf{m} \cdot \mathbf{l})^+}{|\mathbf{n} \cdot \mathbf{l}|} \frac{(\mathbf{m} \cdot \mathbf{v})^+}{|\mathbf{n} \cdot \mathbf{v}|} d\mathbf{m} \tag{9.26}$$

この積分はサーフェスの下からの光の寄与を収集しないように、$\mathbf{n}$ を中心とする半球 Ω 上で行います。マスキング関数 $G_1(\mathbf{m}, \mathbf{v})$ の代わりに、式 9.26 は結合マスキング-シャドウイング関数 $G_2(\mathbf{l}, \mathbf{v}, \mathbf{m})$ を使います。この G_1 から派生した関数は、ビュー ベクトル $\mathbf{v}$ とライト ベクトル $\mathbf{l}$ の 2 つの方向から見える、法線 $\mathbf{m}$ を持つマイクロファセットの比を与えます。G_2 関数を含めることにより、式 9.26 は BRDF はマスキングと同時にシャドウイングを計上できますが、マイクロファセット間の相互反射は計上できません（286 ページの図 9.27）。マイクロファセットの相互反射の欠如は、式 9.26 から派生したすべての BRDF が共有する制限です。そのような BRDF は、結果として少し暗くなります。セクション 9.8.2 と 9.9 で、この制限に対処するために提案されたいくつかの手法を論じます。

Heitz [768] は、複数のバージョンの G_2 関数を論じています。最も単純なものは分離可能な形式で、マスキングとシャドウイングを G_1 を使って別々に評価し、掛け合わせます。

$$G_2(\mathbf{l}, \mathbf{v}, \mathbf{m}) = G_1(\mathbf{v}, \mathbf{m}) G_1(\mathbf{l}, \mathbf{m}) \tag{9.27}$$

この形はマスキングとシャドウイングが非相関イベントと仮定することに相当します。実際には非相関ではなく、この形の G_2 を使う BRDF では、その仮定により過度に暗くなります。

極端な例として、視線とライトの方向が同じ場合を考えてみましょう。この場合、見えるファセットで影になるものはないので、G_2 は G_1 に等しいはずですが、式 9.27 では G_2 が G_1^2 に等しくなります。

マイクロサーフェスが、レンダリングで使われるマイクロサーフェス モデルで一般的な高さフィールドの場合、$\mathbf{v}$ と $\mathbf{l}$ の間の相対的な方位角 ϕ が $0°$ に等しいときには、$G_2(\mathbf{l}, \mathbf{v}, \mathbf{m})$ は常に $\min(G_1(\mathbf{v}, \mathbf{m}), G_1(\mathbf{l}, \mathbf{m}))$ に等しくなるはずです。ϕ の図解は 271 ページの図 9.17 を参照してください。この関係は、任意の G_1 関数で使える、マスキングとシャドウイングの相関を計上するための大まかなやり方を示唆します。

$$G_2(\mathbf{l}, \mathbf{v}, \mathbf{m}) = \lambda(\phi) G_1(\mathbf{v}, \mathbf{m}) G_1(\mathbf{l}, \mathbf{m}) + (1 - \lambda(\phi)) \min(G_1(\mathbf{v}, \mathbf{m}), G_1(\mathbf{l}, \mathbf{m})) \tag{9.28}$$

$\lambda(\phi)$ は、角度 ϕ の増加につれて 0 から 1 に増加する何らかの関数です。Ashikhmin ら [86] は、標準偏差 $15°$（~ 0.26 ラジアン）のガウス分布を提案しました。

$$\lambda(\phi) = 1 - e^{-7.3\phi^2} \tag{9.29}$$

van Ginneken ら [580] が別の λ 関数を提案しています。

$$\lambda(\phi) = \frac{4.41\phi}{4.41\phi + 1} \tag{9.30}$$

ライトと視線方向の相対的な配置がどうあろうと、与えられたサーフェス点のマスキングとシャドウイングが相関する別の理由があります。どちらも、その地点のサーフェスの他の部分に対する相対的な高さに関係があります。低い地点ほどマスキングの確率は上がり、シャドウイングの確率も同じです。Smith マスキング関数を使う場合、この相関は *Smith* 高さ相関マスキング-シャドウイング関数で正確に計上されます。

$$G_2(\mathbf{l}, \mathbf{v}, \mathbf{m}) = \frac{\chi^+(\mathbf{m} \cdot \mathbf{v})\chi^+(\mathbf{m} \cdot \mathbf{l})}{1 + \Lambda(\mathbf{v}) + \Lambda(\mathbf{l})} \tag{9.31}$$

Heitz も方向と高さの相関を結合する Smith の G_2 の形式を述べています。

$$G_2(\mathbf{l}, \mathbf{v}, \mathbf{m}) = \frac{\chi^+(\mathbf{m} \cdot \mathbf{v})\chi^+(\mathbf{m} \cdot \mathbf{l})}{1 + \max\left(\Lambda(\mathbf{v}), \Lambda(\mathbf{l})\right) + \lambda(\mathbf{v}, \mathbf{l})\min\left(\Lambda(\mathbf{v}), \Lambda(\mathbf{l})\right)} \tag{9.32}$$

関数 $\lambda(\mathbf{v}, \mathbf{l})$ は、式 9.29 と 9.30 の関数のような経験的なものもあれば、特定の NDF に導出するものもあります [767]。

それらの代替案の中から、Heitz [768] は、非相関形式と同様のコストで正確さが改善する、Smith 関数の高さ相関形式を推奨しています（式 9.31）。分離可能形式（式 9.27）を使う実践者もいますが [233, 2083]）、この形が実際に最も広く使われます [930, 1020, 1035]。

一般のマイクロファセット BRDF（式 9.26）を、レンダリングで直接使うことはありません。それはマイクロ BRDF f_μ の特定の選択に対する閉形式解（正確もしくは近似）の導出に使います。この種の導出の最初の例を、次のセクションで示します。

9.8 表面反射の BRDF モデル

わずかな例外を除き、物理ベースのレンダリングで使われるスペキュラー BRDF 項は、マイクロファセット理論から派生しています。スペキュラー表面反射の場合、個々のマイクロファセットは完全に滑らかなフレネル ミラーです。そのような鏡は、入射光を単一の反射方向に反射することを思い出してください。これは $\mathbf{v}$ が $\mathbf{l}$ の反射に平行でない限り、各ファセットのマイクロ BRDF $f_\mu(\mathbf{l}, \mathbf{v}, \mathbf{m})$ がゼロに等しいことを意味します。この配置は、与えられた $\mathbf{l}$ と $\mathbf{v}$ のベクトルに対し、マイクロファセット法線 $\mathbf{m}$ が $\mathbf{l}$ と $\mathbf{v}$ の正確に中間を指すベクトルと平行になる場合に相当します。このベクトルが**ハーフ ベクトル** $\mathbf{h}$ です（図 9.33）。それは $\mathbf{v}$ と $\mathbf{l}$ の加算結果を正規化して求めます。

$$\mathbf{h} = \frac{\mathbf{l} + \mathbf{v}}{||\mathbf{l} + \mathbf{v}||} \tag{9.33}$$

式 9.26 からスペキュラー マイクロファセット モデルを導くとき、フレネル ミラーのマイクロ BRDF $f_\mu(\mathbf{l}, \mathbf{v}, \mathbf{m})$ が、すべての $\mathbf{m} \neq \mathbf{h}$ でゼロに等しいと都合がよいのは、積分が $\mathbf{m} = \mathbf{h}$ での積分関数の評価に縮小するからです。それにより、スペキュラー BRDF 項が生成します。

$$f_{\mathrm{spec}}(\mathbf{l}, \mathbf{v}) = \frac{F(\mathbf{h}, \mathbf{l})G_2(\mathbf{l}, \mathbf{v}, \mathbf{h})D(\mathbf{h})}{4|\mathbf{n} \cdot \mathbf{l}||\mathbf{n} \cdot \mathbf{v}|} \tag{9.34}$$

9.8. 表面反射の BRDF モデル

導出の詳細は、Walter ら [1973]、Heitz [768]、Hammon [713] の本で見つかります。また Hammon は、ベクトル h 自体を計算せずに、$\mathbf{n} \cdot \mathbf{h}$ と $\mathbf{l} \cdot \mathbf{h}$ を計算することにより、BRDF 実装を最適化する手法も示しています。

式9.34のBRDF項が表面（スペキュラー）反射だけをモデル化することを示すため、表記 f_{spec} を使います。完全なBRDFでは、おそらく表面下（ディフューズ）シェーディングをモデル化する追加の項と対になります。式9.34について、いくらか直感を与えるため、たまたまハーフ ベクトル（$\mathbf{m} = \mathbf{h}$）と平行な法線を持つマイクロファセットだけが、光を $\mathbf{l}$ から $\mathbf{v}$ に反射する正しい向きだとします（図9.34）。したがって、反射光の量は法線が $\mathbf{h}$ に等しいマイクロファセットの濃度に依存します。この値はライトとビューの両方向から見えるマイクロファセットの比、$D(\mathbf{h})$ で与えられ、それは $G_2(\mathbf{l}, \mathbf{v}, \mathbf{h})$ と等しく、各マイクロファセットが反射する光の部分は、$F(\mathbf{h}, \mathbf{l})$ で指定されます。フレネル関数の評価、例えば、278ページの式9.16でシュリック近似を評価するときには、サーフェス法線をベクトル $\mathbf{h}$ で代用します。

マスキング-シャドウイング関数でハーフ ベクトルを使うことで、ちょっとした単純化が可能になります。そこに含まれる角度は決して90°より大きくならないので、式9.24, 9.31, 9.32 の χ^+ 項を取り除けます。

9.8.1 法線分布関数

法線分布関数は、レンダーするサーフェスの外見に大きな影響を持ちます。マイクロファセット法線の球上にプロットされるNDFの形が、反射レイの円錐の幅と形（スペキュラー ローブ）を決定し、それがさらに、スペキュラー ハイライトのサイズと形を決定します。NDFはサーフェスの粗さの全般的な認識と、ハイライトが、はっきりした縁を持つか、それとも周りがぼやけるかといった、より微妙な視覚的側面に影響を与えます。

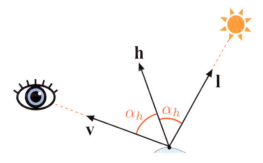

図 **9.33.** ハーフ ベクトル $\mathbf{h}$ はライトとビュー ベクトルに等しい角度（赤で示される）を形成する。

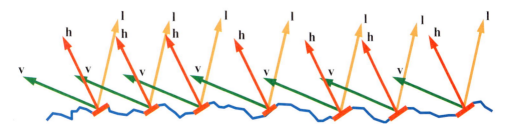

図 **9.34.** マイクロファセットからなるサーフェス。ハーフ ベクトル $\mathbf{h}$ と平行なサーフェス法線を持つ赤いマイクロファセットだけが、入射光ベクトル $\mathbf{l}$ からビュー ベクトル $\mathbf{v}$ への光の反射に参加する。

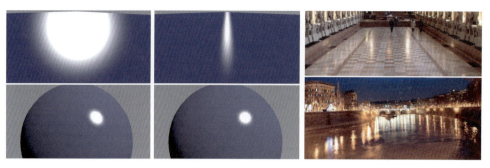

図9.35. 左のイメージは非物理的なPhong反射モデルでレンダーされている。このモデルのスペキュラー ローブは反射ベクトルの周りで回転対称。そのようなBRDFは、コンピューター グラフィックスの初期によく使われている。中央のイメージは物理ベースのマイクロファセットBRDFでレンダーされている。左上と左中は視射角で照らされた平面サーフェスを示す。左上は正しくない丸いハイライトを示すが、中央はマイクロファセットBRDFで特徴的なハイライトの伸長を示している。この中央の図は、右の写真が示すような現実と一致する。下の2つのレンダーされたイメージに示される球上では、サーフェスの曲率がハイライトの形を大きく支配するので、ハイライトの形の違いが微妙になる。（写真提供：*Elan Ruskin*。）

しかし、スペキュラー ローブはNDFの形の単純な複製ではありません。したがって、サーフェスの曲率と視野角により度合いに大小はありますが、ハイライトの形は歪みます。この歪みは図9.35に示されるように、視射角で見る平らなサーフェスで特に強くなります。Nganら[1375]が、この歪みの背後にある理由の分析を行っています。

等方性法線分布関数

レンダリングで使われる、ほとんどのNDFは**等方性**（巨視的なサーフェス法線 **n** の周りで回転対称）です。この場合、NDFはただ1つの変数 θ_m と **n** とマイクロファセット法線 **m** の間の角度の関数です。NDFは理想的には、**n** と **m** の内積として効率よく計算できる、$\cos\theta_m$ の式として書くことができます。

Beckmann NDF [134] は、光学コミュニティで開発された最初のマイクロファセット モデルで使われた法線分布です。今日でも光学コミュニティで広く使われ、Cook-Torrance BRDF [310, 311] で選ばれるNDFでもあります。正規化Beckmann分布は次の形をとります。

$$D(\mathbf{m}) = \frac{\chi^+(\mathbf{n}\cdot\mathbf{m})}{\pi\alpha_b^2(\mathbf{n}\cdot\mathbf{m})^4}\exp\left(\frac{(\mathbf{n}\cdot\mathbf{m})^2-1}{\alpha_b^2(\mathbf{n}\cdot\mathbf{m})^2}\right) \quad (9.35)$$

すべてのマクロサーフェスより下を指すマイクロファセット法線で、NDFの値が0になることを、項 $\chi^+(\mathbf{n}\cdot\mathbf{m})$ が保証します。この特性から、このセクションで論じる他のすべてのNDFと同様に、このNDFが高さフィールド マイクロサーフェスを記述していることが分かります。α_b パラメーターはサーフェスの粗さを制御します。それはマイクロジオメトリー サーフェスの傾斜の二乗平均平方根（RMS）に比例するので、$\alpha_b = 0$ は完全に滑らかなサーフェスを表します。

Beckmann NDF用のSmith G_2 関数を導くには、式9.24（G_2 の分離可能形式を使う場合）、9.31（高さ相関形）、あるいは9.32（方向と高さが相関する形）にはめ込む、対応する Λ 関数が必要です。

Beckmann NDFは**形状不変**で、Λ の導出が単純化されます。Heitz [768] が定義するように、その粗さパラメーターの効果がマイクロサーフェスのスケール（伸長）と等価なら、等方性

9.8. 表面反射の BRDF モデル

NDFは形状不変です。形状不変NDFは次の形で書けます。

$$D(\mathbf{m}) = \frac{\chi^+(\mathbf{n} \cdot \mathbf{m})}{\alpha^2(\mathbf{n} \cdot \mathbf{m})^4} \, g\left(\frac{\sqrt{1-(\mathbf{n} \cdot \mathbf{m})^2}}{\alpha(\mathbf{n} \cdot \mathbf{m})}\right) \tag{9.36}$$

gは任意の単変量関数を表します。任意の等方性NDFで、Λ関数は2つの変数に依存します。1つ目は粗さαで、2つ目はΛを計算するベクトル（$\mathbf{v}$または$\mathbf{l}$）の入射角です。しかし、形状不変NDFでは、Λ関数は変数aにしか依存しません。

$$a = \frac{\mathbf{n} \cdot \mathbf{s}}{\alpha\sqrt{1-(\mathbf{n} \cdot \mathbf{s})^2}} \tag{9.37}$$

$\mathbf{s}$は$\mathbf{v}$と$\mathbf{l}$のどちらかを表すベクトルです。この場合Λが1つの変数にしか依存しないことは、実装に好都合です。単変量関数のほうが近似曲線に簡単に合わせられ、1次元配列としてテーブル化できます。

Beckmann NDFのΛ関数は次のものです。

$$\Lambda(a) = \frac{\text{erf}(a) - 1}{2} + \frac{1}{2a\sqrt{\pi}}\exp(-a^2) \tag{9.38}$$

式9.38は誤差関数erfを含むので、評価が高価です。このため一般に近似が使われます[1973]。

$$\Lambda(a) \approx \begin{cases} \frac{1-1.259a+0.396a^2}{3.535a+2.181a^2}, & \text{where } a < 1.6, \\ 0, & \text{where } a \geq 1.6 \end{cases} \tag{9.39}$$

次に論じるNDFは、Blinn-Phong NDFです。それは過去にはコンピューター グラフィックスで広く使われましたが、最近では他の分布にほとんど取って代わられました。このセクションで論じる他のNDFより計算コストが低いので、今でも計算が非常に高価な場合（例えば、モバイル ハードウェア）に使われます。

Blinn-Phong NDFは、（非物理ベースの）Phongシェーディング モデル[1527]の修正として、Blinnが導きました[177]。

$$D(\mathbf{m}) = \chi^+(\mathbf{n} \cdot \mathbf{m})\frac{\alpha_p + 2}{2\pi}(\mathbf{n} \cdot \mathbf{m})^{\alpha_p} \tag{9.40}$$

指数α_pは、Phong NDFの粗さパラメーターです。高い値は滑らかな、低い値は粗いサーフェスを表します。α_pの値は極めて滑らかなサーフェスでは、いくらでも高くなり、完璧な鏡面では$\alpha_p = \infty$になる必要があります。最大限ランダムなサーフェス（一様NDF）はα_pを0にすることで実現できます。α_pパラメーターは、その視覚的影響がかなり非一様なので、直接操作するのには不便です。小さなα_p値では、小さな数値の変化が大きな視覚効果を持ちますが、大きなα_p値では、大きく変えてもあまり視覚的な影響がありません。このためα_pは、一般にユーザー操作パラメーターから非線形マッピングを通じて派生します。例えば、$\alpha_p = m^s$で、sは0と1の間のパラメーター値で、mはアプリケーションでのα_pの上限です。このマッピングはいくつかのゲームで使われ、*Call of Duty: Black Ops*では、mの値は8192に設定されました[1078]。

BRDFパラメーターの振る舞いが知覚的に一様でないときには、そのような「インターフェイス マッピング」が一般に役立ちます。それらのマッピングを使い、スライダーで設定したり、テクスチャーにペイントしたパラメーターを解釈します。

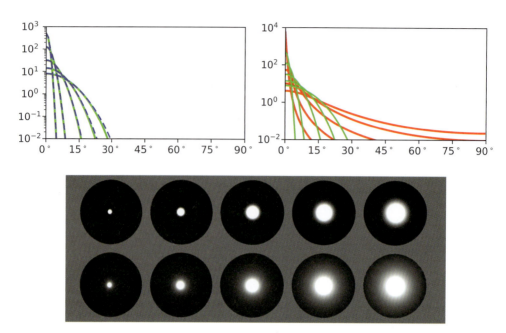

図9.36. 左上は、0.025から0.2（パラメーター関係 $\alpha_p = 2\alpha_b^{-2} - 2$ を使う）の範囲の α_b の値の、Blinn-Phong（破線の青）と Beckmann（緑）の分布の比較。右上は、GGX（赤）と Beckmann（緑）の分布の比較。α_b の値は左のプロットと同じ。α_g の値はハイライト サイズが一致するように目で調整されている。それらの同じ値が下のイメージにレンダーした球に使われている。上段は Beckmann NDF を使い、下段は GGX を使っている。

Beckmann と Blinn-Phong で粗さパラメーターに相当する値は、$\alpha_p = 2\alpha_b^{-2} - 2$ の関係を使って求められます [1973]。このようにしてパラメーターを一致させると、図 9.36 の左上に見えるように、特に比較的滑らかなサーフェスでは 2 つの分布がかなり近づきます。

Blinn-Phong NDF は形状不変ではなく、Λ 関数には解析形式が存在しません。Walter ら [1973] は、Beckmann Λ 関数を $\alpha_p = 2\alpha_b^{-2} - 2$ パラメーター等価性と組み合わせて使うことを提案しています。

Phong シェーディング関数をマイクロファセット NDF に適用した同じ 1977 年の論文で [177]、Blinn は他に 2 つの NDF を提案しました。その 3 つの分布の中から、Blinn は Trowbridge と Reitz [1921] が導いたものを推奨しました。この推奨はそれほど注目されませんでしたが、30 年後に Walter ら [1973] が独自に Trowbridge-Reitz 分布を再発見し、*GGX 分布*と名付けました。今度は、その種が根を張りました。数年のうちに、GGX 分布の採用は映画 [233, 1223] とゲーム [930, 1035] 業界で広がり始め、今日ではおそらく両方で最もよく使われる分布です。Blinn の推奨は 30 年早すぎたようです。技術的には「Trowbridge-Reitz 分布」が正しい名前ですが、GGX の名前が定着しているので、本書ではそちらを使います。

GGX 分布は次のものです。

$$D(\mathbf{m}) = \frac{\chi^+(\mathbf{n} \cdot \mathbf{m})\alpha_g^2}{\pi \left(1 + (\mathbf{n} \cdot \mathbf{m})^2 \left(\alpha_g^2 - 1\right)\right)^2} \tag{9.41}$$

α_g パラメーターが与える粗さの制御は、Beckmann の α_b パラメーターが与えるものと似ています。Disney 原理のシェーディング モデルでは、Burley [233] が粗さの制御をユーザーに $\alpha_g = r^2$ として公開し、r は 0 と 1 の間のユーザー インターフェイスの粗さパラメーター値です。r をスライダーの値として公開するのは、その効果が線形に変化することを意味します。

9.8. 表面反射の BRDF モデル

GGX分布を使うほとんどのアプリケーションが、このマッピングを採用しています。

GGX分布は形状不変で、その Λ 関数は比較的単純です。

$$\Lambda(a) = \frac{-1 + \sqrt{1 + \frac{1}{a^2}}}{2} \tag{9.42}$$

変数 a が式9.42で a^2 としてしか現れないのは、式9.37で平方根を避けられるので好都合です。

GGX分布とSmithマスキング-シャドウイング関数の人気により、その2つの組み合わせを最適化するための集中的な取り組みが行われました。Lagardeは、スペキュラー マイクロファセットBRDF（式9.34）の分母と組み合わせると、GGXの高さ相関Smith G_2（式9.31）に打ち消し合う項があることに気が付きました[1035]。したがって結合した項は次のように単純化できます。

$$\frac{G_2(\mathbf{l}, \mathbf{v})}{4|\mathbf{n} \cdot \mathbf{l}||\mathbf{n} \cdot \mathbf{v}|} \Longrightarrow \frac{0.5}{\mu_o \sqrt{\alpha^2 + \mu_i(\mu_i - \alpha^2 \mu_i)} + \mu_i \sqrt{\alpha^2 + \mu_o(\mu_o - \alpha^2 \mu_o)}} \tag{9.43}$$

この式は短くするため、変数置換 $\mu_i = (\mathbf{n} \cdot \mathbf{l})^+$ と $\mu_o = (\mathbf{n} \cdot \mathbf{v})^+$ を使っています。Karisは、GGX用のSmith G_1 関数の近似形式を提案しています[930]。

$$G_1(\mathbf{s}) \approx \frac{2(\mathbf{n} \cdot \mathbf{s})}{(\mathbf{n} \cdot \mathbf{s})(2 - \alpha) + \alpha} \tag{9.44}$$

$\mathbf{s}$ は、$\mathbf{l}$ と $\mathbf{v}$ のどちらかで置き換えることができます。Hammon [713] は、この G_1 の近似形式が、高さ相関Smith G_2 関数とスペキュラー マイクロファセットBRDFの分母からなる結合項に、効率的な近似をもたらすことを示しています。

$$\frac{G_2(\mathbf{l}, \mathbf{v})}{4|\mathbf{n} \cdot \mathbf{l}||\mathbf{n} \cdot \mathbf{v}|} \approx \frac{0.5}{\mathrm{lerp}\left(2|\mathbf{n} \cdot \mathbf{l}||\mathbf{n} \cdot \mathbf{v}|, |\mathbf{n} \cdot \mathbf{l}| + |\mathbf{n} \cdot \mathbf{v}|, \alpha\right)} \tag{9.45}$$

これは線形補間演算子、$\mathrm{lerp}(x, y, s) = x(1 - s) + ys$ を使っています。

GGXとBeckmann分布を図9.36で比べると、その2つの形は根本的に異なることが明らかです。GGXは、そのピークがBeckmannより狭く、ピークの周りに長い「尾部」を持ちます。図の下のレンダー イメージでは、GGXの長い尾部がハイライトの中心の周りにぼやけや白熱の外見を作り出すのが見えます。

多くの現実世界のマテリアルは、一般にはGGX分布よりもさらに長い尾部を持つ、同様のぼやけたハイライトを示します[233]（図9.37）。この認識が、GGX分布の人気の上昇と、さらに正確に測定マテリアルにフィットする新しい分布の継続的な探索に大きく寄与しています。

Burley [233] は、さらにNDFの形、特に分布の尾部を制御することを目標に、**一般化** *Trowbridge-Reitz*（GTR）NDFを提案しました。

$$D(\mathbf{m}) = \frac{k(\alpha, \gamma)}{\pi \left(1 + (\mathbf{n} \cdot \mathbf{m})^2 \left(\alpha_g^2 - 1\right)\right)^\gamma} \tag{9.46}$$

γ 変数が尾部の形を制御します。$\gamma = 2$ のとき、GTRはGGXと同じです。γ の値が下がると分布の尾部は長くなり、上がると短くなります。高い値の γ では、GTRの分布はBeckmannと似ています。$k(\alpha, \gamma)$ 項は正規化因数で、他のNDFのものより複雑なので、別の式で与えます。

$$k(\alpha, \gamma) = \begin{cases} \frac{(\gamma - 1)(\alpha^2 - 1)}{\left(1 - (\alpha^2)^{(1-\gamma)}\right)}, & \text{where } \gamma \neq 1 \text{ and } \alpha \neq 1, \\ \frac{(\alpha^2 - 1)}{\ln(\alpha^2)}, & \text{where } \gamma = 1 \text{ and } \alpha \neq 1, \\ 1, & \text{where } \alpha = 1 \end{cases} \tag{9.47}$$

図9.37. MERLデータベースのクロムの測定値にフィットさせたNDF。左は、クロム（黒）、GGX（赤：$\alpha_g = 0.006$）、Beckmann（緑：$\alpha_b = 0.013$）、Blinn-Phong（青い破線：$n = 12000$）のθ_mに対するスペキュラー ピークのプロット。クロム、GGX、Beckmannのレンダーしたハイライトが右に示されている。（図提供：*Brent Burley [233]*。）

GTR分布は形状不変ではないので、そのSmith G_2 マスキング-シャドウイング関数を求めるのは複雑です。NDFの発表の後、G_2の解が発表されるまで3年かかりました [383]。このG_2の解はかなり複雑で、特定のγの値に対する解析解の表が付属します（中間的な値には、補間を使わなければなりません）。GTRの別の問題は、パラメーターαとγが知覚される粗さに影響を与え、直感に反して「輝く」ことです。

スチューデントのt-分布（STD）[1605]と**指数ベキ分布分布**（EPD）[826]NDFには形状制御パラメーターが含まれます。GTRと対照的に、これらの関数は粗さパラメーターに関して形状不変です。執筆の時点で、それらは発表されたばかりなので、アプリケーションで用途を見出すかどうかは明らかではありません。

NDFの複雑さを増やさずに、より測定マテリアルに一致させるための代替解決法は、複数のスペキュラー ローブを使うことです。CookとTorrance [310, 311] が、この考え方を提案しました。それをNgan [1375] が実験的にテストし、第2のローブを加えると、多くのマテリアルでフィットが大きく改善することを見出しました。Pixarの*PxrSurface*マテリアル [795] には、この目的で（メインのスペキュラー ローブと一緒に）使うことを意図した「ラフスペキュラー」ローブがあります。その追加のローブは、すべての関連パラメーターと項を持つ完全なスペキュラー マイクロファセットBRDFです。Imageworksが採用した外科的な（目標を絞った）アプローチでは、まったく別のスペキュラーBRDF項ではなく、拡張NDFとしてユーザーに公開される2つのGGX NDFのミックスを使います [1020]。この場合、必要な追加パラメーターは、第2の粗さの値とブレンドの大きさだけです。

異方性法線分布関数

ほとんどのマテリアルは等方性サーフェス統計を持ちますが、例えば、286ページの図9.26のように、微細構造の大きな異方性が、外見に大きな影響を与えるものがあります。そのようなマテリアルを正確にレンダーするには、やはり異方性のBRDF、特にNDFが必要です。

等方性NDFと違い、異方性NDFは1つの角度θ_mだけでは評価できません。追加の向き情報が必要です。一般の場合、マイクロファセット法線$\mathbf{m}$は法線、接線、従接線ベクトルで定義される**ローカル フレーム**（接空間）、それぞれ$\mathbf{n}$、$\mathbf{t}$、$\mathbf{b}$に変換する必要があります（185ページの図6.32）。実際には、この変換は一般に3つの別々の内積、$\mathbf{m} \cdot \mathbf{n}$、$\mathbf{m} \cdot \mathbf{t}$、$\mathbf{m} \cdot \mathbf{b}$で表現されます。

法線マッピングを異方性BRDFと組み合わせるときには、法線マップが法線だけでなく接線と従接線のベクトルも摂動することが重要です。この手続はたいてい**修正 *Gram-Schmidt*正規直交化**を摂動法線$\mathbf{n}$と、補間された頂点の接線と従接線のベクトル$\mathbf{t}_0$と$\mathbf{b}_0$に適用するこ

9.8. 表面反射の BRDF モデル

とで行います（以下は $\mathbf{n}$ が既に正規化されていると仮定）。

$$
\begin{aligned}
\mathbf{t}' &= \mathbf{t}_0 - (\mathbf{t}_0 \cdot \mathbf{n})\mathbf{n} &&\implies \mathbf{t} = \frac{\mathbf{t}'}{\|\mathbf{t}'\|}, \\
\left.\begin{aligned}
\mathbf{b}' &= \mathbf{b}_0 - (\mathbf{b}_0 \cdot \mathbf{n})\mathbf{n}, \\
\mathbf{b}'' &= \mathbf{b}' - (\mathbf{b}' \cdot \mathbf{t})\mathbf{t}
\end{aligned}\right\} &&\implies \mathbf{b} = \frac{\mathbf{b}''}{\|\mathbf{b}''\|}
\end{aligned}
\tag{9.48}
$$

代わりに1行目の後で $\mathbf{n}$ と $\mathbf{t}$ の外積をとり、直交 $\mathbf{b}$ ベクトルを作成することもできます。

ヘアライン加工や縮れ毛のなどの効果では、接線方向のピクセル単位の修正が必要で、それは一般に**接線マップ**で与えられます。このマップはピクセル単位の接線を格納するテクスチャーで、法線マップがピクセル単位の法線を格納するやり方と似ています。ほとんどの場合、接線マップは、法線に垂直な平面への接ベクトルの2次元投影を格納します。この表現はテクスチャー フィルタリングと相性がよく、法線マップと同様に圧縮できます。その代りに、$\mathbf{n}$ の周りで接ベクトルを回転するのに使う、スカラー回転量を格納するアプリケーションもあります。この表現のほうがコンパクトですが、回転角度が $360°$ から $0°$ に回り込む場所で、テクスチャー フィルタリングのアーティファクトを起こしやすくなります。

異方性NDFの作成でよく使われるアプローチは、既存の等方性NDFを一般化することです。一般的に使われるアプローチは、どの形状不変の等方性NDFにも適用でき [768]、それも形状不変NDFが好ましい理由の1つです。等方性の形状不変NDFが次の形で書けることを思い出してください。

$$
D(\mathbf{m}) = \frac{\chi^+(\mathbf{n} \cdot \mathbf{m})}{\alpha^2(\mathbf{n} \cdot \mathbf{m})^4} \, g\left(\frac{\sqrt{1 - (\mathbf{n} \cdot \mathbf{m})^2}}{\alpha(\mathbf{n} \cdot \mathbf{m})} \right)
\tag{9.49}
$$

g はNDFの形を表現する1次元関数を表します。異方性バージョンは次のものです。

$$
D(\mathbf{m}) = \frac{\chi^+(\mathbf{n} \cdot \mathbf{m})}{\alpha_x \alpha_y (\mathbf{n} \cdot \mathbf{m})^4} \, g\left(\frac{\sqrt{\frac{(\mathbf{t} \cdot \mathbf{m})^2}{\alpha_x^2} + \frac{(\mathbf{b} \cdot \mathbf{m})^2}{\alpha_y^2}}}{(\mathbf{n} \cdot \mathbf{m})} \right)
\tag{9.50}
$$

パラメーター α_x と α_y は、それぞれ $\mathbf{t}$ と $\mathbf{b}$ の方向の粗さを表します。$\alpha_x = \alpha_y$ なら、式9.50は縮小して等方性の形に戻ります。

異方性NDFの G_2 マスキング-シャドウイング関数は、変数 a（Λ 関数に渡す）の計算方法が異なることを除けば、等方性NDFと同じです。

$$
a = \frac{\mathbf{n} \cdot \mathbf{s}}{\sqrt{\alpha_x^2 (\mathbf{t} \cdot \mathbf{s})^2 + \alpha_y^2 (\mathbf{b} \cdot \mathbf{s})^2}}
\tag{9.51}
$$

$\mathbf{s}$ は（式9.37と同様に）$\mathbf{v}$ または $\mathbf{l}$ を表します。

この手法を使って、異方性バージョンがBeckmann NDFと、

$$
D(\mathbf{m}) = \frac{\chi^+(\mathbf{n} \cdot \mathbf{m})}{\pi \alpha_x \alpha_y (\mathbf{n} \cdot \mathbf{m})^4} \exp\left(-\frac{\frac{(\mathbf{t} \cdot \mathbf{m})^2}{\alpha_x^2} + \frac{(\mathbf{b} \cdot \mathbf{m})^2}{\alpha_y^2}}{(\mathbf{n} \cdot \mathbf{m})^2} \right)
\tag{9.52}
$$

GGX NDF

$$
D(\mathbf{m}) = \frac{\chi^+(\mathbf{n} \cdot \mathbf{m})}{\pi \alpha_x \alpha_y \left(\frac{(\mathbf{t} \cdot \mathbf{m})^2}{\alpha_x^2} + \frac{(\mathbf{b} \cdot \mathbf{m})^2}{\alpha_y^2} + (\mathbf{n} \cdot \mathbf{m})^2 \right)^2}
\tag{9.53}
$$

から導かれました。どちらも図9.38に示されています。

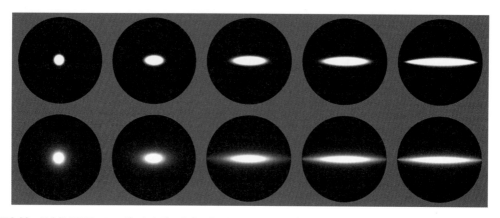

図9.38. 異方性NDFでレンダーした球：上段はBeckmannで下段がGGX。どちらもα_yが一定に保たれ、α_xが左から右に増加する。

異方性NDFをパラメーター化する最も単純明快な手段は、等方性の粗さパラメーター化をα_xとα_yの2回使うことですが、他のパラメーター化も使われます。Disney原理のシェーディング モデルでは[233]、等方性粗さパラメーターrを、$[0,1]$の範囲を持つ第2のスカラー パラメーターk_{aniso}と組み合わせます。それらのパラメーターから、α_xとα_yの値を次のように計算します。

$$\begin{aligned} k_{\text{aspect}} &= \sqrt{1 - 0.9\, k_{\text{aniso}}}, \\ \alpha_x &= \frac{r^2}{k_{\text{aspect}}}, \\ \alpha_y &= r^2\, k_{\text{aspect}} \end{aligned} \quad (9.54)$$

係数0.9が縦横比を$10:1$に制限します。

Imageworksが使う別のパラメーター化では、任意の度合いの異方性が可能です[1020]。

$$\begin{aligned} \alpha_x &= r^2\,(1 + k_{\text{aniso}}), \\ \alpha_y &= r^2\,(1 - k_{\text{aniso}}) \end{aligned} \quad (9.55)$$

9.8.2 多重跳ね返り表面反射

前にセクション9.7で述べたように、マイクロファセットBRDFフレームワークはマイクロサーフェスから複数回反射される（「跳ね返る」）光を計上しません。この単純化により、特に粗い金属では、エネルギー損失と過剰な暗さが生じます[772]。

Imageworksが使ったテクニックは[1020]、表面反射をシミュレートするため、以前の研究[877, 949]の要素を組み合わせて、BRDFに追加可能な項を作成します。

$$f_{\text{ms}}(\mathbf{l},\mathbf{v}) = \frac{\overline{F}\,\overline{R_{\text{sF1}}}}{\pi(1-\overline{R_{\text{sF1}}})\bigl(1-\overline{F}(1-\overline{R_{\text{sF1}}})\bigr)}\bigl(1 - R_{\text{sF1}}(\mathbf{l})\bigr)\bigl(1 - R_{\text{sF1}}(\mathbf{v})\bigr) \quad (9.56)$$

R_{sF1}は、f_{sF1}のF_0を1に設定したスペキュラーBRDF項である、方向アルベド（セクション9.3）です。関数R_{sF1}は粗さαと仰角θに依存します。それは比較的滑らかなので、事前に（式

9.9. 表面下散乱の BRDF モデル

9.8や9.9を使って）数値的に計算し、小さな2次元テクスチャーに格納できます。Imageworks
は 32×32 の解像度で十分なことを見出しました。

関数 $\overline{R_{\mathrm{sF1}}}$ は、R_{sF1} の半球上での余弦加重平均値です。それは α にしか依存しないので1次
元テクスチャーに格納でき、安価な曲線をデータにフィットさせることもできます。R_{sF1} は $\mathbf{n}$
の周りで回転対称なので、$\overline{R_{\mathrm{sF1}}}$ は1次元積分で計算できます。変数 $\mu = \cos\theta$（272式9.6ペー
ジ）の変化も使います。

$$
\begin{aligned}
\overline{R_{\mathrm{sF1}}} &= \frac{\int_{\mathbf{s}\in\Omega} R_{\mathrm{sF1}}(\mathbf{s})(\mathbf{n}\cdot\mathbf{s})d\mathbf{s}}{\int_{\mathbf{s}\in\Omega}(\mathbf{n}\cdot\mathbf{s})d\mathbf{s}} = \frac{1}{\pi}\int_{\phi=0}^{2\pi}\int_{\mu=0}^{1} R_{\mathrm{sF1}}(\mu)\,\mu\,d\mu\,d\phi \\
&= 2\int_{\mu=0}^{1} R_{\mathrm{sF1}}(\mu)\,\mu\,d\mu
\end{aligned}
\tag{9.57}
$$

最後に、$\overline{F}$ はフレネル項の余弦加重平均で、同じ方法で計算します。

$$
\overline{F} = 2\int_{\mu=0}^{1} F(\mu)\,\mu\,d\mu
\tag{9.58}
$$

Imageworksは、一般化シュリック形式（式9.18）を F に使う場合の、式9.58の閉形式解を与
えています。

$$
\overline{F} = \frac{2p^2 F_{90} + (3p+1)F_0}{2p^2 + 3p + 1}
\tag{9.59}
$$

元のシュリック近似を使うと（式9.16）、解は次のように単純化します。

$$
\overline{F} = \frac{20}{21}F_0 + \frac{1}{21}
\tag{9.60}
$$

異方性の場合、Imageworksは f_{ms} の計算に α_x と α_y の中間の粗さを使います。この近似は
R_{sF1} 参照テーブルの次元を増やす必要を回避し、それがもたらす誤差はわずかです。

Imageworksの多重跳ね返りスペキュラー項の結果は、図9.39で見ることができます。

9.9　表面下散乱の BRDF モデル

前のセクションでは、表面（スペキュラー）反射を論じました。このセクションでは、問題の
もう1つの側面、すなわち表面下で屈折する光に何が起きるかを論じます。セクション9.1.4
で論じたように、この光は何らかの散乱と吸収の組み合わせを受け、その一部は元のサーフェ
スから再放出されます。ここでは不透明な誘電体のローカル表面下散乱（ディフューズ サー
フェス応答）のBRDFモデルに焦点を合わせます。大きな表面下の光相互作用を持たないの
で、金属は無関係です。透明や、グローバル表面下散乱を示す誘電体マテリアルは14章で取
り上げます。

ディフューズ色の特性と、この色が現実世界のマテリアルで持つ可能性がある値についての
セクションで、ディフューズ モデルの議論を開始します。それに続くサブセクションで、ディ
フューズ シェーディングへのサーフェスの粗さの影響と、与えられたマテリアルに、滑らか
なサーフェスと粗いサーフェスのどちらのシェーディング モデルを使うかを選ぶための基準
を説明します。最後の2つのサブセクションは、滑らかなサーフェスと粗いサーフェスのモデル
そのものを扱います。

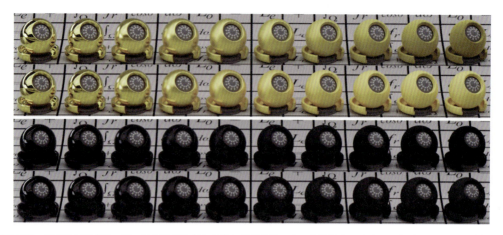

図**9.39.** すべての段でサーフェスの粗さは左から右に増加する。上の2段は金マテリアルを示している。1段目はImageworksの多重跳ね返り項なしでレンダーされ、2段目は多重跳ね返り項ありでレンダーされている。その違いは粗い球ほど顕著になる。次の2段は黒い誘電体マテリアルを示している。3段目は多重跳ね返り項なしでレンダーされ、4段目は多重跳ね返り項を適用している。こちらのほうがスペキュラー反射率がかなり低いので、違いは小さくなる。（図提供：*Christopher Kulla* [1020]。）

9.9.1 表面下アルベド

不透明な誘電体の表面下アルベド ρ_{ss} は、表面から脱出する光のエネルギーと、材質の内部に入る光のエネルギーの比率です。ρ_{ss} は 0（すべての光が吸収）と 1（光が吸収されない）の間の値で、波長に依存する可能性があるので、レンダリングでは ρ_{ss} は RGB ベクトルとしてモデル化されます。オーサリングでは、法線入射フレネル反射率 F_0 が一般にスペキュラー色と呼ばれるのと同じように、しばしば ρ_{ss} はサーフェスのディフューズ色と呼ばれます。表面下アルベドはセクション 14.1 で論じた散乱アルベドと密接な関係があります。

　誘電体は、ほとんどの入射光をサーフェスで反射せずに伝送するため、スペキュラー色 F_0 よりも、表面下アルベド ρ_{ss} のほうが通常は明るく、視覚的に重要です。それはスペキュラー色と異なる物理作用から生じるので（表面のフレネル反射ではなく、内部の吸収）、ρ_{ss} は一般に F_0 とは異なるスペクトル分布（したがって RGB 色）を持ちます。例えば、有色プラスチックは透き通った透明な基質と、その内部に埋め込まれた色素の粒子からできています。拡散反射する光は色素粒子による吸収で色がつくのに対し、鏡面反射する光は無色で、例えば、赤いプラスチック ボールが白いハイライトを持ちます。

　表面下アルベドは吸収と散乱の「競争」（光は散乱して物体から再び外に出るチャンスを掴む前に吸収されるか？）の結果と考えることができます。液体の上の泡が、液体そのものよりずっと明るいのは、このためです。泡立ちは液体の吸収率を変えませんが、数多くの気液界面が加わることで、散乱の量が大きく増えます。これによって入射光のほとんどが吸収される前に散乱され、高い表面下アルベドと明るい外見が生じます。新雪も高いアルベドを持つ物質の例です。雪の顆粒と空気の間の界面ではかなりの散乱がありますが、吸収はほとんどなく、可視スペクトル全体に 0.8 以上の表面下アルベドをもたらします。白いペンキは少し小さく、約 0.7 です。コンクリート、石、土など、日常生活で出会う多くの物質は、平均で 0.15 と 0.4 の間です。石炭は極めて低い表面下アルベドを持つ材質の例で、ほぼ 0.0 です。

　濡れたときに多くの材質が暗くなる作用は、液体の泡の例の逆です。材質が多孔質の場合、

9.9. 表面下散乱の BRDF モデル

それまで空気で満たされていた空間に水が浸透します。誘電体の材質は、空気よりも水にずっと近い屈折率を持ちます。この相対的な屈折率の低下が材質内部の散乱を減らし、物体から脱出する前に光が移動する距離が（平均で）長くなります。この変化により吸収される光が増え、表面下アルベドが暗くなります[888]。

現実的なマテリアルのオーサリングでは、ρ_{ss} の値が約 0.015〜0.03（8ビット非線形 sRGB エンコーディングで 30〜50）の下限を決して下回るべきではない、というのは（高評価のマテリアル オーサリング ガイドライン[1253]にも反映されるほど）よくある誤解です。この下限は表面（スペキュラー）と表面下（ディフューズ）の反射率を含む色測定に基づくものなので、高すぎます。もっと低い値を持つ現実の材質（マテリアル）があります。例えば、「OSHA Black」標準塗料の連邦仕様は[569]の Y 値は 0.35（100 が最大）です。与えられた測定条件と表面光沢では、この Y は約 0.0035 の ρ_{ss} 値に相当します（8ビット非線形 sRGB エンコーディングでは 11）。

現実世界のサーフェスから ρ_{ss} のスポット値やテクスチャーを取得するときには、スペキュラー反射率を分離することが重要です。この抽出は制御されたライティングと偏光フィルターを注意深く使うことで行えます[274, 1026]。正確な色のために、較正も行うべきです[1243]。

すべての RGB の3つ組が、妥当な（あるいは、そもそも物理的に可能な）ρ_{ss} の値を表すわけではありません。反射スペクトルは、放射スペクトル パワー分布より多くの制限があり、どの波長でも 1 の値を超えることはできず、一般にかなり滑らかです。これらの制限が、すべての ρ_{ss} に対する妥当な RGB 値を包含する色空間のボリュームを定義します。比較的小さい sRGB の色域でさえ、このボリューム外の色が含まれるので、ρ_{ss} の値を設定するときには、不自然に飽和した明るい色の指定を避けるように注意しなければなりません。リアリズムが下がるだけでなく、そのような色はグローバル照明（セクション 11.5.1）の事前計算で、明るすぎる 2 次反射を引き起こすことがあります。Meng らの 2015 年の論文[1297]が、このトピックのよい参考文献です。

9.9.2 表面下散乱と粗さのスケール

ローカル表面下散乱の BRDF モデルにはサーフェスの粗さを考慮する（通常はマイクロファセット理論とディフューズ マイクロ BRDF f_μ を使う）ものもあれば、しないものもあります。よく誤解されますが、どちらのタイプのモデルを使うかの決定要因は、単なるサーフェスの粗さではありません。正しい決定要因は、サーフェスの不規則性と表面下散乱距離の相対的なサイズに関連します。

図 9.40 を見てください。マイクロジオメトリーの不規則性が表面下散乱距離より大きい場合（図の左上）、表面下散乱は再帰反射（288 ページの図 9.29）のような、マイクロジオメトリーに関連する効果を示します。そのようなサーフェスでは、粗いサーフェス ディフューズ モデルを使うべきです。既に述べたように、そのようなモデルは一般にマイクロファセット理論に基づき、表面下散乱はマイクロファセットにローカルなものとして扱うので、マイクロ BRDF f_μ にしか影響を与えません。

散乱距離がどれも不規則性より大きい場合（図 9.40 の右上）、表面下散乱のモデル化の目的では、サーフェスは平らと見なすべきで、再帰反射などの効果は発生しません。表面下散乱はマイクロファセットに局所的なものではないので、マイクロファセット理論ではモデル化できません。この場合、滑らかなサーフェス ディフューズ モデルを使うべきです。

サーフェスの粗さのスケールに散乱距離より大きいものと小さいものがある中間的な場合に

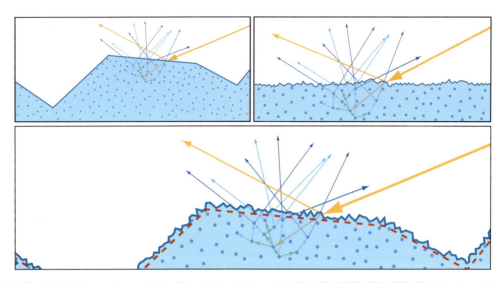

図9.40. NDFは似ていても、マイクロジオメトリーのスケールと表面下散乱距離の間の関係が異なる、3つのサーフェス。左上は、表面下散乱距離がサーフェスの不規則性より小さい。右上は、散乱距離がサーフェスの不規則性より大きい。下の図は複数のスケールの粗さを持つマイクロサーフェスを示している。赤い破線は、表面下散乱距離より大きな微細構造だけを含む実効サーフェスを表す。

は、粗いサーフェス ディフューズ モデルを使うべきですが、散乱距離より大きな不規則性だけを含む**実効サーフェス**を使います。ディフューズとスペキュラーの反射率はどちらもマイクロファセット理論で、しかしそれぞれ異なる粗さの値でモデル化できます。スペキュラー項は実際のサーフェスの粗さに基づく値を使い、ディフューズ項は実効サーフェスの粗さに基づく、それより低い値を使います。

観察のスケールも「マイクロジオメトリー」の定義を決定するので、これに関係します。例えば、月は大きな再帰反射を示すので、粗いサーフェス ディフューズ モデルを使うべきケースとしてよく言及されます。地球から月を見るときの観察のスケールでは、5フィートの岩でさえも「マイクロジオメトリー」になります。したがって、再帰反射などの粗いサーフェス ディフューズ効果が観察されるのは、驚くことではありません。

9.9.3 滑らかなサーフェスの表面下モデル

ここでは滑らかなサーフェスの表面下モデルを論じます。それらはサーフェスの不規則性が表面下散乱距離より小さい材質のモデル化に適切です。ディフューズ シェーディングは、そのような材質の表面の粗さに直接影響を受けません。このセクションのモデルのいくつかの場合のように、ディフューズ項とスペキュラー項を結合すると、サーフェスの荒さがディフューズ シェーディングに間接的に影響を与えることがあります。

セクション9.3で述べたように、リアルタイム レンダリング アプリケーションは、しばしばローカル表面下散乱をランバート項でモデル化します。この場合、BRDFディフューズ項はπでρ_{ss}になります。

$$f_{\text{diff}}(\mathbf{l}, \mathbf{v}) = \frac{\rho_{ss}}{\pi} \tag{9.61}$$

ランバート モデルは、表面で反射される光が表面下散乱で利用できないことを計算に入れません。このモデルを改善するため、表面（スペキュラー）と表面下（ディフューズ）の反射率項の間にエネルギーの交換があるべきです。フレネル効果は、この表面-表面下のエネ

9.9. 表面下散乱の BRDF モデル

ギー交換が入射光の角度 θ_i で変わることを暗に意味します。入射角が傾くにつれて、スペキュラー反射率は上がり、ディフューズ反射率は下がります。この平衡を構成するための基本的な手段は、ディフューズ項に、1からスペキュラー項のフレネル部分を引いたものを掛けることです [1746]。スペキュラー項が平らな鏡のものなら、次のディフューズ項になります。

$$f_{\text{diff}}(\mathbf{l}, \mathbf{v}) = (1 - F(\mathbf{n}, \mathbf{l}))\frac{\rho_{\text{ss}}}{\pi} \tag{9.62}$$

スペキュラー項がマイクロファセット BRDF 項なら、次のディフューズ項になります。

$$f_{\text{diff}}(\mathbf{l}, \mathbf{v}) = (1 - F(\mathbf{h}, \mathbf{l}))\frac{\rho_{\text{ss}}}{\pi} \tag{9.63}$$

式 9.62 と 9.63 は、BRDF の値が出る方向 $\mathbf{v}$ に依存しないので、出る光が一様分布になります。光は一般に再放出される前に複数の散乱を受け、その出る方向がランダムになるので、この振る舞いは妥当です。しかし、出る光の完全な一様分布を疑う2つの理由があります。まず、式 9.62 のディフューズ BRDF 項は入る方向で変わるので、ヘルムホルツの相反則により、出る方向によっても変わらなければなりません。2つ目として、光は出る途中で屈折を受けなければならず、それは出る光に何らかの方向の選択を課します。

Shirley らは、エネルギーの保存とヘルムホルツの相反則の両方を保ちながら、フレネル効果と表面-表面下反射交換を扱う平らなサーフェス用の結合ディフューズ項を提案しました [1747]。その導出は、フレネル反射率にシュリック近似 [1686]（式 9.16）を使うことを仮定します。

$$f_{\text{diff}}(\mathbf{l}, \mathbf{v}) = \frac{21}{20\pi}(1 - F_0)\rho_{\text{ss}}\left(1 - \left(1 - (\mathbf{n} \cdot \mathbf{l})^+\right)^5\right)\left(1 - \left(1 - (\mathbf{n} \cdot \mathbf{v})^+\right)^5\right) \tag{9.64}$$

式 9.64 は、完全なフレネル ミラーのスペキュラー反射率がを持つサーフェスにしか当てはまりません。相反的で、エネルギーを保存し、任意のスペキュラー項と結合するディフューズ項の計算に使える一般化形式は、Ashikhmin と Shirley [85] が提案し、Kelemen と Szirmay-Kalos [949] が精緻化しました。

$$f_{\text{diff}}(\mathbf{l}, \mathbf{v}) = \rho_{\text{ss}}\frac{\left(1 - R_{\text{spec}}(\mathbf{l})\right)\left(1 - R_{\text{spec}}(\mathbf{v})\right)}{\pi\left(1 - \overline{R_{\text{spec}}}\right)} \tag{9.65}$$

R_{spec} はスペキュラー項の方向アルベド（セクション 9.3）で、$\overline{R_{\text{spec}}}$ はその半球上での余弦加重平均です。値 R_{spec} は式 9.8 や 9.9 を使って事前に計算し、参照テーブルに格納できます。平均の $\overline{R_{\text{spec}}}$ は、前に出会った同様の平均：$\overline{R_{\text{sF1}}}$（式 9.57）と同じ方法で計算します。

式 9.65 の形は、明らかに式 9.56 と似ていますが、Imageworks の多重跳ね返りスペキュラー項は Kelemen-Szirmay-Kalos の結合ディフューズ項から派生しているので、驚くことではありません。しかし、重要な違いが1つあります。ここでは、R_{sF1} の代わりに、フレネルと、使うのであれば多重跳ね返りスペキュラー項 f_{ms} も含む、完全なスペキュラー BRDF 項の方向アルベド R_{spec} を使います。この違いにより、R_{spec} 用の参照テーブルは粗さ α と仰角 θ だけでなく、フレネル反射率にも依存するので、その次元が増えます。

Imageworks の Kelemen-Szirmay-Kalos 結合ディフューズ項の実装では、屈折率を第3の軸とする3次元の参照テーブルが使われます [1020]。彼らは積分に多重跳ね返り項に含めると R_{spec} が R_{sF1} より滑らかになるので、$16 \times 16 \times 16$ のテーブルで十分なことを見出しました。図 9.41 がその結果を示しています。

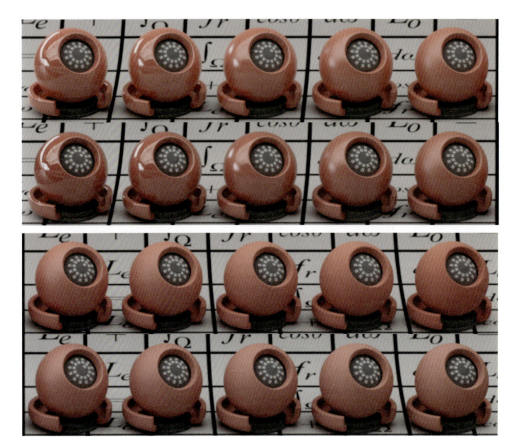

図9.41. 1段目と3段目はランバート項にスペキュラー項を加えている。2段目と4段目は、同じスペキュラー項をKelemen-Szirmay-Kalos結合ディフューズ項と一緒に使っている。上の2段は、下の2段よりも荒さが低い。段中では、左から右に荒さが増える。（図提供：*Christopher Kulla* [1020]。）

BRDFがシュリックのフレネル近似を使い、多重跳ね返りスペキュラー項を含めなければ、F_0の値を積分からくくり出せます。そうするとKaris [930]が論じるように、R_{spec}にエントリーに2つの量を格納する2次元テーブルを、3次元テーブルの代わりに使うことができます。また、Lazarov [1079] は、R_{spec}にフィットする解析関数を紹介していますが、フィットした関数を単純化するため、F_0を同様に積分からくくり出しています。

KarisとLazarovのどちらも、スペキュラー方向アルベドR_{spec}、イメージベース ライティングに関連する別の目的に使います。そのテクニックに関する詳細が、セクション10.5.2にあります。両方のテクニックを同じアプリケーションで実装する場合には、どちらにも同じ参照テーブルを使って、効率を上げられます。

それらのモデルは、表面（スペキュラー）と表面下（ディフューズ）の項の間でのエネルギーの保存の意味合いを考慮することにより、開発されました。他のモデルは物理的原理から開発されました。それらのモデルの多くは、半無限の、等方的に散乱するボリュームのBRDFモデルを開発したチャンドラセカール（Subrahmanyan Chandrasekhar, 1910〜1995）の研究に依存します。KullaとConty [1020]が示したように、平均自由行程が十分に短ければ、このBRDFモデルは任意の形の散乱ボリュームに完璧に一致します。チャンドラセカールBRDFは彼の本で見ることができますが[276]、より利用しやすい、見慣れたレンダリング表記を使

9.9. 表面下散乱の BRDF モデル

う形が、Dupuy ら [427] による論文の式 30 と 31 にあります。

チャンドラセカール BRDF は屈折を含まないので、**屈折率一致サーフェスのモデル化にしか使えません**。それは 265 ページの図 9.11 のように、屈折率が両側で同じサーフェスです。屈折率不一致サーフェスをモデル化するには、光が表面を出入りする場所の屈折を計上するように BRDF を修正しなければなりません。この修正が Hanrahan と Krueger [719] と Wolff [2042] の研究の焦点です。

9.9.4　粗いサーフェスの表面下モデル

Disney 原理のシェーディング モデルの一部として、Burley [233] は、粗さの効果を含み、測定マテリアルに一致するように設計したディフューズ BRDF 項を含めました。

$$f_{\text{diff}}(\mathbf{l}, \mathbf{v}) = \chi^+(\mathbf{n} \cdot \mathbf{l}) \chi^+(\mathbf{n} \cdot \mathbf{v}) \frac{\rho_{\text{ss}}}{\pi} \big((1 - k_{\text{ss}}) f_{\text{d}} + 1.25 \, k_{\text{ss}} f_{\text{ss}} \big) \tag{9.66}$$

ここで

$$
\begin{aligned}
f_{\text{d}} &= \Big(1 + (F_{\text{D90}} - 1)(1 - \mathbf{n} \cdot \mathbf{l})^5 \Big) \Big(1 + (F_{\text{D90}} - 1)(1 - \mathbf{n} \cdot \mathbf{v})^5 \Big), \\
F_{\text{D90}} &= 0.5 + 2\sqrt{\alpha} \, (\mathbf{h} \cdot \mathbf{l})^2, \\
f_{\text{ss}} &= \left(\frac{1}{(\mathbf{n} \cdot \mathbf{l})(\mathbf{n} \cdot \mathbf{v})} - 0.5 \right) F_{\text{SS}} + 0.5, \\
F_{\text{SS}} &= \Big(1 + (F_{\text{SS90}} - 1)(1 - \mathbf{n} \cdot \mathbf{l})^5 \Big) \Big(1 + (F_{\text{SS90}} - 1)(1 - \mathbf{n} \cdot \mathbf{v})^5 \Big), \\
F_{\text{SS90}} &= \sqrt{\alpha} \, (\mathbf{h} \cdot \mathbf{l})^2
\end{aligned}
\tag{9.67}
$$

そして α はスペキュラー粗さです。異方性の場合は、α_x と α_y の中間の値を使います。この式はしばしば *Disney* ディフューズ モデルと呼ばれます。

表面下項 f_{ss} は、Hanrahan-Krueger BRDF [719] に触発されたもので、遠くのオブジェクト上のグローバル表面下散乱の安価な置き換えを意図しています。そのディフューズ モデルは f_{ss} と、ユーザー制御パラメーター k_{ss} に基づく粗いディフューズ項 f_{d} をブレンドします。

Disney ディフューズ モデルは映画 [233] と、ゲーム [1035]（ただし表面下項はない）で使われています。完全な Disney ディフューズ BRDF には光沢（sheen）項も含まれ、それは主に布地のモデル化を意図していますが、多重跳ね返りスペキュラー項の欠如によるエネルギー損失の補償にも役立ちます。Disney 光沢項はセクション 9.10 で論じます。数年後、Burley はグローバル表面下散乱レンダリング テクニックを統合するように設計した、改良モデルを発表しています [234]。

Disney ディフューズ モデルはスペキュラー BRDF 項と同じ粗さを使うので、モデル化が困難なマテリアルもあります（図 9.40）。しかし、分離したディフューズ粗さ値を使うように修正するのは簡単でしょう。

他の粗いサーフェス ディフューズ BRDF は、大半がマイクロファセット理論を使って開発され、NDF D、マイクロ BRDF f_μ、マスキング-シャドウイング関数 G_2 に様々な異なる選択があります。それらのモデルで最も有名なのは、Oren と Nayar [1444] が提案したものです。Oren-Nayar BRDF はランバート マイクロ BRDF、球面ガウス NDF、Torrance-Sparrow「V-空洞」マスキング-シャドウイング関数を使います、その BRDF の完全な形式は、1 つの 2 次跳ね返りをモデル化します。Oren と Nayar の論文には、単純化した「定性的」モデルも含まれます。長年にわたり、Oren-Nayar モデルには最適化 [623]、コストを増やさずに「定性的」

モデルをより完全なモデルに近づけるための調整 [548]、マイクロ BRDF をより正確な、滑らかなサーフェス ディフューズ モデルに変えること [624, 2043] など、いくつかの改良が提案されています。

Oren-Nayar モデルは、現在のスペキュラー モデルで使われるものとはかなり異なる、法線分布とマスキング-シャドウイング関数を持つマイクロサーフェスを仮定します。2つのディフューズ マイクロファセット モデルは、等方性 GGX NDF と高さ相関 Smith マスキング-シャドウイング関数を使って導かれました。五反田 [624] による1つ目のモデルは、マイクロ BRDF として式 9.64 のスペキュラー結合ディフューズ項を使い、一般のマイクロファセットの式（式 9.26）を数値積分した結果です。それから解析関数を数値積分データにフィットしました。五反田の BRDF は、微小面の間の相互反射を計上せず、フィットした関数は比較的複雑です。

Hammon [713] は、五反田と同じ NDF、マスキング-シャドウイング関数、マイクロ BRDF を使い、相互反射を含めて BRDF を数値的にシミュレートします。このマイクロファセット構成では相互反射が重要で、より粗いサーフェスでは全体の反射の半分も表すことを示しています。しかし、失われるエネルギーのほぼすべてが2次の跳ね返りに含まれるので、Hammon は2回跳ね返りシミュレーションからのデータを使います。また、おそらくは相互反射の追加がデータを平滑化したため、Hammon はかなり単純な関数を、シミュレーション結果にフィットできました。

$$f_{\mathrm{diff}}(\mathbf{l}, \mathbf{v}) = \chi^+(\mathbf{n} \cdot \mathbf{l}) \chi^+(\mathbf{n} \cdot \mathbf{v}) \frac{\rho_{\mathrm{ss}}}{\pi} \big((1 - \alpha_g) f_{\mathrm{smooth}} + \alpha_g f_{\mathrm{rough}} + \rho_{\mathrm{ss}} f_{\mathrm{multi}} \big) \qquad (9.68)$$

ここで

$$
\begin{aligned}
f_{\mathrm{smooth}} &= \frac{21}{20}(1 - F_0)\left(1 - (1 - \mathbf{n} \cdot \mathbf{l})^5\right)\left(1 - (1 - \mathbf{n} \cdot \mathbf{v})^5\right), \\
f_{\mathrm{rough}} &= k_{\mathrm{facing}}(0.9 - 0.4\, k_{\mathrm{facing}})\left(\frac{0.5 + \mathbf{n} \cdot \mathbf{h}}{\mathbf{n} \cdot \mathbf{h}}\right), \\
k_{\mathrm{facing}} &= 0.5 + 0.5(\mathbf{l} \cdot \mathbf{v}), \\
f_{\mathrm{multi}} &= 0.3641 \alpha_g
\end{aligned}
\qquad (9.69)
$$

そして α_g は GGX スペキュラー粗さです。分かりやすくするため、ここでは Hammon と少し異なるやり方で項をまとめています。f_{smooth} は、式 9.68 で掛ける ρ_{ss}/π 因数を取り除いた、式 9.64 の結合ディフューズ BRDF です。Hammon は性能を上げたり、古いモデルでオーサリングしたアセットとの互換性を改善するために、f_{smooth} を他の滑らかなサーフェス ディフューズ BRDF で置き換える「ハイブリッド」BRDF を論じています。

測定データとの比較は示していませんが、全体として Hammon のディフューズ BRDF は安価で、健全な理論的原理に基づきます。1つ注意すべきことは、BRDF の導出の基礎にサーフェスの不規則性が散乱距離より大きいという仮定があることで、正確にモデル化できるマテリアルの種類が制限されるかもしれません（図 9.40）。

式 9.61 に示される単純なランバート項は、まだ多くのリアルタイム レンダリング アプリケーションにより実装されています。ランバート項の低い計算コスト以外に、他のディフューズ モデルより間接照明やベイクしたライティングと一緒に使いやすく、より洗練されたモデルとの外見的な違いは、たいていわずかです [274, 930]。それでも、フォトリアリズムへの絶え間ない探求が、より正確なモデルの使用の増加を促しています。

図 **9.42.** ゲーム *Uncharted 4* 用に作られた布のシステムを使うマテリアル。左上の球はGGXマイクロファセット スペキュラーとランバート ディフューズの標準的なBRDFを持つ。中央上の球は布地BRDFを使う。他の球はそれぞれ異なる種類のピクセル単位の変化を加え、左から右、上から下に、布地の織りの詳細、布地の経年劣化、欠陥の詳細、小さなしわ。（*UNCHARTED 4 A Thief's End* ©/TM *2016 SIE. Created & developed by Naughty Dog LLC*。）

9.10 布の BRDF モデル

布は他の種類のマテリアルと異なるマイクロジオメトリーを持つ傾向があります。布地の種類により、高度に反復して織られる微細構造や、表面から垂直に突き出る円筒（糸）、あるいはその両方を持ちます。その結果、布のサーフェスは、異方性スペキュラー ハイライト、アスペリティ散乱（突き出す半透明の繊維を通る光の散乱による明るいエッジの効果）など、一般に特殊化したシェーディング モデルが必要な特徴的な外見を持ち[991]、見る方向で色がシフトすることさえあります（布地を通り抜ける様々な色の糸による）。

BRDFに加え、ほとんどの布地には、やはり信憑性のある布の外見を作り出す鍵となる、高周波の空間的変化があります[892]（図9.42）。

布のBRDFモデルは、観察から作成される経験的モデル、マイクロファセット理論に基づくモデル、マイクロ円筒モデルの3つの主要なカテゴリーに分けられます。各カテゴリーから、いくつかの注目すべき例を見ることにします。

9.10.1 経験的な布モデル

ゲーム *Uncharted 2* [683] は、布サーフェスは次のディフューズBRDF項を使っています。

$$f_{\text{diff}}(\mathbf{l}, \mathbf{v}) = \frac{\rho_{\text{ss}}}{\pi} \left(k_{\text{rim}} \left((\mathbf{v} \cdot \mathbf{n})^+ \right)^{\alpha_{\text{rim}}} + k_{\text{inner}} \left(1 - (\mathbf{v} \cdot \mathbf{n})^+ \right)^{\alpha_{\text{inner}}} + k_{\text{diff}} \right) \tag{9.70}$$

$k_{\text{rim}}, k_{\text{inner}}, k_{\text{diff}}$ はそれぞれ、ユーザーが制御する周縁ライティング項の倍率、前向きの（内部）サーフェスを明るくする項、ランバート項です。また、α_{rim} と α_{inner} は、周縁と内部の項のフォールオフを制御します。いくつかのビュー依存効果がありますが、光の方向に依存するものはないので、この振る舞いは非物理的です。

対照的に、*Uncharted 4* [892] の布は布の種類に応じて、スペキュラー項にはマイクロファセットまたはマイクロ円筒モデル（次の2つのセクションで詳しく述べる）、ディフューズ項には「ラップ ライティング（カバー付き照明）」の経験的表面下散乱近似を使います。

$$f_{\text{diff}}(\mathbf{l}, \mathbf{v})(\mathbf{n} \cdot \mathbf{l})^+ \Rightarrow \frac{\rho_{\text{ss}}}{\pi} \left(\mathbf{c}_{\text{scatter}} + (\mathbf{n} \cdot \mathbf{l})^+ \right)^{\overline{\mp}} \frac{(\mathbf{n} \cdot \mathbf{l} + w)^{\overline{\mp}}}{1 + w} \tag{9.71}$$

ここではセクション1.2で導入した、0と1の間へのクランプを示す $(x)^{\overline{\mp}}$ 表記を使います。変則的な表記 $f_{\text{diff}}(\mathbf{l}, \mathbf{v})(\mathbf{n} \cdot \mathbf{l})^+ \Rightarrow \ldots$ は、このモデルがBRDFと同時にライティングに影響を与えることを示しています。矢印の右側の項が、左側の項を置き換えます。ユーザー指定のパラメーター $\mathbf{c}_{\text{scatter}}$ は散乱色で、範囲が $[0, 1]$ の値 w はラップ ライティングの幅を制御します。

布のモデル化で、Disneyは彼らのディフューズBRDF項 [233]（セクション9.9.4）で、モデル アスペリティ散乱をモデル化するために加えた光沢項を使います。

$$f_{\text{sheen}}(\mathbf{l}, \mathbf{v}) = k_{\text{sheen}} \mathbf{c}_{\text{sheen}} \left(1 - (\mathbf{h} \cdot \mathbf{l})^+ \right)^5 \tag{9.72}$$

k_{sheen} は光沢項の強さを調整するユーザー パラメーターです。光沢色 $\mathbf{c}_{\text{sheen}}$ は白と ρ_{ss} の輝度正規化値の（別のユーザー パラメーターで制御する）ブレンドです。言い換えると、ρ_{ss} をその輝度で割ることにより、その色相と彩度を分離します。

9.10.2 マイクロファセット布モデル

Ashikhmin ら [86] は、ビロードのモデル化に逆ガウスNDFを使うことを提案しています。後の研究でそのNDFを少し修正し [89]、一般のマテリアルをモデル化するため、マスキング-シャドウイング項がなく、分母を修正したマイクロファセットBRDFの変形も提案しています。

ゲーム *The Order: 1886* [1370] で使われる布のBRDFは、その修正マイクロファセットBRDFと Ashikhmin と Premože の後のレポート [89] のビロードNDFの一般形式を、式9.63のディフューズ項と組み合わせています。その一般化ビロードNDFは

$$D(\mathbf{m}) = \frac{\chi^+(\mathbf{n} \cdot \mathbf{m})}{\pi(1 + k_{\text{amp}} \alpha^2)} \left(1 + \frac{k_{\text{amp}} \exp\left(\frac{(\mathbf{n} \cdot \mathbf{m})^2}{\alpha^2 \left((\mathbf{n} \cdot \mathbf{m})^2 - 1 \right)} \right)}{\left(1 - (\mathbf{n} \cdot \mathbf{m})^2 \right)^2} \right) \tag{9.73}$$

で、α は逆ガウス分布の幅を制御し、k_{amp} はその振幅を制御します。完全な布BRDFは次のものです。

$$f(\mathbf{l}, \mathbf{v}) = \left(1 - F(\mathbf{h}, \mathbf{l}) \right) \frac{\rho_{\text{ss}}}{\pi} + \frac{F(\mathbf{h}, \mathbf{l}) D(\mathbf{h})}{4 \left(\mathbf{n} \cdot \mathbf{l} + \mathbf{n} \cdot \mathbf{v} - (\mathbf{n} \cdot \mathbf{l})(\mathbf{n} \cdot \mathbf{v}) \right)} \tag{9.74}$$

9.10. 布の BRDF モデル

図9.43. Imageworksの光沢スペキュラー項の赤いディフューズ項への追加。左から右、光沢の粗さの値は$\alpha = 0.15$, 0.25, 0.40, 0.65, 1.0。（図提供：*Alex Conty* [480]。）

このBRDFの変形は、ゲーム *Uncharted 4* [892]で羊毛や綿などの粗い布地に使われました。

Imageworks [1020] が、任意のBRDFに追加可能な光沢項に異なる逆NDFを使っています。

$$D(\mathbf{m}) = \frac{\chi^+(\mathbf{n}\cdot\mathbf{m})(2+\frac{1}{\alpha})\big(1-(\mathbf{n}\cdot\mathbf{m})^2\big)^{\frac{1}{2\alpha}}}{2\pi} \quad (9.75)$$

このNDFのSmithマスキング-シャドウイング関数に閉形式解はありませんが、Imageworksはその数値解を解析関数で近似できました。そのマスキング-シャドウイング関数と、光沢項とBRDFの残りの間のエネルギーの保存に関する詳細は、EstevezとKulla [480]で論じられています。図9.43に、Imageworksの光沢項を使ってレンダーしたいくつかの例があります。

これまで見てきた布モデルは、どれも特定の種類の布地に限定されます。次のセクションで論じるモデルは、もっと一般的なやり方で布のモデル化を試みます。

9.10.3 マイクロ円筒布モデル

布に使うマイクロ円筒モデルは髪の毛に使うものとよく似ているので、セクション14.7.2の髪の毛のモデルの議論で、理解を深められます。それらのモデルの背後にある考え方は、サーフェスが1次元の直線で覆われると仮定することです。KajiyaとKayが開発した、この場合の単純なBRDFモデル [915] に、Banks [106] が確かな理論的基礎を与えました。それは *Kajiya-Kay BRDF* や *Banks BRDF* と呼ばれます。その概念の基盤となる所見は、1次元の直線からなるサーフェスが、どの位置でも、その位置の接ベクトル$\mathbf{t}$に垂直な**法線平面**で定義された無数の法線を持つことです。このフレームワークから多くの新たなマイクロ円筒モデルが開発されていますが、その単純さから元のKajiya-Kayモデルは今でも使われます。例えば、ゲーム *Uncharted 4* [892]では、絹やビロードなどの輝く布地のスペキュラー項にKajiya-Kay BRDFが使われました。

Dreamworks [375, 2083] は、布地に比較的単純でアーティスト制御可能なマイクロ円筒モデルを使います。テクスチャーを使って粗さ、色、糸の方向を変えることができ、ビロードのような布地のモデル化では、サーフェス平面から外を指すことができます。玉虫織のように複雑に色が変化する布地をモデル化するため、縦糸と横糸に異なるパラメーターを設定できます。そのモデルはエネルギーを保存するように正規化されます。

Sadeghiら[1641]が、布地サンプル個別の糸の測定に基づくマイクロ円筒モデルを提案しています。そのモデルは糸の間のマスキングとシャドウイングも計上します。

実際の髪の毛のBSDFモデル（セクション14.7）を布に使う場合もあります。RenderManの *PxrSurface* マテリアル [795] は、Marschnerら [1218]（セクション14.7）による髪の毛モデルのR項を使う「けば」ローブを持っています。WuとYuksel [2068, 2070] によるリアルタイム

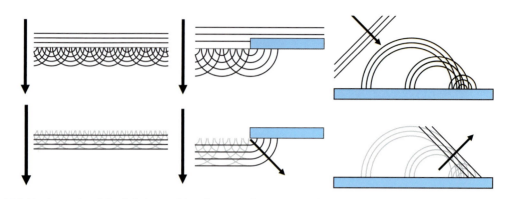

図9.44. 左に、空の空間を伝搬する平面波面が見える。波面上の各点を新たな球面波の波源として扱うと、その新たな波は前方を除くすべての方向で相殺的に干渉し、再び平面波面が生じる。中では、波が障害物に出会う。障害物の端の球面波は、相殺的に干渉する波が隣にないので、いくらかの波が端の周辺で回折する（「漏れる」）。右では、平面波面が平らなサーフェスで反射される。平面波面は左のサーフェス点に右の点より早く出会うので、左のサーフェス点から発する球面波のほうが長い伝搬時間を持つため大きくなる。異なるサイズの球面波面は、反射した平面波面の端に沿っては建設的に、他の方向では相殺的に干渉する。

布レンダリング システムで実装されたモデルの1つは、アニメーション映画でDisneyが使う髪の毛モデルから派生しています[1639]。

9.11 波動光学 BRDF モデル

このいくつかのセクションで論じたモデルは、光を波ではなく光線の伝搬として扱う幾何光学に依存しています。266ページで論じたように、幾何光学はサーフェスの不規則性が波長より小さいか、約100波長より大きいという仮定に基づきます。

　現実世界のサーフェスはそんなに親切ではありません。1〜100波長範囲を含む、すべてのスケールの不規則性を持つ傾向があります。以前のセクションで論じた、個別にレンダーするには小さすぎるけれども100光波長よりは大きいマイクロジオメトリーの不規則性と区別するため、そのようなサイズの不規則性を**ナノジオメトリー**と呼びます。幾何光学は、ナノジオメトリーの反射率への影響をモデル化できません。それらの効果は光の波動性に依存し、そのモデル化には**波動光学**（**物理光学**とも呼ばれる）が必要です。

　光の波長に近い暑さを持つ表層や薄膜も、光の波動性に関係する光学現象を生み出します。

　このセクションでは、回折や薄膜干渉などの波動光学現象に軽く触れ、それ以外は比較的ありふれた材質に思えるものを、リアリスティックにレンダーするときの、それらの（ときには驚くほどの）重要性を論じます。

9.11.1 回折モデル

ナノジオメトリーは**回折**と呼ばれる現象を引き起こします。それを説明するため、波面（同じ波の位相を持つ点の集合）上のすべての点を新たな球面波の波源として扱うことができるという、**ホイヘンス-フレネルの原理**を利用します（図9.44）。波が障害物に出会うとき、ホイヘンス-フレネルの原理は波が角で少し曲がることを示し、それが回折の1つの例です。この現象は幾何光学では予測できません。平面サーフェスへの光の入射の場合、幾何光学は光が1つの方向へ反射されることを正しく予測します。また、フレネル-ホイヘンスの原理さらなる洞察を

9.11. 波動光学 BRDF モデル

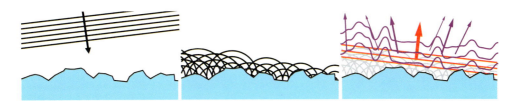

図 9.45. 左では、平面波面が粗いナノジオメトリーを持つサーフェスに入射する。中では、フレネル-ホイヘンスの原理に従ってサーフェス上に球面波が形成される。右では、建設的と相殺的な干渉が発生した後、その結果の波の一部（赤）が平面反射波を形成する。残り（紫）は回折し、波長に応じて、方向ごとに異なる量の光が伝搬する。

提供します。それはサーフェス上の球面波がぴったり並んで反射波面を作り、他のすべての方向の波は相殺的干渉を通じて除去されることを示しています。この洞察は、ナノメートルの凹凸を持つサーフェスを見るときに重要になります。サーフェス点の高さが違うと、サーフェス上の球面波はきれいに並ばなくなります（図 9.45）。

図が示すように、光は様々な方向に散乱します。その一部は鏡面反射して、反射方向の平面波面に加わります。残りの光は、ナノジオメトリーの特性に依存する方向パターンで回折して出ます。鏡面反射光と回折光の分割は、ナノジオメトリーの凸凹の高さ、より正確には高さ分布の分散に依存します。鏡面反射方向の周りの回折光の角度広がりは、光の波長に対するナノジオメトリーの凹凸の幅に依存します。やや直感に反しますが、凹凸が広いほど広がりは小さくなります。凹凸が 100 光波長より広ければ、回折光と鏡面反射光の間の角度は小さいので無視できます。凹凸のサイズが小さいほど回折光は広がりますが、凹凸が光の波長より小さくなると、回折は発生しなくなります。

反復パターンは建設的干渉により回折光を強めて、色彩豊かな虹色が生じるので、回折は周期的なナノジオメトリーを持つサーフェスで最もはっきり見えます。この現象は CD や DVD などの光学ディスクや、特定の昆虫で観察できます。回折は非周期的なサーフェスでも発生しますが、コンピューター グラフィックス コミュニティは長年の間、その効果は非常に小さいと仮定してきました。このため、いくつかの例外を除き [97, 396, 745, 1812]、コンピューター グラフィックスの文献は長年に渡って回折を無視してきました。

しかし、Holzschuch と Pacanowski [825] による最近の測定マテリアルの分析は、多くのマテリアルにかなりの回折効果が存在し、それらのマテリアルを現在のモデルでフィットするのが困難である理由を説明できることを示しました。同じ著者たちによる後の研究は [826]、一般のマイクロファセット BRDF（式 9.26）を、回折を計上するマイクロ BRDF と一緒に使うことにより、マイクロファセットと回折理論を組み合わせるモデルを導入しました。同時並行して、Toisoul と Ghosh [1904, 1905] は、周期的ナノジオメトリーから生じる虹色の回折効果を捕らえて、点光源とイメージベース ライティングでリアルタイムにレンダーする手法を紹介しました。

9.11.2 薄膜干渉のモデル

薄膜干渉は誘電体層の上と下から反射する光の進路が互いに干渉するときに起きる波動光学現象です（図 9.46）。

様々な波長の光は、波長と経路長の差の関係に応じて、建設的または相殺的に干渉します。経路長の差は角度で変わるので、その最終結果は、様々な波長の建設的と相殺的な干渉の遷移による虹色の変化です。

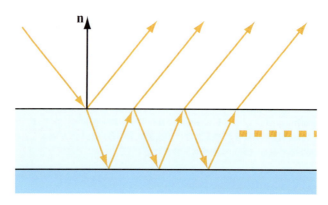

図9.46. 反射性基質にかぶせた薄膜への光の入射。主反射以外に、光が屈折して、基質から反射する複数の進路があり、上の薄膜サーフェスの内部で反射したり、屈折して通過するものがある。それらの進路はどれも同じ波の複製だが、経路長の違いにより生じる短い位相の遅れがあるので、互いにコヒーレントに干渉する。

この効果が起きるために膜が薄い必要がある理由は、**コヒーレンス長**の概念に関係があります。この長さは、光波の複製が変位しながら、まだ元の波とコヒーレントに干渉できる最大距離です。この長さは、そのスペクトル パワー分布（SPD）が広がる波長の範囲である光の**帯域幅**に反比例します。その帯域幅が極めて狭いレーザー光は、極めて長いコヒーレンス長を持ちます。レーザーの種類によっては、数マイルになることがあります。単純な正弦波は何波長も変位しても、やはり元の波とコヒーレントに干渉するので、この関係は理にかないます。レーザーが本当に単色なら、無限のコヒーレンス長を持ちますが、実際にはレーザーの帯域幅はゼロではありません。逆に、帯域幅が極めて広い光は、カオス的な波形を持ちます。そのような波形の複製が、短い距離変異するだけで元の波とコヒーレントに干渉しなくなることは、理にかないます。

理論的に、すべての波長の混合である理想的な白色光のコヒーレンス長はゼロです。しかし、可視光の光学の目的では、人間の視覚系（400〜700nmの範囲の光しか関知しない）の帯域幅がコヒーレンス長を決定し、それは約1マイクロメートルです。したがって、ほとんどの場合、「目に見える干渉が生じる範囲で、どれだけ膜を厚くできるか？」という疑問への答えは「約1マイクロメートル」です。

回折と同様に、薄膜干渉は石鹸の泡や油の染みなどのサーフェスでしか起きない特殊ケースの効果だと、長い間考えられていました。しかし、Akin [32] は、薄膜干渉が、実際に多くの日常のサーフェスに微妙な色合いを与えることを指摘し、この効果のモデル化がいかにリアリズムを増すかを示しました（図9.47）。彼の記事は物理的に基づく薄膜干渉への関心レベルを大きく引き上げ、RenderManの*PxrSurface* [795] とImageworksシェーディング モデル [1020] を含む、様々なシェーディング モデルが、この効果のサポートを組み込むことになりました。

リアルタイム レンダリングに適した薄膜干渉テクニックは、かなり以前から存在しています。SmitsとMeyer [1790] が、1次と2次の光の進路の間の薄膜干渉を計上する効率的な手法を提案しています。彼らは生じる色が主に経路長の差の関数であることに気付き、それは膜の厚み、見る角度、屈折率から効率よく計算できます。彼らの実装はRGB色の1次元参照テーブルを必要とします。そのテーブルの中身は密なスペクトル サンプリングを使って計算し、前処理でRGB色に変換できるので、そのテクニックはかなり高速です。ゲーム *Call of Duty: Infinite Warfare*では、多層マテリアル システムの一部として様々な高速薄膜近似が使われています [416]。そのテクニックは他の物理的現象と同じく、薄膜中の光の複数の跳ね返りをモ

9.12. 多層マテリアル   315

図9.47. 薄膜干渉あり（左）となし（右）でレンダーした革マテリアル。薄膜干渉で生じるスペキュラーの着色がイメージのリアリズムを増す。（*Atilla Akin, Next Limit Technologies [32]*によるイメージ。）

デル化しません。より正確で計算的に高価でありながら、リアルタイム実装向けのテクニックを、BelcourとBarla [139]が紹介しています。

9.12　多層マテリアル

日常生活では、マテリアルはたいてい積み重なり合っています。サーフェスは埃、水、氷や雪で覆われるかもしれません。装飾や保護のためにラッカーや、何か他の塗装膜で塗られるかもしれません。あるいは、多くの生物学的マテリアルのように、基本構造の一部として複数のレイヤーを持つこともあります。

　最も単純で見た目に重要な積層の1つが、何らかの異なるマテリアルの基質の上の滑らかで透明な層である、**クリアコート**です。1つの例は、粗い木のサーフェスの上の滑らかなニスの表面塗装です。クリアコート項は、Disney原理のシェーディング モデル [233]、Unreal Engine [1937]、RenderManの*PxrSurface*マテリアル [795]、Dreamworks Animationが使うシェーディング モデル [2083] と Imageworks [1020] に含まれます。

　クリアコート層の最も目立つ視覚効果は、クリアコートと下の基質の両方から反射される光から生じる二重反射です。この2番目の反射は、基質が金属のときに誘電体クリアコートと基質の屈折率の差が最大になるので、最も目立ちます、基質が誘電体のときには、その屈折率がクリアコートのものと近いので、2番目の反射は比較的弱くなります。この効果は283ページの表9.4の水中のマテリアルと似ています。

　クリアコート層に色が付くこともあります。物理的に見ると、この着色は吸収の結果です。吸収される光の量は、ベール-ランベルトの法則（セクション14.1.2）に従い、クリアコート層を通過する光の進路の長さに依存します。この経路の長さは視線と光の角度、そしてマテリアルの屈折率に依存します。Disney原理のモデルやUnreal Engineなどの単純なクリアコート実装は、このビュー依存性をモデル化しません。*PxrSurface*や、ImageworksとDreamworksのシェーディング モデルなどの実装はモデル化します。さらにImageworksのモデルは、種類が異なる任意の数の層を結合することもできます。

図9.48. *Call of Duty: Infinite Warfare*の多層マテリアル システムの様々な特徴を示すテスト サーフェス。そのマテリアルは幾何学的に歪みと散乱を持つ複雑なサーフェスをシミュレートするが、側面は2つの三角形だけでできている。（イメージ提供：*Activision Publishing, Inc. 2018*。）

一般の場合、層ごとに異なるサーフェス法線を持つこともあります。その例には、平らな舗装の上を流れる小川、凸凹の土の滑らかな氷の板シート、ボール紙を包むしわくちゃのプラスチック包装などがあります。映像業界で使われるほとんどの多層モデルは、層ごとに別個の法線をサポートします。この慣行はリアルタイム アプリケーションでは一般的ではありませんが、Unreal Engineのクリアコート実装はオプション機能としてサポートします。

WeidlichとWilkie [2004, 2005] は、層の厚みがマイクロファセットのサイズと比べて小さいことを仮定する、多層マイクロファセット モデルを提案しています。彼らのモデルは任意の数の層をサポートし、反射と屈折を上から下、そして下から上に追跡します。それはリアルタイム実装にも十分に単純ですが[456, 623]、層の間の複数の反射を考慮しません。Jakobら [877, 878] は、複数の反射を含めて、多層マテリアルをシミュレートする包括的で正確なフレームワークを紹介しています。リアルタイム実装には適していませんが、そのシステムは検証比較に役立ち、使われる考え方は今後のリアルタイム テクニックを示唆しているかもしれません。

ゲーム *Call of Duty: Infinite Warfare*は、特に注目すべき多層マテリアル システムを使っています[416]。ユーザーは任意の数のマテリアル層を合成できます。屈折、散乱、経路長に基づく層の間での吸収、さらに層ごとに異なるサーフェス法線をサポートします。高度に効率的な実装と合わさって、このシステムは前例のない複雑さのリアルタイム マテリアルを可能にし、特に60 Hzで動作するゲームでは印象的です（図9.48）。

9.13 マテリアルのブレンドとフィルタリング

マテリアル ブレンドは、複数のマテリアル プロパティ、すなわちBRDFパラメーターを結合する処理です。例えば、点々と錆がある金属のシートをモデル化するのに、錆た点の位置を制御するマスク テクスチャーをペイントし、それを使って錆と金属のマテリアル プロパティ（スペキュラー色F_0、ディフューズ色ρ_{ss}、粗さα）をブレンドすることもできます。ブレンドするマテリアルも、それぞれテクスチャーに格納したパラメーターに空間的な変化があるかもしれません。ブレンドは、しばしば「ベイキング」と呼ばれる、新たなテクスチャーを作成する前処理として行うことも、その場でシェーダーで行うこともできます。サーフェス法線$\mathbf{n}$は技術的にはBRDFパラメーターではありませんが、その空間的な変化は外見には重要なので、マテリアル ブレンドには一般に法線マップのブレンドも含まれます。

マテリアル ブレンドは、多くのリアルタイム レンダリング アプリケーションにとって重要です。例えば、ゲーム *The Order: 1886* は、大規模なライブラリーから引き出して、様々な空間的マスクで制御できる任意の深さのマテリアルのスタックをユーザーがオーサリングできる、複雑なマテリアル ブレンド システムを持ちます [1370, 1371, 1521]。そのマテリアル ブレンドの大半オフラインの前処理で行いますが、必要に応じて特定の合成操作を実行時まで先送りできます。この実行時処理は一般に、環境でタイル化したテクスチャーに独特の変化を加えるために行います。人気のマテリアル オーサリング ツール *Substance Painter* と *Substance Designer* は、*Mari* のテクスチャー ペイント ツールと同じく、マテリアルの合成に似たアプローチを使います。

テクスチャー要素をその場でブレンドすることにより、メモリーを節約しながら、多様な効果のセットが与えられます。ゲームはマテリアル ブレンドを様々な目的で採用します。

- 建物、乗り物、生き物（やゾンビー）の上に動的なダメージを表示する [220, 654, 1602, 1911, 1958]。
- ゲーム中の装備と衣服のユーザーによるカスタマイズを可能にする [655, 1876]。
- キャラクター [654, 1602] と環境 [46, 712, 1121] の外見の多様性を増す（例えば771ページの図20.5）。

マテリアルを別のマテリアルの上に100%未満の不透明度でブレンドすることもありますが、完全な不透明なブレンドでも、部分的なブレンドを行わなければならないマスク境界上にピクセル（テクスチャーにベイクするならテクセル）を持ちます。いずれの場合も、厳密に正しいアプローチはマテリアルごとにシェーディング モデルを評価し、その結果をブレンドすることでしょう。しかし、BRDFパラメーターをブレンドしてから、シェーディングを一度だけ評価するほうがずっと高速です。ディフューズとスペキュラーの色のパラメーターのように、最終的なシェーディングの色と線形もしくは線形に近い関係を持つマテリアル プロパティの場合、そのような補間で誤差がもたらされることはほとんどありません。多くの場合、最終的な色とかなり非線形な関係のパラメーターでさえ（スペキュラー粗さなど）、マスク境界で生じる誤差は目立ちません。

法線マップのブレンドは特別な考慮が必要です。その処理を法線マップを派生した高さマップ間のブレンドとして扱うと、たいていよい結果が得られます [1175, 1176]。詳細な法線マップを基本サーフェスの上に重ねるときのように、他の形のブレンドのほうが好ましい場合もあ

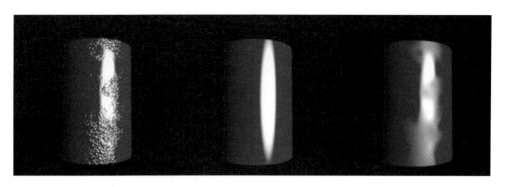

図9.49. 左は、円筒が元の法線マップでレンダーされている。中央は、図9.50の左下に示されるような、平均化して再正規化した法線を含む低解像度の法線マップが使われている。右は、円筒が同じ低解像度でも、図9.50の右下に示されるような、理想的なNDFにフィットした法線と光沢の値を含むのテクスチャーでレンダーされている。右のイメージのほうが、元の外見をずっとよく表す。このサーフェスは、低解像度でレンダーしたときにもエイリアシングを起こしにくい。（イメージ提供：*Patrick Conran, ILM*。）

ります[116]。

マテリアル フィルタリングは、マテリアル ブレンドと密接な関係があるトピックです。マテリアル プロパティは一般に、GPUの双線形フィルタリングとミップマッピングなどのメカニズムでフィルター処理されるテクスチャーに格納されます。しかし、それらのメカニズムは、フィルターする量（シェーディングの式への入力）が最終的な色（シェーディングの式の出力）と線形関係を持つという仮定に基づいています。線形性が成り立つ量もありますが、一般には成り立ちません。線形ミップマッピング手法を法線マップや、粗さなどの非線形BRDFパラメーターを含むテクスチャーで使うと、アーティファクトが生じることがあります。それらのアーティファクトは、スペキュラー エイリアシング（ちらつくハイライト）や、サーフェスのカメラからの距離による予期せぬサーフェスの光沢や明るさの変化として現れます。その2つのうちでは、スペキュラー エイリアシングのほうが、はるかに目立ち、それらのアーティファクトを軽減するためのテクニックは、しばしば**スペキュラー アンチエイリアシング** テクニックと呼ばれます。それらの手法のいくつかを次に論じます。

9.13.1　法線と法線分布のフィルタリング

マテリアル フィルタリング アーティファクトの大部分（主にスペキュラー エイリアシング）と、その最も頻繁に使われる解決法は、法線と法線分布関数のフィルタリングに関連します。その重要性により、この側面を少し詳しく論じることにします。

それらのアーティファクトが発生する理由と、その解決法を理解するため、NDFがサブピクセル サーフェス構造の統計的記述であることを思い出してください。カメラとサーフェスの間の距離が増えるとき、それまで複数のピクセルを覆っていたサーフェス構造がサブピクセル サイズに縮小し、バンプ マップの領域からNDFの領域に移ることがあります。この遷移はテクスチャーの詳細のサブピクセル サイズへの減少をカプセル化するミップマップ チェーンと密接に結び付いています。

図9.49の左の円筒のようなオブジェクトの外見を、レンダリングでどのようにモデル化するかを考えてみましょう。外見のモデル化は常に特定の観察のスケールを仮定します。**マクロスケール**（大規模）ジオメトリーは三角形としてモデル化され、**メソスケール**（中規模）ジオメトリーはテクスチャーとしてモデル化され、1ピクセルより小さい**マイクロスケール** ジオメト

9.13. マテリアルのブレンドとフィルタリング   319

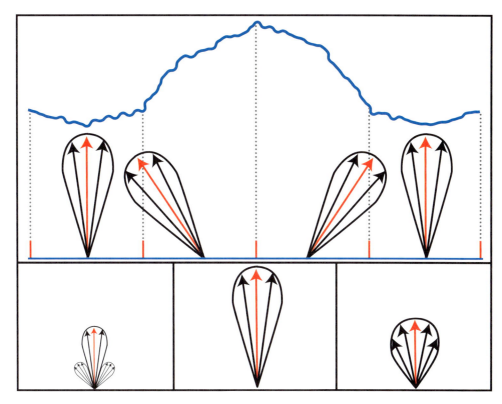

図9.50. 図9.49のサーフェスの一部。上段は法線分布（平均法線は赤で示される）と、暗に示されるマイクロジオメトリーを示している。下段は、4つのNDFをミップマッピングで行うように、1つに平均する3つの方法を示している。左は検証データ（法線分布を平均する）、中央は平均（法線）と分散（粗さ）を別々に平均した結果、右は平均NDFにNDFローブをフィットしたものを示している。

リーは、BRDFによりモデル化されます。

　イメージに示されるスケールでは、円筒を滑らかなメッシュとしてモデル化し（マクロスケール）、凹凸を法線マップ（メソスケール）で表すのが適切です。固定の粗さα_bのBeckmann NDFを、マイクロスケール法線分布のモデル化に選びます。この表現の組み合わせが、このスケールの円筒の外見をうまくモデル化します。しかし観察のスケールが変化すると、何が起きるでしょうか？

　図9.50を調べてください。上の黒枠の図は、4つの法線マップ テクセルで覆われる、サーフェスの小さな部分を示しています。各法線マップ テクセルが平均で1つのピクセルに覆われるスケールで、サーフェスをレンダーすると仮定します。テクセルごとに、法線（平均、または分布の平均）が赤い矢印で示され、黒で示されるBeckmann NDFで囲まれます。法線とNDFが断面図に示される基盤のサーフェス構造を暗に指定します。真ん中の大きなこぶは法線マップの凹凸の1つで、小さい刻みはマイクロスケール サーフェス構造です。法線マップの各テクセルは、粗さと合わせて、テクセルが覆うサーフェス領域の法線の分布を集めたものと見ることができます。

　さて、1つのピクセルが法線マップ テクセルの4つすべてを覆うように、カメラがオブジェクトから遠ざかったとします。この解像度でのサーフェスの理想的な表現は、各ピクセルが覆うより広いサーフェス領域で集めたすべての法線の分布を正確に表すことでしょう。この分布は、最上位レベルのミップマップの4つのテクセルのNDFを平均することで求められます。

左下の図はこの理想的な法線分布を示しています。この結果をレンダリングに使えば、この低い解像度でのサーフェスの外見を最も正確に表すでしょう。

中央下の図は、それぞれの分布の平均である法線と、それぞれの幅に相当する粗さを別々に平均した結果を示しています。その結果は正しい平均法線（赤）を持ちますが、その分布は狭すぎます。この誤差により、サーフェスの外見が滑らかになりすぎます。更に悪いのは、NDFがあまりも狭いと、ちらつくハイライトの形で、エイリアシングが生じがちなことです。

理想的な法線分布を直接Beckmann NDFで表すことはできません。しかし、粗さマップを使えば、Beckmannの粗さ α_b をテクセルごとに変えられます。それぞれの理想的なNDFについて、向きと全体的な幅の両方で、最もよく一致する有向Beckmannローブを求めるとします。このBeckmannローブの中心方向を法線マップに格納し、その粗さの値を粗さマップに格納します。その結果が右下に示されています。このNDFはずっと理想に近づきます。図9.49に見られるように、この処理によって、単純な法線の平均よりも円筒の外見がずっと忠実に表現できます。

最善の結果を得るためには、ミップマッピングなどのフィルタリング操作を、法線や粗さの値ではなく、法線分布に適用すべきです。それはNDFと法線の関係について、少し異なる考え方をすることを意味します。一般にNDFは、法線マップのピクセル単位の法線で決まるローカル接空間で定義されます。しかし、異なる法線にまたがってNDFのフィルタリングを行うときには、法線マップと粗さマップの組み合わせを基盤のジオメトリー サーフェスの接空間で歪められるNDF（平均しても真上を指す法線にならない）を定義するものと考えるほうが、役に立ちます。

NDFのフィルタリングの問題の解決の初期の試みは[99, 309, 714]、数値的最適化を使って1つ以上のNDFローブを平均した分布にフィットしました。このアプローチは堅牢性とスピードの問題があり、今日ではあまり使われません。代わりに現在使われるほとんどのテクニックは、法線分布の分散を計算することにより動作します。Toksvig [1906]は、法線を平均して再正規化しない場合、平均した法線の長さは法線分布の幅と逆の相関があることに気付きました。つまり、元の法線が指す方向が異なるほど、それを平均した法線は短くなります。彼は、この法線の長さを基にNDF粗さパラメーターを修正する手法を示しました。修正した粗さでのBRDFの評価は、フィルター処理した法線の拡散効果を近似します。

Toksvigの元の式はBlinn-Phong NDFと一緒に使うことを意図していました。

$$\alpha_p' = \frac{\|\overline{\mathbf{n}}\| \alpha_p}{\|\overline{\mathbf{n}}\| + \alpha_p (1 - \|\overline{\mathbf{n}}\|)} \tag{9.76}$$

α_p は元の粗さパラメーター値、α_p' は修正された値、$\|\overline{\mathbf{n}}\|$ は平均した法線の長さです。この式はBeckmann NDFでも、2つのNDFの形はかなり近いので、$\alpha_p = 2\alpha_b^{-2} - 2$（Walterら[1973]）とすることで使えます。その手法をGGXで使うのは、GGXとBlinn-Phong（やBeckmann）の間に明確な等価性がないので、それほど簡単ではありません。α_b を α_g と等価に使えば、ハイライトの中心で同じ値を与えますが、ハイライトの外見がかなり異なります。さらに厄介なことに、GGX分布の分散は定義されず、この系統の分散に基づくテクニックをGGXで使うときの理論的基礎はあやふやです。それらの理論的な難しさにも関わらず、式9.76をGGX分布で使うのはかなり一般的で、一般には $\alpha_p = 2\alpha_g^{-2} - 2$ が使われます。それは実際にかなりうまくいきます。

Toksvigの手法には、GPUのテクスチャー フィルタリングがもたらす法線の分散を計上する利点があります。それは最も単純な法線ミップマッピング スキームである、正規化なしの

線形平均でも動作します。この特徴は、水のさざ波のように、動的に生成してミップマップの生成をその場で行わなければならない法線マップに特に有用です。その手法は法線マップを圧縮する一般的な手法と相性が悪いので、静的な法線マップにはあまり向きません。それらの圧縮法は法線が単位長であることを当てにします。Toksvigの手法は平均法線の長さの変化を当てにするので、それに使う法線マップは非圧縮のままにしなければならないかもしれません。その場合でも、短縮した法線の格納は精度の問題を生じる可能性があります。

OlanoとBakerのLEANマッピング テクニック[1427]は、法線分布の共分散行列のマッピングに基づきます。Toksvigのテクニックと同じく、GPUのテクスチャー フィルタリングと線形ミップマッピングとうまく動作します。それは異方性法線分布もサポートします。Toksvigの手法と同様に、LEANマッピングは動的に生成する法線でうまく動作しますが、静的な法線で使うときには、精度の問題を避けるために大量のストレージを必要とします。よく似たテクニックがHeryら[794, 795]により独立に開発され、Pixarのアニメーション映画で、金属の薄片や小さな擦り傷などのサブピクセルのディテールをレンダーするために使われています。より単純なLEANマッピングの変種、CLEANマッピング[101]は、異方性サポートをなくす代わりに必要なストレージを削減します。LEADRマッピング[425, 426]はLEANマッピングを拡張して、変位マッピングの可視性効果も計上します。

リアルタイム アプリケーションで使う法線マップの大部分は、動的に生成するのではなく、静的です。そのようなマップでは、**分散マッピング**の系統のテクニックが一般に使われます。それらのテクニックでは、法線マップのミップマップ チェーンを生成するときに、平均処理で失われた分散を計算します。Hill [802] は、Toksvigのテクニック、LEANマッピング、CLEANマッピングの数学的定式化を使い、このやり方で分散を事前計算することによって、それらのテクニックを元の形で使ったときの欠点の多くを取り除けると述べています。事前計算した分散値を、別個の分散テクスチャーのミップマップ チェーンに格納できる場合もあります。それより多いのは、それらの値を使って既存の粗さマップのミップマップ チェーンを修正することです。例えば、この手法はゲーム *Call of Duty: Black Ops*で使われる分散マッピング テクニックに採用されています[1078]。粗さの値の修正は、元の粗さの値を分散値に変換し、法線マップからの分散を加え、その結果を粗さに戻すことにより計算します。ゲーム *The Order: 1886*で、NeubeltとPettineo [1370, 1371] が、Hanのテクニック[714]を似たやり方で使っています。彼らは法線マップNDFをBRDFのスペキュラー項のNDFと一緒に畳み込み、その結果を粗さに変換して粗さマップに格納します。

追加のストレージのコストと引き換えに結果を改善するのなら、分散をテクスチャー空間のx-とy-方向で計算して、異方性粗さマップに格納することができます[414, 803, 1959]。このテクニック自体は軸平衡異方性に限定され、それは人工サーフェスでは一般的ですが、自然に発生するものでは、そうでもありません。格納する値を1つ増やすのと引き換えに、有向異方性をサポートすることも可能です[803]。

Toksvig、LEAN、CLEANマッピングの元の形と違い、分散マッピング テクニックはGPUのテクスチャー フィルタリングがもたらす分散を計上しません。これを補償するため、分散マッピングの実装は、たいてい法線マップの最上位レベルのミップを小さなフィルターで畳み込みます[803, 1078]。複数の法線マップを結合するときには（例えば、詳細法線マッピング[116]）、法線マップの分散を正しく結合するように注意を払う必要があります[803, 1035]。

法線の分散は、法線マップだけでなく、高い曲率のジオメトリーによってもたらされることもあります。この分散で生じるアーティファクトは、これまで論じたテクニックでは軽減されません。ジオメトリー法線の分散に対処する様々な手法が存在します。ジオメトリー全体に一

図 **9.51.** 左はランダムな凸凹サーフェスの小さなパッチのNDF（面あたり数十の凹凸）。右はほぼ同じ幅のNDFローブ。（イメージ提供：*Miloš Hašan*。）

意なテクスチャ マッピングが存在する場合（キャラクターではよくあり、環境ではあまりない）、ジオメトリーの曲率を粗さマップに「ベイク」できます[803]。曲率はピクセル シェーダーの導関数命令を使ってその場で見積ることも可能です[803, 926, 1331, 1707, 1908, 1959]。この見積もりはジオメトリーをレンダーするときや、法線バッファーが利用できる場合には後処理パスで行うこともできます。

これまで論じたアプローチの焦点はスペキュラー応答でしたが、法線の分散はディフューズ シェーディングにも影響を与えることがあります。法線分散の $\mathbf{n} \cdot \mathbf{l}$ 項への影響の考慮は、どちらも反射率の積分でこの因数を掛けるので、ディフューズとスペキュラー両方のシェーディングの正確さを増すのに役立てられます[803]。

分散マッピング テクニックは、法線分布を滑らかなガウス ローブとして近似します。これはすべてのピクセルが何千何万の凹凸を覆い、そのすべてを滑らかに平均化するなら妥当な近似です。しかし、多くの場合には1つのピクセルがせいぜい数百から数千の凹凸を覆うだけで、「きらめく」外見を生じることがあります。この1つの例が、イメージごとにサイズが減少する凹凸の球を示すイメージのシーケンスである、285ページの図9.25で見ることができます。右下のイメージは凹凸が十分に小さく滑らかなハイライトに平均化されるときの結果を示していますが、左下と中央下のイメージは、ピクセルより小さいけれども滑らかに平均化されるほど小さくない凹凸を示しています。それらの球をアニメートしたレンダリングを観察すると、フレームごとにきらめきが明滅する騒々しいハイライトが現れるでしょう。

そのようなサーフェスのNDFをプロットすれば、図9.51の左のイメージのように見えるでしょう。球のアニメーションにつれて、$\mathbf{h}$ ベクトルがNDFの上を動いて明るい領域と暗い領域を横断し、「きらめく」外見が生じます。このサーフェスで分散マッピング テクニックを使うと、このNDFを実質的に図9.51の右のような滑らかなNDFで近似することになり、きらめく細部が失われます。

映画業界では、これはたいてい高価なスーパーサンプリングで解決しますが、それはリアルタイム レンダリング アプリケーションでは実現不可能で、オフライン レンダリングでさえ望ましくありません。この問題に対処するいくつかのテクニックが開発されていま

す。リアルタイムで使うのには適しませんが、今後の研究の筋道を示唆するものがあります [92, 876, 2087, 2088]。2つのテクニックがリアルタイム実装用に設計されました。Wang と Bowles [206, 1977] が、ゲーム *Disney Infinity 3.0* できらめく雪のレンダリングに使うテクニックを紹介しています。そのテクニックの狙いは、特定の NDF をシミュレートではなく、妥当なきらめく外見を作り出すことです。それはきらめきが比較的まばらな雪などのマテリアルで使うことを意図しています。Zirr と Kaplanyan のテクニック [2125] は、複数のスケールで法線分布をシミュレートし、空間的、時間的に安定で、より多様な外見を可能にします。

マテリアル フィルタリングに関する広大な文献のすべてを網羅するスペースはないので、いくつかの重要な参考文献を挙げます。Bruneton ら [223] が、ジオメトリーから BRDF までのスケールで、環境ライティングを含む海洋表面の分散を扱うテクニックを紹介しています。Schilling [1683] は、環境マップで異方性シェーディングをサポートする分散マッピング風のテクニックを論じています。Bruneton と Neyret [224] が、この領域のそれまで研究の完全な概要を提供します。

参考文献とリソース

McGuire の *Graphics Codex* [1278] と Glassner の *Principles of Digital Image Synthesis* [589, 590] が、本章で取り上げたトピックの多くのよい参考書です。Dutré の *Global Illumination Compendium* [430] は少し時代遅れですが（特に BRDF モデルのセクション）、レンダリングの数学（例えば、球と半球の積分）のよい参考書になる部分があります。Glassner と Dutré の参考書は、どちらも無償でオンラインで入手可能です。

光と物質の相互作用について、さらに学ぶことに興味のある読者には、ファインマンの無比の講義集 [509]（オンラインで利用可能）を薦めます。それは本章の物理部分を書くときの著者自身の理解に、かけがいのないものでした。短く手頃な入門書である Fowles [534] の *Introduction to Modern Optics* と、より詳細な概要を提供する重量級の（比喩的にも文字通りの意味でも）Born と Wolf [196] の本 *Principles of Optics* も有用な参考書です。Nassau [1366] の *The Physics and Chemistry of Color* は、物体の色の背後にある物理現象を非常に完全に詳しく述べています。

10. ローカル照明

"Light makes right."
—Andrew Glassner

光が正当化する。

9章では、物理に基づくマテリアルの理論と、それらを点光源で評価する方法を論じました。それらを使って、光とサーフェスの相互作用をシミュレートしてシェーディングの計算を行い、与えられた方向から仮想カメラに送られる放射輝度を測定できます。このスペクトル放射輝度はシーン基準のピクセル色で、最終的なイメージでピクセルが持つディスプレイ基準の色に変換されます（セクション8.2）。

現実には、考慮する必要のある相互作用は点ではありません。セクション9.13.1で見たように、正しくシェーディングを評価するには、ピクセル領域のサーフェス上への投影である**ピクセル フットプリント**全域で、サーフェスのBRDF応答の積分を解かなければなりません。この積分処理は、アンチエイリアシング ソリューションと考えることもできます。周波数成分に限界のないシェーディング関数をサンプルする代わりに、事前に積分します。

これまで示してきたのは、少数の個別の方向から光を受けるようにサーフェスを制限した、点光源と平行光源の効果だけでした。このライティングの記述は不完全です。実際には、サーフェスはすべての入射方向から光を受けます。屋外のシーンを照らすのは、太陽だけではありません。それが本当なら、影の中や太陽を向かないサーフェスはすべて黒くなります。空は大気から散乱する太陽光によって生じる、重要な光の源です。スカイライトの重要性は月の写真を見れば分かり、それは大気がないためスカイライトがありません（図10.1）。

曇りの日、夕暮れや夜明けには、屋外の照明はすべてスカイライトです。晴れた日であっても、太陽は地球から見て円錐なので、微小ではありません。興味深いことに、太陽と月はその大きなサイズの違いにもかかわらず（太陽の半径は月より2桁大きい）、どちらも約0.5度の似た角度に広がります。

実際には、照明は決して点ではありません。安価な近似や、より完全なモデルの構成部品として、微小のエンティティが役に立つ状況もあります。より現実的なライティング モデルを形成するためには、サーフェス上の入射方向の半球全体でBRDF応答を積分する必要があります。リアルタイム レンダリングでは、レンダリングの式（セクション11.1）に伴う積分を、その閉形式解や近似を求めて解くことを優先します。複数のサンプル（レイ）を平均するアプローチは、かなり遅くなりがちなので、普通は避けます（図10.2）。

本章は、そのような解の探索を専門に扱います。特に、様々な非点光源でBRDFを計算することにより、シェーディング モデルを拡張することを目指します。安価な解や、あるいは

図10.1. 太陽光を散乱する大気の欠如によりスカイライトがない、月で撮影したイメージ。このイメージは、直接光源だけで照明されたシーンがどう見えるかを示している。漆黒の影と、太陽を向いていないサーフェス上の細部の欠如に注目。この写真はアポロ15号のミッションで月面移動車と並んだ宇宙飛行士 James B. Irwin。前景の影は月着陸船からのもの。写真撮影は宇宙飛行士の David R. Scott 司令官。（*NASA* のコレクションからのイメージ。）

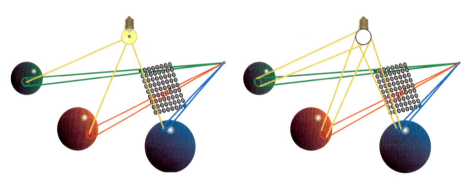

図10.2. 左は9章で見た積分：サーフェス領域と点光源。右：本章の目的は、にシェーディングの計算を拡張し、ライト サーフェス上での積分を計上すること。

とにかく解を求めるため、しばしば発光体、BRDF、あるいはその両方を近似する必要があります。最終的なシェーディング結果を知覚の枠組みで評価し、最終的なイメージで最も大事な要素が何であるかを理解し、それにより多くの努力を割り当ることが重要です。

本章の最初は、解析的な面光源の積分を行う公式です。そのような発光体はシーンの主要な光源で、直接照明の強度の大半を担うので、選んだマテリアル プロパティをすべて保持する必要があります。そのような発光体では、光の漏れが明らかなアーティファクトを生成するの

10.1 面光源

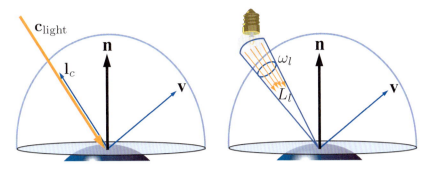

図10.3. サーフェス法線 **n** で定義される可能な入射光方向の半球を考慮した、光源に照らされるサーフェス。左は光源が微小。右は面光源としてモデル化されている。

で、影を計算すべきです。より一般的な、入射半球上の任意の分布からなるライティング環境を表す方法を、次に調べます。それらの場合は、一般により近似的な解を受け入れます。大きく複雑でも、それほど強くない光源には、環境ライティングを使います。例としては、空と雲から散乱を受ける光、シーンの大きなオブジェクトで跳ね返る**間接光**、薄暗い直接的な面光源などがあります。そのような発光体はイメージの正しいバランスに重要で、それがないとイメージは暗くなりすぎるでしょう。間接光源の効果は考慮しますが、まだシーン中の他のサーフェスの明示的な知識に依存する**グローバル照明**（11章）の領域には入りません。

10.1　面光源

9章では、理想化した微小の光源である、点光源と平行光源を説明しました。図10.3が、サーフェス点上の入射半球と、微小光源とサイズがゼロでない**面光源**の違いを示しています。左の光源は、セクション9.4で論じた定義を使っています。1つの方向 $\mathbf{l}_c$ からサーフェスを照らします。その明るさは、ライトを向いた白いランバート サーフェスから反射される放射輝度で定義された色 $\mathbf{c}_{\text{light}}$ で表されます。方向 $\mathbf{v}$ へ出力放射輝度 $L_o(\mathbf{v})$ への点光源や平行光源の寄与は、$\pi f(\mathbf{l}_c, \mathbf{v})\mathbf{c}_{\text{light}}(\mathbf{n} \cdot \mathbf{l}_c)^+$ です（セクション1.2で導入した負の数をゼロにクランプする x^+ 表記に注意）。一方、面光源（右）の明るさは放射輝度 L_l で表されます。面光源はサーフェス位置から立体角 ω_l に広がります。その方向 $\mathbf{v}$ に出力放射輝度への寄与は、ω_l 上の $f(\mathbf{l}, \mathbf{v})L_l(\mathbf{n} \cdot \mathbf{l})^+$ の積分です。

微小光源の背後にある基本的な近似は次の式で表されます。

$$L_o(\mathbf{v}) = \int_{\mathbf{l} \in \omega_l} f(\mathbf{l}, \mathbf{v}) L_l (\mathbf{n} \cdot \mathbf{l})^+ d\mathbf{l} \approx \pi f(\mathbf{l}_c, \mathbf{v}) \mathbf{c}_{\text{light}} (\mathbf{n} \cdot \mathbf{l}_c)^+. \tag{10.1}$$

サーフェス位置の照明に面光源が寄与する量は、その放射輝度（L_l）と、その位置（ω_l）から見えるサイズ両方の関数です。セクション9.4で見たように、点光源と平行光源のゼロ立体角は無限の放射輝度を意味するので、実際には実現不可能な近似です。近似により生じる視覚的誤差の理解が、それを使うべきときと、使えないときにとるアプローチを知るのに役立ちます。その誤差は、シェーディング中の点からの立体角で測る光源の大きさと、サーフェスの光沢の2つの因子に依存します。

図10.4は、サーフェス上のスペキュラー ハイライトのサイズと形が、マテリアルの粗さと光源のサイズの両方に依存することを示しています。視野角に対して小さな立体角になる小

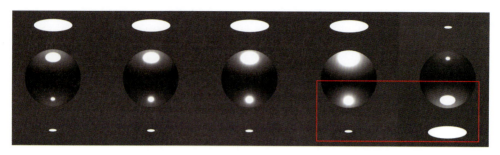

図10.4. 左から右に、GGX BRDFを使う球のマテリアルのサーフェスの粗さが増加する。右端のイメージは、左端のものを複製し、垂直反転している。大きな ディスク ライトによって、滑らかなマテリアル上に生じるハイライトとシェーディングの外見が、小さな光源により、粗いマテリアル上に生じるハイライトと似ていることに注意。

さな光源では、その誤差はわずかです。粗いサーフェスが示す光源サイズの影響も、滑らかなサーフェスより小さくなる傾向があります。一般に、サーフェス点に向かう面光源の発光とサーフェスBRDFのスペキュラー ローブは、どちらも球面関数です。その2つの関数の寄与が大きい方向のセットを考えると、2つの立体角が得られます。誤差の決定因子は、BRDFスペキュラーハイライトの立体角のサイズに対する、放射角度の相対的なサイズに比例します。

最終的には、点光源を使ってサーフェスの粗さを増やすことにより、面光源からのハイライトを近似できることに注目してください。この所見が面光源の積分の低コストな近似に役立ちます。それは実際に多くのリアルタイム レンダリング システムが、点光源だけを使い、もっともらしい結果を生み出す理由も説明します。つまり、アーティストが誤差を補償するのです。しかし、それはマテリアル プロパティを、特定のライティング設定に結びつける弊害があります。このやり方で作成されたコンテンツは、ライティングのシナリオが変わると正しく見えなくなります。

点光源を面光源に正確に使える、ランバート サーフェスの特殊なケースがあります。そのようなサーフェスでは、出力放射輝度が放射照度に比例します。

$$L_o(\mathbf{v}) = \frac{\rho_{\text{ss}}}{\pi} E \qquad (10.2)$$

ρ_{ss}はサーフェスの表面下アルベド（ディフューズ色）です（セクション9.9.1）。この関係から放射照度の計算で、式10.1の、ずっと単純な同等品を使うことができます。

$$E = \int_{\mathbf{l} \in \omega_l} L_l(\mathbf{n} \cdot \mathbf{l})^+ d\mathbf{l} \approx \pi \mathbf{c}_{\text{light}} (\mathbf{n} \cdot \mathbf{l}_c)^+ \qquad (10.3)$$

面光源が存在するときの放射照度の振る舞いの理解には、**ベクトル放射照度**の概念が役に立ちます。ベクトル放射照度はGershun [571]が導入して**ライト ベクトル**と呼び、さらにArvo [81]が拡張しました。ベクトル放射照度を使えば、任意のサイズと形の面光源を点光源や平行光源に正確に変換できます。

空間中の点$\mathbf{p}$への入力放射輝度の分布がL_iだとします（図10.5）。今はL_iが波長に依存せず、スカラーで表せると仮定します。入射方向$\mathbf{l}$を中心とするすべての微小立体角$d\mathbf{l}$に、$\mathbf{l}$と平行で、その方向からの（スカラー）放射輝度に$d\mathbf{l}$を掛けたものに等しい長さのベクトルを構築します。最後に、そのすべてのベクトルを合計すると、ベクトル放射照度$\mathbf{e}$が生成します。

$$\mathbf{e}(\mathbf{p}) = \int_{\mathbf{l} \in \Theta} L_i(\mathbf{p}, \mathbf{l}) \, \mathbf{l} \, d\mathbf{l} \qquad (10.4)$$

10.1. 面光源

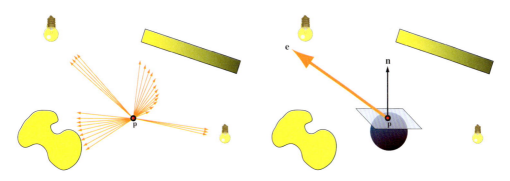

図10.5. ベクトル放射照度の計算。左：点 **p** が様々な形、サイズ、放射輝度分布の光源に囲まれている。黄色の明るさは発する放射輝度の量を示す。オレンジ色の矢印は、入力放射輝度がある場所からすべての方向を指すベクトルで、その長さは、その方向からの放射輝度の量に、矢印が広がる微小立体角を掛けたものに等しい。原理上、無数の矢印がある。右：ベクトル放射照度（大きなオレンジの矢印）は、そのベクトルすべての総和。ベクトル放射照度は、点 **p** の任意の平面の**正味の放射照度**に使える。

Θ は、方向の球全体で積分を行うことを示します。

ベクトル放射照度 **e** を使い、内積を行うことにより、任意の向きの平面を通る **p** の正味の放射照度を求めることができます。

$$E(\mathbf{p}, \mathbf{n}) - E(\mathbf{p}, -\mathbf{n}) = \mathbf{n} \cdot \mathbf{e}(\mathbf{p}) \tag{10.5}$$

n は平面の法線です。平面を通る正味の放射照度は、平面（平面法線 **n** で定義される）の「正の側」を通って流れる放射照度と、「負の側」を通って流れるものの差です。正味の放射照度そのものは、シェーディングに役立ちません。しかし、「負の側」を通って発する放射輝度がなければ（言い換えると、解析する光の分布に **l** と **n** の間の角度が 90° を超える部分がなければ）、$E(\mathbf{p}, -\mathbf{n}) = 0$ かつ

$$E(\mathbf{p}, \mathbf{n}) = \mathbf{n} \cdot \mathbf{e}(\mathbf{p}) \tag{10.6}$$

です。

式10.6により、ただ1つの面光源のベクトル放射照度を、向きが面光源のどの部分からも 90° 以内である任意の法線 **n** で、ランバート サーフェスを照らすのに使えます。（図10.6）。

L_i が波長に依存しないという仮定が成り立たない一般のケースでは、単一のベクトル **e** を定義できません。しかし、有色の光は、たいていすべての点で同じ相対スペクトル分布を持ち、それは L_i を、色 **c**′ と波長に依存しない放射輝度分布 L_i' に分解できることを意味します。この場合、L_i' に対して **e** を計算し、**n** · **e** に **c**′ を掛けて式10.6を拡張できます。そうすると次の置き換えにより、平行光源からの放射照度の計算に使うものと同じ式になります。

$$\begin{aligned}\mathbf{l}_c &= \frac{\mathbf{e}(\mathbf{p})}{\|\mathbf{e}(\mathbf{p})\|}, \\ \mathbf{c}_{\text{light}} &= \mathbf{c}' \frac{\|\mathbf{e}(\mathbf{p})\|}{\pi}\end{aligned} \tag{10.7}$$

任意の形とサイズの面光源が、誤差なしで、実質的に平行光源に変換されました。

単純なケースでは、ベクトル放射照度を求める式10.4を解析的に解けます。例えば、中心が $\mathbf{p}_l$ で、半径が r_l の球面光源があるとします。その光源は球上のすべての点から、あらゆる方向

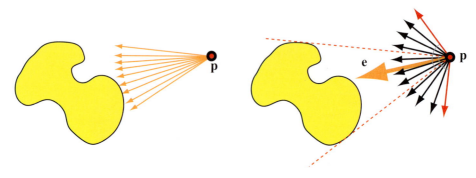

図10.6. 単一面光源のベクトル放射照度。左は、矢印がベクトル放射照度の計算に使うベクトルを表す。右は、大きなオレンジの矢印がベクトル放射照度 **e**。赤い破線は光源の広がりを表し、赤いベクトル（それぞれ赤い破線の1つに垂直）はサーフェス法線のセットの限界を定義する。このセットより外の法線は、面光源のどこかの部分との角度が90°を超える。そのような法線は、**e**を使って放射照度を正しく計算できない。

に、一定の放射輝度 L_l を発します。そのような光源では、式10.4と10.7から、以下の式が生成します。

$$\mathbf{l}_c = \frac{\mathbf{p}_l - \mathbf{p}}{\|\mathbf{p}_l - \mathbf{p}\|},$$
$$\mathbf{c}_{\text{light}} = \frac{r_l^2}{\|\mathbf{p}_l - \mathbf{p}\|^2} L_l \qquad (10.8)$$

この式は $\mathbf{c}_{\text{light}_0} = L_l$, $r_0 = r_l$ で、標準の逆2乗距離フォールオフのオムニ ライト（セクション5.2.2）と同じ関数です[*1]。このフォールオフ関数は球内部の点を計上し、与えられた最大距離でライトの影響を抑制するように調整できます。そのような調整に関する詳細は、セクション5.2.2にあります。

このすべては、「負の側」の放射照度がない場合にしか正しくありません。それについての別の考え方は、面光源のどの部分も「地平線より下」になく、そのサーフェスに遮蔽されないと考えることです。この記述は一般化できます。ランバート サーフェスでは、面光源と点光源のすべての不一致は、遮蔽の差から生じます。点光源からの放射照度は、光が遮蔽されないすべての法線で、余弦法則に従います。Snyderは、遮蔽を考慮する球面光源の解析式を導きました[1794]。この式はかなり複雑です。しかし、それは2つの量（r/r_l、**n**と$\mathbf{l}_c$の間の角度とθ_i）にしか依存しないので、2次元テクスチャーに事前計算できます。Snyderは、リアルタイム レンダリングに適した2つの関数近似も与えています。

図10.4で、粗いサーフェスのほうが面光源の効果が目立たないことを見ました。この所見は、それより物理ベースではありませんが、それでも効果的なランバート サーフェス上の面光源の効果をモデル化する手法、**ラップ ライティング**も可能にします。このテクニックでは、0にクランプする前に $\mathbf{n} \cdot \mathbf{l}$ の値にいくつかの単純な修正を行います。Forsythがラップ ライティングの1つの形を与えてます[529]。

$$E = \pi \mathbf{c}_{\text{light}} \left(\frac{(\mathbf{n} \cdot \mathbf{l}) + k_{\text{wrap}}}{1 + k_{\text{wrap}}} \right)^+ \qquad (10.9)$$

[*1] 球面光源では、フォールオフは通常の逆2乗距離公式化をとりますが（ライトの中心ではなく表面からの距離）、これは一般にすべての面光源の形状に当てはまるわけではありません。とりわけ、ディスク ライトはのフォールオフは $1/(d^2 + 1)$ に比例します。

10.1. 面光源

図10.7. 滑らかなオブジェクト上のハイライトは、光源の形のシャープな反射になる。左は、この外見をBlinn-Phongシェーダーのハイライト値の閾値処理で近似している。右は、比較のために、修正していないBlinn-Phongシェーダーで同じオブジェクトをレンダーしている。（イメージ提供：*Larry Gritz*。）

k_{wrap} は点光源の0から、半球全体を覆うで面光源の1までの範囲です。大きな面光源を模倣する別の形をValveが使っています[1324]。

$$E = \pi \mathbf{c}_{\text{light}} \left(\frac{(\mathbf{n} \cdot \mathbf{l}) + 1}{2} \right)^2 \tag{10.10}$$

一般に面光源を計算する場合には、影の計算も非点光源を考慮に入れるように修正すべきです。さもないと荒っぽい影により、視覚効果の一部が無効になる可能性があります[212]。7章で論じたように、ソフトな影が、おそらく面光源の最も目立つ効果です。

10.1.1 光沢マテリアル

非ランバート サーフェス上の面光源の効果は、もっと込み入っています。Snyderが球面光源の解を導出していますが[1794]、元の反射ベクトルPhongマテリアル モデルに限定され、極めて複雑です。実際のところ、今は近似が必要です。

光沢サーフェス上の面光源の第一の視覚効果がハイライトです（図10.4）。そのサイズと形は面光源と似ていますが、ハイライトの端はサーフェスの粗さに応じてぼけます。この所見が、いくつかの経験的な効果の近似につながりました。それらは実際に、かなりもっともらしいものになります。例えば、ハイライト計算の結果を修正して、大きく平坦なハイライト領域を作り出すカットオフ閾値を組み込むこともできます[657]。これにより、図10.7のように、球面ライトからのスペキュラー反射の幻想を効果的に作り出せます。

リアルタイム レンダリングの面照明効果の実用的な近似のほとんどは、シェーディングする点ごとに、非微小光源の効果を模倣する等価な点照明の設定を求める考え方に基づいています。この方法論は、リアルタイム レンダリングで様々な問題の解決によく使われます。それは9章で、サーフェスのピクセル フットプリント上のBRDF積分を扱ったときに見たのと同じ原理です。複雑さを増やさず、シェーディングの式への入力を改ざんして、すべての作業を行うので、普通は安価な近似を生み出します。それ以外の計算を改ざんしないので、特定の条件下では、元のシェーディングの評価に戻して、その特性をすべて保持することをたいてい保証できます。一般的なシステムのシェーディング コードの大半は点光源に基づくので、局所的なコードの変更だけで面光源に使えます。

最初に開発された近似の1つが、Unreal Engineの「Elemental demo」で使われた、Mittringの粗さ修正です[1331]。その考え方は、サーフェスに入射する方向の半球への光源放射照度の

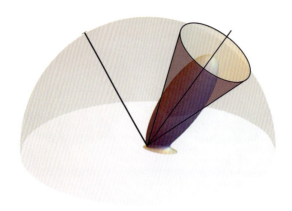

図10.8. GGX BRDFと、スペキュラー ローブが入射光の放射輝度の大部分を反射する方向のセットを包含するようにフィットした円錐。

大部分を包含する円錐を、最初に求めることです。次にスペキュラー ローブの周りに、BRDFの「大部分」を包含する同様の円錐をフィットします（図10.8）。その両方の円錐は半球上の関数の代役で、その2つの関数の値が与えられた任意のカットオフ閾値より大きい方向のセットを包含します。それを行えば、その立体角がライト ローブの角度とマテリアルの角度の和に等しい円錐に対応し、粗さが異なる新たなBRDFローブを求めることにより、光源とマテリアルBRDFの間の畳み込みを近似できます。

Karis [930]が、GGX/Trowbridge-Reitz BRDF（セクション9.8.1）と球面光源にMittringの原理を適用した、GGXの粗さパラメーターα_gの単純な修正を示しています。

$$\alpha'_g = \left(\alpha_g + \frac{r_l}{2\|\mathbf{p}_l - \mathbf{p}\|}\right)^{\overline{\mp}}$$

セクション1.2で導入した、0と1の間にクランプする表記$x^{\overline{\mp}}$を使っていることに注意してください。この近似はかなりうまく動作し、極めて安価ですが、鏡に近い輝くマテリアルで破綻します。失敗するのは、そのスペキュラー ローブが常に滑らかで、面光源へのサーフェス上のシャープな反射により生じるハイライトを模倣できないからです。また、ほとんどのマイクロファセットBRDFモデルは「コンパクト」（局部的）ではなく、広いフォールオフ（スペキュラー テール）を示すローブを持つので、粗さの再マッピングはあまり効果的ではありません（図10.9）。

マテリアルの粗さを変える代わりに、シェーディング中の点ごとに変化する光の方向で、面照明の光源を表す考え方もあります。これは**最も代表的な点解法**と呼ばれ、シェーディング中のサーフェスに最大のエネルギー寄与を生成する面光源サーフェス上の点の方向に、ライトベクトルを修正します。（図10.9）。Picott [1528]は、反射レイに最小の角度を作り出すライト上の点を使っています。Karis [930]は効率のため、最小角度の点を反射レイに最小距離の球上の点で近似することにより、Picottの公式化を改良しています。光の強度をスケールして、全体の放射エネルギーの保存を試みる安価な公式も提示しています（図10.10）。最も代表的な点解法は便利で、様々なライト ジオメトリーに開発されているので、それらの理論的背景を理解することは重要です。それらのアプローチは積分領域のサンプルを平均して有限積分の値を数値的に計算する、モンテカルロ積分の**重要度サンプリング**の考え方と似ています。それを

10.1. 面光源

効率よく行うため、全体の平均に大きな寄与を持つサンプルの優先を試みることができます。

その有効性のより厳密な根拠は、関数の積分を同じ関数の1つの評価で置き換えることを可能にする、有限積分の**平均値の定理**にあります。

$$\int_D f(x)dx = f(c) \int_D 1 \tag{10.11}$$

$f(x)$ が D で連続なら、$\int_D 1$ はその領域の面積で、点 $c \in D$ は D における関数の最小値と最大値を結ぶ直線上にあります。ライティングで考慮する積分は、ライトが覆う半球の領域でのBRDFとライトの放射照度の積です。通常はライトの放射を一様と見なすので、ライトのフォールオフを考えるだけでよく、ほとんどの近似は定義領域 D がシェーディング中の点から完全に見えることも仮定します。それらを仮定しても、点 c と正規化係数 $\int_D 1$ の決定は高価すぎるかもしれないので、さらなる近似を採用します。

代表点解法は、そのハイライトの形への効果でまとめることもできます。反射ベクトルが面光源の広がる方向の円錐の外側にあるため、代表点が変化しないサーフェス部分では、実質的に点光源でライティングを行います。そのときのハイライトの形は、基層のスペキュラーローブの形にしか依存しません。また、反射ベクトルが面光源に当たるサーフェス上の点のシェーディングでは、代表点は最大寄与方向に向くように連続的に変化します。そうすることで実質的にスペキュラーローブのピークを「広げ」、図10.7のハードな閾値処理と似た効果に

図10.9. 球面照明。左から右：数値積分で計算した標準解、粗さ修正テクニック、代表点テクニック。（イメージ提供：*Brian Karis, Epic Games Inc.*）

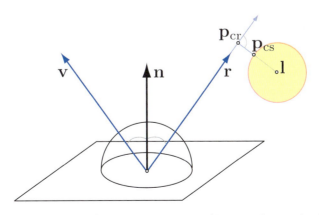

図10.10. Karisの球での代表点近似。まず、球の中心 $\mathbf{l}$ に最も近い反射レイ上の点 $\mathbf{p}_{cr} = (\mathbf{l} \cdot \mathbf{r})\mathbf{r} - \mathbf{l}$ を計算する。そのとき $\mathbf{p}_{cr}$ に最も近い球面上の点は $\mathbf{p}_{cs} = \mathbf{l} + \mathbf{p}_{cr} \cdot \min(1, \frac{\text{radius}}{\|\mathbf{p}_{cr}\|})$。

図10.11. よく使われる形状。左から右：球、長方形（カード）、チューブ（直線）、集中放射を持つチューブ（ライトのサーフェス法線沿いに集中し、半球上に一様に広がっていない）。それらが作り出す異なるハイライトに注意。

なります。

　この広い、一定のハイライト ピークも、残る近似の誤差の発生源の1つです。粗いサーフェスほど、面光源の反射が（例えば、モンテカルロ積分で得られる）検証解より「シャープ」（粗さ修正テクニックの過剰なぼけと逆の見た目の欠陥）に見えます。これに対処するため、IwanickiとPesce [873] は、数値積分による球面照明の計算結果にBRDFローブ、ソフトな閾値、代表点パラメーター、倍率（エネルギー保存のため）をフィットして得られる近似を開発しました。そのフィットした関数は マテリアルの粗さ、球の半径、光源の中心とサーフェス法線の間の角度、ビュー ベクトルでインデックスするパラメーターのテーブルになります。そのような多次元参照テーブルをシェーダーで直接使うのは高価なので、閉形式の近似が提供されています。最近では、de Carpentier [251] が、マイクロファセットに基づくBRDFで、グレージング角の球面光源からのハイライトの形をよりよく保つ、改良した公式化を導いています。この手法は（Phong BRDF用に導かれた）元の公式化の $\mathbf{n} \cdot \mathbf{r}$ の代わりに、サーフェス法線とライト-ビュー ハーフ ベクトルの内積、$\mathbf{n} \cdot \mathbf{h}$ を最大にする代表点を求めることにより動作します。

10.1.2　一般のライト形状

これまでは、一様に放射する球面光源と、任意の光沢BRDFからのシェーディングを計算する方法を見てきました。リアルタイムで評価するための高速な数学的公式化に到達するため、それらの手法の大半は様々な近似を採用するので、問題の検証解と比べて様々な度合いの誤差を示します。しかし、たとえ正確な解を導く計算能力があっても、まだ大きな誤りがライティング モデルの仮定に組み込まれています。現実世界の光源は、普通は球ではなく、完璧な一様発光体であることはまずありません（図10.11）。点光源がもたらすライティングとサーフェスの粗さの誤った相関を破る最も単純な手段を提供するので、やはり実際には球面光源が役立ちます。球面光源は、それが比較的小さいものであれば、ほとんどの現実の照明器具のよい近似になります。

　物理ベースのリアルタイム レンダリングの目的は、説得力のある、もっともらしいイメージを生成することなので、今のところ、理想化したシナリオに限定することにより追求することしかできません。これはコンピューター グラフィックスで繰り返し起きるトレードオフです。通常は、単純化仮定を行って簡単な問題への正確な解を生成するか、現実をより密接にモデル化する、一般的な問題への近似解を導くかの選択を行えます。

　球面ライトの最も単純な拡張の1つが「チューブ」ライトで（「カプセル」とも呼ばれる）、現実の蛍光灯を表すのに役立ちます（図10.12）。ランバートBRDFでは、Picott [1528] がそのライティング積分の閉形式の公式を示し、それは線光源の両端の2つの点光源からのライティ

10.1. 面光源

ングを、適切なフォールオフ関数で評価することに相当します。

$$\int_{\mathbf{p}_0}^{\mathbf{p}_1} \left(\mathbf{n} \cdot \frac{\mathbf{x}}{\|\mathbf{x}\|} \right) \frac{1}{\|\mathbf{x}\|^2} d\mathbf{x} = \frac{\frac{\mathbf{n} \cdot \mathbf{p}_0}{\|\mathbf{p}_0\|^2} + \frac{\mathbf{n} \cdot \mathbf{p}_1}{\|\mathbf{p}_1\|^2}}{\|\mathbf{p}_0\|\|\mathbf{p}_1\| + (\mathbf{p}_0 \cdot \mathbf{p}_1)} \tag{10.12}$$

$\mathbf{p}_0$ と $\mathbf{p}_1$ は線光源のの2つの端点で、$\mathbf{n}$ はサーフェス法線です。Picottは、PhongスペキュラーBRDFによる積分用の代表点解も、考慮中のサーフェス点と結合したときに反射ベクトルと最小の角度を形成する、ライト区間上の位置に置いた点光源からのライティングとして近似することにより導いています。この代表点解は、線光源を動的に点光源に変換するので、球面ライトで近似を使い、照明設備に「厚みを加えて」カプセルにすることができます。

Karis [930] が、球面ライトの場合と同様に、反射ベクトルへの最小距離（最小角度の代わりに）を持つ直線上の点を使う、より効率的な（しかしやや不正確な）Picottの解の変形を示し、エネルギー保存を復元するためスケールする公式を紹介しています。

リングやベジエ曲線など、他の多くのライト形状の代表点近似も、かなり容易に得られますが、シェーダーに分岐が多すぎるのは一般に望ましくありません。よいライトの形は、シーンで多くの現実世界のライトを表すのに使えるものです。最も表現力のある形状の1つが、与えられた幾何学的形状、例えば長方形（その場合は**カード ライト**とも呼ばれる）、ディスク、より一般には多角形で区切られた平面の部分として定義される**平面光源**です。そのようなプリミティブは、ビルボードやテレビ画面などの放射パネル、一般に使われる写真のライティング（ソフトボックス、バウンスカード）の代用、はるかに複雑な照明器具の開口部のモデル化、壁などのシーン中の大きなサーフェスから反射する光の表現に使えます。

最初の実用的なカード ライト（とディスク）の近似の1つは、Drobot [410] が導きました。これもやはり代表点解法ですが、その方法論の平面の2次元領域への拡張の複雑さと、その解への全体的なアプローチの両方で、特に注目に値すべきものです。Drobotは平均値定理から出発し、第1近似として、ライトの評価のよい候補点が、ライティング積分のグローバルな最大値の近くにあるはずだと判断します。

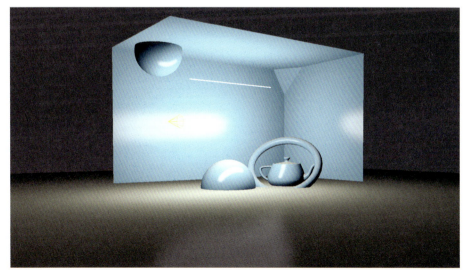

図10.12. チューブ ライト。代表点解法を使って計算したイメージ[873]。

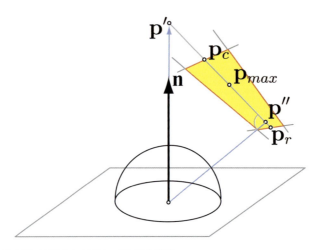

図10.13. Drobotの長方形面光源代表点近似の幾何学的構築。

ランバートBRDFでは、この積分は

$$L_l \int_{\mathbf{l} \in \omega_l} (\mathbf{n} \cdot \mathbf{l})^+ \frac{1}{r_1^2} \, d\mathbf{l} \tag{10.13}$$

で、L_l はライトが放射する一定の放射輝度、ω_l はライトのジオメトリーが広がる立体角、r_1 は方向 $\mathbf{l}$ のサーフェスからライト平面へのレイの長さ、$(\mathbf{n} \cdot \mathbf{l})^+$ は通常のランバート クランプ内積です。$(\mathbf{n} \cdot \mathbf{l})^+$ の最大値は、サーフェスから法線の方向に発して、ライト平面と交わるレイにより求められる点 $\mathbf{p}'$ に最も近い、ライト領域の境界上の点 $\mathbf{p}_c$ です。同様に、$1/r_1^2$ の最大値は、ライト平面上でシェーディング中のサーフェス点に最も近い点 $\mathbf{p}''$ に最も近い境界上の点 $\mathbf{p}_r$ です（図10.13）。そのとき被積分関数のグローバルな最大値は、$\mathbf{p}_r$ と $\mathbf{p}_c$ を結ぶ線分 $\mathbf{p}_{\max} = t_m \mathbf{p}_c + (1 - t_m) \mathbf{p}_r$, $t_m \in [0, 1]$ 上のどこかにあります。Drobotは数値積分を使って多くの様々な構成で最もよい代表点を求めてから、平均的に最もうまく動作する単一の t_m を求めます。

Drobotの最終的な解は、すべて数値的に求めた検証解との比較を動機として、ディフューズとスペキュラー両方のライティングでさらなる近似を採用します。重要なケースである、長方形のライトの領域上で放射が一定ではなくテクスチャーで変調される**テクスチャー カード ライト**のアルゴリズムも導いています。この処理は、半径が可変の円形のフットプリントで事前に積分した放射テクスチャーを収容した3次元参照テーブルを使って実行されます。Mittring [1330] が光沢反射で採用した類似の手法は、反射レイをテクスチャー付き長方形のビルボードと交差させ、レイの交差距離に応じて事前計算してぼかしたバージョンのテクスチャーをインデックス参照しています。この研究はDrobotの開発に先行しますが、検証積分解と一致させようと試みる、原理的と言うよりも経験的なアプローチです。

より一般的な平面の**ポリゴン面光源**の場合、ランベルト [1044] が、最初に完全なディフューズ サーフェスの正確な閉形式解を導いています。この手法を Arvo [82] が改良し、光沢マテリアルを Phong スペキュラー ローブとしてモデル化できるようにしました。Arvoはベクトル放射照度の概念を、より高次元の**放射照度テンソル**に拡張し、**ストークスの定理**を採用して、単純な積分領域の輪郭に沿った積分として面積分を解くことにより、これを実現しています。彼の手法が行う仮定は、ライトがシェーディングするサーフェス点から完全に見え（一般に行われ、ライトのポリゴンをサーフェスに接する平面でクリップすることにより回避できる）、

10.1. 面光源

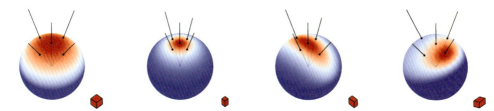

図10.14. 線形変換余弦テクニックの背後にある鍵となる考え方は、単純な余弦ローブ（左）が、3×3変換行列で簡単にスケール、ストレッチ、スキューできること。これにより余弦ローブは球上で多様な形をとることができる。（イメージ提供：*Eric Heitz*。）

BRDFが放射対称の余弦ローブであることだけです。残念ながら、実際にはArvoの解析解は、面光源のポリゴンの辺ごとに使うPhongローブの指数に時間複雑さが比例する公式を評価する必要があるので、リアルタイム レンダリングにはかなり高価です。最近Lecocq [1084] が、輪郭積分関数の$O(1)$近似を求め、解法を一般的なハーフ ベクトル ベースのBRDFに拡張することにより、この手法をより実用的にしています。

これまで述べた実用的なリアルタイムの面ライティング手法は、すべて解析的構成の導出を可能にする何らかの単純化仮定と、その結果の積分を扱うための近似の両方を採用しています。Heitzら [771] は、実用的で、正確で、一般的で、汎用のテクニックを生み出す**線形変換余弦**（LTC）による異なるアプローチをとります。彼らの手法は、まず高度な表現力があり（つまり、多くの形をとる）、任意の球面ポリゴン上で容易に積分できる球上の関数のカテゴリーを考案します（図10.14）。LTCが使うのは3×3行列で変換するただの余弦ローブで、それらはサイズ変更、伸縮、半球上で回転して様々な形に適応させることができます。単純な余弦ローブの球面ポリゴンでの積分は、ランベルトまで遡り [82, 1044]、（指数にしないBlinn-Phongと違い）確立していてます。Heitzらの鍵となる所見は、積分を変換行列でローブ上に広げても、その複雑さが変わらないことです。ポリゴン領域をその逆行列で変換して積分内の行列を打ち消し、被積分関数を単純な余弦ローブに戻すことができます（図10.15）。一般のBRDFと面光源形状では、残る作業は球上のBRDF関数を1つ以上のLTCで表現する手段（近似）を見つけることだけで、それはオフラインで行い、粗さ、入射角などのBRDFパラメーターでインデックスする参照配列に格納できます。線形変換した余弦ベースの解は、一般のテクスチャ ポリゴン面光源と、特化したカード、ディスク、線光源などの計算が安価な形状のどちらでも導けます。LTCは代表点解法より高価ですが、ずっと正確です。

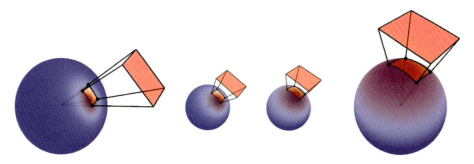

図10.15. 与えられたLTCと球面ポリゴン領域は（左）、どちらもLTC行列の逆行列で変換して単純な余弦ローブと新たな領域を取得できる（右）。変換後の定義域での余弦ローブの積分は、元の定義域でのLTCの積分に等しい。（イメージ提供：*Eric Heitz*。）

10.2 環境ライティング

原理上、反射（式9.3）は光源から直接到着する光と、空やシーン中のオブジェクトから散乱する間接光を区別しません。すべての入射方向が放射輝度を持ち、反射率の式はそのすべてを積分します。しかし、実際には直接光は一般に高い放射輝度値の比較的小さな立体角で区別でき、間接光は中程度以下の放射輝度値で半球の残りに拡散して広がる傾向があります。この対立が、その2つを別々に扱う実際的な理由です。

ここまでの面光源テクニックは、ライトの形状から放射される一定の放射輝度の積分を論じてきました。それを行うと、シェーディングするサーフェス点ごとに、一定のゼロでない入力放射輝度を持つ方向のセットが作成されます。これから調べるのは、すべての可能な入射方向で可変の関数により定義される、放射輝度を積分する方法です（図10.16）。

ここでは間接光と「環境」ライティングについて一般的な話をしますが、グローバル照明アルゴリズムは調べません。その重要な差異は、本章ではすべてのシェーディングの計算がシーン中の他のサーフェスの知識ではなく、ライト プリミティブの小規模なセットに依存することです。したがって、例えばグローバル効果である壁からの光の跳ね返りを、面光源を使ってモデル化することもできますが、そのシェーディング アルゴリズムは壁の存在について知る必要はありません。持つのは光源についての情報だけで、すべてのシェーディングはローカルに行います。多くの解法は、シーンを跳ね回る光の相互作用をシミュレートするため、すべてのオブジェクトやサーフェス位置で使う正しいローカルなライト プリミティブのセットを計算する方法と見なせるので、グローバル照明（11章）は、しばしば本章の概念と密接に関連します。

放射輝度が方向で変化せず、一定の値 L_A を持つアンビエント ライトは、環境ライティングの最も単純なモデルです。そのような基本的な環境ライティングのモデルでさえ、視覚的品質を大きく改善します。オブジェクトから間接的に跳ね返る光を考慮しないシーンは、かなり非現実的に見えます。そのようなシーンでは、影の中やライトを向いていないオブジェクトが真っ黒になり、現実に見られるシーンと異なります。326ページの図10.1の月の景観はそれに近いものですが、そのようなシーンでも、近くのオブジェクトから跳ね返る間接光があります。

アンビエント ライトの正確な効果はBRDFに依存します。ランバート サーフェスでは、サーフェス法線 $\mathbf{n}$ やビュー方向 $\mathbf{v}$ に関係なく、固定の放射輝度 L_A が出力放射輝度に一定の寄

図10.16. 異なる環境ライティング シナリオ下のシーンのレンダリング。

与を生成します。

$$L_o(\mathbf{v}) = \frac{\rho_{\text{ss}}}{\pi} L_A \int_{\mathbf{l} \in \Omega} (\mathbf{n} \cdot \mathbf{l}) d\mathbf{l} = \rho_{\text{ss}} L_A \qquad (10.14)$$

この一定の出力放射輝度寄与を、シェーディングで直接光源からの寄与に加えます。任意の BRDF で等価な式は次のものです。

$$L_o(\mathbf{v}) = L_A \int_{\mathbf{l} \in \Omega} f(\mathbf{l}, \mathbf{v})(\mathbf{n} \cdot \mathbf{l}) d\mathbf{l} \qquad (10.15)$$

この式の積分は方向アルベド $R(\mathbf{v})$ (セクション9.3の式9.9) と同じなので、式は $L_o(\mathbf{v}) = L_A R(\mathbf{v})$ と等価です。以前のリアルタイム レンダリング アプリケーションには、$R(\mathbf{v})$ に一定の色を仮定し、**アンビエント色** $\mathbf{c}_{\text{amb}}$ と呼ぶものがありました。これはさらに式を $L_o(\mathbf{v}) = \mathbf{c}_{\text{amb}} L_A$ に単純化します。

この反射率の式は遮蔽、すなわち多くのサーフェス点が他のオブジェクトや、同じオブジェクトの他の部分に隠れて入射方向の一部が「見えない」ことを無視します。この単純化は一般にリアリズムを下げますが、特に遮蔽を無視すると極端に平板に見えるアンビエント ライティングで目立ちます。この問題に対処する手法は、セクション 11.3 と、特にセクション 11.3.4 で論じます。

10.3　球面関数と半球面関数

環境ライティングを定数項を超えて拡張するには、任意の方向からのオブジェクトへの入力放射輝度を表現する手段が必要です。まずは、放射輝度をサーフェス位置ではなく、積分している方向だけの関数として考えます。ライティング環境が無限に遠く離れているという仮定の下で、それは正しく動作します。

与えられた点に到着する放射輝度は、すべての入射方向で異なる可能性があります。照明が左から赤く、右から緑だったり、上は遮蔽されても横はされていないかもしれません。その種の量は、単位球の表面あるいは $\mathbb{R}^3$ の方向の空間で定義される**球面関数**で表現できます。この定義域を S で示すことにします。球面関数の動作は、それが生み出すのが単一値か多値かに影響を受けません。例えば、スカラー関数の格納に使うのと同じ表現が、すべての色チャンネルに別々のスカラー関数を格納することで、色値のエンコードにも使えます。

ランバート サーフェスを仮定すれば、可能なサーフェス法線方向ごとに事前に計算した放射照度関数、例えば、余弦ローブで畳み込んだ放射輝度を格納することで、球面関数を使って環境ライティングを計算できます。より洗練された手法は放射輝度を格納して、実行時にシェーディングする サーフェス点ごとに BRDF の積分を計算します。球面関数はグローバル照明アルゴリズム (11章) でも広く使われます。

球面関数に関連するのが、値が半分の方向にだけ定義される場合の**半球**に対するものです。例えば、下から入る光がないサーフェスに入力放射輝度の記述に、そのような関数を使います。

それらの表現は球上で定義される関数のベクトル空間の基底なので、それらを**球面基底**と呼ぶことにします。アンビエント/ハイライト/方向形式 (セクション 10.3.3) は、技術的には数学的意味での基底ではありませんが、簡単にするため、それにもこの用語を使うことにします。関数の与えられた表現への変換は、**投影**と呼ばれ、与えられた表現からの関数値の評価は**再構成**と呼ばれます。

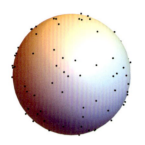 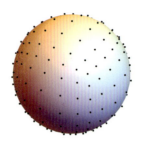 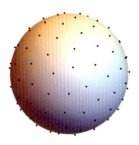

図10.17. いくつかの異なる球面上の点の分配方法。左から右：ランダムな点、3次元グリッド点、球面t-デザイン。

どの表現にも、独自のトレードオフのセットがあります。与えられた基底には、以下のような特性が求められるでしょう。

- 効率的なエンコード（投影）とデコード（参照）。
- 少ない係数と低い再構成誤差で任意の球面関数を表現できること。
- 関数の投影の回転の結果が、関数を回転してから投影するのと同じである、投影の**回転不変性**。この等価性は、例えば球面調和で近似した関数が、回転したときに変わらないことを意味する。
- エンコードした関数の和と積の計算が容易なこと。
- 球面積分と畳み込みの計算が容易なこと。

10.3.1 単純なテーブル形式

球面（や半球面）関数を表現する最も単純明快な手段は、いくつかの方向を選び、その値を格納することです。その関数の評価には、評価方向の周りである数のサンプルを求め、その値を何らかの形の補間で再構成することが含まれます。

この表現は単純でも、表現力があります。そのような球面関数の加算や乗算は、対応するテーブルのエントリーを加えたり掛けたりするだけです。多くの異なる球面関数を、必要に応じてサンプルを追加することにより、エンコードの誤差をいくらでも下げられます。

すべての方向を相対的に公平に表現しながら、効率的な取り出しが可能なやり方で球上にサンプルを分配するのは簡単ではありません（図10.17）。最もよく使われるテクニックは、最初に球を長方形の領域に展開してから、この領域を点のグリッドでサンプルすることです。2次元テクスチャーはその長方形上の点のグリッド（テクセル）を正確に表せるので、テクセルをサンプル値の基本的な格納場所として使えます。そうすることで、高速な参照（再構成）にGPU高速化双線形テクスチャー フィルタリングを利用します。本章の後半で、この形式の関数である環境マップを論じ（セクション10.5）、球を展開するための異なる選択肢を論じます。

テーブル形式には欠点があります。低解像度でハードウェア フィルタリングが提供する品質は、しばしば容認できません。ライティングを扱うときの一般的な操作である畳み込みの計算的複雑さは、サンプルの数に比例し、法外になることがあります。さらに、投影は回転の下で不変ではなく、それは用途によって問題になることがあります。例えば、ある一連の方向からオブジェクトのサーフェスに当たって輝く光の放射輝度をエンコードするとします。オブジェクトが回転すると、エンコード結果の再構成が異なる可能性があります。これはエンコードする放射エネルギーの量に変動をもたらし、シーンのアニメーションにつれて脈打つアー

10.3. 球面関数と半球面関数 341

ティファクトが現れる可能性があります。それらの問題は、投影と再構成を行うときに、サンプルごとに関連付けて注意深く構築したカーネル関数を採用することにより、軽減できます。しかし、単に十分に密なサンプリングを使って問題を隠すほうが一般的です。

　一般にテーブル形式は、多くのデータ点を低い誤差でエンコードすることが必要な、複雑な高周波数関数を格納する必要があるときに採用されます。球面関数をコンパクトに、少数のパラメーターだけでエンコードする必要がある場合は、もっと複雑な基底を使えます。

　人気のある基底の選択、**アンビエント キューブ**（AC）は最も単純なテーブル形式の1つで、主軸に平行な6つの2次の余弦ローブで構築します[1283]。それがアンビエント「キューブ」と呼ばれるのは、キューブの面にデータを格納し、方向の動きを補間することと等価だからです。どの方向でも、ローブのうち3つしか関連しないので、他の3つのパラメーターをメモリーから取り出す必要はありません[829]。数学的にアンビエント キューブは

$$F_{AC}(\mathbf{d}) = \mathbf{d}d \cdot \text{sel}_+(\mathbf{c}_+, \mathbf{c}_-, \mathbf{d}) \tag{10.16}$$

と定義でき、ここで$\mathbf{c}_+$と$\mathbf{c}_-$はキューブ面の3つの値を含み、$\text{sel}_+(\mathbf{c}_+, \mathbf{c}_-, \mathbf{d})$は、成分ごとに、$\mathbf{d}$の各成分が正であるかを基に$\mathbf{c}_+$または$\mathbf{c}_-$からの値を仮定するベクトル関数です。

　アンビエント キューブは、キューブ面ごとに1つのテクセルを持つキューブ マップ（セクション10.4）と似ています。システムによっては、この特定のケースで再構成をソフトウェアで行うほうが、キューブ マップ上でGPUの双線形フィルタリングを使うよりも速いかもしれません。Sloan[1778]が、アンビエント キューブと球面調和基底（セクション10.3.2）の間の変換を行う単純な公式化を導いています。

　アンビエント キューブを使う再構成は、かなり低品質です。6つの値の代わりに、キューブの頂点に対応する8つの値を格納して補間することで、結果を少し改善できます。より最近では、IwanickiとSloan[874]が、**アンビエント ダイス**（AD）と呼ばれる代替案を紹介しています。その基底は、20面体の頂点方向を向いた2次と4次の余弦ローブで形成されます。再構成には12のうち6つの値が必要で、どの6つを取り出すかを決定するロジックは、対応するアンビエント キューブのロジックより少し複雑ですが、その結果はずっと高品質です。

10.3.2　球面基底

固定数の値（係数）を使う表現に、関数を投影（エンコード）する方法は無数にあります。必要なのは、変更可能ないくつかのパラメーターで球面領域に広がる数学的表現だけです。フィッティング、すなわち自分たちの表現と与えられた関数の間の誤差を最小にするパラメーターの値を求めることにより、任意の関数を近似できます。

　可能な最小限の選択は定数を使うことです。

$$F_c(\theta, \phi) = c \cdot 1$$

この基底への関数fの投影は、その単位球のサーフェス領域での平均。$c = \frac{1}{4\pi} \int_\Omega f(\theta, \phi)$で導けます。周期関数の平均$c$は、*DC成分*とも呼ばれます。この基底には単純さの利点があり、求める特性のいくつかも遵守します（再構成の容易さ、加算、積、回転不変性）。しかし、それは平均で置き換えるだけなので、ほとんどの球面関数をうまく表現できません。2つの係数aとbを使う、もう少し複雑な近似を構築できます。

$$F_{\text{hemi}}(\theta, \phi) = a + \frac{\cos(\theta) + 1}{2}(b - a)$$

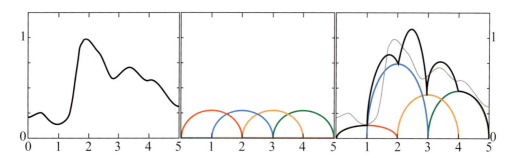

図 10.18. 基底関数の基本的な例。この場合、空間は「0と5の間の入力に対して0と1の間の値を持つ関数」。左のプロットは、そのような関数の例を示している。中のプロットは基底関数のセット（それぞれの色は別の関数）を示している。右のプロットは、それぞれの基底関数の加重和により形成するターゲットの関数への近似を示している。基底関数は、それぞれの重みでスケールされる。黒い線は合計の結果を示し、それは比較のためグレイで示される元の関数への近似である。

これは両極で正確な値をエンコードし、それらを球の表面で補間できる表現です。この選択のほうが表現力はありますが、今度は投影が複雑になり、すべての回転で不変ではなくなります。実のところ、この基底は両極に2つのサンプルだけを持つテーブル形式と見ることもできます。

一般に、関数空間の基底について話すときは、その線形結合（加重和）を使い、与えられた領域の他の関数を表せる関数のセットがあることを意味します。この概念の例が図10.18に示されています。このセクションの残りは、球上の関数の近似に使える基底のいくつかの選択を探ります。

球面放射基底関数

GPUハードウェア フィッティングを使ったテーブル形式による再構成の低品質は、少なくともある程度、サンプルの補間に使う双線形形状関数に起因します。再構成でのサンプルの重み付けには、他の関数も使えます。そのような関数の結果は、双線形フィルタリングより高品質で、他の利点もあるかもしれません。この目的でよく使われる関数の1つの系統が、**球面放射基底関数**（SRBF）です。それは放射対称であるため、ただ1つの変数、向きの軸と評価方向の間の角度の関数になります。そのような関数のセットが形成する球上に広がる基底は、**ローブ**と呼ばれます。関数の表現は、それぞれのローブに対するパラメーターのセットで構成されます。このセットに方向を含めることもできますが、投影がひどく難しくなります（非線形なグローバル最適化が必要）。このため、ローブの方向はたいてい固定で、球上に一様に広がると仮定され、各ローブの大きさやその広がり（覆う角度）などのパラメーターが使われます。与えられた方向に対してすべてのローブを評価し、その結果を合計することで再構成を行います。

球面ガウス分布

SRBFローブに特によく使われる選択の1つが**球面ガウス分布**（SG）で、方向統計学では**フォンミーゼス-フィッシャー分布**とも呼ばれますただし、通常フォンミーゼス-フィッシャー分布には、本書の公式化で避ける正規化定数が含まれます。1つのローブは次で定義されます。

$$G(\mathbf{v}, \mathbf{d}, \lambda) = e^{\lambda(\mathbf{v} \cdot \mathbf{d} - 1)} \tag{10.17}$$

10.3. 球面関数と半球面関数

$\mathbf{v}$は評価方向（単位ベクトル）、$\mathbf{d}$はローブの方向軸（分布の平均、やはり正規化される）、$\lambda \geq 0$はローブのシャープさ（その角度幅を制御し、**集中パラメーター**や広がりとも呼ばれる）です[1978]。

次に球面基底を構築するため、与えられた数の球面ガウス分布の線形結合を使います。

$$F_G(\mathbf{v}) = \sum_k w_k G(\mathbf{v}, \mathbf{d}_k, \lambda_k) \tag{10.18}$$

この表現に球面関数の投影を行うには、再構成の誤差を最小にするパラメーターのセット$\{w_k, \mathbf{d}_k, \lambda_k\}$を求める必要があります。一般にこの処理は数値的最適化で行い、非線形の最小2乗最適化アルゴリズム（レーベンバーグ-マーカート法など）がよく使われます。セット パラメーター全部を最適化処理で変えることを許すと、関数の線形結合を使うことにならないので、式10.18が基底を表さないことに注意してください。定義域全体に十分に広がるように固定のローブ（方向と広がり）のセットを選び[1217]、重みw_kだけをフィットして投影を行わないと、正しい基底は得られません。そのようにすれば、最適化問題も普通の最小2乗最適化として公式化できるので、ずっと簡単になります。これは異なるデータのセット（投影された関数）を補間する必要があるときの、よい解決法にもなります。そのユースケースでは、ローブの方向とシャープさは高度に非線形なので、それらのパラメーターが変わるのを許すと悪影響があります。

この表現の強みは、SGの多くの操作が単純な解析的形式を持つことです。2つの球面ガウス分布の積も球面ガウス分布です[1978]。

$$G_1 G_2 = G\left(\mathbf{v}, \frac{\mathbf{d}'}{||\mathbf{d}'||}, \lambda'\right)$$

ここで

$$\mathbf{d}' = \frac{\lambda_1 \mathbf{d}_1 + \lambda_2 \mathbf{d}_2}{\lambda_1 + \lambda_2}, \quad \lambda' = (\lambda_1 + \lambda_2)||\mathbf{d}'||$$

球上の球面ガウス分布の積分も解析的に計算できます。

$$\int_\Omega G(\mathbf{v}) d\mathbf{v} = 2\pi \frac{1 - e^{2\lambda}}{\lambda}$$

これは2つの球面ガウス分布の積の積分も単純な公式化を持つことを意味します。

光の放射輝度を球面ガウス分布として表現できれば、同じ表現でエンコードされたBRDFとの積を使って、ライティングの計算を行えます[1519, 1978]。これらの理由で、SGは多くの研究プロジェクト[632, 1978]と業界のアプリケーション[1372]で使われてきました。

平面上のガウス分布では、フォンミーゼス-フィッシャー分布を異方性を許すように一般化できます。Xuら[2086]が紹介した**異方性球面ガウス分布**（ASG：図10.19）は、単一方向の$\mathbf{d}$を、合わせて正規直交接枠を形成する2つの補助軸$\mathbf{t}$と$\mathbf{b}$で強化することにより定義されます。

$$G(\mathbf{v}, [\mathbf{d}, \mathbf{t}, \mathbf{b}], [\lambda, \mu]) = S(\mathbf{v}, \mathbf{d}) e^{-\lambda(\mathbf{v} \cdot \mathbf{t})^2 - \mu(\mathbf{v} \cdot \mathbf{b})^2} \tag{10.19}$$

$\lambda, \mu \geq 0$は接枠の2軸沿いのローブの広がりを制御し、$S(\mathbf{v}, \mathbf{d}) = (\mathbf{v} \cdot \mathbf{d})^+$は平滑化項です。この項が、向きの統計に使われるフィッシャー-ビンガム分布と、コンピューター グラフィックスで採用されるASGの主な違いです。Xuらは積分、積、畳み込み操作の解析的近似も提供しています。

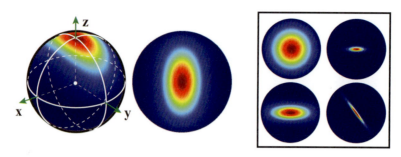

図10.19. 異方性球面ガウス分布。左: 球上のASGと対応する上面プロット。右: その公式化の表現力を示す、ASG配置の他の4つの例。（図提供: *Xu Kun*。）

SGには多くの望ましい特性がありますが、欠点の1つは、テーブル形式や範囲が制限された（帯域幅）一般のカーネルと違い、それらが**グローバル サポート**を持つことです。そのフォールオフはかなり速やかですが、どのローブも球全体でゼロではありません。このグローバルな広がりは、関数を表すのにNのローブを使うと、どの方向の再構成でも、そのNすべてが必要なことを意味します。

球面調和

球面調和[*2]（SH）は球上の基底関数の直交系です。基底関数の**直交系**は、そのセットのどの2つの異なる関数の内積もゼロになるセットです。関数の内積はベクトルの内積（ドット積）の概念と似ていますが、より一般的です。2つのベクトルの内積は、成分のペアの乗算の和です。同様に、関数を掛け合わせたものの積分を考えることで、2つの関数の内積の定義を導けます。

$$\langle f_i(x), f_j(x) \rangle \equiv \int f_i(x) f_j(x) dx \tag{10.20}$$

その積分は関連する定義域で行われます。図10.18に示される関数では、その関連する定義域はx-軸の0と5の間です（この特定の関数のセットは直交しないことに注意）。球面関数では、その形は少し異なりますが、基本的な概念は同じです。

$$\langle f_i(\mathbf{n}), f_j(\mathbf{n}) \rangle \equiv \int_{\mathbf{n} \in \Theta} f_i(\mathbf{n}) f_j(\mathbf{n}) d\mathbf{n} \tag{10.21}$$

$\mathbf{n} \in \Theta$は積分を単位球上で行うことを示します。

正規直交系は、セット中の任意の関数の自分自身との内積が1に等しいという追加条件を持つ直交系です。より正式には、関数のセット$\{f_j()\}$が正規直交である条件は次のものです。

$$\langle f_i(), f_j() \rangle = \begin{cases} 0, & \text{where } i \neq j, \\ 1, & \text{where } i = j \end{cases} \tag{10.22}$$

図10.20は、図10.18と似た例を示し、その基底関数は正規直交です。図10.20に示される正規直交基底関数が、重なり合わないことに注意してください。重なりはゼロでない内積を意味するので、これは**負でない**関数の正規直交系の必要条件です。範囲の一部で負の値を持つ関数は、重なり合っても正規直交系を形成することがあります。そのような重なりは基底を滑らか

[*2] ここで論じる基底関数は複素数値の球面調和関数の実部を表すので、「実球面調和」のほうが正しい呼び方です。

10.3. 球面関数と半球面関数

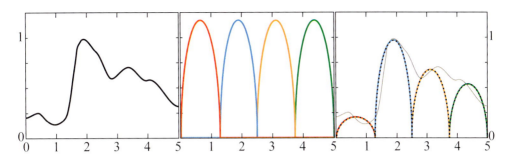

図10.20. 正規直交基底関数。この例は図10.18と同じ空間とターゲットの関数を使うが、その基底関数は正規直交となるように修正されている。左のイメージはターゲットの関数を示し、中央は基底関数の正規直交系を示し、右はスケールした基底関数を示している。結果のターゲット関数への近似は黒い点線で示され、比較する元の関数はグレイで示されている。

にできるので、通常は近似が向上します。定義域が互いに素な基底は、不連続を生じる傾向があります。

正規直交基底の利点は、最も近いターゲット関数への近似を求める処理が単純なことです。投影を行うとき、各基底関数の係数は**ターゲット関数** $f_\text{target}()$ と適切な基底関数との内積です。

$$k_j = \langle f_\text{target}(), f_j() \rangle,$$
$$f_\text{target}() \approx \sum_{j=1}^{n} k_j f_j() \tag{10.23}$$

実際には、この積分は数値的に行わなければならず、一般にはモンテカルロ サンプリングで、球上に一様に分布する n 方向で平均することにより行います。

正規直交基底は、セクション4.2.4で導入した3次元ベクトルの「標準基底」と概念が似ています。標準基底のターゲットは、関数ではなく点の位置です。標準基底は、関数のセットではなく3つのベクトル（次元ごとに1つ）からなります。式10.22で使うものと同じ定義により、標準基底は正規直交です。点を標準基底に投影する方法も、その係数は位置ベクトルと基底ベクトルの内積の結果なので同じです。重要な違いは、標準基底がすべての点を正確に再現するのに対し、基底関数の有限のセットはターゲットの関数の近似にすぎないことです。標準基底は3次元空間を表す3つの基底ベクトルを使うので、その結果が不正確になることはありません。関数空間には無数の次元があるので、有限の数の基底関数が完璧にそれを表すことはできません。

球面調和は直交かつ正規直交で、他にもいくつかの利点があります。それらは回転不変で、SHの基底関数は評価が安価です。それらは単位長ベクトルの x-、y-、z-座標の単純な多項式です。しかし、球面ガウス分布と同じく、それらはグローバル サポートを持つので、再構成では基底関数をすべて評価する必要があります。基底関数の表現は、Sloanのプレゼンテーション [1778] を含む、いくつかの文献で見つかります。彼のプレゼンテーションは、公式と、場合によってはシェーダー コードも含めた、球面調和を扱うための多くの実践的なヒントを論じている点で、注目に値します。より最近、SloanはSH再構成を行う効率的な方法の導出も行っています [1779]。

SH基底関数は**周波数帯**に配置されます。1つ目の基底関数は定数で、その次の3つは球上でゆっくり変化する線形関数、その次の5つは少し速く変化する2次関数を表します（図10.21）。放射照度値などの低周波の（つまり、球上でゆっくり変化する）関数は、（セクション10.6.1

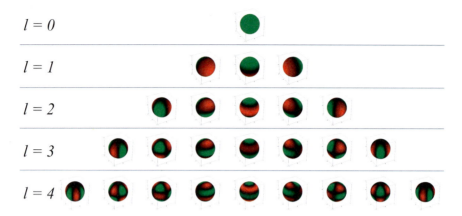

図 **10.21.** 球面調和の最初の5つの周波数帯。球面調和関数は、それぞれ正の値（緑色）と負の値（赤色）の、ゼロに近づくにつれて黒くなる領域を持つ。（球面調和の可視化、提供：*Robin Green*。）

で見るように）比較的少数のSH係数で正確に表されます。

球面調和に投影を行うとき、その結果の係数は投影された関数の様々な周波数の振幅、つまりその周波数スペクトルを表します。このスペクトル領域では、2つの関数の積の積分が関数投影の係数の内積に等しい、という基本特性が成り立ちます。この特性により、ライティングの積分を効率よく計算できます。

球面調和の多くの操作は概念的に単純で、係数のベクトルの行列変換に帰着します[633]。それらの操作の中に、球面調和に投影される2つの関数の積の計算、投影された関数の回転、畳み込みの計算の重要なケースがあります。SHの行列変換は実際に、それらの操作の複雑さが使う係数の数に2次比例することを意味し、かなりのコストになる可能性があります。幸いなことに、それらの行列は、たいてい高速なアルゴリズムの考案に利用できる独特の構造を持っています。Kautzら[940]が、x-軸とz-軸の周りの回転に分解することにより、回転の計算を最適化する手法を紹介しています。低次のSH投影の高速な回転に人気のある手法を、Hable[685]が与えています。Greenの調査[633]は、回転行列のブロック構造を計算の高速化に利用する方法を論じています。現在の最先端は、Nowrouzezahraiら[1395]が示すように、ゾーン調和への分解により表現されます。

球面調和や、下に示すH-基底などのスペクトル変換に共通の問題は、**リンギング**と呼ばれる視覚的アーティファクト（**ギブス現象**とも呼ばれる）を示すことです。帯域制限された近似で表せない急激な変化が、元の信号に含まれると、再構成で発振します。極端な場合、この再構成された関数が負の値を生成することさえあります。この問題へ対抗する、様々な事前フィルタリング手法が使えます[1778, 1781]。

他の球面表現

有限の数の係数を使って球面関数をエンコードする表現は、他にも多くあります。線形変換余弦（セクション10.1.2）は、球のポリゴン部分で簡単に積分できる特性を持ちながら、BRDF関数を効率よく近似できる表現の例です。

球面ウェーブレット[1374, 1697, 1981]は、空間（コンパクトなサポートを持つ）と周波数（滑らかさ）の局所性のバランスをとる、高周波数関数の圧縮表現が可能な基底です。球を定数値の領域に分割する球面区分定数基底関数[2085]と、行列の因数分解に頼るバイクラスタリ

ング近似 [1850] も、環境ライティングに使われてきました。

10.3.3　半球面基底

上の基底を半球面関数を表すのに使うこともできますが、無駄が多くなります。信号の半分が常にゼロになります。そのような場合には、半球面領域で直接構築する表現を使うことが普通は望まれます。これは特にサーフェスで定義される関数に関連し、BRDF、入力放射輝度、オブジェクトの与えられた点に到着する放射照度は、どれも一般的な例です。それらの関数は自然に与えられたサーフェス点を中心とする半球に制約され、サーフェス法線と連携します。また、オブジェクト内部を指す方向には値を持ちません。

アンビエント/ハイライト/方向

その線に沿った最も単純な表現の1つが、定数関数と半球上で信号が最も強い単一の方向の組み合わせです。それは通常、**アンビエント/ハイライト/方向**（AHD）基底と呼ばれ、その最も一般的な使い方は放射照度の格納です。その名前である AHD は、個々の成分が表すものを示し、それは一定のアンビエント ライト（A）、「ハイライト（H）」方向の放射照度を近似する1つの平行光源、入射光の大部分が集中する方向（D）です。AHD 基底は通常、8つのパラメーターを格納する必要があります。方向ベクトルに2つの角度、2つの RGB 色をアンビエントと平行ライトの強度に使います。その最初の有名な例がゲーム *Quake III* で、この方法で動的なオブジェクトのボリューム ライティングを格納していました。その後も、*Call of Duty* シリーズのゲームなど、いくつかのタイトルに使われています。

　この表現への投影はややトリッキーです。それは非線形なので、与えられた入力を近似する最適なパラメーターを求める計算が高価です。実際には、代わりにヒューリスティックを使います。信号を最初に球面調和に投影し、最適な線形方向を使って余弦ローブの向きを設定します。方向が与えられたら、最小2乗最小化を使ってアンビエントとハイライトの値を計算できます。Iwanicki と Sloan [875] が、非負性を強制しながら、この投影を行う方法を示しています。

ラジオシティ法線マッピング/Half-Life 2 基底

Valve は *Half-Life 2* シリーズのゲームに、**ラジオシティ法線マッピング**のコンテキストで指向性の放射照度を表す斬新な表現を使っています [1283, 1324]。元々法線マッピングを可能にしながら、事前計算したディフューズ ライティングを格納するために考案され、今はたいてい *Half-Life 2* 基底と呼ばれます。それは接空間で3つの方向をサンプルすることで、サーフェス上の半球面関数を表します（図10.22）。接空間で互いに垂直な3つの基底ベクトルの座標は次のものです。

$$\mathbf{m}_0 = \left(\frac{-1}{\sqrt{6}}, \frac{1}{\sqrt{2}}, \frac{1}{\sqrt{3}}\right), \quad \mathbf{m}_1 = \left(\frac{-1}{\sqrt{6}}, \frac{-1}{\sqrt{2}}, \frac{1}{\sqrt{3}}\right), \quad \mathbf{m}_2 = \left(\frac{\sqrt{2}}{\sqrt{3}}, 0, \frac{1}{\sqrt{3}}\right) \quad (10.24)$$

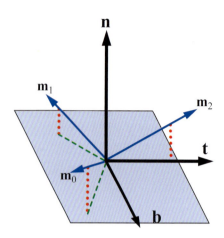

図10.22. *Half-Life 2*ライティング基底。3つの基底ベクトルは接平面より上に約26°の仰角を持ち、それらの平面への投影は法線の周りに120°の間隔で等しく並ぶ。それらは単位長で、他の2つと直交する。

再構成で、接空間方向 $\mathbf{d}$ が与えられたら、その値（E_0, E_1, E_2）を3つの基底ベクトルに沿って補間できます: [*3]

$$E(\mathbf{n}) = \frac{\sum_{k=0}^{2} \max(\mathbf{m}_k \cdot \mathbf{n}, 0)^2 E_k}{\sum_{k=0}^{2} \max(\mathbf{m}_k \cdot \mathbf{n}, 0)^2} \quad (10.25)$$

代わりに次の3つの値を接空間方向 $\mathbf{d}$ で事前に計算すれば、式10.25のコストを大きく下げられると、Green [629] が指摘しています。

$$d_k = \frac{\max(\mathbf{m}_k \cdot \mathbf{n}, 0)^2}{\sum_{k=0}^{2} \max(\mathbf{m}_k \cdot \mathbf{n}, 0)^2} \quad (10.26)$$

$k = 0, 1, 2$ です。そのとき式10.25は次に単純化されます。

$$E(\mathbf{n}) = \sum_{k=0}^{2} d_k E_k \quad (10.27)$$

Greenが述べたこの表現の他の利点のいくつかを、セクション11.4で論じます。

*Half-Life 2*基底は、平行放射照度でうまく動作します。Sloanは、この表現が低次の半球面調和よりも優れた結果を生み出すことを見出しました [1776]。

半球面調和/H-基底

Gautronら [563] は球面調和を半球面領域に特殊化し、それを**半球面調和**（HSH）と呼んでいます。この特殊化を行う様々な手法があります。

[*3] GDC 2004 のプレゼンテーションで与えられた公式化は間違っています。式10.25の形はSIGGRAPH 2007 プレゼンテーションからのものです [629]。

10.4. 環境マッピング

例えば、ゼルニケ多項式は球面調和と似た直交関数ですが、単位ディスク上で定義されます。SHと同じく、周波数領域（スペクトル）での関数の変換に使うことができ、数多くの便利な特性を生み出します。単位半球をディスクに変換できるので、半球面関数の表現にゼルニケ多項式を使えます [990]。しかし、それらで再構成を行うのはかなり高価です。Gautron らの解法のほうが経済的で、係数のベクトル上の行列乗算による比較的高速な回転が可能です。

しかし、HSH基底は球の負極を半球の外縁にシフトして構築するので、やはり評価が球面調和より高価です。このシフト操作によって基底関数は非多項式になり、GPUハードウェアで一般に遅い除算と平方根を計算する必要があります。さらに、その基底は半球の縁ではシフト前の球上の単一の点にマップするので、常に一定です。その近似誤差は、特に少数の係数（球面調和帯域）しか使わない場合に、縁の近くでかなり大きくなることがあります。

Habel [679] は球面調和基底の部分を軽度パラメーター化、HSHの部分を緯度パラメーター化する H-基底を紹介しました。SHのシフト版と非シフト版を混ぜ合わせるこの基底は直交し、効率的な評価が可能です。

10.4　環境マッピング

球面関数をイメージに記録するものは、一般にはテーブルの参照の実装にテクスチャー マッピングを使うので、**環境マッピング**と呼ばれます。この表現は、環境ライティングで最も強力で人気のある形式の1つです。他の球面表現よりも多くのメモリーを消費しますが、リアルタイムのデコードが単純かつ高速です。さらに、任意の高周波の球面信号を（テクスチャーの解像度を増やすことにより）表現し、環境放射輝度の任意の範囲を（各チャンネルのビット数を増やすことにより）正確に捕らえることが可能です。そのような正確さには代償があります。他の一般に使われるテクスチャーに格納する色やシェーダー プロパティと違い、環境マップに格納する放射輝度値は、しばしば高いダイナミックレンジを持ちます。テクセルあたりのビット数が増えることは、環境マップが他のテクスチャーよりも大きなスペースを消費し、アクセスが遅くなることを意味します。

グローバル球面関数、つまりシーンのすべてのオブジェクトに使われるものに対する基本的な仮定は、入力放射輝度 L_i が方向にしか依存しないことです。この仮定は、オブジェクトと反射されるライトが遠く離れ、反射体が自分自身を反射しないことを要求します。

環境マッピングに頼るシェーディング テクニックの特徴は、一般にその環境ライティングを表す能力ではなく、与えられたマテリアルにうまく組み込めることです。では、その積分を行うために、どんな種類の近似と仮定をBRDFに採用しなければならないでしょうか？ **反射マッピング**は、BRDFが完璧な鏡面であると仮定する、環境マッピングの最も基本的なケースです。光学的に平らなサーフェスや鏡は、入射光線をライトの反射方向 $\mathbf{r}_i$ に反射します（セクション9.5）。同様に、出力放射輝度には、1つの方向反射ビューベクトル $\mathbf{r}$ からの入力放射輝度しか含まれません。このベクトルは $\mathbf{r}_i$（式9.15）と同じやり方で計算します：

$$\mathbf{r} = 2(\mathbf{n} \cdot \mathbf{v})\mathbf{n} - \mathbf{v} \tag{10.28}$$

鏡の反射率の式は大きく単純化されます。

$$L_o(\mathbf{v}) = F(\mathbf{n}, \mathbf{r})L_i(\mathbf{r}) \tag{10.29}$$

F はフレネル項（セクション9.5）です。ただし、ハーフ ベクトルに基づくBRDFのフレネル

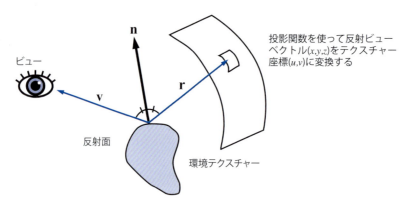

図10.23. 反射マッピング。オブジェクトを見るとき、反射されるビュー ベクトル**r**は**v**と**n**から計算できる。反射ビュー ベクトルは環境の表現にアクセスする。そのアクセス情報は、何らかの投影関数を使い、反射ビュー ベクトルの(x,y,z)を、格納された環境の放射輝度を取り出すのに使うテクスチャー座標に変換することにより計算される。

項（ハーフ ベクトル**h**と**l**または**v**の間の角度を使う）と違い、式10.29のフレネル項は、サーフェス法線**n**と反射ベクトル**r**の間の角度を使います（**n**と**v**の間の角度と同じ）。

入力放射輝度L_iは方向にしか依存しないので、2次元のテーブルに格納できます。この表現により、任意の入力放射輝度分布を持つ任意の形の鏡のようなサーフェスを効率よく照明することができます。それは点ごとに**r**を計算し、テーブル中の放射輝度を参照することにより行います。このテーブルはBlinnとNewell [176]が示したように、**環境マップ**と呼ばれます（図10.23）。

反射マッピング アルゴリズムは以下のステップです。

- 環境を表現するテクスチャーを生成、またはロードする。
- 反射性のオブジェクトを含むピクセルごとに、オブジェクトのサーフェス上の位置で法線を計算する。
- ビュー ベクトルと法線から反射ビュー ベクトルを計算する。
- 反射ビュー ベクトルを使い、反射ビュー方向に入力放射輝度を表す環境マップへのインデックスを計算する。
- 環境マップからのテクセル データを、式10.29の入力放射輝度として使う。

環境マッピングの潜在的な障害の1つは、述べる価値があります。平らなサーフェスで環境マッピングを使うと、普通はうまくいきません、平らなサーフェスの問題は、それから跳ね返るレイが一般に数度しか変化しないことです。このタイトな集束により、環境テーブルの小さな部分が比較的広いサーフェスにマップされます。セクション11.6.1で論じる、放射輝度が発する場所の位置情報も使うテクニックのほうが、よい結果を与えられます。また、床などの完全に平らなサーフェスを仮定する場合は、平面反射用のリアルタイム テクニック（セクション11.6.2）を使えます。

テクスチャー データでシーンを照明する考え方は、通常360°パノラマの、ハイダイナミック レンジ イメージを記録するカメラを使って実世界のシーンから得られる環境マップを使うときに、**イメージベース ライティング（IBL）**とも呼ばれます[359, 1593]。

環境マッピングは、特に法線マッピングと一緒に使うと効果的で、豊かなビジュアルを生み出します（図10.24）。この機能の組み合わせは、歴史的にも重要です。制限された形のバンプ

10.4. 環境マッピング

図 10.24. ライト（カメラ位置）とバンプと環境マッピングとの組み合わせ。左から右：環境マッピングなし、バンプ マッピングなし、カメラ位置のライトなし、3つすべての組み合わせ。（three.js のサンプル、webgl_materials_displacementmap 生成したイメージ [237]、AMD GPU MeshMapper からのモデル。）

環境マッピングが、消費者レベルのグラフィックス ハードウェアで、従属テクスチャー読み込み（セクション6.2）を最初に使い、このピクセル シェーダーの重要な部分の能力の発達を促進しました。

反射ビュー ベクトルを1つ以上のテクスチャーにマップする様々な投影関数があります。ここでは最も人気のあるマッピングを論じ、それぞれの強みを述べます。

10.4.1 緯度-経度マッピング

1976年に、BlinnとNewell [176] が最初の環境マッピング アルゴリズムを開発しました。彼らの使ったマッピングは、地球儀で使われるおなじみの緯度/経度システムで、それがこのテクニックが一般に **緯度-経度マッピング** と呼ばれる理由です。彼らのスキームは外側から見る地球儀ではなく、夜空の星図と似ています。地球儀の情報がメルカトルなどの投影地図に平面化できるように、空間中の点の周りの環境をテクスチャーにマップできます。特定のサーフェス位置で反射ビュー ベクトルを計算するとき、そのベクトルは球面座標 (ρ, ϕ) に変換されます。ここで経度に相当する ϕ は0から 2π ラジアンまで変化し、緯度の ρ は0から π ラジアンまで変化します。ペア (ρ, ϕ) は式10.30から計算され、$\mathbf{r} = (r_x, r_y, r_z)$ は正規化反射ビュー ベクトルで、$+z$ が上です。

$$\rho = \arccos(r_z) \quad \text{and} \quad \phi = \texttt{atan2}(r_y, r_x) \tag{10.30}$$

atan2 の説明は7ページを見てください。次にそれらの値を使って環境マップにアクセスし、反射ビュー方向に見える色を取り出します。ちなみに緯度-経度マッピングは、メルカトル投影と同じではありません。緯線の間の距離がメルカトルでは両極で無限になりますが、緯度-経度マッピングでは一定に保たれます。

球の平面の展開には、特に複数の切断を許さない場合、必ず何らかの歪曲が必要で、どの投影にも面積、距離、局所的な角度の保存の間で独自のトレードオフがあります。このマッピングの1つの問題は、情報の密度が一様と程遠いことです。図10.25の上下の部分の極端な引き伸ばしで分かるように、両極に近い領域のほうが、赤道の近くよりも、はるかに多くのテクセルを受け取ります。この歪みが問題なのは、最も効率的なエンコーディングにならないことだけでなく、ハードウェア テクスチャー フィルタリングを採用するときに、特に両極の特異

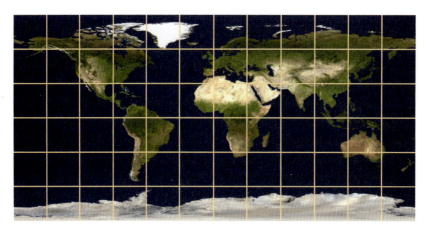

図 **10.25**. 伝統的なメルカトル投影と異なり、等間隔の緯線と経線を持つ地球。（*NASA* 提供の「*Blue Marble*」コレクションからのイメージ。）

点で目立つアーティファクトも生じる可能性があることです。フィルター カーネルがテクスチャーの引き伸ばしに追従しないため、テクセル密度が高い領域で実質的に収縮します。また投影の計算は単純ですが、逆余弦のような超越関数は GPU ではコストが高いので、効率が悪いかもしれないことにも注意してください。

10.4.2 球マッピング

最初に Williams [2032] が述べ、Miller と Hoffman [1311] が独立して開発した**球マッピング**は、一般の商用グラフィックス ハードウェアでサポートされた最初の環境マッピング テクニックでした。完全反射球に正投影して見る環境の外見からテクスチャー イメージが派生するので、このテクスチャーは**球マップ**と呼ばれます。現実の環境の球マップを作る 1 つの方法は、クリスマス ツリーの飾りのような輝く球の写真を撮ることです（図 10.26）。

その結果の円形イメージは球の場所の照明状況を記録するので、**ライト プローブ**とも呼ばれます。球面プローブの写真撮影は、たとえ実行時に他のエンコーディングを使う場合でも、イメージベース ライティングを記録する効果的な手法になることがあります。球面投影と、後で論じるキューブ マッピング（セクション 10.4.3）などの別の形式は、手法の間の歪みの差を克服するのに十分な解像度で記録すれば、その間でいつでも変換できます。

反射球は球の前方だけの環境全体を示します。それは反射ビュー方向を、この球の 2 次元イ

図 **10.26**. 球マップ（左）と緯度-経度フォーマットの等価なマップ（右）。

10.4. 環境マッピング

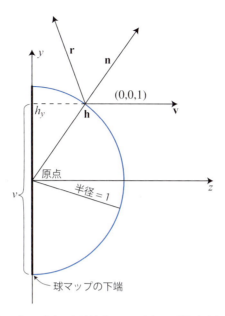

図10.27. 球マップの空間で固定のビュー方向 **v** と反射ビュー ベクトル **r** が与えられたとき、球マップの法線 **n** は2つの中間にある。原点の単位球では、その交点 **h** は単位法線 **n** と同じ座標を持つ。h_y（原点から測定）と球マップ テクスチャー座標 v（ビュー ベクトル **v** と混同しないこと）の関係も示されている。

メージ上の点にマップします。球マップ上の点が与えられた場合に、その逆向きを行うのに必要なのは反射ビュー方向です。これを行うには、その点の球上のサーフェス法線をとり、次に反射ビュー方向を生成します。したがって、その処理を反転して反射ビュー ベクトルから球上の位置を得るには、球マップのアクセスに必要な (u, v) パラメーターを生成する、球上のサーフェス法線を導く必要があります。

球の法線は反射ビュー ベクトル **r** と元のビュー ベクトル **v** の半角ベクトルで、それは球マップの空間では $(0, 0, 1)$ です（図10.27）。この法線ベクトル **n** は元と反射ビュー ベクトルの和、すなわち $(r_x, r_y, r_z + 1)$ です。このベクトルを正規化すると単位法線が与えられます。

$$\mathbf{n} = \left(\frac{r_x}{m}, \frac{r_y}{m}, \frac{r_z + 1}{m} \right), \quad \text{where} \quad m = \sqrt{r_x^2 + r_y^2 + (r_z + 1)^2} \quad (10.31)$$

球が原点にあり、その半径が1なら、その単位法線の座標も球上の法線の位置 **h** です。(h_x, h_y) は球のイメージ上の点を記述し、それぞれの値は $[-1, 1]$ の範囲にあるので、h_z は必要ありません。この座標を範囲 $[0, 1)$ に移して球マップにアクセスするには、それぞれ2で割って0.5を加えます。

$$m = \sqrt{r_x^2 + r_y^2 + (r_z + 1)^2}, \quad u = \frac{r_x}{2m} + 0.5, \quad \text{and} \quad v = \frac{r_y}{2m} + 0.5 \quad (10.32)$$

緯度-経度マッピングと対照的に、球マッピングの計算はずっと単純で、特異点はイメージ円周の1つだけです。欠点は球マップ テクスチャーが捕らえる環境のビューが、1つのビュー方向でしか有効でないことです。このテクスチャーは環境全体を捕らえるので、新しいビュー方向のテクスチャー座標を計算することは可能です。しかし、それを行うと球マップ上の小さな部分が新しいビューにより拡大され、円周の特異点が目立つので、視覚的アーティファク

図10.28. 「MatCap」レンダリングの例。左のオブジェクトは右の2つの球マップを使ってシェーディングされている。上のマップはビュー空間法線ベクトルを使ってインデックスし、下のマップはビュー空間反射ベクトルを使い、両方からの値を足し合わせる。その結果の効果は非常にもっともらしいが、ビューポートを動かすと、ライティング環境がカメラの座標系に従うことが顕になる。

トを生じることがあります。実際には、球マップは一般にカメラに追従することが仮定され、ビュー空間で動作します。

球マップは固定のビュー方向で定義されるので、原理的に球マップ上の各点は反射方向だけでなく、サーフェス法線も定義します（図10.27）反射率の式は任意の等方性BRDFについて解くことができ、その結果を球マップに格納できます。このBRDFにはディフューズ、スペキュラー、逆反射、その他の項を含めることができます。照明とビューの方向が固定されている限り、球マップは正確です。球のBRDFが一様で等方性である限り、実際の照明下にある現実の球の写真イメージを使うことさえ可能です。

1つを反射ベクトル、もう1つをサーフェス法線の2つの球マップをインデックスして、スペキュラーとディフューズ環境効果をシミュレートすることも可能です。球マップに格納された値を、サーフェス マテリアルの色と粗さを計上するように変調して、信憑性のある（ただしビュー依存の）マテリアル効果を生成できる安価なテクニックがあります。この手法はスカルプティング ソフトウェア Pixologic ZBrush が「MatCap」シェーディングとして広めました（図10.28）。

10.4.3　キューブ マッピング

1986年、Greene [641] が、**キューブ マップ**と通常呼ばれる**キューブ環境マップ**を紹介しました。この手法は今日、圧倒的に人気のある手法で、その投影は現代のGPUのハードウェアで直接実装されています。キューブ マップは、その中心をカメラの位置に置くキューブの面に環境を投影して作成します。そしてキューブの面上のイメージを環境マップに使います（図10.29と10.30）。キューブ マップはたいてい「断面図」、つまりキューブを開き、平面上に平らに伸ばして可視化されます。しかし、ハードウェア上ではキューブ マップは単一の長方形ではなく、6つの正方形テクスチャーとして格納されるので、無駄なスペースはありません。

カメラをキューブの中心に置き、キューブの各面を90°の視野角で見てシーンを6回レンダーすることにより、キューブ マップを合成的に作成することが可能です（図10.31）。キューブ マップを現実世界の環境から生成するには、通常は縫い合わせを行ったり、特殊なカメラ

10.4. 環境マッピング

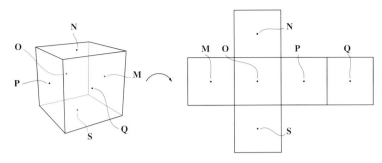

図10.29. Greeneの環境マップの図解と、その要点。左のキューブを右の環境マップに展開している。

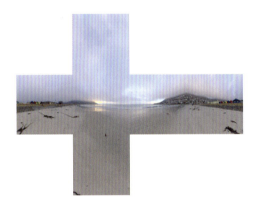

図10.30. キューブ マップ フォーマットに変換した、図10.26に使われたのと同じ環境マップ。

で取得した球面パノラマをキューブ マップ座標系に投影します。

キューブ環境マッピングは球マッピングと違い、**ビューに依存しません**。赤道と比べて両極で過剰にサンプルする緯度-経度マッピングよりも、はるかに一様なサンプリングという特徴もあります。やはりキューブ マッピング テクスチャー ハードウェアを性能のために利用しながら、サンプリング-レートの不一致がキューブ マッピングよりもさらに低い**イソキューブ**と呼ばれるマッピングを、Wanら [1975, 1976] が紹介しています。

キューブ マップへのアクセスは単純明快です。任意のベクトルを、それが指す方向のデータを取り出す3成分テクスチャー座標として直接使えます。したがって、反射では反射ビューベクトル**r**をGPUに渡すだけでよく、それを正規化する必要さえありません。古いGPUでは、異なるキューブ面をまたぐフィルター処理を、テクスチャー ハードウェアが正しく行えないので（やや実行コストが高い操作）、双線形フィルタリングでキューブの辺沿いに継ぎ目が顕になることもありました。1つの面が隣接テクセルも含むようにビュー投影を少し広げるといった、この問題を回避するテクニックが開発されました。今ではすべての現代のGPUが、この辺をまたぐフィルタリングを正しく行えるので、それらの手法は不要になりました。

10.4.4　その他の投影

今日では、その汎用性、高周波の詳細を再現する正確さ、GPU上での実行の速さにより、キューブ マップが最も人気のある環境ライティングのテーブル表現です。しかし、他にもいくつか触れる価値のある投影が開発されています。

HeidrichとSeidel [762, 764] は、2つのテクスチャーを使って**双放物面環境マッピング**を行

図**10.31.** *Forza Motorsport 7*の環境マップ ライティングは、車の位置の変更に応じて更新される。（イメージ提供：*Turn 10 Studios, Microsoft*。）

うことを提案しました。その考え方は球マッピングと似ていますが、球の環境の反射を記録してテクスチャーを生成する代わりに、2つのパラボラ投影を使います。各放物面はそれぞれ環境の半球に広がる、球マップと似た円形のテクスチャーを作成します。

球マッピングと同じく、反射ビュー レイは、マップの基底、つまり、その基準系で計算されます。反射ビュー ベクトルのz-成分の符号を使い、2つのテクスチャーのどちらをアクセスに使うかを決定します。前面イメージのアクセス関数は次で、

$$u = \frac{r_x}{2(1+r_z)} + 0.5, \quad v = \frac{r_y}{2(1+r_z)} + 0.5 \quad (10.33)$$

背面イメージもr_zの符号を反転するだけで同じです。

パラボラ マップは球マップや、さらにはキューブ マップよりも、環境のテクセル サンプリングが一様です。しかし、2つの投影の間の継ぎ目の正しいサンプリングと補間に注意を払わなければならないので、双放物面マップのほうがアクセスは高価です。

8面体マッピング [470]も注目に値する投影です。取り囲む球をキューブにマップする代わりに、8面体にマップします（図10.32）。このジオメトリーをテクスチャーに平坦化するときに、その8つの三角形の面を切って平面上に配置します。正方形と長方形どちらの構成も可能です。正方形構成を使えば、8面体マップにアクセスする計算はかなり効率的です。与えられた反射方向$\mathbf{r}$に対し、絶対値L_1ノルムを使い正規化版を計算します。

$$\mathbf{r}' = \frac{\mathbf{r}}{|r_x|+|r_y|+|r_z|}$$

r'_yが正の場合、正方形テクスチャーを次でインデックスできます。

$$u = r'_x \cdot 0.5 + 0.5, \quad v = r'_y \cdot 0.5 + 0.5 \quad (10.34)$$

10.5 スペキュラー イメージベース ライティング

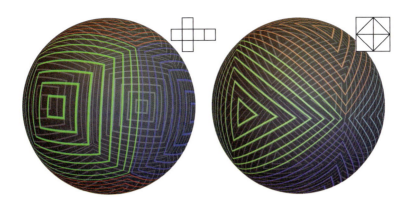

図10.32. 球のキューブ マップ展開（左）と8面体展開（右）の比較。（*Shadertoy by Nimitz*による。）

r'_y が負なら、次の変換で8面体の後ろ半分を外向きに「折り曲げる」する必要があります。

$$u = (1 - |r'_z|) \cdot \text{sign}(r'_x) \cdot 0.5 + 0.5, \quad v = (1 - |r'_x|) \cdot \text{sign}(r'_z) \cdot 0.5 + 0.5 \quad (10.35)$$

8面体マッピングはパラメーター化の継ぎ目が使うテクスチャーの端と一致するので、双放物面マッピングのフィルタリングの問題を被りません。テクスチャーの「回り込み」サンプリング モードにより、自動的に反対側のテクセルにアクセスでき、正しい補間を行えます。投影の計算は少し複雑になりますが、実際の性能は向上します。生じる歪みの量はキューブ マップとほぼ同じなので、8面体マップはキューブ マップ テクスチャー ハードウェアがないときのよい代替品になります。別の注目すべき使い方は、圧縮の手段として（セクション16.6）、2つの座標だけを使って3次元方向（正規化ベクトル）を表現することです。

ある軸の周りで放射対称な環境マップである特別な場合に、対称軸からの経線に沿った放射輝度値を格納するただ1つの1次元テクスチャーを使う単純な因数化を、Stone [1831] が提案しています。彼はこのスキームを2次元テクスチャーに拡張し、行ごとに異なるPhongローブで事前に畳み込んだ環境マップを格納しています。このエンコーディングは様々なマテリアルをシミュレートでき、晴れた空からの放射輝度のエンコードに採用されました。

10.5　スペキュラー イメージベース ライティング

環境マッピングは元々鏡のようなサーフェスをレンダーするためのテクニックとして開発されましたが、光沢反射にも拡張できます。無限に遠い光源の一般のスペキュラー効果のシミュレートに使われるとき、環境マップは**スペキュラー ライト プローブ**とも呼ばれます。この用語が使われるのは、それがシーン中の与えられた点のすべての方向からの放射輝度を記録し（プローブ）、その情報を使って一般の（純粋な鏡やランバート サーフェスの制限された場合だけでなく）BRDFを評価するからです。光沢マテリアル上の反射をシミュレートするように操作されたキューブ マップに、環境ライティングを格納する一般的な場合には、**スペキュラー キューブ マップ**という名前も使われます。

サーフェスの粗さをシミュレートするため、テクスチャー中の環境の表現に**事前フィルター処理**することもできます [641]。環境マップ テクスチャーをぼかすことにより、完全に鏡のような反射より粗く見えるスペキュラー反射を提示できます。そのようなぼかしは非線形なや

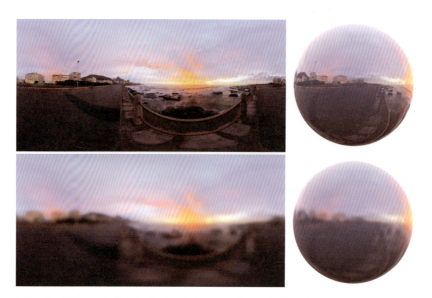

図 10.33. 上は、元の環境マップ（左）と球に適用したシェーディングの結果（右）。下では、同じ環境マップをガウス分布カーネルでぼかし、粗いマテリアルの外見を近似している。

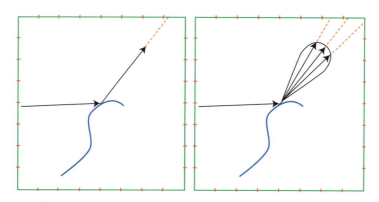

図 10.34. 左の図は、環境テクスチャー（この場合キューブ マップ）から完全な鏡面反射を取り出すための、オブジェクトで跳ね返る視線を示している。右の図は、環境テクスチャーのサンプルに使う反射ビュー レイのスペキュラー ローブを示す。緑の正方形はキューブ マップの断面を表し、赤い目盛りはテクセル間の境界を示す。

り方、つまり、テクスチャーの部分ごとに異なるぼかしを行うべきです。この調整が必要なのは、環境マップ テクスチャーの表現の、理想的な方向の球面空間へのマッピングが非線形だからです。2つの隣接テクセルの中心間の角距離も、1テクセルの立体角も一定ではありません。AMD の *CubeMapGen*（今はオープンソース）などの、キューブ マップの前処理に特化したツールは、フィルタリング時にそれらの因子を考慮に入れます。他の面からの隣接サンプルを使ってミップマップ チェーンを作成し、テクセルごとの角度の広がりを織り込みます。図10.33 が例を示しています。

環境マップをぼかすと、経験的に粗いサーフェスの外見に近づきますが、実際の BRDF との関係はありません。より原理的な手法は、与えられたサーフェス法線とビュー方向を考慮に入れるときに、BRDF 関数が球上でとる形を考慮することです。次にこの分布を使って環境マップのフィルター処理を行います（図10.34）。スペキュラー ローブを持つ環境マップのフィルタリングは、BRDF がその粗さパラメーターと、ビューと法線のベクトルに応じて任意

10.5. スペキュラー イメージベース ライティング 359

の形をとるので、容易ではありません。生じるローブの形を制御する少なくとも5次元の入力値（粗さとビューと法線の方向にそれぞれ2つの極角）があります。その選択ごとに複数の環境マップを格納するのは不可能です。

10.5.1　事前フィルター環境マッピング

光沢マテリアルに適用する環境ライティングの事前フィルターの実用的な実装は、結果のテクスチャーがビューと法線のベクトルに依存しないように、使うBRDFへの近似が必要です。BRDFの形の変化をマテリアルの光沢だけに制限すれば、粗さパラメーターの異なる選択に対応する少数の環境マップを計算して格納し、実行時に使うものを選択できます。実際には、これは使用するブラー カーネル、したがってローブの形が、反射ベクトルの周りの放射対称に制限されることを意味します。

　与えられた反射ビュー方向の近くから来る光を想像してください。反射ビュー方向からの直接の光が最大の寄与を与え、入射光の方向が徐々に反射ビュー方向とずれるにつれて下がります。環境マップ テクセルの面積にテクセルのBRDF寄与を掛けたものが、このテクセルの相対的な影響を与えます。この加重寄与に環境マップ テクセルの色を掛け、その結果を合計して$\mathbf{q}$を計算します。加重寄与の合計sも計算します。その最終的な結果$\mathbf{q}/s$が、反射ビュー方向のローブで積分した全体の色で、結果の反射マップに格納されます。

　Phongマテリアル モデルを使えば、放射対称仮定は自然に成り立ち、ほぼ正確に環境ライティングを計算できます。セクション9.8で見たBRDFと違い、Phong [1527]のモデルは経験的に導かれ、物理的な動機はありません。Phongのモデルとセクション9.8.1で論じたBlinn-Phong [177] BRDFのどちらも指数の余弦ローブですが、Phongシェーディングの場合、その余弦はハーフ ベクトル（式9.33）と法線ではなく、反射（式9.15）とビュー ベクトルの内積です。このため反射ローブは回転対称です（294ページの図9.35）。

　放射対称のスペキュラー ローブで、まだ提供できない唯一の効果が、ローブの形がビュー方向に依存する地平線クリッピングです。光沢のある（鏡でない）球を見るとします。球のサーフェスの中心近くを見ると、対称なPhongローブが与えられるとします。球の輪郭に近いサーフェスを見ると、地平線より下からの光が目に入ることはないので、実際にはそのローブの一部を切り落とさなければなりません（図10.35）。これは前に面ライティングの近似を論じたときに見たのと同じ問題で（セクション10.1）、リアルタイムの手法では、実際にはほとんど無視されます。それにより、グレージング角で過剰に明るいシェーディングが生じることがあります。

　HeidrichとSeidel [764]が、単一の反射マップをこのやり方で使い、サーフェスのぼやけ方をシミュレートしています。異なる粗さレベルに対応するため、環境キューブ マップのミップマップ（セクション6.2.2）を採用するのが一般的です。各レベルを入力放射輝度のぼかしたバージョンの格納に使い、高いミップ レベルほど粗いサーフェス、つまり広いPhongローブを格納します [88, 632, 1240, 1241]。実行時には、反射ベクトルを使い、望ましいPhong指数（マテリアルの粗さ）を基にミップ レベルの選択を強制することにより、キューブ マップにアドレスできます（図10.36）。

　粗いマテリアルが使う広いフィルター領域が高周波を取り除くので、十分な結果に必要な解像度が下がり、ミップマップ構造に完璧に適合します。さらに、GPUハードウェアの三線形フィルタリングを採用して、事前フィルター処理したミップ レベルの間をサンプルすれば、正確な表現を持たない粗さ値をシミュレートできます。フレネル項と組み合わせると、そのよ

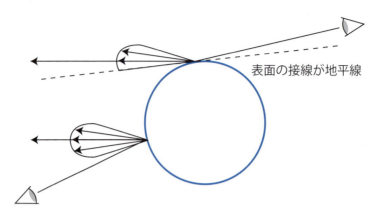

図10.35. 光沢のある球を2つの視点から見る。球上の別々の位置が、どちらの視点にも同じ反射ビュー方向を与える。左の視点のサーフェス反射は対称ローブをサンプルする。光が地平線より下のサーフェスで跳ね返ることはないので、右の視点の反射ローブはサーフェス自体の地平線で切り落とさなければならない。

うな反射マップは光沢サーフェスでもっともらしく動作します。

　性能とエイリアシングの理由により、使うミップマップ レベルの選択はシェーディングする点のマテリアルの粗さだけでなく、シェーディング中の画面ピクセルのフットプリントが広がるサーフェス領域の法線と粗さの変化も考慮に入れるべきです。AshikhminとGhosh [88] の指摘によれば、もっともよい結果を得るには、2つの候補ミップマップ レベル（テクスチャリング ハードウェアが計算する縮小レベルと、現在のフィルター幅に対応するレベル）のインデックスを比較し、低いほうの解像度のミップマップ レベルのインデックスを使うべきです。より正確に言うと、サーフェス分散の拡大効果を考慮に入れ、ピクセル フットプリント中のローブの平均に最もよくフィットするBRDFローブに対応する、新しい粗さレベルを採用すべきです。この問題はBRDFのアンチエイリアシング（セクション9.13.1）と全く同じで、同じ解決法が適用されます。

　前に紹介したフィルタリング スキームは、与えられた反射ビュー方向で、すべてのローブが同じ形と高さだと仮定しています。この仮定は、ローブが放射対称でなければならないことも意味します。地平線問題がなくても、ほとんどのBRDFは、すべての角度で一様な放射対称のローブを持ちません。例えばグレージング角で、ローブはたいてい鋭く、薄くなります。また、ローブの長さは通常、仰角で変化します。

　この効果は通常、曲面サーフェスでは知覚できません。しかし、床のような平らなサーフェスでは、放射対称フィルターが目立つ誤差をもたらすことがあります（294ページの図9.35）。

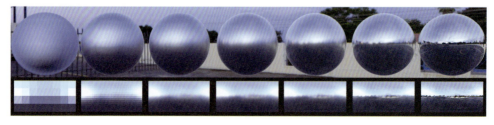

図10.36. 環境マップの事前フィルタリング。キューブ マップを様々な粗さのGGXローブで畳み込み、その結果をテクスチャーのミップ チェーンに格納する。その結果の下段のテクスチャー ミップは、左から右に粗さが下がるように表示され、上段の球はそれに反射ベクトルの方向でアクセスしてレンダーされている。

10.5. スペキュラー イメージベース ライティング

環境マップの畳み込み

事前フィルター環境マップの生成は、すべてのテクセルで、方向 $\mathbf{v}$ に対応した、環境放射輝度のスペキュラー ローブ D による積分を計算することを意味します。

$$\int_\Omega D(\mathbf{l}, \mathbf{v}) L_i(\mathbf{l}) d\mathbf{l}$$

この積分は**球面畳み込み**で、環境マップでは、L_i がテーブル形式でしか分からないので、一般には解析的に行えません。人気のある数値解法は、モンテカルロ法を採用することです。

$$\int_\Omega D(\mathbf{l}, \mathbf{v}) L_i(\mathbf{l}) d\mathbf{l} \approx \lim_{N \to \infty} \frac{1}{N} \sum_{k=1}^{N} \frac{D(\mathbf{l}_k, \mathbf{v}) L_i(\mathbf{l}_k)}{p(\mathbf{l}_k, \mathbf{v})} \tag{10.36}$$

$\mathbf{l}_k$ （$k = 1, 2, \ldots, N$）は単位球（方向）上の離散サンプル、$p(\mathbf{l}_k, \mathbf{v})$ は方向 $\mathbf{l}_k$ でのサンプルに生成に関連する確率関数です。球を一様にサンプルすれば、常に $p(\mathbf{l}_k, \mathbf{v}) = 1$ です。この総和は積分したい方向 $\mathbf{v}$ ごとには正しいのですが、その結果を環境マップに格納するときには、計算するテクセルごとに、それが広がる立体角で重み付けして、投影による歪みも考慮に入れなければなりません（Driscoll [406] を参照）。

　モンテカルロ法は単純で正しくても、積分の数値への収束に多数のサンプルが必要で、オフライン処理でも遅いことがあります。この状況は、浅いスペキュラー ローブ（Blinn-Phong の場合は高い指数、Cook-Torrance では低い粗さ）をエンコードする、ミップマップの最初のレベルに特に当てはまります。計算するテクセルが多いだけでなく（高周波の細部を格納するのに解像度が必要なため）、完全反射に近くない方向ではローブがほぼゼロかもしれません。それらは $D(\mathbf{l}_k, \mathbf{v}) \approx 0$ なので、サンプルの大部分が「無駄」になります。

　この現象を避けるのには、スペキュラー ローブの形に一致した確率分布の方向の生成を試みる、重要度サンプリングを使えます。それはモンテカルロ積分でよく使われる**分散削減**テクニックで、最も一般的なほとんどのローブに、重要度サンプリング戦略が存在します [304, 949, 1973]。さらにサンプリング スキームの効率的を上げるため、スペキュラー ローブの形に合わせて、環境マップ中の放射輝度の分布を考慮することもできます [293, 886]。しかし、点サンプリングに頼るすべてのテクニックは通常、何百ものサンプルが必要なので、一般にはオフライン レンダリングと検証シミュレーション専用です。

　さらにサンプリングの分散（つまり、ノイズ）を減らすため、サンプル間の距離を見積もり、1つの方向の代わりに円錐の総和を使って積分することもできます。円錐を使う環境マップのサンプリングは、そのミップ レベルの1つの点サンプリングで、テクセル サイズの広がる立体角が円錐のそれと近いレベルを選ぶことにより近似できます [305]。それを行うと偏りを生じますが、ノイズのない結果を達成するのに必要なサンプルの数を大きく減らせます。この種のサンプリングは、GPU の助力を借りてインタラクティブな速度で行えます。

　やはり領域サンプルを利用して、リアルタイムにスペキュラー ローブによる畳み込みの結果を近似することを狙う、事前計算が不要なテクニックを、McGuire ら [1265] が開発しています。Phong ローブの形を再現するため、この処理は非事前フィルター環境キューブ マップの複数のミップマップ レベルを賢くミックスします。似たやり方で、Hensley ら [780, 781, 782] が、エリア総和テーブル（セクション 6.2.2）を使って近似を迅速に行います。McGuire らと Hensley らのテクニックは、環境マップのレンダリングの後も、それぞれミップ レベルかプレフィックス和を生成する必要があるので、技術的にまったく事前計算が不要なわけではありま

せん。どちらの場合も、効率的なアルゴリズムが存在するので、完全なスペキュラー ローブの畳み込みを行うよりも、必要な事前計算はずっと高速です。どちらのテクニックも十分に高速で、リアルタイムの環境ライティングによるサーフェス シェーディングに使えますが、アドホックな事前フィルタリングに頼る他の手法ほど正確ではありません。

Kautzら[939]が別の変種である、フィルター処理したパラボラ反射マップを迅速に生成するための階層テクニックを紹介しています。最近ではMansonとSloan[1210]が、効率的な2次B-スプライン フィルター処理スキームを使い、環境マップのミップ レベル生成の技術水準を大きく改善しました。その特別に計算された、B-スプライン フィルター処理ミップを、McGuireらとKautzらの手法と似たやり方で、少数のサンプルと組み合わせて使い、高速で正確な近似を生成します。重要度サンプル モンテカルロ テクニックで計算した検証データと区別できない結果を、リアルタイムに生成できます。

高速な畳み込みテクニックは、事前フィルターキューブ マップのリアルタイムの更新を可能にするので、フィルター処理したい環境マップを動的にレンダーするときに必要です。環境マップを使うと、異なるライティング状況の間でオブジェクトが移動する、例えば部屋を移るのが難しいことがよくあります。キューブ環境マップは毎フレーム（または数フレームおきに）その場で再生成できるので、効率的なフィルタリング スキームを採用すれば、新たなスペキュラー反射マップへの交換は比較的安価です。

完全な環境マップの再生成の代案は、静的な基本の環境マップに、動的な光源からのスペキュラー ハイライトを加えることです。その追加のハイライトは、事前フィルターされた基本の環境マップに加える、事前フィルターされた「斑点」でかまいません。そうすることで、実行時のフィルタリングの必要性を避けられます。その制限は、ライトと反射するオブジェクトが離れているので、見るオブジェクトの位置により変化しないという、環境マッピングの仮定に起因します。その要件は、ローカルな光源を簡単には使えないことを意味します。

ジオメトリーが静的で、一部の光源（例えば、太陽）が動く場合、キューブ マップにシーンを動的にレンダーする必要がない、プローブ更新のための安価なテクニックは、サーフェスの属性（位置、法線、マテリアル）をG-バッファー環境マップに格納することです。G-バッファーはセクション20.1で詳しく論じます。次にそれらの属性を使い、サーフェスの出力放射輝度を環境マップに計算します。このテクニックは*Call of Duty: Infinite Warfare*[414]、*The Witcher 3*[1911]、*Far Cry 4*[1244]などで使われました。

10.5.2　マイクロファセット BRDF の分割積分近似

環境ライティングの有用性は大きいので、キューブ マップの事前フィルタリングに内在するBRDFの近似問題を減らす多くのテクニックが開発されてきました。

これまでは、Phongローブを仮定し、後から完全鏡面フレネル項を掛ける近似を述べてきました：

$$\int_{\mathbf{l}\in\Omega} f(\mathbf{l},\mathbf{v})L_i(\mathbf{l})(\mathbf{n}\cdot\mathbf{l})d\mathbf{l} \approx F(\mathbf{n},\mathbf{v})\int_{\mathbf{l}\in\Omega} D_{\text{Phong}}(\mathbf{r})L_i(\mathbf{l})(\mathbf{n}\cdot\mathbf{l})d\mathbf{l} \tag{10.37}$$

$\int_{\Omega} D_{\text{Phong}}(\mathbf{r})$は、$\mathbf{r}$ごとに環境キューブ マップに事前計算されます。292ページの式9.34（便宜のため再掲）

$$f_{\text{smf}}(\mathbf{l},\mathbf{v}) = \frac{F(\mathbf{h},\mathbf{l})G_2(\mathbf{l},\mathbf{v},\mathbf{h})D(\mathbf{h})}{4|\mathbf{n}\cdot\mathbf{l}||\mathbf{n}\cdot\mathbf{v}|} \tag{10.38}$$

を使うスペキュラー マイクロファセット BRDF f_{smf}を考えると、たとえ$D(\mathbf{h}) \approx D_{\text{Phong}}(\mathbf{r})$が有効だと仮定しても、BRDFのかなりの部分がライティング積分から取り除かれることが分

10.5. スペキュラー イメージベース ライティング 363

かります。その積分の外での適用が理論的基礎を持たない影項 $G_2(\mathbf{l}, \mathbf{v}, \mathbf{h})$ とハーフ ベクトル フレネル項 $F(\mathbf{h}, \mathbf{l})$ が取り除かれます。$\mathbf{n} \cdot \mathbf{h}$ の代わりに $\mathbf{n} \cdot \mathbf{v}$ に依存する完全鏡面フレネルをマイクロファセット BRDF として使うと、フレネル項をまったく使わないよりも大きな誤差が生じることを、Lazarov [1078] が示しています。五反田 [623]、Lazarov [1079]、Karis [930] がよく似た**分割積分近似**を独立に導いています:

$$\int_{\mathbf{l} \in \Omega} f_{\mathrm{smf}}(\mathbf{l}, \mathbf{v}) L_i(\mathbf{l})(\mathbf{n} \cdot \mathbf{l}) d\mathbf{l} \approx \int_{\mathbf{l} \in \Omega} D(\mathbf{r}) L_i(\mathbf{l})(\mathbf{n} \cdot \mathbf{l}) d\mathbf{l} \int_{\mathbf{l} \in \Omega} f_{\mathrm{smf}}(\mathbf{l}, \mathbf{v})(\mathbf{n} \cdot \mathbf{l}) d\mathbf{l} \qquad (10.39)$$

この解法は一般に「分割積分」と呼ばれますが、積分を2つの互いに素な項に分解するのは、よい近似ではないので、行っていないことに注意してください。f_{smf} がスペキュラー ローブ D を含むことを思い起こすと、後者と $\mathbf{n} \cdot \mathbf{l}$ 項が代わりに両側で複製されることが分かります。分割積分近似では、両方の積分で、環境マップ中の反射ベクトルの周りで対称なすべての項を含めます。Karis は自分の導出を、事前計算で使う重要度サンプルされた数値積分（式10.36）上で行うので、**分割和**と呼んでいますが、実質的には同じ解法です。

　その結果の2つの積分はどちらも効率よく事前計算できます。1つ目は放射対称 D ローブの仮定により、サーフェスの粗さと反射ベクトルにしか依存しません。実際には、$\mathbf{n} = \mathbf{v} = \mathbf{r}$ を課す任意のローブを使えます。この積分は事前計算して、やはりキューブ マップのミップ レベルに格納できます。ハーフ ベクトル BRDF を反射ベクトルの周りのローブに変換するときに、環境ライティングと解析的なライトの間で似たハイライトを得るには、放射対称ローブに修正した粗さを使うべきです。例えば、純粋な Phong ベースの反射ベクトル スペキュラー項から、半角を使う Blinn-Phong BRDF に変換するなら、指数を4で割ることでよいフィットが得られます [512, 1032]。

　2つ目の積分は、スペキュラー項の半球方向反射率（セクション9.3）$R_{\mathrm{spec}}(\mathbf{v})$ です。R_{spec} 関数は仰角 θ、粗さ α、フレネル項 F に依存します。一般に F は Schlick の近似（式9.16）を使って実装され、それは1つの値 F_0 でパラメーター化されるので、R_{spec} は3つのパラメーターの関数になります。五反田は R_{spec} を数値的に事前計算し、その結果を3次元の参照テーブルに格納しています。Karis と Lazarov は、F_0 の値を R_{spec} からくくり出して、それぞれ仰角と粗さの2つのパラメーターに依存する2つの引数にできると述べています。Karis はこの洞察から、事前計算する R_{spec} の参照を2チャンネル テクスチャーに格納できる2次元のテーブルに縮小し、Lazarov は、その2つの因子の解析的近似を関数フィットで導いています。後に Iwanicki と Pesce [873] が、より正確で単純な解析的近似を導きました。R_{spec} は、ディフューズ BRDF モデル（305ページの式9.65）の正確さの改善にも使えます。両方のテクニックを同じアプリケーションに実装する場合には、R_{spec} の実装を両方に使い、効率を上げられます。

　分割積分解法は変化のない環境マップには正確です。キューブ マップ部分はスペキュラー反射率をスケールするライティングの強度を供給し、それは一様な照明の下では正しい BRDF 積分です。経験的に、Karis と Lazarov はどちらも、その近似が一般の環境マップでも、特に周波数が比較的低い場合に成り立つことに気付き、それは屋外のシーンでは珍しくありません（図10.37）。検証データと比べたとき、このテクニックの誤差の最大の発生源は、事前フィルター環境キューブ マップの、放射対称でクリップされないスペキュラー ローブの制約です（図10.35）。Lagarde [1035] は、経験的にそれが検証データと比べた誤差を減らすので、サーフェスの粗さを基に、法線に向かう反射方向から事前フィルター環境マップの取り出しに使うベクトルをスキューすることを提案しています。それが正当化できるのは、サーフェスの入力放射輝度半球でローブがクリップされないことを、部分的に補償するからです。

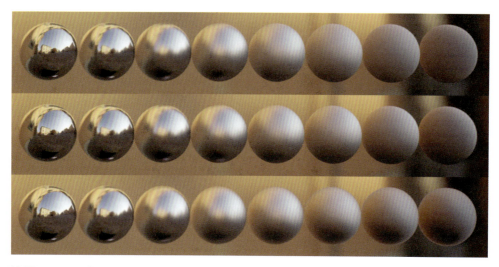

図**10.37.** Karisの「分割和」近似。左から右：マテリアルの粗さが増す。上段：基準解。中段：分割積分近似。下段：必要な放射対称性（$\mathbf{n}=\mathbf{v}=\mathbf{r}$）をスペキュラー ローブに追加した分割積分。この最後の要件が最も大きな誤差をもたらす。（イメージ提供：*Brian Karis, Epic Games Inc.*）

10.5.3　非対称ローブと異方性ローブ

これまで見てきた解法は、すべて等方性のスペキュラー ローブに制限されていますが、それは入力と出力の方向をサーフェス法線（セクション9.3）の周りで回転したときに変化せず、反射ベクトルの周りで放射対称であることを意味します。マイクロファセットBRDFローブはハーフ ベクトル $\mathbf{h}=(\mathbf{l}+\mathbf{v})/||\mathbf{l}+\mathbf{v}||$（式9.33）の周りで定義されるので、たとえ等方性の場合でも、必要とされる対称性を持つことはありません。ハーフ ベクトルは光の方向 $\mathbf{l}$ に依存し、その環境ライティングは一意に定義されません。そこでスペキュラー ハイライトのサイズを元のハーフ ベクトル公式化に一致させるため、Karis [930] に従って、それらのBRDFでは $\mathbf{n}=\mathbf{v}=\mathbf{r}$ を課し、定数の粗さ補正係数を導きます。それらの仮定は、どれも誤差の大きな発生源です（図10.38）。

Luksch ら [1182] やColbertとKřivánek [304, 305] など、セクション10.5.1で述べた手法のいくつかは、インタラクティブな速さで任意のBRDFによる環境ライティングの計算に使えます。しかし、それらの手法は何十ものサンプルが必要なので、サーフェスのリアルタイム シェーディングではめったに使われません。それらはむしろモンテカルロ積分の、高速な重要度サンプリング テクニックと見ることができます。

スペキュラー ローブに放射対称性を課して作成する事前フィルター環境マップと、現在のサーフェスのスペキュラー粗さに対応する事前フィルター ローブにアクセスする、単純な直接的ロジックでは、サーフェスを真正面から見たとき（$\mathbf{n}=\mathbf{v}$）しか、結果が正しいことが保証されません。その他のすべての場合、そのような保証はなく、本物のローブがシェーディング中のサーフェス点の地平線より下に沈まないことを無視するので、BRDFローブの形に関係なくグレージング角で誤差を生じます。一般には、おそらく正確なスペキュラー反射の方向のデータは、現実に最もよく一致するものではありません。

KautzとMcCoolが、事前フィルター環境マップに格納した放射対称ローブからのサンプリング スキームを改善することで、単純な事前積分を改良しています [938]。彼らは2つの手法

10.5. スペキュラー イメージベース ライティング

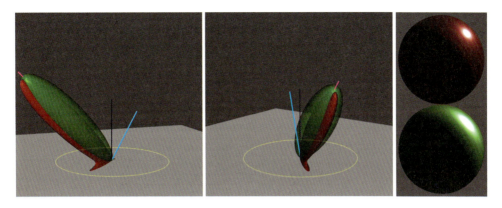

図10.38. GGX BRDF（赤）と、反射ベクトル（緑）の周りで放射対称になるように適応させたGGX NDFローブを比較するプロットの2つのビュー。後者はGGXスペキュラー ローブのピークに一致するようにスケールしているが、それがハーフ ベクトル ベースのBRDFの異方的な形を捕らえられないことに注意。右では、2つのローブが球上に作り出すハイライトの違いに注意。（DisneyのBRDF Explorerオープンソース ソフトウェアを使って生成したイメージ。）

を提案しています。1つ目は1つのサンプルしか使いませんが、固定の補正係数に頼るのではなく、現在のビュー方向のBRDFを近似する最善のローブを求めることを試みます、2つ目の手法は、異なるローブからの複数のサンプルを平均します。1つ目の手法のほうがグレージング角でサーフェスをうまくシミュレートします。放射対称ローブ近似を使って反射される全エネルギーの、元のBRDFとの違いを計上する、補正係数も導きます。2つ目の解法は、結果を拡張して、ハーフ ベクトル モデルに一般的な、伸びるハイライトを含めます。どちらの場合も、最適化テクニックを使い、事前フィルターローブのサンプリングを駆動するパラメーターのテーブルを計算します。KautzとMcCoolのテクニックは、貪欲フィット アルゴリズムとパラボラ環境マップを使います。

最近では、IwanickiとPesce [873] が ネルダー-ミード最小化と呼ばれる手法を使い、GGX BRDFと環境キューブ マップに同様の近似を導いています。サンプリングの高速化に、現代のGPUのハードウェア異方性フィルタリング機能を利用する考え方も分析しています。

事前フィルター キューブ マップから、ただ1つのサンプルを使い、その位置をより複雑なスペキュラーBRDFのピークに適応させる考え方は、Revie [1603] も遅延シェーディング（セクション20.1）と組み合わせた毛皮レンダリングで利用しています。そのコンテキストでは、直接環境マッピングからではなく、G-バッファーにエンコードするパラメーターを可能な限り少なくする必要があることから、制限が生じます。その考え方をMcAuley [1244] が拡張し、そのテクニックを遅延レンダリング システムのすべてのサーフェスで使っています。

McAllisterら [1240, 1241] が、Lafortune BRDFの特性を利用することにより、異方性と再帰反射を含む、様々な効果のレンダリングを可能にするテクニックを開発しています。このBRDF [1029] 自体は、物理ベースのレンダリングの近似で、反射方向の周りで摂動した複数のPhongローブからなります。Lafortuneが、He-Torrance モデル [745] と反射測定器（gonioreflectometer）からの現実のマテリアルの測定に、そのローブをフィットすることで、このBRDFが複雑なマテリアルを表現できることを示しました。McAllisterのテクニックは、Lafortuneローブが一般化Phongローブなため、そのミップに異なるPhong指数をエンコードすれば、従来の事前フィルター環境マップを使えることに気付き、開発されました。Greenら [632] が提案する似た手法は、Phongローブの代わりにガウス分布ローブを使います。さら

に彼らのアプローチは、環境マップの平行影（セクション11.4）をサポートするように拡張できます。

10.6　放射照度環境マッピング

前のセクションでは、フィルター処理した環境マップの光沢スペキュラー反射への使用を論じました。それらのマップはディフューズ反射にも使えます[641, 1311]。スペキュラー反射用の環境マップは、フィルター処理せず鏡面反射に使うものでも、フィルター処理して光沢反射に使うものでも、いくつか共通の特徴があります。どちらの場合も、スペキュラー環境マップは反射ビュー ベクトルでインデックスされ、そこには放射輝度値が含まれます。フィルターされない環境マップには入力放射輝度値、フィルターされる環境マップには出力放射輝度値が含まれます。

　対照的に、ディフューズ反射用の環境マップはサーフェス法線 n だけでインデックスされ、そこには**放射照度**値が含まれます。そのため、**放射照度環境マップ**と呼ばれます[1572]。図10.35は、その内在する曖昧さにより、環境マップによる光沢反射が誤る条件があることを示しています。同じ反射ビュー ベクトルが、異なる反射状況に相当する可能性があります。この問題は放射照度環境マップでは発生しません。そのサーフェス法線に、ディフューズ反射に関連するすべての情報が含まれます。放射照度環境マップは、元の照明と比べて極端にぼけるので、かなり低い解像度で格納できます。事前フィルター スペキュラー環境マップの最も低いミップ レベルの1つが、しばしば放射照度データの格納に使われます。前に調べた光沢反射と違い、サーフェス法線の周りの半球でクリップする必要がある BRDF ローブに対する積分も行いません。クランプ余弦ローブによる環境ライティングの畳み込みは正確で、近似ではありません。

　与えられた法線方向に面するサーフェスに影響を与えるすべての照明の余弦加重寄与を、マップ中のテクセルごとに合計する必要があります。放射照度環境マップは、見える半球全体を覆う広範囲のフィルターを、元の環境マップに適用して作成します。そのフィルターには余弦因子が含まれます（図10.39）。352ページの図10.26の球マップは、図10.40に示される、対応する放射照度マップを持ちます。放射照度マップの使用例が図10.41に示されています。

　一般に放射照度環境マップは、スペキュラー環境マップや反射マップとは別に、キューブマップなどのビューに依存しない表現に格納してアクセスします（図10.42）。放射照度の取り出しは、反射ビュー ベクトルではなく、サーフェス法線を使ってキューブ マップにアクセスします。放射照度環境マップから取り出した値にはディフューズ反射率を掛け、スペキュラー環境マップから取り出した値にはスペキュラー反射率を掛けます。視射角でスペキュラー反射率を増やし（場合によってはディフューズ反射率を減らし）、フレネル効果をモデル化することもできます[764, 1035]。

　放射照度環境マップは極めて広いフィルターなので、その場でサンプリングして効率よく作成するのは困難です。King[968]がGPU上で畳み込みを行い、放射照度マップを作成する方法を論じています。環境マップを周波数領域に変換することにより、2004年当時のハードウェアで300FPS以上の速さで放射照度マップを生成できました。

　ディフューズや粗いサーフェス用のフィルターされた環境マップは、低解像度で格納できますが、シーンの比較的小さな反射マップ、例えば、64×64テクセルのキューブ マップの面から生成できるときもあります。このアプローチでの問題は、そのような小さいテクスチャーに

10.6. 放射照度環境マッピング

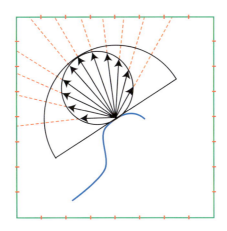

図 **10.39**. 放射照度環境マップの計算。サーフェス法線の周りで余弦重み付けした半球を、環境テクスチャー（この場合はキューブ マップ）からサンプルし、合計して得られる放射照度は、ビューに依存しない。緑の正方形はキューブ マップの断面を表し、赤い目盛りはテクセル間の境界を示す。キューブ マップ表現が示されているが、任意の環境表現を使える。

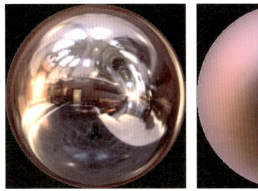 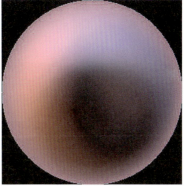

図 **10.40**. グレース大聖堂の球マップから作られた放射照度マップ。左の図は元の球マップ。右の図は各ピクセルの上の半球中の重み付けした色を合計して作られる。（左のイメージ提供：*Paul Debevec, debevec.org*、右のイメージ提供：*Ravi Ramamoorthi, Computer Graphics Laboratory, Stanford University*。）

レンダーされた面光源が「テクセルの間に落ちて」、光がちらついたり、完全に消えるかもしれないことです。この問題を避けるため、Wiley と Scheuermann [2029] は、動的な環境マップをレンダーするときに、そのような光源を大きな「カード」（テクスチャー付き長方形）で表すことを提案しています。

光沢反射の場合と同じく、事前フィルター放射照度環境マップに動的な光源を加えることもできます。これを行う安価な手法を、Brennan [214] が与えています。単一の光源に対する放射照度マップがあるとします。ライトの方向で光がサーフェスに真っ直ぐに当たるので、放射輝度は最大です。与えられたサーフェス法線方向（つまり、テクセル）の放射輝度はライトへの角度の余弦で減衰し、サーフェスがライトに背を向ける場所でゼロになります。GPU を使い、視点を中心にライトの方向に沿った半球を極とする、余弦ローブを表す半球をレンダーすることにより、この寄与を直接、既存の放射照度マップに迅速に加えることができます。

図10.41. 放射照度マップを使って行われるキャラクターのライティング。(イメージ提供：ゲーム "Dead or Alive® 3," Tecmo, Ltd. 2001。)

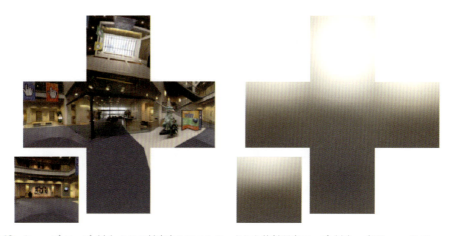

図10.42. キューブ マップ（左）とその対応するフィルターされた放射照度マップ（右）。(*Microsoft Corporation* から許可を得て転載)

10.6.1 球面調和放射照度

キューブ マップのようなテクスチャーだけで、放射照度環境マップを表すことを論じてきましたが、セクション10.3で紹介したように、他の表現も可能です。特に球面調和は、環境ライティングからの放射照度が滑らかなので、放射照度環境マップの表現として、とても人気があります。放射輝度を余弦ローブで畳み込むと、すべての高周波成分が環境マップから除去されます。

RamamoorthiとHanrahan [1572]が、最初の9つのSH係数だけで（それぞれの係数はRGBベクトルなので、27の浮動小数点数を格納する必要がある）、放射照度環境マップを約1%の精度で表現できることを示しています。その場合、どんな放射照度環境マップも球面関数$E(\mathbf{n})$と解釈でき、式10.21と10.23を使って、9つのRGB係数に投影できます。この形はキューブやパラボラ マップよりもコンパクトな表現で、レンダリング中にテクスチャーにアクセスす

10.6. 放射照度環境マッピング

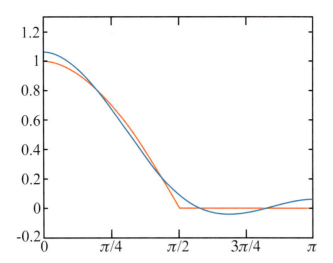

図10.43. クランプ余弦関数（赤）とその9係数球面調和近似（青）。その近似はかなり近い。$\pi/2$とπの間の小さな沈下と上昇に注意。

る代わりに、いくつかの単純な多項式を評価することで、放射照度を再構成できます。インタラクティブ アプリケーションでしばしば一般的な、放射照度環境マップが間接照明を表す状況では、それより低い精度でもかまいません。間接照明はどちらかというと低周波、つまり角度でゆっくり変化するので、この場合は、たいてい定数基底関数と3つの線形基底関数用のの4つの係数でよい結果を生み出せます。

RamamoorthiとHanrahan [1572] は、入力放射輝度関数$L(\mathbf{l})$のSH係数が、各係数に定数を掛けることで、放射照度関数$E(\mathbf{n})$の係数に変換できることも示しています。それを行うことで、環境マップをフィルター処理して放射照度環境マップにする迅速な手段が得られ、それは、それらをSH基底に投影してから各係数に定数を掛けることです。例えば、これはKing [968] による高速な放射照度フィルタリングの実装の動作です。その考え方は、放射輝度からの放射照度の計算が、入力放射輝度関数$L(\mathbf{l})$とクランプ余弦関数$\cos(\theta_i)^+$の間での球面畳み込みの実行と等価なことです。クランプ余弦関数は球のz-軸の周りで回転対称なので、SHでは特殊な形、つまり、その投影の各周波数帯域でゼロでない係数は1つしかないことを仮定します。そのゼロでない係数は図10.21（346ページ）の中央列の基底関数に相当し、**ゾーン調和**とも呼ばれます。

一般の球面関数と回転対称なもの（クランプ余弦関数など）との間で球面畳み込みを行った結果も、球上の関数です。この畳み込みは関数のSH係数上で効率よく行えます。畳み込み結果のSH係数は、2つの関数の係数の積（乗算）を$\sqrt{4\pi/(2l+1)}$でスケールしたものに等しく、ここでlは周波数帯域インデックスです。そのとき放射照度関数$E(\mathbf{n})$のSH係数は、放射輝度関数$L(\mathbf{l})$の係数にクランプ余弦関数$\cos(\theta_i)^+$の係数を掛けたものを、帯域の整数でスケールしたものに等しくなります。最初の9つより後の$\cos(\theta_i)^+$の係数の値は小さいので、放射照度関数$E(\mathbf{n})$は9つの係数で十分に表せます。このやり方でSH放射照度環境マップを素速く評価できます。Sloan [1778] が効率的なGPU実装を述べています。

$E(\mathbf{n})$の高次の係数は小さくてもゼロではないので、ここには近似が内在します（図10.43）。その近似はかなり近いのですが、ゼロであるべき$\pi/2$とπの間の曲線の「ぐらつき」は、信号処理で**リンギング**と呼ばれます。それはセクション10.3.2で見たように、一般に高周波の関数を少数の基底関数で近似するときに発生します。$\pi/2$でのゼロへのクランプは鋭い変化で、そ

れはこのクランプ余弦関数が無限の周波数信号を持つことを意味します。ほとんどの場合リンギングは目立ちませんが、極端なライティング条件の下では、色のシフトや、オブジェクトの影側の明るい「染み」として見えることがあります。放射照度環境マップを間接照明だけの格納に使う場合は（よくあるように）、リンギングが問題になることはあまりありません。その問題を最小化する事前フィルター手法があります[1778, 1781]（図10.44）。

図10.40は導いた放射照度マップを、9項関数で合成したものと直接比べています。このSH表現は現在のサーフェス法線nでレンダーするときに評価したり[1572]、後で使うためキューブやパラボラ マップを迅速に作成するのに使えます。そのようなライティングは安価で、ディフューズのケースで見た目によい結果を与えます。

動的にレンダーされたキューブ環境マップをSH基底に投影できます[942, 968, 1572]。キューブ環境マップは入力放射輝度関数の離散表現なので、式10.21の球上の積分は、キューブ マップ テクセルの和になります。

$$k_{Lj} = \sum_t f_j(\mathbf{r}[t])L[t]d\omega[t] \tag{10.40}$$

tは現在のキューブ マップ テクセルのインデックス、$\mathbf{r}[t]$は現在のテクセルを指す方向ベクトル、$f_j(\mathbf{r}[t])$は$\mathbf{r}[t]$で評価されるj番目のSH基底関数、$L[t]$はテクセルに格納された放射輝度、$d\omega[t]$はテクセルが広がる立体角です。Kautz [942]、King [968]、Sloan [1778]が$d\omega[t]$の計算方法を述べています。

放射輝度係数k_{Lj}を放射照度係数に変換するには、それらにクランプ余弦関数のスケールした係数を掛ける必要があります。$\cos(\theta_i)^+$：

$$k_{Ej} = k'_{\cos^+j}k_{Lj} = k'_{\cos^+j}\sum_t f_j(\mathbf{r}[t])L[t]d\omega[t] \tag{10.41}$$

k_{Ej}は放射照度関数$E(\mathbf{n})$のj番目の係数、k_{Lj}は入力放射輝度関数$L(\mathbf{l})$のj番目の係数、$k'_{\cos^+j}$は$\sqrt{4\pi/(2l+1)}$でスケールしたクランプ余弦関数$\cos(\theta_i)^+$のj番目の係数です（lは周波数帯域インデックス）。

tとキューブ マップの解像度が与えられたら、各基底関数$f_j()$の因数$k'_{\cos^+j}f_j(\mathbf{r}[t])d\omega[t]$は定数です。それらの基底因数はオフラインで事前計算してキューブ マップに格納でき、それはレンダーする動的な環境マップと同じ解像度にすべきです。別々の基底因数を色チャンネルにパックすることで、使うテクスチャーの数を減らせます。動的なキューブ マップで放射照度係数を計算するには、適切な基底因数マップのテクセルに動的なキューブ マップのテクセ

 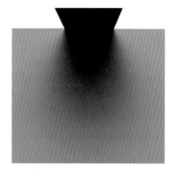

図10.44. 左：リンギングにより生じる視覚的アーティファクトの例。右：リンギングなしで表せるように、元の関数を滑らかにする1つの可能な解決法、「ウインドウイング」と呼ばれる処理。（イメージ提供：*Peter-Pike Sloan*。）

10.6. 放射照度環境マッピング   371

ルを掛け、その結果を合計します。King [968] は動的放射照度キューブ マップに関する情報
だけでなく、GPU の SH 投影に関する実装の詳細も提供します。

　既存の SH 放射照度環境マップに、動的な光源を加えることができます。この結合はライト
の放射照度寄与の SH 係数を計算して、既存の係数に加えることにより行います。そうして、
放射照度環境マップ全体を計算し直す必要を回避します。点、ディスク、球面ライトの係数に
は単純な解析的表現が存在するので、それは単純明快な処理です [633, 942, 1778, 1814]。係
数の和は、放射照度の和と同じ効果を持ちます。通常それらの表現はゾーン調和で与えられ、
z-軸と平行なライトに、回転を適用して任意の方向を向くようにライトを配置できます。ゾー
ン調和回転は SH 回転の特別な場合で（セクション 10.3.2）、ずっと効率的で、完全な行列変換
の代わりに内積しか必要ありません。より複雑な形の光源の係数は、それらをイメージに描
き、それを SH 基底に数値的に投影することにより計算できます [1814]。物理的な空のモデル
の特別な場合には、Habel [678] が球面調和の Preetham スカイライトの直接的な拡張を示し
ています。

　環境ライティングは遠くや、あまり強くない光源の代役として使うことが多いので、一般の
解析的光源の SH への投影が容易なことは重要です。フィル ライトは重要なケースです。レ
ンダリングで、それらの光源はシーン中の間接光、つまり、サーフェスで跳ね返る光をシミュ
レートするために置かれます。特にそれらのライトはシェーディングするオブジェクトに比べ
て物理的に大きく、シーン中の他の照明源よりも比較的暗いので、フィル ライトでは、たい
ていスペキュラーの寄与を計算しません。それらの因子はスペキュラー ハイライトを広げて
目立たなくします。この種のライトには、しばしば物理的なフィル ライトを、影の中に照明
を加えるのに使う映画やビデオのライティングに、現実世界のアナロジーがあります。

　球面調和空間では、逆向きの導出を行うこと、つまり、SH に投影される放射輝度から解析
的な光源を取り出すのも簡単です。SH テクニックの調査で、Sloan [1778] は、軸が既知の平
行光源が与えられたとき、エンコードされた放射照度との誤差を最小にするためにライトが持
つべき強度を、SH 放射照度表現から簡単に計算できることを示しています。

　以前の研究で [1775]、Sloan は最初の（線形）帯域の係数だけを使って、最適に近い方向を
選択する方法を示しています。その調査には、複数の平行ライトを抽出するための手法も含ま
れています。この研究は、球面調和がライトの総和に実用的な基底であることを示していま
す。複数のライトを SH に投影し、それより少数の投影されたセットを密接に近似する平行ラ
イトを取り出せます。*lightcuts* [1972] フレームワークは、重要性が小さいライトを集約する理
にかなったアプローチを提供します。

　SH 投影が最もよく使われるのは放射照度ですが、光沢のある、ビューに依存しない BRDF
ライティングのシミュレートにも使えます。Ramamoorthi と Hanrahan [1573] が、そのよう
なテクニックを述べています。環境マップのビュー依存性をエンコードする球面調和投影の係
数を、色の代わりにキューブ マップに格納します。しかし実際には、このテクニックは前に
見た事前フィルター環境マップ アプローチよりもずっと大きなスペースが必要です。Kautz
ら [940] が SH 係数の 2 次元テーブルを使う、より経済的な解法を導いていますが、その手法は
かなり低周波のライティングに限定されます。

10.6.2　その他の表現

キューブ マップと球面調和が放射照度環境マップに最も人気のある表現ですが、他の表現も
可能です（図 10.45）。多くの放射照度環境マップには、上にある空の色と、下にある地面の色

図 10.45. 放射照度の様々なエンコード方法。左から右：放射照度のモンテカルロ積分で計算した環境マップとディフューズ ライティング、アンビエント キューブでエンコードした放射照度、球面調和、球面ガウス分布、H-基底（半球方向しか表現できないので、後ろ向きの法線はシェーディングされない）。(*Yuriy O'Donnell* と *David Neubelt* の Probulator オープンソース ソフトウェアで計算したイメージ。)

という 2 つの支配的な色があります。この所見に動機付けられ、Parker ら [1466] が、2 色しか使わない**半球ライティング** モデルを示しています。上の半球が一様な放射輝度 L_{sky}、下の半球が一様な放射輝度 L_{ground} を放つと仮定します。この場合の放射照度の積分は

$$E = \begin{cases} \pi \left(\left(1 - \frac{1}{2}\sin\theta\right) L_{\text{sky}} + \frac{1}{2}\sin\theta L_{\text{ground}} \right), & \text{where } \theta < 90°, \\ \pi \left(\frac{1}{2}\sin\theta L_{\text{sky}} + \left(1 - \frac{1}{2}\sin\theta\right) L_{\text{ground}} \right), & \text{where } \theta \geq 90° \end{cases} \quad (10.42)$$

θ はサーフェス法線と空の半球軸の間の角度です。Baker と Boyd が、より高速な近似を提案しています（Taylor が説明 [1880]）。

$$E = \pi \left(\frac{1 + \cos\theta}{2} L_{\text{sky}} + \frac{1 - \cos\theta}{2} L_{\text{ground}} \right) \quad (10.43)$$

これは $(\cos\theta + 1)/2$ を補間因数として使う空と地面の間の線形補間です。項 $\cos\theta$ は内積なので一般に計算が速く、空の半球軸が主軸の 1 つ（例えば、y- または z-軸）である一般的な場合には、$\mathbf{n}$ のワールド空間座標の 1 つに等しいので、まったく計算する必要がありません。その近似は十分に近く、はるかに高速なので、たいていの用途で完全な表現に勝ります。

Forsyth [529] が紹介する、*trilight* と呼ばれる安価で柔軟なライティング モデルには、平行、双方向、半球面、特殊ケースとしてラップ ライティングが含まれます。

Valve が最初に放射照度のアンビエント キューブ表現（セクション 10.3.1）を導入しました。一般に、セクション 10.3 で見た球面関数表現は、どれも放射照度の事前計算に採用できます。放射照度関数が表す低周波信号には、SH がよい近似であることが分かっています。単純化したり、球面調和より使用ストレージを減らすために、特別な手法を作り出す傾向があります。

オクルージョンなどのグローバル照明効果を評価したり、光沢反射（セクション 10.1.1）を組み込みたい場合には、高周波用の複雑な表現が必要です。すべての相互作用を計上するライティングを事前計算する一般的な考え方は、**事前計算放射輝度輸送（PRT）** と呼ばれ、後でセクション 11.5.3 で論じます。光沢ライティングのために高周波を捉えるのは、**全周波**ライティングとも呼ばれます。このコンテキストでは、環境マップを圧縮する手段として、そして球面調和で見たものと似たやり方で効率的な演算を考案するため、ウェーブレット表現がよく使われます [1147]。Ng ら [1373, 1374] が、放射照度環境マッピングを一般化して自己影をモデ

10.7. 誤差の発生源　　　　　　　　　　　　　　　　　　　　　　　　　　　373

ル化する**ハール ウェーブレット**の使い方を示しています。環境マップと、オブジェクト サーフェスで変化する影関数の両方を、ウェーブレット基底に格納します。この表現が注目されるのは、それがキューブの各面の2次元ウェーブレット投影を行う、環境キューブ マップの変換になるからです。したがって、それはキューブ マップの圧縮テクニックと見ることができます。

10.7　誤差の発生源

シェーディングを正しく行うためには、非点光源の積分を評価しなければなりません。この要件が実際に意味することは、考慮するライトの特性に基づいて採用可能な、多様なテクニックがあることです。リアルタイム エンジンは、たいてい少数の重要なライトを解析的にモデル化し、光源領域の積分と遮蔽の計算をシャドウ マップで近似します。他のすべての光源（遠くのライト、空、フィル ライト、サーフェスで跳ね返る光）は、たいていスペキュラー成分が環境キューブ マップ、ディフューズ放射照度が球面基底で表現されます。

　ライティングでのテクニックの組み合わせの採用は、様々な度合いの誤差を持つ近似を扱うこと、与えられたBRDFモデルを決して直接扱わないことを意味します。ライティング積分を計算するため中間モデルをフィットすることにより、BRDFの近似が明示的なこともあります。LTCがその例です。与えられたBRDFで特定の（たいてい稀な）条件下では正確でも、一般には誤差のある近似を行うこともあります。事前フィルターキューブ マップはこのカテゴリーに入ります。

　リアルタイム シェーディング モデルを開発するときに考慮すべき重要な側面は、様々な形式のライティングの間の相違が明白にならないようにすることです。異なる表現から一貫性のあるライトの結果を得るほうが、個々の絶対的な近似誤差よりも、見た目には重要です。

　光がないはずの場所に「漏れる」のは、あるべき場所に光がないより目立つことが多いので、リアリスティックなレンダリングには、遮蔽も非常に重要です。ほとんどの面光源表現は、影にとって簡単ではありません。今日、既存のリアルタイムの影テクニックには、「ソフト化」効果（セクション7.6）を計上するときでも、正確にライトの形を考慮できるものはありません。スカラー因数を計算して、オブジェクトが影を投じるときに掛けて与えられたライトの寄与を減らしても、それは正しいものではなく、この遮蔽はBRDFで積分を行うときに計上すべきです。環境ライティングの場合は、定義された支配的な光の方向がなく、点光源の影のテクニックを使えないので、特に難しくなります。

　かなり高度なライティング モデルを見てきましたが、それらが現実世界の照明源の正確な表現でないことを忘れないことが重要です。例えば、環境ライティングの場合、決してありえない、無限に遠い放射輝度源が仮定されます。これまで見たすべての解析的なライトは、ライトがサーフェス上のどの点でも、出力半球上で放射輝度を一様に放つという、さらに強い仮定の上で動作します。実際には、現実のライトはたいてい強い指向性を持つので、この仮定が誤差の発生源になることがあります。写真と映画のライティングでは、美的な効果のために、**遮光板**や**クッキー**と呼ばれる、特別に仕立てたマスクとフィルターがしばしば使われます。例えば写真家Gregory Crewdsonによる、図10.46の、洗練された映画撮影のライティングを見てください。広い放射面積を保ちながらライティングの角度を制限するため、**ハニカム**と呼ばれる黒いシールド マテリアルのグリッドを、大きな光放射パネル（いわゆる**ソフトボックス**）の前に加えることがあります。室内照明、自動車のヘッドライト、フラッシュライトのように、

図**10.46.** プロダクション ライティング。（*Trailer Park 5*。アーカイブの顔料プリント、*17x22*インチ。*Gregory Crewdson*の *Beneath the Roses*シリーズからのプロダクション スチル。©*Gregory Crewdson. Courtesy Gagosian.*)

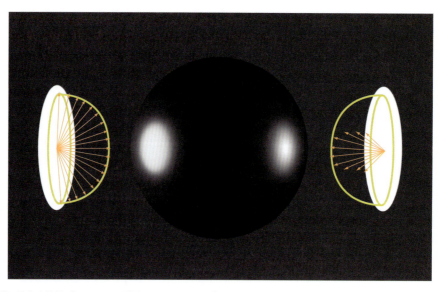

図**10.47.** 異なる放射プロファイルが異なる2つの同じディスク ライト。左：ディスク上の各点が出力半球上で一様に光を放つ。右：放射がディスク法線の周りのローブに集中する。

鏡と反射板の複雑な構成をライトのハウジングで使うこともあります（図10.47）。それらの光学系は物理的な中心の放射ライトから離れた仮想発光体を作り出し、フォールオフの計算を行うときには、そのオフセットを考慮すべきです。

これらの誤差は、常に知覚による、結果指向のフレームワークで評価すべきであることに注意してください（予測レンダリング、つまり現実世界のサーフェスの外見を確実にシミュレートすることが目的でない限り）。アーティストの手の中には、たとえ現実的ではなくても、

10.7. 誤差の発生源 375

やはり有用で表現力のあるプリミティブを生み出せる単純化があります。物理的なモデルは、アーティストが見た目にもっともらしいイメージを作り出すのを簡単にするときには役立ちますが、それ自体が目標ではありません。

参考文献とリソース

Hunter [856] による本 *Light Science and Magic: An Introduction to Photographic Lighting* は、現実世界の写真撮影のライトを理解するためのよい参考書です。映画のライティングでは、*Set Lighting Technician's Handbook: Film Lighting Equipment, Practice, and Electrical Distribution* [207] がよい入門書です。

Debevec がイメージベース ライティングで先駆者となった研究は、現実世界のシーンから環境マップを取り込む必要がある誰にとっても、大きな関心があります。この研究の多くは SIGGRAPH 2003 コース [360] と、Reinhard ら [1593] の本 *High Dynamic Range Imaging: Acquisition, Display, and Image-Based Lighting* で取り上げられています。

シミュレーションに役立つかもしれないリソースの1つが、ライトのプロファイルです。照明工学協会（IES）が、照明測定のハンドブックとファイル フォーマットの規格を発行しています [1035, 1036]。このフォーマットのデータは、多くのメーカーから広く入手可能です。IES 規格は、その角度放射プロファイルの記述に限られます。光学系によるフォールオフへの影響も、ライト サーフェス領域上での放射も、完全にはモデル化していません。

Szirmay-Kalos のスペキュラー効果に関する最先端のレポート [1860] には、環境マッピング テクニックへの多くの言及が含まれます。

11. グローバル照明

"If it looks like computer graphics,
it is not good computer graphics."
—Jeremy Birn

コンピューター グラフィックスに見えたら、
よいコンピューター グラフィックスではない。

放射輝度が、レンダリング処理により計算される最終的な量です。これまでは、その計算に**反射率の式**を使ってきました。

$$L_o(\mathbf{p}, \mathbf{v}) = \int_{\mathbf{l} \in \Omega} f(\mathbf{l}, \mathbf{v}) L_i(\mathbf{p}, \mathbf{l})(\mathbf{n} \cdot \mathbf{l})^+ d\mathbf{l}, \tag{11.1}$$

$L_o(\mathbf{p}, \mathbf{v})$ はサーフェス位置 $\mathbf{p}$ からビュー方向 $\mathbf{v}$ への出力放射輝度、Ω は $\mathbf{p}$ の上方向の半球、$f(\mathbf{l}, \mathbf{v})$ は $\mathbf{v}$ と現在の入力方向 $\mathbf{l}$ で評価する BRDF、$L_i(\mathbf{p}, \mathbf{l})$ は $\mathbf{l}$ から $\mathbf{p}$ への入力放射輝度、$(\mathbf{n} \cdot \mathbf{l})^+$ は $\mathbf{l}$ と $\mathbf{n}$ の間の内積で、負の値はゼロにクランプされます。

11.1　レンダリングの式

反射率の式は Kajiya が 1986 年に示した完全な**レンダリングの式**の、制限された特別な場合です [914]。レンダリングの式には様々な形が使われてきました。ここでは次のバージョンを使います。

$$L_o(\mathbf{p}, \mathbf{v}) = L_e(\mathbf{p}, \mathbf{v}) + \int_{\mathbf{l} \in \Omega} f(\mathbf{l}, \mathbf{v}) L_o(r(\mathbf{p}, \mathbf{l}), -\mathbf{l})(\mathbf{n} \cdot \mathbf{l})^+ d\mathbf{l}, \tag{11.2}$$

ここでの新たな要素はサーフェス位置 $\mathbf{p}$ から方向 $\mathbf{v}$ への放射輝度である $L_e(\mathbf{p}, \mathbf{v})$ と、次の置き換えです。

$$L_i(\mathbf{p}, \mathbf{l}) = L_o(r(\mathbf{p}, \mathbf{l}), -\mathbf{l}). \tag{11.3}$$

この項は、方向 $\mathbf{l}$ から位置 $\mathbf{p}$ への入力放射輝度が、反対方向 $-\mathbf{l}$ の別の点からの出力放射輝度に等しいことを意味します。この場合、「別の点」はレイ キャスティング関数 $r(\mathbf{p}, \mathbf{l})$ で定義されます。この関数は、$\mathbf{p}$ から方向 $\mathbf{l}$ のレイ キャストが当たる最初のサーフェス点の位置を返します（図 11.1）。

　レンダリングの式の意味は単純明快です。サーフェス位置 $\mathbf{p}$ のシェーディングには、$\mathbf{p}$ から出るビュー方向 $\mathbf{v}$ の放射輝度 L_o を知る必要があります。これは放射される放射輝度 L_e に反射される放射輝度を加えたものです。光源からの放射は、反射率と同じく、これまでの章で学ん

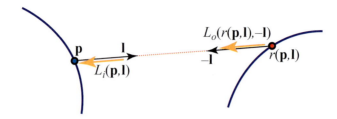

図11.1. シェーディングするサーフェス位置$\mathbf{p}$、ライティング方向$\mathbf{l}$、レイ キャスティング関数$r(\mathbf{p},\mathbf{l})$、入力放射輝度$L_i(\mathbf{p},\mathbf{l})$（$L_o(r(\mathbf{p},\mathbf{l}),-\mathbf{l})$とも表される）。

でいます。見慣れないように思えるレイ キャスティング演算子でも、そうではありません。例えばz-バッファーが、視点からシーンにキャストされるレイで計算します。

　新しい項は、ある点に入る放射輝度が別の点から出ていかなければならないことを明確化する、$L_o(r(\mathbf{p},\mathbf{l}),-\mathbf{l})$だけです。残念なことに、それは再帰項です。つまり、さらにまた位置$r(r(\mathbf{p},\mathbf{l}),\mathbf{l}')$から出る放射輝度の総和として計算されます。これには位置$r(r(r(\mathbf{p},\mathbf{l}),\mathbf{l}'),\mathbf{l}'')$から出る放射輝度の計算が必要で、これが無限に続きます。これを現実の世界がリアルタイムに計算できるのは、驚くべきことです。

　私たちは、この光がシーンを照らし、光子があちこちで跳ね返り、衝突ごとに様々なやり方で吸収、反射、屈折することを、直感的に分かっています。レンダリングの式が重要なのは、単純に見える式で、すべての可能な経路をまとめていることです。

　レンダリングの式の重要な特性は、それが放射されるライティングに関して**線形**なことです。ライトを2倍の強さにすれば、シェーディングの結果は2倍明るくなります。個々のライトへのマテリアルの応答も、他の光源に依存しません。つまり、あるライトの存在が、別のライトとマテリアルの相互作用に影響を与えることはありません。

　リアルタイム レンダリングでは、ローカル ライティング モデルだけを使うのが一般的です。ライティングの計算に必要なのは、見える点のサーフェス データだけです、そしてそれがまさにGPUが最も効率よく提供できるものです。プリミティブを独立に処理してラスタライズし、その後で破棄します。点**b**の計算中に、点**a**のライティング計算の結果にアクセスすることはできません。透明度、反射、影は**グローバル照明**アルゴリズムの例です。それらは照明計算中のもの以外のオブジェクトからの情報を使います。それらの効果はレンダーするイメージのリアリズムの向上に大きく貢献し、見る人が空間的な関係を理解するのに役立つ手がかりを与えます。同時に、それらのシミュレートは複雑で、何らかの中間情報を計算する事前計算や、複数のパスをレンダーする必要があるかもしれません。

　照明の問題を考える1つの手段は、光子がとる経路によるものです。ローカル ライティング モデルでは、光子がライトからサーフェス（途中のオブジェクトを無視する）、それから目に移動します。影生成テクニックは、その途中のオブジェクトの直接的な遮蔽効果を考慮します。環境マップは光源から遠くのオブジェクトに移動する照明を捕らえ、次にそれをローカルの光沢オブジェクトに適用し、それが光を目に鏡面反射します。放射照度マップもライトの遠くのオブジェクトへの効果を捕らえ、半球上で方向ごとに積分されます。それらすべてのオブジェクトから反射された光の加重和によってサーフェスの照明が計算され、それが目に見えることになります。

　光の輸送経路の様々な種類と組み合わせについて、もっと形式的なやり方で考えることが、存在する様々なアルゴリズムの理解に役立ちます。Heckbert [753] に、テクニックがシミュ

11.1. レンダリングの式

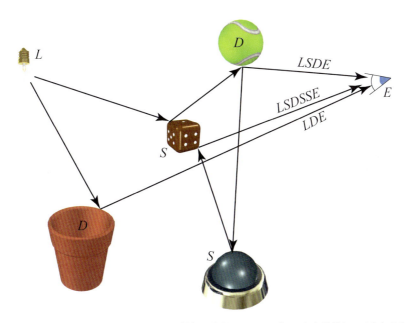

図 11.2. 目に到達するいくつかの経路と、それらの等価な表記。テニス ボールから連続して示される 2 つの経路に注意。

演算子	記述	例	説明
*	0 以上	$S*$	0 以上のスペキュラー跳ね返り
+	1 以上	$D+$	1 以上のディフューズ跳ね返り
?	0 または 1	$S?$	0 または 1 のスペキュラー跳ね返り
|	どちらか	$D\|SS$	ディフューズまたは 2 つのスペキュラー跳ね返り
()	グループ	$(D\|S)*$	0 以上のディフューズまたはスペキュラー

表 11.1. 正規表現表記。

レートする経路の記述に役立つ表記スキームがあります。ライト（L）から目（E）への旅の間の光子の相互作用に、ディフューズ（D）やスペキュラー（S）とラベル付けできます。光沢はあっても鏡面でないことを意味する「グロッシー」のようなサーフェス タイプを追加することで、分類を拡張できます（図 11.2）。それらがシミュレートする相互作用の種類を示し、正規表現でアルゴリズムを簡単に要約します。表 11.1 に基本的な表記を要約します。

光子はライトから目まで様々な経路をとることができます。最も単純な経路は LE で、ライトが直接目に見えます。基本的な z-バッファーは $L(D|S)E$、または等価な $LDE|LSE$ です。光子はライトを出発し、ディフューズまたはスペキュラー サーフェスに達してから、目に到達します。基本的なレンダリング システムでは、点光源は物理的な表現を持ちません。ライトに形を与えると、システム $L(D|S)?E$ が生成し、やはり光は目に直接到達できます。

環境マッピングをレンダラーに加えると、コンパクトな表現が少し明確でなくなります。Heckbert の表記はライトから目の順ですが、たいてい逆方向の表現を作るほうが簡単です。

目は最初にスペキュラーまたはディフューズ サーフェス、$(S|D)E$ を見ます。サーフェスがスペキュラーなら、環境マップにレンダーされた（遠くの）スペキュラーまたはディフューズ サーフェスを、オプションで反射することがあるので、潜在的な経路 $((S|D)?S|D)E$ が加わります。ライトが直接目に見える経路を数えるには、この中央の表現に ? を加えてオプションに変え、ライトを先頭に加えて $L((S|D)?S|D)?E$ にします。

この表現は、すべての可能な経路を個別に示す $LE|LSE|LDE|LSSE|LDSE$ や、より短い $L(D|S)?S?E$ に拡張できます。それぞれ関係と制限を理解するのに使い道があります。その表記の効用の一部は、アルゴリズムの効果を表現し、構築できることです。例えば、$L(S|D)$ は、環境マップの生成でエンコードされる部分で、SE は次にそのマップにアクセスする部分です。

レンダリングの式自体は、単純な表現 $L(D|S)*E$ で要約できます。つまり、ライトからの光子は目に達する前に、ゼロから無限に近いの数のディフューズやスペキュラー サーフェスにヒットする可能性があります。

グローバル照明の研究の焦点は、それらの経路のいくつかに沿った光輸送を計算するための手法です。リアルタイム レンダリングに適用するときには、効率的な評価のために、しばしばある程度の品質や正しさを進んで犠牲にします。最も一般的な2つの戦略は、単純化と事前計算です。例えば、目に達する前に跳ね返るすべての光をディフューズと仮定することもでき、環境によってはうまく動作する単純化です。サーフェス上の照明レベルを記録するテクスチャーを生成して、それらの格納された値を頼りに基本的な計算だけをリアルタイムで行うなど、オブジェクト間の影響についての情報をオフラインで事前に計算することもできます。本章では、それらの戦略を使い、様々なグローバル照明効果をリアルタイムに実現できる例を示します。

11.2　一般のグローバル照明

これまでの章の焦点は、反射率の式の様々な解き方でした。入力放射輝度 L_i の特定の分布を仮定し、それがシェーディングに与える影響を解析しました。本章では、完全なレンダリングの式を解くように設計されたアルゴリズムを紹介します。その2つの違いは、前者が放射輝度を与えるだけで、どこから来るかを無視することです。後者は、ある点に到着する放射輝度が、他の点から放射または反射された放射輝度であることを、明示的に述べます。

完全なレンダリングの式を解くアルゴリズムは、美しい写実的なイメージを生成できます（図11.3）。しかし、それらの手法はリアルタイム アプリケーションには計算が高すぎます。では、それらを論じる理由は何でしょうか？ 1つ目の理由は、静的または部分的に静止したシーンでは、そのようなアルゴリズムを前処理として実行し、その結果を格納して後でレンダリング中に使えることです。これは例えば、ゲームで一般的なアプローチで、そのようなシステムの様々な側面を論じます。

2つ目の理由は、グローバル照明アルゴリズムが厳密な理論的基盤の上に構築されていることです。それらはレンダリングの式から直接派生し、それらが行う近似は綿密に解析されています。同種の論法が、リアルタイム解法を設計するときにも適用可能であり、また適用すべきです。何らかのショートカットを行うときでも。その結果と、何が正しい方法であるかに留意すべきです。グラフィックス ハードウェアが強力になるにしたがい、行う妥協が減り、物理的に正しい結果に近い、リアルタイム レンダー イメージを作成できるようになります。

11.2. 一般のグローバル照明

図11.3. パス トレーシングは写実的なイメージを生成できるが、計算コストが高い。上のイメージはピクセルあたり2000以上の経路（パス）を使い、それぞれの経路は最大64セグメントの長さを持つ。このレンダリングには2時間以上かかり、まだ少しノイズが見える。（Jay-Artist, Benedikt Bitterli Rendering Resourcesによる「Country Kitchen」モデル、licensed under CC BY 3.0 [167]. Rendered using the Mitsubaレンダラーを使用。）

レンダリングの式を解く2つの一般的な方法が、有限要素法とモンテカルロ法です。ラジオシティは前者のアプローチの基づくアルゴリズムで、レイ トレーシングは様々な形で後者を使います。2つのうちでは、レイ トレーシングのほうがずっと人気があります。これは主として、一般の光輸送（ボリューム散乱などの効果を含む）のすべてを、同じフレームワークで効率よく処理できるからです。スケールと並列化も簡単です。

両方のアプローチを手短に述べますが、興味のある読者は、レンダリングの式を非リアルタイム設定で解くことを詳しく取り上げた、優れた本を参照してください[431, 1525]。

11.2.1 ラジオシティ

ラジオシティ[616]が、ディフューズ サーフェスの間で跳ね返る光をシミュレートするために開発された最初のコンピューター グラフィックス テクニックでした。その名前はアルゴリズムが計算する量からとっています。古典的な形では、ラジオシティは相互反射と面光源からのソフトな影を計算できます。丸々このアルゴリズムについて書かれた本もありますが[84, 300, 1764]、その基本的な考え方は比較的単純です。光は環境を跳ね回ります。ライトをつけると、照明はすぐに平衡に達します。この定常状態では、各サーフェスは、それ自体が光源と考えられます。基本的なラジオシティ アルゴリズムは、すべての間接光がディフューズ サーフェスからのものであるという、単純化仮定を行います。この前提は、磨かれた大理石の床や、壁に大きな鏡のある場所では崩れますが、多くの建築環境では妥当な近似です。ラジオシティは、実質的に無限の数のディフューズ跳ね返りをたどることができます。本章の冒頭で導入した表記を使うと、その光輸送セットは$LD*E$です。

ラジオシティは、各サーフェスが、ある数のパッチからなることを仮定します。その小さな領域ごとに、1つの平均のラジオシティの値を計算するので、それらのパッチはライティングのすべての詳細（例えば、影）を捕らえるのに十分に小ささでなければなりません。しかし、

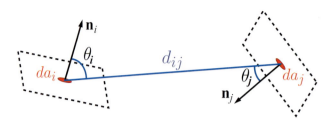

図11.4. 2つのサーフェス点の間の形状因子。

それらが基層のサーフェスの三角形と1対1で一致する必要はなく、サイズが均一である必要さえありません。

レンダリングの式から出発して、パッチ i のラジオシティが次に等しいことを導けます。

$$B_i = B_i^e + \rho_{ss} \sum_j F_{ij} B_j, \tag{11.4}$$

B_i はパッチ i のラジオシティを示し、B_i^e は放射発散度、すなわち、パッチ i が放射するラジオシティ、ρ_{ss} は表面下アルベド（セクション9.3）です。放射がゼロでないのは光源だけです。F_{ij} はパッチ i と j の間の**形状因子**です。形状因子は次で定義され

$$F_{ij} = \frac{1}{A_i} \int_{A_i} \int_{A_j} V(\mathbf{i},\mathbf{j}) \frac{\cos\theta_i \cos\theta_j}{\pi d_{ij}^2} da_i da_j, \tag{11.5}$$

A_i はパッチ i の面積、$V(\mathbf{i},\mathbf{j})$ は点 $\mathbf{i}$ と $\mathbf{j}$ の間の可視性関数で、それらの間に光を遮るものが何もなければ1、あれば0になります。値 θ_i と θ_j は2つのパッチの法線と、点 $\mathbf{i}$ と $\mathbf{j}$ をつなぐレイの間の角度です。最後に、d_{ij} はレイの長さです（図11.4）。

形状因子は純粋に幾何学的な項です。それは一様なディフューズ放射エネルギーのパッチ i を出て、パッチ j に入射する割合です [430]。両方のパッチの面積、距離、向きと、その間に来るサーフェスが、形状因子の値に影響を与えます。例えば、コンピューター モニターが表すパッチがあるとします。部屋の他のすべてのパッチは、そのモニターから放射される光の何らかの割合を直接受け取ります。この割合は、サーフェスがモニターの背後だったり、「見る」ことができなければゼロになります。この割合を足し合わせると1になります。ラジオシティ アルゴリズムのかなりの部分は、シーンのパッチのペアの間の形状因子を正確に決定することです。

形状因子を計算したら、すべてのパッチの式（式11.4）を連立1次方程式に結合します。次にそれを解いて、すべてのパッチのラジオシティの値を生成します。パッチの数が増えると、高い計算複雑さにより、そのような行列の掃き出しコストはかなりの大きさになります。

このアルゴリズムはうまくスケールせず、他の制限もあるので、古典的なラジオシティをライティング ソリューションとして使うことはめったにありません。しかし、形状因子を事前に計算し、それを実行時に使って何らかの形の光の伝搬を行うという考え方は、現代のリアルタイム グローバル照明システムでも人気があります。それらのアプローチについては、後で話をします（セクション11.5.3）。

11.2.2 レイ トレーシング

レイ キャスティングは、ある位置からレイを打ち出し、特定の方向にどんなオブジェクトがあるかを決定する処理です。**レイ トレーシング**はレイを使って、様々なシーン要素間の光輸送

11.2. 一般のグローバル照明

を決定します。その最も基本的な形では、レイはカメラからピクセル グリッドを通ってシーンに打ち出されます。レイごとに、最も近いオブジェクトを求めます。次にその交点から、レイを各ライトに打ち出してオブジェクトが間にあるかどうかを求めることにより、交点が影の中にあるかどうかをチェックします。不透明なオブジェクトは光を遮断し、透明なオブジェクトは減衰します。他のレイを交点から打ち出すこともできます。サーフェスに光沢があれば、反射方向にレイを生成します。このレイは交差する最初のオブジェクトの色を拾い、今度はその交点の影のテストを行います。透明な立体オブジェクトで屈折方向にレイを生成し、また再帰的に評価を行うこともできます。この基本的なメカニズムはとても単純なので、機能するレイ トレーサーが名刺の裏に書かれたこともあります[756]。

古典的なレイ トレーシングは、限られた効果、すなわちシャープな反射と屈折、ハードな影しか供給できません。しかし、完全なレンダリングの式を解くのに、その同じ基本原理を使えます。Kajiya [914]は、レイを打ち出し、それらが運ぶ光の量を評価するメカニズムが、式11.2の積分の計算に使えることを理解しました。その式は再帰的で、それはすべてのレイで、別の位置で積分を評価し直す必要があることを意味します。幸いにも、この問題を扱うための確かな数学的基礎が既に存在していました。マンハッタン プロジェクトで物理実験用に開発された**モンテカルロ法**は、特にこの種の問題を扱うように設計されていました。積分の値をシェーディング点ごとに求積法で直接計算する代わりに、その領域の多数のランダムな点で被積分関数を評価します。次にそれらの値を使って積分の値の見積もりを計算します。サンプリング点が多いほど、正確さは上がります。この手法の最も重要な特性は、被積分関数の点評価しか必要ないことです。十分な時間が与えられれば、任意の精度で積分を計算できます。これがまさにレンダリングのコンテキストで、レイ トレーシングが供給するものです。レイを打ち出すときには、式11.2から被積分関数を点サンプルします。交点で評価する別の積分があっても、その最終的な値は必要なく、再びそれを点サンプルするだけです。レイがシーンの各地で跳ね返るにつれて、**経路**が構築されます。経路ごとに運ばれる光が、被積分関数の評価を与えます。この手続きは**パス トレーシング**と呼ばれます（図11.5）。

経路のトレースは極めて強力な概念です。経路は光沢やディフューズ マテリアルのレンダリングに使えます。それらを使ってソフトな影を生成し、透明なオブジェクトにコースティック効果を加えてレンダーできます。パス トレーシングをサーフェスだけでなく、ボリューム

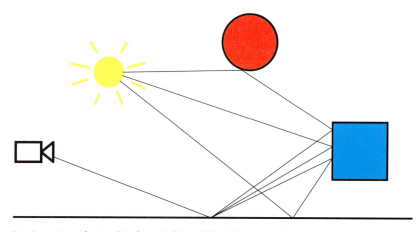

図11.5. パス トレーシング アルゴリズムで生成する経路の例。3つの経路はすべてフィルム面の同じピクセルを通り、その明るさの推定に使われる。図の一番下の床は強い光沢があり、レイを小さな立体角で反射する。青い箱と赤い球はディフューズなので、レイを交点の法線の周りで一様に散乱する。

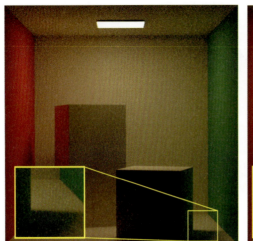
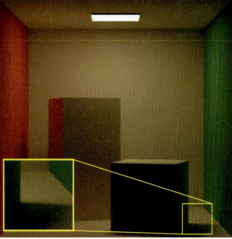

図 11.6. サンプルの数が不十分なモンテカルロ パス トレーシングで生じるノイズ。左のイメージはピクセルあたり8経路、右はピクセルあたり1024経路でレンダーされている。（*Benedikt Bitterli Rendering Resources*からの「*Cornell Box*」モデル、*licensed under CC BY 3.0 [167]*。*Mitsuba*レンダラーを使用。）

中の点をサンプルするように拡張すれば、霧や表面下散乱効果を扱えます。

　パス トレーシングの唯一の短所は、高い視覚的忠実性を達成するのに必要な計算の複雑さです。映画品質のイメージには、何十億もの経路をトレースする必要があるかもしれません。これが計算するのは実際の積分ではなく、その見積りにすぎないからです。この近似は使う経路が少なすぎると不正確になり、かなり不正確になることもあります。さらに、ライティングがほぼ同じだと期待される隣接する点でも、結果が大きく異なることがあります。そのような結果は**高い分散**を持つと言われます。視覚的には、これはイメージ中のノイズとして現れます（図11.6）。トレースする経路を増やさずにノイズと戦う多くの手法が、提案されてきました。人気のあるテクニックの1つが**重要度サンプリング**です。その考え方は、光の大部分が来る方向に多くのレイを打ち出すことにより、分散を大きく減らせることです。

　パス トレーシングと関連する手法については、多くの論文と本が出版されています。Pharrら [1525] が、現代のオフラインのレイ トレーシングに基づくテクニックのよい入門書です。Veach [1950] が、光輸送アルゴリズムについての現代の論法の数学的な基礎を定めています。章の最後のセクション11.7で、インタラクティブな速さのレイとパス トレーシングを論じます。

11.3　アンビエント オクルージョン

前のセクションで取り上げた一般のグローバル照明アルゴリズムは、計算が高価です。それらは広範囲の複雑な効果を作り出せますが、イメージの生成に何時間もかかることがあります。リアルタイムの代替品の探索は、最も単純な、しかし見た目がもっともらしい解決法で始め、章の中で徐々に複雑な効果を作り上げることにします。

　基本的なグローバル照明効果の1つが**アンビエント オクルージョン**（AO）です。そのテクニックは2000年代の初めに、映画 *Pearl Harbor* でコンピューター生成の飛行機に使う環境ラ

イティングの品質を改善するために、Industrial Light & Magicの Landis [1052] が開発しました。その効果の物理的基礎には、かなりの数の単純化が含まれますが、その結果は驚くほどもっともらしく見えます。この手法はライティングに方向の変化がなく、オブジェクトの細部を引き出せないときに、低いコストで形状についての手がかりを与えます。

11.3.1　アンビエント オクルージョンの理論

アンビエント オクルージョンの理論的な背景は、反射率の式から直接導けます。話を簡単にするため、最初はランバート サーフェスに焦点を合わせます。そのようなサーフェスから出る放射輝度 L_o は、サーフェス放射照度 E に比例します。放射照度は入力放射輝度の余弦加重積分です。それは一般に、サーフェス位置 $\mathbf{p}$ とサーフェス法線 $\mathbf{n}$ に依存します。ここでも話を簡単にするため、すべての入射方向 $\mathbf{l}$ で、入力放射輝度が一定の $L_i(\mathbf{l}) = L_A$ だと仮定します。これにより放射照度を計算は次の式になります。

$$E(\mathbf{p}, \mathbf{n}) = \int_{\mathbf{l} \in \Omega} L_A (\mathbf{n} \cdot \mathbf{l})^+ d\mathbf{l} = \pi L_A, \tag{11.6}$$

ここでは積分が可能な入射方向の半球 Ω 上で行われます。一定で一様な照明の仮定により、放射照度（と、その結果として出力放射輝度）は、サーフェスの位置や法線に依存せず、オブジェクト全体で不変です。これは平坦な外見をもたらします。

　式11.6は、可視性をまったく考慮に入れません。方向によっては、オブジェクトの他の部分や、シーン中の他のオブジェクトに遮蔽されるかもしれません。それらの方向は異なる入力放射輝度を持ち、L_A ではありません。話を簡単にするため、遮蔽される方向からの入力放射輝度がゼロだと仮定します。これはシーン中の他のオブジェクトから跳ね返り、最終的にそのような遮蔽方向から点 $\mathbf{p}$ に到達する光をすべて無視しますが、論法を大きく単純化します。その結果、Cook と Torrance [310, 311] が最初に提案した次の式が得られます。

$$E(\mathbf{p}, \mathbf{n}) = L_A \int_{\mathbf{l} \in \Omega} v(\mathbf{p}, \mathbf{l})(\mathbf{n} \cdot \mathbf{l})^+ d\mathbf{l}, \tag{11.7}$$

$v(\mathbf{p}, \mathbf{l})$ は、$\mathbf{p}$ から $\mathbf{l}$ の方向にキャストされるレイが遮断されればゼロ、そうでなければ1に等しい可視性関数です。

　その可視性関数の正規化された余弦加重積分が、アンビエント オクルージョンと呼ばれます。

$$k_A(\mathbf{p}) = \frac{1}{\pi} \int_{\mathbf{l} \in \Omega} v(\mathbf{p}, \mathbf{l})(\mathbf{n} \cdot \mathbf{l})^+ d\mathbf{l}. \tag{11.8}$$

それは遮蔽されない半球の余弦加重比率を表します。値は完全に遮蔽されたサーフェス点の0から、遮蔽がない位置の1までの範囲です。球やボックスなどの凸オブジェクトが、それ自身の上に遮蔽を生じないことは述べておく価値があります。シーンに他のオブジェクトが存在しなければ、凸オブジェクトのアンビエント オクルージョンの値は、すべての場所で1になります。オブジェクトに凹面があれば、その領域のオクルージョンは1より小さくなります。

　k_A が定義されたら、遮蔽が存在する環境放射照度は次の式になります。

$$E(\mathbf{p}, \mathbf{n}) = k_A(\mathbf{p})\pi L_A. \tag{11.9}$$

k_A はサーフェス位置で変わるので、放射照度が変わることに注意してください。これは図11.7の右に見えるように、はるかにリアリスティックな結果になります。シャープなしわの中

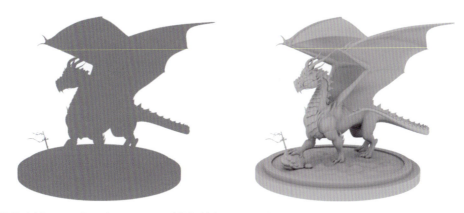

図**11.7.** 固定のアンビエント ライティングだけ（左）と、アンビエント オクルージョン付き（右）でレンダーしたオブジェクト。アンビエント オクルージョンにより、たとえライティングが一定のときでも、オブジェクトの細部が浮き彫りになる。（*Delatronic, Benedikt Bitterli Rendering Resources*による「*Dragon*」モデル、*licensed under CC BY 3.0 [167]*。*Mitsuba*レンダラーを使用。）

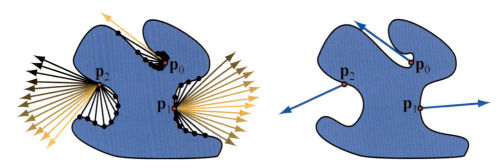

図**11.8.** 環境照明下のオブジェクト。3つの点（$\mathbf{p}_0$、$\mathbf{p}_1$、$\mathbf{p}_2$）が示されている。左では、遮断方向が交点（黒丸）で終わる黒いレイとして示される。遮断されない方向は、サーフェス法線に近いほど明るくなるように、余弦因数に従う色の矢印で示される。右では、それぞれの青い矢印が平均の非遮断方向（ベント法線）を示す。

のサーフェス位置は、k_Aの値が低いため暗くなります。図11.8のサーフェス位置$\mathbf{p}_0$と$\mathbf{p}_1$を比べてください。可視性関数$v(\mathbf{p}, \mathbf{l})$は積分時に余弦因数で重み付けされるので、サーフェスの向きも影響を与えます。図の左側の$\mathbf{p}_1$を$\mathbf{p}_2$と比べてください。どちらもほぼ同じサイズの遮蔽されない立体角を持ちますが、$\mathbf{p}_1$の遮蔽されない領域の大部分は、そのサーフェス法線の周りにあるので、矢印の明るさで分かるように、余弦因数が相対的に高くなります。対照的に、$\mathbf{p}_2$の遮蔽されない領域の大部分はサーフェス法線の片側から離れていくので、余弦因数はそれに応じた低い値になります。このため、k_Aの値は$\mathbf{p}_2$のほうが低くなります。ここからは簡潔にするため、サーフェス位置$\mathbf{p}$への依存性を明示しないことにします。

k_Aに加えて、Landis [1052]はベント法線として知られる、平均の非遮断方向も計算しています。この方向ベクトルは、非遮断ライト方向の余弦加重平均として計算します。

$$\mathbf{n}_{\text{bent}} = \frac{\int_{\mathbf{l} \in \Omega} \mathbf{l}\, v(\mathbf{l})(\mathbf{n} \cdot \mathbf{l})^+ d\mathbf{l}}{\| \int_{\mathbf{l} \in \Omega} \mathbf{l}\, v(\mathbf{l})(\mathbf{n} \cdot \mathbf{l})^+ d\mathbf{l} \|}. \tag{11.10}$$

表記$\|\mathbf{x}\|$はベクトル$\mathbf{x}$の長さを示します。その積分結果をそれ自身の長さで割ると、正規化された結果になります（図11.8の右側）。その結果のベクトルを、シェーディングで幾何学的な

11.3. アンビエント オクルージョン

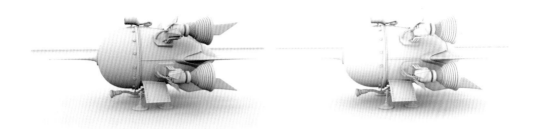

図 11.9. アンビエント オクルージョンとオブスキュランスの違い。左の宇宙船のオクルージョンは無限の長さのレイを使って計算されている。右のイメージは有限の長さのレイを使う。(*thecali, Benedikt Bitterli Rendering Resources* による「*4060.b Spaceship*」モデル、*licensed under CC BY 3.0 [167]*。*Mitsuba* レンダラーを使用。)

法線の代わりに使い、追加の性能コストなしで、より正確な結果を与えることができます（セクション 11.3.7）。

11.3.2 可視性とオブスキュランス

アンビエント オクルージョン因数 k_A（式 11.8）の計算に使う可視性関数 $v(\mathbf{l})$ は、注意深く定義する必要があります。キャラクターや乗り物のようなオブジェクトで、サーフェス位置から方向 $\mathbf{l}$ にキャストされるレイが、同じオブジェクトの他の部分と交わるかどうかを基に $v(\mathbf{l})$ を定義するのは簡単です。しかし、これは他の近くのオブジェクトによるオクルージョンを計上しません。多くの場合、ライティングの目的では、オブジェクトは平らな面上に置かれていると仮定できます。この平面を可視性の計算に含めることにより、より現実的な遮蔽が得られます。もう1つの利点は、地面のオブジェクトによる遮蔽を、接触影として使えることです [1052]。

残念なことに、可視性関数アプローチは囲まれたジオメトリーで失敗します。閉じた部屋と、その中の様々なオブジェクトで構成されたシーンがあるとします。サーフェスからのレイはすべて何かにあたるので、すべてのサーフェスの k_A 値はゼロです。そのようなシーンでは、必ずしも物理的な可視性をシミュレートせずにアンビエント オクルージョンの再構成を試みる経験的アプローチのほうが、たいていうまくいきます。それらのアプローチのいくつかは、サーフェスの隅や割れ目が、ちりや腐食をどう捕らえるかをモデル化する、Miller の**アクセシビリティ シェーディング** [1310] の概念に触発されています。

Zhukov ら [2120] が、可視性関数 $v(\mathbf{l})$ を距離マッピング関数 $\rho(\mathbf{l})$ で置き換えてアンビエント オクルージョンの計算を修正する、**オブスキュランス**の考え方を紹介しています。

$$k_A = \frac{1}{\pi} \int_{\mathbf{l} \in \Omega} \rho(\mathbf{l})(\mathbf{n} \cdot \mathbf{l})^+ d\mathbf{l}. \tag{11.11}$$

交差なしの1と交差ありの0の2つの有効な値しか持たない $v(\mathbf{l})$ と違い、$\rho(\mathbf{l})$ は、レイがサーフェスと交わる前に動く距離に基づく連続関数です。$\rho(\mathbf{l})$ の値は0の交差距離で0になり、指定された距離 $d_{\max}$ より大きな交差距離か、交差がない場合に1になります。$d_{\max}$ を超える交差はテストする必要がなく、k_A の計算を大幅に高速化できます。図 11.9 がアンビエント オク

図11.10. 相互反射なしとありのアンビエント オクルージョンの違い。左のイメージは可視性についての情報しか使わない。右のイメージは間接照明の1回の跳ね返りも使う。(*MrChimp2313, Benedikt Bitterli Rendering Resources*による「*Victorian Style House*」モデル、*licensed under CC BY 3.0 [167]*、*Mitsuba*レンダラーを使用。)

ルージョン（遮蔽）とアンビエント オブスキュランス（不明瞭さ）の違いを示しています。アンビエント オクルージョンを使ってレンダーしたイメージのほうが、かなり暗いことに注意してください。これは大きな距離でも交差が検出されるため、k_Aの値に影響を与えるからです。

物理的な根拠で正当化する試みにもかかわらず、オブスキュランスは物理的に正しくありません。しかし、しばしば見る人の期待に合う、もっともらしい結果を与えます。1つの欠点は、もっともらしい結果を得るためには、d_{max}の値を手で設定する必要があることです。テクニックが直接の物理的な基盤を持たなくても「知覚的に説得力がある」コンピューター グラフィックスでは、この種の妥協がよくあります。通常の目標は、もっともらしいイメージなので、そのようなテクニックを使うことに問題はありません。とは言っても、理論に基づく手法の利点は、それが自動的に動作し、現実世界の動作について推論することにより、さらに改善できることです。

11.3.3 相互反射の計上

アンビエント オクルージョンが生み出す結果は、見た目にもっともらしくても、完全なグローバル照明シミュレーションが作り出すよりも暗くなります。図11.10のイメージを比較してください。

アンビエント オクルージョンと完全なグローバル照明の違いの大きな発生源が相互反射です。式11.8は、遮断される方向の放射輝度がゼロだと仮定していますが、実際には相互反射が、それらの方向からゼロでない放射輝度をもたらします。この効果は、図11.10の左のモデルが、右のモデルと比べて、折り目とくぼみが暗くなることで分かります。この違いはk_Aの値を増やすことで対処できます。オブスキュランス関数はたいてい遮断方向にゼロよりも大きな値を持つので、可視性関数の代わりにオブスキュランス距離マッピング関数を使うことでも、この問題を軽減できます（セクション11.3.2）。

もっと正確なやり方で相互反射を追跡するのは、再帰問題を解く必要があるので高価です。ある点をシェーディングする前に、他の点をまずシェーディングしなければならず、それがずっと続きます。k_Aの値の計算は、完全なグローバル照明の計算よりもはるかに安価ですが、過剰に暗くなるのを避けるため、この失われる光を、何らかの形で入れたいことがよくあります。StewartとLanger [1823] が、安価でも驚くほど正確な、相互反射を近似する手法を提案

しています。それはディフューズ照明下のランバート シーンでは、与えられた位置から見えるサーフェス位置が、似た放射輝度を持つ傾向がある、という所見に基づきます。遮断方向からの放射輝度 L_i が、現在シェーディング中の点からの出力放射輝度 L_o に等しいと仮定することにより再帰は壊れ、解析的な表現を求められます。

$$E = \frac{\pi k_A}{1 - \rho_{ss}(1 - k_A)} L_i, \tag{11.12}$$

ρ_{ss} は表面下アルベド（ディフューズ反射率）です。これはアンビエント オクルージョンの因数 k_A を新しい因数 k_A' で置き換えるのと等価です。

$$k_A' = \frac{k_A}{1 - \rho_{ss}(1 - k_A)}. \tag{11.13}$$

この式はアンビエント オクルージョン因数を明るくし、相互反射を含む完全なグローバル照明解の結果に、見た目を近づける傾向があります。その効果は ρ_{ss} の値に大きく依存します。その基礎となる近似は、シェーディングする点の近隣ではサーフェス色が同じだと仮定し、色にじみと多少似た効果を生み出します。Hoffman と Mitchell [818] が、この手法を使って地形をスカイライトで照明しています。

Jimenez ら [902] が別の解法を紹介しています。多数のシーンで完全なオフライン パス トレーシングを行い、相互反射を正しく考慮するオクルージョンの値を得るため、それぞれ一様に白い、無限に遠くの環境マップで照明を行います。そのサンプルを基に、アンビエント オクルージョン値 k_A と表面下アルベド ρ_{ss} から、オクルージョン値 k_A' にマップする関数 f を近似する3次多項式をフィットし、それを相互反射光で明るくします。彼らの手法は、アルベドが局所的には一定で、跳ね返った入射光の色が与えられた点のアルベドから導けることも仮定します。

11.3.4　事前計算アンビエント オクルージョン

アンビエント オクルージョン因数の計算は時間がかかることがあり、たいていレンダリングの前に、オフラインで行われます。アンビエント オクルージョンを含むライティング関連情報の事前計算処理は、しばしばベイキングと呼ばれます。

アンビエント オクルージョンを事前計算する最も一般的な方法は、モンテカルロ法によるものです。レイをキャストして、シーンとの交差をチェックし、式 11.8 を数値的に評価します。例えば、法線 $\mathbf{n}$ の周りの半球で一様に分布する N 個のランダムな方向 $\mathbf{l}$ を選び、それらの方向でレイをトレースするとします。交差の結果に基づき、可視性関数 v を評価します。アンビエント オクルージョンは次で評価できます。

$$k_A = \frac{1}{N} \sum_i^N v(\mathbf{l}_i)(\mathbf{n} \cdot \mathbf{l}_i)^+. \tag{11.14}$$

アンビエント オブスキュランスを評価するときには、キャストするレイを最大距離に制限すればよく、v の値は見つかった交差距離に基づきます。

アンビエント オクルージョンやオブスキュランス因数の計算には、余弦加重因数が含まれます。それは式 11.14 のように直接含めることもできますが、より効率的な加重因数を組み込む手段が、重要度サンプリングです。半球上に一様にレイをキャストして、その結果に余弦加重を行う代わりに、レイ方向の分布に余弦加重を行います。言い換えると、そのような方向か

らの結果のほうが重要な可能性が高いので、サーフェス法線の方向に近いほど多くレイをキャストします。このサンプリング スキームは*Malley*の手法と呼ばれます。

アンビエント オクルージョンの事前計算は、CPU上でもGPU上でも行えます。どちらの場合も、複雑なジオメトリーに対するレイ キャスティングを高速化するライブラリーが利用できます。最も人気があるのは、CPUではEmbree [1969]、GPUではOptiX [1025]です。過去には、深度マップ[1524]やオクルージョン クエリー[535]など、GPUパイプラインからの結果がアンビエント オクルージョンの計算に使われたこともあります。それらはより一般的なGPU上のレイ キャスティング解法の人気の上昇により、今日ではあまり使われません。ほとんどの商用のモデリングとレンダリングのソフトウェア パッケージは、アンビエント オクルージョンを事前計算するオプションを用意しています。

オクルージョン データは、オブジェクトのすべての点で固有です。それは一般にテクスチャー、ボリューム、またはメッシュの頂点に格納されます。格納する信号の種類にかかわらず、様々な格納手法の特性と問題は似ています。セクション11.5.4で述べるように、アンビエント オクルージョン、方向オクルージョン、事前計算ライティングの格納に同じ方法論が使えます。

事前計算データは、オブジェクト同士のアンビエント オクルージョン効果のモデル化にも使えます。KontkanenとLaine [997, 998]は、オブジェクトの周囲へのアンビエント オクルージョン効果を、**アンビエント オクルージョン フィールド**と呼ばれるキューブ マップに格納しています。彼らはアンビエント オクルージョンの値の、オブジェクトからの距離による変化を、2次多項式の逆数でモデル化しています。その係数をキューブ マップに格納し、オクルージョンの方向による変化をモデル化します。実行時には、遮蔽オブジェクトの距離と相対位置を使って、正しい係数を取り出し、オクルージョンの値を再構成します。

Malmerら [1201]は、アンビエント オクルージョン因数と、オプションでベント法線を、**アンビエント オクルージョン ボリューム**と呼ばれる3次元グリッドに格納することにより、改善した結果を示しています。アンビエント オクルージョン因数を計算せず、テクスチャーから直接読むので、その計算要件は下がります。KontkanenとLaineのアプローチと比べて格納するスカラーは少なく、どちらの手法のテクスチャーも解像度が低いので、全体的なストレージの要件は似ています。Hill [800]とReed [1583]は、商用ゲーム エンジンでのMalmerらの手法の実装を述べています。彼らはアルゴリズムの様々な実践的側面と、有用な最適化を論じています。どちらの手法も剛体オブジェクトでの動作を意図していますが、少数の可動部分を持ち、各部を別々のオブジェクトとして扱う、関節オブジェクトに拡張できます。

アンビエント オクルージョン値の格納にどの手法を選ぼうと、扱うものが連続信号であることを意識する必要があります。空間中の特定の点からレイを打ち出すときに**サンプル**を行い、それらの結果からの値をシェーディングの前に補間するときに**再構成**を行います。信号処理分野からのすべてのツールを、サンプリング-再構成処理の品質の改善に使えます。Kavanら [946]は、彼らが**最小2乗ベイキング**と呼ぶ手法を提案しています。オクルージョン信号をメッシュ全体で一様にサンプルします。次に、最小2乗の意味で、補間とサンプルの全体の差が最小になるように、頂点に対する値を導きます。彼らは具体的にデータを頂点に格納する文脈でその手法を論じていますが、テクスチャーやボリュームに格納する値の導出にも同じ論法を使えます。

*Destiny*は、その間接照明の基盤として事前計算アンビエント オクルージョンを使い、称賛されたゲームの例です（図11.11）。このゲームはゲーム ハードウェアの2つの世代の間の移行期に出荷され、新しいプラットフォームに期待される高い品質と、古いプラットフォームの

図**11.11**. *Destiny* は事前計算アンビエント オクルージョンをその間接照明の計算に使う。そのソリューションは 2 つの異なるハードウェア世代用のゲームのバージョンで使われ、高い品質と性能を提供する。（イメージ ⓒ2013 *Bungie, Inc. all rights reserved*。）

性能とメモリ両方の制限のバランスをとるソリューションが必要でした。ゲームは動的な一日の時間を特徴とするので、どの事前計算ソリューションも、これを正しく考慮に入れなければなりませんでした。開発者は、そのもっともらしい外見と低コストからアンビエント オクルージョンを選択しました。アンビエント オクルージョンは可視性の計算をライティングから切り離すので、同じ事前計算データを時刻に関係なく使えます。GPU ベースのベイキングパイプラインを含めた完全なシステムを、Sloan らが説明しています [1780]。

Ubisoft の *Assassin's Creed* [1816] と *Far Cry* [1244] シリーズも、一種の事前計算アンビエントオクルージョンを、彼らの間接照明ソリューションの強化に使っています。彼らは世界を上から下に見下ろしてレンダーし、その結果の深度マップを処理して大規模なオクルージョンを計算しています。様々なヒューリスティックを使い、近隣の深度サンプルの分布を基に値を見積もります。その結果のワールド空間 AO マップをすべてのオブジェクトに、そのワールド空間位置をテクスチャー空間に投影することにより適用します。彼らはこの手法を *World AO* と呼んでいます。Swoboda [1855] も、よく似たアプローチを述べています。

11.3.5 アンビエント オクルージョンの動的な計算

静止シーンでは、アンビエント オクルージョン因子 k_A とベント法線 $\mathbf{n}_{\text{bent}}$ を事前計算できます。しかし、オブジェクトが動いたり形を変えるシーンでは、それらの因子をその場で計算するほうがよい結果を達成できます。それを行うための手法は、オブジェクト空間で動作するものと、スクリーン空間で動作するものに分類できます。

アンビエント オクルージョンを計算するためのオフライン手法には、一般に数十から数百の多数のレイを各サーフェス点からシーンにキャストして、交差をチェックすることが含まれます。これはコストの高い操作で、リアルタイム手法の焦点は、この計算を近似したり、その多くを回避する手段です。

Bunnell [229] は、サーフェスをメッシュ頂点に置かれるディスク形の要素のコレクションとしてモデル化することにより、アンビエント オクルージョン因子 k_A とベント法線 $\mathbf{n}_{\text{bent}}$ を計算しています。ディスクを選んだのは、あるディスクの別のディスクによる遮蔽を解析的に

計算でき、レイをキャストする必要を避けられるからです。ディスクの他のディスクによりオクルージョン因数を単純に合計すると、2重の影処理で過剰に暗い結果になります。つまり、1つのディスクが別のディスクの後ろにあると、2つの近い方だけを数えるべきであるにもかかわらず、両方がサーフェスを遮蔽するものと数えられます。Bunnellは巧みな2パス手法を使い、この問題を回避します。最初のパスが2重の影を含むアンビエント オクルージョンを計算します。2番目のパスで、各ディスクの寄与を、その最初のパスからのオクルージョンだけ減らします。これは近似ですが、実際に説得力のある結果を生み出します。

要素のペアごとのオクルージョンの計算は次数が $O(n^2)$ の操作で、かなり単純なシーンでない限り高すぎます。遠くのサーフェスには単純化した表現を使うことにより、そのコストを減らせます。Bunnellは要素の階層ツリーを構築し、その各ノードは、ツリーでそれより下にあるディスクの集約を表すディスクです。ディスク間のオクルージョンの計算を行うときには、遠いサーフェスほど高いレベルのノードを使います。これが計算を、はるかに手頃な次数 $O(n \log n)$ に減らします。Bunnellのテクニックはかなり効率的で、高品質な結果を生み出します。例えば、それは *Pirates of the Caribbean* シリーズの映画の最終的なレンダーに使われました [288]。

Hoberock [814] が、計算コストが高くなるのと引き換えに品質を改善する、Bunnellのアルゴリズムへのいくつかの修正を提案しています。Zhukovら [2120] が提案したオブスキュランス因子と似た結果を生み出す、距離減衰因数も提案しています。

Evans [482] が符号付き**距離フィールド**（SDF）に基づく、動的なアンビエント オクルージョン近似手法を述べています。この表現は、オブジェクトを3次元グリッドに埋め込みます。グリッド中の各位置は、オブジェクトの最も近いサーフェスへの距離を格納します。この値はどれかのオブジェクトの内側の点では負で、そのすべての外側の点では正です。EvansはシーンのSDFを作成してボリューム テクスチャーに格納します。オブジェクト上の位置の遮蔽を見積もるため、法線に沿って徐々にサーフェスから遠ざかる、複数の点でサンプルした値を組み合わせるヒューリスティックを使います。Quílez [1564] が述べているように、同じアプローチは、SDFを3次元テクスチャーに格納する代わりに、解析的に表現する（セクション17.3）ときにも使えます。この手法は非物理的ですが、見た目に心地よい結果になります。

符号付き距離フィールドのアンビエント オクルージョンへの使用を、Wright [2054] がさらに拡張しました。Wrightはアドホックなヒューリスティックを使ってオクルージョンの値を生成する代わりに、**コーン トレーシング**を行います。シェーディング中の位置に原点のある円錐と、距離フィールドにエンコードしたシーン表現と交差のテストを行います。軸沿いに一連のステップを実行し、SDFとステップごとに半径を増やす球の交差をチェックすることにより、コーン トレーシングを近似します。最も近いオクルーダーへの距離（SDFからサンプルした値）が球の半径より小さければ、円錐のその部分は遮蔽されています（図11.12）。単一の円錐のトレースは不正確で、余弦項の組み込みができません。そのため、Wrightは半球全体を覆う円錐のセットをトレースし、アンビエント オクルージョンを見積もります。見た目の忠実度を上げるため、彼の解法はシーンのグローバルSDFだけでなく、個別のオブジェクトや論理的に接続するオブジェクトのセットを表すローカルSDFも使います。

シーンのボクセル表現の文脈で、Crassinら [330] が、似たアプローチを述べています。シーンのボクセル化の格納に、疎なボクセル8分木（セクション13.10）を使います。彼らのアンビエント オクルージョンを計算するアルゴリズムは、より一般的な、完全なグローバル照明効果をレンダーする手法の特別な場合です（セクション11.5.7）。

Renら [1596] が、遮蔽ジオメトリーを球のコレクションとして近似しています（図11.13）。

11.3. アンビエント オクルージョン

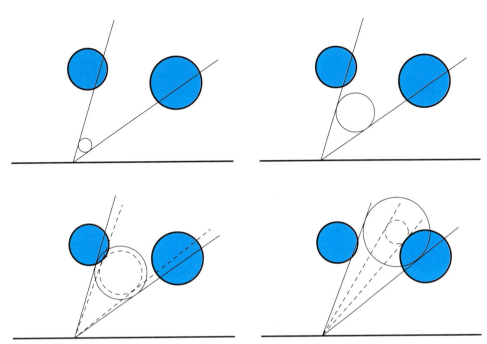

図11.12. コーン トレーシングは、シーン ジオメトリーと球の一連の交差を半径を増やしながら行うことで近似される。球のサイズは、与えられたトレース原点からの距離の円錐の半径に相当する。ステップごとに、シーン ジオメトリーによるオクルージョンを計上するように円錐の角度を減らす。クリップされた円錐が広がる立体角と、元の円錐の立体角との比として、最終的なオクルージョン因数を見積もる。

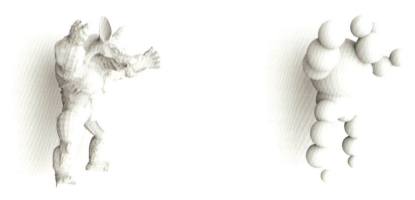

図11.13. アンビエント オクルージョン効果はぼやけていて、オクルーダーの細部は明らかでない。AOの計算は、ずっと単純なジオメトリーの表現を使っても、もっともらしい効果を実現できる。アルマジロのモデル（左）を球のセット（右）で近似する。モデルが後ろの壁にキャストするオクルージョンに、ほとんど違いがない。（モデル提供：*Stanford Computer Graphics Laboratory*。）

1つの球で遮蔽されるサーフェス点の可視性関数を、球面調和で表現します。球のグループによるオクルージョンを集約した可視性関数は、個々の球の可視性関数の乗算の結果です。残念ながら、球面調和関数の積の計算は高価な操作です。基本的な考え方は個々の球面調和可視性関数の対数を合計し、その結果を指数にすることです。これは可視性関数の乗算と同じ最終結果を生み出しますが、球面調和関数の総和のほうが乗算よりもはるかに安価です。正しい近

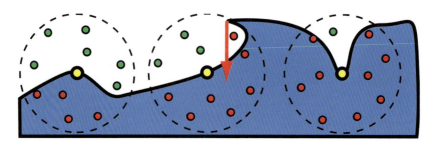

図 11.14. 3つのサーフェス点（黄色の丸）に適用されるCrytekのアンビエント オクルージョン手法。明確にするため、アルゴリズムは2次元で示され、カメラ（示されていない）は図より上にある。この例では、10のサンプルが各サーフェス点の周りの円盤上に分布する（実際には、球上に分布する）。z-テストに失敗する、つまり格納されたz-バッファー値を超えるサンプルは赤で示され、合格するサンプルは緑で示される。k_Aの値は、合格サンプルの全サンプルに対する比の関数である。ここでは話を簡単にするため、可変のサンプルの重みを無視する。左の点は10のうち6つの合格サンプルを持つので0.6の比になり、そこからk_Aを計算する。中の点は3つの合格サンプルを持つ。もう1つオブジェクトの外にあるが、赤い矢印が示すようにz-テストに失敗する。これにより0.3のk_Aが与えられる。右の点の合格サンプルは1つなので、k_Aは0.1になる。

似によって対数と指数が素早く計算でき、全般的に高速化することを、その論文は示しています。

その手法はアンビエント オクルージョン因数だけでなく、球面調和（セクション10.3.2）で表現される完全な球面可視性関数も計算します最初の（次数0）係数はアンビエント オクルージョン因数k_Aとして使い、次の3つ（次数1）の係数はベント法線$\mathbf{n}_{\text{bent}}$の計算に使えます。それより高次の係数は環境マップや円形光源の影に使えます。ジオメトリーを境界球として近似するので、しわなどの小さな細部からの遮蔽をモデル化しません。

Sloanら[1777]は、Renが述べた可視性関数の累積をスクリーン空間で行っています。オクルーダーごとに、その中心から所定のワールド空間距離以内にあるピクセルのセットを考慮します。この操作は球をレンダーして、シェーダーで距離テストを行うか、ステンシル テストを使うことにより実現できます。影響を受けるすべての画面領域で、適切な球面調和の値をオフスクリーン バッファーに加えます。すべてのオクルーダーで可視性を累積したら、バッファーの値を指数にして、最終的な結合された画面ピクセルごとに可視性関数を得ます。Hill[800]は同じ手法を使いますが、球面調和可視性関数を2次の係数のみに制限します。この仮定により、球面調和の積はほんの一握りのスカラー乗算になり、GPUの固定機能ブレンド ハードウェアでも行えます。このため性能に制限があるゲーム ハードウェア上でも、この手法を使えます。この手法は低次の球面調和を使うので、ほぼ無方向性のオクルージョン以外の、より明確な境界を持つハードな影の生成には使えません。

11.3.6　スクリーン空間手法

オブジェクト空間手法のコストはシーンの複雑さに比例します。しかし、オクルージョンについての情報には、深度や法線など、既に利用可能なスクリーン空間データから純粋に推定できるものもあります。そのような手法のコストは一定で、シーンの詳細さではなく、レンダリングに使う解像度にしか関係がありません[*1]。

Crytekは動的なスクリーン空間 アンビエント オクルージョン（SSAO）アプローチを開

[*1] 実際には、実行時間は深度や法線のバッファー中のデータの分布に依存し、それはオクルージョン計算ロジックがGPUキャッシュをどれほど効果的に使うか、その分散が影響を与えるからです

11.3. アンビエント オクルージョン

図11.15. スクリーン空間アンビエント オクルージョンの効果が左上に示されている。右上はアンビエント オクルージョンなしのアルベド（ディフューズ色）を示す。左下に、その2つが結合されている。右下の最終的なイメージにはスペキュラー シェーディングと影が加わる。（「*Crysis*」からのイメージ、提供：*Crytek*。）

発し、*Crysis* [1329]で使いました。入力にz-バッファーだけを使い、アンビエント オクルージョンを全画面パスで計算します。ピクセルの位置を囲む球に分布した点のセットをz-バッファーに対してテストし、各ピクセルのアンビエント オクルージョン因数k_Aを見積もります。k_Aの値は、z-バッファーの対応する値より前にあるサンプルの数の関数です。合格サンプルの数が小さいほど、k_Aの値は低くなります（図11.14）。オブスキュランス因数 [2120]と同様に、サンプルはピクセルからの距離で減る重みを持ちます。サンプルを$(\mathbf{n} \cdot \mathbf{l})^+$因数で重み付けしないので、結果のアンビエント オクルージョンが正しくないことに注意してください。サーフェス位置の上の半球にあるサンプルだけを考慮するのではなく、すべてを数えて計算に入れます。この単純化は、数えるべきでないサーフェスより下のサンプルを数えることを意味します。そのため平らなサーフェスは暗くなり、その端は周囲よりも明るくなります。それでも、その結果はたいてい見た目に魅力的です（図11.15）。

同じ頃ShanmugamとArikan [1733]が、よく似た手法を開発しました。彼らは論文で2つのアプローチを述べています。1つは小さな、近隣の細部から細かいアンビエント オクルージョンを生成します。もう1つは、より大きなオブジェクトから粗いアンビエント オクルージョンを生成します。その2つの結果を結合して、最終的なアンビエント オクルージョン因数を作り出します。細かいスケールのアンビエント オクルージョンの手法は、z-バッファーと、見えるピクセルのサーフェス法線を含む第2のバッファーにアクセスする全画面パスを使います。シェーディングするピクセルで、近隣のピクセルをz-バッファーからサンプルします。そのサンプルしたピクセルを球として表し、その法線を考慮に入れて、シェーディングするピクセルの遮蔽項を計算します。影の2重処理を計上しないので、結果はいくらか暗くなります。大まかな遮蔽の手法は、遮蔽するジオメトリーを球のコレクションで近似する点で、392ページで論じたRenら [1596]のオブジェクト空間手法に似ています。しかし、Shanmugamと

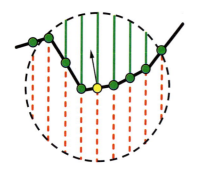 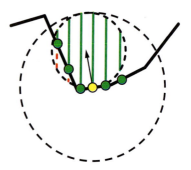

図11.16. ボリューム オブスキュランス（左）は、点の周りの占有されないボリュームの積分を、線積分を使って見積もる。ボリューム アンビエント オクルージョン（右）も線積分を使うが、シェーディング点に接する球の占有を計算するためで、それは反射率の式の余弦項をモデル化する。どちらの場合も、球の非占有ボリューム（緑の実線）の、球の全ボリューム（非占有と、赤い破線で示す占有ボリュームの合計）に対する比率から、積分を見積もる。どちらの図も、カメラは上から見下ろしている。緑のドットは深度バッファーからのサンプル読み込みを表し、黄色のドットはオクルージョンを計算中のサンプルを表す。

Arikanは、遮蔽する球それぞれの「効果の領域」に広がる画面に平行なビルボードを使い、遮蔽をスクリーン空間で累積します。粗いオクルージョンでもRenらと違い、影の2重処理は計上しません。

　業界と学会の両方が、この2つの手法の極度の単純さにすぐに気付き、数多くの追跡研究が生まれました。Filionら[511]によるゲーム *Starcraft II* で使われたものや、McGuireら[1264]のスケーラブル アンビエント オブスキュランスなど、多くの手法はアドホックなヒューリスティックを使ってオクルージョン因数を生成します。この種の手法の性能特性は良好で、望みの美的効果を得るため手で調整できるパラメーターを公開します。

　より原理に基づいたオクルージョンの計算方法の提供を目的とする手法もあります。LoosとSloan [1161]は、Crytekの手法がモンテカルロ積分と解釈できることに気が付きました。計算される値をボリューム オブスキュランスと呼び、次のように定義します。

$$v_A = \int_{\mathbf{x} \in X} \rho(d(\mathbf{x}))o(\mathbf{x})d\mathbf{x}, \tag{11.15}$$

Xはその点の周りの3次元の球面近隣、ρは、式11.11のものと似た距離マッピング関数、dは距離関数、$o(\mathbf{x})$は$\mathbf{x}$が占有されていれば1、そうでなければ0に等しい**占有関数**です。彼らは$\rho(d)$関数が最終的な見た目の品質にほとんど影響がないので、定数関数を使うと述べています。この仮定により、ボリューム オブスキュランスは、点の近隣での占有関数の積分になります。Crytekの手法は、3次元の近隣をランダムにサンプルして、その積分を評価します。LoosとSloanは、ピクセルのスクリーン空間の近隣をランダムにサンプルすることにより、その積分をxy-次元で数値的に計算します。z-次元は解析的に積分します。点の球面近隣にジオメトリーが含まれなければ、積分はレイとXを表す球の交差の長さに等しくなります。ジオメトリーが存在する場合、深度バッファーを占有関数の近似として使い、各線分の占有されない部分だけの積分を計算します（図11.16の左側）。この手法はCrytekと同等の品質の結果を生成しますが、次元の1つの積分が正確なので、使うサンプルは減ります。サーフェス法線が利用できれば、それを考慮に入れるように手法を拡張できます。そのバージョンでは、線積分の評価を評価点の法線が定義する平面でクランプします。

　Szirmay-Kalosら[1861]が、ボリューム アンビエント オクルージョンと呼ばれる、法線情報を使う別のスクリーン空間アプローチを紹介しています。式11.6は法線の周りの半球上で

11.3. アンビエント オクルージョン

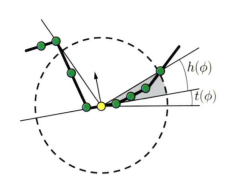 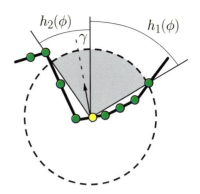

図11.17. 地平線基準のアンビエント オクルージョン（左）は、接平面からの地平線角度hを求めて、その間の非占有角度を積分する。接平面とビュー ベクトルの間の角度はtで示される。検証用のアンビエント オクルージョン（右）は同じ地平線角度h_1とh_2を使うが、法線とビュー ベクトルの間の角度γも使って余弦項を計算に組み込む。どちらの図もカメラはシーンを上から見ている。それらの図は断面図を示し、地平線角度はビュー方向の周りの角度であるϕの関数である。緑のドットは深度バッファーからのサンプル読み込み、黄色いドットはオクルージョンを計算中のサンプルを表す。

積分を行い、余弦項を含みます。この種の積分が、被積分関数から余弦項を取り除き、積分範囲を余弦分布でクランプして近似できることを提案しています。これは積分を半球から、半径が半分で、法線に沿ってシフトした、半球に完全に包含される球上の積分に変換します。その非占有部分のボリュームは。LoosとSloanの手法と同じく、ピクセル近隣をランダムにサンプルし、z-次元で占有関数を解析的に積分することにより計算します（図11.16の右側）。

ローカルな可視性を見積もる問題への別のアプローチを、Bavoilら[129]が提案しています。彼らはMax [1235]の**地平線マッピング** テクニックから着想を得ています。彼らの手法は**地平線基準のアンビエント オクルージョン（HBAO）**と呼ばれ、z-バッファーのデータが連続な高さフィールドを表すと仮定します。ある点での可視性は、近隣が遮蔽する接平面からの最大角度、**地平線角度**を決定することで見積もれます。つまり、ある点から与えられた方向で、見える最も高いオブジェクトの角度を記録します。余弦項を無視すれば、アンビエント オクルージョン因数は、地平線上の遮蔽されない部分の積分か、1から地平線の下に遮蔽される部分の積分を引いて、計算できます。

$$k_A = 1 - \frac{1}{2\pi} \int_{\phi=-\pi}^{\pi} \int_{\alpha=t(\phi)}^{h(\phi)} W(\omega) \cos(\theta) d\theta d\phi, \quad (11.16)$$

$h(\phi)$は接平面からの地平線角度、$t(\phi)$は接平面とビュー ベクトルの間の**正接角度**、$W(\omega)$は減衰関数です（図11.17）。$\frac{1}{2\pi}$項は結果が0と1の間になるように積分を正規化します。

与えられたϕで地平線を定義する点への距離による線形フォールオフを使うことで、内側の積分を解析的に計算できます。

$$k_A = 1 - \frac{1}{2\pi} \int_{\phi=-\pi}^{\pi} \big(\sin(h(\phi)) - \sin(t(\phi))\big) W(\phi) d\phi. \quad (11.17)$$

残りの積分は、数多くの方向をサンプルして、地平線角度を求めることにより数値的に計算します。

Jimenezら[902]も、彼らがグラウンドトゥルース アンビエント オクルージョン（GTAO）と呼ぶ手法で、地平線基準のアプローチを使っています。その目的は、z-バッファー データが

作る高さフィールドだけが利用できる情報だと仮定し、レイ トレーシングから得られるものと一致する、正確な結果を得ることです。地平線基準のアンビエント オクルージョンは、その定義に余弦項を含みません。式11.8に存在しないアドホックな減衰も加えるので、その結果はレイ トレースに近くても、同じではありません。GTAOはその欠けた余弦因数を導入し、減衰関数を取り除き、オクルージョン積分をビュー ベクトルの周りの基準系で公式化します。オクルージョン因数は次で定義され、

$$k_A = \frac{1}{\pi} \int_0^\pi \int_{h_1(\phi)}^{h_2(\phi)} \cos(\theta - \gamma)^+ |\sin(\theta)| d\theta d\phi, \tag{11.18}$$

$h_1(\phi)$と$h_2(\phi)$は与えられたϕでの左と右の地平線角度、γは法線とビュー方向の間の角度です。　余弦項が含まれるので、正規化項$\frac{1}{\pi}$はHBAOのものと異なります。これにより開けた半球がπまで積分されます。公式に余弦項が含まれないと、2πまでの積分になります。この公式化は、与えられた高さフィールド仮定で、式11.8と正確に一致します（図11.17）。さらに内側の積分は解析的に解けるので、数値的に計算する必要があるのは外側だけです。この積分はHBAOと同じく、与えられたピクセルの周りで数多くの方向をサンプルして行います。

　地平線基準の手法で処理の最も高価な部分は、地平線角度を決定するため、スクリーン空間の直線沿いに深度バッファーをサンプルすることです。Timonen [1903] が、特にこのステップの性能特性を改善することを狙う手法を紹介しています。彼の指摘によれば、与えられた方向で地平線角度を見積もるために使うサンプルは、スクリーン空間の直線に沿って置かれるピクセルの間で大いに再利用できます。オクルージョンの計算を2つのステップに分割します。まず、z-バッファー全体でライン トレースを行います。トレースの各ステップで、所定の最大影響距離を考慮して直線に沿って移動しながら、地平線角度を更新し、この情報をバッファーに書き出します。地平線マッピングで使うスクリーン空間方向ごとに、そのようなバッファーを1つ作成します。そのバッファーは元の深度バッファーと同じサイズである必要はありません。それらのサイズは直線の間隔と、直線に沿ったステップの距離に依存し、それらのパラメーターの選択には、ある程度の柔軟性があります。設定の違いが、最終的な品質に影響を与えます。

　2番目のステップは、バッファーに格納した地平線情報を基にした、オクルージョン因数の計算です。TimonenはHBAOが定義するオクルージョン因数（式11.17）を使っていますが、代わりにGTAO（式11.18）など、他の遮蔽の見積もりを使うこともできます。

　深度バッファーは、与えられた方向で最も近いオブジェクトしか記録せず、その背後で何が起きるかを知らないので、シーンの完璧な表現ではありません。手法の多くは様々なヒューリスティックを使い、見えるオブジェクトの厚みについて何らかの情報を推論しようとします。それらの近似は多くの状況で十分であり、人の目は不正確さに寛容です。その問題を複数レイヤーの深度を使って軽減する手法もありますが、レンダリング エンジンへの統合が複雑なことと、高い実行時のコストにより、幅広い人気を得てはいません。

　スクリーン空間アプローチはz-バッファーを繰り返しサンプルし、与えられた点の周りのジオメトリーの単純化したモデルを形成することを当てにします。実験が示すことろでは、高品質の外見を達成するには、200ものサンプルが必要です。しかし、インタラクティブ レンダリングで使える数は、せいぜい10から20サンプルで、たいていはそれより少数です。Jimenezら[902]は、60FPSゲームの性能予算に収めるため、ピクセルあたり1サンプルしか使えなかったと報告しています！　理論と実線の隙間を埋めるため、スクリーン空間手法は何らかの形の空間的ディザリングを採用するのが普通です。その最も一般的な形では、すべてのスクリーン

11.3. アンビエント オクルージョン   399

ピクセルが、回転したり半径方向にシフトした、少し異なるランダムなサンプルなセットを使います。AO計算の主要な段階の後、全画面フィルタリング パスを実行します。サーフェスの不連続をまたぐフィルタリングを避け、シャープなエッジを保存するため、ジョイント バイラテラル フィルタリング（セクション12.1.1）を使います。それは深度や法線について利用可能な情報を使い、同じサーフェスに属するサンプルだけを使うようにフィルタリングを制限します。ランダムに変化するサンプリング パターンを使ったり、実験的にフィルター カーネルを選ぶ手法があります。固定サイズのスクリーン空間パターン（例えば、4×4ピクセル）の繰り返すサンプル セットと、その近隣に差制限されたフィルターを使うものもあります。

またアンビエント オクルージョンの計算は、しばしば時間的にスーパーサンプルされます[902, 1782, 2060]。この処理は一般に毎フレーム異なるサンプリング パターンを適用し、オクルージョン因数の指数平均を実行することで行います。前のフレームからのデータを、最後のフレームのz-バッファー、カメラ変換、動的なオブジェクトの動きについての情報を使って、現在のビューに再投影します。次にそれを現在のフレームの結果とブレンドします。最後のフレームからのデータが信頼できず、破棄すべきときには（例えば、何か新しいオブジェクトがビューに入ってきたため）、一般に深度、法線、あるいは速度に基づくヒューリスティックを使います。セクション5.4.2が、より一般的な設定の時間スーパーサンプリングとアンチエイリアシングのテクニックを説明しています。時間フィルタリングのコストは小さく、実装が単純明快で、常に完全に信頼できるわけではありませんが、実際にはほとんど目立つ問題がありません。これは主として、アンビエント オクルージョンが直接可視化されることはなく、ライティングの計算への入力の1つとして機能するからです。この効果を法線マップ、アルベド テクスチャー、直接ライティングと結合してしまえば、些細なアーティファクトはマスクされ、見えなくなります。

11.3.7　シェーディングとアンビエント オクルージョン

アンビエント オクルージョンの値を、固定の遠い照明のコンテキストで導きましたが、もっと複雑なライティング シナリオにも適用できます。反射率の式をもう一度考えてみましょう。

$$L_o(\mathbf{v}) = \int_{\mathbf{l} \in \Omega} f(\mathbf{l}, \mathbf{v}) L_i(\mathbf{l}) v(\mathbf{l}) (\mathbf{n} \cdot \mathbf{l})^+ d\mathbf{l}. \tag{11.19}$$

セクション11.3.1で紹介したように、上の形式には可視性関数$v(\mathbf{l})$が含まれます。

ディフューズ サーフェスを扱っているときには、$f(\mathbf{l}, \mathbf{v})$を、表面下アルベド$\rho_{ss}$を$\pi$で割ったものに等しいランバートBRDFで置き換えることができ、次が得られます。

$$L_o = \int_{\mathbf{l} \in \Omega} \frac{\rho_{ss}}{\pi} L_i(\mathbf{l}) v(\mathbf{l}) (\mathbf{n} \cdot \mathbf{l})^+ d\mathbf{l} = \frac{\rho_{ss}}{\pi} \int_{\mathbf{l} \in \Omega} L_i(\mathbf{l}) v(\mathbf{l}) (\mathbf{n} \cdot \mathbf{l})^+ d\mathbf{l}. \tag{11.20}$$

上の式は次のように再公式化できます。

$$
\begin{aligned}
L_o &= \frac{\rho_{ss}}{\pi} \int_{\mathbf{l} \in \Omega} L_i(\mathbf{l}) v(\mathbf{l}) (\mathbf{n} \cdot \mathbf{l})^+ d\mathbf{l} \\
&= \frac{\rho_{ss}}{\pi} \frac{\int_{\mathbf{l} \in \Omega} L_i(\mathbf{l}) v(\mathbf{l}) (\mathbf{n} \cdot \mathbf{l})^+ d\mathbf{l}}{\int_{\mathbf{l} \in \Omega} v(\mathbf{l}) (\mathbf{n} \cdot \mathbf{l})^+ d\mathbf{l}} \int_{\mathbf{l} \in \Omega} v(\mathbf{l}) (\mathbf{n} \cdot \mathbf{l})^+ d\mathbf{l} \\
&= \frac{\rho_{ss}}{\pi} \int_{\mathbf{l} \in \Omega} L_i(\mathbf{l}) \frac{v(\mathbf{l}) (\mathbf{n} \cdot \mathbf{l})^+}{\int_{\mathbf{l} \in \Omega} v(\mathbf{l}) (\mathbf{n} \cdot \mathbf{l})^+ d\mathbf{l}} d\mathbf{l} \int_{\mathbf{l} \in \Omega} v(\mathbf{l}) (\mathbf{n} \cdot \mathbf{l})^+ d\mathbf{l}.
\end{aligned}
\tag{11.21}
$$

式11.8からのアンビエント オクルージョンの定義を使えば、これは次に単純化されます。

$$L_o = k_A \rho_{\rm ss} \int_{\mathbf{l} \in \Omega} L_i(\mathbf{l}) K(\mathbf{n}, \mathbf{l}) d\mathbf{l}, \tag{11.22}$$

ただし

$$K(\mathbf{n}, \mathbf{l}) = \frac{v(\mathbf{l})(\mathbf{n} \cdot \mathbf{l})^+}{\int_{\mathbf{l} \in \Omega} v(\mathbf{l})(\mathbf{n} \cdot \mathbf{l})^+ d\mathbf{l}}. \tag{11.23}$$

この形式により、その処理に関する新たな視点が与えられます。式11.22の積分は、方向性フィルター カーネル K の入力放射輝度 L_i への適用と考えることができます。フィルター K は空間と方向の両方で複雑に変化しますが、2つの重要な特性を持ちます。まず、それはクランプされる内積により、最大でも点 $\mathbf{p}$ の法線の周りの半球までしか広がりません。2つ目として、分母の正規化因子により、その半球上の積分は1に等しくなります。

シェーディングを行うには、入力放射輝度 L_i とフィルター関数 K の2つの関数の積の積分を計算する必要があります。場合により、例えば、L_i と K の両方が球面調和（セクション10.3.2）を使って表されるときには、フィルターを単純化した形で記述して、この二重積の積分を、かなり低いコストで計算できます。この式の複雑さを扱う別の方法は、似た特性を持つ、より単純なものでフィルターを近似することです。最も一般的な選択は正規化余弦カーネル H です。

$$H(\mathbf{n}, \mathbf{l}) = \frac{(\mathbf{n} \cdot \mathbf{l})^+}{\int_{\mathbf{l} \in \Omega} (\mathbf{n} \cdot \mathbf{l})^+ d\mathbf{l}}. \tag{11.24}$$

入力ライティングを遮断するものがないときには、この近似は正確です。また近似しているフィルターと同じ角度範囲に広がります。可視性を完全に無視しますが、まだ式11.22中にアンビエント オクルージョンの k_A 項が存在するので、シェーディングするサーフェス上には、いくらか可視性依存の減光が現れます。

このフィルター カーネルの選択により、式11.22は次になります。

$$L_o = k_A \rho_{\rm ss} \int_{\mathbf{l} \in \Omega} L_i(\mathbf{l}) \frac{(\mathbf{n} \cdot \mathbf{l})^+}{\int_{\mathbf{l} \in \Omega} (\mathbf{n} \cdot \mathbf{l})^+ d\mathbf{l}} d\mathbf{l} = \frac{k_A}{\pi} \rho_{\rm ss} E. \tag{11.25}$$

これはアンビエント オクルージョン付きシェーディングは、その最も単純な形では、放射照度を計算し、それにアンビエント オクルージョンの値を掛けることによって行えることを意味します。放射照度は、任意のソースから発することができます。例えば、放射照度環境マップ（セクション10.6）からサンプルできます。この手法の正確さは、近似フィルターがどれほど正しく表せるかに依存します。球上で滑らかに変化するライティングには、この近似はもっともらしい結果を与えます。シーンが照明を表す白一色の環境マップで照らされているかのように、L_i がすべての可能な方向で一定なら、完全に正確です。

この公式化は、アンビエント オクルージョンが点光源や小さな面光源の可視性をうまく近似できない理由についての洞察も与えます。それらはサーフェス上で小さな立体角にしか広がらず、点光源の場合には無限小になり、可視性関数はライティング積分の値に重要な影響を与えます。それはライトの寄与をほぼ二択、つまり、完全に有効か無効かで制御します。式11.25で行ったように、可視性を無視するのは、かなりの近似で、一般には期待される結果を生み出しません。影は精細度が欠け、期待される方向性を示さないので、特定のライトが作り出すように見えません。アンビエント オクルージョンは、そのようなライトの可視性のモデル化によい選択ではありません。シャドウ マップなど、代わりに他の手法を使うべきです。

しかし、注目に値することとして、小さな局所的なライトが間接照明のモデル化に使われることがあります。そのような場合、その寄与をアンビエント オクルージョンの値で変調するのは理にかないます。

これまではランバート サーフェスのシェーディングを仮定してきました。より複雑な、非定常BRDFを扱うときは、式11.20で行ったように、この関数を積分から抜き出せません。スペキュラー マテリアルでは、Kが可視性と法線だけでなく、見る方向にも依存します。典型的なマイクロファセットBRDFのローブは、その領域全体で大きく変化します。それを1つの事前に定めた形で近似すると、粗すぎてもっともらしい結果になりません。シェーディングでアンビエント オクルージョンをディフューズBRDFに使うのが最も妥当なのは、このためです。複雑なマテリアル モデルには、この後のセクションで論じる他の手法のほうが適しています。

ベント法線（386ページの式11.10）の使用は、フィルターKをより正確に近似する手段と見ることができます。やはりフィルター中に可視性項は存在しませんが、その最大値は平均の非遮蔽方向に一致するので、全体的には式11.23への少しよい近似になります。幾何学的法線とベント法線が一致しない場合、後者を使うほうが正確な結果を与えます。Landis [1052]は、それを環境マップによるシェーディングだけでなく、直接光源の一部でも通常の影テクニックの代わりに使っています。

環境マップによるシェーディングでは、Pharr [1524]が、GPUのテクスチャー フィルタリング ハードウェアを使ってフィルタリングを動的に行う代案を紹介しています。フィルターKの形はその場で決定します。その中心はベント法線の方向で、そのサイズはk_Aの値に依存します。これは式11.23からの元のフィルターに、さらに正確に一致します。

11.4　方向オクルージョン

アンビエント オクルージョンだけを使っても、イメージの見た目の品質を大いに向上できますが、それはかなり単純化されたモデルです。それは小さな面光源や点光源は言うまでもなく、大きな面光源を扱うときでも、可視性のよい近似ではありません。光沢BRDFや、より複雑なライティング設定を正しく扱うこともできません。ドームの上で色が赤から緑に変化する、遠くのドーム型ライトで照らされるサーフェスを考えてみましょう。これは、空からの光で照らされる地面を表すかもしれません。その色からして、多分どこか遠くの惑星でしょう（図11.18）。アンビエント オクルージョンにより点 **a** と **b** のライティングは暗くなりますが、まだ空の赤と緑の両方の部分により照明されています。ベント法線を使うのは、この影響の軽減に役立ちますが、やはり完璧ではありません。これまで紹介した単純なモデルは、そのような状況を扱うほど十分に柔軟ではありません。1つの解決法は、もっと表現力のある方法で可視性を記述することです。

球面または半球面全体の可視性をエンコードする手法、つまり、入力放射輝度を遮断する方向を記述する手段に焦点を移します。この情報は点光源の影に使えますが、それが主要な目的ではありません。それら特定のタイプのライトを対象とする手法（7章で大々的に論じる）のほうが、単一の光源の位置や方向に可視性をエンコードするだけでよいので、はるかによい品質を達成できます。ここで述べる解法は、主として、生成する影がソフトで、可視性の近似で生じるアーティファクトが目立たない、大きな面光源や環境ライティングに遮蔽を提供するために使うことを意図しています。また、それらの手法を使って、バンプ マップの細部の自己

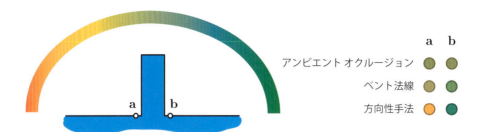

図11.18. 複雑なライティング条件の下で点**a**と**b**の放射照度の近似された色。アンビエント オクルージョンは方向性をモデル化しないので、どちらの点でも色は同じになる。ベント法線を使うと、実質的に余弦ローブが空の遮蔽されない部分に向かってシフトされるが、その積分範囲は何も制限されないので、正確な結果を与えるのに十分ではない。方向性手法は、空の遮蔽された部分からのライティングを正しく取り除くことができる。

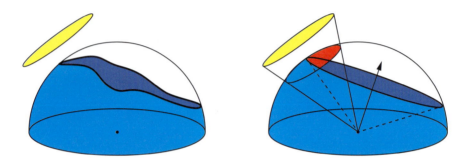

図11.19. アンビエント アパーチャー ライティングは、シェーディング中の点の上の遮蔽されない領域の形状を円錐で近似する。左では、面光源が黄色で示され、サーフェス位置で見える地平線が青で示されている。右では、地平線が円に単純化され、それが破線で示された、サーフェス位置から右上に投影される円錐のエッジ。面光源の遮蔽は、その円錐と遮蔽の円錐を交差し、赤で示される領域を生成して見積もる。

影や、シャドウ マップが十分な解像度を持たない、極めて大きなシーンの影など、通常の影生成テクニックが使えない場合にも遮蔽を提供できます。

11.4.1　事前計算方向オクルージョン

Max [1235] が、高さフィールド サーフェスの自己遮蔽を記述す**地平線マッピング**の概念を導入しました。地平線マッピングでは、サーフェス上の点ごとに、方位のセット、例えば北、北東、東、南東、南...の8つで地平線の高度角度を決定します。

　いくつかの与えられたコンパス方向の地平線角度を格納する代わりに、遮蔽されない3次元方向のセット全体を、楕円 [765, 937] や円形 [1413, 1414] の開口部（アパーチャー）としてモデル化できます。後者のテクニックは**アンビエント アパーチャー ライティング**と呼ばれます（図11.19）。それらのテクニックは地平線マップより必要なストレージへ減りますが、遮蔽されない方向のセットが楕円や円と似ていないときに、正しくない影が生じるかもしれません。例えば、高いスパイクが規則的な間隔で突き出た平らな平面は、星型の方向セットを持つべきで、このスキームにうまくはまりません。

　オクルージョン テクニックには多くの変種があります。Wangら [1978] は**球面符号付き距離関数（SSDF）**を使って、可視性を表現しています。それは球上の遮蔽される領域の境界へ

11.4. 方向オクルージョン

の符号付き距離をエンコードします。またセクション10.3で論じた球面や半球面基底は、どれも可視性のエンコードに使えます [632, 684, 871, 1371]。アンビエント オクルージョンと同じく、方向性可視性情報はテクスチャー、メッシュ頂点、ボリュームに格納できます [2119]。

11.4.2　方向オクルージョンの動的な計算

アンビエント オクルージョンの生成に使う手法の多くが、方向性可視性情報の生成にも使えます。Renら [1596] の球面調和指数演算と、Sloanら [1777] による、そのスクリーン空間の変種は、球面調和ベクトルの形で可視性を生成します。2つ以上のSH帯域を使うと、それらの手法は自然に方向性情報を供給します。使う帯域が多いほど、可視性を高い精度でエンコードできます。

Crassinら [330] やWright [2054] のような、コーン トレーシング法は、すべてのトレースで1つの遮蔽値を与えます。品質上の理由により、アンビエント オクルージョンの見積もりも複数のトレースを使って行われるので、その利用可能な情報は既に方向を持っています。特定の方向の可視性しか必要なければ、トレースする円錐を減らせます。

Iwanicki [872] もコーン トレーシングを使いますが、それを1つの方向だけに制限します。Renら [1596] やSloanら [1777] と似た球のセットで近似される動的なキャラクターが、その結果を使い、静的なジオメトリーの上にキャストするソフトな影を生成します。この解法では、静的なジオメトリーのライティングをAHDエンコーディングを使って格納します（セクション10.3.3）。アンビエントと方向性成分の可視性は、別々に処理できます。アンビエント部分のオクルージョンは解析的に計算します。1つの円錐をトレースして球と交差させ、方向性成分の減衰因数を計算します。

スクリーン空間手法の多くは、方向オクルージョン情報を供給するように拡張することもできます。Klehmら [975] は、z-バッファー データを使って**スクリーン空間ベント コーン**を計算しますが、それは実際には円形の開口部で、OatとSander [1414] によるオフラインの事前計算とよく似ています。ピクセルの近隣をサンプルするときに、遮蔽されない方向を合計します。その結果のベクトルの長さは可視性円錐の頂角の見積もりに使うことができ、その方向がこの円錐の軸を定義します。Jimenezら [902] は、地平線角度を基に円錐の軸方向を見積もり、その角度はアンビエント オクルージョン因数から導きます。

11.4.3　シェーディングと方向オクルージョン

方向オクルージョンのエンコードには、多くの様々な方法があるので、ただ1つのシェーディング方法の処方箋を与えることはできません。解決法は、達成したい特定の効果に依存します。

再び反射率の式を、入力放射輝度を遠くのライティング L_i と、その可視性 v に分割したバージョンで考えてみまましょう。

$$L_o(\mathbf{v}) = \int_{\mathbf{l} \in \Omega} f(\mathbf{l}, \mathbf{v}) L_i(\mathbf{l}) v(\mathbf{l}) (\mathbf{n} \cdot \mathbf{l})^+ d\mathbf{l}. \tag{11.26}$$

行える最も単純な操作は、可視性信号を使って点光源の影を作ることです。可視性をエンコードするほとんどの手段は単純なので、その結果の品質はしばしば不満足ですが、それにより基本的な例の推論を追うことができます。この手法は、解像度が不十分なため伝統的な影の手法が失敗する状況でも使うことができ、その結果の精度は、そもそも何らかの形の遮蔽を達成す

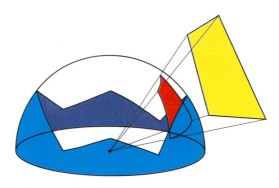

図 11.20. 黄色いポリゴン光源をシェーディングする点の上の単位半球上に投影して、球面ポリゴンを形成できる。可視性を地平線マッピングを使って記述する場合、そのポリゴンをそれでクリップできる。クリップした赤いポリゴンの余弦加重積分は、ランベルトの公式を使って解析的に計算できる。

ることほど重要ではありません。そのような状況の例には、極めて広い地形モデルや、バンプマップで表される小さなサーフェスの細部が含まれます。

セクション9.4の議論に従い、点光源を扱うとき、式11.26は次になり、

$$L_o(\mathbf{v}) = \pi f(\mathbf{l}_c, \mathbf{v}) \mathbf{c}_{\text{light}} v(\mathbf{l}_c)(\mathbf{n} \cdot \mathbf{l}_c)^+, \tag{11.27}$$

$\mathbf{c}_{\text{light}}$ はライトを向いた白いランバート サーフェスから反射する放射輝度、$\mathbf{l}_c$ はライトに向かう方向です。上の式は、マテリアルの遮蔽されないライトへの応答を計算し、その結果に可視性関数の値を掛けることと解釈できます。ライトの方向が地平線の下や（地平線マッピングを使うとき）、可視性円錐の外や（アンビエント アパーチャー ライティングを使うとき）、SSDF の負の領域にあれば、可視性関数は0に等しいので、そのライトからの寄与を考慮に入れるべきではありません。注目すべきことは、たとえ可視性が2値関数として定義されていても[*2]、多くの表現は0か1だけではなく、範囲全体の値を返せることです。そのような値は部分的な遮蔽を伝えます。球面調和や H-基底は、リンギングにより、負の値を再構成することさえあります。その振る舞いは望ましくないかもしれませんが、そのエンコーディングの内在する特性にすぎません。

面光源によるライティングにも同様の推論を行えます。この場合、L_i はライトが広がる立体角の中では光源が発する放射輝度に等しく、それ以外のすべての場所で0に等しくなります。それを L_l と呼び、ライトの立体角全体で一定と仮定します。球全体での積分 Ω を、ライトの立体角への積分 Ω_l で置き換えることができます。

$$L_o(\mathbf{v}) = L_l \int_{\mathbf{l} \in \Omega_l} v(\mathbf{l}) f(\mathbf{l}, \mathbf{v})(\mathbf{n} \cdot \mathbf{l})^+ d\mathbf{l}. \tag{11.28}$$

BRDFを一定と仮定すると（したがって扱うのはランバート サーフェス）、それも積分から取り出せます。

$$L_o(\mathbf{v}) = \frac{\rho_{\text{ss}}}{\pi} L_l \int_{\mathbf{l} \in \Omega_l} v(\mathbf{l})(\mathbf{n} \cdot \mathbf{l})^+ d\mathbf{l}. \tag{11.29}$$

[*2] 少なくとも、たいていの状況では2値です。可視性関数に0と1以外の値を、その範囲でとって欲しい場合があります。例えば、半透明マテリアルによる遮蔽をエンコードするときには、分数オクルージョン値を使いたいかもしれません。

11.4. 方向オクルージョン

遮蔽されるライティングを決定するため、可視性関数に余弦項を掛けた積分を、ライトが広がる立体角で計算する必要があります。これを解析的に計算できる場合があります。ランベルト[1044]が、球面ポリゴン上で余弦の積分を計算する公式を導いています。面光源がポリゴンなら、それは可視性表現でクリップでき、正確な結果を得るのにランベルトの公式しか使う必要がありません（図11.20）。これは、例えば、地平線角度を可視性表現を選ぶときに可能です。しかし、何らかの理由でベント コーンなど、別のエンコーディングに決めた場合、クリッピングで円形の断片ができ、それにはランベルトの公式を使えません。非ポリゴン面光源を使いたい場合にも同じことが言えます。

もう1つの可能性は、余弦項の値が積分定義域で一定だと仮定することです。面光源のサイズが小さければ、この近似はかなり正確です。単純にするため、面光源の中心の方向で評価する余弦の値を使うことができます。これで残るのはライトの立体角での可視性項の積分です。どう進めるかの選択肢は、やはり、可視性表現の選択と面光源のタイプに依存します。球面ライトとベント コーンで表現する可視性を使うなら、積分の値は可視性円錐とライトが広がる円錐の交差の立体角です。それはOatとSander[1414]が示すように、解析的に計算できます。その正確な公式は複雑ですが、彼らは実際にうまく動作する近似を提供しています。可視性を球面調和でエンコードする場合も、解析的に積分を計算できます。

環境ライティングでは、照明がすべての方向から来るので、積分範囲を制限できません。式11.26から完全な積分を計算する方法を求める必要があります。まずはランバートBRDFを考えてみましょう。

$$L_o(\mathbf{v}) = \frac{\rho_{\mathrm{ss}}}{\pi} \int_{\mathbf{l} \in \Omega} L_i(\mathbf{l}) v(\mathbf{l}) (\mathbf{n} \cdot \mathbf{l})^+ d\mathbf{l}. \tag{11.30}$$

この式の積分は**三重積積分**と呼ばれます。個々の関数が特定のやり方で表現されていれば、例えば、球面調和やウェーブレットとして、解析的に計算できます。残念なことに、これは典型的なリアルタイム アプリケーションには高価すぎますが、単純な設定では、そのような解法がインタラクティブなフレーム レートで動作することが示されています[1374]。

しかし、この特定のケースは、関数の1つが余弦なので、もう少し簡単です。式11.30は、代わりに次のように書けます。

$$L_o(\mathbf{v}) = \frac{\rho_{\mathrm{ss}}}{\pi} \int_{\mathbf{l} \in \Omega} \overline{L_i}(\mathbf{l}) v(\mathbf{l}) d\mathbf{l} \tag{11.31}$$

または

$$L_o(\mathbf{v}) = \frac{\rho_{\mathrm{ss}}}{\pi} \int_{\mathbf{l} \in \Omega} L_i(\mathbf{l}) \overline{v}(\mathbf{l}) d\mathbf{l}, \tag{11.32}$$

ただし

$$\overline{L_i}(\mathbf{l}) = L_i(\mathbf{l}) (\mathbf{n} \cdot \mathbf{l})^+,$$
$$\overline{v}(\mathbf{l}) = v(\mathbf{l}) (\mathbf{n} \cdot \mathbf{l})^+.$$

$\overline{L_i}(\mathbf{l})$ と $\overline{v}(\mathbf{l})$ は、$L_i(\mathbf{l})$ と $v(\mathbf{l})$ と同じく、どちらも球面関数です。三重積積分を計算しようとせず、まず余弦に L_i（式11.31）と v_i（式11.32）のどちらかを掛けます。そうすることで、被積分関数がただの2つの関数の積になります。数学的トリックにしか見えないかもしれませんが、これは計算を著しく単純化します。その因数が球面調和などの正規直交基底を使って表される場合、二重積積分の計算は簡単で、それらの係数ベクトルの内積です（セクション10.3.2）。

まだ$\overline{L_i}(\mathbf{l})$や$\overline{v}(\mathbf{l})$を計算する必要がありますが、それらは余弦を含むので、完全な一般のケースよりも簡単です。関数を球面調和を使って表すと、余弦はゾーン調和（ZH）に投影され、その球面調和のサブセットでは、ゼロでない係数は帯域ごとに1つしかありません（セクション10.3.2）。この投影の係数は単純な、解析公式を持ちます[1778]。SHとZHの積の計算は、SHと別のSHの積よりも、ずっと効率的です。

最初に余弦にvを掛けることに決めたら（式11.32）、それをオフラインで行って可視性だけを格納することができます。これはSloanら[1773]が述べているように（セクション11.5.3）、**事前計算放射伝達**の1つの形です。しかし、この形式では法線で制御する余弦項が既に可視性と融合しているので、法線の細かいスケールの修正を適用できません。細かいスケールの法線の細部をモデル化したければ、最初に余弦にL_iを掛けることができます（式11.31）。法線方向は事前に分からないので、可能なのは、この積を別の法線で事前に計算するか[871]、実行時に乗算を行うことです[875]。L_iと余弦の積をオフラインで事前に計算することは、ライティングへの変更が制約されることを意味し、ライティングの空間的な変化を可能にすると、途方もない量のメモリーが必要になるでしょう。その一方で、積を実行時に計算するのは、計算が高価です。IwanickiとSloan[875]が、このコストを下げる方法を述べています。この積は低い粒度（彼らの場合は頂点）で計算できます。その結果を余弦項と合わせて畳み込み、より単純な表現（AHD）に投影してから、補間してピクセル単位の法線で再構成します。このアプローチにより、彼らは性能要求が厳しい60FPSゲームで、その手法を使うことができました。

Klehmら[975]が、環境マップと円錐でエンコードした可視性で表現する、ライティングの解法を紹介しています。可視性と異なる円錐開口部のライティングの積の積分を表す、異なるサイズのカーネルで環境マップをフィルター処理します。その次第に大きくなる円錐角の結果を、テクスチャーのミップレベルに格納します。これが可能なのは、広い円錐角では事前フィルター処理の結果が球上に非常に滑らかに変化し、高い角解像度で格納する必要がないからです。フィルタリングでは、可視性円錐の方向が法線に一致すると仮定し、それは近似ですが、実際にもっともらしい結果を与えます。この近似が最終的な品質に与える影響の解析が与えられています。

光沢BRDFと環境ライティングを扱う場合、状況はさらに複雑です。その積分の下では、BRDFが一定ではないので、最早それを取り出すことはできません。これに対処するため、Greenら[632]は、BRDF自体を**球面ガウス分布**のセットで近似することを提案しています。それは方向（平均）$\mathbf{d}$、標準偏差μ、振幅wの3つのパラメーターだけでコンパクトに表せる放射対称関数です。その近似BRDFは球面ガウス分布の和として定義されます。

$$f(\mathbf{l}, \mathbf{v}) \approx \sum_k w_k(\mathbf{v}) G(\mathbf{d}_k(\mathbf{v}), \mu_k(\mathbf{v}), \mathbf{l}), \tag{11.33}$$

$G(\mathbf{d}, \mu, \mathbf{l})$は球面ガウス分布ローブ、その向く方向が$\mathbf{d}$、シャープさが$\mu$で（セクション10.3.2）、$w_k$は$k$番目のローブの振幅です。等方性BRDFでは、ローブの形は法線とビュー方向の間の角度だけに依存します。近似は1次元の参照テーブルに格納して補間できます。

この近似では、式11.26を次のように書けます。

$$\begin{aligned}
L_o(\mathbf{v}) &\approx \int_{\mathbf{l} \in \Omega} \sum_k w_k(\mathbf{v}) G(\mathbf{d}_k(\mathbf{v}), \mu_k(\mathbf{v}), \mathbf{l}) L_i(\mathbf{l}) v(\mathbf{l}) (\mathbf{n} \cdot \mathbf{l})^+ d\mathbf{l} \\
&= \sum_k w_k(\mathbf{v}) \int_{\mathbf{l} \in \Omega} G(\mathbf{d}_k(\mathbf{v}), \mu_k(\mathbf{v}), \mathbf{l}) L_i(\mathbf{l}) v(\mathbf{l}) (\mathbf{n} \cdot \mathbf{l})^+ d\mathbf{l}.
\end{aligned} \tag{11.34}$$

Greenらは、可視性関数が各球面ガウス分布のサポート全域で一定であることも仮定し、そ

11.5 ディフューズ グローバル照明

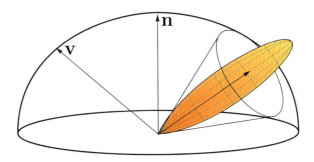

図 11.21. 遮蔽の計算の目的では、光沢マテリアルのスペキュラー ローブは円錐として表せる。可視性を別の円錐として表すと、オクルージョン因数は、アンビエント アパーチャー ライティング（図 11.19）で行うのと同じやり方で、2 つの交差の立体角として計算できる。イメージは BRDF ローブを円錐で表すことの一般原理を示した、説明用のもの。実際に、もっともらしい遮蔽結果を作り出すには、円錐をもっと広くする必要がある、

れにより積分の下から取り出すことができます。可視性関数はローブの中心の方向で評価します。

$$L_o(\mathbf{v}) \approx \sum_k w_k(\mathbf{v}) v_k(\mathbf{d}_k(\mathbf{v})) \int_{\mathbf{l} \in \Omega} G(\mathbf{d}_k(\mathbf{v}), \mu_k(\mathbf{v}), \mathbf{l}) L_i(\mathbf{l}) (\mathbf{n} \cdot \mathbf{l})^+ d\mathbf{l}. \quad (11.35)$$

残りの積分は、与えられた方向と標準偏差の球面ガウス分布で畳み込まれた入力ライティングを表します。そのような畳み込みの結果は事前計算にして環境マップに格納でき、大きい μ の畳み込みほど低いミップ レベルに格納します。可視性は低次の球面調和でエンコードしますが、それは点で評価するだけなので、他の表現も使えます。

Wang ら [1978] は BRDF を似たやり方で近似しますが、可視性をより正確な方法で処理します。彼らの表現では、可視性関数のサポート上で、単一の球面ガウス分布の積分を計算できます。この値を使い、方向と標準偏差は同じでも、振幅が異なる新たな球面ガウス分布を導入します。この新しい関数をライティング計算で使います。

アプリケーションによっては、この手法は高価すぎるかもしれません。それは事前フィルター環境マップからの複数のサンプルが必要で、多くの場合、テクスチャー サンプリングは既にレンダリングのボトルネックになっています。Jimenez ら [902] と El Garawany [450] が、より単純な近似を提示しています。オクルージョン因数の計算で、BRDF ローブ全体を 1 つの円錐で表して視野角への依存性を無視し、マテリアルの粗さなどのパラメーターだけを考慮します（図 11.21）。可視性を円錐として近似し、アンビエント アパーチャー ライティングで行うのと同様に、可視性と BRDF の円錐の交差の立体角を計算します。そのスカラーの結果をライティングの減衰に使います。これは著しい単純化ですが、結果は真実味があります。

11.5　ディフューズ グローバル照明

次のセクションでは、遮蔽だけでなく、完全な光の跳ね返りもリアルタイムでシミュレートする様々な手法を取り上げます。それらは大まかに、光が目に達する直前に跳ね返るとアルゴリズムが仮定するサーフェスが、ディフューズとスペキュラーのどちらであるかで分かれます。対応する光の経路は、それぞれ $L(D|S)*DE$ または $L(D|S)*SE$ と書かれ、手法の多くはそれ以前の跳ね返りの種類に何らかの制約を置きます。1 つ目のグループの解法は、入力ライティングがシェーディング点の上の半球で滑らかに変化するかと仮定するか、その変化を完

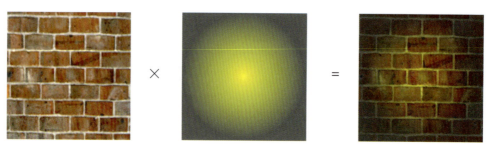

図11.22. 法線が分かっているランバート サーフェスでは、その放射照度を事前計算できる。実行時にこの値に実際のサーフェス色（例えば、テクスチャーからの）を掛けて、反射される放射輝度を得る。サーフェス色の正確な形によっては、エネルギーの保存を過去補するため、πによる追加の除算が必要なことがある。

全に無視します、2つ目のグループのアルゴリズムは、入射方向全体で高い変化率を仮定します。それらは、ライティングが比較的小さな立体角の中でだけアクセスされることを当てにします。それらの制約が大きく異なるので、2つのグループを別々の扱うほうが便利です。このセクションではディフューズ グローバル照明の手法、次にスペキュラー、最後のセクションで有望な統合アプローチを取り上げます。

11.5.1 サーフェス プリライティング

ラジオシティとパス トレーシングは、どちらもオフラインで使うように設計されています。リアルタイム設定で使う努力が行われていますが、その結果は製品で使うにはまだ未熟です。現在のところ最も一般的な慣行は、それらをライティング関連の情報の事前計算に使うことです。その高価なオフライン処理を事前に実行し、その結果を格納して、後の表示で高品質のライティングを供給するために使います。セクション11.3.4で述べたように、静止シーンでは、このような事前計算はベイキングと呼ばれます。

　この慣行には特定の制限が伴います。ライティング計算を事前に行うと、実行時にシーン設定を変えることができません。すべてのシーン ジオメトリー、ライト、マテリアルを不変に保つ必要があります。時刻を変えたり、壁に孔を開けたりできません。多くの場合、この制限は許容できるトレードオフです。建築可視化は、ユーザーが仮想環境を歩き回るだけだと仮定できます。ゲームもプレイヤーの行動に制約を課します。そのようなアプリケーションでは、ジオメトリーを**静的**と**動的**なオブジェクトに分類できます。静的なオブジェクトは事前計算処理で使われ、ライティングと完全に関わります。静的な壁は影を投じ、静的な赤いカーペットは赤い光を跳ね返します。動的なオブジェクトはレシーバーとしてだけ振る舞います。それらは光を遮断せず、間接照明効果を生成しません。そのようなシナリオでは、動的なジオメトリーは通常、比較的小さなものに制限されるので、そのライティングの他の部分への効果は、最小限の品質の損失で無視したり、他のテクニックでモデル化できます。例えば、動的なジオメトリーは、スクリーン空間アプローチを使って遮蔽を生成できます。動的なオブジェクトの典型的なセットにはキャラクター、装飾ジオメトリー、乗り物が含まれます。

　事前計算できる最も単純な形のライティング情報が、放射照度です。平らなランバート サーフェスでは、それがサーフェス色と一緒に、マテリアルのライティングへの応答を完全に記述します。照明源の効果は互いに依存しないので、事前計算放射照度の上に動的なライトを加えることができます（図11.22）。

　1996年の*Quake*と1997年の*Quake II*が、事前計算放射照度値を利用した初めての商用ゲー

ムでした。*Quake*は主に性能を改善する手段として、静的なライトからの直接の寄与を事前に計算しました。*Quake II*には間接成分も含まれ、リアリスティックな照明の生成にグローバル照明アルゴリズムを使った最初のゲームになりました。そのテクニックがランバート環境で放射照度を計算するのに適していたので、ラジオシティに基づくアルゴリズムを使いました。また、当時のメモリーの制約により、ライティングは比較的低い解像度に制限され、それがラジオシティ解法に典型的な、ぼやけた低周波の影に適合しました。

事前計算した放射照度値に、普通は別のテクスチャーのセットに格納したディフューズ色やアルベド マップを掛けます。理論的には発散度（放射照度×ディフューズ色）を事前計算して、テクスチャーのセットに格納することもできますが、多くの実用的な配慮により、この選択肢はたいてい除外されます。色マップは通常かなり高周波で、様々な種類のタイリングを利用し、その部分はモデル全体でしばしば再利用されますが、すべてメモリー使用を適正に保つためです。普通は放射照度値のほうがずっと低周波で、簡単には再利用できません。ライティングとサーフェス色を別々に保持することで、消費メモリーが大きく減ります。

今日では最も制限の強いハードウェア プラットフォームを除き、事前計算放射照度はめったに使われません。定義により、放射照度は所定の法線方向で計算するので、高周波の詳細を法線マッピングで供給することはできません。またこれは、放射照度が平らなサーフェスにしか事前計算できないことを意味します。ベイクしたライティングを動的なジオメトリーで使う必要があるなら、別の格納手段が必要です。それらの制限が、事前計算ライティングを方向成分と一緒に格納する手段を探索する動機になりました。

11.5.2　方向性サーフェス プリライティング

ランバート サーフェス上でプリライティングを法線マッピングと一緒に使うには、放射照度のサーフェス法線による変化を表す手段が必要です。動的なジオメトリーに間接ライティングを供給するため、そのすべての可能なサーフェスの向きに対する値が必要です。幸い、既にそのような関数を表すツールがあります。セクション10.3で、法線の方向によってライティングを決定する様々な方法を述べました。それには不透明なサーフェスの場合のように、関数の定義域が半球面で、球の下半分の値が問題にならない場合の特別な解法が含まれます

最も汎用の手法は、例えば球面調和を使い、完全な球面放射照度情報を格納することです。このスキームは、最初に Good と Taylor [614] が光子マッピングの高速化の文脈で紹介し、Shopf ら [1759] がリアルタイム設定で使いました。どちらの場合も、方向性放射照度はテクスチャーに格納されました。9個の球面調和係数を使えば（3次のSH）、その品質は優れていますが、ストレージと帯域幅のコストが高くなります、4個の係数だけを使うほうが（2次のSH）低コストですが、多くの機微が失われ、照明のコントラストが下がり、法線マップが目立たなくなります。

Chen [280] が、3次のSHの品質をコストを下げて実現するために開発した、その手法の変種を、*Halo 3*で使いました。球面信号から最も支配的な光を抽出して、色と方向として別々に格納します。残りは2次のSHを使ってエンコードします。これによって係数の数は27から18に減り、品質はほとんど失われません。Hu [844] が、それらのデータをさらに圧縮できる方法を述べています。Chen と Tatarchuk [281] が、彼らの制作で使うGPUベースのベイキング パイプラインに関する詳しい情報を提供しています。

Habel ら [679] の *H*-基底も、代替ソリューションです。それは半球面の信号だけをエンコードするので、より少ない係数で球面調和と同じ精度を供給できます。3次のSHと同等の品質

図 **11.23.** *Call of Duty: WWII* は AHD 表現を使い、ライト マップ中のライティングの方向による変化をエンコードする。デバッグ モードではグリッドがライト マップの密度の可視化に使われる。個々の四角形が 1 つのライト マップ テクセルに対応する。（イメージ提供：*Activision Publishing, Inc. 2018*。）

が、たった 6 つの係数で得られます。その基底は半球でしか定義されないので、それをサーフェス上で正しく向ける何らかのローカル座標系が必要です。普通は *uv*-パラメーター化から生じる接フレームをこの目的で使います。*H*-基底成分をテクスチャーに格納するなら、基盤の接空間の変化に適応するように、その解像度を十分に高くすべきです。接空間が大きく異なる複数の三角形が同じテクセルを覆うと、再構成される信号が不正確になります。

球面調和と *H*-基底の両方の問題の 1 つは、リンギング（セクション 10.6.1）を示す可能性があることです。事前フィルタリングは、この効果を軽減できますが、ライティングも滑らかになるので、必ずしも望ましくないことがあります。さらに安価な変種とは言っても、やはりストレージと計算のどちらも高コストです。このコストは、ローエンド プラットフォームや仮想現実のレンダリングなど、制限が強い場合に高すぎるかもしれません。

まだ単純な代案が人気がある理由はコストです。*Half-Life 2* は、3 つの色値で、全部でサンプルあたり 9 個の係数を格納するカスタムの半球面基底（セクション 10.3.3）を使います。アンビエント/ハイライト/方向（AHD）基底（セクション 10.3.3）も、その単純さにも関わらず、人気のある選択です。それは *Call of Duty* [875, 1078] シリーズや *The Last of Us* [872] などのゲームで使われています（図 11.23）。

Crytek がゲーム *Far Cry* [1329] で、1 つの変種を使いました。Crytek の表現は、接空間の平均のライト方向、平均のライト色、スカラーの方向因数で構成されます。この最後の値は、どちらも色を使うアンビエント成分と方向成分のブレンドに使います。これはサンプルあたり、色に 3 つの値、方向に 2 つ、方向因数に 1 つの 6 つの係数にストレージを減らします。*Unity* エンジンも、モードの 1 つで同様の手法を使います [340]。

この種の表現は非線形で、厳密に言うと、テクセルでも頂点でも、その間での個別の成分の線形補間が、数学的に正しくないことを意味します。例えば影の境界上で、支配的な光の方向が急激に変化する場合、シェーディングに視覚的アーティファクトが現れるかもしれません。その不正確さにもかかわらず、結果は魅力的に見えます。アンビエントと平行光源で照らされ

11.5. ディフューズ グローバル照明

図**11.24.** *The Order: 1886*は、球面ガウス分布ローブのセット上に投影した入力放射輝度を、そのライト マップに格納する。実行時に、放射輝度を余弦ローブで畳み込んでディフューズ 応答を計算し（左）、正しく成形した異方性球面ガウス分布でスペキュラー応答を生成する（右）。（**イメージ提供**：*Ready at Dawn Studios, copyright Sony Interactive Entertainment*。）

る領域のコントラストが高いため、法線マップの効果が目立ち、それはたいてい望ましいことです。さらに方向成分は、BRDFのスペキュラー応答を計算するときに、低光沢マテリアルに環境マップの低コストの代替品を供給するのに使えます。

そのスペクトルの対極にあるのが、高い視覚的品質のために設計された手法です。NeubeltとPettineo [1372] が、ゲーム *The Order: 1886*で、球面ガウス分布の係数を格納するテクスチャー マップを使っています（図11.24）。放射照度の代わりに入力放射輝度を格納し、それを接フレームで定義されるガウス分布ローブ（セクション10.3.2）のセットに投影します。個々のシーンのライティングの複雑さに応じて、5から9のローブを使います。ディフューズ応答の生成には、球面ガウス分布をサーフェス法線に沿う向きの余弦ローブで畳み込みます。その表現は、ガウス分布をスペキュラーBRDFローブで畳み込むことにより、低光沢スペキュラー効果を供給するのに十分な正確さも持ちます。Pettineoが、その全システムを詳しく説明し [1519]、様々なライティング表現のベイキングとレンダリングができるアプリケーションのソース コードも提供しています。

サーフェスより上の半球内だけでなく、任意の方向のライティングについての情報が必要なら（例えば、動的なジオメトリに間接ライティングを供給するため）、完全な球面信号をエンコードする手法を使うことができます。ここでは球面調和が自然に適合します。メモリーがそれほど問題でないときは、3次のSH（色チャンネルあたり9個の係数）が人気のある選択で、そうでなければ、2次のSHを使います（RGBAテクスチャーの成分の数に一致する色チャンネルあたり4つの係数なので、1つのマップで1つの色チャンネルの係数を格納可能）。ローブを球全体や法線の周りの半球に分配できるので、球面ガウス分布も全球面設定で動作します。しかし、ローブが広がる必要のある立体角が、球面テクニックの2倍の大きさになるので、同じ品質を保つために使う必要があるローブが増えるかもしれません。

リンギングへの対処を回避したいけれども、多数のローブを使えない場合には、アンビエント キューブ [1283]（セクション10.3.1）が可能な代案です。それは主軸に沿った向きの、6つのクランプされた$\cos^2$ローブで構成されます。その余弦ローブは、**ローカル サポート**を持つので半球だけに広がり、それは球面定義域の一部でのみ非ゼロの値を持つことを意味します。そのため再構成では、6つの格納される値のうち3つの見えるローブしか必要ありません。このためライティング計算の帯域幅コストが抑えられます。再構成の品質は2次の球面調和と似ています。

アンビエント キューブより高い品質には、アンビエント ダイス[874]（セクション10.3.1）を使えます。このスキームは$\cos^2$と$\cos^4$ローブの線形結合である20面体の頂点の向きの、12のローブを使います。格納された12のうち6つの値を再構成で使います。その品質は3次の球面調和と同等です。これらや、他の似た表現（例えば、球全体に広がるように曲げた、3つの$\cos^2$ローブと1つの余弦ローブからなる基底）は、*Half-Life 2* [1283]、*Call of Duty*シリーズ[829, 874]、*Far Cry 3* [578]、*Tom Clancy's The Division* [1818]、*Assassin's Creed 4: Black Flag* [2055] など、多くの商業的に成功したゲームで使われています。

11.5.3 事前計算伝達

事前計算ライティングの見栄えは素晴らしいかもしれませんが、本質的にはやはり静的です。ジオメトリーやライティングが変わると、その解全部が無効になる可能性があります。現実世界と同じく、カーテンを開けると（シーンのジオメトリーのローカルな変化）、部屋全体が光で満たされるかもしれません（ライティングへのグローバルな変化）。特定のタイプの変化を許す解を求めることに、多くの研究努力が費やされてきました。

シーンのジオメトリーは変化せず、ライティングだけが変わるという仮定を行うと、光とモデルの相互作用を事前に計算できます。相互反射や表面下散乱などのオブジェクト間の効果は、実際の放射輝度値を扱わずに、あらかじめある程度まで解析して、結果を格納することができます。入力ライティングを、シーン全体の放射輝度分布の記述に変える関数は、**伝達関数**と呼ばれます。これを事前に計算する解法は、**事前計算伝達**や**事前計算放射伝達**（PRT）アプローチと呼ばれます。

オフラインでライティングを完全にベイクするのと対照的に、それらのテクニックには大きな実行時のコストがあります。シーンを画面に表示するときに、特定のライティング設定の放射輝度値を計算する必要があります。これを行うためには、実際の直接光の量をシステムに「注入」してから、伝達関数を適用し、それをシーン全体に伝搬します。手法の中には、この直接ライティングが環境マップから発生すると仮定するものもあります。ライティング設定が任意で、柔軟に変化することを許すスキームもあります。

Sloanら[1773]が、事前計算放射伝達の概念をグラフィックスに導入しました。彼らは球面調和で記述しましたが、その手法はSHを使う必要がありません。基本的な考え方は単純です。いくつかの（少ないほうが好ましい）「構成単位」ライトを使って直接ライティングを記述すれば、それらが個々にシーンがどう照らすかを、事前に計算できます。中に3つのコンピューター モニターがある部屋を考え、それぞれ強度が変わる1つの色しか表示できないと仮定します。それぞれの画面の最大の明るさを、正規化された「単位」明度の1に等しいと考えます。各モニターが部屋に与える影響は、独立に事前計算できます。この処理はセクション11.2で取り上げた手法を使って行えます。光輸送は線形なので、3つのモニターすべてによるシーンの照明の結果は、それぞれが直接または間接的に発する光の和に等しくなります。モニターからの照明は、それ以外の解に影響を与えないので、画面の1つを半分の明るさにしても、それ自身の全体のライティングへの寄与しか変わりません。

これにより、部屋全体に跳ね返る完全なライティングを素速く計算できます。個々の事前計算ライトの解に、画面の実際の明るさを掛け、その結果を合計します。モニターをオン/オフしたり、明るく/暗くしたり、色を変えることもでき、最終的なライティングを得るのに必要なのは、それらの乗算と加算だけです（図11.25）。

11.5. ディフューズ グローバル照明

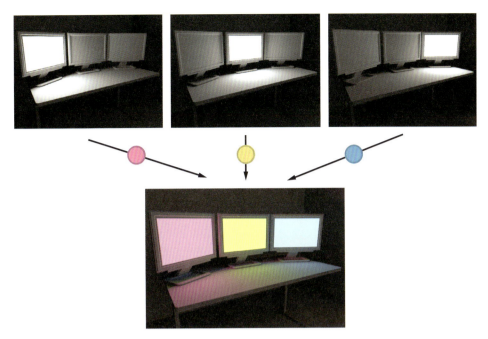

図 11.25. 事前計算放射伝達を使ったレンダリングの例。3つのモニターそれぞれからのライティングの完全な輸送は、別々に事前計算し、「単位」応答を得る。光輸送の線形性により、その個別の解に画面の色（この例ではピンク、黄色、青）を掛けて最終的なライティングが得られる。

次のように書くことができ
$$L(\mathbf{p}) = \sum_i L_i(\mathbf{p})\mathbf{w}_i, \tag{11.36}$$

$L(\mathbf{p})$ は点 $\mathbf{p}$ の最終的な放射輝度、$L_i(\mathbf{p})$ は事前計算された画面 i からの単位寄与、$\mathbf{w}_i$ はその現在の明るさです。この式は数学的意味では**ベクトル空間**を定義し、L_i はこの空間の基底ベクトルです。ライトの寄与の線形結合で、任意の可能なライティングを作り出せます。

Sloanら [1773] による元のPRTの論文は、同じ論法を、しかし球面調和を使って表す無限に遠いライティング環境の文脈で使っています。モニター画面へのシーンの応答を格納する代わりに、球面調和基底関数で定義される分布を持つ周囲の光への応答を格納します。それをいくつかのSH帯域で行うことにより、任意のライティング環境に照明されるシーンをレンダーできます。このライティングを球面調和に投影し、各結果の係数に、それぞれの正規化「単位」寄与を掛け、モニターの例で行ったのと同じように、それらすべてを足し合わせます。

光をシーンに「注入」するのに使う基底の選択が、最終的なライティングに使う表現と無関係なことに注意してください。例えば、シーンの照明を球面調和を使って記述しながら、放射輝度が任意の点に到達する大きさの格納に別の基底を選択できます。例えば、アンビエントキューブを格納に使う場合、上と横から到着する放射輝度の大きさを計算します。全体の伝達を表す1つのスカラー値ではなく、方向ごとの伝達を別々に格納することになります。

Sloanら [1773] によるPRTの論文は、2つのケースを分析しています。1つ目は、レシーバーの基底が、ただのサーフェスのスカラー放射照度値のときです。これには、レシーバーが事前に決められた法線を持つ、完全なディフューズ サーフェスである必要があり、それは細かいスケールの細部に法線マップを使えないことを意味します。その伝達関数は入力ライティングのSH投影と、事前計算伝達ベクトルの内積の形をとり、シーン上で空間的に変化します。

非ランバート マテリアルをレンダーしたり、法線マッピングを許す必要がある場合は、提示された2つ目の変種を使えます。この場合、周囲のライティングのSH投影は、与えられた点の入力放射輝度のSH投影に変換されます。この操作は球（静的で不透明なオブジェクトを扱う場合は半球）上の完全な放射輝度分布を与えるので、それを任意のBRDFで正しく畳み込むことができます。伝達関数はSHベクトルを別のSHベクトルにマップし、行列乗算の形をとります。この乗算操作は計算とメモリーのどちらに関しても高価です。ソースとレシーバーの両方に3次のSHを使うなら、モノクロの伝達だけのためのデータに、シーンのすべての点に9×9行列を格納する必要があります。カラーにしたければ、そのような行列が3つになり、途方もない量のメモリーが点ごとに必要です。

Sloanら[1774]が1年後に、この問題に対処しました。伝達ベクトルや行列を直接格納する代わりに、主成分分析（PCA）テクニックを使って、そのセット全体を分析します。伝達係数は多次元空間（例えば、9×9行列の場合は81次元）の点と考えることができますが、それらのセットは、その空間に一様に分布してはいません。それらは低い次元性のクラスターを形成します。このクラスター化は、直線沿いに分布する3次元の点が実質的に、すべて3次元空間の1次元部分空間にあるようなものです。PCAは、そのような統計的関係を効率よく検出できます。部分空間が見つかったら、部分空間中の位置は次元の数を減らして格納できるので、はるかに少数の座標で点を表せます。直線の比喩を使うなら、3つの座標を使って次完全な点の位置を格納する代わりに、その直線沿いの距離を格納するだけでかまいません。Sloanらは、この手法を使って伝達行列の次元性を625次元（25×25伝達行列）から256次元に減らしています。これはまだ典型的なリアルタイム アプリケーションには高すぎますが、その後の光輸送アルゴリズムの多くが、データ圧縮の手段としてPCAを採用しています。

この種の次元の削減は、本質的に不可逆です。稀にデータが完璧な部分空間を形成する場合もありますが、ほとんどは近似するので、データを投影すると、何らかの劣化が生じます。品質を上げるため、Sloanらは伝達行列のセットをクラスターに分割し、別々にPCAを行っています。その処理には、クラスターの境界上での不連続を防ぐ最適化ステップも含まれます。**ローカル変形可能事前計算放射伝達** (LDPRT) [1775] と呼ばれる、オブジェクトの限られた変化を可能にする拡張も示されています。

PRTを様々な形で使う、いくつかのゲームがあります。特にゲームプレイの中心が、時刻と天候条件が動的に変化する野外をテーマとするタイトルで人気があります。*Far Cry 3* と *Far Cry 4* は、光源基底が2次のSH、レシーバー基底がカスタムの4方向基底のPRTを使っています[578, 1244]。*Assassin's Creed 4: Black Flag* は1つの基底関数を光源に使いますが（太陽色）、様々な時刻の伝達を事前計算します。この表現は、方向ではなく時間の次元定義される光源基底関数を持つものと解釈できます。レシーバー基底は *Far Cry* シリーズに使われるものと同じです。

事前計算放射伝達についてのSIGGRAPH 2005コース[941]が、この領域の研究のよい概要を提供します。Lehtinen [1101, 1102]が、様々なアルゴリズムの違いを解析し、新しいアルゴリズムの開発に使える、数学的な枠組みを与えます。

元のPRT法は、無限遠の環境ライティングを仮定します。これは屋外シーンの照明をかなりよくモデル化しますが、屋内環境には制限が強すぎます。しかし、前に述べたように、その概念は照明の発生源にまったく依存しません。Kristensenら[1014]が、シーン全体に散乱するライトのセットに対してPRTを計算する手法を述べています。これは多数の「光源」基底関数を持つことに相当します。ライトは次にクラスターに結合され、光を受け取るジオメトリーは、異なるライトのサブセットの影響を受けるゾーンに分割されます。この処理は、伝達

11.5. ディフューズ グローバル照明

図11.26. Geomericsの*Enlighten*はグローバル照明効果をリアルタイムに生成できる。イメージはその*Unity*エンジンへの統合の例を示している。ユーザーは自由に時刻を変更し、ライトをオン/オフできる。すべての間接照明が適切にリアルタイムに更新される。（*Courtyard*デモ © *Unity Technologies, 2015*。）

データの大きな圧縮になります。実行時に、事前計算したセット中で最も近いライトからのデータを補間することにより、任意の位置のライトからの照明を近似できます。GilabertとStefanov [578] がその手法を使い、ゲーム*Far Cry 3*の間接照明を生成しています。この手法は、その基本的な形では点光源しか扱えません。他のタイプをサポートするように拡張することもできますが、コストがライトの自由度の数に指数で増加します。

この時点まで論じてきたPRTテクニックは、ある数の要素からの伝達を事前計算してから、それを使ってライトをモデル化します。人気のあるもう1つの手法のクラスは、サーフェス間の伝達を事前計算します。この種のシステムでは、照明の実際の光源は無関係になります。それらの手法への入力はサーフェスのセットからの出力放射輝度（や何か他の関連する量、例えば手法がディフューズのみのサーフェスを仮定するなら放射照度）なので、任意の光源を使えます。それらの直接照明の計算は、影（7章）や、放射照度環境マップ（セクション10.6）や、本章で前に論じたアンビエントと方向オクルージョン手法を使えます。出力放射輝度を望みの値に設定して、面光源に変えることにより、任意のサーフェスを簡単に発光させることもできます。

それらの原理に従って動作する、最も人気のあるシステムが、Geomericsの*Enlighten*です（図11.26）。アルゴリズムの正確な詳細が完全に公開されたことはありませんが、数多くの講演とプレゼンテーションが、このシステムの原理の正確な図式を与えています [340, 1191, 1221, 1549]。

シーンはランバートと仮定されますが、光伝達のためだけです。目の前のサーフェスはディフューズだけである必要がないので、Heckbertの表記を使うと、扱う経路のセットは$LD*(D|S)E$になります。そのシステムは「ソース」要素のセットと、もう1つの「レシーバー」要素のセットを定義します。ソース要素はサーフェス上に存在し、ディフューズ色や法線など、そのプロパティの一部を共有します。前処理ステップで、ソース要素とレシーバーの間の伝達を計算します。この情報の正確な形は、レシーバーでライティングの収集に使うソース要素と基底に依存します。最も単純な形では、ソース要素は点でよく、関心はレシーバーの位置で放射照度を生成することです。この場合、伝達係数はソースとレシーバー相互の可視性

にすぎません。実行時に、すべてのソース要素の出力放射輝度をシステムに供給します。事前計算された可視性と、ソースとレシーバー位置と向きについての既知の情報を使い、この情報から、反射率の式（式11.1）を数値積分できます。このようにして、光の1回の跳ね返りを行います。間接照明の大部分は、この最初の跳ね返りに由来するので、もっともらしい照明の供給には、1回の跳ね返りを行うだけで十分です。しかし、この光を使い、再び伝搬ステップを実行して、光の2回目の跳ね返りを生成できます。これは通常、複数のフレームで行い、あるフレームの出力を次のフレームの入力に使います。

　ソース要素として点を使うと、多数の接続が生じます。性能を改善するため、同じような法線と色の領域を表す点のクラスターを、ソース セットとして使うこともできます。この場合、伝達係数はラジオシティ アルゴリズム（セクション11.2.1）で見られる形状因子と同じです。その類似性にも関わらず、このアルゴリズムは一度に1つの光の跳ね返りを計算するだけで、連立1次方程式を解くことに関与しないので、古典的なラジオシティと異なることに注意してください。それはプログレッシブ ラジオシティ [300, 1764] の考え方を利用します。このシステムでは、1つのパッチが他のパッチからどれだけエネルギーを受け取るかを、反復処理で決定できます。レシーバーの位置に放射輝度を伝達する処理は**収集**と呼ばれます。

　レシーバー要素の放射輝度は、様々な形で収集できます。レシーバー要素への伝達には、前に述べた方向基底のどれでも使えます。この場合、そのただ1つの係数は、レシーバー基底の関数の数に等しい次元の、値のベクトルになります。方向表現を使って収集を行うとき、その結果はセクション11.5.2で述べたオフライン解法と同じなので、法線マッピングと一緒に使ったり、低光沢のスペキュラー応答の供給に使えます。

　同じ概念は多くの変種で使われます。メモリーを節約するため、SugdenとIwanicki [1848]はSH伝達係数を使い、それらを量子化して、パレットのエントリーへのインデックスとして間接的に格納しています。Jendersieら[887]は、ソース パッチの階層を構築し、子の広がる立体角が小さすぎるときには、このツリーに上位要素への参照を格納します。Stefanov [1818]は中間ステップを導入し、まずサーフェス要素からの放射輝度を、後で輸送のソースとして振る舞うシーンのボクセル化表現に伝搬します。

　サーフェスのソース パッチへの（ある意味で）理想的な分割は、レシーバーの位置に依存します。遠くの要素を個々のエンティティと考えると不要な格納コストが発生しますが、間近で見るときには個別に扱うべきです。ソース パッチの階層は、ある程度この問題を軽減しますが、完全に解決するわけではありません。特定のレシーバーで結合可能でも、そのような結合を妨げるほど十分に離れているパッチがあるかもしれません。Silvennoinen とLehtinen [1766]が、その問題への斬新なアプローチを紹介しています。彼らの手法はソースパッチを明示的に作成せず、レシーバー位置ごとに異なるセットを生成します。オブジェクトは、シーンに散財する環境マップの疎なセットとしてレンダーします。それぞれのマップを球面調和に投影し、この低周波版を「仮想的に」環境に逆投影します。それが見える度合いを投影を受け取る点で記録し、この処理を送信者のSH基底関数ごとに別々に行います。そうすることで、環境プローブとレシーバー点の両方からの可視性情報に基づく、異なるソース要素のセットを、すべてのレシーバーに作成します。

　そのソース基底は、SHに投影された環境マップから生成されるので、遠く離れたサーフェスを自然に結合します。使うプローブの選択で、レシーバーは近いものを優先するヒューリスティックを使うことにより、レシーバーは環境を似たスケールで「見る」ことになります。格納しなければならないデータの量を制限するため、伝達情報をクラスター化PCAで圧縮します。

11.5. ディフューズ グローバル照明 417

事前計算伝達の別の形を、Lehtinen ら [1103] が述べています。そのアプローチでは、ソースとレシーバーの要素はどちらもメッシュに存在せず、ボリュームを持ち、3 次元空間の任意の位置でクエリーできます。この形は静的と動的なジオメトリーの間にライティングの一貫性を与えるのには便利ですが、その手法は計算がかなり高価です。

Loos ら [1162] が、モジュール式の、側壁の構成が異なる単位セル内の伝達を事前計算しています。次に複数のそのようなセルを縫い合わせ、歪めてシーンのジオメトリーを近似します。放射輝度は最初にセル境界に伝搬し、それが界面として振る舞い、次に事前計算したモデルを使って隣接するセルに伝搬します。その手法はモバイル デバイス上でも効率よく動作するほど十分に高速ですが、要求が厳しいアプリケーションには、生じる品質が不十分かもしれません。

11.5.4　格納方法

完全に事前計算したライティングを使おうと、ライティングに何らかの変更を可能にするため伝達情報を事前計算しようと、その結果のデータは何らかの形で格納しなければなりません。GPU で使いやすいフォーマットが必須です。

ライト マップは、事前計算ライティングの格納に最もよく使われる方法の 1 つで、事前計算情報を格納するテクスチャーです。特定のタイプの格納データを示すのに、**放射照度マップ**などの言葉を使うこともありますが、そのすべてをまとめて**ライト マップ**という言葉で記述します。実行時には、GPU 内蔵のテクスチャー機構が使われます。値は一般に双線形フィルターされますが、表現によっては、それが完全には正しくないことがあります。例えば、AHD 表現を使うときには、フィルターされた D（方向）成分が、補間後には単位長でなくなるので、再正規化する必要があります。補間の使用は、A（アンビエント）と H（ハイライト）が、正確にサンプリング点で直接計算した場合のものではないことも意味します。とは言いながら、表現が非線形であっても、その結果の外見は普通は許容できます。

たいていの場合、ライト マップはミップマッピングを使わず、ライト マップの解像度は、典型的なアルベド マップや法線マップと比べて小さいので、通常は不要です。高品質のアプリケーションであっても、ライト マップの 1 テクセルは少なくとも 20 × 20 センチ程度、たいていはもっと広い面積に広がります。このサイズのテクセルでは、追加のミップ レベルが必要なことはほとんどありません。

ライティングをテクスチャーに格納するため、オブジェクトが**ユニーク パラメーター化**を供給する必要があります。ディフューズ色テクスチャーをモデルにマップするとき、メッシュの異なる部分がテクスチャーの同じ領域を使うことは、特にモデルを一般的な繰り返しパターンでテクスチャー処理する場合、普通は問題ではありません、ライト マップの再利用は、うまくいっても困難です。ライティングはメッシュのすべての点で固有なので、すべての三角形がライト マップ上で、独自の固有領域を占める必要があります。パラメーター化の作成処理では、最初にメッシュを小さな塊に分割します。これは何らかのヒューリスティックを使って自動的に行うことも [1119]、オーサリング ツールで手作業で行うこともできます。たいていは、既に他のテクスチャーのマッピング用に存在している分割を使います。次にそれぞれの塊を、どの部分もテクスチャー空間で重なり合わないように、独立にパラメーター化します [1145, 1735]。その結果のテクスチャー空間の要素は**チャート**や**シェル**と呼ばれます。最後に、すべてのチャートを一般的なテクスチャーにパックします（図 11.27）。チャートが重なり合わないだけでなく、フィルタリングのフットプリントも重ならないように、注意を払わなければなりません。チャートのレンダーでアクセスする可能性があるすべてのテクセルは（双

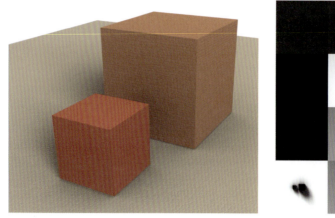 

図 11.27. シーンにベイクされたライトと、サーフェスに適用するライト マップ。ライト マッピングはユニーク パラメーター化を使う。平らにして一般的なテクスチャーにパックされる要素にシーンを分割する。例えば、左下の部分は地面に対応し、キューブの2つの影を示している。（*three.js*のサンプル、*webgl_materials_lightmap [237]*から）

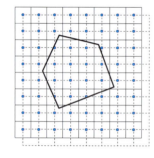 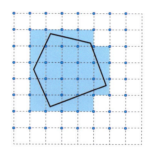 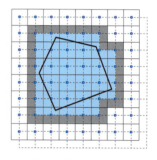

図 11.28. チャートのフィルタリング フットプリントを正確に決定するには、レンダリング中にアクセスされる可能性があるすべてのテクセルを求める必要がある。チャートが4つの隣接テクセルの中心の間に広がる正方形と交わる場合、そのすべてが双線形フィルタリングで使われる。テクセル グリッドは実線、テクセルの中心は青いドット、ラスタライズするチャートは太い実線で示される（左）。まず破線で示されるテクセル サイズの半分シフトしたグリッドに、保守的にチャートをラスタライズする（中）。マークしたセルに接触するテクセルは、どれも専有されると考える（右）。

線形フィルタリングは4つの隣接テクセルにアクセスする）、他のチャートと重ならないように、使用中とマークすべきです。さもないと、にじみが発生し、あるチャートのライティングが、別のチャートで見えるかもしれません。ライト マッピング システムが、ライト マップ チャートの間を空けるためにユーザー制御の「ガター」量を提供するのは、かなり一般的ですがこの分離は必要ではありません。チャートの正しいフィルタリング フットプリントは、特別なルールのセットを使ってライト マップ空間でラスタライズすることにより、自動的に決定できます（図11.28）。この方法でラスタライズしたシェルが重なり合わなければ、にじみが発生しないことが保証されます。

　にじみの回避も、ミップマッピングがライト マップであまり使われない理由です。チャートのフィルタリング フットプリントは、すべてのミップ レベルで分離している必要があり、シェルの間に過剰に広い間隔が生じます。

　チャートのテクスチャーへの最適なパックはNP完全問題で、それは多項式の複雑さで理想的な解を生成できる既知のアルゴリズムがないことを意味します。リアルタイム アプリケー

11.5. ディフューズ グローバル照明

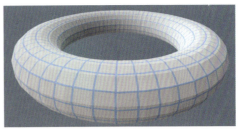

図11.29. トーラスにユニーク パラメーター化を作成するには、それを切り開く必要がある。左のトーラスは、切断がテクスチャー空間でどのような位置になるかを考慮せずに作成した、単純なマッピングを使っている。左のテクセルを表すグリッドの不連続に注意。より高度なアルゴリズムを使うと、右のように、3次元メッシュ上でテクセル グリッドの線が不連続にならないパラメーター化を作成できる。そのような展開方法は、結果のライティングに不連続が現れないので、ライト マッピングに適している。

ションは1つのテクスチャーに何十万ものチャートを持つことがあるので、現実のすべてのソリューションは、細かくチューンしたヒューリスティックと注意深く最適化したコードを使い、素早くパックを行います [202, 253, 1119]。ライト マップを後からブロック圧縮する場合には（セクション6.2.6）、圧縮の品質を上げるため、1つのブロックが似た値だけを含むようにする追加の制約が、パックのやり方に加わることがあります。

ライト マップでよくある問題の1つが**継ぎ目**です（図11.29）。メッシュはチャートに分割され、それぞれ独立にパラメーター化されるので、分割境界沿いのライティングが、両側で正確に同じであることを保証するのは不可能です。これは見た目の不連続として現れます。メッシュを手作業で分割すれば、直接見えない領域で分割することにより、この問題をある程度避けられます。しかし、それを行うのは骨の折れる処理で、パラメーター化を自動的に生成するときには適用できません。Iwanicki [872] が、最終的なライト マップで分割境界沿いのテクセルを修正し、両側の補間値の差を最小化する後処理を行っています。LiuとFergusonら [1146] は、等価制約によって境界沿いの補間値が一致することを強制し、滑らかさを最もよく保存するテクセル値を求めています。別のアプローチは、パラメーター化を作成してチャートをパックするときに、この制約を考慮に入れることです。Rayら [1581] は、**グリッド保存パラメーター化**を使って、継ぎ目アーティファクトを被らないライト マップを作成できることを示しています。

事前計算ライティングは、メッシュの頂点に格納することもできます。その欠点は、ライティングの品質がメッシュをテッセレートする細かさに依存することです。この決定は通常、オーサリングの初期段階に行うので、予期されるすべてのライティング状況でよく見えるのに十分な頂点があることを、メッシュに保証するのは困難です。さらに、テッセレーションは高価なことがあります。メッシュを細かくテッセレートすると、ライティング信号がオーバーサンプルされます。方向でライティングを格納する手法を使うと、ライティング計算を行うために、GPUで表現全体を頂点間でテッセレートし、ピクセル シェーダー ステージに渡す必要があります。それほど多くのパラメーターを、頂点とピクセルのシェーダー間で渡すのは極めて稀で、現代のGPUが最適化されていない作業負荷を生成し、非効率と性能低下を引き起こします。それらすべての理由により、事前計算ライティングの頂点への格納はめったに使われません。

入力放射輝度についての情報はサーフェス上で必要ですが（14章で論じるボリューム レンダリングを行うときを除く）、それを事前計算してボリュームで格納できます。そうすると、空間中の任意の点でライティングを問い合わせることができ、事前計算段階ではシーンに存在

しなかったオブジェクトに照明を供給できます。ただし、それらのオブジェクトは、ライティングの正しい反射や遮蔽を行いません。

Gregerら[645]が、放射照度環境マップの疎な空間サンプリングで5次元（3つの空間と2つの方向）放射照度関数を表す、**放射照度ボリューム**を紹介しています。つまり、空間に3次元グリッドがあり、そのグリッド点ごとに放射照度環境マップがあります。動的なオブジェクトは、最も近いマップから放射照度値を補間します。Gregerらは2レベルの適応型グリッドを空間サンプリングに使っていますが、8分木[1411, 1412]など、他のボリューム データ構造も使えます。

元の放射照度ボリュームでは、Gregerらはサンプル点ごとの放射照度を小さなテクスチャーに格納しましたが、この表現はGPUで効率よくフィルター処理できません。今日では、ボリューム ライティング データは、ほとんどの場合3次元テクスチャーに格納されるので、ボリュームのサンプリングはGPUの高速化フィルタリングを使えます。サンプル点の放射照度関数に最もよく使われる表現は以下のものです。

- 2次と3次の球面調和（SH）、1つの色チャンネルに必要な4つの係数を、都合よく典型的なテクスチャー フォーマットの4つのチャンネルにパックできるので前者のほうが一般的。
- 球面ガウス分布。
- アンビエント キューブまたはアンビエント ダイス。

技術的には球面放射照度を表現する能力を持つAHDエンコーディングは、煩わしいアーティファクトを生成します。SHを使う場合、球面調和勾配[61]で、さらに品質を改善できます。上の表現は、どれも多くのゲームで使われて成功しています[829, 874, 1283, 1372, 1765]。

Evans[482]が、*LittleBigPlanet*の放射照度ボリュームで使ったトリックを述べています。完全な放射照度マップ表現の代わりに、点ごとに平均放射照度を格納します。放射照度フィールドの勾配から近似方向因数、つまり、そのフィールドが最も急激に変化する方向を計算します。勾配を明示的に計算する代わりに、サーフェス点$\mathbf{p}$から1つと、$\mathbf{n}$の方向に少しずれた点でもう1つ、放射照度フィールドの2つのサンプルをとり、一方からもう一方を引いて勾配とサーフェス法線$\mathbf{n}$の間の内積を計算します。この近似表現の動機は、*LittleBigPlanet*の放射照度ボリュームが動的に計算されることです。

放射照度ボリュームは、静的サーフェスにライティングを供給するのにも使えます。それには、ライト マップに別個のパラメーター化を供給しなくてよい利点があります。そのテクニックは継ぎ目も生じません。静的と動的なオブジェクトの両方が同じ表現を使えるので、2つのタイプのジオメトリーの間のライティングが一致します。ボリューム表現は、すべてのライティング1つのパスで行える、遅延シェーディング（セクション20.1）で使うのに便利です。その主な欠点はメモリー消費です。ライト マップが使うメモリーの量は解像度の2乗で増加し、規則的なボリューム構造は3乗で増加します。この理由で、グリッド ボリューム表現では、かなり低い解像度が使われます。適応型の階層形式のライティング ボリュームの特性はそれより良好ですが、やはりライト マップより多くのデータを格納します。それは追加の間接参照によって、シェーダー コードにロード依存性が生じるので、規則的な間隔のグリッドよりも遅く、ストールや実行速度の低下を生じる可能性があります。

サーフェス ライティングをボリューム構造に格納するのは、ややトリッキーです。ライティング特性が大きく異なる複数のサーフェスが同じボクセルを占めて、格納すべきデータが不明確になることがあります。そのようなボクセルからサンプリングすると、しばしばライティン

11.5. ディフューズ グローバル照明

図 **11.30.** *Unity* エンジンは4面体メッシュを使い、プローブのセットからのライティングを補間する。（*Book of the Dead* © *Unity Technologies, 2018*。）

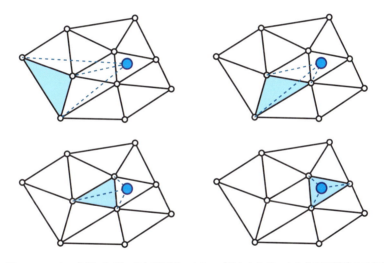

図 **11.31.** 4面体メッシュ中の参照の処理の2次元図解。ステップは左から右、上から下の順番で示されている。与えられた開始セルで（青でマーク）、参照点（青いドット）のセルの四隅に関する重心座標を評価する。次のステップで、最も負の座標を持つ隅と反対の辺で隣接するセルに向かって移動する。

グが不正になります。これは明るく照らされる屋外と、暗い屋内の間の壁の近くで特によく発生し、外側の暗いパッチや内側の明るいパッチが生じます。この改善策は、そのような境界をまたがないように、ボクセル サイズを十分に小さくすることですが、それに必要なデータの量により、普通は実用的ではありません。この問題に対処する最も一般的な方法は、サンプリング位置を法線沿いに少しシフトするか、補間中で三線形ブレンドの重みを微調整することです。これはしばしば不完全で、問題をマスクするジオメトリーを手で調整する必要があるかもしれません。Hooker [829] が、放射照度ボリュームに、その影響を凸多面体の内側に制限するクリッピング平面を追加しています。Kontkanen と Laine [999] が、にじみを最小化するための様々な戦略を論じています。

ライティングを保持するボリューム構造は、規則的でなくてもかまいません。人気のある選択肢の1つは、それを不規則な点群に格納し、接続してドロネー4面体化を形成することです（図11.30）。このアプローチは、Cupisz [341] により普及しました。ライティングを参照するため、まずサンプリング位置が中にある4面体を求めます。これは反復的な処理で、やや高価なことがあります。メッシュをトラバースし、隣接するセルの間を移動します。参照点の現在の4面体の四隅に関する重心座標を使い、次のステップで訪れる隣を選びます（図11.31）。典型的なシーンには、ライティングの格納位置が何千もあるかもしれないので、この処理は時間がかかる可能性があります。その高速化には、前のフレームの参照で使った4面体を記録したり（可能なら）、シーンの任意の点で、よい「開始4面体」を供給する、単純なボリューム データ構造が使えます。

正しい4面体を見つけたら、既に利用可能な重心座標を使い、その隅に格納されたライティングを補間します。GPUはこの操作を高速化しませんが、補間にはグリッド上の三線形補に必要な8つではなく、4つの値しか必要ありません。

ライティングを事前計算した格納する位置は手動でも [145, 341]、自動でも [875, 1947] 配置できます。それらはライティング信号をプローブ（サンプル）するので、しばしば**ライティング プローブ**や**ライト プローブ**と呼ばれます。この用語は環境マップに記録する遠方のライティングである、「ライト プローブ」（セクション 10.4.2）と混同しないでください。

4面体メッシュからサンプルするライティングの品質は、プローブの全体的な密度だけでなく、そのメッシュの構造に大きく依存します。プローブの分布が一様でない場合、生じるメッシュに、視覚的アーティファクトを生成する薄く伸びた4面体が含まれるかもしれません。プローブを手で配置すれば、問題を簡単に訂正できますが、やはり手作業です。4面体の構造はシーン ジオメトリーの構造と関係がないので、正しく扱わないと、ライティングが壁越しに補間されて、放射照度ボリュームと同じく、にじみアーティファクトが生じます。手動のプローブ配置では、この発生を防ぐため、ユーザーが追加のプローブを挿入する必要があるかもしれません。プローブの自動化配置を使うときには、何らかの形の可視性情報をプローブや4面体に追加して、影響を関連する領域だけに制限することができます [875, 1274, 1947]。

静的と動的なジオメトリーには、異なるライティング格納方法を使うのが一般的な慣行です。例えば、静的なメッシュはライト マップを使い、動的なオブジェクトはボリューム構造からライティング情報を得ることもできます。このスキームは人気がありますが、ジオメトリーの種類による、外見の不一致が生じるかもしれません。ライティング情報を表現の間で平均する正則化により、その違いの一部を取り除けます。

ライティングをベイクするときには、その値を本当に有効な場所だけで計算するように注意する必要があります。メッシュはしばしば不完全です。ジオメトリーの内部に置かれた頂点があったり、互いに交差するメッシュの部分があったりします。そのような欠陥位置で入力放射輝度を計算すると、結果は不正になります。不正な影のライティングによる、好ましくない黒ずみやにじみを生じます。Kontkanen と Laine [999] と Iwanicki と Sloan [875] が、無効なサンプルを破棄するのに使える、様々なヒューリスティックを論じています。

アンビエントと方向オクルージョンの信号は、ディフューズ ライティングの空間特性の多くを共有します。セクション 11.3.4 で述べたように、上の手法のすべてが、それらの格納にも使えます。

11.5.5 動的なディフューズ グローバル照明

事前計算ライティングは印象的な結果を生み出せますが、その主要な強みは主要な弱み（事前計算が必要なこと）でもあります。そのようなオフライン処理は時間がかかることがあります。典型的なゲーム レベルで、ライティングのベイクに何時間もかかるのは珍しくありません。ライティングの計算は長い時間がかかるので、アーティストはベイクの終了を待つ間の作業の中断を避けるため、普通は複数のレベルに同時に取り組まざるを得ません。これにより、今度はレンダリングに使うリソースに過剰な負荷が生じ、さらにベイクが長びきます。このサイクルは生産性に大きな影響を与え、フラストレーションを引き起こす可能性があります。場合によっては、ジオメトリーが実行時に変化したり、ある程度ユーザーが作るため、ライティングの事前計算が不可能なことさえあります。

動的な環境でグローバル照明をシミュレートする手法が、いくつか開発されています。それらは何の前処理も必要としないか、準備ステージが毎フレーム実行できるほど十分に速いかのどちらかです。

完全に動的な環境でグローバル照明をシミュレートする最も初期の手法の1つは、「インスタント ラジオシティ」[950] が基になっています。その名前にも関わらず、その手法はラジオシティ アルゴリズムとの共通性がほとんどありません。そこでは、レイを光源から外向きにキャストします。レイが当たる位置ごとに、そのサーフェス要素からの間接照明を表すライトを配置します。それらの光源は仮想点光源（VPL）と呼ばれます。この考え方を利用して、Tabellion と Lamorlette [1862] は、*Shrek 2* の制作中に、シーン サーフェスの直接ライティング パスを実行し、その結果をテクスチャーに格納する手法を開発しました。そしてレンダリングではレイをトレースし、キャッシュしたライティングを使って1回跳ね返りの間接照明を作成します。Tabellion と Lamorlette は、多くの場合、ただ1回の跳ね返りで十分にもっともらしい結果を作り出せることを示しています。これはオフライン手法でしたが、Dachsbacher と Stamminger [346] による、反射性シャドウ マップ（RSM）と呼ばれる手法の着想を与えました。

正規のシャドウ マップと同じく（セクション7.4）、反射性シャドウ マップはライトの視点からレンダーします。それは深度だけでなく、アルベド、法線、直接照明（流束）など、見えるサーフェスについての他の情報も格納します。最終的なシェーディングを行うときに、RSMのテクセルを点光源として扱い、間接ライティングの1回の跳ね返りを供給します。典型的なRSMには数十万のピクセルが含まれるので、重要度で駆動するヒューリスティックを使い、そのサブセットだけを選びます。後に Dachsbacher と Stamminger [347] が、その処理を逆にすることで手法を最適化できることを示しています。すべてのシェーディングする点でRSMから関連するテクセルを選ぶ代わりに、RSM全体を基にしてある数のライトを作成し、スクリーン空間で散布します（セクション13.9）。

その手法の主な欠点は、間接照明に遮蔽を供給しないことです。これは著しい近似ですが、結果はもっともらしく見え、多くの用途で容認できます。

ライトが動くときに高品質の結果を実現して、時間的な安定を維持するには、多数の間接ライトを作成する必要があります。作成する数が少なすぎると、RSMを再生成するときに位置が急激に変わり、フリッカー アーティファクトを生じる傾向があります。一方、間接ライトが多すぎると、性能の観点から問題になります。Xu [2084] が、その手法のゲーム *Uncharted 4* での実装を述べています。性能の制約範囲に収めるため、ピクセルあたり少数（16）のライ

 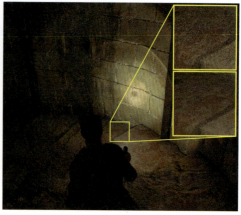

図**11.32.** ゲーム Uncharted 4 は反射性影を使って、プレイヤーのフラッシュライトからの間接照明を供給する。左のイメージは間接的な寄与のないシーンを示す。右のイメージは、それを有効にしている。差し込みは時間フィルタリングを無効（上）と有効（下）にしてレンダーしたフレームの拡大図を示している。それは各イメージ ピクセルに使う実質的な VPL の数を増やすために使われる。（*UNCHARTED 4 A Thief's End* ©/™ 2016 SIE. Created and developed by Naughty Dog LLC.）

トを使いながら、その別のセットを数フレームごとに周期的に繰り返し、その結果を時間的にフィルター処理しています（図 11.32）。

間接的な遮蔽がないことに対処する、様々な手法が提案されています。Laine ら [1037] は、間接ライトに双放物面シャドウ マップを使いますが、それをシーンに徐々に加えるので、どのフレームでも一握りのシャドウ マップしかレンダーされません。Ritschel ら [1612] が、シーンの点に基づく単純化表現を使い、多数の**不完全な**シャドウ マップをレンダーします。そのようなマップは小さく、直接使うには多くの欠陥が含まれますが、単純なフィルタリングの後では、間接照明で適切な遮蔽効果を与えるのに十分な忠実度を供給します。

それらの解法に関連する手法を使ったゲームがいくつかあります。*Dust 514* は、必要なときには最大で 4 つの独立なレイヤーを使い、世界を上から見下ろしてレンダーします [1200]。Tabellion と Lamorlette の手法と同じく、そこで生じるテクスチャーを使って間接照明の収集を行います。Unreal Engine のショーケースである、*Kite* デモで、地形からの間接照明の供給に、同様の手法が使われています [67]。

11.5.6 光伝搬ボリューム

放射伝達理論は、媒体中の電磁放射の伝搬をモデル化する一般的な手段で、散乱、放射、吸収を説明します。そのすべての効果を表示することを、リアルタイム グラフィックスは目指していますが、最も単純なケースを除けば、それらのシミュレーションに使われる手法は、レンダリングに直接適用するにはコストが何桁も高すぎます。しかし、この分野で使われるテクニックのいくつかは、リアルタイム グラフィックスで役に立つことが証明されています。

Kaplanyan [923] が紹介した、**光伝搬ボリューム**（LPV）は、放射伝達の**離散座標法**から着想を得ています。彼の手法では、シーンを規則的な 3 次元セルのグリッドに離散化します。それぞれのセルが、そこを通って流れる放射輝度の方向分布を保持します。それらのデータに 2次の球面調和を使います。最初のステップで、直接照らされるサーフェスを含むセルにライティングを注入します。反射性シャドウ マップにアクセスして、それらのセルを求めていま

11.5. ディフューズ グローバル照明

すが、どんな手法でも使えます。注入されるライティングは、照らされるサーフェスで反射される放射輝度です。それらは法線の周りに分布を形成し、サーフェスから外向きで、その色をマテリアルの色から得ます。次にライティングを伝搬します。セルごとに、その隣の放射輝度フィールドを解析します。そしてすべての方から到着する放射輝度を計上し、自分自身の分布を修正します。1ステップで、放射輝度は1セルの距離しか伝搬しません。さらに配送するには、複数の繰り返しが必要です（図11.33）。

この手法の重要な長所は、セルごとに完全な放射輝度フィールドを生成することです。2次の球面調和を使う光沢BRDFの反射の品質はかなり低いとはいえ、これはシェーディングで任意のBRDFを使えることを意味します。Kaplanyanはディフューズと反射性両方のサーフェスの例を示しています。

メモリーの使用をほどほどに保ちながら、**カスケード**して遠距離の光の伝搬を可能にすると同時に、ボリュームが広がる領域を増やす、その手法の変種を、KaplanyanとDachsbacher [924]が開発しました。セルのサイズが一様な単一のボリュームを使う代わりに、互いに入れ子になった、次第に大きくなるセルのセットを使います。ライティングは、すべてのレベルに注入して独立に伝搬します。参照するときに与えられた位置で利用できる最も詳細なレベルを選択します。

元の実装は、間接ライティングの遮蔽を計上しませんでした。その改訂アプローチは反射性シャドウ マップからの深度情報と、カメラの位置からの深度バッファーを使い、光の遮蔽物についての情報をボリュームに追加します。この情報は不完全ですが、前処理でシーンをボクセル化し、より正確な表現を使うこともできます。

この手法には他のボリューム アプローチと共通の問題があり、最も大きなものはにじみです。残念なことに、それを修正するためにグリッド解像度を増やすと、他の問題が生じます。使うセル サイズを小さくすると、同じワールド空間距離に光を伝搬するのに必要な繰り返しが増加し、この手法のコストが著しく上がります。グリッドの解像度と性能のよいバランスを見つけるのは簡単ではありません。エイリアシングの問題も被ります。グリッドの限られた解像度と、粗い放射輝度の方向表現が相まって、隣接セル間の移動で信号の劣化た生じます。複数回の反復の後で、対角線の筋など、空間的なアーティファクトが解に現れることがあります。それらの問題の一部は、伝搬パスの後に空間的フィルタリングを行うことで、取り除けます。

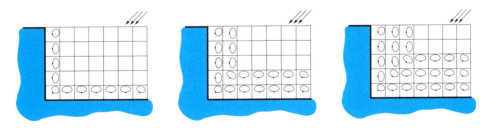

図11.33. ボリューム グリッドを通る光分布の伝搬の3ステップ。左のイメージは、平行光源に照らされるジオメトリーから反射されるライティングの分布を示している。ジオメトリーに直接隣接するセルだけが、ゼロでない分布を持つことに注意。その後のステップで、隣のセルからの光を収集し、グリッドを通じて伝搬する。

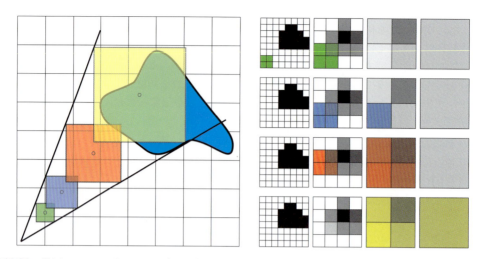

図 11.34. ボクセル コーン トレーシングは、ボクセル ツリーへの一連のフィルター処理される参照で、正確なコーントレースを近似する。左側は3次元トレースの2次元の類似品を示している。右側にはボクセル化ジオメトリーの階層表現が示され、ツリーのレベルは列ごとに粗くなる。格段は、与えられたサンプルの被覆率を供給するのに使う階層のノードを示す。それより粗いレベルのノードのサイズが参照サイズよりも大きく、細かいレベルで小さくなるように、使うレベルを選ぶ。その2つの選択レベルの間の補間は、三線形フィルタリングと似た処理を使う。

11.5.7 ボクセル-ベースの手法

Crassin [329] が紹介した**ボクセル コーン トレーシング グローバル照明（VXGI）**も、ボクセル化シーン表現に基づきます。ジオメトリー自体が、セクション13.10で述べる**疎なボクセル8分木**の形で格納されます。その鍵となる概念は、この構造が例えば、空間のボリュームのオクルージョンを高速にテストできる、シーンのミップマップのような表現を供給することです。ボクセルには、それらが表すジオメトリーから反射する光の量についての情報も含まれます。放射輝度は6つの主方向で反射されるので、それは方向形式で格納されます。まず反射性シャドウ マップを使い、直接ライティングを8分木の最下位レベルに注入します。次に、それを上の階層に伝搬します。

　8分木を入射する放射輝度の見積もりに使います。理想的なのは、レイをトレースして、特定方向から来る放射輝度の見積もりを得ることです。しかし、それを行うには多くのレイが必要なので、それらの束全体を代わりに平均方向でコーン トレースし、ただ1つの値を返すことで近似します。円錐と8分木の交差を正確にテストするのは簡単ではないので、円錐の軸に沿ったツリーへの一連の参照で、この操作を近似します。参照は、それぞれ与えられた点での円錐の断面に対応するノード サイズを持つツリーのレベルを読み込みます。その参照は、円錐の原点の方向に反射する、フィルター処理された放射輝度と、ジオメトリーが占める参照フットプリントの割合を与えます。この情報を使い、アルファ ブレンドと似たやり方で、その後の点からのライティングを減衰します。円錐全体の遮蔽を追跡します。ステップごとに、それを現在のサンプルのジオメトリーが占めるの割合を計上して減らします。放射輝度を累積するときに、最初に結合したオクルージョン因数を掛けます（図11.34）。この戦略は複数の部分的な遮蔽の結果である完全な遮蔽を検出できませんが、もっともらしい結果になります。

　ディフューズ ライティングを計算するには、数多くの円錐をトレースします。いくつ生成してキャストするかは、性能と精度の間の妥協です。トレースする円錐を増やせば、費やす時

11.5. ディフューズ グローバル照明　　　　　　　　　　　　　　　　427

間が増えるのと引き換えに、高い品質の結果が与えられます。余弦項は、反射率の式の積分からくり出せるように、円錐全体で一定だと仮定します。そうすることにより、ディフューズライティングの計算が、コーン トレースが返す値の加重和に単純化します。

　Mittring [1331] が述べたように、この手法はUnreal Engineののプロトタイプ版に実装されました。彼は、それを開発者が完全なレンダリング パイプラインの一部として実行するのに必要な、いくつかの最適化を与えています。その改善には、より低い解像度でのトレースの実行と、円錐の空間的な分配が含まれます。この処理を行うのは、各ピクセルが1つの円錐しかトレースしないようにするためです。その結果をスクリーン空間でフィルタ処理することにより、ディフューズ応答全体の放射輝度が得られます。

　ライティングの格納に疎な8分木を使うことの大きな問題は、高い参照コストです。与えられた位置を含むリーフ ノードを求めることは、一連のメモリー参照に相当し、それはトラバースするサブツリーを決定する単純なロジックと交互に行われます。典型的なメモリー読み込みは、200サイクル程度かかる可能性があります。GPUは複数のシェーダー スレッドのグループ（ワープやウェーブフロント）を並列に実行して、このレイテンシーを隠そうとします（3章）。ある時点でALU操作を実行するグループは1つしかありませんが、それがメモリー読み込みを待つ必要があるときには、別のグループが取って代わります。同時にアクティブにできるワープの数は、様々な要因で決まりますが、そのすべては1つのグループが使うリソースの量に関連します（セクション24.3）。階層データ構造をトラバースするときには、次のノードがメモリーから取り出されるのを待つことに時間の大半が費やされます。しかし、この待機中に実行される他のワープも、おそらくメモリー読み込みを行います。メモリー アクセスの数と比べてALUの仕事がほとんどなく、動作するワープの総数には制限があるので、すべてのグループがメモリーを待ち、実際の作業が何も行われない状況は珍しくありません。

　多数のストールしたワープがあると、最適な性能が得られないので、この非効率性の軽減を試みる手法が開発されてきました。McLaren [1280] は8分木を、カスケード光伝搬ボリューム [924]（セクション11.5.6）と同様の、カスケードした3次元テクスチャーのセットで置き換えています。それらの次元は同じですが、領域が徐々に広がります。こうすることで、データの読み込みは通常のテクスチャー参照だけで実現され、従属読み込みは不要です。テクスチャーに格納するデータは、疎なボクセル8分木のものと同じです。アルベド、占有、6方向に跳ね返るライティング情報が含まれます。カスケードの位置はカメラの動きで変わるので、オブジェクトは絶えず高解像度領域を出入りします。メモリーの制約により、それらのボクセル化版を常駐できないので、必要に応じてボクセル化します。McLarenが、このテクニックを30FPSのゲーム *The Tomorrow Children* で実行可能にした、数多くの最適化も述べています（図11.35）。

11.5.8　スクリーン空間手法

スクリーン空間アンビエント オクルージョン（セクション11.3.6）と同じく、画面位置に格納されるサーフェス値だけを使いシミュレートできる、ディフューズ グローバル照明効果があります [1613]。それらの手法がSSAOほど人気がないのは、主として利用可能なデータ量の制限により生じるアーティファクトが目立つからです。色にじみなどの効果は、ほぼ一定の色の広い領域を照らす、強い直接光の結果です。そのようなサーフェスを完全にビューに収めることは、ほとんど不可能です。この条件によって、跳ね返る光の量は現在のフレーミングに強く依存し、カメラの動きで変動します。このため、スクリーン空間手法は、基本のアルゴリズムが達成可能な解像度を超えた細かいスケールで、他の解法を強化するためだけに使われま

図 11.35. ゲーム The Tomorrow Children は、ボクセル コーン トレーシングを間接照明効果のレンダーに使う。(© 2016 Sony Interactive Entertainment Inc. The Tomorrow Children is a trademark of Sony Interactive Entertainment America LLC。)

す。このタイプのシステムが、ゲーム Quantum Break で使われています [1765]。大規模なグローバル照明効果のモデル化に放射照度ボリュームを使い、スクリーン空間解法が限られた距離で跳ね返る光を供給します。

11.5.9 その他の手法

アンビエント オクルージョンを計算する Bunnell の手法 [229]（セクション 11.3.5）は、グローバル照明効果を動的に計算することもできます。各ディスクで反射する放射輝度についての情報を格納することにより、点に基づくシーンのの表現（セクション 11.3.5）を強化します。収集ステップで、遮蔽を集めるだけでなく、収集位置ごとの完全な入放射輝度関数を構築できます。アンビエント オクルージョンと同じく、遮蔽されるディスクからのライティングを取り除く後続のステップを実行しなければなりません。

11.6 スペキュラー グローバル照明

これまでのセクションで紹介した手法は、主としてディフューズ グローバル照明をシミュレートするように仕立てられていました。今度はビュー依存の効果のレンダーに使える、様々な手法を見ることにします。光沢マテリアルでは、スペキュラー ローブがディフューズ ライティングに使う余弦ローブよりもずっと引き締まっています。スペキュラー ローブが細い、極端な輝きのマテリアルを表示したい場合には、そのような高周波の詳細を伝える放射輝度表現が必要です。またそのような条件は、半球全体からの照明を反射するランバート BRDF と違い、反射率の式の評価が、限られた立体角から入射するライティングしか必要ないことも意味します。これはディフューズ マテリアルが課すものと完全に異なる要件です。そのような効果をリアルタイムで伝えるのに別のトレードオフを行う必要があるのは、それらの特性があるから

11.6. スペキュラー グローバル照明 429

です。

　入力放射輝度を格納する手法が、大まかなビュー依存の効果を届けるのに使えます。AHD
エンコーディングやHL2基底を使うときには、エンコードした方向（HL2基底の場合は3方
向）から到着する平行光源からの照明のように、スペキュラー応答を計算できます。このアプ
ローチは間接ライティングから、ある程度のスペキュラー ハイライトを伝えますが、かなり
不正確です。この考え方を使うのが特に厄介なのが、小さな距離で方向成分が劇的に変わり得
るAHDエンコーディングです。その分散が、スペキュラー ハイライトの不自然な変形を引き
起こします。その方向を空間的にフィルタ処理することにより、アーティファクトを減らせま
す[872]。同様の問題は、HL2基底を使い、隣接する三角形の間で接空間が急激に変化する場
合にも見られます。

　アーティファクトは、入力ライティングを表す精度を上げることでも減らせます。Neubelt
とPettineoが、ゲーム *The Order: 1886* [1372] で、球面ガウス分布ローブを使い、入力放射
輝度を表現しています。彼らはスペキュラー効果をレンダーするため、典型的なマイクロファ
セットBRDFのスペキュラー応答への効率的な近似を開発した（セクション9.8）、Xuら[2086]
の手法を使っています。ライティングを球面ガウス分布のセットで表現し、フレネル項とマス
キング-シャドウイング関数がそのサポート全体で一定だと仮定すれば、次で反射率の式を近
似できます。

$$L_o(\mathbf{v}) \approx \sum_k \left(M(\mathbf{l}_k, \mathbf{v})(\mathbf{n} \cdot \mathbf{l}_k)^+ \int_{\mathbf{l} \in \Omega} D(\mathbf{l}, \mathbf{v}) L_k(\mathbf{l}) d\mathbf{l} \right), \tag{11.37}$$

L_k は入力放射輝度を表す k 番目の球面ガウス分布、M はフレネルとマスキング-シャドウイン
グ関数を結合する因数、D はNDFです。Xuらは**異方性球面ガウス分布**（ASG）を導入し、そ
れを使ってNDFをモデル化しています。式11.37に見えるように、SGとASGの積の積分を
計算する効率的な近似も与えています。

　NeubeltとPettineoが、9から12のガウス分布ローブを使ってライティングを表現し、それ
で控えめな光沢マテリアルだけをモデル化しています。ゲームの舞台が、高度に磨き上げられ
たマテリアル、ガラス、反射サーフェスが稀な19世紀のロンドンなので、ゲーム ライティン
グのほとんどを、この手法で表現できました。

11.6.1　局所環境マップ

これまで論じた手法は、磨き上げられたマテリアルを本物らしくレンダーするには十分ではあ
りません。それらのテクニックでは、入力放射輝度の細部を正確にエンコードするには放射
輝度フィールドが粗すぎて、反射が鈍く見えます。また同じマテリアルで使うと、生み出され
る結果が、解析的なライトからのスペキュラー ハイライトと一致しません。1つの解決法は、
必要な詳細を得るため、使う球面ガウス分布を増やしたり、SHの次数を大きく上げることで
す。これは可能ですが、たちまち性能の問題に直面します。SHとSGはどちらも**グローバル
サポート**を持ちます。それは個々の基底関数が球全体でゼロでなく、ある方向のライティング
の評価に、そのすべてが必要であることを意味します。それをシャープな反射のレンダーに必
要なよりも少ない基底関数で行っても、何千もの評価が必要なるので、法外に高価になりま
す。その多くのデータを、一般にディフューズ ライティングに使う解像度で格納するのも不
可能です。

　リアルタイム設定のグローバル照明にスペキュラー成分を伝えるのに、最も人気のあるソ
リューションが、**局所環境マップ**です。それは上記の問題を両方とも解決します。入力放射輝

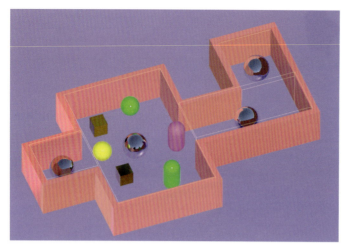

図11.36. 局所反射プローブ設定による単純なシーン。反射性の球はプローブの位置を表す黄色の線はボックス型の反射プロキシーを示す。プロキシーがシーンの全体的な形を近似していることに注意。

度は環境マップとして表されるので、放射輝度の評価には一握りの値しか必要ありません。またそれはシーン全体に疎に分布するので、角解像度の増加と引き換えになるのは、入力放射輝度の空間的な精度です。そのような環境マップは、シーン中の特定の点からレンダーされ、しばしば**反射プローブ**と呼ばれます。図11.36の例を見てください。

環境マップは、スペキュラー間接照明である完全な反射のレンダリングに自然に適合します。広範囲のスペキュラー効果を、テクスチャーを使って伝える数多くの手法が、開発されています（セクション10.5）。そのすべてが局所環境マップと一緒に、間接照明へのスペキュラー応答のレンダーに使えます。

環境マップを空間中の特定の点に結び付けた最初のタイトルの1つが、*Half-Life 2*でした[1283, 1324]。そのシステムでは、最初にアーティストがシーン全体にサンプリング位置を配置します。前処理ステップで、その各位置からキューブ マップをレンダーします。次にオブジェクトのスペキュラー ライティングの計算で、最も近い位置の結果を入力放射輝度の表現として使います。隣接するオブジェクトの使う環境マップが異なり、視覚的な不一致を生じることはありますが、自動化されたキューブ マップの割り当てを、アーティストが手動で覆すこともできます。

オブジェクトが小さく、その中心から環境マップをレンダーすれば（オブジェクトがテクスチャーに現れないように隠した後）、その結果はかなり正確です。残念なことに、そんな状況はめったにありません。空間的に大きな広がりを持つこともある複数のオブジェクトに、たいてい同じ反射プローブが使われます。スペキュラー サーフェスの位置が環境マップの中心から遠くなるほど、結果は現実と異なります。

この問題の1つの解決方法を、Brennan [213] と Bjorke [173] が提案しました。入射ライティングを無限に離れた囲む球からのものとして扱わず、半径がユーザー定義の有限サイズの球から来ると仮定します。入力放射輝度を参照するときに、方向を環境マップを直接インデックスするのに使わず、評価するサーフェス位置から発して、この球と交わるレイとして扱います。次に、環境マップの中心から交差位置への新たな方向を計算します。このベクトルが参照方向として機能します（図11.37）。その手順は、環境マップを空間中に「固定」する効果を持ちま

11.6. スペキュラー グローバル照明　　　　　　　　　　　　　　　　　　　　　　　　　431

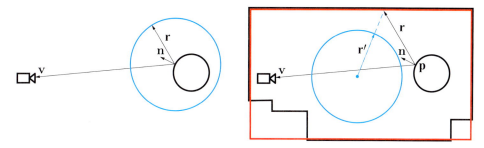

図 **11.37**. 反射プロキシーを使って環境マップ（EM）を空間的に局所化する効果。どちらの場合も、黒い円のサーフェス上に環境の反射をレンダーしたい。左は青い円で表される通常の環境マッピング（しかし、キューブ マップなどの任意の表現でも可能）。その効果は、反射ビュー方向 **r** を使って環境マップにアクセスすることによる、黒い円上の点で決定される。この方向だけを使うことで、青い円 EM は無限に大きく遠いかのように扱われる。黒い円上のどの点でも、EM がその中心であるかのように扱う。右では、無限遠ではなく、局所的に囲む黒い部屋を EM で表したい。青い円の EM は部屋の中心から生成する。この EM にそれが部屋であるかのようにアクセスするため、位置 **p** から反射レイを反射ビュー方向に沿ってトレースし、シェーダーで単純なプロキシー オブジェクトである、部屋の周りの赤いボックスと交差させる。次にこの交点と EM の中心を使って方向 **r′** を形成し、それを単なる方向として使い、EM に普通にアクセスする。この処理は **r′** を求めることにより、EM を赤いボックスの物理的な形状を持つものとして扱う。プロキシーの形は実際の部屋のジオメトリと一致しないので、この部屋の下の2つの隅では、このプロキシー ボックス仮定はうまくいかない。

す。これはしばしば **視差補正** と呼ばれます。同じ手法はボックスなど、他のプリミティブにも使えます [1033]。レイ交差に使う形状は、しばしば **反射プロキシー** と呼ばれます。使うプロキシー オブジェクトは、環境マップにレンダーするジオメトリの全般的な形とサイズを表すべきです。普通は可能ではありませんが、正確に一致すれば、例えば、ボックスを使って長方形の部屋を表すとき、その手法は完璧に局所化された反射を与えます。

このテクニックは、ゲームで大きな人気を獲得しています。実装が簡単で、実行時に高速で、前進と遅延の両方のレンダリング スキームで使えます。アーティストは、見た目とメモリー使用量の両方を直接制御できます。より正確なライティングが必要な特定の領域があれば、配置する反射プローブを増やして、プロキシーのフィットを改善できます、環境マップの格納に使うメモリーが多すぎれば、簡単にプローブを取り除けます。光沢マテリアルを使うときには、シェーディングする点とプロキシー形状との交差の距離を使い、事前フィルター環境マップが使うレベルを決定できます（図 11.38）。それは、シェーディング中の点から離れるにつれて拡大する、BRDF ローブのフットプリントをシミュレートします。

複数のプローブが同じ領域に広がるときには、その結合方法に関する直感的な規則を定めることができます。例えば、高い値が低い値に優先するユーザー設定の優先度パラメーターをプローブに持たせたり、滑らかに互いにブレンドできます。

残念なことに、その手法の性質が単純なので、様々なアーティファクトが生じます。反射プロキシーが基盤のジオメトリと正確に一致することは稀です。このため、場所によって反射が不自然に引き伸ばされます。これは主として、高度に反射する、磨き上げられたマテリアルで問題になります。それに加えて、環境マップにレンダーされる反射性のオブジェクトの BRDF は、マップの位置から評価されます。環境マップにアクセスするサーフェス位置は、そのオブジェクトと正確に同じビューを持つわけではないので、テクスチャーの格納結果が完全に正しいわけではありません。

またプロキシーは（ときには厳しい）光漏れを生じます。単純化したレイ キャストは遮蔽を引き起こすローカル ジオメトリーを見逃すので、たいていの場合、参照は環境マップの明るい

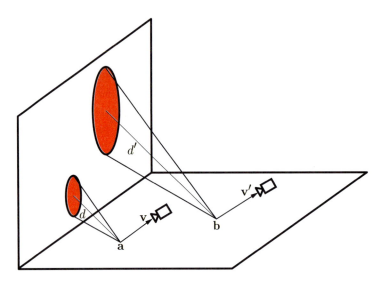

図11.38. 点aとbのBRDFは同じで、ビュー ベクトル$\mathbf{v}$と$\mathbf{v}'$は等しい。点$\mathbf{a}$から反射プロキシーへの距離dは、$\mathbf{b}$からの距離d'より短いので、反射プロキシーの側面上のBRDFローブのフットプリント（赤でマーク）は小さい。事前フィルター環境マップをサンプルするときに、この距離を反射点の粗さと合わせて使い、ミップ レベルに影響を与えられる。

領域からの値を返します。この問題は、方向オクルージョン法（セクション11.4）を使って軽減できることもあります。この問題の軽減によく使われる別の戦略が、事前計算ディフューズ ライティングを使うことで、それは通常より高い解像度で格納されます。環境マップ中の値を、そこからレンダーされた位置の平均のディフューズ ライティングで最初に割ります。そうすることで実質的に滑らかな環境マップからのディフューズ寄与を取り除き、高周波成分だけを残します。シェーディングを行うときに、シェーディング位置のディフューズ ライティングを反射に掛けます[414, 1079]。そうすることで、反射プローブの空間的な精度の欠如を、ある程度緩和できます。

　反射プローブが捉えるジオメトリーの、より洗練された表現を使う解法も開発されています。Szirmay-Kalosら[1858]が、反射プローブごとに深度マップを格納し、参照時に、それに対するレイ トレースを行っています。このほうが正確な結果を生み出せますが、コストが増えます。McGuireら[1274]が、プローブの深度バッファーに対する、より効率的なレイのトレース方法を提案しています。彼らのシステムは複数のプローブを格納します。当たる位置を確実に決定するのに十分な情報が、最初に選んだプローブに含まれていなければ、フォールバック プローブを選択し、新たな深度データを使ってトレースを継続します。

　光沢BRDFを使うときには、普通は環境マップを事前フィルター処理し、ミップマップごとに次第に大きくなるカーネルで畳み込んだ入力放射輝度を格納します。事前フィルタリングステップは、このカーネルが放射対称だと仮定します（セクション10.5）。しかし、視差補正を使うときには、反射プロキシー上のBRDFローブのフットプリントが、シェーディングする点の位置に応じて変化します。そのため事前フィルタリングが少し不正確になります。PesceとIwanickiが、この問題の様々な側面を分析し、可能な解決法を論じています[873, 1506]。

　反射プロキシーは閉じていなくても、凸形でなくてもかまいません。ボックスや球プロキシーの代わりや、それらを高品質の詳細で強化するために、単純な平面の長方形を使うこともできます[1330, 1762]。

11.6.2 環境マップの動的な更新

局所反射プローブを使うためには、個々の環境マップをレンダーしてフィルター処理する必要があります。この作業はたいていオフラインで行いますが、ときには実行時に行う必要があります。時間が変化するオープンワールド ゲームの場合や、世界のジオメトリーを動的に生成するときには、そのすべてのマップをオフラインで処理すると時間がかかりすぎて、生産性に影響するかもしれません。多くの変種が必要な極端な場合には、そのすべてをディスクに格納することさえ不可能かもしれません。

実際に、反射プローブを実行時にレンダーするゲームがあります。このタイプのシステムは、あまり性能に影響を与えないように注意深く調整する必要があります。現代のゲームの典型的なフレームは、数十から数百のプローブを使うので、かなり簡単な場合でない限り、すべての見えるプローブをフレームごとに再レンダーするのは不可能です。幸い、これは必要ありません。反射プローブが、周りのすべてのジオメトリーを常に正確に描く必要があることは、めったにありません。ほとんどの場合、それらが時間の変化に正しく反応することが望まれますが、後で述べるスクリーン空間手法（セクション 11.6.5）など、何か他の手段で動的なジオメトリーの反射を近似できます。それらの仮定により、ロード時に少数のプローブをレンダーして、残りは 1 つずつ、漸進的に視界に入ったときにレンダーできます。

動的なジオメトリーを反射プローブにレンダーしたいときでも、プローブはほぼ間違いなく、それより低いフレーム レートで更新できます。反射プローブのレンダリングに費やすフレーム時間を定義して、フレームごとに一定の数だけ更新できます。プローブのカメラへの距離、最後の更新からの時間のような因子に基づくヒューリスティックで、更新の順番を決定できます。時間の割り当てが特に小さい場合は、1 つの環境マップのレンダリングを複数のフレームに分割できます。例えば、フレームごとにキューブ マップの 1 つの面だけをレンダーできます。

畳み込みをオフラインで行うときには、一般に高品質のフィルタリングが使われます。そのようなフィルタリングには、入力テクスチャーの多数のサンプリングが含まれ、それを高いフレーム レートで利用するのは不可能です。Colbert と Křivánek [304] が、重要度サンプリングを使い、比較的低いサンプル数（64程度）で、匹敵するフィルタリング品質を達成する手法を開発しました。完全なミップ チェーンを持つキューブ マップからサンプルし、ヒューリスティックを使って各サンプルが読むべきミップ レベル決定して、ノイズの大部分を取り除きます。彼らの手法は、環境マップの高速な実行時の事前フィルタリングで人気のある選択です [1035, 1244]。Manson と Sloan [1210] が、基底関数から望ましいフィルター カーネルを構築しています。最適化処理では特定のカーネルを構築するための正確な係数を取得しなければなりませんが、それは与えられた形状に対して一度しか発生しません。畳み込みは 2 段階で行います。まず、環境マップをダウンサンプルすると同時に、単純なカーネルでフィルター処理します。次に、その結果のミップ チェーンからのサンプルを結合して、最終的な環境マップを構築します。

ライティング パスで使う帯域幅と、メモリ使用量の制限には、生成するテクスチャーの圧縮が役立ちます。Narkowicz [1363] が、高度に動的な範囲反射プローブを、半精度浮動小数点値を格納できる BC6H フォーマット（セクション 6.2.6）に圧縮する効率的な手法を述べています。

複雑なシーンのレンダリングは、キューブ マップの 1 面ずつでも、CPU には高すぎるかも

434   11. グローバル照明

しれません。1つの解決法は、環境マップのG-バッファーをオフラインで用意し、(CPUへの
要求がずっと少ない) ライティングと畳み込みだけを計算することです [414, 1244]。必要であ
れば、事前に生成したG-バッファーの上から動的なジオメトリーをレンダーできます。

11.6.3 ボクセル-ベースの手法

最も性能に制限のあるシナリオでは、局所環境マップが優れた解決法です。しかし、その品質
はしばしば不満足なことがあります。実際、プローブの不十分な空間密度や、実際のジオメト
リーの粗すぎる近似であるプロキシーから生じる問題をマスクするための、回避策を使わなけ
ればなりません。フレームあたりの利用できる時間が多いときには、もっと精巧な手法を使え
ます。

　ボクセル コーン トレーシングは (疎な8分木 [332] とカスケード版の両方 [1280](セクション
11.5.7)) スペキュラー成分にも使えます。その手法は、疎なボクセル8分木に格納したシーン
の表現に対してコーン トレーシングを行います。1つのコーン トレースで得られるのは1つ
の値だけで、それは円錐が広がる立体角から来る平均放射輝度を表します。ディフューズ ラ
イティングでは、1つの円錐を使うだけでは不正確なので、複数の円錐をトレースする必要が
あります。

　コーン トレーシングは光沢マテリアルに使うほうが、はるかに効率的です。スペキュラー
ライティングの場合は、BRDFローブが狭く、小さな立体角から来る放射輝度を考慮するだけ
で済みます。複数の円錐をトレースする必要はなく、多くの場合は1つで十分です。粗いマテ
リアルのスペキュラー効果だけは、複数の円錐をトレースする必要があるかもしれませんが、
そのような反射はぼやけるので、たいてい局所反射プローブにフォールバックし、そもそも円
錐をトレースしません。

　そのスペクトルの対局にあるのが、高度に磨き上げられたマテリアルです。そこからのスペ
キュラー反射は、ほとんど鏡のようになります。このため円錐は細く、1本のレイのようにな
ります。そのような正確なトレースでは、反射で基盤のシーン表現のボクセルの性質が目立つ
かもしれません。ポリゴン ジオメトリーの代わりに、ボクセル化処理で生じるキューブが表
示されます。実際には、反射を直接見ることはまずないので、このアーティファクトが問題に
なることはめったにありません。その寄与はテクスチャーにより修正され、不完全さはたいて
い覆い隠されます。完璧な鏡面反射が必要なときは、より低い実行時コストでそれを与える他
の手法を使えます。

11.6.4 平面反射

別の代案は、通常のシーンの表現を再利用してレンダリングし直し、反射イメージを作成する
ことです。反射性サーフェスの数が限られ、それらが平面なら、そのようなサーフェスから反
射するシーンのイメージの作成に、標準のGPUレンダリング パイプラインを使えます。それ
らのイメージは正確な鏡面反射を供給するだけでなく、イメージごとに何らかの追加の処理を
行うことで、もっともらしい光沢効果もレンダーできます。

　理想的な反射体は、入射の角度が反射の角度に等しいことを示す**反射の法則**に従います。つ
まり、入射レイと法線の間の角度は、反射レイと法線の間の角度と同じです (図11.39)。この
図は反射されるオブジェクトの「イメージ」も示しています。反射の法則により、オブジェク
トの反射イメージは単純に、物理的に平面を通って反射されるオブジェクトそのものです。つ
まり、反射レイを追う代わりに、反射体を通って、反射オブジェクトの同じ点に当たる入射レ
イを追うことができます。

11.6. スペキュラー グローバル照明

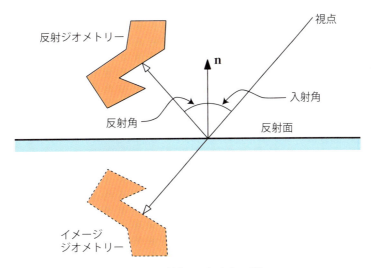

図11.39. 入射と反射の角度、反射ジオメトリー、反射体を示す平面の反射。

このため原理的には、オブジェクトのコピーを作成して反射位置に座標変換し、そこからレンダーすることで反射をレンダーできます。正しいライティングを実現するには、光源も位置と方向の両方を平面で反射しなければなりません [1421]。等価な手法は、代わりに視点の位置と向きを、鏡を通して反射体の反対側に反射することです。この反射は投影行列の単純な修正で実現できます。

反射体平面の遠い側（つまり背後）にあるオブジェクトは、反射すべきではありません。この問題は、反射体の平面の式を使うことで解決できます。最も単純な手法は、ピクセル シェーダーでクリッピング平面を定義することです。クリッピング平面を反射体の平面と一致するように配置します [710]。反射シーンのレンダリングで、このクリッピング平面を使うことにより、視点と同じ側にある、つまり元は鏡の背後にあった、すべての反射ジオメトリーがクリップされます。

11.6.5 スクリーン空間手法

アンビエント オクルージョンやディフューズ グローバル照明と同じく、スクリーン空間だけで計算できるスペキュラー効果があります。スペキュラー ローブがシャープなので、それはディフューズの場合よりも少し正確です。半球全体ではなく、反射ビュー ベクトルの周りの限られた立体角からの放射輝度についての情報しか必要ないので、それが画面データに含まれる可能性はずっと大きくなります。このタイプの手法を最初に紹介したのはSousaら [1801] で、他の開発者も同時に発見しました。この系統の手法全体が**スクリーン空間反射（SSR）**と呼ばれます。

シェーディング中の点の位置、ビュー ベクトル、法線が与えられたら、法線で反射するビュー ベクトルに沿ってレイをトレースし、深度バッファーとの交差をテストできます。このテストはレイに沿って繰り返し移動し、その位置をスクリーン空間に投影し、その位置からz-バッファー深度を取り出すことにより行います。深度バッファーが表すジオメトリーよりもカメラから遠ければ、レイ上の点はジオメトリーの内側にあり、ヒットが検出されたことを意味します。次にカラー バッファーからの対応する値を読み込み、トレースした方向から入射する放射輝度の値が得られます。この手法はレイが当たるサーフェスがランバートだと仮定

していますが、この条件は多くの手法に一般的な近似で、ほとんど制限になりません。レイはワールド空間で均等なステップでトレースできます。この手法はかなり粗いので、ヒットを検出したら、精緻化パスを行うとよいでしょう。限定された距離の上で、二分探索を使い、交差位置を正確に特定できます。

McGuireとMara[1269]によれば、均等なワールド空間間隔でステップを行うと、透視投影により、スクリーン空間のレイに沿った不均等なサンプリング点の分布が作り出されます。レイのカメラに近い部分はサンプル不足になるので、見逃すヒットイベントがあるかもしれません。離れたものは過剰にサンプルされるので、同じ深度バッファーピクセルが複数回読まれ、不要なメモリートラフィックと冗長な計算を生じます。代わりに直線のラスタライズに使える手法、**デジタル微分解析（DDA）**を使い、スクリーン空間でレイマーチを行うことを彼らは提案しています。

まず、トレースするレイの始点と終点の両方をスクリーン空間に投影します。この直線に沿ってピクセルを順に調べ、一様な精度を保証します。このアプローチの1つの帰結は、交差テストでは、すべてのピクセルでビュー空間深度を完全に再構成する必要がないことです。典型的な透視投影の場合に z-バッファーに格納される値であるビュー空間深度の逆数は、スクリーン空間で線形に変化します。これは、実際にトレースする前に、そのスクリーン空間の x-と y-座標に関する微分を計算できることを意味し、次に単純な線形補間でスクリーン空間の区間上の任意の位置の値が得られます。その計算値は、深度バッファーからのデータと直接比較できます。

基本的な形のスクリーン空間反射は、1本のレイをトレースするだけで、鏡面反射しか供給できません。しかし、完全なスペキュラーサーフェスはかなり稀です。現代の物理ベースのレンダリングパイプラインでは、光沢反射の必要性が増していますが、それらのレンダーにもSSRが使えます。

単純でアドホックなアプローチでは[1707, 1947]、やはり1本のレイで、反射方向沿いに反射をトレースします。その結果を、後のステップで処理するオフスクリーンバッファーに格納します。一連のフィルターカーネルを適用し、たいていはバッファーのダウンサンプリングと組み合わせ、それぞれぼかしの度合いが異なる反射バッファーのセットを作成します。ライティングの計算では、BRDFローブの幅でサンプルする反射バッファーを決定します。フィルターの形は、たいていBRDFローブの形に一致するように選ぶとはいえ、スクリーン空間フィルタリングは不連続、サーフェスの向きなど、結果の精度に重要な他の因子を考慮せずに行われるので、やはり粗い近似にすぎません。最後に光沢スクリーン空間反射が、他の光源からのスペキュラー寄与と見た目が一致するように、カスタムのヒューリスティックを加えます。それは近似ですが、結果に説得力があります。

Stachowiak[1807]が、より原理的なやり方で問題にアプローチしています。スクリーン空間反射の計算はレイトレーシングの1つの形であり、レイトレーシングと同じく、それを使って適切なモンテカルロ積分を行います。反射ビュー方向だけなく、BRDFの重要度サンプリングを使い、レイを確率的に打ち出します。性能の制約から、トレーシングを半分の解像度で行い、ピクセルあたりのトレースするレイを減らします（1から4）。このレイは、ノイズのないイメージを生み出すには少なすぎるので、隣接するピクセル間で交差結果を共有します。ある範囲内のピクセルでは、局所的な可視性が同じだと考えてよいとします。点 $\mathbf{p}_0$ から方向 $\mathbf{d}_0$ に打ち出したレイが点 $\mathbf{i}_0$ でシーンと交わるなら、点 $\mathbf{p}_1$ から方向 $\mathbf{d}_1$ に $\mathbf{i}_0$ も通過するようにレイを打ち出すと、やはり $\mathbf{i}_0$ でジオメトリーに当たり、その前には交差がないと仮定できます。これにより、実際にトレースせず、その隣の積分への寄与を適切に修正するだけで、レイを使えま

11.6. スペキュラー グローバル照明

図11.40. このイメージのすべてのスペキュラー効果は、確率的スクリーン空間反射アルゴリズムを使ってレンダーされている[1807]。マイクロファセット モデルからの反射に特徴的な、垂直の伸びに注意。（**イメージ提供**：*Tomasz Stachowiak*。シーンのモデルとテクスチャー *Joacim Lunde*。）

す。形式的に言うと、現在のピクセルのBRDFの確率分布関数について計算するとき、隣接ピクセルから打ち出すレイの方向は異なる確率を持ちます。

　さらにレイの実質的な数を増やすため、その結果を時間でフィルター処理します。積分のシーンに依存しない部分をオフラインで行い、BRDFパラメーターでインデックスする参照テーブルに格納することにより、最終的な積分の分散も減らします。反射レイの必要な情報がすべてスクリーン空間で利用可能な状況では、それらの戦略により、パストレースした検証イメージ近い、正確でノイズのない結果を達成できます（図11.40）。

　スクリーン空間でのレイのトレースは、一般に高価です。それは深度バッファーを、場合によっては何回か繰り返しサンプルして、その参照結果に何らかの操作を行うことになります。その読み込みはかなりインコヒーレントなので、キャッシュ利用率が低く、シェーダーの実行時にメモリー トランザクションが完了するのを待ち、長いストールが生じることがあります。実装を可能な限り高速にすることに、多くの注意を払う必要があります。スクリーン空間反射は、たいてい解像度を下げて計算し[1807, 1947]、時間フィルタリングで低下した品質を補います。

　Uludag [1933] が、階層深度バッファー（セクション19.7.2）を使ってトレースを高速化する最適化を説明しています。最初に階層を作成します。ステップごとに各方向で半分に、徐々に深度バッファーをダウンサンプルします。1つ上のレベルのピクセルには、1つ下のレベルの対応する4つのピクセルの最小の深度値を格納します。次に、その階層でトレースを行います。与えられたステップで、レイが通過するセルに格納されたジオメトリーにヒットしなければ、セルの境界に進み、より低い解像度のバッファーを次のステップで使います。レイが現在のセルでヒットに遭遇する場合は、そのヒット位置に進み、より高い解像度のバッファーを次のステップで使います。最高解像度のバッファーでのヒットが記録されたとき、トレースは終了します（図11.41）。

このスキームは、見逃す特徴がないことを保証すると同時に、レイを大きな増分で進められるので、特に長いトレースに向いてきます。ランダムな離れた位置ではなく、局所的な近隣で深度バッファーを読み出すので、キャッシュのアクセスも良好です。Grenierが、この手法の実装に関する多くの実用的なヒントを紹介しています[650]。

レイのトレースを完全に避けるものもあります。Drobot [414] は反射プロキシーとの交差の位置を再利用し、そこからスクリーン空間放射輝度を参照します。Cichocki [289] は平面反射体を仮定して、レイをトレースする代わりに、処理を反転して、すべてのピクセルが、それを反射すべき位置にその値を書き込む全画面パスを実行します。

反射も他のスクリーン空間アプローチと同様に、利用できるデータの制限から生じるアーティファクトを被ることがあります。反射レイがヒットを記録する前に画面領域を離れたり、ライティング情報が入手できないジオメトリーの背面にヒットするのは珍しいことではありません。トレースの有効性は、隣り合うピクセルでさえしばしば異なり、そのような状況は丁寧に扱う必要があります。空間フィルターを使い、トレースしたバッファーの隙間を部分的に埋めることができます[1947, 2057]。

SSRの別の問題は、オブジェクトの厚みについての情報が深度バッファーにないことです。1つの値しか格納されないので、レイが深度データが記述するサーフェスの後ろに行くときに、何かにヒットするかどうかを知る方法がありません。Cupisz [340] が、深度バッファー中のオブジェクトの厚みがわからないことから生じるアーティファクトを軽減するための、様々な低コストの手段を論じてきます。Maraら [1213] が述べるディープG-バッファーは、複数レイヤーのデータを格納するので、サーフェスと環境について、より多くの情報を持ちます。

スクリーン空間反射は、ほぼ平らなサーフェスの、近くのオブジェクトからの局所的な反射など、特定の効果のセットを供給するのには素晴らしいツールです。リアルタイム スペキュラー ライティングの品質を大きく改善しますが、完全な解を与えるわけではありません。本章で述べる様々な手法が互いに積み重なることで、完全で堅牢なシステムが生まれます。スクリーン空間反射は、最初のレイヤーとして働きます。それが正確な結果を供給できなければ、フォールバックとして局所反射プローブを使います。どのプローブも与えられた領域に当てはまらない場合、グローバルなデフォルトのプローブを使います[1947]。このタイプの設定は、信憑性のある外見に特に重要な、もっともらしい間接スペキュラー寄与を得るための、一貫した堅牢な手段を提供します。

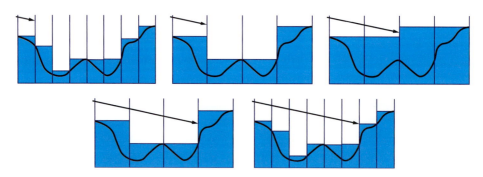

図**11.41.** 階層深度バッファーを通るレイのトレース。レイがピクセルを通過するときにジオメトリーにヒットしなければ、次のステップはより粗い解像度を使う。ヒットが記録されていれば、後続のステップはより細かい解像度を使う。この処理によってレイは空の領域を大きなステップでトラバースでき、性能が向上する。

11.7 統合アプローチ

これまで紹介した手法を組み合わせて、美しいイメージをレンダーできる、コヒーレントなシステムにできます。しかし、それにはパス トレーシングのとエレガンスと概念的単純さが欠けています。レンダリングの式のすべての側面を異なるやり方で処理し、それぞれ様々な妥協を行います。最終的なイメージはリアリスティックに見えるかもしれませんが、それらの手法が破綻して幻想が壊れる多くの状況があります。そのため、リアルタイム パス トレーシングは、大きな研究努力の焦点になっています。

許容できる品質のイメージをレンダーするために、パス トレーシングで必要な計算の量は、どんな高速なCPUの能力も遥かに超えるので、GPUが代わりに使われます。その極度の速さと、計算ユニットの柔軟性により、この任務のよい候補になります。リアルタイム パス トレーシングの用途には、建築のウォークスルーと映画のレンダリングのプレビズが含まれます。それらのユースケースでは、可変の低いフレーム レートが許容されます。カメラが静止しているときには、漸進的精緻化（セクション13.2）などのテクニックを使い、イメージの品質を改善できます。ハイエンド システムは、複数のGPUを利用することを期待できます。

対照的に、ゲームはフレームを最終品質でレンダーする必要があり、それを時間割り当ての範囲内で一貫して行う必要があります。GPUはレンダリング以外の作業も行う必要があるかもしれません。例えば、パーティクル シミュレーションのようなシステムは、CPUの処理能力を解放するため、しばしばGPUに作業を肩代わりさせます。今日では、それらすべての要素が相まって、ゲームのレンダリングでパス トレーシングは非実用的になっています。

「レイ トレーシングは未来のテクノロジーであり、常にそうあり続ける!」という格言がグラフィックス コミュニティにあります。この皮肉が暗に伝えることは、その問題がとても複雑なので、ハードウェアの速度とアルゴリズムの両方の進歩にも関わらず、常にレンダリング パイプラインの特定の部分をより効率的に処理する方法が登場することです。追加のコストを払い、基本の可視性も含めてレイ キャスティングだけを使うことを正当化するのは、難しいかもしれません。GPUは決して効率的なレイ トレーシングを行うように設計されてこなかったので、それには現在のところかなりの真実味があります。これまでGPUの主な目標は、常に三角形をラスタライズすることであり、その作業には熟達しています。レイ トレーシングをGPU上に割り当てることはできますが、現在の解法には、固定機能ハードウェアの直接の支援がまったくありません。実質的にGPUの計算ユニット上で動くソフトウェア解法で、ハードウェアのラスタライズを打ち負かすのは、控えめに言って困難です。

より合理的な、それほど純粋主義でないアプローチは、ラスタライズのフレームワークで扱うのが難しい効果に、パス トレーシングの手法を使うことです。カメラから見える三角形をラスタライズしながら、近似の反射プロキシーや不完全なスクリーン空間情報に頼らず、経路をトレースして反射を計算します。面光源の影をアドホックなぼかしでシミュレートしようとせずに、光源に向かってレイをトレースし、正しい遮蔽を計算します。GPUの強みを生かし、ハードウェアで効率よく処理できない要素に、より一般的な解法を使います。そのようなシステムは、やはりちょっとしたパッチワークで、パス トレーシングの単純さには欠けますが、これまで常にリアルタイム レンダリングは妥協の産物でした。数ミリ秒のために、いくらかエレガンスを諦めなければならないのは正しい選択であり、フレーム レートは譲れません。

図 11.42. 時空分散ガイド フィルタリングを使って、ピクセルあたり 1 サンプルでパス トレースしたイメージ（左）をデノイズし、滑らかなアーティファクトのないイメージ（中）を作り出せる。その品質はピクセルあたり 2048 サンプルでレンダーした基準に（右）匹敵する。（イメージ提供：*NVIDIA Corporation*。）

　おそらくリアルタイム レンダリングを「解決済みの問題」と呼べることは決してないでしょうが、パス トレーシングの使用が増えれば、理論と実践を近づけるのに役立つでしょう。GPU は日々速くなっているので、近い将来、最も要求の厳しいアプリケーションでも、そのようなハイブリッド ソリューションが適用可能になるはずです。それらの原理に基づいて構築されたシステムの最初の例が、既に現れ始めています [1665]。

　レイ トレーシング システムは、**境界ボリューム階層（BVH）**を使う可視性テストの高速化など、高速化スキームを当てにします。このトピックについての詳しい情報は、セクション 19.1.1 と 23.2.1 を参照してください。BVH の素朴な実装は、GPU にうまく対応しません。3 章で説明したように、GPU がネイティブに実行するのは、ワープやウェーブフロントと呼ばれるスレッドのグループです。ワープはロックステップで処理され、すべてのスレッドが同じ操作を行います。コードの特定の部分を実行しないスレッドがある場合、それらは一時的に無効にされます。この理由で、GPU のコードは同じウェーブフロント内のスレッドの間で発散するフロー制御を最小にするように書くべきです。各スレッドが 1 本のレイを処理するとします。このスキームは通常スレッドの間に大きな発散をもたらします。異なるレイがトラバースコードの発散する分岐を実行し、その過程で異なる境界ボリュームと交わります。ツリー トラバースを他より早く終えるレイがあります。この振る舞いによって、ワープ中のすべてのスレッドが GPU の計算能力を使用中という理想から遠ざかります。そのような非効率性を取り除くため、発散を最小化して、早期に終了したスレッドを再利用するトラバースの手法が開発されてきました [18, 19, 2093]。

　高品質のイメージの生成には、ピクセルあたり数百から数千のレイをトレースする必要があるかもしれません。最適な BVH と、効率のよいツリー トラバース アルゴリズム、高速な GPU があっても、それを今日リアルタイムで行うのは、単純なシーンでない限り不可能です。利用可能な性能の制限内で生成できるイメージは、極めてノイズが多く、表示に適しません。しかし、デノイズ アルゴリズムで対処することにより、ほぼノイズのないイメージを生み出せます。図 11.42 と 978 ページの図 26.2 を参照してください。この分野では最近、印象的な進歩があり、ピクセルあたり 1 つの経路だけでのトレーシングで生成した入力からでも高品質のパス トレースした基準に見た目が近いイメージを作成できるアルゴリズムが開発されていま

11.7. 統合アプローチ　　　　　　　　　　　　　　　　　　　　　　　　　　　441

す [103, 219, 270, 1214, 1680]。

　2014 年に PowerVR が Wizard GPU を発表しました [1248]。そのハードウェアには、一般的な機能に加えて、高速化構造を構築してトラバースするユニットが含まれます（セクション 24.11）。このシステムは、レイ キャスティングを高速化する固定機能ユニットを仕立てる能力と関心の両方があることの証明です。何が将来待ち受けているかを見るのが楽しみです！

参考文献とリソース

Pharr らの本 *Physically Based Rendering* [1525] は、インタラクティブでないグローバル照明アルゴリズムの優れたガイドです。彼らの研究で特に価値があるのは、うまく動作すると分かっているものを詳しく説明していることです。Glassner の（今はフリー）*Principles of Digital Image Synthesis* [589, 590] は、光と物質の相互作用の物理的な側面を論じています。Dutré らの *Advanced Global Illumination* [431] は、放射分析と Kajiya のレンダリングの式を解く手法（主にオフライン）の基礎を提供します。McGuire の *Graphics Codex* [1278] は、コンピューター グラフィックスに関する、広範囲の式とアルゴリズムが満載の電子参考書です。Dutré の *Global Illumination Compendium* [430] はかなり古い参考文献ですが、フリーです。Shirley のガイドブック シリーズ [1748] は、レイ トレーシングについて学ぶ安価で迅速な手段です。

12. イメージ空間効果

"The world was not wheeling anymore. It was just very
clear and bright and inclined to blur at the edges."
　　　—Ernest Hemingway

世界はもう回っていなかった。
ただとても澄んで明るく、傾いて端はかすんでいた。

イメージの作成に含まれるのは、単純に対象を描くことだけではありません。イメージが写実的に見えるようにすることの一部は、それが写真に見えるようにすることです。例えば、写真家が最終イメージを調整するのと同じく、色のバランスを修正したほうがよいいかもしれません。レンダリングしたイメージにフィルム粒子、ビネットなどの微細な変化を加えることにより、レンダリングをもっともらしく見せられます。また、レンズフレアやブルームなどのドラマチックな効果は、ドラマの感覚を伝えられます。被写界深度とモーション ブラーの表現は、リアリズムを強化し、芸術的な効果に使えます。

　効率的なイメージのサンプルと操作に、GPUを使えます。本章では、まず**イメージ処理**テクニックによるレンダー イメージの修正を論じます。深度や法線など、それらの操作の強化に追加のデータを使うことができ、例えばシャープなエッジを保ちながら、ノイズの多い領域を滑らかにできます。再投影法を使ってシェーディングの計算を節約したり、欠けたフレームを素速く作成できます。最後にレンズフレア、ブルーム、被写界深度、モーション ブラーなどの効果を生み出す、様々なサンプル ベースのテクニックを紹介します。

12.1　イメージ処理

グラフィックス アクセラレーターは、一般にジオメトリーとシェーディングの記述から人工シーンを作り出すことに携わってきました。イメージ処理はそれと異なり、入力イメージを様々なやり方で修正します。プログラマブル シェーダーと、出力イメージを入力テクスチャーとして使う能力の結合が、広範囲のイメージ処理効果にGPUを使う道を開きました。そのような効果を、イメージの合成と組み合わせることができます。一般には、生成したイメージの上に、イメージ処理を行います。レンダリング後のイメージの修正は、**後処理**と呼ばれます。多数のパスと、イメージ、深度などのバッファーへのアクセスが、1フレームのレンダー中に行えます[53, 2062]。例えば、ゲーム *Battlefield 4* には、50種類以上のレンダリング パスがあ

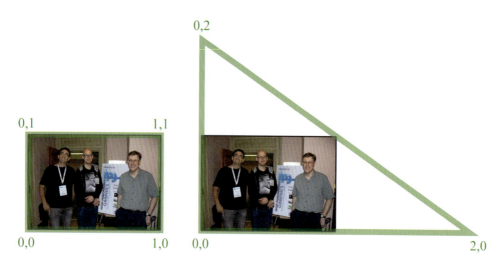

図12.1. 左は、(u,v) テクスチャー座標が示された、スクリーン充填四角形。右は、1つの三角形がスクリーンを埋め、そのテクスチャー座標は同じマッピングを与えるように適切に調整されている。

りますが[1420]、1つのフレームですべてを使うわけではありません。

GPUを使う後処理で鍵となる、いくつかのテクニックがあります。シーンを何らかの形で色イメージ、z-深度、あるいは両方のオフスクリーン バッファーにレンダーします。その結果のイメージを、次にテクスチャーとして扱います。このテクスチャーを、スクリーン充填四角形に適用します。この四角形をレンダーすることにより、すべてのピクセルでピクセル シェーダー プログラムが呼び出されて、後処理が行われます。ほとんどのイメージ処理効果は、イメージ テクセルの情報を対応するピクセルで取り出すことに依存します。これはシステムの制限とアルゴリズムに応じて、GPUからピクセル位置を取り出すか、四角形に範囲 $[0,1]$ のテクスチャー座標を割り当てて、入力イメージ サイズでスケールすることにより行えます。

実際には、スクリーン充填三角形のほうが四角形より効率的なことがあります。例えば、AMD GCN アーキテクチャーでは、2つの三角形で形成する四角形の代わりに1つの三角形を使うほうが、キャッシュ コヒーレンスがよいため、イメージ処理が10%近く高速になります[411]。その三角形はスクリーンを埋めるのに十分な大きさにします[162]（図12.1）。どんなプリミティブ オブジェクトを使おうと、その意図は同じで、スクリーン上のすべてのピクセルでピクセル シェーダーを評価することです。この種のレンダリングは**フル スクリーン パス**と呼ばれます。利用可能なら、コンピュート シェーダーを使ってイメージ処理操作を行うこともでき、それには後で述べる、いくつかの利点があります。

伝統的なパイプラインを使い、ピクセル シェーダーがイメージ データにアクセスするようにステージを設定したとします。すべての関連する隣接サンプルを取り出し、それらに操作を適用します。隣の寄与に、評価中のピクセルからの相対的な位置に応じた値で重みを付けます。エッジ検出など、それぞれ重みが異なる（ときには負）固定サイズ（例えば、3×3 ピクセル）の近傍と、ピクセル自身の元の値を持つ操作もあります。各テクセルの値に、その対応する重みを掛け、その結果を合計して、最終的な結果を作ります。

セクション5.4.1で論じたように、信号の再構成には、様々なフィルター カーネルを使えます。同様に、フィルター カーネルはイメージのぼかしにも使えます。**回転不変フィルター カーネル**は、寄与する各テクセルに割り当てる重みが、放射角度に依存しないものです。つま

12.1. イメージ処理   445

り、そのようなフィルター カーネルは、完全にフィルター操作の中心ピクセルからのテクセ
ルの距離で記述されます。119ページの式5.22に示されるシンク フィルターが、1つの単純な
例です。よく知られた釣鐘曲線の形のガウス フィルターが、一般に使われるカーネルです:

$$\text{Gaussian}(x) = \left(\frac{1}{\sigma\sqrt{2\pi}}\right) e^{-\frac{r^2}{2\sigma^2}} \tag{12.1}$$

rはテクセルの中心からの距離で、σは標準偏差、σ^2は分散と呼ばれます。標準偏差が大きい
ほど、広い釣鐘曲線になります。大まかな経験則は、手始めに**サポート**、つまりフィルターの
サイズを3σピクセル以上の幅にすることです[1930]。サポートが広いほど、メモリー アクセ
スの増加と引き換えに、大きなぼかしが与えられます。

　eの前の項が、その連続曲線の下の面積を1に等しく保ちます。しかし、離散フィルター
カーネルを作るときには、この項は無関係です。最終的な重みの和が1になるように、領域全
体でテクセルごとに計算した値を合計してから、すべての値をこの和で割ります。この正規化
処理により、その定数には意味がないので、たいていフィルター カーネルの記述に示されませ
ん。図12.2に示される2次元と1次元のガウス フィルターは、このやり方で作られています。

　シンク フィルターとガウス フィルターの1つの問題は、その関数が無限に続くことです。1
つの便宜的な措置は、そのようなフィルターを特定の直径や正方形領域でクランプし、それを
超えるものは、単純にゼロの値を持つものとして扱うことです。制御のしやすさ、滑らかさ、
評価の単純さなど、様々な特性用に設計されたフィルター カーネルもあります。Bjorke [174]
とMitchellら[1320]は、いくつかの一般的な回転不変フィルターと、GPU上での他のイメー
ジ処理に関する情報を提供します。

　どのフルスクリーン フィルタリング操作も、ディスプレイの境界の外側からピクセルをサ
ンプルしようとします。例えば、画面の左上隅のピクセルで3×3サンプルを集める場合、存
在しないテクセルを取り出すことになります。1つの基本的な解決策は、テクスチャー サンプ
ルを端でクランプするように設定することです。画面外の存在しないテクセルが要求された
ら、代わりに最も近い端のテクセルを取り出します。これはイメージの端でフィルタリング
エラーが生じますが、たいてい目立ちません。別の解決策は、画面外のテクセルが存在するよ
うに、表示領域よりも少し高い解像度でフィルター処理するイメージを生成することです。

　GPUを使う利点の1つは、アクセスするテクセルの数の最小化の支援に、内蔵の補間とミッ
プマップのハードウェアを使えることです。例えば、目標がボックス フィルターを使い、つま
り、与えられたテクセルの周りで3×3グリッドを形成する9テクセルの平均をとって、ぼかし
た結果を表示することだとします。そのとき9個のテクスチャー サンプルにピクセル シェー
ダーで重みを付けて合計し、ぼかした結果をピクセルに出力することになります。

　しかし、9個の明示的なサンプル操作は不要です。テクスチャーに双線形補間を使うことに
より、1つのテクスチャー アクセスで最大4つの隣接テクセルの加重和を取り出せます[1760]。
この考え方を使うと、3×3グリッドは、4つのテクスチャー アクセスだけでサンプルできま
す（図12.3）。重みが等しいボックス フィルターでは、1つのサンプルを4テクセルの中間に
置けば、4つの平均が得られます。重みが異なり、4サンプルの双線形補間が不正確になるガ
ウスなどのフィルターでは、やはり各サンプルを2つのテクセルの間に置き、オフセットして
一方に近付けることができます。例えば、1テクセルの重みが0.01で、その隣が0.04だったと
します。そのサンプルは1つ目から0.8の距離で、その隣からは0.2に配置し、各テクセルに正
しい比率を与えることができます。この単一のサンプルの重みは2つのテクセルの重み、0.05
の合計になります。あるいは4テクセルごとに双線形補間サンプルを使い、理想的な重みに最
も近い近似を与えるオフセットを求めて、ガウス分布を近似することもできます。

(a)

0.0030	0.0133	0.0219	0.0133	0.0030
0.0133	0.0596	0.0983	0.0596	0.0133
0.0219	0.0983	0.1621	0.0983	0.0219
0.0133	0.0596	0.0983	0.0596	0.0133
0.0030	0.0133	0.0219	0.0133	0.0030

(b)

0.0545	0.2442	0.4026	0.2442	0.0545
0.0545	0.2442	0.4026	0.2442	0.0545
0.0545	0.2442	0.4026	0.2442	0.0545
0.0545	0.2442	0.4026	0.2442	0.0545
0.0545	0.2442	0.4026	0.2442	0.0545

(c)

0.0545	0.0545	0.0545	0.0545	0.0545
0.2442	0.2442	0.2442	0.2442	0.2442
0.4026	0.4026	0.4026	0.4026	0.4026
0.2442	0.2442	0.2442	0.2442	0.2442
0.0545	0.0545	0.0545	0.0545	0.0545

図12.2. ガウスぼかしを行う1つの手段は、5×5の領域をサンプルし、それぞれの寄与に重みを付けて合計する。図の（a）は、$\sigma = 1$のぼかしカーネルの重みを示している。2つ目の手段は、分離可能フィルターを使う。2つの1次元ガウスぼかし、（b）と（c）を連続で実行すると、正味の結果が同じになる。（b）で5つの別々の行に対して示される最初のパスは、その行の5つのサンプルを使って各ピクセルを水平にぼかす。2番目のパス（c）は、（b）からの結果のイメージに5サンプルの垂直ぼかしフィルターを適用し、最終的な結果を与える。（b）の重みに（c）の重みを掛けると（a）と同じ重みが与えられ、このフィルターが等価であり、したがって分離可能であることが示される。（a）のように25のサンプルを必要とせず、（b）と（c）それぞれで実質的にピクセルあたり5つずつ、全部で10のサンプルしか必要ない。

　分離可能なフィルター カーネルがあります。ガウスとボックス フィルターがその例です。これは、2つの別々の1次元ぼかしで適用できることを意味します。そうすることで、全体で必要なテクセル アクセスが大きく減ります。dをカーネルの直径やサポートとして、コストはd^2から$2d$になります[882, 1320, 1394]。例えば、ボックス フィルターを、イメージのピクセルごとに5×5領域で適用するとします。最初にイメージを水平にフィルター処理します。　各ピクセルの左右の2つずつの隣接テクセルと、ピクセルの値そのものを0.2で等しく重み付け

12.1. イメージ処理

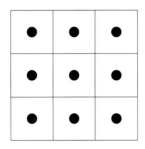 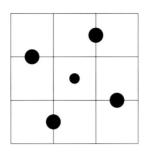 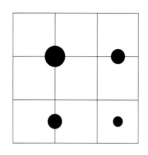

図12.3. 左は、9のテクスチャ サンプルを行い、その寄与を平均することで、ボックス フィルターを適用している。中央は、5サンプルの対称パターンを使い、その外側のサンプルは、それぞれ2つのテクセルを表すので、それぞれ中心のサンプルの2倍の重みが与えられる。外側のサンプルを2つのテクセル間で動かすことにより、各テクセルの相対的な寄与を変えることができ、他のフィルター カーネルに、この種のパターンが役立つことがある。右は、より効率的な4サンプル パターンを使っている。左上のサンプルは4テクセルの値を補間する。右上と左下は、それぞれ2テクセルの値を補間する。サンプルごとに、それが表すテクセルの数に比例する重みが与えられる。

して、合計します。その結果のイメージを次に上下2つずつの隣接テクセルと中心のピクセルを平均して、垂直にぼかします。例えば、1つのパスで25テクセルにアクセスする代わりに、2つのパスで合計10テクセルにアクセスするだけで済みます（図12.2）。広いフィルター カーネルほど大きな恩恵を得ます。

ボケ効果（セクション12.4）に役立つ円板フィルターは、実数の定義域では分離可能でないので、一般に計算が高価です。しかし、複素数を使うことにより、分離可能な関数のファミリーが広がります。Wronski [2067] が、この種の分離可能フィルターの実装の詳細を論じています。

コンピュート シェーダーはフィルタリングに有効で、ピクセル シェーダーと比べると、カーネルが大きいほど性能がよくなります[1192, 1836]。例えば、スレッド グループ メモリーを使い、異なるピクセルのフィルター計算の間でイメージ アクセスを共有して帯域幅を減らせます[2122]。コンピュート シェーダーによる散布書き込みを使い、任意の半径のボックス フィルターを固定のコストで実行できます。水平と垂直のパスでは、行や列の最初のピクセルでカーネルを計算します。その後のピクセルの結果は、それぞれカーネルの先端の次のサンプルを加え、後に残される末尾のサンプルを引くことにより決定できます。この「移動平均」テクニックを使い、任意のサイズのガウスぼかしを一定時間で近似できます[576, 639, 884]。

ダウンサンプリングも、ぼかしで一般に使われる、GPU関連のテクニックです。その考え方は、操作するイメージの縮小版、例えば、両方の軸で解像度を半分にして4分の1のイメージを作ることです。入力データとアルゴリズムの必要に応じて、元のイメージをフィルター処理してサイズを下げたり、単に低い解像度で作成します。最終的な完全解像度イメージにブレンドするときに、このイメージにアクセスして双線形補間でテクスチャを拡大し、サンプル間のブレンドを行います。これにより、さらにぼかし効果を与えられます。元のイメージの縮小版で操作を行うことにより、アクセスする全体のテクセル数が大きく減ります。また、この小さいイメージに適用するどのフィルターにも、フィルター カーネルの相対的なサイズを増やす正味の効果があります。例えば、幅5のカーネル（中心ピクセルの両側に2テクセル）の小さいイメージへの適用には、元のイメージに幅9のカーネルを適用するのと同様の効果があります。品質は下がりますが、多くのグレア効果や他の現象で一般的な、色が似た広い領域のぼかしで、ほとんどのアーティファクトが最小になります[882]。ピクセルあたりのビット数を減らすのも、メモリー アクセスのコストを下げる手法です。ダウンサンプリングは他の

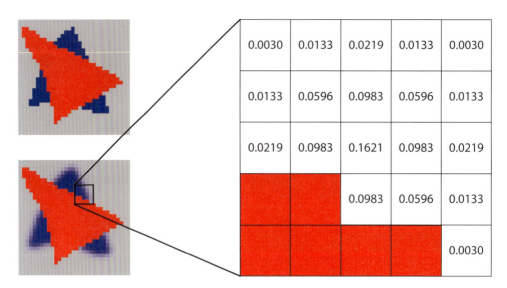

図12.4. バイラテラル フィルター。左上は元のイメージ。左下では、赤でないピクセルからのサンプルだけを使ってぼかす。右には、1ピクセルのフィルター カーネルが示されている。赤いピクセルはガウスぼかしの計算で無視される。ピクセルの残りを色に対応するフィルター重みを掛けて加え、その重みの和も計算する。この場合、重みの和は0.8755なので、計算した色をこの値で割る。

ゆっくりと変化する現象にも使え、例えば、多くのパーティクル システムは半分の解像度でレンダーできます[1502]。このダウンサンプリングの考え方を拡張し、イメージのミップマップを作成して、複数レイヤーからサンプルし、ぼかし処理のスピードを上げることもできます[1010, 1210]。

12.1.1 バイラテラル フィルタリング

アップサンプリングの結果と他のイメージ処理操作は、何らかの形の**バイラテラル フィルター**を使って改善できます[408, 1465]。その考え方は、中心サンプルのサーフェスに関連がなさそうなサンプルの影響を破棄したり、下げることです。このフィルターはエッジの保存に使われます。グレイの背景に対し、遠くの青いオブジェクトの前にある赤いオブジェクトに、カメラの焦点を合わせるとします。青いオブジェクトはぼやけ、赤は鮮明であるべきです。単純なバイラテラル フィルターは、ピクセルの色を調べます。赤であれば、ぼかしは発生せず、オブジェクトは鮮明なままです。そうでなければ、ピクセルをぼかします。赤でないすべてのサンプルを、ピクセルのぼかしに使います（図12.4）。

この例では、色を調べることで無視するピクセルを決定できます。**ジョイント**（または**クロス**）バイラテラル フィルターは、隣接サンプルを使うかどうかの決定に、深度、法線、識別値、速度などの追加情報を使います。例えば、Ownbyら[1452] は、シャドウ マッピングで少数のサンプルしか使わないときに、発生する可能性があるパターンを示しています。それらの結果をぼかすと、見栄えはずっとよくなります。しかし、あるオブジェクトの上の影は、関連のない別のモデルに影響を与えるべきではなく、ぼかしはオブジェクトの外側に影をにじませます。彼らはバイラテラル フィルターを使い、与えられたピクセルと隣の深度を比べることで、異なるサーフェスのサンプルを破棄します。このような領域のばらつきの削減は**デノイズ**と呼ばれ、例えば、スクリーン空間アンビエント オクルージョン アルゴリズム（セクション

12.1. イメージ処理　　　　　　　　　　　　　　　　　　　　　　　　　　　　　449

11.3.6）でよく使われます [2122]。

　多くの場合、エッジの検出にカメラからの距離を使うだけでは不十分です。例えば、2つの
キューブ面の間に形成されたエッジをまたぐソフトな影が1つの面だけに落ち、もう1つの面
がライトを向かないことがあります。深度だけを使うと、このエッジを検出しないので、ぼ
かしたときに1つの面からもう1つの面に影がにじみます。この問題は、深度とサーフェス法
線の両方が中心のサンプルと似た隣接サンプルだけを使うことで解決できます。共有エッジ
をまたぐサンプルを制限するので、そのようなバイラテラル フィルターは**エッジ保存フィル
ター**とも呼ばれます。隣接サンプルの影響をどれほど弱め、無視するかどうかの決定は開発者
次第で、モデル、レンダリング アルゴリズム、見る条件に依存します。

　バイラテラル フィルタリングには、隣を調べて重みを合計することに費やす時間以外にも、
性能のコストがあります。2パス分離可能フィルタリングや双線形補間加重サンプリングなど
のフィルタリングの最適化が、使いにくくなります。無視したり影響を弱めるサンプルは事前
に分からないので、複数のイメージ テクセルを1つの「蛇口」に集めるGPUのテクニックを
使えません。とは言うものの、分離可能2パスフィルターの速度の利点が、近似手法をもたら
しています [1507, 2122]。

　Parisら [1465] が、他の多くのバイラテラル フィルターの応用を論じています。エッジの保
存が必要でも、サンプルの再利用でノイズを減らせる場所では、バイラテラル フィルターを
適用します。シェーディングの頻度と、ジオメトリーをレンダーする頻度の分離にも使われま
す。例えば、Yangら [2090] は、シェーディングを低解像度で行ってから、法線と深度を使って
アップサンプリングでバイラテラル フィルタリングを行い、最終的なフレームを形成します。
1つの代案は最近深度フィルタリングで、低解像度イメージの4つのサンプルを取り出し、深度
が高解像度イメージの深度に最も近いものを使います [883]。Hennessy [779] と Pesce [1507]
が、それらと他のイメージをアップサンプルする手法を比較対照しています。低解像度レン
ダリングの1つの問題は、詳細が失われる可能性があることです。Herzogら [796] が、時間コ
ヒーレンスと再投影を利用して、品質をさらに改善しています。ピクセルあたりのサンプル
数が変わる可能性があるので、バイラテラル フィルターは分離可能ではありません。それを
分離可能として扱うことで生じるアーティファクトは、他のシェーディング効果で隠せると、
Green [640] が述べています。

　後処理パイプラインの実装によく使われる手法が、**ピンポン バッファー** [1410] の使用です。
これは単純に、中間結果や最終結果を保持するために使う2つのオフスクリーン バッファーの
間で、操作を適用するという考え方です。最初のパスでは、1つ目のバッファーが入力テクス
チャーで、2つ目のバッファーが出力を送る場所です。次のパスでは役割が逆になり、2つ目
が入力テクスチャーとして振る舞い、1つ目が出力に再利用されます。この2番目のパスで、1
つ目のバッファーの元の内容は上書きされ、過渡的に、処理パスの一時的な格納場所として使
われます。現代のレンダリング システムの設計では、過渡的なリソースの管理と再利用が極
めて重要な要素です [1420]。アーキテクチャーの観点からは、別々のパスに、それぞれ特定の
効果を行わせるのが便利です。しかし効率のためには、なるべく多くの効果を1つのパスに結
合するのが最善です [2062]。

　以前の章では、形態的アンチエイリアシング、ソフトな影、スクリーン空間アンビエン
ト オクルージョンなどのテクニックで、隣にアクセスするピクセル シェーダーが使われ
ました。後処理効果は一般に最終イメージの上で実行し、赤外線画像の模倣 [797]、フィル
ム粒子 [1377] と色収差 [585] の再現、エッジ検出 [174, 550, 1320]、熱ゆらぎ [1377] とさざ波
[65] の生成、イメージのポスター化 [65]、雲のレンダーの支援 [98]、その他の膨大な数の操

図12.5. ピクセル シェーダーを使ったイメージ処理。左上の元のイメージを様々な方法で処理する。右上はガウス差分操作、左下はエッジ検出、右下はエッジ検出に元のイメージをブレンドした合成を示す。(**イメージ提供**: *NVIDIA Corporation*。)

作 [174, 585, 881, 1318, 1319, 1394] を行えます。セクション15.2.3が、ノンフォトリアリスティック レンダリングに使う、いくつかのイメージ処理 クニックを紹介しています。図12.5に、少数の例があります。どれも入力として色のイメージしか使いません。

　網羅的な（そして骨の折れる）すべての可能なアルゴリズムの事例を続ける代わりに、様々なビルボードとイメージ処理テクニックを使って得られる、いくつかの効果でこの章を締めくくります。

12.2　再投影テクニック

再投影は、以前のフレームで計算したサンプルを再利用する考え方に基づきます。その名前が示すように、それらのサンプルを、新しい視点の位置と向きから可能な限り再利用します。再

12.2. 再投影テクニック

投影法の1つの目的は、レンダリングのコストを複数のフレームで償却すること、つまり、時間コヒーレンスの利用です。したがって、これはセクション5.4.2で取り上げた、時間アンチエイリアシングにも関連します。別の目的は、アプリケーションが現在のフレームのレンダリングを時間内に完了できないときに、近似的な結果を作ることです。このアプローチは、特に仮想現実アプリケーションでシミュレーター酔いを避けるのに重要です（セクション21.4.1）。

再投影法は**逆再投影**と**順再投影**に分けられます。逆再投影の基本的な考え方 [1368, 1673] が、図12.6に示されています。ある三角形を時刻tでレンダーするときに、その頂点位置を現在のフレーム（t）とその前（$t-1$）の両方で計算します。頂点シェーディングからのzとwを使って、ピクセル シェーダーはtと$t-1$の両方の補間値z/wを計算でき、それらが十分に近ければ、新しいシェーディングの値を計算する代わりに、以前の色バッファーの$\mathbf{p}_i^{t-1}$で双線形参照を行い、その計算済みの値を使うことができます。以前は遮蔽され、その後見えるようになった領域には（例えば、図12.6の暗緑色の領域）、利用可能なシェーディング済みのピクセルがありません。これは**キャッシュ ミス**と呼ばれます。それが起きたら、新しいピクセル シェーディングを計算して、その穴を埋めます。シェーディングした値の再利用は、それが動きの種類（オブジェクト、カメラ、光源）に依存しないと仮定するので、シェーディング値を再利用するフレームが多すぎないようにするのが賢明です。Nehabら [1368] は、何フレームか再利用したら、必ず自動的なリフレッシュを行うべきだと提案しています。これを行う1つの手段は、スクリーンをnのグループに分け、各グループを2×2ピクセルの領域の疑似ランダムな選択にすることです。フレームごとに、1つのグループを更新し、それによりピクセル値の長すぎる再利用を回避します。逆再投影の別の変種は、速度バッファーを格納して、すべてのテストをスクリーン空間で行い、頂点の2重の変換を回避することです。

古い値を徐々に廃棄する**移動平均フィルター** [1368, 1673] を、品質の改善に使うこともできます。特に空間アンチエイリアシング、ソフトな影、グローバル照明に適切です。そのフィルターは次で記述され

$$\mathbf{c}_f(\mathbf{p}^t) = \alpha \mathbf{c}(\mathbf{p}^t) + (1-\alpha)\mathbf{c}(\mathbf{p}^{t-1}) \tag{12.2}$$

$\mathbf{c}(\mathbf{p}^t)$は$\mathbf{p}^t$で新たにシェーディングしたピクセル値、$\mathbf{c}(\mathbf{p}^{t-1})$は前のフレームから逆再投影された色、$\mathbf{c}_f(\mathbf{p}^t)$はフィルター適用後の最終的な色です。Nehabらはいくつかのユースケースで$\alpha = 3/5$を使っていますが、何をレンダーするかに応じて様々な値を試すことを推奨してい

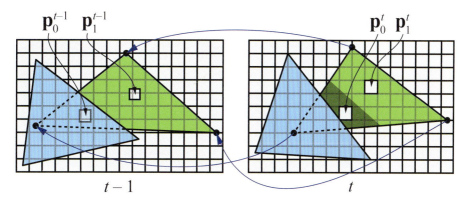

図12.6. 時刻$t-1$と、後のフレームの時刻tの緑と青の三角形。緑の三角形で2つのピクセルの中心にある3次元の点$\mathbf{p}_i^t$が、ピクセル領域と一緒に、$\mathbf{p}_i^{t-1}$に逆投影されている。見ての通り、$\mathbf{p}_0^t$は見えるが、$\mathbf{p}_0^{t-1}$は遮蔽され、この場合シェーディングの結果は再利用できない。しかし、$\mathbf{p}_1$は$t-1$とtの両方で見えるので、その点のシェーディングは再利用できる可能性がある。（*Nehab*ら *[1368]* からの図。）

ます。

　順再投影はフレーム $t-1$ のピクセルで働き、それらをフレーム t に投影するので、2重の頂点シェーディングは不要です。これはフレーム $t-1$ からのピクセルをフレーム t に**散布**することを意味し、一方、逆再投影法はフレーム $t-1$ からのピクセル値をフレーム t に**収集**します。この手法も見えるようになった領域に対処する必要があり、それはたいてい様々なヒューリスティック穴埋めアプローチで行い、つまり、不明な領域の値を周りのピクセルから推定します。Yuら[2099]は順再投影を使い、被写界深度効果を安価に計算しています。Didykら[378]は古典的な穴埋めを行わず、動きベクトルに基づいてフレーム $t-1$ の上にグリッドを適応的に生成することで、穴を回避します。このグリッドを深度テスト付きでレンダーしてフレーム t に投影しますが、それは遮蔽と折り重なりを、適応グリッド三角形の深度テスト付きラスタライズの一部として処理することを意味します。Didykらの手法は、通常2つのイメージの間のコヒーレンスが高い、仮想現実のステレオ ペアの生成で、左目から右目に再投影します。後にDidykら[379]は、知覚的に動機付けられた、時間アップサンプリングを行う、例えばフレーム レートを40Hzから120Hzに増やす手法を紹介しています。

　YangとBowles[204, 2091, 2092]は、t と $t+1$ の2つのフレームから、その2フレーム間のフレーム $t+\delta t$ $(\delta t \in [0,1])$ に投影する手法を紹介しています。1つではなく2つのフレームを使うので、彼らのアプローチのほうが、遮蔽状況にうまく対処する可能性が大きくなります。そのような手法はゲームでフレーム レートを30FPSから60FPSに上げるために使われ、それが可能なのは、彼らの手法が1ms未満で実行されるからです。彼らのコース ノート[2092]と、Scherzerらの時間コヒーレンス手法に関する広範囲の調査[1676]を読むことを薦めます。Valient[1947]も、*Killzone: Shadow Fall* のレンダリングの高速化に、再投影を使っています。時間アンチエイリアシングで再投影を使う実装の詳細については、セクション5.4.2の終わりに、数多くの参考資料を紹介しています。

12.3　レンズフレアとブルーム

レンズフレアは、間接反射や他の意図しない経路でレンズ系や目を通過する光により生じる現象です。フレアは、いくつかの現象で分類でき、最も重要なものがハローと毛様コロナです。ハローはレンズの結晶構造の放射状繊維により生じます。それは光の周りの輪のように見え、その外縁は赤みを帯び、内側は紫になります。光源の距離に関係なく、ハローの見かけのサイズは一定です。毛様コロナは、レンズ中の密度の変動により生じ、1点から放射する光線のように見え、ハローの外に広がることがあります[1806]。

　カメラのレンズも、レンズの一部が光を内部で反射したり屈折するときに、2次的な効果を作り出すことがあります。例えば、カメラの開口部のブレードによって、多角形パターンが現れることがあります。ガラスの中の小さな溝により、フロントガラスに光の筋（ストリーク）が張り付いて見えることもあります[1410]。ブルームはレンズや目の他の部分の中での散乱により発生し、ライトの周りに輝きを作り出し、シーンの他の場所のコントラストを下げます。ビデオ カメラは**電荷結合素子（CCD）**を使い、光子を電荷に変換することにより、イメージを記録します。CCD中のある電荷位置が飽和して、隣の位置に溢れ出すとき、ビデオ カメラでブルームが発生します。ハロー、コロナ、ブルームは、1つの分類として**グレア効果**と呼ばれます。

　現実には、カメラの技術が進歩するにつれて、そのようなアーティファクトの大半は、どん

12.3. レンズフレアとブルーム   453

どん見られなくなっています。設計の改良、レンズ フード、反射防止コーティングで、それ
らのさまようゴースティング アーティファクトを減らしたり、除去できます[649, 850]。しか
し、今では日常的に、それらの効果がデジタルで本物の写真に追加されています。コンピュー
ター モニターが作り出す光の強さには限界があるので、そのような効果をイメージに加えるこ
とにより、シーン中やオブジェクトからの明るさが増す印象を与えることができます[2097]。
ブルーム効果とレンズフレアは写真、映画、インタラクティブなコンピューター グラフィッ
クスで広く使われるので、ほとんど決まり文句になっています。それでも、巧みに使えば、そ
のような効果は見る人に強い視覚的な手がかりを与えられます。

　説得力のある効果を供給するため、レンズフレアは光源の位置で変化すべきです。King [970]
は、テクスチャーが異なる正方形のセットを作成し、レンズフレアを表しています。それらを
画面の光源位置から画面の中心を通る直線の向きにします。ライトが画面の中心から遠いとき
には、それらの正方形は小さくより透明で、ライトが内側に動くにつれて、大きく不透明にな
ります。Maughan [1230] が、GPUを使って画面上の面光源の遮蔽を計算することにより、レ
ンズフレアの明るさを変えています。1ピクセルの強度テクスチャーを生成し、それを使って
効果の明るさを減衰します。Sekulic [1718] は、光源を1つのポリゴンとしてレンダーし、オ
クルージョン クエリー ハードウェアを使って見える領域のピクセル数を与えています（セク
ション19.7.1）。クエリーが値をCPUに返すのを待ってGPUがストールするのを避けるため、
次のフレームの減衰の大きさの決定にその結果を使います。強度はかなり連続的に予測可能な
変化をする可能性が高いので、1フレームの遅れはほとんど知覚の混乱を引き起こしません、
Gjølと Svendsen [585] は、最初に深度バッファー（他の効果にも使う）を生成し、それをレ
ンズフレアが現れる場所で螺旋パターンで32回サンプルし、その結果を使ってフレア テクス
チャーを減衰します。可視性サンプリングは、フレアのジオメトリーをレンダーする間に頂点
シェーダーで行うので、ハードウェア オクルージョン クエリーによる遅れは回避されます。

　シーン中の明るいオブジェクトやライトからの光の筋（ストリーク）も、半透明なビルボー
ドを描くか、明るいピクセル自体に後処理フィルタリングを行うことで、同様に行えます。
*Grand Theft Auto V*などのゲームが、ビルボードに適用したテクスチャーのセットを、スト
リークなどの効果に使っています[318]。

　Oat [1410] が、**操縦可能フィルター**を使ったストリーク効果の作成を論じています。領域
の上で対称にフィルター処理を行う代わりに、このタイプのフィルターは方向を与えられま
す。この方向沿いのテクセル値を足し合わせることで、ストリーク効果を生み出します。4分
の1の幅と高さにダウンサンプルしたイメージと、ピンポン バッファーを使う2つのパスを
使って、説得力のあるストリーク効果を与えます。図12.7が、このテクニックの例を示してい
ます。

　他にもビルボードよりはるかに優れた、多くの変種とテクニックが存在します。Mit-
tring [1331] は、イメージ処理で分離した明るい部分をダウンサンプルし、いくつかのテクス
チャーでぼかしています。次にそれを複製し、スケールし、鏡像反転し、薄い色を付けて最終
的なイメージの上に合成します。このアプローチを使うと、どのフレアにも同じ処理が適用さ
れ、アーティストはフレアの光源の外見を独立に制御できません。しかし、サーフェスのスペ
キュラー反射や発光部分、あるいは明るい火花のパーティクルなど、イメージの任意の明る
い部分でレンズフレアを生成できます。Wronski [2063] が、1950年代に使われた映画撮影装
置の副産物である、アナモルフィック レンズフレアを述べています。Hullinら [649, 850] は、
様々なゴースティング アーティファクトの物理モデルを与え、光束をトレースして効果を計
算しています。それはレンズ系のデザインに基づくもっともらしい結果と、正確さと性能のト

図12.7. レンズフレア、スター グレア、ブルーム効果に加えて、被写界深度とモーション ブラー [1306]。別々のイメージを累積することによる、いくつかの動く球の上のストロボ アーティファクトに注意。（*Masaki Kawase*による「*Rthdribl*」からのイメージ。）

レードオフを与えます。LeeとEisemann [1093] は、この研究を足場に、高価な前処理を回避する線形モデルを使います。実装の詳細をHennessy [778] が与えています。図12.8が、制作で使われる典型的なレンズフレア システムを示しています。

　極端に明るい領域が、隣接ピクセル上にあふれ出すブルーム効果は、既に紹介したいくつかのテクニックを組み合わせて行います。その中心となる考え方は、「過剰に露出」すべき明るいオブジェクトだけからなるブルーム イメージを作成し、それをぼかしてから、正常なイメージに合成して戻すことです。使うぼかしは一般にガウスですが [899]、最近の参考ショットを見ると、その分布はむしろスパイクの形を示しています [556]。このイメージを作る一般的な手法が、明るいピクセルを保持して、すべての暗いピクセルを黒くし、しばしば遷移点で何らかのブレンドやスケールを行う、**ブライト パス フィルター**です [1734, 1797]。少数の小さなオブジェクトだけのブルームには、スクリーン境界ボックスを計算して、後処理のぼかしと合成パスの範囲を制限できます [2000]。

　このブルーム イメージは低解像度、例えば元の半分から8分の1の幅と高さでレンダーできます。そうすることで時間を節約し、フィルタリングの効果を増すのに役立てられます。この低解像度イメージをぼかして、元のイメージと結合します。この解像度の削減は、圧縮や色分解能の削減テクニックと同じく、多くの後処理効果で使われます [2019]。複数回ダウンサンプルして生成するイメージのセットから、ブルーム イメージを再サンプルし、サンプリング コ

12.4. 被写界深度

図12.8. ゲーム The Witcher 3 で太陽フレアを生成する処理。まず、高コントラストの補正曲線を入力イメージに適用して、太陽の遮蔽されない部分を分離する。次に、そのイメージに太陽を中心とする放射ぼかしを適用する。左に示すように、ぼかしは連続して行われ、それぞれ、その前の出力に作用する。そうすることで、各パスでは限られた数のサンプルを使って効率を上げながら、滑らかで高品質のぼかしを作り出す。すべてのぼかしは、実行時のコストを下げるため、半分の解像度で行われる。フレアの最終的なイメージは、元のシーンのレンダリングに加算結合される。(CD PROJEKT®, The Witcher® are registered trademarks of CD PROJEKT Capital Group. The Witcher game © CD PROJEKT S.A. Developed by CD PROJEKT S.A. All rights reserved. The Witcher game is based on the prose of Andrzej Sapkowski. All other copyrights and trademarks are the property of their respective owners.)

ストを最小化しながら、より広いぼかし効果を与えることができます [899, 1502, 2062]。例えば、1つの明るいピクセルが画面を横切ると、サンプルされないフレームがあるため、チラツキが生じるかもしれません。

　目標は明るい場所が露出過度に見えるイメージなので、このイメージの色を望むようにスケールして元のイメージに加えます。色を飽和させて白に近付ける加算ブレンドが、普通はまさに望むものです。図12.9に例が示されています。より美的な制御にアルファ ブレンドを使うこともできます [2000]。閾値化の代わりに、ハイダイナミックレンジ画像をフィルター処理するほうが、よい結果が得られます [556, 899]。高低のダイナミックレンジのブルームを別々に計算して合成し、様々な現象を、より説得力のあるやり方で捕らえることができます [585]。他の変種も可能で、例えば、現在のフレームに前のフレームの結果も加えて、アニメートするオブジェクトに光の筋を与えられます [882]。

12.4 被写界深度

ある設定のカメラ レンズには、オブジェクトの焦点が合う範囲である、その**被写界深度**があります。その範囲の外にあるオブジェクトは、外に行くほど、不鮮明にぼやけます。写真撮影では、このぼやけは開口部のサイズと焦点距離に関連します。開口部のサイズを減らすと被写界深度は増えて、焦点の合う深度の範囲は広がりますが、イメージを作る光の量は減ります (セクション9.2)。屋外の日中のシーンで撮る写真は、光の量が十分あるため小さな開口部サ

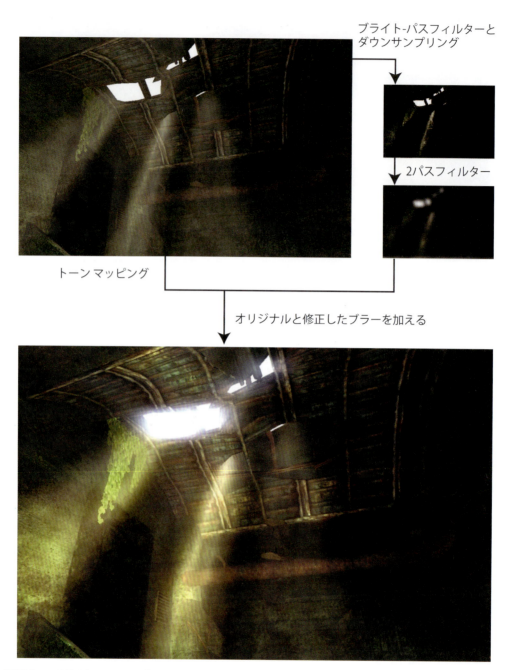

図12.9. ハイダイナミックレンジ トーン マッピングとブルーム。下のイメージは元のイメージにトーン マッピングを使い、後処理ブルームを加えて作成[2011]。「*Far Cry*」からのイメージ、提供：*Ubisoft*。)

イズ、理想的にはピンホール カメラになるので、一般に大きな被写界深度を持ちます。薄暗い部屋の中では、被写界深度は著しく狭まります。したがって、被写界深度効果を制御する1つの手段は、それをトーン マッピングと結びつけ、焦点の合わないオブジェクトを、光のレベルが下がるほどぼかすことです。別の手段は、望みのドラマチックな効果のため、焦点を変えて被写界深度を増やす手動の美的制御を許すことです。図12.10の例を参照してください。

12.4. 被写界深度

図12.10. 被写界深度はカメラの焦点に依存する。（G3Dでレンダーしたイメージ、提供：*Morgan McGuire [228, 1268]*。）

　累積バッファーを使って、被写界深度をシミュレートできます[689]（図12.11）。レンズ上のビュー位置を変化させ、焦点を一定に保てば、オブジェクトはその焦点からの距離に相対的にぼやけてレンダーされます。しかし、他の累積効果と同じく、この手法にはイメージごとに複数のレンダリングという高いコストが伴います。とは言っても、それは確かに正しい検証イメージに収束し、テストに役立てられます。レイ トレーシングも、開口部上の視線の位置を変えることで、物理的に正しい結果に収束できます。効率のため、多くの手法は焦点の合わないオブジェクトに低い詳細レベルを使えます。

　インタラクティブ アプリケーションでは非実用的ですが、レンズ上のビュー位置をずらす累積テクニックは、ピクセルごとに何を記録すべきかについて、合理的な考え方を提供します。サーフェスは、焦点の距離に近い焦点の合うもの（**焦点フィールドまたはミッドフィー**

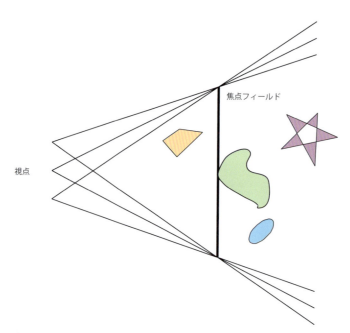

図12.11. 累積による被写界深度。ビュー方向が焦点を指すように保ちながら、視点の位置を少し動かす。個々にレンダーしたイメージを足し合わせ、すべてのイメージの平均を表示する。

ド）、それより遠いもの（ファーフィールド）、近いもの（ニアフィールド）の3つのゾーンに分類できます。焦点距離にあるサーフェスでは、どのピクセルも鮮明に領域を示し、どの累積イメージもほぼ同じ結果です。焦点フィールドは、オブジェクトが少しだけ、例えば半ピクセル未満、焦点が合わない深度の範囲です[228, 1268]。この範囲を写真家は被写界深度と呼びます。インタラクティブなコンピューター グラフィックスでは、完璧な焦点を持つピンホールカメラをデフォルトで使うので、被写界深度はニア/ファーフィールドの内容をぼかす効果を指します。平均したイメージの各ピクセルは、異なる視点から見たすべてのサーフェス位置のブレンドなので、焦点の合わない領域はぼやけ、その位置は大きく変わることがあります。

　この問題への1つの限定的な解決方法は、別々のイメージ レイヤーを作成することです。焦点の合うオブジェクトだけのイメージ、オブジェクトより遠いイメージ、オブジェクトより近いイメージをレンダーします。これは遠/近のクリッピング平面の位置を変えることで行えます。ニア/ファーフィールドのイメージをぼかしてから、3つのイメージすべてを、後ろから前の順に合成して一緒にします[1400]。この2次元イメージに深度を与えて結合するのでそう呼ばれる2.5次元アプローチは、環境によっては妥当な結果を与えます。オブジェクトが複数のイメージに広がり、ぼやけから唐突に焦点が合うとき、この手法は破綻します。また、すべてのフィルター処理されるオブジェクトのぼやけは一様なので、距離による変換がありません[370]。

　この処理の別の見方は、被写界深度をサーフェス上の1つの位置与える影響と考えることです。サーフェス上の小さなドットを考えます。サーフェスに焦点が合うときには、そのドットは1つのピクセルを通して見えます。サーフェスに焦点が合わない場合、そのドットは視点に応じて、近くのピクセルに現れます。その極限では、ドットはピクセル グリッド上で塗りつぶす円を定義します。これが**錯乱円**と呼ばれます。

　写真撮影では、焦点フィールド外の領域の美的な品質を、「ぼけ（ブラー）」を意味する日本

12.4. 被写界深度

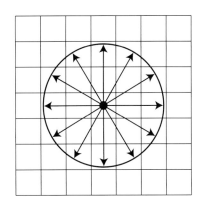 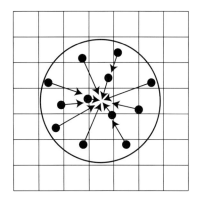

図12.12. 散布操作は、例えば円形のスプライトをレンダーして、ピクセルの値を近隣の領域に広める。収集では、近隣の値をサンプルし、ピクセルに影響を与えるのに使う。GPUのピクセル シェーダーはテクスチャ サンプリングによる収集操作を行うことに最適化されている。

語から**ボケ**と呼びます。開口部を通って入る光はたいていガウス分布ではなく、一様に広がります[1804]。その錯乱領域の形は開口部ブレードの数と形、さらにサイズに関連します。安価なカメラは、完璧な円ではなく五角形のぼけを生じます。現在、ほとんどの新しいカメラは7枚、ハイエンドのモデルは9枚以上のブレードを持ちます。よいカメラのブレードは丸く、ボケが円になります[2059]。夜間の撮影のほうが開口部サイズが大きく、より円形のパターンを持ちます。レンズフレアとブルームを効果のために増幅するのと同様に、物理的なカメラで撮影していることを暗示するため、錯乱円に六角形をレンダーすることがあります。六角形は分離可能2パス後処理ぼかしで作るのが特に簡単な形状なので、Barré-Brisebois[117]が説明するように、数多くのゲームで使われます。

　被写界深度効果を計算する1つの手段は、サーフェス上の各ピクセルの位置をとり、そのシェーディングの値を、この円や多角形の中にある近隣のピクセルに散布することです（図12.12の左）。散布の考え方は、ピクセル シェーダーの能力にうまく合いません。ピクセル シェーダーが効率よく並列に動作できるは、結果を近隣に広めないからす。1つの解決法は、すべてのニア/ファーフィールドのピクセルで**スプライト**（セクション13.5）をレンダーすることです[1330, 1800, 2059]。各スプライトは別のフィールド レイヤーとしてレンダーされ、スプライトのサイズは錯乱円の半径で決まります。レイヤーごとに、すべての重なるスプライトを平均してブレンドした総和を格納し、そのレイヤーを次のレイヤーに合成します。この手法は**前方マッピング** テクニック[370]と呼ばれることもあります。そのような手法は、イメージのダウンサンプリングを使っても遅いことがあり、さらに悪いことに、かかる時間が、特に焦点のフィールドが浅いときに変化します[1631, 1804]。性能の変動は、フレーム予算、つまり、すべてのレンダリング操作に割り当てる時間の管理が難しいことを意味します。予測不能性は、フレームの欠落や、むらのあるユーザー体験をもたらすことがあります。

　錯乱円についての別の考え方は、ピクセルの周りの局所的な近隣が、ほぼ同じ深度を持つと仮定することです。この考え方で、収集操作を行えます（図12.12の右）。ピクセル シェーダーは、以前のレンダリング パスからの結果の収集に最適化されています。したがって、被写界深度効果を行う1つの手段は、ピクセルごとに、その深度を基にサーフェスをぼかすことです[1795]。その深度が、サンプルすべき領域の広さである錯乱円を定義します。そのような収集アプローチは**後方マッピング**や**逆マッピング法**と呼ばれます。

　ほとんどの実用的なアルゴリズムは、1つの視点からの初期イメージで開始します。これは、

図**12.13.** ニアフィールドのぼかし。左は被写界深度効果がない元のイメージ。中央は、ニアフィールドのピクセルはぼけているが、焦点フィールドに隣接する場所にはシャープなエッジがある。右は分離ニアフィールド イメージを使い、それより遠くの内容に合成した効果を示している。（G3Dを使って生成したイメージ [228, 1268]。）

最初から欠けた情報があることを意味します。このビューから見えず、シーンの他のビューから見えるサーフェス部分があります。Pesceが述べるように、手持ちの見えるサンプルで最善をつくすことに目を向けるべきです [1501]。

収集テクニックは長年にわたり、どれも以前の研究をふまえて進歩しています。ここではBukowskiら [228, 1268] の手法と、遭遇する問題への解決策を紹介します。彼らのスキームはピクセルごとに、その深度に基づいて、錯乱円の半径を表す符号付きの値を生成します。この半径はカメラの設定と特性から導くこともできますが、アーティストは効果の制御を好むので、ニア/焦点/ファーフィールドの範囲をオプションで指定できます。半径の符号は、そのピクセルがニアとファーどちらのフィールドにあるかを指定し、$-0.5 < r < 0.5$ が焦点フィールド内にあり、半ピクセルのぼけは焦点が合うと見なします。

次にこの錯乱円の半径を含むバッファーを使い、イメージを2つのイメージ、ニアフィールドとそれ以外に分離します、それぞれをダウンサンプルして、分離可能フィルターを使い2パスでぼかします。この分離を行うのは、ニアフィールドのオブジェクトのエッジはぼけるべき、という重要な問題に対処するためです。各ピクセルを、その半径を基にぼかして、1つのイメージに出力すると、前景オブジェクトがぼけていながら、シャープなエッジを持つことがあります。例えば、前景オブジェクトのシルエットのエッジが、焦点の合うオブジェクトを横切るとき、焦点の合うオブジェクトをぼかす必要はないので、そのサンプル半径はゼロに落ちます。これにより前景オブジェクトの、周りのピクセルへの影響が唐突に低下し、シャープなエッジが生じます（図12.13）。

行いたいのは、ニアフィールドのオブジェクトを滑らかにぼかし、それらの境界を越える効果を生み出すことです。これは、ニアフィールド ピクセルを、分離したイメージに書き込んでぼかすことにより達成されます。さらに、このニアフィールド イメージのピクセルごとに、そのブレンド係数を表すアルファ値を割り当て、それもぼかします。2つの分離イメージを作成するときには、ジョイント バイラテラル フィルタリングなどのテストを使います。詳細は、その記事 [228, 1268] とコードを参照してください。そのテストには、ファーフィールドのぼかし、サンプルするピクセルと大きく離れた隣接オブジェクトの破棄など、いくつかの機能があります。

分離と錯乱円の半径に基づくぼかしを行った後、合成を行います。錯乱円の半径を使い、

12.4. 被写界深度

図12.14. *The Witcher 3*の被写界深度。ニア/ファーフィールドのぼかしが、もっともらしく焦点フィールドとブレンドしている。(*CD PROJEKT®, The Witcher® are registered trademarks of CD PROJEKT Capital Group. The Witcher game© CD PROJEKT S.A. Developed by CD PROJEKT S.A. All rights reserved. The Witcher game is based on the prose of Andrzej Sapkowski. All other copyrights and trademarks are the property of their respective owners.*)

元の焦点が合うイメージとファーフィールド イメージの線形補間を行います。この半径が大きいほど、ぼけたファーフィールドの結果を使います。次にニアフィールド イメージのアルファ被覆率の値を使い、この補間結果の上に近くのイメージをブレンドします。こうすることで、ニアフィールドのぼかした内容が、背後のシーンの上に正しく広がります（図12.10と12.14）。

このアルゴリズムには、いくつかの単純化があり、それを妥当に見せるための微調整が行われます。ピクセルあたり複数のz-深度を含む現象なので、パーティクルは他の方法で処理したほうがよいかもしれず、透明度は問題を生じる可能性があります。それでも、この手法の入力は色と深度のバッファーだけで、3つの後処理パスしか使わず、単純で比較的堅牢です。錯乱円に基づくサンプリングと、ニア/ファーフィールドの別々のイメージ（またはイメージのセット）への分離の考え方は、被写界深度をシミュレートするために開発されてきた、広範囲のアルゴリズムに共通のテーマとなっています。そのような手法は効率的で、堅牢で、予測可能なコストを保つ必要があるので、より新しい、ビデオ ゲームで（上述の手法と同様に）使われるアプローチをいくつか論じます。

最初の手法は次のセクションで再訪するアプローチ、モーション ブラーを使います。錯乱円の考え方に戻るため、イメージ中のすべてのピクセルを対応する錯乱円に変換し、その強度が円の面積に反比例するとします。この円のセットをソートされた順でレンダーすれば、最もよい結果が与えられます。これは散布の考え方に戻るので、一般には非実用的です。ここで価値があるのは、そのメンタル モデルです。与えられたピクセルで行いたいのは、その位置に重なるすべての錯乱円を決定し、それらをソート順にブレンドすることです（図12.15）。シーンで最大の錯乱円の半径を使い、ピクセルごとに、この半径内で隣と重なるかどうかをチェックし、その錯乱円が現在の位置を含むかどうかを求めることができます。それらのピクセルに影響を与える、隣と重なるサンプルをすべてソートしてブレンドします[899, 1501]。

このアプローチは理想的ですが、求めたフラグメントのソートは、GPU上では過剰に高価です。代わりに、そのピクセルの位置に散布される隣接ピクセルを求めることで収集を行う、

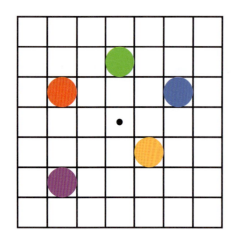 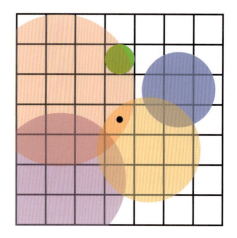

図 12.15. 重なり合う錯乱円。左は、すべて焦点が合った5つのドットがあるシーン。赤いドットが視点に最も近く、ニアフィールドにあり、その次がオレンジのドット、緑のドットは焦点フィールドにあり、青と紫のドットは、その順番でファーフィールドにあるとする。右の図は被写界深度の適用で生じる錯乱円を示し、大きい円ほどピクセルあたりの効果は小さい。緑は焦点が合っているので変わらない。中心のピクセルは赤とオレンジの円だけが重なるので、それらをオレンジの上に赤の順でブレンドし、ピクセルの色が与えられる。

「収集しながら散布」と呼ばれるアプローチを使います。近いイメージの代表として、最も低いz-深度（最も近い距離）で重なる隣接ピクセルを選びます。これにz-深度がかなり近い、他の重なる隣接ピクセルの寄与をアルファ ブレンドで加え、その平均をとり、その色とアルファを「前景」レイヤーに格納します。このタイプのブレンドはソートが不要です。他の重なる隣接ピクセルも、すべて同様に合計して平均し、その結果を別の「背景」レイヤーに格納します。前景/背景のレイヤーはニア/ファーフィールドに対応するものではなく、各ピクセル領域でたまたま見つかるものです。次に前景イメージ背景イメージの上に合成し、ニアフィールドぼかし効果を作り出します。このアプローチは複雑に聞こえますが、様々なサンプリングとフィルタリングのテクニックの適用で効率的になります。Jimenez [899]、Sousa [1804]、Sterna [1822]、Courrèges [318, 319]のプレゼンテーションの様々な実装を参照し、図12.16の例を見てください。

いくつかの古いゲームで使われた別のアプローチは、**熱拡散**を計算する考え方に基づいています。イメージを外向きに拡散し、錯乱円がそのピクセルの熱伝導率を表す熱分布と考えます。焦点の領域は完璧な断熱材で、拡散がありません。Kassら [935] が、サンプルあたり一定の時間で解ける、1次元熱拡散系を三重対角行列として扱う方法を述べています。このタイプの行列を格納して解くのは、コンピュート シェーダーでうまく行えるので、イメージを各軸に沿って分解した、それらの1次元系にする実装が開発されました [663, 666, 1192, 1590]。やはり錯乱円の可視性の問題が存在し、一般には深度を基に別のレイヤー生成して合成することで対処します。このテクニックは錯乱円中の不連続を（したとしても）うまく処理でないので、今日では珍しくなっています。

フレーム中の明るい光源や反射により生じる、特別な被写界深度効果があります。ライトやスペキュラー反射の錯乱円が、フレーム内のそれに近いオブジェクトより大幅に明るくなり、領域にその減光効果が広がることさえあります。すべてのぼかしたピクセルをスプライトとしてレンダーするのは高価ですが、その明るい光源のコントラストのほうが高いので、開口部の形が顕になります。残りのピクセルはそれほど差がないので、その形は重要ではありません。「ボケ」という言葉は（誤って）、それらの明るい領域だけを表すのに使われることがありま

12.5. モーション ブラー

図 12.16. 前景の明るい反射性のポールの上に五角形のボケがある、ニアとファーの被写界深度。(*BakingLab*デモを使って生成したイメージ、提供：*Matt Pettineo [1519]*。)

す。高いコントラストの領域を検出し、残りのピクセルに収集テクニックを使いながら、その少数の明るいピクセルだけをスプライトとしてレンダーすると、明確な輪郭のボケを持つ結果が与えられ、また効率的です[1331, 1511, 1631]（図12.16）。コンピュート シェーダーを投入して、被写界深度の収集で高品質のエリア総和テーブルを作成し、ボケで効率的な散布を行うこともできます[827]。

被写界深度と明るいボケ効果をレンダーする多くのアプローチから少しだけ紹介し、処理効率の改善に使われるいくつかのテクニックを説明しました。確率論的ラスタライズ、ライトフィールド処理などの手法も探求されています。Vaidyanathanら[1941]の記事は、それまでの研究を要約し、McGuire [1268] が、いくつかの実装の概要を与えています。

12.5　モーション ブラー

説得力のあるイメージのシーケンスをレンダーするためには、十分に高い安定したフレーム レートが重要です。滑らかで連続的な動きが好ましく、低すぎるフレーム レートはギクシャクした動きに感じられます。映画は24FPSで表示されますが、劇場は暗く、チラツキへの目の時間的な応答は薄暗がりのほうが鈍感です。また、映画の映写機はイメージを24FPSで変更しますが、次を表示する前に各イメージを2〜4回再表示してチラツキを減らします。おそらく最も重要なのは、映画の各フレームが通常はデフォルトでモーション ブラーされたイメージであり、インタラクティブ グラフィックス イメージがそうでないことです。

映画では、モーション ブラーはフレーム中にスクリーンを横切るオブジェクトの動きや、カメラの動きから生じます。その効果は、フレームに費やす1/24秒の間に、カメラのシャッターが1/40から1/60秒、開いている時間に由来します。この見慣れた映画のぼかしが正常と見なされるので、ゲームでもそれが見られることが期待されます。シャッターを開く時間を1/500秒以下にすると、映画**グラディエーター**や**プライベート・ライアン**などの映画で最初に見られた、運動亢進効果を与えられます。

素速く動くオブジェクトは、モーション ブラーがないと、フレーム間で多くのピクセルを「飛び越し」、ギクシャクして見えます。これはエイリアシングの一種と考えることができ、ジャギーと似ていますが、性質は空間的ではなく時間的です。モーション ブラーは、時間領

図**12.17.** 左は、カメラが固定され、車がぶれる。右は、カメラが車を追跡し、背景がぶれる。（イメージ提供：*Morgan McGuire*ら*[1263]*。）

域のアンチエイリアシングと考えることができます。表示解像度を上げてジャギーを減らせても、取り除けないのと同じく、フレーム レートを上げても、モーション ブラーの必要性はなくなりません。ゲームの特徴はカメラとオブジェクトの素早い動きなので、モーション ブラーは見栄えを大きく改善できます。実際、モーション ブラーがある30FPSは、ない60FPSよりたいていよく見えます[58, 473, 634]。

モーション ブラーは相対的な動きに依存します。オブジェクトが画面で左から右に動けば、画面上では水平にぶれます。カメラが動くオブジェクトを追跡していれば、オブジェクトはぶれず、背景がぶれます（図12.17）。これが現実世界のカメラの動作で、よい監督は関心領域に焦点が合わせ、ぶれないように撮影することを知っています。

被写界深度と同様に、一連のイメージを累積することで、モーション ブラーを作り出す手段が与えられます[689]。フレームにはシャッターが開いている時間があります。シーンはこの時間内の様々な時刻で、カメラとオブジェクトはそれぞれ再配置してレンダーされます。その結果のイメージを一緒にブレンドして、オブジェクトがカメラのビューに相対的に動く、ぶれたイメージを与えます。リアルタイム レンダリングでは、そのような処理はフレーム レートを大きく下げることがあるので、通常は非生産的です。また、オブジェクトが素速く動く場合、個々のイメージが識別できるときには、必ずアーティファクトが見えます。454ページの図12.7も、この問題を示しています。確率論的ラスタライズは、複数のイメージをブレンドするときに見えるゴースティング アーティファクトを回避し、代わりにノイズを作り出すことができます[673, 899]。

望むものが純粋なリアリズムではなく、動きの気配であれば、累積の概念を賢いやり方で使えます。8フレームの動くモデルを生成して、高精度バッファーに合計し、それを平均して表示するとします。9番目のフレームで、そのモデルを再びレンダーして累積しますが、この時点で再び最初のフレームのレンダリングも行い、合計結果から引きます。そうするとバッファーは、フレーム2から9の8フレームのぶれたモデルを持っています。次のフレームでは、フレーム2を引いてフレーム10を加え、再び3から10の8フレームの合計が与えられます。これはシーンを毎フレーム2回レンダーするコストと引き換えに、高度にぶれた美的効果を与えます[1282]。

リアルタイム グラフィックスでは、フレームを複数回レンダーするよりも高速なテクニックが必要です。被写界深度とモーション ブラーのどちらも、ビューのセットを平均してレンダーできることは、その2つの現象の類似性を示しています。それらを効率よくレンダーするためには、どちらの効果もサンプルを近隣のピクセルに散布する必要がありますが、通常行うのは収集です。ぶれ方が変化する複数のレイヤーで動作し、与えられた1つの開始フレームの内容で遮蔽されている領域を再構成する必要もあります。

12.5. モーション ブラー

図 12.18. 動きの感覚を強化する放射ぶれ。(「*Assassin's Creed*」からのイメージ、提供: *Ubisoft*。)

いくつかの異なるモーション ブラーの発生源があり、それぞれ適用できる手法があります。それらは大まかに複雑さが大きくなる順にカメラの向きの変化、カメラの位置の変化、オブジェクトの位置の変化、オブジェクトの向きの変化に分類できます。カメラがその位置を維持する場合、世界全体を視点を囲むスカイボックスと考えることができます（セクション13.3）。向きだけの変化は、イメージ全体の上に、その方向へのぶれを作り出します。与えられた方向と速さで、この方向に沿った各ピクセルをサンプルし、その速さでフィルターの幅を決定します。そのような方向ぶれは、**線積分畳み込み（LIC）** [238, 763] と呼ばれ、流体の流れの可視化でも使われます。Mitchell [1323] が、与えられた動きの方向に対する、モーション ブラー キューブ環境マップを論じています。カメラがそのビュー軸で回転する場合は、回転ブレを使い、各ピクセルの方向と速さは回転の中心に対して変化します [1957]。

カメラの位置が変化していると、視差が作用し始め、例えば、遠くのオブジェクトの動きは遅いので、ぶれも小さくなります。カメラが前に動くときには、視差を無視できるかもしれません。放射ぶれで十分なことがあり、ドラマチックな効果のために誇張することもできます。図12.18がその例です。

例えばレーシング ゲームでリアリズムを上げるには、個々のオブジェクトの動きを正しく計算するぶれが必要です。コンピューター グラフィックスでパンと呼ばれる、前を見ながら横に動く場合[*1]、深度バッファーが、各オブジェクトをぶれさせるべき大きさを教えてくれま

[*1] 映画撮影では、パンはカメラの位置を変えずに左右に回転することを意味します。横の移動は「トラック」、縦の移動は「ペデスタル」です。

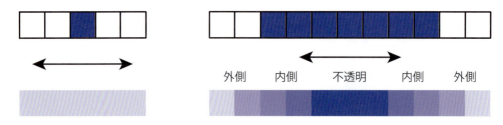

図12.19. 左では、水平に動く単純なサンプルが透明な結果を与える。右では、外側の領域のほうがサンプルが少ないので、7個のサンプルが先細る効果を与える。真ん中の領域はフレームの間ずっと何らかのサンプルに覆われるので、不透明。（*Jimenez [899]*より）

す。オブジェクトが近いほど、ぶれは大きくなります。前に動いている場合、動きの量はさらに複雑です。Rosado [1623]が、前のフレームのカメラのビュー行列を使う、その場の速度の計算を述べています。その考え方は、ピクセルのスクリーン位置と深度を変換してワールド空間位置に戻してから、そのワールドの点を前のフレームのカメラを使ってスクリーン位置に変換することです。それらのスクリーン空間位置の差が速度ベクトルで、それを使ってピクセルのイメージをぶれさせます。合成したオブジェクトを画面の4分の1のサイズでレンダーして、ピクセル処理を節約すると同時に、サンプリング ノイズのフィルター除去を行えます[1541]。

オブジェクトが互いに独立に動いている場合、状況はさらに複雑です。単純明快でも制限のある手法が、ぶれ自体をモデル化してレンダーすることです。これが線分を描いて動くパーティクルを表すことの、論理的根拠です。その概念は、他のオブジェクトにも拡張できます。空気を切り裂く剣があるとします。刃の前後のエッジに沿って2つのポリゴンを加えます。これはモデル化することも、その場で生成することもできます。それらのポリゴンは、剣と触れる場所では完全に不透明で、ポリゴンの外側のエッジでアルファが完全に透明になるように、頂点単位のアルファ不透明度を使います。その考え方は、モデルが動きの方向で透明度を持ち、（仮想的な）シャッターが開いている時間部分だけ剣がピクセルを覆う効果を、シミュレートすることです。

この手法は振り回す剣の刃のような単純なモデルでは動作しますが、テクスチャー、ハイライトなどの特徴もぶれるべきです。動くサーフェスは、個別のサンプルと考えることができます。行いたいのはそれらのサンプルの散布で、初期のモーション ブラーへのアプローチは、それを動きの方向にジオメトリーを伸ばして行っていました[634, 1804]。そのような幾何学的操作は高価なので、「収集しながら散布」アプローチが開発されました。被写界深度では、各サンプルをその錯乱円の半径に広げました。代わりに動くサンプルでは、LICと同じように、各サンプルをフレーム中で進む経路に沿って引き伸ばします。速く動くサンプルのほうが多くの領域に広がるので、位置ごとの効果は小さくなります。理論上はシーン中のすべてのサンプルを半透明な線分として、ソートされた順で描くことができます。可視化が図12.19に示されています。剣の例と同じく、サンプルが多いほど、その結果のぶれは前後のエッジで滑らかな透明度階調を持ちます。

この考え方を使うには、各ピクセルのサーフェスの速度を知る必要があります。広く採用が見られるツールの1つが、**速度バッファー**の使用です[634]。このバッファーを作成するため、モデルの各頂点でスクリーン空間速度を補間します。モデルに前のフレームと現在のフレームの2つのモデリング行列を適用することで、その速度を計算できます。頂点シェーダー プログラムが位置の差を計算し、そのベクトルを相対スクリーン空間座標に変換します。1つの可視化が図12.20に示されています。Wronski [2056]が、速度バッファーの導出と、モーション ブ

12.5. モーション ブラー

図12.20. オブジェクトとカメラの動きによるモーション ブラー。深度と速度のバッファーの可視化が差し込まれている。（イメージ提供：Morgan McGuireら [1263]。）

ラーと時間アンチエイリアシングの組み合わせを論じています。Courrèges [319] が、この組み合わせの *DOOM*（2016）での実装方法を簡単に述べ、結果を比較しています。

　速度バッファーができたら、各オブジェクトのピクセルごとの速さが分かります。ぶれていないイメージもレンダーします。被写界深度と同様に、モーション ブラーでも、効果の計算に必要なすべてのデータを1つのイメージから入手できない問題に遭遇します。被写界深度で理想的なのは、複数のビューを合わせて平均することで、その中には他から見えないオブジェクトを含むビューがあります。インタラクティブなモーション ブラーでは、時間順のシーケンスから1つのフレームを取り出し、それを代表イメージとして使います。それらのデータをなるべくうまく使いますが、理解すべき重要なことは、必要なすべてのデータが常にあるとは限らないため、アーティファクトが生じるかもしれないことです。

　このフレームと速度バッファーが与えられたら、モーション ブラー用の「収集しながら散布」システムを使い、オブジェクトの各ピクセルへの影響を再構成できます。最初はMcGuireら [227, 1263] が述べ、Sousa [1804] と Jimenez [899] が発展させたアプローチ（Pettineo [1519] がコードを提供）です。1つ目のパスで、画面のセクションごと、例えば、8×8ピクセル タイルごとに最大速度を計算します（セクション24.1）。その結果はタイルごとの最大速度を持つバッファーで、方向と大きさを持つベクトルです。2つ目のパスで、最も高い最大値を求めるため、このタイル-結果バッファーの3×3領域をタイルごとに調べます。このパスにより、タイル中で素速く動くオブジェクトが、隣接タイルで計上されます。つまり、最初のシーンの静止ビューが、オブジェクトがぶれたイメージに変わります。そのぶれは隣のタイルと重なることがあるので、そのようなタイルは、それらの動くオブジェクトを見つけるのに十分な広さの領域を調べる必要があります。

　最後のパスで、モーション ブラー イメージを計算します。被写界深度と同様に、素速く動いてピクセルに重なる可能性があるサンプルを、各ピクセルの近隣で調べます。違いは、各サンプルが独自の経路に沿った、独自の速度を持つことです。関連するサンプルをフィルターしてブレンドするための、様々なアプローチが開発されてきました。1つの手法は、カーネルの

方向と幅の決定に最大の速度の大きさを使うことです。この速度が半ピクセル未満なら、モーション ブラーは不要です [1263]。そうでなければ、最大速度の方向沿いにイメージをサンプルします。被写界深度と同じく、ここでは遮蔽が重要なことに注意してください。静止オブジェクトの後ろで素早く動くモデルのぶれ効果が、静止オブジェクトの上に、にじみ出すべきではありません。隣のサンプルの距離がピクセルのz-深度に十分近いことが分かれば、それは見えると考えます。それらのサンプルをブレンドして、前景の寄与を形成します。

図12.19では、モーション ブラー オブジェクトに3つのゾーンがあります。不透明な領域は完全に前景オブジェクトに隠れるので、それ以上のブレンドは不要です。外側のぶれる領域は、元のイメージで（7つの青いピクセルの上段）ピクセルに利用可能な背景色を持ち、その上に前景をブレンドできます。しかし、内側のぶれる領域では、元のイメージが前景しか示さないので、背景が含まれません。それらのピクセルでは、どんな背景の見積もりでも、何もないよりはましだという理由で、前景にない隣のサンプルしたピクセルをフィルター処理して、背景を見積もります。図12.20に例が示されています。

このアプローチの見栄えの改善に使う、いくつかのサンプリングとフィルタリングの手法があります。ゴースティングを避けるため、サンプル位置をランダムに半ピクセル、ジッターします [1263]。外側のブレる領域には正しい背景がありますが、これを少しぶれさせることにより、内側のぶれを見積もった背景との不快な不連続を回避します [899]。ピクセルのオブジェクトは、3×3 タイルのセットの支配的な速度と異なる方向に動いていることがあり、そのような状況では異なるフィルタリング手法を使うことがあります [673]。Bukowski ら [227] が別の実装の詳細を述べ、そのアプローチを様々なプラットフォームにスケールさせることを論じています。

このアプローチは、モーション ブラーで十分にうまく動作しますが、他のシステムも確かに可能で、品質と性能のトレードオフがあります。例えばAndreev [58] は、30FPSでレンダーするフレームを補間して、実質的に60FPSのフレーム レートを与えるため、速度バッファーとモーション ブラーを使っています。モーション ブラーと被写界深度を1つのシステムに結合する考え方もあります。その鍵となる考え方は、速度ベクトルと錯乱円を結合して、統合ブラー カーネルを得ることです [1501, 1502, 1802, 1804]。

他のアプローチも調べられ、GPUの機能と性能の向上とともに研究は続くでしょう。1つの例として、Munkberg ら [1351] が確率論的な交互サンプリングを使い、低いサンプリング レートで被写界深度とモーション ブラーをレンダーしています。後続のパスで高速な再構成テクニックを使い [740]、サンプリング アーティファクトを減らして、モーション ブラーと被写界深度の滑らかな特性を復元します。

ビデオ ゲームでのプレイヤーの体験は、普通は映画と違ってプレイヤーの直接制御の下にあり、ビューが予測不能に変化します。そのような環境では、モーション ブラーを純粋にカメラに基づくやり方で行うと、うまく適用されないことがあります。例えば、一人称シューターゲームでは、回転からのぶれで、不快な乗り物酔いになるユーザーもいます。*Call of Duty: Advanced Warfare* とその続編には、その効果が動くオブジェクトだけに適用されるように、カメラの回転によるモーション ブラーを取り除くオプションがあります。そのアート チームはゲームプレイ中の回転ぶれを取り除き、いくつかのシネマティックシーケンスで有効にしています。平行移動のモーション ブラーは、やはり走行中の速さを伝えるのに役立つので、使われます。また、物理的な映画のカメラがエミュレートできないやり方で、何をモーションブラーするかをアート ディレクションを使って修正することもできます。例えば、宇宙船がユーザーの視界に入り、カメラはそれを追跡しない、つまり、プレイヤーは顔を向けないとし

12.5. モーション ブラー   469

ます。標準のモーション ブラーを使うと、たとえプレイヤーの目が追わなくても、宇宙船は
ぶれます。プレイヤーが特定のオブジェクトを追跡すると仮定し、それに従ってアルゴリズム
を調整すれば、視点が追っているときには背景をぶれさせ、そのオブジェクトがぶれないよう
に保つことができます。

　視線追跡装置と高いフレーム レートは、モーション ブラーの適用を改善したり、それを完
全に取り除くのに役立つでしょう。しかし、その効果は映画のような感覚を呼び起こすので、
その使い方や、他にも病気やめまいの暗示など理由で、これからも用途があるでしょう。モー
ション ブラーは、おそらく使い続けられ、その適用は科学であるのと同じぐらいアートかも
しれません。

参考文献とリソース

Gonzalez と Woods [609] など、伝統的なイメージ処理に特化した、何冊かの教科書がありま
す。特に注目したいのは、Szeliski の *Computer Vision: Algorithms and Applications* [1857]
で、それはイメージ処理と他の多くのトピック、合成レンダリングとの関連を論じている
からです。この本の電子版はフリーでダウンロードでき、そのリンクは本書のウェブサイ
ト realtimerendering.com を見てください。Paris ら [1465] のコース ノートは、バイラテラル
フィルターをきちんと紹介し、数多くの使用例も提供します。

　McGuire ら [227, 1263] と Guertin ら [673] の記事は、どちらもモーション ブラーに関す
る研究の分かりやすい説明で、実装コードが入手できます。Navarro ら [1367] は、インタ
ラクティブとバッチ両方のアプリケーションのモーション ブラーに関する綿密な報告で
す。Jimenez [899] は、ボケ、モーション ブラー、ブルームや他の映画的効果に関連する、
フィルタリングとサンプリングの問題と解決法の詳しい説明で、よい図解が付いています。
Wronski [2062] は、効率を上げるための、複雑な後処理パイプラインの再構築を論じています。
幅広い光学レンズ効果のシミュレートについての詳細は、五反田 [625] の SIGGRAPH コース
の講義を参照してください。

13. ポリゴンのかなた

*"Landscape painting is really just a box of air with little marks
in it telling you how far back in that air things are."*
　　　　—Lennart Anderson

　　風景画は、実際にはその空気中で物がどれほど遠いかを教えてくれる、
　　ほとんど特徴がない空気の箱にすぎない。

サーフェスの三角形によるモデル化は、シーン中のオブジェクトを描く問題への、最も単純明快なアプローチ方法です。しかし、三角形がよいのはある程度までです。オブジェクトをイメージで表すことの大きな利点は、レンダリング コストが、例えば、幾何学的モデルの頂点のピクセルの数ではなく、レンダーするピクセルの数に比例することです。したがって、**イメージベース レンダリング**の1つの使い方は、より効率的にモデルをレンダーする手段です。しかし、イメージ サンプリング テクニックは、これよりはるかに広い使い道があります。雲や毛皮など、三角形で表すのが難しい多くのオブジェクトがあります。そのような複雑なサーフェスの表示には、多層半透明イメージを使えます。

　本章では、まずイメージベース レンダリングを伝統的な三角形のレンダリングと比較対照し、アルゴリズムの概要を紹介します。次にスプライト、ビルボード、インポスター、パーティクル、点群、ボクセルといった、よく使われるテクニックを、より実験的な手法をと合わせて説明します。

13.1　レンダリング スペクトル

レンダリングの目的はオブジェクトを画面に描くことで、その目的をどう達成するかが選択です。シーンをレンダーする唯一の正しい方法はありません。少なくともフォトリアリズムが目的なら、どのレンダリング手法も現実の1つの近似にすぎません。

　三角形には、どの視点からでも妥当な形でオブジェクトを表せる利点があります。カメラの動きにつれて、オブジェクトの表現を変える必要はありません。しかし、品質を上げるため、視点がオブジェクトに近付くにつれて、より高詳細度のモデルで置き換えたいと思うでしょう。逆に、モデルが遠く離れている場合には、単純化した形を使いたいかもしれません。それらは詳細レベル テクニックと呼ばれます（セクション19.9）。その主な目的は、シーンの表示を速くすることです。

図13.1. レンダリング スペクトル。（*Lengyel [1112]*による。）

　オブジェクトが視点から遠ざかるにつれ、他のレンダリングとモデリングのテクニックが関与することが可能になります。三角形の代わりにイメージを使ってオブジェクトを表すことで、スピードが得られます。オブジェクトは画面に素速く送れる単一のイメージで表すほうが、たいてい安価です。[1112]による、レンダリング テクニックの連続体の1つの表現方法が、図13.1に示されています。スペクトルの左から始め、見慣れた右のテリトリーに戻って行きます。

13.2　固定ビュー効果

複雑なジオメトリーとシェーディング モデルでは、シーン全体をインタラクティブな速さでレンダーし直すのが、高価なことがあります。視点の移動能力を制限することにより、様々な形の高速化を行えます。最も制限される状況は、カメラがまったく動かないことです。そのような環境下では、多くのレンダリングが一度行うだけで済みます。

　例えば、シーンの静止部分として柵があり、馬が動いている牧場があるとします。牧場と柵を一度レンダーしてから、そのカラー/z-バッファーを保存します。フレームごとに、それらのバッファーを使ってカラー/z-バッファーを初期化します。そのとき最終的なイメージを得るためにレンダーする必要があるのは、馬そのものだけです。馬が柵の後ろにいれば、その保存してコピーしたz-深度値が、馬を覆い隠します。このシナリオでは、シーンが変化しないので、馬が影を落とさないことに注意してください。さらなる精緻化も可能で、例えば、馬の影の効果の領域を決定できれば、格納されたバッファーの上で評価する必要があるのは、静止シーンのその小さな領域だけです。重要な点は、イメージでピクセルの色を設定するタイミングや方法に制限がないことです。固定ビューでは、複雑な幾何学的モデルを、数多くのフレームで再利用できる単純なバッファーのセットに変換することにより、多くの時間を節約できます。

　コンピューター支援設計（CAD）アプリケーションでは、モデル化するオブジェクトはすべて静止し、ユーザーが様々な操作を行う間にビューは変化しないのが一般的です。ユーザーが望むビューに移動したら、カラー/z-バッファーをすぐに再利用できるように保存して、ユーザー インターフェイスとハイライトした要素をフレームごとに描くことができます。これによりユーザーは、複雑な静止モデルに素速く注釈をつけたり、測定したり、その他のやり取りができます。バッファーに追加の情報を格納することにより、他の操作も行えます。例えば、与えられたビューのオブジェクトID、法線、テクスチャー座標も格納して、ユーザーの操作をテクスチャー自体の変更に変換することにより、3次元ペイント プログラムを実装できます。

13.3. スカイボックス　　　　　　　　　　　　　　　　　　　　　　　　　　　473

　静止シーンに関連する 1 つの概念が**ゴールデン スレッド**で、それほど詩的でない**適応精緻化**や**前進精緻化**という呼び方もあります。その考え方は、視点とシーンが動かないときには、時間がたつにつれコンピューターが、どんどんよいイメージを作り出せることです。シーンのオブジェクトを、より本物らしく見せることができます。そのような高品質のレンダリングは、突然切り替えることもできれば、一連のフレームで溶け込ませることもできます。このテクニックは、特に CAD と可視化アプリケーションで役に立ちます。多様な種類の精緻化を行えます。時間とともにピクセル内の異なる場所で多くのサンプルを生成でき、その過程で平均結果を表示するので、アンチエイリアシングが与えられます [1336]。サンプルをランダムにレンズとピクセルに積み重ねる被写界深度にも、同じことが当てはまります [689]。高品質の影テクニックを使って、よりよいイメージを作り出すこともできます。レイ トレーシングやパス トレーシングなど、さらに手の込んだテクニックを使い、新しいイメージにフェードインすることもできます。

　固定ビューと静止ジオメトリーの考え方を 一歩進めて、映画品質のイメージで、インタラクティブなライティングの編集ができるアプリケーションもあります。その**リライティング**と呼ばれる考え方は、ユーザーがシーンでビューを選び、次にそのデータをオフライン処理で使い、そこからバッファーのセットや、もっと手の込んだ構造としてシーンの表現を作り出すことです。例えば、Ragan-Kelley ら [1568] は、シェーディング サンプルを最終的なピクセルと別に保持します。このアプローチにより、モーション ブラー、透明度効果、アンチエイリアシングを行えます。適応型の精緻化も使われ、時間がたつにつれてイメージの品質は改善します。Pellacini ら [1476] が、間接グローバル照明を含むように基本的なリライティングを拡張しています。そのテクニックは、遅延シェーディング アプローチ（セクション 20.1 で述べる）で使うものと似ています。主な違いは、ここではそのテクニックを高価なレンダリングのコストを複数フレームで償却するために使い、遅延シェーディングは 1 フレームのレンダリングの高速化に使うことです。

13.3　スカイボックス

環境マップ（セクション 10.4）は、ローカルな空間のボリュームの入力放射輝度を表します。そのようなマップは一般に反射をシミュレートするのに使われますが、直接周囲の環境を表すのにも使えます。図 13.2 に例が示されています。これにはパノラマやキューブ マップなど、任意の環境マップ表現を使えます。そのメッシュは、シーンの他のオブジェクトを包含するのに十分な大きさにします。このメッシュは**スカイボックス**と呼ばれます。

　本書を持ち上げ、右か左の端の向こう側を見てください。右目だけで見てから、左目で見てください。本の端の、その向こう側にあるものとのずれは**視差**と呼ばれます。この効果は近くのオブジェクトで大きく、動くときの相対的な深度の知覚に役立ちます。しかし、視点から十分に遠く離れ、互いに十分近いオブジェクトやオブジェクトのグループでは、見る位置を変えても視差効果はほとんど検出できません。例えば、1m、あるいは 1km 動いても、遠くの山は通常それほど違って見えません。動くと近くのオブジェクトに視界を遮断されるかもしれませんが、それらのオブジェクトを取り去ると、山とその周辺は同じに見えます。

　スカイボックスのメッシュは一般に視点を中心に、一緒に動きます。相対的な位置を維持するため、見かけの形が変わらないので、スカイボックスのメッシュは大きくなくてもかまいません。図 13.2 に示すようなシーンでは、視点がほんの短い距離動くだけで、実際に周りの建物に対して動いていないことに気付かれるかもしれません。一般に星空や遠景など、大縮尺のコ

図 13.2. Mission Dolores のパノラマ、下はそれから生成した 3 つのビュー。ビューは歪まないことに注意。（イメージ提供：*Ken Turkowski*。）

ンテンツでは、オブジェクトのサイズ、形、視差の変化がないことで幻想が壊れるほど、ユーザーが速く動くことはありません。

　面ごとのテクスチャーのピクセル密度が比較的変わらないので、たいていスカイボックスはボックス メッシュ上のキューブ マップとしてレンダーされます。スカイボックスの見栄えをよくするには、キューブ マップ テクスチャーの解像度、つまり画面のピクセルあたりのテクセルが十分な数でなければなりません [1731]。必要な解像度の公式はおよそ次になります。

$$\text{テクスチャー解像度} = \frac{\text{画面解像度}}{\tan(\text{fov}/2)} \qquad (13.1)$$

ここで「fov」はカメラの視野です。視野の値が低いほど、同じ画面サイズを占めるキューブ面の部分が小さくなるので、キューブ マップの解像度を高くしなければなりません。この公式は、キューブ マップの 1 つの面のテクスチャーが、（水平と垂直に）90 度の視野を覆わなければならないという所見から導けます。

　ボックス以外の形で世界を囲むこともできます。例えば、Gehling [565] は、扁平なドームを使って空を表すシステムを述べています。この幾何学形状が、頭上を動く雲をシミュレートするのに最善であることが分かりました。雲自体は、様々な 2 次元ノイズ テクスチャーを組み合わせてアニメートすることで表現しています。

　スカイボックスは他のすべてのオブジェクトより後ろにあることが分かっているので、少数の小さな、しかし価値ある最適化が利用できます。スカイボックスは何も遮断しないので、z-バッファーに書き込む必要がありません。最初に描けば、スカイボックスは z-バッファーから読み込む必要もなく、深度に無関係なので、メッシュは好きなサイズにできます。しかし、後でスカイボックスを描くと（不透明なオブジェクトの後、透明なものの前）、既にいシーンのオブジェクトに覆われたピクセルがあるので、スカイボックスのレンダーに必要なピクセル

13.4. ライトフィールド レンダリング 475

シェーダー呼び出しの数が減る利点があります[1547, 2025]。

13.4　ライトフィールド レンダリング

異なる時間と変化するライティング条件の下で、異なる位置と方向から放射輝度を記録できます。現実世界では、計算写真学の分野が、そのようなデータから様々な結果を取り出すことを探ります[1576]。オブジェクトの純粋なイメージベースの表現が、表示に使えます。例えば、ルミグラフ [617] とライトフィールド レンダリング [1117] のテクニックは、視点のセットから1つのオブジェクトを捕らえようとします。新しい視点が与えられたら、それらのテクニックは格納されたビューの間で補間処理を行い、新たなビューを作成します。これは必要なすべてのビューを格納する高いデータ要件を持つ、複雑な問題です。その概念は、ビューの2次元配列がオブジェクトを表すホログラフィーと似ています。この形式のレンダリングの興味をそそる側面は、現実のオブジェクトを記録して、任意の角度で再表示できることです。サーフェスやライティングの複雑さに関係なく、どんなオブジェクトも、ほぼ一定の速さで表示できます。この主題についての詳細は、Szeliski [1857] を参照してください。近年、ライト フィールド レンダリングに研究の関心が復活しているのは、それが仮想現実ディスプレイを使って、目に焦点を正しく調整させるからです[1054, 2017]。インタラクティブ レンダリングでは、現在のところそのようなテクニックの用途は限られますが、コンピューター グラフィックスの分野で何が可能かの境界となっています。

13.5　スプライトとレイヤー

最も単純なイメージベース レンダリング プリミティブの1つが、スプライトです[564]。スプライトは画面を動き回るイメージで、1つの例がマウスカーソルです。一部のピクセルを透明にレンダーできるので、スプライトが四角である必要はありません。単純なスプライトでは、格納されたピクセルが、それぞれ画面上のピクセルにコピーされます。別のスプライトを連続して表示することにより、アニメーションを生成できます。

　より一般的なタイプのスプライトは、常に視点を向くポリゴンに適用するイメージ テクスチャーとしてレンダーされます。これは、スプライトのサイズを変えたり曲げたりできます。イメージのアルファ チャンネルが、完全あるいは部分的な透明度を、スプライトの様々なピクセルに供給できるので、エッジのアンチエイリアシング効果も与えられます（セクション5.5）。このタイプのスプライトは深度、したがってシーン中で位置を持てます。

　シーンの1つの考え方は、2次元セル アニメーションで通常行うように、連続したレイヤーと考えることです。例えば、図13.3では、尾板が鶏より前にあり、鶏はトラックの運転席より前にあり、運転席は道と木より前にあります。このレイヤー化は大きな視点のセットで成り立ちます。スプライト レイヤーごとに、関連付けられた深度を持ちます。絵描きのアルゴリズムで、後ろから前にレンダーすることによりシーンを構築でき、z-バッファーは必要ありません。カメラのズームはオブジェクトを拡大するだけで、それは同じスプライトや関連付けたミップマップで簡単に処理できます。カメラを出し入れすると、実際に前景と背景の相対的な被覆率が変わりますが、各スプライト レイヤーの被覆率と位置を変えることで対処できます。視点が縦横に動くときには、レイヤーをその深度に応じて動かせます。

　ビューごとに別のスプライトを使い、スプライトのセットでオブジェクトを表すことができ

476   13. ポリゴンのかなた

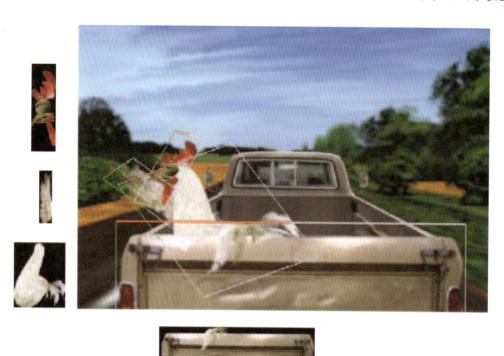

図 13.3. Talisman シミュレーターを使ってレンダーした、アニメーション *Chicken Crossing* からのスチール。このシーンでは、80 レイヤーのスプライトが使われ、その一部は輪郭が描かれ、左に示されている。鶏の羽は尾板の前と後ろにあるので、両方が 1 つのスプライトに置かれている。（転載許可：*Microsoft Corporation*。）

ます。画面上でオブジェクトが十分に小さければ、アニメートするオブジェクトであっても、大きなビューのセットを格納するのは実行可能な戦略です [391]。いつかは近似が破綻して新しいスプライトを生成する必要がありますが、ビュー角度の小さな変化もスプライトの形を歪めることで対処できます。特徴のあるサーフェスを持つオブジェクトは、小さな回転で新たなポリゴンが見え隠れするので、劇的に変化することがあります。

　このレイヤーとイメージを曲げる処理が、Microsoft が 1990 年代の後半に信奉した、Talisman ハードウェア アーキテクチャーの基礎でした [1795, 1909]。この特定のシステムは多くの理由で姿を消しましたが、モデルを 1 つ以上のイメージベースの表現で表す考え方は、有益なことが分かりました。様々な容量のイメージの使用は、GPU の強みにうまく対応し、イメージベース テクニックは、三角形ベースのレンダリングと組み合わせることができます。以下のセクションで、インポスター、深度スプライトなど、ポリゴン コンテンツを置き換えるイメージの使い方を論じます。

13.6　ビルボード

ビュー方向を基にテクスチャーの四角形の向きを定めることは**ビルボーディング**と呼ばれ、その四角形は**ビルボード**と呼ばれます [1282]。ビューの変化に応じて、四角形の向きを修正します。ビルボーディングをアルファ テクスチャリングとアニメーションと組み合わせると、滑らかな固体表面を持たない多くの現象を表現できます。草、煙、火、霧、爆発、エネ

13.6 ビルボード

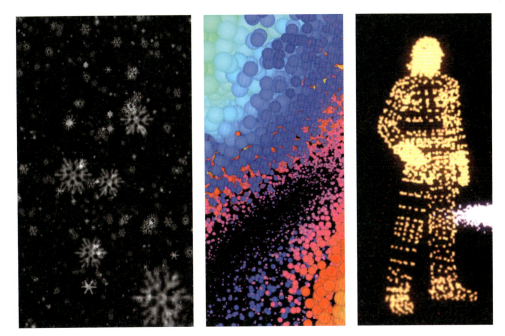

図13.4. 雪、表面、キャラクターを表す小さなビルボード。(three.jsのサンプル プログラムから[237]。)

ギー シールド、飛行機雲、雲は、このテクニックで表現できるオブジェクトのほんの一部です[1282, 2013]（図13.4）。

人気のあるビルボードの形式を、このセクションでいくつか述べます。どれも四角形の向きを定めるため、サーフェス法線と上方向を求めます。その2つのベクトルだけで、サーフェスの正規直交基底を作成できます。言い換えると、四辺形を最終的な向きに回転するのに必要な回転行列を、その2つのベクトルが記述します（セクション4.2.4）。次に四辺形上の**アンカー位置**（例えば、その中心）を使い、その空間中の位置を定めます。

多くの場合、望ましいサーフェス法線$\mathbf{n}$と上ベクトル$\mathbf{u}$は直交しません。どのビルボード テクニックでも、その2つのベクトルの1つを、与えられた方向で維持しなければならない固定ベクトルとして定めます。もう1つのベクトルを、この固定ベクトルに垂直にする処理は常に同じです。まず、四辺形の右端を指す「右」ベクトル$\mathbf{r}$を作成します。これは$\mathbf{u}$と$\mathbf{n}$の外積をとることで行います。回転行列用の正規直交基底の軸として使うので、このベクトル$\mathbf{r}$を正規化します。ベクトル$\mathbf{r}$の長さがゼロなら、$\mathbf{u}$と$\mathbf{n}$は平行に違いないので、セクション4.2.4で述べるテクニック[848]を使えます。$\mathbf{r}$の長さが完全にではないけれども、ゼロに近い場合は、$\mathbf{u}$と$\mathbf{n}$がほとんど平行で、精度誤差が発生することがあります。

$\mathbf{r}$と、新たな第3のベクトルを（平行でない）$\mathbf{n}$と$\mathbf{u}$ベクトルから計算する処理が、図13.5に示されています。法線$\mathbf{n}$が変わらなければ（ほとんどのビルボード テクニックで当てはまる）、新しい上ベクトル$\mathbf{u}'$は次になります。

$$\mathbf{u}' = \mathbf{n} \times \mathbf{r} \qquad (13.2)$$

代わりに、上方向を固定する場合（風景の木々などの軸平行ビルボードに当てはまる）、新しい法線ベクトル$\mathbf{n}'$は次になります。

$$\mathbf{n}' = \mathbf{r} \times \mathbf{u} \qquad (13.3)$$

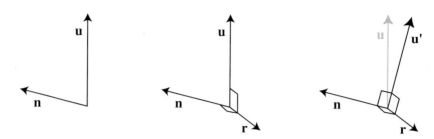

図**13.5.** 法線方向**n**と、近似的な上ベクトル方向**u**を持つビルボードで、ビルボードの向きを定める、3つの互いに垂直なベクトルのセットを作成したい。中の図では、「右」ベクトル**r**は、**u**と**n**の外積をとって求めるので、その両方に直交する。右の図では、固定ベクトル**n**を**r**と交差させ、互いに垂直な上ベクトル**u**′を得ている。

次に新しいベクトルを正規化し、その3つのベクトルを使って回転行列を作ります。例えば、固定法線**n**と調整された上ベクトル**u**′での行列は次になります。

$$\mathbf{M} = (\ \mathbf{r},\ \mathbf{u}',\ \mathbf{n}) \tag{13.4}$$

この行列は、$+y$が上端方向を指し、そのアンカー位置を中心とするxy平面の四辺形を、正しい向きに変換します。次に平行移動行列を適用して、四辺形のアンカー点を望みの位置に移動します。

それらの準備が整ったら、残る主な作業は、ビルボードの向きの定義に使うサーフェス法線と上ベクトルの決定です。この後のセクションで、それらのベクトルを構築する、いくつかの異なる手法を論じます。

13.6.1　スクリーン平行ビルボード

ビルボーディングの最も単純な形が**スクリーン平行ビルボード**です。この形式は、イメージが常に画面と平行で、不変の上ベクトルを持つという点で、2次元スプライトと同じです。カメラはシーンを、近平面と遠平面に平行なビュー平面にレンダーします。この仮想の平面は、たいてい近平面の位置で可視化します。このタイプのビルボードでは、望ましいサーフェス法線はビュー平面の法線の逆方向で、ビュー平面の法線$\mathbf{v}_n$はビュー位置から出ています。上ベクトル**u**はカメラから出ています。それはビュー平面にあり、カメラの上方向を定義するベクトルです。その2つのベクトルは既に直交しているので、ビルボード用の回転行列を作るのに必要なのは「右」方向ベクトル**r**だけです。**n**と**u**はカメラの定数なので、このタイプのすべてのビルボードで、その回転行列は同じです。

パーティクル効果に加えて、スクリーン平行ビルボードは、注釈テキストや地図の場所マークなどの情報にも役立ちますが、それは「ビルボード（広告用掲示板）」という名前の通り、テキストが常に画面と平行になるからです。テキスト注釈付きのオブジェクトは、一般に画面上で固定サイズになります。これはユーザーがビルボードの位置から遠ざかると、ビルボードのワールド空間サイズが増すことを意味します。オブジェクトのサイズがビューに依存するので、錐台カリングなどのスキームが複雑になることがあります。

13.6.2　ワールド指向ビルボード

例えば、プレイヤーの身元や場所の名前を表示するビルボードは、画面に合わせる必要があります。しかし、飛行シミュレーションの旋回など、カメラが横に傾くときには、ビルボードの

13.6. ビルボード
479

雲もそれに応じて傾くことが望まれます。物理オブジェクトを表すスプライトなら、その向き
の基準は普通はカメラではなく、ワールドの上方向です。円形のスプライトは傾きの影響を受
けませんが、他のビルボードの形は影響を受けます。それらのビルボードは視点を向きなが
ら、そのビュー軸で回転して、ワールド指向を維持する必要があります。

　そのようなスプライトをレンダーする1つの手段は、このワールド上ベクトルを使って回転
行列を導くことです。この場合、法線はやはりビュー平面法線を符号反転した固定ベクトル
で、新しい直交上ベクトルは、前に説明したように、ワールドの上ベクトルから導かれます。
スクリーン平行ビルボードと同じく、それらのベクトルはレンダーするシーンの中で変わらな
いので、この行列はすべてのスプライトで再利用できます。

　同じ回転行列をすべてのスプライトで使うことには、リスクがあります。透視投影の性質に
より、ビュー軸からある距離離れたオブジェクトは歪みます。図13.6の下の2つの球を見てく
ださい。平面への投影により、球は楕円形になります。この現象は間違いではなく、視点が画
面から正しい距離と位置にあれば問題ありません。つまり、仮想カメラの**幾何学的視野**が目の
表示視野と一致すれば、これらの球は歪んで見えません。10〜20%までの視野のわずかな不
一致は、見ても気付きません（[1819]）。しかし、世界のより多くの部分をユーザーに提示す
るため、仮想カメラの視野を拡げるのが一般的な慣行です。また、視野を一致させることが効
果的なのは、視点が与えられた距離でディスプレイの真ん前にあるときだけです。何世紀も前
に、芸術家たちはこの問題に気付き、必要に応じて補償を行いました、月のように丸いことが
期待されるオブジェクトは、キャンバス上の位置に関係なく、丸く描かれました [691]。

　視野やスプライトが小さいときは、この歪み効果は無視でき、ビュー平面に合わせた単一の
向きを使います。そうでない場合、望まれる法線は、ビルボードの中心から視点位置へのベク
トルと等しい必要があります。これを**視点指向ビルボード**を呼びます（図13.7）。異なる整列
を使う効果が、図13.6に示されています。見てわかるように、ビュー平面整列は、ビルボード
が画面のどこにあっても歪まないという効果を持ちます。本物の球がシーンの平面への投影に
より歪むのと同じように、球のイメージは視点の向きで歪みます。

　ワールド指向ビルボーディングは、多様な現象のレンダリングに役立ちます。Guymon [676]
と Nguyen [1377] は、どちらも説得力のある炎、煙、爆発の作成を論じています。1つのテク
ニックは、アニメートするスプライトを、ランダムかつカオスなやり方で束ねて重ねることで
す。それはアニメート シーケンスの繰り返しパターンを隠すのに役立ち、火や爆発が同じに
見えるのも回避します。

　切り抜きテクスチャーの透明なテクセルは、最終的なイメージに何の効果も与えませんが、
GPUはそれを処理しなければならず、アルファがゼロなので、ラスタライズ パイプラインの
後の方で破棄されます。アニメートする切り抜きテクスチャーのセットには、特に大きな透
明なテクセルの周辺領域を持つ、多くのフレームがあります。一般には、テクスチャーを四角
形プリミティブに適用することを考えます。Perssonによれば、調整したテクスチャー座標を
持つ、ぴったりした多角形のほうが、処理するテクセルが少ないので、スプライトを速くレン
ダーできます[475, 1490, 1493]（図13.8）。4つの頂点しかない新しい多角形で大幅な性能の向
上が与えられ、8つ以上の頂点を使うと、収穫逓減に達することを見出しています。そのよう
な多角形を求める「パーティクル切り抜き」ツールが、Unreal Engine 4に含まれます（例え
ば [556]）。

　ビルボードの一般的な用途の1つが雲のレンダリングです。Dobashiら [388] が、雲をシミュ
レートしてビルボードでレンダーし、同心の半透明の外郭構造をレンダーして、光のシャフト

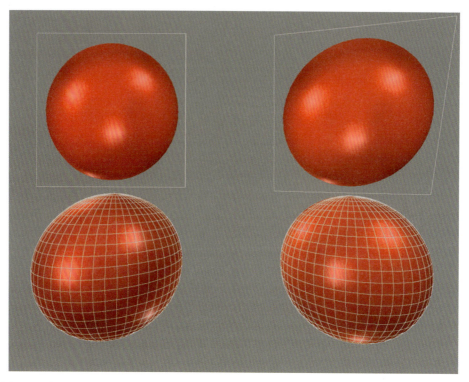

図13.6. 視野が広い、4つの球のビュー。左上はビュー平面に合わせた球のビルボード テクスチャー。右上は視点指向のビルボード。下段は2つの本当の球。

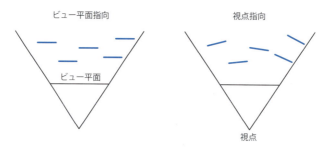

図13.7. 2つのビルボード整列テクニックの上面図。5つのビルボードの面の向きは、手法により異なる。

を作成しています。HarrisとLastra [728] も、インポスターを使って雲をシミュレートしています（図13.9）。

　Wang [1979, 1980] が、Microsoftのフライト シミュレーター製品で使われる雲のモデリングとレンダリングのテクニックを詳しく述べています。雲はそれぞれ5から400のビルボードで作られます。非一様スケールと回転を使って修正し、広範囲の様々なタイプの雲を形成できるので、16の異なる基本スプライト テクスチャーしか必要ありません。雲の中心からの距離を基に透明度を修正して、雲の形成と消散をシミュレートします。処理を節約するため、遠くの雲はすべて、スカイボックスと似た、シーンを囲む8つのパノラマ テクスチャーのセットに

13.6. ビルボード

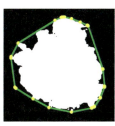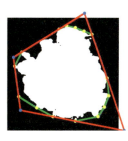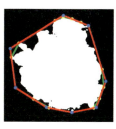

図13.8. 雲のスプライトには大きな透明の周辺部が含まれる。緑で示される凸包を使い、赤で示される4から8頂点の、包含する透明テクセルが少ない、ぴったりした多角形を求める。それにより左端の元の正方形のパーティクルに対して、それぞれ40%と48%の全体の面積の削減を達成する。（イメージ提供：*Emil Persson* [1493]。）

レンダーします。

平らなビルボードだけが、可能な雲のレンダリング テクニックではありません。例えば、ElinasとStuerzlinger [457] は、輪郭に近いほど透明になる、入れ子の楕円体のセットをレンダーすることにより、雲を生成しています。BahnassiとBahnassi [98] は、彼らが「メガ パーティクル」と呼ぶ楕円体をレンダーし、ぼかしとスクリーン空間の乱流テクスチャーを使って、説得力のある雲のような外見を与えます。Pallister [1456] は、手続き的に雲のイメージを生成し、それらを頭上の空のメッシュの上でアニメートすることを論じています。Wenzel [2013] は、遠くの雲に、視点より上にある平面のセットを使います。ここではビルボードと他のプリミティブのレンダリングとブレンドに焦点を合わせます。雲のビルボードのシェーディングの側面はセクション14.4.2で論じ、本物のボリューム手法はセクション14.4.2で論じます。

セクション5.5と6.6で説明したように、合成を正しく行うには、重なり合う半透明ビルボードをソート順にレンダーしなければなりません。煙や霧のビルボードが立体オブジェクトと交わると、アーティファクトが発生します（図13.10）。ボリュームであるはずのものが、レイヤーのセットに見え、幻想が壊れます。1つの解決法は、ビルボードを処理する間に、下にあるオブジェクトのz-深度をピクセル シェーダー プログラムでチェックすることです。ビルボードはこの深度をテストしても、自分の深度で置き換えず、つまり、z-深度に書き込みません。あるピクセルで、下にあるオブジェクトがビルボードの深度に近ければ、そのビルボードのフラグメントの透明度を上げます。こうすると、ビルボードはボリュームのように扱われ、レイヤー アーティファクトは消えます。深度に線形でフェードすると、最大フェード距離に達したときに不連続が生じるかもしれません。S-曲線のフェードアウト関数がこの問題を回避します。Persson [1490] が、フェード範囲の最適な設定は、パーティクルからの視点の距離で変わると述べています。Lorach [1164, 1407] が、より詳しい情報と実装の詳細を提供します。このように透明度を修正するビルボードは、**ソフト パーティクル**と呼ばれます。

ソフト パーティクルを使うフェードアウトは、図13.10に示されるように、立体オブジェクトと交わるビルボードの問題を解決します。爆発がシーンを通り抜けたり、視点が雲を通り抜けるときにも、アーティファクトが発生することがあります。前者の場合、アニメーションの間にビルボードがオブジェクトの背後から前に動くことがあります。まったく見えないビルボードが動いて完全に見えるようになると、目立つポップを生じます。同様に、視点がビルボードを通り抜けると、ビルボードは近平面より前になるので完全に消え、視界に唐突な変化が生じます。手っ取り早い解決法は、ビルボードが近づくほど透明にして、フェードアウトで「ポップ」を回避することです。

さらにリアリスティックな解決法も可能です。Umenhofferら [1934, 1935] が、球面ビルボー

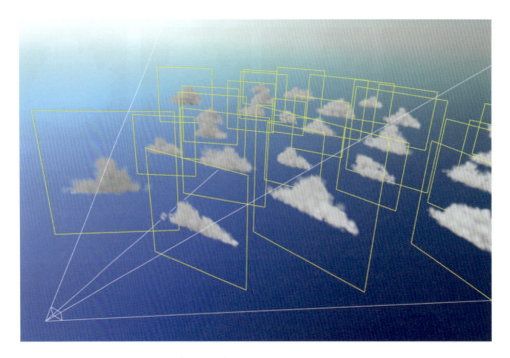

図13.9. ワールド指向インポスターのセットで作成された雲。（イメージ提供：*Mark Harris, UNC-Chapel Hill*。）

ドの考え方を紹介しています。ビルボード オブジェクトを、実際には空間中の球面ボリュームを定義するものと考えます。ビルボードそのものを、読み込むz-深度を無視してレンダーします。ビルボードの目的は、純粋に球がありそうな位置でピクセル シェーダー プログラムを実行することです。ピクセル シェーダー プログラムは、この球面ボリュームの入る位置と出る位置を計算し、必要に応じて立体オブジェクトを使って出る深度を変え、近クリップ平面で

13.6. ビルボード 483

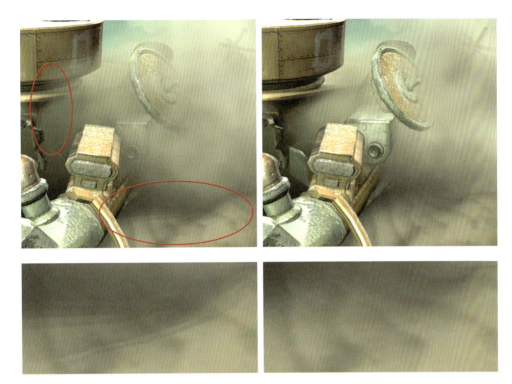

図13.10. 左では、オブジェクトを交わる塵雲のビルボードにより、円で囲った領域がエッジとバンディングを示している。右では、ビルボードがオブジェクトに近い場所でフェードアウトし、この問題を回避する。下段は、下の円で囲った流域を比較のために拡大している。(NVIDIA SDK 10 [1407] サンプル「Soft Particles」からのイメージ、提供：NVIDIA Corporation。)

入る深度を変えます。こうして、カメラからのレイがクリップされた球の内部を通過する距離に基づいて透明度を増やすことにより、各ビルボードの球を正しくフェードアウトできます。

Crysis [1329, 2012] は少し異なるテクニックを使い、球の代わりにボックス型のボリュームを使ってピクセル シェーダーのコストを下げます。別の最適化は、ビルボードでボリュームの背面ではなく、前面を表すことです。これにより、z-バッファー テストを使い、ボリュームの立体オブジェクトの背後にある部分をスキップできます。この最適化が実行可能なのは、そのボリュームが視点より完全に前にあり、ビルボードがビューの近平面でクリップされないと分かっているときだけです。

13.6.3 軸ビルボード

最後の一般的なタイプは**軸ビルボーディング**と呼ばれます。このスキームでは、通常テクスチャー オブジェクトが視点を真っ直ぐ向きません。代わりに許されるのは、ある固定ワールド空間軸の周りで回転し、その範囲内で可能な限り視点を向くように合わせることです。このビルボーディング テクニックは、遠くの木々の表示に使えます。1本の木を立体サーフェスや、セクション6.6で述べるような木の輪郭のペアで表す代わりに、1つの木のビルボードを使います。ワールドの上ベクトルを、木の幹が沿う軸として設定します。図13.11に示されるように、視点が動くと木もそちらを向きます。179ページの図6.28に示される「クロスツリー」と違い、このイメージはカメラを向く1枚のビルボードです。この形のビルボーディングでは、ワールドの上ベクトルが固定され、視点方向を第2の調整可能なベクトルとして使い

図13.11. 視点がシーンでの動きにつれて、茂みのビルボードは回転して前を向く。この例では茂みが南から照らされ、変化するビューによる回転で、全体の陰影が変わる。

ます。この回転行列ができたら、木をその位置に移動します。

この形式は、何が固定されて何が回転できるかという点で、ワールド指向ビルボードと異なります。ワールド指向のビルボードは直接視点を向き、そのビュー軸で回転できます。ビルボードの上方向がワールドの上方向となるべく合うように回転します。軸ビルボードでは、ワールドの上方向が固定軸を定義し、可能な限り視点を向くように、その周りでビルボードを回転します。例えば、視点がビルボードのほぼ真上にある場合、ワールド指向バージョンは完全にそちらを向き、軸バージョンのほうがシーンに貼り付きます。

この振る舞いによる、ビルボーディングの1つの問題は、上から木を見下ろすと、木がほぼ真横になって実体である切り抜きに見えるので、幻想が壊れることです。1つの回避策は、問題の軽減に役立つ木の水平断面テクスチャーを加えることです（ビルボーディングは不要）[979]。

別のテクニックは、イメージベース モデルからメッシュベースのモデルに変わる詳細レベル テクニックを使うことです[979]。木のモデルを三角形メッシュからビルボードのセットに変える自動化された手法は、セクション13.6.5で論じます。Kharlamovら[958] が、関連する木のレンダリング テクニックを紹介し、Klint [979] は、大きな植生のボリュームのデータの管理と表現を説明しています。740ページの図19.31は、商用のSpeedTreeパッケージが遠くの木のレンダーに使う軸ビルボード テクニックを示しています。

スクリーン平行ビルボードが対称な球面オブジェクトを表すのに向いているように、軸ビルボードは円筒対称なオブジェクトを表すのに役立ちます。例えば、レーザービーム効果は、軸の周りのどの角度でも同じに見えるので、軸ビルボードでレンダーできます。図13.12に、これと他のビルボードの例が示されています。さらに多くの例が、790ページの図20.15にあります。

これらのタイプのテクニックが示しているのは、それらのアルゴリズムで重要な1つの考え方と、その結果として起きるもの、つまりピクセル シェーダーの目的が本当のジオメトリーを評価し、表すオブジェクトの境界外だと分かったフラグメントを破棄することです。ビルボードでは、そのようなフラグメントはイメージ テクスチャーが完全に透明なときに見つかります。後で見るように、もっと複雑なピクセル シェーダーを評価して、そのモデルが存在する場所を求めることもできます。それらの手法のジオメトリーの関数はピクセル シェーダーの評価を引き起こし、何らかのz-深度の粗い見積もりを与え、それをピクセル シェーダーで精緻化することもできます。モデルの外のピクセルを評価して時間を無駄に費やすのを避けたいだ

13.6. ビルボード

図 13.12. ビルボードの例。ヘッドアップ ディスプレイ（HUD）のグラフィックスと、星のような放射物体はスクリーン平行ビルボード。右のイメージの大きな涙の形の爆発は視点指向ビルボード。曲線ビームは接続した四辺形のセットからなる軸ビルボード。連続なビームを作り出すために角で接合するので、それらの四辺形は完全な長方形ではなくなる。（イメージ提供: *Maxim Garber*、*Mark Harris*、*Vincent Scheib*、*Stephan Sherman*、*Andrew Zaferakis*「*BHX: Beamrunner Hypercross*」より。）

けでなく、ジオメトリーが複雑すぎて、頂点処理と三角形の外側での不要なピクセル シェーダーの呼び出しが（辺に沿って生成する 2×2 の四角形による、セクション 18.2.3 を参照）大きなコストになるのも望ましくありません。

13.6.4 インポスター

インポスターは、複雑なオブジェクトを現在の視点からイメージ テクスチャにレンダーし、それをビルボードにマップして作成するビルボードです。インポスターは、複数のオブジェクトのインスタンスや、複数のフレームで使い、その生成のコストを償却できます。このセクションでは、インポスターを更新するための様々な戦略を紹介します。1995 年に Maciel と Shirley [1186] が、このセクションで紹介するものも含めた、タイプが異なるいくつかのインポスターを識別しています。その時と比べると、インポスターの定義は狭まり、今はここで使うものだけです [524]。

インポスターのイメージは、オブジェクトが存在する場所は不透明、それ以外は完全に透明です。いくつかのやり方で、幾何学的なメッシュの置き換えに使えます。インポスター イメージは、例えば、散乱した小さな静止オブジェクトを表せます [524, 1199]。インポスターは複雑なモデルを 1 つのイメージに単純化するので、遠くのオブジェクトを素速くレンダーするのに役立ちます。最小限の詳細レベル モデルを使う（セクション 19.9）、別のアプローチもあります。しかし、そのような単純化したモデルは、たいてい形と色の情報を失います。生成するイメージを、ディスプレイの解像度にほぼ一致させられるので、インポスターにはこの欠点がありません [35, 2035]。インポスターを使える別の状況は、動いていても常に同じ側が見える、視点に近いオブジェクトです [1666]。

オブジェクトをレンダーしてインポスター イメージを作成するには、オブジェクトの境界ボックスの中心を見るように視点を設定し、インポスターの四角形が視点（図 13.13 の左）を直接向くようにします。インポスターの四辺形のサイズは、投影されるオブジェクトの境界ボックスを包含する最小の四角形です。アルファはゼロで消去し、オブジェクトがレンダーされる場所は、すべてアルファを 1.0 にします。次にそのイメージを視点指向ビルボードとして使います（図 13.13 の右側）。カメラかインポスター オブジェクトが動くと、テクスチャの

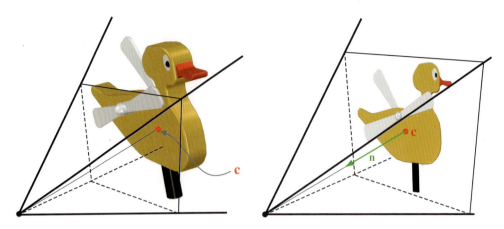

図13.13. 左は、視錐台が横から見たオブジェクトでインポスターを作成している。そのビュー方向はオブジェクトの中心、**c**を向き、イメージをレンダーしたインポスター テクスチャーとして使う。これが右に示され、そこではテクスチャーを四辺形に適用している。インポスターの中心はオブジェクトの中心に等しく、法線（中心から発する）は直接視点を指す。

解像度が拡大されて、幻想が壊れるかもしれません。SchauflerとStürzlinger [1666] が、いつインポスター イメージを更新する必要があるかを決定するヒューリスティックを紹介しています。

Forsyth [524] が、多くの実用的な、インポスターをゲームで使うためのテクニックを与えています。例えば、視点やマウス カーソルに近いオブジェクトの更新頻度を上げることで、知覚される品質を改善できます。またインポスターを動的なオブジェクトに使うときの、アニメーション全体で頂点が動く最大距離、d を決定する前処理テクニックを述べています。この距離をアニメーションのタイムステップの数で割り、$\Delta = d/\text{frames}$ とします。あるインポスターを更新せずに n フレーム使ったら、そのイメージ平面に $\Delta * n$ を投影します。この距離がユーザーが設定する閾値より大きければ、インポスターを更新します。

テクスチャーを視点を向いた四角形にマップすることが、常に説得力のある効果を与えるとは限りません。問題は、インポスター自体には厚みがないため、本物のジオメトリーと組み合わせると問題を露呈する可能性があることです（図13.16の右上の次メージ）。Forsythは、代わりにビュー方向でオブジェクトの境界ボックスにテクスチャーを投影することを提案しています（[524]）。これは少なくとも、インポスターに多少の幾何学的な存在感を与えます。

多くの場合、オブジェクトが動くときには単にジオメトリーをレンダーし、オブジェクトが静止したらインポスターに切り替えるのが最善です [524]。Kavanら [945] が、四肢と体幹に1つずつのインポスターのセットで人のモデルを表す、**ポリポスター**を紹介しています。このシステムは、純粋なインポスターと純粋なジオメトリーのバランスを狙っています。Beaccoら [132] は、群衆レンダリングでポリポスターと、他の広範囲のインポスターに関連するテクニックを述べ、それぞれの強みと制限の詳細な比較を提供します。図13.14がその例です。

13.6.5　ビルボード表現

インポスターの1つの問題は、レンダーするイメージが視点を向き続けなければならないことです。遠くのオブジェクトがその向きを変えたら、インポスターを計算し直さなければなりません。Décoretら [365] は、それらが表す三角形メッシュにより近い遠くのオブジェクトをモ

13.6. ビルボード

図13.14. 別々のアニメートされる要素をイメージのセットで表すインポスター テクニック。一連のマスクと合成の操作でレンダーされたものを組み合わせて、与えられたビューで説得力のあるモデルを形成する。（イメージ提供：*Alejandro Beacco, copyright ⓒ2016 John Wiley & Sons, Ltd. [132]*。）

デル化する、**ビルボード クラウド**の考え方を紹介しています。複雑なモデルは、たいてい重なり合う切り抜きビルボードの小さなコレクションで表せます。そのサーフェスに、法線や変位マップなどの追加情報と、様々なマテリアルを適用することで、そのようなモデルの説得力を増すことができます。

　この平面のセット求める考え方は、紙の切り抜きの類推が示すものよりも一般的です。ビルボードは交差でき、切り抜きはいくらでも複雑にできます。例えば、ビルボードを木のモデルにフィットした研究者がいます [138, 547, 558, 1024]。何万もの三角形を持つモデルから、100未満のテクスチャー四辺形で構成された、説得力のあるビルボード クラウドを作成できます（図13.15）。

　ビルボード クラウドを使うと、かなりの量のオーバードローが発生し、それは高価かもしれません。切り抜きの交差は、厳密な後ろから前の描画順を実現できないことを意味するので、品質も損なわれることがあります。アルファから被覆率（セクション6.6）への変換が、複雑なアルファ テクスチャーのセットのレンダリングで役に立つ可能性があります [958]。オーバードローを避けるため、SpeedTreeなどのプロ用パッケージは、アルファ付きテクスチャーの葉と大枝のセットの大きなメッシュでモデルを表し、単純化します。そのほうがジオメトリ処理の時間はかかりますが、オーバードローのコストの低下で十分に埋め合わせられます。740ページの図19.31が例を示しています。別のアプローチは、そのようなオブジェクトをボリューム テクスチャーで表現し、それをセクション14.3 [364] で述べるように、視線方向に垂直に形成した一連のレイヤーとしてレンダーすることです。

図**13.15**. 左は20、610三角形の木のモデル。中央は78のビルボードによる木のモデル。重なり合うビルボードが右に示されている。（イメージ提供：*Dylan Lacewell, University of Utah* [1024]。）

13.7 変位テクニック

インポスターのテクスチャーを深度成分で強化すると、**深度スプライト**や**ネイルボード**と呼ばれるレンダリング プリミティブになります[1667]。そのテクスチャー イメージは、ピクセルごとにΔパラメーターで強化されたRGBイメージで、RGBΔテクスチャーを形成します。Δは深度スプライト四角形から、深度スプライトが表すジオメトリーの正しい深度へのずれを格納します。このΔチャンネルは、ビュー空間の高さフィールドです。深度スプライトは深度情報を含むため、よりうまく周囲のオブジェクトと融合できる点で、インポスターより優れています。これは特に、深度スプライトの四角形が近くのジオメトリーを貫通するときに明らかになります。そのようなケースが図13.16に示されています。ピクセルごとにz-深度を変えることにより、ピクセル シェーダーがこのアルゴリズムを実行できます。

Shadeら[1729]も深度スプライト プリミティブについて述べ、新しい視点を計上する歪曲を使っています。彼らは**多層深度イメージ**と呼ばれる、ピクセルあたり複数の深度を持つプリミティブを導入します。複数の深度の理由は、歪めたときの遮蔽解除（隠れた領域が見えるようになる）で生じる隙間を避けるためです。Schaufler [1668]とMeyerとNeyret [1301]も、関連するテクニックを紹介しています。サンプリング レートの制御では、Changら[278]が*LDIツリー*と呼ばれる階層表現を紹介しています。

深度スプライトに関連するのが、Oliveiraら[1431]が紹介した**レリーフ テクスチャー マッピング**です。レリーフ テクスチャーは、サーフェスの本当の位置を表す高さフィールドを持つイメージです。深度スプライトと違い、そのイメージはビルボードにレンダーされるのではなく、ワールド空間の四辺形の上で向きを変えます。それらの継ぎ目で一致するレリーフ テクスチャーのセットにより、オブジェクトを定義できます。セクション6.8.1で論じたように、GPUを使い、高さフィールドをサーフェス上にマップして、レイ マーチングを使ってレンダーできます。レリーフ テクスチャー マッピングは、ラスタライズ境界ボリューム階層[1393]と呼ばれるテクニックとも似ています。

PolicarpoとOliveira [1538]は、1つの四辺形の上で高さフィールドを保持するテクスチャーのセットを使い、それらを交互にレンダーします。単純な比喩として、射出成形機で形成さ

13.7. 変位テクニック

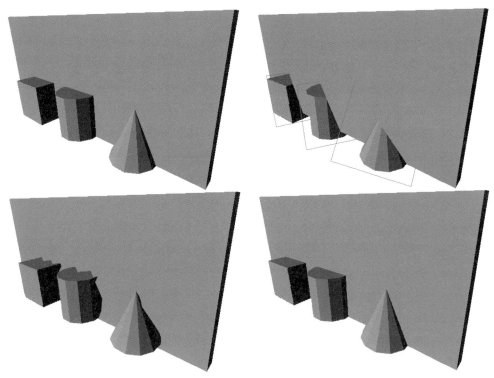

図13.16. 左上のイメージはジオメトリーでレンダーした単純なシーンを示している。右上のイメージは、キューブ、円筒、円錐にインポスターを作成して使ったときに何が起きるかを示している。下のイメージは、深度スプライトを使ったときの結果を示している。左のイメージの深度スプライトは深度偏差に2ビットを使い、右のものは8ビットを使っている。*イメージ提供：Gernot Schaufler [1667]。*

れるオブジェクトを、2つの高さフィールドで作ることができます。高さフィールドはそれぞれ、その金型の半分を表します。高さフィールドを追加して、もっと手の込んだモデルに作り直すこともできます。モデルの特定のビューで必要な高さフィールドの数は、ピクセルで重なるサーフェスの最大数です。球面ビルボードと同じく、基礎となる四辺形の主な目的は、ピクセル シェーダーによる高さフィールド テクスチャーの評価を引き起こすことです。この手法は、サーフェスに複雑な幾何学的詳細を作り出すのにも使えます（図13.17）。

Beaccoら[132]が、群衆シーンにレリーフ インポスターを使っています。その表現では、モデルで色、法線、高さフィールドのテクスチャーを生成し、ボックスの各面に関連付けます。1つの面をレンダーするときに、レイ マーチングを行い、見えるサーフェス（あれば）をピクセルごとに求めます。アニメーションを行えるように、モデルの硬い部分（「ボーン」）ごとに1つのボックスを関連付けます。キャラクターが遠くにあると仮定し、スキニングは行いません。テクスチャリングは、元のモデルの詳細レベルを減らす簡単な手段です（図13.18）。

Guら[667]が、ジオメトリー イメージを紹介しています。その考え方は、不規則なメッシュを、位置の値を保持する正方形のイメージに変換することです。イメージ自体は規則的なメッシュを表し、形成する三角形はグリッド位置から暗黙的に決まります。つまり、イメージ中で隣接する4つのテクセルが、2つの三角形を形成します。このイメージを作る処理は難しく、かなり複雑ですが、ここで関心があるのは、その結果のモデルをエンコードするイメージです。そのイメージは、明らかにメッシュの生成に使えます。その鍵となる特徴は、ジオメトリー イメージがミップマップ化できることです。ミップマップ ピラミッドの異なるレベルが、モデ

図**13.17.** 4つの高さフィールド テクスチャーをサーフェスに適用してモデル化し、レリーフ マッピングを使ってレンダーした、編み物のサーフェス。（イメージ提供：*Fabio Policarpo、Manuel M. Oliveira [1538]*。）

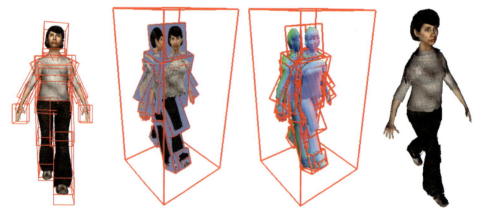

図**13.18.** レリーフ インポスター。キャラクターのサーフェス モデルをボックスに分割してから、それを使って高さフィールド、色、法線のテクスチャーをボックスの面ごとに作成する。モデルはレリーフ マッピングを使ってレンダーする。（イメージ提供：*Alejandro Beacco, copyright © 2016 John Wiley & Sons, Ltd. [132]*。）

ルの単純化版を形成します。頂点とテクセル データの間、メッシュとイメージの間の線のぼかしは、魅力的で興味深いモデリングについての考え方です。ジオメトリ イメージは、張り出しをモデル化する、特徴保存マップ付きの地形にも使われます [921]。

本章のポリゴン オブジェクト全体をイメージで表す話はここまでで、パーティクル システムと点群の、分離した個別のサンプルを使う議論に移ります。

  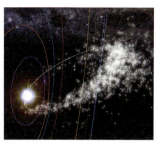

図13.19. パーティクル システム：煙のようなシミュレーション（左）、流体（中）、銀河スカイボックスを背景とする流星（右）。（WebGLプログラム「The Spirit」 by Edan Kwan, 「Fluid Particles」by David Li, 「Southern Delta Aquariids meteor shower」by Ian Webster。）

13.8　パーティクル システム

パーティクル システム [1588] は、何らかのアルゴリズムを使って動かす、別々の小さなオブジェクトのコレクションです。その応用には火、煙、爆発、水の流れ、渦状銀河などの現象のシミュレーションが含まれます。そのため、パーティクル システムは、アニメーションとレンダリングを制御します。その生存期間にパーティクルを作成、移動、変更、削除するための制御は、システムの一部です。

本章に関連するのは、そのようなパーティクルをモデル化してレンダーする方法です。パーティクルは1つのピクセルや、パーティクルの前の位置から現在の位置に引かれる線分で、たいていビルボードで表されます。セクション13.6.2で述べたように、パーティクルが丸ければ、その表示に上ベクトルは関係ありません。つまり必要なのは、その向きを定めるパーティクルの位置だけです。図13.19が、いくつかのパーティクル システムの例を示しています。各パーティクルのビルボードはジオメトリー シェーダーの呼び出しで生成できますが、実際には、頂点シェーダーを使ってスプライトを生成するほうが速いかもしれません[162]。パーティクルを表すイメージ テクスチャーだけでなく、法線マップなど他のテクスチャーも含まれることがあります。軸ビルボードは太い線を表示できます。線分を使った雨の例は、526ページの図14.18を見てください。

煙などの現象を半透明ビルボード パーティクルで表す場合、透明なオブジェクトを正しくレンダーするという難問に対処しなければなりません。後ろから前のソートが必要かもしれませんが、それは高価なことがあります。Ericson [475] が、レンダリング パーティクルを効率よくレンダーするための、長い一連の提案を行っています。その一部をここに、関連する記事と合わせて挙げます。

- 厚い切り抜きテクスチャーから煙を作る。半透明を避けることは、ソートとブレンドが必要ないことを意味する。
- 半透明が必要なら、ソートが不要な加算または減算ブレンドを考慮する [1066, 2122]。
- 少数のアニメートするパーティクルを使えば、多くの静止パーティクルと同等の品質が得られ、性能が向上する。
- フレーム レートを維持するため、レンダーするパーティクルの数に動的な上限値を使う。

- ステート変更のコストを避けるため、異なるパーティクル システムで同じシェーダーを使う [1066, 1875]（セクション18.4.2）。
- すべてのパーティクル イメージを含むテクスチャー アトラスや配列を使い、テクスチャー変更呼び出しを避ける [1065]。
- 煙などの滑らかに変化するパーティクルは、低解像度バッファーに描画して結合するか [1617]、MSAAの解決後に描く。

この最後の考え方を、Tatarchukら [1875] がさらに進めています。煙を16分の1のかなり小さいバッファーにレンダーし、分散深度マップを使ってパーティクルの効果の累積分布関数の計算を支援します。詳細は、そのプレゼンテーションを参照してください。

　多数のパーティクルの完全なソートは、高価なことがあります。アート ディレクションで、異なる効果を正しく積み重ねるレンダリングの順番を決定して、問題を軽減できるかもしれません。小さい、または低コントラストのパーティクルには、ソートが不要かもしれません。パーティクルは、ある程度ソートされた順に放出できることもあります [1066]。パーティクルがかなり透明なら、ソートを必要としない、加重ブレンド透明度テクニックを使えます [424, 1270]。もっと手の込んだ、順序に依存しない透明度システムも可能です。例えば、Köhler [992] が、テクスチャー配列に格納する9層の深さのバッファーにパーティクルをレンダーしてから、コンピュート シェーダーを使って行うソートの概要を述べています。

13.8.1　パーティクルのシェーディング

シェーディングは、パーティクル次第です。火花の放出のようなものは、シェーディングが不要で、しばしば単純にするため加算ブレンドが使われます。Green [640] が、流体システムを球面パーティクルとして深度イメージにレンダーし、その後のステップで深度をぼかしてから法線を派生し、その結果をシーンに結合できることを述べています。塵や煙などに使う小さなパーティクルは、シェーディングにプリミティブや頂点単位の値を使えます [51]。しかし、そのようなライティングでは、明確なサーフェスを持つパーティクルが平らに見えるかもしれません。パーティクルに法線マップを供給すれば、照明用の正しいサーフェス法線を与えられますが、テクスチャー アクセスのコストが加わります。丸いパーティクルでは、パーティクルの四隅で発散する4つの法線を使えば十分かもしれません [1066, 1772]。煙のパーティクル システムは、光散乱用の手の込んだモデルを持つことがあります [1595]。ラジオシティ法線マッピング（セクション11.5.2）や球面調和 [1280, 1617] も、パーティクルの照明に使われます。大きなパーティクルにはテッセレーションを使い、ドメイン シェーダーを使って頂点ごとにライティングを累積できます [245, 883, 1499, 1708]。

　頂点ごとにライティングを評価して、パーティクルのクワッド上で補間することが可能です [51]。これは高速ですが、大きなパーティクルでは、離れた頂点が小さなライトの寄与を失い、低品質になります。1つの解決法は、ピクセル単位の、しかし最終的なイメージよりも低い解像度で、パーティクルのシェーディングを行うことです。これを行うため、見えるパーティクルごとに、ライトマップ テクスチャー中のタイルを割り当てます [414, 1805]。各タイルの解像度は、画面上のパーティクル サイズに応じて調整でき、例えば、画面上の投影面積に応じて、1×1 と 32×32 の間にできます。タイルを割り当てたら、タイルごとにパーティクルをレンダーし、そのピクセルのワールド位置を第2のテクスチャーに書き込みます。次にコンピュート シェーダーを実行し、第2のテクスチャーから読み出す位置に到達する放射輝度を評価します。寄与する可能性のある光源だけを評価するため、20章で述べる高速化構造を使い、

13.8. パーティクル システム

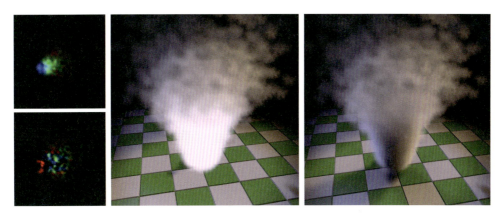

図13.20. フーリエ不透明度マッピングを使ってボリューム シャドウを落とすパーティクル。左は、スポットライトの視点からの関数の係数を含むフーリエ不透明度マップ。中では、パーティクルが影抜きでレンダーされている。右では、ボリューム シャドウがパーティクルと、シーンの他の不透明サーフェスに落ちている。（イメージ提供：NVIDIA [883]。）

シーンの光源をサンプルして放射輝度を収集します。その結果の放射輝度を、単純な色か球面調和としてライトマップ テクスチャーに書き込みます。パーティクルを最終的に画面にレンダーするときに、各タイルをパーティクル クワッド上にマップして、テクスチャー フェッチでピクセルあたりの放射輝度をサンプルすることにより、ライティングを適用します。

エミッターごとにタイルを割り当てることにより、同じ原理を適用することも可能です[1654]。この場合、ディープ ライトマップ テクスチャーがあれば、パーティクルが多い効果のライティングにボリュームを与えるのに役立ちます。注目すべきこととして、通常は視点に合わせるパーティクルは本質的に平らなので、このセクションで紹介するどのライティングモデルも、視点をパーティクル エミッターの周りで回転すると、キラキラ光って見えるアーティファクトを生じます。

ライティングと並行して、パーティクルのボリューム シャドウの生成と自己には特別な注意が必要です。他の遮蔽物からの影を受ける小さなパーティクルは、しばしばシャドウ マップに対するテストを、すべてのピクセルではなく、頂点だけで行えます。パーティクルは、カメラを向いた単純なクワッドとしてレンダーされる散乱した点なので、他のオブジェクトに落ちる影を、シャドウ マップを通るレイ マーチングを使って実現できません。しかし、スプラッティング アプローチ（セクション13.9）を使えます。太陽から他のシーン要素に影を落とすため、パーティクルをテクスチャーにスプラットし、最初に1で消去したバッファーに、そのピクセル単位の透過率 $T_r = 1 - \alpha$ を掛けることができます。そのテクスチャーはグレイスケールに1チャンネル、カラー透過率に3チャンネルで構成されます。セクション7.4で示したように、それらの影のカスケード レベルに従うテクスチャーは、その透過率と、不透明影カスケードから得られる可視性を掛けて、シーンに適用します。このテクニックは、実質的に1層の透明な影を供給します[51]。このテクニックの唯一の欠点は、パーティクルと太陽の間に存在する不透明な要素の上に、パーティクルが誤って影を逆に落とすかもしれないことです。これは注意深いレベル デザインで回避するのが普通です。

パーティクルで自己影を実現するには、**フーリエ不透明度マッピング**（FOM）[883]などの、高度なテクニックを使わなければなりません（図13.20）。パーティクルを最初にライトの視点からレンダーし、実質的にその寄与を、不透明度マップへのフーリエ係数として表される透過率関数に加えます。この視点からパーティクルをレンダーするときに、フーリエ係数から

不透明度マップをサンプルすることにより、透過率信号を再構成できます。この表現は、滑らかな透過率関数をうまく表現します。しかし、テクスチャー メモリー要件を守るため、限られた数の係数でフーリエ基底を使うので、透過率に大きな変化があると、リンギングを被ります。このため、レンダーされるパーティクル クワッド上に不正な明暗の領域を生じることがあります。FOMはパーティクルに非常に適していますが、様々な長所と短所を持つ他のアプローチも使えます。それには、セクション14.3.2で述べる適応型ボリューム シャドウ マップ [1646]（ディープ シャドウ マップ [1155] と似ている）、GPU最適化パーティクル シャドウ マップ [130]（不透明度シャドウ マップ [965] と似ているが、カメラを向くパーティクル専用なので、リボンやモーション ストレッチ パーティクルでは使えない）、透過率関数マッピング [368]（FOMと似ている）が含まれます。

別のアプローチは、吸光係数 σ_t [805] を含むボリュームに、パーティクルをボクセル化することです。そのボリュームは、クリップマップ [1867] と同じように、カメラの周りに配置できます。このアプローチは、パーティクルと関与媒質を、同時に共通のボリュームにボクセル化できるので、それらのボリューム シャドウの評価を統合する手段です。その「吸光ボリューム」から、ボクセルごとに T_r を格納する単一のディープ シャドウ マップ [965] を生成すると、自動的に両方のソースからキャストされるボリューム シャドウになります。数多くの相互作用が発生します。パーティクルと関与媒質は互いに影を落とし、自己影もキャストできます（529ページの図14.21）。その結果の品質はボクセル サイズと関係があり、それはリアルタイム性能を達成するため、おそらく大きくなるでしょう。これは粗いけれども、見た目にソフトなボリューム シャドウになります。詳細はセクション14.3.2を参照してください。

13.8.2　パーティクル シミュレーション

パーティクルを使った効率的で説得力のある物理現象の近似は、本書の意図を超える広いトピックなので、いくつかのリソースの紹介にとどめます。GPUはスプライトにアニメーション経路を生成して、衝突検出を行うことさえできます。ストリーム出力は、パーティクルの誕生と死を制御できます。これは結果を頂点バッファーに格納し、そのバッファーを毎フレームGPUで更新することにより行います [567, 760]。順序なしアクセス ビュー バッファーが利用できれば、パーティクル システムを完全にGPUベースにして、頂点シェーダーで制御できます [162, 1617, 2055]。

Van der Burg の記事 [230] と Latta の概要 [1065, 1066] が、シミュレーションの基礎への手っ取り早い入門書になります。Bridson のコンピューター グラフィックスの流体シミュレーションの本 [216] は、理論を深く論じ、様々な形の水、煙、火をシミュレートする物理ベースのテクニックが含まれます。何人かの実践者が、インタラクティブ レンダラーのパーティクル システムについて語っています。Whitley [2021] が、*Destiny 2*で開発したパーティクル システムを詳しく述べています。図13.21のサンプル イメージを見てください。Evans と Kirczenow [483] が、Bridson の教科書の流体の流れのアルゴリズムの彼らの実装を論じています。Mittring [1331] が、Unreal Engine 4 でのパーティクルの制御方法について、簡単な説明を行っています。Vainio [1943] は、ゲーム *inFAMOUS Second Son*のパーティクル効果の設計とレンダリングを掘り下げています。Wronski [2055] は、雨を効率よく生成してレンダーするシステムを紹介しています。Gjøl と Svendsen [585] は、煙と火の効果など、多くのサンプルに基づくテクニックを論じています。Thomas [1899] は、衝突検出、透明度ソート、効率的なタイルベースのレンダリングを含む、コンピュート シェーダーベースのパーティクル シミュレーション システムの要約です。Xiao ら [2082] は、表示のために等値面の計算も行う、イン

13.9. 点のレンダリング

図 **13.21.** ゲーム Destiny 2 で使われるパーティクル システムの例。（イメージ ⓒ2017 Bungie, Inc. all rights reserved。）

タラクティブな物理流体シミュレーターを紹介しています。Skillman と Demoreuille [1772] は、ゲーム Brütal Legend でボリュームの強化に使われる、パーティクル システムと他のイメージベースの効果の要約です。

13.9　点のレンダリング

1985年に、Levoy と Whitted が書いた先駆的な技術報告書 [1116] で、すべてのレンダーに使う新たなプリミティブとして、点を使うことが提案されました。その概要は、多くの点のセットを使ってサーフェスを表し、それをレンダーすることです。レンダーした点の隙間を埋めるため、後続のパスでガウス フィルター処理を行います。ガウス フィルターの半径はサーフェス上の点の密度と、画面上の投影密度に依存します。Levoy と Whitted はこのシステムを VAX-11/780 上に実装しました。

　しかし、点ベースのレンダリングが再び関心を呼んだのは、その15年後のことでした。この復活の2つの理由は、点ベースのレンダリングがインタラクティブな速さで可能なレベルにコンピューターの能力が達したことと、レーザー レンジ スキャナーから得られる極めて詳細なモデルが利用可能になったことです [1118]。それ以来、地形地図作製用の航空 LIDAR（LIght Detection And Ranging）[843] 機器から、短距離データ記録用の Microsoft Kinect センサー、iPhone の TrueDepth カメラ、Google の Tango デバイスまで、様々な距離を検出する RGB-D（深度）装置が利用可能になりました。自動運転車の LIDAR システムは、毎秒数百万の点を記録できます。データ セットの供給には、写真測量などの計算写真学テクニックで処理された2次元イメージも使われます。それらの様々な技術の生の出力は、一般には明度や色などの追加のデータを持つ、3次元の点のセットです。例えば、点が建物と路面のどちらからのものかなど、追加の分類データも利用できるかもしれません [44]。それらの**点群**は、様々な手段で操作してレンダーできます。

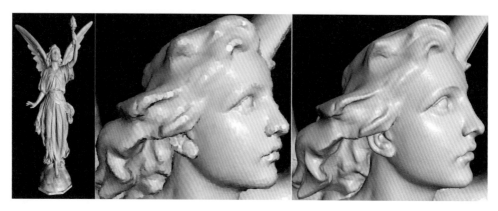

図13.22. これらのモデルは、円形スプラットを使い、点ベースのレンダリングでレンダーされた。左のイメージは1千万の頂点を持つ、Lucyという名前の天使の完全なモデルを示している。しかし、レンダリングでは3百万のスプラットしか使われていない。中と右のイメージは頭部のズーム。中のイメージはレンダリングで約40,000のスプラットを使っている。視点が移動を停止したら、その結果は右に示す600,000スプラットのイメージに収束する。（*Szymon Rusinkiewicz*が*QSplat*プログラムで生成したイメージ。*Lucy*のモデルは*Stanford Graphics Laboratory*で作成。）

そのようなモデルは、最初はバラバラの3次元の点で表されます。点群フィルタリング テクニックと、それらをのメッシュに変える手法の詳しい概要は、Bergerら[153]を参照してください。KotfisとCozzi[1003]が、それらをインタラクティブな速さで処理してボクセル化し、レンダーするアプローチを紹介しています。ここでは点群データを直接レンダーするテクニックを論じます。

QSplat [1633]は最初に2000年にリリースされた、影響力の大きい点ベースのレンダラーでした。それは球の階層を使ってモデルを表現します。数億の点からなるシーンのレンダリングを可能にするため、そのツリーのノードは圧縮されます。点は**スプラット**と呼ばれる、半径を持つ形としてレンダーされます。使用可能なスプラット形状は、正方形、不透明な円、ファジーな円です。つまり、連続なサーフェスを表すことを意図してレンダーされますが、スプラットはパーティクルです。図13.22の例を見てください。レンダリングはツリーの任意のレベルで終了できます。そのレベルのノードは、ノードの球と同じ半径のスプラットとしてレンダーされます。つまり、どのレベルでも穴が見えないように、その境界球階層は構築されています。ツリーのトラバースは任意のレベルで終了できるので、時間切れになったらトラバースを終了することにより、インタラクティブなフレーム レートが得られます。ユーザーが動き回るのをやめたら、階層のリーフに達するまで反復して、レンダリングの品質を精緻化できます。

ほぼ同時に、Pfisterら[1520]が、**サーフェル**（サーフェス要素）を紹介しました。これも点ベースのプリミティブで、オブジェクトのサーフェスの一部を表すことを意図しているので、常に法線が含まれます。8分木（セクション19.1.3）を使い、サンプルしたサーフェル（位置、法線、フィルター済みテクセル）を格納します。レンダリングでは、サーフェルを画面上に投影してから、可視性スプラッティング アルゴリズムを使い、できた穴を埋めます。QSplatとサーフェルの論文は、点群システムの主要な問題のいくつかを識別して対処しています。それはデータ セット サイズの管理と、与えられた点のセットから説得力のあるサーフェスをレンダーすることです。

QSplatは階層を使いますが、それは1つの点のレベルまで再分割され、内部では、親ノードは子の平均である点を持つ境界球です。GobbettiとMarton[594]は、それよりうまくGPU

13.9. 点のレンダリング

に位置付けられ、人為的な「平均」データ点を作らない階層構造である、レイヤー点群を紹介しています。内部ノードと子ノードには、どれもほぼ同じ数の（nとする）、1つのAPI呼び出しでセットでレンダーされる点が含まれます。モデルの大まかな表現として、セット全体からnの点をとり、ルートノードを形成します。ランダムな選択よりも、点の間の距離が大まかに同じセットを選ぶほうが、よい結果を与えます[1701]。クラスターの選択には、法線や色の差も使えます[620]。残りの点は空間で2つの子ノードに分割します。この処理をノードごとに繰り返し、nの代表点を選んで残りを2つのサブセットに分割します。1つの子の点がn以下になるまで、この選択と再分割を続けます（図13.23）。Botschら[199]による研究が最先端のよい例で、遅延シェーディング（セクション20.1）と高品質のフィルタリングを使うGPU高速化テクニックです。表示では、何らかの制限に遭遇するまで、見えるノードをロードしてレンダーします。ノードの相対的な画面サイズが、ロードする点のセットの重要度の決定に使うことができ、レンダーするビルボードのサイズの見積もりを与えられます。親ノードに新たな点を導入しないので、メモリー使用量は格納する点の数に比例します。このスキームの欠点は、1つの子ノードを拡大するときに、たとえ少しの点しか見えなくても、すべの親ノードをパイプラインに送らなければならないことです。

現在の点群のレンダリングシステムでは、データセットが巨大で、何千億もの点で構成されることがあります。そのようなセットは、インタラクティブな速さで表示することは論外であり、全体をメモリーにロードできないので、ほぼすべての点群レンダリングシステムで、階層構造がロードと表示に使われます。使うスキームはデータの影響を受けることがあり、例えば地形では、8分木よりも4分木のほうが一般によくフィットします。点群データ構造の効率的な作成とトラバースに関する、かなりの量の研究があります。Scheiblauer[1670]が、この分野の研究の要約と、サーフェス再構成テクニックや他のアルゴリズムを提供します。Adorjan[13]は、写真測量で生成される建物の点群の共有を中心に、いくつかのシステムの概要を与えます。

理論的には、サーフェスを定義する個別の法線と半径をスプラットに供給できます。実際には、そのようなデータはメモリーをとりすぎ、かなりの前処理を行わないと利用できないので、一般には固定半径のビルボードが使われます。正しく点ごとに半透明スプラットビルボードをレンダーすると、ソートとブレンドのコストにより、高価でアーティファクトだらけになる可能性があります。インタラクティブ性と品質を維持するため、たいていは不透明ビルボード（正方形や切り抜き円）が使われます（図13.24）。

点に法線がない場合、陰影を与える様々なテクニックを加えることができます。1つのイ

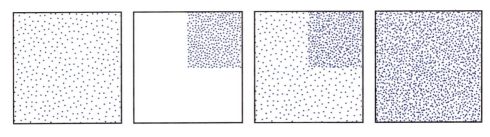

図13.23. レイヤー点群。左では、ルートノードが、子のデータからとる疎なサブセットを包含する。次に子のノードと、ルートの点との組み合わせが示されている、子の領域のほうが多く詰め込まれていることに注意。右端はルートとすべての子を含む完全な点群。（*potree.org*のオープンソースソフトウェア、*Potree [1701]*のドキュメントからのイメージ。図は*Adorjan [13]*に従う。）

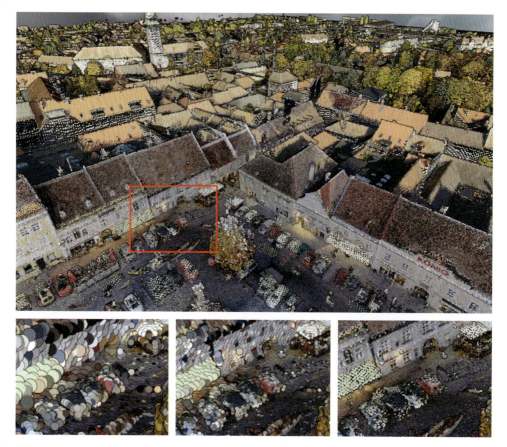

図**13.24.** 小さな町の1億4500万の点のデータ セットをレンダーするため、500万の点を選択する。深度の差を検出してエッジを強化する。隙間はデータが疎だったり、ビルボード半径が小さすぎる場所に現れる。下段は、イメージの予算がそれぞれ50万、100万、500万点のときに選択される領域を示している。（*potree.org*のオープンソース ソフトウェア、*Potree [1701]*で生成したイメージ。オーストリア、リッツのモデル、提供：*RIEGL, riegl.com*。）

メージベースのアプローチは、何らかの形のスクリーン空間アンビエント オクルージョンを計算することです（セクション11.3.6）。一般には、連続なサーフェスを形成するのに十分な広さの半径で、まず深度バッファーにすべての点をレンダーします。後続のレンダリング パスで、各点の陰影を、それより視点に近い隣接ピクセルの数に応じて暗くします。**アイ ドーム ライティング**（EDL）は、さらにサーフェスの詳細を強調できます[1701]。EDLは隣接するピクセルのスクリーン深度を調べ、現在のピクセルよりも視点に近いものを見つけます。そのような隣接ピクセルごとに、現在のピクセルとの深度の差を計算して合計します。それらの差の平均を符号反転してから強度係数を掛け、指数関数expへの入力として使います（図13.25）。

点に色や明度が付随する場合は、照明が既にベイクされているので直接表示できますが、光沢や反射性オブジェクトはビューの変化に応答しません。点の表示には、オブジェクトの型や高度といった、追加の非グラフィック属性も使えます。ここで触れたのは、点群の管理とレンダリングの基本だけです。Schuetz [1701]が、様々なレンダリング テクニックを論じ、実装の詳細と高品質のオープンソース システムを提供します。

　点群データを、他のデータ ソースと組み合わせることができます。例えば、Cesiumプログ

13.9. 点のレンダリング

図 **13.25.** 左は、法線を持つ点を1パスでレンダーしている。中は、法線がない点群のスクリーン空間アンビエント オクルージョン レンダリング。右は、同じ点群のアイ ドーム ライティング。後の2つの手法は、どちらもイメージの深度を定めるパスを実行する必要がある。（*cloudcompare.org*の*GPL*ソフトウェア、*CloudCompare*で生成したイメージ。足跡のモデル提供：*Eugene Liscio*。）

図 **13.26.** ピクセルごとの深度が利用できる環境。固定のビュー位置で（しかし方向は固定されない）、ユーザーはワールド空間位置の間を測定して、仮想オブジェクトを配置でき、遮蔽も正しく処理される。（*Autodesk ReCap Pro*で生成したイメージ、提供：*Autodesk, Inc.*）

ラムは、点群を高解像度の地形、イメージ、ベクトル マップ データ、写真測量から生成したモデルと結合できます。別のスキャンに関連するテクニックは、視点からの環境をスカイボックスに記録して、色と深度情報を保存することにより、シーン キャプチャーに物理的な存在感を持たせることです。例えば、周囲のイメージの点ごとの深度が利用できるので、ユーザーは合成モデルをシーンに追加して、このタイプのスカイボックスと正しく融合できます、（図13.26）。

最先端は大きく進歩し、そのようなテクニックが、データの記録と表示以外の分野でも使われるようになっています。例として、Evans [484] が紹介した、ゲーム *Dreams* 用の実験的な点ベースのレンダリング システムの概要を与えます。モデルはそれぞれクラスターの境界ボリューム階層（BVH）で表され、クラスターはそれぞれ256の点です。点は符号付き距離関

数（セクション17.3）から生成されます。詳細レベルをサポートするため、別のBVH、クラスター、点が詳細レベルごとに生成されます。高い詳細から低い詳細への遷移では、高密度の子クラスターの点の数を確率論的に25％に減らしてから、低詳細の親クラスターに交換します。レンダラーの基礎となるコンピュート シェーダーは、アトミックを使って衝突を避けながら、フレームバッファーに点をスプラットします。確率論的透明度、被写界深度（錯乱円に基づくジッター スプラットを使う）、アンビエント オクルージョン、不完全シャドウ マップなど、いくつかのテクニックが実装されています[1612]。アーティファクトを取り除くため、時間アンチエイリアシング（セクション5.4.2）を行います。

　点群は空間中の任意の位置を表すため、点の間の隙間はたいてい不明か、簡単には入手できないので、レンダーは難しいかもしれません。この問題と、点群に関連する研究の他の領域を、KobbeltとBotsch [988]が調査しています。本章の締めくくりとして、サンプルと隣の距離が常に同じである非ポリゴン表現に目を向けます。

13.10　ボクセル

ピクセルが「ピクチャー要素」、テクセルが「テクスチャー要素」であるのと同じく、**ボクセル**は「ボリューム要素」です。各ボクセルは空間のボリュームを表し、一般には一様な3次元グリッドのキューブです。ボクセルはボリューム データを格納する伝統的な手段で、煙から3Dプリント モデル、骨のスキャンから地形表現までの幅広いオブジェクトを表せます。1ビットを格納し、ボクセルの中心がオブジェクトの内と外どちらにあるかを表すことができます。医療の応用では、密度や不透明度、場合によってはボリューム フローの速度が利用できるかもしれません。レンダリングの手助けとして色、法線、符号付き距離などの値も格納できます。グリッドのインデックスで位置が決まるので、ボクセルごとの位置情報は必要ありません。

13.10.1　アプリケーション

モデルのボクセル表現は、多様な目的に使えます。規則的なグリッドのデータは、そのサーフェスだけでなく、完全なオブジェクトに関係するあらゆる操作に適しています。例えば、ボクセルが表すオブジェクトの体積は、単純にその内側のボクセルの和です。そのグリッドの規則的な構造とボクセルの明確に定義されたローカルな近隣は、煙、侵食、雲の形成などの現象を、セルオートマトンなどのアルゴリズムでシミュレートできることを意味します。有限要素解析はボクセルを利用して、オブジェクトの引張強度を決定します。モデルの彫刻はボクセルを取り去るだけです。逆に、ポリゴン モデルをボクセル グリッドの中に置き、それが重なるボクセルを決定することで、精巧なモデルの構築を行えます。特異点と精度の問題に対処しなければならない、伝統的なポリゴン ワークフローと比べ、そのような空間領域構成法（CSG）のモデリング操作は、効率的で、予測可能で、動作が保証されています。OpenVDB [1353, 1443]やNVIDIA GVDB Voxels [815, 816]などのボクセルベースのシステムは、映画制作、科学と医療の可視化、3Dプリンティングなどの分野で使われます（図13.27）。

13.10.2　ボクセル ストレージ

ボクセルの格納は、データがボクセル解像度に$O(n^3)$で増加するので、多大なメモリーが必要です。例えば、各次元が1000の解像度のボクセル グリッドは、10億の位置が生じます。

13.10. ボクセル　　　　　　　　　　　　　　　　　　　　　　　　　　　　　　　　　501

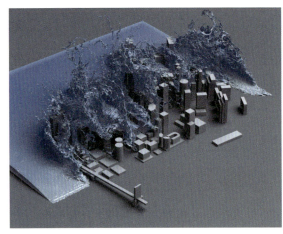 

図13.27. ボクセルの応用。左では、流体シミュレーションを疎なボクセル グリッド上で直接計算し、ボリュームとしてレンダーしている。右では、ポリゴンのうさぎモデルを符号付き距離フィールドにボクセル化してから、それをノイズ関数で摂動し、等値面をレンダーしている。（左：Wuら [2069] の研究に基づくイメージ、提供：NVIDIA®。右：NVIDIA® GVDB Voxelでレンダーしたイメージ、提供：NVIDIA Corporation。）

Minecraft などのボクセルベースのゲームは、巨大な世界を持つことがあります。そのゲームでは、それぞれ$16 \times 16 \times 256$ボクセルの塊として、データをストリームして取り込み、各プレイヤーの周りのある半径に出力されます。各ボクセルは、識別子や追加の向きやスタイルのデータを格納します。キューブを使って表示される石の塊であろうと、アルファ付きテクスチャーを使う半透明の窓であろうと、あるいは切り抜きビルボードのペアで表される草であろうと、すべてのブロック型に独自のポリゴン表現があります。例えば、457ページの図12.10と726ページの図19.19を見てください。

　ボクセル グリッドに格納されるデータは、隣の位置が同じか、よく似た値を持つ可能性が高いので、一般に大きなコヒーレンスを持ちます。データ ソースによっては、グリッドの大部分が空のことがあり、疎なボリュームと呼ばれます。コヒーレンスと希薄さの両方が、コンパクトな表現をもたらします。例えば、8分木（セクション19.1.3）をグリッドに課すことができます。最も低い8分木レベルで、ボクセル サンプルの$2 \times 2 \times 2$のセットがすべて同じなら、それを8分木に書き留めてボクセルを破棄できます。ツリーを遡って同様に検出を行い、同一の子8分木ノードを破棄できます。データが異なる場所でしか、格納する必要はありません。この**疎なボクセル8分木**（SVO）表現 [95, 329, 333, 766] は、3次元ボリュームのミップマップに等価な、自然な詳細レベル表現をもたらします（図13.28と13.29）。LaineとKarras [1038] が豊富な実装の詳細と、SVOデータ構造の様々な拡張を提供します。

13.10.3　ボクセルの生成

ボクセル モデルへの入力は、様々なソースから来ることがあります。例えば、多くのスキャンニング装置は、任意の位置のデータ点を生成します。点群 [1003]、ポリゴン メッシュなどの表現を、ボクセルに変える処理である**ボクセル化**は、GPUで高速化できます。Karabassiら [928] の、大ざっぱでも迅速なメッシュ用の手法は、6つの正投影ビュー（上下と4つの側面）からオブジェクトをレンダーすることです。ビューごとに深度バッファーが生成されるので、各ピクセルは、その方向で見える最初のボクセルの場所を保持します。ボクセルの位置が6つ

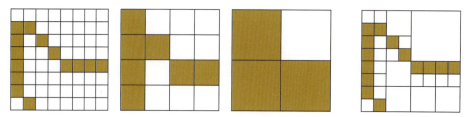

図 13.28. 2次元の疎なボクセル8分木。与えられた左のボクセルのセットに対し、どの親ノードがボクセルを持つかを書き留め、ツリーを遡る。右は最終的な8分木の可視化で、各グリッド位置に格納される最も深いノードを示している。(*Laine*と*Karras* [1038]に従う図。)

図 13.29. 異なる詳細レベルのボクセル レイ トレーシング。左から右、モデルを包含するボクセル グリッドのエッジの解像度は 256、512、1024。(*Optix*と*NVIDIA® GVDB Voxels*でレンダーしたイメージ、提供：*NVIDIA Corporation* [816]。)

のバッファーに格納されたどの深度よりも奥にあれば、それは見えないので、オブジェクトの内部とマークします。この手法は6つのビューのどこからも見えない特徴を見逃すので、誤って内部とマークされるボクセルが生じます。それでも、単純なモデルには、この手法で十分なことがあります。

Loopら [1160] は、視体積交差法 [1229] に触発され、さらに単純なシステムを使って、現実世界の人々のボクセル化を作成しています。人のイメージのセットを記録して、そのシルエットを抽出します。個々のシルエットを使い、そのカメラ位置でのボクセルのセットを削り出します。その人が見えるピクセルだけが、そのセットに関連付けられたボクセルを持ちます。

スライスを生成して積み重ねる医療画像装置のように、イメージのコレクションからボクセル グリッドを作成することもできます。同じように、メッシュ モデルをスライスに分けてレンダーし、モデルの内側だと分かったボクセルを適切に記録できます。各スライスと接するように近平面と遠平面を調整し、内容を調べます。EisemannとDécoret [444] が、32ビットのターゲットを、それぞれ1ビットのフラグを持つ32の別々の深度と考える、**スライスマップ**の考え方を紹介しています。このボクセル グリッドにレンダーする三角形の深度を、等価なビットに変換して格納します。その32のレイヤーは1つのレンダリング パスでレンダーできます。広チャンネルのイメージ フォーマットとマルチレンダーターゲットを使えば、パスでさらに多くのボクセル レイヤーを利用できます。Forestら [522] が実装の詳細を与え、現代のGPU上では最大1024レイヤーを1つのパスでレンダーできると述べています。このスライス アルゴリズムは、モデルのサーフェスだけを識別する、その**境界表現**です。上の6ビュー アルゴリズムも（たまに分類を誤りますが）、完全にモデルの内側にあるボクセルを識別します。図13.30に、ボクセル化の3つの一般的なタイプが示されています。Laine [1040] が用語

13.10. ボクセル 503

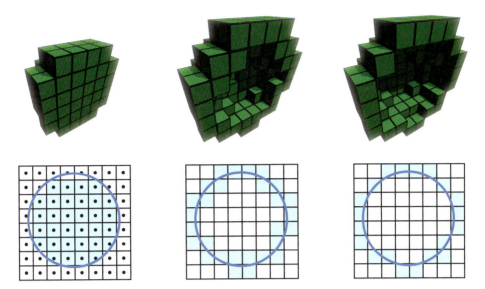

図13.30. 3つの異なる方法でボクセル化した球と、その断面。左は中実ボクセル化で、各ボクセルの中心を球に対してテストすることにより決定する。中は保守的ボクセル化で、球のサーフェスに触れるすべてのボクセルも選択する。このサーフェスは26-分離ボクセル化と呼ばれ、内部のボクセルが、その3×3×3近隣で 外部のボクセルと隣接することはない。言い換えると、内部と外部のボクセルが面、辺、頂点を共有することはない。右は6-分離ボクセル化で、辺と角は内部と外部のボクセルの間で共有できる。 (*Schwarz*と*Seidel [1712]*に従う図。)

の完全な取り扱い、様々なボクセル化の種類、その生成と使用に含まれる問題を提供します。

現代のGPUで利用可能な新しい機能による、より効率的なボクセル化が可能です。SchwarzとSeidel [1712, 1713] と Pantaleoni [1460] が紹介する、コンピュート シェーダーを使うボクセル化システムは、SVOを直接構築する能力を提供します。CrassinとGreen [331, 332] が述べる、規則的なグリッド ボクセル化のためのオープンソース システムは、OpenGL 4.2で利用可能になったイメージのロード/ストア操作を利用します。それらの操作は、テクスチャーメモリーへのランダムな読み書きアクセスを可能にします。保守的ラスタライズ（セクション 24.1.2）を使って、ボクセルに重なるすべての三角形を決定することにより、彼らのアルゴリズムは、平均の色と法線と合わせて、ボクセル占有率を効率的に計算します。この手法でSVOも作成でき、トップダウンに降下しながら空でないノードだけをボクセル化してから、ボトムアップ フィルタリングによるミップマップ作成を使ってその構造を埋めてゆきます。Schwarz [1713] が、ラスタライズとコンピュート カーネル ボクセル化システム両方の実装の詳細を与え、それぞれの特徴を説明します。RauwendaalとBailey [1580] には、彼らのハイブリッド システムのソース コードが含まれます。彼らは並列ボクセル化スキームの性能解析と、誤判定を避けるための保守的ラスタライズの正しい使い方の詳細を提供します。少量の誤差が許容できる場合には、MSAAが保守的ラスタライズの実行可能な代替手段になり得ることを、Takeshige [1865] が論じています。Baertら [95] が、アウトオブコアで効率よく実行できる、つまり高い精度でシーンをボクセル化でき、モデル全体をメモリーに常駐させる必要がない、SVOの作成アルゴリズムを紹介しています。

シーンのボクセル化必要な大量の処理を考えると、動的なオブジェクトは、ボクセルベースのシステムにとって難問です。GaitatzesとPapaioannou [554] が、シーンのボクセル表現を漸進的に更新することにより、この課題に取り組んでいます。ボクセルのセットとクリアに、シーン カメラと生成するすべてのシャドウ マップからのレンダリング結果を使います。ボク

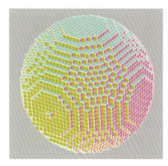 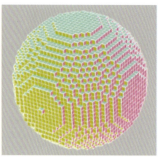 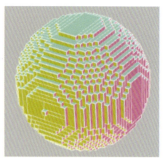

図**13.31.** キューブ カリング。左はボクセルあたり6つ、102,444の四辺形からなる17,074ボクセルの立体球。中は、隣接するボクセル間の2つの四辺形を取り除き、数を4,770に減らしたもの。外側の殻には触れていないので、外見は左と変わらない。右は、高速な貪欲アルゴリズムで面を融合して、より大きな四角形を形成し、2,100の四辺形を与えている。（Mikola Lysenkoのカリング プログラムからのイメージ [1183]。）

セルを深度バッファーに対してテストし、記録されたz-深度より近いと分かったものをクリアします。次にバッファーの深度位置を点のセットとして扱い、ワールド空間に変換します。それらの点の対応するボクセルを決定し、それまでマークされていなければセットします。このクリアとセットの処理はビューに依存し、それはシーンのカメラから現在見えない部分が実質的に分からないので、誤りの発生源になるかもしれないことを意味します。しかし、この高速な近似手法により、ボクセルベースのグローバル照明効果の計算を、動的な環境でインタラクティブな速さで行うことが実用的になります（セクション11.5.6）。

13.10.4　レンダリング

ボクセル データは3次元配列に格納されますが、それは3次元テクスチャーと考えることもでき、実際に格納することもできます。そのようなデータは、多くの方法で表示できます。霧のように半透明だったり、超音波画像のように、データ セットを調べるためにスライス平面を配置するボクセル データの可視化方法は、次の章で論じます。ここでは、立体オブジェクトを表すボクセル データのレンダリングに焦点を合わせます。

　ボクセルごとにオブジェクトの内側か外側かを示す1ビットが含まれる、最も単純なボリューム表現を考えます。そのようなデータの表示によく使われる、いくつかの方法があります [1183]。ボリュームに直接レイキャストして、各キューブのヒットする最も近い面を決定する手法があります [815, 816, 2052]。別のテクニックは、ボクセル キューブをポリゴンのセットに変換することです。メッシュを使うレンダリングは高速ですが、ボクセル化の追加コストが発生し、静的なボリュームに最も適しています。各ボクセルのキューブを不透明として表示するなら、隣接する2つのキューブの間で共有される正方形は見えないので、それらの面を間引けます。この処理により、正方形で構成される、中空の殻が残ります。単純化テクニック（セクション16.5）で、さらにポリゴン数を減らせます（図13.31）。

　このキューブ面のセットのシェーディングは、曲面を表すボクセルには説得力がありません。キューブのシェーディングの一般的な代案は、**マーチング キューブ**などのアルゴリズムを使って、滑らかなメッシュ サーフェスを作成することです [607, 1166]。この処理は、**サーフェス抽出**や**ポリゴン化**と呼ばれます。個々のボクセルをボックスとして扱わずに、点サンプルと考えます。$2 \times 2 \times 2$パターンの8つの隣接サンプルを使って角を作り、キューブを形成できます。その8つの角の状態で、キューブを通るサーフェスを定義できます。例えば、キュー

13.10. ボクセル

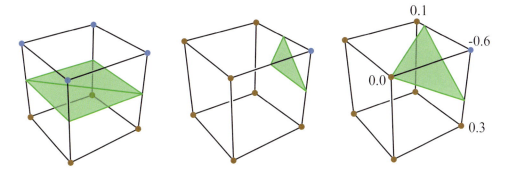

図**13.32.** マーチング キューブ。左は、4つの底面の角がオブジェクトの内側にあるボクセルの中心なので、2つの三角形の水平な正方形が底面と上の4つの角の間に形成される。中央は、1つの角が外側にあるので、三角形が形成される。右の、符号付き距離値が角に格納されている場合には、それを補間して三角形の頂点を辺上の0.0にできる。サーフェスの割れ目をなくすため、辺を共有する他のキューブも、辺上の同じ位置に頂点を持つことに注意。

ブの上面の4つの角が外側で、底面の4つが内側なら、キューブを半分に分割する水平の正方形が、そのサーフェスの形のよい推測になります。1つの角が外側で残りが内側なら、外側の角につながる3つのキューブの辺の中点で形成される三角形ができます（図13.32）。このキューブの角のセットを対応するポリゴン メッシュに変える処理は、8つの角のビットを0から255のインデックスに変換し、それを使って可能な構成の三角形の数と位置を指定するテーブルにアクセスできるので、効率的です。

レベル セット[688]など、それよりも滑らかな曲面に適した、ボクセルをレンダーする手法もあります。各ボクセルが表現するオブジェクトのサーフェスへの距離を、内側には正の値、外側には負の値で格納するとします。図13.32の右に示されるように、それらのデータを使って形成するメッシュの頂点位置を調整し、サーフェスをより正確に表すことができます。また、ゼロの等値でレベル セットを直接レイトレースすることもできます。このテクニックは**レベル-セット レンダリング**[1353]と呼ばれます。ボクセルに何もアトリビュートを追加しなくても、特に曲面モデルのサーフェスと法線をうまく表します。

密度の違いを表すボクセル データは、何が表面を形成するかを決めることにより、様々な方法で可視化できます。例えば、ある密度が腎臓のよい表現を与え、別の密度は存在する腎臓結石を示すかもしれません。密度値の選択は、同じ値を持つ位置のセット、**等値面**を定義します。この値を変えることができれば、特に科学可視化で役に立ちます。任意の等値面値の直接的なレイ トレーシングは、その対象の値が常にゼロであるレベル セットのレイ トレーシングの一般化です。また等値面を抽出して、それをポリゴン モデルに変換することもできます。

2008年にOlick[1430]が、疎なボクセル表現をレイ キャスティングで直接レンダーできる方法について影響力の大きな講演を行い、さらなる研究を触発しました。正規化されたボクセルに対するレイのテストはGPU実装に適し、インタラクティブなフレーム レートで行えます。多くの研究者が、このレンダリングの領域を探っています。この主題の概要を知りたい人は、まずボクセルベースの手法の利点を取り上げた、Crassinの博士論文[329]とSIGGRAPHプレゼンテーション[333]を参照してください。Crassinは**コーン トレーシング**を使い、データのミップマップのような性質を利用します。その一般的な考え方は、規則性と明確に定義された局所性というボクセル表現の特性を使って、ジオメトリとシェーディング プロパティの事前フィルタリング スキームを定義し、線形フィルターの使用を可能にすることです。シーンをトレースするのは1本のレイですが、その出発点から発する円錐を通じて可視性の近

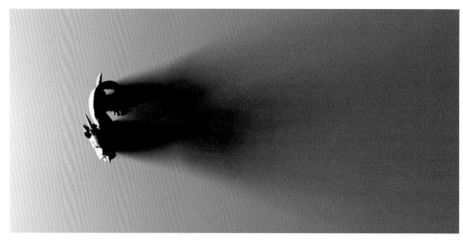

図13.33. コーン トレースした影。上：Mayaで20秒でレンダーした、レイトレースによる球面の面光源。下：同じシーンのボクセル化とコーン トレーシングの所要時間は〜20ms。モデルはポリゴンでレンダーされ、そのボクセル版を影の計算に使う。(イメージ提供：*Crytek [936]*。)

似を収集できます。レイが空間を通過するにしたがって、その関心の半径は拡大し、それは1ピクセル内に落ちるテクセルが増えるほど、サンプルするミップマップの階層が上がるのと同じく、チェーンを上ってボクセル階層をサンプルすることを意味します。この種のサンプリングは、例えばソフトな影と被写界深度をコーン トレーシングの問題に分解できるので、それらの効果を迅速に計算できます。エリア サンプリングは、アンチエイリアシングや可変のサーフェス法線の正しいフィルタリングなど、他の処理にも役立つことがあります。HeitzとNeyret [766] が、それまでの研究を述べ、コーン トレーシングで使って可視性計算の結果を改善する、新しいデータ構造を紹介しています。Kasyan [936] は面光源でボクセル コーン トレーシングを使い、誤差の発生源を論じています。その比較が図13.33に示されています。最終的な結果は233ページの図7.33を見てください。グローバル照明効果の計算へのコーン トレーシングの使用は、セクション11.5.7に議論と図解があります。

最近のトレンドは、GPU上で8分木を超える構造の探求です。8分木の重大な欠点は、レイ トレーシングなどの操作に、あちこちで多数のツリー トラバースが必要なため、かなりの数の中間ノードのストレージが必要なことです。Hoetzlein [815] は、グリッドの階層であるVDB

13.10. ボクセル   507

ツリーのGPUレイ トレーシングが、8分木に対して大きな性能利得を達成でき、ボリューム データの動的な変化に適していることを示しています。Fogalら[518]は2パス アプローチで8 分木ではなく、インデックス テーブル使い、大きなボリュームをリアルタイムにレンダーで きることを示しています。最初のパスが見える部分領域（ブロック）を識別し、それらの領域 をディスクからストリームで読み込みます。2番目のパスで、現在メモリーに常駐する領域を レンダーします。Beyerら[154]が、大規模なボリューム レンダリングの綿密な調査を提供し ています。

13.10.5　その他のトピック

例えば、陰関数サーフェス（セクション17.3）の可視化には、サーフェス抽出が一般に使われ ます。メッシュの形成の仕方には、様々な形式の基本アルゴリズムと、いくつかの微妙な部分 があります。例えば、キューブの角が1つおきに内側にある場合、それらの角を一緒に形成す るポリゴン メッシュに結合すべきでしょうか、それとも別に保持すべきでしょうか？ 陰関数 サーフェスのポリゴン化テクニックの調査は、de Araújoら[75]の記事を参照してください。 Austin[93]が、様々な一般のポリゴン化スキームの長所と短所をざっと調べ、キュービカル マーチング スクエア（CMS）が最も好ましい特性を持つことを見出しました。

　レンダリングにレイ キャスティングを使うときには、完全なポリゴン化以外のソリュー ションも可能です。例えば、LaineとKarras[1038]は、ボクセルごとにサーフェスを近似する 平行な平面のセットを付加し、後処理のぼかしを使ってボクセル間の不連続をマスクします。 HeitzとNeyret[766]は、平面の式を再構成して任意の空間位置と解像度で与えられた方向の 被覆率を決定できる、線形フィルター可能な表現で符号付き距離にアクセスしています。

　EisemannとDécoret[444]が、半透明の重なり合うサーフェスが影を落とす状況で、ボクセ ル表現を使ってディープ シャドウ マッピング（セクション7.8）を行えることを示していま す。Kämpe、Sintornらが示すように[919, 1769]、ボクセル化シーンの別の利点は、光源ごと にシャドウ マップを生成するのではなく、このただ1つの表現で、すべてのライトの影レイを テストできることです。直接見えるサーフェスのレンダリングと比べると、人の目は影や間 接照明などの2次的な効果の小さな誤差には寛容で、それらの作業に必要なボクセル データ はずっと小さくなります。ボクセルの占有率だけを追跡するときには、多くの疎なボクセル ノードの間に極めて高い自己相似性があるかもしれません[918, 1952]。例えば、壁はいくつか のレベルで同一のボクセルのセットを形成します。様々なノードとツリー中のサブツリー全体 が同じことを意味するので、そのようなノードには1つのインスタンスを使い、それらを**有向 非巡回グラフ**（セクション19.1.5）と呼ばれるものに格納できます。そうすることで、しばし ばボクセル構造に必要なメモリーの量を大きく削減できます。

参考文献とリソース

イメージベース レンダリング、ライトフィールド、計算写真学と他の多くのトピックが、 Szeliskiの *Computer Vision: Algorithms and Applications* [1857]で論じられています。こ の価値ある、フリーな電子版へのリンクは、本書のウェブサイト realtimerendering.com を参 照してください。Weierら[2006]が、人間の視覚系の限界を利用する幅広い高速化テクニック を、最新の報告で論じています。Dietrichら[380]が、その大規模モデル レンダリングに関す る報告の補足として、イメージベース テクニックの概要を提供します。

　本章で触れたのは、自然現象のシミュレートにイメージ、パーティクルなどの非ポリゴン手

法の使い方の、ほんの一部です。言及した記事に、多くの例と詳細があります。広範囲のテクニックを論じている記事がいくつかあります。Beacco ら [132] による群衆レンダリング テクニックの調査は、インポスター、詳細レベル、それ以外の多くの様々な手法の多くの変種を論じています。Gjøl と Svendsen のプレゼンテーション [585] は、ブルーム、レンズフレア、水の効果、反射、霧、火、煙を含む広い範囲の効果用の、イメージベースのサンプリングとフィルタリングのテクニックを与えています。

14. ボリュームと透過性のレンダリング

"Those you wish should look farthest away you must make proportionately bluer; thus, if one is to be five times as distant, make it five times bluer."
—Leonardo Da Vinci

遠くに見えてほしいものは、それに応じて青くしなければならない。
だから、5倍遠くにあるものは、5倍青くしなさい。

関与媒質とは、粒子で満たされたボリュームの記述に使う言葉です。その名前から分かるように、それらは光輸送に関与する媒質で、言い換えると、それらを通過する光に散乱や吸収を通じて影響を与えます。仮想世界をレンダリングするとき、たいてい重視するのは固体の表面で、それは単純でありながら複雑です。その表面が不透明に見えるのは、それが高密度の関与媒質、例えば、一般にBRDFを使ってモデル化される誘電体や金属で跳ね返る光によって定義されるからです。それより低密度のよく知られた媒質が、まばらな分子で構成される水、霧、蒸気、そして空気です。媒質は組成に応じ、それを通過して、その粒子で跳ね返る光との間で様々な相互作用、一般に光散乱と呼ばれる事象が発生します。粒子の密度は、空気や水の場合のように均質（一様）なものもあれば、雲や蒸気の場合のように不均質（非一様、空間中の位置で変わる）なものもあります。皮膚やロウソクの蝋のように、固体表面としてレンダーされる高密度の物質には、しばしば高いレベルの光散乱を示すものがあります。セクション9.1で示したように、ディフューズ サーフェス シェーディング モデルは、微視的レベルの光散乱の結果です。すべてが散乱なのです。

14.1　光散乱の理論

このセクションでは、関与媒質中の光のシミュレーションとレンダリングを説明します。これはセクション9.1.1と9.1.2で論じた物理現象、散乱と吸収の定量的な取り扱いです。数多くの著者[521, 806, 885, 1525]が、放射伝達の式を多重散乱付きパス トレーシングの文脈で述べています。ここでは単一散乱に焦点を合わせ、その動作についての直感を作り上げます。単一散乱は、関与媒質を構成する粒子での光の1回の跳ね返りだけを考慮します。多重散乱は光の経路ごとに多くの跳ね返りを追跡するので、はるかに複雑です[266, 521]。多重散乱ありとなしの結果が、558ページの図14.51に見られます。散乱の式の関与媒質の特性を表すのに使うシンボルと単位が、表14.1に示されています。σ_a、σ_s、σ_t、p、ρ、v、T_rなど本章の量の多くは

シンボル	説明	単位
σ_a	吸収係数	m^{-1}
σ_s	散乱係数	m^{-1}
σ_t	吸光係数	m^{-1}
ρ	アルベド	無単位
p	位相関数	sr^{-1}

表14.1. 散乱と関与媒質に使う表記。有色の光吸収や散乱を実現するため、パラメーターはそれぞれ波長（つまり、RGB）に依存することがある。位相関数の単位はステラジアンの逆数（セクション8.1.1）。

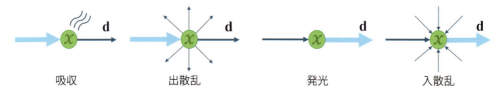

図14.1. 関与媒質中の様々な事象が、方向**d**の放射輝度を変える。

波長に依存し、それは実際にはRGB量を意味することに注意してください。

14.1.1 関与媒質マテリアル

媒質を通過するレイ沿いに伝搬する放射輝度の量に影響を与える可能性がある、4種類の事象があります。それらは図14.1に示され、以下に要約されます。

- **吸収**（σ_aの関数）：光子が媒質の物質に吸収され熱や他の形のエネルギーに転換される。
- **出散乱**（σ_sの関数）：光子が媒質物質中の粒子で跳ね返り散乱する。この発生は、光が跳ね返る方向の分布を記述する位相関数pに従う。
- **発光**：媒質が高熱、例えば火の黒体放射に達すると、光が放射されることがある。発光についての詳細は、Fongら[521]のコースノートを参照。
- **入散乱**（σ_sの関数）：任意の方向からの光子が粒子で跳ね返った後に散乱して現在の光の経路に入り、最終的な放射輝度に寄与することがある。与えられた方向から入散乱する光の量も、その光の方向の位相関数pに依存する。

まとめると、経路に光子を加えるのは、入散乱σ_sと発光の関数です。光子を取り除くのは、吸収と出散乱の両方を表す**吸光**$\sigma_t = \sigma_a + \sigma_s$の関数です。**放射伝達**の式が説明するように、その係数のセットは、位置$\mathbf{x}$で$L(\mathbf{x}, \mathbf{v})$に相対的な方向$\mathbf{v}$に向かう放射輝度の導関数を表します。それらの係数の値がすべて範囲$[0, +\infty)$にあるのは、このためです。詳細はFongら[521]による注記を参照してください。その散乱と吸収の係数が媒質のアルベドρを決定し、それは次のように定義されます。

$$\rho = \frac{\sigma_s}{\sigma_s + \sigma_a} = \frac{\sigma_s}{\sigma_t} \tag{14.1}$$

これは考慮する可視スペクトル範囲ごとの、媒質の吸収に対する散乱の重要度、つまり全体的な媒質の反射性を表します。ρの値は範囲$[0,1]$内にあります。0に近い値は、大部分の光が吸収される、暗い排煙のような濁った媒質が生じることを示します。1に近い値は、大部分の光が吸収されずに散乱し、空気、雲、地球の大気のような明るい媒質が生じることを示します。

14.1. 光散乱の理論

図14.2. それぞれ、異なる濃度の吸収と散乱の特徴をレンダリングしたワインとミルク。（イメージ提供：Narasimhanら [1362]。）

セクション9.1.2で論じたように、媒質の見た目は、その散乱と吸収特性の組み合わせです。現実世界の関与媒質の係数値が測定され、公表されています [1362]。例えば、ミルクは高い散乱値を持ち、濁った不透明な外見を生み出します。また高いアルベド $\rho > 0.999$ のおかげで、ミルクは白く見えます。一方、赤いワインの特徴は、散乱がほとんどなく吸収が高いことで、半透明色の外見を与えます。図14.2のレンダリングされた液体を、263ページの図9.8の写真撮影した液体と比べてください。

それらの特性と事象は、どれも波長に依存します。この依存性は、与えられた媒質では、光の周波数によって吸収されたり、散乱する確率が異なることを意味します。理論的には、これを計上するため、レンダリングにスペクトルの値を使うべきです。リアルタイム レンダリングでは（少数の例外 [717] を除きオフライン レンダリングでも）効率のため、代わりにRGB値を使います。可能な場所では、等色関数（セクション8.1.3）を使い、σ_a や σ_s などの量のRGB値を、スペクトルのデータから事前に計算すべきです。

以前の章では、関与媒質がないため、カメラに入る放射輝度が、最も近いサーフェスを出る放射輝度と同じだと仮定できました。より正確には、$\mathbf{c}$ をカメラ位置、$\mathbf{p}$ を最も近いサーフェスとビュー レイの交点、$\mathbf{v}$ を $\mathbf{p}$ から $\mathbf{c}$ を指す単位ビュー ベクトルとして、$L_i(\mathbf{c}, -\mathbf{v}) = L_o(\mathbf{p}, \mathbf{v})$ になります（269ページ）。

関与媒質が導入されると、この仮定は成り立たなくなり、ビュー レイ沿いの放射輝度の変化を計上する必要があります。例として、点光源、つまり1つの無限小の点で表される光源（セクション9.4）からの散乱光の評価に含まれる計算を述べることにします。

$$L_i(\mathbf{c}, -\mathbf{v}) = T_r(\mathbf{c}, \mathbf{p})L_o(\mathbf{p}, \mathbf{v}) + \int_{t=0}^{\|\mathbf{p}-\mathbf{c}\|} T_r(\mathbf{c}, \mathbf{c} - \mathbf{v}t)L_{\text{scat}}(\mathbf{c} - \mathbf{v}t, \mathbf{v})\sigma_s dt \quad (14.2)$$

$T_r(\mathbf{c}, \mathbf{x})$ は与えられた点 $\mathbf{x}$ とカメラ位置 $\mathbf{c}$ の間の透過率（セクション14.1.2）、$L_{\text{scat}}(\mathbf{x}, \mathbf{v})$ はレイ上の与えられた点 $\mathbf{x}$ でビュー レイ沿いに散乱する光です（セクション14.1.3）。その計算の様々な構成要素は、図14.3に示され、以下のサブセクションで説明します。式14.2の放射伝達の式からの導出方法についての詳細は、Fongら [521] のコース ノートにあります。

14.1.2 透過率

透過率 T_r は、ある距離の媒質を通過できる光の割合を表し、次に従います。

$$T_r(\mathbf{x}_a, \mathbf{x}_b) = e^{-\tau}, \quad \text{where} \quad \tau = \int_{\mathbf{x}=\mathbf{x}_a}^{\mathbf{x}_b} \sigma_t(\mathbf{x}) \, \|d\mathbf{x}\| \tag{14.3}$$

この関係はランベルト-ベールの法則としても知られます。光学的深さ τ は単位がなく、光の減衰量を表します。吸光率や移動距離が大きいほど、光学的深さは大きくなり、媒質を通過する光は減少します。光学的深さ $\tau = 1$ は、およそ 60% の光を取り除きます。例えば、RGB で $\sigma_t = (0.5, 1, 2)$ なら、$d = 1$ メートルの深さを通り抜ける光は、$T_r = e^{-d\sigma_t} \approx (0.61, 0.37, 0.14)$ になります。この振る舞いが図14.4に示されています。透過率は (i) 不透明なサーフェスからの放射輝度 $L_o(\mathbf{p}, \mathbf{v})$、$(ii)$ 入散乱事象から生じる放射輝度 $L_{\text{scat}}(\mathbf{x}, \mathbf{v})$、$(iii)$ 散乱事象から光源への各経路に適用する必要があります。視覚的には、(i) は霧のようなサーフェスの遮蔽になり、(ii) は散乱光の遮蔽になって、媒質の厚み（図14.6）についての視覚的が手がかりを与え、(iii) は関与媒質によるボリューム自己影になります（図14.5）。$\sigma_t = \sigma_a + \sigma_s$ なので、透過率は吸収と出散乱の両方の成分の影響を受けることが期待されます。

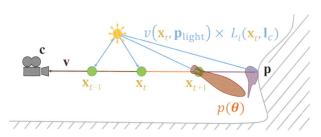

図14.3. 点光源からの単一散乱の積分の図解。ビュー レイ沿いのサンプル点が緑、1つの点の位相関数が赤、不透明サーフェス S の BRDF がオレンジで示されている。ここで、$\mathbf{l}_c$ はライトの中心への方向ベクトル、$\mathbf{p}_{\text{light}}$ はライトの位置 p は、関数 v は可視性項。

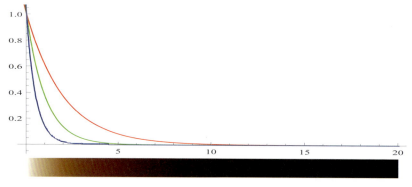

図14.4. 深さの関数としての透過率、$\sigma_t = (0.5, 1.0, 2.0)$。期待通り、赤成分の吸光係数が低いほど、赤色が多く透過する。

14.1. 光散乱の理論

図 **14.5.** 関与媒質でできたStanfordバニーのボリューム シャドウの例 [807]。左：ボリューム自己影なし。中：自己影あり。右：影を他のシーン要素にキャスト。(モデル提供：*Stanford Computer Graphics Laboratory*。)

14.1.3 散乱事象

シーンの点光源からの入散乱の、与えられた位置 $\mathbf{x}$ で方向 $\mathbf{v}$ からの積分は、次で行えます。

$$L_{\text{scat}}(\mathbf{x}, \mathbf{v}) = \pi \sum_{i=1}^{n} p(\mathbf{v}, \mathbf{l}_{c_i}) v(\mathbf{x}, \mathbf{p}_{\text{light}_i}) c_{\text{light}_i}(\|\mathbf{x} - \mathbf{p}_{\text{light}_i}\|) \qquad (14.4)$$

n はライトの数、$p()$ は位相関数、$v()$ は可視性関数、$\mathbf{l}_{c_i}$ は i 番目のライトの方向ベクトル、$\mathbf{p}_{\text{light}_i}$ は i 番目のライトの位置です。さらに $c_{\text{light}_i}()$ は、セクション9.4の定義とセクション5.2.2の逆2乗フォールオフ関数を使い、i 番目のライトからの放射輝度を、その位置への距離の関数として表したものです。可視性関数 $v(\mathbf{x}, \mathbf{p}_{\text{light}_i})$ は、次に従って $\mathbf{p}_{\text{light}_i}$ の光源から位置 $\mathbf{x}$ に達する光の割合を表します

$$v(\mathbf{x}, \mathbf{p}_{\text{light}_i}) = \text{shadowMap}(\mathbf{x}, \mathbf{p}_{\text{light}_i}) \cdot \text{volShad}(\mathbf{x}, \mathbf{p}_{\text{light}_i}) \qquad (14.5)$$

ここで $\text{volShad}(\mathbf{x}, \mathbf{p}_{\text{light}_i}) = T_r(\mathbf{x}, \mathbf{p}_{\text{light}_i})$ です。リアルタイム レンダリングでは、不透明とボリュームの、2種類の遮蔽から影が生じます。不透明なオブジェクトからの影（影Map）は、伝統的にシャドウ マッピングなど、7章のテクニックを使って計算します。

式14.5のボリューム シャドウ項 $\text{volShad}(\mathbf{x}, \mathbf{p}_{\text{light}_i})$ は、光源位置 $\mathbf{p}_{\text{light}_i}$ からサンプル点 $\mathbf{x}$ への透過率を表し、値の範囲は $[0, 1]$ です。ボリュームが生み出す遮蔽はボリューム レンダリングの重要な要素で、ボリューム要素は自分や他のシーン要素に影を落とすことがあります（図14.5）。この結果は通常、視点からそのボリュームを通って最初のサーフェスまでの1次レイ、次にそれらの各サンプルから光源への2次レイ経路に沿ってに沿ってレイ マーチングを行うことで実現されます。「レイ マーチング」とは、2点の間の経路を n 個のサンプルを使ってサンプリングし、その経路沿いの散乱光と透過率を積分する動作です。このサンプリング手法についての詳細は、高さフィールドのレンダリングに使った、セクション6.8.1のケースを参照して下さい。3次元ボリュームのレイ マーチングも同様に、各レイを少しずつ進めて、その途中の点でボリューム マテリアルやライティングをサンプルします。図14.3は、1次レイ上のサンプル点を緑、2次の影レイを青で示しています。他にもレイ マーチングを詳しく解説する多くの本があります [521, 1564, 2052]。

n を各経路沿いのサンプルの数とすると、$O(n^2)$ の複雑さなので、レイ マーチングはすぐに高価になります。品質と性能のトレードオフとして、ライトからの出力方向の透過率を格納する、特定のボリューム シャドウ表現テクニックを使えます。それらのテクニックは、本章のこの後の適切なセクションで説明します。

図14.6. 媒質濃度を左から右に0.1、1.0、10.0と増やしたStanfordドラゴン、$\sigma_s = (0.5, 1.0, 2.0)$。（モデル提供：*Stanford Computer Graphics Laboratory*。）

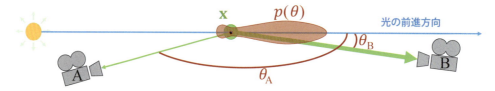

図14.7. θの関数としての位相関数（赤）と、その散乱光（緑）への影響の図解。

媒質中の光散乱と吸光の振る舞いについての直感を得るため、$\sigma_s = (0.5, 1, 2)$と$\sigma_a = (0, 0, 0)$を考えます。媒質内の短い光の経路では、入散乱事象が吸光、つまりこの場合の出散乱よりも優位で、小さな深度では$T_r \approx 1$です。そのチャンネルのσ_sが最も高いので、素材は青く見えます。光が媒質に深く貫通するほど、吸光によって通り抜ける光子は減ります。この場合、吸光から透過する色が優位になり始めます。$\sigma_a = (0, 0, 0)$なので、$\sigma_t = \sigma_s$であることにより、これは説明できますその結果、$T_r = e^{-d\sigma_t}$は、式14.2を使う光学的深さ$d\sigma_s$の関数としての散乱光の線形積分よりも、ずっと速く減少します。この例では、そのσ_tの値が最も低いので、赤い光のチャンネルのほうが媒質の通過による吸光を受けにくく、支配的になります。この振る舞いは図14.6に示され、まさに大気と空で起きることです。太陽が高いときには（例えば、大気を通り、地面に垂直な短い光の経路）、青い光のほうが多く散乱し、空に自然な青色を与えます。しかし、太陽が地平線にあり、長い光の経路が大気を通るときには、より多くの赤い光が透過するので、空は赤く見えます。誰もが知る美しい日の出と日の入りの遷移は、これにより生じます。大気のマテリアル合成についての詳細は、セクション14.4.1を参照してください。この効果の別の例が、262ページの図9.6の右側の乳白色ガラスです。

14.1.4 位相関数

関与媒質は、様々な半径の粒子からなります。その粒子のサイズの分布は、光の前進方向に相対的な、ある与えられた方向に光が散乱する確率に影響を与えます。この振る舞いの背後にある物理は、セクション9.1で説明しました。

散乱方向の確率と分布のマクロ レベルでの記述は、式14.4に示すように、入散乱を評価するときに位相関数を使って実現します。これが図14.7に示されています。赤の位相関数は、青い光の前進経路と、緑の方向$\mathbf{v}$の間の角度としてパラメーターθを使い、表現されます。この位相関数の例の2つの主要なローブである、光の進路と逆方向の小さな後方散乱ローブと、大きな前方散乱ローブに注目してください。カメラBは大きな前方散乱ローブの方向にあるの

14.1. 光散乱の理論

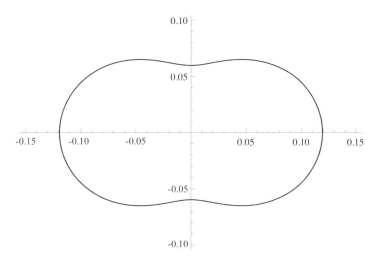

図 14.8. θ の関数としてのレイリー位相の極座標プロット。光は左から水平に入射し、その相対的な強度は x-軸から反時計回りに測定した角度 θ で示される。前方と後方の散乱の可能性は同じ。

で、カメラAと比べてずっと多くの散乱放射輝度を受け取ります。エネルギー保存、つまりエネルギーの利得も損失もないようにするためには、単位球上での位相関数の積分が1でなければなりません。

位相関数はある点の入散乱を、その点に達する指向性放射輝度の情報に従って変えます。最も単純な関数は等方性で、光はすべての方向に一様に散乱します。この完璧ですが非現実的な振る舞いは次で示されます。

$$p(\theta) = \frac{1}{4\pi} \tag{14.6}$$

θ は入射光と出散乱方向の間の角度、4π は単位球の面積です。

物理に基づく位相関数は、次に従う粒子の相対的なサイズ s_p に依存します。

$$s_p = \frac{2\pi r}{\lambda} \tag{14.7}$$

r は粒子半径、λ は考慮する波長です [806]:

- $s_p \ll 1$ のときは、レイリー散乱がある（例えば、空気）。
- $s_p \approx 1$ のときは、ミー散乱がある。
- $s_p \gg 1$ のときは、幾何学的散乱がある。

レイリー散乱

レイリー卿（1842〜1919）が、空中の分子からの光の散乱の項を導きました。その式は様々な用途がありますが、とりわけ地球の大気中の光散乱の記述に使われます。その位相関数は、図14.8に示すように2つのローブを持ち、光の方向に相対的に**後方散乱**と前方散乱と呼ばれます。この関数は入射光と出散乱方向の間の角度 θ で評価されます。関数は次のものです。

$$p(\theta) = \frac{3}{16\pi}(1 + \cos^2\theta) \tag{14.8}$$

レイリー散乱は高度に波長に依存します。光の波長λの関数として見ると、レイリー散乱の散乱係数σ_sは波長の4乗の逆数に比例します。

$$\sigma_s(\lambda) \propto \frac{1}{\lambda^4} \tag{14.9}$$

この関係は、短い波長の青や紫の光のほうが、長い波長の赤い光より、はるかに多く散乱することを意味します。式14.9からのスペクトル分布は、スペクトルの等色関数（セクション8.1.3）を使い、$\sigma_s = (0.490, 1.017, 2.339)$とRGBに変換できます。この値は1の輝度に正規化し、望みの散乱強度に従ってスケールすべきです。青い光のほうが大気中で多く散乱することにより生じる視覚効果は、セクション14.4.1で説明されています。

ミー散乱

ミー散乱[840]は、粒子のサイズが光の波長とほぼ同じときに使えるモデルです。このタイプの散乱は波長に依存しません。MiePlotソフトウェアが、この現象のシミュレートに役立ちます[1076]。特定の粒子サイズのミー位相関数は、一般に強く鋭い指向性ローブの複雑な分布で、光子の移動方向に相対的な特定の方向に、高い確率で光子を散乱することを表します。そのような位相関数をボリューム シェーディングで計算するのは計算的に高価ですが、幸いそれはめったに必要ありません。媒質の粒子サイズの分布は一般に連続的です。そのすべての異なるサイズでミー位相関数を平均すると、媒質全体の滑らかな平均の位相関数になります。このため、比較的滑らかな位相関数を使ってミー散乱を表せます。

　この目的でよく使われる1つの位相関数が、ヘニエイ-グリーンスタイン（HG）位相関数で、元は宇宙塵の光散乱をシミュレートするために提案されました[783]。この関数は、すべての現実世界の散乱の振る舞いの複雑さを捉えることはできませんが、位相関数ローブの1つ、つまり主散乱方向のローブを表すのにうまく一致させられます[2117]。それを使って煙、霧、塵のような任意の関与媒質を表せます。そのような媒質は強い後方や前方散乱を示し、光源の周りに大きなハローが見えることがあります。例には霧の中のスポットライトや、太陽の方向の雲の端の強い銀色の縁取り効果などがあります。

　HG位相関数はレイリー散乱より複雑な振る舞いを表すことができ、次で評価されます。

$$p_{hg}(\theta, g) = \frac{1 - g^2}{4\pi(1 + g^2 - 2g\cos\theta)^{1.5}} \tag{14.10}$$

それは図14.9に示されるように、様々な形を生成できます。gパラメーターは後方（$g < 0$）、等方性（$g = 0$）、前方（$g > 0$）散乱を表すに使え、gは$[-1, 1]$の範囲です。HG位相関数を使った散乱の結果の例が、図14.10に示されています。

　ヘニエイ-グリーンスタイン位相関数と似た結果を、より高速に得る方法は、Blasiら[175]が提案した近似を使うことで、通常その3人目の著者にちなんでシュリック位相関数と呼ばれます。

$$p(\theta, k) = \frac{1 - k^2}{4\pi(1 + k\cos\theta)^2}, \quad \text{where} \quad k \approx 1.55g - 0.55g^3 \tag{14.11}$$

これには複雑な指数関数が含まれず、評価がずっと速い2乗しかありません。この関数を元のHG位相関数に写像するには、kパラメーターをgから計算する必要があります。不変のg値を持つ関与媒質では、これは一度しか行う必要がありません。実用面では、図14.9に示すように、シュリック位相関数はエネルギーを保存する優れた近似です。

14.1. 光散乱の理論

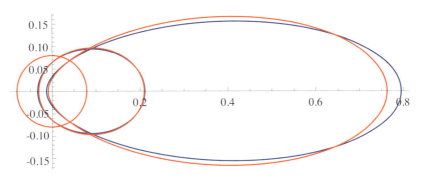

図14.9. ヘニエイ-グリーンスタイン（青）とシュリック近似（赤）位相の θ の関数としての極座標プロット。光は左から水平に入射している。パラメーター g は0から0.3そして0.6に増加し、右に強いローブを生じるのは、左から右の前進経路沿いにより多く散乱することを意味する。

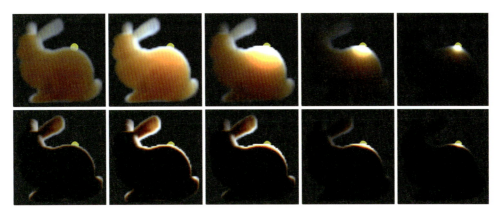

図14.10. 等方性から強い前方散乱の範囲の g を持つ、HG位相関数の影響を示す関与媒質スタンフォードうさぎ。左から右：$g = 0.0, 0.5, 0.9, 0.99, 0.999$。下段は10倍の濃度の関与媒質を使う。（モデル提供：*Stanford Computer Graphics Laboratory*。）

より複雑な一般の位相関数の範囲を表すために、複数のHGやシュリック位相関数をブレンドすることもできます [806]。これは、セクション14.4.2で述べて図解する雲の振る舞いのような、強い前方散乱と後方散乱のローブを同時に持つ位相関数を表すことを可能にします。

幾何学的散乱

幾何学的散は、光の波長よりもずっと大きな粒子で発生します。この場合、光は粒子の内部で反射や屈折することがあります。この振る舞いをマクロレベルをシミュレートするには、複雑な散乱位相関数が必要なことがあります。光の偏光も、この種の散乱に影響を与えることがあります。例えば、その現実の例が虹の効果です。それは空中の水粒子中の光の内部反射により発生し、後方散乱の結果として、小さな視角（〜3度）で可視スペクトルに太陽の光を分光します。そのような複雑な位相関数が、MiePlotソフトウェアを使ってシミュレートできます [1076]。そのような位相関数の例を、セクション14.4.2で述べます。

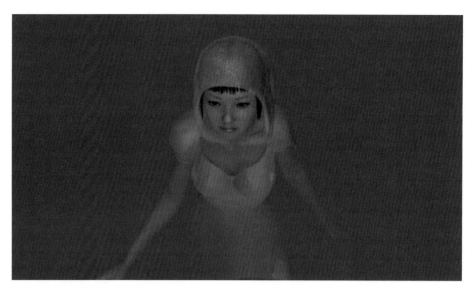

図14.11. 霧はムードを強めるのに使われる。（イメージ提供：*NVIDIA Corporation*。）

14.2　特殊なボリューム レンダリング

このセクションは、ボリューム効果を、基本的な限られた方法でレンダーするためのアルゴリズムを紹介します。それらを、アドホックなモデルにしばしば頼る、古風なトリックだと言う人もいるかもしれません。それらが使われる理由は、今でもうまくいくからです。

14.2.1　大規模な霧

霧は深度に基づく効果として近似できます。その最も基本的な形は、カメラからの距離に従う、シーンの上からの霧の色のアルファ ブレンドで、一般に**深度フォグ**と呼ばれます。このタイプの効果は、視覚的な手がかりになります。まず、図14.11に見えるように、リアリズムとドラマのレベルを上げられます。2つ目として、それは重要な深度の手がかりで、シーンを見る人がオブジェクトがどれぐらい遠くにあるかを決定するのに役立ちます（図14.12）。3つ目として、オクルージョン カリングの1つとして使えます。オブジェクトが遠く完全に霧に隠れる場合は、そのレンダリングを安全にスキップして、アプリケーションの性能を上げられます。

　霧の量を表す1つの手段は、fを透過率を表す$[0,1]$にすることです。つまり、$f = 0.1$は背景面の10%が見えることを意味します。サーフェスの入力色をc_i、霧の色をc_fとすると、最終的な色cは次で決まります。

$$\mathbf{c} = f\mathbf{c}_i + (1-f)\mathbf{c}_f \tag{14.12}$$

値fは多様な方法で評価できます。霧は次のように線形に増やすことができます。

$$f = \frac{z_{\text{end}} - z_s}{z_{\text{end}} - z_{\text{start}}} \tag{14.13}$$

ここでz_{start}とz_{end}は霧が開始と終了する（完全に霧がかかる）場所を決定するユーザー パラメーターで、z_sは視点から霧を計算するサーフェスまでの線形深度です。物理的に正確な霧の

図14.12. このDICEのゲーム *Battlefield 1* からのレベルのイメージでは、ゲームプレイ エリアの複雑さを見せるため霧が使われる。深度フォグを使って大規模な自然の風景を明らかにする。地面レベルで右に見える高さフォグは、谷からそびえる多数の建物を明らかにする。（提供：*DICE*, ⓒ *2018 Electronic Arts Inc.*）

透過率の評価方法は、透過率のランベルト-ベールの法則（セクション14.1.2）に従い、距離の指数で増やすことです。この効果は次で実現できます。

$$f = e^{-d_f z_s} \tag{14.14}$$

ここでスカラー d_f は霧の濃度を制御するユーザー パラメーターです。この伝統的な大縮尺の霧は、一般的な大気中の光の散乱と吸収のシミュレーションの粗い近似ですが（セクション14.4.1）、今日のゲームでも使われて大きな効果を上げています（図14.12）。

レガシーなOpenGLとDirectX APIでは、このようにハードウェア フォグが公開されていました。それらのモデルの使用は、モバイル機器のようなハードウェア上での単純なユース ケースで、まだ考慮する価値があります。現在の多くのゲームは、霧や光散乱などの大気効果を、もっと高度な後処理に頼ります。遠近ビューでの霧の問題は、深度バッファーの値が非線形なやり方で計算されることです（セクション24.7）。非線形な深度バッファーの値は、逆投影行列を使って変換し、線形深度 z_s に戻せます[1488]。そうすればピクセル シェーダーを使って霧を全画面パスとして適用し、高さに依存しない霧や水面下のシェーディングといった、さらに高度な結果を達成できます。

高さフォグは、高さと厚みがパラメーター化された関与媒質の単一の厚板を表します。画面上のピクセルごとに、ビュー レイがサーフェスに当たる前に厚板を通って動く距離の関数として、濃度と散乱光を評価します。Wenzel [2013] が、厚板内の関与媒質の指数フォールオフで f を評価する、閉形式の解法を提案しています。そうすることで、厚板の手前の端で滑らかな霧の遷移が生じます。これは図14.12の左側の背景の霧に見えます。

深度と高さのフォグでは、多様な変形が可能です。色 c_f は単一の色にすることも、ビュー ベクトルを使ってサンプルするキューブ マップから読むこともでき、方向による色の変化を、ピクセル単位の位相関数を適用する複雑な大気散乱の結果にすることさえ可能です[806]。$f = f_d f_h$ を使って深度 f_d と高度 f_h フォグの透過率を組み合わせ、両方の霧を一緒にシーンに織り込むこともできます。

深度と高さのフォグは、大縮尺の霧の効果です。分離した霧の領域、例えば洞窟の中や、墓地の少数の墓石の周りなど、局所的な現象をレンダーしたいこともあるでしょう。楕円体やボックスなどの形を使い、必要な場所に局所的な霧を加えることができます[2013]。それらの霧の要素は、その境界ボックスを使って後ろから前にレンダーします。その形のビュー ベクトルが交わる前 d_f と後 d_b を、ピクセル シェーダーで評価します。z_s を最も近い不透明サー

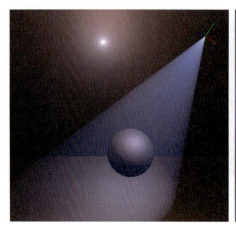 

図14.13. 521ページのコード解析的積分を使い評価した、光源からのボリューム光散乱。それは均質な媒質を仮定して後処理効果として適用したり（左）、パーティクルに、それぞれ深度付きのボリュームと仮定して適用できる（右）。（イメージ提供：*Miles Macklin [1187]*。）

フェスを表す線形深度として、ボリューム深度 $d = \max(0, \min(z_s, d_b) - d_f)$ を使うと、透過率 T_r を評価でき（セクション14.1.2）、被覆率は $\alpha = 1.0 - T_r$ です。そうすると、上から加える散乱光の量 $\mathbf{c}_f$ は、$\alpha \mathbf{c}_f$ として評価できます。OatとScheuermann [1415] が、より変化した形をメッシュから評価できるように、ボリュームの最も近い入り口と最も遠い出口の両方を計算する、巧みな1パス手法を与えています。あるサーフェスへの距離 d_s を1つのチャンネル、$1 - d_s$ を別のチャンネルに保存します。見つかった最小値を保存するようにアルファ ブレンド モードを設定することにより、ボリュームのレンダー後に、1つ目のチャンネルには最も近い値 d_f、2つ目のチャンネルには最も遠い値 d_b が $1 - d$ としてエンコードされ、そこから d を復元できます。

水は関与媒質なので、同じタイプの深度に基づく色減衰を示します。海岸近くの水の透過率は、1メートルあたり約 $(0.3, 0.73, 0.63)$ なので [284]、式14.23を使い、$\sigma_t = (1.2, 0.31, 0.46)$ を復元できます。不透明サーフェスを使って暗い水をレンダーするときには、霧のロジックをカメラが水面下にあるときは有効、上にあるときはオフにできます。Wenzel [2013] が、さらに高度な解法ソリューションを提案しています。カメラが水面下なら、立体や水面に当たるまで散乱と透過率を積分します。水面より上なら、それらを水の上面から海底の立体ジオメトリーまでの距離だけ積分します。

14.2.2 単純なボリューム ライティング

関与媒質内の光散乱の評価は、複雑なことがあります。ありがたいことに、そのような散乱を多くの状況でもっともらしく近似するのに使える、多くの効率的なテクニックがあります。

ボリューム効果を得る最も単純な手段は、フレームバッファーの上に透明なメッシュをレンダーしてブレンドすることです。これを**スプラッティング アプローチ**（セクション13.9）と呼びます。窓や森を通って輝く、あるいはスポットライトからのライトシャフトをレンダーするための1つのソリューションは、それぞれがテクスチャーを持つ、カメラに合わせたパーティクルを使うことです。テクスチャーの四角形を、常にカメラを向けながら（円筒制約）、それぞれライトシャフトの方向に引き伸ばします。

14.2. 特殊なボリューム レンダリング   521

　メッシュ スプラッティング アプローチの欠点は、多くの透明メッシュの累積が必要なメモ
リー帯域幅を増やし、ボトルネックの原因となる可能性が高いことと、カメラを向くテクス
チャーの四角形が、目に見えるときがあることです。この問題を回避するため、光の単一散乱
への閉形式の解を使う後処理テクニックが提案されました。均質で一様な球面位相関数を仮
定すると、一定の媒質と仮定する経路に沿って、正しい透過率で散乱光を積分できます。その
結果が図14.13に見えます。このテクニックの実装例を、GLSL シェーダー コードで示します
[1187]。

```
float inScattering(
vec3 rayStart , vec3 rayDir ,
vec3 lightPos , float rayDistance)
{
    // 係数を計算。
    vec3  q = rayStart - lightPos;
    float b = dot(rayDir , q);
    float c = dot(q, q);
    float s = 1.0f / sqrt(c - b*b);

    // いくつかの成分を因数分解。
    float x = s * rayDistance;
    float y = s * b;
    return s * atan( (x) / (1.0 + (x + y) * y));
}
```

rayStartはレイの開始位置、rayDirはレイの正規化方向、rayDistanceはレイ沿いの積分
距離、lightPosは光源位置です。Sunら[1849]のソリューションは、さらに散乱係数σ_sを考
慮に入れます。それはランバート/Phongサーフェスで跳ね返るディフューズ/スペキュラー
放射輝度が、光がサーフェスに当たる前に間接的な経路で散乱することにより受ける影響も記
述します。透過率と位相関数を考慮に入れる、さらにALUに負荷のかかるソリューションも
使えます[1474]。それらのモデルは、どれも処理を効果的に行いますが、深度マップや不均質
な関与媒質からの影を考慮に入れることはできません。
　ブルームとして知られるテクニック[585, 1869]に頼ることで、スクリーン空間で光散乱を
近似できます。フレームバッファーをぼかし、そのわずかな割合をそれ自身に戻して加えると
[51]、すべての明るいオブジェクトの周りに放射輝度が漏れ出します。このテクニックは一般
にカメラ レンズの不完全さの近似に使われますが、環境によっては、短い距離の遮蔽されな
い散乱のよい近似になります。セクション12.3がブルームを詳しく述べています。
　Dobashiら[389]が、ボリュームをサンプルする一連の平面を使って、大規模な大気効果を
レンダーする手法を紹介しています。それらの平面はビュー方向に垂直で、後ろから前にレン
ダーされます。Mitchell [1321]も、スポットライト シャフトのレンダーで同じアプローチを
提案し、不透明なオブジェクトからのボリューム シャドウのキャストにはシャドウ マップを
使っています。スライスのスプラッティングによるボリュームのレンダリングは、セクション
14.3.1で詳しく述べます。
　Mitchell [1327]とRohleder and Jamrozik [1621]が、スクリーン空間で動作する代替手法
を紹介しています（図14.14）。それは太陽のような、遠くの光源からのライトシャフトをレン
ダーするのに使えます。まず、黒く消去したバッファーで、偽の明るいオブジェクトを遠平面
上の太陽の周りにレンダーし、深度バッファー テストを使って遮蔽されないピクセルを受け

図14.14. スクリーン空間の後処理を使ってレンダーしたライトシャフト。（イメージ提供：Kenny Mitchell [1327]。）

取ります。次に、前に累積した太陽から外向きに放射輝度が漏れるように、指向性のぼかしをイメージに適用します。それぞれnのサンプルを使う2パスの分離可能フィルタリング テクニック（セクション12.1）を使えば、n^2のサンプルと同じでありながら、高速にレンダーされるぼかしの結果が得られます[1804]。仕上げとして、最終的なぼかしたバッファーをシーン バッファーの上に加えることができます。このテクニックは効率的で、画面上で見える光源しかライトシャフトをキャストできない欠点にも関わらず、小さなコストで大きな視覚効果を与えます。

14.3 汎用ボリューム レンダリング

このセクションでは、より物理に基づく、つまり媒質の素材と光源との相互作用（セクション14.1.1）を表現しようとする、ボリューム レンダリング テクニックを紹介します。汎用のボリューム レンダリングは、空間的に変化する関与媒質に取り組み、たいていボクセルを使って表され（セクション13.10）、そのボリューム ライトの相互作用は、見た目に複雑な散乱と影の現象を生成します。汎用ボリューム レンダリング ソリューションは、不透明や透明なサーフェスなど、他のシーン要素とボリュームの正しい合成も計上しなければなりません。空間的に変化する媒質の特性は、ゲーム環境でボリューム ライトと影の相互作用と一緒にレンダーする必要がある、煙と火のシミュレーションの結果かもしれません。また医用可視化などの用途では、立体マテリアルを半透明ボリュームとして表現したいことがあります。

14.3.1 ボリューム データの可視化

ボリューム データの可視化は、普通はスカラー場であるボリューム データの表示と解析に使われるツールです。コンピューター断層撮影（CT）と磁気共鳴映像（MRI）テクニックは、人体内部構造の臨床診断イメージの作成に使えます。例えば、データ セットは各位置が1つ以上の値を持つ、256^3のボクセルかもしれません。このボクセル データが、3次元イメージの形成に使えます。ボクセル レンダリングは立体モデルを表示したり、様々なマテリアル（例えば、皮膚と頭蓋骨）を部分的、あるいは完全に透明に見せることができます。断面は、サブボリュームやソース データの一部だけを表示するのに使えます。医療や石油探査などの様々な分野で可視化に使われるだけでなく、ボリューム レンダリングはフォトリアリスティックな画像も生み出せます。

多くのボクセル レンダリング テクニックがあります[910]。複雑なライティング環境下でのボリューム データの可視化には、正規のパス トレーシングやフォトン マッピングを使え

14.3. 汎用ボリューム レンダリング

  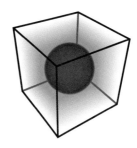

図 **14.15.** ボリュームをビュー平面に平行な一連のスライスでレンダーする。いくつかのスライスと、そのボリュームとの交差が左に示されている。中央はそれらのスライスだけをレンダーした結果を示している。右には、多くのスライスをレンダーしてブレンドしたときの結果が示されている。（図提供：*Christof Rezk-Salama, University of Siegen, Germany*。）

ます。リアルタイム性能を達成するため、それほど高価でない手法がいくつか提案されています。

立体オブジェクトでは、セクション17.3で述べたように、陰関数サーフェス テクニックを使ってボクセルをポリゴン サーフェスに変えられます。半透明な現象では、ボリューム データ セットを、ビュー方向に垂直に重ねた等間隔のスライスのセットでサンプルできます。図14.15が、この動作を示しています。このアプローチで不透明サーフェスをレンダーすることもできます [863]。この場合、その密度が与えれた閾値より大きいければ、固体ボリュームが存在すると見なし、その法線 **n** を密度フィールドの3次元勾配として評価できます。

半透明データには、ボクセルごとに色と不透明度を格納できます。メモリー フットプリントを減らし、ユーザーが可視化を制御できるようにするため、伝達関数が提案されてきました、最初の解決法の1つは、1次元の伝達テクスチャーを使い、ボクセル密度のスカラーを色と不透明度に対応付けることです。しかし、これは特定のマテリアルの遷移、例えば、人間の副鼻腔の骨から空気や骨から軟組織への遷移を、独立に別々の色で識別できません。この問題を解決するため、Knissら [983] が、密度 d と密度場 $||\nabla d||$ の勾配の長さに基づいてインデックスする、2次元の伝達関数を使うことを提案しています。変化する領域は、大きな勾配を持ちます。このアプローチのほうが、意味のある密度遷移の色分けを生成します（図14.16）。

Ikitsら [863] が、このテクニックと関連する物質を詳しく論じています。Knissら [984] は、このアプローチを拡張し、代わりに半角でスライスします。やはりスライスは後ろから前にレンダーしますが、ライトとビューの中間方向を向いています。このアプローチを使うと、放射輝度と遮蔽をライトの視点からレンダーし、スライスをビュー空間に累積できます。そのスライス テクスチャーを、次のスライスをレンダーするときに入力として使い、ライト方向からの遮蔽を使ってボリューム シャドウを評価し、放射輝度を使って多重散乱、つまり目に達する前に媒質中を複数回跳ね返る光を見積もることができます。前のスライスが、ディスク中の複数のサンプルに従ってサンプルされるので、このテクニックは円筒内の前方散乱から生じる表面下現象しか合成できません。その最終的なイメージは高品質です（図14.17）。この半角アプローチをSchottら [1695, 1696] が拡張して、アンビエント オクルージョンと被写界深度ぼかし効果を評価し、ボクセル データを見るユーザーの深度とボリュームの知覚を改善しています。

図14.17に見えるように、半角スライスは高品質の表面下散乱をレンダーできます。しかし、スライスごとのラスタライズによるメモリー帯域幅コストを払わなければなりません。

Tatarchuk と Shopf [1872] は、シェーダーでレイ マーチングを使い、医用イメージングを行うので、ラスタライズの帯域幅コストを一度しか払いません。ライティングと付影処理は、次のセクションで述べるようにして実現できます。

14.3.2　関与媒質のレンダリング

リアルタイム アプリケーションは、関与媒質をレンダーすることにより、描くシーンを豊かにできます。時刻、天気、建物の破壊などの環境の変化のような因子が含まれると、これらの

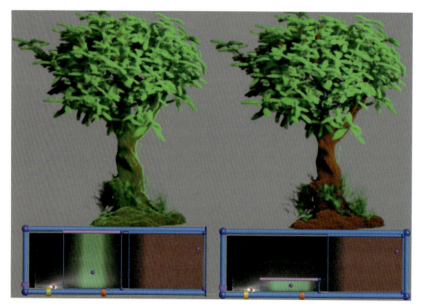

図 **14.16.** 1次元（左）と2次元（右）伝達関数を使って評価したボリューム マテリアルと不透明度 [983]。後者の場合、幹が葉を表す低密度の緑色で覆われず、その茶色を保てる。イメージの下の部分は伝達関数を表し、x-軸は密度で、y-軸は密度場の勾配の長さ $||\nabla d||$。（イメージ提供：*Joe Michael Kniss [983]*。）

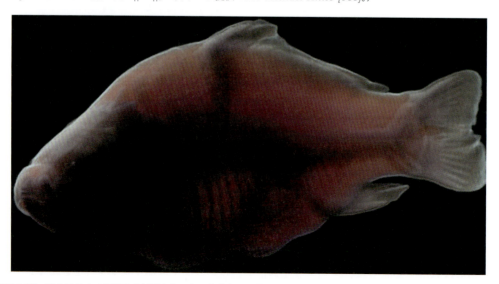

図 **14.17.** 半角スライスを通る光伝搬を使った、前方表面下散乱を持つボリューム レンダリング。（イメージ提供：*Ikits ら [863]*。）

14.3. 汎用ボリューム レンダリング

効果のレンダーは難しくなります。例えば、森の中の霧は、昼間と夕暮れで違って見えます。木々の間で光るライトシャフトは、変化する太陽の方向と色に合わせなければなりません。またライトシャフトは、木々の動きに合わせてアニメートすべきです。例えば、爆発で木が取り除かれると、遮蔽物の減少と、発生する埃により、その領域の散乱光に変化が生じます。たき火、フラッシュライトなどの光源も、空中に散乱を生成します。このセクションでは、それらの動的な視覚的現象の効果を、リアルタイムにシミュレートできるテクニックを論じます。

　1つの発生源による影付きの大規模な散乱のレンダリングに特化した、いくつかのテクニックがあります。Yusov [2106] が、1つの手法を詳しく述べています。それはカメラ イメージ平面上の1本の線上に投影される光線、エピポーラ線に沿った入散乱のサンプリングに基づきます。ライトの視点からの深度マップを使い、サンプルが影かどうかを決定します。そのアルゴリズムは、カメラから出発するレイ マーチを行います。レイに沿った最小/最大階層を使って何もない空間をスキップし、深度が不連続な場所、つまり、実際にボリューム シャドウを正確に評価する必要がある場所でのみレイ マーチングを行います。不連続のサンプリングをエピポーラ線に沿って行う代わりに、ライト空間深度マップから生成した生成したメッシュをレンダーすることによりビュー空間で行えます [828]。ビュー空間では、最終的な散乱した放射輝度の評価に、前面と後面の間のボリュームしか必要がありません。そのため、ビューの前面の散乱放射輝度を加え、背面のものを引いて入散乱を計算します。

　この2つの手法は、不透明なサーフェスの遮蔽から生じる影を持つ単一散乱事象の再現に効果的です [828, 2106]。しかし、どちらも媒質が一定のマテリアルを仮定するので、不均質な関与媒質を表すことができません。さらに、それらのテクニックは、不透明でないサーフェスからのボリューム シャドウ、例えば関与媒質からの自己影や、粒子からの透明な影を考慮に入れることができません（セクション13.8）。それらは何もない空間をスキップするおかげで、高解像度でレンダーでき、高速なので、今でもゲームで使われ大きな効果を上げています [2106]。

　スプラッティング アプローチは、より一般のケースである不均質媒質を扱うために提案され、レイに沿ってボリューム マテリアルをサンプルします。Craneら [328] が、一切の入力ライティングを考慮せず、すべて流体シミュレーションの結果である煙、火、水のレンダリングにスプラッティングを使っています。煙と火の場合には、ピクセルごとにレイを生成してボリュームのレイ マーチを行い、その長さに沿った規則的な間隔で、マテリアルから色と遮蔽情報を収集します。水の場合は、レイの最初の水面とのヒット点に出会ったら、ボリュームのサンプリングを終了します。サーフェス法線はサンプル位置での密度場の勾配として評価します。滑らかな水面にするため、トライキュービック補間を使って密度値をフィルター処理します. それらのテクニックを使った例が、図14.18に示されています。

　Valient [1947] が、点光源とスポットライトと合わせて太陽を考慮に入れ、半解像度のバッファーに、各光源からの散乱が発生すべき境界ボリュームのセットをレンダーします。各ライト ボリュームで、レイ マーチングの開始位置に適用するピクセル単位のランダムなオフセットを加えて、レイ マーチを行います。そうすることで少量のノイズが加わり、それにはステップが一定なことで生じるバンディング アーティファクトを除去する利点があります。フレームごとに異なるノイズ値を使うことが、アーティファクトを隠す手段です。前のフレームを再投影して現在のフレームとブレンドすると、ノイズは平均化されて消えます。不均質媒質は、画面解像度の8分の1でカメラ錐台にマップする3次元テクスチャーに、平らなパーティクルをボクセル化することによりレンダーします。レイ マーチングで、このボリュームをマテリアル密度として使います。半解像度の散乱結果は、ピクセル間の深度差を考慮に入れて、最初にバイラテラル ガウスぼかし、次にバイラテラル アップサンプリング フィルターを使うこと

図 **14.18.** ボリューム レンダリング テクニックを、GPU 上の流体シミュレーションと組み合わせてレンダーした霧と水。（左のイメージは「*Hellgate: London*」、提供：*Flagship Studios, Inc.* 右のイメージ提供：*NVIDIA Corporation* [328]。）

により、完全解像度のメインのバッファーに合成できます [883]。中央のピクセルと比べて深度の差が大きすぎるときは、そのサンプルを破棄します。このガウスぼかしは、数学的には分離可能ではありませんが（セクション 12.1）、実際にはうまく動作します。このアルゴリズムの複雑さは、ピクセル被覆率の関数として画面上にスプラットしたライト ボリュームの数に依存します。

このアプローチは、フレーム ピクセルに、よりよい乱数値の一様分布を生み出すブルー ノイズを使って拡張されています [585]。それにより、バイラテラル フィルターでサンプルをアップサンプルして空間的にブレンドするときに、より滑らかな外見になります。半解像度バッファーのアップサンプリングは、4つの確率論的サンプルを一緒にブレンドすることでも実現できます。その結果はまだノイズがありますが、完全解像度のピクセル単位のノイズを与えるので、時間アンチエイリアシング後処理（セクション 5.4）で簡単に解決できます。

これらのアプローチすべてに共通の欠点は、ボリューム要素と他の透明なサーフェスを深度順にスプラットしても、例えば、大きな凸でない透明なメッシュや、大規模なパーティクル効果で、視覚的に正しい順番の結果が与えられないことです。ボクセルに入散乱と透過率を含むボリュームのような透明なサーフェスに、ボリューム ライティングを適用するときには、どのアルゴリズムも、何らかの特別な取り扱いが必要です [1947]。では、最初からボクセルベースの表現を使い、空間的に変化する関与媒質の特性だけでなく、光の散乱と透過で生じる放射輝度分布も表したらどうでしょうか？ そのようなテクニックは、映画業界で長年に渡って使われています [2052]。

Wronski [2061] が、太陽とシーン中のライトから散乱する放射輝度を、3次元ボリューム テクスチャー V_0 にボクセル化し、それをビュー クリップ空間上にマップする手法を提案しています。散乱放射輝度は各ボクセル中心のワールド空間位置で評価し、そのボリュームの x-軸と y-軸は、スクリーン座標に対応し、z-座標はカメラ錐台深度に対応付けられます。このボリューム テクスチャーは、最終的なイメージよりもかなり低解像度です。このテクニックの典型的な実装は、x-軸と y-軸で画面解像度の8分の1のボクセル解像度を使います。z-座標沿いの再分割は品質と性能のトレードオフに依存し、64スライスが一般的な選択です。このテクスチャーは、RGBに入散乱放射輝度 $L_{\text{scat}_{\text{in}}}$、アルファに吸光 σ_t が含まれます。次の式を使い、近くのスライスから遠くのスライスに反復して、この入力データから最終的な散乱ボリューム

14.3. 汎用ボリューム レンダリング

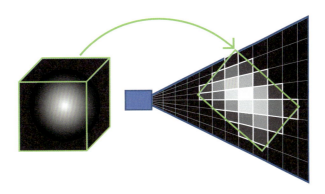

図14.19. アーティストがレベルに配置して、カメラ錐台空間にボクセル化する関与媒質ボリュームの例[805, 2061]。左では、この場合は球の形の3次元テクスチャーが、ボリューム上にマップされる。そのテクスチャーは、三角形のテクスチャーと同様に、ボリュームの外見を定義する。右では、このボリュームが、そのワールド変換を考慮に入れて、カメラ錐台にボクセル化される。コンピュート シェーダーは、ボリュームが包含する各ボクセルに寄与を累積する。次にその結果のマテリアルを使い、各ボクセルの光散乱相互作用を評価できる[805]。カメラのクリップ空間に写像されると、ボクセルは小さな錐台の形になり、**フロクセル**と呼ばれる。

V_f を生成します。

$$V_f[x, y, z] = (L'_{\text{scat}} + T'_r L_{\text{scat}_{\text{in}}} d_s, T_{r_{\text{slice}}} T'_r) \tag{14.15}$$

ここで $L'_{\text{scat}} = V_0[x, y, z-1]_{rgb}$, $T'_r = V_0[x, y, z-1]_a$, $T_{r_{\text{slice}}} = e^{-\sigma_t d_s}$ です。これはワールド空間スライス深度 d_s で、前のスライス $z-1$ のデータから、スライス z を更新します。そうすると、視点に達する散乱放射輝度と、各ボクセルの背景上の透過率を含む V_f が生じます。式14.15で、$L_{\text{scat}_{\text{in}}}$ が以前のスライス T'_r の透過率の影響しか受けないことに注意してください。$L_{\text{scat}_{\text{in}}}$ は、現在のスライス内の σ_t から生じる透過率の影響も受けるべきなので、この振る舞いは正しくありません。

この問題をHillaire [805, 806] が論じてきます。彼は与えられた深度で一定の吸光 σ_t に対する、$L_{\text{scat}_{\text{in}}}$ の積分への解析解を提案しています:

$$V_f[x, y, z] = \left(L'_{\text{scat}} + \frac{L_{\text{scat}_{\text{in}}} - L_{\text{scat}_{\text{in}}} T_{r_{\text{slice}}}}{\sigma_t}, T_{r_{\text{slice}}} T'_r \right) \tag{14.16}$$

放射輝度が L_s の不透明サーフェスの最終的なピクセル放射輝度 L_o は、V_f からの L_{scat} と T_r で修正され、クリップ空間座標 $L_o = T_r L_s + L_{\text{scat}}$ でサンプルされます。V_f は粗いので、カメラの動きと、高周波の明るいライトや影からのエイリアシングを被ります。前のフレームの V_f を再投影して、指数移動平均を使って新しい V_f と結合できます[805]。

このフレームワークを基礎として、Hillaire [805] が、関与媒質マテリアルの定義への物理ベースのアプローチを、散乱 σ_s、吸収 σ_a、位相関数パラメーター g、発光放射輝度 L_e で示しています。このマテリアルをカメラ錐台にマップして、不透明サーフェス マテリアルを格納するG-バッファー（セクション20.1）の3次元版である、関与媒質マテリアルのボリューム テクスチャー V_{pm} に格納します。単一散乱しか考慮しませんが、ボクセル離散化にもかかわらず、そのような物理ベースのマテリアル表現を使うと、パス トレーシングに近い外見になることを示しました。メッシュと同様に、ワールド中に置かれる関与媒質ボリュームは、V_{pm} にボクセル化されます（図14.19）。そのボリュームごとに、1つのマテリアルが定義されて変化が加えられ、3次元入力テクスチャーからサンプルされる密度により、不均質な関与媒質が生じます。その結果が図14.20に示されています。この同じアプローチはUnreal Engineにも実

図14.20. ボリューム ライティングと付影処理なし（上）とあり（下）でレンダーしたシーン。シーンのすべてのライトが、関与媒質と相互作用する。各ライトの放射輝度、IESプロファイル、シャドウ マップを使い、その散乱光の寄与を累積する[805]。（イメージ提供：*Frostbite*, © *2018 Electronic Arts Inc.*）

装されていますが[1937]、関与媒質のソースとしてボックス ボリュームを使う代わりに、ボックスではなく球形のボリュームを仮定して、パーティクルを使います。疎な構造を使い、マテリアルのボリューム テクスチャーを表すことも可能で[1281]、その上位のボリュームの各ボクセルが空か、関与媒質マテリアル データを含む、より細かい粒度のボリュームを指します。

カメラ錐台ボリュームに基づくアプローチの唯一の短所は[805, 2061]、あまり強力でないプラットフォームで容認できる性能に到達する（そして極端なメモリーを使わない）のに必要な、スクリーン空間解像度の低さです。これは前に説明した、シャープな見た目の細部を生み出すスプラッティング アプローチが優れるところです。前に述べたように、スプラッティングのほうが、多くのメモリー帯域幅を必要とし、統一的なソリューションの提供という点では劣ります。例えば、他の透明なサーフェスへの適用ではソートの問題があり、関与媒質に自分にボリューム シャドウをキャストさせるのも難しくなります。

直接光だけでなく、既に跳ね返った、散乱している照明も、媒質中で散乱することがあります。Wronski [2061]と同様に、Unreal Engineも、ボリューム ライト マップをベイクしてボリュームに格納した放射照度を、ビュー ボリュームでのボクセル化時に散乱して媒質に戻すことができます[1937]。光伝搬ボリュームを頼りに、関与媒質中の動的なグローバル照明を行うこともできます[159]。

1つの重要な機能が、ボリューム シャドウの使用です。それがないと、霧が濃いシーンの

14.4. 空のレンダリング

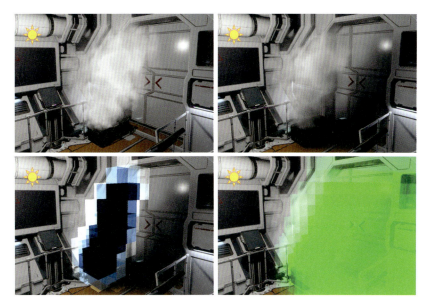

図14.21. 上は、ボリューム シャドウなし（左）とあり（右）でレンダーしたシーン。下は、ボクセル化パーティクル吸光（左）とボリューム シャドウ（右）のデバッグ ビュー。緑が濃いほど透過率が低い [805]。（イメージ提供：Frostbite, © 2018 Electronic Arts Inc.）

最終的なイメージが明るくなりすぎて、あるべきものより平坦に見えることがあります [805]。さらに、影は重要な視覚的手がかりです。深度とボリュームの知覚を助け [1986]、より現実感のあるイメージを生み出し、没入感を増すことができます。Hillaire [805] が、ボリューム シャドウを実現する統合ソリューションを紹介しています。関与媒質のボリュームとパーティクルを、クリップマップ分布スキームでカメラの周りにカスケードした、**吸光ボリューム**と呼ばれる3つのボリュームにボクセル化します [1910]。それらは T_r の評価に必要な吸光 σ_t の値を持ち、不透明度シャドウ マップ [805, 965] を使ってボリューム シャドウを実現するためにサンプルするデータの、統一されたソースを表します（図14.21）。そのようなソリューションにより、パーティクルと関与媒質は自分と互いだけでなく、シーン中の他の任意の不透明と透明な要素に影を落とせるようになります。

ボリューム シャドウは、不透明度シャドウ マップを使って表せます。しかし、細部を捕らえる高い解像度が必要な場合、ボリューム テクスチャーの使用はすぐに制限になることがあります。そこで、例えばフーリエ [883] や、離散余弦変換 [368] などの関数の直交基底を使い、T_r をより効率よく表す代替表現が提案されてきました。詳細はセクション7.8にあります。

14.4　空のレンダリング

世界のレンダリングには、惑星の空、大気効果、雲が本質的に必要です。地球上で青空と呼ぶものは、大気の関与媒質中の太陽光の散乱の結果です。空が日中は青く、太陽が地平線にあるときに赤い理由は、セクション14.1.3で説明しています。大気は、その色が太陽の方向とリンクし、それは時刻に関係するので、重要な視覚的手がかりでもあります。大気の（時々）霧がかかった外見は、見る人がシーン中の要素の相対的な距離、位置、サイズを知覚するのに役立ちます。そのようなわけで、数を増しつつある動的な時刻、雲の形に影響を与える天気の変

図14.22. 2種類の異なる大気光の散乱：上はレイリーのみで、下はミーと通常のレイリー散乱。左から右：密度が0、[222]に記述された通常の密度、誇張された密度。（イメージ提供：Frostbite, © 2018 Electronic Arts Inc. [806]。）

化、広いオープンワールドを探検し、動き回り、さらには上を飛ぶことを売り物にしたゲームや、その他のアプリケーションに必要なそれらの成分を、正確にレンダーすることは重要です。

14.4.1　空と空気遠近法

大気効果をレンダーするには、図14.22に示される2つの主成分を考慮に入れる必要があります。まず、太陽光の空気の粒子との相互作用をシミュレートして、波長に依存するレイリー散乱を得ます。これは**空気遠近法**とも呼ばれ、空の色と薄い雲になります。次に、地面の近くで濃縮した大きな粒子の、太陽光への効果が必要です。その大きな粒子の濃度は、気象条件や大気汚染などの因子に依存します。大きな粒子は、波長に依存しないミー散乱を引き起こします。この現象により、特に高い粒子濃度で太陽の周りに明るいハローが生じます。

　最初の物理ベースの大気モデル[1390]は、単一散乱をシミュレートして、地球とその大気を宇宙からレンダーしました。同様の結果は、O'Neil [1440]が提案する手法でも得られます。地球は1パスシェーダーでレイマーチングを使い、地上から宇宙までレンダーできます。スカイドームをレンダーするときには、ミーとレイリー散乱を積分する高価なレイマーチングを頂点ごとに行います。しかし、その視覚的に高周波の位相関数は、ピクセルシェーダーで評価します。これによって外見が滑らかになり、補間で空のジオメトリーが明らかになるのを避けられます。テクスチャーに散乱を格納し、その評価をいくつかのフレームに分散することでも同じ結果を得られ、更新のレイテンシーを受け入れることで性能が向上します[2013]。

　解析的テクニックは、測定した空の放射輝度[1557]や、高価なパストレーシングを使って生成した大気中の光散乱の基準イメージ[842]にフィットした数学的モデルを使います。その入力パラメーターのセットは、一般に関与媒質マテリアルのものと比べて限られます。例えば、**濁度**は、σ_sとσ_t係数の代わりに、ミー散乱を生じる粒子の寄与を表します。Preethamら[1557]が示したそのようなモデルは、濁度と太陽の高度を使い、空の放射輝度を任意の方向で評価します。それはスペクトル出力のサポート、よりよい太陽の周りに散乱する放射輝度の指向性、新しい地上のアルベド入力パラメーターを加えることにより、改良されています[842]。解析的な空のモデルは、評価が高速です。しかし、それらは地上のビューに制限され、地球外惑星をシミュレートしたり、特殊な美的動機による見た目を実現するために、大気パラメー

14.4. 空のレンダリング

図 **14.23**. 参照テーブルを使った、地上から（左）と宇宙から（右）の地球の大気のリアルタイム レンダリング。（イメージ提供： *Bruneton と Neyret [222]*。）

ターを変えることはできません。

空のレンダリングへの別のアプローチは、地球が周りに不均質な関与媒質からなる大気の層を持つ、完璧に球面だと仮定することです。大気の組成の詳細な記述は、Bruneton と Neyret [222] と Hillaire [806] が与えています。それらの事実を利用し、事前計算したテーブルを使い、現在のビュー高度 r、天頂に対するビュー ベクトル角度の余弦 μ_v、天頂に対する太陽の方向の角度の余弦 μ_s、方位角平面中の太陽の方向に対するビュー ベクトル角度の余弦 ν に従う透過率と散乱を格納できます。例えば、視点から大気の境界までの透過率は、r と μ_v の 2 つでパラメーター化できます。事前計算ステップで、透過率を大気中で積分し、実行時に同じパラメーターでサンプルできる 2 次元の参照テーブル（LUT）テクスチャー T_{lut} に格納できます。このテクスチャーは、太陽、星、その他の天体など、空の要素への大気の透過率の適用に使えます。

散乱については、Bruneton と Neyret [222] が、前の段落のすべてのパラメーターでパラメーター化する 4 次元の LUT S_{lut} に格納する方法を述べています。(i)：単一散乱のテーブル S_{lut} を評価する（ii）：S_{lut}^{n-1} を使って S_{lut}^n を評価する。(iii)：その結果を S_{lut} に加える。(ii) と (iii) を $n-1$ 回繰り返す、と n 回反復して、n 次の多重散乱を評価する方法も与えています。その処理の詳細とソース コードが、Bruneton と Neyret [222] にあります。その結果の例が、図 14.23 です。Bruneton と Neyret のパラメーター化は、地平線で視覚的アーティファクトを示すことがあります。Yusov [2105] が、変換の改良を提案しています。ν を無視して、ただの 3 次元 LUT を使うことも可能です [455]。このスキームを使うと、地球は大気に影を落としませんが、それは許容できるトレードオフかもしれません。その利点は、この LUT のほうがずっと小さく、更新とサンプルが安価なことです。

この最後の 3 次元 LUT アプローチは、*Need for Speed*、*Mirror's Edge Catalyst*、*FIFA* など、多くの Electronic Arts Frostbite のリアルタイム ゲームで使われています [806]。この場合、アーティストは物理に基づく大気パラメーターを使って目標とする空の外見に到達でき、外惑星の大気をシミュレートすることさえ可能です（図 14.24）。大気のパラメーターが変わったときは、LUT を再計算しなければなりません。その LUT の更新を効率よくするため、大気のレイ マーチングの代わりに、そのマテリアルの積分を近似する関数を使うこともできます [1705]。LUT と多重散乱の評価を、時間的に分散することにより、LUT を更新するコストを

図 14.24. 完全にパラメーター化したモデルを使うリアルタイム レンダリングは、地球の大気（上）と火星の青い日の入り（下）のような、他の惑星の大気のシミュレーションを可能にする。（上段のイメージ提供：Bruneton と Neyret [222]、下段のイメージ提供：Frostbite, © 2018 Electronic Arts Inc. [806]。）

元の 6% に下げることができます。これは何フレームからのレイテンシーを受け入れて、ある散乱の次数 n に対する S_{lut}^n の一部だけを更新しながら、最新の 2 つの解決した LUT を補間することにより実現可能です。別の最適化として、ピクセルごとに異なる LUT を複数回サンプルするのを避けるため、ミーとレイリー散乱をカメラ錐台にマップする低解像度のボリューム テクスチャーのボクセルにベイクします。滑らかな散乱のハローを太陽を作り出すため、視覚的に高周波の位相関数はピクセル シェーダーで評価します。この種のボリューム テクスチャーを使うことにより、シーン中の任意の透明なオブジェクトに、頂点単位の空気遠近法を適用することもできます。

14.4.2 雲

雲は空の複雑な要素です。迫る嵐を表すときには驚異に見えたり、目立たなかったり、壮大に見えたり、薄かったり、巨大に見えることもあります。雲はゆっくりと変化し、大規模な形状と、小規模な細部の両方が、時間とともに進展します。天気と時刻が変化する広いオープン ワールド ゲームは、動的な雲のレンダリング ソリューションを必要とする、さらに複雑なケースです。目標とする性能と視覚的品質に応じて、様々なテクニックを使えます。

雲は水滴からなり、固有の外見を生じる、高い散乱係数と複雑な位相関数が特徴です。それらはセクション 14.1 で述べたように、しばしば関与媒質を使ってシミュレートされ、測定によれば、そのマテリアルは高い単一散乱アルベド $\rho = 1$ と、層雲（低い高度の水平な雲の層）では $[0.04, 0.06]$、積雲では $[0.05, 0.12]$ の範囲の吸光係数 σ_t を持ちます [806]（分離した低い高度の綿のようなフワフワの雲、図 14.25）。ρ が 1 に近いので、$\sigma_s = \sigma_t$ を仮定できます。

雲のレンダリングへの古典的なアプローチは、アルファ ブレンドを使って空の上から合成する、単一のパノラマ テクスチャーを使うことです。これは静止した空をレンダーするときに便利です。Guerrette [672] が、グローバルな風向きの影響を受ける空中の雲の動きの幻想を与える、視覚フロー テクニックを紹介しています。これは静止したパノラマ雲テクスチャーのセットを改善する、効率的な手法です。しかし、雲の形とライティングの変化を表現することはできません。

パーティクルとしての雲

Harris が、雲をパーティクルとインポスターのボリュームとしてンダーしています [728]。セクション 13.6.2 と 482 ページの図 13.9 を参照してください。

別のパーティクルベースの雲のレンダリング手法を、Yusov [2107] が紹介しています。使

14.4. 空のレンダリング

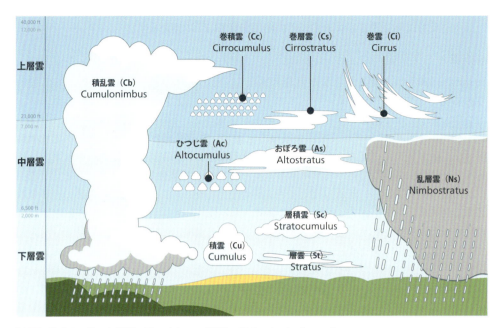

図14.25. 地球上の様々な種類の雲。（イメージ提供：*Valentin de Bruyn*。）

図14.26. パーティクルのボリュームとしてレンダーされた雲。（イメージ提供：*Egor Yusov [2107]*。）

われる**ボリューム パーティクル**と呼ばれるレンダリング プリミティブは、それぞれが4次元LUTで表され、そのビューを向く四角パーティクル上の散乱光と透過率を、太陽光とビュー方向の関数として取り出せます（図14.26）。このアプローチは層積雲をレンダーするのに適しています（図14.25）。

雲をパーティクルとしてレンダーするときに、離散化とポッピング アーティファクトが、特に雲の周りで回転するときによく見られます。それらの問題は、**ボリューム-アウェア**なブレンドを使うことで回避できます。ラスタライザー オーダー ビュー（セクション3.8）と呼ばれるGPUの機能を使うことで、これが可能になります。ボリューム-アウェアなブレンドは、プリミティブごとにリソースへのピクセル シェーダー操作の同期を有効にして、決定論的なブレンド操作を可能にします。最も近いn個のパーティクルの深度レイヤーを、レンダーするレンダー ターゲットと同じ解像度のバッファーに保持します。このバッファーを読み込み、現在レンダー中のパーティクルの交差深度を考慮するブレンドに使い、最後にレンダーする次の

パーティクル用に再び書き出します。その結果が図14.27に見えます。

関与媒質としての雲

Bouthorsら[203]は、雲を孤立した要素と見なし、その全体の形を示すメッシュと、雲の内部のある深さまでメッシュ サーフェスの下に高周波の詳細を加えるハイパーテクスチャー[1482]の2つの成分で、雲を表します。この表現を使うと、雲の内部を均質と見なしながら、雲の端を細かくレイ マーチして細部を収集できます。雲の構造のレイ マーチングで放射輝度を積分し、様々なアルゴリズムを使って散乱の次数に応じた散乱放射輝度を収集します。単一散乱は、セクション14.1で述べた解析的アプローチを使って積分します。オフラインで事前計算した、雲のサーフェスに配置したディスク型の集光器からの伝達テーブルを使い、多重散乱の評価を高速化します。図14.28に示すように、その最終結果は高い視覚的品質を持ちます。

　雲を孤立した要素としてレンダーする代わりに、大気中の関与媒質の1つのレイヤーとしてモデル化することもできます。SchneiderとVosが、レイ マーチングを頼りに、そのように雲をレンダーする効率的な手法を紹介しました[1690]。少数のパラメーターだけで、図14.29のように複雑な、アニメートする詳細な雲の形状を、動的な時間によるライティング条件下でレンダーできます。そのレイヤーは、2レベルの手続き型ノイズを使って構築します。1つ目のレベルが、雲にその基本的な形を与えます。2つ目のレベルが、この形を侵食して詳細を加えます。この場合、パーリン[1484]とワーリー[2051]ノイズのミックスが、積雲やそれと似た雲の、カリフラワーのような形のよい表現だと報告されています。そのようなテクスチャーを

図14.27. 左は、通常のやり方でレンダーした雲のパーティクル。右は、ボリュームを意識したブレンドでレンダーしたパーティクル。（イメージ提供：*Egor Yusov [2107]*。）

図14.28. メッシュとハイパーテクスチャーを使ってレンダーした雲。（イメージ提供：*Bouthorsら [203]*。）

14.4. 空のレンダリング

生成するソース コードとツールが公開されています[806, 1690]。ビュー レイに沿って雲レイヤーの中に分散したサンプルを使い、太陽からの散乱光を積分することで、ライティングを実現します。

ボリューム付影は、そのレイヤー内の少数のサンプルで透過率を評価し、2次のレイ マーチングとして、太陽に向かうテストを行うことにより[806, 1690]実現できます。影のサンプルでよりよい性能を達成し、少数のサンプルしか使わないときに顕になるかもしれないアーティファクトを滑らかにして取り除くために、ノイズ テクスチャーの低いミップマップ レベルをサンプルできます。別のアプローチは、サンプルごとに2次レイ マーチングを回避し、利用可能な多くのテクニックの1つを使い（セクション13.8))、太陽からの透過率曲線をフレームごとに1度、テクスチャーにエンコードすることです。例えば、ゲーム *Final Fantasy XV* [452]は、透過率関数マッピングを使っています[368]。

詳細を隅から隅まで捕らえたい場合、高解像度の雲をレイ マーチング でレンダーするのは、高価かもしれません。よりよい性能を実現するため、低い解像度で雲をレンダーすることが可能です。1つのアプローチは、4×4ブロックごとに、内部の1つのピクセルだけを更新し、前のフレームのデータを再投影して残りを埋めることです[1690]。Hillaire [806]が、常に固定の低い解像度でレンダーし、ビュー レイ マーチングの開始位置でノイズを加える編集を提案しています。前のフレームの結果を再投影し、指数移動平均[931]を使って新しいフレームと結合できます。このアプローチはレンダーする解像度が下がりますが、収束を速められます。

雲の位相関数は複雑です[203]。ここではリアルタイムで評価するのに使える2つの手法を紹介します。関数をテクスチャーとしてエンコードし、それをθに基づいてサンプルできます。それに必要なメモリー帯域幅が多すぎる場合は、セクション14.1.4 [806]の2つのヘニエイ-グリーンスタイン位相関数をとして組み合わせて、関数を近似できます。

$$p_{\text{dual}}(\theta, g_0, g_1, w) = p_{\text{dual}_0} + w(p_{\text{dual}_1} - p_{\text{dual}_0}) \qquad (14.17)$$

この2つの主散乱偏心g_0, g_1と、ブレンド係数wは、アーティストがオーサリングできます。

図**14.29.** 動的なボリューム ライティングと付影処理が特徴の、パーリン ワーリー ノイズを使った雲のレイヤーをレイ マーチしてレンダーした雲。（*Schneider*と*Vos [1690]*による結果、*copyright* ©*2017 Guerrilla Games.*）

図**14.30.** Hillaire [806] が述べる物理に基づく関与媒質の表現を使い、動的なライティングと影を持つレイ マーチした雲レイヤーを使ってレンダーした雲。（イメージ提供：*Sören Hesse* (上)、*Ben McGrath* (下)、*BioWare*, ⓒ*2018 Electronic Arts Inc.*）

これは主要な前方と後方散乱の方向の両方を表し、例えば、太陽や月などの光源から順光と逆光で見るときの、雲の詳細を明らかにするのに重要です（図14.30）。

　雲のアンビエント ライティングからの散乱光を近似する、様々な手段があります。単純明快な解決法は、空のキューブ マップ テクスチャーへのレンダーから一様に積分する、単一の放射輝度入力を使うことです。下から上の、暗から明への勾配を使ってアンビエント ライティングをスケールし、雲自体の遮蔽を近似することもできます。この入力放射輝度を上と下、例えば地上と空に分離することも可能です[452]。そうすると雲のレイヤー内は一定の媒質密度と仮定し、アンビエント散乱を解析的に両方の寄与で積分できます[1239]。

多重散乱の近似

雲の明るく白い外見は、その内部での複数回の光散乱の結果です。多重散乱がなければ、厚い雲で照らされるのは、ほとんどそのボリュームの端だけで、それ以外はすべて暗く見えるでしょう。多重散乱は、雲が煙のように濁って見えないための鍵となる構成要素です。多重散乱をパス トレーシングを使って評価するのは、高価すぎます。この現象をレイ マーチングで近似する方法を、Wrenninge [2053] が提案しています。それはoオクターブの散乱を積分し、次のように合計します。

$$L_{\text{multiscat}}(\mathbf{x}, \mathbf{v}) = \sum_{n=0}^{o-1} L_{\text{scat}}(\mathbf{x}, \mathbf{v}) \quad (14.18)$$

14.4. 空のレンダリング

図14.31. 式14.18を多重散乱の近似として使いレンダーした雲。左から右に、n は1、2、3に設定されている。これにより、太陽光は真実味のあるやり方で雲を突き抜けられ。（イメージ提供：Frostbite、© 2018 Electronic Arts Inc. [806]。）

L_{scat} を（例えば、σ_s の代わりに σ'_s を使って）評価するときには、$\sigma'_s = \sigma_s a^n$、$\sigma'_e = \sigma_e b^n$、$p'(\theta) = p(\theta c^n)$ という置き換えを行い、a、b、c は光に関与媒質を突き抜けさせる、$[0,1]$ のユーザー制御パラメーターです。それらの値が0に近いほど、雲は柔らかく見えます。$L_{\text{multiscat}}(\mathbf{x},\mathbf{v})$ を評価するときに、このテクニックがエネルギーを保存するように、必ず $a \leq b$ にしなければなりません。さもないと、σ_s が最後に σ_t より大きくなり、式 $\sigma_t = \sigma_a + \sigma_s$ が守られないので、散乱する光が増加してしまいます。この解法の利点は、レイ マーチングを行いながら、オクターブごとに散乱光を積分できることです。その見た目の改善が、図14.31に示されています。欠点は、光が任意の方向に散乱する複雑な多重散乱の振る舞いの扱いがよくないことです。しかし、雲の外見は向上し、この手法では達成可能な結果の範囲が広がるため、ライティング アーティストが少数のパラメーターで見かけを簡単に制御して、ビジョンを表現できます。このアプローチでは、光が媒質を突き抜けて、内部の詳細をより明らかにできます。

雲と大気の相互作用

雲のあるシーンをレンダーするときには、一貫性のある外見のために、大気の散乱との相互作用を考慮に入れることが重要です（図14.32）。

雲は大縮尺の要素なので、大気の散乱を適用すべきです。雲のレイヤーを通るサンプルごとに、セクション14.4.1で紹介した大気の散乱を評価することは可能ですが、それはたちまち高価になります。代わりに、平均の雲の厚みと透過率を表す単一の深度に従って、雲に大気の散乱を適用することができます [806]。

雨天をシミュレートするために雲の被覆を増やす場合には、雲のレイヤーの下で、大気中の太陽光の散乱を減らすべきです。雲を通って散乱する光だけが、雲の下の大気中で散乱すべき

図14.32. 大気を考慮に入れてレンダーされた、完全に空を覆う雲 [806]。左：大気の散乱が雲に適用されず、一貫性のない外見になる。中：大気の散乱はあるが、影がないので環境が明るすぎる。右：雲が空を遮蔽して、大気中の光散乱に影響を与え、一貫性のある外見になる。（イメージ提供：Frostbite、© 2018 Electronic Arts Inc. [806]。）

です。空気遠近法への空のライティングの寄与を減らし、散乱光を大気に戻して加えることで、照明を修正できます[806]。その外見の改善が図14.32に示されています。

結論として、雲のレンダリングは高度な物理ベースのマテリアル表現とライティングで実現できます。リアリスティックな雲の形と詳細は、手続き型ノイズを使って実現できます。最後に、このセクションで示したように、一貫性のある外見の結果を実現するには、雲と空の相互作用など、全体像を念頭に置くことも重要です。

14.5 半透明サーフェス

半透明サーフェスは一般に、高い吸収と低い散乱係数を持つマテリアルのことです。そのようなマテリアルには、511ページの図14.2に示されるガラス、水、ワインが含まれます。それに加えて、このセクションは粗いサーフェスの半透明ガラスも論じます。これらのトピックは、多くの本で詳しく取り上げられています[1272, 1275, 1525]。

14.5.1 被覆率と透過率

セクション5.5で論じたように、透明なサーフェスはαで表される被覆率を持つものとして扱うことができ、例えば、不透明な布地や組織繊維は、ある割合で後ろにあるものを隠します。ガラスのようなマテリアルで計算したいのは、透過率T_rの関数としての透過性で、そこでは立体ボリュームが、光の波長ごとに一定の割合を通過させる背景のフィルターとして振る舞います（セクション14.1.2）。出力色$\mathbf{c}_o$、サーフェス放射輝度$\mathbf{c}_s$、背景色$\mathbf{c}_b$とすると、透明度を被覆率として扱うサーフェスのブレンド操作は次のものです。

$$\mathbf{c}_o = \alpha \mathbf{c}_s + (1 - \alpha)\mathbf{c}_b \tag{14.19}$$

半透明サーフェスの場合、ブレンド操作が次になります。

$$\mathbf{c}_o = \mathbf{c}_s + \mathbf{T}_r \mathbf{c}_b \tag{14.20}$$

$\mathbf{c}_s$には立体サーフェス、つまりガラスやジェルのスペキュラー反射が含まれます。$\mathbf{T}_r$は3値の透過率色ベクトルです。有色の透過性を実現するため、現代のグラフィックスAPIの、2つのソースのカラー ブレンド機能を使い、ターゲット バッファーの色$\mathbf{c}_b$とブレンドする2つの出力色を指定できます。Drobot [416]は、与えられたサーフェスの反射と透過率が有色かどうかに応じて使える、異なるブレンド操作を紹介しています。

一般の場合、被覆率と透過性に共通のブレンド操作を指定して使えます[1275]。この場合に使うブレンド関数は次のものです。

$$\mathbf{c}_o = \alpha(\mathbf{c}_s + \mathbf{T}_r \mathbf{c}_b) + (1 - \alpha)\mathbf{c}_b \tag{14.21}$$

厚みが変化するときには、透過する光の量を式14.3で計算でき、それは次に単純化できます。

$$\mathbf{T}_r = e^{-\boldsymbol{\sigma}_t d} \tag{14.22}$$

dはマテリアル ボリュームを通って移動した距離です。物理的な吸光パラメーター$\boldsymbol{\sigma}_t$は、光が媒質を通過するときに減少する割合を表します。アーティストによる直感的なオーサリング

14.5. 半透明サーフェス

図14.33. メッシュの複数のレイヤーを通る様々な吸収因数による透過[125]。（イメージ提供：*Louis Bavoil [125]*。）

のため、Bavoil [125] はターゲット色 $\mathbf{t}_c$ を、ある与えられた距離 d での透過率の量と設定しました。そのとき吸光 $\boldsymbol{\sigma}_t$ は、次で復元できます。

$$\boldsymbol{\sigma}_t = \frac{-\log(\mathbf{t}_c)}{d} \qquad (14.23)$$

例えば、ターゲットの透過率の色が $\mathbf{t}_c = (0.3, 0.7, 0.1)$ で距離が $d = 4.0$ メートルなら、次が復元されます。

$$\boldsymbol{\sigma}_t = \frac{1}{4}(-\log 0.3, -\log 0.7, -\log 0.1) = (0.3010, 0.0892, 0.5756) \qquad (14.24)$$

0の透過率は、特別な場合として扱う必要があることに注意してください。1つの解決法は、微小な値、例えば0.000001を、$\mathbf{T}_r$ の各成分から引くことです。色のフィルタリングの効果が図14.33に示されています。

サーフェスが薄い半透明マテリアルのレイヤーからなる中空の殻メッシュの場合、光が媒質内を移動した経路の長さ d の関数として、背景色を遮蔽すべきです。したがって、そのようなサーフェスを法線沿いや、接線方向で見ると、角度によって経路の長さが変化し、その厚み t の関数として、大きさが異なる背景遮蔽が生じます。Drobot [416] が、そのようなアプローチを提案し、それは透過率 $\mathbf{T}_r$ を次で評価します。

$$\mathbf{T}_r = e^{-\boldsymbol{\sigma}_t d}, \quad \text{where} \quad d = \frac{t}{\max(0.001, \mathbf{n} \cdot \mathbf{v})} \qquad (14.25)$$

図14.34がその結果です。薄膜と多層サーフェスについての詳細は、セクション9.11.2を参照してください。

立体半透明メッシュの場合、レイが伝搬媒質を通って動く実際の距離は、多くの方法で計算できます。よく使われる手法は、ビュー レイがボリュームを出るサーフェスを最初にレンダーすることです。このサーフェスは水晶球の背面や、海底（つまり、水の終わり）などです。このサーフェスの深度や位置を格納します。次にボリュームのサーフェスをレンダーします。格納された出口の深度にシェーダーでアクセスし、それと現在のピクセル サーフェスの間の距離を計算します。次にこの距離を使い、背景の上に適用する透過率を計算します。

ボリュームが閉じて凸であることが保証されれば、つまり、水晶球のように各ピクセルの入口と出口の点が1つなら、この手法が使えます。本章の海底の例がうまくいくのも、水から出てすぐに不透明サーフェスに出合うので、それ以上の透過が起きないからです。もっと入

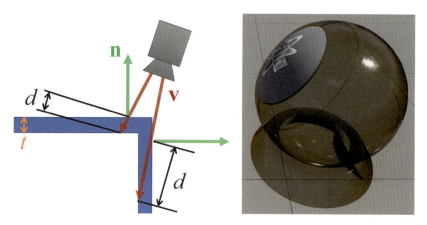

図**14.34**. ビュー レイ **v** が暑さ t の透明なサーフェス内を移動する距離 d から計算した有色透過率。（右のイメージ提供：*Activision Publishing, Inc. 2018*。）

り組んだモデル、例えばガラスの彫刻や、凹面があるオブジェクトでは、2つ以上の離れたスパンが入射光を吸収する可能性があります。セクション5.5で論じた深度剥離を使えば、正確に後ろから前の順で、ボリューム サーフェスをレンダーできます。前面をレンダーするごとに、ボリュームを通る距離を計算して、透過率の計算に使います。それらを交互に適用することで、最終的な正しい透過率が与えられます。ちなみに、すべてのボリュームが同じ密度の同じマテリアルからなり、サーフェスに反射性の成分がなければ、最後に合計距離を使って一度に透過率を計算できます。最近のGPU上では、1パスでオブジェクト フラグメントに直接格納するA-バッファー法やK-バッファー法を使い、さらに効率よく計算することもできます[125, 250]。複数レイヤーの透過率のそのような例が図14.33に示されています。

　大規模な海水の場合、シーンの深度バッファーを直接、背後の海底の表現として使えます。透明なサーフェスをレンダーするときには、セクション9.5で述べたように、フレネル効果を考慮しなければなりません。ほとんどの透過媒質は、空気よりもかなり高い屈折率を持ちます。視射角では、すべての光が界面から跳ね返され、何も透過しません。この効果を示す図14.35では、水を直接見たときには水面下のオブジェクトが見えますが、さらに遠くを視射角で見ると、波の下にあるものが、ほとんど水面に隠れています。大規模な水の反射、吸収、屈折の扱いを説明する、いくつかの記事があります[284, 1055]。

14.5.2 屈折

透過では、入射光がメッシュ ボリュームを直接、直線で通過すると仮定しています。これはメッシュの前後のサーフェスが平行で、厚みがそれほど大きくないとき、例えば、ガラスの窓で妥当な仮定です。そうではない透明な媒質では、屈折率が重要な役割を果たします。メッシュのサーフェスに出会うときの光の方向の変化を記述するスネルの法則は、セクション9.5で述べています。

　エネルギーの保存により、反射されないすべての光は透過するので、fを反射光の量とすると、透過する流束の入る流束に対する比率は $1-f$ です。しかし、透過と入射放射輝度の比率は、異なります。投影面積の差と、入射レイと透過レイの間の立体角により、放射輝度の関係は次になります。

$$L_t = (1 - F(\theta_i))\frac{\sin^2 \theta_i}{\sin^2 \theta_t}L_i \tag{14.26}$$

14.5. 半透明サーフェス

図 14.35. 透過率と反射率の効果を考慮に入れてレンダーした水。見下ろすと、透過率が高く青いので、薄青色の水の中が見える。水平線の近くでは、透過率が下がるため海底が見えにくくなり（光が水のボリューム中を遠くまで移動しなければならないため）、透過に代わって、フレネル効果による反射が増える。（「*Crysis*」からのイメージ、提供 *Crytek*。）

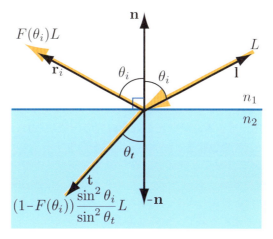

図 14.36. 入射角度 θ_i と透過角度 θ_t の関数として屈折し、透過する放射輝度。

この振る舞いが図 14.36 に示されています。スネルの法則を式 14.26 と結合すると、異なる形の透過放射輝度が生成します。

$$L_t = (1 - F(\theta_i))\frac{n_2^2}{n_1^2}L_i \tag{14.27}$$

Bec [133] が、屈折ベクトルを計算する効率的な手法を紹介しています。読みやすくするため（スネルの式の屈折率には伝統的に n が使われるので）、$\mathbf{N}$ をサーフェス法線、$\mathbf{l}$ を光の方向と定義します。

$$\mathbf{t} = (w - k)\mathbf{N} - n\mathbf{l} \tag{14.28}$$

 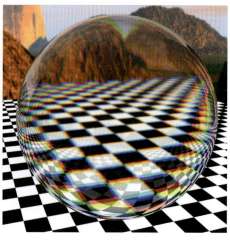

図 14.37. 左：キューブ環境マップのガラスの天使による屈折、マップそのものをスカイボックス背景として使う。右：ガラス玉による色収差のある反射と屈折。（左のイメージは *three.js* のサンプル *webgl_materials_cube map_refraction [237]* から、Lucy モデルは Stanford 3D スキャン レポジトリー、Humus によるテクスチャー。右のイメージ提供：Lee Stemkoski [1820]。）

ここで $n = n_1/n_2$ は相対屈折率です。

$$w = n(\mathbf{l} \cdot \mathbf{N}),$$
$$k = \sqrt{1 + (w - n)(w + n)} \tag{14.29}$$

その結果の屈折ベクトル **t** は、正規化されて返されます。水はおよそ 1.33 の屈折率を持ち、ガラスは一般に約 1.5、空気は実質的に 1.0 です。

屈折率は波長で変わります。つまり透明な媒質は、光の色ごとに曲げる角度が異なります。この現象は**分散**と呼ばれ、プリズムが白光を虹色の光の円錐に広げ、虹が生じる理由を説明します。分散により、レンズで**色収差**と呼ばれる問題が発生することがあります。写真撮影では、この現象は**パープル フリンジ**と呼ばれ、特に昼光の高コントラストのエッジに沿いで目立つことがあります。コンピューター グラフィックスでは、普通は避けるべきアーティファクトなので、通常この効果を無視します。透明なサーフェスに入る各光線が、追跡しなければならない光線のセットを生成するので、その効果を正しくシミュレートするためには、追加の計算が必要です。そのため、通常は 1 本の屈折したレイを使います。ヘッドセットのレンズを補償するため、逆色収差変換を適用する仮想現実レンダラーがあることは、述べておく価値があります [1536, 1959]。

屈折の印象を与える一般的な手段は、屈折するオブジェクトの位置からキューブ環境マップ（EM）を生成することです。次にこのオブジェクトをレンダーするときに、前を向いているサーフェスに計算した屈折方向を使って EM にアクセスできます。例が図 14.37 に示されています。Sousa [1798] が、EM を使わないスクリーン空間アプローチを提案しています。まず、屈折するオブジェクトがないシーンを、シーン テクスチャー **s** に普通にレンダーします。次に、屈折するオブジェクトを、最初に 1 で消去した **s** のアルファ チャンネルにレンダーします。ピクセルが深度テストを通ったら、0 の値を書き込みます。最後に、屈折するオブジェクトを完全にレンダーし、ピクセル シェーダーで、画面上のピクセル位置と、例えばスケールしたサーフェス法線の接 xy-成分からの摂動オフセットに従って **s** をサンプルし、屈折をシミュレートします。このコンテキストでは、$\alpha = 0$ の場合にしか、摂動サンプルの色を考慮に入れ

14.5. 半透明サーフェス

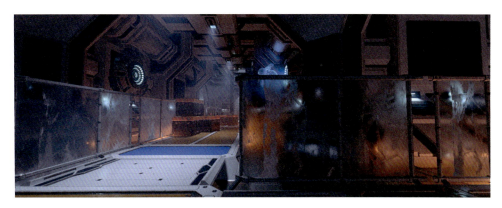

図14.38. イメージの下部の透明なガラスの特徴は、粗さに基づく背景散乱。程度の差はあるが、ガラスの背後の要素はぼけて見え、屈折したレイの広がりをシミュレートしている。（イメージ提供：*Frostbite*, ⓒ *2018 Electronic Arts Inc.*）

ません。このテストを行うのは、屈折するオブジェクトより前にあるサーフェスからのサンプルの色を、それより後にあるかのように取り込むのを避けるためです。$\alpha = 0$にする代わりに、シーンの深度マップを使い、ピクセル シェーダーの深度と摂動したシーン サンプルの深度を比較することもできます[319]。中心のピクセルのほうが遠ければ、オフセット サンプルのほうが近くにあるので、それを無視して、屈折がないかのように通常のシーン サンプルで置き換えます。

これらのテクニックは屈折の印象を与えますが、物理的現実とあまり似ていません。レイは透明な立体に入るときに向きを変えますが、オブジェクトを出るときにあるはずの、2回目の屈曲がありません。この出る界面が作用することはありません。人間の目は正しい見た目がどうあるべきかに寛容なので、この欠点は問題にならないかもしれません[1275]。

多くのゲームが、1つのレイヤーによる屈折を売りにしています。粗い屈折サーフェスでは、マイクロジオメトリー法線の分布により生じる、屈折したレイ方向の広がりをシミュレートするため、マテリアルの粗さに応じて背景をぼかすことが重要です。ゲーム*DOOM* (2016) [1805]では、まずシーンを普通にレンダーします。次にそれを半分の解像度にダウンサンプルし、さらに4つのミップマップ レベルまでダウンサンプルします。ミップマップ レベルは、それぞれGGX BRDFローブを模倣するガウスぼかしに従い、ダウンサンプルします。最後のステップで、屈折するメッシュを完全な解像度のシーンの上にレンダーします[319]。マテリアルの粗さをミップマップ レベルに対応付け、シーンのミップマップ化テクスチャーをサンプルして、背景をサーフェスの後ろに合成します。サーフェスが粗いほど、背景はぼやけます。一般的なマテリアル表現を使った同じアプローチを、Drobot [416]が提案しています。同様のテクニックは、McGuireとMara [1275]の統合透明度フレームワークでも使われます。この場合、ガウス点拡がり関数を使い、1つのパスで背景をサンプルします（図14.38）。

もっと複雑な屈折のケースを、複数のレイヤーで処理することもできます。各レイヤーは、テクスチャーに格納した深度と法線でレンダーできます。そこではレリーフ マッピング（セクション6.8.1）のような手続きを使い、それらのレイヤーを通るレイをトレースします。格納された深度を、交差が見つかるまでレイが渡る高さフィールドとして扱います。OliveiraとBrauwers [1433]が、そのようなメッシュ背面の屈折を扱うフレームワークを紹介しています。さらに、近くの不透明オブジェクトを色と深度のマップに変換して、最後の不透明レイヤーを供給できます[2071]。これらのイメージ空間屈折スキームの制限は、どれも画面の境界の外に

あるものを屈折したり、それで屈折できないことです。

14.5.3 コースティックと影

屈折して減衰した光から生じる影とコースティックの評価は、複雑な作業です。非リアルタイム コンテキストでは、双方向パス トレーシングやフォトン マッピングなど[889, 1525]、この目標を実現する複数の手法が利用可能です。幸いにも、多くの手法がそのような現象のリアルタイムの近似を提供します。

コースティックは、例えばガラスや水面によって直線経路から発散する光の、見た目の結果です。その結果、光が焦点がぼけて影を作り出す場所や、焦点が合って光の経路が濃密になり、強い入射ライティングを生じる場所ができます。そのような経路は、光が出会う曲面に依存します。古典的な反射コースティックの例は、コーヒーのマグカップの中で見られる心臓形のコースティックです。屈折コースティックのほうが目立ち、例えば、クリスタルオーナメント、レンズ、コップの水などで焦点を結ぶ光です。（図14.39）。曲がった水面で反射して屈折する光により、コースティックが水面の上下両方にできることもあります。収束するとき、光が不透明サーフェス上に凝縮してコースティックを生成します。水面下のときは、収束する光の経路が、水のボリュームの中で見えるようになります。これにより、水の粒子を通る光子の散乱から、よく知られたライトシャフトが生じます。コースティックは、ボリュームの境界でのフレネル相互作用に由来する光の減少と、それを通るときの透過率を超えた、別の因子です。

水面からのコースティックを生成するため、オフラインで生成したアニメートするコースティックのテクスチャーを、ライト マップとしてサーフェスに、場合によっては通常のライト マップの上から適用することがあります。CryEngineで動作する[1709]*Crysis 3*など、多くのゲームが、そのようなアプローチを利用しています。レベル中の水の領域を、**水ボリューム**を使って編集します。そのボリュームの上面サーフェスを、バンプ マップ テクスチャー アニメーションや物理シミュレーションを使ってアニメートできます。バンプ マップを水面の上下に垂直に投影するときには、そこから生じる法線を使い、放射輝度の寄与にマップした向きからコースティックを生成できます。アーティストがオーサリングした高さに基づく最大影響距離を使い、距離減衰を制御します。水面をシミュレートして、世界の中のオブジェクトの

図14.39. 現実世界の反射と屈折からのコースティック。

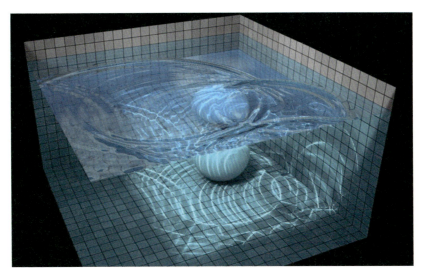

図14.40. 水中のコースティック効果のデモ。(WebGL Waterデモからのイメージ、提供: Evan Wallace [1971]。)

動きに反応し、環境中で起きることに一致するコースティック事象を生成することもできます。図14.40に例が示されています。

　水面下では、アニメートする同じ水面を、水の媒質内のコースティックにも使えます。Lanza [1055] が、ライトシャフトを生成する2ステップの手法を提案しています。まず、ライトの位置と屈折方向をライトの視点からレンダーして、テクスチャーに保存します。そのとき水面から開始してビューの屈折方向に伸びる直線を、ラスタライズできます。それらを加算ブレンドで累積し、最後の後処理ぼかしを使って結果をぼかせば、直線の数の少なさを隠せます。

　Wyman [2072, 2073] が、コースティック レンダリング用のイメージ空間テクニックを紹介しています。それは最初に、透明なオブジェクトの前面と背面を通った屈折の後の光子の位置と入射方向を評価することにより動作します。これはセクション14.5.2で紹介した、背景屈折テクニック [2071] を使うことで実現します。しかし、屈折した放射輝度を格納する代わりに、テクスチャーをシーン交差位置、屈折後の入射方向、フレネル効果による透過率の格納に使います。テクセルごとに、正しい強度でビューにスプラットして戻せる光子を格納します。この目標の実現には2つの可能性があり、ビュー空間かライト空間の四角形として、光子をガウス減衰付きでスプラットします。1つの結果が図14.41に示されています。McGuireとMara [1275] が提案する、フレネル効果によるによるコースティック風の影への似たアプローチでは、透明サーフェスの法線に基づいて透過率を変化させ、入射サーフェスに垂直なら透過を増やし、そうでなければ減らします。他のボリューム シャドウ テクニックは、セクション7.8で述べています。

14.6　表面下散乱

表面下散乱は、高い散乱係数を持つマテリアルで見られる複雑な現象です（詳細はセクション9.1.4）。そのようなマテリアルには511ページの図14.2のような蝋、人間の皮膚、ミルクなど

図14.41. 左では、仏像が近くのオブジェクトと周囲のスカイボックス[2071]の両方を屈折する。右では、階層マップにより自然のものと似たコースティックがシャドウ マップに生成される[2073]。（イメージ提供：*Chris Wyman, University of Iowa*。）

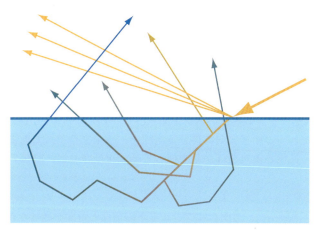

図14.42. オブジェクトを通る光散乱。最初にオブジェクトを透過する光は、屈折方向に動くが、散乱によりマテリアルを出るまで繰り返し方向が変わる。マテリアルを通る各経路の長さが、吸収で失われる光の割合を決定する。

があります。

　一般の光散乱理論はセクション14.1で説明しました。人間の皮膚のように高い光学的深さを持つ媒質では、散乱のスケールが比較的小さな場合があります。散乱光は、元の入り口点に近いサーフェスから再放出されます。この位置の移動は、表面下散乱がBRDFでモデル化できないことを意味します（セクション9.9）。つまり、散乱が1ピクセルより大きな距離で発生するときに、グローバルな性質が顕になります。そのような効果をレンダーするときには、特殊な手法を使わなければなりません。

　図14.42はオブジェクトを通って散乱する光を示しています。散乱により入った光は多様な経路をとります。個々の光子を別々にシミュレートするのは（オフライン レンダリングでも）非実用的なので、問題は可能な経路上で積分するか、そのような積分を近似することにより、確率的に解決しなければなりません。マテリアルを通過する光は、散乱だけでなく吸収も受けます。

14.6. 表面下散乱   547

　図14.42に示される様々な光の経路を区別する1つの重要な因子が、散乱事象の数です。光が1度散乱した後にマテリアルを出る経路もあれば、光が2度、3度、あるいはそれ以上散乱するものもあります。散乱経路は一般に、**単一散乱**と**多重散乱**にグループ化されます。たいていはグループごとに、異なるレンダリング テクニックが使われます。例えば、皮膚のように、単一散乱は全体の効果の比較的弱い部分で、多重散乱が優勢なマテリアルがあります。それらの理由で、多くの表面下散乱レンダリング テクニックは多重散乱のシミュレートに焦点を合わせています。このセクションでは、表面下散乱を近似するいくつかのテクニックを紹介します。

14.6.1　ラップ ライティング

おそらく表面下散乱の手法で最も単純なものが、ラップ ライティング[212]です。このテクニックは330ページで、面光源の近似として論じました。表面下散乱の近似に使うときには、色ずれを加えることができます[636]。これはマテリアルを通過する光の部分的な吸収の計上です。例えば、皮膚をレンダリングするときに、赤い色ずれを適用できます。

　このように使うとき、ラップ ライティングは曲面サーフェスのシェーディングで多重散乱の効果をモデル化することを試みます。隣接する点から現在シェーディング中の点への光の「漏れ」が、サーフェスが曲がって光源から逸れる場所での、明から暗の遷移領域をソフトにします。Kolchin [994] は、この効果がサーフェス曲率に依存することを指摘し、物理に基づいたバージョンを導いています。その導かれた表現は評価がやや高価ですが、その背後にある考え方は有用です。

14.6.2　法線ぼかし

多重散乱が**拡散**過程としてモデル化できることを、Stam [1810] が指摘しています。Jensenら[890]が、この考え方をさらに進めて、解析的双方向表面散乱分布関数（BSSRDF）モデルを導いています。BSSRDFはグローバル表面下散乱の場合のBRDFの一般化です[1381]。その拡散プロセスが、出力放射輝度への空間的ぼかし効果を持ちます。

　このぼかしは、ディフューズ反射だけに適用されます。スペキュラー反射はマテリアルの表面で発生し、表面下散乱の影響を受けません。法線マップは小規模な変化をエンコードすることが多いので、表面下散乱で役に立つトリックは、法線マップをスペキュラー反射率だけに適用することです[619]。ディフューズ反射率には、滑らかで、摂動しない法線を使います。追加のコストがないので、他の表面下散乱手法を使うときに、このテクニックはしばしば適用する価値があります。

　多くのマテリアルでは、多重散乱が比較的小さな距離で発生します。皮膚は重要な例で、ほとんどの散乱が数mmの距離で発生します。そのようなマテリアルでは、ディフューズ シェーディング法線を摂動しないテクニックだけで十分かもしれません。Ma ら [1184] が、測定データを基に、この手法を拡張しています。散乱オブジェクトから反射される光を決定し、スペキュラー反射は幾何学的サーフェス法線に基づくけれども、ディフューズ反射は表面下散乱により、ぼかされたサーフェス法線を使うかのように振る舞うことが分かりました。さらに、ほかしの量は可視スペクトル上で変化することがあります。彼らはスペキュラー反射率と、ディフューズ反射率のR、G、Bチャンネルで独立に取得した法線マップを使う、リアルタイムシェーディング テクニックを提案しています[268]。チャンネルごとに異なる法線マップを使うことにより、色にじみが生じます。それらのディフューズ法線マップは一般にスペキュラー

マップのぼかされたバージョンと似ているので、ミップマップ レベルを調整しながら、単一の法線マップを使うようにこのテクニックを修正するのは簡単ですが、どのチャンネルも法線が同じなので、色ずれは失われます。

14.6.3 事前積分した皮膚のシェーディング

ラップ ライティングと法線ぼかしの考え方を組み合わせ、事前積分した皮膚のシェーディング ソリューションを、Penner [1479] が提案しています。

散乱と透過率を積分して2次元の参照テーブルに格納します。そのLUTの1つ目の軸は、$\mathbf{n} \cdot \mathbf{l}$ に基づいてインデックスします。2つ目の軸は、サーフェス曲率を表す $1/r = ||\partial n/\partial p||$ に基づいてインデックスします。曲率が高いほど、透過して散乱する色への影響は大きくなります。三角形では曲率が一定なので、それらの値をオフラインでベイクして滑らかにしなければなりません。

Penner は、小さなサーフェス細部への表面下散乱の効果を処理するため、前のセクションで論じた Ma ら [1184] のテクニックを修正しています。R、G、B ディフューズ反射率に別々の法線マップを取得する代わりに、色チャンネルの表面下マテリアルの拡散プロファイルに従い、元の法線マップをぼかして生成します。4つの分離した法線マップを使うとメモリー集約的になるので、最適化として、色チャンネルごとの頂点法線とブレンドする1つの平滑化法線マップを使います。

このテクニックはデフォルトでは曲率だけに頼るので、影の境界をまたぐ光の拡散を無視します。影の半影プロファイルをLUT座標のバイアスに使い、影の境界を通って広がる散乱プロファイルが得られます。したがって、この高速なテクニックは、次のセクションで紹介する高品質の手法を近似できます [372]。

14.6.4 テクスチャー空間拡散

ディフューズ法線のぼかしは、多重散乱の視覚効果をある程度計上しますが、ソフトな影のエッジなど、他は計上しません。その制限への対処として、**テクスチャー空間拡散**の概念を使えます。Lensch ら [1115] が様々なテクニックの一部として、この考え方を紹介しましたが、Borshukov と Lewis [197, 198] が示したバージョンが最も大きな影響を与えています。彼らは多重散乱の考え方を、ぼかし処理として定式化します。まず、サーフェスの放射照度（ディフューズ ライティング）をテクスチャーにレンダーします。これはテクスチャー座標をラスタライズの位置として使って行います。本当の位置は、シェーディングで別個に補間して使います。このテクスチャーをぼかしてから、レンダリング時にディフューズ シェーディングで使います。フィルターの形とサイズはマテリアルと波長に依存します。例えば皮膚では、Rチャンネルをご GやBよりも広いフィルターで処理し、影のエッジの近くで赤くします。ほとんどのマテリアルで表面下散乱をシミュレートする正しいフィルターは、中央の狭いスパイクと、広く浅い底部を持ちます。このテクニックは最初にオフライン レンダリングでの使用が紹介されましたが、すぐに NVIDIA [372, 636] と ATI [618, 619, 869, 1657] の研究者が、リアルタイム GPU 実装を提案しました。

d'Eon と Luebke [372] のプレゼンテーションが、多層表面下構造の効果を模倣する複雑なフィルターを含めた、このテクニックの最も完全な取り扱いを説明しています。そのような構造が最もリアリスティックな皮膚のレンダリングを生み出すことを、Donner と Jensen [399] が示しています。d'Eon と Luebke が紹介した完全な NVIDIA の皮膚レンダリング システム

14.6. 表面下散乱

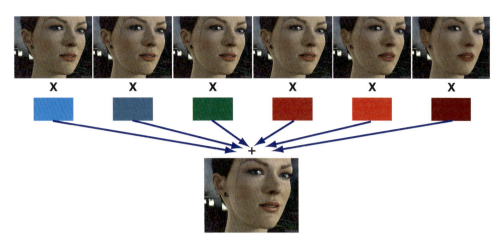

図14.43. テクスチャー空間多層拡散。RGBの重みを使って6つの異なるぼかしを結合する。最終的なイメージは、この線形結合の結果にスペキュラー項を加える。（イメージ提供：*NVIDIA Corporation [372]*。）

は、優れた結果を生み出しますが（図14.43）、かなり高価で、数多くのぼかしパスが必要です。しかし、規模を縮小して簡単に性能を上げられます。

Hable [683] は、複数のガウス パスを適用しない、単一の12サンプル カーネルを紹介しています。そのフィルターはテクスチャー空間での前処理として、あるいはメッシュを画面にラスタライズするときにピクセル シェーダーで適用できます。これによって、いくらかのリアリズムと引き換えに、顔のレンダリングがずっと速くなります。クローズアップでは、サンプリングの少なさが、色の帯として見えることがあります。しかし、ほどほどの距離なら、品質の違いは目立ちません。

14.6.5　スクリーン空間拡散

シーン中のすべてのメッシュにライト マップをレンダーしてぼかすと、すぐに計算とメモリーの両方に関して高価になることがあります。さらに、ライト マップとビューに1度ずつ、メッシュを2回レンダーする必要があり、小さなスケールの細部からの表面下散乱を表せるように、ライト マップは十分な解像度を保つ必要があります。

これらの問題に対処するため、Jimenezはスクリーン空間アプローチを提案しました [898]。まず、シーンを普通にレンダーし、表面下散乱が必要なメッシュ、例えば人の顔をステンシル バッファーに記録します。次に、格納した放射輝度に2パス スクリーン空間処理を適用して、表面下散乱をシミュレートし、ステンシル テストを使って、半透明マテリアルを含むピクセルの必要な場所だけに、高価なアルゴリズム適用します。追加のパスで、1次元とバイラテラルの2つのぼかしカーネルを、水平と垂直に適用します。カラーのぼかしカーネルは分離可能ですが、2つの理由で、完全に分離可能なやり方では適用できません。まず、ぼかしをサーフェス距離に従う、正しい幅に引き伸ばすには、線形ビュー深度を考慮に入れなければなりません。2つ目として、バイラテラル フィルタリングは異なる深度のマテリアル、つまり互いに影響すべきでないサーフェスの光漏れを回避します。それに加えて、ぼかしフィルターがスクリーン空間だけでなく、サーフェスに接する方向に適用されるように、法線の向きを考慮に入れなければなりません。このため結局のところ、ぼかしカーネルの分離可能性は近似ですが、それでも高品質です。その後、改良された分離可能フィルターが提案されました [900]。画面

図14.44. スキャンしたモデルの顔の高品質レンダー。スクリーン空間表面下散乱によって、多くのキャラクターのリアリスティックな人間の皮膚マテリアルを、1回の後処理でレンダーできる。（左のイメージ：レンダー提供：*Jorge Jimenez and Diego Gutierrez, Universidad de Zaragoza. Scan courtesy of XYZRGB Inc.* 右のイメージ：レンダー提供：*Jorge Jimenez et al., Activision Publishing, Inc., 2013 and Universidad de Zaragoza. Scan courtesy of Lee Perry-Smith, Infinite-Realities* [898]。)

上のマテリアルの面積に依存するので、このアルゴリズムは顔のクローズアップには高価です。しかしながら、その領域の高い品質は、まさに望むものなので、このコストは正当化できます。このアルゴリズムは、特にシーンが多くのキャラクターで構成されるときに価値があり、それはすべてが同時に処理されからです（図14.44）。

その処理を更に最適化するため、シーン テクスチャーのアルファ チャンネルに線形深度を格納することができます。その1次元ぼかしは少数のサンプルに依存するので、顔のクローズアップにアンダーサンプリングが見えることがあります。この問題を避けるため、ピクセルごとにカーネルを回転でき、そうするとノイズによりゴースティング アーティファクトが隠せます[900]。このノイズの目に見える度合いは、時間アンチエイリアシング（セクション5.4.2）を使って大きく減らすことができます。

スクリーン空間拡散を実装するときには、放射照度だけをぼかし、ディフューズ アルベドやスペキュラー ライティングをぼかさないように、注意を払わなければなりません。この目標を達成する1つの手段は、放射照度とスペキュラー ライティングを別々のスクリーン空間バッファーにレンダーすることです。遅延シェーディング（セクション20.1）を使っていれば、ディフューズ アルベドのバッファーが既に利用可能です。GallagherとMittring[556]が、チェッカーボード パターンを使ってメモリー帯域幅を減らし、放射照度とスペキュラー ライティングを1つのバッファーに格納することを提案しています。放射照度をぼかした後、ディフューズ アルベドにぼかした放射照度を掛け、その上にスペキュラー ライティングを加えて、最終的なイメージを合成します。

このスクリーン空間フレームワークで、鼻や耳を通過する光のような、大規模な表面下散乱現象をレンダーすることも可能です。Jimenezら[894]が紹介したテクニックは、メッシュのディフューズ ライティングをレンダーするときに、符号反転したサーフェス法線 $-\mathbf{n}$ を使って、反対側から入る光をサンプルすることにより、背面からの表面下伝達の寄与も加えています。その結果を変調する透過率の値は、次のセクションで述べるDachsbacherとStamminger[345]の手法と同様に、ライトの視点からレンダーした伝統的なシャドウ マップをサンプルして復元した深度を使って見積もります。円錐の中で前方散乱を表現するため、シャドウ マップを複数回サンプルできます。低いピクセルあたりのサンプル数でレンダリン

14.6. 表面下散乱

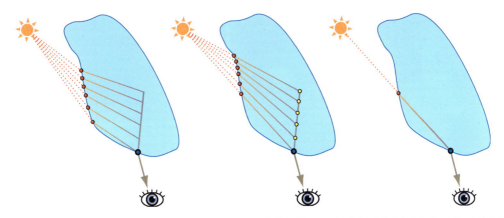

図 14.45. 左は、オブジェクトを出入りする光を屈折する理想的な状況で、オブジェクトを出るときに正しく屈折するすべての散乱の寄与が、マテリアル中のレイ マーチングで正しく収集される。吸光 σ_t を評価するときに、個々の経路の長さを計上する。これはパス トレーシングや少数のリアルタイム近似で実現可能 [345]。中のイメージは、それより計算的に単純な状況を示し、レイは出るときだけ屈折する。サンプル点（黄色）から屈折に関係する入り口点（赤）を求めるのは簡単ではないので、これがリアルタイム レンダリングで行われる通常の近似。右のイメージは、屈折するレイに沿った複数のサンプルではなく、1本のレイしか考慮しない、高速な近似を示している [636]。

グのコストを減らすため、ピクセルごとにランダム化したオフセットや回転で、2つの影サンプルをとることが可能です。そうすると、多くの望ましくない視覚的なノイズが生じます。幸い、このノイズは、半透明表面下光拡散の実現に必要なスクリーン空間表面下ぼかしカーネルにより、自動的に無料でフィルター除去できます。こうして、光源あたり1つの追加の深度マップ サンプルだけで、顔の薄い部分を通る円錐中の前方光散乱をシミュレートする、高品質の透過性効果をレンダーできます。

14.6.6 深度マップ テクニック

これまで論じたテクニックは、比較的小さい距離、例えば皮膚での光散乱をモデル化しています。手を通過する光など、大型の散乱を示すマテリアルには、他のテクニックが必要です。それらの多くは、多重散乱よりもモデル化が容易な、単一散乱に焦点を合わせています。

大型の単一散乱の理想的なシミュレーションが、図14.45の左側の背景の霧に見えます。オブジェクトに出入りするとき、光の経路は屈折により方向を変えます。1つのサーフェス点のシェーディングに、すべての経路の効果を合計する必要があります。吸収も考慮に入れる必要があります。ある経路での吸収の量は、そのマテリアル内の長さに依存します。1点のシェーディングですべての屈折したレイを計算するのは、オフライン レンダラーでさえ高価で、通常はマテリアルに入る屈折を無視し、マテリアルを出る方向の変化だけを考慮に入れます [890]。レイ キャストは常に光の方向なので、レイ キャスティングの代わりに、一般に付影に使うライト空間深度マップを使えることを、Hery [792, 793] が指摘しています（図14.45の中央）。位相関数に従って光を散乱する媒質では、散乱角度も散乱光の量に影響を与えます。

深度マップの参照はレイ キャスティングより高速ですが、複数のサンプルが必要なので、ほとんどのリアルタイム レンダリング アプリケーションに、Heryの手法は遅すぎます。Green [636] が、図14.45の右に示す、より高速な近似を提案しています。この手法はあまり物理に基づいていませんが、その結果は説得力のあるものにできます。1つの問題は、すべてのオブジェクトの厚みの変化がシェーディングの色に直接影響を与えるので、オブジェクトの

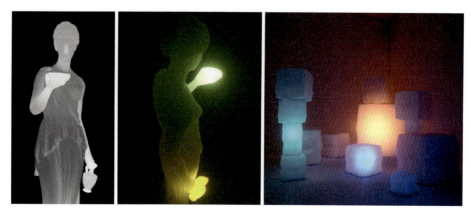

図 14.46. 左：ヘーベーの彫像に生成した、ローカルな厚みのテクスチャー。中：それで実現できる表面下光散乱効果。右：同じテクニックを使ってレンダーした半透明キューブがある別のシーン。（イメージ提供：*Colin Barré-Brisebois* と *Marc Bouchard* [115]。）

裏側の細部が透けて見えることです。それにもかかわらず、Greenの近似は十分に効果的で、Pixarが *Ratatouille* などの映画で使うほどです [660]。Pixarはこのテクニックを**グミ ライト**と呼んでいます。Heryの実装のもう1つの問題は、深度マップが複数のオブジェクトや、高度に凸でないオブジェクトを含んではならないことです。これはシェーディングする点（青）と交点（赤）の間の経路全体が、オブジェクトの内側にあると仮定するからです。Pixarは、ある種のディープシャドウ マップを使って、この問題を回避しています [1155]。

どのサーフェス点も、任意の他のサーフェス点からの光の影響を受ける可能性があるので、大型の多重散乱をリアルタイムにモデル化するのはかなり困難です。Dachsbacher と Stamminger [345] が、多重散乱のモデル化のために、**半透明シャドウ マッピング**と呼ばれるシャドウ マッピングの拡張を提案しています。放射照度やサーフェス法線といった追加情報を、ライト空間テクスチャーに格納します。深度マップを含む、それらのテクスチャーからの複数のサンプルを結合して、散乱する放射輝度の見積もりを作ります。このテクニックの修正版が、NVIDIAの皮膚レンダリング システムで使われています [372]。Mertens ら [1299] が同様の手法を提案していますが、ライト空間ではなくスクリーン空間のテクスチャーを使います。

樹木の葉も強い表面下散乱効果を示し、光が光が背後から差し込むときに明るい緑色に見えます。そのサーフェスには、アルベドと法線のテクスチャーに加えて、葉のボリュームの透過率 T_r を表すテクスチャーをマップできます [1799]。そして、アドホックなモデルを使い、ライトからの追加の表面下寄与を近似できます。葉は薄い要素なので、符号反転した法線を裏側の法線 **n** の近似として使えます。その逆光の寄与は $(\mathbf{l} \cdot -\mathbf{n})^+ \cdot (-\mathbf{v} \cdot \mathbf{l})^+$ で評価でき、**l** は光の方向で **v** はビュー方向です。それにサーフェス アルベドを掛けて、光の寄与の上に直接加えられます。

Barré-Brisebois と Bouchard [115] が、似たやり方の、メッシュ上の大型の表面下散乱への安価でアドホックな近似を紹介しています。まず、メッシュごとに、**平均のローカルな厚み**を格納するグレイスケール テクスチャーを生成しますが、それは内向きの法線 $-\mathbf{n}$ から計算するアンビエント オクルージョンを1から引いたものです。この t_{ss} と呼ばれるテクスチャーを、サーフェスの反対側からの光に適用できる、透過率の近似と考えます。通常のサーフェス ラ

14.7 毛と毛皮

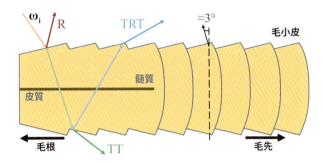

図14.47. 構成する様々なマテリアルを示す1本の毛の縦の断面と、入射方向ω_iの光から生じるライティング成分。

イティングに加える表面下散乱は、次で評価されます。

$$t_{ss}\mathbf{c}_{ss}\left((\mathbf{v}\cdot-\mathbf{l})^+\right)^p \tag{14.30}$$

$\mathbf{l}$と$\mathbf{v}$は、それぞれ正規化されたライトとビューのベクトル、pは（517ページの図14.10に示すような）位相関数位相関数を近似する指数、$\mathbf{c}_{ss}$は表面下アルベドです。次にこの表現にライトの色、強度、距離減衰を掛けます。このモデルは物理に基づくものでも、エネルギー保存でもありませんが、もっともらしい表面下ライティング効果を、1パスで素速くレンダーできます（図14.46）。

14.7 毛と毛皮

毛は哺乳類の真皮層から伸びるタンパク質の繊維です。人間の場合、毛は体の様々領域に散財し、髪、ひげ、眉、まつげなどの種類があります。他の哺乳類はたいてい毛皮（濃い、限られた長さの毛）で覆われ、毛皮の特性は動物の体の場所によって変わる傾向があります。毛は真っ直ぐだったり、ウェーブしたり、カールすることがあり、それぞれ強さと粗さが異なります。髪の毛の自然な色には黒、茶色、赤、金色、グレイ、白などがあり、（成功の度合いは異なりますが）虹のすべての色で染められます。

毛と毛皮の構造は基本的に同じです。それは図14.47に示すように、3つの層からなります[1138, 1218]。

- 外側には、繊維の表面を表す毛小皮がある。この表面は滑らかではないが、毛の方向にほぼ$\alpha = 3°$で傾く、重なり合う薄片で構成され、それが毛根方向の法線を傾ける。
- 中間は皮質で、繊維に色を与えるメラニンを含む[373]。そのような色素の1つが$\sigma_{a,e} = (0.419, 0.697, 1.37)$の茶色の原因となるユーメラニンで、もう1つが$\sigma_{a,p} = (0.187, 0.4, 1.05)$の赤毛の原因となるフェオメラニン。
- 内部は髄質。それは小さく、人の毛のモデル化でよく無視される[1218]。しかし動物では、毛皮の毛のボリュームの大きな部分を占め、重要性が大きい[1138]。

毛髪繊維をパーティクルと同様の、しかし点ではなく曲線を持つボリュームの離散化として見ることができます。毛髪繊維とライティングの相互作用は、**双方向散乱分布関数（BSDF）**を使って記述できます。これはBRDFに相当しますが、光は半球だけでなく、球全体で積分されます。BSDFは、様々な層を通り毛髪繊維で発生する、すべての相互作用を集約します。それはセクション14.7.2で詳しく述べます。光は繊維の中で散乱しますが、その多くで跳ね返

り、多重散乱現象による複雑な色の放射輝度を生じます。さらに、繊維はそのマテリアルと色素の関数として光を吸収するので、毛のボリューム中で発生するボリューム自己影の表現も重要です。このセクションでは、最近のテクニックの、ひげなどの短い毛、頭髪、そして最後に毛皮のレンダーを可能にする方法を述べます。

14.7.1　ジオメトリーとアルファ

毛の房は、ガイドに従うクワッドのリボンを作り出す頂点シェーダー コードを使って、アーティストが描く毛のガイド曲線の周りに押し出す、**毛クワッド**としてレンダーできます。クワッド リボンは一致する毛のガイド曲線に従い、ガイドは皮膚に続く毛の凝集を表す指定の向きに従います[932, 1330, 1677]。このアプローチは、ひげや、短く動かない毛に適しています。大きなクワッドのほうが見た目の被覆率が大きいので、頭を覆うのに必要なリボンが減って性能が向上するので、効率的でもあります。より多くの詳細が必要な、例えば物理シミュレーションでアニメートする細長い毛の場合は、細いクワッド リボンを使い、それを何千もレンダーすることが可能です。またこの場合、毛の曲線の接線に沿った円筒制約を使い、生成するクワッドをビューに向けるほうがよいでしょう[43]。毛のシミュレーションを少数の毛のガイドでしか行わなくても、周りの毛のガイドの特性を補間して、新しい毛の房をインスタンス化できます[2102]。

　それらすべての要素を、アルファ ブレンドするジオメトリーとしてレンダーできます。使うのであれば、透明度アーティファクトを避けるため、頭髪のレンダリングの順番を正しくする必要があります（セクション5.5）。この問題を軽減するため、事前にソートしたインデックス バッファーを使い、頭に近い毛の房を最初に、そして外側を最後にレンダーすることができます。これは短いアニメートしない毛ではうまくいきますが、長く交互に重なり合った、アニメートする毛の房ではいきません。アルファ テストを使い、深度テストを頼りに順番の問題を修正することは可能です。しかし、これは高周波のジオメトリーとテクスチャーで、深刻なエイリアシングの問題を引き起こすことがあります。追加のサンプルとメモリー帯域幅のコストと引き換えに、MSAAを使い、サンプルごとにアルファ テストを行うことができます[1330]。あるいはセクション5.5で論じたような、順序に依存しない透明度手法を使うこともできます。例えば、TressFX [43] は $k = 8$ の最も近いフラグメントを格納し、最初の7つのレイヤーだけを順に保持するようにピクセル シェーダーで更新して、マルチレイヤー アルファ ブレンドを実現しています[1647]。

　別の問題が、ミップマップのアルファ縮小（セクション6.6）で生じるアーティファクトのアルファ テストです。この問題への2つの解決法は、より賢いアルファ ミップマップ生成を行うか、もっと高度なハッシュ化アルファ テストを使うことです[2077]。細長い毛の房をレンダーするときには、そのピクセル被覆率に応じて毛の不透明度を修正することもできます[43]。

　ひげ、まつげ、眉などの小規模な毛のほうが、頭のボリューム全体の毛よりもレンダーは簡単です。まつげと眉は、頭とまぶたの動きに合わせてスキニングするジオメトリーにすることさえ可能です。そのような小さい要素の毛のサーフェスは、不透明BRDFマテリアルを使って照明できます。次のセクションで紹介するように、毛の房をBSDFを使ってシェーディングすることもできます。

14.7. 毛と毛皮

図 14.48. 繊維の偏心から生じるスペキュラーの輝きを持つ、パストレースしたブロンド（左）と茶色（右）の毛の基準イメージ。（イメージ提供：d'Eonら [373]。）

14.7.2 毛

KajiyaとKay [915] が、組織的な無限に小さな円筒繊維からなるボリュームをレンダーするBRDFモデルを開発しました。このセクション 9.10.3 で述べたモデルは、最初にサーフェス上の密度を表すボリューム テクスチャーをレイ マーチングして、毛皮要素をレンダーするために開発されました。そのBRDFはボリュームのスペキュラーとディフューズ光応答を表すために使われ、毛でも使えます。

Marschnerら [1218] の独創的な研究は、人の毛髪繊維中の光散乱を測定し、その観察に基づくモデルを紹介しています。1本の毛の中に、散乱の様々な成分が観察されます。それらはすべて図 14.47 に示されています。まず、R成分は毛小皮の上の空気/繊維界面での光の反射を表し、それは毛根の方向にシフトした白いスペキュラー ピークを生じます。次に、そのTT成分は空気から毛のマテリアルに一度、次に毛から空気に透過して、毛髪繊維を通過する光を表します。最後に、3つ目のTRT成分は、透過して繊維の反対側で反射され、毛のマテリアルの外に透過して戻ることにより、毛髪繊維中を移動する光を表します。変数名の「R」は1つの内部反射を表します。TRT成分は光が繊維マテリアルを通過する間に吸収されるので、Rと比べるとシフトして着色された、2次的なスペキュラー ハイライトとして知覚されます。

視覚的には、R成分は毛の上の無色のスペキュラー反射として知覚されます。TT成分は毛のボリュームが後ろから照らされたときの明るいハイライトとして知覚されます。TRT成分は房の上に偏心した輝きを生じ、つまり現実には毛の断面は完璧な円ではなく楕円なので、リアリスティックな毛のレンダリングに極めて重要です。輝きは毛が一様に見えるのを防ぐので、信憑性にとって重要です（図 14.48）。

Marschnerら [1218] が、毛髪繊維の光への応答を表す毛のBSDFの一部として、R、TT、TRT成分の関数モデル化を提案しています。そのモデルは透過と反射の事象でフレネル効果正しく考慮に入れますが、TRRT、TRRRTなど、それより長い複雑な他の光の経路は無視します。

しかし、この元のモデルはエネルギー保存ではありません。d'Eonら [373] の研究が、これを調べて修正しました。粗さとスペキュラー コーンの収縮をよりうまく考慮することにより、そのBSDF成分は再公式化され、エネルギー保存になっています。またその成分は、TR*Tなど、より長い経路を含むように拡張されました。透過率は、測定したメラニンの吸光係数も使って制御されます。Marschnerら [1218] の研究と同様に、彼らのモデルは偏心した房の上の

図14.49. R、TT、TRTと多重散乱成分によるリアルタイムの毛のレンダリング。（イメージ提供：*Epic Games, Inc. [932, 1937]*。）

輝きを忠実にレンダーできます。Chiangら[285]が、別のエネルギー保存モデルを紹介しています。このモデルは、アーティストがガウス分散やメラニン濃度係数を微調整する代わりに、より直感的にオーサリングできる、粗さと多重散乱の色のパラメーター化を与えます。

アーティストは、例えば粗さパラメーターを変えることにより、キャラクターの毛のスペキュラー項に特定の外見をオーサリングしたいことがあります。物理に基づくエネルギー保存モデルでは、毛のボリュームの内部深くの散乱光も変わります。より多くの美的制御を与えるため、最初の少数の散乱経路（R、TT、TRT）と多重散乱部分を分離することが可能です[1639]。これは多重散乱経路だけで使われる、BSDFパラメーターの2番目のセットを維持することにより実現されます。それに加えて、そのときBSDFのR、TT、TRT成分は、アーティストが理解し、外見をさらに精緻化するため調整できる、単純な数学的な形で表せます。そのセット全体は、入る方向と出る方向に従ってBSDFを正規化することにより、やはりエネルギーを保存します。

上に紹介したBSDFモデルはどれも複雑で、評価が高価で、主に映画制作のパス トレーシング環境で使われます。幸いなことに、リアルタイム版が存在します。実装が容易で、レンダーが速く、大きなクワッド リボンとしてレンダーする毛の上でもっともらしく見える、アドホックなBSDFモデルを、Scheuermannが提案しています[1677]。さらに進んで、入る方向と出る方向をパラメーターとしてインデックスするLUTテクスチャーにBSDFを格納することにより、Marschnerのモデル[1218]をリアルタイムで使えます[1378]。しかし、この手法では見た目が空間で変化する毛のレンダリングが難しいことがあります。この問題を避けるため、最近の物理ベースのリアルタイム モデル[932]は、以前の研究の成分を単純化した数学で近似し、説得力のある結果を得ています（図14.49）。しかし、それらのリアルタイムの毛のレンダリング モデルは、オフラインの結果と比べると、どれも品質にギャップがあります。単純化したアルゴリズムは、通常、高度なボリューム付影や多重散乱を考慮しません。そのような効果は特に吸収が低い毛、例えばブロンドの毛に重要です。

ボリューム シャドウの場合、最近のソリューションは、一定の吸収σ_aに従い、dを現在の繊維に出会う最初の毛からの光の方向沿いの距離として使って計算した、透過率の値を使います[43, 932]。このアプローチは、どのエンジンでも利用できる普通のシャドウ マップを使うので、実用的で単純です。しかし、それは特に明るく照らされる毛に重要な、凝集する毛の房から生じるローカルな密度の変化を表せません（図14.50）。これはボリューム シャドウ表現を使って対処できます（セクション7.8）。

多重散乱は、毛のレンダリングで評価するには高価な項です。リアルタイム実装に適した解

14.7. 毛と毛皮

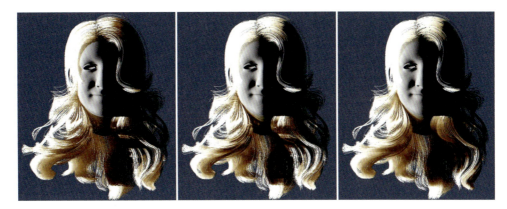

図14.50. 左：最初の遮蔽物からの深度差を、一定の吸光係数で使うと、滑らかすぎるボリューム シャドウが生じる。中：ディープシャドウ マップ [2101] を使うことにより、毛のボリューム内の毛の凝集に一致する透過率の変化を実現できる。右：ディープシャドウ マップを PCSS と組み合わせて、最初の遮蔽物への距離に基づく、より滑らかなボリューム シャドウを実現する（詳細はセクション7.6）。（*USC-HairSalon* 提供の毛のモデルを使ってレンダーしたイメージ [845]。）

法は、あまりありません。Karis [932] が、多重散乱を近似する手段を提案しています。このアドホックなモデルは（ベント法線と似た）偽の法線、ラップ ディフューズ ライティング、ライティングを掛ける前に深度依存の指数で高めた毛の基本色を使い、光が多くの毛を通って散乱した後の色の飽和を近似します。

より高度な2重散乱テクニックを、Zinke らが提案しています [2123]（図14.51）。それが2重なのは、2つの因数に従って散乱光の量を評価するからです。まず、シェーディングするピクセルとライトの位置の間で出会う、個々の毛の房のBSDFを結合して、グローバルな透過率因数 Ψ^G を評価します。したがって、Ψ^G はシェーディング位置で入力放射輝度に適用する透過率の量を与えます。この値は毛の数を数えて、光の経路上の平均の房の向きを計算することにより GPU 上で計算でき、後者は BSDF、したがって透過率にも影響を与えます。それらのデータの累積は、ディープ不透明度マッピング [2101] や占有率マップ [1768] を使って実現できます。次に、シェーディング位置で透過する放射輝度が、現在の繊維の周りの毛髪繊維に散乱して、その放射輝度に寄与することを、ローカル散乱成分 Ψ^L が近似します。その両方の項を $\Psi^G + \Psi^G \Psi^L$ として加え、そのピクセルを通じて毛の房のBSDFに供給し、光源の寄与を累積します。このテクニックのほうが高価ですが、毛のボリューム中の光の多重散乱現象の正確なリアルタイム近似です。これは本章で紹介したすべてのBSDFと一緒に使えます。

環境ライティングも、アニメートする半透明マテリアルでは評価が複雑な入力です。単純に球面調和からの放射照度をサンプルするのが一般的です。その停止位置で毛から計算した非指向性の事前積分アンビエント オクルージョンにより、ライティングに重み付けすることもできます [1677]。多重散乱のものと同じ偽の法線を使う、環境ライティング用のアドホックなモデルを、Karis が提案しています [932]。

詳しい情報は、Yuksel and Tariq [2102] の、わかりやすいリアルタイムの毛のレンダリングのコースがオンラインで利用できます。研究論文を読んで詳細を学ぶ前に、シミュレーション、衝突、ジオメトリー、BSDF、多重散乱、ボリューム シャドウなどの、毛のレンダリング多くの領域について、このコースは教えてくれます。リアルタイム アプリケーションで毛をもっともらしく見せることができます。しかし、物理ベースの環境ライティングと多重散乱で、よりよい毛の近似ができるようになるには、まだ多くの研究が必要です。

図14.51. 最初の2つのイメージは、3つの毛の散乱成分（R、TT、TRT）の基準として、パストレーシングを使い、分離してレンダーしてから、多重散乱を加えた毛を示している。後の2つのイメージは、二重散乱近似を使った結果（パストレースしてからGPU上でリアルタイムにレンダー）を示している。（イメージ提供：*Arno Zinke*と*Cem Yuksel* [2101]。）

14.7.3 毛皮

毛とは対照的に、毛皮は通常、動物の上に見られる短い、半組織化された房として見られます。ボリューム レンダリングにテクスチャーのレイヤーを使う手法に関連する概念が**ボリューム テクスチャー**で、2次元の半透明テクスチャーのレイヤーで表されるボリューム記述です [1301]。

例えば、Lengyelら [1114] は8つのテクスチャーのセットを使い、サーフェス上の毛皮を表します。テクスチャーはそれぞれ、サーフェスから与えられた距離で毛のセットを通るスライスを表します。モデルを8回レンダーし、その頂点シェーダー プログラムで、毎回その頂点法線に沿って少し外側に個々の三角形を動かします。こうすることで、後続のモデルはサーフェスより上の、異なる高さで描かれます。こうして作成される入れ子のモデルは**シェル**と呼ばれます。このレンダリング テクニックは、オブジェクトのシルエット エッジ沿いでは、レイヤーが広がるにつれて毛が壊れてドットになるので破綻します。このアーティファクトを隠すため、シルエット エッジに沿って生成する**フィン**に適用する、別の毛のテクスチャーでも毛皮を表現します（図14.52と738ページの図19.28）。シルエット フィンを押し出す考え方は、他のタイプのモデルで見た目の複雑さを作り出すのにも使えます。例えば、Kharlamovら [958] はフィンとレリーフ マッピングを使い、複雑なシルエットを持つ木のメッシュを供給します。

ジオメトリー シェーダーの導入により、毛皮サーフェスで実際にポリラインの毛を押し出せるようになりました。このテクニックは *Lost Planet* [1541] で使われました。サーフェスをレンダーして、毛皮の色、長さ、角度の値をピクセルごとに保存します。次にジオメトリー シェーダーがこのイメージを処理して、各ピクセルを半透明のポリラインに変えます。ピクセルの範囲ごとに1本の毛を作成することにより、詳細レベルが自動的に維持されます。毛皮は2パスでレンダーします。最初にスクリーン空間で下を指す毛皮を、画面の下から上にソートしてレンダーします。こうすることで、ブレンドが正しく後ろから前に行われます。2番目のパスで、残りの上を指す毛皮を上から下に、やはり正しくブレンドしながらレンダーします。GPUの進化につれて、新たなテクニックが可能になり、役立つようになります。

以前のセクションで紹介したテクニックも使えます。ゲーム *Star Wars Battlefront* のチューバッカや、TressFX *Rat demo* [43] のように、毛の房を、スキニングするサーフェスからのジオメトリーとして押し出されるクワッドとしてレンダーできます。毛の房を細い繊維と

14.8. 統合アプローチ

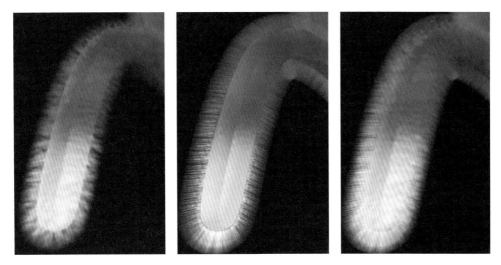

図14.52. ボリューム テクスチャリングを使う毛皮。モデルは8回レンダーされ、そのサーフェスはパスごとに少し外に広がる。左は8つのパスの結果。シルエット沿いの毛の崩壊に注意。中央では、フィンのレンダリングが示されている。右はフィンとシェルの両方を使う最終的なレンダリング。（*NVIDIA SDK 10 [1407]* サンプル「*Fur—Shells and Fins*」からのイメージ、提供：*NVIDIA Corporation*。）

してレンダーするときに、毛を一様な円筒としてシミュレートするだけでは充分でないことを、Ling-Qiら [1138] が証明しています。動物の毛皮のほうが、髄質がずっと暗く、毛の半径に対して大きくなっています。そのため光散乱の影響が減ります。そこで、より広範囲の毛と毛皮をシミュレートする二重円筒繊維BSDFモデルが提示されています [1138]。それはTttT、TrRrT、TttRttTなど、より詳細な経路を考慮します（小文字は髄質との相互作用を表す）。この複雑なアプローチは、特に粗い毛皮と複雑な散乱効果のシミュレーションで、よりリアリスティックな見た目を生み出します。そのような毛皮のレンダリング テクニックには、多くの房インスタンスのラスタライズが含まれ、レンダー時間の削減に役立てられるものは何でも歓迎されます。Ryu [1637] が、動きの大きさと距離に依存する詳細レベル スキームとして、レンダーする毛の房のインスタンスの数を間引くことを提案しています。この手法はオフラインの映画のレンダリングで使われましたが、リアルタイム アプリケーションで適用するのも簡単に思われます。

14.8 統合アプローチ

既にボリューム レンダリングがリアルタイム アプリケーションで手頃になるところまで来ています。将来は何を実現できるでしょう？

　本章の冒頭て「すべてが散乱」だと述べました。関与媒質のマテリアルを見ると、不透明媒質を実現するために高い散乱係数 σ_s を使うことが可能です。これをディフューズとスペキュラーの応答を駆動する複雑な異方性位相関数を合わせると、不透明サーフェス マテリアルになります。それに照らして、ボリューム/サーフェス マテリアルの表現を統合する方法があるでしょうか？

　今のところ、GPUの現在の計算能力によって、ユースケースに効率的な特定のアプローチを使うことを強いられるので、ボリュームと不透明マテリアルのレンダリングは分離されてい

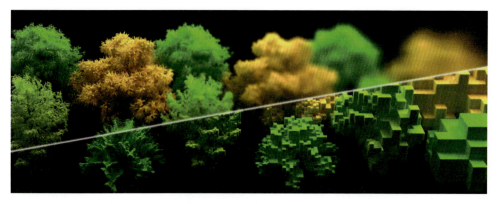

図**14.53．**上はSGGXを使い、左から右に詳細レベルを下げてレンダーした森。下の部分はフィルター処理前の生のボクセルを示している。（イメージ提供：*Eric Heitz*ら *[770]*。）

ます。不透明サーフェスにはメッシュ、透明マテリアルにはアルファ ブレンドするメッシュ、煙ボリュームにはパーティクル ビルボード、関与媒質中のボリューム ライティング効果の一部にレイ マーチングを使っています。

　Dupuyら[427]が示唆するように、固体と関与媒質は統合表現を使って表せるかもしれません。1つの可能な表現は、セクション9.8.1で紹介したGGX法線分布関数の拡張である、対称GGX[770]（SGGX）を使うことです。この場合、ボリューム中の有向フレーク パーティクルを表現するマイクロフレーク理論が、サーフェス法線分布の表現に使うマイクロファセット理論を置き換えます。詳細レベルは単純にマテリアル特性のボリューム フィルタリングにできるので、ある意味で、メッシュよりも実用的になるでしょう。それは、背景の上に適用するライティング、形、遮蔽、透過率を維持しながら、より一貫したライティングと広い詳細な世界の表現をもたらせるでしょう。例えば、図14.53に示すように、ボリューム フィルター処理される木の表現による森のレンダリングは、見える木のメッシュのLOD切り替えを取り除き、薄いジオメトリーの滑らかなフィルタリングを提供し、枝が引き起こすエイリアシングを回避すると同時に、各ボクセル中の基礎となる木のジオメトリーを考慮した、正しい背景の遮蔽の値も供給します。

参考文献とリソース

これらのリソースは本文のあちこちで触れていますが、特に注目すべきものを、ここでハイライトします。一般のボリューム レンダリングは、Fongら[521]のコース ノートで説明され、重要な背景理論、最適化の詳細、映画制作で使われるソリューションが提供されています。空と雲のレンダリングで、本章が下敷きにしたのはHillaireの克明なコース ノート[806]で、ここで含められなかった多くの詳細があります。ボリューム マテリアルのアニメーションは本書の範囲外です。読者にはリアルタイム シミュレーションについての記事[328, 504, 1813]と、特にBridsonの完璧な本[216]を読むことを勧めます。McGuireのプレゼンテーション[1272]と、McGuireとMaraの記事[1275]は、透明度関連の効果のより広い理解と、様々な要素に使える幅広い戦略とアルゴリズを与えてくれます。毛と毛皮のレンダリングとシミュレーションに関しては、やはりYukselとTariqの克明なコース ノートを[2102]を参照してください。

15. ノンフォトリアリスティック レンダリング

"Using a term like 'nonlinear science' is like referring to the bulk of zoology as 'the study of nonelephant animals.'"
—Stanislaw Ulam

「非線形科学」のような言葉を使うのは、動物学の大部分を
「象でない動物の研究」と呼ぶようなものだ。

フォトリアリスティック レンダリングは、写真と区別できないイメージを作ろうとします。ノンフォトリアリスティック レンダリング（NPR）はスタイライズドレンダリングとも呼ばれ、幅広い目標があります。テクニカル イラストレーションと似たイメージの作成を目標とする、NPRの形式があります。その特定のアプリケーションの目標に関連する詳細だけが、

図15.1. コーヒー グラインダーに適用した様々なノンフォトリアリスティック レンダリング スタイル。（*Viewpoint DataLabs*の*LiveArt*を使って生成。）

562 15. ノンフォトリアリスティック レンダリング

表示すべきものです。例えば、ピカピカのフェラーリのエンジンの写真は、車を売るのに役立つかもしれませんが、エンジンを修理するには、関連する部品を強調し、単純化した線画のほうが重要です（印刷のコストも安価です）。

NPRの別の領域は、画家のスタイルと、ペンとインク、木炭、水彩などの自然の媒体のシミュレーションです。これは同じぐらい多様な、媒体の感覚を捕らえようとするアルゴリズムに適した、巨大な分野です。いくつかの例が図15.1に示されています。テクニカルと絵画的NPRアルゴリズムを取り上げた、2つの古い本があります [613, 1845]。その幅広さを考え、ここではレンダリング ストロークと線をレンダーするテクニックに焦点を合わせます。ここでの目標は、リアルタイムでNPRに使われる、いくつかのアルゴリズムの雰囲気を掴んでもらうことです。本章は漫画のレンダリング スタイルを実装する方法の詳しい議論で幕を開け、次にNPRの分野の他のテーマを論じます。様々な線のレンダリング テクニックで本章を締めくくります。

15.1　トゥーン シェーディング

フォントの違いがテキストに異なる感覚を与えるのと同じく、レンダリングもスタイルによって独自のムード、意味、語彙を持ちます。**セル**または**トゥーン レンダリング**と呼ばれる、特別な形のNPRが、多くの注意を集めてきました。このスタイルは漫画と認識されるので、ファンタジーと子供時代の響きがあります。その最も単純な形では、異なる単色の領域を分ける実線でオブジェクトを描きます。このスタイルが人気のある1つの理由は、McCloudが古典的な本 *Understanding Comics* [1247] で「単純化を通じた増幅」と呼ぶものです。単純化して乱雑さを剥ぎ取ることにより、提示内容に関連する情報の効果を増幅できます。漫画のキャラクターでは、単純なスタイルで描くほうが、幅広い読者が親近感を持ちます。

トゥーン レンダリング スタイルは、コンピューター グラフィックスで、3次元のモデルと2次元のセル アニメーションを融合するために何十年も使われています。他のNPRスタイルと比べて定義が簡単なので、コンピューターによる自動生成に適しています。多くのゲームで効果的に使われています [273, 1326, 1893]　（図15.2）。

オブジェクトのアウトラインは、たいてい黒色でレンダーされ、漫画的な外見を増強します。それらのアウトラインの検索とレンダリングは、次のセクションで扱います。トゥーン サーフェス シェーディングには、いくつかの異なるアプローチがあります。最も一般的な2つの手法は、メッシュ領域を単色で塗るか（照明なし）、2階調アプローチを使って、照明と影の領域を表すことです。2階調アプローチは、**ハード シェーディング**とも呼ばれ、ピクセル シェーダーでシェーディング法線と光源方向の内積がある値を超えたときに明るい色、そうでないときに暗い色を使うことで簡単に行えます。照明が複雑なときは、別のアプローチで最終的なイメージそのものを量子化します。それは**ポスタリゼーション**とも呼ばれ、連続的な値の範囲を、それぞれの間が急激に変化する少数の色調に変換する処理です（図15.3）。RGBの値を量子化すると、個別のチャンネルが他と密接に関連せずに変わるので、不快な色相のシフトを生じることがあります。HSV、HSL、Y'CbCrなどの色相を保存する色空間にするほうが、よい選択です。あるいは、強度レベルを特定の色調や色にマップし直す、1次元の関数やテクスチャーを定義することもできます。量子化や他のフィルターを使い、テクスチャーを事前に処理する事もできます。もっと多くの色レベルを使う別の例が、573ページの図15.16に示されています。

15.1. トゥーン シェーディング

図 15.2. ゲーム *Okami* からのリアルタイム NPR レンダリングの例。（イメージ提供：*Capcom Entertainment, Inc.*）

Barla ら [114] が、1次元色調テクスチャーに換えて2次元のマップを使うことで、ビュー依存効果を加えています。その2番目の次元には、サーフェスの深度や向きでアクセスします。こにより、例えばオブジェクトが遠いときや、速く動いているときのコントラストをソフトにできます。このアルゴリズムを、ゲーム *Team Fortress 2* で、他の様々なシェーディングの式と、ペイントしたテクスチャーと組み合わせて使い、漫画スタイルとリアリスティックなスタイルのブレンドを与えています [1326]。トゥーン シェーダーには、サーフェスや地形の特徴を可視化するときのコントラストの誇張など、他の目的に使う変種もあります [1634]。

図 15.3. 左の基本レンダリングは単色塗り、ポスタリゼーション、ペンシル シェーディング テクニックを順に適用している。（*Quidam* による *Jade2* モデル、*published by wismo* [1563]、*Creative Commons 2.5 attribution license*。）

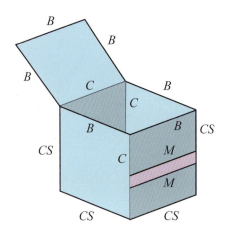

図15.4. 上が開き、前面にストライプのあるボックス。境界（B）、折り目（C）、マテリアル（M）、シルエット（S）エッジが示されている。境界エッジは1つしか隣接ポリゴンを持たないので、与えられた定義により、シルエットエッジと見なされない。

15.2　アウトライン レンダリング

セル エッジ レンダリングに使われるアルゴリズムは、NPRの主要なテーマとテクニックのいくつかを反映します。ここでの目標は、この分野の雰囲気を与えるアルゴリズムの紹介です。使われる手法は大まかに、サーフェス シェーディング、プロシージャル ジオメトリー、イメージ処理、幾何学的なエッジ検出に基づくもの、それらのハイブリッドに分類できます。

　トゥーン レンダリングに使える、いくつか異なる種類のエッジがあります（図15.4）。

- **境界**または**境界エッジ**は、例えば、1枚の紙の端のように、2つの三角形に共有されないもの。立体オブジェクトは一般に境界エッジを持たない。
- **折り目**、**ハード**、**特徴**エッジは2つの三角形に共有され、その2つの三角形の間の角度（**二面角**と呼ばれる）は、何らかの事前に定義した値より大きい。よいデフォルトの折り目の角度は60度[1050]。例えば、キューブは折り目エッジを持つ。折り目エッジはさらに**尾根**と**谷**エッジに分類できる
- **マテリアル エッジ**は、それを共有する2つの三角形のマテリアルが異なるか、シェーディングが変わるときに生じる。例えば、額の線や、同じ色のパンツとシャツを分ける線など、アーティストが常に表示したいエッジの可能性がある。
- **輪郭エッジ**は、隣接する2つの三角形が、何らかの方向ベクトル、一般には視点からのベクトルから見て異なる方向を向くエッジ。
- **シルエット エッジ**は、オブジェクトのアウトライン沿いの輪郭エッジで、イメージ平面でオブジェクトを背景から分離する。

この分類は文献での一般的な用法に基づきますが、ばらつきがあり、例えばここで折り目/マテリアル エッジと呼ぶものが、他では境界エッジと呼ばれることがあります。

　ここでは輪郭とシルエットのエッジを区別します。どちらもそれに沿ったサーフェスの1つが視点を向き、もう1つが向かないエッジです。シルエット エッジは輪郭エッジのサブセットで、オブジェクトを別のオブジェクトや背景から区別します。例えば頭の側面図では、耳は頭

15.2. アウトライン レンダリング

のシルエット アウトラインの内側に見えても、輪郭エッジを形成します。図15.3では、鼻、2本の曲がった指、紙の分かれ目もその例です。初期の文献には、輪郭エッジをシルエットと呼びながら、一般に輪郭エッジ全体を意味するものがあります。また、輪郭エッジを地形図で使う輪郭線と混同しないでください。

境界エッジは、輪郭やシルエット エッジと異なることに注意してください。輪郭とシルエット エッジはビュー方向により定義され、境界エッジはビューに依存しません。**示唆的輪郭** [362] は、元の視点からほぼ輪郭の位置で形成されます。それはオブジェクトの形状を伝えるのに役立つ追加のエッジを与えます（図15.5）。ここでの焦点は主に輪郭エッジの検出とレンダリングですが、他の種類のストロークにも多くの研究が行われています[306, 1095, 1635]。また主な焦点は、そのようなエッジをポリゴン モデルで求めることです。Bénardら [142] が、再分割サーフェスなど、高次の定義からなるモデルの輪郭を求めるためのアプローチを論じています。

15.2.1 シェーディング法線輪郭エッジ

セクション15.1のサーフェス シェーダーと似たやり方で、シェーディング法線と視点への方向の間の内積を使い、輪郭エッジが与えられます[612]。この値がゼロに近ければ、サーフェスは目から真横に近いので、輪郭エッジの近くにある可能性が高くなります。そのような領域を黒にし、内積の増加で白にフォールオフします（図15.6）。プログラマブル シェーダーが現れる前、このアルゴリズムは黒い輪を持つ球面環境マップを使ったり、ミップマップ ピラミッド テクスチャーの最上位レベルを黒にして実装されていました[486]。今日ではこのタイプのシェーディングは、スクリーン法線とビュー方向が垂直になるほど黒くなるようにして、ピクセル シェーダーで直接実装されます。

このシェーディングは、ある意味で光がオブジェクトのアウトラインを照らすリム ライティングの逆です。ここではシーンを視点の位置から照らして、その減衰を誇張し、エッジを暗くしています。それはイメージをサーフェスがある強度より下になる場所で黒、それ以外は白に変換する、イメージ処理の**閾値化**フィルターとも考えられます。

この手法の特徴（欠点）は、輪郭線がサーフェスの曲率に依存する可変の太さで描かれることです。この手法は、例えばシルエット沿いの領域が通常は法線がビュー方向にほぼ垂直なピクセルを持つ、折り目エッジのない曲面モデルでうまく動作します。キューブのようなモデルでは、折り目エッジに近いサーフェス領域がこの特性を持たないので、このアルゴリズムはう

図**15.5.** 左から右：シルエット、輪郭、輪郭と示唆的輪郭エッジ。（イメージ提供：*Doug DeCarlo, Adam Finkelstein, Szymon Rusinkiewicz, and Anthony Santella*。）

まくいきません。オブジェクトが遠いときには、輪郭エッジの近くでサンプルした法線が垂直に近くないかもしれないので、曲面サーフェスでも破綻してひどい外見になることがあります。Goodwinら[615]は、それでもこの基本的な概念が視覚的な手がかりとして有効であることを述べ、ライティング、曲率、距離を組み合わせてストロークの太さを決定できる方法を論じています。

15.2.2　プロシージャル ジオメトリー シルエット化

リアルタイム輪郭エッジ レンダリングの最初のテクニックの1つは、Rossignacとvan Emmerik [1624]が紹介し、後にRaskarとCohen [1574]が精緻化しました。その一般的な考え方は、前面を普通にレンダーしてから、その輪郭エッジを見せるように背面をレンダーすることです。それらの背面のレンダリングには様々な手法があり、それぞれ独自の強みと弱みがあります。どの手法も最初のステップとして前面を描きます。次に背面だけがレンダーされるように、前面カリングを有効、背面カリングを無効にします。

輪郭をレンダーする1つの方法は、背面の辺（面ではなく）だけを描くことです。バイアス処理（セクション15.4）などのテクニックを使い、線が前面の直前に描かれるようにします。こうすることで、前面と背面が出会う場所のエッジだけが見えます[1047, 1624]。

線を広げる1つの手段は、やはり背面自体を前にバイアスして、黒でレンダーすることで

図15.6. シェーディング法線がビュー方向に垂直になるほどサーフェスを暗くして、陰影をつける輪郭エッジ。フォールオフ角度を広げることにより、太いエッジが表示される。（イメージ提供：*Kenny Hoff*。）

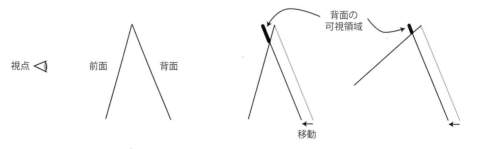

図15.7. 背面を前に平行移動することで行う、シルエット化のz-バイアス法。右に示すように、前面の角度が異なると、背面の見える大きさが異なる。（*RaskarとCohen [1574]*からの図。）

15.2. アウトライン レンダリング

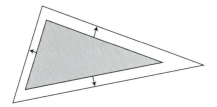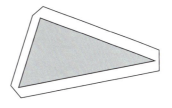

図15.8. 三角形ファットニング。左は、背面三角形をその平面上で広げている。その結果のエッジがスクリーン空間で同じ厚さにするため、ワールド空間で移動する量が辺ごとに異なる。細い三角形では、1つの角が引き伸ばされるので、このテクニックは破綻する。右はこの問題を避けるため、三角形の辺を広げて結合し、ミトラ状の角を形成する。

す。RaskarとCohenは、固定量やz-深度の非線型性を補償する量の平行移動、OpenGLの`glPolygonOffset`のような深度傾斜バイアス呼び出しを使うものなど、いくつかのバイアス処理手法を与えています。Lengyel [1105] が、遠近行列を修正して、より細かい深度制御を与える方法を論じています。これらすべての手法の問題は、作り出す幅の線が均一でないことです。均一にすると、前への移動の大きさが、背面だけでなく近くの前面にも依存します（図15.7）。ポリゴンの前方バイアスには背面の傾斜を使えますが、線の太さは前面の角度にも依存します。

RaskarとCohen [1574, 1575] が、一貫した太さの線が見えるのに必要な量だけ、辺に沿って背面三角形を太らせることにより（ファットニング）、この近隣依存問題を解決しています。つまり、三角形の傾きと視点からの距離が、三角形を広げる大きさを決定します。1つの手法は、各三角形の3つの頂点を、その平面上で外側に広げることです。それより安全な三角形のレンダー方法は、三角形の辺を外側に動かし、それらの辺を接続することです。そうすることで、頂点が元の三角形から遠くに突き出るのを防ぎます（図15.8）。この手法では前面の端を越えて背面が広がるので、バイアス処理が不要なことに注意してください。図15.9が3つの手法の結果を示しています。このファットニング テクニックのほうが制御しやすく一貫性があり、*Prince of Persia* [1228] や *Afro Samurai* [273] などのゲームで、キャラクターの輪郭を描くのに使われて成功しています。

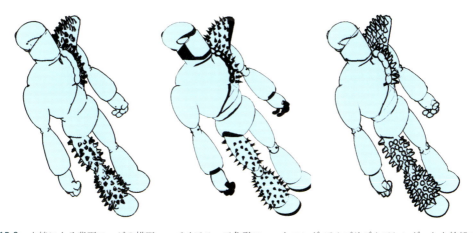

図15.9. 太線による背面エッジの描画、z-バイアス、三角形ファットニング アルゴリズムでレンダーした輪郭エッジ。背面エッジ テクニックは、線のつながりが悪く、小さな特徴でのバイアス処理の問題に起因する不均一な線を生じる。z-バイアス テクニックは前面の角度に依存するので、不均一なエッジ幅が生じる。（イメージ提供：*Raskar*と*Cohen* [1574]。）

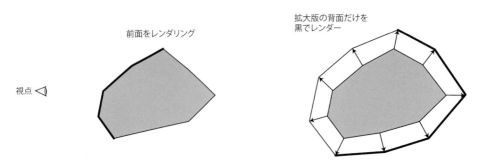

図15.10. 三角形シェル テクニックは、その頂点法線に沿ってサーフェスをシフトすることにより、第2のサーフェスを作り出す。

　上に与えた手法は、背面三角形を元の平面上で拡大します。もう1つの手法は、その頂点を共有される頂点法線に沿って、その視点からのz-距離に比例する量だけシフトすることにより、背面を外向きに動かします[729]。これはシフトした背面が元のオブジェクトの周りにシェル（殻）を形成するので、シェルやハロー法と呼ばれます。球があるとします。その球を普通にレンダーしてから、球の中心に関して5ピクセルの幅の半径で拡大します。つまり、球の中心を1ピクセル動かすことが、それをワールド空間で3mm動かすことと等価なら、球の半径を15mm増やします。この拡大版の背面だけを黒でレンダーします。輪郭エッジは5ピクセルになります（図15.10）。頂点を法線に沿って外側に動かすのは、頂点シェーダーにうってつけの仕事です。この種の拡大は、シェル マッピングと呼ばれることがあります。この手法は実装が簡単で、効率がよく、堅牢で、安定した性能を与えます（図15.11）。さらに拡大して、それらの背面に角度に応じたシェーディングを行うことで、フォースフィールドやハロー効果を作れます。

　このシェル テクニックには、いくつかの潜在的な落とし穴があります。1つの面だけが見えるように、キューブを正面から見るとします。4つの背面は、それぞれ対応するキューブ面の方向に動く輪郭エッジを形成するので、隅に隙間が残ります。これが起きるのは、隅の1つの頂点で、頂点法線が面ごとに異なるからです。問題は隅の頂点が異なる方向に広がるので、拡大したキューブが実際にはシェルを形成しないことです。1つの解決法は、同じ位置にある頂点に、新たな1つの平均の頂点法線を共有させることです。別のテクニックは、折り目で縮退ジオメトリーを作成し、後で領域を持つ三角形に広げることです。Liraら[1139]は、頂点の移動の大きさを制御する追加の閾値テクスチャーを使っています。

　シェルとファットニング テクニックは、すべての背面をパイプラインで下流に送るので、無駄なフィルが生じます。それらすべてのテクニックの別の制限は、エッジの見た目をほとんど制御できず、使う透明度アルゴリズムによっては、半透明サーフェスを正しくレンダーするのが難しいことです。

　この幾何学的テクニックのクラス全体の価値ある特徴は、レンダリングに接続性情報やエッジ リストが不要なことです。各三角形が他と独立に処理され、そのようなテクニックはGPU実装に適しています[1575]。

　このクラスのアルゴリズムは、輪郭エッジだけをレンダーします。Raskar [1575]が、エッジ接続性データ構造を作成してアクセスする必要がない、変形するモデル上の尾根の折り目エッジを描く、巧みなソリューションを与えています。その考え方は、レンダー中の三角形の

15.2. アウトライン レンダリング

図 15.11. ゲーム *Cel Damage* からのリアルタイム トゥーン スタイルのレンダリング例。背面シェル拡大を使って輪郭エッジを形成し、明示的な折り目エッジも描画する。(イメージ提供: *Pseudo Interactive Inc.*)

図 15.12. 辺で接合し、それぞれ小さな「フィン」が取り付けられたする 2 つの三角形の側面図。2 つの三角形が辺に沿って曲がるにつれ、フィンが見えるように動く。右では、フィンが見えている。黒く塗ると、尾根エッジに見える。

各辺に沿って追加のポリゴンを 1 つ生成することです。それらのエッジ ポリゴンは、三角形の平面から、ユーザー定義の臨界二面角だけ曲げられ、それが折り目がいつ見えるべきかを決定します。ある瞬間に 2 つの隣接する三角形がこの折り目角度より大きければ、エッジ ポリゴンは見え、そうでなければ三角形によって隠れます (図 15.12)。同様のテクニックで谷エッジもできますが、ステンシル バッファーと複数のパスが必要です。

15.2.3 イメージ処理によるエッジ検出

前のセクションのアルゴリズムは、画面解像度で動作が決まるので、イメージベースに分類されることがあります。イメージ バッファーに格納されたデータ全体に作用し、シーンのジオメトリーを修正しない (直接知ることさえない) という意味で、もっと直接イメージに基づくタイプのアルゴリズムがあります。

この遅延シェーディングにも使われる (セクション 20.1) G-バッファーの概念は、Saito と Takahashi [1643] が最初に紹介しました。Decaudin [363] が G-バッファーの使い方を拡張して、トゥーン レンダリングを行っています。その基本的な考え方は単純で、様々な情報のバッファーでイメージ処理アルゴリズムを実行することにより、NPR を行えることです。多くの

輪郭エッジ位置は、隣接 z-バッファー値の不連続性を探すことで求められます。隣接サーフェス法線の値の不連続は、たいてい輪郭と境界エッジの位置を示しています。環境色やオブジェクト識別値によるシーンのレンダリングが、マテリアル、境界、本当のシルエット エッジの検出に使えます。

それらのエッジの検出とレンダリングは、2つの部分で構成されます。まず、シーンのジオメトリーをレンダーし、ピクセル シェーダーで深度、法線、オブジェクト ID などの望みのデータを様々なレンダー ターゲットに保存します。次に後処理パスを、セクション 12.1 で述べたのと似たやり方で実行します。後処理パスは各ピクセルの近隣をサンプルし、それらのサンプルに基づく結果を出力します。例えば、シーンのオブジェクトごとに一意な識別値があるとします。ピクセルごとにこの ID をサンプルして、テスト ピクセルの四隅の4つの隣接ピクセルの ID 値を比較できます。ID のどれかがテスト ピクセルの ID と異なれば黒を出力し、そうでなければ白を出力します。8つの隣接ピクセルすべてをサンプルするほうが確実ですが、サンプリング コストが高くなります。この単純な種類のテストで、ほとんどのオブジェクトの境界とアウトライン エッジ（真のシルエット）を描けます。マテリアル ID を使ってマテリアル エッジを求めることもできます。

輪郭エッジは、法線と深度のバッファーに様々なフィルターを使うことで求められます。例えば、隣接ピクセル間の深度の差がある閾値より大きければ、輪郭エッジが存在する可能性があるので、そのピクセルを黒くします。隣のピクセルがサンプルと一致するかどうかについての単純な決定よりも、手の込んだエッジ検出操作が必要です。イメージ処理の文献が詳しく取り上げているので [609, 1857]、ここでは Roberts クロス、Sobel、Scharr などのなど、様々なエッジ検出フィルターの長所と短所を論じません。そのような操作の結果は必ずしもブール値ではないので、それらの閾値を調整したり、あるゾーンで黒と白の間でフェードできます。法線の大きな違いが輪郭と折り目エッジのどちらかを示す可能性があるので、法線バッファーも折り目エッジを検出できることに注意してください。Thibault と Cavanaugh [1893] が、ゲーム *Borderlands* で、このテクニックと深度バッファーをどう使っているかを論じています。いくつかのテクニックの中で、特に1ピクセル幅のアウトラインを作り出すように Sobel フィルターを修正し、深度計算の制度を改善しています（図 15.13）。逆に隣の深度が大きく異なるエッジを無視することにより、影の周りにだけアウトラインを加えることも可能です [1228]。

膨張操作は、検出したエッジを太くするのに使う、一種の形態学的操作です [246, 1319]。エッジのイメージを生成した後、別のパスを適用します。ピクセルごとに、ピクセルの値とその周囲の値をある半径まで調べます。見つかった最も暗いピクセル値を出力として返します。これにより、細い黒い線が探索領域の直径だけ太くなります。複数のパスを適用して線をさらに太くでき、トレードオフは、パスごとに必要なサンプルが大きく減ることで、追加のパスのコストが相殺されることです。太さは結果によって異なり、例えば、シルエット エッジを他の輪郭エッジより太くすることもできます。関連する**侵食操作**は、線を細くしたり、他の効果に使えます。図 15.14 の結果を参照してください。

この種のアルゴリズムには、いくつかの利点があります。他の大半のテクニックと違い、平らであろうと曲がっていようと、あらゆるタイプのサーフェスを処理します。イメージベースの手法なので、メッシュが接続している必要はなく、一貫性がなくてもかまいません。

このタイプのテクニックには、それほど多くの欠点がありません。真横に近いサーフェスでは、z-深度比較フィルターが、サーフェスをまたぐ輪郭エッジ ピクセルを、誤って検出することがあります。z-深度比較の別の問題は、その差が極小だと、輪郭エッジを見落とすかもしれないことです。例えば、机上の1枚の紙のエッジは、普通は見落とされます。法線が同じな

15.2. アウトライン レンダリング

図 **15.13.** ゲーム *Borderlands* の修正された Sobel エッジ検出。最終リリース版（ここには示されていない）は、前景の草のエッジをマスクで取り除き、さらに外見を改善している [1893]。（イメージ提供：*Gearbox Software, LLC.*）

ので、法線マップ フィルターも同様に、この紙のエッジを見落とします。やはり絶対確実ではありません。例えば、丸めた紙には、エッジが重なる場所に検出できないエッジを生じます [788]。生成する線は階段状のエイリアシングを示しますが、セクション 5.4.2 で述べる様々な形態学的アンチエイリアシング テクニックが、この高コントラストの出力でうまく動作し、ポスタリゼーションなどのテクニックと合わせて、エッジの品質を改善します。

　検出が逆の方向に間違うこと、つまり何も存在しない場所にエッジを作り出すこともあります。何がエッジを構成するかの決定は、絶対確実な操作ではありません。例えば、細い円筒であるバラの茎があるとします。近寄ると、サンプル ピクセルに隣接する茎の法線はそれほど変化しないので、エッジは検出されません。バラから遠ざかるにつれて、法線はピクセル間で急激に変化するようになり、それらの違いにより、どこかの時点で、エッジの近くで誤ったエッジ検出が発生するかもしれません。深度への遠近効果も補償が必要な因子として加わる、深度マップからのエッジ検出でも、同様の問題が発生することがあります。Decaudin [363] が、法線と深度のマップの値だけでなく、それらの傾斜を処理することで変化を探す改良手法を与えています。様々なピクセルの違いを、色の変化にどう翻訳するかを決定する処理は、たいていコンテンツに合わせる必要があります [273, 1893]（図 15.15）。

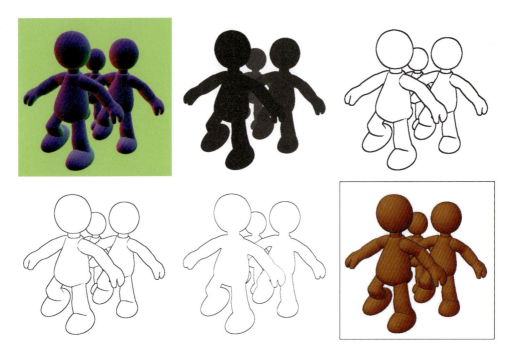

図15.14. 法線マップ（左上）と深度マップ（中央上）の値にSobelエッジ検出を適用した結果が、それぞれ左下と中央下に示されている。右上は膨張を使って太くした合成イメージ。右下の最終的なレンダリングは、Goochシェーディングによるイメージのシェーディングと、エッジの合成で作られている。（イメージ提供: *Drew Card and Jason L. Mitchell, ATI Technologies Inc.*)

　ストロークを生成したら、さらにイメージ処理を好きなだけ行えます。ストロークは別のバッファーに作成できるので、単独で修正してから、サーフェスの上に合成できます。例えば、ノイズ関数を使って線とサーフェスを別々にほぐして揺らし、その間に小さな隙間を作り出して手描きの外見を与えることができます。紙の高さフィールドを使ってレンダリングに影響を与え、木炭のような立体マテリアルを凸凹の上に堆積したり、くぼみに水彩絵の具をためることができます。図15.16の例を見てください。

　ここでは幾何学的なデータや、法線、深度、IDといった、他の非グラフィック データを使ったエッジの検出に焦点を合わせてきました。当然ながら、イメージ処理テクニックはイメージ用に開発されているので、そのようなエッジ検出テクニックはカラー バッファーに適用できます。1つのアプローチは**ガウス差分**（DoG）と呼ばれ、イメージを2つの異なるガウス フィルターで処理して、1つをもう1つから引きます。このエッジ検出手法はNPRで特に心地よい結果を生み出すことが知られていて、ペンシル シェーディングやパステルなど、様々なアーティスティック スタイルのイメージの生成に使われます [1023, 2039, 2115]。

　イメージ後処理は、水彩絵の具やアクリル絵の具といった芸術的な表現手段をシミュレートする多くのNPRテクニックで、大きな役割を演じます。この領域では多くの研究があり、インタラクティブ アプリケーションでは、その挑戦の多くが、最少のテクスチャ サンプル数で、最大のことを行おうとすることにあります。GPU上でバイラテラル、平均シフト、Kuwaharaフィルターを使って、エッジを保存しながら面を滑らかにし、絵の具を塗ったように見せられます [65, 1022]。Kyprianidisら [1023] が、この分野のイメージ処理効果の完全なレビューと分類を提供します。Montesdeocaら [1339] の研究が、数多くの単純なテクニック

15.2. アウトライン レンダリング

図 **15.15**. 様々なエッジの手法。しわなどの特徴エッジはテクスチャー自体の一部で、アーティストが事前に加える。キャラクターのシルエットは背面押し出しで生成されている。輪郭エッジは、重みが変化するイメージ処理エッジ検出を使って生成されている。左のイメージは小さすぎる重みで生成されているので、エッジがぼんやりしている。中はアウトラインを、特に鼻と唇の輪郭エッジで示している。右は大きすぎる重みによるアーティファクトを示している [273]。（*Afro Samurai* ® & ©*2006 TAKASHI OKAZAKI, GONZO / SAMURAI PROJECT. Program* ©*2009 BANDAI NAMCO Entertainment America Inc.*）

図 **15.16**. 左の魚のモデルが、エッジ検出、ポスタリゼーション、ノイズ摂動、ぼかし、紙の上へのブレンドを使って右にレンダーされている。（イメージ提供：*Autodesk, Inc.*）

を組み合わせて、インタラクティブな速さで動く水彩絵の具効果にする素晴らしい例です。水彩絵の具スタイルでレンダーされたモデルが図 15.17 に示されています。

15.2.4 幾何学的輪郭エッジ検出

これまで与えたアプローチの 1 つの問題は、ひいき目に見ても、エッジのスタイルが制限されていることです。線を簡単に破線に見せることはできず、ましてや手描きや筆のストロークのように見せることはできません。この種の操作には、輪郭エッジを求め、それらを直接レンダーする必要があります。独立した別のエッジ実体を持つことにより、メッシュがショックで凍りつく間に、輪郭が驚いて跳ね上がるような効果を作り出すことが可能になります。

輪郭エッジは、2 つの隣接三角形の 1 つが視点を向き、もう 1 つが向かないものです。そのテストは次のものです。

$$(\mathbf{n}_0 \cdot \mathbf{v})(\mathbf{n}_1 \cdot \mathbf{v}) < 0 \tag{15.1}$$

図**15.17.** 左は、標準の写実的なレンダー。右の水彩画スタイルは、テクニックの中でも、とりわけ平均シフト カラー マッチングでテクスチャーをソフトにし、コントラストと彩度を増やしている（水彩画イメージ提供：*Autodesk, Inc.*）。

n_0 と n_1 は2つの三角形の法線で、vは視点からエッジ（どちらかの端点）へのビュー方向です。このテストが正しく動作するためには、サーフェスの向きが一貫していなければなりません（セクション16.3）。

モデルの輪郭エッジを求める力任せの手法は、エッジのリストをすべて調べて、このテストを行うことです[1220]。Lander [1050]によれば、価値のある最適化は、平面ポリゴンの内側にあるエッジを識別して無視することです。つまり、与えられた接続する三角形メッシュで、2つのエッジで隣接する三角形が同じ平面にあれば、そのエッジが輪郭エッジになる可能性はありません。このテストを単純な時計のモデルで実装すると、エッジの数は444から256に落ちました。さらに、モデルが立体オブジェクトを定義するなら、凹形エッジが輪郭エッジになることはありません。BuchananとSousa [226]は、個々の面の内積テストを再利用することにより、分離したエッジごとの内積テストの必要性を回避します。

輪郭エッジをフレームごとに、ゼロから検出するのは、高コストなことがあります。フレームの間でカメラのビューとオブジェクトがほとんど動かなければ、前のフレームの輪郭エッジが、まだ有効な輪郭エッジだと仮定するのは合理的です。AilaとMiettinen [16]が、エッジごとに有効距離を関連付けています。これは、視点が遠ざかりながら、輪郭エッジに状態を維持させられる距離です。どの立体モデルでも、分離した輪郭は常に、**シルエット ループ**、あるいはより正しく**輪郭ループ**と呼ばれる、単一の閉じた曲線で構成されます。オブジェクトの境界の内側の輪郭では、ループの一部が見えないことがあります。実際のシルエットでも、ループの一部がアウトラインの内側にあったり、他のサーフェスで隠れた、いくつかのループで構成されることがあります。当然ながら、どの頂点も偶数の輪郭エッジを持たなければなりません[27]（図15.18）。ループがメッシュ エッジに従うと、たいてい3次元でかなりギザギザになり、そのz-深度が著しく変化することに注意してください。距離で太さが変わるような、もっと滑らかな曲線を形成するエッジを望むなら[615]、追加の処理を行い、三角形の法線を補間して三角形の内側の本当の輪郭エッジを近似できます[788, 789]。

15.2. アウトライン レンダリング

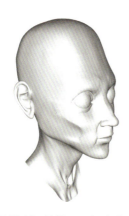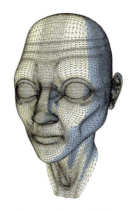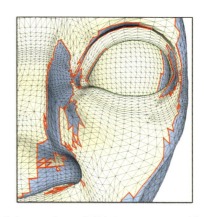

図 15.18. 輪郭ループ。左はモデルのカメラ ビュー。中央はカメラを向いていない三角形を青で示している。顔の一部のクローズアップが右に示されている。その複雑さと、いくつかの輪郭ループが鼻の後ろに隠れることに注意。(モデル提供: *Chris Landreth*、イメージ提供: *Pierre Bénard* と *Aaron Hertzmann* [142]。)

フレーム間でループ位置を追跡するほうが、ループをゼロから作るより速いことがあります。Markosian ら [1215] は、ループのセットから開始して、そのセットをカメラの動きにつれてランダム化探索アルゴリズムを使って更新しています。モデルが向きを変えるときには、輪郭ループの作成と破棄も行います。Kalnins ら [916] によれば、2つのループが融合するときには是正措置をとる必要があり、さもないとフレームから次のフレームで目立つ飛躍が見えてしまいます。彼らはピクセル探索と「投票」アルゴリズムを使い、フレーム間での輪郭の一貫性を維持することを試みています。

そのようなテクニックは大きく性能を改善できますが、不正確なことがあります。線形手法は正確ですが高価です。カメラを使って輪郭エッジにアクセスする階層手法が、速さと正確さを兼ね備えています。アニメートしないモデルの正投影ビューで、Gooch ら [612] が、輪郭エッジの決定にガウス マップの階層を使っています。Sander ら [1655] は、法線コーンの n-進ツリーを使っています (セクション 19.3)。Hertzmann と Zorin [789] は、モデルのエッジの上に階層を押し付けられるモデルの双空間表現を使っています。

それらの明示的なエッジ検出方法は、どれも CPU 集約的で、輪郭を形成するエッジがエッジ リスト全体に分散するので、キャッシュ コヒーレンスも貧弱です。それらのコストを避けるため、レンダー輪郭エッジの検出とレンダーに頂点シェーダーを使うことができます [246]。その考え方は、モデルのすべてのエッジを、2つの隣接する三角形の法線を各頂点に取り付けた、縮退四辺形を形成する2つの三角形としてパイプラインの下流に送ることです。あるエッジが輪郭の一部であることが分かったら、その四辺形の点を動かして縮退でなくなるように (つまり、見えるように) します。そしてこの細い四辺形のフィンを描きます。このテクニックは、シャドウ ボリューム作成で輪郭エッジを求めるのと同じ考え方に基づいています (セクション 7.3)。ジオメトリ シェーダーがパイプラインにあれば、この追加のフィン四辺形を格納する必要はなく、その場で生成できます [307, 324]。単純な実装だとフィンの間に割れ目や隙間が残りますが、それはフィンの形状を修正することで補正できます [786, 1259, 1606]。

15.2.5 隠線除去

輪郭を求めたら、線をレンダーします。エッジを明示的に求めることの1つの利点は、それらをペン ストロークやペイント ストロークなど、好きな表現手段として様式化できることです。

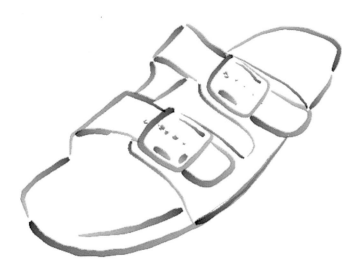

図15.19. NorthrupとMarkosianのハイブリッド テクニックを使って生み出されるイメージ。輪郭エッジを求め、チェーンに組み込み、ストロークとしてレンダーする。（イメージ提供：*Lee Markosian*。）

ストロークは基本的な線、テクスチャ インポスター（セクション13.6.4）、プリミティブのセット、あるいは何であれ好きなものを試せます。

　さらに幾何学的エッジを使う試みで複雑なのは、それらのエッジのすべてが実際に見えるとは限らないことです。z-バッファーを確定するためにサーフェスをレンダーすると、隠れる幾何学的エッジがマスクされることがあり、点線などの単純なスタイルには十分かもしれません。ColeとFinkelstein [307] が、線自身の背骨に沿ってz-深度をサンプルし、それを直線を表す四辺形に拡張しています。しかし、それらの手法では、線に沿った各点を独立にレンダーするので、明確に定義された開始と終了の位置が事前にわかりません。輪郭ループなど、線分がブラシ ストロークなどの連続なオブジェクトを定義することを意図したエッジでは、ストロークがいつ最初に現れ、いつ消えるかを知る必要があります。各線分の可視性を決定するのは**隠線レンダリング**として知られ、可視性のため線分のセットを処理して、より小さな（場合によりクリップされた）線分のセットを返します。

　NorthrupとMarkosian [1392] が、すべてのオブジェクトの三角形と輪郭エッジレンダーして、それぞれに異なる識別番号を割り当てることにより、この問題に取り組んでいます。このIDバッファーを読み戻し、そこから見える輪郭エッジを決定します。次にそれらの見える線分の重なりをチェックして連結し、滑らかなストロークの経路を形成します。このアプローチは、線分が画面上にあって短ければうまくいきますが、線分自体のクリッピングは含まれません。次にその再構成された経路に沿って様式化ストロークをレンダーします。そのストローク自体は、先細り、フレア、波線、オーバーシュート、フェードなどの効果と、深度と距離の手がかりを含む多様な手段で様式化できます。1つの例が図15.19に示されています。

　ColeとFinkelstein [307] が、エッジのセットに対する可視性計算手法を紹介しています。各線分を2つのワールド空間座標値として格納します。一連のパスで線分のセット全体に対してピクセル シェーダーを実行し、クリップして各ピクセルの長さを決定してから、それらの潜在的なピクセル位置ごとにアトラスを作成して可視性を決定し、次にこのアトラスを使って見えるストロークを作成します。複雑ですが、その処理はGPU上では比較的速く、既知の開始と終了の位置を持つ、見えるストロークのセットを与えます。

15.3. ストローク サーフェスの様式化   577

　様式化は、たいてい事前に作成したテクスチャーを直線の四辺形に適用することで構成されます。Rougier [1630] が、手続き的に破線パターンをレンダーする、別のアプローチを論じています。線分ごとに、望むすべての破線パターンを格納するテクスチャーにアクセスします。それぞれのパターンは、破線パターンと、使う後端キャップと接合タイプを指定するコマンドのセットとしてエンコードされます。四辺形の各点で線が覆うピクセルの大きさは、四辺形のテクスチャー座標を使い、パターンごとにシェーダーで一連のテストを制御します。

　輪郭エッジを決定し、それらを一貫性のあるチェーンに連結してから、各チェーンの可視性を決定してストロークを形成するのを、完全に並列化するのは困難です。高品質の線の様式化を作り出すときの別の問題は、次のフレームで各ストロークが再び描画され、長さが変わったり、場合によては初めて現れることです。Bénard ら [140] が、エッジに沿ったストロークとサーフェス上のパターンに、時間コヒーレンスを与えるレンダリング手法の調査を紹介しています。これは解決済みの問題ではなく、計算が複雑なことがあるので、研究が続いています [141]。

15.3　ストローク サーフェスの様式化

トゥーン レンダリングが、シミュレートの試みで人気のあるスタイルですが、サーフェスに適用するスタイルには他にも無限のバラエティがあります。写実的なテクスチャーの修正 [976, 1047, 1051] から、アルゴリズムで幾何学的な装飾を毎フレーム手続き的に生成させること [922, 1216] まで、幅広い効果が可能です。このセクションでは、リアルタイム レンダリングに関連するテクニックを手短に概説します。

　Lake ら [1043] が、サーフェス上で使うテクスチャーの選択にディフューズ シェーディング項を使うことを論じています。ディフューズ項が暗いほど、暗い印象のテクスチャーを使います。そのテクスチャーをスクリーン空間座標で適用して、手描きの外見を与えます。スケッチの外見をさらに強化するため、スクリーン空間ですべてのサーフェスに紙テクスチャーも適用します（図 15.20）。この種のアルゴリズムの大きな問題がシャワー ドア効果で、アニメーション中のオブジェクトがパターン ガラスを通したように見えます。オブジェクトがテクスチャーを泳ぐように感じられます。Breslav ら [215] が、何らかの基礎となるモデル位置の動きに最も一致するイメージ変換を決定することにより、テクスチャーの2次元の外見を維持しています。これはオブジェクトとの結合を強めると同時に、塗りつぶしパターンの画面基準性とのつながりを維持できます。

　1つの解決法は明白で、テクスチャーを直接サーフェスに適用することです。課題は、もっともらしく見せるために、ストロークベースのテクスチャーが比較的均一なストロークの太さと濃さを維持する必要があることです。テクスチャーが拡大するとストロークは太く見え、縮小するとストロークは（ミップマッピングを使うかどうかによって）ぼやけるか、細くガタガタに見えます。Praun ら [1556] が、ストロークベースのテクスチャーのミップマップを生成し、それらを滑らかにサーフェスに適用するリアルタイム手法を紹介しています。そうすることで、オブジェクトの距離が変わっても画面上のストロークの濃さが維持されます。最初のステップは、トーナル アート マップ（TAM）と呼ばれる、使うテクスチャーの形成です。これはストロークをミップマップ レベル（図 15.21）に描くことで行います。Klein ら [976] が、関連する考え方を彼らの「アート マップ」で使い、NPRテクスチャーのストローク サイズを維持しています。それらのテクスチャーを配置して、各頂点で必要なトーンの補間を行うことにより、モデルをレンダーします。このテクニックは手描き感覚のイメージを生成します [1555]

図15.20. テクスチャーのパレット、紙テクスチャー、輪郭エッジ レンダリングを使って生成したイメージ。（転載許可：*Adam Lake and Carl Marshall, Intel Corporation, copyright Intel Corporation 2002*。）

図15.21. トーナル アート マップ（TAM）。ストロークをミップマップ レベルに描く。各ミップマップ レベルには、それより左と上のテクスチャーのすべてのストロークが含まれる。こうすることで、ミップ レベルと隣接テクスチャー レベルの間の補間が滑らかになる。（イメージ提供：*Emil Praun, Princeton University*。）

（図15.22）。

Webbら[1999]が、よりよい結果を与えるTAMの2つの拡張を紹介しています。1つはボリューム テクスチャーを使って色を使えるようにし、もう1つは閾値化スキームでアンチエイリアシングを改善します。それと関連する、Nuebel [1396]の木炭レンダリングを行う手法は、1つの軸に沿って暗から明にも変化するノイズ テクスチャーを使います。この軸に沿って、強度値でテクスチャーにアクセスします。Leeら[1089]が、TAMと他のテクニックを使い、鉛筆で描いたように見える印象的なイメージを生成しています。

論じたもの以外にも多くの、ストロークに関する操作が可能です。スケッチの効果を与えるため、エッジをジッターしたり[342, 1050, 1089]、561ページの図15.1の右上と中央下のイメージに見えるように、元の位置を通り越すようにすることもできます。

Girshickら[584]が、サーフェス上の主曲線方向に沿ったストロークのレンダリングを論じています。つまり、サーフェス上の任意の点から、最大曲率の方向を指す**第1主方向**接ベクトルがあります。**第2主方向**は、この最初のベクトルに垂直な接ベクトルで、サーフェスの曲が

15.3. ストローク サーフェスの様式化

りが最も少ない方向を与えます。それらの方向線は曲面の知覚にとって重要です。そのようなストロークはライティングとシェーディングに依存しないので、静止したモデルには一度しか生成する必要がない利点もあります。HertzmannとZorin [789] が、主方向をきれいにならす方法を論じています。ドライブ シミュレーションのアニメーションなどの応用では、それらの方向と他のデータを使ってテクスチャーを任意のサーフェスに適用することに、かなりの研究と開発が探求されてきました。出発点としてはVaxmanら [1949] のレポートを参照してください。

グラフタル [402, 922, 1216] の考え方は、特定の効果を生み出すために、ジオメトリーやデカール テクスチャーを必要に応じてサーフェスに加えることです。それらは必要な詳細レベル、サーフェスの視点への向きなどの因子で制御できます。ペンやブラシのストロークをシミュレートするのにも使えます。1つの例が図15.23に示されています。幾何学的グラフタル

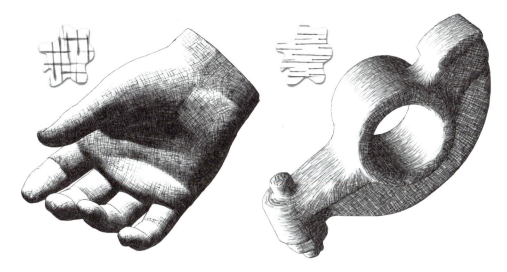

図 **15.22.** トーナル アート マップ（TAM）を使ってレンダーされた2つのモデル。見本は、それぞれのレンダーに使われる重なりテクスチャー パターンを示している。（イメージ提供：*Emil Praun, Princeton University*。）

図 **15.23.** 2つの異なるグラフタル スタイルによるStanfordバニーのレンダー。（イメージ提供：*Bruce Gooch and Matt Kaplan, University of Utah*。）

580   15. ノンフォトリアリスティック レンダリング

は手続き的モデリング[440]の1つの形です。

　本章はNPRの研究方向のいくつかに軽く触れただけです。より詳しい情報は、章末の「参考文献とリソース」セクションを参照してください。この分野では、検証に使う基礎となる、物理的に正しい答えは、ほとんど、あるいはまったくありません。これは問題であると同時に解放感でもあります。テクニックには速さと品質、そして実装コストの間のトレードオフがあります。インタラクティブ レンダリング レートの厳しい時間制約の下では、ほとんどのスキームが特定の条件下で屈服して破綻します。自分のアプリケーションで何がうまく、あるいは十分に動作するかを決めることが、この分野を魅力的な挑戦にしています。

　ここでの焦点の多くは、1つの特定のトピック、すなわち輪郭エッジの検出とレンダリングでした。締めくくりとして、注意を線とテキストに向けることにします。その2つのノンフォトリアリスティック プリミティブは頻繁に使用が見られ、独特の課題があるので、個別に取り上げる価値があります。

15.4　直線

単純でベタ塗りの「ハード」な直線のレンダリングは、比較的つまらないものと考えられがちです。しかし、CADなどの分野で下層のモデルのファセットを見て、オブジェクトの形状を認識するのに重要です。選択したオブジェクトをハイライトしたり、テクニカル イラストレーションなどの領域でも役に立ちます。それに加え、関係するテクニックには、他の問題にも適用可能なものがあります。

15.4.1　三角形の辺のレンダリング

塗りつぶした三角形の上に正しくエッジ（辺）をレンダーするのは、一見するほど簡単ではありません。直線が三角形と正確に同じ場所にある場合、その直線が常に前にレンダーされることをどう保証できるでしょうか？　1つの単純な解決法は、すべての直線を固定のバイアスでレンダーすることです[787]。つまり、各直線がサーフェスの上になるように、実際よりも少し近くにレンダーします。固定バイアスが大きすぎると、辺の隠れるべき部分が現れ、効果を台無しにします。バイアスが小さすぎると、辺に真横に近い向きの三角形のサーフェスがエッジの一部やすべてを隠すかもしれません。セクション15.2.2で述べたように、OpenGLのglPolygonOffsetなどのAPI呼び出しを使い、その傾きに基づいてサーフェスを直線の後ろに移動できます。この手法は十分うまく動作しますが、完璧ではありません。

　Herrellら[787]のスキームは、完全にバイアスを回避します。辺が三角形の上に正しく描かれるように、一連のステップでステンシル バッファーのマークとクリアを行います。この手法は各三角形を個別に描き、そのたびにステンシル バッファーを消去しなければならないので、処理に極めて時間がかかり、最小限の三角形のセットでしか実用的でありません。

　Bærentzenら[94, 1401]が、GPUにうまく対応した手法を紹介しています。三角形の重心座標を使って最も近い辺への距離を決定する、ピクセル シェーダーを使います。ピクセルが辺に近ければ、辺の色で描きます。辺の太さは望みの値にでき、距離の影響を受けるようにも、一定値を保つようにもできます（図15.24）。その主な欠点は、三角形ごとに直線の半分の厚みを描くので、輪郭エッジが内部の線の半分の太さになることです。実際には、この不一致はたいてい目立ちません。

　この考え方をCelesとAbraham[265]が拡張して単純化し、それまでの研究の完全な要約も

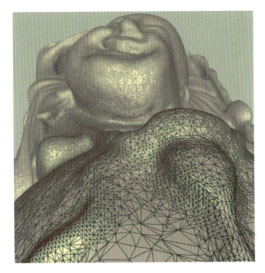 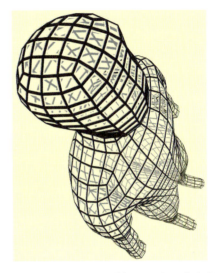

図**15.24.** ピクセル シェーダーで生成される直線。左はアンチエイリアスされた1ピクセル幅のエッジで、右は可変の太さのハロー効果を持つ直線。(**イメージ提供**: *J. Andreas Bærentzen*。)

与えています。彼らの考え方は、三角形の辺ごとに、エッジを定義する2つの頂点には1.0、それ以外の頂点には0.0であるテクスチャー座標の1次元のセットを使うことです。テクスチャー マッピングとミップ チェーンをうまく利用して、一定幅のエッジを与えます。このアプローチはコードが簡単で、いくつかの有用な制御を与えます。例えば、密なメッシュが完全に辺で塗りつぶさず、ベタ塗りのいるになるように 最大濃度を設定できます。

15.4.2 隠線のレンダリング

通常のワイヤフレームの描画では、サーフェスが描かれない場所で、モデルのすべてのエッジが見えます。サーフェスで隠れる直線の描画を避けるには、すべての塗りつぶした三角形をz-バッファーにだけ描いてから、普通にエッジを描きます[1282]。すべてのサーフェスをすべての直線の前に描けない場合、もう少しコストの高い解決法は、背景と一致する塗りつぶしの色でサーフェスを描くことです。

　直線を完全に隠す代わりに、部分的にぼかして描くこともできます。例えば、隠れる線をまったく描かない代わりに、灰色で表示することもできます。これはz-バッファーのステートを適切に設定することで行えます。前と同じように描いてから、現在のピクセルのz-深度より遠い線だけが描かれるように、z-バッファーの意味を逆にします。それらの描かれる線の深度値を変えないように、z-バッファーの修正も無効にします。ぼかしたスタイルで再び直線を描きます。そのときは隠れる線だけを描きます。様式化された直線に、完全な隠線除去処理を使えます[307]。

15.4.3 ハロー

2本の線が交わるとき、よく使われる規約は遠いほうの線の一部を消して、その順序を明確にすることです。これは線をそれぞれ2度、1度はハロー付きで描くことにより、比較的簡単に実現できます[1282]。この手法は重なりの上から背景色で描くことにより、それを消去します。まず、ハローを表す太い四辺形として個々の線を表現し、すべての線をz-バッファーに描き

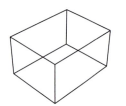 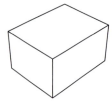 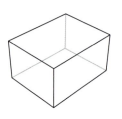 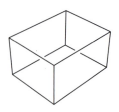

図15.25. 4つの直線レンダリング スタイル。左から右：ワイヤフレーム、隠線、ぼかし線、ハロー処理した線。

図15.26. 同じ単語のアンチエイリアス拡大グレイスケール版とアンチエイリアス サブピクセル版。カラー ピクセルをLCDスクリーンに表示するとき、それに対応した、ピクセルを構成する色の垂直のサブピクセル長方形が点灯する。それにより、追加の水平空間解像度を供給する。（*Steve Gibson*の *"Free & Clear"* プログラムで生成したイメージ。）

ます。そのような四辺形の作成では、ジオメトリー シェーダーが役立てられます。次に、すべての線を普通に色で描きます。z-バッファーでマスクされる領域が、その後ろの線を隠します。どの細い黒線も太いz-バッファーの四辺形の上になるように、バイアスなどの手法を使わなければなりません。

頂点で出会う直線は、競合するハローにより部分的に隠れることがあります。ハローを作成する四辺形の短縮が役に立つことがありますが、別のアーティファクトが生じるかもしれません。ハロー処理にはBærentzenら [94, 1401] の直線レンダリング テクニックも使えます（図15.24）。ハローは三角形ごとに生成するので、干渉の問題がありません。別のアプローチはイメージ後処理（セクション15.2.3）を使ってハローを検出し、描くことです。

図15.25が、ここで論じた異なる直線レンダリング手法のいくつかの結果を示しています。

15.5 テキスト レンダリング

テキストを読むことは文明にとても重要なので、そのレンダリングに大きな注意が注がれてきたのは驚くことではありません。他の多くのオブジェクトと違い、1ピクセルの変化が、「l」から「1」に変わるように、大きな違いになることがあります。このセクションは、テキストレンダリングで使われる主なアルゴリズムのアプローチを要約します。

人の目は、色よりも強度の違いに敏感です。このことは、少なくともApple IIの時代から、知覚される空間解像度の改善に使われてきました [572]。この考え方1の1つの応用が、MicrosoftのClearType技術で、**液晶表示（LCD）**ディスプレイの特徴の1つの上に成り立っています。LCDディスプレイの各ピクセルは、3つの垂直な赤、緑、青色の長方形からなります。LCDモニター上で虫眼鏡を使って自分で見てください。それらのサブピクセル長方形の色を無視すると、この構成はピクセルの3倍の水平解像度を与えます。サブピクセルごとに異なる色調を使うので、このテクニックは**サブピクセル レンダリング**とも呼ばれます。目はそれらの色を一緒にブレンドし、赤みと青の外縁は検出不能になります（図15.26）。この技術は1998年に最初に発表され、大型の低DPI LCDモニターで大いに役立ちました。Microsoftはおそらくテキストと様々な背景色のブレンドの問題により、Word 2013でClearTypeの使用をやめました。Excel、そして様々なWebブラウザー、AdobeのCoolType、AppleのQuartz

15.5. テキスト レンダリング

図 **15.27.** ヒントなし（上）とヒントあり（下）でレンダーされた Verdana フォント。（イメージ提供：*Nicolas Rougier [1629]*。）

2D、FreeType と SubLCD などのライブラリーが、この技術を使っています。Shemanarev の古いけれども詳細な記事 [1737] が、このアプローチの様々な機微と問題を取り上げています。

このテクニックは、きれいなテキストのレンダリングに、多くの努力が費やされていることの確かな例です。フォント中の文字は**グリフ**と呼ばれ、一般に線分と 2 次や 3 次のベジエ曲線のセットで記述されます。627 ページの図 17.9 に例があります。どのフォント レンダリング システムも、グリフが重なるピクセルに与える影響を決定することにより、動作します。FreeType や Anti-Grain Geometry などのライブラリーは、グリフごとに小さなテクスチャーを生成し、必要に応じて再利用することで動作します。フォント サイズと強調（イタリックやボールド）ごとに、異なるテクスチャーが作られます。

それらのシステムは、ドキュメントでは通常そうなので、どのテクスチャーもピクセルあたり 1 テクセルでピクセルと一致すると仮定します。テキストを 3 次元サーフェスに適用するときには、その仮定が成り立たなくなることがあります。グリフのセットを持つテクスチャーを使うのは、単純で人気のあるアプローチですが、いくつかの潜在的な欠点があります。アプリケーションは、やはり視点を向くようにテキストを並べるかもしれませんが、スケールと回転によりピクセルあたり 1 テクセルの仮定が破れます。たとえ画面と一致しても、**フォント ヒンティング**を考慮に入れないかもしれません。ヒンティングはピクセル セルに一致するように、グリフのアウトラインを調整する処理です。例えば、「I」の 1 テクセル幅の垂直の幹は、2 つの隣接する列を半分覆うのではなく、ピクセルの 1 列を覆うようにレンダーするのが最善です（図 15.27）。これらの因子は、どれもラスター テクスチャーが、ぼけやエイリアシングの問題を示すかもしれないことを意味します。Rougier [1629] はテクスチャー生成アルゴリズムに関する問題を完全に網羅し、OpenGL ベースのグリフ-レンダリング システムで、FreeType のヒンティングが使えることを示しています。

Pathfinder ライブラリー [1974] は、GPU を使ってグリフを生成する最近の取り組みです。セットアップの時間は短く、メモリー使用は最小限で、競合する CPU ベースのエンジンの性能を上回ります。テッセレーションとコンピュート シェーダーを使って、ピクセルごとの曲線の効果を生成して足し合わせ、機能が低い GPU ではジオメトリー シェーダーと OpenCL にフォールバックします。FreeType と同じく、それらのグリフはキャッシュされ、再利用されます。その高品質のアンチエイリアシングと、高密度ディスプレイの使用の組み合わせは、ヒンティングをほぼ時代遅れにします。

複雑な GPU サポートがなくても、テキストは任意のサーフェスに様々なサイズと向きで適用でき、まあまあのアンチエイリアシングが提供されます。最初に Valve が *Team Fortress 2* で使った、そのようなシステムを、Green [630] が紹介しています。そのアルゴリズムは、Frisken ら [537] が示したデータ構造、**サンプル距離フィールド**を使います。テクセルごとに、最も近いグリフのエッジへの符号付き距離を保持します。距離フィールドは、テクスチャー

図**15.28**. ベクトル テクスチャー。左は、その距離フィールド表現で示される文字「g」[3]。右は、距離フィールドからレンダーした「no trespassing（立入禁止）」の標識。テキストの周りのアウトラインは、特定の距離範囲をアウトラインの色にマップして追加されている[630]。（左のイメージ提供：*ARM Ltd.*。右のイメージは「*Team Fortress 2*」から、提供：*Valve Corp.*。）

表現中の各グリフの正確な境界をエンコードすることを試みます。そのとき双線形補間が、サンプルごとの文字のアルファ被覆率のよい近似を与えます。図15.28の例を見てください。シャープな角が双線形補間で滑らかになるかもしれませんが、さらに多くの距離値を4つの別々のチャンネルにエンコードすることで保存できます[286]。 この手法の制限は、その符号付き距離テクスチャーの作成に時間がかかるので、事前に計算して格納する必要があることです。それでも、いくつかのフォント レンダリング ライブラリーがこのテクニックを基に[1554]、モバイル デバイスにうまく適応しています[3]。ReshetovとLuebke [1599]が、この線に沿った研究を要約し、拡大時のサンプルのテクスチャー座標の調整に基づく独自のスキームを与えています。

　たとえスケールと回転の問題がなくても、例えば漢字を使う言語のフォントは、数千以上のグリフが必要かもしれません。高品質の大きな文字には、より大きなテクスチャーが必要です。グリフをある角度から見るときには、テクスチャーの異方性フィルタリングが必要かもしれません。そのエッジと曲線表現から直接グリフをレンダーすれば、任意の大きさのテクスチャーの必要性は回避され、サンプリング グリッドから生じるアーティファクトも避けられます。Loop-Blinn法 [1157, 1158]は、ピクセル シェーダーを使ってベジエ曲線を直接評価し、セクション17.1.2で論じます。このテクニックはテッセレーション ステップが必要で、ロード時に行うのは高価かもしれません。Dobbie [390]は、文字ごとの境界ボックス用の長方形を描き、すべてのグリフ アウトラインを1パスで評価することにより、その問題を回避しています。Lengyel [1111]が、アーティファクトを避けるのに重要な、ある点がグリフの内側にあるかどうかの堅牢な評価方法を示し、評価の最適化と、グローやドロップシャドウなどの効果、複数の色（例えば、絵文字）を論じています。

参考文献とリソース

ノンフォトリアリスティックとトゥーン レンダリングについてのインスピレーションは、Scott McCloud の *Understanding Comics* [1247] を読んでください。研究者からの視点は、

15.5. テキスト レンダリング

Hertzmann のアートとイラストレーションについての科学理論の構築に役立つ、NPR テクニックの使用に関する記事 [791] を参照してください。

Advanced Graphics Programming Using OpenGL [1282] は、固定機能ハードウェアの時代に書かれた本ですが、広範囲のテクニカル イラストレーションと科学可視化のテクニックについての価値ある章があります。やはり少し古くなっていますが、Gooches [613] と Strothotte [1845] の本が、NPR アルゴリズムのよい出発点です。輪郭エッジとストロークのレンダリング テクニックの調査は、Isenberg ら [865] と Hertzmann [790] が提供しています。Rusinkiewicz ら [1635] の SIGGRAPH 2008 コースの講義も、より新しい研究を含めて、ストローク レンダリングを詳しく分析し、Bénard ら [140] はフレーム間コヒーレンス アルゴリズムを調査しています。アーティスティックなイメージ処理効果に関心のある読者は、Kyprianidis ら [1023] による概要を参照してください。*International Symposium on Non-Photorealistic Animation and Rendering*（NPAR）の議事録は、その分野の研究が焦点です。

Mitchell ら [1325] は、ゲーム *Team Fortress 2* に独特のグラフィック スタイルを与えるために、技術者とアーティストがどのように協力した事例を提供します。Shodhan と Willmott [1754] はゲーム *Spore* の後処理システムを論じ、古い絵画、古い映画などの効果のためのピクセル シェーダーが含まれています。SIGGRAPH 2010 のコース「Stylized Rendering in Games」も価値のある実例のソースです。特に、Thibault と Cavanaugh [1893] は、*Borderlands* のアート スタイルの進化を示し、その道中の技術的な挑戦を述べています。Evans のプレゼンテーション [484] は、特定の媒体の様式を実現するための、広範囲のレンダリングとモデリングのテクニックの、魅力的な探検です。

Pranckevičius [1554] は、リソースへのリンクを満載した、高速化テキスト レンダリング テクニックの調査です。

16. ポリゴン テクニック

*"It is indeed wonderful that so simple a figure
as the triangle is so inexhaustible."*
—Leopold Crelle

三角形のように単純な形が、これほど飽くことがないのは、実に素晴らしいことだ。

これまでレンダーしたモデルは、適切な詳細度を持ち、正確に必要なフォーマットで利用できると仮定してきました。現実には、そんな幸運はめったにありません。モデラーとデータ収集装置には、独特の奇癖と制限があり、データ セット、ひいてはレンダリングに不明確さと誤りを引き起こします。しばしば格納サイズ、レンダリング効率、結果の品質の間でトレードオフが行われます。本章では、ポリゴン データ セットで遭遇する様々な問題と、いくつかの修正と回避策を論じます。次に、ポリゴン モデルを効率よく格納してレンダーするためのテクニックを取り上げます。

　インタラクティブなコンピューター グラフィックスにおけるポリゴン表現の包括的な目標は、見た目の正確さと速さです。「正確さ」はコンテキストに依存する言葉です。例えば、技術者は機械部品をインタラクティブ レートで調べて修正することを望み、物体上のすべての面取りが常に見えることを要求します。フレーム レートが十分に高ければ、注意が集中する場所で起きなかったり、次のフレームで消えるかもしれない、1フレームのささいな誤りや不正確さが許容されるゲームと、これを比べてください。インタラクティブ グラフィックスの研究では、解決中の問題の限度が、適用できるテクニックの種類を決めるので、それを知ることが重要です。

　本章で取り上げる領域はテッセレーション、連結、最適化、単純化、圧縮です。ポリゴンは多様な形に到着する可能性があり、普通は三角形や四辺形といった、扱いやすいプリミティブに分割しなければなりません。この処理は三角形分割、より一般には**テッセレーション**と呼ばれます[*1]。**連結**は、別々のポリゴンを1つのメッシュ構造に結合すると同時に、サーフェス シェーディング用に、法線のような新たなデータを派生することを含む処理を表す用語です。**最適化**は、レンダーがより迅速になるように、メッシュ中のポリゴン データを並べることを意味します。**単純化**は、メッシュ内の重要でない特徴を取り除くことです。**圧縮**は、メッシュを記述する様々な要素に必要なストレージの最小化に関連します。

　三角形分割により、与えられたメッシュ表現が正しく表示されることが保証されます。連結は、さらにデータ表示を改善し、計算の共有を可能にし、メモリーのサイズを減らすことによ

[*1] lが重なる「テッセレーション (tessellation)」は、おそらくコンピューター グラフィックスで、最もスペルを間違える単語で、「円錐 (frustum)」が僅差で続きます。

り、しばしばスピードも上がります。最適化テクニックによって、さらに速くできます。単純化で不要な三角形を取り除くことにより、さら速くすることも可能です。圧縮を使って全体のメモリー フットプリントを減らすことで、メモリーとバス帯域幅が下がり、さらにスピードを改善できます。

16.1 3次元データのソース

ポリゴン モデルを作成したり生成できる、いくつかの方法があります。

- 幾何学的な記述を直接入力する。
- そのようなデータを作成するプログラムを書く。これは**手続き的モデリング**と呼ばれる。
- 他の形式で見つかるデータをサーフェスやボリュームに変換する。例えば、タンパク質データを球と円筒のセットに変換する。
- モデリング プログラムを使って、オブジェクトの構築や彫刻を行う。
- 同じオブジェクトの写真からサーフェスを再構成する（**写真測量法**）。
- 3次元スキャナー、ディジタイザーなどの検出装置を使い、現実のモデルを様々な点でサンプルする。
- CATやMRI医療スキャンからのデータや、大気中で測定した圧力や温度のサンプルなど、空間ボリューム中で同じ値を表す等値面を生成する。
- これらのテクニックの組み合わせを使う。

モデリングの世界では、ソリッドとサーフェスの2種類の主なモデラーがあります。ソリッド モデラーは、一般にコンピューター支援設計（CAD）の領域で見られ、たいてい切断、掘削、平削りといった、実際の機械加工処理に対応するモデリング ツールを重視します。内部には、基盤のオブジェクトのトポロジーの境界を厳格に操作する計算エンジンを持っています。表示と解析のため、そのようなモデラー**ファセター**を持っています。ファセターは、内部のモデル表現を、表示可能な三角形に変えるソフトウェアです。例えば、球はデータベース中で中心点と半径で表されるかもしれませんが、ファセターはそれを表現するため、任意の数の三角形や四辺形に変換できます。最良のレンダリング高速化は、ときには最も簡単なものです。ファセターを用いるときに必要な見た目の正確さを下げて生成する三角形を減らすことにより、スピードを上げて、ストレージを節約できます。

CAD作業で重要な1つの考慮事項は、使っているファセターがグラフィックのレンダリング用に設計されているかどうかです。例えば、ほぼ等しい面積の三角形にサーフェスを分割することを目標とする、**有限要素法**（FEM）用のファセターがあります。そのようなテッセレーションは、グラフィックに不要な多くのデータを含むので、単純化の有力な候補です。同様に、3Dプリンティングを使って現実の物体を作成するのには理想的でも、頂点法線がなく、高速なグラフィック表示に不向きな三角形のセットを作り出すファセターもあります。

BlenderやMayaなどのモデラーは、本質的な立体性の概念に基づいて作られていません。代わりに、オブジェクトをその表面（サーフェス）で定義します。ソリッド モデラーと同じく、それらの**サーフェスベース**のシステムも、スプラインや再分割サーフェス（17章）などのオブジェクトの表示に、内部表現とファセターを使うことがあります。それらは三角形や頂点の追加や削除といった、サーフェスの直接的な操作を許すこともあります。そのときユーザーは、モデルの三角形の数を手で減らせます。

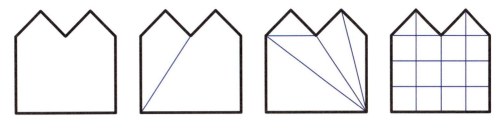

図 **16.1**. 様々なテッセレーション。左端のポリゴンはテッセレートされず、その次は凸領域に分割され、その次は三角形分割され、右端は一様にメッシュ化されている。

ブレンド、重み、フィールドなどの概念により動作する、インプリシット サーフェス（「太っちょの」メタボールを含む）作成システム [75, 607] など、それ以外のタイプのモデラーもあります、それらのモデラーは、何らかの関数 $f(x, y, z) = 0$ への解で定義されるサーフェスを生成することにより、有機的な形状を作成できます。そして、マーチング キューブなどのポリゴン化 テクニックを使い、表示用の三角形のセットを作成します（セクション17.3）。

点群は単純化テクニックの有力な候補です。そのデータはたいてい規則的な間隔でサンプルされるので、形成するサーフェスの見た目の知覚への影響が無視できる、多くのサンプルがあります。研究者たちは何十年にもわたり、欠陥データをフィルターで取り除き、点群からメッシュを再構成するテクニックを研究しています [153]。この領域についての詳細は、セクション13.9を参照してください。

スキャン データから生成するメッシュには、クリーンアップや、さらに高次の操作をいくつでも行えます。例えば、**セグメンテーション** テクニックは、ポリゴン モデルを分析して、個々の部品の識別を試みます [1730]。それは、アニメーションの作成、テクスチャー マップの適用、形の照合などの操作に役立つことがあります。

サーフェス表現用のポリゴン データを作成できる方法は、他にも数多くあります。鍵となるのは、そのデータが何を目的に、どうやって作成されたかを理解することです。データは多くの場合、特に効率的なグラフィック表示用に生成されていません。また、多くの異なる3次元データ ファイル フォーマットがあり、その間の変換はたいてい無損失の操作ではありません。入力データで遭遇する制限と問題を理解することが、本章の重要なテーマです。

16.2 テッセレーションと三角形分割

テッセレーションはサーフェスをポリゴンのセットに分割する処理です。ここでは、ポリゴン サーフェスのテッセレーションに焦点を合わせ、曲面のテッセレーションはセクション17.6で論じます。ポリゴンのテッセレーションは、様々な理由で行われます。最も一般的な理由は、すべてのグラフィックス APIとハードウェアが三角形に最適化されていることです。どんなサーフェスもそれから作ってレンダーできるという意味で、三角形はほとんど原子のようなものです。複雑なポリゴンの三角形への変換は、三角形分割と呼ばれます。

ポリゴンをテッセレートするときには、いくつかの可能な目標があります。例えば、使うアルゴリズムが凸ポリゴンしか扱えないかもしれません。そのようなテッセレーションは**凸分割**と呼ばれます。グローバル照明テクニックを使った影の相互反射の効果を、頂点ごとに格納するため、サーフェスを再分割（メッシュ化）する必要があるかもしれません [431]。図16.1は、異なる種類のテッセレーションの例を示しています。グラフィック以外のテッセレーショ

ンの理由には、三角形の最大面積や、三角形の頂点の最小角度などの要件があります。**ドロネー三角形分割**には、三角形の頂点が形成する円が、外の頂点を含んではならない要件があり、それが最小角度を最大化します。そのような制約は、通常は有限要素解析のような非グラフィック アプリケーションの一部ですが、サーフェスの外見の改善にも役立つことがあります。細長い三角形は、離れた頂点を保管するときにアーティファクトを生じることがあるので、たいてい避ける価値があります。それはラスタライズも非効率なことがあります [575]。

ほとんどのテッセレーション アルゴリズムは、2次元で動作します。それらはポリゴン中のすべての点が同じ平面にあると仮定します。しかし、ひどく歪んだ非平面のポリゴン ファセットを生成するモデル作成システムがあります。この問題のよくあるケースが、ほぼ真横から見た歪んだ四辺形で、これは**砂時計**や**ボウタイ四辺形**と呼ばれるものを形成します（図16.2）。この特定のポリゴンは対角エッジを作るだけで三角形分割できますが、より複雑な歪んだポリゴンは、それほど簡単には扱えません。

歪んだポリゴンがあるかもしれないときの、1つの迅速な矯正措置は、頂点をポリゴンの近似法線に垂直な平面に投影することです。この平面の法線は、たいして3つの直交するxy、xz、yz平面上の投影面積を計算することで求められます。つまり、x-座標を落とすことで求められるyz平面上のポリゴンの面積はx-成分の値で、xz上はy、xy上はzです。この平均の法線を計算する手法は*Newellの公式* [1619, 1866] と呼ばれます。

この平面上にキャストされるポリゴンには、まだエッジの2つ以上が交わる自己交差の問題があるかもしれません。そのときは、もっと複雑で計算が高価な手法が必要です。Zouら [2129] は、それまでのサーフェス面積や結果のテッセレーションの二面角の最小化に基づく研究を論じ、Zou et al. [2129] が、それまでのサーフェス面積や結果のテッセレーションの二面角の最小化に基づく研究を論じ、少数の非平面ポリゴンをまとめて最適化するアルゴリズムを紹介しています。

SchneiderとEberly [1692]、Held [776]、O'Rourke [1446]、de Bergら [146] が、それぞれ様々な三角形分割法の概要を与えています。最も基本的な三角形分割アルゴリズムは、ポリゴン上の2つの与えられた点の間の線分を調べ、ポリゴンのエッジのどれかと交わったり重るかどうかを調べることです。そうであれば、その線分はポリゴンの分割に使えないので、次の可能な点のペアを調べます。そうでなければ、この線分を使ってポリゴンを2つの部分に分割し、その新たなポリゴンを同じ手法で三角形分割します。この手法は極めて遅く、$O(n^3)$ です。

それより効率的な手法が**耳クリッピング**で、2つの処理として行うときには$O(n^2)$です。まず、1つのパスでポリゴン上の耳を見つけます。つまり、頂点インデックス$i, (i+1), (i+2)$（モジュロn）のすべての三角形を調べて、線分$i, (i+2)$がどのポリゴン エッジとも交わらないかどうかをチェックします。交わらなければ、三角形$(i+1)$は耳を形成します（図16.3）。得られた耳をポリゴンから順に取り除き、頂点iと$(i+2)$にある三角形を再び調べて、耳になったかどうかを見ます。最終的には、すべての耳が取り除かれ、ポリゴンが三角形分割されます。他のもっと複雑な三角形分割の手法は$O(n \log n)$で、典型的なケースで実質的に$O(n)$のものがあります。chneiderとEberly [1692] が、耳クリッピングなどの擬似コードと、より

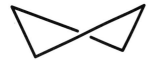

図**16.2.** 不明瞭なボウタイや砂時計の形を形成する、真横から見た歪む四辺形と、2つの可能な三角形分割。

16.2. テッセレーションと三角形分割

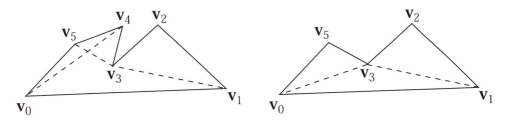

図16.3. 耳クリッピング。v_2、v_4、v_5 に潜在的な耳を持つポリゴンが示されている。右では、v_4 の耳が取り除かれる。その隣接頂点 v_3 と v_5 を再び調べて、耳を形成するようになったかを見る。v_5 が該当する。

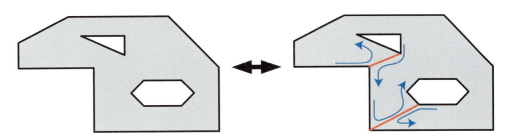

図16.4. 3つのアウトラインを持つポリゴンの単一アウトライン ポリゴンへの変換。接合エッジは赤で示される。ポリゴン内の青い矢印は、単一のループを作るために頂点を訪れる順番を示す。

高速な三角形分割の手法を与えています。

三角形分割よりも、ポリゴンを凸領域分割するほうが、ストレージと計算コストの両方で効率的なことがあります。Schorn と Fisher [1694] が、堅牢な凸性テストのコードを与えています。凸ポリゴンはセクション16.4で論じるように、三角形のファンやストリップで簡単に表せます。凹ポリゴンはファンとして扱えるものもありますが（そのようなポリゴンは**星型**と呼ばれる）、その検出にはさらに多くの作業が必要です [1446, 1558]。Schneider と Eberly [1692] が、2つの速くて粗っぽいものと、最適な凸分割手法を与えています。

ポリゴンは常に1つのアウトラインで構成されるわけではありません。図16.4が示すポリゴンを構成する3つのアウトラインは、**ループ**や**輪郭**とも呼ばれます。そのような表現は、注意深く**接合エッジ**（ループ間の**キーホール**や**ブリッジ エッジ**とも呼ばれる）を生成することにより、いつでも単一のアウトラインのポリゴンに変換できます。Eberly [435] が、そのようなエッジを定義し、互いに見える頂点を求める方法を論じています。この変換処理を逆にして、分離したループを取り出すこともできます。

堅牢で汎用の三角形分割を書くのは難しい仕事です。様々な微妙なバグ、病的なケース、精度の問題により、絶対確実なコードの作成は驚くほどトリッキーです。三角形分割問題を解決する1つの巧妙な手段は、グラフィックス アクセラレーターそのものを使い、複雑なポリゴンを直接レンダーすることです。ポリゴンは三角形ファンとしてステンシル バッファーにレンダーされます。そうすると、塗りつぶすべき領域は奇数回、凹みと穴は偶数回描かれます。ステンシル バッファーの反転モードを使うことにより、この最初のパスが終わると、塗られる領域だけがマークされています（図16.5）。2番目のパスで、塗りつぶす領域だけが描かれるようにステンシル バッファーを使い、再び三角形ファンをレンダーします。この手法は、すべてのループが形成する三角形を描くことにより、複数のアウトラインを持つポリゴンをレンダーするのにも使えます。その主な欠点は、ポリゴンごとに2つのパスを使い、ステンシル バッファーを毎フレーム消去してレンダーしなければならないことと、深度バッファーを直接

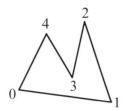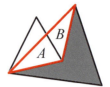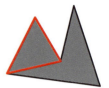

図16.5. どの領域が見えるかに奇数/偶数パリティを使う、ラスタライズによる三角形分割。左のポリゴンは頂点0からの3つの三角形のファンとしてステンシル バッファーに描かれる。最初の三角形 [0, 1, 2]（左から2つめ）はポリゴンの外側のスペースも含めて、その領域を塗りつぶす。三角形 [0, 2, 3]（右から2つめ）はその領域を塗りつぶし、領域AとBのパリティを偶数回の描画に変えて、空にする。三角形 [0, 3, 4]（右）がポリゴンの残りを塗りつぶす。

使えないことです。このテクニックは、その場で描かれる複雑な選択領域の内部を示すような、ユーザー インタラクションの表示に役立ちます。

16.2.1　シェーディングの問題

データが四辺形メッシュとして渡され、表示のため三角形に変換しなければならないときがあります。ごく稀に四辺形は凹型のことがあり、その場合に三角形分割する方法は1つしかありません。そうでなければ、2つの対角線の1つを選んで分割できます。よりよい対角線を選ぶのに少し時間を費やすと、見た目の結果が大きく改善することがあります。

　四辺形を分割する方法を決めるいくつかの手段があります。その鍵となる考え方は、新たなエッジの頂点の違いを最小化することです。頂点に追加のデータがない平らな四辺形では、たいてい短い対角線を選ぶのが最善です。頂点ごとに色を持つ、単純なベイクされたグローバル照明ソリューションでは、色の違いが小さい対角線を選びます[21]（図16.6）。何らかのヒューリスティックで決定する、この2つの違いが小さいほうの角を接続する考え方は、一般にアーティファクトの最小化に役立ちます。

　三角形がデザイナーの意図を正しく捕らえられないことがあります。テクスチャーを歪んだ四辺形に適用すると、どちらの対角線分割も思った通りになりません。とは言え、単純な三角形分割しない四辺形の水平補間、つまり左から右のエッジに補間する値も失敗します。図16.7がこの問題を示しています。この問題が生じるのは、表示するときにサーフェスに適用するイメージが歪むからです。三角形には3つしかテクスチャー座標がないので、アフィン変換は確

図16.6. 左の図は四辺形としてレンダーされ、中央は右上と左下の角が接続した2つの三角形、右はもう1つの対角線を使ったときに何が起きるかを示す。中の図のほうが右よりも見た目がよい。

16.2. テッセレーションと三角形分割

図16.7. 左上はデザイナーの意図を示す、正方形の「R」のテクスチャー マップを持つ歪んだ四辺形。右の2つのイメージは、その2つの三角形分割と、それらの違いを示している。下段はすべてのポリゴンを回転したもので、三角形化していない四辺形の見た目は変化する。

立できますが、歪めることはできません。三角形の基本の (u, v) テクスチャーを歪めるのではなく、せいぜいずらすだけです。Wooら [2045] が、この問題を詳しく論じています。いくつかの解決策があります。

- あらかじめテクスチャーを歪めて、その新しいイメージを、新しいテクスチャー座標で適用し直す。
- サーフェスを細かいメッシュにテッセレートする。これは問題の軽減にすぎない。
- テクスチャーをその場で投影テクスチャリングで歪める [751, 1584]。これにはサーフェス上のテクスチャーの不均一な間隔という好ましくない影響がある。
- 双線形マッピング スキームを使う [751]。これは頂点ごとに追加のデータを持つことで達成できる。

テクスチャーの歪みは病的なケースに聞こえますが、適用するテクスチャー データが下層の四辺形の特性と一致しないとき、つまりほぼすべての局面で、ある程度発生します。1つの極端なケースが、一般的なプリミティブである円錐で発生します。円錐をテクスチャー処理してファセット化するとき、円錐の先端の三角形の頂点が異なる法線を持ちます。それらの頂点法線は隣接する三角形で共有されないので、シェーディングの不連続が発生します [702]。

16.2.2 エッジ亀裂と T-頂点

17で詳しく論じる曲面サーフェスは、レンダリングで普通はメッシュにテッセレートします。このテッセレーションは、サーフェスを定義するスプライン曲線に沿ってステップし、頂点の位置と法線を計算することにより行います。単純なステップ手法を使うと、スプライン サーフェスが出会う場所で問題が発生することがあります。共有エッジでは、両方のサーフェスの点が一致する必要があります。モデルの性質によっては一致することもありますが、十分に注

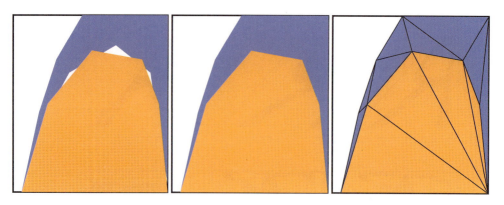

図16.8. 左の図は2つのサーフェスが出会う場所の亀裂。中央はエッジの点を一致させて修正した亀裂。右は補正したメッシュ。

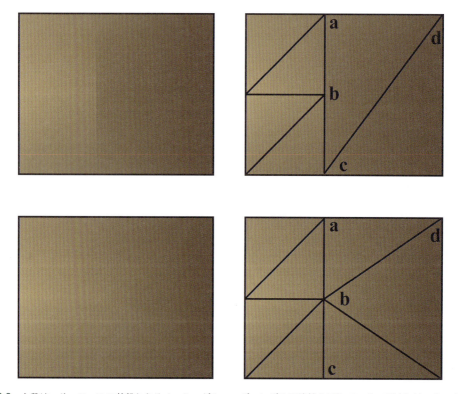

図16.9. 上段は、サーフェスの基盤となるメッシュがシェーディングの不連続を示している。頂点 **b** は、その左の三角形に属するが、三角形 **acd** の一部ではないのでT-頂点。1つの解決法は、このT-頂点をこの三角形に加えて、三角形 **abd** と **bcd**（表示されていない）を作成すること。細長い三角形ほど、他にもシェーディングの問題を生じる可能性が高いので、たいてい下段に示すように、三角形分割をやり直すほうがうまく解決する。

意しないと、あるスプライン曲線が生成する点は、隣が生成する点とたいてい一致しません。この効果は**エッジ亀裂**と呼ばれ、サーフェスの隙間がのぞける、目障りなアーティファクトを生じることがあります。たとえ亀裂が見えなくても、シェーディングの補間方法が異なるので、しばしば継ぎ目が見えます。

　その亀裂を修正する処理は、**エッジ スティッチング**と呼ばれます。その目標は亀裂が現れ

16.3. 連結 595

ないように、（曲線の）共有エッジ沿いのすべての頂点が両方のスプライン サーフェスに共有されるようにすることです（図16.8）。セクション17.6.2が、スプライン サーフェスで亀裂を防ぐ適応テッセレーションの使用を論じます。

それに関連した、平らなサーフェスの接合時に出会う問題が、T-頂点です。2つのモデルのエッジが接していながら、それに沿うすべての頂点が共有されないときには、常にこの種の問題が現れる可能性があります。たとえエッジが理論的に完璧に接するはずでも、レンダラーの画面上の頂点位置を表す精度が不十分だと、亀裂が現れることがあります。現代のグラフィックス ハードウェアは、この問題の回避に役立つサブピクセル アドレッシング[1064]を使います。

それより明白で、精度によらず現れるのが、シェーディング アーティファクトです[124]。その図16.9が示す問題はそのようなエッジを見つけて、境界面で共通の頂点を共有させることで修正できます。別の問題は、単純なファン アルゴリズムにより縮退（ゼロ領域）三角形が作り出される危険です。例えばこの図で、右上の四辺形**abcd**を、三角形**abc**と**acd**に三角形分割するとします。三角形**abc**は縮退三角形なので、点**b**はT-頂点です。Lengyel [1106] が、そのような頂点を見つける方法を論じ、凸ポリゴンを正しく三角形分割し直すコードを提供しています。Cignoni ら [290] は、T-頂点の位置が既知のときに、縮退三角形の作成を避ける手法を述べています。彼らのアルゴリズムは$O(n)$で、最大で1つの三角形ストリップとファンしかできないことを保証します。

16.3 連結

必要なテッセレーション アルゴリズムを通過すると、そのモデルを表すポリゴンのセットが残ります。そのデータの表示に役立つかもしれない操作がいくつかあります。最も単純なのは、ポリゴン自体が正しく形成されているかどうか、つまり少なくとも3つの異なる頂点位置を持ち、それらが同一線上にないかをチェックすることです。例えば、三角形の2つの頂点が一致すれば、領域がないので破棄できます。このセクションでは、三角形だけでなく、本当にポリゴンに言及していることに注意してください。目的によっては、すぐに表示用の三角形に変換せず、ポリゴンを格納するほうが効率的なことがあります。三角形分割はエッジを増やし、それにより後の操作の作業も増えます。

ポリゴンによく適用される手続きの1つが、面の間で共有される頂点を求める**マージ**です。もう1つの操作は**配向**と呼ばれ、サーフェスを形成するすべてのポリゴンを同じ向きにします。背面カリング、折り目エッジの検出、正しい衝突検出と応答などのアルゴリズムでは、メッシュの向きを合わせることが重要です。配向に関連するのが、サーフェスの外見を滑らかにする**頂点法線の生成**です。このタイプのテクニック全体を、**連結**アルゴリズムと呼びます。

16.3.1 マージ

しばしば**ポリゴン スープ**や**三角形スープ**と呼ばれる、細切れのポリゴンの形で入ってくるデータがあります。ポリゴンを別々に格納するのはメモリーの無駄遣いで、表示が極めて非効率です。そのような理由で、普通は個別のポリゴンを**ポリゴン メッシュ**にマージします。最も単純なメッシュは、頂点のリストとアウトラインのセットで構成されます。頂点ごとに位置と、シェーディング法線、テクスチャー座標、接ベクトル、色などのオプションのデータが含まれます。ポリゴン アウトラインは、それぞれ整数インデックスのリストを持ちます。イン

デックスは0から$n-1$の数字で（nは頂点の数）、リスト中の頂点を指しています。このように
して、各頂点を1つだけ格納し、任意の数のポリゴンに共有させることができます。**三角形
メッシュ**は、三角形だけを含むポリゴン メッシュです。セクション16.4.5で、メッシュ格納
スキームを詳しく論じます。

　与えられた細切れのポリゴンのセットに対するマージは、いくつかの方法で行えます。1つ
の手法はハッシュを使うことです [588, 1225]。頂点カウンターを0に初期化します。ポリゴン
ごとに、その頂点を順にハッシュ表に追加し、頂点の値を基にハッシュを行います。頂点が既
にテーブル中になければ、それを頂点カウンターの値と一緒に格納し、カウンターを増やしま
す。またその頂点を最終的な頂点リストに格納します。一致する頂点があれば、その格納され
たインデックスを取り出します。そのポリゴンを頂点を指すインデックスと一緒に保存しま
す。すべてのポリゴンを処理したら、頂点とインデックス リストは完成です。

　極めて近いけれども、同じではない別々のポリゴンの頂点を持つモデル データが入ってく
ることがあります。そのような頂点をマージする処理は、**溶接**と呼ばれます。緩い位置の等価
関数によるソートを使うことで、効率的な頂点の溶接を行えます [1225]。

16.3.2　配向

モデル データの品質に関連する問題の1つが、面の向きです。正しい向きで入り、サーフェス
法線が明示的または暗黙的に正しい方向を指すモデル データもあります。例えば、CADの作
業では、表の面を見たとき、ポリゴン アウトラインの頂点が反時計回り方向に進むのが標準
です。これは**巻き（*winding*）方向**と呼ばれ、その三角形は**右手の法則**を使っています。反時
計回りの順にポリゴンの頂点を包み込む、右手の指を考えてください。そのとき親指がポリゴ
ンの法線の方向を指します。この向きは純粋に三角形の前面を見たときの、その世界の頂点の
順番によるので、右手系や左手系を使うビュー空間やワールド座標の向きには依存しません。
とは言っても、ある向きのメッシュに反射行列を適用すると、各三角形の法線は、その巻き方
向に対して反転します。

　妥当なモデルが与えられたとき、次がポリゴン メッシュを配向するアプローチの1つです。

1. すべてのポリゴンに辺-面の構造を形成する。
2. ソートやハッシュで一致するエッジを求める。
3. 互いに接するポリゴンのグループを求める。
4. グループごとに、一貫性を得るため必要に応じて面を裏返す。

　最初のステップは、**半エッジ** オブジェクトのセットの作成です。半エッジは、その関連付
けられた面（ポリゴン）へのポインターを持つポリゴンのエッジです。普通は2つのポリゴン
が1つのエッジを共有するので、このデータ構造は半エッジと呼ばれます。それぞれソート順
で、最初の頂点が2番目の頂点より前に格納された半エッジを作成します。x-座標の値が小さ
い方の頂点がソート順で前になります。x-座標が等しい場合はy-値を使い、それも一致した
らzを使います。例えば、頂点$(-3, 5, 2)$は頂点$(-3, 6, -8)$の前にきます。-3は同じですが、
$5 < 6$です。

　目的は同一のエッジを見つけることです。どのエッジ最初の頂点も、2番目より小さくなる
ように格納されるので、エッジの比較は、1番目と2番目の頂点同士を比較するだけです。あ
るエッジの最初の頂点と別の2番目の頂点を比較するような置換は不要です。一致するエッジ
を見つけるのには、ハッシュ表を使えます [23, 588]。半エッジが同じ頂点インデックスを使う

16.3. 連結

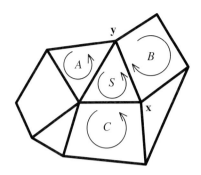

図16.10. 開始ポリゴン S を選び、その隣をチェックする。S と B が共有するエッジの頂点を同じ順にトラバースするので（**x** から **y**）、B のアウトラインが手の法則に従うようにするには、逆にする必要がある。

ように、すべての頂点を事前にマージすれば、その最初の頂点インデックスに関連付けた一時的なリストに置くことで、半エッジを照合できます。1つの頂点は平均で6つの関連するエッジを持ち、グループ化すればエッジの照合は極めて高速です [1601]。

エッジを照合すれば、隣接するポリゴンの間の接続が分かり、**隣接性グラフ**ができます。三角形メッシュでは、これは三角形ごとの、（最大で）3つの隣接する三角形の面のリストとして表せます。2つの隣接ポリゴンがないエッジが境界エッジです。エッジで接続するポリゴンのセットは、連続なグループを形成します。例えば、ティーポット モデルは、ポットと蓋の2つのグループを持ちます。

次のステップは、メッシュの向きに一貫性を与えることで、例えば、普通望ましいのは、すべてのポリゴンが反時計回りのアウトラインを持つことです。連続したポリゴンのグループごとに、任意の開始ポリゴンを選びます。その隣接するポリゴンを1つずつチェックして、その向きが一貫しているかどうかを判定します。両方のポリゴンでエッジをトラバースする方向が同じなら、その隣接ポリゴンを裏返さなければなりません（図16.10）。連続したグループ中のすべてのポリゴンが一度テストされまで、隣の隣を再帰的にチェックします。

この時点ですべての面は正しい向きになりますが、すべて内向きかもしれません。ほとんどの場合、望ましいのは外向きです。すべての面を裏返すべきかどうかの簡単なテストは、グループの符号付きボリュームを計算して、その符号をチェックすることです。それが負なら、すべてのループと法線を逆にします。このボリュームは、三角形ごとに符号付きボリュームのスカラー三重積を計算し、それを合計することにより求めます。ボリュームの計算は realtimerendering.com のオンラインの線形代数付録にあります。

この手法は立体オブジェクトでうまく動作しますが、絶対確実ではありません。例えば、オブジェクトが部屋を形成するボックスの場合、ユーザーが望むのは法線が内側のカメラに向くことです。オブジェクトが立体ではなく面を記述する場合、各サーフェスの配向を自動的に行う問題は厄介なことがあります。例えば、2つのキューブがエッジで接し、同じメッシュの一部だとすると、そのエッジは4つのポリゴンに共有され、配向は難しくなります。メビウスの輪のような片面オブジェクトは、内側と外側の区別がないので、完全な向きに設定できません。振る舞いのよいサーフェス メッシュであっても、どちらの面を外向けにすべきかを決めるのは難しいことがあります。Takayama ら [1864] が、それまでの研究を論じ、各面からランダムなレイをキャストして外からより見える向きを決定する、独自の解決法を紹介しています。

16.3.3 立体性

砕けて言うと、メッシュを配向して、外側から見えるすべてのポリゴンの向きが同じなら、立体です。言い換えると、メッシュの片側だけが見えています。そのようなポリゴン メッシュは閉じた、あるいは**水密**と呼ばれます。

オブジェクトが立体だと分かれば、セクション19.2で論じるように、背面カリングを使って表示効率を改善できます。また立体性は、シャドウ ボリューム（セクション7.3）をキャストするオブジェクトと、他のいくつかのアルゴリズムにとって、必須の特性です。例えば、3Dプリンターは、プリントするメッシュが立体である必要があります。

最も単純な立体性のテストは、メッシュ中のすべてのポリゴン エッジが、正確に2つのポリゴンに共有されるかどうかをチェックすることです。たいていのデータ セットでは、このテストで十分です。そのようなサーフェスは大まかに**多様体**、厳密には*2-多様体*と呼ばれます。技術的には、多様体サーフェスは、3つ以上のポリゴンが1つのエッジを共有したり、2つ以上の角が互いに接するような、トポロジーの矛盾がないものです。立体を形成する連続サーフェスは、境界のない多様体です。

16.3.4 法線平滑化と折り目エッジ

曲面を形成していても、そのポリゴンの頂点が法線ベクトルを持たないため、曲率の幻想を与えるレンダーができないポリゴン メッシュがあります。（図16.11）。

多くのモデル フォーマットは、サーフェス エッジの情報を供給しません。様々なエッジのタイプについては、セクション15.2を参照してください。それらのエッジは、いくつかの理由で重要です。ポリゴンのセットで作られるモデルの領域をハイライトしたり、ノンフォトリアリスティック レンダリングに役立てられます。重要な視覚的手がかりを供給するので、その

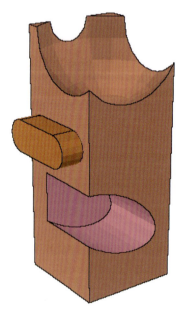 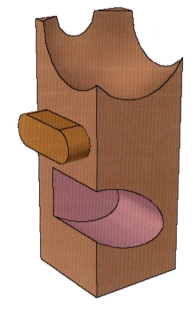

図16.11. 左のオブジェクトは頂点に法線がなく、右はある。

16.3. 連結

ようなエッジはプログレッシブ メッシュ アルゴリズム（セクション16.5）による単純化を避けることが望まれます。

　普通は配向したメッシュから、まあまあの折り目エッジと頂点法線が、ある程度うまく導けます。一貫した向きにして隣接性グラフを導いたら、**平滑化テクニック**で頂点法線を生成できます。ポリゴン メッシュで平滑化するグループの指定では、モデルのフォーマットが役に立つかもしれません。平滑化するグループの値を使い、1つの曲面サーフェスを一緒に作り上げるグループのポリゴンを明示的に定義します。異なる平滑化グループの間のエッジはシャープだと見なします。

　ポリゴン メッシュを平滑化する別の手段は、折り目角度を指定することです。この値を、2つのポリゴンの法線の間の角度である**二面角**と比較します。値は一般に20度から50度の範囲です。2つの隣接ポリゴンの間の二面角が指定した折り目角度より小さければ、その2つのポリゴンは同じ平滑化グループにあると見なします。このテクニックは**エッジ保存**と呼ばれることがあります。

　折り目角度を使うと、不適切な量の平滑化、つまり折り目であるべきエッジの丸めや、その逆が生じることがあります。たいてい実験が必要で、メッシュに1つの完璧な角度はないかもしれません。平滑化グループにも制限があります。1つの例は紙片を真ん中でつまむときです。その紙は、中に折り目がある1つの平滑化グループと考えられますが、平滑化グループはそれをならしてしまいます。そのときモデラーは複数の重なり合う平滑化グループや、メッシュ上で直接折り目エッジを定義する必要があります。別の例は三角形で作る円錐です。円錐のサーフェス全体を平滑化すると、先端が円錐の軸方向で直接外を指す1つの法線を持つという、奇妙な結果を生じます。円錐の先端は特異点です。その補間された法線を完璧に表現するには、各三角形が四辺形のように、この先端の位置で2つの法線を持必要があります[702]。

　幸い、そのような問題となるケースは一般にそれほど多くありません。平滑化するグループを求めたら、グループ内で共有される頂点の頂点法線を計算できます。標準的な教科書の頂点法線を求める解法は、頂点を共有するポリゴンのサーフェス法線を平均することです[587, 588]。しかし、この手法は一貫性のない、重み付けが不完全な結果をもたらすことがあります。ThürmerとWüthrich [1902] が紹介する代替手法では、各ポリゴン法線の寄与に、それが頂点で形成する角度で重み付けします。この手法は、頂点を共有するポリゴンを三角形分割してもしなくても同じ結果を与えるという、望ましい特定を持ちます。平均法線手法だと、例えばテッセレートしたポリゴンが頂点を共有する2つの三角形になると、2つの三角形からの影響が元のポリゴンの2倍になり、それは誤りです（図16.12）。

　Max [1236] が、長いエッジが形成するポリゴンのほうが、法線に与える影響が少ないという仮定に基づく、別の重み付け手法を与えています。形成されるポリゴンが大きいほど、サーフェスの曲率に従う可能性が小さいので、単純化テクニックを使うときには、このタイプの平滑化のほうが優れているかもしれません。

　Jinら [905] が、それらを含む手法の包括的な調査で、様々な条件の下で角度による重み付けが最善が、最善の1つであると結論づけています。Cignoni [291] は、いくつかの手法を*Meshlab*で実装し、ほぼ同じことを述べています。また彼は、各法線の寄与に、関連する三角形の面積で重み付けしないように警告しています。

　高さフィールドでは、Shankel [1732] が、各軸沿いの隣の高さの差を使い、角度重み付け法による平滑化を高速に近似できることを示しています。与えられた点 $\mathbf{p}$ と、高さフィールドの x-軸上の $\mathbf{p}^{x-1}$ と y-軸上の $\mathbf{p}^{x+1}$ と $\mathbf{p}^{y-1}$ と $\mathbf{p}^{y+1}$ の4つの隣接点に対し、$\mathbf{p}$ での（正規化されて

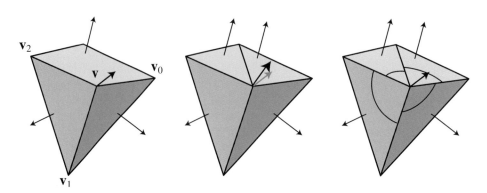

図16.12. 左では、1つのと2つの三角形のサーフェス法線を平均して頂点法線を与える。中央では、四辺形が三角形分割されている。これは各ポリゴンの法線が等しい重みになるので、平均法線がずれる。右では、ThürmerとWüthrichの手法が、各法線の寄与に、それを形成するエッジのペアの間の角度で重み付けするので、三角形分割で法線がずれない。

ない）法線の密接な近似は、次のものです。

$$\mathbf{n} = (p_x^{x+1} - p_x^{x-1}, p_y^{y+1} - p_y^{y-1}, 2) \tag{16.1}$$

16.4 三角形ファン、ストリップとメッシュ

三角形リストは最も単純で、普通は最も効率が低い、三角形のセットを格納して表示する手段です。三角形ごとに頂点データを、順にリストに入れます。三角形ごとに別々の3つの頂点のセットを持つので、三角形の間で頂点データの共有はありません。グラフィックス性能を上げる1つの標準的な手段は、グラフィックス パイプラインに頂点を共有する三角形のグループを送り込むことです。共有は頂点シェーダーへの呼び出しが減ることを意味するので、変換が必要な点と法線も減ります。これから三角形ファンとストリップを手始めに、より手の込んだサーフェスのレンダリングに効率的な形式まで、頂点情報を共有する様々なデータ構造を説明します。

16.4.1 ファン

図16.13が**三角形ファン**を示しています。このデータ構造は、三角形あたり3頂点よりも格納コストを下げられる、三角形の形成方法を示しています。すべての三角形が共有する頂点は**中心頂点**と呼ばれ、図の頂点0です。最初の三角形0では、頂点0、1、2を（この順で）送ります。その後の三角形では、中心頂点を常に前に送った頂点と現在送っている頂点と一緒に使います。三角形1は頂点3を送ることにより形成するので、頂点0（常に含まれる）、2（前に送った頂点）、3で定義される三角形ができます。三角形2は頂点4を送ることで構築し、以下同様です。一般の凸ポリゴンは、任意の点を最初の中心頂点として使えるので、三角形ファンとして表わせることに注意してください。

n頂点の三角形ファンは、順序付き頂点リストとして定義されます。

$$\{\mathbf{v}_0, \mathbf{v}_1, \ldots, \mathbf{v}_{n-1}\} \tag{16.2}$$

16.4. 三角形ファン、ストリップとメッシュ

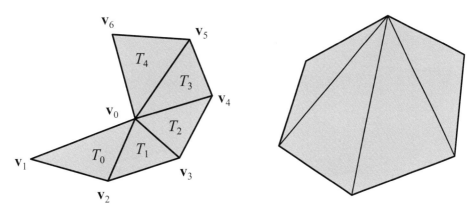

図16.13. 左の図は三角形ファンの概念を示す。三角形T_0は頂点$\mathbf{v}_0$（中心頂点）、$\mathbf{v}_1$、$\mathbf{v}_2$を送る。それに続く三角形T_i ($i > 0$) は頂点$\mathbf{v}_{i+2}$だけを送る。右の図は凸ポリゴンを示し、それは常に1つの三角形ファンにできる。

$\mathbf{v}_0$は中心頂点で、そのリストには三角形iが

$$\triangle \mathbf{v}_0 \mathbf{v}_{i+1} \mathbf{v}_{i+2} \tag{16.3}$$

であることを示す（$0 \leq i < n - 2$）構造が課されます。

三角形ファンがmの三角形からなる場合、その3つの頂点が最初に送られ、残りの$m - 1$の三角形ごとに1つの頂点が加わります。これは長さmの連続した三角形ファンに送らえる頂点の平均の数v_aが、次で表せることを意味します。

$$v_a = \frac{3 + (m-1)}{m} = 1 + \frac{2}{m} \tag{16.4}$$

見てすぐに分かるように、$m \to \infty$のとき$v_a \to 1$です。これは現実世界のケースに合わないように思えるかもしれませんが、もっと妥当な値を考えてみましょう。$m = 5$なら$v_a = 1.4$で、それは平均では、三角形あたり1.4頂点しか送られないことを意味します。

16.4.2 ストリップ

三角形ストリップは、前の三角形の頂点を再利用する点で、三角形ファンと似ています。1つの中心点と前の頂点を1つ再利用する代わりに、次の三角形の形成を補助するのは前の三角形の2つの頂点です。図16.14を考えてみましょう。それらの三角形をストリップとして扱うと、よりコンパクトな手段でレンダリング パイプラインに送れます。最初の三角形（T_0で示される）では、3つの頂点すべて（$\mathbf{v}_0$、$\mathbf{v}_1$、$\mathbf{v}_2$）をその順番で送ります。このストリップの後続の三角形では、他の2つは既に前の三角形と一緒に送っているので、1つの頂点しか送る必要がありません。例えば、三角形T_1を送るときには、頂点$\mathbf{v}_3$だけが送られ、三角形T_0からの頂点$\mathbf{v}_1$と$\mathbf{v}_2$を使って三角形T_1を形成します。三角形T_2では、頂点$\mathbf{v}_4$だけが送られ、ストリップの残りでも同様です。

n頂点の順次三角形ストリップは順序付き頂点リストとして定義され、

$$\{\mathbf{v}_0, \mathbf{v}_1, \ldots, \mathbf{v}_{n-1}\} \tag{16.5}$$

それには三角形iが

$$\triangle \mathbf{v}_i \mathbf{v}_{i+1} \mathbf{v}_{i+2} \tag{16.6}$$

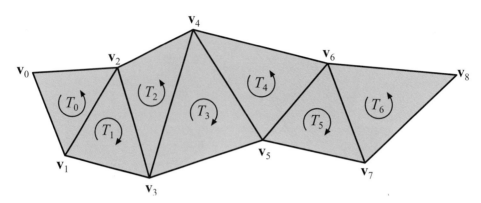

図**16.14.** 1つの三角形ストリップとして表せる、ひと続きの三角形。ストリップの三角形から三角形ごとに向きが変わり、ストリップ中の最初の三角形がすべての三角形の向きを定めることに注意。内部では、頂点を$[0, 1, 2]$、$[1, 3, 2]$、$[2, 3, 4]$、$[3, 5, 4]$とトラバースすることにより、反時計回り順が一貫して保たれる。

であることを示す（$0 \leq i < n - 2$）構造が課されます。この種のストリップが**順次**と呼ばれるのは、頂点が与えられて順番で送られるからです。その定義により、n頂点の順次三角形ストリップは$n - 2$の三角形を持ちます。

長さm（mの三角形を構成する）の三角形ストリップの頂点の平均数の解析は、同じ初期フェーズを持ち、新たな三角形ごとにただ1つの頂点を送るので、v_aが三角形ファンと同じであることも示します（式16.4）。同様に$m \to \infty$のとき、当然ながら三角形ストリップのv_aも三角形あたり1頂点に近づきます。$m = 20$では$v_a = 1.1$で、それは3よりもはるかによく、1.0の限界に近くなります。三角形ファンと同じく、最初の三角形の初期コストは常に3頂点で、後続の三角形で償却されます。

三角形ストリップの魅力は、ここから生じます。レンダリング パイプラインのボトルネックの場所によっては、単純な三角形リストのレンダリングで費やされる時間の3分の2まで節約できる可能性があります。その高速化は、各頂点を2度グラフィックス ハードウェアに送り、それぞれに行列変換、クリッピングなどの操作を行うような、冗長な処理を避けることによるものです。三角形ストリップは、エッジの頂点を他のストリップが再利用しない草の葉などのオブジェクトに有用です。その単純さのため、ジオメトリー シェーダーが複数の三角形を出力するときには、ストリップが使われます。

三角形に厳格な順番を課さないものや、複数の非連結ストリップを1つのバッファーに格納できるように2重頂点や再開インデックス値を使うものなど、三角形ストリップにはいくつかの変種があります。任意の三角形のメッシュをストリップに分解する最善の方法について、以前はかなりの研究が行われました[1165]。インデックス三角形メッシュの導入によって、よりよい頂点データの再利用が可能になり、それが高速な表示と、一般に全体に必要なメモリーの削減の両方をもたらしたので、そのような努力は死に絶えました。

16.4.3 三角形メッシュ

まだ三角形ファンとストリップに用途はありますが、すべての現代のGPUで標準なのは、複雑なモデルに三角形メッシュと単一のインデックス リストを使うことです（セクション16.3.1）[1225]。ストリップとファンでは、ある程度のデータ共有が可能ですが、メッシュの格納はさらなる共有を可能にします。メッシュでは、追加のインデックス配列が、三角形を形成する頂

16.4. 三角形ファン、ストリップとメッシュ

点を追跡します。そうすることで、1つの頂点を複数の三角形に関連付けられます。

閉じたメッシュを形成する頂点の平均の数の決定には、**連結平面グラフ**[146]の**オイラー ポアンカレの公式**が役立ちます。

$$v - e + f + 2g = 2 \tag{16.7}$$

vは頂点の数、eは辺（エッジ）の数、fは面の数、gは種数です。**種数**はオブジェクトの穴の数です。例えば、球の種数は0で、トーラスの種数は1です。各面が1つのループを持つと仮定します。面が複数のループを持つ可能性があれば、lをループの数として、式は次になります。

$$v - e + 2f - l + 2g = 2 \tag{16.8}$$

閉じた（立体）モデルでは、すべてのエッジが2つの面を持ち、すべての面は少なくとも3つのエッジを持つので、$2e \geq 3f$です。GPUが要求するように、メッシュがすべて三角形なら、$2e = 3f$です。0の種数を仮定し、式のeを$1.5f$で置き換えると、$f \leq 2v - 4$になります。すべての面が三角形なら、$f = 2v - 4$です。

大きな閉じた三角形メッシュでの経験則は、三角形の数が頂点の数の約2倍になることです。同様に、頂点は平均で約6つの三角形（したがって6つのエッジ）に接続します。1つの頂点に接続するエッジの数は、その**価数**と呼ばれます。その結果に影響を与えるのはメッシュのネットワークではなく、三角形の数だけであることに注意してください。ストリップ中の三角形あたりの頂点の平均の数は1に近づくので、頂点の数は三角形の数の2倍になり、メッシュを三角形ストリップで表さない場合、すべての頂点を（平均で）2回送らなければなりません。極限で、三角形メッシュは三角形ごとに送る頂点を0.5にできます。

この解析は滑らかで閉じたメッシュでのみ成り立つことに注意してください。**境界エッジ**（2つのポリゴンの間で共有されないエッジ）があると、すぐに頂点と三角形の比は増えます。オイラー ポアンカレの公式はやはり成り立ちますが、メッシュの外側の境界を、すべての外のエッジと接する分離した（未使用の）面と見なさなければなりません。同様に、GPUは2つのグループが接するシャープなエッジ沿いの法線に、別々の異なる頂点レコードを保持する必要があるので、実質的にモデルの平滑化グループごとに独自のメッシュを持たなければなりません。例えば、キューブの角は1つの位置に3つの法線を持つので、3つの頂点レコードを格納します。テクスチャーや他の頂点データの変化も、相異なる頂点レコードの数を増やすことがあります。

理論的な予測では、三角形あたり約0.5頂点を処理する必要があります。実際には、頂点はGPUにより座標変換されて*FIFO*（先入れ先出し）キャッシュや、*LRU*（最近最も使われなかったもの）システムを近似するものに入ります[927]。どの頂点も頂点シェーダーを通るので、このキャッシュは、変換後の結果を保持します。入力頂点がこのキャッシュにあれば、そのキャッシュされた変換後の結果を頂点シェーダーを呼ばずに使うことができ、大きな性能の向上が得られます。三角形メッシュ中の三角形をランダムな順番で送り出すと、キャッシュは役立ちそうにありません。三角形ストリップのアルゴリズムは、2のキャッシュ サイズ、つまり最後に使った2つの頂点が最適です。より大きなFIFOキャッシュに頂点データを格納し、アルゴリズムを使って頂点をキャッシュに加える順番を決定する考え方は、DeeringとNelson[367]が、最初に探っています。

FIFOキャッシュのサイズには限りがあります。例えば、PLAYSTATION 3システムは、頂点あたりのバイト数によりますが、約24の頂点を保持します。それより新しいGPUでも、このキャッシュはあまり増えず、32頂点が一般的な最大値です。

Hoppe [834] が、キャッシュ再利用の重要な測定基準である、**平均キャッシュ ミス率**（ACMR）を導入しました。これは三角形あたりの処理が必要な頂点の平均の数です。それは3（すべての三角形ですべての頂点を毎回処理しなければならない）から0.5（再処理される頂点がない、大きな閉じたメッシュでの完全な再利用）まで変化します。キャッシュ サイズがメッシュ自体と同じ大きさなら、ACMRは理論的な頂点と三角形の比率と同じです。キャッシュ サイズとメッシュの順番が与えられれば、ACMRは正確に計算できるので、そのキャッシュ サイズで与えられたアプローチの効率を記述できます。

16.4.4 キャッシュ-オブリビアスなメッシュ配置

メッシュ中の三角形の理想的な順番は、頂点キャッシュの使用を最大化するものです。Hoppe [834] が、メッシュのACMRを最小にするアルゴリズムを紹介していますが、キャッシュ サイズが事前に分かっていなければなりません。想定するキャッシュ サイズが実際のキャッシュ サイズより大きいと、結果のメッシュが得る利益が大きく減ります。キャッシュのサイズが異なると、解が生み出す最適な順番も異なることがあります。ターゲット キャッシュ サイズが分からないときに、サイズに関係なくうまく動作する順番を作り出す、**キャッシュ-オブリビアスなメッシュ配置**アルゴリズムが開発されてきました。そのような順番は、**ユニバーサル インデックス シーケンス**と呼ばれることがあります。

LinとYu [1132]、Forsyth [527] が、よく似た原理を使う高速な貪欲アルゴリズムを与えています。頂点に、そのキャッシュ中の位置と、それに付属する未処理の三角形の数に基づくスコアを与えます。最も高い総合頂点スコアを持つ三角形を次に処理します。3つの最も最近使われた頂点に少し低いスコアを与えることにより、アルゴリズムは単純に三角形ストリップを作ることを回避して、ヒルベルト曲線と似たパターンを作り出します。まだ付属する三角形が少ない頂点に高いスコアを与えることにより、アルゴリズムは孤立した三角形を後に残すことを避ける傾向があります。達成される平均キャッシュ ミス率は、よりコストの高い複雑なアルゴリズムに匹敵します。LinとYuの手法は、もう少し複雑ですが、関連する考え方を使っています。12のキャッシュ サイズで、30の最適化されていないモデルのセットに対する平均のACMRは1.522で、最適化の後では、平均はキャッシュ サイズにより0.664かそれ以下に落ちました。

Sanderら [1660] は、それまでの研究の概要を与え、*Tipsify*と呼ばれる独自の（キャッシュ-サイズ オブリビアスではないけれども）より高速な手法を紹介しています。1つの追加は、オーバードローを最小にするため、最も外の三角形を早期にリストに入れるよう努力することです（セクション 18.4.5）。例えば、コーヒーカップを想像してください。カップの外側を形成する三角形を最初にレンダーすることにより、後の内側の三角形はビューから隠れる可能性が高くなります。

Storsjö [1834] がForsythとSanderの手法を比較対照し、両方の実装を与えています。それらの手法が理論的な限界に近い配置を与えると結論付けています。より新しいKapoulkine [927] の研究は、4つのキャッシュ-アウェア頂点並び替えアルゴリズムを、3つのハードウェア ベンダーのGPU上で比較しています。Intelは各頂点が3つ以上のエントリーを使う128エントリーのFIFOを使い、AMDとNVIDIAのシステムは16エントリーのLRUキャッシュを近似すると結論付けています。このアーキテクチャーの違いは、アルゴリズムの振る舞いに大きく影響します。それらのプラットフォームで、Tipsify [1660] と、それより度合いは小さいけれどもForsythのアルゴリズム [527] が、比較的うまく動作することを見出しています。

結論としては、三角形メッシュのオフライン前処理は頂点キャッシュの性能と、頂点ステー

16.4. 三角形ファン、ストリップとメッシュ 605

ジがボトルネックであるときには全体のフレーム レートを大きく改善できます。それは実際に高速で、実質的に $O(n)$ です。いくつかのオープンソース版が利用できます[527]。そのようなアルゴリズムはメッシュに自動的に適用でき、そのような最適化には追加の格納コストがなく、ツールチェーンの他のツールに何の影響も与えないので、それらの手法は成熟した開発システムにたいてい組み込まれています。例えばPLAYSTATIONメッシュ処理ツールチェーンには、Forsythのアルゴリズムが組み込まれているようです。現代のGPUの統合シェーダーアーキテクチャーの採用により、頂点変換後のキャッシュは進化していますが、キャッシュミスの回避は、今でも重要な懸案事項です[575]。

16.4.5 頂点とインデックス バッファー/配列

現代のグラフィックス アクセラレーターにモデル データを供給する1つの手段は、DirectXが頂点バッファーと呼び、OpenGLが頂点バッファー オブジェクト（VBO）と呼ぶものを使うことです。このセクションではDirectXの用語を使います。示す概念は、OpenGLにも同じものがあります。

頂点バッファーの考え方は、メモリーの連続なブロックにモデル データを格納することです。頂点バッファーは、特定のフォーマットの頂点データの配列です。そのフォーマットが、頂点が法線、テクスチャー座標、色、その他の特定の情報を含むかどうかを指定します。各頂点は、そのデータを頂点順にグループとして持ちます。頂点のバイトのサイズは、その**ストライド**と呼ばれます。この種の格納方法は**インターリーブ** バッファーと呼ばれます。代わりに、**頂点ストリーム**のセットを使うこともできます。例えば、1つのストリームが位置の配列 $\{\mathbf{p}_0 \mathbf{p}_1 \mathbf{p}_2 \ldots\}$ を持ち、別のストリームが異なる法線の配列 $\{\mathbf{n}_0 \mathbf{n}_1 \mathbf{n}_2 \ldots\}$ を持つこともできます。実際には、GPUでは各頂点のすべてのデータを含む単一のバッファーのほうが一般に効率的ですが、複数のストリームを避けるほどではありません [74, 1608]。複数ストリームの主なコストは、追加のAPI呼び出しで、アプリケーションがCPU律速なら避ける価値があるかもしれませんが、そうでなければ大したものではありません [481]。

Wihlidal [2027] が、API、キャッシュ、CPU処理の利点を含む、複数のストリームをレンダリング システムの性能に役立てられる様々な方法を論じています。例えば、CPU上でのベクトル処理用のSSEとAVXは、別々のストリームに適用するほうが簡単です。複数のストリームを使う別の理由が、効率的なメッシュの更新です。例えば、頂点位置ストリームだけが時間で変化する場合、その属性バッファー1つを更新するほうが、インターリーブ ストリーム全体を作って送るよりも低コストです [1727]。

頂点バッファーへのアクセス方法は、デバイスの`DrawPrimitive`メソッド次第です。データは以下のように扱えます。

1. 個々の点のリスト。
2. 非連結線分、つまり頂点のペアのリスト。
3. 単一のポリライン。
4. 3つの頂点のグループが三角形を形成する三角形リスト、例えば、頂点 $[0, 1, 2]$ が1つ、$[3, 4, 5]$ が次のように形成する。
5. 最初の頂点が後続の頂点のペアと三角形を形成する三角形ファン、例えば、$[0, 1, 2]$、$[0, 2, 3]$、$[0, 3, 4]$。
6. 3つの連続な頂点のすべてのグループが三角形を形成する三角形ストリップ、例えば、$[0, 1, 2]$、$[1, 2, 3]$、$[2, 3, 4]$。

DirectX 10以降では、三角形と三角形ストリップは、ジオメトリー シェーダー（セクション 3.7）で使うため、隣接する三角形の頂点を含めることもできます。

頂点 バッファーはインデックス バッファーとして使ったり、インデックス バッファーで参照することもできます。インデックス バッファーのインデックスは、頂点バッファー中の頂点の場所を保持します。インデックスは16ビットか、メッシュが大きく、GPUとAPIがそれをサポートする場合は、32ビットの符号なし整数です（セクション16.6）。インデックス バッファーと頂点バッファーを組み合わせて使い、「生の」頂点バッファーと同じ型の描画プリミティブを表示できます。違いは、インデックス/頂点バッファーの組み合わせの各頂点は一度しか格納する必要がないのに対し、インデックスしない頂点バッファーは繰り返しが発生するかもしれないことです。

三角形メッシュ構造はインデックス バッファーで表されます。インデックス バッファーに格納される最初の3つのインデックスが最初の三角形を指定し、次の3つが2番目を指定し、以下同様です。この配置は**インデックス三角形リスト**と呼ばれ、インデックス自体が三角形のリストを形成します。OpenGLは、インデックス バッファーと頂点バッファーを、頂点フォーマット情報と一緒に**頂点配列オブジェクト（VAO）**にバインドします。インデックスを三角形ストリップの順に配置して、インデックス バッファーのスペースを節約することもできます。このフォーマット、**インデックス三角形ストリップ**は、そのようなストリップのセットを大きなメッシュで作成するのは手間がかかり、ジオメトリーを処理するすべてのツールがこのフォーマットをサポートする必要があるので、実際にはあまり使われません。次のメッシュに対する、頂点とインデックス バッファー構造の例を述べます。

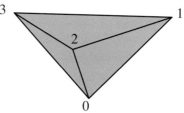

頂点位置 p_0 から p_3、法線 n_0 から n_3 で構成される三角形。

一連の個別の呼び出しで三角形をレンダーできます：開始、p_0、n_0、p_1、n_1、p_2、n_2、終了、開始、p_1、n_1、p_3、n_3、p_2、n_2、終了、開始、p_2、n_2、p_3、n_3、p_0、n_0、終了

その位置と法線は2つの別々のリストに入れることができます。配列中の別々の3つ組が三角形となるように、その2つの配列を三角形のリストとして扱います。

p_0	p_1	p_2	p_1	p_3	p_2	p_2	p_3	p_0	位置の配列
n_0	n_1	n_2	n_1	n_3	n_2	n_2	n_3	n_0	法線の配列

位置と法線を配列に入れて、すべての3つ組が三角形を定義することもできます。

p_0	p_1	p_2	p_3	p_0	位置の配列
n_0	n_1	n_2	n_3	n_0	法線の配列

頂点を1つの交互配置の配列に入れて、それぞれ別々の3つ組またはすべて3つ組（三角形ストリップ）として扱うこともできます。次が三角形ストリップの配列です。

p_0	n_0	p_1	n_1	p_2	n_2	p_3	n_3	p_4	n_4	頂点の配列

頂点を1つの配列に入れて、別々の三角形を与えるインデックス リストと持つこともできます。

p_0	n_0	p_1	n_1	p_2	n_2	p_3	n_3	頂点の配列

16.4. 三角形ファン、ストリップとメッシュ

| 0 | 1 | 2 | 1 | 3 | 2 | 2 | 3 | 0 |

インデックス配列

頂点を1つの配列に入れて、インデックス リストで三角形ストリップを定義することもできます。

| p_0 | n_0 | p_1 | n_1 | p_2 | n_2 | p_3 | n_3 |

頂点の配列

| 0 | 1 | 2 | 3 | 0 |

インデックス配列

使うべき構造は、プリミティブとプログラムで決まります。単純な長方形の表示は、4つの頂点を2つの三角形ストリップやファンとして使う頂点バッファーだけで簡単に行えます。インデックス バッファーの1つの利点が、前に論じたデータの共有です。別の利点は、三角形を任意の順番と構成にでき、三角形ストリップのロックステップ要件がない単純さです。最後に、転送してGPU上で格納する必要があるデータの量も、普通はインデックス バッファーを使うほうが小さくなります。頂点の共有で得られるメモリーの節約が、インデックス配列を含める小さなオーバーヘッドをはるかに上回ります。

インデックス バッファーと頂点バッファーは、ポリゴン メッシュを記述する手段を提供します。しかし、データは一般にGPUレンダリングの効率を目的に格納され、必ずしも最もコンパクトなものではありません。例えば、キューブを格納する1つの方法は、角の位置を1つの配列に保存し、その6つの異なる法線を別の配列に、その面を定義する6つの4インデックス ループと一緒に保存することです。そのとき各頂点位置は頂点リストと法線リストに1つずつ、2つのインデックスで記述されます。テクスチャー座標は、さらに別の配列と第3のインデックスで表されます。このコンパクトな表現はWavefront OBJなど、多くのモデル ファイル フォーマットで使われます。GPU上では、1つのインデックス バッファーしか利用できません。1つの頂点バッファーなら、角の位置ごとに隣接する面のための3つの別々の法線を持つので、24の異なる頂点を格納します。インデックス バッファーなら、サーフェスを形成する12の三角形を定義するインデックスを格納することになるでしょう。Masserann [1225] が、そのようなファイルの記述を、コンパクトで効率的なインデックス/頂点バッファーと、頂点を共有しない非インデックス三角形のリストへの効率的な変換を論じています。メッシュをテクスチャー マップやバッファー テクスチャーに格納し、頂点シェーダーのテクスチャー フェッチやプル メカニズムを使うなどの手法による、さらにコンパクトなスキームが可能ですが、変換後頂点キャッシュを使えない性能ペナルティが伴います [242, 1571]。

最大効率のためには、頂点バッファー中の頂点の順番と、インデックス バッファーがアクセスする順番が一致すべきです。つまり、インデックス バッファーの最初の三角形が参照する最初の3つの頂点が、頂点バッファーの最初の3つであるべきです。インデックス バッファーで新たな頂点に出会うとき、それは頂点バッファーの次のものであるべきです。この順番は変換前の頂点キャッシュのキャッシュ ミスを最小にし、それはセクション16.4.4で論じた変換後キャッシュと別物です。頂点バッファーのデータの並べ替えは単純な操作ですが、変換後の頂点キャッシュで効率的な三角形の順番を求めるのと同じぐらい、性能に重要なことがあります [527]。

さらに高い効率を実現する、頂点とインデックス バッファーを割り当てて使うための高レベルの手法があります。例えば、変化しないバッファーをGPU上に保管して毎フレーム使い、オブジェクトの複数のインスタンスとバリエーションを、同じバッファーから生成できます。セクション18.4.2が、そのようなテクニックを詳しく論じています。

パイプラインのストリーム出力機能（セクション3.7.1）を使って、処理した頂点を新しいバッファーに送る能力により、レンダリングせずに頂点バッファーをGPU上で処理できます。

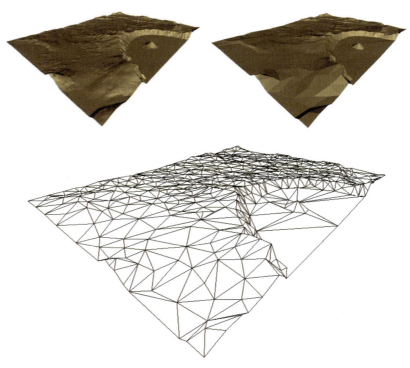

図16.15. 左上は200,000の三角形でレンダーしたクレーター レイクの高さフィールド。右上の図は、このモデルを不規則三角形網（TIN）1000の三角形に単純化したものを示している。基層の単純化メッシュが下に示されている。（イメージ提供：*Michael Garland*。）

例えば、三角形メッシュを記述する頂点バッファーを、最初のパスでは単純な点のセットとして扱うこともできます。頂点シェーダーを使って、望みの頂点単位の計算を行い、その結果をストリーム出力を使って新たな頂点バッファーに送ることもできます。この新たな頂点バッファーを、後続のパスでメッシュの接続性を記述する元のインデックス バッファーと組み合わせ、さらに処理して結果を表示できます。

16.5　単純化

メッシュ単純化はデータ削減やデシメーションとも呼ばれ、詳細なモデルの外見を保存しながら、その三角形の数を減らす処理です。リアルタイムでは、格納してパイプラインで送る頂点の数を減らすことにより、この処理を行います。それほど強力でないマシンでは、表示する三角形の数を減らす必要があるかもしれないので、これはアプリケーションをスケーラブルにするのに重要なことがあります。モデル データが、十分な表現に必要な以上のテッセレーションを受け取ることもあります。図16.15が、データ削減テクニックで減らせる、格納した三角形の数の感覚を与えています。

Luebke [1180, 1181] が、静的、動的、ビュー依存の3種類のメッシュ単純化を識別しています。静的な単純化は、レンダリングが始まる前に別の詳細レベル（LOD）モデルを作成し、レンダラーがそれらの間で選ぶという考え方です。この形式はセクション19.9で取り上げます。オフラインの単純化は、再分割サーフェスに粗いメッシュを供給して精緻化するといっ

16.5. 単純化 609

た、他の目的にも役立つことがあります [1086, 1087]。動的な単純化は少数の個別のモデル
ではなく、LODモデルの連続スペクトルを与えるので、そのような手法は**連続的詳細レベル**
（CLOD）アルゴリズムと呼ばれます。ビュー依存のテクニックは、モデル内で詳細レベルが
変化するものに向いています。特に、地形レンダリングは遠くのものは低い詳細レベルでも、
ビューで近い領域には詳細な表現が必要なケースです。このセクションでは、この2種類の単
純化を論じます。

16.5.1　動的な単純化

三角形の数を減らす1つの手法は、その2つの頂点が一致するように動かしてエッジを取り除
く、**エッジ コラプス**操作を使うことです。この動作の例は図16.16を見て下さい。立体モデル
では、エッジ コラプスは、全部で2つの三角形、3つの辺、1つの頂点を取り除きます。した
がって、3000の三角形を持つ閉じたモデルに、1500のエッジ コラプスを適用すると、面は0
に減ります。経験則によれば、v頂点の閉じた三角形メッシュは約$2v$の面と$3v$の辺を持ちま
す。立体のサーフェスでは$f - e + v = 2$であるオイラー ポアンカレの公式を使い、この規則
を導けます。（セクション16.4.3）。

　エッジ コラプス処理は可逆です。エッジ コラプスを順に格納することにより、単純化した
モデルから出発し、複雑なモデルを再構成できます。この特徴はモデルのネットワーク伝送に
役立ち、データベースのエッジ コラプスしたバージョンを効率よく圧縮した形式で送り、モ
デルを受信しながら徐々に作り上げて表示できます [831, 1879]。この特徴から、この単純化処
理はしばしば**ビュー依存プログレッシブ メッシング**（VIPM）と呼ばれます。

　図16.16では、**u**を**v**の位置に潰しましたが、**v**を**u**に潰すこともできます。その2つの可能
性だけに制限される単純化システムは、**サブセット配置**戦略を使っています。この戦略の利点
は、可能性を制限すれば、行う選択を暗黙のうちにエンコードできることです [561, 831]。こ
の戦略のほうが評価が必要な可能性が少ないので高速ですが、探索する解空間も小さくなるの
で、結果の近似の品質も下がるかもしれません。

　最適配置戦略を使うときには、より広範囲の可能性を調べます。1つの頂点を別の頂点に
潰すのではなく、エッジの両方の頂点を新たな位置に縮めます。Hoppe [831] が、**u**と**v**の
両方を、それらが結合するエッジ上のどこかの位置に動かす場合を調べています。最終的な
データ表現の圧縮を改善するには、探索を中点のチェックに制限すればよいと述べています。
GarlandとHeckbert [561] が、さらに進めて2次方程式を解き、エッジから外れるかもしれな
い最適な位置を求めています。最適配置戦略の利点は、より高品質のメッシュを与える傾向が
あることです。欠点は追加の処理、コードと、このより広い可能な配置を記録するためのメモ
リーです。

　最もよい点の配置を決めるため、ローカルな近隣の分析を行います。この局所性は、いく
つかの理由から重要で役に立つ特徴です。エッジ コラプスのコストが少数のローカルな変量
（例えば、エッジ長とエッジの近くの面法線）だけに依存するなら、コスト関数は簡単に計算
でき、個々のコラプスはその近隣の少数のものにしか影響を与えません、例えば、モデルに最
初に計算する3000の可能なエッジ コラプスがあるとします。最も低いコスト関数値のエッジ
コラプスを実行します。それは近くの少数の三角形とその辺にしか影響を与えないので、その
変更でコスト関数が影響を受けるエッジ コラプスの可能性しか再計算する必要はなく（例え
ば3000ではなく10）、そのリストで必要なのは、小規模な再ソートだけです。1つのエッジ コ
ラプスは、他の少数のエッジ コラプスのコスト値にしか影響を与えないので、ヒープや優先
度付きキューが、コスト値のリストの保持によい選択です [1771]。

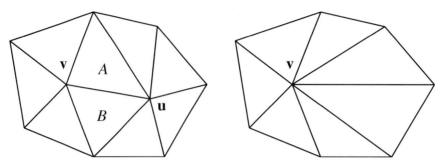

図16.16. 左は図uvのエッジ コラプスが発生する前の図で、右の図は点uを点vに潰すことにより、三角形AとB、エッジuvを取り除いたものを示す。

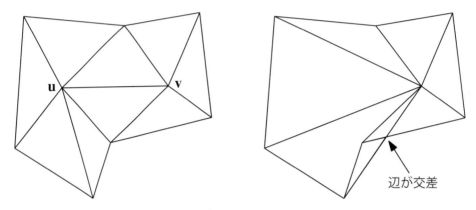

図16.17. 悪いコラプスの例。左は頂点uをvに潰す前のメッシュ道はコラプス後のメッシュで、辺が交差する。

コストに関係なく、避けなければならない短縮があります。図16.17の例を見てください。コラプスによって隣の三角形の法線方向が反転するかどうかをチェックすることで、それらを検出できます。

コラプス操作自体は、モデルのデータベースの編集です。コラプスを格納するためのデータ構造は、きちんと文書化されています[523, 833, 1290, 1853]。各エッジ コラプスをコスト関数で解析し、コスト値が最小のものを次に実行します。最良のコスト関数はモデルのタイプや、他の要因で変わることがあります[1181]。コスト関数は解く問題に応じて、速さ、品質、堅牢性、単純さのトレードオフを行うかもしれません。サーフェス境界、マテリアル位置、ライティング高価、軸対称性、テクスチャー配置、ボリュームなどの制約を維持するように仕立てることも可能です。

そのような関数の動作を把握してもらうため、GarlandとHeckbertの2次誤差基準（QEM）コスト関数[560, 561]を紹介します。この関数は、多くの状況で一般的に使われます。一方、GarlandとHeckbertは、初期の研究で[559]、地形の単純化にはハウスドルフ距離を使うのが最善であることを見出し、他でも裏付けられています[1610]。この関数は単純に、単純化したメッシュの頂点の、元のメッシュからの最長の距離です。図16.15が、この基準を使った結果を示しています。

与えられた頂点には、それを共有する三角形のセットがあり、三角形ごとに関連付けられた平面の式があります。頂点の移動に対するQEMコスト関数は、その各平面と、新しい位置の

16.5. 単純化   611

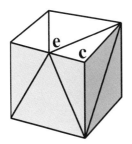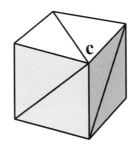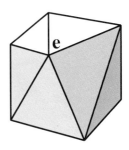

図16.18. 左の図は1つの辺上に追加の点を持つキューブを示す。中の図は点eを角cに潰したときに何が起きるかを示している。右の図はcをeに潰したものを示している。

間の距離の2乗の和です。より正式には、

$$c(\mathbf{v}) = \sum_{i=1}^{m}(\mathbf{n}_i \cdot \mathbf{v} + d_i)^2$$

が新しい位置$\mathbf{v}$とmの平面に対するコスト関数で、$\mathbf{n}_i$は平面iの法線でd_iは、その原点からのオフセットです。

同じエッジで可能な2つの縮小の例が図16.18に示されています。キューブが2単位幅だとします。$\mathbf{e}$を$\mathbf{c}$に潰す ($\mathbf{e} \to \mathbf{c}$) コスト関数は、点$\mathbf{e}$は$\mathbf{c}$に行くときに共有する平面から離れないので0です。$\mathbf{c} \to \mathbf{e}$のコスト関数は、$\mathbf{c}$がキューブの右の面の平面から1の2乗の距離だけ離れるので、1です。コストが低い$\mathbf{e} \to \mathbf{c}$コラプスが、$\mathbf{c} \to \mathbf{e}$よりも優先されます。

このコスト関数は様々なやり方で修正できます。シャープなエッジを形成するエッジを共有する2つの三角形、例えば、魚のヒレやタービンのブレードの一部があるとします。このエッジ上で頂点を潰すコスト関数は、もう1つの三角形の平面からあまり離れないので、低くなります。その基本的な関数のコスト値は、特徴を取り除くときのボリュームの変化に関連しますが、視覚的な重要性のよい指標ではありません。折り目がシャープなエッジを維持する1つの方法は、そのエッジを包含し、2つの三角形の法線の平均である法線を持つ、追加の平面を加えることです。そうすると、このエッジから離れる頂点のほうが、高いコスト関数を持つようになります[562]。1つの変種は、コスト関数に三角形の面積の変化で重み付けすることです。

サーフェスの他の特徴の維持に基づくコスト関数を使う拡張もあります。例えば、モデルの折り目と境界のエッジは、それを伝えるのに重要なので、修正されにくくすべきです（図16.19）。維持する価値がある他のサーフェスの特徴は、マテリアルの変化、テクスチャー マップのエッジ、頂点の色の変化がある場所です[835]（図16.20）。

ほとんどの単純化アルゴリズムで発生する深刻な問題は、テクスチャーが元の外見から顕著に逸脱することです[1181]。エッジが潰れるとき、その下層のテクスチャーのサーフェスへのマッピングが歪むことがあります。また、テクスチャー座標値が境界では一致しながら、テクスチャーが適用される別の領域に属することがあります（例えば、モデルが鏡像になる中心のエッジ沿い）。Caillaudら[239]が、それまでの様々なアプローチを調査し、テクスチャーの切れ目に対処する独自のアルゴリズムを紹介しています。

スピードも懸案事項です。CADシステムのように、ユーザーが独自のコンテンツを作成するシステムでは、その場で詳細レベル モデルを作成する必要があります。GPUを使う単純化の実行が、ある程度成功しています[1088]。別のアプローチは、**頂点クラスタリング**のような、より簡単な単純化アルゴリズムを使うことです[1177, 1625]。このアプローチの核となる

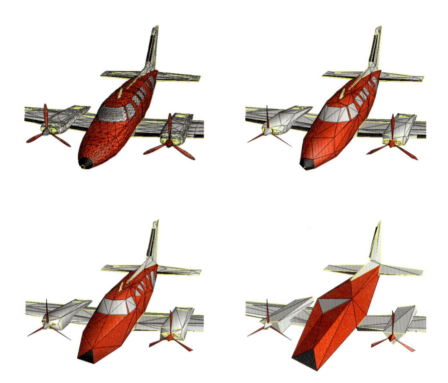

図16.19. メッシュの単純化。左上は元の13,546面のメッシュを示し、右上は1,000面、左下は500、右下は150面に単純化したものを示す[833]。 （イメージ ⓒ1996 Microsoft. All rights reserved。）

考え方は、モデルに3次元ボクセル グリッドのような構造を重ねることです。ボクセルの頂点を、そのセルで「最善の」頂点位置に動かします。そうすることで、2つ以上の三角形の頂点が同じ位置に着地して、縮退になるときにいくつかの三角形を取り除けます。このアルゴリズムは堅牢で、メッシュが接続している必要はなく、別々のメッシュを簡単に1つに集約できます。しかし、基本的な頂点クラスタリング アルゴリズムが完全なQEMアプローチほどよい結果を与えることは、めったにありません。Willmott [2033] が、ユーザーがゲーム *Spore* で作成するコンテンツで、彼のチームがどのようにして、このクラスタリング アプローチを堅牢かつ効率的に動作させるようにしたかを論じています。

サーフェスの元のジオメトリーを、バンプ マッピング用の法線マップに変えるのは、単純化と関連する考え方です。ボタンやしわのような小さな特徴は、ほとんど忠実性を失わずにテクスチャーで表現できます。Sanderら [1656] が、この領域のそれまでの研究を論じ、1つのソリューションを提供しています。そのようなアルゴリズムは一般に、高品質のモデルをテクスチャー表現にベイクするインタラクティブ アプリケーション用のモデルの開発に使われます [66]。

単純化テクニックは、1つの複雑なモデルから多数の**詳細レベル（LOD）** モデルを作り出せます。LODモデルを使うときに見られる1つの問題は、あるモデルを別のモデルにフレームの間に瞬間的に置き換えると、その遷移が見えてしまうことです [552]。この問題は「ポッピング」と呼ばれます。1つの解決法は、詳細レベルの増減に**ジオモーフ** [831] を使うことです。複雑なモデルの頂点を単純なモデルに位置付ける方法が分かっているので、滑らかな遷移を作り出せます。詳細はセクション19.9.1を参照してください。

ビュー依存プログレッシブ メッシングを使う利点は、一度作った頂点バッファーを、同じ

16.5. 単純化   613

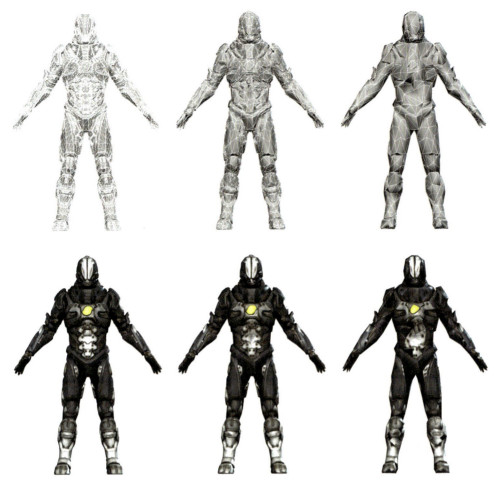

図**16.20.** メッシュの単純化。上段：メッシュと単純なグレイのマテリアルのメッシュ。下段：テクスチャーのあるメッシュ。左から右：モデルは51,123、6,389、1,596の三角形を含む。モデルのテクスチャーは可能な限り維持されているが、三角形の数が下がるとにつれて歪みが発生する。（イメージ ⓒ*2016 Microsoft. All rights reserved*。）

モデルの詳細レベルが異なるコピーの間で共有できることです[1853]。しかし、その基本的なスキームでは、コピーごとに別々のインデックス バッファーを作る必要があります。別の問題が効率です。コラプスの順番で三角形の表示順が決まるので、頂点キャッシュのコヒーレンスがよくありません。Forsyth [523]が、インデックス バッファーを作って共有するときに効率を改善する、いくつかの実用的な解決法を論じています。

　メッシュ削減テクニックは役立つことがありますが、完全自動化システムは万能ではありません。対称性維持の問題が図16.21に示されています。才能あるモデル製作者は、自動化された手続きで生成されるものより品質のよい、三角形の数が少ないオブジェクトを作成できます。例えば、目と口は顔の最も重要な部分です。単純なアルゴリズムは、それらを取るに足らないものとして平滑化してしまうでしょう。リトポロジーは、モデリング、平滑化、あるいは単純化テクニックの適用時に、様々な特徴を保つよう、モデルにエッジを加える処理です。単純化に関連するアルゴリズムは開発が続き、可能な限り自動化されています。

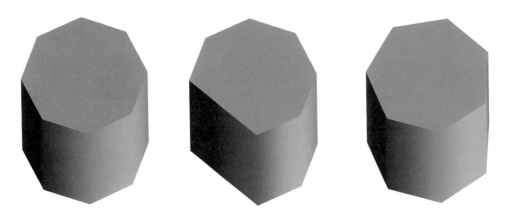

図 16.21. 対称性問題。左の円筒は10の平らな面を持つ（上面と底面を含む）。中央の円筒は自動的な削減で1つの面を取り除かれ、9の平らな面を持つ。右の円筒はモデラーのファセターで再生成され、9の平らな面を持つ。

16.6　圧縮と精度

三角形メッシュのデータは、そのデータを様々な方法で圧縮でき、同様の利益を得られます。PNGとJPEGイメージ ファイル フォーマットがテクスチャーに可逆と不可逆の圧縮を使うのと同じく、三角形メッシュ データの圧縮にも様々なアルゴリズムとフォーマットが開発されてきました。

　圧縮は、エンコードとデコードに費やす時間のコストと引き換えに、データの格納に費やす空間を最小化します。伝送する表現を小さくすることで節約する時間が、データの復元に費やす追加の時間を上回らなければなりません。インターネットで伝送するとき、遅いダウンロード速度は、より手の込んだアルゴリズムを使えることを暗に意味します。メッシュの接続性は圧縮し、MPEG-4に採用されたTFAN [1206]を使って効率よくデコードできます。Open3DGC、OpenCTM、Dracoなどのエンコーダーは、gzip圧縮だけを使うのと比べて、4分の1以下のサイズになることもあるモデル ファイルを作成できます[1442]。それらのスキームを使う復元は、比較的遅い（毎秒数百万三角形）1回限りの操作を意図していますが、データの伝送に費やす時間の節約により、それだけでお釣りがきます。Magloら[1189]がアルゴリズムの完全なレビューを提供します。ここではGPU自体が直接関与する圧縮テクニックに焦点を合わせます。

　本章の多くは、特に三角形メッシュのストレージを最小化する様々な手段を扱ってきました。それを行う主な動機は、レンダリングの効率です。頂点データを複数の三角形の間で再利用すれば、複製するよりもキャッシュ ミスが減ります。ほとんど見た目の影響がない三角形を取り除くことは、頂点処理とメモリーの両方の節約になります。メモリー サイズが小さいほうが、帯域幅コストが下がり、キャッシュの利用が改善します。GPUがメモリーに格納できるものには限度があるので、データ削減テクニックは表示できる三角形の数を増やすことにつながります。

　頂点データは、テクスチャーを圧縮するときと似た理由で、固定率圧縮を使って圧縮できます（セクション6.2.6）。**固定率圧縮**というのは、最終的な圧縮サイズが分かっている手法を意味します。頂点ごとに自己完結する形式の圧縮を持つことは、デコードをGPU上で行えるこ

16.6. 圧縮と精度

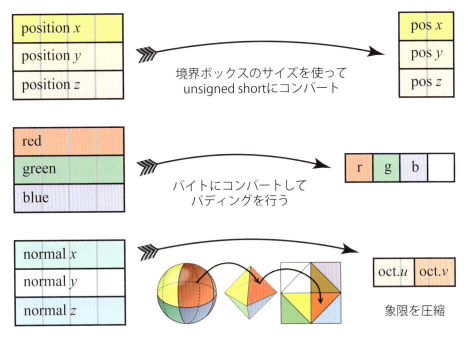

図16.22. 頂点データで典型的な固定率の圧縮法。（Cigolleら[292]からの象限変換図、提供：Morgan McGuire。）

とを意味します。Calver [240]が、復元に頂点シェーダーを使う様々なスキームを紹介しています。Zarge [2110]は、データ圧縮が頂点フォーマットをキャッシュ ラインに合わせるのにも役立てられると述べています。Purnomoら[1562]は単純化と頂点量子化テクニックを組み合わせ、イメージ空間の基準を使う、与えられたターゲットのメッシュ サイズにメッシュを最適化しています。

圧縮の単純な形の1つが、インデックス バッファーのフォーマットに見られます。インデックス バッファーは、頂点バッファー中の頂点の配列位置を与える符号なし整数の配列からなります。頂点バッファーの頂点が2^{16}以下なら、インデックス バッファーはunsigned longの代わりにunsigned shortを使えます。2^8未満の頂点のメッシュにunsigned byteをサポートするAPIもありますが、それを使うと高コストのアライメントの問題を生じることがあるので、一般には避けます。OpenGL ES 2.0、WebGL 1.0、いくつかの古いデスクトップとラップトップのGPUには、unsigned longインデックス バッファーがサポートされないという制限があるので、unsigned shortを使わなければならないことは、述べておく価値があります。

三角形メッシュ データ自体にも圧縮できる機会があります。基本的な例として、ベークされたライティング、シミュレーションの結果などの情報を表すため、頂点ごとに1つ以上の色を格納する三角形メッシュがあります。一般的なモニターでは、色は8ビットの赤、青、緑で表されるので、データは3つのfloatの代わりに3つのunsigned byteとして頂点レコードに格納できます。GPUの頂点シェーダーは、このフィールドを次に三角形トラバースで補間される、別々の値に変えることができます。しかし、多くのアーキテクチャーで注意を払わなければなりません。例えば、AppleはiOSで余分な処理を避けるため、3バイト データ フィールドを4バイトにパディングすることを推奨しています[74]。図16.22の中の図を参照してくだ

さい。

　別の圧縮法は、色を格納しないことです。色のデータが、例えば、温度の結果を示している
なら、温度自体を1つの数として格納し、後で色の1次元テクスチャーのインデックスに変換
できます。さらに温度の値が不要なら、1つのunsigned byteを使い、この色テクスチャーを
参照できます。

　温度自体を格納する場合でも、必要な桁数は僅かかもしれません。浮動小数点数は全体で
24ビットの精度を持ち、7桁を超えます。ちなみに16ビットは、ほぼ5桁の精度を与えます。
温度値の範囲は十分に小さく、浮動小数点フォーマットの指数部はおそらく不要です。最低値
をオフセット、最高値マイナス最低値をスケールとして使うことにより、値を限られた範囲
に均等に広げられます。例えば、値の範囲が28.51から197.12なら、最初にunsigned short値
を$2^{16} - 1$で割り、その結果に(197.12 − 28.51)の倍率を掛け、最後にオフセット28.51を加え
て温度に変換します。データ セットのスケールとオフセットの係数を格納して、頂点シェー
ダー プログラムに渡すことにより、データ セット自体を半分のスペースで格納できます。こ
の種の変換は**スカラー量子化** [1189] と呼ばれます。

　一般に頂点位置データは、そのような削減のよい候補です。1つのメッシュが空間中で広が
る領域は小さいので、シーン全体に対するスケールとオフセットのベクトル（または4×4行
列）を持つことで、忠実性をあまり損なわずに大きなスペースを節約できます。シーンによっ
ては、スケールとオフセットとオブジェクトごとに生成し、モデルごとの精度を改善すること
も可能です。しかし、それを行うと、別々のメッシュが接する場所で割れ目を生じるかもしれ
ません [1492]。元は同じワールド位置で、別のモデルにある頂点は、スケールとオフセットの
位置が少し異なるかもしれません。すべてのモデルがシーン全体と比べて小さいときの1つの
解決法は、すべてのモデルに同じスケールを使い、オフセットを揃えることで、精度を数ビッ
ト改善できます [1090]。

　頂点データを浮動小数点で格納しても、精度の問題を避けるのに十分でないことがありま
す。古典的な例が地球に重ねてレンダーされるスペースシャトルです。シャトルのモデル自
体はミリメートル スケールまで指定されるかもしれませんが、地球の表面は100,000メート
ル以上離れ、スケールに8桁の違いがあります。シャトルのワールド空間位置を地球に対して
計算するとき、その生成する頂点位置は、それより高い精度が必要です。補正操作を行わない
と、シャトルは近くで見るときに画面で揺れます。シャトルの例はこの問題の極端なバージョ
ンですが、大規模マルチプレイヤー世界も1つの座標系を全体で使うと同じ影響を被ることが
あります。端にあるオブジェクトは十分な精度を失い、この問題が現れます。オブジェクトの
アニメーションはガタつき、個々の頂点は時間とともにスナップされ、ほんの少しのカメラの
動きでシャドウ マップのテクセルが飛び跳ねます。1つの解決法は座標変換パイプラインを作
り直し、原点を中心とするオブジェクトごとに、ワールドとカメラの平行移動を最初に結合し
て、ほとんど打ち消し合うようにすることです [1490, 1492]。別のアプローチは世界を区分化
して、原点を各区分の中心になるよう再定義することで、その場合の難問は区分間の移動で
す。Ohlarik [1423] と、Cozzi と Ring [324] が、これらの問題と解決法を詳しく論じています。

　関連する特定の圧縮テクニックを持つ頂点データもあります。テクスチャー座標はたいて
い[0.0, 1.0]の範囲に制限されるので、通常は暗黙のオフセット0とスケール除数$2^{16} - 1$にし
て、安全にunsigned shortに縮小できます。普通は値のペアがあり、精度要件に応じて2つの
unsigned short [1492] や、3バイト [96] に収まります。

　他の座標セットと違い、法線は一般に正規化されるので、すべての正規化法線のセットは球
を形成します。このため、研究者たちは法線を効率よく圧縮する目的で、球の平面への変換を

16.6. 圧縮と精度 617

研究してきました。Cigolle ら [292] が、様々なアルゴリズムの利点とトレードオフを分析し、コード サンプルが付属します。八分円と球面投影がデコードとエンコードが効率的でありながら誤差が最小で、最も実用的だと結論付けています。Pranckevičius [1546] と Pesce [1505] が、遅延シェーディング（セクション20.1）でG-バッファーを生成するときの法線の圧縮を論じています。

　他にもストレージの削減に利用できる特性を持つデータがあります。例えば、法線、接線、従法線ベクトルは法線マッピングによく使われます。これら3つのベクトルは互いに垂直で（傾斜しない）、その手系が一貫していれば、ベクトルのうち2つだけを格納し、3つ目を外積で導けます。さらにコンパクトに、手型のビットを7ビットのw一緒に保存する1つの4バイト クォターニオンで、その基底が形成する回転行列を表現できます [536, 1204, 1244, 1492, 1761]。さらに精度を上げるため、4つのクォターニオン値の最大のものを除き、他の3つをそれぞれ10ビットで格納できます。残りの2ビットで、4つの値のどれが格納されていないかを識別します。クォターニオンの2乗の和は1なので、4つ目の値は他の3つから導けます [541]。Doghramachi ら [393] は、軸と角度の格納に接線/従法線/法線スキームを使っています。これも4バイトで、クォターニオンの格納と比べると、デコードに必要なシェーダー命令は約半分です。

　いくつかの固定率圧縮法の要約が図16.22にあります。

参考文献とリソース

*Meshlab*は、オープンソースのメッシュ可視化と操作のシステムで、メッシュのクリーンアップ、法線の導出、単純化を含む膨大な数のアルゴリズムを実装しています。*Assimp*は、幅広い3次元ファイル フォーマットを読み書きするオープンソースのライブラリーです。さらに多くの推薦するソフトウェアが、本書のウェブサイト、realtimerendering.com にあります。

　Schneider と Eberly [1692] が、ポリゴンと三角形に関する幅広いアルゴリズムを、擬似コード付きで紹介しています。

　Luebke の実用的な調査 [1180] は古いものですが、今でも単純化アルゴリズムのよい入門書です。*Level of Detail for 3D Graphics* [1181] は、単純化とそれに関連するトピックを詳細に取り上げた本です。

17. 曲線と曲面

"Where there is matter, there is geometry."
—Johannes Kepler

物質あるところ、幾何学あり。

三角形は基本のアトミックなレンダリング プリミティブです。グラフィックス ハードウェアは、それを高速にシェーディングされたフラグメントに変換し、フレームバッファーに入れるようにチューンされています。しかし、モデリング システムで作成したオブジェクトとアニメーションの経路は、内部に多くの異なる幾何学的記述を持つことがあります。曲線と曲面は式で正確に記述できます。それらの式を評価して三角形のセットを作成し、パイプラインに送ってレンダーします。

　曲線と曲面を使うことの美点は少なくとも4つあり、（1）三角形のセットよりコンパクトな表現を持ち、（2）スケーラブルな幾何学的プリミティブを供給し、（3）直線や平面三角形より滑らかで連続的なプリミティブを供給し、（4）アニメーションと衝突検出が簡単で速くなります。

　コンパクトな曲線表現は、リアルタイム レンダリングにいくつかの利点を提供します。まず、モデルを格納するメモリーの節約（したがってメモリー キャッシュの効率の利得）があります。これは特に、一般にPCほど多くのメモリーを持たないゲーム コンソールに役立ちます。曲面の変換に含まれる行列乗算は、一般にサーフェスを表すメッシュの変換より少数です。そのような曲面記述をグラフィックス ハードウェアが直接受け入れる場合、通常ホストCPUがグラフィックス ハードウェアに送らなければならないデータの量は、三角形メッシュを送るよりもずっと減ります。

　PN三角形や再分割サーフェスなどの曲面モデル記述の価値ある特性は、少数のポリゴンのモデルを、より説得力のある、リアリスティックなものにできることです。個々のポリゴンが曲面として扱われるので、より多くの頂点がサーフェス上に作り出されます。頂点密度が高いほど、サーフェスのライティングがよくなり、シルエット エッジが高品質になります。図17.1の例を見てください。

　もう1つの主要な曲面の利点は、スケーラブルなことです。曲面の記述を2つの三角形にも、2000の三角形にも変えられます。曲面は、自然な形の動的な詳細レベル モデリングで、曲面オブジェクトが近いときには、解析的表現をより密にサンプルして、生成する三角形を増やします。アニメーションでは、アニメートが必要な点の数が、曲面のほうがずっと少ないという利点があります。それらの点を使って曲面を形成してから、滑らかなテッセレーションを生成できます。また、衝突検出も効率よく正確になる可能性があります[1012, 1013]。

図 17.1. キャラクター Ilona の顔が、セクション 17.6.3 の適応型 4 分木アルゴリズムによる Catmull-Clark 再分割サーフェスを使いレンダーされている、*Call of Duty: Advanced Warfare* からのシーン。（「*Call of Duty*」からのイメージ、提供：*Activision Publishing, Inc. 2018*。）

曲線と曲面のトピックが、本全体の主題になっているものがあります [496, 841, 1346, 1618, 1987]。ここでの目標は、レンダリングで一般に使用が見られる曲線とサーフェスを取り上げることです。

17.1 パラメトリック曲線

このセクションでは、パラメトリック曲線を紹介します。それは多くの異なるコンテキストで使われ、非常に多様な手法が実装に使われます。リアルタイム グラフィックスでは、事前に定義された経路に沿って視点や何らかのオブジェクトを動かすのに、パラメトリック曲線がよく使われます。これは位置と向きの両方の変化を含むことがあります。しかし、本章では、位置の経路だけを考慮します。向きの補間に関する情報はセクション 4.3.2 を参照してください。別の用途が、図 17.2 に見えるような髪の毛のレンダーです。

ある点から別の点に、基盤のハードウェアの性能に依存せずに、特定の時間でカメラを動かしたいとします。例えば、カメラはそれらの点の間を 1 秒で動くべきであり、1 フレームのレンダリングが 50 ms かかるとします。これはその 1 秒の間に、進路に沿って 20 フレーム、レンダーできることを意味します。より高速なコンピューターでは、1 フレームに 25 ms しかかからないかもしれず、それは毎秒 40 フレームに等しいので、カメラを 40 の異なる位置に動かす必要があるでしょう。どちらの点のセットを求めるのも、パラメトリック曲線で行えます。

パラメトリック曲線は、何らかの公式をパラメーター t の関数として使い、点を記述します。数学的には、これを $\mathbf{p}(t)$ と書き、この関数が t の値ごとに 1 つの点を与えることを意味します。パラメーター t は、**定義域**と呼ばれる区間、例えば $t \in [a, b]$ に属します。生成する点は連続、つまり、$\epsilon \to 0$ なら $\mathbf{p}(t + \epsilon) \to \mathbf{p}(t)$ です。大ざっぱに言うと、これは ϵ が極小の数なら、$\mathbf{p}(t)$ と $\mathbf{p}(t + \epsilon)$ が、互いに極めて近い 2 つの点であることを意味します。

次のセクションでは、パラメトリック曲線のよく使われる形式である、ベジエ曲線の直感的で幾何学的な記述から始め、それを次に数学的な設定にします。それから区分ベジエ曲線の使い方を論じ、曲線の連続性の概念を説明します。セクション 17.1.4 と 17.1.5 では、他の 2 つの

17.1. パラメトリック曲線

図 17.2. テッセレートした 3 次曲線を使う髪の毛のレンダリング [1378]。（「*Nalu*」デモからのイメージ、提供：*NVIDIA Corporation*。）

有用な曲線、3 次エルミートと Kochanek-Bartels スプラインを紹介します。最後に、セクション 17.1.2 で、GPU を使ったベジエ曲線のレンダリングを取り上げます。

17.1.1 ベジエ曲線

線形補間が描く経路は、2 つの点、$\mathbf{p}_0$ と $\mathbf{p}_1$ の間の直線です。これは至極単純です。図 17.3 の左を見てください。与えられた点に対し、次の関数は線形補間される点 $\mathbf{p}(t)$ を記述し、t は曲線のパラメーターで、$t \in [0, 1]$ です。

$$\mathbf{p}(t) = \mathbf{p}_0 + t(\mathbf{p}_1 - \mathbf{p}_0) = (1 - t)\mathbf{p}_0 + t\mathbf{p}_1 \tag{17.1}$$

パラメーター t が、点 $\mathbf{p}(t)$ が線上のどこに着地するかを制御し、$\mathbf{p}(0) = \mathbf{p}_0$、$\mathbf{p}(1) = \mathbf{p}_1$ で、$0 < t < 1$ が $\mathbf{p}_0$ と $\mathbf{p}_1$ の間の直線上の点を与えます。したがって、カメラを 1 秒の間に $\mathbf{p}_0$ から $\mathbf{p}_1$ に直線的に 20 ステップで動かしたければ、$t_i = i/(20 - 1)$ を使うことになり、i はフレーム番号です（0 で始まり 19 で終わる）。

2 点だけの補間なら線形補間で十分かもしれませんが、より多くの点が経路上にある場合は、たいてい不十分です。例えば、いくつかの点を補間するときに、2 つの線分をつなぐ点での突然の変化（ジョイントとも呼ばれる）は許容できません。これが図 17.3 の右に示されています。

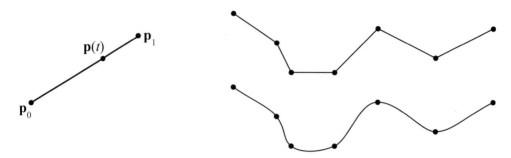

図17.3. 2つの点の間の線形補間は直線上の経路（左）。7つの点で、線形補間は右上に、何らかのより滑らかな補間が右下に示されている。線形補間の使用では、2つの線分の接合部での不連続な変換（突然のガタつき）が最も好ましくない。

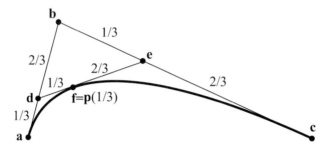

図17.4. 線形補間の反復でベジエ曲線が与えられる。この曲線は3つの制御点、**a**、**b**、**c**で定義される。パラメーター$t = 1/3$に対する曲線上の点を求めたいとすると、まず**a**と**b**の間で線形補間を行って**d**を得る。次に、**e**を**b**と**c**から補間する。最終的な点、$\mathbf{p}(1/3) = \mathbf{f}$は、**d**と**e**の間の補間で求める。

　これを解決するため、線形補間のアプローチを1歩進め、線形補間を反復します。これを行うことにより、ベジエ曲線の幾何学的な構築に到達します。歴史的には、ポール ドカスティリョとピエール ベジエが、フランスの自動車業界で使うため、独立にベジエ曲線を開発しました。それが**ベジエ曲線**と呼ばれるのは、カスティリョが書いた技術報告はベジエより前でも、ベジエがカスティリョより前に研究を公表できたからです[496]。

　まず、補間を反復できるように、点を追加しなければなりません。例えば、**制御点**と呼ばれる3つの点、**a**、**b**、**c**を使えます。$\mathbf{p}(1/3)$、つまり、$t = 1/3$に対する曲線上の点を求めたいとします。$t = 1/3$を使い、**a** & **b**と**b** & **c**から、2つの新たな点**d**と**e**を線形補間で計算します（図17.4）。最終的に、**d**と**e**の線形補間から$t = 1/3$を使って**f**を計算します。$\mathbf{p}(t) = \mathbf{f}$を定義します。このテクニックを使い、次の関係を得ます。

$$\begin{aligned}\mathbf{p}(t) &= (1-t)\mathbf{d} + t\mathbf{e} \\ &= (1-t)[(1-t)\mathbf{a} + t\mathbf{b}] + t[(1-t)\mathbf{b} + t\mathbf{c}] \\ &= (1-t)^2\mathbf{a} + 2(1-t)t\mathbf{b} + t^2\mathbf{c}\end{aligned} \quad (17.2)$$

tの最大次数が2なので、これは放物線です。実のところ、$n+1$の制御点が与えられると、曲線の次数はnであることがわかります。これは制御点が多いほど多くの自由度が曲線に与えられることを意味します。1次曲線は直線で（**線形**と呼ばれる）、2次の曲線は*quadratic*、3次の曲線は*cubic*、4次の曲線は*quartic*と呼ばれます。

　この種の反復（再帰）的な線形補間は、しばしば**ドカスティリョ アルゴリズム**と呼ばれます[496, 841]。5つの制御点を使ったときに、これがどう見えるかの例が図17.5に示されていま

17.1. パラメトリック曲線

す。一般化するため、この例のように点 **a**〜**f** を使う代わりに、次の表記を使います。制御点は $\mathbf{p}_i$ で示され、この例では $\mathbf{p}_0 = \mathbf{a}$, $\mathbf{p}_1 = \mathbf{b}$, $\mathbf{p}_2 = \mathbf{c}$ です。次に、線形補間を k 回適用した後、中間的な制御点 $\mathbf{p}_i^k$ が得られます。この例では、$\mathbf{p}_0^1 = \mathbf{d}$, $\mathbf{p}_1^1 = \mathbf{e}$, $\mathbf{p}_0^2 = \mathbf{f}$ です。$n+1$ の制御点に対するベジエ曲線は下に示す再帰的な公式で記述でき、$\mathbf{p}_i^0 = \mathbf{p}_i$ が最初の制御点です。

$$\mathbf{p}_i^k(t) = (1-t)\mathbf{p}_i^{k-1}(t) + t\mathbf{p}_{i+1}^{k-1}(t), \quad \begin{cases} k = 1 \ldots n, \\ i = 0 \ldots n-k \end{cases} \tag{17.3}$$

曲線上の点が $\mathbf{p}(t) = \mathbf{p}_0^n(t)$ で記述されることに注意してください。これは見かけほど複雑ではありません。$\mathbf{p}_0^0$, $\mathbf{p}_1^0$, $\mathbf{p}_2^0$ に等価な3つの点 $\mathbf{p}_0$, $\mathbf{p}_1$, $\mathbf{p}_2$ からベジエ曲線を構築するときに何が起きるかを、もう一度考えてみましょう。3つの制御点は $n = 2$ を意味します。公式を短縮するため、$\mathbf{p}$ から「(t)」を落とすことがあります。最初のステップ $k = 1$ で、それは $\mathbf{p}_0^1 = (1-t)\mathbf{p}_0 + t\mathbf{p}_1$ と $\mathbf{p}_1^1 = (1-t)\mathbf{p}_1 + t\mathbf{p}_2$ を与えます。最終的に $k = 2$ で、$\mathbf{p}_0^2 = (1-t)\mathbf{p}_0^1 + t\mathbf{p}_1^1$ が得られ、それは $\mathbf{p}(t)$ に求められるものと同じです。この一般の動作の図解が図 17.6 に示されています。ベジエ曲線の動作に関する基本の準備ができたので、同じ曲線のより数学的な記述を見ることができます。

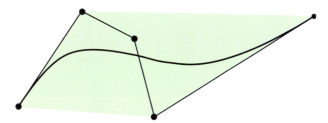

図 17.5. 5点からの反復線形補間は4次のベジエ曲線を与える。その曲線は制御点の凸包（緑の領域）の内側にあり、黒い点で示される。また、その最初の点で、曲線は最初と2番目の間の直線に接する。曲線の他の端点にも同じことが成り立つ。

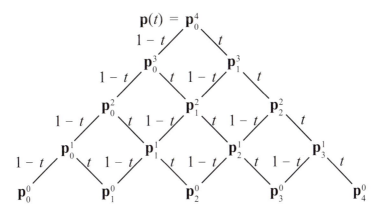

図 17.6. ベジエ曲線での反復線形補間の動作を示す図。この例では、4次曲線の補間が示されている。これは一番下に示す5つの制御点、$\mathbf{p}_i^0$, $i = 0, 1, 2, 3, 4$ があることを意味する。このダイアグラムは下から上に読み、つまり、$\mathbf{p}_0^1$ は、$\mathbf{p}_0^0$ に $1-t$ で重み付けし、それに t で重み付けした $\mathbf{p}_1^0$ を加えて作る。これは一番上で曲線 $\mathbf{p}(t)$ の点が得られるまで続く。(*Goldman* [599] による図。)

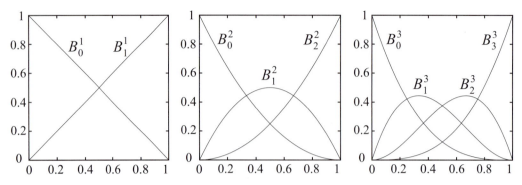

図 17.7. $n=1$、$n=2$、$n=3$（左から右）に対するバーンスタイン多項式。左の図は線形補間、中央は2次補間、右は3次補間を示す。それらはベジエ曲線のバーンスタイン形式で使われるブレンド関数。したがって、あるt-値で2次曲線（中の図）を評価するには、x-軸上のt-値を求めてから、3つの曲線が出会うまで垂直に動かすだけで、3つの制御点の重みが与えられる。$t \in [0, 1]$のとき$B_i^n(t) \geq 0$であることと、それらのブレンド関数の対称性：$B_i^n(t) = B_{n-i}^n(1-t)$に注意。

バーンスタイン多項式を使ったベジエ曲線

式17.2に見えるように、2次のベジエ曲線は、代数公式でも記述できます。結局のところ、すべてのベジエ曲線は、そのような代数公式で記述でき、それは反復補間を行う必要がないことを意味します。これが式17.4の下に示され、それは式17.3で記述するのと同じ曲線を生成します。このベジエ曲線の記述は**バーンスタイン形式**と呼ばれます。

$$\mathbf{p}(t) = \sum_{i=0}^{n} B_i^n(t) \mathbf{p}_i \tag{17.4}$$

この関数はバーンスタイン多項式を含み、ベジエ基底関数と呼ばれることもあります。

$$B_i^n(t) = \binom{n}{i} t^i (1-t)^{n-i} = \frac{n!}{i!(n-i)!} t^i (1-t)^{n-i} \tag{17.5}$$

この式の最初の項、2項係数は1章の式1.6で定義されています。バーンスタイン多項式の2つの基本特性は以下のものです。

$$B_i^n(t) \in [0,1], \text{ when } t \in [0,1], \text{ and } \sum_{i=0}^{n} B_i^n(t) = 1 \tag{17.6}$$

1つ目の公式は、tが0から1のとき、バーンスタイン多項式も0と1の間の区間にあることを意味します。2つ目の公式は、あらゆる次数の曲線で、式17.4のバーンスタイン多項式のすべての項の合計が1であることを意味します（これは図17.7で見ることができます）。大まかに言うと、これは曲線が制御点$\mathbf{p}_i$の「近く」にとどまることを意味します。実際、ベジエ曲線は全体が制御点の凸包の中にあり（オンラインの線形代数付録を参照）、それは式17.4と17.6から得られます。これは曲線の境界領域やボリュームを計算するとき役立つ特性です。図17.5の例を見てください。

図17.7に、$n=1$、$n=2$、$n=3$に対するバーンスタイン多項式が示されています。それらは**ブレンド関数**とも呼ばれます。それが曲線$y = 1-t$と$y=t$を示すという意味で、$n=1$（線形補間）のケースが説明に役立ちます。これは$t=0$のとき$\mathbf{p}(0) = \mathbf{p}_0$で、$t$が増加する

と $\mathbf{p}_0$ のブレンド重みが減り、$\mathbf{p}_1$ のブレンド重みが同じ量増えて、重みの和が 1 に保たれることを意味しています。最後に、$t = 1$ のとき $\mathbf{p}(1) = \mathbf{p}_1$ です。一般に、それは $\mathbf{p}(0) = \mathbf{p}_0$ かつ $\mathbf{p}(1) = \mathbf{p}_n$、つまり、端点が補間される（つまり曲線上の）すべてのベジエ曲線で成り立ちます。曲線は $t = 0$ で、ベクトル $\mathbf{p}_1 - \mathbf{p}_0$ に、$t = 1$ で $\mathbf{p}_n - \mathbf{p}_{n-1}$ に接することも言えます。別の有用な特性は、ベジエ曲線上で点を計算してから、曲線を回転する代わりに、制御点を最初に回転してから、曲線上の点を計算できることです。普通は制御点のほうが曲線上で生成する点より少ないので、制御点を最初に変換するほうが効率的です。

バーンスタイン版のベジエ曲線の動作の例として、$n = 2$、すなわち 2 次曲線を仮定します。そのとき式 17.4 は、

$$\begin{aligned}
\mathbf{p}(t) &= B_0^2 \mathbf{p}_0 + B_1^2 \mathbf{p}_1 + B_2^2 \mathbf{p}_2 \\
&= \binom{2}{0} t^0 (1-t)^2 \mathbf{p}_0 + \binom{2}{1} t^1 (1-t)^1 \mathbf{p}_1 + \binom{2}{2} t^2 (1-t)^0 \mathbf{p}_2 \qquad (17.7) \\
&= (1-t)^2 \mathbf{p}_0 + 2t(1-t)\mathbf{p}_1 + t^2 \mathbf{p}_2
\end{aligned}$$

となり、式 17.2 と同じです。上のブレンド関数のうち、$(1-t)^2$、$2t(1-t)$、t^2 が、図 17.7 の中央に表示された関数であることに注意してください。同様に、3 次曲線も次に単純化されます。

$$\mathbf{p}(t) = (1-t)^3 \mathbf{p}_0 + 3t(1-t)^2 \mathbf{p}_1 + 3t^2(1-t)\mathbf{p}_2 + t^3 \mathbf{p}_3 \qquad (17.8)$$

この式は行列形式で次のように書き直せます。

$$\mathbf{p}(t) = \begin{pmatrix} 1 & t & t^2 & t^3 \end{pmatrix} \begin{pmatrix} 1 & 0 & 0 & 0 \\ -3 & 3 & 0 & 0 \\ 3 & -6 & 3 & 0 \\ -1 & 3 & -3 & 1 \end{pmatrix} \begin{pmatrix} \mathbf{p}_0 \\ \mathbf{p}_1 \\ \mathbf{p}_2 \\ \mathbf{p}_3 \end{pmatrix} \qquad (17.9)$$

これは数学的単純化を行うときに役立つことがあります。

式 17.4 の形式 t^k の項をまとめることにより、すべてのベジエ曲線が、**冪形式**と呼ばれる、次の形で書けることが分かります（$\mathbf{c}_i$ は項をまとめた結果の点）。

$$\mathbf{p}(t) = \sum_{i=0}^{n} t^i \mathbf{c}_i \qquad (17.10)$$

式 17.4 を微分して、ベジエ曲線の導関数を得るのは簡単です。項を再編してまとめた結果を下に示します [496]。

$$\frac{d}{dt}\mathbf{p}(t) = n \sum_{i=0}^{n-1} B_i^{n-1}(t)(\mathbf{p}_{i+1} - \mathbf{p}_i) \qquad (17.11)$$

実は、導関数もベジエ曲線ですが、次数は $\mathbf{p}(t)$ よりも 1 つ下がります。

ベジエ曲線の潜在的な欠点は、すべての（端点を除く）制御点を通らないことです。別の問題は、制御点の数で次数が増え、評価が高価になることです。1 つの解決法は、後続の制御点の各ペアの間では単純で低次の曲線を使い、この種の区分補間が高次の連続性を持つように計らうことです。これがセクション 17.1.3–17.1.5 のトピックです。

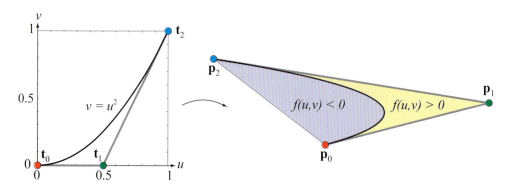

図 17.8. 有界ベジエ曲線のレンダリング。左：正準テクスチャー空間で示された曲線。右：スクリーン空間でレンダーした曲線。条件 $f(u,v) \geq 0$ を使ってピクセルを消すと、レンダリングで青い領域が生じる。

有理ベジエ曲線

ベジエ曲線は多くのものに使えますが、あまり多くの自由度がありません。自由に選べるのは制御点の位置だけです、また、すべての曲線がベジエ曲線で描けるわけではありません。例えば、円は通常、単純な形と見なされますが、ベジエ曲線や、それを集めて定義することはできません。1 つの代案が**有理ベジエ曲線**です。この型の曲線は式 17.12 に示す公式で記述されます。

$$\mathbf{p}(t) = \frac{\sum_{i=0}^{n} w_i B_i^n(t) \mathbf{p}_i}{\sum_{i=0}^{n} w_i B_i^n(t)} \tag{17.12}$$

その分母はバーンスタイン多項式の加重和で、分子は標準のベジエ曲線（式 17.4）の重み付きバージョンです。このタイプの曲線では、ユーザーは追加の自由度として重み、w_i を持ちます。それらの曲線についての詳細は、Hoschek と Lasser [841] と Farin [496] の本で見つかります。Farin は円を 3 つの有理ベジエ曲線で記述できる方法も述べています。

17.1.2 GPU 上の有界ベジエ曲線

レンダリング ベジエ曲線を GPU 上でレンダーする手法を紹介します [1157, 1158]。具体的には、そのターゲットは「有界ベジエ曲線」で、その曲線と最初と最後の制御点の間の直線で囲まれる領域を塗りつぶします。これを特殊なピクセル シェーダーで三角形をレンダーすることにより行う、驚くほど簡単な方法があります。

制御点 $\mathbf{p}_0$、$\mathbf{p}_1$、$\mathbf{p}_2$ を持つ、2 次のベジエ曲線を使います。それらの頂点のテクスチャー座標を $\mathbf{t}_0 = (0,0)$、$\mathbf{t}_1 = (0.5, 0)$、$\mathbf{t}_2 = (1, 1)$ に設定すると、そのテクスチャー座標は三角形 $\triangle \mathbf{p}_0 \mathbf{p}_1 \mathbf{p}_2$ のレンダリングで、いつもと同じく補間されます。また次のスカラー関数の三角形の内部でピクセルごとに評価し、u と v は補間されたテクスチャー座標です。

$$f(u, v) = u^2 - v \tag{17.13}$$

次にピクセル シェーダーは、そのピクセルが内側にあるか（$f(u, v) < 0$）、外にあるかを決定します。これが図 17.8 に示されています。透視投影された三角形をこのピクセル シェーダーでレンダーすると、対応する投影ベジエ曲線が得られます。この証明は Loop と Blinn が与えています [1157, 1158]。

17.1. パラメトリック曲線

図17.9. eが、いくつかの直線と2次ベジエ曲線（左）で表されている。中央では、この表現がいくつかの有界ベジエ曲線（赤と青）と、三角形（緑）に「テッセレート」されている。最終的な文字が右に示されている。（転載許可：*Microsoft Corporation*。）

この種のテクニックは、例えばTrueTypeフォントのレンダーに使えます。これは図17.9に示されています。LoopとBlinnが、有理2次曲線と3次曲線をレンダーする方法と、この表現を使ってアンチエイリアシングを行う方法も示しています。テキスト レンダリングは重要なので、この分野の研究は続いています。関連するアルゴリズムはセクション15.5を参照してください。

17.1.3 連続性と区分ベジエ曲線

3次の、つまりそれぞれ4つの制御点で定義される、2つのベジエ曲線があるとします。1つ目の曲線は$\mathbf{q}_i$、2つ目は$\mathbf{r}_i$で定義され、$i = 0, 1, 2, 3$です。曲線を接合するため、$\mathbf{q}_3 = \mathbf{r}_0$と設定できます。この点は**ジョイント**と呼ばれます。しかし、図17.10に示されるように、この単純なテクニックを使うジョイントは滑らかになりません。複数の曲線要素（この場合は2）から形成される合成曲線は、**区分ベジエ曲線**と呼ばれ、ここでは$\mathbf{p}(t)$で示されます。さらに、$\mathbf{p}(0) = \mathbf{q}_0$、$\mathbf{p}(1) = \mathbf{q}_3 = \mathbf{r}_0$、$\mathbf{p}(3) = \mathbf{r}_3$にしたいとします。したがって、$\mathbf{q}_0$、$\mathbf{q}_3 = \mathbf{r}_0$、$\mathbf{r}_3$に達する時刻は、$t_0 = 0.0$、$t_1 = 1.0$、$t_2 = 3.0$です。図17.10の表記を見てください。前のセクションから、ベジエ曲線は$t \in [0, 1]$で定義されることが分かっていて、$\mathbf{q}_0$の時刻は0.0、$\mathbf{q}_3$の時刻は1.0なので、これは$\mathbf{q}_i$が定義する最初の曲線線分では問題ありません。しかし$1.0 < t \leq 3.0$のとき、何が起きるでしょうか？ 答えは単純で、2番目の曲線線分を使い、パラメーター区間を$[t_1, t_2]$から$[0, 1]$に移動してスケールしなければなりません。これは次の公式で行います。

$$t' = \frac{t - t_1}{t_2 - t_1} \tag{17.14}$$

したがって、$\mathbf{r}_i$が定義するベジエ曲線線分に供給するのはt'です。これは単純で、複数のベジエ曲線の縫い合わせに一般化されます。

もっとよい曲線の接合手段は、ベジエ曲線の最初の制御点で、接線が$\mathbf{q}_1 - \mathbf{q}_0$に平行である事実を利用することです（セクション17.1.1）。同様に、最後の制御点で、3次曲線は$\mathbf{q}_3 - \mathbf{q}_2$に接します。この振る舞いは図17.5で見ることができます。したがって、2つの曲線をジョイントで接線方向に接合させるには、そこで最初と2番目の曲線の接線を平行にしなければなりません。より正式には、次が成り立たなければなりません。

$$(\mathbf{r}_1 - \mathbf{r}_0) = c(\mathbf{q}_3 - \mathbf{q}_2) \quad \text{for } c > 0 \tag{17.15}$$

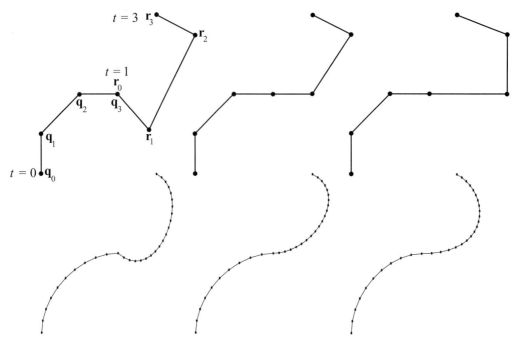

図17.10. この図は左から右に、2つの3次ベジエ曲線（それぞれ4つの制御点）の間のC^0、G^1、C^1連続性を示している。上段は制御点、下段は曲線を示し、左の曲線には10、右には20のサンプル点がある。この例では、$(0.0, \mathbf{q}_0)$、$(1.0, \mathbf{q}_3)$、$(3.0, \mathbf{r}_3)$の時間-点ペアを使う。C^0連続性では、接合部（$\mathbf{q}^3 = \mathbf{r}^0$）に突然のガタツキがある。これは$G^1$で、接合部の接線を平行（かつ等しい長さ）にすることで改善する。しかし、$3.0 - 1.0 \neq 1.0 - 0.0$なので、これはC^1連続性を与えない。これはサンプル点の突然の加速がある接合部で見ることができる。C^1を達成するには、右の接合部の接線を左の接線の2倍の長さにしなければならない。

これは単純にジョイントで入る接線、$\mathbf{q}_3 - \mathbf{q}_2$が、出る接線$\mathbf{r}_1 - \mathbf{r}_0$と同じ方向を持たなければならないことを意味します。

式17.16で定義されるcを式17.15で使い、さらによい連続性を達成することも可能です[496]：

$$c = \frac{t_2 - t_1}{t_1 - t_0} \tag{17.16}$$

これも図17.10に示されています。代わりに$t_2 = 2.0$とすると、$c = 1.0$になるので、各曲線線分の時間間隔が等しいときには、入力と出力の接ベクトルが同じになるはずです。しかし、これは$t_2 = 3.0$のときにうまくいきません。曲線は同じに見えますが、$\mathbf{p}(t)$が合成曲線上を動く速さは滑らかではありません。式17.16の定数cが、これに対処します。

低次の曲線を使えることと、結果の曲線が点のセットを通過することも、区分曲線を使う利点です。上の例では、2つの曲線線分それぞれで、次数3が使われました。3次曲線は、**変曲**と呼ばれるS**字型**曲線を記述できる、最も低次の曲線なので、よく使われます。その結果の曲線$\mathbf{p}(t)$は、点$\mathbf{q}_0$、$\mathbf{q}_3 = \mathbf{r}_0$、$\mathbf{r}_3$を補間、つまり通過します。

この時点で、2つの重要な連続性基準を例で紹介しています。曲線の連続性概念の、もう少し数学的な紹介は、次のようなものです。一般の曲線では、ジョイントで異なる種類の連続性を区別するため、C^n表記を使います。これは最初のn番目のすべての導関数が、曲線全体で連続かつ非ゼロであるべきことを意味します。C^0の連続性は、線分が同じ点で接合すべきこ

17.1. パラメトリック曲線

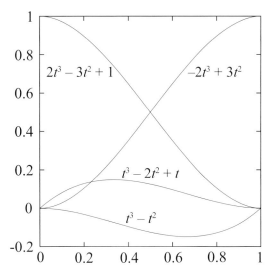

図17.11. エルミート3次補間のブレンド関数。ブレンド関数の接線の非対称性に注意。ブレンド関数 $t^3 - t^2$ と式17.17の $\mathbf{m}_1$ を符号を逆にすれば対称な外見が与えられる。

とを意味するので、線形補間はこの条件を満たします。これは、このセクションの最初の例のケースです。C^1 の連続性は、曲線上の任意の点で（ジョイントを含む）1度導関数を導いたら、その結果も連続であるべきことを意味します。これはこのセクションの3番目の例のケースで、そこでは式17.16が使われました。

G^n で示される基準もあります。例として G^1（幾何学的）連続性を見てみましょう。このためには、ジョイントで出会う曲線線分からの接ベクトルが平行で同じ方向を持たなければなりませんが、長さについては何も仮定しません。言い換えると、G^1 は C^1 よりも弱い連続性で、C^1 である曲線は、曲線が接合する点で2つの曲線の速度が0になり、接合の直前に異なる接線を持つときを除けば、常に G^1 です。幾何学的連続性の概念は、高次元に拡張できます。図17.10の中の図が G^1-連続性を示しています。

17.1.4 3次エルミート補間

ベジエ曲線は滑らかな曲線の構築の背後にある理論の説明には向いていますが、動作が予測不能なことがあります。このセクションで紹介する3次エルミート補間のほうが、曲線の制御が簡単になる傾向があります。その理由は、3次ベジエ曲線を記述する4つの制御点を与える代わりに、3次エルミート曲線が始点と終点 $\mathbf{p}_0$ と $\mathbf{p}_1$、及び最初と最後の接線 $\mathbf{m}_0$ と $\mathbf{m}_1$ で定義されることです。エルミート補間式 $\mathbf{p}(t)$ （$t \in [0,1]$）は、次のものです。

$$\mathbf{p}(t) = (2t^3-3t^2+1)\mathbf{p}_0 + (t^3-2t^2+t)\mathbf{m}_0 + (t^3-t^2)\mathbf{m}_1 + (-2t^3+3t^2)\mathbf{p}_1 \quad (17.17)$$

$\mathbf{p}(t)$ はエルミート曲線線分や3次スプライン線分とも呼ばれます。t^3 が上の公式のブレンド関数で最も高い指数なので、これは3次補間式です。この曲線では以下が成り立ちます。

$$\mathbf{p}(0) = \mathbf{p}_0, \quad \mathbf{p}(1) = \mathbf{p}_1, \quad \frac{\partial \mathbf{p}}{\partial t}(0) = \mathbf{m}_0, \quad \frac{\partial \mathbf{p}}{\partial t}(1) = \mathbf{m}_1 \quad (17.18)$$

これはエルミート曲線が $\mathbf{p}_0$ と $\mathbf{p}_1$ を補間し、それらの点の接線が $\mathbf{m}_0$ と $\mathbf{m}_1$ であることを意味します。式17.17のブレンド関数は図17.11に示され、式17.4と17.18から導けます。3次エ

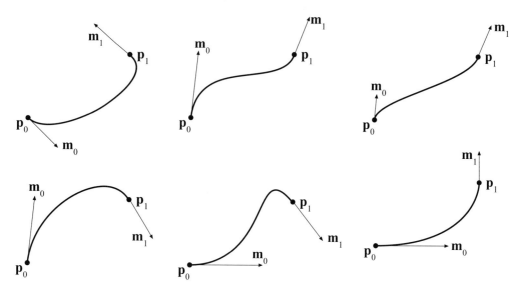

図17.12. エルミート補間。曲線は2つの点 $\mathbf{p}_0$ と $\mathbf{p}_1$ と、各点の接線 $\mathbf{m}_0$ と $\mathbf{m}_1$ で定義される。

ルミート補間のいくつかの例が図17.12にあります。それらの例はすべて同じ点を補間しますが、接線が異なります。接線の長さが違うと、異なる結果が与えられることにも注意してください。長い接線ほど全体の形状に大きな影響を持ちます。

3次エルミート補間は、Nalu デモ [1378] で髪の毛のレンダーに使われています（図17.2）。粗い制御ヘアを使ってアニメーションと衝突検出を行い、接線を計算し、3次曲線をテッセレートしてレンダーしています。

17.1.5 Kochanek-Bartels 曲線

2つ以上の点を補間するときには、複数のエルミート曲線をつなげられます。しかし、これを行うときには、共有接線の選択に様々な特徴をもたらす自由度があります。ここでは、Kochanek-Bartels曲線と呼ばれる、そのような接線を計算する方法の1つを紹介します。nの点 $\mathbf{p}_0, \ldots, \mathbf{p}_{n-1}$ があり、それを $n-1$ のエルミート曲線線分で補間するとします。点ごとにただ1つの接線があると仮定し、「内側」の接線 $\mathbf{m}_1, \ldots, \mathbf{m}_{n-2}$ を見るようにします。$\mathbf{p}_i$ の接線は、図17.13の左に示されるように、2つの弦 $\mathbf{p}_i - \mathbf{p}_{i-1}$ と $\mathbf{p}_{i+1} - \mathbf{p}_i$ の結合として計算できます [989]。

まず、接ベクトルの長さを修正する張力パラメーター a を導入します。これは曲線のジョイントでのシャープさを制御します。接線は次で計算します。

$$\mathbf{m}_i = \frac{1-a}{2}((\mathbf{p}_i - \mathbf{p}_{i-1}) + (\mathbf{p}_{i+1} - \mathbf{p}_i)) \tag{17.19}$$

図17.13の右の上段が、異なる張力パラメーターを示しています。デフォルト値は $a = 0$ で、高い値ほどシャープな曲がりを与え（$a > 1$ なら、ジョイントにループができる）、負の値はジョイントの近くで、張りが小さい曲線を与えます。次に、接線の方向（と、間接的に接線の長さ）に影響を与えるバイアス パラメーター b を導入します。張力とバイアスの両方を使うと次が与えられます。

$$\mathbf{m}_i = \frac{(1-a)(1+b)}{2}(\mathbf{p}_i - \mathbf{p}_{i-1}) + \frac{(1-a)(1-b)}{2}(\mathbf{p}_{i+1} - \mathbf{p}_i) \tag{17.20}$$

17.1. パラメトリック曲線

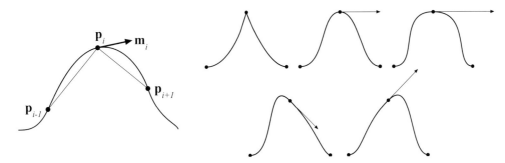

図17.13. 接線を計算する1つの手法は、弦の結合を使うこと（左）。右の上段は、張力パラメーター（a）が異なる3つの曲線を示す。左の曲線は高い張力を意味する$a \approx 1$、中の曲線はデフォルトの張力$a \approx 0$、右の曲線は低い張力$a \approx -1$を持つ。右の2つの曲線の下段は、異なるバイアス パラメーターを示す。左の曲線は負のバイアスを持ち、右の曲線は正のバイアスを持つ。

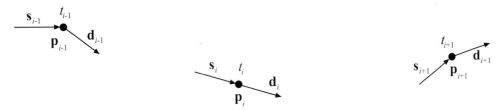

図17.14. Kochanek-Bartels曲線の入る接線と出る接線。制御点$\mathbf{p}_i$ごとに、その時刻t_iも示され、すべてのiで$t_i > t_{i-1}$。

デフォルト値は$b = 0$です。正のバイアスが与える曲がりは、弦$\mathbf{p}_i - \mathbf{p}_{i-1}$の方向に向かい、負のバイアスが与える曲がりはもう1つの弦$\mathbf{p}_{i+1} - \mathbf{p}_i$に向かいます。これが図17.13の右下に示されています。ユーザーは張力とバイアス パラメーターを設定することも、デフォルト値のままにして、しばしばCatmull-Romスプライン [256] と呼ばれるものを作り出すこともできます。最初と最後の点の接線も公式で計算でき、そこでは弦の1つの長さを単純に0にします。

さらにジョイントの振る舞いを制御する別のパラメーターを、接線の式に組み込むこともできます[989]。しかし、これには各ジョイントに、$\mathbf{s}_i$（ソース）で示す入りと、$\mathbf{d}_i$（デスティネーション）で示す出の、2つの接線を導入する必要があります（図17.14）。$\mathbf{p}_i$と$\mathbf{p}_{i+1}$の間の曲線線分が、接線$\mathbf{d}_i$と$\mathbf{s}_{i+1}$を使うことに注意してください。接線は次で計算し、cは連続性パラメーターです。

$$\mathbf{s}_i = \frac{1-c}{2}(\mathbf{p}_i - \mathbf{p}_{i-1}) + \frac{1+c}{2}(\mathbf{p}_{i+1} - \mathbf{p}_i),$$
$$\mathbf{d}_i = \frac{1+c}{2}(\mathbf{p}_i - \mathbf{p}_{i-1}) + \frac{1-c}{2}(\mathbf{p}_{i+1} - \mathbf{p}_i) \quad (17.21)$$

やはり$c = 0$がデフォルト値で、それにより$\mathbf{s}_i = \mathbf{d}_i$になります。$c = -1$にすると、$\mathbf{s}_i = \mathbf{p}_i - \mathbf{p}_{i-1}$と$\mathbf{d}_i = \mathbf{p}_{i+1} - \mathbf{p}_i$が与えられ、各ジョイントでシャープな角が生じ、$C^0$にしかなりません。$c$の値を増やすほど、$\mathbf{s}_i$と$\mathbf{d}_i$は似たものになります。$c = 0$では、$\mathbf{s}_i = \mathbf{d}_i$です。$c = 1$に達すると、$\mathbf{s}_i = \mathbf{p}_{i+1} - \mathbf{p}_i$と$\mathbf{d}_i = \mathbf{p}_i - \mathbf{p}_{i-1}$が得られます。したがって、連続性パラメーター$c$もユーザーにさらに大きな制御を与える手段で、そうしたければ、ジョイントでシャープな角を得ることも可能です。

張力、バイアス、連続性は次のように結合し、そのデフォルト パラメーター値は$a = b = c = 0$

です。

$$\mathbf{s}_i = \frac{(1-a)(1+b)(1-c)}{2}(\mathbf{p}_i - \mathbf{p}_{i-1}) + \frac{(1-a)(1-b)(1+c)}{2}(\mathbf{p}_{i+1} - \mathbf{p}_i),$$
$$\mathbf{d}_i = \frac{(1-a)(1+b)(1+c)}{2}(\mathbf{p}_i - \mathbf{p}_{i-1}) + \frac{(1-a)(1-b)(1-c)}{2}(\mathbf{p}_{i+1} - \mathbf{p}_i) \tag{17.22}$$

式17.20と17.22のどちらも、すべての曲線線分が同じ時間間隔の長さを使うときにしか動作しません。時間の長さが異なる曲線線分を構成するには、セクション17.1.3で行ったように、接線を調整しなければなりません。$\mathbf{s}_i'$と$\mathbf{d}_i'$で示される調整された接線は次で、

$$\mathbf{s}_i' = \mathbf{s}_i \frac{2\Delta_i}{\Delta_{i-1} + \Delta_i} \quad \text{and} \quad \mathbf{d}_i' = \mathbf{d}_i \frac{2\Delta_{i-1}}{\Delta_{i-1} + \Delta_i} \tag{17.23}$$

$\Delta_i = t_{i+1} - t_i$です。

17.1.6 B-スプライン

ここでは、B-スプラインのトピックを簡潔に紹介し、特に3次一様B-スプラインに焦点を合わせます。一般に、*B-スプライン*はベジエ曲線とよく似ていて、t（シフトした基底関数を使う）、β_n（制御点による重み）、c_kの関数として、例えば次のように表現できます。

$$s_n(t) = \sum_k c_k \beta_n(t - k) \tag{17.24}$$

この場合、tはx-軸、$s_n(t)$はy-軸の曲線で、制御点は単純に均等間隔のy-値です。もっと広範囲の取り扱いは、Killer B's [121]、Farin [496]、Hoschek と Lasser [841] の教科書を参照してください。

ここでは、Ruijtersら [1632] のプレゼンテーションに従い、一様3次B-スプラインの特殊ケースを紹介します。基底関数$\beta_3(t)$は、3つの部分から縫い合わされます。

$$\beta_3(t) = \begin{cases} 0, & |t| \geq 2, \\ \frac{1}{6}(2 - |t|)^3, & 1 \leq |t| < 2, \\ \frac{2}{3} - \frac{1}{2}|t|^2(2 - |t|), & |t| < 1 \end{cases} \tag{17.25}$$

この基底関数の構築は、図17.15の左に示されています。この関数はどこでもC^2連続性を持ち、それは複数のB-スプライン曲線線分を縫い合わせると、合成曲線もC^2になることを意味します。3次曲線はC^2連続性を持ち、一般に、次数nの曲線はC^{n-1}連続性を持ちます。一般に、基底関数は以下のように作成します。$\beta_0(t)$は「平方」関数で、つまり、$|t| < 0.5$なら1、$|t| = 0.5$なら0.5、それ以外は0です。次の基底関数、$\beta_1(t)$は$\beta_0(t)$を積分して作成し、テント関数が与えられます。その後の基底関数は$\beta_1(t)$を積分して作成し、C^1である、より滑らかな関数が与えられます。C^2を得るためこの処理を繰り返し、以下同様に行います。

曲線線分の評価方法が図17.15の右に示され、その公式は次のものです。

$$s_3(i + \alpha) = w_0(\alpha)c_{i-1} + w_1(\alpha)c_i + w_2(\alpha)c_{i+1} + w_3(\alpha)c_{i+2}. \tag{17.26}$$

常に4つの制御点しか使われず、これは曲線がローカル サポートを持つこと、つまり限られた数の制御点しか必要ないことを意味します。関数$w_k(\alpha)$は$\beta_3()$を使い、次のように定義されます。

$$w_0(\alpha) = \beta_3(-\alpha - 1), \quad w_1(\alpha) = \beta_3(-\alpha),$$
$$w_2(\alpha) = \beta_3(1 - \alpha), \quad w_3(\alpha) = \beta_3(2 - \alpha) \tag{17.27}$$

17.1. パラメトリック曲線

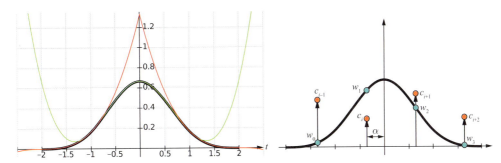

図 17.15. 左：黒く太い曲線で示される $\beta_3(t)$ 基底関数は、2つの区分3次関数（赤と緑）から構築される。緑の曲線は $|t| < 1$ のときに使い、赤い曲線は $1 \leq |t| < 2$ のときに使い、それ以外では曲線は 0。右：4つの制御点 c_k、$k \in \{i-1, i, i+1, i+2\}$ を使って曲線線分を作るのには、c_i と $c_i + 1$ の t-座標間の曲線を得るだけでよい。α を w 関数に供給して基底関数を評価してから、その値に対応する制御点を掛ける。最後に、すべての値を足し合わせると、曲線上の点が与えられる（図17.16）。（右の絵は $Ruijters$ ら $[1632]$ から。）

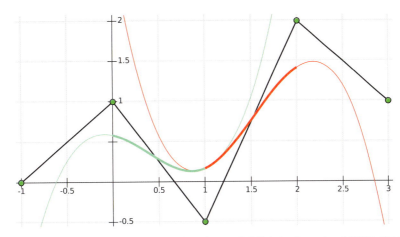

図 17.16. この例では、制御点 c_k（緑の円）が一様3次スプラインを定義する。2つの太い曲線だけが区分B-スプライン曲線に属する。左の曲線（緑）は左の4つの制御点で定義され、右の曲線（赤）は右の4つの制御点で定義される。曲線は $t = 1$ で出会い、C^2 連続性を持つ。

Ruijters ら [1632] が、それを次のように書き直せることを示しています。

$$w_0(\alpha) = \frac{1}{6}(1-\alpha)^3, \qquad w_1(\alpha) = \frac{2}{3} - \frac{1}{2}\alpha^2(2-\alpha),$$
$$w_2(\alpha) = \frac{2}{3} - \frac{1}{2}(1-\alpha)^2(1+\alpha), \quad w_3(\alpha) = \frac{1}{6}\alpha^3 \tag{17.28}$$

図17.16は、2つの一様3次B-スプライン曲線を1つに縫い合わせた結果を示しています。1つの重要な利点は、曲線が基底関数、$\beta(t)$ と同じ連続性で連続なことで、3次B-スプラインの場合は C^2 です。図に見えるように、曲線がすべての制御点を通る保証はありません。x-座標でもB-スプラインを作成でき、それは（ただの関数ではなく）平面内の一般の曲線を与えることに注意してください。その結果の2次元の点は $(s_3^x(i+\alpha), s_3^y(i+\alpha))$、つまり、単純に x と y に1つずつ、2つの異なる式17.26の評価になります。

ここでは一様なB-スプラインの使い方だけを示しました。制御点の間隔が一様でない場合のほうが、式は少し複雑ですが、柔軟になります[121, 496, 841]。

17.2　パラメトリック曲面

パラメトリック曲線の自然な拡張が、パラメトリック サーフェスです。三角形やポリゴンが線分の拡張であり、1次元から2次元になるのと似ています。パラメトリック サーフェスは、曲面によるオブジェクトのモデリングに使えます。パラメトリック サーフェスは少数の制御点で定義されます。パラメトリック サーフェスのテッセレーションは、サーフェス表現をいくつかの位置で評価し、それらをつなげて本当の表面を近似する三角形を作る処理です。これを行うのは、グラフィックス ハードウェアが効率よく三角形をレンダーできるからです。実行時には、そのサーフェスを好きな数の三角形にテッセレートできます。三角形が多いほどレンダーの時間はかかりますが、シェーディングとシルエットが改善するので、パラメトリック サーフェスは品質と速さのトレードオフを行うのに完璧です。パラメトリック サーフェスの別の利点は、制御点をアニメートしてから、サーフェスをテッセレートできることです。これと対照的なのが、大きな三角形メッシュを直接アニメートすることで、そのほうが高価になることがあります。

このセクションは、まず長方形の定義域を持つ曲面、**ベジエ パッチ**を紹介します。それは**テンソル積ベジエ サーフェス**とも呼ばれます。次に三角形の定義域を持つ**ベジエ三角形**を紹介した後、セクション17.2.3で連続性について論じます。セクション17.2.4と17.2.5では、入力三角形をベジエ三角形で置き換える2つの手法を紹介します。それらのテクニックは、それぞれPN三角形とPhongテッセレーションと呼ばれます。最後に、セクション17.2.6でB-スプライン パッチを紹介します。

17.2.1　ベジエ パッチ

セクション17.1.1で紹介したベジエ曲線の概念は、1つのパラメーターを使うものから2つのパラメーターを使うもの、つまり曲線ではなく曲面を形成するものに拡張できます。まずは線形補間を**双線形**に拡張します。ここでは、ただ2つの点ではなく、図17.17に示すように、$\mathbf{a}$、$\mathbf{b}$、$\mathbf{c}$、$\mathbf{d}$と呼ばれる4つの点を使います。tという1つのパラメーターを使う代わりに、今度は2つのパラメーター(u,v)を使います。uを使って$\mathbf{a}$ & $\mathbf{b}$と$\mathbf{c}$ & $\mathbf{d}$を線形補間すると、$\mathbf{e}$と$\mathbf{f}$が与えられます。

$$\mathbf{e} = (1-u)\mathbf{a} + u\mathbf{b}, \quad \mathbf{f} = (1-u)\mathbf{c} + u\mathbf{d} \tag{17.29}$$

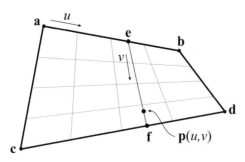

図17.17. 4つの点を使う双線形補間。

17.2. パラメトリック曲面

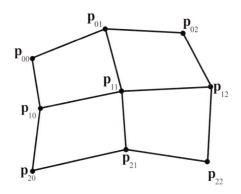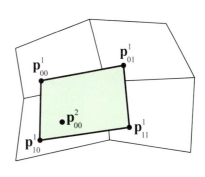

図17.18. 左：9つの制御点、$\mathbf{p}_{ij}$ で定義される双2次ベジエ サーフェス。右：ベジエ サーフェス上で点を生成するため、まず最も近い制御点から双線形補間を使い、4つの点 $\mathbf{p}^1_{ij}$ を作成する。最後に、それらの作成した点から、その点のサーフェス $\mathbf{p}(u,v) = \mathbf{p}^2_{00}$ を双線形補間する。

次に v を使って、線形補間された点 $\mathbf{e}$ と $\mathbf{f}$ を、もう1つの方向に線形補間します。これにより双線形補間が生じます。

$$\begin{aligned}\mathbf{p}(u,v) &= (1-v)\mathbf{e} + v\mathbf{f} \\ &= (1-u)(1-v)\mathbf{a} + u(1-v)\mathbf{b} + (1-u)v\mathbf{c} + uv\mathbf{d}\end{aligned} \quad (17.30)$$

これがテクスチャ マッピングの双線形補間に使うのと同じタイプの式であることに注意してください（158ページの式6.1）。式17.30は、サーフェス上の異なる点ごとに異なる (u,v) の値を使って生成される、最も単純な非平面パラメトリック サーフェスの記述です。定義域、つまり有効な値のセットは $(u,v) \in [0,1] \times [0,1]$ で、それは u と v の両方が $[0,1]$ に属さなければならないことを意味します。定義域が長方形のとき、生じるサーフェスはしばしば**パッチ**と呼ばれます。

線形補間からベジエ曲線を引き伸ばすときには、点を追加して補間を繰り返しました。パッチにも同じ戦略を使えます。3×3 グリッドに配置された9つの点があるとします。これは図17.18に示され、表記も示されています。それらの点から双2次ベジエ パッチを作るには、まず双線形補間を4回行って中間的な点を作成する必要があり、それも図17.18に示されています。次に最終的なサーフェス上の点を、作成した点から双線形補間します。

上に述べた反復双線形補間は、ドカスティリョのアルゴリズムのパッチへの拡張です。ここで、いくつかの表記を定義する必要があります。サーフェスの次数は n です。制御点は $\mathbf{p}_{i,j}$ で、i と j は $[0 \ldots n]$ に属します。したがって、n 次のパッチでは $(n+1)^2$ の制御点を使います。制御点には0を上に付け、つまり $\mathbf{p}^0_{i,j}$ とすべきですが、これはたいてい省略され、紛らわしくないときには、$_{i,j}$ の代わりに下付きの $_{ij}$ を使うこともあります。ドカスティリョのアルゴリズムを使うベジエ パッチは、次の式で記述されます。

ドカスティリョ［パッチ］：

$$\begin{aligned}\mathbf{p}^k_{i,j}(u,v) &= (1-u)(1-v)\mathbf{p}^{k-1}_{i,j} + u(1-v)\mathbf{p}^{k-1}_{i,j+1} + (1-u)v\mathbf{p}^{k-1}_{i+1,j} + uv\mathbf{p}^{k-1}_{i+1,j+1} \\ k &= 1 \ldots n, \quad i = 0 \ldots n-k, \quad j = 0 \ldots n-k\end{aligned} \quad (17.31)$$

ベジエ曲線と同様に、ベジエ パッチ上の (u,v) の点は $\mathbf{p}^n_{0,0}(u,v)$ です。ベジエ パッチは、式17.32に示すように、バーンスタイン多項式を使い、バーンスタイン形式で記述することもで

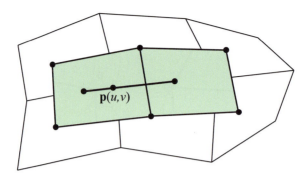

図 17.19. 次数が方向により異なる場合。

きます。

バーンスタイン [パッチ]:

$$\mathbf{p}(u,v) = \sum_{i=0}^{m} B_i^m(u) \sum_{j=0}^{n} B_j^n(v) \mathbf{p}_{i,j} = \sum_{i=0}^{m} \sum_{j=0}^{n} B_i^m(u) B_j^n(v) \mathbf{p}_{i,j}$$
$$= \sum_{i=0}^{m} \sum_{j=0}^{n} \binom{m}{i} \binom{n}{j} u^i (1-u)^{m-i} v^j (1-v)^{n-j} \mathbf{p}_{i,j}$$
(17.32)

式17.32には、サーフェスの次数に2つのパラメーター、mとnがあることに注意してください。その「複合」次数は$m \times n$と書かれることもあります。ほとんどの場合は$m = n$で、実装が少し簡単になります。例えば$m > n$のときは、最初にn回線形補間してから、$m - n$回線形補間します。これが図17.19に示されています。次のように書き直すことで、式17.32の別の解釈が求められます。

$$\mathbf{p}(u,v) = \sum_{i=0}^{m} B_i^m(u) \sum_{j=0}^{n} B_j^n(v) \mathbf{p}_{i,j} = \sum_{i=0}^{m} B_i^m(u) \mathbf{q}_i(v) \qquad (17.33)$$

$\mathbf{q}_i(v) = \sum_{j=0}^{n} B_j^n(v) \mathbf{p}_{i,j}$ $(i = 0 \ldots m)$ です。式17.33の下段に見えるように、これはv-値を固定すれば、ただのベジエ曲線です。$v = 0.35$とすると、点$\mathbf{q}_i(0.35)$はベジエ曲線から計算でき、式17.33は$v = 0.35$に対するベジエ サーフェス上のベジエ曲線を記述します。

次に、ベジエ パッチのいくつかの有用な特性を紹介します。式17.32で$(u,v) = (0,0)$、$(u,v) = (0,1)$、$(u,v) = (1,0)$、$(u,v) = (1,1)$と設定することにより、ベジエ パッチが四隅の制御点、$\mathbf{p}_{0,0}$、$\mathbf{p}_{0,n}$、$\mathbf{p}_{n,0}$、$\mathbf{p}_{n,n}$を補間、つまり通過することが簡単に証明されます。またパッチの境界は、どれも境界上の制御点が形成するn次のベジエ曲線で記述されます。それゆえ、角の制御点の接線は、それらの境界ベジエ曲線で定義されます。角の制御点には、それぞれu-とv-方向に、2つの線があります。ベジエ曲線の場合と同じく、パッチもその制御点の凸包内にあり、$(u,v) \in [0,1] \times [0,1]$で次になります。

$$\sum_{i=0}^{m} \sum_{j=0}^{n} B_i^m(u) B_j^n(v) = 1 \qquad (17.34)$$

最後に、制御点を回転してからパッチ上の点を生成するのは、数学的にパッチ上で生成した点を回転するのと（普通はより高速ですが）同じです。

17.2. パラメトリック曲面

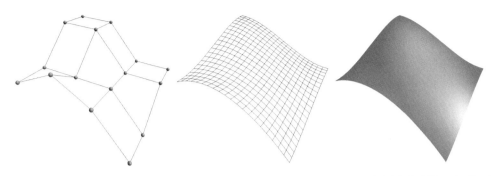

図 17.20. 左：3 × 3 次の 4 × 4 ベジエ パッチの制御メッシュ。中：サーフェス上に生成された実際の四辺形。右：シェーディングしたベジエ パッチ。

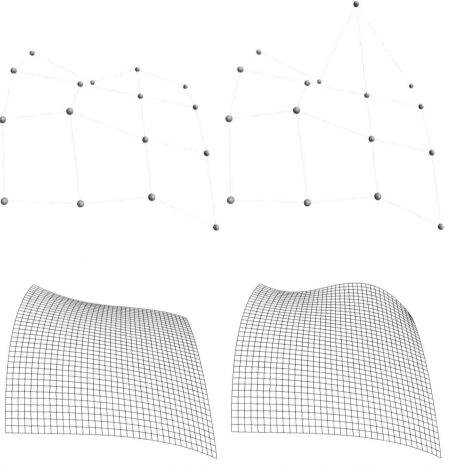

図 17.21. このイメージのセットは、1 つの制御点を動かしたときにベジエ パッチに何が起きるかを示している。ほとんどの変化は動いた制御点の近くにある。

式 17.32 を偏微分すると、下の式が与えられます [496]:

導関数［パッチ］：

$$\frac{\partial \mathbf{p}(u,v)}{\partial u} = m \sum_{j=0}^{n} \sum_{i=0}^{m-1} B_i^{m-1}(u) B_j^n(v) [\mathbf{p}_{i+1,j} - \mathbf{p}_{i,j}],$$

$$\frac{\partial \mathbf{p}(u,v)}{\partial v} = n \sum_{i=0}^{m} \sum_{j=0}^{n-1} B_i^{m}(u) B_j^{n-1}(v) [\mathbf{p}_{i,j+1} - \mathbf{p}_{i,j}]$$

(17.35)

見ての分かるように、パッチの次数は微分方向で1減ります。そのとき非正規化法線ベクトルは次のように作られます。

$$\mathbf{n}(u,v) = \frac{\partial \mathbf{p}(u,v)}{\partial u} \times \frac{\partial \mathbf{p}(u,v)}{\partial v}$$

(17.36)

図17.20に、制御メッシュが実際のベジエ パッチと一緒に示されています。制御点の移動の影響が図17.21に示されています。

有理ベジエ パッチ

ベジエ曲線を有理ベジエ曲線（セクション17.1.1）に拡張して、自由度を増やしたように、ベジエ パッチも有理ベジエ パッチに拡張できます。

$$\mathbf{p}(u,v) = \frac{\sum_{i=0}^{m} \sum_{j=0}^{n} w_{i,j} B_i^m(u) B_j^n(v) \mathbf{p}_{i,j}}{\sum_{i=0}^{m} \sum_{j=0}^{n} w_{i,j} B_i^m(u) B_j^n(v)}$$

(17.37)

このタイプのパッチに関する情報は、Farin の本[496]と Hochek と Lasser の本[841]を調べてください。同様に、有理ベジエ三角形は、次に扱うベジエ三角形の拡張です。

17.2.2　ベジエ三角形

三角形はたいてい長方形よりも単純な幾何学的プリミティブと見なされますが、ベジエ サーフェスに関しては当てはまらず、ベジエ三角形はベジエ パッチほど単純明快ではありません。このタイプのパッチは、高速で単純な PN 三角形の形成と、Phong テッセレーションに使われるので、紹介する価値があります。Unreal Engine、Unity、Lumberyard など、Phong テッセレーションと PN 三角形をサポートするゲーム エンジンもあります。

その制御点は、図17.22 に示されるように、三角形グリッドに置かれます。ベジエ三角形の次数は n で、これは辺ごとに $n+1$ の制御点があることを意味します。その制御点は $\mathbf{p}_{i,j,k}^0$ で示され、$\mathbf{p}_{ijk}$ と略されることもあります。すべての制御点で、$i+j+k=n$ かつ $i, j, k \geq 0$ であることに注意してください。したがって制御点の総数は次になります。

$$\sum_{x=1}^{n+1} x = \frac{(n+1)(n+2)}{2}$$

(17.38)

ベジエ三角形も反復補間に基づくのは、驚くべきことではありません。しかし、定義域が三角形なので、補間に重心座標（セクション22.8）を使わなければなりません。三角形 $\triangle \mathbf{p}_0 \mathbf{p}_1 \mathbf{p}_2$ 内の点が、$\mathbf{p}(u,v) = \mathbf{p}_0 + u(\mathbf{p}_1 - \mathbf{p}_0) + v(\mathbf{p}_2 - \mathbf{p}_0) = (1-u-v)\mathbf{p}_0 + u\mathbf{p}_1 + v\mathbf{p}_2$ で記述でき、(u,v) が重心座標であることを思い出してください。三角形内部の点では、$u \geq 0$、$v \geq 0$、

17.2. パラメトリック曲面

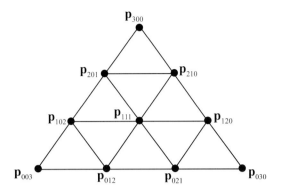

図 **17.22**. 3次のベジエ三角形の制御点。

$1-(u+v) \geq 0 \Leftrightarrow u+v \leq 1$ が成り立ちます。そこから、ベジエ三角形のドカスティリョ アルゴリズムは次になります。

ドカスティリョ [三角形]:
$$\mathbf{p}^{l}_{i,j,k}(u,v) = u\mathbf{p}^{l-1}_{i+1,j,k} + v\mathbf{p}^{l-1}_{i,j+1,k} + (1-u-v)\mathbf{p}^{l-1}_{i,j,k+1}, \quad (17.39)$$
$$l = 1\ldots n, \quad i+j+k = n-l$$

(u,v) のベジエ三角形の最終的な点は $\mathbf{p}^{n}_{000}(u,v)$ です。バーンスタイン形式のベジエ三角形は、次のものです。

バーンスタイン [三角形]: $\quad \mathbf{p}(u,v) = \sum_{i+j+k=n} B^{n}_{ijk}(u,v)\mathbf{p}_{ijk}. \quad (17.40)$

ここではバーンスタイン多項式が u と v の両方に依存するので、次のように計算が異なります。

$$B^{n}_{ijk}(u,v) = \frac{n!}{i!j!k!} u^i v^j (1-u-v)^k, \quad i+j+k = n \quad (17.41)$$

偏微分は次のものです [516]。

導関数 [三角形]:
$$\frac{\partial \mathbf{p}(u,v)}{\partial u} = \sum_{i+j+k=n-1} nB^{n-1}_{ijk}(u,v)(\mathbf{p}_{i+1,j,k} - \mathbf{p}_{i,j,k+1}),$$
$$\frac{\partial \mathbf{p}(u,v)}{\partial v} = \sum_{i+j+k=n-1} nB^{n-1}_{ijk}(u,v)(\mathbf{p}_{i,j+1,k} - \mathbf{p}_{i,j,k+1}) \quad (17.42)$$

三隅の制御点を補間（通過）することと、境界が境界上の制御点で記述されるベジエ曲線であることも、予想できるベジエ三角形の特性です。また、そのサーフェスは制御点の凸包内にあります。図17.23にベジエ三角形が示されています。

17.2.3 連続性

ベジエ サーフェスから複雑なオブジェクトを構築するとき、複数の異なるベジエ サーフェスを縫い合わせて、1つの合成サーフェスを作りたいことがよくあります。きれいな結果を得る

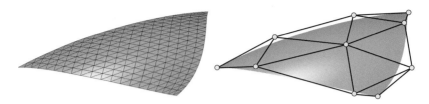

図17.23. 左：テッセレートされたベジエ三角形のワイヤフレーム。右：シェーディングされたサーフェスと制御点。

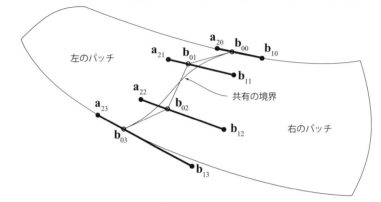

図17.24. 2つのベジエ パッチを C^1 連続に縫い合わせる方法。太線上のすべての制御点は共線でなければならず、それらの2つの線分の長さは同じ比でなければならない。パッチ間の共有境界を得るため $\mathbf{a}_{3j} = \mathbf{b}_{0j}$ であることに注意。これは図17.25の右でも見られる。

には、サーフェス全体でまあまあの連続性が得られるように注意を払わなけれなりません。これはセクション17.1.3の曲線と同じ考え方です。

2つの双3次ベジエ パッチをつなぎ合わせるとします。それらは、それぞれ 4×4 の制御点を持ちます。これは図17.24に示され、そこでは左のパッチが制御点 $\mathbf{a}_{ij}$、右が制御点 $\mathbf{b}_{ij}$ を持ちます（$0 \le i, j \le 3$）。C^0 連続性を確保するには、パッチは境界で同じ制御点を共有する必要があり、つまり $\mathbf{a}_{3j} = \mathbf{b}_{0j}$ でなければなりません。

しかしこれは、きれいな合成サーフェスを得るのに十分ではありません。代わりに C^1 連続性を与える単純なテクニックを紹介します[496]。これを達成するには、共有制御点に最も近い2列の制御点の位置を制約しなければなりません。その列は $\mathbf{a}_{2j}$ と $\mathbf{b}_{1j}$ です。すべての j で、点 $\mathbf{a}_{2j}$、$\mathbf{b}_{0j}$、$\mathbf{b}_{1j}$ が共線、つまり同一線上になければなりません。さらに、それらの比は同じでなければならず、それは $||\mathbf{a}_{2j} - \mathbf{b}_{0j}|| = k||\mathbf{b}_{0j} - \mathbf{b}_{1j}||$ を意味します。ここで、k は定数で、すべての j で同じでなければなりません。図17.24と17.25に例が示されています。

この種の構築は、制御点の設定の多くの自由度を消費します。これは1つの角を共有する4つのパッチを縫い合わせるときに、より明確になります。その構築が図17.26に可視化されています。その結果が図の右端に示され、そこでは共有制御点と周りの8つの制御点の位置が示されています。その9つの点は図17.17に示すように、すべて同じ平面になければならず、双線形パッチを形成しなければなりません。角の（そこだけの）G^1 連続性で満足なら、9つの点を共平面にするだけで十分です。そのほうが消費される自由度が減ります。

ベジエ三角形の連続性は、一般にもっと複雑で、ベジエ パッチと三角形の G^1 条件も同様です[496, 841]。多くのベジエ サーフェスを持つ複雑なオブジェクトを構築するとき、すべての境界で十分な連続性を得るように取り計らうのは、しばしば困難です。この1つの解決法が、

17.2. パラメトリック曲面

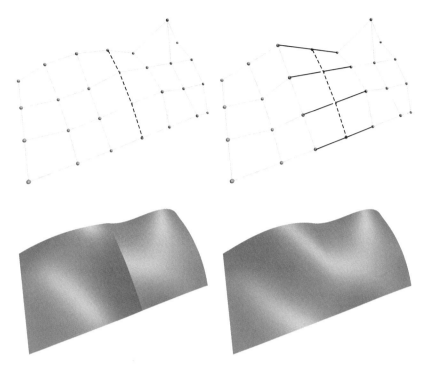

図17.25. 左の列はC^0連続性しか持たない、2つの結合したベジエ パッチを示す。パッチの間には、明らかにシェーディングの不連続がある。右の列は、もっと見栄えのよい、C^1連続で結合した同様のパッチを示す。上段で、破線は2つの結合パッチの境界を示す。右上の黒い線は、結合するパッチの制御点の共線性を示している。

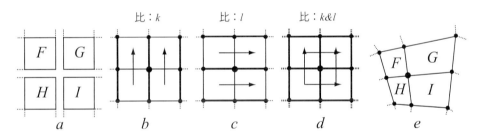

図17.26. (a) 4つのパッチF、G、H、Iを縫い合わせ、そこではすべてのパッチが1つの角を共有する。(b) 垂直方向で、3つの（それぞれ太線上にある）3点のセットは同じ比kを使わなけれならない。その関係はここに示されていない（右端の図を参照）。(c) では、同様の処理が水平方向に行われ、両方のパッチは同じ比lを使わなければならない。(d) 縫い合わされるとき、4つのすべてのパッチが垂直にk、水平にlの同じ比を使わなければならない。(e) がその結果を示し、共有制御点に最も近い（そしてそれを含む）9つの制御点で比が正しく計算されている。

セクション17.5で扱う再分割サーフェスに変えることです。

境界をまたぐきれいなテクスチャ処理には、C^1連続性が必要なことに注意してください。反射とシェーディングには、G^1連続性でまあまあの結果が得られます。C^1以上で、さらによい結果が与えられます。図17.25に例が示されています。

次の2つのサブセクションでは、入力される（平らな）三角形ごとに、三角形の頂点の法線を利用してベジエ三角形を引き出す、2つの手法を紹介します。

17.2.4 PN 三角形

頂点ごとに法線を持つ入力三角形メッシュが与えられたとき、Vlachosら [1955] の *PN三角形* スキームの目標は、ただの三角形を使うよりも見栄えのよいサーフェスを構築することです。「PN」は「点と法線 (point and normal)」の略で、サーフェスの生成に必要なデータがそれだけだからです。それは *N-パッチ* とも呼ばれます。このスキームは三角形を置き換える曲面を作成して、三角形メッシュのシェーディングとシルエットの改善を試みます。そのテッセレーションは三角形の点と法線から生成され、隣接情報が不要なので、テッセレーションハードウェアはサーフェスをその場で作成できます。図17.27の例を見てください。ここで紹介するアルゴリズムは、van Overveld と Wyvill [1450] の研究に基づいています。

頂点が $\mathbf{p}_{300}$、$\mathbf{p}_{030}$、$\mathbf{p}_{003}$、法線が $\mathbf{n}_{200}$、$\mathbf{n}_{020}$、$\mathbf{n}_{002}$ の三角形があるとします。その基本的な考え方は、この情報を使って元の三角形それぞれに3次ベジエ三角形を作り、そのベジエ三角形から好きなだけ多くの三角形を生成することです。

表記を短くするため、$w = 1 - u - v$ を使います。3次ベジエ三角形は次で与えられます（図

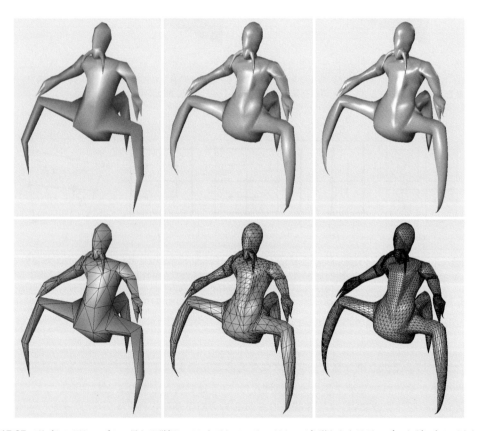

図17.27. 列ごとに同じモデルの異なる詳細レベルを示している。414の三角形からなる元のデータが、左に示されている。中のモデルは3,726、右は20,286の三角形を持ち、すべて紹介するアルゴリズムで生成されている。シルエットとシェーディングが改善している様子に注意。下段はモデルをワイヤフレームで示し、元の三角形がどれも同じ量の下位の三角形を生成していることが分かる。（モデル提供：*id Software*。*ATI Technologies Inc.* のデモからのイメージ。）

17.2. パラメトリック曲面

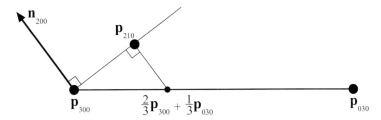

図 17.28. $\mathbf{p}_{300}$ の法線 $\mathbf{n}_{200}$ と、2つの角の点 $\mathbf{p}_{300}$ と $\mathbf{p}_{030}$ を使い、ベジエ点 $\mathbf{p}_{210}$ を計算する方法。

17.22)。

$$\begin{aligned}\mathbf{p}(u,v) &= \sum_{i+j+k=3} B_{ijk}^3(u,v)\mathbf{p}_{ijk} \\ &= u^3\mathbf{p}_{300} + v^3\mathbf{p}_{030} + w^3\mathbf{p}_{003} + 3u^2v\mathbf{p}_{210} + 3u^2w\mathbf{p}_{201} \\ &\quad + 3uv^2\mathbf{p}_{120} + 3v^2w\mathbf{p}_{021} + 3vw^2\mathbf{p}_{012} + 3uw^2\mathbf{p}_{102} + 6uvw\mathbf{p}_{111}\end{aligned} \quad (17.43)$$

2つのPN三角形の境界で C^0 連続性を確保するため、そのエッジ上の制御点を角の制御点とその法線から決定できます（法線が隣接する三角形の間で共有されると仮定）。

図17.28に示されるように、制御点 $\mathbf{p}_{300}$、$\mathbf{p}_{030}$ と、$\mathbf{p}_{300}$ の法線 $\mathbf{n}_{200}$ を使って $\mathbf{p}_{210}$ を計算したいとします。単純に点 $\frac{2}{3}\mathbf{p}_{300} + \frac{1}{3}\mathbf{p}_{030}$ を法線 $\mathbf{n}_{200}$ の方向で、$\mathbf{p}_{300}$ と $\mathbf{n}_{200}$ で定義される接平面上に投影します [495, 496, 1955]。正規化法線だと仮定すると、点 $\mathbf{p}_{210}$ は次で計算されます。

$$\mathbf{p}_{210} = \frac{1}{3}(2\mathbf{p}_{300} + \mathbf{p}_{030} - (\mathbf{n}_{200}\cdot(\mathbf{p}_{030}-\mathbf{p}_{300}))\mathbf{n}_{200}) \quad (17.44)$$

他の境界の制御点も同様に計算できるので、残るのは内部の制御点 $\mathbf{p}_{111}$ の計算だけです。これは次の式で示すように行い、この選択は2次多項式に従います [495, 496]：

$$\mathbf{p}_{111} = \frac{1}{4}(\mathbf{p}_{210}+\mathbf{p}_{120}+\mathbf{p}_{102}+\mathbf{p}_{201}+\mathbf{p}_{021}+\mathbf{p}_{012}) - \frac{1}{6}(\mathbf{p}_{300}+\mathbf{p}_{030}+\mathbf{p}_{003}) \quad (17.45)$$

式17.42を使ってサーフェス上の2つの接線を計算してから、法線を計算する代わりに、Vlachosら [1955] は、次に示すように、2次スキームを使って法線を補間することを選びます。

$$\begin{aligned}\mathbf{n}(u,v) &= \sum_{i+j+k=2} B_{ijk}^2(u,v)\mathbf{n}_{ijk} \\ &= u^2\mathbf{n}_{200} + v^2\mathbf{n}_{020} + w^2\mathbf{n}_{002} + 2(uv\mathbf{n}_{110} + uw\mathbf{n}_{101} + vw\mathbf{n}_{011})\end{aligned} \quad (17.46)$$

これは制御点が2つの異なる法線を持つ、2次のベジエ三角形と考えることができます。導関数の次数は実際のベジエ三角形よりも1低く、法線の線形補間は変曲を記述できないので、式17.46の次数の選択、すなわち2次はごく自然です（図17.29）。

式17.46を使えるためには、法線の制御点 $\mathbf{n}_{110}$、$\mathbf{n}_{101}$、$\mathbf{n}_{011}$ を計算する必要があります。直感的ですが、不完全な1つの解法は、$\mathbf{n}_{200}$ と $\mathbf{n}_{020}$（元の三角形の頂点の法線）の平均を使って $\mathbf{n}_{110}$ を計算することです。しかし、$\mathbf{n}_{200} = \mathbf{n}_{020}$ のとき、図17.29の左下に示される問題に再び遭遇します。代わりに図17.30に示すように、まず $\mathbf{n}_{200}$ と $\mathbf{n}_{020}$ の平均をとってから、この法線を平面 π に反射して $\mathbf{n}_{110}$ を構築します。この平面は端点 $\mathbf{p}_{300}$ と $\mathbf{p}_{030}$ の間の差に平行な法線を持ちます。π で反射するのは法線ベクトルだけで、法線は平面の位置に依存しないので、π

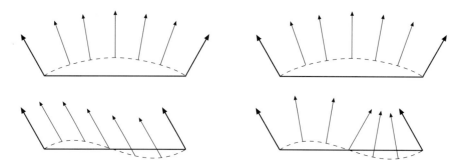

図17.29. この図は法線の線形補間では不十分で、2次補間が必要な理由を示す。左列は法線の線形補間を使うときに起きることを示している。これは法線が凸サーフェス（上）の記述ではうまくいくが、サーフェスが変曲を持つと破綻する（下）。右列は2次補間を示す。（[1451]からの図。）

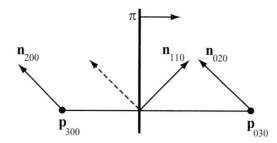

図17.30. PN三角形での$\mathbf{n}_{110}$の構築。破線の法線は$\mathbf{n}_{200}$と$\mathbf{n}_{020}$の平均で、$\mathbf{n}_{110}$はこの法線を平面πで反射したもの。平面πは$\mathbf{p}_{030} - \mathbf{p}_{300}$に平行な法線を持つ。

が原点を通ると仮定してかまいません。すべての法線を正規化しなければならないことにも注意してください。数学的に、$\mathbf{n}_{110}$の非正規化版は次で表されます[1955]。

$$\mathbf{n}'_{110} = \mathbf{n}_{200} + \mathbf{n}_{020} - 2\frac{(\mathbf{p}_{030} - \mathbf{p}_{300}) \cdot (\mathbf{n}_{200} + \mathbf{n}_{020})}{(\mathbf{p}_{030} - \mathbf{p}_{300}) \cdot (\mathbf{p}_{030} - \mathbf{p}_{300})}(\mathbf{p}_{030} - \mathbf{p}_{300}) \quad (17.47)$$

元々、van OverveldとWyvillは、この式で2の代わりに3/2の因数を使っていました。どの値が最善かをイメージを見て判断するのは困難ですが、2は平面の本当の反射のよい解釈を与えます。

この時点で、3次ベジエ三角形のすべてのベジエ点と、2次補間用のすべての法線ベクトルが計算されています。残るのはレンダーできるように、ベジエ三角形上に三角形を作り出すことだけです。このアプローチの利点は、サーフェスが比較的低いコストで、シルエットと形状が改善することです。

詳細レベルを指定する1つの方法は、以下のものです。元の三角形データをLOD0と考えます。LODの数は、三角形のエッジ上に新たに頂点を導入した数だけ増えます。したがって、LOD1はエッジあたり1つの新しい頂点を導入することによりベジエ三角形上に4つのサブ三角形を作成し、LOD2はエッジあたり2つの新しい頂点を導入して、9つのサブ三角形を生成します。一般に、LODnは$(n+1)^2$のサブ三角形を生成します。ベジエ三角形の間に隙間が生じるのを防ぐため、メッシュ中のどの三角形も、同じLODでテッセレートしなければなりません。小さな三角形が大きな三角形と同じだけテッセレートされるので。これは重大な欠点です。その問題の回避には、適応型テッセレーション（セクション17.6.2）や分数テッセレーション（セクション17.6.1）などのテクニックを使えます。

PN三角形の1つの問題は、折り目の制御が難しく、望む折り目の近くにしばしば追加の三

17.2. パラメトリック曲面

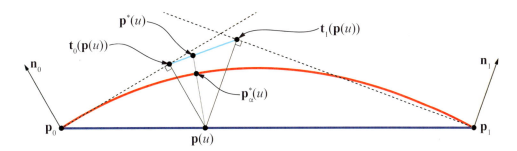

図17.31. サーフェスの代わりに曲線を使って示すPhongテッセレーションの構築。それは$\mathbf{p}(u)$が(u,v)ではなくuだけの関数であることを意味し、$\mathbf{t}_i$も同様。$\mathbf{p}(u)$が最初に接平面に投影されて、$\mathbf{t}_0$と$\mathbf{t}_1$を生成する。その後、$\mathbf{t}_0$と$\mathbf{t}_1$から線形補間で$\mathbf{p}^*(u)$を作成する。最後のステップとして、形状因子αを使い、基底三角形と$\mathbf{p}^*(u)$の間でブレンドを行う。この例では、$\alpha = 0.75$を使っている。

角形を挿入する必要があることです。ベジエ三角形の間の連続性はC^0でしかありませんが、たいてい許容できる外見になります。これは主としてPN三角形のセットがG^1サーフェスを模倣するように、三角形の間で法線を連続にするからです。Boubekeurら[200]が提案する、よりよい解決法では、1つの頂点に2つの法線を持つことができ、2つのそのような接続した頂点が折り目を生成します。見栄えのよいテクスチャリングを得るには、三角形（やパッチ）間の境界でC^1連続性が必要なことに注意してください。2つの隣接三角形が同じ法線を共有しないと、隙間が現れることも知っておく価値があります。PN三角形の連続性の品質をさらに改善するテクニックを、Grün [665]が述べています。Dykenら[432]が紹介するPN三角形に触発されたテクニックでは、視点から見えるシルエットだけを適応的にテッセレートし、より曲線的にします。それらのシルエット曲線は、PN三角形の曲線と似たやり方で派生します。滑らかな遷移を得るため、彼らは粗いシルエットとテッセレートしたシルエットをブレンドします。Fünfzigら[549]が紹介するPNG1三角形は、連続性を改善した、あらゆる場所でG^1連続性を持つPN三角形の修正版です。McDonaldとKilgard [1254]が別のPN三角形の拡張を紹介し、それは隣接する三角形上で異なる法線を扱えます。

17.2.5 Phongテッセレーション

BoubekeurとAlexa [201]が紹介した*Phong*テッセレーションと呼ばれるサーフェス構築は、PN三角形と多くの類似点を持ちますが、評価が高速で実装が簡単です。基底三角形の頂点を$\mathbf{p}_0$、$\mathbf{p}_1$、$\mathbf{p}_2$とし、対応する正規化法線を$\mathbf{n}_0$、$\mathbf{n}_1$、$\mathbf{n}_2$とします。まず、基底三角形上の重心座標(u,v)にある点が、次で計算できることを思い出してください。

$$\mathbf{p}(u,v) = (u, v, 1-u-v) \cdot (\mathbf{p}_0, \mathbf{p}_1, \mathbf{p}_2) \quad (17.48)$$

Phongシェーディングでは、法線は平らな三角形の上で、やはり上の式の点を法線で置き換えたものを使って補間されます。Phongテッセレーションは、Phongシェーディングの法線補間の反復補間を使う幾何学的バージョンの作成を試み、ベジエ三角形を生成します。この議論では、図17.31を参照します。最初のステップは、点と法線が定義する接平面まで、基底三角形上に点$\mathbf{q}$を投影する関数の作成です。これは次で行います。

$$\mathbf{t}_i(\mathbf{q}) = \mathbf{q} - ((\mathbf{q} - \mathbf{p}_i) \cdot \mathbf{n}_i)\mathbf{n}_i \quad (17.49)$$

図17.32. Phongテッセレーションのモンスター蛙への適用。左から右：フラット シェーディングによる基底メッシュ、Phongシェーディングによる基底メッシュ、最後に、Phongテッセレーションを適用した基底メッシュ。シルエットの改善に注目。この例では、$\alpha = 0.6$を使っている。（Tamy Boubekeurのデモ プログラムで生成したイメージ。）

三角形の頂点を使って線形補間を行う代わりに（式17.48）、次のように、関数$\mathbf{t}_i$を使って線形補間を行います。

$$\mathbf{p}^*(u,v) = (u, v, 1-u-v) \cdot (\mathbf{t}_0(u,v), \mathbf{t}_1(u,v), \mathbf{t}_2(u,v)) \tag{17.50}$$

少し柔軟にするため、基底三角形と式17.50の間で補間を行う形状因子αを加え、Phongテッセレーションの最終的な公式が出来上がります。

$$\mathbf{p}^*_\alpha(u,v) = (1-\alpha)\mathbf{p}(u,v) + \alpha\mathbf{p}^*(u,v) \tag{17.51}$$

$\alpha = 0.75$が推奨設定です[201]。このサーフェスの生成に必要な情報は、基底三角形の頂点と法線、ユーザーが供給するαだけなので、サーフェスの評価は高速です。その結果の三角形のパスは、PN三角形より低い次数の2次です。法線は標準的なPhongシェーディングと同じく、単純に線形補間されます。メッシュに適用したPhongテッセレーションの効果を示す例は、図17.32を参照してください。

17.2.6 B-スプライン サーフェス

セクション17.1.6でB-スプライン曲線を簡単に紹介しましたが、ここでB-スプライン サーフェスを紹介するため、同じことを行います。632ページの式17.24は、次のB-スプライン パッチに一般化できます。

$$\mathbf{s}_n(u,v) = \sum_k \sum_l \mathbf{c}_{k,l} \beta_n(u-k) \beta_n(v-l) \tag{17.52}$$

これはベジエ パッチの公式（式17.32）とよく似ています。$\mathbf{s}_n(u,v)$がサーフェス上の3次元の点であることに注意してください。この関数をテクスチャー フィルタリングに使うのであれば、式17.52は高さフィールド、$c_{k,l}$は1次元、すなわち高さになります。

双3次B-スプライン パッチなら、式17.52で式17.25の$\beta_3(t)$関数を使います。全部で4×4の制御点なら、$\mathbf{c}_{k,l}$が必要で、式17.52が記述する実際のサーフェス パッチは、最も内側の2×2制御点の中になります。これが図17.33に示されています。双3次B-スプライン パッチが、本質的にCatmull-Clark再分割サーフェス（セクション17.5.2）でもあることに注意してください。B-スプライン サーフェスについての詳しい情報が書かれた、多くのよい本があります[121, 496, 841]。

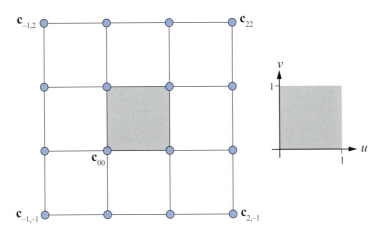

図17.33. 4×4 の制御点、$\mathbf{c}_{k,l}$ を持つ、双3次B-スプライン パッチの設定。(u, v) の定義域は、右に示された単位正方形。

17.3 陰関数サーフェス

ここまでは、パラメトリック曲線とサーフェスだけを論じてきました。**陰関数サーフェス**が、モデルを表現するのに役立つもう1つのクラスを形成します。例えばuとvといった、サーフェス上の点を明示的に記述するパラメーターを使う代わりに、陰関数と呼ばれる、次の形式を使います。

$$f(x, y, z) = f(\mathbf{p}) = 0 \tag{17.53}$$

これは「点$\mathbf{p}$は、陰関数fに代入したときに結果が0であれば、点は陰関数サーフェス上にある」と解釈されます。陰関数サーフェスは、対応する（あるとして）パラメトリック サーフェスよりも簡単に交差できるので、レイとの交差テストでよく使われます（セクション22.6〜22.9）。陰関数サーフェスのもう1つの利点は、CSG（constructive solid geometry）アルゴリズムを簡単に適用できること、つまり、オブジェクトを互いから引いたり、互いとの論理席ANDや論理和ORをとれることです。また、オブジェクトのブレンドや変形も容易です。

原点に置かれた陰関数サーフェスの例をいくつか挙げます。

$$\begin{aligned} f_s(\mathbf{p}, r) &= \|\mathbf{p}\| - r, & &\text{球} \\ f_{xz}(\mathbf{p}) &= p_y, & &xz\text{ 平面} \\ f_{rb}(\mathbf{p}, \mathbf{d}, r) &= \|\max(|\mathbf{p}| - \mathbf{d}, 0)\| - r, & &\text{角丸ボックス} \end{aligned} \tag{17.54}$$

これらは、いくらか説明する価値があります。球は単純に半径を引いた$\mathbf{p}$から原点への距離なので、$\mathbf{p}$が半径rの球上にあれば、$f_s(\mathbf{p}, r)$は0です。そうでなければ符号付き距離が返され、それが負なら$\mathbf{p}$は球の内側、正なら外側を意味します。それゆえ、これらの関数は**符号付き距離関数**（SDF）と呼ばれることもあります。平面$f_{xz}(\mathbf{p})$は、単なる$\mathbf{p}$のy-座標、つまり、y-軸が正の側です。角丸ボックスの式では、ベクトルの絶対値（$|\mathbf{p}|$）と最大値を成分ごとに計算すると仮定します。また、$\mathbf{d}$はボックスの片側のベクトルです。図17.34の角丸ボックスを参照してください。その公式は見出しで説明されています。角が丸くないボックスを得るには、単純に$r = 0$とします。

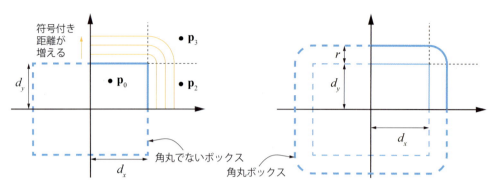

図17.34. 左：符号付き距離関数が $||\max(|\mathbf{p}| - \mathbf{d}, 0)||$、$\mathbf{p}$ はテストする点、$\mathbf{d}$ の成分が片側の、角丸でないボックスが表示されている。$|\mathbf{p}|$ により、残りの計算が（2Dでは）右上の4分円で発生することに注意。$\mathbf{d}$ の減算は、$\mathbf{p}$ が x 軸でボックスの内側にあれば $|p_x| - d_x$ が負になることを意味し、他の軸も同様。正の値だけが保持され、負の値は max() で0にクランプされる。その結果、$||\max(|\mathbf{p}| - \mathbf{d}, 0)||$ はボックスの側面に最も近い距離を計算し、これは max() の評価後に2つ以上の値が正なら、ボックスの外の符号付き距離フィールドが丸められることを意味する。右：角丸ボックスは角丸でないボックスから r を引くことで得られ、それはボックスをすべての方向に r だけ広げる。

陰関数サーフェスの法線は、勾配と呼ばれ、∇f で示される偏導関数で記述されます。

$$\nabla f(x, y, z) = \left(\frac{\partial f}{\partial x}, \frac{\partial f}{\partial y}, \frac{\partial f}{\partial z}\right). \tag{17.55}$$

それを正確に評価できるためには、式17.55の f が微分可能、つまり連続でなければなりません。実際には、シーン関数 f を使ってサンプルする、中央差分と呼ばれる数値テクニックがよく使われます[537]。

$$\nabla f_x \approx f(\mathbf{p} + \epsilon \mathbf{e}_x) - f(\mathbf{p} - \epsilon \mathbf{e}_x) \tag{17.56}$$

∇f_y と ∇f_z も同様です。$\mathbf{e}_x = (1,0,0)$、$\mathbf{e}_y = (0,1,0)$、$\mathbf{e}_z = (0,0,1)$ であることと、ϵ が小さい数であることを思い出してください。

式17.54のプリミティブでシーンを作るときには、結合演算子 $\cup$ を使います。例えば、$f(\mathbf{p}) = f_s(\mathbf{p}, 1) \cup f_{xz}(\mathbf{p})$ は、球と平面からなるシーンです。$\mathbf{p}$ に最も近いサーフェスを見つけたいので、結合演算子は2つのオペランドの最小で実装されます。平行移動は符号付き距離関数を呼ぶ前に $\mathbf{p}$ を動かすことで行い、つまり $f_s(\mathbf{p} - \mathbf{t}, 1)$ は $\mathbf{t}$ だけ平行移動した球です。回転や他の変換も同じ考え方で、つまり $\mathbf{p}$ に逆変換を適用することにより行えます。$\mathbf{r} = \mathrm{mod}(\mathbf{p}, \mathbf{c}) - 0.5\mathbf{c}$ を、$\mathbf{p}$ の代わりに符号付き距離関数への引数として使うことにより、オブジェクトを空間全体で反復するのも簡単です。

陰関数サーフェスのブレンドは、いわゆるブロッビー モデリング[179]や、ソフト オブジェクト、メタボール[75, 607]で使える、素晴らしい機能です。図17.35の例を見てください。その基本的な考え方は、球、楕円体などの単純なプリミティブや、何であれ使えるものを使い、それらを滑らかにブレンドすることです。個々のオブジェクトは原子と見ることができ、ブレンド後に分子が得られます。ブレンドは多様な方法で行えます。2つの距離、d_1 と d_2 をブレンド半径、r_b でブレンドするのによく使われる手法が次で[1279, 1564]、

$$\begin{aligned} h &= \min\left(\max(0.5 + 0.5(d_2 - d_1)/r_b, 0.0), 1.0\right), \\ d &= (1-h)d_2 + hd_1 + r_b h(1-h) \end{aligned} \tag{17.57}$$

d はブレンドされた距離です。この関数は2つのオブジェクトへの最短距離をブレンドするだ

17.3. 陰関数サーフェス

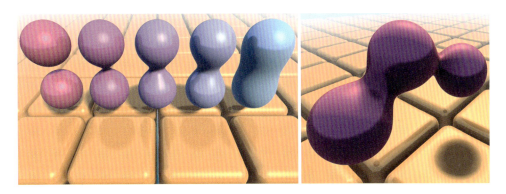

図17.35. 左：（左から右に増える）異なるブレンド半径でブレンドした球のペアと、反復した角丸ボックスで構成した敷地。右：ブレンドした3つの球。

けですが、繰り返し使い、さらに多くのオブジェクトをブレンドできます（図17.35の右の部分）。

陰関数のセットの可視化で使われる通常の手法が、レイ マーチング[731]です。シーンをレイ マーチできれば、影、反射、アンビエント オクルージョンなどの効果を生成することも可能です。符号付き距離フィールド内のレイ マーチングが、図17.36に示されています。レイ上の最初の点、$\mathbf{p}$で、シーンへの最短距離、dを評価します。これは、それより近くに他のオブジェクトがない、$\mathbf{p}$を中心とする半径dの球があることを示すので、レイをdユニット、そのレイ方向に動かすことができ、それをサーフェスから何らかの極小値の範囲内に達するか、事前に定義したレイ マーチ ステップになるまで（その場合は背景にヒットしたと仮定できる）続けます。2つのよい例が図17.37に示されています。

すべての陰関数サーフェスは、三角形からなるサーフェスにも変えられます。この操作に利用できる、いくつかのアルゴリズムがあります[75, 607]。有名な例の1つが、セクション13.10で述べるマーチング キューブ アルゴリズムです。CWyvillとBloomenthalのアルゴリズムを使ってポリゴン化を行うコードが、ウェブで入手でき[189]、de Araújoら[75]が最近の陰関数サーフェスのポリゴン化テクニックの調査を紹介しています。TatarchukとShopf [1872]が述べている、**マーチング テトラヘドラ**と呼ぶテクニックは、GPUを使って3次元データ セット中の等値面を求めることができます。42ページの図3.13は、ジオメトリ シェーダーを使った等値面抽出の例を示しています。Xiaoら[2082]が紹介する流体シミュレーション システムは、GPUが位置を計算する10万の粒子を使い、インタラクティブな速さで等値面を表示します。

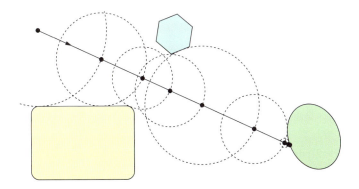

図17.36. 符号付き距離フィールドによるレイ マーチング。破線の円は、その中心から最も近いサーフェスへの距離を示す。位置はレイに沿って前の位置の円の境界まで進むことができる。

図**17.37.** 符号付き距離関数とレイ マーチングを使い、手続き的に作成した熱帯雨林（左）とカタツムリ（右）。木々は楕円体を使って生成され、手続き的ノイズで変位している。（*Iñigo Quilez*からのプログラムを使い、*Shadertoy*で生成したイメージ。）

17.4 再分割曲線

再分割テクニックは、滑らかな曲線とサーフェスの作成に使われます。それがモデリングで使われる1つの理由は、離散サーフェス（三角形メッシュ）と連続サーフェス（例えば、ベジエ パッチのコレクション）のギャップを埋めるので、詳細レベル テクニックに使えることです（セクション19.9）。ここでは、まず再分割曲線の動作を述べてから、人気のある再分割サーフェス スキームを論じます。

再分割曲線は、**コーナー カット**を使う例で説明するのが一番よいでしょう（図17.38）。左端のポリゴンの角を切り落とし、頂点の数が2倍の新たなポリゴンを作成します。次にこの新しいポリゴンの角を切り落とし、これが無限に（実用的には、違いが見えなくなるまで）続きます。その結果の曲線は**限界曲線**と呼ばれ、すべての角が切り落とされるので滑らかです。この処理はすべてのシャープな角（高周波）を取り除くので、ロー パス フィルターとも考えられます。この処理はしばしば$P_0 \to P_1 \to P_2 \cdots \to P_\infty$と書かれ、$P_0$は開始ポリゴン（**制御ポリゴン**とも呼ばれる）、P_∞が限界曲線です。

この再分割処理は多様なやり方で行なうことができ、それぞれ再分割スキームの特徴があります。図17.38に示されるものは、Chaikinのスキーム[269]と呼ばれ、以下のように動作します。ポリゴンのnの頂点を$P_0 = \{\mathbf{p}_0^0, \ldots, \mathbf{p}_{n-1}^0\}$とし、上の添字で再分割のレベルを示します。Chaikinのスキームは、元のポリゴンの後続の頂点のペア、例えば$\mathbf{p}_i^k$と$\mathbf{p}_{i+1}^k$の間に、2つの新たな頂点を作成します。

$$\mathbf{p}_{2i}^{k+1} = \frac{3}{4}\mathbf{p}_i^k + \frac{1}{4}\mathbf{p}_{i+1}^k \quad \text{and} \quad \mathbf{p}_{2i+1}^{k+1} = \frac{1}{4}\mathbf{p}_i^k + \frac{3}{4}\mathbf{p}_{i+1}^k \qquad (17.58)$$

見て分かるように、上の添字がkから$k+1$に変わり、それは再分割レベルが1つ進むこと、すなわち$P_k \to P_{k+1}$を意味します。そのような再分割ステップを行った後、元の頂点を破棄して新しい点を接続し直します。この種の振る舞いが図17.38に見え、そこでは新たな点が元の頂点から隣の頂点方向に1/4離れて作成されています。再分割スキームの美しさは、滑らかな曲線を迅速に生成するその単純さによります。しかし、Chaikinのアルゴリズムが2次B-スプラインを生成することは証明できますが[121, 496, 841, 1987]、セクション17.1のようなパ

17.4. 再分割曲線

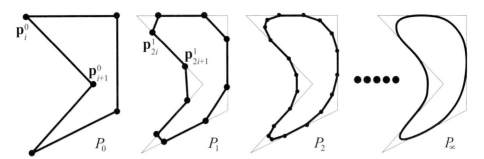

図**17.38**. Chaikinの再分割スキームの動作。最初の制御ポリゴンP_0を一度P_1に再分割してから、P_2に再分割する。再分割時に各ポリゴン、P_iの角を切り落とす。無限回の再分割の後、限界曲線P_∞が得られる。これは曲線が初期の点を通らないスキームを近似している。

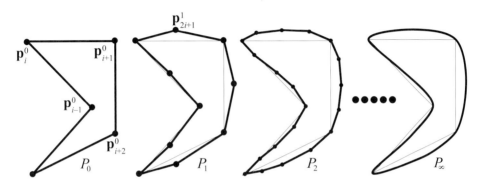

図**17.39**. 4点再分割スキームの動作。これは曲線が最初の点を通り、一般に曲線P_{i+1}はP_iの点を通るので補間スキーム。図17.38と同じ制御ポリゴンが使われることに注意。

ラメトリック形式の曲線を直接得ることはできません。今のところ、紹介したスキームは（閉じた）ポリゴンで動作しますが、ほとんどのスキームは開いたポリラインでも動作するように拡張できます。Chaikinの場合、違いは再分割ステップで、ポリラインの2つの端点を（破棄する代わりに）保持することだけです。これにより曲線は端点を通るようになります。

再分割スキームには2つの異なるクラス、すなわち**近似**と**補間**があります。限界曲線は一般に最初のポリゴンの頂点の上にないので、Chaikinのスキームは近似です。これは頂点が破棄（スキームによっては更新）されるからです。対照的に、補間スキームは前の再分割ステップのすべての点を保持するので、限界曲線P_∞はP_0、P_1、P_2...のすべての点を通ります。これはスキームが最初のポリゴンを補間することを意味します。図17.38と同じポリゴンを使う例が、図17.39に示されています。このスキームは最も近い4点を使い、新たな点を作成します[433]。

$$\begin{aligned}\mathbf{p}_{2i}^{k+1} &= \mathbf{p}_i^k, \\ \mathbf{p}_{2i+1}^{k+1} &= \left(\frac{1}{2}+w\right)(\mathbf{p}_i^k + \mathbf{p}_{i+1}^k) - w(\mathbf{p}_{i-1}^k + \mathbf{p}_{i+2}^k)\end{aligned} \quad (17.59)$$

式17.59の1行目は、単に前のステップからの点を変更せずに保持することを意味し（つまり、補間）、2行目は$\mathbf{p}_i^k$と$\mathbf{p}_{i+1}^k$の間に新たな点を作成するためのものです。重みwは**張力パラメー**ターと呼ばれます。$w = 0$のときは、線形補間がその結果ですが、$w = 1/16$のときには、図17.39に示す種類の振る舞いが得られます。$0 < w < 1/8$のとき、その結果の曲線はC^1であることが証明できます[433]。開いたポリラインでは、新しい点の両側に2つの点が必要ですが、

端点では1つしかないので問題に出くわします。これは端点の次の点を端点を超えて反射すれば、解決できます。したがって、ポリラインの最初で、$\mathbf{p}_1$ を $\mathbf{p}_0$ で反射して $\mathbf{p}_{-1}$ を得ます。この点を次に再分割処理で使います。図 17.40 に、$\mathbf{p}_{-1}$ の作成が示されています。

次の再分割規則を使う近似スキームもあります。

$$\mathbf{p}_{2i}^{k+1} = \frac{3}{4}\mathbf{p}_i^k + \frac{1}{8}(\mathbf{p}_{i-1}^k + \mathbf{p}_{i+1}^k),$$
$$\mathbf{p}_{2i+1}^{k+1} = \frac{1}{2}(\mathbf{p}_i^k + \mathbf{p}_{i+1}^k)$$
(17.60)

1行目が既存の点を更新し、2行目が2つの隣接点の間の線分上の中点を計算します。このスキームは3次B-スプライン曲線（セクション17.1.6）を生成します。これらの曲線についての詳しい情報は、再分割のSIGGRAPHコース[2128]、Killer B'sの本[121]、WarrenとWeimerの再分割に関する本[1987]、あるいはFarinのCAGDに関する本[496]を参照してください。

点 $\mathbf{p}$ とその隣接する点が与えられたとき、その点を限界曲線に直接「プッシュ」すること、つまり、P_∞ 上で $\mathbf{p}$ の座標がどうなるかを決定することが可能です。これは接線でも可能です。例えば、Joyのこのトピックへのオンラインの入門書を見てください[911]。

再分割曲線の概念の多くは、次に紹介する再分割サーフェスにも当てはまります。

17.5　再分割サーフェス

再分割サーフェスは、任意のトポロジーのメッシュから滑らかで、連続で、隙間のないサーフェスを定義する、強力なパラダイムです。本章の他のすべてのサーフェスと同じく、再分割サーフェスも無限の詳細レベルを提供します。つまり、三角形やポリゴンをいくらでも生成でき、元のサーフェス表現はコンパクトです。再分割中のサーフェスの例が図17.41に示されています。別の利点は、再分割の規則が単純で実装が容易なことです。欠点は、サーフェス連続性の解析が、しばしば数学的に複雑なことです。しかし、この種の解析に関心があるのは、新しい再分割スキームを作成したい人だけであることが多く、本書の範囲外です。そのような細かい話は、WarrenとWeimerの本[1987]と、再分割のSIGGRAPHコース[2128]を調べてください。

一般に、サーフェス（と曲線）の再分割は、2段階の処理と考えることができます[987]。**制御メッシュ**や**制御ケージ**と呼ばれるポリゴン メッシュで開始し、**精緻化フェーズ**と呼ばれる最初のフェーズは、新たな頂点を作成して接続し、新しい小さな三角形を作成します。2番目は、**平滑化フェーズ**と呼ばれ、一般にメッシュの一部あるいはすべての頂点に新しい位置を計算します。これが図17.42に示されています。再分割スキームを特徴付けるのは、その2つの段階の詳細です。最初のフェーズでは、ポリゴンを様々なやり方で分割でき、2番目のフェーズでは、再分割規則の選択が、連続性のレベルなどの異なる特徴を与え、サーフェスが近似か補間かは、セクション17.4で述べた特性です。

再分割スキームは**固定**か**非固定**か、**一様**か**非一様**か、それが**三角形ベース**か**ポリゴン ベース**かで特徴付けられます。固定スキームがすべての再分割ステップで同じ再分割を使うのに対

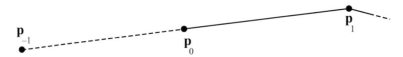

図 17.40. 開いたポリラインでの反射点、$\mathbf{p}_{-1}$ の作成。反射点は、$\mathbf{p}_{-1} = \mathbf{p}_0 - (\mathbf{p}_1 - \mathbf{p}_0) = 2\mathbf{p}_0 - \mathbf{p}_1$ で計算する。

17.5. 再分割サーフェス

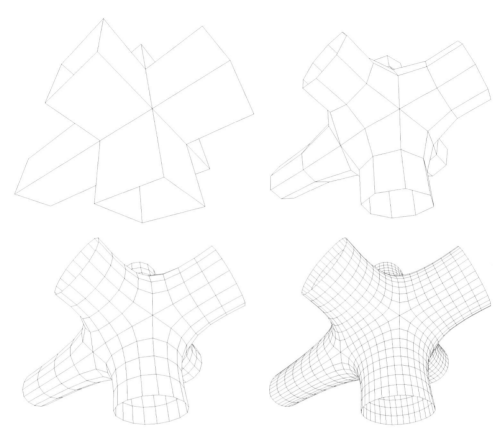

図17.41. 左上のイメージは生じる再分割サーフェスを記述する唯一の幾何学的データである制御メッシュ、つまり、元のメッシュを示す。その後のイメージは1、2、3回再分割されたもの。見て分かるように、生成するポリゴンが多いほど、サーフェスは滑らかになる。ここで使われるスキームは、セクション17.5.2で述べるCatmull-Clarkスキーム。

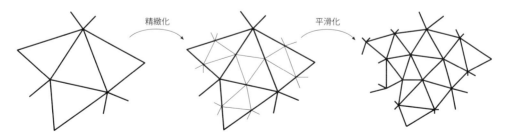

図17.42. 精緻化と平滑化としての再分割。精緻化フェーズが新たな頂点を作成し、それを接続し直して新たな三角形を作成し、平滑化フェーズが頂点の新たな位置を計算する。

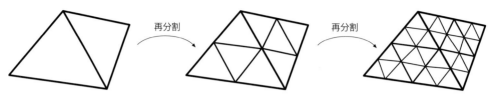

図**17.43.** Loopの手法のようなスキームの2つの再分割ステップの連結性。三角形は、それぞれ4つの新たな三角形を生成する。

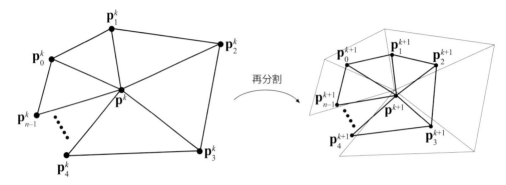

図**17.44.** Loopの再分割スキームで使われる表記。左の隣接を右の隣接に再分割する。中心点$\mathbf{p}^k$を更新して$\mathbf{p}^{k+1}$で置き換え、$\mathbf{p}^k$と$\mathbf{p}_i^k$の間のエッジごとに、新たな点を作成する（$\mathbf{p}_i^{k+1}$、$i \in 1, \ldots, n$）。

キームは任意のポリゴンに作用します。

次にいくつかの異なる再分割スキームを紹介します。その後で、法線、テクスチャー座標、色も再分割する手法で、再分割サーフェスの使用を拡張する、2つのテクニックを紹介します。最後に、いくつかの実用的な再分割とレンダリングのアルゴリズムを紹介します。

17.5.1 Loop 再分割

Loopの手法[830, 1156]が、三角形に対する最初の再分割スキームでした。それは近似で、既存の頂点を更新してエッジごとに新たな頂点を作成するという点で、セクション17.4の最後のスキームと似ています。このスキームの連結性が図17.43に示されています。見て分かるように、三角形が4つの新たな三角形に再分割されるので、nの再分割ステップの後、三角形は4^nの三角形に再分割されます。

まず、既存の頂点$\mathbf{p}^k$（kは再分割ステップの数）に焦点を合わせましょう。これは$\mathbf{p}^0$が制御メッシュの頂点であることを意味します。

再分割ステップが終わると、$\mathbf{p}^0$が$\mathbf{p}^1$になります。一般に、$\mathbf{p}^0 \to \mathbf{p}^1 \to \mathbf{p}^2 \to \cdots \to \mathbf{p}^\infty$で、$\mathbf{p}^\infty$は限界点です。$\mathbf{p}^k$に$n$の隣接頂点、$\mathbf{p}_i^k$、$i \in \{0, 1, \ldots, n-1\}$があれば、$\mathbf{p}^k$の価数は$n$だと言います。上の表記は、図17.44を参照してください。また、価数が6の頂点は**正則**や**正常**と呼ばれます。そうでなけれは**非正則**や**異常**と呼ばれます。

以下に与えるLoopのスキームの再分割規則で、最初の公式は既存の頂点$\mathbf{p}^k$を$\mathbf{p}^{k+1}$に更新するための規則で、2番目の公式は、$\mathbf{p}^k$と$\mathbf{p}_i^k$の各頂点の間に、新たな頂点$\mathbf{p}_i^{k+1}$を作成するた

17.5. 再分割サーフェス

めの規則です。やはり n は $\mathbf{p}^k$ の価数です。

$$\begin{aligned}\mathbf{p}^{k+1} &= (1-n\beta)\mathbf{p}^k + \beta(\mathbf{p}_0^k + \cdots + \mathbf{p}_{n-1}^k), \\ \mathbf{p}_i^{k+1} &= \frac{3\mathbf{p}^k + 3\mathbf{p}_i^k + \mathbf{p}_{i-1}^k + \mathbf{p}_{i+1}^k}{8}, \; i = 0 \ldots n-1\end{aligned} \quad (17.61)$$

$i = n-1$ なら $i+1$ にはインデックス 0 を使い、$i = 0$ のときは、同じく $i-1$ にインデックス $n-1$ を使うように、n を法としてインデックスを計算することに注意してください。ステンシルとも呼ばれるマスクとして、これらの再分割規則を簡単に可視化できます（図17.45）。その主な用途は、単純な図だけで、再分割スキームのほぼ全体を伝えることです。両方のマスクで重みの和が 1 になることに注意してください。これはすべての再分割スキームに当てはまる特徴で、その論拠は新たな点が重み付けた点の近隣にあるべきだということです。式17.61 の定数 β は、実際には次で与えられる n の関数です。

$$\beta(n) = \frac{1}{n}\left(\frac{5}{8} - \frac{(3 + 2\cos(2\pi/n))^2}{64}\right) \quad (17.62)$$

Loop が提案する β 関数 [1156] は、すべての正則頂点で C^2 連続のサーフェスを与え、他のすべての場所、つまりすべての非正則頂点で C^1 を与えます [2127]。再分割で正則頂点しか作成されないので、サーフェスが C^1 なのは制御メッシュに非正則頂点があった場所だけです。Loop のスキームで再分割されるメッシュの例は、図17.46を参照してください。式17.62の三角関数を回避する変種を、Warren と Weimer [1987] が与えています。

$$\beta(n) = \frac{3}{n(n+2)} \quad (17.63)$$

これは正則価数で C^2 サーフェスを与え、他のすべての場所で C^1 を与えます。その結果のサーフェスは、正規の Loop サーフェスとほとんど区別がつきません。閉じていないメッシュでは、紹介した再分割規則を使えません。そのような境界では、代わりに特別な規則を使わなければなりません。Loop のスキームでは、式17.60の反射規則を使えます。これはセクション17.5.3でも扱います。

無限回の再分割ステップの後のサーフェスは、限界サーフェスと呼ばれます。限界サーフェスの点と限界接線は、閉形式の表現を使って計算できます。頂点の限界位置は、式17.61の1行目の公式を、$\beta(n)$ を次で置き換えて計算します [830, 2128]。

$$\gamma(n) = \frac{1}{n + \frac{3}{8\beta(n)}} \quad (17.64)$$

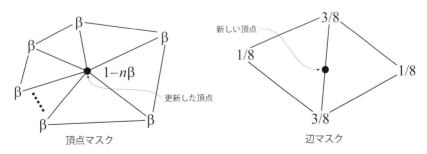

図17.45. Loopの再分割スキームのマスク（黒丸は更新/生成される頂点を示す）。マスクは含まれる各頂点の重みを示す。例えば、既存の頂点を更新するときには、既存の頂点に重み $1-n\beta$ を使い、1-リングと呼ばれるすべての隣接頂点には重み β を使う。

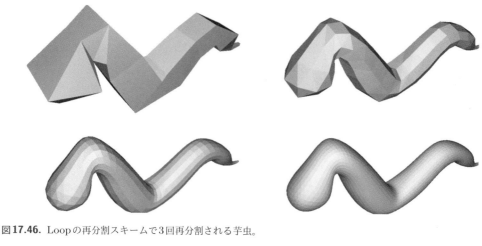

図17.46. Loopの再分割スキームで3回再分割される芋虫。

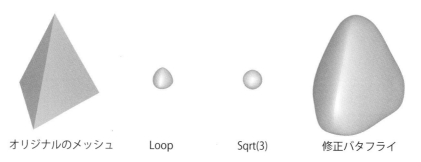

オリジナルのメッシュ　　　　Loop　　　　Sqrt(3)　　　　修正バタフライ

図17.47. 4面体をLoop、$\sqrt{3}$、修正バタフライ（MB）スキーム[2126]で5回再分割したもの。Loopと$\sqrt{3}$-スキーム[987]はどちらも近似だが、MBは補間で、それは最初の頂点が最終的なサーフェスにあることを意味する。本書で近似スキームだけを取り上げるのは、それがゲームとオフライン レンダリングで人気があることによる。

頂点$\mathbf{p}^k$の2つの限界接線は、下に示すように、*1-リング*や*1-近隣*と呼ばれる、直接隣接する頂点に重み付けることで計算できます[830, 1156]。

$$\mathbf{t}_u = \sum_{i=0}^{n-1} \cos(2\pi i/n)\mathbf{p}_i^k, \quad \mathbf{t}_v = \sum_{i=0}^{n-1} \sin(2\pi i/n)\mathbf{p}_i^k \quad (17.65)$$

そのとき法線は$\mathbf{n} = \mathbf{t}_u \times \mathbf{t}_v$です。これはたいてい、セクション16.3で述べた、隣接三角形の法線を計算する必要がある手法よりも安価です[2128]。より重要なこととして、その点の正確な法線を与えます。

近似再分割スキームの主要な利点は、その結果のサーフェスが公正な傾向があることです。**公正さ**は、大ざっぱに言うと、曲線やサーフェスがどれだけ滑らかに曲がるかに関連します[1343]。公正さの度合いが高いほど、滑らかな曲線やサーフェスを意味します。別の利点は、近似スキームの収束が補間スキームより速いことです。しかし、これは形状がしばしば縮むことを意味します。これは図17.47に示される4面体のような、小さな凸メッシュで最も目立ちます。この効果を減らす1つの手段は、制御メッシュに使う頂点を増やすことで、つまり、モデリングで注意を払わなければなりません。MaillotとStamが、縮小を制御できるように、再分割スキームを組み合わせるためのフレームワークを紹介しています[1196]。ときに大きな利点として使える1つの特徴は、Loopサーフェスが元の制御点の凸包に包含されることです[2127]。

17.5. 再分割サーフェス

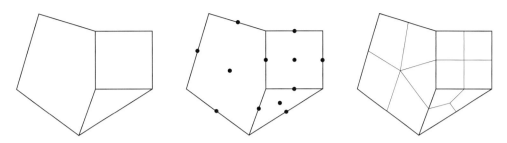

図17.48. Catmull-Clark再分割の基本的な考え方。ポリゴンごとに新たな点を生成し、エッジごとに新た点を生成する。次にそれらを、右に示すように連結する。ここでは元の点の重みは示されていない。

Loop再分割スキームは、汎用の3次元4次ボックス スプラインを生成します[*1]。したがって、正則頂点だけからなるメッシュでは、実際にサーフェスを、一種のスプライン サーフェスとして記述することもできます。しかし、非正則設定ではこの記述は可能ではありません。どんな頂点のメッシュからでも滑らかなサーフェスを生成できることが、再分割スキームの大きな強みの1つです。Loopのスキームを使う再分割サーフェスへの様々な拡張は、セクション17.5.3と17.5.4も参照してください。

17.5.2 Catmull-Clark 再分割

ポリゴン メッシュ（三角形だけでなく）を扱える、2つの最も有名な再分割スキームが、Catmull-Clark [259] と Doo-Sabin [400] です[*2]。ここでは、手短に前者を紹介します。Catmull-Clarkサーフェスは、Pixarの短編映画 *Geri's Game* [374] と、*Toy Story 2* 以降のPixarのすべての長編映画で使われています。この再分割スキームは、ゲーム用のモデル作りでもよく使われ、おそらく最も人気があるものです。DeRoseら [374] が指摘するように、Catmull-Clarkサーフェスは、対称なサーフェスを生成する傾向があります。例えば、長方形のボックスは対称な楕円体風のサーフェスになり、それは直感と一致します。対照的に、三角形ベースの再分割スキームはキューブを2つの三角形として扱うので、正方形の分割の仕方で生成結果が異なります。

図17.48にCatmull-Clarkサーフェスの基本的な考え方が示され、653ページの図17.41にCatmull-Clark再分割の実際の例が示されています。見て分かるように、このスキームは4頂点の面だけを生成します。実際には、最初の再分割ステップの後は、価数4の頂点だけが生成されるので、そのような頂点が正常や正則と呼ばれます（三角形スキームでは価数6）。

Halsteadら [711] の表記に従い、周りに n のエッジ点 $\mathbf{e}_i^k$ ($i = 0 \ldots n-1$) を持つ頂点 $\mathbf{v}^k$ に焦点を合わせることにします（図17.49）。そこで面ごとに、面の重心、つまり面の点の平均として、新しい面の点 $\mathbf{f}^{k+1}$ を計算します。このとき、その再分割規則は次のものです [259, 711, 2128]。

[*1] それらのスプライン サーフェスは本書の範囲外です。Warrenの本 [1987]、SIGGRAPH コース [2128]、Loopの論文 [1156] を調べてください。

[*2] 偶然にも、どちらも同じ雑誌の同じ号で発表されました。

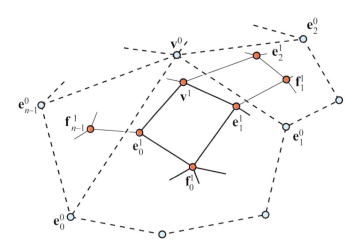

図17.49. 再分割の前は、青い頂点と、それに対応するエッジと面がある。1ステップのCatmull-Clark再分割の後、赤い頂点が得られ、新しい面はすべて長方形。（Halsteadら*[711]*からの図。）

$$\mathbf{v}^{k+1} = \frac{n-2}{n}\mathbf{v}^k + \frac{1}{n^2}\sum_{j=0}^{n-1}\mathbf{e}_j^k + \frac{1}{n^2}\sum_{j=0}^{n-1}\mathbf{f}_j^{k+1},$$

$$\mathbf{e}_j^{k+1} = \frac{\mathbf{v}^k + \mathbf{e}_j^k + \mathbf{f}_{j-1}^{k+1} + \mathbf{f}_j^{k+1}}{4}$$

(17.66)

見て分かるように、頂点 $\mathbf{v}^{k+1}$ は、考慮する頂点の重み付け、エッジの点の平均、新たに作成した面の点の平均として計算されます。その一方、新しいエッジの点は考慮する頂点、エッジの点、エッジが隣接する2つの新たに作成した面の点の平均として計算されます。

Catmull-Clarkサーフェスは、一般化された双3次B-スプラインサーフェスを記述します。したがって、正則頂点だけで構成されるメッシュでは、サーフェスを実際に双3次B-スプラインサーフェス（セクション17.2.6）として記述することもできます[2128]。しかし、これは非正準のメッシュ構成では不可能で、それらを再分割サーフェスを使って扱えることが、このスキームの強みの1つです。限界位置と接線も（明示的な公式を使う任意のパラメーター値のものでも）計算可能です[1811]。Halsteadら[711]が、限界点と法線の計算への異なるアプローチを述べています。

GPUを使ってCatmull-Clark再分割サーフェスをレンダーできる効率的なテクニックは、セクション17.6.3を参照してください。

17.5.3　区分平滑再分割

ある意味で、曲面は詳細に欠けるので退屈と見なされるかもしれません。そのようなサーフェスを改善する2つの手段は、バンプマップや変位マップを使うことです（セクション17.5.4）。ここでは、第3のアプローチ、**区分平滑再分割**を述べます。その基本的な考え方は、**ダート**、**角**、**折り目**を使えるように再分割規則を変えることです。これにより、モデル化して表現できるサーフェスの範囲が広がります。Hoppeら[830]が、これをLoopの再分割サーフェスで最初に述べています。標準のLoop再分割サーフェスと、区分平滑再分割付きの比較は、図17.50を見てください。

17.5. 再分割サーフェス

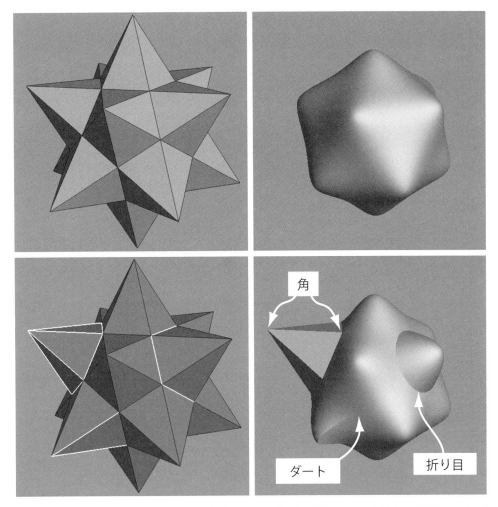

図 **17.50**. 上段は制御メッシュと、標準Loop再分割スキームを使った限界サーフェスを示す。下段はLoopのスキームによる区分平滑再分割を示す。左下のイメージはライト グレイで示したタグ付きエッジ（シャープ）を持つ制御メッシュを示す。角、ダート、折り目がマークされた、結果のサーフェスが右下に示されている。（イメージ提供: *Hugues Hoppe*。）

そのようなサーフェス上の特徴を実際に使えるときには、シャープにしたいエッジに最初にタグを付けるので、異なる再分割を行う場所が分かります。頂点に入るシャープなエッジの数はsで示されます。そのとき頂点は滑らか（$s=0$)）、ダート（$s=1$)、折り目（$s=2$)、角（$s>2$)）に分類されます。それゆえ、折り目は、曲線間の連続性がC^0の、サーフェス上の曲線です。ダートは、折り目が終わって滑らかにサーフェスにブレンドする非境界頂点です。最後に、角は3つ以上の折り目が出会う頂点です。各境界エッジをシャープとマークすることで、境界を定義できます。

Hoppeらは様々な頂点のタイプを分類した後、テーブルを使って、その様々な組み合わせに使うマスクを決定します。限界サーフェス点と限界接線の計算方法も示しています。Biermannら[158]が、いくつかの改良再分割規則を紹介しています。例えば、異常な頂点が境界上に位置するとき、以前の規則だと隙間が生じることがあります。新しい規則では、これが回避されます。彼らの規則は頂点で法線も指定でき、その点でその法線を得るように、生じる

サーフェスが適応します。DeRose ら [374] が、ソフトな折り目を作り出すテクニックを紹介しています。シャープなエッジは最初に何度も再分割でき（分数回も含む）、その後で、標準の再分割を使います。

17.5.4 変位再分割

バンプ マッピング（セクション 6.7）は、さもないと滑らかなサーフェスに細部を加える 1 つの手段です。しかし、これはピクセルごとに線や局所的な遮蔽を変える、錯覚のトリックにすぎません。オブジェクトのシルエットは、バンプ マッピングの有無にかかわらず同じです。バンプ マッピングの自然な拡張が、サーフェスを動かす **変位マッピング** です [312]。これは通常、法線の方向に沿って行います。したがって、サーフェスの点が $\mathbf{p}$ なら、その正規化法線は $\mathbf{n}$ で、そのとき変位したサーフェス上の点は次になります。

$$\mathbf{s}(u,v) = \mathbf{p}(u,v) + d(u,v)\mathbf{n}(u,v) \tag{17.67}$$

スカラー d は点 $\mathbf{p}$ の変位です。変位はベクトル値でもかまいません [1011]。

このセクションでは、**変位再分割サーフェス** [1086] を紹介します。その一般的な考え方は、変位するサーフェスを、滑らかなサーフェスに再分割される粗い制御メッシュとして記述してから、それを法線沿いに 1 つのスカラー フィールドで変位することです。変位再分割サーフェスのコンテキストでは、式 17.67 の $\mathbf{p}$ は（粗い制御メッシュの）再分割サーフェス上の限界点で、$\mathbf{n}$ は次に計算される $\mathbf{p}$ での正規化線です。

$$\mathbf{n} = \frac{\mathbf{n}'}{||\mathbf{n}'||}, \quad \text{where} \quad \mathbf{n}' = \mathbf{p}_u \times \mathbf{p}_v \tag{17.68}$$

式 17.68 では、$\mathbf{p}_u$ と $\mathbf{p}_v$ は再分割サーフェスの 1 階の導関数です。したがって、それらは $\mathbf{p}$ の 2 つの接線を記述します。Lee ら [1086] は、粗い制御メッシュに Loop 再分割サーフェスを使い、その接線は式 17.65 で計算できます。ここでは表記が少し異なることに注意してください。$\mathbf{t}_u$ と $\mathbf{t}_v$ の代わりに $\mathbf{p}_u$ と $\mathbf{p}_v$ を使います。式 17.67 が結果のサーフェスの変位位置を記述しますが、正しくレンダーするには、変位した再分割サーフェス上の法線、$\mathbf{n}_s$ も必要です。それは下に示すように解析的に計算します [1086]。

$$\mathbf{n}_s = \mathbf{s}_u \times \mathbf{s}_v, \quad \text{where}$$
$$\mathbf{s}_u = \frac{\partial \mathbf{s}}{\partial u} = \mathbf{p}_u + d_u\mathbf{n} + d\mathbf{n}_u \quad \text{and} \quad \mathbf{s}_v = \frac{\partial \mathbf{s}}{\partial v} = \mathbf{p}_v + d_v\mathbf{n} + d\mathbf{n}_v \tag{17.69}$$

計算の単純化では、変位が小さければ 3 番目の項を無視できると、Blinn [178] が示唆しています。そうでなければ、次の式で $\mathbf{n}_u$（$\mathbf{n}_v$ も同様）を計算できます [1086]。

$$\bar{\mathbf{n}}_u = \mathbf{p}_{uu} \times \mathbf{p}_v + \mathbf{p}_u \times \mathbf{p}_{uv},$$
$$\mathbf{n}_u = \frac{\bar{\mathbf{n}}_u - (\bar{\mathbf{n}}_u \cdot \mathbf{n})\mathbf{n}}{||\mathbf{n}'||} \tag{17.70}$$

$\bar{\mathbf{n}}_u$ は新しい表記ではなく、単に計算の「一時的」な変数です。正常頂点（価数：$n = 6$）では、1 次と 2 次の導関数が特に単純です。それらのマスクが図 17.51 に示されています。異常頂点（価数：$n \neq 6$）では、式 17.69 の 1 行目と 2 行目の 3 番目の項を省略します。変位マッピングと Loop 再分割を使う例が、図 17.52 に示されています。

17.5. 再分割サーフェス

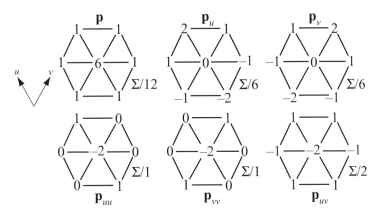

図**17.51**．Loopの再分割スキームの正常頂点に対するマスク。それらのマスクを使った後、その結果の和は図に示されるように割らなければならない。（*Lee*ら*[1086]*からの図）

変位サーフェスが視点から遠いときには、この変位の幻想を、標準のバンプ マッピングを使って与えられます。それにより、ジオメトリーの処理が節約されます。頂点の接空間座標系が必要なバンプ マッピング スキームもあり、それには$(\mathbf{b}, \mathbf{t}, \mathbf{n})$（$\mathbf{t} = \mathbf{p}_u / \|\mathbf{p}_u\|$ かつ $\mathbf{b} = \mathbf{n} \times \mathbf{t}$）を使えます。

NießnerとLoop [1385]が紹介している手法は、上のLeeらのものと似ていますが、Catmull-Clarkサーフェスを使い、変位関数の上で導関数を直接評価し、より高速です。また迅速なテッセレーションのため、ハードウェア テッセレーション パイプライン（セクション3.6）も使います。

17.5.5 法線、テクスチャー、色の補間

このセクションでは、頂点単位の法線、テクスチャー座標、色を扱う、様々な戦略を紹介します。

セクション17.5.1のLoopのスキームで示したように、限界接線、したがって限界法線は明示的に計算できます。これには評価が高価なことがある三角関数が含まれます。LoopとSchaefer [1159]が、Catmull-Clarkサーフェスを常に双3次ベジエサーフェス（セクション17.2.1）で近似するテクニックを紹介しています。法線用にu-方向とv-方向に1つずつ、2つの接線パッチを派生します。次にそれらのベクトルの外積として法線を求めます。一般に、

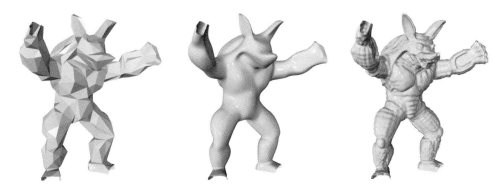

図**17.52**．左は粗いメッシュ。中では、それがLoopのスキームを使って再分割されている。右のイメージは変位した再分割サーフェスを示している。（イメージ提供：*Aaron Lee, Henry Moreton, and Hugues Hoppe*。）

ベジエ パッチの導関数は式17.35を使って計算します。しかし、その派生ベジエ パッチは Catmull-Clark サーフェスを近似するので、接線パッチは連続な法線フィールドを形成しません。それらの問題の対処方法は、Loop と Schaefer の論文 [1159] を調べてください。Alexa と Boubekeur [34] は、法線も再分割するほうが、シェーディングの連続性が向上し、計算あたりの品質が効率的になる可能性があることを論じています。法線の再分割方法については、彼らの論文を参照してください。さらに多くのタイプの近似が、Ni らの SIGGRAPH コース [1379] でも見つかります。

メッシュの各頂点がテクスチャー座標と色を持つとします。それらを再分割サーフェスで使うには、新たに生成する頂点にも、色とテクスチャー座標を作成しなければなりません。この最も明白なやり方は、ポリゴン メッシュの再分割に使うのと同じ再分割スキームを使うことです。例えば、色を4次元ベクトル（RGBA）として扱い、それを再分割して新しい頂点の色を作成できます。これは色が連続な導関数を持ち（再分割スキームが少なくとも C^1 だとして）、サーフェス上での色の唐突な変化を避けられるので、妥当な手段です。テクスチャー座標にも同じことを行えるのは確かです [374]。しかし、テクスチャー空間に境界があるときには、注意を払わなければなりません。例えば、1つのエッジを共有するけれども、エッジ沿いのテクスチャー座標が異なる2つのパッチがあるとします。この場合、ジオメトリーはサーフェスの規則で普通に再分割すべきですが、テクスチャー座標は境界規則を使って再分割すべきです。

再分割サーフェスのテクスチャリング用の洗練されたスキームを、Piponi と Borshukov [1532] が与えています。

17.6　効率的なテッセレーション

リアルタイム レンダリングのコンテキストで曲面を表示するときには、普通はサーフェスの三角形メッシュ表現を作成する必要があります。この処理は**テッセレーション**として知られます。最も単純な形式のテッセレーションは、**一様テッセレーション**と呼ばれます。式17.32で記述されるパラメトリック ベジエ パッチ、$\mathbf{p}(u, v)$ があるとします。パッチの辺あたり11の点を計算し、$10 \times 10 \times 2 = 200$ の三角形にすることで、このパッチをテッセレートしたいとします。これを行う最も単純な方法は、uv-空間を一様にサンプルすることです。したがって、すべての $(u_k, v_l) = (0.1k, 0.1l)$ で $\mathbf{p}(u, v)$ を評価します（k と l はどちらも0から10の整数）。これは2つの入れ子の for-ループで行えます。4つのサーフェス点 $\mathbf{p}(u_k, v_l)$、$\mathbf{p}(u_{k+1}, v_l)$、$\mathbf{p}(u_{k+1}, v_{l+1})$、$\mathbf{p}(u_k, v_{l+1})$ で、2つの三角形を作成できます。

これは確かに単純明快ですが、もっと速いやり方があります。多くの三角形からなるテッセレート済みサーフェスを、CPU から GPU にバスで送る代わりに、曲面の表現を GPU に送り、データを展開させるほうが理にかないます。セクション3.6で、テッセレーション ステージについて述べたことを思い出してください。図17.53を見れば、すぐに思い出せるでしょう。

テッセレーターは、次のセクションで述べる、分数テッセレーション テクニックを使うことがあります。その次が適応型テッセレーションのセクションで、最後に、Catmull-Clark サーフェスと変位マップサーフェスを、テッセレーション ハードウェアでレンダーする方法を述べます。

17.6.1　分数テッセレーション

より滑らかな詳細レベルを、パラメトリック サーフェスで得るため、Moreton が**分数テッセレーション因数**を導入しました [1344]。パラメトリック サーフェスの辺ごとに異なるテッセ

17.6. 効率的なテッセレーション

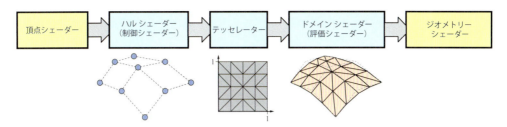

図17.53. パイプラインにハードウェア テッセレーションがあり、その新しいステージが中央の3つの（青）ボックスに示されている。ここではDirectXの命名規約を使う（OpenGLの対応する名前はカッコ内）。ハル シェーダーは制御点の新たな位置を計算し、後続のステップで生成すべき三角形の数を決めるテッセレーション因数も計算する。テッセレーターは、uv-空間（この場合は単位正方形）で点を生成し、それらを三角形に連結する。最後に、ドメイン シェーダーが制御点を使い、uv-座標ごとに位置を計算する。

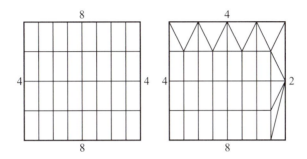

図17.54. 左：通常のテッセレーション——縦に1つの引数、横に別の因数を使う。右：4辺のすべてで独立なテッセレーション因数。（*Moreton [1344]* からの図。）

図17.55. 上：整数テッセレーション。中：右に端数がある、分数テッセレーション。下：中央に端数がある分数テッセレーション。この構成は隣接パッチ間の隙間を回避する。

レーション因数を使えるので、その因数は限定された形の適応型テッセレーションを可能にします。ここでは、そのテクニックの動作の概要を紹介します。

図17.54では、縦と横で一定のテッセレーション因数が左に示され、右には4辺すべてで独立なテッセレーション因数が示されています。1辺のテッセレーション因数は、その辺上で生成する点の数から1を引いたものです。右のパッチでは、上下の大きい方の因数が両方のエッジの内側で使われ、同様に左右の大きいほうの因数が内側で使われます。したがって、その基本テッセレーション レートは 4×8 です。因数が小さいほうの辺では、エッジに沿って三角形を詰め込みます。Moreton [1344] が、この処理を詳しく説明しています。

分数テッセレーション因数の概念が、図17.55のエッジに示されています。n の整数テッセレーション因数では、$n+1$ の点が k/n ($k=0,\ldots,n$) で生成されます。分数テッセレーション因数 r では、$\lceil r \rceil$ の点が k/r ($k=0,\ldots,\lceil r \rceil$) で生成されます。ここで $\lceil r \rceil$ は $+\infty$ 方向で最も近い整数である r の上限を計算し、$\lfloor r \rfloor$ は $-\infty$ 方向に最も近い整数である下限を計算します。そのとき、最も右の点は単純に右端の端点に「スナップ」されます。図17.55の中の図で分かるように、このパターンは対称ではありません。これには問題があり、隣接するパッチが逆方

向に点を生成して、サーフェスの間に隙間を生じるかもしれません。Moretonは、図17.55の下に示されるような、対称パターンの点を作成することで、これを解決しています。図17.56の例も見てください。

これまでは、ベジエ パッチのような、長方形の定義域を持つサーフェスをテッセレートする手法を見てきました。しかし、図17.57に示されるように、三角形も分数でテッセレートできます [1873]。四辺形と同じく、三角形の辺ごとに独立な分数テッセレーション レートを指定することもできます。前にも述べましたが、これは、変位マップされた地形がレンダーされた図17.58に示されるような、適応型テッセレーション（セクション17.6.2）を可能にします。作成した三角形や四辺形は、次のサブセクションで扱う、パイプラインの次のステップに送れます。

17.6.2 適応型テッセレーション

一様テッセレーションは、サンプリング レートが十分に高ければ、よい結果を与えます。しかし、サーフェスには、他の領域ほど高いテッセレーションが必要ない領域もあります。これはサーフェスが急激に曲がって高いテッセレーションが必要な領域もあれば、サーフェスがほとんど平らか遠くにあり、その近似に少数の三角形しか必要ない部分もあるからです。不要な三角形を生成する問題の解決法が**適応型テッセレーション**で、それは何らかの基準（例えば曲率、三角形の辺の長さ、何らかの画面サイズ基準）に応じて、テッセレーション レートを適応させるアルゴリズムです。図17.58が地形での適応型テッセレーションの例を示しています。

テッセレートが異なる領域の間に現れるかもしれない隙間を回避するように、注意を払わなければなりません（図17.59）。分数テッセレーションを使うときには、2つの連結パッチの間でエッジのデータしか共有されないので、エッジ自体に由来する情報だけを基にエッジ テッセレーション因数を決めるのが一般的です。これはよい出発点ですが、浮動小数点の不正確さにより、まだ隙間を生じるかもしれません。Nießnerら [1383] が、完全に隙間がないように計算する方法を論じています

例えば、エッジでテッセレーションを p_0 から p_1 に行っても、逆であっても関係なく、確実に正確に同じ点を返すようにします。

このセクションでは、分数テッセレーション レートの計算や、それ以上のテッセレーションを終了したり、大きなパッチを小さく分割するときの決定に使える、いくつかの一般的なテクニックを紹介します。

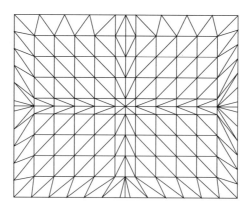

図17.56. 長方形の定義域を分数テッセレートしたパッチ。（Moreton [1344]からの図。）

17.6. 効率的なテッセレーション

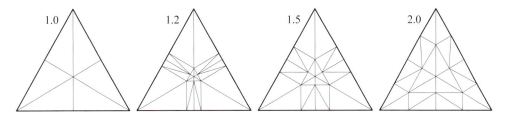

図17.57. テッセレーション因数が示された、三角形の分数テッセレーション。テッセレーション因数は、実際のテッセレーション ハードウェアが作り出すものと正確には一致しないかもしれないことに注意。(*Tatarchuk [1873]*からの図)

適応型テッセレーションの終了

適応型テッセレーションを供給するには、いつテッセレーションを停止するか、すなわち分数テッセレーション因数の計算方法を決める必要があります。エッジの情報だけでテッセレーションを終了すべきかどうかを決めることもできれば、三角形全体からの情報や、その組み合わせを使うこともできます。

適応型テッセレーションでは、あるエッジのテッセレーション因数のフレーム間の変化が大きすぎると、フレーム間でスイミングやポッピング アーティファクトが生じることにも注意すべきです。テッセレーション因数を計算するときに、これも考慮に入れるべき因子かもしれません。与えられたエッジ$(\mathbf{a}, \mathbf{b})$と、関連する曲線、つまりパッチのエッジ曲線に対し、どれだけ$\mathbf{a}$と$\mathbf{b}$の間の曲線が平らかを、見積もることが可能です（図17.60）。パラメトリック空間で$\mathbf{a}$と$\mathbf{b}$の中点を求め、それに対応する3次元の点$\mathbf{c}$を計算します。最後に$\mathbf{c}$と、その$\mathbf{a}$と$\mathbf{b}$を結ぶ直線上への投影$\mathbf{d}$の間の長さlを計算します。この長さlを使って、そのエッジの曲線線分が十分に平らかどうかを決定します。lが十分に小さければ、平らだと見なします。この

図17.58. 適応型分数テッセレーションを使う、変位地形レンダリング。右のズームインしたメッシュに見えるように、赤い三角形のエッジでは独立な分数テッセレーション レートが使われ、適応型テッセレーションが与えられる。(イメージ提供：*Game Computing Applications Group, Advanced Micro Devices, Inc.*)

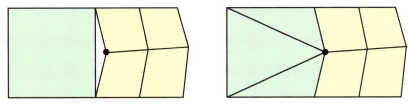

図17.59. 左は、2つの領域の間に隙間が見える。これは右のテッセレーション レートが左より高いため。問題は右の領域が黒い丸のあるサーフェスを評価し、左の領域がしないことにある。標準的な解決法が右に示されている。

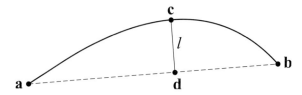

図17.60. このサーフェス上では点 **a** と **b** が既に生成されている。問題：サーフェス上に新たな点、**c** を生成すべきか？

手法は、S字型曲線線分が、誤って平らと見なされる可能性があります。この解決法は、パラメトリック サンプル点をランダムに摂動することです[510]。l だけを使うことの代案は、比 $l/||\mathbf{a}-\mathbf{b}||$ を使い、相対的な基準を与えることです[437]。このテクニックは三角形も考慮するように拡張でき、その場合は単純に三角形の真ん中のサーフェス点を計算し、その点から三角形の平面への距離を使います。このタイプのアルゴリズムが確実に終了するように、普通は再分割を行える回数に何らかの上限を設定します。その限界に達したとき、再分割は終了します。分数テッセレーションでは、**c** から **d** へのベクトルを画面上に投影し、その（スケールした）長さをテッセレーション レートとして使うことができます。

ここまでは、サーフェスの形状だけからテッセレーション レートを決定する方法を論じてきました。オンザフライのテッセレーションによく使われる他の因子は、頂点の局所的な近隣が以下に該当するかどうかです[832, 2081]。

1. 視錐台の内部にある。
2. 前向き。
3. スクリーン空間で大きな面積を占める。
4. オブジェクトのシルエットに近い。

これらの因子を順に論じます。視錐台カリングでは、エッジを包含する球を置くことができます。次にこの球を視錐台に対してテストします。それが外にあれば、それ以上エッジを再分割しません。

面カリングでは、**a**、**b** と、場合により **c** 法線を、サーフェス記述から計算できます。それらの法線と、**a**、**b**、**c** で3つの平面を定義します。すべて後ろ向きなら、エッジのそれ以上の再分割は、おそらく不要です。

スクリーン空間被覆率の実装には、多様な手段があります（セクション 19.9.2）どの手法も、何らかの単純なオブジェクトを画面に投影し、スクリーン空間での長さや面積を見積もります。大きな面積や長さはテッセレーションを進めるべきことを意味します。**a** から **b** の線分のスクリーン空間投影の高速な見積もりが、図17.61に示されています。まず、その中点がビュー レイ上になるように線分を平行移動します。次に、その線分が近平面、n に平行だと仮定し、この線分からスクリーン空間投影、s を計算します。図の右の線分 $\mathbf{a}'$ と $\mathbf{b}'$ の点を使うと、スクリーン空間投影は次になります。

$$s = \frac{\sqrt{(\mathbf{a}'-\mathbf{b}')\cdot(\mathbf{a}'-\mathbf{b}')}}{\mathbf{v}\cdot(\mathbf{a}'-\mathbf{e})} \tag{17.71}$$

その分子は単純に線分の長さです。これを視点 **e** から線分の中点への距離で割ります。次に計算したスクリーン空間投影 s を、スクリーン空間の最大エッジ長を表す閾値 t と比較します。平方根の計算避けるために前の式を書き直し、次の条件が真なら、テッセレーションを続ける

17.6. 効率的なテッセレーション

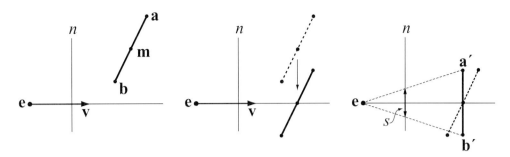

図 **17.61.** 線分のスクリーン空間投影、s の見積もり。

べきです。

$$s > t \iff (\mathbf{a}' - \mathbf{b}') \cdot (\mathbf{a}' - \mathbf{b}') > t^2 (\mathbf{v} \cdot (\mathbf{a}' - \mathbf{e}))^2 \qquad (17.72)$$

t^2 は定数なので、事前に計算できることに注意してください。分数テッセレーションでは、式 17.71 の s を、場合によっては倍率を適用し、テッセレーション レートとして使えます。投影されたエッジ長を測る別の手段は、エッジの中心に球を置き、その半径をエッジ長の半分にして、球の投影をエッジ テッセレーション因子として使うことです [1388]。上のテストはエッジ長に比例しますが、このテストは面積に比例します。

シルエットは、知覚されるオブジェクトの品質に重要な役割を演じるので、そのテッセレーション レートを上げることが重要です。三角形がシルエット エッジに近いかどうかは、$\mathbf{a}$ の法線と、視点から $\mathbf{a}$ へのベクトルの間の内積が、0 に近いかどうかのテストで求められます。これが $\mathbf{a}$、$\mathbf{b}$、$\mathbf{c}$ のどれかで当てはまれば、さらにテッセレーションを行うべきです。

変位再分割では、Nießner と Loop [1385] が、n のエッジ ベクトル $\mathbf{e}_i$、$i \in \{0, 1, \ldots, n-1\}$ に接続する基底メッシュの各頂点 $\mathbf{v}$ で、以下の 1 つを使っています。

$$\begin{aligned}
f_1 &= k_1 \cdot \|\mathbf{c} - \mathbf{v}\|, \\
f_2 &= k_2 \sqrt{\sum \mathbf{e}_i \times \mathbf{e}_{i+1}}, \\
f_3 &= k_3 \max\left(\|\mathbf{e}_0\|, \|\mathbf{e}_1\|, \ldots, \|\mathbf{e}_{n-1}\|\right)
\end{aligned} \qquad (17.73)$$

ループ インデックス i は $\mathbf{e}_i \mathbf{v}$ に接続する n のエッジすべてを巡回し、$\mathbf{c}$ はカメラの位置、k_i はユーザー供給の定数です。f_1 は単純にカメラから頂点への距離に基づき、f_2 は $\mathbf{v}$ に接続する四角の面積を計算し、f_3 には最大エッジ長さを使います。そのとき、頂点のテッセレーション因子は、エッジの 2 つの基底頂点のテッセレーション因子の最大値として計算されます。内部テッセレーション因子は、反対側のエッジのテッセレーション因子の最大値として (u と v で) 計算されます。この手法は、このセクションで紹介した、すべてのエッジ テッセレーション因子手法で使えます。

Nießner ら [1383] は、特にキャラクターには、キャラクターへの距離に依存する、単一のグローバルなテッセレーション因子を使うことを推奨しています。そのとき再分割の数は $\lceil \log_2 f \rceil$、f はキャラクターごとのテッセレーション因子で、上のどの手法でも計算できます。

すべてのアプリケーションで動作する手法がどれかは、簡単には言えません。最善のアドバイスは、紹介したヒューリスティックのいくつかと、その組み合わせをテストすることです。

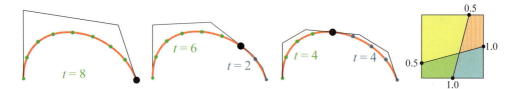

図17.62. 分数分割の3次ベジエ曲線への適用。曲線ごとにテッセレーション レート t が示されている。分割点は大きな黒い丸で、それは曲線の右側から曲線の中心に向かって移動する。3次曲線を分数分割するため、黒点を曲線の中心に向けて滑らかに動かし、元の曲線を、合わせて元の曲線を生成する2つの3次ベジエ線分で置き換える。右では、小さなサブパッチに分割されたパッチで同じ概念が示され、ここで1.0は分割点がエッジの中心点上にあることを示し、0.0はパッチの角にあることを意味する。(Liktor et al. [1127]からの図)

スプリット アンド ダイス法

Cookら[314]は**スプリット アンド ダイス**と呼ばれる手法を紹介し、その目標は幾何学的なエイリアシングを避けるため、どの三角形もピクセルサイズになるように、サーフェスをテッセレートすることです。リアルタイムの目的では、これをGPUが処理可能なテッセレーション閾値に増やすべきです。まずはパッチを、サブパッチに一様テッセレーションを使えば三角形が望みのサイズになると見積もられるまで、サブパッチのセットに再帰的に分割します。ですから、これも一種の適応型テッセレーションです。

景観に1つの大きなパッチを使っているとします。例えばカメラに近いほどテッセレーション レートが高く、遠いほど低くなるように、分数テッセレーションを適応させることは、一般にはできません。したがって、たとえターゲットのテッセレーション レートがピクセルサイズより大きい三角形であっても、スプリット アンド ダイスの中核は、リアルタイム レンダリングで役に立つかもしれません。

次に、リアルタイム グラフィックスのシナリオでの、スプリット アンド ダイスの一般的な手法を述べます。長方形のパッチを使うとします。次にパラメトリック定義域全体、つまり$(0,0)$から$(1,1)$の正方形で、再帰的ルーチンを開始します。先に述べた適応終了条件を使い、サーフェスが十分テッセレートされたかどうかをテストします。そうであればテッセレーションを終了します。そうでなければ、この定義域を4つの等しい大きさの正方形に分割し、その4つの正方形でルーチンを再帰的に呼び出します。サーフェスが十分にテッセレートされるか、事前に定義した再帰レベルに達するまで、再帰的に続行します。このアルゴリズムの性質により、テッセレーションで4分木が再帰的に作成されます。しかし、これは隣接する正方形が異なるレベルにテッセレートされると、隙間を生じます。標準的な解決法は、2つの隣接する正方形が最大で1レベルしか違わないようにすることです。これは**制限付き4分木**と呼ばれます。次に、図17.59の右に示されるテクニックを使って隙間を埋めます。この手法の欠点は、その後始末が複雑なことです。

Liktorら[1127]が、GPU用のスプリット アンド ダイスの変種を紹介しています。問題は、例えばカメラがサーフェスに近付いて、分割をもう1回行うと突然決定したときに、スイミング アーティファクトとポッピング効果を回避することです。それを解決するため、分数テッセレーションに着想を得た、分数分割手法を使います。これが図17.62に示されています。分割は片側から曲線の中心か、パッチ辺の中心に向かって滑らかに導入されるので、スイミングとポッピングのアーティファクトは回避されます。適応型テッセレーションの終了条件に達したときは、残っているサブパッチをGPUで、やはり分数テッセレーションを使いテッセレートします。

17.6. 効率的なテッセレーション

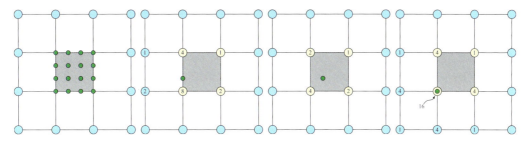

図17.63. 左：灰色のクワッドにベジエ パッチを計算したい、クワッド メッシュの一部。灰色のクワッドには、価数4の頂点しかないことに注意。青い頂点は隣接するクワッドの頂点、緑の円はベジエ パッチの制御点。その次の3つの図は、緑の制御点の計算に使う異なるマスクを示している。例えば、内部の制御点の1つの計算には、中央右のマスクを使い、クワッドの頂点はマスク中に示される重みで加重する。

17.6.3 高速 Catmull-Clark テッセレーション

Catmull-Clark サーフェス（セクション17.5.2）は、モデリング ソフトウェアと映画のレンダリングでよく使われるので、それをグラフィックス ハードウェアを使って効率よくレンダーできるのは魅力的です。Catmull-Clark サーフェス用の高速なテッセレーション手法は、近年の活発な研究分野です。ここで、それらの手法のいくつかを紹介します。

近似アプローチ

Loop と Schaefer [1159] が、Catmull-Clark サーフェスを、ドメイン シェーダーで素早く評価できる表現に変換し、ポリゴンの近隣を知る必要がないテクニックを紹介しています。

セクション17.5.2で述べたように、Catmull-Clark サーフェスはすべての頂点が正常なとき、多くの小さなB-スプライン サーフェスとして記述できます。Loop と Schaefer は、元のCatmull-Clark 再分割メッシュの四辺形ポリゴン（クワッド）を、双3次ベジエ サーフェス（セクション17.2.1）に変換します。これは非四辺形では不可能なので、そのようなポリゴンがないことを仮定します（再分割の最初のステップの後は、四辺形ポリゴンしかないことを思い出してください）。頂点の価数が4でないときには、Catmull-Clark サーフェスと同じ双3次ベジエ パッチを作成できません。そのため、価数が4の頂点のクワッドでは正確で、それ以外でCatmull-Clark サーフェスに近い近似表現が提案されています。この目的では、次に述べる**ジオメトリー パッチ**と**接線パッチ**の両方が使われます。

ジオメトリー パッチは、単に4×4の制御点を持つ双3次ベジエ パッチです。それらの制御点を計算する方法を説明します。それが終われば、パッチをテッセレートでき、ドメイン シェーダーは、そのベジエ パッチを任意のパラメトリック座標 (u, v) で素早く評価できます。そこで、価数4の頂点を持つクワッドだけで構成されるメッシュがあると仮定すると、計算したいのはメッシュの特定のクワッドに対応するベジエ パッチの制御点です。そのためには、クワッドの近隣が必要です。これを行う標準的な方法が図17.63に示され、そこでは3つの異なるマスクが示されています。それらを回転、反射して、16の制御点すべてを作成できます。実装ではマスクの重みの和が1にすべきですが、ここでは分かりやすくするため、その処理を省略します。

上のテクニックは正常なケースのベジエ パッチを計算します。少なくとも1つの異常頂点があるときは、異常パッチを計算します[1159]。このためのマスクが図17.64に示され、灰色のクワッドの左下の頂点が異常頂点です。

これはCatmull-Clark再分割サーフェスを近似するパッチになり、異常頂点を持つエッジはC^0でしかないことに注意してください。これはシェーディングを加えるときに、しばしば気になるので、N-パッチ（セクション17.2.4）で使うのと似たトリックが提案されています。しかし、計算の複雑さを減らすため、u-方向とv-方向に1つずつ、2つの接線パッチを派生します。次にそれらのベクトルの外積として法線を求めます。一般には、ベジエ パッチの導関数は式17.35を使って計算します。しかし、その派生ベジエ パッチはCatmull-Clarkサーフェスを近似するので、その接線パッチは連続な法線フィールドを形成しません。それらの問題への対処法は、LoopとSchaeferの論文[1159]を調べてください。図17.65が、発生する可能性があるアーティファクトの例を示しています。

Kovacsら[1004]が、折り目と角も扱うように上の手法を拡張できる方法を述べ（セクション17.5.3）、その拡張をValveのSourceエンジンに実装しています。

特徴適応型再分割とOpenSubdiv

Pixarが、OpenSubdivと呼ばれ、**特徴適応型再分割**（FAS）と呼ばれる一連のテクニックを実装する、オープンソースのシステムを紹介しています[1383, 1384, 1386]。その基本アプローチは、前に論じたテクニックとかなり異なります。この動作の基礎は、再分割が正則の面、つまり、どの頂点も規則的で価数4を持つクワッドの、双3次B-スプライン パッチ（セクション17.2.6）に等価なことにあります。したがって、再分割は正則でない面でだけ再帰的に、最大再分割レベルに達するまで継続します。これが図17.66の左に示されています。FASは折り目と半分滑らかな折り目も扱えるので[374]、FASアルゴリズムは、そのような折り目の周りでも再分割する必要があり、それが図17.66の右に示されています。双3次B-スプライン パッチは、テッセレーション パイプラインを使って直接レンダーできます。

この手法は、最初にCPUを使ってテーブルを作成します。このテーブルは、再分割でアク

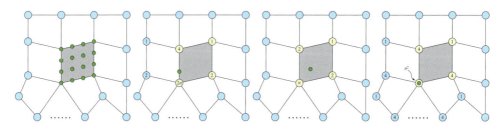

図17.64. 左：メッシュの灰色のクワッドにベジエ パッチを生成する。灰色のクワッドの左下の頂点は、その価数が$n \neq 4$なので、正常ではない。青い頂点は隣接するクワッドの頂点で、緑の円はベジエ パッチの制御点。その次の3つの図は、緑の制御点の計算に使う異なるマスクを示している。

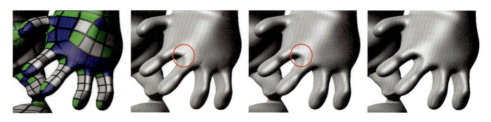

図17.65. 左：メッシュのクワッド構造。白いクワッドは正常で、緑は1つの異常頂点を持ち、青は2つ以上の異常を持つ。中央左：ジオメトリー パッチ近似。中央右：接線パッチ付きジオメトリー パッチ。明らかな（赤い円）シェーディング アーティファクトが消えていることに注目。右：本物のCatmull-Clarkサーフェス。（イメージ提供：*Charles Loop and Scott Schaefer*、転載許可：*Microsoft Corporation*。）

17.6. 効率的なテッセレーション

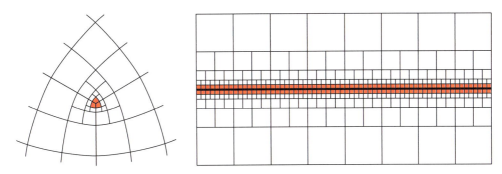

図17.66. 左：真ん中の頂点が3つのエッジを持つ異常頂点の周りの再帰的再分割。再帰の継続につれて、正則パッチ（4つの頂点があり、頂点ごとに4つの入力エッジがある）のバンドが後に残る。右：真ん中の太線で示される滑らかな折り目の周りの再分割。（Nießnerら[1383]からの図。）

セスする必要がある頂点へのインデックスを、指定されたレベルまでエンコードします。そのため、インデックスは頂点位置に依存しないので、基底メッシュをアニメートできます。双3次B-スプライン パッチが生成すれば再帰を継続する必要はなく、それは一般にテーブルが比較的小さくなることを意味します。基底メッシュと、インデックスと追加の価数と折り目データのテーブルを、同時にGPUにアップロードします。

メッシュの1ステップの再分割は、最初に新しい面の点を計算し、次に新しいエッジの点、最後に頂点を更新し、それぞれのタイプに応じたコンピュート シェーダーを使います。レンダリングでは、完全なパッチと遷移中のパッチの区別を行います。完全なパッチ（FP）は、同じ再分割レベルのパッチとだけエッジを共有するもので、正常なFPはGPUのテッセレーション パイプラインを使い、双3次B-スプライン パッチとして直接レンダーされます。そうでなければ、再分割が続きます。適応型再分割処理は、隣接パッチ間の差が、最大で1再分割レベルであることを保証します。遷移中のパッチ（TP）は、少なくとも隣の1つと再分割レベルが異なります。隙間のないレンダリングを得るため、図17.67に示されるように、各TPをいくつかのサブパッチに分割します。これにより、テッセレートされた頂点は、エッジの両側で一致します。サブパッチのタイプごとに、補間の変種を実装する別のハルとドメイン シェーダーを使ってレンダーします。例えば、図17.67の左端の場合は、3つの三角形B-スプライン パッチとしてレンダーします。異常頂点の周りでは、別のドメイン シェーダーを使い、Halsteadら[711]の手法で限界位置と限界法線を計算します。OpenSubdivを使ったCatmull-Clarkサーフェスのレンダリングの例が、図17.68に示されています。

FASアルゴリズムは折り目、半分滑らかな折り目、階層的な細部、適応型詳細レベルを処理します。詳細は、FASの論文[1383]とNießnerの博士論文[1386]を参照してください。Schäfer

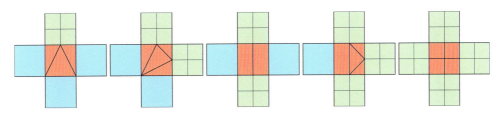

図17.67. 赤い正方形は遷移中のパッチで、それぞれ4つの中間的な青（現在の再分割レベル）または緑（次の再分割レベル）の隣接を持つ。この図は起きる可能性がある5つの構成と、それらを縫い合わせる方法を示している。（Nießnerら[1383]からの図。）

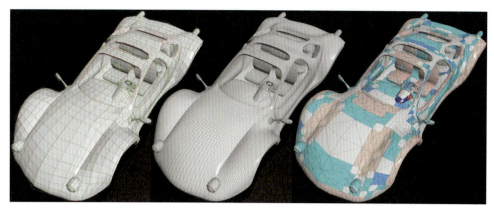

図 17.68. 左：制御メッシュは緑と赤の線で、灰色のサーフェスは、1 再分割ステップで生成（8k 頂点）。中：さらに 2 ステップ再分割したメッシュ（102k 頂点）。右：適応型テッセレーションで生成したサーフェス（28k 頂点）。(*OpenSubdiv* の *dxViewer* で生成したイメージ。)

ら [1664] が DFAS と呼ばれる、さらに高速な FAS の変種を紹介しています。

適応型 4 分木

Brainerd ら [209] が、**適応型 4 分木**と呼ばれる手法を紹介しています。それは元の基底メッシュのクワッドごとに、1 つのテッセレートしたプリミティブを送り出す点で、Loop と Schaefer [1159] の近似スキームと似ています。それに加えて、再分割のプランを事前計算し、それは入力面から（特徴適応型再分割と似た）階層再分割を、最大再分割レベルまでエンコードする 4 分木です。その再分割プランには、再分割される面に必要な、制御点のステンシル マスクのリストも含まれます。

レンダリングでは、その 4 分木をトラバースすることにより、直接評価できる再分割階層のパッチに、(u, v)-座標をマップできます。4 分木のリーフは元の面の定義域の部分領域で、この部分領域のサーフェスはステンシル中の制御点を使って直接評価できます。入力がパラメトリック (u, v)-座標であるドメイン シェーダーで、反復ループを使って 4 分木をトラバースします。トラバースはリーフ ノードに達するまで続ける必要があり、そこで (u, v)-座標を特定します。4 分木で到達したノードのタイプに応じて、行動が異なります。例えば、直接評価できる部分領域に到達したときには、その対応する双 3 次 B-スプライン パッチの 16 の制御点を取り出し、シェーダーがそのパッチの評価を続行します。

このテクニックを使ってレンダーした例は、620 ページの図 17.1 を見てください。この手法は現在のところ、Catmull-Clark 再分割サーフェスを正確にレンダーし、折り目や他のトポロジーの特徴を扱う最速のものです。適応型 4 分木を使うことの、FAS に対する追加の利点が図 17.69 に示され、さらに図 17.70 にも示されています。送られるクワッドとテッセレートされるプリミティブの間に、1 対 1 のマッピングがないので、適応型 4 分木のほうが一様なテッセレーションを与えます。

参考文献とリソース

曲線と局面のトピックは巨大で、詳しい情報は、このトピックの専門書を調べるのが最善です。Mortenson の本 [1346] が、幾何学的モデリングの概略のよい入門書です。Hoschek と Lasser [841] の本と Farin [496, 498] は一般向けで、**コンピューター支援幾何学デザイン**

17.6. 効率的なテッセレーション

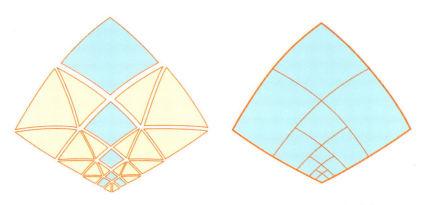

図 **17.69**. 左: 特徴適応型再分割 (FAS) に従う階層的再分割、三角形とクワッドは、それぞれ別々のテッセレートされたプリミティブとしてレンダーされる。右: 適応型4分木による階層再分割、クワッド全体が1つのテッセレートされたプリミティブとしてレンダーされる。(Brainerd ら [209] からの図。)

(CAGD) の多くの側面を扱います。陰関数サーフェスについては、Gomes ら [607] の本と、より最近の de Araújo ら [75] の記事を調べてください。再分割サーフェスに関する詳しい情報は、Warren と Heimer の本 [1987] と、Zorin ら [2128] の SIGGRAPH コース ノート「Subdivision for Modeling and Animation」を見てください。Ni ら [1379] による再分割サーフェスの置換についてのコースも、有用なリソースです。GPU を使った再分割サーフェスのリアルタイムレンダリングに関する情報は、Nießner らの調査 [1388] と、Nießner の博士論文 [1386] が最適です。

スプライン補間に興味のある読者は、上の Farin [496] と Hoschek と Lasser [841] の本に加えて、Killer B's の本 [121] も参考になります。曲線と曲面の両方の、バーンスタイン多項式の多くの特性を、Goldman [602] が与えています。三角形ベジエ サーフェスについて知る必要があるほぼすべてのことは、Farin の記事 [495] で見つかります。有理曲線と曲面のもう1つのクラスが、非一様有理 B-スプライン (NURBS) で、CAD でよく使われます [497, 1529, 1620]。

図 **17.70**. 適応型4分木を使う再分割パッチ。サーフェス上の黒い曲線で囲まれたそれぞれのパッチは、基底メッシュの面に対応し、その再分割ステップは各パッチの内部で階層的に示されている。中心に均一な色の1つのパッチがある。これは、それが双3次 B-スプライン パッチとしてレンダーされたことを意味し、他のパッチ (異常頂点を持つ) は、その下にある適応型4分木を明確に示している。(イメージ提供: Wade Brainerd.)

18. パイプライン最適化

"We should forget about small efficiencies, say about 97% of the time: Premature optimization is the root of all evil."
—Donald Knuth

時間の *97%* みたいな、小さな効率性は忘れよう：未熟な最適化は諸悪の根源だ。

本書ではこれまで、品質、メモリー、性能のトレードオフの文脈でアルゴリズムを紹介してきました。本章では、特定のアルゴリズムに関連しない性能の問題と機会を論じます。ボトルネックの検出が最適化が焦点で、小さな局所的変更で始まり、マルチプロセッシング能力を利用するための、アプリケーション全体を構造化するテクニックで終わります。

2章で見たように、イメージをレンダーする処理は、**アプリケーション、ジオメトリー処理、ラスタライズ、ピクセル処理**の4つの概念的ステージを持つパイプライン処理アーキテクチャーに基づきます。常にボトルネック（パイプラインの最も遅い処理）になるステージがあります。これは、このボトルネック ステージがスループット、すなわち、全体的なレンダリング性能の限界を定めることを意味するので、**最適化の第一**の候補です。

レンダリング パイプラインの性能の最適化は、主に2つのステップで構成される点で、パイプライン処理プロセッサー（CPU）の最適化の手順と似ています[777]。まず、パイプラインのボトルネックを特定します。次に、そのステージを何らかの手段で最適化した後、性能目標に一致しなければ、ステップ1を繰り返します。最適化ステップの後、ボトルネックが同じ場所にあるかどうかは分かりません。ボトルネック ステージの最適化には、ボトルネックが別のステージに移動するのに十分なだけの努力を注ぎ込むのがよい考えです。このステージが再びボトルネックになる前に、他のいくつかのステージを最適化しなければならないかもしれません。ですから、1つのステージの過剰な最適化に努力を費やすべきではありません。

ボトルネックの場所はフレーム内や、ドローコールの中でさえ変化するかもしれません。ある瞬間には、多くの小さな三角形をレンダーするため、ジオメトリー ステージがボトルネックかもしれません。そのフレームの後のほうで、重量級の手続き型シェーダーをピクセルごとに評価するため、ピクセル処理がボトルネックになるかもしれません。ピクセル シェーダーで、テクスチャー キューに空きがなかったり、特定のループや分岐に到達して時間がかかり、実行がストールするかもしれません。したがって、例えばアプリケーション ステージがボトルネックだと言うときには、そのフレームの時間の大部分でボトルネックなことを意味します。ただ1つのボトルネックは、めったにありません。

パイプライン処理構造から利益を得る別の手段は、最も遅いステージをそれ以上最適化できないときには、他のステージを同じだけ働かせられると認識することです。最も遅いステー

ジの速さは変わらないので、性能は変わりませんが、イメージ品質の改善処理を追加できます[1960]。例えば、ボトルネックがアプリケーション ステージにあり、それが1フレームを作るのに50ミリ秒（ms）かかり、他はそれぞれ25msかかるとします。これはレンダリング パイプラインの速度を変えずに（50msは20フレーム/秒）、ジオメトリーとラスタライザーのステージも自分の仕事を50msで行えることを意味します。例えば、それがアプリケーション ステージの負荷を増やさないと仮定して、より洗練されたライティング モデルを使ったり、影と反射でリアリズムの詳細を増すこともできます。

コンピュート シェーダーは、ボトルネックと未使用リソースについての考え方も変えます。例えば、シャドウ マップのレンダー中は、頂点とピクセルのシェーダーが単純で、ラスタライザーやピクセル マージャーなどの固定機能ステージがボトルネックになると、GPUの計算リソースが十分に活用されないかもしれません。そのような描画を非同期のコンピュート シェーダーとオーバーラップすると、それらの条件が発生するときに、シェーダー ユニットを忙しく保つことができます[2027]。本章の最後のセクションで、タスクベースのマルチプロセッシングを論じます。

パイプライン最適化は、最初にレンダリング速度を最大化してから、ボトルネックでないステージがボトルネックと同じ時間を費やせるようにする処理です。とは言っても、GPUとドライバーには独自の特性と早道があるかもしれないので、それは必ずしも単純明快な処理ではありません。最適化テクニックはアーキテクチャーで大きく変わるので、本章を読むときには、

汝のアーキテクチャーを知るべし

という格言を常に念頭に置くべきです。とは言っても、ハードウェアは時間とともに変化する可能性があるので、特定のGPUの機能の実装に基づいた最適化には用心してください[575]。関連する格言は、単純です。

測定、測定、測定。

18.1　プロファイルとデバッグ ツール

プロファイルとデバッグのツールは、コードで性能の問題を見つけるのに極めて役立つことがあります。能力は様々で、以下のようなものがあります。

- フレーム キャプチャーと可視化。普通はステップごとのフレームのリプレイが利用でき、ステートと使用中のリソースが表示される。
- グラフィックスAPIの呼び出しに費やす時間を含めた、CPUとGPUで費やされる時間のプロファイル。
- シェーダーのデバッグと、場合によってはコード変更の効果を見るためのホット編集。
- コードの領域の識別に役立つ、アプリケーションに設定するデバッグ マーカーの使用。

プロファイルとデバッグのツールは、OSと、グラフィックスAPIと、しばしばGPUベンダーで変わります。そのほとんどの組み合わせにツールがあり、神がGoogleを作ったのはそ

18.2. ボトルネックの特定　　　　　　　　　　　　　　　　　　　　　　　　　　　　677

のためでしょう。ですが、特に読者がクエストに取り掛かる、インタラクティブ グラフィックス用のパッケージの名前をいくつか挙げます。

- *RenderDoc*は、元はCrytekが開発した高品質のWindows、Linux、AndroidのDirectX、OpenGL、Vulkan用デバッガーで、今はオープンソース。
- *GPU PerfStudio*はAMDのグラフィックス ハードウェア製品用のツール スイートで、WindowsとLinuxで動作する。1つ注目すべき提供ツールは、アプリケーションを実行せずに、性能の見積もりを与える静的シェーダー アナライザー。関連するツールがAMDのRadeon GPU Profiler。
- *NVIDIA Nsight*は、広範な機能を持つ性能測定とデバッグ システム。WindowsではVisual Studio、macOSとLinuxではEclipseに統合されている。
- Microsoftの*PIX*は長年に渡ってXbox開発者に使われ、WindowsではDirectX 12で復活。それ以前のバージョンのDirectXでは、Visual Studioの*Graphics Diagnostics*を使える。
- Microsoftの*GPUView*は、効率的なイベント ロギング システムであるEvent Tracing for Windows（ETW）を使う。GPUViewはETWセッションを消費するいくつかのプログラムの1つで、CPUとGPUの間のやり取りに焦点を合わせ、ボトルネックを示す[847]。
- *Graphics Performance Analyzers*（GPA）は、グラフィックス チップ専用ではなく、性能とフレームの分析に焦点を置くIntelのスイート。
- macOSのXcodeが提供する*Instruments*は、計時、性能、ネットワーク、メモリー リーク用のツールを備えている。役に立つのが性能と正当性の問題を検出して解決法を提案する*OpenGL ES Analysis*と、アプリケーション、ドライバー、GPUからのトレース情報を与える*Metal System Trace*。

　これらがこの何年か存在している主なツールですが、役立つツールがないこともあります。たいていのAPIには、GPUの性能のプロファイルに役立つ*Timer query*呼び出しが組み込まれています。GPUのカウンターとスレッド トレースにアクセスするライブラリーを提供するベンダーもあります。

18.2　ボトルネックの特定

パイプラインを最適化する最初のステップは、最大のボトルネックを特定することです[1802]。ボトルネックを見つける1つの手段は、いくつかのテストを準備し、テストごとに特定のステージが実行する作業の量を減らすことです。それらのテストの1つで秒あたりのフレーム数が増えたら、ボトルネック ステージが見つかっています。それに関連するステージのテスト方法は、テスト中のテージの負荷を減らさずに、他のステージの負荷を減らすことです。性能が変わらなければ、ボトルネックは負荷を変更しなかったステージです。性能ツールは、高価なAPI呼び出しについての詳細な情報を提供できますが、必ずしも他を遅くするパイプラインのステージを正確に示すわけではありません。たとえ正確に示すときでも、各テストの背後にある考え方を理解することは有用です。

　この後、そのようなテストを行う方法についての感覚を掴んでもらうため、様々なステージのテストに使う考え方をいくつか簡単に論じます。基盤となるハードウェアを理解するこ

との重要性の完璧な例が、**統合シェーダー アーキテクチャー**の出現とともに現れました。それは2006年末以降の多くのGPUの基礎になっています。頂点、ピクセル、その他のシェーダーが、すべて同じ機能ユニットを使うという考え方です。GPUは負荷バランス調整を引き受け、頂点とピクセル シェーディングに割り当てるユニットの比率を変えます。例として、大きな四辺形をレンダーする場合、頂点変換には少数のシェーダーだけを割り当て、大部分にフラグメント処理の作業を与えることができます。頂点とピクセルどちらのシェーダー ステージに、ボトルネックがあるかを正確に示すのは、それほど単純明快ではありません [2110]。それでも、やはり全体としてどちらかのシェーダーの処理や、別のステージがボトルネックになるので、その可能性を順に論じることにします。

18.2.1　アプリケーション ステージのテスト

使用するプラットフォームにプロセッサーの負荷を計測するユーティリティがあれば、そのユーティリティを使って自分のプログラムがCPU処理能力の100%（あるいはその近く）を使うかどうかを知ることができます。CPUが定常的に使われていれば、プログラムはおそらく*CPU律速*です。アプリケーションはGPUがフレームを完成するのを待っていることがあるので、これは絶対確実ではありません。CPUまたはGPU律速のプログラムについての話ですが、ボトルネックが1フレームの中で変わることもあります。

それより賢いCPUの制限をテストする方法は、GPUがほとんど、あるいはまったく仕事をしないようなデータを送り込むことです。システムによっては、これは単に本物のドライバーの代わりにヌル ドライバー（呼び出しを受け付けるが何もしないドライバー）を使うことで実現できます。グラフィックス ハードウェアを使わず、ドライバーも呼ばず、したがってCPU上のアプリケーションが常にボトルネックなので、これは実質的にプログラム全体を実行できる速さの上限を定めます。このテストを行うことにより、アプリケーション ステージで実行されないGPUベースのステージに、どれほど改善の余地があるかが分かります。とは言っても、ヌル ドライバーの使用は、ドライバー処理そのものと、CPUとGPU間の通信によるボトルネックも隠すかもしれないことに注意してください。後で論じるトピックですが、ドライバーはしばしばCPU側のボトルネックの原因になることがあります。

より直接的な別の手法は、可能ならCPUをアンダークロックすることです [263]。性能がCPUに直接比例して落ちれば、アプリケーションは少なくともある程度、CPU律速です。この同じアンダークロック アプローチは、GPUにも使えます。GPUを遅くして性能が下がれば、少なくともアプリケーションがGPU律速になる時間があります。これらのアンダークロック手法はボトルネックの識別に役立つことがありますが、そうでなかったステージがボトルネックになることがあります。ここでは言及しませんが、別の選択肢はオーバークロックです。

18.2.2　ジオメトリー処理ステージのテスト

ジオメトリー ステージはテストが最も難しいステージです。それは、このステージの負荷が変わると、その他のステージの負荷もたいてい変わるからです。この問題を避けるため、Cebenoyan [263] が、ラスタライザー ステージからパイプラインに逆向きに行う一連のテストを与えています。

ジオメトリー ステージには、ボトルネックが発生する可能性がある2つの主な領域、頂点のフェッチと処理があります。ボトルネックがオブジェクト データの転送によるものかどうか

を見るには、頂点フォーマットのサイズを増やします。例えば、頂点ごとにいくつかの余分なテクスチャー座標を送ることで行えます。性能が低下したら、この部分がボトルネックです。

頂点処理は頂点シェーダーで行います。頂点シェーダー ボトルネックのテストは、シェーダー プログラムを長くすることです。コンパイラーが追加された命令を最適化で取り除かないように、いくらか注意を払わなければなりません。

パイプラインがジオメトリー シェーダーも使う場合、その性能は出力サイズとプログラムの長さの関数です。テッセレーション シェーダーを使う場合も、プログラムの長さがテッセレーション因数と同じく性能に影響を与えます。他のステージが行う作業を変えないようにしながら、それらの要素のどれかを変えれば、ボトルネックかどうかの決定に役立ちます。

18.2.3 ラスタライズ ステージのテスト

このステージは三角形のセットアップとトラバースからなります。極めて単純なピクセルシェーダーを使うシャドウ マップの生成は、ラスタライザーやマージのステージがボトルネックになることがあります。通常はあまりありませんが[2110]、三角形のセットアップとラスタライズが、テッセレーションからの小さな三角形や草や葉などのオブジェクトにより、ボトルネックになることがあります。しかし、小さな三角形により、頂点シェーダーとピクセルシェーダー両方の使用も増える可能性があります。与えられた領域の頂点が増えると、当然ながら頂点シェーダーの負荷が増えます。各三角形は 2×2 クワッドのセットによりラスタライズされ、したがって三角形の外のピクセルの数が増えるので、ピクセル シェーダーの負荷も増えます[66]。これはクワッド オーバーシェーディング（セクション 24.1）とも呼ばれます。ラスタライズが本当にボトルネックかどうかを知るには、プログラム サイズを増やすことで頂点とピクセル両方のシェーダーの実行時間を増やします。フレームあたりのレンダー時間が増えなければ、ボトルネックはラスタライズ ステージにあります。

18.2.4 ピクセル処理ステージのテスト

ピクセル シェーダー プログラムの影響は、画面解像度を変えることでテストできます。画面の解像度を下げてフレーム レートが大きく上がれば、おそらく少なくともピクセル シェーダーがボトルネックになる時間があります。詳細レベル システムがある場合には、注意を払う必要があります。画面が小さいと表示するモデルも単純化され、ジオメトリー ステージの負荷が減るかもしれません。

ディスプレイ解像度を下げると、特に三角形トラバース、深度テストとブレンド、テクスチャー アクセスのコストにも影響するかもしれません。それらの要因を避けて、ボトルネックを分離するための1つのアプローチは、頂点シェーダー プログラムと同じく、命令を増やして実行速度への影響を見ることです。やはり、追加の命令がコンパイラーの最適化で取り除かれないようにすることが重要です。フレームのレンダリング時間が増えたら、ピクセルシェーダーがボトルネック（あるいは、実行コストの増加により、少なくともある時点でボトルネック）です。また、頂点シェーダーで行うのは難しいことが多い、ピクセル シェーダーの最小数の命令への単純化も可能です。全体的なレンダリング時間が減ったら、ボトルネックが見つかっています。テクスチャー キャッシュ ミスも高コストなことがあります。テクスチャーを 1×1 解像度版で置き換えて、性能が大きく向上するなら、テクスチャー メモリーのアクセスがボトルネックです。

シェーダーは独自の最適化テクニックを持つ、分離したプログラムです。Persson [1494,

680 18. パイプライン最適化

1496] が、いくつかの低レベルのシェーダー最適化を紹介すると同時に、グラフィックス ハードウェアの進化と、最善の慣行の変遷についての詳細を述べています。

18.2.5 マージ ステージのテスト

このステージでは深度とステンシルのテストを行い、ブレンドを行い、生き残った結果をバッファーに書き込みます。それらのバッファーの出力ビット深度の変更が、このステージの帯域幅コストを変えて、そのボトルネックの可能性を調べる1つの手段です。不透明なオブジェクトでアルファ ブレンドを有効にしたり、他のブレンド モードの使用もメモリー アクセスと、ラスター操作が行う処理の量に影響を与えます。

このステージは後処理パス、影、パーティクル システムのレンダリング、そして、それほど多くはありませんが、頂点とピクセルのシェーダーが単純なため、作業がほとんどない髪と草のレンダリングで、ボトルネックになる可能性があります。

18.3 性能測定

最適化を行うためには測定を行う必要があります。ここではGPUの速さの様々な測定基準を論じます。かつてはグラフィックス ハードウェア メーカーは、**頂点/秒**や**ピクセル/秒**のようなピーク レートを提示し、それはひいき目に見ても達成困難でした。また、パイプライン処理システムを扱うので、本当の性能はその種の数字を挙げるような単純なものではありません。これは実行中にボトルネックの場所が時間で移動し、異なるパイプライン ステージが様々なやり取りを行うからです。この複雑さにより、GPUはある程度コアの数とクロック、メモリー サイズ、速度、帯域幅といった物理的な特性で広告されています。

それでも利用可能な場合、GPUカウンターとスレッド トレースは、うまく使えば重要な診断ツールです。ある部分のピーク性能が分かっていて、カウントがそれより低ければ、その領域はボトルネックではないでしょう。各ステージの利用率として、カウンター データを提示するベンダーもあります。それらの値は、その間にボトルネックが移動するかもしれないので完璧ではありませんが、ボトルネックを見つけるのに大いに役立ちます。

大きいほどよいという、単純に思える物理的な測定であっても、正確な比較は難しいことがあります。例えば、IHVパートナーは、それぞれ独自の冷却ソリューションを持ち、安全だと考えられる周波数にGPUをオーバークロックするので、同じGPUのクロック レートが変わることがあります。1つのシステム上でのFPSベンチマークの比較でさえ、思うほど簡単なわけではありません。NVIDIAの *GPU Boost* [1789] とAMDの *PowerTune* [37] 技術は、格言「汝のアーキテクチャーを知るべし」のよい例です。NVIDIAのGPU Boostが誕生した理由の一部は、GPUのパイプラインの多くの部分を同時に働かせ、電力使用の限界を超えるベンチマークがあるからです。それはチップの過熱を防ぐため、NVIDIAが基本クロック レートを下げなければならなかったことを意味します。多くのアプリケーションはパイプラインのすべての部分をそこまで使わないので、より高いクロック レートで実行しても安全です。GPU Boost技術はGPUの電力と温度を特性を追跡し、それに応じてクロック レートを調節します。AMDとIntelも、同様の電力/性能最適化をGPUで行います。この変動性により、同じベンチマークがGPUの初期温度により異なる速さで実行されることがあります。この問題を避けるため、MicrosoftはGPUコアのクロック周波数をロックして安定した計時を得る手段を、DirectX 12で提供しています[131]。他のAPIでは電力状態を調べることも可能ですが、もっ

18.4. 最適化　　　　　　　　　　　　　　　　　　　　　　　　　　　　　　　　　　681

と複雑です [382]。

　CPU の性能の測定の話をすると、最近は IPS（命令/秒）、FLOPS（浮動小数点演算/秒）、ギガヘルツ、単純な短いベンチマークを避ける傾向があります。代わりに好まれる手法は、多様な本物のプログラムで実時間を計測し [777]、その実行時間を比べることです。このトレンドに従い、ほとんどの独立系グラフィックス ベンチマークは、いくつかのシーン、様々な画面解像度とアンチエイリアシングと品質の設定で、実際のフレーム レートを FPS で測定します。多くの重厚なグラフィックスのゲームは、ベンチマーク モードを内蔵していたり、サード パーティが作成したものがあり、それらのベンチマークが GPU の比較によく使われます。

　FPS はベンチマークを実行する GPU の比較には役立つ簡単な表現ですが、連続したフレーム レートを分析するときには避けるべきです。FPS の問題は、それが線形ではなく、逆数基準なので、分析の誤りを引き起こす可能性があることです。例えば、自分のアプリケーションのフレーム レートが異なる時刻で50、50、20FPS であることが分かったとします。それらの値を平均すると、40FPS になります。その値はよくても誤解を招くものです。それらのフレーム レートは20、20、50ms に翻訳されるので、平均フレーム時間は30ms で、それは33.3FPS です。同様に、個々のアルゴリズムの性能を測定するときにも、たいてい秒数が必要です。与えられたテストとマシンでの特定のベンチマーク状況で、特定の影アルゴリズムや後処理効果が7 FPS の「コスト」で、これをベンチマークがずっと遅く実行したと言うことは可能です。しかし、この値はフレームで他のすべてを処理するのにかかる時間にも依存し、異なるテクニックの FPS を足し合わせることはできないので（時間は足せる）、この声明を一般化することには意味がありません [1489]。

　パイプライン最適化の潜在的な影響を見るためには、ダブル バッファリングを無効、つまり垂直同期をオフにしてシングル バッファー モードで、フレームあたりの全体的なレンダリング時間を測定することが重要です。これはダブル バッファリングが有効だと、セクション2.1の例で説明するように、バッファーの交換が必ずモニターの周波数と同期して起きるからです。De Smedt [358] が、フレーム時間を分析して、CPU 負荷によりスパイクでフレームが詰まる問題を見つけて修正することと、他にも性能最適化のための役に立つヒントを論じています。普通は統計的分析を使う必要があります。フレーム内で何が置きているかを学ぶために、GPU タイムスタンプを使うことも可能です [1257, 1535]。

　生の速さは重要ですが、モバイル デバイスのもう1つの目標は、電力消費の最適化です。意図的にフレーム レートを下げながら、アプリケーションをインタラクティブに保てば、ユーザー体験にほとんど影響を与えずに、電池の寿命を大きく伸ばせます [1298]。Akenine-Möller と Johnsson によれば、性能/ワットはフレーム/秒のようなもので、FPS と同じ欠点があります [29, 908]。彼らはジュール/タスク、例えばジュール/ピクセルのほうが有用な基準だと論じています。

18.4　最適化

ボトルネックが特定されたら、性能を上げるため、そのステージを最適化することが望まれます。このセクションでは、アプリケーション、ジオメトリー、ラスタライズ、ピクセル処理ステージの最適化テクニックを紹介します。

18.4.1 アプリケーション ステージ

アプリケーション ステージの最適化は、コードを速くし、プログラムのメモリー アクセスを速くするか、減らすことで行います。ここでは、一般にCPUに当てはまるコード最適化の重要な要素のいくつかに触れます。

コード最適化では、大部分の時間が費やされるコードの場所を特定することが必須です。その大部分の時間が費やされるコードのホット スポットを見つけるには、よいコード プロファイラーが極めて重要です。次にそれらの場所に最適化の努力を注ぎ込みます。そのようなプログラム中の場所は、たいていフレームごとに何度も実行されるコード部分、**内側のループ**です。

最適化の基本的な規則は、様々な戦術を試すことです。アルゴリズム、仮定、コードの書き方を見直し、可能な限りの変種を試します。しばしば最も速いコードの書き方について、ユーザーが直感を形成する能力は、CPUのアーキテクチャーとコンパイラーの性能により制限されるので、自分の仮定に疑問を持ち、広い心を保ってください。

最初のステップの1つは、コンパイラーの最適化フラグの実験です。一般に数多くの様々な試すべきフラグがあります。どの最適化オプションを使うべきかについて、あまり仮定を行わないでください。例えば、より積極的なループ最適化を使うようにコンパイラーを設定すると、遅いコードになることがあります。コンパイラーによって最適化の仕方が違い、その中には目立って優れたものもあるので、また可能であれば異なるコンパイラーを試してください。変更による効果は、プロファイラーで知ることができます。

メモリーの問題

昔は算術命令の数がアルゴリズムの効率の鍵となる基準でしたが、今では鍵となるのはメモリー アクセス パターンです。プロセッサーの速度は、ピン数で制限されるDRAMのデータ転送レートよりも、はるかに急速に上昇しました。1980年から2005年の間に、CPUの性能は2年ごとに倍になり、DRAMの性能が倍になるのには約6年かかりました [1149]。この問題は**フォン ノイマン ボトルネック**や、**メモリー ウォール**として知られています。**データ指向設計**は、最適化の手段としてキャッシュ コヒーレンスに焦点を置きます[*1]。

現代のGPUで重要なのは、データが移動する距離です。速さと電力コストは、この距離に比例します。キャッシュ アクセス パターンは、何桁もの性能の差をもたらすことがあります [1304]。キャッシュは小さな高速メモリー領域で、それが存在するのは、プログラムには通常、キャッシュが利用できる大きなコヒーレンスがあるからです。つまり、メモリー中で近い場所は連続してアクセスされる傾向があり（空間局所性）、コードはたいてい順にアクセスされます。また、メモリー位置は繰り返しアクセスされる傾向もあり（時間局所性）、キャッシュはそれも利用します [419]。プロセッサー キャッシュはアクセスが高速で、それより速いのはレジスターだけです。多くの高速なアルゴリズムは、なるべく局所的に（そして少ない）データにアクセスするように努力します。

レジスターとローカル キャッシュは、**メモリー階層**の一端を形成し、それは次にダイナミック ランダム アクセス メモリー（DRAM）、それからSSDとハード ディスクのストレージに伸びます。最も上にあるのは少量の高速で高価なメモリーで、最も下は大容量の遅く安価

[*1] この研究の分野を**データ駆動型設計**と混同しないでください。それは AWK プログラミング言語から A/B テストまで、数多くの意味があります。

18.4. 最適化

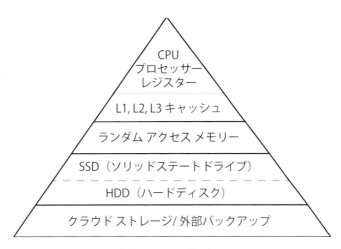

図18.1. メモリー階層。ピラミッドを下るほど速さとコストが下がる。

なストレージです。階層のレベルが変わるごとに、速さは顕著に低下します（図18.1）。例えば、プロセッサーのレジスターは通常1クロック サイクルでアクセスされ、L1キャッシュ メモリーは数クロック サイクルでアクセスされます。このように、レベルが変わるごとにレイテンシーが増えます。セクション3.10で論じるように、レイテンシーはアーキテクチャーで隠せることもありますが、常に念頭に置かなければならない因子です。

プロファイラーで悪いメモリー アクセス パターンを直接検出するのは困難です。よいパターンを最初から設計に組み込む必要があります[1149]。以下は、プログラムするときに考慮を欠かせない指針のリストです。

- コードで順にアクセスするデータは、メモリーでも順に格納する。例えば、三角形メッシュをレンダーするときには、テクスチャー座標#0、法線#0、色#0、頂点#0、テクスチャー座標#1、法線#1を、その順でアクセスされるなら、メモリーに順に格納する。これは変換後頂点キャッシュ（セクション16.4.4）のようにGPUでも重要なことがある。分離したデータのストリームの格納が有益な可能性がある理由は、セクション16.4.5を参照すること。
- ポインター間接、ジャンプ、関数呼び出しは、CPU性能を大きく下げるかもしれないので、（コードのクリティカルな部分では）避ける。ポインター間接は、ポインターへのポインターを追うときに得られる。現代のCPUは、その機能ユニットがいつもコードの実行で忙しくなるように、投機的な命令の実行（分岐予測）とメモリー フェッチ（キャッシュ プリフェッチ）を試みる。それらのテクニックは、コードの流れがループ中で一貫しているときには非常に効果的だが、2分木、リンク リスト、グラフなどの分岐データ構造では失敗するので、可能であれば代わりに配列を使う。McVoyとStaelin [1284] が、ポインターを通じてリンク リストを追うコードの例を示している。これは前後のデータでキャッシュ ミスを引き起こし、彼らの例はポインター（キャッシュがポインターのアドレスを供給できる場合）を追うよりも100倍、CPUをストールさせる。ポインターに基づくツリーをスキップ ポインターでリストに平坦化すると、階層トラバースが大きく改善すると、Smits [1791] が述べている。van Emde Boasレイアウトの使用もキャッシュ ミスの回避に役立つ手段である（セクション19.1.4）。高分岐ツリーはツリーの深さを減らし、間接参照を減らすので、2分木より好ましいこと

が多い。

- 頻繁に使うデータ構造をキャッシュ ライン サイズの倍数に揃えると、全般的な性能を大きく改善できる。例えば、Intel と AMD のプロセッサーでは 64 バイトのキャッシュ ラインが一般的 [1304]。コンパイラー オプションが役立つこともあるが、パディングと呼ばれる位置合わせを念頭に置いてデータ構造を設計するのが賢明。Windows と Linux の *VTune* や *CodeAnalyst*、macOS の *Instruments*、Linux 用のオープンソースの *Valgrind* といったツールがキャッシュ処理のボトルネックの識別に役立てられる。位置の整合は GPU シェーダーの性能に影響を与えることもある [358]。

- 異なるデータ構造の構成を試す。例えば、Hecker [758] は、単純な行列乗算で様々な行列構造をテストすることで、驚くほど大量の時間が節約されたことを示している。アーキテクチャーによって構造の配列

```
struct Vertex {float x,y,z;};
Vertex myvertices[1000];
```

と配列の構造

```
struct VertexChunk {float x[1000],y[1000],z[1000];};
VertexChunk myvertices;
```

のどちらかが、よりうまく動作するかもしれない。SIMD 命令を使うときには 2 番目の構造のほうがよいが、頂点の数が増えるにつれてキャッシュ ミスの確率が増える。配列サイズが増えるにつれ、ハイブリッド スキーム

```
struct Vertex4 {float x[4],y[4],z[4];};
Vertex4 myvertices[250];
```

が最善の選択になる可能性がある。

- 同じサイズのオブジェクト用に大きなメモリーのプールを開始時に割り当て、そのプールのメモリーを扱う独自の割り当てと解放のルーチンを使うとよいことが多い [123, 799]。*Boost* などのライブラリーは、プール割り当てを用意している。連続したレコードのセットのほうが、別々の割り当てで作成したものよりもキャッシュ コヒーレントな可能性が高い。とは言っても、C# や Java のようなガベージ コレクションのある言語では、実際にはプールが性能を低下させるかもしれない。

　メモリー アクセス パターンに直接関連しませんが、レンダリング ループ内でメモリーの割り当てと解放を避けることには価値があります。プールによる使い捨てスペースを一度に割り当て、スタック、配列、その他の構造を成長させるだけにします（削除済みとして扱う要素を示す変数やフラグを使う）。

18.4.2　API 呼び出し

これまで本書では、ハードウェアの一般的なトレンドに基づいて、アドバイスを与えてきました。例えば、通常はインデックス頂点バッファー オブジェクトが、アクセラレーターに幾何学データを供給する最も速い手段です（セクション 16.4.5）。このセクションは、グラフィックス API そのものを呼び出す最善の方法についてのものです。ほとんどのグラフィックス API は似たアーキテクチャーを持ち、それらを効率的に使う確立したやり方があります。

　オブジェクト バッファーの割り当てとストレージを理解することが、効率的なレンダリングの基本です [1802]。CPU と、分離した別の GPU を持つデスクトップ システムでは、通常

はそれぞれが独自のメモリーを持ちます。普通はグラフィックス ドライバーがオブジェクトの居場所を管理しますが、それに最善の格納場所についてのヒントを与えることができます。一般的な分類は静的と動的なバッファーです。バッファーのデータが毎フレーム変化するなら、GPU上に恒久的な場所を必要としない動的バッファーを使うほうが好ましいでしょう。コンソール、低消費電力の統合GPUを持つラップトップ、モバイル デバイスは一般に統合メモリーを持ち、GPUとCPUが同じ物理メモリーを共有します。そのような設定でも、リソースを正しいプールに割り当てることが重要です。CPU専用やGPU専用とリソースに正しくタグ付けすると、有益なことがあります。一般に、メモリー領域に両方のチップがアクセスする場合、一方が書き込むときには、もう一方が古いデータを取得しないようにキャッシュを無効にしなければならず、それは高価な操作です。

　オブジェクトが変形しなかったり、変形を完全にシェーダー プログラムで行うなら（例えば、スキニング）、オブジェクトのデータをGPUメモリーに格納すると有益です。このオブジェクトの不変性は、それを静的バッファーとして格納することで通知できます。こうすると、それをレンダーするフレームごとにバス経由で送る必要がないので、このパイプラインのステージのボトルネックを避けられます。GPUの内部メモリー帯域幅は、CPUとGPUの間のバスよりもずっと高いのが普通です。

ステート変更

APIの呼び出しには、伴うコストがあります。アプリケーション側では、その呼出が実際に何をするかに関係なく、呼び出しが多いほどアプリケーションの費やす時間が多いことを意味します。このコストは最小限なこともあれば、顕著なこともあり、ヌル ドライバーがその識別に役立てられます。GPUからの値に依存する問い合わせ関数は、CPUとの同期によるストールでフレーム レートが半減することがあります[1257]。ここでは、一般的なグラフィックス操作である、メッシュを描くためのパイプラインの準備を掘り下げます。この操作には、例えばシェーダーとユニフォームの設定、テクスチャーの取り付け、ブレンド ステートや使うカラー バッファーの変更など、ステートの変更が含まれるかもしれません。

　アプリケーションの性能を改善する1つの主要な手段が、似たレンダリング ステートのオブジェクトをグループ化してステート変更を最小にすることです。GPUは極めて複雑な、おそらく計算機科学で最も複雑なステート マシンなので、ステートの変更は高価なことがあります。GPUの小さなコストが含まれることはありますが、大部分はCPU上でのドライバーの実行です。GPUがAPIにきれいに対応していれば、ステート変更のコストは大きくても、たいてい予測可能です。モバイル デバイスのようにGPUの消費電力の制約が厳しかったり、シリコンのフットプリントに制限があったり、回避すべきハードウェアのバグがある場合、ドライバーは予想外に高コストの、勇ましい行為を行わなければならないことがあります。ステート変更コストは大部分がCPU側で、ドライバーにあります。

　1つの具体的な例は、PowerVR アーキテクチャーがブレンドをサポートするやり方です。古いAPIでは、ブレンドは固定機能型のインターフェイスを使って指定します。PowerVRのブレンドはプログラム可能で、それはドライバーが現在のステートをピクセル シェーダーにパッチしなければならないことを意味します[759]。この場合、進化した設計がAPIにうまく対応しないので、ドライバーに大きな設定コストが課されます。本章を通じ、ハードウェア アーキテクチャーと、それを動かすソフトウェアが、様々な最適化の重要度に影響を与えることを述べていますが、これは特にステート変更コストに当てはまります。特定のGPUとドライバーのリリースが影響を受けることさえあります。読者は、このセクションの全ページの上

に赤い字で「自分の場合は違うかもしれない」という警句がスタンプされていると思い、読んでください。

EverittとMcDonald [489] は、ステート変更の種類によってコストは大きく異なることを述べ、NVIDIAのOpenGLドライバー上で行えることについて、大まかな見当を与えています。次が2014年段階の、彼らの高価なものから安価なものへの順番です。

- レンダー ターゲット（フレームバッファー オブジェクト）、~60k/sec。
- シェーダー プログラム、~300k/sec。
- 透明度などのブレンド モード（ROP）。
- テクスチャー バインド、~1.5M/sec。
- 頂点フォーマット。
- ユニフォーム バッファー オブジェクト（UBO）のバインド。
- 頂点バインド。
- ユニフォームの更新、~10M/sec。

この近似的なコストの順番は、他にも裏付けられています [530, 555, 804]。さらに高価な1つの変更は、GPUのレンダリング モードとコンピュート シェーダー モードの切替です [2122]。ステート変更の回避は、表示するオブジェクトをソートし、シェーダー、使うテクスチャーなど、コストの降順でグループ化することにより達成できます。ステートによるソートはバッチ化とも呼ばれます。

別の戦略は、共有が増えるように、オブジェクトのデータを再構築することです。テクスチャー バインドを最小化する一般的な手段の1つは、複数のテクスチャー イメージを1つの大きなテクスチャーに入れることで、さらによいのはテクスチャー配列に入れることです。APIがサポートしている場合、バインドレス テクスチャーもステート変更を避けるための選択肢です（セクション6.2.5）。シェーダー プログラムの変更は、一般にユニフォームの更新と比べて高価なので、マテリアルの種類の変化は「if」文を使う単一のシェーダーで表すほうがいいかもしれません。シェーダーを共有することにより、バッチを大きくできるかもしれません [1727]。しかし、シェーダーを複雑にすると、GPU上での性能も下がることがあります。何が効果的かを見るための測定が、それを知る唯一確実な手段です。

グラフィックスAPIへの呼び出しを減らし、効果的にすることで、さらに節約できるかもしれません。例えば、複数のユニフォームを定義して1つのグループに設定できるので、1つのユニフォーム バッファー オブジェクトをバインドするほうがずっと効果的です [1017]。DirectXでは、それは定数バッファーと呼ばれます。それらを正しく使うことにより、関数の実行時間と、個々のAPI呼び出しで費やすエラー チェックに費やす時間の両方が節約されます [358, 664]。

現代のドライバーは、最初のドローコールに出会うまで、たいてい先送りを行います。その前に冗長なAPI呼び出しが行われたら、ドライバーはそれらをフィルターして取り除き、ステート変更を行う必要を回避します。たいていステート変更が必要なことを示すダーティ フラグを使うので、ドローコールごとに基本ステートに戻すのは高コストなことがあります。例えば、オブジェクトを描画しようとするときに、ステートXがデフォルトでは無効だと仮定したいかもしれません。これを実現する1つの方法は、「Enable(X); Draw(M_1); Disable(X);」そして「Enable(X); Draw(M_2); Disable(X);」として、描画後に毎回ステートを復元することです。しかし、2つのドローコールの間でステートを再び設定するのは、たとえその間に実際のステート変更が置きなくても、大きな時間の無駄使いになることがあります。

アプリケーションは通常、いつステート変更が必要かについて、高レベルの知識を持っています。例えば、不透明なサーフェス用の「置換」ブレンドモードから、透明サーフェスの「オーバー」モードへの変更は、普通はフレームの間に一度しか行う必要がありません。個々のオブジェクトをレンダーする前にブレンドモードを発行するのは、簡単に避けられます。Galeano [555] が、そのようなフィルタリングを無視して、不要なステート呼び出しを発行すると、彼らのWebGLアプリケーションで最大2 ms/フレームのコストがかかることを示しています。しかし、既にドライバーがそのような冗長フィルタリングを効率よく行っているなら、この同じテストをアプリケーションの呼び出しごとに行うのは無駄かもしれません。API呼び出しのフィルター処理にどれほど努力を費やすかは、主に下層のドライバーに依存します [481, 530, 804]。

集約とインスタンス化

APIを効率よく使うことで、CPUがボトルネックになるのを回避します。APIの別の懸案事項が、小さなバッチの問題です。これを無視すると、現代のAPIの性能に影響を与える大きな要素になることがあります。簡単に言うと、三角形が詰まった少数のメッシュは、多くの小さな単純なメッシュよりも、はるかに効率よくレンダーされます。これはドローコールに関連する固定コストのオーバーヘッドがあり、それはサイズに関係なく、1つのプリミティブの処理に対して支払うコストだからです。

2003年に、Wloka [2041] が、バッチあたり2つの（比較的小さい）三角形の描画が、テストするGPUの最大スループットの375分の1にしかならないことを示しました。[*2]2.7GHzのCPUで速度は15000万三角形/秒ではなく、40万でした。それぞれが少数の三角形しか持たない、多くの小さく単純なオブジェクトからなるシーンのレンダーでは、性能は完全にAPIによるCPU律速になり、GPUがそれを上げることはできません。つまり、ドローコールでのCPU上の処理時間が、GPUが実際にメッシュを描くのにかかる時間より大きいので、GPUは飢餓状態です。

Wlokaの経験則は、「フレームあたり X バッチが得られる」というものです。これはフレームごとに行えるドローコールの最大の数で、純粋にCPUが制限要因であることによります。2003年に、APIがボトルネックになる限界点は、オブジェクトあたり約130三角形でした。図18.2は、限界点が2006年にはメッシュあたり510三角形に上がったことを示しています。時代は変わりました。このドローコール問題を軽減するために多くの研究が行われ、CPUは速くなりました。2003年当時の推奨はフレームあたり300のドローコールで、2012年にはフレームあたり16,000ドローコールが、あるチームの上限でした [1492]。とは言っても、この数でさえ十分ではない複雑なシーンがあります。DirectX 12、Vulkan、Metalといった現代のAPIでは、ドライバーコスト自体が最小化され、それが主な利点の1つです [1019]。しかし、GPUにメッシュあたりの固定コストがあるかもしれません。

ドローコールの数を減らす1つの手段は、いくつかのオブジェクトを、1つのドローコールだけでレンダーできる、1つのメッシュに集約することです。同じステートを使い、少なくとも互いに対して静止したオブジェクトのセットは、集約を一度行って、そのバッチを毎フレーム再利用できます [804, 1429]。メッシュを集約できることも、共通のシェーダーとテクスチャ共有テクニックを使い、ステート変更を避けることを考慮する理由です。集約で節約されるコ

[*2] Wloka はバッチをドローコールでレンダーする1つのメッシュの意味で使っています。この言葉は長年の間に意味が広がり、今では API オーバーヘッドを減らせるので、別々の同じステートを持つレンダーオブジェクトのグループを意味することもあります。

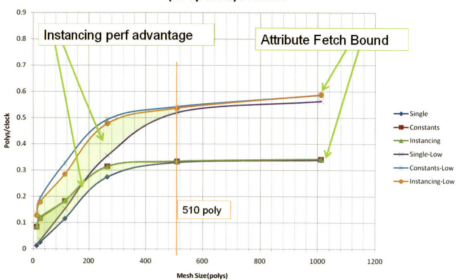

図18.2. NVIDIA G80 GPU を使い、DirectX 10 を実行する Intel Core 2 Duo 2.66 GHz CPU でのバッチ性能ベンチマーク。サイズを変えたバッチを実行し、異なる条件下で計時を行う。「Low」条件は位置と固定色ピクセルシェーダーだけの三角形で、その他のテストのセットは妥当なメッシュとシェーディングでのもの、「Single」は1つのバッチを何度もレンダリングする。「Instancing」はメッシュ データを再利用し、インスタンスごとのデータを分離されたストリームで入力する。「Constants」はンスタンス データを定数メモリーに置く DirectX 10 の手法。見て分かるように、小さなバッチはすべての手法に害を及ぼすが、インスタンス化の性能は相対的にずっと速い。三角形が数百になると、頂点バッファーとキャッシュから頂点を取り出す速さがボトルネックになるので、性能曲線は平らになる。（グラフ提供：*NVIDIA Corporation*。）

ストは、APIドローコールを避けることだけではありません。処理するオブジェクトが減るアプリケーションの節約もあります。しかし、不必要に大きなバッチがあると、錐台カリングなど、他のアルゴリズムの効率が落ちるかもしれません [1492]。1つの実践は、境界ボリューム階層を助けに使い、互いに近い静止オブジェクトを見つけてグループ化することです。集約の別の懸案事項が選択で、すべての静止オブジェクトが1つのメッシュにあり、区別されないからです。よく使われる解決法は、メッシュの頂点にオブジェクト識別子を格納することです。

アプリケーションの処理と API コストを最小化する別のアプローチは、何らかの形の**インスタンス化** [252, 804, 1493] を使うことです。ほとんどの API は、1つのオブジェクトを、1つの呼び出しで複数回描画する考え方をサポートします。これは一般に、基本モデルを指定し、個別のインスタンスに望む情報を保持する別のデータ構造を提供することで行います。位置と向き以外に、葉の色や風による曲がりなどの属性や、何であれシェーダー プログラムがモデルに影響を与えるのに使えるものを、インスタンスごとに指定できます。インスタンス化を大いに使うことで、鬱蒼としたジャングルのシーンを作成できます（図18.3）。群衆シーンはインスタンス化にぴったりで、異なる体の部品を選択セットから選ぶことにより、キャラクターごとに別々に見えます。ランダムな着色とデカールにより、さらに変化を加えられます。インスタンス化は詳細レベルテクニックとも組み合わせられます [132, 1197, 1198]。図18.4の例を見てください。

集約とインスタンス化を組み合わせる考え方は**マージ-インスタンス化**と呼ばれ、集約したメッシュに、次にインスタンス化するかもしれないオブジェクトが含まれます [162, 1493]。

18.4. 最適化 689

図**18.3**. 植生インスタンス化。下のイメージで同じ色のオブジェクトは、すべて1つのドローコールでレンダーされる [2011]。（*CryEngine1*からのイメージ、提供：*Crytek*。）

　ジオメトリ シェーダーは、入力メッシュの複製データを作成できるので、理論的にはインスタンス化に使えます。実際には、多くのインスタンスが必要な場合、この手法はインスタンス化APIコマンドを使うよりも遅いことがあります。ジオメトリ シェーダーの意図は局所的で、小規模なデータの増幅を行うことです [1964]。それに加え、Maliのタイルベースのレ

ンダラーなど、ジオメトリー シェーダーをソフトウェアで実装するアーキテクチャーもあります。Maliの実践ガイド [77] を引用すると、「もっとよい問題の解決法を見つけてください。ジオメトリー シェーダーは解決法ではありません」。

18.4.3　ジオメトリー ステージ

ジオメトリー ステージは座標変換、頂点単位のライティング、クリッピング、投影、スクリーン マッピングを担当します。パイプラインを流れるデータの量を減らす方法は、他の章で論じています。効率的な三角形メッシュの格納、モデル単純化、頂点データ圧縮（16章）は、どれも処理時間とメモリーの両方を節約します。錐台やオクルージョン カリング（19章）などのテクニックは、完全なプリミティブをパイプラインで送ることを回避します。そのような大規模なテクニックをCPU上で追加すると、アプリケーションの性能特性が完全に変わる可能性があるので、開発の早期に試す価値があります。GPU上では、そのようなテクニックは、それほど一般的ではありません。注目に値する例は、コンピュート シェーダーが、様々なタイプのカリングに使えることです [2026, 2027]。

　ライティングの要素の効果は頂点ごと、ピクセルごと（ピクセル最適化ステージで）、あるいは両方で計算できます。ライティングの計算は、複数の手段で最適化できます。まず、使っている光源のタイプを考慮しなければなりません。ライティングはすべての三角形に必要でしょうか？ モデルがテクスチャリング、テクスチャリングと頂点の色、あるいは単純に頂点の色しか必要ないことがあります。

　光源がジオメトリーに対して動かなければ、ディフューズとアンビエント ライティングを事前計算し、色として頂点に格納できます。それを行うことは、しばしばライティングの「ベイキング」と呼ばれます。より手の込んだ形のプリライティングは、シーンのディフューズ グローバル照明の事前計算です（セクション11.5.1）。そのような照明は色や強度として頂点に格納したり、ライト マップとして格納できます。

　前進レンダリング システムでは、光源の数がジオメトリー ステージの性能に影響を与えます。光源の増加は、計算の増加を意味します。作業を軽減する一般的な手段は、ローカル ライティングを無効にしたり切り詰めて、代わりに環境マップを使うことです（セクション10.5）。

18.4.4　ラスタライズ ステージ

ラスタライズを最適化できる方法がいくつかあります。閉じた（立体）オブジェクトと、決して背面を見せないオブジェクト（例えば、部屋の壁の裏側）では、背面カリングを有効にすべきです（セクション19.3）。これはラスタライズする三角形の数を約半分に減らすので、三角形トラバースの負荷が減ります。それに加え、背面は決してシェーディングされないので、ピクセル シェーディングの計算が高価なときに特に有益です。

18.4.5　ピクセル処理ステージ

普通はシェーディングするピクセルのほうが頂点よりもずっと多いので、ピクセル処理の最適化はたいてい有益ですが、注目すべき例外があります。描画が最終的に見えるピクセルを1つも生成しなくても、頂点は必ず処理しなくてはなりません。レンダリング エンジンでのカリングが無効だと、頂点シェーディングのコストがピクセル シェーディングを上回るかもしれ

18.4. 最適化

図**18.4.** 群衆シーン。インスタンス化を使い、必要なドローコールの数を最小化する。遠くのモデルに対するインポスターのレンダリングなどの詳細レベル テクニックも使われる [1197, 1198]。（**イメージ提供**: *Jonathan Maïm, Barbara Yersin, Mireille Clavien, and Daniel Thalmann*。）

ません。小さすぎる三角形は、必要以上の頂点シェーディングの評価の原因になるだけでなく、追加の作業を引き起こす、部分的に覆われたクワッドも増やす可能性があります。さらに重要なこととして、少数のピクセルしか覆わないテクスチャ メッシュのスレッド占有率は、たいてい低くなります。セクション3.10で論じるように、テクスチャのサンプリングの時間コストは大きく、GPUはそれを他のフラグメント上のシェーダー プログラムの実行に切り替えて隠し、後でテクスチャ データがフェッチされたときに戻します。占有率が低いと、レイテンシー隠蔽が悪化することがあります。多数のレジスターを使う複雑なシェーダーも、同時に利用できるスレッドを減らし、占有率を下げることがあります（セクション24.3）。この条件は高い**レジスター プレッシャー**と呼ばれます。他にも微妙な点があり、例えば、他のループへの頻繁な切り替えはキャッシュ ミスを増やすかもしれません。Wronski [2055, 2058] が様々な占有率の問題と解決法を論じています。

　まず、ネイティブのテクスチャとピクセル フォーマット、つまりグラフィックス アクセラレーターが内部で使うフォーマットを使い、あるフォーマットから別のものへの場合により高価な変換を避けます [303]。テクスチャーに関連する他の2つのテクニックが、必要なミップマップ レベルだけをロードすることと（セクション19.10.1）、テクスチャー圧縮（セクション6.2.6）を使うことです。やはり、テクスチャーが小さく少ないほど、使うメモリーは少なくなり、それは転送とアクセスの時間が減ることを意味します。テクスチャー圧縮も、同じ量のキャッシュ メモリーを占めるピクセルが増えるので、キャッシュ性能を改善できます。

　1つの詳細レベル テクニックは、オブジェクトの視点からの距離に応じて異なるピクセル シェーダー プログラムを使うことです。例えば、3つの空飛ぶ円盤モデルがあるシーンでは、遠くの2つには不要な表面の細部の精緻なバンプ マップを、最も近いものが持つかもしれません。さらに、最も遠い円盤は計算を単純化し、「ホタル」、つまりアンダーサンプリングによりチラつくアーティファクトを減らすために、スペキュラー ハイライトを単純化したり、完全

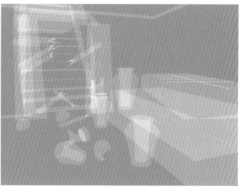

図 18.5. 左のシーンの深度複雑さが右に示されている。（*NVIDIA Corporation* の *NVPerfHUD* で作成したイメージ。）

に取り除くことがあります。単純化したモデルで頂点単位の色を使えば、テクスチャーの変化によるステート変更が不要になるという利益も得られます。

ピクセル シェーダーは、三角形をラスタライズする時点でフラグメントが見えるときだけ呼び出されます。GPUの早期z-テスト（セクション24.7）は、フラグメントのz-深度をz-バッファーに対してチェックします。見えなければ、フラグメントはピクセル シェーダーの評価を行わずに破棄され、かなりの時間が節約されます。z-深度はピクセル シェーダーで修正できますが、それを行うことは、早期z-テストを行えないことを意味します。

プログラムの振る舞い、特にピクセル処理ステージの負荷を理解するには、ピクセルを覆うサーフェスの数である、深度複雑さの可視化が役立ちます。図18.5が例を示しています。深度複雑さイメージを生成する1つの単純な手法は、z-バッファー処理を無効にして、OpenGLの glBlendFunc(GL_ONE,GL_ONE) のような呼び出しを使うことです。最初にイメージを黒で消去します。シーンのすべてのオブジェクトを色$(1/255, 1/255, 1/255)$でレンダーします。そのブレンド関数設定の効果は、プリミティブがレンダーされるごとに、書き込まれるピクセルの値が1強度レベル増えることです。そのとき深度複雑さが0のピクセルは黒、深度複雑さが255のピクセルは完全な白、$(255, 255, 255)$になります。

実際にレンダーされたサーフェスの数には、**ピクセル オーバードロー**の量が関係します。ピクセル シェーダーが評価される回数は、再びシーンを、しかしz-バッファーを有効にしてレンダーすることで求められます。オーバードローは、後のピクセル シェーダー呼び出しで隠れるサーフェスのシェーディングの計算に費やされる努力の量です。遅延レンダリング（セクション20.1）（それに関して言えばレイ トレーシングも）の利点は、すべての可視性の計算の後に、シェーディングを行うことです。

あるピクセルを2つの三角形が覆い、深度複雑さが2だとします。遠い三角形を最初に描画すると、近い三角形がそれを上描き（オーバードロー）し、オーバードローの量は1です。近いほうを最初に描画すると、遠い三角形は深度テストを通らず、描かれないので、オーバードローはありません。ピクセルを覆う不透明な三角形のランダムなセットでは、描画の平均数は**調和級数**[321]です。

$$H(n) = 1 + \frac{1}{2} + \frac{1}{3} + \ldots + \frac{1}{n} \tag{18.1}$$

この背後にある論理は、最初にレンダーされる三角形が1ドローであることです。2番目の三角形が最初の前と後ろにある確率は50/50です。3番目の三角形は最初の2つに対して3つの位

置のどれかで、一番前になる確率は3分の1です。nが無限に近づくと、

$$\lim_{n \to \infty} H(n) = \ln(n) + \gamma \tag{18.2}$$

となり、$\gamma = 0.57721\ldots$はオイラー-マスケローニ定数です。深度複雑さが下がると、オーバードローは急激に上昇しますが、すぐに先細りします。例えば、4の深度複雑さは平均で2.08ドローを与え、11は3.02ドローですが、平均で10.00ドローに達するには12,367の深度複雑さが必要です。

ですから、オーバードローは必ずしも見かけほど悪くはありませんが、やはりCPUの時間をあまりかけずに、最小化することが望まれます。大まかにソートしてからシーン中の不透明オブジェクトを、大まかに前から後（近から遠）の順に描くのが、オーバードローを減らす一般的な手段です[263, 481, 530, 555]。遮蔽されたオブジェクトを後から描いても、色やz-バッファーに書き込まれません（つまり、オーバードローが減る）。また、そのピクセル フラグメントは、ピクセル シェーダー プログラムに到達する前に、オクルージョン カリング ハードウェアにより除去されるかもしれません（セクション24.5）。ソートは多くの方法で実現できます。視線方向の距離に基づく、すべての不透明オブジェクトの重心の明示的なソートが、1つの単純なテクニックです。境界ボリューム階層などの空間構造を、既に錐台カリングで利用している場合は、階層を最初に下降トラバースするのに、近いほうの子を選べます。

ピクセル シェーダー プログラムが複雑なサーフェスに役立つ、別のテクニックがあります。z-前パスを行って、最初にz-バッファーだけにジオメトリーをレンダーしてから、シーン全体を普通にレンダーします[697]。これはすべてのオーバードローのシェーダー評価を取り除きますが、すべてのジオメトリーを別にたどるコストがあります。Pettineo [1516] のチームが、ゲームで深度前パスを使った主な理由は、オーバードローを避けるためだと書かれています。しかし、大まかな前から後ろの順の描画は、この追加作業が不要で、ほとんど同じ利益を与えるかもしれません。1つのハイブリッド アプローチは、恩恵が最もありそうな、少数の大きく単純なオクルーダーだけを識別して、最初に描くことです[1900]。McGuire [1267] が述べるように、完全な描画前パスは彼の特定のシステムの性能に役立ちませんでした。どのテクニックが自分のアプリケーションに（効果があるとして）最も効果的かを知る唯一の手段は、測定することです。

以前にステート変更を最小化するため、シェーダーとテクスチャーによるグループ化を推奨しましたが、ここで述べるのは、距離でソートされたオブジェクトのレンダリングです。その2つの目標は、一般に与えるオブジェクトの描画順が異なるので、互いに競合します。与えられたシーンと視点に理想的な描画順は必ず存在しますが、事前に求めるのは困難です。例えば、近くのオブジェクトを深度でソートし、その他すべてをマテリアルでソートするような、ハイブリッド スキームが可能です[1547]。一般的で、柔軟なソリューション[474, 530, 555, 1548, 2025] は、オブジェクトごとにビットのセットを割り当て、関連するすべての基準をカプセル化するキーを作成することです（図18.6）。

距離によるソートを優先できますが、深度を格納するビット数を制限することにより、ある範囲の距離のオブジェクトには、シェーダーによるグループ化が適切になるようにできます。2つか3つだけの深度区分に描画をソートするのも一般的です。複数のオブジェクトが同じ深度を持ち、同じシェーダーを使う場合は、テクスチャー識別子を使ってオブジェクトをソートし、同じテクスチャーのオブジェクトを一緒にまとめます。

これは単純な例であり、状況によります。例えば、透明度ビットを不要にするため、レンダリング エンジンが不透明と透明のオブジェクトを別々に保持するかもしれません。他の

図18.6. 描画順のソート キーの例。キーは低から高にソートされる。透明度ビットが立っていれば、そのオブジェクトが透明であることを意味する。透明なオブジェクトは、すべての不透明オブジェクトの後にレンダーされる。オブジェクトのカメラからの距離は、整数として低精度で格納される。透明なオブジェクトは後ろから前の順にしたいので、距離を逆数にするか符号反転する。シェーダーとテクスチャーには、ユニークな識別番号を与える。

図18.7. 左：それぞれ4つの色成分（RGBA）を格納する4×2ピクセル。右：ピクセルごとに輝度、Yと、1番目（C_o）と2番目の（C_g）色度成分のどちらかをチェッカーボード パターンで格納する代替表現。

フィールドのビット数も、期待されるシェーダーとテクスチャーの最大数で確実に変わります。ブレンド ステートに1つとz-バッファーの読み書きに1つのように、他のフィールドが追加されたり置き換えられるかもしれません。最も重要なのはアーキテクチャーです。例えば、前から後ろにソートしても無益なため、ステートのソートだけが最適化に重要な要素になる、モバイル デバイスのタイルベースのGPUレンダラーがあります[1727]。ここの主旨は、すべての属性を1つの整数キーに入れることで効率的なソートを行い、オーバードローとステート変更を可能な限り最小にすることです。

18.4.6 フレームバッファー テクニック

シーンのレンダリングにより、たいていフレームバッファーへの大量のアクセスと、多くのピクセル シェーダーの実行が発生します。キャッシュ階層へのプレッシャーを減らすための一般的なアドバイスの1つは、フレームバッファーの個々のピクセルの格納サイズを減らすことです。色チャンネルあたり16ビットの浮動小数点値のほうが正確ですが、8ビット値は半分のサイズで、正確さが十分であれば、より高速なアクセスを意味します。JPEGやMPEGといった、多くのイメージとビデオの圧縮スキームで、色度はサブサンプルされます。人の視覚系は色度よりも輝度に敏感なので、この視覚的影響はたいてい無視できます。例えば、Frostbite ゲーム エンジン [2019]は、この**色度サブサンプリング**の考え方を使い、16ビット/チャンネルのイメージを後処理する帯域幅コストを下げています。

　MavridisとPapaioannou [1234]は、ラスタライズ時にカラー バッファーで同様の効果を達成するため、173ページで述べる不可逆なYCoCg変換を使うことを提案しています。彼らのピクセル レイアウトが図18.7に示されています。RGBAと比べると、これはカラー バッファーのストレージ要件が半分で（Aが不要だと仮定）、アーキテクチャーにもよりますが、たいてい性能は上がります。各ピクセルは色度成分の1つしか持たないので、表示に先立ってRGBに復元する前に、ピクセルごとの完全なYCoCgを推測する再構成フィルターが必要です。例えばC_o-値が欠けたピクセルでは、4つの最も近いC_o-値の平均を使えます。しかし、これはエッジが望むように復元されません。そのため、C_oを持たないピクセルでは、代わりに

18.5. マルチプロセッシング

次で実装される単純なエッジ アウェアなフィルターを使います。

$$C_o = \sum_{i=0}^{3} w_i C_{o,i}, \quad \text{where } w_i = 1.0 - \text{step}(t - |L_i - L|) \tag{18.3}$$

$C_{o,i}$ と L_i は現在のピクセルの上下左右の値、L は現在のピクセルの輝度、t はエッジ検出の閾値です。Mavridis と Papaioannou は $t = 30/255$ を使っています。$\text{step}(x)$ 関数は $x < 0$ なら 0、そうでなければ 1 です。したがって、フィルターの重み w_i は 0 または 1 で、輝度勾配 $|L_i - L|$ が t より大きければ 0 です。WebGL デモとソース コードがオンラインで入手できます [1234]。

ディスプレイ解像度は上がり続けているので、レンダリングにチェッカーボード パターンを使うシェーダー実行コストの節約が、いくつかのシステムで使われています [251, 451, 903, 2028]。仮想現実アプリケーションでは、Vlachos [1960] が周辺視野のピクセルにチェッカーボード パターンを使い、Answer [66] は 2×2 クワッドごとに 1 から 3 サンプル減らしています。

18.4.7 マージ ステージ

ブレンド モードを有効にするのは、役に立つときだけにします。「over」を使う不透明サーフェスは、ピクセルの値を完全に上書きするので、理論的には「over」合成は不透明であろうと透明であろうと、すべての三角形に設定できます。しかし、これは単純な「置換」ラスター操作よりコストが高いので、切り抜きテクスチャリングを持つオブジェクトと、透明度を持つマテリアルの追跡は価値があります。余分なコストがないラスター操作もあります。例えば、z-バッファーを使うときには、ステンシル バッファーのアクセスに、追加の時間がかからないシステムがあります。これは 8 ビットのステンシル バッファー値が、24 ビットの z-深度値と同じワードに格納されるからです [961]。

様々なバッファーを使ったり、消去する必要があるときには、よく考える価値があります。GPU は高速な消去メカニズムを持つので（セクション 24.5）、推奨されるのは、それらのバッファーのメモリー転送の効率が上がるように、常に色と深度のバッファーを両方消去することです。

避けられるなら、レンダー ターゲットを GPU から CPU に読み戻すのを普通は避けるべきです。CPU がフレームバッファーにアクセスすると、レンダリング結果を返す前に GPU パイプライン全体がフラッシュされ、すべての並列性が失われます [1257, 1727]。

実際にマージ ステージがボトルネックだと分かったら、自分のアプローチを再考する必要があるかもしれません。より低精度の出力ターゲットを、場合によっては圧縮を通じて、使えないか？ このステージのストレスを軽減するように、アルゴリズムを並べ替える方法がないか？ 影の場合には一部をキャッシュして、何も動かなかったときに再利用する方法はないか？

このセクションでは、ボトルネックを探して性能をチューニングすることにより、個々のステージをうまく使う方法を論じました。とは言え、まったく別のテクニックを使うほうがよいかもしれないときに、1 つのアルゴリズムを繰り返し最適化する危険には注意してください。

18.5 マルチプロセッシング

伝統的な API は、発行する呼び出しを減らし、個々の呼び出しが行うことを増やす方向に進化してきました [481, 489]。新世代の API（DirectX 12、Vulkan、Metal）の戦略は異なります。それらの API では、ドライバーはスリムに最小化され、複雑さの多くとステート検証の責

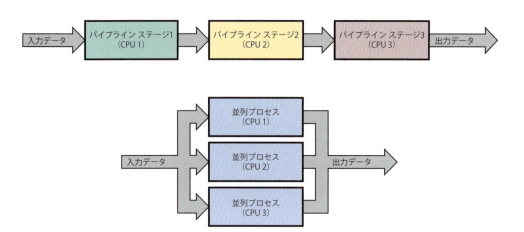

図18.8. 複数のプロセッサーの2つの異なる使い方。上段は3つのプロセッサー（CPU）がマルチプロセッサー パイプラインで使われる様子を示し、下段は3つのCPUの並列な実行を示している。2つの実装の違いの1つとして、下の構成を使うほうが低いレイテンシーを達成できる。一方、マルチプロセッサー パイプラインのほうが使いやすいかもしれない。これらの構成の理想的な高速化は線形、つまりnのCPUを使うことでn倍の高速化が与えられる。

任は、メモリー割り当てや他の機能と合わせて、呼び出すアプリケーションに移動しました[272, 1552, 1962]。この再設計の大部分は、古いAPIを現代のGPUに合わせなければならないことから生じる、ドローコールとステート変更のオーバーヘッドを最小化するために行われました。新しいAPIが促す他の要素は、APIの呼び出しに複数のCPUプロセッサーを使うことです。

2003年頃、放熱や電力消費といった物理的な問題により、上がり続けるCPUのクロック速度のトレンドが3.4GHzあたりで平坦になりました[1852]。それらの限界によってマルチプロセッシングCPUが生まれ、クロック レートを高める代わりに1つのチップに入るCPUが増えました。実際、多くの小さいコアは単位面積あたり最高の性能を供給し[83]、それがGPUがとても効果的であるのが主な理由です。それ以来、並列処理を利用する、効率的で信頼できるプログラムの作成が課題となっています。このセクションでは、CPUコア上での効率的なマルチプロセッシングの基本概念を取り上げ、最後に、ドライバーの内部でより多くの並列処理を可能にするため、グラフィックスAPIがどう進化したかを論じます。

マルチプロセッサー コンピューターは、大まかに**メッセージ-パッシング アーキテクチャー**と**共有メモリー マルチプロセッサー**に分類できます。メッセージ-パッシング デザインでは、プロセッサーごとに固有のメモリー領域を持ち、プロセッサー間でメッセージを送って結果を伝えます。これはリアルタイム レンダリングでは一般的ではありません。共有メモリー マルチプロセッサーは、その言葉通り、すべてのプロセッサーが、それらの間で1つの論理アドレス空間のメモリーを共有します。ほとんどの一般のマルチプロセッサー システムは共有メモリーで、そのほとんどが**対称マルチプロセッシング（SMP）**デザインです。SMPは、すべてのプロセッサーが同じであることを意味します。マルチコアPCシステムが、対称マルチプロセッシング アーキテクチャーの例です。

ここでは、複数のプロセッサーをリアルタイム グラフィックスで使う、2つの一般的な手法を紹介します。1つ目の手法（**マルチプロセッサー パイプライン処理**、時間並列性とも呼ばれる）を、2つ目（**並列処理**、空間並列性とも呼ばれる）よりも詳しく取り上げます。この2つの手法が図18.8に示されています。次にこの2種類の並列性を、個別のコアが拾い上げて処理

18.5. マルチプロセッシング

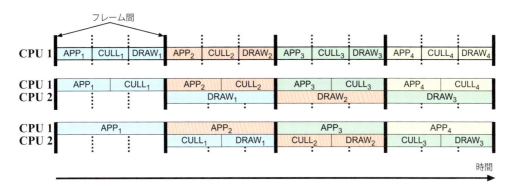

図18.9. 異なる構成のマルチプロセッサー パイプライン。太線はステージ間の同期を表し、添字はフレーム番号を表す。上段は、単一CPUのパイプラインが示されている。中段と下段は、2つのCPUを使った異なるパイプライン再分割が示されている。中段はAPPとCULLに1つのパイプライン ステージ、DRAWに1つのパイプライン ステージを持つ。これは他よりもずっと多くの作業がDRAWにあるときに適切な再分割。下段は、APPが1つのパイプラインステージを持ち、他の2つが別のステージを持つ。これは他よりずっと多くの作業がAPPにあるときに適している。下の2つの構成のほうが、APP、CULL、DRAWステージに多くの時間があることに注意。

できるジョブをアプリケーションが作成する、**タスクベースのマルチプロセッシング**で接合します。

18.5.1 マルチプロセッサー パイプライン処理

これまで見てきたように、パイプライン処理は、並列に実行される特定のパイプライン ステージに作業を分割し、実行を高速化する手法です。1つのパイプライン ステージの結果は、次に渡されます。nのパイプライン ステージで理想的な高速化はn倍で、実際の高速化は最も遅いステージ（ボトルネック）が決定します。これまで、アプリケーション、ジオメトリ処理、ラスタライズ、ピクセル処理を、1つのCPUコアとGPUで並列に実行するために使うパイプライン処理を見てきました。パイプライン処理は、ホスト上で複数のプロセッサーが利用できるときにも使用可能で、その場合、**マルチプロセス パイプライン処理**や**ソフトウェア パイプライン処理**と呼ばれます。

ここで述べるのは、ソフトウェア パイプライン処理の一種です。無限のバリエーションが可能で、手法は特定のアプリケーションに合わせるべきです。この例では、アプリケーション ステージをAPP、CULL、DRAWの3つのステージに分割します[1622]。これは粒度の粗いパイプライン処理で、各ステージが比較的長いことを意味します。APPステージはパイプラインの最初のステージなので、その他を制御します。アプリケーション プログラマーが、例えば、衝突検出を行う追加のコードを入れられるのは、このステージです。このステージは視点の更新も行います。CULLステージは以下を実行できます。

- シーン グラフのトラバースと階層視錐台カリング（セクション19.4）。
- 詳細レベルの選択（セクション19.9）。
- セクション18.4.5で論じたステートのソート。
- 最後に（そして必ず行われる）、すべてのレンダーすべきオブジェクトの単純なリストの生成。

DRAWステージはCULLステージからリストを受け取り、そのリストにあるすべてのグラ

フィックス呼び出しを発行します。これは単純にリストの内容を1つずつ、GPUに供給することを意味します。図18.9が、このパイプラインをどのように使えるかの例を示しています。

利用できるプロセッサーコアが1つなら、3つのステージすべてが、そのコア上で実行されます。2つのCPUコアが利用可能なら、APPとCULLを1つのコア上で実行し、もう1つでDRAWを実行できます。別の構成は、APPを1つのコアで実行し、もう1つでCULLとDRAWを実行することです。どちらがよいかは、その異なるステージの負荷に依存します。最後に、ホストが3つのコアを利用できれば、各ステージを別々のコアで実行できます。この可能性が図18.10に示されています。

このテクニックの利点はスループット、すなわち、レンダリング速度が増すことです。欠点は、並列処理と比べて、レイテンシーが大きいことです。レイテンシー（時間的遅延）は、ユーザーのアクションのポーリングから、最終的なイメージまでにかかる時間です[1989]。秒あたり表示されるフレームの数であるフレームレートと混同しないでください。例えば、ユーザーが、ワイヤレスヘッドマウントディスプレイを使っているとします。頭の位置の決定がCPUに到達するまで10ミリ秒かかり、そのフレームのレンダーに15ミリ秒かかるかもしれません。そのレイテンシーは最初の入力から表示までの25ミリ秒です。たとえフレームレートが66.7Hz（1/0.015秒）であっても、位置予測などの補償を何も行わないと、位置の変化をCPUに送る遅れのため、インタラクティブ性は鈍く感じられるかもしれません。ユーザーインタラクションによる一切の遅れ（両方のシステムで一定）を無視すれば、マルチプロセッシングのほうがパイプラインを使うので、レイテンシーは並列処理より大きくなります。次のセクションで詳しく述べるように、並列処理はフレームの作業を並列に実行される要素に分解します。

ホスト上の単一のCPUを使うことと比べると、マルチプロセッサーパイプライン処理のほうが高いフレームレートを与え、レイテンシーはほぼ同じか、同期のコストにより少し大きくなります。レイテンシーはパイプラインのステージの数とともに増加します。上手くバランスのとれたアプリケーションでは、高速化がnのCPUでn倍になります。

レイテンシーを減らす1つのテクニックは、視点や他のレイテンシーが重要なパラメーターをAPPステージの終わりに更新することです[1622]。これはレイテンシーを（ほぼ）1フレーム減らします。レイテンシーを減らす別の手段は、CULLとDRAWをオーバーラップして実行することです。これはCULLからの結果を、レンダリングの準備ができたものから、直ちにDRAWに送ることを意味します。これが動作するためには、それらのステージの間に何らか

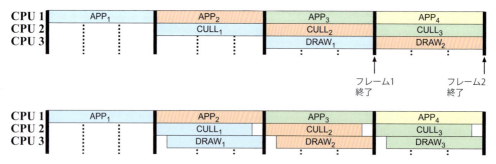

図18.10. 上に、3つのステージパイプラインが示されている。図18.9の構成と比べると、この構成のほうが各パイプラインステージの時間が多い。下の図はレイテンシーを減らす方法を示している。CULLとDRAWが、間のFIFOバッファリングでオーバーラップしている。

のバッファリング、通常はFIFOがなければなりません。そのステージはエンプティとフルの条件でストールします。つまり、バッファーに空きがないとCULLがストールし、バッファーが空のときにはDRAWが飢餓状態になります。その欠点は、プリミティブがCULLで処理されたらすぐにレンダーしなければならないので、ステート ソートなどのテクニックを同じ程度まで使えないことです。このレイテンシー削減テクニックが、図18.10に可視化されています。

この図のパイプラインは、最大で3つのCPUを使い、ステージは特定のタスクを持ちます。しかし、このテクニックは決してこの構成に制限されるものではありません。任意の数のCPUを使い、好きなように作業を分割できます。鍵となるのは、パイプラインがバランスするように、ジョブ全体の賢い分割を行うことです。マルチプロセッサー パイプライン処理テクニックは、フレームを切り替えるときにだけ同期する必要があるという点で、最小限の同期を必要とします。追加のプロセッサーは並列処理にも使えますが、それにはもっと頻繁な同期が必要です。

18.5.2 並列処理

マルチプロセッサー パイプライン テクニックを使うことの主な欠点の1つは、レイテンシーが増えがちなことです。フライト シミュレーター、一人称シューター、仮想現実レンダリングなど、これが許容できないアプリケーションもあります。視点を動かすときには、一般に即座の（次のフレーム）応答が望まれますが、レイテンシーが長いとそうなりません。しかし、一概には言えません。マルチプロセッシングがフレーム レートをレイテンシーが1フレームの30FPSから、レイテンシーが2フレームの60FPSに上げるのなら、その追加のフレームの遅れに感知できる違いはないでしょう。

複数のプロセッサーが利用可能なら、コードの一部の並列な実行を試みることもでき、それでレイテンシーが短くなるかもしれません。これを行うには、プログラムのタスクが**並列性**を持たなければなりません。アルゴリズムを並列化する、いくつかの異なる手法があります。nのプロセッサーが利用可能だとします。静的な割り当てでは[338]、高速化構造のトラバースなど、全体の作業パッケージを、nの作業パッケージに分割します。次にプロセッサーごとに、1つの作業パッケージを担当し、すべてのプロセッサーがそれらの作業パッケージを並列に実行します。すべてのプロセッサーが作業パッケージを完了したとき、プロセッサーからの結果を結合する必要があるかもしれません。これがうまくいくためには、負荷が高度に予測可能でなければなりません。

これが当てはまらないときは、異なる負荷に適応する動的割り当てアルゴリズムを使えます[338]。作業プールを使います。ジョブを生成したら、それを作業プールに入れます。現在のジョブを終了したCPUは、キューからジョブをフェッチできます。ある特定のジョブを1つのCPUだけがフェッチできるように注意を払い、キューを保守するオーバーヘッドが性能を損なわないように注意しなければなりません。ジョブが大きければ、キューを保守するオーバーヘッドは問題でなくなりますが、ジョブが大きすぎると、システムのアンバランスにより性能が低下するかもしれません（つまり、飢餓状態になるCPUがあるかもしれない）。

マルチプロセッサー パイプラインと同じく、nのプロセッサーで動作する並列なプログラムの理想的な高速化はn倍です。これは**線形高速化**と呼ばれます。線形高速化はめったに起きませんが、実際の結果がそれに近いことはあります。

696ページの図18.8に、3つのCPUによるマルチプロセッサー パイプラインと並列処理システムの両方が示されています。とりあえず、すべてのフレームで同じ量の作業が行われ、ど

ちらの構成も線形高速化を達成すると仮定します。これは、その実行が順次実行（つまり、シングルCPUで）と比べて3倍速いことを意味します。さらに、フレームあたりの作業の総量が30msかかると仮定すると、それはシングルCPUでの最大フレーム レートが$1/0.03 \approx 33$フレーム/秒であることを意味します。

マルチプロセッサー パイプラインなら（理想的には）、作業を3つの等しいサイズの作業パッケージに分割し、CPUそれぞれに1つの作業パッケージを担当させるでしょう。各作業パッケージの完了に10msかかるはずです。パイプラインの作業の流れを追うと、パイプラインの最初のCPUが10ms（つまり、ジョブの3分の1）の作業を行ってから、それを次のCPUに送ることが分かります。それから最初のCPUは、次のフレームの最初の部分に取り掛かります。フレームが最終的に終了したとき、それは完成に30msかかっていますが、作業はパイプラインで並列に行われたので、10msごとに1つのフレームが完成します。したがって、レイテンシーは30msで、高速化は3倍（30/10）、100フレーム/秒になります。

同じプログラムの並列版もジョブを3つの作業パッケージに分割しますが、その3つのパッケージを3つのCPUで同時に実行します。これはレイテンシーが10msになり、1フレームの作業も10msかかることを意味します。結論として、並列処理を使うときのほうが、マルチプロセッサー パイプラインを使うときよりも、レイテンシーはずっと短くなります。

18.5.3　タスクベースのマルチプロセッシング

パイプライン処理と並列処理テクニックについて分かったら、両方を1つのシステムに結合するのは自然です。利用可能なプロセッサーが少ししかなければ、明示的にシステムを特定のコアに割り当てる単純なシステムが妥当かもしれません。しかし、多くのCPUが多数のコアを持つので、タスクベースのマルチプロセッシングを使うのがトレンドになっています。並列化可能な処理で複数のタスク（**ジョブ**とも呼ばれる）を作成できるのと同じように、この考え方を拡張してパイプライン処理を含めることができます。どのコアが生成するどのタスクも、生成と同時に作業プールに入れます。空いているプロセッサーが作業するタスクを取得します。

マルチプロセッシングに変換する1つの手段は、アプリケーションのワークフローで、どのシステムが他に依存するかを決定することです（図18.11）。

プロセッサーが同期を待ってストールすると、このコストとタスク管理のオーバーヘッドにより、タスクベース版のアプリケーションのほうが、遅くなることさえあるかもしれません[1995]。しかし、多くのプログラムとアルゴリズムは、同時に実行できる多くのタスクがあるので、恩恵を受けられます。

次のステップは、各システムのタスクに分解できる部分を決定することです。タスクによい候補であるコードの特徴は以下のものです[52, 1149, 1995]：

- タスクが明確に定義された入力と出力を持つ。
- タスクが独立していて、実行時にステートを持たず、常に完了する。
- しばしば実行中の唯一の処理になるような大きなタスクでないこと。

C++11などの言語は、マルチスレッド処理用の仕組みを内蔵しています[1559]。Intel互換システムでは、Intelのオープン ソースの *Threading Building Blocks*（TBB）がタスク生成、プーリング、同期を単純化する効率的なライブラリーです[100]。

性能が重要なときには、シミュレーション、衝突検出、オクルージョン テスト、経路計画といったマルチプロセスするタスクの独自のセットを、アプリケーションに作成させること

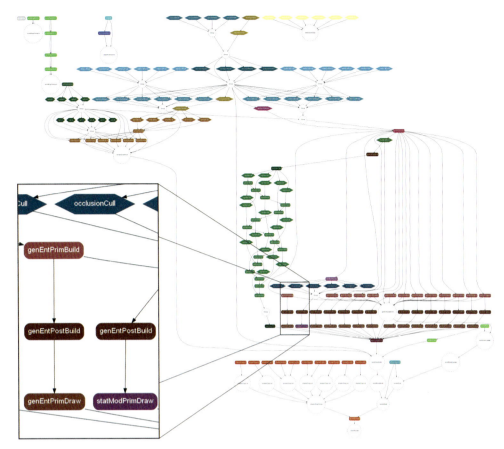

図18.11. 一部を拡大した、FrostbiteのCPUジョブ グラフ[52]。（図提供：*Johan Andersson, Electronic Arts*。）

になります [52, 100, 1559, 1591, 1995]。再びここで、GPUコアが暇になりがちな時間があることに注目します。例えば、シャドウ マップの生成や深度前パスでは、十分に活用されません。そのような働かない時間には、他のタスクにコンピュート シェーダーを適用できます [1420, 2027]。アーキテクチャ、API、コンテンツによっては、レンダリング パイプラインがすべてのシェーダーを忙しく保てない場合があり、それはコンピュート シェーダーが利用できるプールが常にあることを意味します。ハードウェアの違いと言語の制限により、高速でポータブルなコンピュート シェーダーを書くことはできないという、説得力のある議論をLauritzenが行っているので、それらの最適化のトピックには取り組みません [1072]。コアのレンダリング パイプライン自体を最適化する方法が、次のセクションの主題です。

18.5.4 グラフィックス API のマルチプロセッシング サポート

しばしば並列処理が、ハードウェアの制約に合わないことがあります。例えば、DirectX 10までは、1度に1つのスレッドしかグラフィックス ドライバーにアクセスできないので、実際の描画ステージの並列処理が困難です [1591]。

　グラフィックス ドライバーには、潜在的に複数のプロセッサーを使える2つの操作、リソースの作成と、レンダー関連の呼び出しがあります。テクスチャやバッファーといったリソー

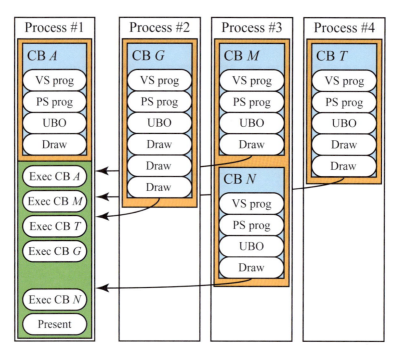

図18.12. コマンド バッファー。プロセッサーはそれぞれ、オレンジで示される、その遅延コンテキストを使い、青で示される1つ以上のコマンド バッファーを作成して満たす。各コマンド バッファーは、緑で示されるProcess #1 に送られ、その即時コンテキストを使って望みに応じて実行される。Process #1 は Process #3 からコマンド バッファーNを待つ間に、他の操作を行える。（Zinkら[2122]からの図。）

スの作成は、純粋にCPU側の操作なので、自然に並列化されることがあります。とは言っても、作成と削除はGPU上の操作を誘発したり、特定のデバイス コンテキストが必要なため、タスクをブロックすることもあります。いずれにせよ、古いAPIはコンシューマー レベルのマルチプロセッシングCPUが存在する前に作成されたので、そのような並列性をサポートするため書き直す必要があります。

使用する重要な構成概念が**コマンド バッファー**または**コマンド リスト**で、それはディスプレイ リストと呼ばれる古いOpenGLの概念に遡ります。コマンド バッファー（CB）はAPIのステート変更とドローコールのリストです。そのようなリストは作成し、格納し、好きなときに再生できます。それらを結合して長いコマンド バッファーを形成することもできます。ただ1つのCPUプロセッサーがドライバー経由でGPUと通信し、CBを実行のため送ることができます。しかし、すべてのプロセッサー（この1つのプロセッサーを含む）が並列にコマンド バッファーを作成したり、格納したコマンド バッファーを結合できます。

DirectX 11では、例えば、ドライバーと通信するプロセッサーが、そのレンダー呼び出しを、いわゆる**即時コンテキスト**に送ります。その他のプロセッサーは、それぞれ**遅延コンテキスト**を使ってコマンド バッファーを生成します。その名が示すように、それらは直接ドライバーに送られません。代わりに、それらはレンダリングで即時コンテキストに送られます（図18.12）。また、コマンド バッファーを別の遅延コンテキストに送り、そのCBに挿入することもできます。コマンド バッファーを実行のためにドライバーに送ること以外で、即時コンテキストにできて遅延ンテキストにできない主な操作は、GPUクエリーと読み戻しです。それを除けば、コマンド バッファーの管理は、どちらのコンテキストからも同じに見えます。

18.5. マルチプロセッシング   703

　コマンド バッファーと、その祖先のディスプレイ リストの利点は、格納して再生できることです。コマンド バッファーは作成時には完全にバインドされず、それが再利用に役立ちます。例えば、CBにビュー行列が含まれるとします。カメラが動くと、ビュー行列も変わります。しかし、ビュー行列は定数バッファーに格納されます。CBは定数バッファーの内容を格納せず、参照するだけです。CBを再構築せずに、定数バッファーの内容を変更できます。どのように並列性を最大化するのが最善かの決定には、適切な粒度（ビューごと、オブジェクトごと、マテリアルごと）を選んでコマンド バッファーを作成、格納、結合することが含まれます [2122]。

　そのようなマルチスレッド描画システムは、コマンド バッファーが現代のAPIの一部となる何年も前から存在していました [1242, 1458, 1669, 1671]。APIのサポートによって、その処理が簡単になり、さらに多くのシステムで動作するツールが作成されています。しかし、コマンド リストには、関連する作成とメモリーのコストがあります。また、セクション18.4.2で論じたように、DirectX 11とOpenGLでは、APIのステート設定を下層のGPUに位置づけるのは、やはり高コストな操作です。それらのシステムでは、ボトルネックがアプリケーションのときには、コマンド バッファーが役立つかもしれませんが、ドライバーのときには有害なことがあります。

　それらの以前のAPIの特定のセマンティックスでは、ドライバーは様々な操作を並列化できず、それがVulkan、DirectX 12、Metalの開発の動機となりました。現代のGPUに適した、薄い描画発行インターフェイスが、それらの新しいAPIのドライバー コストを最小化します。コマンド バッファーの管理、メモリー割り当て、同期の決定はドライバーではなく、アプリケーションの責任になります。さらに、それらの新しいAPIのコマンド バッファーは形成時に検証されるので、DirectX 11などの以前のAPIで使うよりも、反復再生のオーバーヘッドは減っています。それらの要素すべてが組み合わさってAPIの効率が向上し、マルチプロセッシングが可能になり、ドライバーがボトルネックになる確率は減っています。

参考文献とリソース

モバイル デバイスは、特にタイル ベースのアーキテクチャーを使っている場合、どこで時間を費やすかのバランスが異なることがあります。Merry [1298] が、それらのコストと、このタイプのGPUの効果的な使い方を論じています。Pranckevičius と Zioma [1547] が、モバイル デバイスでの最適化の多くの側面に関する詳細なプレゼンテーションを提供しています。McCaffrey [1246] が、モバイルとデスクトップのアーキテクチャーと性能特性を比較しています。モバイルGPUでは、たいていピクセル シェーディングが最大のコストです。Sathe [1661] と Etuaho [481] が、モバイル デバイスでのシェーダーの精度の問題と最適化を論じています

　デスクトップでは、Wiesendanger [2025] が、現代のゲーム エンジンのアーキテクチャーに完全なウォークスルーを与えています。O'Donnell [1420] が、グラフベースのレンダリング システムの利点を紹介しています。Zink ら [2122] は、DirectX 11を詳しく論じています。De Smedt [358] は、DirectX 11と12、マルチGPU構成、仮想現実での最適化を含む、ゲームに見られる一般的なホットスポットへのガイダンスを提供します。Coombes [316] は、DirectX 12の最良の実践の要約で、Kubisch [1019] は、Vulkanをいつ使うかのガイドです。古いAPIから DirectX 12と Vulkanへの移植については、多くのプレゼンテーションがあります [272, 582, 759, 1552]。読者がこれを読んでいる時点で、さらに多くの文献が出ていることは間違いありません。NVIDIA、AMD、Intelといった IHV の開発者サイト、Khronos

Group、一般のウェブ、そして本書のウェブサイトをチェックしてください。

少し古くなっていますが、Cebenoyan の記事 [263] が、やはり示唆的です。ボトルネックの見つけ方と、効率を改善するテクニックの概要を与えます。人気のある C++ の最適化ガイドには、Fog [517] や Isensee [867]、ウェブ上のフリーのものなどがあります。Hughes ら [847] が、トレース ツールと GPUView を使ってボトルネックが発生する場所を分析する方法の、現代的な詳しい議論を提供します。焦点は仮想現実システムですが、論じているテクニックは、どの Windows ベースのマシンにも適用できます。

Sutter [1852] が、どのようにして CPU のクロック レートが平坦化し、マルチプロセッサー チップセットが登場したかを論じています。この変化が起きた、さらに詳しい理由とチップがどのように設計されているかに関する情報は、Asanovic ら [83] の詳しい報告を参照してください。Foley [520] が、グラフィックス アプリケーション開発の文脈で、様々な形の並列性を論じています。*Game Engine Gems 2* [1107] には、ゲーム エンジンのマルチスレッド要素のプログラミングに関するいくつかの記事があります。Preshing [1559] は、Ubisoft がどのようにマルチスレッドを使っているかを説明し、C++11 のスレッド サポートの使用に関する詳細を与えています。Tatarchuk [1877, 1878] が、ゲーム *Destiny* で使われるマルチスレッド アーキテクチャーとシェーディング パイプラインに関する、2 つの詳細なプレゼンテーションを与えています。

19. 高速化アルゴリズム

"Now here, you see, it takes all the running you can do to keep
in the same place. If you want to get somewhere else, you
must run at least twice as fast as that!"
—Lewis Carroll

さてご覧の通り、同じ場所にとどまるには全力で走る必要がある。
どこか他へ行きたければ、少なくとも2倍の速さで走らなければならぬ！

コンピューターにまつわる最大の神話の1つが、いつかは十分な処理能力が得られるというものです。ワード プロセッサーのような比較的単純なアプリケーションでさえ、追加の能力は、その場でのスペルや文法のチェック、アンチエイリアス テキスト表示、口述など、あらゆる種類の機能に適用できることが分かります。

リアルタイム レンダリングには少なくとも、より多くのフレーム/秒、より高い解像度とサンプリング レート、より現実的なマテリアルとライティング、幾何学的複雑さを増やすことの、4つの性能目標があります。60〜90フレーム/秒の速さは、一般に十分な速さだと見なされます。たとえイメージ品質に必要なフレーム レートを下げられるモーション ブラーがあっても、速いレートはシーンとやり取りでレイテンシーを最小化するのに必要です[1989]。

今日では、3840×2160の解像度を持つ4kディスプレイがあります。解像度が7680×4320の8kディスプレイもありますが、まだ一般的ではありません。4kディスプレイは一般に約140〜150ドット/インチ（DPI）で、それはピクセル/インチ（PPI）と呼ばれることもあります。モバイルフォンのディスプレイは最大で約400DPIの値を持ちます。今日の多くのプリンター メーカーは、4kディスプレイのピクセルの数の64倍である、1200DPIの解像度を提供します。画面解像度に制限があっても、アンチエイリアシングによって、高品質イメージの生成に必要なサンプルの数は増えます。セクション24.6で論じるように、色チャンネルあたりのビット数も増えることがあり、それによって高精度の（そして高コストな）計算の必要性が高まります。

以前の章で示したように、オブジェクトのマテリアルの記述と評価は、計算が複雑なことがあります。光と物体表面（サーフェス）の相互作用のモデル化は、大量の計算能力をいくらでも吸い上げます。これはイメージが究極的には、照明源から目への無数の経路を旅する光の寄与によって形成されるべきだからです。

フレーム レート、解像度、シェーディングは、いくらでも複雑にできますが、どの増加にも見返りが先細る区切りがあります。しかし、シーンの複雑さに本当の上限はありません。ボーイング777のレンダリングには、132,500のユニークな部品と、3,000,000以上の締め金具が含

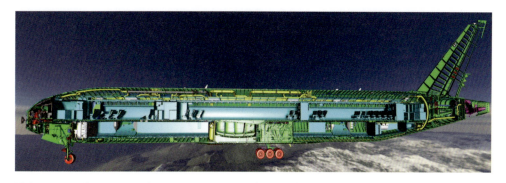

図19.1. たった3億5000万の三角形をレイ トレーシングでレンダーした「縮小」ボーイング モデル。ユーザー定義のクリッピング平面を使いセクショニングを行う。（イメージ提供：*Computer Graphics Group, Saarland University*。ソースの3Dデータ提供と許可：*Boeing Company*。）

まれ、それは500,000,000以上のポリゴンを持つポリゴン モデルになります[335]（図19.1）。それらのオブジェクトの大部分が小さなサイズや位置によって見えない場合でも、それが当てはまるかを決定するため、何らかの作業を行わなければなりません。z-バッファリングとレイ トレーシングのどちらも、必要な大量の計算を減らすテクニックを使わないと、そのようなモデルを扱うことはできません。結論：高速化アルゴリズムは常に必要です。

　本章が提供するのは、コンピューター グラフィックスのレンダリング、特に大量のジオメトリーのレンダリングを高速化するアルゴリズムの寄せ集めです。そのようなアルゴリズムの多くの中核は、次のセクションで述べる**空間データ構造**に基づいています。その知識を基に、**カリング テクニック**へと続きます。それは、どのオブジェクトが見え、さらなる処理が必要かを素早く決定しようとするアルゴリズムです。**詳細レベル** テクニックは、その残ったオブジェクトのレンダリングの複雑さを減らします。締めくくりとして、仮想テクスチャリング、ストリーミング、トランスコード、地形レンダリングを含む、巨大なモデルをレンダーするためのシステムを論じます。

19.1　空間データ構造

空間データ構造は、ジオメトリーを何らかのn-次元空間に編成するものです。本書で使うのは2次元と3次元の構造だけですが、その概念はさらに高次元に簡単に拡張できます。それらのデータ構造は、幾何学的エンティティが重なり合うかどうかについてのクエリーの高速化に使えます。そのようなクエリーは、カリング アルゴリズム、交差テストとレイ トレーシング、衝突検出など、幅広い操作に使えます。

　空間データ構造の編成は、一般に階層です。大ざっぱに言うと、これは最上位レベルが、それぞれ独自の空間のボリュームを定義する子をいくつか持ち、その子自身も子を持つことを意味します。したがって、その構造は入れ子で再帰性を持ちます。ジオメトリーは、この階層中の要素から参照されます。階層を使う主な理由は、様々なタイプのクエリーが大幅に速くなり、通常は$O(n)$から$O(\log n)$に改善することです。つまり与えられた方向で最も近いオブジェクトを見つけるなどの操作を行うときに、探索するのはnのオブジェクトすべてではなく、その小さなサブセットです。空間データ構造の構築時間は高価なことがあり、その内部のジオメトリーの量と、望むデータ構造の品質の両方に依存します。しかし、この分野の大きな

19.1. 空間データ構造 707

進歩によって構築時間は大幅に減り、状況によってはリアルタイムに行えます。遅延評価と漸進的更新を使えば、構築時間をさらに減らせます。

空間データ構造の一般的なタイプには境界ボリューム階層（BVH）、バイナリー空間分割（BSP）ツリーの変種、4分木、8分木があり、BSPツリーと8分木は、空間再分割に基づくデータ構造です。これはシーンの空間全体を再分割してデータ構造にエンコードすることを意味します。例えば、すべてのリーフ ノードの空間の結合は、シーンの空間全体と等しくなります。緩い8分木のように、それほど一般的でない構造を除けば、通常、リーフ ノードのボリュームは重なりません。BSPツリーの変種のほとんどは不規則で、それは空間を任意に再分割できることを意味します。8分木は規則的なで、空間が一様に分割されることを意味します。より制限的ですが、この一様性がしばしば効率の源になります。一方、境界ボリューム階層は空間再分割構造ではありません。幾何学的オブジェクトの周りの空間の領域を囲むので、BVHはレベルごとに空間全体を囲む必要はありません。

BVH、BSPツリー、8分木はすべて以下のセクションで、効率的なレンダリングよりも、モデルの関係に関連するデータ構造である、シーン グラフと合わせて説明します。

19.1.1　境界ボリューム階層

境界ボリューム（BV）は、オブジェクトのセットを囲むボリュームです。BVの考え方は、BVを使うテストが、オブジェクト自体を使うテストよりずっと速く行えるように、含むオブジェクトよりもずっと単純な幾何学形状を持つことです。BVの例には球、軸平行境界ボックス（AABB）、有向境界ボックス（OBB）、k-DOPなどがあります。定義はセクション22.2を参照してください。BVはレンダーするイメージの外見には寄与しません。レンダリング、選択、クエリー、その他の計算を高速化するため、それが囲むオブジェクトの代理のプロキシーとして使われます。

3次元シーンのリアルタイム レンダリングでは、階層視錐台カリングで、境界ボリューム階層がよく使われます（セクション19.4）。シーンは接続するノードのセットからなる、階層ツリー構造に編成されます。最上位ノードがルートで、親を持ちません。内部ノードは、その子へのポインターを持ち、子は他のノードです。したがってツリーの唯一のノードでない限り、ルートは内部ノードです。リーフ ノードはレンダーする実際のジオメトリーを保持し、子ノードを持ちません。ツリーの各ノードは、リーフ ノードを含め、そのサブツリー全体のジオメトリーを囲む境界ボリュームを持ちます。リーフ ノードからBVをなくし、代わりに各リーフ ノードの直上の内部ノードに含めることもできます。境界ボリューム階層という名前は、この設定から生じています。各ノードのBVは、そのサブツリーのすべてのリーフ ノードのジオメトリーを包含します。これはルートがシーン全体を含むBVを持つことを意味します。BVHの例が図19.2に示されています。各ノードは子孫のノードのBVではなく、そのサブツリーのジオメトリーしか囲む必要はないので、大きな境界円には、もっとタイトにできるものがあることに注意してください。境界円（球）では、そのようなタイトなノードの形成は、ノードごとにそのサブツリー中のすべてのジオメトリーを調べなければならないので、高価なことがあります、実際には、ノードのBVは子のBVを含むBVを作ることにより、ツリーで「ボトムアップ」に形成されることがよくあります。

BVHの基盤となる構造はツリーで、コンピューター科学の分野には、膨大なツリー データ構造に関する文献があります。ここでは、少数の重要な結果だけを述べます詳しい情報は、例えば、Cormenらの本 *Introduction to Algorithms* を参照してください[317]。

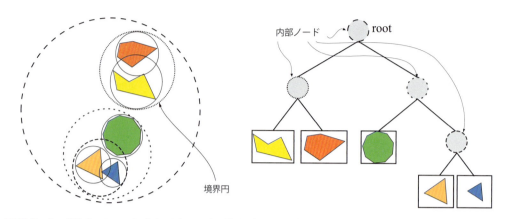

図19.2. 左の部分は、5つのオブジェクトと、右の境界ボリューム階層で使われる、その境界円がある単純なシーンを示す。すべてのオブジェクトを囲む1つの円があり、再帰的に大きな円の内側に小さな円がある。右の部分は、左のオブジェクト階層を表すのに使う境界ボリューム階層（ツリー）を示している。

k-分木、すなわち、各内部ノードがkの子を持つツリーを考えます。ただ1つのノード（ルート）を持つツリーは、高さ0を持つと言われます。ルートのリーフノードは高さ1にあり、以下同様です。平衡ツリーは、すべてのリーフノードが高さhまたは$h-1$のどちらかにあるツリーです。一般に、平衡ツリーの高さ、hは$\lfloor \log_k n \rfloor$で、nはツリー中のノードの総数（内部とリーフ）です。kが大きいほど、与えられるツリーの高さは低くなり、ツリーのトラバースにかかるステップは減りますが、各ノードで必要な作業も増えます。たいていは2分木が最も簡単な選択肢で、妥当な性能を与えます。しかし、応用によっては、高いk（例えば、$k=4$や$k=8$）のほうがよい性能を与える証拠があります[1058, 1969]。$k=2$、$k=4$、$k=8$を使うと、ツリーの構築が簡単になり、$k=2$では一番長い軸、$k=4$では長い方から2つの軸、$k=8$ではすべての軸沿いに分割するだけです。他のkの値では、よいツリーの形成が難しくなります。性能の観点からは、平均のツリーの深さを減らし、たどる間接参照（親から子へのポインター）の数が減るので、ノードあたりの子が多い、例えば、$k=8$のツリーが好まれます。

BVHは様々なクエリーを行うのに優れた構造です。例えば、レイがシーンと交差し、影レイの場合のように、最初に見つかる交差が返されるとします。これにBVHを使うときは、ルートでテストを開始します。レイがそのBVを外れたら、レイはそのBVHに含まれるすべてのジオメトリーから外れます。そうでなければ、テストを再帰的に続け、つまり、ルートの子のBVをテストします。レイがBVを外れたら、ただちにそのBVHのテストを終了できます。レイがリーフノードのBVにヒットしたら、このノードのジオメトリーに対してレイをテストします。性能利得の一部は、レイとBVのテストが速いことから生じます。これが球やボックスなどの単純なオブジェクトをBVに使う理由です。もう1つの理由はBVが入れ子であるため、ツリー中で早期に終了することにより、空間の大きな領域のテストを避けられることです。

望ましいのは、たいてい最初に見つかるものではなく、最も近い交差です。必要な追加データは、ツリーのトラバースで見つかった最も近いオブジェクトの距離と識別子だけです。トラバース中には、現在の最も近い距離も使ってツリーを間引きます。BVが交差しても、その距離がそれまでに見つかった最も近い距離より遠ければ、そのBVを破棄できます。親のボックスを調べるときに、すべての子のBVを交差させ、最も近いものを求めます。このBVの子孫で交差が見つかれば、この新しい最短距離を使い、他の子をトラバースする必要があるかどうかを選択します。BVHが提供するこの大まかなソートに対し、後で見るように、BSPツリー

19.1. 空間データ構造　　　　　　　　　　　　　　　　　　　　　　　709

には前からの後ろの順を保証できるという、通常のBVHに対する利点があります。

　BVHは動的なシーンにも使えます[1579]。BVに含まれるオブジェクトが動いたときには、まだその親のBVに含まれるかどうかをチェックするだけです。含まれていれば、そのBVHはまだ有効です。そうでなければ、そのオブジェクト ノードを取り除き、親のBVを再計算します。次にそのノードを、ルートから再帰的にツリーに挿入して戻します。もう1つの手法は、必要に応じてツリーを再帰的に遡り、子を保持するように親のBVを拡大することです。どちらの手法でも、編集につれてツリーは平衡でなくなり、非効率になる可能性があります。別のアプローチは、ある期間内のオブジェクトの移動の限界を囲むBVを置くことです。これは**時間境界ボリューム**[16]と呼ばれます。例えば、振り子なら、その動きが掃引するボリューム全体を囲む境界ボックスを置けます。ボトムアップの修復を行ったり[147]、ツリーの修復や再構築を行う部分を選択することもできます[1001, 1060, 2096]。

　BVHを作成するには、まずオブジェクトのセットの周りにタイトなBVを計算できなければなりません。このトピックはセクション22.3で扱います。次に、実際のBVの階層を作成しなければなりません。この戦略はセクション23.2.1で扱います。

19.1.2　BSP ツリー

二分空間分割ツリー、略してBSPツリーは、コンピューター グラフィックスでは2つのかなり異なる変種として存在し、それらを**軸平行**と**ポリゴン整列**と呼ぶことにします。ツリーは平面を使って空間を2つに分割してから、ジオメトリーをその2つの空間にソートすることにより作成します。この分割を再帰的に行います。1つの価値ある特性は、BSPツリーを特定の方法でトラバースすると、ツリーの幾何学的内容を任意の視点で前から後ろにソートできることです。このソートは軸平行では近似、ポリゴン整列BSPでは正確です。軸平行BSPツリーは、k-dツリーとも呼ばれます。

軸平行 BSP ツリー（k-D ツリー）

軸平行BSPツリーは次のように作成します。まず、シーン全体を**軸平行境界ボックス**（AABB）に囲みます。次にこのボックスを、より小さなボックスに再帰的に再分割するという考え方です。どこかの再帰レベルにあるボックスを考えます。ボックスの1つの軸を選び、空間を2つのボックスに分割する垂直な平面を生成します。ボックスを正確に半分に分けるように、この分割平面を決定するスキームもあれば、平面の位置を変えられるものもあります。非一様再分割と呼ばれる可変の平面位置のほうが、結果のツリーがバランスします。一様再分割と呼ばれる固定の平面位置では、ノードのメモリー中の位置が、そのツリー中の位置で暗黙のうちに与えられます。

　その平面と交わるオブジェクトには、多くの扱い方があります。例えば、ツリーのこのレベルに格納したり、両方の子ボックスのメンバーにしたり、本当にその平面で2つの別々のオブジェクトに分割することもできます。ツリー レベルへの格納には、ツリー中にオブジェクトのコピーが1つしかなく、オブジェクトの削除が単純になるという利点があります。しかし、分割平面が交わる小さなオブジェクトがツリーの上位レベルにとどまるので、非効率になりがちです。交わるオブジェクトを両方の子に置くほうが、すべてのオブジェクトがリーフ ノードまで（重なるものだけ）浸透するので、大きなオブジェクトにタイトな境界を与えられます。子ボックスには、それぞれある数のオブジェクトが含まれ、何らかの処理を停止する基準を満たすまで、この平面分割の手順を繰り返して、AABBを再帰的に再分割します。軸平行BSPツリーの例は図19.3を見てください。

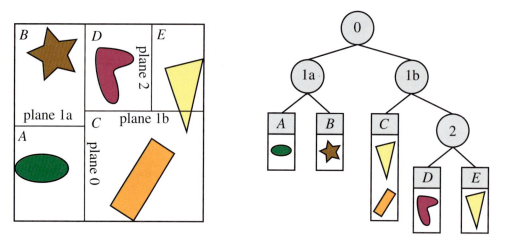

図19.3. 軸平行BSPツリー。この例では、空間分割が軸の中点だけでなく、軸沿いのどこでも許される。形成する空間ボリュームにはAからEのラベルが付けられる。右のツリーが内在するBSPのデータ構造を示している。各リーフノードは1つの領域を表し、その領域の中身が下に示されている。三角形は2つの領域、CとEと重なるため、その両方のオブジェクトリストにあることに注意。

大まかな前から後ろのソートは、軸平行BSPツリーをどのように使えるかの1つの例です。これはオクルージョン カリング アルゴリズム（セクション19.7と24.7）と、一般にピクセルのオーバードローの最小化によるピクセル シェーダー コストの低減に役立ちます。Nと呼ばれるノードを現在トラバース中だとします。トラバースの開始時には、Nはルートです。ツリー トラバースは、Nの分割平面を調べ、平面の視点が位置する側で再帰的に継続します。したがって、反対側のトラバースは始まるのは、ツリーの半分をトラバースし終えたときです。このトラバースは、リーフ ノードの内容がソートされず、ツリーの多くのノードにオブジェクトがあるかもしれないので、正確な前から後ろのソートを与えません。しかし、それが与える大まかなソートは、しばしば役に立ちます。視点の位置と比べるときには、トラバースをノードの平面の反対側で開始することにより、大まかな後ろから前のソートが得られます。これは透明度ソートに役立ちます。BSPのトラバースは、レイをシーン ジオメトリーに対してテストするのにも使えます。レイの原点と視点を交換するだけです。

ポリゴン整列 BSP ツリー

BSPツリーのもう1つのタイプが、ポリゴン整列形式です [4, 543, 544]。このデータ構造は、特に静止/剛体ジオメトリーを正確なソート順でレンダーするのに役立ちます。このアルゴリズムは、ハードウェアz-バッファーがなかった時代に、$DOOM$（2016）のようなゲームでよく使われました。衝突検出（セクション23.5）や交差テストなどで、今でもたまに使われます。

このスキームでは、1つのポリゴンを分割者として選び、空間を二分します。つまり、ルートで1つのポリゴンを選びます。そのポリゴンがある平面を使い、シーンの残りのポリゴンを2つのセットに分割します。分割平面を交わるポリゴンは、すべて交線に沿って2つの別々の断片に分解します。次に、分割平面の半空間それぞれで、別のポリゴンを分割者として選び、それはその半空間のポリゴンだけを分割します。すべてのポリゴンがBSPツリーに入るまで、これを再帰的に行います。効率的なポリゴン整列BSPツリーの作成は時間のかかる処理で、そのようなツリーは一般に一度計算して格納し、再利用します。このタイプのBSPツリーが図19.4に示されています。一般には平衡ツリー、つまり、どのリーフ ノードの深さも同じか、

19.1. 空間データ構造

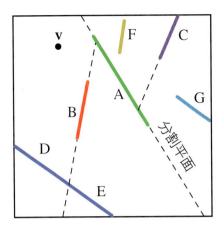
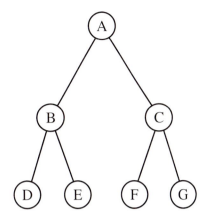

図19.4. ポリゴン整列BSPツリー。ポリゴンAからGが上から表示されている。空間は最初にポリゴンAで分割し、次にそれぞれの半空間を別々にBとCで分割する。ポリゴンBが形成する分割平面は左下のポリゴンと交わり、それを別々のポリゴンDとEに分割する。形成するBSPツリーが右に示されている。

最大で1しか違わないものを形成するのが最善です。

　ポリゴン整列BSPツリーには、いくつかの有用な特性があります。1つは、与えられたビューに対し、その構造が厳密に後ろから前（あるいは前から後ろ）にトラバースできることです。これは一般に大まかなソート順しか与えない軸平行BSPツリーと対照的です。カメラがルート平面のどちら側にあるかを決定します。そのとき、この平面の遠い側のポリゴンのセットは、近い側のセットの向こうにあります。次に遠い側のセットで、カメラが次のレベルの分割平面のどちら側にあるかを決定します。遠い側のサブセットは、やはりカメラから遠いサブセットです。この処理を再帰的に続けることにより、厳密な後ろから前の順が確定し、**絵描きのアルゴリズム**を使ってシーンをレンダーできます。絵描きのアルゴリズムは、z-バッファーが不要です。すべてのオブジェクトが後ろから前の順に描かれ、より近いオブジェクトが必ず前に描かれるので、z-深度の比較は不要です。

　例えば、図19.4で視点$\mathbf{v}$から何が見えるかを考えます。見る方向や視錐台に関係なく、$\mathbf{v}$はAが形成する分割平面の左にあるので、C、F、GはB、D、Eの後ろにあります。$\mathbf{v}$をCの分割平面と比べると、Gがこの平面の反対側にあることが分かるので、それを最初に表示します。Bの平面のテストにより、EをDより前に表示すべきことが決まります。後ろから前の順は、次にG、C、F、A、E、B、Dです。この順番は、あるオブジェクトが他よりも視点に近いことを保証するものではないことに注意してください。それは厳密な遮蔽の順番を与えるものであり、微妙に異なります。例えば、ポリゴンFはポリゴンEよりも$\mathbf{v}$に近くても、遮蔽順では後ろになります。

19.1.3　8分木

8分木は軸平行BSPツリーと似ています。ボックスは3つの軸すべてで同時に分割され、その分割点はボックスの中心でなければなりません。これは8つの新たなボックスを作成し、そのため**8分木**という名前が付いています。これは構造を規則的にし、それによって効率的になるクエリーがあります。

　シーン全体を最小の軸平行ボックスで囲むことにより、8分木を構築します。残りの手順は再帰的な性質を持ち、停止基準を満たしたときに終了します。軸平行BSPツリーと同じく、その基準には、再帰の最大の深さへの到達や、ボックスにある数のプリミティブが得られること

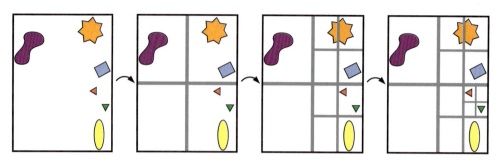

図19.5. 4分木の構築。構築は左から、境界ボックス中のすべてのオブジェクトを囲むことにより始まる。次に各ボックスが（この場合は）含むオブジェクトが空か1つになるまで、ボックスを再帰的に4つの等サイズのボックスに分割する。

などあります[1650, 1651]。基準を満たしたら、アルゴリズムはそのプリミティブをボックスに結合して、再帰を終了します。そうでなければ、3つの平面でボックスを主軸沿いに再分割し、8つの等サイズのボックスを形成します。新しいボックスをそれぞれテストし、場合により再び$2 \times 2 \times 2$の小さなボックスに再分割します。これは図19.5に2次元で示され、そのデータ構造は**4分木**と呼ばれます。4分木は8分木の2次元の相当品で、3つ目の軸を無視します。それは3軸のすべてでデータを分類する利点がほとんどない状況で、有用なことがあります。

8分木は軸平行BSPツリーと同じやり方で使え、したがって、同じタイプのクエリーを扱えます。BSPツリーは、実際、8分木と同じ空間の分割を与えることができます。例えば、セルを最初にx-軸の中央で分割し、その2つの子をyの中央で分割し、最後にそれらの子をzの中央で分割すれば、8分木分割の1回の適用で作成されるのと同じ、8つの等サイズのセルが形成されます。8分木の効率の1つの源は、より柔軟なBSPツリー構造に必要な情報を格納する必要がないことです。例えば、分割平面の位置が分かっているので、それを明示的に記述する必要はありません。このコンパクトな格納スキームは、トラバースでメモリー位置へのアクセスが減ることにより、時間も節約されます。平面配置の改善による節約が、分割平面の位置に必要な追加のメモリーコストと、トラバースの時間を上回る可能性があるので、軸平行BSPツリーのほうが効率的なことがあります。すべてに最善効率のスキームはなく、いくつかの要因を挙げれば、内在するジオメトリーの性質、構造にアクセスする手段の使用パターン、コードを実行するハードウェアのアーキテクチャーに依存します。多くの場合、メモリー配置の局所性とキャッシュ親和性のレベルが最も重要な因子です。これが次のセクションの焦点です。

上の記述では、オブジェクトは常にリーフノードに格納されます。そのため、2つ以上のリーフノードに格納しなければならないオブジェクトがあります。別の選択肢は、そのオブジェクト全体を包含する最小のボックスに、オブジェクト置くことです。例えば、左から2つ目の図では、図の星型オブジェクトを右上のボックスに配置すべきです。これには、例えば、8分木の中心にある（小さな）オブジェクトが最上位の（最も大きな）ノードに置かれるという、大きな欠点があります。これは小さなオブジェクトの境界がシーン全体を囲むボックスになるので、効率がよくありません。1つの解決法はオブジェクトを分割することですが、プリミティブが増えます。オブジェクトのある各リーフボックスに、オブジェクトへのポインターを格納することもできますが、効率が失われ、8分木の編集が難しくなります。

Ulrichが第3の解決法、**緩い8分木**を紹介しています[1931]。緩い8分木の基本的な考え方は、通常の8分木と同じですが、個々のボックスのサイズの選択を緩和します。通常のボックスの辺長がlなら、代わりにklを使い、$k > 1$です。これは図19.6に$k = 1.5$で示され、通常

19.1. 空間データ構造

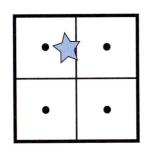 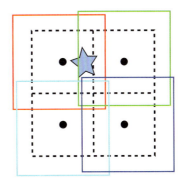

図19.6. 通常の8分木と緩い8分木の比較。ドットは（最初の再分割の）ボックスの中心点を示す。左では、星型が通常の8分木の1つの分割平面を貫通する。したがって、1つの選択は星型を最も大きい（ルートの）ボックスに入れることである。右では、$k = 1.5$の緩い8分木（つまり、ボックスが50%大きい）が示されている。それらのボックスは識別できるように、少しずらしてある。ここでは、星型が左上の赤いボックスに完全に収まる。

の8分木と比較されています。ボックスの中心点は変わらないことに注意してください。より大きなボックスを使うことによって分割平面をまたぐオブジェクトの数は減り、オブジェクトを8分木のより深い部分に置けます。オブジェクトは常に1つの8分木ノードだけに挿入されるので、8分木からの削除は簡単です。$k = 2$を使うと、いくつかの利点が生じます。まず、オブジェクトの挿入と削除が$O(1)$です。オブジェクトのサイズが分かれば、それを挿入して、1つの緩いボックスに完全にフィットできる8分木のレベルがすぐに分かります。実際には、オブジェクトを8分木のより深いボックスに押し込めることもあります。また$k < 2$の場合、フィットしないオブジェクトを、ツリーで押し上げなければならないことがあります。

入る緩い8分木のボックスは、オブジェクトの重心で決まります。それらの特性により、この構造は動的なオブジェクトを囲むのにも役立ちますが、それと引き換えにBVの効率がいくらか損なわれ、構造をトラバースするときの強いソート順が失われます。また、オブジェクトがフレーム間で少ししか動かず、以前のボックスが次のフレームでも有効なことがよくあります。そのため、アニメートする緩い8分木のオブジェクトは、フレームごとに一部しか更新する必要がありません。Cozzi [327] は、各オブジェクト/プリミティブを緩い8分木に割り当てた後に、各ノードのオブジェクトの周りの最小のAABBを計算でき、それは本質的にその時点のBVHになると述べています。このアプローチはノードをまたぐオブジェクトの分割を回避します。

19.1.4 キャッシュ-オブリビアスとキャッシュ-アウェアな表現

メモリー システムの帯域幅とCPUの計算能力の間のギャップは年々増しているので、キャッシュを念頭に置いてアルゴリズムと空間データ構造表現を設計することが重要です。このセクションでは、キャッシュ-アウェア（キャッシュを意識する）とキャッシュ-オブリビアス（意識しない）な空間データ構造を紹介します。キャッシュ-アウェアな表現はキャッシュ ブロックのサイズが既知だと仮定し、特定のアーキテクチャに最適化されます。対照的に、キャッシュ-オブリビアスなアルゴリズムは、どんなキャッシュ サイズでもうまく動作するように設計され、プラットフォームに依存しません。

キャッシュ-アウェアなデータ構造を作成するには、まず自分のアーキテクチャのキャッシュ ブロックのサイズを知らなければなりません。例えば、これは64バイトかもしれません。次に、データ構造のサイズを最小化するようにします。例えば、Ericson [471] が、k-dツリー

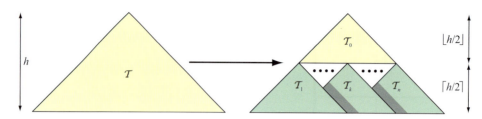

図19.7. ツリー $\mathcal{T}$ の van Emde Boas レイアウトは、ツリーの高さ h を2つの分割することにより作成される。これはサブツリー、$\mathcal{T}_0, \mathcal{T}_1, \ldots, \mathcal{T}_n$ を作成し、サブツリーはそれぞれ再帰的に同じやり方で、サブツリーあたり1つのノードになるまで分割される。

ノードには32ビットを使うだけで十分なことを示しています。これはノードの32ビット値の2つの最下位ビットを流用することで行います。その2ビットで、リーフ ノードか、3つの軸の1つで分割した内部ノードの4つのタイプを表せます。リーフ ノードでは、上位30ビットが、オブジェクトのリストへのポインタを保持し、内部ノードでは、それらが（少し低精度の）浮動小数点分割値を表します。したがって、15ノードの4レベルの深さの2分木を、64バイトの1つのキャッシュ ブロックに格納できます。16番目のノードは存在する子と、その場所を示します。詳細は、彼の本を参照してください。その鍵となる概念は、構造をキャッシュ境界に合わせてパックすることにより、データ アクセスを大きく改善することです。

人気のある単純なキャッシュ-オブリビアスなツリーの並びの1つが、van Emde Boas レイアウトです [76, 458, 471]。ツリー $\mathcal{T}$ があり、その高さが h だとします。目標はツリー中のノードのキャッシュ-オブリビアスなレイアウト、並べ方を計算することです。鍵となる考え方は、再帰的に階層を次第に小さなチャンクに分解することにより、どこかのレベルでチャンクのセットがキャッシュにフィットすることです。それらのチャンクはツリー中で互いに近いので、キャッシュされたデータは、例えば、単純にすべてのノードを最上位レベルから下にリストする場合よりも、有効な時間が長くなります。そのような単純なリストの列挙は、メモリー位置間の大きな飛躍を引き起こします。

$\mathcal{T}$ の van Emde Boas レイアウトを $v(\mathcal{T})$ で示すことにします。この構造は再帰的に定義され、ツリー中の1つのノードのレイアウトは、単にノードそのものです。$\mathcal{T}$ に2つ以上のノードがあれば、ツリーは半分の高さ、$\lfloor h/2 \rfloor$ に分割されます。最上位の $\lfloor h/2 \rfloor$ レベルは、$\mathcal{T}_0$ で示されるツリーに入り、$\mathcal{T}_0$ のリーフ ノードで始まる子のサブツリーは、$\mathcal{T}_1, \ldots, \mathcal{T}_n$ で示されます。ツリーの再帰的な性質は、次で記述されます。

$$v(\mathcal{T}) = \begin{cases} \{\mathcal{T}\}, & \mathcal{T}\text{中のノードが1つの場合}, \\ \{\mathcal{T}_0, \mathcal{T}_1, \ldots, \mathcal{T}_n\}, & \text{それ以外} \end{cases} \quad (19.1)$$

すべてのサブツリー $\mathcal{T}_i$、$0 \leq i \leq n$ が、やはり上の再帰で定義されることに注意してください。これは例えば、$\mathcal{T}_1$ を、その半分の高さで分割しなければならず、以下同様にすることを意味します。図19.7の例を見てください。

一般に、キャッシュ-オブリビアスなレイアウトの作成は、クラスタリングと、クラスターの並べ替えの2ステップで構成されます。van Emde Boas レイアウトでは、クラスタリングはサブツリーで与えられ、並べ替えは暗黙のうちに作成順になります。Yoonら [2094, 2095] が、特に効率的な境界ボリューム階層とBSPツリー用に設計されたテクニックを開発しています。親とその子の間の局所性と、空間的な局所性の両方を考慮に入れる確率論的モデルです。その考え方は、子のアクセスが安価になるようにして、親がアクセスされるときのキャッシュ ミスを最小化することです。さらに、互いに近いノードを、並びの中でグループ化して近くにま

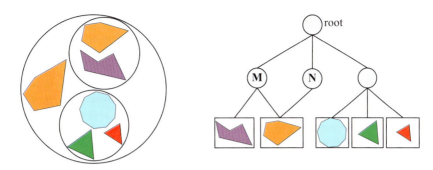

図19.8. 異なる変換 **M** と **N** が、内部ノードと、それぞれのサブツリーに適用されるシーン グラフ。その2つの内部ノードは同じオブジェクトを指すが、変換が異なるので、2つの別のオブジェクトに見える（1つは回転してスケールされる）。

とめます。確率が最も高いノードをクラスター化する貪欲アルゴリズムが開発されています。基盤のアルゴリズムを変えることなく（違うのはBVH中のノードの並びだけ）かなりの性能増加が得られます。

19.1.5 シーン グラフ

BVH、BSPツリー、8分木は、どれも基本データ構造として同じ種類のツリーを使います。違いは、空間の分割と、ジオメトリーの格納方法です。また階層的に格納するのは、幾何学的オブジェクトだけで、他には何もありません。しかし、3次元シーンのレンダリングは、ただのジオメトリーをはるかに超えたものです。アニメーション、可視性、その他の要素の制御は通常、glTFで**ノード階層**と呼ばれるシーン グラフを使って行います。これはテクスチャー、座標変換、詳細レベル、レンダー ステート（例えば、マテリアル プロパティ）、光源など、何であれ適切だと分かるもので強化された、ユーザー指向のツリー構造です。それはツリーで表され、このツリーはシーンをレンダーする順番でトラバースされます。例えば、光源を内部ノードに置き、そのサブツリーの内容にだけ影響を与えるようにすることができます。別の例は、マテリアルにツリー中で遭遇するときです。そのマテリアルは、そのノードのサブツリーのすべてのジオメトリーに適用でき、子の設定により上書きされることもあります。異なる詳細レベルをシーン グラフでサポートする方法に関しては、743ページの図19.34も参照してください。ある意味で、すべてのグラフィックス アプリケーションは、そのグラフがルート ノードと表示すべき子のリストしかなくても、何らかの形のシーン グラフを使います。

オブジェクトをアニメートする1つの手段は、ツリーの内部ノードの座標変換を変えることです。そのときシーン グラフの実装は、そのノードのサブツリーの中身全体を変換します。座標変換は任意の内部ノードに置けるので、階層アニメーションを行えます。例えば、自動車の車輪が回転し、自動車全体は前進することができます。

複数のノードが同じ子ノードを指し示せるとき、そのツリー構造は**有向非巡回グラフ（DAG）**と呼ばれます[317]。**非巡回**という言葉は、ループやサイクルを含んではならないことを意味します。**有向**は、2つのノードがエッジで接続し、また特定の順番で、例えば親から子に接続していることを意味します。シーン グラフは、インスタンス化、つまりジオメトリーを複製せずにオブジェクトの複数のコピー（インスタンス）を作ることができるので、たいていDAGです。例が図19.8に示され、そこでは2つの内部ノードが、サブツリーに異なる変換を適用しています。インスタンスを使うとメモリーが節約され、GPUはインスタンスの複数のコピー

をAPI呼び出しで高速にレンダーできます（セクション18.4.2）。

　オブジェクトをシーンで動かすときには、シーン グラフを更新しなければなりません。これはツリー構造への再帰的な呼び出しで行えます。ルートからリーフへの途上で座標変換が更新されます。その行列はこのトラバースで乗算され、関連するノードに格納されます。しかし、変換が更新されたら、付属するすべてのBVは時代遅れになります。そのため、BVはリーフからルートへ戻る途中で更新されます。ツリー構造をあまり緩和しすぎると、それらのタスクが大幅に複雑になるので、たいていDAGを避けるか、リーフ ノードだけが共有される、制限された形のDAGが使われます。このトピックに関する詳しい情報は、Eberlyの本[437]を参照してください。ちなみに、WebGLなど、JavaScriptベースのAPIを使うときには、できるだけ多くの作業をGPUに移し、CPUへのフィードバックを可能な限り小さくすることが極めて重要です[947]。

　シーン グラフ自体を、ある程度の計算効率を得るために使えます。シーン グラフ中のノードはたいてい境界ボリュームを持つので、BVHと似ています。シーン グラフのリーフがジオメトリーを格納します。理解すべき重要なことは、まったく関連のない効率スキームを、シーン グラフと一緒に使えることです。これが空間化の考え方で、ユーザーのシーン グラフを、高速なカリングや選択など、異なるタスク用に作成した別のデータ構造（例えば、BSPツリーやBVH）で強化します。ほとんどのモデルが置かれるリーフ ノードを共有するので、空間効率化構造の追加コストは比較的小さくなります。

19.2　カリング テクニック

カリング（間引き）は「群れから取り除く」ことを意味し、コンピューター グラフィックスの文脈では、これがまさにカリング テクニックが行うことです。群れはレンダーしたいシーン全体で、取り除くのは、シーンの最終的なイメージに寄与すると見なされない部分に限られます。シーンの残りは、レンダリング パイプラインを通じて送られます。したがって、レンダリングの文脈では、可視性カリングという言葉もよく使われます。しかし、カリングはプログラムの他の部分でも行えます。例としては衝突検出（画面外や隠れるオブジェクトには低精度の計算を行う）、物理計算、AIなどがあります。ここでは、レンダリングに関連するカリングテクニックだけを紹介します。そのようなテクニックの例が背面カリング、視錐台カリング、オクルージョン カリングで、図19.9に示されています。背面カリングは視点を向いていない三角形を取り除きます。視錐台カリングは視錐台の外の三角形のグループを取り除きます。オクルージョン カリングは、他のオブジェクトのグループにより隠れるオブジェクトを取り除きます。それはオブジェクトの互いへの影響を計算する必要があるので、最も複雑なカリングテクニックです。

　実際のカリングは、理論的にはレンダリング パイプラインのどのステージでも発生し、オクルージョン カリング アルゴリズムには、事前に計算できるものさえあります。GPU上に実装されるカリング アルゴリズムでは、カリング関数を有効/無効にしたり、そのいくつかのパラメーターを設定することしかできないかもしれません。レンダーが最も速い三角形は、GPUに送らないものです。それを別にすれば、パイプラインの早期に発生するほど、よいカリングです。カリングはしばしば幾何学的計算で実現できますが、それに限られるわけではありません。例えば、フレーム バッファーの内容を使うアルゴリズムもあります。

　理想的なカリング アルゴリズムであれば、プリミティブの厳密可視集合（EVS）だけをパ

イプラインで送ります。本書では、EVSを一部または全体が見えるすべてのプリミティブと定義します。理想的なカリングを可能にするそのようなデータ構造の1つが、**アスペクト グラフ**で、そこから任意の視点でEVSを取り出せます[577]。そのようなデータ構造の作成は理論的には可能ですが、最悪時の複雑さが$O(n^9)$に悪化する可能性があるので、実際には不可能です[302]。代わりに、実用的なアルゴリズムは、EVSの予測である、**潜在的可視集合（PVS）** と呼ばれるセットを求めようとします。PVSがEVSを完全に含み、見えないジオメトリーを破棄するだけで済む場合、PVSは**保守的**と言われます。PVSは近似のこともあり、そこではEVSが完全には含まれません。したがって、このタイプのPVSが生成するイメージは不正確なことがあります。目標はそれらの誤差をなるべく小さくすることです。常に正しいイメージを生成するので、たいていは保守的PVSのほうが有用と見なされます。EVSを過大に見積もったり、近似することで、PVSをずっと速く計算できるという考え方です。難しいのは、全体的な性能を得るのに、それらの見積もりをどう行うべきかということです。例えば、三角形、オブジェクト全体、オブジェクトのグループなど、アルゴリズムによってジオメトリーを扱う粒度は異なります。PVSを求めたら、最終的なピクセル単位の可視性を解決するz-バッファーを使い、それをレンダーします。

オクルージョン カリングを改善して、オーバードローを減らすと同時に、頂点キャッシュの局所性を向上するため、メッシュ中の三角形を並び替えるアルゴリズムがあります。それらはカリングにいくらか関係がありますが、興味がある読者は参考文献を参照してください[279, 715]。

セクション19.3～19.8で、背面カリング、視錐台カリング、ポータル カリング、詳細カリング、オクルージョン カリング、そしてカリング システムを扱います。

19.3　背面カリング

シーンで不透明な球を見ているとします。球の約半分が見えます。この観察から得られる結論は、見えないものはイメージに寄与しないので、レンダーする必要がないことです。したがって、球の後ろの面は処理する必要がなく、それが背面カリングにある考え方です。このタイプのカリングは、一度にグループ全体に行うこともできるので、クラスター背面カリングと呼ばれます。

カメラがオブジェクトの外にあり貫通しない（つまり、近平面でクリップしない）とすれ

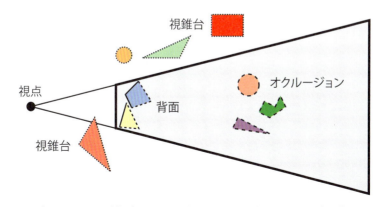

図19.9. 様々なカリング テクニック。破線が間引かれるジオメトリー。（*Cohen-Orら [302]からの図。*）

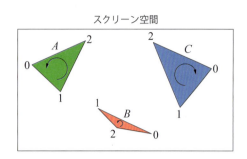 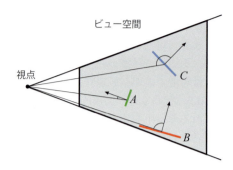

図19.10. 三角形が後ろ向きかどうかを決定する2つの異なるテスト。左の図はテストをスクリーン空間で行う方法を示している。左の2つの三角形は前向きである一方、右の三角形は後ろ向きで、さらなる処理から省略できる。右の図は背面テストをビュー空間で行う方法を示している。三角形 A と B は前向きで、C は後ろ向き。

ば、不透明な立体オブジェクトに属する、すべての後ろ向きの三角形は、それ以上の処理から間引けます。一貫した向きの三角形（セクション16.3）は、投影された三角形がスクリーン空間で、例えば時計回りなら、後ろ向きです。このテストは2次元スクリーン空間で三角形の符号付き面積を計算することにより実装できます。符号が負の面積は、その三角形を間引くべきことを意味します。これはスクリーン マッピングの手続きが発生した直後に実装できます。

三角形が後ろ向きかどうかを決定する別の手段は、三角形がある平面上の任意の点から（最も簡単な選択は頂点の1つ）、視点位置へのベクトルを作成することです。正投影では、視点位置へのベクトルを、シーンで不変の負のビュー方向で置き換えます。このベクトルと三角形の法線の内積を計算します。負の内積は、2つのベクトルの間の角度が $\pi/2$ ラジアンより大きいことを意味するので、三角形は視点を向いていません。このテストは視点の位置から三角形の平面への符号付き距離の計算と等価です。符号が正なら、その三角形は前向きです。ちなみに法線が正規化されていれば、距離が得られますが、関心があるのは符号だけなので、ここでは重要ではありません。別のやり方は、投影行列の適用後に、クリップ空間で頂点 $\overline{\mathbf{v}} = (v_x, v_y, v_w)$ を形成し、行列式 $d = |\overline{\mathbf{v}}_0, \overline{\mathbf{v}}_1, \overline{\mathbf{v}}_2|$ を計算することです [1424]。$d \leq 0$ なら、その三角形を間引けます。これらのカリング テクニックが図19.10に示されています。

この2つが幾何学的に同じであることを、Blinnが指摘しています [183]。理論的には、それらのテストを区別するものはテストを計算する空間で、他には何もありません。実際には、ビュー空間で少し後ろ向きに見える真横の三角形が、スクリーン空間では少し前向きになることがあるので、たいていスクリーン空間テストのほうが安全です。これが起きるのは、ビュー空間座標が、スクリーン空間のサブピクセル座標に丸められるからです。

OpenGLやDirectXなどのAPIを使うときには、通常は背面や前面カリングのどちらかを有効にしたり、すべてのカリングを無効にする少数の関数で、背面カリングを制御します。鏡像変換（つまり、負のスケール操作）は後ろ向きの三角形を前向きにすること（逆も同じ）に注意してください [183]（セクション4.1.3）。最後に、三角形が前向きかどうかを、ピクセルシェーダーで知ることができます。OpenGLでは、これは`gl_FrontFacing`とテストして行い、それはDirectXでは`SV_IsFrontFace`と呼ばれます。これが追加される前、両面オブジェクトを正しく表示する主な手段は、それを最初は背面をカリングし、次に法線を反転して前面カリングで、2回レンダーすることでした。

標準の背面カリングについてのよくある誤解は、レンダーする三角形の数を約半分に切り詰めるというものです。背面カリングは多くのオブジェクトで三角形の約半分を取り除きますが、ほとんど利得がないタイプのモデルもあります。例えば、屋内シーンの壁、床、天井は、

19.3. 背面カリング

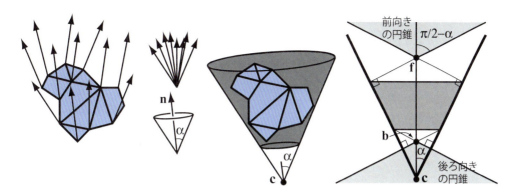

図19.11. 左：三角形のセットと、その法線。中左：法線を集め（上）、1つの法線 **n** と、半角度 α で定義される最小の円錐（下）を構築する。中右：円錐を点 **c** に固定し、三角形のすべての点が含まれるように切り落とす。右：先端を切り落とした円錐の断面。上のライトグレイの領域は前向きの円錐で、下のライトグレイの領域は後ろ向きの円錐。点 **f** と **b** は、それぞれ前向きと後ろ向きの円錐の先端。

一般に視点を向いているので、そのようなシーンでは、間引く背面があまり多くありません。同様に、地形レンダリングは、ほとんどの三角形が見えるので、このテクニックの恩恵は、丘や峡谷の背後にあるものだけです。

背面カリングは個別の三角形のラスタライズを避ける単純なテクニックですが、1つのテストで三角形のセット全体を間引けるかどうかを決定できれば、もっと速くなります。そのようなテクニックは**クラスター背面カリング** アルゴリズムと呼ばれ、ここでそのいくつかを紹介します。そのようなアルゴリズムの多くが使う基本概念が、**法線円錐** [1752] です。サーフェスのあるセクションで、すべての法線方向とすべての点を含む切頂円錐を作成します。円錐の先端を切り落とすには、法線沿いの2つの距離が必要なことに注意してください。図19.11の例を見てください。見ての通り、円錐は法線 **n**、半角 α、アンカーポイント **c**、円錐を切り落とす法線沿いのあるオフセット距離で定義されます。図19.11の右の部分に、法線円錐の断面が示されています。Shirman と Abi-Ezzi [1752] が、視点が前向きの円錐中にあれば、円錐中のすべての面が前向きであり、後ろ向きの円錐でも同様であることを証明しています。Engel [469] が、除外ボリュームと呼ばれる似た概念を GPU カリングで使っています。

静的なメッシュでは、Haar と Aaltonen [677] が n の三角形の周りの最小のキューブを計算し、キューブの各面を、対応する三角形がその「ピクセル」の上に見えるかどうかを示す n ビットのマスクをエンコードした、$r \times r$「ピクセル」に分解することを提案しています。これが図19.12に示されています。カメラがキューブの外にあれば、中にカメラがある対応する錐台が見つかり、直ちにそのビットマスクを参照して、どの三角形が後ろ向きかを（保守的に）知ることができます。キューブの内側にある場合は、（それ以上の計算を行いたくなければ）すべての三角形が見えると見なされます。Haar と Aaltonen は、キューブ面あたりただ1つのビットマスクを使い、一度に $n = 64$ の三角形をエンコードします。ビットマスクにセットされたビットの数を数えることにより、効率的に間引かれない三角形にメモリーを割り当てられます。これは *Assassin's Creed Unity* で使われています。

次に、図19.11のものとは対照的に、中心点 **c**、法線 **n**、角度 α だけで定義される、非切頂法線円錐を使うことにします。数多くの三角形のそのような法線円錐を計算するには、三角形平面のすべての法線を同じ位置に置き、すべての法線を包含する単位球面上の最小の円を計算します [111]。最初のステップとして、点 **e** から、円錐中で同じ原点 **c** を共有するすべての法線の背

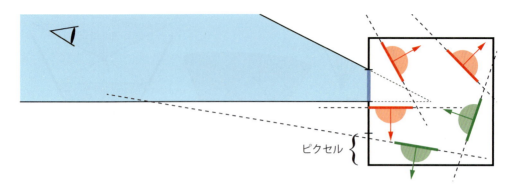

図19.12. 2次元の正方形に囲まれた、真横から見た5つの静的な三角形のセット。左の正方形の面は4「ピクセル」に分割され、焦点は上から2つ目にあり、そのボックスの外の錐台は青く塗られている。三角形の平面が形成する正の半空間は半円（赤と緑）で示されている。その正の半空間に青い錐台のどの部分も持たないすべての三角形は、錐台のすべての点から保守的に後ろ向きで（赤いマーク）、緑は前向きのものを示している。

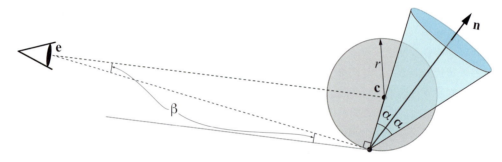

図19.13. この状況は、$\mathbf{c}$, $\mathbf{n}$, αで定義される法線円錐が$\mathbf{e}$に見えようとするときの、半径がrで中心点が$\mathbf{c}$の円の内側の最大臨界点からの限界を示している。これは$\mathbf{e}$から円上の点への、円に接するベクトルと、法線円錐の側面の間の角度が$\pi/2$ラジアンのときに起きる。その原点が球のへりと一致するように、法線円錐は$\mathbf{c}$から下に平行移動している。

面テストを行いたいとします。次が成り立てば、法線円錐は$\mathbf{e}$から後ろ向きです [2026, 2027]:

$$\mathbf{n} \cdot (\mathbf{e} - \mathbf{c}) < \underbrace{\cos\left(\alpha + \frac{\pi}{2}\right)}_{-\sin\alpha} \iff \mathbf{n} \cdot (\mathbf{c} - \mathbf{e}) < \sin\alpha \quad (19.2)$$

しかし、すべてのジオメトリーが$\mathbf{c}$にないと、このテストは動作しません。次に、すべてのジオメトリーが中心点$\mathbf{c}$と半径rの球の内部にあるとします。これは次のテストです。

$$\mathbf{n} \cdot (\mathbf{e} - \mathbf{c}) < \underbrace{\cos\left(\alpha + \beta + \frac{\pi}{2}\right)}_{-\sin(\alpha+\beta)} \iff \mathbf{n} \cdot (\mathbf{c} - \mathbf{e}) < \sin(\alpha + \beta) \quad (19.3)$$

$\sin\beta = r/\|\mathbf{c} - \mathbf{e}\|$です。このテストの導出に含まれるジオメトリーが、図19.13に示されています。量子化法線は8×4ビットに格納でき、応用によっては十分かもしれません。

このセクションの締めくくりとして、各頂点がフレームで線形に動くモーション ブラー三角形の背面カリングが、思ったより単純ではないことを述べます。頂点が時間で線形に動く三角形は、すべての同じフレームの中で、最初は後ろ向きで、前向きに変わり、再び後ろ向きに変わることがあります。そのため、モーション ブラー三角形がフレームの最初と最後に後ろ向きだからといって、三角形を間引くと、正しくない結果が生じます。Munkbergと

19.4. 視錐台カリング

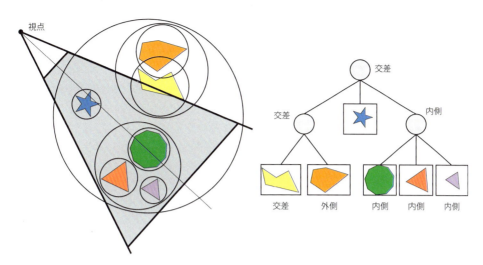

図19.14. ジオメトリーとその境界ボリューム（球）のセットが左に示されている。このシーンを視点からの視錐台カリング付きでレンダーする。BVHは右に示されている。ルートのBVは錐台と交わり、トラバースはテスト付きでその子のBVに続く。左のサブツリーのBVは交わり、そのサブツリーの子の1つが交わり（したがってレンダーされ）、他の子のBVは外側なので、パイプラインで送られない。ルートの真ん中のサブツリーのBVは全体が内側で、直ちにレンダーされる。ルートの右のサブツリーのBVも完全に内側なので、それ以上のテストなしで、サブツリー全体をレンダーできる。

Akenine-Möller [1350] が、標準の背面テストの頂点を、線形に動く三角形の頂点で置き換える手法を紹介しています。バーンスタイン形式でテストを書き直し、ベジエ曲線の凸性を保守的なテストとして使います。被写界深度では、レンズ全体が三角形の負の半空間の中（つまり、背後）にあれば、三角形を安全に間引けます。

19.4 視錐台カリング

セクション2.3.3で見たように、全体または一部が視錐台の内側にあるプリミティブしかレンダーする必要がありません。レンダリング処理を高速化する1つの手段は、各オブジェクトの境界ボリューム（BV）を視錐台と比べることです。BVが錐台の外なら、それが囲むジオメトリーをレンダリングから除外できます。BVが錐台の内側か交わる場合には、BVの中身が見えるかもしれないので、レンダリング パイプラインに送らなければなりません。様々な境界ボリュームと視錐台の交差テストの手法は、セクション22.14を参照してください。

　空間データ構造を使うことにより、この種のカリングを階層的に適用できます[295]。境界ボリューム階層では、ルートからの先行トラバース[317]が、その役目を果たします。境界ボリュームを持つ各ノードを錐台に対してテストします。ノードのBVが錐台の外にあれば、それ以上そのノードを処理しません。BVの中身とその子孫はビューの外にあるので、ツリーを刈り取ります。BVが完全に錐台の内側にあれば、その中身もすべて錐台の内側にあります。トラバースは続きますが、そのようなサブツリーの残りで、それ以上の錐台テストは必要ありません。BVが錐台と交わる場合は、トラバースを続け、その子をテストします。リーフ ノードが交わると分かったら、その中身（つまり、そのジオメトリー）をパイプラインで送ります。リーフのプリミティブが視錐台の内側にある保証はありません。視錐台カリングの例が図19.14に示されています。オブジェクトやセルに複数のBVテストを使うこともできます。例

えば、セルを囲む球BVが錐台と重なることが分かったら、ボックスが球よりもずっと小さいと分かっている場合には、より正確な（しかしより高価な）OBB-錐台テストも、行う価値があるかもしれません[1718]。

「錐台と交わる」場合に有用な最適化は、BVが完全に内側になる錐台平面を記録することです[165]。この情報は通常ビットマスクとして格納され、交わる平面と一緒に、このBVの子のテストに渡せます。子に対してテストする必要があるのは、BVと交わる平面だけなので、このテクニックは**平面マスク**とも呼ばれます。ルートBVは最初に6つの錐台平面すべての対してテストされますが、その後のテストで子に行う平面/BVテストの数が減ります。AssarssonとMöller[91]が、時間コヒーレンスも使えると述べています。BVを棄却する錐台平面をBVと一緒に格納し、次のフレームで最初に棄却をテストする平面にすることもできます。Wihlidal[2026, 2027]によれば、視錐台カリングをオブジェクト レベルでCPU上で行う場合、より細かい粒度のカリングをGPU上で行うときには、左右上下の平面に対する視錐台カリングを行うだけで十分です。また、よりタイトな境界ボリュームを供給する先端点マップと呼ばれる構造を使い、性能を改善できます。これはセクション22.13.4で詳しく述べます。オブジェクトが遠平面で突然消える効果を避けるため、遠方でフォグを使うことができます。

大きなシーンや特定のカメラ ビューでは、シーンのほんの一部しか見えないことがあり、レンダリング パイプラインで送る必要があるのは、その部分だけです。そのような場合、大きな速度の増加が期待できます。互いに近いオブジェクトは1つのBVで囲むことができ、近くのBVは階層的にクラスター化できるので、視錐台カリング テクニックは、シーンの空間コヒーレンスを利用します。

注目すべきこととして、階層BVHを使わず、ただのBVの線形リストを、シーン中のオブジェクトごとに1つずつ使うゲーム エンジンがあります[308]。その主な動機は、SIMDとマルチスレッドを使うことにより、そのほうが高い性能を与えるアルゴリズムが簡単に実装できることです。しかしCADのように、ほとんど、あるいはすべてのジオメトリーが錐台内にあるアプリケーションもあり、その場合には、このようなタイプのアルゴリズムを使うことは避けるべきです。ノードが錐台の内側にあれば、そのジオメトリーを直ちに描けるので、階層視錐台カリングをやはり適用できるかもしれません。

19.5　ポータル カリング

建築モデルでは、**ポータル カリング**の名で知られる、一連のアルゴリズムがあります。その最初のものは[21, 22]が紹介しています。後に、TellerとSéquin[1884, 1885]と、TellerとHanrahan[1886]が、より効率的で複雑なポータル カリングのアルゴリズムを構築しました。すべてのポータル カリング アルゴリズムの論理的根拠は、屋内シーンでは、壁が大きな遮蔽物として振る舞うことです。したがってポータル カリングは、次のセクションで論じるオクルージョン カリングの一種です。このオクルージョン アルゴリズムは、各ポータル（例えば、扉や窓）を通る視錐台カリングのメカニズムを使います。ポータルを越えるときには、ポータルの周りにフィットするように、錐台を縮小します。そのため、このアルゴリズムは視錐台カリングの拡張と見ることもできます。視錐台の外にあるポータルは破棄します。

ポータル カリング手法は、シーンを何らかの方法で前処理します。シーンを普通は建物の部屋と廊下に対応する**セル**に分割します。隣接する部屋をつなぐ扉と窓が**ポータル**と呼ばれます。セル中のすべてのオブジェクトと、セルの壁は、セルに関連付けられあデータ構造に格

19.5. ポータル カリング

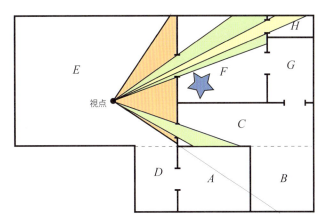

図19.15. ポータル カリング：セルは A から H に列挙され、ポータルはセルをつなぐ開口部。ポータルを通して見えるジオメトリーだけがレンダーされる。例えば、セル F の星型は間引かれる。

納します。また隣接セルと、それらをつなぐポータルに関する情報を、隣接性グラフに格納します。Teller がこのグラフを計算するアルゴリズムを紹介しています [1885]。このテクニックは、それが紹介された1992年には動作しましたが、現代の複雑なシーンで、その処理を自動化するのは極めて困難です。その理由から、セルの定義とグラフの作成は、現在は手作業で行われています。

Luebke と Georges [1179] が、少量の前処理しか必要としない、単純な手法を使っています。上に述べたように、必要な情報は各セルに関連するデータ構造だけです。その鍵となる考え方は、各ポータルがその部屋と先へのビューを定義することです。窓が3つある部屋への入り口を見通していると想像してください。入り口は錐台を定義し、それを使って部屋の中の見えないオブジェクトを間引き、見えるものをレンダーします。入り口から窓のうち2つは見えないので、それらの窓を通して見えるセルを無視できます。3つ目の窓は見えますが、部分的に扉の枠に遮断されています。パイプラインに送る必要があるのは、この窓と入り口の両方を通して見えるセルの内容だけです。セルのレンダリング処理は、この可視性の再帰的な追跡に依存します。

ポータル カリング アルゴリズムが、図19.15に例で示されています。視点はセル E にあるので、その内容が一緒にレンダーされます。隣接するセルは C、D、F です。セル D へのポータルは元の錐台から見えないので、それ以上の処理は省かれます。セル F は見えるので、視錐台は F へつながるポータルを通るように縮小されます。F の中身は、その縮小した錐台でレンダーされます。次に、F の隣接セルを調べると、G は縮小した錐台から見えないので除外され、H は見えます。再び、錐台を H のポータルで縮小した後、H の中身をレンダーします。H に訪れていない隣接セルはないので、そこでトラバースを終了します。今度は、再帰がセル C へのポータルに戻ります。錐台を C のポータルにフィットするように縮小してから、C のオブジェクトのレンダリングを錐台カリング付きで行います。それ以上見えるポータルはないので、レンダリングは完了です。

オブジェクトがレンダーされたときにタグ付けして、オブジェクトが複数回レンダーされるのを回避できます。例えば、部屋に2つの窓があれば、それぞれの錐台に対して部屋の中身が個別に間引かれます。タグ付けがないと、両方の窓を通して見えるオブジェクトが2回レンダーされるでしょう。これは非効率であると同時に、オブジェクトが透明なときなどに、レンダリングの誤りを生じることがあります。このタグのリストをフレームごとに消去しなくても

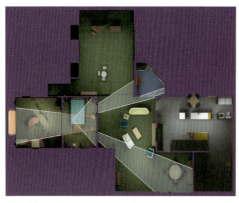 

図 19.16. ポータル カリング。左のイメージは Brooks House の上面図。右のイメージは主寝室からのビュー。ポータルのカリング ボックスは白、鏡では赤で示されている。（イメージ提供：*David Luebke, Chris Georges, UNC-Chapel Hill*。）

よいように、オブジェクトには訪れたときのフレームな番号でタグ付けします。現在のフレーム番号を格納するオブジェクトだけが訪問済みです。

おそらく実装する価値がある最適化は、より正確なカリングにステンシル バッファーを使うことです。実際には、ポータルは AABB で過大評価され、本物のポータルはもっと小さい可能性が高くなります。ステンシル バッファーを使い、本物のポータルの外側のレンダリングをマスクで取り除けます。同様に、GPU の性能の向上のために、ポータルを囲むシザー長方形を設定することもできます [16]。ステンシルとシザーの機能を使うと、透明なオブジェクトが 2 回レンダーされても、各ポータルで見えるピクセルには 1 度しか影響を与えないので、タグ付けを行う必要もなくなります。

図 19.16 は、ポータルを使う別のビューです。この形式のポータル カリングは、平面反射で内容をトリミングするのにも使えます（セクション 11.6.2）。左のイメージは上から見た建物を示し、白い線は錐台を各ポータルで縮小するやり方を示しています。赤い線は錐台を鏡で反射することにより作成されます。右側のイメージに示された実際のビューでは、白い長方形がポータルで鏡が赤です。レンダーされる錐台の内側のオブジェクトしかないことに注意してください。単純な屈折など、他の効果を作り出す変換も使えます。

19.6 詳細と小さい三角形のカリング

詳細カリングは、速度のため品質を犠牲にするテクニックです。詳細カリングの論理的根拠は、視点が動いているときには、シーンの細部がレンダーするイメージにはほとんど、あるいはまったく寄与しないことです。視点が止まっているときには、詳細カリングを無効にします。境界ボリュームを持つオブジェクトがあり、その BV を投影平面に投影するとします。そのとき投影の面積をピクセル数で見積もり、ピクセルの数がユーザー定義の閾値未満だったら、そのオブジェクトをそれ以上の処理から除きます。この理由で、詳細カリングは**画面サイズ カリング**とも呼ばれます。詳細カリングは、シーン グラフで階層的に行うこともできます。このタイプのテクニックは、ゲーム エンジンでよく使われます [308]。

各ピクセルの中心での 1 つのサンプルでは、小さな三角形はサンプルの間になる可能性がかなり高くなります。それに加えて、小さな三角形のラスタライズはかなり非効率です。サンプ

19.7. オクルージョン カリング

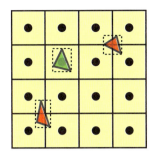 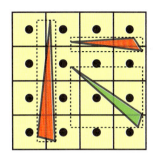

図19.17. any(round(min) == round(max))を使う小さな三角形のカリング。赤い三角形は間引かれ、緑の三角形はレンダーする必要がある。左：緑の三角形はサンプルと重なるので間引けない。赤い三角形はどちらも、すべてのAABB座標が同じピクセルの隅に丸められる。右：赤い三角形はAABB座標の1つが同じ整数に丸められるので間引ける。緑の三角形はどのサンプルとも重ならないが、このテストでは間引けない。

ルの間に落ちる三角形を実際に間引くグラフィックス ハードウェアもありますが、GPUのコードでカリングを行うと（セクション19.8）、小さな三角形を間引くコードを加えられる利点があります。Wihlidal [2026, 2027]が、三角形のAABBを最初に計算する単純な手法を紹介しています。次が成り立つとき、三角形はシェーダーで間引けます。

$$\text{any}(\text{round}(\text{min}) == \text{round}(\text{max})) \tag{19.4}$$

ここでminとmaxは三角形を囲む2次元のAABBを表します。関数anyは、ベクトル成分のどれかが真なら、真を返します。また思い出してほしいのは、ピクセルの中心が$(x+0.5, y+0.5)$にあり、それはx-とy-座標の一方か両方が同じ座標に丸められる場合に、式19.4が真であることを意味することです。図19.17にいくつかの例が示されています、

19.7 オクルージョン カリング

既に見たように、可視性はz-バッファーで解決できます。それは可視性を正しく解決するとはいえ、z-バッファーは比較的単純で力任せなので、常に最も効率的な解決法とは限りません。例えば、10個の球が置かれた直線に沿って見ていることを想像してください。これは図19.18に示されています。10個の球すべてがラスタライズされ、z-バッファーと比較され、カラーバッファーとz-バッファーに書き込まれる可能性があるにもかかわらず、この視点からレンダーするイメージは、1つの球しか表示しません。図19.18の真ん中の図は、このシーンの与えられた視点からの深度複雑さを示しています。深度複雑さは、ピクセルが覆うサーフェスの数です。10個の球の場合、背面カリングが有効だと仮定すると、中央のピクセルには10個の球すべてがあるので、その深度複雑さは10です。シーンを後ろから前にレンダーすると、中央のピクセルは10回シェーディングされるピクセルで、つまり、9回の不要なピクセル シェーダー実行があります。シーンを前から後ろにレンダーしても、1つの球のイメージしか生成されないとはいえ、10個の球すべての三角形はやはりラスタライズされ、深度が計算されてz-バッファーの深度と比較されます。この面白くないシーンが現実に見られることはないでしょうが、それは（与えられた視点から）密集したモデルを記述しています。この種の構成は、熱帯雨林、エンジン、都市、高層ビルの内部といった現実のシーンで見られます。図19.19の例を見てください。

前の段落の例を考えると、この種の非効率を避けるアルゴリズム的アプローチが性能に有

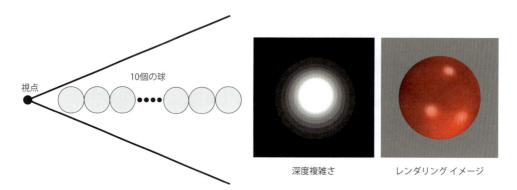

図19.18. オクルージョン カリングが役立つことの図解。線上に置かれた10個の球を、この線に沿って遠近法で見ている（左）。中央の深度複雑さイメージは、たとえ最終的なイメージ（右）が1つの球しか表示しなくても、複数回書き込まれるピクセルがあることを示している。

図19.19. Neu Rungholtと呼ばれる*Minecraft*のシーンと、そこで視点を右下隅に置いて可視化したオクルージョン カリング。明るい色のジオメトリーは間引かれ、暗いものはレンダーされる。最終イメージが左下に示されている。（転載許可：*Jon Hasselgren, Magnus Andersson, Tomas Akenine-Möller, Intel Corporation, copyright Intel Corporation, 2016*。Neu Rungholtマップ提供：*kescha*。）

益な可能性がありそうです。そのようなアプローチは、遮蔽される、つまりシーンの他のオブジェクトで隠れるオブジェクトを間引こうとするので、**オクルージョン カリング アルゴリズム**の名で呼ばれます。最適なオクルージョン カリング アルゴリズムなら、見えるオブジェクトだけを選択します。ある意味で、zバッファーは見えるオブジェクトだけを選択してレンダーしますが、視錐台内部のすべてのオブジェクトを、パイプラインの大部分に送らないわけにはいきません。効率的なオクルージョン カリング アルゴリズムの背後にある考え方は、いくつかの単純なテストを早期に行い、隠れるオブジェクトのセットを間引くことです。ある意味で、背面カリングはオクルージョン カリングの単純な形です。オブジェクトが立体で不透明だと事前に分かっていれば、その背面は前面により隠れるので、レンダーする必要がありません。

2つの主要な形式のオクルージョン カリング アルゴリズム、すなわち点基準とセル基準が

あります。それらが図19.20に示されています。点基準の可視性は、まさにレンダリングで一般に使われるもの、つまり、ただ1つの視点から見えるものです。一方、セル基準の可視性は、通常はボックスか球の、視点のセットを含む空間の領域であるセルで行います。セル基準の可視性で見えないオブジェクトは、セル内のすべての点から見えないものなければなりません。セル基準の可視性の利点は、あるセルで一度計算すれば、通常はそれを数フレームの間、視点がセル内にある限り使えることです。しかし、普通は点基準の可視性より計算に時間がかかります。そのため、たいてい前処理ステップとして行われます。点基準とセル基準の可視性は、点光源と面光源と似た性質を持ち、光をシーンへの視線と考えます。オブジェクトが見えないのは、それが本影領域にあること、つまり完全に影の中にあることと等価です。

オクルージョン カリング アルゴリズムを、**イメージ空間、オブジェクト空間、レイ空間**のどれで動作するかで分類することもできます。イメージ空間アルゴリズムは、可視性テストを何らかの投影の後2次元で行い、オブジェクト空間アルゴリズムは、元の3次元オブジェクトを使います。レイ空間手法[168, 169, 995]は、そのテストを双対空間で行います。たいていは2次元である関心のある点を、この双対空間のレイに変換します。リアルタイム グラフィックスでは、3つのうちで、イメージ空間オクルージョン カリング アルゴリズムが最も広く使われます。

図19.21に示されたオクルージョン カリング アルゴリズムの擬似コードでは、しばしば**可視性テスト**と呼ばれる関数`isOccluded`が、オブジェクトが遮蔽されるかどうかをチェックします。Gはレンダーすべき幾何学的オブジェクトのセットで、O_Rはその遮蔽表現、PはO_Rに結合できる潜在的な遮蔽物です。特定のアルゴリズムでは、O_Rが何らかの種類の遮蔽情報を表します。O_Rは最初に空に設定します。その後、すべての(視錐台カリング テストを通る)オブジェクトを処理します。

ある特定のオブジェクトを考えます。まず、オブジェクトが遮蔽されるかどうかを遮蔽表現O_Rに関してテストします。遮蔽されていれば、それはイメージに寄与しないと分かるので、それ以上の処理は行いません。オブジェクトが遮蔽されるかどうか決定できない場合、イメージ(レンダリングの時点では)に寄与する可能性があるので、そのオブジェクトをレンダーしなければなりません。次に、そのオブジェクトをPに加え、Pのオブジェクトの数が十分に大きければ、それらのオブジェクトの**遮蔽力**をO_Rに結合できます。Pの各オブジェクトは、こうして**遮蔽物**として使えます。

ほとんどのオクルージョン カリング アルゴリズムで、性能がオブジェクトを描く順番に依存することに注意してください。例として、内部にモーターを持つ車を考えてみましょう。車

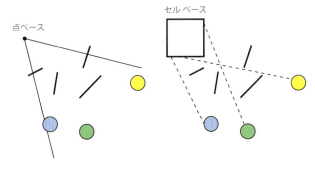

図19.20. 左の図は点基準の可視性を示し、右に示すセル基準の可視性では、セルはボックス。左の視点では円は遮蔽されている。しかし右では、セル内のある場所から円に、遮蔽物と交わることなくレイを引けるので、円は見える。

728　　　　　　　　　　　　　　　　　　　　　　　　　　　19. 高速化アルゴリズム

```
OcclusionCullingAlgorithm(G)
1:    O_R =empty
2:    P =empty
3:    for each object g ∈ G
4:        if(isOccluded(g,O_R))
5:            Skip(g)
6:        else
7:            Render(g)
8:            Add(g, P)
9:            if(LargeEnough(P))
10:               Update(O_R, P)
11:               P =empty
12:           end
13:       end
14:   end
```

図19.21. 一般のオクルージョン カリング アルゴリズムの擬似コード。Gはシーンのすべてのオブジェクトを含み、O_Rはそのオクルージョンの表現。Pは潜在的な遮蔽物のセットで、十分に多くのオブジェクトを含むときにはO_Rに結合される。（*Zhang [2114]*より）

のボンネットを最初に描けば、モーターは（おそらく）間引かれます。一方、モーターを最初に描くと、何も間引かれません。大まかな前から後ろの順にソートしてレンダーすると、かなりの性能利得が得られます。また、遮蔽物への距離が遮蔽できる大きさを決定するので、小さなオブジェクトが優れた遮蔽物になる可能性があることは、注目に値します例えば、視点がマッチ箱に十分に近ければ、マッチ箱は金門橋を隠せます。

19.7.1　オクルージョン クエリー

特別なレンダリング モードを使うことにより、GPUはオクルージョン カリングをサポートします。ユーザーはGPUに問い合わせ、ある三角形のセットを現在のz-バッファーの内容と比較し、見えるかどうかを知ることができます。ほとんどの場合、その三角形は、より複雑なオブジェクトの境界ボリューム（例えば、ボックスやk-DOP）を形成するものです。どの三角形も見えなければ、そのオブジェクトは間引けます。GPUはクエリーの三角形をラスタライズして、その深度をz-バッファーと比べるので、イメージ空間で動作します。それらの三角形で見えるピクセルの数のカウントnを生成しますが、実際にはどのピクセルも深度も変更されません。nがゼロなら、すべての三角形が遮蔽またはクリップされます。

　しかし、カウントがゼロであるだけでは、境界ボリュームが見えないかどうかの決定に十分ではありません。より厳密には、境界ボリュームの内側に、カメラ錐台の近平面の見える部分があってはなりません。この条件が満たされると仮定し、境界ボリューム全体が完全に遮蔽されていれば、含まれるオブジェクトを安全に破棄できます。$n > 0$なら、ピクセルの一部がテストに失敗しています。nが閾値のピクセル数より小さければ、最終イメージに大きく寄与することはなさそうなので、オブジェクトを破棄できます[2037]。こうすることで、品質を落と

19.7. オクルージョン カリング   729

す危険性と引き換えに速度が得られます。別の使い方は、nをオブジェクトのLOD（セクション19.9）の決定に役立てることです。nが小さければ、オブジェクトの見える（可能性がある）部分は小さいので、低詳細のLODを使えます。

　境界ボリュームが隠れると分かったときには、複雑かもしれないオブジェクトをレンダリング パイプラインで送るのを避けることで、性能が得られます。しかし、テストが失敗すると、この境界ボリュームのテストに追加の時間を費やし、なんの利益もないので、実際には性能を少し損ないます。

　このテストの変種があります。カリングの目的では、見えるフラグメントの正確な数は不要で、少なくとも1つのフラグメントが深度テストを通るかどうかを示す論理値で十分です。OpenGL 3.3とDirectX 11以降が、このタイプのオクルージョン クエリーをサポートし、OpenGLではANY_SAMPLES_PASSEDとして列挙されます[1716]。フラグメントが見えたらすぐにクエリーを終了できるので、それらのテストのほうが速いかもしれません。OpenGL 4.3以降は、ANY_SAMPLES_PASSED_CONSERVATIVEと呼ばれる、より高速なこのクエリーの変種も使えます。その実装は、テストが保守的で誤差が正しい側にある限り、精度の落ちるテストの提供を選ぶことができます。ハードウェア ベンダーはこれを利用して、ピクセル単位の深度の代わりに、粗い深度バッファー（セクション24.7）に対してだけ深度テストを行うことで実装できます。

　クエリーのレイテンシーは、しばしば比較的長い時間がかかります。普通は、この時間に数百や数千の三角形をレンダーできます。レイテンシーについての詳細はセクション24.3を参照してください。そのため、このGPUベースのオクルージョン カリング手法に価値があるのは、境界ボックスに多数のオブジェクトが含まれ、比較的多数のオクルージョンが発生するときです。GPUはCPUが任意の数のクエリーをGPUに送り出してから、何らかの結果が得られたかどうかを定期的にチェックするオクルージョン クエリー モデルを使います。つまり、クエリー モデルは非同期です。GPU側では、クエリーを個々に実行して、その結果をキューに入れます。CPUによるキューのチェックは極めて高速で、CPUはストールせずに、クエリーや実際のレンダー可能オブジェクトを送り出し続けることができます。DirectXとOpenGLのどちらも述語/条件オクルージョン クエリーをサポートし、クエリーと対応するドローコールへのIDの両方を、同時に発行します。オクルージョン クエリーのジオメトリーが見えることが示された場合だけ、対応するドローコールが自動的にGPUによって処理されます。これにより、このモデルの有用性が大きく増しています。

　一般に、クエリーは遮蔽される可能性が高いオブジェクトで実行すべきです。Kovalčík とSochor [1005] が、アプリケーションを走らせながら、いくつかのフレームでクエリーに関するオブジェクトごとの実行統計を集めています。オブジェクトが隠れると分かったフレームの数が、その後に遮蔽をテストする頻度に影響を与えます。つまり、見えるオブジェクトは見えたままである可能性が高いので、テストの頻度を下げられます。隠れるオブジェクトは、オクルージョン クエリーから利益を得る可能性が最も高いので、可能であれば、すべてのフレームでテストします。Mattausch ら [1226] が、述語/条件レンダリングがないオクルージョン クエリー（OC）用の、いくつかの最適化を紹介しています。OCのバッチ処理を使って少数のOCを1つのOCに結合し、1つの大きな境界ボックスの代わりに、いくつかの境界ボックスを使い、以前に見えていたオブジェクトのスケジューリングには、時間でジッターするサンプリングを使います。

　ここで論じたスキームは、オクルージョン カリング手法の可能性と問題が垣間見ただけです。オクルージョン クエリー、あるいは一般にほとんどのオクルージョン スキームをいつ使

うべきかは、たいてい明確ではありません。すべてが見えるなら、オクルージョン アルゴリズムは追加時間のコストがあるだけで、決して節約になりません。1つの挑戦は、アルゴリズムが助けにならないことを速やかに決定し、その実りのない時間節約の試みを控えることです。別の問題は、遮蔽物として使うオブジェクトのセットの決定です。錐台内にある最初のオブジェクトは間違いなく見えるので、それにクエリー費やすのは時間の無駄です。どの順番でレンダーし、いつ遮蔽をテストするかの決定が、ほとんどのオクルージョン カリング アルゴリズムの実装での大きな課題です。

19.7.2　階層 Z-バッファリング

階層 z-バッファリング（HZB）[642, 644] は、オクルージョン カリングの研究に大きな影響を与えました、元のCPU形式はめったに使われませんが、そのアルゴリズムは z-カリング（セクション24.7）のGPUハードウェア手法と、GPUやCPUで実行するソフトウェアを使ったカスタム オクルージョン カリングの基礎になっています。最初にその基本アルゴリズムを述べた後、そのテクニックが様々なレンダリング エンジンにどのように採用されているかを述べます。

　そのアルゴリズムは、シーン モデルを8分木に保持し、フレームの z-バッファーを、z-ピラミッドと呼ぶ、イメージ ピラミッドとして維持します。したがって、アルゴリズムはイメージ空間で動作します。8分木がシーンの遮蔽領域の階層カリングを可能にし、z-ピラミッドはプリミティブの階層 z-バッファリングを可能にします。したがって z-ピラミッドは、このアルゴリズムの遮蔽の表現です。そのデータ構造の例が図19.22に示されています。

　z-ピラミッドの最も細かい（最高解像度）レベルは、まさに標準の z-バッファーです。他のすべてのレベルでは、各 z-値は隣のより細かいレベルの対応する 2×2 ウィンドウで最も遠い z です。したがって、各 z-値は画面の正方形領域で最も遠い z を表します。z-バッファーで上書きされた z-値は、常に z-ピラミッドの粗いレベルに伝搬されます。これがイメージ ピラミッドの最上位に達するまで再帰的に行われ、そこでただ1つの z-値が残ります。ピラミッドの形成が図19.23に示されています。

　8分木ノードの階層カリングは以下の手順で行います。8分木ノードを大まかな前から後ろの順にトラバースします。8分木の境界ボックスを、拡張オクルージョン クエリー（セクション19.7.1）を使い、z-ピラミッドに対してテストします。最初にボックスのスクリーン投影を囲む最も粗い z-ピラミッド セルでテストします。次にセル内でボックスの最も近い深度を（z_{near}）z-ピラミッドの値と比べ、z_{near} のほうが遠ければ、ボックスは遮蔽されると分かります。このテストは再帰的に z-ピラミッドを下降して、ボックスが遮蔽されることが分かるか、z-ピラミッドの最下位レベルに達するまで続き、その時点でボックスは見えることが分かります。見える8分木ボックスで、テストは再帰的に8分木を下降して続き、最終的に見える可能性のあるジオメトリーが階層 z-バッファーにレンダーされます。後続のテストが以前にレンダーしたオブジェクトの遮蔽力を使えるように、これを行います。

　完全なHZBアルゴリズムは今日では使われませんが、GPU上のカスタム カリングや、CPU上のソフトウェア ラスタライズを使うコンピュート パスでうまく動作するように、単純化され、適応しています。一般に、HZBを基にしたほとんどのオクルージョン カリング アルゴリズムは、以下のように動作します。

　　1. 何らかの遮蔽表現を使い、完全な階層 z-ピラミッドを生成する。
　　2. オブジェクトが遮蔽されるかどうかをテストし、その境界ボリュームをスクリーン空間

19.7. オクルージョン カリング

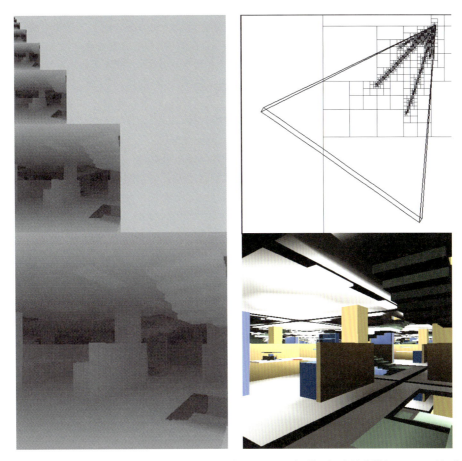

図19.22. HZBアルゴリズム[642, 644]によるオクルージョン カリングの例。高い深度複雑さのシーン（右下）と対応するz-ピラミッド（左）、8分木再分割（右上）が示されている。8分木を前から後ろにトラバースし、遭遇する遮蔽された8分木ノードを間引くことにより、このアルゴリズムは見える8分木ノードと、その子だけ（右上に描かれたノード）を訪れ、見えるボックス中の三角形だけをレンダーする。この例では、遮蔽される8分木ノードのカリングが、深度複雑さを84から2.5に減らす。（イメージ提供：*Ned Greene/Apple Computer*。）

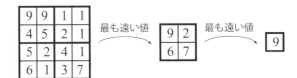

図19.23. 左に、z-バッファーの4×4部分が示されている。その数値は実際のz-値。これが2×2領域にダウンサンプルされ、その各値は左の4つの2×2領域の最も遠い（最大の）ものになる。最後に、残る4つのz-値の最も遠い値を計算する。この3つのマップは階層z-バッファーと呼ばれるイメージ ピラミッドを構成する。

に投影して、そのz-ピラミッド中のミップ レベルを見積もる。

3. 選択したミップ レベルで遮蔽をテストする。結果が曖昧な場合、オプションでより細かいミップ レベルを使いテストを続ける。

実行が高価すぎると考えられるので、ほとんどの実装は8分木もBVHも使わず、オブジェクトをレンダーした後にz-ピラミッドを更新しません。

ステップ1は「最良」の遮蔽物を使って行うことができ[1759]、アーティストが生成する単

純化遮蔽プリミティブや、前のフレームで見えていたオブジェクトのセットに関する統計を使い、それは最も近いnのオブジェクトのセットとして選択することもできます[677]。あるいは、前のフレームのz-バッファーを使うこともできますが[925]、特に速いカメラやオブジェクトの動きの下で、オブジェクトが単に正しくないカリングによって出現するかもしれない点で、保守的ではありません。HaarとAaltonen[677]が、最良の遮蔽物をレンダーし、それを前のフレームの深度の1/16の低解像度の再投影と結合しています。次に図19.23に示すようなz-ピラミッドを、GPUを使って構築します。AMD GCNアーキテクチャー（セクション24.10.3）のHTILEを使い、z-ピラミッドの生成を高速化する人もいます[677]。

　ステップ2で、オブジェクトの境界ボリュームをスクリーン空間に投影します。BVによく選ばれるのは球、AABB、OBBです。投影するBVの（ピクセル数で）最も長い辺、lを使い、次のようにミップ レベル、λを計算します[801, 1759, 2026, 2027]。

$$\lambda = \min\left(\lceil \log_2\left(\max(l, 1)\right)\rceil, n-1\right) \tag{19.5}$$

nはz-ピラミッドのミップ レベルの最大の番号です。max演算子があるのは負のミップ レベルを避けるためで、minは存在しないミップ レベルへのアクセスを回避します。式19.5は、投影されるBVが最大で2×2の深度値を覆う、最も低い整数ミップ レベルを選択します。この選択の理由は、コストが予測可能になることで、最大でも4つの深度値を読んでテストするだけで済みます。またHillとCollin[801]は、大きなオブジェクトのほうが小さなものより見える可能性が高いので、その場合にそれより多くの深度値を読む理由がないという意味で、このテストが「確率論的」と見なせることを論じています。

　ステップ3に達したら、投影されるBVが最大でも、そのミップ レベルの2×2の深度値のセットで制限されることが分かります。与えられたサイズのBVは、ミップ レベルの1つの深度テクセル内に含められます。しかし、グリッド上での収まり方によっては、最大で4テクセルすべてを覆うかもしれません。BVの最小深度を、正確または保守的に計算します。ビュー空間のAABBでは、この深度は単純にボックスの最小深度で、OBBでは、すべての頂点をビュー ベクトルに投影し、最小距離を選択できます。球では、Shopfら[1759]が、$\mathbf{c}$をビュー空間の球の中心、rを球の半径として、球上の最も近い点を$\mathbf{c} - r\mathbf{c}/\|\mathbf{c}\|$で計算しています。カメラがBVの内側にあると、BVは画面全体を覆い、そのオブジェクトがレンダーされることに注意してください。BVの最小深度、$z_{\min}$は階層z-バッファーの（最大で）2×2の深度と比較され、$z_{\min}$のほうが常に大きければ、そのBVは遮蔽されています。ここでテストを終了し、検出も遮蔽もされていないオブジェクトを単にレンダーすることもできます。

　ピラミッドの次の深い（高解像度の）レベルに対してテストを続けることもできます。そのようなテストが正当かどうかは、最小深度を格納する別のz-ピラミッドを使うことで分かります。BVへの最大距離、$z_{\max}$を、この新たなバッファーの対応する深度に対してテストします。そのすべての深度より$z_{\max}$が小さければ、BVは間違いなく見え、直ちにレンダーできます。そうでなければ、BVの$z_{\min}$と$z_{\max}$は2つの階層z-バッファーの深度を重なり合い、その場合、Kaplanyan[925]はより高解像度のミップ レベルでテストを続けることを勧めています。階層z-バッファーの2×2テクセルを1つの深度に対してテストするのは、近傍比率フィルタリング（セクション7.5）と似ていることに注意してください。実際、そのテストは近傍比率フィルタリング付き双線形フィルタリングで行うことができ、テストが正の値を返したら、少なくとも1つのテクセルが見えています。

　HaarとAltonen[677]も、少なくともすべての見えるオブジェクトを常にレンダーする2パス手法を紹介しています。まず、すべてのオブジェクトのオクルージョン カリングを前のフ

19.7. オクルージョン カリング

レームのz-ピラミッドに対して行い、「見える」オブジェクトをレンダーします。あるいは、最後のフレームの 可視性リスト使って、z-ピラミッドを直接レンダーすることもできます。これは近似ですが、特にフレーム間コヒーレンスが高いシナリオでは、すべてのレンダーされたオブジェクトが、現在のフレームの「最良の」遮蔽物の優れた見積もりの役目を果たします。2番目のパスが、そのレンダーされたオブジェクトの深度バッファーから、新しいz-ピラミッドを作成します。次に、最初のパスでオクルージョン カリングされたオブジェクトの遮蔽をテストし、間引かれなければレンダーします。この手法はカメラが素早く動いたり、オブジェクトが画面上で速く動く場合でも、完全に正しいイメージを生成します。Kubischと Tavenrath [1017]が似た手法を使っています。

Doghramachi と Bucci [393] は、ダウンサンプルして再投影した前のフレームの深度バッファーに、遮蔽物の有向境界ボックスをラスタライズしています。シェーダーに早期z（セクション24.7）を使うことを強制し、ボックスごとに見えるフラグメントが、オブジェクトIDで一意に決定できるバッファー位置で、そのオブジェクトを見えるとマークします [1017]。ミップ レベルに対し、式19.5を使ってカスタム テストを行う代わりに、有向ボックスを使ってピクセル単位のテストを行うので、より高いカリング レートが与えられます。

Collin [308] が、256×144の浮動小数点少数z-バッファー（階層ではない）を使い、アーティストが生成する遮蔽物を、低い複雑さでラスタライズしています。これはCPUまたは（PLAYSTATION 3の）SPUを、高度に最適化されたSIMDコードと一緒に使い、ソフトウェアで行います。オクルージョン テストを行うため、オブジェクトのスクリーン空間AABBを計算し、そのz_{min}を小さなz-バッファー中のすべての関連する深度と比較します。カリングを生き延びたオブジェクトだけをGPUに送ります。このアプローチは動作しますが、最終的なフレームバッファーの解像度よりも低い解像度を使うので、保守的に正しいわけではありません。Wihlidal [2026] は低解像度のz-バッファーを、例えば、AMD GCNのHTILE構造の事前準備など、z_{max}-値をGPUのHiZ（セクション24.7）にロードするのに使うことを提案しています。あるいは、HZBをコンピュート パス カリングで使うなら、z-ピラミッドの生成にソフトウェアz-バッファーを使えます。このようにして、アルゴリズムはソフトウェアで生成されるすべての情報を利用します。

Hasselgrenら [741] は、8×4のタイルごとに、ピクセルあたり1ビットと2つのz_{max}-値 [57]、全体でピクセルあたり3ビットのコストを持つ、異なるアプローチを紹介しています。z_{max}-値を使うことにより、z_{max}-値の1つを背景オブジェクト、もう1つを前景オブジェクトが使えるので、深度の不連続の扱いを改善できます。**マスク階層深度バッファー**（MHDB）と呼ばれるこの表現は保守的で、z_{max}-カリングにも使えます。ソフトウェア三角形ラスタライズで、タイルごとに被覆率マスクと単一の最大深度値しか生成しないので、MHDBへのラスタライズは迅速で効率的です。三角形のMDHBへのラスタライズの間に、三角形のオクルージョンテストをMDHBに行うことで、ラスタライザーを最適化することもできます。MDHBは三角形ごとに更新され、それは他のほとんどの手法が持たない強みです。2つの使用モードが評価されます。1つ目は、特別なオクルージョン メッシュを使い、それをソフトウェア ラスタライザーを使ってMDHBにレンダーすることです。その後、被遮蔽物のAABBツリーをトラバースし、MDHBに対して階層的にテストします。これは、得に多くの小さなオブジェクトがシーンにある場合に、かなり効果的なことがあります。2つ目のアプローチでは、シーン全体をAABBツリーに格納し、ヒープを使って大まかに前から後ろの順に、シーンのトラバースを行います。ステップごとに、MDHBに対する錐台カリングとオクルージョン クエリーを行います。オブジェクトがレンダーされるときには、MDHBも必ず更新します。図19.19の

シーンは、この手法でレンダーされています。そのオープン ソースのコードは、高度にAVX2に最適化されています[741]。

カリング専用の、特にオクルージョン カリング用のミドルウェア パッケージもあります。Umbraそのようなフレームワークの1つで、様々なゲーム エンジンに広く組み込まれてきました[16, 1922]。

19.8 カリング システム

カリング システム長年の間に大きく進歩し、進歩し続けています。このセクションでは、いくつかの包括的な考え方を述べ、詳細を知るための文献を挙げます。実質的にすべてのカリングをGPUのコンピュート シェーダーで実行するシステムもあれば、CPU上の粗いカリングと、その後の細かいGPU上のカリングを組み合わせるものもあります。

図19.24に示すように、典型的なカリング システムは、多くの粒度で動作します。オブジェクトのクラスターやチャンクは、単純にオブジェクトの三角形のサブセットです。例えば、64頂点の三角形ストリップを使うこともあれば[677]、256の三角形のグループを使うこともあります[2027]。各ステップで、カリング テクニックを組み合わせて使えます。El Mansouri [451] は、小さな三角形のカリング、詳細カリング、視錐台カリング、オブジェクトのオクルージョン カリングを使っています。クラスターは幾何学的にオブジェクトより小さいため、間引かれる確率が高いので、クラスターにも同じカリング テクニックを使うことは理にかないます。クラスターでは、例えば詳細、錐台、クラスター化背面、オクルージョン カリングを使えます。

カリングをクラスター単位のレベルで行った後、カリングを三角形単位のレベルで行う追加のステップを行えます。図19.25に示されるアプローチを使い、これを完全にGPU上で行うこともできます。三角形のカリング テクニックには、wによる除算後の錐台カリング、つまり、三角形の範囲の±1に対する比較、背面テスト、縮退三角形のカリング、小さな三角形のカリング、場合によりオクルージョン カリングも含まれます。すべてのカリング テストの

図**19.24.** 3つの異なる粒度で動作するカリング システムの例。まず、オブジェクト単位のレベルでカリングを行う。次に生き残ったオブジェクトをクラスター単位のレベルで間引く。最後に、さらに図19.25に示される、三角形のカリングを行う。

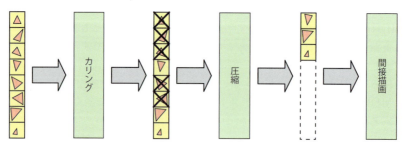

図**19.25.** 最初にすべての個別の三角形に、一連のカリング アルゴリズムを適用する、三角形カリング システム。間接描画を使えるように、つまり、GPU/CPUの往復なしで、生き延びた三角形をより短いリストに詰め込む。GPUで間接描画を使い、このリストをレンダーする。

19.9. 詳細レベル   735

後に残った三角形を最小のリストに詰め込みますが、それを行うのは、次のステップで生き
延びた三角形だけを処理するためです[2027]。このステップで、GPUから自分に描画コマン
ドを送るように、カリング コンピュート シェーダーに指示するという考え方です。これは**間
接描画コマンド**を使って行います。その呼び出しは、OpenGLでは「multi-draw indirect」、
DirectXでは「execute indirect」と呼ばれます[469]。GPUバッファー中のある位置に三角形
の数が書き込まれ、それをGPUが詰め込んだリストと合わせて使い、三角形のリストをレン
ダーできます。

　それらが実行される場所、つまり、CPUとGPUのどちらでも、カリング アルゴリズムを組
み合わせる多くのやり方があり、カリング アルゴリズムにも様々なものがあります。究極の
組み合わせはまだ見つかっていませんが、最善のアプローチは、間違いなくターゲット アー
キテクチャーと、レンダーする内容に依存します。次に、CPU/GPUカリング システムの分
野に大きな影響を与えた、この分野の重要ないくつかの研究を挙げます。Shopfら[1759]が、
すべてのキャラクターのAIシミュレーションをGPUで行い、その結果として、各キャラク
ターの位置はGPUメモリー上でだけ利用できました。これがコンピュート シェーダーを使う
カリングとLOD管理の探求につながり、その後のほとんどのシステムが、彼らの研究に大き
な影響を受けています。HaarとAaltonen[677]が、*Assassin's Creed Unity*用に開発したシ
ステムを述べています。Wihlidal[2026, 2027]は、Frostbiteエンジンで使われるカリング シ
ステムを説明しています。Engel[469]は、可視性バッファー（セクション20.5）を使う、パイ
プラインの改善に役立つカリングのシステムを紹介しています。KubischとTavenrath[1017]
は、多数の部品を持つ大規模なモデルをレンダーするための手法を述べ、様々なカリング手
法とAPI呼び出しを使って最適化しています。彼らがオクルージョン カリング ボックスに使
う、注目すべき手法の1つは、境界ボックスの見える側面をジオメトリー シェーダーを使って
作成してから、早期zで遮蔽されるジオメトリーを素早く間引くことです。

19.9　詳細レベル

詳細レベル（LOD）の基本的な考え方は、レンダーするイメージへの寄与が小さくなるほど、
単純なバージョンのオブジェクトを使うことです。例えば、100万の三角形からなる詳細な車
を考えてみましょう。視点が車に近いときには、この表現を使えます。オブジェクトが遠く
離れたとき、例えば200ピクセルにしか広がらないときには、100万の三角形がすべて必要な
わけではありません。代わりに、例えば1000の三角形しか持たない、単純化したモデルを使
えます。離れているため、単純化バージョンは詳細なバージョンとほぼ同じに見えます（図
19.26）。こうすることで、大きな性能の増加が期待できます。適用に含まれる全体の作業量を
減らすため、LODテクニックはカリング テクニックの後に適用するのが最善です。例えば、
視錐台内のオブジェクトだけでLODの選択を計算します。

　LODテクニックは、アプリケーションを、様々な性能の幅広いデバイス上で、望むフレーム
レートで動作させるのにも使えます。遅いシステムでは低詳細のLODを使って性能を上げら
れます。LODテクニックは、何よりもまず頂点処理の削減に役立ちますが、ピクセル シェー
ディングのコストの削減にも役立つことに注意してください。これが起きるのは、モデルのす
べての三角形の辺の長さの和が小さくなり、それはクワッド オーバーシェーディングが減る
ことを意味するからです（セクション18.2と24.1）。

　14章で述べたフォグなどの関与媒質が、LODと一緒に使えます。これによって、例えば、
オブジェクトが完全に不透明なフォグに入ったら、そのレンダリングを完全にスキップできま

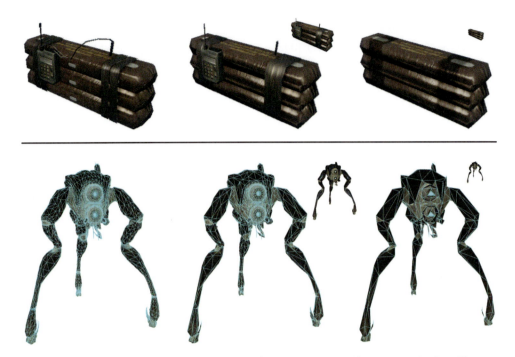

図19.26. ここではC4爆薬（上）とハンター（下）のモデルの、3つの異なる詳細レベルを示す。低い詳細レベルでは要素を単純化したり、完全に取り除く。小さなはめ込みイメージは、単純化したモデルを、それらを使う相対的なサイズで示している。（上段イメージ提供：*Crytek*、下段のイメージ提供：*Valve Corp*。）

す。フォグのメカニズムは、タイムクリティカルなレンダリング（セクション19.9.3）の実装にも使えます。遠平面を視点に近づけることにより、早期に間引けるオブジェクトが増えて、フレーム レートが上がります。それに加えて、たいていはフォグ中のほうが低いLODを使えます。

球、ベジエ サーフェス、再分割サーフェスなど、詳細レベルを幾何学的記述の一部として持つオブジェクトがあります。基本的なジオメトリーは曲面で、表示可能な三角形にテッセレートする方法は、別のLOD制御で決定します。パラメトリック サーフェスと再分割サーフェスで、テッセレーションの品質を適応させるアルゴリズムは、セクション17.6.2を参照してください。

LODアルゴリズムは、一般に**生成**、**選択**、**切り替え**の3つの主要な部分からなります。LOD生成は、様々なモデルの表現が、様々な詳細量で生成される部分です。セクション16.5で論じる単純化の手法を使い、望む数のLODを生成できます。別のアプローチは、三角形の数が異なるモデルを手で作ることです。選択のメカニズムが、画面上での見積もられる面積など、何らかの基準に基づいてある詳細レベルのモデルを選びます。最後に、ある詳細レベルから別のレベルに変更する必要があり、この処理が*LOD切り替え*と呼ばれます。このセクションで、様々なLOD切り替えと選択のメカニズムを紹介します。

このセクションの焦点は異なる幾何学的表現からの選択ですが、LODの背後にある考え方は、モデルの他の側面や、使うレンダリング方法にも適用できます。詳細レベルの低いモデルは、使うテクスチャーもより低い解像度にできるので、さらにメモリーを節約すると同時に、キャッシュ アクセスも改善できる可能性があります[263]。距離、重要性、その他の因子に応じて、シェーダー自体を単純化できます[747, 1425, 1475, 1982]。サーフェス ライティング

19.9. 詳細レベル

図 19.27. 左は1500万の三角形からなる元のモデル。右では、モデルは1100の三角形を持ち、サーフェスの詳細は高さフィールド テクスチャーに格納され、レリーフ マッピングを使ってレンダーされている。（イメージ提供：*Natalya Tatarchuk, ATI Research, Inc.*。）

モデルがテクスチャー マッピング手法と重なり合い、それが幾何学的な詳細と重なり合うするスケールの階層を、Kajiya [913] が提示しています。別のテクニックは、遠くのオブジェクトのスキニング操作に使うボーンを減らせることです。

静止オブジェクトが比較的遠く離れているときには、ビルボードとインポスター（セクション 13.6.4）が、それらを小さなコストで表現する自然な手段です[1186]。バンプやレリーフ マッピングといった他のサーフェス レンダリング手法が、モデルの表現の単純化に使えます。図19.27がその例です。Teixeira [1883] が、GPUを使ってサーフェスに法線マップをベイクする方法を論じています。この単純化テクニックで最も目立つ欠点は、シルエットが曲率を失うことです。Loviscach [1174] が、シルエットのエッジに沿ってフィンを押し出し、曲がったシルエットを作成する手法を紹介しています。

オブジェクトを表すのに使えるテクニックの範囲の1つの例が、Lengyelら [1113, 1114] にあります。この研究では、毛皮を極めて近いときにはジオメトリ、離れたときにはアルファ ブレンド ポリライン、その次はボリューム テクスチャー「シェル」とのブレンド、最後に遠く離れたときにはテクスチャー マップで表します（図19.28）。いつどのようにモデリングとレンダリング テクニックのセットを別のものに切り替え、フレーム レートと品質を最大化するのが最善かを知ることは、まだアートであり、新たな探求の領域です。

19.9.1 LOD 切り替え

あるLODから別のLODに切り替えるときに、しばしば唐突なモデルの置換が顕になり、気が散ることがあります。この変化は**ポッピング**と呼ばれます。次に述べる、この切替を行ういくつかの方法は、それぞれ異なるポッピング特性を持ちます。

図19.28. 遠くでは、うさぎの毛皮をボリューム テクスチャーでレンダーする。うさぎが近づいたら、その毛をアルファ ブレンド ポリラインでレンダーする。クローズアップでは、シルエットに沿ってグラフタル フィンで毛皮をレンダーする。（イメージ提供：*Jed Lengyel, Michael Cohen, Microsoft Research*。）

離散ジオメトリー LOD

最も単純な種類の LOD アルゴリズムでは、その異なる表現が、異なる数のプリミティブを含むオブジェクトのモデルです。このアルゴリズムは、その別々の静的なメッシュを GPU メモリーに格納して再利用できるので、現代のグラフィックス ハードウェアに適しています[1181]（セクション 16.4.5）。詳細な LOD ほど多くのプリミティブがあります。図 19.26 と 19.29 に、オブジェクトの 3 つの LOD が示されています。最初の図は、LOD を視点から異なる距離でも示しています。ある LOD から別の LOD にいきなり切り替えます。つまり、現在のフレームである LOD が使われ、次のフレームでは、選択メカニズムが別の LOD を選び、それを直ちにレンダリングで使います。ポッピングは、一般にこのタイプの LOD 手法が最悪ですが、切り替えが遠くで発生し、レンダーされる LOD の差が僅かなときには、うまく行きます。次によりよい代案を述べます。

ブレンド LOD

概念的に、単純な切り替え手段は、短時間、2 つの LOD の線形ブレンドを行うことです。そうすることで、確実に切り替えが滑らかになります。1 つのオブジェクトで 2 つの LOD をレンダーするのは、当然ながら 1 つの LOD だけのレンダリングよりも高価なので、これは LOD の目的を少し損ないます。しかし、LOD の切り替えは通常、短時間しか発生せず、シーンのすべてのオブジェクトで同時に起きることはあまりないので、その品質の改善は、おそらくコストに見合います。

19.9. 詳細レベル

図 19.29. 左から右に 72,200、13,719、7,713 の三角形を持つ、3 つの異なる詳細レベルの崖の一部。（イメージ提供：*Quixel Megascans*。）

2 つの LOD（LOD1 と LOD2）間の遷移が望まれ、LOD1 がレンダー中の現在の LOD だとします。問題は、両方の LOD を妥当なやり方でレンダーしてブレンドする方法です。両方の LOD を半透明にすると、画面上にレンダーされる半透明な（しかしやや不透明な）オブジェクトを生じ、奇妙な外見になります。

Giegl と Wimmer [573] が、実際にうまく動作し、実装が簡単なブレンド手法を提案しています。まず LOD1 をフレームバッファーに不透明に描きます（色と z の両方）。次に、そのアルファ値を 0 から 1 に増やしながら、「over」ブレンド モードを使い、LOD2 をフェードインします。LOD2 がフェードインして完全に不透明になったら、それを現在の LOD にしてから、LOD1 をフェードアウトします。フェード（インとアウト）中の LOD は、z-テストを有効にし、z-書き込みを無効にしてレンダーしなければなりません。後から描かれる遠くのオブジェクトが、フェード中の LOD のレンダリングの結果を上描きするのを避けるには、単純に透明オブジェクトで通常行うように、すべてのフェード中の LOD を、すべての不透明なコンテンツの後に、ソートされた順番で描きます。遷移の最中には、両方の LOD が互いの上に、不透明にレンダーされることに注意してください。このテクニックは、遷移間隔を短く保つ場合に最もうまく行き、それはレンダリングのオーバーヘッドを小さく保つのにも役立ちます。Mittring [1329] が、バージョン間のディゾルブに（場合によりサブピクセル レベルの）網戸透明度を使うこと以外は、よく似た手法を論じています。

Scherzer と Wimmer [1674] が、各フレームで LOD の 1 つだけを更新し、もう 1 つの LOD は前のフレームから再利用することで、両方の LOD のレンダリングを回避します。前のフレームの逆投影を、可視性テクスチャーを使うパスと組み合わせて行います。より高速なレンダリングと、遷移の振る舞いの改善が、その主な結果です。

他の切り替えテクニックが適したオブジェクトもあります。例えば、SpeedTree パッケージ [958] は、ポップを避けるため、その木の LOD モデルのパーツを滑らかにシフト、スケールします。図 19.30 の例を見てください。図 19.31 に、LOD のセットが、遠くの木に使われるビルボード LOD テクニックと一緒に示されています。

アルファ LOD

ポッピングを完全に回避する 1 つの単純な手法は、アルファ LOD と呼ばれるものを使うことです。このテクニックは単独でも、他の LOD 切り替えテクニックと組み合わせても使えます。それは見える一番単純な LOD 上で使われ、LOD が 1 つしか利用できなければ元のモデルで行

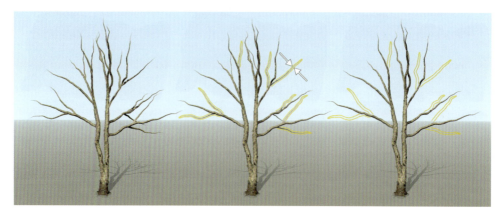

図19.30. 木のモデルから視点が離れるにつれて、木の枝（と、表示されていない葉）は縮小してから取り除かれる。（イメージ提供：*SpeedTree*。）

うこともあります。LODの選択に使う測定基準（例えば、このオブジェクトへの距離）が増えるほど、オブジェクトの全般的な透明度は上がり（αが下がる）、オブジェクトは最終的に完全な透明（$\alpha = 0.0$）に達して消えます。これはユーザー定義の不可視性閾値よりも、測定値が大きいときに発生します。不可視性閾値に達しているときには、測定値が閾値より上である限り、オブジェクトをレンダリング パイプラインで送る必要はまったくありません。オブジェクトがそれまで不透明で、その測定値が不可視性の閾値より下に落ちたら、その透明度は下がり、再び見え始めます。代案は、セクション19.9.2で述べるヒステリシス手法を使うことです。

　このテクニックを単独で使う利点は、それが離散ジオメトリーLOD手法よりもずっと連続的で、ポッピングを避けられることが経験的に分かっているからです。また、オブジェクトは最終的に完全に消え、レンダーする必要がなくなるので、大きな高速化が期待されます。欠点は、オブジェクトが完全に消えることと、その時点でしか性能の増加が得られないことです。図19.32がアルファLODの例を示しています。

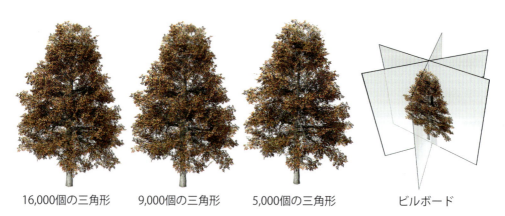

図19.31. 木のLODモデル、近くから遠く。木が遠くにあるときには、右に示すビルボードのセットの1つで表される。ビルボードはそれぞれ異なるビューからの木のレンダリングで、色と法線マップからなる。最も視点を向いているビルボードを選ぶ。実際には8から12のビルボードが作られ（ここでは6つ）、完全に透明なピクセルの破棄に時間を費やすのを避けるため、その透明な部分は切り取られる（セクション13.6.2）。（イメージ提供：*SpeedTree*。）

19.9. 詳細レベル

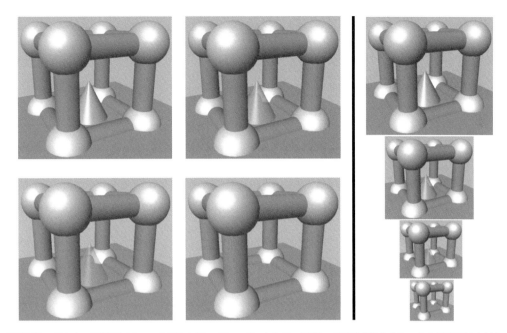

図19.32. 真ん中の円錐がアルファLODを使ってレンダーされる。円錐への距離が増えると、その透明度は上がり、最終的に消える。線の右のイメージは異なるサイズで示されているが、左のイメージは見やすいように同じ距離から示されている。

アルファ透明度を使うことの問題の1つは、透明なオブジェクトが確実に正しくブレンドされるように、深度によるソートを行う必要があることです。遠くの植生をフェードアウトするときに、Whatley [2018] が、どのようにノイズ テクスチャーを網戸透明度に使えるかを論じています。これにはディゾルブの効果があり、距離が増えるほどオブジェクト上の多くのテクセルが消えます。本当のアルファ フェードほど品質はよくありませんが、網戸透明度はソートやブレンドが不要です。

CLOD とジオモーフ LOD

メッシュ単純化の処理を使い、1つの複雑なオブジェクトから様々なLODモデルを作成できます。この単純化を行うアルゴリズムは、セクション16.5.1で論じています。1つのアプローチは、離散LODのセットを作成し、それらを前に論じたように使うことです。しかし、エッジ コラプス法には、LOD間の遷移を行う別の手段を可能にする特性があります。ここでは、そのような情報を利用する2つの手法を紹介します。それらは背景として役に立ちますが、現在のところ実際にはめったに使われません。

エッジ コラプス操作を行うごとに、モデルの三角形は2つ減ります。エッジ コラプスで起きることは、その2つの端点が出会って消えるまでエッジを縮めることです。この処理をアニメートすれば、元のモデルとその少し単純化したバージョンの間で、滑らかな遷移が生じます。エッジ コラプスのたびに、1つの頂点がもう1つと合流します。一連のエッジ コラプスでは、頂点のセットが移動して他の頂点と合流します。一連のエッジ コラプスを格納することにより、単純化したモデルが時間とともに複雑になるように、この処理を反転できます。エッジ コラプスの反転は**頂点分割**と呼ばれます。したがって、オブジェクトの詳細レベルを変える1つの手段は、正確にLOD選択値で見える三角形の数を基準にすることです。100メー

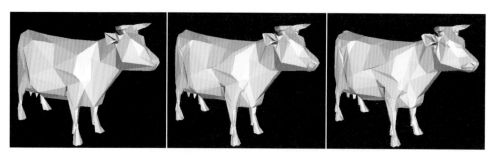

図19.33. 左と右のイメージは低詳細モデルと高詳細モデルを示している。中央のイメージは、左と右のモデルのほぼ中間で補間されたジオモーフ モデルを示している。中央の牛が右のモデルと等しい数の頂点と三角形を持つことに注意。（*Melax*の「*Polychop*」単純化デモ *[1290]*を使って生成したイメージ。）

ル遠くでは、モデルは1000の三角形からなり、101メートルに動くと、それは998三角形に落ちるかもしれません。そのようなスキームは連続詳細レベル（CLOD）テクニックと呼ばれます。それは離散的なモデルのセットではなく、複雑でなくなるごとに2つ三角形が少ない、表示用の巨大なモデルのセットです。

魅力的ではありますが、実際にそのようなスキームを使うことには、いくつかの欠点があります。CLODストリームのすべてのモデルがよく見えるわけではありません。単一の三角形よりずっと速くレンダーできる三角形メッシュを、CLODテクニックで使うのは、静的モデルよりもずっと困難です。同じオブジェクトのいくつかのインスタンスがシーンにある場合、CLODオブジェクトはどれも他と一致しないので、それぞれ独自の特別な三角形のセットを指定する必要があります。Forsyth [523]が、それらと他の問題への解決法を論じています。ほとんどのCLODテクニックは、かなり非並列的な性質を持ち、自動的にGPU上の実装に適合するわけではありません。そのため、Huら[844]は、よりGPUの並列性に適合するCLODの修正を紹介しています。オブジェクトが、例えば視錐台の左側と交わるなら、錐台の外で使う三角形を減らし、より高密度のメッシュを内側で結合できるという点で、彼らのテクニックはビューにも依存しません。

頂点分割では、1つの頂点が2つになります。これが意味するのは、複雑なモデルのすべての頂点が、単純なバージョンのどこかの頂点から発生することです。ジオモーフ *LOD* [831]は、頂点間の接続性が維持された、単純化で作成される離散モデルのセットです。複雑なモデルから単純なものに切り替えるとき、複雑なモデルの頂点はその元の位置と、単純なバージョンの間で補間されます。遷移が完了したら、単純な詳細レベル モデルを使ってオブジェクトを表します。遷移の例は図19.33を見てください。ジオモーフにはいくつかの利点があります。高品質にする個々の静的モデルを事前に選択でき、簡単に三角形メッシュに変換できます。CLODと同じく、滑らかな遷移でポッピングも避けられます。その主な欠点は、頂点ごとに補間する必要があることです。CLODテクニックは通常、補間を使わないので、頂点位置のセット自体は変わりません。もう1つの欠点は、オブジェクトが常に変化しているように見え、気が散るかもしれないことです。これは特にテクスチャー付きのオブジェクトに当てはまります。SanderとMitchell [1659]が、ジオモーフを静的なGPU常駐の頂点とインデックスバッファーと併用するシステムを述べています。Mittringの網戸透明度[1329]（上述）をジオモーフと組み合わせ、さらに滑らかな遷移にすることも可能です。

分数テッセレーションと呼ばれる、関連する考え方を、GPUがサポートします。そのようなスキームでは、曲面に対するテッセレーション因子を任意の浮動小数点数に設定できるの

19.9. 詳細レベル 743

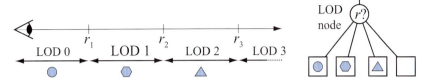

図 **19.34.** この図の左の部分は範囲基準のLODの動作を示す。4番目のLODは空のオブジェクトなので、オブジェクトがr_3より遠いときは、オブジェクトが努力に値するほどイメージに寄与しないため、何も描かれない。右の部分はシーン グラフ中のLODノードを示している。rに基づきLODノードの子の1つだけが落とされる。

で、ポッピングを避けられます。分数テッセレーションは、例えば、ベジエ パッチと変位マッピング プリミティブに使えます。それらのテクニックに関する詳細は、セクション17.6.1を参照してください。

19.9.2　LOD 選択

オブジェクトの異なる詳細レベルが存在するとき、そのどれをレンダーし、ブレンドするかの選択を行わなければなりません。これがLOD選択の任務で、ここでいくつかの異なるテクニックを紹介します。それらのテクニックは、オクルージョン カリング アルゴリズムで、よい遮蔽物を選ぶのにも使えます。

一般には、現在の視点とオブジェクトの位置で、**利益関数**とも呼ばれる測定基準を評価し、その値が適切なLODを選択します。この測定基準は、例えば、オブジェクトの境界ボリュームの投影面積や、視点からオブジェクトの距離に基づくかもしれません。ここでは利益関数の値をrで示します。直線の画面への投影を迅速に見積もる方法は、セクション17.6.2を参照してください。

範囲基準

LODを選ぶ一般的な手段は、異なるオブジェクトのLODを、異なる距離範囲に関連付けることです。最も詳細なLODはゼロから何らかのユーザー定義の値r_1までの範囲を持ち、それはオブジェクトへの距離がr_1未満のときにこのLODが見えることを意味します。その次のLODはr_1からr_2（$r_2 > r_1$）の範囲を持ちます。オブジェクトへの距離がr_1以上でr_2未満の場合にこのLODが使われ、以下同様です。4つの異なるLODとそれらの範囲、対応するシーン グラフ中で使われるLODノードの例が、図19.34に示されています。

使うLODを決めるのに使う測定基準が、何らかの値、r_iの周りでフレームごとに変わると、不要なポッピングが起きることがあります。レベル間を行き来する急激な循環が発生します。これはr_iの値の周りにあるヒステリシスを導入することにより、解決できます [969, 1622]。こ

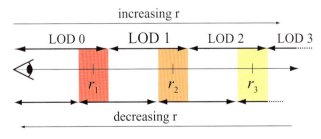

図 **19.35.** カラーの部分が、このLODテクニックヒステリシス領域を示す。

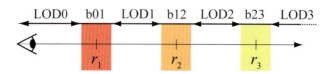

図19.36. カラーの部分は、2つの最も近いLODの間でブレンドを行う範囲を示し、例えばb01はLOD0とLOD1のブレンドを意味し、LODkは対応する範囲ではLODkだけがレンダーされることを意味する。

れが範囲基準のLODで図19.35に示されていますが、どのタイプにも当てはまります。ここで、上段のLOD範囲はrが上がるときだけ使われます。rが下がるときには、下段の範囲を使います。

図19.36には、遷移範囲での2つのLODのブレンドが示されています。しかし、オブジェクトへの距離が遷移範囲に長く留まり、2つのLODのブレンドによってレンダリング負荷が増すかもしれないので、これは理想的ではありません。Mittring [1329]は、代わりに、オブジェクトがある遷移範囲に達したときに、LOD切り替えを行う時間を有限にしています。最善の結果を得るには、これを上のヒステリシス アプローチと組み合わせるべきです。

投影面積基準

別の一般的なLOD選択の基準が、境界ボリュームの投影面積、またはその見積もりです。ここでは、**スクリーン空間被覆率**と呼ばれる、その範囲のピクセルの数を、遠近ビューの球とボックスに見積もる方法を示します。

まず球の見積もりは、オブジェクトの投影のサイズが、ビュー方向沿いの視点からの距離で下がることに基づきます。これは図19.37に示され、それは視点からの距離が倍になると投影のサイズが半分になることを示し、それは視点を向く平面オブジェクトで成り立ちます。その中心点$\mathbf{c}$と半径rで球を定義します。視点は$\mathbf{v}$で、正規化方向ベクトル$\mathbf{d}$に沿って見ています。ビュー方向に沿った$\mathbf{c}$から$\mathbf{v}$への距離は、単純に球の中心のビュー ベクトルへの投影、$\mathbf{d} \cdot (\mathbf{v} - \mathbf{c})$です。また視点から視錐台の近平面への距離を$n$とします。近平面上にあるオブジェクトが、その元のサイズを返すように、近平面を見積もりで使います。そのとき投影される球の半径の見積もりは次のものです。

$$p = \frac{nr}{\mathbf{d} \cdot (\mathbf{v} - \mathbf{c})} \tag{19.6}$$

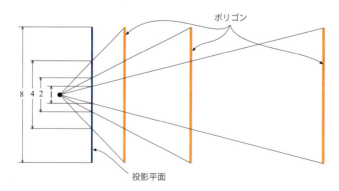

図19.37. この図は距離が倍になると、厚みを持たないオブジェクトの投影のサイズが半分になることを示している。

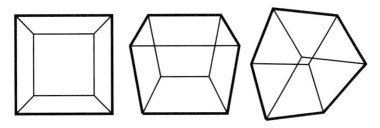

図19.38. 左から右に1、2、3の前面を示す、キューブの投影の3つのケース。その輪郭はそれぞれ、4、6、6の頂点からなり、輪郭の面積は、それぞれが形成するポリゴンで計算する。（SchmalstiegとTobler [1687]からの図。）

したがって投影の面積はピクセルで$\pi p^2 wh$になり、$w \times h$は画面の解像度です。高い値ほど詳細なLODを選びます。これは近似です。実際には、MaraとMcGuire [1212]が示すように、3次元の球の投影は楕円です。彼らは、球が近平面と交わる場合でも、保守的な境界ポリゴンを計算する手法を導いています。

オブジェクトの境界ボックスを囲む境界球を使うのが、一般的な慣行です。別の見積もりは、境界ボックスのスクリーン境界を使うことです。しかし、薄っぺらいオブジェクトは、投影面積が実際に覆う大きさが大きく変化する可能性があります。例えば、一端が画面の左上隅、もう一端が右下隅にある一本のスパゲッティを想像してください。その境界ボックスの最小と最大の2次元のスクリーン境界が画面を覆うので、その境界球も画面を覆います。

SchmalstiegとTobler [1687]が、ボックスの投影面積を計算する高速ルーチンを紹介しています。その考え方は、ボックスに対するカメラの視点を分類し、その分類を使って投影されるボックスのシルエットに含まれる投影頂点を決定することです。この処理は参照テーブル（LUT）で行います。それらの頂点を使い、ビューの面積を計算できます。その分類は、図19.38に示す、3つの主なケースに分かれます。実際には、この分類は境界ボックスの平面のどちら側に視点があるかで決まります。効率のため、分類が比較だけで済むように、視点をボックスの座標系に変換します。比較の結果をビットマスクに入れ、それをLUTへのインデックスとして使います。このLUTは、視点から見たときにシルエットにある頂点の数を決定します。次に、別の参照を使って、実際にシルエットの頂点を求めます。それらが画面に投影された後、その輪郭の面積を計算します。見積もりの（ときに劇的な）誤差を避けるため、視錐台の側面が形成するポリゴンをクリップする価値があります。ソース コードがウェブで入手できます。Lengyel [1109]は、よりコンパクトなLUTを使える、このスキームへの最適化を紹介しています。

LOD選択を範囲や投影だけに基づくのが、常によい考え方とはかぎりません。例えば、オブジェクトのAABBにいくつかの大小の三角形がある場合、小さな三角形がひどいエイリアシングをもたらし、クワッド オーバーシェーディングにより性能が下がるかもしれません。別のオブジェクトが正確に同じAABBを持っていながら、その中に中から大の三角形がある場合、範囲基準と投影基準の選択手法は、どちらも同じLODを選びます。これを避けるため、SchulzとMader [1708]は、LODの選択の支援に幾何平均gを使います。

$$g = \sqrt[n]{t_0 t_1 \cdots t_{n-1}} \tag{19.7}$$

t_iはオブジェクトの三角形のサイズです。算術平均ではなく幾何平均を使う理由は、たとえ少数の大きな三角形があっても、多くの小さな三角形があればgが小さくなるからです。この値は最高解像度のモデルでオフラインで計算し、最初の切り替えが起きる距離の事前計算に使

います。その後の切り替え距離は、単に最初の距離の関数です。これによってシステムが低い
LODを使える頻度が増え、性能が上がります。

別のアプローチは、各離散LODの幾何学的誤差、つまり、元のモデルから逸れる最大のメー
トル数の見積もりを計算することです。次にこの距離を投影し、そのLODを使うときの、ス
クリーン空間での影響を決定できます。そしてユーザー定義のスクリーン空間誤差にも適合す
る、最も低いLODを選択します。

他の選択手法

範囲基準と投影面積基準のLOD選択が、一般に最もよく使われる測定基準です。しかし、他
にも多くが可能で、ここでいくつか触れることにします。FunkhouserとSéquin [552] が、投
影面積に加えて、オブジェクトの重要度（例えば、壁は壁掛け時計よりも重要）、動き、ヒステ
リシス（LODを切り替えるときに、その利益が下がる）、そして焦点も使うことを提案してい
ます。この最後の注意の焦点は、重要な因子になることがあります。例えば、スポーツ ゲー
ムでユーザーが最大の注意を払うのは、ボールを持つキャラクターなので、その他のキャラク
ターは相対的に低い詳細レベルにできます [969]。同様に、仮想現実アプリケーションで視線
追跡を使うときには、見ている場所に高いLODを使うべきです。

応用によっては、他の戦略が有益かもしれません。全般的な可視性を使うことができ、例
えば、濃く茂った葉を通して見える近くのオブジェクトは低いLODでレンダーできます。三
角形のバジェットを超えないように高詳細LODの全体の数を制限するといった、グローバル
な基準も可能です [969]。このトピックに関する詳細は、次のセクションを参照してください。
他の因子は可視性、色、テクスチャーです。知覚的基準もLODの選択に使えます [1582]。

McAuley [1244] が、幹と葉のクラスターが、インポスターになる前に3つのLODを持つ植
生システムを紹介しています。オブジェクトごとに、クラスターの間で異なる視点と異なる距
離から可視性を前処理します。木の背後のクラスターは近くのクラスターでかなり隠れる可能
性があるので、たとえ木が近くにあっても、そのようなクラスターには低いLODを選択できま
す。草のレンダリングでは、視点の知覚ではジオメトリー、少し遠くではビルボード、かな
り遠くでは単純な地面テクスチャーを使うのが一般的です [1462]。

19.9.3　タイムクリティカル LOD レンダリング

多くの場合、一定のフレーム レートが、レンダリング システムに望まれる特徴です。実際、
これがしばしば「ハード リアルタイム」、あるいはタイムクリティカル レンダリングと呼ば
れるものです。そのようなシステムは特定量の時間、例えば16msが与えられ、その時間内に
タスク（例えば、イメージのレンダー）を完了しなければなりません。時間切れになったら、
システムは処理を中止しなければなりません。ハード リアルタイム レンダリング システム
は、割り振られた時間では少数の高詳細モデルしか描画されないときに、シーンのオブジェク
トをLODで表せば、シーンのより多く、あるいはすべてを毎フレーム、ユーザーに示すこと
ができます。

FunkhouserとSéquin [552] が、シーンで見えるすべてのオブジェクトに対する詳細レベル
の選択を、一定フレーム レートの要件を満たすように適応させるヒューリスティック アルゴ
リズムを紹介しました。このアルゴリズムは、見えるオブジェクトのLODを、望みのフレー
ム レートと、見えるオブジェクトを基に選択するという点で、**予測型**です。そのようなアル
ゴリズムは、その選択が前のフレームのレンダーにかかった時間に基づく**反応型**アルゴリズム
と対照的です。

19.9. 詳細レベル

Oと呼ばれるオブジェクトを、Lと呼ばれる詳細レベルでレンダーすると、オブジェクトのLODごとに(O, L)が与えられます。そのとき2つのヒューリスティックが定義されます。1つのヒューリスティックは、オブジェクトを特定の詳細レベルでレンダーするコスト、$\text{Cost}(O, L)$を見積もります。もう1つは、特定の詳細レベルレンダーされるオブジェクトの利益$\text{Benefit}(O, L)$を見積もります。利益関数は、特定のLODでのオブジェクトのイメージへの寄与を見積もります。

視錐台の中か、交わるオブジェクトをSとします。アルゴリズムの背後にある主な考え方は、そのときヒューリスティックに選ぶ関数を使い、オブジェクトSのLODの選択を最適化することです。具体的に行いたいのは

$$\sum_S \text{Benefit}(O, L) \tag{19.8}$$

を、次の制約で最大にすることです。

$$\sum_S \text{Cost}(O, L) \leq T \tag{19.9}$$

Tはターゲットのフレーム時間です。

言い換えると、望むフレーム レート以内で「最もよいイメージ」を与える、オブジェクトの詳細レベルを選びたいということです。次に、コスト関数と利益関数がどのように見積もれるかを述べてから、上の式のための最適化アルゴリズムを紹介します。

コスト関数と利益関数のどちらも、あらゆる状況で動作するように定義するのは困難です。コスト関数は、異なるビュー パラメーターで、LODのレンダリングを何度か計時することで見積もれます。様々な利益関数についてはセクション19.9.2を参照してください。実際には、オブジェクトのBVの投影面積が、利益関数として十分かもしれません。

最後に、シーンのオブジェクトに対する詳細レベルの選び方を論じます。まず、シーンが複雑すぎて、望むフレーム レートに追いつけない視点があることに気が付きます。これを解決するため、オブジェクトごとに定義できる最も低い詳細レベルのLODは、単純にプリミティブがないオブジェクトです。つまり、オブジェクトのレンダリングを回避します[552]。このトリックを使って最も重要なオブジェクトだけをレンダーし、重要でないものをスキップします。

シーンで「最もよい」LODを選択するには、式19.9に示される制約の下で、式19.8を最適化しなければなりません。これはNP完全問題で、それは正しく解くには、すべての異なる組み合わせをテストして、最もよいものを選ぶ以外にないことを意味します。これは明らかにどんな種類のアルゴリズムにも実行不可能です。もっと単純で実行可能なアプローチは、オブジェクトごとに$\text{Value} = \text{Benefit}(O, L)/\text{Cost}(O, L)$を最大にしようとする貪欲アルゴリズムです。このアルゴリズムは視錐台内のすべてのオブジェクトを扱い、オブジェクトを降順に、つまり最も高い値を持つものからレンダーすることを選びます。オブジェクトが2つ以上のLODで同じ値を持つ場合は、利益が最も高いLODを選んでレンダーします。このアプローチは最も「お買い得」なものを与えます。視錐台内のnのオブジェクトに対し、このアルゴリズムは$O(n \log n)$回実行され、少なくとも最善の半分のよさを持つ解を生み出します[551, 552]。その値のソートの高速化には、フレーム間コヒーレンスも利用できます。

LOD管理とポータル カリングの組み合わせについての詳しい情報は、Funkhouserの博士論文[551]で見つかります。MacielとShirley[1186]が、LODをインポスターと組み合わせて、屋外シーンをレンダーする、ほぼ一定時間のアルゴリズムを紹介しています。その全般的な考

え方は、オブジェクトの異なる表現の階層（例えば、LODと階層インポスターのセット）を
使うことです。次に、そのツリーを何らかの方法でトラバースし、与えられた時間で最もよい
イメージを与えます。MasonとBlake [1224] が、漸進的な階層LOD選択アルゴリズムを紹介
しています。やはり、オブジェクトの異なる表現を任意に使えます。Erikssonら [477] は、階
層詳細レベル（HLOD）を紹介しています。それを使うことで、やはり一定フレーム レート
でシーンをレンダーでき、レンダリング誤差を制限するようにレンダーすることもできます。
これに関連するのが、電力バジェットに基づくレンダリングです。Wangら [1983] が、モバイ
ルフォンやタブレットで重要な、電力消費を減らすのによいパラメーターを選ぶ最適化フレー
ムワークを紹介しています。

　タイムクリティカル レンダリングに関連するのが、静的モデルに適用される、別のテクニッ
クのセットです。カメラが動いていないときには、完全なモデルをレンダーし、累積バッファ
リングをアンチエイリアシング、被写界深度、ソフトな影に使い、漸進的に更新できます。し
かし、カメラが動くときには、特定のフレーム レートを満たすため、すべてのオブジェクト
の詳細レベルを下げ、詳細カリングを使って小さなオブジェクトを完全に間引けます。

19.10　大きなシーンのレンダリング

これまでは、レンダーするシーンがコンピューターのメイン メモリーに収まることが暗黙の
了解でした。これは常に当てはまるわけではありません。例えば、8GBの内部メモリーしか
持たないコンソールがある一方で、数百ギガバイトのデータからなるゲーム世界もあります。
そこで、ストリーミングとテクスチャーのトランスコードのための手法、いくつかの一般的な
ストリーミング テクニック、最後に地形レンダリング アルゴリズムを紹介します。それらの
手法はほぼ常に、本章で前に述べたカリング テクニックと詳細レベル手法と、組み合わされ
ます。

19.10.1　仮想テクスチャリングとストリーミング

巨大な地形データ セットをレンダーできるようにするため、使いたいテクスチャーが信じら
れないほど大きな解像度で、そのテクスチャーは大きすぎてGPUメモリーに収まらないとし
ます。1つの例として、ゲーム*RAGE*の仮想テクスチャーには、128k × 128kの解像度を持
つものがあり、これは64GBのGPUメモリーを消費します [1416]。CPU上でメモリーに制
限があるとき、OSはメモリー管理に仮想メモリーを使い、必要に応じてデータをドライブか
らCPUメモリーにスワップインします [777]。この機能は**疎なテクスチャー** [119, 271] が提供
し、**メガテクスチャー**とも呼ばれる、巨大な仮想テクスチャーを割り当てることを可能にしま
す。　それらのテクニックのセットは**仮想テクスチャリング**や **部分常駐テクスチャリング**と呼
ばれることがあります。アプリケーションは、各ミップマップ レベルのどの領域（タイル）が
GPUメモリーに常駐すべきかを決定します。典型的なタイルは64kBで、テクスチャー解像度
はテクスチャー フォーマットに依存します。ここでは仮想テクスチャリングとストリーミン
グのテクニックを紹介します。

　ミップマッピングを使った効率的なテクスチャリング システムで鍵となる所見は、必要
なテクセルの数が理想的にはテクスチャー自体の解像度に依存するのでなく、レンダー中の
最終的なイメージの解像度に比例すべきだということです。その結果、物理的なGPUメモ
リーに置く必要があるのは、見えるテクセルだけで、全体ゲーム世界のすべてのテクセルと

19.10. 大きなシーンのレンダリング

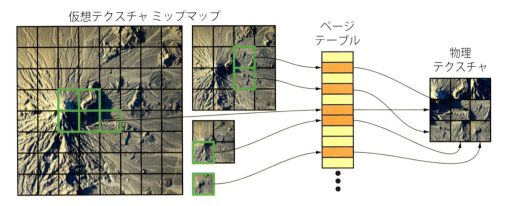

図 19.39. 仮想テクスチャリングでは、ミップマップ階層を持つ大きな仮想テクスチャーが、例えば、それぞれ 128×128 ピクセルのタイルに分割される (左)。小さなセット (この場合には 3×3 タイル) は物理メモリーに収まる (右)。仮想テクスチャー タイルの位置を求めるには、仮想アドレスから物理アドレスへの変換が必要で、ここではページ テーブルで行われる。ゴチャゴチャしないように、すべての物理メモリーのタイルに、仮想テクスチャーからの矢印を示してはいないことに注意。(イラン、バズマン火山のイメージ テクスチャー。NASA の「Visible Earth」プロジェクトから。)

比べてかなり限られたセットです。その中心となる概念は、ミップマップ チェーン全体が仮想と物理両方のメモリーでタイルに分割された、図 19.39 に示されています。それらの構造は**仮想ミップマップ**や**クリップマップ** [1867] とも呼ばれ、後の言葉は大きなミップマップの小部分を切り出して (クリップアウト) 使うことを指しています。物理メモリーのサイズは仮想メモリーよりずっと小さいので、仮想テクスチャー タイルの小さなセットしか物理メモリーに収まりません。ジオメトリーは仮想テクスチャーへのグローバル uv-パラメーターを使い、そのような uv-座標は、ピクセル シェーダーで使う前に、物理テクスチャー メモリーを指すテクスチャー座標に変換する必要があります。これは GPU がサポートするページ テーブル (図 19.39) か、GPU 上のソフトウェアで行う場合は間接テクスチャーを使って行います。Nintendo GameCube の GPU は、仮想テクスチャーをサポートします。より最近では、PLAYSTATION 4、Xbox One、他にも多くの GPU が、ハードウェア仮想テクスチャリングをサポートします。タイルを物理メモリーにマップ/アンマップするたびに、間接テクスチャーは正しいオフセットで更新する必要があります。巨大な仮想テクスチャーと小さな物理テクスチャーを使うのがうまくいくのは、遠くのジオメトリーが少数の高いレベルのミップマップ タイルしか物理メモリーにロードする必要がなく、カメラに近いジオメトリーは少数の低いレベルのミップマップ タイルをロードできるからです。仮想テクスチャリングは巨大なテクスチャーのディスからのストリーミングだけでなく、例えば、疎なシャドウ マッピング [264] にも使えます。

物理メモリーは制限があるので、仮想テクスチャリングを使うどのエンジンも、常駐、つまり物理メモリーに置くタイルと、置かないタイルを決める手段が必要です。いくつかの手法があります。Sugden と Iwanicki [1848] が使うフィードバック レンダリング アプローチでは、フラグメントがアクセスするテクスチャー タイルを知るのに必要なすべての情報を、最初のレンダー パスで書き出します。そのパスが完了したら、テクスチャーを CPU に読み戻して分析し、必要なタイルを求めます。常駐していないタイルを読み込んで物理メモリーにマップし、物理メモリー中の不要なタイルをアンマップします。彼らのアプローチは影、反射、透明度には使えません。しかし、透明度効果には網戸テクニック (セクション 5.5) を使え、それ

は十分に動作します。フィードバック レンダリングは、van Waveren と Hart [1996] も使っています。そのようなパスは別のレンダリング パスにしたり、z-前パスと結合することもできます。別のパスを使うときには、近似として 80×60 ピクセルしかない解像度を使い、処理時間を減らせます。Hollemeersch ら [824] は、フィードバック バッファーをCPUに読み戻す代わりに、コンピュート パスを使います。その結果のGPU上のコンパクトなタイル識別子のリストを、マッピングのためCPUに送り返します。

GPUがサポートする仮想テクスチャリングでは、リソースの作成と破棄、タイルのマップとアンマップ、仮想割り当てによる物理割り当ての裏付けは、ドライバーの責任です [1723]。GPU-ハードウェア仮想テクスチャリングでは、sparseTextureの参照は、フィルターされた値（常駐タイルの場合）に加えて、対応するタイルが常駐しているかどうかを示すコードを返します [1723]。ソフトウェア サポートの仮想テクスチャリングでは、それらの作業はすべての開発者にかかってきます。このトピックに関する詳しい情報は、van Waverenのレポートを参照してください [1997]。

van Waveren は、確実にすべてを物理メモリーに収めるため、作業用のセットが収まるまで、グローバル テクスチャーのLODバイアスを調整します [1995]。それに加えて、望ましいより高いレベルのミップマップ タイルしか利用できないときには、低レベルのミップマップ タイルが利用可能になるまで、その高レベルのミップマップ タイルを使う必要があります。そのような場合、その高レベルのミップマップ タイルを直ちにアップスケールして使い、時間とともに新しいタイルをブレンドして、利用可能になったときに滑らかな遷移を行えます。

Barb [109] は、代わりに64kB以下のすべてのテクスチャーを常にロードし、そのため、高解像度ミップマップ レベルがまだロードされていなければ、低品質でも常に何らかのテクスチャリングを行えます。オフライン フィードバック レンダリングを使い、様々な場所で、テクスチャーとスクリーン解像度のマテリアルごとに、各ミップマップ レベルがプレイヤーの周りで占める立体角を事前計算します。この情報を実行時にストリーム入力し、マテリアルに付属するテクスチャーの解像度と、最終的なスクリーン解像度の両方に合わせて調整します。これはテクスチャーごと、ミップマップごとの、重要度の値を生成します。次に各重要度の値を対応するミップマップ レベルのテクセルの数で割ると、それはテクスチャーを同一のマップの小さなテクスチャーに再分割しても不変なので、妥当な最終的測定基準になります。詳しい情報はBarbのプレゼンテーションを参照してください [109]。レンダリングの例が図19.40に示されています。

Widmark [2024] が、ストリーミングを手続的なテクスチャー生成と組み合わせて、より変化に富んだ詳細なテクスチャーにする方法を述べています。ChenがWidmarkのスキームを、一桁大きなテクスチャーを扱うように拡張しています [282]。

19.10.2　テクスチャー トランスコード

仮想テクスチャリング システムの動作をさらに改善するため、**トランスコード**と組み合わせることができます。これは一般にJPEGなどの、可変レートの圧縮スキームで圧縮されたイメージをディスクから読み、それをデコードしてから、GPUがサポートするテクスチャー圧縮スキーム（セクション6.2.6）の1つを使ってエンコードする処理です。そのようなシステムの1つが図19.41に示されています。フィードバック レンダリング パスの目的は、現在のフレームに必要なタイルの決定で、セクション19.10.1で述べる2つの手法のどちらかを使えます。フェッチ ステップは、光学ストレージやハード ディスク ドライブ（HDD）から、オプションのディスク キャッシュを通り、ソフトウェアが管理するメモリー キャッシュを経由す

19.10. 大きなシーンのレンダリング

図 19.40. テクスチャー ストリーミングを使い、巨大なイメージ データベースにアクセスする *DOOM* (2016) の高解像度テクスチャー マッピング。（ゲーム「*DOOM*」からのイメージ、提供：*id Software*。）

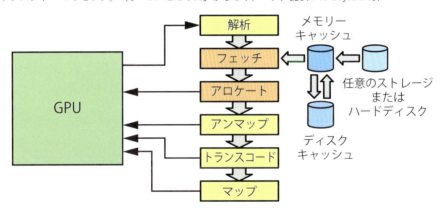

図 19.41. 仮想テクスチャリングとトランスコードと一緒に使うテクスチャー ストリーミング システム。（*van Waveren* と *Hart [1996]* からの図。）

るストレージの階層を通じてデータを取得します。アンマップは、常駐するタイルの割り当てを解除することです。新しいデータが読まれたときには、それをトランスコードして、最終的に新たな常駐タイルにマップします。

トランスコードを使う利点は、ディスクに格納されているテクスチャー データに高い圧縮率を使い、テクスチャー サンプラーを通じてテクスチャー データにアクセスするときに、GPU がサポートするテクスチャー圧縮フォーマットを使えることです。これには可変レート圧縮フォーマットの高速な圧縮解除と、GPU がサポートするフォーマットへの高速な圧縮の両方が必要です [1992]。既に圧縮されたテクスチャーをさらに圧縮して、ファイル サイズを減らすことも可能です [1843]。そのようなアプローチの利点は、テクスチャーをディスクから読んで圧縮解除するときに、それが既に GPU が消費できるテクスチャー圧縮フォーマットであることです。ソース コード付きのフリーな *crunch* ライブラリー [568] が同様のア

図19.42. トランスコードの品質の図解。左から右：元のオウムのイメージ、その目のズームイン（24ビット/ピクセル）、ETC圧縮イメージ（4ビット/ピクセル）、crunch圧縮ETCイメージ（1.21ビット/ピクセル）。（*Unity*で圧縮したイメージ。）

プローチを使い、テクセルあたり1〜2ビットの結果を得ています。図19.42の例を見てください。その後継者は *basis* と呼ばれる、ブロック用の可変ビット圧縮の独自のフォーマットで、テクスチャー圧縮フォーマットに素早くトランスコードします[857]。BC1/BC4 [1487]、C6H/BC7 [1006, 1008, 1363]、PVRTC [1007] では、GPU上の高速な圧縮手法が利用できます。SugdenとIwanicki [1848] が、ディスク上の可変レート圧縮スキームで、Malvarの圧縮スキーム[1203]の変種を使っています。法線では40：1の圧縮比、アルベドテクスチャーでは、173)ページのYCoCg変換（式6.6）を使い、60：1を達成しています。Khronosが、テクスチャー用の標準のユニバーサル圧縮ファイル フォーマットに取り組んでいます。

Olanoら[1428]が、高いテクスチャー品質が望まれ、テクスチャーのロード時間が小さい必要があるときに、圧縮テクスチャーをディスクに格納する可変レート圧縮アルゴリズムを使っています。テクスチャーは必要になるまで、GPUメモリー中でも圧縮され、その時点でGPUが独自のアルゴリズムを使って圧縮解除し、その後は非圧縮形式で使われます。

19.10.3 汎用ストリーミング

ゲームや他のモデルが物理メモリーより大きなリアルタイム レンダリング アプリケーションでは、例えば実際のジオメトリー、スクリプト、パーティクル、AIにもストリーミング システムが必要です。平面は三角形、正方形、六角形のどれかを使い、規則的な凸多角形でタイル化できます。したがって、それらもストリーミング システムの一般的な構成要素で、その多角形は、どれも多角形内のすべてのアセットと関連付けられます。これが図19.43に示されています。おそらく三角形よりも直接隣接するものが少ないため、正方形と六角形が最もよく使われることは注目すべきでる[145, 1636]。図19.43の紺青色の多角形に視点があり、ストリーミング システムは直隣（青と緑）が確実にメモリーにロードされるようにします。レンダリングで周囲のジオメトリーが利用できるようにし、視点が隣接多角形に移動するときにデータがあることを保証します。三角形と正方形には辺を共有するものと、共有するのが頂点だけの2種類の隣接があることに注意してください。

Ruskin [1636] が、それぞれ低解像度と高解像度の幾何学的LODを持つ六角形を使っています。低解像度LODのメモリー フットプリントは小さいので、世界全体の低解像度LODは常にロードされています。したがって、高解像度LODとテクスチャーだけをストリームでメモリーと出し入れします。Bentley [145]は正方形を使い、その各正方形の広がりは$100 \times 100 m^2$です。高解像度のミップマップは、残りのアセットとは別にストリームされます。このシステムは近距離から中距離で見るときには1〜3のLOD、遠くで見るときにはベイクしたインポスターを使います。カーレーシング ゲームでは、Tector [1882] が、代わりに車の進行に従って

19.10. 大きなシーンのレンダリング

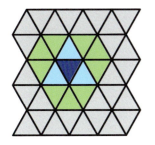 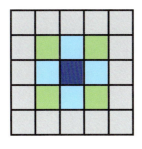 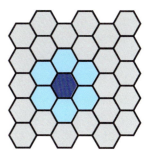

図 19.43. 三角形（左）、正方形（中）、六角形（右）を使う規則的な多角形による2次元平面のタイリング。タイリングは一般に上から見たゲーム世界の上に重ねられ、1つの多角形内のすべてのアセットはその多角形を関連付けられる。視点が紺青色の多角形にあると仮定し、隣接する多角形のアセットもロードされる。

図 19.44. 航空写真測量で捕らえたチェンバリン山の 50cm の地形と 25cm の画像。（イメージ提供：*Cesium* と *Fairbanks Fodar*。）

レース トラック沿いのデータをロードします。zip フォーマットを使って圧縮したデータをディスクに格納し、圧縮されたソフトウェア キャッシュにブロックをロードします。次にそのブロックを必要に応じて圧縮解除し、CPU と GPU のメモリー階層で使います。

応用によっては、上に述べた2次元タイリングを使う代わりに、3次元空間をタイル化する必要があるかもしれません。ちなみに3次元空間もタイル化する規則的な多面体はキューブだけなので、そのような応用で自然な選択です。

19.10.4 地形レンダリング

地形レンダリングは多くのゲームとアプリケーション、例えば Google Earth や、広い世界のレンダリング用の Cesium オープンソース エンジンの重要な部分です [324, 325]。例が図 19.44 に示されています。現在の GPU でうまく動作する人気のある手法をいくつか述べます。注目

すべきこととして、そのどれもが、地形にズームインするときに高い詳細レベルを供給するため、フラクタル ノイズを加えることができます。また多くのシステムは、ゲームやレベルがロードされるときに、その場で手続き的に地形を生成します。

そのような手法の1つが、ジオメトリー クリップマップです [1167]。ミップマッピングに関連する階層構造を使い、つまり、ジオメトリーをフィルター処理して上になるほど粗くなるレベルのピラミッドに入れるという点で、テクスチャー クリップマップ [1867] と似ていますこれが図19.45に示されています。巨大な地形データ セットをレンダーするときには、視点の周りの各レベルの $n \times n$ のサンプル、つまり高さだけをメモリーにキャッシュします。視点が動くときには、図19.45のウィンドウも応じて動き、新しいデータがロードされ、場合により古いデータが退去します。レベル間の隙間を避けるため、すべての2つの連続したレベルの間で遷移領域を使います。そのような遷移レベルでは、ジオメトリーとテクスチャーの両方を、次の粗いレベルに滑らかに補間します。これは頂点とピクセルのシェーダーで実装されます。Asirvatham と Hoppe [90] が、地形データを頂点テクスチャーとして格納する、効率的な GPU 実装を紹介しています。頂点シェーダーは、それらにアクセスして、地形の高さを取得します。法線マップを使って地形の見た目の詳細を強化でき、Losasso と Hoppe [1167] は、近くで拡大するときには、さらに詳細を上げるためフラクタル ノイズ変位も加えています。図19.46の例を見てください。Gollent が *The Witcher 3* [604] で、ジオメトリー クリップマップの変種を使っています Pangerl [1457] と Torchelsen ら [1910] が、ジオメトリー クリップマップに関連した、GPUの能力にも適合する手法を与えています。

タイルを作成し、レンダーすることに焦点を合わせたいくつかのスキームがあります。1つのアプローチは、高さフィールドの配列を、例えば、それぞれ 17×17 頂点のタイルに分解することです。高度に詳細なビューで、個別の三角形や小さなファンをGPUに送る代わりに、1つのタイルをレンダーできます。タイルは複数の詳細レベルを持つことができます。例えば、各方向で1つおきに頂点を使うことにより、9×9 のタイルを形成できます。4つおきに頂点を使うと 5×5 のタイル、8つおきでは 2×2、最後に4隅で2つの三角形の 1×1 のタイルが与えられます。元の 17×17 の頂点バッファーは、GPU上に格納して再利用できることに注意してください。レンダーする三角形の数を変えるのに必要なのは、別のインデックスバッファーを供給することだけです。このデータ レイアウトを使う手法を次に紹介します。

広い地形をGPU上で迅速にレンダーする別の手法が、**チャンクLOD** と呼ばれます [1932]。その考え方は n の離散詳細レベルを使って地形を表し、LODが細かくなるごとに、図19.47に示すように、それを親の $4 \times$ に分割することです。次にこの構造を4分木にエンコードし、レ

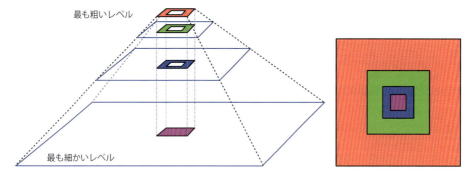

図19.45. 左：各解像度レベルで等サイズの正方形ウィンドウがキャッシュされる、ジオメトリー クリップマップの構造。右：視点が真ん中の紫の領域にあるジオメトリーの上面図。最も細かいレベルはその正方形全体をレンダーし、その他は内側が空洞になっている。（*Asirvatham* と *Hoppe [90]* からの図。）

19.10. 大きなシーンのレンダリング

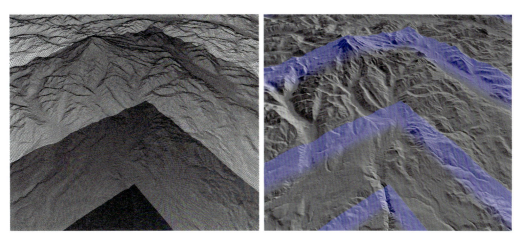

図 **19.46**. ジオメトリ クリップマッピング。左：異なるミップマップ レベルが明らかに見えるワイヤフレームのレンダリング。右：青い遷移領域はレベル間の補間が起きる場所を示している。（Microsoftの「*Rendering of Terrains Using Geometry Clipmaps*」プログラムを使って生成したイメージ。）

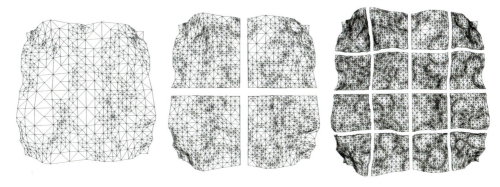

図 **19.47**. 地形のチャンクLOD表現。（イメージ提供：*Thatcher Ulrich*。）

ンダリングでルートからトラバースします。ノードを訪れたときに、そのスクリーン空間誤差（次に説明）が、あるピクセル誤差閾値、τ未満であれば、それをレンダーします。そうでなければ、その4つの子を再帰的に訪れます。これは必要な場所、例えば、視点の近くの解像度が向上します。もっと高度な変種では、地形クワッドをディスクから必要に応じてロードします[1723, 1932]。その子を既にメモリーに（ディスクから）ロードされているときだけ再帰的に訪れることを除けば、そのトラバースは上に述べた手法と似ています。ロードされていなければ、それをロードのキューに入れ、現在のノードをレンダーします。

Ulrich [1932] が、スクリーン空間誤差を次で計算しています。

$$s = \frac{\epsilon w}{2d \tan \frac{\theta}{2}} \tag{19.10}$$

wは画面の幅、dはカメラから地形タイルへの距離、θは水平被写界深度（ラジアン）、ϵはdと同じ単位の幾何学的誤差です。幾何学的誤差項には、2つのメッシュ間のハウスドルフ距離がよく使われます[977, 1723]。元のメッシュの点ごとに、単純化したメッシュ上の最も近い点を求め、その距離の最小のものをd_1と呼びます。次に単純化したメッシュ上の各点で同じ手続きを行って、元のメッシュ上の最も近い点を求め、その距離の最小のものをd_2と呼びます。ハウスドルフ距離は$\epsilon = \max(d_1, d_2)$です。これが図19.48に示されています。**o**から単純化メッ

シュへの最も近い点は s である一方、s から元のメッシュへの最も近い点は a で、それが元のメッシュから単純化メッシュとその逆の両方の組み合わせで測定を行わなければならない理由です。直感的に、ハウスドルフ距離は元のメッシュの代わりに単純化メッシュを使うときの誤差です。アプリケーションにハウスドルフ距離を計算する余裕がなければ、単純化ごとに手で調整した定数を使ったり、単純化の間に誤差を求めることもできます [1723]。

Ulrich [1932] が、ある LOD から別の LOD に切り替わるときのポッピング効果を避けるため、高解像度タイルからの頂点 (x, y, z) を、親タイルから（例えば、双線形補間で）近似した頂点 (x, y', z) と線形補間する、単純なモーフィング テクニックを提案しています。その線形補間係数は $2s\tau - 1$ で計算し、$[0, 1]$ にクランプします。次に低い解像度タイルの頂点は高解像度のタイルにもあるので、モーフィングでは高いほうの解像度のタイルしか必要ないことに注意してください。

各タイルで使う詳細レベルの決定には、式 19.10 のようなヒューリスティックが使えます。タイリング スキームの主要な課題は、割れ目の修復です。例えば、あるタイルが 33×33 の解像度で、その隣が 9×9 の場合、それらが出会うエッジに沿って割れ目が生じます。1 つの是正措置は、エッジ沿いの高い詳細度の三角形を取り除いてから、2 つのタイル間の隙間を正しく埋める一連の三角形を形成することです [349, 1793]。割れ目は 2 つの隣接領域の詳細レベルが異なるときに現れます。Ulrich が述べた、追加のリボン ジオメトリーを使う手法は、τ の設定が 5 ピクセル未満なら妥当な解決法です。Cozzi と Bagnell [325] は、代わりにスクリーン空間後処理パスを使って割れ目を埋め、そこでは割れ目ではなく、割れ目の周りのフラグメントにガウス カーネルを使って重み付けします。Strugar [1846] が、スクリーン空間手法や追加のジオメトリーを使わず、エレガントに割れ目を回避します。これは図 19.49 に示され、単純な頂点シェーダーで実装できます。

性能を改善するため、Sellers ら [1723] が、チャンク LOD を視錐台カリングと水平カリングと組み合わせています。Kang ら [921] は、チャンク LOD と似たスキームを紹介し、その最大の違いは割れ目を避けるため、GPU ベースのテッセレーションを使ってノードをテッセレートし、エッジ テッセレーション係数を合わせることです。特徴保存マップ付きのジオメトリー イメージが、高さフィールドに基づく地形が扱えない、オーバーハングのある地形のレンダーに使えることも示しています。Strugar [1846] が、三角形の分布が良好で柔軟な、チャンク LOD スキームの拡張を紹介しています。ノード単位の LOD を使う Ulrich の手法と対照的に、Strugar は個別の詳細レベルを持つ、頂点単位のモーフィングを使います。LOD を決定する基準としては距離しか使っていませんが、例えば、近くにどれほど深度の変化があるかといった、よりよいシルエットを生成できる他の因子も使えます。

ソースの地形データは、一般に一様な高さフィールド グリッドで表されます。608 ページの図 16.15 に見えるように、ビューに依存しない単純化の手法をそれらのデータに使えます。何らかの制限基準を満たすまでモデルを単純化します [559]。小さな表面の細部は色やバンプ マップ テクスチャーに記録できます。しばしば三角形不規則ネットワーク（TIN）と呼ばれ

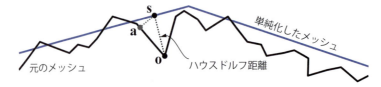

図 19.48. 元のメッシュと単純化メッシュ間のハウスドルフ距離。（Sellers ら [1723] からの図。）

19.10. 大きなシーンのレンダリング   757

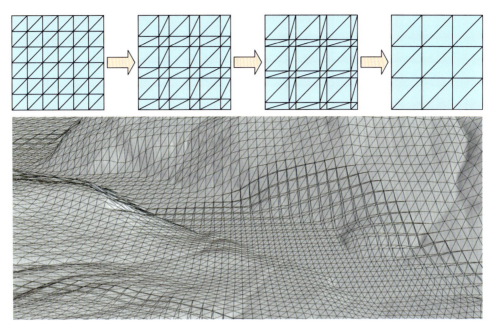

図 19.49. Strugar [1846] のチャンク LOD システムを使った割れ目の回避。左上に示す高解像度タイルが、右上の低解像度の地形タイルにモーフィングする。その間に、2 つの補間してモーフィングした変形が示されている。実際には、これは LOD が変わるときにスムーズに発生し、それが下段の画面ショットに示されている。（下のイメージは *Filip Strugar [1846]* のプログラムで生成。）

る、その結果の静的なメッシュは、地形領域が小さく、比較的平坦なときに、様々な場面に役立つ表現です [1954]。

　Andersson [47] が、その隙間を埋め、広い地形に必要なドローコールの総数を下げるため、制限付き 4 分木を使っています。異なる解像度でレンダーされる一様なタイルのグリッドの代わりに、タイルの 4 分木を使います。どのタイルも同じ 33×33 の基本解像度を持ちますが、それぞれ異なる面積を覆うことができます。制限付き 4 分木の考え方は、各タイルの隣の詳細レベルが最大 1 しか違わないことです（図 19.50）。この制限は、隣接するタイルの解像度が異なる状況の数が限られることを意味します。隙間を作って、その隙間を追加のインデックスバッファーでレンダーして埋める代わりに、隙間の遷移三角形も含む、タイルを作る、すべての可能なインデックス バッファーの配列を格納するという考え方です。各インデックス バッファーは完全解像度のエッジ（エッジ上に 33 頂点）と、低詳細レベルのエッジ（4 分木が制限されるので 17 頂点のみ）で形成されます。この現代的な地形レンダリングの例が図 19.51 に示されています。Widmark [2024] が、Frostbite 2 エンジンで使われる完全な地形レンダリングシステムを説明しています。それはデカール、水、地形装飾、アーティストが生成するマスクや手続き的に生成するマスクを使った、異なるマテリアル シェーダーの合成 [47]、手続き的な地形の変位など、有用な特徴を持っています。

　海洋のレンダリングに使える 1 つの単純なテクニックが、一様グリッドを使い、フレームごとにカメラ空間に変換することです [812]。これが図 19.52 に示されています。Bowles [205] が、特定の品質の問題を克服する方法に関する多くのトリックを提供しています。

　上述の地形テクニックはメモリーに常駐が必要なデータ セットのサイズを減らす傾向がありますが、それに加えて、圧縮テクニックを使うこともできます。Yusov [2104] が、4 分木

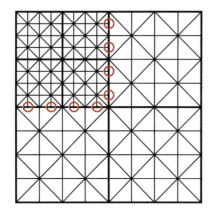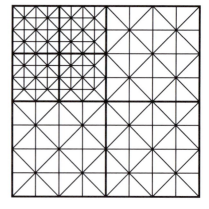

図 19.50. どのタイルも詳細レベルが最大で 1 レベル高いか低いタイルとしか隣り合わない、地形タイルの制限付き 4 分木。2×2 の高解像度タイルがある左上を除き、各タイルは 5×5 の頂点を持つ。それ以外の地形は 3 つの低解像度タイルで埋められる。左では、左上のタイルのエッジに、隣の低解像度タイルと一致しない頂点があり、割れ目を生じる。右では、詳細度の高いタイルのエッジを修正して問題を回避する。どのタイルも 1 つのドローコールでレンダーされる。(Andersson [47] からの図。)

図 19.51. 多くの詳細レベルで動作する地形レンダリング。(提供:DICE, © 2016 Electronic Arts Inc.)

データ構造と、差分だけを(2〜3 ビットで)エンコードする単純な予測スキームを使って頂点を圧縮しています。Schneider と Westermann [1691] が、頂点シェーダーがデコードする圧縮フォーマットを使い、キャッシュ コヒーレンスを最大化しながら、詳細レベル間のジオモーフを探っています。Lindstrom と Cohen [1137] は、線形予測と残余エンコーディング付きのストリーミング コーデックを可逆圧縮に使っています。それに加え、その結果は不可逆ですが、量子化を使って圧縮率をさらに改善しています。圧縮解除は GPU を使って行うことができ、その圧縮率は 3:1 から最大で 12:1 です。

地形レンダリングには他にも多くのアプローチがあります。Kloetzli [980] が、*Civilization V* で、カスタム コンピュート シェーダーを使って作成した地形用の適応型テッセレーションを、レンダリングで GPU に供給しています。別のテクニックは、パッチごとのテッセレーションの処理に GPU のテッセレーターを使うことです [506]。地形レンダリングに使われるテ

19.10. 大きなシーンのレンダリング

クニックの多くは、水のレンダリングにも使えます。例えば、Gonzalez-Ochoa と Holder [610] が、*Uncharted 3* で、水に適応したジオメトリークリップマップの変種を使いました。レベル間に動的に三角形を加えることにより、T-接合を回避します。このトピックの研究は、GPU の進化とともに続くでしょう。

参考文献とリソース

その焦点は衝突検出ですが、Ericson の本 [471] に、様々な空間再分割スキームの形成と使用に関連する資料があります。

オクルージョンカリングについては豊富な文献があります。アルゴリズムに関する初期の研究の2つのよい出発点は、Cohen-Or ら [302] と Durand [428] による可視性の調査です。Aila と Miettinen [16] が、動的なシーン用の商用カリングシステムのアーキテクチャーを述べています。Nießner ら [1388] が、後ろ向きのパッチ、視錐台、変位再分割サーフェスのオクルージョンカリングのための既存の手法の調査を紹介しています。LOD の使い方に関する情報の価値あるリソースが、Luebke らの本、*Level of Detail for 3D Graphics* です [1181]。

Dietrich ら [380] が、大規模なモデルのレンダリングの分野の研究の概要を紹介しています。大規模なモデルのレンダリングの別のよい概要を、Gobbetti ら [595] が提供します。より最近の優れた資料付きのリソースが、Sellers らの SIGGRAPH コース [1723] です。Cozzi と Ring の本 [324] は、地形レンダリングと大規模データセットの管理のためのテクニックを、精度の問題を扱う手法と合わせて紹介しています。Cesium blog [267] は、広い世界と地形のレンダリングの多くの実装の細部と、さらなる高速化テクニックを提供しています。

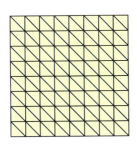 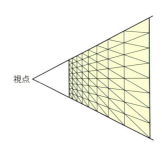

図 19.52. 左：一様グリッド。右：カメラ空間に変換したグリッド。変換したグリッドのほうが、視点の近いほど高い詳細度にできることに注意。

20. 効率的なシェーディング

"Never put off till to-morrow what you can
do the day after to-morrow just as well."
——Mark Twain

明後日でもできることは明日に延ばすな。

単純なシーン（比較的小さなジオメトリー、基本的なマテリアル、少数のライト）では、標準のGPUパイプラインを使い、フレーム レートの維持を気にすることなく、イメージをレンダーできます。コストを抑制するため、込み入ったテクニックを使う必要があるのは、高価な要素があるときだけです。前章の焦点は、下流の処理から三角形とメッシュを間引くことでした。ここではマテリアルとライトを評価するときのコストを減らすテクニックに集中します。それらの手法の多くには、得られる節約でその支出が埋め合わされることを期待する、追加の処理コストがあります。帯域幅と計算の間でトレードオフを行うものもあり、そのボトルネックはしばしば移動します。そのようなスキームが得てしてそうであるように、何が最もよいかは、ハードウェア、シーン構造、その他多くの要因に依存します。

マテリアルのピクセル シェーダーの評価は高価なことがあります。このコストは、セクション19.9で述べるように、様々なシェーダーの詳細レベル単純化テクニックで削減できます。サーフェスに影響を与える光源が複数あるときには、2つの異なる戦略を使えます。1つは、1つのパスで済むように、複数の光源をサポートするシェーダーを作ることです。もう1つは**マルチパス シェーディング**で、1つのライト用の単純な1ライト ピクセル シェーダーを作成して評価し、それぞれの結果をフレームバッファーに加えることです。したがって3つのライトなら、評価ごとにライトを変えて、プリミティブを3回描くことになります。この2番目の手法のほうが、使うシェーダーが単純で高速なので、全体としてシングルパス システムより効率的かもしれません。レンダラーに多くの異なるタイプのライトがある場合、1パスのピクセル シェーダーはそのすべてを包含し、それぞれを使うかどうかテストしなければならないので、複雑なシェーダーになります。

セクション18.4.5で、オーバードローを最小化したり取り除くことにより、不要なピクセル シェーダーの評価を避けることを論じました。サーフェスが最終的なイメージに寄与しないことを効率よく決定できれば、そのシェーディングに費やす時間を節約できます。1つのテクニックは、不透明ジオメトリーをレンダーしてz-深度だけを書き込む、z-前パスの実行です。次にジオメトリーを完全なシェーディングで再びレンダーし、最初のパスからのz-バッファーが、すべての見えないフラグメントを間引きます。このタイプのパスは、見えるジオメトリーを求める処理を、その後のジオメトリーのシェーディング操作から切り離す試みです。この2

つの処理を分離する考え方は、本章を通じて使われる重要な概念で、いくつかの代替レンダリング スキームで採用されています。

例えば、z-前パスを使うときの問題は、ジオメトリーを2回レンダーしなければならないことです。これは標準のレンダリングに対する追加の支出であり、その節約より多くの時間がかかるかもしれません。メッシュがテッセレーション、スキニング、あるいは何か他の手の込んだ処理で形成される場合、この追加のパスは大きなコストになる可能性があります[1071, 1267]。切り抜きアルファ値を持つオブジェクトは、その支出に加えて、パスごとにテクスチャーのアルファを取り出す必要があり、さもなくば完全に無視して2番目のパスでだけレンダーしなければならず、無駄なピクセル シェーダー評価の危険があります。それらの理由により、大きな（画面やワールド空間で）遮蔽物だけを最初のパスで描くこともあります。完全な前パスの実行は、アンビエント オクルージョンや反射といった、他のスクリーン空間効果にも必要なことがあります[1504]。本章で紹介する高速化テクニックには、次にライト リストを間引く助けに使う、正確なz-前パスを必要とするものがあります。

オーバードローがなくても、見えるサーフェスで評価される多数の動的なライトが、大きな支出を生じることがあります。シーンに50の光源があるとします。マルチパス システムはシーンをうまくレンダーできますが、オブジェクトあたり50の頂点とシェーダー パスのコストがかかります。コストを下げる1つのテクニックは、ローカル ライトの影響を、ある半径の球や、ある高さの円錐といった、有限の形に制限することです[726, 727, 1894, 1944]。その仮定は、ある距離を過ぎると、ライトの寄与が重要でなくなることです。本章の残りでは、他の形も使えることを理解した上で、ライトのボリュームを球と呼びます。多くの場合、その半径を決める唯一の因子としてライトの強度を使います。光沢スペキュラー マテリアルが存在すると、そのようなサーフェスのほうが大きくライトの影響を受けるので、この半径が増えることを、Karis [929] が論じています。極端に滑らかなサーフェスでは、この距離が無限に近づき、環境マップなどのテクニックを代わりに使う必要があるかもしれません。

1つの単純な前処理は、メッシュごとに、影響を与えるライト リストを作成することです。この処理はメッシュとライト間の重なりの可能性を求める、衝突検出と考えることができます[1071]。このライト リストをメッシュのシェーディングで使い、適用するライトの数を減らします。このタイプのアプローチには問題があります。オブジェクトやライトが動くと、その変化がリストの構成に影響します。性能のため、同じマテリアルを共有するジオメトリーは、しばしば大きなメッシュに連結され（セクション18.4.2)）、そのため1つのメッシュが、シーンの複数、あるいはすべてのライトをリストに持つことがあります[1434, 1437]。とは言っても、メッシュを連結してから、空間的に分割して短いリストを供給することもできます[1504]。

別のアプローチは、静的なライトをワールド空間のデータ構造にベイクすることです。例えば、*Just Cause 2*のライティング システムでは、ワールド空間で上から見下ろすグリッドに、シーンのライト情報を格納します。1つのグリッド セルが、4メートル×4メートルの範囲を表します。各セルはテクセルとしてRGBαテクスチャーに格納されるので、最大で4つのライト リストを保持します。ピクセルをレンダーするときに、その範囲のリストを取り出し、関連するライトを適用します[1490]。1つの欠点は、与えられた範囲に影響を与えるライトの数に、固定された格納領域の制限があることです。注意深く設計された屋外のシーンに役立つ可能性はありますが、階数の多い建物では、この格納スキームがすぐに破綻するかもしれません。

目標は動的なメッシュとライトを効率よく扱うことです。ビューやシーンの小さな変化が、そのレンダリングのコストに大きな変化を引き起こさない、予測可能な性能であることも重要です。*DOOM*（2016）には、300のライトが見えるレベルがあり[1805]、*Ashes of the*

20.1. 遅延シェーディング 763

図20.1. 複雑なライティング状況。肩の上の小さなライトと建築物のすべての明るいドットが光源であることに注意。右上の遠く離れたライトは光源で、その距離の点スプライトとしてレンダーされる。（「*Just Cause 3*」からのイメージ、提供：*Avalanche Studios* [1498]。）

Singularity には10,000のライトを持つシーンがあります（図20.1と790ページの図20.15）。多数のパーティクルを小さな光源として扱えるレンダラーがあります。短距離の光源と考えられるライト プローブ（セクション11.5.4）を使い、近くのサーフェスを照らせるテクニックもあります。

20.1　遅延シェーディング

これまで本書では、三角形を個別にパイプラインで送り出し、その旅の終わりに、そのシェーディングの値で画面上のイメージが更新される、**前方シェーディング**を述べてきました。**遅延シェーディング**の背後にある考え方は、すべての可視性テストとサーフェス プロパティの評価を行ってから、マテリアル ライティングの計算を行うことです。その概念は1988年に最初にハードウェア アーキテクチャーに導入され[366]、後に実験的なPixelFlowシステムに組み込まれ[1337]、画像処理でノンフォトリアル様式を作り出すのに役立つ、オフライン ソフトウェア ソリューションとして使われました[1643]。2003年中頃のCalverの詳細な記事[241]が、GPU上で遅延シェーディングを使う基本的な考え方を述べています。複数のレンダー ターゲットへの書き込み機能が普及し始めた翌年に、HargreavesとHarris [726, 727]とThibieroz [1894]が、その使用を促しました。

前方シェーディングでは、シェーダーとオブジェクトを表すメッシュを使う1つのパスを実行して、最終的なイメージを計算します。そのパスはマテリアル プロパティ（定数、補間パラメーター、あるいはテクスチャーの値）を取り出し、それらの値に一連のライトを適用します。前方レンダリングのz-前パス手法は、最初のジオメトリー パスが可視性の決定だけを目的とし、マテリアル パラメーターの取り出しを含む、すべてのシェーディング作業が、すべての見えるピクセルのシェーディングを行う2番目のジオメトリー パスに先送りされるという点で、レンダリングとシェーディングの弱い分離と見なせます。特にインタラクティブ レンダリン

グの遅延シェーディングは、最初のジオメトリー パスが、見えるオブジェクトに関連するすべてのマテリアル パラメーターが生成して格納してから、後処理を使って格納されたサーフェス値にライトを適用することを意味します。この最初のパスで保存される値には、位置（z-深度として格納）、法線、テクスチャー座標、様々なマテリアル パラメーターが含まれます。このパスでピクセルのすべてのジオメトリーとマテリアル情報が確定するので、オブジェクトは不要になり、つまり、モデルのジオメトリーの寄与はライティングの計算から完全に切り離されます。この最初のパスでオーバードローが起きる可能性はありますが、違いはシェーダーの実行時間（値のバッファーへの転送）が、マテリアルへのライトの効果の評価よりもずっと少ないことです。すべてのピクセルが三角形の境界の内側になくても、2×2クワッドの完全なシェーディングが必要な前方シェーディングに見られる、追加のコストも減ります[1504]（セクション24.8）。これは些細な影響に聞こえますが、三角形ごとに1つのピクセルを覆うメッシュを想像してください。前方シェーディングでは、4つの完全にシェーディングされたサンプルが生成され、そのうち3つが捨てられます。遅延シェーディングを使うと、個々のシェーダー呼び出しが安価なので、破棄されるサンプルのインパクトは大きく減ります。

サーフェス プロパティの格納に使うバッファーは、一般に G-バッファー [1643] と呼ばれ、それは「ジオメトリック バッファー」の略語です。ディープ バッファーと呼ばれることもありますが、この用語はピクセルごとに複数のサーフェス（フラグメント）を格納するバッファーを意味することもあるので、ここでは使いません。図20.2が、いくつかのG-バッファーの典型的な内容を示しています。G-バッファーは何であれプログラマーが含めたいもの、つまり、後で必要なライティングの計算を完成するのに必要なものを何でも格納できます。G-バッファーは個別のレンダー ターゲットです。一般的には3から5のレンダー ターゲットをG-バッファーとして使いますが、システムは最大8まで使えるようになっています[145]。ターゲットが多いほど使用帯域幅も増え、このバッファーがボトルネックになる可能性が増えます。

G-バッファーを作成するパスの後で、別の処理を使って照明の効果を計算します。1つの方法は、ライトを1つずつ適用し、G-バッファーを使ってその効果を計算することです。ライトごとに画面を満たす四辺形（セクション12.1）を描き、テクスチャーとしてG-バッファーにアクセスします[241, 1894]。最も近いサーフェスの位置と、それがライトの範囲内かどうかをピクセルごとに決定できます。範囲内なら、ライトの効果を計算し、その結果を出力バッファーに置きます。これをライトごとに順に行い、その寄与をブレンドで加えます。それが終わると、すべてのライトの寄与が適用されています。

この処理は、基本的な前方レンダリングが、すべてのサーフェス フラグメントにすべてのライトを適用するのと同様に、すべてのライトで格納されたすべてのピクセルにアクセスするので、ほぼ最も効率の悪いG-バッファーの使い方です。そのようなアプローチは、G-バッファーを読み書きする追加のコストによって、前方シェーディングより遅くなることがあります[511]。性能改善の手始めとして、ライト ボリューム（球）のスクリーン境界を決定し、それを使ってイメージのより小さな部分を覆うスクリーン空間四辺形を描くことができます[241, 1533, 1898]。こうすることで、ピクセル処理はたいてい大きく減ります。球を表す楕円を描けば、さらにライトのボリューム外側にあるピクセルの処理を削減できます[1212]。第3のスクリーン次元、z-深度も使えます。ボリュームを囲む粗い球メッシュを描くことにより、球の影響範囲をさらに削れます[241]。例えば、その球が深度バッファーで隠れるなら、ライトのボリュームは最も近いサーフェスの後ろなので、影響を持ちません。一般化すると、ピクセルで球の最小と最大の深度が最も近いサーフェスと重ならなければ、ライトがこのピクセル

20.1. 遅延シェーディング

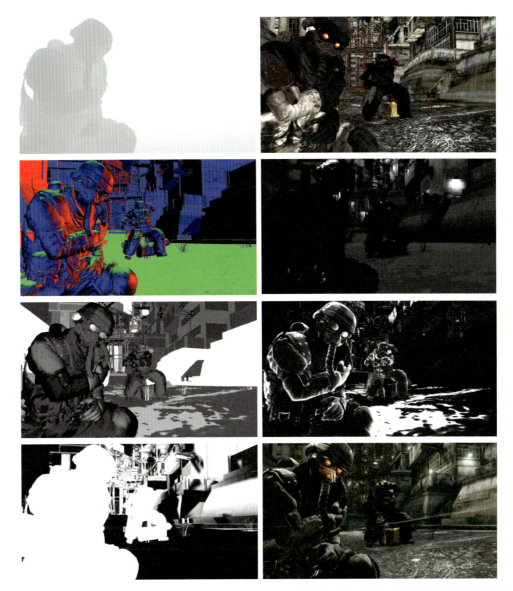

図20.2. 遅延シェーディングのためのジオメトリック バッファー（場合により可視化のため色に変換）。左列、上から下：深度マップ、法線バッファー、粗さバッファー、太陽光オクルージョン。右列：色テクスチャー（別名、アルベド テクスチャー）、ライト強度、スペキュラー強度、ほぼ最終的なイメージ（モーション ブラーなし）。（「*Killzone 2*」からのイメージ、提供：*Guerrilla BV [1944]*。）

に影響を与えることはありません。Hargreaves [726] と Valient [1944] が、この重なりを効率的に正しく決定するための様々なオプションと注意を、他の最適化と合わせて論じています。このサーフェスとライト間の深度の重なりをテストする考え方は、この後のアルゴリズムのいくつかで使われています。何が最も効率的かは、状況に依存します。

　伝統的な前方レンダリングでは、頂点とピクセルのシェーダー プログラムが、それぞれライトとマテリアルのパラメーターを取り出し、それらの効果を計算します。前方シェーディングでは、すべての可能なマテリアルとライトの組み合わせを扱う1つの複雑な頂点/ピクセル シェーダーか、短く特化した、特定の組み合わせを扱うシェーダーが必要です。動的に分

	R8	G8	B8	A8
RT0	world normal (RGB10)			GI
RT1	base color (sRGB8)			config (A8)
RT2	metalness (R8)	glossiness (G8)	cavity (B8)	aliased value (A8)
RT3	velocity.xy (RGB8)			velocity.z (A8)

図20.3. *Rainbow Six Siege*で使われる可能なG-バッファー レイアウトの例。深度とステンシルのバッファーに加えて、4つのレンダー ターゲット（RT）も使われる。それらのバッファーには任意の値を入れられる。RT0の「GI」フィールドは「GI normal bias（A2）」。（*El Mansouri [451]*からの図。）

岐する長いシェーダーは、実行がかなり遅いことが多いので [450]、多数の小さなシェーダーのほうが効率的ですが、生成と管理に必要な仕事も増えます。前方シェーディングでは、すべてのシェーディング関数を1つのパスで実行するので、次のオブジェクトをレンダーするときにシェーダーを変える必要がある可能性が高く、シェーダーの切り替えによる非効率が生じます（セクション18.4.2）。

レンダリングの遅延シェーディング手法は、ライティングとマテリアル定義の強い分離を可能にします。各シェーダーの焦点は、パラメーターの抽出とライティングの両方ではなく、そのどちらかです。短いシェーダーほど、短さと最適化機能により、実行が速くなります。シェーダーで使うレジスターの数は、並列に実行できるシェーダー インスタンスの数に鍵となる要素、占有率を決定します（セクション24.3）。このライティングとマテリアルの分離により、シェーダー システムの管理も単純になります。例えば、新しいライトやマテリアル型には、そのすべての組み合わせに1つずつではなく、1つの新しいシェーダーをシステムに加えるだけでよいので、分離によって実験が簡単になります [241, 1000]。これができるのは、最初のパスでマテリアルの評価が行われてから、2番目のパスで格納されたサーフェス パラメーターのセットにライティングが適用されるからです。

シングルパスの前方レンダリングでは、すべてのライトを一度に評価するので、すべてのシャドウ マップが同時に利用できなければなりません。遅延シェーディングでは、ライトごとに1つのパスで完全な処理を行うので、一度に1つのシャドウ マップしかメモリーに持つ必要がありません [1944]。しかし、後で取り上げる複雑なライト割り当てスキームでは、ライトをグループで評価するので、この利点は消えます [1439, 1498]。

基本的な遅延シェーディングは、パラメーターのセットが固定の1つのマテリアル シェーダーしかサポートしないので、描けるマテリアル モデルが制約されます。異なるマテリアル記述をサポートする1つの手段は、マテリアルIDやマスクを、ピクセルごとにどこかのフィールドに格納することです。そのときシェーダーは、G-バッファーの内容を基に様々な計算を行えます。このアプローチでは、IDやマスクの値を基に、G-バッファーの格納内容を修正することもできます [450, 725, 1071, 1153]。例えば、2番目のレイヤーの色とブレンド係数をG-バッファーに32ビットで格納するマテリアルもあれば、その同じビット数で、必要とする2つの接ベクトルを格納するものもあるかもしれません。それらのスキームは必然的に複雑なシェーダーの使用を伴うので、性能の影響があるかもしれません。

基本的な遅延シェーディングには、他にもいくつかの欠点があります。G-バッファーのビデオ メモリー要件はかなりの大きさになることがあり、関連するバッファーに繰り返しアクセスする帯域幅コストも同様です [925, 1000, 1898]。それらのコストは、格納する値の精度を下げたり、データを圧縮することで軽減できます [1803, 1944]。図20.3に1つの例が示されています。メッシュのワールド空間データの圧縮は、セクション16.6で論じました。レンダリ

20.1. 遅延シェーディング

ング エンジンの必要に応じて、ワールド空間やスクリーン空間座標の値をG-バッファーに含められます。Pesce [1505] が、G-バッファーでのスクリーン空間とワールド空間の法線の圧縮のトレードオフを論じ、関連するリソースへのポインターを提供しています。精度が高くエンコードとデコードが迅速なので、法線にはワールド空間の8面体マッピングが一般的なソリューションです。

遅延シェーディングの2つの重要な技術的制限として、透明度とアンチエイリアシングがあります。基本的な遅延シェーディング システムでは、ピクセルごとに1つのサーフェスしか格納できないので、透明度がサポートされません。1つの解決法は、不透明サーフェスを遅延シェーディングでレンダーした後に、透明なオブジェクトに前方レンダリングを使うことです。初期の遅延システムでは、これは透明なオブジェクトにシーンのすべてのライトを個別に適用しなければならないことを意味し、他の単純化を行わないと、コストが高い処理でした。後のセクションで探るように、GPU能力の向上が、遅延と前方の両方のシェーディングでライトを間引く手法の開発をもたらしました。今ではピクセルの透明なサーフェスのリストを格納して [1693]、純粋な遅延アプローチを使うことも可能ですが、標準は、遅延と前方シェーディングを、透明度や他の効果のために好きに混ぜ合わせることです [1803]。

前方手法の利点は、MSAAのようなアンチエイリアシング スキームのサポートが容易なことです。前方テクニックは $N \times$ MSAAで、ピクセルあたり N の深度と色のサンプルしか必要ありません。遅延シェーディングでは、要素あたり N のサンプルすべてをG-バッファーに格納してアンチエイリアシングを行うこともできますが、メモリー コスト、フィル レート、計算が増加し、このアプローチは高価です [1533]。この制限を克服するため、Shishkovtsov [1753] は、エッジ被覆率の計算の近似にエッジ検出手法を使っています。他のアンチエイリアシング用の形態学的な後処理手法（セクション5.4.2）[1498] や、時間アンチエイリアシングも使えます。いくつかの遅延MSAA手法は、中にエッジを持つピクセルやタイルを検出して、すべてのサンプルのシェーディングを計算することを回避します [50, 1069, 1153, 1406, 1896]。複数のサンプルの評価が必要なのは、エッジを持つものだけです。Sousa [1804] が、このタイプのアプローチを足場に、ステンシルを使い、複雑な処理が必要な複数のサンプルを持つピクセルを識別します。Pettineo [1518] は、効率的なストリーム処理のため、コンピュート シェーダーを使ってエッジ ピクセルをスレッド グループ メモリーのリストに移す、そのようなピクセルの新しい追跡方法を述べています。

Crassin ら [334] のアンチエイリアシングの研究の焦点は高品質の結果で、この分野の他の研究を集約しています。彼らのテクニックは深度と法線ジオメトリーの前パスを実行し、似たサブサンプルを一緒にグループ化します。次にG-バッファーを生成し、サブサンプルのグループごとに、使うべき最もよい値の統計解析を行います。次にそれらの深度境界値を使ってグループごとにシェーディングを行い、その結果をブレンドします。本書を書いている時点で、インタラクティブ レートでのそのような処理を行うのは、ほとんどのアプリケーションで非実用的ですが、このアプローチは、イメージ品質の改善にかけられる計算能力の量の感覚を与えてくれます。

それらの制限はあっても、遅延シェーディングは商用プログラムで使われる、実用的なレンダリング手法です。それは自然にシェーディングからジオメトリー、マテリアルからライティングを分離し、それは各要素を単独で最適化できることを意味します。特に興味深い1つの分野がデカール レンダリングで、それはどのレンダリング パイプラインにも関連します。

20.2 デカール レンダリング

デカールは絵や他のテクスチャーなど、サーフェスの上から適用するデザイン要素です。デカールはゲームで、タイヤの跡、弾痕、サーフェスに吹き付けるプレイヤー タグといった形でよく見られます。デカールをロゴ、注釈、その他のコンテンツを適用するために使うアプリケーションもあります。例えばデカールにより、アーティストは地形システムや都市で、詳細なテクスチャーを積み重ねたり、様々なパターンを異なるやり方で組み合わせて、分かりやすい繰り返しを避けられます。

デカールは下層のマテリアルの様々なやり方でブレンドできます。入れ墨のように、バンプマップを修正せず、下の色を修正することがあります。あるいはエンボス ロゴのように、バンプ マッピングだけを置き換えることもあります。例えば、車の窓にステッカーを貼るといった、まったく異なるマテリアルも定義できます。道の足跡など、複数のデカールを同じジオメトリーに適用することもあります。地下鉄車両のサーフェスの落書きのように、1つのデカールが複数のモデルに広がることもあります。そのような多様性は、前方と遅延シェーディングシステムがデカールを格納して処理する方法に影響します。

まず、デカールは他のテクスチャーと同じく、サーフェスにマップしなければなりません。頂点には複数のテクスチャー座標を格納できるので、少数のデカールを1つのサーフェスにバインドすることは可能です。頂点ごとに保存できる値の数はそれほど多くないので、このアプローチには制限があります。デカールごとに、独自のテクスチャー座標のセットが必要です。多数の小さなデカールをサーフェスに適用することは、個々のデカールが影響を与えるメッシュの三角形が少数でも、そのテクスチャー座標をすべての頂点に保存することを意味します。

メッシュに貼り付けたデカールをレンダーするための1つのアプローチは、すべてのデカールをピクセル シェーダーがサンプルし、重ねてブレンドすることです。これはシェーダーが複雑になり、デカールの数が時間で変化する場合、頻繁な再コンパイルや、他の手段が必要になるかもしれません。シェーダーをデカール システムと独立に保つ別のアプローチは、デカールごとにメッシュをレンダーし直し、そのパスを以前のものに重ねてブレンドすることです。デカールが広がる三角形が少数なら、別の小さなインデックス バッファーを作成し、このデカールのサブメッシュだけをレンダーできます。別のデカール手法は、マテリアルのテクスチャーを修正することです。地形システムのように、ただ1つのメッシュで使うのなら、このテクスチャーの修正が単純な「セットするだけ」のソリューションを提供します[485]。マテリアル テクスチャーを複数のオブジェクトに使う場合は、そのマテリアルとデカールを合成した新たなテクスチャーを作成する必要があります。このベイク ソリューションは、シェーダーの複雑さと無駄なオーバードローを回避しますが、テクスチャー管理とメモリー使用のコストが発生します[964, 1504]。同じサーフェスに異なる解像度を適用でき、メモリーに追加の修正コピーが不要で、基本のテクスチャーを再利用して反復できるので、デカールは別個にレンダーするのが標準的です。

それらのソリューションは、ユーザーがほぼ単純なロゴしか加えないCADパッケージで妥当かもしれません。オブジェクトと一緒に伸縮するように、変形の前にデカールを投影する必要があるアニメート モデルに適用するデカールにも使われます。しかしデカールの数が多いと、そのようなテクニックは非効率で煩雑になります。

20.2. デカール レンダリング

図20.4. ボックスがデカール投影を定義し、そのボックス内のサーフェスは適用されるデカールを持つ。プロジェクターとその影響を示すため、ボックスは厚みを誇張して表示されている。実際にはデカールの適用時にテストするピクセルの数を最小にするため、ボックスは可能な限り薄く、サーフェスにぴったり合うように作られる。

静止/剛体オブジェクトに人気のあるソリューションは、制限されたボリュームを通して正投影されるテクスチャーとして、デカールを扱うことです [485, 964, 1009, 1502, 2064]。有向ボックスをシーンに置き、フィルム プロジェクターのように、ボックスの面の1つから反対側の面にデカールを投影します（図20.4）。ピクセル シェーダーを起動する手段として、ボックスの面をラスタライズします。このボリューム内で見つかるジオメトリーは、そのマテリアルの上にデカールが適用されます。これはサーフェスの深度とスクリーン位置を、そのボリューム中の位置に変換して、デカールの (u, v) テクスチャ座標を与えることで行います。あるいは、デカールを本物のボリューム テクスチャーにすることもできます [959, 1491]。ID [971] やステンシル ビット [1911] を割り当てたり、レンダリングの順番を頼りに、ボリューム内の特定のオブジェクトにだけデカールが影響を与えるようにできます。サーフェスが真横に近くなる場所で、デカール伸びたり歪むのを避けるため、たいていはサーフェスの角度と投影方向によるフェードやクランプも行います [964]。

遅延シェーディングは、そのようなデカールのレンダリングに優れています。標準の前方シェーディングのように各デカールの照明とシェーディングを行う必要はなく、デカールの効果をG-バッファーに適用できます。例えば、タイヤの溝の跡のデカールがサーフェスのシェーディング法線を置き換える場合、その変更を適切なG-バッファーに直接行えます。各ピクセルのシェーディングは、後でライトとG-バッファーで見つかるデータだけで行うので、前方シェーディングで起きるシェーディングのオーバードローを避けられます [1803]。デカールの効果は完全にG-バッファー ストレージで記録できるので、シェーディング時にデカールは不要です。この統合は、あるパスのサーフェス パラメーターが、別のパスのライティングやシェーディングに影響を与えるために必要になる、マルチパス前方シェーディングでの問題も回避します [1491]。この単純さが、例えば、Frostbite 2エンジンで、前方から遅延シェーディングに切り替えた決定の主な要因でした [50]。どちらも囲まれたサーフェスへの効果を決定するため、空間のボリュームのレンダリングにより適用されるという点で、デカールはライトと同じと考えることができます。セクション20.4で見るように、修正形式の前方シェーディングは、この事実を利用することで、同様の効率と他の利点を得ています。

Lagardeとde Rousiers [1035] が、遅延設定でのデカールのいくつかの問題を述べています。

ブレンドはパイプラインのマージ ステージで利用できる操作に制限されます[1803]。マテリアルとデカールの両方が法線マップを持つ場合、正しいブレンド結果を得るのは難しいことがあり、何らかのバンプ テクスチャー フィルタリング テクニックが使われていると、さらに難しくなります[116, 959]。セクション6.5で述べたように、白黒のフリンジング アーティファクトが発生することがあります。そのようなマテリアルのシャープな分割には、符号付き距離フィールドなどのテクニックを使えますが[286, 630]、エイリアシングの問題を生じることがあります。別の懸案事項は、ワールド空間に逆投影されたスクリーン空間情報を使うことによる勾配の誤差で引き起こされる、デカールのシルエット エッジ沿いのフリンジングです。1つの解決法は、そのようなデカールではミップマッピングを制限したり無視することで、より手の込んだ解決法をWronski [2064] が論じています。

デカールはタイヤのスリップ痕や弾痕など、動的な要素に使えますが、位置による変化を与えるのにも役立ちます。図20.5は、建物の壁や他の場所にデカールを適用したシーンを示しています。壁のテクスチャーを再利用でき、デカールがカスタマイズされた詳細を供給し、それが建物ごとにユニークな特徴を与えています。

20.3　タイル シェーディング

基本的な遅延シェーディングでは、ライトを個別に評価して、その結果を出力バッファーに加えます。これは初期のGPUの特徴で、そこではシェーダーの複雑さの制限により少数のライトしか評価できませんでした。遅延シェーディングは、毎回G-バッファーにアクセスするコストと引き換えに、任意の数のライトを扱えました。重なるピクセルでは、すべてのライトを評価する必要があり、ピクセルで評価するライトごとの異なるシェーダー呼び出しが含まれるので、数百、数千のライトがあると、基本的な遅延シェーディングは高価になります。1つのシェーダー呼び出しで、複数のライトを評価するほうが効率的です。この後のセクションでは、遅延と前方の両方のシェーディングで、多数のライトをインタラクティブ レートで迅速に評価する、いくつかのアルゴリズムを論じます。

長年の間に、マテリアルとライトのストレージのバランスをとる、様々なハイブリッドG-バッファー システムが開発されてきました。例えば、マテリアルのテクスチャーがディフューズ項だけに影響を与える、ディフューズ/スペキュラー項による単純なシェーディング モデルを考えます。ライトごとにテクスチャーの色をG-バッファーから取り出す代わりに、最初に各ライトのディフューズ項とスペキュラー項を別々に計算して、結果を格納することができます。それらの累積される項を、L-バッファーとも呼ばれるライトに基づくG-バッファーに一緒に加えます。最後に、テクスチャーの色を一旦取り出し、それにディフューズ項を掛けてから、スペキュラーに加えます。どのライトでも1度しか使われないので、テクスチャーの効果を式からくくり出します。こうすることで、ライトごとにアクセスするG-バッファーのデータ点の数が減り、帯域幅が節約されます。典型的な格納スキームは、ディフューズ色とスペキュラー強度の累積で、それは加算ブレンド経由で1つのバッファーに4つの値を出力できることを意味します。Engel [467, 468] が、**事前ライティング**や**ライト前パス**とも呼ばれる、初期の**遅延ライティング** テクニックをいくつか論じています。Kaplanyan [925] が、G-バッファーのストレージとアクセスの最小化を狙った様々なアプローチを比較しています。Thibieroz [1898] も、いくつかのアルゴリズムの長所と短所を対比し、浅いG-バッファーのほうがよいと主張しています。Kircher [971] は、低解像度のG-バッファーとL-バッファーをライティングに使い、それを最終的な前方シェーディング パスでアップサンプルして、バイラ

20.3. タイル シェーディング   771

図 20.5. 上段のイメージでは、色とバンプのデカールを重ねる範囲がチェッカーボードで示されている。中段はデカールを適用した建物を示す。下段のイメージは約 200 のデカールを適用したシーンを示す。（イメージ提供：*IO Interactive*。）

テラル フィルター処理することを述べています。このアプローチはマテリアルによってはうまく動作しますが、例えば、粗さマップや法線マップを反射性のサーフェスに適用して、ライティングの効果が急激に変化する場合、アーティファクトを引き起こすことがあります。Sousa ら [1804] は、アルベド テクスチャーの Y'CbCr 色エンコーディングと合わせて、サブサ

ンプリングの考え方を使い、ストレージ コストの削減に役立てています。アルベドが影響を
与えるのは、高周波に変化する傾向が少ないディフューズ成分です。

　他にも多くのそのようなスキームがあり [963, 1091, 1461, 1875]、それぞれ、格納する成分
とくくり出す成分、実行するパス、影、透明度、アンチエイリアシング、その他の現象をレン
ダーする方法などの要素が異なります。そのすべての主要な目標は同じ（光源の効率的なレン
ダリング）で、それらのテクニックは今も使われます [585]。マテリアルとライティング モデル
を、さらに制限する必要があるスキームもあります [1439]。例えば、物理ベースのマテリア
ル モデルへの移行で、ライティングからフレネル項を計算するため、スペキュラー反射率の
格納が必要だったと、Shulz [1707] が述べています。このライト前パス要件の増加により、彼
のグループはライト前パスから完全な遅延シェーディング システムに移行しました。

　ライトあたり少数のG-バッファーへのアクセスでも、大きな帯域幅コストになることがあ
ります。やはり速いのは、パスでピクセルに影響を与えるライトだけを評価することです。
Zioma [2124] が、前方シェーディング用のライト リストの作成を最初に探求した一人です。
彼のスキームでは、ライト ボリュームをレンダーし、ライトの相対位置、色、減衰係数を重な
るピクセルに格納します。同じピクセルに重なる光源の情報の格納処理に、深度剥離を使いま
す。次に格納したライトの表現を使い、シーンのジオメトリーをレンダーします。このスキー
ムは実行可能ですが、ピクセルに重ねられるライトの数に制限されます。Trebilco [1918] が、
ピクセルごとのライト リストを作成する考え方をさらに推し進めています。オーバードロー
を避け、隠れる光源を間引くため、z-前パスを実行します。ライト ボリュームをレンダーし
て、ピクセルごとにID値として格納し、前方レンダリング パスでアクセスします。複数のラ
イトを1つのバッファーに格納するいくつかの手法を与え、複数の深度剥離パスを必要とせず
に4つのライトを格納できる、ビットシフトとブレンドのテクニックが含まれます。

　タイル シェーディングは、最初にBalestraとEngstad [105] が2008年にゲーム *Uncharted:
Drake's Fortune*で示し、その後すぐに、Frostbiteエンジン [49] とPhyreEngine [1854] で使
われるようになりました。タイル シェーディングの核となる考え方は、光源をピクセルのタ
イルに割り当てて、サーフェスごとに評価する必要があるライトの数と、必要な作業と格納領
域の量の両方を制限することです。次にライトごとにシェーダーを呼び出す遅延シェーディン
グの手法の代わりに、1つのシェーダー呼び出しで、タイルごとのライト リストにアクセスし
ます [1069]。

　ライト区分のためのタイルは、例えば、サイズが32×32ピクセルの、画面上の正方形のピ
クセルのセットです。インタラクティブ レンダリングでは、画面のタイリングの他の使い方
もあります。例えば、モバイル プロセッサーはタイルを処理してイメージをレンダーし [161]、
GPUアーキテクチャーはスクリーン タイルを様々な作業に使います（24章）。ここでのタイル
は開発者が選ぶ構造で、多くの場合、基盤のハードウェアとあまり関係がありません。ライト
ボリュームのタイル レンダリングは、シーンの低解像度レンダリングのようなもので、CPU
や、例えばGPUのコンピュート シェーダーで実行できるタスクです [49, 50, 155, 156, 1707]。

　タイルに影響を与える可能性があるライトをリストに記録します。レンダリングの実行時
に、与えられたタイルのピクセル シェーダーはタイルの対応するライト リストを使い、サー
フェスのシェーディングを行います。これが図20.6の左に示されています。見て分かるよう
に、すべてのライトがすべてのタイルと重なるわけではありません。タイルのスクリーン空
間境界が非対称の錐台を形成し、それを使って重なりを決定します。各ライトの影響の球ボ
リュームは、各タイルの錐台との重なりを、CPUやコンピュート シェーダーで素早くテスト
できます。重なりがある場合のみ、さらにタイル中のピクセルでライトを処理する必要があ
ります。ライト リストをピクセルの代わりにタイルごとに格納することにより、処理、スト

20.3. タイル シェーディング

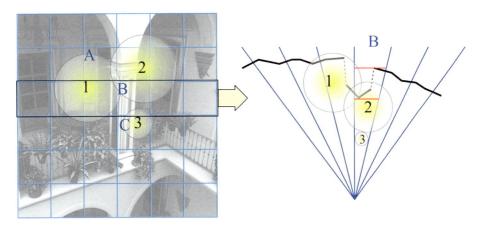

図20.6. タイリングの図解。左：画面が6×6のタイルに分割され、3つの光源（1～3）がこのシーンを照らしている。タイルA～Cを見ると、タイルAがライト1と2、タイルBがライト1～3、タイルCがライト3の影響を受ける可能性があることが分かる。右：左の黒い枠内のタイルの上からの可視化。タイルBに、深度境界が赤い線で示されている。画面上でタイルBはすべてのライトと重なるように見えるが、ライト1と2だけが深度範囲も重なる。

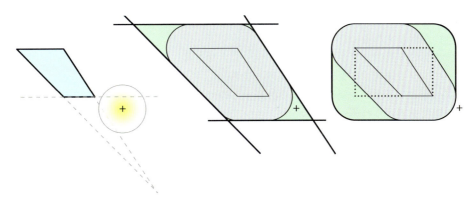

図20.7. 左：単純な球/錐台テストでは、この円は錐台の下と右の平面と重なるので、交わると報告される。中：錐台を拡大し、円の原点（+記号）を細い黒い平面だけに対してテストする、左のテストの図解。緑の部分で誤った交差が報告される。右：点線で示されるボックスを錐台の周りに置き、真ん中の平面テストの後に、図の太い輪郭の形を形成球/ボックス テストを追加する。このテストは緑の部分で誤った交差を生み出すが、両方のテストの適用で、そのような部分は減る。球の原点はその形の外にあるので、球は正しく錐台と重ならないと報告される。

レージ、帯域幅のコストを大きく減らすのと引き換えに、保守的な側（ライトのボリュームがタイルと重ならないかもしれない）に判断を誤ります[1439]。

ライトがタイルと重なるかどうかの決定には、セクション22.14で述べた錐台の球に対するテストを使えます。そこのテストは、大きな広い錐台と、比較的小さな球を仮定していました。しかし、ここの錐台はスクリーン空間タイルから生じるので、たいていは長く、細く、非対称です。これは報告される交差の数が増える可能性があるので（つまり、偽陽性）、カリングの効率が下がります（図20.7の左の部分）。代わりに錐台の平面に対するテストの後に、球/ボックス テスト（セクション22.13.2）を追加でき[1825, 1900]、それが図20.7の右に示されています。MaraとMcGuire[1212]が、彼ら自身のGPUで効率的なバージョンも含め、投影された球で選択できるテストをまとめています。Zhdan[2118]は、このアプローチがスポットライトで動作しないことを述べ、階層カリング、ラスタライズ、プロキシー ジオメトリーを使う最適化テクニックを論じています。

このライト区分処理は、遅延シェーディングや前方レンダリングで使うことができ、Olsson と Assarsson [1434] が詳しく述べています。**タイル遅延シェーディング**では、G-バッファーを通常通りに設置し、ライトのボリュームを、それぞれ重なるタイルに記録してから、それらのリストをG-バッファーに適用して、最終結果を計算します。基本的な遅延シェーディングでは、ピクセル シェーダーがそのライトで評価されるように、四辺形などのプロキシー オブジェクトをレンダーして、各ライトを適用します。タイル シェーディングでは、コンピュート シェーダーや、画面やタイルごとにレンダーするクワッドを使い、各ピクセルのシェーダー評価を起動します。次にフラグメントを評価するときに、そのタイルのリストのすべてのライトを適用します。ライト リストの適用には、いくつかの利点があります。

- 各ピクセルで、G-バッファーは重なるライトごとではなく、全部で最大一回しか読み出されない。
- 出力イメージ バッファーはライトごとの結果を累積するのではなく、一度しか書き込まれない。
- シェーダー コードはレンダリングの式で共通の項をくくり出し、それらをライトごとではなく、一回で計算できる [1069]。
- タイルの各フラグメントは同じライト リストを評価し、GPUワープのコヒーレントな実行が保証される。
- すべての不透明オブジェクトをレンダーした後、同じライト リストを使い、前方シェーディングで透明オブジェクトを処理できる。
- すべてのライトの効果を1パスで計算するので、そうしたければ、フレームバッファーの精度を下げられる。

この最後の項目であるフレームバッファーの精度は、伝統的な遅延シェーディング エンジンで重要なことがあります [1803]。ライトごとに別のパスで適用するので、結果を8ビット/色チャンネルしかないフレームバッファーに累積すると、最終結果がバンディングなどのアーティファクトを被るかもしれません。とは言っても、多くの現代のレンダリング システムでは、トーン マッピングや他の操作を行うために、高精度の出力が必要なので、低い精度を使えることにあまり意味はないかもしれません。

タイルのライト区分は前方レンダリングでも使えます。このタイプのシステムは**タイル前方シェーディング** [160, 1434]や**前方＋** [723, 725] と呼ばれます。最終パスのオーバードローを避け、さらなるライトのカリングを可能にするために、最初にジオメトリーの z-前パスを実行します。コンピュート シェーダーが、タイルでライトを区分します。次に2番目のジオメトリー パスが前方シェーディングを実行し、シェーダーはフラグメントのスクリーン空間位置に基づいてライト リストにアクセスします。

タイル前方シェーディングは、*The Order: 1886* [1371, 1516]などのゲームで使われています。Pettineo [1512] が、タイル シェーディングの遅延と前方区分の実装を比較するオープンソースのテスト スイートを提供しています[1069]。アンチエイリアシングのため、遅延シェーディングを使うときに各サンプルを格納しました。結果は入り混じり、どちらが高性能なスキームかは、テスト条件で変わります。アンチエイリアシングなしでは、ライトの数を1024まで増やすとき、多くのGPUで遅延が勝る傾向があり、アンチエイリアシング レベルを上げると、前方のほうが勝っています。Stewart と Thomas [1824] が、より広範囲のテストで1つのGPUモデルを分析し、似た結果を得ています。

z-前パスは、深度によるライトのカリングという、別の目的にも使えます。その考え方が図

20.3. タイル シェーディング

図 **20.8.** 大きな深度不連続が存在するタイルの可視化。（「*Just Cause 3*」からのイメージ、提供：*Avalanche Studios [1498]*。）

20.6の右に示されています。最初のステップは、タイル中のオブジェクトの最小と最大の z-深度、$z_{\min}$ と $z_{\max}$ を求めることです。それらはどちらも、シェーダーをタイルのデータに適用し、1つ以上のパスでサンプリングを行うことで $z_{\min}$ と $z_{\max}$ の値を計算する**リデュース**操作で決定します [50, 1825, 1900]。1つの例として、Haradaら [725] がコンピュート シェーダーと順序なしアクセス ビューを使い、錐台カリングとタイルの削減を効率よく行っています。次にそれらの値を使って、このタイルの範囲と重ならないライトを素早く間引けます。中身がない、例えば空しか見えないタイルも無視できます [2019]。最小値、最大値、または両方を計算して使う価値があるかどうかには、シーンとアプリケーションのタイプが影響します [160]。G-バッファーには深度が存在するので、このやり方のカリングは、タイル遅延シェーディングにも適用できます。

深度境界は不透明サーフェスから求めるので、透明度は別に考慮しなければなりません。透明なサーフェスを扱うため、NeubeltとPettineo [1371] は、透明なサーフェスだけのライティングとシェーディングに使うライトをタイルごとに作成するため、追加のパスのセットをレンダーします。まず、透明なサーフェスを不透明ジオメトリーの z-前パス バッファーの上にレンダーします。不透明サーフェスの $z_{\max}$ を錐台の遠端の上限に使い、透明サーフェスの $z_{\min}$ を保持します。2番目のパスは別個のライト区分パスで、タイルごとに新しいライト リストを生成します。3番目のパスは、タイル前方シェーディングと同様に、透明なサーフェスだけをレンダラーに送ります。そのようなすべてのサーフェスに、新しいライト リストでシェーディングとライティングを行います。

ライトが多いシーンでは、z-値の有効範囲が、ライトの大部分をそれ以上の処理から間引くのに重要です。しかし、深度が不連続な一般的なケースでは、この最適化はほとんど利益がありません。例えば、あるタイルが遠くの山を背景にした、近くのキャラクターを含むとします。その2つの間の z 範囲は非常に大きいので、ほとんどライトを間引く役に立ちません。この深度範囲の問題は、図20.8に示されるように、シーンの大部分に影響を与えることがあります。この例は極端なケースではありません。森の中や、丈の高い草や植物があるシーンは、不

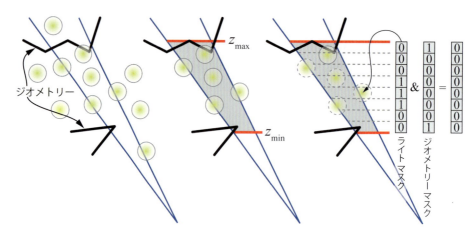

図20.9. 左：青いタイルの錐台、いくつかの黒いジオメトリー、丸い黄色の光源のセット。中：タイル カリングでは、赤い z_{min} と z_{max} の値が、グレイの領域の重ならない光源を間引くのに使われる。右：クラスター カリングでは、z_{min} と z_{max} の間の領域が n のセルに分割される（この例では $n = 8$）。ピクセルの深度を使ってジオメトリー ビットマスク（10000001）を計算し、ライト ビットマスクをライトごとに計算する。それらのビット単位の AND が 0 なら、そのタイルでは、そのライトをそれ以上考慮しない。一番上のライトは 11000000 で、texttt11000000 AND 10000001 は 10000000 になるので、そのライトだけがライティングの計算で処理される。

連続を含むタイルの割合が高くなることがあります [1498]。

1つの解決法は、z_{min} と z_{max} の中間で分割を行うことです。**バイモーダル クラスター** [1071] や *HalfZ* [1825, 1900] と呼ばれる このテストは、その中間点と交わるライトの重なりを比べて近、遠、全範囲に分類します。そうすることで、タイル中に近くと遠くの2つのオブジェクトがあるケースに直接取り組みます。それは、どちらのオブジェクトとも重ならないライト ボリュームや、異なる深度で重なる3つ以上のオブジェクトの場合など、すべての問題に対処するわけではありません。それでも、全体のライティングの計算を大きく減らせます。

Harada ら [724, 725] が紹介した、*2.5D カリング* と呼ばれる、より手の込んだアルゴリズムでは、各タイルの深度範囲 z_{min} と z_{max} を、深度方向沿いの n のセルに分割します。この処理が図20.9に示されています。n ビットのジオメトリー ビットマスクを作成し、ジオメトリーがあるビットを1にセットします。彼らは効率のため $n = 32$ を使っています。次にすべてのライトを反復し、タイルの錐台と重なるすべてのライトにライト ビットマスクを作成します。ライト ビットマスクはライトがあるセルを示します。ジオメトリー ビットマスクを、そのライト マスクと AND します。その結果が0なら、そのタイルのジオメトリーに影響を与えません。これが図20.9の右に示されています。そうでなければ、そのライトをタイルのライト リストに追加します。Stewart と Thomas [1824] が、ある GPU アーキテクチャーで、ライトの数が512を超えると HalfZ が基本のタイル遅延を上回り始め、その数が2300を超えると、それほど大きくはありませんが、2.5D カリングが優位になることを見出しました。

Mikkelsen [1309] が、不透明オブジェクトのピクセル位置を使い、さらにライト リストを刈り込んでいます。16×16 ピクセル タイルごとに、各ライトのスクリーン空間境界長方形のリストを、カリング用の z_{min} と z_{max} のジオメトリー境界と合わせて生成します。64のコンピュート-シェーダー スレッドに、タイルの4ピクセルを各ライトと比較させることにより、このリストをさらに間引きます。タイル中のどのピクセルのワールド空間位置も、ライトのボリューム内になければ、そのライトをリストから削除します。少なくとも1つのピクセルに影響を与えることが保証されるライトだけが保存されるので、その結果のライトのセットはかなり正確になります。Mikkelsen は、彼のシーンで z-軸を使ってさらにカリングを行うと、全体

20.4. クラスター シェーディング   777

的な性能が下がることを発見しました。

　ライトをリストに配置し、1つのセットとして評価すると、遅延システムのシェーダーがかなり複雑になることがあります。すべてのタイプのマテリアルとライトを、1つのシェーダーが処理できなければなりません。タイルは、この複雑さを減らすのに役立つことがあります。その考え方は、すべてのピクセルにビットマスクを格納し、その各ビットをマテリアルがそのピクセルで使うシェーダーの機能に関連付けることです。タイルごとに、それらのビットマスクを一緒に OR して、そのタイルで使う機能の最小の数を決定します。ビットマスク AND でまとめて、すべてのピクセルが使う機能を求めることもでき、それがシェーダーにこのコードを実行するかどうかをチェックする「if」テストが必要ないことを意味します。次にタイルのすべてのピクセルで、それらの要件を満たすシェーダーを使います [296, 450, 2019]。このシェーダーに特殊化が重要なのは、実行に必要な命令が減るからだけでなく、さもないとシェーダーが最悪のケースのコード経路のためにレジスターを割り当てなければならず、占有率（セクション 24.3）が高くなる可能性があるからです。マテリアルとライト以外の属性を追跡して、シェーダーに影響を与えることができます。例えば、ゲーム *Split/Second* で、Knight ら [982] は、完全または部分的に影になるかどうか、アンチエイリアシングが必要なポリゴン エッジが含まれるかどうかなどをテストして、4 × 4 のタイルを分類しています。

20.4　クラスター シェーディング

タイル ライト区分は、タイルの2次元の空間的広がりと、オプションでジオメトリーの深度境界を使います。**クラスター シェーディング**は、視錐台をクラスターと呼ばれる3次元のセルのセットに分割します。タイル シェーディングの z-深度アプローチと違い、この再分割はシーンのジオメトリーに依存せず、視錐台全体で行われます。その結果のアルゴリズムは、カメラ位置による性能の変化が少なく [1435]、タイルが深度不連続を含むときの振る舞いが改善します [1498]。クラスター シェーディングは、前方と遅延のどちらのシェーディング システムにも適用できます。

　遠近法により、タイルの断面積はカメラからの距離に比例して増えます。一様再分割スキームは、潰れたり細長いボクセルをタイルの錐台で作り出し、最適ではありません。Olsson ら [1435, 1436] は、補正として、クラスターを立方体に近づけるため、ジオメトリーの z_{min} と z_{max} に依存せず、ジオメトリーをビュー空間で指数的にクラスター化しています。1つの例として、*Just Cause 3* の開発者は、16 の深度スライスを持つ 64 × 64 ピクセルのタイルを使って軸沿いの解像度を拡大し、解像度に関係なく固定数の画面タイルを使って実験しました [1498]。Unreal Engine は同じサイズのタイルと、一般に 32 の深度スライスを使います [45]（図 20.10）。

　ライトは重なるクラスターで分類され、リストが形成されます。シーン ジオメトリーの z-深度に依存しないことにより、クラスターはビューとライトのセットだけから計算できます [1498]。サーフェスは、不透明でも透明でも、その位置を使って関連するライト リストを取り出します。クラスター化は、透明とボリュームを含むシーンのすべてのオブジェクトで動作する、効率的な統合ライティング ソリューションを提供します。

　タイル アプローチと同じく、クラスター化を使うアルゴリズムは、前方や遅延シェーディングと組み合わせることができます。例えば、*Forza Horizon 2* は、追加の作業なしで MSAA サポートが得られるので、そのクラスターを GPU で計算してから、前方シェーディングを使

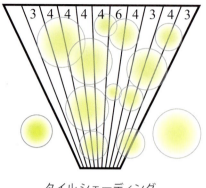 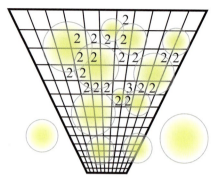

タイルシェーディング　　　　　　　　クラスターシェーディング

図20.10. 2次元で示されたタイルとクラスターシェーディング。視錐台を再分割し、シーンのライトボリュームを、それが重なる領域で分類する。タイルシェーディングがスクリーン空間で再分割を行うのに対し、クラスターはz-深度スライスでも分割を行う。各ボリュームにはライトリストが含まれ、2以上の長さのリストでは値が示されている。タイルシェーディングでは、z_{min}とz_{max}をシーンのジオメトリー（示していない）から計算しないと、ライトリストに多数の不要なライトが含まれることがある。クラスターシェーディングは、そのリストを間引くためにジオメトリーをレンダーする必要はないが、そのようなパスは役に立つことがある。（Persson [1498]からの図。）

います [371, 1082, 1498]。シングルパスの前方シェーディングではオーバードローの可能性がありますが、大まかな前から後ろのソート [963, 1898] や、オブジェクトのサブセットだけに前パスを行う [161, 1900] など、2番目の完全なジオメトリーパスがなくても、他の手法で多くのオーバードローを回避できます。とは言え、たとえそのような最適化を使っても、分離したz-前パスを使うほうが速いことを、Pettineo [1518] が見出しています。あるいは、不透明サーフェスに遅延シェーディングを行ってから、同じライトリスト構造を透明サーフェスの前方シェーディングに使うこともできます。このアプローチは *Just Cause 3* で使われ、そこではライトリストをCPUで作成しています [1498]。Dufresne [420] も、処理がシーンのジオメトリーに依存しないので、CPU上で並列にクラスターライトリストを生成しています。

タイル手法よりもクラスターライト割り当てのほうが、リストあたりのライトが少なく、ビューへの依存性が減ります [1435, 1439]。タイルが定義する細長い錐台は、カメラが少し動くだけで内容が大きく変化することがあります。例えば、街灯の直線が、1つのタイルを満たすように並ぶことがあります [1498]。z-深度再分割手法では、各タイルのサーフェスからの遠近の距離が、1ピクセルの変化で急激にずれることがあります。クラスター化のほうが、そのような問題の影響を受けません。

前に述べたように、Olssonら [1435, 1436] や他の研究者が、いくつかのクラスターシェーディングの最適化を探っています。1つのテクニックはライトにBVHを作ってから、それを使って、与えられたクラスターに重なるライトボリュームを迅速に決定することです。このBVHは、少なくとも1つのライトが動いたら、直ちに作り直す必要があります。遅延シェーディングで使える1つのオプションが、クラスターのサーフェスで量子化法線方向を使って間引くことです。Olssonらは、法線円錐（セクション19.3）を形成するため、キューブの面ごとに3×3の方向セット、全部で54の位置を保持する構造に、サーフェス法線を分類します。この構造は、次にクラスターのリストの作成で、さらに光源（クラスターのすべてのサーフェスより後ろにあるもの）を間引くのに使えます。ソートはライトの数が多いと高価になることがあり、van Oosten [1441] が様々な戦略と最適化を探っています。

遅延シェーディングやz-前パスのように、見えるジオメトリーの位置が利用できるときに

20.4. クラスター シェーディング

は、別の最適化が可能です。ジオメトリーを含まないクラスターは処理から除外でき、必要な処理とストレージが少ない疎なグリッドが与えられます。それは、最初にシーンを処理して、ジオメトリーがあるクラスターを求める必要があることを意味します。これには深度バッファー データへのアクセスが必要なので、クラスターの形成を GPU 上で行わなければなりません。クラスターと重なるジオメトリーの広がりは、クラスターのボリュームと比べて小さいことがあります。それらのサンプルを使い、テストを行うタイトな AABB を形成することにより、さらに多くのライトを間引ける可能性があります [1439]。最適化されたシステムは、100 万を超える光源を扱え、数の増加にうまくスケールし、少数のライトでも効率的です。

指数関数を使ってスクリーン z-軸を再分割する必要はなく、そのような再分割は多くの遠いライトがあるシーンに負の影響があるかもしれません。指数分布では、クラスターのボリュームが深度とともに増加し、遠くのクラスターのライト リストが過剰に長くなることがあります。クラスター セットの最大距離、ライト クラスター化の「遠平面」を制限することが 1 つの解決法で、それより遠くのライトはフェードアウトしたり、パーティクルやグレアで表現したり、ベイクします [318, 468, 1900]。より単純なシェーダーや、ライトカット [1972] などの詳細レベル テクニックも使えます。逆に、視点に最も近いボリュームは、疎らでも大きく再分割されることがあります。1 つのアプローチは、区分錐台の「近平面」を何らかの妥当な距離に強制し、この深度より近いライトが、最初の深度スライスに入るように分類することです [1498]。

DOOM (2016) [319, 1805] では、Olsson ら [1435] と Persson [1498] のクラスター化手法を組み合わせて使う前方シェーディング システムが実装されました。最初に約 0.5ms かかる z-前パスを実行します。そのリスト構築スキームは、クリップ空間ボクセル化と考えることができます。光源、環境ライト プローブ、デカールを、それぞれ各セルを表す AABB との交差をテストしながら挿入します。デカールの追加は、それらのエンティティに遅延シェーディングが持つ利点をクラスター前方システムが得る、大きな改善です。前方シェーディングでは、エンジンがセルで見つかるすべてのデカールをループします。デカールがサーフェスの位置と重なれば、そのテクスチャーの値を取り出してブレンドします。デカールはブレンド ステージで利用できる操作に制限されず、遅延シェーディングで行うように、好きな方法で下層のサーフェスとブレンドできます。クラスター前方シェーディングでは、透明サーフェスの上にもデカールをレンダーできます。そのときは、セル中の関連するすべてのライトが適用されます。

ライト リストの構築にシーンのジオメトリーは不要で、ライト ボリューム球とクラスターボックスの重なりの解析的なテストは安価なので、CPU を使えます。しかし、スポットライトや他のライト ボリューム形状が含まれる場合、その周りで球境界ボリュームを使うと、そのようなライトが効果のない多くのクラスターに加わり、正確な解析的交差テストが高価になるかもしれません。その路線で Persson [1498] が、球をクラスターのセットにボクセル化する迅速な手法を与えています。

ライト ボリュームを分類してそれらの問題を避けるのに、GPU のラスタライズ パイプラインを使えます。Örtegren と Persson [1447] が、ライト リストを構築する 2 パス処理を述べています。シェル パスでは、各ライトを、それを囲む低解像度メッシュで表します。保守的ラスタライズ（セクション 24.1.2）を使って、それらのシェルを 1 つずつクラスター グリッドにレンダーし、それぞれが重なる最小と最大のクラスターを記録します。フィル パスでコンピュート シェーダーが、それらの境界の間の各クラスターのリンク リストに、ライトを加えます。境界球の代わりにメッシュを使うことで、よりタイトなスポットライトの境界が与えられ、ジオメトリーで直接ライトの可視性を遮蔽し、さらにリストを間引くことができます。保

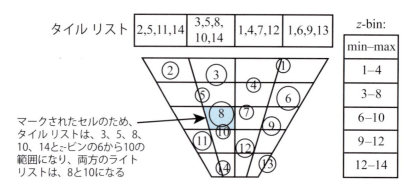

図20.11. z-ビニングを使うと、そのz-深度に基づくIDがライトごとに与えられる。タイルごとにリストが生成される。スライスと重なる可能性がある保守的なライトの範囲である、最小と最大のIDがz-ビンごとに格納される。マークされたセルのすべてのピクセルで、両方のリストを取り出して重なりを求める。

守的ラスタライズが利用できないときは、Pettineo[1518]が、サーフェスの勾配を採用して、各ピクセルで三角形の z 境界を保守的に見積もる手法を述べています。例えば、あるピクセルで最も遠い距離が必要なら、x と y の深度勾配を使って、一番離れたピクセルの角を選択し、その点の深度を計算します。そのような点は三角形を外れるかもしれないので、ライトの z-深度範囲全体もクランプし、真横に近い三角形が、z-深度の見積もりを遠方に投げ出すのを回避します。

Wronski[2066]が様々な解決法を探り、グリッド セルの周りに境界球を置き、円錐に対する交差テストを行う考え方に到達しました。このテストは評価が迅速で、セルが立方体に近いときにはうまく動作しますが、細長いときに効率が落ちます。

Drobot[415]が、*Call of Duty: Infinite Warfare*でライトを挿入するための、メッシュの使い方を述べています。静止したスポットライトを考えます。それは円錐のようなボリュームを空間中に形成します。それ以上の処理がなければ、その円錐はシーンの範囲か、ライトに定義された最大距離のどちらかまで、かなりの距離伸びます。さて、シーンの静的ジオメトリーを使って生成する、このスポットライトのシャドウ マップを考えます。このマップは、ライトが照らす各方向の最大距離を定義します。ベイク処理では、このシャドウ マップをライトの実効ボリュームとして機能する低解像度メッシュに変えます。そのメッシュは保守的で、ライトが照らす空間のボリュームを完全に包含するように、各シャドウ マップ領域の最大深度を使って形成します。このスポットライト表現のほうが、元の円錐のボリュームより重なるクラスターが少なくなります。

この処理とは独立に、z-ビニングと呼ばれるライト リストのストレージとアクセス手法は、クラスター シェーディングよりかなり少ないメモリーしか必要としません。そこでは、ライトがスクリーン z-深度でソートされ、その深度に基づくIDが与えられます。次に指数の代わりに、どれも同じ深度の厚みを持つz-スライスのセットを使い、それらのライトを区分します。z-スライスごとに、それと重なる最小と最大のIDのライトだけを格納します（図20.11）。タイル シェーディング リストも生成され、オプションでジオメトリー カリングを行います。各サーフェス位置で、この2次元のタイリング構造と、スライス単位の1次元のz-ビンID範囲にアクセスします。そのタイリング リストは、そのピクセルに影響を与える可能性がある、タイル中のすべてのライトを与えます。ピクセルの深度で、そのz-スライスと重なる可能性があるIDの範囲を取り出します。その2つの重なりをその場で計算し、そのクラスターの有効なライト リストを与えます。

20.4. クラスター シェーディング

3次元グリッドのすべてのクラスターにリストを作成して格納する代わりに、このアルゴリズムは2次元タイルごとのリストと、z-スライスのセット用の小さな固定サイズの配列しか必要としません。各ピクセルで関連するライトを決定する作業が少し増えるのと引き換えに、必要なストレージ、帯域幅の使用、事前計算が減ります。z-ビニングを使うことで、区分を誤るライトが生じるかもしれませんが、人工的な環境では、xyスクリーン座標とz-深度の両方で重なるライトがほとんどないことを、Drobotは見出しています。ピクセル シェーダーとコンピュート シェーダーを使い、このスキームは深度不連続のあるタイルで、ほぼ完璧なカリングを与えられます。

オブジェクトにアクセスするための3次元データ構造は、グリッドや8分木を空間に課すボリューム関連のもの、例えばグリッド セルの内容を囲む境界ボリュームを使う、境界ボリューム階層を形成するオブジェクト関連のもの、ハイブリッドのほぼ3つに分類できます。Bezrati [155, 156] が、コンピュート シェーダーでタイル シェーディングを行い、ライトごとに最小と最大のz-深度を持つ、拡張ライト リストを作っています。それにより、フラグメントは重ならないライトを素早く却下できます。O'Donnell と Chajdas [1419] が、CPU側で作るタイル ライト ツリーを紹介しています。ライトごとに深度境界を持つタイル ライト リストを使い、境界間隔階層を形成します。つまり、Olssonら [1435] が行ったように、すべてのライトの3次元階層を別々に作る代わりに、単純な1次元階層をタイル中の各ライトのzの範囲から作成します。この構造はGPUのアーキテクチャーによく合い、多数のライトが1つのタイルに入るケースをうまく処理できます。彼らはタイルのセルへの分割（法線クラスター シェーディング アプローチ）と、ライト ツリーの使用のどちらかを選ぶハイブリッド アルゴリズムも提供しています。ライト ツリーは、セルとそのライトの平均の重なりが低い状況で、最もうまく動作します。

ローカル ライト リストの考え方はモバイル デバイスで使えますが、制限と機会が異なります。例えば、G-バッファーをローカル メモリーに保持するモバイル固有の特性により、伝統的な遅延方式で1度に1つのライトをレンダーするのが、モバイルでは最も効率的な手法かもしれません。タイル前方シェーディングは、OpenGL ES 2.0をサポートするデバイス（ほぼすべてのモバイルGPU）上で実装できます。OpenGL ES 3.0とピクセル ローカル ストレージと呼ばれる拡張機能により、ARM GPUで利用可能なタイルベースのレンダリング システムを使い、ライト リストを効率よく生成して適用できます。詳しい情報はBilleterのプレゼンテーションを参照してください[161]。モバイル ハードウェアではコンピュート シェーダーのサポートが少ないため、ライト区分スキームでのトレードオフを含めた、Frostbiteエンジンのデスクトップからモバイルへの改装を、Nummelin [1397] が論じています。モバイル デバイスはタイルベースのレンダリングを使うので、遅延シェーディング用に生成するG-バッファーデータを、ローカル メモリーに保持できます。Smith と Einig [1787] が、それをフレームバッファー フェッチとピクセル ローカル ストレージを使って行うことを述べ、それらのメカニズムが全体的な帯域幅コストを半分以下に減らすことを見出しています。

要約すると、タイル、クラスターなどのライト リスト カリング テクニックは、遅延や前方シェーディングと一緒に使うことができ、どれもデカールに適用できます。ライト ボリューム カリングのアルゴリズムは、フラグメントごとに評価するライトの数を最小にすることに焦点を合わせながら、ジオメトリーとシェーディングを切り離す考え方を使い、最大効率のために処理と帯域幅コストのバランスをとることができます。すべてのオブジェクトが常にビューにある場合に、錐台カリングは時間が増えるだけで何の利益もないように、テクニックがほとんど利益をもたらさない様々な条件があります。光源が太陽だけなら、ライト カリン

	伝統的前方	伝統的遅延	タイル/クラスター遅延	タイル/クラスター前方
ジオメトリー パス	1	1	1	1–2
ライト パス	0	ライトごとに1	1	1
ライト カリング	メッシュ単位	ピクセル単位	ボリューム単位	ボリューム単位
透明度	容易	不可	前方と組み合わせ →	容易
MSAA	内蔵	難しい	難しい	内蔵
帯域幅	低	高	中	低
シェーディング モデルを変える	簡単	難しい	複雑	簡単
小さい三角形	遅い	速い	速い	遅い
レジスター プレッシャー	場合により高	低	場合により低	場合により高
シャドウ マップ再利用	不可	可	不可	不可
デカール	高価	安価	安価	高価

表20.1. 典型的なデスクトップGPUでの、伝統的なシングルパス前方、遅延、遅延と前方シェーディングを使ったタイル/クラスター ライト区分の比較。 (*Olsson [1439]*より。)

グ前処理は不要です。サーフェス オーバードローがほとんどなく、ライトが少ない場合、全体として遅延シェーディングのほうが時間がかかるかもしれません。多くの効果が制限された照明源があるシーンでは、前方と遅延のどちらのシェーディングを使うときでも、ローカライズされたライト リストの作成に時間を費やすことには、努力に見合う価値があります。ジオメトリーの処理が複雑だったり、サーフェスのレンダーが高価なときには、遅延シェーディングがオーバードローを回避し、プログラムやステートの切り替えなどのドライバー コストを最小化し、より少ない呼び出しで、より大きな連結メッシュをレンダーする手段を提供します。1フレームのレンダリングで、その複数の手法を一緒に使えることに留意してください。テクニックのベスト ミックスは、シーンに依存するだけでなく、オブジェクトやライト単位でも変わる可能性があります[1707]。

このセクションの締めくくりとして、アプローチの間の主な違いを表20.1にまとめます。「透明度」行の右矢印は、不透明サーフェスには遅延シェーディングを適用し、透明サーフェスには前方シェーディングが必要なことを意味します。「小さい三角形」は、前方レンダリング時にクワッド シェーディング (セクション24.1) が、4つのサンプルすべてを完全に評価することにより非効率になることがある、遅延シェーディングの利点を述べています。「レジスター プレッシャー」は、含まれるシェーダーの全体的な複雑さに言及しています。シェーダーで多くのレジスターを使うことは形成されるスレッドが減ることを意味し、GPUのワープの不十分な活用につながります[145]。タイルとクラスター遅延テクニックでは、それがシェーダー合理化手法の採用で下がるかもしれません[296, 450, 2019]。多くの場合、シャドウ マップの再利用は、かつてGPUメモリーの制限がより大きかったときほど、重要ではありません[1707]。

多数の光源が存在するとき、影は挑戦です。1つの答えは、小さい光源からの光漏れの危険を承知の上で、最も近くて最も明るいライトと太陽以外のすべてで影の計算を無視することです。Haradaら[725] が、見えるサーフェスのピクセルごとに、近くの光源へのレイを生成する、タイル前方システムでのレイ キャスティングの使い方を論じています。Olssonら[1437, 1438] が、占有グリッド セルをジオメトリーのプロキシーとして使い、必要に応じてサンプルを作成し、シャドウ マップを生成することを論じています。彼らの制限されたシャドウ マップを、レイ キャスティングと組み合わせるハイブリッド システムも論じています。

ライト リストの生成でスクリーン空間の代わりにワールド空間を使うのも、クラスター シェーディング用の空間を構成する手段です。状況によってはこのアプローチが妥当なことがありますが、大きなシーンではメモリーの制約と[415]、遠くのクラスターがピクセル サイズ

20.5. 遅延テクスチャリング

になって性能を損なうので、避ける価値があるかもしれません。Persson [1497] が、静的なライトを3次元のワールド空間グリッドに格納する、基本的なクラスター前方システムのコードを提供しています。

20.5 遅延テクスチャリング

遅延シェーディングはオーバードローと、フラグメントの色調を計算してから、その結果を破棄するコストを回避します。しかし、G-バッファーを作るときにも、やはりオーバードローは発生します。オブジェクトをラスタライズして、そのすべてのパラメーターを取り出す過程で、いくつかのテクスチャー アクセスが行われます。後でその格納サンプルを遮蔽する別のオブジェクトが描かれると、最初のオブジェクトのレンダリングに費やした帯域幅がすべて無駄になります。後で別のオブジェクトに上書きされるサーフェスでのテクスチャー アクセスを避けるため、部分的あるいは完全なz-前パスを行う遅延シェーディング システムもあります [45, 963, 1512]。しかし、追加のジオメトリー パスは、多くのシステムが可能な限り避けるものです。帯域幅はテクスチャー フェッチで使われますが、頂点データや他のデータのアクセスでも使われます。詳細なジオメトリーでは、追加のパスがテクスチャーのアクセス コストで節約できるより多くの帯域幅を使うかもしれません。

作ってアクセスするG-バッファーの数が多いほど、メモリーと帯域幅のコストは高くなります。システムによっては、ボトルネックの大部分がGPUのプロセッサーの内部にあるため、帯域幅が問題にならないかもしれません。18章で長々と論じたように、ボトルネックは常にあり、刻々と変化することもあります。これほど多くの効率スキームがある1つの主な理由は、与えられたプラットフォームとシーンのタイプに合わせて開発されるからです。システムの実装と最適化の難しさ、コンテンツのオーサリングの容易さ、他の様々な人的要因など、他にも何を構築するかの決定要因があります。

GPUの計算と帯域幅の能力は、どちらも時間とともに上昇してきましたが、その増加する速度は異なり、計算のほうが速く上昇しています。この傾向は、GPUの新機能と相まって、ボトルネックをバッファー アクセスではなくGPUの計算にするのが、システムを時代遅れにならないように設計する1つの方法であることを意味します [236, 1439]。

ただ1つのジオメトリー パスを使い、必要になるまでテクスチャーの取り出しを避ける、いくつかの異なるスキームが開発されています。Haar と Aaltonen [677] が、*Assassin's Creed Unity* での、仮想**遅延テクスチャリング**の使い方を述べています。彼らのシステムはローカルな 8192×8192 のテクスチャー アトラスを管理し、その見えているテクスチャーは、それぞれ 128×128 の解像度で、それよりずっと大きなセットから選択されます。このアトラス サイズは、アトラス中の任意のテクセルのアクセスに使える (u, v) テクスチャー座標を格納できます。座標の格納に使う16ビットがあり、8192の位置に13ビットが必要で、サブテクセル精度に3ビット、すなわち8レベルが残ります。32ビットの接基底も、クォーターニオンとしてエンコードされて格納されます [541]（セクション16.6）。そうすることにより、1つの64ビットのG-バッファーしか必要ありません。ジオメトリー パスではテクスチャー アクセスを行わないので、オーバードローは極めて安価です。このG-バッファーを確定した後、シェーディングで仮想テクスチャーにアクセスします。ミップマッピングには勾配が必要ですが、格納されていません。各ピクセルの隣を調べて、最も近い (u, v) 値を持つものを使い、その場で勾配を計算します。マテリアルIDも、アクセスするテクスチャー アトラス タイルを決定し、テクスチャー座標値を128、つまりテクスチャー解像度で割ることにより導きます。

図**20.12.** 可視性バッファー[236]の最初のパスでは、三角形とインスタンスのIDだけをレンダーし、ここでは三角形ごとに異なる色で可視化された、1つのG-バッファーに格納する。（イメージ提供：*Graham Wihlidal—Electronic Arts* [2028]。）

　このゲームでシェーディング コストを下げるために使われる別のテクニックが、4分の1の解像度でレンダーし、特殊形式のMSAAを使うことです。AMD GCNを使うコンソールや、OpenGL 4.5/OpenGL ES 3.2やその他の拡張を使うシステムでは[2, 1517]、MSAAのサンプリング パターンを好きに設定できます。HaarとAaltonenは、4× MSAAのグリッド パターンを、各グリッド サンプルが全画面ピクセルの中心に直接対応するように設定します。4分の1の解像度でレンダーすることにより、MSAAのマルチサンプリングの性質を利用できます。(u,v)と接基底を、損失なしでサーフェスをまたいで補間でき、8× MSAA（ピクセルあたり2× MSAAに相当）も可能です。葉や木など、かなりのオーバードローがあるシーンをレンダーするときには、このテクニックでシェーダー呼び出しの数とG-バッファーの帯域幅コストが大きく減ります。

　テクスチャー座標と基底しか格納しないのは、かなり最小限ですが、他のスキームも可能です。BurnsとHunt[236]が述べ、**可視性バッファー**と呼ぶものでは、三角形のIDとインスタンスIDの2つのデータを格納します（図20.12）。ジオメトリー パスのシェーダーはテクスチャー アクセスがなく、その2つのID値しか格納する必要がないので、極めて高速です。すべての三角形と頂点データ（位置、法線、色、マテリアルなど）は、グローバル バッファーに格納します。遅延シェーディング パスで、ピクセルごとに格納された三角形とインスタンスのIDを使って、それらのデータを取り出します。ピクセルのビュー レイを三角形と交差して重心座標を求め、それを使って三角形の頂点データの間で補間を行います。頂点シェーダーの計算など、通常はそれより低い頻度で行う他の計算も、ピクセルごとに行わなければなりません。テクスチャー勾配の値も補間ではなく、ピクセルごとに一から計算します。次にそれらすべてのデータを使ってピクセルのシェーディングを行い、好きな区分スキームを使ってライトを適用します。

　これはすべて高価に聞こえますが、計算力が帯域幅の能力よりも速く成長していることを思い出してください。この研究は、オーバードローによる帯域幅の損失を最小にする、計算が重いパイプラインを優先します。シーンに64k未満のメッシュしかなく、どのメッシュも64k未

20.5. 遅延テクスチャリング

満の三角形しか持たなければ、各IDは16ビット長で、G-バッファーはピクセルあたり32ビットに縮小できます。それより大きなシーンは、これを48から64ビットに拡大します。

Stachowiak [1808] が、GCNアーキテクチャーで利用可能ないくつかの機能を使う、可視性バッファーの変種を述べています。最初のパスで、ピクセルごとに三角形上の位置の重心座標も計算して格納します。GCNのフラグメント（ピクセル）シェーダーは重心座標を、後で個別にピクセルごとに行うレイ/三角形交差と比べて安価に計算できます。追加ストレージのコストはありますが、このアプローチには重要な利点があります。アニメートするメッシュで、元の可視性バッファー スキームは、遅延シェーディングで修正された頂点位置を取り出せるように、修正したメッシュ データをバッファーにストリーム出力する必要があります。変換したメッシュ座標の保存は、追加の帯域幅を消費します。最初のパスで重心座標を格納することにより、頂点位置は用済みで、元の可視性バッファーの欠点である再度の取り出しが不要です。しかし、カメラからの距離が必要なら、後から再構成できないので、この値も最初のパスで格納しなければなりません。

このパイプラインは、前のスキームと同様に、ジオメトリーとシェーディングの頻度の分離に適しています。Aaltonen [2] が、それぞれにMSAAグリッド サンプリング手法を適用して、平均の必要なメモリーの量をさらに減らせると述べています。ストレージ レイアウトのバリエーションと、その3つのスキームの計算コストと能力の違いも論じています。SchiedとDachsbacher [1678, 1679] は逆の方向で、可視性バッファーを基に、MSAA機能を使って高品質なアンチエイリアシングのメモリー消費とシェーディング計算を減らしています。

バインドレス テクスチャー機能（セクション6.2.5）が利用できれば、遅延テクスチャリングの実装がさらに簡単になると、Pettineo [1518] が述べています。彼の遅延テクスチャリングシステムは、より大きなG-バッファーを作成し、深度、個別のマテリアルID、深度勾配を格納します。Sponzaモデルをレンダーして、このシステムの性能をz-前パスありとなしのクラスター前方アプローチと比較しています。MSAAがオフのときには、遅延テクスチャリングは常に前方シェーディングより速く、MSAAを適用すると遅くなりました。セクション5.4.2で述べたように、ほとんどのビデオ ゲームは、画面解像度の増加とともにMSAAから離れ、代わりに時間アンチエイリアシングに頼るようになっているので、そのサポートは実際にはあまり重要ではありません。

Engel [469] が、DirectX 12とVulkanで公開されたAPIの機能により、可視性バッファーの概念がより魅力的になったと述べています。コンピュート シェーダーを使って行う、三角形のセットのカリング（セクション19.8）と他の除去テクニックが、ラスタライズする三角形の数を減らします。DirectX 12の`ExecuteIndirect`コマンドを使って、間引かれなかった三角形だけを表示する最適化インデックス バッファーの同等品を作成できます。高度なカリングシステムと一緒に使ったときに [2026, 2027]、San Miguelシーンの、すべての解像度とアンチエイリアシング設定で、可視性バッファーが遅延シェーディングを上回ることを分析して決定しました画面解像度が上がるに連れ、性能の差は広がりました、GPUのAPIと能力の今後の変化により、さらに性能は上がるでしょう。Lauritzen [1072] が可視性バッファーを論じ、遅延設定でマテリアル シェーダーにアクセスして処理する方法の改善に必要GPUの進化を述べています。

DoghramachiとBucci [393] が、彼らの**遅延＋**と呼ぶ遅延テクスチャリング システムを詳細に論じています。彼らのシステムは、積極的な早期のカリング テクニックを組み込んでいます。例えば、前のフレームの深度バッファーをダウンサンプルし、現在のシーンの各ピクセルに保守的なカリング深度を与えるやり方で再投影します。それらの深度は、セクション19.7.2

で簡潔に論じたように、錐台で見えるすべてのメッシュの境界ボリュームのレンダリングで、遮蔽のテストに役立ちます。アルファ切り抜きテクスチャーがあれば、切り抜きの背後のオブジェクトが隠れないように、それに最初のパス（それに関しては、すべてのz-前パス）でアクセスしなければならないと、彼らは述べています。彼らのカリングとラスタライズ処理の結果は、ピクセルのシェーディングに使う、深度、テクスチャー座標、接空間、勾配、マテリアルIDを含むG-バッファーのセットです。そのG-バッファーの数は、他の遅延テクスチャリングスキームより増えますが、不要なテクスチャー アクセスを回避します。*Deus Ex: Mankind Divided* から単純化した2つのシーン モデルで、遅延＋クラスター前方シェーディングより速く動作することが分かり、マテリアルとライティングが複雑になるほど、その差が広がると彼らは信じています。またワープの使用が大きく改善し、それは小さな三角形が引き起こす問題が減ることによって、GPUテッセレーションの性能が上がったことを意味します。他の遅延シェーディングに対して、彼らの遅延テクスチャリングの実装には、より広範囲のマテリアルを効率よく処理できるなど、いくつかの利点があります。その主な欠点は、ほとんどの遅延スキームに共通の、透明度とアンチエイリアシングに関するものです。

20.6　オブジェクト空間とテクスチャー空間のシェーディング

ジオメトリーをサンプルするレートを、シェーディング値を計算するレートから切り離す考え方は、本章で繰り返し現れるテーマです。ここでは、これまで取り上げた分類に簡単に収まらない、いくつかの代替アプローチを取り上げます。特に *Reyes* [*1]、バッチ レンダラー[314]で最初に見られ、Pixarなどにより映画に使われた概念を利用するハイブリッドを論じます。今ではスタジオは何らかの形のレイ/パス トレーシングをレンダリングに使うのが主流ですが、その全盛期には、Reyesがいくつかのレンダリングの問題を革新的かつ効率的な方法で解決しました。

　Reyesの鍵となる概念が、**マイクロポリゴン**の考え方です。すべてのサーフェスを、極めて細かい四辺形のメッシュにさいの目切りします。元のシステムでは、視点を基準にさいの目切りを行い、その目標はナイキスト限界（セクション5.4.1）を維持するように、マイクロポリゴンをピクセルの幅と高さの約半分にすることです。錐台の外や視点を向いていない四辺形は間引かれます。このシステムでは、マイクロポリゴンをシェーディングし、1つの色を割り当てます。このテクニックはマイクロポリゴン グリッドの頂点のシェーディングに進化しました[71]。ここでの議論の焦点は、元のシステムで探られた考え方です。

　各マイクロポリゴンを、ピクセル中でジッターした4×4のサンプル グリッド（スーパーサンプルz-バッファー）に挿入します。ジッターを行うのは、代わりにノイズを作り出してエイリアシングを避けるためです。シェーディングがラスタライズの前にマイクロポリゴンの範囲で発生するので、このタイプのテクニックは**オブジェクトベースのシェーディング**と呼ばれます。これをシェーディングがラスタライズ時にスクリーン空間で起きる前方シェーディングと、その後で起きる遅延シェーディングと比べてください（図20.13）。

　オブジェクト空間でのシェーディングの1つの利点は、マテリアル テクスチャーが、そのマ

[*1]　「Reyes」という名前は Point Reyes 半島から生じ、「Renders Everything You Ever Saw」を意味する略語の「REYES」と大文字で書かれることもあります。

20.6. オブジェクト空間とテクスチャー空間のシェーディング

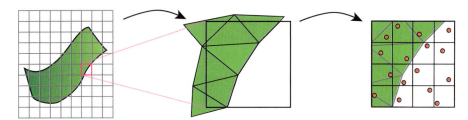

図20.13. Reyesレンダリング パイプライン。各オブジェクトはマイクロポリゴンにテッセレートしてから、個別にシェーディングする。ピクセルごとにジッターしたサンプルのセット（赤）をマイクロポリゴンと比べ、その結果をイメージのレンダーに使う。

イクロポリゴンに、たいてい直接結び付くことです。つまり、各マイクロポリゴンに2のべき乗数のテクセルがあるように、幾何学的オブジェクトを再分割できます。シェーディングでは、マイクロポリゴンはシェーディング中のサーフェス領域に直接関連するので、それに正確にフィルターしたミップマップ サンプルを取り出せます。元のReyesシステムは、マイクロポリゴンが順にアクセスされるので、キャッシュ コヒーレントなテクスチャーのアクセスが発生することも意味しました。この利点は必ずしもすべてのテクスチャーで成り立つわけではなく、例えば、反射マップに使う環境テクスチャーは、伝統的なやり方でサンプルとフィルターを行わなければなりません。

このタイプの配置では、モーション ブラーと被写界深度の効果もうまく行えます。モーション ブラーでは、各マイクロポリゴンに、フレーム間の経路に沿った、ジッターした時間で位置を割り当てます。したがって、各マイクロポリゴンは移動の方向に沿った異なる位置を持ち、ブラーを与えます。被写界深度も似たやり方で実現され、マイクロポリゴンをその錯乱円に基づいて分配します。

Reyesアルゴリズムには、いくつかの欠点があります。すべてのオブジェクトがテッセレート可能でなければならず、細かくさいの目切りできなければなりません。シェーディングがz-バッファーの遮蔽テストの前に起きるので、オーバードローによって無駄になることがあります。ナイキスト限界でのサンプリングは、シャープなスペキュラー ハイライトなどの高周波現象が捕らえられることを意味するわけではなく、むしろサンプリングが低い周波数の再構成に不十分であることを意味します。

一般に、すべてのオブジェクトは「チャート可能」でなければなりません。言い換えると、その頂点に、モデルの異なる各領域に一意なテクセルを与える(u,v)テクスチャー値を持たなければなりません。例えば、20ページの図2.9と152ページの図6.6を見てください。オブジェクトベースのシェーディングは最初にベイクを行うシェーディングと考えることができ、カメラを使ってビュー依存の効果を決定し、場合により各サーフェス領域に費やす努力の量を制限します。オブジェクトベースのシェーディングをGPUで行う1つの単純な方法は、オブジェクトを細かいサブピクセル レベルにテッセレートしてから、メッシュの各頂点のシェーディングを行うことです。そうすると、各三角形を準備するコストが数多くのピクセルで償却されないため、高コストになる可能性があります。クワッド レンダリングにより（セクション24.1）、1ピクセルの三角形が4つのピクセル シェーダー呼び出しを生成するので、支出はさらに悪化します。GPUはかなりの数、例えば16以上のピクセルを覆う三角形のレンダーに最適化されています（セクション24.10.3）。

Burnsら[235]は、どのオブジェクト位置が見えるかを確定した後で行う、オブジェクト空間シェーディングを探っています。さいの目切りされ、場合により間引かれてから、ラスタラ

図20.14. オブジェクト空間テクスチャー シェーディング。左はモーションを含む最終的なレンダリング。中では、チャート中に見える三角形が示されている。右では、各三角形が最終的なカメラに基づくラスタライズ パスで使うため、三角形のスクリーン被覆に基づいて正しいミップマップ レベルに挿入されている。（転載許可：*M. Andersson [55] and Intel Corporation, copyright Intel Corporation, 2014*。）

イズされるオブジェクトに対し、それらを「ポリゴン グリッド」で決定します。次に独立なオブジェクト空間「シェーディング グリッド」を使って見える領域のシェーディングを、サーフェスの1つの領域に対応する各テクセルで行います。シェーディング グリッドは、ポリゴン グリッドと異なる解像度でかまいません。細かくテッセレートした幾何学的サーフェスにほとんど利益がないので、その2つを切り離すことが、より効率的なリソースの使用につながることを見出しました。彼らはその研究をシミュレーターでしか実装していませんが、そのテクニックはその後の研究と開発に影響を与えています。

　Reyesから着想を得た、かなりの数の研究が、様々な現象のGPU上での高速なシェーディング手法を調べています。Ragan-Kelleyら[1569]は、分離サンプリングに基づくハードウェア拡張を提案し、彼らの考え方をモーション ブラーと被写界深度に適用しています。サンプルはサブピクセル位置に2、レンズ位置に2、時間に1の5つの次元があります。可視性とシェーディングは別々にサンプルします。「マッピングの分離」が、与えられた可視性サンプルに必要なシェーディング サンプルを決定します。LiktorとDachsbacher[1125, 1126]が、似た流れの遅延シェーディング システムを紹介し、そこではシェーディング サンプルを計算時にキャッシュして、確率論的ラスタライズで使います。モーション ブラーや被写界深度などの効果には、高いサンプリング レートが不要なので、シェーディングの計算を再利用できます。Clarbergら[294]は、テクスチャー空間でシェーディングを計算するハードウェア拡張を提案しています。それはクワッド オーバーシェーディング問題を取り除くので、三角形を小さくできます。シェーディングがテクスチャー空間で計算されるので、テクスチャーからシェーディングを参照するときに、ピクセル シェーダーは双線形フィルターや、もっと複雑なフィルターを使えます。このため、テクスチャー解像度を下げてシェーディング コストを減らせます。フィルタリングを使えるので、このテクニックは一般に低周波項でうまく動作します。

　Anderssonら[55]は、**テクスチャー空間シェーディング**と呼ばれる、異なるアプローチをとります。三角形を錐台と背面カリングでテストしてから、そのチャートしたサーフェスを出力ターゲットの対応領域に適用し、この三角形の(u,v)パラメーター化に基づいて、そのシェーディングを行います。同時に、ジオメトリー シェーダーを使い、見える三角形のサイズをカメラのビューで計算します。このサイズの値を使い、三角形を挿入するミップマップのようなレベルを決定します。こうすることで、オブジェクトに実行するシェーディングの量が、そのスクリーン被覆率に比例します（図20.14）。確率論的ラスタライズを使い、最終的なイメージをレンダーします。生成される各フラグメントは、そのシェーディングの色をテクスチャーか

20.6. オブジェクト空間とテクスチャー空間のシェーディング 789

ら参照します。やはり、計算したシェーディングの値はモーション ブラーと被写界深度効果で再利用できます。

Hillesland と Yang [810, 811] の手法は、テクスチャー空間シェーディングの概念と、Liktor と Dachsbacher のものと同様のキャッシュ処理の概念の上に構築されています。ジオメトリーを最終的なビューに描き、コンピュート シェーダーを使って、オブジェクトベースのシェーディングの結果をミップマップのような構造に書き込み、再びジオメトリーをレンダーしてこのテクスチャーにアクセスし、最終的な色調を表示します。後でコンピュート シェーダーが補間のため頂点属性にアクセスできるように、最初のパスで三角形 ID 可視性バッファーも保存します。彼らのシステムには時間的なコヒーレンスが含まれます。シェーディングがオブジェクト空間なので、どのフレームでも同じ領域が同じ出力テクスチャー位置に関連付けられます。あるサーフェス領域の与えられたミップマップ レベルの色調が以前に計算され、あまり古くなければ、再計算せずに再利用します。結果はマテリアル、ライティングなどの因子で変わりますが、60FPS でシェーディング サンプルを 1 フレームおきに再利用すると、誤差が無視できることを彼らは見出しました。また、ミップマップのレベルは、画面サイズだけでなく、ある領域での法線方向の変化など、他の因子の変動でも選択できることも見出しました。ミップマップ レベルが高いほど、スクリーン フラグメントあたりのシェーディングの計算が少ないことを意味し、それはかなりの節約になり得ることが分かりました。

Baker [102] が、ゲーム *Ashes of the Singularity* 用の、Oxide Games のレンダラーについて述べています。それは Reyes に着想を得ていますが、実装の詳細はかなり異なり、全体としては、モデルごとにテクスチャー空間シェーディングを使っています。オブジェクトはサーフェスを覆う任意の数のマテリアルを持つことができ、それらはマスクを使って区別します。以下の処理を行います。

- いくつかの大きな (4k × 4k、16 ビット/チャンネル)「マスター」テクスチャーをシェーディング用に割り当てる。
- すべてのオブジェクトを評価する。ビューにあれば、オブジェクトの画面上の見積もり面積を計算する。
- この面積を使ってオブジェクトごとにマスター テクスチャーを分配する。必要な合計面積がテクスチャー空間より大きい場合は、収まるようにその割合をスケール ダウンする。
- テクスチャーベースのシェーディングをコンピュート シェーダーで行い、モデルに付随するマテリアルを順に適用する。各マテリアルからの結果を割り当てたマスター テクスチャーに累積する。
- マスター テクスチャーでのミップマップ レベルを必要に応じ手計算する。
- 次にオブジェクトをラスタライズし、シェーディングはマスター テクスチャーを使って行う。

オブジェクトごとに複数のマテリアルを使うことで、1 つの地形モデルに、それぞれ独自のマテリアル BRDF を持つ土、道、下生え、水、雪、氷などの効果を含めることができます。シェーディング時にオブジェクトのサーフェス領域と、そのマスター テクスチャーとの関係についての完全な情報にアクセスできるので、そうしたければ、ピクセル レベルとシェーダー レベルの両方でアンチエイリアシングを行えます。この能力により、システムは例えば極めて高いスペキュラー指数を持つモデルを安定的に扱えます。シェーディングの結果は可視性に関係なく、オブジェクト全体に結合されるので、シェーディングをラスタライズと異なるフレー

図20.15. ほぼ1000のライトに照らされる*Ashes of the Singularity*からのシーン。乗り物と弾丸ごとに少なくとも1つの光源が含まれる。（イメージ提供：*Oxide Games and Stardock Entertainment*。）

ム レートで計算することもできます。ラスタライズが60FPSや、仮想現実システムで90FPSで発生するときに、30FPSのシェーディングで十分なことが分かりました。シェーディングが非同期なことは、シェーダー負荷が高すぎる場合でも、ジオメトリーのフレーム レートを維持できることを意味します。

　そのようなシステムの実装には、いくつかの課題があります。オブジェクト シェーディング ステップでは、各オブジェクトの「マテリアル四辺形」をコンピュート シェーダーで処理してから、ラスタライズでオブジェクトを描くので、典型的なゲーム エンジンと比べて、全体で約2倍のバッチが送られます。しかし、ほとんどのバッチは単純で、DirectX 12やVulkanなどのAPIがオーバーヘッドを取り除くのに役立ちます。そのサイズを基にオブジェクトにマスター テクスチャーをどう割り当てるかにより、イメージ品質に大きな違いが生じます。画面上で大きい、あるいは地形のようにテクセル密度が変化するオブジェクトは、問題になることがあります。追加の縫い合わせ処理を使って、マスター テクスチャーでの解像度が異なる地形タイル間の滑らかな遷移を維持します。アンビエント オクルージョンなどのスクリーン空間テクニックの実装は挑戦です。元の可視性バッファーと同じく、オブジェクトの形に影響を与えるアニメーションは、シェーディングとラスタライズで2回行わなければなりません。オブジェクトがシェーディングの後に遮蔽されるのは、無駄の発生源です。リアルタイム戦略ゲームのように、深度複雑さが低いアプリケーションでは、このコストを比較的小さくできます。複雑な遅延シェーダーと違って、各マテリアルの評価は単純で、シェーディングはオブジェクト全体のチャート上で行われます。パーティクルや木など、シェーダーが単純なオブジェクトは、このテクニックから受ける利益はほとんどありません。性能のため、それらの効果を前方シェーディングでレンダーできます。図20.15に見えるように、多くのライトを扱えることにより、レンダーするシーンに豊かさが与えられます。

　効率的なシェーディングの議論はこれで終わりです。様々なアプリケーションで使われる、結果の速さと品質を改善する数多くの特殊なテクニックに軽く触れただけです。ここでの目標は、シェーディングの高速化に使われる人気のアルゴリズムを紹介し、それらがどのよう

20.6. オブジェクト空間とテクスチャー空間のシェーディング　　　　　791

に、なぜ生まれたかを説明することです。グラフィックス ハードウェアの能力とAPIが進歩し、画面解像度、アートのワークフローなどの要素が時間とともに変わるにつれ、新しく、おそらくは予期しない手段による、効率的なシェーディング テクニックの研究と開発が続くでしょう。

　ここまで本書を読み通した読者は、現代のインタラクティブ レンダリング エンジンに通じる主要なアルゴリズムの実用的な知識を持っています。本書の目標の1つは、読者がこの分野の現在の記事とプレゼンテーションを理解できるように、物事を把握してもらうことです。それらの要素がどのように連携するかを知りたい読者には、Courrèges [318, 319] とAnagnostou [45] の、様々な商用レンダラーに関する優れた記事を読むことを強く勧めます。この後の章では、仮想と拡張現実のレンダリング、交差と衝突検出のアルゴリズム、グラフィックス ハードウェアのアーキテクチャーの特徴といった、いくつかの分野を深く掘り下げます。

参考文献とリソース

さて、これらのアプローチ（遅延、前方、タイル、クラスター、可視性）のうち、様々なミックスの中で、どれがよいのでしょうか？　それぞれに強みがあるので、その答えは「状況次第」です。プラットフォーム、シーンの特徴、照明モデル、設計目標などの因子は、どれも関与する可能性があります。出発点としては、Pesceの様々なスキームの効率とトレードオフについての広範囲の議論 [1504, 1508] を推奨します。

　SIGGRAPHコース「Real-Time Many-Light Management and Shadows with Clustered Shading」[161, 1438, 1439, 1498] が、タイルとクラスター シェーディング テクニックの完全な概要と、それらの遅延と前方シェーディングでの使い方を、シャドウ マッピングやモバイル デバイスでのライト区分の実装など、関連トピックと合わせて紹介しています。それより前のStewartとThomasによるプレゼンテーション [1824] は、タイル シェーディングを解説し、様々な因子が性能に影響を与えることを示す大量の計時結果を紹介しています。Pettineoのオープンソース フレームワーク [1512] は、タイル化した前方と遅延システムを比較し、広範囲のGPUでの結果が含まれます。

　実装の細部では、Zinkらの DirectX 11 の本 [2122] が、遅延シェーディングの主題に約50ページを割き、数多くのコード サンプルがあります。NVIDIA GameWorks のコード サンプル [1406] に、遅延シェーディングでのMSAAの実装が含まれます。本 *GPU Pro 7* のMikkelsen [1309] と Örtegren と Persson [1447] の記事は、タイルとクラスター シェーディング用の現在のGPUベースのシステムを述べています。Billeterら [160] は、タイル前方シェーディングの実装に関するコーディングの詳細を与え、Stewart [1825] は、コンピュート シェーダーでタイル カリングを行うコードを解説しています。Lauritzen [1069] はタイル遅延シェーディングの完全な実装を提供し、Pettineo [1512] は1つのフレームワークを構築して、それをタイル前方と比べています。Dufresne [420] にクラスター前方シェーディングのデモ コードがあります。Persson [1497] は、基本的なワールド空間クラスター前方レンダリング ソリューションのコードを提供しています。最後に、van Oosten [1441] が様々な最適化を論じ、様々な形式のクラスター、タイル、普通の前方レンダリングを実装するコード付きのデモ システムを与え、性能の違いを示しています。

21. 仮想現実と拡張現実

"Reality is that which, when you stop believing in it, doesn't go away."
—Philip K. Dick

現実とは、信じるのを止めても、消え去らないものだ。

仮想現実（VR）と拡張現実（AR）は、現実世界を同じやり方で感覚を刺激することを試みる技術です。コンピューター グラフィックスの分野では、拡張現実は合成オブジェクトを周りの世界と統合します。仮想現実は世界を完全に置き換えます（図21.1）。本章は、ときに「XR」（Xは任意の文字を表す）という総称でまとめられる、この2つの技術に特有のレンダリングテクニックに焦点を合わせます。ここの焦点の多くは、執筆の時点でより普及している、仮想現実テクニックです。

　レンダリングは、それらの分野の小さな部分でしかありません。ハードウェアの観点からは、何らかの種類のGPUが使われ、それはシステムのよく理解された部分です。正確で快適なヘッドトラッキング センサー[1074, 1075]、効果的な入力装置（場合により触覚フィードバックや視線追跡制御）、快適なヘッドギアと光学系を、説得力のあるオーディオと合わせて作成することが、システム クリエイターが直面する課題の一部です。性能、快適さ、動きの自由度、価格、その他の因子のバランス調整が、これを要求の厳しい設計空間にしています。

　ここではインタラクティブ レンダリングと、それらの技術がイメージの生成の仕方に与える影響に集中し、まずは現在利用できる様々な仮想/拡張現実システムの概略を述べます。次に、いくつかのシステムのSDKとAPIの能力と目標を論じます。そして最良のユーザー体験を与えるために避けたり、修正すべき特定のコンピューター グラフィックス テクニックで締

 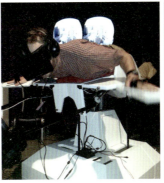 

図21.1. 様々なVRシステムを使っている、最初の3人の著者。HTC Viveを使うTomas、Birdlyのfly-like-a-birdシミュレーターの中のEric、Oculus Riftを使うNaty。

めくくります。

21.1　機器とシステムの概要

CPUとGPUを別にすると、グラフィックス用の仮想/拡張現実機器は、センサーとディスプレイに分類できます。センサーには、ユーザーの回転と位置を検出するトラッカーと、無数の入力方法と装置が含まれます。ディスプレイでは、モバイルフォンの画面を論理的に半分ずつ分割して使うことに依存するシステムがあります。専用システムは、たいてい2つのディスプレイを持ちます。仮想現実システムでユーザーに見えるのは、そのディスプレイだけです。拡張現実では、特別に設計された光学系を使って、仮想と現実世界のビューを結合します。

　仮想/拡張現実は古い分野で、大部分が直接または間接的に様々なモバイルとコンソールの技術が利用可能になったことにより、新しい低コストのシステムの急増を最近経験しました[1075]。モバイルフォンは、驚くほど良好な没入体験に使えることがあります。モバイルフォンをヘッドマウント ディスプレイ（HMD）の中に設置でき、Google Cardboardのような単純なビューワーから、GearVRのようにハンズフリーで追加の入力装置を提供するものまであります。モバイルフォンの重力、磁北の向きセンサーや、他のメカニズムにより、ディスプレイの向きを決定できます。向きは**姿勢**とも呼ばれ、例えばセクション4.2.1で論じたヨー、ピッチ、ロールのような、3つの自由度を持ちます[*1]。APIは向きをオイラー角度、回転行列、またはクォータニオンのセットとして返すことができます。ユーザーの向きに正しい2次元ビューを提示するコストは十分に低いので、固定ビューのパノラマやビデオのような現実世界のコンテンツが、それらのデバイスでうまく動作できます。

　モバイル デバイスの比較的質素な計算能力と、GPUとCPUハードウェアの拡張用途で必要な電力により、できることは限られます。ユーザーのヘッドセットをワイヤーで固定のコンピューターに接続する有線接続の仮想現実装置は、移動が制限されますが、より強力なプロセッサーを使えます。

　2つのシステム、Oculus RiftとHTC Viveのセンサーだけを簡単に述べることにします。どちらも向きと位置の6つの自由度（6-DOF）のトラッキングを備えています。RiftはHMDとコントローラーの位置を、最大3つの赤外線カメラで追跡します。ヘッドセットの位置を据え置き型の外部センサーで決定するとき、これは**アウトサイド-イン トラッキング**と呼ばれます。赤外線LEDをヘッドセットの外に並べて、それを追跡できるようにします。Viveは高速な間隔で部屋を不可視光で照らす「灯台」を使い、それをヘッドセットとコントローラーのセンサーが検出して位置を三角測量します。これはセンサーがHMDの一部である**インサイド-アウト トラッキング**の1つの形です。

　ハンド コントローラーは機材の標準部品で、マウスやキーボードと違い、ユーザーと一緒に動き、追跡可能です。他にも多くのタイプの入力装置が、広範な技術に基づいてVR用に開発されています。いくつか例を挙げれば、グローブや他の手足や体のトラッキング装置、アイトラッキング、圧力パッド、単一/多方向トレッドミル、サイクリングマシン、人間サイズのハムスター ボールといった、その場で動きをシミュレートするデバイスもあります。光学システム以外にも、磁気、慣性、機械的、深度検出、音響現象に基づくトラッキング手法が探られています。

[*1] 多くのモバイルフォンの慣性測定ユニットは6つの自由度を持ちますが、位置追跡の誤差が急激に累積することがあります。

21.1. 機器とシステムの概要 795

拡張現実は、ユーザーの現実世界のビューと結合するコンピューター生成コンテンツとして定義されます。ヘッドアップ ディスプレイ（HUD）を備え、イメージの上にテキスト データ重ねるアプリケーションは、どれも拡張現実の基本的な形です。2009 年に登場した Yelp Monocle は、ビジネス ユーザー レーティングを、カメラのビュー上の距離に重ねて表示します。モバイル版の Google 翻訳は、看板を翻訳して置き換えることができます。*Pokémon GO* のようなゲームは、架空の生物を現実の環境に重ねます。Snapchat は顔の特徴を検出し、コスチューム要素やアニメーションを追加できます。

合成レンダリングでさらに興味深い、**複合現実**（MR）は、現実世界と 3 次元の仮想コンテンツがブレンドし、リアルタイムにやり取りする拡張現実のサブセットです [1688]。複合現実の古典的なユースケースが外科手術にあり、患者の臓器のスキャン データを体の外側のカメラ ビューと結合します。このシナリオは、かなりの計算能力と精度を持つ有線接続システムを想定しています。別の例は、現実世界の家の壁が対戦相手を隠せる、仮想カンガルーとの「鬼ごっこ」です。この場合は動きやすさのほうが重要で、レジストレーションや品質に影響する他の因子はあまり重要ではありません。

この分野で使われる技術の 1 つが、HMD の前面にビデオ カメラをマウントすることです。例えば、すべての HTC Vive は、開発者がアクセスできる前面マウント カメラを持っています。この世界のビューが目に送られ、それに人工の画像を合成できます。これは**パススルー AR/VR**、あるいは**媒介現実** [531] とも呼ばれ、直接ユーザーに環境が見えません。そのようなビデオ ストリームを使う 1 つの利点は、仮想オブジェクトと現実との結合で、より多くの制御が可能になることです。欠点は現実世界の知覚にいくらか遅延があることです。Vrvana の Totem と Occipital の Bridge は、この種の配置でヘッドマウント ディスプレイを使う AR システムの例です。

Microsoft の HoloLens は、本書の執筆の時点で最もよく知られた複合現実システムです。それは CPU、GPU、そして Microsoft が言うところの HPU（ホログラフィック処理ユニット）をすべてヘッドセットに内蔵した非有線接続システムです。HPU は消費電力が 10 ワット未満の、24 のデジタル信号処理コアで構成されるカスタム チップです。そのコアは、Kinect のような環境を見るカメラからのワールド データの処理に使われます。このビューが、加速度計などの他のセンサーと一緒にインサイド-アウト トラッキングを行い、灯台、QR コード（基準マーク）などの外部要素が不要という利点も持ちます。HPU は限定された手のジェスチャーの識別に使われ、それは基本的なやり取りに追加の入力装置が不要なことを意味します。環境を走査するとき、HPU は深度と、世界のサーフェスを表す平面やポリゴンといった幾何学的データの抽出も行います。次にこのジオメトリーを衝突検出、例えば仮想オブジェクトを現実世界の卓上に置くのに使えます。

HPU を使うトラッキングは、**空間アンカー**と呼ばれる現実世界の参照点を作成することにより、効果的に世界のあらゆる場所で幅広い動きを可能にします。次にある特定の空間アンカーに対して、仮想オブジェクトの位置を設定します [1305]。このデバイスのアンカー位置の見積もりは、時間とともに改善できます。そのようなデータは共有可能で、それは何人かのユーザーが同じコンテツを同じ位置で見ることができることを意味します。別の場所にいるユーザーが同じモデルを共同制作できるように、アンカーを定義することもできます。

一対の透明なスクリーンにより、ユーザーはそれらのスクリーンに投影されるすべてものと一緒に、世界を見ることができます。これは世界のビューをカメラで捕らえる、モバイルフォンの拡張現実の使い方と似ていないわけではありません。透明なスクリーンを使う 1 つの利点は、世界そのものに遅延や表示の問題がなく、処理能力を消費しないことです。このタイプの

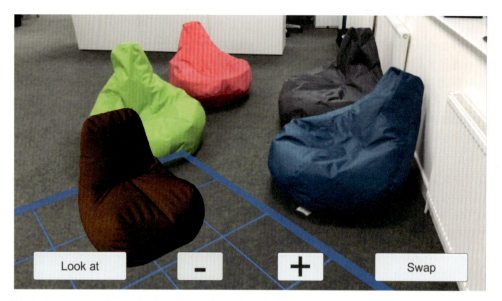

図21.2. ARKitからのイメージ。床の平面を検出し、青いグリッドで表示している。最も近いビーンバッグ チェアは、床平面の上に追加した仮想オブジェクト。それには影がないが、オブジェクトに影を加えてシーンにブレンドすることもできる。（イメージ提供：*Autodesk, Inc.*）

表示システムの欠点は、仮想コンテンツが、ユーザーの世界のビューに輝度を加えることしかできないことです。例えば、光を増すことしかできないので、暗い仮想オブジェクトが背後の明るい現実世界のオブジェクトを隠すことはできません、これは仮想オブジェクトに半透明感を与えることがあります。HoloLensは、この効果を避けるのに役立つLCD調光器も持っています。適切や調整により、そのシステムは現実と結合した3次元の仮想オブジェクトを効果的に示すことができます。

AppleのARKitとGoogleのARCoreは、開発者がモバイルフォンとタブレット用の拡張現実アプリを作成するのを支援します。その標準環境は、目からある距離に保持したデバイスで、単一の（立体でない）ビューを表示することです。ビデオ カメラの世界のビューにオブジェクトを重ね合わせ、完全に不透明にできます（図21.2）。ARKitでは、デバイスの動き検出ハードウェアと、カメラに見える顕著な特徴のセットを使ってインサイド-アウト トラッキングを行います。それらの特徴点のフレーム間での追跡が、デバイスの現在の位置と向きの正確な決定を助けます。HoloLensと同じく、水平と垂直のサーフェスを見つけてその範囲を決定し、この情報を開発者が利用できます[73]。

IntelのProject Alloyは、HoloLensと同じく、部屋の大きなオブジェクトと壁を検出するためのセンサー アレイを持つ、非有線接続ヘッドマウント ディスプレイです。そのHMDはHoloLensと違い、直接ユーザーに世界を見せません。しかし、その周囲を感知する能力は、現実世界のオブジェクトが仮想世界で説得力のある存在を持てる、Intelが「融合現実」と呼ぶものを与えます。例えば、ユーザーは仮想世界で制御コンソールに手を伸ばし、現実世界のテーブルに触れることができます。

仮想/拡張現実のセンサーとコントローラーは急速に進化しつつあり、魅力的な技術が猛烈なペースで発生しています。それらは、押し付けがましくないヘッドセット、移動性の拡大、体験の向上を約束しています。例えば、GoogleのDaydream VRとQualcommのSnapdragon VRヘッドセットは非有線接続で、外部のセンサーや装置が不要なインサイド-アウト位置ト

21.2. 物理的要素

ラッキングを使います。コンピューターを背負うHP、Zotac、MSIのシステムは、より多くの計算能力を供給する非有線接続システムに向かって進んでいます。IntelのWiGig無線ネットワーク技術は、短距離の90GHz無線通信を使って、PCからヘッドセットにイメージを送ります。別のアプローチは、高価なライティングの計算をクラウド上で行ってから、その圧縮情報を軽めの、あまり強力でないヘッドセットのGPUに送り、レンダーすることです[1277]。点群を取得してボクセル化し、ボクセル表現をインタラクティブ レートでレンダーするソフトウェア手法[1003]が、仮想と現実を融合する新たな道を切り開きます。

　本章の大部分の焦点は表示と、そのVRとARでの使い方です。最初にイメージをスクリーンに表示する手段の物理的構造と、そこに含まれる問題をざっと述べます。続いてプログラミングを単純化し、ユーザーのシーンの知覚を強化するためにSDKとハードウェア システムが何を提供するかについて述べます。このセクションの後は、それらの様々な因子がイメージ生成にどう影響するかの情報と、修正や、場合によっては完全に避ける必要がある、いくつかのグラフィック テクニックの議論です。最後は、効率と参加者の体験を改善するレンダリング手法とハードウェア拡張の議論です。

21.2　物理的要素

このセクションで述べるのは、現代のVRとARシステムの様々な構成要素と特徴、特にイメージ表示に関連するものです。この情報は、ベンダーが提供するツールの背後のロジックを理解するための枠組みを与えます。

21.2.1　レイテンシー

レイテンシーの影響の軽減は、VRとARシステムでは特に重要で、しばしば最も重要な懸案事項です[5, 248]。3章で、GPUがメモリー レイテンシーを隠す方法を論じました。テクスチャー フェッチなどの操作で生じる、そのタイプのレイテンシーは、システム全体のごく一部に固有のものです。ここで意味するのは、システム全体の「動きから光子」までのレイテンシーです。例えば、自分の頭を左に回すとします。頭が特定の方向を向いてから、その方向で生成されるビューが表示されるまで、どれほどの時間が経過するでしょうか？　ハードウェアの各部の処理と通信のコストの連鎖は、ユーザー入力の検出（例えば、頭の向き）から応答（新しいイメージの表示）まで、合わせて最大で数十ミリ秒のレイテンシーに積み上がります。

　通常のディスプレイ モニター（つまり、顔に取り付けないもの）を持つシステムのレイテンシーは、最悪でもインタラクティブ性と接続の感覚を壊して迷惑なだけです。拡張現実と複合現実アプリケーションでは、レイテンシーが低いほど「ピクセル スティック」、つまり、シーン中の仮想オブジェクトが現実世界に固定される度合いを増すのに役立ちます。システムのレイテンシーが大きいほど、仮想オブジェクトは現実世界に対して泳いだり浮かぶように見えます。ディスプレイが唯一の視覚入力である没入型の仮想現実では、レイテンシーが、はるかに劇的な影響を作り出すことがあります。本当の病気ではありませんが、それは**シミュレーション酔い**と呼ばれ、汗、目まい、吐き気や、さらに悪い症状の原因となることがあります。気分が悪くなり始めたら、直ちにHMDを外してください。この不快感を「切り抜ける」ことは不可能で、悪化するだけです[1273]。Carmackの言葉を引用すると[705]、「無理するな、デモルームでゲロを片付ける必要はない」のです。現実には、実際に吐くことは稀ですが、その影響で厳しく消耗し、それを一日中感じることもあります。

VR のシミュレーション酔いは、平衡と動きを司る内耳の前庭系などの感覚器を通じたユーザーの期待や知覚と、表示イメージが一致しないときに発生します。頭の動きと、正しく一致する表示イメージの時間差が小さいほど、よい体験になります。ある研究によれば、15msは感知できません。20msを超える時間差は間違いなく知覚でき、有害な影響があります [5, 1074, 1418]。比較として、マウスの動きから表示まで、ゲームは一般に50ms以上、垂直同期無効で30msのレイテンシーを持ちます（セクション24.6.2）。VRシステムでは90FPSの表示レートが一般的で、それは11.1msのフレーム時間を与えます。典型的なデスクトップ システムでは、フレームをケーブル接続のディスプレイで走査するのに約11msかかるので、たとえ1msでレンダーできても、まだ12msのレイテンシーがあります。

不快感を防いだり軽減できる、アプリケーションに基づく多種多様のテクニックがあります [1178, 1273, 1418, 1937]。ユーザーが前進しているときに横を向かないようにしたり、階段を登らないように促すといった視覚フローの最小化から、環境音楽の再生やユーザーの鼻を表す仮想オブジェクトのレンダリングのような心理学的アプローチまで、様々です [2023]。輝度の低い色や、暗いライティングも、シミュレーター酔いを避けるのに役立つことがあります。システムの応答をユーザーのアクションと期待に一致させることが、楽しめるVR体験を供給する鍵です。ガイドラインをいくつか挙げるとすれば、すべてのオブジェクトを頭の動きに応答させ、カメラをズームしたり、視界を変えるようなことは行わず、仮想世界を正しくスケールし、カメラの制御をユーザーから奪わないことです。車や飛行機のコクピットなど、ユーザーの周りに固定された視覚的な基準を持つことも、シミュレーター酔いの軽減に役立つことがあります。視覚的な加速をユーザーに適用すると不快感を生じることがあるので、一定の速度を使うことが望まれます。ハードウェア ソリューションも役に立つかもしれません。例えば、SamsungのEntrim 4Dヘッドフォンは、前庭系に影響を与える小さな電気パルスを発し、ユーザーが見るものと、平衡感覚が伝えるものを一致させられます。このテクニックの有効性はそのうち分かるでしょうが、これはシミュレーター酔いの影響を軽減するために、多くの研究と開発が行われていることの証です。

トラッキング ポーズ（または単に**ポーズ**）は、見る人の現実世界での頭の向きと、利用可能であれば位置です。ポーズはレンダリングに必要なカメラ行列の形成に使われます。大まかなポーズの予測は、キャラクターと環境中の要素の衝突検出などのシミュレーションを、フレームの最初に行うのに使えます。レンダリングが始まる直前に、より新しいその瞬間のポーズ予測を取り出して、カメラのビューの更新に使えます。後から取り出され、継続時間が短いので、この予測のほうが正確です。イメージを表示する直前にも、より正確な別のポーズ予測を取り出して使い、よりユーザーの位置に一致するようにイメージを変形できます。後からの予測が、以前の不正確な予測に基づく計算を完全に補償することはできませんが、可能な限り使うことにより、全体的な体験を大きく改善できます。様々な装備のハードウェア拡張により、更新された頭のポーズを、必要な瞬間に素早く問い合わせて取得できます。

ビジュアル以外にも、仮想環境との相互作用を説得力のあるものにする要素はありますが、グラフィックスを間違えると、ユーザーをよくても不快な体験に追い込みます。レイテンシーを最小化し、アプリケーションのリアリズムを向上すれば、インターフェイスが剥がれ落ち、参加者が物理的に仮想世界の一部だと感じる**没入感**や**存在感**を達成するのに役立ちます。

21.2.2　光学

ヘッドマウント ディスプレイのコンテンツを網膜上の位置に対応付ける、正確な物理的光学系の設計は、費用のかかる仕事です。仮想現実の表示システムが手頃な価格になっているの

21.2. 物理的要素

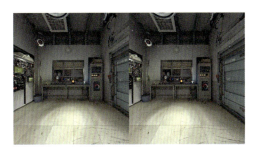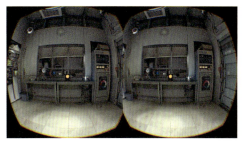

図21.3. 元のレンダー ターゲット（左）と、HTC Vive上に表示するために変形したバージョン（右）[1959]。（イメージ提供：*Valve*。）

は、GPUが作り出すイメージを、目に正しく届くように別の後処理で変形するからです。

VRシステムのレンズは、イメージの端が内側に曲がって見える、糸巻き型収差を持つ広い視野のイメージをユーザーに提示します。図21.3の右に見えるように、この効果は生成したイメージを樽型収差で変形することにより打ち消されます。光学系は通常、レンズによってプリズムのように色の分離が生じる**色収差**も被ります。この問題も、ベンダーのソフトウェアで、逆の色分離を持つイメージを生成することにより補償できます。それは「逆方向」の色収差です。それらの分離した色は、VRシステムの光学系を通って表示されるときに、正しく結合されます。この補正は、変形したペアのイメージの端のオレンジの縁に見られます。

ローリングとグローバルの、2種類のディスプレイがあります[6]。どちらのタイプのディスプレイでも、イメージは直列のストリームで送られます。**ローリング ディスプレイ**では、このストリームは走査線ごとに、受信後すぐに表示されます。**グローバル ディスプレイ**では、一度全部を受信してから、イメージが1つの短いバーストで表示されます。どちらのタイプのディスプレイも仮想現実システムで使われ、それぞれ長所があります。表示の前にイメージ全体が来るのを待たなければならないグローバル ディスプレイと比べると、利用可能な結果をすぐに表示するという点で、ローリング ディスプレイはレイテンシーを最小化できます。例えば、イメージを細長い断片で生成するなら、レンダーした断片ごとに表示の直前に「ビームと競争しながら」送ることができます[1194]。欠点は、ピクセルが違えば照明される時点も異なるので、網膜とディスプレイの間の相対的な動きによっては、揺らぐイメージと受け取られる可能性があることです。特に拡張現実システムで、そのような不一致は不安になるかもしれません。朗報は、通常はコンポジターが、走査線のブロックを越えて予測した頭のポーズを補間し、補償を行うことです。これはシーン中で動くオブジェクトを補正できませんが、高速な頭の回転で起きる揺れやせん断のほとんどに対処します。

表示の前にイメージを完全に形成しなければならないので、グローバル ディスプレイには、この種のタイミングの問題がありません。その代わり、単一の短時間のバーストにより除外される表示オプションがあるので、その課題は技術的です。有機発光ダイオード（OLED）ディスプレイは、VR用途で一般的な90FPSの表示レートに追いつくほど十分に速いので、現在のところグローバル ディスプレイに最良の選択肢です。

21.2.3 立体視

図21.3で分かるように、2つのイメージは目ごとに異なるビューでオフセットされます。そうすることで、2つの目を持つことによる奥行きの知覚である**立体視**を刺激します。重要な効果ですが、立体視は距離とともに弱まり、人が奥行きを知覚する唯一の手段ではありません。例えば、標準的なモニター上のイメージを見ているときには、まったく使われません。オブジェ

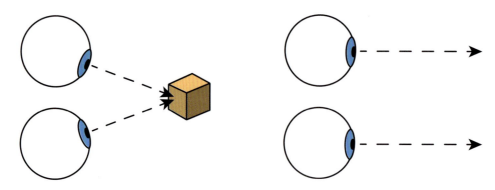

図21.4. オブジェクトを見るため2つの目が回転する大きさが輻湊。収れんは、左のような、オブジェクトに焦点を合わせる内側への目の動き。発散は、ページの右端の向こうの、離れたオブジェクトを見るように変わるときの外向きの動き。遠くのオブジェクトを見る視線は実質的に平行。

クトのサイズ、テクスチャ パターンの変化、影、相対的な動き（視差）などの視覚的な奥行きの手がかりは、単眼でも動作します。

何かを焦点に持ち込むため、目が形を調整しなければならない大きさは、**調節要求**と呼ばれます。例えば、Oculus Riftの光学系は、ユーザーから約1.3メートルに位置する画面を見るのと等価です。オブジェクトに焦点を合わせるため、目が内側を向く必要がある大きさは**輻湊要求**と呼ばれます（図21.4）。現実世界では、目がレンズの形を変えて一斉に内側を向き、その現象は**調節収れん反射**として知られます。ディスプレイでは、調節要求は一定ですが、目が異なる知覚深度にあるオブジェクトに焦点を合わせるときに、輻湊要求が変化します。この不一致が目の緊張を引き起こすことがあるので、Oculusは、ユーザーが長時間見るオブジェクトを、約0.75から3.5メートルの距離に置くことを推奨しています [1418, 1937]。この不一致が知覚的影響を持つ可能性がある、例えば、ユーザーが現実世界で遠くのオブジェクトに焦点を合わせながら、目の近くの固定深度にある、関連する仮想ビルボードに焦点を再び合わせなければならないARシステムもあります。ユーザーの目の動きに基づいて知覚焦点距離を調整できるハードウェアは、**適応焦点**や**可変焦点**ディスプレイとも呼ばれ、数多くのグループが研究と開発を行っています [1054, 1276, 2017]。

VRとARのステレオ ペアを生成するための規則は、何らかの技術（偏向レンズ、シャッター グラス、マルチビュー ディスプレイ オプティックス）が同じスクリーンから目に別々のイメージを提示する、シングル ディスプレイ システムのものとは異なります。VRでは、目ごとに別々のディスプレイを持ち、それぞれ、網膜上に投影されるイメージが現実とぴったり一致するように配置しなければならないことを意味します。目と目の距離は**瞳孔間距離**（IPD）と呼ばれます。4000人の米国陸軍兵士の研究で、IPDは52mmから78mmの範囲で、平均が63.5mmであることが分かりました [1418]。VRとARシステムには、ユーザーのIPDを決定して調整し、イメージの品質と快適さを改善するキャリブレーション方法があります。システムのAPIは、このIPDを含めた、カメラのモデルを制御します。何らかの効果を実現するためユーザーの知覚するIPDを修正するのは、避けるのが一番です。例えば、目の分離距離を増やせば奥行きの知覚を強められますが、目の緊張を引き起こすこともあります。

ヘッドマウント ディスプレイで、ステレオ レンダリングをゼロから正しく行うのは困難です。ありがたいことに、それぞれの目に正しいカメラ変換を設定して使う処理の多くはAPIにより行われ、それが次のセクションの主題です。

21.3 APIとハードウェア

最初に言っておきます。それ以外の手段をとる優れた理由がない限り、必ずシステム プロバイダーが提供するVRソフトウェア開発キット（SDK）とアプリケーション プログラミング インターフェイス（API）を使ってください。例えば、独自の変形シェーダーのほうが速く、正しく見えると信じていても、実際には、それが深刻なユーザーの不快感の原因になることがありますこれが本当かどうかを知るのに、必ずしも大々的なテストは必要ありません。これやその他の理由から、アプリケーション制御の変形は、すべての主要なAPIから取り除かれ、VRの正しい表示はシステム レベルのタスクになっています。性能を最適化して品質を維持する多くの注意深い作業を、システムが代わりに行ってくれます。このセクションは、様々なベンダーのSDKとAPIが提供する支援機能を解説します。

レンダーした3次元シーンのイメージを、ヘッドセットに送る処理は単純明快です。ここでは、ほとんどの仮想/拡張現実APIに共通の要素を使うものを述べ、その中でベンダー固有の機能に触れます。まず、レンダーしようとしているフレームが表示される時間を決定します。普通は、この時間の遅れを見積もるのに役立つ支援機能があります。フレームが見える瞬間に目がどこにあり、どの方向を向いているかの見積もりをSDKが計算するには、この値が必要です。このレイテンシーの見積もりが与えられたら、それぞれの目のカメラ設定についての情報を含むポーズを、APIに問い合わせます。最小限、これは頭の向きと、センサーがその情報を追跡していれば、その位置からなります。OpenVR APIはユーザーが立っているか座っているかも知る必要があり、それは原点に使う位置、例えば、追跡する領域の中心や、ユーザーの頭の位置に影響を与えることがあります。予測が完璧なら、頭が予測した位置と向きに達した瞬間に、レンダーしたイメージが表示されます。このようにして、レイテンシーの影響を最小にできます。

それぞれの目に予測ポーズが与えられたら、一般には2つの別のターゲットにシーンをレンダーします[*2]。それらのターゲットはテクスチャーとしてSDKの**コンポジター**に送られます。コンポジターは、それらのイメージをヘッドセット上で最もよく見える形式に変換する面倒をみます。コンポジターは、様々なレイヤーを合成して一緒にすることもできます。例えば、両方の目のビューが同じである、単眼のヘッドアップ ディスプレイが必要なら、この要素を含む1つのテクスチャーを別のレイヤーとして供給し、それぞれの目のビューの上に合成できます。テクスチャーは異なる解像度とフォーマットにでき、コンポジターが最終的なアイ バッファーへの変換の面倒を見ます。そうすることで、他のレイヤーには高い解像度と品質を維持しながら、動的に3次元シーンのレイヤーの解像度を下げて、レンダリングの時間を節約する[671, 1467, 1940]といった、最適化が可能になります[1418]。それぞれの目にイメージを合成したら、変形、色収差、その他の必要な処理をSDKで行ってから、その結果を表示します。

APIに頼るなら、ベンダーが作業の多くを代わりに行ってくれるので、背後にあるアルゴリズムを完全に理解する必要がないステップもあります。しかし、最も明白な解決法が常に最善とは限らないことを理解するためだけでも、この領域を少し知ることには価値があります。まずは、合成を考えてみましょう。最も効率的な方法は、最初にすべてのレイヤーを一緒に合成してから、その1つのイメージに様々な補正措置を適用することです。Oculusはそうせずに、最初にそれらの補正を各レイヤー別々に行ってから、それらの変形したレイヤーを合成して最

[*2] 代わりに2つのビューに分割した1つのターゲットを受け付けるAPIもあります。

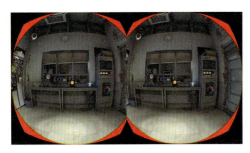
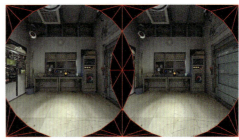

図21.5. 左のディスプレイ イメージの赤い領域は、レンダーされて変形されるが、HMDユーザーに見えないピクセル。黒い領域は、変形されるレンダー イメージの境界の外側。右では、その赤い領域をレンダリングの最初にあらかじめ赤いエッジのメッシュでマスクすることにより、このレンダーされる（変形前の）イメージでシェーディングが必要なピクセルがほぼなくなる [1959]。図21.3の右のイメージと、左の元のイメージを比べてみよう。（イメージ提供：Valve。）

終的な表示イメージを作ります。1つの利点は、例えば、各レイヤーのイメージをそれ自身の解像度で変形することにより、テキストの品質を改善できることです。テキストを別に扱うことは、変形処理での再サンプリングとフィルタリングが、テキストの内容だけに焦点を合わせることを意味するからです [1418]。

　ユーザーが知覚する視野は、ほぼ円形です。これは、四隅に近いイメージの周辺部のピクセルをレンダーする必要がないことを意味します。それらのピクセルはディスプレイ上に現れますが、ほとんど検知されません。それらの生成で時間を無駄にするのを避けるため、最初に生成する元のイメージに、それらのピクセルを隠すメッシュをレンダーすることができます。このメッシュはマスクとしてステンシル バッファーにレンダーしたり、z-バッファーの前面にレンダーします。それらの領域に後からレンダーされるフラグメントは、評価される前に破棄されます。Vlachos [1959] の報告によれば、これはHTC Vive上でフィル レートを約17%下げます（図21.5）。ValveのOpenVR APIは、このレンダー前のマスクを「隠し領域メッシュ」と呼びます。

　レンダー イメージが得られたら、システムの光学系による歪みを補償するように変形する必要があります。その概念は、図21.3に示すような、元のイメージから所望のディスプレイの形への再マッピングを定義することです。言い換えると、入力レンダー イメージ上のピクセル サンプルが与えられたとき、このサンプルが表示イメージのどこに移動するかを定義します。レイ キャスティング アプローチは正確な答えを与え、波長による補正を行えますが [1536]、ほとんどのハードウェアには非実用的です。1つの手法は、レンダーしたイメージをテクスチャーとして扱い、画面を満たす四辺形を描いて後処理を実行することです。ピクセル シェーダーが、出力ディスプレイ ピクセルに対応する、このテクスチャー上の正確な位置を計算します [1543]。しかし、シェーダーが、すべてのピクセルで変形の式を評価しなければならないので、この手法は高価かもしれません。

　そのテクスチャーを三角形のメッシュに適用するほうが効率的です。このメッシュの形は変形の式で修正してレンダーできます。メッシュを1回変形するだけでは、色収差が補正されません。色チャンネルごとに1つずつ、3つの別々の (u, v)-座標のセットを使ってイメージを変形します [1536, 1959]。つまり、メッシュの三角形のレンダーは1回だけですが、ピクセルごとに、レンダー イメージを少し異なる位置で3回サンプルします。それらの赤、緑、青チャンネルの値が出力ピクセルの色を形成します。

　規則的な間隔のメッシュをレンダー イメージに適用して表示イメージに変形したり、その

21.3. API とハードウェア

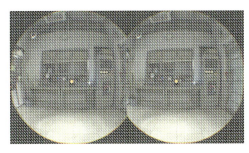 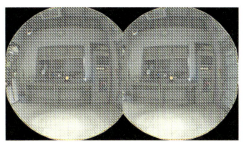

図 **21.6.** 左は、最終的な表示イメージのメッシュ。実際には、黒い三角形を描いても最終的なイメージに何も加わらないので、このメッシュを右の間引かれたバージョンにトリミングできる。[1959]。（**イメージ提供**：*Valve*。）

逆を行うことができます。グリッド メッシュを表示イメージに適用し、変形してレンダー イメージに戻すことの利点は、細長い三角形が表示されないため、生成する 2×2 のクワッドが減る可能性が高いことです。この場合、メッシュの位置は変形せずにグリッドとしてレンダーし、メッシュに適用するイメージを変形するために頂点のテクスチャー座標だけを調整します。典型的なメッシュは、片目に 48×48 の四辺形です（図21.6）。チャンネルごとのディスプレイからレンダーへのイメージ変換を使い、このメッシュのテクスチャー座標を一度計算します。それらの値をメッシュに格納することにより、シェーダーの実行時に複雑な計算が不要になります。テクスチャーの異方性サンプリングとフィルタリングへのGPUサポートを使い、シャープな表示可能イメージを作り出せます。

図21.5の右のレンダーしたステレオ ペアは、ディスプレイ メッシュで変形されます。このイメージの中央で取り除かれるスライスは、変形の変換が表示可能イメージを生成する方法に対応します左右のイメージが図21.5の左の表示バージョンで出会う場所に、このスライスがないことに注目してください。図21.6の右に示すように、表示する変形メッシュを見える領域だけにトリミングすることにより、最後の変形パスのコストを約15％減らせます。

上に述べた最適化を要約すると、最初に隠し領域メッシュを描き、検知されなかったり使われないと分かっている（中央のスライスのような）領域のフラグメントの評価を回避します。両方の目にシーンをレンダーします。次にこのレンダーしたイメージを、関連するレンダー領域だけを囲むようにトリミングしたグリッド メッシュに適用します。このメッシュを新たなターゲットにレンダーすることにより、表示するイメージが与えられます。これらの最適化の一部または全部が、仮想/拡張現実システムのAPIサポートに内蔵されています。

21.3.1 ステレオ レンダリング

2つの分離したビューのレンダリングは、1つのビューのレンダリングの作業の倍になるように思えます。しかし、Wilsonが述べるように [2034]、ばか正直な実装でも、これは当てはまりません。シャドウ マップの生成、シミュレーションとアニメーションなどの要素は、ビューに依存しません。ディスプレイ自体が2つのビューに半分ずつ分割されるので、ピクセル シェーダー呼び出しの数は倍になりません。同様に、後処理効果は解像度に依存するので、それらのコストも変わりません。しかし、ビュー依存の頂点処理は倍になるので、このコストを減らす手段を多くが探っています。

錐台カリングは、たいていメッシュをGPUのパイプラインで送る前に行われます。両目の錐台を囲む1つの錐台が使えます [491, 742, 1567]。カリングはレンダリングの前に発生するので、使う正確なレンダー ビューはカリングの後に取り出せます。しかし、この取り出した

ビューのペアは、錐台により取り除かれるモデルが見える可能性があり、これはカリング時に安全マージンが必要なことを意味します。Vlachos [1959] が、予測カリングで視野に約5度を加えることを推奨しています。Johansson [906] が、錐台カリングと、インスタンス化とオクルージョン カル クエリーなどの他の戦略を、大きな建物のモデルのVR表示と、どのように組み合わせられるかを論じています。

2つのステレオ ビューをレンダーする1つの手法は、それを順に行うことで、1つのビューを完全にレンダーしてから、もう1つを行います。実装は簡単ですが、これにはステート変更も倍になるという明らかな欠点があり、それは避けるべきです（セクション18.4.2）。タイルベースのレンダラーでは、ビューとレンダー ターゲット（あるいはシザー長方形）を頻繁に変えると、ひどい性能になります。よりよい代案は、オブジェクトごとに2回ずつレンダーし、カメラ変換をその間に切り替えることです。しかし、APIドローコールの数はやはり倍になり、追加の作業が発生します。頭に浮かぶ1つのアプローチは、ジオメトリー シェーダーを使ってジオメトリーを複製し、ビューごとに三角形を作成することです。例えば、DirectX 11では、ジオメトリー シェーダーが生成した三角形を別々のターゲットに送れます。残念ながら、このテクニックはジオメトリー スループットが3分の1以下になると分かっているので、実際には使われません。よりよい解決法は、各オブジェクトのジオメトリーを1つのドローコールで2回描くインスタンス化を使うことです[906, 1567]。目のビューの分離を保つユーザー定義のクリップ平面を設定します。インスタンス化を使うほうが、ジオメトリー シェーダーを使うよりもずっと速く、追加のGPUサポートがなければ、よいソリューションです[1959, 2034]。別のアプローチは片方の目のイメージをレンダーするときにコマンド リスト（セクション18.5.4）を作り、参照される定数バッファーをもう片方の目の変換にシフトしてから、このリストをリプレイして2番目の目のイメージをレンダーすることです[491, 1587]。

ジオメトリーを2回（以上）パイプラインで送ることを回避する、いくつかの機能拡張があります。マルチビューと呼ばれるOpenGL ES 3.0機能拡張で、ジオメトリーを一度だけ送り、それにスクリーン頂点位置と、ビュー依存変数への調整を行い、2つ以上のビューにレンダーするためのサポートを追加したモバイルフォンもあります[491, 1418]。機能拡張は、ステレオ レンダラーの実装に、より多くの自由度を与えます。例えば、GPUサポートが必要な実装なら、ビューごとに三角形を送るでしょうが、最も単純な機能拡張は、おそらくドライバーのインスタンス化を使い、ジオメトリーを2回発行することです。実装によって様々な利点がありますが、APIのコストは常に減るので、それらの手法はどれもCPU律速アプリケーションの助けになります。さらに複雑な実装なら、例えばテクスチャー キャッシュの効率を上げ[736]、ビューに依存しない属性の頂点シェーディングを一度しか行わないようにできます。ビューごとに行列全体を設定し、任意の頂点単位の属性をビューごとにシェーディングできるのが理想です。ハードウェア実装が使うトランジスターを減らすため、GPUがそれらの機能のサブセットだけを実装することもあります。

VRステレオ レンダリングに特化したマルチGPUソリューションが、AMDとNVIDIAから入手できます。2つのGPUで、それぞれが1つの目のビューをレンダーします。アフィニティ マスクを使い、特定のAPI呼び出しを受け取るすべてのGPUのビットをCPUがセットします。これにより、呼び出しを1つ以上のGPUに送れます[1194, 1567, 1587, 1609]。アフィニティ マスクでは、呼び出しが右と左のビューの間で異なれば、やはりAPIを2回呼び出す必要があります。

ベンダーが提供する別方式のレンダリングが、NVIDIAがブロードキャストと呼び、1つのドローコールで両目へのレンダリング、つまりすべてのGPUへのブロードキャストを提供す

21.3. API とハードウェア

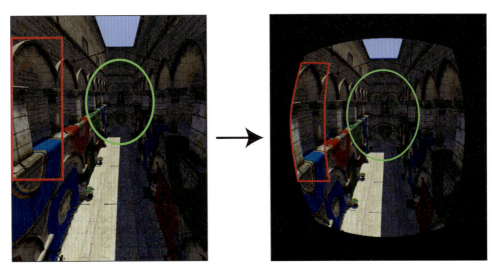

図 21.7. 左は最初のレンダー イメージ。右は表示用に変形したイメージ。中央の緑の楕円がほぼ同じ面積を維持することに注意。周辺部では、レンダー イメージのより大きな領域（赤い枠）が、より小さな表示領域に関連付けられる [1587]。（イメージ提供：*NVIDIA Corporation*。）

るものです。例えば目の位置のような、異なるデータを異なる GPU に送るのには、定数バッファーを使います。ブロードキャストは、そのコストが 2 番目の定数バッファーの設定だけなので、シングル ビューとほぼ同じ CPU オーバーヘッドで両眼のイメージを作成します。

　GPU の分離はターゲットの分離を意味しますが、コンポジターは、たいてい単一のレンダー イメージが必要です。GPU から別の GPU にレンダー ターゲットのデータを 1 ミリ秒以下で移す、特別な部分長方形転送コマンドがあります [1585]。それは非同期で、GPU が他の作業を行っている間に転送を行えます。並列に動作する 2 つの GPU では、両方がレンダリングに必要な影バッファーを別々に作成するかもしれません。重複する努力ですが、このほうが単純で、普通は処理を並列化して GPU 間で転送しようとするよりも高速です。この 2-GPU 設定全体で、約 30 から 35% のレンダリング高速化が生じます [1960]。既にシングル GPU にチューンされたアプリケーションでは、代わりに複数の GPU を使って、余った計算能力を追加のサンプルに適用し、アンチエイリアシングの結果を改善できます。

　ステレオ ビューの視差は近くのモデルでは重要ですが、遠くのオブジェクトでは無視できます。Palandri と Green [1455] が、ビュー方向に垂直な分離平面を使うことにより、これをモバイルの GearVR プラットフォームで利用しています。約 10 メートルの平面距離で好結果が得られると分かったので、これより近い不透明オブジェクトはステレオ、それより遠いものは 2 つのステレオ カメラの間に置いた単眼カメラでレンダーします。オーバードローを最小化するため、ステレオ ビューを最初に描いてから、それらの深度バッファーの共通部分を使って、単眼レンダーの z-バッファーを初期化します。この遠いオブジェクトのイメージを、ステレオ ビューに合成します。透明なコンテンツは、最後に各ビューにレンダーします。複雑で、分離平面にかかるオブジェクトは追加のパスが必要ですが、この手法は一貫して全体的に約 25% の節約を生み出し、品質や奥行きの知覚が失われることもありません。

　図 21.7 で分かるように、光学系が必要とする変形により、目のイメージの周辺で生成されるピクセルの密度のほうが高くなります。それに加え、ユーザーはかなりの時間、画面の中央を向いているので、周辺部は通常あまり重要ではありません。それらの理由で、目のビューの周

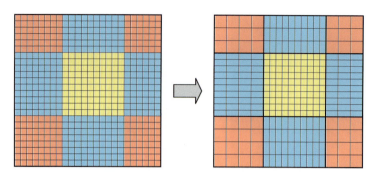

図21.8. 左のビューを周辺部では低い解像度でレンダーしたいとする。どの領域の解像度も好きに下げられるが、共有エッジ沿いでは同じ解像度を保つほうがよい。右では、ピクセルの数が青い領域で50%、赤い領域で75%減っている様子が示されている。視野は変わらないが、周辺部に使う解像度が減る。

辺のピクセルに適用する努力を減らすための、様々なテクニックが開発されてきました。

周辺部の解像度を下げる手法は、NVIDIAでは**マルチ解像度シェーディング**、AMDでは**可変レートシェーディング**と呼ばれます。その考え方は、画面を、例えば図21.8に示すように、3×3の区分に分割し、周辺の領域を低い解像度でレンダーすることです[1587]。NVIDIAは、この区分化スキームをMaxwellアーキテクチャー以来サポートしていますが、Pascal以降では、より一般的なタイプの投影がサポートされています。これは**同時マルチ投影（SMP）**と呼ばれます。ジオメトリーを最大16の個別の投影×2つの別々の目の位置で処理でき、アプリケーション側の追加コストなしで、メッシュを最大32回複製できます。2番目の目の位置は、x-軸沿いにオフセットした最初の目の位置と等しくなければなりません。投影はそれぞれ独立に傾けたり、軸の周りで回転できます[1403]。

SMPを使えば、表示するものにレンダー解像度を近づけることを目標とする**レンズ整合シェーディング**を実装できます（図21.7）。図21.9に示されるように、平面を傾けた4つの錐台をレンダーします。それらの修正された投影は、イメージの中心で大きく、周辺に小さいピクセル密度を与えます。これはマルチ解像度シェーディングよりも滑らかな区分間の遷移を与えます。いくつか欠点があり、例えば、ブルームなどの効果を正しく表示するには、手直しが必要です。UnityとUnreal Engine 4は、このテクニックをシステムに組み込んでいます[1141]。Tothら[1915]が、それらと他のマルチビュー投影アルゴリズムを正式に比較対照し、それぞれの目に最大3×3のビューを使い、さらにピクセル シェーディングを減らしていま

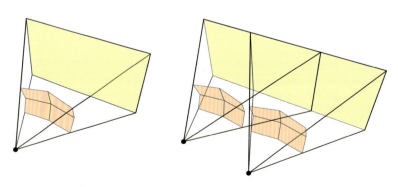

図21.9. 左：1つの目に4つの投影平面を使う同時マルチ投影（SMP）。右：2つの目それぞれに4つの投影平面を使うSMP。

21.3. API とハードウェア

す。図21.9の右に示されるように、SMPは両方の目に同時に適用できます。

フラグメント処理を節約するため、**放射密度マスク**と呼ばれるアプリケーション レベルの手法は、周辺のピクセルをクワッドのチェッカーボード パターンでレンダーします。言い換えると、2×2クワッドおきにしかフラグメントをレンダーしません。次に後処理パスを使い、欠けたピクセルを隣から再構成します[1960]。このテクニックは、特にローエンドのGPUしかないシステムで役立つことがあります。この手法を使うレンダリングは、ピクセル シェーダーの呼び出しを減らしますが、スキップと、その後の再構成フィルターの実行コストが高すぎると、何も得られないかもしれません。Sonyのロンドン スタジオは、この処理をさらに一歩進めて、2×2のセットから1、2、または3つのクワッドを落とし、イメージの端に近いほど落とす数を増やしています。欠けたクワッドも同様のやり方で埋め、そのディザー パターンをフレームごとに変えます。時間アンチエイリアシングの適用も、階段アーティファクトを隠すのに役立ちます。Sonyのシステムは約25%のGPU時間を節約します[66]。

別の手法が、目ごとに中心の円形領域と、周辺部を形成する環の2つの別々のイメージをレンダーすることです。その2つのイメージを次に合成して変形し、目に表示するイメージを形成します。4つの異なるイメージを形成するジオメトリーを送るコストと引き換えに、周辺部のイメージは低い解像度で生成して、ピクセル シェーダーの呼び出しを節約できます。このテクニックは、ジオメトリーを複数のビューに送るGPUサポートに適合するだけでなく、2または4つのGPUを持つシステムで作業の自然な分割を与えます。HMDに含まれる光学系に起因する、周辺部での過剰なピクセル シェーディングを減らすことを意図していますが、Vlachosはこのテクニックを**固定中心窩レンダリング**と呼んでいます[1960]。この言葉は、さらに高度な概念、**中心窩レンダリング**に言及しています。

21.3.2　中心窩レンダリング

このレンダリング テクニックを理解するためには、もう少し人間の目について知らなければなりません。中心窩は、高密度の色覚に関連する光受容体である錐体が詰め込まれた、目の網膜の小さなくぼみです。人の視力はこの領域で最も高く、飛ぶ鳥を追いかけたり、本のページの文字を読むときには、この能力を利用するために目を回転します。視力は、中心窩の中心から最初の30度では2.5度ごとに約50%と急速に低下し、その外ではさらに急激に低下します。人の目は水平角度114度の両眼の視野（両方の目が同じオブジェクトを見える範囲）を持ちます。第1世代の民生用ヘッドセットの視野はそれより少し小さく、両目で約80から100度の水平角度で、これは今後上がります。2016年のHMDでは、中心の20度のビューの領域がディスプレイの約3.6%をカバーし、それは2020年頃には2%に下がると期待されています[1467]。その間に、ディスプレイ解像度はおそらく1桁上るでしょう[8]。

ディスプレイのピクセルの大部分が目の低い視力の領域で見られるので、中心窩レンダリングを使って行う作業を減らす機会が与えられます[671, 1468]。その考え方は目が向けられた領域を高い解像度と品質でレンダーし、それ以外のすべてで費やす努力を減らすことです。問題は目が動くため、レンダーすべき場所の情報が変化することです。例えば、オブジェクトを観察しているとき、目は**サッカード**と呼ばれる連続した急速な移動を行い、900度/秒、90FPSのシステムでは10度/フレームの速さで動きます。正確なアイ トラッキング ハードウェアは、中心窩領域の外側で行うレンダリング作業を減らすことにより、大きな性能増加を与える可能性がありますが、そのようなセンサーは技術的挑戦です[8]。それに加え、周辺部での「より大きな」ピクセルのレンダリングは、エイリアシングの問題を増やす傾向があります。低解像度での周辺領域のレンダリングは、コントラストを維持して時間による大きな変化を避け、その

ような領域の知覚的許容性を上げるようにすることで、改善できる可能性があります[1467]。
Stengelら[1821]が、以前のシェーダー呼び出しの数を減らす中心窩レンダリングの手法を論
じ、自分たちの手法を紹介しています。

21.4　レンダリング テクニック

世界の1つのビューで動作するものが、必ずしも2つで動作するとは限りません。ステレオの
範囲に限っても、単一の固定画面で動作するテクニックを、見る人と一緒に動く画面と比べ
ると、その間にはかなりの違いがあります。ここでは1つの画面ではうまくいっても、VRと
ARで問題がある特定のアルゴリズムを論じます。Oculus、Valve、Epic Games、Microsoft
などの専門知識を利用します。それらの企業による研究はユーザー マニュアルに折り込まれ、
ブログで議論が続いているので、最新の成功事例は、それらのサイトを訪ねることを推奨しま
す。[1305, 1418, 1937]。

　前のセクションで強調したように、ベンダーは、そのSDKとAPIを理解して、適切に使う
ことを期待しています。ビューが非常に重要なので、ベンダーが提供する頭のモデルに従い、
カメラ投影行列を正確に取得します。フリッカーが頭痛と目の疲労をもたらす可能性がある
ので、ストロボ ライトのような効果は避けるべきです。視野の端の近くのフリッカーは、シ
ミュレーター酔いの原因になることがあります。フリッカー効果と、細い縞のような高周波の
テクスチャーは、どちらも人により発作を引き起こす可能性があります。

　モニターベースのゲームは、しばしばヘッドアップ ディスプレイを使い、ヘルス、弾薬、残
りの燃料についてのデータをオーバーレイ表示します。しかし、VRとARの両眼バージョン
は、視点に近いオブジェクトほど、2つの目の間で大きく位置が変わること、輻湊（」セクショ
ン21.2.3）を意味します。HUDを両方の目でスクリーンの同じ部分に置くと、800ページの図
21.4に示すように、HUDが遠くにあるに違いないという先入観が生じます。しかし、HUDは
すべての前に描かれます。この知覚の不一致により、ユーザーが2つのイメージを融合して、
見るものの理解が困難になり、不快感を引き起こすことがあります[742, 1178, 1418]。これ
は目に近い深度でレンダーするように、HUDの内容をシフトすれば解決しますが、まだスク
リーンを占拠するコストがあります（図21.10）。例えば、近くの壁が照準線より近いと、照準
線のアイコンはやはり与えられた深度で上にレンダーされるので、深度の矛盾の危険もありま
す。レイをキャストして与えられた方向の最も近いサーフェスの深度を求めれば、それを直接
使ったり、必要であればそれを使って滑らかに近づけることなど様々なやり方で、この深度の
調整に使えます[1178, 1802]。

　どんなステレオ表示システムでも、バンプ マッピングがあるがままの姿、つまり平らなサー
フェスにペイントされたシェーディングが見えて、うまくいかない状況があります。細かい
サーフェスの詳細や遠くのオブジェクトではうまくいっても、大きな幾何学的形状を表し、
ユーザーが接近可能な法線マップでは、その幻想がすぐに壊れます（図21.11）。基本的な視差
マッピングのスイミング問題は、ステレオのほうが目立ちますが、単純な補正係数で改善でき
ます[1261]. 状況によっては、急勾配視差マッピング、視差オクルージョン マッピング（セク
ション6.8.1）、変位マッピング（[1859]）といった、より高コストなテクニックで説得力のあ
る効果を作り出す必要があるかもしれません。

　ビルボードとインポスターは、サーフェスにz-深度がないので、ステレオで見ると説得力が
ないことがあります。ボリューム テクニックやメッシュのほうが適切です[1281, 1937]。スカ

21.4. レンダリング テクニック

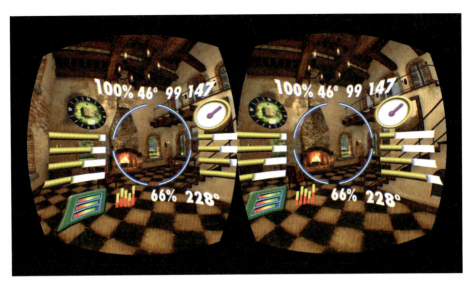

図 21.10. ビューの大きな部分を占めるゴテゴテしたヘッドアップ ディスプレイ。奥行きの手がかりを混乱させるのを避けるため、HUDの要素をシフトしなければならない。ユーザーは頭を傾けたり回すことができるので、そのような情報は、仮想世界の一部であるデバイスやディスプレイ、あるいはプレイヤーのアバター上に置くことを考慮するほうがよい [1418]。ここでステレオ効果を見るためには、イメージの間に小さな硬い紙片を紙面に垂直に置き、1つの目が1つしか見えないように近づけること。(イメージ提供：*Oculus VR, LLC*。)

イボックスは、ほぼ「無限遠」にレンダーされるサイズが必要で、そのレンダリングに目の位置の差が影響を与えてはなりません。トーン マッピングを使うなら、目の負担を避けるため、両方のレンダー イメージに等しく適用すべきです [742]。スクリーン空間のアンビエント オクルージョンと反射テクニックは、不正なステレオ視差を作り出すことがあります [371]。同じように、ブルームやフレアのような後処理効果は、イメージが正しく融合するように、それぞれの目のビューの z-深度に配慮するやり方で生成する必要があります。水中やかげろうの歪曲効果も手を加える必要があるかもしれません。スクリーン空間反射テクニックは、作り出す反射の一致に問題があるので、反射プローブのほうが効果的かもしれません [1937]。立体視は光沢マテリアルの知覚に影響を与える可能性があるので、スペキュラー ハイライトも修正が必要かもしれません。両眼のイメージの間では、ハイライト位置に大きな違いがあり得ます。研究者たちは、この視差を修正すればイメージの融合が容易になり、説得力を増せることに気

図 21.11. 左と中の2つのテクスチャーのような、小さなサーフェスの特徴の法線マップは、VRでも十分にうまく動作させられる。右のイメージのような、大きな幾何学的特徴を表すバンプ テクスチャーは、近くでステレオで見ると説得力がなくなる [1959]。(イメージ提供：*Valve*。)

が付きました。言い換えると、光沢成分を計算するときには、目の位置を少し近づけられるということです。逆に、遠くのオブジェクトからのハイライトの差はイメージの間で感知できないので、シェーディング計算を共有できる可能性があります[1914]。計算を完了してテクスチャー空間に格納すれば、目のイメージ間でシェーディングを共有できます[1352]。

VR用のディスプレイ技術には、極めて高い要求があります。例えば、おそらく50ピクセル/度になる50度の水平視野のモニターを使う代わりにVRディスプレイで110度の視野を使うと、Viveの片目が1080×1200ピクセルのディスプレイでは、約15ピクセル/度になります[1959]。レンダー イメージから表示イメージへの変換も、再サンプリングとフィルらチングを正しく行う処理を複雑にします。ユーザーの頭は、たとえほんの少しでも常に動いていて、時間エイリアシングを増やします。それらの理由から、イメージの品質と融合を向上するには、事実上、高品質のアンチエイリアシングが必須です。時間アンチエイリアシングは、ぼける可能性があるので、たいてい推奨されませんが[371]、少なくともSonyの1つのチームがうまく使っています[66]。トレードオフはあっても、シャープなイメージの供給よりも、フリッカーを起こすピクセルを取り除くほうが重要であることを見出しています。しかし、ほとんどのVRアプリケーションでは、MSAAが与えるシャープな視覚が好まれます[371]。4× MSAAはよく、8×はもっとよく、その余裕があるなら、ジッター スーパーサンプリングはさらによくなります。このMSAAが好まれることは、複数サンプル/ピクセルが高コストな、様々な遅延レンダリング アプローチに不利に働きます。

シェーディングするサーフェス上でゆっくり変化する色によるバンディング（セクション24.6）は、VRディスプレイで特に目立つことがあります。このアーティファクトは、少量のディザー ノイズを加えることでマスクできます[1959]。

モーション ブラー効果は、目の動きにより起きるアーティファクトを超えてイメージを曇らせるので、使うべきではありません。そのような効果は、90FPSで動作するVRディスプレイの低残光性と合いません。目は広い視野を把握して、しばしば高速に動くので（サッカード）、被写界深度テクニックは避けるべきです。そのような手法は、利用もなくシーンの周辺部のコンテンツをぼかし、シミュレーター酔いを引き起こすことがあります[1937, 2020]。

複合現実システムには、現実世界の環境に存在するものと同様の照明を仮想オブジェクトに適用することなど、さらに課題があります。現実世界のライティングを制御して、先行する仮想のライティングに変換できる状況もあります。これが可能でないときには、様々な**光推定**テクニックを使い、環境のライティング条件をその場で捕らえて近似できます。Kronanderら[1015]が、様々なライティングの記録と表現手法の詳しい調査を提供しています。

21.4.1　ジャダー

たとえ完璧なトラッキングを行い、仮想と現実の世界の間の対応を正しく維持しても、レイテンシーはやはり問題です。様々なVR機器の更新レートである45から120FPSでは、限られた時間でイメージを生成する必要があります[135]。

フレーム落ちは、イメージをコンポジターに送って表示する時間内に生成できないときに発生します。Oculus Riftの初期のローンチ タイトルの実験は、そのフレームの約5%が落ちることを示しました[135]。フレーム落ちは、目がディスプレイに対して動いているときに最も目立つVRヘッドセットのスミアリングとストロボ アーティファクト、ジャダーの知覚を高めることがあります（図21.12）。ピクセルがフレームの間に照明されると、スミアが目の網膜上で受け取られます。フレームでピクセルがディスプレイにより照らされる時間の長さである**残光**を下げれば、スミアリングは減ります。しかし代わりに、フレームの間に大きな変化がある場合に複数の別のイメージが知覚される、ストロボ効果が生じるかもしれません。Abrash [7]

21.4. レンダリング テクニック

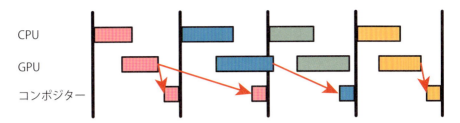

図21.12. ジャダー。連続して示される4つのフレームで、CPUとGPUがそれぞれのイメージを計算しようとしている。ピンクで示される最初のフレームのイメージは、それをこのフレームびコンポジターに送る時間内に計算される。次の青いイメージは、2番目のフレームの表示に間に合うように完成しないので、最初のイメージを再び表示しなければならない。緑の3番目のイメージも時間内に準備ができないので、3番目のフレームでは（ここでは完成した）2番目のイメージがコンポジターに送られる。オレンジの4番目のイメージは時間内に完成するので、表示される。3番目のフレームの レンダリング計算の結果が表示されないことに注意。（*Oculus [1418]*からの図。）

がジャダーと、そのディスプレイ技術との関係を詳しく論じています。

レイテンシーとジャダー効果の最小化に役立つ手法を、ベンダーが提供します。Oculusが**タイムワープ**と**スペースワープ**と呼ぶテクニックのセットは、生成したイメージを、ユーザーの向きと位置に近付くように変形や修正を行います。まずは、フレーム落ちがなく、ユーザーの頭の回転を検出したとします。検出した回転を使い、それぞれの目のビューの位置と方向を予測します。完璧な予測であれば、生成するイメージがまさに必要なものです。

今度はユーザーの頭の回転が、スローダウンしているとします。このシナリオでは予測は行き過ぎになり、生成するイメージは表示の時点でそうあるべきより少し先行します。回転の速度に加えて加速度を見積もると、予測の改善に役立ちます [1074, 1075]。

フレームが落ちるときに、もっと深刻なケースが発生します。何かを画面に出す必要があるので、ここでは前のフレームのイメージを使わなければなりません。ユーザーのビューの最善の予測が与えられたら、このイメージを修正して欠けたフレームのイメージを近似できます。1つの可能な操作が2次元のイメージ ワープで、Oculusがタイムワープと呼ぶものです。それは頭のポーズの回転だけを補償します。このワープ操作は、何もしないよりもはるかにましな、素早い是正措置です。Van Waveren [1998]が、CPUとデジタル シグナル プロセッサー（DSP）で実行するものを含む、様々なタイムワープ実装でのトレードオフを論じ、このタスクにはGPUが圧倒的に最速だと結論付けています。ほとんどのGPUは、このイメージ ワープ処理を0.5ミリ秒未満で行えます [1585]。以前の表示イメージを回転すると、表示イメージの黒い境界がユーザーの周辺視野に見えることがあります。現在のフレームに必要なものより大きなイメージをレンダーすることが、この問題を回避する1つの手段です。しかし実際には、この周縁領域は、ほとんど知覚できません [248, 1960, 1998]。

純粋な回転ワープの、速さ以外の1つの利点は、シーンの他の要素がすべて一貫性を持つことです。ユーザーは実質的に環境スカイボックスの中心にいて（セクション13.3）、ビュー方向と向きを変えるだけです。このテクニックは高速で、行うべきことをうまく行います。フレームが欠けるは十分に悪いことですが、間欠的なフレーム落ちによって変化する予測不能な遅れのほうが、急速にシミュレーター酔いをもたらすようです [66, 1418]。より滑らかなフレーム レートを供給するため、Valveはフレーム落ちを検出したときに、その**インターリーブ再投影**システムを作動させ、レンダリング レートを45FPSに落として、1つおきにフレームをワープします。同様に、PLAYSTATION上のVRには、120Hzのリフレッシュ レートを持ち、レンダリングを60Hzで行って再投影を行い、1つおきのフレームを埋めるバージョンがあります [66]。

回転の補正だけで、常に十分なわけではありません。ユーザーが位置を変えなくても、頭が回転したり傾くときには、目が位置を変えます。例えば、イメージ ワープだけを行うと、その新しいイメージは異なる方向を指す目の分離を使って生成されるので、目の間の距離が狭まって見えます [1960]。これは小さな影響ですが、位置の変化の補償が正しくないことにより、目の近くにオブジェクトがあったり、テクスチャーを貼った地面を見下ろす場合に、ユーザーが方向感覚を失ったり、酔うことがあります。位置の変化に対して調整するため、完全な3次元再投影を行うこともできます（セクション12.2）。イメージのすべてのピクセルは関連する深度を持つので、その処理は、それらのピクセルをワールドの位置に投影し、目の位置を動かしてから、それらの点をスクリーンに再投影して戻すことと考えられます。Oculusは、この処理を位置タイムワープと呼んでいます [69]。そのような処理には、その莫大な費用以外にも、いくつかの欠点があります。1つの問題は、目が動くときにビューに出入りするサーフェスがあるかもしれないことです。これは例えば、キューブの面が見えるようになったり、視差により前景のオブジェクトが背景に対して動き、その詳細を隠したり顕にするなど、その発生は様々です。再投影アルゴリズムは、深度が異なるオブジェクトを識別して、ローカルなイメージのワープを使い、見つかった隙間を埋めようと試みます [1802]。そのようなテクニックでは、オブジェクトがその前を通るときに、ワープにより遠くの詳細が動いたりアニメートして見える、ディスオクルージョン トレイルを引き起こすことがあります。基本的な再投影は、1つのサーフェスの深度しか分からないので、透明度を扱えません。例えば、この制限は、パーティクル システムの外見に影響を与えることがあります [708, 1960]。

イメージ ワープと再投影テクニック両方の問題が、フラグメントの色が古い位置で計算されることです。それらのフラグメントの位置と可視性は変更できますが、スペキュラー ハイライトや反射は変わりません。たとえサーフェス自体を完璧に移しても、フレーム落ちにより、サーフェスのハイライトからジャダーが生じる可能性があります。頭の動きが一切なくても、これらの手法の基本的なバージョンは、シーンのオブジェクトの動きやアニメーションを補償できません [69]。分かるのはサーフェスの位置だけで、速度は分かりません。そのようなわけで、外挿したイメージでは、オブジェクトがフレーム間で自然に動いて見えません。セクション12.5で論じたように、オブジェクトの動きは速度バッファーで捕らえることができます。それにより、再投影テクニックは、そのような変化にも調整できるようになります。

回転と位置どちらの補償テクニックも、たいていフレーム落ちに対する保険の一種として、分離した非同期処理で実行されます。これをValveは非同期再投影、Oculusは非同期タイムワープと非同期スペースワープと呼んでいます。スペースワープは、カメラと頭の移動だけでなく、アニメーションとコントローラーの動きを考慮に入れて、以前のフレームを分析することにより、欠けたフレームを外挿します。スペースワープでは深度バッファーを使いません。通常のレンダリングと合わせて、外挿イメージを独立して同時に計算します。イメージベースなので、この処理にかかる時間量はかなり予測可能で、それはレンダリングが時間内に完了しないときに、普通は再投影イメージが利用できることを意味します。したがって、フレームの完成努力を継続するか、代わりにタイムワープやスペースワープの再投影を使うかを決めるのではなく、両方を行います。そうすれば、フレームが時間内に完成しないときに、スペースワープの結果を利用できます。ハードウェア要件は控えめで、それらのワープ テクニックは主としてあまり能力が高くないシステムの支援を意図しています。Reed と Beeler [1585] が、GPUの共有を実現できる様々な手段と、非同期ワープを効率よく行う方法を論じ、Hughesら [847] も同様です。

回転と位置のテクニックは補完的で、それぞれ同時の改善を提供します。回転ワープは、遠

21.4. レンダリング テクニック 813

くの静止シーンやイメージを見るときの頭の回転を調整するのに完璧です。位置再投影は、近くのアニメートするオブジェクトに適しています[136]。一般には位置の移動よりも、向きの変化のほうが、多くの大きなレジストレーションの問題を引き起こすので、回転補正だけでもかなりの改善が提供されます[1998]。

　ここでの議論は、これらの補償処理の背後にある基本的な考え方に触れただけです。それらの手法の技術的課題と制限については、確実にずっと多くのことが書かれているので、興味のある読者は関連する文献を参照してください[69, 135, 136, 248, 1418, 1960]。

21.4.2　タイミング

非同期のタイムワープとスペースワープ テクニックはジャダーの回避に役立てられますが、品質を維持するための最もよいアドバイスは、アプリケーション自身がフレーム落ちを避けるよう最善をつくすことです[66, 1960]。たとえジャダーがなくても、表示の時点のユーザーの実際のポーズは、予測されたポーズと異なるかもしれないことを前に述べました。そのため、**遅延向きワープ**と呼ばれるテクニックが、ユーザーに見えるべきものとの一致の改善に役立つかもしれませんその考え方は、普通にポーズを取得してフレームを生成してから、フレームの後の方でポーズの予測を取り出して更新することです。この新しいポーズがシーンのレンダーに使う元のポーズと異なる場合、このフレームで回転ワープ（タイムワープ）を行います。ワープは通常0.5ミリ秒もかからないので、この投資はたいてい価値があります。実際には、このテクニックはたいていコンポジター自身が担当します。

　この後からの向きデータの取得に費やす時間は、**遅延ラッチ**と呼ばれるテクニックを使い、この処理を別のCPUスレッド上で実行することにより最小化できます[164, 1585]。このCPUスレッドは定期的に予測ポーズをGPUのプライベートなバッファーに送り、GPUはイメージをワープする前の最後の可能な瞬間に、最新の設定を入手します。遅延ラッチを使い、すべての頭のポーズ データを直接GPUに供給できます。そうすると、目のビュー行列がGPUにしか供給されないので、その瞬間には、この情報をアプリケーションで利用できないという制限があります。AMDには**最新データ ラッチ**と呼ばれる改良版があり、GPUはそれらのデータが必要な瞬間に最新のポーズを入手できます[1194]。

　図21.12で、CPUはコンポジターが終了するまで処理ユニットを起動しないので、CPUとGPUにかなりの休止時間があることに気づいた読者がいるかもしれません。これはシングルCPUシステム用の単純化された図で、すべての作業が1つのフレームで発生します。セクション18.5で論じたように、ほとんどのシステムには、様々なやり方で作業を継続できる、複数のCPUがあります。実際には、CPUはしばしば衝突検出、経路計画などの作業に取り組み、次のフレームでGPUがレンダーするデータを用意します。何であれCPUが前のフレームで設定したものでGPUが作業する、パイプライン化が行われます[847]。それが効果的であるためには、フレームごとのCPUとGPUのどちらの作業も、1フレームかからないようにすべきです（図21.13）。コンポジターは、しばしばGPUの作業完了を知るための手法を使います。それは**フェンス**と呼ばれ、アプリケーションがコマンドとして発行し、その前に行われたすべてのGPU呼び出しが完全に実行されたときに通知されます。フェンスは、GPUが様々なリソースを使い終わったときを知るのに役立ちます。

　図に示されたGPUの持続時間は、イメージのレンダリングに費やされる時間を表します。コンポジターが最終的なフレームの作成と表示を終えたら、GPUは次のフレームのレンダリングを始める準備ができています。CPUは合成が完了するまで待たないと、GPUに次のフレームのコマンドを発行できません。しかし、イメージが表示されるまで待つと、アプリケー

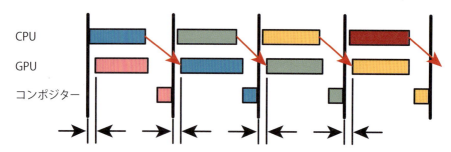

図21.13. パイプライン。リソースの利用を最大化するため、CPUはあるフレームで作業を行い、次にGPUをレンダリングに使う。ランニング スタート/適応型キュー アヘッドを使うことにより、下に示されたギャップを各フレームのGPUの実行時間に加えられる。

ションがCPU上で新たなコマンドを生成し、それをドライバーが解釈し、コマンドが最終的にGPUに発行される間に費やされる時間が生じます。この最大で2msになる時間、GPUは何もしていません。ValveとOculusは、それぞれランニング スタートと適応型キュー アヘッドと呼ばれるサポートを提供することにより、この休止時間を回避します。このタイプのテクニックは、どのシステムにも実装できます。その意図は、前のフレームが完成すると期待されるタイミングをはかり、その直前にコマンドを発行することによって、GPUが前のフレームを完成した後、直ちに作業を開始させることです。ほとんどのVR APIはスループットを最大にするため、規則的な頻度と十分な時間で次のフレームに取り組めるようにアプリケーションを開放する、明示的であれ暗黙的であれ、何らかのメカニズムを提供します。この最適化の利益の感覚を掴んでもらうため、パイプライン処理のこの部分と、このギャップの図を単純化しています。パイプライン処理とタイミング戦略の詳細な議論は、Vlachos [1959] と Mah [1194] のプレゼンテーションを参照してください。

　仮想/拡張現実システムの議論はこれで終わりです。執筆と出版の時間差を考えると、数多くの新しい技術が出現し、ここで紹介したものに取って代わっていることでしょう。ここでの主な目標は、この急速に進化している分野に含まれるレンダリングの問題と解決法の感覚を提供することでした。最近の研究が探っている1つの興味深い方向は、レンダリングにレイ キャスティングを使うことです。例えば、Hunt [854] がその可能性を論じ、毎秒100億以上のレイを評価するオープンソースのCPU/GPUハイブリッド レイ キャスターを提供しています。レイ キャスティングは、広い視野やレンズの収差など、ラスタライザーベースのシステムが直面する多くの問題に、直接的に対処すると同時に、中心窩レンダリングでもうまく動作します。McGuire [1276] が、ローリング ディスプレイが表示する直前に、ピクセルでレイをキャストして、システムのその部分のレイテンシーをほぼゼロに減らす方法を述べています。これと、多くの他の研究の構想から、VRは単純にあらゆる人のコンピューティングへのインターフェイスになるので、将来は誰もがVRを使うけれども、それをVRと呼ばなくなるだろうと、彼は結論付けています。

参考文献とリソース

Abrashのブログ [5] に、仮想現実ディスプレイの基本、レイテンシー、ジャダー、その他の関連トピックについての価値ある記事があります。効果的なアプリケーション デザインとレンダリング テクニックについては、Oculusのベストプラクティス サイト [1418]、ブログ [1074] と、Epic GamesのUnreal VRページ [1937] に、多くの有用な情報があります。クロス プラッ

21.4. レンダリング テクニック 815

トフォームの仮想現実の開発のための代表的なAPIとアーキテクチャーとして、OpenXRを学ぶとよいかもしれません。*Team Fortress 2*をVR [1178] に移植したLudwigのケーススタディは、広範囲のユーザー体験の問題の解決法を取り上げています。

McGuire [1276, 1277] は、NVIDIAのVRとARの数多くの領域での研究努力の概要を与えます。Weier ら [2006] が、人間の視覚と、その限界をどのようにコンピューター グラフィックスで利用できるかを論じる、わかりやすい最先端のレポートを提供しています。Patney がまとめたSIGGRAPH 2017 コース [1468] に、視覚に関連する仮想/拡張現実の研究についてのプレゼンテーションが含まれます。VlachosのGDC プレゼンテーション [1959, 1960] が、効率的なレンダリングのための具体的な戦略を論じ、ここで簡単に取り上げたいくつかのテクニックの詳細を与えます。NVIDIAのGameWorksブログ [1141] に、VRのためのGPUの改良と、その最善の使い方についての価値のある記事が含まれます。Hughes ら [847] が、VRレンダリング システムがうまく機能するようにチューンするためのツール、XPerf、ETW、GPUViewの使い方に関する詳しいチュートリアルを提供します。Schmalstieg と Hollerer の最近の本 *Augmented Reality* [1688] が、この分野に関連する幅広い概念、手法、技術を取り上げています。

22. 交差テスト手法

"I'll sit and see if that small sailing cloud
Will hit or miss the moon."
—Robert Frost

帆走する小さな雲が月に当たるかどうかを見守ることにしよう。

コンピューター グラフィックスでは、交差テストがよく使われます。2つのオブジェクトが衝突するかどうかを決定したり、カメラの一定の高さに保てるように地面への距離を求めたいことがあります。別の重要な用途が、あるオブジェクトを、そもそもパイプラインで送るべきかどうかを求めることです。それらの操作は、すべて交差テストで行えます。本章では、最もよく使われるレイ/オブジェクトとオブジェクト/オブジェクトの交差テストを取り上げます。

やはり階層の上に構築される衝突検出アルゴリズム（23章）では、システムは2つのプリミティブ オブジェクトが衝突するかどうかを決定しなければなりません。それらのオブジェクトには三角形、球、軸平衡境界ボックス（AABB）、有向境界ボックス（OBB）、離散有向多面体（k-DOP）が含まれます

セクション19.4で見たように、視錐台カリングは視錐台の外にあるジオメトリーを効率よく破棄する手段です。この手法を使うには、境界ボリューム（BV）が錐台の完全に外側、完全に内側、あるいは部分的に内側のどれかを決定するテストが必要です。

そのすべてのケースで、**交差テスト**が必要な、特定のクラスの問題に遭遇しています。交差テストは2つのオブジェクト、AとBが交わるかどうか、つまりAが完全にBの内側にあるか（あるいはその逆）、AとBの境界が交わるか、それとも互いに素であるかを決定します。しかし、ある位置への最も近い交点や、貫通の大きさと方向など、さらに情報が必要なときもあります。

本章では、高速な交差テスト法に焦点を合わせます。基本的なアルゴリズムを紹介するだけでなく、新しい効率的な交差テスト法の構築方法へのアドバイスも与えます。当然ながら、本章で紹介する手法は、オフラインのコンピューター グラフィックス アプリケーションでも役立ちます。例えば、セクション22.6から22.9で紹介するレイ交差アルゴリズムは、レイトレーシング プログラムで使われます。

ハードウェア高速化ピック法を手短に取り上げた後、いくつかの役に立つ定義、そしてプリミティブの周りに境界ボリュームを形成するアルゴリズムを述べます。次に効率的な交差テスト法を構築するための経験則を紹介します。最後の大部分は、交差テスト法のレシピです。

22.1 GPU 高速化ピック

マウスや外の入力装置で**ピック**（クリック）して、ユーザーに特定のオブジェクトを選択させたいことがよくあります。当然ながら、そのような操作の性能は高くなければなりません。

可視性に関係なく、画面上の点や、より広い領域の**すべて**のオブジェクトが必要なら、CPU側のピック ソリューションが正当かもしれません。このタイプのピックは、モデリングやCADソフトウェア パッケージで見られます。境界ボリューム階層（セクション19.1.1）を使うことにより、CPU上で効率よく解決できます。視錐台の近平面から遠平面まで通るレイを、ピクセルの位置で形成します。次にグローバル照明アルゴリズムでレイのトレースを高速化するために行うのと同様に、必要に応じて、このレイの境界ボリューム階層との交差をテストします。ユーザーが画面上の長方形で定義する矩形領域なら、レイの代わりに錐台を作成し、それを階層に対してテストします。

CPU上の交差テストには、要件にもよりますが、いくつかの欠点があります。何千もの三角形を持つメッシュの個々の三角形のテストは、メッシュの上に階層やグリッドのような何らかの高速化構造を課さないと、高価かもしれません。正確さが重要な場合、変位マッピングやGPUテッセレーションで生成するジオメトリーに、CPUで合わせる必要があります。木の群葉のようなアルファ マップ オブジェクトでは、ユーザーが完全に透明なテクセルを選択できるべきではありません。テクスチャー アクセスと、何らかの理由でテクセルを破棄する他のシェーダーをエミュレートするには、CPU上でかなりの量の作業が必要です。

ピクセルや、画面の領域で見えるものだけが必要なことがよくあります。この種の選択では、GPUパイプラインそのものを使います。HanrahanとHaeberliが最初に紹介した手法は[718]、ピックをサポートするため、色と見なせる一意な識別値を持つ三角形やポリゴンやメッシュ オブジェクトでシーンをレンダーします。この考え方は、可視性バッファーと意図が似ていて、784ページの図20.12のようなイメージを形成します。オフスクリーンに形成するイメージを格納し、極めて高速なピック処理に使います。ユーザーがピクセルをクリックしたら、このイメージの色識別値を参照し、オブジェクトを直ちに識別します。それらの識別値は、コストが比較的低くなるように、単純なシェーダーを使って標準的なレンダリングを行いながら、別のレンダー ターゲットにレンダーできます。主な支出は、GPUからCPUへのピクセルの読み戻しかもしれません。

ピクセル シェーダーが受け取ったり計算する、どんなタイプの情報も、オフスクリーン ターゲットに格納できます。例えば、法線やテクスチャー座標が明らかな候補です。補間を利用することにより、そのようなシステムを使って、点の三角形内部の相対位置を求めることもできます[1049]。別のレンダー ターゲットで、三角形頂点の色を赤$(255, 0, 0)$、緑$(0, 255, 0)$、青$(0, 0, 255)$として、三角形をレンダーします。例えば選択したピクセルの補間色が$(23, 192, 40)$なら、赤い頂点の寄与率が$23/255$、緑が$192/255$、青が$40/255$であることを意味します。それらの値は重心座標で、セクション22.8.1で詳しく論じます。

GPUを使うピックは、最初は3次元ペイント システムの一部として紹介されました。カメラとオブジェクトが動かないシステムでは、ピック バッファー全体を一度に生成して再利用できるので、そのようなピックが特に適しています。カメラが動くピックでの別のアプローチは、画面の微小部分に焦点を合わせた軸外のカメラを使い、シーンを小さな、例えば3×3のターゲットにレンダーし直すことです。CPUの錐台カリングが、ほぼすべてのジオメトリー

を取り除き、少数のピクセルしかシェーディングされないので、このパスは比較的高速です。すべてのオブジェクト（見えるものだけでなく）のピックには、深度剥離を使ったり、単純に以前選択されていたオブジェクトをレンダーしないで、この小さなウィンドウ手法を複数行うこともできます [323]。

22.2　定義とツール

このセクションでは、本章全体で役に立つ表記と定義を紹介します。

　レイ $\mathbf{r}(t)$ は、原点 $\mathbf{o}$ と、方向ベクトル $\mathbf{d}$（普通は便宜のため正規化されるので、$||\mathbf{d}|| = 1$）で定義されます。その数式は式22.1に示され、レイの図解が図22.1に示されています。

$$\mathbf{r}(t) = \mathbf{o} + t\mathbf{d} \tag{22.1}$$

　スカラー t はレイ上に異なる点を生成するために使う変数で、ゼロ未満の t-値はレイ原点より後ろにあり（したがってレイの一部ではない）、正の t-値は前にあると言われます。また、レイ方向は正規化されるので、t-値はレイ原点から t 距離単位にあるレイ上の点を生成します。

　実際には、レイ沿いに探索したい最大距離である現在の距離 l も、たいてい格納されます。例えば、ピック処理では、レイ沿いの最も近い交差があればよく、この交差より遠くのオブジェクトは安全に無視できます。その距離 l は ∞ で開始します。オブジェクトが交わるたびに、l をその交差距離で更新します。l を定めると、レイはテストする線分になります。後で論じるレイ/オブジェクト交差テストでは、l を議論に含めないのが普通です。l を使いたい場合には、通常のレイ/オブジェクト テストを行ってから、計算した交差距離に対して l をチェックし、適切な措置を講じるだけです。

　サーフェスについて話すときには、陰関数サーフェスと陽関数サーフェスを区別します。陰関数サーフェスは式22.2で定義されます。

$$f(\mathbf{p}) = f(p_x, p_y, p_z) = 0 \tag{22.2}$$

$\mathbf{p}$ はサーフェス上の任意の点です。これはサーフェス上の点がある場合、その点を f に代入すると、その結果が 0 になることを意味します。そうでなければ、f の結果は 0 になりません。陰関数サーフェスの 1 つの例が $p_x^2 + p_y^2 + p_z^2 = r^2$ で、原点にある半径 r の球を記述します。これが $f(\mathbf{p}) = p_x^2 + p_y^2 + p_z^2 - r^2 = 0$ と書き直せることはすぐ分かり、それが確かに陰関数であることを意味します。陰関数サーフェスはセクション17.3で簡単に取り上げていますが、Gomes ら [607] と de Araújo ら [75] が、多様な陰関数サーフェスによるモデリングとレンダリングを取り上げています。

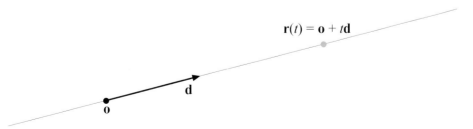

図 22.1. 単純なレイとそのパラメーター：$\mathbf{o}$（レイ原点）、$\mathbf{d}$（レイ方向）、レイ上の異なる点 $\mathbf{r}(t) = \mathbf{o} + t\mathbf{d}$ を生成する t。

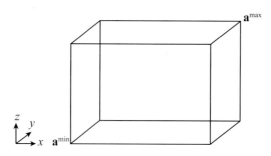

図 22.2. 3次元 AABB A とその端点 $\mathbf{a}^{\min}$ と $\mathbf{a}^{\max}$、及び標準基底の軸。

一方、陽関数サーフェスは、サーフェス上の点ではなく、ベクトル関数 $\mathbf{f}$ とパラメーター (ρ, ϕ) で定義されます。それらのパラメーターが、サーフェス上の点 $\mathbf{p}$ を生成します。下の式 22.3 が、その概念を示しています。

$$\mathbf{p} = \begin{pmatrix} p_x \\ p_y \\ p_z \end{pmatrix} = \mathbf{f}(\rho, \phi) = \begin{pmatrix} f_x(\rho, \phi) \\ f_y(\rho, \phi) \\ f_z(\rho, \phi) \end{pmatrix} \tag{22.3}$$

陽関数サーフェスの1つの例はやはり球で、今度は球面座標で表現され、式 22.4 に示されるように、ρ は緯度で ϕ は経度です。

$$\mathbf{f}(\rho, \phi) = \begin{pmatrix} r \sin \rho \cos \phi \\ r \sin \rho \sin \phi \\ r \cos \rho \end{pmatrix}. \tag{22.4}$$

別の例として、三角形 $\triangle \mathbf{v}_0 \mathbf{v}_1 \mathbf{v}_2$ は、$\mathbf{t}(u, v) = (1 - u - v)\mathbf{v}_0 + u\mathbf{v}_1 + v\mathbf{v}_2$ のような陽関数形式で記述でき、ここでは $u \geq 0, v \geq 0$ かつ $u + v \leq 1$ が成り立つ必要があります。

最後に、球以外のいくつかの一般的な境界ボリュームの定義を与えます。

定義. 軸平衡境界ボックス（矩形ボックスとも呼ばれる）、略して AABB は、面の法線が標準基底軸と一致するボックスです。例えば AABB の A は、2 つの対角線上の反対の点、$\mathbf{a}^{\min}$ と $\mathbf{a}^{\max}$ で記述され、$\mathbf{a}_i^{\min} \leq \mathbf{a}_i^{\max}, \forall i \in \{x, y, z\}$ です。

図 22.2 に、3次元の AABB の図解と表記が含まれています。

定義. 有向境界ボックス、略して OBB は、面の法線のすべてのペアが直交するボックス、つまり、任意に回転した AABB です。OBB の B は、ボックスの中心点 $\mathbf{b}^c$ と、ボックスの辺の方向を記述する 3 つの正規化ベクトル $\mathbf{b}^u, \mathbf{b}^v, \mathbf{b}^w$ で記述できます。それらの正の半長は $\mathbf{b}^c$ から、それぞれの面の中心への距離 h_u^B, h_v^B, h_w^B で示されます。

3次元の OBB とその表記が図 22.3 に示されています。

定義. k-DOP（離散有向多面体）は $k/2$ 本（k は偶数）の正規化法線（向き）$\mathbf{n}_i, 1 \leq i \leq k/2$ と、各 $\mathbf{n}_i$ に関連する 2 つのスカラー値 $d_i^{\min}$ と $d_i^{\max}$ ($d_i^{\min} < d_i^{\max}$) で定義されます。3 つ組 $(\mathbf{n}_i, d_i^{\min}, d_i^{\max})$ が、それぞれ 2 つの平面 $\pi_i^{\min} : \mathbf{n}_i \cdot \mathbf{x} + d_i^{\min} = 0$ と $\pi_i^{\max} : \mathbf{n}_i \cdot \mathbf{x} + d_i^{\max} = 0$、の間のボリュームである**スラブ** S_i を記述し、すべてのスラブの交差 $\bigcap_{1 \leq l \leq k/2} S_l$ が、実際の k-DOP ボリュームです。k-DOP は、オブジェクトを囲む最もタイトなスラブのセットとして

22.2. 定義とツール

定義されます [471]。AABB と OBB は、どちらの 3 つのスラブで定義される 6 つの平面を持つので 6-DOP として表せます。図 22.4 が 2 次元の 8-DOP を描写しています。

凸多面体の定義では、平面の**半空間**の概念を使うと役に立ちます。正の半空間には $\mathbf{n} \cdot \mathbf{x} + d \geq 0$ のすべての点 $\mathbf{x}$ が含まれ、負の半空間は $\mathbf{n} \cdot \mathbf{x} + d \leq 0$ です。

定義. 凸多面体は、p の平面の負の半空間の交差で定義され、各平面の法線の方向が多面体から離れる有限ボリューム。

AABB、OBB、k-DOP と任意の視錐台は、すべて凸多面体の特殊な形です。より複雑な k-DOP と凸多面体は、主に下層のメッシュの正確な交差の計算が高コストな衝突検出アルゴリズムで使われます。それらの境界ボリュームの形成に使う追加の平面は、さらにオブジェクトからボリュームを切り取れるので、それに伴う追加のコストを正当化できます。

他の 2 つの興味深い境界ボリュームが、直線掃引球と矩形掃引球です。より一般には、それぞれカプセルとトローチ呼ばれ、図 22.5 に例が示されています。

分離軸は、重ならない（互いに素な）2 つのオブジェクトが、直線上でやはり重ならない投影を持つ直線を指定します。同様に、2 つの 3 次元オブジェクトの間に平面が挿入できるとき、その平面の法線は分離軸を定義します。AABB、OBB、k-DOP などの凸多面体で動作する、

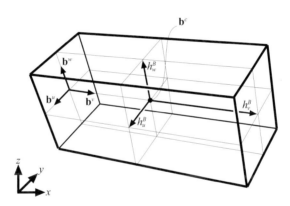

図 22.3. 3 次元 OBB B と、その中心点 $\mathbf{b}^c$、その正規化された正の向きの辺ベクトル $\mathbf{b}^u$、$\mathbf{b}^v$、$\mathbf{b}^w$。示されるように、辺の半長 h_u^B、h_v^B、h_w^B は、ボックスの中心から、面の中心への距離。

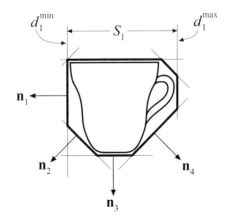

図 22.4. すべての法線 $\mathbf{n}_i$ と、最初のスラブ S_1 と、そのスラブの「サイズ」$d_1^{\min}$ と $d_1^{\max}$ が示された、ティーカップの 2 次元 8-DOP の例。

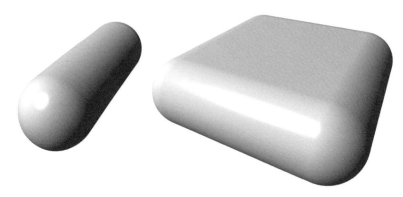

図22.5. 直線掃引球と矩形掃引球、別名、カプセルとトローチ。

交差テストで重要な1つのツール[626, 643]を紹介します。それは**分離超平面定理**の1つの側面です[208][*1]。

分離軸テスト（SAT）。　2つの任意の凸で互いに素な多面体AとBには、多面体の投影が軸上で、互いに疎な区間を形成する分離軸が、少なくとも1つ存在します。これは、1つのオブジェクトが凹だと成り立ちません。例えば、井戸の壁とその中のバケツが接触しなくても、平面でそれらを分けることはできません。さらに、AとBが互いに素なら、以下の1つに直交する軸（つまり、平行な平面）で分離できます[627]。

1. Aの面。
2. Bの面。
3. 各多面体の辺（例えば、外積）。

最初の2つのテストは、1つのオブジェクトがもう1つのオブジェクトのすべての面の完全に外側にあれば、それらは重なり得ないことを言っています。最初の2つのテストは面を扱いますが、最後のテストはオブジェクトの辺に基づきます。オブジェクトを3番目のテストで分離するために捻り出したいのが、両方のオブジェクトに可能な限り近い平面（その法線が分離軸）で、そのような平面は、オブジェクトの1つの辺よりオブジェクトに近付くことはありません。したがって、テストすべき分離軸は、2つのオブジェクトそれぞれの辺の外積で作られます。このテストが図22.6の2つのボックスで示されています。

　ここでは凸多面体の定義が広いことに注意してください。線分と三角形などの凸ポリゴンも凸多面体です（しかしボリュームを囲まないので縮退）。線分Aは面を持たないので、最初のテストは消えます。このテストは、セクション22.12の三角形/ボックス重なりテストと、セクション22.13.5のOBB/OBB重なりテストの導出に使われます。Gregorius [648]が、分離軸を使う交差テストに重要な最適化、時間コヒーレンスについて述べています。あるフレームで分離軸を求めたら、次のフレームでオブジェクトのペアに最初にテストすべきものとして、この軸を格納します。

　実行可能な手法の議論に戻ると、交差テストを最適化する1つの一般的なテクニックは、レイやオブジェクトが他のオブジェクトに当たらないかどうかを決定できる、何らかの単純な計算を早期に行うことです。そのようなテストは**棄却テスト**と呼ばれ、テストが成功したら、そ

[*1] このテストはコンピューター グラフィックスでは、前の版で私たちが広めるのを助けた誤った名称、「分離軸定理」で呼ばれることがあります。それ自体は定理ではなく、分離超平面定理の特殊な場合です。

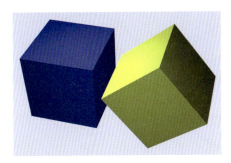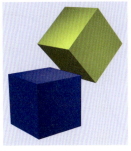

図22.6. 分離軸。青いボックスをA、黄色いボックスをBとする。最初のイメージはBがAの右の面の完全に右にあることを示し、2番目はAがBの左下の面より完全に下にあることを示している。3番目では、もう1つのボックスを除外する平面を形成する面がないので、Aの右上の辺とBの左下の辺の外積で形成する軸が、2つのオブジェクトを分離する平面の法線を定義する。

の交差は**棄却**されます。

本章でしばしば使う別のアプローチは、3次元オブジェクトを「最もよい」直交平面（xy, xz, yzのどれか）に投影し、代わりに問題を2次元で解くことです。

最後に、数値的な不正確さのため、交差テストでは極少数がよく使われます。この数はϵ（エプシロン）で示され、その値はテストによって変わります。しかし、しばしばエプシロンは、注意深い丸め誤差解析とエプシロン調整を行わずに、プログラマーの問題のケースでうまくいくように選ばれます（Pressら[1560]が「都合のよい作り話」と呼ぶもの）、そのようなコードを別の設定で使うと、条件が異なるため、おそらく破綻します。Ericsonの本[471]が、幾何学計算の文脈で、数値的堅牢性の領域を詳しく論じています。この警告を肝に銘じた上で、少なくとも小規模（例えば100以下、0.1以上）で原点近くの「正常な」データでは妥当な出発値になるエプシロンを、与えるようにします。

22.3 境界ボリュームの作成

交差のコストを最小にするため、与えられたオブジェクトのコレクションに対し、タイトにフィットする境界ボリュームを求めることが重要です。任意のレイが凸オブジェクトに当たる確率は、そのオブジェクトの表面積に比例します（セクション22.4）。この面積を最小化すると、棄却の計算が交差より遅いことはないので、交差アルゴリズムの効率が上がります。対照的に、衝突検出アルゴリズムでは、たいていBVのボリュームを最小にするほうがよくなります。このセクションでは、与えられたポリゴンのコレクションに、最適または最適に近い境界ボリュームを求める手法を簡潔に述べます。

22.3.1 AABBとk-DOPの作成

作成が最も簡単な境界ボリュームはAABBです。ポリゴン頂点のセットの各軸沿いの最小と最大の範囲をとり、AABBを形成します。k-DOPはAABBの拡張で、その頂点をk-DOPの各法線$\mathbf{n}_i$に投影し、それらの投影の極値（最小、最大）を$d_{\min}^i$と$d_{\max}^i$に格納します。その2つの値が、その方向での最もタイトなスラブを定義します。そのようなすべての値を合わせて、最小のk-DOPを定義します。

図22.7. 境界球。左の最も単純なものでは、オブジェクトは、その境界ボックスを囲む境界球を持てる。オブジェクトが境界ボックスの隅に広がっていない場合、真ん中のイメージのように、ボックスの中心を使い、すべての頂点を調べて最も遠いものを求めて半径を定め、球を改善できる。右に示すように、球の中心を動かして半径を縮小できる。

22.3.2 球の作成

境界球の形成は、スラブの範囲の決定ほど簡単ではありません。この仕事を行う数多くのアルゴリズムがあり、速さと品質のトレードオフがあります。高速な一定時間の1パスアルゴリズムは、ポリゴン セットのAABBを作ってから、そのボックスの中心と対角線を使って球を形成します。これは不十分なフィットを与えることがあり、場合により別のパスで改善できます。最初はAABBの中心を球BVの中心とし、すべての頂点を調べて、この中心から最も遠いものを求めます（平方根の計算を避けるため、距離の平方を比較します）。これが新しい半径になります（図22.7）。

親の球の内部に子の球を入れ子にする場合に、その2つのテクニックに必要な修正は少しだけです。すべての子の球の半径が同じなら、それらの中心を頂点として扱うことができ、どちらかの処理の終わりに、子の半径を親の球の半径に加えます。半径が変化する場合には、それらの半径を境界の計算に含めて、妥当な中心を見出すことにより、AABB境界を求められます。2番目のパスを行う場合、半径を親の中心からのその点への距離に加えます。

Ritter [1614]が、最適に近い境界球を作成する単純なアルゴリズムを紹介しています。その考え方は、x、y、z-軸で、それぞれ最小と最大の頂点を求めることです。その3つの頂点のペアで、間の距離が最大のペアを求めます。このペアを使い、中心がその中点で、半径がそれらへの距離に等しい球を形成します。他のすべての頂点をすべて調べ、それらの球の中心への距離dをチェックします。頂点が球の半径rの外側にあれば、その頂点に向かって球の中心を$(d-r)/2$動かし、半径を$(d+r)/2$にして続行します。このステップには、頂点と既存の球を新たな球に包含する効果があります。この2回目のリスト巡回が終わると、境界球はすべての頂点を囲むことが保証されます。

Welzl [2009]が、もっと複雑なアルゴリズムを実装し、特にEberly [437, 1692]とEricson [471]は、実装したコードをウェブに公開しています。その考え方は、球を定義する点のサポートセットを求めることです。球は、そのサーフェス上の2点、3点、または4点で定義できます。頂点が現在の球の外で見つかったときには、その位置をサポート セットに加えて（場合により、古いサポート点をセットから取り除き）、新たな球を計算し、リスト全体を調べ直します。球がすべての頂点を包含するまで、この処理を繰り返します。前の手法より複雑ですが、このアルゴリズムは最適な境界球が求められることを保証します。

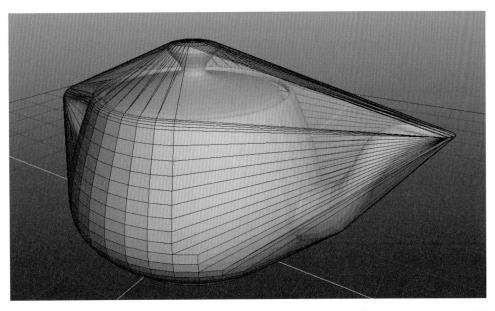

図 **22.8.** Quickhull [647] を使って計算したティーポットの凸包。（イメージ提供：*Dirk Gregorius, Valve Corporation*。）

Ohlarik [1422] が、Ritter と Welzl 両方のアルゴリズムの変種の速さを比較しています。Ritter の単純化形式は、基本的なバージョンよりも 20% コストが高くなるだけですが、結果がよくないことがあるので、両方を実行する価値があります。Welzl のアルゴリズムの Eberly の実装は、ランダムな点のリストで線形なことが期待されますが、実行は 1 桁ほど遅くなります。

22.3.3　凸多面体の作成

境界ボリュームの一般的な般形式は凸多面体です。凸オブジェクトは分離軸テストで使えます。AABB、k-DOP、OBB はすべて凸多面体ですが、よりタイトな境界を求めることができます。k-DOP が、追加の平面のペアによるオブジェクトからのボリュームの切り落としと考えられるのと同じく、凸多面体は任意の平面のセットで定義できます。追加のボリュームを切り落とすことにより、囲むポリゴン オブジェクトのメッシュ全体が関与する、高価なテストを回避できます。望むのは、ポリゴン オブジェクトを「シュリンクラップ」して、**凸包**このを形成する平面のセットを求めることです。図 22.8 に例が示されています。凸包は、例えば *Quickhull* アルゴリズムで求められます [110, 647]。その名前にもかかわらず、処理が線形時間より遅いので、複雑なモデルでは、一般にオフラインの前処理として行われます。

見て分かるように、この処理により、それぞれ凸包上のポリゴンとして定義される、多数の平面が生じることがあります。実際には、このレベルの正確さは不要なことがあります。最初に元のメッシュの単純化版を作成し、場合によって完全に元のメッシュを囲むように外に広げれば、正確さは下がっても単純な凸包が生成します。また k-DOP では、k が増えるにつれて、BV が凸包に似てくることに注意してください。

22.3.4 OBB の作成

オブジェクトはAABBで始め、AABBをOBBにする回転を行って自然なOBBを持つこともできます。しかし、そのOBBを使うのは最適でないことがあります。ある角度で作ったものを伸ばしてモデル化した旗ざおを想像してください。その周りのAABBは、その長さ方向に伸びるOBBほどタイトではありません。明確な最良の軸がないモデルで、OBBと、その任意の基底の向きの形成は、妥当な境界球を求めることよりも複雑です。

この問題のに対するアルゴリズムの作成には、かなりの量の研究が行われています。1985年のO'Rourkeの正確な解の実行時間は$O(n^3)$です[1445]。Gottschalk [627] が、最良のOBBの近似を与える、より高速で単純な手法を紹介しています。結果を偏らせる可能性がある、このボリューム内のモデル頂点を避けるため、最初にポリゴン メッシュの凸包を計算します。次に線形時間で実行する主成分分析（PCA）を使い、妥当なOBBの軸を求めます。この手法の欠点は、ボックスのフィットが緩くなるときがあることです[1063]。Eberlyが、最小化テクニックを使って、最小ボリュームOBBを計算する手法を述べています。ボックスで可能な方向のセットをサンプルし、そのOBBの最も小さい軸を数値的最小化の出発点として使います。次にPowellの方向セット法[1560]を使い、最小のボリューム ボックスを求めます。Eberlyのこの操作のコードはウェブにあります[437]。さらに他のアルゴリズムもあります。Changら[277] は、それまでの研究の十分な概要を与え、解空間の探索を助ける遺伝的アルゴリズムを使った、独自の最小化テクニックを紹介しています。

ここでLarssonとKällberg [1063] のアルゴリズムである、凸包を必要とせず、線形時間で実行される近最適手法を紹介します。通常はGottschalkのPCAに基づく手法よりも品質がよく、実行が大幅に速く、SIMD並列化に適し、著者がコードを提供しています。まずオブジェクトにk-DOPを形成し、各k-DOPスラブの反対側に接する頂点の（任意の）ペアを保存します。それらの頂点のペアすべてをまとめて、オブジェクトの**極値点**と呼びます。したがって、例えば26-DOPは13対の点のペアを生成し、同じ頂点を指定するものがあるかもしれないので、全体のセットはさらに小さくなる可能性があります。「最良のOBB」は、オブジェクトを囲むAABBに初期化されます。次にアルゴリズムは、フィットを改善する可能性が高いOBBの向きを求めることにより進行します。大きな基礎の三角形を構築し、その面から2つの4面体を伸ばします。それらが近最適OBBを生み出す可能性がある7つの三角形のセットを作成します。

最も離れた点のペアが、基礎の三角形の1辺を形成します。残りの極値点で、この辺の直線から最も遠い頂点が、三角形の3番目の点になります。三角形の各辺と、三角形の平面にある、その辺への法線を使い、潜在的な新しいOBBの2つの軸を形成します。それらの軸に残りの極値点を投影して、その3つのOBBの、平面中の2次元の境界を求めます（図22.9）。それを囲む最も小さい2次元の長方形を使い、3つのうちで最もよいOBBを選びます。その3つのOBBの高さ、三角形の法線沿いの距離はどれも同じなので、最もよいものは、その周りの2次元境界ボックスだけで決定できます。

次に残りの極値点を三角形の法線に投影することにより、このOBBの3次元の範囲を求めます。この完成したOBBを、最初のAABBに対してどちらがよいかをチェックします。次に、この処理で求めた、最大と最小の高さにある2つの極値点と、元の大きな三角形をそれぞれ底面として使い、2つの4面体を形成します。各4面体が順に3つの追加の三角形を形成し、元の三角形で行った三角形の3つの候補OBBを評価する処理をそれぞれで行います。前と同じく、各三角形の最もよい2次元OBBを、その高さ方向に伸ばしますが、候補OBBの最終的

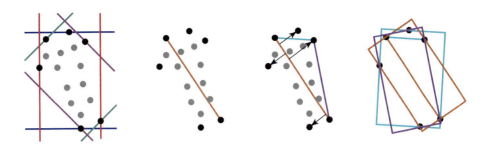

図22.9. 近最適OBBの形成（すべての点が3次元であることに留意）。k-DOPの各スラブ（カラーの直線のペア）の境界に、黒でマークした点のペアがある。下の2つの頂点は、2つのスラブ平面の極限にある。グレイでマークした他の頂点は、その後のステップでは使われない。4つのペアのうち、2つの最も離れた頂点を使って辺を作る。その辺と、その辺から最も遠い極値点で三角形を形成する。各三角形の1辺をその軸の定義に使い、残りの極値点がその境界を定義する3つのボックスを形成する。その3つのうちで最もよいボックスを保存する。

なサイズを得るだけで、もう三角形は作りません。全部で7つの三角形を作り、1つの完全なOBBを生成して、互いに比較します。

　最もよいOBBを求めたら、その軸上に元のオブジェクトのすべての点を投影し、必要に応じてサイズを増やします。最終的なチェックを元のAABBに対して行い、このOBBが実際にフィットを改善するかどうかを調べます。この処理全体が以前のテクニックより速く、ほとんどのステップで小さな極値点のセットを使う恩恵が得られます。注目すべきこととして、次のセクションで取り上げる理由により、ボリュームではなく表面積に基づいて境界ボックスを最適化することを、著者たちは選んでいます。

22.4　幾何学的確率

平面やレイがオブジェクトと交わるかどうか、点がその中にあるかどうかは、一般的な幾何学的操作に含まれます。関連する質問が、点や、レイや、平面がオブジェクトと交わる相対的な確率です。空間中のランダムな点がオブジェクト内にある相対的な確率は、かなり明らかです。それはオブジェクトのボリュームに直接比例します。したがって、$1 \times 2 \times 3$のボックスがランダムに選んだ点を含む確率は、$1 \times 1 \times 1$のボックスの6倍です。

　空間中の任意のレイが、あるオブジェクトと別のオブジェクトに交わる相対的な確率はいくつでしょうか？ これと関連する別の質問が、正投影を使うときに、任意の向きのオブジェクトが覆うピクセルの平均の数はいくつかという質問です。正投影は、レイが各ピクセルを通る、ビュー ボリューム中の平行なレイのセットと考えることができます。与えられたランダムな向きのオブジェクトが覆うピクセルの数は、オブジェクトと交わるレイの数に等しくなります。

　その答えは驚くほど簡単で、凸立体オブジェクトの平均投影面積は、その表面積の4分の1です。その表面積が$4\pi r^2$で、その正投影が常に面積πr^2の円である画面上の球で、これが成り立つのは明らかです。この同じ比率はボックスやk-DOPといった、他の任意の向きの凸オブジェクトの平均投影でも成り立ちます。Nienhuysの記事[1382]に非公式な証明があります。

　球や、ボックスなどの凸オブジェクトは、ピクセルごとに必ず裏表があるので、深度複雑さは2です。（両面）多角形の深度複雑さは常に1なので、その確率測度は任意の多角形に拡張できます。したがって、多角形の平均投影面積は、その表面積の半分です。

この測定基準はレイ トレーシングの文献では**表面積ヒューリスティック（SAH）**と呼ばれ [79, 1185, 1968]、データ セットに効率的な可視性構造を作るのに重要です。1つの用途が境界ボリューム効率の比較です。例えば、内接キューブ（角が球に接するキューブ）と比べた、球にレイがヒットする相対的確率は1.57（π/2）です。同様に、その内部で接する球に対する、キューブのヒットの相対的確率は1.91（6/π）です。

このタイプの確率測定は、詳細レベルの計算などの領域で役立つことがあります。例えば、境界球のサイズが同じでも、覆うピクセルが丸いオブジェクトよりずっと少ない、細長いオブジェクトを想像してください。その境界ボックスの面積から事前にヒット率が分かれば、細長いオブジェクトの視覚的な影響は相対的に重要でないと見なせます。

点の包含の確率がボリュームに関連し、レイの交差の確率が表面積に関連することが分かりました。平面がボックスと交わる可能性は、3次元のボックスの広がりの和に直接比例します [1698]。この和はオブジェクトの**平均幅**と呼ばれます。例えば、辺長が1のキューブの平均幅は $1+1+1=3$ です。ボックスの平均幅は、平面がヒットする確率に比例します。したがって、$1 \times 1 \times 1$ のボックスの測度は3、$1 \times 2 \times 3$ のボックスの測度は6で、これは2番目のボックスの任意の平面が交わる可能性が2倍であることを意味します。

しかし、この和は真の幾何学的平均幅よりも大きく、それは、すべての可能な向きのセットで、ある固定軸に沿ったオブジェクトの平均投影長です。平均幅の計算では、異なる凸オブジェクト型の間に（表面積のような）簡単な関係がありません。球はどの向きでも同じ長さに広がるので、直径 d の球の幾何学的平均幅は d です。このトピックの締めくくりとして簡単に述べると、ボックスの次元の和（つまり、その平均幅）に0.5を掛けると幾何学的平均幅が与えられ、それは球の直径と直接比較できます。したがって、測度が3の $1 \times 1 \times 1$ のボックスの幾何学的平均幅は $3 \times 0.5 = 1.5$ です。このボックスを囲む球の直径は $\sqrt{3} = 1.732$ です。したがって、キューブを囲む球に任意の平面が交わる可能性は、$1.732/1.5 = 1.155$ 倍です。

これらの関係は、様々なアルゴリズムの利得の決定に役立ちます。平面と境界ボリュームの交差が含まれるので、錐台カリングが最初の候補です。別の用途は、錐台カリングの性能が上がるように、オブジェクトを含むBSPノードを分割するかどうか、どこで分割するのが最善かを決定することです（セクション19.1.2）。

22.5　経験則

具体的な交差手法の検討を始める前に、高速で、堅牢で、正確な交差テストにつながる可能性がある、いくつかの経験則を挙げます。交差ルーチンを設計し、発明し、実装するときには、これらを念頭に置くべきです。

- 様々なタイプの交差を簡単に**棄却**や**受諾**して、それ以上の計算を早期に回避する計算と比較は、早めに行う。
- 可能なら、以前のテストの結果を利用する。
- 2つ以上の棄却や受諾のテストを使う場合、テストの効率が上がるかもしれないので、（可能であれば）それらの内部の順番の入れ替えを試す。些細な変更に見えるものが、なんの効果もないと仮定してはならない。
- 高価な計算（特に三角関数、平方根、除算）は本当に必要になるまで延期する（高価な除算を遅らせる例がセクション22.8にある）。
- 交差問題は、しばしば問題の次元を下げることで単純化できる（例えば、3次元から2

22.6. レイ/球交差   829

次元、さらに1次元に）。セクション22.9の例を参照。

- 1つのレイやオブジェクトを同時に他の多くのオブジェクトと比べる場合は、テスト開始前に一度行うだけで済む事前計算を探す。
- 交差テストが高価なときには、第1レベルの迅速な棄却を与える、オブジェクトを囲む球のような単純なBVから始めるとよいことが多い。
- 常に自分のコンピューターで比較の計時を行う習慣をつけ、計時には本物のデータとテスト状況を使う。
- 前のフレームの結果を利用する。例えば、前のフレームで、ある軸が2つのオブジェクトを分離すると分かったら、その軸を次のフレームで最初に試すのがよい考えかもしれない。
- 最後に、自分のコードを堅牢にするよう努力する。これはあらゆる特殊なケースで動作し、なるべく多くの浮動小数点精度誤差に過剰反応しないことを意味する。可能なすべての制限に留意する。数値的と幾何学的な堅牢性についての詳しい情報は、Ericsonの本[471]を参照するとよい。

最後に強調するのは、特定のテストに「最善」のアルゴリズムがあるかどうかを決定するのは難しいことです。評価では、様々な、事前に決められた一連のヒット率を持つランダムなデータがよく使われますが、これは真実の一面しか示しません。アルゴリズムは本当のシナリオ、例えば、ゲームで使われ、そのコンテキストで評価するのが最善です。多くのテスト シーンを使うほど、性能の問題をよく理解できます。GPUやワイドSIMD実装など、実行が必要な複数の棄却分岐により、性能が失われるかもしれないアーキテクチャーがあります。仮定を行うことを避け、確かなテスト計画を作成することが最善です。

22.6　レイ/球交差

数学的に単純な交差テスト、レイと球のテストで始めることにします。後で見るように、関与するジオメトリーを考え始めれば、単純明快な数学的解法が速くなります[694]。

22.6.1　数学的解法

球は、中心点$\mathbf{c}$と半径rで定義できます。よりコンパクトな球の陰関数公式（前の紹介したものと比べて）は次のものです。

$$f(\mathbf{p}) = ||\mathbf{p} - \mathbf{c}|| - r = 0 \tag{22.5}$$

$\mathbf{p}$は球のサーフェス上の任意の点です。レイと球の交差を解くため、式22.5の$\mathbf{p}$を単純にレイ$\mathbf{r}(t)$で置き換えて次を生成します。

$$f(\mathbf{r}(t)) = ||\mathbf{r}(t) - \mathbf{c}|| - r = 0 \tag{22.6}$$

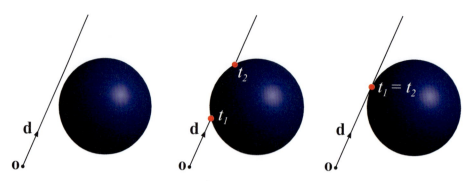

図 22.10. 左のイメージは球に当たらず、その結果 $b^2 - c < 0$ であるレイを示す。中央のイメージは、スカラー t_1 と t_2 で決まる 2 点（$b^2 - c > 0$）で球と交わるレイを示す。右のイメージは $b^2 - c = 0$ のケースを示し、それは 2 つの交点が一致することを意味する。

式 22.1 を使い、$\mathbf{r}(t) = \mathbf{o} + t\mathbf{d}$ とすると、式 22.6 は次のように単純化されます。

$$
\begin{aligned}
||\mathbf{r}(t) - \mathbf{c}|| - r &= 0 \\
\Longleftrightarrow \\
||\mathbf{o} + t\mathbf{d} - \mathbf{c}|| &= r \\
\Longleftrightarrow \\
(\mathbf{o} + t\mathbf{d} - \mathbf{c}) \cdot (\mathbf{o} + t\mathbf{d} - \mathbf{c}) &= r^2 \\
\Longleftrightarrow \\
t^2(\mathbf{d} \cdot \mathbf{d}) + 2t(\mathbf{d} \cdot (\mathbf{o} - \mathbf{c})) + (\mathbf{o} - \mathbf{c}) \cdot (\mathbf{o} - \mathbf{c}) - r^2 &= 0 \\
\Longleftrightarrow \\
t^2 + 2t(\mathbf{d} \cdot (\mathbf{o} - \mathbf{c})) + (\mathbf{o} - \mathbf{c}) \cdot (\mathbf{o} - \mathbf{c}) - r^2 &= 0
\end{aligned}
\tag{22.7}
$$

最後のステップは $\mathbf{d}$ が正規化されていること、つまり $\mathbf{d} \cdot \mathbf{d} = ||\mathbf{d}||^2 = 1$ の仮定から生じます。驚くことではありませんが、結果の式は 2 次の多項式で、それはレイが球と交わる場合、最大 2 つの点で交わることを意味します（図 22.10）。式の解が虚数なら、レイは球にヒットしません。そうでなければ、2 つの解 t_1 と t_2 をレイの式に代入して、球上の交点を計算できます。

その結果の式 22.7 は、2 次方程式で書けます。

$$t^2 + 2bt + c = 0 \tag{22.8}$$

$b = \mathbf{d} \cdot (\mathbf{o} - \mathbf{c})$ かつ $c = (\mathbf{o} - \mathbf{c}) \cdot (\mathbf{o} - \mathbf{c}) - r^2$ です。2 次方程式の解を下に示します。

$$t = -b \pm \sqrt{b^2 - c} \tag{22.9}$$

$b^2 - c < 0$ なら、レイは球にヒットせず、交差を棄却して計算（例えば、平方根といくつかの加算）を避けられることに注意してください。このテストを通ったら、$t_0 = -b - \sqrt{b^2 - c}$ と $t_1 = -b + \sqrt{b^2 - c}$ の両方を計算できます。t_0 と t_1 で最小の正の値を求めるためには、追加の比較を行う必要があります。式 22.36 と、その後の 2 つの式には、より安定な 2 次方程式を解くための代替手法が紹介されています。上の問題で使う式 22.36 の係数は 1, $2\mathbf{d} \cdot (\mathbf{o} - \mathbf{c})$ と $(\mathbf{o} - \mathbf{c}) \cdot (\mathbf{o} - \mathbf{c}) - r^2$ です。

これらの計算を代わりに幾何学的な観点から見ると、よりよい棄却テストを発見できることがあります。次のサブセクションでそのようなルーチンを述べます。

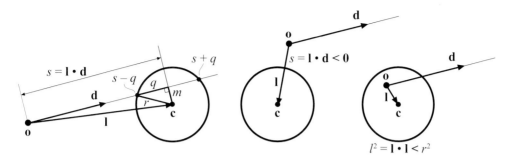

図22.11. 最適化レイ/球交差のジオメトリーの表記。左の図では、レイが2点で球と交わり、そのレイ沿いの距離は $t = s \pm q$。中央のケースは、球がレイ原点より後ろにあるときに行われる棄却を示す。最後に右ではレイ原点が球の内側にあり、その場合、レイは必ず球にヒットする。

22.6.2 最適化解法

レイ/球の交差問題では、まずレイ原点の背後の交差は必要ないことが分かります。例えば、これはピックで通常のケースです。この条件を早期にチェックするため、最初にレイ原点から球の中心へのベクトル $\mathbf{l} = \mathbf{c} - \mathbf{o}$ を計算します。使用するすべての表記は図22.11に示されています。また、このベクトルの長さの2乗、$l^2 = \mathbf{l} \cdot \mathbf{l}$ を計算します。そうすると $l^2 < r^2$ なら、これはレイ原点が球の内部にあることを意味し、レイが球にヒットすることが保証され、レイが球にヒットするかどうかを検出したいだけなら終了できることを意味します。そうでなければ、続行します。次に、$\mathbf{l}$ のレイ方向 $\mathbf{d}$ への投影：$s = \mathbf{l} \cdot \mathbf{d}$ を計算します。

ここで最初の棄却テストが到来します。$s < 0$ でレイ原点が球の外なら、球はレイ原点より後ろにあるので、交差を棄却できます。そうでなければ、球の中心から投影への距離の2乗をピタゴラスの定理：$m^2 = l^2 - s^2$ で計算します。2番目の棄却テストは1番目よりもさらに簡単です。$m^2 > r^2$ なら、レイは間違いなく球にヒットしないので、残りの計算を安全に省けます。球とレイがこの最後のテストを通ったら、レイは球にヒットすることが保証され、知りたいことがそれだけならここで終了できます。

実際の交点を求めるには、もう少し作業を行わなければなりません。まず、距離の2乗 $q^2 = r^2 - m^2$ を計算します（図22.11）[*2]。$m^2 \leq r^2$ なので、q^2 は負にならず、これは $q = \sqrt{q^2}$ が計算できることを意味します。最後に、交差への距離は $t = s \pm q$ で、その解は前の数学的解法セクションで得た2次方程式のものと似ています。関心があるのが最初の正の交点だけなら、レイ原点が球の外にある場合には $t_1 = s - q$、レイ原点が内側にあるときには $t_2 = s + q$ を使うべきです。真の交点は t-値をレイの式に代入して求めます（式22.1）。

最適化版の擬似コードが、下のボックスに示されています。そのルーチンはレイが球にヒットすれば INTERSECT、しなければ REJECT のブール値を返します。レイが球と交わる場合は、レイ原点から交点の距離、t と、交点、$\mathbf{p}$ も返します。

[*2] さらに効率が得られるように、スカラー r^2 を一度計算して球のデータ構造に格納することもできます。実際にはそのような「最適化」は、アルゴリズム性能の主要な因子であるメモリへのアクセスが増えるので、遅くなるかもしれません。

$$\begin{array}{ll}
& \textbf{RaySphereIntersect}(\mathbf{o}, \mathbf{d}, \mathbf{c}, r) \\
& \text{returns } (\{\text{REJECT}, \text{INTERSECT}\}, t, \mathbf{p}) \\
1: & \mathbf{l} = \mathbf{c} - \mathbf{o} \\
2: & s = \mathbf{l} \cdot \mathbf{d} \\
3: & l^2 = \mathbf{l} \cdot \mathbf{l} \\
4: & \textbf{if}(s < 0 \text{ and } l^2 > r^2) \text{ return } (\text{REJECT}, 0, \mathbf{0}); \\
5: & m^2 = l^2 - s^2 \\
6: & \textbf{if}(m^2 > r^2) \text{ return } (\text{REJECT}, 0, \mathbf{0}); \\
7: & q = \sqrt{r^2 - m^2} \\
8: & \textbf{if}(l^2 > r^2) \; t = s - q \\
9: & \textbf{else } t = s + q \\
10: & \text{return } (\text{INTERSECT}, t, \mathbf{o} + t\mathbf{d});
\end{array}$$

　3行目の後で、$\mathbf{p}$が球の内側にあるかどうかをテストでき、レイと球が交わるかどうかを知りたいだけなら、交わる場合にルーチンを終了できます。また、6行目の後では、レイが球にヒットすることが保証されます。操作を数えると（加算、乗算、比較など）、幾何学的解法を完了まで追うと、前に示した代数的解法とほぼ等しいことが分かります。重要な違いは、棄却テストが処理のずっと早期に行われ、アルゴリズムの全体的コストを平均で下げることです。

　レイと他の2次曲面やハイブリッド オブジェクトとの交差を計算する、最適化された幾何学的アルゴリズムが存在します。例えば、円筒 [343, 775, 1740]、円錐 [775, 1741]、楕円体、カプセル、トローチ [437] 用の手法があります。

22.7　レイ/ボックス交差

次にレイが立体ボックスと交わるかどうかを決定する3つの手法を示します。1つ目はAABBとOBBの両方を扱います。2つ目は、しばしば高速になりますが、より簡単なAABBしか扱わない変種です。3つ目は822ページの分離軸テストに基づき、線分とAABBの交差だけを扱います。ここでは、セクション22.2のBVの定義と表記を使います。

22.7.1　スラブ法

レイ/AABB交差の1つのスキームは、Cyrus-Beckの直線クリッピング アルゴリズム [344] に触発された、KayとKajiyaのスラブ法 [694, 948] に基づきます。

　より一般的なOBBボリュームを扱うように、このスキームを拡張します。それは最も近い正のt-値（存在する場合、レイ原点$\mathbf{o}$から交点への距離）を返します。一般の場合を紹介した後で、AABBへの最適化を扱います。レイとOBBの面に属するすべての平面で、すべてのt-値を計算して、問題にアプローチします。図22.12の左の部分に2次元で示されているように、ボックスを3つのスラブのセットと考えます。スラブごとに、最小と最大のt-値があり、それらは$t_i^{\min}$と$t_i^{\max}$, $\forall i \in \{u, v, w\}$と呼ばれます。次のステップは式22.10の変数を計算することです。

$$\begin{aligned}
t^{\min} &= \max(t_u^{\min}, t_v^{\min}, t_w^{\min}), \\
t^{\max} &= \min(t_u^{\max}, t_v^{\max}, t_w^{\max})
\end{aligned} \tag{22.10}$$

22.7. レイ/ボックス交差

ここで巧妙なテストがあり、$t^{\min} \leq t^{\max}$ なら、レイが定義する直線がボックスと交わり、そうでなければ交わりません。言い換えると、スラブごとに遠近の交差距離を求めます。求めた最も遠い「近」距離が最も近い「遠」距離以下なら、レイが定義する直線はボックスにヒットします。これは図22.12の右側の図解を調べて、自分で確かめてください。この2つの距離が直線の交点を定義するので、最も近い「遠」距離が負でなければレイ自体はボックスにヒットし、ボックスはレイより後ろではありません。

OBB（A）とレイ（式22.1で記述される）の間の、レイ/OBB交差テストの擬似コードは以下のものです。コードは、レイがOBBと交わるかどうかを示すブール値（INTERSECT または REJECT）と、交点への距離（存在すれば）を返します。OBBのAは、その中心が $\mathbf{a}^c$ で示され、$\mathbf{a}^u$、$\mathbf{a}^v$、$\mathbf{a}^w$ はボックスの正規化面方向、h_u、h_v、h_w が正の半長（中心からボックスの面の中心まで）であることを思い出してください。

```
RayOBBIntersect(o, d, A)
returns ({REJECT, INTERSECT}, t);
 1:   t^min = -∞
 2:   t^max = ∞
 3:   p = a^c - o
 4:   for each i ∈ {u, v, w}
 5:       e = a^i · p
 6:       f = a^i · d
 7:       if(|f| > ε)
 8:           t_1 = (e + h_i)/f
 9:           t_2 = (e - h_i)/f
10:           if(t_1 > t_2) swap(t_1, t_2);
11:           if(t_1 > t^min) t^min = t_1
12:           if(t_2 < t^max) t^max = t_2
13:           if(t^min > t^max) return (REJECT, 0);
14:           if(t^max < 0) return (REJECT, 0);
15:       else if(-e - h_i > 0 or -e + h_i < 0) return (REJECT, 0);
16:   if(t^min > 0) return (INTERSECT, t^min);
17:   else return (INTERSECT, t^max);
```

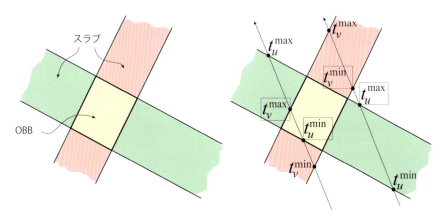

図22.12. 左の図は2つのスラブが形成する2次元OBBを示し、右はそのOBBとの交差をテストする2つのレイを示す。すべてのt-値が示され、緑のスラブではu、オレンジではvの添字が付いている。最も端のt-値はボックスでマークされている。左のレイは$t^{\min} < t^{\max}$なのでOBBにヒットし、右のレイは$t^{\max} < t^{\min}$なのでヒットしない。

7行目は、レイ方向が、現在テストしているスラブの法線方向に垂直でないことをチェックします。言い換えると、それはレイがスラブ平面に平行でなく、交わる可能性があることをテストします。ここのϵは、単純に除算の発生時のオーバーフローを避けるための10^{-20}のオーダーの極少数です。8と9行目はfによる除算を示していますが、除算はたいてい高価なので、実際には$1/f$を一度計算して、その値を掛けるほうが一般に高速です。10行目は、t_1にt_1とt_2の小さい方が格納され、その結果として、大きいほうがt_2に格納されるようにします。実際には、その交換を行う必要はなく、代わりに11と12行目を分岐で繰り返し、そこでt_1とt_2の位置を変えることができます。13行目で戻る場合、レイはボックスにヒットせず、同様に14行目で戻るなら、ボックスはレイ原点より後ろにあります。15行目レイがスラブに平行な（したがって、交わる可能性がない）ときに実行され、レイがスラブの外かどうかをテストします。そうであれば、レイはボックスにヒットせず、テストは終了します。さらに高速なコードについては、Hainesがループを展開することにより、一部のコードを回避する方法を論じています[694]。

擬似コードに示していませんが、実際のコードに追加する価値のあるテストがあります。レイを定義したときに触れたように、一般に望むのは最も近いオブジェクトを求めることです。したがって、15行目の後で$t^{\min} \geq l$かどうかをテストすることもできます（lは現在のレイ長）。これは実質的にレイを線分として扱います。新しい交差のほうが近くなければ、その交差を棄却します。このテストはレイ/OBBテスト全体が完了するまで先送りできますが、普通はループ内で早期の棄却を試すほうが効率的です。

他にもOBBがAABBである特別な場合の最適化があります。5と6行目を$e = p_i$と$f = d_i$に変えると、テストが速くなります。通常は、AABBの角である$\mathbf{a}^{\min}$と$\mathbf{a}^{\max}$が8と9行目で使われるので、加算と減算が回避されます。KayとKajiya[948]と、Smits[1791]が、0による除算を許し、プロセッサーの結果を正しく解釈することにより、7行目を回避できると述べています。Kensler[1751]が、このテストの最小版のコードを与えています。Williamsら[2030]が、0による除算を正しく取り扱う実装の詳細を、他の最適化と合わせて提供しています。Ailaら[19]は、最小値の最大テストやその逆が、一部のNVIDIAアーキテクチャー上では1つのGPU操作で行えることを示しています。レイとボックスでSATを使うテストを導くことも可能ですが、その場合にはしばしば有用な交差距離が結果に入りません。

レイとk-DOP、錐台、あるいは任意の凸多面体の交差の計算には、スラブ法の一般化を使えます。コードはウェブで入手できます[695]。

22.7.2　レイ傾斜法

2007年にEisemannら[445]が、前の手法よりも高速と思われる、ボックス交差の手法を紹介しました。3次元のテストの代わりに、レイを3つのボックスの投影に対して2次元でテストします。その鍵となる考え方は、どの2次元テストにも、モデルのシルエット エッジと似た、レイに「見える」極限範囲を定義する2つのボックスの角があることです。このボックスの投影と交わるためには、レイの傾きがレイの原点とその2点で定義される2つの傾きの間になければなりません。3つの投影のすべてで、このテストに通れば、レイはボックスにヒットするはずです。比較する項のいくつかは、レイの値にしか依存しないので、手法は極めて高速です。それらの項を一度計算することにより、レイを多数のボックスに対して効率よく比較できます。この手法はボックスがヒットしたかどうかだけを返すこともできれば、少しの追加コストで交差距離を返すこともできます。

22.8 レイ/三角形交差

一般にリアルタイム グラフィックスのライブラリーとAPIでは、三角形のジオメトリーは関連するシェーディング法線と一緒に頂点のセットとして格納され、各三角形は3つのそのような頂点で定義されます。たいてい三角形の平面の法線は格納されず、必要に応じて計算しなければなりません。多様なレイ/三角形の交差テストが存在し、その多くは最初にレイと三角形の平面の交点を計算します。その後で、交点と三角形の頂点を三角形の面積が最大になる軸平行平面（xy、yz、xzのどれか）に投影します。これを行うことで問題を2次元に縮小し、（2次元の）点が（2次元の）三角形の内側かどうかを決定するだけで済みます。そのような手法がいくつか存在し、Haines [696] が、それらのレビューと比較を行い、そのコードはウェブで入手できます。このテクニックを使った人気のあるアルゴリズムの1つが、セクション22.9にあります。大量のアルゴリズムが様々なCPUアーキテクチャー、コンパイラー、ヒット率で評価され [1154]、どんな場合にも最善のただ1つのテストがあるという結論は出ていません。

ここでは、法線が事前計算済みと仮定しないアルゴリズムに焦点を合わせます。三角形メッシュでは、これが大きなメモリーの節約になることがあります。動的なジオメトリーでは、三角形の平面の式を毎フレーム再計算する必要はありません。レイを三角形の平面に対してテストしてから、その交点が三角形の2次元版の内部に含まれるかどうかをチェックする代わりに、三角形の頂点だけでチェックを行います。MöllerとTrumbore [1333] が、このアルゴリズムとその最適化を論じ、ここでは彼らのプレゼンテーションを使います。KenslerとShirley [953] が、直接3次元で動作するほとんどのレイ/三角形テストは、計算的には等価だと述べています。SSEを使って1つの三角形に対して4つのレイをテストし、この等価なテストの操作の最善の順番を遺伝的アルゴリズムを使って求める新しいテストを開発しています。彼らの論文に、最も性能がよいテストのコードがあります。これには多くの異なる手法があることに注意してください。例えば、BaldwinとWeber [104] が、スペースと速さのトレードオフが異なる手法を与えています。この種のテストで潜在的な問題の1つは、三角形の辺や頂点とちょうど交わるレイが、三角形にヒットしないと判定される可能性があることです。これはレイが2つの三角形が共有する辺にヒットすることで、メッシュを通り抜ける可能性があることを意味します。Woopら [2050] が、辺と頂点の両方で漏れのないレイ/三角形の交差テストを紹介しています。使うトラバースのタイプによっては、性能が少し下がります。

式22.1のレイを、3つの頂点$\mathbf{p}_1$、$\mathbf{p}_2$、$\mathbf{p}_3$が定義する三角形、つまり$\triangle\mathbf{p}_1\mathbf{p}_2\mathbf{p}_3$との交差のテストに使います。

22.8.1 交差アルゴリズム

三角形上の点、$\mathbf{f}(u, v)$は次の陽関数公式で与えられ、

$$\mathbf{f}(u, v) = (1 - u - v)\mathbf{p}_0 + u\mathbf{p}_1 + v\mathbf{p}_2 \tag{22.11}$$

(u, v)は**重心座標**のうちの2つで、$u \geq 0$、$v \geq 0$かつ$u + v \leq 1$を満たさなければなりません。(u, v)はテクスチャー マッピング、法線や色の補間などの操作に使えます。つまり、uとvは特定の場所への各頂点の寄与を重み付ける量で、$w = (1 - u - v)$が第3の重みです。これらの座標をα、β、γで示す研究もあります。ここでは読みやすさと表記の一貫性のため、u、v、wを使います（図22.13）。

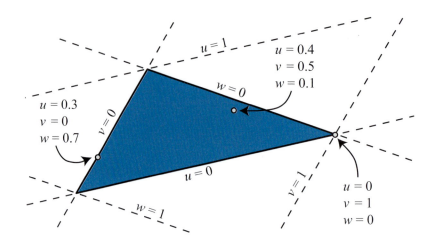

図22.13. 三角形の重心座標と、点の値の例。値 u、v、w はすべて三角形の内側で0から1まで変化し、その3つの和は平面全体で必ず1になる。それらの値は、3つの頂点それぞれのデータが、三角形上の任意の点に与える重みに使える。どの頂点でも、1つの値が1であれば他が0になり、辺上では1つの値が常に0になる。

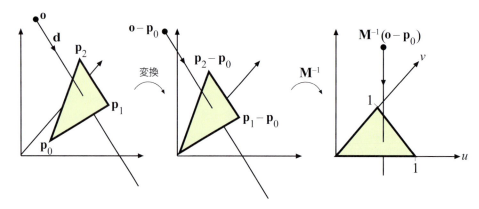

図22.14. 平行移動とレイ原点の底辺の変化。

レイ $\mathbf{r}(t)$ と三角形 $\mathbf{f}(u,v)$ の交差の計算は、$\mathbf{r}(t) = \mathbf{f}(u,v)$ と等価で、次になります。

$$\mathbf{o} + t\mathbf{d} = (1-u-v)\mathbf{p}_0 + u\mathbf{p}_1 + v\mathbf{p}_2 \tag{22.12}$$

項を整理すると次が与えられます。

$$\begin{pmatrix} -\mathbf{d} & \mathbf{p}_1 - \mathbf{p}_0 & \mathbf{p}_2 - \mathbf{p}_0 \end{pmatrix} \begin{pmatrix} t \\ u \\ v \end{pmatrix} = \mathbf{o} - \mathbf{p}_0 \tag{22.13}$$

これは重心座標 (u,v) とレイ原点から交点までの距離 t が、この連立1次方程式を解くことで求められることを意味します。

幾何学的には、この操作は三角形を原点に平行移動して、レイ方向を x に合わせ、y と z の単位三角形に変換することと考えられます。これが図22.14に示されています。$\mathbf{M} = (-\mathbf{d} \ \ \mathbf{p}_1 - \mathbf{p}_0 \ \ \mathbf{p}_2 - \mathbf{p}_0)$ を式22.13の行列とすれば、その解は式22.13に $\mathbf{M}^{-1}$ を掛けることで求められます。

22.8. レイ/三角形交差 837

$\mathbf{e}_1 = \mathbf{p}_1 - \mathbf{p}_0, \mathbf{e}_2 = \mathbf{p}_2 - \mathbf{p}_0, \mathbf{s} = \mathbf{o} - \mathbf{p}_0$ とすると、式22.13の解は、クラメルの法則を使って得られます。

$$
\begin{pmatrix} t \\ u \\ v \end{pmatrix} = \frac{1}{\det(-\mathbf{d}, \mathbf{e}_1, \mathbf{e}_2)} \begin{pmatrix} \det(\mathbf{s}, \mathbf{e}_1, \mathbf{e}_2) \\ \det(-\mathbf{d}, \mathbf{s}, \mathbf{e}_2) \\ \det(-\mathbf{d}, \mathbf{e}_1, \mathbf{s}) \end{pmatrix} \tag{22.14}
$$

線形代数から、$\det(\mathbf{a}, \mathbf{b}, \mathbf{c}) = |\mathbf{a} \ \mathbf{b} \ \mathbf{c}| = -(\mathbf{a} \times \mathbf{c}) \cdot \mathbf{b} = -(\mathbf{c} \times \mathbf{b}) \cdot \mathbf{a}$ が分かります。したがって、式22.14は次で書き直せます。

$$
\begin{pmatrix} t \\ u \\ v \end{pmatrix} = \frac{1}{(\mathbf{d} \times \mathbf{e}_2) \cdot \mathbf{e}_1} \begin{pmatrix} (\mathbf{s} \times \mathbf{e}_1) \cdot \mathbf{e}_2 \\ (\mathbf{d} \times \mathbf{e}_2) \cdot \mathbf{s} \\ (\mathbf{s} \times \mathbf{e}_1) \cdot \mathbf{d} \end{pmatrix} = \frac{1}{\mathbf{q} \cdot \mathbf{e}_1} \begin{pmatrix} \mathbf{r} \cdot \mathbf{e}_2 \\ \mathbf{q} \cdot \mathbf{s} \\ \mathbf{r} \cdot \mathbf{d} \end{pmatrix} \tag{22.15}
$$

$\mathbf{q} = \mathbf{d} \times \mathbf{e}_2$ かつ $\mathbf{r} = \mathbf{s} \times \mathbf{e}_1$ です。これらの因数を計算の高速化に使えます

いくらか余分な格納領域が使える場合は、このテストを再公式化して計算の数を減らせます。式22.15は次で書き直せます。

$$
\begin{pmatrix} t \\ u \\ v \end{pmatrix} = \frac{1}{(\mathbf{d} \times \mathbf{e}_2) \cdot \mathbf{e}_1} \begin{pmatrix} (\mathbf{s} \times \mathbf{e}_1) \cdot \mathbf{e}_2 \\ (\mathbf{d} \times \mathbf{e}_2) \cdot \mathbf{s} \\ (\mathbf{s} \times \mathbf{e}_1) \cdot \mathbf{d} \end{pmatrix}
$$

$$
= \frac{1}{-(\mathbf{e}_1 \times \mathbf{e}_2) \cdot \mathbf{d}} \begin{pmatrix} (\mathbf{e}_1 \times \mathbf{e}_2) \cdot \mathbf{s} \\ (\mathbf{s} \times \mathbf{d}) \cdot \mathbf{e}_2 \\ -(\mathbf{s} \times \mathbf{d}) \cdot \mathbf{e}_1 \end{pmatrix} = \frac{1}{-\mathbf{n} \cdot \mathbf{d}} \begin{pmatrix} \mathbf{n} \cdot \mathbf{s} \\ \mathbf{m} \cdot \mathbf{e}_2 \\ -\mathbf{m} \cdot \mathbf{e}_1 \end{pmatrix}, \tag{22.16}
$$

$\mathbf{n} = \mathbf{e}_1 \times \mathbf{e}_2$ は三角形の非正規化法線なので（静止ジオメトリーでは）変化せず、$\mathbf{m} = \mathbf{s} \times \mathbf{d}$ です。三角形ごとに $\mathbf{p}_0$、$\mathbf{e}_1$、$\mathbf{e}_2$、$\mathbf{n}$ を格納すれば、多くのレイ三角形の交差の計算を避けられます。その利得のほとんどは、外積を避けることで生じます。これはアルゴリズムの元々の考え方である、三角形への最小情報の格納に反することに注意してください。しかし、速さが最大の懸案事項なら、これは妥当な代替手段かもしれません。トレードオフは、計算の節約を追加のメモリー アクセスが上回るかどうかです。結局のところ、どちらが速いかは注意深いテストを行わないと分かりません。

22.8.2　実装

そのアルゴリズムは下の擬似コードに要約されます。レイが三角形と交わるかどうかだけでなく、アルゴリズムは前に述べた3つ組 (u, v, t) も返します。コードは後ろ向きの三角形を間引かず、負の t-値の交差を返しますが、そうしたければ間引くこともできます。

```
        RayTriIntersect(o, d, p₀, p₁, p₂)
        returns ({REJECT, INTERSECT}, u, v, t);
 1:     e₁ = p₁ − p₀
 2:     e₂ = p₂ − p₀
 3:     q = d × e₂
 4:     a = e₁ · q
 5:     if(a > −ε and a < ε) return (REJECT, 0, 0, 0);
 6:     f = 1/a
 7:     s = o − p₀
 8:     u = f(s · q)
 9:     if(u < 0.0) return (REJECT, 0, 0, 0);
10:     r = s × e₁
11:     v = f(d · r)
12:     if(v < 0.0 or u + v > 1.0) return (REJECT, 0, 0, 0);
13:     t = f(e₂ · r)
14:     return (INTERSECT, u, v, t);
```

少し説明が必要な行があるかもしれません。4行目は行列 $\mathbf{M}$ の行列式、a を計算します。ゼロに近い行列式を避けるテストが、この後にあります。ϵ の値を正しく調整すれば、このアルゴリズムは極めて堅牢です。浮動小数点精度と「平常」の条件であれば、$\epsilon = 10^{-5}$ で問題なく動作します。9行目では、u の値を三角形の辺（$u = 0$）と比べています。

　カリングと非カリング両方のバージョンを含む、このアルゴリズムのCコードがウェブで入手できます[1333]。Cコードには、すべての後ろ向きの三角形を効率よく間引くものと、両面三角形の交差テストを行う、2つの分岐があります。すべての計算は必要になるまで遅延されます。例えば v の値は、u の値が許容範囲内だと分かるまで計算されません（これは擬似コードでも分かります）。

　片面交差ルーチンは、行列式の値が負の三角形をすべて取り除きます。この手順では、ルーチンの唯一の除算操作を交差が確認されるまで遅延できます。

22.9　レイ/ポリゴン交差

三角形が最も一般的なレンダリング プリミティブですが、レイと多角形（ポリゴン）の交差を計算するルーチンがあれば役に立ちます。n 頂点の多角形は順序付き頂点リスト $\{\mathbf{v}_0, \mathbf{v}_1, \ldots, \mathbf{v}_{n-1}\}$ で定義され、そこでは頂点 $\mathbf{v}_i$ と $\mathbf{v}_{i+1}$（$0 \le i < n-1$）が辺を形成し、$\mathbf{v}_{n-1}$ から $\mathbf{v}_0$ の辺が多角形を閉じます。多角形の平面は $\pi_p : \mathbf{n}_p \cdot \mathbf{x} + d_p = 0$ で示されます。

　最初にレイ（式22.1）と π_p の交差を計算し、それは $\mathbf{x}$ をレイで置換することで簡単に行えます。解を下に示します。

$$\mathbf{n}_p \cdot (\mathbf{o} + t\mathbf{d}) + d_p = 0 \quad \Longleftrightarrow \quad t = \frac{-d_p - \mathbf{n}_p \cdot \mathbf{o}}{\mathbf{n}_p \cdot \mathbf{d}} \tag{22.17}$$

　分母が $|\mathbf{n}_p \cdot \mathbf{d}| < \epsilon$（$\epsilon$ は極少数）なら、レイは多角形の平面に平行と考えられ、交差は起こりません。このエプシロンの目的は除算時のオーバーフローを避けることなので、この計算では 10^{-20} 以下であればかまいません。レイが多角形の平面にあるケースは無視します。

22.9. レイ/ポリゴン交差

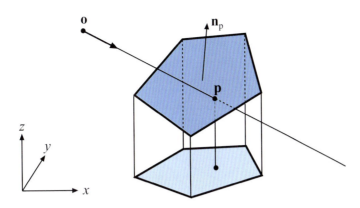

図22.15. 投影多角形の面積が最大になる、多角形の頂点と交点 **p** の xy-平面への正投影。次元縮小を使って計算を簡単にする例。

そうでなければ、レイと多角形平面の交点、**p** を $\mathbf{p} = \mathbf{o} + t\mathbf{d}$ で計算し、t-値は式 22.17 からのものです。そうすると、**p** が多角形の内側かどうかを決定する問題は、3次元から2次元に縮小します。これはすべての頂点と **p** を、xy-、xz-、yz-平面のうちで、投影される多角形の面積が最大になるものに投影することで行います。言い換えると、$\max(|n_{p,x}|, |n_{p,y}|, |n_{p,z}|)$ に対応する座標成分はスキップでき、その他は2次元座標として保持します。例えば、法線 $(0.6, -0.692, 0.4)$ が与えられたら、y-成分が最大の大きさを持つので、すべての y-座標を無視します。最大の大きさを選ぶのは、面積ゼロの縮退三角形を作り出す平面への投影を避けるためです。効率のため、この成分情報を事前に一度計算して、多角形に格納することもできます。この投影で、多角形と交点のトポロジーは保存されます（多角形が実際に平らだと仮定した場合）（このトピックの詳細はセクション16.2を参照）。投影の手順が図22.15に示されています。

残る問題は、2次元のレイ/平面交点 **p** が2次元多角形に包含されるかどうかです。ここでは、有用なアルゴリズムの1つである「横断」テストだけをレビューします。Haines [696] と Schneider と Eberly [1692] が、「2次元の多角形中の点」戦略の大がかりな調査を提供します。より正式な取り扱いは、計算幾何学の文献で見つかります [146, 1446, 1558]。Lagae と Dutré [1030] が、Möller と Trumbore のレイ/三角形テストに基づく、レイ/四辺形交差の高速な手法を与えています。Walker [1970] が、10を超える頂点を持つ多角形の迅速なテストのための手法を提供します。Nishita ら [1389] が、曲線エッジを持つ形状での点包含テストを論じています。

22.9.1 横断テスト

横断テストは、位相幾何学の成果である、ジョルダンの曲線定理に基づきます。それによると、ある点から平面中の任意の方向のレイが多角形の辺を奇数回横切るとき、その点は多角形の内部にあります。ジョルダンの曲線定理は、実際には非自己交差ループに制限されます。自己交差ループでは、このレイテストによって、外側だと見なされる、明らかに多角形の内側の領域が生じます。これが図22.16に示されています。このテストは、パリティや偶数奇数テストとも呼ばれます。

横断アルゴリズムは、点 **p** の正の x-方向（あるいは任意の方向、x-方向は単にコードで効率がよい）への投影からレイを打ち出すことにより動作します。次に多角形の辺と、このレイの

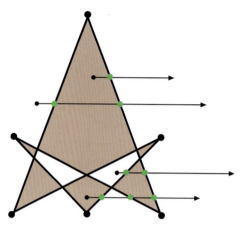

図22.16. 自己交差で凹でも、その囲まれた領域のすべてが内側と見なされない一般の多角形（茶色の領域だけが内側）。頂点は大きな黒いドットでマークされている。テスト中の3つの点が、それらのテスト レイと一緒に示されている。ジョルダンの曲線定理によれば、多角形の辺を横切る数が奇数なら、点は内側にある。したがって、一番上と一番下の点は内側にある（それぞれ1回と3回の横断）。真ん中の2つの点は、それぞれ2つの辺を横切るので、多角形の外側と見なされる。

横断の数を計算します。ジョルダンの曲線定理が証明するように、奇数の横断は点が多角形の内側にあることを示します。

テスト点 $\mathbf{p}$ を原点にあると考え、その（平行移動した）辺を正の x-軸に対してテストすることもできます。このオプションが図22.17に示されています。多角形の辺の y-座標の符号が同じなら、その辺が x-軸を横切ることはありません。そうでなければ横切る可能性があるので、その x-座標をチェックします。どちらも正なら、間違いなくテスト レイはこの辺にヒットするので、横断の数を1増やします。符号が異なる場合は、辺と x-軸の交差の x-座標を計算しなければならず、それが正なら、横断の数を1増やします。

図22.17でも、すべての囲まれた領域を内側と分類できます。この少し異なるテストは、多角形のループがテスト点の周りを回る回数である、**回転数**を求めます。その処理は Haines の記事を参照してください [696]。

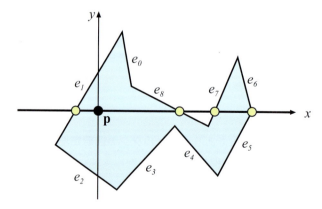

図22.17. 多角形は $-\mathbf{p}$（$\mathbf{p}$ は多角形への閉じ込めをテストする点）だけ平行移動されているので、正の x-軸を横断するする数が、$\mathbf{p}$ が多角形の内側にあるかどうかを決定する。辺 e_0, e_2, e_3, e_4 は x-軸を横切らない。辺 e_1 と x-軸の交差は計算しなければならないが、その交差の x-成分は負で、横断を生じない。辺 e_7 と e_8 は、各辺の2つの頂点が正の x-成分と、1つの正と1つの負の y-成分を持つので、それぞれ横断の数を増やす。最後に、辺 e_5 と e_6 は $y=0$ と $x>0$ で頂点を共有し、合わせて横断の数を1増やす。x-軸上の頂点はレイより上にあると考えることにより、e_5 はレイを横切り、e_6 はレイより上にあると分類される。

22.9. レイ/ポリゴン交差

テスト レイが頂点と交わるとき、2つの横断が検出され、問題を生じる可能性があります。それらの問題は、頂点がレイより微小に上にあると考えることで解決され、それは実際には、$y \geq 0$ の頂点も x-軸（レイ）より上にあると解釈することで行われます。そうすると交わる頂点がないので、コードは簡単で速くなります[694]。

横断テストの効率的な形の擬似コードが次にあります。それは Joseph Samosky [1653] と Mark Haigh-Hutchinson の研究に発想を得たもので、コードはウェブで入手できます[696]。2次元のテスト点 $\mathbf{t}$ と、$\mathbf{v}_0$ から $\mathbf{v}_{n-1}$ の頂点を持つ多角形 P を比較します。

```
      bool PointInPolygon(t, P)
      returns ({TRUE, FALSE});
 1 :  bool inside = FALSE
 2 :  e_0 = v_{n-1}
 3 :  bool y_0 = (e_{0y} ≥ t_y)
 4 :  for i = 0 to n - 1
 5 :      e_1 = v_i
 6 :      bool y_1 = (e_{1y} ≥ t_y)
 7 :      if(y_0 ≠ y_1)
 8 :          if(((e_{1y} - t_y)(e_{0x} - e_{1x}) ≥  (e_{1x} - t_x)(e_{0y} - e_{1y})) == y_1)
 9 :              inside = ¬inside
10 :      y_0 = y_1
11 :      e_0 = e_1
12 :  return inside;
```

3行目は多角形の最後の頂点の y-値が、テスト点 $\mathbf{t}$ の y-値以上かどうかをチェックし、その結果をブール値 y_0 に格納します。言い換えると、テストする最初の辺の最初の端点が x-軸より上か下かをテストします。7行目は、端点 e_0 と e_1 が、テスト点により形成される x-軸の異なる側にあるかどうかをテストします。そうであれば、8行目でその x-切片が正かどうかをテストします。実際には、それはもう少し高速で、通常は切片の計算に必要な除算を避けるため、ここで符号打ち消し操作を行います。9行目は $inside$ を反転して横断の発生を記録します。10から12行目で次の頂点に移ります。

擬似コードでは、7行目より後は、両方の端点の x-座標がテスト点と比べて大きいか小さいかを調べるテストを行いません。そのような辺の迅速な受諾や棄却を使うアルゴリズムを前に紹介しましたが、ここに示す擬似コードに基づくコードのほうが、そのテストがなくても、たいてい高速に実行されます。主な要因はテストする多角形の頂点の数です。頂点が多いほど、最初に x-座標の差をチェックするほうが効率的です。

横断テストの利点は、比較的高速かつ堅牢なことと、追加情報や多角形の前処理が不要なことです。この手法の欠点は、点が多角形の内と外どちらにあるかを示す以外に、何も返さないことです。他のセクション 22.8.1 のレイ/三角形テストなどの手法は、テスト点の追加情報の補間に使える重心座標も計算できます[696]。重心座標は、4つ以上の頂点を持つ凸と凹多角形を扱うように拡張できることに注意してください[515, 836]。Jiménez ら [893] が、多角形の辺沿いのすべての点を包含し、横断テストと競合することを狙った、重心座標に基づく最適化アルゴリズムを与えています。

点が線分とベジエ曲線で形成される閉じた輪郭線の内側にあるかどうかを決定する、より一般的な問題も、同様のやり方で、レイの横断を数えて解くことができます。Lengyel [1111] が、この処理のための堅牢なアルゴリズムを与え、テキストをレンダーするピクセル シェーダーで使っています。

22.10 平面/ボックス交差

点の平面への距離は、点を平面の式 $\pi : \mathbf{n} \cdot \mathbf{x} + d = 0$ に代入することで分かります。その結果の絶対値が平面への距離です。そのとき平面/球のテストは単純で、球の中心を平面の式に代入し、その絶対値が球の半径以下かどうかを調べるだけです。

ボックスが平面と交わるかどうかを決定する1つの方法は、ボックスのすべての頂点を平面の式に代入することです。正と負の両方(または0)の結果が得られたら、頂点は平面の両側(または上)にあるので、交差が検出されています。このテストを行う、より賢く速い方法があり、それを次の2つのセクションでAABBに1つと、OBBに1つ紹介します。

両方の手法の背後にある考え方は、8つの角の2つしか平面の式に代入する必要がないことです。どんな向きのボックスでも、平面と交わるかどうかどうかに関係なく、ボックスには平面の法線に沿って測定したときに最も遠く離れた、2つの対角線上の角があります。ボックスには、角が形成する4本の対角線があります。それぞれの対角線の方向と平面の法線の内積をとり、その最大値で2つの最も離れた点を持つ対角線を識別します。その2つの角をテストするだけで、ボックス全体の平面に対するテストになります。

22.10.1 AABB

中心点 $\mathbf{c}$ と、正の半対角線ベクトル $\mathbf{h}$ で定義される AABB B があるとします。$\mathbf{c}$ と $\mathbf{h}$ は B の最小と最大の角、$\mathbf{b}^{\min}$ と $\mathbf{b}^{\max}$ から簡単に、つまり $\mathbf{c} = (\mathbf{b}^{\max} + \mathbf{b}^{\min})/2$ と $\mathbf{h} = (\mathbf{b}^{\max} - \mathbf{b}^{\min})/2$ で導けます。

さて、B を平面 $\mathbf{n} \cdot \mathbf{x} + d = 0$ に対してテストしたいとします。このテストを行う、驚くほど高速な手段があります。その考え方は、ここでは e で示される、平面の法線 $\mathbf{n}$ に投影したときのボックスの「範囲」を計算することです。理論的には、これはボックスの8つの異なる半対角線すべてを法線に投影し、最も長いものを選ぶことで行えます。しかし実際には、これは次で迅速に行えます。

$$e = h_x |n_x| + h_y |n_y| + h_z |n_z| \tag{22.18}$$

なぜこれが、8つの異なる半対角線の投影の最大を求めるのと等価なのでしょうか? その8つの半対角線は $\mathbf{g}^i = (\pm h_x, \pm h_y, \pm h_z)$ の組み合わせで、計算したいのは8つの i すべてに対する $\mathbf{g}^i \cdot \mathbf{n}$ です。内積 $\mathbf{g}^i \cdot \mathbf{n}$ は、内積の各項が正のときに、その最大値に到達します。x-項では、これは n_x が h_x^i と同じ符号を持つときに起きますが、h_x が正であることは既に分かっているので、その最大項は $h_x |n_x|$ で計算できます。これを y と z にも行うことで、式22.18が与えられます

次に、中心点 $\mathbf{c}$ から、平面への符号付き距離 s を計算します。これは $s = \mathbf{c} \cdot \mathbf{n} + d$ で行います。s と e の両方が図22.18に示されています。平面の「外側」を正の半空間と仮定すれば、単純に $s - e > 0$ かどうかをテストでき、それはボックスが完全に平面の外にあることを示します。同様に、$s + e < 0$ は、ボックスが完全に内側にあることを示します。それ以外では、ボックスは平面と交わります。このテクニックはVille Miettinenによる考え方と、彼の巧みな実装に基づいています。擬似コードは以下のものです。

22.11. 三角形/三角形の交差

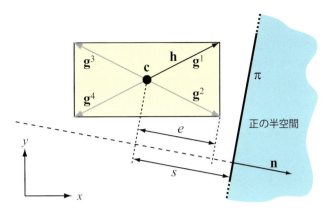

図22.18. 中心$\mathbf{c}$と正の半対角線$\mathbf{h}$を持つ軸平行ボックスを、平面πに対してテストする。その考え方は、ボックスの中心から平面への符号付き距離sを計算し、それをボックスの「範囲」eと比べることである。ベクトル$\mathbf{g}^i$は2次元ボックスの異なる可能な対角線で、この例では$\mathbf{h}$は$\mathbf{g}^1$に等しい。符号付き距離sが負で、その大きさはeより大きく、それはボックスが平面の内側にあること示している($s+e<0$)ことにも注意。

```
       PlaneAABBIntersect(B, π)
       returns({OUTSIDE, INSIDE, INTERSECTING});
 1:    c = (b^max + b^min)/2
 2:    h = (b^max − b^min)/2
 3:    e = h_x|n_x| + h_y|n_y| + h_z|n_z|
 4:    s = c · n + d
 5:    if(s − e > 0) return (OUTSIDE);
 9:    if(s + e < 0) return (INSIDE);
10:    return (INTERSECTING);
```

22.10.2 OBB

OBBの平面に対するテストと、前のセクションのAABB/平面テストの違いは僅かです。変更が必要なのはボックスの「範囲」の計算だけで、それは次で行います。

$$e = h_u^B |\mathbf{n} \cdot \mathbf{b}^u| + h_v^B |\mathbf{n} \cdot \mathbf{b}^v| + h_w^B |\mathbf{n} \cdot \mathbf{b}^w| \tag{22.19}$$

$(\mathbf{b}^u, \mathbf{b}^v, \mathbf{b}^w)$がOBBの座標系の軸(セクション22.2のOBBの定義を参照)で、(h_u^B, h_v^B, h_w^B)が、それらの軸に沿ったボックスの長さであることを思い出してください。

22.11 三角形/三角形の交差

グラフィックス ハードウェアは、その最も重要な(そして最適化された)描画プリミティブとして三角形を使うので、この種のデータで衝突検出テストを行うのも極めて当然です。したがって、衝突検出アルゴリズムの最も深いレベルには、2つの三角形が交わるかどうかを決定するルーチンがあります。与えられた2つの三角形$T_1 = \triangle \mathbf{p}_1 \mathbf{p}_2 \mathbf{p}_3$と$T_2 = \triangle \mathbf{q}_1 \mathbf{q}_2 \mathbf{q}_3$(それぞれ、平面$\pi_1$と$\pi_2$にある)に対し、それらが交わるかどうかを決定する必要があります。

最初に高いレベルから、T_1がπ_2と交わるかどうか、T_2がπ_1と交わるかどうかをチェックするのが一般的です[1334]。それらのテストのどちらかが失敗したら、交差はありません。三角

形が同一平面でないと仮定すると、平面π_1とπ_2の交差は、直線Lになることが分かります。これが図22.19に示されています。その図から、三角形が重なるなら、それらのL上の交差も重ならなければならないと結論付けられます。そうでなければ、交差はありません。これには様々な実装方法があり、次にGuigueとDevillers [674]の手法を紹介します。

この実装では、4つの3次元ベクトル$\mathbf{a}$、$\mathbf{b}$、$\mathbf{c}$、$\mathbf{d}$からの4×4行列式が多用されます。

$$[\mathbf{a},\mathbf{b},\mathbf{c},\mathbf{d}] = -\begin{vmatrix} a_x & b_x & c_x & d_x \\ a_y & b_y & c_y & d_y \\ a_z & b_z & c_z & d_z \\ 1 & 1 & 1 & 1 \end{vmatrix} = (\mathbf{d}-\mathbf{a})\cdot((\mathbf{b}-\mathbf{a})\times(\mathbf{c}-\mathbf{a})) \quad (22.20)$$

幾何学的に、式22.20には直感的な解釈があります。外積$(\mathbf{b}-\mathbf{a})\times(\mathbf{c}-\mathbf{a})$は、三角形$\Delta\mathbf{abc}$の法線の計算と見ることができます。この法線と、$\mathbf{a}$から$\mathbf{d}$へのベクトルの間の内積をとることにより、$\mathbf{d}$が三角形の平面$\Delta\mathbf{abc}$の正の半空間にあれば、正の値が得られます。別の解釈は、行列式の符号によって、$\mathbf{b}-\mathbf{a}$の方向のスクリューが、$\mathbf{d}-\mathbf{c}$が示すものと同じ方向に回転するかどうかが分かるというものです。これが図22.20に示されています。

最初にT_1がπ_2と交わるかどうかと、その逆をテストします。これは$[\mathbf{q}_1,\mathbf{q}_2,\mathbf{q}_3,\mathbf{p}_1]$、$[\mathbf{q}_1,\mathbf{q}_2,\mathbf{q}_3,\mathbf{p}_2]$、$[\mathbf{q}_1,\mathbf{q}_2,\mathbf{q}_3,\mathbf{p}_3]$を評価することにより、式22.20から特殊化した行列式を使って行えます。最初のテストはT_2の法線を計算してから、どちらの半空間に点$\mathbf{p}_1$があるかをテストするのと等価です。それらの行列式の符号が同じでゼロでなければ、交差はないので、テストは終了します。すべてがゼロなら、三角形は同一平面にあり、この場合を扱う別のテストを行います。そうでなければ、続いてT_2がπ_1と交わるかどうかのテストを、同種のテストを使って行います。

この時点で、L上の2つの区間、$I_1 = [i,j]$と$I_2 = [k,l]$を計算し、そこではI_1はT_1から、I_2

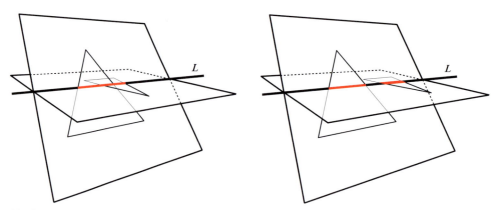

図22.19. 三角形と、それらが存在する平面。両方の図で交差区間は赤で示されている。左：直線L沿いの区間は重なり、三角形も重なる。右：2つの区間は重ならず、交差はない。

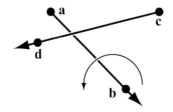

図22.20. $\mathbf{d}-\mathbf{c}$の方向のスクリュー ベクトル$\mathbf{b}-\mathbf{a}$の図解。

はT_2から計算します。これを行うため、最初の頂点だけが、もう一方の三角形の平面の片側になるように、各三角形の頂点を並べ替えます。I_1がI_2と重なれば、その2つの三角形は交わり、これが起きるのは$k \le j$かつ$i \le l$のときだけです。$k \le j$の実装には、行列式（式22.20）の符号テストを使え、jは$\mathbf{p}_1\mathbf{p}_2$、kは$\mathbf{q}_1\mathbf{q}_2$から導けることに注意してください。行列式計算の「スクリュー テスト」の解釈を使えば、$[\mathbf{p}_1, \mathbf{p}_2, \mathbf{q}_1, \mathbf{q}_2] \le 0$ なら$k \le j$だと結論付けられます。そうすると最終的なテストは次になります。

$$[\mathbf{p}_1, \mathbf{p}_2, \mathbf{q}_1, \mathbf{q}_2] \le 0 \quad \text{and} \quad [\mathbf{p}_1, \mathbf{p}_3, \mathbf{q}_3, \mathbf{q}_1] \le 0 \tag{22.21}$$

テスト全体は6つの行列式のテストで始まり、最初の3つは最初の引数が同じなので、多くの計算を共有できます。原理上、行列式は多くのより小さな2×2の部分行列式を使って計算でき、それが4×4行列式で2回以上発生するときには、計算を共有できます。このテストのコードがウェブにあり[674]、交差の実際の線分を計算するようにコードを拡張することもできます。

三角形が同一平面にある場合は、それらを三角形の面積が最大になる軸平行平面に投影します（セクション22.9）。次に、単純な2次元の三角形/三角形重なりテストを行います。まず、T_1のすべての閉じた辺（端点を含む）と、T_2の閉じた辺との交差をテストします。交差が見つかったら、三角形は交わります。そうでなければ、T_1が完全にT_2に包含されるかどうかと、その逆をテストしなけれなりません。これはT_1の1つの頂点のT_2に対する「三角形中の点」テスト（セクション22.8）と、その逆を行うことで可能です

三角形/三角形重なりテストの導出に、分離軸テスト（822ページ）を使えることに注意してください。代わりにここでは、SATを使うよりも高速なGuigueとDevillers[674]のテストを紹介しました。三角形/三角形交差を行う他のアルゴリズムも存在します[775, 1738, 1920]。アーキテクチャーとコンパイラーに違いがあり、期待されるヒット率も変動するので、常に最高性能の1つのアルゴリズムを推奨することはできません。幾何学的なテストには、精度の問題が発生する可能性があることに注意してください。これを避けるため、RobbinsとWhitesides[1615]はShewchuk[1743]の正確な演算を使っています。

22.12　三角形/ボックス交差

このセクションでは、三角形が軸平行ボックスと交わるかどうかを決定するためのアルゴリズムを紹介します。そのようなテストは、ボクセル化と衝突検出で役に立ちます。

GreenとHatch[631]が、任意のポリゴンがボックスを重なるかどうかを決定できるアルゴリズムを紹介しています。Akenine-Möller[25]は分離軸テスト（822ページ）に基づく、より高速な手法を開発し、ここではそれを紹介します。三角形/球テストもこのテストを使って行うことができ、詳細はEricsonの記事[476]を参照してください。セクション22.17.3の終わりに、別の静的な球/三角形テストも紹介します。

中心$\mathbf{c}$と半長のベクトル、$\mathbf{h}$で定義される軸平衡境界ボックス（AABB）の、三角形$\triangle\mathbf{u}_0\mathbf{u}_1\mathbf{u}_2$に対するテストに焦点を合わせます。テストを単純化するため、最初にボックスと三角形を、ボックスの中心が原点、つまり$\mathbf{v}_i = \mathbf{u}_i - \mathbf{c}$, $i \in \{0, 1, 2\}$となるように移動します。この平行移動と使う表記が図22.21に示されています。有向ボックスに対するテストであれば、最初に三角形の頂点を逆ボックス変換で回転してから、ここのテストを使います。分離軸テスト（SAT）に基づき、以下の13軸をテストします。

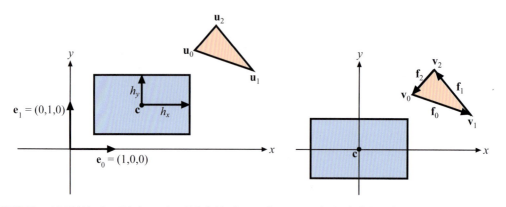

図22.21. 三角形/ボックス重なりテストで使う表記。左にはボックスと三角形の初期位置が示され、右ではボックスと三角形がボックスの中心が原点と一致するように平行移動されている。

1. [3テスト] $\mathbf{e}_0 = (1,0,0)$、$\mathbf{e}_1 = (0,1,0)$、$\mathbf{e}_2 = (0,0,1)$（AABBの法線）。言い換えると、AABBを、三角形の周りの最小のAABBに対してテストする。

2. [1テスト] $\Delta \mathbf{u}_0 \mathbf{u}_1 \mathbf{u}_2$の法線$\mathbf{n}$。その方向が三角形の法線と最も平行に近いボックスの対角線の2つの頂点だけをテストする、高速な平面/AABB重なりテスト（セクション22.10.1）を使う。

3. [9テスト] $\mathbf{a}_{ij} = \mathbf{e}_i \times \mathbf{f}_j$, $i, j \in \{0, 1, 2\}$。ここで$\mathbf{f}_0 = \mathbf{v}_1 - \mathbf{v}_0$, $\mathbf{f}_1 = \mathbf{v}_2 - \mathbf{v}_1$, $\mathbf{f}_2 = \mathbf{v}_0 - \mathbf{v}_2$、つまり辺のベクトル。これらのテストは形が似ているので、ここでは$i = 0$かつ$j = 0$の場合の導出だけを示す（下）。

分離軸が見つかったら、アルゴリズムは直ちに終了して「重ならない」を返します。すべてのテストに通ったら、つまり分離軸がなければ、三角形はボックスと重なります。

ここでは、ステップ3の9つのテストの1つ（$i = 0$かつ$j = 0$）を導きます。これは$\mathbf{a}_{00} = \mathbf{e}_0 \times \mathbf{f}_0 = (0, -f_{0z}, f_{0y})$を意味します。したがって、ここで三角形の頂点を$\mathbf{a}_{00}$（これ以降は$\mathbf{a}$）に投影する必要があります。

$$\begin{aligned}
p_0 &= \mathbf{a} \cdot \mathbf{v}_0 = (0, -f_{0z}, f_{0y}) \cdot \mathbf{v}_0 = v_{0z} v_{1y} - v_{0y} v_{1z}, \\
p_1 &= \mathbf{a} \cdot \mathbf{v}_1 = (0, -f_{0z}, f_{0y}) \cdot \mathbf{v}_1 = v_{0z} v_{1y} - v_{0y} v_{1z} = p_0, \\
p_2 &= \mathbf{a} \cdot \mathbf{v}_2 = (0, -f_{0z}, f_{0y}) \cdot \mathbf{v}_2 = (v_{1y} - v_{0y}) v_{2z} - (v_{1z} - v_{0z}) v_{2y}
\end{aligned} \quad (22.22)$$

通常なら、$\min(p_0, p_1, p_2)$と$\max(p_0, p_1, p_2)$を求めなければなりませんが、幸いにも$p_0 = p_1$なので、計算が単純化されます。ここでは$\min(p_0, p_2)$と$\max(p_0, p_2)$を求めるだけでよく、現代のCPUでは条件分岐が高価なので、かなり速くなります。

三角形の$\mathbf{a}$への投影の後、ボックスも$\mathbf{a}$に投影する必要があります。$\mathbf{a}$上に投影されたボックスの「半径」rを次で計算します

$$r = h_x |a_x| + h_y |a_y| + h_z |a_z| = h_y |a_y| + h_z |a_z| \quad (22.23)$$

ここで最後のステップが、この特定の軸では$a_x = 0$であることから発生します。そのとき、この軸テストは次のものです。

$$\text{if}(\ \min(p_0, p_2) > r \ \text{or} \ \max(p_0, p_2) < -r)\ \text{return false}; \quad (22.24)$$

コードがウェブで入手できます[25]。

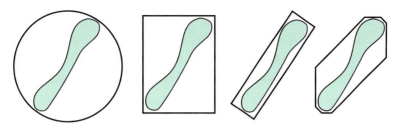

図 22.22. オブジェクトに対する球（左）、AABB（中央左）、OBB（中央右）、k-DOP（右）が示され、OBB と k-DOP は明らかに他よりも空きスペースが小さい。

22.13　境界ボリューム/境界ボリューム交差

境界ボリュームの目的は、交差テストを簡単にして、棄却の効率を上げることです。例えば、2台の車が衝突するかどうかのテストでは、最初にそれらのBVを求め、それらが重なるかどうかをテストします。重ならなければ、車は衝突しないことが保証されます（それが最も一般的な場合だと仮定）。そうすると、1つの車の各プリミティブを、もう1つの各プリミティブに対するテストが回避され、計算が節約されます。

1つの基本的な操作が、2つの境界ボリュームが重なるかどうかのテストです。AABB、k-DOP、OBBで重なるをテストする手法を、以下のセクションで紹介します。プリミティブの周りにBVを形成するアルゴリズムは、セクション22.3を参照してください。

球とAABBよりも複雑なBVを使う理由は、複雑なBVのほうがタイトにフィットすることが多いからです。これが図22.22に示されています。もちろん、他の境界ボリュームも可能です。例えば、円筒と楕円体もオブジェクトの境界ボリュームに使われます。また、複数の球を配置して1つのオブジェクトを囲むこともできます[846, 1700]。

カプセルとトーチBVでは、最小距離の計算が比較的速い操作です。そのため、2つ（以上）のオブジェクトが少なくともある距離離れていることを検証したい、検定公差アプリケーションでよく使われます。Eberly [437] とLarsenら [1057] が、それらのタイプの境界ボリュームの公式と、効率的なアルゴリズムを導いています。

22.13.1　球/球交差

球では、交差テストは単純かつ高速です。2つの球の中心間の距離を計算し、その距離が2つの球の半径の和よりも大きければ棄却し、そうでなければ交わります。このアルゴリズムの実装で必要なのは、比較の結果だけなので、2つの量の距離の2乗を使うのが最善です。こうすることで、平方根の計算（高価な操作）を避けられます。Ericson [471] が、4つの別々の球のペアを同時にテストするSSEコードを与えています。

22.13.2　球/ボックス交差

球とAABBが交わるかどうかをテストするアルゴリズムは、最初にArvo [78] により紹介され、驚くほど単純です。その考え方は、球の中心 c に最も近いAABB上の点を求めることです。AABBの3つの軸それぞれに1度ずつ、1次元のテストを使います。1つの軸での球の中心座標を、AABBの境界に対してテストします。それが境界の外にあれば、球の中心と、この軸

沿いのボックスの間の距離（減算）を計算して2乗します。これを3つの軸で行った後、それらの距離の2乗の和を球の半径の2乗 r^2 と比較します。その和のほうが半径の2乗より小さければ、最も近い点は球の内側にあり、ボックスは重なります。Arvo が示すように、このアルゴリズムを修正して、中が空洞のボックスや球、さらに軸平行楕円体を扱うこともできます。

Larsson ら [1061] が、かなり高速なSSEベクトル版を含む、このアルゴリズムのいくつかの変種を紹介しています。彼らの洞察は、軸ごとか最初にまとめて、早期に単純な棄却テストを行うことです。その棄却テストは、軸沿いの中心からボックスの距離が半径より大きいかどうかを調べることです。そうであれば、球がボックスと重なることはないので、テストを早期に終了できます。重なる可能性が低いときには、この早期棄却法はかなり速くなります。以下に示すのは、彼らのテストの QRI（高速棄却結合）版です。早期退出テストは4と7行目で、そうしたければ取り除けます。

---

bool **SphereAABB_intersect**$(\mathbf{c}, r, A)$
returns($\{$OVERLAP, DISJOINT$\}$);
1:   $d = 0$
2:   for each $i \in \{x, y, z\}$
3:     if $((e = c_i - a_i^{\min}) < 0)$
4:       if $(e < -r)$return (DISJOINT);
5:       $d = d + e^2$;
6:     else if $((e = c_i - a_i^{\max}) > 0)$
7:       if $(e > r)$return (DISJOINT);
8:       $d = d + e^2$;
9:    if $(d > r^2)$ return (DISJOINT);
10:   return (OVERLAP);

Larsson らが、高速なベクトル（SSEを使う）実装で分岐の大半を取り除くことを提案しています。その考え方は、次の式を使って3行目と6行目を同時に評価することです。

$$e = \max(a_i^{\min} - c_i, 0) + \max(c_i - a_i^{\max}, 0) \tag{22.25}$$

通常なら、d を $d = d + e^2$ として更新します。しかし、SSEを使うと、式22.25を x、y、z で並列に評価できます。完全なテストの擬似コードを以下に与えます。

---

bool **SphereAABB_intersect**$(\mathbf{c}, r, A)$
returns($\{$OVERLAP, DISJOINT$\}$);
1:   $\mathbf{e} = (\max(a_x^{\min} - c_x, 0), \max(a_y^{\min} - c_y, 0), \max(a_z^{\min} - c_z, 0))$
2:   $\mathbf{e} = \mathbf{e} + (\max(c_x - a_x^{\max}, 0), \max(c_y - a_y^{\max}, 0), \max(c_z - a_z^{\max}, 0))$
3:   $d = \mathbf{e} \cdot \mathbf{e}$
4:   if $(d > r^2)$ return (DISJOINT);
5:   return (OVERLAP);

1と2行目が、SSEの並列 max 関数を使って実装できることに注意してください。このテストには早期退出がありませんが、それでも他のテクニックより高速です。これは分岐を排除し、並列計算を使うからです。SSEへの別のアプローチは、オブジェクトのペアをベクトル化することです。Ericson [471] が、4つの球を4つのAABBと同時に比較するSIMDコードを紹介しています。

22.13. 境界ボリューム/境界ボリューム交差 849

球/OBB交差では、最初に球の中心をOBBの空間に変換します。つまり、OBBの正規化された軸を、球の中心を変換する基底として使います。この中心点はOBBの軸に相対的に表されるようになるので、OBBをAABBとして扱えます。次に球/AABBアルゴリズムを使って交差をテストします。

Larsson [1062] が、楕円体/OBB交差テストの効率的な手法を与えています。最初に、楕円体が球、OBBが平行6面体になるように、両方のオブジェクトをスケールします。迅速な受諾と棄却のため、球/スラブ交差テストを行えます。最後に球を、それに面する平行四辺形とだけ、交差をテストします。

22.13.3　AABB/AABB 交差

AABBは、その名が示すように、その面が主軸方向に平行なボックスです。したがって、そのようなボリュームは、2つの点で十分に記述できます。ここでは、セクション22.2で紹介したAABBの定義を使います。

その単純さにより、AABBは衝突検出アルゴリズムでも、シーン グラフのノードの境界ボリュームとして、広く採用されています。2つのAABB、AとBの交差のテストは簡単で、以下に要約されます。

```
bool AABB_intersect(A, B)
returns({OVERLAP,DISJOINT});
1:   for each i ∈ {x, y, z}
2:       if(a_i^min > b_i^max or b_i^min > a_i^max)
3:           return (DISJOINT);
4:   return (OVERLAP);
```

1と2行目は、3つの標準軸方向x、y、zすべてをループします。Ericson [471] が、AABBの4つの別々のペアを同時にテストするSSEコードを提供しています。

22.13.4　k-DOP/k-DOP 交差

k-DOPと別のk-DOPの交差テストは、$k/2$区間の重なりテストだけで構成されます。Klosowskiら [981] が、極端でないkの値で、2つのk-DOPの重なりテストが、2つのOBBのテストよりも1桁速いことを示しています。821ページの図22.4に、単純な2次元のk-DOPが描かれています。AABBは法線が正と負の主軸方向である6-DOPの特殊なケースです。OBBも6-DOPの1つの形ですが、この高速テストを使えるのは、2つのOBBが同じ軸を共有するときだけです。

下の交差テストは単純で極端に速く、不正確ですが保守的です。2つのk-DOP、AとB（インデックスAとBが上付き）の交差をテストする場合、すべての平行なスラブのペア (S_i^A, S_i^B) の重なりをテストします。$s_i = S_i^A \cap S_i^B$ は1次元の区間重なりテストで、簡単に解けます。これはセクション22.5の経験則が推奨する次元縮小の例です。ここでは、3次元のスラブ テストを、1次元の区間重なりテストに単純化しています。

何時でも$s_i = \emptyset$（つまり、空のセット）になったら、BVは互いに素で、テストは終了します。そうでなければ、スラブ重なりテストを続けます。すべて$s_i \neq \emptyset$, $1 \leq i \leq k/2$で、そのときに限り、BVは重なると見なされます。分離軸テスト（セクション22.2）によれば、各k-DOPの1つの辺の外積に平行な軸もテストする必要があります。しかし、そのテストのコ

ストは性能への寄与よりも大きいので、たいてい省略されます。したがって、下のテストが k-DOP が重なると返した場合、実際には互いに素かもしれません。以下が k-DOP/k-DOP 重なりテストの擬似コードです。

$$
\begin{aligned}
&\textbf{kDOP\_intersect}(d_1^{A,\min},\ldots,d_{k/2}^{A,\min},d_1^{A,\max},\ldots,d_{k/2}^{A,\max},\\
&\qquad\qquad\qquad d_1^{B,\min},\ldots,d_{k/2}^{B,\min},d_1^{B,\max},\ldots,d_{k/2}^{B,\max})
\end{aligned}
$$

```
      returns({OVERLAP,DISJOINT});
1:    for each i ∈ {1,...,k/2}
2:        if(d_i^{B,min} > d_i^{A,max} or d_i^{A,min} > d_i^{B,max})
3:            return (DISJOINT);
4:    return (OVERLAP);
```

k-DOP の各インスタンスには、k のスカラー値しか格納する必要がないことに注意してください（法線 $\mathbf{n}_i$ は静的なので、すべての k-DOP に一挙に格納される）。k-DOP をそれぞれ $\mathbf{t}^A$ と $\mathbf{t}^B$ で平行移動すると、テストは僅かに複雑になります。例えば、$p_i^A = \mathbf{t}^A \cdot \mathbf{n}_i$ として、$\mathbf{t}^A$ を法線 $\mathbf{n}_i$ に投影し（これはどの k-DOP にも依存しないので、$\mathbf{t}^A$ や $\mathbf{t}^B$ で一度ずつしか計算する必要がないことに注意）、if-文中で p_i^A を $d_i^{A,\min}$ と $d_i^{A,\max}$ に加えます。$\mathbf{t}^B$ にも同じことを行います。言い換えると、平行移動は各法線方向に沿った k-DOP の距離を変えます。

Laine と Karras [1042] が、先端点マップと呼ばれる、k-DOP の拡張を紹介しています。その考え方は、格納される各点が、その方向沿いの最も遠い位置を表すように、平面法線のセットを k-DOP 上の様々な点にマップすることです。この点と方向がモデルを 1 つの半空間に完全に包含する平面を形成し、つまり、その点はモデルの k-DOP の先端にあります。テスト中には、与えられた方向で取り出した先端点を、例えば、k-DOP 間のより正確な交差テスト、錐台カリングの改良、よりタイトな回転後の AABB を求めるのに使えます。

22.13.5　OBB/OBB 交差

このセクションでは、2 つの OBB、A と B の交差をテストする高速な手法の概要を簡単に述べます [472, 626, 627]。そのアルゴリズムは分離軸テストを使い、最近傍特徴や線形計画法を使う以前の手法よりも約 1 桁高速です。OBB の定義は、セクション 22.2 にあります。

テストは A の中心と軸で形成される座標系で行います。これは原点が $\mathbf{a}^c = (0,0,0)$ で、この座標系の主軸が $\mathbf{a}^u = (1,0,0)$, $\mathbf{a}^v = (0,1,0)$, $\mathbf{a}^w = (0,0,1)$ であることを意味します。さらに、B の A に対する位置が、平行移動 $\mathbf{t}$ と回転（行列）$\mathbf{R}$ だと仮定します。

分離軸テストによれば、A と B が互いに素である（重ならない）ことを確かめるには、それらを分離する 1 つの軸を見つけるだけで十分です。A の面から 3、B の面から 3、A と B の辺の組み合わせから $3 \cdot 3 = 9$ の、15 の軸をテストしなければなりません。これが図 22.23 に 2 次元で示されています。行列 $\mathbf{A} = (\mathbf{a}^u\ \mathbf{a}^v\ \mathbf{a}^w)$ の正規直交性の結果として、A の面に直交すべき潜在的な分離軸は、単純に軸 $\mathbf{a}^u$, $\mathbf{a}^v$, $\mathbf{a}^w$ です。同じことが B にも成り立ちます。A と B の両方から 1 つずつの辺で形成される、残りの 9 つの潜在的な軸は、$\mathbf{c}^{ij} = \mathbf{a}^i \times \mathbf{b}^j$, $\forall i \in \{u,v,w\}$ かつ $\forall j \in \{u,v,w\}$ です。幸い、これには最適化コードがオンラインにあります。[1692]。セクション 23.2.4 で、最後の 9 つのテストが省略できる方法を述べていますが、場合によっては、そのほうが全体的な性能が高いかもしれません。

22.14 視錐台の交差

セクション19.4で見たように、複雑なシーンの迅速なレンダリングには、階層視錐台カリングが不可欠です。境界ボリューム階層のカリング トラバースの間に呼び出される数少ない操作の1つが、視錐台と境界ボリュームの交差テストです。したがって、それらの操作は高速な実行に極めて重要です。理想的には、それらはBVが完全に錐台の中（包含）か、完全に錐台の外（除外）か、錐台と交わるかを決定できるはずです。

復習すると、視錐台は遠近の（平行な）平面で切り取って、ボリュームを有限にしたピラミッドです。実際には、多面体になります。これが図22.24に示され、近、遠、左、右、上、下の6つの平面の名前も記されています。視錐台のボリュームは、（ピラミッド錐台の視点から）シーンの見えるはずの部分、つまりレンダーされる部分を定義します。

階層（例えば、シーン グラフ）中の内部ノードと、ジオメトリーを囲むのに最もよく使われる境界ボリュームは球、AABB、OBBです。そのため、ここで錐台/球と錐台/AABB/OBBのテストを論じ、導出します。

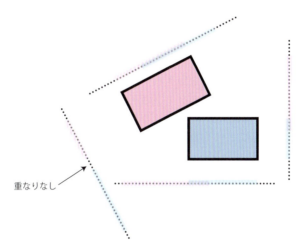

図 22.23. 2つのOBBが重なるかどうかの決定に、分離軸テストを使える。ここでは2次元で示されている。4つの分離軸は2つのOBBの面に直交し、ボックスごとに2つの軸がある。次にOBBを、それらの軸に投影する。両方の投影がすべての軸と重なればOBBは重なり、そうでなければ重ならない。したがって、投影を分離する1つの軸が見つかれば、OBBが重ならないことが分かる。この例では、左下の軸だけが投影を分離する。（*Ericson [472]* からの図。）

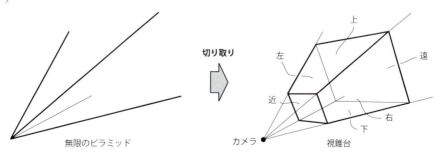

図 22.24. 左の図の無限のピラミッドを平行な遠近の平面で切り落として、視錐台を構築する。他の平面の名前も示され、カメラの位置はピラミッドの先端にある。

なぜ外側/内側/交差の3つの戻り結果が必要かを見るため、境界ボリューム階層のトラバースで何が起きるかを調べます。あるBVが完全に視錐台の外にあると分かったら、そのBVのサブツリーはそれ以上トラバースされず、そのジオメトリーは何もレンダーされません。一方、BVが完全に内側なら、もうそのサブツリーで錐台/BVテストを計算する必要はなく、すべてのレンダー可能なリーフが描かれます。部分的に見えるBV、つまり錐台と交わるものでは、錐台に対してBVのサブツリーを再帰的にテストします。それがリーフのBVなら、そのリーフをレンダーしなければなりません。

　その完全なテストは**除外/包含/交差テスト**と呼ばれます。第3の状態である交差の計算コストが、高すぎると見なされるときがあります。この場合、BVを「おそらく内側」と分類します。そのような単純化したアルゴリズムを**除外/包含テスト**と呼びます。BVをうまく除外できない場合、2つの選択肢があります。1つは、その「おそらく内側」状態を包含として扱うことで、BVの内部のすべてをレンダーすることを意味します。これは、それ以上カリングが行われないので、しばしば非効率です。もう1つの選択肢は、サブツリーの各ノードで順に除外をテストすることです。そのようなテストは、サブツリーの多くが実際に錐台の内側にあり、何の利益もないことがよくあります。どちらの選択もあまり芳しくないので、不完全なテストであっても、交差と包含をすばやく区別する何らかの試みは、たいてい価値があります。

　シーングラフのカリングで理解すべき重要なことは、迅速な分類テストは正確である必要がなく、保守的でありさえすればよいことです。除外と包含の区別に必要なのは、テストを包含の側に誤ることだけです。つまり、実際には除外すべきオブジェクトが、誤って含まれてもかまいません。そのような間違いは、単に余分な時間がかかるだけです。一方、含めるべきオブジェクトは、決してテストで除外に分類されてはならず、さもないとレンダリングの誤りが発生します。包含と交差では、どちらのタイプの正しくない分類も普通は合法です。完全に包含されるBVが交差と分類されると、そのサブツリーの交差のテストの時間が浪費されます。交わるBVが完全に内側と見なされる場合には、その一部を間引くこともできた、すべてのオブジェクトをレンダーすることにより、時間が浪費されます。

　錐台と球、AABB、OBBのテストを紹介する前に、錐台と一般のオブジェクト間の交差テスト法を述べます。図22.25に、このテストが示されています。その考え方は、テストをBV/錐台のテストから点/ボリュームのテストに変換することです。まず、BVに相対的な点を選択します。次に、BVを錐台の外側に沿って、なるべく近くで重ならないように動かします。この移動で、BVに相対的な点をトレースすると、その足跡が新たなボリュームを形成します（図22.25の太い辺のポリゴン）。BVが錐台のできるだけ近くを動いたことは、BVに（その元の位置で）相対的な点が描き出されたボリュームの内側にあれば、BVが錐台と交わるか、その内側にあることを意味します。したがって、BVの錐台に対する交差をテストする代わりに、BVに相対的な点を、点により描き出される別の新たなボリュームに対してテストすることになります。同様に錐台の内側で、錐台のできるだけ近くでBVを動かすことができます。これは元の錐台と平行な平面を持つ、新しい小さな錐台を描き出します[91]。オブジェクトに相対的な点が、この新たなボリュームの内側にあれば、BVは完全に錐台の内側にあります。このテクニックは、この後のセクションのテストを導くのに使われます。この新たなボリュームの作成は実際のBVの位置に依存せず、BVに対する点の位置と、BVの形しか依存しないことに注意してくださいこれは、任意の位置のBVを、同じボリュームに対してテストできることを意味します。881ページの図23.10に、等価ですが、少し異なる手法が述べられています。

　親BVの交差状態だけを、子ごとに保存するのは、有用な最適化です。親が完全に錐台の内側にあると分かれば、その子孫でそれ以上の錐台テストは不要です。セクション19.4で論じた

22.14. 視錐台の交差

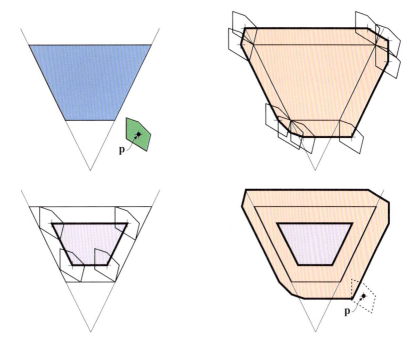

図22.25. 左上のイメージは錐台（青）と一般の境界ボリューム（緑）を示し、オブジェクトに相対的な点 **p** が選択されている。錐台の外側（右上）と内側（左下）を、可能な限り錐台の近くでオブジェクトが移動する点 **p** をトレースすることにより、錐台/BV はボリュームの外側と内側に対する点 **p** のテストに再公式化できる。これが右下に示されている。点 **p** がオレンジのボリュームの外側にあれば、その BV は錐台の外側にある。**p** がオレンジの領域の内側にあれば BV は錐台と交わり、**p** が紫の領域の内側にあれば BV は完全に錐台の内側にある。

平面マスクと時間コヒーレンス テクニックも、境界ボリューム階層に対するテストを大きく改善できますが、SIMD 実装ではあまり役に立ちません [574]。

この種のテストに必要なので、まずは錐台の平面の式を導きます。次に錐台/球の交差を紹介した後、錐台/ボックス交差を説明します。

22.14.1 錐台平面の抽出

視錐台カリングを行うには、錐台の6つの異なる側面の平面の式が必要です。巧みで高速なそれらの導出方法をここで紹介します。ビュー行列を $\mathbf{V}$、投影行列を $\mathbf{P}$ とします。そのとき合成変換は $\mathbf{M} = \mathbf{PV}$ です。点 $\mathbf{s}$ ($s_w = 1$) を $\mathbf{t} = \mathbf{Ms}$ で $\mathbf{t}$ に変換します。この時点で、$\mathbf{t}$ は、例えば透視投影により、$t_w \neq 1$ の可能性があります。そこで $u_w = 1$ である点 $\mathbf{u}$ を得るため、$\mathbf{t}$ のすべての成分を t_w で割ります。視錐台の内側の点では、$i \in x, y, z$ で $-1 \leq u_i \leq 1$ が成り立ち、つまり点 $\mathbf{u}$ は単位立方体の内側にあります。これは OpenGL タイプの投影行列の場合です（セクション 4.7）。DirectX でも、$0 \leq u_z \leq 1$ であることを除き、同じことが成り立ちます。その合成変換行列の行から、錐台の平面を直接導けます。

しばらくの間、$-1 \leq u_x$ である、単位立方体の左の平面の右のボリュームに焦点を絞ります。これは次に展開されます。

$$-1 \leq u_x \iff -1 \leq \frac{t_x}{t_w} \iff t_x + t_w \geq 0 \iff$$
$$\iff (\mathbf{m}_0 \cdot \mathbf{s}) + (\mathbf{m}_3 \cdot \mathbf{s}) \geq 0 \iff (\mathbf{m}_0 + \mathbf{m}_3) \cdot \mathbf{s} \geq 0 \tag{22.26}$$

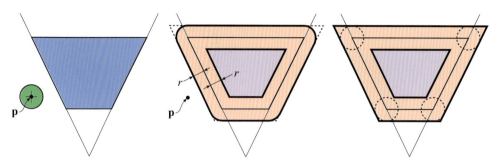

図22.26. 左に、錐台と球が示されている。正確な錐台/球テストは、中の図のオレンジと紫のボリュームに対する**p**のテストとして公式化できる。右にあるのは中央のボリュームの妥当な近似。球の中心が丸い角の外側で、すべての外側の平面の内側にある場合には、錐台の外側にあっても交差と不正確に分類される。

この導出で、$\mathbf{m}_i$ は $\mathbf{M}$ の i 番目の行を示します。最後のステップ $(\mathbf{m}_{0,} + \mathbf{m}_{3,}) \cdot \mathbf{s} \geq 0$ は、実は、視錐台の左の平面の（半）平面の式を示しています。これがそうなるのは、単位立方体の左の平面がワールド座標に逆変換されているからです。式を平面にする $s_w = 1$ にも注意してください。平面の点の法線を錐台から外向きにするため、その式を符号反転しなければなりません（元の式が単位立方体の内側で記述されているため）。これで錐台の左の平面に $-(\mathbf{m}_{3,} + \mathbf{m}_{0,}) \cdot (x, y, z, 1) = 0$ が与えられます（$ax + by + cz + d = 0$ の形式の平面の式を使う代わりに、$(x, y, z, 1)$ を使う）。すべての平面は以下にまとめられます。

$$\begin{aligned}
-(\mathbf{m}_{3,} + \mathbf{m}_{0,}) \cdot (x, y, z, 1) = 0 & \quad [\mathbf{left}], \\
-(\mathbf{m}_{3,} - \mathbf{m}_{0,}) \cdot (x, y, z, 1) = 0 & \quad [\mathbf{right}], \\
-(\mathbf{m}_{3,} + \mathbf{m}_{1,}) \cdot (x, y, z, 1) = 0 & \quad [\mathbf{bottom}], \\
-(\mathbf{m}_{3,} - \mathbf{m}_{1,}) \cdot (x, y, z, 1) = 0 & \quad [\mathbf{top}], \\
-(\mathbf{m}_{3,} + \mathbf{m}_{2,}) \cdot (x, y, z, 1) = 0 & \quad [\mathbf{near}], \\
-(\mathbf{m}_{3,} - \mathbf{m}_{2,}) \cdot (x, y, z, 1) = 0 & \quad [\mathbf{far}]
\end{aligned} \quad (22.27)$$

これをOpenGLとDirectXで行うコードがウェブで入手できます[651]。

22.14.2 錐台/球の交差

錐台は正投影ビューではボックスなので、この場合の重なりテストは球/OBBの交差になり、セクション22.13.2で紹介したアルゴリズムを使って解けます。さらに球に完全にボックスの内側にあるかどうかをテストするため、まず、球の中心が半径より大きな距離で、各軸沿いのボックスの境界の間にあるかどうかをチェックします。3つのすべての次元で間にあれば、完全に包含されています。この修正アルゴリズムの効率的な実装と、そのコードは、Arvoの記事を参照してください[78]。

錐台/BVテストを導く手法に従い、任意の錐台で、球の中心をトレースする点**p**として選択します。これが図22.26に示されています。半径rの球を錐台の内側と外側に沿って、なるべく錐台の近くで動かすと、**p**のトレースが錐台/球テストの再公式化に必要なボリュームを与えます。その実際のボリュームが、図22.26の中央の部分に示されています。前と同じく、**p**がオレンジのボリュームの外側にあれば、球は錐台の外にあります。**p**が紫の領域の内部にあれば、球は完全に錐台の内側にあります。点がオレンジの領域の内部にあれば、球は錐台の側面と交わります。この方法で、正確なテストを行えます。しかし、効率のため、図22.26の右

側に見えるような近似を使います。そこでは、丸い角に必要な複雑な計算を避けるため、オレンジのボリュームが広げられています。錐台の平面を構成する外側のボリュームは、錐台平面の法線の方向で外側に r 距離単位だけ動き、内側のボリュームは、錐台の平面をその法線の方向で内側に r 距離単位だけ動かすことにより作成できます。

錐台の平面の式は、正の半空間が錐台の外側にあると仮定します。そのとき、実際の実装なら錐台の6つの平面をループし、錐台平面ごとに球の中心から平面までの符号付き距離を計算するでしょう。これは球の中心を平面の式に代入して行います。その距離が半径 r より大きければ、球は錐台の外にあります。6つの平面の距離がすべて $-r$ より小さければ、球は錐台の内側にあり、そうでなければ球は錐台と交わります。より正しくは、球は錐台と交わるけれども、球の中心は図22.26の丸い角の外の尖った角の領域にあるかもしれない、と言うことです。これは保守的に正しくなるように、球が錐台の外でも交わると報告することを意味します。

テストをより正確にするため、球が外側にあるかどうかをテストする平面を追加することもできます。しかし、シーン グラフのノードを素早く間引く目的では、たまに間違うヒットが引き起こすのは、アルゴリズムの失敗ではなく、単に不要なテストであり、この追加のテストのほうが全体として時間がかかります。やはり精密ではありませんが、別のより正確な、尖った角の領域が重要なときに役立つ手法が、セクション20.3で述べられています。

効率的なシェーディング テクニックでは、錐台は高度に非対称なことが多く、そのための特別な手法が773ページの図20.7で述べられています。Assarsson と Möller [91] が、錐台を象限に分割し、オブジェクトの中心がある象限を求めることにより、テストから3つの平面を取り除く手法を与えています。

22.14.3　錐台/ボックス交差

ビューの投影が正投影なら (つまり、錐台の形がボックス)、OBB/OBB交差テスト (セクション22.13.5) を使って、正確なテストを行えます。一般の錐台/ボックスの交差テストでは、2つの手法がよく使われます。1つの単純な手法は、錐台のビューと投影行列を使って、8つのボックスの角すべてを錐台の座標系に変換することです。各軸が $[-1,1]$ の範囲の正準ビューボリュームで、クリップ テストを行います (セクション4.7.1)。すべての点が境界の外にあれば、ボックスは棄却され、すべてが中にあれば、ボックスは完全に包含されています[574]。この手法はクリッピングをエミュレートするので、線分、三角形、k-DOP など、点のセットで区切られる任意のオブジェクトに使えます。この手法の利点は、錐台平面の抽出が不要なことです。その自己完結した単純さは、コンピュート シェーダーの効率的な使用に適しています[2026, 2027]。

CPU 上ではるかに効率的な手法は、セクション22.10で述べた平面/ボックス交差テストを使うことです。錐台/球テストのように、OBBやAABBを6つの視錐台平面に対してチェックします。平面からの8つの角すべての符号付き距離を計算する代わりに、平面/ボックス テストでは、平面の法線で決まる、最大で2つの角をチェックします。最も近い角が平面の外にあれば、ボックスは完全に外にあり、テストを早期に終了できます。最も遠い角がすべての平面で中にあれば、ボックスは錐台に包含されています。遠近の平面は平行なので、それらの平面で内積距離の計算を共有できることに注意してください。この2番目の手法の追加コストは、錐台の平面を最初に導かなければならないことだけで、テストするボックスが少なければ、たいした支出ではありません。

錐台/球アルゴリズムと同じく、実際には完全に外にあるボックスを、テストが交差と分類

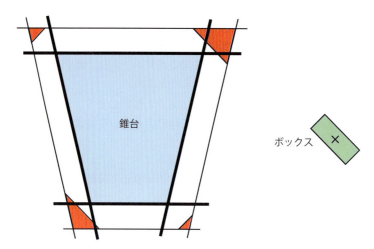

図 22.27. 太い黒い線が錐台の平面。紹介したアルゴリズムを使ってボックスを錐台に対してテストすると、ボックスが外にあるときに間違って交差に分類されることがある。図の状況では、ボックスの中心が赤い領域に位置するときにこれが発生する。

する弱点があります。この種の誤りが図 22.27 に示されています。これが固定サイズの地形メッシュや大きなオブジェクトで、より頻繁に起きる可能性があると、Quílez [1566] が述べています。交差が報告されたときの彼の解決策は、境界ボックスを形成する各平面に対し、錐台の角のテストも行うことです。すべての点がボックスの平面の外にあれば、錐台とボックスは交わりません。この追加のテストは、テストする軸が 2 番目のオブジェクトの面に直交する、分離軸テストの 2 番目の部分と等価です。とは言っても、そのような追加のテストは、生じる利益よりコストが大きいかもしれません。Eng [461] の GIS レンダラーでは、この最適化の CPU 時間のコストが 2ms/フレームで、少数のドローコールの節約にしかならないことが分かりました。

Wihlidal [2027] は別の方向に進み、錐台カリングで 4 つの錐台の側平面だけを使い、遠近平面のカリング テストを行いません。その 2 つの平面が、ゲームではあまり役に立たないと述べています。近平面のカリングは、それが行うほぼすべての空間を側面が切り取るため冗長であり、遠平面は通常シーンのすべてのオブジェクトが見えるように設定されます。

別のアプローチは分離軸テスト（セクション 22.13）を使い、交差ルーチンを導くことです。何人かの著者が、2 つの凸多面体への一般解法として、分離軸テストを使っています [646, 1692]。そうすると線分、三角形、AABB、OBB、k-DOP、錐台、凸多面体の任意の組み合わせに、単一の最適化テストを使えます。

22.15　直線/直線交差

このセクションでは、2 次元と 3 次元両方の直線/直線交差テストを導き、調べます。直線、半直線（レイ）、線分を互いに交差させ、高速かつエレガントな手法を述べます。

22.15.1　2次元

高速な手法

理論的な観点からは、この最初の2次元の直線のペアの交差を計算する手法は、本当に美しいものです。2本の直線、$\mathbf{r}_1(s) = \mathbf{o}_1 + s\mathbf{d}_1$ と $\mathbf{r}_2(t) = \mathbf{o}_2 + t\mathbf{d}_2$ を考えます。$\mathbf{a} \cdot \mathbf{a}^\perp = 0$（セクション1.2.1の直交内積 [798]）なので、$\mathbf{r}_1(s)$ と $\mathbf{r}_2(t)$ の交差の計算はエレガントで単純になります。このセクションでは、すべてのベクトルが2次元であることに注意してください：

$$
\begin{aligned}
&1: &&\mathbf{r}_1(s) = \mathbf{r}_2(t) \\
&&&\Longleftrightarrow \\
&2: &&\mathbf{o}_1 + s\mathbf{d}_1 = \mathbf{o}_2 + t\mathbf{d}_2 \\
&&&\Longleftrightarrow \\
&3: &&\begin{cases} s\mathbf{d}_1 \cdot \mathbf{d}_2^\perp = (\mathbf{o}_2 - \mathbf{o}_1) \cdot \mathbf{d}_2^\perp \\ t\mathbf{d}_2 \cdot \mathbf{d}_1^\perp = (\mathbf{o}_1 - \mathbf{o}_2) \cdot \mathbf{d}_1^\perp \end{cases} \\
&&&\Longleftrightarrow \\
&4: &&\begin{cases} s = \dfrac{(\mathbf{o}_2 - \mathbf{o}_1) \cdot \mathbf{d}_2^\perp}{\mathbf{d}_1 \cdot \mathbf{d}_2^\perp} \\ t = \dfrac{(\mathbf{o}_1 - \mathbf{o}_2) \cdot \mathbf{d}_1^\perp}{\mathbf{d}_2 \cdot \mathbf{d}_1^\perp} \end{cases}
\end{aligned}
\tag{22.28}
$$

$\mathbf{d}_1 \cdot \mathbf{d}_2^\perp = 0$ なら、直線は平行では交差は発生しません。無限長の直線では、すべての s と t の値が有効ですが、正規化された方向を持つ、例えば l_1 と l_2 の長さ（$s = 0$ と $t = 0$ で始まり、$s = l_1$ と $t = l_2$ で終わる）の線分では、$0 \le s \le l_1$ かつ $0 \le t \le l_2$ のときだけ有効な交差があります。あるいは、$\mathbf{o}_1 = \mathbf{p}_1$ と $\mathbf{d}_1 = \mathbf{p}_2 - \mathbf{p}_1$（線分は $\mathbf{p}_1$ で始まり $\mathbf{p}_2$ で終わる）とし、$\mathbf{r}_2$ でも同様に始点と終点を $\mathbf{q}_1$ と $\mathbf{q}_2$ とすれば、有効な交差は $0 \le s \le 1$ かつ $0 \le t \le 1$ のときにだけ発生します。原点のレイでは、有効な範囲は $s \ge 0$ かつ $t \ge 0$ です。交差の点は s を $\mathbf{r}_1$ に代入、または t を $\mathbf{r}_2$ に代入することで得られます。

2つ目の手法

Antonio [68] が述べる、2つの線分（つまり、有限長）が交わるかどうかを決定する別の方法は、より多くの比較と早期の棄却を行い、上の公式の高価な計算（除算）を回避します。したがって、この手法のほうが高速です。再び前の表記を使い、1つ目の線分が $\mathbf{p}_1$ から $\mathbf{p}_2$ で、2つ目が $\mathbf{q}_1$ から $\mathbf{q}_2$ です。これは $\mathbf{r}_1(s) = \mathbf{p}_1 + s(\mathbf{p}_2 - \mathbf{p}_1)$ かつ $\mathbf{r}_2(t) = \mathbf{q}_1 + t(\mathbf{q}_2 - \mathbf{q}_1)$ を意味します。$\mathbf{r}_1(s) = \mathbf{r}_2(t)$ の解を得るため、式22.28の結果を使います。

$$
\begin{cases} s = \dfrac{-\mathbf{c} \cdot \mathbf{a}^\perp}{\mathbf{b} \cdot \mathbf{a}^\perp} = \dfrac{\mathbf{c} \cdot \mathbf{a}^\perp}{\mathbf{a} \cdot \mathbf{b}^\perp} = \dfrac{d}{f}, \\[2mm] t = \dfrac{\mathbf{c} \cdot \mathbf{b}^\perp}{\mathbf{a} \cdot \mathbf{b}^\perp} = \dfrac{e}{f} \end{cases}
\tag{22.29}
$$

式22.29では、$\mathbf{a} = \mathbf{q}_2 - \mathbf{q}_1$, $\mathbf{b} = \mathbf{p}_2 - \mathbf{p}_1$, $\mathbf{c} = \mathbf{p}_1 - \mathbf{q}_1$, $d = \mathbf{c} \cdot \mathbf{a}^\perp$, $e = \mathbf{c} \cdot \mathbf{b}^\perp$, $f = \mathbf{a} \cdot \mathbf{b}^\perp$ です。因数 s の単純化ステップは、$\mathbf{a}^\perp \cdot \mathbf{b} = -\mathbf{b}^\perp \cdot \mathbf{a}$ と $\mathbf{a} \cdot \mathbf{b}^\perp = \mathbf{b}^\perp \cdot \mathbf{a}$ から生じます。$\mathbf{a} \cdot \mathbf{b}^\perp = 0$ なら、直線は同一線上にあります。Antonio [68] は、s と t の両方の分母が同じであり、s と t は明示的に必要なので、除算操作を省略できることに気付きました。$s = d/f$ と $t = e/f$ を定義します。$0 \le s \le 1$ かどうかをテストするには、次のコードを使います。

```
1 : if(f > 0)
2 :    if(d < 0 or d > f) return NO_INTERSECTION;
3 : else
4 :    if(d > 0 or d < f) return NO_INTERSECTION;
```

このテストの後では、$0 \leq s \leq 1$が保証されます。次に$t = e/f$で（コードのdをeで置き換えて）同じことを行います。このテストの後でルーチンが戻っていなければ、そのときt-値も有効なので、線分は交わります。

このルーチンの整数版のソース コードがウエブ上で入手でき[68]、浮動小数点数で使うように変更するのは簡単です。

22.15.2 3次元

2本の直線（レイ、式22.1で定義される）の交差を、3次元で計算したいとします。それらの直線はやはり$\mathbf{r}_1(s) = \mathbf{o}_1 + s\mathbf{d}_1$と$\mathbf{r}_2(t) = \mathbf{o}_2 + t\mathbf{d}_2$と呼ばれ、$t$の値に制限はありません。この場合$\mathbf{a} \times \mathbf{a} = 0$なので、直交内積の3次元の対応物は外積で、したがって3次元版の導出は2次元版とほとんど同じです。2本の直線の交差は以下のように導かれます。

$$1: \qquad\qquad \mathbf{r}_1(s) = \mathbf{r}_2(t)$$
$$\Longleftrightarrow$$
$$2: \qquad\qquad \mathbf{o}_1 + s\mathbf{d}_1 = \mathbf{o}_2 + t\mathbf{d}_2$$
$$\Longleftrightarrow$$
$$3: \qquad \begin{cases} s\mathbf{d}_1 \times \mathbf{d}_2 = (\mathbf{o}_2 - \mathbf{o}_1) \times \mathbf{d}_2 \\ t\mathbf{d}_2 \times \mathbf{d}_1 = (\mathbf{o}_1 - \mathbf{o}_2) \times \mathbf{d}_1 \end{cases}$$
$$\Longleftrightarrow$$
$$4: \begin{cases} s(\mathbf{d}_1 \times \mathbf{d}_2) \cdot (\mathbf{d}_1 \times \mathbf{d}_2) = \left((\mathbf{o}_2 - \mathbf{o}_1) \times \mathbf{d}_2\right) \cdot (\mathbf{d}_1 \times \mathbf{d}_2) \\ t(\mathbf{d}_2 \times \mathbf{d}_1) \cdot (\mathbf{d}_2 \times \mathbf{d}_1) = \left((\mathbf{o}_1 - \mathbf{o}_2) \times \mathbf{d}_1\right) \cdot (\mathbf{d}_2 \times \mathbf{d}_1) \end{cases} \tag{22.30}$$
$$\Longleftrightarrow$$
$$5: \begin{cases} s = \dfrac{\det(\mathbf{o}_2 - \mathbf{o}_1, \mathbf{d}_2, \mathbf{d}_1 \times \mathbf{d}_2)}{||\mathbf{d}_1 \times \mathbf{d}_2||^2} \\[2mm] t = \dfrac{\det(\mathbf{o}_2 - \mathbf{o}_1, \mathbf{d}_1, \mathbf{d}_1 \times \mathbf{d}_2)}{||\mathbf{d}_1 \times \mathbf{d}_2||^2} \end{cases}$$

ステップ3で両辺から$\mathbf{o}_1$（$\mathbf{o}_2$）を引いてから、$\mathbf{d}_2$（$\mathbf{d}_1$）との外積をとり、ステップ4で$\mathbf{d}_1 \times \mathbf{d}_2$（$\mathbf{d}_2 \times \mathbf{d}_1$）との内積をとります。最後にステップ5で、右辺を行列式として書き直し（そして一番下の式のいくつかの符号を変え）てから、$s(t)$の右にある項で割ることにより解を求めます。

Goldman [596]は、分母$||\mathbf{d}_1 \times \mathbf{d}_2||^2$が0に等しければ、それらの線は平行だと述べています。また、それらの直線がねじれの位置にあれば（つまり、共通の平面がない）、sとtのパラメーターが最接近点を表すことも述べています。

それらの直線を長さl_1とl_2の線分のように扱う場合は（方向ベクトル$\mathbf{d}_1$と$\mathbf{d}_2$が正規化されていると仮定して）、$0 \leq s \leq l_1$と$0 \leq t \leq l_2$の両方が成り立つかどうかをチェックします。成り立たなければ、交差は棄却されます。

Rhodes [1604]が、2本の直線や線分の交差の問題への詳細な解法を与えています。特殊なケースを扱う堅牢な解法を与え、最適化を論じ、ソース コードを提供しています。

22.16　3 平面の交差

正規化法線ベクトル $\mathbf{n}_i$ で記述される3つの平面と、その平面上の任意の点 $\mathbf{p}_i$ が与えられたとき（$i = 1, 2, 3$）、それらの平面が交差する一意な点 $\mathbf{p}$ は、式22.31で与えられます[597]。その分母である3つの平面の法線の行列式がゼロなら、2つ以上の平面が平行です。

$$\mathbf{p} = \frac{(\mathbf{p}_1 \cdot \mathbf{n}_1)(\mathbf{n}_2 \times \mathbf{n}_3) + (\mathbf{p}_2 \cdot \mathbf{n}_2)(\mathbf{n}_3 \times \mathbf{n}_1) + (\mathbf{p}_3 \cdot \mathbf{n}_3)(\mathbf{n}_1 \times \mathbf{n}_2)}{|\mathbf{n}_1 \ \mathbf{n}_2 \ \mathbf{n}_3|} \tag{22.31}$$

平面のセットからなるBVの角の計算に、この公式を使えます。1つの例が、k の平面の式で構成される k-DOPです。式22.31は、適切な平面を供給すれば、凸多面体の角を計算できます。

　いつものように平面が陰関数形式、つまり、$\pi_i : \mathbf{n}_i \cdot \mathbf{x} + d_i = 0$ で与えられる場合は、その式を使えるように、点 $\mathbf{p}_i$ を求める必要があります。平面上の任意の点を選べます。ここでは計算が安価なので、原点に最も近い点を計算します。原点から平面の法線に沿って伸びるレイに対し、平面と交差して原点に最も近い点を取得します。

$$\left.\begin{array}{c} \mathbf{r}_i(t) = t\mathbf{n}_i \\ \mathbf{n}_i \cdot \mathbf{x} + d_i = 0 \end{array}\right\} \Rightarrow$$

$$\mathbf{n}_i \cdot \mathbf{r}_i(t) + d_i = 0 \iff t\mathbf{n}_i \cdot \mathbf{n}_i + d_i = 0 \iff t = -d_i \tag{22.32}$$
$$\Rightarrow$$
$$\mathbf{p}_i = \mathbf{r}_i(-d_i) = -d_i\mathbf{n}_i$$

　平面の式の d_i は、単純に原点から平面への垂直な負の距離を保持するので、この結果は驚くことではありません（これが成り立つためには、法線は単位長でなければならない）。

22.17　動的な交差テスト

ここまでは、**静的な**交差テストだけを考えてきました。これは関与するすべてのオブジェクトが、テストの間に動かないことを意味します。しかし、特にフレームは離散時間でレンダーされるので、これは必ずしも現実的なシナリオではありません。例えば、離散テストは、時刻 t で閉じたドアの片側にあるボールが、$t + \Delta t$（つまり、次のフレーム）では、静的な交差テストで衝突に気づかれることなく、反対側に移動するかもしれないことを意味します。1つの解決法は、t と $t + \Delta t$ の間の一様な間隔で、複数のテストを行うことです。これは計算負荷が増え、やはり交差を見逃す可能性があります。テストのためにドアの向こう側の厚みを増やすこともできますが、ボールが十分に速く動いている場合、このテクニックは失敗するかもしれません[261]。**動的な**交差テストは、この問題に対処するように設計されます。このセクションで、そのトピックを紹介します。詳しい情報はEricson [471] とEberly [437] の本や、Catto [261] とGregorius [648] のプレゼンテーションで見つかります。

　シャフト カリング[698]などの手法が、動くAABBの交差テストの支援に使えます。空間を動いているオブジェクトを、異なる時刻の2つのAABBで表し、その2つのAABBを少数の平面のセットで結合します。この単純な凸包の、オブジェクトに対する交差をテストできます。しかし、球がオブジェクトをかなりタイトに包んでいる場合は、境界球交差アルゴリズムのほうが評価がかなり速く、全体として効率かもしれません。さらに、動くオブジェクトをタイ

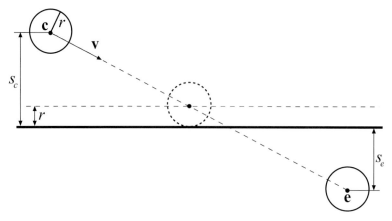

図22.28. 動的な球/平面交差テストで使う表記。真ん中の球は衝突が発生する時刻の球の位置を示す。s_cとs_eはどちらも符号付き距離であることに注意。

トに囲んで表す少数の球のセットは、しばしば使う価値があります[1700]。カプセル（チューブで結合した2つの球）がアニメートするキャラクターの境界として使え、手足と布のシミュレーションには先細のカプセルを使えます。

平行移動しか発生しない（回転がない）、動的な交差テスト状況に適用できる1つの原理は、動きが相対的なことです。オブジェクトAが速度$\mathbf{v}_A$、オブジェクトBが速度$\mathbf{v}_B$で動き、速度はオブジェクトがフレームの間に動いた量だとします。計算を単純化するため、Aが動き、Bが静止しているとします。Bの速度を補償するため、Aの速度は$\mathbf{v} = \mathbf{v}_A - \mathbf{v}_B$にします。そのようにして、以下のアルゴリズムでは1つのオブジェクトにだけ速度が与えられます。

22.17.1 球/平面

球を平面に対して動的にテストするのは簡単です。中心が$\mathbf{c}$にあり、半径rの球を仮定します。静的なテストとは対照的に、球にはフレーム時間Δt全体の速度$\mathbf{v}$もあります。したがって、次のフレームで、球の位置は$\mathbf{e} = \mathbf{c} + \Delta t \mathbf{v}$になります。簡単にするため、$\Delta t$が1で、このフレームが時刻0で始まるとします。問題は、球がこの時間の間に平面$\pi : \mathbf{n} \cdot \mathbf{x} + d = 0$と衝突したかどうかです。

球の中心から平面への符号付き距離s_cは、球の中心を平面の式に代入することで得られます。この距離から球の半径を引くと、球が平面に到達する前に（平面の法線に沿って）動ける長さが与えられます。これが図22.28に示されています。端点$\mathbf{e}$にも、同様の距離s_eを計算します。ここで、球の中心が平面の同じ側にあり（$s_c s_e > 0$としてテスト）、$|s_c| > r$かつ$|s_e| > r$なら交差はなく、球を安全に$\mathbf{e}$に動かせます。そうでなければ、交差が起きた球の位置と正確な時刻を以下のように取得します[608]。球が最初に平面に接触する時刻をtとし、tは次で計算されます。

$$t = \frac{s_c - r}{s_c - s_e} \tag{22.33}$$

そのとき球の中心は$\mathbf{c} + t\mathbf{v}$にあります。この点の単純な衝突応答を行うなら、速度ベクトル$\mathbf{v}$を平面の法線で反射し、このベクトル$(1-t)\mathbf{r}$を使って球を動かすことになります。ここで$1-t$は衝突から次のフレームへの残り時間、$\mathbf{r}$は反射ベクトルです。

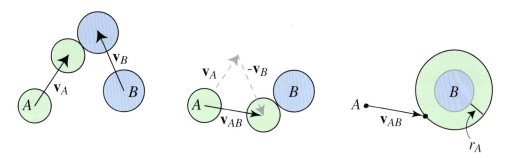

図22.29. 左の図は動いて衝突する2つの球を示す。中心の図では、その速度を両方の球から引くことにより、球Bが静止している。衝突時点の球の相対位置は変わらないことに注意。右では、球Aの半径r_AをBに加え、自身からは引くことにより、動く球Aをレイにしている。

22.17.2　球/球

驚くことに、2つの動く球AとBの交差のテストは、静止球に対するレイのテストと等価であることが分かります。この等価性は、2段階で証明されます。まず、相対運動の原理を使い、球Bを静止にします。次に、錐台/球交差テスト（セクション22.14.2）からテクニックを借ります。そのテストでは、球を錐台のサーフェス沿いに動かして、より大きな錐台を作成しました。錐台を球の半径だけ外側に広げることにより、球そのものを点に縮小できました。ここでは、1つの球を別の球のサーフェス上で動かして、元の2つの球の半径の和となる新たな球を生成します。

したがって、球Aの半径をBの半径に足すことで、新しい半径が与えられます。こうして球Bが静止して拡大し、球Aが真っ直ぐな直線、すなわちレイに沿って動く点となる状況が得られました（図22.29）。

この基本的な交差テストは、既にセクション22.6で紹介しているので、最終的な結果を示すだけにします。

$$(\mathbf{v}_{AB} \cdot \mathbf{v}_{AB})t^2 + 2(\mathbf{l} \cdot \mathbf{v}_{AB})t + \mathbf{l} \cdot \mathbf{l} - (r_A + r_B)^2 = 0 \tag{22.34}$$

この式で、$\mathbf{v}_{AB} = \mathbf{v}_A - \mathbf{v}_B$、$\mathbf{l} = \mathbf{c}_A - \mathbf{c}_B$で、$\mathbf{c}_A$と$\mathbf{c}_B$は球の中心です。

これによりa、b、cが与えられます。

$$\begin{aligned} a &= (\mathbf{v}_{AB} \cdot \mathbf{v}_{AB}), \\ b &= 2(\mathbf{l} \cdot \mathbf{v}_{AB}), \\ c &= \mathbf{l} \cdot \mathbf{l} - (r_A + r_B)^2 \end{aligned} \tag{22.35}$$

それらが次の2次方程式で使う値です。

$$at^2 + bt + c = 0 \tag{22.36}$$

その2つの根は、最初に次を計算することで求めます。

$$q = -\frac{1}{2}(b + \text{sign}(b)\sqrt{b^2 - 4ac}) \tag{22.37}$$

ここで、$\text{sign}(b)$は$b \geq 0$のとき$+1$、そうでなければ-1です。こうして、以下の2つの根が

得られます。

$$t_0 = \frac{q}{a},$$
$$t_1 = \frac{c}{q} \tag{22.38}$$

この形の2次方程式の解法は、通常は教科書に示されませんが、Press らは、そのほうが数値的に安定だと述べています [1560]。

球が最初は重ならないと仮定していますが、それは静的な球/球テストで決定できます。$[0, 1]$（フレームの時刻）内にある範囲 $[t_0, t_1]$ の最も小さな値が、最初の交差です。この t-値を次に代入すると

$$\mathbf{p}_A(t) = \mathbf{c}_A + t\mathbf{v}_A,$$
$$\mathbf{p}_B(t) = \mathbf{c}_B + t\mathbf{v}_B \tag{22.39}$$

最初の接触時刻の各球の位置が生成します。このテストと、前に紹介したレイ/球テストの主な違いは、ここではレイ方向 $\mathbf{v}_{AB}$ が正規化されていないことです。

22.17.3 球/ポリゴン

動的な球/平面の交差は、直接可視化できるほど単純でした。とは言っても、球/平面の交差は、球/球の交差で行ったのと同様のやり方で、別の形式に変換できます。つまり、動く球は動く点に縮小してレイを形成でき、平面は球の直径の厚みでスラブに拡張できます。両方のテストで使う鍵となる考え方が、2つのオブジェクトのミンコフスキー和と呼ばれるものの計算です。球と球のミンコフスキー和は、両方の半径に等しい、より大きな球です。

球と平面の和は、各方向の厚みが球の半径の平面です。このやり方で任意の2つのボリュームを足し合わせることができますが、結果の記述が難しいこともあります。動的な球/ポリゴン テストでの考え方は、球とポリゴンのミンコフスキー和に対してレイをテストすることです。

その手法をここで詳しく紹介しませんが、この球/ポリゴン テストは、（直線沿いに動く球の中心で表される）レイの、球とポリゴンのミンコフスキー和に対するテストと等価です。この足し合わせたサーフェスでは、頂点は半径 r の球、辺は半径 r の円筒になり、ポリゴンそのものは複製され、r だけ上下に移動してオブジェクトを密封します。図 22.30 がこれを可視化しています。これは錐台/球の交差（セクション 22.14.2）で行ったのと同種の拡大です。したがって、紹介するアルゴリズムは、このボリュームの各部分に対するレイのテストと考えることができます。レイに対し、最初がレイを向いたポリゴンのテスト、次に辺を表す円筒のテスト、最後が頂点球のテストです。

この膨れたオブジェクトについて考えると、ポリゴンを面、辺、それから頂点の順にテストするのが最も効率的である理由への洞察が与えられます。この膨れたオブジェクト中の、球を向いているポリゴンは、オブジェクトの円筒と球に覆われないので、それを最初にテストすると、最も近い可能な交点が与えられ、それ以上のテストは不要です。同様に、辺が形成する円筒は球を覆いますが、球は円筒の内部にしか広がりません。

円筒の内側へのレイのヒットは、動く球が対応する辺に最後にヒットした点を求めることに等価で、どうでもよい点です。最も近い円筒の外側の交差（存在すれば）は、常に最も近い球の交差よりも近くなります。したがって、最も近い円筒との交差を求めるだけで、頂点球を

22.17. 動的な交差テスト

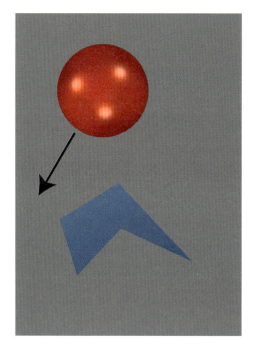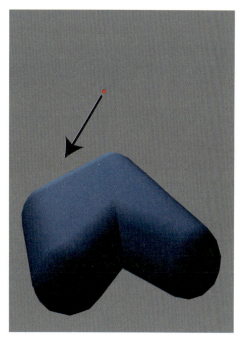

図22.30. 左の図では、球がポリゴンに向かって動いている。右の図では、球が点に縮小し、レイがポリゴンの「膨張」版に打ち出される。2つの交差テストは等価。

チェックしなくてもテストを終了できます。テストの順番について考えるのは、元の球とポリゴンよりも、レイとこの膨れたオブジェクトを扱うときのほうが、(少なくとも私たちには)ずっと簡単です。

　この膨れたオブジェクト モデルから得られる別の洞察は、凹面のあるポリゴンで凹んだ位置にある頂点は、そのような頂点で形成される球は外側から見えないので、動く球に対してテストしなくてもよいことです。相対運動と、ミンコフスキー和による動く球のレイへの変換を使うことにより、効率的な動的球/オブジェクトの交差テストが導けます。

　静的な交差テストも、ミンコフスキー和に対するテストで導けます。例えば、球の中心がこの膨れたモデルの内側にあると分かれば、球と三角形はその最初の位置で交わります。関連するミンコフスキー差の考え方は、この任意のオブジェクトの包含テストを記述する、より一般的な手段です (セクション23.3.2)。差をとることで、あるオブジェクトを別のものから引きます。引かれるオブジェクトは、その座標値を符号反転します。2つのオブジェクトが交わる場合、原点はそれらのミンコフスキー差に包含されます。この点は、両方のオブジェクトの内側に存在する位置を表します。Gregorius [646] が、ミンコフスキー差とオブジェクトのガウス マップが、分離軸テストの使い方を最適化するための洞察を与えることを論じています。

　三角形/三角形の接触のような、もっと複雑な動的テストも存在します。Van Waveren [1991] が、頂点/ポリゴンと辺/辺の衝突のテストに基づく多面体の動的な衝突検出を論じています。Catto [261] が、2つのオブジェクト間の安全な距離を求めて、オブジェクトを近付けてから再びテストするのに使う、**保守的前進**の概念を論じています。しかし、この安全な間隔の使用は、収束時間を長くする可能性があります。実質的には、改善求根法である、三角形/三角形交差での双方向前進を示しています。ShellshearとYtterlid [1736] が三角形、直線、点の間の距離クエリー用のSSE最適化コードを提供しています。*Proximity Query Package* (PQP)

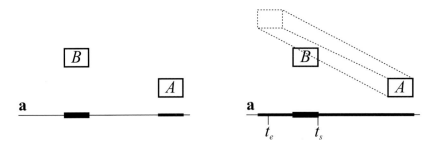

図22.31. 左：軸 **a** の固定SAT。A と B はこの軸上で重ならない。右：動的SAT。A は動き、動く間、その **a** 上の区間の投影が追跡される。ここでは、2つのオブジェクトが軸 **a** 上で重なる。

ライブラリーには、メッシュ オブジェクトの重なりと2つのモデル間の最小距離のコードがあります。

22.17.4 動的分離軸法

822ページの分離軸テスト（SAT）は凸多面体、例えばボックスと三角形の互いに対するテストで役立ちます。このタイプのテストは、動的なクエリーにも拡張できます [194, 434, 471, 648, 1692]。

SAT法が軸のセットを、軸への2つのオブジェクトの投影が重なるかどうかをテストすることを思い出してください。すべての軸ですべての投影が重なれば、オブジェクトも重なります。問題を動的に解くための鍵は、軸 **a** 上を $(\mathbf{v} \cdot \mathbf{a})/(\mathbf{a} \cdot \mathbf{a})$ の速さで動くオブジェクトの、投影される区間を動かすことです [194]。やはり、すべてのテストする軸で重なりがあれば、その動的オブジェクトは重なり、そうでなければ重なりません。図22.31に、固定SATと動的SATの違いが示されています。

Eberly [434] も、Ron Levine の考え方を使い、A と B の交差の実際の時刻を計算しています。これは重なり始めるときの時刻 t_s と、（その区間が互いを「通り抜けた」ことにより）重なり終わる時刻 t_e を計算することで行います。A と B のヒットは、すべての軸のすべての t_s の最大値で発生します。同様に、重なりの終了は、すべての t_e 値の最小値で発生します。早期棄却最適化には、その区間が $t = 0$ で重ならず、離れていくときの検出が含まれます。また、最大の t_s が最小の t_e より大きいときには、オブジェクトは決して重ならないので、テストを終了します。これはセクション22.7.1のレイ/ボックス交差テストと似ています。Eberly のコードは、ボックス/ボックス、三角形/ボックス、三角形/三角形を含む、広範囲の凸多面体間のテストを行います。Gregorius [648] が、球、カプセル、凸包、メッシュ間の動的な交差テストのアルゴリズムを紹介しています。

参考文献とリソース

Ericson の *Real-Time Collision Detection* [471] と Eberly の *3D Game Engine Design* [437] が、幅広い種類のオブジェクト/オブジェクト交差テストと階層トラバース手法や、他にも多くを取り上げ、ソースコードが含まれています。Schneider と Eberly の *Geometric Tools for Computer Graphics* [1692] が、多くの実用的な、2次元と3次元の幾何学的交差テストのアルゴリズムを提供します。オープンアクセスの *Journal of Computer Graphics Techniques* は、交差テストのための改良されたアルゴリズムとコードを発表しています。それより

22.17. 動的な交差テスト

古い *Practical Linear Algebra* [499] は、コンピューター グラフィックスで役に立つ、2次元交差ルーチンと、多くの他の幾何学的操作のよいソースです。*Graphics Gems* シリーズ [80, 586, 755, 973, 1453] には、多くの様々な種類の交差ルーチンが含まれ、ウェブでコードが入手できます。フリーの *Maxima* [1238] ソフトウェアは、式の操作と公式の導出に優れています。本書のウェブサイトには、多くのオブジェクト/オブジェクト交差テストに利用できるリソースをまとめたページ、realtimerendering.com/intersections.html があります。

23. 衝突検出

"To knock a thing down, especially if it is cocked at an arrogant
angle, is a deep delight to the blood."
—George Santayana

物事を叩き潰すのは、特にそれが尊大な角度に首をかしげているなら、血への深い喜びである。

衝突検出（CD）は、多くのコンピューター グラフィックス アプリケーションで基礎となる重要な構成要素です。CDが重要な役割を演じる分野には仮想生産、CAD/CAM、コンピューター アニメーション、物理ベースのモデリング、ゲーム、飛行機と自動車のシミュレーター、ロボット工学、経路計画（公差検証）、部品組み立て、そしてほぼすべてのバーチャル リアリティ シミュレーションが含まれます。その膨大な用途により、CDはこれまで幅広い研究が行われ、現在も行われています。

衝突検出はしばしば衝突処理と呼ばれるものの一部で、**衝突検出、衝突決定、衝突応答**の3つの主要部分に分かれます。衝突検出の結果は2つ以上のオブジェクトが衝突するかどうかをブール値で示し、衝突決定は実際のオブジェクト間の交差を求め、最後に衝突応答が2つのオブジェクトの衝突に応じてとるべき行動を決定します。

バネと歯車でできた旧式の時計を考えてみましょう。例えばこの時計をコンピューターの詳細な3次元モデルで表現するとします。時計の動きを衝突検出を使ってシミュレートするとします。バネを巻き、衝突を検出して応答を生成することで、時計の動きをシミュレートします。そのようなシステムでは、何千もの可能なオブジェクトのペアの衝突検出が必要になるでしょう。アリ塚にいるすべてのアリと松葉のシミュレートも挑戦です。力任せのすべての可能な衝突ペアの探索はひどく効率が悪いので、そのような状況の下では非実用的です。図23.1が複雑な衝突検出の例です。

大きなシーンに対処するため、普通は衝突検出システムを3つのステージに分けます。ブロードフェーズCDはオブジェクトのレベルで動作し、BVが重なり合うオブジェクトのペアを見つけます（セクション23.1）。ミッドフェーズCD（セクション23.2）は、その作業を継続して2つのオブジェクトの重なる可能性がある部分を検出し、最後にナローフェーズCD（セクション23.3）がプリミティブのリーフや、オブジェクトの凸部に取り組みます。大型のCDシステムでは、この3つのステージをまとめて使えます。

セクション23.4で、シナリオによっては役に立つ、単純かつ極めて高速な衝突検出テクニックを論じます。その中心となる考え方は、線分のセットを使って複雑なオブジェクトを近似することです。次にそれらの線分を、環境のプリミティブと交差テストします。このテクニックはゲームで使うことがあります。セクション23.5で述べる別の近似手法では、環境のBSPツ

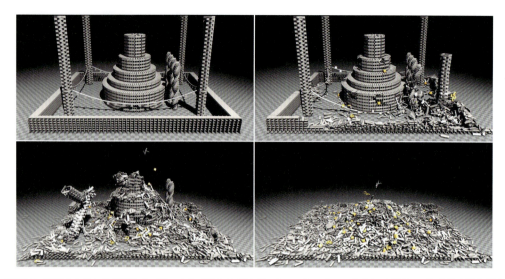

図23.1. 数万の小さな幾何学的オブジェクト（ほとんどはボックス、トーラス、たまにラグドール）を使う剛体衝突検出（*PhysX Kapla*デモで生成したイメージ、提供：*NVIDIA Corporation*）

リー表現を使い、円筒でキャラクターを記述できます。しかし、すべてのオブジェクトが常に線分や円筒で近似できるわけではなく、正確なテストが必要な応用もあるでしょう。

セクション23.6で扱うタイムクリティカル衝突検出は、近似的な衝突検出を一定時間で行うテクニックです。次に変形可能モデル、連続的CD、衝突応答のセクションが続き、最後にセクション23.10でパーティクルの扱い方を述べます。

CDの場合、アルゴリズムが衝突シナリオに敏感で、すべての場合に最良の性能を示すアルゴリズムはないので、性能の評価が難しいことを指摘して置かなければなりません[626]。また、CDはたいていCPUで実行しますが、GPUの汎用化により、どのアルゴリズムもGPU上でも実行できます。性能を最大化するためには、一般にアルゴリズムを、特定のアーキテクチャーのメモリー システムと機能セットに適合させる必要があります。

23.1　ブロードフェーズ衝突検出

このセクションでは、いくつかのブロードフェーズCDアルゴリズムを述べます。最初に図23.2に示すCDのブロード/ミッド/ナローフェーズは、2レベルのCDシステムで、最後のフェーズがミッドとナローフェーズに分割されています[298]。その対象は複数のオブジェクトが動く大規模な環境です。このシステムのブロードフェーズは、環境中のすべてのオブジェクト間の可能な衝突を報告します。次にミッドフェーズがオブジェクトのペアで作業を行い、重なる可能性がある、例えば凸部分が重なるプリミティブのリーフを求めます。ナローフェーズはプリミティブ間の交差を計算したり、距離クエリーを使ってオブジェクトが互いに貫通しないようにします。最後に、衝突応答（セクション23.9）を計算し、各オブジェクトの最終的な座標変換を計算するシミュレーション サブシステムに、その結果を供給します。

シーンには何千もの動くオブジェクトが含まれることがあるので、よいCDシステムは、そのような状況にもうまく対処しなければなりません。シーンにnの動くオブジェクトとmの静

23.1. ブロードフェーズ衝突検出

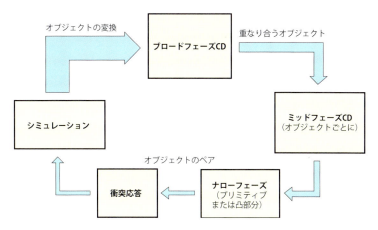

図23.2. 何らかのシミュレーションを使い、オブジェクトの変換を供給する衝突検出システム。境界ボリュームが重なり合うオブジェクトのペアをすばやく見つけるため、シーン中のすべてのオブジェクトをブロードフェーズCDで処理する。次に、ミッドフェーズCDがオブジェクトのペアで作業を継続し、重なり合うプリミティブのリーフや凸部分を見つける。最後に、CDシステムはプリミティブ間の交差を計算したり、距離クエリーを使えるナローフェーズで最下位レベルの操作を実行し、その結果を衝突応答に供給する。

止オブジェクトが含まれる場合、素朴な手法だと

$$nm + \binom{n}{2} = nm + n(n-1)/2 \tag{23.1}$$

のオブジェクト テストを毎フレーム実行することになります。最初の項はその数の静止オブジェクトの動的な（動く）オブジェクトに対するテストに対応し、最後の項は動的なオブジェクト同士のテストに対応します。mとnが増えると素朴なアプローチはすぐに高コストになります。この状況には、もっと賢い手法が必要で、それがこのセクションの主題です。

各フェーズの目標は、後続のフェーズに渡す作業の量を最小化すること、つまり次のフェーズに供給するオブジェクト、プリミティブ、凸部分などのペアを最小にすることです。最初のフェーズは、テストをオブジェクト レベルで行うので、ブロードフェーズCDと呼ばれます。

このフェーズのほとんどのアルゴリズムは、最初にオブジェクトをBVで囲んでから、何らかのテクニックで重なり合うすべてのBV/BVペアを求めます。単純なアプローチの1つは、オブジェクトごとに軸平行境界ボックス（AABB）を使うことです。剛体運動するオブジェクトでは、このAABBの再計算を避けるため、オブジェクトがどんな向きでも包含する**固定のキューブ**になるよう、十分に大きなAABBにします。その固定のキューブを使い、互いな素なオブジェクトの境界ボリュームのペアをすばやく決定します。再計算が高速で動的にサイズを変更するAABBを使うほうが、例えば有向ボックス、球、カプセルよりもよいことがあります。

固定のキューブの代わりに球も使えます。球はオブジェクトがどんな向きでも包含する完璧なBVなので、これは合理的です。先端点マップ[1042]を使うこともできます（セクション22.13.4）。次にブロードフェーズCDの3つのアルゴリズム、すなわちスイープアンドプルーン、グリッドを使うもの、BVHを使うものを述べます。セクション19.1.3で紹介した緩い8分木構造を使う、まったく別の手法もあります。

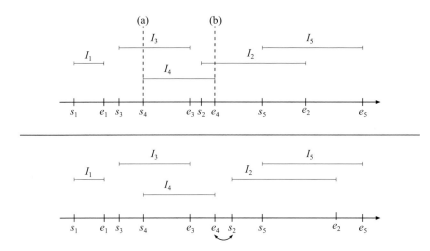

図23.3. 上で区間I_4に出会うとき（(a)とマークされた点）にはアクティブ リストにただ1つの区間があり（I_3）、I_4とI_3は重なると結論付けられる。I_2に出会うとき、I_4まだアクティブ リストにあるので（e_4にまだ出会っていない）、I_4とI_2も重なる。e_4に出会うとき、I_4はアクティブ リストから取り除かれる（(b)とマークされた点）。下では、I_2が右に移動し、挿入ソートでs_2とe_4が場所を変える必要があると分かったときに、I_2とI_4がもう重ならないことも結論付けられる。（*Witkin*ら*[2040]*からの図）

23.1.1 スイープアンドプルーン

オブジェクトごとに、それを囲むAABBがあるとします。**スイープアンドプルーン テクニック** [108, 1131, 2040]では、通常のアプリケーションに現れる**時間コヒーレンス**を利用します。時間コヒーレンスは、オブジェクトがフレーム間で位置と向きに、（あるとして）比較的小さな変化しか生じないことを意味します（そのため**フレーム間コヒーレンス**とも呼ばれる）。

　Lin [1131] の指摘によれば、3次元で重なり合う境界ボックスの問題は$O(n\log^2 n + k)$の時間で解決でき（kはペア単位の重なりの数）、コヒーレンスを利用して改善することにより$O(n+k)$に減らせます。しかし、これはアニメーションにかなりの時間コヒーレンスがあることを仮定しています。

　2つのAABBが重なるには、3つの主軸方向すべての1次元区間（AABBの始点と終点が形成する）も重ならなければなりません。フレーム間コヒーレンスが高いときには、多数の1次元区間のすべての重なりを効率よく検出できることを示します。この解法により、AABBの3次元問題は3つの主軸で個々に1次元アルゴリズムを使って解けます。

　n個の区間（特定の軸に沿った）をs_iとe_i（$s_i < e_i$かつ$0 \leq i < n$）で表すとします。それらの値を昇順で1つのリストにソートします。次にこのリストを最初から最後までスイープします。始点s_iに出会ったら、対応する区間をアクティブな区間のリストに入れます。終点に出会ったら、対応する区間をアクティブ リストから取り除きます。ここで、ある区間の始点に遭遇したとき、アクティブ リストに区間があれば、遭遇した区間はアクティブ リスト中のすべての区間と重なります。図23.3がこれをに示しています。

　この手続はすべての区間のソートの$O(n \log n)$に、リストのスイープの$O(n)$と、kの重なる区間の報告の$O(k)$が加わる、$O(n \log n + k)$のアルゴリズムです。しかし、時間コヒーレンスにより、フレーム間でリストはあまり変わらないことが期待されるので、最初のパスの後は、**バブル ソート**や**挿入ソート** [986]を非常に効率よく使えます。それらのソートアルゴリズ

ムは、ほぼソートされたリストを期待時間$O(n)$でソートします。

挿入ソートは、ソートされた列を漸進的に構築します。始めはリストに最初の数が入っています。このエントリーしかないので、リストはソートされています。次に2つ目のエントリーを加えます。2つ目のエントリーが1つ目より小さければ、1つ目と2つ目の場所を交換し、そうでなければ何もしません。エントリーを追加し、リストがソートされるまでエントリーの場所の変更を続けます。ソートしたいすべてのオブジェクトでこの手続を繰り返せば、ソートされたリストになります。

時間コヒーレンスを利用するため、可能な区間のペアごとに1つのブール値を保持します。これは$O(n^2)$の格納コストを意味するので、大きなモデルでは実用的でないかもしれません。代わりにハッシュ マップを使うことで、この問題を回避できます。ある特定のブール値はペアが重なり合えばTRUE、そうでなければFALSEです。最初のソートを行うときに、アルゴリズムの最初のステップで、ブール値を初期化します。区間ペアの状態が変化したら、そのブール値を反転します。これも図23.3に示されています。

3つの主軸すべてにソートされた区間のリストを作成し、前出のアルゴリズムを使って各軸の重なる区間を求めます。ペアが3つの区間すべてで重なり合えば、（その区間が表す）AABBも重なり、そうでなければ重なりません。期待時間は1次で、やはりkを重なるペアの数とすると、$O(n+k)$の期待時間のスイープアンドプルーン アルゴリズムになります。オブジェクトのペアが3つの軸すべて重なれば（3つのブール値がすべてTRUE）、そのペアを後のステージで高速アクセスできるように衝突ペアのリストに追加します。これによりAABBの高速な重なり検出ができます。このアルゴリズムはソート アルゴリズムの最悪の期待性能、$O(n^2)$に劣化する可能性があることに注意してください。これはクランピングが起きるときに発生します。よくある例は、多数のオブジェクトが床の上にあるときです。z-軸が床の法線方向を指す場合、z-軸上にでクランピングが起きます。1つの解決策はz-軸を完全にスキップし、x-軸とy-軸だけでテストを行うことです[471]。これは多くの場合にうまくいきます。Liuら[1144]が紹介するSAPの並列バージョンでは、スイープの方向も最適化されています。彼らのアルゴリズムのターゲットはGPUで、コードがオンラインで公開されています。

23.1.2　グリッド

グリッドと階層グリッドは、レイ トレーシングの高速化で最もよく知られたデータ構造ですが、ブロードフェーズ衝突検出にも使えます[1927]。その最も単純な形では、グリッドはシーンの空間全体に広がる、重なりがないグリッド セルの、n-次元配列にすぎません。そのとき各セルはボックスで、どのボックスも同じサイズを持ちます。上位レベルから述べると、まずグリッドを使うブロードフェーズCDが、シーンのすべてのオブジェクトのBVをグリッドに挿入します。次に2つのオブジェクトが同じグリッド セルにあれば、その2つのBVが重なる可能性があることが直ちに分かります。そこで単純なBV/BVの重なりテストを行い、それらが衝突すれば、第2レベルのCDシステムに進みます。図23.4の左が、4つのオブジェクトがある2次元グリッドを示しています。

高い性能を得るには、適切なグリッド セルのサイズの選択が重要です。図23.4の右に、この問題が示されています。シーンで最も大きなオブジェクトを求め、グリッド セルのサイズを、そのオブジェクトがどんな向きでも収まるよう十分に大きくするという考え方もあります[471]。こうすると、3次元グリッドの場合、すべてのオブジェクトが最大でも8つのセルでしか重なりません。

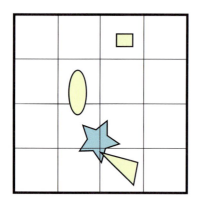 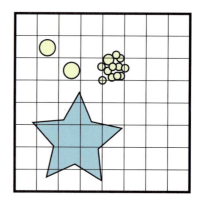

図23.4. 左：低解像度の2次元グリッドと4つのオブジェクト。楕円と星型は共有するグリッド セルと重なるので、それらのオブジェクトはBV/BVテストを使ってテストしなければならない。この場合、それらは衝突しない。三角形と星型も共有するグリッド セルと重なり、実際に衝突する。右：高解像度グリッド。見て分かるように、星型は多くのグリッド セルと重なり得るので、この手続はコストが高い。クランピングが発生する多くの小さなオブジェクトもあり、これも非効率の発生源になることにも注意。

大きなグリッドの格納は、特にグリッドの大部分が未使用の場合、かなりの浪費になります。そのため代わりに、空間的なハッシュ処理を使うことが提案されました [471, 1888, 1927]。一般には、各グリッド セルをハッシュ テーブルのインデックスに割り当てます。グリッド セルと重なるすべてのオブジェクトをハッシュ テーブルに挿入すれば、テストを普通に続行できます。空間ハッシュを使わない場合、グリッドにメモリーを割り当てる前に、シーン全体を包含するAABBのサイズを決定する必要があります。オブジェクトが境界を越えないように、動ける場所も制限しなければなりません。ハッシュ テーブルはオブジェクトがどこにあろうと挿入できるので、これらの問題は空間ハッシュで完全に回避されます。

図23.4に示されるように、グリッド全体で同じグリッド セル サイズを使うのは、必ずしも最適ではありません。別の選択肢は階層グリッドを使うことです。このスキームでは、セル サイズが異なる入れ子のグリッドを使い、オブジェクトのBVがグリッド セルより（ちょうど）小さいグリッドにだけオブジェクトを挿入します。階層グリッドで隣接レベル間のグリッド セル サイズの違いが正確に2倍なら、この構造は8分木とよく似ています。CDでグリッド/階層グリッドを実装するときには、多くの詳細を知る必要があります。Ericson [471] によるこのトピックの優れた扱いと、Pouchol ら [1544] の記事を参照してください。

23.1.3 境界ボリューム階層

境界ボリューム階層（BVH）は、セクション19.1.1で、視錐台カリングを使ってレンダリングを高速化する手段として説明しました。BVHを構築し、それを使って衝突テストを行う方法は、セクション23.2で詳しく述べます。ブロードフェーズはBVHでも実装できます。オブジェクトが毎フレーム動き、シーン中のどのオブジェクトにもAABBが存在する、つまりリーフ ノードごとに1つのAABBとその下層のオブジェクトが含まれるとします。それらのAABBからBVHをすばやく構築できます。子の最大数は通常、基盤のターゲット アーキテクチャーに合わせて調整し、例えばターゲットのSIMD幅が8なら最大数も8にします。

BVHを構築したら、重なり合うオブジェクト ペア、つまりAABBが重なるリーフ ノードを検出できます。1つのやり方は、オブジェクトのAABBをBVHに対して階層的にテストすることです。BVHのトラバース中に、オブジェクトのAABBがあるノードのBVと重ならな

23.2. ミッドフェーズ衝突検出

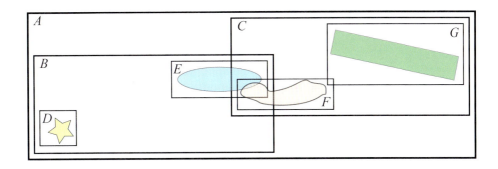

図23.5. この軸平行境界ボックスで構成されるBVHには、AからGで示される7つのノードがある。Aはルートで、D-Gはリーフ、BとCは中間ノード。リーフノードの重なりを検出する2つの異なる手法は、本文を参照。

ければ、そのノードのサブツリーの処理を終了します。重なりがあれば、再帰下降を継続します。図23.5では、Dと重なるものを見つけるため、テストをルート（必ず重なる）で開始します。Cとは重ならないので、そのサブツリーでそれ以上のテストは不要です。Bではテストが継続し、DはBのサブツリーにある子なので、必ず重なります。最後に、DをEに対してテストし、Dは他のどのオブジェクトとも重ならないことが分かります。次に、Eが他のオブジェクトを重なるかどうかを決定します。EはAとBのサブツリーなので、それらと重なりますが、Cとも重なります。トラバースでBまで下りると、そこでEがどれにも重ならないことが分かります。しかしCでは、EがFと重なりますが、Gとは重ならないことが分かります。この手法では、リーフノードXをテストし、再帰がリーフノードに達してそのAABBであるYがXと重なれば、そのペア(X,Y)をオブジェクトの重なるペアのリストに加えます。例えば(E,F)と(F,E)の両方をリストに加えないように、少し注意を払う必要があります。

またBVHとBVHのテストを行うこともでき、その場合、BVH同士をテストして2つのAABBが重ならなければ、再帰を終了します。あるリーフノードのペアのAABB（2つの異なるオブジェクトに対応する）が重なると分かったら、そのペアを次のフェーズに供給するリストに追加します。自分自身との重なりを報告しないように注意しなければなりません。図23.5では、テストはルートで始まり、必ずノードは自分と重なるので、Aに下降してBとCを処理します。Bは自分と重なるのでBに下降すると、DとEが重ならないことが分かります。Cにも下降し、FとGが重なることが分かるので、(F,G)を重なるペアのリストに加えます。次に、BとCは重なるので、Bのすべての子をCのすべての子に対してテストしなければなりません。ここでは、EとFが重なるので、そのペアもリストに加えます。

BVHを使うアプローチの重要な利点は、オブジェクトのAABBの上に1つだけデータ構造を構築し、そのBVHを、例えばブロードフェーズCD、視錐台カリング、オクルージョンカリング、レイトレーシングに使えることです。

23.2 ミッドフェーズ衝突検出

ブロードフェーズの後、2つのオブジェクトを処理して、重なる部分を見つけたいとします。このセクションでは、そのための一般的な階層境界ボリューム衝突検出アルゴリズムを説明し

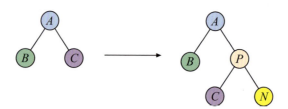

図23.6. 左、3つのノードを持つ2分木が示されている。ここでリーフごとにプリミティブが1つだけ格納され、Nという新しいノードを挿入したいとする。このノードは境界ボリューム（BV）とBVが包含するプリミティブを持つ。そのため、ノードはリーフノードとして挿入される。この例で、例えばNを（Bではなく）Cノードに挿入するほうが、全体のツリーボリュームが小さくなると分かっているとする。そのとき、Cと新ノードNの両方を包含する新たな親ノードPが作成される。

ます。そのモデルは剛体運動、すなわち回転に加えて平行移動、さらにより一般的な変形（セクション23.7）も可能です。それらの手法は効率的な境界ボリューム（BV）を提供し、その中でジオメトリーのセットにぴったりフィットするボリュームの作成を試みます。BVが小さいほどアルゴリズムの性能は上がります。複雑さとCDのコストを減らすため、元のレンダリング用のメッシュから単純化したメッシュもよく使われます[1398]。ボックス、球、カプセルなどの単純なコライダーでは、ナローフェーズまで処理をスキップできます。

このセクションはいくつかの概念と、境界ボリューム階層（BVH）を使い2つのモデルの衝突を検出する手法を紹介します。それらのアルゴリズムに共通する2つの要素は、境界ボリュームを使うモデルの階層表現の構築と、使うBVの種類にかかわらず、衝突クエリーの上位レベルのコードが似ていることです。

23.2.1 BVHの構築

最初に、モデルが複数のプリミティブで表されると仮定します。このセクションではそれを三角形と仮定しますが、一般にどんな種類のプリミティブでもかまいません。すべてのモデルを何らかの種類の境界ボリュームの階層として表現するので、望ましい特性を持つ階層を構築する手法を開発しなければなりません。衝突検出アルゴリズムでよく使われる階層は、k-分木と呼ばれるデータ構造で、各ノードが最大でkの子を持ちます（セクション19.1）。多くのアルゴリズムはk-分木の最も簡単な例、2分木（$k = 2$）を使います。しかし現在のアーキテクチャには、もっと大きな（例えば、特定のSIMD幅に合わせたり、ポインター間接参照を最小化する）k値が好ましいかもしれません。内部ノードごとに、そのボリューム内のすべての子を包含するBVを持ち、リーフは1つ以上のプリミティブを持ちます。任意のノードA（内部ノードあるいはリーフ）の境界ボリュームはA_{BV}、Aに属する子のセットはA_cで示します。

階層の構築には、**ボトムアップ法**、**漸進的ツリー挿入**、**トップダウン**アプローチ、**線形BVH法**の4つの主なやり方があります。効率的で引き締まった構造を作るため、一般にBVの範囲やボリュームは可能な限り最小にします[603, 981]。ボリュームを使うことによる問題の1つは、例えば床オブジェクトに見られます。床にはボリュームがないので、この基準を使うと、それ自身のサイズや影響がなくなります。軸平行ポリゴンも、サイズに関係なく影響は同じで、つまり何もありません。面積の大きなオブジェクトが向かい合うときにはボリュームのほうが高性能でも、たいていは、表面積のほうがよいヒューリスティックだという証拠があります[2098]そのようなわけで、本章の残りでは表面積を使いますが、ボリュームのほうがよい場

23.2. ミッドフェーズ衝突検出

合があることを忘れないでください。[*1]。

　最初の手法、ボトムアップは、まず複数のプリミティブを結合し、そのBVを求めます。それらのプリミティブは近くにあるものにすべきで、それはプリミティブ間の距離を使って決定できます。その後は、新しいBVを同じやり方で作成したり、既存のBV同様に作成されたBVとグループ化し、新たに大きな親BVを作ることもできます。これをBVが1つしか存在しなくなるまで繰り返し、それが階層のルートになります。このやり方では、近くにあるプリミティブが、境界ボリューム階層中でも必ず近くになります。

　漸進的ツリー挿入法は空のツリーで開始します。次に他のすべてのプリミティブとそのBVを、このツリーに1つずつ加えます。図23.6がこれを示しています。効率的なツリーを作るツリーの挿入点を求めなければなりません。全体のツリー ボリュームの増加が最小になるように、この点を選びます。これを行う単純な方法は、ツリーで増加が小さいほうを下ることです。この種のアルゴリズムは一般に$O(n \log n)$の時間がかかります。プリミティブの挿入順をランダムにすれば、ツリーの形成を改善できます[603]。

　人気のあるトップダウン アプローチは、最初にモデルのすべてのプリミティブのBVを求め、それがツリーのルートとして振る舞います。次に分割統治戦略を適用し、BVを最初にk以下の部分に分割します。それらの部分ごとに、すべての含まれるプリミティブを求めてから、BVをルートと同じやり方で、つまり再帰的に階層を作成します。プリミティブを分割すべき軸を求めてから、その軸上のよい分割点を求めるのが最も一般的です。セクション22.4で幾何確率を論じましたが、これをよい分割点の探索で使うことができ、よりよいBVHを生成します。レイ トレーシングでは、表面積ヒューリスティック（SAH）を使い、それは

$$C(n) = \begin{cases} C_i A(n) + C(n_l) + C(n_r), & n \in I \\ C_t A(n) N(n), & n \in L \end{cases} \tag{23.2}$$

と公式化され、$C(n)$はノードnのSAHコスト、n_lとn_rはnの左右の子です。境界ボリュームnの表面積は$A(n)$、C_iは内部ノードをトラバースするコスト、C_tはレイ/三角形交差のコストです。また、すべての内部ノードのセットはI、すべてのリーフ ノードは、Lで示されます。$N(n)$はリーフ ノード中の三角形の数です。上の式の上段がnを内部ノードにするコストを支配し、下段がそれをリーフ ノードにするコストです。理想的には式の上段を最小化すべきで、これはx、y、z-軸沿いに最良の分割点を探索することで行います。このために実装した多くの最先端の手法が、Embree [1969]にあります。また、内部ノードとリーフ ノードのどちらを作るかは、点ごとにコストの低いほうを選びます。SAH基準では面積を使いますが、衝突検出に理想的なわけではありません。しかし、関数$A(n)$はボリューム（体積）を計算する$V(n)$で置き換えることもできます。

　トップダウン アプローチの潜在的な利点は、階層をレイジーに、つまり必要に応じて作成できることです。これはシーンの実際に必要な部分にだけ階層を構築することを意味します。しかしこの構築処理は実行時に行われるので、階層の一部が作成されるたびに、性能が大きく低下するかもしれません。これはゲームなどのリアルタイム要件を持つ応用には適しませんが、CADアプリケーションや経路計画、アニメーションなどのオフライン計算で、時間とメモリーの大きな節約になるかもしれません。

　線形BVH法[1073]の本来の目的は、GPU上でのBVHの構築でしたが、CPUでも優れています。図23.7が、その核となる考え方を示しています。まず、すべての三角形の周りのボック

[*1] 本章を書きながら、この問題について考えましたが、2つのオブジェクトが交わる確率はミンコフスキー差の表面積に比例するので、両方のオブジェクトに依存すると思われます。

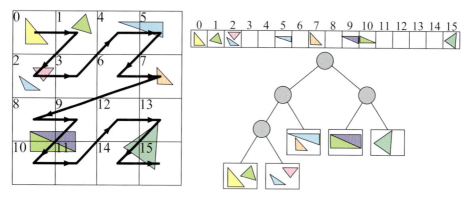

図23.7. 左：モートン曲線はフラットなZ-型の曲線として示される。三角形はモートン コードに割り当てられ、そのセルの中心は三角形の重心と重なる。三角形はモートン コードでソートされる（右上）。ソートされたリストを階層的に分割して作成される最終的なツリーが右下に示されている。

スを求め、それらの三角形を何らかの順で配列に格納します。次に、その重心に基づいて各三角形に整数のモートン コード（セクション24.8）を割り当てます。次に、三角形をモートン コードでソートします。最後に、そのリストを階層的に分割し、その各ステップで三角形の境界となる内部ノードを作成します。三角形がサブリストからなくなるか、リーフに収まるほど少数になったら、この処理を停止します。KarrasとAila [933, 934] に、このトピックの多くの研究論文の概要と、ソートされたモートン コードを基数ツリーと解釈することによる高速なBVHの構築に基づく、BVH、8分木、k-d-ツリーで動作する高度に最適化されたバージョンがあります。Apetrei [70]が、同じツリーを生成しながら、2つのパスを1つのパスに結合することにより、Karrasのテクニックを改善しています。

　CDアルゴリズムで難しいのは、ぴったりフィットする境界ボリュームと、バランスした効率的なツリーを作成する階層構築法を求めることです。バランス ツリーは、すべてのリーフの深さが（ほぼ）同じなので、最悪のケースの実行時間が改善します。これは階層をトラバースしてリーフ（プリミティブ）に下るのにかかる時間が等しく、アクセスするリーフによって衝突クエリーの時間が変わらないことを意味します。この意味で、バランス ツリーは最適ですが、すべての入力に対して最善であることを意味しません。例えば、モデルの一部がめったに、あるいは決して衝突クエリーされない場合、最もクエリーの多い部分がルートに近くなるように、その部分をアンバランスなツリーの深部に置くことができます [627]。この手続のOBBツリーにおける詳細が879ページで述べられています。

　セクション19.1でも高速化アルゴリズムとの関連でいくつかの空間データ構造を説明し、セクション22.3でもBVの作成を扱っています。

23.2.2　BVH間の衝突テスト

CDのミッドフェーズでは、どのリーフのBVが他のリーフのBVと重なるかを求めます。つまりこのフェーズは、BVが重なり合うリーフのペアのリストを作成します。この情報はさらにCDのナローフェーズ（セクション23.3）に送られます。また、重なり合うBVのペアは、その内容をナローフェーズ テストを使って直ちに衝突をチェックすることもできます。

　AとBはモデル階層の2つのノードで、最初の呼び出しでモデルのルートになります。A_{BV}とB_{BV}を適切なノードのBVへのアクセスに使います。A_cがAの子ノードのセットであるこ

とを思い出してください。基本的な考え方は、重なりが検出されたときに（より大きな）ボックスを開き、その中身を再帰的にテストすることです。

$$\mathbf{MidPhaseCD}(A, B)$$

```
 1:   if(isLeaf(A) and isLeaf(B))
 2:       add(A, B, L);  // add pair (A, B) to list L
 3:   else if(isNotLeaf(A) and isNotLeaf(B))
 4:       if(overlap(A_BV, B_BV))
 5:           if(SurfaceArea(A) > SurfaceArea(B))
 6:               for each child C ∈ A_c
 7:                   MidPhaseCD(C, B)
 8:           else
 9:               for each child C ∈ B_c
10:                   MidPhaseCD(A, C)
11:   else if(isLeaf(A) and isNotLeaf(B))
12:       if(overlap(A_BV, B_BV))
13:           for each child C ∈ B_c
14:               MidPhaseCD(C, A)
15:   else
16:       if(overlap(B_BV, A_BV))
17:           for each child C ∈ A_c
18:               MidPhaseCD(C, B)
```

　見て分かるように、この擬似コードには共有可能な部分がありますが、アルゴリズムの動作を示すため、このように提示しています。いくつか注目に値する行があります。1-2行はリーフノードのペア (A, B) を、重なり合うすべてのリーフ ノード ペアのリスト L に追加します。3-10行は両方のノードが内部ノードの場合の処理です。$\mathrm{SurfaceArea}(A) > \mathrm{SurfaceArea}(B)$ の比較の結果、表面積が大きいほうのノードを下降します。このテストの背後にある考え方は、トラバースが決まったやり方になるように、$\mathbf{MidPhaseCD}(A, B)$ と $\mathbf{MidPhaseCD}(B, A)$ の呼び出しで、同じツリー トラバースを得ることです。また各ステップで大きいほうのボックスを最初にトラバースすることにより、性能も改善する傾向があるので、このテストは重要です。

　A と B を交互に下降する考え方もあります。そうすると表面積の計算を避けられるので、速くなる可能性があります。剛体の表面積は事前に計算することもできますが、この計算はノードごとに追加のメモリーが必要です。また、計算は「表面積の順番」を保てばよいので、多くのBVでは実際の表面積を計算する必要がありません。例えば、球の半径を比較するだけでかまいません。一般にリスト L は次のステップのナローフェーズに送られます。

23.2.3　BVH コスト関数

下の式23.3の関数 t は、最初にレイ トレーシングの高速化アルゴリズムの文脈で、階層BV構造の性能を評価するためのフレームワークとして（最後の項がない、少し異なる形で）導入されました[2001]。その後、CDアルゴリズムの性能の評価にも使われ[626]、システムによっては性能に大きな影響があるかもしれないコストを含めるため、最後の項で強化されました[981, 1013]。このコストは、モデルが剛体運動を行う場合、運動とBVの選択により、そのBVの一部、あるいは全階層を再計算する必要があるかもしれないことから生じます：

$$t = n_v c_v + n_p c_p + n_u c_u \tag{23.3}$$

n_v は BV/BV 重なりテストの数、c_v は BV/BV 重なりテストのコスト、n_p は重なり合いをテストするプリミティブ ペアの数、c_p は 2 つのプリミティブの重なりをテストするコスト、n_u はモデルの運動により更新される BV の数、c_u は BV を更新するコストです。

モデルをうまく階層分解するほど n_v, n_p, n_u の値は下がります。2 つの BV や三角形が重なるかどうかを決定する手法を改善すれば、c_v と c_p が下がります。しかし、高速な重なりテストのために BV の型を変更すると、一般にボリュームのフィットが緩くなるので、目標はしばしば相反します。

過去に使われた様座な境界ボリュームの例には、球 [[846]、軸平行境界ボックス（AABB）[147, 774]、有向境界ボックス（OBB）[626]、k-DOP（離散有向多面体）[981, 996, 2108]、カプセル [1057] があります。球は変換が最も高速で、重なりテストも高速ですが、フィットはかなり悪くなります。AABB は、一般によいフィットと高速な重なりテストを提供し、モデルに大量の軸平行ジオメトリーがあれば（建築モデルなど）よい選択になります。OBB のほうがフィットはずっと良好ですが、重なりテストは遅くなります。k-DOP のフィットはパラメーター k で決まり、k の値が高いほどフィットはよくなり、重なりテストと変換速度は遅くなります。

23.2.4　OBB ツリー

OBB ツリー [626] は、ミッドフェーズ衝突検出に使われる特有の BVH 構造の例で、典型的な衝突検出システムを代表するので、ここでいくらか詳しく紹介します。このスキームは、衝突検出で平行近接が見つかる場合、つまり 2 つのサーフェスがかなり近くほぼ平行な場合に特にうまく動作するように設計されました。この種の状況は、公差解析と仮想プロトタイピングでよく発生します。1 つの例が、部品を後から作って確実に簡単に組み立てられるようにしたい、エンジンのパーツのマウントです。

境界ボリュームの選択

この手法は境界ボリュームとして有向境界ボックス（OBB）を使います。しかし、このセクションの多くの概念は、AABB など他の BV にも当てはまります。OBB を使う理由の 1 つは、ツリーが AABB や球よりもジオメトリーに近いことです。しかし、AABB は OBB よりもツリーの構築が速いので、性能はユースケースに依存します。OBB/OBB の重なりテストはセクション 22.13.5 で扱っています。セクション 23.2.3 の性能評価の枠組みを使うと、上の論拠は、OBB の n_v と n_p が AABB と球より低いことを意味します。

Van den Bergen が提案した 2 つの OBB 間の重なりテストを高速化する単純なテクニック [147, 149] では、最後の 9 軸テストで、最初の OBB の辺と 2 番目の OBB の辺に直交する方向に対応するものをスキップします。このテストはしばしば SAT ライトと呼ばれます。これは幾何学的に、最初のテストが 1 つ目の OBB の座標系、2 番目がもう 1 つの座標系で行う、2 つの AABB/AABB テストと考えられます。図 23.8 がこれを示しています。その短縮 OBB/OBB テスト（最後の 9 軸テストを省略）は、2 つの互いに素な OBB が重なると報告することがあります。そのような場合、OBB ツリー中の再帰が必要以上に深くなります。テストを行うときには、それらのテストをスキップすることで正味の結果の平均性能が向上します。Van den Bergen のテクニックは、SOLID と呼ばれる衝突検出パッケージに実装され [147, 148, 149, 151]、変形可能なオブジェクトも扱います。

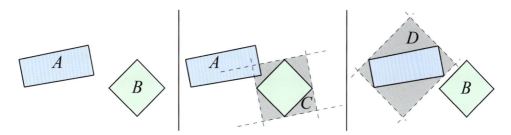

図23.8. 左は、最後の9軸テストを省略したOBB/OBB重なりテストで、重なりをテストする2つのOBB（AとB）。これを幾何学的に解釈すると、OBB/OBB重なりテストは、2つのAABB-AABB重なりテストで近似される。中の図はAの座標系のAABBで囲まれたBを示している。CとAは重なるので、テストは右に続く。ここでは、AがBの座標系のAABBに包含されている。BとDは重ならないと報告され、ここでテストは終了する。しかし、3次元ではDとBも重なる可能性があり、また残りの軸テストにより、AとBが重なるとは限らない。そのような場合、AとBは誤って重なりが報告される。

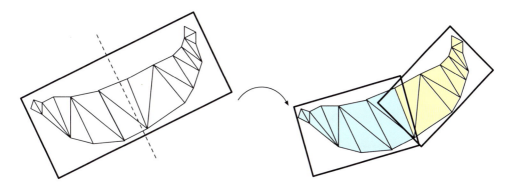

図23.9. この図はジオメトリーのセットとそのOBBを、OBBの最も長い軸沿いに、破線で示す分割点で分割する様子を示している。そのときジオメトリーを2つのサブグループに分けて、それぞれOBBを求める。この手続を再帰的に繰り返してOBBツリーを構築する。

階層の構築

OBBツリーの基本データ構造はk-分木で、内部ノードは最大kの子を持つことができ、内部ノードはそれぞれ1つOBB（セクション22.2）を持ち、外部（リーフ）ノードは1つ以上の三角形を持ちます。値kは通常ターゲット アーキテクチャーに合わせて選びます。例えば、実装が32ビット浮動小数点のSIMD幅が8のAVXを使うなら、$k = 8$を選べばよいでしょう。Gottschalkらが開発した階層作成のトップダウン アプローチは、三角形スープにぴったりフィットするOBBを求めてから、それをOBBの1つの軸沿いに分割し、三角形も2つのグループに分類します。そのグループごとに、新たなOBBを計算します。OBBの作成はセクション22.3で扱っています。

　三角形のセットにOBBを計算した後、そのボリュームと三角形を分割して2つの新たなOBBを形成します。Gottschalkらは、ボックスの最も長い軸を二等分する戦略を使います。図23.9がこの手続を示しています。ボックスを二等分する平面を使い、三角形を2つのサブグループに分けます。この平面と交わる三角形は、その重心を含むグループに割り当てます。すべての三角形のすべての重心が分割平面上にあったり、すべての重心が分割平面の同じ側にある稀なケースでは、他の軸を長いものから順に試します。表面積ヒューリスティック（式23.2）を使うほうが、よいBVHになる可能性があります[2098]。

サブグループごとに、セクション22.3で簡単に紹介した行列法を使い、（サブ）OBBを計算します。代わりにOBBを中間値の中心点で分割すれば、どの子も同じ数の三角形を持ち、バランス ツリーが得られます。関連するレイ トレーシングの分野に、他の分割戦略に関する広範囲の研究があります[1968]。

剛体運動の処理

OBBツリー階層では、各OBB（A）と一緒に剛体変換（回転行列$\mathbf{R}$と平行移動ベクトル$\mathbf{t}$）行列$\mathbf{M}_A$が格納されます。この行列はOBBの親に対する相対的な向きと位置を保持します。ここで2つのOBB、AとBの互いに対するテストを開始するとします。そのときAとBの間の重なりテストはOBBの1つの座標系で行うべきです。Aの座標系でテストを行うことに決めたとします。こうすると、Aはその原点を中心とするAABB（それ自身の座標系で）になります。次にBをAの座標系に変換します。これは最初にBをそれ自身の位置と向きに（$\mathbf{M}_B$で）変換してから、Aの座標系に（Aの変換の逆行列$\mathbf{M}_A^{-1}$）で）変換する下の行列で行います。剛体変換では転置行列が逆行列なので、追加の計算はほとんど必要ありません：

$$\mathbf{T}_{AB} = \mathbf{M}_A^{-1}\mathbf{M}_B \tag{23.4}$$

OBB/OBB重なりテストの入力は、BのAに対する向きと位置を保つ（セクション22.13.5）、3×3回転行列$\mathbf{R}$と平行移動ベクトル$\mathbf{t}$からなる行列で、$\mathbf{T}_{AB}$は次にように分解されます：

$$\mathbf{T}_{AB} = \begin{pmatrix} \mathbf{R} & \mathbf{t} \\ \mathbf{0}^T & 0 \end{pmatrix} \tag{23.5}$$

さて、AとBが重なり、Cという名のAの子に下降したいとします。これは以下のように行えます。Cの座標系でテストを行うことにします。その考え方は、BをAの座標系に（$\mathbf{T}_{AB}$で）変換してから、それをCの座標系に（$\mathbf{M}_C^{-1}$を使い）することです。これを次の行列で行い、それをOBB/OBB重なりテストへの入力として使います：

$$\mathbf{T}_{CB} = \mathbf{M}_C^{-1}\mathbf{T}_{AB} \tag{23.6}$$

この手続を再帰的に使ってすべてのOBBをテストします。

その他

2つの階層ツリー間の衝突検出の**MidPhaseCD**擬似コードは、セクション23.2.2で示したように、上のアルゴリズムで作成する2つのツリーに使えます。1つだけ入れ替える必要があるのが`overlap()`関数で、2つのOBBの重なりをテストするルーチンにしなければなりません。

OBBツリーに関連するすべてのアルゴリズムが、*RAPID*（Robust and Accurate Polygon Interference Detection）というフリー ソフトウェア パッケージに実装されています[626]。

23.3 ナローフェーズ衝突検出

この時点で、ブロード/ミッドフェーズが、BVが重なり合うリーフ ノードのペアを含むリストLにデータを絞り込んでいます。ここでの目標は交わるプリミティブのすべてのペアを計算して、オブジェクトが互いに貫通しないようにするか、距離クエリーを使ってオブジェクトが互いに十分に離れているかどうかを決定することです。この2つのトピックをこれから述べます。

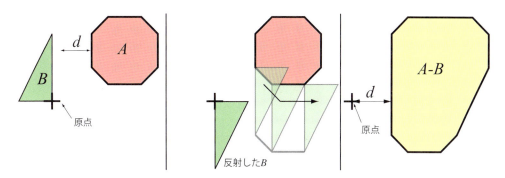

図23.10. GJK。左に2つの凸オブジェクト、AとBが示されている。$A-B$を構築するため、まず1つの基準点が原点となるようにAとBを移動する（左の図では既に行われている）。次に中図のようにBを反射し、選んだB上の基準点をAのサーフェス上に置いて、反射したBでAの周りをスイープする。これで右の$A-B$ができる。最小距離dが左と右の両方に示されている。

23.3.1　プリミティブ対プリミティブ

このフェーズに入るとき、一般には重なり合うリーフ ノードのペアのリスト L があります。最も単純な実装なら、1つ目のリーフのプリミティブごとにループを実行し、もう1つのリーフのすべてのプリミティブに対してテストすることになります。プリミティブ間のテストは22章で述べています。

　ミッド/ナローフェーズを1つのフェーズに結合するのは、コードから見て長所と短所があります。結合したほうがコードは簡単ですが、すべてのペアを1つのリストにすれば、あらゆるタイプのプリミティブとプリミティブのペアが隣接するようにソートできます。このソートは高速な並列SIMD実装に役立ちます。

　ペア リスト L が凸多面体を保持するときには、距離クエリーで2つのオブジェクトが貫通するかどうかを決定でき、そうであれば、貫通しなくなるまで引き離します。これが次のセクションのトピックです。

23.3.2　距離クエリー

オブジェクトが環境から、少なくともある距離離れているかどうかをテストしたい応用があります。例えば、新しい車の設計では、様々なサイズの乗客が楽に座るのに十分なスペースが必要です。そのために、車の座席で様々なサイズの仮想人間を試し、車にぶつからずに座れるかどうかを調べることができます。可能なら乗客は座ることができ、さらに車の内装のいくつか要素から、例えば少なくとも10 cm離れるとよいでしょう。この種のテストは**公差検定**と呼ばれます。これは**経路計画**、すなわちある点から別の点へのオブジェクトが衝突しない経路をアルゴリズムで決定する手段を使えます。オブジェクトの加速度と速度が与えられたとき、最小距離は衝突する時間の下限の見積もりに使えます。そうすると、その時間まで衝突検出をする必要がありません [1131]。もう1つの関連するクエリーが貫通深度のクエリーで、これは2つの オブジェクトが互いにどれだけ動いたかを求めます。

　凸多面体間の最小距離を計算するために開発された最初の実用的なアプローチの1つは、その発明者Gilbert、Johnson、Keerthiの名をとって *GJK* と呼ばれます [579]。このセクションでそのアルゴリズムの概要を与えます。GJKは2つの凸オブジェクト、AとBの間の最小 距

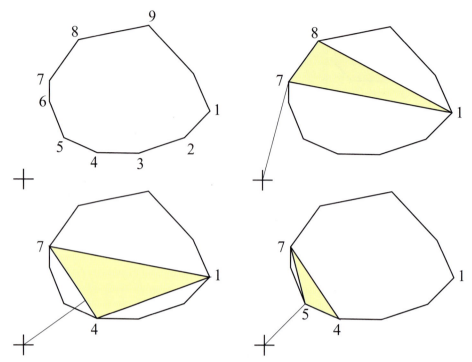

図 23.11. GJK。左上: 原点とポリゴンの間の最小距離の計算。右上: 任意の三角形をアルゴリズムの始点に選び、その三角形への最小距離を計算する。頂点7が最も近い。左下: 次のステップで（示していない）、すべての頂点を原点から頂点7への直線上に投影し、この投影で最も遠い三角形の頂点を、最も近い頂点で置き換える。したがって頂点は頂点8を置き換える。次にこの三角形上で最も近い点を求め、それは頂点4から7の辺上にある。右下: 頂点を原点から前のステップで最も近かった点への直線上に投影し、頂点5が投影で最も遠い頂点1を置き換える。頂点5はこの三角形の最も近い点で、その三角形を頂点を頂点5への直線上に投影すると、頂点5が全体で最も近い点だと分かる。これで反復は終了する。この時点で三角形の最も近い点、やはり頂点5が求められる。この点を返す。（*Jiménez*ら *[904]* からの図）

離を計算します。これを行うため、A と B の間の**差分オブジェクト**（**総和オブジェクト**とも呼ばれる）を使います[148]。

$$A - B = \{\mathbf{x} - \mathbf{y} : \mathbf{x} \in A, \mathbf{y} \in B\} \tag{23.7}$$

これは A と（反射した）B のミンコフスキー和とも呼ばれます（セクション 22.17.3）。すべての差 $\mathbf{x} - \mathbf{y}$ を点の集合として扱い、それが凸オブジェクトを形成します。図 23.10 が、そのような差の例を示しています。

GJKの考え方は、A と B の間の最小距離を計算する代わりに、$A - B$ と原点の間の最小距離を計算することです。その2つの距離は等価であることが示せます。アルゴリズムが図 25.11 に示されています。原点が $A - B$ の内部にあれば、A と B は重なり合うことに注意してください。

アルゴリズムは多面体中の任意のシンプレックスで開始します。シンプレックスは、各次元の最も単純なプリミティブで、2次元では三角形、3次元では4面体です。この開始要素は任意の有効なシンプレックス、例えば完全に多面体内の内部にある4面体にできます。次にこのシンプレックス上で原点に最も近い点を計算します。これは連立1次方程式を解いて行えることを、Van den Bergen が示しています[148, 149]。次に原点で始まり、その最も近い点で終わる

ベクトルを作ります。多面体のすべての頂点をこのベクトル上に投影し、原点から最小の投影距離を持つものを、更新されたシンプレックスの新たな頂点として選びます。新しい頂点をシンプレックスに加えるので、シンプレックスの既存の頂点を取り除かなければなりません（さもないとシンプレックスでなくなる）。その投影が最も遠い点を取り除きます。この手続が終わったら、更新したシンプレックスへの最小距離を計算し、アルゴリズムがシンプレックスを更新できなくなるまで、すべての頂点で反復します。2つの多面体に対し、アルゴリズムは有限回のステップで終了します[579]。このアルゴリズムの性能は、漸進的計算やキャッシュなど多くのテクニックで改善可能です[148]。

　Van den Bergen が、高速で堅牢な GJK の実装を述べています[148, 149]。GJK は貫通深度の計算にも拡張できます[150, 244, 648]。特に van den Bergen の**多面体拡張アルゴリズム**（EPA）と呼ばれる手法は、GJK に基づいています[150, 151]。貫通が発生したとき、図23.11の原点（＋記号で表される）は、ポリゴンの内部で見つかります。そのとき EPA は GJK と同様のステップを実行し、原点に最も近いポリゴン上の点を求めます。他にもいくつか最小距離を計算するアルゴリズム、例えば Lin-Canny アルゴリズム[1130]、V-Clip[1315]、PQP[1057]、SWIFT[442]、凹剛体間の距離も計算する SWIFT+++[443]があります。

　現在のフレームの GJK を計算するとき、前のフレームの分離軸を開始ベクトルとして使うと有用なことがよくあります[150]。時間コヒーレンスが高いときには、アルゴリズムが最初のステップで終了することも多く、Gregorius[648]が1桁の高速化を報告しています。レイトレーシングで貫通距離を計算する手法を使うこともできます（次のセクションの図 23.13）。

　凸多面体で貫通深度を求めるのに分離軸定理 を使うときには、より単純なオブジェクト、例えば球をそれぞれの凸多面体の完全な内部に格納し、それを使って軸テストを間引く最適化もあります[1887]。分離軸上で2つの球が重なる大きさが、2つの凸多面体が重なる大きさを超えることはありません。目標は最小貫通深度、すなわち2つのオブジェクトを分離するために動かす必要がある最小の量を求めることです。いくつかの軸テストの後、現在の最小貫通深度を d とすると、球の重なり量が $> d$ なら、凸多面体の重なりはさらに大きいので、現在の軸をそれ以上気にかける必要はありません。これは性能を大きく改善できます。

　距離クエリーを使えば、最小距離や最小貫通深度を直接入手できるので、三角形と三角形の交差を計算する必要はありません。

23.4　レイによる衝突検出

このセクションでは、特定の状況でうまく働く高速なテクニックを紹介します。車が坂道を上り方向に走り、道についての情報（道を構成するプリミティブ）を使って車を上り方向に運転したいとします。もちろん、これはセクション 23.1 から 23.3 のテクニックを使い、すべての車輪のすべてのプリミティブを、道のすべてのプリミティブに対してテストすれば行えます。しかし、ゲームなどの応用では、この種の細かい衝突検出が常に必要なわけではありません。代わりに、動くオブジェクトを**レイ**のセットで近似できます。車の場合、4つの車輪それぞれにレイを置くことができます（図23.12）。4つの車輪が車が環境（道）と接する唯一の場所だと仮定できれば、この近似は実際にうまく動作します。最初は車が平面上にあり、それぞれのレイの原点が車輪が環境と接する場所になるように、車輪のレイを配置するとします。次に車輪のレイを環境に対して交差テストします。レイ原点から環境への距離がゼロなら、その車輪は正確に地面の上にあります。距離がゼロより大きければ、その車輪は環境と接触せず、負の

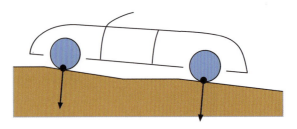

図23.12. 車全体と環境（道）の衝突を計算する代わりに、車輪ごとにレイを配置する。それらのレイの環境に対する交差をテストする。

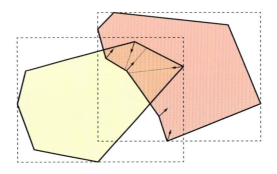

図23.13. 両方のボックスが重なる領域の頂点が、相手のオブジェクトに対して負の法線方向にレイを打ち出す。右下の2つのレイは発生した同じオブジェクトにヒットするので、それ以上の処理を行わない。衝突応答は点線の長さと方向を基に計算する。

距離は車輪が環境に貫通していることを意味します。アプリケーションは、それらの距離を衝突応答の計算に使えます。負の距離なら車を（その車輪で）上向き、正の距離なら車を下向きに動かします（車が短時間、宙に浮くのでなければ）。この種のテクニックは、複雑なシナリオへの適応が難しいことに注意してください。例えば、車がクラッシュして回転運動を始めたら、さらに多くのレイが別の方向で必要になります。

交差テストの高速化には、コンピューター グラフィックスの効率を上げるために最もよく使われるテクニック、すなわち**階層表現**を使えます。環境は軸平行BSPツリー（セクション19.1.2）、境界ボリューム階層、グリッド、（緩い）8分木などのデータ構造で表わせます。例えば、Frye [540] は、動的なジオメトリーに緩い8分木（セクション19.1.3）、静的なジオメトリーには軸平行BSPツリーを使っています。環境で使うプリミティブに応じて、異なるレイ/オブジェクト交差テストの手法が必要です（22章）。

レイの前にある最も近いオブジェクトが必要な標準のレイ トレーシングと違い、実際に欲しいのはレイに沿った最も後ろの交点で、それは負の距離を持つかもしれません。レイを2つの方向への探索として扱わずに済むように、レイの原点をオブジェクトを囲む境界ボックスの外側まで後退させてから、環境に対してテストします。実際には、これは距離0で始まるレイの代わりに、オブジェクトのボックスの外で、負の距離で始めることを意味するだけです。トンネルを通る車の運転や、屋根に対する衝突の検出など、より一般的な設定を扱うには、双方向に探索を行う必要があるでしょう。

Hermannら [785] が、衝突検出でレイを使う別のアプローチを紹介しています。図23.13がこれを示しています。2つの重なり合うボックスが見つかったら、重なる領域の頂点だけを処理します。そのような頂点ごとに、レイを負の頂点法線方向に打ち出し、他のオブジェクトに

23.5 BSP ツリーを使う動的な CD

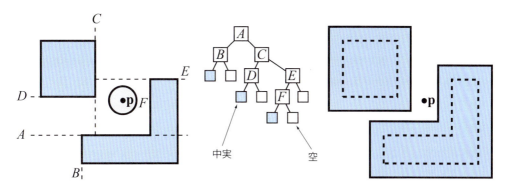

図23.14. 左は上から見た何らかのジオメトリー（青）。そのBSPツリーが中央に示されている。このツリーを原点 **p** の円に対してテストするには、代わりにBSPツリーを円の半径だけ外向きに拡大し、点 **p** を拡大BSPツリーに対してテストすればよい。これを右に示す。角を丸めなければならないので、これはアルゴリズムがもたらす近似である。

対してだけテストします。正の交差距離を持つ他のオブジェクトとの交差があれば、その頂点と交点を衝突ペアとして保持します。Hermannらは、このテストに加えて、無効なペアをフィルターで取り除く方法も述べています。次に法線と衝突ペアを衝突応答の計算に使います。例えば、ペナルティ力を衝突ペアの2点間のベクトルの方向に適用し、その力の大きさをベクトルの長さに比例させられます。Lehericeyら[1100]が、時間コヒーレンスを利用した、この手法の高速化版を提供しています。

23.5 BSP ツリーを使う動的な CD

ここでは、Melax [1292, 1293]の衝突検出アルゴリズムを紹介します。それはBSPツリー（セクション 19.1.2）で記述されるジオメトリーと、コライダー（球、円筒、オブジェクトの凸包のどれか）間の衝突を決定します。動的な衝突検出も可能です。例えば、球がフレーム n の位置 $\mathbf{p}_0$ からフレーム $n+1$ で $\mathbf{p}_1$ に動く場合、アルゴリズムは $\mathbf{p}_0$ から $\mathbf{p}_1$ の直線経路沿いのどこかで発生する衝突を検出できます。紹介するアルゴリズムは商用ゲームで使われ、キャラクターのジオメトリーは円筒で近似されています。

標準的なBSPツリーは、線分に対して効率よくテストできます。線分は $\mathbf{p}_0$ から $\mathbf{p}_1$ に動く点（パーティクル）で表わせます。交差がいくつあっても、（あれば）最初のものが点とBSPツリー表現のジオメトリーの間の衝突を表します。この場合、BSPツリーは軸平行ではなく、サーフェス平行なことに注意してください。つまり、ツリーの各平面はシーンの壁、床や天井と一致します。これは点の代わりに、半径 r で $\mathbf{p}_0$ から $\mathbf{p}_1$ に動く球を扱うように簡単に拡張できます。線分をBSPツリー ノードの平面に対してテストする代わりに、各平面を平面法線方向に沿って距離 r 動かします。同様の交差テストを作り変える方法は、セクション25.11を参照してください。図23.14が、この種の平面の調整を示しています。これはすべての衝突クエリーに対してその場で行うので、1つのBSPツリーをどのサイズの球にも使えます。平面を $\pi : \mathbf{n} \cdot \mathbf{x} + d = 0$ とすると、調整された平面は $\pi' : \mathbf{n} \cdot \mathbf{x} + d \pm r = 0$ で、r の符号は平面のどちら側で衝突の探索でテスト/トラバースを継続するかに依存します。キャラクターが平面の正の半空間、すなわち $\mathbf{n} \cdot \mathbf{x} + d \geq 0$ にあると想定されるなら、半径 r を d から引かなければなりません。負の半空間は「中実」、つまりキャラクターが足を踏み入れられないと見なされます。

球はゲームのキャラクターを特によく近似するわけでありませんが、少数の球を使えば十分

にうまく近似します[846]。キャラクターの頂点の凸包や、キャラクターを囲む円筒のほうがよい仕事をします。それらの他の境界ボリュームを使うには、平面の式のdに異なる調整をしなければなりません。動く頂点のセットの凸包、SをBSPツリーに対してテストするなら、下の式23.8のスカラー値を平面の式のdの値に加えます[1292]:

$$-\max_{\mathbf{v}_i \in S}(\mathbf{n} \cdot (\mathbf{v}_i - \mathbf{p}_0)) \qquad (23.8)$$

この負の符号は、やはりキャラクターが平面の正の半空間にいることを仮定します。点$\mathbf{p}_0$は基準点として使うのに適した任意の点でかまいません。球では、球の中心を暗に選んでいました。キャラクターでは、足に近い点やへその点を選ぶことができます。この選択が（球の中心のように）式を単純化することもあります。この点$\mathbf{p}_0$を調整されたBSPツリーに対してテストします。動的なクエリー、つまりキャラクターが1フレームの間にある点から別の点に動く場合、この点$\mathbf{p}_0$を線分の始点として使います。キャラクターが1フレームの間にベクトル$\mathbf{w}$で動くなら、線分の終点は$\mathbf{p}_1 = \mathbf{p}_0 + \mathbf{w}$です。

おそらく円筒のほうがテストが速く、またゲームのキャラクターをかなりよく近似するので、有用かもしれません。しかし、平面の式を調整する値の導出が複雑です。一般にこのアルゴリズムでは、BSPツリーに対する境界ボリューム（球、凸包、この場合は円筒）のテストを、調整したBSPツリーに対する点$\mathbf{p}_0$のテストに作り直します。これはミンコフスキー和と同じです（セクション22.17.3と23.3.2）。次にこれを動くオブジェクトに拡張するため、点$\mathbf{p}_0 0$を$\mathbf{p}_0$から行き先の点$\mathbf{p}_1$への線分へのテストで置き換えます。

図23.15の左上に示す特性を持ち、基準点$\mathbf{p}_0$が円筒の底面の中心にある、そのような円筒のテストを導きます。図23.15(b)が解決したいもので、円筒の平面πに対するテストです。図23.15(c)で、平面πを円筒にぎりぎり触れるように動かします。$\mathbf{p}_0$から動いた平面への距離eを計算します。この距離eを次に図23.15(d)で使い、平面πを新しい位置π'に移動します。かくして、テストは$\mathbf{p}_0$のπ'に対するテストに還元されました。eの値は毎フレーム、平面ごとにその場で計算されます。実際には、最初に$\mathbf{p}_0$から動いた平面が円筒に触れる点$\mathbf{t}$へのベクトルを計算します。図23.15(c)がこれを示しています。次にeを計算します。

$$e = |\mathbf{n} \cdot (\mathbf{t} - \mathbf{p}_0)| \qquad (23.9)$$

これで残りは$\mathbf{t}$の計算だけです。$\mathbf{t}$のz-成分（円筒の軸方向）は簡単で、$n_z > 0$なら$t_z = p_{0z}$、つまり$\mathbf{p}_0$のz-成分、そうでなければ$t_z = p_{0z} + h$です。これらのt_zの値が、円筒の底と上に対応します。n_xとn_yの両方がゼロなら（例えば床や天井）、円筒のキャップ上の任意の点を使えます。自然な選択は$(t_x, t_y) = (p_x, p_y)$、円筒キャップの中心です。さもなければ、垂直でない$\mathbf{n}$に対し、次の選択で円筒キャップの縁の点が与えられます:

$$t_x = \frac{-rn_x}{\sqrt{n_x^2 + n_y^2}} + p_x, \qquad t_y = \frac{-rn_y}{\sqrt{n_x^2 + n_y^2}} + p_y \qquad (23.10)$$

つまり、平面の法線をxy-平面上に投影し、それを正規化してから、円筒の縁に着地するようにrでスケールします。

この手法は不正確さが生じることがあります。図23.16が1つのケースを示しています。見て分かるように、これは追加の**面取り平面**の導入により解決できます。実際には、2つの隣接平面の間の「外側の」角度を計算し、その角度が90°より大きければ追加の平面を挿入します。その考え方は丸い角にすべきものの近似を改善します。図23.17に、通常のBSPツリーと面取

23.5. BSPツリーを使う動的なCD

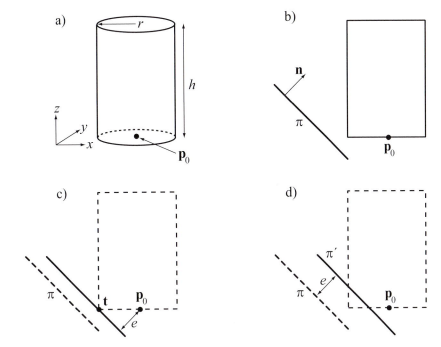

図23.15. 図(a)は高さh、半径r、基準点$\mathbf{p}_0$の円筒を示している。(b)-(d)のシーケンスは平面πの円筒（側面表示）に対するテストが、どのようにして新しい平面π'に対する点$\mathbf{p}_0$のテストに作り直せるかを示している。$\mathbf{p}_0$はπ'の正の半空間にあるので、この場合は重なりがない。

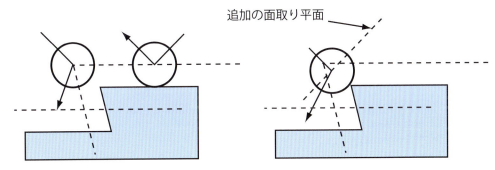

図23.16. 左図では、右の球は正しく衝突するが、左の球は衝突の検出が早すぎる。右では、実際には本当のジオメトリーに対応しない追加の面取り平面を導入することでこれを解決する。そのような平面を使うことで衝突がより正しく見える。（*Melax [1292]* からの図。）

り平面で拡張されたBSPツリーの違いが見えます。面取り平面は確かに正確さを改善しますが、すべての誤差を取り除くわけではありません。

この衝突検出アルゴリズムの擬似コードが下にあります。それはBSPツリーのルートNで呼び出され、その子はN.negativechildとN.positivechild、そして$\mathbf{p}_0$と$\mathbf{p}_1$で定義される線分です。衝突する点は（あれば）、$\mathbf{p}_{\text{impact}}$という名のグローバル変数に返されます。

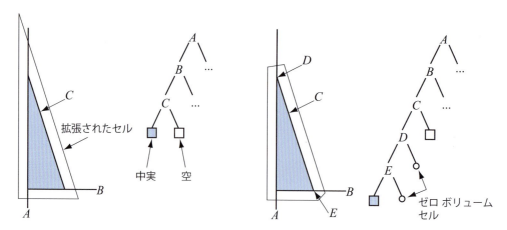

図23.17. 左は、通常のセルとそのBSPツリーを示している。右では面取り平面がセルに加わり、そのBSPツリーの変化を示している（*Melax [1292]*からの図。）

HitCheckBSP($N, \mathbf{p}_0, \mathbf{p}_1$)
returns ({TRUE, FALSE});
1 :   if(isEmptyLeaf(N)) return FALSE;
2 :   if(isSolidCell(N))
3 : $\mathbf{p}_{\text{impact}} = \mathbf{p}_0$
4 :   return TRUE;
5 :   end
6 :   hit = FALSE;
7 :   if(clipLineInside(N shift out, $\mathbf{p}_0, \mathbf{p}_1, \&\mathbf{w}_0, \&\mathbf{w}_1$))
8 :   hit = HitCheckBSP(N.negativechild, $\mathbf{w}_0, \mathbf{w}_1$);
9 :   if(hit) $\mathbf{p}_1 = \mathbf{p}_{\text{impact}}$
10 :   end
11 :   if(clipLineOutside(N shift in, $\mathbf{p}_0, \mathbf{p}_1, \&\mathbf{w}_0, \&\mathbf{w}_1$))
12 :   hit |= HitCheckBSP(N.positivechild, $\mathbf{w}_0, \mathbf{w}_1$);
13 :   end
14 :   return hit;

関数isSolidCellはリーフに達していて、中実の側（中空の反対側）にあればTRUEを返します。中空と中実のセルの説明は図23.14を参照してください。関数clipLineInsideは、（移動経路$\mathbf{v}_0$と$\mathbf{v}_1$で定義される）線分の一部がノードの シフト平面、すなわち負の半空間の内側にあればTRUEを返します。また直線がノードの シフト平面でクリップされる場合、生じる線分を$\mathbf{w}_0$と$\mathbf{w}_1$に返します。関数clipLineOutsideも同様です。clipLineInsideとclipLineOutsideが返す線分が重なることにも注意してください。この理由と、直線がどうクリップされるかが図23.18に示されています。9行で$\mathbf{v}_1 = \mathbf{p}_{\text{impact}}$に設定していますが、これは単なる最適化です。ヒット、すなわち潜在的な衝突点$\mathbf{p}_{\text{impact}}$が見つかったら、欲しいのは最初の衝突点なので、この点より先をテストする必要はありません。7行と11行で、Nを「外」と「内」にシフトしています。これらのシフトは先に球、凸包、円筒用に導いた調整済みの平面の式を参照します。

このスキームの利点は、すべてのキャラクターとオブジェクトのテストに1つのBSPツリーしか必要ないことです。半径とオブジェクトの種類ごとに異なるBSPツリーを格納すること

もできます。

23.6 タイムクリティカル衝突検出

ゲーム エンジンが、空を見上げるときにはシーンを14 msでレンダーしても、地平線の方向を見るときにはレンダリングが30 msかかるとします。明らかに、これは与えるフレーム レートが大きく異ない、ユーザーを困惑させます。一定のフレーム レートの実現を試みる1つのレンダリング アルゴリズムを、セクション19.9.3で紹介しました。ここで紹介する、**タイムクリティカル衝突検出**と呼ばれるものは、別のアプローチをとり、アプリケーションがCDを使う場合に使えます。そのCDアルゴリズムは、タスクの完了にある時間枠、例えば9 msが与えられ、この時間内に終了しなければならないので「タイムクリティカル」と呼ばれます。CDでそのようなアルゴリズムを使うもう1つの理由は、それが因果関係の認識[[1448, 1449]、例えばあるオブジェクトが別のオブジェクトの動きを引き起こすかどうかの迅速な検出に欠かせないことです。

以下のアルゴリズムは、Hubbard [846]が紹介したものです。その考え方は境界ボリューム階層を**幅優先**の順番でトラバースすることです。これは次のレベルに下降する前に、ツリーのレベルのすべてのノードを訪れることを意味します。対照的に**深さ優先トラバース**は、（セクション23.2.2の擬似コードが行うように）リーフへの最短経路をトラバースします。図23.19が、この2つのトラバースを示しています。幅優先トラバースを使う理由は、ノードの左右両方のサブツリーを訪れることが、合わせてオブジェクト全体を包含するBVを訪れることを意味するからです。深さ優先トラバースでは、アルゴリズムが時間切れになって、左のサブツリーしか訪れないことがあります。ツリー全体をトラバースする時間があるかどうか分からないときには、少なくとも両方のサブツリーを少しずつトラバースするほうがよい動作です。

このアルゴリズムは、例えばセクション23.1のアルゴリズムを使い、最初にBVが重なり合うオブジェクトのすべてのペアを求めます。それらのペアをQという名のキューに入れます。次のフェーズは、キューから最初のBVペアを取り出して開始します。その子BVを互いに対

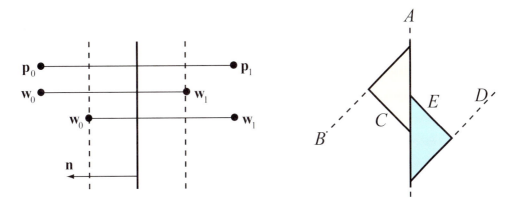

図23.18. 左では、p_0とp_1で定義される線分が、法線nに定義される平面でクリップされる。この平面の動的な調整が破線で示されている。関数 clipLineInside と clipLineOutside は w_0 と w_1 で定義される線分を返す。3本の直線はすべて同じy-座標を持つべきだが、見やすさのためこのように表示されている。右では、直線を左に示すようにクリップすべき理由を説明する例が示されいてる。BSPツリーのノードAは、左右両方の三角形に属する。そのため、その平面を両方向に動かす必要がある。

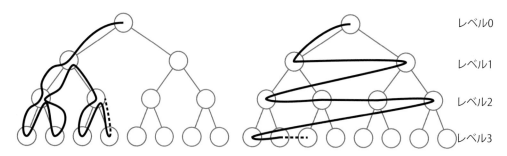

図23.19. 深さ優先（左）と幅優先（右）のトラバース。深さ優先トラバースは境界ボリューム階層のトラバースで、よく衝突検出に使われるが、タイムクリティカルCDでは幅優先トラバースを使う。

してテストし、重なり合う子ペアをキューの終わりに入れます。そしてキューが空になるか（その場合ツリーはすべてトラバースされている）、時間切れになるまで、キュー中の次のBVペアでテストを継続します[846]。

関連する別のアプローチでは、BVペアごとに優先度を与え、その優先度でキューをソートします。この優先度は可視性、偏心、距離といった因子を基準にできます。DinglianaとO'Sullivanが近似衝突応答を計算し、近似衝突を決定するアルゴリズムを述べています[386]。これが必要なのは、タイムクリティカルCDでは、ツリートラバースが終了する前に時間切れになる可能性があるからです。MendozaとO'Sullivanは、変形可能オブジェクトのタイムクリティカルCD アルゴリズムを紹介しています[1295]。Kulpaら[1021]が、詳細レベルテクニックの使用に関するユーザー研究を行い、もっとも目立たないやり方で衝突回避を緩和できるシステムを提供しています。

23.7 変形可能モデル

これまで、このセクションの主な焦点は、静止モデルか剛体アニメーション モデルでした。水上の波や風に揺れる布切れなど、他の種類の動きもあります。この種の運動は一般に剛体では記述できず、代わりに各頂点を独立な時間のベクトル関数として扱うことにより記述できます。そのようなモデルのほうが、一般に衝突検出が高価です。

変形の間オブジェクトのメッシュ接続性が変わらないと仮定すれば、この特性を利用する巧妙なアルゴリズムを設計できます。そのような変形は、風の中の布切れで発生します（引き裂かれないとして）。前処理として、初期階層境界ボリューム（BV）ツリーを構築します。変形が起きたとき実際にツリーを再構築する代わりに、単純に境界ボリュームを変形したジオメトリーに再フィットします[147, 1058]。再計算が高速なAABBを使うことで、この操作は（OBBと比べて）かなり効率的になります。さらに、kの子AABBを親AABBに結合するのも高速で、最適な親AABBを与えます。しかし一般には、どんな種類のBVも使えます。Van den Bergenは、すべてのBVを配列に割り当て、そのインデックスが常に子ノードより小さくなるようにノードを配置するツリーを編成しています[147, 149]。こうすると、その配列を最後から後ろ向きにトラバースしノードごとにBVを再計算することで、ボトムアップの更新を行えます。これはツリーのルートへ戻る途中で、リーフのBVを最初に再計算してから、その新たに計算したBVを使って親のBVを再計算することを意味します。この種の再フィット操作は、ツリーを一から再構築するより10倍速いことが報告されています[147]。

しかし、一般にはツリー中で更新が必要なBVはほとんどないことが知られています。こ

23.7. 変形可能モデル

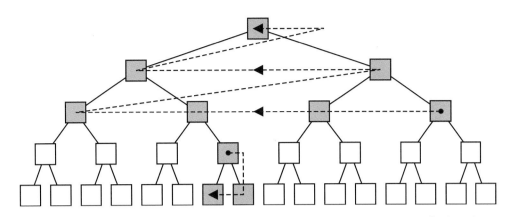

図 23.20. ハイブリッド ボトムアップ/トップダウン ツリー更新手法。上位レベルはボトムアップ戦略で更新し、それより深いツリー中のノードは、ツリー トラバースで到達したものだけトップダウンに更新する。

れはそのほとんどが衝突クエリーで使われないからです。そこでハイブリッド ボトムアップ/トップダウン ツリー更新が提案されました [1058]。その考え方は、上位レベル（ルートを含む）にボトムアップ更新を使うことで、それは上位のBVしかフレームごとに更新されないことを意味します。この論拠は、たいていの場合、ほとんどのジオメトリーが上位レベルで刈り込まれることです。その更新された上位レベルで、他のツリー（やはり変形して更新される可能性がある）との重なりをテストします。重ならないノードでは、そのサブツリーの更新をスキップできるので、多くの作業をせずにすみます。一方、重なるノードでは、トップダウン戦略を使って、ツリー トラバースで必要な、そのサブツリーのノードを更新します。それにボトムアップを使うこともできますが、トップダウンのほうが効果的だと分かっています [1058]。最初の$n/2$の上位レベルをボトムアップ法で更新し、下位の$n/2$のレベルをトップダウン法で更新するとよい結果が得られます。図23.20がこれを示しています。ノードをトップダウンに更新するため、ノードはサブツリー全体が持つ頂点を記録し、このリストをトラバースして最小のBVを計算します。トップダウンの更新を使うときには、重なりが見つかったらトラバースを終了できるよう、BVの更新後すぐに重なりテストを行います。これも効率を高めます。初期のテストは、この手法がvan den Bergenの手法より4から5倍速いことを示しています [1058]。

変形の種類について何らかの情報が分かっていると、効率のよいアルゴリズムを作成できることがあります。例えば、モデルがモーフィング（ブレンド）で変形する場合（セクション4.5）、境界ボリューム階層のBVは、実際のジオメトリーのブレンドと同じやり方でブレンドできます [1059]。これはモーフィング時に最適なBVを作成しませんが、モーフィングしたジオメトリーを常に包含することを保証します。この更新はトップダウン方式で、つまり必要な場所でだけ行えます。このテクニックはAABB、k-DOP、球で使えます。k個の異なるBVからブレンドしたBVを計算するコストは$O(k)$ですが、kは通常かなり小さいので定数と見なせます。JamesとPai [879] が、変位フィールドの組み合わせで記述される縮小変形モデルによるフレームワークを紹介しています。これは性能を大きく改善します。LadislavとZaraが、スキニング モデルで同様のCDテクニックを紹介しています [1028]。

しかし動きが完全に非構造的で、壊れるオブジェクトがあると、これらの手法はうまくいきません。最近のテクニックには、BVHのサブツリーが下にあるジオメトリーにどれほどフィットするかを追跡し、何らかのヒューリスティックを使って必要なときだけ再構築を試み

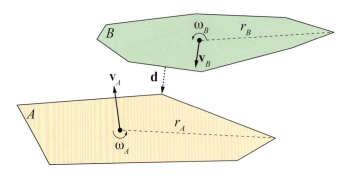

図23.21. 式23.11で使う連続衝突検出の表記。（Catto [261]からの図。）

るものがあります[1060, 2096]。

　別の変形可能オブジェクトで一般的な手法は、衝突をテストする2つのオブジェクトに対し、最初に最小のAABBを計算します[1786]。それらが重なる場合、重なり合うAABBの領域を計算しますが、それはただのAABBの交差ボリュームです。この重なる領域内でしか衝突は発生しません。この領域内のすべての三角形のリストを作成します。シーン全体を囲む8分木（セクション19.1.3）を使います。その8分木のノードに三角形を挿入し、両方のオブジェクトからの三角形が1つのリーフ ノードに見つかれば、それらの三角形を互いに対してテストします。いくつかの最適化が可能です。まず、その8分木は明示的に構築する必要がありません。ノードが三角形のリストを取得するとき、その三角形を8つの子ノードに対しテストし、8つの新しい三角形リストを作成します。この再帰はリーフで終わり、そこで三角形/三角形のテストが発生する可能性があります。2つ目として、三角形リストに、オブジェクトの1つの三角形しかなければ、この再帰はいつでも終了できます。三角形ペアを2回以上テストするのを避けるため、テスト済みのペアを追跡するチェックリストを保持します。重なる領域が広かったり、重なる領域にある三角形が多すぎると、この手法の効率は悪化することがあります。

　GPUのテッセレーション機能を使って衝突を検出するアプローチもあります[1387]。まず2つのオブジェクトが重なり合う領域を求めてから、その領域中のすべてのパッチを、ボクセルあたり1ビットでテッセレーションを使い、ボクセル化します。次にこのボクセル グリッドを使って衝突を検出します。このアプローチは、例えば砂の上を走って跡を残す車による変位マッピングも扱うように拡張されています[1663]。

23.8 連続衝突検出

多くの場合、衝突検出はフレームごとに1回、離散時間でしか行いません。セクション22.17で紹介した動的な交差テストでは、単純なオブジェクトの間の衝突の時間を計算しました。そのようなテスト行う理由は、奇妙なアーティファクトを避けるためです。例えば、ボールを壁に向かって速く投げると、ボールがある時刻に壁の前にあっても、次のフレームでは壁を通り過ぎ、壁による衝突の検出をすり抜けるかもしれません。連続衝突検出（CCD）は、動的な交差テストと同様に、そのようなアーティファクトの除去を目的とします。

　ここでは、ゲーム業界で使われる手法を述べます。2つの凸オブジェクトAとBがいつ衝突するかを決定したいとします。各オブジェクトは線速度$\mathbf{v}$と角速度ω、オブジェクトの重心からその最も遠い頂点までの距離である半径rを持ちます。この表記を図223.21に示します。ま

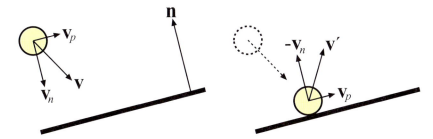

図23.22. 平面に近づく球の衝突応答。左：速度ベクトル **v** は2つの成分、$\mathbf{v}_n$ と $\mathbf{v}_p$ に分かれる。右：完全弾性（よく弾む）衝突、ここでは新しい速度は $\mathbf{v}' = \mathbf{v}_p - \mathbf{v}_n$ になる。弾性が小さい衝突では、$-\mathbf{v}_n$ の長さが減る。

ず、A と B の間の最短距離ベクトル **d** を、GJKアルゴリズム（セクション23.3.2）を使って計算します。次に、その間は2つのオブジェクトが衝突しないことが保証できる時間 Δt を計算するという考え方です。それは証明可能で[261, 2116]

$$\underbrace{\left((\mathbf{v}_B - \mathbf{v}_A) \cdot \frac{\mathbf{d}}{||\mathbf{d}||} + ||\omega_A|| r_A + ||\omega_B|| r_b \right)}_{c} \Delta t \leq ||\mathbf{d}|| \tag{23.11}$$

c が **d** に沿った速度の上限になります。A と B のどちらも回転していなければ、$c = (\mathbf{v}_B - \mathbf{v}_A) \cdot \mathbf{d}/||\mathbf{d}||$、すなわち **d** 上に投影される相対速度で、式が距離が速度に時間を掛けたものに等しい、古典的な公式であることを意味します。回転項（ω を使う）は、回転による最大変化を保守的に見積もります。そうすると、衝突しない時間の最大量は $\Delta t = ||\mathbf{d}||/c$ になります。この時間が2つのフレーム間の時間より長ければ、A と B が衝突することはありません。これが成り立たない場合は、2つのオブジェクトを Δt で可能な限り動かしてから、何らかの許容範囲に収束するまでアルゴリズムを繰り返し実行します。Δt の見積もりは保守的なので、このアルゴリズムは**保守的前進**と呼ばれます。Cattoは求根テクニックを使って性能を改善し、このテクニックを $Diablo~3$ で使っています [261]。Zhangら [2116] が、非凸多面体も扱う手法を述べています。

23.9 衝突応答

衝突応答は（異常な）オブジェクト間の貫通を避けるためにとるべき行動です。例えば、球がキューブに向かって動いているとします。球が最初にキューブにヒットするとき、時間は衝突検出アルゴリズムで決定されますが、衝突したように見えるように、球がにはその軌道（例えば、速度方向）を変えてほしいでしょう。これが**衝突応答テクニック**の任務であり、長年の活発な研究の対象になっています [107, 385, 692, 1314, 1341, 2040]。複雑なトピックなので、このセクションでは最も単純なテクニックだけを紹介します。

球と平面の衝突の正確な時間を計算するテクニックは、セクション22.17.1で紹介します。ここでは、衝突のときに球の運動に何が起きるかを説明します。

球が平面に向かって動いているとします。その速度ベクトルは **v**、平面は $\pi : \mathbf{n} \cdot \mathbf{x} + d = 0$ で、**n** は正規化されています。図23.22がこれを示しています。最も単純な応答の計算では、速度ベクトルを次で表現します。

$$\mathbf{v} = \mathbf{v}_n + \mathbf{v}_p, \quad \text{where} \quad \mathbf{v}_n = (\mathbf{v} \cdot \mathbf{n})\mathbf{n}, \quad \text{and} \quad \mathbf{v}_p = \mathbf{v} - \mathbf{v}_n \tag{23.12}$$

この表現では、衝突後の速度ベクトル $\mathbf{v}'$ は次になります [1046]。

$$\mathbf{v}' = \mathbf{v}_p - \mathbf{v}_n \tag{23.13}$$

ここでは、応答を完全弾性と仮定しています。これは運動エネルギーがまったく失われなず、応答が「完全に弾む」ことを意味します [2040]。通常、ボールは衝突で少し変形し、一部のエネルギーが熱に変換されるので、エネルギーはいくらか失われます。これは**反発係数** k で記述されます（しばしば ϵ とも記される）。平面に平行な速度 $\mathbf{v}_p$ は変化しませんが、$\mathbf{v}_n$ は $k \in [0,1]$ で減衰します。

$$\mathbf{v}' = \mathbf{v}_p - k\mathbf{v}_n \tag{23.14}$$

これが経験的な衝突の「法則」です。k が小さくなるほど、多くのエネルギーが失われ、衝突の弾みは減ります。$k = 0$ では、衝突後の運動は平面と平行になるので、ボールは平面上を転がるように見えます。

より洗練された衝突応答は物理のシミュレーションに基づき、連立方程式を作成して、**常微分方程式（ODE）** ソルバーを使って解かなければなりません。そのようなアルゴリズムでは、衝突する点と、その点の法線が必要です。興味のある読者はWitkinらのSIGGRAPHコースノート [2040] と、Dinglianaらの論文 [385] を調べてください。Catto [262] が、反復ソルバーを使って連続インパルスを適用できる方法を述べています。また、O'SullivanとDinglianaが紹介した実験は、人間には衝突応答が正しいかどうかを判断するのが難しいことを示しています [1448, 1449]。これは特に含まれる次元が増えるほど言えます（1次元のほうが3次元よりもやさしい）。彼らはリアルタイム アルゴリズムを作るときに、正確な応答を計算するのに十分な時間がないときには、ランダムな衝突応答を使えることを見出しました。それは、より正確な応答と同じぐらい信ぴょう性があることが分かりました。

23.10　パーティクル

このセクションでは、パーティクル用の2つの衝突検出法を述べます。1つは特殊効果でよく使われるパーティクル システム（セクション13.8）用で、もう1つは例えば流体と煙をモデル化するため、物質を小さなパーティクルの大きなセットで近似する物理シミュレーションに適したものです。この2つのタイプは密接な関係があり、ここのテクニックは両方に使えます。

23.10.1　パーティクル システム

最初にパーティクル用の深度バッファーに基づく安価な近似衝突システムを説明します [1881]。これは画面空間アンビエント オクルージョンの手法（セクション11.3）と同じ考え方です。その基本的な考え方は、何万ものパーティクルを、わずかな時間で扱える手法を提供することです。そのシステムは、例えば雨つぶ、火花、岩石片、水しぶきに使えます。各パーティクルをシーンに対して衝突をテストし、ここで使う近似は視点からレンダーする深度バッファーです。これはパーティクルが画面上で見えるサーフェスにしか衝突できないことを意味します。パーティクルが見えるサーフェスを通り抜けるのを防ぐため、どのサーフェスにもいくらかの厚みを持たせ、そこで衝突が起きると仮定します。衝突が起きたら、法線バッファーから法線を取り出し、サーフェスに達した入射パーティクルには、まず、その深度バッファー中の位置への速度ベクトルに向けてパーティクルを押し戻します。その後、反射方向を

23.10. パーティクル 895

計算し、その方向にパーティクルを動かします。背後からのパーティクルは、サーフェスから「滲み出て」見えるのを避けるため、単に破棄します。

　深度バッファーを使うことには、視点から見えるサーフェスにしか衝突できないなど、いくつかの欠点はありますが、この手法は近似的効果には見事に動作します。正確さが必要なら、やはりセクション17.3で衝突検出で扱った符号付き距離フィールド（SDF）を使えます。その主な利点は、SDFがシーンの隠れた部分でも作成できることで、その表現はたいてい3次元テクスチャーに格納されます。FisherとLin [513] が、変形可能モデルの間の貫通距離の計算にSDFを使っています。Furhmannら [546] は、SDFだけで剛体オブジェクトを表現し、変形可能オブジェクトのパーティクルだけをSDFでテストしています。SDFの内部に貫通するパーティクルは表面に押し戻されます。衝突検出と応答のどちらにも、もっと複雑な手法が使えます。Di Donato [377] は、パーティクルの衝突を検出するため、モバイル上でASTC圧縮ボリューム テクスチャーを使い、シミュレーションの次のステップ用に結果を格納する変換フィードバックと合わせて、シーンのボクセル化を表現しました。

23.10.2　物理シミュレーション用パーティクル

ここでは、例えば図23.23に示すような水のボリュームの物理シミュレーションに、パーティクルをどう使えるかを簡単に述べます。そのような物質は、しばしばパーティクルの大きなセットで表現され、各パーティクルは、他のパーティクルを尊重する限り（例えば2つのパーティクルが互いに近づきすることを許さない）、任意の位置を持つことができます。パーティクルが考慮に入れる必要がある量には、他に重力、速度、ユーザーが与える力などがあります。これはラグランジアンやパーティクルベースの手法と呼ばれます [638]。パーティクルの力は距離で減衰するので、パーティクルは特定の半径内のパーティクルと相互作用させるだけでかまいません。したがって、パーティクルと間の衝突を求める処理の高速化には、任意の種類の空間データ構造を使えます。これには、例えばAABBツリーの迅速な構築（セクション23.1.3）や一様や階層的なグリッド（セクション23.1.3）が含まれます。

　Macklinら [1188] が、あらゆるタイプの物質が他のあらゆるタイプに影響を与えられるように、液体、気体、剛体、布、変形可能な立体を1つの統合フレームワークで扱うアプローチを紹介しています。符号付き距離フィールドを使い、衝突を高速に解決します。リアルタイム性能を持つGPU実装が示され、図23.23がその例です。

参考文献とリソース

この分野の最新情報とフリー ソフトウェアは、本書のウェブサイト realtimerendering.com を参照してください。CDの最良のリソースの1つが、Ericsonの本 *Real-Time Collision Detection* [471] で、多くのコードもあります。van den Bergenの衝突検出の本 [151] は、特にGJKに焦点を置き、SOLID CDソフトウェア システムが付属します。Van den Bergenにはゲーム プログラマーのための物理についての価値あるプレゼンテーション [152] があり、CattoはGJKの楽しい入門書を書いています [260]。Teschnerら [1889] が、変形可能オブジェクト用のCDアルゴリズムの調査を行っています。SchneiderとEberlyが、幾何学ツールの本で、多くの異なるプリミティブ間の距離を計算するアルゴリズムを紹介しています [1692]。

　空間データ構造に関するより詳しい情報はセクション19.1にあります。Ericsonの読みやすい本 [471] で物足りなければ、Sametの本 [1652] に空間データ構造に関する極めて包括的な総合文献があります。

図 23.23. 上：パーティクルでシミュレートする水面、個々のパーティクルは青い球で可視化されている。水は少数の岩、いくつかのトーラス、壁、床からなる環境と相互作用する。下：パーティクルから派生する水面をモーションブラーと屈折付きでレンダー。（イメージは NVIDIA Flex デモを使ってシミュレートしてレンダーされている）

Millington [1313]、Erleben ら [478]、Eberly [436] の本も、衝突応答の分野の包括的なガイドです。

24. グラフィックス ハードウェア

"When we get the final hardware, the performance
is just going to skyrocket."
—J. Allard

最終的なハードウェアが手に入れば、性能は飛躍的に跳ね上がるだろう。

グラフィックス ハードウェアは急激なペースで進化していますが、その設計で一般的に使われる、いくつかの一般概念とアーキテクチャーがあります。本章の目標は、グラフィックスシステムの様々なハードウェア要素と、それらが互いにどのように関連するかを理解してもらうことです。それらの特定のアルゴリズムでの使い方は、本書の他の部分で論じています。ここでは、ハードウェア独自の用語でハードウェアを紹介します。 最初に直線と三角形をラスタライズする方法を述べた後、GPUの巨大な計算能力の動作と、レイテンシーと占有率を含めたタスクのスケジュールの仕方を提示します。次にメモリー システム、キャッシュ、圧縮、カラー バッファリング、GPUの深度システムに関連するすべてを論じます。それからテクスチャー システムについての詳細を紹介した後、GPUのアーキテクチャー タイプについてのセクションがあります。セクション24.10で3つの異なるアーキテクチャーの事例を紹介し、最後に、レイ トレーシング アーキテクチャーを簡単に論じます。

24.1　ラスタライズ

すべてのGPUの重要な特徴は、その三角形と直線を描く速さです。セクション2.4で述べたように、ラスタライズは三角形のセットアップとトラバースからなります。それに加え、三角形のトラバースと密接に関係する三角形上での属性の補間方法を述べます。最後は保守的ラスタライズで、それは標準的なラスタライズの拡張です。

　ピクセルの中心が$(x+0.5, y+0.5)$で与えられることを思い出してください（$x \in [0, W-1]$と$y \in [0, H-1]$は整数、$W \times H$は画面解像度、例えば3840×2160）。変換前の頂点を$\mathbf{v}_i$、$i \in \{0, 1, 2\}$、wによる除算を除く投影も含めた変換後の頂点を$\mathbf{q}_i = \mathbf{M}\mathbf{v}_i$とします。そのとき2次元のスクリーン空間座標は$\mathbf{p}_i = \big((q_{ix}/q_{iw}+1)W/2, (q_{iy}/q_{iw}+1)H/2\big)$で、つまり、$w$-成分による透視除算を行い、その値を画面解像度に合わせてスケールと平行移動を行います。この設定が図24.1に示されています。見て分かるように、ピクセル グリッドはクワッドと呼ばれる2×2ピクセルのグループに分割されます。テクスチャーの詳細レベル（セクション24.8）に必要な導関数が計算できるように、ピクセル シェーディングは、最低1つのピクセルが三角形の内側にあるすべてのクワッドで計算されます（セクション3.8でも論じる）。これがすべ

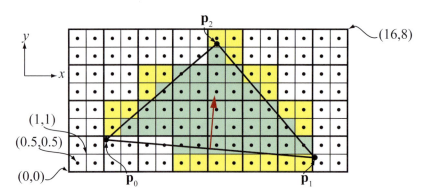

図 24.1. 三角形と、スクリーン空間の 3 つの 2 次元の頂点 $\mathbf{p}_0$、$\mathbf{p}_1$、$\mathbf{p}_2$。画面のサイズは 16×8 ピクセル。ピクセルの中心 (x, y) が $(x + 0.5, y + 0.5)$ であることに注意。底辺の法線ベクトル（長さを 0.25 でスケール）が赤で示されている。緑のピクセルだけが三角形の内側にある。黄色のヘルパー ピクセルは、少なくとも 1 ピクセルが内側にあると見なされるクワッド（2×2 ピクセル）に属し、ヘルパー ピクセルのサンプル点（中心）は三角形の外にある。ヘルパー ピクセルは、有限差分を使う導関数の計算に必要。

てでないとしても、大部分の GPU の設計の中心で、後のステージの多くに影響を与えます。三角形が小さいほど、三角形内のピクセルに対するヘルパー ピクセルの割合が大きくなります。この関係は、ピクセル シェーディングを行うときに、小さい三角形が（三角形の面積に比して）高価であることを意味します。最悪のシナリオは 1 ピクセルを覆う三角形で、それは 3 つのヘルパー ピクセルが必要であることを意味します。ヘルパー ピクセルの数は、**クワッド オーバーシェーディング**と呼ばれることがあります。

ピクセルの中心や、他のサンプル位置が三角形の内側にあるかどうかを決定するため、ハードウェアは三角形の各辺の**エッジ関数**を使います [1530]。これは直線の式に基づき、

$$\mathbf{n} \cdot \big((x, y) - \mathbf{p}\big) = 0 \tag{24.1}$$

$\mathbf{n}$ は辺に直交するベクトルで、辺の法線と呼ばれることがあり、$\mathbf{p}$ は直線上の点です。そのような式は $ax + by + c = 0$ と書き直せます。次に、エッジ関数 $e_2(x, y)$ から $\mathbf{p}_0$ と $\mathbf{p}_1$ を導きます。辺のベクトルは $\mathbf{p}_1 - \mathbf{p}_0$ なので、その法線は反時計回りに 90 度回転した辺、つまり $\mathbf{n}_2 = (-(p_{1y} - p_{0y}), p_{1x} - p_{0x})$ で、それは図 24.1 に示されるように、三角形の内側を指しています。$\mathbf{n}_2$ と $\mathbf{p}_0$ を式 24.1 に代入すると、$e_2(x, y)$ は次になります。

$$\begin{aligned}
e_2(x, y) &= -(p_{1y} - p_{0y})(x - p_{0x}) + (p_{1x} - p_{0x})(y - p_{0y}) \\
&= -(p_{1y} - p_{0y})x + (p_{1x} - p_{0x})y + (p_{1y} - p_{0y})p_{0x} - (p_{1x} - p_{0x})p_{0y} \\
&= a_2 x + b_2 y + c_2.
\end{aligned} \tag{24.2}$$

正確に辺の上にある点 (x, y) では、$e(x, y) = 0$ です。法線が三角形の内側を向くのは、辺の法線の指すのと同じ側にある点で $e(x, y) > 0$ を意味します。辺は空間を 2 つの部分に分け、$e(x, y) > 0$ は正の半空間、$e(x, y) < 0$ は負の半空間と呼ばれることがあります。それらの特性は、点が三角形の内側にあるかどうかの決定に利用できます。三角形の辺を e_i、$i \in \{0, 1, 2\}$ とします。サンプル点 (x, y) が三角形の内側か辺上にあれば、すべての i で $e_i(x, y) \geq 0$ が成り立たなければなりません。

グラフィックス API 仕様により、しばしばスクリーン空間の浮動小数点頂点座標を固定小数点座標に変換することが要求されます。これを強制するのは、一貫したタイブレーク ルール（後述）を定義するためです。それはサンプルの内側テストの効率も上げられます。p_{ix} と p_{iy}

24.1. ラスタライズ

の両方を、例えば1.14.8ビット、つまり、1符号ビット、整数座標の14ビット、ピクセル内分数位置の8ビットに格納できます。この場合、これはピクセル内にxとyの両方で2^8の可能な位置を持つことができ、整数座標は$[-(2^{14}-1), 2^{14}-1]$の範囲でなければならないことを意味します。実際には、このスナップは辺の式を計算する前に行われます。

エッジ関数のもう1つの重要な特徴は、その漸進的な特性です。(x_i, y_i)が整数ピクセル座標であるピクセルの中心$(x, y) = (x_i + 0.5, y_i + 0.5)$でエッジ関数を評価し、$e(x, y) = ax + by + c$を評価したとします。例えば、右のピクセルを評価するには、$e(x+1, y)$を計算する必要がありますが、それは次のように書き直せます。

$$e(x+1, y) = a(x+1) + by + c = a + ax + by + c = a + e(x, y) \tag{24.3}$$

つまり、これは現在のピクセルで評価したエッジ関数$e(x, y)$にaを足すだけです。同様の論法がy-方向にも適用でき、その特性は、3つの辺の式をピクセルの小さな**タイル**、例えば、8×8ピクセルで素早く評価して、そのピクセルが内側かどうかを示すピクセルごとに1ビットの被覆マスクを「貼り付ける」のによく利用されます。このセクションのもう少し後で、このタイプの階層トラバースを説明します。

辺や頂点が正確にピクセルの中心を通るときに、何が起きるかを考えることが重要です。例えば、2つの三角形が辺を共有し、この辺がピクセルの中心を通るとします。それは1つ目、2つ目、それとも両方の三角形に属するのでしょうか？効率の観点からは、両方というのは、最初に三角形の1つがそのピクセルを書いた後、もう1つの三角形が上書きするので、間違った答えです。これにはタイブレーク ルールを使うのが一般的で、ここではDirectXで使う**左上規則**を紹介します。すべての$i \in \{0, 1, 2\}$で$e_i(x, y) > 0$のピクセルは、常に内側と見なされます。左上規則はピクセルを通るときに働きます。ピクセルは、その中心が上辺または左辺の上にあれば、内側と見なされます。ある辺が水平で、他の辺がそれより下にあれば、それは**上辺**です。ある辺が水平ではなく、三角形の左側にあれば、それは**左辺**で、それは三角形が最大2つの左辺を持てることを意味します。ある辺が上辺または左辺かどうかを検出するのは簡単です。上辺は$a = 0$（水平）かつ$b < 0$で、左辺は$a > 0$です。サンプル点(x, y)が三角形の内側にあるかどうかを決定するテスト全体が、**インサイド テスト**と呼ばれることもあります。

直線をトラバースできる方法を、まだ説明していませんでした。一般に、直線は細長い、ピクセル幅の長方形としてレンダーでき、それは2つの三角形で作ることもできれば、長方形のための追加の辺の式を使うこともできます。そのような設計の利点は、同じ辺の式用のハードウェアを直線にも使えることです。点は四辺形として描かれます。

効率を上げるため、三角形のトラバースは階層方式で行うのが一般的です[1252]。一般に、ハードウェアはスクリーン空間頂点の境界ボックスを計算してから、どのタイルが境界ボックスの内側にあり、三角形とも重なるかを決定します。タイルが辺の外側にあるかどうかの決定は、セクション22.10.1のAABB/平面テスト2次元版であるテクニックで行えます。その一般原理が図24.2に示されています。これをタイル三角形トラバースに適応させて、最初にトラバースが始まる前に、どのタイルの角を辺に対してテストすべきかを決定できます[28]。最も近いタイルの角は辺の法線にしか依存しないので、特定の辺で使うべきタイルの角は、すべてのタイルで同じです。それらの事前に定めた角で辺の式を評価し、この選択された角が辺の外側なら、タイル全体が外にあり、ハードウェアはそのタイルでピクセル単位のインサイド テストを行う必要がありません。隣のタイルに移るときには、上に述べた漸進的な特性をタイルの単位で使えます。例えば、水平に8ピクセル右に動くときには、$8a$加えるだけです。

タイル/辺の交差テストの準備ができたら、三角形を階層的にトラバースできます。これが

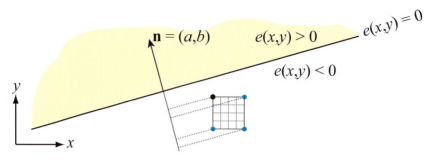

図24.2. エッジ関数の負の半空間、$e(x,y) < 0$ は、常に三角形の外と見なされる。ここでは、4×4 ピクセル タイルの角が辺の法線上に投影されている。黒い丸の角の **n** への投影が最も大きいので、それをこの辺に対してテストするだけでよい。そしてこのタイルは三角形の外側だと結論付けられる。

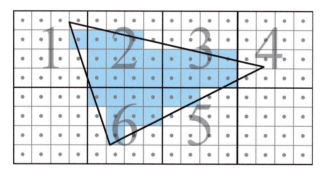

図24.3. 4×4 ピクセル タイルでタイル トラバースを使うときに可能なトラバース順。この例ではトラバースは左上で始まり、右に続く。上のタイルはどれも三角形と重なるが、右上のタイルは内側のピクセルを持たない。トラバースは直下のタイルに続き、それは完全に外側にあるので、ピクセル単位のインサイド テストは不要。次にトラバースは左に続き、その後の2つのタイルは三角形と重なることが分かるが、左下のタイルは重ならない。

図24.3に示されています。タイルも何らかの順番でトラバースする必要があり、これはジグザグ順に行うこともできれば、何らかの空間充填曲線を使うこともでき [1249]、そのどちらもコヒーレンスを増す傾向があります。必要なら、階層トラバースに追加のレベルを加えることができます。例えば、最初に 16×16 のタイルを訪れ、三角形と重なるそのような各タイルで、4×4 のサブタイルをテストできます [1717]。

　タイル トラバースの、例えば、走査線順の三角形のトラバースに対する主な利点は、コヒーレントにピクセルを処理できることで、その結果、テクセルもコヒーレントに訪れることになります。色と深度のバッファーアクセスするときに利用する局所性が向上する利益もあります。例えば、大きな三角形を走査線順にトラバースすることを考えてみましょう。最も最近アクセスしたテクセルが再利用のためキャッシュに残るように、テクセルはキャッシュされます。テクスチャリングでミップマッピングを使うと、キャッシュ中のテクセルからの再利用のレベルが上がります。ピクセルに走査線順にアクセスすると、走査線の始めに使うテクセルは、おそらく走査線の終わりに達したときには、既にキャッシュから退去しているでしょう。メモリーから繰り返し取り出すよりも、キャッシュのテクセルを再利用するほうが効率がよいので、三角形はたいていタイルでトラバースされます [707, 1252]。これはテクスチャリング [707]、深度バッファリング [737]、カラー バッファリング [1577] に大きな恩恵があります。実際、テクスチャーと深度と色のバッファーは、ほぼ同じ理由でタイルに格納されます。これはセクション24.4でさらに詳しく論じます。

24.1. ラスタライズ

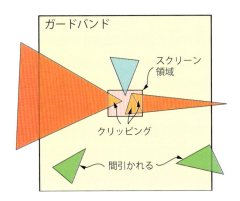

図24.4. ガードバンドは完全なクリッピングを避けることを試みる。ガードバンド領域がxとyの両方で±16Kピクセルだとする。真ん中のスクリーンは、およそ6500×4900ピクセルで、それらの三角形が巨大なことを示している。下の2つの緑の三角形は、三角形セットアップの一部、あるいは以前のステップで間引かれる。一般的な場合が真ん中の青い三角形で、スクリーン領域と交わり、完全にガードバンドの内側にある。見えるタイルだけが処理されるので、完全なクリッピング操作は不要。赤い三角形はガードの外にあり、スクリーン領域と交わるので、クリッピングが必要。右の赤い三角形が、クリップされて2つの三角形になることに注意。

三角形のトラバースが始まる前に、GPUには通常、三角形セットアップ ステージがあります。このステージの目的は、トラバースを効率よく進められるように、三角形の上で変化しない因子を計算することです。例えば、三角形の辺の式（式24.2）の定数$a_i, b_i, c_i, i \in \{0, 1, 2\}$は、ここで一度計算してから、現在の三角形トラバース ステップ全体で使われます。三角形セットアップは、属性補間（セクション24.1.1）に関連する定数を計算する責任もあります。議論が進むにつれて、三角形セットアップで一度で計算できる他の定数も見つかります。

クリッピングは、さらに多くの三角形を生成する可能性があるので、クリッピングは必然的に、三角形セットアップの前に行われます。クリップ空間のビュー ボリュームに対する三角形のクリッピングは高価な処理なので、絶対に必要でない限り、GPUはこれを回避します。近平面に対するクリッピングは必ず必要で、これは1つか2つの三角形を生成することがあります。スクリーンの端では、ほとんどのGPUが、より複雑な完全なクリッピング処理を避ける単純なスキーム、**ガードバンド クリッピング**を使います。そのアルゴリズムが図24.4に可視化されています。

24.1.1 補間

セクション22.8.1では、レイと三角形の交差の計算の副産物として、重心座標が生成されました。任意の頂点単位の属性$a_i, i \in \{0, 1, 2\}$は、次のように重心座標(u, v)を使って補間できます。

$$a(u, v) = (1 - u - v)a_0 + u a_1 + v a_2 \qquad (24.4)$$

$a(u, v)$は三角形上の(u, v)で補間される属性です。重心座標の定義は次のもので、

$$u = \frac{A_1}{A_0 + A_1 + A_2}, \quad v = \frac{A_2}{A_0 + A_1 + A_2} \qquad (24.5)$$

A_iは図24.5の左に示されるサブ三角形の面積です。3つ目の座標$w = A_0/(A_0 + A_1 + A_2)$も定義の一部で、$u + v + w = 1$、つまり$w = 1 - u - v$であることを示しています。ここでは項$1 - u - v$を$w$の代わりに使います。

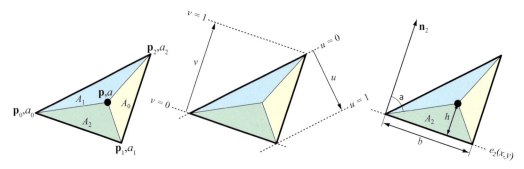

図24.5. 左：頂点にスカラー属性 (a_0, a_1, a_2) を持つ三角形。その点 $\mathbf{p}$ の重心座標は、符号付き面積 (A_1, A_2, A_0) に比例する。中：重心座標 (u,v) の三角形上での変化。右：法線 $\mathbf{n}_2$ の長さは反時計回りに90度回転した辺 $\mathbf{p}_0\mathbf{p}_1$。面積 A_2 はそのとき $bh/2$。

式24.2の辺の式は、辺の法線 $\mathbf{n}_2 = (a_2, b_2)$ を使い、次のように表現できます。

$$e_2(x,y) = e_2(\mathbf{p}) = \mathbf{n}_2 \cdot ((x,y) - \mathbf{p}_0) = \mathbf{n}_2 \cdot (\mathbf{p} - \mathbf{p}_0) \tag{24.6}$$

$\mathbf{p} = (x,y)$ です。内積の定義から、これは次で書き直すことができ、

$$e_2(\mathbf{p}) = ||\mathbf{n}_2|| \, ||\mathbf{p} - \mathbf{p}_0|| \cos\alpha \tag{24.7}$$

α は $\mathbf{n}_2$ と $\mathbf{p} - \mathbf{p}_0$ の間の角度です。$\mathbf{n}_2$ は90度回転した辺なので、$b = ||\mathbf{n}_2||$ が辺 $\mathbf{p}^0\mathbf{p}^1$ の長さに等しいことに注意してください。2番目の項、$||\mathbf{p} - \mathbf{p}_0|| \cos\alpha$ の幾何学的な解釈は、$\mathbf{p} - \mathbf{p}_0$ を $\mathbf{n}_2$ に投影したときに得られるベクトルの長さで、その長さは、正確に面積が A_2 であるサブ三角形の高さ h です。これが図24.5の右に示されています。そのとき注目すべきこととして、$e_2(\mathbf{p}) = ||\mathbf{n}_2|| \, ||\mathbf{p} - \mathbf{p}_0|| \cos\alpha = bh = 2A_2$ となり、重心座標の計算にはサブ三角形の面積が必要なので好都合です。これは次を意味します。

$$\big(u(x,y), v(x,y)\big) = \frac{(A_1, A_2)}{A_0 + A_1 + A_2} = \frac{(e_1(x,y), e_2(x,y))}{e_0(x,y) + e_1(x,y) + e_2(x,y)} \tag{24.8}$$

三角形の面積は変わらないので、三角形セットアップはたいてい $1/(A_0 + A_1 + A_2)$ を計算し、ピクセルごとの除算も回避します。したがって、辺の式を使って三角形をトラバースするときには、式24.8のすべての項が、インサイド テストの副産物として得られています。それらは後で見るように、正投影で深度を補間するときに役立ちますが、図24.6に示されるように、透視投影では、重心座標が期待される結果を生成しません。

遠近補正重心座標はピクセルごとに除算が必要です[181, 754]。ここではその導出[30, 1424]は省略し、代わりに最も重要な結果を要約します。線形補間は安価で、(u,v) の計算方法は分かっているので、遠近補正にも、なるべくスクリーン空間の線形補間を使うことが望まれます。少し驚くことに、a/w と $1/w$ の両方を三角形の上で線形補間できることが分かります（w はすべての変換後の頂点の第4の成分です）。補間された属性、a の回復は、その2つの補間値を使うだけで済みます。

$$\frac{\overbrace{a/w}^{\text{線形補間}}}{\underbrace{1/w}_{\text{線形補間}}} = \frac{aw}{w} = a \tag{24.9}$$

これが前に触れたピクセルごとの除算です。

24.1. ラスタライズ

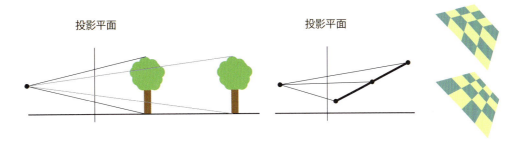

図24.6. 左：遠近では、投影されるジオメトリーのイメージが、距離とともに縮小する。中：真横向きの三角形の投影。三角形の上半分の投影平面上で覆う部分が、下半分より小さいことに注意。右：チェッカーボード テクスチャーを持つ四辺形。上のイメージはテクスチャリングで重心座標を使ってレンダーされ、下のイメージは遠近補正重心座標を使っている。

具体的な例でその効果を示します。左端が $a_0 = 4$、右端が $a_1 = 6$ の水平の三角形の辺に沿って補間を行うとします。その2つの端点の間の中点での値は何でしょうか？ 正投影では（あるいは端点での w の値が一致するとき）、その答えは単純に a_0 と a_1 の中間での値、$a = 5$ です。

代わりに端点での w 値が $w_0 = 1$ と $w_1 = 3$ だとします。この場合、a/w と $1/w$ を得るため、2回補間を行う必要があります。a/w には、左の端点は $4/1 = 4$ で右は $6/3 = 2$ なので、中点の値は3です。$1/w$ には、$1/1$ と $1/3$ が得られるので、中点は $2/3$ です。遠近中点値は3を $2/3$ で割り、$a = 4.5$ が与えられます。

実際には、いくつかの属性を三角形上で遠近補正を使って、しばしば補間する必要があります。したがって、$(\tilde{u}, \tilde{v})$ で示す遠近補正重心座標を計算し、それをすべての属性補間に使うのが一般的です。この目的で、次のヘルパー関数を導入します[30]。

$$f_0(x,y) = \frac{e_0(x,y)}{w_0}, \quad f_1(x,y) = \frac{e_1(x,y)}{w_1}, \quad f_2(x,y) = \frac{e_2(x,y)}{w_2} \quad (24.10)$$

$e_0(x,y) = a_0 x + b_0 y + c_0$ なので、三角形セットアップで a_0/w_0 と他の同様の項を計算して格納し、ピクセル単位の評価を高速化できることに注意してください。あるいは、すべての f_i-関数に $w_0 w_1 w_2$ を掛けることもできます。例えば、$w_1 w_2 f_0(x,y)$、$w_0 w_2 f_1(x,y)$ と $w_0 w_1 f_2(x,y)$ を格納します[1249]。遠近補正重心座標は次のものです。

$$(\tilde{u}(x,y), \tilde{v}(x,y)) = \frac{(f_1(x,y), f_2(x,y))}{f_0(x,y) + f_1(x,y) + f_2(x,y)} \quad (24.11)$$

これはピクセルごとに1回計算する必要があり、任意の属性を正しい遠近縮小で補間するのに使えます。それらの座標は、(u,v) の場合のように、サブ三角形の面積に比例しないことに注意してください。それに加え、重心座標の場合のように分母が一定ではなく、それがこの除算をピクセルごとに行わなければならない理由です。

最後に、深度は z/w であり、それらは既に w で割られているので、式24.10で、それらの式を使うべきでないことが分かります。それゆえ、z_i/w_i を頂点ごとに計算してから、(u,v) を使って線形補間しなければなりません。これには、例えば、深度バッファーの圧縮（セクション24.7）など、いくつかの利点があります。

24.1.2 保守的ラスタライズ

DirectX 11以降と、OpenGLでの拡張機能の使用を通じて、**保守的ラスタライズ**（CR）と呼ばれる新しいタイプの三角形トラバースが利用可能です。CRには、過大評価CR（OCR）と過小評価CR（UCR）と呼ばれる、2つのタイプがあります。それらは、外保守的ラスタライズと内保守的ラスタライズと呼ばれることもあります。それらは図24.7に示されています。

大まかに言うと、OCRでは三角形に重なるか内側にあるすべてのピクセルを訪れ、UCRでは完全に三角形の内側にあるピクセルだけを訪れます。OCRとUCRはどちらもタイル トラバースを使い、タイル サイズを1ピクセルに縮小することにより実装できます[28]。ハードウェアのサポートが利用できないときには、ジオメトリー シェーダーを使うか、三角形の拡大を使ってOCRを実装できます[734]。CRについての詳しい情報は、各APIの仕様を参照してください。いくつかのアルゴリズムの中で、CRは特にイメージ空間での衝突検出、オクルージョン カリング、影の計算[2074]、アンチエイリアシングに役に立つことがあります。

最終的に、どのタイプのラスタライズも、ジオメトリーとピクセルの処理の架け橋として振る舞います。三角形の頂点の最終的な位置を計算し、ピクセルの最終的な色を計算するため、GPUには莫大な量の柔軟な計算能力が必要です。これを次に説明します。

24.2 大規模な計算とスケジューリング

任意の計算で使える、莫大な量の計算能力を供給するため、すべてではなくても、ほとんどのGPUアーキテクチャーが、SIMT処理やハイパースレッディングとも呼ばれる、複数スレッドのSIMD処理を使う統合シェーダー アーキテクチャーを採用しています。スレッド、SIMD処理、ワープ、スレッド グループなどの言葉に関しては、セクション3.10を参照してください。ここではNVIDIAの用語である、ワープという言葉を使いますが、AMDのハードウェアではウェーブやウェーブフロントと呼ばれます。このセクションでは、まずGPUで使われる典型的な統合**算術論理演算ユニット**（ALU）を見ることにします。

ALUは1つのエンティティ、例えば、このコンテキストでは頂点やフラグメントでプログラムを実行することに最適化されたハードウェア要素です。ALUの代わりに*SIMD*レーンという言葉を使うときもあります。GPUの典型的なALUが、図24.8の左に可視化されています。その中心となる計算ユニットが、浮動小数点（FP）ユニットと整数ユニットです。FPユニットは一般にIEEE 754 FP規格に準拠し、その最も複雑な命令の1つとして融合積和（FMA）命

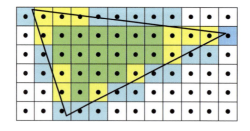

図24.7. 三角形の保守的ラスタライズ。外面守的ラスタライズを使うときには、すべての色のピクセルが三角形に属する。黄色と緑のピクセルは標準のラスタライズを使う三角形の内側にあり、緑のピクセルは内保守的ラスタライズで生成される。

24.2. 大規模な計算とスケジューリング

令をサポートします。ALUには余弦、正弦、指数などの超越演算に加えて、一般に、移動/比較とロード/ストア機能と、分岐ユニットも含まれます。しかし注目すべきこととして、それらの一部、例えば、超越演算ハードウェア ユニットとでも呼べる小さなセットが別のハードウェア ユニットにあり、より多くのALUに仕えるアーキテクチャーもあります。これは他ほど頻繁に実行されない操作に当てはまることがあります。それらは図24.8の右に示される、特殊ユニット（SU）ブロックに一緒にグループ化されます。ALUアーキテクチャーは通常、少数のハードウェア パイプライン ステージを使って構築されます。つまり並列に実行される、いくつかの実際のブロックが、シリコンに組み込まれています。例えば、現在の命令が乗算を行っている間に、次の命令がレジスターを読み出せます。nのパイプライン ステージでは、そのスループットは理想的にはn倍にできます。これはしばしば**パイプライン並列処理**と呼ばれます。パイプラインのもう1つの重要な理由は、パイプライン プロセッサーで最も遅いハードウェア ブロックにより、ブロックが実行できる最大クロック周波数が決まることです。パイプライン ステージの数が増えると、パイプライン ステージあたりのハードウェア ブロック数は小さくなり、普通はクロック周波数を増やすことができます。しかし、設計を単純にするため、ALUのパイプライン ステージは一般に少数で、例えば4～10です。

統合ALUは、分岐予測、ジスター リネイミング、深い命令パイプラインのような、オプション機能の多くを持たない点で、CPUコアと異なります。代わりに、チップ面積の多くは、大規模な計算能力を供給するためのALUの複製と、ワープを切り替えられるように増やしたレジスター ファイル サイズに費やされます。例えば、NVIDIA GTX 1080 Tiは3584のALUを持っています。GPUに発行される作業の効率的なスケジューリングのため、ほとんどのGPUはALUを、ある数、例えば32でグループ化します。それらはロックステップで実行され、それは32のALUのセット全体がSIMDエンジンであることを意味します。そのようなグループと追加のハードウェア ユニットに使う名前はベンダーによって異なり、ここでは一般的な言葉である、**マルチプロセッサー（MP）**を使います。例えば、NVIDIAはストリーミング マルチプロセッサー、Intelは実行ユニット、AMDは計算ユニットという言葉を使います。MPの例が図24.8の右に示されています。MPは一般に作業をSIMDエンジンに送り出すスケジューラーを持ち、L1キャッシュ、ローカル データ ストレージ（LDS）、テクスチャー ユニット（TX）、ALUで実行されない命令を処理する特殊ユニットもあります。MPは命令をALUに送り出し、命令はそこでロックステップに、つまりSIMD処理で実行されます（セ

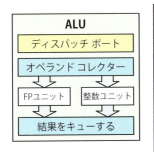 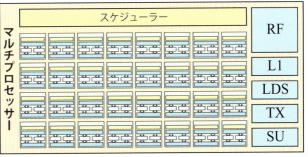

図24.8. 左：一度に1つの項目を実行するように作られた算術論理演算ユニットの例。そのディスパッチ ポートは現在実行すべきの命令についての情報を受け取り、オペランド コレクターが命令に必要なレジスターを読み出す。右：ここでは、8×4のALUが、他のいくつかのハードウェア ユニットと一緒にマルチプロセッサーと呼ばれるブロックに集められている。SIMDレーンとも呼ばれる32のALUは、同じプログラムをロックステップで実行し、SIMDエンジンを構成する。レジスター ファイル、L1キャッシュ、ローカル データ ストレージ、テクスチャー ユニット、ALUで処理されない様々な命令のための特別なユニットもある。

クション3.10）。MPの正確な中身はベンダーと、アーキテクチャーの世代によって変わることに注意してください。

グラフィックスの作業負荷では、同じプログラムを実行する同じ頂点やフラグメントがあるので、SIMD処理は理にかないます。ここでは、アーキテクチャーは**スレッド レベル並列性**、つまり、頂点とフラグメントが例えば、他の頂点やフラグメントと独立にシェーダーを実行できることを利用します。さらに、1つの命令がSIMDマシンのすべてのレーンで実行されるので、どのタイプのSIMD/SIMT処理でも、**データ レベル並列性**を利用します。**命令レベル並列性**もあり、それは並列に実行できるリソースが与えられた場合、プロセッサーは互いに依存しない命令を見つけたら、同時に実行できることを意味します。

MPの近くにあるのが、そのMP上で実行可能な多くの作業を受け取る（ワープ）スケジューラーです。ワープ スケジューラーの仕事は、ワープ中の作業をMPに割り当て、ワープのスレッドにレジスター ファイル（RF）のレジスターを割り当ててから、可能な最善の方法で作業の優先順位をつけることです。普通は、下流の作業のほうが上流の作業よりも高い優先順位を持ちます。例えば、ピクセル シェーディングはプログラマブル ステージの最後にあり、パイプラインで前にある頂点シェーディングよりも高い優先順位を持ちます。終りに近いステージほど、以前のステージをブロックする可能性が低いので、これはストールを回避します。30ページの図3.2を見て、グラフィックス パイプラインの図を思い出してください。例えば、メモリー アクセスのレイテンシーを隠すため、MPは数百、数千のスレッドを扱えます。スケジューラーはMP上で現在実行中（や待機中）のワープを、実行の準備ができたワープと切り替えることができます。スケジューラーは専用ハードウェアで実装されるので、たいていオーバーヘッドなしで行えます[1135]。例えば、現在のワープが、長いレイテンシーを持つことが見込まれるテクスチャー ロード命令を実行すると、スケジューラーは直ちに現在のワープを切り替えて、別のもので置き換え、代わりにそのワープの実行を続けることができます。このようにして、計算ユニットの利用を改善します。

ピクセル シェーディングの作業では、導関数を計算するためピクセルはクワッドの粒度でシェーディングされるので、ワープ スケジューラーが完全なクワッドを送り出すことに注意してください。これは既にセクション24.1で述べ、セクション24.8でさらに詳しく論じます。したがって、ワープのサイズが32なら、$32/4 = 8$のクワッドを実行にスケジュールできます。ここには、ワープ全体を1つの三角形にロックするか、ワープのクワッドが属する三角形を個別に変えられるかという、アーキテクチャーの設計選択があります。前者のほうが実装が簡単ですが、小さな三角形で効率が損なわれます。後者のほうが複雑ですが、小さな三角形で効率がよくなります。

一般には、チップ上でより高い計算密度を得るためMPも複製されるので、GPUには通常、さらに高レベルのスケジューラーもあります。その仕事は、GPUに送られた作業に基づき、異なるワープ スケジューラーに作業を割り当てることです。一般にワープ中に多くのスレッドがあることは、あるスレッドの作業が、他のスレッドの作業に依存してはならないことも意味します。もちろんこれは、グラフィックス処理によく当てはまります。例えば、頂点のシェーディングは一般に他の頂点に依存せず、フラグメントの色は一般に他のフラグメントに依存しません。

アーキテクチャーの間に、多くの違いがあることに注意してください。その一部をセクション24.10でハイライトし、いくつかの事例を紹介します。この時点で、ラスタライズがどのように行われ、多くの複製された統合ALUを使ってシェーディングを計算できることが分かりました。残る大きな部分がメモリー システムと関連するすべてのバッファー、そしてテクス

24.3. レイテンシーと占有率 907

チャリングです。この後のセクションのトピックは、セクション24.4で始まりますが、まずレイテンシーと占有率についての情報をもう少し紹介します。

24.3　レイテンシーと占有率

一般に、レイテンシーはクエリーと、その結果を受け取る間の時間です。例として、メモリー中のあるアドレスの値を要求したときに、クエリーから結果を得るまでにかかる時間がレイテンシーです。別の例は、テクスチャー ユニットからのフィルターされた色の要求で、要求の時点から値が利用可能になるまで、数百から、場合によっては数千クロック サイクルかかることもあります。GPUの計算リソースを効率的に使うため、このレイテンシーを隠す必要があります。それらのレイテンシーを隠さないと、簡単にメモリー アクセスが実行時間の大半を占めてしまうかもしれません。

この1つの隠蔽メカニズムが、28ページの図3.1に示される、SIMD処理のマルチスレッディング部分です。一般に、MPが処理できるワープの数には上限があります。**アクティブなワープ**の数は、レジスター使用量に依存し、テクスチャー サンプラーの使用、L1キャッシュ、補間式などの因子にも依存するかもしれません。ここでは、**占有率**oを次で定義します。

$$o = \frac{w_{\mathrm{active}}}{w_{\mathrm{max}}} \tag{24.12}$$

w_{max}はMP上で許されるワープの最大数、w_{active}は現在アクティブなワープの数です。つまりoは、いかにうまく計算リソースが使われ続けているかの基準です。例えば、$w_{\mathrm{max}} = 32$、シェーダー プロセッサーは256kBのレジスターを持ち、あるシェーダー プログラムが1つのスレッドで27、もう1つが150の32ビット浮動小数点レジスターを使うとします。さらに、レジスターの使用がアクティブなワープの数を支配するとします。SIMD幅を32とすると、その2つの場合のアクティブなワープの数は、それぞれ次で計算できます。

$$w_{\mathrm{active}} = \frac{256 \cdot 1024}{27 \cdot 4 \cdot 32} \approx 75.85, \quad w_{\mathrm{active}} = \frac{256 \cdot 1024}{150 \cdot 4 \cdot 32} \approx 13.65 \tag{24.13}$$

1つ目の、27のレジスターを使う短いプログラムの場合、$w_{\mathrm{active}} > 32$なので、占有率は理想的に$o = 1$になり、レイテンシーを隠すことが期待されます。しかし、2つ目の場合、$w_{\mathrm{active}} \approx 13.65$なので、$o \approx 13.65/32 \approx 0.43$です。アクティブなワープが少ないため、占有率は下がり、レイテンシーの隠蔽が妨げられます。そのようなわけで、最大ワープ数、最大レジスター数など、共有リソースのバランスがよいアーキテクチャーを設計することが重要です。

シェーダーが多くのメモリー アクセスを使う場合、占有率が高すぎると、キャッシュのスラッシングを引き起こし、逆効果なことがあります[2058]。別の隠蔽メカニズムはメモリー要求後に同じワープの実行を続けることで、それはアクセス結果に依存しない命令があれば可能です。使うレジスターは増えますが、占有率が低いほうが効率的なことがあります[2058]。1つの例がループの展開で、それはしばしば長い独立した連続命令が生成され、ワープの切り替え前の実行を伸ばせるので、より多くの命令レベル並列性の可能性が広がります。しかし、これは一時レジスターの使用も増加します。原則は、高い占有率の追求です。低い占有率は、例えば、シェーダーがテクスチャー アクセスを要求するときに、別のワープに切り替えられる可能性が下がることを意味します。

別のタイプのレイテンシーが、GPUからCPUへのデータの読み戻しから生じます。よいメンタル モデルは、GPUとCPUを、非同期に動作して2つの間の通信が努力を要する、別々のコンピューターと考えることです。情報の流れの方向を変えることにより生じるレイテンシーは、ひどく性能を損なう可能性があります。GPUからデータを読み戻すときには、読む前にパイプラインをフラッシュしなければならないかもしれません。この間、CPUはGPUが作業を終了するのを待っています。IntelのGENアーキテクチャー[912]のように、GPUとCPUが同じチップ上にあり、共有メモリー モデルを使うアーキテクチャーでは、このタイプのレイテンシーは大きく減ります。高レベル キャッシュは共有されませんが、低レベルのキャッシュがCPUとGPUの間で共有されます。共有キャッシュによるレイテンシー低下により、別のタイプの最適化と別の種類のアルゴリズムが可能になります。この特徴は、例えばレイ トレーシングの高速化に使われ、そこではレイがグラフィックス プロセッサーとCPUコアの間でコストなしでやり取りされます[120]。

CPUのストールを生じない読み戻しメカニズムの1つの例が、オクルージョン クエリーです（セクション19.7.1）。そのオクルージョン テスト用のメカニズムは、クエリーを行ってから時々GPUをチェックして、クエリーの結果が利用できるかどうかを調べます。その結果を待つ間に、CPUとGPUのどちらも他の作業を行えます。

24.4　メモリー アーキテクチャーとバス

ここで、いくつかの用語を導入し、いくつか異なるタイプのメモリー アーキテクチャーを論じてから、圧縮とキャッシュを紹介します。

ポートは、2つのデバイス間でデータを送るためのチャンネルで、**バス**は、2つ以上のデバイス間でデータを送るための共有チャンネルです。**帯域幅**は、ポートやバス上のデータのスループットの記述に使う言葉で、B/s（バイト/秒）で測定されます。ポートとバスがコンピューター グラフィックスのアーキテクチャーで重要なのは、簡単に言えば、それが様々な構成要素を接続するからです。また重要なこととして、帯域幅は乏しいリソースなので、グラフィックス システムを構築する前に、注意深い設計と分析を行わなければなりません。ポートとバスのどちらもデータ転送機能を備えているので、ポートはしばしばバスと呼ばれ、ここではその規約に従います。

多くのGPUでは、グラフィックス アクセラレーター上に専用のGPUメモリーを持つのが一般的で、このメモリーは**ビデオ メモリー**と呼ばれます。一般にこのメモリーへのアクセスは、例えば、PCが使うPCI Express（PCIe）のようなバスでGPUにシステム メモリーにアクセスさせるよりも、ずっと高速です。16レーンのPCIe v3は双方向に15.75GB/s、PCIe v4は31.51GB/sを供給できます。しかし、グラフィックス用のPascalアーキテクチャーのビデオ メモリー（GTX 1080）は、320GB/sを供給します。

伝統的に、テクスチャーとレンダー ターゲットはビデオ メモリーに格納されますが、他のデータの格納にも使えます。シーン中の多くのオブジェクトは、フレームごとに目に見えて形を変えたりしません。人間キャラクターでさえ、普通は不変のメッシュのセットで、関節にGPUの頂点ブレンドを使いレンダーされます。純粋にモデリング行列と頂点シェーダー プログラムでアニメートする、このタイプのデータでは、ビデオ メモリーに置かれた、**静的な**頂点とインデックスのバッファーを使うのが一般的です。そのようにすると、GPUによる高速アクセスに役立ちます。毎フレームCPUが更新する頂点では、**動的な**頂点とインデックス

24.5. キャッシュと圧縮

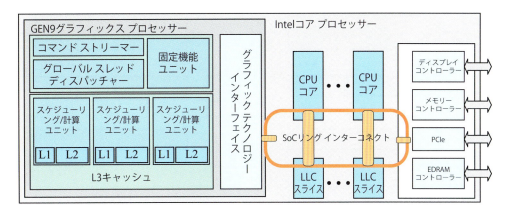

図24.9. CPUコアと接続した、IntelのSystem-on-a-chip（SoC）Gen9グラフィックス アーキテクチャーのメモリー アーキテクチャーの略図と、共有メモリー モデル。ラストレベル キャッシュ（LLC）が、グラフィックス プロセッサーとCPUコアの両方の間で共有されることに注意。（*Junkins [912]*からの図。）

のバッファーが使われ、それらはPCI Expressなどのバスでアクセスできる、システム メモリーに置かれます。PCIeの素晴らしい特性の1つは、クエリーをパイプライン化して、結果が戻る前に複数のクエリーを要求できることです。

ほとんどのゲーム コンソール、例えば、すべてのXboxとPLAYSTATION 4は、**統合メモリー アーキテクチャー（UMA）** を使い、それはホスト メモリーの任意の部分を、グラフィックス アクセラレーターがテクスチャーや様々な種類のバッファーに使えることを意味します[960]。CPUとグラフィックス アクセラレーターの両方が同じメモリー、したがって同じバスを使います。これは明らかに専用のビデオ メモリーを使うのとは異なります。IntelもUMAを使い、CPUコアとGEN9グラフィックス アーキテクチャーの間でメモリーを共有しています[912]。それが図24.9に示されています。しかし、すべてのキャッシュが共有されるわけではありません。グラフィックス プロセッサーは独自のL1キャッシュ、L2キャッシュ、L3キャッシュのセットを持っています。ラストレベル キャッシュが、メモリー階層の最初の共有リソースです。どんなコンピューターやグラフィックス アーキテクチャーでも、キャッシュ階層を持つことが重要です。アクセスに何らかの種類の局所性があれば、そうすることでメモリーへの平均アクセス時間が減ります。次のセクションで、GPUのキャッシュと圧縮を論じます。

24.5　キャッシュと圧縮

キャッシュはGPUのいくつかの異なる部分に置かれますが、セクション24.10で見るように、アーキテクチャーごとに異なります。一般に、キャッシュ階層をアーキテクチャーに追加する目的は、メモリー アクセス パターンの局所性を利用して、メモリー レイテンシーと帯域幅の使用を減らすことです。つまりGPUがある情報にアクセスする場合、そのすぐ後に、この同じか近くの情報にアクセスする可能性が高いということです[777]。ほとんどのバッファーとテクスチャー フォーマットはタイル形式で格納され、それも局所性を上げるのに役立ちます[707]。キャッシュ ラインが512ビット、つまり64バイトで構成され、現在使用中のカラー フォーマットがピクセルあたり4Bを使うとします。そのとき1つの設計選択は、タイルとも呼ばれる、4×4領域内のすべてのピクセルを64Bに格納することです。つまり、カラー バッ

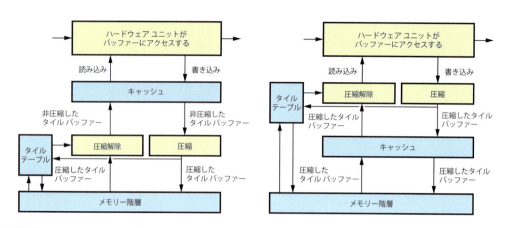

図24.10. GPUにおけるレンダー ターゲットの圧縮とキャッシュのための、ハードウェア テクニックのブロック図。左：圧縮/圧縮解除のハードウェア ユニットがキャッシュの後（下）に置かれる、キャッシュ後の圧縮。右：圧縮/圧縮解除のハードウェア ユニットがキャッシュの前（上）に置かれる、キャッシュ前の圧縮。

ファー全体が4×4のタイルに分割されます。1つのタイルが複数のキャッシュ ラインに広がることもあります。

効率的なGPUアーキテクチャーを得るためには、あらゆる方面で、帯域幅の使用を減らす必要があります。ほとんどのGPUには、レンダー ターゲット（例えば、レンダー中のイメージ）の圧縮と解除をその場で行うハードウェア ユニットが含まれます。理解すべき重要なことは、それらの圧縮アルゴリズムが可逆であること、つまり、いつでも元のデータを正確に再現できることです。そのアルゴリズムの中心となるのが、タイルごとに格納された追加情報を持つ、**タイル テーブル**と呼ぶものです。これはチップ上に格納したり、メモリー階層経由でキャッシュを通じてアクセスできます。その2つのタイプのシステムのブロック図が、図24.10に示されています。一般に、深度、色、ステンシルの圧縮には、ときにはいくらか修正して、同じ設定を使うことができます。タイル テーブルの各要素は、フレームバッファー中のピクセルのタイルの状態を格納します。各タイルの状態は圧縮済、非圧縮、（後で論じる）消去済のどれかになります。一般には、様々なタイプの圧縮ブロックがあり得ます。例えば、ある圧縮モードは25%、別のモードは50%まで圧縮するかもしれません。理解すべき重要なことは、圧縮のレベルがGPUが扱えるメモリー転送のサイズに依存することです。特定のアーキテクチャーの最小のメモリー転送が32Bだとします。タイル サイズを64Bに選ぶと、50%にしか圧縮できません。しかし、128Bのタイル サイズでは、75%（96B）、50%（64B）、25%（32B）に圧縮できます。

タイル テーブルは、レンダー ターゲットの高速な消去の実装にもよく使われます。システムがレンダー ターゲットの消去を発行したら、テーブルの各タイルの状態を**消去済**に設定し、正式なフレームバッファーには触れません。レンダー ターゲットにアクセスするハードウェア ユニットが、消去されたレンダー ターゲットを読む必要があるとき、**圧縮解除**ユニットは最初にテーブル中の状態をチェックして、そのタイルが消去済かどうかを調べます。そうであれば、実際のレンダー ターゲット データを読んで圧縮を解除する必要はなく、すべての値を消去した値にして、そのレンダー ターゲット タイルをキャッシュに置きます。こうすることで、消去中のレンダー ターゲットへのアクセスは最小になり、帯域幅が節約されます。状態が消去済でなければ、そのタイルのレンダー ターゲットを読まなければなりません。タイルの格納データを読み、圧縮されていれば、送る前に圧縮解除を行います。

24.6. カラー バッファリング

レンダー ターゲットにアクセスするハードウェア ユニットが、新しい値を書き終えたら、そのタイルはやがてキャッシュから退去して、圧縮を試す圧縮ユニットに送られます。2つの圧縮モードがあれば両方を試し、そのタイルを最も少ないビットで圧縮できるものを使います。APIは可逆のレンダー ターゲット圧縮を要求するので、すべての圧縮テクニックが失敗したら非圧縮データ使用へのフォールバックが必要です。これは可逆レンダー ターゲット圧縮では、実際のレンダー ターゲットのメモリー使用が減らないことを意味します。そのようなテクニックはメモリー帯域幅の使用を減らすだけです。圧縮が成功したら、タイルの状態を圧縮済にして、その情報を圧縮形式で送ります。そうでなければ、非圧縮形式で送り、状態を非圧縮にします。

図24.10に示されるように、圧縮と圧縮解除のユニットは、キャッシュの後（キャッシュ後）と前（キャッシュ前）の、どちらもあり得ることに注意してください。キャッシュ前の圧縮は実効キャッシュ サイズを大きく増やせますが、一般にシステムも複雑になります[739]。深度[737, 1342, 1540]と色[1540, 1577, 1578, 1842]の圧縮には、特別なアルゴリズムがあります。後者には不可逆圧縮の研究が含まれますが、知る限りでは、それを利用できるハードウェアはありません[1577]。アルゴリズムのほとんどは、タイル中のすべてのピクセルを代表するアンカー値をエンコードし、そのアンカー値に対する差を異なるやり方でエンコードします。深度では、平面の式のセット[737]を格納するか、差分の差分テクニック[1342]を使うのが一般的で、深度はスクリーン空間で線形なので、どちらもよい結果を与えます。

24.6　カラー バッファリング

GPUを使うレンダリングには、いくつかの異なるバッファー、例えば、色、深度、ステンシル バッファーへのアクセスが含まれます。「カラー（色）」バッファーと呼ばれますが、任意の種類のデータをレンダーして格納できます。

カラー バッファーには通常、色を表現するバイト数に基づく、いくつかのカラー モードがあります。そのモードには以下のものがあります。

- ハイカラー：ピクセルあたり2バイト、そのうち15または16 ビットが色に使われ、それぞれ32,768または65,536色を与える。
- トゥルーカラー、またはRGBカラー：ピクセルあたり3ないし4バイト、そのうち24ビットが色に使われ、$16,777,216 \approx 16.8$百万の異なる色を与える。
- ディープカラー：ピクセルあたり30、36または48ビット、少なくとも10億の異なる色を与える。

ハイカラー モードは、16ビットの色解像度を使います。一般に、この量は赤、緑、青それぞれ最低5ビットに分割され、色チャンネルあたり32のレベルを与えます。これで残る1ビットは普通は緑チャンネルに与えられ、5-6-5の区分になります。緑のチャンネルを選ぶのは、それが目に最大の輝度効果を持つため、より大きな精度が必要だからです。ハイカラーは、トゥルー/ディープカラーに対して速さの利点があります。これはピクセルあたり2バイトのメモリーが、普通はピクセルあたり3バイト以上よりアクセスが速いからです。とは言っても、現時点でのハイカラー モードの使用はきわめてまれで、ほとんど存在しません。チャンネルあたり32または64レベルの色だけでは、隣接する色レベルの違いが簡単に識別されます。この問題は、バンディングやポスタリゼーションと呼ばれることがあります。人間の視覚系はマッ

図24.11. 長方形が白から黒に変化するにつれ、バンディングが現れる。32のグレイスケールのバーはどれもベタの強度レベルを持つが、マッハ バンドの幻想により左が暗く右が明るく見えることがある。

ハ バンディングと呼ばれる知覚現象により、この差をさらに拡大します[589, 709]（図24.11）。隣接するレベルを混ぜるディザリング[112, 585, 1170]は、空間解像度と引き換えに実効色解像度を増やし、その効果を軽減できます。階調のバンディングは、24ビット モニターでも目立つことがあります。フレームバッファー イメージにノイズを加えて、この問題をマスクできます[1959]。

トゥルーカラーは色チャンネルあたり1バイト、24ビットのRGBカラーを使います。PCシステムでは、その順番がBGRに反転することがあります。内部では、ほとんどのメモリー システムが4バイト要素のアクセスに最適化されているので、それらの色はたいていピクセルあたり32ビットを使って格納されます。システムによっては、余分な8ビットをアルファチャンネルの格納に使い、ピクセルにRGBA値を与えられます。24ビット色（アルファなし）表現は**パック ピクセル フォーマット**とも呼ばれ、32ビットのパックされない同等品と比べて、フレームバッファーのメモリーを節約できます。リアルタイム レンダリングでは、ほとんどの場合、24ビットの色を使えば問題ありません。まだ色のバンディングが見えることはありますが、16ビットよりもはるかに可能性は低下します。

ディープカラーはRGBで色あたり30/36/48ビット、つまりチャンネルあたり10/12/16ビットを使います。アルファを加えると、その数は40/48/64に増えます。HDMI 1.3以降は30/36/48モードをすべてサポートし、DisplayPort規格もチャンネルあたり16ビットまでのサポートがあります。

セクション24.5で述べたように、カラー バッファーはしばしば圧縮されてキャッシュされます。それに加えて、セクション24.10の事例で、さらに入力フラグメント データとカラー バッファーのブレンドが述べられます。ブレンドはラスター操作（ROP）ユニットで処理され、各ROPは通常、例えば、一般化チェッカーボード パターン[1250]を使うメモリー区画に接続されます。次にカラー バッファーをディスプレイに表示する、ビデオ ディスプレイ コントローラーを論じます。それからシングル、ダブル、トリプル バッファリングを調べます。

24.6.1 ビデオ ディスプレイ コントローラー

どのGPUにも、ディスプレイ エンジンやディスプレイ インターフェイスとも呼ばれるビデオ ディスプレイ コントローラー（VDC）があり、カラー バッファーのディスプレイへの表示を担当します。これはGPUのハードウェア ユニットで、高精細度マルチメディア インターフェイス（HDMI）、DisplayPort、デジタル ビジュアル インターフェイス（DVI）、ビデオ グラフィックス アレイ（VGA）などの、様々なインターフェイスをサポートします。表示すべきカラー バッファーは、CPUがそのタスクに使うのと同じメモリーや、専用のフレームバッファー メモリー、別名ビデオ メモリーにあり、後者は任意のGPUデータを含むことができますが、CPUは直接アクセスできません。インターフェイスはそれぞれ、その規格のプロトコルを、カラー バッファーの一部、タイミング情報、ときには音声の転送に使います。

24.6. カラー バッファリング   913

VDCはイメージのスケール、ノイズ削減、複数のイメージ ソースの合成などの機能を実行することもあります。

　ディスプレイ、例えば、LCDがイメージを更新する速度は、一般に秒あたり60から144回の間です（ヘルツ）。これは**垂直リフレッシュ レート**とも呼ばれます。72Hz未満のレートでは、ほとんどの人がフリッカーに気付きます。このトピックに関する詳しい情報はセクション12.5を参照してください。

　モニター技術はリフレッシュ レート、成分あたりのビット数、色域、同期を含む、いくつかの方面で進歩しています。かつてリフレッシュ レートは60Hzでしたが、120Hzが一般的になりつつあり、最大600Hzが可能です。高いリフレッシュ レートでは、イメージは一般に複数回表示され、フレーム表示の間の目の動きによるスミアリングアーティファクトを最小にするため、黒いフレームが挿入されることもあります[7, 701]。モニターのビット数がチャンネルあたり8ビットより多いこともあり、チャンネルあたり10ビット以上を使える、HDRモニターがディスプレイ技術の次のブームかもしれません。Dolbyは、LEDバックライトの低解像度の配列を使って、LCDモニターを強化するHDRディスプレイ技術を持っています。それによって、典型的なモニターの10倍の明るさと100倍のコントラストがディスプレイに与えられます[1714]。色域の広いモニターも一般的になりつつあります。それらは純粋な虹色を表現できるようにすることにより、さらに広範囲の色、例えば、鮮やかな緑を表示できます。色域についての詳しい情報は、セクション8.1.3を参照してください。

　テアリング効果を減らすため、AMDのFreeSyncやNVIDIAのG-syncなどの適応型の同期技術を、企業は開発してきました。その考え方は、ディスプレイの更新レートを、固定の事前に定めたレートではなく、GPUの作成能力に適応させることです。例えば、あるフレームが10ms、次が30msレンダーにかかる場合、ディスプレイへのイメージの更新は、イメージのレンダリングの終了直後に開始します。そのような技術を使うと、レンダリングがずっと滑らかに見えます。それに加え、イメージが更新されなければ、カラー バッファーをディスプレイに送る必要がないので、電力の節約にもなります。

24.6.2　シングル、ダブル、トリプル バッファリング

セクション2.4で述べたように、ダブル バッファリングは、レンダリングが終了するまでイメージがディスプレイに表示されないようにします。ここでは、シングル、ダブル、さらにトリプル バッファリングも説明します。

　バッファーが1つしかないとします。このバッファーは、現在ディスプレイに表示されるものでなければなりません。あるフレームで三角形を描くと、モニターのリフレッシュにつれて見える数が増え、それは説得力にない効果です。フレーム レートがモニターの更新レートに等しい場合でも、シングル バッファリングには問題があります。バッファーを消去したり、大きな三角形を描くと、ビデオ ディスプレイ コントローラーがカラー バッファーの描画中の部分を転送するときに、実際のカラー バッファーへの部分的な変更が垣間見えてしまいます。表示されるイメージが、短時間に2つに引き裂かれるかのように見えるので、**テアリング**（引き裂き）とも呼ばれ、これはリアルタイム グラフィックスで好ましい特徴ではありません。昔のシステムには、Amigaのように、輝線がどこにあるかをテストして、そこに描くのを避け、シングル バッファリングが動作できるようにしたものありました。「輝線との競争」がレイテンシーを減らす手段になり得ます[6]。しかし仮想現実システムは例外かもしれませんが、今日ではシングル バッファリングはめったに使われません。

　テアリングの問題を避けるため、ダブル バッファリングが一般に使われます。完成イメー

ジが**フロント バッファー**に表示され、オフスクリーンの**バック バッファー**には現在描画中の
イメージが含まれます。次にグラフィックス ドライバーが、通常はテアリングを避けるため、
イメージ全体をディスプレイに転送した後に、バック バッファーとフロント バッファーを切
り替えます。切り替えは、たいてい2つのカラー バッファーのポインターを交換することで
行います。CRTディスプレイでは、このイベントは**垂直帰線**と呼ばれ、この時間のビデオ信
号は**垂直同期**パルス、略して*VSYNC*と呼ばれます。LCDディスプレイでは、物理的なビー
ムの帰線はありませんが、イメージ全体がディスプレイに転送された直後であることを示すの
に、同じ言葉を使います。レンダリングの完了直後にバックとフロントのバッファーを切り
替えるのは、レンダリング システムのベンチマークに有用で、フレーム レートが最大になる
ので、多くのアプリケーションでも使われます。VSYNCで切り替えないと、やはりテアリン
グを生じますが、2つの完全に形成されたイメージがあるので、そのアーティファクトはシン
グル バッファリングほど悪くありません。切り替えと同時に、(新しい)バック バッファーは
グラフィックス コマンドのレシーバーになり、新しいフロント バッファーがユーザーに示さ
れます。この処理が図24.12に示されています。

ダブル バッファリングは、ペンディング バッファーと呼ばれる、第2のバック バッ
ファーで強化できます。これは**トリプル バッファリング**[1245]と呼ばれます。ペンディング
バッファーは、やはりオフスクリーンという点でバック バッファーと類似し、フロント バッ
ファーが表示している間に修正できます。ペンディング バッファーは、3バッファー サイク
ルの一部になります。1フレームの間、ペンディング バッファーにアクセスできます。次の切
り替えで、それはバック バッファーになり、そこでレンダリングが完了します。次に、それ
がフロント バッファーにり、ユーザーに示されます。その次の切り替えで、バッファーは再
びペンディング バッファーになります。この流れが図24.12の下に可視化されています。

トリプル バッファリングは、ダブル バッファリングに対する1つの大きな利点があります。
それを使うと、システムは垂直帰線を待つ間、ペンディング バッファーにアクセスできます。
ダブル バッファリングの構造では、切り替えが起きるように垂直帰線を待つ間、単純に待ち
続けなければなりません。それは、フロント バッファーはユーザーに示さなければならず、
バック バッファーは完成したイメージが中にあり表示を待っているので、変えられないから
です。トリプル バッファリングの欠点は、丸々1フレーム、レイテンシーが増えることです。
この増加により、キーストロークとマウスやジョイスティックの動きなどの、ユーザー入力へ
の応答が遅れます。それらのユーザー イベントは、ペンディング バッファーでレンダリング

図24.12. シングル バッファリング(上)では、フロント バッファーが常に表示される。ダブル バッファリング
(中)では、最初はバッファー0がフロントで、バッファー1がバックにある。次にフロントとバック(あるいは逆)
をフレームごとに切り替える。トリプル バッファリング(下)にはペンディング バッファーもある。ここでは、最初
にバッファーを消去して、それへのレンダリングを開始する(ペンディング)。次に、システムはそのバッファーをイ
メージが完成するまで(バック)レンダリングに使い続ける。最後に、そのバッファーを表示する(フロント)。

24.7. 深度カリング、テスト、バッファリング　　　　　　　　　　　　　　915

が始まるまで後回しになるので、応答が鈍いと感じられるかもしれません。

　理論的には、3つ以上のバッファーを使うことも可能です。1フレームを計算する時間の量が大きく変化する場合は、バッファーを増やせば、潜在的なレイテンシーの増加と引き換えに、バランスが取れて全体的に高い表示レートが与えられます。一般化すると、マルチバッファリングは循環構造と考えられます。それぞれ異なるバッファーを指す、レンダリング ポインターと表示ポインターがあります。レンダリング ポインターは表示ポインターに先行し、現在のレンダリング バッファーの計算が終わると、次のバッファーに移動します。唯一の規則は、表示ポインターがレンダリング ポインターと同じになってはならないことです。

　それと関連した、PCグラフィックス アクセラレーターでさらなる高速化を達成する手法が、*SLI*モードの使用です。遡ること1998年に、2つのグラフィックス チップセットが並列に実行され、1つが奇数、もう1つが偶数の走査線を処理する**走査線インターリーブ**の略語として、3dfxがSLIを使いました。NVIDIA（3dfxの資産を買収）が、**スケーラブル リンク インターフェイス**と呼ばれる、2つ（以上）のグラフィックス カードの完全に異なる接続方法に、この略語を使っています。AMDはそれをCrossFire Xと呼びます。この形式の並列処理は、カードごとに1つずつ、スクリーンを2つ（以上）の水平区分に分割するか、各カードに完全に自分のフレームレンダーさせ、出力を交互に行うことにより、作業を分割します。カードが同じフレームのアンチエイリアシングを高速化できるようにするモードもあります。最も一般的な使い方は、GPUごとに別のフレームをレンダーさせることで、**交互フレーム レンダリング**（AFR）と呼ばれます。このスキームはレイテンシーを増やすように聞こえるかもしれませんが、たいていはほとんど影響がありません。シングルGPUシステムが10FPSでレンダーするとします。GPUがボトルネックなら、2つのGPUはAFRを使って20FPSでレンダーでき、4つなら40FPSになります。どのGPUも、そのフレームのレンダーに同じ量の時間がかかるので、必ずしもレイテンシーが変わるわけではありません。

　画面解像度は増え続け、ピクセルごとのサンプリングに基づくレンダラーに深刻な問題を突きつけます。フレーム レートを維持する1つの手段は、画面[746, 1940]とサーフェス[294]の上で、ピクセル シェーディング レートを適応的に変えることです。

24.7　深度カリング、テスト、バッファリング

このセクションでは、解像度、カリング、圧縮、キャッシュ、バッファリング、早期 z を含む、深度に関係があるすべてのものを取り上げます。

　深度解像度は、レンダリング エラーを避けるのに役立つので重要です。例えば、1枚の紙をモデル化して机の上、サーフェスのほんの少し上に置いたとします。机と紙に計算する z-深度の精度には限界があるので、様々な場所で机が紙から突き出ることがあります。この問題は z-**争奪**と呼ばれることがあります。紙を机と正確に同じ高さに置くと、つまり、紙と机を同一平面にすると、それらの関係についての追加情報がない場合、正しい答えがありません。この問題は下手なモデリングによるもので、z精度を上げても解決できません。

　セクション2.5.2で見たように、z-バッファー（深度バッファーとも呼ばれる）が可視性の解決に使えます。この種のバッファーは一般にピクセル（またはサンプル）あたり24ビットまたは32ビットを持ち、浮動小数点か固定小数点の表現を使えます[1586]。正投影のビューでは、距離の値が z-値に比例するので、一様分布が得られます。しかし、遠近ビューでは、87〜89ページで見たように分布は非一様です。遠近変換（式4.74または4.76）を適用した後、w-成分

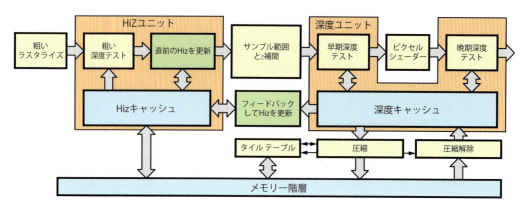

図24.13. z-補間が単純に補間を使って深度値を計算する、深度パイプラインの可能な実装。（Anderssonら[53]からの図。）

で除算する必要があります（式4.72）。そのとき深度成分は$p_z = q_z/q_w$で、$\mathbf{q}$は投影行列を乗算した後の点です。固定小数点表現では、値$p_z = q_z/q_w$が、その有効範囲（例えば、DirectXでは$[0,1]$）から整数範囲$[0, 2^b - 1]$に写像され、z-バッファーに格納されます（bはビット数）。深度精度についての詳しい情報は、87～89ページを参照してください。

ハードウェア深度パイプラインが図24.13に示されています。このパイプラインの主な目標は、プリミティブをラスタライズするときに生成する各入力深度を、深度バッファーに対してテストし、フラグメントが深度テストに通れば、その入力深度を場合により深度バッファーに書き込むことです。同時に、このパイプラインは効率的な必要があります。図の左の部分は粗いラスタライズ、つまりタイル レベルのラスタライズで始まります（セクション24.1）。この時点で、プリミティブと重なるタイルだけが、HiZユニットと呼ばれる次のステージに渡され、そこでz-カリング テクニックが実行されます。

HiZユニットは粗い深度テストと呼ばれるブロックで始まり、ここでは2種類のテストがよく行われます。最初に述べる$z_{\max}$-カリングは、セクション19.7.2で紹介した、Greeneの階層z-バッファリング アルゴリズム[642]の単純化です。その考え方は、$z_{\max}$と呼ばれる、各タイル内のすべての深度の最大値を格納することです。タイル サイズはアーキテクチャーに依存しますが、一般に8×8ピクセルが使われます[1342]。その$z_{\max}$-値は固定のオンチップ メモリーに格納したり、キャッシュを通じてアクセスできます。図24.13では、これを*HiZキャッシュ*と呼んでいます。簡単に言うと、テストしたいのは三角形がタイル中で完全に遮蔽されるかどうかです。これを行うには、タイルの内側の三角形上で最小のz-値、$z_{\min}^{\text{tri}}$を計算する必要があります。$z_{\min}^{\text{tri}} > z_{\max}$なら、三角形がタイル中の以前にレンダーしたジオメトリーに遮蔽されることが保証されます。そのタイルの三角形の処理を終了でき、ピクセル単位の深度テストが節約されます。いずれにせよ、サンプルごとの深度テストがパイプラインの後の方で隠れるフラグメントを取り除くので、ピクセル シェーダーの実行を節約するわけではないことに注意してください。実際には、$z_{\min}^{\text{tri}}$の正確な値を計算する余裕はないので、代わりに保守的な見積もりを計算します。いくつかの異なる$z_{\min}^{\text{tri}}$の計算方法があり、それぞれ長所と短所があります。

1. 三角形の3つの頂点の最小のz-値を使える。これは必ずしも正確ではないが、オーバーヘッドがほとんどない。

24.7. 深度カリング、テスト、バッファリング

2. 三角形の平面の式を使ってタイルの4隅のz-値を評価し、その最小値を使う。

その2つの戦略を組み合わせると、最高のカリング性能が得られます。これは2つのz_{min}値の大きい方をとることで行います。

別のタイプの粗い深度テストがz_{min}-カリングで、その考え方はタイル中のすべてのピクセルのz_{min}を格納することです[26]。これには2つの使い方があります。まず、z-バッファーの読み込みを避けるのに使えます。レンダー中の三角形が、以前にレンダーしたすべてのジオメトリーより前にあることが間違いなければ、ピクセル単位の深度テストは不要です。場合によっては、z-バッファーの読み込みを完全に回避して、さらに性能を上げられます。次に、異なるタイプの深度テストのサポートに使えます。z_{max}-カリング法では、標準の「より小さい」深度テストを仮定します。しかし、カリングを他の深度テストでも使えれば有益であり、z_{min}とz_{max}の両方が利用できれば、すべての深度テストを、このカリング処理でサポートできます。より詳しい深度パイプラインのハードウェアの説明が、Anderssonの博士論文[56]にあります。

図24.13の緑のボックスは、タイルのz_{max}とz_{min}の値を更新する様々な方法と関係があります。三角形がタイル全体を覆う場合、その更新は直接HiZユニットで行えます。そうでなければ、タイル全体のサンプルごとの深度を読み込み、最小値と最大値に要約してHiZユニットに送り返す必要があり、ある程度のレイテンシーが生じます。Anderssonら[57]が、これを高価な深度キャッシュからのフィードバックなしで行い、カリングの効率性をほとんど維持できる方法を紹介しています。

粗い深度テストを生き残ったタイルでは、（セクション24.1で述べた辺の式を使って）ピクセルやサンプルの範囲を決定し、サンプルごとの深度を計算します（図24.13ではz-補間と呼ばれる）。それらの値は、図の右に示される深度ユニットに送られます。APIの説明によれば、次にピクセル シェーダーの評価が行われるはずです。しかし、後で取り上げるような環境では、期待される振る舞いを変えることなく、**早期z** [1322, 1658]や**早期深度**と呼ばれる追加のテストを行えます。早期zは、実際には単にピクセル シェーダーより前に行うサンプル単位の深度テストで、遮蔽されるフラグメントが破棄されます。したがって、この処理は不要なピクセル シェーダーの実行を回避します。早期z-テストは、z-カリングとよく間違えられますが、完全に別のハードウェアで行われます。どちらかのテクニックが、もう一方がないときに使えます。

多くの環境では、GPUがz_{max}-カリング、z_{min}-カリング、早期zのすべてを自動的に使います。しかし、例えば、ピクセル シェーダーがカスタム深度を書き込んだり、`discard`操作を使ったり、順序なしアクセス ビューも値を書き込む場合は、それらを無効にしなければなりません[57]。早期zを使えない場合は、深度テストをピクセル シェーダーの後に行います（**晩期深度テスト**と呼ばれる）。

新しいハードウェアでは、アトミックな読み込み-修正-書き込み操作を行い、シェーダーからイメージのロードとストアを行うことがあります。そのような場合、安全に行えると分かっていれば、明示的に早期zを有効にして、それらの制約をオーバーライドできます。ピクセル シェーダーがカスタム深度を出力するときに使える、別の機能が、保守的深度です。この場合、カスタム深度が三角形の深度より大きいことをプログラマーが保証すれば、早期zを有効にできます。この例では、z_{max}-カリングも有効にできますが、早期zとz_{min}-カリングはできません。

いつもと同じく、オクルージョン カリングは前から後へのレンダリングの恩恵を受けます。

名前と意図が似ている別のテクニックが、z-前パスです。その考え方は、最初にプログラマーがピクセル シェーディングとカラー バッファーへの書き込みを無効にして、深度だけを書き込みながら、シーンをレンダーすることです。後続のパスのレンダリングで「等しい」テストを使えば、z-バッファーが初期化済みなので、最も前のサーフェスだけがシェーディングされます（セクション18.4.5）。

このセクションの締めくくりとして、図24.13の右下に示される、深度パイプラインのキャッシュと圧縮を、簡単に述べます。その全体的な圧縮システムは、セクション24.5で述べたシステムと似ています。各タイルは少数の選択サイズに圧縮可能で、圧縮が選択サイズのどれにも達しないときに使う、非圧縮データへのフォールバックが必ずあります。深度バッファーを消去するときには、帯域幅の使用用を節約するために高速消去が使われます。深度はスクリーン空間で線形なので、典型的な圧縮アルゴリズムは、高精度の平面の式を格納するか、デルタエンコーディングで差分の差分テクニックを使うか、何らかのアンカー手法を使うかのどれかです [737, 1342, 1540]。タイル テーブルとHiZ キャッシュは、全体をオンチップ バッファーに格納することもあれば、深度キャッシュと同様に、残りのメモリ階層を通じることもあります。それらのバッファーはサポートする最大解像度を扱うのに十分な大きさが必要なので、チップへの格納は高価です。

24.8　テクスチャリング

フェッチ、フィルタリング、圧縮解除を含むテクスチャー操作は、確かにGPUマルチプロセッサー上で実行する純粋なソフトウェアで実装できますが、テクスチャリングでは固定機能ハードウェアのほうが最大で40倍速いことが示されています [1717]。テクスチャー ユニットはアドレッシング、フィルタリング、クランプ、テクスチャー フォーマットの圧縮解除（6章）を行います。帯域幅の使用を減らすため、テクスチャー キャッシュと併せて使われます。最初にフィルタリングと、そのテクスチャー ユニットへの影響を論じます。

ミップマッピングや異方性フィルタリングなどの縮小フィルターは、スクリーン空間のテクスチャー座標の導関数がないと使えません。つまり、テクスチャーの詳細レベル λ の計算には、$\partial u/\partial x$, $\partial v/\partial x$, $\partial u/\partial y$, $\partial v/\partial y$ が必要です。それにより、テクスチャーの領域の広がりや、そのフラグメントが表す関数が分かります。頂点シェーダーから渡されるテクスチャー座標を使って、直接テクスチャーにアクセスする場合、導関数は解析的に計算できます。何らかの関数、例えば、$(u', v') = (\cos v, \sin u)$ を使ってテクスチャー座標を変換すると、導関数の解析的な計算は複雑になります。しかし、連鎖法則や記号的微分を使えば、やはり可能です [670]。にもかかわらず、グラフィックス ハードウェアでは、状況がいくらでも複雑になり得るので、それらの手法は使われません。法線をバンプ マップしたサーフェス上で、環境マップを使って反射を計算することを想像してください。例えば、法線マップを跳ね返り、環境マップにアクセスする反射ベクトルの導関数を解析的に計算するのは困難です。結果として、導関数は通常、クワッド基底、つまり 2×2 ピクセルの x と y の有限差分を使って数値的に計算されます。これは、GPUアーキテクチャーがクワッドのスケジューリングを中心とする理由でもあります。

一般に、導関数の計算は内部で発生し、つまり、ユーザーからは隠されます。実際の実装は、たいていクワッド上のクロス-レーン命令（shuffle/swizzle）を使って行われ、そのような命令をコンパイラーが挿入します。代わりにそれらの導関数を、固定機能ハードウェアを使って計算するGPUもあります。導関数をどう計算すべきかの、正確な仕様はありません。いく

24.8. テクスチャリング

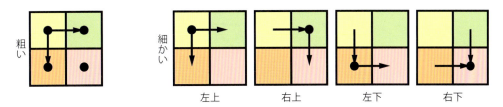

図24.14. 導関数がどのように計算されるかの図解。矢印は矢印が終わるピクセルと、それが始まるピクセルの間で差を計算することを示す。例えば、左上の水平の差は、右上のピクセルから左上のピクセルを引いて計算される。粗い導関数では（左）、クワッド内の4つのピクセルすべてで、1つの水平の差と1つの垂直の差を使う。細かい導関数では（右）、ピクセルに最も近い差を使う。（*Penner [1478]* からの図。）

つかの一般的な手法が図24.14に示されています。OpenGL 4.5とDirectX 11は、粗い導関数と細かい導関数の両方をサポートします[1478]。

テクスチャーの帯域幅の使用を減らすため、どのGPUもテクスチャー キャッシュを使います[392, 707, 859, 860]。テクスチャリング専用キャッシュ、さらには2レベルの専用テクスチャー キャッシュを使うアーキテクチャーもあれば、テクスチャリングを含む、すべてのタイプのアクセスでキャッシュを共有するものもあります。テクスチャー キャッシュの実装には、一般に小さなオンチップ メモリー（普通はSRAM）が使われます。このキャッシュは最近のテクスチャー読み込みの結果を格納し、アクセスが高速です。その置換ポリシーとサイズは、アーキテクチャーに依存します。隣のピクセルが同じか、近い位置のテクセルにアクセスする必要がある場合、おそらくキャッシュで見つかります。セクション24.4で述べたように、メモリー アクセスはたいていタイル方式で行われ、テクセルのタイルは一緒にフェッチされるので、テクセルは走査線順に格納する代わりに、効率を上げる小さなタイル、例えば、4×4テクセルで格納されます[707]。タイル サイズのバイト数は一般にキャッシュ ラインのサイズと同じで、例えば64バイトです。テクスチャーの別の格納方法は**スウィズル** パターンを使うことです。テクスチャー座標が既に固定小数点数(u,v)に変換され、uとvが、それぞれnビットだとします。uのi番目のビットをu_iで示します。そのとき(u,v)のスウィズル テクスチャー アドレス、Aへの再マッピングは次になります。

$$A(u,v) = B + (v_{n-1}u_{n-1}v_{n-2}u_{n-2}\ldots v_1u_1v_0u_0) \cdot T \qquad (24.14)$$

Bはテクスチャーのベース アドレスで、Tは1テクセルが占めるバイト数です。この再マッピングの利点は、図24.15に示されるテクセルの順番になることです。見て分かるように、これは**モートン列**[1347]と呼ばれる空間充填曲線で、コヒーレンスを改善することが知られています[1961]。この場合、曲線が2次元なのは、テクスチャーも通常2次元だからです。空間充填曲線に関する詳細はセクション23.2.1を参照してください。

テクスチャー ユニットには、いくつかの異なるテクスチャー フォーマットを圧縮解除するカスタム シリコンも含まれます（セクション6.2.6）。それを固定機能ハードウェアで実装するほうが、ソフトウェア実装と比べて、普通は何倍も効率的です。テクスチャーをレンダー ターゲットと、テクスチャー マッピングの両方に使うときには、他の圧縮機会が生じることに注意してください。カラー バッファーの圧縮が有効なら（セクション24.5）、そのようなレンダー ターゲットにテクスチャーとしてアクセスするときには、2つの設計選択肢があります。レンダー ターゲットが、そのレンダリングを完了したとき、1つの選択肢は、レンダー ターゲット全体をそのカラー バッファー圧縮フォーマットから圧縮解除して、後続のテクスチャー アクセス用に非圧縮として格納することです。2番目の選択肢は、カラー バッファー

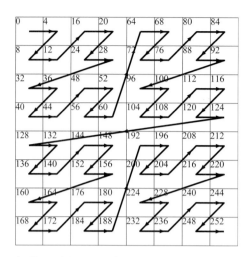

図 24.15. テクスチャー スウィズルは、テクセル メモリー アクセスのコヒーレンスを上げる。ここではテクセル サイズは 4 バイトで、各テクセルの左上にテクセル アドレスが示されている。

圧縮フォーマットの圧縮解除を行うハードウェア サポートを、テクスチャー ユニットに追加することです [1842]。後者のほうが、レンダー ターゲットをテクスチャーとしてアクセスする間も圧縮したままにできるので、効率的な選択です。キャッシュと圧縮についての詳しい情報が、セクション 24.4 にあります。

ミップマッピングは最大のテクセル-ピクセル比を強制するので、テクスチャー キャッシュの局所性にとって重要です。三角形をトラバースするとき、新しいピクセルは、それぞれ約 1 テクセルのテクスチャー空間の 1 ステップを表します。ミップマッピングは、テクニックが外見と性能の両方を改善する、レンダリングで数少ないケースの 1 つです。

24.9 アーキテクチャー

高速なグラフィックスを実現する最善の手段は並列性の利用で、実質的に GPU のすべてのステージで行えます。その考え方は、複数の結果を同時に計算してから、後のステージで結合することです。一般に、並列グラフィックス アーキテクチャーは、図 24.16 に示すような外見を持ちます。アプリケーションがタスクを GPU に送り、何らかのスケジューリングの後、いくつかの**ジオメトリー ユニット**でジオメトリー処理が並列に始まります。ジオメトリー処理の結果は、ラスタライズを行う**ラスタライザー ユニット**のセットに送られます。次にピクセル シェーディングとブレンドが、**ピクセル処理ユニット**のセットにより、やはり並列に行われます。最後に、その結果のイメージが表示のためディスプレイに送られます。

ソフトウェアとハードウェアの両方で、理解すべき重要なことは、自分のコードやハードウェアに直列な部分があれば、それが全体で可能な性能改善の大きさを制限することです。これは次のアムダールの法則として表され、

$$a(s, p) = \frac{1}{s + \frac{1-s}{p}} \qquad (24.15)$$

s はプログラム/ハードウェアの直列な割合で、したがって $1 - s$ が並列化に適した部分の割合です。さらに、p はプログラムやハードウェアの並列化を通じて達成できる、最大性能向上率

24.9. アーキテクチャー

です。例えば、元の1つのマルチプロセッサーに3つ加えると、$p=4$です。このとき、$a(s,p)$が改善で得られる高速化率です。10%が直列な、つまり$s=0.1$のアーキテクチャーがあり、残りの（非直列）部分が20倍に向上、つまり$p=20$となるようアーキテクチャーを改善すると、$a=1/(0.1+0.9/20) \approx 6.9$が得られます。見て分かるように、20の高速化は得られず、その理由はコード／ハードウェアの直列部分が性能を大きく制限することです。実際に、$p \to \infty$で、$a=10$になります。並列部分と直列部分のどちらの改善に努力を費やすほうがよいかは、常に明白なわけではありませんが、並列部分が大きく改善すると、性能がさらに直列部分に制限されるようになります。

グラフィックス アーキテクチャーでは、複数の結果が並列に計算されますが、ドローコールのプリミティブは、CPUが発行した順に処理されることが期待されます。したがって、並列なユニットがユーザーが意図したイメージを一緒にレンダーするように、何らかの種類のソートを行わなければなりません。特にソートが必要なのが、モデル空間からスクリーン空間です（セクション2.3.1と2.4）。注目すべきこととして、ジオメトリー ユニットとピクセル処理ユニットが同一のユニットに割り当てられる、統合ALUの可能性があります。本章の事例セクションのアーキテクチャーは、すべて統合シェーダー アーキテクチャーを使っています（セクション24.10）。これが当てはまる場合でも、このソートがどこで発生するかを理解することは重要です。並列アーキテクチャーの分類を紹介します[453, 1338]。ソートはパイプラインのどこでも発生することがあり、それによって図24.17に示すような、並列アーキテクチャーの4つの異なるクラスの作業配分が生じます。それらは**最初にソート**、**中間ソート**、**最後にソート（フラグメント）**、**最後にソート（イメージ）**と呼ばれます。アーキテクチャーにより、作業のGPUの並列ユニットへの配分方法が変わることに注意してください。

「最初にソート」ベースのアーキテクチャーは、ジオメトリー ステージの前にプリミティブをソートします。その戦略は画面スクリーンを領域のセットに分割し、ある領域の内側のプリミティブを、その領域を「所有する」完全なパイプラインに送ることです（図24.18）。プリミティブは最初に、送る必要がある領域が分かるようにソートされます。これがソート ステップです。「最初にソート」は、単独のマシンでは最も探られていないアーキテクチャーです[454, 1338]。1つの大きなディスプレイを形成する複数のスクリーンやプロジェクターを持つシステムを動かすときには、スクリーンごとに1台のコンピューターを専用に配備するので、そのときに使用が見られるスキームです[1627]。Chromiumと呼ばれるシステム[851]が開発され、ワークステーションのクラスターを使い、どんなタイプの並列レンダリング アルゴリズムでも実装できます。例えば、「最初にソート」と最後にソートを、高いレンダリング性能で実装できます。

Maliアーキテクチャー（セクション24.10.1）は、「中間ソート」型です。ジオメトリー処理

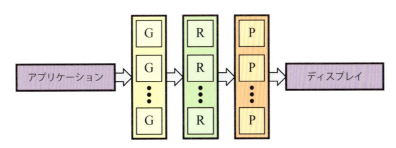

図24.16. 複数のジオメトリー ユニット（G）、ラスタライザー ユニット（R）、ピクセル処理ユニット（P）で構成される、高性能並列コンピューター グラフィックス アーキテクチャーの一般的なアーキテクチャー。

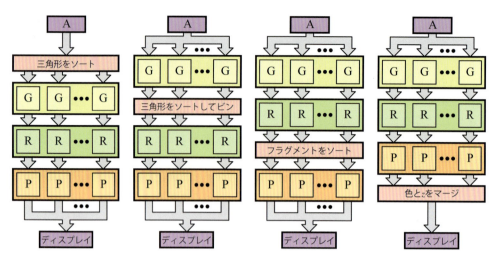

図24.17. 並列グラフィックス アーキテクチャーの分類。Aはアプリケーション、Gはジオメトリー ユニット、Rはラスタライザー ユニット、Pはピクセル処理ユニット。左から右に、アーキテクチャーは、「最初にソート」、「中間ソート」、「最後にソート（フラグメント）」、「最後にソート（イメージ）」。（Eldridgeら[453]からの図）

ユニットには、ほぼ同じ量の処理すべきジオメトリーが与えられます。次に変換されたジオメトリーは、**タイル**と呼ばれ、合わせて画面全体を覆う重なりのない長方形にソートされます。変換された三角形が複数のタイルと重なり、複数のラスタライザーとピクセル処理ユニットで処理されるかもしれないことに注意してください。ここで効率の鍵となるのは、ラスタライザーとピクセル処理ユニットのペアごとに、タイル サイズのフレームバッファーをチップ上に持つことで、それはすべてのフレームバッファー アクセスが高速なことを意味します。すべてのジオメトリーがタイルにソートされたら、各タイルのラスタライズとピクセル処理を互いに独立して開始できます。タイルごとに不透明なジオメトリー用のz-事前パスを行う「中間ソート」アーキテクチャーもあり、それはどのピクセルも1回しかシェーディングされないことを意味します。しかし、すべての「中間ソート」アーキテクチャーがこれを行うわけではありません。

「最後にソート（フラグメント）」アーキテクチャーは、ラスタライズ（フラグメント生成とも呼ばれる）の後、ピクセル処理の前に、フラグメントをソートします。1つの例が、セクション24.10.3で述べるGCNアーキテクチャーです。「中間ソート」と同じく、プリミティブは可能な限り均等にジオメトリー ユニットにばらまかれます。「最後にソート（フラグメント）」の1つの利点は重なりがないことで、それは生成するフラグメントが1つのピクセル処理ユニットだけに送られることを意味し、最適です。1つのラスタライザー ユニットが大きな三角形を扱い、別のユニットが小さな三角形しか扱わない場合に、不均衡が発生する可能性があります。

「最後にソート（イメージ）」アーキテクチャーは、ピクセル処理の後にソートを行います。可視化が図24.19に示されています。このアーキテクチャーは、独立したパイプラインのセットと見ることができます。プリミティブはパイプライン全体に拡散し、パイプラインはそれぞれ深度付きイメージをレンダーします。最終的な合成ステージで、すべてのイメージが、それらのz-バッファーを尊重して結合されます。OpenGLとDirectXのようなAPIは、プリミティブを送られた順にレンダーする必要があるので、「最後にソート（イメージ）」システムが、それらを完全には実装できないことに注意すべきです。PixelFlow [493, 1337] が、「最後

24.9. アーキテクチャー

図 **24.18.** 「最初にソート」は、ここに示すようにスクリーンを別々のタイルに分解し、タイルごとに1つのプロセッサーを割り当てる。そのときプリミティブは、そのタイルが重なるプロセッサーに送られる。これはジオメトリ処理の発生後にすべての三角形をソートする必要がある「中間ソート」アーキテクチャーと大きく異なる。すべての三角形がソートされた後でないと、ピクセル単位のラスタライズを開始できない。(**イメージ提供**: *Marcus Roth and Dirk Reiners*。)

にソート（イメージ）」アーキテクチャーの例です。PixelFlow アーキテクチャーが使う遅延シェーディングは、見えるフラグメントしかシェーディングを行わないことを意味することでも、注目に値します。しかしながら、それはパイプラインの終わりの方の帯域幅使用量が大きいため、現在のアーキテクチャーで「最後にソート（イメージ）」を使うものはありません。

純粋な「最後にソート（イメージ）」スキームの、大きなタイル表示システムでの1つの問題が、まさにレンダリング ノードの間で転送する必要がある、イメージと深度データの量です。Roth と Reiners [1627] が、各プロセッサーの結果のスクリーンと深度の境界を使うことにより、データ転送と合成のコストを最適化しています。

Eldridge ら [453, 454] が、「どこでもソート」アーキテクチャーの、Pomegranate を紹介しています。簡単に言うと、それはジオメトリ ステージとラスタライザー ユニット（R）の間、R とピクセル処理ユニット（P）の間、P とディスプレイの間に、ソート ステージを挿入します。そのためシステムが拡大するほど（つまり、パイプラインが加わるほど）、作業のバランスが保たれます。そのソート ステージは、ポイントツーポイント リンクによる高速ネットワークとして実装されます。パイプラインの追加により、性能がほぼ線形に向上することを、シミュレーションが示しています。

グラフィックス システムのすべての構成要素（ホスト、ジオメトリ処理、ラスタライズ、ピクセル処理）が相互に接続されて、マルチプロセッシング システムが与えられます。そのようなシステムでは、2つのよく知られた、ほぼ常にマルチプロセッシングに関連する問題、すなわち**負荷分散**と**通信**があります [322]。ジョブをキューに入れてパイプラインの各部がス

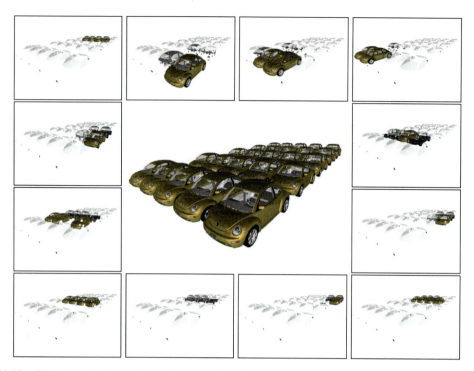

図24.19. 「最後にソート（イメージ）」では、シーン中の別のオブジェクトは、別のプロセッサーに送られる。別々のレンダーされたイメージを合成するときに、透明を扱うのは難しいので、透明なオブジェクトは通常すべてのノードに送られる。イメージ提供：*Marcus Roth and Dirk Reiners*。）

トールするのを避けられるように、たいていFIFO（先入れ先出し）キューが、パイプラインの随所に挿入されます。例えば、三角形のサイズが巨大で、ラスタライザー ユニットがジオメトリー ユニットのペースに追いつけないときに、ジオメトリー処理された三角形をバッファーに格納できるように、ジオメトリーとラスタライザーのユニット間にFIFOを置くことができます。

上の述べたソート アーキテクチャーは、それぞれ負荷分散の長所と短所が異なります。それに関する詳しい情報は、Eldridgeの博士論文[454]か、Molnarら[1338]の論文を調べてください。プログラマーが負荷分散に影響を与えることもでき、それを行うテクニックは18章で論じています。通信は、バスの帯域幅が低すぎたり、よく考えずに使うと問題になることがあります。そのため、どれかのバス、例えば、ホストからグラフィックス ハードウェアのバスで、ボトルネックが生じないように、アプリケーションのレンダリング システムを設計することが極めて重要です。セクション18.2が、ボトルネックを検出する様々な手法を扱っています。

24.10 事例

このセクションでは、3つの異なるグラフィックス ハードウェア アーキテクチャーを紹介します。モバイル デバイステレビをターゲットとする、ARMのMali G71 Bifrostアーキテクチャーを最初に紹介します。次がNVIDIAのPascalアーキテクチャーです。最後はVegaと呼ばれるAMDのGCNアーキテクチャーの説明です。

24.10. 事例

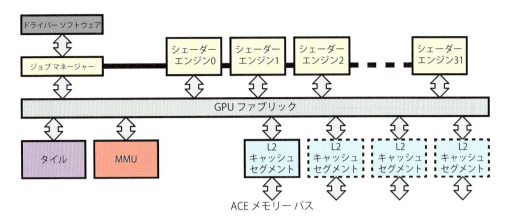

図24.20. Bifrost G71 GPUアーキテクチャー。最大32シェーダー エンジンまでスケール可能で、個々のシェーダー エンジンは図24.21に示されている。(*Davies [353]*からの図。)

グラフィックス ハードウェア企業は、しばしば設計の決定を、まだ作られていないGPUの大規模なソフトウェア シミュレーションに基づいて行います。つまり、いくつかのアプリケーション、例えばゲームを、彼らのパラメーター化されたシミュレーターを通して、複数の異なる構成で実行します。可能なパラメータには例えば、MPの数、クロック周波数、キャッシュの数、ラスター エンジン/テッセレーター エンジンの数、ROPの数があります、シミュレーションを使い、性能、消費電力、メモリー帯域幅の使用などの因子についての情報を収集します。最終的に、ほとんどのユース ケースでうまく動作する、可能な最良の構成を選び、その構成からチップを作ります。それに加えて、シミュレーションはアーキテクチャーの典型的なボトルネックの発見に役立つことがあり、例えば、キャッシュのサイズを増やして、それに対処できます。特定のGPUで、速さとユニットの数が異なる理由は、単純に「それが最もうまくいく」からです。

24.10.1 事例: ARM Mali G71 Bifrost

Mali製品ラインはARMのすべてのGPUアーキテクチャーを包含し、Bifrostは2016年からのアーキテクチャーです。このアーキテクチャーのターゲットは、例えば、モバイル フォン、タブレット、テレビなどのモバイルと組み込みシステムです。2015年には、7億5千万のMaliベースのGPUが出荷されています。それらの多くはバッテリーで動くので、単に性能にだけでなく、エネルギー効率のよいアーキテクチャーを設計することが重要です。そのため、すべてのフレームバッファー アクセスがチップ上に保たれ、電力の消費を下げる「中間ソート」アーキテクチャーを使うことが理にかないます。すべてのMaliアーキテクチャーは「中間ソート」型で、**タイリング アーキテクチャー**と呼ばれることもあります。このGPUの高レベルの概要が図24.20に示されています。見て分かるように、G71は最大32の統合シェーダー エンジンをサポートできます。ARMはシェーダー エンジンの代わりにシェーダー コアという言葉を使いますが、章の他の部分との混同を避けるため、ここではシェーダー エンジンという言葉を使います。シェーダー エンジンは一度に12のスレッドで命令を実行する能力を持ち、つまり12のALUがあります。特にG71では32シェーダー エンジンを選択していますが、アーキテクチャーは32エンジン以上にスケールします。

ドライバー ソフトウェアがGPUに作業を供給します。次にジョブ マネージャー、すなわ

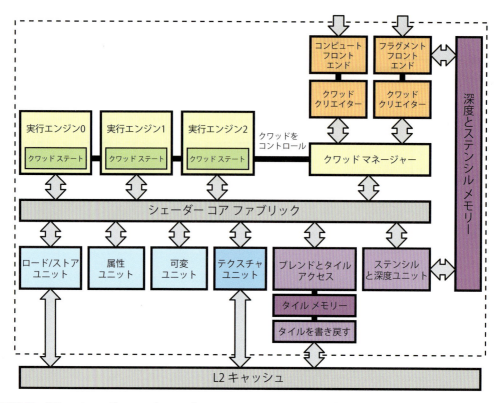

図24.21. Bifrost シェーダー エンジン アーキテクチャー。タイル メモリーがチップ上にあり、それが高速なローカル フレームバッファー アクセスを生み出す。（*Davies [353]* からの図。）

ちスケジューラーが、この作業をシェーダー エンジンの間で分割します。それらのエンジンは、エンジンがGPUの他のユニットと通信できるバスであるGPUファブリックを通じて接続されます。すべてのメモリー アクセスは、仮想メモリー アドレスを物理アドレスに変換する、メモリー管理ユニット（MMU）を通じて送られます。

シェーダー エンジンの概要が図24.21に示されています。見て分かるように、クワッドでのシェーディングの実行を中心に構成された、3つの実行エンジンがあります。そのため、それらはSIMD幅4の小さな汎用プロセッサーとして設計されています。それぞれの実行エンジンは、特に32ビット浮動小数点4つの融合積和（FMA）ユニットと、4つの32ビット加算器を持っています。これはシェーダー エンジンごとに3×4のALU、つまり12のSIMDレーンがあることを意味します。クワッドは、ここで使う用語ではワープと等価です。例えば、テクスチャ アクセスでレイテンシーを隠すため、このアーキテクチャーは、少なくともシェーダー エンジンあたり256のスレッドを起動できます。

シェーダー エンジンは統合され、例えばコンピュート、頂点、ピクセル シェーディングを実行できます。実行エンジンには、正弦と余弦など、超越関数の多くのサポートも含まれます。それに加え、16ビット浮動小数点精度を使うときには、性能が最大2×になります。それらのユニットは、レジスターの結果が、その後の命令の入力としてだけ使われる場合に、レジスターの内容のバイパスもサポートします。レジスター ファイルにアクセスする必要がないので、これは電力を節約します。それに加えて、例えば、テクスチャーや他のメモリー アクセスを行うときには、他のアーキテクチャーが、そのような操作のレイテンシーを隠すやり

24.10. 事例

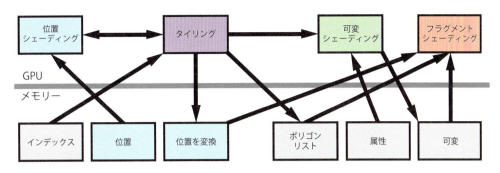

図24.22. Bifrostアーキテクチャーでのジオメトリーの流れ。頂点シェーダーは、タイラーが使う位置のシェーディングと、タイリング後に必要なときにだけ実行される、可変シェーディングで構成される。（*Choi [287]*からの図。）

方と同様に、クワッド マネージャーで1つのクワッドを切り替えて実行できます。これは小さな粒度のレベルで発生し、12のスレッドすべてではなく、4つのスレッドを切り替えます。ロード/ストア ユニットは一般のメモリー アクセス、メモリー アドレス変換、コヒーレントなキャッシュ処理を処理します[287]。属性ユニットは、属性のインデックスとアドレッシングを扱います。それはロード/ストア ユニットに、そのアクセスを送ります。可変ユニットは、可変属性の補間を行います。

　タイリング アーキテクチャー（中間ソート）の核となる考え方は、プリミティブをレンダーするスクリーン空間位置が分かるように、最初にすべてのジオメトリー処理を行うことです。同時に、タイルと重なるすべてのプリミティブへのポインターを含む**ポリゴン リスト**を、フレームバッファーのタイルごとに構築します。このステップが終わると、タイルと重なるプリミティブのセットが分かります。したがって、タイル中のプリミティブのラスタライズとシェーディングを行うことができ、その結果をオンチップのタイル メモリーに格納します。タイルがそのすべてのプリミティブのレンダリングを完了したら、データをタイル メモリーからL2キャッシュを通して外部のメモリーに書き戻します。これがメモリー帯域幅の使用を減らします。それから次のタイルをラスタライズし、以下同様にフレーム全体がレンダーされるまで行います。最初のタイリング アーキテクチャーはPixel-Planes 5 [545]で、そのシステムには、いくつかMaliアーキテクチャーと高レベルの類似性があります。

　ジオメトリー処理とピクセル処理が図24.22で可視化されています。見て分かるように、頂点シェーダーは位置シェーディングだけを行う部分と、タイリング後に行う、可変シェーディングと呼ばれる部分に分かれます。これはARMの以前のアーキテクチャーと比べて、メモリー帯域幅を節約します。**ビニング**、つまりプリミティブが重なるタイルの決定を行うのに必要な情報は、頂点の位置だけです。ビニングを行うタイラー ユニットは、図24.23に示す階層で動作します。このためビニングはプリミティブのサイズに比例せず、ビニングのメモリー フットプリントを小さく、予測可能にするのに役立ちます。

　タイラーがシーン中のすべてのプリミティブのビニングを完了したら、特定のタイルと重なるプリミティブが正確に分かります。そのため、残りのラスタライズ、ピクセル処理、ブレンドは、並列に動作できる利用可能なシェーダー エンジンがある限り、任意の数のタイルに並列に行えます。一般には、1つのタイルが、タイル中のすべてのプリミティブを処理する1つのシェーダー エンジンに送られます。この作業はすべてのタイルで行われますが、次のフレームのジオメトリー処理とタイリングを開始することもできます。この処理モデルは、タイリング アーキテクチャーのほうが、レイテンシーが多いかもしれないことを意味します。

この時点で、ラスタライズ、ピクセル シェーダーの実行、ブレンド、その他のピクセル単位の操作が続きます。タイリング アーキテクチャの唯一最大の特徴は、1つのタイルのフレームバッファー（例えば、色、深度、ステンシルを含む）を、ここでは**タイル メモリー**と呼ばれる、高速なオンチップ メモリーに格納できることです。これが無理なくできるのは、タイルが小さい（16×16ピクセル）からです。タイルのすべてのレンダリングが終了したら、タイルの望む出力（普通は色と、場合により深度）を、スクリーンと同じサイズのチップ外のフレームバッファー（外部メモリー）にコピーします。これは、ピクセル単位の処理の中には、フレームバッファーへのすべてのアクセスが無料であることを意味します。外部バスの使用は高いエネルギー コストを伴うので、それを避けるのは非常に望ましいことです[26]。オンチップ タイル メモリーの内容をチップ外のフレームバッファーに追い出すときには、やはりフレームバッファー圧縮が使えます。

Bifrostは、一般に「中間ソート」アーキテクチャーでサポートされる機能拡張のセットである、**ピクセル ローカル ストレージ（PLS）**をサポートします。PLSを使えば、ピクセル シェーダーでフレームバッファーの色にアクセスし、カスタム ブレンド テクニックを実装できます。対照的に、ブレンドは通常APIを使って設定され、ピクセル シェーダーのようにプログラマブルではありません。タイル メモリーを使い、ピクセルごとに任意の固定サイズのデータ構造を格納することもできます。例えば、プログラマーはこれによって、遅延シェーディング テクニックを効率よく実装できます。最初のパスで、G-バッファー（例えば、法線、位置、ディフューズ テクスチャー）をPLSに格納します。2番目のパスでライティングの計算を行い、その結果をPLSに累積します。3番目のパスでPLSの情報を使い、最終的なピクセルの色を計算します。1つのタイルでは、これらのすべての計算が、タイル メモリー全体がチップ上に保持されている間に発生するので、高速です。

すべてのMaliアーキテクチャーは、最初からマルチサンプリング アンチエイリアシング（MSAA）を念頭に置いて設計され、126ページで述べた回転グリッド スーパーサンプリング（RGSS）スキームを、ピクセルあたり4サンプルを使い、実装しています。「中間ソート」アーキテクチャーは、アンチエイリアシングに適しています。これはタイルがGPUを離れて外部メモリーに送られる直前に、フィルタリングを行うからです。それにより、外部メモリーにあるフレームバッファーは、ピクセルあたり1色しか格納する必要がありません。標準的なアーキテクチャーであれば、フレームバッファーを4倍の大きさにする必要があるでしょう。タイリング アーキテクチャーでは、オンチップのタイル バッファーを4倍に増やすか、実質的により小さなタイル（半分の幅と高さ）を使うだけです。

Mali Bifrostアーキテクチャーは、レンダリング プリミティブのバッチで、マルチサンプリングとスーパーサンプリングのどちらを使うかを選択することもできます。これはサンプルごとにピクセル シェーダーを実行する、より高価なスーパーサンプリング アプローチを、必要

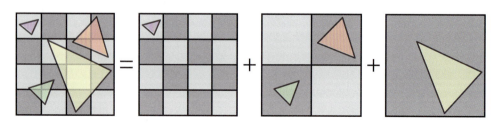

図24.23. Bifrostアーキテクチャーの階層タイラー。この例では、ビニングが3つの異なるレベルで行われ、そこで各三角形は、それがただ1つの正方形と重なるレベルに割り当てられる。（Bratt [210]からの図。）

なときに使えることを意味します。1つの例が、視覚的アーティファクトを避けるために高品質のサンプリングが必要な、テクスチャーを貼った木のアルファ マッピングによるレンダリングでしょう。それらのプリミティブで、スーパーサンプリングを有効にできます。その複雑な状況が終わって、単純なオブジェクトをレンダーするときには、それより高価でないマルチサンプリング アプローチの使用に切り替えることができます。アーキテクチャーは8×と16×のMSAAもサポートします。

Bifrost（とMidgardと呼ばれる、その前のアーキテクチャー）は、**トランザクション除去**と呼ばれるテクニックもサポートします。その考え方は、シーンのフレーム間で変わらない部分で、タイル メモリーからチップ外メモリーへのメモリー転送を避けることです。現在のフレームで、タイルごとに一意なシグネチャーを、タイルをチップ外のフレームバッファーに追い出すときに計算します。このシグネチャーは一種のチェックサムです。次のフレームで、追い出そうとしているタイルのシグネチャーを計算します。あるタイルで、前のフレームのシグネチャーが現在のフレームのシグネチャーと同じなら、既に正しい内容がそこにあるので、アーキテクチャーは、カラー バッファーのチップ外メモリーへの書き出しを回避します。特にこれは、シーンの毎フレーム更新される割合が小さい、カジュアル モバイル ゲーム（例えば、*Angry Birds*）で有用です。「最後にソート」アーキテクチャーは、操作をタイルに基づいて行わないので、このタイプのテクニックの実装が難しいことにも注意してください。G71は、ユーザー インターフェイス合成に適用するトランザクション除去である、**スマート合成**もサポートします。すべてのソースが前のフレームと同じで、操作も同じなら、それによりピクセルのブロックの読み込み、合成、書き込みを回避できます。

クロック ゲーティングとパワー ゲーティングのような、低レベルの電力節約テクニックも、このアーキテクチャーでは大いに使われます。これは電力使用を減らすため、パイプラインの使われない、あるいはアクティブでない部分が、停止したり、低エネルギー消費状態でアイドリングすることを意味します。テクスチャー帯域幅を減らすため、ASTCとETC専用の圧縮解除ユニットを持つ、テクスチャー キャッシュがあります。それに加えて、圧縮テクスチャーは、テクセルを圧縮解除してキャッシュに入れるのではなく、圧縮形式でキャッシュに格納されます。これはテクセルが要求されたときに、ハードウェアがキャッシュからブロックを読み込み、そのブロックのテクセルをその場で圧縮解除することを意味します。この構成はキャッシュの実行サイズを増やし、効率を引き上げます。

一般に、タイリング アーキテクチャーの利点は、それが本質的に設計されたタイルの並列処理であることです。例えば、さらにシェーダー エンジンを追加して、各エンジンに一度に1つのタイルの独立なレンダリングを担当させることができます。タイリング アーキテクチャーの欠点は、タイリングでシーン データ全体をGPUに送る必要があり、処理したジオメトリーをメモリーにストリーム出力することです。ジオメトリー シェーダーの適用やテッセレーションのような、ジオメトリー増幅の処理では、増えたジオメトリーにより、ジオメトリーを前後にシャッフルするメモリー転送の量が増えるので、一般に、「中間ソート」アーキテクチャーは理想的ではありません。Maliアーキテクチャーでは、ジオメトリー シェーディング（セクション18.4.2）とテッセレーションが、どちらもGPU上のソフトウェアで処理され、Maliの最良実践ガイド[77]は、ジオメトリー シェーダーを使わないことを推奨しています。モバイルと組み込みシステムでは、ほとんどのコンテンツで、「中間ソート」アーキテクチャーはうまく動作します。

24.10.2 事例: NVIDIA Pascal

PascalはNVIDIAにより作られたGPUアーキテクチャーです。それはグラフィックス部分 [1403] と計算部分 [1404] の両方として存在し、後者のターゲットは高性能コンピューティングと深層学習アプリケーションです。この概要説明では、ほとんどグラフィックスの部分、特にGeForce GTX 1080と呼ばれる特定の構成に焦点を合わせます。最小の統合ALUから開始してGPU全体に向かって作り上げる、ボトムアップ方式でアーキテクチャーを紹介します。このセクションの終わりには、他のチップ構成のいくつかに簡単に触れます。

Pascalグラフィックス アーキテクチャーで使われる統合ALU（NVIDIAの用語では*CUDAコア*）の高レベルの略図は、905ページの図24.8の左のALUと同じです。そのALUの焦点は浮動小数点と整数の演算ですが、他の操作もサポートします。計算能力を上げるため、複数のそのようなALUを、ストリーミング マルチプロセッサー（SM）に結合します。Pascalのグラフィックス部分では、SMは4つの処理ブロックで構成され、ブロックごとに32のALUを持ちます。これはSMが32スレッドの4つのワープを同時に実行できることを意味します。これが図24.24に示されています。

処理ブロック、すなわち幅32のSIMTエンジンごとに、8つのロード/ストア（LD/ST）ユニットと8つの特殊関数ユニット（SFU）もあります。ロード/ストア ユニットは、$16,384 \times 4$バイト、すなわち処理ブロックあたり64kB、SMあたり256kBになるレジスター ファイルのレジスターへの値の読み書きを処理します。SFUは正弦、余弦、指数（底2）、対数（底2）、逆数、逆数平方根などの超越関数命令を処理し、属性補間もサポートします [1135]。

SM中のすべてのALUが、1つの命令キャッシュを共有する一方、命令キャッシュのヒット率をさらに上げるため、SIMTエンジンごとに、最近ロードされた命令のローカルなセットを保持する独自の命令バッファーを持ちます。ワープ スケジューラーは、クロック サイクルごとに2つのワープ命令を送り出すことができ [1404]、例えば、同じクロック サイクルでALUとLD/STユニットの両方に作業をスケジュールできます。SMごとにそれぞれ24kB、SMあたり48kBのストレージを持つ、2つのL1キャッシュもあることに注意してください。2つのL1キャッシュを持つ理由は、そらくL1キャッシュが大きいほど、多くの読み書きポートが必要になり、キャッシュの複雑さが増えて、チップ上の実装が大きくなるからです。それに加えて、SMごとに8つのテクスチャー ユニットがあります。

シェーディングは2×2のピクセル クワッドで行わなければならないので、ワープ スケジューラーは8つの異なるピクセル クワッドの作業を見つけて一緒にグループ化し、32のSIMTレーンで実行します [1135]。統合ALU設計なので、ワープ スケジューラーは、頂点、ピクセル、プリミティブ、コンピュート シェーダーの作業の1つをワープにグループ化できます。SMは異なる種類のワープ（頂点、ピクセル、プリミティブなど）を同時に扱えることに注意してください。このアーキテクチャーは、現在実行中のワープを実行の準備ができたワープに切り替えるオーバーヘッドもゼロです。Pascal上で、どのワープが次に実行を選択されるかの詳細は公開されていませんが、以前のNVIDIAアーキテクチャーがヒントを与えます。2008年のNVIDIA Teslaアーキテクチャー [1135] では、各クロック サイクルで発行するワープを選ぶのに、**スコアボード**を使っていました。スコアボードは、衝突のないアウトオブオーダー実行を可能にする、一般的なメカニズムです。ワープ スケジューラーは、実行の準備ができている（例えば、テクスチャー ロードの戻りを待っていない）ワープの中から、最も高い優先順位を持つものを選びます。ワープの型、命令型、「公平さ」が、最高優先順位のワープの選択に使うパラメーターです。

24.10. 事例

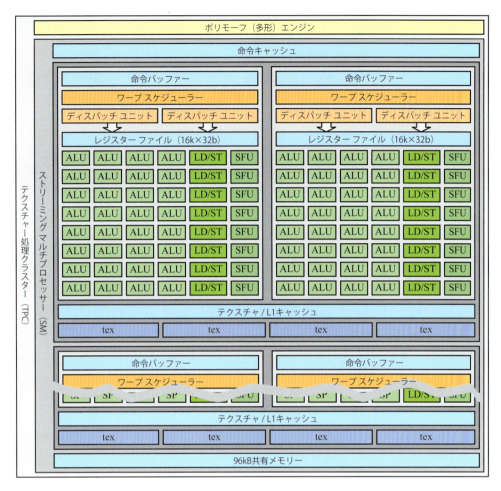

図24.24. Pascalストリーミング マルチプロセッサー（SM）は$32 \times 2 \times 2$の統合ALUを持ち、SMはポリモーフ（多形）エンジンと一緒にカプセル化され、合わせてテクスチャー処理クラスター（TPC）を形成する。上のダークグレイのボックスは、その直下に複製されているが、その複製部分は省略されている。（NVIDIAのホワイト ペーパー[1403]からの図。）

　SMはポリモーフ エンジン（PM）と連動して動作します。このユニットの最初の形は、Fermiチップ[1402]で導入されました。PMは、頂点フェッチ、テッセレーション、同時マルチ投影、属性セットアップ、ストリーム出力を含む、ジオメトリー関連のタスクを行います。最初のステージは、グローバルな頂点バッファーから頂点を取り出し、頂点とハルのシェーディングのため、SMにワープを送り出します。その次のオプションのテッセレーション ステージ（セクション17.6）では、新たに生成された(u, v)パッチ座標を、ドメイン シェーディングと、オプションのジオメトリー シェーディングのため、SMに送ります。3番目のステージは、ビューポート変換と遠近補正を処理します。それに加えて、例えば効率的なVRレンダリングに使える（セクション21.3.1）オプションの同時マルチ投影が、ここで実行されます。次に来るのが、オプションの頂点をメモリーにストリーム出力する4番目のステージです。最後に、その結果を関連するラスター エンジンに送ります。

　ラスター エンジンには、三角形セットアップ、三角形トラバース、z-カリングの3つの仕事があります。三角形セットアップは、頂点を取り出し、辺の式を計算し、背面カリングを行い

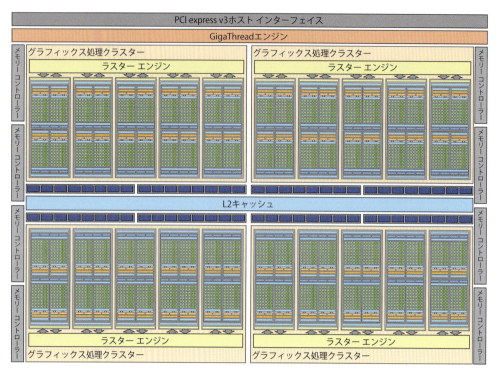

図 24.25. 20 の SM、20 のポリモーフ エンジン、4 つのラスター エンジン、8 × 20 = 160 のテクスチャー ユニット (277.3G テクセル/s のピーク レート)、256 × 20 = 5120kB 相当のレジスター ファイル、全部で 20 × 128 = 2560 の統合 ALU を持つ GTX 1080 構成の Pascal GPU。(*NVIDIA* のホワイト ペーパーからの図 [1403]。)

ます。三角形トラバースは、階層タイル トラバース テクニックを使って、三角形と重なるタイルを訪れ、辺の式を使って、タイル テストとインサイド テストを行います。Fermi では、各ラスタライザーが、クロック サイクルあたり最大 8 ピクセルを処理できます [1402]。Pascal では、この数は公開されていません。z-カリング ユニットは、セクション 24.7 で述べたテクニックを使い、タイル単位のカリングを処理します。タイルが間引かれたら、そのタイルの処理は直ちに終了します。生き残った三角形には、ピクセル シェーダーでの効率的な評価のため、頂点単位の属性を平面の式に変換します。

ストリーミング プロセッサとポリモーフ エンジンの組み合わせが、**テクスチャー処理クラスター（TPC）**と呼ばれます。さらに上位レベルでは、5 つの TPC が、その 5 つの TPC にサービスする 1 つのラスター エンジンを持つ**グラフィックス処理クラスター（GPC）**にグループ化されます。GPC は小さな GPU と考えることができ、その目的はグラフィックス用のハードウェア ユニット、例えば、頂点、ジオメトリー、ラスター、テクスチャー、ピクセル、ROP ユニットのバランスの取れたセットを提供することです。このセクションの終わりで見るように、分離した機能ユニットを作成することで、設計者は幅広い機能を持つ GPU チップのファミリーを、より簡単に作成できます。

これで、GeForce GTX1080 の構成要素を、ほとんど説明しました。それは 4 つの GPC で構成され、その一般的な設定が図 24.25 に示されています。ここには GigaThread エンジンで駆動される、もう 1 つ別のレベルのスケジューリングと、PCIe v3 へのインターフェイスがあります。GigaThread エンジンは、スレッドのブロックをすべての GPC にスケジュールする、グローバルな作業配分エンジンです。

24.10. 事例   933

図24.26. レンダー イメージ（左）と、Pascalの前のアーキテクチャーであるMaxwell（中）と、Pascal（右）の圧縮結果の可視化。紫のイメージは、バッファー圧縮の成功率が高いことを示す。（*NVIDIAホワイト ペーパー[1403]* からのイメージ。）

　図24.25には、少し隠れていますが、ラスター操作ユニットも表示されています。それらは図の真ん中のL2キャッシュの直上と直下にあります。青いブロックが1つのROPユニットで、それぞれ8つのROPを持つ8つのグループがあり、全部で64です。ROPユニットの主な仕事は、出力をピクセルと他のバッファーに書き出し、ブレンドなどの様々な操作を行うことです。図の左右に見えるように、全部で8つの32ビット メモリー コントローラーがあり、合計で256ビットになります。8つのROPユニットは、1つのメモリー コントローラーと256kBのL2キャッシュに直結します。これによりチップ全体で、全部で2MBのL2キャッシュが与えられます。各ROPは特定のメモリー区分に接続され、それはROPがバッファーのピクセルの特定のサブセットを扱うことを意味します。ROPユニットは可逆圧縮も扱います。3つの異なる圧縮モードに加えて、非圧縮と高速消去もサポートします[1403]。2：1圧縮（例えば、256Bから128B）では、基準色の値をタイルごとに格納し、ピクセル間の差分をエンコードし、その差分を非圧縮形式より少ないビット数でエンコードします。次に4：1圧縮は2：1モードの拡張ですが、このモードは差分がさらに少ないビット数でエンコード可能な場合だけ有効にでき、内容が滑らかに変化するタイルでしか使えません。8：1モードもあり、それは2×2ピクセル ブロックの4：1固定色圧縮と、上の2：1モードの組み合わせです。8：1モードは4：1に優先し、4：1は2：1に優先するので、タイルの圧縮に成功する最も高い圧縮率のモードが常に使われます。それらすべての圧縮の試みが失敗したら、タイルをメモリーに転送して非圧縮として格納しなければなりません。Pascalの圧縮システムの効率が、図24.26に示されています。

　使われるビデオ メモリーは、10GHzのクロック レートのGDDRX5です。8つのメモリー コントローラーが、全部で256ビット ＝ 32Bを供給することが分かっています。これは全体で320GB/sのピーク メモリー帯域幅を与えますが、多くのキャッシュのレベルと圧縮テクニックを組み合わせ、さらに高い実行レートの印象を与えます。

　チップのベース クロック周波数は1607MHzで、十分な電力バジェットがあるときにはブースト モード（1733MHz）で動作可能です。ピーク計算能力は次になります。

$$\underbrace{2}_{\text{FMA}} \cdot \underbrace{2560}_{\text{SP の数}} \cdot \underbrace{1733}_{\text{クロック周波数}} = 8,872,960 \text{ MFLOPS} \approx 8.9 \text{ TFLOPS} \qquad (24.16)$$

2は、融合積和が2つの浮動小数点演算として数えられることから生じ、10^6で割ってMFLOPSからTFLOPSに変換しています。GTX 1080 Tiは3584のALUを持ち、12.3TFLOPSになります。

　NVIDIAは長い間、「最後にソート（フラグメント）」アーキテクチャーを開発してきました。しかし、Maxwell以降は、**タイル キャッシング**と呼ばれる、新たなタイプのレンダリングもサポートし、それは「中間ソート」と「最後にソート（フラグメント）」の中間的なもので

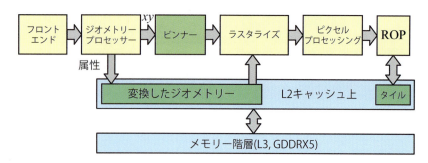

図24.27. タイル キャッシングは、ジオメトリーをタイルにソートし、変換したジオメトリーをL2キャッシュにとどめるビンナーを導入する。現在処理中のタイルも、現在のチャンクでそのタイルにあるジオメトリーの処理が終わるまで、L2にとどまる。

す。このアーキテクチャーは図24.27に示されています。その考え方は、局所性とL2キャッシュを利用することです。その出力をこのキャッシュに残せるように、ジオメトリーを十分に小さなチャンクで処理します。それに加え、フレームバッファーも、そのタイルと重なるジオメトリーのピクセル シェーディングが終わらない間、L2に残ります。

図24.25には4つのラスター エンジンがありますが、グラフィックスAPIは（ほとんどの場合）、プリミティブの発行順を尊重しなければならないことが分かっています[1716]。フレームバッファーは、たいてい一般化チェッカーボード パターン[1250]を使ってタイルに分割でき、ラスター エンジンごとに、タイルのセットを「所有」します。現在の三角形を、少なくともそのタイルの1つが三角形と重なるラスター エンジンすべてに送ることで、タイルごとに独立に順番の問題を解決します。これは負荷分散の改善に役立ちます。通常GPUアーキテクチャーには、いくつかのFIFOキューもあり、それはハードウェア ユニットのスタービングを減らすためにあります。図には、それらのキューは示されていません。

ディスプレイ コントローラーは色成分あたり12ビットで、BT.2020の広い色域をサポートし、HDMI 2.0bとHDCP 2.2もサポートします。ビデオ処理では、ハイダイナミックレンジビデオの伝達関数であるSMPTE 2084をサポートします。Venkataraman[1951]が、Fermi以降のNVIDIAアーキテクチャーが持つ**コピー エンジン**について述べています。それは**ダイレクト メモリー アクセス（DMA）**転送を実行できるメモリー コントローラーです。DMA転送はCPUとGPUの間で発生し、そのような転送は一般に、そのどちらかで開始します。その処理を開始するユニットは転送の間、他の計算を行う続けることが可能です。コピー エンジンは、CPUとGPUのメモリー間のデータのDMA転送を起動でき、GPUの他の部分と独立に実行できます。したがって、情報がCPUからGPU、あるいは逆向きに転送されている間、GPUは三角形をレンダーし、他の関数を実行できます。

Pascalアーキテクチャーは、ニューラル ネットワークの訓練や、大規模データの分析など、非グラフィック アプリケーション用にも構成できます。Tesla P100が、そのような構成の1つです[1404]。GTX 1080との違いには、メモリー バスが4096ビットの高帯域幅メモリー2（HBM2）を使い、全体で720GB/sのメモリー帯域幅を供給することが含まれます。それに加えて、32ビット浮動小数点の最大2×の性能で、倍精度処理よりも大幅に高速な、ネイティブの16ビット浮動小数点サポートを持ちます。SMの構成と、レジスター ファイルの設定も異なります[1404]。

GTX 1080 Ti（titanium）は、よりハイエンドな構成です。それは3584のALU、352ビットのメモリー バス、全体のメモリー帯域幅に484GB/s、88のROP、224のテクスチャー ユ

24.10. 事例

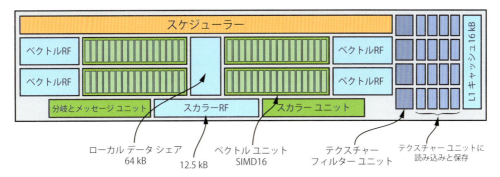

図 24.28. Vega アーキテクチャーの GCN コンピュート ユニット。ベクトル レジスター ファイルは、それぞれ 64 kB の容量を持ち、スカラー RF は 12.5kB、ローカル データ シェアは 64kB を持つ。CU ごとに、32 ビット浮動小数点の 16 の SIMD レーン（明るい緑）の 4 つのユニットがある。（*Mah* [1193] と *AMD* ホワイト ペーパー [41] からの図。）

ニットを持ち、それは GTX 1080 では 2560、256 ビット、320GB/s、64、160 です。6 つの GPC を使って構成されるので、6 つのラスター エンジンを持ちす（GTX 1080 は 4）。GPC のうち 4 つは GTX 1080 とまったく同じですが、残りの 2 つは、5 ではなく 4 つの TPC だけからなる、少し小さいものです。1080 Ti のチップは 120 億トランジスター、1080 は 72 億トランジスターを使います。Pascal アーキテクチャーは、スケールダウンもできるという点で柔軟です。例えば、GTX 1070 は、GTX 1080 より GPC が少なく、GTX 1050 は、それぞれ 3 つの SM を持つ 2 つの GPC で構成されます。

24.10.3 事例: AMD GCN Vega

AMD の Graphics Core Next（GCN）アーキテクチャーは、いくつかの AMD のグラフィックス カード製品と、Xbox One と PLAYSTATION 4 で使われます。ここでは、それらのコンソールで使われるアーキテクチャーの進化である、GCN Vega アーキテクチャー [41] の一般的な要素を述べます。

　GCN アーキテクチャーの核となる構成要素が、図 24.28 に示す、コンピュート ユニット（CU）です。CU は 4 つの SIMD ユニットを持ち、それぞれが 16 の SIMD レーン、つまり、16 の統合 ALU を持っています（セクション 24.2 の用語を使う）。各 SIMD ユニットは、ウェーブフロントと呼ばれる、64 のスレッドで命令を実行します。SIMD ユニットごとに、クロック サイクルあたり 1 つの単精度浮動小数点命令を発行できます。アーキテクチャーは SIMD ユニットあたり 64 スレッドのウェーブフロントを処理するので、ウェーブフロントが完全に発行されるまで、4 クロック サイクルかかります [1193]。CU が異なるカーネルのコードを同時に実行できることにも注意してください。SIMD ユニットごとに 16 のレーンがあり、クロック サイクルあたり 1 つの命令を発行できるので、CU 全体の最大スループットは、CU あたり 4SIMD ユニット × ユニットあたり 16SIMD レーン = 64 単精度 FP 演算/クロック サイクルです。CU は単精度 FP と比べて 2 倍の半精度（16 ビット浮動小数点）命令も実行でき、あまり正確さが必要でない場合に役立つことがあります。これには例えば、機械学習とシェーダー計算が含まれることがあります。2 つの 16 ビット FP 値は、1 つの 32 ビット FP レジスターにパックされます。SIMD ユニットごとに 64 kB のレジスター ファイルを持ち、単精度 FP は 4 バイトを使い、ウェーブフロントあたり 64 のスレッドがあるので、$65,536/(4 \cdot 64) = 256$ レジスター/スレッドになります。ALU は、4 つのハードウェア パイプライン ステージを持つ

ています [41]。

　CU ごとに、最大 4 つの SIMD ユニットの間で共有される（図に示していない）命令キャッシュがあります。関連する命令が、SIMD ユニットの命令バッファー（IB）に送られます。各 IB は、10 のウェーブフロントを扱うストレージを持ち、レイテンシーを隠すため、必要に応じて SIMD ユニットで切り替えることができます。これは CU が 40 のウェーブフロントを扱えることを意味します。これは、つまり $40 \cdot 64 = 2560$ スレッドと等価です。したがって、図 24.28 の CU スケジューラーは、一度に 2560 のスレッドを処理でき、その仕事は、CU の様々なユニットに作業を配分することです。毎クロック サイクル、現在の CU 上のすべてのウェーブフロントが命令発行を考慮され、各実行ポートには、最大 1 つの命令が発行できます。CU の実行ポートには分岐、スカラー/ベクトル ALU、スカラー/ベクトル メモリー、ローカル データ シェア、グローバル データ シェア（エクスポート）、特殊命令が含まれ [38]、つまり、各実行ポートは大まかに CU の 1 つのユニットに対応します。

　スカラー ユニットは、SIMD ユニットの間で共有される 64 ビット ALU でもあります。それは独自のスカラー レジスター ファイルとスカラー データ キャッシュ（示していない）を持ちます。スカラー RF は SIMD ユニットあたり 800 の 32 ビット レジスターを持ち、つまり、$800 \cdot 4 \cdot 4 = 12.5\text{kB}$ です。実行はウェーブフロントと密に結合します。SIMD ユニットに完全に命令を発行するのに 4 クロック サイクルかかるので、スカラー ユニットは、特定の SIMD ユニットには、4 クロック サイクルごとにしかサービスできません。スカラー ユニットは、制御フロー、ポインター演算、ワープ中のスレッドの間で共有できる他の計算を扱います。条件と無条件の分岐命令は、分岐とメッセージ ユニットで実行するように、スカラー ユニットから送られます。SIMD ユニットごとに、レーンの間で共有される 1 つの 48 ビットのプログラム カウンター（PC）を持ちます。それらはすべて同じ命令を実行するので、これで十分です。分岐すると、プログラム カウンターが更新されます。このユニットが送ることのできるメッセージには、デバッグ メッセージ、特別なグラフィックス同期メッセージ、CPU 割り込みが含まれます [1211]。

　Vega 10 アーキテクチャー [41] が、図 24.29 に示されています。上の部分にグラフィックス コマンド プロセッサー、2 つのハードウェア スケジューラー（HWS）、8 つの非同期コンピュート エンジン（ACE）が含まれます [39]。GPC の仕事は、グラフィックスの作業を、GPU のグラフィックス パイプラインとコンピュート エンジンに送り出すことです。HWS は作業をキューに格納し、キューはそれを可能になった ACE に割り当てます。ACE の仕事は、計算タスクをコンピュート エンジンにスケジュールすることです。コピー タスク（図には示していない）を処理できる 2 つの DMA エンジンもあります。GPC、ACE、DMA エンジンは並列に動作して作業を GPU に送ることができ、タスクを異なるキューから交互に送ることができるので、GPU の利用が改善します。作業はどのキューからも、他の作業の完了を待たずに送り出すことができ、それは独立なタスクをコンピュート エンジン上で同時に実行できることを意味します。ACE はキャッシュやメモリー経由で同期を行えます。それらは合わさってタスク グラフをサポートし、ある ACE のタスクが別の ACE のタスクに依存したり、グラフィックス パイプラインのタスクに依存させることが可能です。小さなコンピュートとコピーのタスクは、重いグラフィックス タスクと織り交ぜて行うことが推奨されています [39]。

　図 24.29 で分かるように、4 つのグラフィックス パイプラインと 4 つのコンピュート エンジンがあります。コンピュート エンジンごとに 16 の CU を持ち、全部に 64 の CU があります。グラフィックス パイプラインには、ジオメトリー エンジンと、ドローストリーム ビニング ラスタライザー（DSBR）の 2 つのブロックがあります。ジオメトリー エンジンには、ジオメ

24.10. 事例

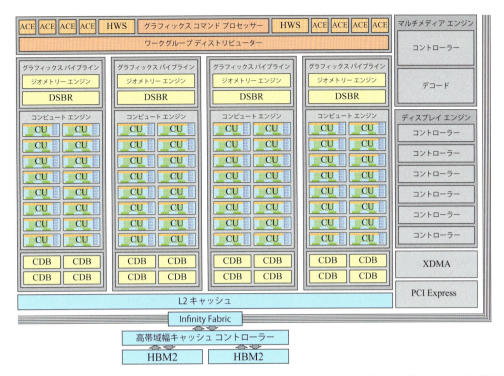

図 24.29. 64 の CU で作られる Vega 10 GPU。各 CU に図 24.28 に示されたハードウェアが含まれることに注意。(AMD ホワイト ペーパー [41] からの図)

トリー アセンブラー、テッセレーション ユニット、頂点アセンブラーが含まれます。それに加えて、新しいプリミティブ シェーダーがサポートされます。プリミティブ シェーダーの考え方は、柔軟なジオメトリ処理と、高速なプリミティブのカリングを可能にすることです [41]。DSBR は「中間ソート」と最後にソートの 2 つのアーキテクチャーの利点を結合し、それはタイル キャッシングの目的でもあります（セクション 24.10.2）。イメージをスクリーン空間のタイルに分割し、ジオメトリ処理の後、プリミティブをそれが重なるタイルに割り当てます。タイルのラスタライズ中には、必要なすべてのデータ（例えば、タイル バッファー）が L2 キャッシュに保持され、性能が向上します。ピクセル シェーディングは、タイルのすべてのジオメトリが処理されるまで、自動的に先送りできます。それにより、z-事前パスが内部で行われ、ピクセルのシェーディングは一度しか行われません。遅延シェーディングはオンオフでき、例えば、透明なジオメトリではオフにする必要があります。

深度、ステンシル、色のバッファーを扱うため、GCN アーキテクチャーには「色と深度ブロック」（CDB）と呼ばれる構成要素があります。それは色、深度、ステンシルの読み書きに加え、色のブレンドを行います。CDB はセクション 24.5 で述べた一般的なアプローチを使い、カラー バッファーを圧縮できます。タイルごとに 1 つのピクセルの色を非圧縮で格納し、残りの色値をそのピクセル色に対してエンコードする、デルタ圧縮テクニックを使います [40, 1342]。効率を上げるため、アクセス パターンを基に、タイル サイズを動的に選ぶことができます。元々 256 バイトを使って格納されているタイルで、最大圧縮比は 8:1 で、つまり 32 バイトに圧縮されます。後続のパスでは、圧縮カラー バッファーをテクスチャーとして使うことができ、その場合、テクスチャー ユニットは圧縮されたタイルを圧縮解除して、さら

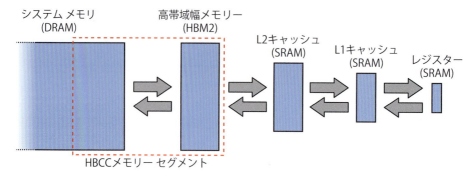

図 24.30. Vega アーキテクチャーのキャッシュ階層。

に帯域幅を節約します [1842]。

ラスタライザーは、クロック サイクルあたり最大 4 つのプリミティブをラスタライズできます。グラフィックス パイプラインとコンピュート エンジンに接続される CDB は、クロック サイクルあたり 16 ピクセルを書き出せます。つまり、16 ピクセル未満の三角形は、効率を下げます。ラスタライザーは粗い深度テスト（HiZ）と階層ステンシル テストも扱います。HiZ 用のバッファーは *HTILE* と呼ばれ、例えば、オクルージョン情報を GPU に供給するように開発者がプログラムできます。

Vega のキャッシュ階層が図 24.30 に示されています。階層の最上位（図の右端）にはレジスターがあり、L1 と L2 キャッシュが続きます。次に、グラフィックス カード上の高帯域幅メモリー 2（HBM2）で、最後に CPU 側にあるシステム メモリーです。Vega の新機能が、図 24.29 の一番下に示される、High-Bandwidth Cache Controller（HBCC）です。それはビデオ メモリーがラストレベル キャッシュのように振る舞うことを可能にします。これはメモリー アクセスが行われ、対応する内容がビデオ メモリー、つまり HBM2 になければ、HBCC は自動的に関連するシステム メモリー ページを PCIe バス経由でフェッチして、それをビデオ メモリーに入れることを意味します。その結果、ビデオ メモリーの最近使われていないページが、スワップ アウトされることがあります。HBM2 とシステム メモリーの間で共有されるメモリー プールは、HBCC メモリー セグメント（HMS）と呼ばれます。以前のアーキテクチャーと違い、どのグラフィックス ブロックも L2 キャッシュを通してメモリーにアクセスします。このアーキテクチャーは仮想メモリーもサポートします（セクション 19.10.1）。

すべてのオンチップ ブロック、例えば、HBCC、XDMA（CrossFire DMA）、PCI Express、ディスプレイ エンジン、マルチメディア エンジンが、*Infinity Fabric*（IF）と呼ばれるインターコネクトを通じて通信することに注意して下さい。AMD の CPU も IF に接続できます。Infinity Fabric は、別のチップ ダイ上のブロックに接続できます。IF はコヒーレントでもあり、それはすべてのブロックが、メモリーの内容の同じビューを見ることを意味します。

チップのベース クロック周波数は 1677MHz で、ピーク計算能力は次になります。

$$\underbrace{2}_{\text{FMA}} \cdot \underbrace{4096}_{\text{SP の数}} \cdot \underbrace{1677}_{\text{クロック周波数}} = 13{,}737{,}984 \text{ MFLOPS} \approx 13.7 \text{ TFLOPS} \tag{24.17}$$

ここでの FMA と TFLOPS の計算は式 24.16 と一致します。アーキテクチャーは柔軟で拡張可能なので、さらに多くの構成が期待されます。

24.11 レイ トレーシング アーキテクチャー

このセクションでは、レイ トレーシング ハードウェアを簡単に紹介します。このトピックに関するすべての最近の文献を挙げることはせず、読者にフォローしてもらいたい一連のポインターを提供します。この分野の研究は、2002年のSchmittlerら [1689] で始まり、その焦点はトラバースと交差で、シェーディングは固定機能ユニットを使って計算されました。この研究を後にWoopら [2049] がフォローアップして、プログラマブル シェーダーによるアーキテクチャーを紹介しています。

この数年、このトピックの商業的な関心が大きく増えています。これはImagination Technologies [1248]、LG Electronics [1360]、Samsung [1094] といった企業が、独自のリアルタイム レイ トレーシング用ハードウェア アーキテクチャーを提示したことから分かります。しかし、執筆の時点で商用製品をリリースしているのはImagination Technologiesだけです。

それらのアーキテクチャーには、いくつか共通の特徴があります。まず、たいていは軸平行境界ボックスに基づく境界ボリューム階層が使われます。BVHについての詳しい情報はセクション23.2.1を参照してください。次に、レイ/ボックス交差テスト（セクション22.7）の精度を下げることで、ハードウェアの複雑さ減らす傾向があります。最後に、今日ではほぼ必要条件となっている、プログラマブル シェーディングをサポートするプログラマブル コアが使われます。例えば、Imagination Technologiesは、レイ トレーシング ユニットを追加することにより、その伝統的なチップ設計を拡張していますが、それは例えば、シェーディング用のシェーダー コアを利用できます。レイ トレーシング ユニットは、レイ交差プロセッサーとコヒーレンス エンジンからなり [1248]、後者は高速なレイ トレーシングのため、特性が似たレイを集めて一緒に処理し、局所性を利用します。Imagination Technologiesのアーキテクチャーには、BVH構築の専用ユニットも含まれます。

この分野の研究はいくつかの領域の探求が続き、トラバースの効率的な実装のための精度削減 [1942]、BVH用の圧縮表現 [1128]、エネルギー効率 [1002] などがあります。さらに多くの研究が行われることは間違いありません。

参考文献とリソース

素晴らしい一連のリソースが、AkeleyとHanrahan [24] とHwuとKirk [858] の、コンピューター グラフィックス アーキテクチャーのコース ノートです。KirkとHwuの本 [974] も、CUDAによるGPUプログラミングについての情報の優れたリソースです。年次の *High-Performance Graphics* と *SIGGRAPH* カンファレンス議事録は、新しいアーキテクチャーの特徴に関するプレゼンテーションのよいソースです。Giesenの trip down the graphics pipeline は、GPUの詳細について学びたい人の誰にも、素晴らしいオンラインのリソースです [575]。またメモリー システムについての詳細な情報興味のある読者は、HennessyとPattersonの本 [777] を読むことを勧めます。モバイル レンダリングに関する情報は、多くのソースに散在しています。注目すべきこととして、書籍 *GPU Pro 5* に モバイル レンダリング テクニックに関するいくつかの記事があります。

25. リアルタイム レイ トレーシング

I wanted change and excitement and to shoot off in all directions myself, like the colored arrows from a Fourth of July rocket.
　　　—Sylvia Plath

変化と刺激を欲し、独立記念日のロケット花火から出る有色の矢のように、
あらゆる向きに自分を打ち出したかった。

レイ トレーシングは、本書の大部分のトピックとなっているラスタライズベースのテクニックと比べ、より直接的に光の物理に触発された手法です。そのため、ずっとリアリスティックなイメージを生成できます。1999年のリアルタイム レンダリングの初版で、バグズ・ライフ（ABL）の平均的なフレームのレンダリングは、2007年から2024年の間に約12フレーム/秒に到達すると予想しました。ある意味で私たちは正しかったのです。ABLはレイ トレーシングを本当に必要な少数のショットにしか使いませんでした（例えば、水滴の中の反射と屈折）。しかし、GPUの最近の進歩により、ゲームのようなシーンを、レイ トレーシングでリアルタイムにレンダーできるようになっています。例えば、本書の表紙はグローバル照明を使って約20フレーム/秒でレンダーしたものですが、映画のイメージ品質に近づき始めています。レイ トレーシングはリアルタイム レンダリングに革命を起こすでしょう。

　最も単純な形では、ラスタライズとレイ トレーシングのどちらも、二重の **for** ループで可視性の決定を記述できます。ラスタライズは次で

```
for(T in triangles)
    for(P in pixels)
        determine if P is inside T
```

一方レイ トレーシングは次で記述できます。

```
for(P in pixels)
    for(T in triangles)
        determine if ray through P hits T
```

つまりある意味で、どちらも単純なアルゴリズムです。しかし、そのどちらも高速化するには、名刺に収まるよりずっと多くのコードとハードウェアが必要です[1]。境界ボリューム階層（BVH）などの空間データ構造を使うレイトレーサーの重要な特徴は、レイのトレースにかかる実行時間が $O(\log n)$ になることです（n はシーン中の三角形の数）。これはレイ トレーシングの魅力的な特徴ですが、GPUはオクルージョン カリング ハードウェアを持ち、レンダリン

---

[1] 1990年代の Paul Heckbert の名刺の裏には単純な再帰レイトレーサーのコードが書かれていました [756]

図**25.1**. 256サンプル/ピクセル、レイ深度が15でレンダーされた、100万の三角形を持つ、大量の間接照明がある難しいシーン。ズームすると、まだイメージのノイズが見える。透明なプラスチック マテリアル、ガラス、いくつかの光沢金属サーフェスからなるオブジェクトもあり、いずれもラスタライズでレンダーするのは難しい。(*Boyd Meeji* によるモデル、*Keyshot*でレンダー)

グ エンジンは錐台カリング、遅延シェーディングなど多くのテクニックを使い、すべてのプリミティブの完全な処理を回避するので、ラスタライズも明らかに $O(n)$ よりよく、ラスタライズの実行時間を $O()$ 表記で評価するのは簡単ではありません。さらに、GPUのテクスチャー ユニットと三角形トラバース ユニットは信じられないほど高速で、数十年に渡ってラスタライズに最適化されてきています。

重要な違いは、レイ トレーシングが視点や光源のような1つの点だけでなく、任意の方向にレイを打ち出せることです。セクション25.1で後に見るように、この柔軟性により再帰的な反射と屈折のレンダー[2022]、そしてレンダリングの式（式11.2）の完全な評価ができます。それによって、単純にイメージの外見が向上します。レイ トレーシングのこの特性により、アーティストの介入の必要が減るので、コンテンツ作成も容易になります[500]。ラスタライズを使うとき、アーティストはしばしば、使うレンダリング テクニックに合わせて作品を調整する必要があります。しかしレイ トレーシングでは、イメージ中にノイズが顕になるかもしれません。これは例えば、エリア ライトをサンプルし、光沢があるサーフェスの上に環境マップを重ね、パス トレーシングを使うときに発生することがあります。

とは言っても、リアルタイム レイ トレーシングが、リアルタイム アプリケーションで使う唯一のレンダリング アルゴリズムになるには、おそらくイメージの外見を十分良好なものにするため、デノイズ（ノイズ除去）など、いくつかのテクニックが必要です。デノイズは、知的なイメージ平均化（セクション25.5）に基づき、ノイズを取り除くことを試みます。短期的には、ラスタライズとレイ トレーシングの賢い組み合わせが期待され、すぐにラスタライズが

25.1. レイ トレーシングの基礎

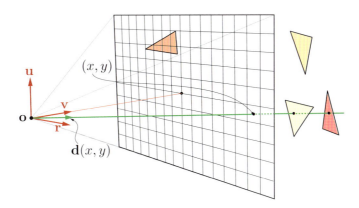

図25.2. レイは原点 **o** と方向 **d** で定義される。レイ トレーシングの設定は、視点から各ピクセルを通るレイを構築して打ち出すことで構成される。この図に示すレイは2つの三角形に当たるが、三角形が不透明なら、関心は最初のヒットにしかない。サンプル位置 (x, y) の方向ベクトル $\mathbf{d}(x, y)$ の構築には、ベクトル **r**（右）、**u**（上）、**v**（ビュー）が使われる。

なくなることはないでしょう。長期的には、プロセッサーが強力になって、使える計算と帯域が増えるにつれ、ピクセルあたりのサンプル数と、再帰的なレイ深度を増やすことによって、レイ トレーシングで生成するイメージを改善できるので、レイ トレーシングはうまくスケールします。例えば図25.1のイメージは、難しい間接照明が含まれるので、256サンプル/ピクセルで生成しています。また図25.6の高品質のパス トレーシングによるイメージでは、ピクセルあたりのサンプル数が1から65,536まで変化します。

レイ トレーシングで使われるアルゴリズムに飛び込む前に、関連するいくつかの章とセクションを挙げておきます。グローバル照明の11章は、レンダリングの式（式11.2）を取り巻く理論を提供し、セクション11.2.2でも、レイとパス トレーシングの基本的な説明を行っています。レイ トレーシングにはレイとオブジェクトのテストが必須で、22章が交差検出手法を説明しています。レイ トレーシングで可視性クエリーの高速化に使われる空間データ構造は、セクション19.1.1と、衝突検出の23章で説明しています。

25.1　レイ トレーシングの基礎

式22.1がレイを次のように定義していることを思い出してください。

$$\mathbf{q}(t) = \mathbf{o} + t\mathbf{d} \tag{25.1}$$

o はレイ原点、**d** は正規化レイ方向、t はレイに沿った距離です。ここで **r** の代わりに **q** を使うのは、あとで使う右ベクトル **r** と区別するためです。レイ トレーシングは `trace()` と `shade()` という2つの関数で記述できます。その核となる幾何学アルゴリズムは `trace()` にあり、それはレイとシーン中のプリミティブの最も近い交差を求め、`shade()` を呼び出してレイの色を返す責任を持ちます。ほとんどの場合、求めたいのは $t > 0$ の交差です。CSG（constructive solid geometry）では、しばしば負の距離の交差（レイより後ろ）も求める必要があります。

ピクセルの色を求めるには、そのピクセルを通るレイを打ち出し、その結果の何らかの加重平均としてピクセル色を計算します。それらのレイは**アイ レイ**や**カメラ レイ**と呼ばれます。図25.2がカメラの設定を示しています。整数ピクセル座標 (x, y)（x はイメージで右向き、y は

下向き）、カメラ位置 $\mathbf{c}$、カメラの基準座標系 $\{\mathbf{r}, \mathbf{u}, \mathbf{v}\}$（右、上、ビュー）、画面解像度 $w \times h$ が与えられたとき、アイ レイ $\mathbf{q}(t) = \mathbf{o} + t\mathbf{d}$ は次で計算されます。

$$\mathbf{o} = \mathbf{c},$$

$$\mathbf{s}(x,y) = af\left(\frac{2(x+0.5)}{w} - 1\right)\mathbf{r} - f\left(\frac{2(y+0.5)}{h} - 1\right)\mathbf{u} + \mathbf{v}, \qquad (25.2)$$

$$\mathbf{d}(x,y) = \frac{\mathbf{s}(s,y)}{\|\mathbf{s}(s,y)\|}$$

正規化レイ方向 $\mathbf{d}$ は、$f = \tan(\phi/2)$ の影響を受けます（ϕ はカメラの垂直視野、$a = w/h$ は縦横比）。カメラの基準座標系は左手系、すなわち $\mathbf{r}$ は右向き、$\mathbf{u}$ は上ベクトル、$\mathbf{v}$ はカメラからイメージ平面に向かうので、図4.5に示すものと同様の設定です。$\mathbf{s}$ は一時的なベクトルで、$\mathbf{d}$ の正規化に使います。$(0.5, 0.5)$ が浮動小数点中心なので、整数 (x, y) 位置に 0.5 を加えて各ピクセルの中心を選択します [752]。レイをピクセル中の任意の位置に打ち出したければ、代わりに浮動小数点値を使ってピクセル位置を表し、0.5 のオフセットは加えません。

最も単純な実装なら、trace() はシーン中の n 個のプリミティブすべてをループして、その1つ1つをレイと交差させ、$t > 0$ の最も近い交差を保持するでしょう。そうすると $O(n)$ の性能になり、プリミティブが少数でない限り許容できないほど遅くなります。レイあたり $O(\log n)$ を得るには、空間高速化データ構造、例えば BVH や k-d ツリーを使います。BVH を使うレイの交差テストの方法の説明が19.1章にあります。

レイトレーサーは trace() と shade() を使って簡単に記述できます。式25.2を使い、カメラ位置からピクセル内のある位置を通るアイ レイを作成します。このレイは trace() に供給され、その仕事は、レイに沿って返される色や放射輝度（8章）を求めることです。これは最初にレイに沿った最も近い交差を求め、次に shade() を使ってその点のシェーディングを計算することにより行います。図25.3がこの処理を示しています。この概念の力は、放射輝度を評価する shade() が、新たな trace() への呼び出しを作り出し、評価を行えることにあります。shade() から trace() を使って打ち出す新たなレイは、例えば影、再帰的な反射と屈折の評価、そして拡散レイの評価に使えます。**レイ深度**という言葉が、1つのレイ パスに沿って再帰的に打ち出されたレイの数を示すのに使われます。アイ レイのレイ深度は1、図25.3でレイが円にヒットする第2の trace() のレイ深度は2です。

その新たなレイは、現在シェーディング中の点が、ある光源に関して影の中にあるかどうかの決定にも使えます。それにより影が生成します。アイ レイと法線 $\mathbf{n}$ から、その交点の反射ベクトルを計算することもできます。その方向にレイを打ち出すことで、サーフェス上の反射を生成でき、それは再帰的に行えます。同じ処理が屈折レイの生成にも使えます。シャープな影を持つ完全鏡面反射と屈折は、しばしば *Whitted* レイ トレーシングと呼ばれます [2022]。反射/屈折レイの計算方法についての情報は、セクション9.5と14.5.2を参照してください。オブジェクトの屈折率がレイが進む媒体と異なるとき、レイは反射と屈折の両方の可能性があります（図25.4）。このタイプの再帰は、ラスタライズベースの手法がレイ トレーシングで得られる効果のほんの一部を達成するため、様々な近似を使ってなんとか解決しようと努力するものです。**レイ キャスティング**、すなわち2点間やある方向の可視性をテストするという考え方は、他のグラフィック（と非グラフィック）アルゴリズムで使えます。例えば、ある交点から数多くのアンビエント オクルージョン レイを打ち出して、その正確な効果を見積もることもできます。

次の擬似コードでは、関数 trace()、shade()、rayTraceImage()（最後は各ピクセルを通るアイ レイを作成する関数）が使われます。この短いコードが、多くのレンダリングの変

25.1. レイ トレーシングの基礎

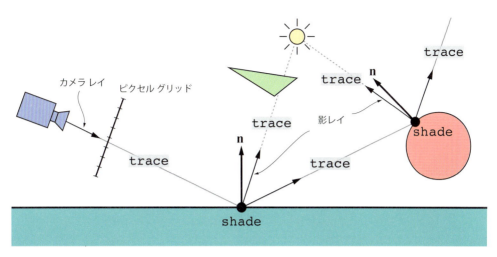

図 25.3. あるピクセルを通るカメラ レイを作成し、`trace()` を呼び出してそのピクセルのレイ トレーシング処理を開始する。このレイは法線 **n** を持つ地面にヒットする。そのとき `trace()` の目的はレイの色を求めることなので、`shade()` がこの最初のヒットした点で呼び出される。レイ トレーシングの強みは、`shade()` がその点のBRDFを評価するときの助けとして `trace()` を呼び出せることによる。ここでは、それ影レイを光源に打ち出し、この場合は三角形に遮断される。またサーフェスが鏡面なら反射レイも打ち出され、このレイは円にヒットする。この第2のヒット点で、シェーディングを評価するため再び `shade()` が呼び出される。ここでも影と反射のレイが、この新しい点から打ち出される。

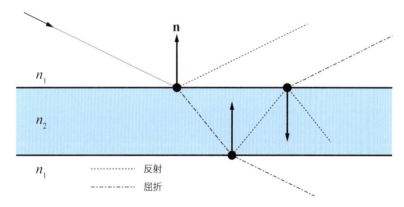

図 25.4. 左上からの入射レイが、その屈折率 n_2 がレイが進む屈折率 n_1 より大きいサーフェスにヒットする ($n_2 > n_1$)。各ヒット点で (黒丸) に反射レイと屈折レイの両方が生成される。

種、例えばパス トレーシングの基礎として使える Whitted レイトレーサーの全体構造です。

```
rayTraceImage()
{
    for(p in pixels)
        color of p = trace(eye ray through p);
}

trace(ray)
{
    pt = find closest intersection;
    return shade(pt);
```

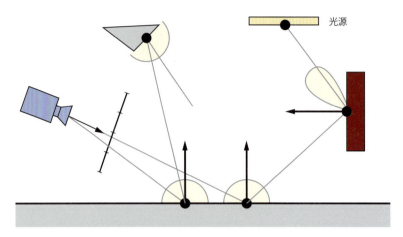

図 25.5. 1つのピクセルを通して打ち出される2つのレイによるパス トレーシングの図解。すべてのライトグレイ サーフェスはディフューズ、右の暗赤色の長方形は光沢のあるBRDFを持つ。ディフューズ ヒットごとに、その法線を囲む半球上にランダムなレイを生成し、さらに追跡する。ピクセルの色は2つのレイの放射輝度の平均なので、ディフューズ サーフェスは2つの方向（三角形にヒットするものと長方形にヒットするもの）で評価される。レイを多く加えるほど、レンダリングの式の評価は改善する。

```
}

shade(point)
{
    color = 0;
    for(L in light sources)
    {
        trace(shadow ray to L);
        color += evaluate BRDF;
    }
    color += trace(reflection ray);
    color += trace(refraction ray);
    return color;
}
```

　Whittedレイ トレーシングは、グローバル照明の完全解を与えません。鏡面反射以外の方向に反射する光は無視され、直接光は点でしか表わされません。式11.2のレンダリングの式を完全に評価するため、Kajiya[914]が提案したパス トレーシングと呼ばれる手法は完全解で、イメージをグローバル照明で生成します。1つの可能なアプローチは、アイ レイの最初の交点を計算してから、そこで様々な方向に多くのレイを打ち出してシェーディングを評価することです。例えば、ディフューズ サーフェスにヒットしたら、交点の半球全体にレイを打ち出します。しかし、この処理をそれらのレイでも繰り返すと、評価するレイが爆発的に増加します。代わりに環境を通るパスをモンテカルロ法で生成して1つのレイを追跡し、そのようなパス レイをピクセル上で平均すればよいことを、Kajiyaは理解しました。それがパス トレーシング法の動作です。図25.5を見てください。 パス トレーシングの1つの欠点は、イメージの収束に多くのレイが必要なことです。分散を半分に減らすには、4倍の数のレイを打ち出す必要があります（図25.6）。

　shade()関数は常にユーザーが実装するので、ラスタライズ ベースのパイプラインにおけ

25.2. レイ トレーシングのシェーダー

図 25.6. 上：65,536 サンプル/ピクセルのパス トレーシングでレンダーした全体のイメージ。下段、左から右：1、16、256、4,096、65,536 サンプル/ピクセルでレンダーした同じシーンの拡大図。4,096 サンプル/ピクセルのイメージでもノイズがあることに注目。（*Alexia Rupod* によるモデル、イメージ提供：*NVIDIA Corporation*。）

る頂点とピクセルのシェーディングの実装のように、どんな種類のシェーディングでも使えます。`trace()` で発生するトラバースと交差テストの実装は CPU でも、コンピュート シェーダーを使う GPU でも、DirectX や OpenGL を使ってもできます。また、レイ トレーシング API（例えば DXR）を使うこともできます。これが次のセクションのトピックです。

25.2 レイ トレーシングのシェーダー

レイ トレーシングは、今や DirectX [1307, 2078, 2079] や Vulkan などのリアルタイム レンダリング API にしっかり統合されています。このセクションでは、それらの API に追加された、したがってラスタライズと一緒に使える、様々なタイプのレイ トレーシング シェーダーを説明します。そのような組み合わせの 1 つの例が、最初にラスタライズを使って G-バッファー（20 章）を生成し、それらのヒット点からレイを打ち出して反射や影を生成することです [54, 1809]。これを**遅延レイ トレーシング**と呼ぶことにします。

レイ トレーシング シェーダーは、コンピュート シェーダー（セクション 3.10）のように、（ピクセルの）グリッド上で GPU に送られます。このセクションでは、DirectX 12 のレイ

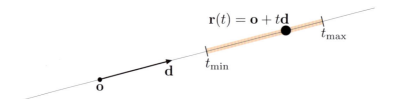

図 25.7. 原点 $\mathbf{o}$、方向 $\mathbf{d}$、区間 $[t_{\min}, t_{\max}]$ で定義されるレイ。その範囲内の交差だけを求める。

レーシング機能拡張であるDXRの命名規約 [1307] に従います。5種類のレイ トレーシング シェーダーがあります [1307, 1828]：

1. レイ ジェネレーション シェーダー（ray generation shader）
2. クローセスト ヒット シェーダー（closest hit shader）
3. ミス シェーダー（miss shader）
4. エニー ヒット シェーダー（any hit shader）
5. インターセクション シェーダー（intersection shader）

レイは式 25.1 と、$[t_{\min}, t_{\max}]$ の区間を使い定義されます。この区間が交差を受け入れるレイの部分を定義します（図 25.7）。プログラマーはレイに**ペイロード**を付加できます。このデータ構造を使ってレイ トレーシング シェーダーの間でデータを転送します。この例のレイのペイロードは、放射輝度の float4 とヒット点への距離の float を持つでしょうが、ユーザーは必要に応じてペイロードを追加できます。しかしペイロードが増えると使用レジスターが増えるので、レイ ペイロードを小さく保つほうが性能が上がります。

レイ ジェネレーション（レイ生成）シェーダーがレイ トレーシングの出発点になります。それはコンピュート シェーダーと同様にプログラム可能で、セクション 26.1 で述べた trace() 関数と似た新しい関数 TraceRay() を呼び出せます。一般に、レイ ジェネレーション シェーダーは、画面のすべてのピクセルで実行されます。TraceRay() の内部では、ドライバーがAPIを通じて、空間高速化構造の高速トラバースの実装を提供します。シェーダーごとに異なる型のレイを定義できます。例えば、普通は**標準**のレイに特定のシェーダーのセットを使い、**影**レイには単純なシェーダーを使うことができます。影の場合、レイの区間、すなわちヒット点から光源までの範囲で交差が見つかり次第、トレースを終了できるので、効率よくレイをトレースできます。

標準のレイでは、最初の正の交点が必要です。レイ ジェネレーション シェーダーが、そのようなレイを打ち出します。最も近いヒットが見つかったら、**クローセスト ヒット（最も近いヒット）シェーダー** が実行されます。ユーザーはここでセクション 25.1 の shade()、例えば影レイ テスト、反射、屈折、パス トレーシングを実装できます。レイが何にもヒットしなければ、**ミス シェーダー**が実行されます。これは放射輝度値を生成し、レイ ペイロード経由で送り返すのに役立ちます。これは固定の背景色、空の色、あるいは環境マップを参照して生成することができます。

エニー ヒット（任意のヒット）シェーダーは、シーンに透明なオブジェクトや、アルファ テスト付きテクスチャリングが含まれるときに使える、オプションのシェーダーです。このシェーダーはレイの区間でヒットするたびに実行されます。このシェーダーのコードで、例えばテクスチャーの参照を行えます。そのサンプルが完全に透明なら、トラバースを続行し、そうでなければ終了できます。それらのテストの実行順は保証されないので、例えば正しいブレ

ンドを得るために、シェーダーのコードで何らかの局所的なソートを行う必要があるかもしれません。エニー ヒット シェーダーは、標準のレイと影レイのどちらにも実装できます。ラスタライズと同じく、切り抜きテクスチャーの境界にぴったり合うポリゴンを使えば（セクション13.6.2）、このシェーダーの呼び出し回数を減らすのに役立ちます。

インターセクション（交差）シェーダーは、空間高速化構造中の境界ボックスにヒットしたときに実行されます。例えばフラクタル景観、サブディビジョン サーフェス、球や円錐などの解析サーフェスに対するカスタムの交差テスト コードの実装に使えます。

レイ ジェネレーション シェーダーだけでなく、ミス シェーダーとクローセスト ヒット シェーダーも、TraceRay()で新たなレイを生成できます。インターセクション シェーダーを除くすべてのシェーダーが、レイ ペイロードを修正できます。すべてのレイ トレーシング シェーダーがデータをUAVに出力できます。例えば、レイ ジェネレーション シェーダーは対応するピクセルに送ったレイの色を出力できます。

ラスタライズとレイ トレーシングの組み合わせだけでなく、リアルタイム グラフィックスAPIの新しい追加機能を活用する方法でも、多くの革新と研究が行われています。Anderssonと Barré-Brisebois [54]が、この2つのレンダリング パラダイムを組み合わせるハイブリッド レンダリング パイプラインを紹介しています。まず、ラスタライズでG-バッファーをレンダーします。直接ライティングと後処理をコンピュート シェーダーで行います。直接的な影とアンビエント オクルージョンは、コンピュート シェーダーとレイ トレーシングのどちらを使っても行えます。グローバル照明、反射、透明と半透明は純粋なレイ トレーシングを使います。GPUの進化につれてボトルネックは移動するでしょうが、一般的なアドバイスは次のものです：

> より速ければラスター、そうでなければレイを使って驚かせ。

いつものことですが、自分のボトルネックの場所を測定するのを忘れてはなりません（18章）。TraceRay()が、作業生成のメカニズムとして使えます。つまりシェーダーはTraceRay()を使って複数のジョブを起動し、結合結果を計算することもできます。例えば、この機能は、比較的低いコストでイメージの品質を改善することを目的に、分散が高いピクセル領域に送るレイを増やす適応型レイ トレーシングに使えます。しかし、TraceRay()にはAPI設計時には考えられていなかった多くの使い道があるでしょう。

25.3 最上位と最下位の高速化構造

DXRの高速化構造の大部分は、ユーザーからは不透明ですが、2レベルの階層が見えます。それらは最上位の高速化構造（TLAS）と最下位の高速化構造（BLAS）と呼ばれます[1307]。BLASには、シーンの構成要素となるジオメトリーのセットが含まれます。TLASには、それぞれ1つのBLASをポイントするインスタンスのセットが含まれます。図25.8がこれを示しています。

BLASは三角形か手続き型の、どちらかのタイプのジオメトリーを持てます。前者は三角形のセットを含み、後者はカスタム交差テストを実装するインターセクション シェーダーに関連付けられます。例えばこれには、球やトーラス、あるいは何らかの手続き的に生成されるジオメトリーに対するレイの解析的テストなどがあるでしょう。

図25.8では、すべての行列（**M**と**N**）のサイズは3×4、すなわち任意の3×3行列と平行

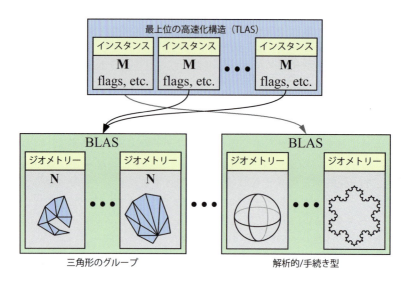

図25.8. 最上位の高速化構造（TLAS）の最下位の高速化構造（BLAS）のセットへの接続を示す図。BLASは複数のプリミティブのセットを持つことができ、それらは三角形か手続き型ジオメトリーのどちらかだけを持つ。ジオメトリーとインスタンスは3×4行列$\mathbf{N}$や$\mathbf{M}$で変換できる。行列は対応するインスタンスやジオメトリーごとに固有。TLASはインスタンスのセットを持ち、それぞれのインスタンスがBLASをポイントする。

移動を持っています（4章）。$\mathbf{N}$行列は、対応するジオメトリーの基礎となる高速化データ構造（例えばBVHやk-dツリー）の構築処理の最初に実行される、ただ一度の変換の適用に使われます。一方$\mathbf{M}$行列はフレームごとに更新できるので、軽量のアニメーションに使えます。

三角形の追加や削除が可能な自由なアニメーションのジオメトリーには、フレームごとにBLASを再構築しなければなりません。そのような場合には、$\mathbf{N}$行列も更新できます。頂点の位置だけが更新される場合、例えばDXR APIでは、より高速なデータ構造の更新を要求できます。そのような更新は一般に少し性能を下げますが、ジオメトリーが少しだけ動いたような状況で、うまく動作します。1つの妥当なアプローチは、可能であれば安価な更新を使い、nフレームおきに完全な再構築を行って、このコストを複数のフレームで償却することかもしれません。

レイ トレーシングを使うときには、しばしばラスタライズと異なるジオメトリーのグループ化を行わなくらばならないことがあります。18章で見たように、ラスタライズ ジオメトリーでは、ピクセル シェーディングでシェーダー コヒーレンスを利用するため、たいていマテリアル パラメーターでグループ化されます。レイ トレーシングの高速化データ構造は、空間的局所性でグループ化を行うほうが高性能です（図25.9）。レイ トレーシングでは、ジオメトリーを空間的局所性でなくマテリアルでグループ化すると、性能が大きく低下するかもしれません。

25.4　コヒーレンス

ソフトウェアとハードウェアの性能最適化の両方で最も重要な考え方の1つが、実行時にコヒーレンスを活用することです。計算の様々な部分で結果を再利用することにより、作業を節約できます。今日のハードウェアで、時間とエネルギーの両方で最も高価な操作であるメモリー アクセスは、単純な計算よりも桁違いに遅い操作です。ハードウェア処理のコストを

25.4. コヒーレンス

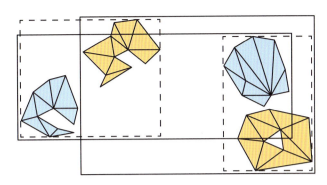

図25.9. ラスタライズを使う最適化レンダリングでは、ジオメトリーをマテリアル（ここでは三角形メッシュの色で示される）でグループ化することがよくある。それらのボックスを実線で示す。レイ トレーシングでは、空間的に近いジオメトリーをグループ化するほうがよく、そのボックスを破線で示す。

評価する1つのよい方法は、それを実現するためにビットが回路中を動く物理的な距離を考えることです。たいていの場合、性能最適化の焦点は、メモリー コヒーレンス の利用（キャッシュ）とメモリー レイテンシーを中心に、計算のスケジュールを立てることです。GPU自体が、メモリー コヒーレンスをより活用するために、実行するプログラムの実行モデル（データ並列、独立計算スレッド）を明示的に制約するプロセッサーと見なせます（セクション24.3）。

本章の冒頭で論じたように、レイ トレーシングとラスタライズは、画面ピクセル（カメラレイ）の「最初のヒット」可視性に関する、シーン ジオメトリーのトラバース順の違いと考えられます。アルゴリズムの複雑さに関しては、その順番はあまり問題ではありませんが、実際的な影響があります。ラスタライズとレイ トレーシングのどちらにも、二重のforループがあります。かなり小さなものでない限り、ほとんどの計算は内側のループ内にあります。反復は内側のループ中で連続して発生するので、反復の間にデータを再利用して計算を減らし、メモリー アクセスの局所性を利用する最良の候補です（キャッシュ最適化）。

ラスタライザーの内側のループは、オブジェクト サーフェスのピクセル上にあります。1つのサーフェス上の点は、高い確率で高コヒーレントな計算を示します。同じマテリアルを使ってシェーディングを行い、同じテクスチャーを使い、さらに近傍位置のテクスチャー（メモリー）にアクセスするでしょう。多数のカメラ ピクセルの可視性を計算しなければならない場合、それらの位置は空間的にコヒーレントな順番、例えば画面上の小さな正方形タイル中で簡単に辿れます。そうすることで内側のループでの高コヒーレントな作業が確実になります（セクション24.1）。またコヒーレンスは可視性の問題にとどまりません。一般にレンダリングはサーフェスが見えると分かってから開始します。マテリアルのプロパティと、そのシーンのライティングとの相互作用の計算に、大量の仕事があります。ラスタライザーが格別に速いのは、オブジェクトが広がるピクセルを効率よく計算できるからだけでなく、後続のシェーディング作業が自然にコヒーレンスを利用するように並ぶからです。

対照的に、単純なレイトレーサーは、外側のループで与えられたレイに対し、内側のループですべてのシーン プリミティブを反復します。mピクセルとnオブジェクトの二重ループ、すなわち$O(mn)$の全体的な支出をどう避けようと、1つのレイに沿ったレンダリング プリミティブのリストのトラバースで、利用すべきコヒーレンスはあまりありません。

したがって現代のレイトレーサーにおける性能最適化のほとんどは、レイ可視性クエリーと後続のシェーディングの計算で、コヒーレンスを「見つける」方法を扱います。ラスタライズはデフォルトでコヒーレントですが、特定の可視性クエリー、つまりカメラの錐台にも制約さ

れます。ラスタライズ テクニックを使うときには、様々な効果をシミュレートするため、この
クエリー関数の拡張にほとんどの努力が費やされます。対照的にレイ トレーシングはデフォ
ルトで柔軟性があり、任意の方向の任意の点からの可視性を問い合わせ可能です。しかし、そ
れを素直に行うと現代のハードウェア アーキテクチャーで効率が悪い、非コヒーレントな計
算になるので、可視性クエリーをコヒーレントに編成する試みに、技術的努力のほとんどが費
やされます。

　レイ クエリーの柔軟性が増すことにより、コヒーレンスを利用することで高い性能を維持
しながら、ラスタライザーでは不可能な効果をレンダーできます。影がよい例です。影レイを
トレースすることで、より正確にエリア ライトの効果をシミュレートできます[773]。影レイ
はジオメトリーと交差するだけで、ほとんどの場合マテリアルを評価する必要がありません。
その特性により、様々なオブジェクトにヒットするコストが下がります。シェーディング レ
イと違い、レイが交点と光源の間でどれかのオブジェクトにヒットするかどうかを評価するだ
けでかまいません。したがって交点での法線の計算や、立体オブジェクトのテクスチャリング
を回避し、最初のヒットが見つかればトレースを終了できます。さらに、影レイは一般に高い
コヒーレンスを持ちます。画面上で近いピクセルは、よく似た原点を持ち、同じライトを向い
ています。最後に、シャドウ マップ（セクション7.4）は正確な画面ピクセルの周波数でライ
トの可視性をサンプルできないので、アンダー/オーバーサンプリングが生じます。後者の場
合、柔軟性が大きい影レイのほうが性能がよいことさえあります。一般にはレイのほうが高
価ですが、オーバーサンプリングを避けることで、可視性クエリーの数を減らせます。これは
ゲーム グラフィックで、最初にシャドウ マップでレイ トレーシングが適用された理由の1つ
でもあります[2054]。

25.4.1　シーン コヒーレンス

3次元シーンのプリミティブは、それらの間の距離を考慮すれば、自然な空間的関係に収まり
ます。レンダリングに伴うシェーディング作業を考えると、それらの関係は必ずしも計算のコ
ヒーレンスを保証しません。例えば、近接するオブジェクトが完全に異なるマテリアル、テク
スチャー、究極的には異なるシェーディング アルゴリズムを使うかもしれません。セクショ
ン19.1で論じたように、レイトレーサーでオブジェクト トラバースの高速化に使われるアル
ゴリズムとデータ構造のほとんどは、ラスタライザーでも動作するように適応させられます。
しかしラスタライザーよりもレイトレーサーのほうが、データ構造のチューニングが重要で
す。レイをトレースするとき、オブジェクトのトラバースは内側のループにあります。

　ほとんどのレイトレーサーとレイ トレーシングAPIは、レイ可視性クエリーを高速化する
ため、何らかの空間高速化データ構造を使います。DXRの現在のバージョンを含めて、それ
らのテクニックはユーザーに見えず、たいてい内部で実装され、ブラックボックス機能として
提供されます。このため、基本的なDXRの機能と関連テクニックの理解に専念している読者
は、このコヒーレンスのセクションの残りをスキップしてかまいません。しかし、特に大きな
シーンの性能をしっかり把握したい人には、このセクションは重要です。自分のシステムが特
定の空間構造に依存していることが分かれば、そのスキームに関連する長所とコストを学ぶこ
とが、自分のレンダリング エンジンの効率を高めるのに役立ちます。

　リアルタイム レンダリングでは、ほとんどの場合、シーンがアニメーションでフレームご
とに変化するので、可視性の計算でシーン コヒーレンスを利用するデータ構造を作成するの
は困難です。レイトレーサーの外側のループが、可視性クエリーの柔軟性を上げられると前
に述べましたが、実際には、ラスタライザーの外側のループのほうがアニメートするシーン

25.4. コヒーレンス

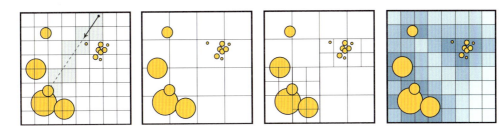

図25.10. 左から右：レイが交差までトラバースする細かい一様グリッドとセル、粗い一様グリッド、2レベルのグリッドと一様グリッド。暗いのはそのグリッド セルに最も近いオブジェクトが近く、明るいのは離れていることを意味する近接クラウド情報が埋め込まれている。

や、手続き的に生成されるアウトオブコア（大きすぎて一度にメモリーに収まらない）ジオメトリーを自然に扱えます。ラスターベースのレンダリング ソリューションで、それらの空間データ構造が一般に比較的単純な形で現れることも、ラスタライズのループ構造の理由です。

空間データ構造の背後にある考え方は、シーン中で近接するオブジェクトを同じボリュームにグループ化するように、空間の区分内にジオメトリーを編成できることです。この区分化を達成する1つの単純な手段は、シーン全体を規則的なグリッドに再分割し、キューブ（ボクセル）ごとに交差するプリミティブのリストを格納することです。そうすると、レイ原点からレイ方向で与えられる直線で各セルを訪れることにより、レイ トラバースを実現できます。トラバースも3次元なだけで、保守的な直線のラスタライズのアルゴリズムと変わりません。基本的な考え方は、x、y、z方向の次のボクセルへの距離を求め、その最小のものを選び、そのボクセルにレイを動かすことです。図25.10の左端の図は、レイが一様なグリッド中のセルを訪れる様子を示しています。次にその3つの値を更新し、新たな最小値を使って次のボクセルに移動します。トラバースで空でないセルが見つかるたびに、レイをセルに含まれる全プリミティブに対してテストする必要があります。そのセルでヒットが見つかったら、グリッドのトラバースを続ける必要はありません。影レイ（エニー ヒット）では単に終了してかまいませんが、標準のレイではセル中の全プリミティブをテストして、最も近いものを選ぶ必要があります。Havranの論文 [744] が素晴らしい概要です。

シーンには、多くの小さなプリミティブが含まれる詳細なオブジェクトの領域と、大きく粗いオブジェクトの領域があり得るので、どこでも固定のグリッド サイズがうまくいくわけではありません。このシナリオは「スタジアムの中のティーポット」問題と呼ばれ [693]、そこでは注意の焦点である複雑なティーポットが1つのセルに収まってしまうので、効率的な構造の恩恵を受けません。構築が迅速でトラバースも簡単ですが、現在では単純な一様グリッドを使うレイ トレーシングはほとんどありません。グリッドの効率を改善した、もっと実用的な変種が存在します。それらのグリッドは階層的に入れ子にでき、上位レベルの大きなセルが必要に応じてより細かいグリッドが含まれます。2レベルの入れ子のグリッドは、特にGPU上で並列に高速に構築され [917]、初期のアニメートするGPUリアルタイム レイ トレーシング デモに採用されて成功しています [1856]。

ハッシュ テーブルを採用し、空でないセルだけがデータをメモリー中に格納する、無限の仮想グリッドを作成できます（セクション23.1.2）。別の戦略は、空のセルに、最も近い空でないセルへの距離をグリッド単位で格納することです。このシステムは**近接性クラウド**と呼ばれます [297]。トラバースでは、それらの距離により、何もないと保証される多くのセルを、ラインマーチ ルーチンで安全にスキップできます。最近では、**不規則グリッド**（irregular grids）[1480] が、空の空間の効率よいスキップについて詳しく述べています。それらはアニメートさ

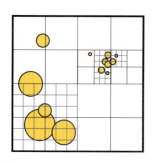 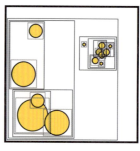 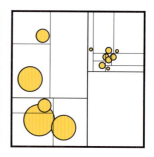

図25.11. よく使われる空間再分割データ構造。左から右：階層グリッド、軸平行境界長方形のBVH、k-dツリー。

れるシーンのレイ トレーシングで、空間高速化の最先端と競争力があることを示しています。そのようなグリッドの変種のいくつかを、図25.10が示しています。

　階層グリッドの考え方を極限まで発展させると、最上位レベルのデータ構造として各軸2つのセルからなる可能な最低解像度のグリッドを持ち、空でないセルを再帰的に別の$2 \times 2 \times 2$に分割することが考えられます。この構造が*8分木*で、セクション19.1.3で論じています。さらに進め、階層データ構造の各レベルで、1つのセルを平面を使って2つに分割することが考えられます。これは平面の選択が任意なら2値の*BSPツリー*、平面を軸平行に制約すれば*k-dツリー*になります（セクション19.1.2）。データ構造の各レベルで、1つではなく2つの軸平行平面を使うと、高速な構築アルゴリズムが付属する**有界区間階層（BIH）ツリー**[1963]が得られます。

　今日レイ トレーシングで最もよく使われる高速化構造が、セクション19.1.1で述べた境界ボリューム階層（BVH）です（図25.11）。例えば、階層境界ボリューム構造は、Intelの*Embree*カーネル[1969]、AMDの*Radeon-Rays*ライブラリー[42]、NVIDIAの*RT Cores*ハードウェア[1294]と*OptiX*システム[1405]で使われています。

空間データ構造の特性

空間データ構造のデザインの景観は広大です。間接的なトラバースが増えても、よりシーン ジオメトリーに適応する深い階層もあれば、柔軟性は劣ってもメモリー中でコンパクトな浅いデータ構造もあります。構築が容易でノードあたり少量のメモリーしか必要としない固定の再分割スキームもあれば、空間の切り分け方に関して多くの自由度を持つ表現力のあるスキームもあります。例えば、BVHスキームは作成する前にメモリー コストが分かり、必要な再分割は少なく、空の空間をうまくスキップします。しかし、その構築は複雑で、ノードのエンコードに必要なストレージが増えるかもしれません。

　一般には、以下が空間データ構造のトレードオフです。

- 構築品質。
- 構築の速さ。
- アニメートするシーンでは更新の速さ。
- 実行時のトラバース効率。

　構築品質は、大まかに言うと、レイの交差を求めるのにトラバースしなければならないプリミティブとセルの数と解釈されます。構築とトラバースの速さは、しばしばハードウェアに依存します。さらに物事を複雑にするのは、どのデータ構造も複数のトラバースと構築のアルゴリズム、様々なノードのエンコード（圧縮とメモリー配置）が可能なことです。また、空間の

25.4. コヒーレンス

再分割方法における自由度は、それらの選択を導く様々なヒューリスティックの存在も意味します。

　すべてのパラメーターを特定せずにデータ構造の性能について語るのは、誤解の元です。実際、最先端のデータ構造は静的と動的なシーンで異なり、動的なシーンの構築アルゴリズムには、レンダリングのレイ トレーシング部分で節約される以上の時間をかけてはならないという、厳格な時間制約があります。ハードウェア側では、CPUとGPU（高度並列）のアルゴリズムに著しい違いが存在します。GPUアーキテクチャーのほうが新しく、時間とともに変化しているので、後者の成功事例はまだ進化の途上にあります[1041]。

　最後に、トレースしなければならないレイの特性も問題となります。コヒーレントなレイ（例えばカメラ レイ、影、鏡面反射）に最適な構造もあれば、非コヒーレントなランダムに散乱するレイ（ディフューズ グローバル照明やアンビエント オクルージョンなどの手法で典型的）を許すものもあります。

　このすべてを念頭に置いた上で、最先端のレイ トレーシングの性能が、歴史的に軸平行ボックス（AABB）からなるk-dツリーか境界ボリューム階層（BVH）の変種により達成されてきたことは、述べる価値があります[1953]。その2つの主な違いは、理論的には、k-dツリーが空間を互いに素なセルに分割するのに対し、BVHのノードが一般に重なり合うことにあります。これは交差が見つかり、ツリーに残る他の未調査の境界ボリュームがそれより前にならないときにしか、BVHのトラバースを終了できないことを意味します。しかし、k-dツリーは厳密に前から後ろのトラバース順を強制できるので、プリミティブの交差が見つかると直ちに終了できます。このk-dツリーの理論的な強みが常に実感されるわけではありません。例えば、BVHのほうが効率的に空の空間と境界プリミティブをタイトにスキップするので、より速く交差に達することにより、早期終了できないことを埋め合わせるかもしれません[1953]。

　実際、映画制作[501, 1526]とインタラクティブ レンダリング[42, 1294, 1405, 1969]に使われる多くのレンダラーの調査で、現在k-dツリーを使うものはありませんでした。調査した今日のシステムは、どれも全般のレイ トレーシングでは何らかの形でBVHに依存しています[*2]。他の構造のほうが効率的なプリミティブやアルゴリズムもあります。例えば、ポイントクラウドとフォトン マッピングはサンプルの格納に3次元k-dツリーを使います。8分木とグリッド構造はボクセル データで使われます。

　BVHはたいていシーンにフィットし、高速で高品質の構築アルゴリズムを持ち、アニメートするシーンを、特に良好な時間的コヒーレンスを示す場合に簡単に扱えます。また次のセクションで見るように、少ないメモリーと帯域で良好なシーン分割を実現するコンパクトで浅い境界ボリューム ツリーを構築でき、それはデータ構造の高性能なトラバースの鍵となる特性です。

構築スキーム

レイ トレーシングで使う空間データ構造のすべてのアルゴリズムの変種と組み合わせを紹介するのは、本章の範囲外ですが、いくつかの鍵となる考え方は示せます。セクション19.1と23章にも、それらのトピックに関する詳しい情報があります。

　構築アルゴリズムは、**オブジェクト分割**と**空間分割**のスキームに分けられます。オブジェクト分割は、空間中で近接するオブジェクトやプリミティブ（例えば個々の三角形）を考慮し、

[*2] ブラジルのレンダラー、circa 2012 が、デフォルトでは3次元と4次元のk-dツリーを（モーション ブラーで）シーンに使っていました[706]。

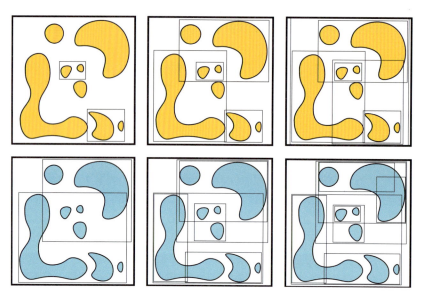

図25.12. 上段：ボトムアップのオブジェクト分割BVH構築のステージ。下段：空間分割が可能なトップダウンBVH構築のステージ。

それらをデータ構造のノードに束ねます。その処理は、ステップごとにシーン オブジェクトをサブグループにどう分割するかを決定する「トップダウン」でも、反復的にオブジェクトを束ねる「ボトムアップ」でも行えます（235章）。対照的に、空間分割は空間を様々な領域で切り分け、その結果のデータ構造のノードにオブジェクトとプリミティブを分配する方法を決めます。その構築は一般に「トップダウン」になります。空間分割のほうが普通は構築がずっと遅く、リアルタイム レンダリングには採用しにくいのですが、レイ キャストには効率的かもしれません。

空間分割はk-dツリーを構築する最も明快な手段ですが、BVHにも同じ原理が適用できます。例えば、Stichら[1405, 1827]の*BVH分割スキーム*は、オブジェクトと空間の分割の両方を考慮し、オブジェクトを2つ以上のBVHリーフで参照できます。そうすることで通常のBVHと比べてレイを打ち出すコストを大きく減らしながら、純粋な空間分割構造の構築よりも高速です（図25.12）。

どのスキームを使おうと、構築の各ステップで選択を行わなければなりません。ボトムアップでは集約するプリミティブ、トップダウンでは、シーンの再分割に使う空間分割の位置を決定しなければなりません（図25.13）。最適な選択はレイ トレーシング全体の時間を最小にするもので、それはトラバース アルゴリズムと可視性を決定するレイのセットの詳細に依存します。実際のところ、レイ トレーシングへの選択の影響を正確に評価するのは不可能なので、ヒューリスティックを採用しなければなりません。

最もよく使われる構築の品質の近似が、**表面積ヒューリスティック**（SAH）[1185]です（セクション22.4）。それは次のコスト関数を定義します。

$$\frac{1}{A_{root}}\left(C_{node}\sum_{x\in I}A_x + C_{prim}\sum_{x\in L}P_xA_x\right)$$

A_xはノードxの表面積、P_xはノード中のプリミティブの数、IとLはツリー中の内部とリーフ（空でない）ノードのセット、C_{node}, C_{prim}はノードとプリミティブの交差の平均コストの見

25.4. コヒーレンス

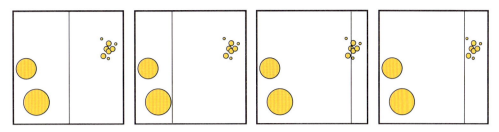

図25.13. 垂直分割平面の異なる選択。左から右：中間カット、大きなプリミティブを隔離するカット、等しい数のプリミティブを持つ2つのノードを生じる中央値カット、最も多くのプリミティブが入るノードの面積、したがって中に最も高価なデータがあるノードにヒットする確率を最小にするSAH最適化カット。

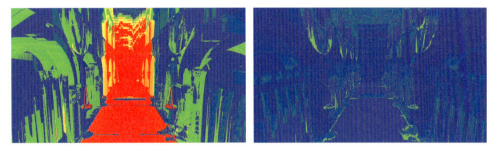

図25.14. Sponzaのアトリウムのシーンでファーストヒット カメラ レイのピクセルごとのBVHノード トラバースの数を表すヒート マップ。赤は500以上のトラバース ステップが必要な部分。左のイメージは中央値カット ヒューリスティック、右のイメージはSAH最適化BVHビルダーで構築したBVHで生成。（イメージ提供：*Kostas Anagnostou*）。

積もり（つまり時間）です（セクション23.2.1を参照）。境界ボリューム、セルなどのボリュームの表面積であるSAHは、それにヒットするランダムなレイの確率に比例します。この式の和がプリミティブの階層の加重確率コストです。計算されるコストは、形成する構造の効率の妥当な見積もりになります。

その定数をチューニングすれば、SAHはランダムな長いレイをトレースする実際のコストとよく相関し、実際にうまく動作します（図25.14）。その仮定が常に成り立つわけではなく、特にシーンでトレースする特定のレイの分布が事前に分かっていたり、サンプルできる場合には、よりよいヒューリスティックが可能です[20, 668]。SAHは、空間データ構造が完全に構築されたときのレイ トレーシング コストの見積もりを提供し、構築中の選択に情報を与えるのに使えます。SAH最適化構築は、可能な選択の中で、多くのプリミティブを持つ小さなノードを生成するものに加点します（図25.13）。

SAH最適構造を構築するアルゴリズムは遅いことがあるので、実際には、さらなる近似が採用されます。k-dツリーの近似SAH戦略の1つは、小さな固定数の分割平面のヒューリスティック コストを評価し、レベルごとに最も効率的な値を与えるものを選びます。このビニングと呼ばれる戦略は、BVH構造をトップダウンにすばやく構築するのにも使えます[1966]。

アニメートするシーンでは、構築アルゴリズムの時間制約が厳しいので、ツリーの品質が高速な構築と引き換えになるかもしれません。空間再分割では、中央値カットを使い[1963]、空間をシーンの最も長い軸の中央で分割したり、x、y、zを順にローテーションで分割することもあります。

オブジェクトの分割は、さらに高速化できます。Lauterbachら[1073]が紹介した**リニア境界ボリューム階層（LBVH）**の構築では、空間を満たす曲線を使いシーン プリミティブをソートします。それらはセクション23.2.1で説明され、図23.7に示されています。そのような曲線は、空間内の位置の順番を定義する特性を持ち、曲線のソート順で隣接する点は、高い確率で3次元のシーン中で近くにあります。オブジェクトのソートはGPUのような高度並列プロセッサ上でも効率よく計算でき、隣接する境界ボリュームを束ねて階層ボトムアップを構築するのに使われます。2010年にPantaleoniとLuebke[557, 1459]が、構築速度と品質が向上する**階層リニア境界ボリューム階層（HLBVH）**と呼ばれる改良を提案しました。彼らのスキームでは、BVHの最上位をSAH最適化方式で構築し、下位レベルは元のLBVHと似た手法で構築します。

BVHを使う1つの利点は、必要なクラスター ノードの数に上限があるので、構造に必要な最大メモリーが事前に分かることです[1966]。それでも、空間構造を一から構築すると、最善の場合でもプリミティブの数に線形のコストがかかります。毎フレーム再構築すると、レンダリング性能の大きなボトルネックになる可能性があります（特にフレームで多くのレイをトレースしない場合）。1つの代案は再構築を避け、動いたオブジェクトに空間データ構造を「再適合」させることです。特にBVHの場合、再適合は容易です。まずアニメートするプリミティブを含むリーフ ノードで、このオブジェクトの現在のジオメトリーを使い、リーフ ノードの境界ボリュームを再計算します。次にこのリーフ ノードの親を調べます。それがもうリーフ ノードを包含できなければ、それを拡大してその親をテストし、さらに連鎖を遡ります。この処理を親の修正が不要になるか、ルート ノードに達するまで続けます。親リーフを調べるときの別の選択肢は、その境界ボリュームを子の境界ボリュームに基づいて常に最小化することです。このほうがよいツリーを与えますが、かかる時間も少し増えます。

再適合アプローチは高速ですが、階層中で一緒に束ねられていながら、互いに近くなくなったオブジェクトにより、境界ボリュームが時間とともに拡大するので、アニメーションで大きな変位があると、空間データ構造の品質が劣化します。この欠点に対処するため、ツリーのローテーションを行い、徐々にBVHの品質を改善する反復アルゴリズムが存在します[934, 1001, 2096]。

現在、並列処理の最先端であるGPU BVHビルダーを代表する*treelets*法[934]は、高速で低品質のBVHから出発して、トポロジーを最適化します。これは現代のハードウェア上で、分割BVHに匹敵する高品質のツリーを、HLBVHより少し遅いだけの毎秒数千万プリミティブの速度で構築できます。

DXRで使われるような2レベルの階層は、アニメートするシーンでもよく見られます。セクション25.3で見たように、オブジェクトが剛体移動を行う場合、これらの階層はアニメート行列の変換により高速に再構築できます。この場合、再構築が必要なのは最上位レベルの階層だけで、高価な下位のオブジェクト単位の階層を更新する必要はありません。さらに、オブジェクトが非剛体アニメーションを行っても、大きな変形がなければ（例えば、木の葉が風で揺れる）、やはり再適合をBLASで使って完全な再構築を回避できます（セクション23.7）。しかし、2レベル階層の問題は、一般にシーン全体で一度に構築する空間データ構造ほど品質がよくないことです。例えば、多くのオブジェクトが近接し、それぞれ独自のBLASとTLASで重なり合う境界ボリュームを持つとします。複数のBLASが重なり合う空間の領域を通過するレイは、それらを個々にトラバースしなければなりませんが、シーン全体で構築した1つの統一空間データ構造なら同じ問題は生じません。この問題を改善するため、Benthinら[144]が、異なるオブジェクトのツリーを結合してレイ トラバースの性能を改善できる、2レベルの

25.4. コヒーレンス

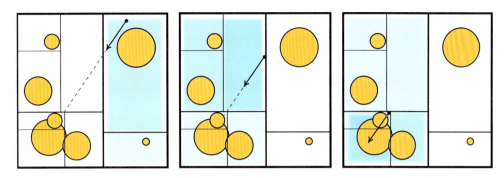

図25.15. 左から右、スタックレス k-dツリー トラバース スキームにおける異なる再スタート。リーフに達して交差が見つからなければ、レイを「短縮」し、原点をそのリーフの境界の向こうに移動する。

階層の「編み直し」を提案しています。

トラバース スキーム

空間データ構造の構築と同様に、レイ トラバースのアルゴリズムでも多くの研究が行われています。

　レイと階層データ構造の交差はツリー トラバースの一種です。レイはルートから出発し、シーンを部分空間に分割する構造表現に対してテストされます。レイは複数の部分空間と交わるかもしれないので、ツリーの複数のブランチを訪れる必要があります。例えばバイナリーBVHの場合、与えられたツリー ノードでレイはノードの子に対応する0、1、または2つの境界ボリュームと交わる可能性があります。k-dツリーでは、各ノードを空間を2つに分割する平面に関連付けます。レイがこの平面と交わり、その交差がノードの境界内なら、レイは両方の部分空間を訪れる必要があります。そのため、一般にはレイ交差で毎回複数の部分空間を考慮する必要があり、どちらを最初にトラバースするかを決めなければなりません。交差が見つからないか、複数の交差が必要な場合は、バックトラックして、まだテストしてない他の部分空間を訪れる手段も必要です。

　一般にはノードの子の部分空間をレイ方向で前から後ろにソートし、最も近い部分空間をトラバースして、他の子ノードをソート順にスタックにプッシュします。バックトラックが必要になったら、1つのノードをスタックからポップして、そこからトラバースを再開します。レイを1つずつトレースするのであれば、スタックの管理コストはそれほどでもありません。しかし、GPU上では同時に数千のレイを並列にトラバースするのが普通で、それぞれに固有のスタックが必要です。それは大きなメモリー トラフィックのオーバーヘッドを生じます。

　k-dツリーのような、常にシーンを互いに素な部分空間に分割する空間データ構造では、リーフに達した後にルートからトラバースを再始動するコストを払うつもりがあれば、**スタックレス レイ トレーシング**が簡単に実装できます[519, 838]。常に最も近い部分空間をトラバースし、リーフに達してもレイ交差が見つからなければ、リーフの境界で最も遠い交差の向こうにレイの原点を動かし、そのレイを完全に新しいものであるかのようにトレースし直すだけです（図25.15）。

　この**レイ短縮**とも呼ばれる戦略は、BVHではノードが重なり合う可能性があるので適用できません。レイをサブツリー中でノードを越えて進めると、トラバースすべきだった階層中の境界ボリュームを完全に見逃すかもしれません。完全なスタックの代わりにツリー レベルごとに1ビット保持し、2分木を処理済みのノードと、まだ交差の候補であるノードに分ける

ための足跡をエンコードすることを、Laine [1039] が提案しています。ツリーの下降で毎回レイに対して一貫性のあるノード トラバース順を計算できれば、この手法により BVH でも再始動が使えます。

レイがミスしたときに次にトラバースするノードを示す追加の情報領域をツリーに持てば、再始動を完全に回避できます。このポインターは**ロープ**と呼ばれ、BVH と k-d ツリーの両方に適用できますが、ストレージのコストが高いことがあり、またすべてのレイに固定のレイ トラバース順を課すので、前から後ろの訪問ができません。ツリーに格納するポインターと小さなレイ単位のデータ構造の両方を使い、スタックベースのソリューションと同じ順番を保持しながら、完全な再始動の代わりにバックトラックを行うことで、バイナリー BVH のスタックレス トラバースを可能にするアルゴリズムを、Hapala ら [721] と、後に Áfra と Szirmay-Kalos [14] が開発しています。

実際には、これらのスタックレス スキームは、再始動やバックトラックに必要な追加作業、空間データ構造のサイズの増加、場合によってはトラバース順の悪化により、GPU 上でもスタックベースのアプローチより必ずしも速くはありません [18]。Binder と Keller [163] が考案した定時間スタックレス バックトラック アルゴリズムは、現代の GPU でスタックベースのトラバースを上回ることを初めて示しました。最近では、Ylitie ら [2093] が、GPU のスタックベースのトラバースで圧縮スキームを利用し、GPU のレイごとのスタック管理のメモリー トラフィック オーバーヘッドの大部分を回避することを提案しています。そのトラバースは、ノードごとに 2 つ以上の子を持つ、ワイドな BVH 上で行います。著者たちは、前から後ろのトラバース順を決定する、効率的な近似ソート スキームを実装しています。さらにシーン コヒーレンスを利用する別の手段として、そのノード境界ボリューム自体も圧縮形式で格納します。

25.4.2　レイとシェーディングのコヒーレンス

レイ トレーシングにより任意のレイのセットの可視性を計算できても、実際のレンダリング アルゴリズムは、コヒーレンスの度合いが様々なレイのセットを生成します。最も単純な場合、ピンホール カメラから画面の各ピクセルを通して見えるシーン部分を、レイを使って決定します。それらの原点とカメラ位置はすべて同じで、可能な方向の限られた立体角だけに広がります。同様のコヒーレンスを持つのが、無限小の光源からの影の計算に使うレイです。反射レイなど、サーフェスで跳ね返るレイを考慮するときでも、ある程度のコヒーレンスが維持されます。例えばカメラから発し、2 つの隣接ピクセルに対応する 2 つのレイが、あるサーフェスにヒットして完璧な鏡面反射方向に跳ね返るとします。多くの場合、2 つのレイはシーンの同じオブジェクトにヒットし、それは 2 つのヒット点が空間中で近接し、そのサーフェス法線が似る可能性が高いことを意味します。そのとき 2 つの反射レイは、よく似た原点と方向を持ちます（図 25.16）。

非コヒーレント レイを生じるのは、与えられたサーフェス点から外向き方向の半球を、ランダムにサンプルする必要があるときです。例えば、これはアンビエント オクルージョンと、ディフューズ グローバル照明を計算したいときに発生します。光沢反射のほうが、レイがコヒーレントです。一般には、トレースが必要なレイのセットと、シェーディングを計算する必要のあるヒット点で、レイ トレーシングがある程度のコヒーレンスを示すことを仮定できます。このレイ コヒーレンスが、レンダリング アルゴリズムを高速化するために、利用を試みることが可能なものです。

レイ コヒーレンスを利用する初期のアイデアの 1 つは、レイを束ねることでした。例えば

25.4. コヒーレンス

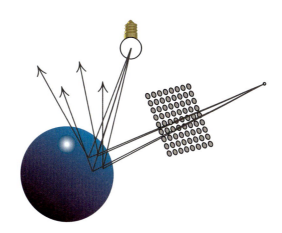

図25.16. カメラから発し、サーフェスにヒットするレイが、さらに多くの影と反射のレイを生み出す。この新たなレイのセットが、かなりコヒーレントで互いに似ていることに注意。

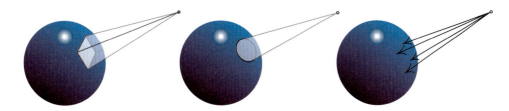

図25.17. 左から右、球との交差：ビーム、円錐と4つのレイ パケット。

単独のレイではなく、シーン プリミティブを**レイ バンドル**と呼ばれる平行なレイのグループと交差させることができます。バンドルとシーン プリミティブの交差は、GPUのラスタライザーを利用し、正投影を使って各オブジェクトの位置と法線をオフスクリーン バッファーに格納することで行います。そのバッファーの各ピクセルが、1つのレイに対する交差データを記録します[1907]。別の初期のアイデアは、同じ原点から限られた方向に広がる無数のレイを表す円錐[749]や小さな錐台（ビーム）[36]へのグループ化でした。この**ビーム トレーシング**の考え方を、Shinyaら[1745]がさらに探求し、彼らが**ペンシル トレーシング**と呼ぶシステムに一般化しました。このスキームでは、レイの原点と方向への変動を含める「ペンシル」を定義します。例えば、レイの方向がある角度までの変化が許されるなら、そのようにレイのセットを定義し、円錐を形成します[36]。

そのようなスキームは広い範囲の連続性を仮定します。オブジェクトの端や曲率が大きな領域が見つかると、ペンシルはそれらの特徴を捕らえるため、より細いペンシルや個別のレイのセットに退化します。立体角でのマテリアルとライティングの積分の計算も、普通は簡単ではありません。そのような限界により、ペンシル関連の手法の一般の使用はほとんど見られません。著名な例外が、最近GPU上で間接グローバル照明の近似に使われてきたテクニック、ボクセル化ジオメトリーのコーン トレーシングです（セクション11.5.7）。

より柔軟なレイ コヒーレンスの利用方法は、レイを**パケット**と呼ばれる小さな配列を編成し、一緒にトレースすることです。ペンシルと同じく、例えばBVHの別のブランチを追う必要がある場合、そのレイのコレクションを分割する必要があります（図25.17）。しかし、パケットは幾何学的プリミティブではなくデータ構造にすぎないので、分割はずっと簡単で、元のレ

イのサブセットを持つパケットを作るだけです。パケット トレーシング [1965] は、空間データ構造を並列にトラバースし、レイの小さなグループのオブジェクト交差を計算できるので、SIMD 計算に適しています。実用的な実装 [1969] は、プロセッサーの SIMD 命令の幅に合わせて調整した固定サイズのパケットを使います。分割の後などレイの一部がパケットにない場合は、フラグを使って対応する計算をマスクします。

パケット トレーシングは効率がよく、最近では高負荷の VR アプリケーションでも動作するように適応していますが [855]、やはりレイの生成方法に制限が課されます。また、レイが発散して分割が必要なパケットが多すぎると、性能が損なわれるかもしれません。理想的には、非コヒーレントなレイ トレーシングにも、現代のデータ並列アーキテクチャーを利用する手段が望まれます。

パケット トレーシングの考え方は、SIMD 命令を使って複数のレイを 1 つのプリミティブで並列に交差させることです。しかし、同じ命令はレイのパケットを保持する必要がない、1 つのレイと複数のプリミティブの交差にも使えます。深い 2 分木の代わりに、高い分岐因子を持つ浅いツリーを使って空間階層を構築すれば、1 つのレイを複数の子ノードで同時にテストすることで、トラバースを並列化できます。そのようなデータ構造は、部分的に 2 分木を平坦化することで構築できます。例えば、バイナリー BVH のレベルを 1 つおきに潰せば、同じノードをエンコードする幅 4 の BVH を構築できます。それにより生じるデータ構造は**マルチ境界ボリューム階層**（MBVH）、や**シャロー BVH** や**ワイド BVH** とも呼ばれます [351, 479, 1967]。

パス トレーシングとその変種のように、1 つのレイ上で動作し、簡単にはコヒーレント パケットを生成できないレイ トレーシングのアプリケーションがあります。この制限があっても、イメージの生成でトレースするすべてのレイを見れば、ある程度のレイ コヒーレンスが見つからないわけではありません。シーンの多くのレイは、明示的に一緒にトレースできなくても、似た原点から似た方向に動くことがあります。そのような場合、可視性を計算したいレイを動的にソートして、コヒーレントに処理できるレイのグループを作成できるかもしれません。Pharr ら [1523] が、「メモリーコヒーレント レイ トレーシング」と呼ぶ空間再分割構造のノードを使ってレイのバッチを格納するシステムにより、そのような考え方を切り開きました。空間構造を通るレイを交差が見つかるまで個別にトラバースするのではなく、ノードごとに、プリミティブがあれば、それらに対してレイをテストし、ヒットしないレイを隣のノードに転送します。そのため、空間再分割階層は幅優先順になります。

量子化されたレイ方向と原点を使ってハッシュ値を計算することにより、シーンの空間データ構造に明示的にレイを格納するのを避けることもできます。まだ処理が必要なレイのキューを保持し、それをハッシュ キーでソートできます。このキューは位置と方向の 5 次元空間に仮想グリッドを作成し、そのセルにレイをグループ化することに相当します。レイのキューを保持して動的にソートする考え方は、**レイ ストリーム トレーシング**や**レイ リオーダリング**と呼ばれ、CPU と GPU の両方で採用されて成功しています [1041, 1923]。

最後に述べておくべき重要なことは、多くのレンダリング アプリケーションの性能が可視性ではなく、シェーディング操作で決まることです。今日のラスターベースのリアルタイムレンダリングでは、これは確かに当てはまります。コヒーレント レイのトレースは、シェーディングのコヒーレンスにも役立ちますが、それは保証されません。2 つのレイがシーン中で近接していても、異なるシェーダーとテクスチャーが必要な別のオブジェクト上の点にヒットするかもしれません。これは特に、ワイドな SIMD ユニットを頼りに、ウェーブフロントと呼ばれる大きなベクトル上で同じ命令をロックステップに実行する GPU には難問です（セクション 24.2）。GPU のウェーブフロントのレイが異なるシェーディング ロジックを使う必要

25.4. コヒーレンス

があるかもしれない場合には、動的な分岐を採用しなければならず、それはウェーブフロント
の発散とシェーダーの肥大をもたらし、一般に使用レジスターが増えて占有率が下がります。

　ソートはシェーディング コヒーレンスに対処するように拡張できます。レイのキューと
並べ替えを交差で使うだけでなく、オブジェクトにヒットした後のレイもキューに格納で
きます。次にそのキューをヒット点に関連するマテリアルで再びソートすれば、シェーダー
をコヒーレントなバッチで評価できます。マテリアルの評価を可視性から分離するという考
え方は、**遅延シェーディング**と呼ばれます。同じ用語はレイ トレーシング システムとラス
ターベースのシステムの両方で使われ（セクション 20.1）、そのような分離はスクリーン空間
G-バッファーで実現されます。

　遅延シェーディングは映画用のオフライン プロダクション パストレーサーに採用され
[449, 1092]、数百万のレイをアウトオブコアであってもソートし、CPU と GPU のどちらのレ
イ トレーシングでもキューを縮小します [449, 1092]。しかし、リアルタイム レンダリングで
忘れてはならないこととして、作業の並べ替えでコヒーレンスを利用できるシステムであって
も、ソートに加わるオーバーヘッドが大きくなる可能性があります。また同時にフライト中
のレイが少なすぎると、その中に有用なコヒーレンスがないかもしれません。さらにレイが
シーン プリミティブにヒットするとき、評価されるマテリアル シェーダーが新たなレイを生
成し、それが他のシェーダーの実行を再帰的に始動するかもしれません。そのため新たに生ま
れたレイの結果が計算されるまで、シェーダーの評価を中断する必要があるかもしれません。
この挙動によりシェーダーの実行の並べ替えに制約が生じ、動的にコヒーレンスを回復する機
会が減ります。

　実際には、レイとシェーディングのコヒーレンスを意識したレンダリング アルゴリズムの
採用を心がける必要があります。非コヒーレント レイを使う必要があるときでも、アプリ
ケーションで発散を最小にする手段があります。例えば、アンビエント オクルージョンなど
のグローバル照明効果は、画面上の各ピクセルで外向き方向の半球をサンプルする必要があり
ます。この処理はコストが高いので、ピクセルあたり少数のサンプルだけを打ち出し、バイラ
テラル フィルタリングで最終結果を再構築するテクニックがよく使われます。通常はピクセ
ルごとに生じるサンプリング方向が異なるので、これは非コヒーレントです。1 つの最適化実
装は、似た方向を持つピクセルのトレースを同時に行うため、少数のピクセルの規則的な間隔
で方向が反復するように並べることかもしれません [951, 1136, 1640]。

　ヒットしたオブジェクトにより、まったく別のプログラムが必要かもしれないので、シェー
ディングはレイ トレーシングよりも主要な発散の発生源になる可能性があります。理想的に
は、複雑なシェーディングとレイ トレーシングを交互に行うのは避けることが望まれます。
例えば、シェーディングを事前に計算して、レイのヒットでキャッシュした結果を取り出す
こともできます。そのような戦略には、既にオフラインのプロダクション パス トレーシング
[501] とインタラクティブ レイ トレーシング [1352] で使われるものもありますが、リアルタ
イム レイ トレーシングの最先端を前進させるには、さらに多くの研究が必要です。一般に、
どのレイ トレーシング アプリケーションでも考慮すべきトレードオフがあります。すべての
レイが同じなら、たいていごく一部を疎に打ち出し、デノイズ テクニックを利用して最終イ
メージを生成できます。しかし、疎な非コヒーレント レイは処理が遅いので、高コヒーレン
スのレイを多く打ち出すほうが全体として高速かもしれません。

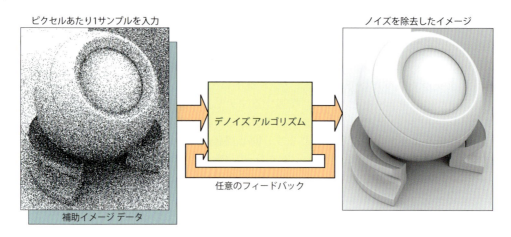

図25.18. 左、ピクセルあたり1オクルージョン レイでレイ トレースし、アンビエント オクルージョンを使ったイメージ。デノイズ アルゴリズムは、このイメージをオプションの補助イメージ データを一緒に使い、右のノイズを除去したイメージを作り出す。補助イメージ データとしてはピクセルごとの深度成分、法線、動きベクトル、シェーディング点における遮蔽物への最小距離などがある。デノイズ アルゴリズムは出力の一部を次のフレームのデノイズ処理にフィードバックすることもある。（ノイズ付きとデノイズされたイメージの提供：*NVIDIA Corporation*。）

25.5 デノイズ

モンテカルロ パス トレーシングによるレンダリングは、図25.6のような望ましくないノイズがあるイメージを生成します。**デノイズ** アルゴリズムの目標は、ノイズのあるイメージと、オプションの補助イメージ データから、可能な限り検証データに近い新たなイメージを作り出すことです。少しぼけたイメージ領域はノイズより好ましいので、このセクションでは「近い」という言葉を砕けた意味で使います。リアルタイム レイ トレーシングでは、普通はピクセルごとに利用できるレイが少なく、それはレンダー イメージにノイズが生じることを意味するので、デノイズが特に重要です。例えば、図25.22のPICA PICA イメージは ≈ 2.25 レイ/ピクセルでレンダーされています[1809]。図25.18がデノイズの概念を示しています。図に示されるように、デノイザーにはフィードバック ループを追加できるので、時間アンチエイリアシング (セクション5.4.2) が基本のデノイズ アルゴリズムとして考えられます。ほとんどの（全部ではなくても）デノイズ テクニックは、スカラー値 p で列挙する現在のピクセルの周囲の色の加重平均として単純に表現できます。そのとき加重平均は次のものです[166]。

$$\mathbf{d}_p = \frac{1}{n} \sum_{q \in N} \mathbf{c}_q w(p, q) \tag{25.3}$$

$\mathbf{d}_p$ はピクセル p のデノイズされた色値、$\mathbf{c}_q$ は現在のピクセルの周囲（p を含む）のノイズ付き色値、$w(p,q)$ は重み関数です。この式で使う N と呼ばれる p の近隣には、n 個のピクセルがあり、このフットプリントは一般に正方形です。重み関数は、例えば $w(p, p_{-1}, q, q_{-1})$ のように（添字 -1 は前のフレームからの情報を示す)、前のフレームの情報を使うようにも拡張できます。重み関数は、例えば必要に応じて法線 $\mathbf{n}_q$ と以前の色値にアクセスできます。デノイズの例は図26.2、26.3、25.19、25.20、25.21を参照してください。

デノイズの分野は、レイ トレーシングベースのアルゴリズムを使うリアリスティックなリアルタイム レンダリングの重要なトピックとして浮上しました。このセクションでは、いく

25.5. デノイズ 965

つかの重要な研究の簡単な概要を提供し、役に立つかもしれない、いくつかの鍵となる概念を紹介します。Zwickerらの調査 [2130] が、さらに学ぶための優れた出発点です。次に低いサンプル数、すなわちピクセルあたり1つあるいは少数のサンプルでうまく動作するアルゴリズムとトリックを述べます。

デノイズで補助イメージ データとして使える、ノイズがないレンダー ターゲットのセットの作成は、G-バッファー（20章）にレンダーするのが一般的です [270, 1680, 1809]。次にレイ トレーシングを使い、例えばノイズのある影、光沢反射、間接照明を生成します。いくつかの手法が使う別のトリックは、直接照明と間接照明が異なる特性を持つので（例えば、間接照明は一般にかなりなめらか）、それらを分けて別々にデノイズを行うことです。デノイズで使うサンプル数を増やすため、しばしば何らかの種類の時間的蓄積や、時間アンチエイリアシング（セクション5.4.2）も含めます。別のよい近似は、非テクスチャー照明の抽出で、ライティングとテクスチャーの分離とも呼ばれます [2121]。この動作の説明では、レンダリングの式（11.2）を思い出してください。

$$L_o(\mathbf{p}, \mathbf{v}) = \int_{\mathbf{l} \in \Omega} f(\mathbf{l}, \mathbf{v}) L_o(r(\mathbf{p}, \mathbf{l}), -\mathbf{l})(\mathbf{n} \cdot \mathbf{l})^+ d\mathbf{l} \quad (25.4)$$

簡単にするためエミッシブ（放射）項 L_e を省略しています。ここではディフューズ項しか扱いませんが、他の項にも同様の手続きを適用できます。次に、反射項 R を計算しますが、それは本質的にディフューズ シェーディング項 × テクスチャリングにすぎません（サーフェスがテクスチャ処理される場合）。

$$R \approx \frac{1}{\pi} \int_{\mathbf{l} \in \Omega} f(\mathbf{l}, \mathbf{v})(\mathbf{n} \cdot \mathbf{l})^+ d\mathbf{l} \quad (25.5)$$

そうすると非テクスチャー照明 U は次になり、

$$U = \frac{L_o}{R} \quad (25.6)$$

テクスチャー項が分かれて消えたので、U に含まれるのは、ほぼライティングだけのはずです。したがって、レンダラーはレンダリングの式を使って L_o を計算し、テクスチャー参照とディフューズ シェーディングを行って R を取得でき、それが非テクスチャー照明を与えます。この項をデノイズして、例えば D とすると、最終的なシェーディングは $\approx DR$ になります。テクスチャーはしばしば高周波の内容、例えばエッジを含むので、デノイズ アルゴリズムでテクスチャーを扱わずに済むのは好都合です。非テクスチャー照明トリックは、Heitzら [773] が、最終イメージをノイズのある影項とエリア ライトの解析的シェーディングに分割し、影項にデノイズを行い、最後にイメージを再結合するときに行うことにも似ています。この種の分割は、しばしば比推定と呼ばれます。

ソフトな影のデノイズは、例えばSEED [1809] が使った、時空間分散ガイド フィルタリング（SVGF）[1680]] を使って行えます（図25.19）。元々SVGFは、1サンプル/ピクセルのイメージをパス トレーシングでデノイズするために開発され、1次の可視性にG-バッファーを使ってから、1つの2次レイと影レイを最初と2番目のヒットの両方で打ち出します。その大まかな概念は、時間的蓄積（セクション5.4.2）と、ノイズ データの分散の見積もりでブラー カーネルのサイズを決める空間マルチパス ブラー [352, 716] を使い、実効サンプル数を増やすことです。

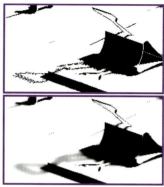

図25.19. 左：フィルタリング後の影項。右上：面光源に1つのサンプルを使った影項の拡大図。左下：右上のイメージのデノイズ後。影は期待される場所になめらかになり、接触影はハードになる。（イメージ提供：*SEED-Electronic Arts*）

分散は以下のテクニックを使い、サンプル x_i を加えながら、漸進的に計算できます。まず差の平方の和を計算します。

$$s_n = \sum_{i=1}^{n}(x_i - \bar{x}_n)^2 \tag{25.7}$$

$\bar{x}_n$ は最初の n 個の平均です。そのとき分散は次になります。

$$\sigma_n^2 = \frac{s_n}{n} \tag{25.8}$$

ここで、既に $x_1, \ldots, x_n$ を使って s_n は計算済みで、さらに分散の計算に含めたいサンプル x_{n+1} を得たとします。まず総和を

$$s_{n+1} = s_n + (x_{n+1} - \bar{x}_n)(x_{n+1} - \bar{x}_{n+1}) \tag{25.9}$$

で更新すれば、s_{n+1} を使い式25.8で σ_{n+1}^2 を計算できます。SVGFでは、このような手法で時間とともに分散を見積もりますが、例えば時間的分散の信頼を損なうオクルージョン解除が検出されたら、空間的見積もりに切り替えます。ソフトな影では、LlamasとLiu [1142, 1148] が、フィルターの重みと半径の両方が可変の分離可能クロス バイラテラル フィルター（セクション12.1.1）を使っています。

Stachowiakが反射のデノイズ パイプライン全体を紹介しています[1809]。図25.20が、いくつかの例を示しています。まずG-バッファーをレンダーし、そこからレイを打ち出します。トレースするレイの数を減らすため、反射ヒットでは 2×2 ピクセルあたり1つの反射レイと1つの影レイだけを打ち出します。しかし、イメージの再構築は完全な解像度で行います。反射レイは確率論的に重要度サンプルされます。「確率論的」は、ランダムに生成するレイが加わるにつれ、解が正しい結果に収束することを意味します。「重要度サンプル」は、より最終結果に役立つことが期待される方向、例えばBRDFのピーク方向にレイを送り出すことを意味します。次にイメージをスクリーン空間反射[1807]（セクション11.6.5）と似た手法でフィルター処理すると同時に、完全なイメージ解像度にアップサンプルします。このフィルターは比推定も行います[773]。このテクニックを時間的蓄積、バイラテラル クリーンアップ パス、最後にTAAと組み合わせます。LlamasとLiu [1142, 1148] が、異方性フィルター カーネルに基づく別の反射ソリューションを紹介しています。

25.5. デノイズ

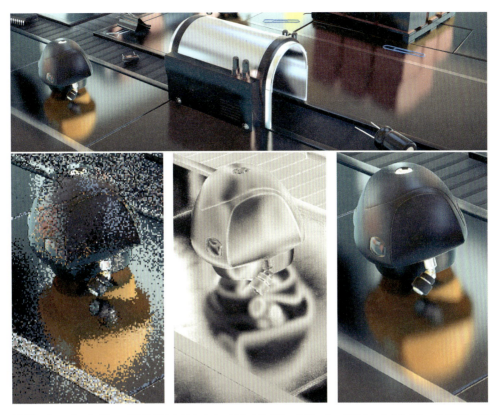

図25.20. 上：デノイズ後の反射項だけを示すイメージのスライス。左下：2×2ピクセルあたり1つの反射レイを使うデノイズの前。中下：分散項。明るいピクセルほど高い分散を持ち、ブラー カーネルが大きくなる。右下：デノイズされた完全解像度の反射イメージ。（イメージ提供：*SEED–Electronic Arts*。）

Metha ら [1286, 1287, 1288] が、より理論的なフーリエ解析に基づくアプローチで、光輸送[429]のフィルタリング手法と適応型サンプリング テクニックを開発しています。せん断フィルターよりも正確で評価が高速な軸平行フィルターを開発し、高い性能を生み出します。詳しい情報は、Methaの博士論文[1289]を調べてください。

アンビエント オクルージョン（AO）では、Llamas と Liu [1142, 1148] が効率のため、分離可能クロス バイラテラル フィルター（セクション12.1.1）を使って実装した軸平行カーネル[1286]によるテクニックを使っています。そのカーネル サイズは、AOレイのトレース中に見つかるオブジェクトへの最小距離で決まります。フィルター サイズはオクルーダーが近いときは小さく、遠いほど大きくします。この関係により、近いオクルーダーには明確な影が、オクルーダーが遠いほど滑らかでぼやけた効果を与えます（図25.21）。

グローバル照明のデノイズにも、いくつかの手法があります[270, 1142, 1287, 1680, 1681, 1809]。効果の種類に特化したフィルターを使うこともでき、FrostbiteとSEEDは、そのアプローチをとっています[54, 808, 1809]（図25.22）。

Frostbiteのリアルタイム ライトマップ プレビュー システム[808]は、分散に基づくデノイズ アルゴリズムを当てにします。ライトマップのテクセルは通常の累積サンプルの寄与を格納し、その分散を追跡します。新たなパス トレーシングの結果が入ったら、ライトマップはテクセルごとの分散を基に、局所的にぼかしてからユーザーに提示します。分散に基づくブラーはSVGF[1680]と似ていますが、異なるメッシュに属するライトマップの要素が互いに漏

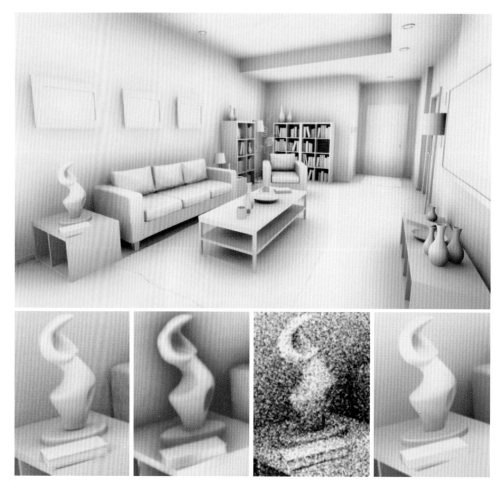

図25.21. 上のイメージのアンビエント オクルージョンは、1レイ/ピクセルでレイをトレースした後、デノイズを行っている。拡大したイメージは左から右：検証用イメージ、スクリーン空間アンビエント オクルージョン、1サンプル/ピクセル/フレームでレイをトレースしたアンビエント オクルージョン、1サンプル/ピクセルからデノイズしたもの。デノイズしたイメージは小さな接触影のすべてを捕らえてはいないが、スクリーン空間アンビエント オクルージョンよりも一致する（イメージ提供：*NVIDIA Corporation*。）

れ出すのを防ぐため、階層ではありません。ぼかすときには、テクセル要素単位のインデックスを使い、同じライトマップ要素からのサンプルだけをぼかします。収束が偏らないように、元のライトマップは変えません。

　デノイズをテクスチャー空間で行うこともできます[1352]。それにはすべてのサーフェス位置がユニークな uv-空間値を持つ必要があります。そしてシェーディングをサーフェスのヒット点のテクセルで行います。テクスチャー空間のデノイズは、例えば13×13 領域の似た法線を持つテクセルからのシェーディングを平均するだけの簡単なものでかまいません。Munkbergらは、デノイズ中のテクセルの法線と、含めることを考慮する別のテクセルの法線の間の角度を θ として、$\cos\theta > 0.9$ であればテクセルを含めています。他の利点として、時間による平均処理はテクスチャー空間では簡単で、そのシェーディング コストは、シェーディングを粗いレベルで計算することにより削減でき、そのシェーディングは複数のフレームで償却できます。

25.5. デノイズ 969

図25.22. ラスタライズとレイ トレーシングを組み合わせてレンダーした後、いくつかのデノイズ フィルターを適用したProject PICA PICAの最終イメージ。（イメージ提供：*SEED–Electronic Arts*。）

　これまではオブジェクトが静止し、カメラを1つの点と仮定してきました。しかし動きが含まれ、イメージが被写界深度付きでレンダーされる場合には、深度と法線にもノイズがあります。そのようなユースケース用に、Moonら [1340] が、ピクセルごとにワールド位置サンプルの共分散行列を計算する異方性フィルターを開発しました。それを使ってピクセルごとの最適なフィルタリング パラメータを見積もります。

　ディープ ラーニング アルゴリズムを使えば [591, 592]、ゲーム エンジンや他のレンダリング エンジンが生成できる大量のデータを利用し、それを使ってデノイズされたイメージを生成するニューラル ネットワークも作成できます。その考え方では、まず畳み込みニューラル ネットワークを用意し、そのネットワークをノイズありとノイズなしの両方のイメージで訓練します。うまく行えば、ネットワークは大きな重みのセットを学習し、ノイズのないイメージを知らなくても、ノイズのあるイメージをデノイズする推論ステップで学習結果を使えます。Chaitanyaら [270] が、エンコーディング パイプラインのすべてのステップで、フィードバック ループ付き畳み込みニューラル ネットワークを使っています。それは時間的な安定性を増やし、アニメーションのフリッカーを減らすために追加されました。クリーンな参考イメージにアクセスできなくても、（相関のない）ノイズのあるイメージのペアを使ってデノイザーを訓練できます [1104]。検証イメージを生成する必要がないので、訓練が簡単です。

　デノイズの分野は、現在も今後もリアリスティックなリアルタイム レンダリングの重要なトピックであり、さらに多くの研究が続くことは明らかです。

25.6 テクスチャ フィルタリング

セクション3.8と24.8で述べたように、ラスタライズは**クワッド**と呼ばれる2×2のグループでピクセルのシェーディングを行います。テクスチャー フットプリントの見積もりを計算して、ミップマッピング テクスチャリングのハードウェア ユニットで使えるように行います。レイ トレーシングでは状況が異なり、たいてい互いに無関係なレイが打ち出されます。1つを1ピクセル水平、もう1つを1ピクセル垂直にオフセットした2つの追加レイを持つアイ レイが、三角形の平面と交わるシステムがあるとします。そのようなテクニックは多くの場合、正確なテクスチャー フィルター フットプリントを生成できますが、アイ レイに限られます。しかし、カメラが反射サーフェスを見ていて、その反射レイがテクスチャー サーフェスにヒットすると何が起きるでしょうか？ その場合、反射の性質とレイの移動距離も考慮する、フィルター付きテクスチャー参照を行うことが理想的です。屈折サーフェスにも同じことが言えます。

Igehy [861] が**レイ微分**と呼ばれるテクニックを使う、この問題への洗練された解決法を提供しています。レイごとに、

$$\left\{ \frac{\partial \mathbf{o}}{\partial x}, \frac{\partial \mathbf{o}}{\partial y}, \frac{\partial \mathbf{d}}{\partial x}, \frac{\partial \mathbf{d}}{\partial y} \right\} \tag{25.10}$$

を追加データとして格納する必要があります。$\mathbf{o}$がレイ原点、$\mathbf{d}$がレイ方向であることを思い出してください（式25.1）。$\mathbf{o}$と$\mathbf{d}$のどちらも3つの要素を持つので、上のレイ微分はその格納に$4 \times 3 = 12$の追加の数が必要です。アイ レイを打ち出すとき、レイは1つの点から出発するので$\partial \mathbf{o}/\partial x = \partial \mathbf{o}/\partial y = (0,0,0)$です。しかし$\partial \mathbf{d}/\partial x$と$\partial \mathbf{d}/\partial y$は、各レイがピクセルを通過するときの広がりをモデル化します。レイが別の点に移るときには、レイ微分を更新する必要があります。さらに、Igehyはレイ微分が反射/屈折するときのレイ微分の変化だけでなく、補間された法線を持つ三角形で微分法線を評価する方法についても公式を導いています。

より簡単な円錐のトレースに基づく別の手法を、Amanatidesが1984年に紹介しています[36]。この研究の焦点はジオメトリーのアンチエイリアシングですが、**レイ円錐**がレイ トレーシング時のテクスチャー フィルタリングにも使えることに簡単に触れています。Akenine-Möllerら [31] が、レイ円錐をG-バッファーで実装し、最初のヒット点の曲率も考慮に入れる方法を紹介しています。そのフィルターのフットプリントはヒットまでの距離、レイの広がり、ヒット点の法線、曲率に依存します。しかし、曲率は最初のヒットでしか提供されないので、深い反射でエイリアシングを生じることがあります。G-バッファー レンダリングと組み合わせたレイ微分の変種を紹介し、それらの手法の比較も行っています。

図25.23が、4つの異なるテクスチャー フィルタリングの手法を示しています。ミップ レベル 0（ミップマッピングなし）を使うと、激しいエイリアシングが発生します。このシーンでは、レイ円錐のほうが少しシャープな結果を与えますが、レイ微分のほうが検証データに近い結果を与えます。普通はレイ微分のほうがテクスチャー フットプリントのよい見積もりを与えますが、過度にぼけることもあります。彼らの経験では、レイ円錐は、ぼけが過小なことも過大なこともあります。Akenine-Möllerに、レイ トレーシングのテクスチャー フィルタリング用のレイ微分とレイ円錐の両方の実装があります。

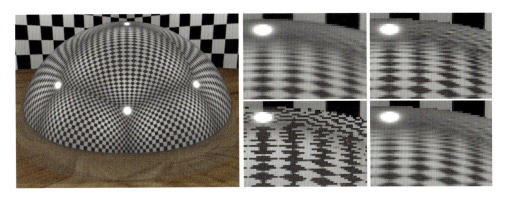

図 25.23. 壁と天井がチェッカボード パターンで、木の床の部屋の中の反射半球。右：1つの領域の拡大図を、いくつかの異なるテクスチャー フィルタリング 手法で示している。中央上：それぞれ双線形テクスチャー参照を使いピクセルあたり 1024 サンプルの検証用レンダリング。中央下：バイリニア フィルタリングで常にミップ レベル 0 にアクセス。右上：レイ円錐を使用。右下：レイ微分を使用。（イメージ提供：*NVIDIA Corporation*。）

25.7 今後の展望

拡張 API が提案する新種のシェーダー（セクション 25.2）は、複雑な形状の交差とマテリアル表現を可能にします。レイをトレースする能力は、サーフェス ライティング、影、反射、屈折、パストレースによるグローバル照明など、メッシュのレンダリングに関連する明白な応用があります。

枠にとらわれずに考えると、API の設計時には考慮されていない機能の新たな用途が可能になります。近い将来、開発者が何を思いつくかを見るのが楽しみです。レイ ジェネレーション シェーダーは、新たなコンピュート シェーダーになるでしょうか？ このセクションでいくつかの可能性を論じて探ります。

デノイズ アルゴリズムの助けと（セクション 25.5）、新しいレイ トレーシング機能により、高度なサーフェスと複雑なライティングのリアルタイムのレンダリングが可能になるはずです。そのような改善の1つは、ゲーム *Battlefield V* のように、スクリーン空間反射ではなく、レイ トレーシングを使ってすべての反射の評価を行うことです。それによりオブジェクトの接地の改善と、任意の形状のメッシュでのスペキュラー反射の向上とオクルージョンが得られます。スクリーン空間反射のようなテクニックが動作するのは、一部は、例えばサーフェスの反射が主反射方向に対称だという単純化仮定によります。反射サンプルの BRDF 半球上での分布が複雑な場合に、レイ トレーシングのほうが正確な結果を与えるはずです。

表面下散乱も、シミュレートを改善できる関連した現象です。新しい API の機能を使ってメッシュの内部で散乱する光をトレースし、多くの方向からのサンプルを一時的にテクスチャー空間に累積し、デノイズ アルゴリズムを適用する、表面下散乱の最初のバージョンが既に実現しています [54]。全体的に影、間接照明、アンビエント オクルージョンがレイ トレーシングの恩恵を受け、どのメッシュもシーンでより地について見えるでしょう [773, 1142]。

参加型メディア（14 章）の使用が、ゲームなどのリアルタイム アプリケーションで重要になりつつあります。ボリューム レンダリングの進化と、おそらく通常のボクセルとレイ マーチングに基づく手法からの分岐は、見守る価値があります。レイ トレーシングを使い、重要度サンプリングには Woodcock トラッキング [2100]、さらにデノイズ処理を組み合わせた新し

いアプローチが出現するかもしれません。

リアルタイム アプリケーションでは、ビルボードのようなレンダリング（13章）がよく使われます。パーティクルのビューへのレンダリングは、それ自体が挑戦です。正しい透明度効果にはソートが必要で、大きなパーティクルではオーバードローが問題になり、ライティングの性能と品質のトレードオフを考慮に入れる必要があります。パーティクルは一般にカメラを向く性質を持つので、反射のレンダーも難問です。パーティクルが任意の方向からのレイと交わるとき、パス トレーシング フレームワークで整合性をとるにはどうすればよいでしょうか？ 新しい表現をもたせ、インターセクション シェーダーを利用して常にどのビルボードも入射レイと整合させるべきでしょうか？ また、アニメートするパーティクルは、そもそも性質が動的なので、その高速化構造中の表現を毎フレーム更新しなければなりません（セクション25.3）。この更新は少数の大きなパーティクルでも、多数の小さなものでも（例えば噴煙や火花）発生するので、その世界を高速にトレースするための空間高速化構造の最適化は、挑戦かもしれません。

影のサンプリングと同様に、レイキャストも、より正確な交差と可視性クエリーの扉を開きます。例えば、パーティクルの衝突の扱いが正確になる可能性があります。通常のスクリーン空間近似は解像度に依存する問題があり、前方深度レイヤーの厚みを評価して、パーティクルがこのレイヤーの背後に落ちることを防ぐ場合もあります。レイキャストを使って、剛体物理システム全体をGPU上に実装できるでしょうか？ また、レイ トレーシングは2つの位置の間の可視性のクエリーに使うこともできます。この能力は残響シミュレーション、ゲームプレイ、要素間の可視性を扱うAIシステムに役立つかもしれません。

これまで触れなかった、レイ トレーシングAPIが追加した新しいタイプのシェーダーがコーラブル シェーダー（呼び出し可能シェーダー）です。以前はCUDAでしかできなかった、シェーダーのプログラムからシェーダーの作業を呼び出す能力を持ちます[12]。このタイプのシェーダーはまだ利用できず、レイ トレーシング シェーダー セットの内部でしか利用できない制限があるかもしれません。このシェーダーの実装と性能にもよりますが、特にコンピュートなど他のシェーダー ステージで利用できれば、この機能は有用な新しい汎用ツールになるでしょう。例えば、コーラブル シェーダーによって、性能のためエンジン内で通常生成される多くのシェーダーのパーミュテーション（変形）、例えば一連のシーン設定に最適化された後処理シェーダーを表す、個別のパーミュテーションを取り除けるかもしれません。オプションの設定依存コードをコーラブル シェーダーに持つことで、すべてのパーミュテーションが使う無視できないメモリーを減らせます。例えば、性能が重要な5つの状況を扱わなければならない場合、$2^5 = 32$のシェーダーではなく、5つのサブシェーダーを呼び出す1つのシェーダーを送り出せます。アーティストが作るシェーダー グラフを、今日一般に行われるようなマテリアル定義だけなく、レンダリング チェーンのあらゆる部分、例えば透明なメッシュ上のデカール ボリューム アプリケーション、ライト関数、参加型メディアのマテリアル、空、後処理などにモジュール式に適用できるようにもなります。透明なメッシュ上のデカール ボリュームの例を考えてみましょう。それらは通常アーティストが作るシェーダー グラフで定義されます。ボリュームと交わる全ピクセルのG-バッファーの内容を変更することにより、遅延コンテキストで不透明なメッシュに適用するのも簡単です（セクション20.2）。前進レンダリングやレイ トレーシングでは、プロジェクトでアーティストが作ったすべての異なるデカールシェーダー グラフを評価できるシェーダーが必要になります。そのような巨大なシェーダーは非実用的です。コーラブル シェーダーがあれば、ワールド空間位置と交わるデカール ボリュームを表すシェーダーを呼び出し、シェーディングで考慮するマテリアルを修正させるこ

25.7. 今後の展望

図 25.24. DXRで実装された被写界深度効果を持つパス トレーサーを使って生成した、ビストロの外観のシーン。(イメージ提供：*NVIDIA Corporation*)

ともできます。この機能の使い方は実装と用法に依存します。呼び出したシェーダーは任意のデータ構造を返せるか？ 複数のシェーダーを一度に呼び出せるか？ パラメーターの送り方は？ グローバル メモリーを通して送らなければならないか？ 共有メモリーで通信できるように、生成するシェーダーを1つのコンピュート ユニットに制約できるか？ 戻ってこない、撃ちっ放しの呼び出しか？

これらの疑問への答えが間違いなく、新たな革新と、近い将来に何が実現できるかの原動力になります。締めくくりとして、DXRでレンダーした1つの結果を図25.24に示します（もう1つは本書の表紙）。明るい未来が見えます！

参考文献とリソース

この分野の最新情報とフリー ソフトウェアは、本書のウェブサイト、realtimerendering.comを参照してください。Shirleyのレイ トレーシングに関する小冊子[1748, 1749, 1750]が、様々なレベルのレイ トレーシングの優れた入門書で、今はフリーのPDFです。プロダクションレベルのレイ トレーシングに最良のリソースの1つが、Pharrらの「Physically Based Rendering」[1525]です。Suffernの本 *Ray Tracing from the Ground Up* [1847]は、比較的古いものですが、広い範囲をカバーし、実装における問題を論じています。DXRの入門には、WymanらによるSIGGRAPH 2018のコース[2078]と、WymanのDXRチュートリアル[2079]を推奨します。プロダクション レンダリングのパス トレーシングについての知識を深めるには、Fascioneらによる最近のSIGGRAPHコース[500, 501]を参照してください。ACM TOGの特別号[1526]にも、最新のパス トレーシングの使い方と、その他のプロダクション レンダリング テクニックに関する記事があります。Zwickerらによる調査[2130]が、デノイズを詳しく論じていますが、この2015年版は最新の研究を網羅していません。

26. 未来

"Pretty soon, computers will be fast."
　—Billy Zelsnack

すぐにコンピューターは速くなるだろう。

"Prediction is difficult, especially of the future."
　—Niels Bohr or Yogi Berra

予言は難しい、特に未来は。

"The best way to predict the future is to create it."
　—Alan Kay

未来を予言する最もよい方法は、それを作り出すことです。

未来には2つの部分があり、自分と、それ以外のすべてです。本章は両方についてです。最初にいくつかの予言を行いますが、そのいくつかは本当になるかもしれません。より重要なのは2番目の部分、読者が次にどこへ行けるかです。拡張版の**参考文献とリソースセクション**の気

図26.1. ゲーム Destiny 2 を通して垣間見る未来。（イメージⓒ2017 Bungie, Inc. all rights reserved。）

はありますが、これからの進路も論じます情報、カンファレンス、コード、その他の一般的な
情報源です。しかしまずは、イメージです。図26.1を見てください。

26.1 それ以外のすべて

グラフィックスはゲームを売るの役立ち、ゲームはチップを売るのを助けます。チップメー
カーのマーケティングの観点から見た、リアルタイム レンダリングの最もよい特徴の1つは、
グラフィックスが巨大な量の処理能力と他のリソースを食うことです。フレーム レート、解
像度、色深度などのハードウェア関連の機能も、ある程度まで増大し、さらに負荷を増やすこ
とがあります。最低90 FPSの安定したフレーム レートが仮想現実アプリケーションの基準で
あり、4kピクセル ディスプレイは、既にグラフィックス システムの能力が追従できるかどう
かを試しています[2028]。

シーン中の光の効果をシミュレートする複雑なタスクは、それだけで多くの計算能力を吸
い込みます。より多くのオブジェクトやライトをシーンに加えることは、明らかレンダリン
グのコストを上げる1つの手段です。オブジェクトのタイプ（立体と霧のようなボリュームの
両方）、それらのオブジェクトのサーフェスを描くやり方、使うライトのタイプも複雑さが増
す要因の一部です。多くのアルゴリズムは、サンプルを増やしたり、より正確な式を評価した
り、単純に使うメモリーを増やすことができれば、品質が向上します。複雑さを上げると、処
理能力が埋めようとするグラフィックスの穴が、ほぼ底なしになります。

性能の懸案事項の長期的な解決を、楽観主義者はムーアの法則に頼りたがります。この所見
は、1.5年ごとに2×の加速度、もっと役に立つ言い方をすれば、5年ごとに約10×の高速化を
与えます[1785]。しかし、プロセッサーはただのボトルネックではなく、おそらくは時間の経
過とともに、さらにそうでなくなるでしょう。5年ごとではなく、10年ごとにしか10倍になら
ない帯域幅が、ボトルネックです[1439]。

どちらの分野もリアリスティックなイメージを生成するという同じ目標を共有するので、
映画業界からのアルゴリズムが、しばしばリアルタイム レンダリングに入り込んできます。
その実践を見ると、2016年の映画 *The Jungle Book* には、1フレームに何百万ものヘアが含
まれるシーンがあり、1フレームのレンダーに30から40時間かかっていることが分かります
[2109]。GPUはリアルタイム レンダリング専用なので、CPUに対して顕著な利点を持ちます
が、$1/(40 \times 60 \times 60) = 0.00000694$FPSから60FPSには、約7桁の差があります。

いくつかの予言を約束しました。「より速く柔軟に」は簡単に行えます。GPUアーキテク
チャーに関し、1つの可能性はz-バッファー三角形ラスタライズ パイプラインが支配的であり
続けることです。最も単純なゲーム以外は、レンダリングにGPUを使います。たとえ明日、
何百倍も速く、システム パッチのダウンロードからなる、何らかの信じられないテクニック
が現在のパイプラインに取って代わっても、業界がその新技術に移行するには、やはり何年も
かかるでしょう。1つのキャッチは、その新しい手法が既存のものと正確に同じAPIを使える
かどうかです。使えなければ、採用にはしばらく時間がかかるでしょう。複雑なゲームの開発
には、数千万ドル以上のコストと、何年もの時間がかかります。ターゲット プラットフォー
ムは、その初期に選択され、アルゴリズムと使うシェーダーから、作り出すアートワークのサ
イズと複雑さまで、すべてについての決定が通知されます。それらの要因以外にも、それらの
要素の取り扱いや制作に必要なツールを作る必要があり、ユーザーはその使用に熟達する必要
があります。たとえ奇跡が起きたとしても、現在のラスタライザー パイプラインは、その背

後の運動量によって、何年もの命が与えられています。

それでも変化は起きます。実際に、単純な「すべてを統べる1つのラスタライザー」の考え方は、既に消え始めています。本書を通じて、コンピュート シェーダーが様々な仕事を引き受けられることを論じてきましたが、それはラスタライズがGPUが提供できる唯一のサービスではないという証拠です。新しいテクニックが魅力的なら、ゲーム会社から商用エンジンとコンテンツ作成ツールまで伝搬する、ワークフローの改革が起きるでしょう。

ところで、長期的には何が起きるでしょうか？ 三角形をレンダーし、テクスチャーにアクセスし、結果のサンプルをブレンドするための専用の固定機能GPUハードウェアは、やはり性能を大きく強化します。モバイル デバイスのニーズにより、消費電力が生の性能と同じぐらい大きな因子になるので、この方程式が変わります。しかし、三角形を一旦パイプラインに送り出したら、そのフレームでは完全に終わりという、基本的なパイプラインの「ファイアー-アンド-フォーゲット」の概念は、現代のレンダリング エンジンで使われるモデルではありません。変換、スキャン、シェーディング、ブレンドの基本的なパイプライン モデルは、見違えるほど進化しています。GPUは、好きなように使える、ストリームベースのプロセッサーの大きなクラスターになっています。

APIとGPUは、この現実に適応して共進化してきました。合言葉は「柔軟性」です。研究者が探った手法を、開発者が望む機能が利用できることを識別し、既存のハードウェア上で実装します。独立ハードウェア ベンダーが、それらの発見と独自の研究を使って一般機能を開発するという、好循環になっています。1つのアルゴリズムを最適化するのは、無駄足です。GPU上でデータにアクセスして処理を行う、新しい柔軟なやり方を作り出すのは、無駄ではありません。

それを念頭に置くと、レイ/オブジェクト交差は、多くの用途がある汎用ツールであることが分かります。パス トレーシングを使った完全に不偏のサンプリングが、いつかはシーン記述の限界まで正しい、検証イメージを生み出すことが分かっています。問題になるのは、その「いつかは」という言葉です。セクション11.7で論じたように、実行可能なアルゴリズムとしては、パス トレーシングには、現在深刻な問題があります。その主な問題は、ノイズがなく、アニメートしたときにチラつかない結果を得るのに必要な、非常に多くのサンプル数です。とは言っても、パス トレーシングは、その純粋さと単純さにより、極めて魅力的です。多数の特化したテクニックを特定の状況に合わせて仕立てる、現在のインタラクティブ レンダリングの状態に代わって、ただ1つのアルゴリズムがすべてを行います。映画のスタジオはこの10年、完全にレイとパス トレーシング手法への移行が見られるので、確実にこれを理解するようになっています。それにより、光輸送のための一式の幾何学的操作のセットだけを最適化しています。

リアルタイム レンダリングは（それについては、どんなレンダリングでも）究極的にはサンプリングとフィルタリングです。レイ打ち出しの効率を上げることに加えて、パス トレーシングは、より賢いサンプリングとフィルタリングの恩恵を受けられます。そのため、ほぼすべてのオフライン パス トレーサーは、マーケティングが何と言おうと、バイアスがあります[1380]。どこにサンプル レイを送るかについて合理的な仮定を行い、性能を大きく改善します。パス トレーシングが利益を得られる別の領域が、知的なフィルタリングです。ディープ ラーニングは現在、研究と開発の白熱した領域で、最初に2012年に画像認識で手作業で調整したアルゴリズムを大きく上回ったときの印象的な利得により、関心が復活しました[376]。デノイズ[103, 219, 270]とアンチエイリアシング[1649]へのニューラル ネットの使用が、興味深い進展を見せています（図26.2）。モデリングとアニメーションは、言うまでもなく、レ

図26.2. ニューラル ネットによるイメージ再構成。左：パス トレーシングで生成したノイズのあるイメージ。右：GPU高速化デノイザーを使い、インタラクティブな速さでクリーンアップしたイメージ。（イメージ提供：*NVIDIA Corporation [219]*、*Amazon Lumberyard Bistro*シーンを使用。）

図26.3. これらのイメージは、ピクセルあたり2つの反射レイの跳ね返り、画面位置と両方の跳ね返りの影レイ、2つのアンビエント オクルージョン レイの、全部でピクセルあたり7つのレイを使い、インタラクティブな速さでレンダーされた。影と反射にはデノイズ フィルターを使用。（イメージ提供：*NVIDIA Corporation*。）

ンダリング関連のタスクにニューラル ネットを使った研究論文の数に、既に大きな上昇が見られます。

　1987年のAT&Tの*Pixel Machine*まで遡る、インタラクティブなレイ トレーシングは、長年にわたり、小さなシーン、低解像度、少数のライトで、シャープな反射、屈折、影としか合成できませんでした。Microsoftの*DXR*と呼ばれる、DirectX APIへのレイ トレーシング機能の追加は、レイを打ち出す処理を単純化し、おそらくハードウェア ベンダーがレイ交差へのサポートを追加する原因となっています。デノイズや他のフィルターで強化されたレイの打ち出しは、最初は影や反射など、様々な要素のレンダリング品質を改善するためのテクニックの1つにすぎないでしょう。それは他の多くのアルゴリズム競合し、レンダリング エンジンは速さ、品質、使いやすさなどの因子に基づいて選択を行います（図26.3）。

26.2. 自分 979

　執筆の時点で、基本的な操作としての階層的なレイの打ち出しは、主流の商用GPUでは明示的な部分になっていません。モバイル デバイス企業が階層的なシーン記述に対するレイのテストへハードウェア サポートを考慮しているという意味で、PowerVRのWizard GPU [1248]は良い兆候です。レイ打ち出しを直接サポートする新しいGPUは効率の方程式を変化させ、様々なレンダリング効果のカスタマイズと特価を減らす、好循環を作り出すかもしれません。アイ レイとレイ トレーシングにラスタライズ、それ以外のほぼすべてにコンピュート シェーダーを使うのが1つのアプローチで、既に様々なDXRデモで使われています[1, 54, 808]。デノイズ アルゴリズムの改善、トレーシング レイ用の高速GPU、以前の研究の最適用と新たな調査により、すぐに10×の性能向上に相当するものが見られることが期待されます。

　DXRは開発者と研究者に他の形で朗報となることが期待されます。ゲームでは、レイをキャストできるベイキング システムをGPU上で動かして、インタラクティブ レンダラーに見られるものと似た、あるいは同じシェーダーを実行できるようになることで，性能が向上します。検証イメージをより簡単に生成できるようになり、アルゴリズムのテストと、さらに自動チューニングも簡単になります。例えば、シェーダー作業を作成するシェーダーのような、より柔軟なGPUタスクの生成を可能にするアーキテクチャーの変化の考え方は、他の応用がありそうな強力なものに思えます。

　GPUがどう進化するかについては、他にも確かに興味深い可能性があります。もう1つの理想化された世界のビューは、すべての内容がボクセル化されるものです。そのような表現には、セクション13.10で論じたように、光輸送とシミュレーションでいくつもの利点があります。大量のデータ ストレージが必要で、シーンの動的なオブジェクトに困難があるので、完全な切り替えの可能性は極めて可能性が低いでしょう。それでも、ボクセルはもっと注目を集め、高品質のボリューム効果、3Dプリンティング、制約のないオブジェクトの修正（例えば、*Minecraft*）を含む、広範囲の領域で使われるでしょう。自動運転車システム、LIDAR、その他のセンサーが生成するような、大量のデータを考えると、関連する表現である点群は、確実に近い将来、研究が大きく増えるでしょう。符号付き距離フィールド（SDF）も、興味深いシーン記述法です。ボクセルと同様に、SDFは制約のないシーンの修正が可能で、レイ トレーシングも高速化できます。

　アプリケーション固有の制約によって、開発者が「古い型を破り」、以前は風変わりや不可能と考えられていたテクニックを使えることがあります。Media Moleculeの*Dreams*や図に26.4のSecond Orderの*Claybook*などのゲームは、型破りなアルゴリズムが幅を利かせる、レンダリングの可能な未来の興味深い兆候を与えてくれます。

　仮想/複合現実は触れる価値があります。うまく動作するVRは、息を呑むほどです。複合現実には、現実世界に融合する合成コンテンツの、魅惑的なデモがあります。誰もが両方を行う軽量のグラスを欲しがり、それは短期的には「見果てぬ夢」におそらく分類されるでしょう。でも誰に分かるでしょう？　それらの努力の背後にある膨大な量の研究と開発を考えると[1277]、何らかの、ひょっとする世界を変えるブレイクスルーが起きる可能性があります。

26.2　自分

さて、自分の子供の子供がシンギュラリティを待つ間、何をしたらよいでしょう？　もちろん、プログラムです。新しいアルゴリズムを発見したり、アプリケーションを作ったり、他の何か楽しめることを行うのです。何十年か前、1つのマシンのグラフィックス ハードウェアは高

図 **26.4.** *Claybook*は、ユーザーが自由に彫刻できる粘土の世界を使う、物理ベースのパズル ゲーム。粘土の世界は、符号付き距離フィールドを使ってモデル化され、レイ トレーシングでレンダーされ、主レイとレイ トレースされる影と AO が含まれる。固体と液体の物理は GPU 上でシミュレートされる。*(Claybook. © 2017 Second Order, Ltd.)*

級車よりも高価でしたが、今では、ほとんどすべての CPU を持つデバイスに内蔵され、そのデバイスはしばしば手のひらに収まります。グラフィックスのハックは安価で、今や主流です。このセクションでは、リアルタイム レンダリングの分野について、さらに学ぶのに役立つ、様々なリソースを取り上げます。

　本書は隔絶して存在するわけではなく、巨大な数の情報のソースを利用しています。特定のアルゴリズムに興味があれば、元の出版物を調べてください。本書のウェブサイトには、参考にしたすべての記事のページがあるので、利用可能であれば、そこでリソースへのリンクが見つかります。たいていの研究記事は Google Scholar か、著者のサイトで見つけられ、どれも失敗したら著者にコピーを頼んでください。ほとんどの人は、自分の研究を読んで評価してもらうことを好みます。無料で見つからなければ、*ACM Digital Library* などのサービスで巨大な数の記事が入手できます。SIGGRAPH のメンバーなら、自動的にグラフィックスの記事と講演の多くにフリーでアクセスできます。いくつか挙げると *ACM Transactions on Graphics*（今は SIGGRAPH 紀要の号が含まれる）、*The Journal of Computer Graphics Techniques*（オープン アクセス）、*IEEE Transactions on Visualization and Computer Graphics*、*IEEE Computer Graphics and Applications* など、技術的な記事を出版するいくつかの定期刊行物があります。最後に、いくつかのプロのブログに優れた情報があり、グラフィックスの開発者と研究者は、しばしば素晴らしい新リソースを Twitter 上で指摘します。

　他の人から学び、出会う最も速い方法の1つは、カンファレンスに出席することです。高い確率で、誰かが自分と同じことをしていたり、興味を持っています。資金が厳しい場合は、主催者に連絡してボランティアの機会や奨学金について尋ねてみてください。SIGGRAPH と SIGGRAPH Asia の年次カンファレンスは、新しいアイデアに最高の場所ですが、唯一のものではありません。Eurographics カンファレンスと Eurographics Symposium on Rendering（EGSR）、Symposium on Interactive 3D Graphics and Games（I3D）、High Performance Graphics（HPG）フォーラムなど、他の技術的な集まりも、リアルタイム レンダリングに

関連する大量の題材を紹介し、発行しています。定評のある Game Developers Conference（GDC）など、開発者用のカンファレンスもあります。列で待っているときや、イベントでは、知らない人に挨拶してみましょう。特に SIGGRAPH では、自分の関心領域の *birds of a feather*（BOF）の集まりに目を光らせてください。人々と会い、直接アイデアを交換することは、実りがあると同時に活力も与えられます。

インタラクティブ レンダリングに関連する電子工学のリソースが、いくつかあります。特に注目すべきものとして、*Graphics Codex* [1278] は、継続的に更新されているという利点を持つ、高品質の純粋に電子工学の参考資料です。一部を本書の共著者が作成したサイト、*immersive linear algebra* [1844] には、このトピックの学習に役立つインタラクティブなデモがあります。Shirley [1748] には、レイ トレーシングに関する、優れた Kindle のガイドブックシリーズがあります。安価で素早くアクセスできる、この種のリソースがさらに出るのが楽しみです。

印刷された本にもまだ重要な役割があります。一般的な教科書と分野に固有の書物だけでなく、編集記事にも大量の研究と開発の情報が含まれ、その多くを本書で参照しています。最近の例では、*GPU Pro* と *GPU Zen* の本があります。*Game Programming Gems*、*GPU Gems*（オンラインでフリー）、*ShaderX* シリーズなどの古い本にも、関連する記事があります。アルゴリズムは腐りません。それらの本では、ゲームが開発者が正式なカンファレンスの論文を書かずに、自分たちの手法を紹介できます。そのようなコレクションでは、学者たちが、研究論文にうまく収まらない自分の研究について、技術的な詳細を論じることもできます。プロの開発者にとって、1 つの記事で見つかった実装の詳細について読むことで節約される 1 時間は、本全体のコストを超える見返りがあります。本の配送を待てない場合は、Amazon の「Look Inside」機能や Google Books のテキスト検索を使うと、出発点となる抜粋が得られるかもしれません。

結局のところは、コードを書く必要があります。GitHub、Bitbucket などのレポジトリーの台頭により、豊富な宝庫が利用できます。難しい部分は、何がスタージョンの法則に陥らないかを知ることです。Unreal Engine などの製品は、そのソースをオープン アクセスにしていて、素晴らしいリソースです。ACM は、今では発表するすべての記事のコードをリリースすることを奨励しています。自分の尊敬する著者のコードを入手できることがあります。探し回ってください。

特に注目すべきサイトの 1 つが Shadertoy で、様々なテクニックを見せびらかすため、しばしばピクセル シェーダーでレイ マーチングを使っています。多くのプログラムは何よりもまずアイ キャンディですが、サイトには数多くの教育的なデモがあり、すべてのコードを見ることができ、すべてブラウザーで実行可能です。ブラウザーベースのデモの別のソースが、three.js レポジトリーと関連サイトです。「three」は、実験を奨励する WebGL のラッパーで、数行のコードを書くだけでレンダリングを生みだせます。ハイパーリンクをクリックするだけで、誰もが実行して分析できるデモをウェブで発表できるのは、教育用途とアイデアの共有にとって素晴らしいことです。本書の著者の 1 人は、three.js に基づいた Udacity のための入門グラフィックス コースを作成しています [700]。

ここでもう一度、本書のウェブサイト、realtimerendering.com を案内します。推薦する本と新しい本のリスト（そのいくつかはフリーで高品質 [326, 1857]）と、価値あるブロク、研究サイト、コース プレゼンテーション、他の多くの情報源へのポインターなど、他にも多くのリソースが見つかります。探索してみてください！

最後のアドバイスの言葉は、「行き、学び、やってみる」、です。リアルタイム コンピュー

ター グラフィックスの分野は、絶えず進化し、新しい考え方や機能が常に発明されて組み込まれています。自分も参加できるのです。採用される幅広いテクニックは手強く思えるかしれませんが、よい結果を得るのに、今日のバズワードの長いリストを実装する必要はありません。自分のアプリケーションの制約とビジュアル スタイルに基づき、少数のテクニックを巧妙に組み合わせることで、独特の見た目を生みだせます。ブログのホストにも使えるGitHubで、結果を共有しましょう。参加するのです！

この分野の最もよい部分の1つは、数年ごとに、自己改革することです。コンピューター アーキテクチャーは変化し、向上します。何年か前にうまくいかなかったことが、今は追求する価値があるかもしれません。GPUが新しくなるたびに、機能、速度、メモリーの異なるミックスが捧げ物として現れます。何が効率的で、何がボトルネックかは変化し、進化します。古く確立していると思える領域でも、再訪する価値があります。創造とは、無から何かを作ることではなく、曲げて、壊して、他の考え方をブレンドすることだと言われています。

この版の44年前、1974年に、Sutherland、Sproull、Schumackerが、コンピューター グラフィックスの分野のマイルストーンとなる論文の1つ、「A Characterization of Ten Hidden-Surface Algorithms（10の隠面アルゴリズムの特徴）」を発表しました[1851]。彼らの55ページの論文は、信じられないほど完全な比較です。「ばかばかしいほど高価」と述べられたアルゴリズム、研究者の名前もなく、補遺で触れただけの力任せのテクニックが、今はz-バッファーと呼ばれるものです。公正を期して言うと、Sutherlandはz-バッファーの発明者、Ed Catmullの指導教官で、この概念を論じた学位論文は、数ヶ月後に発表されます[257]。

この11番目の隠面テクニックが勝利を収めたのは、ハードウェアでの実装が容易で、メモリー密度が上がってコストが下がったからです。Sutherlandらが行った「10のアルゴリズム」の調査は、その当時は完全に妥当なものでした。条件が変われば、使うアルゴリズムも変わります。何年か先に何が起きるかを見ると、胸が躍るでしょう。この現在の時代のレンダリング技術を振り返ってみたときに、どんな感じがするでしょう？　未来のやり方がどうなるかは、誰にも分かりませんし、誰もが大きな影響を与えられます。未来は1つではなく、起きると決まったコースもありません。それを創造するのは読者です。

26.2. 自分

What do you want to do next? (*CD PROJEKT*®, *The Witcher*® *are registered trademarks of CD PROJEKT Capital Group. The Witcher game* © *CD PROJEKT S.A. Developed by CD PROJEKT S.A. All rights reserved. The Witcher game is based on the prose of Andrzej Sapkowski. All other copyrights and trademarks are the property of their respective owners*。)

参考文献

[1] Aalto, Tatu, "Experiments with DirectX Raytracing in Remedy's Northlight Engine," *Game Developers Conference*, Mar. 19, 2018. Cited on p. 979

[2] Aaltonen, Sebastian, "Modern Textureless Deferred Rendering Techniques," *Beyond3D Forum*, Feb. 28, 2016. Cited on p. 784, 785

[3] Abbas, Wasim, "Practical Analytic 2D Signed Distance Field Generation," in *ACM SIGGRAPH 2016 Talks*, article no. 68, July 2016. Cited on p. 584

[4] Abrash, Michael, *Michael Abrash's Graphics Programming Black Book*, Special Edition, The Coriolis Group, Inc., 1997. Cited on p. 710

[5] Abrash, Michael, "Latency—The *sine qua non* of AR and VR," *Ramblings in Valve Time* blog, Dec. 29, 2012. Cited on p. 797, 798, 814

[6] Abrash, Michael, "Raster-Scan Displays: More Than Meets The Eye," *Ramblings in Valve Time* blog, Jan. 28, 2013. Cited on p. 799, 913

[7] Abrash, Michael, "Down the VR Rabbit Hole: Fixing Judder," *Ramblings in Valve Time* blog, July 26, 2013. Cited on p. 810, 913

[8] Abrash, Michael, "Oculus Chief Scientist Predicts the Next 5 Years of VR Technology," *Road to VR* website, Nov. 4, 2016. Cited on p. 807

[9] Adams, Ansel, *The Camera*, Little, Brown and Company, 1980. Cited on p. 256

[10] Adams, Ansel, *The Negative*, Little, Brown and Company, 1981. Cited on p. 254, 256

[11] Adams, Ansel, *The Print*, Little, Brown and Company, 1983. Cited on p. 256

[12] Adinets, Andy, "Adaptive Parallel Computation with CUDA Dynamic Parallelism," *NVIDIA Developer Blog*, https://devblogs.nvidia.com/introduction-cuda-dynamic-parallelism/, May 6, 2014. Cited on p. 972

[13] Adorjan, Matthias, *OpenSfM: A Collaborative Structure-from-Motion System*, Diploma thesis in Visual Computing, Vienna University of Technology, 2016. Cited on p. 497

[14] Áfra, Attila T., and László Szirmay - Kalos, "Stackless Multi - BVH Traversal for CPU, MIC and GPU Ray Tracing," *Computer Graphics Forum*, vol. 33, no. 1, pp. 129–140, 2014. Cited on p. 960

[15] Áfra, Attila T., Carsten Benthin, Ingo Wald, and Jacob Munkberg, "Local Shading Coherence Extraction for SIMD-Efficient Path Tracing on CPUs," *High Performance Graphics*, pp. 119–128, 2016. Cited on p.

[16] Aila, Timo, and Ville Miettinen, "dPVS: An Occlusion Culling System for Massive Dynamic Environments," *IEEE Computer Graphics and Applications*, vol. 24, no. 2, pp. 86–97, Mar. 2004. Cited on p. 574, 709, 724, 734, 759

[17] Aila, Timo, and Samuli Laine, "Alias-Free Shadow Maps," in *Eurographics Symposium on Rendering*, Eurographics Association, pp. 161–166, June 2004. Cited on p. 229, 230

[18] Aila, Timo, and Samuli Laine, "Understanding the Efficiency of Ray Traversal on GPUs," *High Performance Graphics*, pp. 145–149, 2009. Cited on p. 440, 960

[19] Aila, Timo, Samuli Laine, and Tero Karras, "Understanding the Efficiency of Ray Traversal on GPUs—Kepler and Fermi Addendum," Technical Report NVR-2012-02, NVIDIA, 2012. Cited on p. 440, 834

[20] Aila, Timo, Tero Karras, and Samuli Laine, "On Quality Metrics of Bounding Volume Hierarchies," *High Performance Graphics*, pp. 101–107, 2013. Cited on p. 957

[21] Airey, John M., John H. Rohlf, and Frederick P. Brooks Jr., "Towards Image Realism with Interactive Update Rates in Complex Virtual Building Environments," *ACM SIGGRAPH Computer Graphics (Symposium on Interactive 3D Graphics)*, vol. 24, no. 2, pp. 41–50, Mar. 1990. Cited on p. 592, 722

[22] Airey, John M., *Increasing Update Rates in the Building Walkthrough System with Automatic*

Model-Space Subdivision and Potentially Visible Set Calculations, PhD thesis, Technical Report TR90-027, Department of Computer Science, University of North Carolina at Chapel Hill, July 1990. Cited on p. 722

[23] Akeley, K., P. Haeberli, and D. Burns, `tomesh.c`, a C-program on the *SGI Developer's Toolbox CD*, 1990. Cited on p. 596

[24] Akeley, Kurt, and Pat Hanrahan, "Real-Time Graphics Architectures," Course CS448A Notes, Stanford University, Fall 2001. Cited on p. 939

[25] Akenine-Möller, Tomas, "Fast 3D Triangle-Box Overlap Testing," *journal of graphics tools*, vol. 6, no. 1, pp. 29–33, 2001. Cited on p. 845, 846

[26] Akenine-Möller, Tomas, and Jacob Ström, "Graphics for the Masses: A Hardware Rasterization Architecture for Mobile Phones," *ACM Transactions on Graphics*, vol. 22, no. 3, pp. 801–808, 2003. Cited on p. 128, 917, 928

[27] Akenine-Möller, Tomas, and Ulf Assarsson, "On the Degree of Vertices in a Shadow Volume Silhouette," *journal of graphics tools*, vol. 8, no. 4, pp. 21–24, 2003. Cited on p. 574

[28] Akenine-Möller, T., and T. Aila, "Conservative and Tiled Rasterization Using a Modified Triangle Setup," *journal of graphics tools*, vol. 10, no. 3, pp. 1–8, 2005. Cited on p. 899, 904

[29] Akenine-Möller, Tomas, and Björn Johnsson, "Performance per What?" *Journal of Computer Graphics Techniques*, vol. 1, no. 18, pp. 37–41, 2012. Cited on p. 681

[30] Akenine-Möller, Tomas, "Some Notes on Graphics Hardware," *Tomas Akenine-Möller* webpage, Nov. 27, 2012. Cited on p. 902, 903

[31] Akenine-Möller, Tomas, Jim Nilsson, Magnus Andersson, Colin Barré-Brisebois, and Robert Toth, "Texture Level-of-Detail Strategies for Real-Time Ray Tracing," in Eric Haines and Tomas Akenine-Möller, eds., *Ray Tracing Gems*, http://www.raytracinggems.com (*prerelease chapter*), APress, 2019. Cited on p. 970

[32] Akin, Atilla, "Pushing the Limits of Realism of Materials," *Maxwell Render* blog, Nov. 26, 2014. Cited on p. 314, 315

[33] Alexa, Marc, "Recent Advances in Mesh Morphing," *Computer Graphics Forum*, vol. 21, no. 2, pp. 173–197, 2002. Cited on p. 76, 77, 89

[34] Alexa, M., and T. Boubekeur, "Subdivision Shading," *ACM Transactions on Graphics*, vol. 27, no. 5, pp. 142:1–142:3, 2008. Cited on p. 662

[35] Aliaga, Daniel G., and Anselmo Lastra, "Automatic Image Placement to Provide a Guaranteed Frame Rate," in *SIGGRAPH '99: Proceedings of the 26th Annual Conference on Computer Graphics and Interactive Techniques*, ACM Press/Addison-Wesley Publishing Co., pp. 307–316, Aug. 1999. Cited on p. 485

[36] Amanatides, John, "Ray Tracing with Cones," *Computer Graphics (SIGGRAPH '84 Proceedings)*, vol. 18, no. 3, pp. 129–135, July 1984. Cited on p. 961, 970

[37] AMD, "AMD PowerTune Technology," AMD website, 2011. Cited on p. 680

[38] AMD, "AMD Graphics Cores Next (GCN) Architecture," AMD website, 2012. Cited on p. 936

[39] AMD, "Asynchronous Shaders: Unlocking the Full Potential of the GPU," AMD website, 2015. Cited on p. 936

[40] AMD, "Radeon: Dissecting the Polaris Architecture," AMD website, 2016. Cited on p. 937

[41] AMD, "Radeon's Next-Generation Vega Architecture," AMD website, 2017. Cited on p. 935, 936, 937

[42] AMD, *Radeon-Rays library*, https://gpuopen.com/gaming-product/radeon-rays/, 2018. Cited on p. 954, 955

[43] AMD, GPUOpen, "TressFX," *GitHub* repository, 2017. Cited on p. 554, 556, 558

[44] American Society for Photogrammetry & Remote Sensing, "LAS Specification, Version 1.4—R13," *asprs.org*, July 15, 2013. Cited on p. 495

[45] Anagnostou, Kostas, "How Unreal Renders a Frame," *Interplay of Light* blog, Oct. 24, 2017. Cited on p. 777, 783, 791

[46] Anderson, Eric A., "Building Obduction: Cyan's Custom UE4 Art Tools," *Game Developers Conference*, Mar. 2016. Cited on p. 317

[47] Andersson, Johan, "Terrain Rendering in Frostbite Using Procedural Shader Splatting," *SIGGRAPH Advanced Real-Time Rendering in 3D Graphics and Games course*, Aug. 2007. Cited on p. 38, 154, 193, 757, 758

[48] Andersson, Johan, and Daniel Johansson, "Shadows & Decals: D3D10 Techniques from Frostbite," *Game Developers Conference*, Mar. 2009. Cited on p. 216, 218

[49] Andersson, Johan, "Parallel Graphics in Frostbite—Current & Future," *SIGGRAPH Beyond Programmable Shading course*, Aug. 2009. Cited on p. 772

[50] Andersson, Johan, "DirectX 11 Rendering in *Battlefield 3*," *Game Developers Conference*, Mar. 2011. Cited on p. 129, 767, 769, 772, 775

[51] Andersson, Johan, "Shiny PC Graphics in *Battlefield 3*," *GeForce LAN*, Oct. 2011. Cited on

p. 492, 493, 521

[52] Andersson, Johan, "Parallel Futures of a Game Engine," *Intel Dynamic Execution Environment Symposium*, May 2012. Cited on p. 700, 701

[53] Andersson, Johan, "The Rendering Pipeline—Challenges & Next Steps," *SIGGRAPH Open Problems in Real-Time Rendering course*, Aug. 2015. Cited on p. 137, 443, 916

[54] Andersson, Johan, and Colin Barré-Brisebois, "Shiny Pixels and Beyond: Real-Time Raytracing at SEED," *Game Developers Conference*, Mar. 2018. Cited on p. 947, 949, 967, 971, 979

[55] Andersson, M., J. Hasselgren, R. Toth, and T. Akenine-Möller, "Adaptive Texture Space Shading for Stochastic Rendering," *Computer Graphics Forum*, vol. 33, no. 2, pp. 341–350, 2014. Cited on p. 788

[56] Andersson, Magnus, *Algorithmic Improvements for Stochastic Rasterization & Depth Buffering*, PhD thesis, Lund University, Oct. 2015. Cited on p. 917

[57] Andersson, M., J. Hasselgren, and T. Akenine-Möller, "Masked Depth Culling for Graphics Hardware," *ACM Transactions on Graphics*, vol. 34, no. 6, pp. 188:1–188:9, 2015. Cited on p. 733, 917

[58] Andreev, Dmitry, "Real-Time Frame Rate Up-Conversion for Video Games," in *ACM SIGGRAPH 2010 Talks*, ACM, article no. 16, July 2010. Cited on p. 464, 468

[59] Andreev, Dmitry, "Anti-Aliasing from a Different Perspective," *Game Developers Conference*, Mar. 2011. Cited on p. 129

[60] Anguelov, Bobby, "DirectX10 Tutorial 10: Shadow Mapping Part 2," *Taking Initiative* blog, May 25, 2011. Cited on p. 220

[61] Annen, Thomas, Jan Kautz, Frédo Durand, and Hans-Peter Seidel, "Spherical Harmonic Gradients for Mid-Range Illumination," in *Proceedings of the Fifteenth Eurographics Conference on Rendering Techniques*, Eurographics Association, pp. 331–336, June 2004. Cited on p. 420

[62] Annen, Thomas, Tom Mertens, Philippe Bekaert, Hans-Peter Seidel, and Jan Kautz, "Convolution Shadow Maps," in *Proceedings of the 18th Eurographics Conference on Rendering Techniques*, Eurographics Association, pp. 51–60, June 2007. Cited on p. 226

[63] Annen, Thomas, Tom Mertens, Hans-Peter Seidel, Eddy Flerackers, and Jan Kautz, "Exponential Shadow Maps," in *Graphics Interface 2008*, Canadian Human-Computer Communications Society, pp. 155–161, May 2008. Cited on p. 226

[64] Annen, Thomas, Zhao Dong, Tom Mertens, Philippe Bekaert, Hans-Peter Seidel, and Jan Kautz, "Real-Time, All-Frequency Shadows in Dynamic Scenes," *ACM Transactions on Graphics*, vol. 27, no. 3, article no. 34, Aug. 2008. Cited on p. 227

[65] Ansari, Marwan Y., "Image Effects with DirectX 9 Pixel Shaders," in Wolfgang Engel, ed., *ShaderX²: Shader Programming Tips and Tricks with DirectX 9*, pp. 481–518, Wordware, 2004. Cited on p. 449, 572

[66] Answer, James, "Fast and Flexible: Technical Art and Rendering for The Unknown," *Game Developers Conference*, Mar. 2016. Cited on p. 612, 679, 695, 807, 810, 811, 813

[67] Antoine, François, Ryan Brucks, Brian Karis, and Gavin Moran, "The Boy, the Kite and the 100 Square Mile Real-Time Digital Backlot," in *ACM SIGGRAPH 2015 Talks*, ACM, article no. 20, Aug. 2015. Cited on p. 424

[68] Antonio, Franklin, "Faster Line Segment Intersection," in David Kirk, ed., *Graphics Gems III*, pp. 199–202, Academic Press, 1992. Cited on p. 857, 858

[69] Antonov, Michael, "Asynchronous Timewarp Examined," *Oculus Developer Blog*, Mar. 3, 2015. Cited on p. 812, 813

[70] Apetrei, Ciprian, "Fast and Simple Agglomerative LBVH Construction," *Computer Graphics and Visual Computing*, 2014. Cited on p. 876

[71] Apodaca, Anthony A., and Larry Gritz, *Advanced RenderMan: Creating CGI for Motion Pictures*, Morgan Kaufmann, 1999. Cited on p. 32, 786

[72] Apodaca, Anthony A., "How PhotoRealistic RenderMan Works," in *Advanced RenderMan: Creating CGI for Motion Pictures*, Morgan Kaufmann, Chapter 6, 1999. Also in *SIGGRAPH Advanced RenderMan 2: To RI_INFINITY and Beyond course*, July 2000. Cited on p. 45

[73] Apple, "ARKit," Apple developer website. Cited on p. 796

[74] Apple, "OpenGL ES Programming Guide for iOS," Apple developer website. Cited on p. 156, 605, 615

[75] de Araújo, B. R., D. S. Lopes, P. Jepp, J. A. Jorge, and B. Wyvill, "A Survey on Implicit Surface Polygonization," *ACM Computing Surveys*, vol. 47, no. 4, pp. 60:1–60:39, 2015. Cited on p. 507, 589, 648, 649, 673, 819

[76] Arge, Lars, Gerth Stølting Brodal, and Rolf Fagerberg, "Cache-Oblivious Data Structures," in Dinesh P. Mehta and Sartaj Sahni, eds., *Handbook of Data Structures and Applications*, Second Edition, Chapman and Hall/CRC Press, Chapter 35, 2018. Cited on p. 714

[77] ARM Limited, "ARM®Mali™Application Developer Best Practices, Version 1.0," ARM docu-

mentation, Feb. 27, 2017. Cited on p. 42, 690, 929

[78] Arvo, James, "A Simple Method for Box-Sphere Intersection Testing," in Andrew S. Glassner, ed., *Graphics Gems*, Academic Press, pp. 335–339, 1990. Cited on p. 847, 854

[79] Arvo, James, "Ray Tracing with Meta-Hierarchies," *SIGGRAPH Advanced Topics in Ray Tracing course*, Aug. 1990. Cited on p. 828

[80] Arvo, James, ed., *Graphics Gems II*, Academic Press, 1991. Cited on p. 89, 865

[81] Arvo, James, "The Irradiance Jacobian for Partially Occluded Polyhedral Sources," in *SIGGRAPH '94: Proceedings of the 21st Annual Conference on Computer Graphics and Interactive Techniques*, ACM, pp. 343–350, July 1994. Cited on p. 328

[82] Arvo, James, "Applications of Irradiance Tensors to the Simulation of non-Lambertian Phenomena," in *SIGGRAPH '95: Proceedings of the 22nd Annual Conference on Computer Graphics and Interactive Techniques*, ACM, pp. 335–342, Aug. 1995. Cited on p. 336, 337

[83] Asanovic, Krste, et al., "The Landscape of Parallel Computing Research: A View from Berkeley," Technical Report No. UCB/EECS-2006-183, EECS Department, University of California, Berkeley, 2006. Cited on p. 696, 704

[84] Ashdown, Ian, *Radiosity: A Programmer's Perspective*, John Wiley & Sons, Inc., 1994. Cited on p. 238, 381

[85] Ashikhmin, Michael, and Peter Shirley, "An Anisotropic Phong Light Reflection Model," Technical Report UUCS-00-014, Computer Science Department, University of Utah, June 2000. Cited on p. 305

[86] Ashikhmin, Michael, Simon Premože, and Peter Shirley, "A Microfacet-Based BRDF Generator," in *SIGGRAPH '00: Proceedings of the 27th Annual Conference on Computer Graphics and Interactive Techniques*, ACM Press/Addison-Wesley Publishing Co., pp. 67–74, July 2000. Cited on p. 286, 291, 310

[87] Ashikhmin, Michael, "Microfacet-Based BRDFs," *SIGGRAPH State of the Art in Modeling and Measuring of Surface Reflection course*, Aug. 2001. Cited on p. 287

[88] Ashikhmin, Michael, Abhijeet Ghosh, "Simple Blurry Reflections with Environment Maps," *journal of graphics tools*, vol. 7, no. 4, pp. 3–8, 2002. Cited on p. 359, 360

[89] Ashikhmin, Michael, and Simon Premože, "Distribution-Based BRDFs," Technical Report, 2007. Cited on p. 310

[90] Asirvatham, Arul, and Hugues Hoppe, "Terrain Rendering Using GPU-Based Geometry Clipmaps," in Matt Pharr, ed., *GPU Gems 2*, Addison-Wesley, pp. 27–45, 2005. Cited on p. 754

[91] Assarsson, Ulf, and Tomas Möller, "Optimized View Frustum Culling Algorithms for Bounding Boxes," *journal of graphics tools*, vol. 5, no. 1, pp. 9–22, 2000. Cited on p. 722, 852, 855

[92] Atanasov, Asen, and Vladimir Koylazov, "A Practical Stochastic Algorithm for Rendering Mirror-Like Flakes," in *ACM SIGGRAPH 2016 Talks*, article no. 67, July 2016. Cited on p. 323

[93] Austin, Michael, "Voxel Surfing," *Game Developers Conference*, Mar. 2016. Cited on p. 507

[94] Bærentzen, J. Andreas, Steen Lund Nielsen, Mikkel Gjøl, and Bent D. Larsen, "Two Methods for Antialiased Wireframe Drawing with Hidden Line Removal," in *SCCG '08 Proceedings of the 24th Spring Conference on Computer Graphics*, ACM, pp. 171–177, Apr. 2008. Cited on p. 580, 582

[95] Baert, J., A. Lagae, and Ph. Dutré, "Out-of-Core Construction of Sparse Voxel Octrees," *Computer Graphics Forum*, vol. 33, no. 6, pp. 220–227, 2014. Cited on p. 501, 503

[96] Bagnell, Dan, "Graphics Tech in Cesium—Vertex Compression," *Cesium* blog, May 18, 2015. Cited on p. 616

[97] Bahar, E., and S. Chakrabarti, "Full-Wave Theory Applied to Computer-Aided Graphics for 3D Objects," *IEEE Computer Graphics and Applications*, vol. 7, no. 7, pp. 46–60, July 1987. Cited on p. 313

[98] Bahnassi, Homam, and Wessam Bahnassi, "Volumetric Clouds and Mega-Particles," in Wolfgang Engel, ed., *ShaderX5*, Charles River Media, pp. 295–302, 2006. Cited on p. 449, 481

[99] Baker, Dan, "Advanced Lighting Techniques," *Meltdown 2005*, July 2005. Cited on p. 320

[100] Baker, Dan, and Yannis Minadakis, "Firaxis' Civilization V: A Case Study in Scalable Game Performance," *Game Developers Conference*, Mar. 2010. Cited on p. 700, 701

[101] Baker, Dan, "Spectacular Specular—LEAN and CLEAN Specular Highlights," *Game Developers Conference*, Mar. 2011. Cited on p. 321

[102] Baker, Dan, "Object Space Lighting," *Game Developers Conference*, Mar. 2016. Cited on p. 789

[103] Bako, Steve, Thijs Vogels, Brian McWilliams, Mark Meyer, Jan Novák, Alex Harvill, Pradeep Sen, Tony DeRose, and Fabrice Rousselle, "Kernel-Predicting Convolutional Networks for Denoising Monte Carlo Renderings," *ACM Transactions on Graphics*, vol. 36, no. 4, article no. 97, 2017. Cited on p. 441, 977

[104] Baldwin, Doug, and Michael Weber, "Fast Ray-Triangle Intersections by Coordinate Transformation," *Journal of Computer Graphics Techniques*, vol. 5, no. 3, pp. 39–49, 2016. Cited on p. 835

参考文献   989

[105] Balestra, C., and P.-K. Engstad, "The Technology of Uncharted: Drake's Fortune," *Game Developers Conference*, Mar. 2008. Cited on p. 772

[106] Banks, David, "Illumination in Diverse Codimensions," in *SIGGRAPH '94: Proceedings of the 21st Annual Conference on Computer Graphics and Interactive Techniques*, ACM, pp. 327–334, July 1994. Cited on p. 311

[107] Baraff, D., "Curved Surfaces and Coherence for Non-Penetrating Rigid Body Simulation," *Computer Graphics (SIGGRAPH '90 Proceedings)*, vol. 24, no. 4, pp. 19–28, Aug. 1990. Cited on p. 893

[108] Baraff, D., *Dynamic Simulation of Non-Penetrating Rigid Bodies*, PhD thesis, Technical Report 92-1275, Computer Science Department, Cornell University, 1992. Cited on p. 870

[109] Barb, C., "Texture Streaming in *Titanfall 2*," *Game Developers Conference*, Feb.–Mar. 2017. Cited on p. 750

[110] Barber, C. B., D. P. Dobkin, and H. Huhdanpaa, "The Quickhull Algorithm for Convex Hull," Technical Report GCG53, Geometry Center, July 1993. Cited on p. 825

[111] Barequet, G., and G. Elber, "Optimal Bounding Cones of Vectors in Three Dimensions," *Information Processing Letters*, vol. 93, no. 2, pp. 83–89, 2005. Cited on p. 719

[112] Barkans, Anthony C., "Color Recovery: True-Color 8-Bit Interactive Graphics," *IEEE Computer Graphics and Applications*, vol. 17, no. 1, pp. 67–77, Jan./Feb. 1997. Cited on p. 912

[113] Barkans, Anthony C., "High-Quality Rendering Using the Talisman Architecture," in *Proceedings of the ACM SIGGRAPH/EUROGRAPHICS Workshop on Graphics Hardware*, ACM, pp. 79–88, Aug. 1997. Cited on p. 167

[114] Barla, Pascal, Joëlle Thollot, and Lee Markosian, "X-Toon: An Extended Toon Shader," in *Proceedings of the 4th International Symposium on Non-Photorealistic Animation and Rendering*, ACM, pp. 127–132, 2006. Cited on p. 563

[115] Barré-Brisebois, Colin, and Marc Bouchard, "Approximating Translucency for a Fast, Cheap and Convincing Subsurface Scattering Look," *Game Developers Conference*, Feb.–Mar. 2011. Cited on p. 552

[116] Barré-Brisebois, Colin, and Stephen Hill, "Blending in Detail," *Self-Shadow* blog, July 10, 2012. Cited on p. 318, 321, 770

[117] Barré-Brisebois, Colin, "Hexagonal Bokeh Blur Revisited," *ZigguratVertigo's Hideout* blog, Apr. 17, 2017. Cited on p. 459

[118] Barrett, Sean, "Blend Does Not Distribute Over Lerp," *Game Developer*, vol. 11, no. 10, pp. 39–41, Nov. 2004. Cited on p. 141

[119] Barrett, Sean, "Sparse Virtual Textures," *Game Developers Conference*, Mar. 2008. Cited on p. 748

[120] Barringer, R., M. Andersson, and T. Akenine-Möller, "Ray Accelerator: Efficient and Flexible Ray Tracing on a Heterogeneous Architecture," *Computer Graphics Forum*, vol. 36, no. 8, pp. 166–177, 2017. Cited on p. 908

[121] Bartels, Richard H., John C. Beatty, and Brian A. Barsky, *An Introduction to Splines for use in Computer Graphics and Geometric Modeling*, Morgan Kaufmann, 1987. Cited on p. 632, 633, 646, 650, 652, 673

[122] Barzel, Ronen, ed., *Graphics Tools—The jgt Editors' Choice*, A K Peters, Ltd., 2005. Cited on p. 990, 996, 1011, 1016, 1032, 1035, 1049, 1052, 1057

[123] Batov, Vladimir, "A Quick and Simple Memory Allocator," *Dr. Dobbs's Portal*, Jan. 1, 1998. Cited on p. 684

[124] Baum, Daniel R., Stephen Mann, Kevin P. Smith, and James M. Winget, "Making Radiosity Usable: Automatic Preprocessing and Meshing Techniques for the Generation of Accurate Radiosity Solutions," *Computer Graphics (SIGGRAPH '91 Proceedings)*, vol. 25, no. 4, pp. 51–60, July 1991. Cited on p. 595

[125] Bavoil, Louis, Steven P. Callahan, Aaron Lefohn, João L. D. Comba, and Cláudio T. Silva, "Multi-Fragment Effects on the GPU Using the k-Buffer," in *Proceedings of the 2007 Symposium on Interactive 3D Graphics and Games*, ACM, pp. 97–104, Apr.–May 2007. Cited on p. 138, 539, 540

[126] Bavoil, Louis, Steven P. Callahan, and Cláudio T. Silva, "Robust Soft Shadow Mapping with Backprojection and Depth Peeling," *journal of graphics tools*, vol. 13, no. 1, pp. 16–30, 2008. Cited on p. 211, 223

[127] Bavoil, Louis, "Advanced Soft Shadow Mapping Techniques," *Game Developers Conference*, Feb. 2008. Cited on p. 226

[128] Bavoil, Louis, and Kevin Myers, "Order Independent Transparency with Dual Depth Peeling," NVIDIA White Paper, Feb. 2008. Cited on p. 137, 138

[129] Bavoil, Louis, and Miguel Sainz, and Rouslan Dimitrov, "Image-Space Horizon-Based Aambient Occlusion," in *ACM SIGGRAPH 2008 Talks*, ACM, article no. 22, Aug. 2008. Cited on p. 397

[130] Bavoil, Louis, and Jon Jansen, "Particle Shadows and Cache-Efficient Post-Processing," *Game Developers Conference*, Mar. 2013. Cited on p. 494

[131] Bavoil, Louis, and Iain Cantlay, "SetStablePowerState.exe: Disabling GPU Boost on Windows 10 for more deterministic timestamp queries on NVIDIA GPUs," *NVIDIA GameWorks* blog, Sept. 14, 2016. Cited on p. 680

[132] Beacco, A., N. Pelechano, and C. Andújar, "A Survey of Real-Time Crowd Rendering," *Computer Graphics Forum*, vol. 35, no. 8, pp. 32–50, 2016. Cited on p. 486, 487, 489, 490, 508, 688

[133] Bec, Xavier, "Faster Refraction Formula, and Transmission Color Filtering," *Ray Tracing News*, vol. 10, no. 1, Jan. 1997. Cited on p. 541

[134] Beckmann, Petr, and André Spizzichino, *The Scattering of Electromagnetic Waves from Rough Surfaces*, Pergamon Press, 1963. Cited on p. 288, 294

[135] Beeler, Dean, and Anuj Gosalia, "Asynchronous Timewarp on Oculus Rift," *Oculus Developer Blog*, Mar. 25, 2016. Cited on p. 810, 813

[136] Beeler, Dean, Ed Hutchins, and Paul Pedriana, "Asynchronous Spacewarp," *Oculus Developer Blog*, Nov. 10, 2016. Cited on p. 813

[137] Beers, Andrew C., Maneesh Agrawala, and Navin Chaddha, "Rendering from Compressed Textures," in *SIGGRAPH '96: Proceedings of the 23rd Annual Conference on Computer Graphics and Interactive Techniques*, ACM, pp. 373–378, Aug. 1996. Cited on p. 169

[138] Behrendt, S., C. Colditz, O. Franzke, J. Kopf, and O. Deussen, "Realistic Real-Time Rendering of Landscapes Using Billboard Clouds," *Computer Graphics Forum*, vol. 24, no. 3, pp. 507–516, 2005. Cited on p. 487

[139] Belcour, Laurent, and Pascal Barla, "A Practical Extension to Microfacet Theory for the Modeling of Varying Iridescence," *ACM Transactions on Graphics (SIGGRAPH 2017)*, vol. 36, no. 4, pp. 65:1–65:14, July 2017. Cited on p. 315

[140] Bénard, Pierre, Adrien Bousseau, and Jöelle Thollot, "State-of-the-Art Report on Temporal Coherence for Stylized Animations," *Computer Graphics Forum*, vol. 30, no. 8, pp. 2367–2386, 2011. Cited on p. 577, 585

[141] Bénard, Pierre, Lu Jingwan, Forrester Cole, Adam Finkelstein, and Jöelle Thollot, "Active Strokes: Coherent Line Stylization for Animated 3D Models," in *Proceedings of the International Symposium on Non-Photorealistic Animation and Rendering*, Eurographics Association, pp. 37–46, 2012. Cited on p. 577

[142] Bénard, Pierre, Aaron Hertzmann, and Michael Kass, "Computing Smooth Surface Contours with Accurate Topology," *ACM Transactions on Graphics*, vol. 33, no. 2, pp. 19:1–19:21, 2014. Cited on p. 565, 575

[143] Benson, David, and Joel Davis, "Octree Textures," *ACM Transactions on Graphics (SIGGRAPH 2002)*, vol. 21, no. 3, pp. 785–790, July 2002. Cited on p. 167

[144] Benthin, Carsten, Sven Woop, Ingo Wald, and Attila T. Áfra, "Improved Two-Level BVHs using Partial Re-Braiding," *High Performance Graphics*, article no. 7, 2017. Cited on p. 958

[145] Bentley, Adrian, "*inFAMOUS Second Son* Engine Postmortem," *Game Developers Conference*, Mar. 2014. Cited on p. 48, 422, 752, 764, 782

[146] de Berg, M., M. van Kreveld, M. Overmars, and O. Schwarzkopf, *Computational Geometry— Algorithms and Applications*, Third Edition, Springer-Verlag, 2008. Cited on p. 590, 603, 839

[147] van den Bergen, G., "Efficient Collision Detection of Complex Deformable Models Using AABB Trees," *journal of graphics tools*, vol. 2, no. 4, pp. 1–13, 1997. Also collected in [122]. Cited on p. 709, 878, 890

[148] van den Bergen, G., "A Fast and Robust GJK Implementation for Collision Detection of Convex Objects," *journal of graphics tools*, vol. 4, no. 2, pp. 7–25, 1999. Cited on p. 878, 882, 883

[149] van den Bergen, Gino, *Collision Detection in Interactive 3D Computer Animation*, PhD thesis, Eindhoven University of Technology, 1999. Cited on p. 878, 882, 883, 890

[150] van den Bergen, Gino, "Proximity Queries and Penetration Depth Computation on 3D Game Objects," *Game Developers Conference*, pp. 821–837, Mar. 2001. Cited on p. 883

[151] van den Bergen, Gino, *Collision Detection in Interactive 3D Environments*, Morgan Kaufmann, 2003. Cited on p. 878, 883, 895

[152] van den Bergen, Gino, "Physics for Game Programmers," *Game Developers Conference*, Mar. 2012. Cited on p. 895

[153] Berger, Matthew, Andrea Tagliasacchi, Lee M. Seversky, Pierre Alliez, Gaël Guennebaud, Joshua A. Levine, Andrei Sharf, and Claudio T. Silva, "A Survey of Surface Reconstruction from Point Clouds," *Computer Graphics Forum*, vol. 36, no. 1, pp. 301–329, 2017. Cited on p. 496, 589

[154] Beyer, Johanna, Markus Hadwiger, and Hanspeter Pfister, "State-of-the-Art in GPU-Based Large-Scale Volume Visualization," *Computer Graphics Forum*, vol. 34, no. 8, pp. 13–37, 2015. Cited on p. 507

[155] Bezrati, Abdul, "Real-Time Lighting via Light Linked List," *SIGGRAPH Advances in Real-Time Rendering in Games course*, Aug. 2014. Cited on p. 772, 781

[156] Bezrati, Abdul, "Real-Time Lighting via Light Linked List," in Wolfgang Engel, ed., *GPU Pro^6*, CRC Press, pp. 183–193, 2015. Cited on p. 772, 781

[157] Bier, Eric A., and Kenneth R. Sloan, Jr., "Two-Part Texture Mappings," *IEEE Computer Graphics and Applications*, vol. 6, no. 9, pp. 40–53, Sept. 1986. Cited on p. 150

[158] Biermann, Henning, Adi Levin, and Denis Zorin, "Piecewise Smooth Subdivision Surface with Normal Control," in *SIGGRAPH '00: Proceedings of the 27th Annual Conference on Computer Graphics and Interactive Techniques*, ACM Press/Addison-Wesley Publishing Co., pp. 113–120, July 2000. Cited on p. 659

[159] Billeter, Markus, Erik Sintorn, and Ulf Assarsson, "Real-Time Multiple Scattering Using Light Propagation Volumes," in *Proceedings of the ACM SIGGRAPH Symposium on Interactive 3D Graphics and Games*, ACM, pp. 119–126, 2012. Cited on p. 528

[160] Billeter, Markus, Ola Olsson, and Ulf Assarsson, "Tiled Forward Shading," in Wolfgang Engel, ed., *GPU Pro^4*, CRC Press, pp. 99–114, 2013. Cited on p. 774, 775, 791

[161] Billeter, Markus, "Many-Light Rendering on Mobile Hardware," *SIGGRAPH Real-Time Many-Light Management and Shadows with Clustered Shading course*, Aug. 2015. Cited on p. 772, 778, 781, 791

[162] Bilodeau, Bill, "Vertex Shader Tricks: New Ways to Use the Vertex Shader to Improve Performance," *Game Developers Conference*, Mar. 2014. Cited on p. 45, 76, 444, 491, 494, 688

[163] Binder, Nikolaus, and Alexander Keller, "Efficient Stackless Hierarchy Traversal on GPUs with Backtracking in Constant Time," *High Performance Graphics*, pp. 41–50, 2016. Cited on p. 960

[164] Binstock, Atman, "Optimizing VR Graphics with Late Latching," *Oculus Developer Blog*, Mar. 2, 2015. Cited on p. 813

[165] Bishop, L., D. Eberly, T. Whitted, M. Finch, and M. Shantz, "Designing a PC Game Engine," *IEEE Computer Graphics and Applications*, vol. 18, no. 1, pp. 46–53, Jan./Feb. 1998. Cited on p. 722

[166] Bitterli, Benedikt, Fabrice Rousselle, Bochang Moon, José A. Iglesias-Guitián, David Adler, Kenny Mitchell, Wojciech Jarosz, and Jan Novák, "Nonlinearly Weighted First-order Regression for Denoising Monte Carlo Renderings," *Computer Graphics Forum*, vol. 35, no. 4, pp. 107–117, 2016. Cited on p. 964

[167] Bitterli, Benedikt, *Benedikt Bitterli Rendering Resources*, https://benedikt-bitterli.me/resources, licensed under CC BY 3.0, https://creativecommons.org/licenses/by/3.0. Cited on p. 381, 384, 386, 387, 388

[168] Bittner, Jiří, and Jan Přikryl, "Exact Regional Visibility Using Line Space Partitioning," Technical Report TR-186-2-01-06, Institute of Computer Graphics and Algorithms, Vienna University of Technology, Mar. 2001. Cited on p. 727

[169] Bittner, Jiří, Peter Wonka, and Michael Wimmer, "Visibility Preprocessing for Urban Scenes Using Line Space Subdivision," in *Pacific Graphics 2001*, IEEE Computer Society, pp. 276–284, Oct. 2001. Cited on p. 727

[170] Bittner, Jiří, Oliver Mattausch, Ari Silvennoinen, and Michael Wimmer, "Shadow Caster Culling for Efficient Shadow Mapping," in *Symposium on Interactive 3D Graphics and Games*, ACM, pp. 81–88, 2011. Cited on p. 218

[171] Bjørge, Marius, Sam Martin, Sandeep Kakarlapudi, and Jan-Harald Fredriksen, "Efficient Rendering with Tile Local Storage," in *ACM SIGGRAPH 2014 Talks*, ACM, article no. 51, July 2014. Cited on p. 138

[172] Bjørge, Marius, "Moving Mobile Graphics," *SIGGRAPH Advanced Real-Time Shading course*, July 2016. Cited on p. 218, 234

[173] Bjorke, Kevin, "Image-Based Lighting," in Randima Fernando, ed., *GPU Gems*, Addison-Wesley, pp. 308–321, 2004. Cited on p. 430

[174] Bjorke, Kevin, "High-Quality Filtering," in Randima Fernando, ed., *GPU Gems*, Addison-Wesley, pp. 391–424, 2004. Cited on p. 445, 449, 450

[175] Blasi, Philippe, Bertrand Le Saec, and Christophe Schlick, "A Rendering Algorithm for Discrete Volume Density Objects," *Computer Graphics Forum*, vol. 12, no. 3, pp. 201–210, 1993. Cited on p. 516

[176] Blinn, J. F., and M. E. Newell, "Texture and Reflection in Computer Generated Images," *Communications of the ACM*, vol. 19, no. 10, pp. 542–547, Oct. 1976. Cited on p. 350, 351

[177] Blinn, James F., "Models of Light Reflection for Computer Synthesized Pictures," *ACM Computer Graphics (SIGGRAPH '77 Proceedings)*, vol. 11, no. 2, pp. 192–198, July 1977. Cited on p. 288, 295, 296, 359

[178] Blinn, James, "Simulation of Wrinkled Surfaces," *Computer Graphics (SIGGRAPH '78 Proceedings)*, vol. 12, no. 3, pp. 286–292, Aug. 1978. Cited on p. 184, 660

[179] Blinn, James F., "A Generalization of Algebraic Surface Drawing," *ACM Transactions on Graphics*, vol. 1, no. 3, pp. 235–256, 1982. Cited on p. 648

[180] Blinn, Jim, "Me and My (Fake) Shadow," *IEEE Computer Graphics and Applications*, vol. 8, no. 1, pp. 82–86, Jan. 1988. Also collected in [183]. Cited on p. 199, 200

[181] Blinn, Jim, "Hyperbolic Interpolation," *IEEE Computer Graphics and Applications*, vol. 12, no. 4, pp. 89–94, July 1992. Also collected in [183]. Cited on p. 902

[182] Blinn, Jim, "Image Compositing—Theory," *IEEE Computer Graphics and Applications*, vol. 14, no. 5, pp. 83–87, Sept. 1994. Also collected in [184]. Cited on p. 141

[183] Blinn, Jim, *Jim Blinn's Corner: A Trip Down the Graphics Pipeline*, Morgan Kaufmann, 1996. Cited on p. 23, 718, 992

[184] Blinn, Jim, *Jim Blinn's Corner: Dirty Pixels*, Morgan Kaufmann, 1998. Cited on p. 146, 992

[185] Blinn, Jim, "A Ghost in a Snowstorm," *IEEE Computer Graphics and Applications*, vol. 18, no. 1, pp. 79–84, Jan./Feb. 1998. Also collected in [186], Chapter 9. Cited on p. 145

[186] Blinn, Jim, *Jim Blinn's Corner: Notation, Notation, Notation*, Morgan Kaufmann, 2002. Cited on p. 146, 992

[187] Blinn, Jim, "What Is a Pixel?" *IEEE Computer Graphics and Applications*, vol. 25, no. 5, pp. 82–87, Sept./Oct. 2005. Cited on p. 146, 246

[188] Bloomenthal, Jules, "Edge Inference with Applications to Antialiasing," *Computer Graphics (SIGGRAPH '83 Proceedings)*, vol. 17, no. 3, pp. 157–162, July 1983. Cited on p. 129

[189] Bloomenthal, Jules, "An Implicit Surface Polygonizer," in Paul S. Heckbert, ed., *Graphics Gems IV*, Academic Press, pp. 324–349, 1994. Cited on p. 649

[190] Blow, Jonathan, "Mipmapping, Part 1," *Game Developer*, vol. 8, no. 12, pp. 13–17, Dec. 2001. Cited on p. 162

[191] Blow, Jonathan, "Mipmapping, Part 2," *Game Developer*, vol. 9, no. 1, pp. 16–19, Jan. 2002. Cited on p. 163

[192] Blow, Jonathan, "Happycake Development Notes: Shadows," *Happycake Development Notes* website, Aug. 25, 2004. Cited on p. 213

[193] Blythe, David, "The Direct3D 10 System," *ACM Transactions on Graphics*, vol. 25, no. 3, pp. 724–734, July 2006. Cited on p. 25, 34, 37, 41, 42, 44, 219

[194] Bobic, Nick, "Advanced Collision Detection Techniques," *Gamasutra*, Mar. 2000. Cited on p. 864

[195] Bookout, David, "Programmable Blend with Pixel Shader Ordering," *Intel Developer Zone* blog, Oct. 13, 2015. Cited on p.

[196] Born, Max, and Emil Wolf, *Principles of Optics: Electromagnetic Theory of Propagation, Interference and Diffraction of Light*, Seventh Edition, Cambridge University Press, 1999. Cited on p. 323

[197] Borshukov, George, and J. P. Lewis, "Realistic Human Face Rendering for *The Matrix Reloaded*," in *ACM SIGGRAPH 2003 Sketches and Applications*, ACM, July 2003. Cited on p. 548

[198] Borshukov, George, and J. P. Lewis, "Fast Subsurface Scattering," *SIGGRAPH Digital Face Cloning course*, Aug. 2005. Cited on p. 548

[199] Botsch, Mario, Alexander Hornung, Matthias Zwicker, and Leif Kobbelt, "High-Quality Surface Splatting on Today's GPUs," in *Proceedings of the Second Eurographics / IEEE VGTC Symposium on Point-Based Graphics*, Eurographics Association, pp. 17–24, June 2005. Cited on p. 497

[200] Boubekeur, Tamy, Patrick Reuter, and Christophe Schlick, "Scalar Tagged PN Triangles," in *Eurographics 2005 Short Presentations*, Eurographics Association, pp. 17–20, Sept. 2005. Cited on p. 645

[201] Boubekeur, T., and Marc Alexa, "Phong Tessellation," *ACM Transactions on Graphics*, vol. 27, no. 5, pp. 141:1–141:5, 2008. Cited on p. 645, 646

[202] Boulton, Mike, "Static Lighting Tricks in *Halo 4*," *Game Developers Conference*, Mar. 2013. Cited on p. 419

[203] Bouthors, Antoine, Fabrice Neyret, Nelson Max, Eric Bruneton, and Cyril Crassin, "Interactive Multiple Anisotropic Scattering in Clouds," in *Proceedings of the 2008 Symposium on Interactive 3D Graphics and Games*, ACM, pp. 173–182, 2008. Cited on p. 534, 535

[204] Bowles, H., K. Mitchell, B. Sumner, J. Moore, and M. Gross, "Iterative Image Warping," *Computer Graphics Forum*, vol. 31, no. 2, pp. 237–246, 2012. Cited on p. 452

[205] Bowles, H., "Oceans on a Shoestring: Shape Representation, Meshing and Shading," *SIGGRAPH Advances in Real-Time Rendering in Games course*, July 2013. Cited on p. 757

[206] Bowles, Huw, and Beibei Wang, "Sparkly but not too Sparkly! A Stable and Robust Procedural Sparkle Effect," *SIGGRAPH Advances in Real-Time Rendering in Games course*, Aug. 2015. Cited on p. 323

[207] Box, Harry, *Set Lighting Technician's Handbook: Film Lighting Equipment, Practice, and Electrical Distribution*, Fourth Edition, Focal Press, 2010. Cited on p. 375

参考文献 993

[208] Boyd, Stephen, and Lieven Vandenberghe, *Convex Optimization*, Cambridge University Press, 2004. Freely downloadable. Cited on p. 822

[209] Brainerd, W., T. Foley, M. Kraemer, H. Moreton, and M. Nießner, "Efficient GPU Rendering of Subdivision Surfaces Using Adaptive Quadtrees," *ACM Transactions on Graphics*, vol. 35, no. 4, pp. 113:1–113:12, 2016. Cited on p. 672, 673

[210] Bratt, I., "The ARM Mali T880 Mobile GPU," *Hot Chips* website, 2015. Cited on p. 928

[211] Brawley, Zoe, and Natalya Tatarchuk, "Parallax Occlusion Mapping: Self-Shadowing, Perspective-Correct Bump Mapping Using Reverse Height Map Tracing," in Wolfgang Engel, ed., *ShaderX³*, Charles River Media, pp. 135–154, Nov. 2004. Cited on p. 191

[212] Bredow, Rob, "Fur in *Stuart Little*," *SIGGRAPH Advanced RenderMan 2: To RI_INFINITY and Beyond course*, July 2000. Cited on p. 331, 547

[213] Brennan, Chris, "Accurate Environment Mapped Reflections and Refractions by Adjusting for Object Distance," in Wolfgang Engel, ed., *Direct3D ShaderX: Vertex & Pixel Shader Tips and Techniques*, Wordware, pp. 290–294, May 2002. Cited on p. 430

[214] Brennan, Chris, "Diffuse Cube Mapping," in Wolfgang Engel, ed., *Direct3D ShaderX: Vertex & Pixel Shader Tips and Techniques*, Wordware, pp. 287–289, May 2002. Cited on p. 367

[215] Breslav, Simon, Karol Szerszen, Lee Markosian, Pascal Barla, and Joëlle Thollot, "Dynamic 2D Patterns for Shading 3D Scenes," *ACM Transactions on Graphics*, vol. 27, no. 3, pp. 20:1–20:5, 2007. Cited on p. 577

[216] Bridson, Robert, *Fluid Simulation for Computer Graphics*, Second Edition, CRC Press, 2015. Cited on p. 494, 560

[217] Brinck, Waylon, and Andrew Maximov, "The Technical Art of *Uncharted 4*," *SIGGRAPH production session*, July 2016. Cited on p. 255

[218] Brinkmann, Ron, *The Art and Science of Digital Compositing*, Second Edition, Morgan Kaufmann, 2008. Cited on p. 132, 133, 140, 141

[219] Brisebois, Vincent, and Ankit Patel, "Profiling the AI Performance Boost in OptiX 5," *NVIDIA News Center*, July 31, 2017. Cited on p. 441, 977, 978

[220] Brown, Alistair, "Visual Effects in *Star Citizen*," *Game Developers Conference*, Mar. 2015. Cited on p. 317

[221] Brown, Gary S., "Shadowing by non-Gaussian random surfaces," *IEEE Transactions on Antennas and Propagation*, vol. 28, no. 6, pp. 788–790, 1980. Cited on p. 290

[222] Bruneton, Eric, and Fabrice Neyret, "Precomputed Atmospheric Scattering," *Computer Graphics Forum*, vol. 27, no. 4, pp. 1079–1086, 2008. Cited on p. 530, 531, 532

[223] Bruneton, Eric, Fabrice Neyret, and Nicolas Holzschuch, "Real-Time Realistic Ocean Lighting Using Seamless Transitions from Geometry to BRDF," *Computer Graphics Forum*, vol. 29, no. 2, pp. 487–496, 2010. Cited on p. 323

[224] Bruneton, Eric, and Fabrice Neyret, "A Survey of Non-linear Pre-filtering Methods for Efficient and Accurate Surface Shading," *IEEE Transactions on Visualization and Computer Graphics*, vol. 18, no. 2, pp. 242–260, 2012. Cited on p. 323

[225] Buades, Jose María, Jesús Gumbau, and Miguel Chover, "Separable Soft Shadow Mapping," *The Visual Computer*, vol. 32, no. 2, pp. 167–178, Feb. 2016. Cited on p. 222

[226] Buchanan, J. W., and M. C. Sousa, "The Edge Buffer: A Data Structure for Easy Silhouette Rendering," in *Proceedings of the 1st International Symposium on Non-photorealistic Animation and Rendering*, ACM, pp. 39–42, June 2000. Cited on p. 574

[227] Bukowski, Mike, Padraic Hennessy, Brian Osman, and Morgan McGuire, "Scalable High Quality Motion Blur and Ambient Occlusion," *SIGGRAPH Advances in Real-Time Rendering in 3D Graphics and Games course*, Aug. 2012. Cited on p. 467, 468, 469

[228] Bukowski, Mike, Padraic Hennessy, Brian Osman, and Morgan McGuire, "The *Skylanders* SWAP Force Depth-of-Field Shader," in Wolfgang Engel, ed., *GPU Pro⁴*, CRC Press, pp. 175–184, 2013. Cited on p. 457, 458, 460

[229] Bunnell, Michael, "Dynamic Ambient Occlusion and Indirect Lighting," in Matt Pharr, ed., *GPU Gems 2*, Addison-Wesley, pp. 223–233, 2005. Cited on p. 391, 428

[230] van der Burg, John, "Building an Advanced Particle System," *Gamasutra*, June 2000. Cited on p. 494

[231] Burley, Brent, "Shadow Map Bias Cone and Improved Soft Shadows: Disney Bonus Section," *SIGGRAPH RenderMan for Everyone course*, Aug. 2006. Cited on p. 220, 221

[232] Burley, Brent, and Dylan Lacewell, "Ptex: Per-Face Texture Mapping for Production Rendering," in *Proceedings of the Nineteenth Eurographics Conference on Rendering*, Eurographics Association, pp. 1155–1164, 2008. Cited on p. 169

[233] Burley, Brent, "Physically Based Shading at Disney," *SIGGRAPH Practical Physically Based Shading in Film and Game Production course*, Aug. 2012. Cited on p. 283, 292, 296, 297, 298, 300, 307, 310, 315

994   参考文献

[234] Burley, Brent, "Extending the Disney BRDF to a BSDF with Integrated Subsurface Scattering," *SIGGRAPH Physically Based Shading in Theory and Practice course*, Aug. 2015. Cited on p. 307

[235] Burns, Christopher A., Kayvon Fatahalian, and William R. Mark, "A Lazy Object-Space Shading Architecture with Decoupled Sampling," in *Proceedings of the Conference on High-Performance Graphics*, Eurographics Association, pp. 19–28, June 2010. Cited on p. 787

[236] Burns, C. A., and W. A. Hunt, "The Visibility Buffer: A Cache-Friendly Approach to Deferred Shading," *Journal of Computer Graphics Techniques*, vol. 2, no. 2, pp. 55–69, 2013. Cited on p. 783, 784

[237] Cabello, Ricardo, et al., *Three.js source code*, Release r89, Dec. 2017. Cited on p. 36, 44, 101, 166, 178, 351, 418, 477, 542

[238] Cabral, Brian, and Leith (Casey) Leedom, "Imaging Vector Fields Using Line Integral Convolution," in *SIGGRAPH '93: Proceedings of the 20th Annual Conference on Computer Graphics and Interactive Techniques*, ACM, pp. 263–270, Aug. 1993. Cited on p. 465

[239] Caillaud, Florian, Vincent Vidal, Florent Dupont, and Guillaume Lavoué, "Progressive compression of arbitrary textured meshes," *Computer Graphics Forum*, vol. 35, no. 7, pp. 475–484, 2016. Cited on p. 611

[240] Calver, Dean, "Vertex Decompression in a Shader," in Wolfgang Engel, ed., *Direct3D ShaderX: Vertex & Pixel Shader Tips and Techniques*, Wordware, pp. 172–187, May 2002. Cited on p. 615

[241] Calver, Dean, "Photo-Realistic Deferred Lighting," *Beyond3D.com* website, July 30, 2003. Cited on p. 763, 764, 766

[242] Calver, Dean, "Accessing and Modifying Topology on the GPU," in Wolfgang Engel, ed., *ShaderX³*, Charles River Media, pp. 5–19, 2004. Cited on p. 607

[243] Calver, Dean, "Deferred Lighting on PS 3.0 with High Dynamic Range," in Wolfgang Engel, ed., *ShaderX³*, Charles River Media, pp. 97–105, 2004. Cited on p. 253

[244] Cameron, S., "Enhancing GJK: Computing Minimum and Penetration Distance between Convex Polyhedra," in *Proceedings of International Conference on Robotics and Automation*, IEEE Computer Society, pp. 3112–3117, 1997. Cited on p. 883

[245] Cantlay, Iain, and Andrei Tatarinov, "From Terrain to Godrays: Better Use of DX11," *Game Developers Conference*, Mar. 2014. Cited on p. 39, 492

[246] Card, Drew, and Jason L. Mitchell, "Non-Photorealistic Rendering with Pixel and Vertex Shaders," in Wolfgang Engel, ed., *Direct3D ShaderX: Vertex & Pixel Shader Tips and Techniques*, Wordware, pp. 319–333, May 2002. Cited on p. 570, 575

[247] Carling, Richard, "Matrix Inversion," in Andrew S. Glassner, ed., *Graphics Gems*, Academic Press, pp. 470–471, 1990. Cited on p. 60

[248] Carmack, John, "Latency Mitigation Strategies," *AltDevBlog*, Feb. 22, 2013. Cited on p. 797, 811, 813

[249] do Carmo, Manfred P., *Differential Geometry of Curves and Surfaces*, Prentice-Hall, Inc., 1976. Cited on p. 72

[250] Carpenter, Loren, "The A-Buffer, an Antialiased Hidden Surface Method," *Computer Graphics (SIGGRAPH '84 Proceedings)*, vol. 18, no. 3, pp. 103–108, July 1984. Cited on p. 137, 540

[251] Carpentier, Giliam, and Kohei Ishiyama, "*Decima*, Advances in Lighting and AA," *SIGGRAPH Advances in Real-Time Rendering in Games course*, Aug. 2017. Cited on p. 129, 130, 334, 695

[252] Carucci, Francesco, "Inside Geometry Instancing," in Matt Pharr, ed., *GPU Gems 2*, Addison-Wesley, pp. 47–67, 2005. Cited on p. 688

[253] Castaño, Ignacio, "Lightmap Parameterization," *The Witness Blog*, Mar. 30, 2010. Cited on p. 419

[254] Castaño, Ignacio, "Computing Alpha Mipmaps," *The Witness Blog*, Sept. 9, 2010. Cited on p. 180, 182

[255] Castaño, Ignacio, "Shadow Mapping Summary—Part 1," *The Witness Blog*, Sept. 23, 2013. Cited on p. 220, 221, 234

[256] Catmull, E., and R. Rom, "A Class of Local Interpolating Splines," in R. Barnhill & R. Riesenfeld, eds., *Computer Aided Geometric Design*, Academic Press, pp. 317–326, 1974. Cited on p. 631

[257] Catmull, E., *A Subdivision Algorithm for Computer Display of Curved Surfaces*, PhD thesis, University of Utah, Dec. 1974. Cited on p. 982

[258] Catmull, Edwin, "Computer Display of Curved Surfaces," in *Proceedings of the IEEE Conference on Computer Graphics, Pattern Recognition and Data Structures*, IEEE Press, pp. 11–17, May 1975. Cited on p. 19

[259] Catmull, E., and J. Clark, "Recursively Generated B-Spline Surfaces on Arbitrary Topological Meshes," *Computer-Aided Design*, vol. 10, no. 6, pp. 350–355, Sept. 1978. Cited on p. 657

[260] Catto, Erin, "Computing Distance," *Game Developers Conference*, Mar. 2010. Cited on p. 895

[261] Catto, Erin, "Continuous Collision," *Game Developers Conference*, Mar. 2013. Cited on p. 859, 863, 892, 893

[262] Catto, Erin, "Understanding Constraints," *Game Developers Conference*, Mar. 2014. Cited on

参考文献

p. 894

[263] Cebenoyan, Cem, "Graphics Pipeline Performance," in Randima Fernando, ed., *GPU Gems*, Addison-Wesley, pp. 473–486, 2004. Cited on p. 678, 693, 704, 736

[264] Cebenoyan, Cem, "Real Virtual Texturing—Taking Advantage of DirectX11.2 Tiled Resources," *Game Developers Conference*, Mar. 2014. Cited on p. 217, 233, 749

[265] Celes, Waldemar, and Frederico Abraham, "Fast and Versatile Texture-Based Wireframe Rendering," *The Visual Computer*, vol. 27, no. 10, pp. 939–948, 2011. Cited on p. 580

[266] Cerezo, Eva, Frederic Pérez, Xavier Pueyo, Francisco J. Seron, and François X. Sillion, "A Survey on Participating Media Rendering Techniques," *The Visual Computer*, vol. 21, no. 5, pp. 303–328, June 2005. Cited on p. 509

[267] *The Cesium Blog*, https://cesium.com/blog/, 2017. Cited on p. 759

[268] Chabert, Charles-Félix, Wan-Chun Ma, Tim Hawkins, Pieter Peers, and Paul Debevec, "Fast Rendering of Realistic Faces with Wavelength Dependent Normal Maps," in *ACM SIGGRAPH 2007 Posters*, ACM, article no. 183, Aug. 2007. Cited on p. 547

[269] Chaikin, G., "An Algorithm for High Speed Curve Generation," *Computer Graphics and Image Processing*, vol. 4, no. 3, pp. 346–349, 1974. Cited on p. 650

[270] Chaitanya, Chakravarty R. Alla, Anton S. Kaplanyan, Christoph Schied, Marco Salvi, Aaron Lefohn, Derek Nowrouzezahrai, and Timo Aila, "Interactive Reconstruction of Monte Carlo Image Sequences Using a Recurrent Denoising Autoencoder," *ACM Transactions on Graphics*, vol. 36, no. 4, article no. 98, pp. 2017. Cited on p. 441, 965, 967, 969, 977

[271] Chajdas, Matthäus G., Christian Eisenacher, Marc Stamminger, and Sylvain Lefebvre, "Virtual Texture Mapping 101," in Wolfgang Engel, ed., *GPU Pro*, A K Peters, Ltd., pp. 185–195, 2010. Cited on p. 748

[272] Chajdas, Matthäus G., "D3D12 and Vulkan: Lessons Learned," *Game Developers Conference*, Mar. 2016. Cited on p. 35, 696, 703

[273] Chan, Danny, and Bryan Johnston, "Style in Rendering: The History and Technique Behind *Afro Samurai*'s Look," *Game Developers Conference*, Mar. 2009. Cited on p. 562, 567, 571, 573

[274] Chan, Danny, "Real-World Measurements for *Call of Duty: Advanced Warfare*," in *SIGGRAPH Physically Based Shading in Theory and Practice course*, Aug. 2015. Cited on p. 303, 308

[275] Chan, Eric, and Frédo Durand, "Fast Prefiltered Lines," in Matt Pharr, ed., *GPU Gems 2*, Addison-Wesley, pp. 345–359, 2005. Cited on p. 117

[276] Chandrasekhar, Subrahmanyan, *Radiative Transfer*, Oxford University Press, 1950. Cited on p. 306

[277] Chang, Chia-Tche, Bastien Gorissen, and Samuel Melchior, "Fast Oriented Bounding Box Optimization on the Rotation Group $SO(3, \mathbb{R})$," *ACM Transactions on Graphics*, vol. 30, no. 5, pp. 122:1–122:16, Oct. 2011. Cited on p. 826

[278] Chang, Chun-Fa, Gary Bishop, and Anselmo Lastra, "LDI Tree: A Hierarchical Representation for Image-Based Rendering," in *SIGGRAPH '99: Proceedings of the 26th Annual Conference on Computer Graphics and Interactive Techniques*, ACM Press/Addison-Wesley Publishing Co., pp. 291–298, Aug. 1999. Cited on p. 488

[279] Chen, G. P. Sander, D. Nehab, L. Yang, and L. Hu, "Depth-Presorted Triangle Lists," *ACM Transactions on Graphics*, vol. 31, no. 6, pp. 160:1–160:9, 2016. Cited on p. 717

[280] Chen, Hao, "Lighting and Material of *Halo 3*," *Game Developers Conference*, Mar. 2008. Cited on p. 409

[281] Chen, Hao, and Natalya Tatarchuk, "Lighting Research at Bungie," *SIGGRAPH Advances in Real-Time Rendering in 3D Graphics and Games course*, Aug. 2009. Cited on p. 226, 409

[282] Chen, K., "Adaptive Virtual Texture Rendering in *Far Cry 4*," *Game Developers Conference*, Mar. 2015. Cited on p. 750

[283] Chen, Pei-Ju, Hiroko Awata, Atsuko Matsushita, En-Cheng Yang, and Kentaro Arikawa, "Extreme Spectral Richness in the Eye of the Common Bluebottle Butterfly, Graphium sarpedon," *Frontiers in Ecology and Evolution*, vol. 4, pp.18, Mar. 8, 2016. Cited on p. 239

[284] Chi, Yung-feng, "True-to-Life Real-Time Animation of Shallow Water on Todays GPUs," in Wolfgang Engel, ed., *ShaderX⁴*, Charles River Media, pp. 467–480, 2005. Cited on p. 520, 540

[285] Chiang, Matt Jen-Yuan, Benedikt Bitterli, Chuck Tappan, and Brent Burley, "A Practical and Controllable Hair and Fur Model for Production Path Tracing," *Computer Graphics Forum (Eurographics 2016)*, vol. 35, no. 2, pp. 275–283, 2016. Cited on p. 556

[286] Chlumský, Viktor, *Shape Decomposition for Multi-channel Distance Fields*, MSc thesis, Department of Theoretical Computer Science, Czech Technical University in Prague, May 2015. Cited on p. 584, 770

[287] Choi, H., "Bifrost—The GPU Architecture for Next Five Billion," *ARM Tech Forum*, June 2016. Cited on p. 927

[288] Christensen, Per H., "Point-Based Approximate Color Bleeding," Technical memo, Pixar Anima-

tion Studios, 2008. Cited on p. 392

[289] Cichocki, Adam, "Optimized Pixel-Projected Reflections for Planar Reflectors," *SIGGRAPH Advances in Real-Time Rendering in Games course*, Aug. 2017. Cited on p. 438

[290] Cignoni, P., C. Montani, and R. Scopigno, "Triangulating Convex Polygons Having T-Vertices," *journal of graphics tools*, vol. 1, no. 2, pp. 1–4, 1996. Also collected in [122]. Cited on p. 595

[291] Cignoni, Paolo, "On the Computation of Vertex Normals," *Meshlab Stuff* blog, Apr. 10, 2009. Also collected in [122]. Cited on p. 599

[292] Cigolle, Zina H., Sam Donow, Daniel Evangelakos, Michael Mara, Morgan McGuire, and Quirin Meyer, "A Survey of Efficient Representations for Independent Unit Vectors," *Journal of Computer Graphics Techniques*, vol. 3, no. 1, pp. 1–30, 2014. Cited on p. 196, 615, 617

[293] Clarberg, Petrik, and Tomas Akenine-Möller, "Practical Product Importance Sampling for Direct Illumination," *Computer Graphics Forum*, vol. 27, no. 2, pp. 681–690, 2008. Cited on p. 361

[294] Clarberg, P., R. Toth, J. Hasselgren, J. Nilsson, and T. Akenine-Möller, "AMFS: Adaptive Multi-frequency Shading for Future Graphics Processors," *ACM Transactions on Graphics*, vol. 33, no. 4, pp. 141:1–141:12, 2014. Cited on p. 788, 915

[295] Clark, James H., "Hierarchical Geometric Models for Visible Surface Algorithms," *Communications of the ACM*, vol. 19, no. 10, pp. 547–554, Oct. 1976. Cited on p. 721

[296] Coffin, Christina, "SPU Based Deferred Shading in *Battlefield 3* for Playstation 3," *Game Developers Conference*, Mar. 2011. Cited on p. 777, 782

[297] Cohen, Daniel, and Zvi Sheffer, "Proximity Clouds—An Acceleration Technique for 3D Grid Traversal," *The Visual Computer*, vol. 11, no. 1, pp. 27–38, 1994. Cited on p. 953

[298] Cohen, Jonathan D., Ming C. Lin, Dinesh Manocha, and Madhave Ponamgi, "I-COLLIDE: An Interactive and Exact Collision Detection System for Large-Scaled Environments," *Symposium on Interactive 3D Graphics*, pp. 189–196, 1995. Cited on p. 868

[299] Cohen, Jonathan D., Marc Olano, and Dinesh Manocha, "Appearance-Preserving Simplification," in *SIGGRAPH '98: Proceedings of the 25th Annual Conference on Computer Graphics and Interactive Techniques*, ACM, pp. 115–122, July 1998. Cited on p. 188

[300] Cohen, Michael F., and John R. Wallace, *Radiosity and Realistic Image Synthesis*, Academic Press Professional, 1993. Cited on p. 381, 416

[301] Cohen-Or, Daniel, Yiorgos Chrysanthou, Frédo Durand, Ned Greene, Vladlen Kulton, and Cláudio T. Silva, *SIGGRAPH Visibility, Problems, Techniques and Applications course*, Aug. 2001. Cited on p.

[302] Cohen-Or, Daniel, Yiorgos Chrysanthou, Cláudio T. Silva, and Frédo Durand, "A Survey of Visibility for Walkthrough Applications," *IEEE Transactions on Visualization and Computer Graphics*, vol. 9, no. 3, pp. 412–431, July–Sept. 2003. Cited on p. 717, 759

[303] Cok, Keith, Roger Corron, Bob Kuehne, and Thomas True, *SIGGRAPH Developing Efficient Graphics Software: The Yin and Yang of Graphics course*, July 2000. Cited on p. 691

[304] Colbert, Mark, and Jaroslav Křivánek, "GPU-Based Importance Sampling," in Hubert Nguyen, ed., *GPU Gems 3*, Addison-Wesley, pp. 459–475, 2007. Cited on p. 361, 364, 433

[305] Colbert, Mark, and Jaroslav Křivánek, "Real-Time Shading with Filtered Importance Sampling," in *ACM SIGGRAPH 2007 Technical Sketches*, ACM, article no. 71, Aug. 2007. Cited on p. 361, 364

[306] Cole, Forrester, Aleksey Golovinskiy, Alex Limpaecher, Heather Stoddart Barros, Adam Finkelstein, Thomas Funkhouser, and Szymon Rusinkiewicz, "Where Do People Draw Lines?" *ACM Transactions on Graphics (SIGGRAPH 2008)*, vol. 27, no. 3, pp. 88:1–88:11, 2008. Cited on p. 565

[307] Cole, Forrester, and Adam Finkelstein, "Two Fast Methods for High-Quality Line Visibility," *IEEE Transactions on Visualization and Computer Graphics*, vol. 16, no. 5, pp. 707–717, Sept./Oct. 2010. Cited on p. 575, 576, 581

[308] Collin, D., "Culling the Battlefield," *Game Developers Conference*, Mar. 2011. Cited on p. 722, 724, 733

[309] Conran, Patrick, "SpecVar Maps: Baking Bump Maps into Specular Response," in *ACM SIGGRAPH 2005 Sketches*, ACM, article no. 22, Aug. 2005. Cited on p. 320

[310] Cook, Robert L., and Kenneth E. Torrance, "A Reflectance Model for Computer Graphics," *Computer Graphics (SIGGRAPH '81 Proceedings)*, vol. 15, no. 3, pp. 307–316, Aug. 1981. Cited on p. 274, 284, 288, 294, 298, 385

[311] Cook, Robert L., and Kenneth E. Torrance, "A Reflectance Model for Computer Graphics," *ACM Transactions on Graphics*, vol. 1, no. 1, pp. 7–24, Jan. 1982. Cited on p. 284, 294, 298, 385

[312] Cook, Robert L., "Shade Trees," *Computer Graphics (SIGGRAPH '84 Proceedings)*, vol. 18, no. 3, pp. 223–231, July 1984. Cited on p. 32, 33, 660

[313] Cook, Robert L., "Stochastic Sampling in Computer Graphics," *ACM Transactions on Graphics*, vol. 5, no. 1, pp. 51–72, Jan. 1986. Cited on p. 220

[314] Cook, Robert L., Loren Carpenter, and Edwin Catmull, "The Reyes Image Rendering Architecture," *Computer Graphics (SIGGRAPH '87 Proceedings)*, vol. 21, no. 4, pp. 95–102, July 1987. Cited on p. 22, 668, 786

[315] Cook, Robert L., and Tony DeRose, "Wavelet Noise," *ACM Transactions on Graphics (SIGGRAPH 2005)*, vol. 24, no. 3, pp. 803–811, 2005. Cited on p. 176

[316] Coombes, David, "DX12 Do's and Don'ts, Updated!" *NVIDIA GameWorks* blog, Nov. 12, 2015. Cited on p. 703

[317] Cormen, T. H., C. E. Leiserson, R. Rivest, and C. Stein, *Introduction to Algorithms*, Third Edition, MIT Press, 2009. Cited on p. 707, 715, 721

[318] Courrèges, Adrian, "*GTA V*—Graphics Study," *Adrian Courrèges* blog, Nov. 2, 2015. Cited on p. 453, 462, 779, 791

[319] Courrèges, Adrian, "*DOOM* (2016)—Graphics Study," *Adrian Courrèges* blog, Sept. 9, 2016. Cited on p. 217, 462, 467, 543, 779, 791

[320] Courrèges, Adrian, "Beware of Transparent Pixels," *Adrian Courrèges* blog, May 9, 2017. Cited on p. 141, 183

[321] Cox, Michael, and Pat Hanrahan, "Pixel Merging for Object-Parallel Rendering: A Distributed Snooping Algorithm," in *Proceedings of the 1993 Symposium on Parallel Rendering*, ACM, pp. 49–56, Nov. 1993. Cited on p. 692

[322] Cox, Michael, David Sprague, John Danskin, Rich Ehlers, Brian Hook, Bill Lorensen, and Gary Tarolli, *SIGGRAPH Developing High-Performance Graphics Applications for the PC Platform course*, July 1998. Cited on p. 923

[323] Cozzi, Patrick, "Picking Using the Depth Buffer," *AGI Blog*, Mar. 5, 2008. Cited on p. 819

[324] Cozzi, Patrick, and Kevin Ring, *3D Engine Design for Virtual Globes*, A K Peters/CRC Press, 2011. Cited on p. 575, 616, 753, 759

[325] Cozzi, P., and D. Bagnell, "A WebGL Globe Rendering Pipeline," in Wolfgang Engel, ed., *GPU Pro⁴*, CRC Press, pp. 39–48, 2013. Cited on p. 753, 756

[326] Cozzi, Patrick, ed., *WebGL Insights*, CRC Press, 2015. Cited on p. 114, 981

[327] Cozzi, Patrick, "Cesium 3D Tiles," *GitHub* repository, 2017. Cited on p. 713

[328] Crane, Keenan, Ignacio Llamas, and Sarah Tariq, "Real-Time Simulation and Rendering of 3D Fluids," in Hubert Nguyen, ed., *GPU Gems 3*, Addison-Wesley, pp. 633–675, 2007. Cited on p. 525, 526, 560

[329] Crassin, Cyril, *GigaVoxels: A Voxel-Based Rendering Pipeline For Efficient Exploration Of Large And Detailed Scenes*, PhD thesis, University of Grenoble, July 2011. Cited on p. 426, 501, 505

[330] Crassin, Cyril, Fabrice Neyret, Miguel Sainz, Simon Green, and Elmar Eisemann, "Interactive Indirect Illumination Using Voxel Cone Tracing," *Computer Graphics Forum*, vol. 30, no. 7, pp. 1921–1930, 2011. Cited on p. 392, 403

[331] Crassin, Cyril, and Simon Green, "Octree-Based Sparse Voxelization Using the GPU Hardware Rasterizer," in Patrick Cozzi & Christophe Riccio, eds., *OpenGL Insights*, CRC Press, pp. 303–319, 2012. Cited on p. 503

[332] Crassin, Cyril, "Octree-Based Sparse Voxelization for Real-Time Global Illumination," *NVIDIA GPU Technology Conference*, Feb. 2012. Cited on p. 434, 503

[333] Crassin, Cyril, "Dynamic Sparse Voxel Octrees for Next-Gen Real-Time Rendering," *SIGGRAPH Beyond Programmable Shading course*, Aug. 2012. Cited on p. 501, 505

[334] Crassin, Cyril, Morgan McGuire, Kayvon Fatahalian, and Aaron Lefohn, "Aggregate G-Buffer Anti-Aliasing," *IEEE Transactions on Visualization and Computer Graphics*, vol. 22, no. 10, pp. 2215–2228, Oct. 2016. Cited on p. 767

[335] Cripe, Brian, and Thomas Gaskins, "The DirectModel Toolkit: Meeting the 3D Graphics Needs of Technical Applications," *Hewlett-Packard Journal*, pp. 19–27, May 1998. Cited on p. 706

[336] Crow, Franklin C., "Shadow Algorithms for Computer Graphics," *Computer Graphics (SIGGRAPH '77 Proceedings)*, vol. 11, no. 2, pp. 242–248, July 1977. Cited on p. 203

[337] Crow, Franklin C., "Summed-Area Tables for Texture Mapping," *Computer Graphics (SIGGRAPH '84 Proceedings)*, vol. 18, no. 3, pp. 207–212, July 1984. Cited on p. 164

[338] Culler, David E., and Jaswinder Pal Singh, with Anoop Gupta, *Parallel Computer Architecture: A Hardware/Software Approach*, Morgan Kaufmann, 1998. Cited on p. 699

[339] Cunningham, Steve, "3D Viewing and Rotation Using Orthonormal Bases," in Andrew S. Glassner, ed., *Graphics Gems*, Academic Press, pp. 516–521, 1990. Cited on p. 66

[340] Cupisz, Kuba, and Kasper Engelstoft, "Lighting in Unity," *Game Developers Conference*, Mar. 2015. Cited on p. 410, 415, 438

[341] Cupisz, Robert, "Light Probe Interpolation Using Tetrahedral Tessellations," *Game Developers Conference*, Mar. 2012. Cited on p. 422

[342] Curtis, Cassidy, "Loose and Sketchy Animation," in *ACM SIGGRAPH '98 Electronic Art and Animation Catalog*, ACM, p. 145, July 1998. Cited on p. 578

[343] Cychosz, J. M., and W. N. Waggenspack, Jr., "Intersecting a Ray with a Cylinder," in Paul S. Heckbert, ed., *Graphics Gems IV*, Academic Press, pp. 356–365, 1994. Cited on p. 832

[344] Cyrus, M., and J. Beck, "Generalized Two- and Three-Dimensional Clipping," *Computers and Graphics*, vol. 3, pp. 23–28, 1978. Cited on p. 832

[345] Dachsbacher, Carsten, and Marc Stamminger, "Translucent Shadow Maps," in *Proceedings of the 14th Eurographics Workshop on Rendering*, Eurographics Association, pp. 197–201, June 2003. Cited on p. 550, 551, 552

[346] Dachsbacher, Carsten, and Marc Stamminger, "Reflective Shadow Maps," in *Proceedings of the 2005 Symposium on Interactive 3D Graphics and Games*, ACM, pp. 203–231, 2005. Cited on p. 423

[347] Dachsbacher, Carsten, and Marc Stamminger, "Splatting of Indirect Illumination," in *Proceedings of the 2006 Symposium on Interactive 3D Graphics and Games*, ACM, pp. 93–100, 2006. Cited on p. 423

[348] Dachsbacher, C., and N. Tatarchuk, "Prism Parallax Occlusion Mapping with Accurate Silhouette Generation," *Symposium on Interactive 3D Graphics and Games poster*, Apr.–May 2007. Cited on p. 194

[349] Dallaire, Chris, "Binary Triangle Trees for Terrain Tile Index Buffer Generation," *Gamasutra*, Dec. 21, 2006. Cited on p. 756

[350] Dam, Erik B., Martin Koch, and Martin Lillholm, "Quaternions, Interpolation and Animation," Technical Report DIKU-TR-98/5, Department of Computer Science, University of Copenhagen, July 1998. Cited on p. 71

[351] Dammertz, Holger, Johannes Hanika, and Alexander Keller, "Shallow Bounding Volume Hierarchies for Fast SIMD Ray Tracing of Incoherent Rays," *Computer Graphics Forum*, vol. 27, no. 4, pp. 1225–1233, 2008. Cited on p. 962

[352] Dammertz, Holger, Daniel Sewtz, Johannes Hanika, and Hendrik Lensch, "Edge-Avoiding À-Trous Wavelet Transform for fast Global Illumination Filtering," *High Performance Graphics*, pp. 67–75, 2010. Cited on p. 965

[353] Davies, Jem, "The Bifrost GPU Architecture and the ARM Mali-G71 GPU," *Hot Chips*, Aug. 2016. Cited on p. 925, 926

[354] Davies, Leigh, "OIT to Volumetric Shadow Mapping, 101 Uses for Raster-Ordered Views Using DirectX 12," *Intel Developer Zone* blog, Mar. 5, 2015. Cited on p. 46, 124, 138

[355] Davies, Leigh, "Rasterizer Order Views 101: A Primer," *Intel Developer Zone* blog, Aug. 5, 2015. Cited on p. 46, 138

[356] Day, Mike, "CSM Scrolling: An Acceleration Technique for the Rendering of Cascaded Shadow Maps," presented by Mike Acton, *SIGGRAPH Advances in Real-Time Rendering in Games course*, Aug. 2012. Cited on p. 217

[357] Day, Mike, "An Efficient and User-Friendly Tone Mapping Operator," *Insomniac R&D Blog*, Sept. 18, 2012. Cited on p. 252

[358] De Smedt, Matthijs, "PC GPU Performance Hot Spots," *NVIDIA GameWorks* blog, Aug. 10, 2016. Cited on p. 681, 684, 686, 703

[359] Debevec, Paul E., "Rendering Synthetic Objects into Real Scenes: Bridging Traditional and Image-Based Graphics with Global Illumination and High Dynamic Range Photography," in *SIGGRAPH '98: Proceedings of the 25th Annual Conference on Computer Graphics and Interactive Techniques*, ACM, pp. 189–198, July 1998. Cited on p. 350

[360] Debevec, Paul, Rod Bogart, Frank Vitz, and Greg Ward, *SIGGRAPH HDRI and Image-Based Lighting course*, July 2003. Cited on p. 375

[361] DeBry, David (grue), Jonathan Gibbs, Devorah DeLeon Petty, and Nate Robins, "Painting and Rendering Textures on Unparameterized Models," *ACM Transactions on Graphics (SIGGRAPH 2002)*, vol. 21, no. 3, pp. 763–768, July 2002. Cited on p. 167

[362] DeCarlo, Doug, Adam Finkelstein, and Szymon Rusinkiewicz, "Interactive Rendering of Suggestive Contours with Temporal Coherence," in *Proceedings of the 3rd International Symposium on Non-Photorealistic Animation and Rendering*, ACM, pp. 15–24, June 2004. Cited on p. 565

[363] Decaudin, Philippe, "Cartoon-Looking Rendering of 3D-Scenes," Technical Report INRIA 2919, Université de Technologie de Compiègne, France, June 1996. Cited on p. 569, 571

[364] Decaudin, Philippe, and Fabrice Neyret, "Volumetric Billboards," *Computer Graphics Forum*, vol. 28, no. 8, pp. 2079–2089, 2009. Cited on p. 487

[365] Décoret, Xavier, Frédo Durand, François Sillion, and Julie Dorsey, "Billboard Clouds for Extreme Model Simplification," *ACM Transactions on Graphics (SIGGRAPH 2003)*, vol. 22, no. 3, pp. 689–696, 2003. Cited on p. 486

[366] Deering, M., S. Winnder, B. Schediwy, C. Duff, and N. Hunt, "The Triangle Processor and Normal Vector Shader: A VLSI System for High Performance Graphics," *Computer Graphics (SIGGRAPH '88 Proceedings)*, vol. 22, no. 4, pp. 21–30, Aug. 1988. Cited on p. 763

参考文献   999

[367] Deering, Michael, "Geometry Compression," in *SIGGRAPH '95: Proceedings of the 22nd Annual Conference on Computer Graphics and Interactive Techniques*, ACM, pp. 13–20, Aug. 1995. Cited on p. 603

[368] Delalandre, Cyril, Pascal Gautron, Jean-Eudes Marvie, and Guillaume François, "Transmittance Function Mapping," *Symposium on Interactive 3D Graphics and Games*, 2011. Cited on p. 494, 529, 535

[369] Delva, Michael, Julien Hamaide, and Ramses Ladlani, "Semantic Based Shader Generation Using Shader Shaker," in Wolfgang Engel, ed., *GPU Pro^6*, CRC Press, pp. 505–520, 2015. Cited on p. 113

[370] Demers, Joe, "Depth of Field: A Survey of Techniques," in Randima Fernando, ed., *GPU Gems*, Addison-Wesley, pp. 375–390, 2004. Cited on p. 458, 459

[371] Demoreuille, Pete, "Optimizing the Unreal Engine 4 Renderer for VR," *Oculus Developer Blog*, May 25, 2016. Cited on p. 778, 809, 810

[372] d'Eon, Eugene, and David Luebke, "Advanced Techniques for Realistic Real-Time Skin Rendering," in Hubert Nguyen, ed., *GPU Gems 3*, Addison-Wesley, pp. 293–347, 2007. Cited on p. 548, 549, 552

[373] d'Eon, Eugene, Guillaume François, Martin Hill, Joe Letteri, and Jean-Mary Aubry, "An Energy-Conserving Hair Reflectance Model," *Computer Graphics Forum*, vol. 30, no. 4, pp. 1467–8659, 2011. Cited on p. 553, 555

[374] DeRose, T., M. Kass, and T. Truong, "Subdivision Surfaces in Character Animation," in *SIGGRAPH '98: Proceedings of the 25th Annual Conference on Computer Graphics and Interactive Techniques*, ACM, pp. 85–94, July 1998. Cited on p. 657, 660, 662, 670

[375] Deshmukh, Priyamvad, Feng Xie, and Eric Tabellion, "DreamWorks Fabric Shading Model: From Artist Friendly to Physically Plausible," in *ACM SIGGRAPH 2017 Talks*, article no. 38, July 2017. Cited on p. 311

[376] Deshpande, Adit, "The 9 Deep Learning Papers You Need To Know About," *Adit Deshpande* blog, Aug. 24, 2016. Cited on p. 977

[377] Di Donato, Daniele, "Implementing a GPU-Only Particles Collision System with ASTC 3D Textures and OpenGL ES 3.0," in Wolfgang Engel, ed., *GPU Pro^6*, CRC Press, pp. 369–385, 2015. Cited on p. 895

[378] Didyk, P., T. Ritschel, E. Eisemann, K. Myszkowski, and H.-P. Seidel, "Adaptive Image-Space Stereo View Synthesis," in *Proceedings of the Vision, Modeling, and Visualization Workshop 2010*, Eurographics Association, pp. 299–306, 2010. Cited on p. 452

[379] Didyk, P., E. Eisemann, T. Ritschel, K. Myszkowski, and H.-P. Seidel, "Perceptually-Motivated Real-Time Temporal Upsampling of 3D Content for High-Refresh-Rate Displays," *Computer Graphics Forum*, vol. 29, no. 2, pp. 713–722, 2011. Cited on p. 452

[380] Dietrich, Andreas, Enrico Gobbetti, and Sung-Eui Yoon, "Massive-Model Rendering Techniques," *IEEE Computer Graphics and Applications*, vol. 27, no. 6, pp. 20–34, Nov./Dec. 2007. Cited on p. 507, 759

[381] Dietrich, Sim, "Attenuation Maps," in Mark DeLoura, ed., *Game Programming Gems*, Charles River Media, pp. 543–548, 2000. Cited on p. 195

[382] Dimitrijević, Aleksandar, "Performance State Tracking," in Patrick Cozzi & Christophe Riccio, eds., *OpenGL Insights*, CRC Press, pp. 527–534, 2012. Cited on p. 681

[383] Dimov, Rossen, "Deriving the Smith Shadowing Function for the GTR BRDF," Chaos Group White Paper, June 2015. Cited on p. 298

[384] Ding, Vivian, "In-Game and Cinematic Lighting of *The Last of Us*," *Game Developers Conference*, Mar. 2014. Cited on p. 202

[385] Dingliana, John, and Carol O'Sullivan, "Graceful Degradation of Collision Handling in Physically Based Animation," *Computer Graphics Forum*, vol. 19, no. 3, pp. 239–247, 2000. Cited on p. 893, 894

[386] Dingliana, John, and Carol O'Sullivan, "Collisions and Adaptive Level of Detail," *Visual Proceedings (SIGGRAPH 2001)*, p. 156, Aug. 2001. Cited on p. 890

[387] Dmitriev, Kirill, and Yury Uralsky, "Soft Shadows Using Hierarchical Min-Max Shadow Maps," *Game Developers Conference*, Mar. 2007. Cited on p. 222

[388] Dobashi, Yoshinori, Kazufumi Kaneda, Hideo Yamashita, Tsuyoshi Okita, and Tomoyuki Nishita, "A Simple, Efficient Method for Realistic Animation of Clouds," in *SIGGRAPH '00: Proceedings of the 27th Annual Conference on Computer Graphics and Interactive Techniques*, ACM Press/Addison-Wesley Publishing Co., pp. 19–28, July 2000. Cited on p. 479

[389] Dobashi, Yoshinori, Tsuyoshi Yamamoto, and Tomoyuki Nishita, "Interactive Rendering of Atmospheric Scattering Effects Using Graphics Hardware," in *Graphics Hardware 2002*, Eurographics Association, pp. 99–107, Sept. 2002. Cited on p. 521

[390] Dobbie, Will, "GPU Text Rendering with Vector Textures," *Will Dobbie* blog, Jan. 21, 2016.

Cited on p. 584

[391] Dobbyn, Simon, John Hamill, Keith O'Conor, and Carol O'Sullivan, "Geopostors: A Real-Time Geometry/Impostor Crowd Rendering System," in *Proceedings of the 2005 Symposium on Interactive 3D Graphics and Games*, ACM, pp. 95–102, Apr. 2005. Cited on p. 476

[392] Doggett, M., "Texture Caches," *IEEE Micro*, vol. 32, no. 3, pp. 136–141, 2005. Cited on p. 919

[393] Doghramachi, Hawar, and Jean-Normand Bucci, "Deferred+: Next-Gen Culling and Rendering for the Dawn Engine," in Wolfgang Engel, ed., *GPU Zen*, Black Cat Publishing, pp. 77–103, 2017. Cited on p. 617, 733, 785

[394] Dolby Laboratories Inc., "ICtCp Dolby White Paper," Dolby website. Cited on p. 243, 252

[395] Dominé, Sébastien, "OpenGL Multisample," *Game Developers Conference*, Mar. 2002. Cited on p. 128

[396] Dong, Zhao, Bruce Walter, Steve Marschner, and Donald P. Greenberg, "Predicting Appearance from Measured Microgeometry of Metal Surfaces," *ACM Transactions on Graphics*, vol. 35, no. 1, article no. 9, 2015. Cited on p. 313

[397] Donnelly, William, "Per-Pixel Displacement Mapping with Distance Functions," in Matt Pharr, ed., *GPU Gems 2*, Addison-Wesley, pp. 123–136, 2005. Cited on p. 193

[398] Donnelly, William, and Andrew Lauritzen, "Variance Shadow Maps," in *Proceedings of the 2006 Symposium on Interactive 3D Graphics*, ACM, pp. 161–165, 2006. Cited on p. 223

[399] Donner, Craig, and Henrik Wann Jensen, "Light Diffusion in Multi-Layered Translucent Materials," *ACM Transactions on Graphics (SIGGRAPH 2005)*, vol. 24, no. 3, pp. 1032–1039, 2005. Cited on p. 548

[400] Doo, D., and M. Sabin, "Behaviour of Recursive Division Surfaces Near Extraordinary Points," *Computer-Aided Design*, vol. 10, no. 6, pp. 356–360, Sept. 1978. Cited on p. 657

[401] Dorn, Jonathan, Connelly Barnes, Jason Lawrence, and Westley Weimer, "Towards Automatic Band-Limited Procedural Shaders," *Computer Graphics Forum (Pacific Graphics 2015)*, vol. 34, no. 7, pp. 77–87, 2015. Cited on p. 176

[402] Doss, Joshua A., "Art-Based Rendering with Graftal Imposters," in Mark DeLoura, ed., *Game Programming Gems 7*, Charles River Media, pp. 447–454, 2008. Cited on p. 579

[403] Dou, Hang, Yajie Yan, Ethan Kerzner, Zeng Dai, and Chris Wyman, "Adaptive Depth Bias for Shadow Maps," *Journal of Computer Graphics Techniques*, vol. 3, no. 4, pp. 146–162, 2014. Cited on p. 220

[404] Dougan, Carl, "The Parallel Transport Frame," in Mark DeLoura, ed., *Game Programming Gems 2*, Charles River Media, pp. 215–219, 2001. Cited on p. 89

[405] Drago, F., K. Myszkowski, T. Annen, and N. Chiba, "Adaptive Logarithmic Mapping for Displaying High Contrast Scenes," *Computer Graphics Forum*, vol. 22, no. 3, pp. 419–426, 2003. Cited on p. 252

[406] Driscoll, Rory, "Cubemap Texel Solid Angle," *CODEITNOW* blog, Jan. 15, 2012. Cited on p. 361

[407] Drobot, Michal, "Quadtree Displacement Mapping with Height Blending," in Wolfgang Engel, ed., *GPU Pro*, A K Peters, Ltd., pp. 117–148, 2010. Cited on p. 194

[408] Drobot, Michał, "A Spatial and Temporal Coherence Framework for Real-Time Graphics," in Eric Lengyel, ed., *Game Engine Gems 2*, A K Peters, Ltd., pp. 97–118, 2011. Cited on p. 448

[409] Drobot, Michal, "Lighting of *Killzone: Shadow Fall*," *Digital Dragons* conference, Apr. 2013. Cited on p. 101

[410] Drobot, Michal, "Physically Based Area Lights," in Wolfgang Engel, ed., *GPU Pro⁵*, CRC Press, pp. 67–100, 2014. Cited on p. 101, 335

[411] Drobot, Michal, "GCN Execution Patterns in Full Screen Passes," *Michal Drobot* blog, Apr. 1, 2014. Cited on p. 444

[412] Drobot, Michał, "Hybrid Reconstruction Anti Aliasing," *SIGGRAPH Advances in Real-Time Rendering in Games course*, Aug. 2014. Cited on p. 125, 128, 146

[413] Drobot, Michał, "Hybrid Reconstruction Antialiasing," in Wolfgang Engel, ed., *GPU Pro⁶*, CRC Press, pp. 101–139, 2015. Cited on p. 125, 128, 146

[414] Drobot, Michal, "Rendering of *Call of Duty Infinite Warfare*," *Digital Dragons* conference, May 2017. Cited on p. 232, 283, 321, 362, 432, 434, 438, 492

[415] Drobot, Michał, "Improved Culling for Tiled and Clustered Rendering," *SIGGRAPH Advances in Real-Time Rendering in Games course*, Aug. 2017. Cited on p. 780, 782

[416] Drobot, Michał, "Practical Multilayered Materials in *Call of Duty Infinite Warfare*," *SIGGRAPH Physically Based Shading in Theory and Practice course*, Aug. 2017. Cited on p. 133, 314, 316, 538, 539, 543

[417] Duff, Tom, "Compositing 3-D Rendered Images," *Computer Graphics (SIGGRAPH '85 Proceedings)*, vol. 19, no. 3, pp. 41–44, July 1985. Cited on p. 132

[418] Duff, Tom, James Burgess, Per Christensen, Christophe Hery, Andrew Kensler, Max Liani, and Ryusuke Villemin, "Building an Orthonormal Basis, Revisited," *Journal of Computer Graphics*

Techniques, vol. 6, no. 1, pp. 1–8, 2017. Cited on p. 66

[419] Duffy, Joe, "CLR Inside Out," *MSDN Magazine*, vol. 21, no. 10, Sept. 2006. Cited on p. 682

[420] Dufresne, Marc Fauconneau, "Forward Clustered Shading," *Intel Software Developer Zone*, Aug. 5, 2014. Cited on p. 778, 791

[421] Duiker, Haarm-Pieter, and George Borshukov, "Filmic Tone Mapping," Presentation at Electronic Arts, Oct. 27, 2006. Cited on p. 252

[422] Duiker, Haarm-Pieter, "Filmic Tonemapping for Real-Time Rendering," *SIGGRAPH Color Enhancement and Rendering in Film and Game Production course*, July 2010. Cited on p. 252, 253, 254, 255

[423] Dummer, Jonathan, "Cone Step Mapping: An Iterative Ray-Heightfield Intersection Algorithm," *lonesock* website, 2006. Cited on p. 194

[424] Dunn, Alex, "Transparency (or Translucency) Rendering," *NVIDIA GameWorks* blog, Oct. 20, 2014. Cited on p. 136, 139, 141, 180, 492

[425] Dupuy, Jonathan, Eric Heitz, Jean-Claude Iehl, Pierre Poulin, Fabrice Neyret, and Victor Ostromoukhov, "Linear Efficient Antialiased Displacement and Reflectance Mapping," *ACM Transactions on Graphics*, vol. 32, no. 6, pp. 211:1–211:11, Nov. 2013. Cited on p. 321

[426] Dupuy, Jonathan, "Antialiasing Physically Based Shading with LEADR Mapping," *SIGGRAPH Physically Based Shading in Theory and Practice course*, Aug. 2014. Cited on p. 321

[427] Dupuy, Jonathan, Eric Heitz, and Eugene d'Eon, "Additional Progress Towards the Unification of Microfacet and Microflake Theories," in *Proceedings of the Eurographics Symposium on Rendering: Experimental Ideas & Implementations*, Eurographics Association, pp. 55–63, 2016. Cited on p. 307, 560

[428] Durand, Frédo, *3D Visibility: Analytical Study and Applications*, PhD thesis, Université Joseph Fourier, Grenoble, July 1999. Cited on p. 759

[429] Durand, Frédo, Nicolas Holzschuch, Cyril Soler, Eric Chan, and François X. Sillion, "A Frequency Analysis of Light Transport," *ACM Transactions on Graphics*, vol. 24, no. 3, pp. 1115–1126, 2005. Cited on p. 967

[430] Dutré, Philip, *Global Illumination Compendium*, webpage, Sept. 29, 2003. Cited on p. 323, 382, 441

[431] Dutré, Philip, Kavita Bala, and Philippe Bekaert, *Advanced Global Illumination*, Second Edition, A K Peters, Ltd., 2006. Cited on p. 237, 381, 441, 589

[432] Dyken, C., M. Reimers, and J. Seland, "Real-Time GPU Silhouette Refinement Using Adaptively Blended Bézier Patches," *Computer Graphics Forum*, vol. 27, no. 1, pp. 1–12, 2008. Cited on p. 645

[433] Dyn, Nira, David Levin, and John A. Gregory, "A 4-Point Interpolatory Subdivision Scheme for Curve Design," *Computer Aided Geometric Design*, vol. 4, no. 4, pp. 257–268, 1987. Cited on p. 651

[434] Eberly, David, "Testing for Intersection of Convex Objects: The Method of Separating Axes," Technical Report, Magic Software, 2001. Cited on p. 864

[435] Eberly, David, "Triangulation by Ear Clipping," *Geometric Tools* website, 2003. Cited on p. 591

[436] Eberly, David, *Game Physics*, Morgan Kaufmann, 2003. Cited on p. 896

[437] Eberly, David, *3D Game Engine Design: A Practical Approach to Real-Time Computer Graphics*, Second Edition, Morgan Kaufmann, 2006. Cited on p. 72, 666, 716, 824, 826, 832, 847, 859, 864

[438] Eberly, David, "Reconstructing a Height Field from a Normal Map," *Geometric Tools* blog, May 3, 2006. Cited on p. 189

[439] Eberly, David, "A Fast and Accurate Algorithm for Computing SLERP," *Journal of Graphics, GPU, and Game Tools*, vol. 15, no. 3, pp. 161–176, 2011. Cited on p. 72

[440] Ebert, David S., John Hart, Bill Mark, F. Kenton Musgrave, Darwyn Peachey, Ken Perlin, and Steven Worley, *Texturing and Modeling: A Procedural Approach*, Third Edition, Morgan Kaufmann, 2002. Cited on p. 175, 176, 196, 580

[441] Eccles, Allen, "The Diamond Monster 3Dfx Voodoo 1," *GameSpy Hall of Fame*, 2000. Cited on p. 1

[442] Ehmann, Stephen A., and Ming C. Lin, "Accelerated Proximity Queries Between Convex Polyhedra Using Multi-Level Voronoi Marching," in *IEEE/RSJ International Conference on Intelligent Robots and Systems 2000*, IEEE Press, pp. 2101–2106, 2000. Cited on p. 883

[443] Ehmann, Stephen A., and Ming C. Lin, "Accurate and Fast Proximity Queries Between Polyhedra Using Convex Surface Decomposition," *Computer Graphics Forum*, vol. 20, no. 3, pp. 500–510, 2001. Cited on p. 883

[444] Eisemann, Martin, and Xavier Décoret, "Fast Scene Voxelization and Applications," in *ACM SIGGRAPH 2006 Sketches*, ACM, article no. 8, 2006. Cited on p. 502, 507

[445] Eisemann, Martin, Marcus Magnor, Thorsten Grosch, and Stefan Müller, "Fast Ray/Axis-Aligned Bounding Box Overlap Tests Using Ray Slopes," *journal of graphics tools*, vol. 12, no. 4, pp. 35–46,

2007. Cited on p. 834

[446] Eisemann, Martin, and Xavier Décoret, "Occlusion Textures for Plausible Soft Shadows," *Computer Graphics Forum*, vol. 27, no. 1, pp. 13–23, 2008. Cited on p. 203

[447] Eisemann, Martin, Michael Schwarz, Ulf Assarsson, and Michael Wimmer, *Real-Time Shadows*, A K Peters/CRC Press, 2011. Cited on p. 197, 214, 220, 223, 234

[448] Eisemann, Martin, Michael Schwarz, Ulf Assarsson, and Michael Wimmer, *SIGGRAPH Efficient Real-Time Shadows course*, Aug. 2012. Cited on p. 234

[449] Eisenacher, Christian, Gregory Nichols, Andrew Selle, Brent Burley, "Sorted Deferred Shading for Production Path Tracing," *Computer Graphics Forum*, vol. 32, no. 4, pp. 125–132, 2013. Cited on p. 963

[450] El Garawany, Ramy, "Deferred Lighting in *Uncharted 4*," *SIGGRAPH Advances in Real-Time Rendering in Games course*, July 2016. Cited on p. 407, 766, 777, 782

[451] El Mansouri, Jalal, "Rendering Tom Clancy's Rainbow Six Siege," *Game Developers Conference*, Mar. 2016. Cited on p. 129, 217, 222, 695, 734, 766

[452] Elcott, Sharif, Kay Chang, Masayoshi Miyamoto, and Napaporn Metaaphanon, "Rendering Techniques of *Final Fantasy XV*," in *ACM SIGGRAPH 2016 Talks*, ACM, article no. 48, July 2016. Cited on p. 535, 536

[453] Eldridge, Matthew, Homan Igehy, and Pat Hanrahan, "Pomegranate: A Fully Scalable Graphics Architecture," in *SIGGRAPH '00: Proceedings of the 27th Annual Conference on Computer Graphics and Interactive Techniques*, ACM Press/Addison-Wesley Publishing Co., pp. 443–454, July 2000. Cited on p. 921, 922, 923

[454] Eldridge, Matthew, *Designing Graphics Architectures around Scalability and Communication*, PhD thesis, Stanford University, June 2001. Cited on p. 921, 923, 924

[455] Elek, Oskar, "Rendering Parametrizable Planetary Atmospheres with Multiple Scattering in Real Time," *Central European Seminar on Computer Graphics*, 2009. Cited on p. 531

[456] Elek, Oskar, "Layered Materials in Real-Time Rendering," in *Proceedings of the 14th Central European Seminar on Computer Graphics*, Vienna University of Technology, pp. 27–34, May 2010. Cited on p. 316

[457] Elinas, Pantelis, and Wolfgang Stuerzlinger, "Real-Time Rendering of 3D Clouds," *journal of graphics tools*, vol. 5, no. 4, pp. 33–45, 2000. Cited on p. 481

[458] van Emde Boas, P., R. Kaas, and E. Zijlstra, "Design and Implementation of an Efficient Priority Queue," *Mathematical Systems Theory*, vol. 10, no. 1, pp. 99–127, 1977. Cited on p. 714

[459] Enderton, Eric, Erik Sintorn, Peter Shirley, and David Luebke, "Stochastic Transparency," *IEEE Transactions on Visualization and Computer Graphics*, vol. 17, no. 8, pp. 1036–1047, 2011. Cited on p. 131, 182

[460] Endres, Michael, and Frank Kitson, "Perfecting The Pixel: Refining the Art of Visual Styling," *Game Developers Conference*, Mar. 2010. Cited on p. 254

[461] Eng, Austin, "Tighter Frustum Culling and Why You May Want to Disregard It," *Cesium* blog, Feb. 2, 2017. Cited on p. 856

[462] Engel, Wolfgang, ed., *Direct3D ShaderX: Vertex & Pixel Shader Tips and Techniques*, Wordware, 2002. Cited on p. xvii

[463] Engel, Wolfgang, ed., *ShaderX²: Introduction & Tutorials with DirectX 9*, Wordware, 2004. Cited on p. xv

[464] Engel, Wolfgang, ed., *ShaderX²: Shader Programming Tips & Tricks with DirectX 9*, Wordware, 2004. Cited on p. xv

[465] Engel, Wolfgang, ed., *ShaderX³*, Charles River Media, 2004. Cited on p. 1061

[466] Engel, Wolfgang, "Cascaded Shadow Maps," in Wolfgang Engel, ed., *ShaderX⁵*, Charles River Media, pp. 197–206, 2006. Cited on p. 213, 214, 215

[467] Engel, Wolfgang, "Designing a Renderer for Multiple Lights: The Light Pre-Pass Renderer," in Wolfgang Engel, ed., *ShaderX⁷*, Charles River Media, pp. 655–666, 2009. Cited on p. 770

[468] Engel, Wolfgang, "Light Pre-Pass; Deferred Lighting: Latest Development," *SIGGRAPH Advances in Real-Time Rendering in Games course*, Aug. 2009. Cited on p. 770, 779

[469] Engel, Wolfgang, "The Filtered and Culled Visibility Buffer," *Game Developers Conference Europe*, Aug. 2016. Cited on p. 719, 735, 785

[470] Engelhardt, Thomas, and Carsten Dachsbacher, "Octahedron Environment Maps," in *Proceedings of the Vision, Modeling, and Visualization Conference 2008*, Aka GmbH, pp. 383–388 Oct. 2008. Cited on p. 356

[471] Ericson, Christer, *Real-Time Collision Detection*, Morgan Kaufmann, 2005. Cited on p. 713, 714, 759, 821, 823, 824, 829, 847, 848, 849, 859, 864, 871, 872, 895

[472] Ericson, Christer, "Collisions Using Separating-Axis Tests," *Game Developers Conference*, Mar. 2007. Cited on p. 850, 851

[473] Ericson, Christer, "More Capcom/CEDEC Bean-Spilling," *realtimecollisiondetection.net—the*

参考文献   1003

blog, Oct. 1, 2007. Cited on p. 464

[474] Ericson, Christer, "Order Your Graphics Draw Calls Around!" *realtimecollisiondetection.net—the blog*, Oct. 3, 2008. Cited on p. 693

[475] Ericson, Christer, "Optimizing the Rendering of a Particle System," *realtimecollision detection.net—the blog*, Jan. 2, 2009. Cited on p. 479, 491

[476] Ericson, Christer, "Optimizing a Sphere-Triangle Intersection Test," *realtimecollision detection.net—the blog*, Dec. 30, 2010. Cited on p. 845

[477] Eriksson, Carl, Dinesh Manocha, and William V. Baxter III, "HLODs for Faster Display of Large Static and Dynamic Environments," in *Proceedings of the 2001 Symposium on Interactive 3D Graphics*, ACM, pp. 111–120, 2001. Cited on p. 748

[478] Erleben, Kenny, Jon Sporring, Knud Henriksen, and Henrik Dohlmann, *Physics Based Animation*, Charles River Media, 2005. Cited on p. 896

[479] Ernst, Manfred, and Gunther Greiner, "Multi Bounding Volume Hierarchies," *2008 IEEE Symposium on Interactive Ray Tracing*, 2008. Cited on p. 962

[480] Estevez, Alejandro Conty, and Christopher Kulla, "Production Friendly Microfacet Sheen BRDF," Technical Report, Sony Imageworks, 2017. Cited on p. 311

[481] Etuaho, Olli, "Bug-Free and Fast Mobile WebGL," in Patrick Cozzi, ed., *WebGL Insights*, CRC Press, pp. 123–137, 2015. Cited on p. 605, 687, 693, 695, 703

[482] Evans, Alex, "Fast Approximations for Global Illumination on Dynamic Scenes," *SIGGRAPH Advanced Real-Time Rendering in 3D Graphics and Games course*, Aug. 2006. Cited on p. 392, 420

[483] Evans, Alex, and Anton Kirczenow, "Voxels in *LittleBigPlanet 2*," *SIGGRAPH Advances in Real-Time Rendering in Games course*, Aug. 2011. Cited on p. 494

[484] Evans, Alex, "Learning from Failure: A Survey of Promising, Unconventional and Mostly Abandoned Renderers for 'Dreams PS4', a Geometrically Dense, Painterly UGC Game," *SIGGRAPH Advances in Real-Time Rendering in Games course*, Aug. 2015. Cited on p. 499, 585

[485] Evans, Martin, "Drawing Stuff on Other Stuff with Deferred Screenspace Decals," *Blog 3.0*, Feb. 27, 2015. Cited on p. 768, 769

[486] Everitt, Cass, "One-Pass Silhouette Rendering with GeForce and GeForce2," NVIDIA White Paper, June 2000. Cited on p. 565

[487] Everitt, Cass, "Interactive Order-Independent Transparency," NVIDIA White Paper, May 2001. Cited on p. 136

[488] Everitt, Cass, and Mark Kilgard, "Practical and Robust Stenciled Shadow Volumes for Hardware-Accelerated Rendering," NVIDIA White Paper, Mar. 2002. Cited on p. 205

[489] Everitt, Cass, and John McDonald, "Beyond Porting," *Steam Dev Days*, Feb. 2014. Cited on p. 686, 695

[490] Everitt, Cass, Graham Sellers, John McDonald, and Tim Foley, "Approaching Zero Driver Overhead," *Game Developers Conference*, Mar. 2014. Cited on p. 169

[491] Everitt, Cass, "Multiview Rendering," *SIGGRAPH Moving Mobile Graphics course*, July 2016. Cited on p. 803, 804

[492] Ewins, Jon P., Marcus D. Waller, Martin White, and Paul F. Lister, "MIP-Map Level Selection for Texture Mapping," *IEEE Transactions on Visualization and Computer Graphics*, vol. 4, no. 4, pp. 317–329, Oct.–Dec. 1998. Cited on p. 163

[493] Eyles, J., S. Molnar, J. Poulton, T. Greer, A. Lastra, N. England, and L. Westover, "PixelFlow: The Realization," in *Proceedings of the ACM SIGGRAPH/EUROGRAPHICS Workshop on Graphics Hardware*, ACM, pp. 57–68, Aug. 1997. Cited on p. 922

[494] Fairchild, Mark D., *Color Appearance Models*, Third Edition, John Wiley & Sons, Inc., 2013. Cited on p. 241, 245, 255

[495] Farin, Gerald, "Triangular Bernstein-Bézier Patches," *Computer Aided Geometric Design*, vol. 3, no. 2, pp. 83–127, 1986. Cited on p. 643, 673

[496] Farin, Gerald, *Curves and Surfaces for Computer Aided Geometric Design—A Practical Guide*, Fifth Edition, Morgan-Kaufmann, 2002. Cited on p. 620, 622, 625, 626, 628, 632, 633, 637, 638, 640, 643, 646, 650, 652, 672, 673

[497] Farin, Gerald E., *NURBS: From Projective Geometry to Practical Use*, Second Edition, A K Peters, Ltd., 1999. Cited on p. 673

[498] Farin, Gerald, and Dianne Hansford, *The Essentials of CAGD*, A K Peters, Ltd., 2000. Cited on p. 672

[499] Farin, Gerald E., and Dianne Hansford, *Practical Linear Algebra: A Geometry Toolbox*, Third Edition, A K Peters/CRC Press, 2013. Cited on p. 89, 865

[500] Fascione, Luca, Johannes Hanika, Marcos Fajardo, Per Christensen, Brent Burley, and Brian Green, *SIGGRAPH Path Tracing in Production course*, July 2017. Cited on p. 942, 973

[501] Fascione, Luca, Johannes Hanika, Rob Pieké, Ryusuke Villemin, Christophe Hery, Manuel Gamito,

Luke Emrose, André Mazzone, *SIGGRAPH Path Tracing in Production course*, August 2018. Cited on p. 955, 963, 973

[502] Fatahalian, Kayvon, and Randy Bryant, *Parallel Computer Architecture and Programming course*, Carnegie Mellon University, Spring 2017. Cited on p. 26

[503] Fauconneau, M., "High-Quality, Fast DX11 Texture Compression with ISPC," *Game Developers Conference*, Mar. 2015. Cited on p. 175

[504] Fedkiw, Ronald, Jos Stam, and Henrik Wann Jensen, "Visual Simulation of Smoke," in *SIGGRAPH '01: Proceedings of the 27th Annual Conference on Computer Graphics and Interactive Techniques*, ACM, pp. 15–22, Aug. 2001. Cited on p. 560

[505] Fenney, Simon, "Texture Compression Using Low-Frequency Signal Modulation," in *Graphics Hardware 2003*, Eurographics Association, pp. 84–91, July 2003. Cited on p. 173

[506] Fernandes, António Ramires, and Bruno Oliveira, "GPU Tessellation: We Still Have a LOD of Terrain to Cover," in Patrick Cozzi & Christophe Riccio, eds., *OpenGL Insights*, CRC Press, pp. 145–161, 2012. Cited on p. 40, 758

[507] Fernando, Randima, "Percentage-Closer Soft Shadows," in *ACM SIGGRAPH 2005 Sketches*, ACM, article no. 35, Aug. 2005. Cited on p. 221

[508] Ferwerda, James, "Elements of Early Vision for Computer Graphics," *IEEE Computer Graphics and Applications*, vol. 21, no. 5, pp. 22–33, Sept./Oct. 2001. Cited on p. 245

[509] Feynman, Richard, Robert B. Leighton, and Matthew Sands, *The Feynman Lectures on Physics*, 1963. Available at *Feynman Lectures* website, 2006. Cited on p. 261, 323

[510] de Figueiredo, L. H., "Adaptive Sampling of Parametric Curves," in Alan Paeth, ed., *Graphics Gems V*, Academic Press, pp. 173–178, 1995. Cited on p. 666

[511] Filion, Dominic, and Rob McNaughton, "Starcraft II: Effects and Techniques," *SIGGRAPH Advances in Real-Time Rendering in 3D Graphics and Games course*, Aug. 2008. Cited on p. 227, 396, 764

[512] Fisher, F., and A. Woo, "R.E versus N.H Specular Highlights," in Paul S. Heckbert, ed., *Graphics Gems IV*, Academic Press, pp. 388–400, 1994. Cited on p. 363

[513] Fisher, S., and M. C. Lin, "Fast Penetration Depth Estimation for Elastic Bodies Using Deformed Distance Fields," in *International Conference on Intelligent Robots and Systems*, IEEE Press, pp. 330–336, 2001. Cited on p. 895

[514] Flavell, Andrew, "Run Time Mip-Map Filtering," *Game Developer*, vol. 5, no. 11, pp. 34–43, Nov. 1998. Cited on p. 163, 164

[515] Floater, Michael, Kai Hormann, and Géza Kós, "A General Construction of Barycentric Coordinates over Convex Polygons," *Advances in Computational Mathematics*, vol. 24, no. 1–4, pp. 311–331, Jan. 2006. Cited on p. 841

[516] Floater, M., "Triangular Bézier Surfaces," Technical Report, University of Oslo, Aug. 2011. Cited on p. 639

[517] Fog, Agner, "Optimizing Software in C++," *Software Optimization Resources*, 2007. Cited on p. 704

[518] Fogal, Thomas, Alexander Schiewe, and Jens Krüger, "An Analysis of Scalable GPU-Based Ray-Guided Volume Rendering," in *Proceedings of the IEEE Symposium on Large Data Analysis and Visualization (LDAV 13)*, IEEE Computer Society, pp. 43–51, 2013. Cited on p. 507

[519] Foley, Tim, and Jeremy Sugerman, "KD-Tree Acceleration Structures for a GPU Raytracer," *Proceedings of the ACM SIGGRAPH/EUROGRAPHICS Conference on Graphics Hardware*, pp. 15–22, 2005. Cited on p. 959

[520] Foley, Tim, "Introduction to Parallel Programming Models," *SIGGRAPH Beyond Programmable Shading course*, Aug. 2009. Cited on p. 704

[521] Fong, Julian, Magnus Wrenninge, Christopher Kulla, and Ralf Habel, *SIGGRAPH Production Volume Rendering course*, Aug. 2017. Cited on p. 509, 510, 511, 513, 560

[522] Forest, Vincent, Loic Barthe, and Mathias Paulin, "Real-Time Hierarchical Binary-Scene Voxelization," *journal of graphics, GPU, and game tools*, vol. 14, no. 3, pp. 21–34, 2011. Cited on p. 502

[523] Forsyth, Tom, "Comparison of VIPM Methods," in Mark DeLoura, ed., *Game Programming Gems 2*, Charles River Media, pp. 363–376, 2001. Cited on p. 610, 613, 742

[524] Forsyth, Tom, "Impostors: Adding Clutter," in Mark DeLoura, ed., *Game Programming Gems 2*, Charles River Media, pp. 488–496, 2001. Cited on p. 485, 486

[525] Forsyth, Tom, "Making Shadow Buffers Robust Using Multiple Dynamic Frustums," in Wolfgang Engel, ed., *ShaderX⁴*, Charles River Media, pp. 331–346, 2005. Cited on p. 214

[526] Forsyth, Tom, "Extremely Practical Shadows," *Game Developers Conference*, Mar. 2006. Cited on p. 208, 213

[527] Forsyth, Tom, "Linear-Speed Vertex Cache Optimisation," *TomF's Tech Blog*, Sept. 28, 2006. Cited on p. 604, 605, 607

参考文献 1005

[528] Forsyth, Tom, "Shadowbuffers," *Game Developers Conference*, Mar. 2007. Cited on p. 208, 214

[529] Forsyth, Tom, "The Trilight: A Simple General-Purpose Lighting Model for Games," *TomF's Tech Blog*, Mar. 22, 2007. Cited on p. 330, 372

[530] Forsyth, Tom, "Renderstate Change Costs," *TomF's Tech Blog*, Jan. 27, 2008. Cited on p. 686, 687, 693

[531] Forsyth, Tom, "VR, AR and Other Realities," *TomF's Tech Blog*, Sept. 16, 2012. Cited on p. 795

[532] Forsyth, Tom, "Premultiplied Alpha Part 2," *TomF's Tech Blog*, Mar. 18, 2015. Cited on p. 183

[533] Forsyth, Tom, "The sRGB Learning Curve," *TomF's Tech Blog*, Nov. 30, 2015. Cited on p. 142, 143, 144

[534] Fowles, Grant R., *Introduction to Modern Optics*, Second Edition, Holt, Reinhart, and Winston, 1975. Cited on p. 323

[535] Franklin, Dustin, "Hardware-Based Ambient Occlusion," in Wolfgang Engel, ed., *ShaderX⁴*, Charles River Media, pp. 91–100, 2005. Cited on p. 390

[536] Frey, Ivo Zoltan, "Spherical Skinning with Dual-Quaternions and QTangents," in *ACM SIG-GRAPH 2011 Talks*, article no. 11, Aug. 2011. Cited on p. 185, 617

[537] Frisken, Sarah, Ronald N. Perry, Alyn P. Rockwood, and Thouis R. Jones, "Adaptively Sampled Distance Fields: A General Representation of Shape for Computer Graphics," in *SIGGRAPH '00: Proceedings of the 27th Annual Conference on Computer Graphics and Interactive Techniques*, ACM Press/Addison-Wesley Publishing Co., pp. 249–254, July 2000. Cited on p. 583, 648

[538] Frisvad, Jeppe Revall, "Building an Orthonormal Basis from a 3D Unit Vector Without Normalization," *journal of graphics tools*, vol. 16, no. 3, pp. 151–159, 2012. Cited on p. 66

[539] Fry, Alex, "High Dynamic Range Color Grading and Display in Frostbite," *Game Developers Conference*, Feb.–Mar. 2017. Cited on p. 248, 252, 253, 255

[540] Frye, Stephen, Takahiro Harada, Young J. Kim, and Sung-eui Yoon, "Recent Advances in Real-Time Collision and Proximity Computations for Games and Simulations," *Eurographics Tutorials*, 2012. Cited on p. 884

[541] Frykholm, Niklas, "The BitSquid Low Level Animation System," *Autodesk Stingray* blog, Nov. 20, 2009. Cited on p. 617, 783

[542] Frykholm, Niklas, "What Is Gimbal Lock and Why Do We Still Have to Worry about It?" *Autodesk Stingray* blog, Mar. 15, 2013. Cited on p. 64, 65

[543] Fuchs, H., Z. M. Kedem, and B. F. Naylor, "On Visible Surface Generation by A Priori Tree Structures," *Computer Graphics (SIGGRAPH '80 Proceedings)*, vol. 14, no. 3, pp. 124–133, July 1980. Cited on p. 710

[544] Fuchs, H., G. D. Abram, and E. D. Grant, "Near Real-Time Shaded Display of Rigid Objects," *Computer Graphics (SIGGRAPH '83 Proceedings)*, vol. 17, no. 3, pp. 65–72, July 1983. Cited on p. 710

[545] Fuchs, H., J. Poulton, J. Eyles, T. Greer, J. Goldfeather, D. Ellsworth, S. Molnar, G. Turk, B. Tebbs, and L. Israel, "Pixel-Planes 5: A Heterogeneous Multiprocessor Graphics System Using Processor-Enhanced Memories," *Computer Graphics (SIGGRAPH '89 Proceedings)*, vol. 23, no. 3, pp. 79–88, July 1989. Cited on p. 8, 927

[546] Fuhrmann, A., G. Sobotka, and C. Gross, "Distance Fields for Rapid Collision Detection in Physically Based Modeling," *GraphiCon*, pp. 58–65, 2003. Cited on p. 895

[547] Fuhrmann, Anton L., Eike Umlauf, and Stephan Mantler, "Extreme Model Simplification for Forest Rendering," in *Proceedings of the First Eurographics Conference on Natural Phenomena*, Eurographics Association, pp. 57–66, 2005. Cited on p. 487

[548] Fujii, Yasuhiro, "A Tiny Improvement of Oren-Nayar Reflectance Model," http://mimosa-pudica.net, Oct. 9, 2013. Cited on p. 308

[549] Fünfzig, C., K. Müller, D. Hansford, and G. Farin, "PNG1 Triangles for Tangent Plane Continuous Surfaces on the GPU," in *Graphics Interface 2008*, Canadian Information Processing Society, pp. 219–226, 2008. Cited on p. 645

[550] Fung, James, "Computer Vision on the GPU," in Matt Pharr, ed., *GPU Gems 2*, Addison-Wesley, pp. 649–666, 2005. Cited on p. 449

[551] Funkhouser, Thomas A., *Database and Display Algorithms for Interactive Visualization of Architectural Models*, PhD thesis, University of California, Berkeley, 1993. Cited on p. 747

[552] Funkhouser, Thomas A., and Carlo H. Séquin, "Adaptive Display Algorithm for Interactive Frame Rates During Visualization of Complex Virtual Environments," in *SIGGRAPH '93: Proceedings of the 20th Annual Conference on Computer Graphics and Interactive Techniques*, ACM, pp. 247–254, Aug. 1993. Cited on p. 612, 746, 747

[553] Fürst, René, Oliver Mattausch, and Daniel Scherzer, "Real-Time Deep Shadow Maps," in Wolfgang Engel, ed., *GPU Pro⁴*, CRC Press, pp. 253–264, 2013. Cited on p. 228

[554] Gaitatzes, Athanasios, and Georgios Papaioannou, "Progressive Screen-Space Multichannel Surface Voxelization," in Wolfgang Engel, ed., *GPU Pro⁴*, CRC Press, pp. 137–154, 2013. Cited on

p. 503

[555] Galeano, David, "Rendering Optimizations in the Turbulenz Engine," in Patrick Cozzi, ed., *WebGL Insights*, CRC Press, pp. 157–171, 2015. Cited on p. 686, 687, 693

[556] Gallagher, Benn, and Martin Mittring, "Building Paragon in UE4," *Game Developers Conference*, Mar. 2016. Cited on p. 454, 455, 479, 550

[557] Garanzha, Kirill, Jacopo Pantaleoni, and David McAllister, "Simpler and Faster HLBVH with Work Queues," *High Performance Graphics*, pp. 59–64, 2011. Cited on p. 958

[558] Garcia, Ismael, Mateu Sbert, and Lázló Szirmay-Kalos, "Tree Rendering with Billboard Clouds," *Third Hungarian Conference on Computer Graphics and Geometry*, Jan. 2005. Cited on p. 487

[559] Garland, Michael, and Paul S. Heckbert, "Fast Polygonal Approximation of Terrains and Height Fields," Technical Report CMU-CS-95-181, Carnegie Mellon University, 1995. Cited on p. 610, 756

[560] Garland, Michael, and Paul S. Heckbert, "Surface Simplification Using Quadric Error Metrics," in *SIGGRAPH '97: Proceedings of the 24th Annual Conference on Computer Graphics and Interactive Techniques*, ACM Press/Addison-Wesley Publishing Co., pp. 209–216, Aug. 1997. Cited on p. 610

[561] Garland, Michael, and Paul S. Heckbert, "Simplifying Surfaces with Color and Texture Using Quadric Error Metrics," in *Proceedings of IEEE Visualization 98*, IEEE Computer Society, pp. 263–269, July 1998. Cited on p. 609, 610

[562] Garland, Michael, *Quadric-Based Polygonal Surface Simplification*, PhD thesis, Technical Report CMU-CS-99-105, Carnegie Mellon University, 1999. Cited on p. 611

[563] Gautron, Pascal, Jaroslav Křivánek, Sumanta Pattanaik, and Kadi Bouatouch, "A Novel Hemispherical Basis for Accurate and Efficient Rendering," on *Proceedings of the Fifteenth Eurographics Conference on Rendering Techniques*, Eurographics Association, pp. 321–330, June 2004. Cited on p. 348

[564] Geczy, George, "2D Programming in a 3D World: Developing a 2D Game Engine Using DirectX 8 Direct3D," *Gamasutra*, June 2001. Cited on p. 475

[565] Gehling, Michael, "Dynamic Skyscapes," *Game Developer*, vol. 13, no. 3, pp. 23–33, Mar. 2006. Cited on p. 474

[566] Geiss, Ryan, "Generating Complex Procedural Terrains Using the GPU," in Hubert Nguyen, ed., *GPU Gems 3*, Addison-Wesley, pp. 7–37, 2007. Cited on p. 150

[567] Geiss, Ryan, and Michael Thompson, "NVIDIA Demo Team Secrets—Cascades," *Game Developers Conference*, Mar. 2007. Cited on p. 150, 494

[568] Geldreich, Rich, "crunch/crnlib v1.04," *GitHub* repository, 2012. Cited on p. 751

[569] General Services Administration, "Colors Used in Government Procurement," Document ID FED-STD-595C, Jan. 16, 2008. Cited on p. 303

[570] Gerasimov, Philipp, "Omnidirectional Shadow Mapping," in Randima Fernando, ed., *GPU Gems*, Addison-Wesley, pp. 193–203, 2004. Cited on p. 208

[571] Gershun, Arun, "The Light Field," Moscow, 1936, translated by P. Moon and G. Timoshenko, *Journal of Mathematics and Physics*, vol. 18, no. 2, pp. 51–151, 1939. Cited on p. 328

[572] Gibson, Steve, "The Distant Origins of Sub-Pixel Font Rendering," *Sub-pixel Font Rendering Technology*, Aug, 4, 2006. Cited on p. 582

[573] Giegl, Markus, and Michael Wimmer, "Unpopping: Solving the Image-Space Blend Problem for Smooth Discrete LOD Transition," *Computer Graphics Forum*, vol. 26, no. 1, pp. 46–49, 2007. Cited on p. 739

[574] Giesen, Fabian, "View Frustum Culling," *The ryg blog*, Oct. 17, 2010. Cited on p. 853, 855

[575] Giesen, Fabian, "A Trip through the Graphics Pipeline 2011," *The ryg blog*, July 9, 2011. Cited on p. 29, 37, 40, 42, 43, 44, 46, 47, 48, 49, 124, 218, 590, 605, 676, 939

[576] Giesen, Fabian, "Fast Blurs 1," *The ryg blog*, July 30, 2012. Cited on p. 447

[577] Gigus, Z., J. Canny, and R. Seidel, "Efficiently Computing and Representing Aspect Graphs of Polyhedral Objects," *IEEE Transactions on Pattern Analysis and Machine Intelligence*, vol. 13, no. 6, pp. 542–551, 1991. Cited on p. 717

[578] Gilabert, Mickael, and Nikolay Stefanov, "Deferred Radiance Transfer Volumes," *Game Developers Conference*, Mar. 2012. Cited on p. 412, 414, 415

[579] Gilbert, E., D. Johnson, and S. Keerthi, "A Fast Procedure for Computing the Distance between Complex Objects in Three-Dimensional Space," *IEEE Journal of Robotics and Automation*, vol. 4, no. 2, pp. 193–203, Apr. 1988. Cited on p. 881, 883

[580] van Ginneken, B., M. Stavridi, and J. J. Koenderink, "Diffuse and Specular Reflectance from Rough Surfaces," *Applied Optics*, vol. 37, no. 1, Jan. 1998. Cited on p. 292

[581] Ginsburg, Dan, and Dave Gosselin, "Dynamic Per-Pixel Lighting Techniques," in Mark DeLoura, ed., *Game Programming Gems 2*, Charles River Media, pp. 452–462, 2001. Cited on p. 187, 195

[582] Ginsburg, Dan, "Porting Source 2 to Vulkan," *SIGGRAPH An Overview of Next Generation APIs*

参考文献 1007

course, Aug. 2015. Cited on p. 703

[583] Giorgianni, Edward J., and Thomas E. Madden, *Digital Color Management: Encoding Solutions*, Second Edition, John Wiley & Sons, Inc., 2008. Cited on p. 251, 256

[584] Girshick, Ahna, Victoria Interrante, Steve Haker, and Todd Lemoine, "Line Direction Matters: An Argument for the Use of Principal Directions in 3D Line Drawings," in *Proceedings of the 1st International Symposium on Non-photorealistic Animation and Rendering*, ACM, pp. 43–52, June 2000. Cited on p. 578

[585] Gjøl, Mikkel, and Mikkel Svendsen, "The Rendering of *Inside*," *Game Developers Conference*, Mar. 2016. Cited on p. 449, 450, 453, 455, 494, 508, 521, 526, 772, 912

[586] Glassner, Andrew S., ed., *Graphics Gems*, Academic Press, 1990. Cited on p. 89, 865

[587] Glassner, Andrew S., "Computing Surface Normals for 3D Models," in Andrew S. Glassner, ed., *Graphics Gems*, Academic Press, pp. 562–566, 1990. Cited on p. 599

[588] Glassner, Andrew, "Building Vertex Normals from an Unstructured Polygon List," in Paul S. Heckbert, ed., *Graphics Gems IV*, Academic Press, pp. 60–73, 1994. Cited on p. 596, 599

[589] Glassner, Andrew S., *Principles of Digital Image Synthesis*, vol. 1, Morgan Kaufmann, 1995. Cited on p. 323, 441, 912

[590] Glassner, Andrew S., *Principles of Digital Image Synthesis*, vol. 2, Morgan Kaufmann, 1995. Cited on p. 236, 238, 246, 323, 441

[591] Glassner, Andrew, *Deep Learning, Vol. 1: From Basics to Practice*, Amazon Digital Services LLC, 2018. Cited on p. 969

[592] Glassner, Andrew, *Deep Learning, Vol. 2: From Basics to Practice*, Amazon Digital Services LLC, 2018. Cited on p. 969

[593] Gneiting, A., "Real-Time Geometry Caches," in *ACM SIGGRAPH 2014 Talks*, ACM, article no. 49, Aug. 2014. Cited on p. 79

[594] Gobbetti, Enrico, and Fabio Marton, "Layered Point Clouds," *Symposium on Point-Based Graphics*, Jun. 2004. Cited on p. 496

[595] Gobbetti, E., D. Kasik, and S.-E. Yoon, "Technical Strategies for Massive Model Visualization," *ACM Symposium on Solid and Physical Modeling*, June 2008. Cited on p. 759

[596] Goldman, Ronald, "Intersection of Two Lines in Three-Space," in Andrew S. Glassner, ed., *Graphics Gems*, Academic Press, p. 304, 1990. Cited on p. 858

[597] Goldman, Ronald, "Intersection of Three Planes," in Andrew S. Glassner, ed., *Graphics Gems*, Academic Press, p. 305, 1990. Cited on p. 859

[598] Goldman, Ronald, "Matrices and Transformations," in Andrew S. Glassner, ed., *Graphics Gems*, Academic Press, pp. 472–475, 1990. Cited on p. 66

[599] Goldman, Ronald, "Some Properties of Bézier Curves," in Andrew S. Glassner, ed., *Graphics Gems*, Academic Press, pp. 587–593, 1990. Cited on p. 623

[600] Goldman, Ronald, "Recovering the Data from the Transformation Matrix," in James Arvo, ed., *Graphics Gems II*, Academic Press, pp. 324–331, 1991. Cited on p. 65

[601] Goldman, Ronald, "Decomposing Linear and Affine Transformations," in David Kirk, ed., *Graphics Gems III*, Academic Press, pp. 108–116, 1992. Cited on p. 65

[602] Goldman, Ronald, "Identities for the Univariate and Bivariate Bernstein Basis Functions," in Alan Paeth, ed., *Graphics Gems V*, Academic Press, pp. 149–162, 1995. Cited on p. 673

[603] Goldsmith, Jeffrey, and John Salmon, "Automatic Creation of Object Hierarchies for Ray Tracing," *IEEE Computer Graphics and Applications*, vol. 7, no. 5, pp. 14–20, May 1987. Cited on p. 874, 875

[604] Gollent, M., "Landscape Creation and Rendering in REDengine 3," *Game Developers Conference*, Mar. 2014. Cited on p. 231, 232, 754

[605] Golub, Gene, and Charles Van Loan, *Matrix Computations*, Fourth Edition, Johns Hopkins University Press, 2012. Cited on p. 89

[606] Golus, Ben, "Anti-aliased Alpha Test: The Esoteric Alpha to Coverage," *Medium.com* website, Aug. 12, 2017. Cited on p. 180, 181, 182, 183

[607] Gomes, Abel, Irina Voiculescu, Joaquim Jorge, Brian Wyvill, and Callum Galbraith, *Implicit Curves and Surfaces: Mathematics, Data Structures and Algorithms*, Springer, 2009. Cited on p. 504, 589, 648, 649, 673, 819

[608] Gomez, Miguel, "Simple Intersection Tests for Games," *Gamasutra*, Oct. 1999. Cited on p. 860

[609] Gonzalez, Rafael C., and Richard E. Woods, *Digital Image Processing*, Third Edition, Addison-Wesley, 2007. Cited on p. 115, 469, 570

[610] Gonzalez-Ochoa, C., and D. Holder, "Water Technology of *Uncharted*," *Game Developers Conference*, Mar. 2012. Cited on p. 759

[611] Gooch, Amy, Bruce Gooch, Peter Shirley, and Elaine Cohen, "A Non-Photorealistic Lighting Model for Automatic Technical Illustration," in *SIGGRAPH '98: Proceedings of the 25th Annual Conference on Computer Graphics and Interactive Techniques*, ACM, pp. 447–452, July 1998.

Cited on p. 91

[612] Gooch, Bruce, Peter-Pike J. Sloan, Amy Gooch, Peter Shirley, and Richard Riesenfeld, "Interactive Technical Illustration," in *Proceedings of the 1999 Symposium on Interactive 3D Graphics*, ACM, pp. 31–38, 1999. Cited on p. 565, 575

[613] Gooch, Bruce or Amy, and Amy or Bruce Gooch, *Non-Photorealistic Rendering*, A K Peters, Ltd., 2001. Cited on p. 562, 585

[614] Good, Otavio, and Zachary Taylor, "Optimized Photon Tracing Using Spherical Harmonic Light Maps," in *ACM SIGGRAPH 2005 Sketches*, article no. 53, Aug. 2005. Cited on p. 409

[615] Goodwin, Todd, Ian Vollick, and Aaron Hertzmann, "Isophote Distance: A Shading Approach to Artistic Stroke Thickness," *Proceedings of the 5th International Symposium on Non-Photorealistic Animation and Rendering*, ACM, pp. 53–62, Aug. 2007. Cited on p. 566, 574

[616] Goral, Cindy M., Kenneth E. Torrance, Donald P. Greenberg, and Bennett Battaile, "Modelling the Interaction of Light Between Diffuse Surfaces," *Computer Graphics (SIGGRAPH '84 Proceedings)*, vol. 18, no. 3, pp. 212–222, July 1984. Cited on p. 381

[617] Gortler, Steven J., Radek Grzeszczuk, Richard Szeliski, and Michael F. Cohen, "The Lumigraph," in *SIGGRAPH '96: Proceedings of the 23rd Annual Conference on Computer Graphics and Interactive Techniques*, ACM, pp. 43–54, Aug. 1996. Cited on p. 475

[618] Gosselin, David R., Pedro V. Sander, and Jason L. Mitchell, "Real-Time Texture-Space Skin Rendering," in Wolfgang Engel, ed., *ShaderX³*, Charles River Media, pp. 171–183, 2004. Cited on p. 548

[619] Gosselin, David R., "Real Time Skin Rendering," *Game Developers Conference*, Mar. 2004. Cited on p. 547, 548

[620] Goswami, Prashant, Yanci Zhang, Renato Pajarola, and Enrico Gobbetti, "High Quality Interactive Rendering of Massive Point Models Using Multi-way kd-Trees," *Pacific Graphics 2010*, Sept. 2010. Cited on p. 497

[621] Gotanda, Yoshiharu, "*Star Ocean 4*: Flexible Shader Management and Post-Processing," *Game Developers Conference*, Mar. 2009. Cited on p. 252

[622] Gotanda, Yoshiharu, "Film Simulation for Videogames," *SIGGRAPH Color Enhancement and Rendering in Film and Game Production course*, July 2010. Cited on p. 252

[623] Gotanda, Yoshiharu, "Beyond a Simple Physically Based Blinn-Phong Model in Real-Time," *SIGGRAPH Physically Based Shading in Theory and Practice course*, Aug. 2012. Cited on p. 307, 316, 363

[624] Gotanda, Yoshiharu, "Designing Reflectance Models for New Consoles," *SIGGRAPH Physically Based Shading in Theory and Practice course*, Aug. 2014. Cited on p. 288, 308

[625] Gotanda, Yoshiharu, Masaki Kawase, and Masanori Kakimoto, *SIGGRAPH Real-Time Rendering of Physically Based Optical Effect in Theory and Practice course*, Aug. 2015. Cited on p. 469

[626] Gottschalk, S., M. C. Lin, and D. Manocha, "OBBTree: A Hierarchical Structure for Rapid Interference Detection," in *SIGGRAPH '96: Proceedings of the 23rd Annual Conference on Computer Graphics and Interactive Techniques*, ACM, pp. 171–180, Aug. 1996. Cited on p. 822, 850, 868, 877, 878, 880

[627] Gottschalk, Stefan, *Collision Queries Using Oriented Bounding Boxes*, PhD thesis, Department of Computer Science, University of North Carolina at Chapel Hill, 2000. Cited on p. 822, 826, 850, 876

[628] Gouraud, H., "Continuous Shading of Curved Surfaces," *IEEE Transactions on Computers*, vol. C-20, pp. 623–629, June 1971. Cited on p. 103

[629] Green, Chris, "Efficient Self-Shadowed Radiosity Normal Mapping," *SIGGRAPH Advanced Real-Time Rendering in 3D Graphics and Games course*, Aug. 2007. Cited on p. 348

[630] Green, Chris, "Improved Alpha-Tested Magnification for Vector Textures and Special Effects," *SIGGRAPH Advanced Real-Time Rendering in 3D Graphics and Games course*, Aug. 2007. Cited on p. 182, 583, 584, 770

[631] Green, D., and D. Hatch, "Fast Polygon-Cube Intersection Testing," in Alan Paeth, ed., *Graphics Gems V*, Academic Press, pp. 375–379, 1995. Cited on p. 845

[632] Green, Paul, Jan Kautz, and Frédo Durand, "Efficient Reflectance and Visibility Approximations for Environment Map Rendering," *Computer Graphics Forum*, vol. 26, no. 3, pp. 495–502, 2007. Cited on p. 343, 359, 365, 403, 406

[633] Green, Robin, "Spherical Harmonic Lighting: The Gritty Details," *Game Developers Conference*, Mar. 2003. Cited on p. 346, 371

[634] Green, Simon, "Stupid OpenGL Shader Tricks," *Game Developers Conference*, Mar. 2003. Cited on p. 464, 466

[635] Green, Simon, "Summed Area Tables Using Graphics Hardware," *Game Developers Conference*, Mar. 2003. Cited on p. 165

[636] Green, Simon, "Real-Time Approximations to Subsurface Scattering," in Randima Fernando, ed.,

GPU Gems, Addison-Wesley, pp. 263–278, 2004. Cited on p. 547, 548, 551

[637] Green, Simon, "Implementing Improved Perlin Noise," in Matt Pharr, ed., *GPU Gems 2*, Addison-Wesley, pp. 409–416, 2005. Cited on p. 176

[638] Green, Simon, "CUDA Particles," Technical Report, NVIDIA, June 2008. Cited on p. 895

[639] Green, Simon, "DirectX 10/11 Visual Effects," *Game Developers Conference*, Mar. 2009. Cited on p. 447

[640] Green, Simon, "Screen Space Fluid Rendering for Games," *Game Developers Conference*, Mar. 2010. Cited on p. 449, 492

[641] Greene, Ned, "Environment Mapping and Other Applications of World Projections," *IEEE Computer Graphics and Applications*, vol. 6, no. 11, pp. 21–29, Nov. 1986. Cited on p. 354, 357, 366

[642] Greene, Ned, Michael Kass, and Gavin Miller, "Hierarchical Z-Buffer Visibility," in *SIGGRAPH '93: Proceedings of the 20th Annual Conference on Computer Graphics and Interactive Techniques*, ACM, pp. 231–238, Aug. 1993. Cited on p. 730, 731, 916

[643] Greene, Ned, "Detecting Intersection of a Rectangular Solid and a Convex Polyhedron," in Paul S. Heckbert, ed., *Graphics Gems IV*, Academic Press, pp. 74–82, 1994. Cited on p. 822

[644] Greene, Ned, *Hierarchical Rendering of Complex Environments*, PhD thesis, Technical Report UCSC-CRL-95-27, University of California at Santa Cruz, June 1995. Cited on p. 730, 731

[645] Greger, Gene, Peter Shirley, Philip M. Hubbard, and Donald P. Greenberg, "The Irradiance Volume," *IEEE Computer Graphics and Applications*, vol. 18, no. 2, pp. 32–43, Mar./Apr. 1998. Cited on p. 420

[646] Gregorius, Dirk, "The Separating Axis Test between Convex Polyhedra," *Game Developers Conference*, Mar. 2013. Cited on p. 856, 863

[647] Gregorius, Dirk, "Implementing QuickHull," *Game Developers Conference*, Mar. 2014. Cited on p. 825

[648] Gregorius, Dirk, "Robust Contact Creation for Physics Simulations," *Game Developers Conference*, Mar. 2015. Cited on p. 822, 859, 864, 883

[649] Grenier, Jean-Philippe, "Physically Based Lens Flare," *Autodesk Stingray* blog, July 3, 2017. Cited on p. 453

[650] Grenier, Jean-Philippe, "Notes on Screen Space HIZ Tracing," *Autodesk Stingray* blog, Aug. 14, 2017. Cited on p. 438

[651] Gribb, Gil, and Klaus Hartmann, "Fast Extraction of Viewing Frustum Planes from the World-View-Projection Matrix," *gamedevs.org*, June 2001. Cited on p. 854

[652] Griffin, Wesley, and Marc Olano, "Objective Image Quality Assessment of Texture Compression," in *Proceedings of the 18th Meeting of the ACM SIGGRAPH Symposium on Interactive 3D Graphics and Games*, ACM, pp. 119–126, Mar. 1999. Cited on p. 175

[653] Griffiths, Andrew, "Real-Time Cellular Texturing," in Wolfgang Engel, ed., *ShaderX⁵*, Charles River Media, pp. 519–532, 2006. Cited on p. 176

[654] Grimes, Bronwen, "Shading a Bigger, Better Sequel: Techniques in *Left 4 Dead 2*," *Game Developers Conference*, Mar. 2010. Cited on p. 317

[655] Grimes, Bronwen, "Building the Content that Drives the *Counter-Strike: Global Offensive* Economy," *Game Developers Conference*, Mar. 2014. Cited on p. 317

[656] Gritz, Larry, "Shader Antialiasing," in *Advanced RenderMan: Creating CGI for Motion Pictures*, Morgan Kaufmann, Chapter 11, 1999. Also (as "Basic Antialiasing in Shading Language") in *SIGGRAPH Advanced RenderMan: Beyond the Companion course*, Aug. 1999. Cited on p. 176

[657] Gritz, Larry, "The Secret Life of Lights and Surfaces," *SIGGRAPH Advanced RenderMan 2: To RI_INFINITY and Beyond course*, July 2000. Also in "Illumination Models and Light," in *Advanced RenderMan: Creating CGI for Motion Pictures*, Morgan Kaufmann, 1999. Cited on p. 331

[658] Gritz, Larry, and Eugene d'Eon, "The Importance of Being Linear," in Hubert Nguyen, ed., *GPU Gems 3*, Addison-Wesley, pp. 529–542, 2007. Cited on p. 142, 146, 163

[659] Gritz, Larry, ed., "Open Shading Language 1.9: Language Specification," Sony Pictures Imageworks Inc., 2017. Cited on p. 32

[660] Gronsky, Stefan, "Lighting Food," *SIGGRAPH Anyone Can Cook—Inside Ratatouille's Kitchen course*, Aug. 2007. Cited on p. 552

[661] Gruen, Holger, "Hybrid Min/Max Plane-Based Shadow Maps," in Wolfgang Engel, ed., *GPU Pro*, A K Peters, Ltd., pp. 447–454, 2010. Cited on p. 222

[662] Gruen, Holger, and Nicolas Thibieroz, "OIT and Indirect Illumination Using Dx11 Linked Lists," *Game Developers Conference*, Mar. 2010. Cited on p. 137

[663] Gruen, Holger, "An Optimized Diffusion Depth Of Field Solver (DDOF)," *Game Developers Conference*, Mar. 2011. Cited on p. 462

[664] Gruen, Holger, "Constant Buffers without Constant Pain," *NVIDIA GameWorks* blog, Jan. 14,

2015. Cited on p. 686

[665] Grün, Holger, "Smoothed N-Patches," in Wolfgang Engel, ed., *ShaderX^5*, Charles River Media, pp. 5–22, 2006. Cited on p. 645

[666] Grün, Holger, "Implementing a Fast DDOF Solver," Eric Lengyel, ed., *Game Engine Gems 2*, A K Peters, Ltd., pp. 119–133, 2011. Cited on p. 462

[667] Gu, Xianfeng, Steven J. Gortler, and Hugues Hoppe, "Geometry Images," *ACM Transactions on Graphics (SIGGRAPH 2002)*, vol. 21, no. 3, pp. 355–361, 2002. Cited on p. 489

[668] Gu, Yan, Yong He, and Guy E. Blelloch, "Ray Specialized Contraction on Bounding Volume Hierarchies," *Computer Graphics Forum*, vol. 34, no. 7, pp. 309–311, 2015. Cited on p. 957

[669] Guennebaud, Gaël, Loïc Barthe, and Mathias Paulin, "High-Quality Adaptive Soft Shadow Mapping," *Computer Graphics Forum*, vol. 26, no. 3, pp. 525–533, 2007. Cited on p. 223

[670] Guenter, B., J. Rapp, and M. Finch, "Symbolic Differentiation in GPU Shaders," Technical Report MSR-TR-2011-31, Microsoft, Mar. 2011. Cited on p. 918

[671] Guenter, Brian, Mark Finch, Steven Drucker, Desney Tan, and John Snyder, "Foveated 3D Graphics," *ACM Transactions on Graphics*, vol. 31, no. 6, article no. 164, 2012. Cited on p. 801, 807

[672] Guerrette, Keith, "Moving The Heavens," *Game Developers Conference*, Mar. 2014. Cited on p. 532

[673] Guertin, Jean-Philippe, Morgan McGuire, and Derek Nowrouzezahrai, "A Fast and Stable Feature-Aware Motion Blur Filter," Technical Report, NVIDIA, Nov. 2013. Cited on p. 464, 468, 469

[674] Guigue, Philippe, and Olivier Devillers, "Fast and Robust Triangle-Triangle Overlap Test Using Orientation Predicates," *journal of graphics tools*, vol. 8, no. 1, pp. 25–42, 2003. Cited on p. 844, 845

[675] Gulbrandsen, Ole, "Artist Friendly Metallic Fresnel," *Journal of Computer Graphics Techniques*, vol. 3, no. 4, pp. 64–72, 2014. Cited on p. 279

[676] Guymon, Mel, "Pyro-Techniques: Playing with Fire," *Game Developer*, vol. 7, no. 2, pp. 23–27, Feb. 2000. Cited on p. 479

[677] Haar, Ulrich, and Sebastian Aaltonen, "GPU-Driven Rendering Pipelines," *SIGGRAPH Advances in Real-Time Rendering in Games course*, Aug. 2015. Cited on p. 217, 218, 233, 719, 732, 734, 735, 783

[678] Habel, Ralf, Bogdan Mustata, and Michael Wimmer, "Efficient Spherical Harmonics Lighting with the Preetham Skylight Model," in *Eurographics 2008—Short Papers*, Eurographics Association, pp. 119–122, 2008. Cited on p. 371

[679] Habel, Ralf, and Michael Wimmer, "Efficient Irradiance Normal Mapping," in *Proceedings of the 2010 ACM SIGGRAPH Symposium on Interactive 3D Graphics and Games*, ACM, pp. 189–195, Feb. 2010. Cited on p. 349, 409

[680] Hable, John, "*Uncharted 2*: HDR Lighting," *Game Developers Conference*, Mar. 2010. Cited on p. 252, 253

[681] Hable, John, "Why Reinhard Desaturates Your Blacks," *Filmic Worlds Blog*, May 17, 2010. Cited on p. 253

[682] Hable, John, "Why a Filmic Curve Saturates Your Blacks," *Filmic Worlds Blog*, May 24, 2010. Cited on p. 253

[683] Hable, John, "*Uncharted 2*: Character Lighting and Shading," *SIGGRAPH Advances in Real-Time Rendering in Games course*, July 2010. Cited on p. 310, 549

[684] Hable, John, "Next-Gen Characters: From Facial Scans to Facial Animation," *Game Developers Conference*, Mar. 2014. Cited on p. 403

[685] Hable, John, "Simple and Fast Spherical Harmonic Rotation," *Filmic Worlds Blog*, July 2, 2014. Cited on p. 346

[686] Hable, John, "Filmic Tonemapping with Piecewise Power Curves," *Filmic Worlds Blog*, Mar. 26, 2017. Cited on p. 252

[687] Hable, John, "Minimal Color Grading Tools," *Filmic Worlds Blog*, Mar. 28, 2017. Cited on p. 255

[688] Hadwiger, Markus, Christian Sigg, Henning Scharsach, Khatja Bühler, and Markus Gross, "Real-Time Ray-Casting and Advanced Shading of Discrete Isosurfaces," *Computer Graphics Forum*, vol. 20, no. 3, pp. 303–312, 2005. Cited on p. 505

[689] Haeberli, P., and K. Akeley, "The Accumulation Buffer: Hardware Support for High-Quality Rendering," *Computer Graphics (SIGGRAPH '90 Proceedings)*, vol. 24, no. 4, pp. 309–318, Aug. 1990. Cited on p. 122, 457, 464, 473

[690] Haeberli, Paul, and Mark Segal, "Texture Mapping as a Fundamental Drawing Primitive," in *4th Eurographics Workshop on Rendering*, Eurographics Association, pp. 259–266, June 1993. Cited on p. 177

[691] Hagen, Margaret A., "How to Make a Visually Realistic 3D Display," *Computer Graphics*, vol. 25, no. 2, pp. 76–81, Apr. 1991. Cited on p. 479

[692] Hahn, James K., "Realistic Animation of Rigid Bodies," *Computer Graphics (SIGGRAPH '88*

Proceedings), vol. 22, no. 4, pp. 299–308, 1988. Cited on p. 893

[693] Haines, Eric, "Spline Surface Rendering, and What's Wrong with Octrees," *Ray Tracing News*, vol. 1, no. 2, http://raytracingnews.org/rtnews1b.html, 1988. Cited on p. 953

[694] Haines, Eric, "Essential Ray Tracing Algorithms," in Andrew Glassner, ed., *An Introduction to Ray Tracing*, Academic Press Inc., Chapter 2, 1989. Cited on p. 829, 832, 834, 841

[695] Haines, Eric, "Fast Ray-Convex Polyhedron Intersection," in James Arvo, ed., *Graphics Gems II*, Academic Press, pp. 247–250, 1991. Cited on p. 834

[696] Haines, Eric, "Point in Polygon Strategies," in Paul S. Heckbert, ed., *Graphics Gems IV*, Academic Press, pp. 24–46, 1994. Cited on p. 835, 839, 840, 841

[697] Haines, Eric, and Steven Worley, "Fast, Low-Memory Z-Buffering when Performing Medium-Quality Rendering," *journal of graphics tools*, vol. 1, no. 3, pp. 1–6, 1996. Cited on p. 693

[698] Haines, Eric, "A Shaft Culling Tool," *journal of graphics tools*, vol. 5, no. 1, pp. 23–26, 2000. Also collected in [122]. Cited on p. 859

[699] Haines, Eric, "Soft Planar Shadows Using Plateaus," *journal of graphics tools*, vol. 6, no. 1, pp. 19–27, 2001. Also collected in [122]. Cited on p. 202

[700] Haines, Eric, "Interactive 3D Graphics," *Udacity Course 291*, launched May 2013. Cited on p. 981

[701] Haines, Eric, "60 Hz, 120 Hz, 240 Hz...," *Real-Time Rendering Blog*, Nov. 5, 2014. Cited on p. 913

[702] Haines, Eric, "Limits of Triangles," *Real-Time Rendering Blog*, Nov. 10, 2014. Cited on p. 593, 599

[703] Haines, Eric, "GPUs Prefer Premultiplication," *Real-Time Rendering Blog*, Jan. 10, 2016. Cited on p. 141, 183

[704] Haines, Eric, "A PNG Puzzle," *Real-Time Rendering Blog*, Feb. 19, 2016. Cited on p. 141

[705] Haines, Eric, "Minecon 2016 Report," *Real-Time Rendering Blog*, Sept. 30, 2016. Cited on p. 797

[706] Haines, Eric, et al., *Twitter thread*, https://twitter.com/pointinpolygon/status/1035609566262771712, August 31, 2018. Cited on p. 955

[707] Hakura, Ziyad S., and Anoop Gupta, "The Design and Analysis of a Cache Architecture for Texture Mapping," in *Proceedings of the 24th Annual International Symposium on Computer Architecture*, ACM, pp. 108–120, June 1997. Cited on p. 900, 909, 919

[708] Hall, Chris, Rob Hall, and Dave Edwards, "Rendering in *Cars 2*," *SIGGRAPH Advances in Real-Time Rendering in 3D Graphics and Games course*, Aug. 2011. Cited on p. 217, 812

[709] Hall, Roy, *Illumination and Color in Computer Generated Imagery*, Springer-Verlag, 1989. Cited on p. 912

[710] Hall, Tim, "A How To for Using OpenGL to Render Mirrors," *comp.graphics.api.opengl* newsgroup, Aug. 1996. Cited on p. 435

[711] Halstead, Mark, Michal Kass, and Tony DeRose, "Efficient, Fair Interpolation Using Catmull-Clark Surfaces," in *SIGGRAPH '93: Proceedings of the 20th Annual Conference on Computer Graphics and Interactive Techniques*, ACM, pp. 35–44, Aug. 1993. Cited on p. 657, 658, 671

[712] Hamilton, Andrew, and Kenneth Brown, "Photogrammetry and *Star Wars Battlefront*," *Game Developers Conference*, Mar. 2016. Cited on p. 317

[713] Hammon, Earl, Jr., "PBR Diffuse Lighting for GGX+Smith Microsurfaces," *Game Developers Conference*, Feb.–Mar. 2017. Cited on p. 288, 291, 293, 297, 308

[714] Han, Charles, Bo Sun, Ravi Ramamoorthi, and Eitan Grinspun, "Frequency Domain Normal Map Filtering," *ACM Transactions on Graphics (SIGGRAPH 2007)*, vol. 26, no. 3, pp. 28:1–28::11, July 2007. Cited on p. 320, 321

[715] Han, S., and P. Sander, "Triangle Reordering for Reduced Overdraw in Animated Scenes," in *Proceedings of the 20th ACM SIGGRAPH Symposium on Interactive 3D Graphics and Games*, ACM, pp. 23–27, 2016. Cited on p. 717

[716] Hanika, Johannes, Holger Dammertz, and Hendrik Lensch, "Edge-Optimized À-Trous Wavelets for Local Contrast Enhancement with Robust Denoising," *Pacific Graphics*, pp. 67–75, 2011. Cited on p. 965

[717] Hanika, Johannes, "Manuka: Weta Digital's Spectral Renderer," *SIGGRAPH Path Tracing in Production course*, Aug. 2017. Cited on p. 244, 246, 271, 511

[718] Hanrahan, P., and P. Haeberli, "Direct WYSIWYG Painting and Texturing on 3D Shapes," *Computer Graphics (SIGGRAPH '90 Proceedings)*, vol. 24, no. 4, pp. 215–223, Aug. 1990. Cited on p. 818

[719] Hanrahan, Pat, and Wolfgang Krueger, "Reflection from Layered Surfaces due to Subsurface Scattering," in *SIGGRAPH '93: Proceedings of the 20th Annual Conference on Computer Graphics and Interactive Techniques*, ACM, pp. 165–174, Aug. 1993. Cited on p. 307

[720] Hanson, Andrew J., *Visualizing Quaternions*, Morgan Kaufmann, 2006. Cited on p. 89

[721] Hapala, Michal, Tomáš Davidovič, Ingo Wald, Vlastimil Havran, and Philipp Slusallek, "Efficient Stack-less BVH Traversal for Ray Tracing," *Proceedings of the 27th Spring Conference on Computer Graphics*, pp. 7–12, 2011. Cited on p. 960

[722] Hapke, B., "A Theoretical Photometric Function for the Lunar Surface," *Journal of Geophysical Research*, vol. 68, no. 15, pp. 4571–4586, Aug. 1, 1963. Cited on p. 274

[723] Harada, T., J. McKee, and J. Yang, "Forward+: Bringing Deferred Lighting to the Next Level," in *Eurographics 2012—Short Papers*, Eurographics Association, pp. 5–8, May 2012. Cited on p. 774

[724] Harada, T., "A 2.5D culling for Forward+," in *SIGGRAPH Asia 2012 Technical Briefs*, ACM, pp. 18:1–18:4, Dec. 2012. Cited on p. 776

[725] Harada, Takahiro, Jay McKee, and Jason C. Yang, "Forward+: A Step Toward Film-Style Shading in Real Time," in Wolfgang Engel, ed., *GPU Pro⁴*, CRC Press, pp. 115–135, 2013. Cited on p. 766, 774, 775, 776, 782

[726] Hargreaves, Shawn, "Deferred Shading," *Game Developers Conference*, Mar. 2004. Cited on p. 762, 763, 765

[727] Hargreaves, Shawn, and Mark Harris, "Deferred Shading," *NVIDIA Developers Conference*, June 29, 2004. Cited on p. 762, 763

[728] Harris, Mark J., and Anselmo Lastra, "Real-Time Cloud Rendering," *Computer Graphics Forum*, vol. 20, no. 3, pp. 76–84, 2001. Cited on p. 480, 532

[729] Hart, Evan, Dave Gosselin, and John Isidoro, "Vertex Shading with Direct3D and OpenGL," *Game Developers Conference*, Mar. 2001. Cited on p. 568

[730] Hart, Evan, "UHD Color for Games," NVIDIA White Paper, June 2016. Cited on p. 142, 145, 243, 248, 252, 255

[731] Hart, J. C., D. J. Sandin, and L. H. Kauffman, "Ray Tracing Deterministic 3-D Fractals," *Computer Graphics (SIGGRAPH '89 Proceedings)*, vol. 23, no. 3, pp. 289–296, 1989. Cited on p. 649

[732] Hart, John C., George K. Francis, and Louis H. Kauffman, "Visualizing Quaternion Rotation," *ACM Transactions on Graphics*, vol. 13, no. 3, pp. 256–276, 1994. Cited on p. 89

[733] Hasenfratz, Jean-Marc, Marc Lapierre, Nicolas Holzschuch, and François Sillion, "A Survey of Real-Time Soft Shadows Algorithms," *Computer Graphics Forum*, vol. 22, no. 4, pp. 753–774, 2003. Cited on p. 234

[734] Hasselgren, J., T. Akenine-Möller, and L. Ohlsson, "Conservative Rasterization," in Matt Pharr, ed., *GPU Gems 2*, Addison-Wesley, pp. 677–690, 2005. Cited on p. 904

[735] Hasselgren, J., T. Akenine-Möller, and S. Laine, "A Family of Inexpensive Sampling Schemes," *Computer Graphics Forum*, vol. 24, no. 4, pp. 843–848, 2005. Cited on p. 128

[736] Hasselgren, J., and T. Akenine-Möller, "An Efficient Multi-View Rasterization Architecture," in *Proceedings of the 17th Eurographics Conference on Rendering Techniques*, Eurographics Association, pp. 61–72, June 2006. Cited on p. 804

[737] Hasselgren, J., and T. Akenine-Möller, "Efficient Depth Buffer Compression," in *Graphics Hardware 2006*, Eurographics Association, pp. 103–110, Sept. 2006. Cited on p. 900, 911, 918

[738] Hasselgren, J., and T. Akenine-Möller, "PCU: The Programmable Culling Unit," *ACM Transactions on Graphics*, vol. 26, no. 3, pp. 92.1–91.20, 2007. Cited on p. 222

[739] Hasselgren, J., M. Andersson, J. Nilsson, and T. Akenine-Möller, "A Compressed Depth Cache," *Journal of Computer Graphics Techniques*, vol. 1, no. 1, pp. 101–118, 2012. Cited on p. 911

[740] Hasselgren, Jon, Jacob Munkberg, and Karthik Vaidyanathan, "Practical Layered Reconstruction for Defocus and Motion Blur," *Journal of Computer Graphics Techniques*, vol. 4, no. 2, pp. 45–58, 2012. Cited on p. 468

[741] Hasselgren, J., M. Andersson, and T. Akenine-Möller, "Masked Software Occlusion Culling," *High-Performance Graphics*, June 2016. Cited on p. 733, 734

[742] Hast, Anders, "3D Stereoscopic Rendering: An Overview of Implementation Issues," in Eric Lengyel, ed., *Game Engine Gems*, Jones & Bartlett, pp. 123–138, 2010. Cited on p. 803, 808, 809

[743] Hathaway, Benjamin, "Alpha Blending as a Post-Process," in Wolfgang Engel, ed., *GPU Pro*, A K Peters, Ltd., pp. 167–184, 2010. Cited on p. 183

[744] Havran, Vlastimil, *Heuristic Ray Shooting Algorithms*, PhD thesis, Department of Computer Science and Engineering, Czech Technical University, Prague, 2000. Cited on p. 953

[745] He, Xiao D., Kenneth E. Torrance, François X. Sillion, and Donald P. Greenberg, "A Comprehensive Physical Model for Light Reflection," *Computer Graphics (SIGGRAPH '91 Proceedings)*, vol. 25, no. 4, pp. 175–186, July 1991. Cited on p. 313, 365

[746] He, Y., Y. Gu, and K. Fatahalian, "Extending the Graphics Pipeline with Adaptive, Multi-rate Shading," *ACM Transactions on Graphics*, vol. 33, no. 4, pp. 142:1–142:12, 2014. Cited on p. 915

[747] He, Y., T. Foley, N. Tatarchuk, and K. Fatahalian, "A System for Rapid, Automatic Shader Level-of-Detail," *ACM Transactions on Graphics*, vol. 34, no. 6, pp. 187:1–187:12, 2015. Cited on p. 736

[748] Hearn, Donald, and M. Pauline Baker, *Computer Graphics with OpenGL*, Fourth Edition, Prentice-Hall, Inc., 2010. Cited on p. 89

[749] Heckbert, Paul S., and Pat Hanrahan, "Beam Tracing Polygonal Objects," *Computer Graphics (SIGGRAPH '84 Proceedings)*, vol. 18, no. 3, pp. 119–127, July 1984. Cited on p. 961

参考文献   1013

[750] Heckbert, Paul, "Survey of Texture Mapping," *IEEE Computer Graphics and Applications*, vol. 6, no. 11, pp. 56–67, Nov. 1986. **Cited on p. 196**

[751] Heckbert, Paul S., "Fundamentals of Texture Mapping and Image Warping," Technical Report 516, Computer Science Division, University of California, Berkeley, June 1989. **Cited on p. 165, 167, 196, 593**

[752] Heckbert, Paul S., "What Are the Coordinates of a Pixel?" in Andrew S. Glassner, ed., *Graphics Gems*, Academic Press, pp. 246–248, 1990. **Cited on p. 156, 944**

[753] Heckbert, Paul S., "Adaptive Radiosity Textures for Bidirectional Ray Tracing," *Computer Graphics (SIGGRAPH '90 Proceedings)*, vol. 24, no. 4, pp. 145–154, Aug. 1990. **Cited on p. 378**

[754] Heckbert, Paul S., and Henry P. Moreton, "Interpolation for Polygon Texture Mapping and Shading," *State of the Art in Computer Graphics: Visualization and Modeling*, Springer-Verlag, pp. 101–111, 1991. **Cited on p. 19, 902**

[755] Heckbert, Paul S., ed., *Graphics Gems IV*, Academic Press, 1994. **Cited on p. 89, 865**

[756] Heckbert, Paul S., "A Minimal Ray Tracer," in Paul S. Heckbert, ed., *Graphics Gems IV*, Academic Press, pp. 375–381, 1994. **Cited on p. 383, 941**

[757] Heckbert, Paul S., and Michael Herf, "Simulating Soft Shadows with Graphics Hardware," Technical Report CMU-CS-97-104, Carnegie Mellon University, Jan. 1997. **Cited on p. 201**

[758] Hecker, Chris, "More Compiler Results, and What To Do About It," *Game Developer*, pp. 14–21, Aug./Sept. 1996. **Cited on p. 684**

[759] Hector, Tobias, "Vulkan: High Efficiency on Mobile," *Imagination Blog*, Nov. 5, 2015. **Cited on p. 35, 685, 703**

[760] Hegeman, Kyle, Nathan A. Carr, and Gavin S. P. Miller, "Particle-Based Fluid Simulation on the GPU," in *Computational Science—ICCS 2006*, Springer, pp. 228–235, 2006. **Cited on p. 494**

[761] Heidmann, Tim, "Real Shadows, Real Time," *Iris Universe*, no. 18, pp. 23–31, Nov. 1991. **Cited on p. 203, 204**

[762] Heidrich, Wolfgang, and Hans-Peter Seidel, "View-Independent Environment Maps," in *Proceedings of the ACM SIGGRAPH/EUROGRAPHICS Workshop on Graphics Hardware*, ACM, pp. 39–45, Aug. 1998. **Cited on p. 355**

[763] Heidrich, Wolfgang, Rüdifer Westermann, Hans-Peter Seidel, and Thomas Ertl, "Applications of Pixel Textures in Visualization and Realistic Image Synthesis," in *Proceedings of the 1999 Symposium on Interactive 3D Graphics*, ACM, pp. 127–134, Apr. 1999. **Cited on p. 465**

[764] Heidrich, Wolfgang, and Hans-Peter Seidel, "Realistic, Hardware-Accelerated Shading and Lighting," in *SIGGRAPH '99: Proceedings of the 26th Annual Conference on Computer Graphics and Interactive Techniques*, ACM Press/Addison-Wesley Publishing Co., pp. 171–178, Aug. 1999. **Cited on p. 355, 359, 366**

[765] Heidrich, Wolfgang, Katja Daubert, Jan Kautz, and Hans-Peter Seidel, "Illuminating Micro Geometry Based on Precomputed Visibility," in *SIGGRAPH '00: Proceedings of the 27th Annual Conference on Computer Graphics and Interactive Techniques*, ACM Press/Addison-Wesley Publishing Co., pp. 455–464, July 2000. **Cited on p. 402**

[766] Heitz, Eric, and Fabrice Neyret, "Representing Appearance and Pre-filtering Subpixel Data in Sparse Voxel Octrees," in *Proceedings of the Fourth ACM SIGGRAPH / Eurographics Conference on High-Performance Graphics*, Eurographics Association, pp. 125–134, June 2012. **Cited on p. 501, 506, 507**

[767] Heitz, Eric, Christophe Bourlier, and Nicolas Pinel, "Correlation Effect between Transmitter and Receiver Azimuthal Directions on the Illumination Function from a Random Rough Surface," *Waves in Random and Complex Media*, vol. 23, no. 3, pp. 318–335, 2013. **Cited on p. 292**

[768] Heitz, Eric, "Understanding the Masking-Shadowing Function in Microfacet-Based BRDFs," *Journal of Computer Graphics Techniques*, vol. 3, no. 4, pp. 48–107, 2014. **Cited on p. 289, 290, 291, 292, 293, 294, 299**

[769] Heitz, Eric, and Jonathan Dupuy, "Implementing a Simple Anisotropic Rough Diffuse Material with Stochastic Evaluation," Technical Report, 2015. **Cited on p. 288**

[770] Heitz, Eric, Jonathan Dupuy, Cyril Crassin, and Carsten Dachsbacher, "The SGGX Microflake Distribution," *ACM Transactions on Graphics (SIGGRAPH 2015)*, vol. 34, no. 4, pp. 48:1–48:11, Aug. 2015. **Cited on p. 560**

[771] Heitz, Eric, Jonathan Dupuy, Stephen Hill, and David Neubelt, "Real-Time Polygonal-Light Shading with Linearly Transformed Cosines," *ACM Transactions on Graphics (SIGGRAPH 2016)*, vol. 35, no. 4, pp. 41:1–41:8, July 2016. **Cited on p. 337**

[772] Heitz, Eric, Johannes Hanika, Eugene d'Eon, and Carsten Dachsbacher, "Multiple-Scattering Microfacet BSDFs with the Smith Model," *ACM Transactions on Graphics (SIGGRAPH 2016)*, vol. 35, no. 4, pp. 58:1–58:8, July 2016. **Cited on p. 300**

[773] Heitz, Eric, Stephen Hill, and Morgan McGuire, "Combining Analytic Direct Illumination and Stochastic Shadows," *Symposium on Interactive 3D Graphics and Games*, pp. 2:1–2:11, 2018.

Cited on p. 952, 965, 966, 971

[774] Held, M., J. T. Klosowski, and J. S. B. Mitchell, "Evaluation of Collision Detection Methods for Virtual Reality Fly-Throughs," in *Proceedings of the 7th Canadian Conference on Computational Geometry*, ACM pp. 205–210, 1995. Cited on p. 878

[775] Held, Martin, "ERIT—A Collection of Efficient and Reliable Intersection Tests," *journal of graphics tools*, vol. 2, no. 4, pp. 25–44, 1997. Cited on p. 832, 845

[776] Held, Martin, "FIST: Fast Industrial-Strength Triangulation of Polygons," *Algorithmica*, vol. 30, no. 4, pp. 563–596, 2001. Cited on p. 590

[777] Hennessy, John L., and David A. Patterson, *Computer Architecture: A Quantitative Approach*, Fifth Edition, Morgan Kaufmann, 2011. Cited on p. 10, 26, 675, 681, 748, 909, 939

[778] Hennessy, Padraic, "Implementation Notes: Physically Based Lens Flares," *Placeholder Art* blog, Jan. 19, 2015. Cited on p. 454

[779] Hennessy, Padraic, "Mixed Resolution Rendering in *Skylanders: SuperChargers*," *Game Developers Conference*, Mar. 2016. Cited on p. 449

[780] Hensley, Justin, and Thorsten Scheuermann, "Dynamic Glossy Environment Reflections Using Summed-Area Tables," in Wolfgang Engel, ed., *ShaderX⁴*, Charles River Media, pp. 187–200, 2005. Cited on p. 165, 361

[781] Hensley, Justin, Thorsten Scheuermann, Greg Coombe, Montek Singh, and Anselmo Lastra, "Fast Summed-Area Table Generation and Its Applications," *Computer Graphics Forum*, vol. 24, no. 3, pp. 547–555, 2005. Cited on p. 165, 361

[782] Hensley, Justin, "Shiny, Blurry Things," *SIGGRAPH Beyond Programmable Shading course*, Aug. 2009. Cited on p. 361

[783] Henyey, L. G., and J. L. Greenstein, "Diffuse Radiation in the Galaxy," in *Astrophysical Journal*, vol. 93, pp. 70–83, 1941. Cited on p. 516

[784] Herf, M., and P. S. Heckbert, "Fast Soft Shadows," in *ACM SIGGRAPH '96 Visual Proceedings*, ACM, p. 145, Aug. 1996. Cited on p. 201

[785] Hermann, Everton, François Faure, and Bruno Raffin, "Ray-Traced Collision Detection for Deformable Bodies," *International Conference on Computer Graphics Theory and Applications (GRAPP)*, Jan. 2008. Cited on p. 884

[786] Hermosilla, Pedro, and Pere-Pau Vázquez, "NPR Effects Using the Geometry Shader," in Wolfgang Engel, ed., *GPU Pro*, A K Peters, Ltd., pp. 149–165, 2010. Cited on p. 575

[787] Herrell, Russ, Joe Baldwin, and Chris Wilcox, "High-Quality Polygon Edging," *IEEE Computer Graphics and Applications*, vol. 15, no. 4, pp. 68–74, July 1995. Cited on p. 580

[788] Hertzmann, Aaron, "Introduction to 3D Non-Photorealistic Rendering: Silhouettes and Outlines," *SIGGRAPH Non-Photorealistic Rendering course*, Aug. 1999. Cited on p. 571, 574

[789] Hertzmann, Aaron, and Denis Zorin, "Illustrating Smooth Surfaces," in *SIGGRAPH '00: Proceedings of the 27th Annual Conference on Computer Graphics and Interactive Techniques*, ACM Press/Addison-Wesley Publishing Co., pp. 517–526, July 2000. Cited on p. 574, 575, 579

[790] Hertzmann, Aaron, "A Survey of Stroke-Based Rendering," *IEEE Computer Graphics and Applications*, vol. 23, no. 4, pp. 70–81, July/Aug. 2003. Cited on p. 585

[791] Hertzmann, Aaron, "Non-Photorealistic Rendering and the Science of Art," in *Proceedings of the 8th International Symposium on Non-Photorealistic Animation and Rendering*, ACM, pp. 147–157, 2010. Cited on p. 585

[792] Hery, Christophe, "On Shadow Buffers," *Stupid RenderMan/RAT Tricks*, SIGGRAPH 2002 RenderMan Users Group meeting, July 2002. Cited on p. 551

[793] Hery, Christophe, "Implementing a Skin BSSRDF (or Several)," *SIGGRAPH RenderMan, Theory and Practice course*, July 2003. Cited on p. 551

[794] Hery, Christophe, Michael Kass, and Junyi Ling, "Geometry into Shading," Technical memo, Pixar Animation Studios, 2014. Cited on p. 321

[795] Hery, Christophe, and Junyi Ling, "Pixar's Foundation for Materials: PxrSurface and PxrMarschnerHair," *SIGGRAPH Physically Based Shading in Theory and Practice course*, Aug. 2017. Cited on p. 280, 298, 311, 314, 315, 321

[796] Herzog, Robert, Elmar Eisemann, Karol Myszkowski, and H.-P. Seidel, "Spatio-Temporal Upsampling on the GPU," in *Proceedings of the 2010 ACM SIGGRAPH Symposium on Interactive 3D Graphics and Games*, ACM, pp. 91–98, 2010. Cited on p. 449

[797] Hicks, Odell, "A Simulation of Thermal Imaging," in Wolfgang Engel, ed., *ShaderX³*, Charles River Media, pp. 169–170, 2004. Cited on p. 449

[798] Hill, F. S., Jr., "The Pleasures of 'Perp Dot' Products," in Paul S. Heckbert, ed., *Graphics Gems IV*, Academic Press, pp. 138–148, 1994. Cited on p. 7, 857

[799] Hill, Steve, "A Simple Fast Memory Allocator," in David Kirk, ed., *Graphics Gems III*, Academic Press, pp. 49–50, 1992. Cited on p. 684

[800] Hill, Stephen, "Rendering with Conviction," *Game Developers Conference*, Mar. 2010. Cited on

参考文献   1015

p. 390, 394

[801] Hill, Stephen, and Daniel Collin, "Practical, Dynamic Visibility for Games," in Wolfgang Engel, ed., *GPU Pro²*, A K Peters/CRC Press, pp. 329–348, 2011. Cited on p. 732

[802] Hill, Stephen, "Specular Showdown in the Wild West," *Self-Shadow* blog, July 22, 2011. Cited on p. 321

[803] Hill, Stephen, and Dan Baker, "Rock-Solid Shading: Image Stability Without Sacrificing Detail," *SIGGRAPH Advances in Real-Time Rendering in Games course*, Aug. 2012. Cited on p. 321, 322

[804] Hillaire, Sébastien, "Improving Performance by Reducing Calls to the Driver," in Patrick Cozzi & Christophe Riccio, eds., *OpenGL Insights*, CRC Press, pp. 353–363, 2012. Cited on p. 686, 687, 688

[805] Hillaire, Sébastien, "Physically-Based and Unified Volumetric Rendering in Frostbite," *SIGGRAPH Advances in Real-Time Rendering course*, Aug. 2015. Cited on p. 494, 527, 528, 529

[806] Hillaire, Sébastien, "Physically Based Sky, Atmosphere and Cloud Rendering in Frostbite," *SIGGRAPH Physically Based Shading in Theory and Practice course*, July 2016. Cited on p. 509, 515, 517, 519, 527, 530, 531, 532, 535, 536, 537, 538, 560

[807] Hillaire, Sébastien, "Volumetric Stanford Bunny," *Shadertoy*, Mar. 25, 2017. Cited on p. 513

[808] Hillaire, Sébastien, "Real-Time Raytracing for Interactive Global Illumination Workflows in Frostbite," *Game Developers Conference*, Mar. 2018. Cited on p. 967, 979

[809] Hillesland, Karl, "Real-Time Ptex and Vector Displacement," in Wolfgang Engel, ed., *GPU Pro⁴*, CRC Press, pp. 69–80, 2013. Cited on p. 169

[810] Hillesland, K. E., and J. C. Yang, "Texel Shading," in *Eurographics 2016—Short Papers*, Eurographics Association, pp. 73–76, May 2016. Cited on p. 789

[811] Hillesland, Karl, "Texel Shading," *GPUOpen* website, July 21, 2016. Cited on p. 789

[812] Hinsinger, D., F. Neyret, and M.-P. Cani, "Interactive Animation of Ocean Waves," in *Proceedings of the 2002 ACM SIGGRAPH/Eurographics Symposium on Computer Animation*, ACM, pp. 161–166, 2002. Cited on p. 757

[813] Hirche, Johannes, Alexander Ehlert, Stefan Guthe, and Michael Doggett, "Hardware Accelerated Per-Pixel Displacement Mapping," in *Graphics Interface 2004*, Canadian Human-Computer Communications Society, pp. 153–158, 2004. Cited on p. 194

[814] Hoberock, Jared, and Yuntao Jia, "High-Quality Ambient Occlusion," in Hubert Nguyen, ed., *GPU Gems 3*, Addison-Wesley, pp. 257–274, 2007. Cited on p. 392

[815] Hoetzlein, Rama, "GVDB: Raytracing Sparse Voxel Database Structures on the GPU," *High Performance Graphics*, June 2016. Cited on p. 500, 504, 506

[816] Hoetzlein, Rama, "NVIDIA®GVDB Voxels: Programming Guide," NVIDIA website, May 2017. Cited on p. 500, 502, 504

[817] Hoffman, Donald D., *Visual Intelligence*, W. W. Norton & Company, 2000. Cited on p. 133

[818] Hoffman, Naty, and Kenny Mitchell, "Photorealistic Terrain Lighting in Real Time," *Game Developer*, vol. 8, no. 7, pp. 32–41, July 2001. More detailed version in "Real-Time Photorealistic Terrain Lighting," *Game Developers Conference*, Mar. 2001. Also collected in [1919]. Cited on p. 389

[819] Hoffman, Naty, "Color Enhancement for Videogames," *SIGGRAPH Color Enhancement and Rendering in Film and Game Production course*, July 2010. Cited on p. 254, 255

[820] Hoffman, Naty, "Outside the Echo Chamber: Learning from Other Disciplines, Industries, and Art Forms," Opening keynote of *Symposium on Interactive 3D Graphics and Games*, Mar. 2013. Cited on p. 249, 254

[821] Hoffman, Naty, "Background: Physics and Math of Shading," *SIGGRAPH Physically Based Shading in Theory and Practice course*, July 2013. Cited on p. 275

[822] Holbert, Daniel, "Normal Offset Shadows," *Dissident Logic* blog, Aug. 27, 2010. Cited on p. 210

[823] Holbert, Daniel, "Saying 'Goodbye' to Shadow Acne," *Game Developers Conference poster*, Mar. 2011. Cited on p. 210

[824] Hollemeersch, C.-F., B. Pieters, P. Lambert, and R. Van de Walle, "Accelerating Virtual Texturing Using CUDA," in Wolfgang Engel, ed., *GPU Pro*, A K Peters, Ltd., pp. 623–642, 2010. Cited on p. 750

[825] Holzschuch, Nicolas, and Romain Pacanowski, "Identifying Diffraction Effects in Measured Reflectances," *Eurographics Workshop on Material Appearance Modeling*, June 2015. Cited on p. 313

[826] Holzschuch, Nicolas, and Romain Pacanowski, "A Two-Scale Microfacet Reflectance Model Combining Reflection and Diffraction," *ACM Transactions on Graphics (SIGGRAPH 2017)*, vol. 36, no. 4, pp. 66:1–66:12, July 2017. Cited on p. 288, 298, 313

[827] Hoobler, Nathan, "High Performance Post-Processing," *Game Developers Conference*, Mar. 2011. Cited on p. 48, 463

[828] Hoobler, Nathan, "Fast, Flexible, Physically-Based Volumetric Light Scattering," *Game Developers Conference*, Mar. 2016. Cited on p. 525

[829] Hooker, JT, "Volumetric Global Illumination at Treyarch," *SIGGRAPH Advances in Real-Time Rendering in Games course*, July 2016. Cited on p. 341, 412, 420, 421

[830] Hoppe, H., T. DeRose, T. Duchamp, M. Halstead, H. Jin, J. McDonald, J. Schweitzer, and W. Stuetzle, "Piecewise Smooth Surface Reconstruction," in *SIGGRAPH '94: Proceedings of the 21st Annual Conference on Computer Graphics and Interactive Techniques*, ACM, pp. 295–302, July 1994. Cited on p. 654, 655, 656, 658

[831] Hoppe, Hugues, "Progressive Meshes," in *SIGGRAPH '96: Proceedings of the 23rd Annual Conference on Computer Graphics and Interactive Techniques*, ACM, pp. 99–108, Aug. 1996. Cited on p. 609, 612, 742

[832] Hoppe, Hugues, "View-Dependent Refinement of Progressive Meshes," in *SIGGRAPH '97: Proceedings of the 24th Annual Conference on Computer Graphics and Interactive Techniques*, ACM Press/Addison-Wesley Publishing Co., pp. 189–198, Aug. 1997. Cited on p. 666

[833] Hoppe, Hugues, "Efficient Implementation of Progressive Meshes," *Computers and Graphics*, vol. 22, no. 1, pp. 27–36, 1998. Cited on p. 610, 612

[834] Hoppe, Hugues, "Optimization of Mesh Locality for Transparent Vertex Caching," in *SIGGRAPH '99: Proceedings of the 26th Annual Conference on Computer Graphics and Interactive Techniques*, ACM Press/Addison-Wesley Publishing Co., pp. 269–276, Aug. 1999. Cited on p. 604

[835] Hoppe, Hugues, "New Quadric Metric for Simplifying Meshes with Appearance Attributes," in *Proceedings of Visualization '99*, IEEE Computer Society, pp. 59–66, Oct. 1999. Cited on p. 611

[836] Hormann, K., and M. Floater, "Mean Value Coordinates for Arbitrary Planar Polygons," *ACM Transactions on Graphics*, vol. 25, no. 4, pp. 1424–1441, Oct. 2006. Cited on p. 841

[837] Hormann, Kai, Bruno Lévy, and Alla Sheffer, *SIGGRAPH Mesh Parameterization: Theory and Practice course*, Aug. 2007. Cited on p. 152

[838] Horn, Daniel Reiter, Jeremy Sugerman, Mike Houston, and Pat Hanrahan, "Interactive k-D tree GPU Raytracing," *Proceedings of the 2007 Symposium on Interactive 3D Graphics and Games*, 2007. Cited on p. 959

[839] Hornus, Samuel, Jared Hoberock, Sylvain Lefebvre, and John Hart, "*ZP+*: Correct Z-Pass Stencil Shadows," in *Proceedings of the 2005 Symposium on Interactive 3D Graphics and Games*, ACM, pp. 195–202, Apr. 2005. Cited on p. 205

[840] Horvath, Helmuth, "Gustav Mie and the Scattering and Absorption of Light by Particles: Historic Developments and Basics," *Journal of Quantitative Spectroscopy and Radiative Transfer*, vol. 110, no. 11, pp. 787–799, 2009. Cited on p. 516

[841] Hoschek, Josef, and Dieter Lasser, *Fundamentals of Computer Aided Geometric Design*, A K Peters, Ltd., 1993. Cited on p. 620, 622, 626, 632, 633, 638, 640, 646, 650, 672, 673

[842] Hosek, Lukas, and Alexander Wilkie, "An Analytic Model for Full Spectral Sky-Dome Radiance," *ACM Transaction on Graphics*, vol. 31, no. 4, pp. 1–9, July 2012. Cited on p. 530

[843] Hu, Jinhui, Suya You, and Ulrich Neumann, "Approaches to Large-Scale Urban Modeling," *IEEE Computer Graphics and Applications*, vol. 23, no. 6, pp. 62–69, Nov./Dec. 2003. Cited on p. 495

[844] Hu, L., P. Sander, and H. Hoppe, "Parallel View-Dependent Level-of-Detail Control," *IEEE Transactions on Visualization and Computer Graphics*, vol. 16, no. 5, pp. 718–728, 2010. Cited on p. 409, 742

[845] Hu, Liwen, Chongyang Ma, Linjie Luo, and Hao Li, "Single-View Hair Modeling Using a Hairstyle Database," *ACM Transaction on Graphics*, vol. 34, no. 4, pp. 1–9, July 2015. Cited on p. 557

[846] Hubbard, Philip M., "Approximating Polyhedra with Spheres for Time-Critical Collision Detection," *ACM Transactions on Graphics*, vol. 15, no. 3, pp. 179–210, 1996. Cited on p. 847, 878, 886, 889, 890

[847] Hughes, James, Reza Nourai, and Ed Hutchins, "Understanding, Measuring, and Analyzing VR Graphics Performance," in Wolfgang Engel, ed., *GPU Zen*, Black Cat Publishing, pp. 253–274, 2017. Cited on p. 677, 704, 812, 813, 815

[848] Hughes, John F., and Tomas Möller, "Building an Orthonormal Basis from a Unit Vector," *journal of graphics tools*, vol. 4, no. 4, pp. 33–35, 1999. Also collected in [122]. Cited on p. 66, 477

[849] Hughes, John F., Andries van Dam, Morgan McGuire, David F. Sklar, James D. Foley, Steven K. Feiner, and Kurt Akeley, *Computer Graphics: Principles and Practice*, Third Edition, Addison-Wesley, 2013. Cited on p. 89, 244

[850] Hullin, Matthias, Elmar Eisemann, Hans-Peter Seidel, and Sungkil Lee, "Physically-Based Real-Time Lens Flare Rendering," *ACM Transactions on Graphics (SIGGRAPH 2011)*, vol. 30, no. 4, pp. 108:1–108:10, July 2011. Cited on p. 453

[851] Humphreys, Greg, Mike Houston, Ren Ng, Randall Frank, Sean Ahern, Peter D. Kirchner, and James t. Klosowski, "Chromium: A Stream-Processing Framework for Interactive Rendering on Clusters," *ACM Transactions on Graphics*, vol. 21, no. 3, pp. 693–702, July 2002. Cited on p. 921

参考文献   1017

[852] Hunt, R. W. G., *The Reproduction of Colour*, Sixth Edition, John Wiley & Sons, Inc., 2004. Cited on p. 256

[853] Hunt, R. W. G., and M. R. Pointer, *Measuring Colour*, Fourth Edition, John Wiley & Sons, Inc., 2011. Cited on p. 241, 255

[854] Hunt, Warren, "Real-Time Ray-Casting for Virtual Reality," Hot 3D Session, *High-Performance Graphics*, July 2017. Cited on p. 814

[855] Hunt, Warren, Michael Mara, and Alex Nankervis, "Hierarchical Visibility for Virtual Reality," *Proceedings of the ACM on Computer Graphics and Interactive Techniques*, article no. 8, 2018. Cited on p. 962

[856] Hunter, Biver, and Paul Fuqua, *Light Science and Magic: An Introduction to Photographic Lighting*, Fourth Edition, Focal Press, 2011. Cited on p. 375

[857] Hurlburt, Stephanie, "Improving Texture Compression in Games," *Game Developers Conference AMD Capsaicin & Cream Developer Sessions*, Feb. 2017. Cited on p. 752

[858] Hwu, Wen-Mei, and David Kirk, "Programming Massively Parallel Processors," Course ECE 498 AL1 Notes, Department of Electrical and Computer Engineering, University of Illinois, Fall 2007. Cited on p. 939

[859] Igehy, Homan, Matthew Eldridge, and Kekoa Proudfoot, "Prefetching in a Texture Cache Architecture," in *Proceedings of the ACM SIGGRAPH/EUROGRAPHICS Workshop on Graphics Hardware*, ACM, pp. 133–142, Aug. 1998. Cited on p. 919

[860] Igehy, Homan, Matthew Eldridge, and Pat Hanrahan, "Parallel Texture Caching," in *Proceedings of the ACM SIGGRAPH/EUROGRAPHICS Workshop on Graphics Hardware*, ACM, pp. 95–106, Aug. 1999. Cited on p. 919

[861] Igehy, Homan, "Tracing Ray Differentials," in *SIGGRAPH '99: Proceedings of the 26th Annual Conference on Computer Graphics and Interactive Techniques*, ACM Press/Addison-Wesley Publishing Co., pp. 179–186, Aug. 1999. Cited on p. 970

[862] Iglesias-Guitian, Jose A., Bochang Moon, Charalampos Koniaris, Eric Smolikowski, and Kenny Mitchell, "Pixel History Linear Models for Real-Time Temporal Filtering," *Computer Graphics Forum (Pacific Graphics 2016)*, vol. 35, no. 7, pp. 363–372, 2016. Cited on p. 126

[863] Ikits, Milan, Joe Kniss, Aaron Lefohn, and Charles Hansen, "Volume Rendering Techniques," in Randima Fernando, ed., *GPU Gems*, Addison-Wesley, pp. 667–692, 2004. Cited on p. 523, 524

[864] Iourcha, Konstantine, and Jason C. Yang, "A Directionally Adaptive Edge Anti-Aliasing Filter," in *Proceedings of the Conference on High-Performance Graphics 2009*, ACM, pp. 127–133, Aug. 2009. Cited on p. 130

[865] Isenberg, Tobias, Bert Freudenberg, Nick Halper, Stefan Schlechtweg, and Thomas Strothotte, "A Developer's Guide to Silhouette Algorithms for Polygonal Models," *IEEE Computer Graphics and Applications*, vol. 23, no. 4, pp. 28–37, July/Aug. 2003. Cited on p. 585

[866] Isenberg, M., and P. Alliez, "Compressing Polygon Mesh Geometry with Parallelogram Prediction," in *Proceedings of the Conference on Visualization '02*, IEEE Computer Society, pp. 141–146, 2002. Cited on p. 79

[867] Isensee, Pete, "C++ Optimization Strategies and Techniques," *Pete Isensee* website, 2007. Cited on p. 704

[868] Isidoro, John, Alex Vlachos, and Chris Brennan, "Rendering Ocean Water," in Wolfgang Engel, ed., *Direct3D ShaderX: Vertex & Pixel Shader Tips and Techniques*, Wordware, pp. 347–356, May 2002. Cited on p. 38

[869] Isidoro, John, "Next Generation Skin Rendering," *Game Tech Conference*, 2004. Cited on p. 548

[870] Isidoro, John, "Shadow Mapping: GPU-Based Tips and Techniques," *Game Developers Conference*, Mar. 2006. Cited on p. 220

[871] Iwanicki, Michał, "Normal Mapping with Low-Frequency Precomputed Visibility," in *SIGGRAPH 2009 Talks*, ACM, article no. 52, Aug. 2009. Cited on p. 403, 406

[872] Iwanicki, Michał, "Lighting Technology of *The Last of Us*," in *ACM SIGGRAPH 2013 Talks*, ACM, article no. 20, July 2013. Cited on p. 202, 254, 403, 410, 419, 429

[873] Iwanicki, Michał, and Angelo Pesce, "Approximate Models for Physically Based Rendering," *SIGGRAPH Physically Based Shading in Theory and Practice course*, Aug. 2015. Cited on p. 334, 335, 363, 365, 432

[874] Iwanicki, Michał, and Peter-Pike Sloan, "Ambient Dice," *Eurographics Symposium on Rendering—Experimental Ideas & Implementations*, June 2017. Cited on p. 341, 412, 420

[875] Iwanicki, Michał, and Peter-Pike Sloan, "Precomputed Lighting in *Call of Duty: Infinite Warfare*," *SIGGRAPH Advances in Real-Time Rendering in Games course*, Aug. 2017. Cited on p. 347, 406, 410, 422

[876] Jakob, Wenzel, Miloš Hašan, Ling-Qi Yan, Jason Lawrence, Ravi Ramamoorthi, and Steve Marschner, "Discrete Stochastic Microfacet Models," *ACM Transactions on Graphics (SIGGRAPH 2014)*, vol. 33, no. 4, pp. 115:1–115:9, July 2014. Cited on p. 323

[877] Jakob, Wenzel, Eugene d'Eon, Otto Jakob, and Steve Marschner, "A Comprehensive Framework for Rendering Layered Materials," *ACM Transactions on Graphics (SIGGRAPH 2014)*, vol. 33, no. 4, pp. 118:1–118:14, July 2014. Cited on p. 300, 316

[878] Jakob, Wenzel, "layerlab: A Computational Toolbox for Layered Materials," *SIGGRAPH Physically Based Shading in Theory and Practice course*, Aug. 2015. Cited on p. 316

[879] James, Doug L., and Dinesh K. Pai, "BD-Tree: Output-Sensitive Collision Detection for Reduced Deformable Models," *ACM Transactions on Graphics*, vol. 23, no. 3, pp. 393–398, Aug. 2004. Cited on p. 891

[880] James, Doug L., and Christopher D. Twigg, "Skinning Mesh Animations," *ACM Transactions on Graphics*, vol. 23, no. 3, pp. 399–407, Aug. 2004. Cited on p. 74

[881] James, Greg, "Operations for Hardware Accelerated Procedural Texture Animation," in Mark DeLoura, ed., *Game Programming Gems 2*, Charles River Media, pp. 497–509, 2001. Cited on p. 450

[882] James, Greg, and John O'Rorke, "Real-Time Glow," in Randima Fernando, ed., *GPU Gems*, Addison-Wesley, pp. 343–362, 2004. Cited on p. 446, 447, 455

[883] Jansen, Jon, and Louis Bavoil, "Fast Rendering of Opacity-Mapped Particles Using DirectX 11 Tessellation and Mixed Resolutions," NVIDIA White Paper, Feb. 2011. Cited on p. 449, 492, 493, 526, 529

[884] Jarosz, Wojciech, "Fast Image Convolutions," SIGGRAPH Workshop at University of Illinois at Urbana-Champaign, 2001. Cited on p. 447

[885] Jarosz, Wojciech, *Efficient Monte Carlo Methods for Light Transport in Scattering Media*, PhD Thesis, University of California, San Diego, Sept. 2008. Cited on p. 509

[886] Jarosz, Wojciech, Nathan A. Carr, and Henrik Wann Jensen, "Importance Sampling Spherical Harmonics," *Computer Graphics Forum*, vol. 28, no. 2, pp. 577–586, 2009. Cited on p. 361

[887] Jendersie, Johannes, David Kuri, and Thorsten Grosch, "Precomputed Illuminance Composition for Real-Time Global Illumination," in *Proceedings of the 20th ACM SIGGRAPH Symposium on Interactive 3D Graphics and Games*, ACM, pp. 129–137, 2016. Cited on p. 416

[888] Jensen, Henrik Wann, Justin Legakis, and Julie Dorsey, "Rendering of Wet Materials," in *Rendering Techniques '99*, Springer, pp. 273–282, June 1999. Cited on p. 303

[889] Jensen, Henrik Wann, *Realistic Image Synthesis Using Photon Mapping*, A K Peters, Ltd., 2001. Cited on p. 544

[890] Jensen, Henrik Wann, Stephen R. Marschner, Marc Levoy, and Pat Hanrahan, "A Practical Model for Subsurface Light Transport," in *SIGGRAPH '01 Proceedings of the 28th Annual Conference on Computer Graphics and Interactive Techniques*, ACM, pp. 511–518, Aug. 2001. Cited on p. 547, 551

[891] Jeschke, Stefan, Stephan Mantler, and Michael Wimmer, "Interactive Smooth and Curved Shell Mapping," in *Rendering Techniques*, Eurographics Association, pp. 351–360, June 2007. Cited on p. 194

[892] Jiang, Yibing, "The Process of Creating Volumetric-Based Materials in *Uncharted 4*," *SIGGRAPH Advances in Real-Time Rendering in Games course*, July 2016. Cited on p. 309, 310, 311

[893] Jiménez, J. J., F. R. Feito, and R. J. Segura, "Robust and Optimized Algorithms for the Point-in-Polygon Inclusion Test without Pre-processing," *Computer Graphics Forum*, vol. 28, no. 8, pp. 2264–2274, 2009. Cited on p. 841

[894] Jiménez, J. J., David Whelan, Veronica Sundstedt, and Diego Gutierrez, "Real-Time Realistic Skin Translucency," *Computer Graphics and Applications*, vol. 30, no. 4, pp. 32–41, 2010. Cited on p. 550

[895] Jimenez, Jorge, Belen Masia, Jose I. Echevarria, Fernando Navarro, and Diego Gutierrez, "Practical Morphological Antialiasing," in Wolfgang Engel, ed., *GPU Pro^2*, A K Peters/CRC Press, pp. 95–113, 2011. Cited on p. 131

[896] Jimenez, Jorge, Diego Gutierrez, et al., *SIGGRAPH Filtering Approaches for Real-Time Anti-Aliasing course*, Aug. 2011. Cited on p. 129, 146

[897] Jimenez, Jorge, Jose I. Echevarria, Tiago Sousa, and Diego Gutierrez, "SMAA: Enhanced Subpixel Morphological Antialiasing," *Computer Graphics Forum*, vol. 31, no. 2, pp. 355–364, 2012. Cited on p. 129, 131

[898] Jimenez, Jorge, "Next Generation Character Rendering," *Game Developers Conference*, Mar. 2013. Cited on p. 549, 550

[899] Jimenez, Jorge, "Next Generation Post Processing in *Call of Duty Advanced Warfare*," *SIGGRAPH Advances in Real-Time Rendering in Games course*, Aug. 2014. Cited on p. 222, 454, 455, 461, 462, 464, 466, 467, 468, 469

[900] Jimenez, Jorge, Karoly Zsolnai, Adrian Jarabo, Christian Freude, Thomas Auzinger, Xian-Chun Wu, Javier von der Pahlen, Michael Wimmer, and Diego Gutierrez, "Separable Subsurface Scattering," *Computer Graphics Forum*, vol. 34, no. 6, pp. 188–197, 2015. Cited on p. 549, 550

[901] Jimenez, Jorge, "Filmic SMAA: Sharp Morphological and Temporal Antialiasing," *SIGGRAPH Advances in Real-Time Rendering in Games course*, July 2016. Cited on p. 131

[902] Jimenez, Jorge, Xianchun Wu, Angelo Pesce, and Adrian Jarabo, "Practical Real-Time Strategies for Accurate Indirect Occlusion," *SIGGRAPH Physically Based Shading in Theory and Practice course*, July 2016. Cited on p. 389, 397, 398, 399, 403, 407

[903] Jimenez, Jorge, "Dynamic Temporal Antialiasing in *Call of Duty: Infinite Warfare*," *SIGGRAPH Advances in Real-Time Rendering in Games course*, Aug. 2017. Cited on p. 125, 126, 128, 129, 131, 146, 695

[904] Jiménez, P., and Thomas C. Torras, "3D Collision Detection: A Survey," *Computers & Graphics*, vol. 25, pp. 269–285, 2001. Cited on p. 882

[905] Jin, Shuangshuang, Robert R. Lewis, and David West, "A Comparison of Algorithms for Vertex Normal Computation," *The Visual Computer*, vol. 21, pp. 71–82, 2005. Cited on p. 599

[906] Johansson, Mikael, "Efficient Stereoscopic Rendering of Building Information Models (BIM)," *Journal of Computer Graphics Techniques*, vol. 5, no. 3, pp. 1–17, 2016. Cited on p. 804

[907] Johnson, G. S., J. Lee, C. A. Burns, and W. R. Mark, "The Irregular Z-Buffer: Hardware Acceleration for Irregular Data Structures," *ACM Transactions on Graphics*, vol. 24, no. 4, pp. 1462–1482, Oct. 2005. Cited on p. 229

[908] Johnsson, Björn, Per Ganestam, Michael Doggett, and Tomas Akenine-Möller, "Power Efficiency for Software Algorithms Running on Graphics Processors," in *Proceedings of the Fourth ACM SIGGRAPH / Eurographics Conference on High-Performance Graphics*, Eurographics Association, pp. 67–75, June 2012. Cited on p. 681

[909] Jones, James L., "Efficient Morph Target Animation Using OpenGL ES 3.0," in Wolfgang Engel, ed., *GPU Pro^5*, CRC Press, pp. 289–295, 2014. Cited on p. 79

[910] Jönsson, Daniel, Erik Sundén, Anders Ynnerman, and Timo Ropinski, "A Survey of Volumetric Illumination Techniques for Interactive Volume Rendering," *Computer Graphics Forum*, vol. 33, no. 1, pp. 27–51, 2014. Cited on p. 522

[911] Joy, Kenneth I., *On-Line Geometric Modeling Notes*, http://graphics.idav.ucdavis.edu/education/CAGDNotes/homepage.html, 1996. Cited on p. 652

[912] Junkins, S., "The Compute Architecture of Intel Processor Graphics Gen9," Intel White Paper v1.0, Aug. 2015. Cited on p. 908, 909

[913] Kajiya, James T., "Anisotropic Reflection Models," *Computer Graphics (SIGGRAPH '85 Proceedings)*, vol. 19, no. 3, pp. 15–21, July 1985. Cited on p. 737

[914] Kajiya, James T., "The Rendering Equation," *Computer Graphics (SIGGRAPH '86 Proceedings)*, vol. 20, no. 4, pp. 143–150, Aug. 1986. Cited on p. 274, 377, 383, 946

[915] Kajiya, James T., and Timothy L. Kay, "Rendering Fur with Three Dimensional Textures," *Computer Graphics (SIGGRAPH '89 Proceedings)*, vol. 17, no. 3, pp. 271–280, July 1989. Cited on p. 311, 555

[916] Kalnins, Robert D., Philip L. Davidson, Lee Markosian, and Adam Finkelstein, "Coherent Stylized Silhouettes," *ACM Transactions on Graphics (SIGGRAPH 2003)*, vol. 22, no. 3, pp. 856–861, 2003. Cited on p. 575

[917] Kalojanov, Javor, Markus Billeter, and Philipp Slusallek, "Two-Level Grids for Ray Tracing on GPUs," *Computer Graphics Forum*, vol. 30, no. 2, pp. 307–314, 2011. Cited on p. 953

[918] Kämpe, Viktor, *Fast, Memory-Efficient Construction of Voxelized Shadows*, PhD Thesis, Chalmers University of Technology, 2016. Cited on p. 507

[919] Kämpe, Viktor, Erik Sintorn, Ola Olsson, and Ulf Assarsson, "Fast, Memory-Efficient Construction of Voxelized Shadows," *IEEE Transactions on Visualization and Computer Graphics*, vol. 22, no. 10, pp. 2239–2248, Oct. 2016. Cited on p. 233, 507

[920] Kaneko, Tomomichi, Toshiyuki Takahei, Masahiko Inami, Naoki Kawakami, Yasuyuki Yanagida, Taro Maeda, and Susumu Tachi, "Detailed Shape Representation with Parallax Mapping," *International Conference on Artificial Reality and Telexistence 2001*, Dec. 2001. Cited on p. 189

[921] Kang, H., H. Jang, C.-S. Cho, and J. Han, "Multi-Resolution Terrain Rendering with GPU Tessellation," *The Visual Computer*, vol. 31, no. 4, pp. 455–469, 2015. Cited on p. 490, 756

[922] Kaplan, Matthew, Bruce Gooch, and Elaine Cohen, "Interactive Artistic Rendering," in *Proceedings of the 1st International Symposium on Non-photorealistic Animation and Rendering*, ACM, pp. 67–74, June 2000. Cited on p. 577, 579

[923] Kaplanyan, Anton, "Light Propagation Volumes in CryEngine 3," *SIGGRAPH Advances in Real-Time Rendering in Games course*, Aug. 2009. Cited on p. 424

[924] Kaplanyan, Anton, and Carsten Dachsbacher, "Cascaded Light Propagation Volumes for Real-Time Indirect Illumination," in *Proceedings of the 2010 ACM SIGGRAPH Symposium on Interactive 3D Graphics and Games*, ACM, pp. 99–107, Feb. 2010. Cited on p. 425, 427

[925] Kaplanyan, Anton, "CryENGINE 3: Reaching the Speed of Light," *SIGGRAPH Advances in Real-Time Rendering in Games course*, July 2010. Cited on p. 173, 254, 255, 732, 766, 770

[926] Kaplanyan, Anton, Stephen Hill, Anjul Patney, and Aaron Lefohn, "Filtering Distributions of Normals for Shading Antialiasing," in *Proceedings of High-Performance Graphics*, Eurographics Association, pp. 151–162, June 2016. Cited on p. 322

[927] Kapoulkine, Arseny, "Optimal Grid Rendering Is Not Optimal," *Bits, pixels, cycles and more* blog, July 31, 2017. Cited on p. 603, 604

[928] Karabassi, Evaggelia-Aggeliki, Georgios Papaioannou, and Theoharis Theoharis, "A Fast Depth-Buffer-Based Voxelization Algorithm," *journal of graphics tools*, vol. 4, no. 4, pp. 5–10, 1999. Cited on p. 501

[929] Karis, Brian, "Tiled Light Culling," *Graphic Rants* blog, Apr. 9, 2012. Cited on p. 99, 762

[930] Karis, Brian, "Real Shading in Unreal Engine 4," *SIGGRAPH Physically Based Shading in Theory and Practice course*, July 2013. Cited on p. 99, 101, 283, 292, 296, 297, 306, 308, 332, 335, 363, 364

[931] Karis, Brian, "High Quality Temporal Supersampling," *SIGGRAPH Advances in Real-Time Rendering in Games course*, Aug. 2014. Cited on p. 125, 126, 127, 535

[932] Karis, Brian, "Physically Based Hair Shading in Unreal," *SIGGRAPH Physically Based Shading in Theory and Practice course*, July 2016. Cited on p. 554, 556, 557

[933] Karras, Tero, "Maximizing Parallelism in the Construction of BVHs, Octrees, and k-d trees," in *Proceedings of the Fourth ACM SIGGRAPH / Eurographics conference on High-Performance Graphics*, Eurographics Association, pp. 33–37, June 2012. Cited on p. 876

[934] Karras, Tero, and Timo Aila, "Fast Parallel Construction of High-Quality Bounding Volume Hierarchies," in *Proceedings of the 5th High-Performance Graphics Conference*, ACM, pp. 89–99, July 2013. Cited on p. 876, 958

[935] Kass, Michael, Aaron Lefohn, and John Owens, "Interactive Depth of Field Using Simulated Diffusion on a GPU," Technical memo, Pixar Animation Studios, 2006. Cited on p. 462

[936] Kasyan, Nikolas, "Playing with Real-Time Shadows," *SIGGRAPH Efficient Real-Time Shadows course*, July 2013. Cited on p. 48, 208, 216, 217, 222, 233, 506

[937] Kautz, Jan, Wolfgang Heidrich, and Katja Daubert, "Bump Map Shadows for OpenGL Rendering," Technical Report MPI-I-2000-4-001, Max-Planck-Institut für Informatik, Saarbrücken, Germany, Feb. 2000. Cited on p. 402

[938] Kautz, Jan, and M. D. McCool, "Approximation of Glossy Reflection with Prefiltered Environment Maps," in *Graphics Interface 2000*, Canadian Human-Computer Communications Society, pp. 119–126, May 2000. Cited on p. 364

[939] Kautz, Jan, P.-P. Vázquez, W. Heidrich, and H.-P. Seidel, "A Unified Approach to Prefiltered Environment Maps," in *Rendering Techniques 2000*, Springer, pp. 185–196, June 2000. Cited on p. 362

[940] Kautz, Jan, Peter-Pike Sloan, and John Snyder, "Fast, Arbitrary BRDF Shading for Low-Frequency Lighting Using Spherical Harmonics," in *Proceedings of the 13th Eurographics Workshop on Rendering*, Eurographics Association, pp. 291–296, June 2002. Cited on p. 346, 371

[941] Kautz, Jan, Jaakko Lehtinen, and Peter-Pike Sloan, *SIGGRAPH Precomputed Radiance Transfer: Theory and Practice course*, Aug. 2005. Cited on p. 414

[942] Kautz, Jan, "SH Light Representations," *SIGGRAPH Precomputed Radiance Transfer: Theory and Practice course*, Aug. 2005. Cited on p. 370, 371

[943] Kavan, Ladislav, Steven Collins, Jiří Žára, and Carol O'Sullivan, "Skinning with Dual Quaternions," in *Proceedings of the 2007 Symposium on Interactive 3D Graphics and Games*, ACM, pp. 39–46, Apr.–May 2007. Cited on p. 76

[944] Kavan, Ladislav, Steven Collins, Jiří Žára, and Carol O'Sullivan, "Geometric Skinning with Approximate Dual Quaternion Blending," *ACM Transactions on Graphics*, vol. 27, no. 4, pp. 105:1–105:23, 2008. Cited on p. 76

[945] Kavan, Ladislav, Simon Dobbyn, Steven Collins, Jiří Žára, and Carol O'Sullivan, "Polypostors: 2D Polygonal Impostors for 3D Crowds," in *Proceedings of the 2008 Symposium on Interactive 3D Graphics and Games*, ACM, pp. 149–156, 2008. Cited on p. 486

[946] Kavan, Ladislav, Adam W. Bargteil, and Peter-Pike Sloan, "Least Squares Vertex Baking," *Computer Graphics Forum*, vol. 30, no. 4, pp. 1319–1326, 2011. Cited on p. 390

[947] Kay, L., "SceneJS: A WebGL-Based Scene Graph Engine," in Patrick Cozzi & Christophe Riccio, eds., *OpenGL Insights*, CRC Press, pp. 571–582, 2012. Cited on p. 716

[948] Kay, T. L., and J. T. Kajiya, "Ray Tracing Complex Scenes," *Computer Graphics (SIGGRAPH '86 Proceedings)*, vol. 20, no. 4, pp. 269–278, Aug. 1986. Cited on p. 832, 834

[949] Kelemen, Csaba, and Lázló Szirmay-Kalos, "A Microfacet Based Coupled Specular-Matte BRDF Model with Importance Sampling," in *Eurographics 2001—Short Presentations*, Eurographics Association, pp. 25–34, Sept. 2001. Cited on p. 300, 305, 361

[950] Keller, Alexander, "Instant Radiosity," in *SIGGRAPH '97: Proceedings of the 24th Annual Conference on Computer Graphics and Interactive Techniques*, ACM Press/Addison-Wesley Publish-

参考文献   1021

ing Co., pp. 49–56, Aug. 1997. Cited on p. 423

[951] Keller, Alexander, and Wolfgang Heidrich, "Interleaved Sampling," *Rendering Techniques 2001*, Springer, pp. 269–276, 2001. Cited on p. 128, 963

[952] Kemen, B., "Logarithmic Depth Buffer Optimizations & Fixes," *Outerra* blog, July 18, 2013. Cited on p. 88

[953] Kensler, Andrew, and Peter Shirley, "Optimizing Ray-Triangle Intersection via Automated Search," in *2006 IEEE Symposium on Interactive Ray Tracing*, IEEE Computer Society, pp. 33–38, 2006. Cited on p. 835

[954] Kent, James R., Wayne E. Carlson, and Richard E. Parent, "Shape Transformation for Polyhedral Objects," *Computer Graphics (SIGGRAPH '92 Proceedings)*, vol. 26, no. 2, pp. 47–54, 1992. Cited on p. 76

[955] Kershaw, Kathleen, *A Generalized Texture-Mapping Pipeline*, MSc thesis, Program of Computer Graphics, Cornell University, Ithaca, New York, 1992. Cited on p. 149, 150

[956] Kessenich, John, Graham Sellers, and Dave Shreiner, *OpenGL Programming Guide: The Official Guide to Learning OpenGL, Version 4.5 with SPIR-V*, Ninth Edition, Addison-Wesley, 2016. Cited on p. 23, 34, 36, 49, 84, 153, 154

[957] Kettlewell, Richard, "Rendering in Codemasters' GRID2 and beyond," *Game Developers Conference*, Mar. 2014. Cited on p. 228

[958] Kharlamov, Alexander, Iain Cantlay, and Yury Stepanenko, "Next-Generation SpeedTree Rendering," in Hubert Nguyen, ed., *GPU Gems 3*, Addison-Wesley, pp. 69–92, 2007. Cited on p. 182, 484, 487, 558, 739

[959] Kihl, Robert, "Destruction Masking in Frostbite 2 Using Volume Distance Fields," *SIGGRAPH Advances in Real-Time Rendering in Games course*, July 2010. Cited on p. 769, 770

[960] Kilgard, Mark J., "Realizing OpenGL: Two Implementations of One Architecture," in *Proceedings of the ACM SIGGRAPH/EUROGRAPHICS Workshop on Graphics Hardware*, ACM, pp. 45–55, Aug. 1997. Cited on p. 909

[961] Kilgard, Mark J., "Creating Reflections and Shadows Using Stencil Buffers," *Game Developers Conference*, Mar. 1999. Cited on p. 695

[962] Kilgard, Mark J., "A Practical and Robust Bump-Mapping Technique for Today's GPUs," *Game Developers Conference*, Mar. 2000. Cited on p. 188, 189

[963] Kim, Pope, and Daniel Barrero, "Rendering Tech of Space Marine," *Korea Game Conference*, Nov. 2011. Cited on p. 772, 778, 783

[964] Kim, Pope, "Screen Space Decals in *Warhammer 40,000: Space Marine*," in *ACM SIGGRAPH 2012 Talks*, article no. 6, Aug. 2012. Cited on p. 768, 769

[965] Kim, Tae-Yong, and Ulrich Neumann, "Opacity Shadow Maps," in *Rendering Techniques 2001*, Springer, pp. 177–182, 2001. Cited on p. 227, 494, 529

[966] King, Gary, and William Newhall, "Efficient Omnidirectional Shadow Maps," in Wolfgang Engel, ed., *ShaderX³*, Charles River Media, pp. 435–448, 2004. Cited on p. 208

[967] King, Gary, "Shadow Mapping Algorithms," GPU Jackpot presentation, Oct. 2004. Cited on p. 208, 213

[968] King, Gary, "Real-Time Computation of Dynamic Irradiance Environment Maps," in Matt Pharr, ed., *GPU Gems 2*, Addison-Wesley, pp. 167–176, 2005. Cited on p. 366, 369, 370, 371

[969] King, Yossarian, "Never Let 'Em See You Pop—Issues in Geometric Level of Detail Selection," in Mark DeLoura, ed., *Game Programming Gems*, Charles River Media, pp. 432–438, 2000. Cited on p. 743, 746

[970] King, Yossarian, "2D Lens Flare," in Mark DeLoura, ed., *Game Programming Gems*, Charles River Media, pp. 515–518, 2000. Cited on p. 453

[971] Kircher, Scott, "Lighting & Simplifying *Saints Row: The Third*," *Game Developers Conference*, Mar. 2012. Cited on p. 769, 770

[972] Kirk, David B., and Douglas Voorhies, "The Rendering Architecture of the DN10000VS," *Computer Graphics (SIGGRAPH '90 Proceedings)*, vol. 24, no. 4, pp. 299–307, Aug. 1990. Cited on p. 163

[973] Kirk, David, ed., *Graphics Gems III*, Academic Press, 1992. Cited on p. 89, 865

[974] Kirk, David B., and Wen-mei W. Hwu, *Programming Massively Parallel Processors: A Hands-on Approach*, Third Edition, Morgan Kaufmann, 2016. Cited on p. 49, 939

[975] Klehm, Oliver, Tobias Ritschel, Elmar Eisemann, and Hans-Peter Seidel, "Bent Normals and Cones in Screen Space," in *Vision, Modeling, and Visualization*, Eurographics Association, pp. 177–182, 2011. Cited on p. 403, 406

[976] Klein, Allison W., Wilmot Li, Michael M. Kazhdan, Wagner T. Corrêa, Adam Finkelstein, and Thomas A. Funkhouser, "Non-Photorealistic Virtual Environments," in *SIGGRAPH '00: Proceedings of the 27th Annual Conference on Computer Graphics and Interactive Techniques*, ACM Press/Addison-Wesley Publishing Co., pp. 527–534, July 2000. Cited on p. 577

[977] Klein, R., G. Liebich, and W. Strasser, "Mesh Reduction with Error Control," in *Proceedings of the 7th Conference on Visualization '96*, IEEE Computer Society, pp. 311–318, 1996. Cited on p. 755

[978] Kleinhuis, Christian, "Morph Target Animation Using DirectX," in Wolfgang Engel, ed., *ShaderX⁴*, Charles River Media, pp. 39–45, 2005. Cited on p. 78

[979] Klint, Josh, "Vegetation Management in Leadwerks Game Engine 4," in Eric Lengyel, ed., *Game Engine Gems 3*, CRC Press, pp. 53–71, 2016. Cited on p. 484

[980] Kloetzli, J., "D3D11 Software Tessellation," *Game Developers Conference*, Mar. 2013. Cited on p. 758

[981] Klosowski, J. T., M. Held, J. S. B. Mitchell, H. Sowizral, and K. Zikan, "Efficient Collision Detection Using Bounding Volume Hierarchies of k-DOPs," *IEEE Transactions on Visualization and Computer Graphics*, vol. 4, no. 1, pp. 21–36, 1998. Cited on p. 849, 874, 877, 878

[982] Knight, Balor, Matthew Ritchie, and George Parrish, "Screen-Space Classification for Efficient Deferred Shading," Eric Lengyel, ed., *Game Engine Gems 2*, A K Peters, Ltd., pp. 55–73, 2011. Cited on p. 777

[983] Kniss, Joe, G. Kindlmann, and C. Hansen, "Multi-Dimensional Transfer Functions for Interactive Volume Rendering," *IEEE Transactions on Visualization and Computer Graphics*, vol. 8, no. 3, pp. 270–285, 2002. Cited on p. 523, 524

[984] Kniss, Joe, S. Premoze, C.Hansen, P. Shirley, and A. McPherson, "A Model for Volume Lighting and Modeling," *IEEE Transactions on Visualization and Computer Graphics*, vol. 9, no. 2, pp. 150–162, 2003. Cited on p. 523

[985] Knowles, Pyarelal, Geoff Leach, and Fabio Zambetta, "Efficient Layered Fragment Buffer Techniques," in Patrick Cozzi & Christophe Riccio, eds., *OpenGL Insights*, CRC Press, pp. 279–292, 2012. Cited on p. 137

[986] Knuth, Donald E., *The Art of Computer Programming: Sorting and Searching*, vol. 3, Second Edition, Addison-Wesley, 1998. Cited on p. 870

[987] Kobbelt, Leif, "$\sqrt{3}$-Subdivision," in *SIGGRAPH '00: Proceedings of the 27th Annual Conference on Computer Graphics and Interactive Techniques*, ACM Press/Addison-Wesley Publishing Co., pp. 103–112, July 2000. Cited on p. 652, 656

[988] Kobbelt, Leif, and Mario Botsch, "A Survey of Point-Based Techniques in Computer Graphics," *Computers & Graphics*, vol. 28, no. 6, pp. 801–814, Dec. 2004. Cited on p. 500

[989] Kochanek, Doris H. U., and Richard H. Bartels, "Interpolating Splines with Local Tension, Continuity, and Bias Control," *Computer Graphics (SIGGRAPH '84 Proceedings)*, vol. 18, no. 3, pp. 33–41, July 1984. Cited on p. 630, 631

[990] Koenderink, Jan J., Andrea J. van Doorn, and Marigo Stavridi, "Bidirectional Reflection Distribution Function Expressed in Terms of Surface Scattering Modes," *Proceedings of ECCV 2001*, vol. 2, pp. 28–39, 1996. Cited on p. 349

[991] Koenderink, Jan J., and Sylvia Pont, "The Secret of Velvety Skin," *Journal of Machine Vision and Applications*, vol. 14, no. 4, pp. 260–268, 2002. Cited on p. 309

[992] Köhler, Johan, "Practical Order Independent Transparency," Technical Report ATVI-TR-16-02, Activision Research, 2016. Cited on p. 492

[993] Kojima, Hideo, Hideki Sasaki, Masayuki Suzuki, and Junji Tago, "Photorealism Through the Eyes of a FOX: The Core of *Metal Gear Solid Ground Zeroes*," *Game Developers Conference*, Mar. 2013. Cited on p. 254

[994] Kolchin, Konstantin, "Curvature-Based Shading of Translucent Materials, such as Human Skin," in *Proceedings of the 5th International Conference on Computer Graphics and Interactive Techniques in Australia and Southeast Asia*, ACM, pp. 239–242, Dec. 2007. Cited on p. 547

[995] Koltun, Vladlen, Yiorgos Chrysanthou, and Daniel Cohen-Or, "Hardware-Accelerated From-Region Visibility Using a Dual Ray Space," in *Rendering Techniques 2001*, Springer, pp. 204–214, June 2001. Cited on p. 727

[996] Konečný, Petr, *Bounding Volumes in Computer Graphics*, MSc thesis, Faculty of Informatics, Masaryk University, Brno, Apr. 1998. Cited on p. 878

[997] Kontkanen, Janne, and Samuli Laine, "Ambient Occlusion Fields," in Wolfgang Engel, ed., *ShaderX⁴*, Charles River Media, pp. 101–108, 2005. Cited on p. 390

[998] Kontkanen, Janne, and Samuli Laine, "Ambient Occlusion Fields," in *Proceedings of the 2005 Symposium on Interactive 3D Graphics and Games*, ACM, pp. 41–48, Apr. 2005. Cited on p. 390

[999] Kontkanen, Janne, and Samuli Laine, "Sampling Precomputed Volumetric Lighting," *journal of graphics tools*, vol. 11, no. 3, pp. 1–16, 2006. Cited on p. 421, 422

[1000] Koonce, Rusty, "Deferred Shading in *Tabula Rasa*," in Hubert Nguyen, ed., *GPU Gems 3*, Addison-Wesley, pp. 429–457, 2007. Cited on p. 211, 766

[1001] Kopta, Daniel, Thiago Ize, Josef Spjut, Erik Brunvand, Al Davis, and Andrew Kensler, "Fast, Effective BVH Updates for Animated Scenes," *Proceedings of the ACM SIGGRAPH Symposium*

参考文献   1023

on Interactive 3D Graphics and Games, pp. 197–204, 2012. Cited on p. 709, 958

[1002] Kopta, D., K. Shkurko, J. Spjut, E. Brunvand, and A. Davis, "An Energy and Bandwidth Efficient Ray Tracing Architecture," *Proceedings of the 5th High-Performance Graphics Conference*, ACM, pp. 121–128, July 2013. Cited on p. 939

[1003] Kotfis, Dave, and Patrick Cozzi, "Octree Mapping from a Depth Camera," in Wolfgang Engel, ed., *GPU Pro*[7], CRC Press, pp. 257–273, 2016. Cited on p. 496, 501, 797

[1004] Kovacs, D., J. Mitchell, S. Drone, and D. Zorin, "Real-Time Creased Approximate Subdivision Surfaces with Displacements," *IEEE Transactions on Visualization and Computer Graphics*, vol. 16, no. 5, pp. 742–751, 2010. Cited on p. 670

[1005] Kovalèík, Vít, and Jiří Sochor, "Occlusion Culling with Statistically Optimized Occlusion Queries," *International Conference in Central Europe on Computer Graphics, Visualization and Computer Vision (WSCG)*, Jan.–Feb. 2005. Cited on p. 729

[1006] Krajcevski, P., Adam Lake, and D. Manocha, "FasTC: Accelerated Fixed-Rate Texture Encoding," in *Proceedings of the ACM SIGGRAPH Symposium on Interactive 3D Graphics and Games*, ACM, pp. 137–144, Mar. 2013. Cited on p. 752

[1007] Krajcevski, P., and D. Manocha, "Fast PVRTC Compression Using Intensity Dilation," *Journal of Computer Graphics Techniques*, vol. 3, no. 4, pp. 132–145, 2014. Cited on p. 752

[1008] Krajcevski, P., and D. Manocha, "SegTC: Fast Texture Compression Using Image Segmentation," in *Proceedings of High-Performance Graphics*, Eurographics Association, pp. 71–77, June 2014. Cited on p. 752

[1009] Krassnigg, Jan, "A Deferred Decal Rendering Technique," in Eric Lengyel, ed., *Game Engine Gems*, Jones and Bartlett, pp. 271–280, 2010. Cited on p. 769

[1010] Kraus, Martin, and Magnus Strengert, "Pyramid Filters based on Bilinear Interpolation," in *GRAPP 2007, Proceedings of the Second International Conference on Computer Graphics Theory and Applications*, INSTICC, pp. 21–28, 2007. Cited on p. 448

[1011] Krishnamurthy, V., and M. Levoy, "Fitting Smooth Surfaces to Dense Polygon Meshes," in *SIGGRAPH '96: Proceedings of the 23rd Annual Conference on Computer Graphics and Interactive Techniques*, ACM, pp. 313–324, Aug. 1996. Cited on p. 660

[1012] Krishnan, S., M. Gopi, M. Lin, D. Manocha, and A. Pattekar, "Rapid and Accurate Contact Determination between Spline Models Using ShellTrees," *Computer Graphics Forum*, vol. 17, no. 3, pp. 315–326, 1998. Cited on p. 619

[1013] Krishnan, S., A. Pattekar, M. C. Lin, and D. Manocha, "Spherical Shell: A Higher Order Bounding Volume for Fast Proximity Queries," in *Proceedings of Third International Workshop on the Algorithmic Foundations of Robotics*, A K Peters, Ltd, pp. 122–136, 1998. Cited on p. 619, 877

[1014] Kristensen, Anders Wang, Tomas Akenine-Möller, and Henrik Wann Jensen, "Precomputed Local Radiance Transfer for Real-Time Lighting Design," *ACM Transactions on Graphics (SIGGRAPH 2005)*, vol. 24, no. 3, pp. 1208–1215, Aug. 2005. Cited on p. 414

[1015] Kronander, Joel, Francesco Banterle, Andrew Gardner, Ehsan Miandji, and Jonas Unger, "Photo-realistic Rendering of Mixed Reality Scenes," *Computer Graphics Forum*, vol. 34, no. 2, pp. 643–665, 2015. Cited on p. 810

[1016] Kryachko, Yuri, "Using Vertex Texture Displacement for Realistic Water Rendering," in Matt Pharr, ed., *GPU Gems 2*, Addison-Wesley, pp. 283–294, 2005. Cited on p. 38

[1017] Kubisch, Christoph, and Markus Tavenrath, "OpenGL 4.4 Scene Rendering Techniques," *NVIDIA GPU Technology Conference*, Mar. 2014. Cited on p. 686, 733, 735

[1018] Kubisch, Christoph, "Life of a Triangle—NVIDIA's Logical Pipeline," *NVIDIA GameWorks* blog, Mar. 16, 2015. Cited on p. 29

[1019] Kubisch, Christoph, "Transitioning from OpenGL to Vulkan," *NVIDIA GameWorks* blog, Feb. 11, 2016. Cited on p. 35, 36, 687, 703

[1020] Kulla, Christopher, and Alejandro Conty, "Revisiting Physically Based Shading at Imageworks," *SIGGRAPH Physically Based Shading in Theory and Practice course*, Aug. 2017. Cited on p. 280, 292, 298, 300, 302, 305, 306, 311, 314, 315

[1021] Kulpa, R., A.-H. Olivierxs, J. Ondřej, and J. Pettré, Julien, "Imperceptible Relaxation of Collision Avoidance Constraints in Virtual Crowds," *ACM Transactions on Graphics*, vol. 30, no. 6, pp. 138:1–138:10, 2011. Cited on p. 890

[1022] Kyprianidis, Jan Eric, Henry Kang, and Jürgen Döllner, "Anisotropic Kuwahara Filtering on the GPU," in Wolfgang Engel, ed., *GPU Pro*, A K Peters, Ltd., pp. 247–264, 2010. Cited on p. 572

[1023] Kyprianidis, Jan Eric, John Collomosse, Tinghuai Wang, and Tobias Isenberg, "State of the 'Art': A Taxonomy of Artistic Stylization Techniques for Images and Video," *IEEE Transactions on Visualization and Computer Graphics*, vol. 19, no. 5, pp. 866–885, May 2013. Cited on p. 572, 585

[1024] Lacewell, Dylan, Dave Edwards, Peter Shirley, and William B. Thompson, "Stochastic Billboard Clouds for Interactive Foliage Rendering," *journal of graphics tools*, vol. 11, no. 1, pp. 1–12, 2006.

Cited on p. 487, 488

[1025] Lacewell, Dylan, "Baking With OptiX," *NVIDIA GameWorks* blog, June 7, 2016. Cited on p. 390

[1026] Lachambre, Sébastien, Sébastien Lagarde, and Cyril Jover, *Unity Photogrammetry Workflow*, Unity Technologies, 2017. Cited on p. 303

[1027] Lacroix, Jason, "Casting a New Light on a Familiar Face: Light-Based Rendering in *Tomb Raider*," *Game Developers Conference*, Mar. 2013. Cited on p. 100, 102

[1028] Ladislav, Kavan, and Zara Jiri, "Fast Collision Detection for Skeletally Deformable Models," *Computer Graphics Forum*, vol. 24, no. 3, pp. 363–372, 2005. Cited on p. 891

[1029] Lafortune, Eric P. F., Sing-Choong Foo, Kenneth E. Torrance, and Donald P. Greenberg, "Non-Linear Approximation of Reflectance Functions," in *SIGGRAPH '97: Proceedings of the 24th Annual Conference on Computer Graphics and Interactive Techniques*, ACM Press/Addison-Wesley Publishing Co., pp. 117–126, Aug. 1997. Cited on p. 365

[1030] Lagae, Ares, and Philip Dutré, "An Efficient Ray-Quadrilateral Intersection Test," *journal of graphics tools*, vol. 10, no. 4, pp. 23–32, 2005. Cited on p. 839

[1031] Lagae, A., S. Lefebvre, R. Cook, T. DeRose, G. Drettakis, D. S. Ebert, J. P. Lewis, K. Perlin, and M. Zwicker, "State of the Art in Procedural Noise Functions," in *Eurographics 2010—State of the Art Reports*, Eurographics Association, pp. 1–19, 2010. Cited on p. 176

[1032] Lagarde, Sébastien, "Relationship Between Phong and Blinn Lighting Models," *Sébastian Lagarde* blog, Mar. 29, 2012. Cited on p. 363

[1033] Lagarde, Sébastien, and Antoine Zanuttini, "Local Image-Based Lighting with Parallax-Corrected Cubemap," in *ACM SIGGRAPH 2012 Talks*, ACM, article no. 36, Aug. 2012. Cited on p. 431

[1034] Lagarde, Sébastien, "Memo on Fresnel Equations," *Sébastian Lagarde* blog, Apr. 29, 2013. Cited on p. 279

[1035] Lagarde, Sébastien, and Charles de Rousiers, "Moving Frostbite to Physically Based Rendering," *SIGGRAPH Physically Based Shading in Theory and Practice course*, Aug. 2014. Cited on p. 99, 101, 272, 283, 292, 296, 297, 307, 321, 363, 366, 375, 433, 769

[1036] Lagarde, Sébastien, "IES Light Format: Specification and Reader," *Sébastian Lagarde* blog, Nov. 5, 2014. Cited on p. 102, 375

[1037] Laine, Samuli, Hannu Saransaari, Janne Kontkanen, Jaakko Lehtinen, and Timo Aila, "Incremental Instant Radiosity for Real-Time Indirect Illumination," in *Proceedings of the 18th Eurographics Symposium on Rendering Techniques*, Eurographics Association, pp. 277–286, June 2007. Cited on p. 424

[1038] Laine, Samuli, and Tero Karras, "Efficient Sparse Voxel Octrees—Analysis, Extensions, and Implementation," Technical Report, NVIDIA, 2010. Cited on p. 501, 502, 507

[1039] Laine, Samuli, "Restart Trail for Stackless BVH Traversal," *High Performance Graphics*, pp. 107–111, 2010. Cited on p. 960

[1040] Laine, Samuli, "A Topological Approach to Voxelization," *Computer Graphics Forum*, vol. 32, no. 4, pp. 77–86, 2013. Cited on p. 502

[1041] Laine, Samuli, Tero Karras, and Timo Aila, "Megakernels Considered Harmful: Wavefront Path Tracing on GPUs," *High Performance Graphics*, pp. 137–143, 2013. Cited on p. 955, 962

[1042] Laine, Samuli, and Tero Karras, "Apex Point Map for Constant-Time Bounding Plane Approximation," in *Eurographics Symposium on Rendering—Experimental Ideas & Implementations*, Eurographics Association, pp. 51–55, 2015. Cited on p. 850, 869

[1043] Lake, Adam, Carl Marshall, Mark Harris, and Marc Blackstein, "Stylized Rendering Techniques for Scalable Real-Time Animation," in *International Symposium on Non-Photorealistic Animation and Rendering*, ACM, pp. 13–20, June 2000. Cited on p. 577

[1044] Lambert, J. H., *Photometria*, 1760. English translation by D. L. DiLaura, Illuminating Engineering Society of North America, 2001. Cited on p. 96, 336, 337, 405

[1045] Lander, Jeff, "Skin Them Bones: Game Programming for the Web Generation," *Game Developer*, vol. 5, no. 5, pp. 11–16, May 1998. Cited on p. 75

[1046] Lander, Jeff, "Collision Response: Bouncy, Trouncy, Fun," *Game Developer*, vol. 6, no. 3, pp. 15–19, Mar. 1999. Cited on p. 894

[1047] Lander, Jeff, "Under the Shade of the Rendering Tree," *Game Developer*, vol. 7, no. 2, pp. 17–21, Feb. 2000. Cited on p. 566, 577

[1048] Lander, Jeff, "That's a Wrap: Texture Mapping Methods," *Game Developer*, vol. 7, no. 10, pp. 21–26, Oct. 2000. Cited on p. 150, 152

[1049] Lander, Jeff, "Haunted Trees for Halloween," *Game Developer*, vol. 7, no. 11, pp. 17–21, Nov. 2000. Cited on p. 818

[1050] Lander, Jeff, "Images from Deep in the Programmer's Cave," *Game Developer*, vol. 8, no. 5, pp. 23–28, May 2001. Cited on p. 564, 574, 578

[1051] Lander, Jeff, "The Era of Post-Photorealism," *Game Developer*, vol. 8, no. 6, pp. 18–22, June 2001. Cited on p. 577

参考文献   1025

[1052] Landis, Hayden, "Production-Ready Global Illumination," *SIGGRAPH RenderMan in Production course*, July 2002. Cited on p. 385, 386, 387, 401

[1053] Langlands, Anders, "Render Color Spaces," *alShaders blog*, June 23, 2016. Cited on p. 244

[1054] Lanman, Douglas, and David Luebke, "Near-Eye Light Field Displays," *ACM Transactions on Graphics*, vol. 32, no. 6, pp. 220:1–220:10, Nov. 2013. Cited on p. 475, 800

[1055] Lanza, Stefano, "Animation and Rendering of Underwater God Rays," in Wolfgang Engel, ed., *ShaderX⁵*, Charles River Media, pp. 315–327, 2006. Cited on p. 540, 545

[1056] Lapidous, Eugene, and Guofang Jiao, "Optimal Depth Buffer for Low-Cost Graphics Hardware," in *Proceedings of the ACM SIGGRAPH/EUROGRAPHICS Workshop on Graphics Hardware*, ACM, pp. 67–73, Aug. 1999. Cited on p. 88

[1057] Larsen, E., S. Gottschalk, M. Lin, and D. Manocha, "Fast Proximity Queries with Swept Sphere Volumes," Technical Report TR99-018, Department of Computer Science, University of North Carolina, 1999. Cited on p. 847, 878, 883

[1058] Larsson, Thomas, and Tomas Akenine-Möller, "Collision Detection for Continuously Deforming Bodies," in *Eurographics 2001—Short Presentations*, Eurographics Association, pp. 325–333, Sept. 2001. Cited on p. 708, 890, 891

[1059] Larsson, Thomas, and Tomas Akenine-Möller, "Efficient Collision Detection for Models Deformed by Morphing," *The Visual Computer*, vol. 19, no. 2, pp. 164–174, 2003. Cited on p. 891

[1060] Larsson, Thomas, and Tomas Akenine-Möller, "A Dynamic Bounding Volume Hierarchy for Generalized Collision Detection," *Computers & Graphics*, vol. 30, no. 3, pp. 451–460, 2006. Cited on p. 709, 892

[1061] Larsson, Thomas, Tomas Akenine-Möller, and Eric Lengyel, "On Faster Sphere-Box Overlap Testing," *journal of graphics tools*, vol. 12, no. 1, pp. 3–8, 2007. Cited on p. 848

[1062] Larsson, Thomas, "An Efficient Ellipsoid-OBB Intersection Test," *journal of graphics tools*, vol. 13, no. 1, pp. 31–43, 2008. Cited on p. 849

[1063] Larsson, Thomas, and Linus Källberg, "Fast Computation of Tight-Fitting Oriented Bounding Boxes," Eric Lengyel, ed., *Game Engine Gems 2*, A K Peters, Ltd., pp. 3–19, 2011. Cited on p. 826

[1064] Lathrop, Olin, David Kirk, and Doug Voorhies, "Accurate Rendering by Subpixel Addressing," *IEEE Computer Graphics and Applications*, vol. 10, no. 5, pp. 45–53, Sept. 1990. Cited on p. 595

[1065] Latta, Lutz, "Massively Parallel Particle Systems on the GPU," in Wolfgang Engel, ed., *ShaderX³*, Charles River Media, pp. 119–133, 2004. Also presented at GDC 2004 and published as "Building a Million-Particle System," *Gamasutra*, July 28, 2004. Cited on p. 492, 494

[1066] Latta, Lutz, "Everything about Particle Effects," *Game Developers Conference*, Mar. 2007. Cited on p. 491, 492, 494

[1067] Lauritzen, Andrew, "Summed-Area Variance Shadow Maps," in Hubert Nguyen, ed., *GPU Gems 3*, Addison-Wesley, pp. 157–182, 2007. Cited on p. 165, 223, 224, 225

[1068] Lauritzen, Andrew, and Michael McCool, "Layered Variance Shadow Maps," in *Graphics Interface 2008*, Canadian Human-Computer Communications Society, pp. 139–146, May 2008. Cited on p. 226

[1069] Lauritzen, Andrew, "Deferred Rendering for Current and Future Rendering Pipelines," *SIGGRAPH Beyond Programmable Shading course*, July 2010. Cited on p. 767, 772, 774, 791

[1070] Lauritzen, Andrew, Marco Salvi, and Aaron Lefohn, "Sample Distribution Shadow Maps," in *Symposium on Interactive 3D Graphics and Games*, ACM, pp. 97–102, Feb. 2011. Cited on p. 48, 88, 214, 216

[1071] Lauritzen, Andrew, "Intersecting Lights with Pixels: Reasoning about Forward and Deferred Rendering," *SIGGRAPH Beyond Programmable Shading course*, Aug. 2012. Cited on p. 762, 766, 776

[1072] Lauritzen, Andrew, "Future Directions for Compute-for-Graphics," *SIGGRAPH Open Problems in Real-Time Rendering course*, Aug. 2017. Cited on p. 29, 701, 785

[1073] Lauterbach, C., M. Garland, S. Sengupta, D. Luebke, and D. Manocha, "Fast BVH Construction on GPUs," *Computer Graphics Forum*, vol. 28, no. 2, pp. 375–384, 2009. Cited on p. 875, 958

[1074] LaValle, Steve, "The Latent Power of Prediction," *Oculus Developer Blog*, July 12, 2013. Cited on p. 793, 798, 811, 814

[1075] LaValle, Steven M., Anna Yershova, Max Katsev, and Michael Antonov, "Head Tracking for the Oculus Rift," in *IEEE International Conference Robotics and Automation (ICRA)*, IEEE Computer Society, pp. 187–194, May–June 2014. Cited on p. 793, 794, 811

[1076] Laven, Philip, *MiePlot* website and software, 2015. Cited on p. 516, 517

[1077] Lax, Peter D., *Linear Algebra and Its Applications*, Second Edition, John Wiley & Sons, Inc., 2007. Cited on p. 54

[1078] Lazarov, Dimitar, "Physically-Based lighting in *Call of Duty: Black Ops*," *SIGGRAPH Advances in Real-Time Rendering in Games course*, Aug. 2011. Cited on p. 295, 321, 363, 410

[1079] Lazarov, Dimitar, "Getting More Physical in *Call of Duty: Black Ops II*," *SIGGRAPH Physically Based Shading in Theory and Practice course*, July 2013. Cited on p. 306, 363, 432

[1080] Lazarus, F., and A. Verrout, "Three-Dimensional Metamorphosis: A Survey," *The Visual Computer*, vol. 14, no. 8, pp. 373–389, 1998. Cited on p. 76, 89

[1081] Le, Binh Huy, and Jessica K. Hodgins, "Real-Time Skeletal Skinning with Optimized Centers of Rotation," *ACM Transactions on Graphics*, vol. 35, no. 4, pp. 37:1–37:10, 2016. Cited on p. 76

[1082] Leadbetter, Richard, "The Making of *Forza Horizon 2*," *Eurogamer.net*, Oct. 11, 2014. Cited on p. 125, 778

[1083] Lecocq, Pascal, Pascal Gautron, Jean-Eudes Marvie, and Gael Sourimant, "Sub-Pixel Shadow Mapping," in *Proceedings of the 18th Meeting of the ACM SIGGRAPH Symposium on Interactive 3D Graphics and Games*, ACM, pp. 103–110, 2014. Cited on p. 229

[1084] Lecocq, Pascal, Arthur Dufay, Gael Sourimant, and Jean-Eude Marvie, "Analytic Approximations for Real-Time Area Light Shading," *IEEE Transactions on Visualization and Computer Graphics*, vol. 23, no. 5, pp. 1428–1441, 2017. Cited on p. 337

[1085] Lee, Aaron W. F., David Dobkin, Wim Sweldens, and Peter Schröder, "Multiresolution mesh morphing," in *SIGGRAPH '99: Proceedings of the 26th Annual Conference on Computer Graphics and Interactive Techniques*, ACM Press/Addison-Wesley Publishing Co., pp. 343–350, 1999. Cited on p. 76

[1086] Lee, Aaron, Henry Moreton, and Hugues Hoppe, "Displaced Subdivision Surfaces," in *SIGGRAPH '00: Proceedings of the 27th Annual Conference on Computer Graphics and Interactive Techniques*, ACM Press/Addison-Wesley Publishing Co., pp. 85–94, July 2000. Cited on p. 609, 660, 661

[1087] Lee, Aaron, "Building Your Own Subdivision Surfaces," *Gamasutra*, Sept. 8, 2000. Cited on p. 609

[1088] Lee, Hyunho, and Min-Ho Kyung, "Parallel Mesh Simplification Using Embedded Tree Collapsing," *The Visual Computer*, vol. 32, no. 6, pp. 967–976, 2016. Cited on p. 611

[1089] Lee, Hyunjun, Sungtae Kwon, and Seungyong Lee, "Real-Time Pencil Rendering," in *Proceedings of the 4th International Symposium on Non-Photorealistic Animation and Rendering*, ACM, pp. 37–45, 2006. Cited on p. 578

[1090] Lee, Jongseok, Sungyul Choe, and Seungyong Lee, "Mesh Geometry Compression for Mobile Graphics," in *2010 7th IEEE Consumer Communications and Networking Conference*, IEEE Computer Society, pp. 1–5, 2010. Cited on p. 616

[1091] Lee, Mark, "Pre-lighting in *Resistance 2*," *Game Developers Conference*, Mar. 2009. Cited on p. 772

[1092] Lee, Mark, Brian Green, Feng Xie, and Eric Tabellion, "Vectorized Production Path Tracing," *High Performance Graphics*, article no. 10, 2017. Cited on p. 963

[1093] Lee, Sungkil, and Elmar Eisemann, "Practical Real-Time Lens-Flare Rendering," *Computer Graphics Forum*, vol. 32, no. 4, pp. 1–6, 2013. Cited on p. 454

[1094] Lee, W.-J., Y. Youngsam, J. Lee, J.-W. Kim, J.-H. Nah, S. Jung, S. Lee, H.-S. Park, and T.-D. Han, "SGRT: A Mobile GPU Architecture for Real-Time Ray Tracing," in *Proceedings of the 5th High-Performance Graphics Conference*, ACM, pp. 109–119, July 2013. Cited on p. 939

[1095] Lee, Yunjin, Lee Markosian, Seungyong Lee, and John F. Hughes, "Line Drawings via Abstracted Shading," *ACM Transactions on Graphics (SIGGRAPH 2007)*, vol. 26, no. 3, pp. 18:1–18:6, July 2007. Cited on p. 565

[1096] Lee-Steere, J., and J. Harmon, "Football at 60 FPS: The Challenges of Rendering Madden NFL 10," *Game Developers Conference*, Mar. 2010. Cited on p. 174

[1097] Lefebvre, Sylvain, and Fabrice Neyret, "Pattern Based Procedural Textures," *Proceedings of the 2003 Symposium on Interactive 3D Graphics*, ACM, pp. 203–212, 2003. Cited on p. 154

[1098] Lefebvre, Sylvain, Samuel Hornus, and Fabrice Neyret, "Octree Textures on the GPU," in Matt Pharr, ed., *GPU Gems 2*, Addison-Wesley, pp. 595–613, 2005. Cited on p. 167

[1099] Lefebvre, Sylvain, and Hugues Hoppe, "Perfect Spatial Hashing," *ACM Transactions on Graphics*, vol. 25, no. 3, pp. 579–588, July 2006. Cited on p. 167

[1100] Lehericey, François, Valérie Gouranton, and Bruno Arnaldi, "New Iterative Ray-Traced Collision Detection Algorithm for GPU Architectures," in *Proceedings of the 19th ACM Symposium on Virtual Reality Software and Technology*, ACM, pp. 215–218, 2013. Cited on p. 885

[1101] Lehtinen, Jaakko, "A Framework for Precomputed and Captured Light Transport," *ACM Transactions on Graphics*, vol. 26, no. 4, pp. 13:1–13:22, 2007. Cited on p. 414

[1102] Lehtinen, Jaakko, *Theory and Algorithms for Efficient Physically-Based Illumination*, PhD thesis, Helsinki University of Technology, Espoo, Finland, 2007. Cited on p. 414

[1103] Lehtinen, Jaakko, Matthias Zwicker, Emmanuel Turquin, Janne Kontkanen, Frédo Durand, François Sillion, and Timo Aila, "A Meshless Hierarchical Representation for Light Transport," *ACM Transactions on Graphics*, vol. 27, no. 3, pp. 37:1–37:9, 2008. Cited on p. 417

[1104] Lehtinen, Jaakko, Jacob Munkberg, Jon Hasselgren, Samuli Laine, Tero Karras, Miika Aittala,

参考文献   1027

and Timo Aila, "Noise2Noise: Learning Image Restoration without Clean Data," *International Conference on Machine Learning*, 2018. Cited on p. 969

[1105] Lengyel, Eric, "Tweaking a Vertex's Projected Depth Value," in Mark DeLoura, ed., *Game Programming Gems*, Charles River Media, pp. 361–365, 2000. Cited on p. 210, 567

[1106] Lengyel, Eric, "T-Junction Elimination and Retriangulation," in Dante Treglia, ed., *Game Programming Gems 3*, Charles River Media, pp. 338–343, 2002. Cited on p. 595

[1107] Lengyel, Eric, ed., *Game Engine Gems 2*, A K Peters, Ltd., 2011. Cited on p. 704

[1108] Lengyel, Eric, *Mathematics for 3D Game Programming and Computer Graphics*, Third Edition, Charles River Media, 2011. Cited on p. 89, 185, 186

[1109] Lengyel, Eric, "Game Math Case Studies," *Game Developers Conference*, Mar. 2015. Cited on p. 745

[1110] Lengyel, Eric, "Smooth Horizon Mapping," in Eric Lengyel, ed., *Game Engine Gems 3*, CRC Press, pp. 73–83, 2016. Cited on p. 189

[1111] Lengyel, Eric, "GPU-Friendly Font Rendering Directly from Glyph Outlines," *Journal of Computer Graphics Techniques*, vol. 6, no. 2, pp. 31–47, 2017. Cited on p. 584, 841

[1112] Lengyel, Jerome, "The Convergence of Graphics and Vision," *Computer*, vol. 31, no. 7, pp. 46–53, July 1998. Cited on p. 472

[1113] Lengyel, Jerome, "Real-Time Fur," in *Rendering Techniques 2000*, Springer, pp. 243–256, June 2000. Cited on p. 737

[1114] Lengyel, Jerome, Emil Praun, Adam Finkelstein, and Hugues Hoppe, "Real-Time Fur over Arbitrary Surfaces," in *Proceedings of the 2001 Symposium on Interactive 3D Graphics*, ACM, pp. 227–232, Mar. 2001. Cited on p. 558, 737

[1115] Lensch, Hendrik P. A., Michael Goesele, Philippe Bekaert, Jan Kautz, Marcus A. Magnor, Jochen Lang, and Hans-Peter Seidel, "Interactive Rendering of Translucent Objects," in *Pacific Conference on Computer Graphics and Applications 2002*, IEEE Computer Society, pp. 214–224, Oct. 2002. Cited on p. 548

[1116] Levoy, Marc, and Turner Whitted, "The Use of Points as a Display Primitive," Technical Report 85-022, Computer Science Department, University of North Carolina at Chapel Hill, Jan. 1985. Cited on p. 495

[1117] Levoy, Marc, and Pat Hanrahan, "Light Field Rendering," in *SIGGRAPH '96: Proceedings of the 23rd Annual Conference on Computer Graphics and Interactive Techniques*, ACM, pp. 31–42, Aug. 1996. Cited on p. 475

[1118] Levoy, Marc, Kari Pulli, Brian Curless, Szymon Rusinkiewicz, David Koller, Lucas Pereira, Matt Ginzton, Sean Anderson, James Davis, Jeremy Ginsberg, and Jonathan Shade, "The Digital Michelangelo Project: 3D Scanning of Large Statues," in *SIGGRAPH '00: Proceedings of the 27th Annual Conference on Computer Graphics and Interactive Techniques*, ACM Press/Addison-Wesley Publishing Co., pp. 131–144, July 2000. Cited on p. 495

[1119] Lévy, Bruno, Sylvain Petitjean, Nicolas Ray, and Jérome Maillot, "Least Squares Conformal Maps for Automatic Texture Atlas Generation," *ACM Transaction on Graphics*, vol. 21, no. 3, pp. 362–371, July 2002. Cited on p. 417, 419

[1120] Lewis, J. P., Matt Cordner, and Nickson Fong, "Pose Space Deformation: A Unified Approach to Shape Interpolation and Skeleton-Driven Deformation," in *SIGGRAPH '00: Proceedings of the 27th Annual Conference on Computer Graphics and Interactive Techniques*, ACM Press/Addison-Wesley Publishing Co., pp. 165–172, July 2000. Cited on p. 74, 76, 79, 89

[1121] Leyendecker, Felix, "Crafting the World of *Crysis 3*," *Game Developers Conference Europe*, Aug. 2013. Cited on p. 317

[1122] Li, Xin, "To Slerp, or Not to Slerp," *Game Developer*, vol. 13, no. 7, pp. 17–23, Aug. 2006. Cited on p. 72

[1123] Li, Xin, "iSlerp: An Incremental Approach of Slerp," *journal of graphics tools*, vol. 12, no. 1, pp. 1–6, 2007. Cited on p. 72

[1124] Licea-Kane, Bill, "GLSL: Center or Centroid? (Or When Shaders Attack!)" *The OpenGL Pipeline Newsletter*, vol. 3, 2007. Cited on p. 124

[1125] Liktor, Gábor, and Carsten Dachsbacher, "Decoupled Deferred Shading for Hardware Rasterization," in *Proceedings of the ACM SIGGRAPH Symposium on Interactive 3D Graphics and Games*, ACM, pp. 143–150, 2012. Cited on p. 788

[1126] Liktor, Gábor, and Carsten Dachsbacher, "Decoupled Deferred Shading on the GPU," in Wolfgang Engel, ed., *GPU Pro⁴*, CRC Press, pp. 81–98, 2013. Cited on p. 788

[1127] Liktor, G., M. Pan, and C. Dachsbacher, "Fractional Reyes-Style Adaptive Tessellation for Continuous Level of Detail," *Computer Graphics Forum*, vol. 33, no. 7, pp. 191–198, 2014. Cited on p. 668

[1128] Liktor, G., and K. Vaidyanathan, "Bandwidth-Efficient BVH Layout for Incremental Hardware Traversal," in *Proceedings of High-Performance Graphics*, Eurographics Association, pp. 51–61,

June 2016. Cited on p. 939

[1129] Lilley, Sean, "Shadows and Cesium Implementation," *Cesium* website, Nov. 2016. Cited on p. 234

[1130] Lin, M. C., and J. Canny, "A Fast Algorithm for Incremental Distance Computation," in *IEEE International Conference on Robotics and Automation*, IEEE Press, pp. 1008–1014, 1991. Cited on p. 883

[1131] Lin, M. C., *Efficient Collision Detection for Animation and Robotics*, PhD thesis, University of California, Berkeley, 1993. Cited on p. 870, 881

[1132] Lin, Gang, and Thomas P.-Y. Yu, "An Improved Vertex Caching Scheme for 3D Mesh Rendering," *IEEE Trans. on Visualization and Computer Graphics*, vol. 12, no. 4, pp. 640–648, 2006. Cited on p. 604

[1133] Lindbloom, Bruce, "RGB/XYZ Matrices," *Bruce Lindbloom* website, Apr. 7, 2017. Cited on p. 244

[1134] Lindholm, Erik, Mark Kilgard, and Henry Moreton, "A User-Programmable Vertex Engine," in *SIGGRAPH '01 Proceedings of the 28th Annual Conference on Computer Graphics and Interactive Techniques*, ACM, pp. 149–158, Aug. 2001. Cited on p. 12, 32

[1135] Lindholm, E., J. Nickolls, S. Oberman, and J. Montrym, "NVIDIA Tesla: A Unified Graphics and Computing Architecture," *IEEE Micro*, vol. 28, no. 2, pp. 39–55, 2008. Cited on p. 906, 930

[1136] Lindqvist, Anders, "Pathtracing Coherency," *Breakin.se Blog*, https://www.breakin.se/learn/pathtracing-coherency.html, Aug. 27, 2018. Cited on p. 963

[1137] Lindstrom, P., and J. D. Cohen, "On-the-Fly Decompression and Rendering of Multiresolution Terrain," in *Proceedings of the 2010 ACM SIGGRAPH Symposium on Interactive 3D Graphics and Games*, ACM, pp. 65–73, 2010. Cited on p. 758

[1138] Ling-Qi, Yan, Chi-Wei Tseng, Henrik Wann Jensen, and Ravi Ramamoorthi, "Physically-Accurate Fur Reflectance: Modeling, Measurement and Rendering," *ACM Transactions on Graphics (SIGGRAPH Asia 2015)*, vol. 34, no. 6, article no. 185, 2015. Cited on p. 553, 559

[1139] Lira, Felipe, Felipe Chaves, Flávio Villalva, Jesus Sosa, Kléverson Paião, and Teófilo Dutra, "Mobile Toon Shading," in Wolfgang Engel, ed., *GPU Zen*, Black Cat Publishing, pp. 115–122, 2017. Cited on p. 568

[1140] Liu, Albert Julius, Zhao Dong, Miloš Hašan, and Steve Marschner, "Simulating the Structure and Texture of Solid Wood," *ACM Transactions on Graphics*, vol. 35, no. 6, article no. 170, 2016. Cited on p. 175, 176

[1141] Liu, Edward, "Lens Matched Shading and Unreal Engine 4 Integration Part 3," *NVIDIA GameWorks* blog, Jan. 18, 2017. Cited on p. 806, 815

[1142] Liu, Edward, "Low Sample Count Ray Tracing with NVIDIA's Ray Tracing Denoisers," *SIGGRAPH NVIDIA Exhibitor Session: Real-Time Ray Tracing*, 2018. Cited on p. 966, 967, 971

[1143] Liu, Fang, Meng-Cheng Huang, Xue-Hui Liu, and En-Hua Wu, "Efficient Depth Peeling via Bucket Sort," in *Proceedings of the Conference on High-Performance Graphics*, ACM, pp. 51–57, Aug. 2009. Cited on p. 137

[1144] Liu, Fuchang, Takahiro Harada, Youngeun Lee, and Young J. Kim, "Real-Time Collision Culling of a Million Bodies on Graphics Processing Units," *ACM Transactions on Graphics*, vol. 29, no. 6, pp. 154:1–154:8, 2010. Cited on p. 871

[1145] Liu, Ligang, Lei Zhang, Yin Xu, Craig Gotsman, and Steven J. Gortler, "A Local/Global Approach to Mesh Parameterization," in *Proceedings of the Symposium on Geometry Processing*, Eurographics Association, pp. 1495–1504, 2008. Cited on p. 417

[1146] Liu, Songrun, Zachary Ferguson, Alec Jacobson, and Yotam Gingold, "Seamless: Seam Erasure and Seam-Aware Decoupling of Shape from Mesh Resolution," *ACM Transactions on Graphics*, vol. 36, no. 6, pp. 216:1–216:15, 2017. Cited on p. 419

[1147] Liu, Xinguo, Peter-Pike Sloan, Heung-Yeung Shum, and John Snyder, "All-Frequency Precomputed Radiance Transfer for Glossy Objects," in *Proceedings of the Fifteenth Eurographics Conference on Rendering Techniques*, Eurographics Association, pp. 337–344, June 2004. Cited on p. 372

[1148] Llamas, Ignacio, and Edward Liu, "Ray Tracing in Games with NVIDIA RTX," *Game Developers Conference*, Mar. 21, 2018. Cited on p. 966, 967

[1149] Llopis, Noel, "High-Performance Programming with Data-Oriented Design," in Eric Lengyel, ed., *Game Engine Gems 2*, A K Peters, Ltd., pp. 251–261, 2011. Cited on p. 682, 683, 700

[1150] Lloyd, Brandon, Jeremy Wendt, Naga Govindaraju, and Dinesh Manocha, "CC Shadow Volumes," in *Proceedings of the 15th Eurographics Workshop on Rendering Techniques*, Eurographics Association, pp. 197–206, June 2004. Cited on p. 206

[1151] Lloyd, Brandon, David Tuft, Sung-Eui Yoon, and Dinesh Manocha, "Warping and Partitioning for Low Error Shadow Maps," in *Eurographics Symposium on Rendering*, Eurographics Association, pp. 215–226, June 2006. Cited on p. 213, 214

[1152] Lloyd, Brandon, *Logarithmic Perspective Shadow Maps*, PhD thesis, Dept. of Computer Science, University of North Carolina at Chapel Hill, Aug. 2007. Cited on p. 88, 213, 214

参考文献　　1029

[1153] Lobanchikov, Igor A., and Holger Gruen, "GSC Game World's S.T.A.L.K.E.R: Clear Sky—A Showcase for Direct3D 10.0/1," *Game Developers Conference*, Mar. 2009. Cited on p. 222, 766, 767

[1154] Löfstedt, Marta, and Tomas Akenine-Möller, "An Evaluation Framework for Ray-Triangle Intersection Algorithms," *journal of graphics tools*, vol. 10, no. 2, pp. 13–26, 2005. Cited on p. 835

[1155] Lokovic, Tom, and Eric Veach, "Deep Shadow Maps," in *SIGGRAPH '00: Proceedings of the 27th Annual Conference on Computer Graphics and Interactive Techniques*, ACM Press/Addison-Wesley Publishing Co., pp. 385–392, July 2000. Cited on p. 227, 494, 552

[1156] Loop, C., *Smooth Subdivision Based on Triangles*, MSc thesis, Department of Mathematics, University of Utah, Aug. 1987. Cited on p. 654, 655, 656, 657

[1157] Loop, Charles, and Jim Blinn, "Resolution Independent Curve Rendering Using Programmable Graphics Hardware," *ACM Transactions on Graphics*, vol. 24, no. 3, pp. 1000–1009, 2005. Cited on p. 584, 626

[1158] Loop, Charles, and Jim Blinn, "Rendering Vector Art on the GPU," in Hubert Nguyen, ed., *GPU Gems 3*, Addison-Wesley, pp. 543–561, 2007. Cited on p. 584, 626

[1159] Loop, Charles, and Scott Schaefer, "Approximating Catmull-Clark Subdivision Surfaces with Bicubic Patches," *ACM Transactions on Graphics*, vol. 27, no. 1, pp. 8:1–8:11, 2008. Cited on p. 661, 662, 669, 670, 672

[1160] Loop, Charles, Cha Zhang, and Zhengyou Zhang, "Real-Time High-Resolution Sparse Voxelization with Application to Image-Based Modeling," in *Proceedings of the 5th High-Performance Graphics Conference*, ACM, pp. 73–79, July 2013. Cited on p. 502

[1161] Loos, Bradford, and Peter-Pike Sloan, "Volumetric Obscurance," in *Proceedings of the 2010 ACM SIGGRAPH Symposium on Interactive 3D Graphics*, ACM, pp. 151–156, Feb. 2010. Cited on p. 396

[1162] Loos, Bradford J., Lakulish Antani, Kenny Mitchell, Derek Nowrouzezahrai, Wojciech Jarosz, and Peter-Pike Sloan, "Modular Radiance Transfer," *ACM Transactions on Graphics*, vol. 30, no. 6, pp. 178:1–178:10, 2011. Cited on p. 417

[1163] Lorach, Tristan, "DirectX 10 Blend Shapes: Breaking the Limits," in Hubert Nguyen, ed., *GPU Gems 3*, Addison-Wesley, pp. 53–67, 2007. Cited on p. 79

[1164] Lorach, Tristan, "Soft Particles," NVIDIA White Paper, Jan. 2007. Cited on p. 481

[1165] Lord, Kieren, and Ross Brown, "Using Genetic Algorithms to Optimise Triangle Strips," in *Proceedings of the 3rd International Conference on Computer Graphics and Interactive Techniques in Australasia and South East Asia (GRAPHITE 2005)*, ACM, pp. 169–176, 2005. Cited on p. 602

[1166] Lorensen, William E., and Harvey E. Cline, "Marching Cubes: A High Resolution 3D Surface Construction Algorithm," *Computer Graphics (SIGGRAPH '87 Proceedings)*, vol. 21, no. 4, pp. 163–169, July 1987. Cited on p. 504

[1167] Losasso, F., and H. Hoppe, "Geometry Clipmaps: Terrain Rendering Using Nested Regular Grids," *ACM Transactions on Graphics*, vol. 23, no. 3, pp. 769–776, 2004. Cited on p. 754

[1168] Lottes, Timothy, "FXAA," NVIDIA White Paper, Feb. 2009. Cited on p. 131

[1169] Lottes, Timothy, "FXAA 3.11 in 15 Slides," *SIGGRAPH Filtering Approaches for Real-Time Anti-Aliasing course*, Aug. 2011. Cited on p. 131

[1170] Lottes, Timothy, "Advanced Techniques and Optimization of -HDR- VDR Color Pipelines," *Game Developers Conference*, Mar. 2016. Cited on p. 247, 252, 912

[1171] Lottes, Timothy, "VDR Follow Up—Tonemapping for HDR Signals," *GPUOpen* website, Oct. 5, 2016. Cited on p. 248

[1172] Lottes, Timothy, "Technical Evaluation of Traditional vs New 'HDR' Encoding Crossed with Display Capability," *Timothy Lottes* blog, Oct. 12, 2016. Cited on p. 248

[1173] Lottes, Timothy, "FXAA Pixel Width Contrast Reduction," *Timothy Lottes* blog, Oct. 27, 2016. Cited on p. 131

[1174] Loviscach, Jörn, "Silhouette Geometry Shaders," in Wolfgang Engel, ed., *ShaderX³*, Charles River Media, pp. 49–56, 2004. Cited on p. 737

[1175] Loviscach, Jörn, "Care and Feeding of Normal Vectors," in Wolfgang Engel, ed., *ShaderX⁶*, Charles River Media, pp. 45–56, 2008. Cited on p. 317

[1176] Loviscach, Jörn, "Care and Feeding of Normal Vectors," *Game Developers Conference*, Mar. 2008. Cited on p. 317

[1177] Low, Kok-Lim, and Tiow-Seng Tan, "Model Simplification Using Vertex-Clustering," in *Proceedings of the 1997 Symposium on Interactive 3D Graphics*, ACM, pp. 75–81, Apr. 1997. Cited on p. 611

[1178] Ludwig, Joe, "Lessons Learned Porting *Team Fortress 2* to Virtual Reality," *Game Developers Conference*, Mar. 2013. Cited on p. 798, 808, 815

[1179] Luebke, David P., and Chris Georges, "Portals and Mirrors: Simple, Fast Evaluation of Potentially Visible Sets," in *Proceedings of the 1995 Symposium on Interactive 3D Graphics*, ACM, pp. 105–

106, Apr. 1995. Cited on p. 723

[1180] Luebke, David P., "A Developer's Survey of Polygonal Simplification Algorithms," *IEEE Computer Graphics & Applications*, vol. 21, no. 3, pp. 24–35, May–June 2001. Cited on p. 608, 617

[1181] Luebke, David, *Level of Detail for 3D Graphics*, Morgan Kaufmann, 2003. Cited on p. 608, 610, 611, 617, 738, 759

[1182] Luksch, C., R. F. Tobler, T. Mühlbacher, M. Schwärzler, and M. Wimmer, "Real-Time Rendering of Glossy Materials with Regular Sampling," *The Visual Computer*, vol. 30, no. 6-8, pp. 717–727, 2014. Cited on p. 364

[1183] Lysenko, Mikola, "Meshing in a Minecraft Game," *0 FPS* blog, June 30, 2012. Cited on p. 504

[1184] Ma, Wan-Chun, Tim Hawkins, Pieter Peers, Charles-Félix Chabert, Malte Weiss, and Paul De-bevec, "Rapid Acquisition of Specular and Diffuse Normal Maps from Polarized Spherical Gradient Illumination," in *Proceedings of the 18th Eurographics Symposium on Rendering Techniques*, Eurographics Association, pp. 183–194, June 2007. Cited on p. 547, 548

[1185] MacDonald, J. David, and Kellogg S. Booth, "Heuristics for Ray Tracing Using Space Subdivision," *Visual Computer*, vol. 6, no. 3, pp. 153–165, 1990. Cited on p. 828, 956

[1186] Maciel, P., and P. Shirley, "Visual Navigation of Large Environments Using Textured Clusters," in *Proceedings of the 1995 Symposium on Interactive 3D Graphics*, ACM, pp. 96–102, 1995. Cited on p. 485, 737, 747

[1187] Macklin, Miles, "Faster Fog," *Miles Macklin* blog, June 10, 2010. Cited on p. 520, 521

[1188] Macklin, M., M. Müller, N. Chentanez, and T.-Y. Kim, "Unified Particle Physics for Real-Time Applications," *ACM Transactions on Graphics*, vol. 33, no. 4, pp. 153:1–153:12, 2014. Cited on p. 895

[1189] Maglo, Adrien, Guillaume Lavoué, Florent Dupont, and Céline Hudelot, "3D Mesh Compression: Survey, Comparisons, and Emerging Trends," *ACM Computing Surveys*, vol. 47, no. 3, pp. 44:1–44:41, Apr. 2015. Cited on p. 614, 616

[1190] Magnenat-Thalmann, Nadia, Richard Laperrière, and Daniel Thalmann, "Joint-Dependent Local Deformations for Hand Animation and Object Grasping," in *Graphics Interface '88*, Canadian Human-Computer Communications Society, pp. 26–33, June 1988. Cited on p. 74

[1191] Magnusson, Kenny, "Lighting You Up with *Battlefield 3*," *Game Developers Conference*, Mar. 2011. Cited on p. 415

[1192] Mah, Layla, and Stephan Hodes, "DirectCompute for Gaming: Supercharge Your Engine with Compute Shaders," *Game Developers Conference*, Mar. 2013. Cited on p. 48, 447, 462

[1193] Mah, Layla, "Powering the Next Generation Graphics: AMD GCN Architecture," *Game Developers Conference*, Mar. 2013. Cited on p. 935

[1194] Mah, Layla, "Low Latency and Stutter-Free Rendering in VR and Graphics Applications," *Game Developers Conference*, Mar. 2015. Cited on p. 799, 804, 813, 814

[1195] Maillot, Patrick-Giles, "Using Quaternions for Coding 3D Transformations," in Andrew S. Glassner, ed., *Graphics Gems*, Academic Press, pp. 498–515, 1990. Cited on p. 68

[1196] Maillot, Jérôme, and Jos Stam, "A Unified Subdivision Scheme for Polygonal Modeling," *Computer Graphics Forum*, vol. 20, no. 3, pp. 471–479, 2001. Cited on p. 656

[1197] Maïm, Jonathan, and Daniel Thalmann, "Improved Appearance Variety for Geometry Instancing," in Wolfgang Engel, ed., *ShaderX^6*, Charles River Media, pp. 17–28, 2008. Cited on p. 688, 691

[1198] Maïm, Jonathan, Barbara Yersin, and Daniel Thalmann, "Unique Instances for Crowds," *IEEE Computer Graphics & Applications*, vol. 29, no. 6, pp. 82–90, 2009. Cited on p. 688, 691

[1199] Malan, Hugh, "Graphics Techniques in *Crackdown*," in Wolfgang Engel, ed., *ShaderX^7*, Charles River Media, pp. 189–215, 2009. Cited on p. 485

[1200] Malan, Hugh, "Real-Time Global Illumination and Reflections in *Dust 514*," *SIGGRAPH Advances in Real-Time Rendering in Games course*, Aug. 2012. Cited on p. 125, 126, 424

[1201] Malmer, Mattias, Fredrik Malmer, Ulf Assarsson, and Nicolas Holzschuch, "Fast Precomputed Ambient Occlusion for Proximity Shadows," *journal of graphics tools*, vol. 12, no. 2, pp. 59–71, 2007. Cited on p. 390

[1202] Malvar, Henrique S., Gary J. Sullivan, and Sridhar Srinivasan, "Lifting-Based Reversible Color Transformations for Image Compression," in *Applications of Digital Image Processing XXXI*, SPIE, 2008. Cited on p. 173

[1203] Malvar, R., "Fast Progressive Image Coding Without Wavelets," *Data Compression Conference*, Mar. 2000. Cited on p. 752

[1204] Malyshau, Dzmitry, "A Quaternion-Based Rendering Pipeline," in Wolfgang Engel, ed., *GPU Pro^3*, CRC Press, pp. 265–273, 2012. Cited on p. 72, 185, 617

[1205] Mammen, Abraham, "Transparency and Antialiasing Algorithms Implemented with the Virtual Pixel Maps Technique," *IEEE Computer Graphics & Applications*, vol. 9, no. 4, pp. 43–55, July 1989. Cited on p. 122, 136

[1206] Mamou, Khaled, Titus Zaharia, and Françoise Prêteux, "TFAN: A Low Complexity 3D Mesh

Compression Algorithm," *Computer Animation and Virtual Worlds*, vol. 20, pp. 1–12, 2009. Cited on p. 614

[1207] Mansencal, Thomas, "About Rendering Engines Colourspaces Agnosticism," *Colour Science* blog, Sept. 17, 2014. Cited on p. 243

[1208] Mansencal, Thomas, "About RGB Colourspace Models Performance," *Colour Science* blog, Oct. 9, 2014. Cited on p. 244

[1209] Manson, Josiah, and Scott Schaefer, "Parameterization-Aware MIP-Mapping," *Computer Graphics Forum*, vol. 31, no. 4, pp. 1455–1463, 2012. Cited on p. 168

[1210] Manson, Josiah, and Peter-Pike Sloan, "Fast Filtering of Reflection Probes," *Computer Graphics Forum*, vol. 35, no. 4, pp. 119–127, 2016. Cited on p. 362, 433, 448

[1211] Mantor, M., and M. Houston, "AMD Graphic Core Next—Low Power High Performance Graphics & Parallel Compute," *AMD Fusion Developer Summit*, June 2011. Cited on p. 936

[1212] Mara, M., and M. McGuire, "2D Polyhedral Bounds of a Clipped, Perspective-Projected 3D Sphere," *Journal of Computer Graphics Techniques*, vol. 2, no. 2, pp. 70–83, 2013. Cited on p. 745, 764, 773

[1213] Mara, M., M. McGuire, D. Nowrouzezahrai, and D. Luebke, "Deep G-Buffers for Stable Global Illumination Approximation," in *Proceedings of High Performance Graphics*, Eurographics Association, pp. 87–98, June 2016. Cited on p. 438

[1214] Mara, Michael, Morgan McGuire, Benedikt Bitterli, and Wojciech Jarosz, "An Efficient Denoising Algorithm for Global Illumination," *High Performance Graphics*, June 2017. Cited on p. 441

[1215] Markosian, Lee, Michael A. Kowalski, Samuel J. Trychin, Lubomir D. Bourdev, Daniel Goldstein, and John F. Hughes, "Real-Time Nonphotorealistic Rendering," in *SIGGRAPH '97: Proceedings of the 24th Annual Conference on Computer Graphics and Interactive Techniques*, ACM Press/Addison-Wesley Publishing Co., pp. 415–420, Aug. 1997. Cited on p. 575

[1216] Markosian, Lee, Barbara J. Meier, Michael A. Kowalski, Loring S. Holden, J. D. Northrup, and John F. Hughes, "Art-Based Rendering with Continuous Levels of Detail," in *Proceedings of the 1st International Symposium on Non-Photorealistic Animation and Rendering*, ACM, pp. 59–66, June 2000. Cited on p. 577, 579

[1217] Marques, R., C. Bouville, M. Ribardière, L. P. Santos, and K. Bouatouch, "Spherical Fibonacci Point Sets for Illumination Integrals," *Computer Graphics Forum*, vol. 32, no. 8, pp. 134–143, 2013. Cited on p. 343

[1218] Marschner, Stephen R., Henrik Wann Jensen, Mike Cammarano, Steve Worley, and Pat Hanrahan, "Light Scattering from Human Hair Fibers," *ACM Transactions on Graphics (SIGGRAPH 2003)*, vol. 22, no. 3, pp. 780–791, 2000. Cited on p. 311, 553, 555, 556

[1219] Marschner, Steve, and Peter Shirley, *Fundamentals of Computer Graphics*, Fourth Edition, CRC Press, 2015. Cited on p. 89

[1220] Marshall, Carl S., "Cartoon Rendering: Real-Time Silhouette Edge Detection and Rendering," in Mark DeLoura, ed., *Game Programming Gems 2*, Charles River Media, pp. 436–443, 2001. Cited on p. 574

[1221] Martin, Sam, and Per Einarsson, "A Real-Time Radiosity Architecture for Video Game," *SIGGRAPH Advances in Real-Time Rendering in 3D Graphics and Games course*, July 2010. Cited on p. 415

[1222] Martin, Tobias, and Tiow-Seng Tan, "Anti-aliasing and Continuity with Trapezoidal Shadow Maps," in *15th Eurographics Symposium on Rendering*, Eurographics Association, pp. 153–160, June 2004. Cited on p. 213

[1223] Martinez, Adam, "Faster Photorealism in Wonderland: Physically-Based Shading and Lighting at Sony Pictures Imageworks," *SIGGRAPH Physically-Based Shading Models in Film and Game Production course*, July 2010. Cited on p. 296

[1224] Mason, Ashton E. W., and Edwin H. Blake, "Automatic Hierarchical Level of Detail Optimization in Computer Animation," *Computer Graphics Forum*, vol. 16, no. 3, pp. 191–199, 1997. Cited on p. 748

[1225] Masserann, Arnaud, "Indexing Multiple Vertex Arrays," in Patrick Cozzi & Christophe Riccio, eds., *OpenGL Insights*, CRC Press, pp. 365–374, 2012. Cited on p. 596, 602, 607

[1226] Mattausch, Oliver, Jiří Bittner, and Michael Wimmer, "CHC++: Coherent Hierarchical Culling Revisited," *Computer Graphics Forum*, vol. 27, no. 2, pp. 221–230, 2008. Cited on p. 729

[1227] Mattausch, Oliver, Jiří Bittner, Ari Silvennoinen, Daniel Scherzer, and Michael Wimmer, "Efficient Online Visibility for Shadow Maps," in Wolfgang Engel, ed., *GPU Pro³*, CRC Press, pp. 233–242, 2012. Cited on p. 218

[1228] Mattes, Ben, and Jean-Francois St-Amour, "Illustrative Rendering of *Prince of Persia*," *Game Developers Conference*, Mar. 2009. Cited on p. 567, 570

[1229] Matusik, W., C. Buehler, R. Raskar, S. J. Gortler, and L. McMillan, "Image-Based Visual Hulls," in *SIGGRAPH '00: Proceedings of the 27th Annual Conference on Computer Graphics and In-*

teractive Techniques, ACM Press/Addison-Wesley Publishing Co., pp. 369–374, 2000.   Cited on p. 502

[1230] Maughan, Chris, "Texture Masking for Faster Lens Flare," in Mark DeLoura, ed., *Game Programming Gems 2*, Charles River Media, pp. 474–480, 2001.   Cited on p. 453

[1231] Maule, Marilena, João L. D. Comba, Rafael Torchelsen, and Rui Bastos, "A Survey of Raster-Based Transparency Techniques," *Computer and Graphics*, vol. 35, no. 6, pp. 1023–1034, 2011.   Cited on p. 140

[1232] Maule, Marilena, João Comba, Rafael Torchelsen, and Rui Bastos, "Hybrid Transparency," in *Proceedings of the ACM SIGGRAPH Symposium on Interactive 3D Graphics and Games*, ACM, pp. 103–118, 2013.   Cited on p. 138

[1233] Mavridis, Pavlos, and Georgios Papaioannou, "High Quality Elliptical Texture Filtering on GPU," in *Symposium on Interactive 3D Graphics and Games*, ACM, pp. 23–30, Feb. 2011.   Cited on p. 167

[1234] Mavridis, P., and G. Papaioannou, "The Compact YCoCg Frame Buffer," *Journal of Computer Graphics Techniques*, vol. 1, no. 1, pp. 19–35, 2012.   Cited on p. 694, 695

[1235] Max, Nelson L., "Horizon Mapping: Shadows for Bump-Mapped Surfaces," *The Visual Computer*, vol. 4, no. 2, pp. 109–117, 1988.   Cited on p. 397, 402

[1236] Max, Nelson L., "Weights for Computing Vertex Normals from Facet Normals," *journal of graphics tools*, vol. 4, no. 2, pp. 1–6, 1999. Also collected in [122].   Cited on p. 599

[1237] Max, Nelson, "Improved Accuracy When Building an Orthonormal Basis," *Journal of Computer Graphics Techniques*, vol. 6, no. 1, pp. 9–16, 2017.   Cited on p. 66

[1238] *Maxima, a Computer Algebra System*, http://maxima.sourceforge.net/, 2017.   Cited on p. 865

[1239] Mayaux, Benoit, "Real-Time Volumetric Rendering," *Revision Demo Party*, Mar.–Apr. 2013.   Cited on p. 536

[1240] McAllister, David K., Anselmo A. Lastra, and Wolfgang Heidrich, "Efficient Rendering of Spatial Bi-directional Reflectance Distribution Functions," in *Graphics Hardware 2002*, Eurographics Association, pp. 79–88, Sept. 2002.   Cited on p. 359, 365

[1241] McAllister, David, "Spatial BRDFs," in Randima Fernando, ed., *GPU Gems*, Addison-Wesley, pp. 293–306, 2004.   Cited on p. 359, 365

[1242] McAnlis, Colt, "A Multithreaded 3D Renderer," in Eric Lengyel, ed., *Game Engine Gems*, Jones and Bartlett, pp. 149–165, 2010.   Cited on p. 703

[1243] McAuley, Stephen, "Calibrating Lighting and Materials in *Far Cry 3*," *SIGGRAPH Physically Based Shading in Theory and Practice course*, Aug. 2012.   Cited on p. 303

[1244] McAuley, Stephen, "Rendering the World of Far Cry 4," *Game Developers Conference*, Mar. 2015.   Cited on p. 126, 128, 185, 362, 365, 391, 414, 433, 434, 617, 746

[1245] McCabe, Dan, and John Brothers, "DirectX 6 Texture Map Compression," *Game Developer*, vol. 5, no. 8, pp. 42–46, Aug. 1998.   Cited on p. 914

[1246] McCaffrey, Jon, "Exploring Mobile vs. Desktop OpenGL Performance," in Patrick Cozzi & Christophe Riccio, eds., *OpenGL Insights*, CRC Press, pp. 337–352, 2012.   Cited on p. 703

[1247] McCloud, Scott, *Understanding Comics: The Invisible Art*, Harper Perennial, 1994.   Cited on p. 562, 584

[1248] McCombe, J. A., "PowerVR Graphics—Latest Developments and Future Plans," *Game Developers Conference*, Mar. 2015.   Cited on p. 441, 939, 979

[1249] McCool, Michael D., Chris Wales, and Kevin Moule, "Incremental and Hierarchical Hilbert Order Edge Equation Polygon Rasterization," in *Graphics Hardware 2001*, Eurographics Association, pp. 65–72, Aug. 2001.   Cited on p. 900, 903

[1250] McCormack, J., R. McNamara, C. Gianos, L. Seiler, N. P. Jouppi, and Ken Corell, "Neon: A Single-Chip 3D Workstation Graphics Accelerator," in *Proceedings of the ACM SIGGRAPH/EUROGRAPHICS Workshop on Graphics Hardware*, ACM, pp. 123–123, Aug. 1998.   Cited on p. 163, 912, 934

[1251] McCormack, Joel, Ronald Perry, Keith I. Farkas, and Norman P. Jouppi, "Feline: Fast Elliptical Lines for Anisotropic Texture Mapping," in *SIGGRAPH '99: Proceedings of the 26th Annual Conference on Computer Graphics and Interactive Techniques*, ACM Press/Addison-Wesley Publishing Co., pp. 243–250, Aug. 1999.   Cited on p. 167

[1252] McCormack, Joel, and Robert McNamara, "Tiled Polygon Traversal Using Half-Plane Edge Functions," in *Graphics Hardware 2000*, Eurographics Association, pp. 15–22, Aug. 2000.   Cited on p. 19, 899, 900

[1253] McDermott, Wes, *The Comprehensive PBR Guide by Allegorithmic*, vol. 2, Allegorithmic, 2016.   Cited on p. 283, 303

[1254] McDonald, J., and M. Kilgard, "Crack-Free Point-Normal Triangles Using Adjacent Edge Normals," Technical Report, NVIDIA, Dec. 2010.   Cited on p. 645

[1255] McDonald, J., "Don't Throw It All Away: Efficient Buffer Management," *Game Developers Conference*, Mar. 2012.   Cited on p. 103

参考文献   1033

[1256] McDonald, John, "Alpha Blending: To Pre or Not To Pre," *NVIDIA GameWorks* blog, Jan. 31, 2013. Cited on p. 183

[1257] McDonald, John, "Avoiding Catastrophic Performance Loss: Detecting CPU-GPU Sync Points," *Game Developers Conference*, Mar. 2014. Cited on p. 681, 685, 695

[1258] McEwan, Ian, David Sheets, Mark Richardson, and Stefan Gustavson, "Efficient Computational Noise in GLSL," *journal of graphics tools*, vol. 16, no. 2, pp. 85–94, 2012. Cited on p. 176

[1259] McGuire, Morgan, and John F. Hughes, "Hardware-Determined Feature Edges," in *Proceedings of the 3rd International Symposium on Non-Photorealistic Animation and Rendering*, ACM, pp. 35–47, June 2004. Cited on p. 575

[1260] McGuire, Morgan, "The SuperShader," in Wolfgang Engel, ed., *ShaderX⁴*, Charles River Media, pp. 485–498, 2005. Cited on p. 113

[1261] McGuire, Morgan, and Max McGuire, "Steep Parallax Mapping," *Symposium on Interactive 3D Graphics and Games poster*, Apr. 2005. Cited on p. 190, 191, 192, 193, 808

[1262] McGuire, Morgan, *Computer Graphics Archive*, http://casual-effects.com/data, Aug. 2011. Cited on p. 93, 104

[1263] McGuire, Morgan, Padraic Hennessy, Michael Bukowski, and Brian Osman, "A Reconstruction Filter for Plausible Motion Blur," *Symposium on Interactive 3D Graphics and Games*, Feb. 2012. Cited on p. 464, 467, 468, 469

[1264] McGuire, Morgan, Michael Mara, and David Luebke, "Scalable Ambient Obscurance," *High Performance Graphics*, June 2012. Cited on p. 396

[1265] McGuire, M., D. Evangelakos, J. Wilcox, S. Donow, and M. Mara, "Plausible Blinn-Phong Reflection of Standard Cube MIP-Maps," Technical Report CSTR201301, Department of Computer Science, Williams College, 2013. Cited on p. 361

[1266] McGuire, Morgan, and Louis Bavoil, "Weighted Blended Order-Independent Transparency," *Journal of Computer Graphics Techniques*, vol. 2, no. 2, pp. 122–141, 2013. Cited on p. 139

[1267] McGuire, Morgan, "Z-Prepass Considered Irrelevant," *Casual Effects* blog, Aug. 14, 2013. Cited on p. 693, 762

[1268] McGuire, Morgan, "The *Skylanders SWAP Force* Depth-of-Field Shader," *Casual Effects* blog, Sept. 13, 2013. Cited on p. 457, 458, 460, 463

[1269] McGuire, Morgan, and Michael Mara, "Efficient GPU Screen-Space Ray Tracing," *Journal of Computer Graphics Techniques*, vol. 3, no. 4, pp. 73–85, 2014. Cited on p. 436

[1270] McGuire, Morgan, "Implementing Weighted, Blended Order-Independent Transparency," *Casual Effects* blog, Mar. 26, 2015. Cited on p. 139, 492

[1271] McGuire, Morgan, "Fast Colored Transparency," *Casual Effects* blog, Mar. 27, 2015. Cited on p. 139

[1272] McGuire, Morgan, "Peering Through a Glass, Darkly at the Future of Real-Time Transparency," *SIGGRAPH Open Problems in Real-Time Rendering course*, July 2016. Cited on p. 140, 146, 538, 560

[1273] McGuire, Morgan, "Strategies for Avoiding Motion Sickness in VR Development," *Casual Effects* blog, Aug. 12, 2016. Cited on p. 797, 798

[1274] McGuire, Morgan, Mike Mara, Derek Nowrouzezahrai, and David Luebke, "Real-Time Global Illumination Using Precomputed Light Field Probes," in *Proceedings of the 21st ACM SIGGRAPH Symposium on Interactive 3D Graphics and Games*, ACM, pp. 2:1–2:11, Feb. 2017. Cited on p. 422, 432

[1275] McGuire, Morgan, and Michael Mara, "Phenomenological Transparency," *IEEE Transactions on Visualization and Computer Graphics*, vol. 23, no.5, pp. 1465–1478, May 2017. Cited on p. 139, 140, 538, 543, 545, 560

[1276] McGuire, Morgan, "The Virtual Frontier: Computer Graphics Challenges in Virtual Reality & Augmented Reality," *SIGGRAPH NVIDIA talks*, July 31, 2017. Cited on p. 800, 814, 815

[1277] McGuire, Morgan, "How NVIDIA Research is Reinventing the Display Pipeline for the Future of VR, Part 2," *Road to VR* website, Nov. 30, 2017. Cited on p. 797, 815, 979

[1278] McGuire, Morgan, *The Graphics Codex*, Edition 2.14, Casual Effects Publishing, 2018. Cited on p. 323, 441, 981

[1279] McGuire, Morgan, "Ray Marching," in *The Graphics Codex*, Edition 2.14, Casual Effects Publishing, 2018. Cited on p. 648

[1280] McLaren, James, "The Technology of The Tomorrow Children," *Game Developers Conference*, Mar. 2015. Cited on p. 427, 434, 492

[1281] McNabb, Doug, "Sparse Procedural Volume Rendering," in Wolfgang Engel, ed., *GPU Pro⁶*, CRC Press, pp. 167–180, 2015. Cited on p. 528, 808

[1282] McReynolds, Tom, and David Blythe, *Advanced Graphics Programming Using OpenGL*, Morgan Kaufmann, 2005. Cited on p. 133, 134, 176, 177, 195, 196, 203, 464, 476, 477, 581, 585

[1283] McTaggart, Gary, "*Half-Life 2*/Valve Source Shading," *Game Developers Conference*, Mar. 2004.

Cited on p. 112, 341, 347, 411, 412, 420, 430

[1284] McVoy, Larry, and Carl Staelin, "lmbench: Portable Tools for Performance Analysis," in *Proceedings of the USENIX Annual Technical Conference*, USENIX, pp. 120–133, Jan. 1996. Cited on p. 683

[1285] Mehra, Ravish, and Subodh Kumar, "Accurate and Efficient Rendering of Detail Using Directional Distance Maps," in *Proceedings of the Eighth Indian Conference on Vision, Graphics and Image Processing*, ACM, pp. 34:1–34:8, Dec. 2012. Cited on p. 194

[1286] Mehta, Soham Uday, Brandon Wang, and Ravi Ramamoorthi, "Axis-Aligned Filtering for Interactive Sampled Soft Shadows," *ACM Transactions on Graphics*, vol. 31, no. 6, pp. 163:1–163:10, 2012. Cited on p. 967

[1287] Mehta, Soham Uday, Brandon Wang, Ravi Ramamoorthi, and Fredo Durand, "Axis-Aligned Filtering for Interactive Physically-Based Diffuse Indirect Lighting," *ACM Transactions on Graphics*, vol. 32, no. 4, pp. 96:1–96:12, 2013. Cited on p. 967

[1288] Mehta, Soham Uday, JiaXian Yao, Ravi Ramamoorthi, and Fredi Durand, "Factored Axis-aligned Filtering for Rendering Multiple Distribution Effects," *ACM Transactions on Graphics*, vol. 33, no. 4, pp. 57:1–57:12, 2014. Cited on p. 967

[1289] Mehta, Soham Uday, *Axis-aligned Filtering for Interactive Physically-based Rendering*, PhD thesis, Technical Report No. UCB/EECS-2015-66, University of California, Berkeley, 2015. Cited on p. 967

[1290] Melax, Stan, "A Simple, Fast, and Effective Polygon Reduction Algorithm," *Game Developer*, vol. 5, no. 11, pp. 44–49, Nov. 1998. Cited on p. 610, 742

[1291] Melax, Stan, "The Shortest Arc Quaternion," in Mark DeLoura, ed., *Game Programming Gems*, Charles River Media, pp. 214–218, 2000. Cited on p. 73

[1292] Melax, Stan, "Dynamic Plane Shifting BSP Traversal," in *Graphics Interface 2000*, Canadian Human-Computer Communications Society, pp. 213–220, May 2000. Cited on p. 885, 886, 887, 888

[1293] Melax, Stan, "BSP Collision Detection as Used in *MDK2* and *NeverWinter Nights*," *Gamasutra*, Mar. 2001. Cited on p. 885

[1294] Melnikov, Evgeniy, "Ray Tracing," *NVIDIA ComputeWorks site*, August 14, 2018. Cited on p. 954, 955

[1295] Mendoza, Cesar, and Carol O'Sullivan, "Interruptible Collision Detection for Deformable Objects," *Computer and Graphics*, vol. 30, no. 2, pp. 432–438, 2006. Cited on p. 890

[1296] Meneveaux, Daniel, Benjamin Bringier, Emmanuelle Tauzia, Mickaël Ribardière, and Lionel Simonot, "Rendering Rough Opaque Materials with Interfaced Lambertian Microfacets," *IEEE Transactions on Visualization and Computer Graphics*, vol. 24, no. 3, pp. 1368–1380, 2018. Cited on p. 288

[1297] Meng, Johannes, Florian Simon, Johannes Hanika, and Carsten Dachsbacher, "Physically Meaningful Rendering Using Tristimulus Colours," *Computer Graphics Forum*, vol. 34, no. 4, pp. 31–40, 2015. Cited on p. 303

[1298] Merry, Bruce, "Performance Tuning for Tile-Based Architectures," in Patrick Cozzi & Christophe Riccio, eds., *OpenGL Insights*, CRC Press, pp. 323–335, 2012. Cited on p. 681, 703

[1299] Mertens, Tom, Jan Kautz, Philippe Bekaert, Hans-Peter Seidel, and Frank Van Reeth, "Efficient Rendering of Local Subsurface Scattering," in *Proceedings of the 11th Pacific Conference on Computer Graphics and Applications*, IEEE Computer Society, pp. 51–58, Oct. 2003. Cited on p. 552

[1300] Meshkin, Houman, "Sort-Independent Alpha Blending," *Game Developers Conference*, Mar. 2007. Cited on p. 138

[1301] Meyer, Alexandre, and Fabrice Neyret, "Interactive Volumetric Textures," in *Rendering Techniques '98*, Springer, pp. 157–168, July 1998. Cited on p. 488, 558

[1302] Meyer, Alexandre, Fabrice Neyret, and Pierre Poulin, "Interactive Rendering of Trees with Shading and Shadows," in *Rendering Techniques 2001*, Springer, pp. 183–196, June 2001. Cited on p. 178

[1303] Meyer, Quirin, Jochen Süßner, Gerd Sußner, Marc Stamminger, and Günther Greiner, "On Floating-Point Normal Vectors," *Computer Graphics Forum*, vol. 29, no. 4, pp. 1405–1409, 2010. Cited on p. 196

[1304] Meyers, Scott, "CPU Caches and Why You Care," *code::dive* conference, Nov. 5, 2014. Cited on p. 682, 684

[1305] Microsoft, "Coordinate Systems," *Windows Mixed Reality* website, 2017. Cited on p. 795, 808

[1306] Microsoft, "Direct3D 11 Graphics," *Windows Dev Center*. Cited on p. 37, 206, 454

[1307] Microsoft, *D3D12 Raytracing Functional Spec*, v0.09, Mar. 12, 2018. Cited on p. 947, 948, 949

[1308] Mikkelsen, Morten S., "Bump Mapping Unparametrized Surfaces on the GPU," Technical Report, Naughty Dog, 2010. Cited on p. 186

[1309] Mikkelsen, Morten S., "Fine Pruned Tiled Light Lists," in Wolfgang Engel, ed., *GPU Pro⁷*, CRC

参考文献   1035

Press, pp. 69–81, 2016. Cited on p. 776, 791

[1310] Miller, Gavin, "Efficient Algorithms for Local and Global Accessibility Shading," in *SIGGRAPH '94: Proceedings of the 21st Annual Conference on Computer Graphics and Interactive Techniques*, ACM, pp. 319–326, July 1994. Cited on p. 387

[1311] Miller, Gene S., and C. Robert Hoffman, "Illumination and Reflection Maps: Simulated Objects in Simulated and Real Environments," *SIGGRAPH Advanced Computer Graphics Animation course*, July 1984. Cited on p. 352, 366

[1312] Miller, Scott, "A Perceptual EOTF for Extended Dynamic Range Imagery," *SMPTE Standards Update presentation*, May 6, 2014. Cited on p. 248

[1313] Millington, Ian, *Game Physics Engine Development*, Morgan Kaufmann, 2007. Cited on p. 896

[1314] Mirtich, Brian, and John Canny, "Impulse-Based Simulation of Rigid-Bodies," in *Proceedings of the 1995 Symposium on Interactive 3D Graphics*, ACM, pp. 181–188, Apr. 1995. Cited on p. 893

[1315] Mirtich, Brian, "V-Clip: Fast and Robust Polyhedral Collision Detection," *ACM Transactions on Graphics*, vol. 17, no. 3, pp. 177–208, July 1998. Cited on p. 883

[1316] Mitchell, D., and A. Netravali, "Reconstruction Filters in Computer Graphics," *Computer Graphics (SIGGRAPH '88 Proceedings)*, vol. 22, no. 4, pp. 239–246, Aug. 1988. Cited on p. 119

[1317] Mitchell, Jason L., Michael Tatro, and Ian Bullard, "Multitexturing in DirectX 6," *Game Developer*, vol. 5, no. 9, pp. 33–37, Sept. 1998. Cited on p. 177

[1318] Mitchell, Jason L., "Advanced Vertex and Pixel Shader Techniques," *European Game Developers Conference*, Sept. 2001. Cited on p. 450

[1319] Mitchell, Jason L., "Image Processing with 1.4 Pixel Shaders in Direct3D," in Wolfgang Engel, ed., *Direct3D ShaderX: Vertex & Pixel Shader Tips and Techniques*, Wordware, pp. 258–269, 2002. Cited on p. 450, 570

[1320] Mitchell, Jason L., Marwan Y. Ansari, and Evan Hart, "Advanced Image Processing with DirectX 9 Pixel Shaders," in Wolfgang Engel, ed., *ShaderX²: Shader Programming Tips and Tricks with DirectX 9*, Wordware, pp. 439–468, 2004. Cited on p. 445, 446, 449

[1321] Mitchell, Jason L., "Light Shaft Rendering," in Wolfgang Engel, ed., *ShaderX³*, Charles River Media, pp. 573–588, 2004. Cited on p. 521

[1322] Mitchell, Jason L., and Pedro V. Sander, "Applications of Explicit Early-Z Culling," *SIGGRAPH Real-Time Shading course*, Aug. 2004. Cited on p. 47, 917

[1323] Mitchell, Jason, "Motion Blurring Environment Maps," in Wolfgang Engel, ed., *ShaderX⁴*, Charles River Media, pp. 263–268, 2005. Cited on p. 465

[1324] Mitchell, Jason, Gary McTaggart, and Chris Green, "Shading in Valve's Source Engine," *SIGGRAPH Advanced Real-Time Rendering in 3D Graphics and Games course*, Aug. 2006. Cited on p. 254, 331, 347, 430

[1325] Mitchell, Jason L., Moby Francke, and Dhabih Eng, "Illustrative Rendering in *Team Fortress 2*," *Proceedings of the 5th International Symposium on Non-Photorealistic Animation and Rendering*, ACM, pp. 71–76, Aug. 2007. Collected in [1874]. Cited on p. 585

[1326] Mitchell, Jason, "Stylization with a Purpose: The Illustrative World of *Team Fortress 2*," *Game Developers Conference*, Mar. 2008. Cited on p. 562, 563

[1327] Mitchell, Kenny, "Volumetric Light Scattering as a Post-Process," in Hubert Nguyen, ed., *GPU Gems 3*, Addison-Wesley, pp. 275–285, 2007. Cited on p. 521, 522

[1328] Mittring, Martin, "Triangle Mesh Tangent Space Calculation," in Wolfgang Engel, ed., *ShaderX⁴*, Charles River Media, pp. 77–89, 2005. Cited on p. 185, 186

[1329] Mittring, Martin, "Finding Next Gen—CryEngine 2," *SIGGRAPH Advanced Real-Time Rendering in 3D Graphics and Games course*, Aug. 2007. Cited on p. 38, 172, 211, 213, 225, 395, 410, 483, 739, 742, 744

[1330] Mittring, Martin, and Byran Dudash, "The Technology Behind the DirectX 11 Unreal Engine 'Samaritan' Demo," *Game Developers Conference*, Mar. 2011. Cited on p. 336, 432, 459, 554

[1331] Mittring, Martin, "The Technology Behind the 'Unreal Engine 4 Elemental Demo'," *Game Developers Conference*, Mar. 2012. Cited on p. 253, 322, 331, 427, 453, 463, 494

[1332] Mohr, Alex, and Michael Gleicher, "Building Efficient, Accurate Character Skins from Examples," *ACM Transactions on Graphics (SIGGRAPH 2003)*, vol. 22, no. 3, pp. 562–568, 2003. Cited on p. 74

[1333] Möller, Tomas, and Ben Trumbore, "Fast, Minimum Storage Ray-Triangle Intersection," *journal of graphics tools*, vol. 2, no. 1, pp. 21–28, 1997. Also collected in [122]. Cited on p. 835, 838

[1334] Möller, Tomas, "A Fast Triangle-Triangle Intersection Test," *journal of graphics tools*, vol. 2, no. 2, pp. 25–30, 1997. Cited on p. 843

[1335] Möller, Tomas, and John F. Hughes, "Efficiently Building a Matrix to Rotate One Vector to Another," *journal of graphics tools*, vol. 4, no. 4, pp. 1–4, 1999. Also collected in [122]. Cited on p. 73

[1336] Molnar, Steven, "Efficient Supersampling Antialiasing for High-Performance Architectures," Technical Report TR91-023, Department of Computer Science, University of North Carolina at Chapel Hill, 1991. Cited on p. 128, 473

[1337] Molnar, S., J. Eyles, and J. Poulton, "PixelFlow: High-Speed Rendering Using Image Composition," *Computer Graphics (SIGGRAPH '92 Proceedings)*, vol. 26, no. 2, pp. 231–240, July 1992. Cited on p. 763, 922

[1338] Molnar, S., M. Cox, D. Ellsworth, and H. Fuchs, "A Sorting Classification of Parallel Rendering," *IEEE Computer Graphics and Applications*, vol. 14, no. 4, pp. 23–32, July 1994. Cited on p. 921, 924

[1339] Montesdeoca, S. E., H. S. Seah, and H.-M. Rall, "Art-Directed Watercolor Rendered Animation," in *Expressive 2016*, Eurographics Association, pp. 51–58, May 2016. Cited on p. 572

[1340] Moon, Bochang, Jose A. Iglesias-Guitian, Steven McDonagh, and Kenny Mitchell, "Noise Reduction on G-Buffers for Monte Carlo Filtering," *Computer Graphics Forum*, vol. 34, no. 2, pp. 1–13, 2015. Cited on p. 969

[1341] Moore, Matthew, and Jane Wilhelms, "Collision Detection and Response for Computer Animation," *Computer Graphics (SIGGRAPH '88 Proceedings)*, vol. 22, no. 4, pp. 289–298, Aug. 1988. Cited on p. 893

[1342] Morein, Steve, "ATI Radeon HyperZ Technology," *Graphics Hardware Hot3D session*, Aug. 2000. Cited on p. 911, 916, 918, 937

[1343] Moreton, Henry P., and Carlo H. Séquin, "Functional Optimization for Fair Surface Design," *Computer Graphics (SIGGRAPH '92 Proceedings)*, vol. 26, no. 2, pp. 167–176, July 1992. Cited on p. 656

[1344] Moreton, Henry, "Watertight Tessellation Using Forward Differencing," in *Graphics Hardware 2001*, Eurographics Association, pp. 25–132, Aug. 2001. Cited on p. 662, 663, 664

[1345] Morovič, Ján, *Color Gamut Mapping*, John Wiley & Sons, 2008. Cited on p. 244

[1346] Mortenson, Michael E., *Geometric Modeling*, Third Edition, John Wiley & Sons, 2006. Cited on p. 620, 672

[1347] Morton, G. M., "A Computer Oriented Geodetic Data Base and a New Technique in File Sequencing," Technical Report, IBM, Ottawa, Ontario, Mar. 1, 1966. Cited on p. 919

[1348] Mueller, Carl, "Architectures of Image Generators for Flight Simulators," Technical Report TR95-015, Department of Computer Science, University of North Carolina at Chapel Hill, 1995. Cited on p. 131

[1349] Mulde, Jurriaan D., Frans C. A. Groen, and Jarke J. van Wijk, "Pixel Masks for Screen-Door Transparency," in *Visualization '98*, IEEE Computer Society, pp. 351–358, Oct. 1998. Cited on p. 131

[1350] Munkberg, Jacob, and Tomas Akenine-Möller, "Backface Culling for Motion Blur and Depth of Field," *Journal of Graphics, GPU, and Game Tools*, vol. 15, no. 2, pp. 123–139, 2011. Cited on p. 721

[1351] Munkberg, Jacob, Karthik Vaidyanathan, Jon Hasselgren, Petrik Clarberg, and Tomas Akenine-Möller, "Layered Reconstruction for Defocus and Motion Blur," *Computer Graphics Forum*, vol. 33, no. 4, pp. 81–92, 2014. Cited on p. 468

[1352] Munkberg, J., J. Hasselgren, P. Clarberg, M. Andersson, and T. Akenine-Möller, "Texture Space Caching and Reconstruction for Ray Tracing," *ACM Transactions on Graphics*, vol. 35, no. 6, pp. 249:1–249:13, 2016. Cited on p. 810, 963, 968

[1353] Museth, Ken, "VDB: High-Resolution Sparse Volumes with Dynamic Topology," *ACM Transactions on Graphics*, vol. 32, no. 2, article no. 27, June 2013. Cited on p. 500, 505

[1354] Myers, Kevin, "Alpha-to-Coverage in Depth," in Wolfgang Engel, ed., *ShaderX⁵*, Charles River Media, pp. 69–74, 2006. Cited on p. 182

[1355] Myers, Kevin, "Variance Shadow Mapping," NVIDIA White Paper, 2007. Cited on p. 224

[1356] Myers, Kevin, Randima (Randy) Fernando, and Louis Bavoil, "Integrating Realistic Soft Shadows into Your Game Engine," NVIDIA White Paper, Feb. 2008. Cited on p. 221

[1357] Myers, Kevin, "Sparse Shadow Trees," in *ACM SIGGRAPH 2016 Talks*, ACM, article no. 14, July 2016. Cited on p. 211, 217, 233

[1358] Nagy, Gabor, "Real-Time Shadows on Complex Objects," in Mark DeLoura, ed., *Game Programming Gems*, Charles River Media, pp. 567–580, 2000. Cited on p. 203

[1359] Nagy, Gabor, "Convincing-Looking Glass for Games," in Mark DeLoura, ed., *Game Programming Gems*, Charles River Media, pp. 586–593, 2000. Cited on p. 134

[1360] Nah, J.-H., H.-J. Kwon, D.-S. Kim, C.-H. Jeong, J. Park, T.-D. Han, D. Manocha, and W.-C. Park, "RayCore: A Ray-Tracing Hardware Architecture for Mobile Devices," *ACM Transactions on Graphics*, vol. 33, no. 5, pp. 162:1–162:15, 2014. Cited on p. 939

[1361] Naiman, Avi C., "Jagged Edges: When Is Filtering Needed?," *ACM Transactions on Graphics*, vol. 14, no. 4, pp. 238–258, 1998. Cited on p. 126

[1362] Narasimhan, Srinivasa G., Mohit Gupta, Craig Donner, Ravi Ramamoorthi, Shree K. Nayar, and

参考文献   1037

Henrik Wann Jensen, "Acquiring Scattering Properties of Participating Media by Dilution," *ACM Transactions on Graphics (SIGGRAPH 2006)*, vol. 25, no. 3, pp. 1003–1012, Aug. 2006. Cited on p. 511

[1363] Narkowicz, Krzysztof, "Real-Time BC6H Compression on GPU," in Wolfgang Engel, ed., *GPU Pro*[7], CRC Press, pp. 219–229, 2016. Cited on p. 433, 752

[1364] Narkowicz, Krzysztof, "ACES Filmic Tone Mapping Curve," *Krzysztof Narkowicz* blog, Jan. 6, 2016. Cited on p. 252

[1365] Narkowicz, Krzysztof, "HDR Display—First Steps," *Krzysztof Narkowicz* blog, Aug. 31, 2016. Cited on p. 252

[1366] Nassau, Kurt, *The Physics and Chemistry of Color: The Fifteen Causes of Color*, Second Edition, John Wiley & Sons, Inc., 2001. Cited on p. 323

[1367] Navarro, Fernando, Francisco J. Serón, and Diego Gutierrez, "Motion Blur Rendering: State of the Art," *Computer Graphics Forum*, vol. 30, no. 1, pp. 3–26, 2011. Cited on p. 469

[1368] Nehab, D., P. Sander, J. Lawrence, N. Tatarchuk, and J. Isidoro, "Accelerating Real-Time Shading with Reverse Reprojection Caching," in *Graphics Hardware 2007*, Eurographics Association, pp. 25–35, Aug. 2007. Cited on p. 451

[1369] Nelson, Scott R., "Twelve Characteristics of Correct Antialiased Lines," *journal of graphics tools*, vol. 1, no. 4, pp. 1–20, 1996. Cited on p. 145

[1370] Neubelt, D., and M. Pettineo, "Crafting a Next-Gen Material Pipeline for *The Order: 1886*," *SIGGRAPH Physically Based Shading in Theory and Practice course*, July 2013. Cited on p. 310, 317, 321

[1371] Neubelt, D., and M. Pettineo, "Crafting a Next-Gen Material Pipeline for *The Order: 1886*," *Game Developers Conference*, Mar. 2014. Cited on p. 317, 321, 403, 774, 775

[1372] Neubelt, D., and M. Pettineo, "Advanced Lighting R&D at Ready At Dawn Studios," *SIGGRAPH Physically Based Shading in Theory and Practice course*, Aug. 2015. Cited on p. 343, 411, 420, 429

[1373] Ng, Ren, Ravi Ramamoorthi, and Pat Hanrahan, "All-Frequency Shadows Using Non-linear Wavelet Lighting Approximation," *ACM Transactions on Graphics (SIGGRAPH 2003)*, vol. 22, no. 3, pp. 376–281, 2003. Cited on p. 372

[1374] Ng, Ren, Ravi Ramamoorthi, and Pat Hanrahan, "Triple Product Wavelet Integrals for All-Frequency Relighting," *ACM Transactions on Graphics (SIGGRAPH 2004)*, vol. 23, no. 3, pp. 477–487, Aug. 2004. Cited on p. 346, 372, 405

[1375] Ngan, Addy, Frédo Durand, and Wojciech Matusik, "Experimental Analysis of BRDF Models," in *16th Eurographics Symposium on Rendering*, Eurographics Association, pp. 117–126, June–July 2005. Cited on p. 294, 298

[1376] Nguyen, Hubert, "Casting Shadows on Volumes," *Game Developer*, vol. 6, no. 3, pp. 44–53, Mar. 1999. Cited on p. 203

[1377] Nguyen, Hubert, "Fire in the 'Vulcan' Demo," in Randima Fernando, ed., *GPU Gems*, Addison-Wesley, pp. 87–105, 2004. Cited on p. 133, 449, 479

[1378] Nguyen, Hubert, and William Donnelly, "Hair Animation and Rendering in the Nalu Demo," in Matt Pharr, ed., *GPU Gems 2*, Addison-Wesley, pp. 361–380, 2005. Cited on p. 227, 556, 621, 630

[1379] Ni, T., I. Castaño, J. Peters, J. Mitchell, P. Schneider, and V. Verma, *SIGGRAPH Efficient Substitutes for Subdivision Surfaces course*, Aug. 2009. Cited on p. 662, 673

[1380] Nichols, Christopher, "The Truth about Unbiased Rendering," *Chaosgroup Labs* blog, Sept. 29, 2016. Cited on p. 977

[1381] Nicodemus, F. E., J. C. Richmond, J. J. Hsia, I. W. Ginsberg, and T. Limperis, "Geometric Considerations and Nomenclature for Reflectance," National Bureau of Standards (US), Oct. 1977. Cited on p. 271, 547

[1382] Nienhuys, Han-Wen, Jim Arvo, and Eric Haines, "Results of Sphere in Box Ratio Contest," *Ray Tracing News*, vol. 10, no. 1, Jan. 1997. Cited on p. 827

[1383] Nießner, M., C. Loop, M. Meyer, and T. DeRose, "Feature-Adaptive GPU Rendering of Catmull-Clark Subdivision Surfaces," *ACM Transactions on Graphics*, vol. 31, no. 1, pp. 6:1–6:11, Jan. 2012. Cited on p. 664, 667, 670, 671

[1384] Nießner, M., C. Loop, and G. Greiner, "Efficient Evaluation of Semi-Smooth Creases in Catmull-Clark Subdivision Surfaces," in *Eurographics 2012—Short Papers*, Eurographics Association, pp. 41–44, May 2012. Cited on p. 670

[1385] Nießner, M., and C. Loop, "Analytic Displacement Mapping Using Hardware Tessellation," *ACM Transactions on Graphics*, vol. 32, no. 3, pp. 26:1–26:9, 2013. Cited on p. 661, 667

[1386] Nießner, M., *Rendering Subdivision Surfaces Using Hardware Tessellation*, PhD thesis, Friedrich-Alexander-Universität Erlangen-Nürnberg, 2013. Cited on p. 670, 671, 673

[1387] Nießner, M., C. Siegl, H. Schäfer, and C. Loop, "Real-Time Collision Detection for Dynamic

Hardware Tessellated Objects," in *Eurographics 2013—Short Papers*, Eurographics Association, pp. 33-36, May 2013. Cited on p. 892

[1388] Nießner, M., B. Keinert, M. Fisher, M. Stamminger, C. Loop, and H. Schäfer, "Real-Time Rendering Techniques with Hardware Tessellation," *Computer Graphics Forum*, vol. 35, no. 1, pp. 113–137, 2016. Cited on p. 667, 673, 759

[1389] Nishita, Tomoyuki, Thomas W. Sederberg, and Masanori Kakimoto, "Ray Tracing Trimmed Rational Surface Patches," *Computer Graphics (SIGGRAPH '90 Proceedings)*, vol. 24, no. 4, pp. 337–345, Aug. 1990. Cited on p. 839

[1390] Nishita, Tomoyuki, Takao Sirai, Katsumi Tadamura, and Eihachiro Nakamae, "Display of the Earth Taking into Account Atmospheric Scattering," in *SIGGRAPH '93: Proceedings of the 20th Annual Conference on Computer Graphics and Interactive Techniques*, ACM, pp. 175–182, Aug. 1993. Cited on p. 530

[1391] Nöll, Tobias, and Didier Stricker, "Efficient Packing of Arbitrarily Shaped Charts for Automatic Texture Atlas Generation," in *Proceedings of the Twenty-Second Eurographics Conference on Rendering*, Eurographics Association, pp. 1309–1317, 2011. Cited on p. 168

[1392] Northrup, J. D., and Lee Markosian, "Artistic Silhouettes: A Hybrid Approach," in *Proceedings of the 1st International Symposium on Non-photorealistic Animation and Rendering*, ACM, pp. 31–37, June 2000. Cited on p. 576

[1393] Novák, J., and C. Dachsbacher, "Rasterized Bounding Volume Hierarchies," *Computer Graphics Forum*, vol. 31, no. 2, pp. 403–412, 2012. Cited on p. 488

[1394] Novosad, Justin, "Advanced High-Quality Filtering," in Matt Pharr, ed., *GPU Gems 2*, Addison-Wesley, pp. 417–435, 2005. Cited on p. 119, 446, 450

[1395] Nowrouzezahrai, Derek, Patricio Simari, and Eugene Fiume, "Sparse Zonal Harmonic Factorization for Efficient SH Rotation," *ACM Transactions on Graphics*, vol. 31, no. 3, article no. 23, 2012. Cited on p. 346

[1396] Nuebel, Markus, "Hardware-Accelerated Charcoal Rendering," in Wolfgang Engel, ed., *ShaderX³*, Charles River Media, pp. 195–204, 2004. Cited on p. 578

[1397] Nummelin, Niklas, "Frostbite on Mobile," *SIGGRAPH Moving Mobile Graphics course*, Aug. 2015. Cited on p. 781

[1398] Nunes, Gustavo Bastos, "A 3D Visualization Tool Used for Test Automation in the *Forza* Series," in Wolfgang Engel, ed., *GPU Pro⁷*, CRC Press, pp. 231–244, 2016. Cited on p. 874

[1399] NVIDIA Corporation, "Improve Batching Using Texture Atlases," SDK White Paper, 2004. Cited on p. 169

[1400] NVIDIA Corporation, "GPU Programming Exposed: The Naked Truth Behind NVIDIA's Demos," *SIGGRAPH Exhibitor Tech Talk*, Aug. 2005. Cited on p. 458

[1401] NVIDIA Corporation, "Solid Wireframe," White Paper, WP-03014-001_v01, Feb. 2007. Cited on p. 580, 582

[1402] NVIDIA Corporation, "NVIDIA GF100—World's Fastest GPU Delivering Great Gaming Performance with True Geometric Realism," White Paper, 2010. Cited on p. 931, 932

[1403] NVIDIA Corporation, "NVIDIA GeForce GTX 1080—Gaming Perfected," White Paper, 2016. Cited on p. 806, 930, 931, 932, 933

[1404] NVIDIA Corporation, "NVIDIA Tesla P100—The Most Advanced Datacenter Accelerator Ever Built," White Paper, 2016. Cited on p. 930, 934

[1405] NVIDIA, "Ray Tracing," *NVIDIA OptiX 5.0 Programming Guide*, Mar. 13, 2018. Cited on p. 954, 955, 956

[1406] *NVIDIA GameWorks DirectX Samples*, https://developer.nvidia.com/gameworks-directx-samples. Cited on p. 767, 791

[1407] *NVIDIA SDK 10*, http://developer.download.nvidia.com/SDK/10/direct3d/samples.html, 2008. Cited on p. 42, 225, 481, 483, 559

[1408] *NVIDIA SDK 11*, https://developer.nvidia.com/dx11-samples. Cited on p. 41, 48, 132

[1409] Nystad, J., A. Lassen, A. Pomianowski, S. Ellis, and T. Olson, "Adaptive Scalable Texture Compression," in *Proceedings of the Fourth ACM SIGGRAPH / Eurographics Conference on High-Performance Graphics*, Eurographics Association, pp. 105–114, June 2012. Cited on p. 173

[1410] Oat, Chris, "A Steerable Streak Filter," in Wolfgang Engel, ed., *ShaderX³*, Charles River Media, pp. 341–348, 2004. Cited on p. 449, 452, 453

[1411] Oat, Chris, "Irradiance Volumes for Games," *Game Developers Conference*, Mar. 2005. Cited on p. 420

[1412] Oat, Chris, "Irradiance Volumes for Real-Time Rendering," in Wolfgang Engel, ed., *ShaderX⁵*, Charles River Media, pp. 333–344, 2006. Cited on p. 420

[1413] Oat, Christopher, and Pedro V. Sander, "Ambient Aperture Lighting," *SIGGRAPH Advanced Real-Time Rendering in 3D Graphics and Games course*, Aug. 2006. Cited on p. 402

[1414] Oat, Christopher, and Pedro V. Sander, "Ambient Aperture Lighting," in *Proceedings of the 2007*

参考文献   1039

Symposium on Interactive 3D Graphics and Games, ACM, pp. 61–64, Apr.–May 2007. Cited on p. 402, 403, 405

[1415] Oat, Christopher, and Thorsten Scheuermann, "Computing Per-Pixel Object Thickness in a Single Render Pass," in Wolfgang Engel, ed., *ShaderX⁶*, Charles River Media, pp. 57–62, 2008. Cited on p. 520

[1416] Obert, Juraj, J. M. P. van Waveren, and Graham Sellers, *SIGGRAPH Virtual Texturing in Software and Hardware course*, Aug. 2012. Cited on p. 748

[1417] Ochiai, H., K. Anjyo, and A. Kimura, *SIGGRAPH An Elementary Introduction to Matrix Exponential for CG course*, July 2016. Cited on p. 89

[1418] *Oculus Best Practices*, Oculus VR, LLC, 2017. Cited on p. 798, 800, 801, 802, 804, 808, 809, 811, 813, 814

[1419] O'Donnell, Yuriy, and Matthäus G. Chajdas, "Tiled Light Trees," *Symposium on Interactive 3D Graphics and Games*, Feb. 2017. Cited on p. 781

[1420] O'Donnell, Yuriy, "FrameGraph: Extensible Rendering Architecture in Frostbite," *Game Developers Conference*, Feb.–Mar. 2017. Cited on p. 444, 449, 701, 703

[1421] Ofek, E., and A. Rappoport, "Interactive Reflections on Curved Objects," in *SIGGRAPH '98: Proceedings of the 25th Annual Conference on Computer Graphics and Interactive Techniques*, ACM, pp. 333–342, July 1998. Cited on p. 435

[1422] Ohlarik, Deron, "Bounding Sphere," *AGI* blog, Feb. 4, 2008. Cited on p. 825

[1423] Ohlarik, Deron, "Precisions, Precisions," *AGI* blog, Sept. 3, 2008. Cited on p. 616

[1424] Olano, M., and T. Greer, "Triangle Scan Conversion Using 2D Homogeneous Coordinates," in *Proceedings of the ACM SIGGRAPH/EUROGRAPHICS Workshop on Graphics Hardware*, ACM, pp. 89–95, Aug. 1997. Cited on p. 718, 902

[1425] Olano, Marc, Bob Kuehne, and Maryann Simmons, "Automatic Shader Level of Detail," in *Graphics Hardware 2003*, Eurographics Association, pp. 7–14, July 2003. Cited on p. 736

[1426] Olano, Marc, "Modified Noise for Evaluation on Graphics Hardware," in *Graphics Hardware 2005*, Eurographics Association, pp. 105–110, July 2005. Cited on p. 176

[1427] Olano, Marc, and Dan Baker, "LEAN Mapping," in *Proceedings of the 2010 ACM SIGGRAPH Symposium on Interactive 3D Graphics and Games*, ACM, pp. 181–188, 2010. Cited on p. 321

[1428] Olano, Marc, Dan Baker, Wesley Griffin, and Joshua Barczak, "Variable Bit Rate GPU Texture Decompression," in *Proceedings of the Twenty-Second Eurographics Symposium on Rendering Techniques*, Eurographics Association, pp. 1299–1308, June 2011. Cited on p. 752

[1429] Olick, Jon, "Segment Buffering," in Matt Pharr, ed., *GPU Gems 2*, Addison-Wesley, pp. 69–73, 2005. Cited on p. 687

[1430] Olick, Jon, "Current Generation Parallelism in Games," *SIGGRAPH Beyond Programmable Shading course*, Aug. 2008. Cited on p. 505

[1431] Oliveira, Manuel M., Gary Bishop, and David McAllister, "Relief Texture Mapping," in *SIGGRAPH '00: Proceedings of the 27th Annual Conference on Computer Graphics and Interactive Techniques*, ACM Press/Addison-Wesley Publishing Co., pp. 359–368, July 2000. Cited on p. 488

[1432] Oliveira, Manuel M., and Fabio Policarpo, "An Efficient Representation for Surface Details," Technical Report RP-351, Universidade Federal do Rio Grande do Sul, Jan. 26, 2005. Cited on p. 194

[1433] Oliveira, Manuel M., and Maicon Brauwers, "Real-Time Refraction Through Deformable Objects," in *Proceedings of the 2007 Symposium on Interactive 3D Graphics and Games*, ACM, pp. 89–96, Apr.–May 2007. Cited on p. 543

[1434] Olsson, O., and U. Assarsson, "Tiled Shading," *Journal of Graphics, GPU, and Game Tools*, vol. 15, no. 4, pp. 235–251, 2011. Cited on p. 762, 774

[1435] Olsson, O., M. Billeter, and U. Assarsson, "Clustered Deferred and Forward Shading," in *High-Performance Graphics 2012*, Eurographics Association, pp. 87–96, June 2012. Cited on p. 777, 778, 779, 781

[1436] Olsson, O., M. Billeter, and U. Assarsson, "Tiled and Clustered Forward Shading: Supporting Transparency and MSAA," in *ACM SIGGRAPH 2012 Talks*, ACM, article no. 37, Aug. 2012. Cited on p. 777, 778

[1437] Olsson, Ola, Markus Billeter, and Erik Sintorn, "More Efficient Virtual Shadow Maps for Many Lights," *IEEE Transactions on Visualization and Computer Graphics*, vol. 21, no. 6, pp. 701–713, June 2015. Cited on p. 218, 762, 782

[1438] Olsson, Ola, "Efficient Shadows from Many Lights," *SIGGRAPH Real-Time Many-Light Management and Shadows with Clustered Shading course*, Aug. 2015. Cited on p. 782, 791

[1439] Olsson, Ola, "Introduction to Real-Time Shading with Many Lights," *SIGGRAPH Real-Time Many-Light Management and Shadows with Clustered Shading course*, Aug. 2015. Cited on p. 766, 772, 773, 778, 779, 782, 783, 791, 976

[1440] O'Neil, Sean, "Accurate Atmospheric Scattering," in Matt Pharr, ed., *GPU Gems 2*, Addison-

Wesley, pp. 253–268, 2005. Cited on p. 530

[1441] van Oosten, Jeremiah, "Volume Tiled Forward Shading," *3D Game Engine Programming* website, July 18, 2017. Cited on p. 778, 791

[1442] *Open 3D Graphics Compression*, Khronos Group, 2013. Cited on p. 614

[1443] *OpenVDB*, http://openvdb.org, 2017. Cited on p. 500

[1444] Oren, Michael, and Shree K. Nayar, "Generalization of Lambert's Reflectance Model," in *SIGGRAPH '94: Proceedings of the 21st Annual Conference on Computer Graphics and Interactive Techniques*, ACM, pp. 239–246, July 1994. Cited on p. 288, 307

[1445] O'Rourke, Joseph, "Finding Minimal Enclosing Boxes," *International Journal of Computer & Information Sciences*, vol. 14, no. 3, pp. 183–199, 1985. Cited on p. 826

[1446] O'Rourke, Joseph, *Computational Geometry in C*, Second Edition, Cambridge University Press, 1998. Cited on p. 590, 591, 839

[1447] Örtegren, Kevin, and Emil Persson, "Clustered Shading: Assigning Lights Using Conservative Rasterization in DirectX 12," in Wolfgang Engel, ed., *GPU Pro⁷*, CRC Press, pp. 43–68, 2016. Cited on p. 779, 791

[1448] O'Sullivan, Carol, and John Dingliana, "Real vs. Approximate Collisions: When Can We Tell the Difference?," in *ACM SIGGRAPH Sketches and Applications*, ACM, p. 249, Aug. 2001. Cited on p. 889, 894

[1449] O'Sullivan, Carol, and John Dingliana, "Collisions and Perception," *ACM Transactions on Graphics*, vol. 20, no. 3, pp. 151–168, 2001. Cited on p. 889, 894

[1450] van Overveld, C. V. A. M., and B. Wyvill, "An Algorithm for Polygon Subdivision Based on Vertex Normals," in *Computer Graphics International '97*, IEEE Computer Society, pp. 3–12, June 1997. Cited on p. 642

[1451] van Overveld, C. V. A. M., and B. Wyvill, "Phong Normal Interpolation Revisited," *ACM Transactions on Graphics*, vol. 16, no. 4, pp. 397–419, Oct. 1997. Cited on p. 644

[1452] Ownby, John-Paul, Chris Hall, and Rob Hall, "*Toy Story 3: The Video Game*—Rendering Techniques," *SIGGRAPH Advances in Real-Time Rendering in 3D Graphics and Games course*, July 2010. Cited on p. 203, 219, 448

[1453] Paeth, Alan W., ed., *Graphics Gems V*, Academic Press, 1995. Cited on p. 89, 865

[1454] Pagán, Tito, "Efficient UV Mapping of Complex Models," *Game Developer*, vol. 8, no. 8, pp. 28–34, Aug. 2001. Cited on p. 151, 152

[1455] Palandri, Rémi, and Simon Green, "Hybrid Mono Rendering in UE4 and Unity," *Oculus Developer Blog*, Sept. 30, 2016. Cited on p. 805

[1456] Pallister, Kim, "Generating Procedural Clouds Using 3D Hardware," in Mark DeLoura, ed., *Game Programming Gems 2*, Charles River Media, pp. 463–473, 2001. Cited on p. 481

[1457] Pangerl, David, "Quantized Ring Clipping," in Wolfgang Engel, ed., *ShaderX⁶*, Charles River Media, pp. 133–140, 2008. Cited on p. 754

[1458] Pangerl, David, "Practical Thread Rendering for DirectX 9," in Wolfgang Engel, ed., *GPU Pro*, A K Peters, Ltd., pp. 541–546, 2010. Cited on p. 703

[1459] Pantaleoni, Jacopo, and David Luebke, "HLBVH: Hierarchical LBVH Construction for Real-Time Ray Tracing of Dynamic Geometry," *High Performance Graphics*, pp. 89–95, June 2010. Cited on p. 958

[1460] Pantaleoni, Jacopo, "VoxelPipe: A Programmable Pipeline for 3D Voxelization," in *High-Performance Graphics 2011*, Eurographics Association, pp. 99–106, Aug. 2011. Cited on p. 503

[1461] Papathanasis, Andreas, "Dragon Age II DX11 Technology," *Game Developers Conference*, Mar. 2011. Cited on p. 222, 772

[1462] Papavasiliou, D., "Real-Time Grass (and Other Procedural Objects) on Terrain," *Journal of Computer Graphics Techniques*, vol. 4, no. 1, pp. 26–49, 2015. Cited on p. 746

[1463] Parberry, Ian, "Amortized Noise," *Journal of Computer Graphics Techniques*, vol. 3, no. 2, pp. 31–47, 2014. Cited on p. 176

[1464] Parent, R., *Computer Animation: Algorithms & Techniques*, Third Edition, Morgan Kaufmann, 2012. Cited on p. 89

[1465] Paris, Sylvain, Pierre Kornprobst, Jack Tumblin, and Frédo Durand, *SIGGRAPH A Gentle Introduction to Bilateral Filtering and Its Applications course*, Aug. 2007. Cited on p. 448, 449, 469

[1466] Parker, Steven, William Martin, Peter-Pike J. Sloan, Peter Shirley, Brian Smits, and Charles Hansen, "Interactive Ray Tracing," in *Proceedings of the 1999 Symposium on Interactive 3D Graphics*, ACM, pp. 119–134, 1999. Cited on p. 372

[1467] Patney, Anjul, Marco Salvi, Joohwan Kim, Anton Kaplanyan, Chris Wyman, Nir Benty, David Luebke, and Aaron Lefohn, "Towards Foveated Rendering for Gaze-Tracked Virtual Reality," *ACM Transactions on Graphics*, vol. 35, no. 6, article no. 179, 2016. Cited on p. 126, 801, 807, 808

[1468] Patney, Anjul, *SIGGRAPH Applications of Visual Perception to Virtual Reality course*, Aug.

参考文献 1041

2017. Cited on p. 807, 815

[1469] Patry, Jasmin, "HDR Display Support in *Infamous Second Son* and *Infamous First Light* (Part 1)," *glowybits* blog, Dec. 21, 2016. Cited on p. 252

[1470] Patry, Jasmin, "HDR Display Support in *Infamous Second Son* and *Infamous First Light* (Part 2)," *glowybits* blog, Jan. 4, 2017. Cited on p. 248

[1471] Patterson, J. W., S. G. Hoggar, and J. R. Logie, "Inverse Displacement Mapping," *Computer Graphics Forum*, vol. 10 no. 2, pp. 129–139, 1991. Cited on p. 191

[1472] Paul, Richard P. C., *Robot Manipulators: Mathematics, Programming, and Control*, MIT Press, 1981. Cited on p. 64

[1473] Peercy, Mark S., Marc Olano, John Airey, and P. Jeffrey Ungar, "Interactive Multi-Pass Programmable Shading," in *SIGGRAPH '00: Proceedings of the 27th Annual Conference on Computer Graphics and Interactive Techniques*, ACM Press/Addison-Wesley Publishing Co., pp. 425–432, July 2000. Cited on p. 33

[1474] Pegoraro, Vincent, Mathias Schott, and Steven G. Parker, "An Analytical Approach to Single Scattering for Anisotropic Media and Light Distributions," in *Graphics Interface 2009*, Canadian Information Processing Society, pp. 71–77, 2009. Cited on p. 521

[1475] Pellacini, Fabio, "User-Configurable Automatic Shader Simplification," *ACM Transactions on Graphics (SIGGRAPH 2005)*, vol. 24, no. 3, pp. 445–452, Aug. 2005. Cited on p. 736

[1476] Pellacini, Fabio, Miloš Hašan, and Kavita Bala, "Interactive Cinematic Relighting with Global Illumination," in Hubert Nguyen, ed., *GPU Gems 3*, Addison-Wesley, pp. 183–202, 2007. Cited on p. 473

[1477] Pelzer, Kurt, "Rendering Countless Blades of Waving Grass," in Randima Fernando, ed., *GPU Gems*, Addison-Wesley, pp. 107–121, 2004. Cited on p. 178

[1478] Penner, E., "Shader Amortization Using Pixel Quad Message Passing," in Wolfgang Engel, ed., *GPU Pro²*, A K Peters/CRC Press, pp. 349–367, 2011. Cited on p. 919

[1479] Penner, E., "Pre-Integrated Skin Shading," *SIGGRAPH Advances in Real-Time Rendering in Games course*, Aug. 2011. Cited on p. 548

[1480] Pérard - Gayot, Arsène, Javor Kalojanov, and Philipp Slusallek, "GPU Ray Tracing using Irregular Grids," *Computer Graphics Forum*, vol. 36, no. 2, pp. 477–486, 2017. Cited on p. 953

[1481] Perlin, Ken, "An Image Synthesizer," *Computer Graphics (SIGGRAPH '85 Proceedings)*, vol. 19, no. 3, pp. 287–296, July 1985. Cited on p. 175, 176

[1482] Perlin, Ken, and Eric M. Hoffert, "Hypertexture," *Computer Graphics (SIGGRAPH '89 Proceedings)*, vol. 23, no. 3, pp. 253–262, July 1989. Cited on p. 175, 176, 534

[1483] Perlin, Ken, "Improving Noise," *ACM Transactions on Graphics (SIGGRAPH 2002)*, vol. 21, no. 3, pp. 681–682, 2002. Cited on p. 159, 175, 176

[1484] Perlin, Ken, "Implementing Improved Perlin Noise," in Randima Fernando, ed., *GPU Gems*, Addison-Wesley, pp. 73–85, 2004. Cited on p. 176, 534

[1485] Persson, Emil, "Alpha to Coverage," *Humus* blog, June 23, 2005. Cited on p. 180

[1486] Persson, Emil, "Post-Tonemapping Resolve for High-Quality HDR Anti-aliasing in D3D10," in Wolfgang Engel, ed., *ShaderX⁶*, Charles River Media, pp. 161–164, 2008. Cited on p. 125

[1487] Persson, Emil, "GPU Texture Compression," *Humus* blog, Apr. 12, 2008. Cited on p. 752

[1488] Persson, Emil, "Linearize Depth," *Humus* blog, Aug. 2, 2008. Cited on p. 519

[1489] Persson, Emil, "Performance," *Humus* blog, July 22, 2009. Cited on p. 681

[1490] Persson, Emil, "Making It Large, Beautiful, Fast, and Consistent: Lessons Learned Developing *Just Cause 2*," in Wolfgang Engel, ed., *GPU Pro*, A K Peters, Ltd., pp. 571–596, 2010. Cited on p. 100, 479, 481, 616, 762

[1491] Persson, Emil, "Volume Decals," in Wolfgang Engel, ed., *GPU Pro²*, A K Peters/CRC Press, pp. 115–120, 2011. Cited on p. 769

[1492] Persson, Emil, "Creating Vast Game Worlds: Experiences from Avalanche Studios," in *ACM SIGGRAPH 2012 Talks*, ACM, article no. 32, Aug. 2012. Cited on p. 61, 185, 216, 217, 616, 617, 687, 688

[1493] Persson, Emil, "Graphics Gems for Games: Findings from Avalanche Studios," *SIGGRAPH Advances in Real-Time Rendering in Games course*, Aug. 2012. Cited on p. 479, 481, 688

[1494] Persson, Emil, "Low-Level Thinking in High-Level Shading Languages," *Game Developers Conference*, Mar. 2013. Cited on p. 680

[1495] Persson, Emil, "Wire Antialiasing," in Wolfgang Engel, ed., *GPU Pro⁵*, CRC Press, pp. 211–218, 2014. Cited on p. 122

[1496] Persson, Emil, "Low-Level Shader Optimization for Next-Gen and DX11," *Game Developers Conference*, Mar. 2014. Cited on p. 680

[1497] Persson, Emil, "Clustered Shading," *Humus* blog, Mar. 24, 2015. Cited on p. 783, 791

[1498] Persson, Emil, "Practical Clustered Shading," *SIGGRAPH Real-Time Many-Light Management and Shadows with Clustered Shading course*, Aug. 2015. Cited on p. 763, 766, 767, 775, 776, 777,

778, 779, 791

[1499] Persson, Tobias, "Practical Particle Lighting," *Game Developers Conference*, Mar. 2012. Cited on p. 492

[1500] Pesce, Angelo, "Stable Cascaded Shadow Maps—Ideas," *C0DE517E* blog, Mar. 27, 2011. Cited on p. 217

[1501] Pesce, Angelo, "Current-Gen DOF and MB," *C0DE517E* blog, Jan. 4, 2012. Cited on p. 460, 461, 468

[1502] Pesce, Angelo, "33 Milliseconds in the Life of a Space Marine...," *SCRIBD* presentation, Oct. 8, 2012. Cited on p. 210, 217, 221, 448, 455, 468, 769

[1503] Pesce, Angelo, "Smoothen Your Functions," *C0DE517E* blog, Apr. 26, 2014. Cited on p. 176

[1504] Pesce, Angelo, "Notes on Real-Time Renderers," *C0DE517E* blog, Sept. 3, 2014. Cited on p. 762, 764, 768, 791

[1505] Pesce, Angelo, "Notes on G-Buffer Normal Encodings," *C0DE517E* blog, Jan. 24, 2015. Cited on p. 617, 767

[1506] Pesce, Angelo, "Being More Wrong: Parallax Corrected Environment Maps," *C0DE517E* blog, Mar. 28, 2015. Cited on p. 432

[1507] Pesce, Angelo, "Low-Resolution Effects with Depth-Aware Upsampling," *C0DE517E* blog, Feb. 6, 2016. Cited on p. 449

[1508] Pesce, Angelo, "The Real-Time Rendering Continuum: A Taxonomy," *C0DE517E* blog, Aug. 6, 2016. Cited on p. 791

[1509] Peters, Christoph, and Reinhard Klein, "Moment Shadow Mapping," in *Proceedings of the 19th Symposium on Interactive 3D Graphics and Games*, ACM, pp. 7–14, Feb.–Mar. 2015. Cited on p. 226

[1510] Peters, Christoph, Cedrick Münstermann, Nico Wetzstein, and Reinhard Klein, "Improved Moment Shadow Maps for Translucent Occluders, Soft Shadows and Single Scattering," *Journal of Computer Graphics Techniques*, vol. 6, no. 1, pp. 17–67, 2017. Cited on p. 227

[1511] Pettineo, Matt, "How to Fake Bokeh (and Make It Look Pretty Good)," *The Danger Zone* blog, Feb. 28, 2011. Cited on p. 463

[1512] Pettineo, Matt, "Light-Indexed Deferred Rendering," *The Danger Zone* blog, Mar. 31, 2012. Cited on p. 774, 783, 791

[1513] Pettineo, Matt, "Experimenting with Reconstruction Filters for MSAA Resolve," *The Danger Zone* blog, Oct. 28, 2012. Cited on p. 119, 125

[1514] Pettineo, Matt, "A Sampling of Shadow Techniques," *The Danger Zone* blog, Sept. 10, 2013. Cited on p. 48, 210, 216, 221, 234

[1515] Pettineo, Matt, "Shadow Sample Update," *The Danger Zone* blog, Feb. 18, 2015. Cited on p. 226, 234

[1516] Pettineo, Matt, "Rendering the Alternate History of *The Order: 1886*," *SIGGRAPH Advances in Real-Time Rendering in Games course*, Aug. 2015. Cited on p. 125, 126, 216, 217, 226, 693, 774

[1517] Pettineo, Matt, "Stairway to (Programmable Sample Point) Heaven," *The Danger Zone* blog, Sept. 13, 2015. Cited on p. 125, 784

[1518] Pettineo, Matt, "Bindless Texturing for Deferred Rendering and Decals," *The Danger Zone* blog, Mar. 25, 2016. Cited on p. 169, 767, 778, 780, 785

[1519] Pettineo, Matt, "SG Series Part 6: Step into the Baking Lab," *The Danger Zone* blog, Oct. 9, 2016. Cited on p. 343, 411, 463, 467

[1520] Pfister, Hans-Peter, Matthias Zwicker, Jeroen van Barr, and Markus Gross, "Surfels: Surface Elements as Rendering Primitives," in *SIGGRAPH '00: Proceedings of the 27th Annual Conference on Computer Graphics and Interactive Techniques*, ACM Press/Addison-Wesley Publishing Co., pp. 335–342, July 2000. Cited on p. 496

[1521] Phail-Liff, Nathan, Scot Andreason, and Anthony Vitale, "Crafting Victorian London: The Environment Art and Material Pipelines of *The Order: 1886*," in *ACM SIGGRAPH 2015 Talks*, ACM, article no. 8, Aug. 2015. Cited on p. 317

[1522] Pharr, Matt, "Fast Filter Width Estimates with Texture Maps," in Randima Fernando, ed., *GPU Gems*, Addison-Wesley, pp. 417–424, 2004. Cited on p. 163

[1523] Pharr, Matt, Craig Kolb, Reid Gershbein, and Pat Hanrahan, "Rendering Complex Scenes with Memory-Coherent Ray Tracing," *SIGGRAPH '97: Proceedings of the 24th Annual Conference on Computer Graphics and Interactive Techniques*, ACM Press/Addison-Wesley Publishing Co., pp. 101–108, 1997. Cited on p. 962

[1524] Pharr, Matt, and Simon Green, "Ambient Occlusion," in Randima Fernando, ed., *GPU Gems*, Addison-Wesley, pp. 279–292, 2004. Cited on p. 390, 401

[1525] Pharr, Matt, Wenzel Jakob, and Greg Humphreys, *Physically Based Rendering: From Theory to Implementation*, Third Edition, Morgan Kaufmann, 2016. Cited on p. 119, 127, 128, 146, 238, 381, 384, 441, 509, 538, 544, 973

[1526] Pharr, Matt, section ed., "Special Issue on Production Rendering," *ACM Transactions on Graphics*, vol. 37, no. 3, 2018. Cited on p. 955, 973

[1527] Phong, Bui Tuong, "Illumination for Computer Generated Pictures," *Communications of the ACM*, vol. 18, no. 6, pp. 311–317, June 1975. Cited on p. 103, 295, 359

[1528] Picott, Kevin P., "Extensions of the Linear and Area Lighting Models," *Computer Graphics*, vol. 18, no. 2, pp. 31–38, Mar. 1992. Cited on p. 332, 334

[1529] Piegl, Les A., and Wayne Tiller, *The NURBS Book*, Second Edition, Springer-Verlag, 1997. Cited on p. 673

[1530] Pineda, Juan, "A Parallel Algorithm for Polygon Rasterization," *Computer Graphics (SIGGRAPH '88 Proceedings)*, vol. 22, no. 4, pp. 17–20, Aug. 1988. Cited on p. 898

[1531] Pines, Josh, "From Scene to Screen," *SIGGRAPH Color Enhancement and Rendering in Film and Game Production course*, July 2010. Cited on p. 250, 251, 254

[1532] Piponi, Dan, and George Borshukov, "Seamless Texture Mapping of Subdivision Surfaces by Model Pelting and Texture Blending," in *SIGGRAPH '00: Proceedings of the 27th Annual Conference on Computer Graphics and Interactive Techniques*, ACM Press/Addison-Wesley Publishing Co., pp. 471–478, July 2000. Cited on p. 662

[1533] Placeres, Frank Puig, "Overcoming Deferred Shading Drawbacks," in Wolfgang Engel, ed., *ShaderX^5*, Charles River Media, pp. 115–130, 2006. Cited on p. 764, 767

[1534] Pletinckx, Daniel, "Quaternion Calculus as a Basic Tool in Computer Graphics," *The Visual Computer*, vol. 5, no. 1, pp. 2–13, 1989. Cited on p. 89

[1535] Pochanayon, Adisak, "Capturing and Visualizing RealTime GPU Performance in *Mortal Kombat X*," *Game Developers Conference*, Mar. 2016. Cited on p. 681

[1536] Pohl, Daniel, Gregory S. Johnson, and Timo Bolkart, "Improved Pre-Warping for Wide Angle, Head Mounted Displays," in *Proceedings of the 19th ACM Symposium on Virtual Reality Software and Technology*, ACM, pp. 259–262, Oct. 2013. Cited on p. 542, 802

[1537] Policarpo, Fabio, Manuel M. Oliveira, and João L. D. Comba, "Real-Time Relief Mapping on Arbitrary Polygonal Surfaces," in *Proceedings of the 2005 Symposium on Interactive 3D Graphics and Games*, ACM, pp. 155–162, Apr. 2005. Cited on p. 191, 192

[1538] Policarpo, Fabio, and Manuel M. Oliveira, "Relief Mapping of Non-Height-Field Surface Details," in *Proceedings of the 2006 Symposium on Interactive 3D Graphics and Games*, ACM, pp. 55–62, Mar. 2006. Cited on p. 488, 490

[1539] Policarpo, Fabio, and Manuel M. Oliveira, "Relaxed Cone Stepping for Relief Mapping," in Hubert Nguyen, ed., *GPU Gems 3*, Addison-Wesley, pp. 409–428, 2007. Cited on p. 194

[1540] Pool, J., A. Lastra, and M. Singh, "Lossless Compression of Variable-Precision Floating-Point Buffers on GPUs," in *Proceedings of the ACM SIGGRAPH Symposium on Interactive 3D Graphics and Games*, ACM, pp. 47–54, Mar. 2012. Cited on p. 911, 918

[1541] Porcino, Nick, "Lost Planet Parallel Rendering," *Meshula.net* website, Oct. 2007. Cited on p. 466, 558

[1542] Porter, Thomas, and Tom Duff, "Compositing Digital Images," *Computer Graphics (SIGGRAPH '84 Proceedings)*, vol. 18, no. 3, pp. 253–259, July 1984. Cited on p. 132, 133, 135

[1543] Pötzsch, Christian, "Speeding up GPU Barrel Distortion Correction in Mobile VR," *Imagination Blog*, June 15, 2016. Cited on p. 802

[1544] Pouchol, M., A. Ahmad, B. Crespin, and O. Terraz, "A hierarchical hashing scheme for Nearest Neighbor Search and Broad-Phase Collision Detection," *Journal of Graphics, GPU, and Game Tools*, vol. 14, no. 2, pp. 45–59, 2009. Cited on p. 872

[1545] Poynton, Charles, *Digital Video and HD: Algorithms and Interfaces*, Second Edition, Morgan Kaufmann, 2012. Cited on p. 142, 144, 146

[1546] Pranckevičius, Aras, "Compact Normal Storage for Small G-Buffers," *Aras' blog*, Mar. 25, 2010. Cited on p. 617

[1547] Pranckevičius, Aras, and Renaldas Zioma, "Fast Mobile Shaders," *SIGGRAPH Studio Talk*, Aug. 2011. Cited on p. 475, 693, 703

[1548] Pranckevičius, Aras, "Rough Sorting by Depth," *Aras' blog*, Jan. 16, 2014. Cited on p. 693

[1549] Pranckevičius, Aras, Jens Fursund, and Sam Martin, "Advanced Lighting Techniques in Unity," *Unity DevDay, Game Developers Conference*, Mar. 2014. Cited on p. 415

[1550] Pranckevičius, Aras, "Cross Platform Shaders in 2014," *Aras' blog*, Mar. 28, 2014. Cited on p. 114

[1551] Pranckevičius, Aras, "Shader Compilation in Unity 4.5," *Aras' blog*, May 5, 2014. Cited on p. 114

[1552] Pranckevičius, Aras, "Porting Unity to New APIs," *SIGGRAPH An Overview of Next Generation APIs course*, Aug. 2015. Cited on p. 35, 696, 703

[1553] Pranckevičius, Aras, "Every Possible Scalability Limit Will Be Reached," *Aras' blog*, Feb. 5, 2017. Cited on p. 113

[1554] Pranckevičius, Aras, "Font Rendering Is Getting Interesting," *Aras' blog*, Feb. 15, 2017. Cited on p. 584, 585

[1555] Praun, Emil, Adam Finkelstein, and Hugues Hoppe, "Lapped Textures," in *SIGGRAPH '00: Proceedings of the 27th Annual Conference on Computer Graphics and Interactive Techniques*, ACM Press/Addison-Wesley Publishing Co., pp. 465–470, July 2000. Cited on p. 577

[1556] Praun, Emil, Hugues Hoppe, Matthew Webb, and Adam Finkelstein, "Real-Time Hatching," in *SIGGRAPH '01 Proceedings of the 28th Annual Conference on Computer Graphics and Interactive Techniques*, ACM, pp. 581–586, Aug. 2001. Cited on p. 577

[1557] Preetham, Arcot J., Peter Shirley, and Brian Smits, "A Practical Analytic Model for Daylight," in *SIGGRAPH '99: Proceedings of the 26th Annual Conference on Computer Graphics and Interactive Techniques*, ACM Press/Addison-Wesley Publishing Co., pp. 91–100, Aug. 1999. Cited on p. 530

[1558] Preparata, F. P., and M. I. Shamos, *Computational Geometry: An Introduction*, Springer-Verlag, 1985. Cited on p. 591, 839

[1559] Preshing, Jeff, "How Ubisoft Montreal Develops Games for Multicore—Before and After C++11," *CppCon 2014*, Sept. 2014. Cited on p. 700, 701, 704

[1560] Press, William H., Saul A. Teukolsky, William T. Vetterling, and Brian P. Flannery, *Numerical Recipes in C*, Cambridge University Press, 1992. Cited on p. 823, 826, 862

[1561] Proakis, John G., and Dimitris G. Manolakis, *Digital Signal Processing: Principles, Algorithms, and Applications*, Fourth Edition, Pearson, 2006. Cited on p. 115, 117, 119, 120

[1562] Purnomo, Budirijanto, Jonathan Bilodeau, Jonathan D. Cohen, and Subodh Kumar, "Hardware-Compatible Vertex Compression Using Quantization and Simplification," in *Graphics Hardware 2005*, Eurographics Association, pp. 53–61, July 2005. Cited on p. 615

[1563] Quidam, *Jade2 model*, published by wismo, http://www.3dvia.com/wismo, 2017. Cited on p. 563

[1564] Quílez, Íñigo, "Rendering Worlds with Two Triangles on the GPU in 4096 bytes," *NVScene*, Aug. 2008. Cited on p. 392, 513, 648

[1565] Quílez, Íñigo, "Improved Texture Interpolation," *iquilezles.org*, 2010. Cited on p. 159

[1566] Quílez, Íñigo, "Correct Frustum Culling," *iquilezles.org*, 2013. Cited on p. 856

[1567] Quílez, Íñigo, "Efficient Stereo and VR Rendering," in Wolfgang Engel, ed., *GPU Zen*, Black Cat Publishing, pp. 241–251, 2017. Cited on p. 803, 804

[1568] Ragan-Kelley, Jonathan, Charlie Kilpatrick, Brian W. Smith, and Doug Epps, "The Lightspeed Automatic Interactive Lighting Preview System," *ACM Transactions on Graphics (SIGGRAPH 2007)*, vol. 26, no. 3, 25:1–25:11, July 2007. Cited on p. 473

[1569] Ragan-Kelley, Jonathan, Jaakko Lehtinen, Jiawen Chen, Michael Doggett, and Frédo Durand, "Decoupled Sampling for Graphics Pipelines," *ACM Transactions on Graphics*, vol. 30, no. 3, pp. 17:1–17:17, May 2011. Cited on p. 788

[1570] Rákos, Daniel, "Massive Number of Shadow-Casting Lights with Layered Rendering," in Patrick Cozzi & Christophe Riccio, eds., *OpenGL Insights*, CRC Press, pp. 259–278, 2012. Cited on p. 218

[1571] Rákos, Daniel, "Programmable Vertex Pulling," in Patrick Cozzi & Christophe Riccio, eds., *OpenGL Insights*, CRC Press, pp. 293–301, 2012. Cited on p. 607

[1572] Ramamoorthi, Ravi, and Pat Hanrahan, "An Efficient Representation for Irradiance Environment Maps," in *SIGGRAPH '01 Proceedings of the 28th Annual Conference on Computer Graphics and Interactive Techniques*, ACM, pp. 497–500, Aug. 2001. Cited on p. 366, 368, 369, 370

[1573] Ramamoorthi, Ravi, and Pat Hanrahan, "Frequency Space Environment Map Rendering," *ACM Transactions on Graphics*, vol. 21, no. 3, pp. 517–526, 2002. Cited on p. 371

[1574] Raskar, Ramesh, and Michael Cohen, "Image Precision Silhouette Edges," in *Proceedings of the 1999 Symposium on Interactive 3D Graphics*, ACM, pp. 135–140, 1999. Cited on p. 566, 567

[1575] Raskar, Ramesh, "Hardware Support for Non-photorealistic Rendering," in *Graphics Hardware 2001*, Eurographics Association, pp. 41–46, Aug. 2001. Cited on p. 567, 568

[1576] Raskar, Ramesh, and Jack Tumblin, *Computational Photography: Mastering New Techniques for Lenses, Lighting, and Sensors*, A K Peters, Ltd., 2007. Cited on p. 475

[1577] Rasmusson, J., J. Hasselgren, and T. Akenine-Möller, "Exact and Error-Bounded Approximate Color Buffer Compression and Decompression," in *Graphics Hardware 2007*, Eurographics Association, pp. 41–48, Aug. 2007. Cited on p. 900, 911

[1578] Rasmusson, J., J. Ström, and T. Akenine-Möller, "Error-Bounded Lossy Compression of Floating-Point Color Buffers Using Quadtree Decomposition," *The Visual Computer*, vol. 26, no. 1, pp. 17–30, 2009. Cited on p. 911

[1579] Ratcliff, John W., "Sphere Trees for Fast Visibility Culling, Ray Tracing, and Range Searching," in Mark DeLoura, ed., *Game Programming Gems 2*, Charles River Media, pp. 384–387, 2001. Cited on p. 709

[1580] Rauwendaal, Randall, and Mike Bailey, "Hybrid Computational Voxelization Using the Graphics Pipeline," *Journal of Computer Graphics Techniques*, vol. 2, no. 1, pp. 15–37, 2013. Cited on p. 503

参考文献 1045

[1581] Ray, Nicolas, Vincent Nivoliers, Sylvain Lefebvre, and Bruno Lévy, "Invisible Seams," in *Proceedings of the 21st Eurographics Conference on Rendering*, Eurographics Association, pp. 1489–1496, June 2010. Cited on p. 419

[1582] Reddy, Martin, *Perceptually Modulated Level of Detail for Virtual Environments*, PhD thesis, University of Edinburgh, 1997. Cited on p. 746

[1583] Reed, Nathan, "Ambient Occlusion Fields and Decals in *inFAMOUS 2*," *Game Developers Conference*, Mar. 2012. Cited on p. 390

[1584] Reed, Nathan, "Quadrilateral Interpolation, Part 1," *Nathan Reed* blog, May 26, 2012. Cited on p. 593

[1585] Reed, Nathan, and Dean Beeler, "VR Direct: How NVIDIA Technology Is Improving the VR Experience," *Game Developers Conference*, Mar. 2015. Cited on p. 805, 811, 812, 813

[1586] Reed, Nathan, "Depth Precision Visualized," *Nathan Reed* blog, July 3, 2015. Cited on p. 88, 915

[1587] Reed, Nathan, "GameWorks VR," *SIGGRAPH*, Aug. 2015. Cited on p. 804, 805, 806

[1588] Reeves, William T., "Particle Systems—A Technique for Modeling a Class of Fuzzy Objects," *ACM Transactions on Graphics*, vol. 2, no. 2, pp. 91–108, Apr. 1983. Cited on p. 491

[1589] Reeves, William T., David H. Salesin, and Robert L. Cook, "Rendering Antialiased Shadows with Depth Maps," *Computer Graphics (SIGGRAPH '87 Proceedings)*, vol. 21, no. 4, pp. 283–291, July 1987. Cited on p. 218

[1590] Rege, Ashu, "DX11 Effects in *Metro 2033: The Last Refuge*," *Game Developers Conference*, Mar. 2010. Cited on p. 462

[1591] Reimer, Jeremy, "Valve Goes Multicore," *ars technica* website, Nov. 5, 2006. Cited on p. 701

[1592] Reinhard, Erik, Mike Stark, Peter Shirley, and James Ferwerda, "Photographic Tone Reproduction for Digital Images," *ACM Transactions on Graphics (SIGGRAPH 2002)*, vol. 21, no. 3, pp. 267–276, July 2002. Cited on p. 251, 253

[1593] Reinhard, Erik, Greg Ward, Sumanta Pattanaik, and Paul Debevec, *High Dynamic Range Imaging: Acquisition, Display, and Image-Based Lighting*, Morgan Kaufmann, 2006. Cited on p. 350, 375

[1594] Reinhard, Erik, Erum Arif Khan, Ahmet Oguz Akyüz, and Garrett Johnson, *Color Imaging: Fundamentals and Applications*, A K Peters, Ltd., 2008. Cited on p. 256

[1595] Reis, Aurelio, "Per-Pixel Lit, Light Scattering Smoke," in Wolfgang Engel, ed., *ShaderX^5*, Charles River Media, pp. 287–294, 2006. Cited on p. 492

[1596] Ren, Zhong Ren, Rui Wang, John Snyder, Kun Zhou, Xinguo Liu, Bo Sun, Peter-Pike Sloan, Hujun Bao, Qunsheng Peng, and Baining Guo, "Real-Time Soft Shadows in Dynamic Scenes Using Spherical Harmonic Exponentiation," *ACM Transactions on Graphics (SIGGRAPH 2006)*, vol. 25, no. 3, pp. 977–986, July 2006. Cited on p. 392, 395, 403

[1597] Reshetov, Alexander, "Morphological Antialiasing," in *High-Performance Graphics 2009*, Eurographics Association, pp. 109–116, Aug. 2009. Cited on p. 129

[1598] Reshetov, Alexander, "Reducing Aliasing Artifacts through Resampling," in *High-Performance Graphics 2012*, Eurographics Association, pp. 77–86, June 2012. Cited on p. 130

[1599] Reshetov, Alexander, and David Luebke, "Infinite Resolution Textures," in *High-Performance Graphics 2016*, Eurographics Association, pp. 139–150, June 2016. Cited on p. 584

[1600] Reshetov, Alexander, and Jorge Jimenez, "MLAA from 2009 to 2017," *High-Performance Graphics* research impact retrospective, July 2017. Cited on p. 126, 129, 131, 146

[1601] Reuter, Patrick, Johannes Behr, and Marc Alexa, "An Improved Adjacency Data Structure for Fast Triangle Stripping," *journal of graphics tools*, vol. 10, no. 2, pp. 41–50, 2016. Cited on p. 597

[1602] Revet, Burke, and Jon Riva, "Immense Zombie Horde Variety and Slicing," *Game Developers Conference*, Mar. 2014. Cited on p. 317

[1603] Revie, Donald, "Implementing Fur Using Deferred Shading," in Wolfgang Engel, ed., *GPU Pro^2*, A K Peters/CRC Press, pp. 57–75, 2011. Cited on p. 365

[1604] Rhodes, Graham, "Fast, Robust Intersection of 3D Line Segments," in Mark DeLoura, ed., *Game Programming Gems 2*, Charles River Media, pp. 191–204, 2001. Cited on p. 858

[1605] Ribardière, Mickaël, Benjamin Bringier, Daniel Meneveaux, and Lionel Simonot, "STD: Student's t-Distribution of Slopes for Microfacet Based BSDFs," *Computer Graphics Forum*, vol. 36, no. 2, pp. 421–429, 2017. Cited on p. 298

[1606] Rideout, Philip, "Silhouette Extraction," *The Little Grasshopper* blog, Oct. 24, 2010. Cited on p. 41, 575

[1607] Rideout, Philip, and Dirk Van Gelder, "An Introduction to Tessellation Shaders," in Patrick Cozzi & Christophe Riccio, eds., *OpenGL Insights*, CRC Press, pp. 87–104, 2012. Cited on p. 39, 40

[1608] Riguer, Guennadi, "Performance Optimization Techniques for ATI Graphics Hardware with DirectX 9.0," ATI White Paper, 2002. Cited on p. 605

[1609] Riguer, Guennadi, "LiquidVR^{TM} Today and Tomorrow," *Game Developers Conference*, Mar. 2016. Cited on p. 804

[1610] Ring, Kevin, "Rendering the Whole Wide World on the World Wide Web," Lecture at Analytical Graphics, Inc., Dec. 2013. Cited on p. 610

[1611] Risser, Eric, Musawir Shah, and Sumanta Pattanaik, "Faster Relief Mapping Using the Secant Method," *journal of graphics tools*, vol. 12, no. 3, pp. 17–24, 2007. Cited on p. 193

[1612] Ritschel, T., T. Grosch, M. H. Kim, H.-P. Seidel, C. Dachsbacher, and J. Kautz, "Imperfect Shadow Maps for Efficient Computation of Indirect Illumination," *ACM Transactions on Graphics*, vol. 27, no. 5, pp. 129:1–129:8, 2008. Cited on p. 424, 500

[1613] Ritschel, Tobias, Thorsten Grosch, and Hans-Peter Seidel, "Approximating Dynamic Global Illumination in Image Space," in *Proceedings of the 2009 Symposium on Interactive 3D Graphics and Games*, ACM, pp. 75–82, 2009. Cited on p. 427

[1614] Ritter, Jack, "An Efficient Bounding Sphere," in Andrew S. Glassner, ed., *Graphics Gems*, Academic Press, pp. 301–303, 1990. Cited on p. 824

[1615] Robbins, Steven, and Sue Whitesides, "On the Reliability of Triangle Intersection in 3D," in *International Conference on Computational Science and Its Applications*, Springer, pp. 923–930, 2003. Cited on p. 845

[1616] Robinson, Alfred C., "On the Use of Quaternions in Simulation of Rigid-Body Motion," Technical Report 58-17, Wright Air Development Center, Dec. 1958. Cited on p. 67

[1617] Rockenbeck, Bill, "The *inFAMOUS: Second Son* Particle System Architecture," *Game Developers Conference*, Mar. 2014. Cited on p. 492, 494

[1618] Rockwood, Alyn, and Peter Chambers, *Interactive Curves and Surfaces: A Multimedia Tutorial on CAGD*, Morgan Kaufmann, 1996. Cited on p. 620

[1619] Rogers, David F., *Procedural Elements for Computer Graphics*, Second Edition, McGraw-Hill, 1998. Cited on p. 590

[1620] Rogers, David F., *An Introduction to NURBS: With Historical Perspective*, Morgan Kaufmann, 2000. Cited on p. 673

[1621] Rohleder, Pawel, and Maciej Jamrozik, "Sunlight with Volumetric Light Rays," in Wolfgang Engel, ed., *ShaderX⁶*, Charles River Media, pp. 325–330, 2008. Cited on p. 521

[1622] Rohlf, J., and J. Helman, "IRIS Performer: A High Performance Multiprocessing Toolkit for Real-Time 3D Graphics," in *SIGGRAPH '94: Proceedings of the 21st Annual Conference on Computer Graphics and Interactive Techniques*, ACM, pp. 381–394, July 1994. Cited on p. 697, 698, 743

[1623] Rosado, Gilberto, "Motion Blur as a Post-Processing Effect," in Hubert Nguyen, ed., *GPU Gems 3*, Addison-Wesley, pp. 575–581, 2007. Cited on p. 466

[1624] Rossignac, J., and M. van Emmerik, M., "Hidden Contours on a Frame-Buffer," in *Proceedings of the Seventh Eurographics Conference on Graphics Hardware*, Eurographics Association, pp. 188–204, Sept. 1992. Cited on p. 566

[1625] Rossignac, Jarek, and Paul Borrel, "Multi-resolution 3D Approximations for Rendering Complex Scenes," in Bianca Falcidieno & Tosiyasu L. Kunii, eds. *Modeling in Computer Graphics: Methods and Applications*, Springer-Verlag, pp. 455–465, 1993. Cited on p. 611

[1626] Rost, Randi J., Bill Licea-Kane, Dan Ginsburg, John Kessenich, Barthold Lichtenbelt, Hugh Malan, and Mike Weiblen, *OpenGL Shading Language*, Third Edition, Addison-Wesley, 2009. Cited on p. 49, 176

[1627] Roth, Marcus, and Dirk Reiners, "Sorted Pipeline Image Composition," in *Eurographics Symposium on Parallel Graphics and Visualization*, Eurographics Association, pp. 119–126, 2006. Cited on p. 921, 923

[1628] Röttger, Stefan, Alexander Irion, and Thomas Ertl, "Shadow Volumes Revisited," *Journal of WSCG (10th International Conference in Central Europe on Computer Graphics, Visualization and Computer Vision)*, vol. 10, no. 1–3, pp. 373–379, Feb. 2002. Cited on p. 205

[1629] Rougier, Nicolas P., "Higher Quality 2D Text Rendering," *Journal of Computer Graphics Techniques*, vol. 1, no. 4, pp. 50–64, 2013. Cited on p. 583

[1630] Rougier, Nicolas P., "Shader-Based Antialiased, Dashed, Stroked Polylines," *Journal of Computer Graphics Techniques*, vol. 2, no. 2, pp. 105–121, 2013. Cited on p. 577

[1631] de Rousiers, Charles, and Matt Pettineo, "Depth of Field with Bokeh Rendering," in Patrick Cozzi & Christophe Riccio, eds., *OpenGL Insights*, CRC Press, pp. 205–218, 2012. Cited on p. 459, 463

[1632] Ruijters, Daniel, Bart M. ter Haar Romeny, and Paul Suetens, "Efficient GPU-Based Texture Interpolation Using Uniform B-Splines," *Journal of Graphics, GPU, and Game Tools*, vol. 13, no. 4, pp. 61–69, 2008. Cited on p. 159, 632, 633

[1633] Rusinkiewicz, Szymon, and Marc Levoy, "QSplat: A Multiresolution Point Rendering System for Large Meshes," in *SIGGRAPH '00: Proceedings of the 27th Annual Conference on Computer Graphics and Interactive Techniques*, ACM Press/Addison-Wesley Publishing Co., pp. 343–352, July 2000. Cited on p. 496

[1634] Rusinkiewicz, Szymon, Michael Burns, and Doug DeCarlo, "Exaggerated Shading for Depicting Shape and Detail," *ACM Transactions on Graphics*, vol. 25, no. 3, pp. 1199–1205, July 2006.

Cited on p. 563

[1635] Rusinkiewicz, Szymon, Forrester Cole, Doug DeCarlo, and Adam Finkelstein, *SIGGRAPH Line Drawings from 3D Models course*, Aug. 2008. Cited on p. 565, 585

[1636] Ruskin, Elan, "Streaming Sunset Overdrive's Open World," *Game Developers Conference*, Mar. 2015. Cited on p. 752

[1637] Ryu, David, "500 Million and Counting: Hair Rendering on *Ratatouille*," Pixar Technical Memo 07-09, May 2007. Cited on p. 559

[1638] "S3TC DirectX 6.0 Standard Texture Compression," *S3 Inc.* website, 1998. Cited on p. 170

[1639] Sadeghi, Iman, Heather Pritchett, Henrik Wann Jensen, and Rasmus Tamstorf, "An Artist Friendly Hair Shading System," in *ACM SIGGRAPH 2010 Papers*, ACM, article no. 56, July 2010. Cited on p. 312, 556

[1640] Sadeghi, Iman, Bin Chen, and Henrik Wann Jensen, "Coherent Path Tracing," *journal of graphics tools*, vol. 14, no. 2, pp. 33–43, 2011. Cited on p. 963

[1641] Sadeghi, Iman, Oleg Bisker, Joachim De Deken, and Henrik Wann Jensen, "A Practical Micro-cylinder Appearance Model for Cloth Rendering," *ACM Transactions on Graphics*, vol. 32, no. 2, pp. 14:1–14:12, Apr. 2013. Cited on p. 311

[1642] Safdar, Muhammad, Guihua Cui, Youn Jin Kim, and Ming Ronnier Luo, "Perceptually Uniform Color Space for Image Signals Including High Dynamic Range and Wide Gamut," *Optics Express*, vol. 25, no. 13, pp. 15131–15151, June 2017. Cited on p. 243

[1643] Saito, Takafumi, and Tokiichiro Takahashi, "Comprehensible Rendering of 3-D Shapes," *Computer Graphics (SIGGRAPH '90 Proceedings)*, vol. 24, no. 4, pp. 197–206, Aug. 1990. Cited on p. 569, 763, 764

[1644] Salvi, Marco, "Rendering Filtered Shadows with Exponential Shadow Maps," in Wolfgang Engel, ed., *ShaderX^6*, Charles River Media, pp. 257–274, 2008. Cited on p. 226

[1645] Salvi, Marco, "Probabilistic Approaches to Shadow Maps Filtering," *Game Developers Conference*, Feb. 2008. Cited on p. 226

[1646] Salvi, Marco, Kiril Vidimče, Andrew Lauritzen, and Aaron Lefohn, "Adaptive Volumetric Shadow Maps," *Computer Graphics Forum*, vol. 29, no. 4, pp. 1289–1296, 2010. Cited on p. 227, 228, 494

[1647] Salvi, Marco, and Karthik Vaidyanathan, "Multi-layer Alpha Blending," in *Proceedings of the 18th ACM SIGGRAPH Symposium on Interactive 3D Graphics and Games*, ACM, pp. 151–158, 2014. Cited on p. 137, 138, 554

[1648] Salvi, Marco, "An Excursion in Temporal Supersampling," *Game Developers Conference*, Mar. 2016. Cited on p. 126

[1649] Salvi, Marco, "Deep Learning: The Future of Real-Time Rendering?," *SIGGRAPH Open Problems in Real-Time Rendering course*, Aug. 2017. Cited on p. 977

[1650] Samet, Hanan, *Applications of Spatial Data Structures: Computer Graphics, Image Processing and GIS*, Addison-Wesley, 1989. Cited on p. 712

[1651] Samet, Hanan, *The Design and Analysis of Spatial Data Structures*, Addison-Wesley, 1989. Cited on p. 712

[1652] Samet, Hanan, *Foundations of Multidimensional and Metric Data Structures*, Morgan Kaufmann, 2006. Cited on p. 895

[1653] Samosky, Joseph, *SectionView: A System for Interactively Specifying and Visualizing Sections through Three-Dimensional Medical Image Data*, MSc thesis, Department of Electrical Engineering and Computer Science, Massachusetts Institute of Technology, 1993. Cited on p. 841

[1654] Sanchez, Bonet, Jose Luis, and Tomasz Stachowiak, "Solving Some Common Problems in a Modern Deferred Rendering Engine," *Develop* conference, July 2012. Cited on p. 493

[1655] Sander, Pedro V., Xianfeng Gu, Steven J. Gortler, Hugues Hoppe, and John Snyder, "Silhouette Clipping," in *SIGGRAPH '00: Proceedings of the 27th Annual Conference on Computer Graphics and Interactive Techniques*, ACM Press/Addison-Wesley Publishing Co., pp. 327–334, July 2000. Cited on p. 575

[1656] Sander, Pedro V., John Snyder, Steven J. Gortler, and Hugues Hoppe, "Texture Mapping Progressive Meshes," in *SIGGRAPH '01 Proceedings of the 28th Annual Conference on Computer Graphics and Interactive Techniques*, ACM, pp. 409–416, Aug. 2001. Cited on p. 612

[1657] Sander, Pedro V., David Gosselin, and Jason L. Mitchell, "Real-Time Skin Rendering on Graphics Hardware," in *ACM SIGGRAPH 2004 Sketches*, ACM, p. 148, Aug. 2004. Cited on p. 548

[1658] Sander, Pedro V., Natalya Tatarchuk, and Jason L. Mitchell, "Explicit Early-Z Culling for Efficient Fluid Flow Simulation," in Wolfgang Engel, ed., *ShaderX^5*, Charles River Media, pp. 553–564, 2006. Cited on p. 47, 917

[1659] Sander, Pedro V., and Jason L. Mitchell, "Progressive Buffers: View-Dependent Geometry and Texture LOD Rendering," *SIGGRAPH Advanced Real-Time Rendering in 3D Graphics and Games course*, Aug. 2006. Cited on p. 742

[1660] Sander, Pedro V., Diego Nehab, and Joshua Barczak, "Fast Triangle Reordering for Vertex Locality and Reduced Overdraw," *ACM Transactions on Graphics*, vol. 26, no. 3, pp. 89:1–89:9, 2007. Cited on p. 604

[1661] Sathe, Rahul P., "Variable Precision Pixel Shading for Improved Power Efficiency," in Eric Lengyel, ed., *Game Engine Gems 3*, CRC Press, pp. 101–109, 2016. Cited on p. 703

[1662] Scandolo, Leonardo, Pablo Bauszat, and Elmar Eisemann, "Merged Multiresolution Hierarchies for Shadow Map Compression," *Computer Graphics Forum*, vol. 35, no. 7, pp. 383–390, 2016. Cited on p. 233

[1663] Schäfer, H., B. Keinert, M. Nießner, C. Buchenau, M. Guthe, and M. Stamminger, "Real-Time Deformation of Subdivision Surfaces from Object Collisions," *High-Performance Graphics*, June 2014. Cited on p. 892

[1664] Schäfer, H., J. Raab, B. Keinert, M. Meyer, M. Stamminger, and M. Nießner, "Dynamic Feature-Adaptive Subdivision," in *Proceedings of the 19th Symposium on Interactive 3D Graphics and Games*, ACM, pp. 31–38, 2014. Cited on p. 672

[1665] Schander, Thomas, and Clemens Musterle, "Real-Time Path Tracing Using a Hybrid Deferred Approach," *GPU Technology Conference*, Oct. 18, 2017. Cited on p. 440

[1666] Schaufler, G., and W. Stürzlinger, "A Three Dimensional Image Cache for Virtual Reality," *Computer Graphics Forum*, vol. 15, no. 3, pp. 227–236, 1996. Cited on p. 485, 486

[1667] Schaufler, Gernot, "Nailboards: A Rendering Primitive for Image Caching in Dynamic Scenes," in *Rendering Techniques '97*, Springer, pp. 151–162, June 1997. Cited on p. 488, 489

[1668] Schaufler, Gernot, "Per-Object Image Warping with Layered Impostors," in *Rendering Techniques '98*, Springer, pp. 145–156, June–July 1998. Cited on p. 488

[1669] Scheib, Vincent, "Parallel Rendering with DirectX Command Buffers," *Beautiful Pixels* blog, July 22, 2008. Cited on p. 703

[1670] Scheiblauer, Claus, *Interactions with Gigantic Point Clouds*, PhD thesis, Vienna University of Technology, 2016. Cited on p. 497

[1671] Schertenleib, Sebastien, "A Multithreaded 3D Renderer," in Eric Lengyel, ed., *Game Engine Gems*, Jones and Bartlett, pp. 139–147, 2010. Cited on p. 703

[1672] Scherzer, Daniel, "Robust Shadow Maps for Large Environments," *Central European Seminar on Computer Graphics*, May 2005. Cited on p. 213

[1673] Scherzer, D., S. Jeschke, and M. Wimmer, "Pixel-Correct Shadow Maps with Temporal Reprojection and Shadow Test Confidence," in *Proceedings of the 18th Eurographics Symposium on Rendering Techniques*, Eurographics Association, pp. 45–50, 2007. Cited on p. 451

[1674] Scherzer, D., and M. Wimmer, "Frame Sequential Interpolation for Discrete Level-of-Detail Rendering," *Computer Graphics Forum*, vol. 27, no. 4, 1175–1181, 2008. Cited on p. 739

[1675] Scherzer, Daniel, Michael Wimmer, and Werner Purgathofer, "A Survey of Real-Time Hard Shadow Mapping Methods," *Computer Graphics Forum*, vol. 30, no. 1, pp. 169–186, 2011. Cited on p. 234

[1676] Scherzer, D., L. Yang, O. Mattausch, D. Nehab, P. Sander, M. Wimmer, and E. Eisemann, "A Survey on Temporal Coherence Methods in Real-Time Rendering," *Computer Graphics Forum*, vol. 31, no. 8, pp. 2378–2408, 2011. Cited on p. 452

[1677] Scheuermann, Thorsten, "Practical Real-Time Hair Rendering and Shading," in *ACM SIGGRAPH 2004 Sketches*, ACM, p. 147, Aug. 2004. Cited on p. 554, 556, 557

[1678] Schied, Christoph, and Carsten Dachsbacher, "Deferred Attribute Interpolation for Memory-Efficient Deferred Shading," in *Proceedings of the 7th Conference on High-Performance Graphics*, ACM, pp. 43–49, Aug. 2015. Cited on p. 785

[1679] Schied, Christoph, and Carsten Dachsbacher, "Deferred Attribute Interpolation Shading," in Wolfgang Engel, ed., *GPU Pro⁷*, CRC Press, pp. 83–96, 2016. Cited on p. 785

[1680] Schied, Christoph, Anton Kaplanyan, Chris Wyman, Anjul Patney, Chakravarty R. Alla Chaitanya, John Burgess, Shiqiu Liu, Carsten Dachsbacher, and Aaron Lefohn, "Spatiotemporal Variance-Guided Filtering: Real-Time Reconstruction for Path-Traced Global Illumination," *High Performance Graphics*, pp. 2:1–2:12, July 2017. Cited on p. 441, 965, 967

[1681] Schied, Christoph, Christoph Peters, and Carsten Dachsbacher, "Gradient Estimation for Real-Time Adaptive Temporal Filtering," *High Performance Graphics*, August 2018. Cited on p. 967

[1682] Schilling, Andreas, G. Knittel, and Wolfgang Straßer, "Texram: A Smart Memory for Texturing," *IEEE Computer Graphics and Applications*, vol. 16, no. 3, pp. 32–41, May 1996. Cited on p. 167

[1683] Schilling, Andreas, "Antialiasing of Environment Maps," *Computer Graphics Forum*, vol. 20, no. 1, pp. 5–11, 2001. Cited on p. 323

[1684] Schlag, John, "Using Geometric Constructions to Interpolate Orientations with Quaternions," in James Arvo, ed., *Graphics Gems II*, Academic Press, pp. 377–380, 1991. Cited on p. 89

[1685] Schlag, John, "Fast Embossing Effects on Raster Image Data," in Paul S. Heckbert, ed., *Graphics Gems IV*, Academic Press, pp. 433–437, 1994. Cited on p. 187

[1686] Schlick, Christophe, "An Inexpensive BRDF Model for Physically Based Rendering," *Computer*

Graphics Forum, vol. 13, no. 3, pp. 149–162, 1994. Cited on p. 278, 305

[1687] Schmalstieg, Dieter, and Robert F. Tobler, "Fast Projected Area Computation for Three-Dimensional Bounding Boxes," *journal of graphics tools*, vol. 4, no. 2, pp. 37–43, 1999. Also collected in [122]. Cited on p. 745

[1688] Schmalstieg, Dieter, and Tobias Hollerer, *Augmented Reality: Principles and Practice*, Addison-Wesley, 2016. Cited on p. 795, 815

[1689] Schmittler, J. I. Wald, and P. Slusallek, "SaarCOR: A Hardware Architecture for Ray Tracing," in *Graphics Hardware 2002*, Eurographics Association, pp. 27–36, Sept. 2002. Cited on p. 939

[1690] Schneider, Andrew, and Nathan Vos, "*Nubis*: Authoring Realtime Volumetric Cloudscapes with the *Decima* Engine," *SIGGRAPH Advances in Real-Time Rendering in Games course*, Aug. 2017. Cited on p. 534, 535

[1691] Schneider, Jens, and Rüdiger Westermann, "GPU-Friendly High-Quality Terrain Rendering," *Journal of WSCG*, vol. 14, no. 1-3, pp. 49–56, 2006. Cited on p. 758

[1692] Schneider, Philip, and David Eberly, *Geometric Tools for Computer Graphics*, Morgan Kaufmann, 2003. Cited on p. 590, 591, 617, 824, 839, 850, 856, 864, 895

[1693] Schollmeyer, Andre, Andrey Babanin, and Bernd Froehlich, "Order-Independent Transparency for Programmable Deferred Shading Pipelines," *Computer Graphics Forum*, vol. 34, no. 7, pp. 67–76, 2015. Cited on p. 767

[1694] Schorn, Peter, and Frederick Fisher, "Testing the Convexity of Polygon," in Paul S. Heckbert, ed., *Graphics Gems IV*, Academic Press, pp. 7–15, 1994. Cited on p. 591

[1695] Schott, Mathias, Vincent Pegoraro, Charles Hansen, Kévin Boulanger, and Kadi Bouatouch, "A Directional Occlusion Shading Model for Interactive Direct Volume Rendering," in *EuroVis'09*, Eurographics Association, pp. 855–862, 2009. Cited on p. 523

[1696] Schott, Mathias, A. V. Pascal Grosset, Tobias Martin, Vincent Pegoraro, Sean T. Smith, and Charles D. Hansen, "Depth of Field Effects for Interactive Direct Volume Rendering," *Computer Graphics Forum*, vol. 30, no. 3, pp. 941–950, 2011. Cited on p. 523

[1697] Schröder, Peter, and Wim Sweldens, "Spherical Wavelets: Efficiently Representing Functions on the Sphere," in *SIGGRAPH '95: Proceedings of the 22nd Annual Conference on Computer Graphics and Interactive Techniques*, ACM, pp. 161–172, Aug. 1995. Cited on p. 346

[1698] Schröder, Peter, "What Can We Measure?" *SIGGRAPH Discrete Differential Geometry course*, Aug. 2006. Cited on p. 828

[1699] Schroders, M. F. A., and R. V. Gulik, "Quadtree Relief Mapping," in *Graphics Hardware 2006*, Eurographics Association, pp. 61–66, Sept. 2006. Cited on p. 194

[1700] Schroeder, Tim, "Collision Detection Using Ray Casting," *Game Developer*, vol. 8, no. 8, pp. 50–56, Aug. 2001. Cited on p. 847, 860

[1701] Schuetz, Markus, *Potree: Rendering Large Point Clouds in Web Browsers*, Diploma thesis in Visual Computing, Vienna University of Technology, 2016. Cited on p. 497, 498

[1702] Schüler, Christian, "Normal Mapping without Precomputed Tangents," in Wolfgang Engel, ed., *ShaderX5*, Charles River Media, pp. 131–140, 2006. Cited on p. 186

[1703] Schüler, Christian, "Multisampling Extension for Gradient Shadow Maps," in Wolfgang Engel, ed., *ShaderX5*, Charles River Media, pp. 207–218, 2006. Cited on p. 220

[1704] Schüler, Christian, "An Efficient and Physically Plausible Real Time Shading Model," in Wolfgang Engel, ed., *ShaderX7*, Charles River Media, pp. 175–187, 2009. Cited on p. 283

[1705] Schüler, Christian, "An Approximation to the Chapman Grazing-Incidence Function for Atmospheric Scattering," in Wolfgang Engel, ed., *GPU Pro3*, CRC Press, pp. 105–118, 2012. Cited on p. 531

[1706] Schüler, Christian, "Branchless Matrix to Quaternion Conversion," *The Tenth Planet* blog, Aug. 7, 2012. Cited on p. 71

[1707] Schulz, Nicolas, "Moving to the Next Generation—The Rendering Technology of *Ryse*," *Game Developers Conference*, Mar. 2014. Cited on p. 322, 436, 772, 782

[1708] Schulz, Nicolas, and Theodor Mader, "Rendering Techniques in *Ryse: Son of Rome*," *SIGGRAPH Advances in Real-Time Rendering in Games course*, Aug. 2014. Cited on p. 208, 216, 217, 222, 492, 745

[1709] Schulz, Nicolas, *CRYENGINE Manual*, Crytek GmbH, 2016. Cited on p. 99, 544

[1710] Schumacher, Dale A., "General Filtered Image Rescaling," in David Kirk, ed., *Graphics Gems III*, Academic Press, pp. 8–16, 1992. Cited on p. 162

[1711] Schwarz, Michael, and Marc Stamminger, "Bitmask Soft Shadows," *Computer Graphics Forum*, vol. 26, no. 3, pp. 515–524, 2007. Cited on p. 223

[1712] Schwarz, Michael, and Hans-Peter Seidel, "Fast Parallel Surface and Solid Voxelization on GPUs," *ACM Transactions on Graphics*, vol. 29, no. 6, pp. 179:1–179:10, Dec. 2010. Cited on p. 503

[1713] Schwarz, Michael, "Practical Binary Surface and Solid Voxelization with Direct3D 11," in Wolfgang Engel, ed., *GPU Pro3*, CRC Press, pp. 337–352, 2012. Cited on p. 503

[1714] Seetzen, Helge, Wolfgang Heidrich, Wolfgang Stuerzlinger, Greg Ward, Lorne Whitehead, Matthew Trentacoste, Abhijeet Ghosh, and Andrejs Vorozcovs, "High Dynamic Range Display Systems," *ACM Transactions on Graphics (SIGGRAPH 2004)*, vol. 23, no. 3, pp. 760–768, Aug. 2004. Cited on p. 913

[1715] Segal, M., C. Korobkin, R. van Widenfelt, J. Foran, and P. Haeberli, "Fast Shadows and Lighting Effects Using Texture Mapping," *Computer Graphics (SIGGRAPH '92 Proceedings)*, vol. 26, no. 2, pp. 249–252, July 1992. Cited on p. 153, 195, 203

[1716] Segal, Mark, and Kurt Akeley, *The OpenGL Graphics System: A Specification (Version 4.5)*, The Khronos Group, June 2017. Editor (v1.1): Chris Frazier; Editor (v1.2–4.5): Jon Leech; Editor (v2.0): Pat Brown. Cited on p. 729, 934

[1717] Seiler, L. D. Carmean, E. Sprangle, T. Forsyth, M. Abrash, P. Dubey, S. Junkins, A. Lake, J. Sugerman, R. Cavin, R. Espasa, E. Grochowski, T. Juan, and P. Hanrahan, "Larrabee: A Many-Core x86 Architecture for Visual Computing," *ACM Transactions on Graphics*, vol. 27, no. 3, pp. 18:1–18:15, 2008. Cited on p. 204, 900, 918

[1718] Sekulic, Dean, "Efficient Occlusion Culling," in Randima Fernando, ed., *GPU Gems*, Addison-Wesley, pp. 487–503, 2004. Cited on p. 453, 722

[1719] Selan, Jeremy, "Using Lookup Tables to Accelerate Color Transformations," in Matt Pharr, ed., *GPU Gems 2*, Addison-Wesley, pp. 381–408, 2005. Cited on p. 254, 255

[1720] Selan, Jeremy, "Cinematic Color: From Your Monitor to the Big Screen," VES White Paper, 2012. Cited on p. 146, 249, 254, 255

[1721] Selgrad, K., C. Dachsbacher, Q. Meyer, and M. Stamminger, "Filtering Multi-Layer Shadow Maps for Accurate Soft Shadows," *Computer Graphics Forum*, vol. 34, no. 1, pp. 205–215, 2015. Cited on p. 228

[1722] Selgrad, K., J. Müller, C. Reintges, and M. Stamminger, "Fast Shadow Map Rendering for Many-Lights Settings," in *Eurographics Symposium on Rendering—Experimental Ideas & Implementations*, Eurographics Association, pp. 41–47, 2016. Cited on p. 218

[1723] Sellers, Graham, Patrick Cozzi, Kevin Ring, Emil Persson, Joel da Vahl, and J. M. P. van Waveren, *SIGGRAPH Rendering Massive Virtual Worlds course*, July 2013. Cited on p. 89, 750, 755, 756, 759

[1724] Sellers, Graham, Richard S. Wright Jr., and Nicholas Haemel, *OpenGL Superbible: Comprehensive Tutorial and Reference*, Seventh Edition, Addison-Wesley, 2015. Cited on p. 49

[1725] Sen, Pradeep, Mike Cammarano, and Pat Hanrahan, "Shadow Silhouette Maps," *ACM Transactions on Graphics (SIGGRAPH 2003)*, vol. 22, no. 3, pp. 521–526, 2003. Cited on p. 229

[1726] Senior, Andrew, "Facial Animation for Mobile GPUs," in Wolfgang Engel, ed., *ShaderX7*, Charles River Media, pp. 561–570, 2009. Cited on p. 79

[1727] Senior, Andrew, "iPhone 3GS Graphics Development and Optimization Strategies," in Wolfgang Engel, ed., *GPU Pro*, A K Peters, Ltd., pp. 385–395, 2010. Cited on p. 605, 686, 694, 695

[1728] Seymour, Mike, "Manuka: Weta Digital's New Renderer," *fxguide*, Aug. 6, 2014. Cited on p. 246

[1729] Shade, J., Steven Gortler, Li-Wei He, and Richard Szeliski, "Layered Depth Images," in *SIGGRAPH '98: Proceedings of the 25th Annual Conference on Computer Graphics and Interactive Techniques*, ACM, pp. 231–242, July 1998. Cited on p. 488

[1730] Shamir, Ariel, "A survey on Mesh Segmentation Techniques," *Computer Graphics Forum*, vol. 27, no. 6, pp. 1539–1556, 2008. Cited on p. 589

[1731] Shankel, Jason, "Rendering Distant Scenery with Skyboxes," in Mark DeLoura, ed., *Game Programming Gems 2*, Charles River Media, pp. 416–420, 2001. Cited on p. 474

[1732] Shankel, Jason, "Fast Heightfield Normal Calculation," in Dante Treglia, ed., *Game Programming Gems 3*, Charles River Media, pp. 344–348, 2002. Cited on p. 599

[1733] Shanmugam, Perumaal, and Okan Arikan, "Hardware Accelerated Ambient Occlusion Techniques on GPUs," in *Proceedings of the 2007 Symposium on Interactive 3D Graphics and Games*, ACM, pp. 73–80, 2007. Cited on p. 395

[1734] Shastry, Anirudh S., "High Dynamic Range Rendering," *GameDev.net*, 2004. Cited on p. 454

[1735] Sheffer, Alla, Bruno Lévy, Maxim Mogilnitsky, and Alexander Bogomyakov, "ABF++: Fast and Robust Angle Based Flattening," *ACM Transactions on Graphics*, vol. 24, no. 2, pp. 311–330, 2005. Cited on p. 417

[1736] Shellshear, Evan, and Robin Ytterlid, "Fast Distance Queries for Triangles, Lines, and Points Using SSE Instructions," *Journal of Computer Graphics Techniques*, vol. 3, no. 4, pp. 86–110, 2014. Cited on p. 863

[1737] Shemanarev, Maxim, "Texts Rasterization Exposures," *The AGG Project*, July 2007. Cited on p. 583

[1738] Shen, Hao, Pheng Ann Heng, and Zesheng Tang, "A Fast Triangle-Triangle Overlap Test Using Signed Distances," *journal of graphics tools*, vol. 8, no. 1, pp. 17–24, 2003. Cited on p. 845

[1739] Shen, Li, Jieqing Feng, and Baoguang Yang, "Exponential Soft Shadow Mapping," *Computer*

参考文献 1051

Graphics Forum, vol. 32, no. 4, pp. 107–116, 2013. Cited on p. 227

[1740] Shene, Ching-Kuang, "Computing the Intersection of a Line and a Cylinder," in Paul S. Heckbert, ed., *Graphics Gems IV*, Academic Press, pp. 353–355, 1994. Cited on p. 832

[1741] Shene, Ching-Kuang, "Computing the Intersection of a Line and a Cone," in Alan Paeth, ed., *Graphics Gems V*, Academic Press, pp. 227–231, 1995. Cited on p. 832

[1742] Sherif, Tarek, "WebGL 2 Examples," *GitHub* repository, Mar. 17, 2017. Cited on p. 107, 110

[1743] Shewchuk, Jonathan Richard, "Adaptive Precision Floating-Point Arithmetic and Fast Robust Geometric Predicates, *Discrete and Computational Geometry*, vol. 18, no. 3, pp. 305–363, Oct. 1997. Cited on p. 845

[1744] Shilov, Anton, Yaroslav Lyssenko, and Alexey Stepin, "Highly Defined: ATI Radeon HD 2000 Architecture Review," *Xbit Laboratories* website, Aug. 2007. Cited on p. 125

[1745] Shinya, Mikio, Tokiichiro Takahashi, and Seiichiro Naito, "Principles and Applications of Pencil Tracing," *ACM SIGGRAPH Computer Graphics*, vol. 21, no. 4, pp. 45–54, 1987. Cited on p. 961

[1746] Shirley, Peter, *Physically Based Lighting Calculations for Computer Graphics*, PhD thesis, University of Illinois at Urbana Champaign, Dec. 1990. Cited on p. 126, 305

[1747] Shirley, Peter, Helen Hu, Brian Smits, and Eric Lafortune, "A Practitioners' Assessment of Light Reflection Models," in *Pacific Graphics '97*, IEEE Computer Society, pp. 40–49, Oct. 1997. Cited on p. 305

[1748] Shirley, Peter, *Ray Tracing in One Weekend*, Jan. 2016. Cited on p. 441, 973, 981

[1749] Shirley, Peter, *Ray Tracing: the Next Week*, Mar. 2016. Cited on p. 973

[1750] Shirley, Peter, *Ray Tracing: The Rest of Your Life*, Mar. 2016. Cited on p. 973

[1751] Shirley, Peter, "New Simple Ray-Box Test from Andrew Kensler," *Pete Shirley's Graphics Blog*, Feb. 14, 2016. Cited on p. 834

[1752] Shirman, Leon A., and Salim S. Abi-Ezzi, "The Cone of Normals Technique for Fast Processing of Curved Patches," *Computer Graphics Forum*, vol. 12, no. 3, pp. 261–272, 1993. Cited on p. 719

[1753] Shishkovtsov, Oles, "Deferred Shading in *S.T.A.L.K.E.R.*," in Matt Pharr, ed., *GPU Gems 2*, Addison-Wesley, pp. 143–166, 2005. Cited on p. 191, 767

[1754] Shodhan, Shalin, and Andrew Willmott, "Stylized Rendering in *Spore*," in Wolfgang Engel, ed., *GPU Pro*, A K Peters, Ltd., pp. 549–560, 2010. Cited on p. 585

[1755] Shoemake, Ken, "Animating Rotation with Quaternion Curves," *Computer Graphics (SIGGRAPH '85 Proceedings)*, vol. 19, no. 3, pp. 245–254, July 1985. Cited on p. 64, 67, 70, 72

[1756] Shoemake, Ken, "Quaternions and 4×4 Matrices," in James Arvo, ed., *Graphics Gems II*, Academic Press, pp. 351–354, 1991. Cited on p. 70, 71

[1757] Shoemake, Ken, "Polar Matrix Decomposition," in Paul S. Heckbert, ed., *Graphics Gems IV*, Academic Press, pp. 207–221, 1994. Cited on p. 65

[1758] Shoemake, Ken, "Euler Angle Conversion," in Paul S. Heckbert, ed., *Graphics Gems IV*, Academic Press, pp. 222–229, 1994. Cited on p. 62, 64

[1759] Shopf, J., J. Barczak, C. Oat, and N. Tatarchuk, "March of the Froblins: Simulation and Rendering of Massive Crowds of Intelligent and Details Creatures on GPU," *SIGGRAPH Advances in Real-Time Rendering in 3D Graphics and Games course*, Aug. 2008. Cited on p. 409, 731, 732, 735

[1760] Sigg, Christian, and Markus Hadwiger, "Fast Third-Order Texture Filtering," in Matt Pharr, ed., *GPU Gems 2*, Addison-Wesley, pp. 313–329, 2005. Cited on p. 167, 445

[1761] Sikachev, Peter, Vladimir Egorov, and Sergey Makeev, "Quaternions Revisited," in Wolfgang Engel, ed., *GPU Pro^5*, CRC Press, pp. 361–374, 2014. Cited on p. 76, 185, 186, 617

[1762] Sikachev, Peter, and Nicolas Longchamps, "Reflection System in *Thief*," *SIGGRAPH Advances in Real-Time Rendering in Games course*, Aug. 2014. Cited on p. 432

[1763] Sikachev, Peter, Samuel Delmont, Uriel Doyon, and Jean-Normand Bucci, "Next-Generation Rendering in *Thief*," in Wolfgang Engel, ed., *GPU Pro^6*, CRC Press, pp. 65–90, 2015. Cited on p. 222

[1764] Sillion, François, and Claude Puech, *Radiosity and Global Illumination*, Morgan Kaufmann, 1994. Cited on p. 381, 416

[1765] Silvennoinen, Ari, and Ville Timonen, "Multi-Scale Global Illumination in Quantum Break," *SIGGRAPH Advances in Real-Time Rendering in Games course*, Aug. 2015. Cited on p. 420, 428

[1766] Silvennoinen, Ari, and Jaakko Lehtinen, "Real-Time Global Illumination by Precomputed Local Reconstruction from Sparse Radiance Probes," *ACM Transactions on Graphics (SIGGRAPH Asia 2017)*, vol. 36, no. 6, pp. 230:1–230:13, Nov. 2017. Cited on p. 416

[1767] Sintorn, Erik, Elmar Eisemann, and Ulf Assarsson, "Sample Based Visibility for Soft Shadows Using Alias-Free Shadow Maps," *Computer Graphics Forum*, vol. 27, no. 4, pp. 1285–1292, 2008. Cited on p. 229

[1768] Sintorn, Erik, and Ulf Assarsson, "Hair Self Shadowing and Transparency Depth Ordering Using Occupancy Maps," in *Proceedings of the 2009 Symposium on Interactive 3D Graphics and Games*, ACM, pp. 67–74, Feb.–Mar. 2009. Cited on p. 557

[1769] Sintorn, Erik, Viktor Kämpe, Ola Olsson, and Ulf Assarsson, "Compact Precomputed Voxelized Shadows," *ACM Transactions on Graphics*, vol. 33, no. 4, article no. 150, Mar. 2014. Cited on p. 233, 507

[1770] Sintorn, Erik, Viktor Kämpe, Ola Olsson, and Ulf Assarsson, "Per-Triangle Shadow Volumes Using a View-Sample Cluster Hierarchy," in *Proceedings of the 18th Meeting of the ACM SIGGRAPH Symposium on Interactive 3D Graphics and Games*, ACM, pp. 111–118, Mar. 2014. Cited on p. 206, 229

[1771] Skiena, Steven, *The Algorithm Design Manual*, Springer-Verlag, 1997. Cited on p. 609

[1772] Skillman, Drew, and Pete Demoreuille, "Rock Show VFX: Bringing Brütal Legend to Life," *Game Developers Conference*, Mar. 2010. Cited on p. 492, 495

[1773] Sloan, Peter-Pike, Jan Kautz, and John Snyder, "Precomputed Radiance Transfer for Real-Time Rendering in Dynamic, Low-Frequency Lighting Environments," *ACM Transactions on Graphics (SIGGRAPH 2002)*, vol. 21, no. 3, pp. 527–536, July 2002. Cited on p. 406, 412, 413

[1774] Sloan, Peter-Pike, Jesse Hall, John Hart, and John Snyder, "Clustered Principal Components for Precomputed Radiance Transfer," *ACM Transactions on Graphics (SIGGRAPH 2003)*, vol. 22, no. 3, pp. 382–391, 2003. Cited on p. 414

[1775] Sloan, Peter-Pike, Ben Luna, and John Snyder, "Local, Deformable Precomputed Radiance Transfer," *ACM Transactions on Graphics (SIGGRAPH 2005)*, vol. 24, no. 3, pp. 1216–1224, Aug. 2005. Cited on p. 371, 414

[1776] Sloan, Peter-Pike, "Normal Mapping for Precomputed Radiance Transfer," in *Proceedings of the 2006 Symposium on Interactive 3D Graphics and Games*, ACM, pp. 23–26, 2006. Cited on p. 348

[1777] Sloan, Peter-Pike, Naga K. Govindaraju, Derek Nowrouzezahrai, and John Snyder, "Image-Based Proxy Accumulation for Real-Time Soft Global Illumination," in *Pacific Graphics 2007*, IEEE Computer Society, pp. 97–105, Oct. 2007. Cited on p. 394, 403

[1778] Sloan, Peter-Pike, "Stupid Spherical Harmonics (SH) Tricks," *Game Developers Conference*, Feb. 2008. Cited on p. 341, 345, 346, 369, 370, 371, 406

[1779] Sloan, Peter-Pike, "Efficient Spherical Harmonic Evaluation," *Journal of Computer Graphics Techniques*, vol. 2, no. 2, pp. 84–90, 2013. Cited on p. 345

[1780] Sloan, Peter-Pike, Jason Tranchida, Hao Chen, and Ladislav Kavan, "Ambient Obscurance Baking on the GPU," in *ACM SIGGRAPH Asia 2013 Technical Briefs*, ACM, article no. 32, Nov. 2013. Cited on p. 391

[1781] Sloan, Peter-Pike, "Deringing Spherical Harmonics," in *SIGGRAPH Asia 2017 Technical Briefs*, ACM, article no. 11, 2017. Cited on p. 346, 370

[1782] Smedberg, Niklas, and Daniel Wright, "Rendering Techniques in Gears of War 2," *Game Developers Conference*, Mar. 2009. Cited on p. 399

[1783] Smith, Alvy Ray, *Digital Filtering Tutorial for Computer Graphics*, Technical Memo 27, revised Mar. 1983. Cited on p. 120

[1784] Smith, Alvy Ray, and James F. Blinn, "Blue Screen Matting," in *SIGGRAPH '96: Proceedings of the 23rd Annual Conference on Computer Graphics and Interactive Techniques*, ACM, pp. 259–268, Aug. 1996. Cited on p. 140, 141

[1785] Smith, Alvy Ray, "The Stuff of Dreams," *Computer Graphics World*, vol. 21, pp. 27–29, July 1998. Cited on p. 976

[1786] Smith, Andrew, Yoshifumi Kitamura, Haruo Takemura, and Fumio Kishino, "A Simple and Efficient Method for Accurate Collision Detection Among Deformable Polyhedral Objects in Arbitrary Motion," in *IEEE Virtual Reality Annual International Symposium*, IEEE Computer Society, pp. 136–145, 1995. Cited on p. 892

[1787] Smith, Ashley Vaughan, and Mathieu Einig, "Physically Based Deferred Shading on Mobile," in Wolfgang Engel, ed., *GPU Pro^7*, CRC Press, pp. 187–198, 2016. Cited on p. 781

[1788] Smith, Bruce G., "Geometrical Shadowing of a Random Rough Surface," *IEEE Transactions on Antennas and Propagation*, vol. 15, no. 5, pp. 668–671, Sept. 1967. Cited on p. 290

[1789] Smith, Ryan, "GPU Boost 3.0: Finer-Grained Clockspeed Controls," Section in "The NVIDIA GeForce GTX 1080 & GTX 1070 Founders Editions Review: Kicking Off the FinFET Generation," *AnandTech*, July 20, 2016. Cited on p. 144, 680

[1790] Smits, Brian E., and Gary W. Meyer, "Newton's Colors: Simulating Interference Phenomena in Realistic Image Synthesis," in Kadi Bouatouch & Christian Bouville, eds. *Photorealism in Computer Graphics*, Springer, pp. 185–194, 1992. Cited on p. 314

[1791] Smits, Brian, "Efficiency Issues for Ray Tracing," *journal of graphics tools*, vol. 3, no. 2, pp. 1–14, 1998. Also collected in [122]. Cited on p. 683, 834

[1792] Smits, Brian, "Reflection Model Design for *WALL-E* and *Up*," *SIGGRAPH Practical Physically Based Shading in Film and Game Production course*, Aug. 2012. Cited on p. 282

[1793] Snook, Greg, "Simplified Terrain Using Interlocking Tiles," in Mark DeLoura, ed., *Game Programming Gems 2*, Charles River Media, pp. 377–383, 2001. Cited on p. 756

参考文献 1053

[1794] Snyder, John, "Area Light Sources for Real-Time Graphics," Technical Report MSR-TR-96-11, Microsoft Research, Mar. 1996. Cited on p. 330, 331

[1795] Snyder, John, and Jed Lengyel, "Visibility Sorting and Compositing without Splitting for Image Layer Decompositions," in *SIGGRAPH '98: Proceedings of the 25th Annual Conference on Computer Graphics and Interactive Techniques*, ACM, pp. 219–230, July 1998. Cited on p. 459, 476

[1796] Soler, Cyril, and François Sillion, "Fast Calculation of Soft Shadow Textures Using Convolution," in *SIGGRAPH '98: Proceedings of the 25th Annual Conference on Computer Graphics and Interactive Techniques*, ACM, pp. 321–332, July 1998. Cited on p. 226

[1797] Sousa, Tiago, "Adaptive Glare," in Wolfgang Engel, ed., *ShaderX³*, Charles River Media, pp. 349–355, 2004. Cited on p. 253, 454

[1798] Sousa, Tiago, "Generic Refraction Simulation," in Matt Pharr, ed., *GPU Gems 2*, Addison-Wesley, pp. 295–305, 2005. Cited on p. 542

[1799] Sousa, Tiago, "Vegetation Procedural Animation and Shading in Crysis," in Hubert Nguyen, ed., *GPU Gems 3*, Addison-Wesley, pp. 373–385, 2007. Cited on p. 552

[1800] Sousa, Tiago, "Anti-Aliasing Methods in CryENGINE," *SIGGRAPH Filtering Approaches for Real-Time Anti-Aliasing course*, Aug. 2011. Cited on p. 128, 459

[1801] Sousa, Tiago, Nickolay Kasyan, and Nicolas Schulz, "Secrets of CryENGINE 3 Graphics Technology," *SIGGRAPH Advances in Real-Time Rendering in 3D Graphics and Games course*, Aug. 2011. Cited on p. 128, 208, 216, 217, 222, 227, 232, 435

[1802] Sousa, Tiago, Nickolay Kasyan, and Nicolas Schulz, "CryENGINE 3: Three Years of Work in Review," in Wolfgang Engel, ed., *GPU Pro³*, CRC Press, pp. 133–168, 2012. Cited on p. 122, 208, 210, 216, 217, 222, 227, 468, 677, 684, 808, 812

[1803] Sousa, Tiago, Carsten Wenzel, and Chris Raine, "The Rendering Technologies of *Crysis 3*," *Game Developers Conference*, Mar. 2013. Cited on p. 766, 767, 769, 770, 774

[1804] Sousa, Tiago, Nickolay Kasyan, and Nicolas Schulz, "CryENGINE 3: Graphics Gems," *SIGGRAPH Advances in Real-Time Rendering in 3D Graphics and Games course*, July 2013. Cited on p. 459, 462, 466, 467, 468, 522, 767, 771

[1805] Sousa, T., and J. Geoffroy, "*DOOM*: the Devil is in the Details," *SIGGRAPH Advances in Real-Time Rendering in 3D Graphics and Games course*, July 2016. Cited on p. 492, 543, 762, 779

[1806] Spencer, Greg, Peter Shirley, Kurt Zimmerman, and Donald Greenberg, "Physically-Based Glare Effects for Digital Images," in *SIGGRAPH '95: Proceedings of the 22nd Annual Conference on Computer Graphics and Interactive Techniques*, ACM, pp. 325–334, Aug. 1995. Cited on p. 452

[1807] Stachowiak, Tomasz, "Stochastic Screen-Space Reflections," *SIGGRAPH Advances in Real-Time Rendering in Games course*, Aug. 2015. Cited on p. 436, 437, 966

[1808] Stachowiak, Tomasz, "A Deferred Material Rendering System," online article, Dec. 18, 2015. Cited on p. 785

[1809] Stachowiak, Tomasz, "Stochastic All the Things: Raytracing in Hybrid Real-Time Rendering," *Digital Dragons*, May 22, 2018. Cited on p. 947, 964, 965, 966, 967

[1810] Stam, Jos, "Multiple Scattering as a Diffusion Process," in *Rendering Techniques '95*, Springer, pp. 41–50, June 1995. Cited on p. 547

[1811] Stam, Jos, "Exact Evaluation of Catmull-Clark Subdivision Surfaces at Arbitrary Parameter Values," in *SIGGRAPH '98: Proceedings of the 25th Annual Conference on Computer Graphics and Interactive Techniques*, ACM, pp. 395–404, July 1998. Cited on p. 658

[1812] Stam, Jos, "Diffraction Shaders," in *SIGGRAPH '99: Proceedings of the 26th Annual Conference on Computer Graphics and Interactive Techniques*, ACM Press/Addison-Wesley Publishing Co., pp. 101–110, Aug. 1999. Cited on p. 313

[1813] Stam, Jos, "Real-Time Fluid Dynamics for Games," *Game Developers Conference*, Mar. 2003. Cited on p. 560

[1814] Stamate, Vlad, "Reduction of Lighting Calculations Using Spherical Harmonics," in Wolfgang Engel, ed., *ShaderX³*, Charles River Media, pp. 251–262, 2004. Cited on p. 371

[1815] Stamminger, Marc, and George Drettakis, "Perspective Shadow Maps," *ACM Transactions on Graphics (SIGGRAPH 2002)*, vol. 21, no. 3, pp. 557–562, July 2002. Cited on p. 213

[1816] St-Amour, Jean-François, "Rendering *Assassin's Creed III*," *Game Developers Conference*, Mar. 2013. Cited on p. 391

[1817] Steed, Paul, *Animating Real-Time Game Characters*, Charles River Media, 2002. Cited on p. 77

[1818] Stefanov, Nikolay, "Global Illumination in *Tom Clancy's The Division*," *Game Developers Conference*, Mar. 2016. Cited on p. 412, 416

[1819] Steinicke, Frank Steinicke, Gerd Bruder, and Scott Kuhl, "Realistic Perspective Projections for Virtual Objects and Environments," *ACM Transactions on Graphics*, vol. 30, no. 5, article no. 112, Oct. 2011. Cited on p. 479

[1820] Stemkoski, Lee, "Bubble Demo," *GitHub* repository, 2013. Cited on p. 542

[1821] Stengel, Michael, Steve Grogorick, Martin Eisemann, and Marcus Magnor, "Adaptive Image-Space Sampling for Gaze-Contingent Real-Time Rendering," *Computer Graphics Forum*, vol. 35, no. 4, pp. 129–139, 2016. Cited on p. 808

[1822] Sterna, Wojciech, "Practical Gather-Based Bokeh Depth of Field," in Wolfgang Engel, ed., *GPU Zen*, Black Cat Publishing, pp. 217–237, 2017. Cited on p. 462

[1823] Stewart, A. J., and M. S. Langer, "Towards Accurate Recovery of Shape from Shading Under Diffuse Lighting," *IEEE Trans. on Pattern Analysis and Machine Intelligence*, vol. 19, no. 9, pp. 1020–1025, Sept. 1997. Cited on p. 388

[1824] Stewart, Jason, and Gareth Thomas, "Tiled Rendering Showdown: Forward++ vs. Deferred Rendering," *Game Developers Conference*, Mar. 2013. Cited on p. 774, 776, 791

[1825] Stewart, Jason, "Compute-Based Tiled Culling," in Wolfgang Engel, ed., *GPU Pro⁶*, CRC Press, pp. 435–458, 2015. Cited on p. 773, 775, 776, 791

[1826] Stich, Martin, Carsten Wächter, and Alexander Keller, "Efficient and Robust Shadow Volumes Using Hierarchical Occlusion Culling and Geometry Shaders," in Hubert Nguyen, ed., *GPU Gems 3*, Addison-Wesley, pp. 239–256, 2007. Cited on p. 205

[1827] Stich, Martin, Heiko Friedrich, and Andreas Dietrich, "Spatial Splits in Bounding Volume Hierarchies," *High Performance Graphics*, pp. 7–13, 2009. Cited on p. 956

[1828] Stich, Martin, "Introduction to NVIDIA RTX and DirectX Ray Tracing," *NVIDIA Developer Blog*, Mar. 19, 2018. Cited on p. 948

[1829] Stiles, W. S., and J. M. Burch, "Interim Report to the Commission Internationale de l'Éclairage Zurich, 1955, on the National Physical Laboratory's Investigation of Colour-Matching (1955)," *Optica Acta*, vol. 2, no. 4, pp. 168–181, 1955. Cited on p. 240

[1830] Stokes, Michael, Matthew Anderson, Srinivasan Chandrasekar, and Ricardo Motta, "A Standard Default Color Space for the Internet—sRGB," Version 1.10, *International Color Consortium*, Nov. 1996. Cited on p. 244

[1831] Stone, Jonathan, "Radially-Symmetric Reflection Maps," in *SIGGRAPH 2009 Talks*, ACM, article no. 24, Aug. 2009. Cited on p. 357

[1832] Stone, Maureen, *A Field Guide to Digital Color*, A K Peters, Ltd., Aug. 2003. Cited on p. 241, 243

[1833] Stone, Maureen, "Representing Colors as Three Numbers," *IEEE Computer Graphics and Applications*, vol. 25, no. 4, pp. 78–85, July/Aug. 2005. Cited on p. 239, 243

[1834] Storsjö, Martin, *Efficient Triangle Reordering for Improved Vertex Cache Utilisation in Realtime Rendering*, MSc thesis, Department of Information Technologies, Faculty of Technology, Åbo Akademi University, 2008. Cited on p. 604

[1835] Story, Jon, and Holger Gruen, "High Quality Direct3D 10.0 & 10.1 Accelerated Techniques," *Game Developers Conference*, Mar. 2009. Cited on p. 220

[1836] Story, Jon, "DirectCompute Accelerated Separable Filtering," *Game Developers Conference*, Mar. 2011. Cited on p. 48, 447

[1837] Story, Jon, "Advanced Geometrically Correct Shadows for Modern Game Engines," *Game Developers Conference*, Mar. 2016. Cited on p. 198, 231

[1838] Story, Jon, and Chris Wyman, "HFTS: Hybrid Frustum-Traced Shadows in *The Division*," in *ACM SIGGRAPH 2016 Talks*, ACM, article no. 13, July 2016. Cited on p. 231

[1839] Strauss, Paul S., "A Realistic Lighting Model for Computer Animators," *IEEE Computer Graphics and Applications*, vol. 10, no. 6, pp. 56–64, Nov. 1990. Cited on p. 282

[1840] Ström, Jacob, and Tomas Akenine-Möller, "iPACKMAN: High-Quality, Low-Complexity Texture Compression for Mobile Phones," in *Graphics Hardware 2006*, Eurographics Association, pp. 63–70, July 2005. Cited on p. 171

[1841] Ström, Jacob, and Martin Pettersson, "ETC2: Texture Compression Using Invalid Combinations," in *Graphics Hardware 2007*, Eurographics Association, pp. 49–54, Aug. 2007. Cited on p. 171

[1842] Ström, J., P. Wennersten, J. Rasmusson, J. Hasselgren, J. Munkberg, P. Clarberg, and T. Akenine-Möller, "Floating-Point Buffer Compression in a Unified Codec Architecture," in *Graphics Hardware 2008*, Eurographics Association, pp. 75–84, June 2008. Cited on p. 911, 920, 938

[1843] Ström, Jacob, and Per Wennersten, "Lossless Compression of Already Compressed Textures," in *Proceedings of the ACM SIGGRAPH/EUROGRAPHICS Conference on High-Performance Graphics*, ACM, pp. 177–182, Aug. 2011. Cited on p. 751

[1844] Ström, J., K. Åström, and T. Akenine-Möller, "Immersive Linear Algebra," http://immersivemath. com, 2015. Cited on p. 89, 981

[1845] Strothotte, Thomas, and Stefan Schlechtweg, *Non-Photorealistic Computer Graphics: Modeling, Rendering, and Animation*, Morgan Kaufmann, 2002. Cited on p. 562, 585

[1846] Strugar, F., "Continuous Distance-Dependent Level of Detail for Rendering Heightmaps," *Journal of Graphics, GPU, and Game Tools*, vol. 14, no. 4, pp. 57–74, 2009. Cited on p. 756, 757

参考文献   1055

[1847] Suffern, Kenneth, *Ray Tracing from the Ground Up*, A K Peters, Ltd., 2007. Cited on p. 973

[1848] Sugden, B., and M. Iwanicki, "Mega Meshes: Modelling, Rendering and Lighting a World Made of 100 Billion Polygons," *Game Developers Conference*, Mar. 2011. Cited on p. 416, 749, 752

[1849] Sun, Bo, Ravi Ramamoorthi, Srinivasa Narasimhan, and Shree Nayar, "A Practical Analytic Single Scattering Model for Real Time Rendering," *ACM Transactions on Graphics (SIGGRAPH 2005)*, vol. 24, no. 3, pp. 1040–1049, 2005. Cited on p. 521

[1850] Sun, Xin, Qiming Hou, Zhong Ren, Kun Zhou, and Baining Guo, "Radiance Transfer Biclustering for Real-time All-frequency Bi-scale Rendering," *IEEE Transactions on Visualization and Computer Graphics*, vol. 17, no. 1, pp. 64–73, 2011. Cited on p. 347

[1851] Sutherland, Ivan E., Robert F. Sproull, and Robert F. Schumacker, "A Characterization of Ten Hidden-Surface Algorithms," *Computing Surveys*, vol. 6, no. 1, pp. 1–55, Mar. 1974. Cited on p. 982

[1852] Sutter, Herb, "The Free Lunch Is Over," *Dr. Dobb's Journal*, vol. 30, no. 3, Mar. 2005. Cited on p. 696, 704

[1853] Svarovsky, Jan, "View-Independent Progressive Meshing," in Mark DeLoura, ed., *Game Programming Gems*, Charles River Media, pp. 454–464, 2000. Cited on p. 610, 613

[1854] Swoboda, Matt, "Deferred Lighting and Post Processing on PLAYSTATION 3," *Game Developers Conference*, Mar. 2009. Cited on p. 772

[1855] Swoboda, Matt, "Ambient Occlusion in Frameranger," *direct to video blog*, Jan. 15, 2010. Cited on p. 391

[1856] Swoboda, Matt, "Real time ray tracing part 2," *Direct To Video Blog*, May. 8, 2013. Cited on p. 953

[1857] Szeliski, Richard, *Computer Vision: Algorithms and Applications*, Springer, 2011. Cited on p. 115, 177, 469, 475, 507, 570, 981

[1858] Szirmay-Kalos, László, Barnabás Aszódi, István Lazányi, and Mátyás Premecz, "Approximate Ray-Tracing on the GPU with Distance Impostors," *Computer Graphics Forum*, vol. 24, no. 3, pp. 695–704, 2005. Cited on p. 432

[1859] Szirmay-Kalos, László, and Tamás Umenhoffer, "Displacement Mapping on the GPU—State of the Art," *Computer Graphics Forum*, vol. 27, no. 6, pp. 1567–1592, 2008. Cited on p. 196, 808

[1860] Szirmay-Kalos, László, Tamás Umenhoffer, Gustavo Patow, László Szécsi, and Mateu Sbert, "Specular Effects on the GPU: State of the Art," *Computer Graphics Forum*, vol. 28, no. 6, pp. 1586–1617, 2009. Cited on p. 375

[1861] Szirmay-Kalos, László, Tamás Umenhoffer, Balázs Tóth, László Szécsi, and Mateu Sbert, "Volumetric Ambient Occlusion for Real-Time Rendering and Games," *IEEE Computer Graphics and Applications*, vol. 30, no. 1, pp. 70–79, 2010. Cited on p. 396

[1862] Tabellion, Eric, and Arnauld Lamorlette, "An Approximate Global Illumination System for Computer Generated Films," *ACM Transactions on Graphics (SIGGRAPH 2004)*, vol. 23, no. 3, pp. 469–476, Aug. 2004. Cited on p. 22, 423

[1863] Tadamura, Katsumi, Xueying Qin, Guofang Jiao, and Eihachiro Nakamae, "Rendering Optimal Solar Shadows Using Plural Sunlight Depth Buffers," in *Computer Graphics International 1999*, IEEE Computer Society, pp. 166–173, June 1999. Cited on p. 214

[1864] Takayama, Kenshi, Alec Jacobson, Ladislav Kavan, and Olga Sorkine-Hornung, "A Simple Method for Correcting Facet Orientations in Polygon Meshes Based on Ray Casting," *Journal of Computer Graphics Techniques*, vol. 3, no. 4, pp. 53–63, 2014. Cited on p. 597

[1865] Takeshige, Masaya, "The Basics of GPU Voxelization," *NVIDIA GameWorks* blog, Mar. 22, 2015. Cited on p. 503

[1866] Tampieri, Filippo, "Newell's Method for the Plane Equation of a Polygon," in David Kirk, ed., *Graphics Gems III*, Academic Press, pp. 231–232, 1992. Cited on p. 590

[1867] Tanner, Christopher C., Christopher J. Migdal, and Michael T. Jones, "The Clipmap: A Virtual Mipmap," in *SIGGRAPH '98: Proceedings of the 25th Annual Conference on Computer Graphics and Interactive Techniques*, ACM, pp. 151–158, July 1998. Cited on p. 494, 749, 754

[1868] Tarini, Marco, Kai Hormann, Paolo Cignoni, and Claudio Montani, "PolyCube-Maps," *ACM Transactions on Graphics (SIGGRAPH 2004)*, vol. 23, no. 3, pp. 853–860, Aug. 2004. Cited on p. 150

[1869] Tatarchuk, Natalya, "Artist-Directable Real-Time Rain Rendering in City Environments," *SIGGRAPH Advanced Real-Time Rendering in 3D Graphics and Games course*, Aug. 2006. Cited on p. 521

[1870] Tatarchuk, Natalya, "Dynamic Parallax Occlusion Mapping with Approximate Soft Shadows," *SIGGRAPH Advanced Real-Time Rendering in 3D Graphics and Games course*, Aug. 2006. Cited on p. 191, 192, 196

[1871] Tatarchuk, Natalya, "Practical Parallax Occlusion Mapping with Approximate Soft Shadows for Detailed Surface Rendering," *SIGGRAPH Advanced Real-Time Rendering in 3D Graphics and*

Games course, Aug. 2006. Cited on p. 191, 192, 196

[1872] Tatarchuk, Natalya, and Jeremy Shopf, "Real-Time Medical Visualization with FireGL," *SIGGRAPH AMD Technical Talk*, Aug. 2007. Cited on p. 524, 649

[1873] Tatarchuk, Natalya, "Real-Time Tessellation on GPU," *SIGGRAPH Advanced Real-Time Rendering in 3D Graphics and Games course*, Aug. 2007. Cited on p. 664, 665

[1874] Tatarchuk, Natalya, Christopher Oat, Jason L. Mitchell, Chris Green, Johan Andersson, Martin Mittring, Shanon Drone, and Nico Galoppo, *SIGGRAPH Advanced Real-Time Rendering in 3D Graphics and Games course*, Aug. 2007. Cited on p. 1035

[1875] Tatarchuk, Natalya, Chris Tchou, and Joe Venzon, "*Destiny*: From Mythic Science Fiction to Rendering in Real-Time," *SIGGRAPH Advances in Real-Time Rendering in Games course*, July 2013. Cited on p. 492, 772

[1876] Tatarchuk, Natalya, and Shi Kai Wang, "Creating Content to Drive *Destiny*'s Investment Game: One Solution to Rule Them All," *SIGGRAPH Production Session*, Aug. 2014. Cited on p. 317

[1877] Tatarchuk, Natalya, "Destiny's Multithreaded Rendering Architecture," *Game Developers Conference*, Mar. 2015. Cited on p. 704

[1878] Tatarchuk, Natalya, and Chris Tchou, "*Destiny* Shader Pipeline," *Game Developers Conference*, Feb.–Mar. 2017. Cited on p. 113, 114, 704

[1879] Taubin, Gabriel, André Guéziec, William Horn, and Francis Lazarus, "Progressive Forest Split Compression," in *SIGGRAPH '98: Proceedings of the 25th Annual Conference on Computer Graphics and Interactive Techniques*, ACM, pp. 123–132, July 1998. Cited on p. 609

[1880] Taylor, Philip, "Per-Pixel Lighting," *Driving DirectX* web column, Nov. 13, 2001. Cited on p. 372

[1881] Tchou, Chris, "Halo Reach Effects Tech," *Game Developers Conference*, Mar. 2011. Cited on p. 894

[1882] Tector, C., "Streaming Massive Environments from Zero to 200MPH," *Game Developers Conference*, Mar. 2010. Cited on p. 752

[1883] Teixeira, Diogo, "Baking Normal Maps on the GPU," in Hubert Nguyen, ed., *GPU Gems 3*, Addison-Wesley, pp. 491–512, 2007. Cited on p. 737

[1884] Teller, Seth J., and Carlo H. Séquin, "Visibility Preprocessing for Interactive Walkthroughs," *Computer Graphics (SIGGRAPH '91 Proceedings)*, vol. 25, no. 4, pp. 61–69, July 1991. Cited on p. 722

[1885] Teller, Seth J., *Visibility Computations in Densely Occluded Polyhedral Environments*, PhD thesis, Department of Computer Science, University of Berkeley, 1992. Cited on p. 722, 723

[1886] Teller, Seth, and Pat Hanrahan, "Global Visibility Algorithms for Illumination Computations," in *SIGGRAPH '94: Proceedings of the 21st Annual Conference on Computer Graphics and Interactive Techniques*, ACM, pp. 443–450, July 1994. Cited on p. 722

[1887] Terdiman, Pierre, "Faster Convex-Convex SAT: Internal Objects," *Code Corner* blog, Jan. 24, 2011. Cited on p. 883

[1888] Teschner, M., B. Heidelberger, M. Mueller, D. Pomeranets, and M. Gross, "Optimized Spatial Hashing for Collision Detection of Deformable Objects," in *Proceedings of the Vision, Modeling, and Visualization Conference 2003*, Aka GmbH, pp. 47–54, Nov. 2003. Cited on p. 872

[1889] Teschner, M., S. Kimmerle, B. Heidelberger, G. Zachmann, L. Raghupathi, A. Fuhrmann, M. Cani, F. Faure, N. Magnenat-Thalmann, W. Strasser, and P. Volino, "Collision Detection for Deformable Objects," *Computer Graphics Forum*, vol. 24, no. 1, pp. 61–81, 2005. Cited on p. 895

[1890] Teschner, Matthias, "Advanced Computer Graphics: Sampling," Course Notes, Computer Science Department, University of Freiburg, 2016. Cited on p. 127, 146

[1891] Tessman, Thant, "Casting Shadows on Flat Surfaces," *Iris Universe*, pp. 16–19, Winter 1989. Cited on p. 199

[1892] Tevs, A., I. Ihrke, and H.-P. Seidel, "Maximum Mipmaps for Fast, Accurate, and Scalable Dynamic Height Field Rendering," in *Proceedings of the 2008 Symposium on Interactive 3D Graphics and Games*, ACM, pp. 183–190, 2008. Cited on p. 194

[1893] Thibault, Aaron P., and Sean "Zoner" Cavanaugh, "Making Concept Art Real for Borderlands," *SIGGRAPH Stylized Rendering in Games course*, July 2010. Cited on p. 562, 570, 571, 585

[1894] Thibieroz, Nicolas, "Deferred Shading with Multiple Render Targets," in Wolfgang Engel, ed., *ShaderX^2: Introductions & Tutorials with DirectX 9*, Wordware, pp. 251–269, 2004. Cited on p. 762, 763, 764

[1895] Thibieroz, Nicolas, "Robust Order-Independent Transparency via Reverse Depth Peeling in DirectX 10," in Wolfgang Engel, ed., *ShaderX^6*, Charles River Media, pp. 211–226, 2008. Cited on p. 136

[1896] Thibieroz, Nicolas, "Deferred Shading with Multisampling Anti-Aliasing in DirectX 10," in Wolfgang Engel, ed., *ShaderX^7*, Charles River Media, pp. 225–242, 2009. Cited on p. 767

[1897] Thibieroz, Nicolas, "Order-Independent Transparency Using Per-Pixel Linked Lists," in Wolfgang Engel, ed., *GPU Pro^2*, A K Peters/CRC Press, pp. 409–431, 2011. Cited on p. 137

参考文献 1057

[1898] Thibieroz, Nicolas, "Deferred Shading Optimizations," *Game Developers Conference*, Mar. 2011. Cited on p. 764, 766, 770, 778

[1899] Thomas, Gareth, "Compute-Based GPU Particle Systems," *Game Developers Conference*, Mar. 2014. Cited on p. 494

[1900] Thomas, Gareth, "Advancements in Tiled-Based Compute Rendering," *Game Developers Conference*, Mar. 2015. Cited on p. 693, 773, 775, 776, 778, 779

[1901] Thomas, Spencer W., "Decomposing a Matrix into Simple Transformations," in James Arvo, ed., *Graphics Gems II*, Academic Press, pp. 320–323, 1991. Cited on p. 64, 65

[1902] Thürmer, Grit, and Charles A. Wüthrich, "Computing Vertex Normals from Polygonal Facets," *journal of graphics tools*, vol. 3, no. 1, pp. 43–46, 1998. Also collected in [122]. Cited on p. 599

[1903] Timonen, Ville, "Line-Sweep Ambient Obscurance," *Eurographics Symposium on Rendering*, June 2013. Cited on p. 398

[1904] Toisoul, Antoine, and Abhijeet Ghosh, "Practical Acquisition and Rendering of Diffraction Effects in Surface Reflectance," *ACM Transactions on Graphics*, vol. 36, no. 5, pp. 166:1–166:16, Oct. 2017. Cited on p. 313

[1905] Toisoul, Antoine, and Abhijeet Ghosh, "Real-Time Rendering of Realistic Surface Diffraction with Low Rank Factorisation," *European Conference on Visual Media Production (CVMP)*, Dec. 2017. Cited on p. 313

[1906] Toksvig, Michael, "Mipmapping Normal Maps," *journal of graphics tools*, vol. 10, no. 3, pp. 65–71, 2005. Cited on p. 320

[1907] Tokuyoshi, Yusuke, Takashi Sekine, and Shinji Ogaki, "Fast Global Illumination Baking via Ray-Bundles," *SIGGRAPH Asia 2011 Sketches*, ACM, 2011. Cited on p. 961

[1908] Tokuyoshi, Yusuke, "Error Reduction and Simplification for Shading Anti-Aliasing," Technical Report, Square Enix, Apr. 2017. Cited on p. 322

[1909] Torborg, J., and J. T. Kajiya, "Talisman: Commodity Realtime 3D Graphics for the PC," in *SIGGRAPH '96: Proceedings of the 23rd Annual Conference on Computer Graphics and Interactive Techniques*, ACM, pp. 353–363, Aug. 1996. Cited on p. 476

[1910] Torchelsen, Rafael P., João L. D. Comba, and Rui Bastos, "Practical Geometry Clipmaps for Rendering Terrains in Computer Games," in Wolfgang Engel, ed., *ShaderX⁶*, Charles River Media, pp. 103–114, 2008. Cited on p. 529, 754

[1911] Török, Balázs, and Tim Green, "The Rendering Features of *The Witcher 3: Wild Hunt*," in *ACM SIGGRAPH 2015 Talks*, ACM, article no. 7, Aug. 2015. Cited on p. 317, 362, 769

[1912] Torrance, K., and E. Sparrow, "Theory for Off-Specular Reflection from Roughened Surfaces," *Journal of the Optical Society of America*, vol. 57, no. 9, pp. 1105–1114, Sept. 1967. Cited on p. 274, 290

[1913] Toth, Robert, "Avoiding Texture Seams by Discarding Filter Taps," *Journal of Computer Graphics Techniques*, vol. 2, no. 2, pp. 91–104, 2013. Cited on p. 169

[1914] Toth, Robert, Jon Hasselgren, and Tomas Akenine-Möller, "Perception of Highlight Disparity at a Distance in Consumer Head-Mounted Displays," in *Proceedings of the 7th Conference on High-Performance Graphics*, ACM, pp. 61–66, Aug. 2015. Cited on p. 810

[1915] Toth, Robert, Jim Nilsson, and Tomas Akenine-Möller, "Comparison of Projection Methods for Rendering Virtual Reality," in *High-Performance Graphics 2016*, Eurographics Association, pp. 163–171, June 2016. Cited on p. 806

[1916] Tran, Ray, "Facetted Shadow Mapping for Large Dynamic Game Environments," in Wolfgang Engel, ed., *ShaderX⁷*, Charles River Media, pp. 363–371, 2009. Cited on p. 214

[1917] Trapp, Matthias, and Jürgen Döllner, "Automated Combination of Real-Time Shader Programs," in *Eurographics 2007—Short Papers*, Eurographics Association, pp. 53–56, Sept. 2007. Cited on p. 113

[1918] Trebilco, Damian, "Light-Indexed Deferred Rendering," in Wolfgang Engel, ed., *ShaderX⁷*, Charles River Media, pp. 243–258, 2009. Cited on p. 772

[1919] Treglia, Dante, ed., *Game Programming Gems 3*, Charles River Media, 2002. Cited on p. 1015

[1920] Tropp, Oren, Ayellet Tal, and Ilan Shimshoni, "A Fast Triangle to Triangle Intersection Test for Collision Detection," *Computer Animation & Virtual Worlds*, vol. 17, no. 5, pp. 527–535, 2006. Cited on p. 845

[1921] Trowbridge, T. S., and K. P. Reitz, "Average Irregularity Representation of a Roughened Surface for Ray Reflection," *Journal of the Optical Society of America*, vol. 65, no. 5, pp. 531–536, May 1975. Cited on p. 296

[1922] Trudel, N., "Improving Geometry Culling for *Deus Ex: Mankind Divided*," *Game Developers Conference*, Mar. 2016. Cited on p. 734

[1923] Tsakok, John A., "Faster Incoherent Rays: Multi-BVH Ray Stream Tracing," *High Performance Graphics*, pp. 151–158, 2009. Cited on p. 962

[1924] Tuft, David, "Plane-Based Depth Bias for Percentage Closer Filtering," *Game Developer*, vol. 17, no. 5, pp. 35–38, May 2010. Cited on p. 220

[1925] Tuft, David, "Cascaded Shadow Maps," *Windows Dev Center: DirectX Graphics and Gaming Technical Articles*, 2011. Cited on p. 214, 216, 217, 218, 234

[1926] Tuft, David, "Common Techniques to Improve Shadow Depth Maps," *Windows Dev Center: DirectX Graphics and Gaming Technical Articles*, 2011. Cited on p. 208, 211, 212, 234

[1927] Turk, Greg, *Interactive Collision Detection for Molecular Graphics*, Technical Report TR90-014, University of North Carolina at Chapel Hill, 1990. Cited on p. 871, 872

[1928] Turkowski, Ken, "Filters for Common Resampling Tasks," in Andrew S. Glassner, ed., *Graphics Gems*, Academic Press, pp. 147–165, 1990. Cited on p. 119

[1929] Turkowski, Ken, "Properties of Surface-Normal Transformations," in Andrew S. Glassner, ed., *Graphics Gems*, Academic Press, pp. 539–547, 1990. Cited on p. 60

[1930] Turkowski, Ken, "Incremental Computation of the Gaussian," in Hubert Nguyen, ed., *GPU Gems 3*, Addison-Wesley, pp. 877–890, 2007. Cited on p. 445

[1931] Ulrich, Thatcher, "Loose Octrees," in Mark DeLoura, ed., *Game Programming Gems*, Charles River Media, pp. 444–453, 2000. Cited on p. 712

[1932] Ulrich, Thatcher, "Rendering Massive Terrains Using Chunked Level of Detail Control," *SIG-GRAPH Super-Size It! Scaling up to Massive Virtual Worlds course*, July 2002. Cited on p. 754, 755, 756

[1933] Uludag, Yasin, "Hi-Z Screen-Space Tracing," in Wolfgang Engel, ed., *GPU Pro^5*, CRC Press, pp. 149–192, 2014. Cited on p. 437

[1934] Umenhoffer, Tamás, Lázló Szirmay-Kalos, and Gábor Szijártó, "Spherical Billboards and Their Application to Rendering Explosions," in *Graphics Interface 2006*, Canadian Human-Computer Communications Society, pp. 57–63, 2006. Cited on p. 481

[1935] Umenhoffer, Tamás, László Szirmay-Kalos, and Gábor Szíjártó, "Spherical Billboards for Rendering Volumetric Data," in Wolfgang Engel, ed., *ShaderX^5*, Charles River Media, pp. 275–285, 2006. Cited on p. 481

[1936] *Unity User Manual*, Unity Technologies, 2017. Cited on p. 252

[1937] *Unreal Engine 4 Documentation*, Epic Games, 2017. Cited on p. 100, 111, 113, 114, 232, 252, 315, 528, 556, 798, 800, 808, 809, 810, 814

[1938] Upchurch, Paul, and Mathieu Desbrun, "Tightening the Precision of Perspective Rendering," *journal of graphics tools*, vol. 16, no. 1, pp. 40–56, 2012. Cited on p. 88

[1939] Upstill, S., *The RenderMan Companion: A Programmer's Guide to Realistic Computer Graphics*, Addison-Wesley, 1990. Cited on p. 32

[1940] Vaidyanathan, K., M. Salvi, R. Toth, T. Foley, T. Akenine-Möller, J. Nilsson, J. Munkberg, J. Hasselgren, M. Sugihara, P. Clarberg, T. Janczak, and A. Lefohn, "Coarse Pixel Shading," in *High Performance Graphics 2014*, Eurographics Association, pp. 9–18, June 2014. Cited on p. 801, 915

[1941] Vaidyanathan, Karthik, Jacob Munkberg, Petrik Clarberg, and Marco Salvi, "Layered Light Field Reconstruction for Defocus Blur," *ACM Transactions on Graphics*, vol. 34, no. 2, pp. 23:1–23:12, Feb. 2015. Cited on p. 463

[1942] Vaidyanathan, K. T. Akenine-Möller, and M. Salvi, "Watertight Ray Traversal with Reduced Precision," in *High-Performance Graphics 2016*, Eurographics Association, pp. 33–40, June 2016. Cited on p. 939

[1943] Vainio, Matt, "The Visual Effects of *inFAMOUS: Second Son*," *Game Developers Conference*, Mar. 2014. Cited on p. 494

[1944] Valient, Michal, "Deferred Rendering in *Killzone 2*," *Develop Conference*, July 2007. Cited on p. 762, 765, 766

[1945] Valient, Michal, "Stable Rendering of Cascaded Shadow Maps," in Wolfgang Engel, ed., *ShaderX^6*, Charles River Media, pp. 231–238, 2008. Cited on p. 211, 216, 218

[1946] Valient, Michal, "Shadows + Games: Practical Considerations," *SIGGRAPH Efficient Real-Time Shadows course*, Aug. 2012. Cited on p. 216, 217, 222

[1947] Valient, Michal, "Taking *Killzone: Shadow Fall* Image Quality into the Next Generation," *Game Developers Conference*, Mar. 2014. Cited on p. 131, 208, 217, 422, 436, 437, 438, 452, 525, 526

[1948] Van Verth, Jim, "Doing Math with RGB (and A)," *Game Developers Conference*, Mar. 2015. Cited on p. 133, 183

[1949] Vaxman, Amir, Marcel Campen, Olga Diamanti, Daniele Panozzo, David Bommes, Klaus Hildebrandt, and Mirela Ben-Chen, "Directional Field Synthesis, Design, and Processing," *Computer Graphics Forum*, vol. 35, no. 2, pp. 545–572, 2016. Cited on p. 579

[1950] Veach, Eric, *Robust Monte Carlo Methods for Light Transport Simulation*, PhD Dissertation, Stanford University, Dec. 1997. Cited on p. 384

[1951] Venkataraman, S., "Fermi Asynchronous Texture Transfers," in Patrick Cozzi & Christophe Riccio, eds., *OpenGL Insights*, CRC Press, pp. 415–430, 2012. Cited on p. 934

[1952] Villanueva, Alberto Jaspe, Fabio Marton, and Enrico Gobbetti, "SSVDAGs: Symmetry-Aware

参考文献 1059

Sparse Voxel DAGs," in *Proceedings of the 20th ACM SIGGRAPH Symposium on Interactive 3D Graphics and Games*, ACM, pp. 7–14, 2016. Cited on p. 507

[1953] Vinkler, Marek, Vlastimil Havran, and Jiří Bittner, "Bounding Volume Hierarchies versus Kd-trees on Contemporary Many-Core Architectures," *Proceedings of the 30th Spring Conference on Computer Graphics*, ACM, pp. 29–36, 2014. Cited on p. 955

[1954] *Virtual Terrain Project*,http://www.vterrain.org. Cited on p. 757

[1955] Vlachos, Alex, Jörg Peters, Chas Boyd, and Jason L. Mitchell, "Curved PN Triangles," in *Proceedings of the 2001 Symposium on Interactive 3D Graphics*, ACM, pp. 159–166, 2001. Cited on p. 642, 643, 644

[1956] Vlachos, Alex, and John Isidoro, "Smooth C^2 Quaternion-Based Flythrough Paths," in Mark DeLoura, ed., *Game Programming Gems 2*, Charles River Media, pp. 220–227, 2001. Cited on p. 89

[1957] Vlachos, Alex, "Post Processing in *The Orange Box*," *Game Developers Conference*, Feb. 2008. Cited on p. 253, 465

[1958] Vlachos, Alex, "Rendering Wounds in *Left 4 Dead 2*," *Game Developers Conference*, Mar. 2010. Cited on p. 317

[1959] Vlachos, Alex, "Advanced VR Rendering," *Game Developers Conference*, Mar. 2015. Cited on p. 321, 322, 542, 799, 802, 803, 804, 809, 810, 814, 815, 912

[1960] Vlachos, Alex, "Advanced VR Rendering Performance," *Game Developers Conference*, Mar. 2016. Cited on p. 676, 695, 805, 807, 811, 812, 813, 815

[1961] Voorhies, Douglas, "Space-Filling Curves and a Measure of Coherence," in James Arvo, ed., *Graphics Gems II*, Academic Press, pp. 26–30, 1991. Cited on p. 919

[1962] *Vulkan Overview*, Khronos Group, Feb. 2016. Cited on p. 696

[1963] Wächter, Carsten, and Alexander Keller, "Instant Ray Tracing: The Bounding Interval Hierarchy," *EGSR '06 Proceedings of the 17th Eurographics conference on Rendering Techniques*, pp. 139–149, 2006. Cited on p. 954, 957

[1964] Walbourn, Chuck, ed., *SIGGRAPH Introduction to Direct3D 10 course*, Aug. 2007. Cited on p. 689

[1965] Wald, Ingo, Philipp Slusallek, Carsten Benthin, and Markus Wagner, "Interactive Rendering with Coherent Ray Tracing," *Computer Graphics Forum*, vol. 20, no. 3, pp. 153–165, 2001. Cited on p. 962

[1966] Wald, Ingo, "On fast Construction of SAH-based Bounding Volume Hierarchies," *2007 IEEE Symposium on Interactive Ray Tracing*, Sept. 2007. Cited on p. 957, 958

[1967] Wald, Ingo, Carsten Benthin, and Solomon Boulos, "Getting Rid of Packets—Efficient SIMD Single-Ray Traversal using Multi-branching BVHs—," *2008 IEEE Symposium on Interactive Ray Tracing*, Aug. 2008. Cited on p. 962

[1968] Wald, Ingo, William R. Mark, Johannes Günther, Solomon Boulos, Thiago Ize, Warren Hunt, Steven G. Parker, and Peter Shirley, "State of the Art in Ray Tracing Animated Scenes," *Computer Graphics Forum*, vol. 28, no. 6, pp. 1691–1722, 2009. Cited on p. 828, 880

[1969] Wald, Ingo, Sven Woop, Carsten Benthin, Gregory S. Johnson, and Manfred Ernst, "Embree: A Kernel Framework for Efficient CPU Ray Tracing," *ACM Transactions on Graphics*, vol. 33, no. 4, pp. 143:1–143:8, 2014. Cited on p. 390, 708, 875, 954, 955, 962

[1970] Walker, R., and J. Snoeyink, "Using CSG Representations of Polygons for Practical Point-in-Polygon Tests," in *ACM SIGGRAPH '97 Visual Proceedings*, ACM, p. 152, Aug. 1997. Cited on p. 839

[1971] Wallace, Evan, "Rendering Realtime Caustics in WebGL," *Medium* blog, Jan. 7, 2016. Cited on p. 545

[1972] Walter, Bruce, Sebastian Fernandez, Adam Arbree, Kavita Bala, Michael Donikian, and Donald P. Greenberg, "Lightcuts: A Scalable Approach to Illumination," *ACM Transactions on Graphics*, vol. 24, no. 3, pp. 1098–1107, 2005. Cited on p. 371, 779

[1973] Walter, Bruce, Stephen R. Marschner, Hongsong Li, and Kenneth E. Torrance, "Microfacet Models for Refraction through Rough Surfaces," *Rendering Techniques 2007*, Eurographics Association, pp. 195–206, June 2007. Cited on p. 291, 293, 295, 296, 320, 361

[1974] Walton, Patrick, "Pathfinder, a Fast GPU-Based Font Rasterizer in Rust," *pcwalton blog*, Feb. 14, 2017. Cited on p. 583

[1975] Wan, Liang, Tien-Tsin Wong, and Chi-Sing Leung, "Isocube: Exploiting the Cubemap Hardware," *IEEE Transactions on Visualization and Computer Graphics*, vol. 13, no. 4, pp. 720–731, July 2007. Cited on p. 355

[1976] Wan, Liang, Tien-Tsin Wong, Chi-Sing Leung, and Chi-Wing Fu, "Isocube: A Cubemap with Uniformly Distributed and Equally Important Texels," in Wolfgang Engel, ed., *ShaderX⁶*, Charles River Media, pp. 83–92, 2008. Cited on p. 355

[1977] Wang, Beibei, and Huw Bowles, "A Robust and Flexible Real-Time Sparkle Effect," in *Pro-

ceedings of the Eurographics Symposium on Rendering: Experimental Ideas & Implementations, Eurographics Association, pp. 49–54, 2016. Cited on p. 323

[1978] Wang, Jiaping, Peiran Ren, Minmin Gong, John Snyder, and Baining Guo, "All-Frequency Rendering of Dynamic, Spatially-Varying Reflectance," *ACM Transactions on Graphics*, vol. 28, no. 5, pp. 133:1–133:10, 2009. Cited on p. 343, 402, 407

[1979] Wang, Niniane, "Realistic and Fast Cloud Rendering," *journal of graphics tools*, vol. 9, no. 3, pp. 21–40, 2004. Cited on p. 480

[1980] Wang, Niniane, "Let There Be Clouds!" *Game Developer*, vol. 11, no. 1, pp. 34–39, Jan. 2004. Cited on p. 480

[1981] Wang, Rui, Ren Ng, David P. Luebke, and Greg Humphreys, "Efficient Wavelet Rotation for Environment Map Rendering," in *17th Eurographics Symposium on Rendering*, Eurographics Association, pp. 173–182, 2006. Cited on p. 346

[1982] Wang, R., X. Yang, Y. Yuan, Yazhen, W. Chen, K. Bala, and H. Bao, "Automatic Shader Simplification Using Surface Signal Approximation," *ACM Transactions on Graphics*, vol. 33, no. 6, pp. 226:1–226:11, 2014. Cited on p. 736

[1983] Wang, R., B. Yu, K. Marco, T. Hu, D. Gutierrez, and H. Bao, "Real-Time Rendering on a Power Budget," *ACM Transactions on Graphics*, vol. 335 no. 4, pp. 111:1–111:11, 2016. Cited on p. 748

[1984] Wang, X., X. Tong, S. Lin, S. Hu, B. Guo, and H.-Y. Shum, "Generalized Displacement Maps," in *15th Eurographics Symposium on Rendering*, Eurographics Association, pp. 227–233, June 2004. Cited on p. 194

[1985] Wang, Yulan, and Steven Molnar, "Second-Depth Shadow Mapping," Technical Report TR94-019, Department of Computer Science, University of North Carolina at Chapel Hill, 1994. Cited on p. 210

[1986] Wanger, Leonard, "The Effect of Shadow Quality on the Perception of Spatial Relationships in Computer Generated Imagery," in *Proceedings of the 1992 Symposium on Interactive 3D Graphics*, ACM, pp. 39–42, 1992. Cited on p. 198, 529

[1987] Warren, Joe, and Henrik Weimer, *Subdivision Methods for Geometric Design: A Constructive Approach*, Morgan Kaufmann, 2001. Cited on p. 620, 650, 652, 655, 657, 673

[1988] Wasson, Ben, "Maxwell's Dynamic Super Resolution Explored," *The Tech Report* website, Sept. 30, 2014. Cited on p. 122

[1989] Watson, Benjamin, and David Luebke, "The Ultimate Display: Where Will All the Pixels Come From?" *Computer*, vol. 38, no. 8, pp. 54–61, Aug. 2005. Cited on p. 1, 698, 705

[1990] Watt, Alan, and Fabio Policarpo, *Advanced Game Development with Programmable Graphics Hardware*, A K Peters, Ltd., 2005. Cited on p. 194, 196

[1991] van Waveren, J. M. P., "Robust Continuous Collision Detection Between Arbitrary Polyhedra Using Trajectory Parameterization of Polyhedral Features," Technical Report, Id Software, Mar. 2005. Cited on p. 863

[1992] van Waveren, J. M. P., "Real-Time Texture Streaming & Decompression," Technical Report, Id Software, Nov. 2006. Cited on p. 751

[1993] van Waveren, J. M. P., and Ignacio Castaño, "Real-Time YCoCg-DXT Decompression," Technical Report, Id Software, Sept. 2007. Cited on p. 174

[1994] van Waveren, J. M. P., and Ignacio Castaño, "Real-Time Normal Map DXT Compression," Technical Report, Id Software, Feb. 2008. Cited on p. 174

[1995] van Waveren, J. M. P., "id Tech 5 Challenges," *SIGGRAPH Beyond Programmable Shading course*, Aug. 2009. Cited on p. 700, 701, 750

[1996] van Waveren, J. M. P., and E. Hart, "Using Virtual Texturing to Handle Massive Texture Data," *GPU Technology Conference (GTC)*, Sept. 2010. Cited on p. 750, 751

[1997] van Waveren, J. M. P., "Software Virtual Textures," Technical Report, Id Software, Feb. 2012. Cited on p. 750

[1998] van Waveren, J. M. P., "The Asynchronous Time Warp for Virtual Reality on Consumer Hardware," in *Proceedings of the 22nd ACM Conference on Virtual Reality Software and Technology*, ACM, pp. 37–46, Nov. 2016. Cited on p. 811, 813

[1999] Webb, Matthew, Emil Praun, Adam Finkelstein, and Hugues Hoppe, "Fine Tone Control in Hardware Hatching," in *Proceedings of the 2nd International Symposium on Non-Photorealistic Animation and Rendering*, ACM, pp. 53–58, June 2002. Cited on p. 578

[2000] Weber, Marco, and Peter Quayle, "Post-Processing Effects on Mobile Devices," in Wolfgang Engel, ed., *GPU Pro²*, A K Peters/CRC Press, pp. 291–305, 2011. Cited on p. 454, 455

[2001] Weghorst, H., G. Hooper, and D. Greenberg, "Improved Computational Methods for Ray Tracing," *ACM Transactions on Graphics*, vol. 3, no. 1, pp. 52–69, 1984. Cited on p. 877

[2002] Wei, Li-Yi, "Tile-Based Texture Mapping," in Matt Pharr, ed., *GPU Gems 2*, Addison-Wesley, pp. 189–199, 2005. Cited on p. 154

[2003] Wei, Li-Yi, Sylvain Lefebvre, Vivek Kwatra, and Greg Turk, "State of the Art in Example-Based

参考文献 1061

Texture Synthesis," in *Eurographics 2009—State of the Art Reports*, Eurographics Association, pp. 93–117, 2009. Cited on p. 176

[2004] Weidlich, Andrea, and Alexander Wilkie, "Arbitrarily Layered Micro-Facet Surfaces," in *GRAPHITE 2007*, ACM, pp. 171–178, 2007. Cited on p. 316

[2005] Weidlich, Andrea, and Alexander Wilkie, *SIGGRAPH Asia Thinking in Layers: Modeling with Layered Materials course*, Aug. 2011. Cited on p. 316

[2006] Weier, M., M. Stengel, T. Roth, P. Didyk, E. Eisemann, M. Eisemann, S. Grogorick, A. Hinkenjann, E. Kruijff, M. Magnor, K. Myszkowski, and P. Slusallek, "Perception-Driven Accelerated Rendering," *Computer Graphics Forum*, vol. 36, no. 2, pp. 611–643, 2017. Cited on p. 507, 815

[2007] Weiskopf, D., and T. Ertl, "Shadow Mapping Based on Dual Depth Layers," *Eurographics 2003 Short Presentation*, Sept. 2003. Cited on p. 211

[2008] Welsh, Terry, "Parallax Mapping with Offset Limiting: A Per-Pixel Approximation of Uneven Surfaces," Technical Report, Infiscape Corp., Jan. 18, 2004. Also collected in [465]. Cited on p. 189, 190

[2009] Welzl, Emo, "Smallest Enclosing Disks (Balls and Ellipsoids)," in H. Maurer, ed., *New Results and New Trends in Computer Science*, LNCS 555, Springer, pp. 359–370, 1991. Cited on p. 824

[2010] Wennersten, Per, and Jacob Ström, "Table-Based Alpha Compression," *Computer Graphics Forum*, vol. 28, no. 2, pp. 687–695, 2009. Cited on p. 172

[2011] Wenzel, Carsten, "Far Cry and DirectX," *Game Developers Conference*, Mar. 2005. Cited on p. 456, 689

[2012] Wenzel, Carsten, "Real-Time Atmospheric Effects in Games," *SIGGRAPH Advanced Real-Time Rendering in 3D Graphics and Games course*, Aug. 2006. Cited on p. 483

[2013] Wenzel, Carsten, "Real-Time Atmospheric Effects in Games Revisited," *Game Developers Conference*, Mar. 2007. Cited on p. 477, 481, 519, 520, 530

[2014] Weronko, S., and S. Andreason, "Real-Time Transformations in *The Order 1886*," in *ACM SIGGRAPH 2015 Talks*, ACM, article no. 8, Aug. 2015. Cited on p. 79

[2015] Westin, Stephen H., Hongsong Li, and Kenneth E. Torrance, "A Field Guide to BRDF Models," Research Note PCG-04-01, Cornell University Program of Computer Graphics, Jan. 2004. Cited on p. 287

[2016] Westin, Stephen H., Hongsong Li, and Kenneth E. Torrance, "A Comparison of Four BRDF Models," Research Note PCG-04-02, Cornell University Program of Computer Graphics, Apr. 2004. Cited on p. 287

[2017] Wetzstein, Gordon, "Focus Cues and Computational Near-Eye Displays with Focus Cues," *SIGGRAPH Applications of Visual Perception to Virtual Reality course*, Aug. 2017. Cited on p. 475, 800

[2018] Whatley, David, "Towards Photorealism in Virtual Botany," in Matt Pharr, ed., *GPU Gems 2*, Addison-Wesley, pp. 7–45, 2005. Cited on p. 182, 741

[2019] White, John, and Colin Barré-Brisebois, "More Performance! Five Rendering Ideas from *Battlefield 3* and *Need For Speed: The Run*," *SIGGRAPH Advances in Real-Time Rendering in Games course*, Aug. 2011. Cited on p. 454, 694, 775, 777, 782

[2020] Whiting, Nick, "Integrating the Oculus Rift into Unreal Engine 4," *Gamasutra*, June 11, 2013. Cited on p. 810

[2021] Whitley, Brandon, "The Destiny Particle Architecture," *SIGGRAPH Advances in Real-Time Rendering in Games course*, Aug. 2017. Cited on p. 494

[2022] Whitted, Turner, "An Improved Illumination Model for Shaded Display," *Communications of the ACM*, vol. 23, no. 6, pp. 343–349, 1980. Cited on p. 942, 944

[2023] Whittinghill, David, "Nasum Virtualis: A Simple Technique for Reducing Simulator Sickness in Head Mounted VR," *Game Developers Conference*, Mar. 2015. Cited on p. 798

[2024] Widmark, M., "Terrain in *Battlefield 3*: A Modern, Complete and Scalable System," *Game Developers Conference*, Mar. 2012. Cited on p. 750, 757

[2025] Wiesendanger, Tobias, "Stingray Renderer Walkthrough," *Autodesk Stingray* blog, Feb. 1, 2017. Cited on p. 475, 693, 703

[2026] Wihlidal, Graham, "Optimizing the Graphics Pipeline with Compute," *Game Developers Conference*, Mar. 2016. Cited on p. 48, 690, 720, 722, 725, 732, 733, 735, 785, 855

[2027] Wihlidal, Graham, "Optimizing the Graphics Pipeline with Compute," in Wolfgang Engel, ed., *GPU Zen*, Black Cat Publishing, pp. 277–320, 2017. Cited on p. 48, 605, 676, 690, 701, 720, 722, 725, 732, 734, 735, 785, 855, 856

[2028] Wihlidal, Graham, "4K Checkerboard in *Battlefield 1* and *Mass Effect Andromeda*," *Game Developers Conference*, Feb.–Mar. 2017. Cited on p. 126, 695, 784, 976

[2029] Wiley, Abe, and Thorsten Scheuermann, "The Art and Technology of Whiteout," *SIGGRAPH AMD Technical Talk*, Aug. 2007. Cited on p. 367

[2030] Williams, Amy, Steve Barrus, R. Keith Morley, and Peter Shirley, "An Efficient and Robust Ray-

Box Intersection Algorithm," *journal of graphics tools*, vol. 10, no. 1, pp. 49–54, 2005. Cited on p. 834

[2031] Williams, Lance, "Casting Curved Shadows on Curved Surfaces," *Computer Graphics (SIG-GRAPH '78 Proceedings)*, vol. 12, no. 3, pp. 270–274, Aug. 1978. Cited on p. 206

[2032] Williams, Lance, "Pyramidal Parametrics," *Computer Graphics*, vol. 7, no. 3, pp. 1–11, July 1983. Cited on p. 162, 163, 352

[2033] Willmott, Andrew, "Rapid Simplification of Multi-attribute Meshes," in *Proceedings of the ACM SIGGRAPH Symposium on High-Performance Graphics*, ACM, pp. 151–158, Aug. 2011. Cited on p. 612

[2034] Wilson, Timothy, "High Performance Stereo Rendering for VR," *San Diego Virtual Reality Meetup*, Jan. 20, 2015. Cited on p. 803, 804

[2035] Wimmer, Michael, Peter Wonka, and François Sillion, "Point-Based Impostors for Real-Time Visualization," in *Rendering Techniques 2001*, Springer, pp. 163–176, June 2001. Cited on p. 485

[2036] Wimmer, Michael, Daniel Scherzer, and Werner Purgathofer, "Light Space Perspective Shadow Maps," in *Proceedings of the Fifteenth Eurographics Conference on Rendering Techniques*, Eurographics Association, pp. 143–151, June 2004. Cited on p. 213

[2037] Wimmer, Michael, and Jiří Bittner, "Hardware Occlusion Queries Made Useful," in Matt Pharr, ed., *GPU Gems 2*, Addison-Wesley, pp. 91–108, 2005. Cited on p. 728

[2038] Wimmer, Michael, and Daniel Scherzer, "Robust Shadow Mapping with Light-Space Perspective Shadow Maps," in Wolfgang Engel, ed., *ShaderX⁴*, Charles River Media, pp. 313–330, 2005. Cited on p. 213

[2039] Winnemöller, Holger, "XDoG: Advanced Image Stylization with eXtended Difference-of-Gaussians," in *ACM SIGGRAPH/Eurographics Symposium on Non-Photorealistic Animation and Rendering*, ACM, pp. 147–156, Aug. 2011. Cited on p. 572

[2040] Witkin, Andrew, David Baraff, and Michael Kass, *SIGGRAPH Physically Based Modeling course*, Aug. 2001. Cited on p. 870, 893, 894

[2041] Wloka, Matthias, "Batch, Batch, Batch: What Does It Really Mean?" *Game Developers Conference*, Mar. 2003. Cited on p. 687

[2042] Wolff, Lawrence B., "A Diffuse Reflectance Model for Smooth Dielectric Surfaces," *Journal of the Optical Society of America*, vol. 11, no. 11, pp. 2956–2968, Nov. 1994. Cited on p. 307

[2043] Wolff, Lawrence B., Shree K. Nayar, and Michael Oren, "Improved Diffuse Reflection Models for Computer Vision," *International Journal of Computer Vision*, vol. 30, no. 1, pp. 55–71, 1998. Cited on p. 308

[2044] Woo, Andrew, "The Shadow Depth Map Revisited," in David Kirk, ed., *Graphics Gems III*, Academic Press, pp. 338–342, 1992. Cited on p. 210

[2045] Woo, Andrew, Andrew Pearce, and Marc Ouellette, "It's Really Not a Rendering Bug, You See...," *IEEE Computer Graphics and Applications*, vol. 16, no. 5, pp. 21–25, Sept. 1996. Cited on p. 593

[2046] Woo, Andrew, and Pierre Poulin, *Shadow Algorithms Data Miner*, A K Peters/CRC Press, 2011. Cited on p. 197, 234

[2047] Woodland, Ryan, "Filling the Gaps—Advanced Animation Using Stitching and Skinning," in Mark DeLoura, ed., *Game Programming Gems*, Charles River Media, pp. 476–483, 2000. Cited on p. 74, 75

[2048] Woodland, Ryan, "Advanced Texturing Using Texture Coordinate Generation," in Mark DeLoura, ed., *Game Programming Gems*, Charles River Media, pp. 549–554, 2000. Cited on p. 177, 195

[2049] Woop, Sven, Jörg Schmittler, and Philipp Slusallek, "RPU: A Programmable Ray Processing Unit for Realtime Ray Tracing," *ACM Transactions on Graphics*, vol. 24, no. 3, pp. 434–444, Aug. 2005. Cited on p. 939

[2050] Woop, Sven, Carsten Benthin, and Ingo Wald, "Watertight Ray/Triangle Intersection," *Journal of Computer Graphics Techniques*, vol. 2, no. 1, pp. 65–82, June 2013. Cited on p. 835

[2051] Worley, Steven, "A Cellular Texture Basis Function," in *SIGGRAPH '96: Proceedings of the 23rd Annual Conference on Computer Graphics and Interactive Techniques*, ACM, pp. 291–294, 1996. Cited on p. 534

[2052] Wrenninge, Magnus, *Production Volume Rendering: Design and Implementation*, A K Peters/CRC Press, Sept. 2012. Cited on p. 504, 513, 526

[2053] Wrenninge, Magnus, Chris Kulla, and Viktor Lundqvist, "Oz: The Great and Volumetric," in *ACM SIGGRAPH 2013 Talks*, ACM, article no. 46, July 2013. Cited on p. 536

[2054] Wright, Daniel, "Dynamic Occlusion with Signed Distance Fields," *SIGGRAPH Advances in Real-Time Rendering in Games course*, Aug. 2015. Cited on p. 392, 403, 952

[2055] Wronski, Bartlomiej, "Assassin's Creed: Black Flag—Road to Next-Gen Graphics," *Game Developers Conference*, Mar. 2014. Cited on p. 29, 193, 412, 494, 691

[2056] Wronski, Bartlomiej, "Temporal Supersampling and Antialiasing," *Bart Wronski* blog, Mar. 15, 2014. Cited on p. 126, 466

参考文献   1063

[2057] Wronski, Bartlomiej, "GDC Follow-Up: Screenspace Reflections Filtering and Up-Sampling," *Bart Wronski* blog, Mar. 23, 2014. Cited on p. 438

[2058] Wronski, Bartlomiej, "GCN—Two Ways of Latency Hiding and Wave Occupancy," *Bart Wronski* blog, Mar. 27, 2014. Cited on p. 29, 691, 907

[2059] Wronski, Bartlomiej, "Bokeh Depth of Field—Going Insane! Part 1," *Bart Wronski* blog, Apr. 7, 2014. Cited on p. 459

[2060] Wronski, Bartlomiej, "Temporal Supersampling pt. 2—SSAO Demonstration," *Bart Wronski* blog, Apr. 27, 2014. Cited on p. 399

[2061] Wronski, Bartlomiej, "Volumetric Fog: Unified Compute Shader-Based Solution to Atmospheric Scattering," *SIGGRAPH Advances in Real-Time Rendering in Games course*, Aug. 2014. Cited on p. 526, 527, 528

[2062] Wronski, Bartlomiej, "Designing a Next-Generation Post-Effects Pipeline," *Bart Wronski* blog, Dec. 9, 2014. Cited on p. 443, 449, 455, 469

[2063] Wronski, Bartlomiej, "Anamorphic Lens Flares and Visual Effects," *Bart Wronski* blog, Mar. 9, 2015. Cited on p. 453

[2064] Wronski, Bartlomiej, "Fixing Screen-Space Deferred Decals," *Bart Wronski* blog, Mar. 12, 2015. Cited on p. 769, 770

[2065] Wronski, Bartlomiej, "Localized Tonemapping—Is Global Exposure and Global Tonemapping Operator Enough for Video Games?," *Bart Wronski* blog, Aug. 29, 2016. Cited on p. 251

[2066] Wronski, Bartlomiej, "Cull That Cone! Improved Cone/Spotlight Visibility Tests for Tiled and Clustered Lighting," *Bart Wronski* blog, Apr. 13, 2017. Cited on p. 780

[2067] Wronski, Bartlomiej, "Separable Disk-Like Depth of Field," *Bart Wronski* blog, Aug. 6, 2017. Cited on p. 447

[2068] Wu, Kui, and Cem Yuksel, "Real-Time Fiber-Level Cloth Rendering," *Symposium on Interactive 3D Graphics and Games*, Mar. 2017. Cited on p. 311

[2069] Wu, Kui, Nghia Truong, Cem Yuksel, and Rama Hoetzlein, "Fast Fluid Simulations with Sparse Volumes on the GPU," *Computer Graphics Forum*, vol. 37, no. 1, pp. 157–167, 2018. Cited on p. 501

[2070] Wu, Kui, and Cem Yuksel, "Real-Time Cloth Rendering with Fiber-Level Detail," *IEEE Transactions on Visualization and Computer Graphics*, to appear. Cited on p. 311

[2071] Wyman, Chris, "Interactive Image-Space Refraction of Nearby Geometry," in *GRAPHITE 2005*, ACM, pp. 205–211, Nov. 2005. Cited on p. 543, 545, 546

[2072] Wyman, Chris, "Interactive Refractions and Caustics Using Image-Space Techniques," in Wolfgang Engel, ed., *ShaderX⁵*, Charles River Media, pp. 359–371, 2006. Cited on p. 545

[2073] Wyman, Chris, "Hierarchical Caustic Maps," in *Proceedings of the 2008 Symposium on Interactive 3D Graphics and Games*, ACM, pp. 163–172, Feb. 2008. Cited on p. 545, 546

[2074] Wyman, C., R. Hoetzlein, and A. Lefohn, "Frustum-Traced Raster Shadows: Revisiting Irregular Z-Buffers," in *Proceedings of the 19th Symposium on Interactive 3D Graphics and Games*, ACM, pp. 15–23, Feb.–Mar. 2015. Cited on p. 229, 230, 904

[2075] Wyman, Chris, "Exploring and Expanding the Continuum of OIT Algorithms," in *Proceedings of High-Performance Graphics*, Eurographics Association, pp. 1–11, June 2016. Cited on p. 138, 140, 146

[2076] Wyman, Chris, Rama Hoetzlein, and Aaron Lefohn, "Frustum-Traced Irregular Z-Buffers: Fast, Sub-pixel Accurate Hard Shadows," *IEEE Transactions on Visualization and Computer Graphics*, vol. 22, no. 10, pp. 2249–2261, Oct. 2016. Cited on p. 229, 230

[2077] Wyman, Chris, and Morgan McGuire, "Hashed Alpha Testing," *Symposium on Interactive 3D Graphics and Games*, Mar. 2017. Cited on p. 181, 183, 554

[2078] Wyman, Chris, Shawn Hargreaves, Peter Shirley, and Colin Barré-Brisebois, *SIGGRAPH Introduction to DirectX RayTracing course*, August 2018. Cited on p. 947, 973

[2079] Wyman, Chris, *A Gentle Introduction To DirectX Raytracing*, http://cwyman.org/code/dxrTutors/dxr_tutors.md.html, August 2018. Cited on p. 947, 973

[2080] Wyszecki, Günther, and W. S. Stiles, *Color Science: Concepts and Methods, Quantitative Data and Formulae*, Second Edition, John Wiley & Sons, Inc., 2000. Cited on p. 241, 255

[2081] Xia, Julie C., Jihad El-Sana, and Amitabh Varshney, "Adaptive Real-Time Level-of-detail-based Rendering for Polygonal Objects," *IEEE Transactions on Visualization and Computer Graphics*, vol. 3, no. 2, pp. 171–183, June 1997. Cited on p. 666

[2082] Xiao, Xiangyun, Shuai Zhang, and Xubo Yang, "Real-Time High-Quality Surface Rendering for Large Scale Particle-Based Fluids," *Symposium on Interactive 3D Graphics and Games*, Mar. 2017. Cited on p. 494, 649

[2083] Xie, Feng, and Jon Lanz, "Physically Based Shading at DreamWorks Animation," *SIGGRAPH Physically Based Shading in Theory and Practice course*, Aug. 2017. Cited on p. 292, 311, 315

[2084] Xu, Ke, "Temporal Antialiasing in *Uncharted 4*," *SIGGRAPH Advances in Real-Time Rendering in Games course*, July 2016. Cited on p. 125, 126, 127, 423

[2085] Xu, Kun, Yun-Tao Jia, Hongbo Fu, Shimin Hu, and Chiew-Lan Tai, "Spherical Piecewise Constant Basis Functions for All-Frequency Precomputed Radiance Transfer," *IEEE Transactions on Visualization and Computer Graphics*, vol. 14, no. 2, pp. 454–467, Mar.–Apr. 2008. Cited on p. 346

[2086] Xu, Kun, Wei-Lun Sun, Zhao Dong, Dan-Yong Zhao, Run-Dong Wu, and Shi-Min Hu, "Anisotropic Spherical Gaussians," *ACM Transactions on Graphics*, vol. 32, no. 6, pp. 209:1–209:11, 2013. Cited on p. 343, 429

[2087] Yan, Ling-Qi, and Hašan, Miloš, Wenzel Jakob, Jason Lawrence, Steve Marschner, and Ravi Ramamoorthi, "Rendering Glints on High-Resolution Normal-Mapped Specular Surfaces," *ACM Transactions on Graphics (SIGGRAPH 2014)*, vol. 33, no. 4, pp. 116:1–116:9, July 2014. Cited on p. 323

[2088] Yan, Ling-Qi, Miloš Hašan, Steve Marschner, and Ravi Ramamoorthi, "Position-Normal Distributions for Efficient Rendering of Specular Microstructure," *ACM Transactions on Graphics (SIGGRAPH 2016)*, vol. 35, no. 4, pp. 56:1–56:9, July 2016. Cited on p. 323

[2089] Yang, Baoguang, Zhao Dong, Jieqing Feng, Hans-Peter Seidel, and Jan Kautz, "Variance Soft Shadow Mapping," *Computer Graphics Forum*, vol. 29, no. 7, pp. 2127–2134, 2010. Cited on p. 227, 229

[2090] Yang, Lei, Pedro V. Sander, and Jason Lawrence, "Geometry-Aware Framebuffer Level of Detail," in *Proceedings of the Nineteenth Eurographics Symposium on Rendering*, Eurographics Association, pp. 1183–1188, June 2008. Cited on p. 449

[2091] Yang, L., Y.-C. Tse, P. Sander, J. Lawrence, D. Nehab, H. Hoppe, and C. Wilkins, "Image-Space Bidirectional Scene Reprojection," *ACM Transactions on Graphics*, vol. 30, no. 6, pp. 150:1–150:10, 2011. Cited on p. 452

[2092] Yang, L., and H. Bowles, "Accelerating Rendering Pipelines Using Bidirectional Iterative Reprojection," *SIGGRAPH Advances in Real-Time Rendering in Games course*, Aug. 2012. Cited on p. 452

[2093] Ylitie, Henri, Tero Karras, and Samuli Laine, "Efficient Incoherent Ray Traversal on GPUs Through Compressed Wide BVHs," *High Performance Graphics*, article no. 4, July 2017. Cited on p. 440, 960

[2094] Yoon, Sung-Eui, Peter Lindstrom, Valerio Pascucci, and Dinesh Manocha, "Cache-Oblivious Mesh Layouts," *ACM Transactions on Graphics*, vol. 24, no. 3, pp. 886–893, July 2005. Cited on p. 714

[2095] Yoon, Sung-Eui, and Dinesh Manocha, "Cache-Efficient Layouts of Bounding Volume Hierarchies," *Computer Graphics Forum*, vol. 25, no. 3, pp. 853–857, 2006. Cited on p. 714

[2096] Yoon, Sung-Eui, Sean Curtis, and Dinesh Manocha, "Ray Tracing Dynamic Scenes using Selective Restructuring," *EGSR Proceedings of the 18th Eurographics Conference on Rendering Techniques*, pp. 73–84, 2007. Cited on p. 709, 892, 958

[2097] Yoshida, Akiko, Matthias Ihrke, Rafał Mantiuk, and Hans-Peter Seidel, "Brightness of the Glare Illusion," *Proceeding of the 5th Symposium on Applied Perception in Graphics and Visualization*, ACM, pp. 83–90, Aug. 2008. Cited on p. 453

[2098] Ytterlid, R., and E. Shellshear, "BVH Split Strategies for Fast Distance Queries," *Journal of Computer Graphics Techniques*, vol. 4, no. 1, pp. 1–25, 2015. Cited on p. 874, 879

[2099] Yu, X., R. Wang, and J. Yu, "Real-Time Depth of Field Rendering via Dynamic Light Field Generation and Filtering," *Computer Graphics Forum*, vol. 29, no. 7, pp. 2009–2107, 2010. Cited on p. 452

[2100] Yue, Yonghao, Kei Iwasaki, Chen Bing-Yu, Yoshinori Dobashi, and Tomoyuki Nishita, "Unbiased, Adaptive Stochastic Sampling for Rendering Inhomogeneous Participating Media," *ACM Transactions on Graphics*, vol. 29, no. 6, pp. 177:1–177:8, 2010. Cited on p. 971

[2101] Yuksel, Cem, and John Keyser, "Deep Opacity Maps," *Computer Graphics Forum*, vol. 27, no. 2, pp. 675–680, 2008. Cited on p. 227, 557, 558

[2102] Yuksel, Cem, and Sara Tariq, *SIGGRAPH Advanced Techniques in Real-Time Hair Rendering and Simulation course*, July 2010. Cited on p. 39, 554, 557, 560

[2103] Yuksel, Cem, "Mesh Color Textures," in *High Performance Graphics 2017*, Eurographics Association, pp. 17:1–17:11, 2017. Cited on p. 169

[2104] Yusov, E., "Real-Time Deformable Terrain Rendering with DirectX 11," in Wolfgang Engel, ed., *ShaderX³*, Charles River Media, pp. 13–39, 2004. Cited on p. 757

[2105] Yusov, Egor, "Outdoor Light Scattering," *Game Developers Conference*, Mar. 2013. Cited on p. 531

[2106] Yusov, Egor, "Practical Implementation of Light Scattering Effects Using Epipolar Sampling and 1D Min/Max Binary Trees," *Game Developers Conference*, Mar. 2013. Cited on p. 525

[2107] Yusov, Egor, "High-Performance Rendering of Realistic Cumulus Clouds Using Pre-computed Lighting," in *Proceedings of the Eurographics / ACM SIGGRAPH Symposium on High Perfor-*

参考文献　　　　　　　　　　　　　　　　　　　　　　　　　　　　　　　　　　　　　　　1065

mance Graphics, Eurographics Association, pp. 127–136, Aug. 2014. Cited on p. 532, 533, 534

[2108] Zachmann, Gabriel, "Rapid Collision Detection by Dynamically Aligned DOP-Trees," in *IEEE Virtual Reality Annual International Symposium*, IEEE Computer Society, pp. 90–97, Mar. 1998. Cited on p. 878

[2109] Zakarin, Jordan, "How *The Jungle Book* Made Its Animals Look So Real with Groundbreaking VFX," *Inverse.com*, Apr. 15, 2016. Cited on p. 976

[2110] Zarge, Jonathan, and Richard Huddy, "Squeezing Performance out of Your Game with ATI Developer Performance Tools and Optimization Techniques," *Game Developers Conference*, Mar. 2006. Cited on p. 615, 678, 679

[2111] Zhang, Fan, Hanqiu Sun, Leilei Xu, and Kit-Lun Lee, "Parallel-Split Shadow Maps for Large-Scale Virtual Environments," in *Proceedings of the 2006 ACM International Conference on Virtual Reality Continuum and Its Applications*, ACM, pp. 311–318, June 2006. Cited on p. 214, 216

[2112] Zhang, Fan, Hanqiu Sun, and Oskari Nyman, "Parallel-Split Shadow Maps on Programmable GPUs," in Hubert Nguyen, ed., *GPU Gems 3*, Addison-Wesley, pp. 203–237, 2007. Cited on p. 214, 215, 216

[2113] Zhang, Fan, Alexander Zaprjagaev, and Allan Bentham, "Practical Cascaded Shadow Maps," in Wolfgang Engel, ed., *ShaderX^7*, Charles River Media, pp. 305–329, 2009. Cited on p. 214, 217

[2114] Zhang, Hansong, *Effective Occlusion Culling for the Interactive Display of Arbitrary Models*, PhD thesis, Department of Computer Science, University of North Carolina at Chapel Hill, July 1998. Cited on p. 728

[2115] Zhang, Long, Qian Sun, and Ying He, "Splatting Lines: An Efficient Method for Illustrating 3D Surfaces and Volumes," in *Proceedings of the 18th Meeting of the ACM SIGGRAPH Symposium on Interactive 3D Graphics and Games*, ACM, pp. 135–142, Mar. 2014. Cited on p. 572

[2116] Zhang, X., M. Lee, and Y. J. Kim, "Interactive Continuous Collision Detection for Non-convex Polyhedra," *The Visual Computer*, vol. 22, no. 9, pp. 749–760, 2006. Cited on p. 893

[2117] Zhao, Guangyuan, and Xianming Sun, "Error Analysis of Using Henyey-Greensterin in Monte Carlo Radiative Transfer Simulations," *Electromagnetics Research Symposium*, Mar. 2010. Cited on p. 516

[2118] Zhdan, Dmitry, "Tiled Shading: Light Culling—Reaching the Speed of Light," *Game Developers Conference*, Mar. 2016. Cited on p. 773

[2119] Zhou, Kun, Yaohua Hu, Stephen Lin, Baining Guo, and Heung-Yeung Shum, "Precomputed Shadow Fields for Dynamic Scenes," *ACM Transactions on Graphics (SIGGRAPH 2005)*, vol. 24, no. 3, pp. 1196–1201, 2005. Cited on p. 403

[2120] Zhukov, Sergei, Andrei Iones, and Grigorij Kronin, "An Ambient Light Illumination Model," in *Rendering Techniques '98*, Springer, pp. 45–56, June–July 1998. Cited on p. 387, 392, 395

[2121] Zimmer, Henning, Fabrice Rousselle, Wenzel Jakob, Oliver Wang, David Adler, Wojciech Jarosz, Olga Sorkine-Hornung, and Alexander Sorkine-Hornung, "Path-space Motion Estimation and Decomposition for Robust Animation Filtering," *Computer Graphics Forum*, vol. 34, no. 4, pp. 131–142, 2015. Cited on p. 965

[2122] Zink, Jason, Matt Pettineo, and Jack Hoxley, *Practical Rendering & Computation with Direct3D 11*, CRC Press, 2011. Cited on p. 42, 48, 79, 447, 449, 491, 686, 702, 703, 791

[2123] Zinke, Arno, Cem Yuksel, Weber Andreas, and John Keyser, "Dual Scattering Approximation for Fast Multiple Scattering in Hair," *ACM Transactions on Graphics (SIGGRAPH 2008)*, vol. 27, no. 3, pp. 1–10, 2008. Cited on p. 557

[2124] Zioma, Renaldas, "Better Geometry Batching Using Light Buffers," in Wolfgang Engel, ed., *ShaderX^4*, Charles River Media, pp. 5–16, 2005. Cited on p. 772

[2125] Zirr, Tobias, and Anton Kaplanyan, "Real-Time Rendering of Procedural Multiscale Materials," *Symposium on Interactive 3D Graphics and Games*, Feb. 2016. Cited on p. 323

[2126] Zorin, Denis, Peter Schröder, and Wim Sweldens, "Interpolating Subdivision for Meshes with Arbitrary Topology," in *SIGGRAPH '96: Proceedings of the 23rd Annual Conference on Computer Graphics and Interactive Techniques*, ACM, pp. 189–192, Aug. 1996. Cited on p. 656

[2127] Zorin, Denis, *Stationary Subdivision and Multiresolution Surface Representations*, PhD thesis, CS-TR-97-32, California Institute of Technology, 1997. Cited on p. 655, 656

[2128] Zorin, Denis, Peter Schröder, Tony DeRose, Leif Kobbelt, Adi Levin, and Wim Sweldens, *SIGGRAPH Subdivision for Modeling and Animation course*, July 2000. Cited on p. 652, 655, 656, 657, 658, 673

[2129] Zou, Ming, Tao Ju, and Nathan Carr, "An Algorithm for Triangulating Multiple 3D Polygons," *Computer Graphics Forum*, vol. 32, no. 5, pp. 157–166, 2013. Cited on p. 590

[2130] Zwicker, M., W. Jarosz, J. Lehtinen, B. Moon, R. Ramamoorthi, F. Rousselle, P. Sen, C. Soler, and S.-E. Yoon, "Recent Advances in Adaptive Sampling and Reconstruction for Monte Carlo Rendering," *Computer Graphics Forum*, vol. 34, no. 2, pp. 667–681, 2015. Cited on p. 965, 973

索引

―記号―

1-リング, 655, *656*
2.5 次元, 458
2 次曲線, → 曲線, 2 次
2 次誤差基準, 610
2 次方程式, 830, 861
2 分木, 708
3dfx Interactive, 32
3D プリンティング, 500, 588, 598
3 次曲線, → 曲線, 3 次
3 次元プリンティング, → 3D プリンティング
3 次畳み込み, 157
3 平面交差, → 交差テスト, 3 平面
4 次曲線, → 曲線, 4 次
4 分木, → 空間データ構造
4 面体化, 422
5 次曲線, 159
8 分木テクスチャー, 167
8 分木, → 空間データ構造
8 面体マッピング, 356

―A―

A-バッファー, → バッファー
AABB, 709, *820–821*, 845, 847, 878
 作成, 823
 正投影, 81
AABB/オブジェクト交差, → 交差テスト,
  AABB/AABB
Academy Color Encoding System, → ACES
ACE, 936
ACES, 252
Afro Samurai, 567
AHD 基底, → 基底, AHD
ALU, *904–905*, 930, 936
API, 13
Ashes of the Singularity, 763, 789, 790
Ashikhmin モデル, 310
Assassin's Creed, 391, 465
Assassin's Creed 4: Black Flag, 412, 414
Assassin's Creed Unity, 719, 735, 783
Assimp, 617
ASTC, → テクスチャリング, 圧縮
atan2, *7*, 64

―B―

B-スプライン, → 曲線 と サーフェス
Battlefield 1, 519

Battlefield 4, 443
Battlefield V, 971
BC, → テクスチャリング, 圧縮
BGR 色順, 912
Blinn のライティングの式, 274
Boost, 684
border, 154
Borderlands, 570, 571, 585
BRDF, 269–274
 Ashikhmin, 310
 Banks, 311
 Blinn-Phong, 274
 Cook-Torrance, 274
 Disney 原理, 282, 296, 300, 307, 315
 Disney ディフューズ, 307, 310
 Hapke モデル, 274
 Kajiya-Kay, 311
 Lommel-Seeliger モデル, 274
 Oren-Nayar, 307
 Phong, 274, 295
 Torrance-Sparrow, 290
 Ward, 274
 異方性, 274
 クリアコート, 315
 月面, 274
 スペキュラー ローブ, *274*, 293, 358, 360
 等方性, 271
 布, 309–312
 波動光学モデル, 312–315
 反射率ローブ, *274*, 358
 ランバート, 273, 274
Brütal Legend, 495
BSDF, 553–559
BSP ツリー, → 空間データ構造
BSP ツリーの動的調整, → 空間データ構造, BSP ツ
 リー
BSSRDF, 547
BV, → 境界ボリューム
BVH, → 空間データ構造, 境界ボリューム階層

―C―

C^0-連続性, → 連続性
C^1-連続性, → 連続性
CAD, 472
Call of Duty, 347, 410, 412
Call of Duty: Advanced Warfare, 252, 468, 620
Call of Duty: Black Ops, 295, 321

Call of Duty: Infinite Warfare, 283, 314, 316, 362, 780
Call of Duty: WWII, 410
Catmull-Clark 再分割, → サーフェス, 再分割, Catmull-Clark
Catmull-Rom スプライン, 631
Cel Damage, 568, 569
CFAA, → アンチエイリアシング, カスタム フィルター
Chromium, 921
CIE, 239, 240
CIE XYZ, 240–243
CIECAM02, 245
CIELAB, 243
CIELUV, 243
CIE 色度図, 241–244
Civilization V, 758
clamp, 154
Claybook, 979
CLEAN マッピング, 321
ClearType, 582
CLOD, → 詳細レベル, 連続
C^n-連続性, 628
CodeAnalyst, 684
Cook-Torrance モデル, 274
CPU 律速, 678
CrossFire X, 915
CRT, 142
Crysis, 194, 395, 483
Crysis 3, 544
CSAA, → アンチエイリアシング, 被覆率サンプリング
CSG, 647
CSM, → 影, マップ, カスケード
CubeMapGen, 358
CUDA, 47, 939

—D—

D65, → D65 光源
D65 光源, 238, 241
DAG, → 有向非巡回グラフ
DEAA, → アンチエイリアシング, 距離からエッジ
Destiny, 114, 390, 704
Destiny 2, 494, 495, 975
Destiny: The Taken King, 113
Deus Ex: Mankind Divided, 786
Diablo 3, 893
DirectCompute, 35
DirectX, 32–36
DirectX 11, 702
DirectX 12, 703
Disney Infinity 3.0, 323
DisplayPort, 912
DLAA, → アンチエイリアシング, 方向限局
DMA, 934
Dolby Vision, 248
DOM, → 離散座標法
DOOM (2016), 217, 467, 543, 710, 751, 762, 779
DRAM, 682
Dreams, 499, 979
Dust 514, 424
DVI, 912
DXR, 947, 948, 978

DXTC, → テクスチャリング, 圧縮

—E—

EAC, 172
edge
    折り目, 644
EM, → 環境マッピング
Enlighten, 415
EOTF, → 電気光伝達関数
EPA, 883
EQAA, → アンチエイリアシング, 拡張品質
Ericsson テクスチャー圧縮, → テクスチャリング, 圧縮, ETC
ESM, → 影, マップ, 指数
ETC, → テクスチャリング, 圧縮
EVS, → 厳密可視集合
EWA, 167

—F—

Far Cry, 391, 410
Far Cry 3, 412, 414, 415
Far Cry 4, 362, 414
Feline, 167
FIFA, 531
FIFO, 698, 699, 924
Final Fantasy XV, 535
Firewatch, 92
FLIPQUAD, 128, 129
FMA, 926, 933
Forza Horizon 2, 125, 777
Forza Motorsport 7, 2, 356
FPS, 1, *11*, 681, 705
FreeSync, 913
FreeType, 583
Frostbite ゲーム エンジン, 99, 101, 252, 255, 272, 283, 531, 694, 701, 735, 757, 769, 772, 781
FSAA, → アンチエイリアシング, フルシーン
FX Composer, 38
FXAA, → アンチエイリアシング, 高速近似

—G—

G-sync, 913
G^1-連続性, → 連続性
GBAA, → アンチエイリアシング, ジオメトリー バッファー
GCN, → ハードウェア
GigaThread エンジン, 932
GJK, → 衝突検出
glPolygonOffset, 210, 567, 580
GLSL, 30, 34
gluLookAt, 59
gluPerspective, 87
G^n-連続性, 629
Gooch シェーディング, *91*, 572
Gouraud シェーディング, 103
GPA, 677
GPU, 11, *25*, → *also* ハードウェア
    コンピューティング, 47
GPU Boost, 680
GPU PerfStudio, 677
GPUView, 677
Grand Theft Auto V, 453

GRID2, 228
GTX 1080, → ハードウェア

—**H**—
H-基底, 349, 409
Half-Life 2, 347, 348, 410, 412, 430
Half-Life 2 基底, 347
Halo 3, 409
Halton 列, 127
HBM2, 934, 938
HDMI, 912
HDR, 171, 238, 247–248, 349
　　ディスプレイ, 913
HDR10, 248
Hellgate: London, 526
HiZ, 222, 916, 938
HLG, 248
HLSL, *30*, 34
HRAA, → アンチエイリアシング, ハイブリッド再
　　構成
HTC Vive, → Vive
HTILE, 938
HUD, 485, 795, 808, 809
HZB カリング, → カリング, 階層 *z*-バッファリング

—**I**—
IBR, → イメージベース レンダリング
inFAMOUS Second Son, 80, 494
Instruments, 677, 684
IOR, → 屈折率

—**J**—
$J_za_zb_z$, 243
Just Cause 2, 99, 762
Just Cause 3, 763, 777, 778

—**K**—
k-DOP, *820–821*, 834, 847, 859, 878
　　作成, 823
k-d ツリー, → 空間データ構造
Kentucky Route Zero, 106
Killzone: Shadow Fall, 101, 452
Killzone 2, 765
Kite, 424
Kochanek-Bartels 曲線, → 曲線, Kochanek-Bartels
k-分木, 708

—**L**—
LAB, 243
The Last of Us, 410
LCD, 582
LDI, → インポスター, 多層深度イメージ
LEAN マッピング, 321
LIDAR, 495
light
　　干渉
　　　　薄膜, 313–315
lightcuts, 371
LiSPSM, → 影, マップ, ライト空間遠近
LittleBigPlanet, 420
LOD, → 詳細レベル
log, 7

Loop 再分割, → サーフェス, 再分割, Loop
Lost Planet, 558
LPV, → 光, 伝搬ボリューム
Lumberyard, 638, 978
LUT, → 参照テーブル
LUV, 243

—**M**—
Mali, → ハードウェア, Mali アーキテクチャー
Mantle, 35
Meshlab, 599, 617
Metal, *35*, 703
Metal Gear Solid V: Ground Zeroes, 254
Minecraft, 501, 726
Mirror's Edge Catalyst, 531
MLAA, → アンチエイリアシング, 形態学的
MMU, 926
MPEG-4, 614
MRT, 44
MSAA, → アンチエイリアシング, マルチサンプリ
　　ング
multum in parvo, 162

—**N**—
N-パッチ, → サーフェス, PN 三角形
N-ルック サンプリング, 126
NDF, 288, *293–300*, 318, 429
　　Beckmann, 294
　　Blinn-Phong, 295
　　GGX, 296–297, 320
　　GTR, 297
　　Trowbridge-Reitz, → NDF, GGX
　　一般化 Trowbridge-Reitz, → NDF, GTR
　　異方性, 298–300
　　形状不変, 294
　　等方性, 294–298
　　フィルタリング, 318–323
Need for Speed, 531
Newell の公式, 590
NPR, → ノンフォトリアリスティック レンダリング
NSight, 677
NURBS, 673
NVIDIA Pascal, → ハードウェア

—**O**—
OBB, *820–821*, 847, 878
　　衝突検出, 878
OBB/オブジェクト交差, → 交差テスト
OBB ツリー, → 衝突検出
Oculus Rift, 793, *794*, 800, 810
OETF, → 光電気伝達関数
Okami, 563
Open3DGC, 614
OpenCL, 47
OpenCTM, 614
OpenGL, 34–36
　　機能拡張, 35
OpenGL ES, 36, 171
OpenGL シェーディング言語, 30
OpenSubdiv, 670–672
The Orange Box, 253
The Order: 1886, 79, 310, 317, 321, 411, 429, 774

Oren と Nayar モデル, 307
over 演算子, 133, 739

—P—
Pascal, → ハードウェア, NVIDIA Pascal
PCF, → 近傍比率フィルタリング
PCI Express, 908, 909
Pearl Harbor, 384
Phong シェーディング, 103
Phong テッセレーション, → サーフェス
Phong ライティングの式, → BRDF, Phong
PhyreEngine, 772
Pirates of the Caribbean, 392
PIX, 677
Pixel-Planes, → ハードウェア
PixelFlow, 922
PLAYSTATION, → ハードウェア
Pokémon GO, 795
POM, 191
PowerTune, 680
PowerVR, 173
PQ, 248
Prince of Persia, 567
Proximity Query Package, 863
PRT, → 事前計算放射伝達
PSM, → 影, マップ, 遠近
Ptex, 169
PVRTC, → テクスチャリング, 圧縮
PVS, → 潜在的可視集合
PxrSurface, 298, 311, 314, 315

—Q—
QEM, 610
Quake, 32, 408
Quake II, 408
Quake III, 32, 347
Quantum Break, 428
Quickhull, 825
Quincunx, → アンチエイリアシング, Quincunx

—R—
RAGE, 748
Rainbow Six Siege, 766
Ratatouille, 552
rayTraceImage(), 944–946
RenderDoc, 677
RenderMan, 32, 34
restitution, → 衝突検出
Reyes, 786–790
RGB, 155
    カラー モード, → カラー, モード, トゥルーカラー
    カラー キューブ, 242
    グレイスケール, 244
RGBA, *132*, 140, 912
    テクスチャー, 155
RGSS, → アンチエイリアシング, 回転グリッド
ROP, 19, 21, 912, 932–933
ROV, → ラスタライザー オーダー ビュー
RSM, → 影, マップ, 反射

—S—
S3TC, 170

SAH, → 表面積ヒューリスティック
SAT, → 交差テスト, 分離軸テスト
SBRDF, 271
scRGB, 248
SDR, 247
SDSM, → 影, マップ, サンプル分布
SGI アルゴリズム, → 三角形, ストリップ
shade(), 943–946, 946, 948
Shadertoy, 175, 196, 650, 981
Shrek 2, 423
SIMD, 27, 905, 907, 935
SIMD レーン, 27, 904
SIMT, 904
slerp, → クォターニオン
SLI, 915
SMAA, → アンチエイリアシング, サブピクセル 形態
    学的
Smith マスキング関数, 290–292, 294, 297, 298, 308,
    311
smoothstep, 101, 159
SMOOTHVISION, 128
SMP, 696
SOLID, → 衝突検出
SPD, → スペクトル パワー分布
SPIR-V, 35
Split/Second, 777
Spore, 585, 612
SRAA, → アンチエイリアシング, サブピクセル 再
    構成
sRGB, *142*, 143, 145, 173, 280, 282
SSBO, → 順序なしアクセス ビュー
SSE, 847–849
Star Ocean 4, 252
Star Wars Battlefront, 558
Starcraft II, 396
SVBRDF, 271

—T—
TAM, → トーナル アート マップ
TBN, 185
Team Fortress 2, 563, 583–585, 815
Texram, 167
text, 627
TFAN, 614
That Dragon, Cancer, 106
Threading Building Blocks, 700
three.js, *36*, 44, 166, 351, 418, 491, 542, 981
timer query, 677
TIN, 608, 756
Toksvig マッピング, 320
Tom Clancy's The Division, 412
Tomb Raider (2013), 100, 102
Tomorrow Children, The, 427, 428
Torrance-Sparrow モデル, 290
trace(), 943–945, 946–948
TraceRay(), 948–949
treelets, 958
trilight, 372
TSM, → 影, マップ, 台形
TXAA, 125
T-頂点, → ポリゴン

—U—

UAV, → 順序なしアクセス ビュー
UBO, 686
UMA, → 統合メモリー アーキテクチャー
Uncharted 2, 252, 310
Uncharted 3, 759
Uncharted 4, 255, 309–311, 423, 424
Uncharted: Drake's Fortune, 772
under 演算子, 134
Unity エンジン, 113, 252, 410, 415, 421, 638, 806
Unreal Engine, 92, 99–101, 111, 113, 114, 126, 252, 283, 315, 316, 331, 424, 427, 479, 494, 528, 638, 777, 806, 981

—V—

Valgrind, 684
van Emde Boas レイアウト, 714
VAO, 606
VDC, → ビデオ ディスプレイ コントローラー
Vega, → ハードウェア
VGA, 912
VIPM, 609
Vive, 793, *794*, 795, 799, 802, 810
VPL, → 仮想点光源
VSM, → 影, マップ, 分散
vsync, → モニターとの同期
VTune, 684
Vulkan, *35*, 703

—W—

Wang タイル, 154
Ward モデル, 274
WebGL, 36, 44, 107, 110, 114, 166, 178, 183, 351, 418, 491, 542, 545, 615, 687, 695, 716, 981
Whitted レイ トレーシング, 944, 946
Wii, → ハードウェア
The Witcher 3, 2, 232, 362, 455, 461, 754, 983
wrap, → テクスチャリング, 反復

—X—

Xbox, → ハードウェア
XR, 793

—Y—

Y'CbCr, 771
YCoCg, *173–174*, 694–695

—Z—

z-争奪, 915
z-バッファー, → バッファー
z-ピラミッド, 730
z-前パス, *693*, 761, 762, 779, 918
Zaxxon, 14
z_{max}-カリング, → カリング, z_{max}
z_{min}-カリング, → カリング, z_{min}

—あ—

アーティスティック レンダリング, → ノンフォトリアリスティック レンダリング
アイ ドーム ライティング, 498
アイ レイ, 943, 944
アクセシビリティ シェーディング, 387

アスペクト グラフ, → 空間データ構造
圧縮
   頂点, → 頂点, 圧縮
   テクスチャー, → テクスチャリング, 圧縮
   バッファー, → バッファー, 圧縮
   非対称性, 173
アップサンプリング, 120
後処理, 444
アニメーション, 71, 74, 177, 715
   インポスター, 486
   再分割, 673
   スプライト, 475
   セル, 562
   頂点ブレンド, → 変換
   テクスチャー, → テクスチャリング, アニメーション
   パーティクル システム, 491
アフィニティ マスク, 804
アプリケーション ステージ, → パイプライン
アムダールの法則, 920
粗さ, 266
アルファ, *132*, 140–141, 178–183
   LOD, → 詳細レベル, アルファ
   乗算済み, 140–141
   チャンネル, 20, *140*, 141, 179, 912
   テスト, 20, 180
   非乗算, 141
   ブレンド, *132–133*, 180
   マッピング, → テクスチャリング
アルファから被覆率, 131, *182*
アルベド, 274
   テクスチャー, 765
   方向, 273
暗所視, 238
アンダークロック, 678
アンチエイリアシング, 114–131
   FLIPQUAD, 128
   N-ルーク, 126
   Quincunx, 128
   イメージベース, 130
   回転グリッド, 126, 128
   拡張品質, 124
   カスタム フィルター, 125
   距離からエッジ, 129
   形態学的, 129–131
   高速近似, 129, 131
   サブピクセル
     形態学的, 131
   サブピクセル再構成, 129
   ジオメトリー バッファー, 129
   時間, *125–129*, 131
   ジッター, 786
   ジッタリング, 127
   スーパーサンプリング, 122
     回転グリッド, 928
   スクリーンベース, 121–131, 180–183
   テクスチャー, → テクスチャリング, 縮小
   ハイブリッド再構成, 128
   被覆率サンプリング, 124–125
   フルシーン, 122
   方向限局, 129
   マルチサンプリング, *124–125*, 127–131, 137

索引   1071

アンビエント
    アパーチャー ライティング, 402
    色, 339
    キューブ, 341, 372, 411, 420
    ダイス, *341*, 412, 420
    ライト, → ライト, アンビエント
アンビエント/ハイライト/方向基底, 410
アンビエント オクルージョン, 384–389, 964
    グラウンドトゥルース, 397
    シェーディング, 399–401
    時間スーパーサンプリング, 399
    事前計算, 389–391
    スクリーン空間, 394–399
    地平線基準, 397
    動的, 391–394
    フィールド, 390
    ボリューム, 390, 396

                    ——い——
閾値化, 565
異常頂点, 654
異性体, 240
イソキューブ, 355
一時レジスター, 31
一様テッセレーション, 662
緯度, 351, 820
異方性反射, 274
異方性フィルタリング, → テクスチャリング, 縮小
イメージ
    ジオメトリー, 489, 756
    処理, 443–450, 572
    ステート, 249
    ピラミッド, 730, 731
イメージベース ライティング, 350, 357–366, 375
イメージベース レンダリング, 237, 471
色, 8, *239–255*
    アンビエント, 339
    グレーディング, 254–255
    知覚, 245
    マッチング, 239–241
    モード, 911
        ディープカラー, 911–912
        トゥルーカラー, 911–912
        ハイカラー, 911–912
色空間
    ACEScg, 243
    Adobe 1998, 243
    DCI-P3, 243
    IC_TC_P, 243, 252
    Rec. 2020, 243, 247
    Rec. 709, 243, 247
    sRGB, 243, 247
    作業, 243
色収差, 449, 542, *799*
色の見えモデル, 245
陰関数サーフェス, → サーフェス, 陰関数
陰極管, → CRT
インサイド テスト, 899
インスタンス化, 37, 688
インスタンス, 13, *715*
隠線除去, 575–576
隠線レンダリング, → 線, 隠線

インターフェイス, → ハードウェア
インタラクティブ性, 1
インデックス バッファー, 606–608
インポスター, *485–487*, 747
    深度スプライト, 488
    多層深度イメージ, 488

                    ——う——
ウィンドウ座標, 17
ウーバーシェーダー, 113
ウェーブフロント, 27, 935
ウェーブレット, 176
上方向, 63

                    ——え——
映画のフレーム レート, 463
エイリアシング, 115, *115*
    遠近, 212
    シャドウ マップ, 209
    クローリー, 115
    時間, 116, 160
    自己影, 209
    ジャギー, 115, *116*, 464
    テクスチャー, 160, 164
    投影, 212
    ホタル, 116, 692
絵描きのアルゴリズム, 475, 711
エッジ, *564–565*, → *also* 直線
    折り目, *564*, 599, 611
    関数, 898–899
    キーホール, 591
    境界, *564*, 570, 597, 611
    検出, 570
    コラプス, → 単純化
    示唆的輪郭, 565
    シルエット, 564–565
    スティッチング, 594
    接合, 591
    谷, *564*, 569
    特徴, 564
    ハード, 564
    ブリッジ, 591
    保存, 599
    マテリアル, 564
    尾根, *564*, 568
    輪郭, 564–565
エネルギー効率, 925
エネルギーの保存, 273
エリア総和テーブル, → テクスチャリング, 縮小
エルミート曲線, → 曲線, エルミート
エルミート補間, → 補間, エルミート
遠近
    投影, → 投影, 遠近
    透視除算, 16
    ワープ, 213
遠近補正補間, → 補間
円筒, 886
遠平面, *81*, 87, 851
エンベローピング, → 変換, 頂点ブレンド

                    ——お——
オイラー角, 52, *62*, 64, 72

オイラー変換, → 変換, オイラー
オイラー ポアンカレの公式, 603, 609
オイラー-マスケローニ定数, 693
オーバークロック, 678
オーバードロー, → ピクセル
オーバーブラー, 164
オクターブ, 175
オクルージョン カリング, → カリング, オクルージョン
オブジェクトベースのシェーディング, 786–790
オブスキュランス, 387, 388, 392, 395
　　ボリューム, 396
折り目, 659

——か——
ガードバンド クリッピング, 901
絵画レンダリング, 562
開口部, 268
外積, 7
回折, 265, *312–313*
階層 *z*-バッファリング, → カリング
階層イメージ キャッシュ, → インポスター
階層空間データ構造, → 空間データ構造
階層グリッド, → 衝突検出
階層構築, → 衝突検出
階層視錐台カリング, → カリング, 階層視錐台
回転, → 変換
回転数, 840
ガウス差分, 572
ガウス マップ, 575
ガウス分布, 異方性球面, 343, 429
拡散, 547
　　スクリーン空間, 549–551
　　テクスチャー空間, 548
　　法線マップ, 548
拡大, → テクスチャリング
拡張現実, 793–815
確率, 幾何学的, 827–828
影, 197–234
　　曲面上の, 203
　　近傍比率ソフト, 221–222
　　深度マップ, 207
　　スクリーン空間, 231
　　接触硬化, 222
　　ソフト, 197–198, 200–202, 218–223, 381
　　投影, 199–200
　　にきび, 209
　　ハード, 197
　　バッファー, 207
　　半影, *197*, 201
　　反影, 200
　　平面, 199–202
　　　ソフト, 201–202
　　ボリューム, 203–206
　　本影, 197
　　マップ, 203, *206–223*, 513, 521
　　　minmax, 222
　　　遠近, 213
　　　カスケード, 214–218
　　　サンプル分布, 216
　　　指数, 226–227
　　　指数分散, 226
　　　全方向, 208

疎な, 217, 233
第 2 深度, 210
台形, 213
畳み込み, 226
ディープ, 227–228, 552
適応型ボリューム, 227
デュアル, 211
バイアス, 209–211
反射性, 423, 424
半透明, 552
フィルター, 223–227
不完全, 424
不規則, 228–233
不透明度, 227, 529
分散, 223–225
平行分割, 214
ボリューム, 556
モーメント, 226
ライト空間遠近, 213
下限, 663
可視性
　　関数, 385
　　コーン, 405, 406
　　テスト, 727
　　バッファー, → バッファー, 可視性
価数, 603, 654
ガス, 理想気体, 260
仮想現実, 452, 790, 793–815
　　光学, 798–799
　　コンポジター, 801
仮想点光源, 423
カプセル, 821, 860
髪の毛, 227
カメラ, 268–269
カメラ空間, 13
カメラの向きの設定, 59–60
カラー
　　バッファー, → バッファー, カラー
カリング, 716–735
　　z, 730
　　z_{max}, 916–917
　　z_{min}, 917
　　イメージ空間, *727*, 728, 730
　　オクルージョン, 710, *725–734*
　　オクルージョン クエリー, 728–730
　　オブジェクト空間, 727
　　階層 *z*-バッファリング, 730–734
　　階層視錐台, 697, *721–722*, 851
　　クラスター背面, 719–720
　　視錐台, 697, *721–722*, 851
　　詳細, 724–725
　　前面, 718
　　早期 *z*, 47, 692, 733, 735, 917
　　背面, 690, *717–721*
　　　向きの一貫性, 56
　　ポータル, 722–724
　　レイ空間, 727
環境マッピング, 349–373
　　8 面体, 356
　　緯度-経度, 351–352
　　球, 352–354
　　キューブ, *354–355*, 366

索引　　　　　　　　　　　　　　　　　　　　　　　　　　　　　　　　　1073

局所, 429–432
事前フィルター, 359–362, 406, 432, 433
パラボラ, 355–356
放射照度, 366–373
干渉, → 光
間接描画コマンド, 735
貫通深度, 881
カンデラ, 238
ガンマ補正, *142–145*, 163
関与媒質, 269
　位相関数, 510, 538, 540, 551, 556
　　幾何学的, → 散乱, 幾何学的
　　ミー, → 散乱, ミー
　　レイリー, → 散乱, レイリー
　吸光, *510*, 512, 514, 526, 532, 538, 551, 555
　吸収, 510
　光学的深さ, *512*, 514

―き―

木 (森), 178, 483–484
飢餓状態, → ステージ
幾何平均, 745
帰線, 垂直, 21, 914
基底, 185
　AHD, *347*, 403, 406, 417, 420, 429
　関数
　　正規直交, 344
　　直交, 344
　　球面, 341–347
　　ガウス分布, *342–344*, 406–407, 411, 420, 429
　　調和, → 球面, 調和
　　放射, 342
　接空間, *185–186*, 298, 347, 661
　投影, 339
　半球面, 347–349
　標準, 7, 345
輝度, 174, 238, 240, 244
逆 z, 88
逆投影, 223
逆変位マッピング, → テクスチャリング, 視差オクルー
　　ジョン マッピング
逆マッピング, 459
キャッシュ
　階層, 938
　頂点, 604, 607
　テクスチャー, 919–920
　変換後, 603, 607
　メモリー, 683
キャッシュ-オブリビアス メッシュ, → メッシュ,
　　キャッシュ-オブリビアス
キャラクター アニメーション, → 変換, 頂点ブレンド
球, 588, 878
　公式, 829
　式, 819, 820
　マッピング, → 環境マッピング, 球
球/オブジェクト交差, → 交差テスト
キューブ テクスチャー, 168
キューブ マッピング, → 環境マッピング, キューブ
キューブ マップ, 153, 168
球面
　ガウス, → 基底, 球面, ガウス
　関数, 339–349

基底, → 基底, 球面
座標, 351, *820*
線形補間, → クォターニオン
調和, *344–346*, 368–371, 393, 413, 420
　勾配, 420
鏡映変換, → 変換, 反射
境界表現, 502
境界ボリューム, *707*, 847
　階層, → 空間データ構造
　作成, 823–827
　時間, 709
境界ボリューム/オブジェクト交差, → 交差テスト
共通シェーダー コア, 30
強度, 236
共有メモリー マルチプロセッサー, → マルチプロセッ
　　サー, 共有メモリー
行列, → *also* 変換
　基底の変更, 56, 60, 66
　行優先, 53, 84
　行列式, 56
　姿勢, 54
　随伴, 60
　直交, 63, 70
　　向き, 62
　転置, 7, 56
　トレース, 54, 70
　向き, 62
　列優先, 53
行列式, 7
曲線
　2 次, *622*, 624, 625
　3 次, 622, *625*, 629
　4 次, 622
　B-スプライン, *632–633*, 650, 652
　Catmull-Rom スプライン, 631
　GPU レンダリング, 626–627
　Kochanek-Bartels, 630–632
　S 字型, *628*, 666
　エルミート, 629–630
　区分, 627
　再分割, 650–652
　次数, 622
　スプライン, *629*, 673
　張力パラメーター, 630
　パラメトリック, 620–633
　ベジエ, 621–626, 841
　有界ベジエ, 626–627
　連続性, 627–629
曲線線分, 629–630
曲面, → サーフェス
距離クエリー, → 衝突検出
距離フィールド, 583
霧, 516, *518–520*, 525
亀裂, *593–595*
　ポリゴン エッジ, 593–595, 616
近接性クラウド, 953
金属, 280
近平面, *81*, 87, 744, 851
近傍比率フィルタリング, 218–221, 732

―く―

空間化, 716

空間局所性, 682
空間再分割, 707
空間充填曲線, 919
空間データ構造, 706–716
　　4 分木, 712, 755
　　　　制限付き, 668, 757
　　8 分木, 707, *711–713*, 730, 892, 954
　　BIH ツリー, 954
　　BSP ツリー, 707, *709–711*, 954
　　　　軸平行, 709–710
　　　　動的調整, 885–889
　　　　ポリゴン整列, 710–711
　　k-d, 959
　　k-d ツリー, 709–710, 954–957, 959, 960
　　アスペクト グラフ, 717
　　階層, 706
　　階層構築, 874–876
　　規則的, 707
　　キャッシュ-アウェア, 713–715
　　キャッシュ-オブリビアス, 713–715
　　境界ボリューム階層, 440, *707–709*, 818,
　　　　954–960, 962
　　　　階層リニア, 958
　　　　マルチ, 962
　　シーン グラフ, *715–716*, 724, 743
　　　　LOD, 743
　　衝突テスト, 876–877
　　不規則, 707
　　緩い 8 分木, 712–713
空間的な関係, 378
クォターニオン, 63, 67–73
　　slerp, 71–72
　　加算, 68
　　逆元, 68
　　球面線形補間, 71–72
　　共役, 68
　　行列への変換, 70–71
　　虚数単位, 67
　　指数, 69
　　乗算, 67
　　乗算の法則, 68
　　スプライン補間, 72–73
　　対数, 69
　　単位, 69
　　単位元, 68
　　定義, 67
　　デュアル, 76
　　ノルム, 68
　　変換, 69–73
区間重なり法, → 交差テスト
クッキー, 195, 203, 373
屈折, 131, 264, *540–546*, 551
　　イメージ空間, 543
屈折率, 261
　　複素, 261
区分ベジエ曲線, → 曲線, 区分
組み込み関数, 31
雲, 227, 479–481, 516, 529, 532–537
クラウド, 486–487
クラスター シェーディング, 777–783
クラスター前方シェーディング, 782, 785, 786, 791
クラスター遅延シェーディング, 782

グラフィックス処理ユニット, → GPU
グラフィックス ドライバー, 678, 685, 914
グラフタル, 579–580
グリーンスクリーニング, 141
グリッド, → 衝突検出
クリッピング, 16–17, 901
　　ガードバンド, 901
　　平面, 16
クリップ座標, 15
クリップマップ, 749
グレア効果, 452
グレイスケールへの変換, 244
グローバル照明, 274, *378*
クローリー, 115
クロック ゲーティング, 929
クロック レート, 680
クロマキー, 141
クワッド, 45, 691, 897, 970
クワッド オーバーシェーディング, 679, 735, 745,
　　788, *898*

—け—

毛, 553–557, 560
計算写真学, 475, 495
計算ユニット, 905
計時, 829
形状因子, 382
経度, 351, 820
経路計画, 881
毛皮, 553–554, 558–560
限界
　　曲線, *650*, 652
　　サーフェス, 655
減衰指数, 261
建設的干渉, → 光, 干渉, 建設的
厳密可視集合, 716

—こ—

光学
　　幾何, 265
　　波, 312
　　物理, 312
交互サンプリング, → サンプリング, 交互
交互フレーム レンダリング, 915
公差検定, 881
交差テスト, 817–865
　　3 平面, 859
　　AABB/AABB, 849
　　BV/BV, 847–850
　　k-DOP/*k*-DOP, 849–850
　　k-DOP/レイ, 834
　　OBB/OBB, 850
　　　　SAT ライト, 878
　　横断テスト, 839–841
　　棄却テスト, 822
　　球/球, 847
　　球/三角形, 863
　　球/ボックス, 847–849
　　球/レイ, 829–832
　　区間重なり法, 843–845
　　経験則, 828–829
　　三角形/三角形, 843–845

索引 1075

三角形/ボックス, 845–846
三角形/レイ, 835–838
次元縮小, 828
錐台, 851–856
錐台/球, 854–855
錐台/ボックス, 855–856
錐台/レイ, 834
静的, 859
多面体/多面体, 856
直線/直線, 856–858
動的, *859–864*, 885–889
動的な球/球, 861–862
動的な球/平面, 860
動的な球/ポリゴン, 862–863
凸多面体/レイ, 834
ハードウェア高速化, 818–819
ピック, 818
分離軸, 821
分離軸テスト, 822, 845, 849, 850, 856
動的, 864
ライト, 878
平面/球, 842
平面/ボックス, 842–843
平面/レイ, 838
ボックス/平面, 842–843
ボックス/レイ, 832–834
スラブ法, 832–834
レイ傾斜, 834
ポリゴン/レイ, 838–841
レイ/ボックス, 832–834
合成, 140
公正さ, 656
高精細度マルチメディア インターフェイス, 912
高速化アルゴリズム, 12, 588, *705–759*, 877, → *also* 最適化
高速化構造, 949–950
最下位, 949
最上位, 949
剛体変換, → 変換, 剛体
光電伝達関数, 142
後平面, 81n
後方マッピング, 459
コースティック, 544–545
コード最適化, → 最適化, コード
コーナー カット, 650
ゴーボー, 195
ゴールデン スレッド, 473
コーン トレーシング, 392, 403, *505*, 961
ボクセル, 426, 434
固定機能パイプライン, 22
固定再分割, → サーフェス, 再分割, 固定
固定ビュー効果, 472–473
コヒーレンス
空間, 722
時間, 747
長さ, 314
フレーム間, 747
衝突検出, 870, 871
ゴボ, 153, 203
コマンド バッファー, 702–703
コンタリング アーティファクト, → バンディング アーティファクト

コンピュート シェーダー, 11, 35, 36, 45, *47–48*, 216, 226, 228, 253, 444, 447, 462, 463, 492, 500, 503, 527, 583, 671, 676, 686, 690, 701, 735, 758, 767, 772, 774, 775, 779, 781, 785, 789–791, 855, 977
コンピュート ユニット, 935

—さ—
サーフェス
B-スプライン, 646, 658
NURBS, 673
Phong テッセレーション, 634, 638, 645–646
PN 三角形, 41, 634, 638, *642–646*
陰関数, 647–649, 819
球, 829
導関数, 648
ブレンド, 648
再分割, 652–662
Catmull-Clark, 657–658
Loop, *654–658*, 660, 661
近似, 654
限界位置, 655
限界サーフェス, 655
限界接線, 656
固定, 652
修正バタフライ, 656
ステンシル, 655
適応型 4 分木, 620, 672
特徴適応型, 670–672
変位, 660–661
マスク, 655
スプライン, 593, 657
双 2 次, 635
テッセレーション, 634
テンソル積, 634
にきび, 209
パラメトリック, 150, 634–645
ベジエ三角形, *638–639*, 642
ベジエ パッチ, 634–638
陽関数, 819–820
球, 819, 820
三角形, 820, 835
連続性, 639–641
サーフェス抽出, 504
サーフェル, 496
再帰反射, 287
最近傍, → フィルター と テクスチャリング, 拡大 と テクスチャリング, 縮小
再構成, 115, *117–120*
最後にソート, 921, 933
イメージ, 922
フラグメント, 922
最初にソート, 921
最適化
アプリケーション ステージ, 682–684
コード, 682–684
ジオメトリー処理, 690
パイプライン, 675–704
ピクセル シェーダー, 693
ピクセル処理, 690–694
マージ, 695
メモリー, 683–684

モバイル, 703
ライティング, 690
ラスタライズ, 690
彩度, 241
再投影, 126, 450–452, 812
再分割曲線, → 曲線, 再分割
再分割サーフェス, → サーフェス, 再分割
錯乱円, 458
サッカード, 807
座標
右手, 81
座標系
左手, 81, *83*
サブテクスチャー, → テクスチャリング
サブピクセル アドレッシング, 595
差分オブジェクト, 882
三角形
公式, 835
式, 820
スープ, 595
ストリップ, 601–602
インデックス, 606
順次, 601
セットアップ, 18, 900–901
ソート, 133–134, 693
トラバース, 19, 899–900
タイル, 899
ファン, 591, *600–601*
リスト, 600
インデックス, 606
三角形/オブジェクト交差, → 交差テスト
三角形単位の操作, 12
三角形不規則ネットワーク, 756
三角形分割, 589–592
ドロネー, 590
残光, 810
三刺激値, 240
算術論理演算ユニット, → ALU
参照テーブル, 153
三線形補間, 164
最短の弧, 71
散布操作, 459
サンプリング, 115–121, 126, → *also* アンチエイリア
シング
確率論的, *127*, 131
交互, 128
重心, 124
層化, 127
帯域制限信号, 117
定理, 117
ナイキスト限界, *117*, 160, 164
パターン, 126
離散化信号, 115
連続的な信号, 115
サンプル, 18
散乱, 260, *509–517*
幾何学的, 515, 517
後方, *515*, 516, 517
前方, *515*, 516, 517, 523, 550
多重, 523, 531, *536–537*, 547, 555–557
単一, *509*, 512, 527, 530, 534, 547, 551
チンダル, 261

表面下, → 表面下散乱
ミー, 261, 515–517, 530, 535
レイリー, 261, *515–516*, 530

―し―

シーン基準, 249
シーン グラフ, → 空間データ構造
シェイプ ブレンド, → 変換, モーフ ターゲット
シェーダー
インターセクション, 949
エニー ヒット, 948
クローセスト ヒット, 948
コーラブル, 972
コンピュート, 947
ストレージ バッファー オブジェクト, → 順序なし
アクセス ビュー
統合, → 統合シェーダー アーキテクチャー
ミス, 948
レイ ジェネレーション, 948
シェーダー コア, 26
シェーダー モデル, 33
シェーディング, 13
Gouraud, 103
Phong, 103
クラスター, → クラスター シェーディング
言語, 31
式, 13
前方, 763
タイル, → タイル, シェーディング
遅延, → 遅延シェーディング
頂点, → 頂点, シェーダー
トゥーン, 562–563
ハード, 562
ピクセル, 19, → *also* ピクセル シェーダー
フラット, 105
モデル, 91–94
ランバート, 96
シェードツリー, 32
シェル, 558
シェル マッピング, 195, 568
ジオメトリー
クリップマップ, 754
シェーダー, 15–16, *41–42*, 558, 575, 583, 606,
678, 689
処理, → パイプライン
ステージ, → パイプライン, ジオメトリー処理
パッチ, 669
ジオモーフ LOD, → 詳細レベル, ジオモーフ
時間
エイリアシング, → エイリアシング, 時間
局所性, 682
コヒーレンス, 747
時間遅延, 1
色域, 243, 282
sRGB, 282
色相, 241
色度, 174, 240
色度サブサンプリング, 694
軸平行 BSP ツリー, → 空間データ構造, BSP ツリー
軸平衡境界ボックス, → AABB
次元縮小, 828
視差, 473

索引

オクルージョン マッピング, → テクスチャリング
マッピング, 147, 189–195
視錐台カリング, → カリング, 視錐台
紫線, 241
事前計算放射伝達, 406, 412–414
ローカル変形可能, 414
事前フィルター, 357
事前ライティング, 770
実効サーフェス, 304
実行ユニット, 905
ジッタリング, → アンチエイリアシング
視点空間, 13
シミュレーション酔い, 797
ジャギー, → エイリアシング
遮光板, 373
写真測量, 495, 588
ジャダー, 810
シャドウ マップ, → 影
シャドウイング-マスキング関数, → マスキング-シャド
ウイング関数
遮蔽物, 727
遮蔽力, 727
シャワー ドア効果, 577
周囲, 250
収差, レンズ, 799
収集操作, 459
重心座標, 39, 40, 422, 580, 638, 645, 785, *835–836*,
901–903
遠近補正, 902–903
修正 Gram-Schmidt, 298
修正バタフライ再分割, → サーフェス, 再分割
従接ベクトル, 185, 298
従属テクスチャー読み込み, 33, → テクスチャー, 従属
読み込み
従法線ベクトル, 185
重要度サンプリング, 332, 384, 389, 433
縮小, → テクスチャリング
主軸, 7
種数, 603
主成分分析, 414, 416
シュリック位相関数, 516–517
順序なしアクセス ビュー, *45–46*, 76, 137, 169, 775,
917
順応, 250
ジョイント, 621, *627*, 628, 630
上位レベル シェーディング言語, → HLSL
条件等色障害, 246
詳細レベル, 39, 502, 608, 619, 697, *735–748*
PN 三角形, 644
アルファ, 739–741
切り替え, 736–743
再分割サーフェス, 652
ジオモーフ, 741–743
生成, 736
選択, 736, *743–746*
タイムクリティカル, 746–748
単純化, 612
投影面積基準, 744–746
バイアス, 164, → *also* テクスチャリング
範囲基準, 743–744
ヒステリシス, 743–744
ブレンド, 738–739

分数テッセレーション, 662
ポッピング, 612, *737*, 738, 740
離散ジオメトリー, 738
連続, 742
連続的, 609
衝突応答, 860, 867, 890, *893–894*
弾性, 894
反発, 894
衝突決定, 867
衝突検出, 12, 867–896
GJK, 881
OBB ツリー, 878–880
RAPID, 880
SOLID, 878
階層
グリッド, 872
階層構築, 874–876
境界ボリューム, 878
階層, 874
境界ボリューム階層, 872–873
距離クエリー, 881–883
グリッド, 871–872
剛体運動, 874, 880
コスト関数, 877–878
スイープアンドプルーン, 870–871
漸進的ツリー挿入, 875
タイムクリティカル, 868, 889–890
動的, *885–889*
ナローフェーズ, 880–883
ブロードフェーズ, 868–873
平行近接, 878
変形可能, 890–892
ボトムアップ, *874*, 890
ミッドフェーズ, 873–880
レイによる, 883–885
連続, *892–893*
トップダウン, 874–875, 891
OBB ツリー, 879–880
衝突処理, 867
ジョルダンの曲線定理, 839
シルエット, 660, 667
ループ, 574
シングル バッファー, → バッファー, シングル
深度
スプライト, → インポスター
剥離, 135–137, 223, 540, 772
バッファー, → バッファー, z-バッファー
反転, 88
複雑さ, *692*, 725, 726
ジンバルロック, 64
シンプレックス, 882

—す—
スイープアンドプルーン, → 衝突検出
水彩絵の具, 573
錐台, 9, 15, *851*
トレーシング, 230
平面の抽出, 853–854
錐台/オブジェクト交差, → 交差テスト
錐台の決闘, 213
垂直帰線, → 帰線, 垂直
垂直同期, → モニターとの同期

垂直リフレッシュ レート, 913
スティッチング, 594
水密モデル, 598
スウィズル, 919
スーパーシェーダー, 113
スーパースカラー, 12
スカイボックス, *473–475*, 480, 542, 546
スキニング, → 変換, 頂点ブレンド
隙間, 664
    4 分木, 668
    テッセレーション, 664, 665
    分数テッセレーション, 663
    ベジエ三角形, 644
スクリーン
    空間被覆率, 666, *744*
    座標, 17
    マッピング, 17
スケーラブル リンク インターフェイス, 915
スケール, → 変換
スケルトン部分空間変形, → 変換, 頂点ブレンド
スコアボード, 930
スタイライズドレンダリング, → ノンフォトリアリス
        ティック レンダリング
スティーブンス効果, 250
ステージ
    スタービング, 10, 699
    ストール, 699
ステート
    ソート, 697
    変更, 685
ステラジアン, 236
ステレオ ビジョン, 799–800
ステレオ レンダリング, 803–807
ステンシル バッファー, → バッファー, ステンシル
ステンシル, 655
ストール, 699
ストライド, 605
ストリーミング, 752–753
    テクスチャー, → テクスチャリング, ストリーミ
        ング
    マルチプロセッサー, 905, 930
ストリーム出力, 16, 43, 494, 607
ストリップ, → 三角形, ストリップ
ストローク, 578–579
砂時計, 590
スネルの法則, *264*, 283
スプライト, 459, 475–476, → *also* インポスター
    レイヤー, 475–476
スプライン曲線, → 曲線, スプライン
スプライン サーフェス, → サーフェス, スプライン
スプラット, 496
スプリット アンド ダイス, 668
スペースワープ, 811, 812
スペキュラー
    項, 267
    ハイライト, 104
    ローブ, → *BRDF*
スペクトル, 236, 241
スペクトル パワー分布, 237, 239
スマート合成, 929
スライスマップ, 502
スラブ, 820

スループット, 26, 675, 698
スレッド
    グループ, 447
    シェーダー, 27
    発散, 29, 229
スレッド レベル並列性, 906

―せ―

正規化デバイス座標, *16*, 82, 86, 88
制御ケージ, 652
制御点, 622
制御ポリゴン, 650
制御メッシュ, 652
正準ビュー ボリューム, 14, 82
正常頂点, 654
正則頂点, 654
静的バッファー, 685
精度, 614–617
    色, 164, 911
    サブピクセル, 595
    深度, 209
    浮動小数点, 616
    モバイル, 703
性能測定, 680–681
積分
    三重積, 405
    二重積, 400, 405
セクショニング, 16
セグメンテーション, 589
接
    空間, → 基底
接線
    パッチ, 669
    フレーム, 185
    ベクトル, 185, 629
    マップ, 299
セル, → カリング, ポータル
セル基準の可視性, 727
セル レンダリング, → シェーディング, トゥーン
線
    積分畳み込み, 465
線形 BVH, *875–876*
線形高速化, 699
線形ブレンド スキニング, 74
線形変換, → 変換, 線形
線形変換余弦, 337
線形補間, 621
先行トラバース, 721
潜在的可視集合, 717
前進精緻化, 473
漸進的精緻化, 439
漸進的ツリー挿入, → 衝突検出
せん断, → 変換
先端点マップ, 722, 850
前平面, 81n
前方シェーディング, 763
前方 + シェーディング, → タイル, 前方シェーディ
        ング
前方マッピング, 459
占有関数, 396
占有率, 29, 112, 691, 766, 777, 907

索引

―そ―

双 2 次サーフェス, 635
早期 z-カリング, → カリング
相殺的干渉, → 光, 干渉, 相殺的
走査線インターリーブ, 915
走査変換, 18
双線形補間, 634
相反則, 272
双方向散乱分布関数, → BSDF
双方向反射率分布関数, → BRDF
双方向表面散乱分布関数, → BSSRDF
双放物面マッピング, → 環境マッピング, パラボラ
総和オブジェクト, 882
ソート, 710
    空間, 921
    挿入ソート, 870, 871
    バブル ソート, 870
ゾーン調和, 346, 369, 371, 406
即時コンテキスト, 702
測色, 239–245
測地曲線, 72
測光, 238
測光曲線, *238*, 240, 244
疎なテクスチャー, → テクスチャリング, 疎な
疎なボクセル 8 分木, 426, 501
ソフトウェア パイプライン処理, → マルチプロセッシング
ソフトな影, 965
ソフトボックス, 335, 373
空, → 大気 と 雲

―た―

ダート, 659
第 1 主方向, 578
帯域制限信号, 117
帯域幅, 908
大円, 72
大円の弧, 72
大気, 514, 515, 519, 529–532, 537–538
タイムクリティカル レンダリング, 746
タイリング, 686
タイル, 899
    キャッシュ, 933
    三角形トラバース, 899
    シェーディング, 772–777
    スクリーン, 909, 922
    前方シェーディング, 774–775, 781, 782, 791
    遅延シェーディング, 774, 775, 782, 791
    テーブル, 910
    テクスチャー, 686
    ラスタライズ, → パイプライン, ラスタライズ
    ローカル ストレージ, 138
ダイレクト メモリー アクセス, → DMA
ダウンサンプリング, 120, *447*, 453
高さフィールド, 488–489, → *also* バンプ マッピング
    地形, 756
多層深度イメージ, → インポスター
畳み込み, 119
ダブル バッファー, → バッファー, ダブル
多面体拡張アルゴリズム, 883
多様体, 598
単純化, *608–613*, 736

エッジ コラプス, 609–610
    可逆性, 609
    コスト関数, 609–611
    最適配置, 609
    詳細レベル, 612
弾性衝突応答, → 衝突検出

―ち―

小さなバッチ問題, 687
チェッカーボード レンダリング, 129, 807
遅延コンテキスト, 702
遅延シェーディング, 473, *763–770*, 923, 928, 963
遅延テクスチャリング, 783–786
遅延ライティング, 770
遅延ラッチ, 813
知覚量子化, → PQ
地形チャンク LOD, 754–756
地平線角度, 397
地平線マッピング, 397, *402*
チャート, 787
中間言語, 31
中間ソート, 921, 925
中心窩レンダリング, 807–808
調節, 800
頂点
    圧縮, 614–617
    キャッシュ, → キャッシュ, 頂点
    クラスタリング, 611
    シェーダー, 12–14, *37–38*
      アニメーション, 38
      効果, 38
      スキニング, 76
    ストリーム, 605
    対応, 76
    頂点ブレンド, 89
    配列, → 頂点, バッファー
    配列オブジェクト, 606
    バッファー, 605–608, 684
    プル, 607
    ブレンド, → 変換
頂点/秒, 680
頂点単位の操作, 12
頂点の溶接, 596
調和級数, 692
直線, 16, 580–582, → *also* エッジ
    隠線, 581–582
    三角形の辺のレンダリング, 580–581
    ハロー, 581–582
直線/直線交差, → 交差テスト, 直線/直線
直交内積, 7, 857, 858
チンダル散乱, 261

―つ―

通信, 924
ツリー
    2 分, 874
    2 分木, 708
    k-分木, 708, 874
    バランス, 876, 880
    平衡, 708
釣鐘曲線, 445

—て—

テアリング, 913, 914
ディープカラー モード, 912
ディープ ラーニング, 969
定義域, 620
    三角形, 638
    長方形, 635
ディザリング, 912
ディスプレイ
    インターフェイス, 912
    エンコーディング, 142–145
    エンジン, 912
    可変焦点, 800
    原色, 243
    フレア, 250
    ヘッドマウント, 794
    リスト, 702
ディスプレイ基準, 249
ディフューズ色, 274, 302
ディフューズ項, 267
データ競合条件, 45
データ削減, → 単純化
データ指向設計, 682
データ レベル並列性, 906
デカール, 178, 768–770, 779
適応精緻化, 473
テキスト, 582–584
テクスチャー
    アトラス, 168
    キャッシュ, → キャッシュ
    キューブ マップ, 168
    行列, 153n, 353
    空間, 149
    座標, 149
    周期性, 154
    従属読み込み, 33, 156, 194, 351
    帯域幅, 908
    配列, 169
    ボリューム, 167, 558
テクスチャー空間シェーディング, 788
テクスチャー処理クラスター, 932
テクスチャリング, 19, 147–196
    1 次元, 153
    border, 154
    clamp, 154
    mirror, 153
    mirror once, 154
    repeat, 153
    wrap, 153
    値変換関数, 149
    圧縮, 169–175, 419, 433
        ASTC, 173, 929
        BC, 170–171
        DXTC, 170–171
        EAC, 172
        ETC, 171–172, 929
        PVRTC, 173
        S3TC, 170
        不可逆, 171
        法線, 172–173
    アニメーション, 177, 179
    アルベド色マップ, 177

アルファ マッピング, 155, 178–183, 476
イメージ, 155–175
イメージ サイズ, 156
拡大, 156–160
    3 次畳み込み, 157
    最近傍, 157
    双線形補間, 157
仮想, 748–752
クリップマップ, 749
コレスポンダー関数, *149*, 153–154
サブテクスチャー, 162
視差オクルージョン マッピング, 147, 191–195
縮小, 156, *160–167*
    異方性フィルタリング, 165–166
    エリア総和テーブル, 164–165
    最近傍, 160
    三線形補間, 164
    四線形補間, 167
    詳細レベル, 163
    双線形補間, 160
    楕円加重平均, 167
    ミップマッピング, 162–164
詳細, 158
詳細レベル バイアス, 164
スウィズル, 919
ストリーミング, 750–752
セル, 176
疎な, 217, 233, *748–752*
タイリング, 686
チャート, 417
頂点, 38, 164
継ぎ目, 419
ディフューズ色マップ, 177
デカール, 178
テクスチャー座標, 149
手続き的, 175–176
投影, 195, 593
トランスコード, 750–752
ノイズ, 175, 474
パイプライン, 149–155
バインドレス, 169
パラメーター化, 417, 419
フィルタリング, 970
プロジェクター関数, 149–153
ミップマッピング, 417
歪み, 592–593
ライト マッピング, 417
レイ トレーシング, 970
レリーフ, *191–196*, 488–490, 543, 558, 737
テクセル, 149
テクニカル イラストレーション, 561, 580
デジタル ビジュアル インターフェイス, 912
デジタル微分解析, 436
デシメーション, → 単純化
テッセレーション, 589–595, 662–672, 736
    一様, 662
    係数, 39
    サーフェス, 634
    ステージ, 15, *38–40*, 583
    制御シェーダー, 39
    適応型, 664–668
    テッセレーター, 39

ドメイン シェーダー, 39
ハル シェーダー, 39
評価シェーダー, 39
分数, 662–664, 742
レベル, 39
手続き的テクスチャリング, → テクスチャリング, 手続き的
手続き的モデリング, 196, 580, *588*
デノイズ, 449, 942, 964–969, 971
デュアル ソース カラー ブレンド, 47
点基準の可視性, 727
点群, 495–500, 589
電光伝達関数, 142, 249
テンソル積サーフェス, 634
伝達関数, 142, 412
ボリューム, 523
点のレンダリング, 495–500

——と——

ド カスリョ
ベジエ三角形, 639
トゥーン レンダリング, → シェーディング, トゥーン
投影, 14–15, 81–89
3D 三角形から 2D, 835
3D ポリゴンから 2D, 839
遠近, *84–89*, 915
円筒, 152
球面, 152
境界ボリューム, 744–746
正, 14–15
正投影, 52, *81–84*
透視, 14, 15, 52
平行, → 投影, 正
平面, 152
投影テクスチャリング, → テクスチャリング, 投影
導関数, → ピクセルの勾配
瞳孔間距離, 800
統合シェーダー アーキテクチャー, 30, 678
統合メモリ アーキテクチャー, 909
同次化, 56, 81
同次表記, 5, 55, 153
等色関数, 240
等値面, 505, 588, 649
動的スーパー解像度, 122
動的バッファー, 685
透明度, 131–141
網戸, *131*, 741
確率論的, 131
加重平均, 138–139
加重和, 138
順番に依存しない, 136–140
ソート, 134, 710
透明度適応型アンチエイリアシング, 182
トゥルーカラー モード, → カラー, モード, トゥルーカラー
トーナル アート マップ, 577
トーン マッピング, 249–254
グローバル, 251
ローカル, 251
ド カスティリョ
ベジエ曲線, 622
ベジエ パッチ, 635

どこでもソート, 923
閉じたモデル, 598
凸多面体, 821, 825
ドット/インチ, 705
凸分割, 589
凸包, 825, 886
Loop, 656
ベジエ曲線, 624
ベジエ三角形, 639
ベジエ パッチ, 636
凸領域, 591
トポロジー, 613
ドメイン シェーダー, 39
ドライバー, → グラフィックス ドライバー
トラッキング, 794, 798
トランザクション除去, 929
トランスコード, → テクスチャリング
トランスフォーム フィードバック, 43
トリプル バッファー, 914
トローチ, 821

——な——

ナイキスト限界, → サンプリング
内積, 7, 344
ナノジオメトリー, 312
波
電磁, 258
横, 258

——に——

二分空間分割ツリー, → 空間データ構造, BSP ツリー
二面角, 564, 569, *599*
入力アセンブラー, 37

——ね——

ネイルボード, → インポスター, 深度スプライト
熱拡散, 462

——の——

ノイズ, 754, 964
ノイズ関数, → テクスチャリング, ノイズ
ノード, 707–708
内部, 707
リーフ, 707
ルート, 707
ノード階層, 715
ノンフォトリアリスティック レンダリング, 561–580

——は——

パーティクル, 972
システム, 491–495
ソフト, 481–483
ハードウェア
GameCube, 749
GCN, 935–938
GeForce 256, 25
GeForce3, 32
GTX 1080, 930–935
Mali アーキテクチャー, 921, 925–929
NVIDIA Pascal, 930–935
Pixel-Planes, 8n, 927
PixelFlow, 922

PLAYSTATION, 811
PLAYSTATION 3, 34, 603
PLAYSTATION 4, 749, 909, 935
Pomegranate, 923
Talisman, 167, 476
Vega, 935–938
Voodoo 1, 1
Wii, 22, 34
Xbox, 935
Xbox 360, 34
Xbox One, 749
ハード リアルタイム, 746
バートルソン-ブレナマン効果, 250
ハーフ ベクトル, 292
パープル フリンジ, 542
バーンスタイン
　形式, 721
　　ベジエ曲線, 624
　　ベジエ三角形, 639
　　ベジエ パッチ, 635
　多項式, *624*, 635
　　ベジエ三角形, 639
バイアス, 200
　傾斜スケール, *210*, 220
　コーン, 220
　法線オフセット, *210*, 221
　レシーバー平面深度, 220
媒介実, 795
ハイカラー モード, → カラー, モード, ハイカラー
媒質, 269
　吸収性, 261
　均質, 261
ハイダイナミックレンジ, → HDR
パイプライン, *9–23*, 675–704
　アプリケーション ステージ, *10–12*, 675
　固定機能, 22
　ジオメトリー処理, 10, *12–18*, 675
　ステージ, *10–11*
　スピードアップ, 10
　ソフトウェア, 697
　ピクセル処理, 10, *19–21*, 675
　フラッシュ, 908
　並列処理, 905
　ラスタライズ, 10, *18–19*, 675, 897–901
パイプラインのバランス, → パイプライン
ハイブリッド対数ガンマ, → HLG
背面カリング, → カリング, 背面
ハイライト, 104
ハイライト選択, 580
バインドレス テクスチャー, 169
ハウスドルフ距離, 610, 755
白点, 241
薄膜干渉, → 光, 干渉, 薄膜
パケット トレーシング, 961
バス帯域幅, 908
パス トレーシング, 22, 383, 439, 946–947, 977, 978
波長, 235, 258
バック バッファー, → バッファー, バック
パック ピクセル フォーマット, 912
発散度, *382*, 409
バッチ, 687
パッチ, 635

バッチ化, 686
バッファー
　A-バッファー, 137
　G-バッファー, 569, *764*
　z-バッファー, *19–20*, 46, 133, 915–918, 982
　　階層, → **カ**リング
　アキュムレーション
　　アンチエイリアシング, 122
　　ソフトな影, 201
　圧縮, *909–911*, 933
　色, 911–912
　インターリーブ, 605
　可視性, 784–785, 790
　カラー, 19
　キャッシュ, 909–910
　切り替え, 914
　交換, 21
　識別, 576, *818*
　シングル, 681, 913
　ステンシル, *20*, 46
　　影の投影, 200
　　シャドウ ボリューム, 203, 204, 206
　静的, 685
　速度, 126, *466–467*
　ダブル, 21, *913–914*
　ディープ, 764
　動的, 685
　トリプル, 914–915
　バック, 21, 914
　フレームバッファー, 21
　フロント, 21, 914
　ペンディング, 914
　累積
　　被写界深度, 457
　　モーション ブラー, 464
バッファー切り替え, → バッファー, 切り替え
パディング, 684
幅優先, 889
パラボラ マッピング, 355
パラメトリック曲線, → 曲線, パラメトリック
パラメトリック サーフェス, → サーフェス, パラメトリック
ハル シェーダー, 39
ハロー, 452, 581
パワー ゲーティング, 929
パン, 465
半影, → 影
反影, 200
半エッジ, 596
晩期深度テスト, 917
半球面基底, → 基底, 半球面
半球面調和, 348–349
半球ライティング, 372
半空間, 6, *821*, 885
反射, 274, 538, 540, 544, 966, 971
　外部, 276
　環境マッピング, 356
　式, 271, → 反射率, 式
　スクリーン空間, 435–438
　内部, 276, 283
　全, 284
　プローブ, 430

局所, 431
プロキシー, 431
平面, 434–435, 724
変換, → 変換, 反射
法則, 434
マッピング, 349
反射率
異方性, 286
式, 377
スペクトル, 245
等方性, 286
半球方向, 273
方向半球, 273
反射率ローブ, → *BRDF*
バンディング, 142, 911, 912
バンディング アーティファクト, 245, 912
反転 z, 88
半導体, 281
反時計回りの頂点順, 56, 596
ハント効果, 250
反復線形補間, → 補間, 反復, 線形
バンプ マッピング, 147, 184–189
オフセット ベクトル, 186
高さフィールド, 186–187
フィルタリング
CLEAN, 321
LEAN, 321
Toksvig, 320
法線マップ, 172, 187–189, 318, 612

—ひ—

ピーターパニング, 210
非可換性, 57, 67
光
可視, 236
干渉
建設的, 259, 261
相殺的, 259
光源, 690
カード, 334–336, 367
球面, 329–334, 371
チューブ, 334, 335
ディスク, 328, 330, 335, 371, 374
フィル, 371
平面, 335
ポリゴン, 336
面, 327–337
散乱, → 散乱
シャフト, 520, 521, 525, 544, 545
速度, 位相, 258
帯域幅, 314
多色, 258
単色, 258
直線偏光, 258
伝搬ボリューム, 424
カスケード, 425
非偏光, 258
プローブ, 357, 422
マップ, 417
輸送
線形性, 378, 412
表記, 378–380

メッシュレス, 417
モジュール, 417
露出計, 238
ピクセル, 18
オーバードロー, 604, 692
シェーダー, 19, 43–46
処理, → パイプライン
同期, 137
ローカル ストレージ, 928
ピクセル/インチ, 705
ピクセル/秒, 680
ピクセル化, 157
ピクセルの勾配, 45, 164
ピクセルのマージ, 19–21
ヒザー, 81n
被写界深度, 452, 454–463, 721
比推定, 965
ヒステリシス, 743
ヒストグラム, 216
ヒストグラム再正規化, 173
非正則頂点, 654
左上規則, 899
左手, → 座標系
ピック, *818–819*, 831
ピック ウィンドウ, → 交差テスト, ピック
ピッチ, 64
ビデオ グラフィックス アレイ, 912
ビデオ ディスプレイ コントローラー, 912–913
ビデオ メモリー, 908, 912
非テクスチャー照明, 965
非同期コンピュート エンジン, → ACE
ビニング, 957
被覆, 899
被覆率マスク, A-バッファー, 137
ビュー依存プログレッシブ メッシング, 609
ビュー空間, *13*, 22
ビュー変換, → 変換, ビュー
ドローコール, 31
標準ダイナミックレンジ, → SDR
表示レート, 1
表面下アルベド, 302–303
表面下散乱, *266–268*, 384, 523, 524, 971
グローバル, 267, 545–553
ローカル, 267, 301–308
表面積ヒューリスティック, 828, 875, 956–957
ビルボード, 476–487, 972, → *also* インポスター
球面, 483
クラウド, 486–487
軸, *483–484*, 491
スクリーン平行, 478
パーティクル, 491
ワールド指向, 478–483
ピンポン バッファー, *449*, 453

—ふ—

ファセター, 588
ファン, → 三角形, ファン
フィルター, *115–121*, 444
sinc, *118–119*
移動平均, 451
エッジ保存, 449
カーネル, 446

回転不変, 444
ガウス, 119, 167, *445*, 445, 495, 572
クロス バイラテラル, → フィルター, ジョイント
　　バイラテラル
最近傍, 117
サポート, 446
三角形, 118
ジョイント バイラテラル, 219, *448*
シンク, 445
操縦可能, 453
ディスク, 447
テント, 118
バイラテラル, 399, 448–449, 966, 967
ブライト パス, 454
分離可能, 446, 449, 460
ボックス, *117*, 145, 445–447
ローパス, 118, 120
フィルタリング
バイラテラル, 963
フィル レート, 680
フィン, 558, *575*
フェンス, 813
フォースフィードバック, 12
フォールオフ関数, 99, 330
フォトリアリスティック レンダリング, 471, *561*
フォン ノイマン ボトルネック, 682
フォンミーゼス-フィッシャー分布, 342
不可逆圧縮, 171
深さ優先トラバース, 889
負荷分散, 923
不規則グリッド, 953
不規則三角形網, 608
複合現実, 795
輻湊, 800, 808
符号付き距離関数, 500, 647
球面, 402
符号付き距離フィールド, 392, 501, 583, 895
不透明度, 132
フラグメント, 18, *43*
フラグメント シェーダー, 19, 110, → *also* ピクセル
　　シェーダー
フラッシュ, 908
フラット シェーディング, 105
プリミティブ シェーダー, 937
プリミティブ ジェネレーター, 39
ブルースクリーニング, 141
ブルーム, 452, 521
フル スクリーン パス, 444
フレーム/秒, 11
フレーム間コヒーレンス, 747
フレームバッファー, 21
フレーム レート, 698
一定, 746–747
フレームレート, 1
フレネル効果, 278
フレネルの式, 276
フレネル反射率, *275–285*, 287, 288, 302, 305, 349,
　　362, 363, 366, 429, 540, 541, 544, 545,
　　555, 772
シュリック近似, 278, 279, 284, 301, 305, 517
ブレンド, 21
加算, *133*, 455

関数, *624*, 629
陰関数サーフェス, 648
サーフェス, → サーフェス, 陰関数
操作, → テクスチャリング
マルチレイヤー アルファ, 138
ブレンド シェイプ, → 変換, モーフ ターゲット
フロー制御, 31
静的, 31
動的, 31
ブロードフェーズ, → 衝突検出
プロキシー オブジェクト, 707
フロクセル, 527
プロセッサー
頂点, → 頂点, シェーダー
ピクセル, → ピクセル, シェーダー
ブロック, 699
フロント バッファー, → バッファー, フロント
分散マッピング, 321
分離軸定理, 883
分離軸テスト, → 交差テスト
分離超平面定理, 822

——ヘ——

平均キャッシュ ミス率, 604
ベイキング, *389*, 408, 737
最小 2 乗, 390
平均幅, 828
平行
近接, → 衝突検出
投影, → 投影, 正
平行移動, 53
平面, 6
座標, 7
軸平行, 7
平面/オブジェクト交差, → 交差テスト
平面マスク, 722
並列
アーキテクチャー, 921
グラフィックス, 920
処理, → マルチプロセッシング, 並列
並列性, 699
空間, 696
時間, 696
ペイロード, 948
冪形式, 625
ベクトル ノルム, 7
ベクトル放射照度, *328–329*, 336
ベジエ基底関数, 624
ベジエ曲線, → 曲線, ベジエ
ベジエ三角形, → サーフェス
ベジエ パッチ, → サーフェス
ヘッド, 64
ヘッドアップ ディスプレイ, 485, 795, 808, 809
ヘニエイ-グリーンスタイン位相関数, *516–517*, 535
ヘルツ, 11
ヘルムホルツの相反則, 272, 305
変位再分割, → サーフェス, 再分割, 変位
変位マッピング, 147, 194, 660, 664
変換, *51*, → *also* 行列
アフィン, 52, 60
遠近, → 投影
オイラー, 62–65

索引 1085

ジンバルロック, 64–65
パラメーターの抽出, 63–65
回転, 54–55
　1 つのベクトルから別のベクトル, 73
　点の周り, 55
　任意の軸の周り, 65–67
角度保存, 58
逆
　クラメルの法則, 837
逆行列, 53, 55, 56, 58, 59, 61, 66
　LU 分解, 61
　ガウス除去, 61
　クラメルの法則, 61
　随伴行列, 61
鏡映, → 変換, 反射
鏡像, 718
クォターニオン, 70
剛体, 54, 58–59, 65
　衝突検出, 880
スケール, 55–56
　一様, 55
　等方, 55
　非一様, 55
　非等方, 55
正投影, → 投影
制約, 65
線形, 51
せん断, 56–57
頂点ブレンド, 73–76, 79, 908
長さ保存, 58
反射, 56, 596
ビュー, 12–13
分解, 65
平行移動, 53
法線, 60–61
ボリューム保存, 57
モーフィング, 76–79
モーフ ターゲット, 77–79
モデル, 12–13
連結, 57–58
変曲, 628
ペンシル トレーシング, 961
ベンチマーク, 914
ペンディング バッファー, 914
ペンとインク, 562
ベント コーン, スクリーン空間, 403
ベント法線, 386, 401

——ほ——
ポアソン ディスク, 220
ホイヘンス-フレネルの原理, 312
ポインター間接, 683
方向オクルージョン, 401
　シェーディング, 403–407
　事前計算, 402–403
　動的, 403
方向, 主, 578
放射
　強度, 236
　束, 235
　発散度, → 発散度
放射輝度, 236–237, 240, 366

入射, 274
分布, 237
放射照度マッピング, → 環境マッピング, 放射照度
放射照度, 236, 258, 366
　球面調和, 409
　事前計算, 408
　ボリューム, 420
放射測定, 235
法線
　円錐, 719–720
　入射, 277
　変換, → 変換, 法線
　マップ, → バンプ マッピング
法線の分布, → NDF
法線分布関数, → NDF
法線-マスキング独立性, 290
ボウタイ, 590
放物線, 622
ポーズ, 798, 801, 813
ポータル カリング, → カリング, ポータル
ポート, 908
ぼかし, 444–448
補間, 673, 901–903
　エルミート, 629–632
　遠近補正, 43, 903
　三線形, 164
　四線形, 167
　重心, 124, 835
　線形, 621
　双 3 次, 157
　双線形, 157–158, 160, 634–635
　正しい遠近, 19
　反復, 638
　　線形, 622–623
　　双線形, 635
ボクセル, 500–507
ボクセル化, 501–504, 526–529, 845
ボケ, 459, 463
星型ポリゴン, 591
ポリキューブ マップ, 150
保守的深度, 917
保守的前進, 863
保守的ラスタライズ, → ラスタライズ, 保守的
ポスタリゼーション, 562, 911
ホタル, → エイリアシング
ボックス/オブジェクト交差, → 交差テスト
ポッピング, → 詳細レベル
ボトムアップ, → 衝突検出
ボトルネック, 10, 675, 677–680, 924
ポリゴン
　T-頂点, 595
　エッジ亀裂, → 亀裂, ポリゴン エッジ
　エッジ スティッチング, 594
　スープ, 595
　砂時計, 590
　ソート, 711
　凸, 591
　配向, 595
　ボウタイ, 590
　星型, 591
　マージ, 595–596
　向き, 596–597

メッシュ, 595
　輪郭, 591
　ループ, 591
　連結, 595
ポリゴン整列 BSP ツリー, → 空間データ構造, BSP
　　　ツリー
ポリゴン化, 504, 589
ポリゴン テクニック, 736
ポリポスター, 486
ポリモーフ エンジン, 930–931
本影, 197

——ま——

マージ ステージ, *19–21*, 46–47
マーチング キューブ, *504–505*, 589, 649
マーチング テトラヘドラ, 649
マッハ バンディング, 912
マイクロジオメトリー, *266*, 285–287
　シャドウイング, 286
　マスキング, 286
マイクロスケール, 184, 318
マクロスケール, 184, 318
マイクロファセット, 288–292
マイクロポリゴン, 22
巻き方向, 596
マスキング
　関数, 290
　知覚, 245
マスキング-シャドウイング関数, 291, 292
マスク, 655
マスク階層深度バッファー, 733
マット, 140
マテリアル, 110
　インスタンス, 110
　光沢, 331–334
　テンプレート, 110
マルチコア, 696
マルチサンプリング, → アンチエイリアシング
マルチテクスチャリング, → テクスチャリング
マルチビュー, 804
マルチプロセッサー, 905
　共有メモリー, 696, 905
　ストリーミング, → ストリーミング, マルチプロ
　　　セッサー
マルチプロセッシング, 695–703, 923
　静的な割り当て, 699
　対称, 696
　タスク, 700–701
　タスクベース, 697
　動的割り当て, 699
　パイプライン, 697–699
　並列, 699–700
　メッセージ-パッシング, 696
漫画のレンダリング, → シェーディング, トゥーン

——み——

ミー散乱, → 散乱, ミー
見える法線の分布, 290
右手, 81
右手の法則, 596
見た目, 91
ミップマッピング, → テクスチャリング, 縮小

ミップマップ チェーン, 162
耳クリッピング, 590–591
ミンコフスキー差, 863
ミンコフスキー和, *862*, 862–863, 882, 886

——む——

ムーアの法則, 976
向き, → ポリゴン

——め——

明所視, 238
命令セット アーキテクチャー, 30
命令レベル並列性, 906
メガテクスチャー, 748
メソスケール, 184, 318
メタボール, 42, 589, 648
メッシュ
　キャッシュ-オブリビアス, 604–605
　三角形, 596, *602–605*
　セグメンテーション, 589
　パラメーター化, 152
　平滑化, 598–600
　ユニバーサル, 604–605
　立体性, 598
メッセージ-パッシング アーキテクチャー, → マルチプ
　　　ロセッシング, メッセージ-パッシング
メビウスの輪, 597
メモリー
　UMA, 909
　アーキテクチャー, 908–909
　ウォール, 682
　階層, 682
　コントローラー, 938
　最適化, → 最適化, メモリー
　帯域幅, 908
　ダイナミック ランダム アクセス, 682
　統合, 909
　割り当て, 684
面取り平面, 886

——も——

毛様コロナ, 452
モーション ブラー, *463–469*, 720
モートン コード, 876
モートン列, 919
モーフィング, → 変換
モーフ ターゲット, → 変換
木炭, 562
モザイク化, → テクスチャリング, タイリング
モデラー, 588–589
　サーフェス, 588
　ソリッド, 588
モデル空間, 12
モニターとの同期, 681, 914
モンテカルロ積分, 332, 361, 364, 383, 389, 396, 436
　ノイズ, 384, 440

——ゆ——

有界ベジエ曲線, → 曲線, 有界ベジエ
有向境界ボックス, → OBB
有向非巡回グラフ, 507, 715
誘電体, 280

索引 1087

有理線形補間, 621
ユニフォーム バッファー オブジェクト, 686
緩い 8 分木, → 空間データ構造

—よ—
陽関数サーフェス, → サーフェス, 陽関数
予測レンダリング, 246
ヨン, 81n

—ら—
ライティング プローブ, 422
ライト
    アンビエント, 338–339
    逆 2 乗減衰, 98
    光源, *94–102*
        オムニ, → ライト, 点光源
        スポット, 100–101
        点, 97–102
        平行, 97
        ポイント, 98–100
        ボリューム, 197
        面, 102, *197*, 201
    減衰マスク, 203
    にじみ, 225
    フィールド, 237
    プローブ, 779
    ベイキング, 690
    前パス, 770
    漏れ, 210, 225, 226
ライトフィールド レンダリング, 475
ライト マップ, 200
ラジオシティ, 381–382
    プログレッシブ, 416
    法線マッピング, 347–348
ラスター エンジン, 931–932
ラスター操作, → ROP
ラスタライザー オーダー ビュー, *46*, 124, 138
ラスタライザー ステージ, → パイプライン, ラスタラ
    イズ
ラスタライズ, → パイプライン, 941
    保守的, 18, 124, 229, 503, 904
        外, 904
        過小評価, 904
        過大評価, 904
        内, 904
ラップ ライティング, 330, 547
ラテン超方格サンプリング, 126
ランバート シェーディング, → BRDF, ランバート
乱流, 175

—り—
離散化信号, 115
離散座標法, 424
離散ジオメトリー LOD, → 詳細レベル, 離散ジオメト
    リー
リサンプリング, 120–121
離散有向多面体, → *k*-DOP
リゾルブ, 125
立体, 598
立体角, 236
    微分, 272
立体視, 799

リデュース, 216, 775
リトポロジー, 613
リフレッシュ レート, 1
    垂直, 913
量子化, スカラー, 616
リライティング, 473
臨界角, 284
輪郭, 591
    イメージ, 569–573
    エッジ検出, 573–577
    シェーディング法線, 565–566
    シェル, 567–568
    線, 565
    ハロー, 568
    プロシージャル ジオメトリー, 566–569
    ループ, 574
リンギング, 226, 346, 369, 494
隣接性グラフ, 597

—る—
累積バッファー, → バッファー, 累積
ループ, 591
ルミグラフ, 475

—れ—
レイ, 819, 948
    影, 948
    キャスティング, 382
        関数, 377
    短縮, 959
    定義, 943
    トレーシング, 22, 229, 230, *382–384*, 457, 506,
        692, 828, 908, 978–981
        アーキテクチャー, 939
        等値面, 505
        ボクセル, 502
        標準, 948
    マーチング, 175, 191–195, 231, 232, 489, 493,
        513, 524, 525, 530, 531, 534–537, 551,
        555, 560, 649, 650, 981
    リオーダリング, 962
レイ/オブジェクト交差, → 交差テスト
レイ円錐, 970
レイ キャスティング, 944
レイリー散乱, → 散乱, レイリー
レイジー作成, 875
レイ深度, 944
レイ ストリーム トレーシング, 962
レイテンシー, 1, 26, 683, 696, 698–700, 797–798,
        810–811, *907–908*, 915
    オクルージョン クエリー, 729
レイ トレーシング, 871, 877, 941–973
    スタックレス, 959
    遅延, 947
レイ微分, 970
レジスター コンバイナー, 33
レジスター プレッシャー, 112, *691*, 782, 907
レベル セット, 505
レリーフ テクスチャー マッピング, → テクスチャリン
        グ, レリーフ
連結, → 変換, の連結
レンズフレア, 452–454

連続衝突検出, → 衝突検出
連続性, → *also* 曲線 と サーフェス
    C^0, *628*, 640, 643
    C^1, *629*, 640, 641
    C^n, 628
    G^1, 629, 640, 641
    G^n, 629
連続的な信号, 115
レンダリング
    式, 377–378
    ステート, 685
    スペクトル, 471–472
レンダリングの式, 965

—ろ—
ローカル照明, 275
ローカル フレーム, 298
ローカル ライティング モデル, 378
ロービング, 145
ローブ
    異方性, 364–366
    非対称, 364–366
ローブ, 960
ロール, 64
露出, 251, 253–254
トップダウン, → 衝突検出

—わ—
ワープ, 27
タイムワープ, 811–813
ワイヤフレーム, 581, 582
ワット, 235

リアルタイムレンダリング 第 4 版
Real-Time Rendering Fourth Edition 日本語版

2019年 9月25日　　初版第1刷 発行

著　　　者　Tomas Akenine-Möller、Eric Haines、Naty Hoffman、
　　　　　　Angelo Pesce, Michał Iwanicki, Sébastien Hillaire
発　行　人　村上 徹
翻　　　訳　中本 浩
監　　　訳　髙橋 誠史（株式会社バンダイナムコ研究所）、今給黎 隆（東京工芸大学）
編　　　集　加藤 諒
発　　　行　株式会社 ボーンデジタル
　　　　　　〒102-0074
　　　　　　東京都千代田区九段南 1-5-5
　　　　　　九段サウスサイドスクエア
　　　　　　Tel: 03-5215-8671　　Fax: 03-5215-8667
　　　　　　www.borndigital.co.jp/book/
　　　　　　E-mail : info@borndigital.co.jp

表紙カバー　中江 亜紀（株式会社 Bスプラウト）
印刷・製本　株式会社 廣済堂

ISBN : 978-4-86246-458-3
Printed in Japan

Copyright © 2018 by Taylor & Francis Group, LLC
CRC Press is an imprint of Taylor & Francis Group, an Informa business
Japanese Translation Copyright © 2019 by Born Digital, Inc. All rights reserved.

価格は表紙に記載されています。乱丁、落丁等がある場合はお取り替えいたします。
本書の内容を無断で転記、転載、複製することを禁じます。